1
Ust-Shchugor
Ust-Ziima
5
Murmansk
4
Mesen
Archangelsk
Omsk
3
St. Petersburg
Kasan
Orsk
5
Moskwa
4
Oral
4
Aral
Minsk
5
Wolgograd
5
Kiew
6
Astrachan
Rostow
7
6
Dorohoi
7
Jalta
8
Batumi
Tbilissi
9
Varna
4
Istanbul
Angora
5
6
7
8
8
7
Izmir
9
10
0 200 400 km
Entwurf: D.Schreiber

Roloff | Bärtels

FLORA DER GEHÖLZE

Andreas Roloff
Andreas Bärtels

FLORA DER GEHÖLZE

Bestimmung | Eigenschaften | Verwendung

Mit einem Winterschlüssel
von Bernd Schulz

Fünfte, aktualisierte Auflage

2254 Zeichnungen von Andreas Roloff
392 Zeichnungen von Bernd Schulz

Prof. Dr. Andreas Roloff
Lehrstuhlinhaber und Direktor des Forstbotanischen Gartens und des Instituts für Forstbotanik und Forstzoologie der TU Dresden in Tharandt

Dipl.-Ing. Andreas Bärtels
Bis 1993 Technischer Leiter des Forstbotanischen Gartens Göttingen

Prof. Dr. Dr. h. c. Peter A. Schmidt
Bis 2011 Professur für Landeskultur und Naturschutz an der TU Dresden, seit 2008 Präsident der Deutschen Dendrologischen Gesellschaft.

Dipl.-Forsting. (FH) Bernd Schulz
Institut für Botanik der TU Dresden

Prof. Dr. Peter Kiermeier
Bis 2006 Institut für Gartenbau an der FH Freising-Weihenstephan

Inhalt

Vorwort

Dieses Buch soll den an Gehölzen interessierten Fachleuten und Laien Hilfe und Sicherheit beim Identifizieren der Gattungen und Arten verschaffen. Die Vorgängerauflagen haben sich erfolgreich in der Fachwelt und Praxis etabliert und weite Verbreitung erfahren. Nun wurde nochmals alles grundlegend überarbeitet, aktualisiert und erweitert, um den Wünschen der Anwender noch besser gerecht zu werden. Dabei wird besonders auf neue Artbenennungen und neue Erfahrungen Wert gelegt, und es wurde eine nochmals deutliche Erweiterung der berücksichtigten Taxa vorgenommen.

Dabei wurde versucht, möglichst sämtliche, über 2100 bei uns dauerhaft im Freiland lebensfähige – auch nichtheimische – Gehölzarten zu berücksichtigen und für jede Art eine detaillierte Abbildung und Beschreibung zu liefern. Bei mehreren Unterarten oder Varietäten einer Art wird für die Abbildung i. d. R. die Typus-Unterart/-Varietät verwendet, für die weiteren erfolgen meist nur Beschreibungen. Die Zeichnungen wurden ausnahmslos nach mehreren Originalzweigen einer Art angefertigt, um so die natürliche Variabilität in angemessenem Umfang zu erfassen. Es wurde besonderer Wert auf vegetative Erkennungs- und Bestimmungsmerkmale gelegt, die unabhängig von der Blüte das Erkennen der sommergrünen Gehölze während der gesamten Vegetationsperiode ermöglichen. Bei manchen Gattungen ist aber eine sichere Artbestimmung ohne Blüten oder Früchte nicht möglich. Darauf wird in diesen Fällen besonders hingewiesen. Bei gewissen Vorkenntnissen ist auch eine Identifikation allein über die Abbildungen und eine nachfolgende Bestätigung über die Beschreibung möglich. Dies kommt den bisweilen vorhandenen Vorbehalten gegenüber Bestimmungsschlüsseln entgegen, in der Regel wird man aber trotzdem um deren Benutzung nicht herumkommen. Daher sollten unbedingt als Erstes die allgemeinen Hinweise zur Benutzung des Buches gelesen werden.

Das vorliegende Bestimmungsbuch wäre in dieser umfassenden und detaillierten Form nicht möglich geworden ohne die hervorragende Unterstützung vieler deutscher und ausländischer Botanischer Gärten mit Gehölzsammlungen. Die Autoren möchten daher zuallererst diesen Kolleginnen und Kollegen ihren vorzüglichsten Dank aussprechen, ohne dass alle Gärten hier namentlich genannt werden können.

Herrn Bernd Schulz (Institut für Botanik der TU Dresden) danken wir für die Erarbeitung des Winterschlüssels und seine Mitarbeit an Kapitel 3, Herrn Prof. Dr. Peter Kiermeier (Institut für Gartenbau der Fachhochschule Freising-Weihenstephan) für die Überarbeitung der Lebensbereiche für dieses Buch, Herrn Prof. Dr. Peter A. Schmidt für die Mitarbeit an den Kapiteln 2 bis 4.

Für die Beschaffung von neuem Pflanzenmaterial bzw. die Durchsicht von Textteilen möchten wir danken: Dr. Ulrich Pietzarka (Tharandt), Prof. Dr. Peter A. Schmidt (Coswig) sowie allen, die uns zu den Vorgänger-Auflagen wertvolle Hilfen und Verbesserungshinweise übermittelt haben.

Dem Verlag Eugen Ulmer (Stuttgart), vor allem Frau Ina Vetter und Herrn Ulf Müller, danken wir für die gute Zusammenarbeit bei der Überarbeitung des Buches und hoffen, dass diese Gehölzflora auch weiterhin die Erwartungen erfüllt und der angesprochene Interessentenkreis vielseitigen Gebrauch davon machen kann.

Tharandt und Waake, Januar 2018
Andreas Roloff
Andreas Bärtels

1 Hinweise zur Benutzung des Buches und Abkürzungen

Für eine Bestimmung sollten gut belichtete Zweige verwendet werden, da Schattenzweige oft erheblich veränderte Blatt- und Triebmerkmale aufweisen. Laubgehölze und sommergrüne Nadelgehölze sollten erst ab Mitte Juni untersucht werden (4 Wochen nach Austriebsende, wegen der sich verändernden Behaarungsmerkmale), immergrüne Nadelgehölze erst ab August (wegen der dann fortgeschrittenen Knospenentwicklung, wichtig als Artkennzeichen). Es sollten nicht nur die Abbildungen mit lebendem Zweigmaterial verglichen werden, sondern auch die Beschreibungen, die auf weitere Merkmale hinweisen. Größenangaben sind immer etwas problematisch: Blattgrößen und Blattstiellängen können nur ungefähre Anhaltswerte sein, da je nach Standort, Alter und Ernährungszustand einer Pflanze deutliche Abweichungen möglich sind!
Blattgrößenangaben beziehen sich immer auf die Blattspreite ohne Stiel, sofern nichts anderes angegeben ist. Im Kapitel 3 (und bezüglich der Knospen im Kapitel 7) werden die wichtigsten Fachbegriffe so detailliert wie nötig und so kurz wie möglich erläutert. Je nach Vorkenntnissen sollten dabei weitere botanische Bücher zu Hilfe genommen werden (z. B. BARTELS 1993).
Für die Bestimmung im unbelaubten Zustand im Winterhalbjahr ist ein separater Winterschlüssel vorhanden (Kapitel 7).

Abkürzungen zum Stichwort „Verbreitung“ bei den Artbeschreibungen

N: = Nord-
S: = Süd-
W: = West-
O: = Ost-
M: = Mittel-
Z: = Zentral-

Abkürzungen und Symbole zum Stichwort „Verwendung“ bei den Artbeschreibungen

Die Angaben „sehr häufig“ bis „sehr selten“ beziehen sich auf Vorkommen als Freiland-Kulturpflanze oder als Wildpflanze in Mitteleuropa

N = Verwendung als Nutzpflanze (einschließlich Forstgehölze)
B = Bäume und Sträucher mit dekorativen Blüten
ꝏ = Bäume und Sträucher mit bemerkenswertem Fruchtschmuck
H = bemerkenswerte Herbstfärbung
D = Blüten oder Blätter mit Duft
Bi = Pollen und Nektar spendende Pflanze (Bienennährpflanze)
⚕ = Arzneipflanze
☠ = Giftpflanze
WHZ = Winterhärtezonen der Gehölze
LB = Lebensbereiche der Gehölze

(Näheres zu WHZ siehe Einband-Innenseiten und S. 24ff. und zu LB siehe S. 34ff.)

Abkürzungen und Symbole in den Abbildungen

Bl = Blatt
G! = gegenständig (nur in besonderen Fällen)
HH = Haupthalm (nur bei Bambus)
K = Knospe
OS = Oberseite
ST = Seitentrieb (nur bei Bambus)
T = diesjähriger Trieb
US = Unterseite
W! = wechselständig (nur in besonderen Fällen)
I = 1 mm (Maßstabsangabe)
[= 1 cm (Maßstabsangabe)
∫ = 10 cm (Maßstabsangabe)
⟶ = besonderes oder wichtiges Merkmal

2 Taxonomie und Nomenklatur

Unter Mitarbeit von Peter A. Schmidt

Jede bekannt gewordene und beschriebene Pflanzensippe hat einen ganz bestimmten, einzig ihr zugeteilten wissenschaftlichen Namen, der international gültig ist und der Verständigung über Ländergrenzen hinweg dient. Natürlich hat sie auch einen – bei einheimischen Arten in der Regel weitaus älteren – Volksnamen oder zumindest einen deutschen „Büchernamen", die aber innerhalb des deutschen Sprachraumes sehr verschieden sein können. Ein Beispiel: Wenn Hans Sachs singt: „Wie süß duftet der Flieder", dann rühmt er ein Gehölz, das in einer anderen Gegend Holunder heißt, wieder anderswo Holder und vielleicht schon im Nachbarort Holler. Tatsächlich meint Hans Sachs den Holunder (*Sambucus nigra*). Die Pflanze, die wir heute allgemein als Flieder (*Syringa vulgaris*) bezeichnen, wurde zeitweise auch Holler oder Holunder genannt, bevor mit Zusätzen, wie „spanisch", „türkisch" oder „welsch", die fremde Herkunft (z. B. Südwest- oder Südosteuropa) angedeutet wurde und sich schließlich der heute gebräuchliche Name durchsetzte. Aus dem Gewinn an Exaktheit und internationaler Verständlichkeit – wenn er auch zu Lasten manch alter mundartlicher, nur regional verbreiteter Namen geht – lässt sich erkennen, warum der wissenschaftliche Name vorzuziehen ist.

Binäre Nomenklatur

Ein wissenschaftlicher Pflanzenname besteht aus zwei Teilen: dem groß zu schreibenden Gattungsnamen und dem klein zu schreibenden Art-Beinamen (Epitheton). Diese sogenannte binäre Nomenklatur geht auf den schwedischen Naturforscher Carl von Linné zurück. Er regte schon als junger Student eine einheitliche Namensgebung an und gab 1736 in seiner *Critica Botanica* dafür die Begründung und Anleitung. Danach sollten die wissenschaftlichen Namen nur der Benennung der Pflanze dienen und nicht wie bisher durch eine mehr oder weniger lange Aneinanderreihung von Worten eine Kurzbeschreibung der betreffenden Pflanzensippe bieten. Als Geburtsjahr der binären Nomenklatur gilt das Jahr 1753, als Linnés *Species Plantarum* („Die Arten der Pflanzen") erschien, ein Werk, das alle damals bekannten Pflanzen erfasste und jede Art mit nur zwei Namen kennzeichnete. Seit 1867 formulieren Taxonomen auf internationalen botanischen Kongressen Regeln und Empfehlungen für die Anwendung und Behandlung alter und die Schaffung neuer Namen. Die Regeln und Empfehlungen werden ständig aktualisiert und im „Internationalen Code der botanischen Nomenklatur" (ICBN), zuletzt im *Vienna Code* (McNeill et al. 2012), veröffentlicht.

Als Grundlage der **Einteilung des Pflanzenreiches** dient die international festgelegte Reihenfolge der Rangstufen laut Artikel 1 bis 5 des ICBN. Sie sind für die vorliegende Gehölzflora nur teilweise von Bedeutung (siehe Tab. 1).

In der vorliegenden Gehölzflora werden folgende **taxonomische Kategorien** verwendet: Familie, Gattung, Art, Unterart, Varietät und Form, außerdem Art- und Gattungshybriden sowie Pfropfbastarde und Sorten.

Familie (familia): Sie gilt als systematische Hauptrangstufe oberhalb der Gattung. Eine Familie umfasst in der Regel mehrere verwandte Gattungen, die in wesentlichen Merkmalen übereinstimmen, z. B. Familie Pinaceae (Kieferngewächse) mit 11 Gattungen (*Abies, Picea, Pinus, Tsuga* usw.). Es gibt auch Familien mit nur einer Gattung, z. B. gehört zur Familie Cercidiphyllaceae nur die Gattung *Cercidiphyllum* (Kuchen- oder Katsurabaum).

Gattung (genus): Jede Art gehört einer Gattung an. In einer Gattung werden eng verwandte Arten mit zahlreichen gemeinsamen Merkmalen zusammengefasst, z. B. Gattung *Picea* (Fichte) mit 35 Arten. Monotypisch werden Gattungen mit nur 1 Art genannt, z. B. gehört zur Gattung *Calluna* nur *Calluna vulgaris* (Heidekraut oder Besenheide).

Art (species): Sie gilt als wichtigste und basale Rangstufe des botanischen Systems. In einer Art werden Gruppen von Individuen einschließlich ihrer Vorfahren und Nachkommen zusammengefasst, die in wesentlichen,

Tab. 1: Taxonomische Kategorien

Regnum		Reich
Subregnum		Unterreich
Divisio, Phylum	(Endung -phyta)*	Abteilung, Stamm
Subdivisio	(Endung -phytina)	Unterabteilung
Classis	(Endung -opsida)	Klasse
Subclassis	(Endung -idae)	Unterklasse
Ordo	(Endung -ales)	Ordnung
Subordo	(Endung -ineae)	Unterordnung
Familia	(Endung -aceae)**	Familie
Subfamilia	(Endung -oideae)	Unterfamilie
Tribus	(Endung -eae)	Zweig
Genus		Gattung
Subgenus		Untergattung
Sectio		Sektion
Subsectio		Untersektion
Series		Serie
Subseries		Unterserie
Spezies		Art
Subspezies	(Abkürzung subsp.)	Unterart
Varietas	(Abkürzung var.)	Varietät
Subvarietas	(Abkürzung subvar.)	Untervarietät
Forma	(Abkürzung fo.)	Form
Subforma	(Abkürzung subfo.)	Unterform

* Die Endungen von Divisio bis Subordo sind empfohlene, aber nicht vorgeschriebene Endungen
** Erlaubte Ausnahmen sind im Artikel 18.5 des ICBN geregelt

konstanten und erkennbaren morphologischen Merkmalen übereinstimmen, sich miteinander kreuzen lassen und meist von anderen Gruppen reproduktiv isoliert sind. Beispiele für Arten der Gattung *Picea* sind *P. jezoensis* (Yedo- oder Ajan-Fichte), *P. glauca* (Schimmel-Fichte) und *P. pungens* (Stech-Fichte).

Unterart (subspecies, abgekürzt subsp.): Wichtigste systematische Kategorie unterhalb der Art. Die Unterarten einer Art sind durch einige Merkmale gut voneinander unterschieden und stets räumlich (geografisch und/oder standörtlich) oder zeitlich voneinander isoliert, bilden aber bei Kreuzung fertile Bastarde. Beispiel: Zur Art *Picea jezoensis* gehört neben der im pazifischen NO- bis O-Asien verbreiteten Unterart subsp. *jezoensis* die nur in Zentral-Honshu vorkommende subsp. *hondoensis* (Hondo-Fichte).

Varietät (varietas, abgekürzt var.): Systematische Kategorie unterhalb der Art, von geringerem systematischem Rang als die Unterart. Varietäten einer Art unterscheiden sich durch wenige Merkmale und sind weder räumlich noch zeitlich voneinander isoliert. Beispiel: *Picea glauca* var. *albertiana* (Albert-Schimmel-Fichte).

Form (forma, abgekürzt fo.): Gilt als niedrigste systematische Kategorie. In ihr sind Pflanzen zusammengefasst, die meist nur in einem Merkmal von den übrigen Pflanzen einer Wildpopulation abweichen. Beispiel: *Picea pungens* fo. *glauca* (Blau-Fichte).

Neben den Arten, deren natürlich auftretenden Untereinheiten (intraspezifischen Sippen) und in Kultur genommenen oder entstandenen Sorten haben wir es in Garten und Park häufig mit sogenannten **Hybriden** oder **Bastarden** zu tun. Es handelt sich dabei um Kreuzungen aus (meist) zwei Arten einer Gattung, selten auch von Arten verschiedener Gattungen, die in Kultur (nur selten auch am natürlichen Standort) spontan aufgetreten sind, aber auch durch bewusste Kreuzungen entstanden sein können. Sie können in der Regel nur durch eine vegetative Vermehrung erhalten werden.

Arthybriden werden durch ein × vor dem klein geschriebenen Epitheton kenntlich gemacht. Die Elternarten werden in Klammern genannt, dabei wird, sofern bekannt, die Mutterart vor die Vaterart gesetzt, z. B. *Abelia ×grandiflora* (*A. chinensis* × *A. uniflora*), oder sie werden in alphabetischer Reihenfolge aufgeführt, z. B. *Picea ×mariorika* (*P. mariana* × *P. omorika*). Ist eine Mutter- oder Vaterart nicht bekannt, wurde an ihre Stelle ein Fragezeichen gesetzt.

Immer häufiger werden in gartenbaulicher Literatur und in Angebotslisten Hybriden, insbesondere wenn sie als Basis für Sorten dienen, nicht mehr in der klassischen Form geschrieben, sondern wie Sorten mit einfachen Anführungsstrichen, wie z. B. *Berberis* 'Klugowski', und oft ohne Nennung der Elternarten.

Gattungshybriden werden durch ein × vor dem Gattungsnamen kenntlich gemacht, wie z. B. *×Mahoberberis neubertii* (*Berberis vulgaris* × *Mahonia aquifolium*).

Zur Kennzeichnung von **Pfropfchimären**, auch als Pfropfbastarde bezeichnet (z. B. *+Laburnocytisus adamii*), ist das Additionszeichen oder stehende Kreuz (+) vorgeschrieben.

Sorten oder Cultivare stellen Gruppen kultivierter Pflanzen dar, die sich durch bestimmte Merkmale von anderen Gruppen der gleichen Art oder Hybride unterscheiden. Sie sollen eindeutig umgrenzt, einheitlich und merkmalsstabil sein und ihre Eigenschaften bei geeigneten Vermehrungsmethoden beibehalten. Sortennamen sind in weiten Bereichen des Gartenbaues und der Landwirtschaft seit Langem eingeführt. Seit 1961 ist ihr Gebrauch im „Internationalen Code der Nomenklatur der Kulturpflanzen" (ICNCP, „Kulturpflanzen-Code") geregelt und vorgeschrieben. Danach sollen sich Sorten in ihrer Schreibweise deutlich von den intraspezifischen Sippen (Unterarten, Varietäten und Formen) unterscheiden. Durch den Code sollen Einheitlichkeit, Genauigkeit und Stabilität bei der Benennung von landwirtschaftlich, forstlich und gartenbaulich genutzten Pflanzen gefördert werden.

Unter diesen Code fallen kultivierte Pflanzen, die durch gezielte oder zufällige Hybridisierung in Kultur oder durch Selektion aus einem Kulturbestand entstanden sind (z. B. *Picea pungens* 'Hoopsii'), aber auch Auslesen aus Wildpopulationen (z. B. *Picea glauca* 'Albertiana Conica', Zuckerhut-Fichte), die lediglich durch eine fortgesetzte Vermehrung als erkennbare Einheit erhalten bleiben.

Eine der im Code veröffentlichten Regeln besagt, dass ein am oder nach dem 1. Januar 1959 regelgerecht, d. h. mit einer Sortenbeschreibung, veröffentlichter neuer Sortenname nur dann gültig ist, wenn er aus einem oder mehreren Wörtern einer lebenden Sprache besteht. Lateinische Wörter oder solche, die dafür gehalten werden und dadurch Verwirrung stiften könnten, dürfen nicht verwendet werden, ausgenommen sind klassische Namen antiker Personen oder Orte. Neue Sortennamen, die am oder nach dem 1. Januar 1996 veröffentlicht wurden, sind nur dann gültig, wenn sie höchstens zehn Silben oder insgesamt höchstens dreißig Buchstaben enthalten, Leerzeichen und Anführungszeichen nicht mitgerechnet.

Ein anderer Grundsatz des Codes besagt: Namen für Sorten und Sortengruppen müssen uneingeschränkt in allen Ländern jederzeit zur Bezeichnung einer bestimmten Sorte oder Sortengruppe verfügbar sein. In einigen Ländern werden Pflanzen unter **Marken** (früher als Warenzeichen bezeichnet) vermarktet. Marken sind jedoch Eigentum natürlicher oder juristischer Personen und stehen daher nicht uneingeschränkt zur Benutzung frei; sie können deshalb nicht als Sortenname betrachtet werden und sind nicht Gegenstand des Codes.

Zum Thema **Schutzrechte** schreibt das Bundessortenamt (Spellerberg 2000):

„Ähnlich dem Patent für technische Erfindungen kann für Pflanzensorten aller Arten **Sortenschutz** beim Bundessortenamt erteilt werden. Eine Sorte ist schutzfähig, wenn sie neu, unterscheidbar, homogen und beständig ist und eine eintragbare Sortenbezeichnung besteht." Die Voraussetzungen zur Erteilung dieses privaten Ausschließlichkeitsrechtes (Schutz des geistigen Eigentums) werden anhand eines Prüfungsanbaues beurteilt, der je nach Pflanzenart ein- oder mehrjährig durchgeführt wird. Die Grundlagen der Prüfungsmethoden und die Prüftechnik sind weltweit im „Internationalen Verband zum Schutz von Pflanzenzüchtungen" (UPOV) mit Sitz in Genf abgestimmt. Bei über 200 Pflanzenarten wurden bisher UPOV-Richtlinien erstellt. Ein Züchter, Entdecker oder Finder einer neuen Pflanzensorte kann in der Bundesrepublik Deutschland oder in anderen Ländern Sortenschutz beantragen. Der Sortenschutz in Deutschland hat die Wirkung, dass bei geschützten Sorten nur der Sortenschutzinhaber bzw. sein Rechtsnachfolger berechtigt ist, Vermehrungsmaterial der Sor-

ten in Verkehr zu bringen oder hierfür zu erzeugen oder einzuführen. Bei Obst- und Zierpflanzen ist die Verwendung von Früchten oder Schnittblumen ebenfalls im Sortenschutzgesetz geregelt.
Seit 1997 fallen auch im Wesentlichen abgeleitete Sorten, d. h. unterscheidbare Sorten, die aus einer geschützten Sorte hervorgegangen und ihr „wesentlich" ähnlich sind, unter die Schutzwirkung. Seitdem ist auch der Nachbau im eigenen Betrieb unter bestimmten Bedingungen lizenzpflichtig. Mit der Schaffung des EU-Binnenmarktes wurde im April 1995 eine europaweite Sortenschutzverordnung wirksam. Für neue Pflanzensorten kann nun beim gemeinschaftlichen Sortenamt in Angers, Frankreich, ein europaweiter Sortenschutz beantragt werden. Die Prüfung der Sortenschutzvoraussetzungen erfolgt in Zusammenarbeit mit den nationalen Sortenschutzämtern.
Eine **Marke** (früher Warenzeichen), d. h. Zeichen und insbesondere Wörter, die geeignet sind, Waren oder Dienstleistungen eines Unternehmens von denjenigen anderer Unternehmen zu unterscheiden, können bei nationalen Patentämtern oder europaweit beim europäischen Markenamt geschützt werden. Die Schutzwirkung besagt, dass eine eingetragene Marke nur vom Markeninhaber oder seinem Rechtsnachfolger verwendet werden darf. Eine eingetragene Marke hat keine Wirkung hinsichtlich der im Sortenschutz festgelegten Rechte (Vermehrung sowie Inverkehrbringen von Pflanzen und Pflanzenteilen) an einer geschützten Pflanzensorte. Es ist jedoch zu beachten, dass bei vielen Pflanzensorten, für die Sortenschutz erteilt wurde, neben der Sortenschutzbezeichnung aus Marketinggründen eine Marke eingetragen worden ist. Während die Marke für eine Pflanzensorte international unterschiedlich sein kann (z. B. anders lautende Marken in Deutschland oder Frankreich), muss bei einer in beiden Ländern geschützten Sorte die Sortenbezeichnung gleich lauten.
Darüber hinaus gibt es eine Vielzahl von Sorten, die im Rahmen des Sortenschutzes nicht als Marke geschützt sind und somit frei verwendet werden können.
Nicht wenige Gehölzsorten, in großem Umfang z. B. Rosen, genießen Sortenschutz. In dieser Flora wird darauf verzichtet, geschützte Sorten, wie z. B. in Baumschulkatalogen üblich, durch ein ® (= eingetragene Marke und/oder Sortenschutz) zu kennzeichnen.

Auskunft über geschützte Sorten erteilen:
- Bundessortenamt, Postfach 610440, 30604 Hannover
- Bund deutscher Baumschulen, Bismarckstr. 49, 25421 Pinneberg

Sorten, die neben ihrem Sortennamen auch einen Markennamen besitzen, werden in dieser Gehölzflora unter dem phonetisch meist angenehm klingenden Markennamen beschrieben. Er wird ohne Anführungszeichen und in Kapitälchen gesetzt, in Klammern folgt der eigentliche Sortenname. Unter ihren Markennamen sind die betreffenden Sorten in der Regel auch in Baumschulkatalogen zu finden. Der eigentliche, oft als Kunstwort erscheinende Sortenname steht – mit Ausnahme bei Rosen – in der alphabetischen Reihenfolge mit Hinweis auf den Namen, unter dem die Sorte beschrieben wird.
Die **Nomenklatur** in dieser Gehölzflora richtet sich ganz überwiegend nach der Enzyklopädie der Gartengehölze (Bärtels u. Schmidt 2014), Zander, Handwörterbuch der Pflanzennamen (Erhardt et al. 2008) und Mabberley's Plantbook (Mabberley 2008). In begründeten Fällen kann es Ausnahmen geben, wenn neuere, international anerkannte Arbeiten zu bestimmten Gattungen vorliegen oder einem der über Spezialwissen verfügenden Bearbeiter dies sinnvoll erschien.
Synonyme, d. h. weitere, aber nach derzeitiger Auffassung nicht korrekte oder ungültige Namen für die gleiche Pflanzensippe sind mit Hinweis auf den z. Z. korrekten Namen in die alphabetische Reihenfolge der Gattungs-, Art- oder Sortennamen eingefügt. Im Gegensatz zu den vollständig ausgeschriebenen gültigen Namen wird bei den Synonymen der Gattungsname abgekürzt, z. B. ist zwischen den Texten für *Picea breweriana* und *Picea chihuahuana* eingeordnet: *P. canadensis* = *P. glauca*, d. h. *Picea canadensis* ist ein Synonym von *Picea glauca*.

Deutsche Pflanzennamen

In dieser Gehölzflora sind nahezu allen (Unter-)Arten, Varietäten und Hybriden deutsche Namen beigefügt worden. Für die meisten in Mitteleuropa einheimischen Gehölzarten kennen wir deutsche Volks- oder Büchernamen, die sich aber je nach Region und Sprachraum stark unterscheiden können. Für viele fremdländische Gehölze gibt es keine allgemein gebräuchlichen deutschen

Namen. In diesen Fällen werden, soweit sinnvoll, die wissenschaftlichen Artnamen übersetzt.

Bei der Schreibweise deutscher Namen setzt sich immer mehr eine Empfehlung durch, nach der die Gattungsnamen durch einen Bindestrich vom Artnamen getrennt werden (vgl. SCHMIDT 2001). So lässt sich der Unterschied verdeutlichen, dass z. B. zahlreiche als „Tannen" bezeichnete Nadelgehölze, wie Hemlocktanne (*Tsuga*), Sicheltanne (*Cryptomeria*), Schirmtanne (*Sciadopitys*), Spießtanne (*Cunninghamia*), Chiletanne (*Araucaria araucana*), Zimmertanne (*Araucaria heterophylla*) und Dammartanne (*Agathis dammara*), keine Tannen, also keine *Abies*-Arten sind – ganz im Gegensatz zur Weiß-Tanne (*Abies alba*) oder zur Kolorado-Tanne (*Abies concolor*). Zahlreiche Beispiele dafür lassen sich auch bei den Laubgehölzen finden, etwa Rot-Buche (*Fagus sylvatica*) im Gegensatz zu Gattungen wie Hainbuche (*Carpinus*), Hopfenbuche (*Ostrya*) und Scheinbuche (*Nothofagus*), die keine Buchen sind. Das Grundwort des deutschen Namens entspricht aber nicht in jedem Falle dem Gattungsnamen des wissenschaftlichen Namens. Ausnahmen bilden Gattungen, bei denen einzelne Arten oder Sektionen eigene Namen oder andere Grundwörter aufweisen. Bei der Gattung *Sorbus* finden wir deutsche Namen wie Speierling (Untergattung *Sorbus*), Vogelbeere bzw. Eberesche (Untergattung *Aucuparia*), Elsbeere (Untergattung *Aria*, Sektion Torminaria) und Mehlbeere (Untergattung *Aria*, Sektion Aria). Eine ähnliche Vielfalt deutscher Namen (Aprikose, Kirsche, Lorbeerkirsche, Mandel, Pflaume, Traubenkirsche) finden wir auch bei der großen Gattung *Prunus*.

3 Erläuterung der Fachbegriffe

Unter Mitarbeit von Peter A. Schmidt und Bernd Schulz

(in jeweils alphabetischer Reihenfolge, Ziffern in Klammern = Abbildungsnummern)

Wuchsform

Baum (1): hochwachsendes und freitragendes Holzgewächs mit deutlich entwickeltem, an der Basis astfreiem Stamm
Halbstrauch: Strauch, der nur im unteren Teil verholzt und dessen obere, unverholzte Teile daher jedes Jahr wieder zurücksterben
Liane (3): Kletterpflanze
Staude: ausdauernde krautige, also nicht verholzte Pflanze
Strauch (2): freitragendes Holzgewächs mit sehr begrenztem Höhenwachstum, i. d. R. bis zum Wurzelanlauf hinunter bleibend beastet und mehrstämmig verzweigt

Kronenform des Baumes oder Strauches

ausgebreitet: Krone sehr breit (vor allem bei Sträuchern)
eiförmig (4): Krone doppelt so hoch wie breit und in der unteren Hälfte am breitesten
kegelförmig (5): Krone an der Basis am breitesten, von dort zur Spitze sich allmählich verjüngend
kugelig (6): Krone rund(lich), etwa so breit wie hoch
säulenförmig (7): Krone mehrfach länger als breit
trichterförmig (8): vom Kronenansatz an gleichmäßig breiter werdend

Wuchs

aufrecht (9): ± senkrecht nach oben wachsend
aufsteigend (19): liegende Sprosse mit aufstrebenden Spitzen
gedreht (15): Stamm und Äste ± schraubig gedreht
gerade: Gegensatz zu gekrümmt, gebogen oder gedreht
hängend: Äste oder Zweige mehr oder weniger senkrecht herabhängend

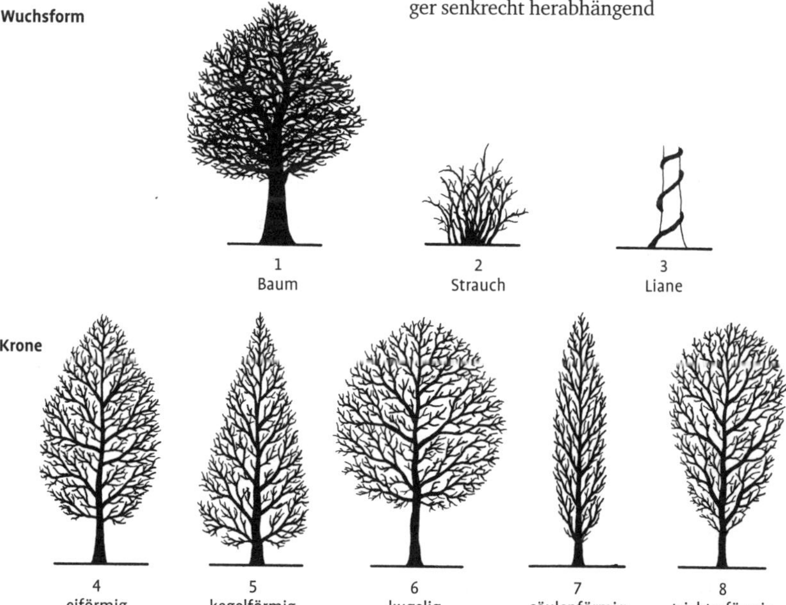

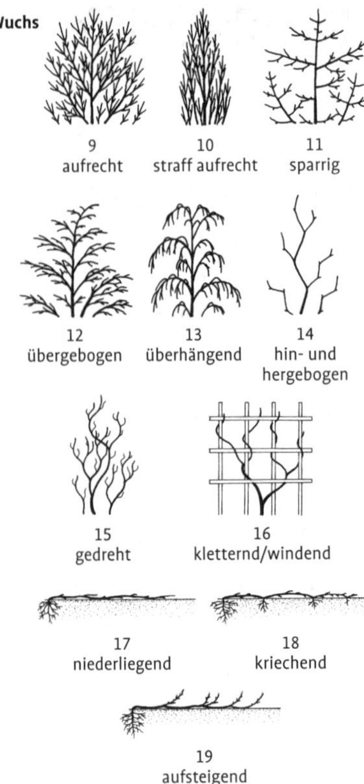

hin- und hergebogen (14): abwechselnd nach rechts und links gebogen oder etwas geknickt
kletternd (16): mit Ranken o. Ä. sich an Stützen aufrichtend
kriechend (18): dem Boden aufliegende Sprosse mit Bewurzelung
niederliegend (17): dem Boden aufliegende Sprosse ohne Bewurzelung
sparrig (11): Äste fast im rechten Winkel stehend
straff aufrecht (10): alle Äste und Zweige auffallend senkrecht orientiert
übergebogen, übergeneigt (12): aufrecht wachsend mit gebogener, ± waagerechter Triebspitze
überhängend (13): aufrecht wachsend mit gebogener, zur Erde gerichteter Triebspitze
windend (16): Sprosse klettern durch drehende Bewegung der Spitze (linkswindend: Bewegung beschreibt eine Linkskurve)

Trieb

Ausläufer: horizontaler, sich bewurzelnder Seitenspross mit verlängerten Internodien, der vegetativen Vermehrung dienend, entweder an der Bodenoberfläche (oberirdischer Ausläufer) oder im Boden (unterirdischer Ausläufer)
behaart (26): mit Haaren
bereift: mit abwischbarem Wachsüberzug
Blattnarbe: Blattstielnarbe am Trieb, darin als Blattspur die Narbe(n) der abgerissenen Leitbündel
Borke: abgestorbener Teil der Rinde (meist hart und sich schuppig, netzartig oder streifig ablösend)
Dornen: zu stechenden Organen umgewandelte Blätter oder Triebe (s. Blattdornen unter „Blatt" und Sprossdornen)
geflügelt (31): Spross mit 2 oder mehr aufgesetzten Leisten
gefurcht (30): Spross mit vertieften Längsfurchen
Haftwurzeln: s. Sprosswurzeln
harzig: mit Harzüberzug oder bei Verletzung Harz ausscheidend

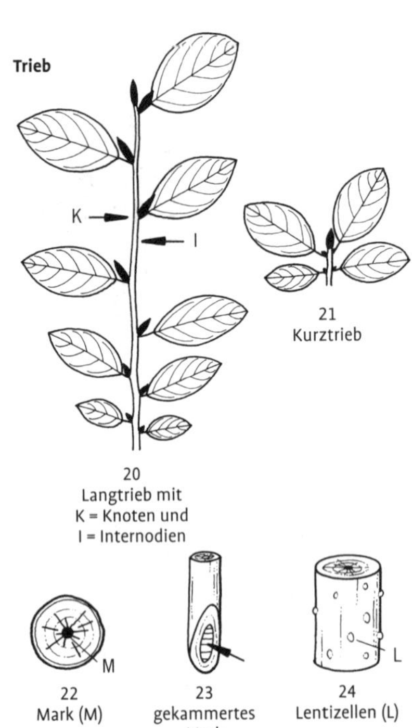

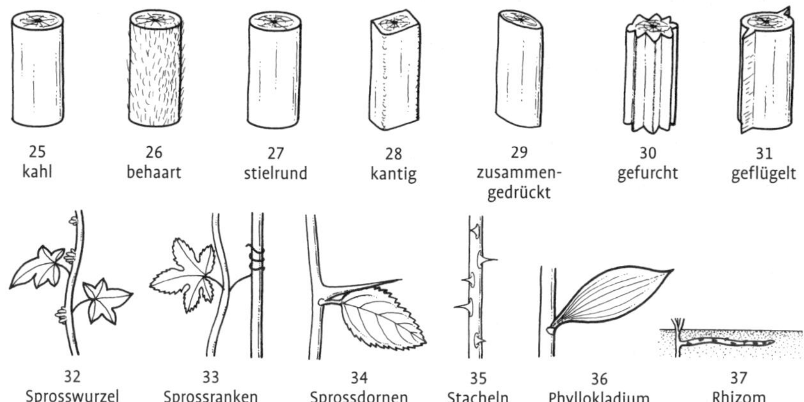

Internodien (20): Sprossabschnitte zwischen den Knoten
kahl (25): unbehaart und ohne Harz
kantig (28): Spross mit Kanten
Kladodien (36): blattartig verbreiterte, grüne Langtriebe, die bei Reduktion der Blätter deren Funktion übernehmen
klebrig: mit klebrigem Überzug
Knoten (Nodium) (20): Stellen an der Sprossachse, an denen Blätter sitzen
Kurztrieb (21): Triebe (mit gestauchten Internodien), die kürzer als 3 cm sind und sich nicht verzweigen (häufig Blüten tragend)
Langtrieb (20): Triebe oder Zweige, deren Internodien gestreckt sind, die länger als 3 cm sind und sich i. d. R. verzweigen
Lentizellen (24): Korkwarzen (Öffnungen in der Rinde zum Gasaustausch), meist von charakteristischer Gestalt
Mark (22): Innerstes der Sprossachse (auf einem Querschnitt meist auffallend hell und gleichfarbig)
gekammertes Mark (23): Mark nicht voll, sondern mit luftgefüllten Kammern
Phyllokladien/Platykladien (36): blattartig verbreiterte, grüne Kurztriebe, die bei Reduktion der Blätter deren Funktion übernehmen
Rhizom (37): unterirdischer Spross (mit Schuppenblättchen)
Sprossdornen (34): Sprosse mit stechender Spitze
Sprossranken (33): Sprosse mit sich festhaftender, d. h. kletternder Spitze
Sprosswurzeln (32): sprossbürtige Wurzeln, z. B. Haftwurzeln, als Kletterhilfe
Stacheln (35): stechende Ausstülpungen der Rinde
stielrund (27): ohne Leisten, Kanten o. Ä.
Trieb: diesjähriger Sprossabschnitt
wurzelnd (32): mit Hilfe von Sprosswurzeln kletternd oder kriechend
Wurzelspross: ein aufrechter bewurzelter Spross aus einer meist horizontalen Wurzel; führt zu vegetativer Vermehrung
zusammengedrückt (29): Spross zweiseitig abgeflacht
Zweig: mehrjähriger Trieb

Knospe

s. Kap. 7, Seite 848ff.

Behaarung

drüsig: mit gestielten Drüsen
einfach: mit unverzweigten Haaren
filzig: mit abstehenden, kurzen, dichten, weichen Haaren
flaumig: mit zerstreut stehenden, kurzen, weichen Haaren
flockig: mit dicht stehenden, weichen, flockenartig vereinten Haaren
samtig: mit sehr dicht stehenden, sehr kurzen, abstehenden, weichen Haaren
schülferig: mit abwischbaren Schuppenhaaren
schuppig: mit am Rand angehefteten, schuppenförmigen Haaren
seidig: mit in einer Richtung anliegenden, feinen Haaren
sternhaarig: mit sternförmig verzweigten Haaren
striegelfilzig: mit in einer Richtung anlie-

genden, dichten, feinen, kurzen, weichen Haaren
striegelflaumig: mit in einer Richtung anliegenden, zerstreuten, feinen, kurzen, weichen Haaren
striegelhaarig = striegelig
striegelig: mit in einer Richtung anliegenden, feinen Haaren
wimpernartig: mit randständigen, abstehenden Haaren

Blattstellung

dachziegelig (50): schuppenförmige Blätter sich gegenseitig überdeckend
gegenständig (39): 2 Blätter an einem Knoten in gleicher Höhe gegenüberstehend (da aufeinander folgende Blattpaare kreuzweise am Spross versetzt, auch als kreuzgegenständig bezeichnet)
wechselständig (38): Blätter einzeln schraubig am Spross stehend
wirtelig/quirlig (40): 3 oder mehr Blätter an einem Knoten in gleicher Höhe rings um die Sprossachse stehend
zweizeilig: Blätter abwechselnd um 180° versetzt am Spross stehend)

Blattstellung

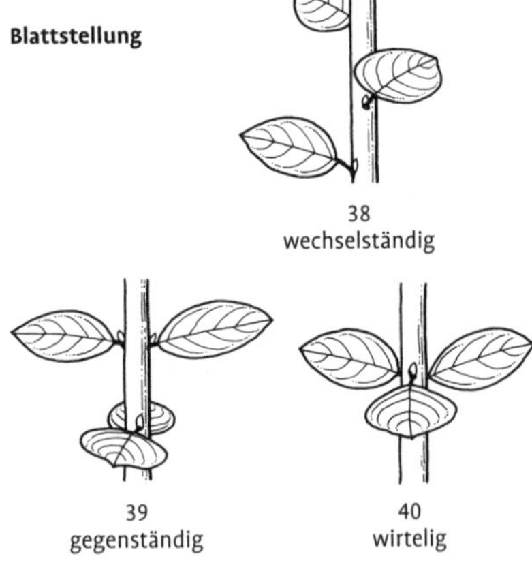

38
wechselständig

39
gegenständig

40
wirtelig

Blatt

<u>Allgemein</u>

Blättchen (42, 45-49): Fiederblättchen zusammengesetzter Blätter
Blattdornen (43): zu Dornen umgewandelte Blätter (meist Nebenblätter)
Blattgrund (41): Ansatzstelle des Blattes an

Blatt allgemein

Spr
BS
NB
BG

41
einfaches Blatt mit Spreite (Spr), Blattstiel (BS), Blattgrund (BG) und Nebenblättern (NB)

Bl
Spi

42
unpaarig gefiedertes Blatt mit Blättchen (Bl) und Spindel (Spi)

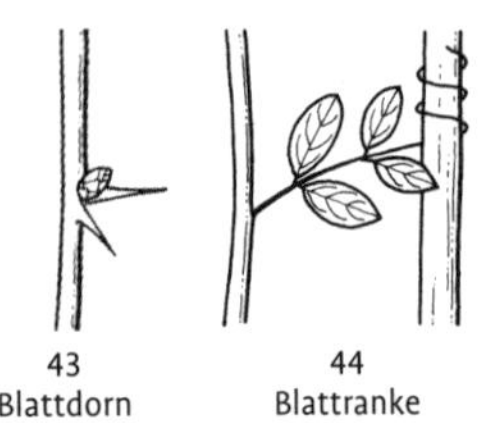

43
Blattdorn

44
Blattranke

der Sprossachse, oft mit Nebenblättern als Anhängsel
Blattranken (44): zu Ranken umgewandelte Blattspindel
Blattspindel s. Spindel
Buchten: Einschnitte zwischen Blattlappen
einfach (41): ungefiedert/ungefingert
Fieder s. Blättchen
immergrün: mindestens bis zum 2. Winter bleibend
Indument: auffällige Behaarung, z. B. bei vielen *Rhododendron*-Arten an der Blattunterseite
Nebenblätter (41): beidseitig des Blattstieles am Blattgrund entspringende kleine Blättchen/Schuppen/Zipfel
Rhachis s. Spindel
sommergrün: im ersten Herbst abfallend
Spindel (42): Verlängerung des Blattstieles bzw. spreitenfreie Mittelrippe bei gefiederten Blättern (Rhachis)
Spreite (41): Blattfläche
Stielbucht: Bucht an der Spreitenbasis neben dem Blattstiel
Stipeln s. Nebenblätter

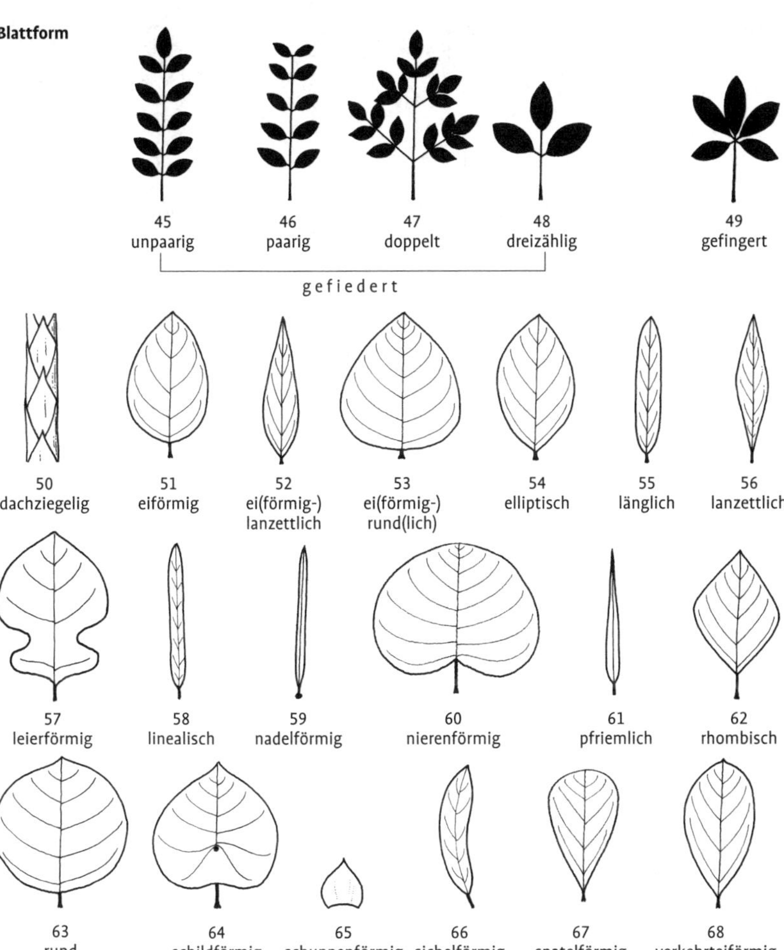

wintergrün: bis in den ersten Winter bleibend

Blattform

dachziegelig (50): schuppenförmige Blätter sich gegenseitig überdeckend
dreizählig (48): mit 3 Fiederblättchen
eiförmig (51): Blätter im unteren Drittel am breitesten, Länge zu Breite mindestens 1,5 : 1
eiförmig-lanzettlich (52): Blätter im unteren Drittel am breitesten, Länge zu Breite 2,5–3 : 1
eiförmig-rundlich (53): Blätter im unteren Drittel am breitesten, Länge zu Breite etwa 1 : 1
einfach (41): Blatt nicht gefiedert oder gefingert
eilanzettlich (52): Blätter im unteren Drittel am breitesten, Länge zu Breite mindestens 3 : 1
eirund (53): Blätter im unteren Drittel am breitesten, Länge zu Breite etwa 1 : 1
elliptisch (54): Blätter in der Mitte am breitesten, Länge zu Breite mindestens 2 : 1
gefiedert (42): Blatt mit mehreren Fiederblättchen entlang der Blattspindel
- **doppelt gefiedert (47):** Fiederblättchen nochmals gefiedert
- **paarig gefiedert (46):** ohne Endblättchen
- **unpaarig gefiedert (45):** mit Endblättchen

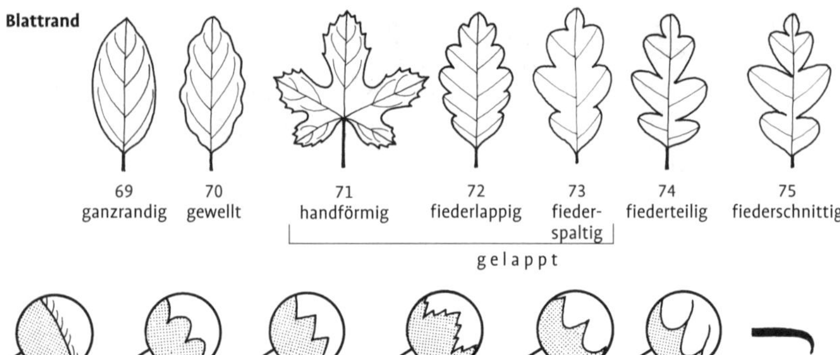

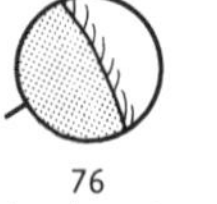

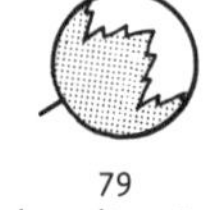

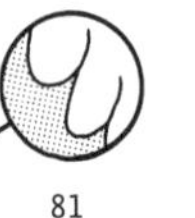

gefingert (49): Blatt mit mehreren Fiederblättchen, die am Blattstielende allesamt an derselben Stelle ansitzen
halbherzförmig: angedeutet herzförmig
halbnierenförmig: angedeutet nierenförmig
handförmig (gelappt o.Ä.) (71): Buchten zeigen zum Grund der Spreite
länglich (55): mit parallelen Rändern, Länge zu Breite mindestens 3:1
lanzettlich (56): Blätter in der Mitte am breitesten, laufen nach oben und unten spitz zu, Länge zu Breite mindestens 3:1
leierförmig (57): mit vergrößertem Endabschnitt und paarweise aufeinander zulaufenden Einschnitten
linealisch (58): Blattränder fast parallel, Länge zu Breite mindestens 4:1
nadelförmig (59): Blätter schmal, gleich breit, meist hart und spitz
nierenförmig (60): Blätter rundlich bis breiter als lang, an der Basis mit tiefem Einschnitt zwischen den beiden abgerundeten Blattlappen
pfriemlich (61): Blätter sehr schmal, starr, von der Basis allmählich in eine Spitze verschmälert
rautenförmig s. rhombisch
rhombisch (62): Blätter annähernd rautenförmig
rund (63): Blätter in der Mitte am breitesten, Länge zu Breite etwa 1:1
schildförmig (64): Blattstiel endet in der Blattspreite
schuppenförmig (50, 65): Blätter kurz, derb, dem Spross anliegend
sichelförmig (66): linealisch bis eilanzettlich und längs gebogen
spatelförmig (67): Blätter mit gestutzter Spitze, im oberen Drittel am breitesten
verkehrteiförmig (68): Blätter eiförmig, aber im oberen Drittel am breitesten

Blattrand

bewimpert (76): mit abstehenden feinen Härchen
borstig bewimpert (76): mit abstehenden Borsten (sehr dicken, steifen Haaren)
buchtig (71): gelappt mit abgerundeten Zwischenwinkeln
doppelt gesägt (79): Zähne nochmals gesägt
eingerollt (82): Blattrand nach unten einwärts umgebogen
eingeschnitten (72–75): gelappt mit spitzen Zwischenwinkeln
fiederförmig (gelappt o.Ä.) (72–75): Einschnitte zeigen zur Mittelrippe
fiederlappig (72): Lappen nur angedeutet, Buchten nur bis etwa ein Viertel der Tiefe jeder Blattseite
fiederschnittig (75): Buchten bis fast an den Hauptnerv
fiederspaltig (73): Buchten bis etwa zur halben Tiefe jeder Blattseite
fiederteilig (74): Buchten bis etwa drei Viertel der Tiefe jeder Blattseite
fingerförmig (gelappt o.Ä.) s. handförmig
ganzrandig (69): vollkommen glatt, ohne Einschnitte, Lappen oder Zähne
gekerbt (77): stumpfe Zähne mit spitzen Zwischenwinkeln
gelappt (71–73): mit größeren Einschnitten bis höchstens etwa zur Mitte der Spreitenhälfte

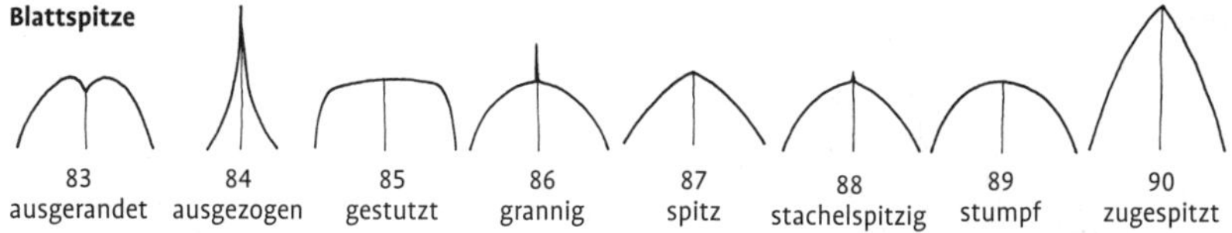

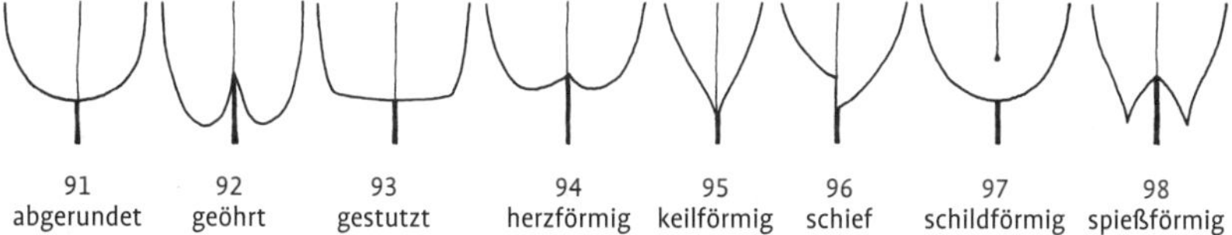

gesägt (78): spitze Zähne mit spitzen Zwischenwinkeln
gespalten (74, 75): mit größeren Einschnitten bis über die Mitte der Spreitenhälfte oder fast bis zum Hauptnerv
gewellt (70): ganzrandig, aber auf- und absteigend
gezähnt (80): spitze Zähne mit stumpfen Zwischenwinkeln
grannig (gezähnt o.Ä.) (81): mit Grannenspitzchen
handförmig (gelappt o.Ä.) (71): unterste Lappen zeigen zum Grund der Spreite
wimperborstig s. borstig bewimpert

<u>Blattspitze</u>
abgerundet s. stumpf
ausgerandet (83): an der Spitze eingeschnitten
ausgezogen (84): lang zugespitzt
gestutzt (85): wie abgeschnitten
grannig (86): mit verlängerter borstiger Spitze
spitz (87): Winkel beider Blattränder 45–90°
stachelspitzig (88): mit kurzer borstiger Spitze
stumpf (89): Winkel beider Blattränder über 90°, wenn nicht winklig, sondern konvexbogig: abgerundet
stumpf-spitzig: mit angedeuteter Spitze
zugespitzt (90): Winkel beider Blattränder etwa 45°

<u>Spreitenbasis</u>
abgerundet (91): einen Bogen bildend
asymmetrisch s. schief
geöhrt (92): mit 2 Lappen beiderseits des Blattstieles
gestutzt (93): fast waagerecht
herzförmig (94): mit Einbuchtung am oberen Blattstielende
keilförmig (95): allmählich in den Stiel übergehend
schief (96): asymmetrisch
schildförmig (97): Blattstiel endet in der Blattspreite
spießförmig (98): mit 2 Zipfeln beiderseits des Blattstieles

<u>Nervatur</u>
bogig (99): Seitennerven in weitem Bogen zur Blattspitze verlaufend
fiedernervig (100): Spreite mit einem Hauptnerv und deutlich untergeordneten Seitennerven

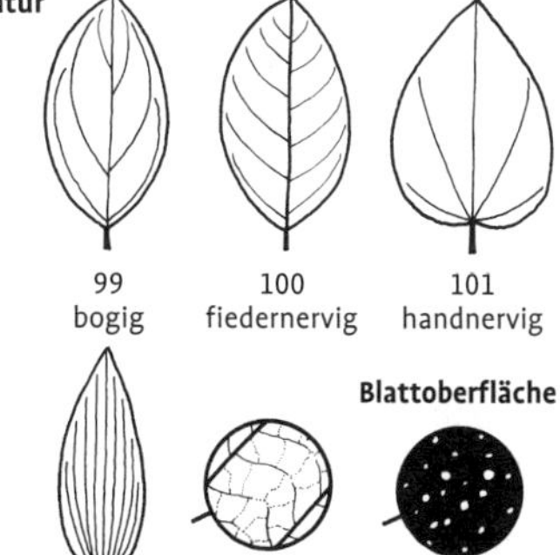

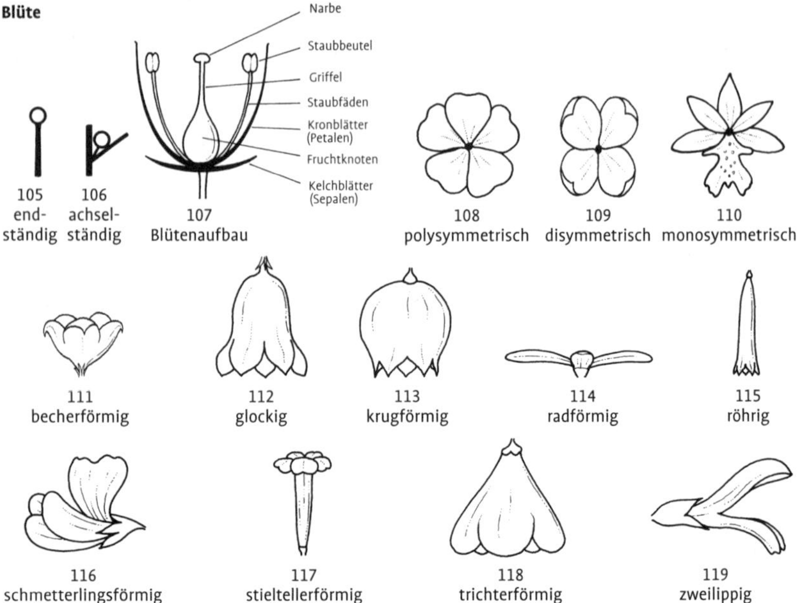

handnervig (101): mehrere Hauptnerven am Ende des Blattstieles entspringend
netznervig (103): Seitennerven sind durch schwächere Nerven miteinander verbunden
parallel (102): Hauptnerven verlaufen annähernd parallel zur Blattspitze

Blattoberfläche
blasig aufgetrieben: mit größeren Ausstülpungen
durchscheinend (104): gegen das Licht mit durchscheinenden Punkten oder Rändern
gewölbt: löffelartig
papillös: mit lokalen warzenförmigen Verdickungen oder Vorsprüngen
runzelig: mit kleinen Einwölbungen und Ausstülpungen

Blüte

achselständig (106): in den Achseln von Tragblättern
Antheren: Staubbeutel
becherförmig (111): Kronröhre gleichmäßig breit nach außen strebend
bilateral s. disymmetrisch
Brakteen: Tragblätter einer Blüte, oft auffällig gefärbt
Deckblätter: Tragblätter einer Blüte
Diskus: ring- oder scheibenförmiger Wulst im Grund von Blüten
disymmetrisch (109): mit 2 Symmetrieebenen, die senkrecht zueinander stehen
eingeschlechtig: männliche oder weibliche Bestandteile fehlend
einhäusig: männliche und weibliche Blüten auf demselben Individuum
endständig (105): am Ende von Trieben
glockig (112): Röhre erweitert sich nach vorne glockenartig geschwungen
Hochblätter: meist farblich und in der Größe abgewandelte Blätter im Blütenbereich
Kelch: äußere Hülle einer Blüte mit Kelch- und Kronblättern
kreiselförmig: Röhre wie ein Kreisel mittig ausgebaucht
krugförmig (113): basal birnenförmig, vorne verengt
Micropyle: kleine Öffnung der Samenanlage
mittelständiger Fruchtknoten (121): Fruchtknoten auf Ebene des Blütenbodens, nicht mit diesem verwachsen
monosymmetrisch (110): mit 1 Symmetrieebene
oberständiger Fruchtknoten (120): Fruchtknoten oberhalb des Blütenbodens
Perianth: Blütenhülle; entweder aus gleich-

Fruchtknoten

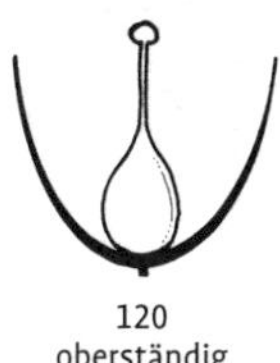
120
oberständig

121
mittelständig

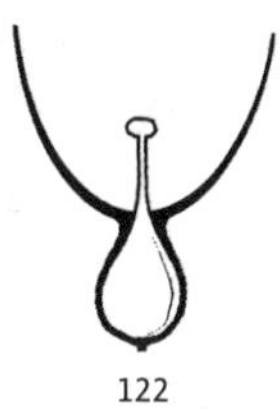
122
unterständig

Blütenstand

123
Ähre

124
Dolde

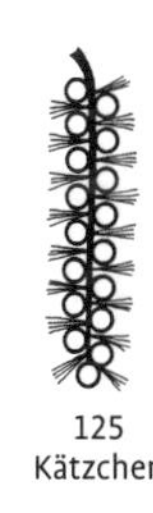
125
Kätzchen

126
Köpfchen

127
Rispe

128
Thyrse

artigen Blütenhüllblättern (Perigon) bestehend oder in Kelch und Krone gegliedert
Perigon: Blütenhülle, wenn Kelch und Krone nicht unterscheidbar
Petalen (107): Kronblätter
polygam: zwittrige und eingeschlechtige Blüten gleichzeitig aufweisend
polysymmetrisch (108): mit mehr als 2 Symmetrieebenen
radförmig (114): Röhre kurz, Saum flach ausgebreitet
radiär s. polysymmetrisch
röhrig (115): verwachsene Kronblätter bilden eine enge Röhre
schalenförmig: Krone ausgebreitet mit hochgebogenem Rand
schmetterlingsförmig (116): Krone freiblättrig, mit einem aufwärts gestellten Kronblatt (Fahne), 2 seitlich stehenden (Flügel) und 2 meist miteinander z. T. verbundenen unteren Kronblättern (Schiffchen)
Sepalen (107): Kelchblätter
Stamina (107): Staubblätter (mit Staubbeutel und Staubfaden)
Staminodien: sterile Staubblätter (ohne Nektar), oft kronblattartig
Staubblätter: s. Stamina
stieltellerförmig (117): Röhre lang und eng, Saum flach ausgebreitet
Tepalen: Blütenhüllblätter, wenn Kelch und Krone nicht unterscheidbar (s. Perigon)
Tragblätter: Blätter, aus deren Achsel ein Seitenspross hervorgeht
trichterförmig (118): Röhre erweitert sich gleichmäßig zum offenen Ende hin
unterständiger Fruchtknoten (122): Fruchtknoten unterhalb des Blütenbodens, mit diesem verwachsen
urnenförmig: ähnlich glockig **(112)** oder trichterförmig **(118)**, aber vorne etwas verengt
walzenförmig: verwachsene Kronblätter bilden eine weite Röhre
zweihäusig: Gehölz nur mit männlichen oder weiblichen Blüten auf einem Individuum
zweilippig (119): verwachsene Krone, die (mehrere) obere und untere Zipfel aufweist
zwittrig: beide Geschlechter in einer Blüte gemeinsam vorhanden
zygomorph s. monosymmetrisch

Blütenfarbe

Bei den Beschreibungen wird in der Regel von Blütenfarbe gesprochen. Dies ist eindeutig, wenn die Blütenhülle (Perianth) ein Perigon ist. Bei Arten mit einer Blütenhülle, die in Krone und Kelch gegliedert ist, handelt es sich um die Farbe der Krone bzw. Kronblätter (Petalen). Wenn der Kelch nicht grün ist, sondern andersfarbig, wird seine Farbe bzw. die der Kelchblätter (Sepalen) zusätzlich angegeben. Dies trifft auch für auffällig gefärbte andere Blütenorgane zu, z. B. Staubblätter (Stamina).

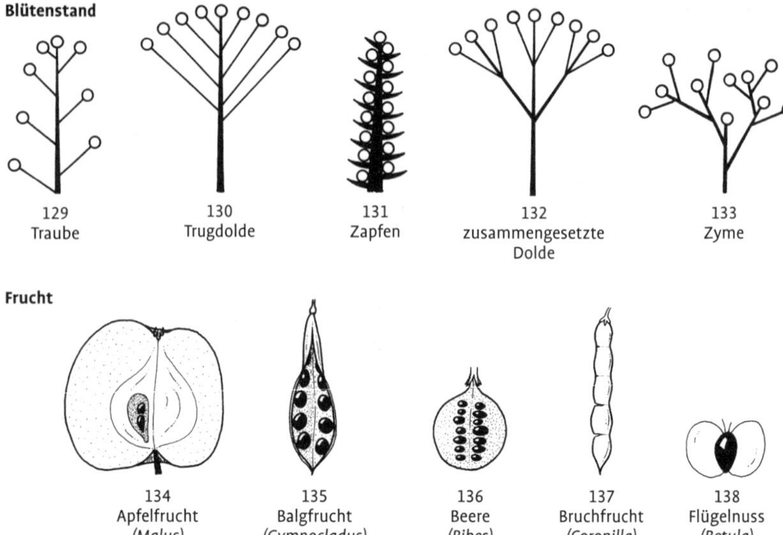

Blütenstand

Ähre (123): Blüten ungestielt an unverzweigter Hauptachse sitzend
Dolde (124): Blüten alle in einer (evtl. etwas gewölbten) Ebene und Blütenachsen alle von einem Punkt entspringend
Kätzchen (125): zahlreiche Blüten einzeln oder dicht gedrängt an einer biegsamen Hauptachse sitzend, oft hängend und/oder mit plüschiger Behaarung
Köpfchen (126): Blüten dicht am Ende der verdickten Hauptachse sitzend
Rispe (127): gestielte Blüten an mehrfach verzweigten Seitenachsen sitzend
Thyrse (128): Rispe mit maximal 2 Verzweigungen jeder Seitenachse (auch höherer Ordnungen)
Traube (129): gestielte Blüten an unverzweigter Hauptachse sitzend
Trugdolde (130): Blüten wie bei Dolde in einer Ebene, aber Blütenachsen nicht alle von einem Punkt entspringend, z. T. verzweigt
Zapfen (131): verholzender Blütenstand (meist Ähre)
zusammengesetzte Ähre/Dolde (132): Ähre/Dolde mit wiederum Ähren/Dolden anstelle von Einzelblüten
Zyme (133): Blütenstand mit Endblüte, die von der/den oberen Seitenachse(n) übergipfelt wird, an welcher/welchen sich dieses Prinzip wiederholt
Dichasium: mit 2 Seitenachsen
Monochasium: mit 1 Seitenachse)
Pleiochasium: mit mehr als 2 Seitenachsen je Verzweigung

Frucht

Apfelfrucht (134): Sammelfrucht, bei der die Fruchtblätter in die fleischige Blütenachse eingesenkt und mit ihr verwachsen sind
Arillus: fleischiger Samenmantel, der den reifen Samen ganz oder teilweise einhüllt
Balgfrucht (135): aus 1 Fruchtblatt entstandene Streufrucht, öffnet sich nur an der Verwachsungsnaht
Beere (136): Saftfrucht (Schließfrucht), Fruchtwand fleischig, Samen in Fruchtfleisch eingebettet
Bruchfrucht (137): reif quer zerbrechend
Einzelfrucht: aus 1 Blüte mit 1 Fruchtknoten
Endokarp: innere Fruchtwandschicht
Exokarp: äußere Fruchtwandschicht
Flügelnuss (138): Nuss mit Flügel als Flugorgan
Hülse (139): aus 1 Fruchtblatt entstanden, sich an Bauch- und Rückennaht öffnend
Kapsel (140): Streufrucht, aus mehreren Fruchtblättern entstanden

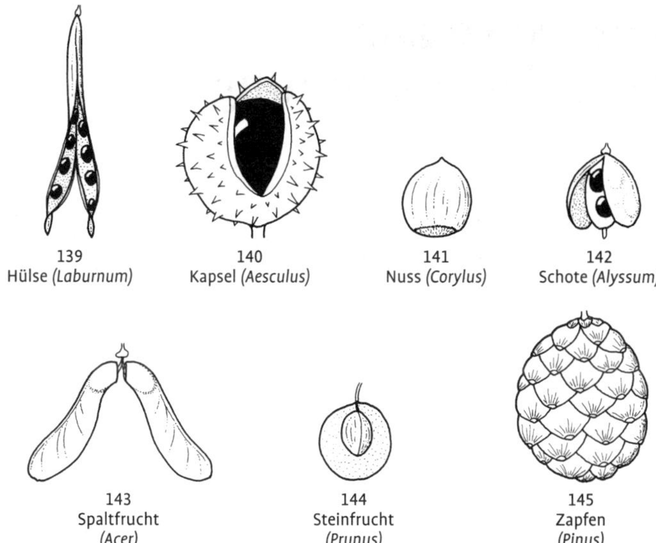

139
Hülse *(Laburnum)*

140
Kapsel *(Aesculus)*

141
Nuss *(Corylus)*

142
Schote *(Alyssum)*

143
Spaltfrucht
(Acer)

144
Steinfrucht
(Prunus)

145
Zapfen
(Pinus)

Kupula: Fruchtbecher, in dem sich die Früchte befinden (nur bei wenigen Arten)
Mesokarp: Mittelschicht der Fruchtwand
Nuss (141): Fruchtwand trocken (verholzt oder ledrig), enthält meist nur 1 Samen (Schließfrucht)
Perikarp: Fruchtwand
Saftfrucht: Fruchtwand (wenigstens teilweise) fleischig
Sammelfrucht: aus mehreren freien Fruchtblättern bestehend
Scheinfrucht: wie Sammelfrucht oder nicht allein aus Blütenbestandteilen entstanden
Schließfrucht: bei Reife als Ganzes abfallend (Einzelfrucht)
Schote (142): aus 2 Fruchtblättern entstanden, sich an Längsscheidewand öffnend (Streufrucht)
Spaltfrucht (143): bei Reife Längsspaltung (Zerfallfrucht)
Steinfrucht (144): äußere Fruchtwandschicht fleischig, innere verholzt (Stein, „Kern") (Schließfrucht)
Streufrucht: öffnet sich bei der Reife an der Mutterpflanze
Zapfen (145): verholzter Samen- oder Fruchtstand
Zerfallfrucht: zerfällt bei der Reife (öffnet sich nicht)

4 Hinweise zur Gehölzverwendung

Unter Mitarbeit von Peter A. Schmidt

4.1 Winterhärtezonen

(Karten auf den Einband-Innenseiten des Buches)

Unsere Garten-, Park- und Forstgehölze stammen überwiegend aus verschiedenen Klimazonen der nördlichen Halbkugel (aus der südlichen können wir nur wenige kultivieren). Vor allem dank ihrer unterschiedlich hohen Frostresistenz sind sie dem Klima dieser Zonen angepasst.

Grundlage der hier behandelten Winterhärtezonen sind die mittleren jährlichen Minima der Lufttemperatur. Die Gründe dafür werden von Heinze und Schreiber (1984) ausführlich dargelegt. Sie führen u. a. aus, dass die absoluten Minima der Lufttemperatur ein recht uneinheitliches Bild von Einzeldaten ergeben, das sich schwerer zu Zonen zusammenfassen lässt als die mittleren Minima, und dass vor allem die in den USA für die USA und Kanada vorgenommene Kartierung ebenfalls die mittleren jährlichen Minima zur Grundlage hat, wodurch sich Vergleichsmöglichkeiten ergeben.

Die Karte weist zehn Zonen auf, von denen die Zonen 2 bis 10 in Halbzonen a und b unterteilt sind. Mit Ausnahme der Zonen 1 und 10 umfassen alle anderen Zonen gleichmäßig 10 °F (= 5,5 °C).

Erst 1984 haben Heinze und Schreiber für den europäischen Raum wirklich geeignete Winterhärtezonen-Karten entwickelt. Darin werden die Temperaturgrenzen der Zonen der *USDA Map* übernommen, die Temperaturgrade allerdings von Fahrenheit in Celsius umgerechnet. Die Übernahme der amerikanischen Zoneneinteilung erlaubt hinsichtlich der Winterhärte von Gehölzen Vergleiche zwischen Nordamerika und Europa. Den zehn Zonen der *USDA Map* wurde eine elfte Zone hinzugefügt (siehe Tab. 2), weil auf Malta, Lampedusa, den Azoren und Madeira die mittleren jährlichen Minima der Lufttemperatur höher liegen als +4,4 °C (= +40 °F), die zehnte Zone der nordamerikanischen Einteilung aber bei +40 °F aufhört.

Das für die Karten als Maßzahl zugrunde gelegte „mittlere jährliche Minimum der Lufttemperatur“ wird folgendermaßen errechnet: Die in den Wetterhütten der einzelnen Stationen 2 m über – soweit vom Klima her möglich – rasenbedecktem Boden im Laufe langfristiger Messperioden gemessenen alljährlichen Tiefsttemperaturen (absolute Minima der einzelnen Jahre) werden summiert und durch die Anzahl der Beobachtungsjahre dividiert. Diese Mittelwerte werden mit $t_{min\ J}$ bezeichnet.

In der Europakarte umfassen die Temperaturbereiche der Winterhärtezonen jeweils 5,5 °C; für Mitteleuropa sind diese Zonen in Halbzonen a und b unterteilt (siehe Tab. 3).

In Europa, von Nordrussland bis zu den Azoren, kommen alle elf Winterhärtezonen vor, in Mitteleuropa nur die Zonen 5 bis 8. Ihre Unterteilung in Halbzonen (auf der Mitteleuropakarte durch eine gestrichelte Linie kenntlich gemacht) berücksichtigt die regional differenzierten mitteleuropäischen Bedingungen und ermöglicht besser abgestufte Aussagen über die Anbaufähigkeit von Gartengehölzen in einer bestimmten Region. Bei Heinze und Schreiber (1984) wird die Abgrenzung der Zonen eingehend besprochen, wobei unter anderem auch die Gründe für die Ausweisung einer größeren Anzahl kleinräumiger Exklaven dargelegt werden, obwohl in den Karten nicht alle lokalklimatischen Besonderheiten berücksichtigt werden konnten. Bei der Auswertung der Klimadaten bestätigte sich unter anderem, dass Stadtstationen in der Regel eine Halbstufe wärmer einzustufen sind als deren weitere Umgebung und dass sich Wasserflächen – falls sie während strenger Winter nicht zufrieren – ebenso günstig auswirken wie warme Hangzonen, Kuppen und Rücken, während in Mulden und Tälern ungünstigere Bedingungen herrschen. Außerdem wurde nördlich der Alpen keine wesentliche Höhenabhängigkeit der Winterhärtezonen festgestellt: bis 1500 m über NN herrscht hier einheitlich die Zone 6b. Der Südabfall der Alpen zeigt dagegen eine deutliche Höhenabstufung der Winterhärtezonen (siehe Tab. 4).

Tab. 2: Winterhärtezonen und deren Temperaturbereiche, resultierend aus der mittleren jährlichen Minimumtemperatur $t_{min\,J}$ (nach HEINZE und SCHREIBER 1984)

Zone	°F	°C
1	unter −50	unter −45,5
2	−50 bis −40	−45,5 bis −40,1
3	−40 bis −30	−40,0 bis −34,5
4	−30 bis −20	−34,4 bis −28,9
5	−20 bis −10	−28,8 bis −23,4
6	−10 bis 0	−23,3 bis −17,8
7	0 bis +10	−17,7 bis −12,3
8	+10 bis +20	−12,2 bis −6,7
9	+20 bis +30	−6,6 bis −1,2
10	+30 bis +40	−1,1 bis +4,4
11	über +40	über +4,4

Tab. 3: Winterhärtezonen-Einteilung für Mitteleuropa (nach HEINZE und SCHREIBER 1984)

Zone	°F	°C
5b	−15 bis −10	−26,0 bis −23,4
6a	−10 bis −5	−23,3 bis −20,6
6b	−5 bis 0	−20,5 bis −17,8
7a	0 bis +5	−17,7 bis −15,0
7b	+5 bis +10	−14,9 bis −12,3
8a	+10 bis +15	−12,2 bis −9,5
8b	+15 bis +20	−9,4 bis −6,7

Zuordnung der Gehölze zu den Winterhärtezonen

Bringt man die langfristigen Erfahrungen mit dem Gedeihen von Gehölzen in den verschiedenen Gebieten mit den klimatologischen Zonen der Winterkälte in Zusammenhang, so werden aus den zunächst rein klimatologischen Karten auch Karten der Kulturareale und damit der Winterhärte von Gehölzen. Nur mit diesen langfristigen Erfahrungen ist die Zuordnung von Gehölzen zu Winterhärtezonen möglich (SCHREIBER 2000). Inwieweit sich der derzeitige Klimawandel auswirkt bzw. auswirken wird, kann (noch) nicht prognostiziert werden. Über Szenarien mit verschiedenen Annahmen zu Temperatur- und Niederschlagsveränderungen sowie Expertenwissen können gewisse Vorstellungen entwickelt werden (z. B. Studien des Bundes Deutscher Baumschulen oder der Gartenamtsleiterkonferenzen, Deutsche Baumpflegetage oder Dresdner StadtBaumtage). Zu ausgewählten Arten liegen Daten für die letzten Jahrzehnte vor, sichere Aussagen für die Vielzahl kultivierter Gehölze sind aber nicht möglich. Es sind langfristige Beobachtungen erforderlich (z. B. Projekt „Stadtgrün 2021“ der Bayerischen Landesanstalt für Weinbau und Gartenbau), um eine Revision bisheriger Karten der Winterhärtezonen vornehmen zu können. Eine allgemeine Erwärmung durch Erhöhung durchschnittlicher Temperaturen bedeutet außerdem nicht, dass die Winterhärte vernachlässigt werden kann, da lange Winter mit strengen Frösten ebenfalls auftreten. Der Klimawandel ist von

Tab. 4: Winterhärtezonen in unterschiedlicher Höhe nach einem Querschnitt durch die Alpen im Bereich Tirols (nach HEINZE und SCHREIBER 1984)

	Entfernung vom Gebirgsrand in km						
Höhe m	Nord 0–30	30–60	60–90	Mitte	90–60	60–30	30–0 Süd
3000		5b	5a	5a	5a		
2500		6a	5b	6a	6a	5b	
2000	6b	6b	5b	6b	6a	6b	7a
1500	6b	6b	6b	6b	7a	7a	
1000	6b	6b	6b	7a	7a	7a	7a
500	6b	6b	6b	8a	8a	8a	8a
250	–	–	–	–	8a	8b	8b
	Höhe der möglichen Waldgrenze						
	1700 m	2000 m	2300 m	2400 m	2300 m	2100 m	1900 m

Tab. 5: Winterhärte-Indikatorpflanzen* (nach Heinze und Schreiber 1984)

Zone	Botanischer Name	Deutscher Name
1	*Picea obovata*	Sibirische Fichte
	Pinus sylvestris	Wald-Kiefer
	– cembra subsp. *sibirica*	Sibirische Zirbel-Kiefer
	Ribes nigrum	Schwarze Johannisbeere
	Betula pubescens	Moor-Birke
	– nana	Zwerg-Birke
	Populus tremula	Zitter-Pappel
2	*Picea abies*	Europäische Fichte
	Potentilla fruticosa var. *fruticosa*	Gewöhnlicher Fingerstrauch
	Salix pentandra	Lorbeer-Weide
3	*Alnus glutinosa*	Schwarz-Erle
	Caragana arborescens	Gewöhnlicher Erbsenstrauch
	Frangula alnus	Gewöhnlicher Faulbaum
4	*Quercus robur*	Stiel-Eiche
	Tilia cordata	Winter-Linde
	Acer platanoides	Spitz-Ahorn
	Rhamnus cathartica	Echter Kreuzdorn
	Fraxinus excelsior	Gewöhnliche Esche
5	*Acer campestre*	Feld-Ahorn
	Cornus mas	Kornelkirsche
	Taxus cuspidata	Japanische Eibe
6	*Buxus sempervirens*	Gewöhnlicher Buchsbaum
	Hedera helix	Gewöhnlicher Efeu
	Juglans nigra	Schwarze Walnuss
	Quercus petraea	Trauben-Eiche
	Taxus baccata	Gewöhnliche Eibe
7	*Cedrus atlantica*	Atlas-Zeder
	Ilex aquifolium	Stechpalme, Hülse
	Prunus laurocerasus	Lorbeerkirsche
8	*Araucaria araucana*	Chilenische Araukarie
	Cupressus sempervirens (nur wärmere, insbesondere sommerwarme Teile der Zone 8)	Echte Zypresse
	Magnolia grandiflora	Immergrüne Magnolie
	Pinus pinaster	Strand-Kiefer
	Quercus ilex	Stein-Eiche
	Trachycarpus fortunei (nur wärmere Teile der Zone 8)	Japanische Hanfpalme
9	*Chamaerops humilis*	Zwerg-Palme
	Citrus-Arten	Zitrusgewächse
	Eucalyptus globulus (nur wärmere Teile der Zone 9)	Blaugummibaum
	Jubaea chilensis	Honigpalme
	Laurus nobilis	Lorbeer
	Myrtus communis (nur wärmere Teile der Zone 9)	Myrte
	Nerium oleander (nur wärmere Teile der Zone 9)	Oleander

Tab. 5: Winterhärte-Indikatorpflanzen* (Fortsetzung)

Zone	Botanischer Name	Deutscher Name
	Olea europaea	Ölbaum
	*Phoenix canariensis*** (nur wärmere Teile der Zone 9)	Kanarische Dattelpalme
	Pinus pinea (in Zone 8 in kalten Wintern regelmäßig schwerste Schäden, doch Wiederaustrieb)	Pinie
	Viburnum tinus (auch wärmste Teile der Zone 8)	Lorbeer-Schneeball
10	*Annona cherimola*	Cherimoya
	Ceratonia siliqua	Johannisbrotbaum
	Ficus elastica (nur wärmste Teile der Zone 10)	Gummibaum
	Musa basjoo, Ensete ventricosum	Bananen
	*Phoenix dactylifera***	Echte Dattelpalme
11	*Cocos nucifera*	Kokos-Palme
	Chrysalidocarpus lutescens	Goldblatt-Palme
	Theobroma cacao	Kakaobaum
	Spathodea campanulata	Afrikanischer Tulpenbaum

* Pflanzen, deren Kulturareal jeweils in der Winterhärtezone beginnt, in der sie aufgeführt sind. Die Tabelle bringt eine Auswahl von Gehölzen.

** *Phoenix canariensis* und *P. dactylifera* unterscheiden sich hinsichtlich ihrer Kälteresistenz sehr wenig. Hinsichtlich ihres sommerlichen Wärmebedarfs ist der Unterschied jedoch sehr groß. Die Früchte von *P. dactylifera* reifen nur an sehr heißen Standorten aus.

extremen Witterungsereignissen begleitet – so neben Dürre, Starkregen und Stürmen auch von zeitweise tiefen Wintertemperaturen. Besonders problematisch sind dabei die räumlich differenziert auftretenden Kombinationen von Faktoren, die sich aus Erwärmung, Trockenheit und Frost ergeben, was regional wiederum sehr unterschiedliche Auswirkungen zur Folge hat. Nicht nur die Anpassungsfähigkeit der Gehölze an die klimatischen Veränderungen ist zu berücksichtigen, sondern auch der Wandel anderer abiotischer Standortbedingungen (z. B. Nährstoff- und Wasserhaushalt des Bodens) und des Spektrums an potenziellen Schad- und Krankheitserregern (z. B. Pilze, Insekten).

Auf der Grundlage der Winterhärtezonen-Karte von Heinze und Schreiber (1984) hat A. Bärtels in der „Enzyklopädie der Gartengehölze" (Bärtels 2001) bei den im lexikalischen Teil beschriebenen Gehölzarten – wie in der 2. und 3. Auflage des Buches „Gartengehölze" (Bärtels 1981 und 1991) – jeweils die Zone (auch außerhalb Mitteleuropas) angegeben, in der die betreffende Art in der Regel noch frosthart ist, in der also ihr Kulturareal beginnt.

Die Zuordnung eines Gehölzes zu der niedrigsten Winterhärtezone, in der es noch die entsprechenden Temperaturen erträgt, kann andererseits keine absolute Winterhärte in dieser Zone bedeuten: In extrem kalten Wintern werden die den jeweiligen Zonen zugrunde liegenden mittleren jährlichen Minima der Lufttemperatur stark unterschritten, wobei es dann zu mehr oder weniger großen Schäden an den Gehölzen kommen kann. Nach Heinze und Schreiber (1984) dürfte es realistisch sein, wenn man, ähnlich wie bei kanadischen Angaben (Quellet und Sherk 1967), eine etwa 80-prozentige Überlebenswahrscheinlichkeit der Gehölze in den angegebenen kältesten Zonen ihres Anbaugebietes zugrunde legt. Nach jahrzehntelangen Erfahrungen von A. Bärtels und W. Heinze kann man aber davon ausgehen, dass mindestens die hier in die Zone 7a und 7b eingestuften Gehölze eine höhere Überlebenschance haben als 80 %. Extremwinter treten in unterschiedlich großen, nicht vorhersehbaren Zeitabständen auf. Zwischen zwei Extremwintern lassen sich in weniger günstigen Zonen durchaus mit Erfolg auch empfindlichere Gartengehölze kultivieren; man muss sich nur darauf einstellen, dass diese im nächsten Extremwinter mehr oder weniger große Schäden davontragen können. HEINZE und SCHREIBER (1984) weisen außerdem darauf hin, dass einerseits ein sehr kalter Winter geringe Schäden verursachen kann, dass andererseits ausgesprochene Schadwinter aber nicht kalt sein müssen, wie KEMMER und SCHULZ (1955, zitiert bei HEINZE und SCHREIBER 1984) in einer Untersuchung über die Auswirkung besonders strenger Winter auf Obstgehölze nachgewiesen haben. Die Frostresistenz ist keine absolute Größe, obwohl sie eine genetisch fixierte Eigenschaft ist, die durch Umwelteinflüsse nur in gewissen Grenzen beeinflusst werden kann.

Einen Einfluss auf die Winterhärte hat neben der Bodenart (deren physikalische und chemische Eigenschaften, Struktur und Zustand) und einer optimalen Nährstoffversorgung als Grundlage für ein gesundes Wachstum unter anderem der Witterungsverlauf im Sommer und im Herbst: Nach einem mäßig warmen und trockenen Herbst, verbunden mit einer optimalen Wasserversorgung im Frühherbst, schließen die Gehölze rechtzeitig mit ihrem Wachstum ab, reifen gut aus und erreichen mit Sicherheit ihre spezifische Winterhärte.

Unter anderem beeinflusst die Bodenpflege den Wasserhaushalt eines Bodens, der vor allem bei immergrünen Gehölzen einen großen Einfluss auf die Winterhärte ausüben kann. Ist der Boden längere Zeit gefroren, können Gehölze mehr oder weniger stark unter Frosttrocknis leiden, vor allem in Verbindung mit langer Sonnenscheindauer und ausgeprägter Wintertrockenheit. Auf Sandböden sind Gehölze stärker gefährdet als auf schweren Böden. Eine Mulchdecke kann Frostschäden an den Wurzeln, die meist eine geringere Frosthärte besitzen als die Sprossteile, verhindern oder mindern.

Von erheblichem Einfluss ist auch der Beginn der Winterfröste. Im Laufe des Winters findet in Blättern, Knospen und Trieben eine ansteigende Frosthärtung statt, die sich zum Frühjahr hin allmählich wieder auflöst. Auch kleinklimatische Standortbedingungen können von beträchtlichem Einfluss sein. Durch deren geschicktes Ausnutzen lassen sich nicht selten Gehölze auch in solchen Winterhärtezonen mit Erfolg kultivieren, in denen sie sonst nicht mehr optimal gedeihen würden.

Bei Gehölzarten mit ausgedehnten natürlichen Arealen ist auch die Provenienz, die regionale Herkunft des Vermehrungsmaterials, von nicht zu unterschätzender Bedeutung.

Die Zuordnung der Garten- und Parkgehölze zu Winterhärtezonen ist eine gute Grundlage, um die Anbaufähigkeit und den Gartenwert einer Gehölzart in bestimmten Zonen und Kulturarealen zu beurteilen.

Um die Frostresistenz von Garten- und Parkgehölzen im mitteleuropäischen Raum und deren Zuordnung zu bestimmten Winterhärtezonen zu beurteilen, dienten A. BÄRTELS neben eigenen, über 60-jährigen Erfahrungen mit der Kultur von Gehölzen folgende Quellen als Grundlage:

1. Die natürlichen Areale der Gehölzarten,
2. Angaben zur Frosthärte von Gehölzen bei BEISSNER et al. (1903), SCHELLE (1909), SCHNEIDER (1904), REHDER (1994), HARRISON (1974) und HUXLEY et al. (1992),
3. Aufzeichnungen über Frostschäden an Gehölzen von JAHNEL & WATZLAWIK (1956/57, 1958/59, 1961), WOLF & KESSELRING (1911/12), KRAUS & HELEBRANT (1965),
4. zahlreiche Angaben über Frostschäden an Gehölzen und deren Verhalten in Extremwintern in verschiedenen Bänden der Mitteilungen der Deutschen Dendrologischen Gesellschaft (MDDG),
5. eine Erhebung über die in mittel-, nord- und osteuropäischen botanischen Gärten und Parkanlagen kultivierten Gehölze, die die Deutsche Dendrologische Gesellschaft durchgeführt hat (MDDG, Band 73, 74),
6. eine Umfrage der Deutschen Dendrologischen Gesellschaft bei ihren Mitgliedern im Sommer 1979 über Frostschäden an Gehölzen, die durch den strengen Winter 1978/79 verursacht wurden (BÄRTELS 1981),
7. die alljährlich von den botanischen Gärten in aller Welt verschickten Samenlisten (Index Seminum), aus denen zu ersehen ist, welche Gehölzarten unter den gegebenen klimatischen Bedingungen fruktifizieren.

Die Winterhärteangaben werden zu allen in diesem Buch beschriebenen Arten und Hybriden mitgeteilt. Von Ausnahmen abgesehen

(z. B. gelb-, weiß- oder buntlaubige Farbmutanten), kann man davon ausgehen, dass in der Regel auch Formen und Sorten über eine ähnliche Frostresistenz verfügen wie ihre Stammart; nicht selten sind Gartenformen sogar frosthärter als die Pflanzen aus dem natürlichen Areal der Art.
Trotz umfangreicher Nachforschungen liegt nicht für jede in diesem Buch behandelte Gehölzart die gleiche Anzahl an Informationen über ihre Winterhärte in der Gartenkultur vor. Deshalb sind die Aussagen über die Winterhärte nicht bei allen Arten gleich gut abgesichert; Mitteilungen über andere Erfahrungen mit der Winterhärte einer Gehölzart sind daher sehr willkommen.

4.2 Angaben zur natürlichen Verbreitung der Gehölze

Aus Peter A. Schmidt in A. Bärtels & P.A. Schmidt (2014)

Die Kenntnis des Areals einer Art erlaubt Schlussfolgerungen zu ihrer natürlichen Verbreitung und Ökologie, zur geografischen Ausdehnung und den klimatischen Bedingungen des Herkunftsgebietes. Daraus können Aussagen zu ihrer Anbaufähigkeit und -würdigkeit, zur Kultur und Pflege der Gehölze abgeleitet werden. Die natürliche Verbreitung kann verbal beschreibend wiedergegeben werden, in Karten oder durch Arealformeln, die Klimazonen (Temperaturgefälle, Humidität etc.) und Höhenstufenbindung berücksichtigen. Für das vorliegende Werk mit der außerordentlich hohen Zahl von Arten musste aus praktischen Gründen ein Kompromiss eingegangen werden, der nur teilweise Naturräume bzw. pflanzengeografische Aspekte berücksichtigt und überwiegend auf Kontinenten und politischen Grenzen (Staaten, Teilbereiche oder Zusammenfassung von Staaten) basiert. Auf Empfehlung des Verlags erfolgt eine Anlehnung an die Verbreitungsangaben im „Zander" (s. „Abkürzungen der Heimatgebiete" mit Tabelle und Karten in Erhardt et al. 2008), jedoch keine direkte Übernahme der dort ausgewiesenen Verbreitungsgebiete und -karten. Sowohl Abgrenzungen als auch Benennung können abweichen. Für die tropischen und subtropischen Gebiete erfolgten außerdem Vereinfachungen, da sie als Herkunftsgebiete für im Freiland kultivierte Gehölze kaum oder keine Bedeutung haben.

Die Verbreitungsangaben werden ähnlich wie im „Zander" nach Großräumen und diese wiederum in Regionen gegliedert (s. Tabelle und Karte). Diese Regionen können mehrere Staaten umfassen oder Teilgebiete von Staaten sein. Die Einteilung soll kurz erläutert werden, ohne alle in der Tabelle aufgeführten Regionen und Staaten aufzuzählen.

N-Amerika = Nordamerika und Grönland
Hierzu zählen neben Grönland und Alaska Westliches und Östliches Kanada sowie mehrere Teilräume der USA (jeweils Zusammenfassungen von Bundesstaaten).

Latein-Amerika = Lateinamerika
Hierzu zählen neben Mexiko, Mittelamerika und der Karibik der südamerikanische Kontinent, unterteilt in subtropisches und tropisches Südamerika (ohne weitere Untergliederung) und temperiertes bzw. australes Südamerika (nur südliches Chile und Argentinien bzw. Patagonien, hierzu auch Falklandinseln).

Europa = Europa und Nordafrika
Die Unterteilung basiert weit überwiegend auf Zusammenfassungen von Staaten, jedoch wurden Frankreich (äußerster Süden zu SW-Europa, sonst W-Europa) und der europäische Teil Russlands (Karelien und Kola-Halbinsel zu N-Europa, sonst O-Europa) zwei Regionen zugeordnet.

N-/O-Asien = Nord- und Ostasien
Neben Nordasien (asiatisches Russland mit drei Teilbereichen) werden Mongolei, China, Korea, Japan und Taiwan ausgewiesen. Für China werden Teilgebiete unterschieden, die jedoch nicht das gesamte China abdecken (deswegen in der Karte keine Grenzziehung).

SW-/M-Asien = Südwestasien (Naher Osten) und Mittelasien
Hierzu gehören neben Türkei (Kleinasien), Kaukasien, Levante (in Staaten untergliedert), Arabien (nicht untergliedert) und Irak der Iran und Mittelasien.

S-/SO-Asien = Süd- und Südostasien
Außer Afghanistan und Vorderindien (untergliedert in die Staaten) werden die anderen, der subtropischen und tropischen Zone zugehörigen Gebiete zu zwei Regionen zusammengefasst: südostasiatisches Festland und südostasiatischer Archipel.

Afr. = Afrika (außer Nordafrika)
Neben den Kapverdischen Inseln und der quer durch Afrika verlaufenden Sudan-Region werden West-, Zentral- und Ostafrika sowie zwei Gebiete für das südliche Afrika ausgewiesen. Als tropisches und subtropisches südliches Afrika werden mehrere Länder und ein Teil des Staates Südafrika zusammengefasst. Die Kap-Region von Südafrika wird wegen ihrer Eigenständigkeit als temperiertes bzw. australes südliches Afrika abgetrennt.

Austral. = Australien und Neuseeland
Während das tropische-subtropische Australien nicht unterteilt wird, werden für das temperierte bzw. australe Australien drei Regionen in Südaustralien unterschieden.

Außerdem werden Tasmanien und Neuseeland als Verbreitungsgebiete benannt.
Unabhängig von diesen Verbreitungsgebieten können bei Arten mit eng begrenzten Arealen (z. B. Lokalendemiten) kleinräumigere Angaben erfolgen, ohne dass ein solches Gebiet in der Tabelle aufgeführt ist. So bietet sich an, anstatt Japan eine konkrete japanische Insel anzugeben, wenn die Art z. B. nur auf Hokkaido oder in Zentral-Honshu vorkommt. Gebirgsarten können auf ein Gebirge begrenzt sein, das sich aber über mehrere Länder oder Regionen erstreckt (z. B. Himalaja). In diesen Fällen werden meist die Gebirge direkt genannt (Auswahl von Gebirgen s. Tabelle).

Übersicht der Verbreitungsangaben zu den Gehölzen

N-Amerika	Nordamerika und Grönland
Grönland	**Grönland**
Alaska	**Alaska**
Kanada	**Kanada**
W-Kanada	Westliches Kanada: British Columbia, Alberta, Saskatchewan, Yucon, District of Mackenzie
O-Kanada	Östliches Kanada: Manitoba, District of Keewatin, Ontario, Québec, Labrador, Neufundland (mit St. Pierre und Miquelon), New Brunswick, Prince Edward-Insel, Nova Scotia
USA	**USA** (Vereinigte Staaten von Amerika)
NW-USA	Nordwesten der USA: Washington, Oregon
W-USA	Westen der USA: Kalifornien, Montana, Idaho, Wyoming, Nevada, Utah, Colorado
SW-USA	Südwesten der USA: Arizona, New Mexico
Z-USA	Zentral-USA: North Dakota, South Dakota, Nebraska, Kansas, Oklahoma, Texas
NO-USA	Nordosten der USA: Maine, Vermont, New Hampshire, Massachusetts, Rhode Island, Connecticut, New York, New Jersey, Pennsylvania, Delaware, Maryland, Virginia, West Virginia, Kentucky
NOZ-USA	Nordosten der Zentral-USA: Minnesota, Wisconsin, Michigan, Ohio, Indiana, Illinois, Iowa, Missouri
SO-USA	Südosten der USA: Arkansas, Louisiana, Mississippi, Tennessee, Alabama, Georgia, North Carolina, South Carolina, Florida
Latein-Amerika	**Lateinamerika**
Mexiko	**Mexiko**
M-Amerika	**Mittelamerika:** Belize, Guatemala, Honduras, El Salvador, Nicaragua, Costa Rica, Panama
Karibik	**Karibische Inseln** (Westindien): Kuba, Haiti, Dominikanische Republik, Jamaika, Puerto Rico, Bahamas, Kleine Antillen
Trop. S-Amerika	**Tropisches und subtrop. Südamerika:** Venezuela, Kolumbien, Ekuador, Peru, Bolivien, Uruguay, Paraguay, Brasilien, N-Argentinien, N-Chile
Temp. S-Amerika	**Temperiertes (oder australes) Südamerika**
Chile	Südliches Chile
Argentinien	Südliches Argentinien
Europa	**Europa und Nordafrika**
N-Europa	**Nordeuropa:** Dänemark, Island, Norwegen, Schweden, Finnland, Russland z.T. (Kola-Halbinsel, Karelien)
W-Europa	**Westeuropa:** Großbritannien, Irland, Niederlande, Belgien, Luxemburg, Frankreich (außer äußerster Süden und Korsika)
SW-Europa	**Südwesteuropa:** Portugal (ohne Azoren und Madeira), Spanien (mit Balearen, ohne Kanaren), Südfrankreich
S-Europa	**Südeuropa:** Italien, Korsika, Malta
M-Europa	**Mitteleuropa**
ZM-Europa	Zentrales Mitteleuropa: Deutschland, Schweiz, Österreich
OM-Europa	Östliches bis südöstliches Mitteleuropa: Polen, Tschechien, Slowakei, Ungarn, Rumänien
SO-Europa	**Südosteuropa** (Balkanhalbinsel): Slowenien, Kroatien, Bosnien-Herzegowina, Serbien, Montenegro, Mazedonien, Bulgarien, Albanien, Griechenland
O-Europa	**Osteuropa:** Baltische Staaten (Litauen, Lettland, Estland), europäisches Russland (außer Kola-Habinsel und Karelien), Weißrussland, Ukraine, Moldawien
Makaronesien	**Makaronesien:** Madeira, Kanaren, Azoren
N-Afrika	**Nordafrika:** Marokko, Algerien, Tunesien, Libyen, Ägypten

Übersicht der Verbreitungsangaben zu den Gehölzen (Forts.)

N-/O-Asien	**Nord- und Ostasien**
N-Asien	**Nordasien**
W-Sibirien	Westsibirien (Ural bis zum Jenissei)
O-Sibirien	Ostsibirien (östlich Jenissei, mit Baikalgebiet und Daurien, ohne russisches Pazifikgebiet)
Russ. Ferner Osten	Russischer Ferner Osten (Pazifikgebiet von Kamtschatka bis Amurgebiet, Sachalin, Kurilen)
Mongolei	**Mongolei**
China	**China**
Tibet	Tibet
Mandschurei	Mandschurei
Xinjian	Xinjian (Xin-Jiang, Sinkiang)
Sichuan	Sichuan (Si-Chuan, Setschuan)
Yunnan	Yunnan
S-China	Südchina (südlich des Qin-lin/Tsinglingshan)
N-China	Nordchina (nördlich des Qin-lin)
Taiwan	**Taiwan**
Korea	**Korea**
Japan	**Japan**
SW-/M-Asien	**Südwestasien (Naher Osten) und Mittelasien**
Türkei	**Türkei** (Kleinasien, ohne europäischen Teil)
Kaukasien	**Kaukasien:** Kaukasus-Region mit Nordkaukasien (überwiegend zu Russland) und Südkaukasien (Georgien, Armenien, Aserbaidschan)
N-Kaukasien	Großer Kaukasus und Nordkaukasisches Vorland
S-Kaukasien	Südkaukasien (Armenien, Aserbaidschan, Georgien und angrenzende Gebiete der Türkei und Irans)
Levante	**Levante**
Syrien	Syrien
Libanon	Libanon
Israel	Israel
Jordanien	Jordanien
Zypern	Zypern
Arabien	**Arabien** (mit Kuweit, Arabische Emirate, Oman, Jemen) und Irak
Iran	**Iran**
M-Asien	**Mittelasien:** Kasachstan, Turkmenistan, Usbekistan, Kirgistan, Tadschikistan
S-/SO-Asien	**Südasien und Südostasien**
Afghanistan	**Afghanistan**
Vorderindien	**Vorderindien**
Pakistan	Pakistan
Indien	Indien
Nepal	Nepal
Bhutan	Bhutan
Bangladesh	Bangladesh
Sri Lanka	Sri Lanka
SO-Asiat. Festland	**Südostasiatisches Festland:** Myanmar (Birma), Thailand, Laos, Kambodscha, Vietnam
SO-Asiat. Archipel	**Südostasiatischer Archipel** (einschl. Malaiische Halbinsel): Malaysia, Indonesien, Philippinen, Neuguinea u.a.

Übersicht der Verbreitungsangaben zu den Gehölzen (Forts.)

Afr.	**Afrika (außer Nordafrika)**
Kapverden	**Kapverdische Inseln**
Sudan-Region	**Westliche Sudanländer** (Mauretanien, Senegal, Gambia, Mali, Burkina Faso, Niger, Tschad) und Sudan
W-Afrika	**Westafrika:** Guinea Bissau, Guinea, Sierra Leone, Liberia, Elfenbeinküste, Ghana, Togo, Benin, Nigeria
Z-Afrika	**Zentralafrika:** Kamerun, Sao Tomé und Príncipe, Äquatorial-Guinea, Gabun, Kongo, Zaire, Zentralafrikanische Republik
O-Afrika	**Ostafrika:** Äthiopien, Eritrea, Dschibuti, Somalia, Kenia, Uganda, Ruanda, Burundi, Tansania
Trop. S-Afrika	**Tropisches und subtropisches südliches Afrika:** Angola, Namibia, Sambia, Botswana, Simbabwe, Malawi, Mosambik, Nördliches Südafrika (mit Lesotho und Swasiland)
Temp. S-Afrika	**Temperiertes (oder australes) südliches Afrika:** Kap-Region von Südafrika
Austral.	**Australien und Neuseeland**
Trop. Australien	**Tropisches und subtropisches Australien**
Temp. Australien	**Temperiertes (oder australes) Australien**
SO-Australien	Südostaustralien
S-Australien	Südaustralien
SW-Australien	Südliches Westaustralien
Tasmanien	**Tasmanien**
Neuseeland	**Neuseeland**

Häufige in den Verbreitungsangaben genannte Gebirge

Gebirge (Geb.)
Alpen
Altai
Anden
Apennin
Appalachen
Balkan – Balkangebirge
Elburs (inkl. Talysch)
Himalaja
Karpaten
Kaukasus-Geb. – Großer und Kleiner Kaukasus
Mittelasiat. Geb. – Mittelasiatische Gebirge (Tien-shan, Alai, Pamir u.a.)
Pyrenäen
Rocky Mts. – Rocky Mountains (Felsengebirge)

4.3 Zuordnung der Gehölze nach Lebensbereichen

Nach Peter Kiermeier (1991)

Definition

Unter einem Lebensbereich versteht man eine Gruppe von Pflanzen mit gleichen oder sehr ähnlichen Ansprüchen. Es sind Pflanzen, die aus vergleichbaren Pflanzengesellschaften stammen und im Siedlungsbereich oder – wenn heimisch – in der freien Landschaft nach gemeinsamen Ansprüchen und Eigenschaften verwendet werden. Andere Begriffe für Lebensbereich sind: Wuchsgemeinschaft oder pflanzliche Lebensgemeinschaft.
Der Lebensbereich ist der Typ des Idealstandorts.

Aufgaben und Zweck des Kennziffernsystems

Die Absicht des Kennziffernsystems bzw. der Eingruppierung der Gehölze nach Lebensbereichen ist es, aus der riesigen Fülle der im Angebot befindlichen Gehölzarten und -sorten schnell die für vorgegebene Situationen und Aufgaben geeigneten Arten herauszufinden; dies gilt sowohl für den urbanen Bereich als auch für den landschaftlichen Sektor. Dadurch soll mühevolle, ziellose und fehlerträchtige Sucharbeit bei der Gehölzauswahl wie bei der Planung vermieden werden.

Eingruppierung

Für die Eingruppierung nach Lebensbereichen gab das natürliche Vorkommen der Pflanzen den wichtigsten, aber nicht den entscheidenden Hinweis. Denn zahlreiche Gehölze kommen am Naturstandort nicht dort vor, wo sie sich am wohlsten fühlen, sondern dort, wo ihnen die stärkeren Konkurrenten Platz lassen. Für die Verwendung ist zudem maßgebend, wie die Gehölze, z. B. im Siedlungsbereich, sinnvoll eingesetzt werden können, dort, wo die Konkurrenz dank des menschlichen Einwirkens meist fehlt.

Vereinfachung

Eine z. T. unüberwindliche Schwierigkeit der Zuordnung zu einem bestimmten Lebensbereich stellt die Anpassungsfähigkeit derjenigen Gehölze dar, die nicht nur an einem einzigen Standort vorkommen, sondern manchmal an mehreren. Hier galt es, sich im Interesse einer praktikablen Lösung für eine einzige Möglichkeit, für den optimalen Standort, zu entscheiden. Derartige Vereinfachungen sind unerlässlich, werden aber der Vielfalt der Pflanzen nicht immer gerecht. Außerdem ist es schwer zu entscheiden, welcher Standort aus einer möglichen Vielzahl der optimale wäre.

Sekundärlebensbereiche

In den Fällen, wo das Vorkommen der Gehölze und deren Verwendungsmöglichkeiten außerordentlich weit angelegt sind, wurden sogenannte Sekundärlebensbereiche ausgewiesen. Sie sollen die Vielfältigkeit der Lebensumstände in einem weiteren Rahmen darstellen. Die Sekundärlebensbereiche sind in Klammern hinter den Primärlebensbereichen angegeben.

Beschränkung auf Standortfaktoren

Eine Einteilung nach Lebensbereichen kann nur diejenigen Faktoren berücksichtigen, die zum Überleben oder besseren Gedeihen der Gehölze notwendig sind. Ausgeklammert werden alle optischen Signale (Blüten, Farben, Formen) und andere pflanzliche Details (Blattbehaarung, Zweigstellung, Duft) der Gehölze, da diese ein solches Kennziffernsystem überfrachten und verunklären würden.

Kein Ersatz für Pflanzenkenntnisse

Das Kennziffernsystem nach Lebensbereichen kann zwar Hinweise für die Auswahl der Pflanzen zum richtigen Standort geben und Fehler in der Pflanzenkombination verhindern, aber sie kann niemals eine fundierte Pflanzenkenntnis ersetzen. Es lassen sich die Gehölze für eine bestimmte Situation in reichlicher Auswahl zwar schneller finden, aber die Frage nach einer guten Wirkung oder einem harmonischen Erscheinungsbild muss von den Pflanzenverwendern selbst beantwortet werden.

Ordnungssystem der Kennziffern

Das Prinzip des Kennziffernsystems entspricht etwa dem der alten Postleitzahlen. Es ist eine Abfolge von 4 Ziffern, die den Gehölzen zugeordnet werden.

1. Ziffer = Hauptgruppe: Sie kennzeichnet das optimale Vorkommen. Hierunter finden sich Gehölze identischer oder sehr ähnlicher Herkünfte. Insgesamt gibt es 9 Hauptgruppen (siehe Übersicht).

2. Ziffer = Untergruppe: Die zweite Ziffer stellt im weiteren Sinne die Faktoren des Bodens dar, also den Bereich, in dem die Wurzeln, der unterirdische Teil des Gehölzes, ihre Lebensgrundlagen suchen.

- Voran die Abstufungen der Feuchtigkeitsgrade
  (Abfolge: trocken, mäßig trocken, frisch, feucht, nass),
- gefolgt von den Säurestufen des Substrates
  (Abfolge: stark sauer, sauer, schwach sauer, neutral, schwach alkalisch, alkalisch, stark alkalisch),
- abschließend die Bodenarten
  (Abfolge: Sand, lehmiger Sand, sandiger Lehm, Lehm, schwerer Lehm, Ton; zudem humos oder mineralisch).

Die Faktoren können nicht beliebig getrennt werden, sondern sie bedingen sich gegenseitig, wie in der Natur zu sehen ist. Deshalb sind immer bestimmte Faktorengruppen dargestellt.

3. Ziffer = Spezielle Gruppe: Die 3. Ziffer vertritt eine spezielle Gruppe, in der die Ansprüche noch weiter differenziert werden. Sie gibt die Bedingungen der Belichtung und der Temperatur an. Somit den Bereich, in dem Baumkronen und Strauchkörper den oberirdischen Faktoren ausgesetzt sind.

- Voran die Abstufungen der Besonnung bzw. der Beschattung
  (Abfolge: sonnig, absonnig, lichtschattig, halbschattig, schattig),
- gefolgt von den Temperaturabstufungen (Abfolge: hitzeverträglich, wärmeliebend, gemäßigt, kühl, kalt),
- abschließend Frostempfindlichkeit und Spätfrostgefährdung
  (Abfolge: sehr frostempfindlich, frostempfindlich, mäßig frosthart, meist frosthart, frosthart).

Die Faktoren können nicht beliebig getrennt gesehen werden, sondern sie bedingen sich gegenseitig, wie in der Natur zu sehen ist. Deshalb sind immer bestimmte Faktorengruppen dargestellt.

4. Ziffer = Wuchsgruppe: Die Wuchsgruppe stellt das einzige Merkmal dar, das sich mit dem Äußeren der Gehölze befasst, dennoch ist die Wuchsgröße auch ein Faktor des Überlebens oder anders: der Konkurrenz, des Unterliegens des Schwächeren gegenüber dem Stärkeren, wenn die Pflanzen miteinander vergemeinschaftet werden.
Wichtig: Bei fremden Gehölzen ist nicht die maximale Wuchshöhe am Naturstandort angegeben, sondern die Größe, die in mitteleuropäischen Gärten oder Parkanlagen erfahrungsgemäß erreicht wird. Extremgrößen wurden nicht berücksichtigt.*

- Bäume
  (Abfolge: Großbaum = Baum I. Ordnung, mittelgroßer Baum = Baum II. Ordnung, Kleinbaum = Baum III. Ordnung),
- Sträucher
  (Abfolge: Großstrauch = auch Übergang zu Kleinbaum, Normalstrauch = mittlere Größe (ab Menschengröße), Kleinstrauch = unter Menschengröße, Zwergstrauch),
- Sonderformen
  (Abfolge: Halbstrauch = Übergang zu den krautigen Stauden, Klettergehölze = Sonderform, Stauden = krautige Pflanzen, nur in Ausnahmefällen genannt).

Übersicht der Hauptgruppen

1. Moor- und Sumpfgehölze – Gehölze nasser Lagen
2. Auen- und Ufergehölze – Gehölze feuchter Lagen
3. Artenreiche Wälder und Gehölzgruppen – Gehölze gut versorgter, nährstoffreicher Böden
4. Artenarme Wälder und Gehölzgruppen – Gehölze nährstoffarmer Böden
5. Heiden- und Dünengehölze – Gehölze sandiger, baumfreier, offener Lagen
6. Steppengehölze und Trockenwälder – Gehölze warm-trockener Lagen (xerotherme Lagen)
7. Gehölze kühl-feuchter Wälder – Gehölze kühl-regenreicher, luftfeuchter Lagen
8. Bergwälder und Sträucher alpiner Bereiche – Gehölze kalt-feuchter Lagen
9. Gehölze der Hecken und Strauchflächen

* In den Beschreibungen sind dagegen die Höhen angegeben, die Bäume und Sträucher am natürlichen Standort erreichen können.

Zusammenhänge zwischen den einzelnen Lebensbereichen

Hauptgruppen von 1 bis 9

Übergänge und Gemeinsamkeiten

1. Lebensbereich: Moor- und Sumpfgehölze

Gehölze nasser Lagen

Hauptgruppe 1. Ziffer (Lebensbereich)	Untergruppe –.2. Ziffer (Bodenfaktoren)	Spezielle Gruppe –.–.3. Ziffer (Klimafaktoren)	Wuchsgruppe –.–.–.4. Ziffer
1. Gehölze der Moore, Bruchwälder, Nasswiesen, vernässte Senken und sumpfige Plätze	–.1. moorige oder nasse, torfige Standorte, feucht bis nass, gelegentlich auch nur frisch; sauer-humose, nährstoffarme Böden –.2. Bruchwälder, Feucht- und Nasswiesen, Feuchtbiotope, Sumpfstandorte; frisch bis nass, torfige oder sauermineralische, z. T. verdichtete und vernässte Böden	–.–.1. sonnig, absolut schattenunverträglich, wärmemeidend, kühl bis kalt, frosthart –.–.2. gelegentlich sonnig, sonst lichtschattig oder halbschattig, kühl, mäßig frosthart bis meist frosthart, spätfrostgefährdet –.–.3 sonnig bis lichtschattig, frosthart –.–.4. lichtschattig bis halbschattig, wärmeverträglich, meist frosthart, u. U. spätfrostgefährdet	1. Großbaum > 20 m 2. mittelgroßer Baum > 15 m 3. Kleinbaum > 7 m 4. Großstrauch > 3 m 5. Normalstrauch > 1,5 m 6. Kleinstrauch > 0,5 m 7. Zwergstrauch bis 0,5 m 8. Halbstrauch (= Übergang zu den Stauden) 9. Klettergehölz

Eignung und Verwendung

- für moorige, sumpfige und sonstige Landschaftselemente mit hohem Grundwasserstand, in vernässten Wiesen und Senken,
- an Gräben und Teichrändern und Ufern langsam fließender Gewässer (wenn heimisch),
- für nass-saure Lagen in Garten- und Grünflächen sowie Parkanlagen,
- in Feuchtgebieten, Biotopen sowie Naturgärten (wenn heimisch),
- für Moor- und Sumpfbeete sowie Pflanzungen an nassen oder feuchten Plätzen.

2. Lebensbereich: Auen- und Ufergehölze

Gehölze feuchter Lagen

Hauptgruppe 1. Ziffer (Lebensbereich)	Untergruppe –.2. Ziffer (Bodenfaktoren)	Spezielle Gruppe –.–.3. Ziffer (Klimafaktoren)	Wuchsgruppe –.–.–.4. Ziffer
2. Gehölze der Weichholz- und Hartholzauen, potenzieller Überschwemmungsbereiche und Feuchtgebiete; meist wärmeliebend, nährstoffreiche Böden von schwach saurer bis alkalischer Reaktion bevorzugend	–.1. Gehölze frischer bis feuchter Standorte (Weichholzaue), gelegentlich nass, verträglich gegenüber regelmäßigen Frühjahrs- oder Winterüberschwemmungen; sauer bis neutral, gelegentlich schwach alkalisch; sandig-kiesig, sandig-lehmig, auch Tonböden –.2. Gehölze frischer bis feuchter Standorte, (Weichholzaue) gelegentlich nass, verträglich gegenüber regelmäßigen Frühjahrs- oder Winterüberschwemmungen; schwach sauer bis alkalisch, auf vielen Substraten – meist Sand, Kies oder Schotter, auch Lehm oder Ton –.3. Gehölze gelegentlich mäßig trockener, sonst frischer bis feuchter Standorte, (Hartholzaue), kurzzeitig überschwemmt; schwach sauer oder neutral, gelegentlich auch schwach alkalisch, auf ± nährstoffreichem, sandigem oder sandig-humosem Lehm	–.–.1. sonnig, hitzeverträglich und wärmeliebend; frostempfindlich (wenn besonders nährstoffreich) bis mäßig frosthart, spätfrostgefährdet –.–.2. sonnig, gelegentlich hitzeverträglich, wärmeliebend; meist frosthart bis frosthart, spätfrostgefährdet –.–.3 sonnig, z. T. hitzeverträglich, wärmeliebend, noch in kühlen Lagen; frosthart –.–.4. sonnig bis lichtschattig, kühle bis kalte Lagen; frosthart –.–.5. bevorzugt lichtschattig, auch sonnig, z. T. halbschattig, wärmeliebend; mäßig frosthart bis meist frosthart; u. U. spätfrostgefährdet –.–.6. lichtschattig bis halbschattig, gelegentlich sonnig, kühl bis kalt; frosthart	1. Großbaum > 20 m 2. mittelgroßer Baum > 15 m 3. Kleinbaum > 7 m 4. Großstrauch > 3 m 5. Normalstrauch > 1,5 m 6. Kleinstrauch > 0,5 m 7. Zwergstrauch bis 0,5 m 8. Halbstrauch (= Übergang zu den Stauden) 9. Klettergehölz

2. Lebensbereich: Auen- und Ufergehölze (Fortsetzung)

Gehölze feuchter Lagen

Hauptgruppe 1. Ziffer (Lebensbereich)	Untergruppe –.2. Ziffer (Bodenfaktoren)	Spezielle Gruppe –.–.3. Ziffer (Klimafaktoren)	Wuchsgruppe –.–.–.4. Ziffer
	–.4. Auenbereiche der Hartholzaue; Gehölze kurzzeitig mäßig trockener, sonst frischer bis feuchter Standorte, gelegentlich kurzzeitig überschwemmt; neutral bis alkalisch, gelegentlich auch schwach sauer; tiefgründig, sehr nährstoffreich, z. T. sandig-kiesig, bevorzugt Lehm oder Ton		
	–.5. Auenrandbereiche, Schotterterrassen; Gehölze mäßig trockener bis frischer Standorte, gelegentlich mäßig feucht, nur selten überschwemmt, eher längere Trockenheit gut ertragend; schwach sauer bis stark alkalisch; durchlässig ± nährstoffreich, sandig, kiesig, lehmig		

Eignung und Verwendung
- für Ufer- und Randzonen der Gewässer,
- auf grundwassernahen Standorten,
- in Auenbereichen der freien Landschaft (wenn heimisch),
- als Pioniere in feuchten Sand- und Kiesgruben,
- für ehemalige Auenbereiche in den Siedlungsgebieten,
- für alle frischen bis feuchten Wuchsorte ohne stagnierende Nässe,
- an feuchten Plätzen in den Gärten.

3. Lebensbereich: Artenreiche Wälder und Gehölzgruppen

Gehölze gut versorgter, nährstoffreicher Böden

Hauptgruppe 1. Ziffer (Lebensbereich)	Untergruppe –.2. Ziffer (Bodenfaktoren)	Spezielle Gruppe –.–.3. Ziffer (Klimafaktoren)	Wuchsgruppe –.–.–.4. Ziffer
3. Gehölze bestandsbildend in artenreichen Mischwäldern, an Waldrändern und als Sträucher auch im Unterholz auf gut versorgten, kräftigen, nährstoffreichen Böden, meist schwach sauer bis alkalisch, mit ausreichender Luft- und Bodenfeuchtigkeit und ausgeglichenen Temperaturen	–.1. Gehölzgruppen mit robusten, stadtklimaverträglichen Arten mit weiter Standortamplitude, auch für schwierigere Situationen geeignet; auf allen mäßig trockenen bis frischen Böden, schwach sauer bis alkalisch; alle ± nährstoffreichen Böden, außer leichten Sand- oder schweren Tonböden –.2. Gehölzgruppen mit anspruchsvollen, in extremen Situationen wenig widerstandsfähigen Arten mit enger Standortamplitude; bevorzugt auf frischen bis feuchten Standorten, Trockenheit schlecht vertragend; sauer bis neutral, nur ausnahmsweise schwach alkalisch; meist gute sandig-humose oder lehmig-humose Böden –.3. Gehölzgruppen mit anspruchsvollen, aber anpassungsfähigen Arten; auf frischen bis feuchten Standorten; schwach sauer bis alkalisch; gute bis beste, meist lehmige Böden.	–.–.1. sonnig bis lichtschattig, meist hitzeverträglich, sonst wärmeliebend; frostempfindlich, spätfrostgefährdet –.–.2. sonnig bis lichtschattig, wärmeliebend; meist frosthart, gelegentlich spätfrostgefährdet –.–.3 sonnig bis lichtschattig, kühl-ausgeglichen, z. T. wärmeverträglich; frosthart –.–.4. sonnig bis halbschattig, wärmeverträglich; frosthart –.–.5. sonnig bis halbschattig, wärmeverträglich; meist frosthart, gelegentlich spätfrostgefährdet –.–.6. sonnig bis halbschattig, kühl-ausgeglichen, z. T. wärmeverträglich; frosthart –.–.7. lichtschattig bis halbschattig, gelegentlich sonnig, selten vollschattig; mäßig frosthart, gelegentlich spätfrostgefährdet	1. Großbaum > 20 m 2. mittelgroßer Baum > 15 m 3. Kleinbaum > 7 m 4. Großstrauch > 3 m 5. Normalstrauch > 1,5 m 6. Kleinstrauch > 0,5 m 7. Zwergstrauch bis 0,5 m 8. Halbstrauch (= Übergang zu den Stauden) 9. Klettergehölz

Eignung und Verwendung

- für gut versorgte, nährstoffreiche Lagen in der freien Landschaft (wenn heimisch),
- im Siedlungsbereich in Grünanlagen, gepflegten Gärten und Gartenteilen,
- bedingt im innerstädtischen Verkehrsbegleitgrün bei sehr guter Standortvorbereitung,
- in Ausnahmefällen auch in extremen Lagen möglich, sofern es anpassungsfähigere Gehölze sind.

4. Lebensbereich: Artenarme Wälder und Gehölzgruppen

Gehölze nährstoffarmer Böden

Hauptgruppe 1. Ziffer (Lebensbereich)	Untergruppe –.2. Ziffer (Bodenfaktoren)	Spezielle Gruppe –.–.3. Ziffer (Klimafaktoren)	Wuchsgruppe –.–.–.4. Ziffer
4. Gehölze der locker aufgebauten, artenarmen Mischwälder, an lichten Waldrändern, auf Magerweiden u. Ä. mit Buschgesellschaften	–.1. genügsame Gehölze saurer, nährstoffarmer Wälder, auf mäßig trockenen bis frischen z. T. feuchten Standorten, sauer bis neutral; sandig, sandig-humos bis sandig-lehmig (Übergang zu LB 5) –.2. anpassungsfähige, aber anspruchsvollere Gehölze trockener bis frischer Standorte, sauer bis schwach alkalisch; sandig-humos bis lehmig –.3. anspruchsvollere Gehölze mäßig trocken bis feucht, schwach sauer bis schwach alkalisch; kiesig- oder sandig-lehmig bis lehmig	–.–.1. sonnig bis lichtschattig, hitzeverträglich, wärmeliebend; frostempfindlich, spätfrostgefährdet –.–.2. sonnig, gelegentlich lichtschattig, wärmeliebend; meist frosthart bis frosthart, gelegentlich spätfrostgefährdet –.–.3. sonnig; frosthart –.–.4. lichtschattig bis halbschattig, gelegentlich sonnig; frosthart –.–.5. halbschattig, mäßig frosthart bis meist frosthart, häufig spätfrostgefährdet	1. Großbaum > 20 m 2. mittelgroßer Baum > 15 m 3. Kleinbaum > 7 m 4. Großstrauch > 3 m 5. Normalstrauch > 1,5 m 6. Kleinstrauch > 0,5 m 7. Zwergstrauch bis 0,5 m 8. Halbstrauch (= Übergang zu den Stauden) 9. Klettergehölz

Eignung und Verwendung

- zur Begrünung minderwertiger oder durchschnittlicher, nicht überdüngter Standorte in der freien Landschaft (wenn heimisch),
- für spezielle Begrünungsmaßnahmen auf minderwertigen Wuchsorten,
- im Siedlungsbereich auf verhagerten, nährstoffarmen bis ± nährstoffhaltigen Böden,
- bevorzugt auf sauren bis neutralen Böden, bei höherem Kalkgehalt chlorotisch,
- auf schweren oder verdichteten Böden nicht frohwüchsig,
- teilweise als Pioniergehölze möglich.

5. Lebensbereich: Heiden- und Dünengehölze
Gehölze sandiger, baumfreier, offener Lagen

Hauptgruppe 1. Ziffer (Lebensbereich)	Untergruppe –.2. Ziffer (Bodenfaktoren)	Spezielle Gruppe –.–.3. Ziffer (Klimafaktoren)	Wuchsgruppe –.–.–.4. Ziffer
5. Gehölze der Dünen und sonstigen Sandflächen, Sand- und Kiesbänke sowie der Heiden	–.1. Gehölze der Dünen und Sandfelder, trocken bis frisch, selten mit Überschwemmungen; meist nährstoffreiche Böden; schwach sauer bis stark alkalisch, sandig, sandig-feinkiesig, auch schottrig (nicht so günstig) –.2. Gehölze der Sandheiden und anmoorigen Dünensenken; mäßig trocken bis frisch, gelegentlich feucht; nährstoffarme bis mäßig nährstoffhaltige Böden; sauer bis schwach sauer, gelegentlich neutral; sandig-humos, humos (Übergang zu LB 1) –.3. Gehölze der Heiden und verbuschten Sand- und Kiesflächen; trocken bis frisch, selten feucht; mäßig nährstoffreich, schwach sauer bis schwach alkalisch, sandig-kiesig, sandig-humos bis lehmig, auf schweren Böden nicht frohwüchsig, z. T. pilzanfällig (Übergang zu LB 6).	–.–.1. sonnig, z. T. hitzeverträglich, wärmeliebend, wintermild; frostempfindlich bis mäßig frosthart, gelegentlich spätfrostgefährdet –.–.2. sonnig, hitzeverträglich, wärmeliebend; frosthart –.–.3 sonnig bis lichtschattig, kühl; frosthart –.–.4. lichtschattig bis halbschattig; wärmeliebend bis kühl-gemäßigt; frostempfindlich bis mäßig frosthart, spätfrostgefährdet	1. Großbaum > 20 m 2. mittelgroßer Baum > 15 m 3. Kleinbaum > 7 m 4. Großstrauch > 3 m 5. Normalstrauch > 1,5 m 6. Kleinstrauch > 0,5 m 7. Zwergstrauch bis 0,5 m 8. Halbstrauch (= Übergang zu den Stauden) 9. Klettergehölz

Eignung und Verwendung
- für extreme Lagen in der freien Landschaft (wenn heimisch),
- für sandige Halden, Schüttungen u. Ä.,
- teilweise für Straßenränder und Böschungen,
- für besondere Anpflanzungen im öffentlichen oder privaten Grün (meist in Verbindung mit Wildstauden, Gräsern oder Spontanvegetation).

6. Lebensbereich: Steppengehölze und Trockenwälder
Gehölze warm-trockener Lagen (xerotherme Lagen)

Hauptgruppe 1. Ziffer (Lebensbereich)	Untergruppe –.2. Ziffer (Bodenfaktoren)	Spezielle Gruppe –.–.3. Ziffer (Klimafaktoren)	Wuchsgruppe –.–.–.4. Ziffer
6. Gehölze wärmster Tieflandbereiche (Weinbauklima) oder südlicher Herkünfte: meist hitzeverträglich, wärmebedürftig und frostgefährdet; durchlässige, nicht zu feuchte und zu nährstoffreiche Substrate bevorzugend; schwere, feuchte und sehr nährstoffreiche Böden provozieren Frostschäden; bevorzugt auf alkalischen bis stark alkalischen Böden wachsend	–.1. sehr locker aufgebaute Gehölzgruppen mit weiten Abständen der Einzelpflanzen; Gehölze trockener bis frischer, kurzzeitig auch feuchter Standorte, aber nässeempfindlich; Luft- und Bodentrockenheit liebend oder gut vertragend; ± nährstoffreich, schwach sauer bis stark alkalisch; sandig, sandig-kiesig oder kiesig-lehmig –.2. Locker aufgebaute Gehölzgruppen, mäßig trocken bis frisch, z. T. feucht, Luft- und Bodentrockenheit vertragend, aber nicht bevorzugend; mäßig nährstoffreich, sauer bis neutral; sandig bis sandig-humos, nicht zu schwer –.3. Locker aufgebaute Gehölzgruppen; mäßig trocken bis frisch, gelegentlich feucht, Luft- und Bodentrockenheit vertragend, ± nährstoffreich, schwach sauer bis alkalisch; sandig-lehmig bis lehmig	–.–.1. sonnig-heiß, schattenunverträglich; wärmeliebend bzw. wärmebedürftig; frostempfindlich, spätfrostgefährdet, nur in geschützten Lagen oder bevorzugten Klimabereichen; Sträucher oft bis zum Boden zurückfrierend, aber wieder durchtreibend –.–.2. sonnig bis lichtschattig, hitzeverträglich und wärmeliebend; mäßig frosthart bis meist frosthart, gelegentlich spätfrostgefährdet –.–.3 sonnig bis lichtschattig, hitzeverträglich und wärmeliebend; frosthart –.–.4. gelegentlich sonnig, sonst lichtschattig bis halbschattig, wärmeliebend; frostempfindlich bis mäßig frosthart, spätfrostgefährdet	1. Großbaum > 20 m 2. mittelgroßer Baum > 15 m 3. Kleinbaum > 7 m 4. Großstrauch > 3 m 5. Normalstrauch > 1,5 m 6. Kleinstrauch > 0,5 m 7. Zwergstrauch bis 0,5 m 8. Halbstrauch (= Übergang zu den Stauden) 9. Klettergehölz

6. Lebensbereich: Steppengehölze und Trockenwälder (Fortsetzung)
Gehölze warm-trockener Lagen (xerotherme Lagen)

Hauptgruppe 1. Ziffer (Lebensbereich)	Untergruppe –.2. Ziffer (Bodenfaktoren)	Spezielle Gruppe –.–.3. Ziffer (Klimafaktoren)	Wuchsgruppe –.–.–.4. Ziffer
	–.4. dichtere Gehölzgruppen periodisch feuchter Pflanzenbestände, meist frisch bis ausnahmsweise feucht, aber kurzzeitig Luft- und Bodentrockenheit vertragend; mäßig nährstoffreich, schwach sauer bis schwach alkalisch; sandig-lehmig bis lehmig		

Eignung und Verwendung
- für milde, warm-temperierte Lagen in der freien Landschaft (wenn heimisch),
- am Rande von Wein- und Obstbaugebieten (wenn heimisch),
- für den baulich verdichteten Siedlungsraum,
- für begünstigte warme Hangzonen, grundsätzlich außerhalb von Kaltluftstaus oder harter Frostlagen,
- für Citybereiche und sonstige hitze-, strahlungs- und trockenheitsbeeinträchtigte Standorte,
- teilweise für hitze- und trockenheitsbelastetes Verkehrsbegleitgrün, Straßen- und Alleebäume,
- speziell für vollsonnige Innenhöfe, teilweise Dachbegrünungen oder Fassadenbegrünungen in heißen Lagen,
- in Nischen für schutzbedürftige Raritäten, botanische Besonderheiten und außergewöhnliche Schmuckgehölze,
- für Gärten oder Gartenteile in geschützter oder heiß-trockener Lage.

7. Lebensbereich: Gehölze kühl-feuchter Wälder

Gehölze kühl-regenreicher, luftfeuchter Lagen

Hauptgruppe 1. Ziffer (Lebensbereich)	Untergruppe –.2. Ziffer (Bodenfaktoren)	Spezielle Gruppe –.–.3. Ziffer (Klimafaktoren)	Wuchsgruppe –.–.–.4. Ziffer
7. Gehölze kühl-regenreicher Bergwälder mittlerer Höhenlagen sowie nördlicher Nadelmischwälder	–.1. Gehölzbestände kühl-trockener Lagen, mäßig trocken bis frisch, selten feucht; auf allen durchschnittlichen, nicht zu nährstoffreichen und zu schweren Böden, schwach sauer bis alkalisch –.2. Gehölze kühler Lagen mit hoher Luft- und Bodenfeuchtigkeit; durchlässige, aber frische bis feuchte Böden, sandig-humos, kiesig-humos oder sauer-mineralisch, mäßig nährstoffreich, sauer bis neutral, empfindlich gegen höheren Kalkgehalt –.3. Gehölze kühler Lagen mit hoher Luft- und Bodenfeuchtigkeit; schwach sauer bis alkalisch; ± nährstoffreiche Böden, humos- oder sandig-lehmig, auch kiesig-lehmig oder lehmig –.4. Gehölze milder, begünstigter Lagen mit hoher Luft- und Bodenfeuchtigkeit; sauer bis schwach alkalisch; nährstoffreiche Böden, humos, auch sandig-lehmig bis lehmig	–.–.1. sonnig, wärmeliebend, wintermild; frostempfindlich bis mäßig frosthart, spätfrostgefährdet –.–.2. sonnig bis lichtschattig, meist frosthart, spätfrostgefährdet; –.–.3 sonnig bis lichtschattig, sommerkühl und winterkalt; frosthart –.–.4. lichtschattig gelegentlich halbschattig, Baumartige im Alter sonnig, wintermild; frostempfindlich, spätfrostgefährdet –.–.5. lichtschattig bis halbschattig, gelegentlich sonnig, Sträucher im Unterwuchs auch schattig, wärmeverträglich; meist frosthart, spätfrostgefährdet –.–.6. lichtschattig bis halbschattig, gelegentlich sonnig, Sträucher im Unterwuchs auch schattig, kühl bis kalt; frosthart	1. Großbaum > 20 m 2. mittelgroßer Baum > 15 m 3. Kleinbaum > 7 m 4. Großstrauch > 3 m 5. Normalstrauch > 1,5 m 6. Kleinstrauch > 0,5 m 7. Zwergstrauch bis 0,5 m 8. Halbstrauch (= Übergang zu den Stauden) 9. Klettergehölz

Eignung und Verwendung

- für Pflanzungen in der freien Landschaft, wie Aufforstungen, Feldgehölze, Gehölzstreifen und -inseln (wenn heimisch),
- in dörflichen und aufgelockerten Stadtrandbereichen (möglichst heimische Arten),
- in innerstädtischen Lagen nur mit Einschränkungen verwendbar,
- im verdichteten Siedlungsraum meist nur in zusammenhängenden Grünzügen, in größeren Grünanlagen, Parkanlagen u. Ä.,
- für begünstigte Hofsituationen an kühlen, lichtbeschatteten Plätzen,
- für Gärten als Schmuckpflanzungen bei spezieller Standortvorbereitung und Pflege.

8. Lebensbereich: Bergwälder und Sträucher subalpiner bis alpiner Bereiche
Gehölze kalt-feuchter Lagen

Hauptgruppe 1. Ziffer (Lebensbereich)	Untergruppe –.2. Ziffer (Bodenfaktoren)	Spezielle Gruppe –.–.3. Ziffer (Klimafaktoren)	Wuchsgruppe –.–.–.4. Ziffer
8. Gehölze subalpiner und alpiner Hochlagen sowie nordkontinentaler Herkunft aus Wäldern und Gebüschformationen nahe oder bis zur Baumgrenze	–.1. Gehölze der Hochlagen, gelegentlich mäßig trocken, sonst frisch bis feucht, für besonders luftfeuchte Lagen; sauer bis neutral, selten schwach alkalisch; sandig-humose, -kiesige oder -lehmige, auch felsige und flachgründige Böden –.2. Gehölze der Hochlagen, mäßig trocken bis frisch, kurzzeitig feucht, z. T. sommertrocken, Lufttrockenheit gut vertragend; schwach sauer bis stark alkalisch; sandig-kiesige oder -lehmige, auch felsige und flachgründige Böden, auf schweren Böden nicht frohwüchsig	–.–.1. sonnig sommerheiß, aber winterkalt; frosthart; im Tiefland gut möglich –.–.2. sonnig bis lichtschattig, mäßig wärmeverträglich, kühl, wintermild, mäßig frosthart bis meist frosthart, gelegentlich spätfrostgefährdet; im kühl-gemäßigten Tiefland möglich –.–.3 sonnig bis absonnig, Sträucher auch lichtschattig; sommerkühl, winterkalt, frosthart; im Tiefland noch möglich, außer an hitzebelasteten Standorten –.–.4. absonnig bis lichtschattig, gelegentlich halbschattig, in kalten Lagen ausnahmsweise sonnig; kühl, in schneearmen Lagen frostempfindlich sonst mäßig frosthart; im kühl-regenreichen Tiefland möglich –.–.5. absonnig bis gelegentlich lichtschattig, im Unterwuchs noch halbschattig; kalt, absolut frosthart; im Tiefland an Spezialstandorten möglich	1. Großbaum > 20 m 2. mittelgroßer Baum > 15 m 3. Kleinbaum > 7 m 4. Großstrauch > 3 m 5. Normalstrauch > 1,5 m 6. Kleinstrauch > 0,5 m 7. Zwergstrauch bis 0,5 m 8. Halbstrauch (= Übergang zu den Stauden) 9. Klettergehölz

Eignung und Verwendung

- für kühl-temperierte bis kalte Standorte,
- zur Begrünung von Berglagen und Nordhängen (wenn heimisch),
- in hoch gelegenen dörflichen Siedlungen (möglichst heimisch),
- im Siedlungsbereich für besonders harte Bedingungen, unter Hitzeeinfluss meist versagend,
- in besonders ausgewählten Fällen auch in kontinentaleren Gebieten für sowohl hitze- als auch kältebelastete Plätze,
- in den Gärten meist möglich, aber im wechselhaften Tieflandklima nicht immer frohwüchsig (die meisten Arten im Weinbauklima versagend oder nur mit Kümmerwuchs).

9. Lebensbereich: Gehölze der Hecken und Strauchflächen

Hauptgruppe 1. Ziffer (Lebensbereich)	Untergruppe –.2. Ziffer (Bodenfaktoren)	Spezielle Gruppe –.–.3. Ziffer (Klimafaktoren)	Wuchsgruppe –.–.–.4. Ziffer
9. Gehölze baumfreier oder meist baumfreier Hecken, Strauch-, Beet- und Bodendeckerflächen	–.1. Hecken und Strauchflächen in trockener bis frischer Lage, mäßig nährstoffreich, schwach sauer bis stark alkalisch; sandig- oder lehmig-humos –.2. Hecken und Strauchflächen in frischer bis feuchter Lage, Luft- und Bodenfeuchtigkeit liebend, ± nährstoffreich, sauer bis neutral, selten schwach alkalisch; sandig- bis lehmig-humos –.3. Hecken und Strauchflächen in frischer bis feuchter Lage, Luft- und Bodenfeuchtigkeit liebend, nährstoffreich, schwach sauer bis alkalisch, alle Substrate außer ärmste Böden	–.–.1. sonnig, hitzeverträglich, wärmeliebend; frostempfindlich bis mäßig frosthart, spätfrostgefährdet –.–.2. sonnig bis lichtschattig, sommerkühl; meist frosthart, spätfrostgefährdet –.–.3 sonnig bis lichtschattig; frosthart –.–.4 sonnig bis halbschattig; frosthart –.–.5 absonnig oder lichtschattig bis halbschattig, wintermild; frostempfindlich bis mäßig frosthart, spätfrostgefährdet –.–.6 absonnig, lichtschattig bis halbschattig, gelegentlich sonnig; meist frosthart bis frosthart	1. Großbaum > 20 m 2. mittelgroßer Baum > 15 m 3. Kleinbaum > 7 m 4. Großstrauch > 3 m 5. Normalstrauch > 1,5 m 6. Kleinstrauch > 0,5 m 7. Zwergstrauch bis 0,5 m 8. Halbstrauch (= Übergang zu den Stauden) 9. Klettergehölz

Eignung und Verwendung

- für Feldgehölze, Landschaftshecken und Strauchvegetationen aller Art (wenn heimisch),
- im öffentlichen Grün für Blüten- und Schutzhecken,
- zur Bodenbedeckung oder Flächenbegrünung, wenn von kleinerem Wuchs,
- als erlesene Zierkleinbäume oder Großsträucher für Solitär- und Schmuckgehölzgruppen,
- in Gärten als anpassungsfähige Zier- und Decksträucher, außer auf armen Sand- oder schwersten Tonböden (empfindlich gegen massive Bodenverdichtungen).

5 Naturschutzaspekte und invasive Neophyten

5.1 Gefährdete und geschützte Gehölzarten

Nach der geltenden Bundesartenschutzverordnung (BArtSchV) von 2005, Bundesgesetzblatt I, S. 258 /896, in Deutschland besonders oder streng geschützte einheimische Gehölzarten (wild lebende Populationen)

Arctostaphylos uva-ursi
Aurinia saxatilis (*Alyssum saxatile*)
Betula nana
Buxus sempervirens
Clematis alpina
Daphne spp.
Ilex aquifolium
Ledum palustre
Taxus baccata
Vitis vinifera subsp. *sylvestris*

Es ist auch das Washingtoner Artenschutzabkommen (WA; CITES) zu beachten.

Rote Liste gefährdeter Pflanzen Deutschlands, Auszug: Gehölze (Fassung 1996, Bundesamt für Naturschutz, Bonn)

0: Ausgestorben oder verschollen
Salix alpina
– bicolor (*S. schraderiana*)

1: Vom Aussterben bedroht
Erica cinerea
Myricaria germanica
Salix myrtilloides
Vitis vinifera subsp. *sylvestris*

2: Stark gefährdet
Arctostaphylos uva-ursi
Betula nana
– humilis
Daphne cneorum
Linnaea borealis
Prunus fruticosa
Salix daphnoides
– starkeana

3: Gefährdet
Abies alba
Andromeda polifolia
Aurinia saxatilis (*Alyssum saxatile*)
Colutea arborescens
Daphne laureola
Empetrum nigrum
Fumana procumbens
Helianthemum apenninum
– canum
Juniperus sabina
Ledum palustre
Myrica gale
Populus nigra
Quercus pubescens
Ribes nigrum
Rosa elliptica
– gallica
– glauca
– micrantha
– stylosa
– tomentella
Salix myrsinifolia
Staphylea pinnata
Taxus baccata
Ulmus minor
Vaccinium oxycoccos

R: Extrem selten
Acer opalus
Ribes petraeum

Es sind außerdem die Roten Listen der Bundesländer, der Nachbarstaaten und der Weltnaturschutzunion (IUCN) zu beachten.

5.2 Invasive Neophyten

Neophyten sind Pflanzenarten, die in einem Gebiet nicht von Natur aus vorkommen, sondern erst nach 1492 durch den Einfluss des Menschen hierher gekommen sind. Sie gehören daher zu den gebietsfremden oder nichteinheimischen Arten („Neu-Pflanzen") und werden manchmal auch als „Exoten" oder „fremdländische Arten" bezeichnet. Bei den meisten Baumarten ist diese Einführung beabsichtigt geschehen, z. B. bei der Rot-Eiche, sie kann auch unbeabsichtigt erfolgen (z. B. Verschleppung von Pflanzensamen mit Handelsgütern, allerdings kaum bei Gehölzarten). Handel und Verkehr des Menschen spielen für die Einführung von Neophyten eine so wichtige Rolle, dass die Entdeckung Amerikas und der sich mit ihr rapide verstärkende weltweite Handel als Start des „Neophyten-Zeitalters“ festgelegt wurde.

Gebietsfremde Arten sind von den einheimischen Arten (**Indigene**) abzugrenzen, die in unserem Gebiet seit dem Ende der letzten Eiszeit vorhanden sind, es aus eigener Kraft besiedelt haben oder hier entstanden sind. Gebietsfremde Pflanzen, die bereits zu früheren Zeiten zu uns kamen (z. B. mit dem Beginn des Ackerbaus in der Jungsteinzeit oder durch den Handel der Römer), werden als **Archäophyten** („Alt-Pflanzen“) bezeichnet. Die meisten Archäophyten unter den Gehölzen sind eingebürgert, aber doch nicht alle – so tritt *Morus alba* (in Deutschland seit dem 14. Jahrhundert), wenn überhaupt, höchstens unbeständig verwildert auf. Ebenfalls nur unbeständig verwildert sind auch die beiden Arten *Ficus carica* und *Prunus persica*, die schon vor 1492 in Süddeutschland in Kultur waren.

Nichteinheimische Arten können auf ihre Anbauorte begrenzt bleiben oder sich spontan ausbreiten. Teilweise verbleiben sie nach dieser Ausbreitung lange am neuen Wuchsort, ohne weiter zu expandieren, teilweise etablieren sie sich, indem sie über mehrere Generationen Populationen mit eigenem Areal aufbauen (neuheimische Arten oder **Agriophyten**), z. B. sind dies unter den Archäophyten *Castanea sativa* oder *Mespilus germanica*, unter den Neophyten *Robinia pseudoacacia* oder *Prunus serotina*. In einigen Fällen können Neophyten nach Arealerweiterung und Ausbildung von Dominanzbeständen unerwünschte ökologische und ökonomische, ausnahmsweise auch gesundheitliche Auswirkungen verursachen und werden dann als **invasive Arten** bezeichnet. So können sie z. B. in Konkurrenz um Lebensraum und Ressourcen zu anderen Pflanzen treten und diese verdrängen.

In den genutzten Quellen (BfN 2013, Kowarik 2010, Schmidt 2010) werden u. a. folgende Gehölzarten als **potenziell invasive Neophyten** genannt:

- *Acer negundo* (Eschen-Ahorn)
- *Ailanthus altissima* (Drüsiger Götterbaum)
- *Buddleja davidii* (Schmetterlingsstrauch)
- *Fraxinus pennsylvanica* (Rot-Esche)
- *Pinus nigra* (Schwarz-Kiefer)
- *Pinus strobus* (Weymouth-Kiefer)
- *Populus ×canadensis* (Bastard-Schwarz-Pappel)
- *Prunus serotina* (Späte Traubenkirsche)
- *Quercus rubra* (Rot-Eiche)
- *Rhus typhina* (Essigbaum)
- *Robinia pseudoacacia* (Gemeine Robinie)
- *Rosa rugosa* (Kartoffel-Rose)
- *Symphoricarpus albus* (Gewöhnliche Schneebeere)
- *Vaccinium corymbosum* (Amerikanische Kultur-Heidelbeere)

Der Berg-Ahorn ist im norddeutschen Flachland nichteinheimisch (gebietsfremd) und verhält sich dort z. T. wie ein invasiver Neophyt, wird jedoch nicht so eingestuft, da er in Deutschland einheimisch ist. Von einigen Arten mit Invasionspotenzial kommen inzwischen nichtfruchtende Sorten in den Handel, wie z. B. von *Buddleja davidii*.

Bei einer Bewertung der Invasivität ist zu bedenken, dass ein und dieselbe Gehölzart in einem Lebensraum vollkommen unproblematisch, in einem anderen jedoch problematisch sein kann. So ist z. B. die Rot-Eiche in vielen Städten eine wichtige Straßenbaumart, die auch mit den vielfältigen Stressfaktoren an diesem Standort gut zurechtkommt, während sie in Naturschutzgebieten mit hohem Felsanteil die heimische Flora be- und verdrängen kann. Zudem gibt es sog. Schwarze Listen zur Vorwarnung vor Arten, die als invasiv eingestuft, aber noch nicht großräumig verbreitet sind. In jedem Fall sollte man vor Einführung/Verwendung neuer und nichteinheimischer Gehölzarten deren Invasionspotenzial in Erfahrung bringen und ggf. auf ihre Pflanzung verzichten.

6 Bestimmungsschlüssel und Artbeschreibungen

Anmerkung: In den nachfolgenden Bestimmungsschlüsseln beziehen sich die Nummern auf den weiter nachfolgenden Schlüssel (sofern nichts anderes genannt ist), d. h. man fährt mit dem Bestimmungsweg bei der genannten Nummer weiter unten fort. Steht hinter einer fett gedruckten Nummer am Beginn der Zeile eine zweite Nummer in Klammern, so ist Letztere die Stelle im Schlüssel, von welcher der Bestimmungsweg dorthin führte. Eine solche Nennung erfolgt nur bei größeren Sprüngen, um das Rückverfolgen des Bestimmungsweges zu erleichtern (z. B. bei Fehlbestimmungen oder zur Dokumentation).

Die Gruppen der folgenden Hauptschlüssel 6.1 und 6.2 wurden so gewählt, dass man sie mit etwas Übung auch sofort als Einstieg verwenden kann. Sofern bereits in diesen Schlüsseln die Art eindeutig ist, wird diese genannt (und nicht nur die Gattung), um die Bestimmung zu beschleunigen.

6.1 Gruppenschlüssel (zu den weiteren Hauptschlüsseln sowie für Gehölze ohne Blätter im Frühsommer)

0 Nadelgehölz (bei Unsicherheit: weiter bei 1!) → *6.5.1 Bestimmungsschlüssel Nadelgehölze (Gymnospermae, S. 745)*
– Laubgehölz 1
1 Blätter grasartig, mit parallelen Nerven..... 2
– Blätter andersartig 3
2 Blätter entfernt an (meist) hohlem Haupthalm stehend, Pflanze verzweigt......... *Bambus* → *6.4.1 Bestimmungsschlüssel Bambus (Gramineae, S. 734)*
– Blätter fast rosettig dicht stehend, „Stamm" kurz und nicht hohl .... *Yucca*
3 Blätter fehlend oder zu Schuppen reduziert . 4
– Blätter nadel-, schuppen- oder laubblattförmig 7
4 Zweige mit Dornen, ohne Schuppen 5
– Zweige dornenlos, mit paarweisen Schuppen an den Blattknoten und vielen Rillen. .*Ephedra* → *6.5 Nadelgehölze (Gymnospermae, S. 774)*
5 Blätter zu pfriemlichen Dornen verwandelt .. .. *Ulex europaeus*
– Blätter früh abfallend (nach noch vorhandenen suchen!) 6
6 Seitentriebe auch zu zweit aus Knoten entspringend, alle verdornend .....*Erinacea anthyllis*
– Seitentriebe stets einfach, teils unverdornt ... . *Genista*
7 Blätter allesamt laubblattartig 8
– Blätter nadelförmig und/oder (wenigstens teilweise) schuppenförmig 50
8 Blätter sehr groß (ca. 1 m breit), fächerförmig, Segmente an der Basis nicht getrennt, Blattstiel mit Zähnen ....*Trachycarpus fortunei* → *6.3 Palmen (Arecaceae, S. 734)*
– Blätter andersartig 9
9 Blätter an Langtrieben allesamt gegenständig oder im Quirl 10
– Blätter an Langtrieben, wenigstens die meisten, wechselständig (2-zeilig oder spiralig stehend)............................... 12
10 Blätter ganzrandig oder Rand gezähnt oder gesägt, jedoch nie tief zerteilt 11
– Blätter gefiedert oder Rand zumindest tief fiedrig eingeschnitten................... 100
11 Blätter ganzrandig (wenigstens die meisten) 200
– Blattrand gesägt, gezähnt oder etwas eingeschnitten oder gelappt 300
12 Blätter gefiedert/gefingert oder tief fiedrig zerteilt 400
– Blätter ganzrandig oder Blattrand gesägt, gezähnt, gekerbt, wellig, gelappt oder eingeschnitten 13
13 Blätter ganzrandig 500
– Blattrand gesägt, gezähnt, gekerbt, wellig, gelappt, eingeschnitten oder borstig bewimpert. 700

6.2 Laubgehölze (Angiospermae) außer Palmen und Bambus

6.2.1 Bestimmungsschlüssel zu den Gattungen

Blätter schuppenförmig und/oder nadelförmig

50 (7) Blätter (wenigstens teilweise) schuppenförmig 51
– Blätter allesamt nadelförmig 60
51 Blättchen am Grund mit 2 pfriemlichen Öhrchen (Lupe!) .... *Calluna vulgaris*
– Blättchen am Grund andersartig 52
52 Blättchen alle gegenständig (oder wirtelig) 53
– Blättchen (wenigstens viele) wechselständig (spiralig) 59
53 Blüten/Samen in Zapfen .... → *6.5.1 Bestimmungsschlüssel Nadelgehölze (Gymnospermae, S. 745)*

- Blüten/Samen nicht in Zapfen 54
54 Blattrand umgerollt 55
- Blattrand nicht umgerollt................ 58
55 Blattrand (fast) vollständig eingerollt 56
- Blattrand nur umgebogen 57
56 Blätter höchstens 2-mal so lang wie breit .... *Cassiope*
- Blätter mindestens 3-mal so lang wie breit ... . *Erica*
57 Blätter höchstens 12 mm lang .... *Loiseleuria procumbens*
- Blätter länger ..... *Helianthemum apenninum*
58 Blattspitzen erreichen die Basis des folgenden Blattes in der Zeile .... *Cassiope*
- Blattspitzen erreichen nicht die Basis des folgenden Blattes in der Zeile............ *Hebe*
59 Blätter höchstens 5 mm lang, spitz... *Tamarix*
- Blätter auch länger, stumpf .... *Myricaria germanica*
60 (50) Pflanze kaum 80 cm hoch werdend und Blüten/Samen nicht in Zapfen........... 61
- Pflanze baumförmig und höher werdend oder Blüten/Samen in Zapfen .... → *6.5.1 Bestimmungsschlüssel Nadelgehölze (Gymnospermae, S. 745)*
61 Blätter wechselständig (schraubig, zumindest viele) 62
- Blätter gegenständig oder wirtelig........ 65
62 Blätter vollständig eingerollt (hohl), unterseits mit weißer Linie .... *Empetrum*
- Blätter nicht hohl, Rand höchstens unvollständig eingerollt........................ 63
63 Blätter fein gezähnt (Lupe!) ...... *Phyllodoce*
- Blätter ganzrandig 64
64 Blätter drüsig, z. T. bewimpert .... *Fumana procumbens*
- Blätter ohne Drüsen, Blattrand kahl .... *Aethionema*
65 Blätter zerrieben intensiv duftend 66
- Blätter nicht duftend 67
66 Blätter oberseits silberschuppig, höchstens 4 cm lang, mit Lavendelduft....... *Lavandula*
- Blätter oberseits grün, bis 6 cm lang, mit Rosmarinduft .... *Rosmarinus officinalis*
67 Blätter gegenständig.. *Loiseleuria procumbens*
- Blätter im Quirl..................... *Erica*

Blätter gegenständig: gefiedert/ gefingert oder tief fiedrig eingeschnitten

100 (10) Blätter/Blättchen durchscheinend punktiert (zumindest am Rand)............. 101
- Blätter/Blättchen nicht durchscheinend punktiert 104
101 Blätter nur fiedrig eingeschnitten, Fiederblättchen nicht frei............. *Syringa ×persica*
- Blätter gefiedert oder gefingert, mit völlig voneinander getrennten Fiederblättchen..... 102
102 Fiederblättchen 3 oder 5, gefingert ... *Choisya*
- Fiederblättchen 5 oder mehr, gefiedert ... 103
103 Knospen im Blattstiel verborgen, Blätter riechen unangenehm .... *Phellodendron*
- Knospen frei sichtbar, Blätter riechen intensiv .... *Tetradium daniellii*
104 Pflanze kletternd...................... 105
- Pflanze nicht kletternd 107
105 Blattstiele an der Spitze in Ranken endend und windend .... *Clematis*
- Pflanze nicht mit Blattstielen kletternd ... 106
106 Blattstielgrund der Blattpaare durch behaarte Querlinie miteinander verbunden, Pflanze mit Haftwurzeln kletternd .... *Campsis*
- Blattstielgrund ohne Verbindung durch Querlinie, ohne Haftwurzeln .... *Jasminum*
107 Blätter fiederschnittig, dicht mit Drüsen besetzt, zerrieben aromatisch riechend .... *Perovskia abrotanoides*
- Blätter gefiedert oder gefingert, Blättchen frei 108
108 Blättchen 3 109
- Blättchen 4 oder mehr 114
109 Triebe kantig oder längs gefurcht 110
- Triebe rund 113
110 Triebe 4-kantig oder mit 4 Längsfurchen..... .... *Jasminum nudiflorum*
- Triebe mit mehr Längskanten oder -furchen 111
111 Blättchen höchstens 2 cm lang 112
- Blättchen größer.................. *Clematis*
112 Pflanze unbewehrt .... *Genista radiata*
- Pflanze dornig...... *Echinospartum horridum*
113 Blättchen sehr fein gezähnt .... *Staphylea*
- Blättchen grob oder gar nicht gezähnt.... *Acer*
114 Blätter sehr lang gestielt (Stiele oft länger als Rest des Blattes), Triebe längs gefurcht...... .... *Clematis*
- Blätter kürzer oder gar nicht gestielt 115
115 Blätter gefingert 116
- Blätter gefiedert 118
116 Blattrand gesägt 117
- Blättchen nicht gesägt .... *Vitex agnus-castus*
117 Blattrand recht gleichmäßig gesägt .. *Aesculus*
- Blattrand ungleichmäßig gesägt .... *Acer*
118 Blattseitennerven bis an den Rand durchgehend 119
- Blattseitennerven enden vor dem Blattrand oder biegen vorher um 120
119 Blättchen höchstens 5 (ausnahmsw. 7) .. *Acer*
- Blättchen 7–15 .... *Dipteronia sinensis*
120 Blättchen durch Säume miteinander verbunden .... *Syringa pinnatifolia*
- Blättchen völlig frei 121
121 Blätter paarig gefiedert..... *Pistacia chinensis*
- Blätter unpaarig gefiedert.............. 122
122 Knospen im Blattstiel verborgen, Blätter unangenehm riechend .... *Phellodendron*
- Knospen sichtbar..................... 123
123 Triebe mit weitem Mark und nur schmalem Holzmantel (Querschnitt) 124
- Triebe mit engem Mark .... *Fraxinus*
124 Junge Triebe glatt, Blättchen fein gezähnt.... .... *Staphylea*
- Junge Triebe rau durch Lentizellen, Blättchen grob gezähnt................... *Sambucus*

Blätter gegenständig: ganzrandig

200 (11) Auf Bäumen wachsende Pflanzen ohne Bodenwurzeln...................... 201
- Im Boden wurzelnde Bäume oder Sträucher.. 202
201 Zweige gelbgrün, Blätter wintergrün........ .... *Viscum album*
- Zweige dunkelbraun, Blätter sommergrün ... . *Loranthus europaeus*
202 Blätter durchscheinend punktiert.. *Hypericum*
- Blätter nicht durchscheinend punktiert ... 203
203 Gehölz kriechend oder kletternd 204

– Gehölz nicht kletternd oder kriechend ... 210

204 Gehölz kriechend ... 205

– Gehölz kletternd ... 207

205 Triebe fadenförmig ... *Linnaea borealis* var. *borealis*

– Triebe nicht fadenförmig ... 206

206 Triebe 4-kantig ... *Thymus*

– Triebe rund ... *Vinca*

207 Gehölz mit Haftwurzeln kletternd ... *Decumaria barbara*

– Gehölz windend ... 208

208 Zweige hohl ... *Lonicera*

– Zweige mit Mark ... 209

209 Zweige rund, mit Milchsaft, Knospen verborgen ... *Periploca*

– Zweige 4-kantig, ohne Milchsaft, Knospen sichtbar ... *Jasminum beesianum*

210 Blattspreite höchstens 2,5 cm lang und ledrig und Blattstiel bewimpert ... *Buxus*

– Blattspreiten andersartig ... 211

211 Blattunterseite und junge Triebe silberschuppig (durch Schuppen- oder Sternhaare, Lupe!) ... 212

– Blattunterseite und junge Triebe nicht silbrig ... 216

212 Blätter linealisch und zerrieben mit intensivem Lavendelduft, Blattrand umgerollt und Triebe 4-kantig ... *Lavandula*

– Blätter oder Triebe andersartig ... 213

213 Knospen sehr lang (> 1 cm) oder Blätter an der Stielbasis durch Querlinie verbunden ... 218

– Knospen kürzer und keine Querlinie vorhanden ... 214

214 Triebe braun, Blätter sommergrün ... *Sheperdia*

– Triebe grau oder grün, Blätter immergrün ... 215

215 Blätter höchstens 8 cm lang, zu zweit am Knoten ... *Olea europaea*

– Blätter länger, meist zu dritt im Quirl ... *Nerium oleander*

216 Zweige mit 6 deutlichen Längsrippen *Clematis*

– Zweige nicht 6-rippig ... 217

217 Ein Teil der Blätter wechselständig, ein Teil zu dritt im Quirl ... *×Chitalpa tashkentensis*

– Blätter alle gegenständig ... 220

218 Zwergstrauch, Knospen sehr klein ... 219

– Höherer Strauch, Knospen nicht sehr klein ... *Viburnum*

219 Triebe (durch Haare) silbrig ... *Teucrium montanum*

– Triebe grün ... *Helianthemum canum*

220 Blattstielpaare an der Basis durch Querlinie verbunden oder sich berührend ... 221

– Blattpaare an der Basis nicht durch Linie verbunden und sich nicht berührend ... 243

221 Blätter höchstens 8 mm lang und geruchlos ... *Loiseleuria procumbens*

– Blätter länger oder zerrieben stark riechend ... 222

222 Triebe 4-kantig ... 223

– Triebe rund(lich) ... 226

223 Blätter höchstens 15 mm lang und höchstens 3-mal so lang wie breit, Spreite deutlich vom Stiel abgesetzt ... *Thymus*

– Blätter länger und länglicher oder Spreite geht allmählich in den Blattgrund über ... 224

224 Beiderseits nahe dem Hauptnerv je ein Seitennerv parallel bis nahe Blattspitze verlaufend ... *Heptacodium miconoides*

– Seitennerven andersartig ... 225

225 Blattrand kahl ... *Hyssopus officinalis*

– Blattrand bewimpert ... *Satureja montana*

226 Sehr kleiner Strauch, nur an der Basis verholzend ... 227

– Baum oder Strauch über 1 m hoch wachsend ... 228

227 Blätter kahl, Rand nach unten umgebogen ... *Hypericum coris*

– Blätter behaart, Rand gerade .. *Helianthemum*

228 Blätter immergrün ... 229

– Blätter sommergrün ... 232

229 Blätter sehr dicht stehend, nur Hauptnerv sichtbar (z. T. unvollständig) ... *Hebe*

– Blätter entfernt stehend, mit deutlichen Seitennerven ... 230

230 Blätter durch oberseitige Öldrüsen klebrig und aromatisch duftend ... *Cistus laurifolius*

– Blätter ohne Drüsen ... 231

231 Blätter unterseits mit Sternhaaren (Lupe!), zumindest an den Hauptnerven ... *Viburnum*

– Blätter ohne Sternhaare ... *Lonicera*

232 Knospen unter der Blattstielbasis verborgen, Blätter auch zu 3 oder 4 im Quirl ... 233

– Knospen sichtbar (in den Blattachseln), Blätter nicht in Quirlen ... 234

233 Blätter höchstens 2 cm lang ... *Philadelphus microphyllus*

– Blätter länger ... *Cephalanthus occidentalis*

234 Untere Blattseitennerven weit bogig zur Blattspitze hin verlaufend ... *Cornus*

– Blattseitennerven anders verlaufend ... 235

235 Blätter ganzrandig, ohne braune Schuppen ... 236

– Blattrand an der Spitze gezähnt und Blätter unterseits mit braungrauen Schuppen .. *Viburnum*

236 Blätter unterseits an Hauptnerven behaart 238

– Blätter kahl ... 237

237 Blätter lang und deutlich zugespitzt ... *Leycesteria formosa*

– Blätter stumpf oder wenn höchstens 3 cm lang: mit aufgesetzter kurzer Spitze *Symphoricarpos*

238 Zweige hohl ... 239

– Zweige mit vollem Mark ... 241

239 Triebe mit Endknospen ... *Lonicera*

– Endknospen fehlend ... 240

240 Blätter stumpf oder wenn höchstens 3 cm lang: mit aufgesetzter kurzer Spitze *Symphoricarpos*

– Blätter mit langer, deutlicher Spitze .. *Dipelta*

241 Blattstiele höchstens 1,2 cm lang ... 242

– Blattstiele länger (bis 5 cm lang) ... *Emmenopteris henryi*

242 Spreitenbasis keilförmig und Triebe borstig behaart ... *Abelia mosanensis*

– Spreitenbasis abgerundet oder Triebe kahl ... *Lonicera*

243 (220) Triebe an der Blattstielbasis mit 2 herablaufenden Linien ... 244

– Triebe andersartig ... 248

244 Gehölz mit Dornen ... *Punica granatum*

– Gehölz ohne Dornen ... 245

245 Mark gefächert oder fehlend ... 246

– Mark voll ... 247

246 Blattrand bewimpert . *Abeliophyllum distichum*

– Blattrand kahl ... *Forsythia*

247 Blätter höchstens 3 cm breit ... *Fontanesia*

– Blätter breiter ... *Syringa*

248 Zweige 4-kantig ... 249

– Zweige rund(lich) oder 2-kantig ... 253

249 Blätter sommergrün ... 250

– Blätter immergrün ... *Buxus*

250 An der Basis der Spreite 3–5 etwa gleich starke Blattnerven entspringend ... *Coriaria terminalis* var. *terminalis*

- An der Basis der Spreite entspringt eine kräftige Ader, von der wesentlich schwächere abzweigen 251
251 Blattrand bewimpert. *Abeliophyllum distichum*
- Blattrand kahl, Blätter unterseits mit dunkelgrünen Punkten 252
252 Blattgrund herzförmig . . . . .*Fraxinus anomala*
- Blattgrund keilförmig . . . . *Fontanesia*
253 Triebe geflügelt . . . . *Punica granatum*
- Triebe nicht geflügelt, höchstens 2-kantig . 254
254 Meiste Blätter über 7 cm breit 255
- Meiste Blätter unter 7 cm breit 258
255 Zweige mit gekammertem Mark, Blattrand bewimpert . . . . *Paulownia tomentosa*
- Zweige zwischen den Blattknoten ohne gekammertes (mit vollem) Mark, Blattrand kahl . 256
256 Knospen unter dem Blattstiel verborgen . . . . *Calycanthus*
- Knospen sichtbar 257
257 Blätter ohne Geruch, mit Flecken in den Hauptnervenwinkeln . . . . *Catalpa*
- Blätter zerrieben stark riechend, ohne Flecken . .*Clerodendrum trichotomum* var. *trichotomum*
258 Blätter höchstens 8 mm lang 259
- Blätter (viel) länger 260
259 Blattrand umgerollt, Blätter unterseits blauweiß . . . . *Loiseleuria procumbens*
- Blattrand nicht umgerollt, Blätter unterseits hellgrün . . . . *Leiophyllum buxifolium*
260 Blätter oberseits behaart <u>oder</u> rau 261
- Blätter oberseits kahl <u>und</u> glatt 263
261 Blätter unterseits graufilzig, kleiner Strauch, der nur an der Basis verholzt . . *Helianthemum*
- Blätter unterseits andersartig, über 1 m hoher Strauch 262
262 Blätter unterseits glänzend, Blattrand mit deutlichen, vorwärts gerichteten Borstenhaaren . . . . *Chimonanthus praecox*
- Blätter unterseits matt, Blattrand ohne oder nur mit unauffälligen Borstenhaaren. . *Calycanthus*
263 Blattrand nach unten gebogen . . . . *Kalmia*
- Blattrand nicht umgebogen 264
264 Außer der Mittelrippe kaum Blattnerven vorhanden . . . . *Hebe*
- Seitennerven deutlich, zumindest gegen das Licht 265
265 Blattspreitenbasis läuft ein Stück am Stiel herab, Blattnarbe 1-spurig . . . . *Ligustrum*
- Blattspreitenbasis läuft nicht am Stiel herab, Blattnarbe mehrspurig 266
266 Triebe mit zahlreichen auffälligen Lentizellen <u>und</u> an den Blattnarben deutlich verdickt, Blätter länger als 8 cm . . . . *Chionanthus*
- Triebe ohne auffällige Lentizellen und an den Blattnarben nicht verdickt <u>oder</u> Blätter höchstens 8 cm lang 267
267 Blattstiel mindestens 10 mm lang, Knospenschuppen fallen beim Austreiben ab . . *Syringa*
- Blattstiel höchstens 8 mm lang, Knospenschuppen bleiben bis lange nach dem Austreiben haftend . . . . *Lonicera*

Blätter gegenständig: Blattrand gesägt, gezähnt, gekerbt oder gelappt

300 (11) Blätter gelappt 301
- Blätter nicht gelappt 307
301 Blätter nur teilweise (an Langtrieben) gelappt <u>und</u> ungelappte ganzrandig 302
- Blätter (fast) alle gelappt <u>oder</u> ungelappte, wenn vorhanden, gezähnt 304
302 Blätter höchstens 10 cm lang 303
- Blätter länger . . . . *Catalpa*
303 Blattlappen spitz . . . . *Syringa*
- Blattlappen abgerundet . . . . *Symphoricarpos albus* var. *albus*
304 Blattstiel mit Drüsenhöckern <u>oder</u> Blätter unterseits dunkel punktiert . . . . *Viburnum*
- Blattstiel ohne Drüsenhöcker <u>und</u> Blätter unterseits nicht punktiert 305
305 Blätter unterseits, Blattstiele und Triebe dicht filzig behaart . . . .*Hydrangea quercifolia*
- Blätter oder Triebe andersartig 306
306 Blätter intensiv duftend, sehr runzelig, Triebe 4-kantig . . . . *Salvia officinalis*
- Blätter und Triebe andersartig . . . .*Acer*
307 Am Ende des Blattstieles entspringen 3–5 ± gleich starke Blattnerven 308
- Der Blattstiel setzt sich im Blatt in einem Hauptnerv fort, von dem deutlich schwächere Seitennerven abzweigen 313
308 Seitennerven biegen vor Blattrand um . . . 309
- Seitennerven verlaufen bis in den Blattrand 311
309 Blattstiel höchstens 2 cm lang, Blattunterseite grün, Knospen verborgen . . . . *Philadelphus*
- Blattstiele (wenigstens viele) länger, Blattunterseite bläulich, Knospen sichtbar 310
310 Blätter höchstens 10 cm lang . . *Cercidiphyllum*
- Blätter (z. T. viel) länger . . . *Catalpa japonicum*
311 Blattrand sehr fein und scharf gesägt <u>und</u> Triebe kahl . . . . *Rhodotypos scandens*
- Blattrand grob gesägt <u>oder</u> Triebe behaart . 312
312 Blattstiel mit Drüsenhöckern <u>oder</u> Blätter unterseits dunkel punktiert . . . . *Viburnum*
- Blattstiel ohne Drüsenhöcker <u>und</u> Blätter unterseits nicht punktiert . . . . *Acer*
313 Seitennerven verlaufen (fast) unvermindert bis in den Blattrand 314
- Seitennerven biegen vor dem Blattrand um oder lösen sich vor dem Rand (fast) auf . . 321
314 Blattstiel Milchsaft führend . . . . *Acer*
- Blattstiel ohne Milchsaft 315
315 Blätter ober- und unterseits mit Drüsen, aromatisch riechend. . . *Perovskia scrophulariifolia*
- Blätter andersartig 316
316 Blattstiel auf fast ganzer Länge nach unten stark verbreitert . . . .*Jamesia americana*
- Blattstiel nicht oder höchstens ganz am Ende verbreitert 317
317 Blattrand sehr fein und scharf gesägt <u>und</u> Triebe kahl . . . . *Rhodotypos scandens*
- Blattrand grob gesägt/gezähnt <u>oder</u> Triebe behaart 318
318 Blattstiel mit Drüsenhöckern <u>oder</u> Blätter unterseits dunkel punktiert <u>oder</u> mit Sternhaaren . . . . *Viburnum*
- Blattstiel ohne Drüsenhöcker <u>und</u> Blätter unterseits nicht punktiert und nicht mit Sternhaaren 319
319 Zwergstrauch . . . .*Teucrium chamaedrys*
- Strauch/Baum höher als 30 cm 320
320 Blattrand mit wenigen Drüsenzähnen, Blätter immergrün . . . . *Aucuba japonica*
- Blattrand dichter gesägt/gezähnt, Blätter sommergrün . . . . *Acer*
321 Triebe fadenförmig und kriechend, Blätter höchstens 2 cm lang und bewimpert . . . . *Linnaea borealis* var. *borealis*

- Triebe andersartig 322

322 Blattstielpaare an der Basis durch Querlinie verbunden oder sich berührend 323

- Blattpaare an der Basis nicht durch Linie verbunden und sich nicht berührend 340

323 Blattrand insgesamt höchstens mit 19 Zähnen 324

- Blattrand insgesamt mit (viel) mehr Zähnen. 331

324 Pflanze (mit Haftwurzeln) kletternd . . . . *Decumaria barbara*

- Pflanze nicht kletternd 325

325 Blätter ledrig, winter-/immergrün und am Rand bewimpert 326

- Blätter nicht ledrig, sommergrün oder kahl. 327

326 Blätter höchstens 5 cm lang . . . . *Abelia*

- Blätter viel länger . . . . *Aucuba japonica*

327 Winterknospen verborgen . . . . . . *Philadelphus*

- Winterknospen sichtbar 328

328 Alle Blätter zu zweit gegenständig 329

- Viele Blätter zu dritt im Quirl 330

329 Blätter aromatisch riechend, Triebe 4-kantig . . . . *Perovskia*

- Blätter nicht aromatisch riechend, Triebe rund . . . . *Kolkwitzia amabilis*

330 Blätter oberseits glänzend, am Rand bewimpert . . . . *Abelia*

- Blätter oberseits matt, kahl . . . . *Fuchsia magellanica* var. *magellanica*

331 Blätter oberseits mit weißen Sternhaaren (wenigstens entlang der Mittelrippe, Lupe!) . . . . *Deutzia*

- Blätter oberseits ohne oder mit braunen Sternhaare(n) 332

332 Triebe 4-kantig 333

- Triebe rund(lich) oder nur mit unterbrochenen Längskanten oder Haarstreifen 335

333 Blätter zerrieben stark duftend, unterseits grün und sehr runzelig . . . . *Salvia officinalis*

- Blätter nicht duftend, nicht auffallend runzelig 334

334 Blätter unterseits weiß . . . . *Buddleja*

- Blätter unterseits grün . . . . *Diervilla*

335 Triebe mit Längskanten unterseits der Blattstiele 336

- Triebe ohne Längskanten oder nur mit 2 Haarstreifen 337

336 Seitennerven verlaufen weit bogenförmig zur Blattspitze . . . . *Viburnum*

- Seitennerven biegen erst vor dem Blattrand um . . . . *Diervilla*

337 Blätter unterseits dunkel punktiert . *Viburnum*

- Blätter unterseits ohne Punkte 338

338 Blattspreiten höchstens 6 cm lang . . . . . . *Acer*

- Blattspreiten länger (wenigstens die meisten) 339

339 Blattstiele höchstens 1 cm lang, kahl . . . . *Weigela*

- Blattstiele länger (die meisten) und behaart . . . . *Hydrangea*

340 (322) Blätter unterseits mit gelben oder schwarzen Drüsen(punkten) 341

- Blätter unterseits ohne Drüsen 345

341 Blätter immergrün, ledrig 342

- Blätter sommergrün, nicht ledrig 343

342 Triebe behaart . . . . *Osmanthus delavayi*

- Triebe kahl . . . . *Phillyrea latifolia*

343 Seitennerven verlaufen sehr spitzwinklig bogig weit nach vorne . . . . *Philadelphus*

- Seitennerven verlaufen andersartig 344

344 Blätter zerrieben nach Pfefferminz duftend, Knospen ohne Schuppen, Triebe etwas 4-kantig . . . . *Elsholtzia stauntonii*

- Blätter nicht duftend, Knospen mit Schuppen, Triebe rund . . . . *Callicarpa*

345 Triebe hohl oder mit gekammertem Mark, nur an den Blattknoten mit vollem Mark, unterhalb der Blattstielpaare 4 am Trieb herablaufende Linien . . . . *Forsythia*

- Triebe mit vollem Mark oder ohne solche Linien 346

346 Blätter immergrün, ledrig 347

- Blätter sommergrün 349

347 Zwergstrauch, Blätter höchstens 3 cm lang, Triebe unterseits der Blattstiele mit Längslinien . . . . *Paxistima*

- Größeres Gehölz, Blätter (zumindest viele) länger 348

348 Blattrand dicht gezähnt . . . . *Euonymus*

- Blattrand jederseits mit höchstens 4 Zähnen. . . . . *Osmanthus heterophyllus*

349 Seitennerven verlaufen in weitem Bogen zur Blattspitze . . . . *Rhamnus*

- Seitennerven nicht so verlaufend 350

350 Blattstiele höchstens 1,5 cm lang 351

- Blattstiele länger (zumindest sehr viele) . . 355

351 Triebe 4-kantig . . . . *Perovskia*

- Triebe rund(lich) oder mit Längsleisten . . 352

352 Blätter zerrieben aromatisch duftend . . . . *Caryopteris*

- Blätter nicht duftend 353

353 Blattspreite an beiden Enden lang zugespitzt 354

- Blattspreite am Grund nicht lang zugespitzt . . . . *Euonymus*

354 Blätter unterseits punktiert, kahl . . . *Forestiera*

- Blätter unterseits nicht punktiert, behaart. . . . . *Callicarpa*

355 Pflanze mit Haftwurzeln kletternd . . . . *Schizophragma hydrangeoides*

- Pflanze nicht kletternd 356

356 Knospen unter dem Blattstiel verborgen . . . . *Calycanthus*

- Knospen sichtbar 357

357 Knospen mit 1 Schuppe . . . . *Salix*

- Knospen mit mindestens 2 Schuppen . . . . *Viburnum*

Blätter wechselständig: gefiedert/gefingert oder fast bis zum Hauptnerv fiedrig zerteilt

400 (12) Blätter vollständig gefiedert oder gefingert 401

- Blätter höchstens tief eingeschnitten 486

401 Blätter mit 3 Fiederblättchen 402

- Fiederblättchen 4 oder mehr 422

402 Blättchen mit Milchsaft (Blattstiel anschneiden!) . . . . *Rhus*

- Blättchen ohne Milchsaft 403

403 Blättchen ganzrandig (höchstens mit einigen undeutlichen Zähnen) 404

- Blättchen gesägt oder gezähnt 417

404 Blättchen mit durchscheinenden Punkten (Lupe!) . . . . *Ptelea trifoliata* var. *trifoliata*

- Blättchen ohne durchscheinende Punkte . . 405

405 Spross windend 406

- Gehölz nicht kletternd 407

406 Blättchen kahl, unterseits blaugrün, Triebe und Blattstiele rötlich und bereift . . . *Sinofranchetia chinensis*

– Blättchen behaart oder Triebe nicht bereift . . . *Akebia trifoliata*

407 Zweige kantig und grün . . . 408

– Zweige rund(lich), wenn kantig, nicht grün . . . 411

408 Blättchen ganzflächig zerstreut behaart . . 409

– Blättchen höchstens am Rand etwas behaart . . . *Jasminum fruticans*

409 Blättchen lanzettlich, höchstens 4 cm lang . . . 410

– Blättchen rundlich und länger . . . *Desmodium spicatum*

410 Blätter alle gestielt . . . *Cytisus*

– Blätter an Blütentrieben sitzend . . . *Cytisophyllum sessilifolius*

411 Endfieder mindestens doppelt so groß wie seitliche . . . *Solanum dulcamara*

– Endfieder höchstens etwas größer als seitliche . . . 412

412 Ganze Blätter (zumindest viele) mindestens 10 cm lang . . . 413

– Ganze Blätter kürzer . . . 414

413 Endfiederblatt sitzend oder höchstens 5 mm lang gestielt . . . *Laburnum*

– Endfiederblatt länger gestielt . . . *Rhus*

414 Endblättchen etwa 1 cm lang gestielt . . . 415

– Endblättchen fast sitzend (Blatt gefingert) . 416

415 Blättchen spitz (zumindest mit Stachelspitzchen) . . . *Lespedeza*

– Blättchen stumpf (sogar etwas ausgerandet) . . . *Petteria ramentacea*

416 Blattstiel behaart . . . *Chamaecytisus*

– Blattstiel kahl . . . *+Laburnocytisus adamii*

417 (403) Blättchen mit durchscheinenden Punkten . . . 418

– Blättchen nicht durchscheinend punktiert. 419

418 Gehölz mit Dornen . . . *Poncirus trifoliata*

– Gehölz unbewehrt . . . *Ptelea trifoliata* var. *trifoliata*

419 Blättchen höchstens 3 cm lang, Pflanze ohne Ranken . . . *Ononis fruticosa*

– Blättchen (zumindest die meisten) länger. 420

420 Pflanze mit Ranken . . . 421

– Pflanze ohne Ranken . . . *Rhus*

421 Rankenenden mit Haftscheiben . . . *Parthenocissus tricuspidata*

– Rankenenden ohne Haftscheiben . . . *Ampelopsis aconitifolia*

422 (401) Gehölz kletternd . . . 423

– Gehölz nicht kletternd . . . 429

423 Blätter gefiedert . . . 424

– Blätter gefingert . . . 426

424 Blätter mehrfach gefiedert, zumindest einige . . . *Ampelopsis megalophylla*

– Blätter einfach gefiedert . . . 425

425 Blättchen ganzrandig, Nebenblätter abfallend . . . *Wisteria*

– Blättchen gesägt, Nebenblätter bleibend . . *Rosa*

426 Pflanze windend, Blättchen ganzrandig . . 427

– Pflanze mit Ranken, Blättchen eingeschnitten . . . 428

427 Blättchen 5, an der Spitze abgerundet, sommergrün . . . *Akebia quinata*

– Blättchen 3–7, zugespitzt, immergrün . . . *Stauntonia hexaphylla*

428 Rankenenden mit Haftscheiben . . . *Parthenocissus*

– Rankenenden ohne Haftscheiben . . . *Ampelopsis aconitifolia*

429 Blätter (zumindest einige) doppelt oder mehrfach gefiedert . . . 430

– Blätter einfach gefiedert oder gefingert . . . 438

430 Pflanze dicht drüsig-klebrig, harzig duftend . . . *Chamaebatiaria millefolium*

– Pflanze andersartig . . . 431

431 Zweige mit Stacheln, Blätter bis 1 m lang . . . *Aralia spinosa*

– Zweige unbewehrt oder mit Dornen, Blätter höchstens 75 cm lang . . . 432

432 Blättchen gelappt (zumindest viele) und Lappen ganzrandig . . . 433

– Blättchen ganzrandig oder gesägt oder wenn gelappt, dann Lappen gesägt . . . 435

433 Blätter durchscheinend punktiert, stark aromatisch riechend . . . *Ruta graveolens*

– Blätter nicht punktiert, nicht aromatisch riechend . . . 434

434 Seitenfiedern entspringen aus Achseln von Fiederblättchen, Baum . . . *Aralia*

– Seitenfiedern entspringen nicht aus Achseln von Fiederblättchen, Strauch . . . *Paeonia*

435 Blätter immergrün und Gehölz ohne Dornen . . . *Nandina domestica*

– Blätter sommergrün oder Gehölz mit Dornen . . . 436

436 Kleinste Fiederblättchen höchstens zu 35 . . . 437

– Kleinste Fiederblättchen auch zu 40–60 . . . *Albizia julibrissin*

437 Gehölz ohne Dornen und Blätter allesamt doppelt gefiedert . . . *Gymnocladus dioicus*

– Gehölz mit Dornen oder Blätter teilweise nur einfach gefiedert . . . *Gleditsia*

438 Pflanze dicht drüsig-klebrig, duftend, Blättchen tief fiederschnittig oder nochmals gefiedert . . . 439

– Pflanze andersartig . . . 440

439 Fiederblättchen nadelförmig . . . *Santolina pinnatifolia*

– Fiederblättchen nicht nadelförmig . . . *Chamaebatiaria millefolium*

440 Blättchen ganzrandig oder höchstens an der Basis mit bis zu 5 Zähnen . . . 441

– Blättchen gesägt, gezähnt oder gelappt . . . 463

441 Pflanze mit Milchsaft (Blattstiel abkneifen!) . . . *Rhus*

– Pflanze ohne Milchsaft . . . 442

442 Gehölz an der Blattspindel bewehrt . . . 443

– Gehölz unbewehrt oder höchstens mit Nebenblatt- oder Sprossdornen . . . 444

443 Blätter mit durchscheinenden Punkten . . . *Zanthoxylum*

– Blätter nicht durchscheinend punktiert . . . *Halimodendron halodendron*

444 Oberste Seiten-Fiederblättchen an der Blattspindel weit herablaufend mit grünem Saum . . . *Potentilla fruticosa* var. *fruticosa*

– Oberste Fiederblättchen ohne Saum . . . 445

445 Blättchen höchstens 8 cm lang . . . 446

– Blättchen (zumindest viele) länger . . . 459

446 Ganze Blätter (zumindest viele) mindestens 15 cm lang . . . 447

– Ganze Blätter kürzer . . . 450

447 Gehölz durch 2 Dornen neben dem Blattstiel bewehrt . . . *Robinia*

– Gehölz unbewehrt . . . 448

448 Blattstiel an der Basis auffällig verdickt . . . 449

– Blattstiel nicht verdickt, unterstes Blättchenpaar z. T. fast sitzend .... *Amorpha*
449 Seitenknospen unter Blattstiel verborgen .... *Styphnolobium japonicum*
– Seitenknospen sichtbar............................. *Maackia amurensis* var. *amurensis*
450 Blätter mit 5 Fiederblättchen ..... *Dorycnium*
– Gehölz mit 4 oder auch mehr als 5 Fiederblättchen............................. 451
451 Nebenblätter neben der Blattstielbasis bleibend/dornig 452
– Nebenblätter hinfällig oder fehlend...... 453
452 Blätter unpaarig gefiedert und Blättchen höchstens 11 .... *Hippocrepis emerus*
– Blätter paarig gefiedert (ohne Endblättchen) oder Blättchen mehr als 11........ *Caragana*
453 Seitenknospen unter Blattstiel verborgen.. 454
– Seitenknospen sichtbar................ 455
454 Gehölz mit einfachen Dornen bewehrt .... *Sophora davidii*
– Gehölz mit Nebenblattdornen oder unbewehrt .... *Robinia kelseyi*
455 Blättchen höchstens 23................ 456
– Blättchen bis 35 ..... *Hedysarum multijugum*
456 Strauch niederliegend, Triebe jung drüsig behaart .... *Calophaca wolgarica*
– Strauch aufrecht, nicht drüsig behaart ... 457
457 Blätter mit höchstens 7 Fiederblättchen .... *Jasminum humile*
– Gehölz (auch) mit 9 oder mehr Fiederblättchen............................... 458
458 Strauch nur bis etwa 1,5 m hoch, Blättchen gestielt........................ *Indigofera*
– Strauch höher wachsend, Blättchen fast sitzend.......................... *Colutea*
459 (445) Blättchen an der Basis mit bis zu 5 Zähnen und an diesen unterseits z. T. Drüsen .... *Ailanthus*
– Blättchen ohne Zähne und Drüsen....... 460
460 Blätter paarig gefiedert....... *Toona sinensis*
– Blätter unpaarig gefiedert.............. 461
461 Zweige mit gekammertem Mark ..... *Juglans*
– Zweige mit vollem Mark.............. 462
462 Blättchen zu 7–13, an der Blattspindel versetzt, Blattstiel an der Basis auffällig verdickt................................ *Cladrastis*
– Blättchen zu 13–25, nicht versetzt, Blattstiel nicht verdickt .... *Decaisnea insignis*
463 (440) Nebenblätter fast auf ganzer Länge mit dem Blattstiel verwachsen 464
– Nebenblätter fast frei oder fehlend 465
464 Gehölz mit Stacheln, Nebenblattspitzen abstehend .... *Rosa*
– Gehölz unbewehrt, Nebenblattspitzen kurz.................... *Potentilla salesoviana*
465 Blätter gefingert 466
– Blätter gefiedert 467
466 Nebenblätter vorhanden oder Blätter unterseits weiß(lich) oder Blattstiele mit hakigen Stacheln .... *Rubus*
– Nebenblätter fehlend und Blätter unterseits nicht weiß(lich) und Blattstiele ohne hakige Stacheln .... *Eleutherococcus*
467 Fiederblättchen nur teilweise frei (die basalen) .... *Sorbus*
– Fiederblättchen alle frei 468
468 Triebe mit gekammertem Mark 469
– Triebe mit vollem Mark 473
469 Seitenknospen deutlich gestielt 470
– Seitenknospen (fast) sitzend 472
470 Seitenknospen nackt (ohne Schuppen) ... 471
– Seitenknospen mit Schuppen..... *Pterocarya*
471 Blättchen 7–9, ohne Sternhaare...................................... *Cyclocarya paliurus*
– Blättchen 11–21, unterseits mit Sternhaaren......................... *Pterocarya fraxinifolia*
472 Blättchen höchstens 9 (11) und Blattspindel borstig behaart .... *Platycarya strobilacea*
– Blättchen (auch) zahlreicher oder unterseits sternhaarig oder Blattspindel mit Drüsenhaaren............................ *Juglans*
473 Triebe mit Stacheln................. *Rubus*
– Triebe ohne Stacheln 474
474 Blättchen sommergrün und ohne stechende Zähne 475
– Blättchen immergrün und mit stechenden Zähnen 476
475 Pflanze mit Milchsaft (Blattstiel abkneifen) .... *Rhus*
– Pflanze ohne Milchsaft 477
476 Blätter höchstens 10 cm lang .... ×*Mahoberberis neubertii*
– Blätter viel länger .... *Mahonia*
477 Blättchen mit durchscheinenden Punkten und Triebe unterhalb der Blätter mit Stachelpaaren .... *Zanthoxylum*
– Blättchen ohne durchscheinende Punkte und Triebe ohne Stachelpaare.............. 478
478 Blätter paarig gefiedert und nur mit entfernten Zähnen .... *Toona sinensis*
– Blätter unpaarig gefiedert, dicht gezähnt . 479
479 Blättchen tief eingeschnitten, gelappt oder nochmals gefiedert 480
– Blättchen nicht tief eingeschnitten, gelappt oder gefiedert 481
480 Blättchen zu höchstens 7, an der Spindel gegenüber, Innenrinde gelb (abziehen!) .... *Xanthorhiza simplicissima*
– Blättchen 7–15, an der Spindel versetzt, Innenrinde nicht gelb............................ *Koelreuteria paniculata* var. *paniculata*
481 Blättchen höchstens 8 cm lang 482
– Blättchen (zumindest einige) länger ... *Carya*
482 Blätter mit Nebenblättern, die allerdings z. T. bald abfallen (dann Narben an der Blattstielbasis!) 483
– Blätter ohne Nebenblätter und Nebenblattnarben................................ 484
483 Blätter zart, Nervatur auffällig (erhaben bzw. eingesenkt) .... *Sorbaria*
– Blätter derb, Nervatur unauffällig ..... *Sorbus*
484 Blättchen oberseits matt, höchstens 5 cm lang .... *Xanthoceras sorbifolium*
– Blättchen oberseits glänzend oder länger (zumindest viele) 485
485 Triebe und Blattspindel kahl und mit auffälligen, hellen Lentizellen .. *Picrasma quassioides*
– Triebe und Blattspindel behaart, ohne auffällige Lentizellen .... *Platycarya strobilacea*
486 (400) Blätter immergrün .... *Santolina*
– Blätter sommergrün 487
487 Blätter farnartig .... *Comptonia peregrina* var. *peregrina*
– Blätter nicht farnartig................ 488
488 Baum mit Dornen .... *Pyrus regelii*
– unbewehrter Strauch .... *Artemisia*

Blätter wechselständig: ganzrandig

500 (13) Gehölz bewehrt (mit Dornen, Stacheln oder stechender Spitze von Flachsprossen) 501
– Gehölz unbewehrt 518
501 Gehölz mit Blattdornen, in deren Achseln Triebe entspringen 502
– Gehölz mit Sprossdornen, Stacheln oder stechender Flachsprossspitze 503
502 Alle Verzweigungen in Dornen endend . . . . *Ulex europaeus*
– Triebenden unbewehrt . . . . *Berberis*
503 Triebe blattartig verbreitert, ledrig, mit stechender Spitze (keine Knospen in „Blatt"achseln, sondern unterhalb des „Blatt"stieles ein schuppenförmiges Blatt) . . . . *Ruscus aculeatus*
– Triebe nicht blattartig verbreitert 504
504 Gehölz mit Stacheln 505
– Gehölz ohne Stacheln 506
505 Gehölz mit Blattstacheln (stechenden Blattzähnen), nicht kletternd . . . . *Ilex*
– Gehölz mit 2 Ranken am Blattstiel, kletternd . . . . *Smilax*
506 Blütenstandsachsen verdornend . . . . *Alyssum spinosum*
– Gehölz mit Sprossdornen 507
507 Blattspreite höchstens 3 cm lang 508
– Blattspreiten (zumindest einige) länger . . 511
508 Triebe braun . . . . *Atraphaxis*
– Triebe grün 509
509 Seitentriebe auch zu zweit aus Knoten entspringend, alle verdornend . . *Erinacea anthyllis*
– Seitentriebe stets einfach, teils unverdornt . 510
510 Zweige niederliegend . . . *Anthyllis hermanniae*
– Zweige aufrecht . . . . *Genista*
511 Blätter unterseits weiß(lich) 512
– Blätter unterseits reingrün (heller oder dunkler oder bläulich) 514
512 Blätter oberseits mit büschelig verzweigten „Sternhaaren" (Lupe!) . . . . *Elaeagnus*
– Blätter oberseits schuppig oder anders einfach behaart 513
513 Blätter höchstens 1 cm breit . . . . *Hippophaë rhamnoides*
– Blätter breiter . . . . *Pyrus*
514 Blattstiele höchstens 3 cm lang 515
– Blattstiele (zumindest viele) länger . . . . . *Pyrus*
515 Blattstiel mit Milchsaft . . . . *Maclura*
– Blattstiel ohne Milchsaft 516
516 Blätter oberhalb der Mitte am breitesten . . . . *Rhamnus*
– Blätter in oder unterhalb der Mitte am breitesten 517
517 Zweige überhängend oder niederliegend, Blätter unterseits feinst hell punktiert (Lupe!) . . . . *Lycium*
– Zweige steif ± aufrecht, Blätter andersartig . . . . *Prinsepia*
518 (500) Gehölz kletternd oder kriechend . . . 519
– Gehölz freitragend 529
519 Gehölz kriechend 520
– Gehölz kletternd 521
520 Blätter höchstens 15 mm lang und nicht bewimpert . . . . *Vaccinium*
– Blätter länger oder Blattrand bewimpert . . . . *Arctostaphylos uva-ursi*
521 Gehölz mit Haftwurzeln kletternd . . . . *Hedera*
– Gehölz rankend oder windend 522
522 Triebe ohne Mark . . . . *Solanum dulcamara*
– Triebe mit Mark 523
523 Blattstiel mit 2 Ranken . . . . *Smilax*
– Blattstiel ohne Ranken 524
524 Blätter unterseits bläulich und mit kleinem Stachelspitzchen . . . . *Cocculus*
– Blätter andersartig 525
525 Blattgrund teilweise spießförmig . . . . *Fallopia baldschuanica*
– Blattgrund nicht spießförmig 526
526 Blätter höchstens 8 cm, Blattstiel höchstens 15 mm lang . . . . *Berchemia*
– Blätter und Blattstiele länger 527
527 Seitennerven gehen direkt bis in den Blattrand . . . . *Menispermum*
– Seitennerven biegen vor dem Blattrand um 528
528 Blätter höchstens 10 cm lang . . . . *Cocculus*
– Blätter länger (zumindest viele) . . . . *Aristolochia*
529 Triebe blattartig verbreitert (Phyllokladien) 530
– Triebe nicht blattartig verbreitert 532
530 Triebe mit 2 Flügelkanten, auch mit normalen Blättern . . . . *Genista sagittalis*
– Triebe ganz ohne normale Blätter, unter „Blatt"stiel nur kleines schuppenförmiges Blättchen 531
531 „Blätter" (= Triebe!) höchstens 2,5 cm breit, Blütenstände endständig . . . . *Danae racemosa*
– „Blätter" breiter, Blüten mittig aus den „Blättern" entspringend . . . . *Ruscus*
532 Triebe an der Blattansatzstelle mit stängelumfassender Linie, Blattstiele mit Hof an der Basis . . . . *Magnolia*
– Triebe ohne stängelumfassende Linien . . . 533
533 Blattnerven gabeln sich ständig in gleich starke Abkömmlinge . . . . *Ginkgo biloba* (→ *Gymnospermae!*, *S. 775*)
– Blattnervatur andersartig (netznervig) . . . 534
534 Triebabschnitte tütenartig ineinander gesteckt . . . . *Dirca palustris*
– Triebe andersartig 535
535 Blätter durchscheinend punktiert (Lupe!) oder unterseits gelb, braun oder schwarz punktiert 536
– Blätter nicht so punktiert 547
536 Blätter mit durchscheinenden Punkten . . . 537
– Blätter unterseits mit gelben, braunen oder schwarzen Punkten 540
537 Blattgrund keilförmig in den Blattstiel auslaufend 538
– Blattspreite deutlich vom Stiel abgesetzt . . . . *Orixa japonica*
538 Blätter höchstens 15 cm lang, immergrün 539
– Blätter (zumindest die meisten) länger, sommergrün . . . . *Asimina triloba*
539 Blätter zerrieben intensiv nach Kampfer riechend . . . . *Umbellularia californica*
– Blätter nicht so riechend . . . . *Skimmia*
540 Blätter unterseits mit dunklen Punkten . . . 541
– Blätter unterseits mit gelben Punkten 545
541 Blätter nahe der Spitze mit einigen Zähnen . . . . *Chamaedaphne calyculata*
– Blätter ohne Zähne 542
542 Blattrand mit durchscheinenden Stachelhaaren . . . . *Pieris floribunda*
– Blattrand ohne durchscheinende Stachelhaare 543
543 Schuppen nur blattunterseits 544
– Schuppen auch an Trieben und Blattoberseiten . . . . *Rhododendron*

544 Blätter höchstens 1 cm lang ....*Leiophyllum buxifolium* var. *buxifolium*
– Blätter länger .... *Elaeagnus ×ebbingei*
545 Blattrand kahl, Punkte sind nur Farbunterschiede und nur blattunterseits .... *Ilex*
– Blattrand behaart, Punkte sind Schuppen, beiderseits 546
546 Blattrand kurz zottig behaart ....*Myrica*
– Blattrand lang behaart oder kahl .... *Rhododendron*
547 (535) Triebe mit gefächertem Mark......... ....*Oemleria cerasiformis*
– Triebe mit vollem Mark 548
548 Blätter immergrün, ledrig, beiderseits blaugrün und Triebe bereift. . *Eucalyptus pauciflora*
– Blätter und Triebe andersartig 549
549 Blätter teilweise gegenständig oder zu dritt im Quirl 550
– Blätter alle wechselständig............. 552
550 Blätter teilweise gegenständig und Triebe grün, sehr dicht verzweigt . *Spartium junceum*
– Blätter teilweise zu dritt im Quirl und Triebe andersartig 551
551 Blätter lanzettlich, Basis keilförmig .... *×Chitalpa tashkentensis*
– Blätter eiförmig, Basis gestutzt oder herzförmig .... *Catalpa*
552 Triebe grün und mit vielen Rillen 553
– Triebe andersartig.................... 554
553 Blätter verkehrt eiförmig oder bis 5 cm lang . . .. *Genista pilosa, G. tinctoria*
– Blätter linealisch-lanzettlich und höchstens 12 mm lang . . . .*Cytisus multiflorus, C. purgans*
554 Blattspreiten mehr als 3-mal so lang wie breit 555
– Blattspreite höchstens 3-mal so lang wie breit 586
555 Blattspitze mit langer Granne .... *Quercus imbricaria, Qu. phellos*
– Blattspitze ohne Granne, wenn auch z. T. spitz oder mit Stachelspitze 556
556 Blätter höchstens 12 mm lang und oberseits abstehend drüsig behaart und Blattrand umgerollt . . . *Daboecia cantabrica* subsp. *cantabrica*
– Blätter andersartig 557
557 Blätter an den Triebenden gehäuft....... 558
– Blätter am Trieb verteilt 562
558 Blätter laubblattartig, nicht fleischig, Triebe nicht auffällig dick 559
– Blätter nadelförmig, z. T. fleischig, Triebe dick 561
559 Blätter immergrün oder mit Drüsen oder Flockenhaaren 560
– Blätter sommergrün und ohne Drüsen bzw. Flockenhaare........*Edgeworthia chrysantha*
560 Blätter mit Drüsen oder Flockenhaaren...... .... *Rhododendron*
– Blätter ohne Drüsen oder Flockenhaare...... ....*Kalmia latifolia*
561 Triebe und Blätter kahl..........*Aethionema*
– Triebe feinst behaart (Lupe!), Blätter bewimpert ....*Iberis saxatilis*
562 (Niederliegender) Zwergstrauch 563
– Gehölz höher als 30 cm werdend 569
563 Blätter mit Sternhaaren ..... *Aurinia saxatilis*
– Blätter kahl oder mit einfachen Haaren. . . 564
564 Blätter nadelartig schmal und klein...... 565
– Blätter laubblattartig 566
565 Triebe drüsig behaart ....*Iberis saxatilis*
– Triebe kahl .... *Fumana procumbens*
566 Blätter unterseits und Triebe dicht seidig behaart .... *Moltkia petraea*
– Blätter und Triebe anders behaart oder kahl 567
567 Blätter oberhalb der Mitte am breitesten oder Blattrand nicht eingerollt .... *Daphne*
– Blätter in oder unterhalb der Mitte am breitesten und Blattrand eingerollt oder zumindest umgebogen 568
568 Blattrand eingerollt.............*Andromeda*
– Blattrand nur nach unten umgebogen .... *Polygala chamaebuxus* var. *chamaebuxus*
569 Blätter nadelförmig und zweizeilig an Kurztrieben, die im Herbst als Ganzes abfallen. . . . . *Taxodium distichum*
→ *6.5.1 Nadelgehölze (Gymnospermae, S. 834)*
– Blätter andersartig angeordnet 570
570 Blattrand nach unten umgerollt......... 571
– Blattrand nicht umgerollt.............. 573
571 Blätter sommergrün .... *Salix*
– Blätter immergrün 572
572 Blätter höchstens 5 cm lang ....*Ledum*
– Blätter viel länger .... *Prunus laurocerasus*
573 Blätter unterseits mit silbrigen Schuppen oder filzig behaart........................ 574
– Blätter unterseits andersartig........... 580
574 Blätter (viele) mindestens 1 cm breit..... 575
– Blätter schmaler 576
575 Knospen mit nur 1 Schuppe .... *Salix*
– Knospen mit mehreren Schuppen ......*Pyrus*
576 Knospen mit nur 1 Schuppe .... *Salix*
– Knospen mit mehreren Schuppen 577
577 Blätter höchstens 2 cm lang, unterseits mit Sternhaaren.............. *Alyssum murale*
– Blätter länger, unterseits ohne Sternhaare, aber z. T. mit Schuppen 578
578 Gehölz bewehrt....... *Elaeagnus angustifolia*
– Gehölz unbewehrt 579
579 Blätter unterseits dicht behaart .... *Hippophaë salicifolia*
– Blätter unterseits nur mit Schuppen ....*Buddleja alternifolia*
580 Knospen mit nur 1 Schuppe .... *Salix*
– Knospen mit mehreren Schuppen 581
581 Blätter (zumindest viele) mindestens 3 mm breit................................ 582
– Blätter schmaler 584
582 Blätter sitzend mit breiter Basis ....*Sibiraea laevigata*
– Blätter deutlich (wenn auch z. T. kurz) gestielt 583
583 Blattstiele höchstens wenige mm lang, Blätter sommer- oder immergrün........... *Daphne*
– Blattstiele 5–10 mm lang, Blätter immergün . . .. *Prunus laurocerasus*
584 Blätter unterseits dicht seidenhaarig . . *Genista*
– Blätter unterseits kahl................. 585
585 Blätter mit Spitzchen .... *Daphne*
– Blätter ohne Spitzchen ....*Iberis*
586 (554) Blattrand nach unten umgerollt (fühlbar!) 587
– Blattrand nicht umgerollt.............. 592
587 Blätter an Triebenden gehäuft . *Rhododendron*
– Blätter am Trieb verteilt 588
588 Blattspreiten (zumindest die meisten) mindestens 3 cm lang 589
– Blattspreiten kürzer 590
589 Blattstiele an beiden Enden verdickt ....*Cercis chinensis*
– Blattstiele nicht verdickt............ *Prunus*

590 Blätter spitz, oberseits mit Drüsenhaaren, unterseits weißfilig . . . . . *Daboecia cantabrica* subsp. *scotica*
– Blätter stumpf, ohne Drüsenhaare, wenn unterseits weißlich nicht filzig 591
591 Blätter höchstens 3 cm breit . . . . . *Vaccinium*
– Blattspreite über 5 cm breit . . . . . *Disanthus cercidifolius*
592 Von der Spreitenbasis gehen handförmig mehrere gleich starke Nerven aus 593
– Der Blattstiel setzt sich in den Hauptnerv fort, von dem deutlich schwächere Seitennerven abzweigen 596
593 Blattstiele (viele) mindestens 2,5 cm lang, gleich starke handförmige Blatterven mehr als 3 594
– Blattstiel höchstens 2,5 cm lang, handförmige Nerven 3 595
594 Blattstiel an beiden Enden verdickt . . . . *Cercis*
– Blattstiel nicht verdickt. *Disanthus cercidifolius*
595 Blattstiel höchstens 6 mm lang, Blätter oberhalb der Mitte am breitesten. . *Parrotia persica*
– Blattstiele (zumindest die meisten) mindestens 1 cm lang, Blätter in der Mitte am breitesten. . . . . . *Berchemia*
596 Blattspreite höchstens 3 cm lang 597
– Blattspreite länger. 616
597 Viele Blätter an demselben Gehölz 3-zählig gefiedert und Triebe grün. . . . . *Cytisus*
– Gehölz andersartig 598
598 Blattrand lang und abstehend behaart. . . . 599
– Blattrand nicht lang und abstehend behaart 600
599 Blätter kahl (bis auf Blattrand), höchstens 15 mm lang . . . . . *Rhodothamnus chamaecistus*
– Blätter behaart und länger . . . . . *Menziesia*
600 Zweige nur etwa 1 mm dick . . . . . *Muehlenbeckia axillaris*
– Zweige dicker 601
601 Blätter mit Sternhaaren . . . . . *Alyssum murale*
– Blätter kahl oder mit einfachen Haaren. . . 602
602 Blätter mit kurzer stechender Spitze und ledrig 603
– Blätter andersartig 604
603 Blätter höchstens 2 cm lang . . . . . *Polygala chamaebuxus*
– Blätter länger . . . . . *Ilex*
604 Blätter an den Triebenden gehäuft. . . . . *Rhododendron*
– Blätter am Trieb verteilt 605
605 Triebe mit deutlichen Längsrillen. . . . . *Genista*
– Triebe ohne Längsrillen 606
606 Triebe mit auffallenden, hellen Korkwarzen . . . . . *Rhamnus pumila*
– Triebe ohne auffällige Korkwarzen (Lentizellen) 607
607 Triebe stark behaart 608
– Triebe (fast) kahl 611
608 Blätter unterseits graufilzig und etwa 2-mal so lang wie breit . . . . . *Spiraea*
– Blätter andersartig 609
609 Blätter oberhalb der Mitte am breitesten. . . . . *Daphne*
– Blätter in oder unterhalb der Mitte am breitesten 610
610 Blätter behaart . . . . . *Cotoneaster*
– Blätter kahl . . . . . *Vaccinium*
611 Blätter lang zugespitzt 612
– Blätter abgerundet oder (fast) stumpf. . . . 613
612 Knospen mit nur 1 Schuppe . . . . . *Salix*
– Knospen mit mehreren Schuppen . . . . . *Andrachne colchica*
613 Gehölz wächst Teppiche bildend *Arctostaphylos*
– Gehölz aufrecht wachsend 614
614 Blätter unterseits auffallend netznervig. . . . . *Vaccinium*
– Blätter unterseits nicht auffallend netznervig 615
615 Blätter höchstens 2 cm lang . . . . . *Spiraea*
– Blätter länger . . . . . *Daphne*
616 (596) Blätter höchstens 10 cm lang 626
– Blätter (zumindest viele) länger 617
617 Blattstiele fast so lang wie die Spreite. . *Cotinus*
– Blattstiele viel kürzer als die Spreite 618
618 Blätter unterseits bläulich grün bereift . . . 619
– Blätter unterseits rein grün oder grünlich . 620
619 Blattrand stark gewellt, Blätter am Trieb verteilt . . . . . *Daphniphyllum macropodum*
– Blattrand glatt, Blätter an Triebenden gehäuft . . . . . *Rhododendron*
620 Blattspitze in kurze Granne auslaufend. . . . . *Quercus*
– Blattspitze ohne Granne. 621
621 Blätter höchstens doppelt so lang wie breit. . . . . . *Lindera*
– Blätter mindestens 2,5-mal so lang wie breit. 622
622 Blätter oberhalb der Mitte am breitesten. . 623
– Blätter in der Mitte am breitesten 624
623 Blätter mit höchstens 12 Paar Seitennerven . . . . . *Nyssa sylvatica*
– Blätter mit 15–25 Paar Seitennerven . . . . . *Rhamnus imeritina*
624 Blätter unterseits dicht weichhaarig. . . . . *Mespilus germanica*
– Blätter unterseits höchstens spärlich behaart 625
625 Blätter mit lang ausgezogener Spitze. . . . . *Nyssa sinensis*
– Blätter zugespitzt . . . . . *Diospyros*
626 Blätter unterseits weiß(lich), bräunlich oder rötlich 627
– Blätter unterseits rein oder bläulich grün. . 639
627 Blattstiele (zumindest viele) mindestens 15 mm lang 628
– Blattstiele kürzer. 631
628 Blätter jederseits mit etwa 5 Seitennerven, die weit bogenförmig der Blattspitze zulaufen . . . . . . *Cornus alternifolia, C. controversa*
– Blätter mit mehr, nicht bogenförmigen Seitennerven 629
629 Blätter unterseits mit fühlbaren Seitennerven. . . . . *Salix*
– Unterseitige Seitennerven kaum fühlbar . . 630
630 Blätter an den Triebenden gehäuft. . . . . *Rhododendron*
– Blätter am Trieb verteilt . . . . . *Pyrus*
631 Blätter oberseits mit büschelig verzweigten Haaren oder Sternhaaren (Lupe!) 632
– Blätter oberseits kahl oder mit unverzweigten Haaren. 633
632 Blätter spitz. . . . . *Elaeagnus*
– Blätter stumpf. . . . . *Styrax officinalis*
633 Knospen mit nur 1 Schuppe . . . . . *Salix*
– Knospen mit mehreren Schuppen 634
634 Blätter mindestens 5 cm lang und 3,5 cm breit 635
– Blätter kleiner 637

635 Blätter unterseits filzig behaart . . . . *Cydonia oblonga*
– Blätter kahl 636
636 Triebe behaart, Blätter mit aufgesetztem Spitzchen. *Lyonia ligustrina*
– Triebe kahl, Blätter ohne Spitzchen . . . . *Kalmia latifolia*
637 Triebe am Ende höchstens 1 mm dick, kantig, Blätter z. T. gegenständig . . . . *Flueggea suffruticosa*
– Triebe dicker 638
638 Triebe warzig-runzelig . . . . *Vaccinium corymbosum*
– Triebe andersartig. . . . . *Cotoneaster*
639 (626) Blattstiele (zumindest viele) über 3 cm lang 640
– Blattstiele höchstens 3 cm lang. 642
640 Blätter unterseits bereift. . . . . *Cotinus*
– Blätter nicht bereift. 641
641 Blätter unterseits kahl. . . . . *Cornus alternifolia, C. controversa*
– Blätter unterseits (filzig) behaart . . . . *Pyrus*
642 Blattrand abstehend behaart 643
– Blattrand nicht abstehend behaart. 645
643 Blattrand seidig behaart . . . . . *Lyonia mariana*
– Blattrand borstig behaart 644
644 Blätter höchstens 5 cm lang, unterseits auf dem Hauptnerv oder oberseits borstig/drüsig behaart und bewimpert . . . . *Menziesia*
– Blätter länger, anders behaart oder kahl . . . . *Rhododendron*
645 Knospen nackt (ohne Schuppen) . . . . *Frangula*
– Knospen mit Schuppen. 646
646 Blätter oberhalb der Mitte am breitesten. . 647
– Blätter in oder unterhalb der Mitte am breitesten 651
647 Blätter an Triebenden gehäuft . *Rhododendron*
– Blätter am Trieb verteilt 648
648 Seitennerven verzweigt 649
– Seitennerven fast unverzweigt . . . . . *Rhamnus*
649 Blätter mit Grannenspitze . . . . *Exochorda*
– Blätter ohne Grannenspitze 650
650 Blattstiel behaart. . . . . *Photinia davidiana* var. *davidiana*
– Blattstiel kahl . . . . *Nyssa sylvatica*
651 Seitennerven unverzweigt oder stark hervortretend. 652
– Seitennerven deutlich verzweigt und schwach hervortretend 656
652 Seitennerven laufen gerade auf den Blattrand zu und biegen erst kurz vor ihm um . . . . *Fagus*
– Seitennerven sind auf ganzer Länge gebogen 653
653 Beiderseits höchstens 6 Seitennerven, die weit bogenförmig der Blattspitze zulaufen . . . . *Cornus alternifolia, C. controversa*
– Beiderseits (wenigstens häufig) mehr als 6 Seitennerven, die nicht weit bogenförmig der Blattspitze zulaufen 654
654 Blätter zerrieben aromatisch duftend. . *Lindera*
– Blätter nicht duftend. 655
655 Knospen nackt (ohne Schuppen) . . . . *Frangula*
– Knospen mit Schuppen. . . . . *Rhamnus*
656 Zweige schlaff überhängend. 657
– Zweige steif. 658
657 Triebe 4-kantig, am Ende fädig dünn, unbewehrt, Blätter z. T. gegenständig oder im Quirl . . . . *Flueggea suffruticosa*
– Triebe und Blätter andersartig, Triebe bewehrt . . . . *Lycium*
658 Blattstiel höchstens 2 cm lang 659
– Blattstiele (wenigstens viele) länger . . . . *Pyrus*
659 Blattspreite allmählich in den Blattstiel übergehend . . . . *Daphne*
– Blattspreite deutlich vom Stiel abgesetzt . . 660
660 Blattspreite mit Grannenspitzchen. . *Exochorda*
– Blattspreite ohne Grannenspitzchen 661
661 Blätter dick, steif. *Ilex*
– Blätter nicht dick und steif 662
662 Blätter unterseits behaart 663
– Blätter unterseits kahl. 664
663 Haare kurz, sich nicht überdeckend. . . . . *Lyonia mariana*
– Haare lang, sich überdeckend und kreuzend. . . . . *Cotoneaster*
664 Blattstiel rötlich, behaart . . . . *Photinia davidiana* var. *davidiana*
– Blattstiel grün, kahl . . . . *Sarcococca*

Blätter wechselständig: nicht ganzrandig

700 (13) Blätter gelappt oder eingeschnitten . . 701
– Blattrand nicht gelappt/eingeschnitten, sondern gesägt, gezähnt, gekerbt, wellig oder borstig bewimpert 744

Blätter gelappt oder eingeschnitten

701 Gehölz kletternd 702
– Gehölz aufrecht wachsend 708
702 Gehölz windend oder mit Ranken kletternd 703
– Gehölz mit Haftwurzeln kletternd . . . . *Hedera*
703 Gehölz windend 704
– Gehölz mit Ranken kletternd 705
704 Blattspreite schildförmig . . . . . . *Menispermum*
– Blattspreite eiförmig bis herzförmig . . . . *Cocculus*
705 Triebe mit Lentizellen, Zweige mit weißem Mark . . . . *Vitis*
– Triebe ohne Lentizellen, Zweige mit braunem Mark 706
706 Rankenenden mit Haftscheiben . . . . *Parthenocissus*
– Rankenenden ohne Haftscheiben. 707
707 Blattstiel etwa so lang wie die Spreite . . . . *Parthenocissus inserta*
– Blattstiel deutlich kürzer als die Spreite . . . . *Ampelopsis brevipedunculata* var. *brevipedunculata*
708 Blattnerven gabeln sich ständig in gleich starke Abkömmlinge . . . . *Ginkgo biloba* *(→ 6.5.1 Gymnospermae, S. 775)*
– Blattnerven verzweigen sich in ungleich starke Abkömmlinge 709
709 Gehölz bewehrt (mit Stacheln oder Dornen). 710
– Gehölz unbewehrt 714
710 Gehölz mit Sprossdornen . . . . *Crataegus*
– Gehölz mit Stacheln 711
711 Triebe und Blätter/Blattstiele mit Stacheln 712
– Nur Triebe mit Stacheln 713
712 Blätter immergrün oder unterseits weißfilzig . . . . *Rubus*
– Blätter sommergrün, unterseits zottig behaart . . . . *Oplopanax horridus*
713 Stacheln an den Knoten gehäuft oder abwischbar . . . . *Ribes*

– Stacheln gleichmäßig am Trieb verteilt … *Kalopanax septemlobus* var. *septemlobus*
714 Blätter teilweise ungelappt … 715
– Blätter alle gelappt … 719
715 Blattgrund keilförmig, Blätter durchscheinend punktiert … *Sassafras albidum*
– Blattgrund abgerundet oder herzförmig, Blätter nicht durchscheinend punktiert … 716
716 Triebe mit Milchsaft … 717
– Triebe ohne Milchsaft … *Catalpa*
717 Blattlappen an der Basis am breitesten … *Rubus tricolor*
– Blattlappen in ihrer Mitte am breitesten … 718
718 Blattstiele kahl … *Morus*
– Blattstiele behaart … *Broussonetia papyrifera*
719 An der Basis der Spreite entspringen handförmig einige etwa gleich starke Hauptnerven … 720
– Der Blattstiel verlängert sich in einen Hauptnerv, von dem viel schwächere Seitennerven abzweigen … 731
720 Blattrand der Lappen ganzrandig, höchstens wellig-buchtig … 721
– Blattlappen gezähnt oder gesägt … 723
721 Blattlappen abgerundet … *Ficus carica*
– Blattlappen spitz … 722
722 Blätter unterseits weiß- oder graufilzig … *Populus*
– Blätter unterseits nur mit Achselbärten … *Alangium platanifolium* var. *platanifolium*
723 Basis der Spreite keilförmig in den Blattstiel übergehend … 724
– Basis der Spreite herzförmig oder gestutzt 725
724 Blätter unterseits deutlich heller grün … *Hibiscus syriacus*
– Blätter beiderseits ± gleichfarbig … *Ribes*
725 Triebe an der Ansatzstelle der Blätter mit ringförmiger Linie … *Platanus*
– Triebe ohne Ringlinie … 726
726 Blätter gerieben aromatisch duftend … *Liquidambar*
– Blätter unangenehm riechend oder ohne auffallenden Duft … 727
727 Triebe mit deutlichen Längslinien unterhalb der Blattansatzstellen … *Physocarpus*
– Triebe ohne auffällige Längslinien … 728
728 Nebenblätter bleibend … *Neillia*
– Nebenblätter hinfällig … 729
729 Blattstiel mit Milchsaft … *Broussonetia papyrifera*
– Blätter ohne Milchsaft … 730
730 Blattlappen höchstens 3, z.T. undeutlich, Baum … *Tilia mongolica*
– Blattlappen meist 5, deutlich, Strauch … *Ribes*
731 Triebe an der Blatt-Ansatzstelle mit ringförmiger Linie … 732
– Triebe ohne Ringlinien … 733
732 Blattspitze gestutzt, Blattrand der Lappen ganzrandig … *Liriodendron tulipifera*
– Blattlappen alle spitz und gezähnt … *Platanus*
733 Blätter schmal und farnartig gelappt … *Comptonia peregrina* var. *peregrina*
– Blätter andersartig … 734
734 Blätter gelappt (Buchten stumpf) und (zumindest viele) über 6 cm lang … 735
– Blätter eingeschnitten (Buchten spitz) oder unter 6 cm lang … 736
735 Blätter jederseits mit höchstens einer Bucht … *Sassafras albidum*
– Blätter jederseits mit mindestens 2 Buchten … *Quercus*
736 Blätter 3-lappig und dicht gesägt … *Prunus triloba* var. *triloba*
– Blätter andersartig … 737
737 Blattlappen nur an der Spitze oder gar nicht gezähnt … *Holodiscus discolor*
– Blattlappen andersartig … 738
738 Blätter höchstens 6 cm lang … *Spiraea*
– Blätter (zumindest viele) länger … 739
739 Blätter unterseits reingrün … 740
– Blätter unterseits weiß(lich), grau, gelbgrau oder gelbgrün … *Sorbus*
740 Blattstiel mindestens viertel bis halb so lang wie die Spreite … 741
– Blattstiel im Verhältnis zur Spreite kürzer. 743
741 Blätter unterseits und Blattstiele flockig behaart, zumindest in der Jugend … *Malus*
– Blätter und Blattstiele anders behaart oder kahl … 742
742 Blattstiel dicht (drüsig) behaart … *Rubus*
– Blattstiel nicht dicht drüsig behaart … *Crataegus*
743 Blattstiel drüsenhaarig, Nebenblätter früh abfallend … *Corylus*
– Blattstiel kahl, Nebenblätter bleibend … *Neillia*

Blattrand gesägt, gezähnt, gekerbt, wellig oder borstig bewimpert

744 (700) An der Basis der Spreite entspringen handförmig einige etwa gleich starke Hauptnerven … 745
– Der Blattstiel verlängert sich in einen Hauptnerv, von dem viel schwächere Seitennerven abzweigen … 772
745 Blätter mit Milchsaft (Blattstiel verletzen!) … *Broussonetia*
– Blätter ohne Milchsaft … 746
746 Blätter teilweise gelappt … *Morus*
– Blätter alle ungelappt … 747
747 Triebe mit 2 Dornen neben dem Blattstiel (Nebenblattdornen) … 748
– Triebe ohne Nebenblattdornen (z. T. aber mit Stacheln) … 749
748 Blätter höchstens doppelt so lang wie breit … *Paliurus spina-christi*
– Blätter etwa 3-mal so lang wie breit … *Ziziphus jujuba*
749 Blattstiel mit 2 Ranken … *Smilax aspera*
– Blattstiel ohne Ranken … 750
750 Blattstiele (wenigstens viele) länger als 3 cm … 751
– Blattstiele höchstens 3 cm lang … 758
751 Basis der Blattspreite asymmetrisch … *Tilia*
– Basis der Blattspreite (fast) symmetrisch. . 752
752 Blattstiel mit Nektarien … *Idesia polycarpa*
– Blattstiel ohne Nektarien … 753
753 Blattstiel platt zusammengedrückt oder Blätter unterseits weißlich … *Populus*
– Blattstiel rund und Blätter unterseits grün … 754
754 Gehölz kletternd … *Parthenocissus*
– Gehölz freitragend … 755
755 Seitennerven verlaufen bis in die Blattzähne … 756
– Seitennerven biegen vor dem Blattrand um oder lösen sich (fast) auf … 757
756 Blätter mit kurzer aufgesetzter Spitze … *Corylus*

– Blätter allmählich zugespitzt .... *Betula*

757 Basis der Blattspreite herzförmig, ohne Drüsen .... *Poliothyrsis sinensis*

– Basis der Blattspreite abgerundet mit kleinem Keil, mit einigen Drüsen .... *Hovenia dulcis*

758 Blattrand wellig, höchstens zur Blattspitze hin mit wenigen Zähnen 759

– Blattrand gesägt oder gezähnt 762

759 Blätter unterseits weiß(lich), zur Spitze hin mit einigen Zähnen .... *Fothergilla*

– Blätter unterseits grün 760

760 Blattstiel höchstens 6 mm lang, Knospen gestielt. .... *Parrotia persica*

– Blattstiele länger (zumindest fast alle), vegetative Knospen ungestielt. 761

761 Blätter spitz. .... *Hamamelis*

– Blätter abgerundet .... *Fothergilla*

762 Blätter höchstens 15 mm lang, fast rund, unterseits auffallend netznervig ...... *Betula nana*

– Blätter andersartig 763

763 Untere Seitennerven bis in die Blattzähne verlaufend 764

– Untere Seitennerven biegen vor dem Blattrand um oder lösen sich (fast) auf 767

764 In jeden Blattzahn ein Hauptseitennerv führend. .... *Corylopsis*

– Nicht in jeden Blattzahn verlaufen Hauptseitennerven 765

765 Blattgrund asymmetrisch .... *Tilia*

– Blattgrund (fast) symmetrisch 766

766 Blätter beiderseits mit höchstens 8 Seitennerven. .... *Corylus*

– Blätter mit mehr Seitennerven .... *Ostrya*

767 Blätter höchstens 4 cm lang .... *Spiraea*

– Blätter (zumindest viele) länger 768

768 Blätter etwa so lang wie breit. .... *Prunus*

– Blätter mindestens 1,5-mal so lang wie breit. 769

769 An der Basis der Spreite entspringen 3 Hauptnerven 770

– An der Basis der Blattspreite entspringen 5–7 Hauptnerven. .... *Tetracentron sinense*

770 Blätter unterseits sternhaarig. .... *Sinowilsonia henryi*

– Blätter unterseits ohne Sternhaare. 771

771 Blätter zweizeilig wechselständig ...... *Celtis*

– Blätter in 3 Zeilen spiralig .... *Ceanothus*

772 (744) Gehölz bewehrt: mit Dornen oder Stacheln oder stechenden Blattzähnen 773

– Gehölz unbewehrt 787

773 Gehölz mit stechenden Blattzähnen. 774

– Gehölz ohne stechende Blätter. 775

774 Gehölz auch mit gefiederten Blättern .... ×*Mahoberberis neubertii*

– Gehölz nur mit einfachen Blättern. ...... *Ilex*

775 Gehölz mit Blattdornen, in deren Achseln Kurztriebe entspringen .... *Berberis*

– Gehölz mit Sprossdornen, die in Blattachseln entspringen. 776

776 Triebe mit gekammertem Mark .... *Prinsepia uniflora*

– Triebe mit vollem Mark 777

777 Blätter höchstens 1,5 cm breit .... *Pyracantha*

– Blätter (zumindest viele) breiter 778

778 Seitennerven verlaufen direkt in die Blattzähne. 779

– Seitennerven biegen vor dem Blattrand nach vorne um. 780

779 Blätter oberseits mit eingesenkten Seitennerven, Blattrand gleichmäßig grob gesägt, Blattstiele höchstens 3 mm lang. *Hemiptelea davidii*

– Blätter oberseits mit erhabenen Seitennerven, Blattrand ungleichmäßig oder doppelt gesägt, Blattstiele länger. .... *Crataegus*

780 Nebenblätter auffällig, bleibend. . *Chaenomeles*

– Nebenblätter fehlend oder hinfällig 781

781 Blätter immergrün, unterseits mit Schuppen. . ... *Elaeagnus pungens*

– Blätter sommergrün, unterseits ohne Schuppen 782

782 Blätter unterseits und Triebe dicht behaart . . . . +*Crataegomespilus dardarii*

– Blätter anders behaart oder kahl 783

783 Blattgrund abgerundet oder herzförmig . . 784

– Blattgrund keilförmig 786

784 Seitennerven verlaufen weit bogenförmig zur Blattspitze .... *Rhamnus*

– Seitennerven verlaufen nicht weit bogenförmig zur Blattspitze. 785

785 Blätter rundlich und Blattstiel etwa ebenso lang wie die Spreite .... *Pyrus pyraster*

– Blattform oder Blattstiellänge anders . *Prunus*

786 Blattstiel ohne Drüsen, etwa so lang wie die halbe Spreite. .... *Pyrus*

– Blattstiel mit Drüsen oder viel kürzer als die halbe Spreite. .... *Prunus*

787 (772) Blattstiel und z. T. unterster Spreitenrand mit Drüsen 788

– Blattstiel ohne Drüsen 794

788 Drüsen sitzend 790

– Drüsen gestielt 789

789 Drüsen nur beidseitig vom Blattstielende bis zur Spreitenbasis. ..... *Pseudocydonia sinensis*

– Drüsen überall an Blattstielen und/oder Trieben. .... *Corylus*

790 Beim Zerreißen der Blätter tritt gummiartige Substanz aus. .... *Eucommia ulmoides*

– Blätter ohne Gummisubstanz. 791

791 Nur 1–2(–3) Drüsen am Blattstiel .... *Prunus*

– Deutlich mehr Drüsen am Blattstiel. 792

792 Blätter (breit) lanzettlich und Knospen mit nur einer Schuppe. .... *Salix*

– Blätter eiförmig oder Knospen mit mehreren Schuppen .... *Prunus*

793 Blattgrund keilförmig ...... *Styrax japonicum*

– Blattgrund abgerundet . . *Neviusia alabamensis*

794 Gehölz kletternd 795

– Gehölz nicht kletternd 799

795 Triebe dicht mit warzigen Lentizellen besetzt . ... *Tripterygium regelii*

– Triebe ohne so auffällige Lentizellen 796

796 Blätter mit durchscheinenden Aderkreuzungen (Lupe!), unterseits bläulich ...... *Schisandra*

– Blätter andersartig 797

797 Blattrand nur undeutlich gezähnt oder wellig. .... *Fallopia baldschuanica*

– Blattrand deutlich gesägt 798

798 Blattstiel höchstens 2,5 cm lang ..... *Celastrus*

– Blattstiele (zumindest die meisten) länger . . . . *Actinidia*

799 Zweige mit gekammertem Mark 800

– Zweige mit vollem Mark. 802

800 Beim Zerreißen der Blätter tritt gummiartige Substanz aus. .... *Eucommia ulmoides*

– Blätter ohne gummiartige Substanz. 801

801 Blätter unterseits mit Sternhaaren (zumindest auf den Nerven) .... *Halesia*

– Blätter unterseits kahl, höchstens mit einfachen Haaren. .... *Itea virginica*

802 Obere Seitennerven verlaufen direkt bis in die Blattzähne 803
– Seitennerven biegen vor dem Blattrand um oder lösen sich vorher (fast) auf 865
803 Obere Seitennerven biegen bei genauerem Hinsehen doch kurz vor dem Blattrand nach vorne um 804
– Seitennerven führen allesamt direkt bis in die Blattzähne 805
804 Triebe mit grün(lich)em Mark .... *Fagus*
– Triebe mit weißlichem oder bräunlichem Mark .... *Rhamnus*
805 Blätter unterseits weißlich oder gelb- oder graufilzig 806
– Blätter unterseits grün(lich) 811
806 Blätter höchstens 2 cm lang 807
– Blätter länger (zumindest die meisten) .. 808
807 Gehölz niederliegend .... *Dryas*
– Gehölz aufrecht .... *Artemisia tridentata*
808 Blattstiel höchstens 5 mm lang .... *Spiraea*
– Blattstiele (zumindest viele) länger 809
809 Knospen mit nur 1 Schuppe .... *Salix*
– Knospen mit mehreren Schuppen 810
810 Blattstiele höchstens 3 cm lang oder Triebe behaart .... *Sorbus*
– Blattstiele länger (wenigstens viele) und Triebe kahl .... ×*Sorbopyrus auricularis*
811 Blätter jederseits auch mit mehr als 10 Seitennerven 812
– Blätter jederseits mit höchstens 10 Seitennerven 823
812 In fast jedem Blattzahn enden Seitennerven 1. Ordnung, nur in wenigen solche 2. Ordnung 813
– Auch viele Blattzähne ohne Seitennerven 1. Ordnung vorhanden 817
813 Blattspreiten (zumindest die meisten) länger als 12 cm 814
– Blattspreiten höchstens 12 cm lang 815
814 Blätter oberhalb der Mitte am breitesten .... *Quercus*
– Blätter in der Mitte am breitesten .... *Castanea*
815 Blattrand gesägt (Buchten spitz) .... *Zelkova*
– Blattrand gezähnt (Buchten stumpf) 816
816 Blattrand bewimpert .... *Castanea pumila*
– Blattrand (fast) kahl .... *Quercus*
817 Basis der Spreite auffallend asymmetrisch .... *Ulmus*
– Basis der Spreite (fast) symmetrisch 818
818 Blätter wellig, wie gefaltet 819
– Blätter (fast) glatt 820
819 Seitennerven alle unverzweigt .... *Carpinus*
– Seitennerven z. T. gabelig verzweigt .... *Ostrya*
820 Blätter unterseits graugrün oder Knospen gestielt .... *Alnus*
– Blätter unterseits grün und Knospen nicht gestielt 821
821 Rinde 2-jähriger Zweige löst sich in Streifen längs der Zweigrichtung und Blätter 3- bis 4-mal so lang wie breit .... *Clethra*
– Rinde der Zweige löst sich nicht oder in Streifen quer zur Zweigrichtung oder Blätter kürzer 822
822 Baum mit weiß(lich)er Rinde .... *Betula*
– Baum mit dunkler Rinde .... *Sorbus alnifolia, S. chamaemespilus*
823 Blätter ober- oder unterseits mit gelben Honigdrüsen .... *Myrica*
– Blätter ohne gelbe Honigdrüsen 824
824 Vorjährige Zweige grün und fein gestreift . 825
– Vorjährige Zweige nicht (mehr) grün 826
825 Kriechender Halbstrauch .... *Pachysandra*
– Bis 2 m hoher aufrechter Strauch .... *Kerria japonica*
826 Blätter teilweise 3-lappig .... *Prunus triloba* var. *triloba*
– Blätter nicht teilweise 3-lappig 827
827 Basis der Spreite auffallend asymmetrisch 828
– Basis der Blattspreite (fast) symmetrisch .. 831
828 Blattrand dicht gesägt .... *Ulmus*
– Blattrand unregelmäßig wellig 829
829 Blätter spitz .... *Hamamelis*
– Blätter abgerundet 830
830 Knospen alle gestielt .... *Parrotia*
– Vegetative Knospen sitzend .... *Fothergilla*
831 Triebe kantig und zickzack-förmig hin- und hergebogen 832
– Triebe andersartig 833
832 Blattrand in der unteren Hälfte ganzrandig .... *Spiraea*
– Blattrand auf ganzer Länge fein gesägt .... *Neviusia alabamensis*
833 Blattstiel höchstens 8 mm lang 834
– Blattstiele (zumindest sehr viele) 1 cm oder länger 845
834 Basis der Blattspreite herzförmig 835
– Basis der Spreite abgerundet oder keilförmig ausgezogen 837
835 Triebe mit Sternhaaren .... *Fothergilla*
– Triebe ohne Sternhaare 836
836 Blattstiele borstig-drüsig behaart oder Blätter oberhalb der Mitte am breitesten .... *Corylus*
– Blattstiele kahl oder anders behaart und Blätter unterhalb der Mitte am breitesten .. *Betula*
837 Blätter unterseits weich filzig behaart .... *Mespilus germanica*
– Blätter unterseits nicht weich filzig (höchstens anders) behaart 838
838 Triebe mit warzigen Drüsen .... *Betula*
– Triebe ohne warzige Drüsen 839
839 Blätter höchstens 2,5 cm lang, Triebe mit weißlichen Lentizellen .... *Nothofagus antarctica*
– Blätter (zumindest die meisten) länger, Triebe ohne auffällige Lentizellen 840
840 Blätter unterseits blaugrün .... *Sorbus chamaemespilus*
– Blätter unterseits nicht bläulich 841
841 Blätter ohne Nebenblätter (keine Narben) .... *Spiraea*
– Blätter mit (allerdings z. T. hinfälligen) Nebenblättern (Narben!) 842
842 Blätter unterseits auf den Nerven weichhaarig oder Triebe dicht samthaarig .... *Prunus*
– Blätter unterseits und Triebe kahl oder anders behaart 843
843 Knospen schief über der Blattnarbe .... *Ulmus pumila* var. *pumila*
– Knospen (fast) über der Mitte der Blattnarbe 844
844 Blätter zweizeilig stehend. *Aphananthe aspera*
– Blätter spiralig angeordnet .... *Crataegus*
845 Halbstrauch, nur etwa 30 cm hoch werdend, kaum verholzend .... *Pachysandra*
– Gehölz höher werdend und verholzt 846
846 Spreite ganz allmählich in den Blattstiel übergehend 847
– Spreite deutlich vom Stiel abgesetzt 851
847 Blätter höchstens 2-mal so lang wie breit .... *Crataegus*

– Blätter mehr als doppelt so lang wie breit … 848

848 Blätter in der Mitte am breitesten oder ohne Grannenspitze … 849

– Blätter oberhalb der Mitte am breitesten und mit Grannenspitze z. T. auch ganzrandig … *Exochorda racemosa*

849 Blattrand mit entfernten groben Zähnen … *Helwingia japonica*

– Blattrand dicht gezähnt/gesägt … 850

850 Blätter immergrün … *Hoheria populnea*

– Blätter sommergrün … *Clethra*

851 Blätter oder Triebe mit Sternhaaren … 852

– Blätter und Triebe kahl oder mit einfachen Haaren … 854

852 Blattrand mit grannenartigen Zähnen, Knospen sitzend … 853

– Blattrand ohne grannenartige Zähne, Knospen gestielt … *Parrotiopsis jacquemontiana*

853 Spreitenbasis abgerundet bis breit herzförmig, Blätter eiförmig … *Sinowilsonia henryi*

– Blätter rundlich, Spreitenbasis keilförmig … *Styrax obassia*

854 Nur die oberen Seitennerven in die Blattzähne verlaufend … 855

– Alle Seitennerven (bis auf das unterste Paar) bis in die Blattzähne verlaufend … 856

855 Spreite mindestens 4-mal so lang wie der Blattstiel … *Alnus*

– Spreite etwa 3-mal so lang wie der Blattstiel … *Amelanchier*

856 Basis der Spreite herzförmig … 857

– Basis der Spreite keilförmig oder abgerundet … 860

857 Blätter unterhalb der Mitte am breitesten … *Betula*

– Blätter in oder oberhalb der Mitte am breitesten … 858

858 Blattstiele mit Drüsenhaaren … *Corylus*

– Blattstiele kahl oder mit einfachen Haaren 859

859 Blattzähne grannenartig zugespitzt … *Davidia involucrata*

– Blattzähne nicht grannenartig … *Alnus*

860 Blätter etwas gelappt … *Euptelea polyandra*

– Blätter nicht gelappt … 861

861 Blätter unterhalb der Mitte am breitesten . 862

– Blätter in oder oberhalb der Mitte am breitesten … 863

862 Blätter unterseits dicht filzig behaart … *Meliosma dilleniifolia* subsp. *tenuis*

– Blätter unterseits spärlich behaart oder kahl … *Betula*

863 Blattstiel fast so lang wie Spreite … *Euptelea pleiosperma*

– Blattstiel viel kürzer als Spreite … 864

864 Blätter unterseits grün <u>oder</u> Knospen gestielt … *Alnus*

– Blätter unterseits weißlich und Knospen nicht gestielt … *Sorbus*

865 (802) Blätter unterseits mit gelben oder schwarzen Punkten oder durchscheinend punktiert (Lupe!) … 866

– Blätter unterseits ohne solche Punkte … 871

866 Blätter durchscheinend punktiert … *Orixa japonica*

– Blätter nicht durchscheinend punktiert … 867

867 Blätter oberseits weiß, unterseits dunkel punktiert, Blattstiel rot … *Chamaedaphne calyculata*

– Blätter andersartig … 868

868 Blattzähne mit Drüsen … *Escallonia*

– Blattzähne ohne Drüsen … 869

869 Blattrand bewimpert … *Ceratostigma*

– Blattrand nicht bewimpert … 870

870 Blätter unterseits mit goldgelben Harzdrüsen … *Myrica*

– Blätter unterseits dunkel punktiert … *Pieris*

871 Blätter höchstens 2 cm lang … 872

– Blätter (zumindest sehr viele) länger … 876

872 Blätter unterseits dicht graufilzig behaart … *Prunus prostrata*

– Blätter unterseits grün … 873

873 Blätter länger als breit … 874

– Blätter etwa so lang wie breit, ohne stechende Spitze … *Salix*

874 Blätter stumpf, zumindest ohne stechende Spitze … 875

– Blätter mit stechender Spitze … *Gaultheria mucronata*

875 Triebe rund … *Nothofagus antarctica*

– Triebe kantig … *Vaccinium myrtillus*

876 Blattstiele (zumindest die meisten) länger als 2 cm … 877

– Blattstiele höchstens 2 cm lang … 886

877 Blätter immergrün … 878

– Blätter sommergrün … 879

878 Blattstiel fast so lang wie die Spreite … *Trochodendron araloides*

– Blattstiel höchstens ein Viertel so lang wie die Spreite … *Photinia serrulata*

879 Blätter sternhaarig … *Hoheria*

– Blätter kahl oder anders behaart … 880

880 Blätter höchstens 5 cm breit und Triebe nicht scharfkantig … 882

– Blätter (zumindest viele) breiter <u>oder</u> Triebe scharfkantig … 881

881 Blattstiele sehr dick und steif … *Ehretia*

– Blattstiele elastisch und biegsam … *Populus*

882 Blätter spitz … 883

– Blattspitze abgerundet … *Amelanchier*

883 Seitennerven auf Blattunterseite (fast) nicht fühlbar und Blattunterseite bereift … *Pyrus*

– Seitennerven deutlich fühlbar … 884

884 Blattspreite in unterer Hälfte mit nur 2 starken Seitennervenpaaren … 885

– Spreite in unterer Hälfte mit mehr starken Seitennerven … *Prunus*

885 Blätter mit mindestens 6 starken Seitennervenpaaren … *Malus*

– Blätter mit höchstens 5 starken Seitennervenpaaren … *Rhamnus*

886 Blätter immergrün oder zumindest wintergrün … 887

– Blätter sommergrün … 895

887 Blätter höchstens 2,5 cm lang … *Dryas*

– Blätter (zumindest sehr viele) länger … 888

888 Blätter mit mehreren steifen stechenden Zähnen … 889

– Blätter ohne stechende Zähne … 890

889 Blätter dickledrig … *Ilex*

– Blätter dünner … ×*Mahoberberis neubertii*

890 Blätter lanzettlich (mehr als 5-mal so lang wie breit) … *Leucothoe*

– Blätter breiter (weniger als 4-mal so lang wie breit) … 891

891 Blattrand wellig und rau (aber nicht gesägt/gezähnt) … *Laurus nobilis*

– Blattrand gesägt oder gezähnt … 892

892 Blattrand mit schwarzen Drüsen … *Camellia japonica*

– Blattrand ohne solche Drüsen … 893

893 Blattzähne mit Borstenhaaren … *Gaultheria*

– Blattzähne ohne Borstenhaare 894

894 Blätter mit Grannenspitzchen .... *Photinia serrulata*

– Blätter ohne Grannenspitzchen .... *Prunus lusitanica, P. laurocerasus*

895 Blätter unterseits weißlich oder bläulich .. 896

– Blätter unterseits (heller) grün 903

896 Blätter höchstens 2,5 cm lang, Gehölz niederliegend .... *Dryas*

– Blätter (zumindest sehr viele) länger, Gehölz aufrecht 897

897 Triebe 2-kantig .... *Populus*

– Triebe rund(lich) oder mit mehr Kanten/Leisten 898

898 Blätter höchstens 8 cm breit 899

– Blätter (zumindest viele) breiter .. *Pterostyrax*

899 Blätter in unterer Hälfte ganzrandig .... *Exochorda*

– Blätter (fast) auf ganzer Länge gesägt 900

900 Triebe und Blätter unterseits weiß bereift .... *Zenobia pulverulenta*

– Triebe und Blätter nicht bereift 901

901 Knospen mit nur 1 Schuppe .... *Salix*

– Knospen mit mehreren Schuppen 902

902 Triebe und Blattstiele rot .... *Stachyurus*

– Triebe oder Blattstiele nicht rot ...... *Prunus*

903 Blätter höchstens 8 cm breit 904

– Blätter (zumindest viele) breiter .. *Pterostyrax*

904 Triebe kantig 905

– Triebe rund(lich) 908

905 Zweige niederliegend-aufsteigend .... *Euonymus nanus* var. *nanus*

– Zweige aufrecht 906

906 Triebe 8-kantig .... *Ceratostigma*

– Triebe mit weniger Kanten/Rillen 907

907 Triebe 5-kantig/5-rillig ... *Vaccinium myrtillus*

– Triebe nur schwach kantig, Blätter mit Harzdrüsen (klebrig) .... *Baccharis halimifolia*

908 Triebe mit grün(lich)em Mark 909

– Mark der Triebe weißlich oder bräunlich .. 910

909 Blattgrund lang keilförmig ausgezogen .... *Franklinia alatamaha*

– Blattgrund (fast) abgerundet .... *Fagus*

910 Blattspreite deutlich vom Stiel abgesetzt und Blattstiele (zumindest viele) länger als 8 mm 911

– Blattspreite läuft keilförmig in den Stiel aus oder Blattstiel höchstens 8 mm lang 918

911 Seitennerven biegen kurz vor dem Blattrand um und verlaufen dann ohne Verzweigung fast parallel zum Rand 912

– Seitennerven andersartig 913

912 Knospen nackt (ohne Schuppen) .... *Frangula*

– Knospen mit Schuppen .... *Rhamnus*

913 Blattspitze abgerundet (höchstens mit Spitzchen) .... *Amelanchier*

– Blätter spitz 914

914 Blattgrund herzförmig .... *Stachyurus*

– Blattgrund abgerundet 915

915 Rinde 2-jähriger Zweige löst sich in Streifen .. .. *Clethra*

– Rinde 2-jähriger Zweige löst sich nicht oder anders 916

916 Blätter derb, sauer schmeckend 917

– Blätter zart, grannig gezähnt .... *Helwingia japonica*

917 Blätter unterseits behaart .... *×Crataemespilus grandiflora*

– Blätter unterseits kahl .... *Oxydendrum arboreum*

918 Blattrand nur im oberen Drittel mit einigen Zähnen 919

– Blattrand mindestens auf halber Länge gezähnt 921

919 Blätter höchstens 4 cm, Blattstiel höchstens 1 cm lang .... *Spiraea*

– Blätter und Blattstiele (zumindest viele) länger 920

920 Blätter unterseits bläulich ..... *Nyssa sylvatica*

– Blätter unterseits grün .... *Exochorda*

921 Blätter an den Triebenden gehäuft .... *Enkianthus*

– Blätter am Trieb verteilt 922

922 Blätter oberseits auf der Mittelrippe mit dicklichen schwarzen Haaren .... *Aronia*

– Blätter ohne solche Haare 923

923 Blätter auffallend runzelig und oberseits mit tief eingesenktem, unterseits deutlich hervortretendem Nervennetz 924

– Blätter andersartig 925

924 Blätter in der Mitte am breitesten, grannig gezähnt .... *Styrax hemsleyanum*

– Blätter oberhalb der Mitte am breitesten, gesägt .... *Symplocos paniculata*

925 Triebe mit auffallend weißen Lentizellen .... *Nothofagus antarctica*

– Triebe ohne auffällige Lentizellen 926

926 Blätter unterseits, Blattstiele und Triebe weich filzig .... *Mespilus germanica*

– Blätter oder Triebe andersartig behaart oder kahl 927

927 Blattrand beim Herabstreichen rau 928

– Blattrand beim Herabstreichen nicht rau .. 929

928 Blattrand mit wenigen aufrechten Zähnen ... . *Nemopanthus mucronatus*

– Blattrand dicht gesägt .... *Photinia villosa* var. *villosa*

929 Rinde vorjähriger Zweige bereits abblätternd 930

– Rinde vorjähriger Zweige nicht abblätternd 932

930 Rinde löst sich in abgerundeten Platten ab ... . *Stewartia*

– Rinde löst sich anders ab 931

931 Rinde 2-jähriger Zweige löst sich in Streifen .. .. *Clethra*

– Rinde 2-jähriger Zweige löst sich nicht in Streifen .... *Spiraea*

932 Knospen nackt (ohne Schuppen) .... *Frangula*

– Knospen mit Schuppen 933

933 Knospen mit nur 1 Schuppe .... *Salix*

– Knospen mit mehreren Schuppen 934

934 Blätter im unteren Teil ganzrandig 935

– Blätter am ganzen Rand gezähnt/gesägt .. 937

935 Blätter unterseits mit Sternhaaren oder Achselbärten .... *Styrax japonica*

– Blätter unterseits ohne Sternhaare und Achselbärte: kahl oder einfach behaart 936

936 Seitennerven weit bogig verlaufend .... *Rhamnus*

– Seitennerven parallel verlaufend ..... *Clethra*

937 Triebe silbrig behaart ... *Franklinia alatahama*

– Triebe nicht silbrig behaart 938

938 Blattzähne mit Drüsen oder Blätter unterseits mit Punkten .... *Ilex*

– Blattzähne ohne Drüsen und Blätter unterseits ohne Punkte .... *Prunus*

6.2.2 Artbeschreibungen und Bestimmungsschlüssel

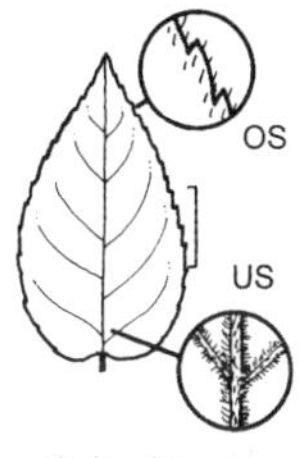

Abelia chinensis

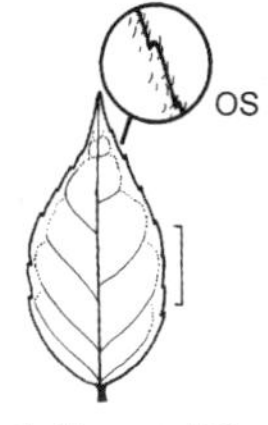

Abelia ×grandiflora

Abelia R. Br.

Abelie – Caprifoliaceae

(nach Dr. Clarke Abel, engl. Arzt, Botaniker und Naturforscher, 1780–1826)

Habitus: Sommer- oder wintergrüne, niedrige bis mittelhohe Sträucher, Zweige aufsteigend-abstehend, meist behaart, gelegentlich drüsig behaart.
Blätter: Gegenständig, kurz gestielt, einfach, ganzrandig oder gesägt, Nebenblätter fehlend.
Blüten: Zwittrig, radiär, einzeln oder zu wenigen, achsel- oder endständig an kurzen Seitentrieben, Krone röhrig, trichterförmig oder glockig, am 5-zipfeligen Saum schwach zygomorph, Kelchblätter 2–5, sich zur Fruchtreife ± vergrößernd, Fruchtknoten unterständig, 3-fächrig, nur 1 Fach fertil, Staubblätter 4.
Früchte: Schließfrüchte schmal zylindrisch, 1-samig, 1 cm lang, ledrig, vom bleibenden Kelch gekrönt.
Verbreitung: 30 Arten vom Himalaja bis O-Asien und Mexiko.
Verwendung: Schöne Blütensträucher mit reichem, duftendem Blütenflor, der oft erst im Spätsommer einsetzt, nur wenige Arten sind in Mitteleuropa ausreichend frosthart, aber auch sie benötigen geschützte Standorte und stellenweise Winterschutz, ausgenommen die frostharte *A. mosanensis*, die auch als *Zabelia mosanensis* beschrieben wird.

Bestimmungsschlüssel Abelia

1 Blätter gezähnt oder gesägt 2
– Blätter ganzrandig (Rand nur z. T. wellig)........................... *A. mosanensis*
2 Blätter sommergrün .... *A. chinensis*
– Blätter wintergrün 3
3 Blätter stumpf, unterseits auf der Mittelrippe behaart .... *A. parviflora*
– Blätter spitz, unterseits fast kahl .... *A. ×grandiflora*

Abelia chinensis R. Br., Chinesische Abelie

Habitus: Sommergrüner, bis 1,5 m hoher, breitwüchsiger Strauch, Triebe fein rötlich-flaumig behaart.
Blätter: Eiförmig, 2–4 cm lang, lang zugespitzt, Basis zugespitzt oder abgerundet, gesägt, oberseits dunkelgrün, schütter behaart, unterseits heller, Nerven an der Spreitenbasis flaumig behaart.
Blüten: 1,25 cm lang, duftend, meist paarweise oder zu mehreren in gabelförmig verzweigten, achsel- oder endständigen Büscheln, die zu kurzen Rispen vereint sind, zahlreich, Krone weiß, rosa getönt, trichterförmig, Kelchblätter 5, 4–6 mm lang, verkehrteiförmig, rosa getönt, Juni–Juli.
Verbreitung: China.
Verwendung: Selten, B, D, WHZ 8a, LB 6.1.1.6.

Abelia ×grandiflora (Rovelli ex André) Rehder, Großblütige Abelie

(*A. chinensis* × *A. uniflora*)

Habitus: Wintergrüner, bis 2 m hoher, dicht verzweigter Strauch, Zweige bogig überhängend, flaumig behaart.
Blätter: Eiförmig, 1,5–4,5 cm lang, spitz, Basis abgerundet oder keilförmig, von der Mitte an kerbig gesägt, oberseits glänzend dunkelgrün, unterseits heller und bis auf die Basis der Mittelrippe kahl, im Herbst bronzebraun bis purpurn.
Blüten: Zu 1–4 an Triebspitzen und in den Blattachseln der diesjährigen Triebe, duftend, Krone weiß mit Rosa, glockig-trichterförmig, etwa 2 cm lang, Kelchblätter oft purpurn getönt, Juli–August.
Verwendung: Sehr selten, B, WHZ 8a, LB 6.3.4.5.

Abelia mosanensis T.H. Chung ex Nakai, Koreanische Abelie

Habitus: Sommergrüner, 1,5–2 m hoher, breit aufrechter, sehr locker und unregelmäßig aufgebauter Strauch, Zweige abstehend bis überhängend, Triebe rötlich, anfangs borstig bewimpert.
Blätter: Schmal elliptisch, 4–10 cm lang,

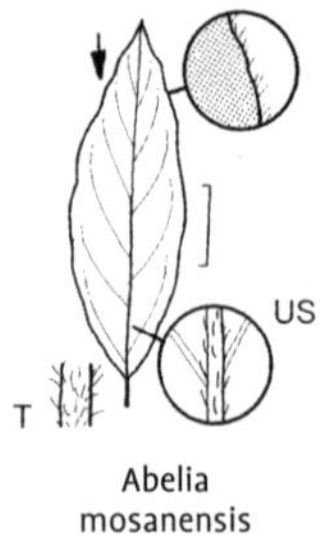

Abelia mosanensis

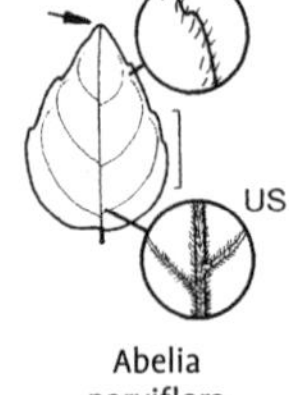

Abelia parviflora

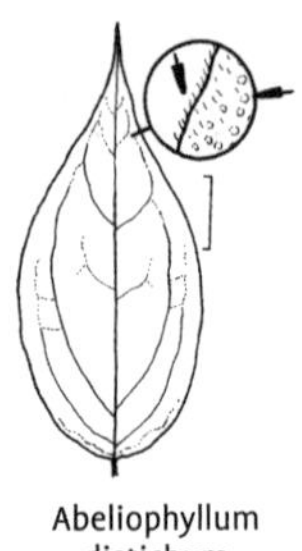
Abeliophyllum distichum

ganzrandig, fast sitzend, oberseits glänzend dunkelgrün, Herbstfärbung orangerot.
Blüten: 1,5 cm lang, zu 12–15 in 4–5 cm breiten, doldenartigen Büscheln endständig an Kurztrieben, Krone weiß oder zartrosa, stieltellerförmig, Kronröhre 1–1,2 cm lang, karminrot, Saum ausgebreitet, Zipfel gewölbt, Kelchblätter 5, Mai–Juni, bis in den Sommer nachblühend.
Verbreitung: N- Korea.
Verwendung: Selten (wird auch als *Zabelia mosanensis* beschrieben), B, WHZ 6a, LB 3.3.3.5.

Abelia parviflora Hemsl., Hemsleys Abelie

Habitus: Wintergrüner, 1–2 m hoher, schlank aufrecht wachsender Strauch, Zweige dünn, überhängend, Triebe anfangs purpurn, schwach behaart.
Blätter: Eiförmig, 1,5–3 cm lang, stumpf, mit kleiner Spitze, Basis keilförmig, ganzrandig oder entfernt gezähnt, oberseits glänzend grün, unterseits heller und Mittelrippe behaart.
Blüten: Etwa 3 cm lang, leicht duftend, meist einzeln in Blattachseln an kurzen Seitentrieben, Krone rosa, breit trichterförmig, zur Basis hin ausgeweitet, außen leicht drüsig behaart, Kelchblätter 2, Juni–September.
Verbreitung: W-China.
Verwendung: Sehr selten, B, WHZ 8a, LB 6.2.1.6.

Abeliophyllum Nakai

Schneeforsythie – Oleaceae

(Gattungsname *Abelia* und griechisch *phyllon* = Blatt)

Monotypische Gattung

Abeliophyllum distichum Nakai, Schneeforsythie

Habitus: Sommergrüner, bis 1,5 m hoher, sparrig verzweigter Strauch, Zweige 4-kantig, hellbraun bis hell graubraun, kahl, Mark zunächst schwach gefächert, Zweige später hohl, Knospen 1–2 mm lang, abspreizend, von einigen Knospenschuppen bedeckt.
Blätter: Gegenständig, schmal eiförmig, 3–8 cm lang, zugespitzt, Basis breit keilförmig oder abgerundet, ganzrandig, kurz bewimpert, beiderseits zerstreut behaart, mattgrün, Stiel 2–5 mm lang.
Blüten: Zwittrig, radiär, stark nach Mandeln duftend, zu 2–5 in 2–5 cm langen, fast einseitswendigen, achselständigen Trauben, Krone zartrosa bis weiß, 1,5–2 cm breit, trichterförmig, Kronröhre 3–4 mm lang, die 4 Zipfel stark zurückgeschlagen, 8–10 mm lang, Kelch 4-zipfelig, außen purpurn, Fruchtknoten 2-fächrig, oberständig. Die Blüten sind im Herbst schon vollkommen ausgebildet, sie öffnen sich im März–April vor dem Laubausbruch.
Früchte: Nüsse kreisförmig oder rundlich-herzförmig, ringsum geflügelt, 2–2,5 cm breit, 2-fächrig, je Fach 1 Samen.
Verbreitung: Korea.
Verwendung: Häufig, B, D, WHZ 7a, LB 6.3.1.6 (9.1.1.6).

Acanthopanax (Decne. et Planch.) Witte = *Eleutherococcus*
A. henryi (Oliv.) Harms. = *E. henryi*
A. senticosus (Rupr. et Maxim.) Harms = *E. senticosus*
A. sessiliflorus (Rupr. et Maxim.) Seem. = *E. sessiliflorus*
A. sieboldianus Makino = *E. sieboldianus*

Acer L.

Ahorn – Sapindaceae

(lateinisch *acer* = Ahorn, einziger lateinischer Baumname, der nicht feminin, sondern aus unbekannten Gründen neutrum war)

Habitus: Sommer- oder immergrüne, große Bäume bis mittelhohe Sträucher (hier behandelte Arten alle sommergrün), Zweige und Knospen meist kahl, olivgrün bis rot, teilweise auffallend weiß längs gestreift (Sektion Macrantha; Schlangenhaut-Ahorne), Seitenknospen am Grund von bleibenden, innen dicht behaarten Blattstielresten umgeben (Sektion Palmata, Fächer-Ahorne) oder Blattnarben deutlich sichtbar, Knospen kahl oder ± behaart, Knospenschuppen 2 oder in 2–4(–5) Paaren.

Blätter: Gegenständig, oft lang gestielt, meist ± handförmig gelappt, seltener ungelappt, 3-zählig oder unpaarig gefiedert, Blattstiele teilweise Milchsaft führend, Nebenblätter fehlend.

Blüten: Meist zwittrig, durch teilweise Reduktionen des einen oder anderen Geschlechtes aber auch 1-geschlechtig, 1- oder 2-häusig verteilt, ziemlich unscheinbar, klein, kaum über 1 cm breit, meist in Rispen, gelegentlich in Trauben oder Trugdolden, meist 5-zählig, seltener 4-zählig, Blütenkrone in freie, selten verwachsene Kelch- und Kronblätter gegliedert, Kronblätter teilweise fehlend, Staubblätter 4–10, Nektarscheibe deutlich ausgebildet, die Nektarscheibe kann extrastaminal (außerhalb der Staubblätter), intrastaminal (zwischen den Staubblättern) oder amphistaminal (beiderseits der Staubblätter) stehen, Fruchtblätter 2, verwachsen, im 2-fächrigen Fruchtknoten je 2 Samenanlagen, von denen sich jeweils eine entwickelt, insekten- oder windblütig (bei früh blühenden Arten).

Früchte: Flache Spaltfrüchte, zur Reife in 2 1-samige, einseitig propellerartig geflügelte Teilfrüchte zerfallend, Fruchtflügel stark netznervig.

Verbreitung: Etwa 200 Arten, vor allem in der nördl. gemäßigten Zone, Europa, Asien, N-Amerika, N-Afrika, tropische Gebirge in SO-Asien, Mannigfaltigkeitszentrum in O-Asien.

Verwendung: Ahornarten und ihre zahlreichen Sorten zeichnen sich durch eine Fülle von Blattformen und -farben aus. Vom farbenprächtigen Austrieb über gelb- und weißbunte oder rote Farben im Sommer bis hin zu oft leuchtenden Herbstfarben vor allem bei amerikanischen und ostasiatischen Arten sind in dieser Gattung nahezu alle Möglichkeiten der Laubfärbung zu finden. Die im Allgemeinen große Anpassungsfähigkeit an den Standort macht viele Arten zu wertvollen, häufig verwendeten Garten-, Park- und Stadtgehölzen. Die meisten Arten dienen durch Nektar- und Pollenertrag als Bienenweide.

Bestimmungsschlüssel Acer

1 Blätter aus Blättchen zusammengesetzt (gefiedert oder gefingert) 2
– Blätter einfach, höchstens gelappt (aber Lappen nie völlig frei) 9
2 Blätter gefiedert mit 3–7 Blättchen und wenn 3, dann Endfieder 3-lappig und wesentlich größer als die seitlichen, Triebe grün und bereift . . . . . *A. negundo* subsp. *negundo*
– Blätter (mindestens überwiegend) 3-zählig . 3
3 Blätter alle 3-zählig. 4
– Blätter sowohl 3-zählig als auch 3- bis 5-lappig . . . . . *A. glabrum* subsp. *glabrum*
4 Alle Fiederblättchen deutlich gestielt. 5
– Nur das Endblättchen deutlich gestielt, die seitlichen höchstens mit 2 mm langem Stiel oder sitzend. 6
5 Blättchen entfernt gezähnt, Blattrand und Triebe kahl . . . . . *A. henryi*
– Blättchen grob gezähnt, Blattrand bewimpert, Triebe behaart. . . . . *A. cissifolium*
6 Blätter kahl oder höchstens unterseits auf der Mittelrippe behaart. 7
– Blätter unterseits flächig behaart 8
7 Blättchen fein gesägt, unterseits wie Triebe kahl . . . . . *A. mandshuricum*
– Blättchen grob lappig gesägt, unterseits auf Mittelrippe und Triebe behaart . . . *A. triflorum*
8 Blätter grob lappig gesägt, dünn, Blattstiel rosa . . . . . *A. griseum*
– Blätter entfernt gesägt, dick, Blattstiel grün . . . . . *A. maximowiczianum*
9 Blätter nicht oder nur undeutlich gelappt . . 10
– Blätter gelappt (mit 3–13 Lappen) 13
10 Blätter mit 18–25 Seitennervenpaaren . . . . . *A. carpinifolium*
– Blätter mit höchstens 10 Seitennervenpaaren 11
11 Zweige gestreift (durch aufreißende Rinde) 12
– Zweige nicht gestreift . . . . . *A. tataricum* subsp. *tataricum*
12 Blattstiel ca. 2 cm lang, Blütenstand aufrecht . . . . . *A. crataegifolium*
– Blattstiel bis 5 cm lang, Blütenstand hängend . . . . . *A. davidii* subsp. *davidii*
13 Lappen gesägt/gezähnt oder mit Sekundärlappen 14
– Lappen ganzrandig (wenigstens die meisten) 59
14 Blätter mit 7–11(–13) Lappen, im Umriss rundlich. 15
– Blätter mit 3–5 Lappen 20
15 Blätter mit (5–)7 Lappen . . . . . *A. palmatum*
– Blätter mit 7–11 Lappen 16

16 Blätter mit 9–11 Lappen, höchstens 9 cm breit . . . 17
– Blätter mit 7–9 Lappen, bis 14 cm breit . . . 19
17 Triebe und Blattstiele kahl, Blätter weniger als bis zur halben Spreitenhälfte eingeschnitten . . . *A. shirasawanum*
– Triebe und Blattstiele behaart, Blätter tiefer eingeschnitten . . . 18
18 Blätter unterseits flächig behaart . . . *A. pseudosieboldianum*
– Blätter unterseits nur auf den Hauptnerven behaart . . . *A. sieboldianum*
19 Blattlappen fast bis zur Mitte eingeschnitten . . . *A. japonicum*
– Blattlappen nur etwa bis ¼ der Blattlänge eingeschnitten . . . *A. circinatum*
20 Blätter mit 5(–7) gleichwertigen Lappen . . . *A. palmatum*
– Blätter mit 3–5 Lappen, Endlappen deutlich größer/länger . . . 21
21 Blätter z. T. entfernt grob gezähnt oder mit Sekundärlappen . . . 22
– Blätter scharf und eng, mitunter doppelt gesägt . . . 43
22 Blattstiel mit Milchsaft . . . 23
– Blattstiel ohne Milchsaft . . . 29
23 Blätter sehr groß, 20–30 cm breit . . . *A. macrophyllum*
– Blätter kleiner, bis 20 cm breit . . . 24
24 Blätter höchstens 10(–12) cm breit . . . 25
– Blätter breiter (wenigstens viele) . . . 27
25 Blätter höchstens 10 cm breit, Blattlappen nochmals deutlich gelappt/gezähnt . . . 26
– Blätter bis 20 cm breit, höchstens angedeutet gezähnt . . . *A. ×zoeschense*
26 Blätter unterseits blaugrün, obere Lappen fast rechtwinklig abgeschnitten . . . *A. hyrcanum*
– Blätter unterseits graugrün, Lappen mit deutlicher (stumpfer) Spitze . . . *A. campestre* subsp. *campestre*
27 Blätter unterseits kahl . . . 28
– Blätter unterseits behaart (zumindest auf den Hauptnerven) . . . *A. miyabei*
28 Blattlappen jederseits mit wenigstens 2 großen »Zähnen« (Sekundärlappen), Triebe unbereift . . . *A. platanoides*
– Blattlappen mit nur 1 Sekundärlappen, Triebe bereift . . . *A. cappadocicum* subsp. *lobelii*
29 Blattrand nur wellig oder mit wenigen Zähnen (überwiegend höchstens 1 Zahn pro cm) . . . 30
– Blattrand z. T. gesägt (überwiegend mehr als 1 Zahn pro cm) . . . 35
30 Spitzen der Blattlappen rund oder abgerundet . . . *A. opalus* subsp. *opalus*
– Blattlappen spitz . . . 31
31 Buchten zwischen den Blattlappen spitz . . . 32
– Buchten zwischen den Blattlappen rund . . . 33
32 Blätter höchstens 20 cm breit, tiefer als bis zur halben Spreitenhälfte eingeschnitten, kahl und grün . . . 34
– Blätter breiter (zumindest viele), höchstens bis zur halben Spreitenhälfte eingeschnitten, unterseits mit Achselbärten und blaugrün . . . *A. velutinum* var. *velutinum*
33 Blätter unterseits kahl . . . *A. saccharum* subsp. *saccharum*
– Blätter unterseits mit Achselbärten . . . *A. saccharum* subsp. *nigrum*
34 Blattlappen sehr tief (bis fast zur Basis) eingeschnitten . . . *A. heldreichii* subsp. *heldreichii*
– Blattlappen bis etwa ⅔ eingeschnitten . . . *A. heldreichii* subsp. *trautvetteri*
35 Blätter höchstens 8 cm breit . . . 36
– Blätter breiter . . . 38
36 Blätter unterseits grün, Lappen über die Hälfte eingeschnitten . . . 37
– Blätter unterseits bläulich, Lappen nur bis zur Hälfte eingeschnitten . . . *A. rubrum*
37 Blattrand überall gesägt . . . *A. tataricum* subsp. *ginnala*
– Blattrand nur z. T. gezähnt . . . *A. buergerianum* var. *buergerianum*
38 Blätter wesentlich breiter als 15 cm . . . *A. velutinum* var. *velutinum*
– Blätter schmaler . . . 39
39 Blattlappen über die Hälfte ihrer Länge eingeschnitten . . . 40
– Blattlappen weniger als bis zur Hälfte ihrer Länge eingeschnitten . . . 41
40 Blätter unterseits silbergrau-weißlich, Knospen rötlich . . . *A. saccharinum*
– Blätter unterseits grün, Knospen grün . . . *A. pseudoplatanus*
41 Knospen mit nur 2 Schuppen, Triebe behaart . . . *A. spicatum*
– Knospen mit mehr als 5 Schuppen, Triebe kahl . . . 42
42 Blätter unterseits auf den Hauptnerven behaart . . . *A. ×freemanii*
– Blätter unterseits kahl . . . *A. pseudoplatanus*
43 (21) Zweige gestreift (durch aufreißende Rinde) . . . 44
– Zweige nicht gestreift . . . 50
44 Blätter unterseits kahl . . . 45
– Blätter unterseits behaart . . . 48
45 Blattstiel rot/rötlich, Blattlappen länglich . . . 46
– Blattstiel grün, Blattlappen breit . . . *A. tegmentosum*
46 Blattlappen mehr als die Hälfte ihrer Länge voneinander getrennt . . . *A. micranthum*
– Blattlappen weniger als die Hälfte ihrer Länge voneinander getrennt . . . 47
47 Triebe bereift . . . *A. capillipes*
– Triebe nicht bereift . . . *A. ×conspicuum*
48 Triebe bereift . . . *A. rufinerve*
– Triebe unbereift . . . 49
49 Blätter über 10 cm lang . . . *A. pensylvanicum*
– Blätter bis 10 cm lang, Blattzähne mit roten Spitzen, Haare dunkel . . . *A. davidii* subsp. *grosseri*
50 Blätter länger als breit, ungelappt oder Mittellappen deutlich dominant . . . 51
– Blätter nicht länger als breit, 3- bis 5-lappig und Mittellappen etwa so lang wie Seitenlappen . . . 54
51 Blätter unterseits flächig behaart . . . *A. spicatum*
– Blätter unterseits höchstens auf den Hauptnerven behaart oder kahl . . . 52
52 Blattlappen mit lang ausgezogener Spitze und unterseits Achselbärten . . . *A. pectinatum* subsp. *pectinatum*
– Blätter anders gelappt und höchstens auf den Hauptnerven behaart . . . 53
53 Blätter dünn, stumpfgrün, meist ungelappt . . . *A. tataricum* subsp. *tataricum*
– Blätter dick, glänzend dunkelgrün, meist 3-lappig . . . *A. tataricum* subsp. *ginnala*
54 Blätter unterseits kahl . . . 55
– Blätter unterseits mindestens an den Hauptnerven behaart und mit Achselbärten . . . 56

55 Blattlappen mehr als die Hälfte ihrer Länge voneinander getrennt........ *A. oliverianum*
– Blattlappen weniger als die Hälfte ihrer Länge voneinander getrennt.................. .... *A. glabrum* subsp. *glabrum*
56 Blätter unterseits silbergrau-weißlich .... *A. saccharinum*
– Blätter unterseits grün oder blaugrün 57
57 Knospen mit nur 2 Schuppen.....*A. spicatum*
– Knospen mit mindestens 4 Schuppen 58
58 Blattrand gleichmäßig fein gesägt, Blätter unterseits grün .... *A. argutum*
– Blattrand unregelmäßig entfernt gesägt, Blätter unterseits blaugrün, Blattstiel rot........ .... *A. rubrum*
59 (13) Blätter nur 3–6 cm breit 60
– Blätter breiter als 6 cm 61
60 Lappen abgerundet...... *A. monspessulanum*
– Lappen zugespitzt...... *A. buergerianum* var. *buergerianum*
61 Blattbasis gerade, Blätter 5-lappig, unterste Seitennerven sichelförmig verbogen .... *A. truncatum*
– Blattbasis herzförmig 62
62 Blätter 5-lappig ....*A. ×zoeschense*
– Blätter 7- bis 9-lappig 63
63 Triebe unbereift, matt, mit Korkwarzen...... .... *A. pictum*
– Triebe (anfangs) bereift, dann glänzend ... 64
64 Blattrand kaum wellig .... *A. cappadocicum* subsp. *cappadocicum*
– Blattrand stark gewellt.................. ....*A. cappadocicum* subsp. *lobelii*

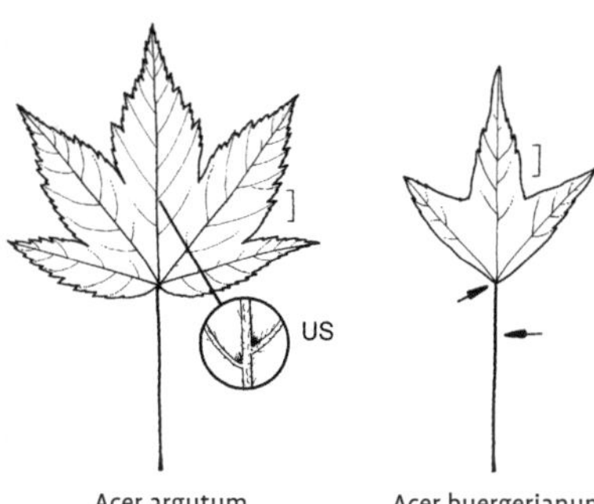

Acer argutum Maxim., Feinzähniger Ahorn

Habitus: 8–10 m hoher, oft vom Boden an mehrstämmiger Baum, Rinde glatt, grau, Triebe grün, selten rötlich, meist behaart.
Blätter: Meist 5-lappig, selten 7-lappig, dann 2 undeutliche Lappen an der Basis, 5–10 cm breit, Lappen eiförmig, lang zugespitzt, entfernt scharf gesägt, oberseits tiefgrün, etwas runzelig, unterseits heller und vor allem auf den Nerven grau behaart, Stiel 2–6 cm lang, Herbstfärbung gelb.
Blüten: 2-häusig verteilt, kahl, 4-zählig, gelbgrün, die ♂ Blüten in dünnen, vielblütigen, 4–5 cm langen Trauben mit 2 grundständigen Laubblättern, bei ♀ Pflanzen in unbelaubten Büscheln, April–Mai, lange vor den Blättern.
Früchte: Flügel waagerecht ausgebreitet, 2 cm lang.
Verbreitung: Japan.
Verwendung: Sehr selten, WHZ 6b, LB 7.2.2.3.

Acer buergerianum Miq. **var. buergerianum**, Dreizähniger Ahorn

Habitus: Bis 25 m hoher Baum, in Kultur meist niedriger, Krone anfangs schmal aufrecht, im Alter breit ausladend, Borke im Alter tief gefurcht und in rechteckige Platten gefeldert, Triebe kahl.
Blätter: 3-lappig, 3,5–8 cm breit, Basis abgerundet oder breit keilförmig, von der Basis an 3-nervig, Lappen 3-eckig, spitz, vorwärts gerichtet, ganzrandig oder schwach und unregelmäßig gesägt, oberseits glänzend dunkelgrün, unterseits hell- oder blaugrün, in der Jugend behaart, bald kahl, Stiel etwa so lang wie die Spreite, Herbstfärbung auffallend tiefrot.
Blüten: Klein, gelblich, in behaarten, breit kegelförmigen Rispen, Mai.
Früchte: Kahl, Flügel parallel, oft übereinandergreifend, 2–2,5 cm lang.
Verbreitung: Japan, Taiwan, O-China.
Verwendung: Selten (in S-Japan als Stadtstraßenbaum), H, WHZ 6b, LB 3.1.3.3.

var. ningpoense (Hance) Rehder. Bis 15 m hoher Baum. Blätter ledrig, wintergrün, einfach oder mit 3 kleinen Lappen. China: Zhejiang.

Acer campestre L. **subsp. campestre**, Feld-Ahorn

Habitus: 10–15 m hoher Baum oder sparriger, mehrstämmiger Strauch, Krone breit kegelförmig bis eiförmig oder kugelig, meist unregelmäßig, Zweige teilweise mit flügelartigen Korkleisten. Triebe olivgrün bis rotbraun und fein behaart, später verkahlend.
Blätter: Sehr variabel, 3- bis 5-lappig, bis zu ⅓ oder ½ buchtig eingeschnitten, 5–10 cm breit, Lappen an der Basis am breitesten, vorne abgestumpft der mittlere Lappen oft wieder 3-lappig, oberseits stumpfgrün, unterseits graugrün und fein behaart, mit deutlichen Achselbärten, Stiel etwa so lang wie

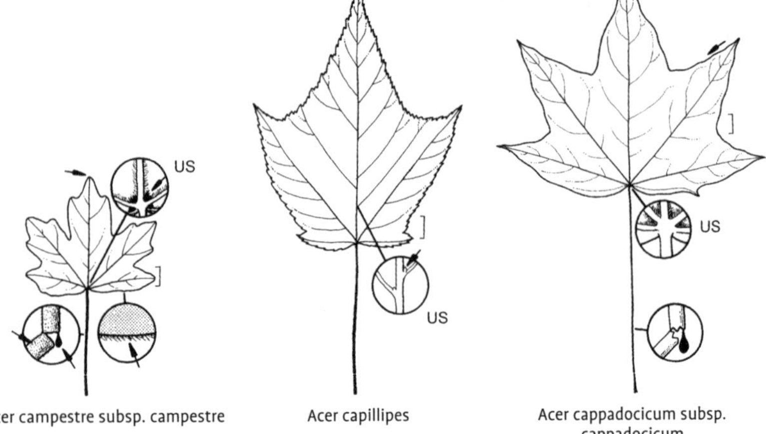

Acer campestre subsp. campestre Acer capillipes Acer cappadocicum subsp. cappadocicum

die Spreite, mit Milchsaft, Herbstfärbung intensiv gelb bis bronzegelb oder braun.
Blüten: In 10- bis 20-blütigen, aufrechten, behaarten Rispen, grünlich gelb, mit den Blättern im Mai.
Früchte: Flügel waagerecht ausgebreitet, 2,5–3 cm lang.
Verbreitung: Europa, N-Afrika, Türkei, Kaukasien.
Verwendung: Sehr häufig (wie die Sorte 'Elsrijk' mit Einschränkungen als Stadtstraßenbaum geeignet), N, Bi, H, WHZ 5a, LB 6.1.4.2 (9.1.4.2).

subsp. *austriacum* DC. = subsp. *leiocarpon*

'Elsrijk'. Wuchs baumförmig, Stamm bis zum Wipfel durchgehend, Krone breit kegelförmig. Blätter ziemlich groß. Als Straßenbaum gegenüber der Art bevorzugt.

'Nanum'. Kugelkroniger, 4–5 m breiter, dicht verzweigter Strauch oder hochstämmig veredelter Kleinbaum. Blätter kleiner als bei der Art.

'Postelense'. Bis 3 m hoher Strauch oder hochstämmig veredelter Kleinbaum. Blätter im Austrieb goldgelb, später hell grüngelb.

'Red Shine'. Bis 10 m hoher Baum. Blätter im Austrieb dunkelpurpurn, später stumpf dunkel rötlich grün, zuletzt dunkelgrün.

subsp. leiocarpon (Wallr.) Pax. Blätter fast ledrig, 5-lappig, größer als bei der var. *campestre*, Lappen nahezu ganzrandig, gewellt, unterseits kahl. Nördl. Mittelmeergebiet.

Acer capillipes Maxim., Roter Schlangenhaut-Ahorn

Habitus: Bis 12 m hoher, meist vom Boden an mehrstämmiger Baum, Krone breit trichterförmig, Rinde lange glatt bleibend, rötlich grün, vom 2. Jahr an mit schmalen, weißen Streifen, Triebe rot, kahl, bereift.
Blätter: 3-lappig, 6–12 cm breit, an der Basis schwach herzförmig oder abgerundet, im Austrieb rötlich, Lappen 3-eckig, zugespitzt, die seitlichen abstehend und viel kürzer als der Mittellappen, doppelt gesägt, oberseits dunkelgrün, unterseits hellgrün, kahl, Nerven rötlich, Stiel 3–5 cm lang, rot, Herbstfärbung leuchtend gelborange bis karminrot.
Blüten: 1-häusig verteilt, etwa 8 mm breit, zu 10–25 in 7–8 cm langen, hängenden Trauben, gelblich bis grünlich gelb, Mai.
Früchte: Flügel stumpfwinklig oder fast waagerecht gespreizt, 1,5–2,5 cm lang.
Verbreitung: M- und S-Japan.
Verwendung: Sehr häufig, H, WHZ 6b, LB 7.2.1.3.

Acer cappadocicum Gled. **subsp. cappadocicum**, Kolchischer Spitz-Ahorn

Habitus: 25–30 m hoher Baum, junge Triebe oft bereift, bis zum 2. Jahr glänzend grün oder rötlich, glatt.
Blätter: 5- bis 7-lappig, 8–14 cm breit, an der Basis herzförmig, Lappen 3-eckig-eiförmig, lang zugespitzt, die beiden unteren viel kleiner als die 5 oberen, die sich einander ziemlich ähnlich sind, ganzrandig, oberseits matt

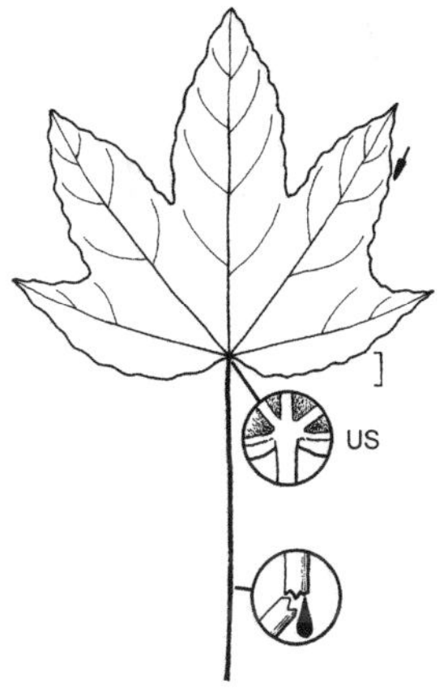

Acer cappadocicum subsp. lobelii

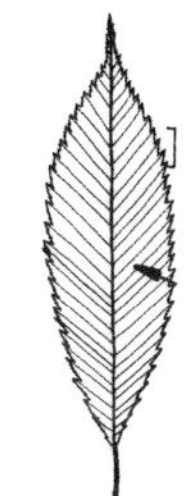

Acer carpinifolium

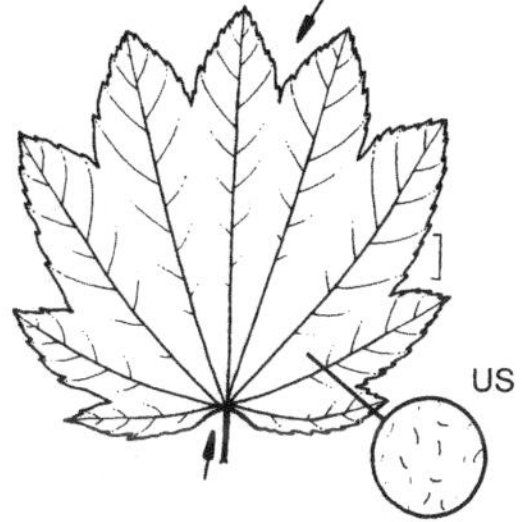

Acer circinatum

dunkelgrün, unterseits glänzend hellgrün, netznervig, bis auf die Achselbärte kahl, Stiel 10–20 cm lang, mit Milchsaft, Herbstfärbung goldgelb.
Blüten: Zu 15–20 in kleinen, breiten, lockeren Trugdolden, hellgelb, mit den Blättern Mitte bis Ende Mai.
Früchte: Zusammengedrückt, Flügel stumpfwinklig gespreizt, 3–5 cm lang.
Verbreitung: Türkei, Kaukasien, N-Iran, W-Himalaja, W-China.
Verwendung: Sehr häufig, H, WHZ 6b, LB 3.3.2.2 (7.3.2.2).

'Aureum'. Wuchs schwächer als bei 'Rubrum'. Blätter im Frühjahr und Herbst gelb, im August allmählich vergrünend.

'Rubrum'. Bis 20 m hoher Baum. Blätter im Austrieb blutrot, später nur am Rand gerötet. In Kultur häufiger als die Art.

subsp. lobelii (Ten.) E. Murray. Kalabrischer Spitz-Ahorn. Bis 20 m hoher Baum, Wuchs straff aufrecht und nahezu säulenförmig, Triebe rötlich, bläulich weiß bereift. Blätter 5-lappig, 10–15 cm breit, breiter als lang, Basis herzförmig oder gestutzt, Lappen 3-eckig, lang zugespitzt, die 3 oberen einander sehr ähnlich und meist jederseits mit einem stumpfen Sekundärlappen, das untere Lappenpaar deutlich kleiner, oberseits glänzend dunkelgrün, unterseits mehr blaugrün und zuletzt bis auf graue Achselbärte in den Nervenwinkeln kahl, Stiel 6–10 cm lang, mit Milchsaft. Blüten 5 mm breit, hellgrün, in aufrechten Trugdolden, Blütenstiele und Kelch weich behaart, mit den Blättern im Mai. Früchte kahl, Flügel fast waagerecht gespreizt. Golf von Neapel. WHZ 6b, LB 6.3.2.2.

Acer carpinifolium Siebold et Zucc., Hainbuchenblättriger Ahorn

Habitus: Bis 10 m hoher, breit aufrechter, reich verzweigter Baum oder Großstrauch, Triebe braun, dünn, kahl.
Blätter: Ungelappt, länglich bis verkehrteiförmig, 8–12 cm lang, zugespitzt, scharf doppelt gesägt, die etwa 20 Nervenpaare dicht und parallel nebeneinander, gerade bis in die Blattzähne verlaufend, unterseits anfangs auf den Nerven behaart, zuletzt kahl oder nahezu kahl, Stiel 1–1,5 cm lang, oft schief angesetzt, Herbstfärbung gelbbraun.
Blüten: 4-zählig, etwa 1 cm breit, grünlich gelb, oft ohne Kronblätter, zu 10–20 in kahlen Trauben, Mai.
Früchte: Kahl, Flügel etwa rechtwinklig gespreizt, 2,5–3 cm lang.
Verbreitung: Japan.
Verwendung: Häufig, WHZ 6b, LB 7.2.1.3 (2.3.2.4).

Acer circinatum Pursh, Weinblatt-Ahorn

Habitus: Meist mehrstämmiger, im Alter weit ausladender Großstrauch oder bis 12 m hoher Baum, Triebe dünn, kahl, blassgrün bis braun, oft weißlich bereift, Rinde an Zweigen und jungen Ästen oft frischgrün mit weißen Lentizellen, später grau und an der Sonnenseite rötlich.

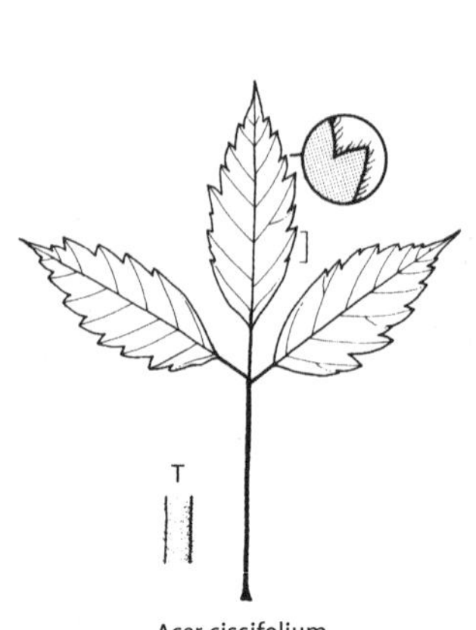

Acer cissifolium

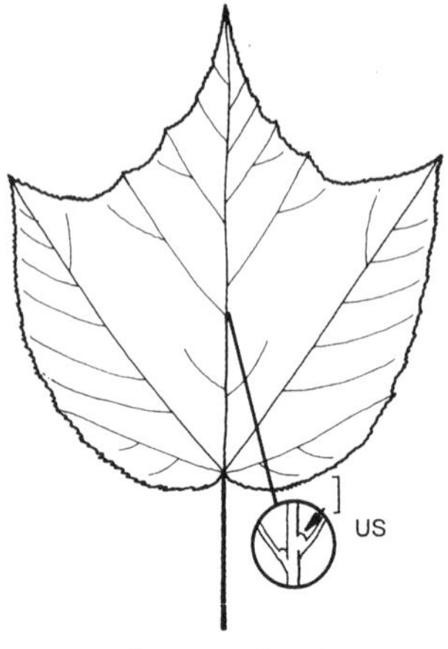

Acer ×conspicuum

Blätter: 7- bis 9-lappig, rundlich, 6–12 cm breit, an der Basis herzförmig, Lappen spitz, unregelmäßig doppelt gesägt, auf etwa ⅓ der Blattlänge eingeschnitten, oberseits hellgrün, unterseits nur in der Jugend behaart, Stiel 2,5–3,5 cm lang, schon zur Blütezeit kahl oder mit vereinzelten, langen Haaren, Herbstfärbung prachtvoll gelb bis karminrot.
Blüten: Etwa 1,2 cm breit, zu 6–20 in kahlen Trauben, Kelchblätter purpurn, die kleineren Kronblätter weiß, April–Mai.
Früchte: Flügel waagerecht gespreizt, 3,5 cm lang, anfangs rot.
Verbreitung: Alaska, NW- und W-USA.
Verwendung: Häufig, N, H, WHZ 5b, LB 2.2.6.3 (2.4.6.4).

Acer cissifolium (Siebold et Zucc.) K. Koch, Cissusblättriger Ahorn

Habitus: 10–12 m hoch, oft vom Boden an mehrstämmiger Baum oder Großstrauch, Rinde lange glatt bleibend, grau, Triebe behaart, später kahl und olivgrün.
Blätter: 3-zählig, Blättchen gestielt, 4–8 cm lang, alle etwa gleich lang, verkehrteiförmig, zugespitzt, scharf grob gesägt, bewimpert, oberseits hellgrün und kahl, unterseits bis auf einige Achselbärte kahl, Stiel dünn, 5–8 cm lang, Herbstfärbung meist gelb, seltener scharlachrot.
Blüten: 2-häusig verteilt, 4-zählig, in 5–10 cm langen, aufrechten, behaarten Trauben, mit den Blättern im Mai.
Früchte: Kahl, in hängenden Trauben, Flügel spitzwinklig gespreizt, Spitze stark nach innen gebogen, 2,5–3 cm lang.
Verbreitung: Japan.
Verwendung: Selten, H, WHZ 6b, LB 7.2.4.3.

Acer ×conspicuum van Gelderen et Oterdoom, Ansehnlicher Ahorn

(*A. davidii* × *A. pensylvanicum*)

Habitus: Bis 10 m hoher, sparsam verzweigter Baum oder Strauch, Rinde lange glatt bleibend, blaugrün oder rötlich braun, längs weiß gestreift.
Blätter: 3- oder 5-lappig, 5–20 cm lang, 5–15 cm breit, Lappen zugespitzt, gesägt, untere Lappen nur schwach ausgebildet, kahl oder anfangs unterseits spärlich flaumig behaart, Stiel 2–10 cm lang, meist rötlich, Herbstfärbung goldgelb, gelegentlich orangegelb.
Blüten: 3–5 mm breit, zu vielen in 4–14 cm langen, endständigen, hängenden, kahlen oder spärlich behaarten Trauben, Mai.
Früchte: Abgeflacht, Fruchtflügel meist kurz, ähnlich wie bei *A. davidii*.
Verwendung: Häufig, H, WHZ 6b, LB 7.1.4.3 (9.2.5.3).

'Elephant's Ear'. 8–10 m hoher Baum. Rinde purpurn, weiß gestreift.

'Phoenix'. 5–6 m hoher Baum oder Strauch. Die weiß gestreifte Rinde im Winter feuerrot, im Sommer cremig lachsfarben.

'Silver Cardinal'. 4–5 m hoher Baum. Rinde anfangs rot, später grün, weiß gestreift.

'Silver Vein'. Bis 12 m hoher Baum. Rinde bläulich grün, mit zahlreichen weißen Streifen.

Acer crataegifolium

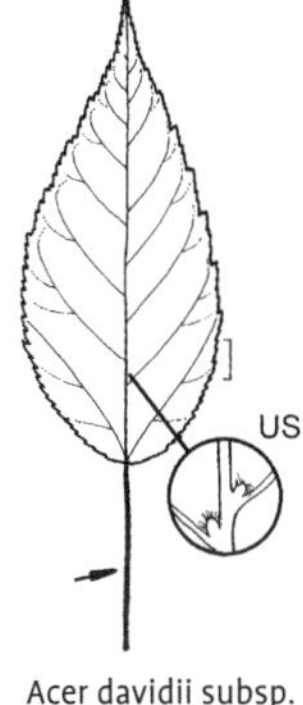

Acer davidii subsp. davidii

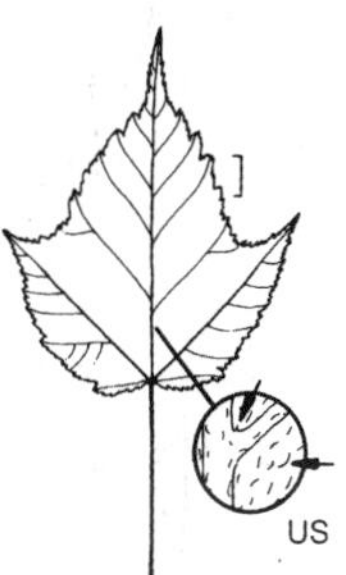

Acer davidii subsp. grosseri

Acer crataegifolium Siebold et Zucc., Weißdornblättriger Ahorn

Habitus: Großer Strauch oder bis 8 m hoher, schmalkroniger, meist mehrstämmiger Baum, Rinde purpurn, grün oder weißlich grün gestreift, Triebe purpurgrün, kahl.
Blätter: Ungelappt, länglich-eiförmig, 6–8 cm lang, lang zugespitzt, Basis schwach herzförmig oder gestutzt, nahe der Basis jederseits mit 1–2 kleinen Lappen, ungleichmäßig fein gesägt, oberseits bläulich grün, kahl, unterseits mattgrün, anfangs mit Achselbärten, Stiel 1,5–2 cm lang, Herbstfärbung dunkelrot, wenig attraktiv.
Blüten: Zu 5–8 in aufrechten, 3–5 cm langen Trauben, gelblich weiß, mit den Blättern im Mai.
Früchte: Kahl, Flügel fast waagerecht gespreizt, 2–2,5 cm lang, kahl.
Verbreitung: M- und S-Japan.
Verwendung: Selten, H, WHZ 5b, LB 7.2.2.3 (4.3.4.3).

A. dasycarpum Ehrh. = *A. saccharinum*

Acer davidii Franch. **subsp. davidii**, Davids Schlangenhaut-Ahorn

Habitus: Bis 15 m hoher, meist vom Boden an mehrstämmiger Baum, Krone schmal trichterförmig, Rinde lange glatt bleibend, grün oder rötlich, mit schmalen, weißen Streifen, Triebe rötlich, kahl.
Blätter: Eiförmig bis länglich-eiförmig, 8–16 cm lang, an Kurztrieben ungelappt, seltener jederseits mit 1–2 ± deutlichen Lappen, Basis schwach herzförmig oder abgerundet, ungleich kerbig gesägt, unterseits anfangs auf den Nerven rostrot behaart, später kahl oder nahezu kahl, Stiel 1,5–3 cm lang, Herbstfärbung gelb und rot.
Blüten: 1-häusig verteilt, gelblich, zu 10–25 in kahlen, hängenden, 6–9 cm langen Trauben, die weiblichen Trauben etwas kürzer, Mai.
Früchte: Flügel stumpfwinklig gespreizt, 2,5–3 cm lang.
Verbreitung: China: Yunnan, Hubei, Sichuan.
Verwendung: Häufig, H, WHZ 6b, LB 3.2.2.3 (7.2.2.3) (6.4.3.4).

subsp. grosseri (Pax) P.C. De Jong. Grossers Schlangenhaut-Ahorn. Bis 10 m hoher Baum, oft nur strauchig, Rinde lange glatt bleibend, grün bis silbrig grün, weiß gestreift, Triebe graugrün. Blätter sehr variabel, 3-lappig oder ungelappt, an der Basis herzförmig, Mittellappen 3-eckig-eiförmig, zugespitzt, Seitenlappen abstehend, kurz, spitz, dicht und scharf doppelt gesägt, oberseits frischgrün, unterseits anfangs an der Basis leicht bräunlich behaart, Stiel 2–4 cm lang, Herbstfärbung gelb oder orange bis karmin. Blüten gelb, in 5–7 cm langen, hängenden Trauben. Fruchtflügel fast waagerecht gespreizt, leicht gebogen, 2–2,5 cm lang. China: Henan, Shaanxi. WHZ 6b, LB 3.2.7.4.

A. forrestii Diels = *A. pectinatum* subsp. *forrestii*

Acer ×freemanii E. Murray, Freemans Ahorn

(*A. rubrum* × *A. saccharinum*)

Habitus: Bis 25 m hoher Baum mit aufstrebender Verzweigung, Krone eiförmig bis kugelig, Borke silbergrau, Zweige graubraun.
Blätter: 5-lappig, kleiner und weniger tief

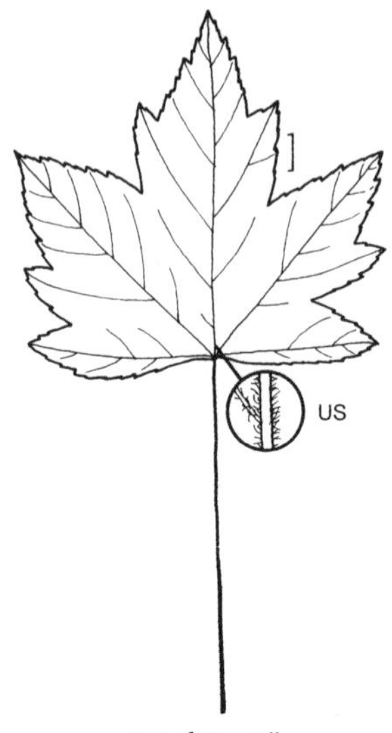

Acer ×freemanii

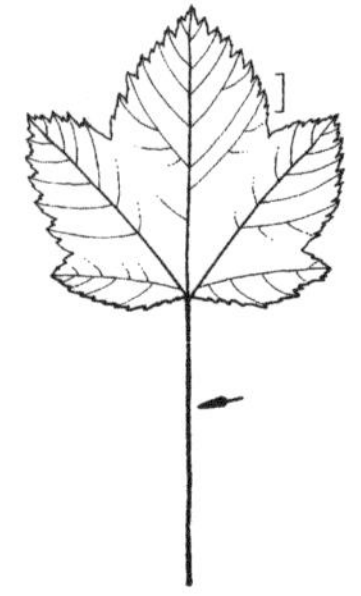
Acer glabrum subsp. glabrum

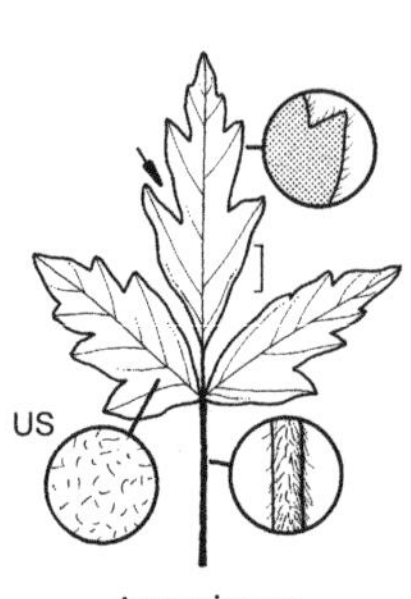

Acer griseum

gebuchtet als bei *A. saccharinum*, Basis abgerundet oder keilförmig, Rand ähnlich gezähnt wie bei *A. rubrum*, Herbstfärbung gelb oder rot.
Blüten: Oft steril.
Früchte: Flügel stumpfwinklig gespreizt, 3–6 cm lang.
Verbreitung: O-USA.
Verwendung: Selten, H, WHZ 5b, LB 3.2.6.2.

'Armstrong'. Bis 20 m hoher Baum. Krone schmal ellipsoid, 3–5 m breit. Blätter groß, hellgrün, lange haftend. Stadtklimafest.

AUTUMN BLAZE ('Jeffersred'). Bis 25 m hoher Baum. Krone schmal aufrecht, dicht verzweigt. Herbstfärbung orange.

SCARLET SENTINEL ('Scarsen'). Bis 13 m hoher Baum. Krone schmal, straff aufrecht, bis 6 m breit. Blätter groß, dunkelgrün

A. ginnala Maxim. = *A. tataricum* subsp. *ginnala*

Acer glabrum Torr. **subsp. glabrum**, Kahler Ahorn

Habitus: Bis 10 m hoher, kahler Baum oder großer Strauch, Triebe rotbraun, später olivgrün, kahl.
Blätter: 3- bis 5-lappig, gelegentlich teilweise 3-zählig, im Umriss rundlich, 6–15 cm breit, Basis schwach herzförmig bis breit keilförmig, Lappen ± spitz oder kurz zugespitzt, scharf doppelt gesägt, oberseits glänzend dunkelgrün, unterseits heller bis blaugrün, völlig kahl, Stiel rot, Herbstfärbung gelb.
Blüten: 2-häusig oder polygam, 6 mm breit, gelblich grün, zu 5–15 in Trugdolden, Mai.
Früchte: Flügel rechtwinklig gespreizt bis fast parallel, 1,5–2 cm lang, im Sommer oft rosa gefärbt.
Verbreitung: Alaska bis NW-USA.
Verwendung: Selten, H, WHZ 6b, LB 4.1.3.4 (7.2.3.3).

subsp. douglasii (Hook.) Wesm. Blätter meist 3(–5)-lappig, nie gefingert, 5–10 cm breit, Basis schwach herzförmig, Lappen kurz zugespitzt, eingeschnitten gesägt, Mittellappen breit eiförmig mit zugespitzten Zähnen, Fruchtflügel breiter als bei der var. *glabrum*. Alaska, W-Kanada, NW-USA, Rocky Mts.

Acer griseum (Franch.) Pax, Zimt-Ahorn

Habitus: 5–8(–12) m hoher, oft vom Boden an verzweigter Baum oder Großstrauch, Krone ausgebreitet bis trichterförmig, locker, Rinde glatt, zimtbraun, in dünnen Streifen abrollend, bei Berührung abfärbend, Triebe bräunlich oder zottig behaart, später verkahlend.
Blätter: 3-zählig, Blättchen dünn, 3–6 cm lang, elliptisch bis eiförmig-länglich, spitz,

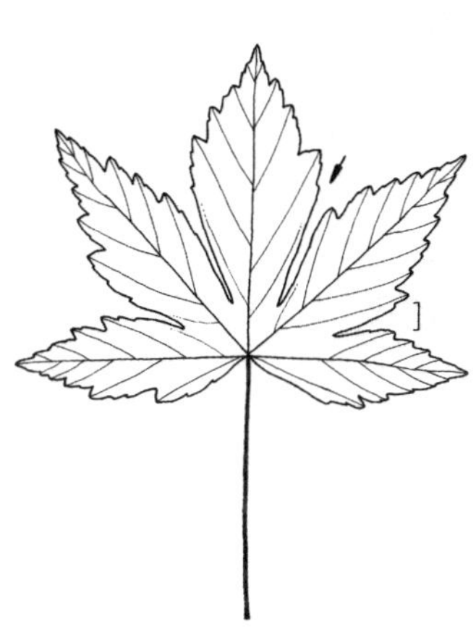

Acer heldreichii subsp. heldreichii

Acer heldreichii subsp. trautvetteri

das mittlere kurz gestielt, jederseits mit 2–4 Lappen seicht fiedrig gelappt, oberseits dunkelgrün, behaart, unterseits bläulich grün, auf der Mittelrippe bleibend weich behaart, Stiel 5 cm lang, deutlich wollhaarig, Austrieb spät, hell orangebraun, Herbstfärbung karminrot.
Blüten: 1-häusig verteilt, 1,5 cm breit, gelb, zu wenigen in behaarten, hängenden Trugdolden, Ende Mai.
Früchte: Dick, behaart, Flügel breit, spitz- bis rechtwinklig gespreizt, 3,5 cm lang, meist den Winter über hängen bleibend.
Verbreitung: China: Sichuan, Shaanxi, Hubei, Henan.
Verwendung: Selten, H, WHZ 6b, LB 3.2.1.3.

A. grosseri Pax = *A. davidii* subsp. *grosseri*
A. grosseri var. *hersii* (Rehder) E. Murray = *A. davidii* subsp. *grosseri*

Acer heldreichii Orph. ex Boiss. **subsp. heldreichii**, Griechischer Berg-Ahorn

Habitus: 15–20 m hoher Baum, Krone hoch gewölbt, Triebe olivgrün bis dunkel rotbraun, kahl, Rinde lange glatt bleibend, später flach gefurcht, Zweige dunkel rotbraun, kahl.
Blätter: 3- bis 5-lappig, 8–12 cm breit, dünn, die 3 Hauptlappen fast bis zur Basis eingeschnitten, jederseits mit 2–3 scharfen, 3-eckigen Zähnen, oberseits dunkelgrün, glänzend, unterseits gelbgrün bis bläulich grün und Nerven weiß behaart, Achselbärte braun, Stiel rötlich, Herbstfärbung goldgelb.
Blüten: 1-häusig verteilt, klein, gelb, in großen, aufrechten, lang gestielten Rispen, Ende Mai.
Früchte: Kahl, Flügel stumpfwinklig gespreizt, 4–5 cm lang.
Verbreitung: SO-Europa.
Verwendung: Selten, N, H, WHZ 6a, LB 6.3.2.3.

subsp. trautvetteri (Medw.) E. Murray, Kaukasischer Ahorn, Kolchischer Berg-Ahorn. 15–17 m hoher, breitkroniger Baum, Triebe tief rotbraun, kahl. Blätter 5-lappig, bis etwas über die Mitte eingeschnitten, 10–15 cm breit, Basis herzförmig, Lappen eilänglich, zugespitzt, regelmäßig gesägt, oberseits tiefgrün, glänzend, unterseits blaugrün, anfangs entlang der Nerven behaart, zuletzt kahl und fein netznervig, Herbstfärbung rot. Blüten in aufrechten, lang gestielten, kegelförmigen Rispen, weißlich grün, nach den Blättern im Mai. Früchte anfangs behaart, Flügel spitzwinklig bis fast parallel, sich oft überlappend, 4–5 cm lang, oft tiefrot. N-Türkei, W-Kaukasien. WHZ 6b, LB 8.1.3.3 (7.3.3.3).

Acer henryi Pax, Henrys Ahorn

Habitus: Bis 10 m hoher, breitkroniger Baum oder Großstrauch, Triebe grün, behaart, bald kahl und olivgrün.
Blätter: 3-zählig, Blättchen gestielt, 5–10 cm

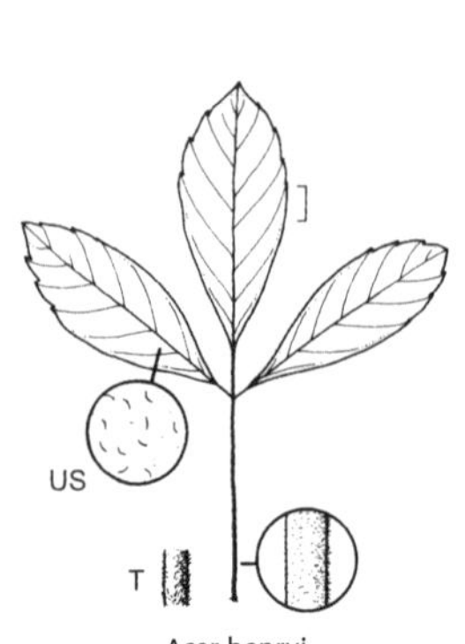

Acer henryi

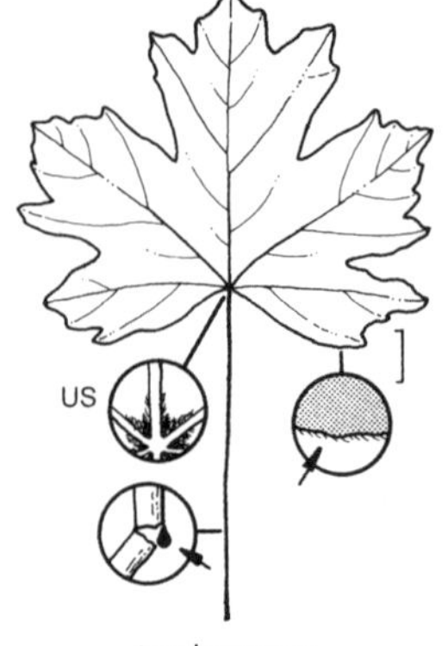

Acer hyrcanum

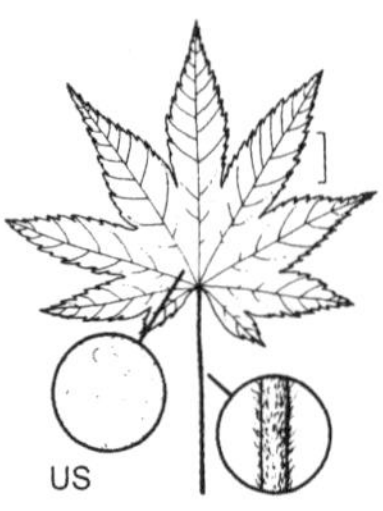

Acer japonicum

lang, elliptisch, lang zugespitzt, Basis keilförmig, entfernt gesägt oder ganzrandig, beiderseits grün, unterseits nur auf den Nerven behaart, Stiel etwa 5–10 cm lang, Herbstfärbung rot.
Blüten: 2-häusig verteilt, in schlanken, behaarten Trauben, vor den Blättern im Mai.
Früchte: In 10–15 cm langen, hängenden Trauben, Flügel spitzwinklig gespreizt, 2 cm lang, anfangs rot gefärbt.
Verbreitung: China: Hubei, Sichuan.
Verwendung: Sehr selten, H, WHZ 6b, LB 3.2.2.4.

A. hersii Rehder = *A. davidii* subsp. *grosseri*

Acer hyrcanum Fisch. et C.A. Mey., Balkan-Ahorn

Habitus: 10–12 m hoher Baum oder vielstämmiger Strauch, Rinde dunkel graubraun, Triebe anfangs behaart.
Blätter: Sehr variabel, 5-lappig, 3–10 cm breit, pergamentartig, die oberen Lappen fast rechtwinklig abgeschnitten, die unteren klein und eiförmig, grob gezähnt, oberseits grün, unterseits bläulich grün, Stiel bis 10 cm lang, rötlich. Herbstfärbung gelb bis rot.
Blüten: Hängend, in kurzen, kahlen Trugdolden, geblich grün, mit dem Blattaustrieb im Mai.
Früchte: Eiförmig, kahl, Flügel aufrecht bis sichelförmig zusammengeneigt, 3 cm lang.
Verbreitung: SO-Europa.
Verwendung: Selten, H, WHZ 6a, LB 6.3.2.4.

A. insigne Boiss. et Buhse = *A. velutinum* var. *velutinum*

A. insigne G. Nicholson = *A. heldreichii* subsp. *heldreichii*

A. italum Lauth = *A. opalus* subsp. *opalus*

Acer japonicum Thunb., Thunbergs Fächer-Ahorn

Habitus: 8–10 m hoher, breitkroniger Strauch oder Baum, Triebe rötlich bis grau, kahl.
Blätter: 7- bis 9(–11)-lappig, im Umriss ± rundlich, 8–14 cm breit, Basis herzförmig, Lappen eiförmig, spitz, etwa bis zur Spreitenmitte eingeschnitten, doppelt gesägt, lebhaft grün, anfangs seidig behaart, bald kahl oder nahezu kahl, unterseits bis auf die Nerven kahl, Stiel 2–4 cm lang, bis zur Blütezeit dicht weißfilzig, später locker behaart bis kahl, Herbstfärbung tiefrot.
Blüten: 1–1,5 cm breit, in lang gestielten, schwach seidig behaarten, nickenden Trugdolden, Kelchblätter purpurrot, Kronblätter etwas kleiner, ± rosa, April–Mai.
Früchte: Anfangs behaart, später kahl, Flügel rechtwinklig bis waagerecht gespreizt, 2–2,5 cm lang.
Verbreitung: M- und N-Japan.
Verwendung: Sehr häufig (bes. in Gartenformen), H, WHZ 6b, LB 9.2.2.3.

'Aconitifolium'. Blätter 15–20 cm breit, tief eingeschnitten, die 9–11 Lappen fiederschnittig, im Herbst braunrot bis karmin.

'Aureum' = *A. shirasawanum* 'Aureum'.

'Vitifolium'. Bis 15 m hoher, baumartiger Strauch. Blätter tiefer gelappt als bei der Art, im Herbst prachtvoll scharlachrot, orange, karmin und gelb gefärbt.

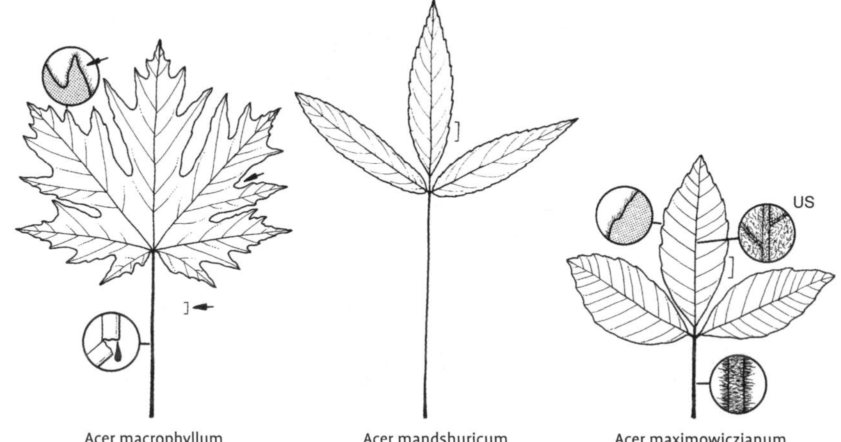

Acer macrophyllum Acer mandshuricum Acer maximowiczianum

A. laetum C.A. Mey. non Schwer. = *A. cappadocicum* subsp. *cappadocicum*
A. lobelii Ten. = *A. cappadocicum* subsp. *lobelii*

Acer macrophyllum Pursh, Oregon-Ahorn

Habitus: In der Heimat bis 30 m hoher, breitkroniger Baum, Krone breit gewölbt, Borke rau, tief gefurcht, Triebe dick, dunkelgrün, kahl.
Blätter: 5-lappig, 20–30 cm breit, Basis herzförmig, Buchten zwischen den Lappen abgerundet, Lappen zur Spitze hin allmählich verschmälert, die 3 mittleren Lappen meist jederseits mit 2–3 stumpfen bis spitzen Sekundärlappen, oberseits glänzend dunkelgrün, unterseits heller, anfangs behaart, Stiel 20–30 cm lang, mit Milchsaft.
Blüten: In 10–20 cm langen, hängenden, walzenförmigen Rispen, gelblich grün, duftend, mit den Blättern im Mai.
Früchte: Borstig behaart, Flügel etwa rechtwinklig gespreizt, 5 cm lang, 2 cm breit.
Verbreitung: SO-Alaska, W-Kanada, NW- und W-USA.
Verwendung: Selten, N, H, WHZ 7b, LB 2.3.5.2 (3.2.4.2).

Acer mandshuricum Maxim., Mandschurischer Ahorn

Habitus: Strauch oder kleiner, bis 10 m hoher Baum, Triebe kahl.
Blätter: 3-zählig, Blättchen länglich-elliptisch bis länglich-eiförmig, 5–10 cm lang, zugespitzt, gesägt, das Endblättchen 5–10 mm lang gestielt, die seitlichen Blättchen sitzend oder mit undeutlichem, etwa 2 mm langem Stiel, oberseits dunkelgrün, unterseits blaugrün, bis auf die Mittelrippe kahl, Stiel 6–10 cm lang, rot, Austrieb sehr früh, Herbstfärbung rot.
Blüten: 1-häusig verteilt, 5-zählig, grünlich gelb, in 3-blütigen Büscheln, März.
Früchte: Dick, netzadrig, kahl, Flügel stumpf- oder rechtwinklig gespreizt, 3–3,5 cm lang.
Verbreitung: Mandschurei, Russ. Ferner Osten, Korea.
Verwendung: Selten, H, WHZ 6b, LB 3.2.7.4.

Acer maximowiczianum Miq., Nikko-Ahorn

Habitus: 10–12 m hoher Baum, Krone abgeflacht, junge Triebe bis zum 2. Jahr dicht bräunlich behaart.
Blätter: 3-zählig, Blättchen 5–12 cm lang, dicklich, fast ledrig, eiförmig bis elliptisch-länglich, spitz, das mittlere Blättchen kurz gestielt, die seitlichen fast sitzend, fast ganzrandig oder jederseits mit bis zu 10 Zähnen deutlich kerbig gesägt, oberseits dunkel graugrün, unterseits bläulich weiß, zottig behaart, Stiel 2–4 cm lang, dicht bräunlich behaart, Austrieb spät, Herbstfärbung scharlachrot.
Blüten: 2-häusig verteilt, gelblich grün, meist zu 3 in kurz gestielten, nickenden, dicht behaarten Büscheln, Mai.
Früchte: Dick, dicht borstig behaart, Flügel

Acer micranthum

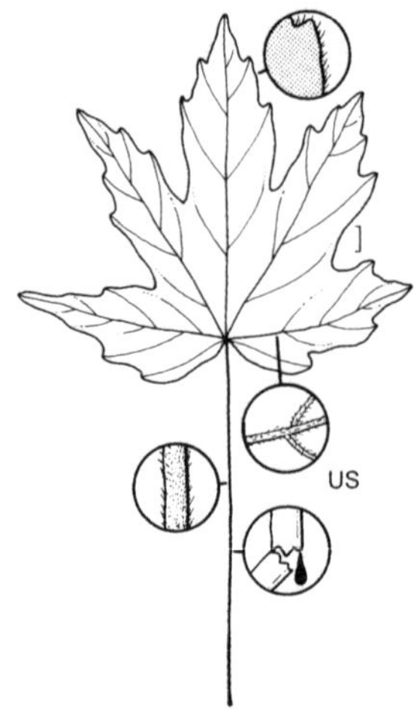

Acer miyabei

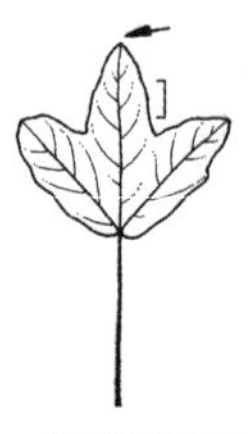
Acer monspessulanum

rechtwinklig gespreizt, stark nach innen gebogen, 3–4,5 cm lang.
Verbreitung: M- und S-Japan, M-China.
Verwendung: Selten, H, WHZ 6b, LB 7.2.5.3.

A. maximowiczii Pax. = *A. pectinatum* subsp. *maximowiczii*

Acer micranthum Siebold et Zucc., Kleinblütiger Ahorn

Habitus: Bis 8 m hoher, reich verzweigter Baum oder Strauch, Rinde purpurrötlich bis grün, schwach weiß gestreift, Triebe dünn, kahl, rötlich.
Blätter: Tief 5-, selten 7-lappig, Lappen lang zugespitzt, gesägt, beiderseits kahl oder höchstens unterseits mit kleinen Achselbärten, Stiel 2–4 cm lang, Herbstfärbung rot bis orangegelb, gelegentlich ist auch ein Goldgelb zu beobachten.
Blüten: Sehr klein, gelblich grün, in 3–5 cm langen, endständigen Trauben, Mai.
Früchte: Flügel waagerecht oder stumpfwinklig gespreizt, 1–2 cm lang.
Verbreitung: Japan.
Verwendung: Selten, H, WHZ 6b, LB 7.2.2.4.

Acer miyabei Maxim., Miyabes Ahorn

Habitus: 10–12(–25) m hoher, Baum, Krone abgerundet, Borke im Alter rau und korkig, Triebe behaart.
Blätter: 5-lappig, 10–15 cm breit, Basis tief herzförmig, die Blattränder sich meist überlappend, Lappen stumpf bis zugespitzt, Mittellappen bis zur Blattmitte oder tiefer eingeschnitten, zu seiner Basis hin verschmälert, jederseits mit 2(–3) Sekundärlappen, oberseits dunkelgrün, unterseits hellgrün, beiderseits weich behaart, Stiel behaart, mit Milchsaft.
Blüten: Etwa 1 cm breit, gelblich grün, dünn gestielt, in 5–7 cm breiten, 10–12 cm langen aufrechten Trugdolden, Mai.
Früchte: Samtig behaart, Flügel waagerecht gespreizt, 4–5 cm lang.
Verbreitung: Japan.
Verwendung: Sehr selten, WHZ 5b, LB 2.4.4.3.

Acer mono Maxim. = *A. pictum*

Acer monspessulanum L., Burgen-Ahorn, Französischer Ahorn

Habitus: 3–10 m hoher, oft etwas sparriger, breit- bis kugelkroniger Baum, Borke dunkel, flach längsrissig, gefeldert, Triebe kahl, braun, glänzend, mit zahlreichen, hellen Korkwarzen.
Blätter: 3-lappig, 3–6 cm breit, derbledrig, Basis gestutzt oder schwach herzförmig, Lappen 3-eckig bis eiförmig, Seitenlappen mit dem Mittellappen fast einen rechten Winkel bildend, ganzrandig oder selten mit 1–2 schwach angedeuteten Sekundärlappen, oberseits glänzend dunkelgrün, kahl, unter-

Acer negundo
subsp. negundo

seits graugrün, anfangs weich behaart, bis auf die Nerven verkahlend, Stiel 3–5 cm lang, Laub im Herbst oft lang grün bleibend, dann goldgelb.
Blüten: In kleinen, überhängenden, oft flaumig behaarten Trugdolden, gelblich, mit den Blättern ab Mitte März–April(–Mai).
Früchte: Flügel parallel zueinander oder etwas gespreizt, sich oft überdeckend, 2–2,5 cm lang.
Verbreitung: M-, SW-, S- und SO-Europa, Türkei, Syrien, NW-Afrika.
Verwendung: Häufig, N, H, WHZ 6a, LB 6.3.2.3.

A. montanum Aiton = *A. spicatum*
A. neapolitanum Ten. = *A. opalus* subsp. *obtusatum*
A. neglectum Làng non Hoffsgg. = *A. ×zoeschense*

Acer negundo L. **subsp. negundo**, Eschen-Ahorn

Habitus: 15–20 m hoher, raschwüchsiger Baum, Krone unregelmäßig breit abgerundet bis abgeflacht, Äste im Alter brüchig, Triebe kahl, oft grün, meist bereift.
Blätter: Gefiedert, meist mit 5(–7) oder nur mit 3 Blättchen, dann das mittlere deutlich größer als die seitlichen und oft 3-lappig, Blättchen eiförmig bis länglich-eiförmig, 5–10 cm lang, zugespitzt, unregelmäßig grob und teilweise doppelt gesägt, oberseits hellgrün, unterseits heller, schwach behaart bis nahezu kahl, Stiel 5–8 cm lang, Herbstfärbung blassgelb.
Blüten: 2-häusig verteilt, 5-zählig, Kelch gelblich, Kronblätter fehlend, die ♀ Blüten in Trugdolden, an einem dünnen, behaarten, 2–3 cm langen Stiel hängend, die ♂ Blüten in hängenden Trauben, vor den Blättern im März–April.
Früchte: Flügel spitz- oder stumpfwinklig gespreizt, einwärts gekrümmt, 2,5–3,5 cm lang, bis zum Frühjahr am Baum hängenbleibend.
Verbreitung: NO- und NOZ-USA; in Kanada, NW-USA und vielen Ländern Europas etabliert, gilt in Österreich als problematisch für den Naturschutz und steht in der Schweiz auf der „watch-list“ (= besonders zu beobachtende Arten).
Verwendung: Sehr häufig, N, Bi, WHZ 4, LB 2.4.3.2 (2.1.3.3).

Von den zahlreichen Sorten werden häufiger gepflanzt:

'Auratum'. 6–7 m hoher, dicht verzweigter Strauch, Zweige grün, unbereift. Blätter bei vollsonnigem Stand goldgelb, im Herbst etwas heller werdend. ♀ Form.

'Aureomarginatum'. 5–7(–10) m hoher Baum. Junge Blättchen breit weißlich gerandet. Sehr starkwüchsig. ♀ Form.

'Aureovariegatum'. 5–7(–10) m hoher Baum. Blätter dunkelgrün, unregelmäßig goldgelb gefleckt

'Elegans'. 7–8 m hoher, ziemlich dichtkroniger Baum. Blättchen mit breitem, cremeweißem Rand.

'Flamingo'. 5–6(–10) m hoher Baum mit aufstrebender Verzweigung, Triebe bläulich bereift. Blättchen grün, auffallend weiß bis rosa gerandet, im Austrieb an den Langtrieben rosa getönt.

'Odessanum'. 8–10 m hoher, ziemlich raschwüchsiger Baum, Triebe dicht kurz behaart. Blättchen an sonnigen Standorten leuchtend goldgelb, im Schatten nur grün.

'Variegatum'. 10–12 m hoher Baum, Zweige grün. Blättchen breit und unregelmäßig weiß gerandet, junge Blätter mit rosa Rand. Ziemlich schwachwüchsig, weit verbreitet, oft mit Rückmutationen.

subsp. californicum (Torr. et A. Gray) Wesm., Kalifornischer Eschen-Ahorn. Zweige filzig behaart. Blättchen meist zu 3, gelegentlich 5, oberseits behaart, unterseits filzig behaart oder kahl. W-USA: Kalifornien.

A. nigrum F. Michx. = *A. saccharum* subsp. *nigrum*

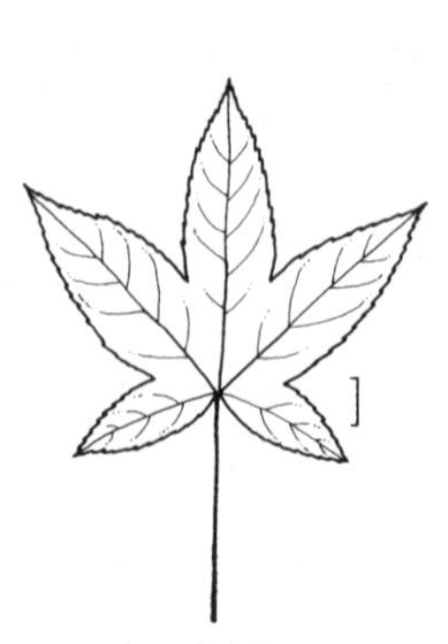
Acer oliverianum

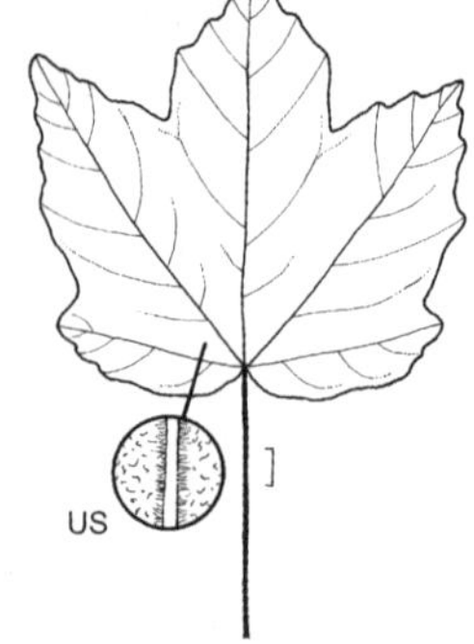

Acer opalus subsp. opalus

Acer palmatum

*A. nikoense (*Maxim.) Miq. = *A. maximowiczianum*

Acer oliverianum Pax, Olivers Ahorn

Habitus: 8–10 m hoher Baum oder Strauch, Triebe grün bis schwach purpurn, kahl, Rinde glatt, dunkelgrau.
Blätter: 5-lappig, 5–12 cm breit, papierartig, Basis nahezu herzförmig oder keilförmig, Lappen eiförmig, lang zugespitzt, sehr fein gesägt, beiderseits frischgrün, kahl, nur anfangs unterseits Nerven flaumig behaart, Herbstfärbung gelb bis bräunlich.
Blüten: In endständigen, 4–12 cm breiten Trugdolden, Kelchblätter purpurgrün, Kronblätter weißlich, April–Mai.
Früchte: Kahl, Flügel fast waagerecht gespreizt, 2,5 cm lang.
Verbreitung: China: Yunnan, Hupeh; Taiwan.
Verwendung: Selten, H, WHZ 7a, LB 6.4.4.4.

A. obtusatum Waldst. et Kit. ex Will. = *A. opalus* subsp. *obtusatum*

Acer opalus Mill. **subsp. opalus**, Schneeballblättriger Ahorn, Frühlings-Ahorn

Habitus: 8–10(–20) m hoher Baum, gelegentlich auch strauchig wachsend, Krone breit gewölbt, Borke dunkel und tief gefurcht, Triebe glänzend rotbraun, kahl.
Blätter: 5-lappig, 6–10 cm breit, Basis herzförmig oder gestutzt, Lappen so lang wie oder kürzer als breit, an der Spitze abgerundet oder stumpf 3-eckig, stumpf gezähnt oder jederseits mit 3–4 flachen Sekundärlappen, oberseits dunkelgrün und kahl, unterseits blaugrün, nur anfangs dicht behaart, Stiel 4–9 cm lang, Herbstfärbung goldgelb bis orangerot.
Blüten: An 3–4 cm langen, kahlen Stielen in meist nickenden, vielblütigen, kurz gestielten Trugdolden, gelb, vor oder mit den Blättern im März–April.
Früchte: Kahl, dick, Flügel spitz- bis rechtwinklig gespreizt, 2,5–3,5 cm lang.
Verbreitung: M- und SW-Europa.
Verwendung: Häufig, H, WHZ 6b, LB 6.3.2.3.

subsp. obtusatum (Willd.) Gams, Bosnischer Ahorn. Bis 8 m hoher Strauch oder Baum. Blätter bis 12 cm breit, Basis ± herzförmig, Lappen abgerundet, Sekundärlappen kaum erkennbar, unterseits bleibend behaart. Blüten zahlreich, Blütenstiele anfangs behaart. Fruchtflügel kahl, 2,5 cm lang. S- und SO-Europa, N-Afrika.

A. opalus var. *hyrcanum* (Fisch. et C.A. Mey.) Rehder = *A. hyrcanum*
A. opulifolium Vill. = *A. opalus* subsp. *opalus*

Acer palmatum Thunb. ex E. Murray, Echter Fächer-Ahorn

Habitus: 8–10 m hoher Baum, oft nur strauchig wachsend, dicht verzweigt, Triebe dünn, purpurrot, kahl.
Blätter: 5- bis 7- (selten 9-)lappig, im Umriss ± rundlich, 5–10 cm lang und breit, Basis herzförmig, meist bis unter die Blattmitte eingeschnitten (bei Gartenformen auch tiefer), Lappen lang schwanzartig zugespitzt, fein und scharf gesägt, unterseits hellgrün und kahl, Stiel dünn, kahl, 1,5–4,5 cm lang, Herbstfärbung überwiegend rot.

Blüten: 0,6–0,8 m breit, in kleinen, kahlen Trugdolden, Kelchblätter purpurrot, Kronblätter cremeweiß, Mai–Juni.
Früchte: Kahl, Flügel stumpfwinklig bis waagerecht gespreizt, einwärts gekrümmt, 1–2 cm lang.
Verbreitung: Japan, Taiwan.
Verwendung: Sehr häufig (bes. in Gartenformen), H, Bi, WHZ 6b, LB 7.2.2.3.

Die überaus zahlreichen Gartenformen (nur die wichtigsten sind hier genannt) werden bei VAN GELDEREN, DE JONG und OTERDOM (1994) in die folgenden 7 Gruppen eingeteilt.

1. Palmatum-Gruppe

Wuchs aufrecht, strauch- oder baumförmig, Blätter überwiegend 5-lappig (selten auch 7-lappig), 5–8 cm breit, Lappen länglich-eiförmig, oft ziemlich ungleichmäßig gesägt, Früchte mittelgroß bis groß.

1.1 Blätter reingrün oder mit rötlichem Rand: 'Ao yagi', 'Beni-kawa', 'Katsura', 'Koreanum', 'Orange Dream', 'Sangokaku', 'Shishi-gashira', Tennyo-no-hoshi'.

1.2 Blätter beständig purpurrot oder sich später zu Dunkelgrün verfärbend: 'Atropurpureum', 'Chishio Improved', 'Corallinum', 'Fireglow', 'Kagiri-nishiki', 'Nure-sagi'.

1.3 Blätter ± rosa, cremefarben oder weiß gefleckt: 'Butterfly', 'Matsu-gae', 'Oridono-nishiki', 'Tsuma-gaki', 'Uki-gumo'.

2. Amoenum-Gruppe

Wuchs aufrecht, baum- oder strauchförmig, Blätter 5- bis 7-lappig, 7–10(–12) cm breit, Lappen oft bis zur Mitte eingeschnitten, ziemlich regelmäßig gesägt, Früchte mittelgroß bis groß, oft in Büscheln, rot oder rötlich gefärbt.

2.1 Blätter reingrün oder grün mit purpurnem Rand: 'Elegans', 'Osakazuki' (Herbstfärbung besonders intensiv), 'Samidare'.

2.2 Blätter beständig purpurrot oder sich später zu Dunkelgrün verfärbend: 'Bloodgood', 'Moonfire', 'O-kagami', 'Shojo', 'Utsusemi', 'Yezo-nishiki'.

2.3 Blätter ± rosa, cremefarben oder weiß gefleckt: 'Masukagami' (Blätter an der Basis grün).

3. Matsumurae-Gruppe

Wuchs breit aufrecht, so breit wie hoch, meist strauchförmig, Blätter meist 7-lappig, 5–8(–10) cm breit, meist bis zur Basis eingeschnitten, Lappen schmal eiförmig bis lanzettlich, gesägt oder eingeschnitten.

3.1 Blätter grün: 'Green Trompenburg', 'Kihachijo', 'Nicholsonii', 'Omure-yama'.

3.2 Blätter beständig purpurrot oder sich später zu Dunkelgrün verfärbend: 'Benikagami', 'Burgundy Lace', 'Chitose-yama', 'Inazuma' (im Sommer mit tiefgrünem Ton), 'Matsukaze' (im Sommer grün), 'Sherwood Flame', 'Trompenburg', 'Yasemin'.

3.3 Blätter anders gefärbt: 'Aka-shigitatsusawa' (zwischen den Nerven rosarot).

4. Dissectum-Gruppe

Wuchs gedrungen, halbkugelig oder schirmförmig, bis 5 m hoch, oft breiter als hoch, Äste oft gedreht, Blätter meist 7-lappig, bis zur Basis geteilt, Lappen tief fiederschnittig, mit schmalen, oft ebenfalls fiederschnittigen Sekundärlappen, deshalb von farnartigem Charakter.

4.1 Blätter grün: 'Dissectum', 'Dissectum Flavescens', 'Filigree'.

4.2 Blätter purpurn bis bräunlich, sich teilweise grün verfärbend: 'Crimson Queen', 'Garnet', 'Ibana-shidare', 'Orangeola', 'Ornatum', 'Red Dragon', 'Tamuke-yama'.

4.3 Blätter bunt gefäbrt: 'Dissectum Variegatum', 'Goshiki-shidare'.

5. Linearilobum-Gruppe

Wuchs aufrecht, bis 4 m hoch, oft niedriger bleibend, Blätter meist 7-lappig, fast bis zur Basis eingeschnitten, Lappen linealisch, undeutlich gesägt bis fast ganzrandig, gelegentlich bis fast zur Mittelrippe reduziert.

5.1 Blätter grün: 'Linearilobum', 'Shinobuga-oka', 'Villa Taranto'.

5.2 Blätter purpurn bis braun: 'Atrolineare', 'Red Pygmy'.

6. Zwerg- und Bonsai-Formen

Die Gruppe umfasst alle Sorten, die normalerweise kaum höher als 1 m werden. Einige Sorten wachsen sehr langsam und werden erst nach vielen Jahren mehr als 1 m hoch. Die meisten Sorten sind kleinblättrig.

6.1 Blätter grün: 'Kamagata', 'Kotohime', 'Kurui-jishi', 'Mikawa-yatsuba', 'Sharps Pygmy', 'Tama-hime'.

Acer palmatum 'Dissectum'

6.2 Blätter purpurn oder rostbraun: 'Beni-komachi'.

6.3 Blätter panaschiert: 'Coral Pink'.

7. Sorten mit abweichenden Merkmalen, die keiner anderen Gruppe zugeordnet werden können

'Hagaroma'. Blätter tief gelappt, Lappen fiederschnittig, leicht gekrümmt und gebogen.

'Okushimo'. Blattränder stark eingerollt.

'Seiryu'. Blattschnitt wie bei 'Dissectum', Wuchs aber aufrecht, baumartig, 8–10 m hoch.

'Shishi-gashira'. Blattränder aufwärts gebogen, dicht verzweigt und sehr dicht beblättert.

Acer pectinatum Wall. **subsp. pectinatum**, Himalaja-Ahorn

Habitus: Bis 15 m hoher Baum, in Kultur oft nur strauchig, Triebe kahl, rötlich oder bräunlich, Zweige weiß gestreift.
Blätter: 3- bis 5-lappig, an 5-lappigen Blättern die Basislappen sehr klein, 7,5–14 cm lang, Lappen 3-eckig, lang zugespitzt bis geschwänzt, einfach bis doppelt gesägt, Zähne leicht grannig ausgezogen, unterseits mit Achselbärten, Herbstfärbung gelb.
Blüten: In Trauben, weißlich gelb.
Früchte: Fruchtflügel waagerecht gespreizt, 2–2,5 cm lang.
Verbreitung: Himalaja.
Verwendung: Sehr selten, WHZ 7a, LB 7.4.4.4.

subsp. forrestii (Diels) E. Murray, Forrests Ahorn. 7–8 m hoher, baumförmiger Strauch. Rinde purpurlich bis grün, gelegentlich rot, oft stark weiß gestreift. Zweige purpurrötlich bis rötlich, gelegentlich grün, Blätter meist 3- bis 5-lappig, Basis ± herzförmig,

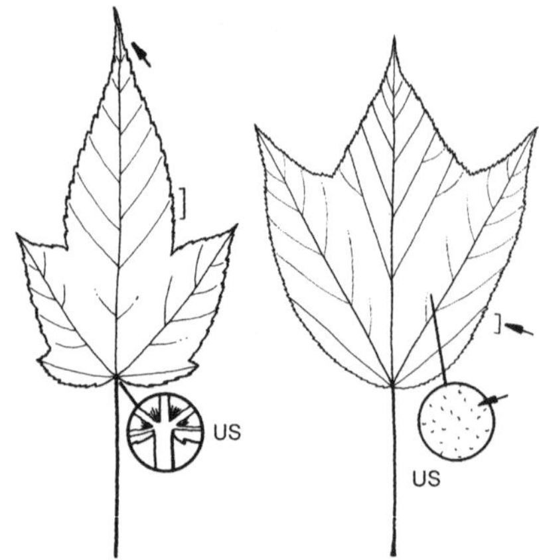

Acer pectinatum subsp. pectinatum Acer pensylvanicum

6–14 cm lang, Lappen lang geschwänzt, Seitenlappen oft 3-eckig, an blühenden Trieben oft ungelappt, unterseits bläulich grün, Stiel rot. Herbstfärbung orange bis gelbbraun. Blüten in wenigblütigen Trauben, bräunlich grün bis purpurrot, Mai. Früchte abgeflacht, kahl, Fruchtflügel waagerecht gespreizt, 1,5 cm lang. Häufiger in Kultur als subsp. *pectinatum*. SW-China. WHZ 6b, LB 7.2.4.4.

'Alice'. 5–6 m hoher Baum. Triebe auffallend korallenrot. Blätter im Frühsommer zwischen den grün bleibenden Nerven stark rosarot.

subsp. maximowiczii (Pax) E. Murray. 10–12 m hoher, kleinkroniger Baum, Zweige bis ins 2. Jahr dicht bräunlich behaart. Blätter 3-zählig, Blättchen 5–12 cm lang, eiförmig bis elliptisch-länglich, spitz, dicklich, fast ledrig, das mittlere Blättchen kurz gestielt, die seitlichen Blättchen fast sitzend, fast ganzrandig oder jederseits mit bis zu 10 Zähnen deutlich kerbig gesägt, oberseits dunkel graugrün, unterseits bläulich weiß, zottig behaart, Stiel 2–4 cm lang, dicht bräunlich behaart, Austrieb spät, Herbstfärbung scharlachrot. Blüten 2-häusig verteilt, meist zu 3 in kurz gestielten, nickenden, dicht behaarten Büscheln, gelblich grün, Mai. Früchte dick, dicht borstig behaart, Flügel recht- bis spitzwinklig gespreizt, stark nach innen gebogen, 3–4,5 cm lang. M-China. WHZ 6b, LB 7.4.5.4.

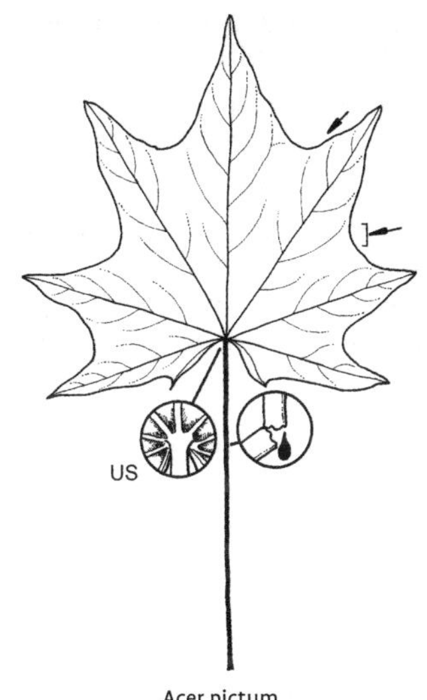

Acer pictum

Acer pensylvanicum L., Amerikanischer Schlangenhaut-Ahorn

Habitus: Bis 12 m hoher, oft vom Boden an mehrstämmiger Baum oder baumartiger Strauch, Krone breit trichterförmig, Rinde lange glatt bleibend, grün, mit schmalen, weißen Längsstreifen, Triebe grün, kahl, unbereift.
Blätter: 3-lappig, 12–18 cm breit, verkehrteiförmig, Basis schwach herzförmig, Seitenlappen weit oberhalb der Mitte und nach vorn gerichtet, zugespitzt, doppelt gesägt, unterseits anfangs rostgelb weich behaart, später nur in den Nervenwinkeln behaart, Stiel 2–7 cm lang, anfangs rostgelb behaart, Herbstfärbung gelb.
Blüten: 6 mm breit, geblich, in 12 cm langen, kahlen, hängenden Trauben, Ende Mai bis Anfang Juni.
Früchte: In langen, hängenden Trauben, Flügel stumpf- bis rechtwinklig gespreizt, sichelförmig gebogen, 2 cm lang.
Verbreitung: O-Kanada, NO-, NOZ- und SO-USA.
Verwendung: Häufig, H, WHZ 6a, LB 3.2.7.3.

Acer pictum Thunb., Japanischer Spitz-Ahorn

Habitus: Bis 20 m hoher Baum, Krone breit kegelförmig, Rinde lange glatt bleibend, Triebe kahl, im 2. Jahr grau oder bräunlich, mit Korkwarzen.
Blätter: 5- bis 7-lappig, sehr veränderlich, 8–15 cm breit, Basis herzförmig bis schwach herzförmig oder nahezu gestutzt, Lappen 3-eckig, lang zugespitzt, ganzrandig oder die oberen 5 Lappen jederseits mit einem sehr fein zugespitzten Sekundärlappen, bis auf unterseits behaarte Nerven kahl, Stiel lang, mit Milchsaft.
Blüten: In 4–6 cm breiten Trugdolden, grünlich gelb, April–Mai.
Früchte: Flügel rechtwinklig gespreizt, 2–3 cm lang.
Verbreitung: Russ. Ferner Osten, Mandschurei, China, Korea, Japan.
Verwendung: Selten, H, WHZ 6a, LB 3.1.5.3 (2.4.4.3).

Die zahlreichen japanischen Gartenformen sind für uns ohne Bedeutung.

Acer platanoides L., Spitz-Ahorn

Habitus: Bis 30 m hoher, breitkroniger Baum, Krone 15–22 m breit, Borke längsrissig, dunkelbraun bis schwärzlich, kaum abschuppend, Triebe kahl, braun, mit kleinen Korkwarzen.
Blätter: 5-lappig, 12–18 cm breit, an der Basis keilförmig oder schmal herzförmig, Lappen zugespitzt, weit bogig gezähnt, jederseits mit 1–2 Zähnen, oberseits dunkelgrün, kahl, glänzend, unterseits heller, entlang der Mittelrippe und den Nerven schütter behaart, Stiel 3–20 cm lang, mit Milchsaft, Herbstfärbung goldgelb bis tiefrot.
Blüten: 1–1,2 cm breit, gelblich grün, in vielblütigen, aufrechten, 4–8 cm langen Trugdolden, vor den Blättern Mitte April bis Mai.
Früchte: Kahl, in hängenden Büscheln, stumpfwinklig bis fast waagerecht gespreizt, 3–5 cm lang.
Verbreitung: Europa (ausgenommen Britische Inseln), Kaukasien.
Verwendung: Sehr häufig (mit Einschränkungen als Stadtstraßenbaum geeignet), N, Bi, H, WHZ 4, LB 3.1.3.1 (2.5.3.1).

Von den etwa 90 Gartenformen werden die folgenden häufiger als Park- und Straßenbäume gepflanzt:

'Allershausen'. 20–30 m hoher, raschwüchsiger Baum, Stamm durchgehend, Krone eiförmig, geschlossen. Blätter leicht glänzend grün. Als Stadtstraßenbaum geeignet.

'Apollo'. Wuchs wie die Art, aber stärker aufrecht und rascher wachsend. Mit Einschränkungen als Stadtstraßenbaum geeignet.

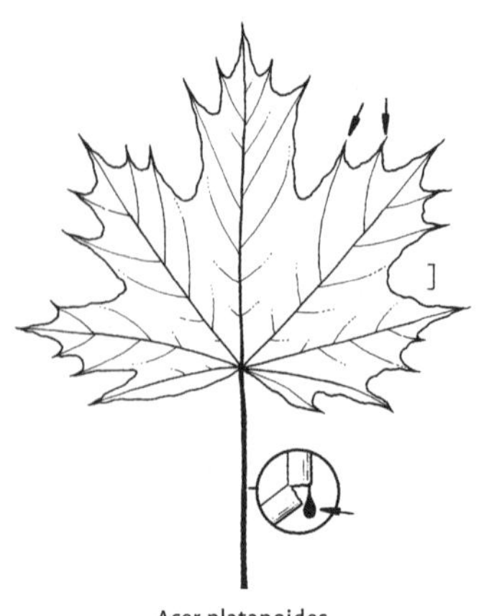

Acer platanoides

'Cleveland'. 10–15(–20) m hoher Baum, Wuchs stark, Krone regelmäßig breit eiförmig, kompakt, im Alter nahezu kugelig. Blätter groß, glänzend grün. Als Stadtstraßenbaum geeignet.

'Columnare'. 8–10 m hoher Baum, in 3 Typen in Kultur, Wuchs langsam, Krone anfangs schmal eiförmig, später säulenförmig, 4–7 m breit. Blätter mittelgroß, dunkelgrün. Als Stadtstraßenbaum geeignet.

'Crimson King'. 12–15(–20) m hoher Baum, Wuchs mittelstark, Krone eiförmig, zuletzt etwa so breit wie hoch. Blätter im Austrieb braunrot, runzelig, im Sommer sehr dunkelbraun, oberseits matt glänzend, gut die Farbe haltend.

'Crimson Sentry'. 8–10 m hoher Baum, Wuchs langsam, Krone breit säulenförmig, dicht verzweigt. Blätter wie bei 'Crimson King' gefärbt, aber viel kleiner.

'Cucculatum'. Bis 10 m hoher Baum, Wuchs langsam. Blätter im Umriss rundlich, die Spreite gewölbt, zwischen den Hauptnerven etwas aufgetrieben, die kleinen Lappen nach unten gekrümmt.

'Deborah'. 15–20 m hoher Baum, Wuchs stark, Krone breit kegelförmig bis kugelig, 10–15 m breit. Blätter groß, im Austrieb leuchtend purpurrot, etwas heller als bei 'Schwedleri', im Sommer bronzefarben olivgrün. Mit Einschränkugen als Stadtstraßenbaum gegeignet.

'Drummondii'. 10–15 m hoher Baum, Wuchs langsam, Krone anfangs kegelförmig, später kugelig, 7–9 m breit. Blätter hellgrün, am Rand mit regelmäßigem, breitem, weißem oder gelblichem Streifen.

'Emerald Queen'. Bis 15 m hoher Baum, Wuchs stark, Krone anfangs breit eiförmig, später kugelig, 8–10 m breit. Blätter hellgrün, im Austrieb hell rosarot überlaufen. Mit Einschränkungen als Stadtstraßenbaum geeignet.

'Eurostar'. 12–15(–20) m hoher Baum, Wuchs mittel bis stark, Stamm geradschäftig, Krone regelmäßig kegelförmig. Blätter groß, hellgrün.

'Faassen's Black'. 12–15(–20) m hoher Baum, Wuchs mittel bis stark, Krone breit eiförmig bis kugelig, 8–10 m breit. Blätter dunkel purpurbraun, im Austrieb glatt. Blütenstände bis auf gelbgrüne Kronblätter rot.

'Farlake's Green'. Bis 20 m hoher Baum. Wuchs stark. Krone breit kegelförmig, 10–15 m breit. Blätter derb, dunkelgrün. Mit Einschränkungen als Stadtstraßenbaum geeignet.

'Globosum', Kugel-Ahorn. Meist hochstämmig veredelt, Krone kugelig bis abgeflacht kugelig, 3–5 m breit, sehr dicht verzweigt. Blätter etwas kleiner als bei der Art. Als Stadtstraßenbaum geeignet.

'Laciniatum', Vogelklauen-Ahorn. 10–12 m hoher Baum, Wuchs mittelstark, Krone breit. Blätter tief eingeschnitten gelappt, lang und spitz gezähnt, Lappen stark klauenartig nach unten gekrümmt.

'Olmstedt'.10–15 m hoher Baum, Krone anfangs säulenförmig, später ei- bis kegelförmig. Blätter sehr groß, im Austrieb bronzefarben, später glänzend mittelgrün. Als Stadtstraßenbaum geeignet.

'Palmatifidum'. 12–15 m hoher Baum, Wuchs mittelstark, Krone kugelig, locker. Blätter bis zur Basis eingeschnitten, Lappen tief gezähnt, sich etwas überlappend.

'Royal Red'. 15–20 m hoher Baum, Wuchs stark bis mittel, Krone breit kegelförmig bis kugelig. Blätter im Austrieb intensiv karminrot, bis zum Herbst leuchtend dunkelrot bleibend. Blütenstiele und Blütenhüllblätter glänzend dunkelrot, Kronblätter und Staubgefäße gelb. Mit Einschränkugen als Stadtstraßenbaum geeignet.

'Schwedleri'. 15–20(–25) m hoher Baum, Wuchs mittel bis stark, Krone breit kegelförmig, 10–15 m breit. Blätter im Austrieb kupf-

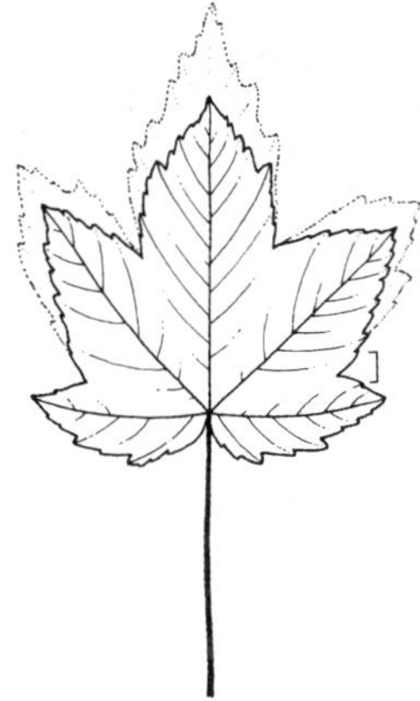
Acer pseudoplatanus

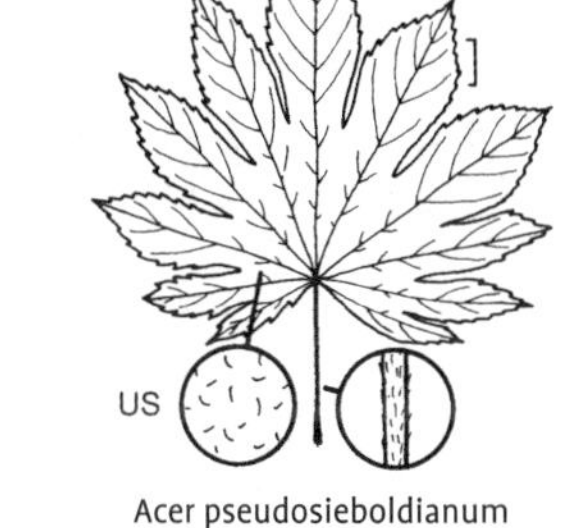

Acer pseudosieboldianum

rig rot, später dunkel rotgrün bis olivgrün, oberseits glänzend, Blattrand nach unten gebogen. Blüten zahlreich, purpurlich gelb.

'Summershade'. Bis 20 m hoher Baum, Wuchs stark. Krone breit eiförmig bis kugelig, 15–20 m breit. Blätter derb. Dunkelgrün. Mit Einschränkungen als Stadtstraßenbaum geeignet.

Acer pseudoplatanus L., Berg-Ahorn

Habitus: Bis 30(–40) m hoher Baum, Krone oft tief angesetzt, eiförmig bis breit gewölbt, mit kräftigen, aufstrebenden Hauptästen, Borke silbrig bis graubraun, schuppig abblätternd, Triebe olivgrün, kahl, Korkwarzen hell, zerstreut.
Blätter: 5-lappig, derb, 8–16(–20) cm breit, Basis herzförmig, bis zur Hälfte eingeschnitten, Lappen breit eiförmig, grob einfach bis doppelt gesägt, oberseits matt dunkelgrün, kahl, unterseits graugrün, ± dicht grau behaart, Achselbärte bräunlich wollig, Stiel 3–25 cm lang, sonnenseits gerötet, Herbstfärbung goldgelb bis rot.
Blüten: In walzenförmigen, 6–12 cm langen, hängenden Trauben, geblich grün, nach den Blättern im Mai.
Früchte: Kahl, Flügel etwa rechtwinklig gespreizt, etwa 3 cm lang.
Verbreitung: Europa (ausgenommen Britische Inseln und Skandinavien), Türkei, Kaukasien
Verwendung: Sehr häufig (vor allem als Park-, Hof- und Alleebaum, als Stadtstraßenbaum nicht geeignet), N, Bi, H, WHZ 4, LB 7.3.3.1 (2.5.4.1).

Von den etwa 60 Gartenformen werden die folgenden häufiger kultiviert. Sie gelten für eine Verwendung als Stadtstraßenbaum als nicht geeignet.

'Atropurpureum'. Starkwüchsiger Baum, Krone breit kegelförmig. Blätter oberseits dunkelgrün, unterseits bis zum Herbst intensiv purpurrot gefärbt. Fruchtflügel rot.

'Brilliantissimum'. Wuchs schwach, meist hochstämmig veredelt, Krone abgeflacht kugelig, 3–5 m breit. Blätter im Austrieb terrakotta- oder orangefarben, später gelb bis orangegelb, allmählich vergrünend.

'Erectum'. 15–20(–25) m hoher Baum, Krone anfangs säulenförmig, später eiförmig, geschlossen. Blätter groß, tiefgrün, im Herbst goldgelb.

'Leopoldii'. 15–20(–25) m hoher Baum, Krone breit kegelförmig bis aufgelockert kugelig. Blätter im Austrieb kupfrig rosa, später dicht hell- bis weißgelb punktiert und gefleckt.

'Prinz Handjery'. Wuchs schwach, meist hochstämmig veredelt, Krone 4–5 m breit, Austrieb und junge Blätter lachsrot bis lachsrosa, später rosarot, zuletzt grün.

Acer pseudosieboldianum (Pax) Komar., Koreanischer Fächer-Ahorn

Habitus: Bis 8 m hoher Baum oder Strauch, Krone ausgebreitet und offen, Zweige grau, schwärzlich gestreift, junge Triebe dünn, weißlich bereift.
Blätter: 9- bis 11-lappig, 10–14 cm breit, Basis herzförmig, Lappen länglich-lanzettlich, doppelt gesägt, oberseits glänzend dunkelgrün,

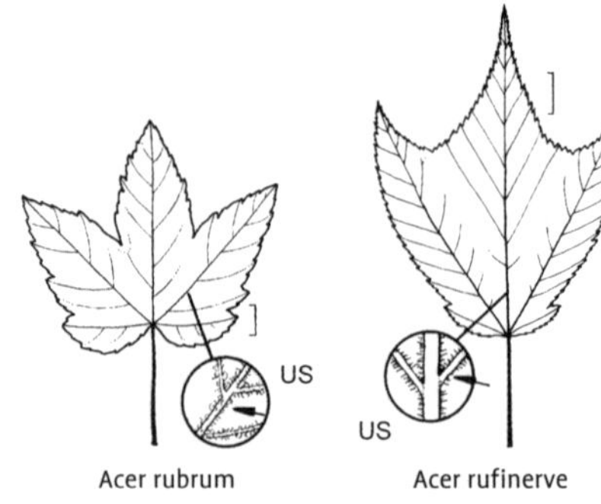

Acer rubrum Acer rufinerve

unterseits anfangs seidig behaart, Stiel 3–5 cm lang, im Herbst lange haftend, Herbstfärbung gelb, orange oder rot.
Blüten: In endständigen Trugdolden, Kronblätter cremeweiß, Kelchblätter rötlich purpurn, vor der Laubentfaltung im Mai.
Früchte: Flügel waagerecht abstehend, etwa 3 cm lang, braun oder purpurlich.
Verbreitung: Russ. Ferner Osten, Mandschurei, China, Korea.
Verwendung: Selten, H, WHZ 5a, LB 7.2.2.4.

Acer rubrum L., Rot-Ahorn

Habitus: 20–40 m hoher Baum, in Kultur selten mehr als 20 m hoch, Krone locker, kegelförmig bis breit und abgerundet, untere Äste hängend, Borke silbergrau, sich im Alter in langen, dunklen Platten lösend, Triebe rötlich, kahl.
Blätter: 3- bis 5-lappig, 6–10 cm lang, oft länger als breit, Basis schwach herzförmig, Lappen 3-eckig-eiförmig, kurz zugespitzt, entfernt und unregelmäßig, z. T. doppelt gesägt, oberseits dunkelgrün, glänzend, unterseits blaugrün, meist auf den Nerven behaart, Stiel 5–10 cm lang, oft rot, Herbstfärbung intensiv scharlachrot.
Blüten: Meist 1-häusig verteilt, an roten Stielen, Kelchblätter dunkelrot, Kronblätter weiß, Staubblätter weit herausragend, in dichten, seitenständigen Büscheln, März–April, lange vor dem Laubausbruch.
Früchte: Oft schon bei Laubaustrieb entwickelt, Fruchtflügel spitzwinklig gespreizt, 1–1,5 cm lang, dunkelrot.
Verbreitung: O-Kanada, NO-, NOZ-, Z- und SO-USA.
Verwendung: Häufig (mit Einschränkungen als Stadtstraßenbaum geeignet), N, H, WHZ 4, LB 2.3.2.2 (3.2.4.2).

'Armstrong'. 10–15(–20) m hoher Baum, Krone anfangs schmal elliptisch, später breiter und unregelmäßig. Blätter 12–14 cm lang, im Herbst lange haftend, Herbstfärbung in Europa nicht bemerkenswert.

'Autumn Flame'. 10–15 m hoher Baum, Krone anfangs säulenförmig, später regelmäßig gewölbt. Blätter glänzend dunkelgrün, im Herbst gelborange und scharlachrot.

'Columnare'. Wuchs unregelmäßig säulenförmig, 15–20 m hoch. Herbstfärbung intensiv rot.

OKTOBER GLORY ('PNI 0268'). 15–18 m hoher Baum, Krone breit kegelförmig, 8–10 (–15) m breit. Blätter derber als bei der Art, im Herbst lange haftend, intensiv karminrot bis dunkel orange oder scharlachrot gefärbt.

RED SUNSET ('Franksred'). 10–15(–18) m hoher Baum, Krone breit eiförmig, 8–10 m breit. Blätter derb, 8–10 cm lang, sehr lange haftend, Herbstfärbung zuverlässig orange bis tiefrot.

'Scanlon'. 10-12 m hoher Baum mit durchgehendem Stamm, Krone schmal kegelförmig, dicht verzweigt. Blätter glänzend grün

Acer rufinerve Siebold et Zucc., Rostnerviger Schlangenhaut-Ahorn

Habitus: 12–15 m hoher, oft vom Boden an mehrstämmiger Baum, Krone regelmäßig schmal trichterförmig, Rinde lange glatt bleibend, grün bis silbrig grün, längs weiß gestreift, Triebe und Knospen anfangs blauweiß bereift.
Blätter: 3-lappig, 6–15 cm breit, Basis abgerundet, Seitenlappen etwas oberhalb der Mitte, abstehend, scharf und unregelmäßig gesägt, manchmal jederseits mit einem sehr kleinen Sekundärlappen nahe der Basis, oberseits dunkelgrün, unterseits heller, anfangs Nerven und Nervenwinkel rotbraun behaart, im Sommer Behaarung nur noch in den basalen Nervenwinkeln, Stiel 2–6 cm lang, Herbstfärbung orange bis karminrot.
Blüten: In aufrechten, rostrot behaarten Trauben, gelbgrün, nach der Laubentfaltung im Mai.
Früchte: Anfangs behaart, zuletzt kahl, an etwa 5 mm langen Stielen, Flügel stumpfwinklig gespreizt, 2–3 cm lang.
Verbreitung: Japan.
Verwendung: Häufig, H, WHZ 6b, LB 7.2.2.3.

Acer saccharinum

Acer saccharum subsp. saccharum

Acer saccharum subsp. nigrum

Acer saccharinum L., Silber-Ahorn

Habitus: 20–40 m hoher Baum, Krone locker, hoch gewölbt, Äste weit ausladend, Rinde grau, lange glatt bleibend, Zweige überhängend, Triebe kahl.
Blätter: 5-lappig, meist bis über die Mitte eingeschnitten, 7–14 cm breit, Lappen zugespitzt, tief und doppelt gesägt, Mittellappen oft 3-lappig, oberseits hellgrün, unterseits silbergrau bis silberweiß, anfangs behaart, Stiel 8–12 cm lang, Herbstfärbung glänzend gelb.
Blüten: Meist 2-häusig verteilt, Kelch grünlich, Kronblätter fehlend, kurz gestielt, in seitenständigen Trugdolden, Februar–März, lange vor den Blättern.
Früchte: Anfangs behaart, an 3–5 cm langem Stiel hängend, Flügel stumpfwinklig gespreizt, sichelförmig gebogen, 3,5–6 cm lang.
Verbreitung: O-Kanada, NO-, NOZ-, Z- und SO-USA.
Verwendung: Sehr häufig, N, H, WHZ 5b, LB 2.3.3.1 (1.2.3.1).

'Asplenifolium'. Großer Baum, ähnlich 'Laciniatum Wieri'. Blätter sehr tief eingeschnitten.

'Elegant'. 15–18 m hoher Baum, Krone breit eiförmig bis trichterförmig. Blätter kleiner und weniger tief eingeschnitten als bei der Art.

'Laciniatum Wieri'. Bis 20 m hoher, breitkroniger Baum, Äste weit überhängend, Zweige tief herabhängend. Blätter tief eingeschnitten, mit langen, schmalen Lappen, an Johannistrieben oft fast fadenförmig.

'Pyramidale'. Wuchs stark, bis 20 m hoch, Krone anfangs breit säulenförmig, später eiförmig bis rundlich. Blätter tiefer eingeschnitten als bei der Art.

Acer saccharum Marshall **subsp. saccharum**, Zucker-Ahorn

Habitus: 25–40 m hoher Baum, Krone unregelmäßig gewölbt, 10–14 m breit, Borke im Alter dunkelgrau, flach gefurcht, Triebe graubraun.
Blätter: 3- bis 5-lappig, 8–15 cm breit, ziemlich dünn, Basis herzförmig, Lappen zugespitzt, die 3 oberen etwa gleich groß, jederseits mit 2–3 spitzen bis zugespitzten Sekundärlappen, die beiden unteren viel kleiner, oberseits stumpfgrün, unterseits hellgrün, kahl, Stiel 6–8 cm lang, Herbstfärbung intensiv goldgelb bis orangerot.
Blüten: Etwa 5 mm breit, glockig, grünlich gelb, an 3–7 cm langen, dünnen, behaarten Stielen in fast sitzenden Trugdolden, vor den Blättern im April.
Früchte: Flügel fast parallel oder spitzwinklig gespreizt, 2,5–4 cm lang.
Verbreitung: O-Kanada, NO-, NOZ- und SO-USA.
Verwendung: Selten, N, H, WHZ 5b, LB 3.2.6.1.

subsp. nigrum (F. Michx.) Desmarais, Schwarzer Zucker-Ahorn. 25–40 m hoher Baum, Borke alter Bäume schwarz und auffallend tief gefurcht, Triebe weich behaart, bald kahl. Blätter meist 3-lappig, gelegentlich 5-lappig, 10–15 cm breit, Basis tief herzförmig, Stielbucht meist geschlossen, Blatt

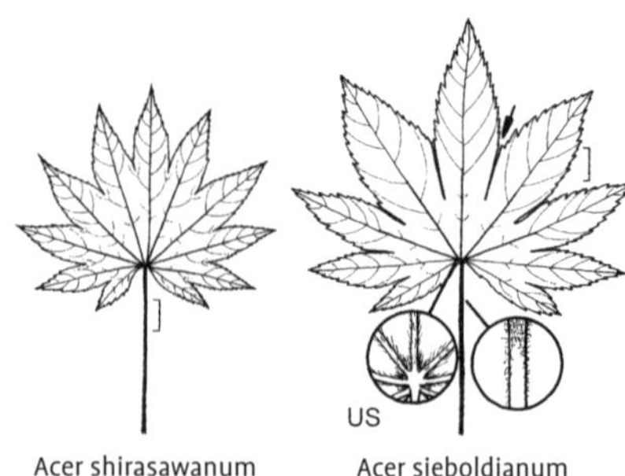

Acer shirasawanum   Acer sieboldianum

ziemlich derb, die 3 oberen Lappen meist mit einem kleinen, stumpfen oder ganz ohne Sekundärlappen, die 2 unteren Lappen sehr klein, meist stumpf, oder ganz fehlend, oberseits stumpfgrün, unterseits gelblich grün, bleibend behaart, Stiel 8–12 cm lang, behaart, Herbstfärbung gelb. Blüten in vielblütigen, nahezu sitzenden Trugdolden, an behaarten, hängenden Stielen, April. Fruchtflügel fast rechtwinklig gespreizt, 3–4 cm lang. O-Kanada, NO- und NOZ-USA. WHZ 5b, LB 3.3.6.1.

Acer shirasawanum Koidz., Shirasawas Fächer-Ahorn

Habitus: Bis 15 m hoher, breitkroniger Baum, nahe verwandt mit *A. palmatum* und *A. sieboldianum*, Triebe grün, mitunter bereift, kahl.
Blätter: Im Umriss rundlich, 9- bis 11-lappig, 9–12 cm breit, Basis herzförmig, Lappen länglich-eiförmig, zugespitzt, scharf doppelt gesägt, anfangs beiderseits behaart, bald kahl bis auf Achselbärte unterseits, Stiel dünn, kahl, 3–8 cm lang, Herbstfärbung gelb.
Blüten: 6–8 mm breit, zu mehr als 10 in aufrechten Trugdolden, auf 4–6 cm langem, kahlem Stiel, Kelchblätter purpurn, Kronblätter weißlich, Mai–Juni.
Früchte: Kahl, Fruchtflügel waagerecht gespreizt, leicht nach oben gekrümmt, Fruchtstände über dem Laub stehend.
Verbreitung: M- und S-Japan.
Verwendung: Sehr selten (häufig jedoch in der folgenden Form), H, WHZ 6b, LB 7.2.2.3.

'Aureum' (früher *A. japonicum* 'Aureum'). Wuchs kompakt, dicht verzweigt, gelegentlich 8–10 m hoch. Blätter 7–8 cm breit, anfangs goldgelb, später dunkler, Nerven und Blattstiele rötlich.

'Palmatifidum'. Baumartiger, meist mehrstämmiger, bis 10 m hoher Strauch. Blätter bis zur Mitte in 11 lange, lanzettlich zugespitzte Lappen geteilt, Ränder deutlich gezähnt und nach unten umgebogen.

Acer sieboldianum Miq., Siebolds Fächer-Ahorn

Habitus: Bis 10 m hoher, aufrechter Baum, ähnlich *A. japonicum*, Zweige dünn, Triebe dicht weißlich behaart, später oft verkahlend.
Blätter: Im Umriss rundlich, 7- bis 11-lappig, 7–8 cm lang, 6–9 cm breit, Basis herzförmig bis fast gestutzt, Spreite bis zur Blattmitte oder etwas tiefer eingeschnitten, Lappen länglich-eiförmig, zugespitzt, scharf doppelt gesägt, unterseits auf den Nerven behaart, Stiel 2,5–4 cm lang, zunächst weich behaart, später oft verkahlend, Herbstfärbung kupfrig rot bis glänzend dunkelrot.
Blüten: Klein, in Trugdolden an langen, behaarten Stielen, gelblich, Fruchtknoten und Kelch außen behaart, Mai.
Früchte: Kahl oder schwach behaart, Flügel stumpfwinklig bis fast waagerecht gespreizt, 1,5–2 cm lang.
Verbreitung: N- und M-Japan.
Verwendung: Selten, H, WHZ 5b, LB 7.2.2.4.

Acer spicatum Lam., Vermont-Ahorn

Habitus: Kleiner Baum oder Strauch, selten bis 10 m hoch, Triebe grau behaart.
Blätter: 3- oder 5-lappig, 6–12 cm lang, oft länger als breit, Basis herzförmig, Lappen eiförmig, zugespitzt, unregelmäßig grob doppelt gesägt, oberseits gelbgrün, oft etwas runzelig, unterseits stumpfgrün, wenigstens anfangs behaart, Stiel 4–6 cm lang, Herbstfärbung gelb bis orangerot.
Blüten: Klein, grünlich gelb, in 8–14 cm langen, aufrechten, walzenförmigen Ähren, am Grund mit Laubblättern, Kronblätter lang, schmal, weiß, Fruchtknoten behaart, nach den Blättern im Mai.
Früchte: Zuletzt nahezu kahl, Flügel etwa rechtwinklig gespreizt, 1,5–2 cm lang.
Verbreitung: O-Kanada, NO-, NOZ- und SO-USA.
Verwendung: Selten, H, WHZ 5a, LB 7.2.6.4 (2.3.6.4).

A. striatum Du Roi = *A. pensylvanicum*

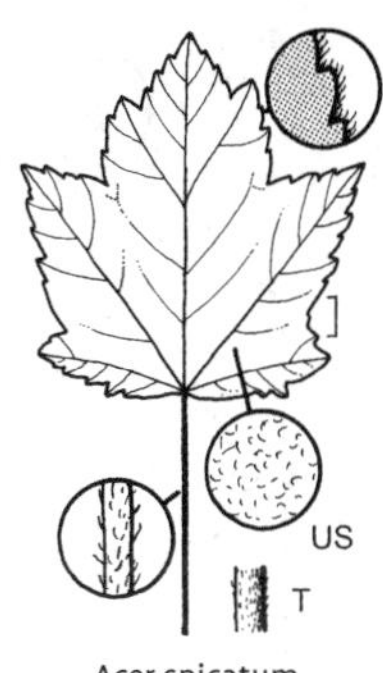

Acer spicatum

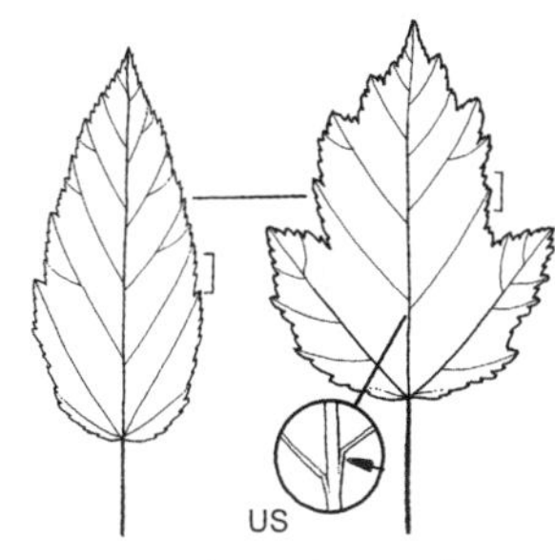

Acer tataricum subsp. tataricum

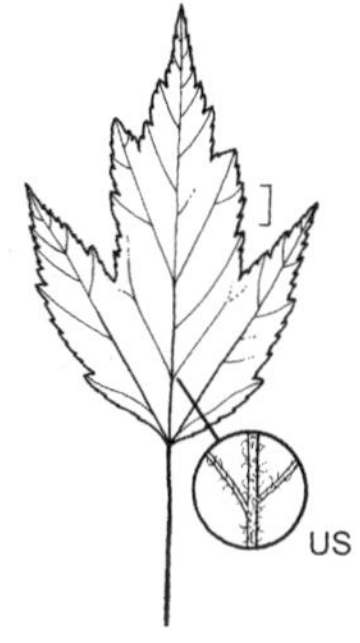

Acer tataricum subsp. ginnala

Acer tataricum L. **subsp. tataricum**, Tatarischer Steppen-Ahorn

Habitus: Meist hoher Strauch, selten bis 10 m hoher Baum, Triebe kahl, rötlich bis graubraun.
Blätter: Breit eiförmig bis länglich, meist ungelappt oder mit 1–2 undeutlichen, rundlich-stumpfen Seitenlappen (an Jungpflanzen oft auch 3-lappig), 6–10 cm lang, zugespitzt, Basis abgerundet bis herzförmig, unregelmäßig doppelt gesägt, oberseits hellgrün, kahl, unterseits anfangs auf den Nerven behaart, zuletzt nahezu kahl, Stiel 1,5–5 cm lang, Herbstfärbung gelb bis orangerot.
Blüten: Klein, in aufrechten, kahlen, lang gestielten, vielblütigen Rispen, grünlich weiß, duftend, nach den Blättern im Mai.
Früchte: Kahl, Flügel fast parallel, 2–3 cm lang, bis zum August rot gefärbt.
Verbreitung: OM- und O-Europa, Türkei, Kaukasien, N-Iran.
Verwendung: Sehr häufig, N, Bi, H, WHZ 4, LB 6.3.3.4.

subsp. ginnala (Maxim.) Wesm., Feuer-Ahorn. Kleiner, mehrstämmiger Baum oder Strauch, 10–15 m hoch und nahezu gleich breit, Krone locker, breit kegelförmig bis schirmförmig, Triebe dünn, kahl. Blätter 3-lappig, einzelne Blätter auch ungelappt, 4–8 cm lang, Basis schwach herzförmig oder gestutzt, Mittellappen deutlich länger als die Seitenlappen, zugespitzt, scharf und grob doppelt gesägt, oberseits glänzend dunkelgrün, unterseits hellgrün, kahl, Stiel 1,5–4 cm lang, Herbstfärbung leuchtend orange bis karminrot. Blüten zu etwa 50 in 4 cm breiten, lang gestielten Trugdolden, gelblich weiß, duftend, Mai. Früchte kahl, Flügel parallel bis spitzwinklig gespreizt, 2,5 cm lang, gelegentlich anfangs tiefrot gefärbt. O-Sibirien, Mongolei, China, Mandschurei, Korea, Japan. WHZ 4, LB 6.3.3.4.

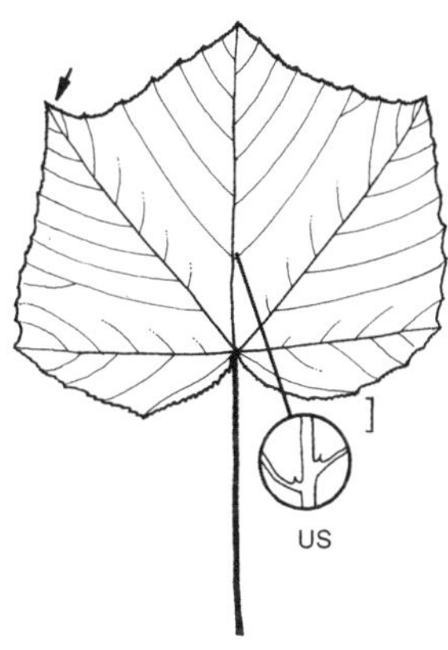

Acer tegmentosum

Acer tegmentosum Maxim., Koreanischer Schlangenhaut-Ahorn

Habitus: Bis 10 m hoher, oft vom Boden an mehrstämmiger Baum, Krone regelmäßig schmal trichterförmig, Rinde lange glatt bleibend, purpurn bis graugrün, die weißen Längsstreifen nur schwach ausgebildet, Triebe hellgrün, blau bereift.
Blätter: Meist 3-lappig, 10–18 cm lang, Basis ± herzförmig, oft noch mit 2 kleinen Lappen an der Basis, Lappen zugespitzt, Seitenlappen viel kleiner als der mittlere und etwas abstehend, Blätter doppelt gesägt, oberseits dunkelgrün, unterseits blassgrün, kahl, Austrieb hellgrün, Stiel 3–8 cm lang, Herbstfärbung gelb.

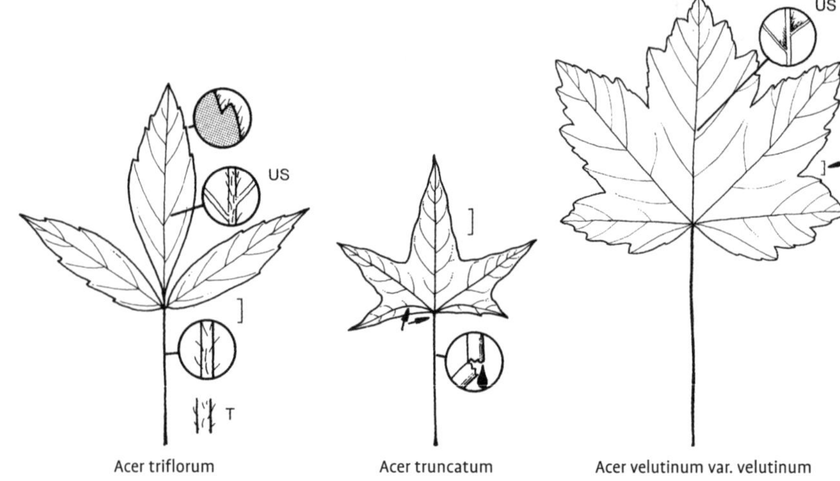

Acer triflorum Acer truncatum Acer velutinum var. velutinum

Blüten: Klein, in 7–10 cm langen, schmalen, nickenden Trauben, geblich, Mai.
Früchte: Flügel fast waagerecht gespreizt, 3 cm lang.
Verbreitung: Russ. Ferner Osten, Mandschurei, Korea.
Verwendung: Selten, H, WHZ 5b, LB 7.2.2.3.

A. trautvetteri Medw. = *A. heldreichii* subsp. *trautvetteri*
A. trifidum Hook. ex Arn. non Thunb. = *A. buergerianum*

Acer triflorum Kom., Dreiblütiger Ahorn

Habitus: 10–12 m hoher, meist vom Boden an sparsam verzweigter Baum, Triebe hell- bis aschbraun, Rinde auffallend gelblich braun gefärbt, an Stämmen und Ästen in Längsrichtung aufplatzend und seitwärts eingerollt.
Blätter: 3-zählig, Blättchen 3–7 cm lang, verkehrteiförmig bis lanzettlich, ganzrandig bis grob gesägt, oberseits anfangs flaumig behaart, unterseits heller, auf den Nerven behaart, Stiel 3–5 cm lang, leicht behaart, Herbstfärbung brillant goldgelb und orange.
Blüten: 5-zählig, gelb, zu 3 in Büscheln an Kurztrieben, Mai.
Früchte: Dick, dicht behaart, Flügel stumpf, spitzwinklig gespreizt, 3–5 cm lang.
Verbreitung: Korea, NO-China.
Verwendung: Selten, H, WHZ 6b, LB 7.2.2.5.

Acer truncatum Bunge, Chinesischer Spitz-Ahorn

Habitus: 10–12 m hoher Baum, Triebe kahl, anfangs purpurn getönt.
Blätter: 5- bis 7-lappig, 6–10 cm breit, Basis gestutzt, Lappen schmal, zugespitzt, meist ganzrandig, die 3 oberen Lappen wesentlich größer als die 2 unteren und z. T. 3-lappig, beiderseits glänzend hellgrün, kahl, im Austrieb purpurlich getönt, später olivgrün, Stiel dünn, bis doppelt so lang wie die Spreite, mit Milchsaft, Herbstfärbung rot.
Blüten: 1 cm breit, gelblich grün, in 6–8 cm breiten, aufrechten Trugdolden, geblich grün, nach den Blättern im Mai.
Früchte: Flügel rechtwinklig bis schwach stumpfwinklig gespreizt, 3 cm lang.
Verbreitung: N-China.
Verwendung: Selten N, H, WHZ 5b, LB 3.3.5.3.

Acer velutinum Boiss. **var. velutinum**, Samt-Ahorn, Persischer Berg-Ahorn

Habitus: Stattlicher, bis 25 m hoher, breitkroniger Baum, Triebe ziemlich dick, grau bis braun, kahl.
Blätter: 5-lappig, 15–25 cm breit, Basis herzförmig, Lappen eiförmig, grob und unregelmäßig gesägt, oberseits frischgrün, unterseits bläulich grün, zottig behaart, Stiel 20–25 cm lang, Herbstfärbung gelb.
Blüten: In aufrechten, eiförmigen, 8–12 cm

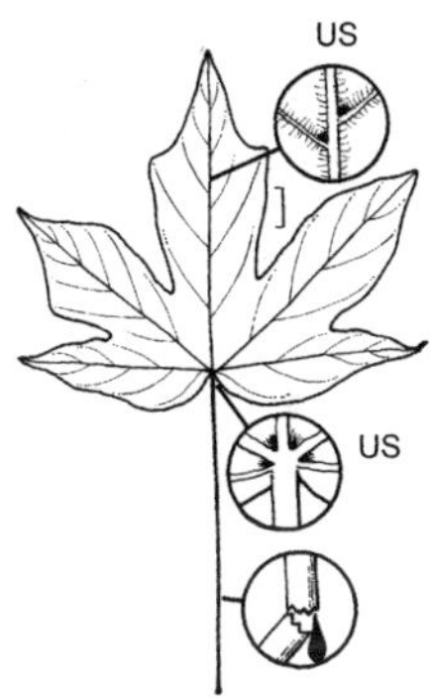

Acer ×zoeschense

breiten Rispen, geblich grün, nach den Blättern im Mai.
Früchte: Behaart, Flügel stumpfwinklig bis waagerecht abgespreizt, 3–6 cm lang.
Verbreitung: Kaukasien, N-Iran.
Verwendung: Selten, H, WHZ 6b, LB 3.2.2.2 (2.3.3.2).

var. vanvolxemii (Mast.) Rehder. Blätter größer als bei var. *velutinum*, unterseits nur entlang der Nerven behaart. Fruchtflügel fast waagerecht gespreizt. In den Sammlungen häufiger als die Art. O-Kaukasien.

Acer ×zoeschense Pax, Zoeschener Ahorn

(*A. campestre* × *A. cappadocicum* subsp. *lobelii*)

Habitus: Etwa 15 m hoher Baum mit breiter, gewölbter Krone, Triebe gelbbraun, fein behaart.
Blätter: 5- bis 7-lappig, 10–20 cm breit, Basis tief herzförmig, die 3 größeren Lappen meist schmal zugespitzt und zur Basis hin verschmälert, jederseits mit 1(–2) deutlichen Sekundärlappen, Spreite oberseits glänzend dunkelgrün, unterseits heller, anfangs behaart, bis auf die Nervenwinkel verkahlend, Stiel mit Milchsaft.
Blüten: Zu 10–20 in aufrechten Trugdolden, geblich grün, nach den Blättern im Mai.
Früchte: Flügel fast waagerecht gespreizt, 3 cm lang.
Verwendung: Häufig (bes. in der folgenden Form), H, WHZ 6a, LB 6.1.3.3 (9.1.4.3).

'Annae'. Blätter im Austrieb dunkelrot, später allmählich in Olivgrün übergehend.

Actinidia Lindl.

Strahlengriffel – Actinidiaceae

(griechisch *aktinidia* = kleiner Strahl, Deminuitiv zu *aktis*; diese Gattung der Strahlengriffelgewächse wurde wegen der Form der Griffel so benannt)

Habitus: Sommergrüne, linkswindende Lianen, Triebe kahl oder behaart, Mark voll oder gekammert, Knospen klein, unter sehr großen Blattkissen verborgen.
Blätter: Wechselständig, deutlich gestielt, einfach, gesägt oder gezähnt, selten ganzrandig, Nebenblätter fehlend.
Blüten: Zwittrig, polygam oder 1-geschlechtig, meist 2-häusig verteilt, einzeln oder achselständig in Zymen, Kelch und Krone meist 5-zählig, Krone schalenförmig, weiß, gelb oder rötlich, Staubblätter zahlreich, gelb, braun oder purpurn, Griffel zu 25–30, auf dem oberständigen und vielfächrigen, schon zur Blütezeit verdickten Fruchtknoten strahlig gespreizt.
Früchte: Beeren kugelig oder länglich, kahl oder behaart, 1,5–5 cm lang, saftig-fleischig, in 4 Sektoren unterteilt, je Sektor mit zahlreichen, 2–2,5 mm langen, dunkelbraunen Samen.
Verbreitung: Etwa 60 Arten in O-Asien, Hauptverbreitung in China, westl. bis zum Himalaja, südl. bis Java.
Verwendung: Die hier behandelten Arten sind dekorative, üppig wachsende Klettergehölze mit auffallender Belaubung. *A. deliciosa* wird in Weinbaugebieten als Fruchtgehölz kultiviert.

Bestimmungsschlüssel Actinidia

1 Zweige mit vollem, weißem Mark . . . . *A. polygama*
– Zweige mit gekammertem, gelblichem oder braunem Mark 2
2 Triebe braunfilzig, Blätter unterseits dicht graufilzig-sternhaarig . . . . *A. diliciosa*
– Triebe und Blätter nicht filzig 3
3 Blätter runzelig, teilweise weiß und rosa (-fleckig) 4
– Blätter glatt 5
4 Blätter dünn, höchstens doppelt so lang wie breit . . . . *A. kolomicta*
– Blätter derb, etwa 3-mal so lang wie breit, mit lang ausgezogener Spitze . . . . *A. pilosula*
5 Blätter unterseits auf den Nerven borstig behaart . . . . *A. arguta*
– Blätter unterseits blaugrün und bis auf kleine Achselbärte kahl . . . . *A. melanandra*

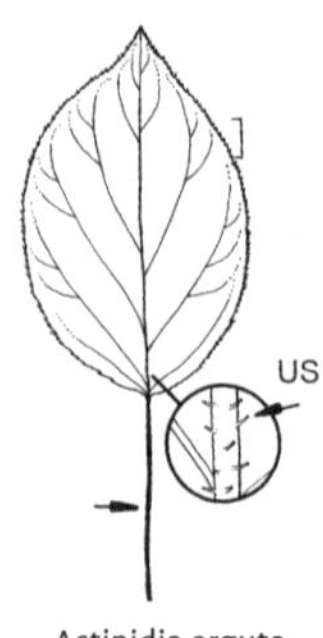

Actinidia arguta

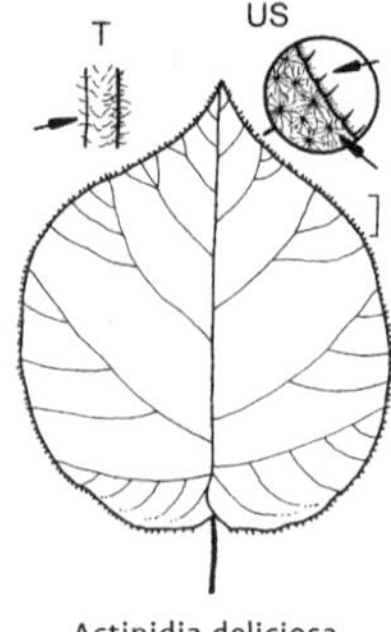

Actinidia deliciosa

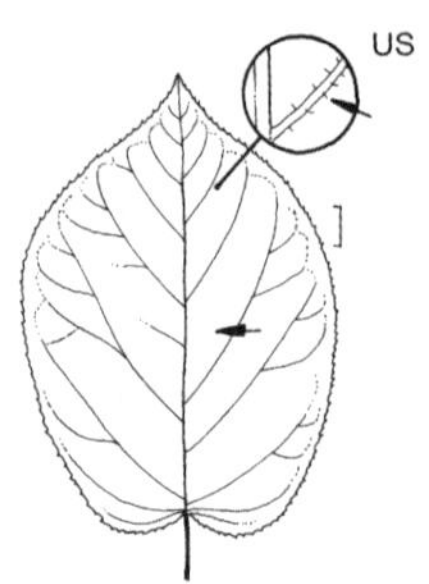

Actinidia kolomikta

Actinidia arguta (Siebold et Zucc.) Planch. ex Miq., Scharfzähniger Strahlengriffel

Habitus: Starkwüchsig, 8–10 m hoch, in der Heimat bis 20 m hoch kletternd, Triebe kahl, Mark eng gekammert, braun oder weiß.
Blätter: Breit eiförmig bis elliptisch, 8–15 cm lang, kurz zugespitzt, Basis abgerundet oder schwach herzförmig, scharf und borstig gesägt, oberseits kahl, dunkelgrün, unterseits grün und auf den Nerven oft borstig behaart, Stiel 3–8 cm lang, rötlich.
Blüten: 2-häusig verteilt, etwa 2 cm breit, duftend, Krone reinweiß oder am Grund mit einem gelblichen Fleck, ♂ Blüten zu mehreren, ♀ Blüten einzeln, Staubbeutel dunkelpurpurn, Juni.
Früchte: Länglich bis nahezu kugelig, 2–2,5 cm lang, gelbgrün, stachelbeerähnlich, kahl, süßsauer.
Verbreitung: China, Korea, Japan.
Verwendung: Häufig, N, B, ♧, D, Bi, WHZ 5b, LB 3.3.4.9.

'Issai'. Früchte zahlreich, 2–3 cm lang, walzenförmig, glattschalig, grün, aromatisch.

'Jumbo Verde'. Früchte länglich-zylindrisch, bis 5 cm lang, hellgrün, glattschalig

'Nostino'. ♂ Befruchtersorte.

'Red Beauty' (*A. arguta* × *A. deliciosa*). Früchte länglich-eiförmig, 2–3 cm lang, rötlich braun.

'Weiki'. Bedingt selbstfruchtbar. Wuchs 2–3 m hoch. Früchte zylindrisch, knapp 3 cm lang, grün mit leicht rötlichem Schimmer, sehr aromatisch.

A. chinensis hort. non Planch. = *A. deliciosa*

Actinidia deliciosa (A. Chev.) C.F. Liang et A.R. Ferguson, Kiwipflanze, Chinesischer Strahlengriffel

Habitus: 8–10 m hoch kletternd, in Kultur meist niedriger gehalten, Triebe braunrotfilzig behaart, Mark gelblich, gekammert.
Blätter: Eiförmig oder rundlich, 8–12 cm lang, derb, dicklich, zugespitzt, an Fruchttrieben stumpf, Basis herzförmig, oberseits dunkelgrün und kahl, unterseits dicht graufilzigsternhaarig, am Rand fein gezähnt, Stiel 3,5–7,5 cm lang, braunrot-filzig behaart.
Blüten: 3–5 cm breit (bei Kultursorten größer), Krone gelblich weiß, im Verblühen cremefarben bis gelbbraun, die ♀ Blüten (gelegentlich mit einem verkümmerten Ansatz eines Griffels) einzeln in Blattachseln, die zwittrigen meist zu 3, Staubbeutel gelb, Juni.
Früchte: Eiförmig, 3–5 cm lang (bei Kultursorten oft viel größer), gelbgrün, dicht mit bräunlichen Haaren bedeckt, angenehm süß.
Verbreitung: China, dort schon seit 1200 Jahren als Fruchtgehölz in Kultur.
Verwendung: Häufig, N, B, ♧, WHZ 6b, LB 6.4.1.9.

In Kultur zahlreiche Sorten wie 'Abbott', 'Bruno', 'Hayward', 'Monty' oder 'Starella'.

Actinidia kolomikta (Rupr. et Maxim.) Maxim., Kolomikta-Strahlengriffel

Habitus: Wuchs strauchig oder schwach kletternd, 3(–6) m hoch, Triebe kahl, meist dunkelbraun, Mark gekammert, dunkelbraun.
Blätter: Breit eiförmig bis breit länglich, dünn, weich, 10–15 cm lang, zugespitzt, Basis abgerundet oder herzförmig, unregelmäßig borstig gesägt, beiderseits mattgrün, ein Teil der Blätter in der oberen Hälfte (nur auf

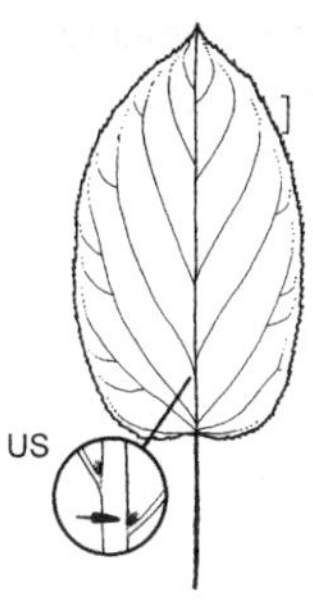

Actinidia melanandra

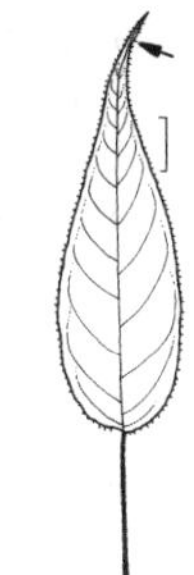

Actinidia pilosula

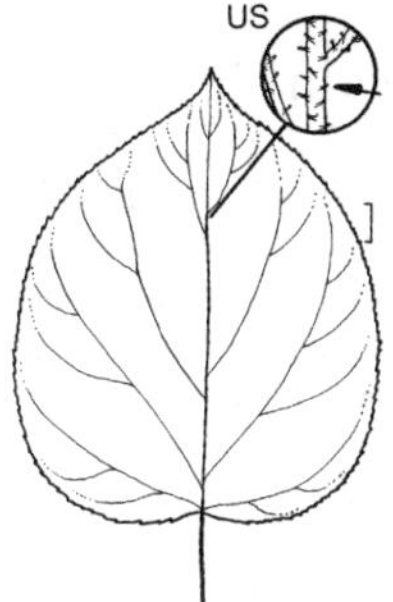

Actinidia polygama

der Blattoberseite) zunächst weiß, später rosa gefärbt (bei ♂ Pflanzen meist stärker als bei ♀), Stiel meist über 3 cm lang.
Blüten: 1–1,5 cm breit, duftend, meist in 1- bis 3-blütigen Ständen, Krone weiß, Staubbeutel gelb, Mai.
Früchte: Gelbgrün, bis 2 cm lang, länglich bis eiförmig-rundlich, wohlschmeckend.
Verbreitung: Japan, Korea, China.
Verwendung: Häufig, N, B, &, D, WHZ 5b, LB 7.3.3.9.

Actinidia melanandra Franch., Schwarzmänniger Strahlengriffel

Habitus: Bis 7 m hoch kletternd, Triebe rötlich, Mark gekammert.
Blätter: Elliptisch bis länglich, 6–10 cm lang, dünn, plötzlich zugespitzt, Basis abgerundet oder keilförmig, gesägt, unterseits blaugrün und bis auf kleine, rostbraune Achselbärte kahl, Stiel 2–5 cm lang.
Blüten: 2–2,5 cm breit, duftend, Krone weiß, meist zu mehreren, die zwittrigen auch einzeln, Staubbeutel schwärzlich, Juni.
Früchte: Rötlich braun, 2,5–3 cm lang, kahl, süßlich.
Verbreitung: China: Hubei, Sichuan.
Verwendung: Selten, N, B, &, WHZ 5b, LB 7.3.3.9.

Actinidia pilosula (Finet et Gagnep.), Birmesischer Strahlengriffel

Habitus: Bis 7 m hoch kletternd, nur schwach windend, Triebe anfangs braunrot und kurz samtig behaart, später kahl, bräunlich grün, spärlich mit hellbraunen, länglichen Korkwarzen bedeckt, Mark braun, gekammert.
Blätter: Schmal-eiförmig bis lanzettlich, an der Basis abgestumpft, die Spitze lang ausgezogen, 9–16 cm lang, entfernt borstig gesägt, im Austrieb grünlich kupferfarben, später oberseits matt dunkelgrün, unterseits heller, ein Teil der Blätter anfangs ganz (seltener) oder von der Spitze her partiell weiß, später grünlich weiß oder rosa verfärbt, Stiel bis 5 cm lang, braunrot.
Blüten: 1-geschlechtig, 2-häusig verteilt, 1–1,5 cm breit, in 1- bis 3-blütigen Ständen, Krone rosa.
Früchte: Kugelig, etwa 2,5 cm dick, glatt, grün, essbar.
Verbreitung: SW-China bis SO-Myanmar.
Verwendung: Sehr selten, B, Kletterpflanze, WHZ 7b, LB 7.3.3.9.

Actinidia polygama (Siebold et Zucc.) Planch. ex Maxim., Vielehiger Strahlengriffel, Silberrebe

Habitus: Bis 5 m hoch kletternd, Triebe kahl, Mark weiß, ungekammert.
Blätter: Breit eiförmig bis länglich-eiförmig, 5–15 cm lang, hautartig dünn, lang zugespitzt, Basis ± abgerundet bis schwach herzförmig, gesägt, in der oberen Blatthälfte (vor allem bei ♂ Pflanzen) oft silberweiß oder gelblich gefärbt, Stiel meist nicht über 3 cm lang.
Blüten: Etwa 1,5 cm breit, duftend, einzeln oder zu 2–3 in Ständen, Krone weiß, Staubbeutel, gelb oder braun, Juni.
Früchte: Eiförmig-kugelig, 2–3 cm lang, etwas durchscheinend, mit unangenehmem Geschmack.
Verbreitung: Japan, Korea, Russ. Ferner Osten, Mandschurei, W-China.
Verwendung: Selten, N, B, D, WHZ 5b, LB 7.3.3.9.

Adelia P. Browe = *Forestiera*
A. acuminata Michx. = *F. acuminata*

Aesculus L.

Rosskastanie – Sapindaceae (Hippocastanaceae)

(lateinisch *aesculus* = eine dem Jupiter heilige, auf Bergen wachsende Eichenart von hohem Wuchs und festem Holz)

Habitus: Sommergrüne Bäume oder Sträucher, Rinde grau bis dunkelbraun, glatt oder schuppig abblätternd, Zweige hellgrau bis rostbraun, Lentizellen hell- und gelbbraun. Knospen groß, dick, über 1 cm lang, eiförmig, ± zugespitzt, Knospenschuppenpaare 4–6, Blattnarben groß, abgerundet v-förmig bis fast halbkreisförmig, Gefäßbündelspuren 3–9.
Blätter: Gegenständig, 5- bis 9-zählig gefingert, lang gestielt, Blättchen 8–35 cm lang, das mittlere Blättchen am größten, filzig behaart oder kahl, meist gestielt, am Rande gesägt, Nebenblätter fehlend, Herbstfärbung ± intensiv gelb.
Blüten: Zwittrig oder ♂, asymmetrisch, in großen, dichten, endständigen, aufrechten Rispen, Kelch 5-zählig, meist glockig bis röhrig verwachsen, kahl, filzig behaart oder drüsig-weichhaarig, Kronblätter 4–5, ungleich lang, genagelt, weiß, gelb, rosa oder rot, oft mit einem dunkleren Saftmal, Staubblätter 5–8, oft weit hervorragend, Staubbeutel gelb oder orangerot, Fruchtblätter 3, verwachsen, Fruchtknoten gefächert, 2 Samenanlagen je Fach.
Früchte: Kapseln 3-klappig aufspringend, Hülle rau und unbewehrt oder stachelig, bräunlich oder grün, bis 7 cm dick, Samen 1–6, groß, meist glänzend dunkelbraun oder hell rotbraun, rund oder einseitig abgeflacht, bis 4 cm groß, mit großem, weißem Nabel.
Verbreitung: 1 Art in SO-Europa, 5 Arten in Indien und O-Asien, 7 Arten in N-Amerika, in mild-humiden Teilen der nemoralen Zone, meist im Gebirge.
Verwendung: Die meisten Arten sind raschwüchsige, auffallend blühende, dekorativ belaubte Park-, Hof- und Alleebäume. *A. hippocastanum* u. a. auch als Biergartenbaum. Die stärke- und sapponinreichen Samen sind meist bitter und giftig, Früchte von *A. hippocastanum* werden als Wild- und Viehfutter genutzt.

Bestimmungsschlüssel Aesculus

(Arten z. T. nur mit Blüte sicher bestimmbar)

1 Blättchen alle gestielt 2
– Blättchen ungestielt (wenigstens die seitlichen) 12
2 Blättchen 7–9, Pflanzen strauchig 3
– Blättchen 5–7, Baum 4
3 Triebe kahl . . . . *A. pavia* var. *pavia*
– Triebe behaart . . . . *A. glabra* var. *arguta*
4 Blättchen unterseits kahl (höchstens an den Nerven behaart) und Krone rot oder mit roter Tönung . . . . *A.×hybrida*
– Blättchen unterseits kahl, behaart oder filzig, Krone weiß oder gelb(lich) (zumindest bei vielen Blüten) 5
5 Blättchen unterseits fein samtig-filzig . . . . *A. pavia* var. *discolor*
– Blättchen unterseits anders behaart oder kahl 6
6 viele Blättchen zu 7 7
– Blättchen 5, selten 7 10
7 Blättchen verkehrt-eilanzettlich, Kronblätter z. T. rosa oder rot 8
– Blättchen verkehrteiförmig, Kronblätter alle weiß 9
8 Blättchen unterseits kahl . . . . *A. indica*
– Blättchen unterseits bahaart . . . . *A. ×mutabilis*
9 Blättchen deutlich gestielt, Blütenripsen höchstens 20 cm lang . . . . *A. californica*
– Blättchen undeutlich gestielt oder sitzend, Blütenrispen 20–30 cm lang . . . . *A. chinensis*
10 Triebe oder zumindest Blattstiele bis zum Herbst behaart . . . . *A. glabra* var. *glabra*
– Triebe und Blattstiele kahl 11
11 Blütenstiele stark drüsig . . . . *A. flava*
– Blütenstiele nicht drüsig . . . . *A. ×neglecta*
12 (1) Pflanze mit Ausläufern, strauchig . . . . *A. parviflora*
– Pflanze ohne Ausläufer 13
13 Blättchen meist 7 14
– Blättchen meist nur 5 15
14 Triebe und Blattstiele kahl . . *A. hippocastanum*
– Triebe und Blattstiele behaart . . . . *A. chinensis*
15 Blätter unterseits höchstens in den Nervenwinkeln behaart, Triebe kahl . . . . *A. ×carnea*
– Blätter unterseits auf den Hauptnerven und Triebe anfangs behaart . . . . *A. turbinata*

A. arguta Buckley = *A. glabra* var. *arguta*

Aesculus californica

(Spach) Nutt., Kalifornische Rosskastanie

Habitus: Bis 12 m hoher, kugelkroniger Baum oder ausladender Strauch, Zweige kahl, Borke hellgrau.
Blätter: Blättchen 5–7, gestielt, bis 18 cm lang, schmal länglich bis eiförmig, spitz, gesägt, anfangs graugrün behaart, zuletzt glänzend grün, Stiel bis 12 cm lang.
Blüten: In 15–20 cm langen, dichten, zylindrischen, filzig behaarten Rispen, Kronblätter 4–5, weiß oder rötlich getönt, bis 2 cm lang,

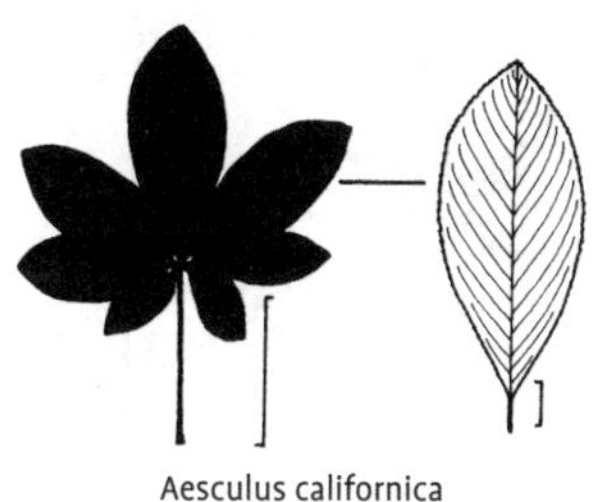
Aesculus californica

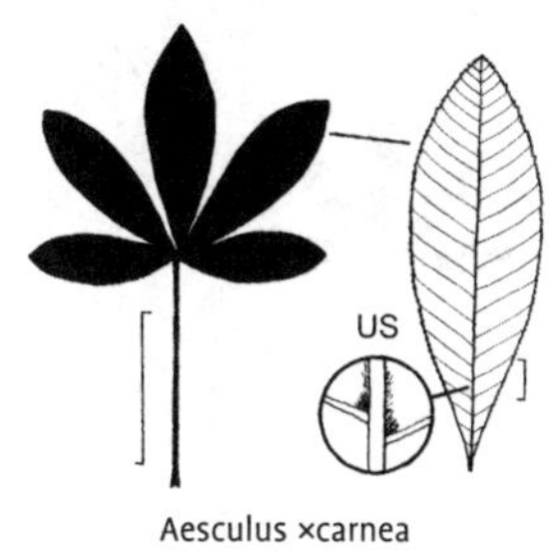

Aesculus ×carnea

1 Kronblatt deutlich kleiner, Staubblätter 5–7, länger als die Krone, Juni–August.
Früchte: Birnenförmig, bis 6 cm lang, rau.
Verbreitung: Kalifornien.
Verwendung: Sehr selten, B, WHZ 8b, LB 2.5.1.4 (6.1.2.4).

Aesculus ×carnea Hayne, Rote Rosskastanie

(*A. hippocastanum* × *A. pavia*)

Habitus: 10–25 m hoher Baum, Krone zuletzt kuppelförmig, 8–12 m breit, Borke rotbraun, rau, Knospen nur leicht klebrig, nicht wollig austreibend wie bei *A. hippocastanum*.
Blätter: Blättchen 5–7, die mittleren oft etwas gestielt, die anderen sitzend, bis 25 cm lang, verkehrteiförmig, oft etwas wellig, scharf doppelt gesägt, derb und dunkelgrün, unterseits hellgrün, Stiel bis 23 cm lang.
Blüten: In 12–20 cm langen, länglich-eiförmigen Rispen, Kronblätter 4–5 cm lang, ziemlich gleich groß, abspreizend, am Rand drüsig bewimpert, fleischrosa bis rot, innen mit gelbem Fleck, Staubblätter aufwärts gebogen und frei sichtbar, Mai.
Früchte: Kugelig, 3–4 cm dick, wenig bestachelt, werden selten ausgebildet.
Verwendung: Sehr häufig (wie die Sorte 'Briotii' mit Einschränkugen als Stadtstraßenbaum geeignet), B, Bi, ⚹, WHZ 6b, LB 3.3.3.2.

'Briotii'. 10–15 m hoher, kugelkroniger Baum, Krone 8–12 m breit, kompakt, dicht belaubt. Blüten leuchtend blutrot, Blütenstände etwas größer als bei *A. ×carnea*. Wird häufiger gepflanzt als der Typ.

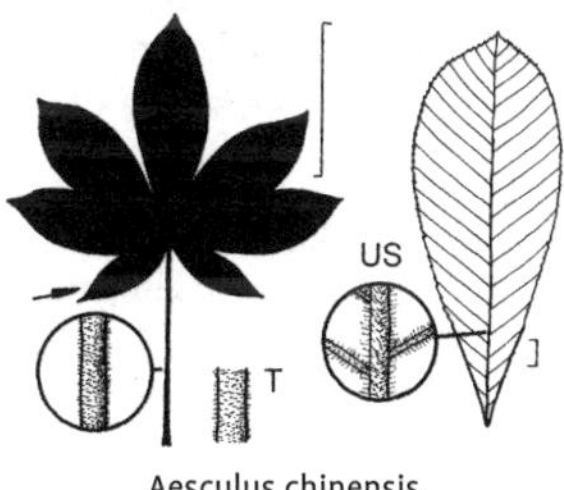

Aesculus chinensis

Aesculus chinensis Bunge, Chinesische Rosskastanie

Habitus: 20–30 m hoher, stattlicher Baum, Triebe dick, steif, kahl bis filzig behaart, Knospen klebrig, Blattnarben sehr groß.
Blätter: Blättchen 5–7, 12–20 cm lang, schmal länglich bis verkehrteiförmig, in eine feine Spitze auslaufend, gleichmäßig seicht gesägt.
Blüten: In 20–30 cm langen, schlanken, kahlen Rispen, Kronblätter 4, weiß, Staubblätter etwas länger als die Blütenkrone.
Früchte: Abgeflacht kugelig, 3–4,5 cm dick, dickschalig, rau, Nabel sehr groß.
Verbreitung: N-China, in China ein häufiger Tempelbaum.
Verwendung: Sehr selten, B, ⚹, WHZ 6b, LB 3.1.2.2.

A. discolor Pursh = *A. pavia* var. *discolor*

Aesculus flava Sol., Gelbe Rosskastanie

Habitus: Bis 25 m hoher, schmalkroniger Baum, Zweige im Alter überhängend, Borke braun, glatt oder mit kleinen, dicken Schuppen, Knospen nicht klebrig.

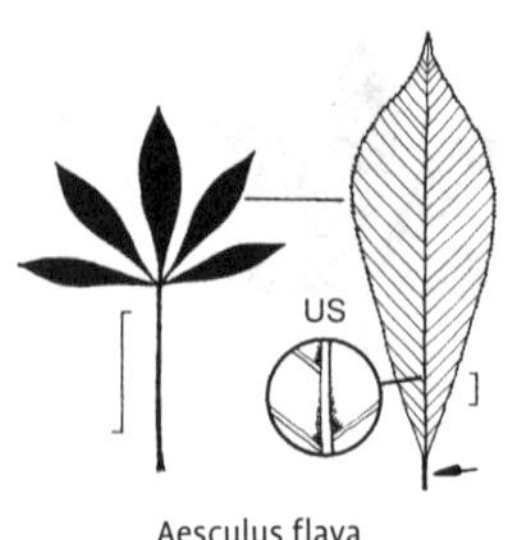

Aesculus flava

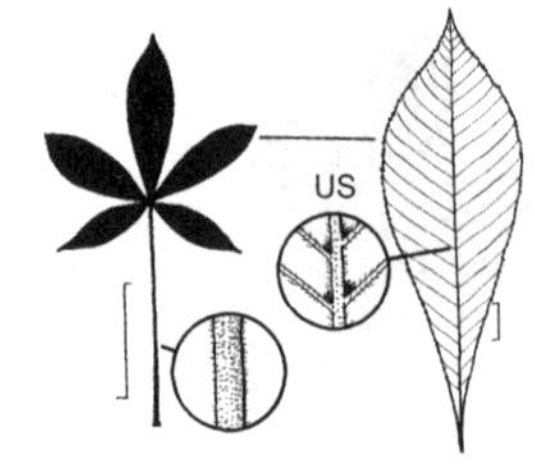

Aesculus glabra var. glabra

Blätter: Blättchen 5–7, 10–22 cm lang, verkehrteiförmig bis eiförmig, Basis keilförmig, fein gesägt, oberseits dunkelgrün, unterseits heller und anfangs behaart, Herbstfärbung orange bis tiefgelb.
Blüten: In 10–18 cm langen, samthaarigen Rispen, Kelch und Blütenstiele drüsig, Kronblätter 4, sehr ungleich, die längeren 2–3 cm lang, gelb mit braunrotem bis purpurnem Saftmal, Staubblätter herausragend, aufwärts gebogen, Mai–Juni.
Früchte: Asymmetrisch, fast kugelig, 5–7 cm dick, ohne Stacheln.
Verbreitung: NO- und SO-USA.
Verwendung: Häufig, B, N, ☠, WHZ 6b, LB 3.3.3.2.

Aesculus glabra Willd. **var. glabra**, Ohio-Rosskastanie

Habitus: 10–20 m hoher, starkstämmiger Baum, Borke rau und sehr rissig, hell bis dunkel graubraun, Triebe rot- bis graubraun, behaart.
Blätter: Blättchen 5–7, elliptisch bis verkehrteiförmig, 8–16 cm lang, lang zugespitzt, Basis spitz, fein gesägt, dunkelgrün, zunächst unterseits behaart, im Austrieb stumpf rotbraun, Stiel 5–15 cm lang, Herbstfärbung orange.
Blüten: In breiten, 10–15 cm langen Rispen, Kronblätter 4, ziemlich gleich lang, 2–3 cm lang, hell gelblich grün, am Rand zottig behaart, alle deutlich kürzer als die Staubblätter, Mai.
Früchte: Eiförmig, 3–5 cm lang, hellbraun, meist bestachelt.
Verbreitung: NO-, NOZ- und SO-USA.
Verwendung: Selten, B, N, ☠, WHZ 6a, LB 2.3.3.3.

var. arguta (Buckley) B.L. Rob., Texas-Rosskastanie. Wuchs meist strauchig, 2–6 m hoch, bei starkem Fruchtbehang Äste niederliegend, Triebe dünn und behaart. Blättchen 7–9, 6–12 cm lang, eiförmig-elliptisch bis schmal verkehrteiförmig, lang zugespitzt, scharf und doppelt gesägt, unterseits zuerst behaart, später kahl. Blüten in 15–20 cm langen, kegelförmigen Rispen, Kronblätter 4, hellgelb, fast gleich lang, in den schlanken Nagel verschmälert, außen weich behaart, Mai. Früchte kugelig, 2,5 cm dick. SO-USA. WHZ 6b, LB 3.1.4.5.

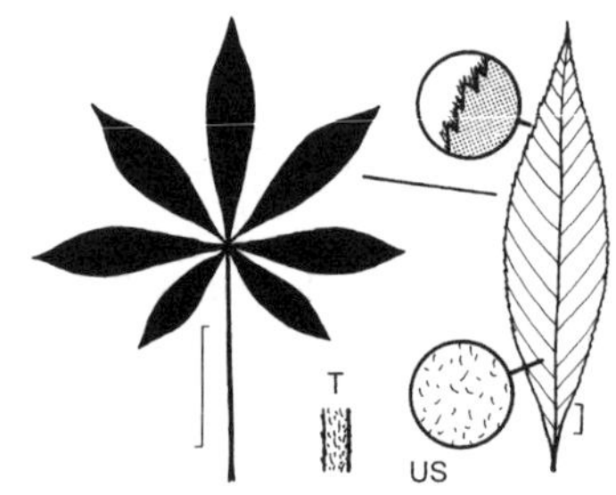

Aesculus glabra var. arguta

Aesculus hippocastanum L., Gewöhnliche Rosskastanie

Habitus: Stattlicher, 25(–30) m hoher, meist kurzstämmiger Baum, Krone hoch gewölbt, Zweige durchhängend, Borke rotbraun bis dunkel graubraun, sich in Streifen und Platten lösend, Zweige steif und dick, graubraun bis braun, mit zahlreichen, helleren Korkwarzen, Knospen rotbraun, klebrig.
Blätter: Blättchen 5–7, 10–25 cm lang, sitzend, länglich-eiförmig bis verkehrteiförmig, meist im oberen Drittel am breitesten, plötzlich kurz zugespitzt, Basis keilförmig, Rand von der Basis an einfach, im oberen Teil meist doppelt gesägt bis leicht buchtig gelappt, oberseits dunkelgrün, unterseits heller und

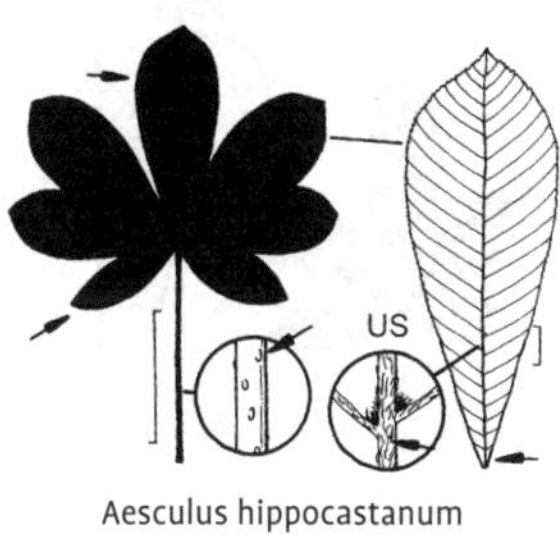

Aesculus hippocastanum

an den Adern behaart, im Austrieb dicht braunwollig, Stiel glatt, bis 20 cm lang, nicht gefurcht.
Blüten: Zwittrig oder ♂, in 20–30 cm langen, vielblütigen, kegelförmigen Rispen, Kronblätter 5, etwa 2 cm breit, am Rande gewellt, weiß, die beiden oberen mit anfangs gelbem, dann rotem Saftmal, Staubblätter gebogen, länger als die Blütenkrone, April–Mai.
Früchte: Kugelig, 5–6 cm dick, grün, dicht bestachelt.
Verbreitung: SO-Europa.
Verwendung: Sehr häufig (vor allem als Park-, Hof- und Biergartenbaum, mit Einschränkungen als Stadtstraßenbaum geeignet), B, N, Bi, ⚕, WHZ 4, LB 7.3.2.1.

'Baumannii'. 10–15 m hoher Baum, Krone hoch gewölbt oder eiförmig. Blüten gefüllt, reinweiß, weitgehend steril, halten etwas länger als bei der Art. Mit Einschränkungen als Stadtstraßenbaum bedingt geeignet.

'Laciniata'. Im Alter kaum über 10 m hoher, schwachwüchsiger Baum, Äste stark durchhängend. Blättchen sehr schmal, oft fadenförmig tief eingeschnitten, dicht gedrängt stehend.

'Umbraculifera', Kugel-Kastanie. Wird meist hochstämmig veredelt, 6–8 m hoch, Krone abgeflacht kugelig, sehr dicht verzweigt, 5–8 m breit.

Aesculus ×hybrida DC., Allegheny-Rosskastanie, Hybrid-Rosskastanie

(*A. flava* × *A. pavia*)

Habitus: Bis 20 m hoher Baum.
Blätter: Blättchen 5, verkehrteiförmig, 10–15 cm lang, zugespitzt, fein kerbig gesägt, oberseits glänzend dunkelgrün, unterseits Nerven behaart, Herbstfärbung gelb bis bräunlich rot.
Blüten: In 10–16 cm langen Rispen, Kelch

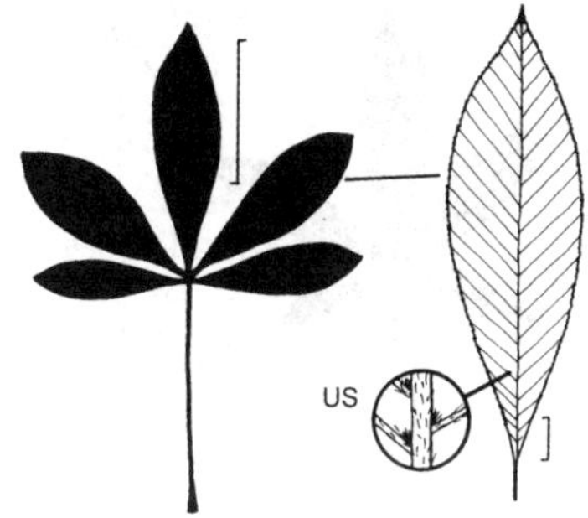

Aesculus ×hybrida

Aesculus indica

und Blütenstiele drüsig behaart, Kronblätter rot, gelb oder gelb mit roter Tönung, Staubblätter kürzer als die Krone, Mai–Juni.
Früchte: Kugelig.
Verbreitung: USA: Allegheny-Gebirge.
Verwendung: Selten, B, WHZ 6a, LB 3.3.3.2.

Aesculus indica (Wall. ex Cambess.) Hook., Indische Rosskastanie

Habitus: Bis 30 m hoher Baum, in Europa viel niedriger bleibend, Stamm meist kurz, Krone kuppelförmig, Borke grau, sich in langen Streifen lösend.
Blätter: Blättchen 5–9, bis 32 cm lang, kurz gestielt, verkehrteiförmig-lanzettlich, fein gesägt, oberseits Nervatur deutlich eingesenkt, im Austrieb tief bronzerosa, später oberseits glänzend dunkelgrün, unterseits bläulich, Herstfärbung gelb bis orange.
Blüten: In bis 40 cm langen Rispen, Kronblätter 4, ungleich lang, die oberen länger, weiß, mit rotgelbem Saftmal an der Basis, die kürzeren hellrosa, Juni.
Früchte: Fast kugelig, bis 6 cm dick, rau.
Verbreitung: Afghanistan, Himalaja.

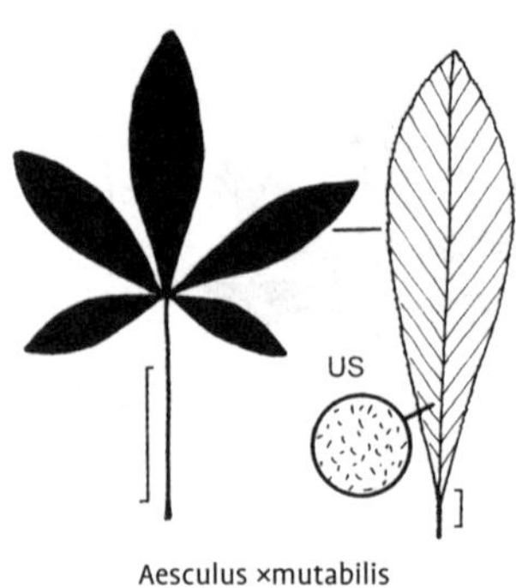

Aesculus ×mutabilis

Verwendung: Sehr selten, B, WHZ 7b, LB 3.2.1.2.

A. lutea Wangenh. = *A. flava*

Aesculus ×mutabilis (Spach) Schelle, Veränderliche Rosskastanie
(*A. pavia* × *A. sylvatica*)

Habitus: Kleiner Baum oder großer Strauch.
Blätter: Blättchen 5–7, gestielt, bis 15 cm lang, eiförmig bis länglich, oberseits hellgrün, unterseits zottig behaart.
Blüten: In aufrechten, bis 20 cm langen Rispen, Kelch breit röhrig, Kronblätter gelb und rot, Mai–Juni.
Früchte: Glatt.
Verwendung: Selten, B, WHZ 6a, LB 3.1.7.4.

'Induta'. Blüten zahlreich, aprikosenfarben mit gelber Zeichnung.

Aesculus ×neglecta Lindl., Carolina-Rosskastanie
(*A. flava* × *A. sylvatica*)

Habitus: 10–20 m hoher Baum, Zweige grau.
Blätter: Blättchen 5, länglich bis verkehrteiförmig, 10–16 cm lang, unregelmäßig, einfach oder doppelt gesägt, bis auf die unterseits behaarten Nerven kahl, im Austrieb rosa, später gelb, zuletzt hellgrün.
Blüten: In 10–15 cm langen Rispen, Kronblätter sehr ungleich, gelb, zur Basis hin rot geadert, Kelch schmal glockig, außen fein behaart, Mai–Juni.
Früchte: Kugelig, 2–3 cm dick.
Verbreitung: SO-USA.
Verwendung: Selten, B, WHZ 5b, LB 3.3.3.3.

'Erythroblastos'. Kleiner, langsam wachsender Baum. Blätter im Austrieb und bei der Entfaltung auffallend karminrosa, später gelblich grün, im Herbst tiefgelb bis orange.

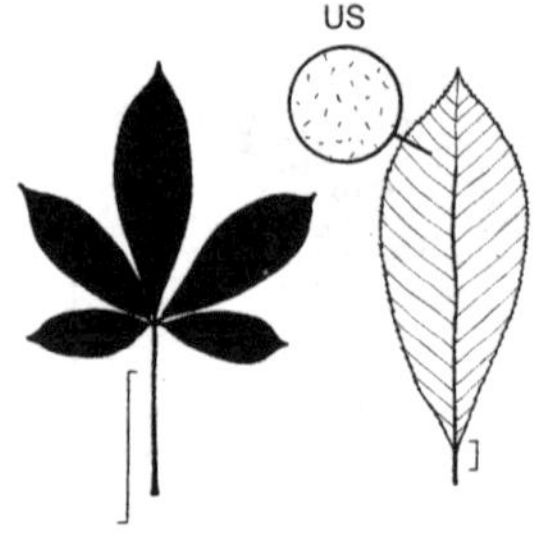

Aesculus ×neglecta

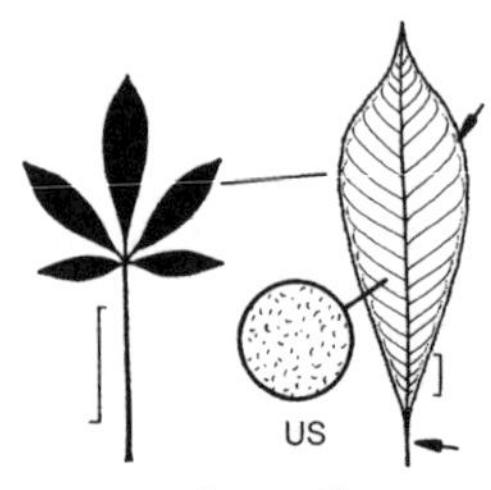

Aesculus parviflora

A. octandra Marshall = *A. flava*
A. ohioensis (F. Michx.) DC. = *A. glabra* var. *glabra*

Aesculus parviflora Walter, Strauch-Rosskastanie

Habitus: Wuchs strauchartig, im Alter 3–6 m hoch und 10 m breit, sich durch unterirdische Ausläufer ausbreitend, im Alter ausgedehnte Dickichte bildend, Äste schlank, aufrecht, Rinde hell braungrau, mit auffallenden, rosabraunen Lentizellen.
Blätter: Blättchen 5–7, fast sitzend, 8–20 cm lang, eiförmig bis länglich, zugespitzt, kerbig gesägt, oberseits sattgrün, unterseits fein grauweiß behaart, Herbstfärbung gelb.
Blüten: In 20–30 cm langen, schlanken, vielblütigen Rispen, die über dem Laub stehen, am Abend duftend (Bestäubung durch Nachtschmetterlinge), Kronblätter etwa 1 cm lang, weiß, Staubblätter weit herausragend, Staubbeutel rot, Juli–August.
Früchte: Verkehrteiförmig, 2–3 cm lang, bräunlich, warzig, werden nur selten ausgebildet.
Verbreitung: SO-USA.
Verwendung: Sehr häufig, B, WHZ 5b, LB 2.3.5.4.

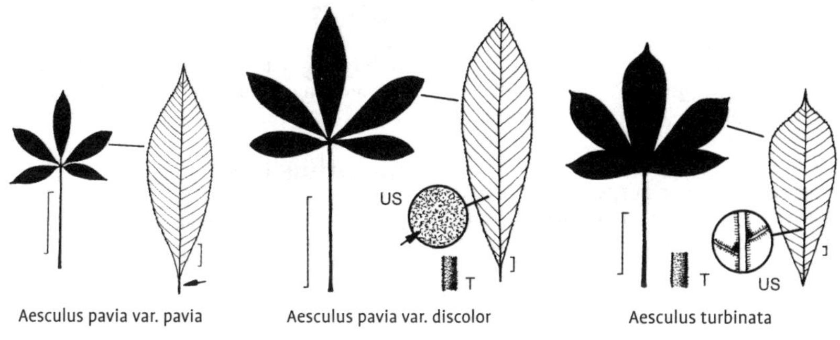

Aesculus pavia var. pavia Aesculus pavia var. discolor Aesculus turbinata

Aesculus pavia L. **var. pavia**, Echte Pavie

Habitus: Großer Strauch, selten kleiner, 3–6(–12) m hoher Baum, oft hochstämmig veredelt, Zweige ± hängend.
Blätter: Blättchen 5–7, 8–14 cm lang, gestielt, verkehrteiförmig bis länglich-lanzettlich, unregelmäßig und oft doppelt gesägt, unterseits kahl oder wenig behaart, Stiel bis 17 cm lang.
Blüten: Kelch und Kronblätter leuchtend rot, gelegentlich gelb oder gelb gefleckt, in 10–15 cm langen, wenigblütigen Rispen, Kronblätter 4, sehr ungleich lang, zusammengeneigt, Staubblätter kürzer als die Kronblätter, Juni.
Früchte: Eiförmig-kugelig, 3,5–6 cm lang, glatt, hellbraun.
Verbreitung: SO-USA.
Verwendung: Häufig, B, ⚲, WHZ 5b, LB 2.3.5.4.

var. discolor (Pursh) Torr. et A. Gray, Gelbrote Pavie. Strauch oder bis 10 m hoher Baum, Zweige fein weich behaart. Blättchen 5, 8–18 cm lang, elliptisch bis länglich, fein kerbig gesägt, oberseits glänzend dunkelgrün, unterseits fein weißlich behaart. Blüten in 15–20 cm langen, behaarten Rispen, Kelch- und Kronblätter gelb mit ± starkem, rotem Anflug, Kronblätter sehr ungleichmäßig, zusammengeneigt, am Rand drüsig gewimpert, Mai. Früchte verkehrteiförmig-kugelig, 3–6 cm lang, Samen gelbbraun. SO-USA. WHZ 6b, LB 2.3.5.4.

A. ×plantierensis André = *A. ×carnea*
A. ×rubicunda Loisel. = *A. ×carnea*
A. splendens Sarg. = *A. pavia*

Aesculus turbinata Blume, Japanische Rosskastanie

Habitus: 20–30 m hoher Baum, Äste straff aufstrebend, Triebe nur anfangs behaart, Knospen glänzend rotbraun, stark klebrig.
Blätter: Die größten der Gattung, Blättchen 5–7, 20–35 cm lang, sitzend, knapp oberhalb der Mitte am breitesten, dann langsam verschmälert, etwa vom 2. Drittel an fein kerbig gesägt, unterseits bläulich grün und nur in den Nervenwinkeln behaart, Stiel warzig, oberseits gefurcht, Herbstfärbung orange.
Blüten: Etwa 15 mm breit, duftend, in 25–35 cm langen Rispen, Blütenstiele 15–25 cm lang, Blüten etwa 15 mm breit, Kronblätter 4, gelblich weiß, mit rotem Saftmal, Juni.
Früchte: Birnenförmig, etwa 5 cm dick, bräunlich, warzig oder rau.
Verbreitung: Japan.
Verwendung: Selten, B, N, WHZ 5a, LB 2.3.2.1.

A. ×versicolor (Spach.) Wender. = *A. ×hybrida*

Aethionema R. Br.

Steintäschel – Brassicaceae
(griechisch *aethes* – ungewöhnlich und *nema* = Faden)

Habitus: Niedrige Kräuter, Stauden oder Halbsträucher.
Blätter: Wechselständig, sitzend, ganzrandig, blaugrün, Nebenblätter fehlend.
Blüten: Zwittrig, radiär, in gedrängten, endständigen Trauben, Kelchblätter in 2 2-zähligen Kreisen, am Grund ausgesackt, Kronblätter 4, kreuzweise angeordnet, rosa, rot oder weiß, Staubblätter 6, 2 kürzere und 4

Aethionema cordifolium

Aethionema grandiflorum

längere, die inneren mit geflügelten Staubfäden, die 2 Fruchtblätter zu einem oberständigen, 2-fächrigen Fruchtknoten verwachsen.
Früchte: Schoten abgeflacht, sich 2-klappig öffnend, 6–10 mm lang und 1–3 mm breit, mit 1–4 Samen je Fach.
Verbreitung: 46 Arten, vom Mittelmeergebiet bis W-Asien.
Verwendung: Die hier behandelten Arten sind attraktive, reich blühende, Polster bildende Halbsträucher für Trockenmauern, Stein- und Troggärten, an sonnigen Plätzen und auf sandigen, durchlässigen Böden.

Bestimmungsschlüssel Aethionema

1 Blätter 2–3 cm lang, am Trieb verteilt, Zweige zart . . . . *A. grandiflorum*
– Blätter 1–2 cm lang, an den Triebspitzen gehäuft, Zweige dick . . . . *A. coridifolium*

Aethionema cordifolium DC., Zierliches Steintäschel

Habitus: Bis 0,2 m hoher, vieltriebiger Halbstrauch, Sprosse aufsteigend, einfach, dicklich.
Blätter: Linealisch, 1–2 cm lang, an den Triebspitzen gedrängt.
Blüten: In dichten, kurzen Trauben, Kronblätter rosa bis purpur, etwa 1- bis 3-mal so lang wie die Kelchblätter, Staubblätter 6, Juni.
Früchte: Eiförmig-rundlich, 6–8 mm lang.
Verbreitung: Türkei, Libanon.
Verwendung: Selten, B, WHZ 6b, LB 6.1.2.8.

Aethionema grandiflorum Boiss. et Hohen., Großblütiges Steintäschel

Habitus: Bis 0,35 m hoher, vieltriebiger Halbstrauch, Sprosse dünn, ± ungeteilt, nur an der Basis verzweigt.
Blätter: Länglich-linealisch, 2–3 cm lang, stark blau bereift, über die ganze Länge der Triebe verteilt.
Blüten: Groß, in später sich stark verlängernden Trauben, Kronblätter hell lilarosa, 3- bis 4-mal so lang wie die Kelchblätter, Juni–Juli.
Früchte: Kreisrund, 1 cm breit, breit geflügelt.
Verbreitung: Türkei, N-Irak, Kaukasien, Iran.
Verwendung: Häufig, B, WHZ 6b, LB 6.1.2.8.

Ailanthus Desf.

Götterbaum – Simaroubaceae

(der Name wird gewöhnlich auf das malaiische Wort *aylanto* zurückgeführt und als „Baum des Himmels“ gedeutet)

Habitus: Hohe, sparsam verzweigte, sommergrüne Bäume, Zweige dick, olivbraun bis braun, mit zahlreichen Lentizellen, Knospen wenig erhaben, breiter als hoch, Blattnarben leicht napfförmig vertieft, mit zahlreichen Gefäßbündelspuren.
Blätter: Wechselständig, paarig und unpaarig gefiedert, unangenehm riechend, Blättchen in der Nähe der Basis mit einigen Zähnen, die unterseits je eine große Drüse tragen, Nebenblätter fehlend.
Blüten: Polygam, radiär, klein, unscheinbar, in großen endständigen Rispen, Kronblätter 5–6, grünlich, Staubblätter in ♂ Blüten 10, in zwittrigen 5, Nektarscheibe deutlich ausgebildet, Fruchtblätter 5–6, an der Basis ± frei.
Früchte: Nüsschen länglich bis schmal ellipsoid, 3,5–5 cm lang, 1–1,5 cm breit, geflügelt, Flügel dünn und pergamentartig, länglich bis schmal elliptisch, 3,5–5 cm lang, Samenkörper im Zentrum, Flügel in Höhe des Samens eingekerbt, am oberen Ende gedreht, Früchte lange am Baum bleibend.
Verbreitung: 5 Arten in O- und S-Asien sowie in N-Australien.
Verwendung: Große, an Lage und Boden sehr anspruchslose Parkbäume mit großen Blättern und oft sehr reichem Fruchtschmuck.

Bestimmungsschlüssel Ailanthus

1 Junge Triebe mit zahlreichen kleinen Stacheln; Blättchen an der Spindel stark versetzt . . . . *A. vilmoriniana*
– Junge Triebe ohne Stacheln (nur behaart); Blättchen an der Spindel nicht versetzt 2
2 Blättchen mehr als 26, an der Basis mit 1 Drüsen-Zahn . . . . *A. giraldii*
– Blättchen weniger als 26, an der Basis z. T. einige Zähne mit Drüsen . . . . *A. altissima*

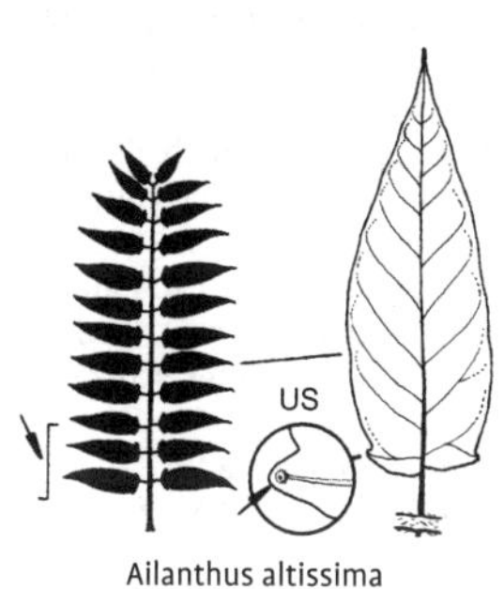

Ailanthus altissima

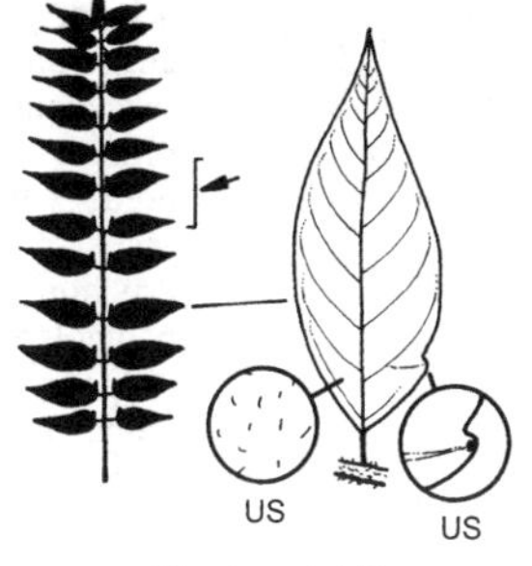

Ailanthus giraldii

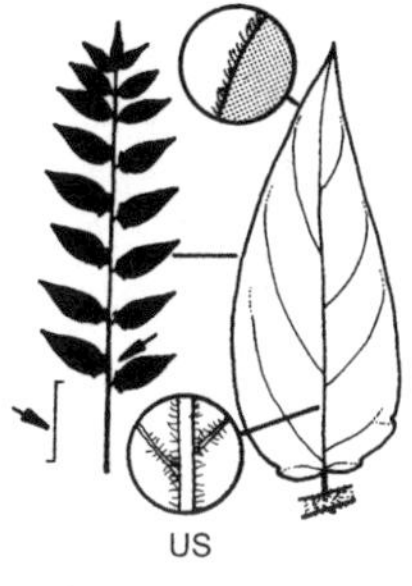

Ailanthus vilmoriniana

Ailanthus altissima (Mill.) Swingle, Drüsiger Götterbaum

Habitus: Bis 25 m hoher, spät austreibender Baum, Krone kugelig, unregelmäßig, bis 15(–20) m breit, Rinde hell längsstreifig gemustert, Zweige dick, matt glänzend braun bis rötlich braun, Blattnarben groß, 3-eckig abgerundet, Knospen sehr flach, fein behaart.
Blätter: 40–60 cm lang, Blättchen 13–25, gestielt, länglich-lanzettlich, 7–12 cm lang, Basis gestutzt, Blattrand fein gewimpert, bis auf 1–2 (selten 3–4) grobe Zähne ganzrandig, Spreite oberseits dunkelgrün, unterseits bläulich grün, beiderseits kahl.
Blüten: 7–8 mm breit, in 10–20 cm langen Rispen, unangenehm riechend, Krone weißlich grün, Juni–Juli.
Früchte: 3–4 cm lang, hellbraun bis leuchtend rot, oft in großen Mengen und bis zum Winter am Baum bleibend.
Verbreitung: China, in N-Amerika und Europa etabliert, in Europa überwiegend als invasive Art eingestuft, in der Schweiz steht *A. altissima* auf der „Schwarzen Liste" der Schweizerischen Kommission für die Erhaltung von Wildpflanzen.
Verwendung: Sehr häufig, N, Bi, ♧, ✂, WHZ 6b, LB 6.1.2.1.

Ailanthus giraldii Dode, Giralds Götterbaum

Habitus: Bis 12 m hoher, lockerkroniger Baum, Rinde grau, Triebe braun, behaart.
Blätter: An jungen Pflanzen bis 1 m lang, an älteren kürzer, Blättchen 27 und mehr, 7–15 cm lang, lanzettlich, lang zugespitzt, Rand gewellt, nur 1 Zahn, oberseits dunkelgrün, unterseits blassgrün, beiderseits locker behaart.
Blüten: In 20–30 cm langen Rispen, Juni–Juli.
Früchte: Bis 6,5 cm lang.
Verbreitung: China: Sichuan.
Verwendung: Sehr selten, ♧, WHZ 6b, LB 6.1.1.3.

A. glandulosa Desf. = *A. altissima*
A. peregrina (Buc'hoz) F.A. Barkley = *A. altissima*

Ailanthus vilmoriniana Dode, Dorniger Götterbaum

Habitus: Bis 15 m hoher Baum, Triebe grünlich, behaart und mit zahlreichen kleinen Stacheln.
Blätter: 0,5–1 m lang, Blättchen 17–35, länglich-lanzettlich, bis 12 cm lang, zugespitzt, mit 2–4 groben Zähnen, oberseits dunkelgrün, kahl oder spärlich behaart, unterseits dicht silbrig behaart, Stiel der Blättchen 5–10 mm lang, Blattstiel oft rot und stachelig.
Blüten: In bis 30 cm langen Rispen, Krone weißlich grün, Juni–Juli.
Früchte: Bis 5 cm lang, Flügel propellerartig gedreht.
Verbreitung: China: Sichuan, W-Hubei.
Verwendung: Sehr selten, ♧, WHZ 6b, LB 6.1.1.3.

Akebia Decne.

Akebie – Lardizabalaceae
(*akebi* = japanischer Name der Gattung)

Habitus: Sommer- oder wintergrüne, linkswindende Lianen, Zweige olivgrün bis braun, kahl, Knospen kurz kegelförmig, Knospenschuppen zahlreich, mit Spitzchen oder kurz

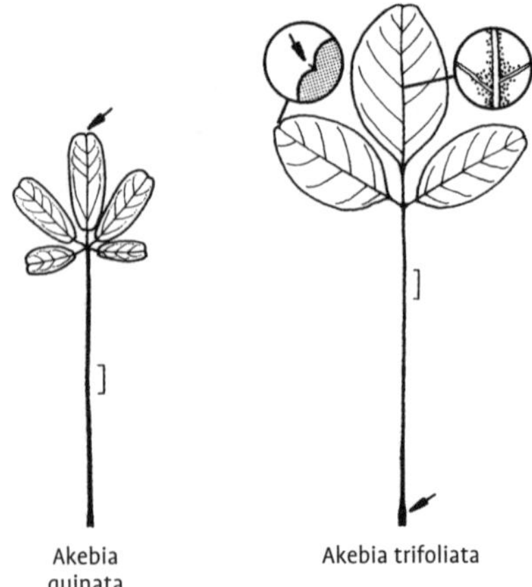
Akebia quinata

Akebia trifoliata

begrannt, Blattnarben rundlich, deutlich erhaben, Gefäßbündelspuren zahlreich.
Blätter: Wechselständig, gefingert, Blättchen deutlich gestielt, Nebenblätter fehlend.
Blüten: 1-geschlechtig, 1-häusig verteilt, radiär, duftend, in achselständigen, hängenden Trauben, die unteren Blüten ♀, die oberen ♂ und viel kleiner als die ♀, Blütenhülle einfach, 3-teilig, freiblättrig, Staubblätter 6, Fruchtblätter 3–6(–9), frei.
Früchte: Balgfrüchte meist einzeln, länglich-eiförmig, 6–8 cm lang, hell purpurviolett, zur Reife sich einseitig öffnend, Samen 5–6 mm lang, glänzend schwarzbraun, zahlreich und in mehreren Längsreihen, bei der Fruchtreife einen sich von der Wand lösenden, walzenförmigen Körper bildend, Fruchtfleisch essbar, Früchte werden ziemlich selten ausgebildet.
Verbreitung: 4 Arten in Japan, China und Korea.
Verwendung: Attraktive, üppig wachsende, wenig anspruchsvolle Schlinggehölze mit eigenartigen Blüten und Früchten, dessen süßliches, geleeartiges Fruchtfleisch essbar ist.

Bestimmungsschlüssel Akebia

1 Blätter 3-zählig gefingert, Blättchen eiförmig . . . . *A. trifoliata*
– Blätter 5-zählig gefingert, Blättchen elliptisch. . . . . *A. quinata*

Akebia quinata (Houtt.) Decne., Fingerblättrige Akebie

Habitus: Sommer- oder wintergrün, bis 10 m hoch windend, Triebe violett-purpurn.
Blätter: Blättchen 5, 3–6 cm lang, derb, länglich oder eiförmig, ganzrandig, an der Spitze ausgerandet, oberseits dunkelgrün, unterseits blaugrün, Stiel 7–12 cm lang.
Blüten: ♀ Blüten violettbräunlich, 2–3 cm breit, ♂ Blüten rosa, nach Vanille duftend, Mai.
Früchte: Eiförmig-länglich, 5–10 cm lang, hellviolett, bereift, in der essbaren, weißen Pulpe zahlreiche rotbraune oder schwarze Samen eingebettet.
Verbreitung: China, Korea, Japan.
Verwendung: Häufig, B, ஃ, D, WHZ 6b, LB 7.4.5.9.

A. lobata Decne. = *A. trifoliata*

Akebia trifoliata (Thunb.) Koidz., Kleeblättrige Akebie

Habitus: 5–8 m hoch windend.
Blätter: Blättchen 3, eiförmig bis breit elliptisch, 3–6 cm lang, an der Spitze ausgerandet, Rand etwas gewellt oder buchtig gekerbt, oberseits dunkelgrün, unterseits heller, bis weit in den Winter an den Pflanzen haftend.
Blüten: ♀ Blüten kastanienbraun, 2,5–3 cm breit, ♂ Blüten hellpurpurn, Mai.
Früchte: 7–15 cm lang, hellpurpurn, die weiße Pulpe essbar, darin eingelagert zahlreiche schwarze Samen.
Verbreitung: China, Japan.
Verwendung: Selten, B, ஃ, WHZ 6b, LB 3.2.2.9.

Alangium Lam.

Alangie – Cornaceae

(eigentliche Bedeutung und Herkunftssprache sind unbekannt)

Habitus: Sommer- oder immergrüne Bäume, Sträucher und Kletterpflanzen (bei uns nur sommergrüne Sträucher oder Kleinbäume), Zweige grau bis rotbraun, behaart, Endknospe fehlend, subterminale Knospen 3–4 mm lang, lang behaart, Blattnarben fast ringförmig, die Knospen fast umgebend, Gefäßbündelspuren 3.
Blätter: Wechselständig, einfach, ganzrandig oder ± tief gelappt, Nebenblätter fehlend.
Blüten: Zwittrig, radiär, klein, wenig ansehnlich, meist in achselständigen Zymen, Kelchblätter 4–10, miteinander verwachsen, klein, Kronblätter 4–10, die Zipfel rückwärts eingerollt, Staubblätter 4–10 oder mehr, Nektar-

Alangium platanifolium var. platanifolium

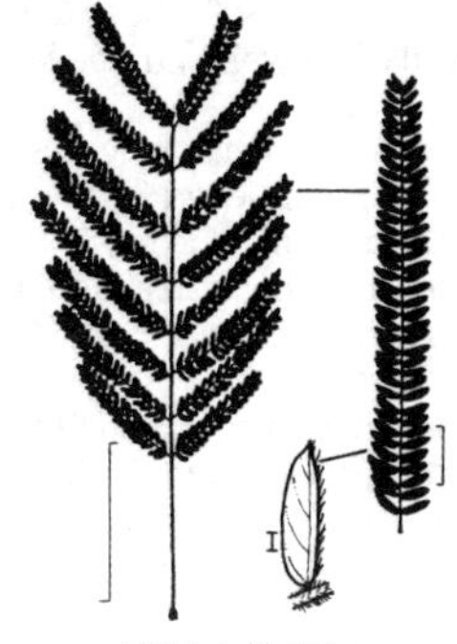

Albizia julibrissin

scheibe deutlich ausgebildet, Fruchtknoten meist 1-fächrig, unterständig.
Früchte: Steinfrüchte 8–10 mm dick, eiförmig-kugelig, glänzend dunkelblau, 1-samig, mit einem dünnen, saftig-fleischigen Mesokarp.
Verbreitung: 21 Arten im tropischen Afrika, China bis O-Australien und Neu-Kaledonien.
Verwendung: Mit den ahornähnlichen Blättern auffallend und dekorativ.

Alangium platanifolium (Siebold et Zucc.) Harms **var. platanifolium**, Platanenblättrige Alangie

Habitus: Sommergrüner, bis 15 m hoher Baum, Zweige markig, nur anfangs behaart.
Blätter: 10–20 cm lang, 3–5(–7)-lappig, teilweise auch ungelappt, dann breit eiförmig, Basis herzförmig, Lappen 3-eckig-länglich, bis zur Hälfte der Spreitenlänge reichend, ganzrandig, geschwänzt zugespitzt, oberseits kahl und dunkelgrün, unterseits mit zahlreichen, kleinen Achselbärten, Nervatur handförmig, Stiel 3–7 cm lang.
Blüten: 3–3,5 cm lang, duftend, zu 3–7 in den Blattachseln diesjähriger Triebe, Kronblattzipfel zu ⅔ der Länge eingerollt, Juni–Juli.
Früchte: Eiförmig, 6–8 mm lang, dunkelblau, Steinkern 1-fächrig.
Verbreitung: Japan, Korea.
Verwendung: Sehr selten, WHZ 7b, LB 6.3.4.4.

var. trilobum (Miq.) Ohwi. Blätter nur bis zu ⅓ der Spreitenlänge gelappt. Japan, Korea, Mandschurei.

Albizia Durazz.

Seidenakazie – Fabaceae (Mimosaceae)

(nach Filippo degli Albizzi, italienischer Naturforscher des 18. Jahrh.)

Habitus: Sommergrüne, raschwüchsige Bäume, Sträucher und Kletterpflanzen, Zweige olivgrün, mit deutlichen Lentizellen, Endknospe fehlend, Seitenknospen 1–1,5 mm lang, rundlich, die 2 äußeren Knospenschuppen schwach bewimpert.
Blätter: Wechselständig, groß, doppelt gefiedert, Fiederblättchen klein und zahlreich, Blattspindel am Grund mit einer kleinen Drüse, Nebenblätter klein, meist hinfällig.
Blüten: Zwittrig, zygomorph, in end- oder achselständigen Ähren oder Köpfchen, 5-zählig, Kelchblätter verwachsen, die kleinen Kronblätter zur Hälfte verwachsen, Staubblätter zahlreich, weit herausragend, Fruchtknoten 1-fächrig, oberständig.
Früchte: Hülsen 12–15 cm lang, 2 cm breit, zwischen den Samen quer eingedellt, strohfarben, mit 8–12 ellipsoiden, stark abgeflachten, etwa 8 mm großen Samen.
Verbreitung: Etwa 130 Arten in den Tropen und Subtropen der Alten Welt.
Verwendung: In Mitteleuropa ist nur 1 Art kultivierbar. An sommerwarmen, geschützten Standorten ein prachtvoller Blütenbaum, dessen filigran gefiederte Blätter sich nachts zusammenfalten.

Albizia julibrissin Durazz., Seidenakazie

Habitus: Raschwüchsiger Strauch oder kleiner, bis 6 m hoher Baum, Krone breit ausla-

dend und flach gewölbt, Triebe kantig und kahl.
Blätter: 20–30 cm lang, lang gestielt, mit 8–15 Paar Fiedern, jede Fieder mit 20–30 Paar sichelförmigen, schiefen, 5–16 mm langen, unterseits entlang der Mittelrippe behaarten Blättchen, die nachts in „Schlafstellung“ gefaltet sind.
Blüten: In kugeligen, 2,5–3 cm breiten Köpfchen an den Zweigenden, hellrosa, Staubblätter bis 4 cm lang, Juli–August.
Früchte: Hülsen bis 15 cm lang.
Verbreitung: Iran, Pakistan, Himalaja, China, Japan, in SO-USA etabliert.
Verwendung: B, N, WHZ 7b, LB 6.1.1.3.

fo. rosea Moullin. Blüten kräftig rosa. Frosthärter als die Art.

'Ernest Wilson'. In Wuchs, Belaubung und Blüte wie die Art, aber deutlich frosthärter.

'Summer Chocolate'. Blätter tief purpurrot. Blüten hellrosa.

Alnus Mill.

Erle – Betulaceae

(lateinisch *alnus* = Erle)

Habitus: Sommergrüne Bäume und Sträucher, Knospen 8–10 mm lang, eiförmig bis länglich-eiförmig, gestielt oder sitzend, ± gebogen, kahl oder leicht behaart, Knospenschuppen gelegentlich hell bewimpert, Blattnarben mit 3 Gefäßbündelspuren.
Blätter: Wechselständig, gesägt oder gezähnt, Nebenblätter hinfällig.
Blüten: 1-geschlechtig, 1-häusig verteilt, in getrennten Blütenständen, bei fast allen Arten nackt überwinternd, meist vor dem Laubausbruch blühend, klein, ♂ Blüten zu 3 in Achseln von Tragblättern in zur Blütezeit schlaff herabhängenden Kätzchen, Blütenhülle einfach, meist 4-spaltig, selten verwachsen, Staubblätter 2–4, ♀ Blüten zu 2–3 in Achseln von Tragblättern, in Büscheln, Ähren oder Kätzchen, Blütenhülle fehlend, die 2–6 Vorblätter mit dem Tragblatt zu einer verholzenden Fruchtschuppe verwachsen, die zur Fruchtreife nicht abfällt, Fruchtknoten 2-fächrig.
Früchte: Zapfenartig, eiförmig oder ellipsoid 1–2,5 cm lang, verholzend, vielschuppig, Zapfen zu mehreren beieinander, gestielt oder sitzend, Zapfenschuppen spiralig stehend, beim Austrocknen auseinander klaffend, je Schuppe 3 abgeflachte, 2–5 mm lange, 1-samige Früchte mit seitlichem, 1 mm breitem Flügel, Zapfen lange am Baum bleibend.
Verbreitung: 35 Arten in den nördl. gemäßigten Zonen der Alten und Neuen Welt (davon 4 Arten in Europa), in Eurasien südl. bis SO-Asien, in Amerika entlang der Anden bis nach Argentinien.
Verwendung: Wald- und Parkbäume, oft als Pioniergehölze zu Boden- und Uferbefestigungen, und zu Schutzpflanzungen auf feuchten bis nassen Standorten eingesetzt. Zur Besiedlung von Rohböden geeignet, da durch Wurzelknöllchen bildende Actinomyceten (Strahlenpilze) im Wurzelbereich Luftstickstoff gebunden wird. *A. viridis* dient als Lawinen- und Erosionsschutz.

Bestimmungsschlüssel Alnus

1	Triebe kahl	2
–	Triebe und Blattstiele zumindest jung behaart	6
2	Blätter vorne abgerundet bis eingekerbt	*A. glutinosa*
–	Blätter zugespitzt	3
3	Knospen sitzend	4
–	Knospen gestielt (auf unbeblätterten Stielchen)	5
4	Blätter unterseits mit goldenen Drüsen, Spreitenbasis leicht herzförmig, Triebe rund	*A. maximowiczii*
–	Spreitenbasis keilförmig, Triebe kantig	*A. viridis*
5	Spreitenbasis herzförmig, Triebe braun	*A. cordata*
–	Spreitenbasis keilförmig, Triebe dunkelrot	*A. rubra*
6	Triebe nur anfangs behaart	7
–	Triebe bleibend behaart	10
7	Blätter breit lanzettlich und lang zugespitzt	*A. japonica*
–	Blätter eiförmig oder rundlich	8
8	Blattrand sehr fein gezähnt	*A. sinuata*
–	Blattrand grob gesägt	9
9	Blätter oberseits kahl	*A. rugosa*
–	Blätter oberseits behaart	*A. hirsuta*
10	Blattstiele höchstens 3 cm lang	*A. incana*
–	Blattstiele über 3 cm lang (zumindest viele)	11
11	Knospen nur kurz gestielt, Blätter elliptisch	*A. ×spaethii*
–	Knospen deutlich gestielt, Blätter eiförmig	*A. subcordata*

A. alnobetula (Ehrh.) K. Koch = *A. viridis* subsp. *viridis*

Alnus cordata (Loisel.) Desf., Herzblättrige Erle, Italienische Erle

Habitus: 10–15(–30) m hoher Baum, Krone anfangs kegelförmig, später eiförmig, Triebe ± klebrig, etwas kantig, braun, mit kleinen hellen Lentizellen, Knospen gestielt.

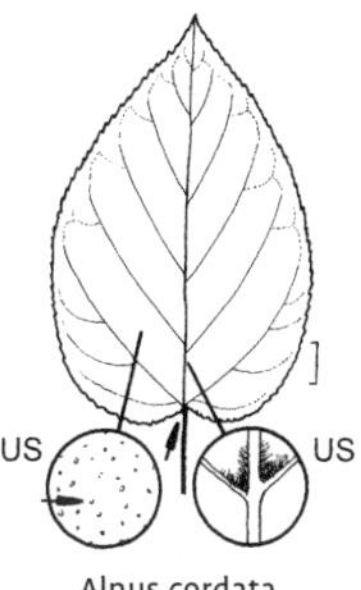

Alnus cordata

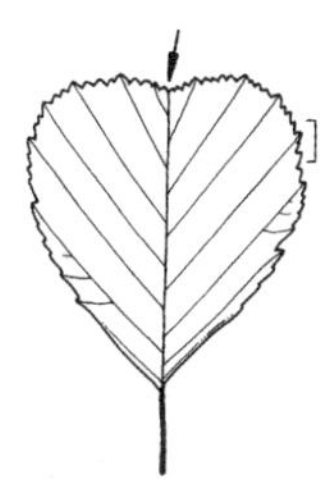
Alnus glutinosa

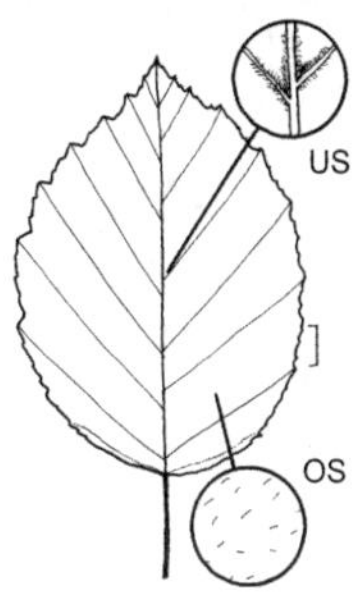

Alnus hirsuta

Blätter: Rundlich bis eiförmig-länglich, 4–10 cm lang, jung klebrig, später lederartig, zugespitzt, Basis herzförmig, Nervenpaare 4–6, fein gesägt, oberseits glänzend dunkelgrün und kahl, unterseits heller und bis auf bräunliche Achselbärte kahl, Stiel 2–3 cm lang, Blätter im Herbst lange haftend.
Blüten: ♂ Kätzchen 5–8 cm lang, zu 3–6, März–April.
Früchte: Zapfen zu 1–3, eiförmig, 2,5–3 cm lang, gestielt, aufrecht.
Verbreitung: S-Europa: Korsika, S-Italien.
Verwendung: Häufig (mit Einschränkungen als Stadtstraßenbaum geeignet), N, Bi, WHZ 6b, LB 2.4.2.3.

A. cordifolia Ten. = *A. cordata*

Alnus glutinosa (L.) Gaertn., Schwarz-Erle

Habitus: 10–25(–30) m hoher Baum, Krone kegelförmig bis breit eiförmig, bis etwa 12(–14) m breit, ältere Borke schwarzbraun, längsrissig zerklüftet, Triebe kahl, anfangs dicht drüsig und klebrig, Knospen gestielt.
Blätter: Breit verkehrteiförmig bis rundlich, 4–9 cm lang, stumpf, abgerundet oder ausgerandet, Basis breit keilförmig, Nervenpaare 5–6(–8), grob doppelt gesägt, oberseits glänzend dunkelgrün, kahl und klebrig, unterseits bis auf die gelbbraunen Achselbärte kahl, Stiel 1,3–2,5 cm lang.
Blüten: ♂ Kätzchen 5–10 cm lang, zu 3–5, März.
Früchte: Zapfen zu 3–5, eiförmig, 1,5–1,8 cm lang, deutlich gestielt.
Verbreitung: Europa, Türkei, Kaukasien, W-Sibirien, N-Iran.
Verwendung: Sehr häufig, N, Bi, WHZ 3, LB 1.2.2.2.

'Aurea'. Breitkroniger Kleinbaum oder großer Strauch, Zweige gelblich grün. Blätter im Austrieb gelb, zum Sommer hin grünlich gelb. ♂ Kätzchen gelb.

'Imperialis'. 8–10 m hoher, eleganter Baum. Blätter kleiner als bei der Art, tief eingeschnitten, Lappen schmal, spitz, meist ganzrandig.

'Laciniata'. Raschwüchsiger, 20–25 m hoher Baum. Blätter nicht so tief eingeschnitten und nicht so schmal gelappt wie bei 'Imperialis', Lappen meist ohne Zähne, spitz bis scharf zugespitzt.

Alnus hirsuta (Spach) Rupr., Färber-Erle

Habitus: 10–15(–20) m hoher Baum, Krone anfangs breit kegelförmig, Borke schwarzbraun, Triebe rötlich anfangs zottig behaart, Zweige kahl, grau bereift, Knospen gestielt, klebirg
Blätter: Eiförmig bis eiförmig-elliptisch, 6–13 cm lang, kurz zugespitzt, Basis keilförmig, scharf doppelt gesägt, Nervenpaare 9–12, oberseits dunkelgrün, schwach behaart, unterseits blaugrün und, vor allem auf den Nerven, rötlich braun behaart, Stiel 2,5–4 cm lang.
Blüten: ♂ Kätzchen 5–7 cm lang, zu 1–2.
Früchte: Zapfen zu 3–4, etwa 2,5 cm lang, kurz gestielt bis sitzend.
Verbreitung: Japan, Korea, Russ. Ferner Osten, O-Sibirien.
Verwendung: Selten, N, WHZ 4, LB 2.1.4.2 (7.2.3.2).

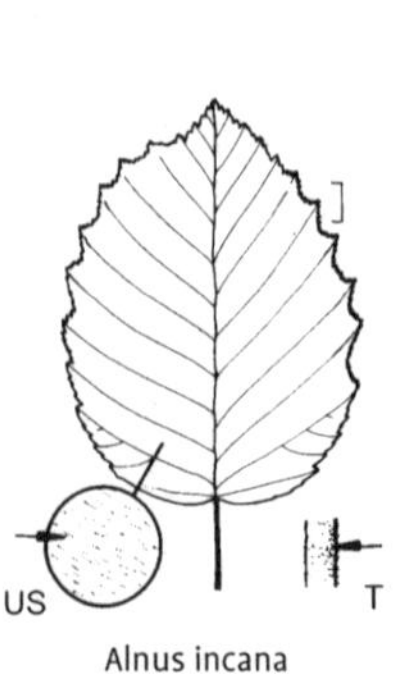

Alnus incana

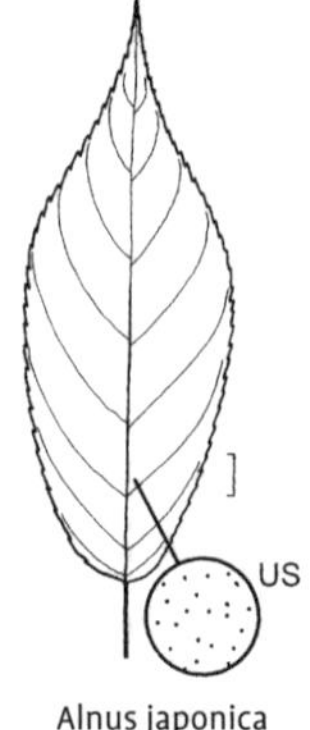

Alnus japonica

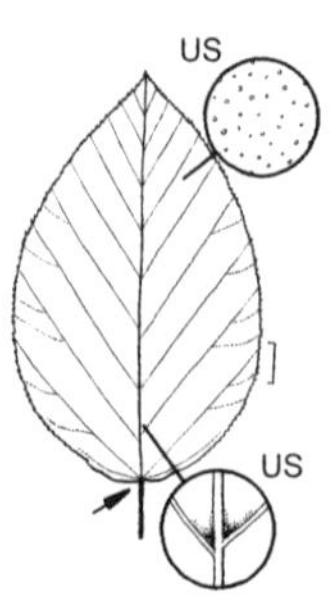

Alnus maximowiczii

Alnus incana (L.) Moench, Grau-Erle, Weiß-Erle

Habitus: 10–20 m hoher, oft mehrstämmiger Baum, Krone unregelmäßig aufgelockert kegelförmig, Rinde glatt, weißgrau, auch im Alter kaum aufreißend, Triebe grau behaart, Knospen gestielt.
Blätter: Eiförmig bis elliptisch, 5–10 cm lang, kurz zugespitzt, Basis meist abgerundet, Nervenpaare 8–10, schwach gelappt, doppelt gesägt, oberseits grün, anfangs behaart, unterseits blaugrau bis graugrün, anfangs dicht graufilzig behaart, weitgehend verkahlend, Stiel 2–3 cm lang.
Blüten: ♂ Kätzchen 5–10 cm lang, zu 3–4, Februar–April.
Früchte: Zapfen zu 4–8, 1,3–1,6 cm lang, graubraun, sitzend bis kurz gestielt.
Verbreitung: Europa (ausgenommen Britische Inseln und Iberische Halbinsel), Kaukasien, W-Sibiren.
Verwendung: Sehr häufig, N, Bi, WHZ 2, LB 2.2.4.2.

'Aurea'. Bis 10 m hoher, oft mehrstämmiger Baum, junge Triebe beständig gelb, im Winter orangegelb. Junge Kätzchen orange. Blätter im Austrieb gelbgrün, später hellgrün.

'Laciniata'. 10–12 m hoher Baum. Blätter hellgrün, ungleich groß, fein und tief eingeschnitten, Lappen gezähnt.

A. incana subsp. *rugosa* (Du Roi) Clausen = *A. rugosa*

Alnus japonica (Thunb.) Steud., Japanische Erle

Habitus: Bis 25 m hoher, stattlicher, dicht belaubter Baum, Krone regelmäßig kegelförmig, Triebe kahl oder nahe der Basis behaart, Knospen gestielt.
Blätter: Lanzettlich bis schmal eiförmig, 5–13 cm lang, derbledrig, an beiden Enden zugespitzt, scharf und fein gesägt, Nervenpaare 7–9, oberseits glänzend dunkelgrün, kahl, unterseits heller, schwach achselbärtig, Stiel 1,5–2,5 cm lang, behaart, Blätter im Herbst lange haftend.
Blüten: ♂ Kätzchen 5–8 cm lang, zu 4–8, April.
Früchte: Zapfen zu 2–6, eiförmig, 1,5–2,5 cm lang.
Verbreitung: Japan, Korea, Russ. Ferner Osten.
Verwendung: Selten, N, WHZ 4, LB 1.2.1.2.

Alnus maximowiczii Callier, Maximowiczs Erle

Habitus: Strauch oder bis 10 m hoher Baum, Triebe kantig, hellbraun und kahl, später grau, Knospen sitzend.
Blätter: Rundlich-eiförmig, 7–10 cm lang, spitz, Basis breit abgerundet bis leicht herzförmig, dicht fein gezähnt, Zähne abwechselnd abwärts und aufwärts gerichtet, Nervenpaare 9–11, oberseits dunkelgrün und bis auf Achselbärte kahl, unterseits heller und kahl, Mittelrippe oft deutlich punktiert, Stiel 1,5–3 cm lang.
Blüten: ♂ Kätzchen 5–8 cm lang, zu 4–8.
Früchte: Zapfen 1,5–2 cm lang, eiförmig oder zylindrisch, zu 3–5.

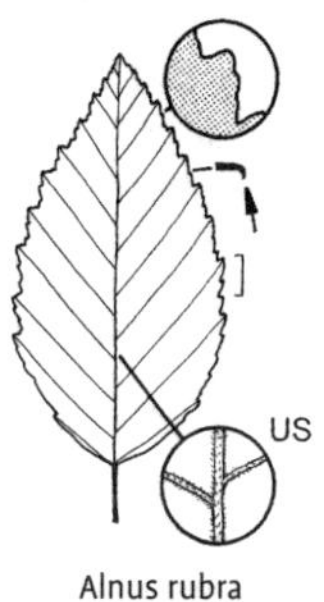

Alnus rubra

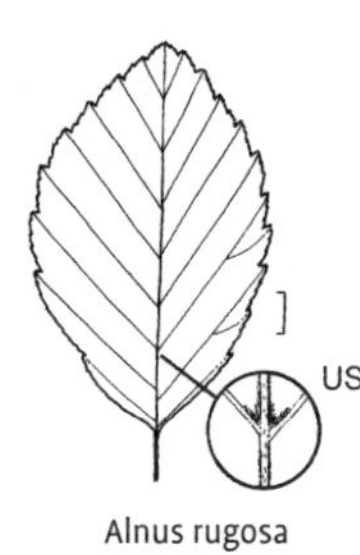

Alnus rugosa

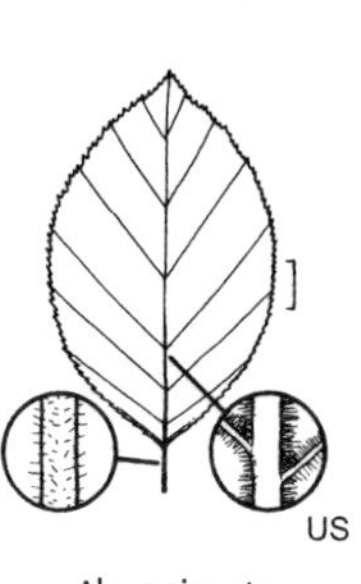

Alnus sinuata

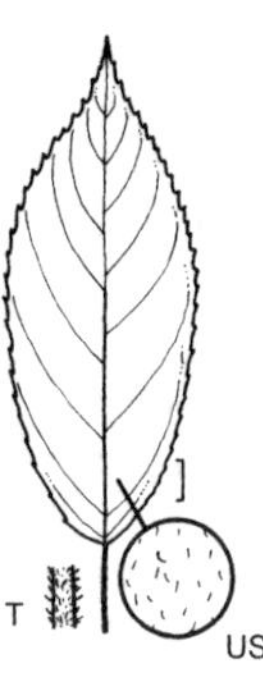

Alnus ×spaethii

Verbreitung: Japan, Sachalin.
Verwendung: Sehr selten, WHZ 6a, LB 8.1.3.4 (7.2.3.4).

A. oregana Nutt. = *A. rubra*

Alnus rubra Bong., Oregon-Erle, Rot-Erle

Habitus: 30(–40) m hoher Baum, Krone schmal kegelförmig, Zweige etwas hängend, Triebe kahl, anfangs klebrig, dunkelrot, Knospen gestielt, rot, drüsig beschuppt.
Blätter: Eiförmig, 8–15 cm lang, spitz, Basis breit keilförmig oder gestutzt, leicht gelappt, doppelt gesägt, Nervenpaare 10–15, parallel verlaufend, oberseits dunkelgrün, kahl, unterseits zuerst flächig grau behaart, später nur auf den Nerven, Stiel 1,5–3 cm lang.
Blüten: ♂ Kätzchen bis 10 cm lang, dünn.
Früchte: Zapfen 3 cm lang, fassförmig, zu 5–8, sitzend oder kurz gestielt.
Verbreitung: Alaska, W-Kanada, NW-USA.
Verwendung: Selten, N, WHZ 4, LB 2.1.2.2.

Alnus rugosa (Du Roi) Spreng., Runzelblättrige Erle

Habitus: Wuchs meist strauchig, gelegentlich baumförmig, dann bis 6 m hoch, Zweige kahl oder ± rostbraun behaart, Knospen gestielt.
Blätter: Elliptisch bis breit eiförmig, 4–10 cm lang, spitz oder stumpf, Basis keilförmig oder abgerundet, doppelt gesägt, z. T. leicht gelappt, Nervenpaare 10–15, oberseits kahl, unterseits graugrün bis blaugrün, meist nur die Nerven bräunlich behaart.
Blüten: ♂ Kätzchen bis 10 cm lang, ♀ Kätzchen zur Blüte aufrecht, März–April.
Früchte: Zapfen 1–1,5 cm lang, zu 4–10, die oberen sitzend, die unteren gestielt.
Verbreitung: O-Kanada, NO-, NOZ-, und SO-USA.
Verwendung: Selten, WHZ 4, LB 1.2.1.3.

Alnus sinuata (Regel) Rydb., Sitka-Erle

Habitus: Strauch oder schmalkroniger, bis 10 m hoher Baum, Triebe anfangs fein behaart, bald kahl und mit zahlreichen Lentizellen, Knospen sitzend.
Blätter: Eiförmig, 6–9 cm lang, spitz, Basis abgerundet oder breit keilförmig, doppelt gezähnt und leicht gelappt, in der Jugend klebrig, Nervenpaare 5–10, oberseits hellgrün, unterseits blasser und glänzend, Mittelrippe behaart, mit Achselbärten, Stiel kräftig, 1,5–2 cm lang.
Blüten: ♂ Kätzchen 10–12 cm lang, zu 2–4, erst mit oder nach dem Blattaustrieb blühend, April–Juni.
Früchte: Zapfen zu 3–6, ellipsoid 2–3 cm lang.
Verbreitung: Alaska, W-Kanada, NW- und W-USA.
Verwendung: Sehr selten, WHZ 4, LB 2.1.4.4.

Alnus ×spaethii Callier, Spaeths Erle, Purpur-Erle

(*A. japonica* × *A. subcordata*)

Habitus: 15–20 m hoher, raschwüchsiger Baum, Krone regelmäßig breit kegelförmig, Triebe zerstreut weich behaart, Knospen kurz gestielt.
Blätter: Schmal elliptisch bis elliptisch, 6–18 cm lang, etwas ledrig, kurz zugespitzt,

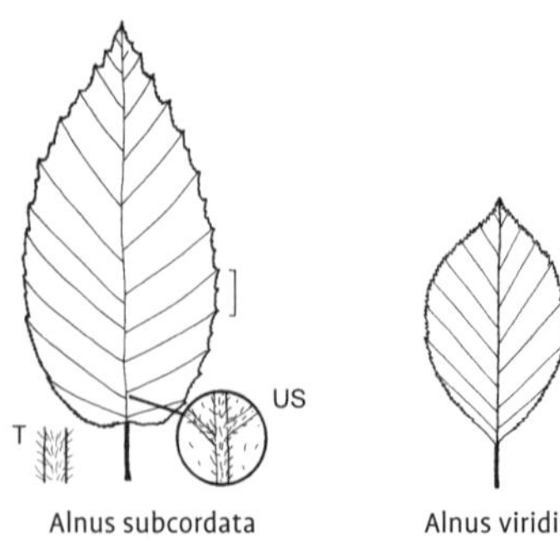

Alnus subcordata Alnus viridis

scharf und ungleich groß gesägt, Nervenpaare 6–10, oberseits dunkelgrün und matt glänzend, unterseits meist kahl, im Austrieb braunpurpurn bis dunkelviolett, langsam vergrünend, Blätter im Herbst lange haftend.
Blüten: ♂ Kätzchen rötlich gelb, bis 10 cm lang, Dez.–März (Allergiepotenzial).
Früchte: Zapfen 1,5 cm lang, meist zu 4.
Verwendung: Selten (als Stadtstraßenbaum gut geeignet), WHZ 6a, LB 2.4.3.3.

Alnus subcordata C.A. Mey.,
Kaukasische Erle

Habitus: 15–20 m hoher, stattlicher, raschwüchsiger Baum, Krone regelmäßig breit kegelförmig, Triebe kantig, weich behaart, Knospen deutlich gestielt.
Blätter: Eiförmig bis länglich-eiförmig, 8–15 cm lang, kurz zugespitzt, Basis abgerundet bis leicht herzförmig, oft doppelt und unregelmäßig gesägt, Nervenpaare 8–10, im Austrieb rötlich braun, später oberseits dunkelgrün, kahl, unterseits heller, vor allem auf den Nerven behaart, Stiel 2–2,5 cm lang, im Herbst lange haftend.
Blüten: ♂ Kätzchen bis 15 cm lang, dünn, zu 4–5, sehr früh aufblühend, Dez.–März (Allergiepotenzial).
Früchte: Zapfen zu 1–5.
Verbreitung: Kaukasien, Iran.
Verwendung: Selten, WHZ 6a, LB 2.2.2.3.

A. tinctoria Sarg. = *A. hirsuta*

Alnus viridis (Chaix) DC., Grün-Erle

Habitus: Vielstämmiger, breit ausladender, 0,5–3 m hoher Strauch, Zweige meist kahl, klebrig, rot- bis graubraun, Knospen etwas klebrig, sitzend.
Blätter: Breit eiförmig bis rundlich, 5–8 cm lang, zugespitzt, Basis abgerundet bis breit keilförmig, scharf doppelt gesägt, Nervenpaare 8–10, oberseits dunkelgrün, kahl, unterseits auf den Adern behaart, anfangs klebrig, Stiel 1–2 cm lang.
Blüten: ♂ Kätzchen schon im Sommer des Vorjahres angelegt, außen von einer weißen Harzkruste bedeckt, in der Knospe aufrecht, zur Blütezeit hängend, mit den Blättern aufblühend, 5–7 cm lang.
Früchte: Zapfen, 1–1,3 cm lang, eiförmig, zu 1–3.
Verbreitung: Europäische Hochgebirge und ihr Vorland.
Verwendung: Häufig, N, WHZ 2, LB 8.1.5.5.

Alyssum L.

Steinkraut – Brassicaceae

(griechisch *alysson* = bei Dioscorides eine Pflanze, deren Samen als Mittel gegen Tollwut gebraucht wurden)

Habitus: 1-, 2- oder mehrjährige Kräuter, seltener Halbsträucher, ganze Pflanzen ± mit Sternhaaren oder verzweigten Haaren.
Blätter: Einfach, zerstreut oder die grundständigen gehäuft, bis 2 cm lang, ungeteilt, meist ganzrandig, Nebenblätter fehlend.
Blüten: Zwittrig, radiär, in endständigen, verlängerten Trauben, gelegentlich in Trugdolden, Kelchblätter in 2 2-zähligen Kreisen, die 4 Kronblätter kreuzweise angeordnet, gelb oder weißlich rosa, Staubblätter 6, die 2 kürzeren mit Fortsatz, die 4 längeren meist geflügelt, Fruchtknoten 2-fächrig, oberständig.
Früchte: Schötchen abgeflacht, 2-klappig aufspringend, meist verkehrteiförmig oder kreisrund, mit breiter Scheidewand, je Fruchtfach 1–2 geflügelte Samen.
Verbreitung: Etwa 190 Arten von M-Europa bis Sibirien, vor allem im Mittelmeergebiet.
Verwendung: Die hier behandelten Arten sind reich blühende Halbsträucher für Steingärten, Steinbeete und Trockenmauern.

Bestimmungsschlüssel Alyssum

1 Pflanze unbewehrt . . . . *A. murale*
– Pflanze mit Dornen . . . . *A. spinosum*

Alyssum murale Waldst. et Kit.,
Silbriges Steinkraut

Habitus: Staudig-halbstrauchig, 0,25–0,7 m hoch, Sprosse dünn, ± steif aufrecht, Seitenzweige nur kurz, blühende Sprosse an der Spitze fast doldig verzweigt.

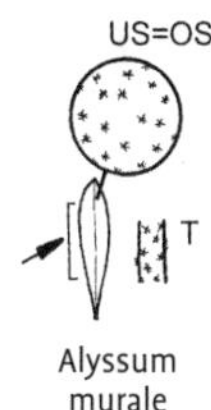

Alyssum murale

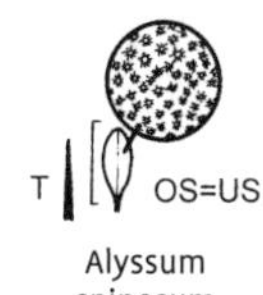

Alyssum spinosum

Blätter: Lanzettlich-spatelförmig, 1–2 cm lang, rau, oberseits graugrün, unterseits weißfilzig.
Blüten: Klein, zu vielen in endständigen Trugdolden, Kronblätter gelb, ganzrandig, 2–3,5 mm lang, längere Staubfäden geflügelt, kürzere am Grund mit geflügeltem Anhängsel, Mai–Juli.
Früchte: Schötchen behaart.
Verbreitung: S-Europa, Türkei, Kaukasien, Syrien, Libanon.
Verwendung: Häufig, B, WHZ 6a, LB 6.1.3.8.

A. saxatile L. = *Aurinia saxatilis*

Alyssum spinosum L., Dorn-Steinkraut

Habitus: Kugeliger, stark verzweigter, bis 0,5 m hoher, polsterartiger Strauch, Blütenstandsachsen stechend verdornt.
Blätter: An sterilen Sprossen gehäuft, verkehrteiförmig-spatelförmig, an fertilen Sprossen linealisch-lanzettlich, alle dicht silbrig-schuppig.
Blüten: In kurzen, dichten Trauben, stark nach Honig duftend, Kronblätter weiß oder blassrosa bis hellpurpurn, allmählich in den Nagel verschmälert, Mai–Juni.
Früchte: Schötchen 4–8 mm lang, stark abgeflacht, breit geflügelt.
Verbreitung: SW-Europa, N-Afrika.
Verwendung: Selten, B, D, WHZ 8a, LB 6.1.1.7.

Amelanchier Medik.

Felsenbirne – Rosaceae

(vom französischen Wort *amelanchier*, dem provenzialischen Namen für *A. ovalis*, abgeleitet)

Habitus: Sommergrüne Sträucher oder kleine Bäume, z. T. mit kurzen, unterirdischen Ausläufern, Zweige relativ dünn, oliv- bis rotbraun, Knospen rötlich, Endknospe 8–12 mm lang, länglich-eiförmig bis spindelförmig, Seitenknospen kleiner, Knospenschuppen kahl oder bewimpert, Blattnarben klein, dunkel, deutlich erhalten, mit 3 undeutlichen Gefäßbündelspuren.
Blätter: Wechselständig, einfach, rundlich bis eiförmig-länglich, meist gesägt oder gekerbt, unterseits zunächst meist ± dicht behaart, Seitennerven oft nicht direkt in die Blattzähne laufend, Nebenblätter lanzettlich-pfriemlich, hinfällig.
Blüten: Zwittrig, radiär, 1–3 cm breit, 5-zählig, meist zu 8–15 in ± verlängerten, meist beblätterten Trauben an den vorjährigen Zweigen, Blütenstandsachse und Blütenstiele ± stark behaart, bei den meisten Arten rasch verkahlend, Kelchröhre glockig, Kronblätter weiß, verkehrteiförmig bis lanzettlich, Staubblätter meist 20, Griffel meist 5, entweder frei und den Rand des Blütenbechers nicht erreichend (*A. ovalis*) oder weit aus dem Blütenbecher herausragend und im unteren Teil ± stark verwachsen, Fruchtblätter 5, in einen ± geschlossenen, fleischigen Blütenbecher eingesenkt, oberster Teil der Fruchtknoten meist nicht mit dem Blütenbecher verwachsen.
Früchte: Kernäpfel kugelig, 0,5–1,5 cm dick, rot bis blauschwarz, überwiegend essbar, mit mehlig-fleischigem Fruchtfleisch und bleibendem Kelch, im Innern durch zusätzliche falsche Scheidewände in 10 1-samige Fächer geteilt, die 5 Kelchblätter 3–5 mm lang, 3-eckig-lanzettlich und meist spreizend.
Verbreitung: 20 Arten in der nördl. gemäßigten Zone, die meisten Arten in N-Amerika, 1 Art in Europa.
Verwendung: Häufig gepflanzte, vielseitig verwendbare, robuste, anpassungsfähige Sträucher oder Kleinbäume mit reicher Blüte und auffallender Herbstfärbung. Die gärtnerisch wichtigsten Arten sind *A. ×grandiflora*, *A. lamarckii* und *A. laevis*. Ihre wohlschmeckenden Früchte sind für Vögel und Kleinsäugetiere eine beliebte Nahrung.

Bestimmungsschlüssel Amelanchier

1 Größte Blattspreiten über 8 cm lang 2
– Größte Blätter kleiner 4
2 Blattgrund keilförmig, Knospen auffallend rot . . . . *A. asiatica*
– Blattgrund oder Knospen anders 3
3 Blätter von der Mitte an zugespitzt, Rand gesägt (5 Zähne pro cm) . . . . *A. arborea*
– Blattspreiten oberhalb der Mitte am breitesten, sehr fein gesägt (10 Zähne pro cm) . . . . *A. lamarckii*
4 Blattspreiten nicht länger als 3 cm . . . . *A. stolonifera*

– Blattspreiten länger 5
5 Blattrand grob gesägt (2–4 Spitzen je cm) . . 6
– Blattrand fein gesägt (5–12 Spitzen je cm) . . 8
6 Blätter nicht zugespitzt (zumindest die meisten) . . . . *A. alnifolia*
– Blätter zugespitzt 7
7 Blattrand unten ganzrandig, sonst sehr grob gesägt, Blattstiel z. T. behaart. . . . . . . *A. florida*
– Blattrand bis zur Basis gesägt, Blattstiele kahl . . . . *A. sanguinea*
8 Blätter vorne abgerundet oder mit aufgesetzter Spitze 9
– Blätter lang zugespitzt . . . . *A. laevis*
9 Blattspitze fehlend . . . . *A. ovalis*
– Blätter vorne abgerundet, aber mit aufgesetzter Spitze. 10
10 Blätter mit über 10 Seitennervenpaaren . . . 11
– Blätter mit weniger als 10 Seitennervenpaaren 12
11 Blätter oberhalb der Mitte am breitesten. . . . . *A. bartramiana*
– Blätter in oder unterhalb der Mitte am breitesten . . . . *A. canadensis*
12 Blattstiel und junge Triebe wollig behaart. . . . . *A. spicata*
– Blattstiel und Triebe kahl . . . . . . *A. stolonifera*

Amelanchier alnifolia (Nutt.) Nutt., Erlenblättrige Felsenbirne

Habitus: 2–4 m hoher, steif aufrechter, vielstämmiger Strauch, meist mit kurzen Ausläufern, Triebe anfangs weichfilzig, bald kahl und rotbraun.
Blätter: Rundlich bis breit elliptisch 2–5 cm lang, abgerundet bis gestutzt, nur in der Jugend unterseits filzig, zur Blütezeit voll entfaltet und unterseits ± kahl, später blaugrün und völlig kahl, ± regelmäßig grob gezähnt (2–5 Zähne je cm), mindestens im oberen Teil, Nervenpaare 8–13, ziemlich dicht und parallel stehend, bis in die Blattzähne verlaufend.
Blüten: 1,5–2 cm breit, zu 5–15 in 2–8 cm langen, aufrechten, dichten Trauben, Kronblätter cremeweiß, 6–16 mm lang, Mai.
Früchte: 0,8–1,5 cm dick, purpurschwarz, bereift, süß und saftig.
Verbreitung: Alaska, Kanada, NO-, NOZ-, NW- und SW-USA.
Verwendung: Selten (mit einigen Sorten), B, N, ♣, WHZ 5a, LB 2.5.4.5 (4.2.5.5).

A. alnifolia var. *florida* (Lindl.) C.K. Schneid. = *A. florida*

A. alnifolia var. *semiintegrifolia* (Hook.) C.L. Hitchc. = *A. florida*

A. alnifolia auct. non (Nutt.) Nutt. = *A. florida*

A. amabilis Wiegand = *A. sanguinea*

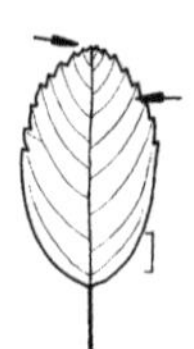

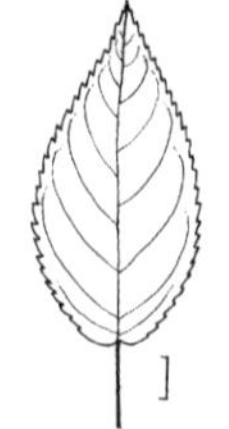

Amelanchier alnifolia   Amelanchier arborea

Amelanchier arborea (F. Michx.) Fernald, Schnee-Felsenbirne

Habitus: In der Heimat bis 20 m hoher Baum, in Kultur meist nur breitwüchsiger, wenigstämmiger Strauch, Triebe anfangs grau behaart, später glänzend graubraun.
Blätter: Eiförmig, 4–10 cm lang, etwa von der Mitte an zugespitzt, Basis herzförmig bis abgerundet, dicht und fein gesägt (6–10 Zähne je cm), zur Blütezeit noch klein, dicht zusammengefaltet und dicht weiß wollfilzig, später oberseits dunkelgrün und kahl, unterseits meist leicht behaart, Nervenpaare 11–17, mit ungleichem Abstand.
Blüten: 2–2,5 cm breit, zu 4–10 in übergeneigten, ziemlich dichten Trauben, Kronblätter weiß, linealisch, 1–1,8 cm lang, März–April.
Früchte: 0,6–1 cm dick, rötlich braun, trocken und geschmacklos, Kelchblätter zurückgeschlagen.
Verbreitung: O-Kanada, NO-, NOZ- und SO-USA.
Verwendung: Sehr selten, B, N, WHZ 5a, LB 2.3.3.3.

A. arborea 'Robin Hill' = *A.* ×*grandiflora* 'Robin Hill'

Amelanchier asiatica (Siebold et Zucc.) Endl. ex Walp., Japanische Felsenbirne

Habitus: Strauch oder bis 12 m hoher Baum, im Alter mit breiter, schirmförmiger Krone, Triebe anfangs behaart, später kahl, graubraun, Knospen auffallend leuchtend rot.
Blätter: Eiförmig bis länglich-lanzettlich, 4–10 cm lang, deutlich zugespitzt, Basis schwach herzförmig bis abgerundet, Rand von der Basis bis fast zur Mitte fein scharf gesägt, unterseits zur Blütezeit meist dicht weißlich bis gelblich seidig-filzig, später kahl oder leicht behaart, Blattstiele und Haupt-

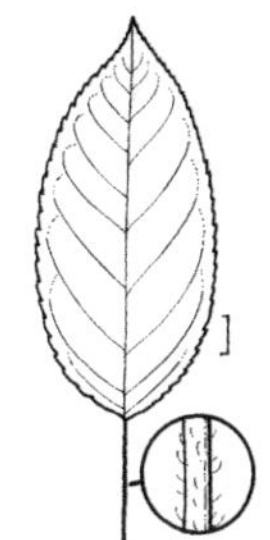

Amelanchier asiatica

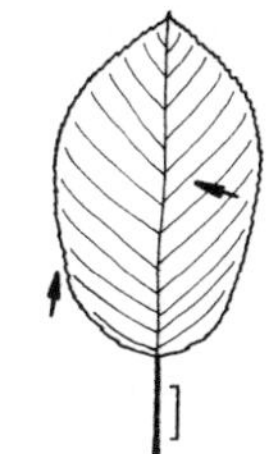

Amelanchier bartramiana

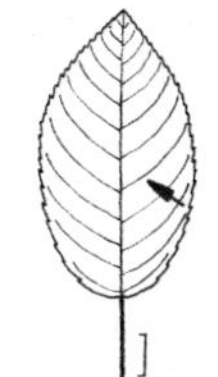

Amelanchier canadensis

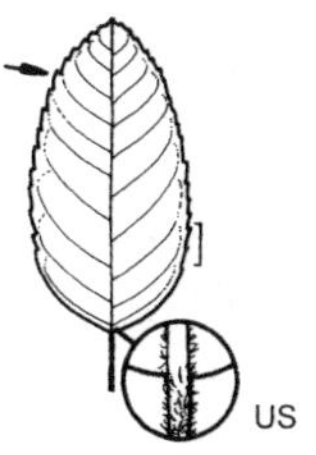

Amelanchier florida

nerven oft rötlich, Nervenpaare 8–17, Herbstfärbung leuchtend orange bis rot.
Blüten: 3 cm breit, in übergeneigten, lockeren, 3–6 cm langen Trauben, Kronblätter weiß, anfangs oft rot überlaufen, schmal verkehrteiförmig bis lanzettlich, 1–1,6 cm lang, Mai.
Früchte: 6–8 mm dick, blauschwarz, Kelchblätter zurückgeschlagen.
Verbreitung: Japan, Korea.
Verwendung: Selten, B, H, WHZ 6b, LB 4.3.2.3.

Amelanchier bartramiana (Tausch) M. Roem., Bartrams Felsenbirne

Habitus: Bis 3 m hoher, breitwüchsiger, locker aufgebauter Strauch, Triebe dünn, braun, kahl.
Blätter: Eiförmig bis elliptisch oder verkehrteiförmig, bis 6 cm lang, derb, spitz, scharf und fein gezähnt, kahl, im Austrieb rostbraun, später dunkelgrün, unterseits heller, Nervenpaare 10–16.
Blüten: Bis 2,5 cm breit, einzeln oder zu 3, Kronblätter reinweiß, Mai.
Früchte: Birnenförmig oder ellipsoid, bis 1,5 cm dick, schwarz, bereift.
Verbreitung: NO- und SO-USA.
Verwendung: Selten, B, WHZ 5a, LB 1.1.3.5.

A. botryapium DC. = *A. lamarckii*
A. botryapium (L. f.) Borkh. = *A. canadensis*
A. canadensis K. Koch = *A. lamarckii*

Amelanchier canadensis (L.) Medik., Kanadische Felsenbirne

Habitus: 2–8 m hoher, steif aufrecht wachsender Strauch mit dünnen, dicht stehenden Stämmen und unterirdischen Ausläufern, Triebe grau und kahl.
Blätter: Elliptisch, 3–5 cm lang, dünn, spitz oder rund, Basis abgerundet, selten herzförmig, Rand dicht und scharf gesägt (6–11 Zähne je cm), zur Blüte sich entfaltend, hellgrün, dann unterseits dicht weißfilzig, bald aber bis auf die Mittelrippe und den Stiel völlig kahl, Nervenpaare 9–13, mit ungleichmäßigem Abstand.
Blüten: 2 cm breit, in 2,5–6 cm langen, aufrechten, anfangs weiß behaarten Trauben, Kronblätter weiß, elliptisch bis eiförmig-lanzettlich, 6–9 mm lang, April–Mai.
Früchte: 0,7–1 cm dick, purpurschwarz, bläulich bereift, süß, saftig, essbar, Kelchblätter meist aufrecht, selten abstehend.
Verbreitung: O-Kanada, NO- und SO-USA.
Verwendung: Selten, N, B, ⁂, WHZ 5a, LB 1.1.3.4.

A. confusa auct. non Hyl. = *A. lamarckii*

Amelanchier florida Lindl., Blütenreiche Felsenbirne

Habitus: Strauch oder bis 12 m hoher Baum, Triebe anfangs stark filzig, später rotbraun und kahl.
Blätter: Elliptisch bis länglich, 3–4 cm lang, vorne abgerundet, Basis spitz bis leicht herzförmig, an jeder Seite in der oberen Hälfte 5–30 3-eckige, auswärts gerichtete Zähne (1–6 je cm), zur Blütezeit voll entfaltet, anfangs besonders unterseits filzig, später kahl, frischgrün, Nervenpaare 8–12, meist in den Zähnen endend.
Blüten: 2–3 cm breit, duftend, zu 5–15 in 4–8 cm langen, aufrechten Trauben, Kronblätter weiß, Mai.
Früchte: 1–1,3 cm dick, schwarz, bereift, saftig, essbar.
Verbreitung: Alaska, Kanada, NW-USA.
Verwendung: Selten, B, ⁂, WHZ 5a, LB 2.5.4.5.

Amelanchier ×grandiflora Rehder, Großblütige Felsenbirne
(*A. arborea* × *A. laevis*, in Kultur spontan entstandene, tetraploide Hybride)

Habitus: Wuchs baum- oder strauchförmig.
Blätter: Ähnlich *A. arborea*, aber im Austrieb purpurlich und dicht flockig behaart.
Blüten: Zahlreich, größer als bei *A. arborea* und in schlankeren, weniger stark behaarten Trauben, Kronblätter reinweiß, April.
Früchte: Zahlreich, größer, fleischiger und saftreicher als bei *A. laevis*.
Verwendung: Häufig in den folgenden Sorten, B, N, WHZ 6a, LB 9.2.4.4.

'Autumn Brillance'. Wuchs 3–7 m hoch, breit aufrecht. Blätter im Austrieb purpurlich, später frischgrün, Herbstfärbung auffallend gelb und rot. Blüten groß, in sehr großen, ziemlich aufrechten Trauben. Früchte dunkelpurpurn, süß.

'Ballerina'. Wuchs 3–8 m hoch, breit aufrecht. Blätter im Austrieb leicht bronzefarben, später matt glänzend dunkelgrün, Herbstfärbung meist dunkel purpurbraun. Blüten sehr zahlreich, in sehr langen, ± überhängenden Trauben. Früchte sehr groß, besonders zahlreich, anfangs rot, zuletzt schwarz, sehr saftig und süß, essbar.

'Robin Hill'. Wuchs schmal aufrecht, 6–8 m hoch. Blüten in der Knospe purpurrosa, später weiß. Früchte klein, rot, saftig. Hochstämmig gezogen als Stadtstraßenbaum geeignet.

A. laevis A.R. Clapham, Tutin et E.F. Warb. = *A. lamarckii*

Amelanchier laevis Wiegand, Kahle Felsenbirne, Allegheny-Felsenbirne

Habitus: 8(–13) m hoher, ziemlich schlanker und aufrechter, locker aufgebauter Baum oder Strauch, Triebe dünn, kahl.
Blätter: Elliptisch-eiförmig bis länglich-eiförmig, 4–6 cm lang, von der Mitte an verschmälert, Basis abgerundet bis herzförmig, Rand fast bis zur Basis fein und scharf gesägt (6–8 Zähne je cm), zur Blütezeit meist schon voll entfaltet, fast vom Austrieb an kahl, zuerst bronzerot, später dunkelgrün, Nervenpaare 12–17, mit ungleichen Abständen, Herbstfärbung ± kirschrot.
Blüten: 2–3 cm breit, zu 5–9 in 4–12 cm langen, ± überhängenden Trauben, Kronblätter

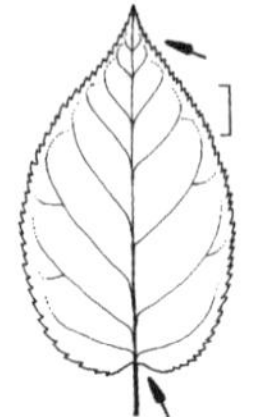

Amelanchier laevis

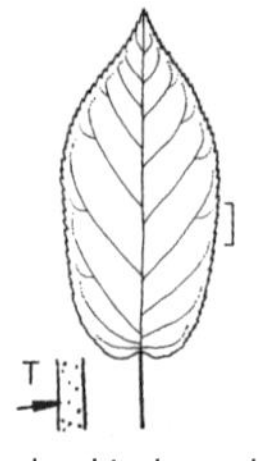

Amelanchier lamarckii

weiß, 1–2,2 cm lang, Blütenstände dunkelpurpurn überlaufen, April.
Früchte: Etwa 1 cm dick, purpurrot bis blauschwarz, bereift, schmackhaft, Kelchblätter zurückgeschlagen.
Verbreitung: O-Kanada, NO-, NOZ- und SO-USA.
Verwendung: Sehr häufig (mit einigen Sorten), N, B, ♣, H, WHZ 5b, LB 3.1.4.4 (9.2.4.4).

Amelanchier lamarckii F.G. Schroeder, Kupfer-Felsenbirne, Korinthenbaum

Habitus: Großer Strauch oder bis 10 m hoher, mehrstämmiger Baum, Krone ausgebreitet bis trichterförmig, im Alter 5–8 m breit, junge Triebe seidig behaart.
Blätter: Elliptisch bis länglich-elliptisch, 4,5–10 cm lang, im oberen Drittel verschmälert, Basis ± abgerundet, fein gesägt, zur Blütezeit meist in Entfaltung begriffen, dann etwa halb ausgewachsen, im Austrieb kupferrot überlaufen und unterseits weißlich seidenhaarig, später dunkelgrün und bis auf den Blattstiel kahl, dieser bleibend behaart, Nervenpaare 8–12, Herbstfärbung auffallend gelb und orangefarben bis karminrot.
Blüten: 2–2,5 cm breit, zu (6–)8–10(–16) in lockeren, etwas übergeneigten Trauben, Kronblätter weiß, 9–14 mm lang, April–Mai.
Früchte: Etwa 1 cm dick, purpurrot bis blauschwarz, wohlschmeckend, Kelchblätter aufrecht.
Verbreitung: Ursprüngliche Verbreitung im östl. N-Amerika nicht mehr feststellbar; seit über 100 Jahren im nordwestl. M-Europa etabliert.
Verwendung: Sehr häufig, B, ♣, H, Bi, WHZ 5a, LB 3.2.6.4 (9.3.4.4).

A. oblongifolia (Torr et. A. Gray) M. Roem. = *A. canadensis*
A. ovalis Borkh. non Medik. = *A. spicata*

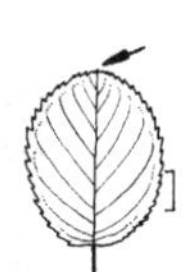

Amelanchier ovalis

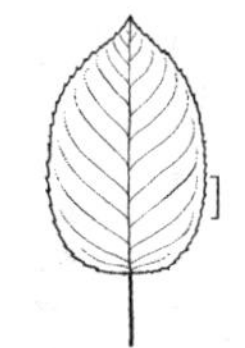

Amelanchier sanguinea

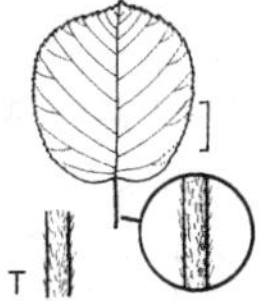

Amelanchier spicata

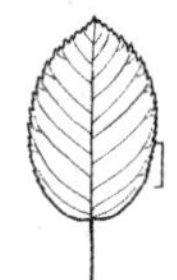

Amelanchier stolonifera

Amelanchier ovalis Medik.,
Gewöhnliche Felsenbirne

Habitus: 1–3 m hoher, locker aufgebauter Strauch mit nestartigen Ausläufern, Triebe anfangs weißwollig behaart, später kahl und glänzend olivgrün.
Blätter: Rundlich bis eiförmig, 2,5–5 cm lang, Spitze und Basis abgerundet, meist von der Basis an scharf gesägt, oberseits mattgrün und kahl, unterseits anfangs dicht weißfilzig, später bis auf Achselbärte kahl, Nervenpaare 8–12.
Blüten: 2–2,5 cm breit, zu 3–6 in aufrechten, gedrungenen, filzig behaarten Trauben, Kronblätter weiß, schmal elliptisch, 1–1,3 cm lang, Griffel den Rand des Blütenbechers nicht erreichend, April–Juni.
Früchte: 0,8–1 cm dick, blauschwarz, bereift, essbar, Kelchblätter abstehend.
Verbreitung: S-, SW- und SO-Europa, N-Afrika, Türkei, Kaukasien, Libanon.
Verwendung: Selten (häufiger in den kompakt wachsenden Sorten 'Edelweiß' und 'Helvetica'), N, B, ✿, WHZ 5a, LB 6.3.3.5.

A. oxyodon Koehne = *A. florida*
A. rotundifolia (Lam.) Dum.-Cours. = *A. ovalis*
A. rotundifolia M. Roem. = *A. sanguinea*

Amelanchier sanguinea (Pursh) DC.,
Vermont-Felsenbirne

Habitus: 1–3 m hoher, lockerer, breitwüchsiger Strauch, Triebe rötlich oder grau.
Blätter: Länglich bis rundlich, 3–6 cm lang, abgerundet bis spitz oder schwach zugespitzt, Basis rund bis leicht herzförmig, fast bis zur Basis scharf gesägt (4–6 Zähne je cm), zur Blütezeit unterseits dicht wollig-filzig, später grün und ± kahl oder an der Mittelrippe noch leicht behaart, Nervenpaare 11–13, gerade und dicht nebeneinander bis in die Zähne verlaufend.
Blüten: Zu 4–10 in 4–8 cm langen, ± übergeneigten, lockeren Trauben, Spindel behaart, Kronblätter weiß, lanzettlich, 1–2,2 cm lang, oft rötlich überlaufen, Mai.
Früchte: 6–8 mm dick, purpurschwarz, bereift, süß, essbar.
Verbreitung: O-Kanada, NO- und NOZ-USA.
Verwendung: Selten, B, ✿, WHZ 5a, LB 4.2.2.5 (5.3.5.5).

Amelanchier spicata (Lam.) K. Koch,
Besen-Felsenbirne

Habitus: Bis 8 m hoher, steif aufrechter, vielstämmiger Strauch mit kurzen, unterirdischen Ausläufern, junge Triebe kurzwollig behaart.
Blätter: Elliptisch bis breit verkehrteiförmig oder rundlich, 3–6 cm lang, meist abgerundet und mit Stachelspitze, Basis rund bis leicht herzförmig, bis fast zur Basis fein und gleichmäßig gesägt (5–8 Zähne je cm), zur Blütezeit entfaltet, hellgrün und unterseits meist noch gelblich flockig-filzig, später kahl, Nervenpaare 7–9.
Blüten: 1–1,5 cm breit, zu 4–10 in dichten, aufrechten, 1,5–4 cm langen, dichtblütigen Trauben, oft nach Fisch riechend, Kronblätter weiß, verkehrteiförmig, 0,4–1 cm lang.
Früchte: 0,8–1 cm dick, blauschwarz, unangenehm schmeckend.
Verbreitung: O-Kanada, NO- und NOZ-USA.
Verwendung: Selten, B, Bi, WHZ 5a, LB 6.3.3.5.

Amelanchier stolonifera Wiegand,
Ausläufertreibende Felsenbirne

Habitus: 1,5–2 m hoher, aufrechter, kurzastiger Strauch, breitet sich durch zahlreiche unterirdische Ausläufer weit aus.
Blätter: Eiförmig bis elliptisch, bis 5 cm lang, spitz oder stumpf, Basis spitz oder rund, Rand bis fast zur Basis scharf und fein gesägt (6–9 Zähne je cm), Blattentfaltung nach der

Blüte, im Austrieb oft rötlich gefärbt, zunächst unterseits weißfilzig, später oberseits dunkelgrün, unterseits heller und zuletzt ganz kahl, Nervenpaare 7–9, in unregelmäßigen Abständen, Herbstfärbung gelb mit rötlichen Tönen.
Blüten: 1–2 cm breit, zu 4–10 in 1–3 cm langen, dichten, aufrechten, nahezu unbelaubten, weißfilzigen Trauben, Kronblätter rahmweiß bis grünlich weiß, 0,6–0,7 cm lang, Mai.
Früchte: 6–8 mm dick, fast schwarz, süß, essbar.
Verbreitung: O-Kanada, NO- und NOZ-USA.
Verwendung: Selten, N, B, ♣, WHZ 5a, LB 7.2.3.6.

A. vulgaris Moench. = *A. ovalis*

Amorpha L.

Bastardindigo, Bleibusch – Fabaceae
(griechisch *amorphos* = formlos, ungestaltet)

Habitus: Sommergrüne Sträucher oder Halbsträucher, Zweige gerade, fein längsstreifig, Lentizellen erhaben, Endknospen fehlend, Seitenknospen 1–3 mm lang, anliegend, mit abstehenden Beiknospen, Knospenschuppen braun, an der Spitze weiß bewimpert, Blattnarben mit 3 undeutlichen Gefäßbündelspuren.
Blätter: Wechselständig, mit zahlreichen Blättchen unpaarig gefiedert, Nebenblätter pfriemlich, hinfällig.
Blüten: Zwittrig, zygomorph, klein, in endständigen, rispigen oder ährigen Trauben, zygomorph, Kelch glockig, 5-zähnig, oft drüsig, bleibend, Krone blauviolett, schwarzpurpurn oder bräunlich, selten weiß, besteht nur aus der Fahne (Flügel und Schiffchen fehlen), die 10 Staubblätter verwachsen, Fruchtblatt 1, oberständig.
Früchte: Hülsen kurz, 1-samig, länglich, gerade oder gekrümmt, seitlich abgeflacht, meist geschlossen bleibend, meist drüsig.
Verbreitung: 15 Arten in N-Amerika, südl. bis Mexiko.
Verwendung: Sommerblühende Ziersträucher mit blauvioletten Blüten für sonnige Standorte in Stein- und Steppengärten. *A. fruticosa* ist eine sehr anpassungsfähige Art und tritt als Neophyt in M-Europa als Pioniergehölz u. a. in Flussauen als Pioniergehölz auf.

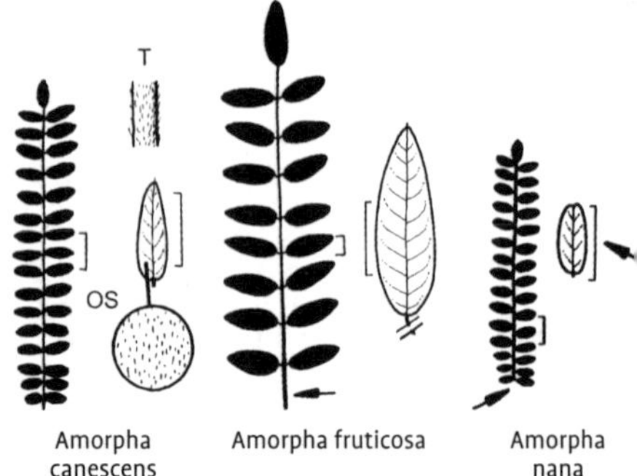

Amorpha canescens — Amorpha fruticosa — Amorpha nana

Bestimmungsschlüssel Amorpha

1 Pflanze silbrig-filzig . . . . *A. canescens*
– Pflanze kahl oder schwach behaart 2
2 Unterstes Fiederpaar direkt am Spross, Fiederblättchen ohne Stachelspitze, höchstens 12 mm lang . . . . *A. nana*
– Blatt mit deutlichem (kurzem) Stiel, Blättchen länger . . . . *A. fruticosa*

Amorpha canescens Pursh, Weißgrauer Bleibusch

Habitus: Bis 0,9 m hoher, feintriebiger Halbstrauch, Triebe kantig, ganze Pflanze dicht grauweiß-filzig behaart.
Blätter: 6–15 cm lang, fast sitzend, Blättchen 17–41, bis 2,5 cm lang, ledrig, sich überlappend, länglich-eiförmig bis elliptisch, stachelspitzig, unterseits grauweiß-filzig behaart.
Blüten: In 5–15 cm langen, dichten, achselständigen Doppeltrauben, Krone dunkel purpurblau, Staubbeutel gelb, Juni–August.
Früchte: Hülsen 5 mm lang.
Verbreitung: O-Kanada, NO-, NOZ-, SO- und SW-USA.
Verwendung: Selten, N, B, WHZ 5a, LB 5.1.1.8.

Amorpha fruticosa L., Bastardindigo, Scheinindigo

Habitus: Sparriger, 1–4 m hoher Strauch, Triebe weich behaart oder nahezu kahl, Zweigspitzen sterben in jedem Winter ein Stück ab.
Blätter: 10–15 cm lang, kurz, aber deutlich gestielt, Blättchen 11–25, eiförmig bis elliptisch, 1,5–4 cm lang, stachelspitzig, unterseits hell graugrün, bald verkahlend.
Blüten: In 15–20 cm langen, schmalen Doppeltrauben, Krone purpurblau bis blaurot, Staubbeutel lebhaft gelb, Juni–August.

Früchte: Hülsen 7–9 mm lang, leicht gebogen, kahl.
Verbreitung: O-Kanada, NO-, NOZ-, SO- und SW-USA, in M- und S-Europa etabliert.
Verwendung: Häufig, N, B, Bi, WHZ 5a, LB 2.5.2.5 (5.1.1.5).

A. microphylla Pursh. = *A. nana*

Amorpha nana Nutt., Duft-Bleibusch

Habitus: Kaum über 0,5 m hoch, Zweige bogig geneigt, Triebe rotbraun, kahl.
Blätter: 3–10 cm lang, Blättchen 7–31, schmal bis breit länglich, stachelspitzig, Basis keilförmig, 0,5–1,2 cm lang, beiderseits kahl oder fast kahl und frischgrün, unterseits dunkel gepunktet.
Blüten: In 6–8 cm langen, einfachen Trauben, duftend, Krone purpurn, Juni–Juli.
Früchte: Hülsen 5 mm lang, leicht drüsig.
Verbreitung: W-Kanada, NO-, NOZ- und SW-USA.
Verwendung: Sehr selten, N, B, WHZ 5a, LB 5.3.1.7.

Ampelopsis Michx.

Doldenrebe, Scheinrebe – Vitaceae
(griechisch *ampelos* = Weinstock und *opsis* = Aussehen)

Habitus: Sommergrüne Kletterpflanzen, Ranken verzweigt, ohne Haftscheiben, Zweige an den Knoten stark verdickt, mit deutlichen Lentizellen und weißem Mark, Knospen bei vielen Arten durch die Blattnarbe verdeckt, bei *A. megalophylla* aber sehr groß.
Blätter: Wechselständig, einfach oder zusammengesetzt, lang gestielt, Nebenblätter hinfällig.
Blüten: Zwittrig oder 1-geschlechtig, radiär, klein, meist 5-zählig, in lang gestielten Rispen, den Blättern gegenüberstehend, Kelch schüsselförmig, Kronblätter grünlich, frei, spreizend, Nektarscheibe ringförmig oder gelappt, meist deutlich ausgebildet, Fruchtknoten oberständig, 2-fächrig.
Früchte: Beeren kugelig und breit kreiselförmig, 6–8 mm dick, glänzend, weißlich, gelblich, bläulich oder violett, oft mit punktförmigen Warzen, am Grund mit einer kleinen Kelchscheibe, Samen zu 1–2(–4).
Verbreitung: 25 Arten im temperierten und subtropischen Asien und Amerika.

Ampelopsis aconitifolia

Verwendung: Üppig wachsende, meist robuste Kletterpflanzen mit dekorativen Blättern und interessant gefärbten, perlenartigen Früchten für eine rasche Begrünung von Fassaden, Lauben und Pergolen.

Bestimmungsschlüssel Ampelopsis

1 Blätter gefiedert .... *A. megalophylla*
– Blätter gelappt oder gefingert............. 2
2 Blätter gefingert, z. T. unvollständig.......... .... *A. aconitifolia*
– Blätter 3- bis 5-lappig .... *A. brevipedunculata* var. *brevipedunculata*

Ampelopsis aconitifolia Bunge, Sturmhutblättrige Scheinrebe

Habitus: Bis 8 m hoch kletternd, Triebe schwach kantig, kahl.
Blätter: Sehr variabel, meist tief 3- bis 5-lappig, 5–12 cm breit, Mittellappen ± fiederteilig, Lappen lanzettlich bis rhombisch, oft stark zerteilt, in der Jugend gelblich- oder rötlich zottig, später beiderseits frischgrün und kahl, Herbstfärbung gelb bis purpurn.
Blüten: Blütenstände klein, reich verzweigt, Juli–August.
Früchte: Beeren 5–6 mm dick, kugelig bis verkehrteiförmig, anfangs bläulich, reif gelb bis orange.
Verbreitung: N-China, Mongolei.
Verwendung: Häufig, ♣, H, WHZ 6b, LB 7.4.3.9

Ampelopsis brevipedunculata (Maxim.) Trautv. **var. brevipedunculata**, Ussuri-Scheinrebe

Habitus: Bis 8 m hoch kletternd, Triebe anfangs rau behaart.
Blätter: Seicht 3- bis 5-lappig, bis 15 cm lang, Mittellappen meist zugespitzt, Seitenlappen ± breit abstehend, an der Basis herzförmig, grob gezähnt, Zähne abgerundet und mit

Ampelopsis brevipedunculata var. brevipedunculata

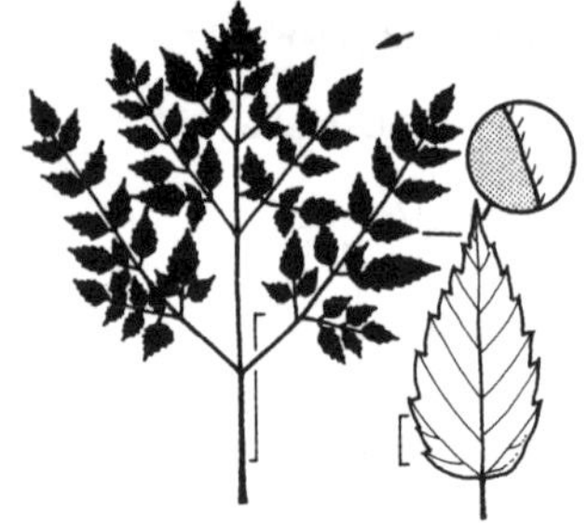
Ampelopsis megalophylla

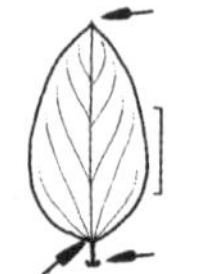
Andrachne colchica

kurzer Stachelspitze, im Austrieb rotbraun, später oberseits sattgrün, unterseits hellgrün, Herbstfärbung gelb bis rot.
Blüten: Blütenstände kurz und dicht, vielblumig, Juli–August.
Früchte: Beeren vor der Reife amethystblau oder türkisfarben, später violettblau.
Verbreitung: Japan, Korea, China, Russ. Ferner Osten.
Verwendung: Häufig, ♧, H, WHZ 5b, LB 7.3.3.9.

var. maximowiczii (Regel) Rehder. Blätter sehr variabel, breit herzförmig und ungelappt bis tief 3- bis 5-lappig, kahl, nur unterseits leicht behaart. Früchte porzellanblau. Japan, Korea, China.

A. hederacea (Ehrh.) DC. = *Parthenocissus quinquefolia* var. *quinquefolia*
A. heterophylla (Thunb.) Siebold et Zucc. = *A. brevipedunculata* var. *maximowiczii*

Ampelopsis megalophylla (Veitch) Diels et Gilg, Großblättrige Scheinrebe

Habitus: Bis 10 m hoch kletternd, Zweige kahl, dick, mit großen Knospen und sehr langen Internodien, Triebe etwas bläulich gefärbt.
Blätter: Sehr lang gestielt, einfach bis mehrfach gefiedert, 45–60 cm lang (oft nur das unterste, größte Fiederpaar bis 3-fach gefiedert, die oberen ungeteilt), Blättchen 7–9 cm lang, eiförmig bis länglich-eiförmig, grob gezähnt, stachelspitzig, oberseits sattgrün, unterseits blaugrün, Herbstfärbung gelb und rotbraun.
Blüten: In breiten, reich verzweigten, lang gestielten Ständen, Juli–August.
Früchte: Kreiselförmig, 6 mm dick, dunkelpurpurn, später schwarz.
Verbreitung: W-China.
Verwendung: Selten, ♧, H, WHZ 6b, LB 3.3.2.9.

A. quinquefolia (L.) Michx. = *Parthenocissus quinquefolia* var. *quinquefolia*
A. tricuspidata Siebold et Zucc. = *Parthenocissus tricuspidata*
A. veitchii hort. = *Parthenocissus tricuspidata* 'Veitchii'
Amygdalus communis L. = *Prunus dulcis*
A. davidiana (Carrière) de Vos ex L. Henry = *P. davidiana*
A. dulcis Mill. = *P. dulcis*
A. lindleyi Carrière = *P. triloba*
A. nana L. = *P. tenella*
A. persica L. = *P. persica*
A. triloba (Lindley) Rieker = *P. triloba*

Andrachne L.

Andrachne – Phyllanthaceae
(antiker griechischer Pflanzenname für Portulak und Erdbeerbaum)

Habitus: Niedrige Sträucher oder Halbsträucher, Zweige dünn, graubraun, Endknospe fehlend, Seitenknospen 2–4 mm groß, eiförmig bis spitz eiförmig, äußere Knospenschuppen braun, innere grün und oben rotbraun, silbrig bewimpert.
Blätter: Wechselständig, ganzrandig, mit kleinen Nebenblättern.
Blüten: 1-geschlechtig, 1-häusig verteilt, radiär, klein, ♂ zu 5–6 in achselständigen Büscheln, Kelchblätter 5–6, frei oder verwachsen, Kronblätter 5–6, gelblich grün, Staub-

blätter 5–6, ♀ Blüten einzeln, oft ganz ohne Kronblätter, Fruchtknoten 3-fächrig.
Früchte: Zerfallkapseln, 4–8 mm breit, mit bleibendem Kelch.
Verbreitung: 15 Arten auf den Kapverdischen Inseln und im Mittelmeergebiet bis Somalia, Sokotra und W-Himalaja.
Verwendung: Bei uns eine pflegeleichte, stets gesunde Liebhaberpflanze.

Andrachne colchica Fisch. et C.A. Mey. ex Boiss., Kolchische Andrachne

Habitus: Sommergrüner, etwa 0,5 m hoher, aufrechter, feinzweigiger Strauch, Triebe kahl.
Blätter: Eiförmig, 1,5–2,5 cm lang, stumpf, stachelspitzig, Basis abgerundet, beiderseits kahl, ganzrandig, am Rand etwas verdickt.
Blüten: Etwa 1 cm breit, Kronblätter fadenförmig, viel kürzer als die Kelchblätter, Juli–August.
Früchte: Kugelig, etwa 1 cm dick.
Verbreitung: Kaukasien.
Verwendung: Häufig, WHZ 6b, LB 6.3.2.6.

Andromeda L.

Rosmarinheide – Ericaceae

(lateinisch *Andromeda* = in der griechischen Mythologie Tochter des Kepheus und der Kassiopeia)

Habitus: Immergrüne Zwergsträucher mit kriechenden Grundachsen, Zweige kahl, bogig aufsteigend.
Blätter: Wechselständig, schmal länglich, 1,5–3 cm lang, ledrig, kurz gestielt, ganzrandig, Rand ± stark eingerollt.
Blüten: Zwittrig, radiär, nickend, zu 2–8 in kurzen Trauben, Kelch unscheinbar, Krone kugelig bis glockig, mit 5 kurzen, zurückgeschlagenen Zipfeln, Staubblätter 10, in der Krone eingeschlossen, Fruchtknoten oberständig.
Früchte: Kapseln 5–6 mm lang, abgeflacht-kugelig, kugelig oder eiförmig, sich im oberen Teil öffnend, 5-fächrig.
Verbreitung: 2 Arten in den kälteren Teilen der nördl. Halbkugel.
Verwendung: Als Charakterpflanzen von Hoch- und Zwischenmooren finden sie in Verbindung mit *Rhododendron* oder im Heidegarten einen geeigneten Platz. Blätter und Blüten enthalten das giftige Diterpen Acetylandromedol (Andromedotoxin).

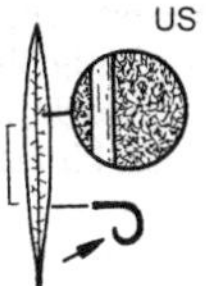

Andromeda glaucophylla

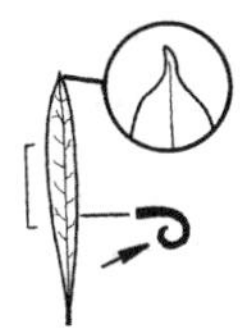
Andromeda polifolia

Bestimmungsschlüssel Andromeda

1 Blätter unterseits kahl. . . . . *A. polifolia*
– Blätter unterseits filzig behaart . . . . *A. glaucophylla*

A. arborea L. = *Oxydendrum arboreum*
A. axillaris Lam. = *Leucothoe axillaris*
A. calyculata L. = *Chamaedaphne calyculata*
A. catesbaei Walter = *Leucothoe axillaris*
A. dealbata W. Bartram ex Willd. = *Zenobia pulverulenta*
A. floribunda Pursh ex Sims = *Pieris floribunda*
A. fontanesiana Steud. = *Leucothoe fontanesiana*

Andromeda glaucophylla Link, Behaarte Rosmarinheide

Habitus: 0,1–0,7 m hoher, etwas wirr wachsender, Teppiche bildender Strauch, Triebe und Knospen blaugrün.
Blätter: 0,8–5 cm lang, linealisch bis schmal länglich, anfangs am Rand zurückgerollt, unterseits dicht weißfilzig behaart.
Blüten: 4–7 mm lang, in dichten, nickenden Trauben, Krone weißlich bis blassrosa, Kelch weißlich, Mai–Juli.
Verbreitung: Grönland, W- und O-Kanada, NO- und NOZ-USA.
Verwendung: Selten, B, ☠, WHZ 3, LB 1.1.1.7.

A. japonica Thunb. ex Murray = *Pieris japonica*
A. lucida Lam. = *Lyonia lucida*
A. mariana L. = *Lyonia mariana*

Andromeda polifolia L., Kahle Rosmarinheide

Habitus: Bis 0,2 m hoch, locker verzweigt, Äste kriechend, Zweige bogig aufsteigend, hellbraun, kahl, bereift.
Blätter: Linealisch, 1,5–3 cm lang, Blattrand

stark nach unten gerollt, oberseits dunkelgrün, unterseits kahl und silbrig bis hellblau.
Blüten: 5–7 mm lang, in endständigen, bis 3 cm breiten Büscheln, Krone weiß bis zartrosa, Mai–Juli.
Verbreitung: Europa, Sibirien, Russ. Ferner Osten, Japan, Mongolei, Grönland, NW-USA.
Verwendung: Häufig (mit mehreren, meist reich blühenden Sorten, in der Roten Liste als gefährdet eingestuft), B, ☠, WHZ 3, LB 1.1.1.7.

A. pulverulenta W. Bartram ex Willd. = *Zenobia pulverulenta*
A. racemosa L. = *Leucothoe racemosa*
A. racemosa Lam. = *Lyonia mariana*

Anthyllis L.

Wundklee – Fabaceae

(lateinisch *anthyllis* = Name zweier nicht sicher bestimmbarer Pflanzen)

Habitus: Immer- oder sommergrüne Kräuter, Halbsträucher oder Stauden, oft mit starker Behaarung.
Blätter: Wechselständig, unpaarig gefiedert oder bis auf das Endblättchen reduziert und dann einfach, Nebenblätter klein, hinfällig.
Blüten: Zwittrig, zygomorph, klein, doch meist in ansehnlichen, blattachselständigen, manchmal scheinbar endständigen Köpfchen oder Dolden, Kelch 5-zähnig, röhrig, glockig oder nahe dem Grund zusammengeschnürt, zur Fruchtzeit trockenhäutig und oft aufgeblasen, Kronblätter gelb, orange, rot oder weiß, Fahne und Flügel eiförmig, länger als der Kiel, die 10 Staubblätter verwachsen, Fruchtblatt 1, oberständig.
Früchte: Hülsen eiförmig bis linealisch, mit 1 oder mehreren Samen.
Verbreitung: 25 Arten in Europa, N-Afrika und W-Asien.
Verwendung: *A. hermanniae* ist ein Zwergstrauch für sonnig-trockene Standorte in Steingärten und auf Steinbeeten.

Anthyllis hermanniae L., Hermannia-Wundklee

Habitus: Sommergrüner, bis 0,5 m hoher, dicht verzweigter Strauch, Zweige anfangs grauweiß behaart, Zweigspitzen in Dornen endend
Blätter: Meist bis auf das Endblättchen reduziert (nur selten 3-blättrig), 1–1,5 cm lang,

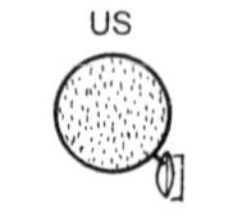

Anthyllis hermanniae   Aphananthe aspera

länglich bis verkehrt-eilanzettlich, abgerundet, Basis keilförmig, beiderseits ± stark angedrückt seidig behaart.
Blüten: Etwa 8 mm lang, zu 3–5 in kurzen, achselständigen Büscheln, Krone gelb, Juni.
Früchte: Bis 5 mm lang, 1-samig.
Verbreitung: SW-, S- und SO-Europa, Türkei.
Verwendung: B, WHZ 6a, LB 6.1.1.7.

Aphananthe Planch.

Aphananthe – Cannabaceae

(griechisch *aphanes* = unscheinbar und *anthos* = Blüte)

Habitus: Sommer- oder immergrüne Bäume oder Sträucher.
Blätter: Wechselständig, 2-zeilig stehend, einfach, gestielt, Nebenblätter vorhanden, gesägt, Nerven parallel stehend, gerade, bis in die Blattzähne verlaufend.
Blüten: 1-geschlechtig, 1-häusig verteilt, unscheinbar, achselständig an jungen Trieben, die ♂ Blüten im basalen Bereich, die ♀ Blüten im Spitzenbereich, Kelch 4- bis 5-zählig, Kronblätter fehlend, Fruchtknoten oberständig, Staubfäden 5, Griffel 2.
Früchte: Steinfrüchte eiförmig oder fast kugelig.
Verbreitung: 3–4 Arten in Madagaskar, O-Asien bis Australien, Mexiko.
Verwendung: Nur selten in botanischen Sammlungen zu finden.

Aphananthe aspera (Blume) Planch., Aphananthe

Habitus: Sommergrüner, bis 20 m hoher Baum, Krone dicht, abgerundet, Borke graubraun, feinschuppig, Zweige rotbraun, fein behaart, mit hellen Lentizellen.
Blätter: Länglich-eiförmig, 5–9 cm lang, derb, spitz bis zugespitzt, Basis abgerundet, etwas

schief, einfach gesägt, Nervenpaare 5–12, oberseits dunkelgrün, unterseits heller und behaart, Stiel 5 mm lang, Nebenblätter bleibend.
Blüten: Grünlich, April–Mai.
Verbreitung: Japan, Korea, O-China.
Verwendung: Sehr selten, WHZ 7b, LB 6.3.4.3.

Aralia L.

Angelikabaum, Aralie – Araliaceae

(aus einer Indianersprache Kanadas abgeleitet)

Habitus: Sommergrüne, sparsam verzweigte, dickastige Sträucher oder Stauden, Zweige mit starkem Mark, oft bewehrt, Knospen und die mehr als 3 Knospenschuppen deutlich zugespitzt, besonders um die Endknospe ein Ring senkrecht aufgerichteter Stacheln, Blattnarben mehr als ⅔ des Zweigumfanges einnehmend, mit mehr als 20 rundlichen Gefäßbündelspuren.
Blätter: Wechselständig, lang gestielt, doppelt bis 3-fach gefiedert, Nebenblätter mit dem Blattstiel verwachsen oder fehlend.
Blüten: Polygam, radiär, klein, in kleinen Dolden, die meist zu großen, endständigen, vielfach verzweigten, rispenartigen Infloreszenzen zusammengesetzt sind, Kelch-, Kron- und Staubblätter je 5–8, Kelch klein und unscheinbar, Kronblätter weiß oder cremeweiß, länglich-3-eckig bis elliptisch, Griffel frei oder an der Basis verwachsen, Nektarscheibe deutlich ausgebildet.
Früchte: Steinfrüchte 2–5 mm dick, kugelig, 5-fächrig, fleischig, schwarz, Steinkerne 2–5.
Verbreitung: 68 Arten in N-Amerika, O-Asien und Malaysia.
Verwendung: Als dekorative, großblättrige, im Sommer blühende Solitärsträucher. Junge Blätter und Sprosse von *A. elata* und *A. racemosa* werden in O-Asien als Gemüse zubereitet.

Bestimmungsschlüssel Aralia

1 Blattspindel bestachelt, Blättchen gestielt, Seitennerven biegen vor dem Blattrand um . . . . *A. spinosa*
– Blattspindel nicht bestachelt, Blättchen sitzend (zumindest die meisten), Seitennerven verlaufen bis in die Blattzähne 2
2 Blätter unterseits bläulich, gezähnt . . . *A. elata*
– Blätter unterseits grün(lich), gesägt . . . . *A. chinensis*

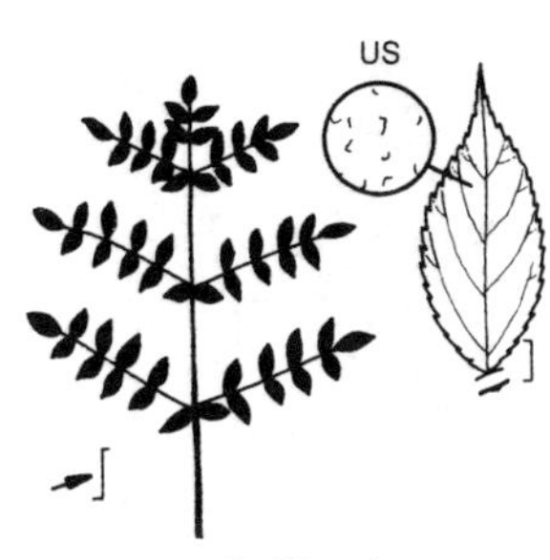

Aralia chinensis

Aralia chinensis L., Chinesischer Angelikabaum

Habitus: 3–5 m hoher, steif aufrechter Strauch, selten baumförmig, Zweige nur wenig bestachelt.
Blätter: 60–80 cm lang, meist nur ± kurz gestielt, 2- bis 3-fach gefiedert, Blättchen breit eiförmig, 5–12 cm lang, dicht und fein gesägt, nicht oder nur wenig bestachelt, unterseits auf der Mittelrippe behaart, Seitennerven der Blättchen vor Erreichen des Blattrandes verzweigt und bis in die Blattzähne verlaufend.
Blüten: In 25–40 cm langen, behaarten Rispen mit aufstrebender Hauptachse und langen, verzweigten Nebenachsen, die Dolden an den Achsen der 2. bis 4. Ordnung, Krone weiß, August–September.
Früchte: Kugelig, 2–3 mm dick, schwärzlich,
Verbreitung: China: Yunnan, Sichuan.
Verwendung: Selten, B, ⚘, N, WHZ 6b, LB 6.4.2.4.

Aralia elata (Miq.) Seem., Japanischer Angelikabaum

Habitus: 4–5 m hoher, steif aufrechter, wenig verzweigter, breitkroniger Strauch, oft mit Ausläufern, Zweige unregelmäßig bedornt, Triebe meist etwas bewehrt.
Blätter: Bis 1 m lang, doppelt gefiedert, an den Abzweigungen immer bewehrt, Blättchen dünn, 5–9 je Fieder, 8–12 cm lang, eiförmig oder elliptisch, mit breiten Zähnen entfernt gesägt, unterseits bläulich und auf den Nerven ± behaart, Seitennerven unverzweigt bis in die Blattzähne verlaufend, seitliche Blättchen kurz gestielt.
Blüten: In endständigen Doldentrauben, an einer kurzen Hauptachse zahlreiche, abstehende, 30–40 cm lange Nebenachsen, die

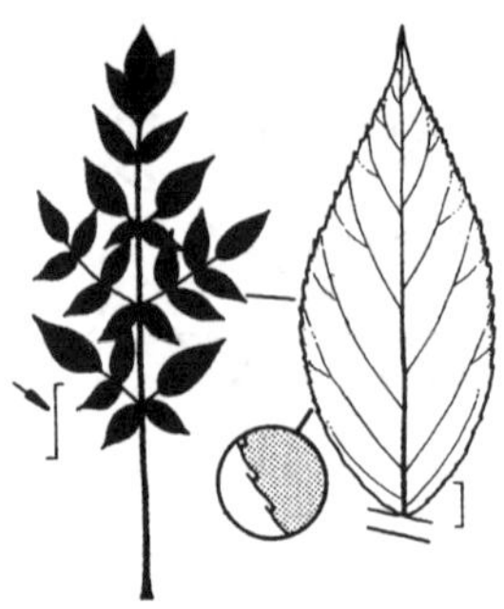

Aralia elata

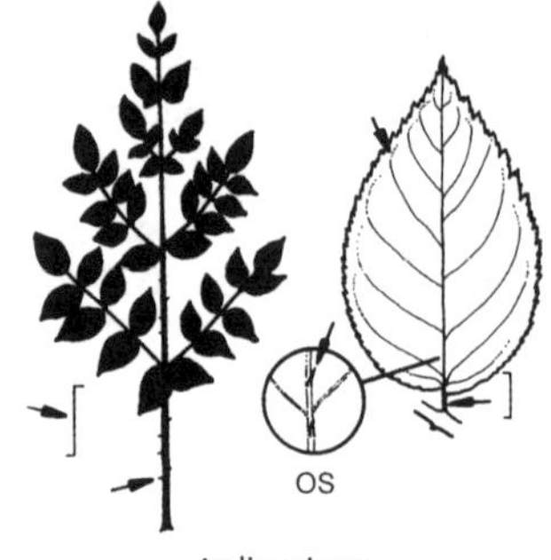

Aralia spinosa

Dolden an den Achsen der 3. bis 5. Ordnung, Krone cremeweiß, August.
Früchte: Kugelig, 5-kantig, 3 mm dick, schwarz.
Verbreitung: Russ. Ferner Osten, N-China, Japan.
Verwendung: Häufig, N, B, ♣, Bi, WHZ 5b, LB 7.3.2.4 (7.3.5.4).

'Aureovariegata'. Blättchen im Frühjahr breit unregelmäßig gelb gerandet und gestreift, die gelben Flecken im Sommer silbrig weiß.

'Silver Umbrella'. Blättchen schmal silbrigweiß gerandet.

'Variegata'. Blättchen unregelmäßig cremeweiß gerandet oder gefleckt.

A. mandshurica Rupr. ex Maxim. = *A. elata*

Aralia spinosa L., Herkuleskeule

Habitus: Bis 12 m hoher, baumartiger Strauch, Stamm und Zweige dick, starr, stark bestachelt.
Blätter: 40–80 cm lang, 2- bis 3-fach gefiedert, meist stachelig, Blättchen 7–13 je Fieder, deutlich gestielt, eiförmig, bis 18 cm lang, Basis stumpf, unregelmäßig gezähnt, unterseits bläulich, fast kahl, Seitennerven vor dem Blattrand aufwärts gebogen.
Blüten: In 20–25 cm langen, mehrfach verzweigten Rispen, Krone weißlich, Juli–August.
Früchte: Eiförmig, 6 mm dick, schwarz.
Verbreitung: NO-, NOZ- und SO-USA.
Verwendung: Selten, B, ♣, WHZ 5b, LB 4.2.2.4 (2.3.5.4).

Arbutus uva-ursi L. = *Arctostaphylos uva-ursi*

Arctostaphylos Adans.

Bärentraube – Ericaceae
(griechisch *arktos* = Bär und *staphyle* = Traube)

Habitus: Mit Ausnahme von *A. alpina* immergrüne, aufrechte oder kriechende Sträucher, Zweige hin- und hergebogen, rau oder schuppig, einige Arten im Alter mit rötlicher oder brauner Stammrinde. Die bei uns kultivierten Arten sind ausschließlich Spaliersträucher.
Blätter: Wechselständig, einfach, meist sitzend, selten gestielt, meist ganzrandig und stumpf.
Blüten: Zwittrig, radiär, klein, nickend, urnenförmig oder glockig, in endständigen Rispen oder Trauben, Kelchblätter 5, frei, die 4–5 Kronblätter verwachsen, Staubblätter 8–10, in der Krone eingeschlossen, Fruchtknoten 4- bis 10-fächrig, oberständig.
Früchte: Steinfrüchte beerenartig, kugelig, glatt oder warzig, Steinkerne meist 5, Fruchtfleisch saftig und mehlig-fleischig.
Verbreitung: Etwa 60 Arten in der borealen und gemäßigten Zone der nördl. Hemisphäre, *A. alpina* und *A. uva-ursi* sind zirkumpolar weit verbreitet.
Verwendung: Die bei uns kultivierten Arten sind überwiegend Teppiche bildende Zwergsträucher für Steingärten. Die Früchte von *A. uva-ursi* sind als Vogelnahrung bedeutend.

Bestimmungsschlüssel Arctostaphylos

1 Blätter sommergrün . . . . *A. alpina*
– Blätter immergrün 2
2 Blätter mit aufgesetzter Spitze, Rand kahl . . . . *A. nevadensis*
– Blätter vorne ausgerandet oder abgerundet, Rand bewimpert . . . . *A. uva-ursi*

Arctostaphylos alpina (L.) Spreng., Alpen-Bärentraube

Habitus: Sommergrüner, kriechender, bis 0,15 m hoher Strauch mit kurzen, aufstrebenden Trieben.
Blätter: Verkehrteiförmig, 3–4 cm lang, Basis verschmälert, netzadrig, fein gesägt, in der unteren Hälfte zottig bewimpert, frischgrün, im Herbst rötlich bis leuchtend rot verfärbt, erst im folgenden Frühjahr abfallend.
Blüten: 3–4 mm, lang, zu 2–5 in endständigen Trauben, Krone weiß, rötlich getönt, April–Juni.
Früchte: 6 mm dick, zunächst rot, zur Reife (im Jahr nach der Blüte) glänzend blauschwarz.
Verbreitung: Europa, Sibirien, Russ. Ferner Osten, Grönland, Alaska, Kanada, NO-USA.
Verwendung: Sehr selten, WHZ 3, LB 8.1.3.7.

Arctostaphylos nevadensis A. Gray, Nevada-Bärentraube

Habitus: Immergrüner, Teppiche bildender, unregelmäßig verzweigter Strauch, Zweige braun bis tiefrot, kriechend, oft wurzelnd.
Blätter: Sehr variabel, schmal lanzettlich bis elliptisch, verkehrteiförmig, lanzettlich, eiförmig oder breit eiförmig, 2–3 cm lang, mit kleiner, aufgesetzter Spitze, hellgrün, kahl oder spärlich flaumhaarig.
Blüten: 5 mm lang, in einem vielblütigen, aufrechten, kompakten Blütenstand, Krone weiß bis rosa, April–Mai.
Früchte: Kugelig, zur Reife dunkelbraun.
Verbreitung: W-USA.
Verwendung: Sehr selten, WHZ 3, LB 8.1.3.7.

Arctostaphylos uva-ursi (L.) Spreng., Echte Bärentraube

Habitus: Immergrüner, Teppiche bildender, bis 0,3 m hoher und 1 m breiter, dicht verzweigter Spalierstrauch, Zweige rotbraun, niederliegend, wurzelnd, Triebe aufwärts gebogen, kahl oder verkahlend.
Blätter: Verkehrteiförmig, 1–3 cm lang, ledrig, abgerundet oder schwach ausgerandet, zur Basis keilförmig verjüngt, am Rand gewimpert, beiderseits kahl und glänzend, oberseits dunkel-, unterseits hellgrün und vertieft netzadrig.
Blüten: 5–6 mm lang, zu 3–12 in kurzen, endständigen, übergeneigten Trauben, Kronblätter weiß, mit rosa Spitzen, April–Mai.

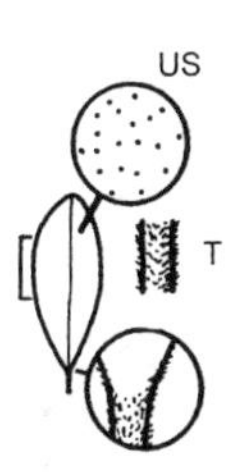

Arctostaphylos alpina

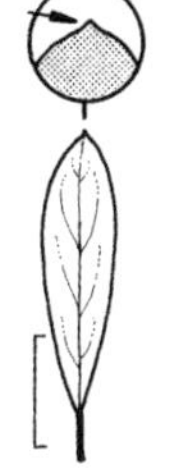
Arctostaphylos nevadensis

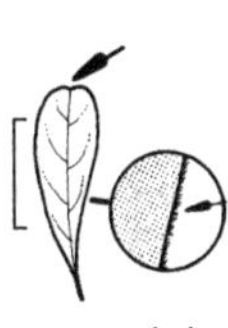
Arctostaphylos uva-ursi

Früchte: Kugelig, 6 mm dick, zur Reife glänzend rot, mehlig.
Verbreitung: Europa, Kaukasien, Sibirien, Russ. Ferner Osten, Alaska, Kanada, NO- und NOZ-USA.
Verwendung: Häufig (mit einigen Sorten, nach der Roten Liste als stark gefährdet eingestuft und nach der Bundesnaturschutzverordnung besonders geschützt), ⚕, WHZ 3, LB 8.2.3.6.

Arctous alpina (L.) Nied. = *Arctostaphylos alpina*
Aria altissima (Pers.) Holst = *Sorbus* (s. l.)

Aristolochia L.

Pfeifenwinde – Aristolochiaceae
(griechisch *aristos* = der Beste und *lochos* = Kindbett)

Habitus: Sommer- oder immergrüne Stauden, Sträucher oder stark wachsende, linkswindende Lianen, Knospen oder Knospen mit serialen Beiknospen in einem silbrigen bis grauen Haarfilz über den hufeisenförmigen Blattnarben geborgen.
Blätter: Wechselständig, groß, einfach, selten gelappt.
Blüten: Zwittrig, zygomorph, oft bizarr und sehr groß, nicht selten mit Aasgeruch, Blütenhülle einfach, mit pfeifenartig gebogener, am Grund bauchig erweiterter Röhre und tellerartig ausgebreitetem Saum (bei einigen tropischen Arten mit einem Durchmesser von 30–50 cm), Staubblätter 6, mit der in die 3- bis 6-lappige Narbe endenden Griffelsäule verwachsen, Fruchtblätter 4–6, verwachsen, unterständig. Die Blüten werden als Kesselfallenblumen bezeichnet.

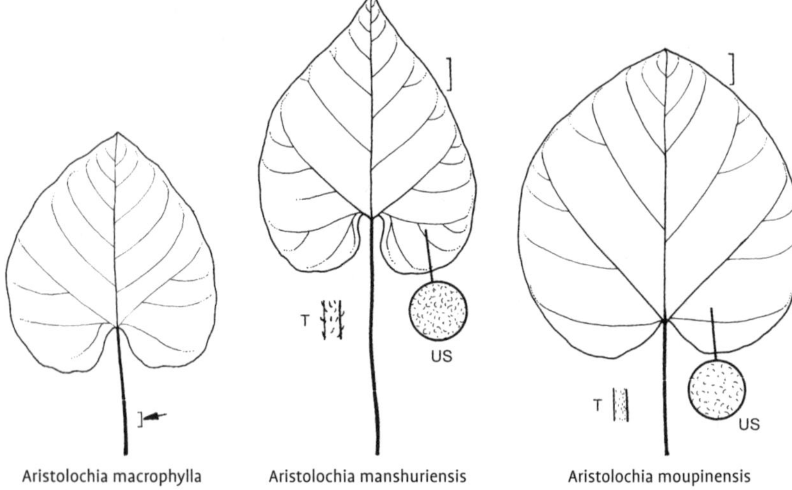

Aristolochia macrophylla Aristolochia manshuriensis Aristolochia moupinensis

Früchte: Kapseln länglich-zylindrisch, 6-kantig, 5–8 cm lang, hängend, 6-fächrig, sich zur Reife 6-klappig öffnend, Samen in den Fächern geldrollenartig dicht liegend und stark abgeflacht. Früchte werden in Kultur nur selten ausgebildet.
Verbreitung: Etwa 300 Arten, meist in den Tropen und Subtropen von Amerika, Asien und Afrika, nur wenige Arten in gemäßigten Zonen. Hier werden nur sommergrüne Lianen mit ganzrandigen Blättern behandelt.
Verwendung: Die in Mitteleuropa kultivierbaren Arten sind dekorative, großblättrige Lianen, die sich vorzüglich für eine rasche, blickdichte Begrünung von Mauern, Zäunen, Lauben und Pergolen eignen.

Bestimmungsschlüssel Aristolochia

1 Triebe kahl, Blüten purpurbraun .... *A. macrophylla*
– Triebe behaart, Blüten gelblich grün 2
2 Triebe filzig behaart .... *A. tomentosa*
– Triebe anders als filzig behaart 3
3 Triebe anfangs seidenhaarig, Blattstiele höchstens 5 cm lang .... *A. moupinensis*
– Triebe abstehend behaart, Blattstiele 6–9 cm lang .... *A. manshuriensis*

A. durior Hill = *A. macrophylla*

Aristolochia macrophylla Lam., Amerikanische Pfeifenwinde

Habitus: Bis 10 m hoch windend, Triebe kahl und dunkelgrün, erst im 2. oder 3. Jahr graubraun.
Blätter: Herzförmig oder herz-nierenförmig, 10–30 cm lang, oberseits dunkelgrün, unterseits heller, nur anfangs schwach behaart, Stiel 2,5–8 cm lang.
Blüten: Einzeln oder paarweise in den Blattachseln, 3 cm lang, die U-förmig gebogene Kronröhre gelbgrün, der Kronsaum 2,5 cm breit, purpurbraun, innen punktiert und gestreift, Mai.
Früchte: Holzig, 6–8 cm lang, 4–5 cm dick, kahl bis flaumhaarig.
Verbreitung: NO- und SO-USA.
Verwendung: Sehr häufig, WHZ 5a, LB 2.4.6.9 (3.3.4.9).

Aristolochia manshuriensis Kom., Mandschurische Pfeifenwinde

Habitus: 8–10 m hoch windend, junge Triebe behaart.
Blätter: Herz-nierenförmig, 10–20 cm lang, oberseits mittelgrün, unterseits graugrün, behaart, Stiel 6–9 cm lang.
Blüten: Etwa 5 cm lang, Kronröhre grünlich gelb, rötlich oder purpurn überlaufen, etwa 5 cm lang, Kronsaum 3-lappig, 3 cm breit, purpurbraun, im Mund punktiert und gestreift, Mai.
Früchte: Bis 11 cm lang.
Verbreitung: Mandschurei, Korea.
Verwendung: Sehr selten, WHZ 5a, LB 2.4.5.9.

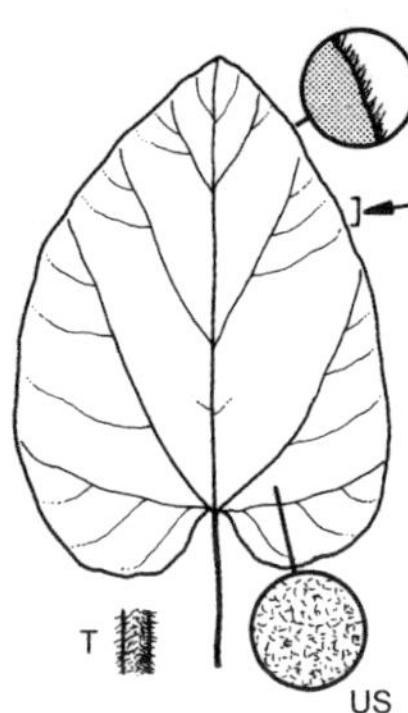

Aristolochia tomentosa

Aristolochia moupinensis Franch., Chinesische Pfeifenwinde

Habitus: 4–5 m hoch windend, Triebe zunächst weich seidenhaarig, später weitgehend kahl.
Blätter: Breit eiförmig, 7–12 cm lang, meist zugespitzt, unterseits grau behaart, Stiel 2–5 cm lang.
Blüten: 3 cm lang, Kronröhre gelbgrün, der 3-teilige Kronsaum etwas dunkler, innen gelb, purpurrot punktiert, meist einzeln, flaumig behaart, Blütenstiel bis 5 cm lang, im unteren Teil mit einem ovalen Hochblatt, Juni.
Früchte: Holzig, 6–8 cm lang, 3–4 cm dick.
Verbreitung: W-China.
Verwendung: Selten, WHZ 5a, LB 2.2.5.9.

A. sipho L'Hér. = *A. macrophylla*

Aristolochia tomentosa Sims, Filzige Pfeifenwinde

Habitus: 5–7 m hoch windend, Zweige dünn, Triebe, Blattunterseiten und Blüten bleibend filzig behaart.
Blätter: Eiförmig, 10–20 cm lang, meist abgerundet, Basis herzförmig, Stiel 3–7 cm lang, oberseits stumpfgrün und zuletzt nur zerstreut behaart, unterseits bleibend behaart.
Blüten: 3,5 cm lang, Kronröhre und Kronsaumlappen gelbgrün bis gelb, die Röhrenöffnung als purpurbrauner Ring, Juni.
Früchte: Holzig, 6–8 cm lang, 4–6 cm dick, feinflaumig behaart.
Verbreitung: S- und SO-USA.
Verwendung: Selten, WHZ 6b, LB 2.5.5.9.

Armeniaca dasycarpa (Ehrh.) Borkh. = *Prunus dasycarpa*
A. mume Siebold = *P. mume*
A. sibirica (L.) Lam. = *P. sibirica*
A. vulgaris Lam. = *P. dulcis* var. *dulcis*

Aronia Medik.

Apfelbeere – Rosaceae
(griechisch *aronia* = Mispel)

Habitus: Sommergrüne Sträucher, Zweige rotbraun, kahl oder behaart, Knospen 6–12 mm lang, spindelförmig, auffallend glänzend weinrot, kahl oder behaart, Endknospen ± so groß wie die anliegenden Seitenknospen, Knospenschuppen 3–6, 2-zeilig angeordnet.
Blätter: Wechselständig, einfach, elliptisch oder verkehrteiförmig, 2–8 cm lang, fein kerbig gesägt, oberseits auf der Mittelrippe mit dicklichen, schwarzroten Haaren, Nebenblätter klein, bald abfallend, Herbstfärbung oft leuchtend rot.
Blüten: Zwittrig, radiär, ca. 1 cm breit, zu 10–20 in kleinen Trugdolden, 5-zählig, Kelchröhre urnenförmig, Kronblätter weiß oder blassrosa, konkav, abstehend, Staubblätter meist 20, purpurn, Griffel 5, am Grund verwachsen und behaart, Fruchtblätter 5, in einem ± geschlossenen, fleischigen Blütenbecher eingesenkt und mit diesem verwachsen.
Früchte: Kernäpfel kugelig, 5–10 mm dick, glänzend schwarz oder rot bis purpurschwarz, mit bleibenden Kelchzipfeln, Samen je Fach 2, 3 mm lang.
Verbreitung: 3 Arten in N-Amerika.
Verwendung: Meist locker aufgebaute Sträucher mit weißen Blüten, attraktiver Herbstfärbung und schönem Fruchtschmuck. Sorten von *A. ×prunifolia* werden auch bei uns der saftreichen Früchte wegen in Plantagen angebaut, sie sind u. a. durch den hohen Gehalt an Anthocyanen gut zur Farbstoffgewinnung geeignet.

Bestimmungsschlüssel Aronia

(für sichere Artbestimmung Früchte wichtig)

1 Blätter unterseits kahl (höchstens spärlich behaart) ..... *A. melanocarpa* var. *melanocarpa*
– Blätter unterseits behaart 2
2 Blätter spitz, Früchte rot, 4–7 mm dick .... *A. arbutifolia* var. *arbutifolia*
– Blätter stumpf, Früchte schwarzpurpurn, 8–10 mm dick .... *A. ×prunifolia*

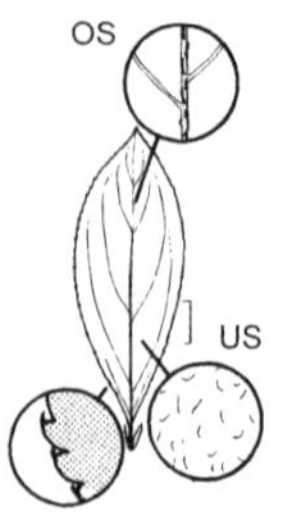

Aronia arbutifolia var. arbutifolia

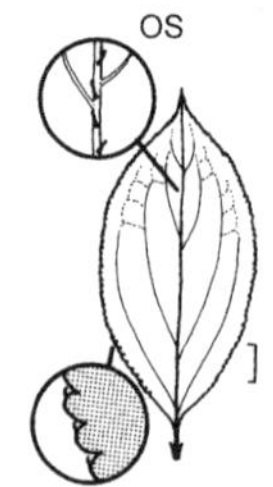

Aronia melanocarpa var. melanocarpa

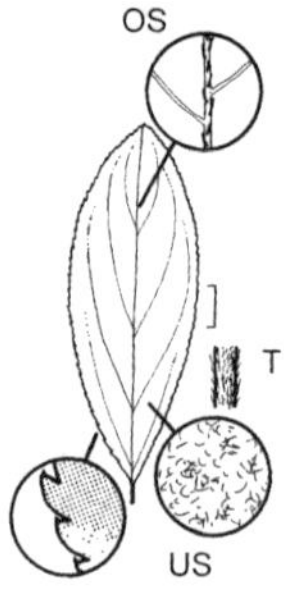

Aronia ×prunifolia

Aronia arbutifolia (L.) Pers. **var. arbutifolia**, Filzige Apfelbeere

Habitus: 1,5–2 m hoher, locker aufgebauter Strauch, Triebe filzig behaart.
Blätter: Elliptisch bis länglich-verkehrteiförmig, 4–8 cm lang, spitz bis zugespitzt, oberseits tiefgrün und kahl, unterseits dicht graufilzig, Herbstfärbung leuchtend hochrot.
Blüten: Zu 5–17 in kleinen Trugdolden, Blütenstiele und Kelchblätter zur Blütezeit dicht graufilzig behaart, bis zur Fruchtzeit ± behaart, Krone rötlich weiß, Mai–Juni.
Früchte: Nahezu kugelig, 4–7 mm dick, leuchtend rot, spät reifend und bis zum Dezember haftend.
Verbreitung: O-Kanada, NO-, NOZ- und SO-USA.
Verwendung: Häufig, B, ♧, H, WHZ 5b, LB 1.2.2.5 (4.1.2.9) (5.2.5.5).

var. atropurpurea (Britton) F. Seym. Früchte 8–10 mm dick, dunkelrot bis schwarzpurpurn.

'Brillant'. Bis 2,5 m hoher Strauch. Blätter schwach glänzend bläulich grün, lange haftend. Früchte zahlreich, kugelig bis birnenförmig, glänzend rot.

A. floribunda (Lindl.) Spach = *A. ×prunifolia*

Aronia melanocarpa (Michx.) Elliott **var. melanocarpa**, Kahle Apfelbeere

Habitus: 1(–2,5) m hoher, buschiger Strauch, im Alter durch kurze Ausläufer kleine Dickichte bildend, Triebe bald kahl.
Blätter: Verkehrteiförmig, 2–7,5 cm lang, plötzlich zugespitzt oder stumpf, oberseits glänzend tiefgrün, unterseits heller und schon zur Blütezeit kahl, im Herbst braunrot.
Blüten: 1,5 cm breit, zu 7–15 in ± kahlen Trugdolden, Krone reinweiß, Mai.
Früchte: Bis 8,5 mm dick, anfangs auberginenfarben, zur Reife glänzend schwarz, bald nach der Reife abfallend oder rasch von Vögeln gefressen.
Verbreitung: O-Kanada, NO-, NOZ-, SO-USA.
Verwendung: Häufig (mit einigen Sorten), N, B, ♧, H, WHZ 5b, LB 4.2.2.5 (1.1.2.5) (5.2.3.5).

var. grandiflora Lindl. Bis 2,5 m hoher, aufrechter Strauch. Blätter 4–8 cm lang. Früchte apfelförmig, 8 mm dick, glänzend schwarz. S-Appalachen.

Aronia ×prunifolia (C.K. Schneid.) Graebn., Pflaumenblättrige Apfelbeere
(*A. arbutifolia* × *A. melanocarpa*)

Habitus: 1–2,5(–4) m hoher, aufrechter Strauch, Triebe filzig behaart.
Blätter: Verkehrteiförmig, 6–10 cm lang, stumpf, unterseits dicht behaart, im Austrieb bronzefarben.
Blüten: 1–1,6 cm breit, zu 7–14 in lockeren Trugdolden, Kelch ± dicht filzig, Krone weiß, Mai.
Früchte: 0,8–1 cm dick, glänzend auberginenfarben, essbar, bis zum Dezember haftend.
Verbreitung: O-Kanada, O-USA.
Verwendung: Häufig (vor allem in großfrüchtigen, reich tragenden Sorten wie 'Aron', 'Nero', 'Rubina', 'Serina' und 'Viking', deren Früchte wirtschaftlich verwertbar sind), N, B, ♧, H, WHZ 5b, LB 1.2.2.5 (2.1.2.5).

Artemisia L.

Absinth, Beifuß, Eberraute, Wermut – Asteraceae

(griechisch *artemisia* = Sammelbezeichnung für mehrere Arten der Gattung *Artemisia*)

Habitus: Meist aromatisch duftende, ein- und mehrjährige Kräuter, Halbsträucher oder Sträucher.
Blätter: Wechselständig, meist hand- oder fiederteilig, selten einfach und ungeteilt, oft silbrig weiß behaart.
Blüten: Zwittrig, nur mit Röhrenblüten, in kleinen, zylindrischen oder kugeligen, meist nickenden Köpfchen, weiß, gelb, bräunlich oder blass rötlich, die zu Trauben, Ähren oder Knäueln zusammengefasst sind. Hüllblätter in 2–7 Reihen, mit ± trockenhäutigem Rand, Spreublätter fehlend oder vorhanden, Staubbeutel an der Spitze meist mit lanzettlich-pfriemlichen Anhängseln, Fruchtknoten 1-fächrig, unterständig.
Früchte: Schließfrüchte 1–2 mm lang, 5-kantig, 1-samig, ohne Pappus.
Verbreitung: Etwa 300 Arten, die meisten in Trockengebieten der gemäßigten Zonen der Nordhalbkugel, wenige im westl. S-Amerika, 1 in S-Afrika.
Verwendung: Als Heil- und Gewürzpflanzen in Küchen- und Kräutergärten, als Zierpflanzen in Steppengärten oder sonnigen Wildgartenpartien.

Bestimmungsschlüssel Artemisia

1 Blätter einfach oder fiederspaltig 2
– Blätter mehrfach fiederteilig oder gefiedert. . 3
2 Blätter 1–4 cm lang, an der Spitze gezähnt . . . . *A. tridentata*
– Blätter 3–10 cm lang, gefiedert oder an der Spitze tief gebuchtet . . . . *A. stelleriana*
3 Fiederblättchen fädig verschmälert und zugespitzt . . . . *A. abrotanum*
– Fiederblättchen bis 6 mm breit und stumpf . . . . *A. absinthium*

Artemisia abrotanum L., Eberraute

Habitus: Aufrechter, bis 1 m hoher, graugrüner, stark aromatisch duftender Halbstrauch, Zweige kahl oder anfangs flaumig behaart.
Blätter: 2–5 cm lang, 1- bis 3-fach fiederteilig, Segmente 1 cm lang, fädig-pfriemlich, oberseits kahl, unterseits grauhaarig.
Blüten: Köpfchen 3–5 mm breit, gelblich, in vielblütigen, seitenständigen Trauben, Hüllblätter lanzettlich, kurz behaart, Juli–Oktober.

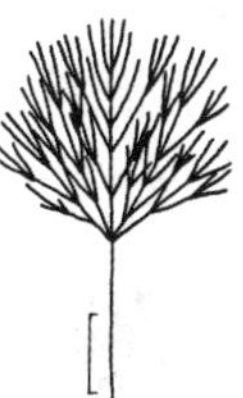

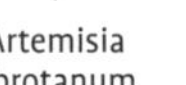

Artemisia abrotanum

Artemisia absinthium

Artemisia stelleriana

Verbreitung: Ursprüngliche Verbreitung unbekannt, etabliert in S- und SO-Europa, W-Asien, Sibirien.
Verwendung: Selten, N, B, D, WHZ 6b, LB 6.1.2.8 (2.5.1.8).

Artemisia absinthium L., Echter Wermut

Habitus: Bis 1 m hoher, aufrechter, reich beblätterter, aromatisch duftender Halbstrauch.
Blätter: 2–5 cm lang, 2- bis 3-fach fiederteilig, die einzelnen Blattsegmente etwa 0,5–2 cm lang, länglich, stumpf, beiderseits seidig behaart.
Blüten: Köpfchen 3 mm breit, gelb, kugelig, nickend, auf behaarten Stielen, in reich verzweigten Rispen, Hüllblätter 2–3 mm lang, graufilzig, Juli–September.
Verbreitung: Europa, Türkei, Kaukasien, N-Iran.
Verwendung: Selten, N, B, ⚕, D, WHZ 6b, LB 6.1.2.8.

A. procera Willd. = *A. abrotanum*

Artemisia stelleriana Besser, Silber-Wermut

Habitus: 0,3–0,7 m hoher, in allen Teilen weißfilziger Halbstrauch, Zweige niederliegend-aufsteigend.
Blätter: 3–10 cm lang, die unteren fiederspaltig oder tief gezähnt, gestielt, an der Basis keilförmig, die oberen sitzend und gelegentlich ganzrandig.
Blüten: Köpfchen 6–8 mm breit, gelblich, aufrecht oder geneigt, in gedrängten, traubigen Rispen, Juli–September.
Verbreitung: Korea, Japan, Russ. Ferner Osten.
Verwendung: Selten, B, WHZ 5a, LB 6.3.1.5.

Artemisia tridentata

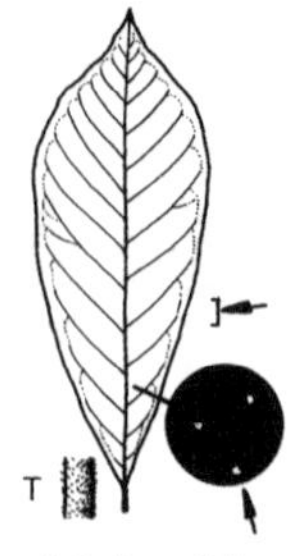

Asimina triloba

Artemisia tridentata Nutt.,
Dreizähniger Wermut

Habitus: Bis 3 m hoher, verzweigter, stark aromatischer Strauch mit kurzem Stamm und wenigen, von der Basis aufsteigenden Ästen.
Blätter: Sitzend, schmal keilförmig, 1–4 cm lang, an der gestutzten Spitze mit 3 oder 4–9 Zähnen oder Lappen oder Blätter linealisch und ganzrandig, silbrig grau behaart und leicht klebrig.
Blüten: Köpfchen 3–4 mm breit, gelb, sehr zahlreich, aufrecht, fast sitzend, in dichten, 30–50 cm langen Rispen, Juli–September.
Verbreitung: W-Kanada, NW- und SW-USA.
Verwendung: Selten, B, D, WHZ 7a, LB 6.1.1.5.

Asimina Adans.

Papau – Annonaceae

(aus dem synonymen Artnamen *Annona triloba* umgebildet, vielleicht unter Anlehnung an lateinisch *similis* = ähnlich)

Habitus: Immer- oder sommergrüne Sträucher, selten auch kleine Bäume, Knospen dunkelbraun behaart, Endknospen etwa 6–8 mm lang, deutlich abgeflacht, Seitenknospen kleiner, Blattnarben hufeisenförmig, Gefäßbündelspuren 5–7.
Blätter: Wechselständig, ungeteilt, ganzrandig.
Blüten: Zwittrig, radiär, meist groß, einzeln oder zu wenigen achselständig, nickend, kurz gestielt, Klechblätter 3, hinfällig, kleiner als die 6 Kronblätter, diese in 2 Kreisen, die inneren kleiner und aufrecht stehend, Staubblätter zahlreich, Fruchtblätter 3–15.
Früchte: Beeren ellipsoid oder unregelmäßig zylindrisch, 4–10 cm lang, 1,5–4 cm dick, zunächst grün, zur Reife braun, saftig-fleischig, 1- bis mehrsamig, schmackhaft, Samen stark abgeflacht, asymmetrisch, 2–2,5 cm lang, glänzend braun.
Verbreitung: 8 Arten im östl. N-Amerika.
Verwendung: Bei uns nur *A. triloba* mit einigen großfrüchtigen Sorten (u. a. 'Davis', 'Overleese', 'Sunflower') in Kultur.

Asimina triloba (L.) Dunal,
Dreilappige Papau, Indianerbanane

Habitus: Sommergrüner, bis 12 m hoher Baum, in Kultur meist niedriger, Triebe zunächst rostbraun behaart, später kahl und glänzend braun.
Blätter: Verkehrteiförmig, 15–25 cm lang, kurz zugespitzt, keilförmig in den etwa 1 cm langen Stiel verschmälert, oberseits tiefgrün, unterseits hell graugrün und zunächst stark behaart, fein durchscheinend punktiert.
Blüten: 3–4 cm breit, glockig, einzeln, nickend, äußere Kronblätter bis 2,5 cm lang, braunrot bis purpurn, die inneren kleiner und gelb gestreift, Staubblätter purpurn, April–Mai.
Früchte: 5–15 cm lang, zunächst grünlich gelb, zur Reife gelbbraun, weich, essbar, Fruchtfleisch süß und aromatisch.
Verbreitung: O-Kanada, NO-, NOZ- und SO-USA.
Verwendung: Selten, N, ♧, WHZ 6b, LB 2.3.1.4.

Atragene L. = *Clematis*
A. alpina L. = *C. alpina*
A. macropetala (Ledeb.) Ledeb. = *C. macropetala*
A. speciosa Weinm. = *C. sibirica*

Atraphaxis L.

Bocksknöterich – Polygonaceae

(griechisch *atraphaxys* = Spinat oder Gartenmelde)

Habitus: Sommergrüne, niedrige, reich verzweigte Sträucher mit kahlen, dornigen oder unbewehrten Zweigen.
Blätter: Wechselständig oder an den Knoten in Büscheln, klein, mit deutlichen, häutigen Gelenkscheiden (Ochrea).
Blüten: Zwittrig, radiär, klein, einzeln oder zu mehreren in Blattachseln, zu endständigen Trauben vereint. Blütenhülle einfach, weiß oder hellrosa, deutlich geadert, 4- bis

5-teilig, in 2 Kreisen, die äußeren Blütenhüllblätter kleiner als die inneren, zurückgeschlagen und bis zum Grund frei, die 2–3 inneren, geraden umschließen die Frucht, Staubblätter 6–8, Griffel 2–3, sehr kurz, mit breit keuligen Narben, Fruchtknoten oberständig.
Früchte: Nüsse eiförmig, 4 mm lang, 2- oder 3-kantig, glänzend braun, mit fast flügelartig ausgezogenen Kanten.
Verbreitung: 25 Arten in den Steppen M- und W-Asiens, Russlands und im Mittelmeergebiet.
Verwendung: Meist nur Liebhaberpflanzen mit lang anhaltender Blüte für Stein- und Steppengärten.

Bestimmungsschlüssel Atraphaxis

1 Größte Blätter kaum länger als 1 cm, Pflanze mit Dornen . . . . *A. spinosa*
– Größte Blätter länger als 15 mm, Zweige unbewehrt . . . . *A. frutescens*

Atraphaxis frutescens (L.) K. Koch, Kleinstrauchiger Bocksknöterich

Habitus: Bis 0,8 m hoher, aufrechter, unbewehrter Strauch, Zweige aufrecht, dünn, grauweiß.
Blätter: Länglich-lanzettlich bis elliptisch, 0,5–3 cm lang, stachelspitzig, graugrün, am Rand wellig.
Blüten: Zu 2–5 in kleinen Büscheln, die zu 2–7 cm langen, endständigen Trauben vereinigt sind, Blütenhüllblätter 5, grünlich weiß bis rosaweiß, die inneren länger als die Nuss, August–September.
Früchte: 3-kantig, 6 mm breit.
Verbreitung: SO-Europa, Kaukasien, W-Sibirien.
Verwendung: Sehr selten, N, B, WHZ 6a, LB 6.1.1.7.

Atraphaxis spinosa L., Dorniger Bocksknöterich

Habitus: Bis 0,5 m hoher, steifer, sehr dorniger Strauch, Zweige starr und weißlich.
Blätter: Eiförmig oder elliptisch, 6–12 mm lang, blaugrün.
Blüten: 8 mm breit, in kleinen Büscheln an kurzen Seitenzweigen, Blütenhüllblätter 4, rosa, die Ränder weißlich, August.
Früchte: 2-kantig.
Verbreitung: O-Europa, Türkei, Iran, SW-Asien.
Verwendung: Sehr selten, B, WHZ 7b, LB 6.1.1.7.

Atraphaxis frutescens

Atraphaxis spinosa

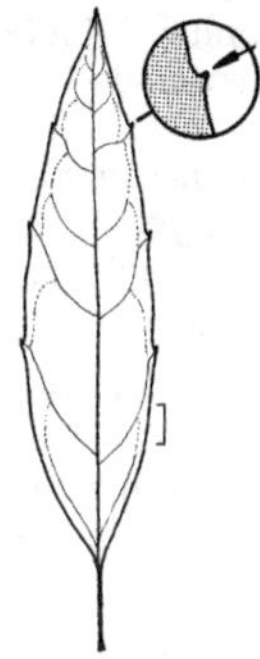
Aucuba japonica

Aucuba Thunb.

Aukube – Garryaceae

(japanisch *aoki* = *Aucuba japonica*, *ao* = grün und *ki* = kleiner Baum)

Habitus: Immergrüne Sträucher mit grünen Ästen und dicken, gabelig verzweigten Trieben.
Blätter: Gegenständig, ledrig, glänzend, ganzrandig oder etwas gezähnt, Nebenblätter fehlend.
Blüten: 1-geschlechtig, 2-häusig verteilt, radiär, klein, unscheinbar, in endständigen Rispen, Kronblätter fehlend, Kelchblätter 4, rötlich, grünlich oder purpurbraun, Staubblätter 4, Nektarscheibe fleischig, deutlich ausgebildet, Griffel kurz und dick, Fruchtknoten 1-fächrig, unterständig.
Früchte: Steinfrüchte ellipsoid, 1–2 cm lang, scharlachrot, glänzend, 1-samig, Steinkern länglich, unregelmäßig längs gefurcht.
Verbreitung: 3–4 Arten im Himalaja und in O-Asien.
Verwendung: Bei uns meist nur Gartenformen von *A. japonica* mit dekorativer Belaubung in Kultur.

Aucuba japonica Thunb., Japanische Aukube

Habitus: Aufrechter, buschiger, 2–2,5 m hoher Strauch, Triebe dick, kahl, grün.
Blätter: Eiförmig bis länglich-elliptisch, 8–20 cm lang, ledrig, zugespitzt, Basis breit keilförmig, oft entfernt grob gezähnt, beiderseits glänzend dunkelgrün, Stiel 1–5 cm lang.
Blüten: 7–8 mm breit, in aufrechten, endständigen, kegelförmigen Rispen, Kelch purpur-

braun, ♂ Blütenstände 5–10 cm lang, ♀ Blütenstände 1–2 cm lang, April–Mai.
Früchte: 1,2–1,5 cm lang, scharlachrot, später nachdunkelnd, oft lange haftend.
Verbreitung: S-Japan, China, Taiwan.
Verwendung: Häufig, ⚭, WHZ 8a, LB 6.3.4.5 (7.3.4.5).

In den Gärten werden Formen mit abweichenden Blattformen oder panaschierten Blättern häufiger gepflanzt als die Art. Häufiger anzutreffen sind:

'Crotonifolia'. Blätter groß, sehr dicht und fein gelb punktiert. ♀ Sorte mit reichem Fruchtschmuck.

'Golden King'. Ähnlich 'Crotonifolia', aber stärker panaschiert. ♂ Sorte.

'Longifolia'. Blätter grün, länglich-lanzettlich. ♀ Sorte mit zahlreichen Früchten.

'Picturata'. Blätter länglich-eiförmig, dunkelgrün, mit einem großen gelben Fleck in der Mitte, der von kleineren gelben Punkten umgeben ist. ♂ Sorte.

'Rozannie'. Blätter breit elliptisch, matt glänzend dunkelgrün. Blüten zwittrig, tiefpurpurn. Früchte groß, breit eiförmig, hellrot.

'Sundance'. Blätter groß, grün, in der Mitte mit einem großen gelben Fleck und einigen kleinen, gelben Punkten.

'Variegata'. Blätter mit zahlreich, ungleich großen, gelben Flecken punktiert. Häufig kultiviert. ♂ Sorte.

Aurinia Desv.

Steinkresse – Brassicaceae

(lateinisch *aurum* = Gold, wegen der goldgelben Krone)

Habitus: Bis 0,6 m hohe Kräuter, Stauden oder Halbsträucher.
Blätter: In büschelartigen Rosetten, 6–10 cm lang, vekehrteiförmig-lanzettlich bis spatelförmig, ausgebuchtet oder fiederspaltig, Blattstiele lang, gefurcht, die Basis geschwollen und bleibend.
Blüten: Blüten zwittrig, radiär, in Trauben oder Rispen, 4-zählig, Kelchblätter zuletzt weit abstehend, Kronblätter gelb oder weiß, spatelförmig, von den 6 Staubblätter 4 lang und 2 kurz.
Früchte: Schötchen flach oder aufgeblasen.

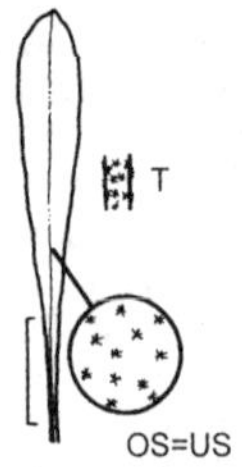

Aurinia saxatilis

Verbreitung: 13 Arten in M- und S-Europa, östl. bis zur Ukraine und der Türkei.
Verwendung: *A. saxatilis* ist ein reich blühender Halbstrauch für Steingärten, Steinbeete und Tröge. Sie steht in Deutschland unter Schutz.

Aurinia saxatilis (L.) Desv., Felsen-Steinkresse

Habitus: Staudig-halbstrauchig, 0,2–0,4 m hoch, Sprosse dick, verzweigt, niederliegend-aufsteigend.
Blätter: Lanzettlich-spatelförmig, 3–6 cm lang, gekerbt oder gesägt, grau sternhaarig.
Blüten: In rispigen Trauben, Kronblätter hellgelb, 3–6 mm lang, an der Spitze ausgerandet oder 2-spaltig, April–Mai.
Früchte: ± kahl, blasig aufgetrieben
Verbreitung: S-, SO- und M- Europa, Türkei, in Deutschland vor allem im sächsischen Elbtal und im Fränkischen Jura.
Verwendung: Häufig (mit einigen Sorten), B, WHZ 6a, LB 6.1.3.8 (7.1.3.8).

Azalea L. = *Rhododendron*
A. albrechtii (Maxim.) Kuntze = *R. albrechtii*
A. amoena Lindl. = *R. kiusianum*
A. calendulaceae Michx. = *R. calendulaceum*
A. californica Torr. et A. Gray ex Durand = *R. occidentale*
A. canadensis (L.) Kuntze = *R. canadense*
A. fragrans Raf. = *R. arborescens*
A. japonica A. Gray = *R. molle* subsp. *japonicum*
A. mollis Blume = *R. molle* subsp. *molle*
A. mucronata Blume = *R. mucronatum*
A. periclymenoides Michx. = *R. periclymenoides*
A. pontica L. = *R. luteum*

A. procumbens L. = *Loiseleuria procumbens*
A. schlippenbachii (Maxim.) Kuntze = *R. schlippenbachii*
A. sinensis Lodd. = *R. molle* subsp. *molle*
A. vaseyi (A. Gray) Rehder = *R. vaseyi*

Baccharis L.

Kreuzstrauch – Asteraceae
(lateinisch *baccaris* = Pflanzen mit wohlriechendem Rhizom, aus dem ein kostbares Öl gewonnen wird)

Habitus: Sommer- oder immergrüne Kräuter, Halbsträucher oder kahle Sträucher.
Blätter: Wechselständig, einfach, meist grob gezähnt, oft klebrig.
Blüten: 1-geschlechtig, 2-häusig verteilt, in kleinen, vielblütigen Köpfchen, zu end- oder achselständigen Rispen oder Doldentrauben vereinigt, Scheibenblüten weiß oder gelblich, Strahlenblüten fehlend, ♀ Blüten mit fadenförmiger Krone, ♂ Blüten röhrig oder glockig, Hüllblätter schuppenförmig, sich deckend, Fruchtknoten 1-fächrig, unterständig.
Früchte: Nüsse 1 mm lang, mit einem 4–8 mm langen, seidigen Pappus.
Verbreitung: Etwa 400 Arten in Amerika, vorwiegend in S-Amerika.
Verwendung: Bei uns wohl nur *B. halimifolia* in Kultur, ein Strauch der Dünen und Salzmarschen.

Baccharis halimifolia L., Kreuzstrauch

Habitus: Sommergrüner, bis 3 m hoher, reich verzweigter Strauch, Triebe kantig gerillt, Endknospen fehlend, Seitenknospen rundlich-eiförmig, 2–3 mm groß, mit mehreren dicklich-fleischigen, an der Spitze klebrig glänzenden Knospenschuppen, Blattnarben schmal, Gefäßbündelspuren 3.
Blätter: Verkehrteiförmig bis länglich, 2–6 cm lang, dick, stumpf oder zugespitzt, keilförmig in den kurzen Blattstiel verschmälert, ganzrandig oder mit einigen groben Zähnen oberhalb der Mitte, beiderseits glänzend und mit Harzdrüsen.
Blüten: In 4–6 mm langen, weißen Köpfchen, die zu 4–6 beisammen stehen und einen endständigen, beblätterten Blütenstand bilden.
Früchte: Pappus reinweiß, 8 mm lang.

Baccharis halimifolia

Verbreitung: S- und SO-USA, M-Amerika, in SW-Europa etabliert.
Verwendung: Selten, B, ♣, WHZ 7a, LB 5.1.1.5 (6.1.1.5).

Berberis L.

Berberitze – Berberidaceae
(spätgriechisch *berberis* = schon im Mittelalter belegter Name unklarer Herkunft, wird überwiegend auf den Namen der Berber bezogen)

Habitus: Immer- oder sommergrüne, dornige Sträucher, selten kleine Bäume, innere Rinde und Holz gelb, Zweige stielrund, gefurcht oder kantig, Blattdornen mit breiter Basis den Zweigen ansitzend, ± deutlich abgeflacht, 1-teilig oder von der Basis an 2- bis 3(–5)-teilig.
Blätter: Wechselständig, einfach, gezähnt oder grannig gezähnt, fiedernervig, an den Langtrieben zu (1–)3-teiligen Blattdornen umgewandelt, in den Achseln der Dornen entwickeln sich rasch Kurztriebe mit büschelig angeordneten Blättern.
Blüten: Zwittrig, radiär, an achselständigen Kurztrieben in Büscheln, Trauben, Dolden oder Rispen, auch einzeln, je 6 Kelch-, Kron- und Staubblätter, Krone hell- bis orangegelb, die Kronblätter oft kleiner als die kronblattartigen Kelchblätter, am Grund mit je 2 Nektarien, Fruchtknoten 1-fächrig, oberständig, Narbe sitzend oder auf einem kurzen Griffel.
Früchte: Beeren kugelig bis länglich-ellipsoid, kahl, rot, dunkelblau oder blauschwarz, glänzend oder bereift, Griffel bleibend oder fehlend, Samen einzeln oder zu wenigen, braun oder schwarzbraun.
Verbreitung: Etwa 600 Arten mit der Hauptverbreitung in O-Asien, das Areal reicht von dort über Eurasien und N-Afrika bis N- und

S-Amerika und erreicht auf den Philippinen, Java und Sri Lanka die Tropen.

Verwendung: Die kultivierten Arten sind dekorative Blüten- und Fruchtsträucher, z. T. mit einer beachtlichen Herbstfärbung. Blätter und Rinde, vor allem die der Wurzeln, von *B. vulgaris* und anderen Arten enthalten die schwach giftigen Alkaloide Berberidin, Oxyberberin und Bervulcin.

Bestimmungsschlüssel Berberis

(viele Arten nur mit Blüten oder Früchten sicher zu bestimmen)

1 Blätter immergrün, ledrig 2
– Blätter sommergrün, krautig 23
2 Blattrand ohne stechende Zähne, höchstens stachelspitzig 3
– Blattrand mit stechenden Zähnen 6
3 Blattrand stark nach unten eingerollt 4
– Blattrand nicht oder nur minimal nach unten umgebogen 5
4 Blattränder berühren sich unterseits, Blattunterseite daher ± unsichtbar . . . . *B. empetrifolia*
– Blattränder berühren sich nicht unterseits, hellgrüne Blattunterseite daher gut sichtbar . . . . *B. ×stenophylla*
5 Junge Triebe kantig gefurcht, Blätter über 3-mal so lang wie breit . . . . *B. linearifolia*
– Junge Triebe rund, Blätter höchstens doppelt so lang wie breit . . . . *B. buxifolia*
6 Blätter eiförmig, nur selten länger als 3 cm . . 7
– Blätter linealisch-lanzettlich, i. d. R. über 3 cm lang 15
7 Blattdornen über 1 cm lang 9
– Blattdornen nur bis 7 mm lang 8
8 Triebe leicht gefurcht, fast kahl . *B. ×lologensis*
– Triebe rund, behaart . . . . *B. darwinii*
9 Triebe warzig-rau 10
– Triebe glatt 14
10 Blätter unterseits weißlich 11
– Blätter unterseits blaugrün 12
11 Triebe dicht mit sehr feinen Warzen bedeckt . . . . *B. ×frikartii*
– Triebe nur spärlich mit Warzen . . *B. candidula*
12 Triebe dicht mit groben Warzen bedeckt . . . . *B. verruculosa*
– Triebe nur mit feinen Warzen bedeckt 13
13 Triebe kantig . . . . *B. sargentiana*
– Triebe (fast) rund . . . . *B. ×interposita*
14 Blätter unterseits matt glänzend grün . . . . *B. ×hybrido-gagnepainii*
– Blätter unterseits blaugrün . . . . *B. ×media*
15 (6) Blätter bis 6 (7) cm lang 16
– Blätter länger (bis 10 cm) 21
16 Junge Zweige mit feinen Warzen bedeckt (Lupe!) 17
– Junge Zweige ohne Warzen 18
17 Blätter oberseits matt . . . . *B. ×hybrido-gagnepainii*
– Blätter oberseits glänzend . . . . *B. hookeri* var. *hookeri*
18 Triebe rund . . . . *B. pruinosa*
– Triebe kantig 19
19 Blattrand mit 3–10 Zähnen . . .*B. bergmanniae*
– Blattrand mit deutlich mehr Zähnen, wenn nur 7–10, Blätter sehr dünn 20
20 Blattrand umgebogen, mit 7–15 Zähnen . . . . *B. hookeri* var. *hookeri*
– Blattrand glatt, mit 15–30 Zähnen . . . . *B. julianae*
21 Blätter dickledrig und steif . . . . *B. sargentiana*
– Blätter dünnledrig 22
22 Dornen bis 2 cm lang . . . . *B. gagnepainii* var. *lanceifolia*
– Dornen 2–4 cm lang, Blätter unterseits hellgrün . . . . *B. veitchii*
23 (1) Blüten einzeln oder zu wenigen in gestauchten Blütenständen 24
– Blüten in mehr- bis vielblütigen, in jedem Fall gestreckten Blütenständen 31
24 Blätter allesamt ganzrandig 25
– Blätter wenigstens teilweise gezähnt 26
25 Triebe gerillt . . . . *B. thunbergii*
– Triebe nur etwas kantig, z. T. flaumhaarig . . . . *B. wilsoniae* var. *wilsoniae*
26 Triebe anfangs blauweiß bereift *B. dictyophylla*
– Triebe nicht bereift 27
27 Blüten stets einzeln . . . . *B. angulosa*
– Blüten wenigstens teilweise zu mehreren . . 28
28 Blüten höchstens zu zweit 29
– Blüten auch zu mehr als 2 im Blütenstand . 30
29 Blätter unterseits weißlich . . . . *B. concinna*
– Blätter unterseits heller oder blau-grün . . . . *B. ×mentorensis*
30 Blüten 1,5 cm im Durchmesser . . . *B. diaphana*
– Blüten 0,7 cm im Durchmesser . . . . *B. wilsoniae* var. *wilsoniae*
31 Blütenstände Rispen 32
– Blütenstände Dolden oder Trauben 33
32 Blätter bis 2,5 cm lang, Zweige stark kantig . . . . *B. aggregata* var. *aggregata*
– Blätter länger als 3 cm, Zweige rund(lich) . . . . *B. francisci-ferdinandii*
33 Blätter ganzrandig 34
– Blätter gesägt oder gezähnt 38
34 Blüten in Dolden oder Trugdolden . . . . *B. ×ottawensis*
– Blüten in Trauben 35
35 Blüten höchstens zu 5 . . . . *B. ×rubrostilla*
– Blüten zu mehr als 5 im Blütenstand 36
36 Dornen einfach oder fehlend 37
– Dornen zu dritt . . . . *B. brachypoda*
37 Dornen höchstens 1 cm lang oder fehlend . . . . *B. poiretii*
– Dornen länger als 1,5 cm . . . . *B. vernae*
38 Blätter nur bis 2 cm lang . . . . . . *B. ×rubrostilla*
– Blätter länger (zumindest viele) 39
39 Zweige bräunlich 40
– Zweige grau 41
40 Triebe rund . . . . *B. aristata*
– Triebe gefurcht . . . . *B. koreana*
41 Triebe rund . . . . *B. bretschneideri*
– Triebe kantig, gefurcht oder rinnig 42
42 Triebe stark gefurcht . . . . *B. vulgaris*
– Triebe nur rinnig oder kantig 43
43 Triebe rinnig, Mittelnerv bis zur Spitze durchgehend 44
– Triebe kantig, Mittelnerv verliert sich . . . . *B. canadensis*
44 Triebe drüsig, Blattrand kahl . . . . *B. amurensis* var. *amurensis*
– Triebe ohne Drüsen, Blattrand bewimpert . . . . *B. brachypoda*

Berberis aggregata var. aggregata

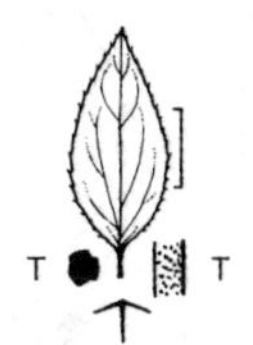

Berberis amurensis var. amurensis

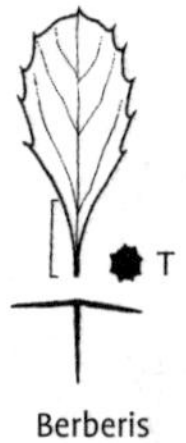

Berberis angulosa

Berberis aggregata C.K. Schneid. **var. aggregata**, Knäuelfrüchtige Berberitze

Habitus: Sommergrüner, 1,5–2 m hoher Strauch, Triebe braun, stark kantig, fein behaart, Dornen 3-teilig, relativ dünn, 1–2 cm lang.
Blätter: Verkehrteiförmig, 1–2,5 cm lang, stumpf, Basis keilförmig, meist stachelig gezähnt, oberseits mittelgrün, unterseits bläulich, im Herbst gelb oder rot gefärbt.
Blüten: 6 mm breit, dicht gedrängt in 1–3 cm langen, dichten, fast kugeligen, aufrechten, Rispen, Krone hellgelb, Juni.
Früchte: Kugelig, 6–7 mm dick, erst gelblich weiß, dann zinnoberrot, bereift, zahlreich und oft lange haftend, Griffel bleibend, bis 5 mm lang.
Verbreitung: China: Gansu, Sichuan.
Verwendung: Sehr häufig, B, ♧, H, WHZ 5b, LB 6.3.2.6 (9.3.4.6).

var. recurvata (C.K. Schneid.) C.K. Schneid. Blätter meist länglich-verkehrteiförmig, oft ganzrandig, Blüten zu 2–4, Früchte nahezu kugelig, etwa 5 mm dick, scharlachrot. W-China.

Berberis amurensis Rupr. **var. amurensis**, Amur-Berberitze

Habitus: Sommergrüner, straff aufrechter, bis 3,5 m hoher Strauch, Zweige gefurcht, im 2. Jahr grau, Dornen 1- bis 3-teilig, 1 2 cm lang, sehr spitz.
Blätter: Elliptisch bis länglich-verkehrteiförmig, beiderseits netznervig, 3–8 cm lang, stumpf oder spitz, Basis keilförmig, dicht grannenartig gesägt, oberseits hellgrün, unterseits bläulich, im Herbst gelbrot.
Blüten: Zu 10–20 in langen, hängenden Trauben, Krone hellgelb, Kronblätter leicht ausgerandet, Mai.
Früchte: Länglich-ellipsoid, 1 cm lang, lebhaft rot, nur selten bereift.
Verbreitung: China, Mandschurei, Russ. Ferner Osten, Korea.
Verwendung: Häufig, B, ♧, H, WHZ 5b, LB 3.1.6.5 (9.1.2.5).

var. japonica (Regel) Rehder. Blätter breiter, vorne oft abgerundet, dichter gesägt, unterseits deutlich netznervig, Blüten zu 6–12, Blütenstände kürzer. Japan.

Berberis angulosa Wall. ex Hook. f. et Thomson, Kantige Berberitze

Habitus: Sommergrüner, etwa 1 m hoher Strauch, Zweige aufrecht, kantig, dunkelbraun, kurz behaart, Dornen teils einfach, teils 3- bis 5-teilig, steif, bis 1,5 cm lang.
Blätter: Länglich-eiförmig, 1,5–4 cm lang, stumpf, Basis keilförmig, ganzrandig oder jederseits mit 1–3 Zähnen, oberseits glänzend dunkelgrün, unterseits weißlich.
Blüten: 1,5 cm breit, stets einzeln, nickend, an 1–2,5 cm langen, geröteten Stielen, Krone orangegelb, Mai.
Früchte: Kugelig-ellipsoid, 1–1,5 cm breit, scharlachrot, Griffel stark reduziert oder fehlend.
Verbreitung: Nepal, Bhutan, Sikkim.
Verwendung: Selten, B, ♧, WHZ 6a, LB 7.2.5.6.

Berberis aristata DC., Begrannte Berberitze

Habitus: Sommergrüner, bis 3 m hoher Strauch, Zweige stielrund, kahl, zuerst gelblich oder rotbraun, später grau, Dornen 1- bis 3-teilig, bis 3 cm lang.
Blätter: Verkehrteiförmig bis elliptisch, 2,5–6 cm lang, plötzlich zugespitzt oder stumpf, Basis keilförmig, beiderseits deutlich netznervig, jederseits mit 3–5 groben Dornen, oberseits stumpfgrün, unterseits heller oder weißlich, im Herbst lange haftend und bei trockenem Wetter feuerrot.

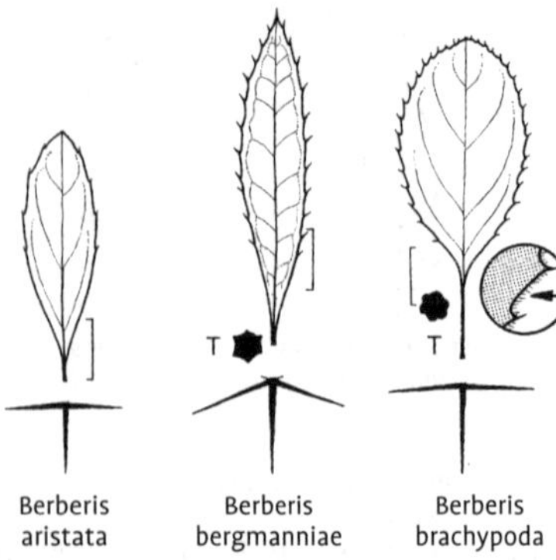

Berberis aristata   Berberis bergmanniae   Berberis brachypoda

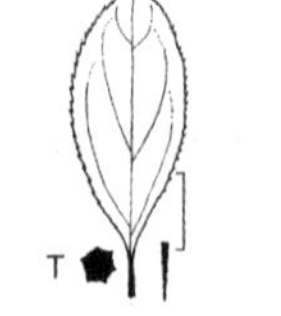

Berberis bretschneideri

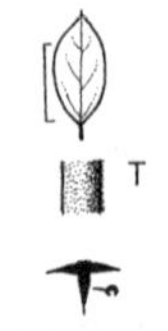

Berberis buxifolia

Blüten: 1–1,4 cm breit, zu 10–25 in 5–10 cm langen, abstehenden Trauben, Krone lebhaft gelb, außen gerötet, Mai.
Früchte: Spindelförmig, etwa 1 cm lang, lebhaft rot, stark bläulich bereift, Griffel bleibend.
Verbreitung: N-Indien, Nepal, Bhutan.
Verwendung: Selten, N, B, ♧, H, WHZ 6a, LB 7.3.2.5.

B. bealei Fortune = *Mahonia bealei*

Berberis bergmanniae C.K. Schneid., Bergmanns Berberitze

Habitus: Immergrüner, bis 2 m hoher, dicht verzweigter, buschiger Strauch, Zweige kantig, kahl, graugelb, Dornen 3-teilig, 1,4–4,5 cm lang.
Blätter: Elliptisch, 4–7 cm lang, derbledrig, stachelspitzig, Nervatur undeutlich, jederseits mit 3–8 starken Zähnen, oberseits leicht glänzend, unterseits heller und stark glänzend.
Blüten: Zu 8–15 in dichten Büscheln, Krone gelb, Mai–Juni.
Früchte: Eiförmig, 5 mm lang, tiefblau, bereift, Griffel bleibend, sehr kurz.
Verbreitung: China: Sichuan.
Verwendung: Sehr selten, ✂, ♧, WHZ 6b, LB 6.3.2.5.

Berberis brachypoda Maxim., Kurzstielige Berberitze

Habitus: Sommergrüner, 1–2 m hoher Strauch, Zweige rinnig, graugelb, fein behaart, Dornen 3-teilig.
Blätter: Eiförmig bis verkehrteiförmig, 1,5–4,5 cm lang, spitz, Basis keilförmig, deutlich netznervig, jederseits mit 25–40 feinen Zähnen, oberseits gelbgrün, kahl, unterseits behaart.
Blüten: 8 mm breit, zu 20–30 in dichten, schmalen, 7–12 cm langen, hängenden Trauben, Krone hellgelb, außen rötlich, Mai.
Früchte: Verkehrteiförmig, 9 mm lang, tiefrot, glänzend, Griffel kurz.
Verbreitung: NW-China.
Verwendung: Selten, B, ♧, WHZ 5b, LB 6.3.2.6.

Berberis bretschneideri Rehder, Bretschneiders Berberitze

Habitus: Sommergrüner, 2–3 m hoher Strauch, Zweige meist stielrund, im 2. Jahr rotbraun, Dornen meist 1-teilig, hellbraun, 1 cm lang.
Blätter: Verkehrteiförmig, 4–6 cm lang, dicht borstig gezähnt, oberseits lebhaft grün, unterseits mehr bläulich, netznervig.
Blüten: Etwa 7 mm breit, zu 10–15 in 3–5 cm langen, hängenden Trauben, Krone hellgelb, Mai.
Früchte: Ellipsoid, 1 cm lang, purpurn, leicht bereift.
Verbreitung: Japan.
Verwendung: Selten, B, ♧, WHZ 5a, LB 7.3.5.5.

Berberis buxifolia Lam. ex Poir., Buchsbaumblättrige Berberitze

Habitus: Immergrüner, 1–3 m hoher, aufrechter, später lockerer Strauch, Zweige stielrund, dunkelbraun, behaart, Dornen 1- bis 3-teilig.
Blätter: Elliptisch bis verkehrteiförmig, 1–2,5 cm lang, ledrig, stachelspitzig, sitzend oder kurz gestielt, oft mit einigen stachelspitzigen Zähnen, dunkelgrün.

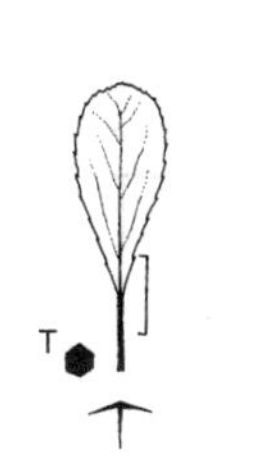

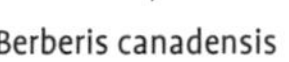
Berberis canadensis

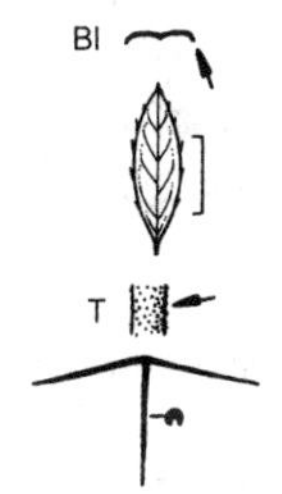

Berberis candidula

Blüten: 1–1,5 cm breit, nickend, zu 1–2 an 2–2,5 cm langen Stielen, Krone orangegelb, Mai.
Früchte: Kugelig, 6–8 mm breit, schwarzrot, blau bereift, Griffel fehlend.
Verbreitung: Chile, Argentinien.
Verwendung: Häufig (in der folgenden Form), B, WHZ 7a, LB 9.3.5.7.

'Nana'. Wuchs dichtbuschig, bis 0,5 m hoch. Blätter sehr ungleich groß, rundlicher als bei der Art. Blüten meist erst nach einigen Standjahren. Wertvoller, dekorativer Zwergstrauch.

Berberis canadensis Mill., Kanadische Berberitze

Habitus: Sommergrüner, bis 1,5 m hoher, vieltriebiger Strauch, Zweige übergebogen, dünn, leicht kantig, rotbraun, kahl, Dornen 3-teilig, 1,2 cm lang.
Blätter: Länglich-eiförmig, 2–5 cm lang, stumpf, Nervatur undeutlich, ganzrandig bis entfernt dornig gezähnt, oberseits lebhaft grün, unterseits grauweiß, im Herbst auffallend scharlachrot.
Blüten: 5–6 mm breit, zu 6–15 in 2–4,5 cm langen Trauben, Krone leuchtend gelb, Mai–Juni.
Früchte: Ellipsoid, 8–9 mm lang, tiefrot.
Verbreitung: NO-, NOZ- und SO-USA.
Verwendung: Selten, N, B, ♧, H, WHZ 5a, LB 2.5.2.6.

Berberis candidula (C.K. Schneid.) C.K. Schneid., Schneeige Berberitze

Habitus: Immergrüner, 0,6–1 m hoher, geschlossener Strauch mit abwärts gebogenen Zweigen, 1-jährige Zweige nur locker mit schwärzlichen Warzen besetzt (im Gegensatz zur ähnlichen *B. verruculosa*), Dornen 3-teilig, 1,5–2 cm lang, hellgelb.
Blätter: Elliptisch, 1,5–3 cm lang, Rand eingerollt und mit nur wenigen kleinen Zähnen, Nervatur undeutlich, oberseits dunkelgrün und stark glänzend, unterseits fast schneeweiß.
Blüten: 1,5 cm breit, einzeln, 2–8 mm lang gestielt, meist unter dem Laub verborgen, Krone goldgelb, Mai.
Früchte: Ellipsoid, 5–9 mm lang, blauschwarz, stark bereift, Griffel fehlend.
Verbreitung: China: Hubei.
Verwendung: Sehr häufig, B, WHZ 6b, LB 7.1.5.6 (9.3.5.6).

Berberis ×carminea Ahrendt, Scharlachrote Berberitze

(*B. aggregata* × *B. wilsoniae* var. *parvifolia*)

Habitus: Sommergrüner, etwa 1 m hoher Strauch, Zweige gefurcht, gelb, kahl.
Blätter: Verkehrteiförmig, 1,5–3,5 cm lang, netznervig, jederseits mit 2–4 Zähnen, unterseits graublau.
Blüten: Zu 10–16 in lockeren, bis 5 cm langen Rispen, Krone gelb, Blütenstiele bis 5(–7) mm lang, Mai.
Früchte: Eiförmig, 8 mm lang, karminrot.
Verwendung: Häufig (mit einigen Sorten), B, WHZ 6a, LB 9.3.6.6.

Die folgenden Sorten werden häufiger kultiviert:

'Buccaneer'. Wuchs mäßig hoch und breit. Blätter wintergrün, ganzrandig. Früchte kugelig, bis 9 mm dick, zur Reife glänzend rot, sehr zahlreich.

'Pirate King'. Wuchs hoch, Zweige zierlich überhängend. Früchte klein, kugelig, karminrot, in gedrungenen Trauben, sehr zahlreich.

'Wisley'. Wuchs breit aufrecht, ziemlich hoch. Früchte ± kugelig, zur Spitze hin verjüngt, stumpf rosa- bis orangerot, groß, sehr zahlreich.

B. ×chenaultii Ahrendt = *B. ×hybrido-gagnepainii* 'Chenault'

Berberis concinna Hook. f., Gefällige Berberitze

Habitus: Sommer- bis wintergrüner, 0,6–1 m hoher, kompakter Strauch, Zweige gefurcht,

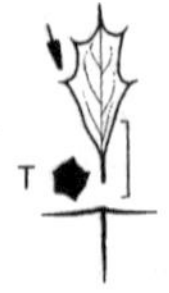

Berberis concinna

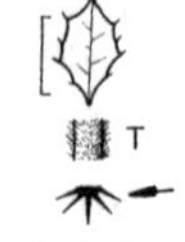

Berberis darwinii

Berberis diaphana

Berberis dictyophylla var. dictyophylla

rotbraun, glänzend, Dornen 3-teilig, 1–2 cm lang.
Blätter: Verkehrteiförmig, 1,5–2,5 cm lang, stumpf oder plötzlich zugespitzt, Basis keilförmig, Nervatur undeutlich, jederseits mit 3–5 Zähnen entfernt dornig gezähnt, oberseits frischgrün, unterseits weißlich, im Herbst oft lange haftend und intensiv rot gefärbt.
Blüten: 1,5 cm breit, zu 1–2 auf 1,5–2,5 cm langen Stielen, Krone goldgelb, Mai–Juni.
Früchte: Länglich, 1,3–1,6 cm lang, tiefrot, Griffel bleibend.
Verbreitung: Nepal, Sikkim.
Verwendung: Sehr selten, B, ♧, WHZ 6b, LB 7.3.4.6.

Berberis darwinii Hook., Darwins Berberitze

Habitus: Immergrüner, 1,5–2,5 m hoher, dicht verzweigter Strauch, Zweige stielrund, braun, fein behaart, Dornen 3- bis 7-teilig, 3–7 mm lang.
Blätter: Verkehrteiförmig, 1–2 cm lang, ledrig, jederseits mit 1–2 Zähnen, oberseits glänzend dunkelgrün, unterseits matt hellgrün.
Blüten: 1–1,2 cm breit, zu 10–30 in 3–4 cm langen, hängenden Trauben, Krone goldgelb, außen etwas gerötet, April–Mai.
Früchte: Kugelig, 6–7 mm dick, blauschwarz, Griffel bleibend.
Verbreitung: Argentinien, Chile.
Verwendung: Selten, B, WHZ 7b, LB 7.2.4.6.

Berberis diaphana Maxim., Durchsichtige Berberitze

Habitus: Sommergrüner, 1–2 m hoher Strauch, Zweige stielrund, kahl, gelb, Dornen 3-teilig, 1–2 cm lang.
Blätter: Verkehrteiförmig, 2–3,5 cm lang, abgerundet, deutlich netznervig, Basis keilförmig, jederseits mit 5–10 kleinen Zähnen, oberseits dunkel graugrün, unterseits bläulich, im Herbst scharlachrot.
Blüten: 1,2–1,5 cm breit, zu 2–5 in Dolden, Krone sattgelb, Mai.
Früchte: Ellipsoid, 1,3–1,6 cm lang, hellrot, durchscheinend, Griffel bleibend. Mai.
Verbreitung: China: Gansu.
Verwendung: Selten, B, ♧, H, WHZ 6a, LB 7.1.2.5.

Berberis dictyophylla Franch. **var. dictyophylla**, Netzblättrige Berberitze

Habitus: Sommergrüner, bis 2 m hoher, locker aufgebauter Strauch, Zweige stielrund, zunächst blauweiß bereift, erst im 2. Jahr rotbraun, Dornen 1- bis 3-teilig, bis 3 cm lang.
Blätter: Verkehrteiförmig, 1–3 cm lang, Basis keilförmig, ganzrandig oder entfernt dornig gezähnt, oberseits glänzend grün und dicht netznervig, unterseits kalkig weiß bereift.
Blüten: 1,5 cm breit, einzeln, 5–7 mm lang gestielt, Krone hellgelb, Mai.
Früchte: Eiförmig, 1–1,2 cm lang, rot, bereift, Griffel bleibend, 5 mm lang.
Verbreitung: China: Yunnan.
Verwendung: Selten, B, ♧, WHZ 6b, LB 9.2.2.5 (7.2.2.5).

var. approximata (Sprague) Rehder. Blätter 0,6–1,5 cm lang, meist dornig gezähnt, Blüten kleiner als bei var. *dictyophylla*. W-China.

var. epruinosa C.K. Schneid. Zweige kantig, nicht bereift, Blätter unterseits bläulich oder nahezu grün. China: Yunnan.

Berberis empetrifolia Lam. ex Poir., Krähenbeerenblättrige Berberitze

Habitus: Immergrüner, bis 0,6 m hoher, niederliegend-aufsteigender Strauch, Zweige stielrund, braun, Dornen 1- bis 3-teilig, 5–15 mm lang.
Blätter: Linealisch-lanzettlich, 1–2 cm lang, mit dorniger Spitze, am Rand stark eingerollt, oberseits matt dunkelgrün, unterseits hellgrün.

Berberis empetrifolia

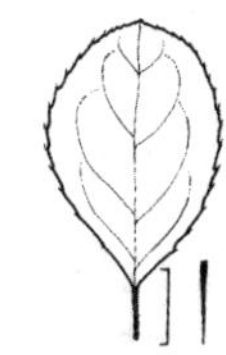

Berberis francisci-ferdinandii

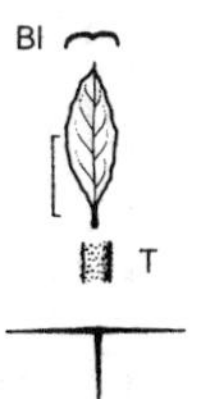

Berberis ×frikartii

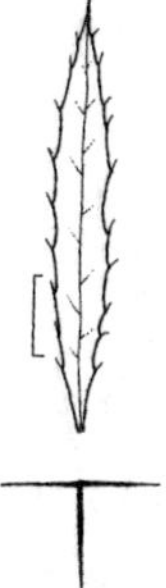

Berberis gagnepainii var. lanceifolia

Blüten: 1,2 cm breit, zu 1–2, 5–10 mm lang gestielt, Krone goldgelb, Mai.
Früchte: Kugelig, 6–7 mm dick, blauschwarz, bereift, Griffel fehlend.
Verbreitung: Chile, Argentinien.
Verwendung: Selten, B, WHZ 6b, LB 8.1.4.7.

Berberis francisci-ferdinandii C.K. Schneid., Franz-Ferdinand-Berberitze

Habitus: Sommergrüner, 2,5–3,5 m hoher Strauch, Zweige elegant überhängend, stielrund oder nur schwach kantig, rötlich, Dornen meist 1-teilig, bis 2,5 cm lang.
Blätter: Eiförmig-lanzettlich, 2–7 cm lang, spitz, 1–3 cm lang gestielt, netznervig, ungleichmäßig fein dornig gezähnt, beiderseits schwach glänzend.
Blüten: 6–8 mm breit, zu 20–35 in 5–12 cm langen, hängenden Rispen, Krone gelb, Mai.
Früchte: Eiförmig-ellipsoid, bis 12 mm lang, scharlachrot, Griffel bleibend, kurz.
Verbreitung: China: W-Sichuan.
Verwendung: Selten, B, ☘, WHZ 6b, LB 6.1.2.5.

Berberis ×frikartii C.K. Schneid., Frikarts Berberitze

(B. candidula × B. verruculosa)

Habitus: Immergrüner, 1–1,5 m hoher Strauch, Zweige ± dicht warzig, bräunlich gelb.
Blätter: Elliptisch, 1,5–3,5 cm lang, derb ledrig, jederseits mit 2–4 scharfen Zähnen, Rand oft eingerollt, oberseits glänzend dunkelgrün, unterseits grauweiß.
Blüten: Zu 1–2, oft teilweise abfallend, Krone hellgelb, Mai–Juni.
Früchte: Länglich-eiförmig, grün, blauweiß bereift.
Verwendung: Häufig (mit einigen Sorten), B, WHZ 6b, LB 9.3.5.6 (7.1.5.6).

'Amstelveen'. Wuchs niedrig und gedrungen, Zweige abstehend und überhängend. Blätter etwas kürzer und breiter als bei *B. candidula*, oberseits glänzend hellgrün, unterseits bläulich weiß bis weiß.

'Stäfa'. Typus der Hybride mit den oben beschriebenen Merkmalen.

'Telstar'. Wuchs kompakt, halbkugelig, bis 1,5 m hoch und breit, Zweige abstehend und zierlich überhängend. Blätter breiter als bei *B. candidula*, oberseits glänzend frischgrün, unterseits bläulich weiß.

'Verrucandi'. In Wuchs und Blatt praktisch gleich wie 'Telstar'.

Berberis gagnepainii C.K. Schneid. **var. gagnepainii**, Gagnepains Berberitze

Habitus: Immergrüner, 1,5–2(–3) m hoher Strauch, anfangs aufstrebend, später Zweige locker bogig überhängend, Zweige stielrund, gelb, leicht behaart, Dornen 3-teilig, dünn.
Blätter: Schmal eiförmig, 2–4 cm lang, zugespitzt, jederseits mit 6–10 groben, vorwärtsgerichteten Zähnen, Rand leicht gewellt, oberseits matt graugrün, unterseits glänzend gelbrün.
Blüten: Etwa 1 cm breit, zu 3–7 in Doldentrauben, Krone goldgelb, Mai–Juni.
Früchte: Eiförmig, 1 cm lang, blauschwarz, bereift, Griffel fehlend.
Verbreitung: W-China.
Verwendung: Sehr selten (häufiger die var. *lanceifolia*), B, WHZ 6b, LB 7.1.5.6.

var. lanceifolia Ahrendt. Blätter lanzettlich, 5–10 cm lang, jederseits mit 10–20 Zähnen. China: Hubei. Viel häufiger in Kultur als die var. *gagnepainii*.

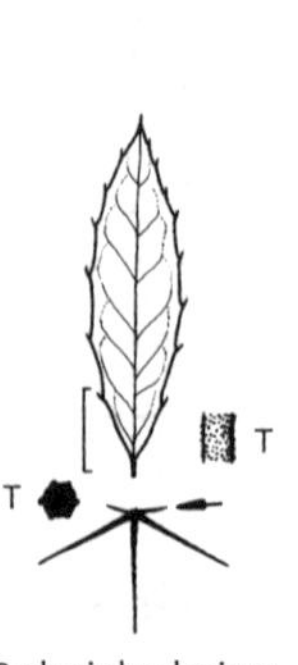

Berberis hookeri var. hookeri

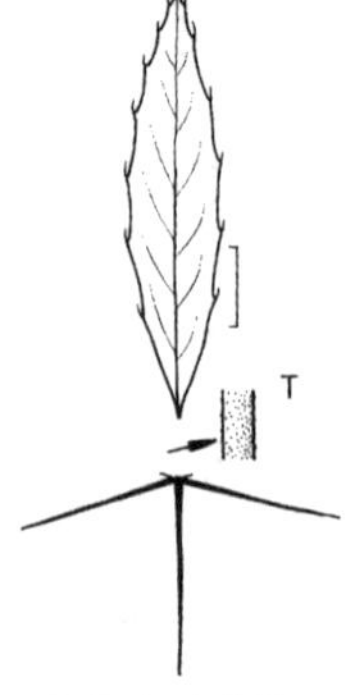

Berberis ×hybrido-gagnepainii

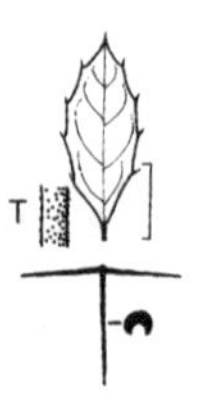

Berberis ×interposita 'Wallich's Purple'

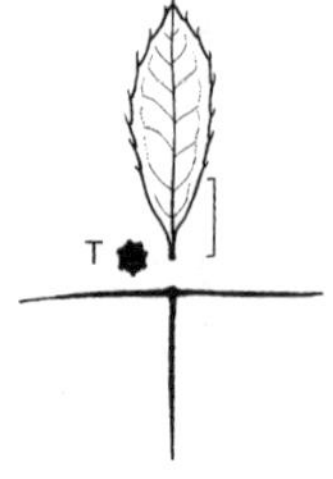

Berberis julianae

Berberis hookeri Lem. **var. hookeri**, Hookers Berberitze

Habitus: Immergrüner, 0,8–1,2 m hoher, steif aufrechter Strauch, Zweige kantig, braun, Dornen 3-teilig, 1,2–3 cm lang.
Blätter: Elliptisch-lanzettlich, 3–7 cm lang, jederseits mit 7–15 (2–3 je cm), nach vorn gerichteten Zähnen, oberseits glänzend dunkelgrün, unterseits ± blauweiß.
Blüten: 1,5–2 cm breit, zu 2–6 in stark verkürzten Doldentrauben, Krone gelbgrün, Mai–Juni.
Früchte: Länglich, 1,2–1,5 cm lang, purpurschwarz, nicht oder nur wenig bereift, Griffel fehlend.
Verbreitung: Nepal, Bhutan, Indien: Sikkim, Assam; China.
Verwendung: Sehr häufig, B, WHZ 6b, LB 6.3.4.5 (9.3.5.5).

var. viridis C.K. Schneid. Blätter unterseits grün. Früchte kleiner. Himalaja.

Berberis ×hybrido-gagnepainii Ahrendt
(*B. gagnepainii* × *B. verruculosa*)

Habitus: Immergrüner, 1–1,5 m hoher Strauch, Zweige locker stehend, bogig übergeneigt.
Blätter: Schmal ellpitisch-lanzettlich, 2–6 cm lang, jederseits mit 3–6(–12) abstehenden, grannigen Zähnen, oberseits dunkelgrün, unterseits grünlich weiß bereift.
Blüten: Etwa 1,5 cm breit, einzeln, Krone gelb, Mai.
Früchte: Länglich, 7 mm dick, schwarz, graublau bereift.
Verwendung: Sehr häufig, B, WHZ 6b, LB 9.2.5.6.

'Chenault'. Bis 1,5 m hoch und 2 m breit, Zweige etwas warzig. Blätter länglich-elliptisch, 3–5 cm lang, jederseits mit 4–12 dornigen Zähnen, oberseits stumpfgrün, unterseits blauweiß.

B. ilicifolia hort. ex Zabel = ×*Mahoberberis neubertii*

Berberis ×interposita Ahrendt **'Wallich's Purple'**
(*B. hookeri* var. *viridis* × *B. verruculosa*)

Habitus: Immergrüner, bis 1,5 m hoher, dicht verzweigter Strauch, Zweige ± übergebogen, weniger stark mit feinen Warzen bedeckt als bei *B. verruculosa*.
Blätter: Breit elliptisch, 2–3,5 cm lang, jederseits mit 3–6 grannigen Zähnen, im Austrieb intensiv kupferrot getönt, später oberseits glänzend grün, unterseits stumpf blaugrün.
Blüten: 1,5 cm breit, zu 1–2 auf 1,5 cm langem Stiel, Krone gelb, Mai.
Früchte: 1 cm lang, schwarz, blau bereift.
Verwendung: Häufig, B, WHZ 7a, LB 9.3.5.6.

B. japonica Thunb. ex Murray = *Mahonia japonica*

Berberis julianae C.K. Schneid., Julianes Berberitze

Habitus: Immergrüner, 2–3(–4) m hoher, aufrechter, dicht verzweigter Strauch, Zweige kantig, gerillt, bräunlich gelb, Dornen 3-teilig, 1–4 cm lang.
Blätter: Elliptisch bis verkehrteiförmig,

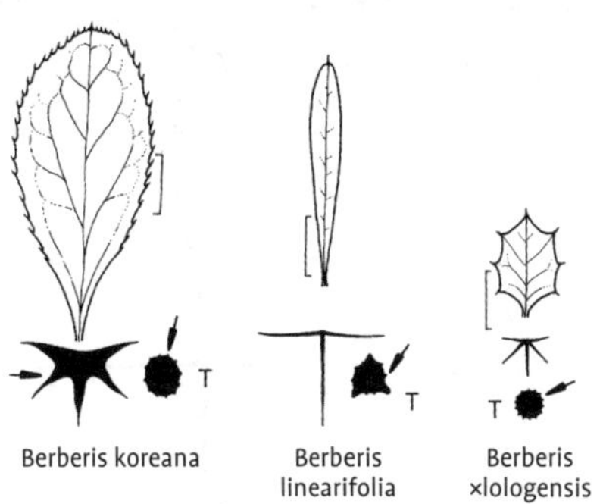

Berberis koreana Berberis linearifolia Berberis ×lologensis

5–9 cm lang, derbledrig, stumpf und meist mit dorniger Spitze, jederseits mit 15–30 etwas abstehenden, begrannten Sägezähnen, oberseits glänzend dunkelgrün, unterseits heller und deutlich netznervig.
Blüten: 1,2 cm breit, zu 8–15 in Büscheln, Krone reingelb, April–Mai.
Früchte: Ellipsoid, 7–8 mm lang, blau, schwarz, bereift, Griffel bleibend, kurz.
Verbreitung: China: Hubei.
Verwendung: Sehr häufig, B, H, WHZ 6a, LB 6.3.4.5 (9.3.5.5).

Berberis koreana Palib., Koreanische Berberitze

Habitus: Sommergrüner, 1,5 m hoher, aufrechter Strauch, Zweige gefurcht, dunkelbraun, Dornen 3- bis 7-teilig, abgeflacht, oft mehrspitzig, 5–10 mm lang.
Blätter: Verkehrteiförmig bis elliptisch, 2,5–7 cm lang, netznervig, Basis keilförmig, jederseits mit 10–20 kurzen, grannenartigen Zähnen, oberseits mittelgrün, oft mit rötlicher Nervatur, unterseits blaugrün, anfangs gefleckt, im Herbst leuchtend rot.
Blüten: 1 cm breit, zu 10–20 in 4–6 cm langen Trauben, Krone gelb, Mai.
Früchte: Kugelig, 7–8 mm dick, leuchtend rot, Griffel fehlend, lange haftend.
Verbreitung: Korea.
Verwendung: Häufig, B, ♧, H, WHZ 5a, LB 9.1.4.5.

Berberis linearifolia Phil., Linearblättrige Berberitze

Habitus: Immergrüner, bis 1,5 m hoher, locker aufgebauter Strauch, Zweige kantig gefurcht, gelb, Dornen meist 3-teilig, 3–7 mm lang.
Blätter: Schmal elliptisch bis lanzettlich, 1,5–2,5 cm lang, ledrig, plötzlich zugespitzt, ganzrandig, Rand stark eingerollt, oberseits dunkelgrün, unterseits weißlich grün (nur schmaler Streifen sichtbar), Nervatur undeutlich.
Blüten: Etwa 2 cm breit, zu 3–6 in Büscheln, Krone orangerot bis aprikosenfarben, Mai.
Früchte: Ellipsoid, 0,8–1 cm lang, schwarz, blau bereift, Griffel bleibend, 2–3 mm lang.
Verbreitung: Chile, Argentinien.
Verwendung: Selten, B, WHZ 7b, LB 7.2.5.6.

Berberis ×lologensis Sandwith, Lolog-Berberitze
(*B. darwinii* × *B. linearifolia*)

Habitus: Immergrüner, aufrechter, kaum mehr als 1 m hoher, locker aufgebauter Strauch, Zweige kaum gefurcht, graubraun, Dornen 3-teilig, 3–5 mm lang.
Blätter: Rhombisch-elliptisch, 1–4,5 cm lang, dornig zugespitzig, Basis schmal keilförmig, jederseits 1–5 ungleichmäßig verteilte, abstehende, dornige Zähne, Rand meist stark wellig und etwas umgebogen, oberseits glänzend grün, unterseits blaugrün.
Blüten: 1,5 cm breit, zu 3–8 in hängenden Dolden, Krone tief orangegelb, außen rötlich, Mai.
Früchte: Eiförmig, 7 mm lang, blau, bereift.
Verbreitung: Am Lolog-See in Argentinien als Naturhybride gefunden.
Verwendung: Selten, B, WHZ 7b, LB 7.2.4.6.

'Apricot Queen'. Wuchs breit aufrecht. Blütenkronen aprikosen- bis orangefarben.

'Highdown'. Wuchs kräftig. Blätter deutlich schmaler als bei *B. ×lologensis*. Blüten sehr zahlreich, Krone gelb.

'Mystery Fire'. Wuchs anfangs locker, später dichter. Blätter elliptisch bis breit elliptisch. Blütenkronen rein orangegelb, Blütenknospen und Unterseite der Kelchblätter tieforange.

Berberis ×media Groot.
(*B. ×hybrido-gagnepainii* 'Chenault' × *B. thunbergii*)

Habitus: Wintergrüner, locker verzweigter, kugeliger, 1,5(–2,5) m hoher Strauch, Zweige rotbraun, glatt, Dornen 1- bis 3-teilig, bis 2,5 cm lang, glänzend rotbraun.
Blätter: Länglich-eiförmig, 1,5–3 cm lang, auf beiden Seiten mit 3–4 Zähnen, oberseits stark glänzend dunkelgrün, unterseits blaugrün.

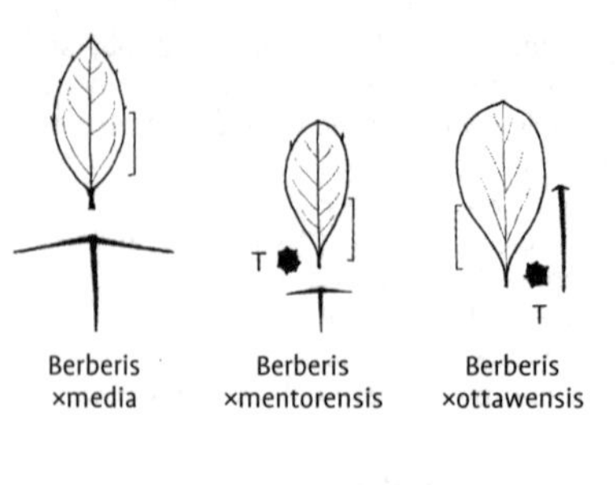

Berberis ×media Berberis ×mentorensis Berberis ×ottawensis

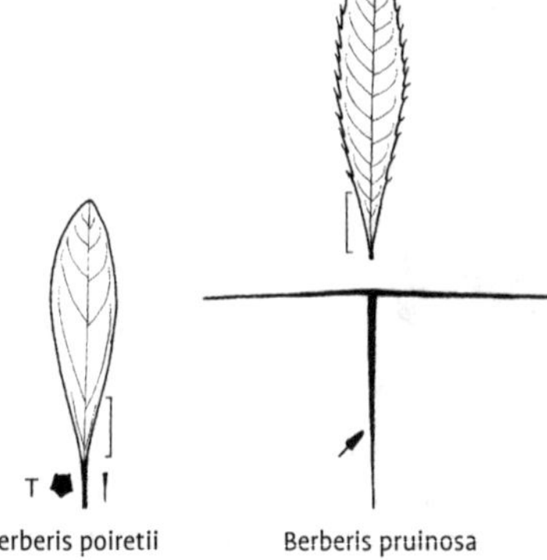

Berberis poiretii Berberis pruinosa

Blüten: Einzeln oder zu 4 in Büscheln, Krone gelb, Mai–Juni.
Früchte: Werden selten ausgebildet.
Verwendung: Häufig, B, WHZ 6a, LB 9.2.2.6.

'Parkjuwel'. Typus der Hybride mit den oben beschriebenen Merkmalen.

'Red Jewel'. Im Wuchs ähnlich 'Parkjuwel'. Blätter im Austrieb glänzend braunrot, später tief purpurbraun, zuletzt dunkelgrün.

Berberis ×mentorensis L.M. Ames

(*B. julianae* × *B. thunbergii*)

Habitus: Sommergrüner, aufrechter, bis 2 m hoher Strauch, Zweige kahl, stark gefurcht bzw. kantig, braun.
Blätter: Verkehrteiförmig, 2–4,5 cm lang, sehr derb, ganzrandig oder jederseits mit bis zu 3 stacheligen Zähnen, im Herbst partiell scharlachrot gefärbt.
Blüten: Zu 1–2, Krone hellgelb, Mai.
Früchte: Ellipsoid, trübrot.
Verwendung: Selten, B, WHZ 6a, LB 9.2.2.5.

Berberis ×ottawensis C.K. Schneid.

(*B. thunbergii* × *B. vulgaris*)

Habitus: Sommergrüner, etwa 1,3 m hoher Strauch, ähnlich *B. thunbergii*, im Wuchs aber kräftiger, Triebe gelb, nur wenige weiche Dornen.
Blätter: Verkehrteiförmig, 1,5–3,3 cm lang, teils ganzrandig, teils gezähnt, beiderseits mittelgrün, im Herbst gelbbunt.
Blüten: Zu 5–10 in ± lang gestielten Dolden oder Büscheln, Krone gelb, Mai.
Früchte: Eiförmig, 8–10 mm lang, rot, meist bereift, zu 5–10 in lang gestreckten Trauben, essbar.
Verwendung: Häufig (bes. in den folgenden Sorten), B, WHZ 5a, LB 9.1.4.6.

'Auricoma'. Im Wuchs etwas zierlicher als 'Superba'. Blätter besonders an jungen Trieben intensiv tiefpurpurn, später grünlich rot. Blüten zahlreich, Krone gelb, rötlich überhaucht.

'Superba'. Wuchs stark, 3–4 m hoch, Zweige tief rotbraun. Blätter verkehrteiförmig bis nahezu rundlich, bis 5 cm lang, braun- bis schwarzrot, metallisch glänzend. Blüten bis 1 cm breit, teils in gestielten Dolden, teils in Büscheln. Krone gelb mit rot, Früchte eiförmig, hellrot.

Berberis poiretii C.K. Schneid., Poirets Berberitze

Habitus: Sommergrüner, etwa 1 m hoher, zierlicher Strauch, Zweige leicht überhängend, etwas kantig, rötlich braun, Dornen meist 1-teilig, 4–9 mm lang oder fehlend.
Blätter: Schmal lanzettlich, 1,5–4 cm lang, zur Spitze hin verjüngt, Nervatur weit, ganzrandig, beiderseits frischgrün.
Blüten: 5–6 mm breit, zu 11–18 in lockeren Trauben, Krone leuchtend gelb, Mai.
Früchte: Länglich, 9 mm lang, rot, Griffel fehlend.
Verbreitung: NO-China, Mongolei, O-Sibirien, Korea.
Verwendung: B, WHZ 5a, LB 7.3.2.6.

Berberis pruinosa Franch., Bereifte Berberitze

Habitus: Immer- oder nur wintergrüner, 1,5–2 m hoher, locker aufgebauter Strauch, Zweige stielrund, gelblich, Dornen 1- bis 3-teilig, steif, 2,3–4 cm lang.
Blätter: Elliptisch bis eiförmig, 2,5–5 cm lang, derbledrig, Nervatur beiderseits undeutlich,

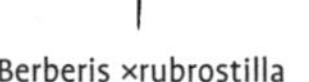
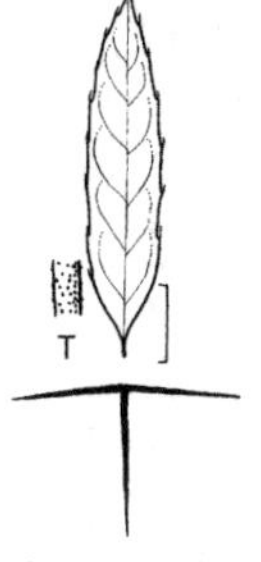

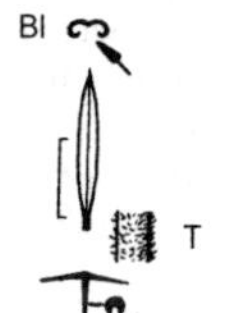

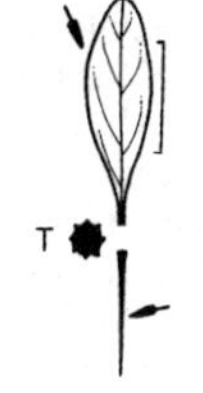

Berberis ×rubrostilla Berberis sargentiana Berberis ×stenophylla Berberis thunbergii

jederseits mit 1–6 groben Zähnen, oberseits stumpf graugrün, unterseits weiß bereift.
Blüten: 1 cm breit, zu 8–18(–25) in kurzen, gestielten Büscheln, Krone zitronengelb, Mai.
Früchte: Länglich-eiförmig, 6–7 mm lang, blauschwarz, dicht weiß bereift, Griffel bleibend, kurz.
Verbreitung: China: Yunnan.
Verwendung: Sehr selten, B, WHZ 7a, LB 6.3.2.6.

Berberis ×rubrostilla Chitt.
(*B. aggregata* × *B. wilsoniae* var. *parviflora*)

Habitus: Sommergrüner, 1–1,5 m hoher Strauch, Zweige zunächst fein behaart, später rotbraun, kantig, Dornen meist 3-teilig, etwa 2 cm lang, gelbbraun.
Blätter: Verkehrteiförmig, 1,6–3 cm lang, netznervig, jederseits bis 6 feine, dornige Zähne, oberseits frischgrün, unterseits blaugrün.
Blüten: 1,8–2 cm breit, zu 2–4 in 2–2,5 cm langen, doldenartigen Trauben, Krone hellgelb, Griffel fehlend, Juni.
Früchte: Eiförmig, 1,5 cm lang, scharlachrot.
Verwendung: Häufig (mit einigen Sorten), B, ☘, WHZ 6a, LB 9.1.2.6.

Berberis sargentiana C.K. Schneid.,
Sargents Berberitze

Habitus: Immergrüner oder nur wintergrüner, 1,5–2 m hoher Strauch, Zweige stielrund und auffallend rötlich bis zinnoberrot, Dornen 3-teilig, scharfspitzig und 3–4,5 cm lang.
Blätter: Länglich-lanzettlich, 4–10 cm lang, ledrig, an beiden Enden spitz, jederseits mit 15–25 fast anliegenden Zähnen, oberseits glänzend dunkelgrün, unterseits gelblich grün und deutlich netznervig.
Blüten: Etwa 1 cm breit, zu 4–8 in Büscheln, Krone hellgelb, Mai–Juni.
Früchte: Eiförmig, 6–8 mm lang, schwarzblau, ohne Reif, Griffel fehlend.
Verbreitung: China: Sichuan, Hubei.
Verwendung: Selten, B, WHZ 7a, LB 6.3.4.6.

Berberis ×stenophylla Lindl.,
Schmalblättrige Berberitze
(*B. darwinii* × *B. empetrifolia*)

Habitus: Immergrüner, 2–3 m hoher Strauch, Zweige weit überhängend, dünn, sehr kurz behaart, rotbraun, Dornen 3-teilig, 3–7 mm lang.
Blätter: Schmal lanzettlich bis lanzettlich, 1–2,5 cm lang, stachelspitzig, Rand stark umgerollt, Nervatur undeutlich, oberseits glänzend dunkelgrün, unterseits bläulich weiß (nur als schmaler Streifen sichtbar).
Blüten: 1,2 cm breit, bis zu 6 in Büscheln, Krone goldgelb bis orangefarben, in der Knospe gelegentlich rötlich, Mai.
Früchte: Kugelig, 6–7 mm dick, blauschwarz, bereift, Griffel bleibend, bis 1,5 mm lang.
Verwendung: Sehr häufig, B, Bi, WHZ 7a, LB 7.2.4.5 (9.3.5.6).

'Corallina Compacta'. Bis 0,3 m hoch. Blütenkrone tiefgelb.

'Crawley Gem'. Etwa 0,5 m hoch, Wuchs breit, locker und überhängend. Blätter stumpfgrün. Blütenkrone gelb, außen rot.

'Irwinii'. Bis 1,2 m hoch, Wuchs dicht geschlossen. Blütenkrone orange.

Berberis thunbergii DC., Thunbergs Berberitze

Habitus: Sommergrüner, aufrechter, bis 2(–3) m hoher, fein und dicht verzweigter

Strauch, Zweige stark kantig und gerillt, kahl, rotbraun, Dornen meist 1-teilig, 5–15 mm lang.
Blätter: Sehr variabel, verkehrteiförmig bis lang spatelförmig, ganzrandig, 1–2 cm lang, stumpf, Nervatur undeutlich, oberseits hellgrün, unterseits bläulich grün, im Herbst orange bis scharlachrot verfärbt.
Blüten: Etwa 1 cm breit, einzeln oder zu 2–5 in kurzen Dolden, Krone gelb, außen oft ± gerötet, Mai.
Früchte: Ellipsoid, 7–8 mm lang, leuchtend rot, unbereift, Griffel fehlend, lange haftend, essbar.
Verbreitung: Japan.
Verwendung: Sehr häufig (in zahlreichen Sorten), B, ♧, H, Bi, WHZ 4, LB 9.3.4.6.

Übersicht über die am häufigsten kultivierten Formen:

Wuchs normal, Blätter grün: 'Green Carpet', 'Green Ornament', 'Smaragd'.

Wuchs normal, Blätter rot bis braunrot: 'Atropurpurea', 'Red Chief', 'Roxane'.

Wuchs normal, Blätter braunrot und ± stark rosa oder gelblich weiß gefleckt: 'Pink Attraction', 'Pink Queen', 'Rose Glow'.

Wuchs schwächer, Blätter ganz oder teilweise gelb: 'Aurea', Bonanza Gold ('Bogozam'), 'Golden Ring'.

Wuchs straff aufrecht, ± säulenförmig, Blätter braun- bis purpurrot: 'Helmond Pillar', 'Red Pillar'.

Wuchs zwergig, dicht und kompakt, Blätter grün: 'Kobold'.

Wuchs zwergig, dicht und kompakt, Blätter braunrot: 'Atropurpurea Nana', 'Bagatelle'.

Berberis veitchii C.K. Schneid., Veitchs Berberitze

Habitus: Immergrüner, bis 1,5 m hoher, breitwüchsiger Strauch, Zweige stielrund, rot bis violett, Dornen 3-teilig, 1,5–2,5 cm lang.
Blätter: Lanzettlich, 5–11 cm lang, ledrig, zugespitzt, Rand gewellt, jederseits mit 10–24 abstehenden Sägezähnen, oberseits dunkelgrün, unterseits hellgrün und matt glänzend.
Blüten: 1,5 cm breit, zu 4–10 in Büscheln, Krone blassgelb, Mai–Juni.
Früchte: Ellipsoid, 9 mm lang, schwarzblau, bereift, Griffel fehlend.
Verbreitung: China: Hubei, Guizhou.
Verwendung: Selten, B, WHZ 6b, LB 3.1.7.5.

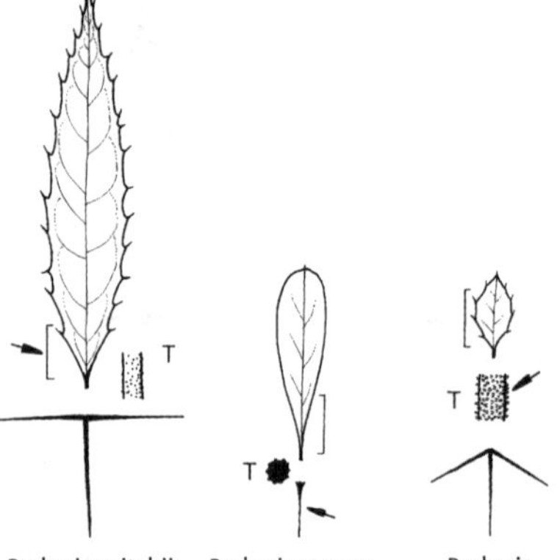

Berberis veitchii Berberis vernae Berberis verruculosa

Berberis vernae C.K. Schneid., Vernas Berberitze

Habitus: Sommergrüner, 1–1,5 m hoher, aufrechter, sehr dicht verzweigter Strauch, Zweige überhängend, kantig, rot oder rotbraun, Dornen meist 1-teilig, 2–4 cm lang.
Blätter: Variabel, spatelig-lanzettlich, 1–3 cm lang, meist ganzrandig, beiderseits grün und schwach netznervig.
Blüten: Etwa 3,5 mm breit, zu 15–30 in sehr dichten, 2–4 cm langen Trauben, Krone goldgelb, Mai.
Früchte: Kugelig, 4 mm dick, hellrot, unbereift, Griffel fehlend.
Verbreitung: China: Gansu, N-Sichuan.
Verwendung: Selten, B, ♧, WHZ 5b, LB 9.1.3.5.

Berberis verruculosa Hemsl. et E.H. Wilson, Warzige Berberitze

Habitus: Immergrüner, 1–1,5 m hoher, dicht verzweigter Strauch, Zweige bogig überhängend, anfangs braungelb, dicht mit braunen, später schwarzbraunen Warzen bedeckt, Dornen 3-teilig, braun, 1–1,5 cm lang.
Blätter: Elliptisch, 1,5–2,5 cm lang, ledrig, spitz, stark gewellt, Rand etwas umgebogen, jederseits mit 2–4 dornigen Zähnen, oberseits glänzend dunkelgrün, unterseits weißlich blau.
Blüten: 2 cm breit, einzeln oder zu 2, Stiel 4–9 mm lang, Krone hellgelb, Mai.
Früchte: Länglich-eiförmig, 9–12 mm lang, tiefpurpurn, blau bereift, Griffel fehlend.
Verbreitung: China: Sichuan.
Verwendung: Sehr häufig, B, WHZ 6b, LB 7.1.5.6.

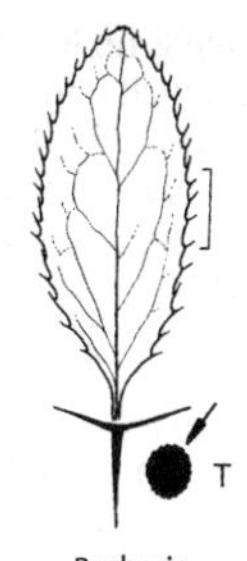

Berberis vulgaris

Berberis wilsoniae var. wilsoniae

Berberis vulgaris L., Gewöhnliche Berberitze, Sauerdorn

Habitus: Sommergrüner, 2–3 m hoher, aufrechter, etwas sparriger Strauch, Zweige stark gefurcht, anfangs behaart, verkahlend, graubraun, Dornen meist 3-teilig, 1–2 cm lang.
Blätter: Länglich-elliptisch bis spatelförmig, 3–6 cm lang, jederseits mit 10–20 feinen Zähnen, oberseits dunkelgrün, unterseits etwas heller, schwach netznervig. Herbstfärbung gelb oder rot.
Blüten: 7–9 mm breit, zu 4–6 in 1–2 cm langen Trauben, Krone gelb, Mai.
Früchte: Ellipsoid, 1–1,2 cm lang, scharlachrot, essbar, sauer schmeckend, Griffel fehlend.
Verbreitung: Europa (ausgenommen Britische Inseln und Skandinavien), Türkei, Kaukasien.
Verwendung: Sehr häufig, N, B, ♧, H, Bi, WHZ 4, LB 9.1.3.5 (6.3.3.5).

Berberis wilsoniae Hemsl. et E.H. Wilson **var. wilsoniae**, Wilsons Berberitze

Habitus: Sommergrüner, etwa 1 m hoher, dicht und sehr fein verzweigter Strauch, Zweige gefurcht, anfangs flaumhaarig, ± braunrot, Dornen 3-teilig, 1–2 cm lang, dünn.
Blätter: Verkehrteiförmig-lanzettlich, 1,2–2,3 cm lang, derb, meist abgerundet, ganzrandig, beiderseits deutlich netznervig, oberseits dunkelgrün, unterseits graugrün, im Herbst zinnober- bis scharlachrot.
Blüten: 0,6–1 cm breit, zu 2–6 in Büscheln oder in bis zu 1,5 cm langen Rispen, Krone hellgelb, Mai.
Früchte: Kugelig, 6 mm dick, lachs- oder korallenrot, Griffel bleibend, kurz.
Verbreitung: China: W-Sichuan, Yunnan.
Verwendung: Häufig, B, ♧, WHZ 6a, LB 6.2.2.7.

var. stapfiana C.K. Schneid. 1-jährige Zweige stets kahl. Blätter verkehrteiförmig, stachelspitzig, unterseits mehr weißlich grau. Blüten zu 4–7. Früchte elliptisch, 4–5 mm lang, tiefrot, bereift. W-China.

var. subcaulialata (C.K. Schneid.) C.K. Schneid. 1-jährige Zweige scharfkantig, kahl. Blätter größer als var. *stapfiana*, an der Spitze leicht bedornt, unten weißlich grau. Blüten zu 6–8. Früchte kugelig, 6 mm dick, gelbrot, durchscheinend, bereift, erst im November reifend. China: W-Sichuan.

Berchemia Neck. ex DC.

Berchemie – Rhamnaceae

(am wahrscheinlichsten benannt nach der Familie der Reichsgrafen v. Berchem)

Habitus: Sommergrüne, linkswindende Lianen.
Blätter: Wechselständig, gestielt, ± ganzrandig, fiedernervig, Nebenblätter klein, hinfällig.
Blüten: Zwittrig, radiär, unscheinbar, in end- und achselständigen Büscheln, Rispen oder traubenartigen Thyrsen, zahlreich, Kelch-, Kron- und Staubblätter je 5, Krone weiß oder grünlich, Fruchtknoten 2-fächrig, frei, Nektarscheibe dünn oder dick.
Früchte: Steinfrüchte länglich, 5–8 mm lang, glatt, zunächst rot, zur Reife blauschwarz bis schwarz, 2–5 mm lang gestielt, 1-samig, mit einem ledrig-fleischigen Mesokarp.
Verbreitung: 12–22 Arten in S- und SO-Asien, in O- Afrika und dem östlichen N-Amerika, nur wenige Arten bei uns in Kultur.
Verwendung: Anspruchslose, dicht und elegant belaubte Schlingpflanzen mit attraktiven Früchten zur Begrünung von Pergolen, Lauben und Zäunen.

Bestimmungsschlüssel Berchemia

1 Blätter mit höchstens 9 Paar Seitennerven, Blattstiel bis 15 mm lang. . . . . *B. racemosa*
– Blätter mit mehr (bis 12) Paar Seitennerven, Blattstiel höchstens 10 mm lang . . . *B. scandens*

Berchemia racemosa Siebold et Zucc., Japanische Berchemie

Habitus: Bis 4 m hoher, schwach windender Strauch, Triebe kahl.

Berchemia racemosa

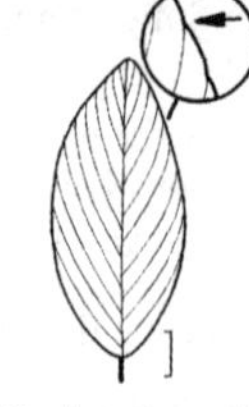
Berchemia scandens

Blätter: Eiförmig, 3–6 cm lang, kurz zugespitzt, Basis schwach herzförmig, Nervenpaare 6–8, oberseits dunkelgrün, unterseits heller oder leicht bläulich, Stiel 1 cm lang. Herbstfärbung reingelb.
Blüten: Grünlich weiß, sehr klein, in breiten, kegelförmigen, 5–20 cm langen, endständigen Rispen, Juli–September.
Früchte: Kugelig, 5–7 mm dick, zunächst rot, zur Reife schwarz, erst im Jahr nach der Blüte reifend.
Verbreitung: Japan, Taiwan.
Verwendung: Sehr selten, WHZ 6a, LB 3.2.1.9.

Berchemia scandens (Hill) K. Koch, Amerikanische Berchemie

Habitus: Bis 5 m hoch windend, Triebe kahl.
Blätter: Schmal eiförmig-elliptisch, 2–8 cm lang, meist spitz, Basis abgerundet oder keilförmig, Rand oft gewellt, Nervenpaare 9–12, kahl, oberseits sattgrün, unterseits bläulich oder graugrün, Stiel 1 cm lang.
Blüten: Grünlich weiß, in schmalen, 2–5 cm langen, seiten- oder endständigen Rispen, Juni.
Früchte: Länglich, 5–8 mm lang, dunkelblau bis schwarz.
Verbreitung: NO-, NOZ- und SO-USA.
Verwendung: Sehr selten, WHZ 7a, LB 2.3.1.9.

Betula L.

Birke – Betulaceae

(lateinisch *betula* = römischer Name der Birke)

Habitus: Sommergrüne Bäume oder Sträucher. Stamm oft auffallend weiß oder farbig, äußere Rindenlagen oft papierartig dünn abrollend und sich in größeren Fetzen lösend oder Borke ± gefurcht. Triebe oft dicht mit warzigen Harzdrüsen, ± stark behaart oder kahl, meist nur 1 mm dick, olivgrün bis rötlich oder braun, Knospen länglich-eiförmig bis spindelförmig, dicker als die Triebe, Endknospen 5–9(–12) mm lang, die seitlichen gleich lang oder nur wenig kürzer, oft durch wachsartigen Überzug glänzend.
Blätter: Wechselständig, einfach, gestielt, gesägt, gezähnt oder gelappt.
Blüten: 1-geschlechtig, 1-häusig verteilt, klein, ♂ Blüten zu 3 in Achseln von Tragblättern, in langen, meist hängenden Kätzchen, Blütenhülle 4-blättrig, klein, Staubbeutel 2, ♀ Blüten zu 2–3 in Achseln von Tragblättern, Blütenhülle fehlend, die 2 Vorblätter mit dem Tragblatt zu einer 3-lappigen, nicht verholzenden Fruchtschuppe verwachsen, die bei der Reife abfällt, Fruchtknoten 2-fächrig, ♂ Kätzchen am Ende vorjähriger Triebe, schon im Herbst ausgebildet und ungeschützt überwinternd, zur Reife schlaff herabhängend, ♀ Kätzchen an der Spitze beblätterter Kurztriebe, unterhalb der ♂, als Knospe überwinternd und zur Blüte aufrecht stehend.
Früchte: Nuss klein, 1-samig, 2-flügelig, jeweils zu 3 in der Achsel einer meist 3-teiligen Fruchtschuppe, in 0,5–3(–6) cm langen, meist zylindrischen bis eiförmigen Fruchtkätzchen, die zur Reife zerfallen.
Verbreitung: 35 bis 60 Arten in gemäßigten und arktischen Zonen.
Verwendung: Zahlreiche Arten sind häufig gepflanzte Wald-, Park- und Gartenbäume. Mit ihrem meist grazilen Aufbau, dem zarten Austrieb, der oft beachtlichen Herbstfärbung und den häufig auffallend gefärbten Stämmen sind sie sehr beliebte, dekorative Bäume. Birken spielen in Volkssagen und alten Mythen eine große Rolle, sie gehören zu den uralten Fruchtbarkeitssymbolen, die heute noch in zahlreichen Bräuchen weiterbestehen. Viele Arten liefern ein wertvolles Nutzholz.

Bestimmungsschlüssel Betula

1 Blätter jederseits mit nur bis 5 Seitennerven . 2
– Blätter jederseits mit 5 und mehr Seitennerven 4
2 Blätter jederseits mit nur 2–4 Seitennerven, annähernd kreisrund, nur bis 1,5 cm lang . . . . *B. nana*
– Blätter jederseits mit 4–5 Seitennerven, eiförmig-elliptisch, auch länger als 2 cm 3
3 Triebe mit Drüsenwarzen, schnell verkahlend . . . . *B. humilis*
– Triebe glatt, dicht filzig behaart . . . . *B. pumila*
4 Blätter jederseits mit 5–7 Seitennerven 5
– Blätter jederseits auch mit mehr als 7 Seitennerven 16
5 Triebe glatt, aber behaart 6

- Triebe mit Drüsenwarzen oder kahl........ 8
6 Seitennerven blattunterseits nicht fühlbar, Knospen klebrig, Triebe spärlich behaart..... .... *B. grossa*
- Seitennerven blattunterseits fühlbar, Knospen nicht klebrig, Triebe dicht behaart......... 7
7 Blätter unterseits achselbärtig .... *B. pubescens* subsp. *pubescens*
- Blätter unterseits nur auf den Nerven behaart .... *B. raddeana*
8 Triebe (anfangs) behaart .... *B. humilis*
- Triebe kahl 9
9 Blattnerven beiderseits behaart .... *B. davurica*
- Blattnerven höchstens unterseits behaart .. 10
10 Blätter auffällig lang zugespitzt 11
- Blätter nicht mit lang ausgezogener Spitze . 12
11 Blattrand an der Spitze gezähnt............ .... *B. ×caerulea*
- Blattrand bis zur Spitze gesägt............. .... *B. populifolia*
12 Basis der Blattspreite keilförmig.......... 13
- Basis der Blattspreite gerade oder schwach herzförmig 14
13 Blätter beiderseits drüsig und Seitennerven treten blattunterseits stärker hervor als oberseits oder Triebe kaum warzig .....*B. pendula*
- Blätter nur unterseits drüsig oder Seitennerven treten blattoberseits stärker hervor als unterseits und Triebe sehr warzig............... .... *B. platyphylla* var. *platyphylla*
14 Blätter kahl 15
- Blätter unterseits an Hauptnerven behaart und mit Achselbärten...................... ....*B. papyrifera* var. *papyrifera*
15 Blätter höchstens 7 cm lang ....*B. pendula*
- Blätter länger (zumindest viele) .... *B. szechuanica*
16 (4) Blätter über 7 cm breit .... *B. maximowicziana*
- Blätter schmaler 17
17 Blattgrund (breit) keilförmig 18
- Blattgrund herzförmig oder abgerundet ... 20
18 Triebe deutlich behaart.............*B. nigra*
- Triebe (schnell ver)kahl(end) 19
19 Blattstiele höchstens 8 mm lang, Blätter mit 9–11 Seitennervenpaaren........*B. schmidtii*
- Blattstiele länger (bis 2 cm), Blätter mit bis zu 14 Seitennervenpaaren.................. .... *B. albosinensis* var. *albosinensis*
20 Knospen klebrig 21
- Knospen nicht klebrig.................. 25
21 Blattstiele behaart.................... 22
- Blattstiel kahl, höchstens 2 cm lang ....*B. ermanii*
22 Blattstiele höchstens 1,5 cm lang ....*B. papyrifera* var. *papyrifera*
- Blattstiele länger (bis 3 cm) 23
23 Blätter höchstens 8 cm lang 24
- Blätter länger (zumindest viele) ....*B. medwediewii*
24 Blattstiele und Triebe dicht und kurz behaart . ... *B. utilis* var. *utilis*
- Blattstiele spärlich lang behaart, Triebe kahl. . ... *B. costata*
25 Triebe behaart....................... 26
- Triebe (schnell ver)kahl(end) 28
26 Blattstiele und Triebe filzig (extrem kurz) behaart ....*B. utilis* var. *jacquemontii*
- Blattstiele und Triebe (auch) länger behaart. 27

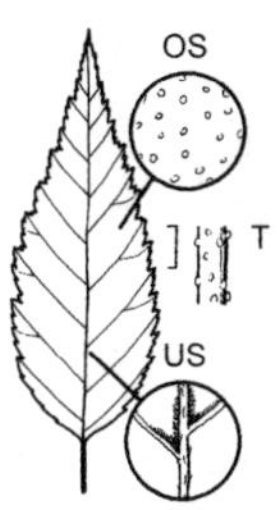

Betula albosinensis var. albosinensis

27 Blattstiele höchstens 2 cm lang............. ....*B. alleghaniensis*
- Blattstiele länger (zumindest viele)......... ....*B. corylifolia*
28 Blattstiel bis 1,5 cm lang................ 29
- Blattstiele länger (zumindest viele)....... 30
29 Rinde schmeckt und duftet süß nach Kaugummi.......................... *B. lenta*
- Rinde geschmack- und geruchlos.......... ....*B. papyrifera* var. *papyrifera*
30 Blätter bis 8 cm lang, jederseits mit 7–11 Seitennerven, Triebe dicht mit Haarwarzen bedeckt, Knospen groß und grün.....*B. ermanii*
- Blätter bis 15 cm lang, jederseits mit 10–13 Seitennerven, Rinde schmeckt und duftet süß nach Kaugummi .... *B. lenta*

Betula albosinensis Burkill **var. albosinensis**, Chinesische Birke

Habitus: 10–20 m hoher Baum, Krone unregelmäßig breit kegelförmig, locker, Rinde weißlich rosa bis rotorange, meist weiß bereift, in großen Fahnen dünn abrollend, Triebe drüsig behaart, zuletzt kahl und braun.
Blätter: Eiförmig bis länglich-eiförmig, 3–5 cm lang, lang zugespitzt, Basis meist abgerundet, unregelmäßig doppelt gesägt, Nervenpaare 10–14, anfangs unterseits zwischen den Nerven behaart, oberseits gelbgrün, unterseits heller, Stiel 0,6–2 cm lang, Herbstfärbung gelb.
Früchte: Kätzchen meist einzeln, zylindrisch-eiförmig, 2–4 cm lang, Fruchtschuppen kahl, Seitenlappen abstehend und viel kürzer als der Mittellappen.
Verbreitung: China: Sichuan.
Verwendung: Häufig, H, WHZ 6a, LB 4.2.3.3 (7.2.3.3).

var. septentrionalis C.K. Schneid. Wuchs meist höher als bei var. *albosinensis*, Rinde dunkler und stumpfer, junge Triebe stärker drüsig. Blätter mehr länglich-eiförmig, unterseits auf den Nerven seidenhaarig. Häufiger in Kultur als var. *albosinensis*. W-China.

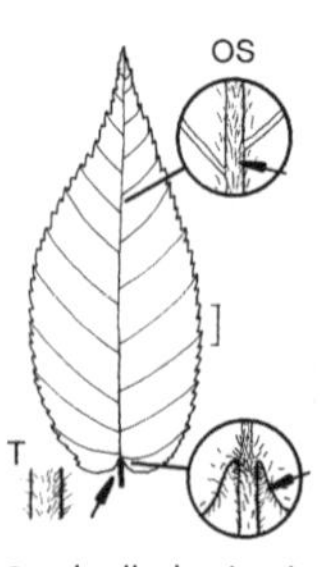

Betula alleghaniensis

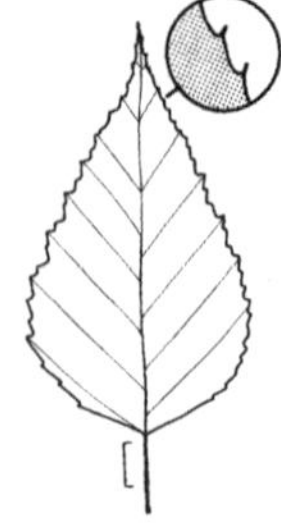
Betula ×caerulea

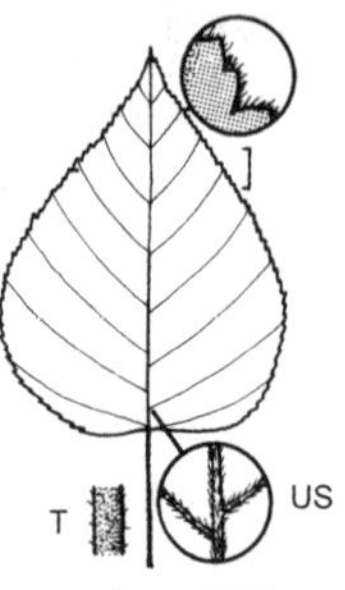

Betula corylifolia

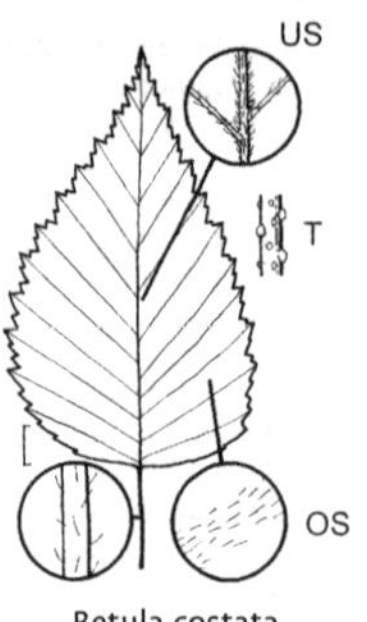

Betula costata

Betula alleghaniensis Britton, Gelb-Birke

Habitus: 20–25 m hoher Baum, Krone breit, unregelmäßig, locker, Rinde gelbbraun bis glänzend graubraun, in krausen Streifen abrollend, Zweigrinde beim Ankratzen aromatisch duftend und bitter schmeckend, Triebe weich behaart.
Blätter: Eiförmig bis länglich-eiförmig, 6–11 cm lang, spitz, Basis abgerundet oder herzförmig, scharf doppelt gesägt, beiderseits stumpfgrün und auf den Nerven sowie in den Achseln lang behaart, Nervenpaare 9–11, Stiel 1–2 cm lang, Herbstfärbung lebhaft gelb.
Früchte: Kätzchen 2–3 cm lang, eiförmig-kugelig, aufrecht stehend, Seitenlappen der Fruchtschuppen nach vorn gerichtet, so lang wie der Mittellappen, bewimpert.
Verbreitung: O-Kanada, NO-, NOZ- und SO-USA.
Verwendung: Häufig, N, H, WHZ 4, LB 3.3.4.2.

B. alnus L. = *Alnus incana* subsp. *incana*
B. alnus var. *glutinosa* L. = *A. glutinosa*
B. alnus var. *incana* L. = *A. incana* subsp. *incana*

Betula ×caerulea Blanch., Blaue Birke
(*B. cordifolia* × *B. populifolia*)

Habitus: Bis 15 m hoher, breitkroniger Baum, Rinde weiß, leicht rosa getönt, glänzend, dick, nicht in Lagen geteilt, Triebe dünn, mit zahlreichen feinen Lentizellen, anfangs etwas zottig behaart, später kahl und glänzend rotbraun.
Blätter: Eiförmig, 6–8 cm lang, lang zugespitzt, Basis meist breit keilförmig, scharf und doppelt gesägt, oberseits zuletzt bläulich grün, unterseits gelblich grün, entlang der Nerven spärlich zottig behaart, Nervenpaare 6–7, Stiel 1,5 bis 2,5 cm lang.
Früchte: Kätzchen zylindrisch, behaart, 2–3 cm lang, 8–10 mm dick.
Verbreitung: Kanada, NO-USA.
Verwendung: Selten, WHZ 4, LB 4.1.3.3.

Betula corylifolia Regel et Maxim. ex Regel, Haselnussblättrige Birke

Habitus: Bis 20 m hoher Baum, Rinde grau oder weißlich, junge Triebe rötlich oder dunkelpurpurn, kahl oder nahezu kahl.
Blätter: Elliptisch oder eiförmig, 4–6 cm lang, oberseits lebhaft grün, unterseits bläulich grün und kahl, auf den Nerven seidig behaart, grob doppelt gesägt mit langen, 3-eckigen Zähnen, Nervenpaare 8–9, oberseits eingesenkt, Stiel 1–3 cm lang.
Früchte: Kätzchen aufrecht, nahezu zylindrisch, 3–5 cm lang, Fruchtschuppen flaumig behaart, 1,2–1,5 cm lang, mit sehr schmalen, an den Spitzen aufrechten Lappen.
Verbreitung: Japan.
Verwendung: Selten, WHZ 5a, LB 8.1.3.2.

Betula costata Trautv., Koreanische Birke, Gerippte Birke

Habitus: Bis 20 m hoher Baum, Rinde hellgelb bis graugelb, sehr dünn abrollend, sich im Alter in großen Schuppen lösend, Triebe anfangs behaart, braun, mit zahlreichen Drüsen.
Blätter: Eiförmig, 5–8 cm lang, derb, lang zugespitzt, Basis meist abgerundet, fein und scharf doppelt gesägt, Nervenpaare 10–16, rippenartig vortretend, oberseits hellgrün, oft etwas behaart, unterseits hellgrün und drüsig, Stiel 0,8–1,5 cm lang, Herbstfärbung goldgelb.

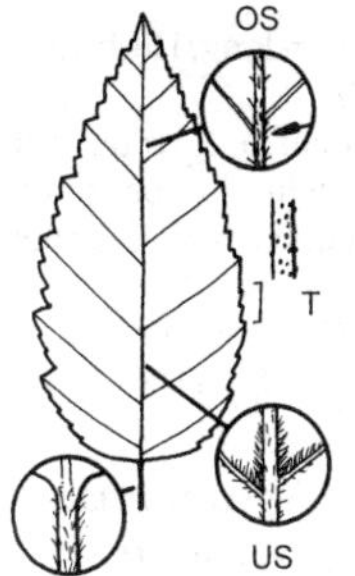

Betula davurica

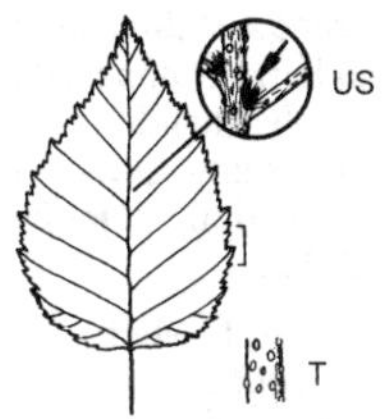

Betula ermanii

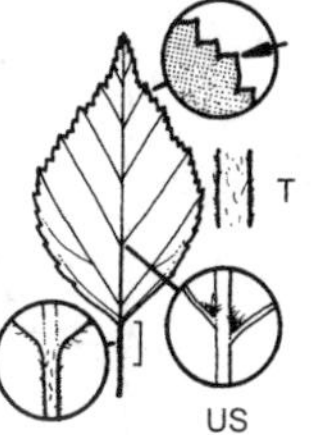

Betula grossa

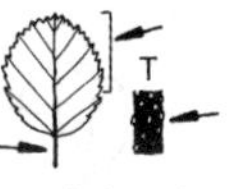

Betula humilis

Früchte: Kätzchen ellipsoid bis kugelig, 2 cm lang, Mittellappen der Fruchtschuppen doppelt so lang wie die Seitenlappen.
Verbreitung: Russ. Ferner Osten, Mandschurei.
Verwendung: Selten, H, WHZ 5a, LB 7.1.3.2.

Betula davurica Pall., Dahurische Birke

Habitus: Bis 15 m hoher Baum, Äste schräg ansteigend, Stamm dicht bedeckt mit graubrauner bis grauer, in kräuselnden Fetzen aufgerollter Rinde, Triebe stark warzig, zerstreut behaart.
Blätter: Eiförmig, 5–8 cm lang, kurz zugespitzt, Basis breit keilförmig, unregelmäßig grob gesägt, oberseits dunkelgrün und behaart, unterseits drüsig punktiert und entlang der Mittelader behaart, Nervenpaare 6–8, Stiel 1 cm lang.
Früchte: Kätzchen eiförmig-zylindrisch, 2–2,5 cm lang. Mittellappen der Fruchtschuppen spitz, Seitenlappen abgerundet.
Verbreitung: Russ. Ferner Osten, Mandschurei, Korea, Japan.
Verwendung: Selten, N, H, WHZ 5a, LB 7.1.3.3.

Betula ermanii Cham. Gold-Birke, Ermans Birke

Habitus: Bis 20 m hoher Baum, Stamm sich bald in Äste auflösend, Krone breit und locker, jüngere Äste rotbraun, Borke gelblich weiß bis weiß oder rötlich, abrollend, Triebe drüsig-warzig, kahl.
Blätter: Breit eiförmig, 5–8 cm lang, lang zugespitzt, Basis gestutzt bis herzförmig, grob gesägt, Nervenpaare 7–11, beiderseits drüsig, oberseits glänzend dunkelgrün, unterseits Adern behaart und mit Achselbärten, Stiel 2 cm lang. Herbstfärbung früh einsetzend, leuchtend goldgelb.
Früchte: Kätzchen eiförmig-zylindrisch, 2–3 cm lang, Fruchtschuppen mit langem Mittellappen und kürzeren, abstehenden Seitenlappen.
Verbreitung: Japan, Korea, Russ. Ferner Osten.
Verwendung: Sehr häufig, N, H, WHZ 5a, LB 8.1.3.2.

B. fruticosa Pall. = *B. humilis*
B. glandulifera (Regel) B.T. Butler = *B. pumila*

Betula grossa Siebold et Zucc., Grossers Birke, Zierkirschen-Birke

Habitus: Bis 25 m hoher Baum, Borke schwarzgrau, erst in älteren Stämmen rissig, Triebe anfangs gelbbraun und etwas behaart, später rotbraun und kahl.
Blätter: Eiförmig, 5–9 cm lang, zugespitzt, Basis seicht herzförmig, grob doppelt gesägt, Nervenpaare 8–14, oberseits dunkelgrün, angedrückt behaart, unterseits drüsig, Nerven seidig behaart, Stiel 1–2 cm lang.
Früchte: Kätzchen einzeln, aufrecht, zylindrisch-eiförmig, 2 cm lang, Fruchtschuppen mit kurzen, abgerundeten Lappen, Seitenlappen ½ so lang wie der Mittellappen.
Verbreitung: M- und S-Japan.
Verwendung: Selten, WHZ 5a, LB 3.3.2.2.

Betula humilis Schrank, Europäische Strauch-Birke

Habitus: 0,5–2 m hoher, reich verzweigter Strauch, Rinde braun, Triebe mit warzigen Drüsen, nur anfangs behaart.
Blätter: Elliptisch, eiförmig oder verkehrteiförmig, 1–3,5 cm lang, spitz, Basis keilförmig,

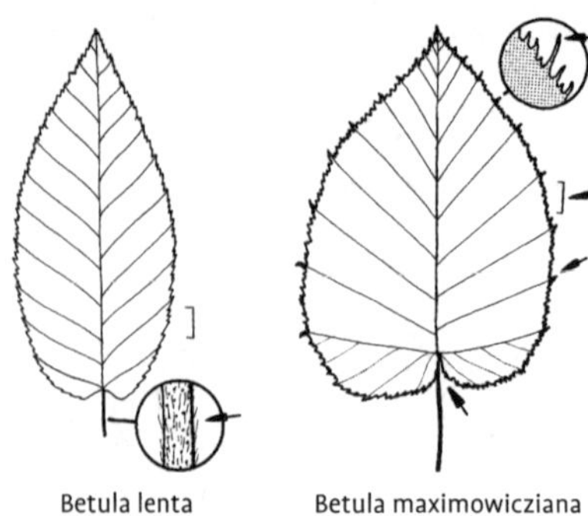
Betula lenta Betula maximowicziana

ungleich grob gesägt, Nervenpaare 4–5, beiderseits mittelgrün und kahl, Stiel 2–5 mm lang.
Früchte: Kätzchen aufrecht, 5–15 mm lang, eiförmig-zylindrisch, Seitenlappen der Fruchtschuppen fast so lang wie der Mittellappen und nur wenig abstehend.
Verbreitung: M- und O-Europa, Sibirien, Mongolei (gehört in Deutschalnd zu den stark gefährdeten, geschützen Pflanzen).
Verwendung: Selten, WHZ 3, LB 1.1.1.6.

B. jaquemontii Spach. = *B. utilis* var. *jaquemontii*

Betula ×koehnei C.K. Schneid., Koehnes Birke
(*B. papyrifera* × *B. pendula*)

Habitus: Mittelgroßer, lockerkroniger Baum, Zweige leicht überhängend, Rinde bis in die jüngeren Äste reinweiß.
Blätter: 3-eckig-eiförmig, 7–9 cm lang, ähnlich *B. papyrifera*, aber mehr zugespitzt und feiner gesägt, derb, Nervenpaare 5–7, zerstreut behaart, oberseits tiefgrün und kahl, unterseits viel heller, Stiel 1–2,5 cm lang.
Verwendung: Selten, H, WHZ 4, LB 4.2.3.2.

Betula lenta L., Zucker-Birke

Habitus: Bis 25 m hoher Baum, Krone schmal und regelmäßig aufrecht, Rinde dunkel rotbraun bis schwärzlich, stark rissig, nicht abrollend, Triebe purpurbraun, anfangs silbrig behaart, bald kahl, beim Ankratzen aromatisch duftend und süß schmeckend.
Blätter: Länglich-eiförmig bis eiförmig, 6–10 cm lang, zugespitzt, Basis meist herzförmig, scharf doppelt gesägt, Nervenpaare 9–12, oberseits glänzend dunkelgrün und kahl, unterseits mattgrün und zunächst seidig behaart, Stiel 0,6–2,5 cm lang, Herbstfärbung auffallend goldgelb.
Früchte: Kätzchen aufrecht, eiförmig, fast sitzend, 2–3,5 cm lang, Fruchtschuppen kahl, mit kurzen Lappen, die seitlichen abgerundet und abstehend.
Verbreitung: O-Kanada, NO- und SO-USA.
Verwendung: Häufig, N, H, WHZ 4, LB 3.2.3.2.

B. lutea F. Michx. = *B. alleghaniensis*
B. mandshurica (Regel) Nakai = *B. platyphylla* var. *platyphylla*

Betula maximowicziana Regel, Lindenblättrige Birke

Habitus: Raschwüchsiger, 20–30 m hoher, locker beasteter, breitkroniger, großblättriger Baum, Rinde zunächst orangebraun, später grau bis weißlich orange, dünn abrollend, Triebe dunkel rotbraun, kahl und warzig.
Blätter: Breit eiförmig, 8–16 cm lang, zugespitzt, Basis tief herzförmig, doppelt gesägt, Nervenpaare 10–12, deren Spitze den Blattrand überragend, oberseits dunkelgrün und nur anfangs behaart, unterseits mit Achselbärten, Stiel 1,5–4,4 cm lang, Herbstfärbung goldgelb, oft mit roten Adern.
Früchte: Kätzchen zylindrisch, 5–7 cm lang, zu 3–4, Mittellappen der Fruchtschuppen länger als die Seitenlappen.
Verbreitung: N- und M-Japan, S-Kurilen.
Verwendung: Sehr häufig, H, WHZ 5b, LB 7.2.2.1.

Betula medwediewii Regel, Kaukasische Birke

Habitus: Steif aufrechter, erlenartiger, bis 6 m hoher Strauch (in der Heimat auch baumförmig und bis 20 m hoch), Rinde graugelb, dünn abrollend, Triebe dick, steif, glänzend hellbraun, mit sehr großen, grünen, klebrigen Knospen.
Blätter: Breit elliptisch, 8–12 cm lang, kurz zugespitzt, Basis abgerundet oder schwach herzförmig, unregelmäßig doppelt gesägt, oberseits tiefgrün, unterseits hellgrün und auf den Nerven behaart, Nervenpaare 8–11, stark eingesenkt, Stiel 3 cm lang, tief rinnig, behaart, an der Basis mit großen, bleibenden Nebenblättern, Herbstfärbung goldgelb.
Früchte: Kätzchen aufrecht, gestielt, zylindrisch, 3,5 cm lang, Mittellappen der Fruchtschuppen doppelt so lang wie die seitlichen.
Verbreitung: Kaukasien.

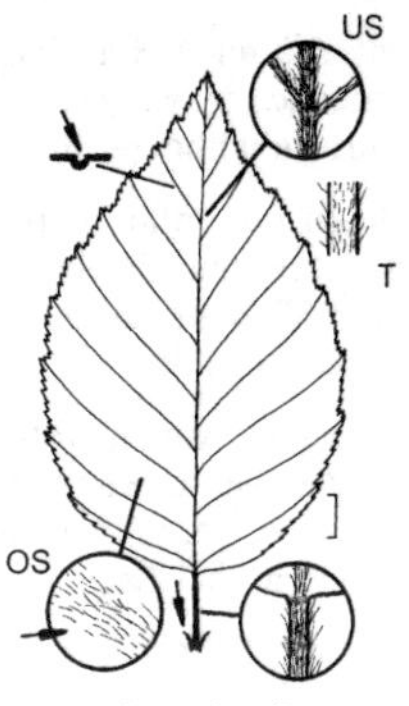

Betula medwediewii

Betula nana

Betula nigra

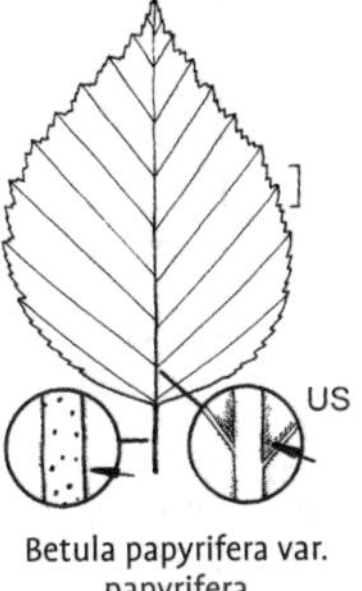

Betula papyrifera var. papyrifera

Verwendung: Sehr selten, WHZ 6a, LB 4.1.3.4 (7.2.3.4).

Betula nana L., Zwerg-Birke

Habitus: 0,5–1 m hoher, reich verzweigter, niederliegend-aufsteigender Strauch, Rinde schwarzgrau, kaum abblätternd, Triebe anfangs fein filzig, später kahl und graubraun bis glänzend rotbraun, nicht warzig.
Blätter: Rundlich, 0,5–1,5 cm breit, dick, grob gekerbt, kahl, Nervenpaare 2–4, oberseits glänzend dunkelgrün, unterseits deutlich netznervig, Stiel 1–2 mm lang.
Früchte: Kätzchen aufrecht, eiförmig, 7–10 mm lang, Fruchtschuppen keilförmig, ungeteilt oder bis zur Mitte gelappt.
Verbreitung: Europa bis O-Sibirien.
Verwendung: Sehr häufig (wird in der Roten Liste als stark gefährdet eingestuft und steht in Deutschland unter Naturschutz), WHZ 1, LB 1.1.1.7.

B. ×fennica Doerfl. (*B. nana* × *B. pendula*), Finnland-Birke. Bis 3 m hoher, aufrechter, feinzweigiger Strauch, Triebe drüsig, in der Jugend kurz behaart. Blätter breit eiförmig-rundlich, 1,5–2,5 cm lang und unterseits drüsig punktiert. In Finnland neben den Eltern vorkommend.

Betula nigra L., Schwarz-Birke

Habitus: Bis 20 m hoher, oft vom Boden an mehrstämmiger, zierlicher Baum, Krone kugelig, locker, Rinde vom Stamm bis zu den jungen Ästen rot- bis gelbbraun, dicht und kraus aufgerollt, mit zunehmendem Alter dunkler werdend, zuletzt grob, hart und schwarz, Triebe dicht grauzottig behaart.
Blätter: Rauten- bis eiförmig, 4–9 cm lang, zugespitzt, Basis keilförmig, doppelt gesägt oder schmal gelappt, Nervenpaare 7–9, oberseits glänzend grün, unterseits blaugrün, auf den Nerven bleibend behaart, Stiel 1 cm lang, behaart, Herbstfärbung gelb.
Früchte: Kätzchen zylindrisch, 2,3–4 cm lang, aufrecht, Fruchtschuppen schmal, alle annähernd gleich lang und nach vorne gerichtet.
Verbreitung: NO-, NOZ- und SO-USA.
Verwendung: Sehr häufig, N, H, WHZ 5a, LB 2.1.3.2.

Betula papyrifera Marshall **var. papyrifera**, Papier-Birke

Habitus: 20–25 m hoher Baum, Krone hoch gewölbt, offen, Äste aufwärts strebend, Rinde blendend weiß, sehr lange glatt bleibend, sich später in breiten, papierartigen Querlappen lösend, Borke am Fuß alter Stämme rissig, Triebe rotbraun, warzig, anfangs behaart, später kahl.
Blätter: Breit eiförmig, 5–11 cm lang, etwas derb, zugespitzt, Basis abgerundet oder selten spitz bis herzförmig, grob doppelt gesägt, oberseits mattgrün und kahl, unterseits mit Achselbärten, Nervenpaare 6–10, Stiel 1,5–3 cm lang, dick, behaart, Herbstfärbung intensiv goldgelb.
Früchte: Kätzchen zylindrisch-eiförmig, 4–5 cm lang, Fruchtschuppen kahl, Seitenlappen nach vorn gerichtet, kürzer und meist breiter als der Mittellappen.
Verbreitung: Alaska, Kanada, NO-, NOZ- und NW-USA, Rocky Mts.
Verwendung: Sehr häufig (mit Einschränkungen als Stadtstraßenbaum geeignet), N, H, WHZ 4, LB 2.4.4.1 (7.3.3.1).

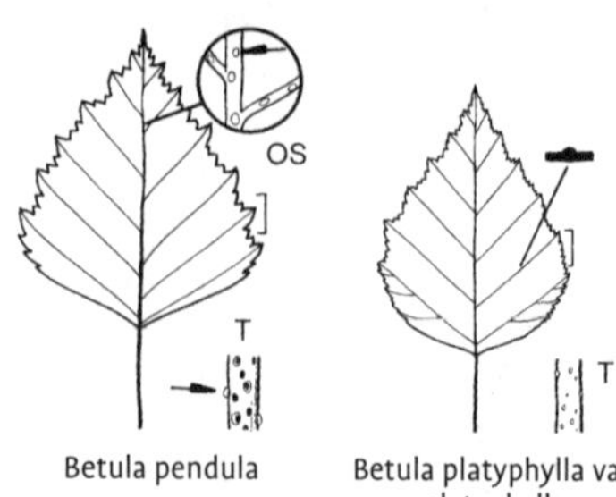

Betula pendula Betula platyphylla var. platyphylla

var. cordifolia (Regel) Fernald, Herzblättrige Birke. Bis 20 m hoher Baum, Rinde grau oder fast weiß, Triebe bräunlich, rötlich bis dunkelpurpurn getönt, glatt oder mit einigen aromatisch duftenden Warzen. Blätter elliptisch bis verkehrteiförmig, 4–6 cm lang, mit langen, 3-eckigen Zähnen doppelt gesägt, oberseits lebhaft grün, unterseits bläulich grün, Nervenpaare 7–14. Fruchtkätzchen 3–5 cm lang, aufrecht. O-Kanada, NO- und SO-USA.

Betula pendula Roth, Sand-Birke, Warzen-Birke

Habitus: 10–25 m hoher Baum, Krone locker kegelförmig, mit ± stark hängenden Zweigen, Rinde anfangs glänzend hellbraun, später weiß, später abblätternd, Borke im Alter schwarz, rau und rissig, Triebe dünn, kahl und stark warzig.
Blätter: Rautenförmig bis 3-eckig, 4–7 cm lang, Spitze lang ausgezogen, Basis breit keilförmig oder gestutzt, regelmäßig doppelt gesägt, Nervenpaare 6–7, oberseits lebhaft grün, jung stark klebrig, Stiel 1,5–3 cm lang, Herbstfärbung meist intensiv gelb.
Früchte: Kätzchen zylindrisch, 2–3 cm lang, Fruchtschuppen mit kleinem, spitzem Mittellappen, die seitlichen größer und abstehend.
Verbreitung: Europa, Türkei, Kaukasien, W-Sibirien, N-Irak, N-Iran, N-Afrika.
Verwendung: Sehr häufig (mit Einschränkungen als Stadtstraßenbaum geeignet), N, H, Bi, ⚕, WHZ 2, LB 4.2.3.2.

Folgende Gartenformen sind ± häufig in Kultur:

'Crispa'. Blätter ziemlich groß, tief gelappt, Lappen gesägt. Knospen stumpf (bei der ähnlichen 'Laciniata' spitz).

'Dalecarlica'. 10–20 m hoher, eleganter Baum, Stamm durchgehend, Zweige überhängend, Rinde weiß. Blätter 4–8 cm lang, an dünnen Stielen hängend, tief eingeschnitten, die Abschnitte unregelmäßig gezähnt.

'Fastigiata'. Hoher Baum mit anfangs straff säulenförmiger Krone, Äste und Zweige oft gedreht und bei älteren Bäumen aus der geschlossenen Krone herausragend.

'Gracilis'. 5–6 m hoher Baum, Äste in großen Bögen überhängend, Zweige schwanzartig gehäuft, fadenförmig dünn, herabhängend. Blätter tief gelappt, feiner als bei 'Laciniata'.

'Purple Splendor'. Wuchs zunächst aufrecht, Zweige später hängend. Junge Blätter purpurn, später mehr tiefgrün. Rinde schon im 2. Jahr weiß.

'Purpurea'. 6–8 m hoher Baum. Blätter anfangs purpurbraun, später mehr bronzegrün.

'Tristis'. 15–20(–25) m hoher, eleganter Baum, Stamm anfangs durchgehend, Hauptäste ± abstehend, Zweige schleppenartig lang herabhängend. Blätter in Form und Färbung wie bei der Art.

'Youngii'. 5–7 m hoher Baum, meist hochstämmig veredelt, Krone dann schirmförmig, oder mit aufgebundenem Leittrieb hochgezogen, Krone dann anfangs kegelförmig, Äste ausgebreitet-überhängend, Zweige dünn, fadenförmig herabhängend.

Betula platyphylla Sukaczev **var. platyphylla**, Mandschurische Birke

Habitus: 10–20 m hoher Baum mit lichter Krone, Rinde weiß, bemehlt, bei Berührung abfärbend, nicht abrollend, Triebe dunkelgrau, warzig, kahl oder kaum behaart.
Blätter: 3-eckig bis eiförmig, 4–10 cm lang, kurz zugespitzt, Basis etwas schief, keilförmig, grob gesägt, Nervenpaare 5–7, oberseits tiefgrün, unterseits heller, mit kleinen, bräunlichen Drüsen und Achselbärten, sehr früh austreibend (oft 3 Wochen vor anderen Birken), Stiel 1,4–2,5 cm lang.
Früchte: Kätzchen zylindrisch, bis 4,5 cm lang, Mittellappen der Fruchtschuppen 3-eckig und kleiner als die breiten, abstehenden Seitenlappen.
Verbreitung: Korea, Mandschurei, N-China.
Verwendung: Häufig, N, H, WHZ 5b, LB 4.2.3.2 (5.3.2.2).

var. japonica (Miq.) Hara, Japanische Birke. Baum mit schlankem, durchgehendem

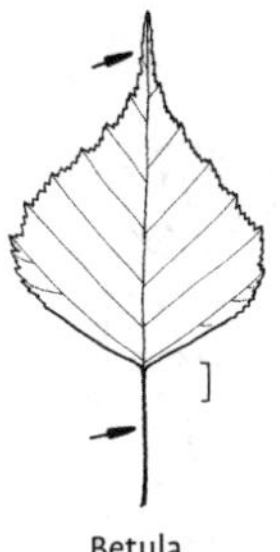
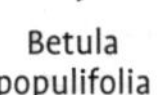

Betula populifolia

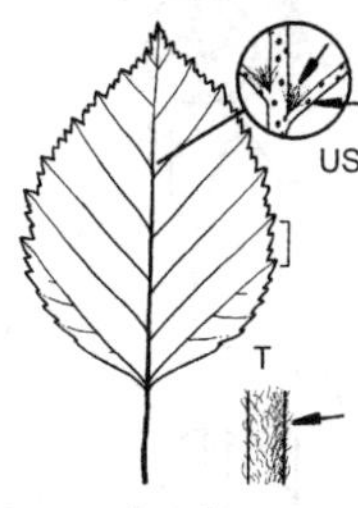

Betula pubescens subsp. pubescens

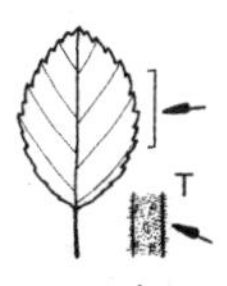

Betula pumila

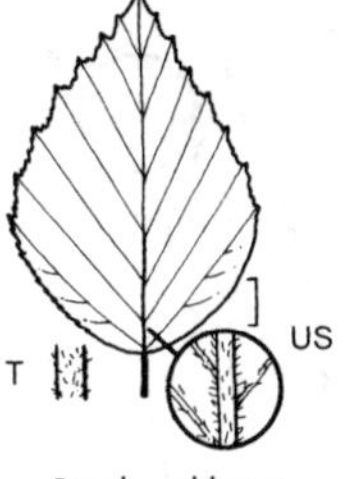

Betula raddeana

Stamm, Rinde reinweiß. Blätter unten fein behaart und mit Achselbärten. Japan, in höheren Lagen von Hokkaido und Honshu, stellenweise zusammen mit *B. ermanii*.

B. platyphylla var. *szechuanica* (C.K. Schneid.) Rehder = *B. szechuanica*

Betula populifolia Marshall, Grau-Birke, Pappelblättrige Birke

Habitus: 10–20 m hoher, oft mehrstämmiger Baum, Krone kegelförmig, licht, Rinde grauweiß, nicht abrollend, im Alter schwarz und rissig, Triebe kahl, dünn, sehr biegsam, durch zahlreiche Korkwarzen sehr rau.
Blätter: Breit eiförmig bis 3-eckig, 5–9 cm lang, sehr lang zugespitzt, Basis gestutzt, grob doppelt gesägt, beiderseits kahl und glänzend, oberseits drüsig, Nervenpaare 6–9, Stiel 1,5–3 cm lang.
Früchte: Kätzchen walzenförmig, etwa 3 cm lang, Fruchtschuppen abstehend behaart, Mittellappen spitz, viel kleiner als die rundlichen Seitenlappen.
Verbreitung: O-Kanada, NO- und NOZ-USA.
Verwendung: Häufig, H, WHZ 5a, LB 4.1.3.2.

Betula pubescens Ehrh. **subsp. pubescens**, Moor-Birke

Habitus: 10–30 m hoher, oft mehrstämmiger Baum, Äste aufsteigend bis waagerecht, Rinde lange schmutzig weiß bleibend, dann in dünnen Streifen abrollend, später am Stammfuß die Borke schwarz und rissig, Triebe dicht flaumig behaart, ohne warzige Drüsen.
Blätter: Breit eiförmig, 4–6 cm lang, kurz zugespitzt, Basis keilförmig, einfach bis doppelt gesägt, Nervenpaare 5–7, oberseits zunächst spärlich behaart, unterseits auf den Nerven behaart und mit Achselbärten, Stiel 1–2 cm lang, ± behaart.
Früchte: Kätzchen zylindrisch, 2–2,5 cm lang, zuletzt meist hängend, Mittellappen der Fruchtschuppen rundlich, etwas länger als die abstehenden Seitenlappen.
Verbreitung: Europa, Kaukasien, Sibirien.
Verwendung: Häufig, N, H, ⚕, WHZ 1, LB 1.1.1.2.

subsp. carpatica (Willd.) Asch. et Graebn., Karpaten-Birke. An ihren natürlichen Standorten nur 1–3 m hoch (in Kultur meist viel höher), Stamm knorrig, Rinde gelblich weiß bis rötlich braun. Blätter meist nur einfach gesägt. N-Europa, Pyrenäen, Karpaten, vor allem in Mooren.

subsp. tortuosa (Ledeb.) Nyman. Bis 8 m hoher Baum, Stamm oft gedreht, Rinde braun. Triebe weniger stark behaart. Blätter 1,5–3 cm lang. Skandinavien, N-Russland, W-Sibirien, Grönland.

Betula pumila L., Amerikanische Strauch-Birke

Habitus: Bis 3 m hoher Strauch, im Aufbau ähnlich *B. humilis*, Triebe dicht filzig behaart, nicht warzig.
Blätter: Elliptisch bis verkehrteiförmig, 1–3 cm lang, stumpf, Basis abgerundet oder breit keilförmig, grob gesägt, oberseits ± behaart, unterseits meist dicht behaart und weißlich, zuletzt oft kahl, deutlich netznervig, Nervenpaare 4–6, Stiel 2–3 mm lang.
Früchte: Kätzchen zylindrisch, gestielt, 1,5–2,5 cm lang, aufrecht, Mittellappen der Fruchtschuppen länger als die seitlichen.
Verbreitung: Kanada, NO- und NOZ-USA.
Verwendung: Selten, WHZ 3, LB 1.2.1.6.

Betula raddeana Trautv., Kaukasische Strauch-Birke

Habitus: Kleiner Baum oder hoher Strauch, Rinde silbrig grau oder leicht rosa getönt,

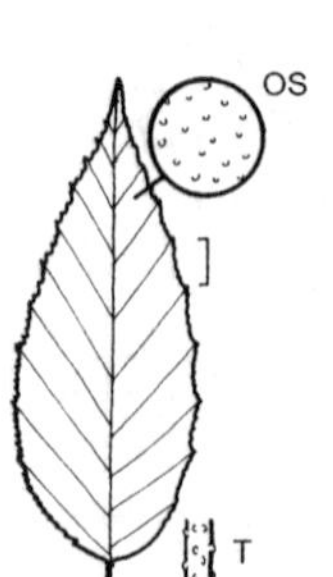

Betula schmidtii

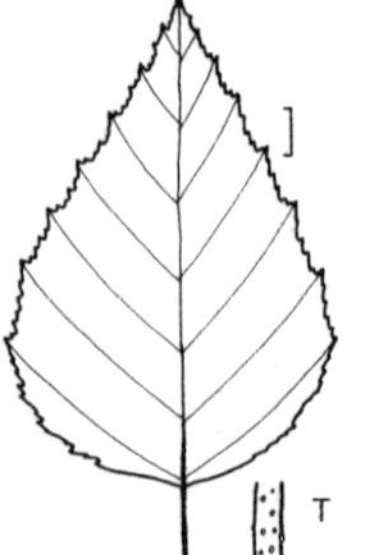

Betula szechuanica

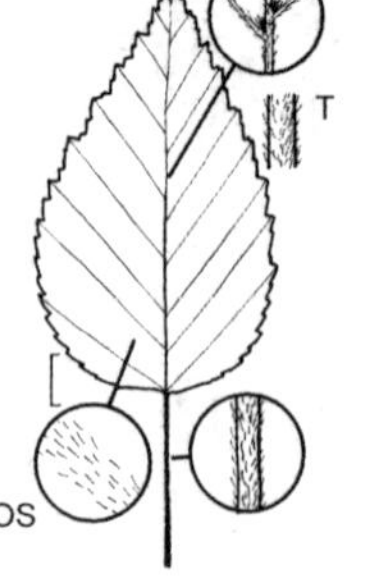

Betula utilis var. utilis

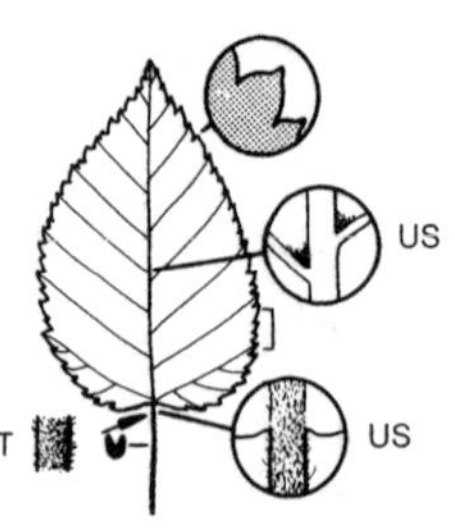

Betula utilis var. jacquemontii

Triebe spärlich mit hellen Warzen bedeckt, bis zum Ende der Vegetationszeit dicht samtig behaart.
Blätter: Breit eiförmig, 3–5 cm lang, spitz, Basis abgerundet oder schwach herzförmig bis breit keilförmig, unregelmäßig grob gesägt, Nervenpaare 6–7, oberseits matt dunkelgrün und leicht behaart, unterseits behaart, Stiel 0,6–1,2 cm lang, behaart.
Früchte: Kätzchen ellipsoid, 2–4 cm lang, aufrecht stehend, Zipfel der Fruchtschuppen aufrecht, der mittlere doppelt so lang wie die seitlichen.
Verbreitung: Kaukasien.
Verwendung: Selten, WHZ 6a, LB 7.4.2.5.

Betula schmidtii Regel, Schmidts Birke, Eisen-Birke

Habitus: Bis 30 m hoher, dickastiger, hartholziger Baum, Rinde zuletzt schwarz bis dunkelbraun, Borke tief in kleine, dicke Platten gespalten, Triebe anfangs drüsig behaart, später kahl und warzig.
Blätter: Eiförmig, 4–8 cm lang, spitz, Basis abgerundet bis breit keilförmig, fein und unregelmäßig gesägt, Nervenpaare 9–11, oberseits hellgrün und anfangs leicht behaart, unterseits bleibend angedrückt behaart, Stiel 0,4–0,8 cm lang, behaart.
Früchte: Kätzchen verkehrteiförmig-zylindrisch, 2,5–3 cm lang, einzeln, selten zu 2, steif aufrecht stehend, Fruchtschuppen bewimpert, Zipfel linealisch.
Verbreitung: Japan, Korea, Mandschurei.
Verwendung: Selten, N, WHZ 5b, LB 3.1.2.2.

Betula szechuanica (C.K. Schneid.) C.-A. Jansson, Sichuan-Birke

Habitus: Bis 25 m hoher Baum, Rinde dünn, kalkweiß bemehlt, bei Berührung abfärbend, Triebe dunkelgrau bis rotbraun, mit blauweißen, harzigen Warzen, Knospen groß, bis 1 cm lang.
Blätter: Eiförmig-herzförmig bis 3-eckig, 5–12 cm lang, ziemlich dick und ledrig, kurz zugespitzt, Basis gestutzt bis keilförmig, unregelmäßig gesägt, Nervenpaare 6–8, oberseits tiefgrün, bläulich getönt, unterseits dicht drüsig, Stiel 2–3 cm lang, steif.
Früchte: Kätzchen länglich oder länglich-zylindrisch, 3–5 cm lang, Fruchtschuppen pfeilförmig.
Verbreitung: China: Sichuan, Yunnan, Sikang.
Verwendung: Selten, N, WHZ 6b, LB 7.1.2.3.

Betula utilis D. Don **var. utilis**, Himalaja-Birke

Habitus: Bis 20 m hoher Baum, Rinde braun bis rotbraun, mit oder ohne weiße Bemehlung, teilweise auch hellgrau bis rahmweiß, papierdünn abrollend, Triebe lang seidig behaart und mit zahlreichen Drüsen.
Blätter: Eiförmig, 5–8 cm lang, lang zugespitzt, Basis rund oder herzförmig, ungleichmäßig fein gesägt, Nervenpaare 8–14 Paar, oberseits glänzend dunkelgrün, unterseits mit Achselbärten, im Herbst goldgelb gefärbt, Stiel 2–3 cm lang, behaart.
Früchte: Kätzchen zylindrisch, 3–5 cm lang, Fruchtschuppen behaart, Lappen schmal und tief eingeschnitten, Mittellappen länger als die seitlichen.
Verbreitung: Himalaja.
Verwendung: Sehr selten, H, WHZ 7b, LB 7.3.3.2.

var. jacquemontii (Spach) H.J.P. Winkl., Weiße Himalaja-Birke. 15–20 m hoher, lockerkroniger Baum, Äste trichterförmig ansteigend, Rinde auffallend schimmernd weiß, quer abrollend, Triebe behaart und harzdrüsig. Blätter 7–8 cm lang, eiförmig, spitz, Basis abgerundet oder etwas keilförmig, unregelmäßig grob gesägt, beiderseits meist kahl oder unterseits achselbärtig, unterseits drüsig punktiert, Nervenpaare 7–9, Herbstfärbung intensiv goldgelb. Kätzchen walzenförmig, einzeln, an langen, behaarten Stielen. W-Himalaja. (Mit Einschränkungen als Stadtstraßenbaum geeignet), WHZ 6a, LB 7.2.3.2.

'Doorenbos'. 10–15 hoher Baum, Krone eiförmig, kompakt. Rinde schon an 2-jährigen Zweigen weiß, Rinde abblätternd. Blätter breit eiförmig, 5–7 cm lang, Zahl der Seitennerven deutlich geringer, Blattrand grob gesägt.

'Jermyns'. Bis etwa 20 m hoher, raschwüchsiger Baum. Krone breit zylindrisch. Rinde fein, weiß, sehr lange glatt bleibend. ♂ Blütenkätzchen bis 17 cm lang.

B. verrucosa Ehrh. = *B. pendula*
B. viridis Chaix = *Alnus viridis*
Bignonia chinensis Lam. = *Campsis chinensis*
B. grandiflora Thunb. = *C. grandiflora*
B. radicans L. = *C. radicans*
Bilderdykia aubertii (L. Henry) Moldenke = *Fallopia baldschuanica*
B. baldschuanica (Regel) D.A. Webb. = *F. baldschuanica*

Broussonetia L'Hér. ex Vent.

Papiermaulbeerbaum – Moraceae
(nach Pierre Marie Auguste Broussonet, 1761–1807, französischer Arzt und Naturforscher)

Habitus: Sommergrüne, Milchsaft führende Bäume und Sträucher, Zweige locker filzig behaart, Endknospen fehlend, Seitenknospen 3–4 mm lang, eiförmig, zugespitzt, Knospenschuppen 2–3.
Blätter: Wechselständig, groß, sehr variabel in Form und Größe, am gleichen Zweig oft verschieden gestaltet, ganzrandig, gesägt oder gelappt, deutlich 3-nervig, Nebenblätter klein und hinfällig.
Blüten: 1-geschlechtig, 2-häusig verteilt, Blütenhülle einfach, ♂ Blüten mit einem 4-blättrigen Kelch, in hängenden, kätzchenartigen Ähren, Staubbeutel sich explosionsartig öffnend, ♀ Blüten mit urnenförmigen Kelchblättern, den gestielten Fruchtknoten einschließend, Griffel mit fadenförmiger Narbe, Mai.
Früchte: Steinfrüchte zu einer kugeligen, 1–2,5 cm breiten Scheinfrucht vereint, die dicht beieinander stehenden, 7–10 mm langen, 1-samigen Früchte sind von einer fleischigen Hülle umgeben.
Verbreitung: 8 Arten in O-Asien und Polynesien.
Verwendung: Großlaubige, raschwüchsige Sträucher oder Kleinbäume für wintermilde Lagen. Aus Bastfasern werden handgeschöpfte Papiere hergestellt.

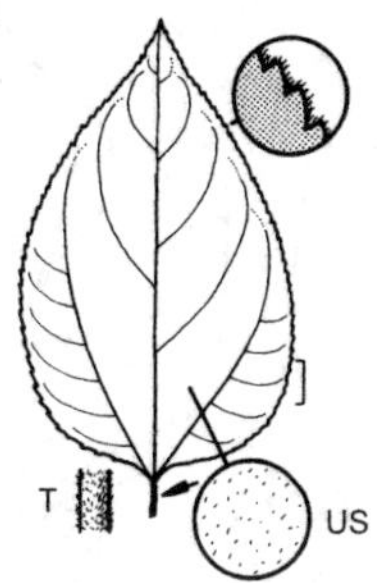

Broussonetia kazinoki

Bestimmungsschlüssel Broussonetia

1 Blattstiel 1–2 cm lang, Blätter unterseits nur anfangs schwach behaart . . . . *B. kazinoki*
– Blattstiel über 2,5 cm lang, Blätter unterseits bleibend wollig . . . . *B. papyrifera*

Broussonetia kazinoki Siebold, Koreanischer Papiermaulbeerbaum

Habitus: Bis 2 m hoher Strauch, Triebe dünn, rötlich, anfangs behaart, bald kahl.
Blätter: Eiförmig, z. T. 2- bis 3-lappig, 5–20 cm lang, Basis abgerundet bis schwach herzförmig, fein gesägt, oberseits sehr rau, unterseits zunächst schwach behaart, später kahl, Stiel 1–2 cm lang.
Blüten: ♂ Blüten in hängenden, 1,25 cm langen Kätzchen, ♀ Blüten in kleinen, kugeligen Köpfchen.
Früchte: Scheinfrüchte rot, behaart.
Verbreitung: Korea, M- und S-Japan.
Verwendung: Sehr selten, WHZ 7b, LB 6.1.1.6.

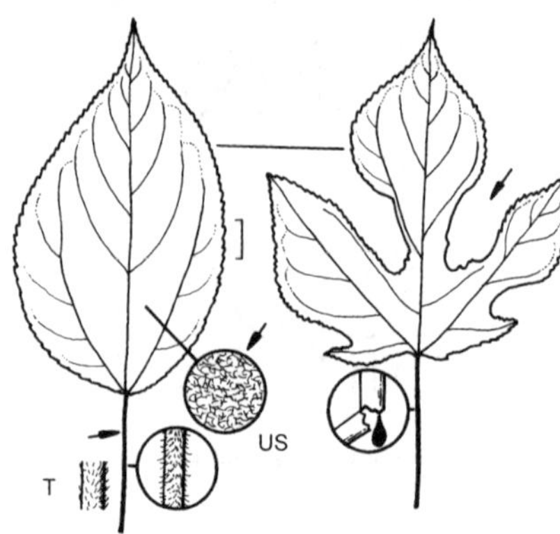

Broussonetia papyrifera

Broussonetia papyrifera (L.) Vent., Chinesischer Papiermaulbeerbaum

Habitus: 3–5(–15) m hoher, meist mehrstämmiger Baum, Triebe dick, steif, rötlich grau, anfangs stark behaart.
Blätter: Breit eiförmig, nicht selten 3-lappig, 7–20 cm lang, zugespitzt, Basis abgerundet, oberseits rau und dunkelgrün, unterseits graugrün, bleibend dicht wollig behaart, Stiel 3–10 cm lang.
Blüten: ♂ Blüten in zylindrischen, hängenden, 4–7,5 cm langen Kätzchen, ♀ Blüten in kugeligen, 1,25 cm breiten Köpfchen.
Früchte: Scheinfrüchte 2 cm breit, orangerot bis rot.
Verbreitung: China, Myanmar, in S-Europa und USA etabliert.
Verwendung: Selten, N, ♣, WHZ 7a, LB 6.3.1.3.

Bruckenthalia spiculifolia (Salisb.) Reichenb. = *Erica spiculifolia*

Buddleja L.

Sommerflieder, Schmetterlingsstrauch – Buddlejaceae

(nach Adam Buddle, 1660–1715, englischer Geistlicher und Botaniker)

Habitus: Sommer- oder immergrüne, bis 5 m hohe Sträucher oder bis 30 m hohe Bäume, Zweige meist ± kantig, Triebe und Blätter mit ± silbrigen Sternhaaren. Knospen nicht fest geschlossen, nackt, meist schon mit mehreren jungen Blättern, Endknospen fehlend.
Blätter: Meist gegenständig (bei *B. alternifolia* wechselständig), lanzettlich bis eiförmig, lang zugespitzt, ganzrandig oder gesägt, kurz gestielt.
Blüten: Zwittrig, radiär, stark duftend, in ± aufrechten, dichten, end- oder seitenständigen, langen oder gestauchten Rispen oder kugeligen Köpfchen, 4-zählig, Kelch meist ± glockig, meist grün, Krone röhrenförmig, Saum tellerförmig ausgebreitet, weiß, orange oder purpurn, im Schlund oft orange gefärbt, Staubblätter 4, meist nicht aus der Kronröhre herausragend, Fruchtknoten 2-fächrig, oberständig.
Früchte: Kapseln, sich 2-klappig öffnend, 3–10 mm lang, vom bleibenden Kelch und oft auch von der bleibenden Krone umgeben, Samen zahlreich, 1,5–3 mm lang.
Verbreitung: Etwa 90 Arten im tropischen und subtropischen Asien, Amerika und Afrika.
Verwendung: In Mitteleuropa sind nur wenige Arten ausreichend frosthart. Die kultivierten Arten, *B. alternifolia* und *B. davidii* mit zahlreichen Sorten, sind prachtvolle Blütensträucher mit stark duftenden Blüten für warme, sonnige Standorte. *B. davidii*-Sorten frieren in strengen Wintern oft zurück, treiben nach einem kräftigen Rückschnitt aber wieder gut aus.

Bestimmungsschlüssel Buddleja

(Arten z. T. nur mit Blüten sicher bestimmbar)

1 Blätter wechselständig, ganzrandig, bis 7 cm lang . . . . *B. alternifolia*
– Blätter gegenständig, gesägt, länger 2
2 Blüten in Köpfchen, Blätter ungestielt 3
– Blüten in Rispen, Blätter mit (geflügeltem) Stiel 4
3 Blüten lebhaft gelb, Blütezeit Juni . . . . *B. globosa*
– Blüten schmutzig gelb, Blütezeit Juli–Oktober . . . . *B. ×weyeriana*
4 Blätter höchstens 1 cm lang gestielt, lanzettlich, mehr als 3-mal so lang wie breit . . . . *B. davidii* var. *davidii*
– Blattstiele länger (zumindest viele), Blätter eiförmig, maximal 3-mal so lang wie breit . . . . . *B. fallowiana* var. *fallowiana*

Buddleja alternifolia Maxim., Schmalblättriger Sommerflieder

Habitus: Sommergrüner, starkwüchsiger, 2–4 m hoher und ebenso breiter Strauch, Zweige lang und dünn, weit ausgebreitet und elegant überhängend.
Blätter: Wechselständig, schmal lanzettlich, 3–9 cm lang, zur Spitze hin allmählich ver-

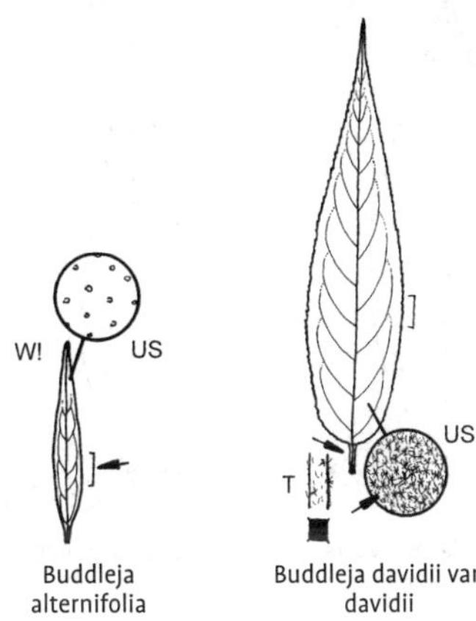

Buddleja alternifolia

Buddleja davidii var. davidii

schmälert, Basis keilförmig, ganzrandig, oberseits stumpf dunkelgrün, unterseits sternhaarig-filzig.
Blüten: In etwa 4,5 cm breiten, dichten, blattachselständigen Büscheln entlang der vorjährigen Zweige, Krone lilapurpurn, 0,8–1,3 cm breit, Kronröhre 0,6–1,1 cm lang, Juni.
Früchte: 4 mm lang.
Verbreitung: NW-China.
Verwendung: Sehr häufig, B, D, WHZ 6a, LB 6.3.2.5.

Buddleja davidii Franch. **var. davidii**, Gewöhnlicher Sommerflieder, Schmetterlingsstrauch

Habitus: Starkwüchsiger, wenn ungeschnitten 3–5 m hoher Strauch, in Mitteleuropa oft zurückfrierend und jährlich stark zurückgeschnitten, dann meist mit relativ wenigen Ästen straff und steif aufrecht wachsend, 2–3 m hoch, Zweige stielrund bis leicht kantig.
Blätter: Gegenständig, eiförmig-lanzettlich bis lanzettlich, bis 20 cm lang, zugespitzt, Basis keilförmig, Rand schwach gezähnt, oberseits dunkelgrün und nur anfangs behaart, unterseits ± weißlich bis grünlich filzig.
Blüten: Am Ende diesjähriger Triebe in 10–30 cm langen, aufrechten oder übergeneigten, vielblütigen Rispen, stark duftend, Krone bei der selten kultivierten Art violett bis purpurn mit orangefarbenem Auge, bei Gartenformen purpurrot, weiß oder blau, 0,75–1,4 cm breit, Kronröhre 0,6–1,2 cm lang, Juli–September.
Früchte: 6–8 mm lang.
Verbreitung: China, in S-, W- und M-Europa etabliert (u. a. auf stillgelegten Bahngleisen und Ruderalflächen in Städten) und als invasive Art eingestuft. Steht in der Schweiz auf der „Schwarzen Liste“. Blüten neuer Sorten sind weitgehend steril.
Verwendung: Sehr häufig (ausschließlich in zahlreichen Sorten), B, D, WHZ 6a, LB 9.1.1.5.

var. nanhoensis (Chitt.) Rehder. 1–1,5 m hoher Strauch, Zweige dünn, abstehend. Blätter lanzettlich, 5–8(–12) cm lang, kaum 2,5 cm breit, scharf gesägt, unterseits weißlich bis grünlich filzig behaart. Blüten hellviolett, spät. Mit einigen bläulich oder purpurrot blühenden Sorten in Kultur. M-China.

Die wichtigsten Sorten von *B. davidii* var. *davidii*:

Adonis Blue ('Adokeep'). Blüten tief violettblau, Rispen 25–30 cm lang.

'African Queen'. Blüten purpur- bis blauviolett, Rispen 25–30 cm lang.

'Black Knight'. Blüten purpur- bis dunkelviolett, Rispen 25–35 cm lang.

'Dart's Ornamental White'. Blüten weiß, Rispen 35–40 cm lang.

'Dart's Papillon Blue'. Blüten helllila, Rispen 30–40 cm lang.

'Empire Blue'. Blüten hell blauviolett, Rispen 20–30 cm lang.

'Fascination'. Blüten blaurosa, Rispen 20–40 cm lang.

'Ile de France'. Blüten hell blauviolett, Rispen 25–30 cm lang.

'Kalypso'. Blüten blauviolett, Rispen 20–30 cm lang.

Nanho Blue ('Mongo'). Blüten violettblau, Rispen etwa 20 cm lang.

Nanho Purple ('Momum'). Blüten außen purpurrot, innen violett, Rispen 15–25 cm lang.

Nanho White ('Monite'). Blüten weiß, Rispen 25–30 cm lang.

'Nike'. Blüten helllila, Rispen 25–30 cm lang.

'Niobe'. Blüten purpurviolett, Rispen 25–30 cm lang.

'Opera'. Blüten violettlila, Rispen 30–40 cm lang.

'Peace'. Blüten weiß, im Schlund orangegelb, Rispen 35–40 cm lang.

'Purple Prince' Blüten blauviolett, Rispen 30–40 cm lang.

Rêve de Papillon ('Minpap'). Blüten malvenrosa, Rispen 30–40 cm lang.

Rêve de Papillon Blue ('Minpap 3'). Blüten blau. Rispen 30–40 cm lang.

Rêve de Papillon White ('Minpap 2'). Blüten weiß, Rispen 30-40 cm lang.

'Royal Red'. Blüten purpurrot, Rispen 30–40 cm lang.

'Summer Beauty'. Blüten purpurviolett bis violett, Rispen 20–25 cm lang.

'White Bouquet'. Blüten weiß, im Schlund orange, Rispen 20–25 cm lang.

'White Profusion'. Blüten weiß, im Schlund gelb, Rispen 30–40 cm lang.

Buddleja fallowiana Balf. f. et W.W. Sm. **var. fallowiana**

Habitus: Bis 5 m hoher Strauch, Zweige aufrecht, stielrund, dicht weißfilzig behaart.
Blätter: Eiförmig bis lanzettlich, 4–13 cm lang, lang zugespitzt, gesägt, oberseits anfangs weißfilzig hehaart, später kahl und dunkelgrün, unterseits weißfilzig behaart.
Blüten: Büschelig an der Hauptachse stehend, stark duftend, in 20–40 cm langen, aufrechten Rispen, endständig an diesjährigen Trieben, Krone weiß oder lavendelfarben, im Schlund orange, Kronröhre 0,7–1 cm lang, August–September.
Verbreitung: Myanmar, W-China.
Verwendung: Sehr selten, B, D, WHZ 8b, LB 6.4.1.6.

var. alba Sabourin. Blüten cremeweiß, im Schlund orange.

Buddleja globosa Hope, Kugelblütiger Sommerflieder

Habitus: Wintergrüner, bis 6 m hoher Strauch, Zweige locker gelblich filzig behaart.
Blätter: Lanzettlich, 3–21 cm lang, zugespitzt, Basis keilförmig, stumpf gezähnt, nahezu ganzrandig bis stumpf gezähnt, oberseits etwas runzelig, kahl, glänzend dunkelgrün, unterseits gelbfilzig, Stiel bis 0,5 cm lang oder fehlend.

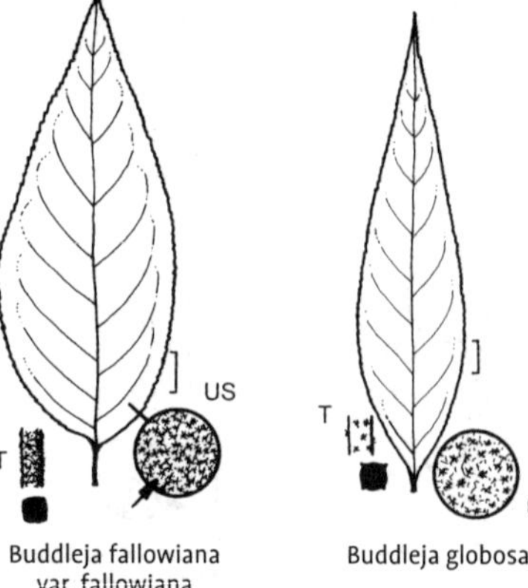

Buddleja fallowiana var. fallowiana

Buddleja globosa

Blüten: In lang gestielten, vielblütigen, kugeligen, 2 cm breiten Köpfchen, duftend, Krone lebhaft gelb, Juni.
Verbreitung: Peru, Chile.
Verwendung: Sehr selten, B, D, WHZ 8a, LB 6.3.1.5.

B. variabilis Hemsl. = *B. davidii*

Buddleja ×weyeriana Weyer
(*B. davidii* × *B. globosa*)

Habitus: Sommergrüner, 2–5 m hoher, steif aufrechter Strauch, Zweige grauweiß behaart.
Blätter: Lanzettlich, 8-20 cm lang, zugespitzt, oberseits runzelig, matt dunkelgrün, unterseits dicht filzig behaart.
Blüten: In kugeligen, Köpfchen, die zu dichten, endständigen Rispen vereint sind, Krone graugelb bis violett, Juli–Oktober.
Verwendung: Sehr selten (mit einigen Sorten), B, D, WHZ 7a, LB 9.1.1.5.

Buxus L.

Buchsbaum – Buxaceae
(lateinisch *buxus* = Buchsbaum)

Habitus: Immergrüne Sträucher oder kleine Bäume.
Blätter: Gegenständig, klein, kurz gestielt oder sitzend, ledrig, ganzrandig, Nebenblätter fehlend.
Blüten: 1-geschlechtig, 1-häusig verteilt, unscheinbar, in achsel- oder endständigen, mehrblütigen Knäueln, Blütenhülle einfach, gelblich grün, die Gipfelblüte stets ♀, mit 6

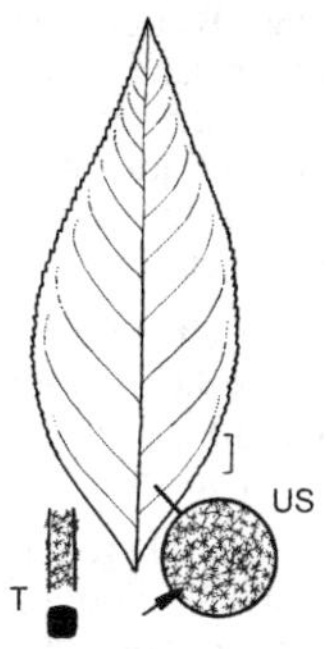

Buddleja ×weyeriana

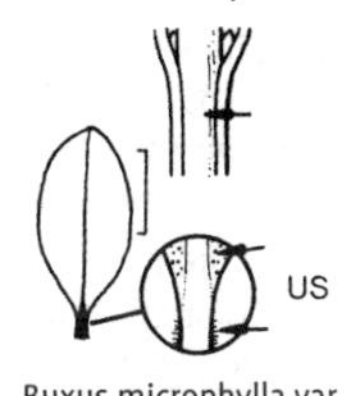

Buxus microphylla var. microphylla

Kelchblättern und 3 Griffeln, die anderen Blüten ♂, mit je 4 Kelch- und Staubblättern, Fruchtknoten 3-fächrig, oberständig.
Früchte: Kapseln 0,7–1,2 cm lang, ledrig, runzelig, zur Reife in 3 Teile zerfallend, Klappen 2-höckerig, jedes Fach mit 2 5–6 mm großen, 3-kantigen, schwarzen Samen.
Verbreitung: Etwa 50 Arten im gemäßigten Eurasien, im tropischen und südl. Afrika, Madagaskar bis zu den Malaiischen Inseln, Borneo, Philippinen, N- und M-Amerika.
Verwendung: Die am häufigsten kultivierte Art, *B. sempervirens*, hat als sehr schnitt- und schattenverträglicher Strauch seit Jahrhunderten eine große gärtnerische Bedeutung als Heckenpflanze und zum Aufbau grüner Skulpturen. Wild lebende Populationen von *B. sempervirens* stehen in Deutschland unter Schutz.

Bestimmungsschlüssel Buxus

1 Blätter unterseits glänzend, Blattstiel fast fehlend, Blätter herb riechend, Blattrand nach unten umgebogen . . . . *B. sempervirens*
– Blätter unterseits matt, Blattstiel deutlich, wenn auch nur bis 5 mm lang, Blätter geruchlos, Blattrand nicht umgebogen . . . . *B. microphylla* var. *microphylla*

B. japonica Müll. Arg. = *B. microphylla* var. *japonica*

Buxus microphylla Siebold et Zucc. **var. microphylla**, Kleinblättriger Buchsbaum

Habitus: Bis 1 m hoher, kompakter, feinzweigiger Strauch, Zweige 4-kantig, kahl.
Blätter: Verkehrteiförmig bis lanzettlich-eiförmig, 1–1,75 cm lang, dünn, abgerundet, Basis keilförmig, oberseits dunkelgrün, unterseits frischgrün.
Blüten: Blütenknäuel achselständig
Verbreitung: Herkunft nicht sicher bekannt, seit 1450 in Japan in Kultur.
Verwendung: Selten, WHZ 6a, LB 6.4.3.6.

var. japonica (Müll. Arg.) Rehder et E.H. Wilson, Japanischer Buchsbaum. 3–5 m hoher, etwas sparriger, locker aufgebauter Strauch, Zweige dicker als bei var. *microphylla*. Blätter breit eiförmig bis eiförmig-elliptisch, 1–1,5 cm lang, vorn deutlich eingekerbt, selten ausgerandet, oberseits hellgrün, unterseits gelbgrün, im Winter ± rostfarbig. Japan.

var. koreana Nakai, Koreanischer Buchsbaum. Bis 0,8 m hoher, dicht verzweigter, breitbuschiger, locker aufgebauter Strauch, Triebe und Blattstiele leicht behaart. Blätter eiförmig bis länglich-eiförmig, 1–1,8 cm lang, Rand stark nach unten gebogen, matt hell- bis mittelgrün. China, Korea.

In Kultur u. a. folgende Sorten:

'Faulkner'. Wuchs kompakt, breitbuschig aufrecht, Blätter rundlich-eiförmig, bis 2,2 cm lang, dunkelgrün.

'Green Gem'. Wuchs kugelig bis breit eiförmig, sehr dicht verzweigt, Blätter verkehrteiförmig-lanzettlioch, bis 2 cm lang, sehr derb, schwach glänzend olivgrün.

'Herrenhausen': Wuchs breitbuschig bis abgeflacht kugelig, sehr dicht verzweigt. Blätter länglich-eiförmig, 2 cm lang, konkav, schwach glänzend mittelgrün.

Buxus sempervirens L., Gewöhnlicher Buchsbaum

Habitus: Dicht verzweigter Strauch oder kleiner, bis 8(–15) m hoher Baum, Zweige an ungeschnittenen Pflanzen im Alter überhängend, Borke graubraun, runzelig, Triebe leicht 4-kantig, grün, anfangs ± dicht behaart.
Blätter: Eiförmig bis länglich-elliptisch, 1,2–2,3 cm lang, ledrig, vorne ausgerandet oder stumpf, gelegentlich konkav oder konvex gebogen, oberseits glänzend dunkelgrün, unterseits heller, Mittelrippe behaart.
Blüten: In achsel- und endständigen Büscheln, April–Mai.
Früchte: 7–8 mm lang, ledrig, runzelig.
Verbreitung: SW-, S-, M- und SO-Europa (in Deutschland nur an der Mosel zwischen Trier

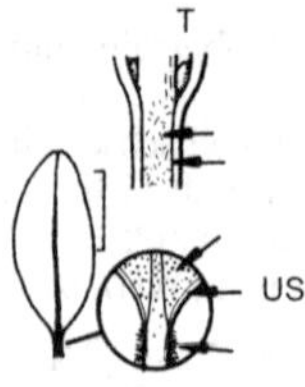

Buxus sempervirens

und Koblenz und bei Grenzach, S-Baden), Kaukasien.
Verwendung: Sehr häufig, ☠, WHZ 6b, LB 6.3.3.4 (9.1.4.5).

Von der auch an ihren natürlichen Standorten sehr variablen Art sind zahlreiche Gartenformen bekannt:

'Angustifolia'. Wuchs sehr dicht und gedrungen. Blätter lanzettlich, bis 3,5 cm lang, oberseits mittel- bis dunkelgrün, bläulich bereift.

'Argenteovariegata'. Blätter eiförmig bis länglich-elliptisch, 1,2–2,5 cm lang, weiß panaschiert.

'Aureovariegata'. Wuchs dichtbuschig. Blätter eiförmig bis länglich-elliptisch, im Austrieb gelb, später grün, gelb gefleckt.

'Blauer Heinz'. Wuchs kompakt, kugelig, sehr dicht verzweigt und belaubt. Blätter breit eiförmig, etwa 2,2 cm lang, im Austrieb graugrün, später blaugrün.

'Bullata'. Wuchs breit aufrecht, ziemlich steif, Blätter breit eiförmig bis verkehrteiförmig, bis 3,5 cm lang, blasig aufgetrieben, dunkel blaugrün.

'Elegantissima'. Wuchs breit aufrecht, dicht verzweigt und dicht belaubt, Zweige dünn. Blätter elliptisch, konkav, 2,5 cm lang, mittel- bis dunkelgrün, mit unregelmäßig breitem, cremeweißem Rand.

'Globosa'. Wuchs eiförmig-kugelig, sehr dicht verzweigt. Blätter elliptisch, konkav, 2,2 cm lang, schwach glänzend, leicht bläulich dunkelgrün.

'Handsworthiensis'. Wuchs stark, breitbuschig aufrecht. Blätter breit eiförmig, meist ausgerandet, bis 4 cm lang, Rand etwas kahnartig aufgebogen, tiefgrün.

'Hollandia'. Wuchs schmal aufrecht, sehr dicht verzweigt. Blätter elliptisch, flach bis leicht konvex, 1,5 cm lang, glänzend dunkelgrün.

'Latifolia Maculata'. Wuchs kugelig bis breit kegelförmig, locker verzweigt. Blätter breit eiförmig, stark konvex, 2,8 cm lang, glänzend dunkelgrün, im Austrieb nahezu vollständig gelbgrün, später einige Bätter vollständig grün, andere dunkelgrün mit gelben Aufhellungen oder vollständig gelb.

'Marginata'. Wuchs straff und steif aufrecht, etwas sparrig und locker, Triebe dick. Blätter breit eiförmig, konvex, tiefgrün mit einem unterschiedlich breiten, gelben Saum.

'Rotundifolia'. Wuchs stark, locker kegelförmig. Blätter rundlich bis verkehrteiförmig-rundlich bis breit eiförmig, abgerundet oder ausgerandet, bis 2,5 cm lang.

'Suffruticosa'. Wuchs kugelig bis breit kegelförmig, sehr dicht verzweigt, im Alter bis 1 m hoch. Blätter eiförmig oder verkehrteiförmig, schwach konkav, ausgerandet, 1–2 cm lang.

B. sempervirens var. *arborescens* L. = *B. sempervirens*

Callicarpa L.

Liebesperlenstrauch, Schönfrucht – Lamiaceae

(griechisch *kallicarpos* = reich an schönen Früchten)

Habitus: Immer- oder sommergrüne Sträucher, in ihrer Heimat auch kleine Bäume, in M-Europa nur sommergrüne Sträucher in Kultur, Triebe dünn, zerstreut mit Sternhaaren besetzt oder verkahlend, Knospen nackt, Endknospen etwa 1 cm lang, Seitenknospen kleiner, Blattnarben mit hufeisenförmigem Bündelmal.
Blätter: Gegenständig, ganzrandig, gezähnt oder fein gekerbt, oft sternhaarig.
Blüten: Zwittrig oder 1-geschlechtig, radiär, klein, in achselständigen, vielblumigen Zymen, die gelegentlich eine Rispe bilden, Kelch röhrig oder glockig, mit 4 Zähnen oder Lappen, Krone weiß, rot oder purpurn, stieltellerförmig, mit relativ kurzer Röhre und breitem, 4-lappigem Saum, die 4 Staubblätter hervorragend, Fruchtknoten 4-fächrig, oberständig.
Früchte: Steinfrüchte fast kugelig, 3–4 mm dick, auffallend hellviolett bis lila (selten weiß) gefärbt, meist sehr lange an den Sträuchern haftend, Steinkerne 2–4, etwa 2,5 mm lang.

Verbreitung: Etwa 140 Arten im tropischen und subtropischen Asien, Amerika und Australien.
Verwendung: Schöne, recht häufig gepflanzte Sträucher mit reichem, lange haftendem Fruchtschmuck. Fruchtzweige sind ein hervorragender Vasenschmuck.

Bestimmungsschlüssel Callicarpa

1 Blätter unterseits dicht drüsig behaart, Rand entfernt gezähnt . . . . *C. americana*
– Blätter unterseits anders behaart oder kahl, Rand gesägt 2
2 Blätter unterseits mit Sternhaaren und Drüsen 3
– Blätter unterseits anders behaart . . . . *C. japonica* var. *japonica*
3 Blätter unterseits neben Sternhaaren auch mit normalen Haaren . . . . *C. bodinieri* var. *bodinieri*
– Blätter unterseits außer Sternhaaren kahl . . . . *C. dichotoma*

Callicarpa americana L., Amerikanische Schönfrucht

Habitus: Bis 2 m hoher Strauch, Triebe oft rötlich purpurn, dicht sternhaarig.
Blätter: Länglich-eiförmig, 7–14 cm lang, spitz oder zugespitzt, Basis keilförmig, gezähnt, oberseits behaart, unterseits drüsigfilzig, Stiel bis 4 cm lang.
Blüten: 3 mm lang, kahl, in ganz kurz gestielten, 3,5 cm breiten Zymen, Krone hellblau, Juni–Juli.
Früchte: Rosa- bis violettrot oder blau, 6 mm dick.
Verbreitung: NO- und SO-USA, Karibik.
Verwendung: Sehr selten, ♧, WHZ 7b, LB 6.4.4.5 (5.3.1.5).

Callicarpa bodinieri H. Lév. **var. bodinieri**, Bodiniéres Schönfrucht

Habitus: 2–3 m hoher, aufrechter, etwas sparrig verzweigter Strauch, Triebe weich behaart.
Blätter: Elliptisch-eiförmig, 5–12 cm lang, zugespitzt, Basis keilförmig, fein gezähnt, unterseits behaart, stumpfgrün.
Blüten: Mit den Staubblättern 7 mm lang, zu vielen in 2–3 cm langen, achselständigen, außen dicht behaarten Zymen, Krone lila, Juli–September.
Früchte: Glänzend violettrot, 4 mm dick.
Verbreitung: M- und W-China.
Verwendung: Häufig (überwiegend wird die Sorte 'Profusion' gepflanzt), ♧, WHZ 6b, LB 9.2.5.5.

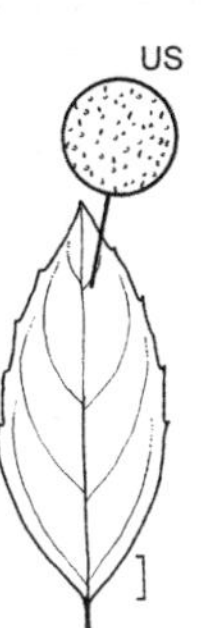

Callicarpa americana

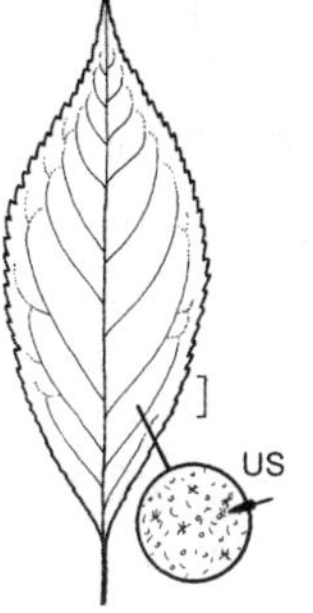

Callicarpa bodinieri var. bodinieri

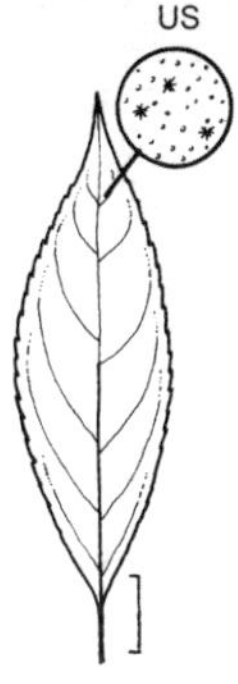

Callicarpa dichotoma

var. giraldii (Hesse ex Rehder) Rehder. Blätter oberseits kahl, unterseits büschelhaarig und gelbdrüsig. Blütenstände weniger stark behaart als bei var. *bodinieri*. W- und M-China.

'Profusion'. Selektion aus Sämlingen von var. *giraldii*. Triebspitzen und junge Blätter dunkelbraun. Früchte zu 30–40 beisammen. Reich und schon als junge Pflanze fruchtend.

Callicarpa dichotoma (Lour.) K. Koch, Purpur-Schönfrucht

Habitus: Bis 1,5 m hoher, kompakter Strauch, Triebe nahezu kahl.
Blätter: Eiförmig bis länglich oder elliptisch, 3–8 cm lang, kurz zugespitzt, Basis keilförmig, in der oberen Hälfte grob gezähnt, unterseits hellgrün, drüsig, Stiel 2 cm lang, dicht flaumig behaart.
Blüten: Mit den Staubblättern 5 mm lang, in 1–2 cm breiten, bis 18 cm lang gestielten, achselständigen Zymen, Krone rosa, August.
Früchte: Violettpurpurn, 3–4 mm dick.
Verbreitung: Japan, Korea, China, Taiwan.
Verwendung: Selten, ♧, WHZ 7b, LB 6.2.4.6.

C. giraldii Hesse ex Rehder = *C. bodinieri* var. *giraldii*

Callicarpa japonica Thunb. **var. japonica**, Japanische Schönfrucht

Habitus: Bis 1,5 m hoher Strauch, Zweige ± überhängend, Triebe nur anfangs filzig behaart.
Blätter: Elliptisch bis eiförmig-lanzettlich, 5–12 cm lang, lang zugespitzt, Basis keilförmig, von der Spitze bis zur Basis fein gesägt, unterseits kahl, aber drüsig.
Blüten: Mit den Staubblättern 6 mm lang, in

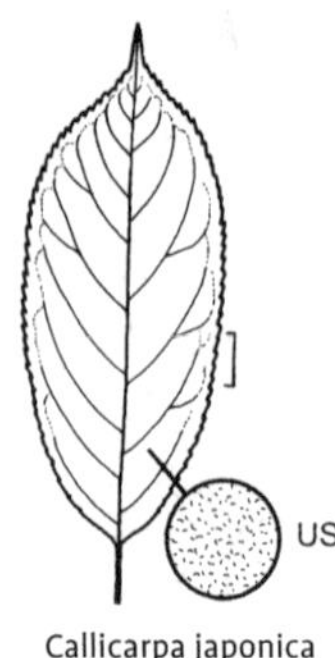

Callicarpa japonica var. japonica

1,5–3 cm breiten, kurz gestielten, vielblumigen Zymen, Krone weißlich bis hellrosa, August.
Früchte: Violett, 4 mm dick.
Verbreitung: Japan, China, Taiwan, Mandschurei.
Verwendung: Selten, ♲, WHZ 7a, LB 6.2.4.5 (9.2.5.5).

var. angustata Rehder, Chinesische Schönfrucht. Wuchs stärker. Blätter lanzettlich, mehr als 23 cm lang. M-China.

var. luxurians Rehder. Blätter derber, 10–15(–20) cm lang. Blütenstände größer. M- und S-Japan.

C. purpurea Juss. = *C. dichotoma*

Calluna Salisb.

Besenheide – Ericaceae

(Benennung unklar, wohl von griechisch *kallynein* = fegen, reinigen,verschönern, weil die Zweige zur Anfertigung von Kehrbesen dienten)

Monotypische Gattung

Calluna vulgaris (L.) Hull, Besenheide, Heidekraut

Habitus: Immergrüner, dicht verzweigter, bis 0,5 m hoher Zwergstrauch, Zweige aufsteigend oder niederliegend-aufsteigend.
Blätter: Schuppenförmig, 1–3 mm lang, kreuzweise gegenständig, in 4 deutlich ausgebildeten Längsreihen, sich dachziegelartig deckend.
Blüten: Zwittrig, radiär, glockig, nickend, doppelt 4-zählig, Kelch und Krone gleichfarbig und gleich lang, rosa oder weiß, Kelch 3,5–4 mm lang, fast bis zum Grund freiblättrig, außen von 4 bewimperten, teilweise rosa gefärbten Hochblättern umgeben, Krone 2–3 mm lang, Kronblätter zu ⅔ miteinander verwachsen, an der Spitze gefranst, in einseitswendigen, reichblütigen, 5–10 cm langen, am Grund beblätterten Trauben, Juli–September.
Früchte: Kapseln kugelig, 1,5 mm groß, sich 4-klappig öffnend, zur Reife vom bleibenden Kelch umhüllt.
Verbreitung: Europa, N-Türkei, Azoren, N-Afrika, im atlantischen N-Amerika etabliert.
Verwendung: Sehr häufig, B, N, Bi, WHZ 6a, LB 9.2.2.7.

Als Gartenpflanze ist die Art nahezu ohne Bedeutung. Gepflanzt werden zahlreiche Sorten, die sich vor allem durch Blütenfarbe und Blütezeit sowie durch unterschiedliche Laubfärbung unterscheiden. Darunter befinden sich auch sogenannte „Knospenblüher", Sorten, deren Blüten sich nicht öffnen, deshalb nicht bestäubt werden können und deshalb deutlich länger ihre Farbe behalten als andere Sorten. Diese Sorten sind hinter dem Sortennamen mit (K) gekennzeichnet.

Blüten weiß, einfach, Blätter grün: 'Alba Erecta', 'Hammondii', 'Humpty Dumpty', 'Long White', 'Mair's Variety', 'Spring Cream', 'White Lawn'.

Blüten weiß, gefüllt, Blätter grün: 'Alba Plena', 'Kinlochruel', 'My Dream', 'Wollmers Weiße'.

Blüten weiß, einfach, Blätter gelblich oder rötlich: 'Cottswood Gold', 'Gold Haze', 'Sandy' (K), 'Stefanie'.

Blüten rosa oder lila, einfach, Blätter grün: 'David Eason', 'Dirry', 'Elsie Purnell', 'Finale', 'Foxii Nana', 'Heidezwerg', 'Hollandia', 'Jimmy Dyce', 'Marleen', 'Mullion', 'Nana Compacta', 'Ralph Purnell', 'Spring Torch', 'Tenuis', 'Underwoodii' (K).

Blüten rosa, rot oder lila, gefüllt, Blätter grün: 'Anette' (K), 'County Wicklow', 'Flore Pleno', 'H.E. Beale', 'J.H. Hamilton', 'Peter Sparkes', 'Radnor', 'Red Favorit', 'Red Star', 'Rokokko'.

Blüten rosa, lila oder violett, einfach, Blätter grau oder silbergrau: 'Beoley Silver', 'Jan Dekker', 'Grizabella', 'Nelly' (K), 'Silver Knight', 'Silver Queen', 'Silver Rose'.

Blüten rosa oder lila, einfach, Blätter gelblich oder rötlich: 'Aurea', 'Bonita' (K), 'Bos-

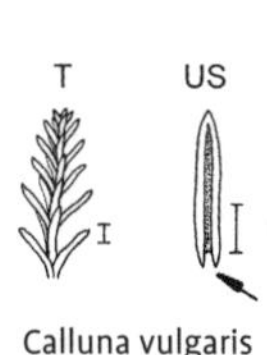

Calluna vulgaris

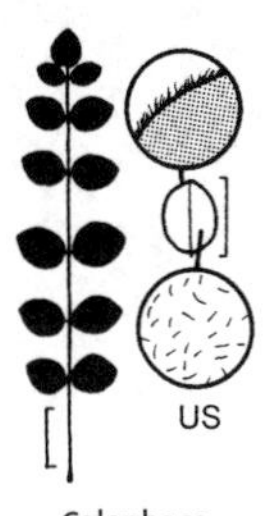

Calophaca wolgarica

koop', 'Cuprea', 'Firefly', 'Goldcarmen', 'Golden Carpet', 'Golden Feather', 'Multicolor', 'Olympic Gold', 'Red Haze', 'Robert Chapman', 'Sesam', 'Sir John Charrington', 'Wickwar Flame'.

Blüten purpurrot, violettrot, violettrosa oder karminrot, einfach, Blätter grün: 'Allegretto', 'Alexandra' (K), 'Allegro', 'Alportii Praecox', 'Amethyst' (K), 'Aphrodite' (K), 'Athene' (K), 'Beoley Crimson', 'Carmen', 'Con Brio', 'Darkness', 'Kir Royal', 'Larissa' (K), 'Marleen' (K), 'Marlies' (K), 'Nordlicht', 'Red Pimpernel', 'Romina' (K), 'Roswitha' (K) 'Spring Torch'.

Blüten purpurrot oder rot, gefüllt, Blätter grün: 'Annemarie', 'Dark Beauty', 'Dark Star', 'Red Star', 'Tib'.

Calophaca Fisch. ex DC.

Schönhülse – Fabaceae
(griechisch *kalos* = schön und *phake* = Hülse)

Habitus: Sommergrüne, niedrige, drüsig behaarte Sträucher, Halbsträucher oder Kräuter.
Blätter: Wechselständig, unpaarig gefiedert, Blättchen bis zu 25, die oft häutigen Nebenblätter mit dem Stiel verwachsen, trocken, steif.
Blüten: Zwittrig, zygomorph, einzeln oder in achselständigen Trauben, Kelch röhrig, mit 5 fast gleichen, spitzen Zähnen, Krone gelb oder violett, Fahne aufrecht, Flügel länglich, so lang wie der Kiel, 9 Staubblätter miteinander verwachsen, 1 Staubblatt frei, Fruchtblatt 1, oberständig.
Früchte: Hülsen linealisch-zylindrisch, 2–2,5 cm lang, drüsig und behaart, 1- bis 2-samig.
Verbreitung: 5–8 Arten von S-Russland bis China und Myanmar, vorwiegend in semiariden Regionen.
Verwendung: Trockenresistente Sträucher für Stein- und Steppengärten.

Calophaca wolgarica (L. f.) Fisch., Wolga-Schönhülse

Habitus: Meist niederliegender, selten bis 1 m hoher Strauch (gelegentlich auch hochstämmig veredelt), Triebe stark drüsenhaarig.
Blätter: 10–20 cm lang, Blättchen 17–25, eiförmig bis rundlich, 2,5 cm lang, stachelspitzig, unterseits behaart.
Blüten: 2,5–3 cm lang, zu 10–16 in aufrechten, bis 20 cm langen Trauben, Krone lebhaft gelb, Juni–Juli.
Früchte: Bis 4,5 cm lang, drüsig behaart.
Verbreitung: M-Asien.
Verwendung: Sehr selten, B, WHZ 5b, LB 6.1.1.6 (5.1.2.7).

Calycanthus L.

Gewürzstrauch, Nelkenpfeffer – Calycanthaceae
(griechisch *calyx* = Kelch und *anthos* = Blüte)

Habitus: Sommergrüne, mittelhohe Sträucher mit aromatischer Rinde, Zweige dunkelbraun, Endknospen fehlend, Knospen nackt, bei *C. occidentalis* gut sichtbar, bei *C. chinensis* und *C. floridus* unter den Blattstielnarben verborgen.
Blätter: Gegenständig, einfach, ganzrandig, sich beim Darüberstreichen (in Richtung des Blattstiels) rau anfühlend, Nebenblätter fehlend.
Blüten: Zwittrig, radiär, 3–10 cm breit, einzeln an kurzen, beblätterten Stielen, Blütenhülle einfach, rotbraun oder weiß, Tepalen zahlreich, schmal, schraubig angeordnet, Staubblätter 5–30, Fruchtblätter zahlreich, wie die Staubblätter spiralig angeordnet, im Innern einer krug- oder becherförmigen, an der Mündung verengten Blütenachse stehend, diese außen mit Schuppenblättern besetzt.
Früchte: Nüsschen 1-samig, zahlreich, länglich-ellipsoid bis zylindrisch, behaart, durch die sich vergrößernde Blütenachse zu einer feigenartigen urnenförmigen oder länglich-birnenförmigen, bis 7 cm langen, ledrigen, grob längs gestreiften Sammelfrucht zusammengewachsen.

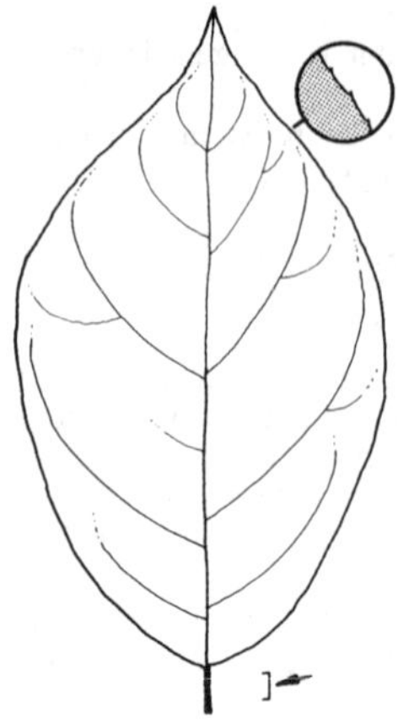

Calycanthus chinensis, C. ×raulstonii

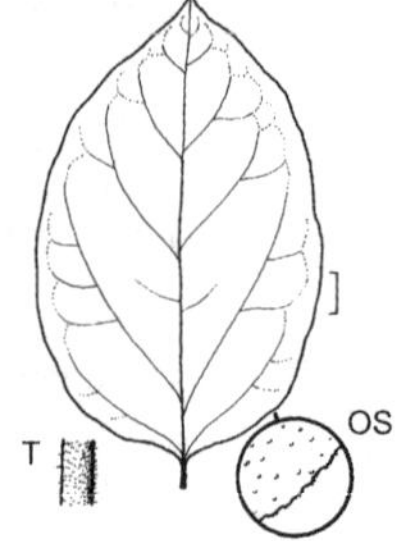

Calycanthus floridus var. floridus

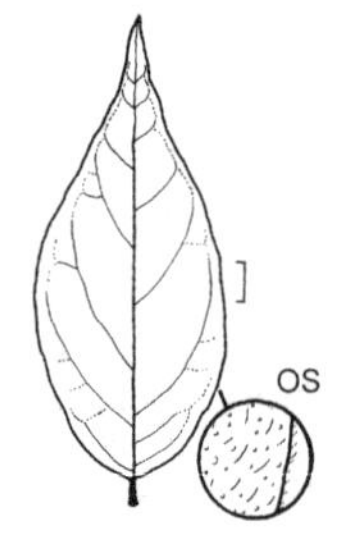

Calycanthus floridus var. glaucus

Verbreitung: Je 1 Art im südwestl. und östl. N-Amerika, 1 Art in China.
Verwendung: Mittelhohe Ziersträucher mit eigenartig gefärbten Blüten, die bei *C. floridus* einen, vor allem am Abend, weitstreichenden Duft verströmen.

Bestimmungsschlüssel Calycanthus

1 Blätter beiderseits gleich grün, zerrieben intensiv duftend, Knospen sichtbar .... *C. occidentalis*
– Blätter unterseits heller grün als oberseits, kaum riechend, Knospen unter Blattstiel verborgen 2
2 Blätter höchstens 10 cm breit 3
– Blätter über 10 cm breit (zumindest viele).... .... *C. chinensis, C. ×raulstonii*
3 Blätter höchstens doppelt so lang wie breit... .... *C. floridus* var. *floridus*
– Blätter mindestens doppelt, meist 3-mal so lang wie breit .... *C. floridus* var. *glaucus*

Calycanthus chinensis W.C. Cheng et S.Y. Chang, Chinesischer Gewürzstrauch

Habitus: Breit aufrechter, 2–3 m hoher, oft gabelig verzweigter Strauch, Zweige graubraun, die subterminalen Seitenknospen 2–3 mm lang, die unteren kleiner, Triebe hellgrün, später mit zahlreichen Lentizellen.
Blätter: Breit elliptisch bis verkehrteiförmig, 10–24 cm lang, Basis stumpf bis breit keilförmig, Rand gezähnt und leicht gewellt, im Austrieb glänzend bronzefarben, später hellgrün.
Blüten: Schalenförmig, 7–10 cm breit, Tepalen zu 10–12, dicklich, die äußeren 2,5–4 cm lang, weiß, am Saum zartrosa, die inneren 1–1,5 cm lang, transparent, hellgelb, an der Basis weiß, innen purpurrot gefleckt, Staubblätter 18–25. Mai–Juni.
Früchte: Länglich-birnenförmig, etwa 4,5 cm lang, zur Reife braun.
Verbreitung: O-China: Zhejiang.
Verwendung: Selten (oft unter dem Namen *Sinocalycanthus chinensis*), B, D, WHZ 6b. LB 6.4.2.4.

C. fertilis Walter = *C. floridus* var. *glaucus*

Calycanthus floridus L. **var. floridus**, Echter Gewürzstrauch, Karolina-Nelkenpfeffer

Habitus: 1–3 m hoher, etwas sparriger Strauch. Blätter und Rinde angenehm duftend, Triebe stark filzig behaart, später olivgrün, Knospen in den Blattstielnarben verborgen.
Blätter: Eiförmig-elliptisch, 5–12 cm lang, zu beiden Ende hin ± gleichmäßig verschmälert, oberseits rau und lebhaft hellgrün, unterseits graugrün, bleibend dicht behaart.
Blüten: 4–5 cm breit, stark duftend, Tepalen dunkel rotbraun, Mai–Juli.
Früchte: 5–7 cm lang, an der Spitze deutlich verschmälert, werden nur selten ausgebildet.
Verbreitung: SO-USA.
Verwendung: Häufig, B, D, WHZ 6b, LB 3.2.5.5 (9.2.6.5).

var. glaucus (Willd.) Torr. et A. Gray, Fruchtbarer Gewürzstrauch. 1–3 m hoher, etwas sparriger, schwach aromatisch duf-

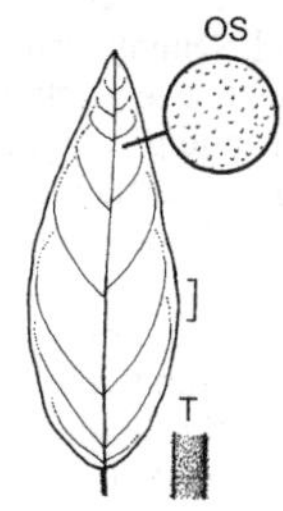

Calycanthus occidentalis

tender Strauch, Triebe kahl oder schwach behaart. Blätter 6–15 cm lang, eiförmig-elliptisch, zugespitzt oder spitz, Basis abgerundet, oberseits rau und glänzend dunkelgrün, unterseits blaugrün und nahezu kahl oder gelegentlich zerstreut behaart. Blüten 3,5–5 cm breit, schwach duftend, Tepalen grünlich purpurn bis rotbraun, Mai–Juli. Früchte 5–7 cm lang, an der Spitze verengt, zahlreich. O-USA. LB 6.4.2.5 (3.2.7.5).

C. floridus var. *laevigatus* (Willd.) Bean = *C. floridus* var. *glaucus*

Calycanthus occidentalis Hook. et Arn., Westlicher Gewürzstrauch

Habitus: Bis 4 m hoher, breitbuschiger, aromatisch duftender Strauch, Knospen sichtbar.
Blätter: Eiförmig bis länglich-lanzettlich, 8–20 cm lang, zugespitzt, Basis abgerundet, oberseits fein rau, unterseits kahl oder schwach behaart, beiderseits gleichmäßig grün.
Blüten: 5–7 cm breit, duftend, Tepalen braunrot, an den Spitzen schnell verwelkend und gelbbraun verfärbt, Juni–Juli.
Früchte: Urnenförmig, an der Spitze nicht verengt.
Verbreitung: USA: Kalifornien.
Verwendung: Selten, B, D, WHZ 6b, LB 2.4.5.5 (6.4.4.5).

C. praecox L. = *Chimonanthus praecox*

Calycanthus ×raulstonii F.T. Lass. et Fantz
(*C. chinensis* × *C. floridus*)

Breit aufrechter, locker aufgebauter Strauch (in Kultur auch unter dem Namen ×*Sinocalycalycanthus raulstonii*). Blüten einzeln, endständig, an diesjährigen Trieben, Blütenhülle mit 20–30 fleischigen, einwärts gebogenen Tepalen. WHZ 7a, LB 9.4.2.5.

'Hartlage Wine'. Wuchs locker breit aufrecht, bis 2,5 m hoch, 3 m breit. Triebe purpurgrün. Blätter breit eiförmig, 11–26 cm lang, an der Basis abgerundet, oberseits rau, leicht glähnzend grün, unterseits hellgrün. Blüten 7,5–10 cm breit, duftend, Tepalen verkehrteiförmig, die äußeren weinrot, 3,5–5,5 m lang, die inneren kleiner, an der Spitze cremeweiß, Staubblätter weinrot, an der Spitze cremeweiß.

'Venus'. Im Wuchs wie 'Hartlage Wine'. Blätter elliptisch bis eiförmig, zugespitzt, Basis abgerundet. Blüten 6–8 cm breit, Tepalen elliptisch, die äußeren 2–3 cm lang, weiß, die inneren kleiner, an der Bais weinrot, Staubblätter 10–20, cremefarben.

C. sterilis Walter = *Calycanthus floridus*

Camellia L.

Kamelie – Theaceae

(nach Georg Joseph Kamel (lateinisch *Camellus*), 1661–1706, deutsch-tschechischer Jesuit, Botaniker und Zoologe)

Habitus: Immergrüne Sträucher oder bis 20 m hohe Bäume, Winterknospen mit dachziegelig angeordneten Schuppen.
Blätter: Wechselständig, einfach, spitz, zugespitzt oder geschwänzt, kurz gestielt, gezähnt oder gesägt, dünnledrig oder derbledrig, Nebenblätter fehlend.
Blüten: Zwittrig, radiär, sehr ansehnlich, 1–14 cm breit, gelegentlich duftend, meist einzeln und achselständig, Kelchblätter 5–6, meist konkav, bleibend, unmittelbar darunter 2–8 dachziegelig stehende Hochblätter, Kronblätter weiß, rosa, blassrot, rot oder gelb, zu 5–12 (bei Gartenformen oft viel zahlreicher), an der Basis leicht verwachsen, die zahlreichen Staubblätter am Grund oder bis zur Hälfte zu einer Röhre verwachsen, Griffel 3- bis 5-spaltig, Fruchtknoten 3- bis 5-fächrig, oberständig.
Früchte: Kapseln holzig, fachspaltig, mit bleibender Mittelachse und wenigen, großen, z. T. ölreichen Samen.
Verbreitung: Etwa 120 Arten in N-Indien, im Himalaja und in Japan.
Verwendung: Als attraktive, früh blühende, immergrüne Sträucher, in M-Europa aber nur an wintermilden Standorten frosthart.

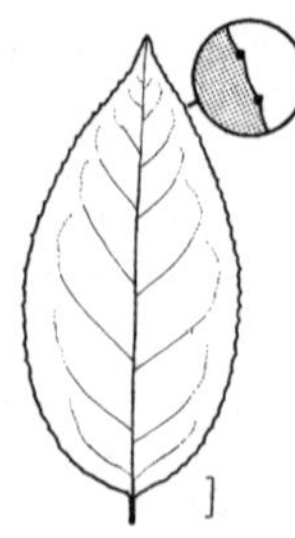

Camellia japonica
subsp. japonica

Camellia japonica L. **subsp. japonica**, Japanische Kamelie

Habitus: Strauch oder bis 15 m hoher Baum.
Blätter: Breit elliptisch oder eiförmig, 5–10 cm lang, derbledrig, kurz zugespitzt, Basis keilförmig, leicht gezähnt, kahl, stark glänzend, oberseits dunkelgrün, unterseits heller und mit verstreuten, braunen Korkwarzen.
Blüten: 3–4,5 cm breit, Kronblätter rot, 5–6, Staubgefäße weiß bis cremefarben, Staubfäden zu ½ bis ¾ miteinander verwachsen, Februar–April.
Verbreitung: Japan: Ryukyu-Inseln, Yakushima, Kyushu, S-Honshu; Korea, Taiwan.
Verwendung: Als Freilandpflanze selten, B, N, WHZ 8b, LB 9.2.5.5.

In Kultur zahlreiche Sorten, deren Blüten unterschiedlich in Größe und Färbung (von weiß bis rosa und tiefrot oder mehrfarbig) sowie Grad und Form der Füllung (einfach, halbgefüllt, anemonenblütig, päonienförmig, rosenförmig gefüllt, vollständig gefüllt).

subsp. rusticana (Honda) Kitam., Schnee-Kamelie. Wuchs buschig, Zweige biegsam, Blätter dünn, Knospenschuppen kahl oder dicht seidig behaart, Kronblätter weit gespreizt, Staubfäden nur an der Basis miteinander verwachsen. Japan: Honshu.

Campsis Lour.

Jasmintrompete, Klettertrompete – Bignoniaceae

(griechisch *kampsis* = Bogen, Krümmung)

Habitus: Sommergrüne, üppig wachsende, mit Haftwurzeln kletternde Lianen, Zweige braun, mit durchgehendem weißem Mark, Triebspitzen stets abgestorben, deshalb Endknospen fehlend, Seitenknospen wenig erhaben, ± abgerundet, zweigfarben.
Blätter: Gegenständig, unpaarig gefiedert, Blättchen 7–11, lanzettlich-elliptisch, zugespitzt, gesägt, kahl oder unterseits auf den Nerven behaart.
Blüten: Zwittrig, zygomorph, groß, trompetenförmig, in endständigen Rispen an diesjährigen Trieben, Kelch 5-lappig, röhrig-glockig, Krone über dem Kelch ± stark erweitert, Saum 5-lappig, Staubblätter 4, im oberen Teil zur Mitte der Krone hin gebogen, Fruchtknoten 2-fächrig, oberständig, Diskus deutlich ausgebildet.
Früchte: Kapseln zylindrisch, leicht gebogen, 8–15 cm lang, 2-fächrig, sich 2-klappig öffnend, je Fach mit zahlreichen, 1,2–1,5 cm langen, abgeplatteten, seitlich geflügelten Samen.
Verbreitung: Je 1 Art in O-Asien und N-Amerika.
Verwendung: In wintermilden, sommerwarmen Regionen üppig wachsende und reich blühende Lianen für vollsonnige Standorte und nahrhafte Böden. Sollen Fassaden begrünt werden, ist meist ein Befestigen an Klettergerüsten notwendig. Jährlicher Rückschnitt wie bei Weinreben ist ratsam.

Bestimmungsschlüssel Campsis

1 Grund der oberen Blättchen sehr asymmetrisch, Blättchen unterseits fast flächig behaart . . . . *C. radicans*
– Grund der oberen Blättchen (fast) symmetrisch, Blättchen unterseits höchstens auf den Hauptnerven behaart 2
2 Blattspindel auf ganzer Länge geflügelt, Blättchen kahl. . . . . *C. grandiflora*
– Blattspindel nur unterhalb des Endblättchens geflügelt, Blättchen unterseits auf den Nerven leicht behaart . . . . *C. ×tagliabuana*

C. chinensis (Lam.) K. Koch = *C. grandiflora*

Campsis grandiflora (Thunb.) K. Schum., Chinesische Klettertrompete

Habitus: 3–6 m hoch kletternd, Haftwurzeln fehlend oder nur schwach entwickelt.
Blätter: Blättchen 7–9, eiförmig-lanzettlich, 4–7 cm lang, lang zugespitzt, beiderseits kahl, grob gezähnt.
Blüten: Zu 6–12 in lockeren Ständen, Kelch tief 5-spaltig, Zähne fast 2 cm lang, Krone scharlach- bis karminrot, innen gelb, breit trichterförmig, am Saum 6–8 cm breit, August–September.
Verbreitung: China.

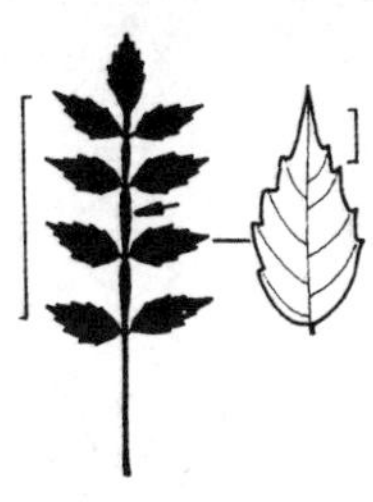

Campsis grandiflora

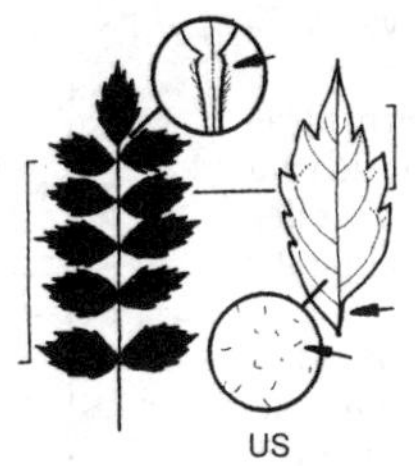

Campsis radicans

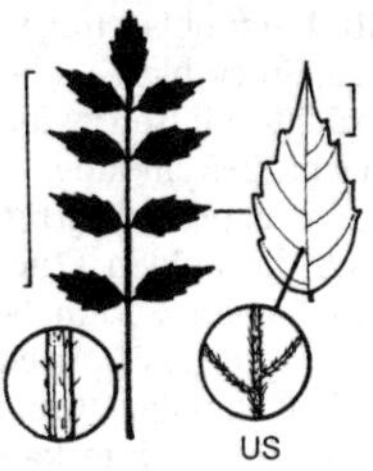

Campsis ×tagliabuana

Verwendung: Sehr selten, B, WHZ 8a, LB 2.4.1.9 (3.2.1.9) (6.4.2.9).

C. ×hybrida Zabel = *C. ×tagliabuana*

Campsis radicans (L.) Seem. ex Bureau, Amerikanische Klettertrompete

Habitus: Bis 10 m hoch kletternd, Haftwurzeln relativ gut entwickelt.
Blätter: Bis 25 cm lang, Blättchen 9–11, elliptisch, 3–6 cm lang, am Grund sehr asymmetrisch, Rand gesägt, kahl, bis auf die Mittelrippe unterseits.
Blüten: Zu 4–12 in Büscheln, Kelch etwa 1,5 cm lang, bis zu ⅓ eingeschnitten, Krone orange bis hellorange, am Saum scharlachrot, innen gelb, lang röhrig-trichterförmig, 5–7 cm lang, Saum bis 4 cm breit, Juli–September.
Verbreitung: NO-, NOZ- und SO-USA.
Verwendung: Häufig, B, WHZ 6b, LB 2.4.2.9. (6.3.2.9).

'Flamenco'. Blüten rot, im Verblühen orange. Junge Triebe purpurrot.

'Flava'. Blüten orangegelb bis reingelb. Blätter hellgrün.

'Praecox'. Blüten scharlachrot, schon im Juni blühend.

'Speciosa'. Blüten klein, orangerot. Pflanzen langtriebig, aber nur schwach kletternd.

Campsis ×tagliabuana (Vis.) Rehder, Hybrid-Klettertrompete
(C. grandiflora × C. radicans)

Habitus: Bis 8 m hoch kletternd.
Blätter: 20–35 cm lang, Blättchen 7–11, schmal eiförmig, bis 8 cm lang, zugespitzt, Basis keilförmig, Rand gesägt, oberseits und Nerven unterseits leicht behaart.
Blüten: In lockeren Rispen, Kelch orange, 2,3 cm lang, Krone röhrig-glockig, bis 6,5 cm lang, Saum bis 6,5 cm breit, außen orange, innen scharlachrot, Juli–September.
Verwendung: Häufig, B, WHZ 7b, LB 2.4.2.9 (6.3.2.9).

'Indian Summer'. Bis 4 m hoch. Blätter 25–50 cm lang. Blüten in großen Rispen, Kelch grünlich gelb bis gelb, Krone orangerot, 8 cm lang, 5–6 cm breit.

'Mme Galen'. Wuchs stark. Blätter bis 45 cm lang, Blättchen bis 15. Blüten in lockeren Rispen, bis 8 cm lang, am Saum bis 8 cm breit, Krone außen orange, innen korallenrot und entlang der Nerven dunkler schattiert.

Caragana Fabr.

Erbsenstrauch – Fabaceae
(aus dem mitteltürkischen *qaraqan*, Sibirischer Erbsenstrauch, abgeleitet)

Habitus: Sommergrüne Sträucher, selten kleine Bäume, Zweigsystem deutlich in Lang- und Kurztriebe gegliedert, Kurztriebe dick und von alten Knospenschuppen umkleidet, stets nur mit einer Knospe, Knospen grau oder graubraun, oft mit ± deutlichen, gelegentlich verdornenden Blattstielresten.
Blätter: Wechselständig, an Kurztrieben rosettig genähert, paarig gefiedert, Blättchen ganzrandig, Rachis und die kleinen Nebenblätter (Stipeln) an Langtrieben oft bleibend und verdornend.
Blüten: Zwittrig, zygomorph, einzeln oder büschelig an Kurztrieben, Kelch röhrig oder glockig, mit fast gleich großen Zähnen, Kronblätter 5, meist gelb, Fahne meist aufrecht, die Flügel zum Grund hin deutlich verschmälert, die Blütenblätter des Schiffchens weitgehend miteinander verwachsen, Staubblätter

10, 1 Staubblatt frei, 9 miteinander verwachsen, Fruchtblatt 1, oberständig.
Früchte: Hülsen zylindrisch oder leicht abgeflacht, 2–5 cm lang, meist kahl, die sich zur Reife explosionsartig öffnen, dabei rollen sich die beiden Fruchtblatthälften spiralig ein, Samen 2–5 mm lang.
Verbreitung: 80 Arten von O-Europa bis O-Asien, Himalaja, China, vor allem in den semiariden, winterkalten und sommertrockenen Zonen Zentral-Asiens.
Verwendung: *Caragana*-Arten sind äußerst robuste und anspruchslose, für Stadtklima geeignete, stets gesunde Sträucher. Sie werden stellenweise für Windschutzpflanzungen und zur Vehinderung von Erosionen eingesetzt.

Bestimmungsschlüssel Caragana

1 Blätter mit nur 2 Blättchenpaaren 2
– Blätter mit mindestens 3 Blättchenpaaren (wenigstens einige) 5
2 Blättchenpaare entfernt voneinander an der Spindel . . . . *C. sinica*
– Blättchenpaare am Blattstielende gedrängt . . 3
3 Blättchen höchstens 15 mm lang 4
– Blättchen länger . . . . *C. frutex*
4 Blättchen höchstens 2 mm breit . . . . *C. aurantiaca*
– Blättchen breiter (bis 3 mm, wenigstens die meisten) . . . . *C. pygmaea*
5 Blätter mit mehr als 6 Blättchenpaaren (wenigstens einige), Blättchen höchsten 8 mm lang . . . . *C. microphylla*
– Blätter höchstens mit 5 Blättchenpaaren, Blättchen länger als 1 cm 6
6 Nebenblätter nicht verdornend . . . . *C. arborescens*
– Nebenblätter dornig 7
7 Höchstens 4 Blättchenpaare je Blatt . . . . *C. spinosa*
– Mehr als 4 Blättchenpaare je Blatt (wenigstens teilweise) . . . . *C. jubata*

Caragana arborescens Lam., Gewöhnlicher Erbsenstrauch

Habitus: Bis 6 m hoher, straff und steif aufrecht wachsender Strauch, Zweige dunkelgrau, Triebe olivgrün bis gelblich braun, nur anfangs fein behaart, später verkahlend.
Blätter: Blättchen meist 8–16, elliptisch bis länglich-verkehrteiförmig, 1–2,5 cm lang, stachelspitzig, beiderseits gelbgrün, zunächst meist zottig behaart, oberseits verkahlend, unterseits spärlich behaart oder kahl, Rachis bis 7 cm lang, Stipeln 5–7 mm lang, nur selten verdornend.
Blüten: 1,5–2,2 cm lang, zu 1–5, Kelch 6–8 mm lang, oft breit glockig, Krone hellgelb, Stiele bis 6 cm lang, Mai–Juni.

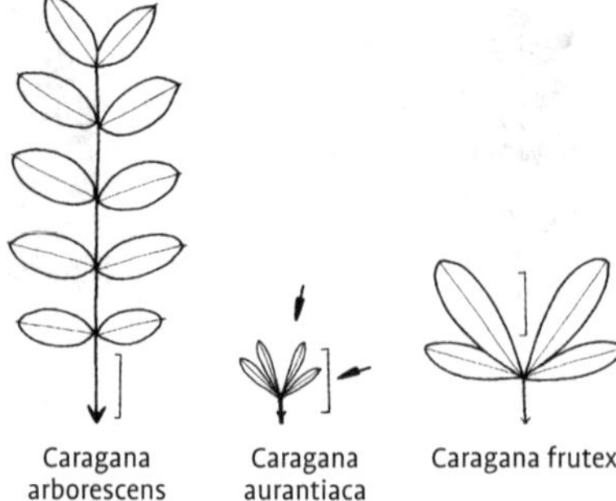

Caragana arborescens Caragana aurantiaca Caragana frutex

Früchte: 3,5–5 cm lang, zylindrisch, schwach behaart.
Verbreitung: W- und O-Sibirien, Mandschurei.
Verwendung: Sehr häufig, N, B, ☠, Bi, WHZ 3, LB 6.3.3.4.

'Lorbergii'. Schwachwüchsiger Strauch. Blättchen linealisch-lanzettlich, bis 3,5 cm lang und nur 0,5 cm breit.

'Pendula'. Meist hochstämmig veredelte Hängeform, je nach Veredlungshöhe 1–3 m hoch, Äste und Zweige wachsen dann in kurzen Bögen abwärts.

'Walker'. Im Wuchs ähnlich 'Pendula', wird wie diese meist hochstämmig veredelt. Blättchen ähnlich wie bei 'Lorbergii', aber weniger zierlich.

Caragana aurantiaca Koehne, Orangeblütiger Erbsenstrauch

Habitus: Bis 1 m hoher Strauch, Zweige zahlreich, dünn, wenig verzweigt, anfangs aufrecht, später abstehend-übergeneigt, graubraun bis dunkelgrau.
Blätter: Blättchen 4, linealisch bis lanzettlich, 0,4–1,6 cm lang, kahl, oberseits hellgrün, unterseits heller, Stiele und Rachis meist verdornend, Rachis bis 2 cm lang, Stipeln 3–5 mm lang, verdornend.
Blüten: 1,8–2 cm lang, einzeln, Kelch 6–7 mm lang, glockig, Krone orangegelb, Stiel 8 mm lang, Mai.
Früchte: Bis 4 cm lang, zylindrisch, kahl.
Verbreitung: M-Asien, China: Sinkiang.
Verwendung: Selten, B, WHZ 5a, LB 6.1.3.5.

C. frutescens (L.) Medik. = *C. frutex*

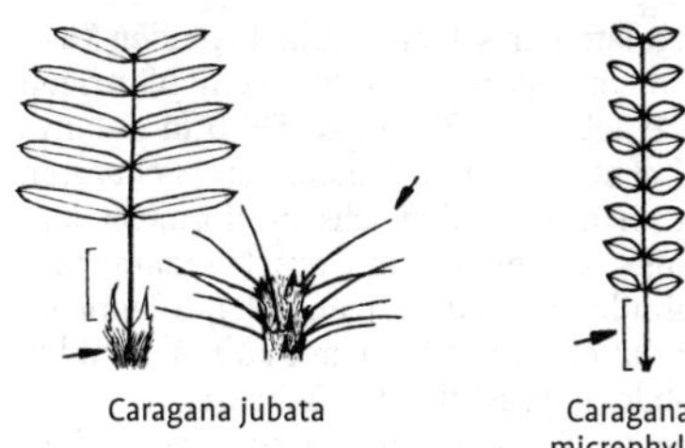

Caragana jubata

Caragana microphylla

Caragana pygmaea

Caragana sinica

Caragana frutex (L.) K. Koch, Russischer Erbsenstrauch

Habitus: Bis 2 m hoher Strauch, Zweige dünn, braun, gelblich grau oder graugrün, kahl.
Blätter: Blättchen 4, verkehrteiförmig-lanzettlich, 6–10 mm lang, abgerundet oder ausgerandet, dunkelgrün, am Ende der Rachis fingerförmig genähert, Rachis bis 1,5 cm lang, wie die Stipeln oft verdornend.
Blüten: 2–2,5 cm lang, zu 1–3, Kelch 6–8 mm lang, glockig, Krone gelb, Stiele 2 cm lang, Mai.
Früchte: Zylindrisch, 3–3,5 cm lang, röhrig, kahl.
Verbreitung: S- und SO-Europa, Kaukasien, W- und O-Sibirien, M-Asien.
Verwendung: Selten, B, WHZ 3, LB 6.1.3.5 (9.1.3.5).

Caragana jubata (Pall.) Poir., Mähnen-Erbsenstrauch

Habitus: Bis 1 m hoher, sparsam verzweigter Strauch, Zweige kurz und dick, dicht mit einem zottigen Filz und den zu spitzen Dornen umgewandelten Blattspindeln bedeckt.
Blätter: Blättchen 8–12, länglich-lanzettlich, 1–1,5 cm lang, abgerundet oder spitz, gedrängt stehend, Stipeln 1,3 cm breit, wollig behaart.
Blüten: 2,4–4 cm lang, einzeln, Kelch zylindrisch, 1,7 cm lang, Krone rötlich purpurn, purpurn, rosa oder weiß, meist nur spärlich blühend, Mai–Juni.
Früchte: Etwa 2 cm lang, dicht zottig behaart.
Verbreitung: O-Sibirien, Russ. Ferner Osten, Mongolei, Tibet, Himalaja, China.
Verwendung: Sehr selten, WHZ 3, LB 8.2.1.6.

Caragana microphylla Lam., Kleinblättriger Erbsenstrauch

Habitus: Bis 3 m hoher, breitwüchsiger Strauch, Zweige dunkelgrau bis dunkelgrün, Triebe kahl oder filzig behaart.
Blätter: Blättchen 10–20, eiförmig bis länglich-eiförmig, 3–10 mm lang, stumpf oder ausgerandet, graugrün, kahl oder fein seidig behaart, Stipeln bis 5 mm lang, meist dornig.
Blüten: 1,8 cm lang, zu 1–2, kurz gestielt, Krone gelb, Mai–Juni.
Früchte: 2,5–3 cm lang, abgeflacht, kahl oder behaart.
Verbreitung: Sibirien, N-China.
Verwendung: Selten, B, WHZ 4, LB 5.1.2.6 (6.1.3.6).

Caragana pygmaea (L.) DC., Zwerg-Erbsenstrauch

Habitus: Bis 0,5 m hoher, oft niederliegender Strauch, Zweige zahlreich, dünn, abstehend-überneigend, glänzend goldgelb, bald kahl.
Blätter: Blättchen 4, linealisch bis lanzettlich-verkehrteiförmig 0,7–1,7 cm lang, stumpf bis spitz, kahl, beiderseits hellgrün, Blattstiel und Rachis meist verdornend, die kurzen Stipeln verdornend.
Blüten: 1–1,6 cm lang, einzeln, Kelch 5–6 mm lang, röhrig-glockig, Krone gelb, Stiel 1 cm lang, Mai–Juni.
Früchte: Linealisch, 2–3 cm lang.
Verbreitung: Sibirien, N-China
Verwendung: Selten, B, WHZ 4, LB 6.1.3.6

Caragana sinica (Buc'hoz) Rehder, Chinesischer Erbsenstrauch

Habitus: Bis 2 m hoher, sparrig verzweigter Strauch, Zweige kantig, dunkelbraun.
Blätter: Blättchen 4, in deutlich getrennten Paaren, 1–3,5 cm lang, verkehrteiförmig bis länglich-verkehrteiförmig, stachelspitzig, glänzend dunkelgrün, Spindel bis 2,5 cm lang, bleibend oder hinfällig.

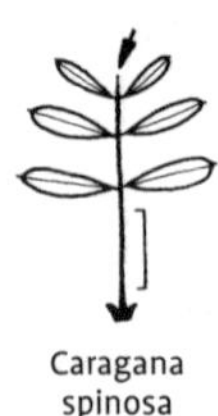

Caragana spinosa

Blüten: 2,8–3 cm lang, einzeln, Kelch 1,2–1,4 cm lang, glockig, Krone gelb, im Verblühen rötlich bronzefarben, Stiel etwa 1 cm lang, Mai–Juni.
Früchte: 3–3,5 cm lang, zylindrisch.
Verbreitung: N-China.
Verwendung: Selten, B, WHZ 4, LB 6.1.2.6.

Caragana spinosa (L.) DC., Dorniger Erbsenstrauch

Habitus: Bis 0,5 m hoher, locker aufgebauter Strauch, Zweige unverzweigt, überhängend, gelblich braun, durch die bis 1,5 cm langen, bleibenden Spindeln sehr dornig.
Blätter: Blättchen 4–6, länglich-linealisch bis verkehrteiförmig-lanzettlich, 1,5–2(–3) cm lang, anliegend behaart, Stipeln ± stechend.
Blüten: 2,8–3 cm lang, einzeln, Kelch 7–10 mm lang, röhrig, Krone gelb, April–Juni.
Früchte: Hülsen 2–2,5 cm lang.
Verbreitung: NW-China, Kasachstan, Mongolei, Sibirien.
Verwendung: Selten, B, WHZ 3, LB 5.1.2.6.

Carpinus L.

Hainbuche – Betulaceae

(lateinisch *carpinus* = altrömischer Name der Hainbuche)

Habitus: Sommergrüne Bäume oder hohe Sträucher, Rinde grau, meist glatt, selten schuppig abblätternd, Zweige dünn, Knospen den Zweigen anliegend, spitz kegelförmig oder eiförmig, Endknospe fehlend, Knospenschuppen in 4 Längszeilen.
Blätter: Wechselständig, 2-zeilig gestellt, einfach, gesägt, Nervenpaare 7–34, parallel verlaufend, Nebenblätter hinfällig oder bis zum Blattfall bleibend.
Blüten: 1-geschlechtig, 1-häusig verteilt, Kätzchen mit dem Blattaustrieb erscheinend; Blütenhülle fehlend, ♂ Blüten mit 7–9 Staubblättern, einzeln in den Achseln eiförmiger Tragblätter, in schlaff herabhängenden Kätzchen, an blattlosen oder wenigblättrigen Kurztrieben, ♀ Blüten zu 5–20 in anfangs aufrechten, später hängenden, behaarten Kätzchen, je 2 in den Achseln eiförmiger, hinfälliger Tragblätter, mit unscheinbarer Blütenhülle und eiförmigen oder 3-lappigen Vorblättern, die sich später zu Fruchthüllen umbilden, Fruchtknoten 2-fächrig.
Früchte: Nüsse eiförmig, ± abgeflacht, längs gerippt, 3–10 mm lang, am Grund mit einer eiförmigen oder 3-lappigen, deutlich geäderten Fruchthülle verwachsen, deren Flügel stets viel länger ist als die Nuss, zu mehreren in 1–4 cm lang gestielten, endständigen, bis 15 cm langen, ährenartigen Ständen.
Verbreitung: Etwa 35 Arten in der nördl. gemäßigten Zone, vor allem in O-Asien und N-Amerika.
Verwendung: Anpassungsfähige, anspruchslose, windresistente, frostharte Wald-, Park-, Allee- und Straßenbäume. Dank der hohen Regenerationsfähigkeit gehört *C. betulus* zu den wichtigsten sommergrünen Heckenpflanzen. *C. fangiana* ist mit den für die Gattung ungewöhlich großen Blättern besonders dekorativ.

Bestimmungsschlüssel Carpinus

1 Blätter mit 15 und mehr Seitennervenpaaren 2
– Blätter mit höchstens 14 Seitennervenpaaren 4
2 Blätter 4–8 cm breit, Blattstiel über 1,3 cm lang 3
– Blätter höchstens 4,5 cm breit, Blattstiel höchstens 1,3 cm lang . . . . *C. japonica*
3 Blätter höchstens 10 cm lang und mit höchstens 20 Nervenpaaren . . . . *C. cordata*
– Blätter länger (zumindest viele) und mit mehr Nervenpaaren . . . . *C. fangiana*
4 Blätter höchstens 2,5 cm breit 5
– Blätter breiter 6
5 Blätter unterseits flächig behaart . . . . *C. turczaninowii*
– Blätter unterseits nur mit Achselbärten und am Hauptnerv behaart . . . . *C. orientalis*
6 Blätter mit 12–15 Seitennervenpaaren 7
– Blätter mit 6–12 Seitennervenpaaren 9
7 Blattgrund herzförmig sich überlappend . . . . *C. cordata*
– Blattgrund sich nicht überlappend 8
8 Blattstiel etwa 8 mm lang . . . . *C. tschonoskii*
– Blattstiel 1–2 cm lang . . . . *C. laxiflora*
9 Blattstiel rundherum behaart . . . . *C. caroliniana* subsp. *caroliniana*
– Blattstiel zumindest stellenweise kahl . . . . *C. betulus*

C. americana Michx. = *C. caroliniana* subsp. *caroliniana*

Carpinus betulus L., Gewöhnliche Hainbuche, Weißbuche

Habitus: 10–15(–25) m hoher, 1- oder mehrstämmiger Baum, Krone zunächst kegelförmig, später weit ausladend, Stamm oft spannrückig und mit Drehwuchs, Rinde glatt, grau, mit einem längs verlaufenden, netzartigen Muster.
Blätter: Elliptisch bis eiförmig, 5–10 cm lang, zugespitzt, Basis abgerundet bis herzförmig, ungleichmäßig doppelt gesägt, Nervenpaare 10–13, oberseits dunkelgrün, zunächst seidig behaart, unterseits auf den Nerven behaart, Stiel 0,6–1,3 cm lang, Herbstfärbung goldgelb.
Früchte: Fruchtstände 7–14 cm lang, Fruchthülle 3-lappig, 3–5 cm lang, oft gesägt, Seitenlappen kleiner, nicht oder weit gesägt.
Verbreitung: Europa, Kaukasien, Türkei, Iran.
Verwendung: Sehr häufig (mit Einschränkungen als Stadtstraßenbaum geeignet), N, H, WHZ 5b, LB 3.1.6.2 (8.3.4.2).

Die wichtigsten Gartenformen sind:

'Columnaris'. Wuchs langsam, bis 15 m hoch, Stamm durchgehend, Krone zunächst säulenförmig, später fast eiförmig, dicht verzweigt, Gipfel abgerundet.

'Fastigiata'. Wuchs stark, 10–22 m hoch, Stamm nicht durchgehend, Krone anfangs schmal säulen- bis kegelförmig, später breit eiförmig. Als Stadtstraßenbaum geeignet.

'Frans Fontaine'. Wuchs kompakt, geschlossen, anfangs schmal säulenförmig, später schmal eiförmig, 5–8 m hoch. Mit Einschränkungen als Stadtstraßenbaum geeignet.

'Incisa'. Wuchs baumartig. Blätter klein, schmal, ± tief gelappt, Lappen meist zugespitzt, ganzrandig.

'Pendula'. Meist hochstämmig veredelt, Krone kuppelförmig, Äste in flachen Bögen abstehend, Zweige abwärts wachsend.

'Purpurea'. Kleiner Baum. Junge Blätter ± rötlich grün, später vergrünend.

'Quercifolia'. 15–24 m hoher Baum. Blätter klein, ± tief gelappt, Lappen breiter abgerundet als bei 'Incisa' und gesägt, an einzelnen Zweigen oft normal entwickelte Blätter.

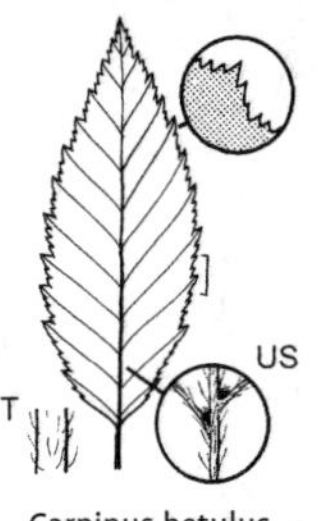

Carpinus betulus

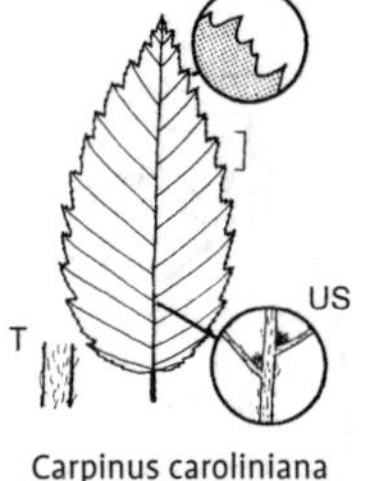

Carpinus caroliniana subsp. carolonianana

Carpinus caroliniana Walter **subsp. caroliniana**, Amerikanische Hainbuche

Habitus: Bis 8 m hoher, langsam wachsender Baum, Krone dicht verzweigt, Zweige zierlich überhängend.
Blätter: Schmal eiförmig, 3–8,5 cm lang, spitz, Basis abgerundet bis schwach herzförmig, gleichmäßig scharf doppelt gesägt, oberseits blaugrün und schwach behaart, unterseits hellgrün, Mittelnerv behaart, mit Achselbärten, Nervenpaare 6–12, Stiel 0,8–1,5 cm lang, Herbstfärbung meist goldgelb.
Früchte: Fruchtstände 5–10 cm lang, Fruchthülle 3-lappig, Mittellappen 2–3,5 cm lang, unregelmäßig gesägt, Seitenlappen kürzer.
Verbreitung: O-Kanada, NO-, NOZ- und SO-USA, Mexiko, M-Amerika.
Verwendung: Häufig, N, H, WHZ 5a, LB 3.2.4.3 (7.2.6.3) (2.4.3.3)

subsp. virginiana (Marshall) Furlow. Bis 12 m hoher Baum. Blätter eiförmig bis elliptisch, 8–12 cm lang, grober gesägt, die Sekundärzähne etwa so lang wie die Primärzähne, Nerven unterseits mit kleinen, braunen Drüsen. Herbstfärbung weinrot. O-Kanada, NO- und SO-USA.

C. caucasica Grossh. = *C. betulus*

Carpinus cordata Blume, Herzblättrige Hainbuche

Habitus: Bis 15 m hoher Baum, Krone sehr dicht verzweigt, Borke schuppig, Terminalknospe auffallend groß, 2 cm lang, Triebe anfangs schwach behaart.
Blätter: Eiförmig bis länglich-eiförmig, 5–10 cm lang, lang zugespitzt, Basis herzförmig, Nervenpaare 15–20, ungleich oder doppelt gesägt, Mittelnerv beiderseits behaart, oberseits mittelgrün, unterseits heller, Stiel 1,2–2 cm lang, Herbstfärbung gelb.

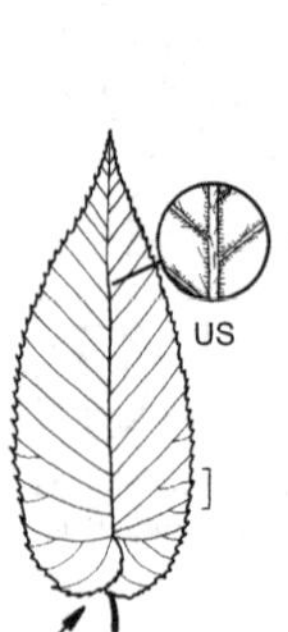

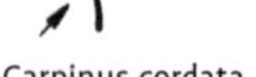
Carpinus cordata

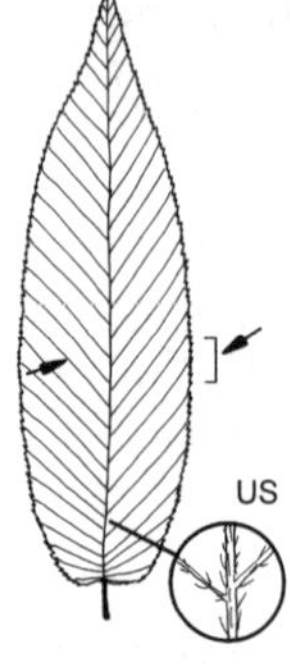

Carpinus fangiana

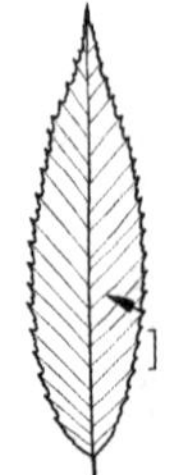
Carpinus japonica

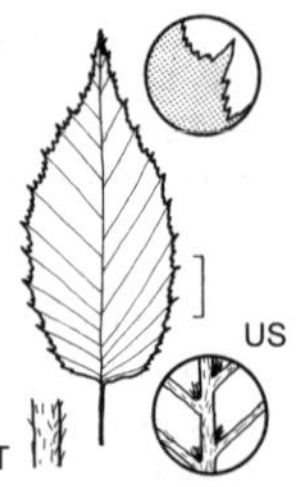

Carpinus laxiflora

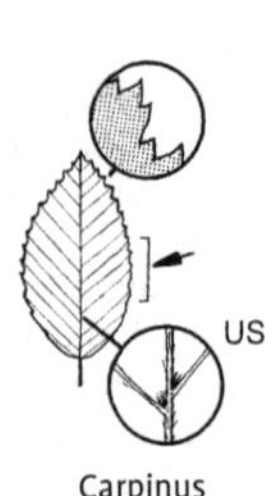

Carpinus orientalis

Früchte: Fruchtstände 7–12 cm lang, Hochblatt 1-lappig, 1,5–2 cm lang, an der Basis eingerollt und die Frucht umschließend, an der Spitze gesägt.
Verbreitung: Japan, Korea, China.
Verwendung: Selten, H, WHZ 5b, LB 7.2.5.2.

Carpinus fangiana Hu, Fangs Hainbuche

Habitus: Bis 20 m hoher Baum, Stamm glatt, dunkelgrau, Triebe purpurbraun, kahl, Knospen glänzend grün.
Blätter: Schmal eiförmig, 7–20 cm lang, lang zugespitzt, unregelmäßig doppelt gesägt, hellgrün, im Austrieb auffallend rötlich grün, oberseits kahl, unterseits auf den Nerven leicht behaart, Nervenpaare 24–35, tief eingesenkt.
Früchte: Fruchtstände 45–50 cm lang.
Verbreitung: China: Guangxi, Guizhou, Sichuan, O-Yunnan.
Verwendung: Selten. WHZ 7a. LB 7.2.5.2.

Carpinus japonica Blume, Japanische Hainbuche

Habitus: Bis 15 m hoher, dicht belaubter Baum, Borke gefurcht, sich in Schuppen lösend, Triebe anfangs behaart.
Blätter: Länglich-eiförmig, 5–10 cm lang, zugespitzt, Basis abgerundet oder schwach herzförmig, Nervenpaare 20–24, tief eingesenkt, scharf und doppelt gesägt, oberseits dunkelgrün und nur auf dem Mittelnerv behaart, unterseits auf den Nerven behaart, mit Achselbärten, im Austrieb rötlich.
Früchte: Fruchtstände 5–7 cm lang, Fruchthülle eiförmig, 1-lappig, 1,5–2 cm lang, an der Basis einseitig umgeschlagen und die Frucht umschließend, an der Spitze gesägt.
Verbreitung: M- und S-Japan.
Verwendung: Selten, WHZ 5a, LB 7.3.3.3.

Carpinus laxiflora (Siebold et Zucc.) Blume, Lockerblütige Hainbuche

Habitus: Bis 12 m hoher Baum, Zweige leicht überhängend.
Blätter: Eiförmig bis eiförmig-elliptisch, 4–7 cm lang, zugespitzt, Basis abgerundet bis fast herzförmig, unterseits mit Achselbärten, Nervenpaare 7–15.
Früchte: Fruchtstände bis 12 cm lang, locker, Fruchthülle meist 3-lappig, etwa 1,5 cm lang, Mittellappen schmal und an einer Seite gesägt.
Verbreitung: Japan, Korea.
Verwendung: Selten, WHZ 5b, LB 3.2.1.3.

Carpinus orientalis Mill., Orientalische Hainbuche

Habitus: Bis 5(–15) m hoher, fein verzweigter Baum oder Strauch, Triebe seidig behaart.
Blätter: Eiförmig bis elliptisch, 2,5–5 cm lang, spitz oder zugespitzt, Basis meist abgerundet, Nervenpaare 12–15, scharf doppelt gesägt, Mittelnerv beiderseits fein behaart, oberseits glänzend dunkelgrün.
Früchte: Fruchtstände 3–6 cm lang, Fruchthülle eiförmig, 1-lappig, eiförmig, 1–2,3 cm lang, grob und unregelmäßig gesägt.
Verbreitung: SO-Europa, Türkei, Kaukasien, N-Iran.
Verwendung: Selten, WHZ 6b, LB 6.4.2.4.

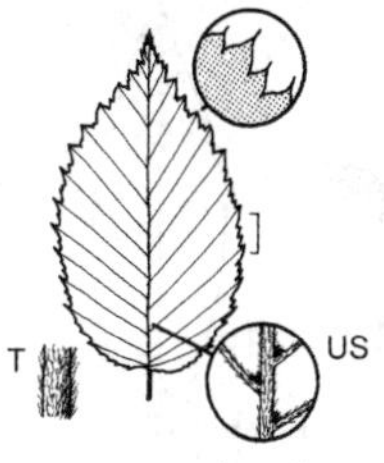

Carpinus tschonoskii

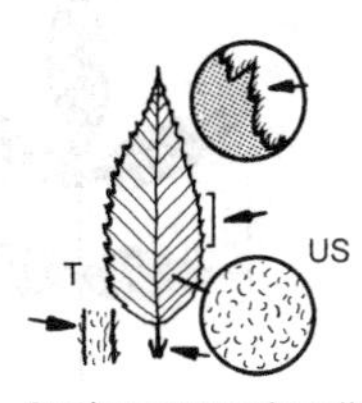

Carpinus turczaninowii

Carpinus tschonoskii Maxim., Tschonoskis Hainbuche

Habitus: Bis 25 m hoher Baum, Triebe weich behaart, nicht selten bis in den Winter hinein.
Blätter: Eiförmig, 5–12 cm lang, kurz zugespitzt, Basis abgerundet, Nervenpaare 12–15, scharf doppelt gesägt, zunächst beiderseits behaart, später nur noch auf den Nerven.
Früchte: Fruchtstände 5–7 cm lang, Fruchthülle schmal eiförmig, 1-lappig, 1,5–2 cm lang, an einer Seite gesägt, auf den Nerven und zur Basis seidig behaart.
Verbreitung: Japan, Korea, N-China.
Verwendung: Selten, WHZ 5a, LB 3.2.5.3.

Carpinus turczaninowii Hance, Turczaninows Hainbuche

Habitus: Bis 12 m hoher Baum oder Strauch, Zweige dünn.
Blätter: Breit eiförmig bis länglich-eiförmig, 3–5 cm lang, Basis herzförmig, doppelt gesägt, unterseits auf den Nerven behaart und mit Achselbärten, Nervenpaare 10–12, Nebenblätter linealisch, bis zum Laubfall bleibend.
Früchte: Fruchtstände 3–6 cm lang, Fruchthülle eiförmig, spitz oder stumpf, an einer Seite eingeschnitten gesägt, Nuss harzig punktiert.
Verbreitung: N-China, Japan, Korea.
Verwendung: Sehr selten, WHZ 5a, LB 6.3.2.4.

Carya Nutt.

Hickory – Juglandaceae
(griechisch *karya* = ein Steinkernbaum)

Habitus: Meist hohe, sommergrüne, stattliche Bäume. Krone eiförmig bis zylindrisch, Borke bräunlich oder grau, sich oft in Streifen oder abspreizenden Platten lösend, Zweige olivgrün bis graubraun, mit deutlichen, helleren Lentizellen, Mark nicht gekammert (im Gegensatz zu *Juglans*), Endknospen 10–15 mm lang, länglich und durch dicht stehende Schildhaare gelblich braun, die äußere Knospenschuppe gestielt und im oberen Teil deutlich gefiedert oder Endknospe eiförmig, zugespitzt, bis 2 cm lang, mit mehreren Knospenschuppen, davon die äußeren ± spreizend.
Blätter: Wechselständig, unpaarig gefiedert, herb-aromatisch duftend, Blättchen 3–19, in ihrer Länge von der Spitze zur Basis stets deutlich abnehmend, Nebenblätter fehlend.
Blüten: 1-geschlechtig, 1-häusig verteilt, ♂ Blüten in schlaff hängenden Kätzchen, meist zu dritt an einer gemeinsamen Hauptachse, Einzelblüten in den Achseln 3-blättriger Tragblätter, Staubfäden 3–15 (meist 4), ♀ Blüten zu 2–10 in endständigen ± aufrechten Ähren, Einzelblüten mit 4-lappigem Hüllkelch, Griffel mit 2 kurzen Narbenästen, Fruchtknoten 1-fächrig, unterständig.
Früchte: Nüsse 2–6 cm lang, glatt oder mit 4 Flügelkanten, Fruchtschale dickledrig, grün bis braun, sich zur Reife ± regelmäßig in 4(–6) Teile aufspaltend und ablösend, Nuss 1-samig, glatt oder runzelig, oft 2- oder 4-kantig, die großen Samen meist essbar, selten bitter schmeckend.
Verbreitung: 18 Arten, davon 7 in O-Asien und 11 im östlichen N-Amerika.
Verwendung: Schöne, aber selten gepflanzte Parkbäume für tiefgründige, nahrhafte Böden. In der Jugend ist Schutz vor Spätfrösten ratsam. In den südl. USA-Staaten wird vor allem *C. illinoinensis* zur Fruchtgewinnung angebaut und in zahlreichen Sorten kultiviert. Der Baum ist Staatsbaum von Texas. In den nördl. gelegenen Gebieten der USA wird *C. ovata* in zahlreichen Fruchtsorten angebaut. Sie liefert die Hickorynüsse des Handels, die teilweise nur eine pergamentartig dünne Schale haben. Alle Arten sind wertvolle Holzlieferanten. In der Regel werden die für die jeweiligen Heimatgebiete angegebenen Wuchshöhen bei uns nicht erreicht.

Bestimmungsschlüssel Carya

1	Blätter mit 11–17 Blättchen	*C. illinoinensis*
–	Blätter mit höchstens 9 Blättchen	2
2	Blättchen 5 (selten 7)	3
–	Blättchen 7–9 (selten 5)	4
3	Blattspindel kahl	*C. glabra*
–	Blattspindel drüsig behaart	*C. ovata*
4	Triebe dicht filzig behaart (wenigstens stellenweise)	*C. tomentosa*

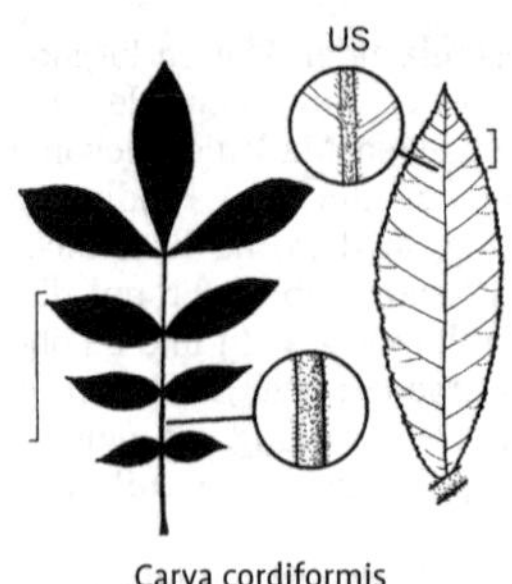

Carya cordiformis

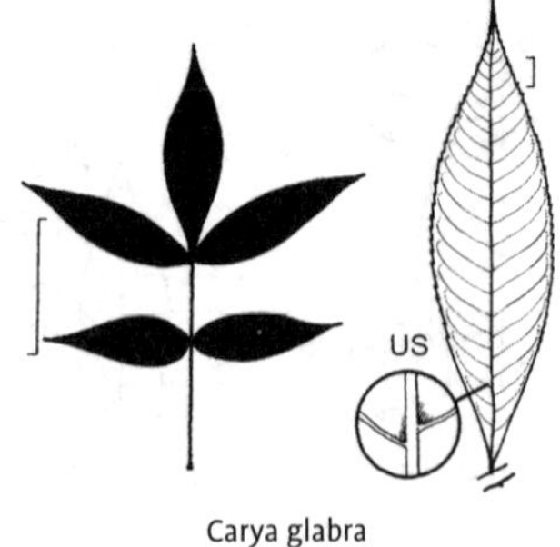

Carya glabra

– Triebe (fast) kahl 5
5 Blätter über 30 cm lang, Endknospe grünlich . . . . *C. laciniosa*
– Blätter höchstens 30 cm lang, Endknospe gelblich. . . . . *C. cordiformis*

C. alba (L.) Nutt. = *C. ovata*
C. alba (L.) K. Koch = *C. tomentosa*
C. amara (F. Michx.) Nutt. = *C. cordiformis*

Carya cordiformis (Wangenh.) K. Koch, Bitternuss, Bittere Hickory

Habitus: Bis 50 m hoher Baum, Borke grau oder bräunlich, sich oft in dünnen, muschelartigen Schuppen ablösend, Triebe schmutziggrün, anfangs rostbraun behaart, später kahl und bräunlich glänzend, Endknospen durch Drüsenschuppen schwefelgelb bis gelbbraun.
Blätter: 15–40 cm lang, Blättchen (5–)7–9(–13), 3–19 cm lang, eiförmig-lanzettlich, selten leicht sichelförmig gebogen, zugespitzt, gesägt, oberseits mittelgrün und kahl, unterseits hellgrün und anfangs, vor allem auf den Hauptnerven, behaart, Spindel und Stiel zunächst behaart, Herbstfärbung goldgelb.
Früchte: Birnenförmig oder kugelig, 2–3,5 cm lang, zu 2–3, Fruchtschale dünn, meist mit 4 Leisten oberhalb der Mitte, Nuss ± kugelig, zugespitzt, dünnschalig, Samen bitter.
Verbreitung: O-Kanada, NO-, NOZ-, Z- und SO-USA.
Verwendung: Häufig, N, H, WHZ 6b, LB 2.2.2.1.

Carya glabra (Mill.) Sweet, Ferkelnuss, Glattblättrige Hickory

Habitus: 20–30 m hoher Baum Borke dunkelgrau, glatt oder feinrissig oder sich in schmalen Streifen schuppenartig lösend. Zweige und Endknospen oft rötlich braun und leicht glänzend, Triebe kahl oder bald verkahlend. (Polymorphe Art mit variierenden Fruchtformen, Borkenstrukturen und Blattfärbungen).
Blätter: 20–40 cm lang, Blättchen derbledrig, meist zu 5, selten 3 oder 7, eiförmig bis elliptisch oder verkehrteiförmig, 4–21 cm lang, zugespitzt, gesägt, oberseits glänzend gelblich grün, zuletzt beiderseits kahl, nur anfangs auf den Hauptnerven schwach behaart. Herbstfärbung leuchtend gelb, später orange.
Früchte: Oft verkehrt birnenförmig, ± kugelig oder ellipsoid, etwa 2–4,5 cm lang, Fruchtschale glatt, mit meist 4 Trennnähten bis zur Basis, Nuss dünnschalig, ohne Kanten, Samen bitter und adstringierend.
Verbreitung: SO-Kanada, NO-, NOZ- und SO-USA.
Verwendung: Selten, N, H, WHZ 6b, LB 3.1.2.1.

Carya illinoinensis (Wangenh.) K. Koch, Pekannuss, Olivenfrüchtige Hickory

Habitus: 30(–50) m hoher Baum, Borke hellbraun bis grau, tief und unregelmäßig gefurcht. Triebe anfangs behaart, Knospen gelbbraun, behaart.
Blätter: 33–55 cm lang, Blättchen (7–)9–13(–17), eiförmig-lanzettlich, meist ± stark sichelförmig gebogen, zugespitzt, 2–17 cm lang, fein gesägt, oberseits dunkelgrün und kahl, unterseits gelbgrün, zunächst filzig behaart und drüsig, später kahl.
Früchte: Eiförmig-ellipsoid, 3–8 cm lang, zu 3–10, Fruchtschale 2–3 mm dick, die meist 4 geflügelten Trennnähte bis zur Basis herablaufend, Nuss dünnschalig, glatt, hellbraun, dunkel gesprenkelt, Samen süß.
Verbreitung: NOZ-USA, NO-Mexiko.
Verwendung: Selten, N, H. WHZ 6b. LB 2.5.1.1.

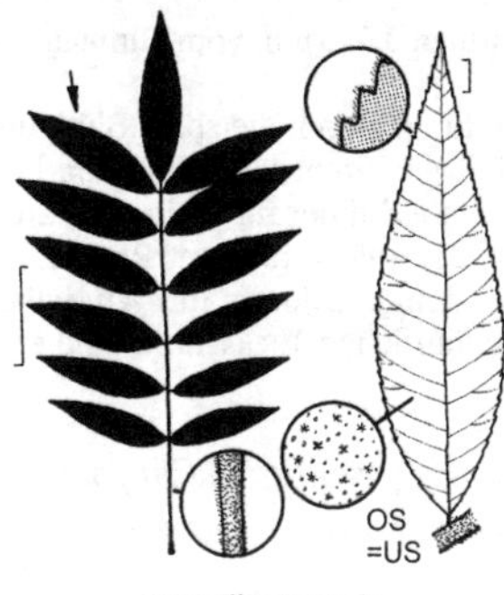

Carya illinoinensis

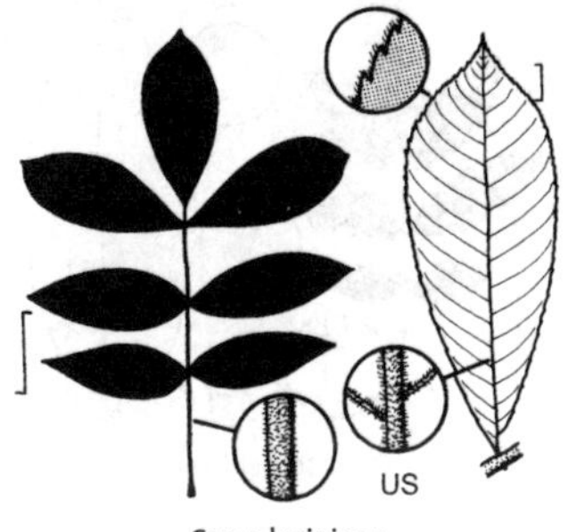

Carya laciniosa

Carya laciniosa (F. Michx.) W.P.C. Barton, Königsnuss, Großfrüchtige Hickory

Habitus: Bis 40 m hoher Baum, Borke leicht grau, sich in Platten und in langen, an beiden Enden abspreizenden Streifen lösend, Triebe dick, anfangs behaart, später kahl und orangebraun, Endknospe auffallend groß.
Blätter: 30–60 cm lang, Blättchen meist 7, selten 5 oder 9, eiförmig oder verkehrteiförmig bis elliptisch, 9–20 cm lang, zugespitzt, gesägt, unterseits behaart, Stiel und Spindel behaart oder kahl.
Früchte: Kugelig oder ellipsoid, 4–6(–7) cm lang, einzeln oder zu 2, Fruchtschale bis 1,3 cm dick, Trennnähte bis zur Basis herablaufend, Nuss dickschalig, zusammengedrückt und deutlich 4-kantig, an beiden Enden spitz, weißlich, gelblich oder rötlich, Samen süß.
Verbreitung: O-Kanada, NO-, NOZ-, Z- und SO-USA.
Verwendung: Selten, N, H, WHZ 6b, LB 4.1.1.1.

C. olivaeformis Nutt. = *C. illinoinensis*
C. ovalis (Wangenh.) Sarg. = *C. glabra*

Carya ovata (Mill.) K. Koch, Schindelborkige Hickory

Habitus: Bis 45 m hoher Baum, Borke grau bis bräunlich, in schindelartigen Platten und Streifen abspreizend, Triebe anfangs behaart, bald kahl und glänzend hellbraun.
Blätter: 20–40 cm lang, Blättchen meist 5, selten 7, eiförmig, verkehrteiförmig oder elliptisch, 4–26 cm lang, zugespitzt, gesägt und unterhalb der Zahnspitzen pinselhaarig,

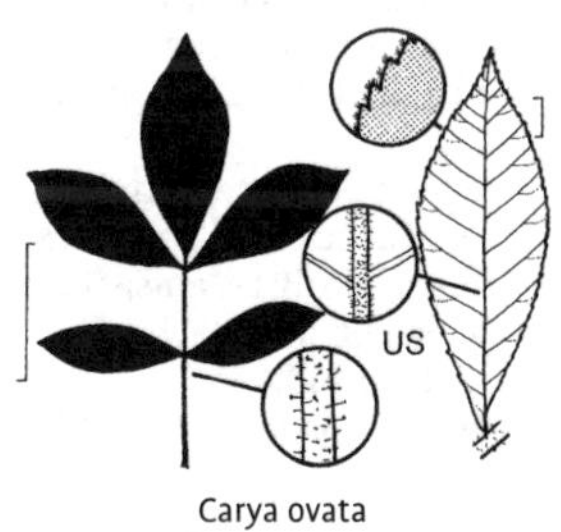

Carya ovata

oberseits kahl, unterseits zunächst drüsig behaart, später kahl, Herbstfärbung goldgelb.
Früchte: Kugelig bis ellipsoid, 2,5–4 cm lang, zu 1–2, Fruchtschale 4–15 mm dick, die Trennnähte bis zur Basis herablaufend, Nuss dickschalig, weißlich, eiförmig, verkehrteiförmig oder ellipsoid, 4-kantig, Samen süß.
Verbreitung: O-Kanada, NO-, NOZ-, Z- und SO-USA, Mexiko.
Verwendung: Selten, N, H, WHZ 6b, LB 6.2.2.1 (2.5.2.1) (4.2.2.1).

C. pecan (Marshall) Engl. et Graebn. = *C. illinoinensis*
C. porcina (F. Michx.) Nutt. = *C. glabra*
C. pubescens (Willd.) Sweet = *C. laciniosa*
C. sulcata Nutt. = *C. laciniosa*

Carya tomentosa (Lam. ex Poir.) Nutt., Spottnuss, Vexiernuss, Filzige Hickory

Habitus: Bis 30 m hoher Baum, Borke flach gefurcht, Triebe stark filzig, im Herbst kahl werdend, Endknospe auffallend groß.
Blätter: 25–30 cm lang, Blättchen 7–9, eiför-

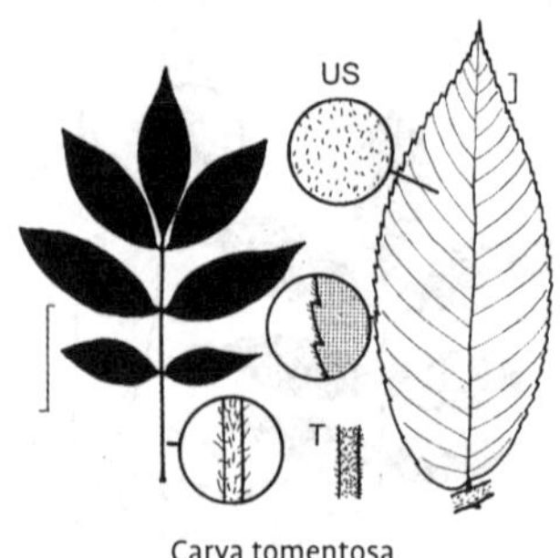

Carya tomentosa

mig bis elliptisch oder verkehrteiförmig, 8–18 cm lang, gesägt, gerieben aromatisch duftend, oberseits dunkelgrün und auf dem Mittelnerv behaart, unterseits gelblich filzig und drüsig behaart, Stiel und Spindel sternhaarig.
Früchte: Kugelig bis birnenförmig, 3,5–5 cm lang, zu 2–3, Fruchtschale 1 mm dick, bis zur Mitte oder nahe der Basis aufspaltend, Nuss dickschalig, leicht abgeflacht, fein gerillt, hellbraun, Samen süß.
Verbreitung: O-Kanada, NO-, NOZ-, Z- und SO-USA.
Verwendung: Selten, N, H, WHZ 6b, LB 6.2.2.1 (4.2.2.1).

Caryopteris Bunge

Bartblume – Lamiaceae

(griechisch *karya* = Steinkern und *pteron* = Flügel)

Habitus: Kleine, sommergrüne Sträucher. Triebe kahl bis graufilzig behaart. Knospen silbrig behaart, Endknospen fehlend.
Blätter: Gegenständig, eiförmig bis linealisch, ganzrandig bis gezähnt, aromatisch duftend.
Blüten: Zwittrig, zygomorph, in Rispen oder Zymen, achsel- oder endständig an diesjährigen Trieben, Krone trichterförmig-glockig, etwa bis zur Mitte in 5 gleiche Zipfel gespalten, nach dem Verblühen größer werdend, Krone blau, lavendelfarben oder weiß, mit kurzer, 5-zipfeliger Röhre, 1 Zipfel breiter und bartartig gefranst, die 4 Staubblätter weit herausragend, Fruchtknoten oberständig.
Früchte: Klausenfrüchte pergamentartighäutig, 3-kantig, 3–4 mm lang, in 4 1-samige Teilfrüchte zerfallend, die 2 mm langen Samen durch einen Längsspalt sichtbar.
Verbreitung: 15 Arten, vom Himalaja bis Japan.
Verwendung: Durch die späte Blüte und die bei Gehölzen seltene blaue Blütenfarbe wertvolle Sommerblüher für Stein- und Steppengärten oder zusammen mit Rosen. Winterliche Bodenabdeckung im Wurzelbereich und ein jährlicher Rückschnitt sind zu empfehlen.

Bestimmungsschlüssel Caryopteris

1 Blätter höchstens bis zur Blattmitte herab gezähnt . . . . *C. ×clandonensis*
– Blätter bis fast zum Grund gezähnt . .*C. incana*

Caryopteris ×clandonensis N.W. Simmonds ex Rehder, Clandon-Bartblume

(*C. incana* × *C. mongholica*)

Habitus: Bis 1,5 m hoher, vieltriebiger, straff aufrecht wachsender Strauch, Triebe grau, fein und kurz behaart.
Blätter: Länglich-lanzettlich bis eiförmig, 5–8 cm lang, Basis abgerundet, zur Spitze hin gleichmäßig schmaler werdend, ganzrandig oder jederseits mit 1–4 groben Zähnen, oberseits matt glänzend graugrün, unterseits grauweiß behaart.
Blüten: 0,7–1 cm lang, in vielblumigen end- und achselständigen Zymen, Krone violettblau, August–September.
Verwendung: Häufig (in Sorten), B, D, Bi, WHZ 6b, LB 6.1.1.1 (gilt für die kultivierten Sorten).

'Arthur Simmonds'. Typus der Hybride mit den oben beschriebenen Eigenschaften. Weniger frosthart als andere Sorten und deshalb bei uns kaum in Kultur.

'First Choise'. Wuchs breit aufrecht, bis etwa 1,2 m hoch. Blüten tief violettblau, sehr zahlreich.

Grand Bleu ('Inoveris'). Wuchs steif aufrecht, dicht verzweigt, bis 0,9 m hoch. Blüten violettblau, ziemlich klein, zahlreich.

'Heavenly Blue'. Wuchs gedrungener und straffer aufrecht als 'Arthur Simmonds'. Blüten tiefblau.

Hint of Gold ('Lisaura'). Wuchs buschig aufrecht. Blätter im Austrieb goldgelb, später hell grünlich gelb. Blüten hellblau.

'Kew Blue'. Sämling von 'Arthur Simmonds'. Blätter stark silbrig behaart. Blüten hell- bis lavendelblau.

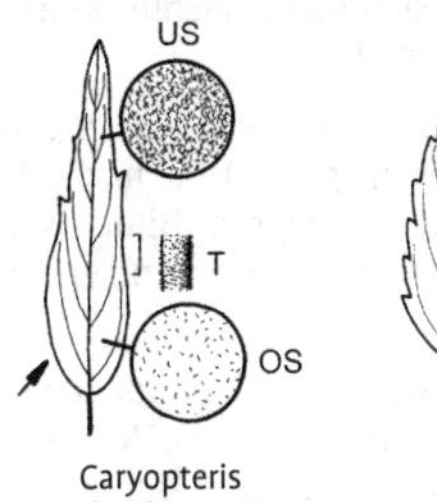

Caryopteris ×clandonensis

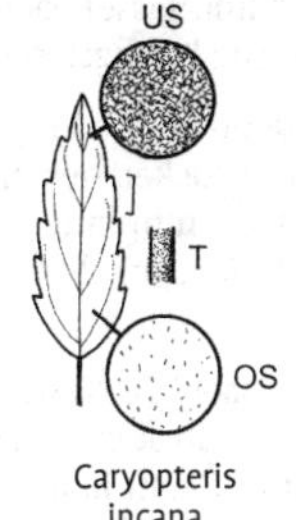

Caryopteris incana

'Summer Sorbet'. Wuchs breit aufrecht, bis etwa 0,9 m hoch. Blätter gelbgrün gerandet. Blüten hell violettblau, ziemlich klein.

Caryopteris incana (Thunb. ex Houtt.) Miq., Graufilzige Bartblume

Habitus: 0,5–1(–2) m hoher Strauch, Triebe, Blütenstände und Blattunterseiten kurz graufilzig behaart.
Blätter: Eiförmig bis länglich-eiförmig, 2,5–7 cm lang, spitz oder stumpf-spitzig, Basis breit keilförmig, von der Mitte an schmaler werdend, jederseits mit 3–8 groben Zähnen, oberseits stumpfgrün, flaumig behaart, stark aromatisch duftend.
Blüten: 7–10 mm lang, in dichten, achselständigen Zymen, Krone violettblau, August–September.
Verbreitung: China, Korea, Japan, Taiwan.
Verwendung: Häufig, B, D, Bi, WHZ 7a, LB 6.1.1.6.

C. tangutica Maxim. = *C. incana*

Cassiope D. Don

Schuppenheide – Ericaceae
(lateinisch *Cassiope* = in der griechischen Mythologie die Mutter der Andromeda)

Habitus: Immergrüne Zwergsträucher, oft mattenförmig wachsend, Zweige niederliegend bis aufsteigend.
Blätter: Sehr klein, 3–5 mm lang, meist 4-zeilig und dicht dachziegelig angeordnet (bei *C. hypnoides* wechselständig), als Rollblätter (Blattränder nach unten umgeschlagen) ausgebildet, Rückenfurche deutlich ausgebildet oder fehlend.
Blüten: Zwittrig, radiär, einzeln, end- oder achselständig, glockig bis breit becherförmig, Krone weiß, oft rosa oder rot getönt, Kronblätter miteinander verwachsen, mit 4–5

Cassiope fastigiata

Cassiope lycopodioides

aufrechten oder zurückgeschlagenen Zipfeln, Kelchblätter meist rot gefärbt, Staubblätter 8–10, Griffel am Grund verdickt, Fruchtknoten 4- bis 5-fächrig.
Früchte: Kapseln kugelig bis breit eiförmig, 3–4 mm groß, Samen zahlreich, sehr klein.
Verbreitung: 12 Arten, zirkumpolar und im Himalaja.
Verwendung: Zierliche, oft nicht leicht zu kultivierende Zwergsträucher für kühle und feuchte, torfreiche, sandig-steinige, saure Böden und helle Plätze mit diffusem, wanderndem Schatten, für Stein- und Troggärten oder in Verbindung mit Zwerg-Rhododendron.

Bestimmungsschlüssel Cassiope

1 Blätter auf der Rückseite deutlich gefurcht/gekielt 2
– Blätter ohne Furchen auf der Rückseite 3
2 Blattspitzen anliegend, Saum der Furche bewimpert . . . . *C. fastigiata*
– Blattspitzen abstehend, Saum der Furche kahl . . . . *C. tetragona*
3 Wuchs niederliegend, nur 3–5 cm hoch . . . . *C. lycopodioides*
– Wuchs ausgebreitet-aufsteigend, 15–30 cm hoch . . . . *C. mertensiana*

Cassiope fastigiata (Wall.) D. Don, Himalaja-Schuppenheide

Habitus: Bis 0,25 cm hoch, buschig, dicht verzweigt, Zweige aufrecht.
Blätter: Lanzettlich, 3–4 mm lang, sitzend, 4-zeilig und dachziegelig angeordnet, dunkelgrün, Saum silbrig-häutig und fein bewimpert.
Blüten: Glockig, 6–9 mm breit, Zipfel zurückgeschlagen, einzeln, achselständig, leicht nickend, Krone weiß, Kelchzipfel 5, schmal lanzettlich, April–Mai.
Verbreitung: Himalaja.
Verwendung: Selten, B, WHZ 5a, LB 8.1.4.7.

Cassiope lycopodioides (Pall.) D. Don, Bärlappähnliche Schuppenheide

Habitus: Bis 0,1 m hoch, niederliegend, ausgebreitete Matten bildend, Zweige dünn, dicht belaubt.

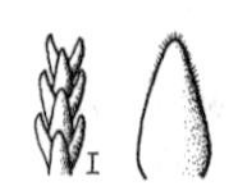
Cassiope mertensiana

Cassiope tetragona

Blätter: Eiförmig, 1,5–2 mm lang, Rand transparent, 4-zeilig und dicht dachziegelig stehend, oberseits konkav und bläulich, Rückseite gekielt und kahl.
Blüten: Röhrig-glockig, 8 mm lang, nickend, achselständig auf fadenförmigem, 1,5–3 cm langem Stiel, Krone weiß, Kronzipfel 4–6, Mai–Juni.
Verbreitung: Alaska, Russ. Ferner Osten, Japan.
Verwendung: Sehr selten, B, WHZ 5a, LB 8.1.4.7.

Cassiope mertensiana (Bong.) D. Don, Weiße Schuppenheide

Habitus: 0,15–0,3 cm hoch und breit, reich verzweigt, Zweige aufrecht bis ausgebreitet.
Blätter: Eiförmig bis lanzettlich, zu einer stumpfen Spitze verschmälert, 4 mm lang, 4-zeilig und dachziegelig angeordnet, Rückseite stark gekielt.
Blüten: Glockig, 6–8 mm breit, Krone weiß, Kronzipfel 5, zurückgeschlagen, nickend, achselständig auf 12 mm langem Stiel, Krone weiß, Kronzipfel 4–6, Staubblätter sehr kurz, April.
Verbreitung: Alaska, W-Kanada, NW-USA.
Verwendung: Sehr selten, B, WHZ 5a, LB 1.1.4.7 (8.1.5.7).

Cassiope tetragona (L.) D. Don, Vierkantige Schuppenheide

Habitus: Bis 0,3 m hoch und breit, reich verzweigt, Zweige niederliegend bis aufrecht.
Blätter: Länglich-lanzettlich, 3-kantig, 3–5 mm lang, derbledrig, 4-zeilig und dachziegelig angeordnet, Rückseite deutlich gefurcht.
Blüten: Glockig, 5–6 mm lang, nickend, auf kurzem Stiel, achselständig, Krone weiß bis hellrosa, Kronzipfel 4–5, März–April.
Verbreitung: N-Europa, Russ. Ferner Osten, Sibirien, Alaska, N-Kanada, Grönland.
Verwendung: Sehr selten, B, WHZ 5a, LB 1.1.4.7 (8.1.5.7).

In der Gartenkultur werden Hybriden nicht selten den Arten vorgezogen, sie blühen reicher und lassen sich meist leichter kultivieren. Die häufigsten sind:

'Badenoch' (*C. lycopodioides* × *C. fastigiata*). Wuchs locker, nestartig, bis 0,1 m hoch. Blätter bis 3 mm lang, mittelgrün. Blüten weiß, zahlreich, an dünnen, fadenförmigen Trieben.

'Beardsen' (*C. fastigiata* × *C. lycopodioides*). Wuchs locker aufrecht, bis 0,15 m hoch. Blätter 3 mm lang, mittelgrün. Blüten weiß, sehr zahlreich.

'Edinburgh' (*C. fastigiata* × *C. tetragona* var. *saximontana*). Wuchs straff aufrecht, bis 0,3 m hoch. Blätter locker dachziegelig, tiefgrün. Blüten zahlreich, weiß, bis zu 12 dicht gedrängt an den Triebspitzen.

'Muirhead' (*C. wardii* × *C. lycopodioides*). Wuchs aufrecht, dichtbuschig. Blüten groß, cremeweiß. Gilt als schönste und besonders reich blühende Hybride.

Castanea Mill.

Kastanie – Fagaceae

(lateinisch *castaneae nuces* = Esskastanien, Maronen)

Habitus: Sommergrüne Bäume, selten hohe Sträucher, Borke ± tief längsrissig, eichenartig, Zweige dick, ± kantig, olivgrün bis braun, mit helleren Lentizellen, Knospen ei- bis kegelförmig, 5–6 mm groß, Endknospe fehlend, äußere Knospenschuppen 2–4, Blattnarben abgerundet 3-eckig, mit mehreren, undeutlichen Bündelnarben.
Blätter: Wechselständig, an aufrechten Trieben schraubig, an abstehenden ± 2-zeilig, länglich-lanzettlich bis schmal eiförmig, mit zahlreichen, parallel verlaufenden Nerven, meist grob gezähnt, Nebenblätter 1 cm lang, im Frühsommer abfallend.
Blüten: 1-geschlechtig, 1-häusig verteilt, radiär, unscheinbar, in köpfchenartigen Teilblütenständen, die zu 15–20 cm langen Infloreszenzen vereinigt sind, ♂ Blüten mit 8–12 lang gestielten, weißen Staubblättern, ♀ Blüten einzeln oder zu 2–3 in Teilblütenständen an der Basis des Blütenstandes, Fruchtknoten meist 6-fächrig (gelegentlich 5- bis 8-fächrig), unterständig, mit 5–8 Narben, in jedem Fruchtfach 2 Samenanlagen, Blüten riechen intensiv nach Trimethylamin, sie werden von Käfern bestäubt.
Früchte: Nüsse glatt, einseitig abgeflacht,

1–3 cm groß, mit lederartiger, dunkelbrauner Fruchtwand, von einem 2,5–10 cm breiten, stacheligen, 4-klappig oder unregelmäßig aufspringenden Fruchtbecher umgeben, Nüsse essbar.
Verbreitung: 8 Arten in der nördl. gemäßigten Zone, davon 1 Art in Europa.
Verwendung: Meist prächtige, großkronige, spät austreibende, langlebige Parkbäume. Nur in sommerwarmen Lagen reifen die essbaren Früchte von *C. sativa* aus.

Bestimmungsschlüssel Castanea

1 Blätter oberseits glänzend 2
– Blätter oberseits matt 3
2 Blätter unterseits behaart, 3–5 cm breit . . . . *C. crenata*
– Blätter unterseits kahl, 5–9 cm breit. . *C. sativa*
3 Blätter unterseits filzig behaart, 3–5 cm breit . . . . *C. pumila*
– Blätter unterseits (fast) kahl, bis 8 cm breit . . . . *C. dentata*

C. americana (Michx.) Raf. = *C. dentata*

Castanea crenata Siebold et Zucc., Japanische Kastanie

Habitus: 10–20 m hoher Baum, Triebe schorfig und dicht behaart, bald kahl.
Blätter: Länglich-lanzettlich, 8–18 cm lang, zugespitzt, Basis keilförmig oder schief abgerundet, kerbig gezähnt, oberseits glänzend dunkelgrün, unterseits zunächst graufilzig behaart, mindestens auf den Hauptnerven bleibend behaart, Stiel 1–1,5 cm lang.
Früchte: Kugelig, 4–8 cm breit, Nüsse zu 1–4, 2–3 cm dick, bei selektierten Klonen 3,5–4 cm dick.
Verbreitung: Japan.
Verwendung: Sehr selten, N, ♧, WHZ 6b, LB 7.2.2.4.

Castanea dentata (Marshall) Borkh., Amerikanische Kastanie

Habitus: 30–35(–40) m hoher Baum, Krone weniger ausladend als bei *C. sativa*, Triebe und Winterknospen kahl oder anfangs leicht schorfig.
Blätter: Schmal länglich, 15–25 cm lang, zugespitzt, Basis keilförmig bis abgerundet, grannenartig grob gezähnt, oberseits mattgrün, unterseits heller, beiderseits kahl, Stiel 1 cm lang.
Früchte: Kugelig, 5–6 cm breit, zu 1–2. Nüsse meist zu 2–3, 2–2,5 cm dick.
Verbreitung: O-Kanada, NO-, NOZ- und SO-USA, in ihrem Verbreitungsgebiet weitgehend durch den aus O-Asien eingeschleppten Pilz *Endothia parasitica* ausgerottet.
Verwendung: Sehr selten, N, ♧, WHZ 5b, LB 3.2.3.1.

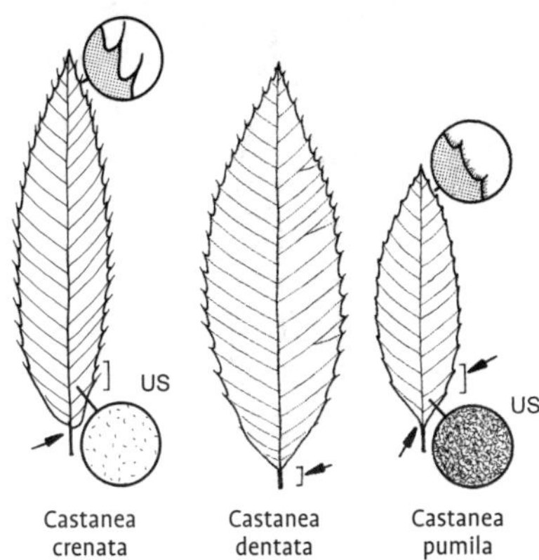

Castanea crenata Castanea dentata Castanea pumila

C. japonica Blume = *C. crenata*
C. pubinervis C.K. Schneid. = *C. crenata*

Castanea pumila (L.) Mill., Pennsylvanische Kastanie

Habitus: Meist strauchförmig wachsend oder kleiner, bis 15 m hoher Baum, Triebe rotbraun, bleibend kurz filzig behaart.
Blätter: Länglich-eiförmig bis verkehrteiförmig, 7–12 cm lang, spitz, Basis keilförmig bis rundlich, Rand mit kurzen, 3-eckigen oder grannenartigen Zähnen, oberseits dunkelgrün, unterseits bleibend grauweiß-filzig behaart.
Früchte: Bis 4 cm breit, Steinkern meist einzeln, eiförmig, zugespitzt, 2,5 cm lang.
Verbreitung: NO-, NOZ- und SO-USA.
Verwendung: Sehr selten, WHZ 6a, LB 6.2.2.4 (4.1.2.4).

Castanea sativa Mill., Essbare Kastanie, Marone

Habitus: Bis 30 m hoher Baum, Krone breit ausladend und hoch gewölbt, Stamm oft drehwüchsig, Borke tief längsrissig, Triebe anfangs filzig, bald kahl und rotbraun.
Blätter: Länglich-lanzettlich, 12–25 cm lang, Spitze lang ausgezogen, Basis keilförmig bis schwach herzförmig, grob grannenspitzig gezähnt, oberseits glänzend dunkelgrün, un-

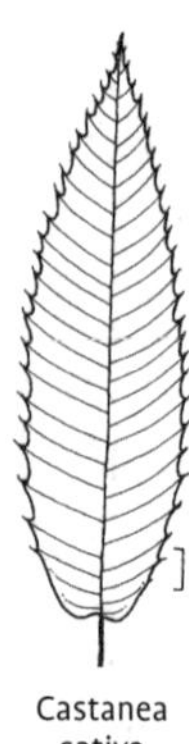
Castanea sativa

terseits blassgrün, nur anfangs ± behaart, Stiel 1,5–2,5 cm lang.
Früchte: Gelblich grün, 6–8 cm breit, zu 1–5, Nüsse zu 1–5(–7), 2–3 cm breit.
Verbreitung: S- und SO-Europa, Türkei, Kaukasien, N-Iran, N-Afrika, vor mehr als 2000 Jahren durch die Römer nördl. der Alpen eingeführt.
Verwendung: Sehr häufig, N, ♣, Bi, WHZ 6b, LB 6.2.2.1 (4.2.2.1).

C. vesca Gaertn. = *C. sativa*
C. vulgaris Lam. = *C. sativa*

Catalpa Scop.

Trompetenbaum – Bignoniaceae
(von englisch *catalpa*, welches aus dem in Georgia und Carolina gebräuchlichen indianischen Volksnamen *kutuhlpa* abgeleitet wurde)

Habitus: Sommergrüne, ziemlich sparsam verzweigte, breitkronige Bäume, Zweige meist dick und steif, die Knoten deutlich verdickt, Knospen 2–3 mm lang, mit mehreren, ± undeutlichen Knospenschuppen, Endknospe fehlend, Blattnarben 5–8 mm lang, kreisförmig bis elliptisch, mit zahlreichen deutlichen, ringförmigen oder elliptischen Gefäßbündelspuren.
Blätter: Gegenständig oder zu 3 in Quirlen, lang gestielt, groß, eiförmig, ganzrandig oder schwach gelappt, in den Nervenwinkeln der Blattunterseite teilweise mit violetten bis rötlichen Drüsenflecken, ± auffallend riechend.
Blüten: Zwittrig, zygomorph, in endständigen Rispen oder Trauben, Kelch anfangs geschlossen, später unregelmäßig oder 2-lappig aufreißend, Kronröhre schief glockig, 5-lappig, mit 2 kleineren Lappen oben und 3 größeren unten, Saum wellig kraus, von den 5 Staubblättern nur 2 fruchtbar, Griffel an der Spitze 2-lappig, Fruchtknoten 2-fächrig, oberständig.
Früchte: Kapseln hängend, stielrund oder leicht abgeflacht, 20–40 cm lang, 4–12 mm breit, sich 2-klappig öffnend, oft lange haftend, Samen zahlreich, 2–5 cm lang, bandförmig, an beiden Enden mit haarig ausgefransten Flügeln.
Verbreitung: 10 Arten in O-Asien, Amerika und der Karibik
Verwendung: Großblättrige Park- und Gartenbäume für tiefgründige Böden, sie entfalten ihre großen Blüten erst im Juni–Juli.

Bestimmungsschlüssel Catalpa

1 Blätter gerieben unangenehm riechend ...... *C. bignonioides*
– Blätter ohne auffallenden Geruch 2
2 Blätter beiderseits kahl 3
– Blätter (zumindest unterseits entlang der Nerven) behaart (Lupe!) 4
3 Blätter unterseits in untersten Nervenwinkeln mit dunklen Flecken, Knospen mit Kristallen . *C. fargesii*
– Blätter und Knospen andersartig .... *C. bungei* var. *bungei*
4 Blätter unterseits flächig behaart .... *C. speciosa*
– Blätter unterseits (fast) nur entlang der Nerven und auf den Nerven behaart 5
5 Blätter deutlich 3-lappig, im Austrieb grün ... *C. ovata*
– Blätter eiförmig, höchstens leicht 3-lappig, im Austrieb dunkelpurpurn .... *C. ×erubescens*

Catalpa bignonioides Walter, Gewöhnlicher Trompetenbaum

Habitus: 15–18 m hoher Baum, Stamm meist kurz und dick, Krone unregelmäßig breit ausladend, Borke hellbraun, dünn.
Blätter: Eiförmig, 10–20 cm lang, kurz zugespitzt, ganzrandig, Basis gestutzt oder schwach herzförmig, selten etwas gelappt, oberseits dunkelgrün, unterseits hellgrün, ± dicht kurz und weich behaart, gerieben unangenehm riechend.
Blüten:, In 10–15 cm langen, lockeren, vielblütigen Rispen, Krone reinweiß, im Schlund mit purpurnen Flecken und 2 gelben Längsstreifen, 3–5 cm lang, Saum sehr schief, Juni–Juli.
Früchte: Meist zahlreich, bis 40 cm lang, 5–7 mm dick, dünnwandig.
Verbreitung: SO-USA.
Verwendung: Sehr häufig (mit Einschrän-

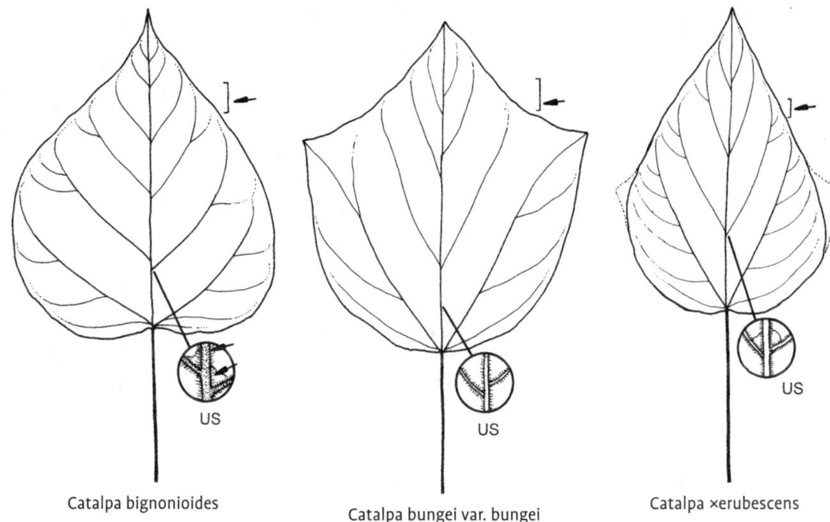

Catalpa bignonioides   Catalpa bungei var. bungei   Catalpa ×erubescens

kungen als Stadtstraßenbaum geeignet), N, B, ♧, Bi, WHZ 6b, LB 2.4.1.3.

'Aurea'. Wuchs schwächer als bei der Art. Blätter im Austrieb goldgelb, später ± stark vergrünend.

'Nana'. Meist hochstämmig veredelt, dann 4–8 m hoch, Krone kompakt, dicht verzweigt, im Alter abgeflacht kugelig, 4–7(–12) m breit. Blätter viel kleiner als bei der Art.

Catalpa bungei C.A. Mey. **var. bungei**, Bunges Trompetenbaum

Habitus: 10(–15) m hoher Baum.
Blätter: Eiförmig-3-eckig bis trapezförmig, 6–15 cm lang, lang zugespitzt, Basis gestutzt oder keilförmig, kahl oder anfangs unterseits auf den Nerven behaart, oberseits dunkelgrün, unterseits heller.
Blüten: Zu 3–12, Krone rosa bis weiß, innen purpurbraun und gelb gefleckt, 3–3,5 cm lang.
Früchte: 30–50(–100) cm lang.
Verbreitung: N-China.
Verwendung: Selten, N, B, WHZ 6b, LB 6.3.2.3.

var. heterophylla C.A. Mey. Blätter 3-eckig, schwanzförmig zugespitzt, Basis keilförmig, unregelmäßig gelappt oder gezähnt, selten ganzrandig. Blüten weniger zahlreich als bei var. *bungei* und in kleineren Ständen.

C. bungei hort. = *C. bignonioides* 'Nana'
C. catalpa (L.) Karst. = *C. bignonioides*
C. cordifolia St-Hill. = *C. speciosa*
C. duclouxii Dode = *C. fargesii* fo. *duclouxii*

Catalpa ×erubescens Carrière, Purpurblättriger Trompetenbaum
(*C. bignonioides* × *C. ovata*)

Habitus: 15–18 m hoher Baum, Krone breit ausladend bis kegelförmig, Rinde graubraun, tief gefurcht.
Blätter: Breit eiförmig oder leicht 3-lappig, bis 30 cm lang, dünn, beiderseits entlang der Nerven behaart, im Austrieb dunkelpurpurn, später allmählich vergrünend.
Blüten: In lockeren, bis 30 cm langen, reichblütigen Rispen, Krone weiß, gelblich getönt und purpurn gefleckt, August.
Früchte: Bis 40 cm lang, Samen taub.
Verwendung: Häufig, B, WHZ 6b, LB 2.3.1.3.

'Purpurea'. Blätter etwa 8 cm lang, im Austrieb fast schwärzlich rot.

Catalpa fargesii Bureau, Farges' Trompetenbaum

Habitus: Bis 20 m hoher Baum, junge Triebe sternhaarig, später kahl und bräunlich.
Blätter: Elliptisch-eiförmig bis 3-eckig-herzfömig, 9–14 cm lang, lang zugespitzt, Basis

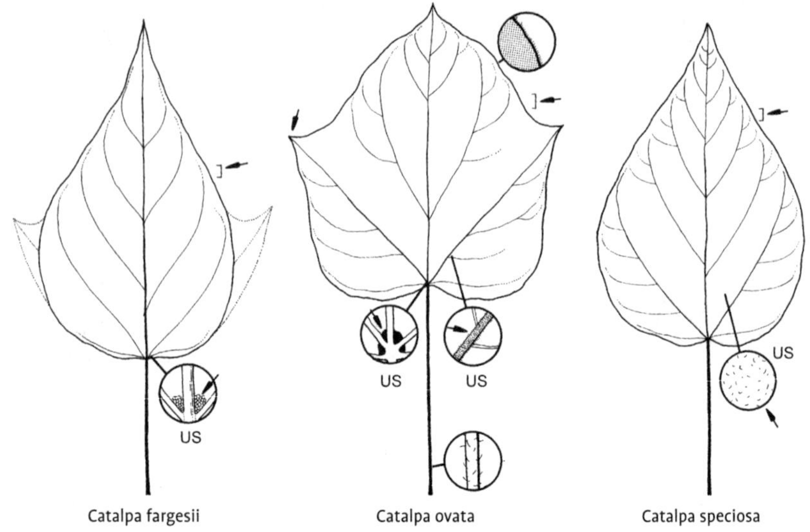

Catalpa fargesii Catalpa ovata Catalpa speciosa

abgerundet oder leicht herzförmig, ganzrandig oder mit 1–2 Lappen in Nähe der Basis, oberseits spärlich, unterseits dicht gelblich filzig behaart.
Blüten: Zu 7–16 in Doldentrauben, Krone rosa, innen braun und gelb punktiert, 3,5 cm lang, Juni.
Früchte: 30–50 cm lang, dünn.
Verbreitung: China: Hubei, Sichuan.
Verwendung: Sehr selten, B, WHZ 6b, LB 6.3.2.2.

fo. duclouxii (Dode) Gilmour. Blätter spitz eiförmig, 10–20 cm lang, in eine lange Spitze ausgezogen, beiderseits kahl, in den Nervenwinkeln rötliche Drüsenflecken. Blüten violettpurpurn. Kapseln bis 80 cm lang. M- und W-China.

C. henryi Dode = *C. ovata*
C. ×hybrida Späth = *C. ×erubescens*
C. kaempferi (DC.) Siebold et Zucc. = *C. ovata*

Catalpa ovata G. Don, Kleinblütiger Trompetenbaum

Habitus: 10–15 m hoher Baum, Krone weit ausladend, Triebe bräunlich, gelegentlich spärlich behaart.
Blätter: Breit eiförmig, 10–25 cm lang, ganzrandig oder mit 1–5 basalen Lappen, plötzlich zugespitzt, oberseits dunkelgrün, unterseits heller und kurzhaarig, mindestens auf den Nerven, oberseits in den Nervenwinkeln am Blattgrund deutliche violette Drüsenflecken.
Blüten: In 10–25 cm langen Rispen, Krone weiß, auf der Innenseite mit violetten Punkten und 2 anfangs gelben, später rotbraunen Streifen, 1,5–2,5 cm lang, am Saum gekräuselt, Juli.
Früchte: 20–40 cm lang, 8 mm dick.
Verbreitung: W-China.
Verwendung: Häufig, B, ♧, WHZ 6b, LB 6.4.1.3.

Catalpa speciosa (Warder ex Barney) Engelm., Prächtiger Trompetenbaum

Habitus: 20–30 m hoher Baum, Krone schlank kegelförmig, Borke dunkelgrau, dick, tief gefurcht.
Blätter: Eiförmig bis länglich-eiförmig, 15–30 cm lang, lang zugespitzt, Basis gestutzt oder herzförmig, ganzrandig, selten mit 1–2 basalen Lappen, oberseits dunkelgrün und kahl, unterseits dicht behaart, ohne auffallenden Geruch.
Blüten: Zu wenigen in bis 15 cm langen, sehr lockeren Rispen, duftend, Krone weiß, innen mit 2 gelben Streifen und sehr kleinen, purpurnen Flecken, 4–6 cm lang, Saum wenig schief, Juni.
Früchte: Wenig zahlreich, 20–40 cm lang, 8–15 mm dick, dickwandig.
Verbreitung: NO-USA.

Verwendung: Häufig, N, B, ♣, WHZ 6b, LB 2.5.2.2.

C. sutchuensis Dode = *C. fargesii* fo. *duclouxii*
C. syringifolia Sims = *C. bignonioides*
C. teasii Dode = *C. ×erubescens*
C. vestita Diels = *C. fargesii*

Ceanothus L.

Säckelblume – Rhamnaceae

(griechisch *keanothos* = distelförmige Sippe unbekannter Herkunft)

Habitus: Immer- oder sommergrüne, oft sparrig verzweigte Sträucher, in der Heimat auch als kleine, bis 8 m hohe Bäume, Zweige leicht kantig, rotbraun, verkahlend, Knospen 3–4 mm lang, außen von geschwänzten, braunen Stipelschuppen umgeben, die inneren Knospenschuppen kürzer und silbrig behaart, Endknospen fehlend, Blattnarben oval bis kreisrund.
Blätter: Meist wechselständig, gelegentlich auch gegenständig, weich und blassgrün bis ledrig und glänzend dunkelgrün, gesägt oder ganzrandig, vom Grund an 1- bis 3-nervig, Nebenblätter klein, hinfällig.
Blüten: Zwittrig, radiär, klein, 5-zählig, in end- oder achselständigen Trugdolden, Ähren oder Rispen, Kelchblätter oft gefärbt, Kronblätter genagelt, kapuzenartig, Staubblätter 5, Fruchtblätter 3, verwachsen, Diskus ringförmig.
Früchte: Kapseln 5–8 mm breit, kugelig oder kreiselförmig, oben abgeflacht, 3-fächrig, trocken, vom bleibenden Kelchbecher umhüllt, zur Reife in 3 Teile zerfallend.
Verbreitung: 55 Arten, vorwiegend in Küstenregionen des westl. N-Amerika, südlich bis Mexiko und Guatemala.
Verwendung: In M-Europa sind nur 1 Art und wenige Hybriden ausreichend frosthart. Es sind reizende Sommerblüher für warme, sonnige Lagen. Ratsam sind eine winterliche Bodenabdeckung im Wurzelbereich und ein regelmäßiger, kräftiger Rückschnitt im Frühjahr.

Bestimmungsschlüssel Ceanothus

(weitere Bestimmung nur im blühenden Zustand möglich)

1 Blüten reinweiß . . . . *C. americanus*
– Blüten rosa, rosé oder blau 2

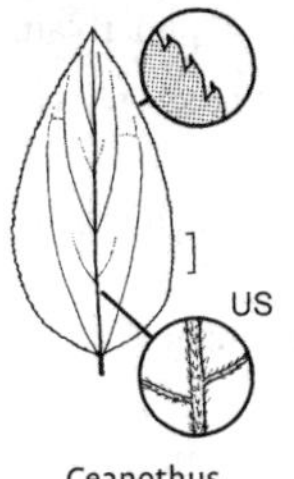

Ceanothus americanus

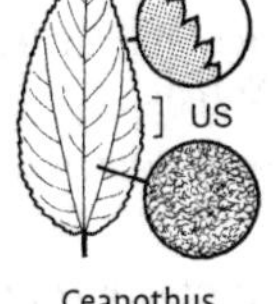

Ceanothus ×delilianus

2 Blüten rosa oder rosé, Blätter unterseits nur auf Hauptnerven behaart . . . . *C. ×pallidus*
– Blüten blau, Blätter unterseits flächig behaart . . . . *C. ×delilianus*

Ceanothus americanus L., Amerikanische Säckelblume

Habitus: Sommergrüner, etwa 1 m hoher Strauch mit aufrechten, schlanken, rötlichen oder bräunlichen Zweigen, junge Triebe behaart.
Blätter: Eiförmig bis länglich-eiförmig, 3–8 cm lang, abgerundet bis zugespitzt, Basis abgerundet, fein gesägt, oberseits lichtgrün, unterseits etwas behaart.
Blüten: In großen, zusammengesetzten Thyrsen, end- und achselständig an diesjährigen Trieben, Krone weiß, Juni–Juli.
Verbreitung: O-Kanada, NO-, NOZ- und SO-USA.
Verwendung: Häufig, B, WHZ 6a, LB 4.2.2.6 (9.3.2.6).

Ceanothus ×delilianus Spach, Französische Hybrid-Säckelblume

(*C. americanus* × *C. coeruleus*)

Habitus: Immergrüner (oder nur sommergrüner), bis 5 m hoher Strauch, durch regelmäßigen Rückschnitt meist niedriger bleibend.
Blätter: Elliptisch bis länglich-eiförmig, 4–8 cm lang, zugespitzt, oberseits dunkelgrün, unterseits behaart.
Blüten: In großen, end- und achselständigen Rispen, Krone blau, Juli–Oktober.
Verwendung: Häufig, B, WHZ 6b, LB 9.1.1.6.

Zu dieser Hybridgruppe werden die blau blühenden Gartenformen gestellt. Am häufigsten in Kultur ist 'Gloire des Versailles'.

'Charles Détriché'. Blüten kräftig dunkelblau.

'Gloire des Versailles'. Blüten puderblau.

'Henri Désfossé'. Blüten dunkel- bis violettblau, in großen Rispen.

'Indigo'. Blüten tief indigoblau, dunkelste aller Sorten.

'Topaze'. Blüten zart indigoblau.

Ceanothus ×pallidus Lindl., Hybrid-Säckelblume

(*C. ×delilianus* × *C. ovatus*)

Habitus: Sommergrüne, meist vieltriebige, bis 1,5 m hohe Sträucher.
Blätter: Breit eiförmig.
Blüten: In dichten, kegelförmigen, vielblütigen Rispen, Krone rosa, Juli–Oktober.
Verwendung: Häufig, B, WHZ 6b, LB 9.2.1.6.

Zu dieser Hybridgruppe werden die rosa blühenden Formen gestellt, wichtigste Sorte ist 'Marie Simon'.

'Ceres'. Blüten lila bis blassrosa.

'Marie Simon'. Blüten blassrosa, in dichten, konischen, endständigen, vielblütigen Rispen, Juli–September.

'Perle Rose'. Blüten karmin- bis erdbeerrosa, in endständigen, dichten, konischen bis rundlichen Rispen, Juli–Oktober.

'Plenus'. Blüten weiß, gefüllt, in der Knospe rosa.

Cedrela sinensis A. Juss. = *Toona sinensis*

Celastrus L.

Baumwürger – Celastraceae

(griechisch *kelastra*, *kelastron*, *kelastros* = immergrüner Baum, gedeutet als Stechpalme)

Habitus: Überwiegend sommergrüne, linkswindende Lianen, seltener Sträucher, Zweige stielrund oder kantig, mit zahlreichen, hellen Lentizellen, Mark voll oder gekammert, Knospen 2–4 mm lang, eiförmig bis länglich-eiförmig, mit zahlreichen, oft zugespitzten Schuppen.
Blätter: Wechselständig, meist eiförmig, behaart oder kahl, gesägt oder gekerbt, Nebenblätter klein, im Herbst meist gelb.
Blüten: Polygam oder 1-geschlechtig und 2-häusig verteilt, unscheinbar, in achselständigen Zymen oder endständigen Rispen, 3-zählig, Kelch 5-spaltig, Kronblätter abstehend, grünlich gelb bis weiß, Nektarscheibe deutlich ausgebildet, Staubblätter kurz, Griffel mit 3-spaltiger Narbe, Fruchtknoten oberständig.

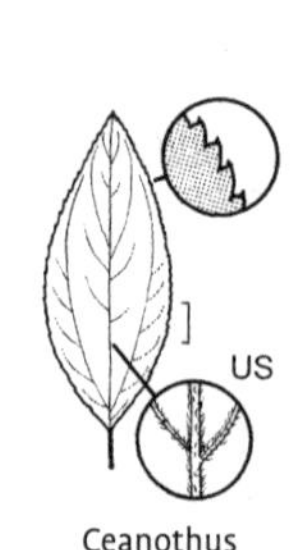

Ceanothus ×pallidus

Celastrus angulatus

Früchte: Kapseln 3-fächrig, ± kugelig, 8–10 mm dick, sich 3-klappig öffnend, gelb oder orange gefärbt, nach der Fruchtöffnung sind die 4–6 mm großen, braunen bis schwarzbraunen, völlig von einem roten Arillus umgebenen Samen sichtbar.
Verbreitung: 31 Arten, vor allem in O- und S-Asien, in Amerika, auf Madagaskar und den Fidschi-Inseln.
Verwendung: Die wenigen kultivierten Arten sind robuste, rasch wachsende Lianen zur Bekleidung von Mauern, Lauben und Pergolen. Die Früchte haften bis weit in den Winter, sie können ein haltbarer Vasenschmuck sein. Ein reicher Fruchtansatz wird meist nur erreicht, wenn Pflanzen beiderlei Geschlechts benachbart sind.

Bestimmungsschlüssel Celastrus

1 Triebe kantig, mit gekammertem Mark . . . . *C. angulatus*
– Triebe rund, mit vollem Mark. 2
2 Blattspreite etwa so lang wie breit, ohne oder mit kurzer Spitze . . . . *C. orbiculatus* var. *orbiculatus*
– Blattspreite fast doppelt so lang wie breit, lang zugespitzt . . . . *C. scandens*

Celastrus angulatus Maxim., Kantiger Baumwürger

Habitus: Bis 7 m hoch windend, Zweige kantig, purpurbraun, Mark gekammert.
Blätter: Breit eiförmig bis rundlich-herzförmig, 10–18 cm lang, kurz zugespitzt, kerbig gesägt, kahl.

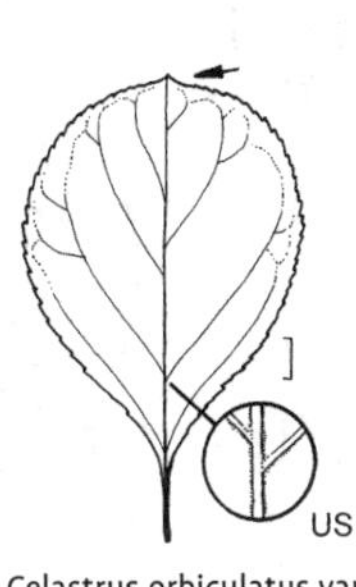

Celastrus orbiculatus var. orbiculatus

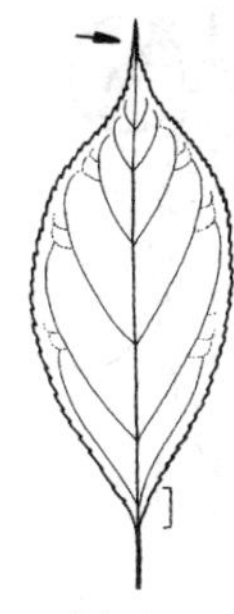

Celastrus scandens

Blüten: 2-häusig verteilt, in endständigen, 10–15 cm langen, hängenden Rispen, Krone grünlich, Stiel 10–15 cm lang, Juni.
Früchte: Kugelig, 1 cm dick, gelb, Arillus rot.
Verbreitung: NW- und M-China.
Verwendung: Selten, ꕥ, H, WHZ 5a, LB 6.4.2.9.

Celastrus orbiculatus Thunb. **var. orbiculatus**, Rundblättriger Baumwürger

Habitus: Bis 12 m hoch windend, Zweige stielrund, hellbraun, Mark voll, weiß.
Blätter: Rundlich bis breit eiförmig, 5–10 cm lang, plötzlich kurz zugespitzt, Basis breit keilförmig, kerbig gesägt, beiderseits blassgrün.
Blüten: Meist 2-häusig verteilt, zu 2–4 in kurzen, achselständigen Zymen, Krone blassgrün, Stiel 1–2,5 cm lang, Juni.
Früchte: Kugelig, 8 mm dick, orangegelb, Arillus scharlachrot.
Verbreitung: Japan, China, Mandschurei, Russ. Ferner Osten.
Verwendung: Sehr häufig, ꕥ, H, Bi, WHZ 5a, LB 7.1.3.9.

var. punctatus (Thunb.) Rehder. Wuchs schwächer, Blätter kleiner, eiförmig-elliptisch bis länglich-elliptisch. O-Asien.

Celastrus scandens L., Amerikanischer Baumwürger

Habitus: Bis 7 m hoch windend, Zweige stielrund, Mark voll.
Blätter: Eiförmig bis länglich-eiförmig, 5–10 cm lang, lang zugespitzt, Basis breit herzförmig, gesägt.
Blüten: In 5–10 cm langen, endständigen Trauben oder Rispen, Krone hellgelb, Stiel 1–2 cm lang, Juni.
Früchte: Kugelig, 8 mm dick, gelb, Arillus karminrot.
Verbreitung: O-Kanada, NO-, NOZ- und SO-USA.
Verwendung: Häufig, ꕥ, WHZ 5a, LB 7.1.3.9.

Celtis L.

Zürgelbaum – Cannabaceae

(griechisch *celthis*, *celtis* = ein in Afrika vorkommendes Gewächs, hier wohl *C. australis*)

Habitus: Sommer- (bei uns ausschließlich) oder immergrüne Bäume, seltener Sträucher, Borke glatt bis tief gefurcht, Triebe kahl oder anfangs behaart, Knospen 2–3 mm lang, den Zweigen anliegend, Knospenschuppen 3–5, Endknospen fehlend.
Blätter: Wechselständig, Basis asymmetrisch, von der Basis an 3-nervig, ganzrandig oder gesägt, Seitennerven zuerst gerade, vor dem Blattrand plötzlich abbiegend.
Blüten: Zwittrig oder 1-geschlechtig und 1-häusig verteilt, unscheinbar, Blütenhülle einfach, 4- bis 6-teilig, ♂ Blüten in kleinen Büscheln an der Basis der diesjährigen Triebe, Staubblätter 5, ♀ Blüten einzeln oder bis zu 3, lang gestielt, blattachselständig, Fruchtknoten 1-fächrig, oberständig.
Früchte: Steinfrüchte eiförmig-kugelig, 0,7–1,2 cm dick, orangerot bis dunkelbraun, Mesokarp ledrig oder mehlig-fleischig, bei einigen Arten essbar, Steinkern 4–8 mm lang, Oberfläche genetzt oder mit 4 schwachen Längsleisten.
Verbreitung: 80 Arten in den nördlichen temperierten Zonen und in den Tropen.
Verwendung: Hitzeverträgliche, trockenresistente Park- und Straßenbäume.

Bestimmungsschlüssel Celtis

1 Blätter deutlich gesägt 3
– Blätter z. T. ganzrandig oder nur mit wenigen Zähnen 2
2 Blattrand bewimpert. . . . . *C. reticulata*
– Blattrand kahl . . . . *C. bungeana*
3 Triebe kahl 4
– Triebe behaart. 5
4 Blätter bewimpert und oberseits behaart. . . . . *C. tournefortii*
– Blätter oberseits und Blattrand kahl, Blattgrund schief . . . . *C. glabrata*
5 Blätter oberseits (fast) glatt 6
– Blätter oberseits durch Warzen oder Haare gegen den Strich sehr rau. 8

6 Blätter oberseits glatt . . . . *C. occidentalis* var. *occidentalis*
– Blätter oberseits etwas rau 7
7 Blattrand bewimpert. . . . . *C. caucasica*
– Blattrand kahl . . . . *C. koraiensis*
8 Blätter oberseits kahl, durch Warzen rau. . . . 9
– Blätter oberseits durch steife Haare rau. . . . 10
9 Blattrand mit etwa 4–5 Zähnen je cm . . . . *C. glabrata*
– Blattrand mit etwa 1–2 Zähnen je cm . . . . *C. laevigata*
10 Blätter höchstens 3,5 cm breit, Blattzähne spitz. . . . . *C. australis*
– Blätter breiter (zumindest viele), Blattzähne stumpf. . . . . *C. tournefortii*

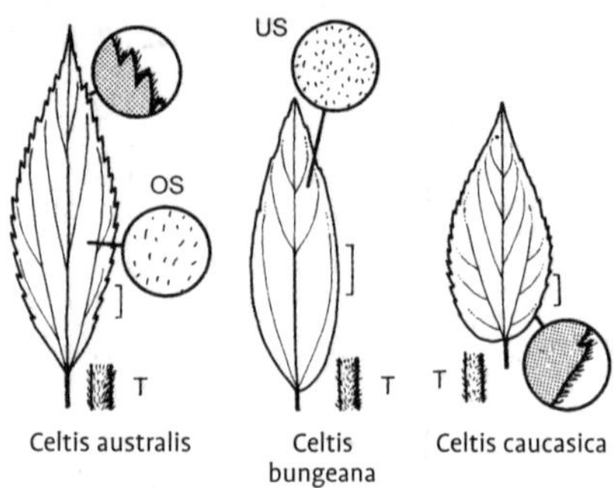

Celtis australis L., Südlicher Zürgelbaum

Habitus: Bis 25 m hoher Baum, Krone breit ausladend, Rinde grau, fast buchenartig glatt, Triebe behaart.
Blätter: Elliptisch-länglich, derb, 5–14 cm lang, lang zugespitzt, Basis schief, breit keilförmig oder abgerundet, fast bis zur Basis scharf gesägt, oberseits dunkelgrün, durch kurze, steife Haare rau, unterseits graugrün und weich behaart, Stiel 0,5–1 cm lang, flaumig behaart.
Früchte: Kugelig, 1–1,2 cm dick, zur Reife dunkelrot, süßlich, essbar, Steinkern mit zahlreichen Vertiefungen, Stiel bis 3 cm lang.
Verbreitung: S-Europa, Madeira, N-Afrika, Türkei, Levante, Kaukasien, Arabien, Iran.
Verwendung: Häufig (mit Einschränkungen als Stadtstraßenbaum geeignet), N, WHZ 6b, LB 6.3.1.2.

Celtis bungeana Blume, Bunges Zürgelbaum

Habitus: Bis 15 m hoher Baum, Krone abgeflacht kugelig, Rinde hellgrau, glatt, Triebe kahl, hellgrau.
Blätter: Eiförmig bis eiförmig-länglich, 4–8 cm lang, zugespitzt, Basis schief, abgerundet, meist nur über der Mitte kerbig gesägt, beiderseits glänzend grün und kahl, Stiel 5–10 mm lang.
Früchte: Nahezu kugelig, 5–7 mm dick, purpurschwarz, Stiel dünn, 1–1,5 cm lang, Steinkern weiß, glatt.
Verbreitung: M- und N-China, Mandschurei, Korea.
Verwendung: Sehr selten, WHZ 6a, LB 6.4.2.3 (2.5.1.3).

Celtis caucasica Willd., Kaukasischer Zürgelbaum

Habitus: Bis 25 m hoher Baum, Krone dicht verzweigt, Rinde grau, junge Triebe weich behaart.
Blätter: Verkehrteiförmig oder eiförmig-lanzettlich, 5–9 cm lang, zugespitzt, grob gezähnt, oberseits anfangs rauborstig, später weniger rau, unterseits anfangs weich behaart, später bis auf Tuffs in den Nervenwinkeln kahl, Stiel 6–12 mm lang.
Früchte: 8 mm dick, gelb bis rostbraun, Stiel dünn, bis 2,5 cm lang.
Verbreitung: Kaukasien, Türkei, Afghanistan.
Verwendung: Sehr selten, WHZ 6b, LB 6.1.2.2.

C. davidiana Carrière = *C. bungeana*

Celtis glabrata Planch., Kahler Zürgelbaum

Habitus: Kleiner Baum oder Strauch, Krone kugelig, Triebe anfangs behaart, bald kahl und hellbraun.
Blätter: Schief eiförmig, 3–7 cm lang, zugespitzt, Basis schief, keilförmig, fast bis zur Basis grob gesägt, Blattzähne einwärts gekrümmt, oberseits dunkelgrün, durch kleine Warzen rau, unterseits heller und bis auf winzige Borsten auf den Nerven kahl.
Früchte: Kugelig, 4 mm dick, rostbraun, Stiel 1–1,5 cm lang.
Verbreitung: Kaukasien, Türkei.
Verwendung: Selten, WHZ 5b, LB 6.1.2.3.

C. integrifolia Nutt. = *C. laevigata*

Celtis koraiensis Nakai, Koreanischer Zürgelbaum

Habitus: Bis 12 m hoher Baum, Rinde dunkelgrau, Zweige kahl, braun.

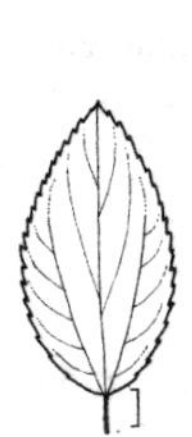

Celtis glabrata

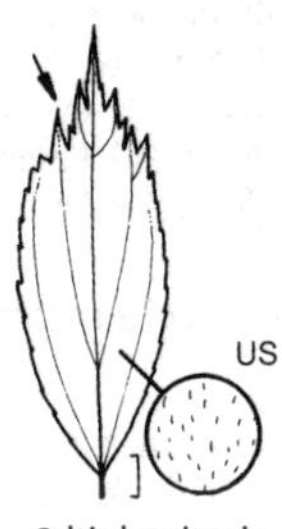

Celtis koraiensis

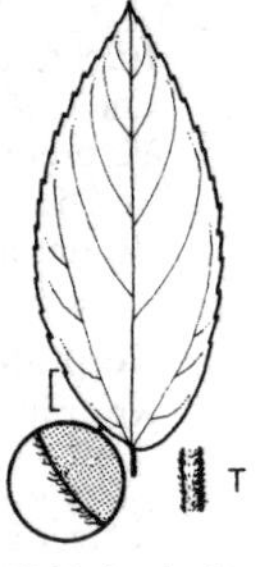

Celtis laevigata

Celtis occidentalis var. occidentalis

Celtis reticulata

Blätter: Rundlich bis breit eiförmig, 5–15 cm lang, plötzlich kurz zugespitzt, Basis abgerundet bis schwach herzförmig, grob gezähnt, Zähne zur Blattspitze hin verlängert, oberseits dunkel graugrün und kahl, unterseits kahl oder auf den Nerven etwas behaart, Stiel bis 1 cm lang.
Früchte: Kugelig-ellipsoid, etwa 1 cm dick, dunkelorange, Stiel 1,5–2,5 cm lang.
Verbreitung: Korea, Mandschurei, N-China.
Verwendung: Sehr selten, WHZ 6a, LB 6.4.2.3.

Celtis laevigata Willd., Glattblättriger Zürgelbaum

Habitus: Bis 30 m hoher Baum, Krone abgeflacht kugelig Zweige überhängend, Triebe kahl oder anfangs behaart, Rinde hellgrau, meist mit Korkleisten und Korkwarzen.
Blätter: Eiförmig bis eiförmig-lanzettlich, 5–10 cm lang, dünn, lang zugespitzt und meist sichelförmig gebogen, Basis breit keilförmig oder abgerundet, ganzrandig oder gelegentlich mit einigen Zähnen, oberseits dunkelgrün, unterseits etwas heller, kahl, Stiel 6–10 mm lang.
Früchte: Kugelig, 5–7 mm dick, orangerot oder zur Reife purpurschwarz, Stiel dünn, 1–2 cm lang.
Verbreitung: NO-, Z- und SO-USA.
Verwendung: Selten, N, WHZ 6a, LB 2.2.1.3.

C. mississippiensis Spach = *C. laevigata*

Celtis occidentalis L. **var. occidentalis**, Amerikanischer Zürgelbaum

Habitus: Bis 35 m hoher Baum, Krone unregelmäßig, breit, Äste leicht überhängend, Borke grau, tief gefurcht, unregelmäßig wulstig, Triebe ± behaart.
Blätter: Lanzettlich-eiförmig bis breit eiförmig, 5–12 cm lang, kurz zugespitzt, Basis schief, abgerundet oder keilförmig, bis fast zur Basis scharf gesägt, oberseits glatt und glänzend grün, unterseits heller und kahl, Stiel 1 cm lang, Herbstfärbung hell- bis goldgelb.
Früchte: 0,7–1 cm dick, orange bis dunkelpurpurn, süßlich schmeckend, Steinkern grubig, Stiel 2 cm lang.
Verbreitung: O-Kanada, NO-, NOZ-, Z- und SO-USA.
Verwendung: Häufig, N, WHZ 5a, LB 3.1.1.2.

var. cordata (Pers.) Willd. Zweige behaart, Blätter länglich-eiförmig, derb, 9–15 cm lang, an der Basis meist herzförmig, oberseits rau, unterseits auf den Nerven behaart. S-USA.

Celtis reticulata Torr., Netznerviger Zürgelbaum

Habitus: Bis 12 m hoher Baum oder Strauch, Triebe stark behaart.
Blätter: Eiförmig, 3–7 cm lang, derb, spitz oder zugespitzt, Basis schief, abgerundet oder schwach herzförmig, an jungen Pflanzen scharf gesägt, später ganzrandig oder mit einzelnen Zähnen oberhalb der Mitte, oberseits dunkelgrün, rau und etwas runzelig, unterseits stark netznervig und etwas behaart, Stiel bis 5 mm lang.
Früchte: 0,7–1 cm dick, orangerot, Stiel 1 cm lang, behaart.
Verbreitung: W- und SW-USA. Mexiko.
Verwendung: Selten, WHZ 6a, LB 6.3.1.4 (2.3.1.4).

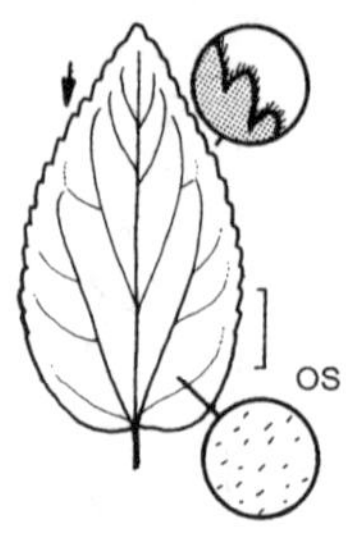

Celtis tournefortii

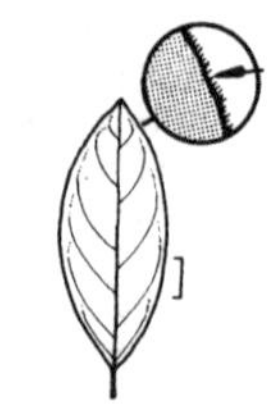
Cephalanthus occidentalis

Celtis tournefortii Lam., Tourneforts Zürgelbaum

Habitus: Bis 6 m hoher Baum oder Strauch, Triebe kahl.
Blätter: Eiförmig, 3–7 cm lang, spitz, Basis abgerundet bis schwach herzförmig, kaum schief, oberhalb der Mitte stumpf gezähnt, oberseits bläulich grün bis graugrün, unterseits behaart.
Früchte: 8 mm dick, ellipsoid, orangegelb, Stiel 1 cm lang.
Verbreitung: SO-Europa, Türkei, N-Iran, N-Irak.
Verwendung: Selten, WHZ 6a, LB 6.1.1.4.

Cephalanthus L.

Knopfbusch – Rubiaceae

(griechisch *kephale* = Kopf und *anthos* = Blüte)

Habitus: Sommer- oder immergrüne Sträucher oder kleine Bäume, Zweige stielrund oder 4-kantig, mit länglichen Lentizellen, Knospen zu 2–4, kleiner als 1 mm, Blattnarben ringförmig, Gefäßbündelspuren hufeisenförmig.
Blätter: Gegenständig oder zu 3–4 in Quirlen, einfach, ganzrandig, Nebenblätter kurz, breit.
Blüten: Zwittrig, radiär, klein, in dichten, bis 2,5 cm breiten, kugeligen, achsel- oder endständigen Köpfchen an diesjährigen Trieben, 4-zählig. Kelch kurzröhrig, Krone röhrig, Zipfel aufrecht oder spreizend, dachziegelig stehend, Staubblätter 4–5, in der Kronröhre eingeschlossen, Griffel weit vorragend, Narbe groß, Fruchtblätter 2, verwachsen, Fruchtknoten unterständig.
Früchte: Spaltfrüchte 4–6 mm lang, vom bleibenden Kelch gekrönt, zur Reife in 2 Teilfrüchte aufspaltend, je eine Teilfrucht mit und eine ohne Kelch"krone".
Verbreitung: Etwa 6 Arten im gemäßigten und tropischen N- und M-Amerika und Asien. Bei uns nur die folgende Art in Kultur.

Cephalanthus occidentalis L., Knopfbusch

Habitus: Sommergrüner, bis 2 m hoher, buschiger Strauch, Triebe kahl, braungrau.
Blätter: Gegenständig oder zu 3–4 in Quirlen, eiförmig bis länglich-elliptisch, 6–15 cm lang, zugespitzt, Basis spitz oder abgerundet, am Rand fein borstig bewimpert, oberseits glänzend grün, unterseits heller und kahl oder leicht behaart, Nebenblätter 3-eckig, 3 mm lang, kahl.
Blüten: 2,5–3 cm lang, in bis 3 cm breiten, 3–6 cm lang gestielten Köpfchen, end- oder achselständig an diesjährigen Trieben, Krone gelblich weiß, Juli–September.
Verbreitung: O-Kanada, NO-, NOZ-, SO- und SW-USA, Mexiko, Karibik.
Verwendung: Selten, B, ⚘, WHZ 5b, LB 2.2.1.5 (5.1.2.5).

Cerasus Mill. = *Prunus*
C. avium (L.) Moench. = *P. avium*
C. conradinae (Koehne) T.T. Yü et C.L. Li = *P. hirtipes*
C. fruticosa (Pall.) Woronow = *P. fruticosa*
C. glandulosa (Thunb.) Sokoloff = *P. glandulosa*
C. japonica (Thunb.) Loisel. = *P. japonica*
C. incisa (Thunb.) Loisel. = *P. incisa*
C. mahaleb (L.) Mill. = *P. mahaleb*
C. pensylvanica (L. f.) Loisel. = *P. pensylvanica*
C. prostratus (Labill.) Ser. = *P. prostratus*
C. serrula (Franch.) T.T. Yü et C.L. Li = *P. serrula*
C. serrulata (Lindl.) Loudon = *P. serrulata*
C. subhirtella (Miq.) S. Y Sokolov = *P. ×subhirtella*
C. tomentosa (Thunb.) Wall. ex T.T Yü et C.L. Li = *P. tomentosa*
C. vulgaris Mill. = *P. cerasus*
C. yedoensis (Lindl.) Loudon = *P. yedoensis*

Ceratostigma Bunge

Hornnarbe – Plumbaginaceae

(griechisch *keras* = Horn und *stigma* = Narbe)

Habitus: Sommergrüne Klein- oder Halbsträucher.
Blätter: Wechselständig, ungeteilt, ganzrandig, am Rand bewimpert oder etwas borstig.
Blüten: Zwittrig, radiär, in end- und achselständigen Büscheln, 5-zählig, Kelch röhrig, 5-rippig und 5-lappig, trockenhäutig, gefärbt, bleibend, Krone stieltellerförmig mit langer Röhre und 5 abstehenden Saumlappen, Staubblätter 5, Griffel mit 5 hornartig gebogenen Narbenästen, Fruchtknoten 1-fächrig, oberständig.
Früchte: Kapseln dünnhäutig, 1-samig, vom bleibenden Kelch umhüllt, von der Basis an 5-klappig aufspringend.
Verbreitung: 8 Arten im Himalaja, in M-China, SO-Asien und im tropischen Afrika.
Verwendung: Sommerblühende Halbsträucher für Gruppen- und kleinflächige Pflanzungen. In rauen Lagen ist Winterschutz notwendig. In der Regel wird *C. plumbaginoides* jährlich bis zum Boden zurückgeschnitten.

Bestimmungsschlüssel Ceratostigma

1	Blätter kahl	*C. plumbaginoides*
–	Blätter behaart	*C. willmottianum*

Ceratostigma plumbaginoides Bunge, Kriechende Hornnarbe

Habitus: Bis 0,3 m hoher, sich durch unterirdische Ausläufer ausbreitender, dichte Bestände bildender, staudenähnlicher Halbstrauch, Triebe zahlreich, dünn, kantig, etwas borstig.
Blätter: Verkehrteiförmig, zur Basis lang keilförmig, fast sitzend, 2–6 cm lang, dünn, ganzrandig, fein bewimpert, oberseits sattgrün, unterseits graugrün, im Austrieb rötlich, Herbstfärbung leuchtend rotbraun.
Blüten: Etwa 2 cm breit, in dichten Büscheln, Krone tiefblau, September–Oktober.
Verbreitung: W-China, etabliert in NW-Frankreich und NW-Italien.
Verwendung: Häufig, B, WHZ 6a, LB 6.3.2.8.

Ceratostigma willmottianum Stapf, Chinesische Hornnarbe

Habitus: Bis 1 m hoher, aufrechter Strauch, Triebe kantig, meist rötlich, borstig.

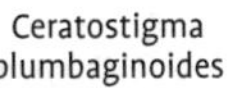
Ceratostigma plumbaginoides

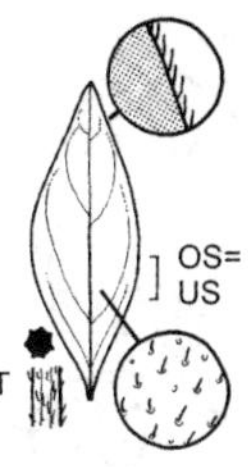

Ceratostigma willmottianum

Blätter: Lanzettlich, sitzend, 3–5 cm lang, zugespitzt, bewimpert, beiderseits striegelhaarig, Herbstfärbung rot.
Blüten: 2,5 cm breit, Kronröhre rötlich purpurn, Saumlappen hellblau, in etwa 6 cm breiten, von einem steifen, lanzettlichen Hochblatt umgebenen Infloreszenzen, Juli–Oktober, nacheinander aufblühend.
Verbreitung: W-China, Tibet.
Verwendung: Selten, B, WHZ 7a, LB 6.1.1.6.

Cercidiphyllum Siebold et Zucc.

Katsurabaum, Kuchenbaum – Cercidiphyllaceae

(Gattungsname *Cercis* und griechisch *phyllon* = Blatt, Hinweis auf Ähnlichkeit der Blätter)

Habitus: Sommergrüne, oft vom Boden an mehrstämmige Bäume, Stämme oft drehwüchsig, Borke längs gefurcht, Zweigsystem in Langtriebe und stark gestauchte, sehr langlebige Kurztriebe gegliedert, Kurztriebe stets nur mit einer Knospe, Langtriebe dünn, glänzend rotbraun, kahl, Endknospen fehlend, Knospen 4–5 mm lang.
Blätter: An Langtrieben gegenständig, an Kurztrieben stets einzeln, einzelne Blätter auch an Zweigen und älteren Ästen, breit eiförmig, Basis herzförmig, handnervig, Nebenblätter klein, am Grunde miteinander und mit dem Blattstiel verwachsen.
Blüten: 1-geschlechtig, 1-häusig verteilt, radiär, klein, unscheinbar, an den Kruztrieben endständig in Köpfchen, ♂ Blüten mit 8–13 Staubblättern, Staubbeutel rot, ♀ Blüten mit 1 Fruchtblatt, Griffel mit langen, purpurroten Nebenästen, die Blüten werden vom Wind bestäubt.
Früchte: Balgfrüchte 1,5–2,5 cm lang, ledrig, leicht oder sichelförmig gebogen, an der Spit-

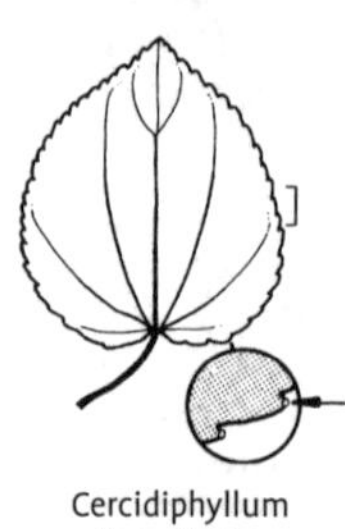

Cercidiphyllum japonicum

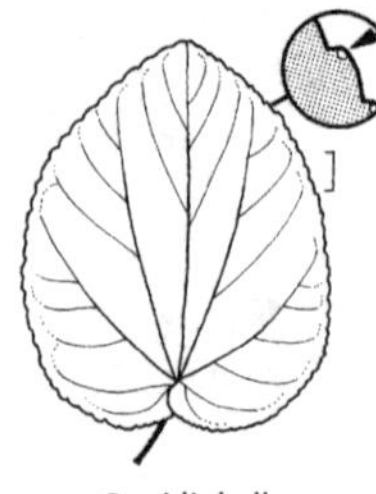

Cercidiphyllum magnificum

ze mit dem bleibenden, 2–3 mm langen, fädigen Griffel.
Verbreitung: Zwei sehr ähnliche Arten in O-Asien.
Verwendung: Prachtvolle Park- und Gartenbäume mit einer brillanten Herbstfärbung. Sie gehören durch ihren filigranen Aufbau und die herzförmigen Blätter zu den attraktivsten sommergrünen Baumarten fremdländischer Herkunft. Die Früchte sind eine willkommene Winternahrung für Vögel, wie Dompfaffen, Erlenzeisige, Buchfinken und Meisen.

Bestimmungsschlüssel Cercidiphyllum

1 Lappen des herzförmigen Blattgrundes überdecken sich (Kurztriebblätter!) .... *C. magnificum*
– Herzförmiger Blattgrund mit sich nicht überdeckenden Lappen .... *C. japonicum*

Cercidiphyllum japonicum Siebold et Zucc., Japanischer Katsurabaum

Habitus: 12–15(–30) m hoher, oft vom Boden an mehrstämmiger Baum, Stamm oft drehwüchsig, Krone anfangs breit kegelförmig, im Alter eher kugelig, Borke flach und unregelmäßig gefurcht, sich in langen Streifen lösend, Triebe glänzend rotbraun.
Blätter: 5–8 cm breit, Rand flach kerbig gesägt, an Langtrieben ± eiförmig-elliptisch und zur stumpfen Spitze hin deutlich verschmälert, an Kurztrieben ± rundlich und an der Basis deutlich herzförmig, oberseits bläulich grün, unterseits bläulich grün bis weißlich, Nerven 5–7, Herbstfärbung auffallend hellgelb bis karmin- und scharlachrot. Blätter strömen zur Zeit des Laubfalles einen angenehm aromatischen Duft aus.
Blüten: ♂ Blüten auffallend karminrot, März–April.
Früchte: 1,5 cm lang, schwach gebogen, Samen 5–6,5 mm lang, 1-seitig geflügelt.
Verbreitung: W- und M-China, Japan.
Verwendung: Sehr häufig, H, WHZ 5b, LB 2.3.2.3 (7.2.2.3).

'Rotfuchs'. Blätter anfangs purpurn, langsam vergrünend.

'Pendulum'. Stamm nur aufgebunden gerade wachsend, dann, wie die Seitenäste und Zweige in kurzen Bögen abwärts wachsend.

Cercidiphyllum magnificum (Nakai) Nakai, Großer Katsurabaum

Habitus: 15(–30) m hoher, meist 1-stämmiger Baum, Borke erst im Alter leicht gefurcht.
Blätter: 7–10 cm breit, deutlich gekerbt, schwach wellig, an Langtrieben ± herzförmig, an Kurztrieben fast kreisrund und tief herzförmig, die Basislappen sich berührend oder überdeckend, beiderseits bläulich grün, Herbstfärbung intensiv orange.
Blüten: Erst im April–Mai.
Früchte: Bis 2,5 cm lang, stark gebogen, Samen 6–7 mm lang, 2-seitig geflügelt.
Verbreitung: Japan: Honshu.
Verwendung: Selten, H, WHZ 5b, LB 2.3.2.3.

Cercis L.

Judasbaum – Fabaceae (Caesalpiniaceae)

(griechisch *kerkis* = Weberschiffchen)

Habitus: Sommergrüne Sträucher oder Bäume, Zweige kahl, Endknospe fehlend, subterminale Knospen krallenartig seitwärts gebogen, Knospenschuppen stets 2-zeilig, basal an 1-jährigen und an mehrjährigen Zweigen zahlreiche Beiknospen.
Blätter: Wechselständig, einfach, ± nierenförmig, handnervig, ganzrandig, kurz gestielt, Nebenblätter hinfällig.
Blüten: Zwittrig, zygomorph, in sitzenden Büscheln oder kurzen Trauben, an 2-jährigen Zweigen oder auch aus älteren Ästen und Stämmen, vor den Blättern, 5-zählig, Kelch glockig, Krone 2 cm lang, 2-seitig symmetrisch, Fahne von 3 aufrechten, Schiffchen von 2 großen, senkrecht dazu stehenden, genagelten Kronblättern gebildet, im Schiffchen umschließen 10 freie Staubblätter das oberständige Fruchtblatt.
Früchte: Hülsen länglich, stark abgeflacht, 5–6 cm lang, ledrig, braun bis rotbraun, schmal geflügelt, lange geschlossen bleibend,

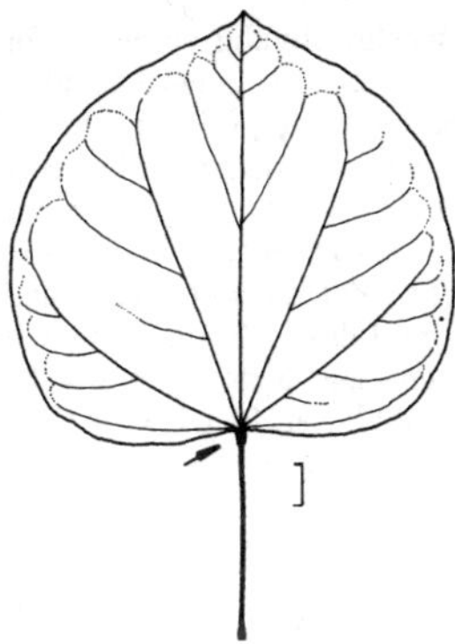
Cercis canadensis var. canadensis

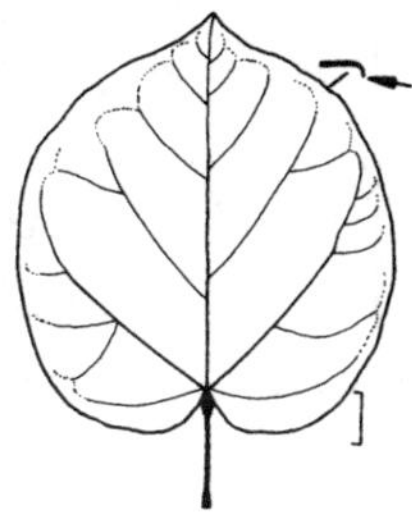
Cercis chinensis

Samen 5–6 mm lang, abgeflacht, die Früchte bleiben über den Winter an den Pflanzen hängen.
Verbreitung: 7 Arten in Europa, Asien und N-Amerika.
Verwendung: Schöne, wärmebedürftige, in der Jugend frostempfindliche, aber durch das in unseren Breiten ungewöhnliche Blühverhalten interessante Sträucher oder Kleinbäume für Garten und Park. Einige Sorten mit auffälligen Laubfärbungen.

Bestimmungsschlüssel Cercis

1 Blattrand weiß durchscheinend und nach unten umgebogen .... *C. chinensis*
– Blattrand andersartig 2
2 Blätter an der Basis abgerundet .... *C. canadensis* var. *canadensis*
– Blätter tief herzförmig .... *C. siliquastrum*

Cercis canadensis L. **var. canadensis**, Kanadischer Judasbaum

Habitus: 6–10 m hoher, meist mehrstämmiger Baum.
Blätter: Breit eiförmig bis fast kreisrund, 7–12 cm lang, bis 16 cm breit, zugespitzt, an der Basis seicht herzförmig bis fast gestutzt, oberseits glänzend, kahl, unterseits graugrün und spärlich behaart, Herbstfärbung gelb.
Blüten: 1–1,2 cm lang, zu 4–8 in Büscheln, Krone rosa bis blassrosa, April–Mai.
Früchte: 6–8 cm lang.
Verbreitung: O-Kanada, NO-, NOZ-, Z- und SO-USA.
Verwendung: Selten, B, WHZ 6b, LB 6.4.2.3.

'Ace of Hearts'. Blätter im Austrieb bronzefarben. Blüten zahlreich, hellrosa.

'Alba'. Blüten weiß.

'Appalachian Red'. Blätter im Austrieb bronzefarben. Blüten rosarot.

'Forest Pansy'. Blätter im Austrieb glänzend purpurschwarz, später tief purpurrot, zuletzt dunkelgrün.

'Hearts of Gold'. Blättrer im Austrieb leuchtend goldgelb, langsam vergrünend. Blüten malvenfarben.

Lavender Twist ('Covey'). Meist hochstämmig veredelt, Zweige in Bögen abwärts wachsend, eine schirmförmige Krone bildend.

var. mexicana (Rose) M. Hopkins, Mexikanischer Judasbaum. Bis 3 m hoher, breitkroniger Strauch. Blätter oberseits wachsartig glänzend. Blüten anfangs dunkel karminrot. Texas, NO-Mexiko.

var. texensis (S. Wats.) E. Murray, Texanischer Judasbaum. Strauch oder kleiner, bis 2 m hoher Baum. Blätter bis 7 cm breit, nierenförmig, oberseits glänzend dunkelgrün. Z-USA.

Cercis chinensis Bunge, Chinesischer Judasbaum

Habitus: 2–5(–15) m hoher Baum, Rinde grauweiß, Äste und Zweige aufstrebend.
Blätter: Nahezu rundlich, 7–10 cm lang, zugespitzt, an der Basis ± tief herzförmig, oberseits glänzend, mit heller Nervatur, unterseits bestäubt, Blattrand knorpelig, dieser anfangs rötlich, später hell und durchscheinend, Stiel rot.
Blüten: Purpurrot, rosa oder weiß 1–1,3 cm lang, zu 2–10 in Büscheln, April–Mai.

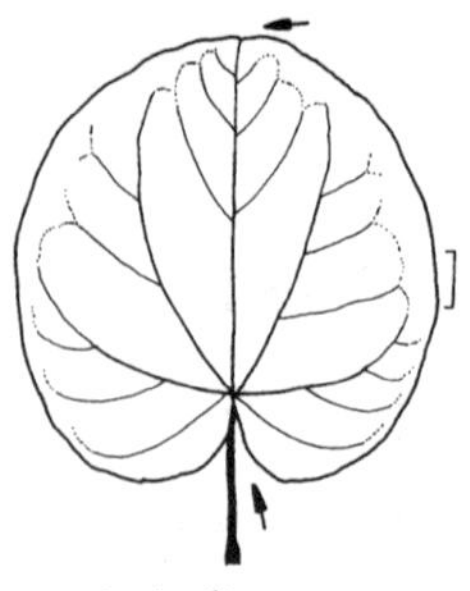

Cercis siliquastrum

Chaenomeles cathayensis var. cathayensis

Früchte: 7–12 cm lang.
Verbreitung: M-China.
Verwendung: Sehr selten, B, WHZ 7a, LB 6.1.1.4.

Cercis siliquastrum L., Gewöhnlicher Judasbaum

Habitus: Bis 12 m hoher, mehrstämmiger Baum oder Strauch, Krone breit trichterförmig bis schirmartig, Triebe kastanienbraun.
Blätter: Fast kreisförmig, 10–13 cm breit, 7-nervig, vorn abgerundet, Basis tief herzförmig, oberseits matt bläulich grün, beiderseits kahl, 7-nervig, Blattstiel und Nerven rot.
Blüten: Etwa 2 cm lang, zu 4–10 in Büscheln, Krone purpurrosa, Mai.
Früchte: 9–10 cm lang.
Verbreitung: S- und SO-Europa, Türkei, Israel.
Verwendung: Sehr häufig (mit Einschränkungen als Stadtstraßenbaum geeignet), N, B, WHZ 7a, LB 6.1.1.4.

'Alba'. Blüten weiß.

'Bodnant'. Wuchs baumförmig. Blüten tief malvenfarben, deutlich größer als bei der Art.

Chaenomeles Lindl.

Scheinquitte, Zierquitte – Rosaceae
(griechisch *chainein* = spalten und *melis* = Apfelbaum)

Habitus: Sommergrüne Sträucher oder kleine Bäume, Zweige meist ± dornig, warzig oder glatt und kahl, Knospen 1–2 mm groß, kugelig bis eiförmig, mit wenigen Knospenschuppen.
Blätter: Wechselständig, einfach, eiförmig bis länglich, 3–12 cm lang, gekerbt oder gesägt, Nebenblätter meist groß, gestielt, bleibend.
Blüten: Zwittrig, radiär, einzeln oder zu mehreren in Büscheln an meist stark gestauchten, blattlosen Kurztrieben, seitlich an älteren Langtrieben, Kelchblätter 5, ganzrandig oder gesägt, hinfällig, Krone schüsselförmig, Kronblätter meist 5, groß, meist auffällig gefärbt, Staubblätter 40–60, Griffel 5, an der Basis verwachsen, Fruchtblätter 5, ± hoch mit der Innenwand des hohlen, fleischigen Fruchtbechers verwachsen.
Früchte: Kernäpfel 3–15 cm lang, kugelig bis länglich, wohlriechend, zur Reife ohne Kelch, mit 5-fächrigem Kernhaus, Fruchtfleisch ohne harte, körnige Einschlüsse, Samen 0,7–1,9 cm lang, zahlreich, je Fach in 2 Längsreihen.
Verbreitung: 4 Arten in O-Asien.
Verwendung: Reich und auffallend blühende Ziersträucher mit großen, wohlriechenden, verwertbaren Früchten für Einzel-, Gruppen- oder Heckenpflanzung.

Bestimmungsschlüssel Chaenomeles

1 Triebe (fast) kahl 2
– Triebe rau und behaart.................. 3
2 Blätter unterseits rötlich wollig behaart...... .... *C. cathayensis* var. *cathayensis*
– Blätter unterseits kahl............ *C. speciosa*
3 Triebe zottig behaart.................... .... *C. japonica* var. *japonica*
– Triebe nur spärlich behaart ...... *C. ×superba*

Chaenomeles cathayensis (Hemsl.) C.K. Schneid. **var. cathayensis**, Cathaya-Zierquitte

Habitus: Bis 6 m hoher Strauch oder kleiner Baum, Zweige stark mit kurzen, verdornten Seitentrieben besetzt.
Blätter: Lanzettlich bis linealisch-lanzettlich, bis 13 cm lang, zur Basis hin verschmälert, gesägt, oberseits kahl, unterseits rötlich wollig behaart, Nebenblätter bis 2,5 cm lang, schief.
Blüten: 4 cm breit, zu 2–3 in Büscheln, Krone weiß, meist rötlich getuscht, März–April.
Früchte: Eiförmig, 10–15 cm lang, meist trübgrün, hart und bitter.
Verbreitung: M-China.
Verwendung: Selten, B, ♣, WHZ 7a, LB 6.4.2.5.

var. wilsonii Bean. 3(–6) m hoch, Blätter unterseits kurz braunhaarig, Blüten lachsrosa, weniger ansehnlich, Früchte ebenfalls sehr groß, hart, grün. Z-China.

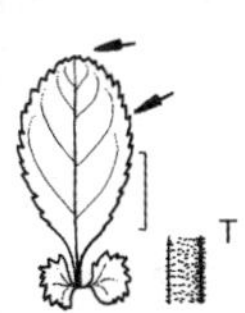

Chaenomeles japonica var. japonica

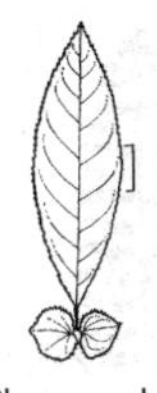

Chaenomeles speciosa

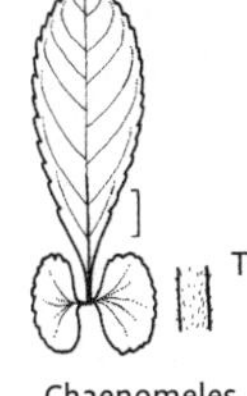

Chaenomeles ×superba

Chaenomeles japonica (Thunb.) Lindl. ex Spach **var. japonica**, Japanische Zierquitte

Habitus: Bis 1 m hoher und ebenso breiter, dicht verzweigter Strauch, Zweige warzig.
Blätter: Breit eiförmig, 3–5 cm lang, stumpf, an der Basis verjüngt, grob kerbig gesägt, glänzend, kahl, Nebenblätter bis 2 cm breit, eiförmig bis breit herzförmig.
Blüten: 2,5–3 cm breit, Krone ziegelrot, März–April.
Früchte: Abgeflacht kugelig, 3–4 cm breit, gelb, meist dunkler punktiert und mit mehreren tiefen Furchen, intensiv aromatisch duftend, Fleisch dünn und fest, wirtschaftlich verwertbar.
Verbreitung: Japan: Honshu, Kyushu.
Verwendung: Sehr häufig (mit einigen Sorten), N, B, ♣, Bi, WHZ 5a, LB 9.2.2.6.

var. alpina Maxim. Wuchs flach, Zweige dem Boden aufliegend bis ansteigend. Blätter 1–2,5 cm lang, eiförmig bis rundlich. Japan.

'Cido'. Blüten wie bei der Art. Früchte goldgelb, mit hohem Vitamin-C-Gehalt. Oft als „Nordische Zitrone“ angeboten.

'Sargentii'. Blüten lachrosa bis orange, sehr zahlreich.

C. lagenaria (Loisel.) Koidz. = *C. speciosa*
C. maulei (T. Moore) C.K. Schneid. = *C. japonica*
C. sinensis (Thouin) Koehne = *Pseudocydonia sinensis*

Chaenomeles speciosa (Sweet) Nakai, Chinesische Zierquitte

Habitus: Aufrechter, bis über 2 m hoher, oft ausladender, buschiger Strauch, Zweige glatt und kahl.
Blätter: Eiförmig bis länglich, 3–8 cm lang, zugespitzt, scharf gesägt, unterseits kahl, oberseits glänzend, Nebenblätter bis 4 cm breit, schief nierenförmig.
Blüten: 3–4 cm breit, weit geöffnet, Krone scharlachrot (bei Gartenformen auch mit anderen Farben), März–April.
Früchte: Meist länglich, 3–7 cm lang, gelb oder gelblich grün, duftend, wie bei *C. japonica* verwertbar.
Verbreitung: China, in Japan etabliert.
Verwendung: Sehr häufig, N, B, ♣, Bi, WHZ 5a, LB 9.2.2.5 (2.3.2.5).

Häufiger als die Art werden verschiedene Gartenformen gepflanzt. Sie unterscheiden sich von den zu *C. ×superba* gehörenden Sorten vor allem durch ihren höheren, aufstrebenden Wuchs.

Die wichtigsten Gartensorten sind:

'Apple Blossom' = 'Moerloosei'

'Brillant'. Blüten rein scharlachrot, groß.

'Falconnet Charlet'. Blüten hell- bis dunkelrosa, halb gefüllt.

'Geisha Girl'. Blüten aprikosenfarben, gefüllt.

'Moerloosei'. Blüten weiß, rosa und karmin überhaucht.

'Nivalis'. Blüten reinweiß.

'Rubra Grandiflora'. Blüten karminrot.

'Simonii'. Blüten dunkel samtrot, einfach bis halb gefüllt.

'Snow'. Blüten weiß, groß.

'Umbilicata'. Blüten kirschrosa.

'Yukigoten'. Blüten weiß bis sehr hell gelb, halb gefüllt.

Chaenomeles ×superba (Frahm) Rehder, Prächtige Zierquitte
(C. japonica × C. speciosa)

Habitus: 1,5(–2) m hoher, dicht verzweigter Strauch, Zweige aufrecht-abstehend, fein warzig, mit dünnen, verdornten Kurztrieben, Triebe ± zottig-rau.
Blätter: In Form, Größe und Zähnung zwischen den Eltern stehend, meist aber näher bei *C. japonica.*
Blüten: Mittelgroß, einfach oder gefüllt, ± weit geöffnet, Krone weiß, rosa, orange oder rot, März–April.

Früchte: Größer als bei *C. japonica* und später reifend.
Verwendung: Sehr häufig, B, ✿, Bi, WHZ 5a, LB 9.2.2.5.

Hierzu gehören die meisten und wichtigsten der gegenwärtig kultivierten *Chaenomeles*-Gartenformen.

'Andenken an Karl Ramcke'. Blüten leuchtend zinnoberrot.

'Boule de Feu'. Blüten karminrot.

'Cameo'. Blüten lachsrosa, gefüllt.

'Clementine'. Blüten orangerot, kaum geöffnet.

'Crimson and Gold'. Blüten dunkelrot, Staubblätter auffallend gelb.

'Elly Mossel'. Blüten feuerrot, groß.

'Fire Dance'. Blüten signalrot, sehr groß.

'Jet Trail'. Blüten weiß, einfach.

'Knap Hill Scarlet'. Blüten mandarinrot, sehr groß, zahlreich.

'Lemon and Lime'. Blüten sehr hell gelb bis rahmweiß.

'Nicoline'. Blüten karminrot, einfach bis halb gefüllt.

'Pink Lady'. Blüten dunkelrosa.

'Rowallane'. Blüten scharlachrot, groß.

Chamaebatiaria (Porter) Maxim.

Harzspiere – Rosaceae

(mit dem lateinischen Suffix *arius* von griechisch *chamai* = am Boden hingestreckt und *batos* = Dornstrauch, von *Chamaebatia* abgeleitet)

Monotypische Gattung

Chamaebatiaria millefolium (Torr.) Maxim., Harzspiere

Habitus: Sommergrüner, aromatisch duftender, vieltriebiger, bis 1,5 m hoher Strauch, Triebe dünn, braun, klebrig-drüsig und sternhaarig, Knospen 1–2,5 cm lang, grau, Knospenblätter gefiedert, Blattnarben schmal, mit 3 deutlichen Gefäßbündelspuren.
Blätter: Wechselständig, doppelt gefiedert, bis 9 cm lang, Länglich-lanzettlich, die Abschnitte winzig klein, drüsig behaart, Nebenblätter vorhanden, ganzrandig.

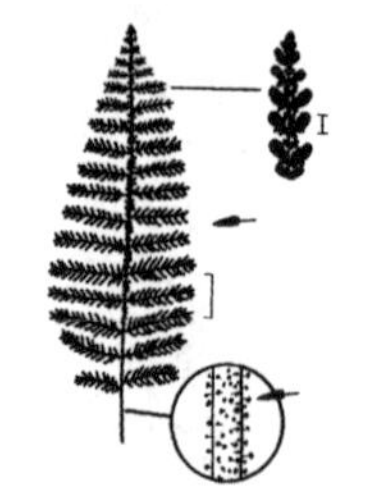

Chamaebatiaria millefolium

Blüten: Zwittrig, radiär, bis 1,3 cm breit, 5-zählig, in 8–12 cm langen, aufrechten, beblätterten, endständigen Rispen, Blütenstiele und Kelch filzig-drüsig, Kelchblätter aufrecht, lanzettlich, bis 5 mm lang, Kronblätter weiß, abgerundet, Staubblätter etwa 60, Fruchtblätter 5, behaart, in einem offenen Blütenbecher, Juli–August.
Früchte: Balgfrüchte, Früchtchen meist 5, etwa 5 mm lang, an der Basis miteinander verbunden, aufrecht, länglich, zugespitzt, von dem bleibenden, kreiselförmigen Blütenbecher umgeben, bei der Reife v-förmig aufspringend, Samen etwa 2,5 mm lang, gelblich.
Verbreitung: NW-, W- und SW-USA, Rocky Mts.
Verwendung: Sehr selten, B, WHZ 7a, LB 6.1.1.6.

Chamaecytisus Link

Zwergginster – Fabaceae

(griechisch *chamai* = am Boden hingestreckt und Gattungsname *Cytisus*)

Habitus: Sommergrüne Kleinbäume, Sträucher und Halbsträucher, Triebe stielrund, gelegentlich dornig.
Blätter: Wechselständig, 3-zählig, gestielt, Nebenblätter meist fehlend.
Blüten: Zwittrig, zygomorph, an achselständigen Kurztrieben oder in Trauben, Kelch 2-lippig, die obere Lippe kurz gezähnt, röhrig, (bei *Cytisus* glockig), Krone meist gelb, purpurrot oder rot, selten weiß, Fahne länger als Flügel und Schiffchen, gelegentlich braun gesprenkelt, Kiel länglich-sichelförmig, gelegentlich etwas geschnäbelt, kahl, Staubblätter 10, verwachsen, ungleich lang, Narbe groß.

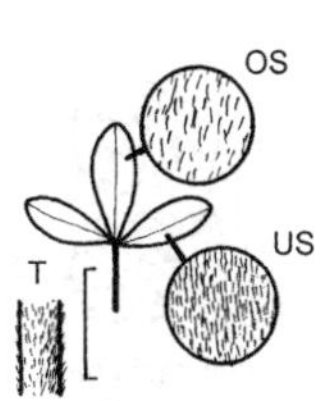

Chamaecytisus albus

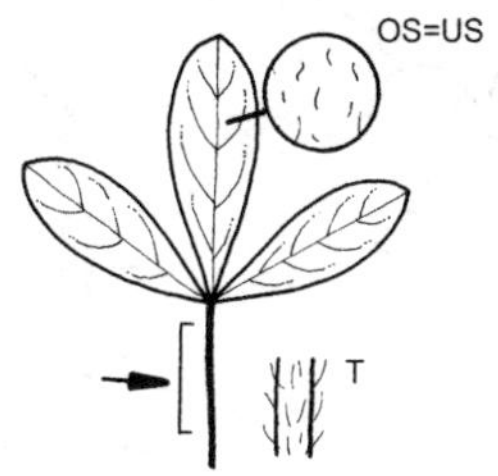

Chamaecytisus austriacus

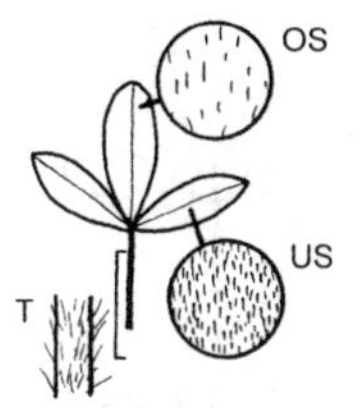

Chamaecytisus hirsutus

Früchte: Hülsen länglich, ledrig bis holzig, schwarz, kurz gestielt oder sitzend, zur Reife aufspringend, Samen zahlreich.
Verbreitung: Etwa 30, nahe mit *Cytisus* und *Genista* verwandte Arten von Europa bis zu den Kanarischen Inseln.
Verwendung: Attraktive, reich blühende Klein- oder Zwergsträucher für freie, sonnige Plätze in Stein- und Heidegärten, auf Hochbeeten und Trockenmauern.

Bestimmungsschlüssel Chamaecytisus

(Arten nur mit Blütentrieben bestimmbar)

1 Blüten gelb oder weiß, Blätter behaart 2
– Blüten purpurrot, Blätter fast kahl . . . . *C. purpureus*
2 Blüten in endständigen Köpfchen 3
– Blüten achselständig entlang der Zweige . . . 5
3 Blüten gelb 4
– Blüten weiß . . . . *C. albus*
4 Triebe und Blattstiele anliegend behaart, Fahne höchstens 2 cm lang, Blüte Juli/August . . . *C. austriacus*
– Triebe und Blattstiele zottig abstehend behaart, Fahne länger, Blüte Mai/Juni . . . . *C. supinus*
5 Triebe und Kelch mit abstehenden Haaren, Blätter oberseits behaart, höchstens 2 cm lang . . . . *C. hirsutus*
– Triebe und Kelch angedrückt seidenhaarig, Blätter oberseits kahl, länger . . . . *C. ratisbonensis*

Chamaecytisus albus (Hacq.) Rothm., Weißblütiger Zwergginster

Habitus: Bis 0,8 m hoher Strauch, Zweige aufrecht oder aufsteigend, rau behaart.
Blätter: Blättchen verkehrteiförmig bis länglich, 2–3 cm lang, beiderseits angedrückt behaart, vor allem unterseits.
Blüten: Zu 5–10 in endständigen Köpfchen, Krone weiß oder hellgelb, Fahne 1,6–2 cm lang, außen seidig behaart, Kelch grau schimmernd, Juni–Juli.
Früchte: 2–2,5 cm lang, anliegend behaart.
Verbreitung: S- und SO-Europa.
Verwendung: Selten, B, ☠, WHZ 6a, LB 6.3.2.7.

Chamaecytisus austriacus (L.) Link, Österreichischer Zwergginster

Habitus: 0,3–1 m hoher, aufrechter oder niederliegender Strauch, Zweige rau behaart, anfangs grün.
Blätter: Blättchen verkehrteiförmig-lanzettlich bis verkehrteiförmig, 0,8–2,5 cm lang, oberseits nahezu kahl bis dicht rau behaart, unterseits weiß seidig behaart.
Blüten: Zu 4–8 in endständigen Köpfchen, Krone lebhaft gelb, Fahne 1,4–2,2 cm lang, außen seidig behaart, Kelch dicht rau behaart, Juli–August.
Früchte: 2–3 cm lang, anliegend seidig behaart.
Verbreitung: ZM-, O- und SO-Europa, Kaukasien.
Verwendung: Selten, B, ☠, WHZ 6a, LB 6.1.2.6.

Chamaecytisus hirsutus (L.) Link, Rauhaariger Zwergginster

Habitus: 0,2–1 m hoher Strauch, Zweige meist niederliegend oder aufsteigend bis aufrecht, fein flaumig behaart.
Blätter: Blättchen verkehrteiförmig bis elliptisch, 0,5–2 cm lang, oberseits dicht rau behaart oder kahl, unterseits dicht seidig behaart.
Blüten: Zu 2–4 in achselständigen Büscheln, Krone gelb, Fahne 1,8–3 cm lang, gelegentlich an der Basis braun gefleckt, oft dünn rau behaart, Mai–Juni.
Früchte: 2,5–4 cm lang, ringsum lang abstehend behaart.
Verbreitung: S-, M-, ZM-, O- und SO-Europa, Türkei.
Verwendung: Häufig, B, ☠, WHZ 6a, LB 6.1.2.6.

Chamaecytisus purpureus

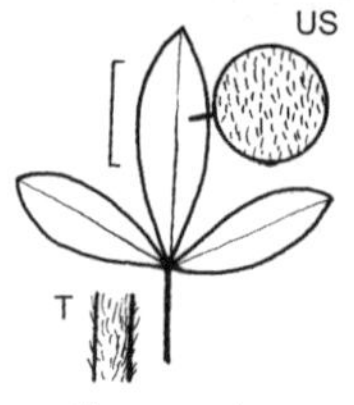

Chamaecytisus ratisbonensis

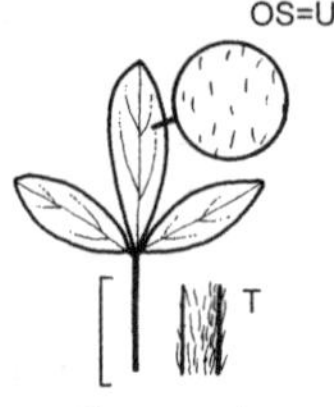

Chamaecytisus supinus

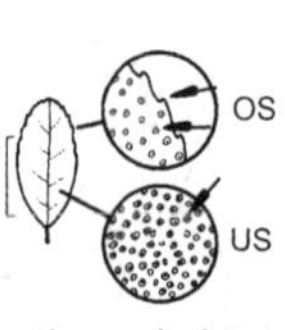

Chamaedaphne calyculata

Chamaecytisus purpureus (Scop.) Link, Purpur-Zwergginster

Habitus: Bis 0,6 m hoher, buschiger, reich verzweigter Strauch, breitet sich durch unterirdische Sprosse aus, Zweige aufsteigend-niederliegend, graugrün, ± kahl.
Blätter: Blättchen verkehrteiförmig, 0,6–2,4 cm lang, dunkelgrün, kahl.
Blüten: Zu 1–3 in achselständigen Büscheln, Krone purpurrot bis rosa, Fahne 1,5–2,5 cm lang, in der Mitte mit dunklem Fleck, Kelch dünn behaart, Mai–Juni.
Früchte: 1,5–2,5 cm lang, kahl.
Verbreitung: S- und SO-Europa.
Verwendung: Sehr häufig (mit einigen Sorten), B, ☠, WHZ 5a, LB 6.3.2.7.

Chamaecytisus ratisbonensis (Schaeff.) Rothm., Regensburger Zwergginster

Habitus: Bis 0,5 m hoher Strauch, Zweige niederliegend-aufsteigend, anfangs grau seidig behaart.
Blätter: Blättchen verkehrteiförmig, 1–1,5 cm lang, oberseits kahl, unterseits graugrün und seidig behaart.
Blüten: Zu 1–4 in achselständigen, einseitswendigen Büscheln entlang der vorjährigen Zweige, Krone lebhaft gelb, Fahne bis 2,5 cm lang, Kelch angedrückt seidig behaart, Mai–Juni.
Früchte: Hülsen 2–3 cm lang, angedrückt rau behaart.
Verbreitung: M-, ZM-, O- und SO-Europa.
Verwendung: Häufig, B, ☠, WHZ 5a, LB 6.1.2.7.

Chamaecytisus supinus (L.) Link, Kopf-Zwergginster

Habitus: 0,15–1 m hoher Strauch, Zweige steif aufrecht oder aufsteigend, selten niederliegend, abstehend zottig behaart.
Blätter: Blättchen verkehrteiförmig-elliptisch oder länglich, 1,5–3,5 cm lang, oberseits kahl oder dünn behaart, unterseits rau behaart.
Blüten: Zu 2–8 in endständigen, etwa 5 cm breiten Köpfchen, Krone gelb, an der Basis braun gesprenkelt, Fahne 2–2,5 cm lang, Kelch flaumig bis rau behaart, Mai–Juni.
Früchte: 2–3,5 cm lang, wollig-filzig behaart.
Verbreitung: M-, ZM-, O- und SO-Europa, Türkei.
Verwendung: Häufig, B, ☠, WHZ 6a, LB 6.1.2.7.

Chamaedaphne Moench

Lederblatt, Torfgränke – Ericaceae

(griechisch *chamai* = niedrig und *daphne* = Lorbeer)

Monotypische Gattung

Chamaedaphne calyculata (L.) Moench, Torfgränke

Habitus: Immer- oder wintergrüner, bis 0,5 m hoher, dicht verzweigter Strauch, Zweige weit und bogig abstehend, Triebe dicht mit rostfarbigen Schuppen besetzt.
Blätter: Wechselständig, 1–5 cm lang, ledrig, kurz gestielt, schmal elliptisch, stumpf, ganzrandig oder leicht gekerbt, Rand umgerollt, oberseits stumpfgrün, unterseits dicht gelblich grün und rostfarben schülferig.
Blüten: Zwittrig, radiär, an den Zweigenden in 4–12 cm langen, beblätterten, einseitswendigen Trauben, nickend, Krone weiß, krugförmig-länglich, die 5 Saumzipfel 6–8 mm lang, Kelchblätter 2–3 mm lang, braun beschuppt, Staubblätter 10, in der Krone eingeschlossen, April–Mai.
Früchte: Kapseln 2–4 mm lang, abgeflacht kugelig, Samen zahlreich, 1 mm lang.
Verbreitung: N-Europa, N-Asien, Japan, Alaska, Kanada, NO-, NOZ- und SO-USA.

Verwendung: Häufig (in Heide-und Moorgärten), B, ☠, WHZ 3, LB 1.1.1.7.

'Nana'. In allen Teilen kleiner als die Art.

Chamaemespilus alpina (Mill.) K.R. Robertson et J.B. Phipps = *Sorbus chamaemespilus*
Chamaespartium saggitale (L.) Gibbs. = *Genista saggitalis*

Chimonanthus Lindl.

Winterblüte – Calycanthaceae
(griechisch *cheimon* = Winter und *anthos* = Blüte)

Habitus: Sommer- oder immergrüne Sträucher.
Blätter: Gegenständig, ungeteilt, ganzrandig, Nebenblätter fehlend.
Blüten: Zwittrig, radiär, einzeln, kurz gestielt, blattachselständig an vorjährigen Zweigen, Blütenhülle einfach, Blütenblätter zahlreich, fleischig, gelb oder weiß, Staubblätter 5–6, Fruchtblätter zahlreich, frei, im Innern einer krug- oder becherförmigen, außen mit Schuppenblättern besetzten Blütenachse.
Früchte: Nüsschen 1,2–1,8 cm lang, von der 5–7 cm langen, länglich-krugförmigen, im oberen Drittel röhrig eingeschnürten, derb ledrigen, eingetrockneten Blütenachse umhüllt.
Verbreitung: 6 Arten in China.
Verwendung: Bei uns nur die folgende, im Vorfrühling blühende Art in Kultur. In klimatisch ungünstigen Lagen am besten als Spalierstrauch pflanzen.

C. fragrans Lindl. = *C. praecox*

Chimonanthus praecox (L.) Link, Chinesische Winterblüte

Habitus: Bis 2 m hoher, sommergrüner Strauch, Triebe anfangs graugrün, später braun, Knospen eiförmig, etwa 3–4 mm lang, mit kleinen, rot- bis graubraunen, am Rand dicht weiß behaarten Knospenschuppen.
Blätter: Elliptisch-eiförmig bis eiförmig-lanzettlich, 7–20 cm lang, sehr lang zugespitzt, beiderseits glänzend hellgrün, oberseits und am Rand durch kurze Borsten rau, unterseits bis auf die Nerven kahl.
Blüten: Bis 2,5 cm breit, stark duftend, äußere Tepalen hellgelb, die inneren kleiner und unregelmäßig braunrot gestreift bis gefleckt, abwärts geneigt, der kurze Blütenstiel von kleinen, braunen Schuppenblättern umhüllt, die 5–6 Staubblätter zusammengeneigt, Februar–März.
Verbreitung: China.
Verwendung: Selten, B, D, WHZ 7a, LB 6.3.1.4.

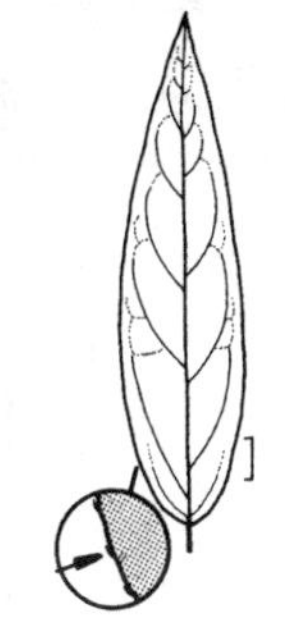
Chimonanthus praecox

Chionanthus L.

Schneeflockenstrauch – Oleaceae
(griechisch *chion* = Schnee und *anthos* = Blüte)

Habitus: Sommergrüne Sträucher, Zweige kahl oder behaart, Zweigenden durch die oberen Blattbasen deutlich verdickt, Knospen eiförmig, zugespitzt, Endknospen etwa 3 mm groß, von 2 kleineren Seitenknospen umgeben, Knospenschuppenpaare 3–4.
Blätter: Gegenständig, einfach, ganzrandig, Nebenblätter fehlend.
Blüten: 1-geschlechtig, 2-häusig verteilt, duftend, in lockeren Rispen an den Enden der vorjährigen Triebe, Kelch und Krone 4-teilig, Staubblätter 2, Kronblätter weiß, 1,5–3 cm lang, sehr schmal, nur am Grund verwachsen, Fruchtknoten 2-fächrig, oberständig.
Früchte: Steinfrüchte 1-samig, ellipsoid, 1–2 cm lang, dunkelblau bis blauschwarz, bereift, Steinkern stark verholzt, 0,8–1,5 cm lang, weiß.
Verbreitung: Etwa 60 Arten im tropischen und subtropischen Afrika, auf Madagaskar und in O-Asien.
Verwendung: Mit ihren duftigen, weißen Blütenrispen dekorative Solitärsträucher für frische, kalkarme Böden.

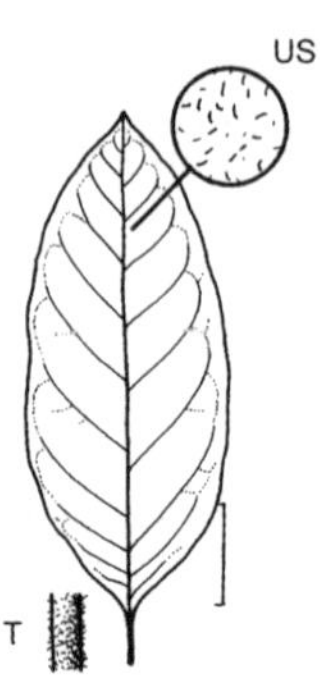

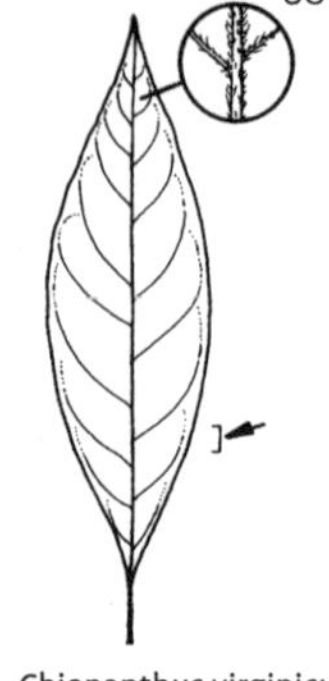

Chionanthus retusus Chionanthus virginicus

Bestimmungsschlüssel Chionanthus

1 Blätter 4–10 cm lang, eiförmig, unterseits flächig behaart (fühlbar!), Triebe filzig behaart . . . . *C. retusus*
– Blätter 9–20 cm lang, elliptisch, unterseits (fast) nur auf den Nerven behaart, Triebe kahl . . . . *C. virginicus*

Chionanthus retusus Lindl. et Paxton, Chinesischer Schneeflockenstrauch

Habitus: 2–3(–9) m hoher Strauch, Rinde lange glatt und glänzend, im Alter tief längsrissig, Triebe anfangs fein behaart.
Blätter: Verkehrteiförmig, 4–10 cm lang, derb, spitz oder stumpf, Basis breit keilförmig bis abgerundet, oberseits dunkelgrün, unterseits und an den Blatträndern weich behaart.
Blüten: In 6–8 cm langen, breiten, aufrechten Rispen an beblätterten Kurztrieben, Kronblätter weiß, 1,8 cm lang, Juni–Juli.
Verbreitung: China, Korea, Taiwan.
Verwendung: Selten, B, WHZ 6b, LB 3.2.2.5.

Chionanthus virginicus L., Virginischer Schneeflockenstrauch

Habitus: Großer Strauch oder bis 10 m hoher Baum, Triebe nur anfangs fein behaart.
Blätter: Schmal elliptisch bis länglich-eiförmig, 8–20 cm lang, derb, spitz oder zugespitzt, Basis keilförmig, ganzrandig, oberseits glänzend dunkelgrün, unterseits heller und nur auf den Nerven behaart, Herbstfärbung hellgelb.
Blüten: In 10–20 cm langen, überhängenden, endständigen Rispen, leicht duftend, Kronblätter weiß, 1,5–3 cm lang, Mai–Juni.
Früchte: 1,5–2 cm lang, blauschwarz.
Verbreitung: NO-, NOZ-, Z- und SO-USA.
Verwendung: Häufig, B, &, D, WHZ 5b, LB 2.3.2.4 (3.2.2.4).

×Chitalpa T.S. Elias et W. Wisura

Chitalpa – Bignoniaceae

(aus den Gattungsnamen *Chilopsis* und *Catalpa* gebildet)

×Chitalpa tashkentensis T.S. Elias et W. Wisura

(*Catalpa bignonioides* × *Chilopsis linearis*)

Monotypische Gattungshybride

Habitus: Sommergrüner, schmal aufrechter, 6–10 m hoher Strauch oder Baum.
Blätter: Unregelmäßig wechselständig oder zu 3 in Quirlen, lanzettlich, 10–17 cm lang, oberseits mattgrün, kahl, unterseits fein behaart, Stiel bis 2,5 cm lang.
Blüten: Zwittrig, zygomorph, breit glockig, 5-lappig, etwa 2,5 cm breit, zu 15–40 in endständigen, aufrechten Rispen, Kelch bis 1,2 cm lang, 2-lappig, fein behaart, Krone weiß oder hellrosa, im Schlund mit zahlreichen, purpurroten Saftmalen, Kronblätter abstehend, am Saum gewellt und gekräuselt, Staubblätter 4 oder 5, 1,2–2,8 cm lang, Griffel 2, gegabelt, August–September.
Früchte: Bisher nicht beobachtet.
Verbreitung: 1964 im Botanischen Garten Tashkent, Usbekistan entstanden.
Verwendung: Sehr selten, WHZ 7b, LB 9.1.1.4.

Choisya Kunth

Orangenblume – Rutaceae

(nach Jacques-Denis Choisy, 1799–1859, schweizerischer Geistlicher, Botaniker und Philosoph)

Habitus: Immergrüne Sträucher.
Blätter: Gegenständig oder fast so, 3- oder 5-zählig gefingert, Blättchen ganzrandig, durchscheinend punktiert, aromatisch duftend.
Blüten: Zwittrig, radiär, ansehnlich, stark duftend, in seitenständigen Zymen an den Sprossenden, Kelchblätter 4 oder 5, hinfällig, Kronblätter weiß, 4 oder 5, dachziegelig, später spreizend, Staubblätter 8 oder 10, viel

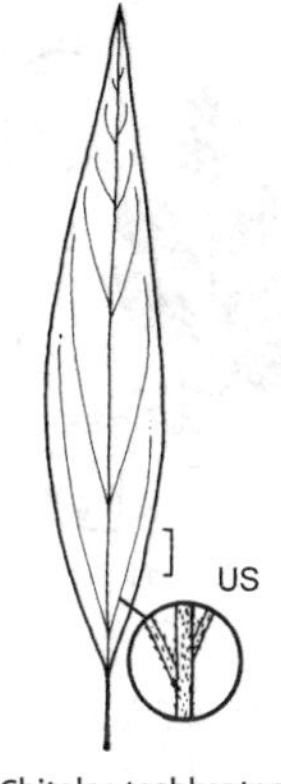

×Chitalpa tashkentensis

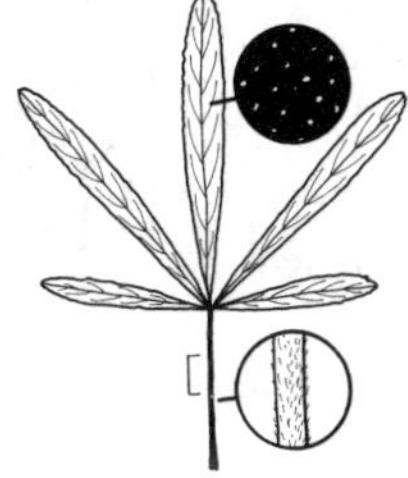
Choisya ×dewitteana

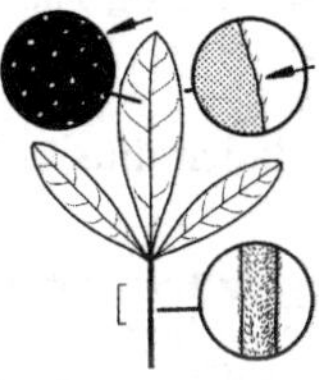
Choisya ternata

kürzer als die Kronblätter, einer Nektarscheiben aufsitzend, Fruchtknoten behaart, Narbe 4- oder 5-lappig, Fruchtblätter 5, am Grund miteinander verwachsen.
Früchte: Kapseln 5-teilig, ledrig.
Verbreitung: 7 Arten in Mexiko, Texas, Arizona und New Mexico.
Verwendung: Attraktive Blütensträucher mit stark duftenden Blättern und Blüten für wintermilde Lagen.

Bestimmungsschlüssel Choisya

1 Blättchen 3, eiförmig .... *C. ternata*
– Blättchen 5, lanzettlich....... *C. ×dewitteana*

Choisya ×dewitteana Geerinck
(*C. ternata* × *C. arizonica*)

Habitus: Breit aufrechter, 1,5–2,5 m hoher, reich verzweigter Strauch, Zweige bis ins 2. Jahr grün, anfangs mit großen, warzenartigen Drüsen.
Blätter: 10–15 cm breit, Blättchen meist 5, 4–9 cm lang, schmal lanzettlich, oberseits glänzend dunkelgrün.
Blüten: Zu 3–5 blattachselständig, im Bereich der Triebenden, stark duftend, Kelchblätter weißlich bis bräunlich, Krone weiß, in der Knospe leicht rosa getönt, Kronblätter etwa 1,2–1,5 cm lang, elliptisch bis (länglich-)verkehrteiförmig, Ende April–Anfang Mai.
Früchte: Kapseln, 5-teilig, ledrig.
Verwendung: Selten, B, D, WHZ 7a, LB 6.1.1.6.

'Aztec Pearl'. Die oben beschriebene Hybride ist unter diesem Namen in Kultur.

Choisya ternata Kunth., Mexikanische Orangenblume

Habitus: 1–3 m hoher, dicht belaubter Strauch, Triebe kurz behaart und drüsig.
Blätter: 3-zählig, 1–5 cm lang gestielt, Blättchen ledrig, verkehrteiförmig bis länglich-verkehrteiförmig, das mittlere 2–8 cm lang und gestielt, die seitlichen 1,5–5 cm lang und sitzend, Basis keilförmig, kahl, oberseits glänzend grün, unterseits heller.
Blüten: 1,8–2,4 cm breit, zu 3–6, stark duftend (nach Orangen), Krone weiß, Mai–Juni.
Früchte: Kapseln, 5-teilig, ledrig.
Verbreitung: Mexiko.
Verwendung: Selten, B, D, WHZ 7b, LB 6.4.4.5.

Cistus L.

Zistrose – Cistaceae
(griechisch *kisthos* = Name der Zistrose)

Habitus: Immer- oder wintergrüne, niedrige, oft aromatische Sträucher, Triebe und Blätter meist behaart und meist mit Drüsenhaaren.
Blätter: Gegenständig, einfach, ganzrandig, Nebenblätter fehlend.
Blüten: Zwittrig, radiär, ansehnlich, einzeln oder in end- und seitenständigen Zymen an den Triebspitzen, Kelchblätter 3–5, Kronblätter weiß bis purpurn, 4–5, abstehend, rundlich, seidig behaart, meist zerknittert, oft mit Basalfleck, kurzlebig, Staubblätter zahlreich, meist gelb oder goldgelb, Fruchtknoten 5- bis 10-fächrig, oberständig.
Früchte: Kapseln 5-fächrig, sich 5-klappig

öffnend, 8–10 mm lang, dicht filzig behaart, mehrsamig, Samen 2 mm lang, braun.
Verbreitung: Etwa 20 Arten, von den Kanarischen Inseln über das Mittelmeergebiet bis nach Transkaukasien. Charakterpflanzen der Macchien und Garigues.
Verwendung: In M-Europa nur eine Art ausreichend frosthart, braucht in der Regel Winterschutz.

Cistus laurifolius L., Lorbeerblättrige Zistrose

Habitus: Bis 1,5 m hoher Strauch, Triebe behaart und klebrig.
Blätter: Eiförmig bis eiförmig-lanzettlich, 3–9 cm lang, ledrig, zugespitzt, Basis abgerundet, oberseits dunkelgrün und kahl, unterseits graufilzig behaart und klebrig.
Blüten: 5–7 cm breit, zu 1–8 in gestielten Zymen, Kronblätter weiß, mit gelbem Basalfleck, Kelchblätter 3, konkav, behaart, Juni–August.
Verbreitung: SW- und S-Europa, N-Afrika.
Verwendung: Sehr selten, B, D, WHZ 7b, LB 6.2.1.6.

Citrus trifoliata L. = *Poncirus trifoliata*

Cladrastis Raf.

Gelbholz – Fabaceae
(griechisch *klados* = Zweig und älterer Gattungsname *Hydrastis*)

Habitus: Sommergrüne Bäume, Knospen etwa 4 mm lang, nackt, dicht filzig behaart, mit meist 3 absteigenden Beiknospen, Endknospen fehlend.
Blätter: Wechselständig, unpaarig gefiedert, Blättchen 7–15, ebenfalls wechselständig, kurz gestielt, ganzrandig.
Blüten: Zwittrig, zygomorph, in hängenden oder aufrechten, endständigen Rispen oder Trauben, Krone weiß, (selten rötlich), Kelch glockig, kurz 5-zähnig, Staubblätter 10, frei oder fast frei, vom Schiffchen umhüllt, Fruchtknoten 6- bis 13-fächrig.
Früchte: Hülsen 5–8 cm lang, schmal länglich, riemenförmig, dünnhäutig, fein genetzt, 3- bis 6-samig, Samen nierenförmig, 6–7 mm lang, hellbraun.
Verbreitung: 6 Arten in O-Asien, 1 Art im östl. N-Amerika.
Verwendung: Schöne, wärmeliebende, hitzeverträgliche, in der Jugend langsam wachsende, kleinkronige Blütenbäume mit einer beachtlichen Herbstfärbung.

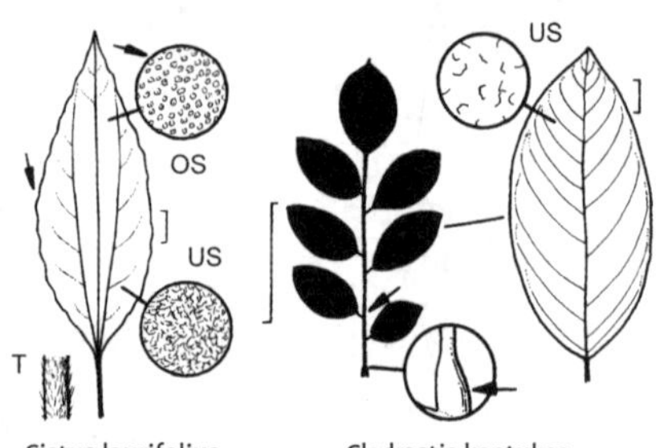

Cistus laurifolius Cladrastis kentukea

Bestimmungsschlüssel Cladrastis

1 Blättchen 7–11, eiförmig, an der Blattspindel stark versetzt. . . . . *C. kentukea*
– Blättchen 9–13, lanzettlich, an der Blattspindel (fast) gegenständig . . . . *C. sinensis*

Cladrastis kentukea (Dum.-Cours.) Rudd, Amerikanisches Gelbholz

Habitus: 10–15(–20) m hoher, meist mehrstämmiger, breitkroniger Baum, Rinde glatt, grau, Holz gelb.
Blätter: Bis 40 cm lang, Blättchen 7–11, an der Blattspindel versetzt, breit eiförmig bis elliptisch, 7–11 cm lang, Endblättchen lang gestielt, oberseits frischgrün, unterseits graugrün, besonders an den Nerven behaart.
Blüten: 2,5–3 cm lang, in 20–40 cm langen, überhängenden Rispen, leicht duftend, Krone weiß, Mai–Juni.
Früchte: 7–8 cm lang, hellbraun.
Verbreitung: NOZ- und SO-USA.
Verwendung: Sehr häufig, B, H, WHZ 5b, LB 2.5.2.3.

C. lutea (Dum.-Cours.) Rudd = *C. kentukea*

Cladrastis sinensis Hemsl., Chinesisches Gelbholz

Habitus: 15–25 m hoher Baum, sehr spät austreibend.
Blätter: Blättchen zu 9–13, länglich bis länglich-lanzettlich, 10–15 cm lang, abgestumpft bis spitz, an der Basis meist abgerundet, unterseits graugrün, besonders nahe der Mittelrippe bräunlich samtig behaart.
Blüten: 1,2 cm lang, in 12–30 cm langen,

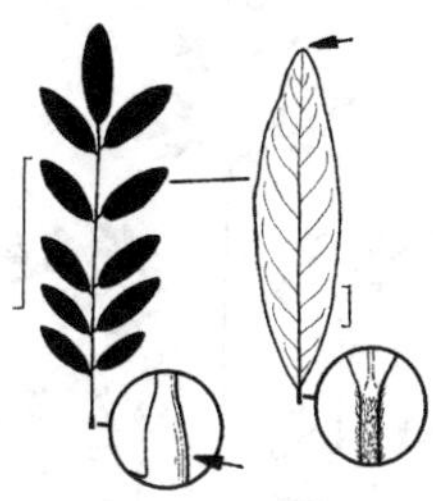
Cladrastis sinensis

reich verzweigten, aufrechten Rispen, Krone weiß oder rötlich weiß, Juni–Juli.
Früchte: 4–7,5 cm lang, kahl oder nahezu kahl.
Verbreitung: W- und M-China.
Verwendung: Sehr selten, B, WHZ 6a, LB 2.5.2.3 (6.1.2.3) (3.3.2.5).

Clematis L.

Clematis, Waldrebe – Ranunculaceae

(griechisch *klematis* = Name verschiedener rankender Sippen)

Habitus: Überwiegend sommergrüne Kletterpflanzen, Sträucher oder Stauden, bei den kletternden Arten sind Blattstiele, Blattspindel und die Stiele der Fiederblättchen zu Ranken umgebildet.
Blätter: Gegenständig, einfach, 3-zählig oder gefiedert.
Blüten: Meist zwittrig, selten 1-geschlechtig und 2-häusig verteilt, radiär, einzeln, in Rispen oder Büscheln, end- oder achselständig, Blütenhülle einfach, glockig, krug-, röhren- oder tellerförmig, Tepalen meist 4, Staub- und Fruchtblätter zahlreich, Nektarien vorhanden oder fehlend, bei einigen Arten zwischen Tepalen und Staubblättern kronblattähnliche Staminodien.
Früchte: Nüsschen zahlreich, einer verdickten Blütenachse aufsitzen, in meist fedrigen, kugeligen Fruchtständen, der bleibende Griffel ist oft zu einer fädigen, elastischen Granne ausgezogen, die kahl oder seidig bis fedrig behaart ist.
Verbreitung: 295 Arten, vorwiegend in den nördlichen temperierten Zonen, davon 10 Arten in Europa.
Verwendung: *Clematis*-Arten, und vor allem die zahlreichen Hybriden, gehören zu den prachtvollsten Lianen unserer Gärten. Sie gedeihen am besten an sonnigen bis halbschattigen Plätzen, an denen der Wurzelbereich kühl gehalten werden kann. In der Regel sind die Arten weniger anspruchsvoll als die großblumigen Hybriden.
Arten kann man durch Bäume oder Sträucher wachsen lassen, Hybriden werden meist an Klettergerüsten gezogen, die an Mauern, Fassaden, Lauben und Pergolen angebracht werden können. Der Durchmesser der Kletterhilfen soll nicht mehr als 12 mm betragen.
Arten müssen nicht regelmäßig zurückgeschnitten werden. Die großblumigen Hybriden werden dagegen oft regelmäßig zurückgeschnitten. Alle Sorten, die ausschließlich oder überwiegend am vorjährigen Holz blühen, werden unmittelbar nach der Blüte zurückgeschnitten, alle sommer- und herbstblühenden Sorten im zeitigen Frühjahr.
Hier werden auch die wenigen staudigen Arten, *C. integrifolia*, *C. recta* und *C. tubulosa*, behandelt.
Auf die zahlreichen Sorten der großblumigen Hybriden kann hier nicht eingegangen werden.

Bestimmungsschlüssel Clematis

(Arten nur mit Blüten bestimmbar)

1	Nicht kletternde, niedrige Sträucher	2
–	Kletternde, ± verholzende Lianen	9
2	Blätter einfach	3
–	Blätter 3-zählig oder gefiedert	4
3	Blüten violett, 3–4 cm breit	*C. integrifolia*
–	Blüten gelblich, 2–2,5 cm breit	*C. songarica*
4	Blätter alle 3-zählig	5
–	Blätter mehrzählig gefiedert (wenigstens viele)	8
5	Blüten röhrig oder glockig, blau	6
–	Blüten spreizend, gelblich	*C. songarica*
6	Blüten zwittrig	7
–	Blüten eingeschlechtig	*C. stans*
7	Blättchen fingernervig	*C. tubulosa*
–	Blättchen fiedernervig	*C. heracleifolia*
8	Blättchen 3–7, grün, Blüten dunkelviolett	*C. ×aromatica*
–	Blättchen 5–9, blaugrün, Blüten milchweiß	*C. recta*
9	Pflanzen immergrün	*C. armandii*
–	Pflanzen sommergrün (nur diesjährige Triebe belaubt)	10
10	Blüten gelb oder gelblich	11
–	Blüten andersfarbig	20
11	Blüten etwa 1,5 cm breit und gelblich weiß	12
–	Blüten größer oder reingelb	13
12	Blüten höchstens zu 3 achselständig	*C. aethusifolia*
–	Blüten zu mehr als 3 in endständigen Rispen	*C. rehderiana*
13	Blättchen gezähnt	14
–	Blättchen ganzrandig oder teilweise gelappt	17
14	Blätter (doppelt) 3-zählig gefiedert	15
–	Blättchen 5–7	16

15 Blättchen lanzettlich .... *C. serratifolia*
– Blättchen eiförmig .... *C. chiisanensis*
16 Blättchen höchstens 4,5 cm lang .... *C. akebioides*
– Blättchen 4–8 cm lang .... *C. tangutica* subsp. *tangutica*
17 Blättchen ± blaugrün 18
– Blättchen grün ...... *C. cirrhosa* var. *cirrhosa*
18 Blüten anfangs glockig, Hüllblätter später spreizend, kahl 19
– Blüten spreizend, Hüllblätter später zurückgeschlagen, oberseits flaumfilzig .... *C. orientalis* var. *orientalis*
19 Blättchen linealisch .... *C. intricata*
– Blättchen elliptisch bis lanzettlich .... *C. tibetana* subsp. *tibetana*
20 Blüten tellerförmig 21
– Blüten krug- oder glockenförmig 39
21 Kronblattähnliche Staminodien vorhanden . 22
– Staminodien fehlend 23
22 Staminodien halb so lang wie die Hüllblätter, Blüten blau .... *C. alpina*
– Staminodien fast so lang wie die Hüllblätter und deutlich heller als diese... *C. macropetala*
23 Blüten 2–3 cm breit und weiß 24
– Blüten größer und weiß oder andersfarbig . 28
24 Blätter und Blättchen gesägt oder gezähnt . 25
– Blätter ganzrandig oder (wenigstens teilweise) gelappt 26
25 Blätter 3-zählig, Blättchen grob gesägt .... *C. virginiana*
– Blätter (z. T. doppelt) gefiedert, grob gezähnt oder ganzrandig .... *C. vitalba*
26 Blättchen ei-herzförmig .... *C. terniflora*
– Blättchen eilanzettlich 27
27 Blüten eingeschlechtig .... *C. ligusticifolia*
– Blüten zwittrig .... *C. flammula*
28 Blüten weiß bis cremefarben 29
– Blüten bläulich weiß bis violett 34
29 Blüten 10–20 cm breit .... *C. lanuginosa*
– Blüten kleiner 30
30 Blätter (doppelt) 5- oder mehrzählig gefiedert 31
– Blätter (doppelt) 3-zählig gefiedert 32
31 Tepalen stumpf, Blüten zu 3–7 .... *C.* Summer Snow
– Tepalen spitz, Blüten zu 1–3 .... *C. potaninii* var. *potaninii*
32 Blättchen gelappt (wenigstens einige) .... *C. florida*
– Blättchen gezähnt (wenigstens einige) 33
33 Blätter kahl oder unterseits zerstreut behaart .... *C. montana* var. *montana*
– Blätter unterseits seidenhaarig. .*C. chrysocoma*
34 Blätter einfach .... *C. ×durandii*
– Blätter 3- oder mehrzählig gefiedert (wenigstens teilweise) 35
35 Blüten einzeln 36
– Blüten mindestens zu dritt 37
36 Blätter 3-zählig gefiedert .... *C. patens*
– Blätter mit 5 oder mehr Fiederblättchen .... *C. viticella* subsp. *viticella*
37 Blüten 2–3 cm breit 38
– Blüten 10–14 cm breit .... *C.* 'Jackmanii'
38 Blättchen ganzrandig, z. T. gelappt .... *C. ×triternata*
– Blättchen gesägt, nicht gelappt . *C. ×jouiniana*
39 (20) Blüten krugförmig 40
– Blüten glockig 41
40 Hüllblätter außen kahl .... *C. texensis*
– Hüllblätter außen behaart .... *C. viorna*

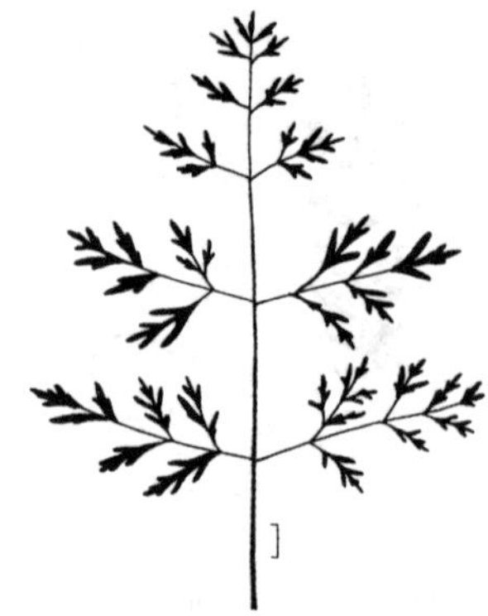
Clematis aethusifolia

41 Blättchen ganzrandig (höchstens z. T. gelappt) .... *C. viticella* subsp. *campaniflora*
– Blättchen gesägt oder gezähnt 42
42 Blättchen 3–7 .... *C. crispa*
– Blätter 3-zählig 43
43 Blüten violett, Blätter unterseits behaart .... *C. koreana* var. *koreana*
– Blüten weiß(lich) .... *C. sibirica*

Clematis aethusifolia Turcz., Aethusablättrige Waldrebe

Habitus: 1,5–2 m hoch kletternd, Triebe dünn, schwach gerippt, spärlich angedrückt behaart.
Blätter: Bis 20 cm lang, sehr feingliedrig, einfach oder doppelt gefiedert, Blättchen 3–7, bis 3 cm lang, linealisch, eiförmig oder länglich, tief eingeschnitten oder 3-lappig, Basis breit keilförmig, frischgrün, kahl.
Blüten: Schmal glockig, etwa 1,5 cm lang, zu 1–3 achselständig, Stiel sehr lang, dünn, Tepalen hellgelb, Staubbeutel gelblich grün, kürzer als die Krone, August–September.
Früchte: Gerippt, wollig behaart, Griffel bis 2 cm lang, fedrig weiß behaart.
Verbreitung: N-China, Korea.
Verwendung: Sehr selten, B, ♧, ✱, WHZ 5b, LB 7.2.1.9.

Clematis akebioides (Maxim.) Veitch

Habitus: Bis 4 m hoch kletternd, Triebe 6- bis 10-rippig, anfangs hellgrün, kahl bis behaart.
Blätter: Gefiedert, Blättchen meist 5–7, eiförmig bis länglich, bis 4,5 cm lang, gekerbt-gesägt, bläulich grün.
Blüten: Glockig, bis 2,5 cm breit, nickend, zu 3–7 in achselständigen Büscheln, Tepalen 4, gelb, außen grün, bronzefarben oder pur-

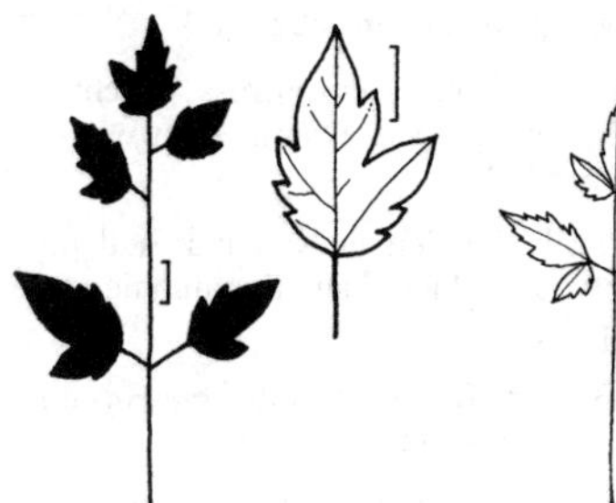

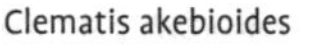

Clematis akebioides

Clematis alpina

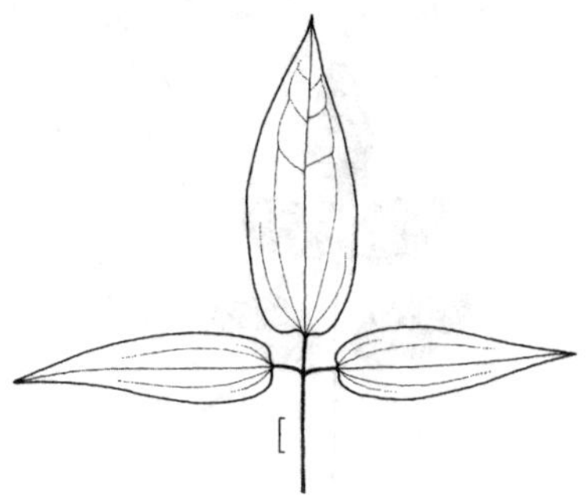

Clematis armandii

purn gefleckt oder überhaucht, schmal bis breit eiförmig, 1,5–2,5 cm lang, dicklich, die Spitze leicht zurückgebogen, Staubbeutel grünlich braun. Juli–September.
Früchte: Verkehrteiförmig bis ellipsoid, Griffel 3–4 cm lang, fedrig behaart.
Verbreitung: W-China.
Verwendung: Selten, B, ☠, WHZ 5, LB 6.3.1.9

Clematis alpina (L.) Mill., Alpen-Waldrebe

Habitus: 2–3 m hoch kletternd, Triebe dünn, kahl, mit feinen Rillen.
Blätter: Bis 15 cm lang, meist doppelt 3-zählig, Blättchen schmal eiförmig bis lanzettlich, 2–5 cm lang, lang zugespitzt, grob gesägt, oberseits dunkelgrün, unterseits heller und schwach behaart.
Blüten: Glockig, nickend, einzeln in den Achseln von Kurztriebblättern, an 10 cm langen Stielen, Tepalen 4, violett bis hellblau, 3–4 cm lang, schmal eiförmig bis lanzettlich, Staminodien 10–12, schmal oder breit spatelförmig, ½ so lang wie die Tepalen, Mai–Juni.
Früchte: Eiförmig, Griffel bis 4 cm lang, seidig behaart.
Verbreitung: Europa (ausgenommen Britische Inseln und Iberische Halbinsel, steht in Deutschland unter Schutz).
Verwendung: Sehr häufig (mit zahlreichen Hybriden, die zur Atragene-Gruppe gehören), B, ♧, ☠, WHZ 5b, LB 8.1.5.9.

Clematis armandii Franch., Armands Waldrebe

Habitus: Immergrün, bis 10 m hoch kletternd.
Blätter: 3-zählig, Blättchen ledrig, länglich-lanzettlich oder schmal eiförmig, ganzrandig, 6–12 cm lang, zugespitzt, Basis abgerundet bis schwach herzförmig, von der Basis an 3(–5)-nervig, glänzend dunkelgrün, kahl.
Blüten: Schalenförmig, 3–5 cm breit, bis zu 7 in achselständigen Büscheln an vorjährigen Zweigen, Tepalen 4(–5), reinweiß bis cremefarben, gelegentlich rosa getönt, 2–2,5(–4) cm lang, schmal länglich, ausgebreitet, Staubbeutel cremefarben bis hellgelb, April–Mai.
Früchte: Eiförmig, Griffel bis 3 cm lang, fedrig behaart.
Verbreitung: M- und S-China.
Verwendung: Sehr selten, B, ☠, WHZ 7a, LB 6.4.1.9.

Clematis Armandii-Gruppe

Sorten, die zu Arten aus der Subsektion Meyenianae (Tamura) M. Johnson (vorwiegend *C. armandii*) gehören oder aus diesen entstanden sind.

Habitus: 4–7 m hoch kletternd.
Blätter: Immergrün, 3-zählig oder gelegentlich gefiedert, ziemlich ledrig.
Blüten: Schalen- oder ± tellerförmig, 4–7 (–10) cm breit, in den Blattachseln an vorjährigen Zweigen, Tepalen 4–6, weiß oder rosa, im Winter oder zeitigen Frühjahr.
Verwendung: Selten, WHZ 7b, LB 6.4.1.9.

'Apple Blossom'. Schalen- bis becherförmig, 4–6 cm breit, nach Vanille duftend, Tepalen (5–)6, anfangs rosa, später heller, zuletzt weiß, März–April.

Clematis ×aromatica Lenné et K. Koch, Duftende Waldrebe

(*C. integrifolia* × *C. recta* oder möglicherweise *C. flammula*)

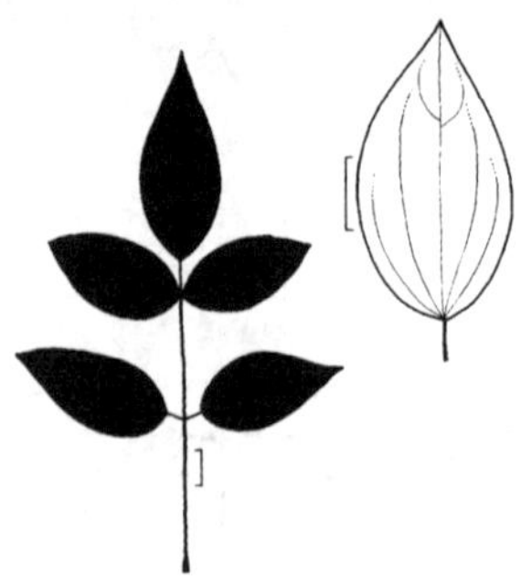

Clematis ×aromatica

Habitus: Bis 1,5 m hoch, aufrecht oder niederliegend, halbstrauchig.
Blätter: 3-zählig oder gefiedert, Blättchen 5–7, bis 3 cm lang, eiförmig oder breit eiförmig, ganzrandig, kahl.
Blüten: 3–4 cm breit, duftend, Stiele 5 cm lang, in lockeren, endständigen Büscheln, Tepalen 4, anfangs purpurrot, zuletzt dunkelviolett, schmal länglich, weit gespreizt und zurückgebogen, Staubbeutel hellgelb, Juli bis Herbst.
Früchte: Kugelig bis abgeflacht kugelig, kahl oder behaart.
Verwendung: Selten, B, ☠, WHZ 5b, LB 6.3.4.8.

Clematis Atragene-Gruppe

Sorten, die zu Arten aus dem Subgenus *Atragene* (L.) Torrey et A. Gray (*C. alpina*, *C. chiisanensis*, *C. fauriei*, *C. macropetala*, *C. occidentalis*, *C. ochotensis*, *C. sibirica*, *C. turkestanica*) gehören oder aus diesen Arten durch Kreuzung entstanden sind.

Habitus: 2–4(–5) m hoch kletternd.
Blätter: 3-zählig oder doppelt 3-zählig.
Blüten: Einfach (Staminodien fehlend oder diese zu 4(–5)) oder Blüten „gefüllt" (d. h. mit mehr als 6 Staminodien), glockig oder breit glockig, nickend, (2–)4–9(–12) cm breit, blattachselständig an vorjährigen Zweigen, gelegentlich auch später einzeln und endständig an diesjährigen Trieben, Tepalen 4, weiß, hellgelb oder mit Anflügen von Rosa, Purpurrot, Purpur, Blauviolett oder Blau, die äußeren Staubblätter zu petaloiden Staminodien umgewandelt, diese meist kürzer als die Tepalen. Blütezeit vorwiegend im April–Mai(–Juni) .
Verwendung: Sehr häufig (in zahlreichen Sorten), WHZ 6a, LB 8.1.5.9.

'Albina Plena'. Tepalen reinweiß, Staminodien weiß, die inneren hellgrün.

'Ballet Skirt'. Tepalen purpurrosa, kirschrosa oder hell pinkfarben, Staminodien wie die Tepalen gefärbt.

'Blue Bird'. Tepalen malvenblau, hell purpurblau oder schieferblau, Staminodien wie die Tepalen gefärbt.

'Blue Dancer'. Tepalen sehr hell blau bis mittelblau, Staminodien weißlich.

'Brunette'. Tepalen dunkel braunviolett, Staminodien gelblich bis hellgrün.

'Burford White'. Tepalen weiß bis cremeweiß, Staminodien hellgrün bis gelblich grün.

'Columbine'. Tepalen hell lavendelfarben bis graublau, Staminodien cremeweiß bis hellgrün.

'Constance'. Tepalen tiefpurpurn oder rötlich pinkfarben, Staminodien wie die Tepalen gefärbt oder die inneren cremeweiß.

'Frances Rives'. Tepalen tiefblau bis mittelblau, Staminodien weißlich.

'Frankie'. Tepalen mittelblau bis tief bläulich violett, Staminodien cremeweiß.

'Jaqueline du Pré'. Tepalen blassrot, Staminodien weiß, rosa getuscht.

'Markham's Pink'. Tepalen rosapinkfarben oder kräftig purpurnpinkfarben bis hellpurpurn, Staminodien hell pinkfarben bis grünlich weiß.

'Pearl Rose'. Tepalen weiß bis malvenrosa, Staminodien weiß.

'Pink Flamingo'. Tepalen hell pinkfarben, Nervatur dunkler, Staminodien hellrosa.

'Rosy O'Grady'. Tepalen tief pinkfarben bis malvenrosa oder hellpurpurn, Staminodien hellpurpurn.

'Ruby'. Tepalen hell burgunderrot bis samtig tiefrot, Staminodien cremeweiß.

'Wesselton'. Tepalen mittelbau, halb gefüllt, Staminodien zahlreich.

'White Swan'. Tepalen weiß oder cremeweiß, an der Basis blassrötlich, Staminodien hell grünlich gelb.

C. campaniflora Brot = *C. viticella* subsp. *campaniflora*

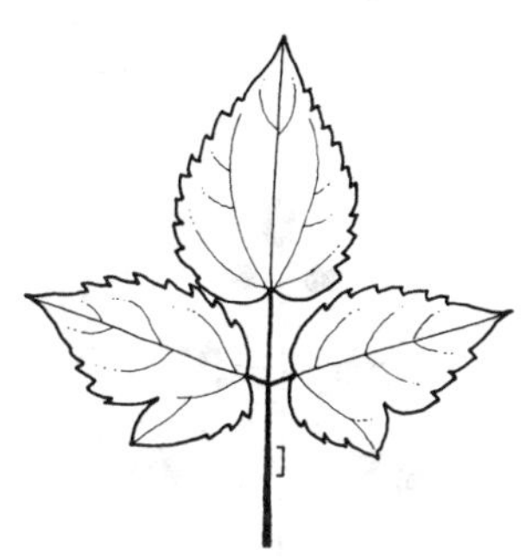
Clematis chiisanensis

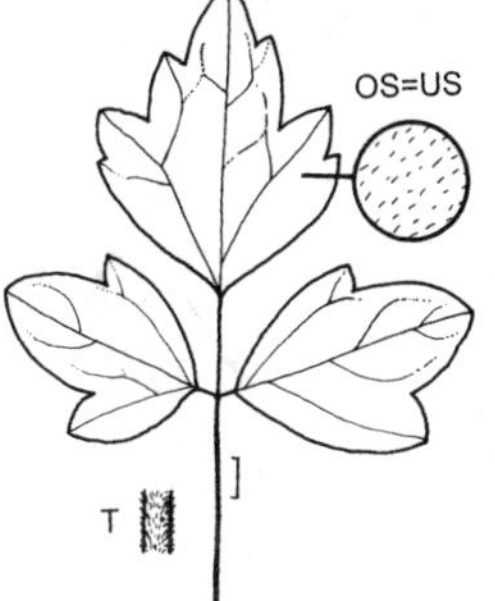

Clematis chrysocoma

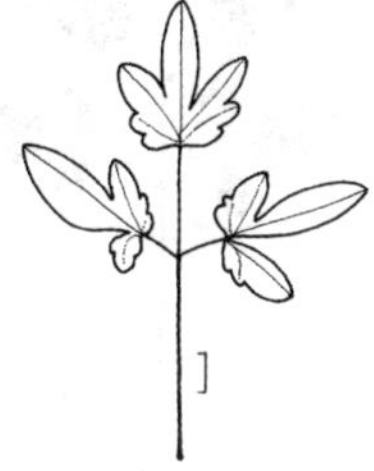
Clematis cirrhosa var. cirrhosa

Clematis chiisanensis Nakai,
Pagoden-Waldrebe

Habitus: Bis 3,5 m hoch kletternd, Triebe gerippt, ± stark purpurn getönt.
Blätter: 3-zählig, Blättchen eiförmig bis lanzettlich, 2,5–6,5 cm lang, unregelmäßig grob gezähnt.
Blüten: 5–7 cm breit, breit glockig, nickend, zu 1–3 an vor- und diesjährigen Trieben, Tepalen 4, hell zitronengelb bis cremefarben oder bräunlich orange, gelegentlich purpurn gesprenkelt oder getönt, 3–5 cm lang, lanzettlich, zugespitzt, außen mit 3–5 deutlichen, erhöhten Nerven, Staminodien weiß oder cremefarben, spatelförmig, Juni–Juli.
Früchte: Griffel 3–4 cm lang, silbrig behaart.
Verbreitung: S-Korea.
Verwendung: Häufig, B, ✂, WHZ 6a, LB 6.3.2.9.

'Lemon Bells'. Blüten hellgelb.

'Love Child'. Blüten cremegelb, rot und purpurn gefleckt.

Clematis chrysocoma Franch.,
Goldschopfige Waldrebe

Habitus: 1(–2) m hoch, aufrecht, halbstrauchig, Triebe, Blütenstiele und beide Blattseiten dicht golden oder lohfarben behaart.
Blätter: 3-zählig, kurz gestielt, Blättchen eiförmig bis rhombisch, 2–4(–6) cm lang, spitz oder stumpf, Basis abgerundet oder breit keilförmig, 3-lappig oder grob gezähnt.
Blüten: Becherförmig, 3,5–5 cm breit, einzeln an diesjährigen Trieben, Tepalen meist 4, rosarot bis rosapurpurn, selten hellrosa oder weiß, breit länglich bis eiförmig, außen seidig behaart, Staubbeutel cremefarben, Mai–Juli.
Früchte: Eiförmig, Griffel bis 3 cm lang, goldbraun fedrig behaart.
Verbreitung: SW-China.
Verwendung: Selten, B, ♧, ✂, WHZ 7a, LB 6.4.4.9.

Clematis cirrhosa L. **var. cirrhosa**,
Macchien-Waldrebe

Habitus: Immergrün, bis 8 m hoch kletternd, Triebe dünn, 6-rippig und fein seidig behaart.
Blätter: Einfach und ganzrandig bis 3-lappig oder 3-zählig, Blättchen eiförmig, 2–5 cm lang, stumpf oder spitz, Basis herzförmig, grob kerbig gesägt, oberseits glänzend tiefgrün.
Blüten: Breit glockig bis schalenförmig, zu 1–2 an sehr kurzen Seitentrieben der vorjährigen Langtriebe, Tepalen 4, selten 5, weiß bis cremefarben oder grünlich, gelegentlich rötlich oder purpurn gefleckt, eiförmig bis elliptisch, 2–2,5 cm lang, außen weich behaart, Staubbeutel cremefarben oder gelb, Dezember–März.
Früchte: Eiförmig, behaart, Griffel bis 5 cm lang, weiß seidig behaart.
Verbreitung: S- und SO-Europa, N-Afrika, Türkei, Levante, Arabien.
Verwendung: Sehr selten, B, ♧, ✂, WHZ 8a, LB 6.3.4.9.

var. balearica (Rich.) Willk. et Lange, Balearen-Waldrebe. Blättchen tief eingeschnitten oder gezähnt, purpurbronze gefärbt. Blüten 4–5 cm breit. Tepalen hell cremefarben, rötlich kastanienbraun gefleckt und gepunktet, Häufiger in Kultur als die Art. Korsika, Menorca.

C. coccinea Engelm. ex Gray =
C. texensis

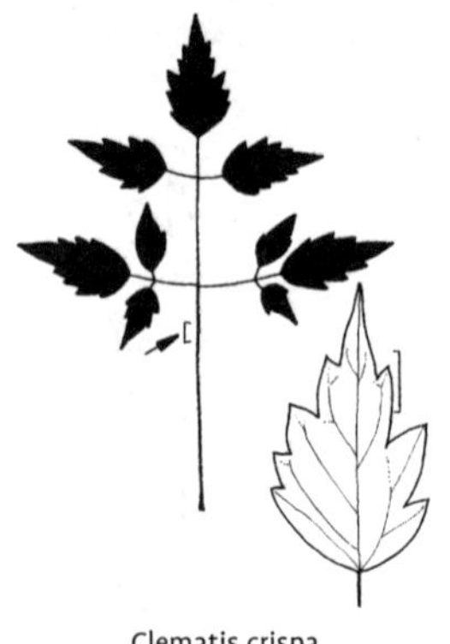
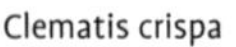

Clematis crispa

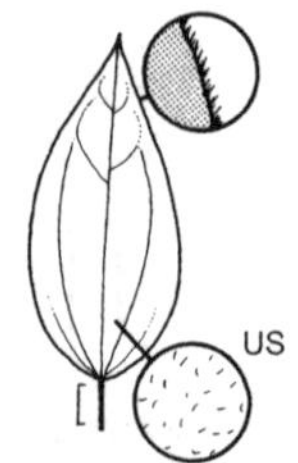

Clematis ×durandii

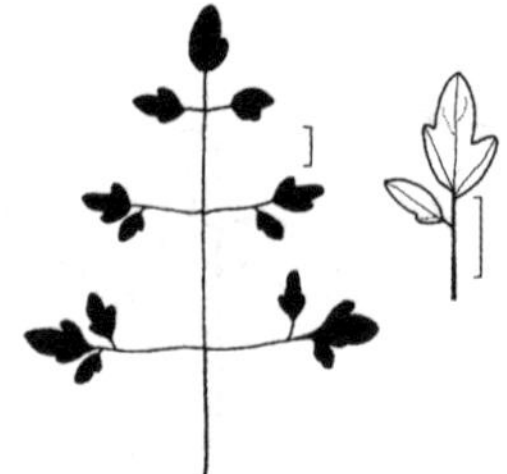

Clematis flammula

Clematis crispa L., Krause Waldrebe

Habitus: Bis 1,5 m hoch kletternd oder niederliegend, halbstrauchig, Triebe dünn, 6- oder 12-rippig.
Blätter: 3-zählig oder gefiedert, bis 20,5 cm lang, Blättchen 3–7, schmal eiförmig bis eiförmig-lanzettlich, 4–8 cm lang, Basis herzförmig, manchmal gelappt bis 3-zählig, glatt und glänzend.
Blüten: Urnenförmig, einzeln an langen Stielen hängend, duftend, Tepalen 4, bläulich purpurn oder violettpurpurn, lanzettlich, am Rand gekräuselt, oberhalb der Mitte frei, abstehend und stark zurückgebogen, Staubbeutel cremefarben bis hellgelb, Juni–September.
Früchte: Kugelig bis rhomboid, seidig behaart oder nahezu kahl, Griffel bis 3 cm lang, schwach seidig behaart oder kahl.
Verbreitung: O- und SO-USA
Verwendung: Sehr selten, B, ☠, WHZ 6b, LB 3.3.2.9.

C. dioscoreifolia Lév. et Vaniot = *C. terniflora*
C. dioscoreifolia var. *robusta* (Carrière) Rehder = *C. terniflora*

Clematis ×durandii Durand, Durands Waldrebe
(*C. integrifolia* × *C.* 'Jackmani')

Habitus: 1–3 m hoch, aufrecht oder kletternd, halbstrauchig.
Blätter: Einfach, schmal eiförmig, 8–12 cm lang, spitz, Basis keilförmig bis fast herzförmig, kahl oder nahezu kahl, glänzend grün.
Blüten: Halb nickend, flach, 8–14 cm breit, meist zu 3, Tepalen meist 4–6, tief violettblau, eiförmig-elliptisch bis rhombisch oder verkehrteiförmig, gespreizt und die Spitze leicht zurückgebogen, Rand wellig, Staubbeutel cremefarben oder gelb, Juni–Oktober.
Früchte: Griffel lang, seidig behaart.
Verwendung: Selten, B, ☠, WHZ 6a, LB 3.3.7.9.

C. fargesii Franch. = *C. potaninii* var. *fargesii*
C. fargesii var. *souliei* hort. = *C. potaninii* var. *potaninii*

Clematis flammula L., Mandel-Waldrebe

Habitus: Bis 5 m hoch kletternd, Triebe kahl, grün, gerippt.
Blätter: Gefiedert, Blättchen 3 oder 5, 1,5–4 cm lang, schmal lanzettlich bis rundlich, spitz oder manchmal stumpf, Basis abgerundet bis keilförmig, die unteren oft 3-zählig oder 2- bis 3-lappig, oberseits glänzend tiefgrün.
Blüten: 1,5–2,5 cm breit, nach Bittermandeln duftend, in bis 30 cm breiten, vielblumigen, lang gestielten Rispen, Tepalen 4, weiß, bis 2 cm lang, elliptisch, unterseits flaumig behaart, Staubbeutel hellgelb bis cremefarben, Juli–September.
Früchte: Eiförmig, Griffel 2–5 cm lang, weiß fedrig behaart.
Verbreitung: SW-, S- und SO-Europa, Türkei, Syrien, Arabien, Afghanistan.
Verwendung: Selten, B, ♧, ☠, WHZ 7b, LB 6.3.1.9.

OS=US

Clematis florida

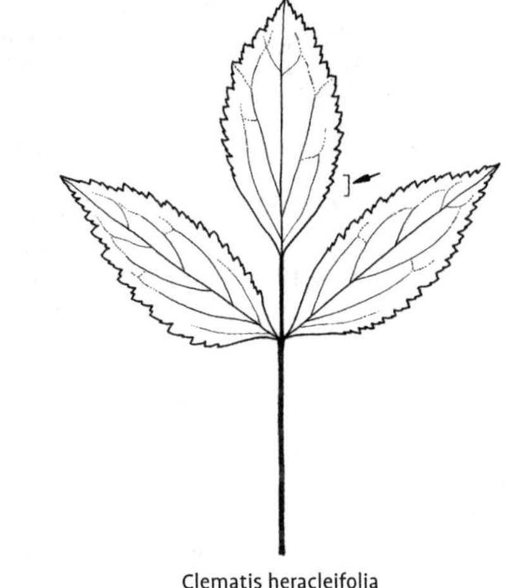

Clematis heracleifolia

Clematis florida Thunb., Reichblütige Waldrebe

Habitus: Sommer- oder halbimmergrün, bis 4 m hoch kletternd, Triebe 6-rippig.
Blätter: Doppelt 3-zählig oder gefiedert, bis 12,5 cm lang, Blättchen meist 5–9, 2–5 cm lang, schmal eiförmig oder lanzettlich, grob gezähnt oder mit 1–2 Lappen oder wenigen Zähnen, bei Kulturformen oft ganzrandig, glänzend dunkelgrün.
Blüten: 4–8,5 cm breit, einzeln an Kurztrieben an vorjährigen Zweigen, Tepalen meist 6, weiß oder rahmweiß, spreizend, eiförmig, zugespitzt, Staminodien gelegentlich vorhanden, Staubbeutel dunkelviolett bis fast schwarz, April–Juli.
Früchte: Rhomboid, Griffel 1 cm lang, im unteren Teil fedrig behaart.
Verbreitung: O-China, in Japan etabliert.
Verwendung: Sehr selten (häufiger in den folgenden Varietäten), B, ☘, ✂, WHZ 7b, LB 6.3.4.9.

var. flore-pleno G. Don. Blüten (5–)7–10 cm breit, Tepalen grünlich weiß bis weiß, außen mit einem grünlichen Mittelstreifen, dicht mit lanzettlichen, lang zugespitzten Staminodien gefüllt.

var. sieboldiana Morren. Blüten 7–10 cm breit, Tepalen 5–6, anfangs hellgrün, später cremeweiß, Staminodien zahlreich, rosettenförmig angeordnet, anfangs grün, zuletzt purpurn gefärbt.

Clematis heracleifolia DC., Großblättrige Waldrebe

Habitus: Bis etwa 1 m hoch, aufrecht, halbstrauchig, Sprosse kräftig, einfach oder sparsam verzweigt, an der Basis verholzend.
Blätter: 3-zählig, derb, Endblättchen größer als die seitlichen, breit eiförmig, 8–16 cm lang, Basis abgerundet oder breit keilförmig, ungleich grob gesägt, oft etwas gelappt, dunkelgrün beiderseits angedrückt behaart.
Blüten: 1-geschlechtig, 1-häusig verteilt, (bei *C. tubulosa* 2-häusig), schmal glockig oder röhrig, nickend, 2–2,5 cm lang, in vielblumigen, endständigen, verzweigten Blütenständen, Tepalen 4, tief- oder violettblau, im oberen Drittel stark zurückgebogen, Staubbeutel hellgelb, Juli bis Anfang Oktober.
Früchte: Ellipsoid, 3–5 mm lang, Griffel bis 2,5 cm lang, fedrig behaart.
Verbreitung: M- und N-China.
Verwendung: Selten (aber zahlreiche Sorten der Heracleifolia-Gruppe), B, ✂, WHZ 5b, LB 6.3.2.8.

C. heracleifolia var. *davidiana* (Verlot) Hemsl. = *C. tubulosa*

Clematis Heracleifolia-Gruppe

Sorten, die zu Arten des Subgenus *Tubulosa* (Decne) Grey-Wilson (*C. heracleifolia*, *C. stans*, *C. tubulosa*) gehören oder aus Kreuzungen mit diesen Arten entstanden sind.

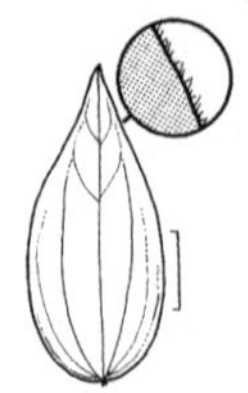

Clematis integrifolia

Habitus: Sommergrüne, an der Basis der Sprosse verholzende Halbsträucher mit aufrechten oder kletternden Stängeln, die über Winter absterben können.
Blätter: 3-zählig oder gefiedert.
Blüten: Zwittrig, oder 1- oder 2-häusig verteilt, einfach, röhrig, hyazinthenförmig, glockig oder mit abspreizenden Tepalen, (1,5–) 2–5 cm breit. Tepalen 4, weiß, cremegelb, blauviolett oder blau, Blütezeit: Sommer oder Frühherbst an diesjährigen Trieben.
Verwendung: Häufig, WHZ 5b, LB 6.3.2.8.

'Cassandra'. Blüten röhrig, Tepalen tief enzianblau.

'China Purple'. Blüten anfangs röhrig, Tepalen später weit abstehend, dunkel violettpurpurn.

'Crépuscule'. Blüten röhrig, Tepalen weißlich blau bis hell malvenfarben.

'Mrs Robert Brydon'. Blüten weit geöffnet (nicht röhrig). Tepalen stumpf- bis cremeweiß, blau oder malvenfarben getönt.

'New Love'. Blüten röhrig, Tepalen hell violettblau, außen dunkler.

'Oiseau Bleu'. Blüten anfangs röhrig bis schmal glockig, später mehr offen, Tepalen bläulich lila bis rötlich lila oder malvenfarben.

'Praecox'. Blüten hyazinthenförmig, Tepalen weißlich, zur Spitze hin malvenblau.

Clematis integrifolia L., Ganzblättrige Waldrebe

Habitus: Bis 1 m hoch, staudig oder halbstrauchig, zuletzt meist niederliegend, Triebe dünn, 6-rippig.
Blätter: Einfach, sitzend, schmal eiförmig bis lanzettlich, 5–14 cm lang, zugespitzt, ganzrandig, beiderseits grün, oberseits kahl, unterseits vor allem auf den Nerven behaart.
Blüten: Breit glockig, bis 5 cm breit, meist einzeln, Tepalen 4, violett, malvenfarben oder blau, selten rosa oder weiß, lanzettlich bis elliptisch, 3–5 cm lang, halb ausgebreitet, oberhalb der Mitte zurückgeschlagen und oft etwas gedreht, Staubbeutel gelb, Juni–August.
Früchte: Rhomboid, 6–10 mm lang, behaart, Griffel bis 5 cm lang, glänzend silbrig fedrig behaart.
Verbreitung: S-, SO-, OM- und O-Europa, Kaukasien, Sibirien, China: Sikiang.
Verwendung: Selten (häufiger in Verwendung sind dagegen zahlreiche Sorten der Integrifolia-Gruppe), B, ♧, ☠, WHZ 5b, LB 2.5.5.8 (2.5.5.0).

Clematis Integrifolia-Gruppe

Sorten, die überwiegend zu *C. integrifolia* gehören oder aus Kreuzungen mit dieser Art entstanden sind; einschließlich der *Clematis* Diversifolia-Gruppe (*C. integrifolia* × *C. viticella*) und deren Sorten.

Habitus: Sommergrüne, an der Basis der Sprosse verholzende, aufrechte oder kletternde Halbsträucher.
Blätter: Einfach oder 3-zählig, selten gefiedert.
Blüten: Einfach, meist glockig, gelegentlich ± tellerförmig flach, 4–9(–14) cm breit, meist nickend, Tepalen 4(–7), weiß, blassrot, purpurrot, blau, blauviolett oder purpurn. Blütezeit: Sommer und Frühherbst an diesjährigen Trieben.
Verwendung: Häufig, WHZ 5b, LB 2.5.5.8.

'Alionushka'. Blüten breit glockig, 5–8 cm breit, Tepalen lilarosa, blassrot oder hell purpurrosa.

'Arabella'. Blüten schalenförmig, 5–8 cm breit, Tepalen purpurrosa, rot getönt, zuletzt hell violettblau.

Blue Pirouette ('Zobluepi'). Blüten schalenförmig, 7–10 cm breit, Tepalen dunkel violettblau.

Blue Rain ('Sinee Dozhd'). Blüten schalenförmig, 4–6 cm breit, Tepalen violettblau.

'Fascination'. Blüten breit glockig, 7–9 cm breit, Tepalen dunkelviolett, weißlich gestreift.

Inspiration ('Zoin'). Blüten breit glockig, 5–8 cm breit, Tepalen außen rosa bis dunkelrosa, innen purpurrot, an der Basis und in der Mitte heller.

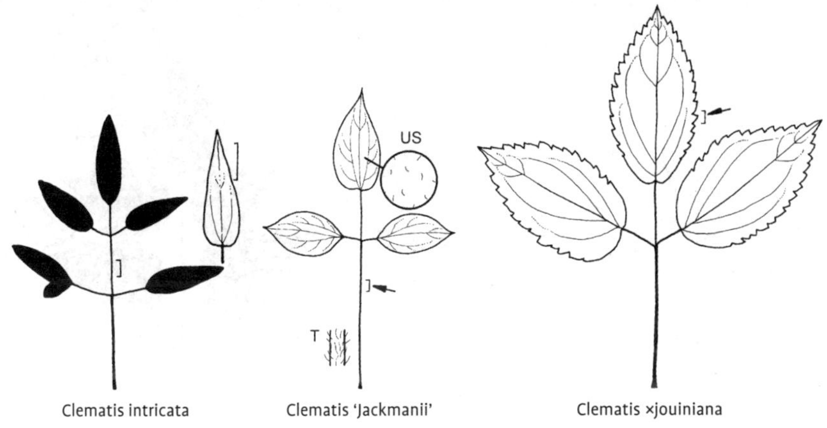

Clematis intricata Clematis 'Jackmanii' Clematis ×jouiniana

'Pangbourne Pink'. Blüten breit glockig, 5–8 cm breit, Tepalen tief rosarot, beiderseits gestreift.

Pretty in Blue ('Zopre'). Blüten 3–5 cm breit, Tepalen weit ausgebreitet, purpurlich violettblau.

'Rooguchi'. Blüten schmal glockig, 5–7,5 cm breit, Tepalen samtig purpurn, pflaumenblau oder hell bläulich violett.

'Rosea'. Blüten breit glockig, 4–6 cm breit, Tepalen hell pinkfarben bis malvenrosa oder tiefviolett.

Clematis intricata Bunge, Verworrene Waldrebe

Habitus: Bis 3 m hoch kletternd, Triebe grün, gelegentlich purpurn getönt.
Blätter: Gefiedert, gelegentlich doppelt gefiedert, Blättchen meist 5–7, linealisch bis linealisch-lanzettlich, 1–6 cm lang, etwas ledrig, gelegentlich mit 1–2 kurzen basalen Lappen oder 3-lappig, ganzrandig oder jederseits mit 1–2 kleinen Zähnen, bläulich grün.
Blüten: Breit glockig, 3–5 cm breit, nickend, einzeln oder zu 2–3, Tepalen 4, gelb oder grünlich gelb, gelegentlich außen purpurn oder purpurbraun überhaucht, 1–2,5 cm breit, elliptisch, weit ausgebreitet, gelegentlich leicht zurückgeschlagen, Staubfäden dunkel purpurbraun, Staubbeutel ockergelb, Juni–Oktober.
Früchte: Schmal eiförmig bis verkehrteiförmig, 2,5–3,5 mm lang, fein behaart, Griffel 2,5–5 cm lang, fedrig behaart.
Verbreitung: N-China, S-Mongolei.
Verwendung: Selten, B, ☠, WHZ 5a, LB 6.1.3.9.

Clematis 'Jackmanii', Jackmans Waldrebe

(*C. lanuginosa* × *C. viticella*)

Habitus: 3–4 m hoch kletternd, sehr robust.
Blätter: Einfach oder 3-zählig, die oberen meist gefiedert, Blättchen dann 5–7, eiförmig, 10–12 cm lang, oberseits dunkelgrün und kahl, unterseits heller und leicht behaart.
Blüten: 10–15 cm breit, meist zu 3, zahlreich an den Enden der diesjährigen Triebe, Tepalen 4(–6), dunkel purpurviolett, verkehrteiförmig bis rhombisch, flach ausgebreitet, außen behaart, Staubbeutel weißlich, Juni–Oktober.
Früchte: Griffel lang, fedrig behaart.
Verwendung: Sehr häufig, B, ☠, WHZ 6a, LB 9.3.2.9.

Clematis ×jouiniana C.K. Schneid., Stauden-Waldrebe

(*C. tubulosa* × *C. vitalba*)

Habitus: Schwach kletternd oder dem Boden aufliegend und sich stark ausbreitend, Sprosse bis 3 m lang, im unteren Teil verholzend.
Blätter: 3-zählig oder gefiedert, Blättchen 5(–7), eiförmig, 5–10 cm lang, unregelmäßig grob gesägt und gelappt.
Blüten: 2,5–3 cm breit, leicht duftend, in bis 15 cm breiten Büscheln, die aus bis zu 60 cm langen, end- und achselständigen Rispen zusammengesetzt sind, Tepalen 4, grünlich weiß bis cremefarben, sich lila oder violett-

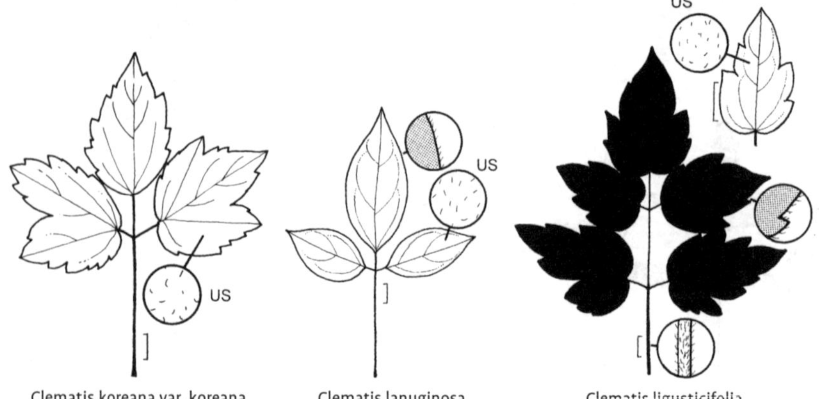

Clematis koreana var. koreana — Clematis lanuginosa — Clematis ligusticifolia

blau verfärbend, linealisch bis schmal länglich oder spatelförmig, Staubbeutel cremeweiß, August–Oktober.
Früchte: Griffel kurz, fedrig behaart.
Verwendung: Selten, B, ☠, WHZ 6b, LB 6.3.2.8.

Clematis koreana Kom. **var. koreana**, Koreanische Waldrebe

Habitus: Bis 5 m hoch kletternd, Triebe 6-kantig, kahl.
Blätter: 3-zählig, Blättchen 5–10 cm lang, dünn, eiförmig bis eiförmig-elliptisch, lang zugespitzt, unterseits etwas behaart, Endblättchen oft 3-lappig, die seitlichen 2-lappig, meist mit einigen groben Zähnen.
Blüten: Glockig, 3–3,5 cm breit, nickend, meist einzeln an vor- und diesjährigen Trieben, Tepalen 4, violettblau bis rötlich violett oder rötlich purpurn, innen grünlich getönt, fleischig, gelegentlich weit abstehend und Spitze leicht zurückgebogen, außen mit 3 kielartigen Rippen, Staminodien spatelförmig, 2 cm lang, hellgelb, cremefarben oder weißlich, Mai–Juni.
Früchte: Schmal verkehrteiförmig, 4–5 mm lang, Griffel bis 4,5 cm lang, fedrig behaart.
Verbreitung: NW-China, O-Sibirien, N- und S-Korea.
Verwendung: Selten, B, ♧, ☠, WHZ 6b, LB 6.4.1.9.

var. fragrans M. Johnson. Blüten glockig, Tepalen 9 cm lang, glänzend purpurn oder violettrot, mit tiefpurpurnen Nerven. S-Korea.

var. lutea (Rehder) M. Johnson. Blüten glockig, Tepalen gelb, außen an der Basis oft purpurn oder purpurvioett getönt, Staminodien hellgelb. Korea.

Clematis lanuginosa Lindl., Wollige Waldrebe

Habitus: Bis 2 m hoch kletternd, Triebe 6-rippig, behaart.
Blätter: Einfach oder gelegentlich 3-zählig, eiförmig bis eiförmig-lanzettlich, bis 12 cm lang, zugespitzt, an der Basis abgerundet bis fast herzförmig, oberseits kahl, unterseits weich grau behaart.
Blüten: Zu 1–3, endständig an diesjährigen Trieben, 10–15(–20) cm breit, Blütenstiele und -knospen stark wollig behaart, Tepalen 6, gelegentlich 7–8, zartlila oder purpurlich bis weiß, eiförmig bis verkehrteiförmig, weit ausgebreitet, sich überlappend, außen wollig behaart, Staubbeutel purpurrot oder hellgelb, Mai–Juni.
Früchte: Rhomboid, fein behaart, Griffel 4–8 cm lang, gelblich fedrig behaart.
Verbreitung: O-China.
Verwendung: Sehr selten, B, ☠, WHZ 6b, LB 9.3.2.9.

Clematis ligusticifolia Nutt. ex Torr. et A. Gray, Zungenblättrige Waldrebe

Habitus: Bis 10 m hoch kletternd, Triebe gerippt, anfangs oft purpurn getönt und flaumig behaart.
Blätter: Gefiedert, Blättchen 5(–7), länglich bis lanzettlich, bis 5 cm lang, lang zugespitzt, an der Basis keilförmig, grob gezähnt und oft gelappt, hellgrün, kahl oder etwas borstig behaart.
Blüten: Diözisch, 2 cm breit, in end- und ach-

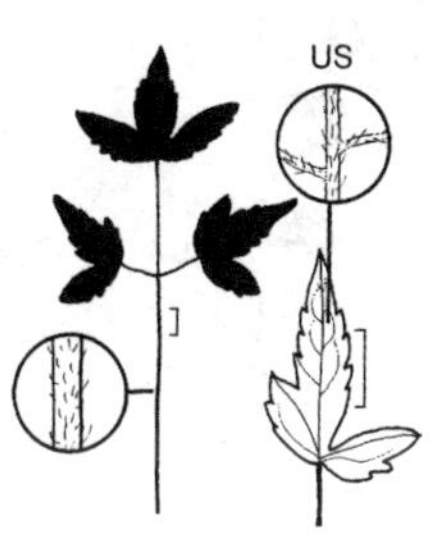

Clematis macropetala

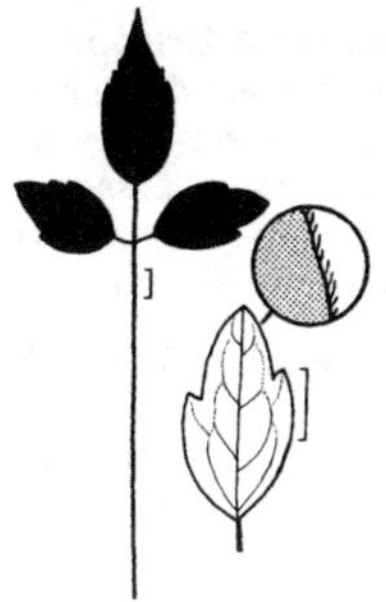

Clematis montana var. montana

selständigen, traubigen Rispen, Tepalen 4, weiß, elliptisch, ausgebreitet, beiderseits flaumig behaart, Staubbeutel weiß, August–Oktober.
Früchte: Eiförmig, ± stark behaart, Griffel bis 4 cm lang, weiß fedrig behaart.
Verbreitung: W-Kanada, W-USA, NW-Mexiko.
Verwendung: Selten, B, ☘, 🐝, WHZ 5b, LB 6.4.2.9.

Clematis macropetala Ledeb., Großblütige Alpen-Waldrebe

Habitus: 2–4 m hoch kletternd, Triebe dünn, 4- bis 6-kantig, leicht flaumig behaart.
Blätter: Doppelt 3-zählig, bis 15 cm lang, Blättchen 9, eiförmig bis lanzettlich, 2–5 cm lang, zugespitzt, Basis meist abgerundet oder gestutzt, unregelmäßig grob gesägt und tief gelappt, kahl oder nahezu kahl.
Blüten: Breit glockig, 3–6(–10) cm breit, Tepalen 4, violettblau bis blau, einzeln, nickend, 2,5–5 cm lang, schmal länglich, elliptisch oder lanzettlich, Staminodien zahlreich, in mehreren Reihen, die äußeren schmal elliptisch, in Länge und Farbe wie die Tepalen, die inneren linealisch, bläulich weiß, Mai–Juni.
Früchte: Verkehrteiförmig, Griffel bis 4,5 cm lang, fedrig behaart.
Verbreitung: O-Sibirien, Mongolei, N-China.
Verwendung: Häufig (mit einigen Sorten und Hybriden, die zur Atragene-Gruppe gehören), B, ☘, 🐝, WHZ 6a, LB 7.2.2.9.

C. maximowicziana Franch. et Sav. = *C. terniflora*

Clematis montana Buch.-Ham. ex DC. **var. montana**, Berg-Waldrebe

Habitus: Bis 12 m hoch kletternd, Triebe 6- bis 12-rippig, zuletzt kahl.
Blätter: Stets 3-zählig, an Kurztrieben rosettig stehend, Blättchen ziemlich dünn, eiförmig bis elliptisch oder lanzettlich, bis 9 cm lang, spitz oder zugespitzt, Basis gestutzt oder abgerundet, jederseits mit einigen groben, unregelmäßigen Zähnen oder leicht gelappt, mittel- bis tiefgrün.
Blüten: Zu 1–5 achselständig an vorjährigen Trieben, 4–6 cm breit, Tepalen 4, selten 5, weiß, gelegentlich rosa überlaufen, bis 4 cm lang, eiförmig bis elliptisch, weit gespreizt, außen spärlich behaart, Staubbeutel hellgelb, April bis Anfang Juni.
Früchte: Abgeflacht kugelig bis ellipsoid, Griffel etwa 2,5–4 cm lang, weiß fedrig behaart.
Verbreitung: Himalaja, China: Yunnan.
Verwendung: Sehr häufig (mit einigen Sorten und zahlreichen Hybriden, die zur Montana-Gruppe gehören), B, 🐝, WHZ 6a, LB 7.2.2.9 (9.2.2.9).

var. grandiflora Hook. Blüten ohne Duft, 7–12(–14) cm breit, Tepalen reinweiß bis cremeweiß, eiförmig bis länglich, Mai–Juni. W- und S-China, Tibet.

var. rubens E.H. Wilson. Blüten 5–6(–7,5) cm breit, nach Vanille duftend, Tepalen rosa, Mai–Juni. Triebe tiefpurpurn. Blätter im Austrieb purpurn, später bronzefarben, gelegentlich vergrünend. China.

var. wilsonii Sprague. Blüten 4–8 cm breit, duftend, Tepalen reinweiß bis cremeweiß, außen oft grün getönt, Juni–August. W- und SW-China.

Clematis Montana-Gruppe
Sorten, die zu Arten aus der Sektion Montanae (C.K. Schneid.) Grey-Wilson (*C. chrysocoma*, *C. montana*, *C. spooneri*) gehören oder die aus Kreuzungen mit diesen Arten entstanden sind.

Habitus: Sommergrün, 5–10 m hoch kletternd.
Blätter: Meist 3-zählig, selten gefiedert, kahl bis spärlich weiß oder dicht gelblich behaart.
Blüten: Meist einfach, gelegentlich gefüllt oder halb gefüllt, 3–10(–14) cm breit, ± tellerförmig, Tepalen der einfachen Blüten 4(–6), weiß, blassrot bis dunkel purpurrot, gelegentlich hellgelb. Blütezeit: im Frühjahr in den Blattachseln vorjähriger Zweige oder gelegentlich später an der Basis diesjähriger Triebe.
Verwendung: Sehr häufig, WHZ 6a, LB 7.2.2.9.

'Broughton Star'. Blüten einfach, halb gefüllt oder gefüllt, 4–7 cm breit, Tepalen lachsrosa, Staminodien ± zahlreich.

'Continuity'. Blüten 4–8 cm breit, Tepalen hell- bis tiefrosa, außen kirschrot.

'Elizabeth'. Blüten 5–6 cm breit, duftend, Tepalen rosa.

'Fragrant Spring'. Blüten 6–8 cm breit, duftend, Tepalen hellrosa.

'Freda'. Blüten 3–6 cm breit, Tepalen tiefrosa, dunkel gestreift.

'Jaqui'. Blüten einfach, halb gefüllt oder gefüllt, 6–7,5 cm breit, duftend, Tepalen weiß, außen rosa oder purpurn überhaucht.

'Marjorie'. Blüten 4–6(–8) cm breit, halb gefüllt, Tepalen hellrosa, lachsrosa überhaucht, dunkler gestreift, Staminodien zu 15–20.

'Mayleen'. Blüten 4–8 cm breit, duftend, Tepalen hellrosa, in der Mitte dunkler.

'Picton's Variety'. Blüten 4–7,5 cm breit, duftend, Tepalen tief malvenrosa.

'Pink Perfection'. Blüten (4–)5–8 cm breit, duftend, Tepalen hell- bis tiefrosa.

'Superba'. Blüten 6–10(–14) cm breit, Tepalen weiß.

'Tetrarosa'. Blüten tiefrosa bis lilarosa, 5–8(–10) cm breit, duftend, Tepalen tiefrosa bis lilarosa.

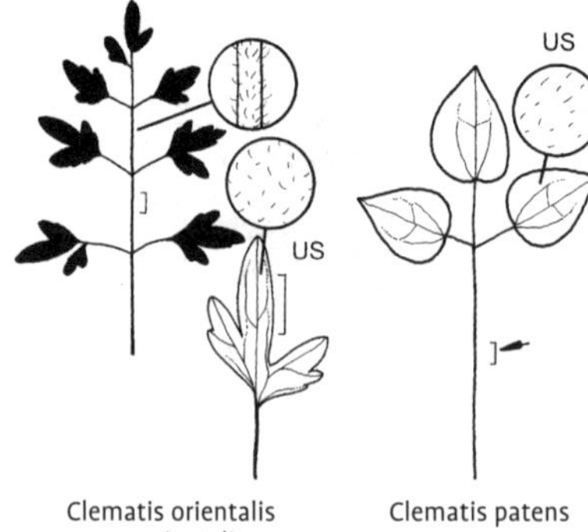

Clematis orientalis var. orientalis — Clematis patens

'Vera'. Blüten duftend, 4–8 cm breit, Tepalen tief pinkfarben.

'Warwickshire Rose'. Blüten 5–7 cm breit, Tepalen tiefrosa bis pinkfarben.

Clematis orientalis L. **var. orientalis**, Orientalische Waldrebe

Habitus: Bis 8 m hoch kletternd, Triebe gerippt, grau oder weißlich grün.
Blätter: Gefiedert, 15–20 cm lang, die unteren Blättchen oft 3-zählig, ganzrandig oder gelappt, Blättchen meist 5–7, lanzettlich bis elliptisch oder eiförmig, 1,5–5 cm lang, spitz oder zugespitzt, blaugrün, unterseits fein seidig behaart.
Blüten: Breit glockig, 3–5 cm breit, nickend, einzeln oder zu wenigen, end- oder achselständig, Tepalen 4, hellgelb bis grünlich gelb, außen rötlich oder bräunlich purpurn überhaucht, dickfleischig, lanzettlich bis elliptisch, spitz, abstehend, zuletzt meist stark zurückgerollt, innen und Saum seidig behaart, Staubbeutel gelb, Juli–September.
Früchte: Eiförmig, 2–4 mm lang, dunkelbraun, behaart, Griffel 2–5 cm lang, dicht fedrig behaart.
Verbreitung: SO-Europa, Türkei, N-Irak, N- und W-Iran, Afghanistan, N-Pakistan, M-Asien, NW-CHina.
Verwendung: Häufig, B, ♧, ✱, WHZ 6a, LB 6.1.3.9 (4.2.2.9).

var. daurica (Pers.) Kuntze, Blaugrüne Waldrebe. Blättchen lanzettlich-elliptisch bis länglich oder eiförmig, meist ganzrandig, Blüten zu (1–)3–7, Tepalen 1,7–2,3 cm lang. O-Kasachstan, W-China.

C. paniculata Thunb. = *C. terniflora*

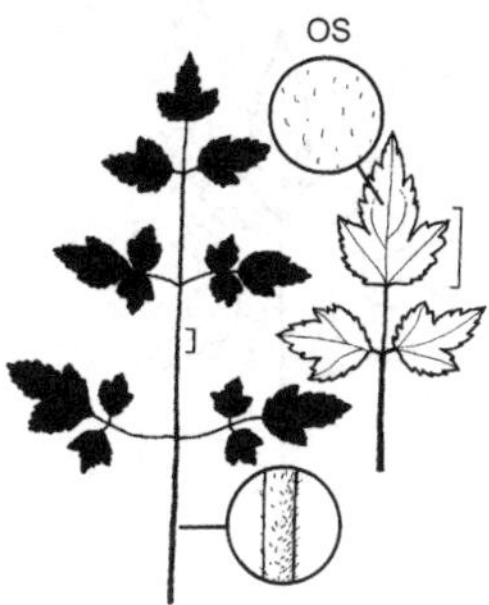

Clematis potaninii var. potaninii

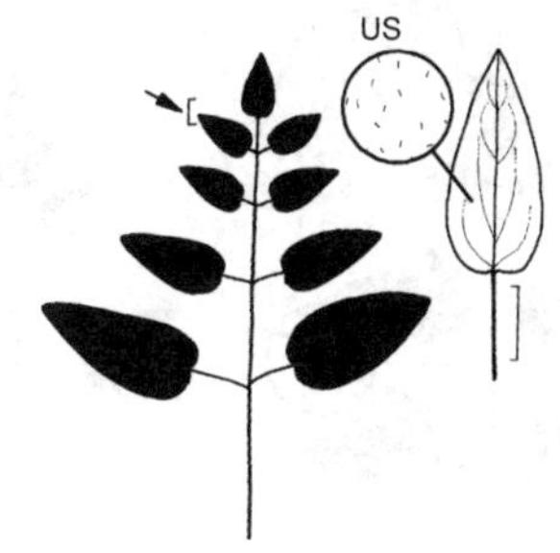

Clematis recta

Clematis patens C. Morren et Decne., Offenblütige Waldrebe

Habitus: Bis 4 m hoch kletternd, Triebe 6-rippig.
Blätter: 3-zählig oder gefiedert, Blättchen 3–5, eiförmig-lanzettlich bis eiförmig, 4–10 cm lang, zugespitzt, Basis meist abgerundet, ganzrandig, das untere Paar gelegentlich mit 2–3 Lappen, unterseits schwach behaart.
Blüten: 8–15(–18) cm breit, einzeln, aufrecht, Tepalen 5–9, weiß bis lilablau oder violettblau, abstehend, elliptisch bis eiförmig, spitz, sich nicht oder kaum überdeckend, Staubbeutel purpurlich braun oder purpurlich rot, Mai–Juni.
Früchte: Eiförmig oder kugelig, 3,5–5 mm lang, Griffel bis 5 cm lang, fedrig behaart.
Verbreitung: NO-China, Korea, Japan (dort möglicherweise nur etabliert und seit langer Zeit in Kultur).
Verwendung: Sehr selten, B, ☠, WHZ 6b, LB 6.3.4.9.

C. 'Paul Farges' = *C.* Summer Snow

Clematis potaninii Maxim. **var. potaninii**, Potanins Waldrebe

Habitus: Bis 7 m hoch kletternd, Zweige grün, stark gerippt.
Blätter: Einfach bis doppelt gefiedert, bis 30 cm lang, Blättchen 5–9, die unteren 3-lappig, eiförmig, spitz, Basis abgerundet oder gestutzt, unregelmäßig eingeschnitten und gelappt, schwach seidig behaart.
Blüten: 2,5–3,5(–4) cm breit, zu 1–3 an diesjährigen Trieben, Tepalen meist 6, weiß, gelegentlich gelblich überhaucht, lanzettlich bis elliptisch oder verkehrteiförmig, zugespitzt oder ausgerandet, außen flaumig behaart, Staubbeutel hellgelb, Juni–September.
Früchte: Verkehrteiförmig, etwa 4 mm lang, dunkelbraun oder schwärzlich, Griffel 2–3 cm lang, an der Basis kahl, darüber fedrig behaart.
Verbreitung: W- und SW-China.
Verwendung: Sehr selten, B, ♧, ☠, WHZ 6a, LB 7.4.4.9.

var. fargesii (Franch.) Hand. Mazz., Farges' Waldrebe. 2–3(–5) m hoch kletternd. Blättchen zu 5–7, schärfer gezähnt als bei subsp. *potaninii*. Blüten 2–4 cm breit, zu 3–7 in Büscheln, Tepalen weiß, W-China.

Clematis recta L., Aufrechte Waldrebe

Habitus: 1–2 m hohe, aufrechte oder niederliegende, vieltriebige Staude, Sprosse fein gefurcht, kurz behaart.
Blätter: Gefiedert, bis 15 cm lang, Blättchen 5–7, eiförmig bis lanzettlich, 3–6 cm lang, zugespitzt, an der Basis abgerundet, ganzrandig, oberseits tief blaugrün und kahl, unterseits heller und mit markanter Nervatur.
Blüten: Sternförmig, 2–3 cm breit, oft nach Weißdorn duftend, in endständigen, vielblütigen Rispen, Tepalen 4(–6), weiß, 0,8–2 cm lang, linealisch bis verkehrteiförmig, Staubbeutel hellgelb, Juni–Juli.
Früchte: Eiförmig, 4–6 mm lang, Griffel bis 3 cm lang, seidig-fedrig behaart.
Verbreitung: Europa (ausgenommen Britische Inseln und Skandinavien), Kaukasien.
Verwendung: Selten, B, ☠, WHZ 5b, LB 6.3.2.0.

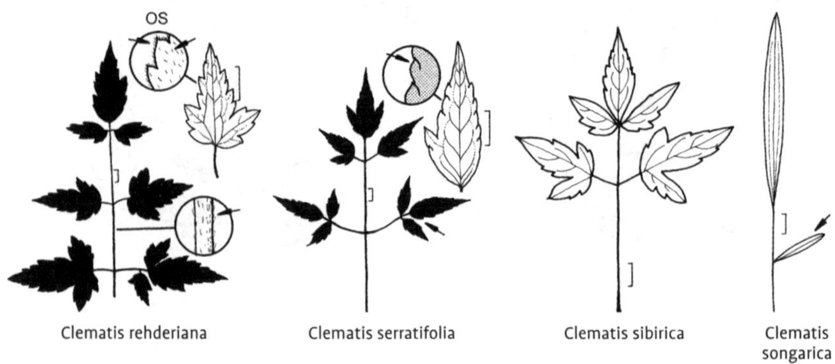

Clematis rehderiana — Clematis serratifolia — Clematis sibirica — Clematis songarica

Clematis rehderiana Craib, Rehders Waldrebe

Habitus: Bis 6 m hoch kletternd, Triebe kantig, anfangs behaart.
Blätter: Gefiedert, bis 23 cm lang, Blättchen 5–9, eiförmig, 4–8 cm lang, spitz, Basis meist herzförmig, eingeschnitten gesägt, oberseits spärlich behaart, unterseits markant 3-nervig, seidig behaart.
Blüten: Glockig, etwa 1,5 cm breit, duftend, nickend, in endständigen, 8–23 cm langen Rispen, Tepalen 4, hellgelb oder gelblich grün, schmal elliptisch bis verkehrteiförmig, 1–2 cm lang, an den Spitzen etwas zurückgebogen, Staubbeutel zuletzt gold- bis hellgelb, Juli–Oktober.
Früchte: Kugelig-eiförmig, 3–4 mm lang, Griffel bis 2 cm lang, seidig-fedrig behaart.
Verbreitung: W-China.
Verwendung: Sehr selten, B, ✂, WHZ 6b, LB 3.1.7.9.

Clematis serratifolia Rehder, Gelbblühende Koreanische Waldrebe

Habitus: 3–4 m hoch kletternd, Triebe dünn, 6- bis 8-furchig, meist grün.
Blätter: Gefiedert, Blättchen dünn, meist 5, das untere Paar meist 3-lappig oder 3-zählig, schmal eiförmig bis lanzettlich, 3–7 cm lang, zugespitzt, an der Basis schief, scharf gesägt, Blattzähne nach vorn gerichtet, glänzend grün.
Blüten: Zunächst breit glockig, später sternförmig, 3–6 cm breit, nickend, zu 1–3 in achselständigen Büscheln, Tepalen 4, hellgelb bis grünlich gelb, violett überhaucht oder genervt, bis 2,5 cm lang, schmal lanzettlich bis elliptisch, zugespitzt, Staubbeutel grünlich gelb, rötlich braun bis purpurlich getuscht, Juli–Oktober.
Früchte: Eiförmig, Griffel bis 5 cm lang, fedrig behaart.
Verbreitung: N-Japan, N-Korea, NO-China, O-Europa.
Verwendung: Sehr selten, B, ♧, ✂, WHZ 6b, LB 7.1.3.9.

Clematis sibirica (L.) Mill., Sibirische Waldrebe

Habitus: 1–4 m hoch kletternd, Triebe gerippt, flaumig behaart, grün oder purpurn getönt.
Blätter: Doppelt 3-zählig, seitliche Blättchen 2- bis 3-lappig, Endblättchen 3-lappig, lanzettlich bis eiförmig, oberseits mattgrün, unterseits heller.
Blüten: Breit glockig, Tepalen 4, grünlich bis gelblich weiß, sehr selten hellviolett, 3–4,5 cm lang, schmal lanzettlich oder schmal länglich, lang zugespitzt, Staminodien cremeweiß, spatelförmig, beiderseits behaart, Staubfäden grünlich weiß, behaart, Staubbeutel hellgelb, April–Juni.
Früchte: Verkehrteiförmig bis keilförmig, 3–3,5 mm lang, braun Griffel fedrig behaart.
Verbreitung: N-Europa bis O-Sibirien (ausgenommen extrem kalte Gebiete im Norden, Osten und Südosten), ein isoliertes Vorkommen in S-Norwegen und Finnland, südl. bis zum Tien Shan, China (Xinjiang) und NW-Mongolei.
Verwendung: Selten, B, ✂, WHZ 4, LB 8.1.5.9.

Clematis songarica Bunge, Songarische Waldrebe

Habitus: Bis 1,5 m hoch, aufrecht oder ± kletternd, halbstrauchig, Zweige gerippt.
Blätter: Einfach, selten im Basisbereich auch gefiedert, linealisch bis lanzettlich, bis 10 cm

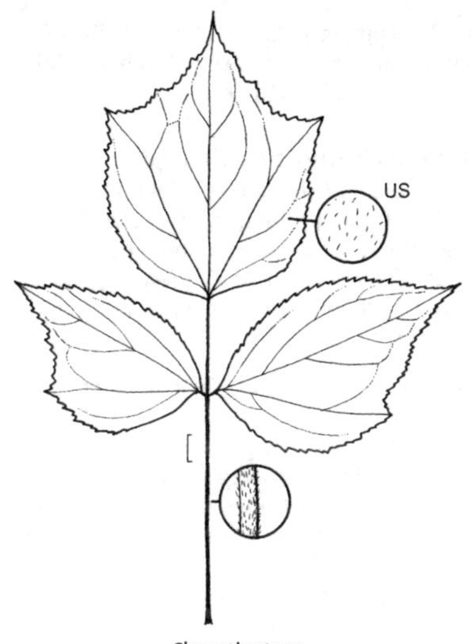

Clematis stans

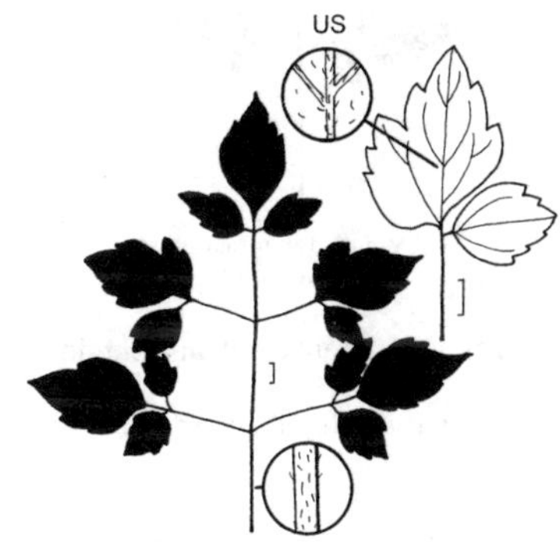

Clematis SUMMER SNOW ('Paul Farges')

lang, zugespitzt, ganzrandig oder gesägt-gezähnt, blau- oder graugrün.
Blüten: Sternförmig, 1,8–3,5 cm breit, duftend, 3–7 in gestielten, end- und achselständigen Zymen, diese zu 8–15 cm langen, rispenähnlichen Ständen vereint, Tepalen 4(–6), weiß oder cremeweiß, 0,8–2 cm lang, länglich-verkehrteiförmig oder elliptisch, ausgebreitet, Staubbeutel gelb, Juni–Oktober.
Früchte: ± eiförmig, Griffel bis 2,6 cm lang, fedrig behaart.
Verbreitung: M-Asien, S-Sibirien, Mongolei, Korea.
Verwendung: Sehr selten, B, ☠, WHZ 6a, LB 6.1.3.6.

Clematis stans Siebold et Zucc., Japanische Waldrebe

Habitus: Bis 2 m hoch, aufrecht oder kletternd, halbstrauchig, Sprosse dick, meist unverzweigt, 6-rippig, grau behaart.
Blätter: 3-zählig, Blättchen 5–10 cm lang, eiförmig bis 3-eckig, Endblättchen meist 3- bis 5-lappig, Seitenblättchen ungelappt oder gelegentlich 3-lappig, alle grob und unregelmäßig gesägt, hellgrün.
Blüten: 1- oder 2-häusig verteilt oder zwittrig, duftend, röhrenförmig, 1–2 cm breit, nickend, in achselständigen Büscheln, oft eine lange, endständige Rispe bildend, Tepalen 4, weißlich bis hell lavendelblau, 1–2,5 cm lang, linealisch, Spitze stark zurückgerollt, Staubbeutel cremeweiß, August–September.
Früchte: Eiförmig-ellipsoid, etwa 4 mm lang, ± dicht behaart, Griffel 1,5–3 cm lang, fedrig behaart.
Verbreitung: Japan: Honshu.
Verwendung: Selten, B, ☠, WHZ 5a, LB 6.3.2.8.

Clematis SUMMER SNOW ('Paul Farges')

(*C. potaninii* × *C. vitalba*)

Habitus: Bis 8 m hoch kletternd, Triebe gerippt, behaart, zuletzt bräunlich grün bis braunrot.
Blätter: Gefiedert, 25–35 cm lang, Blättchen 5–7, schmal bis breit eiförmig, spitz bis zugespitzt, Basis abgerundet bis keilförmig, unregelmäßig gezähnt, die unteren oft 3-zählig, oberseits dunkelgrün, unterseits heller und behaart.
Blüten: (2,5–)4–5(–6) cm breit, duftend, zu 3–7 achselständig an diesjährigen Trieben, Tepalen (4–)6, weiß, cremefarben oder hellgelb, sternförmig ausgebreitet, länglich, vorne stumpf und Spitze zurückgebogen, Staubblätter zahlreich, 5–12 mm lang, Staubfäden weißlich, Staubbeutel hellgelb, Juli–September.
Früchte: Klein, steril, Griffel lang, silbrig behaart.
Verbreitung: 1962 durch M. A. Beskaravaina-

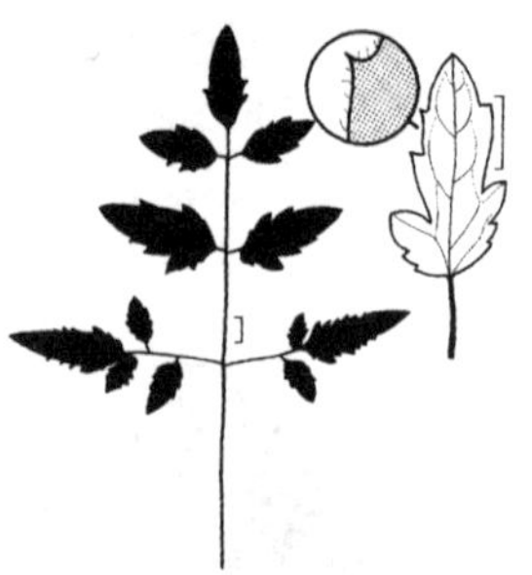

Clematis tangutica subsp. tangutica

ya und N. A. Volosenko-Valenis, Ukraine, erzielt.
Verwendung: Häufig, B, D, ✂, WHZ 6a, LB 7.4.4.9.

Clematis tangutica (Maxim.) Korsh. **subsp. tangutica**, Mongolische Waldrebe

Habitus: 4(–6) m hoch kletternd, Triebe 6- bis 8-furchig, grün.
Blätter: Gefiedert, gelegentlich doppelt gefiedert, Blättchen 5–7, lanzettlich bis schmal elliptisch, 4–6 cm lang, jederseits mit bis zu 7 auswärts gebogenen Zähnen, gelegentlich nahe der Basis mit 1–2 Lappen, glänzend grün, anfangs bewimpert.
Blüten: Breit glockig bis schalenförmig, nickend, einzeln endständig oder zu 2–3 achselständig an diesjährigen Trieben, Tepalen 4, zitronengelb, außen gelegentlich braun oder purpurn schattiert, dickfleischig, schmal eiförmig bis lanzettlich, lang zugespitzt, 1,8–3,5 cm lang, außen und am Saum seidig behaart, Staubbeutel gelblich, Juni–Oktober.
Früchte: Verkehrteiförmig, seidig behaart, 3–4 mm lang, Griffel bis 5,5 cm lang, silbrig fedrig behaart.
Verbreitung: O-Kasachstan, NW-Indien, W- und NW-China, W- und N-Tibet.
Verwendung: Häufig (mit zahlreichen Hybriden, die zur Tangutica-Gruppe gehören), B, ꕥ, ✂, WHZ 5b, LB 7.1.3.9.

subsp. mongolica Grey-Wilson. Blättchen schmal lanzettlich, jederseits mit 8–13 spitzen Zähnen. Blüten glockig, Tepalen 3,2–3,3 cm lang, lang zugespitzt, nur leicht abstehend, Juli–August. N-Mongolei.

subsp. obtusiuscula (Rehder et E.H. Wilson) Grey-Wilson. Wuchs kompakter als bei der subsp. *tangutica*. Blättchen jederseits mit 3–7 spitzen Zähnen. Blüten schüsselförmig, Tepalen ± stumpf, weit abstehend, Juli–Oktober. W-China, Tibet.

Clematis Tangutica-Gruppe

Sorten, die zu Arten aus der Sektion Meclatis (Spach.) Baill. (*C. intricata*, *C. isphanica*, *C. ladakhiana*, *C. orientalis*, *C. serratifolia*, *C. tangutica*, *C. tibetana*) gehören oder aus Kreuzungen mit diesen Arten entstanden sind.

Habitus: Sommergrün, 2–10 m hoch kletternd.
Blätter: 3-zählig oder gefiedert.
Blüten: Einfach, glockig oder Tepalen abspreizend, nickend oder selten nach außen gerichtet, 2,5–9 cm breit, Tepalen 4(–6), weiß, cremefarben, gelb, orangegelb oder gelb mit purpurnem oder rotbraunem Anflug. Blütezeit: im Sommer und Frühherbst an diesjährigen Trieben.
Früchte: Nüsschen meist mit langen, fedrig behaarten Griffeln, Fruchtstände meist sehr zierend und lange haftend.
Verwendung: Sehr häufig, WHZ 5b, LB 7.1.3.9.

'Anita'. Blüten schalenförmig, etwa 4 cm breit, Tepalen anfangs cremegelb, später cremeweiß bis weiß.

'Aureolin'. Blüten breit glockig, 5 cm breit, Tepalen zitronengelb.

'Bill McKenzie'. Blüten breit glockig, 6–8 cm breit, Tepalen leuchtend gelb.

'Golden Harvest'. Blüten anfangs hellgelb, später zitronengelb, anfangs breit glockig, später mehr offen, 4–5 cm breit.

GOLDEN TIARA ('Kugotida'). Blüten anfangs breit glockig, später mehr offen, Tepalen hell bis orangegelb.

'Helios'. Blüten anfangs breit glockig, später flach geöffnet, 4–9 cm breit, Tepalen zitronen- bis hellgelb.

'Lambton Park'. Blüten glockig, 5–7 cm breit, Tepalen hell butterblumengelb.

'My Angel'. Blüten breit glockig, 3 cm breit, Tepalen innen orangegelb, außen purpurrot mit cremefarbenem Rand.

'Red Ballon'. Blüten anfangs nahezu kugelig, später mehr glockig, 2,5 cm breit, Tepalen gelb, zuletzt bräunlich rot.

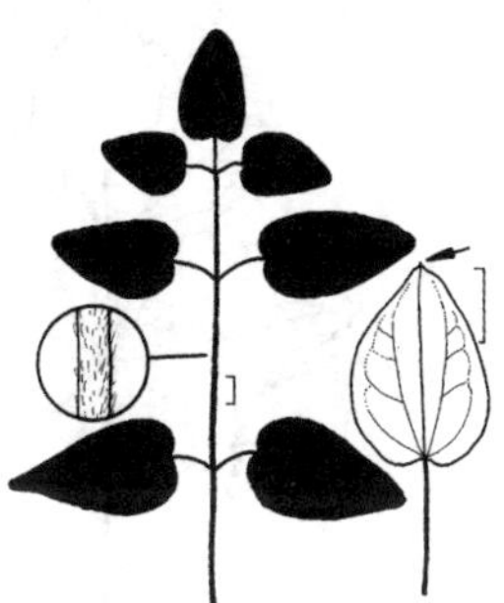

Clematis terniflora

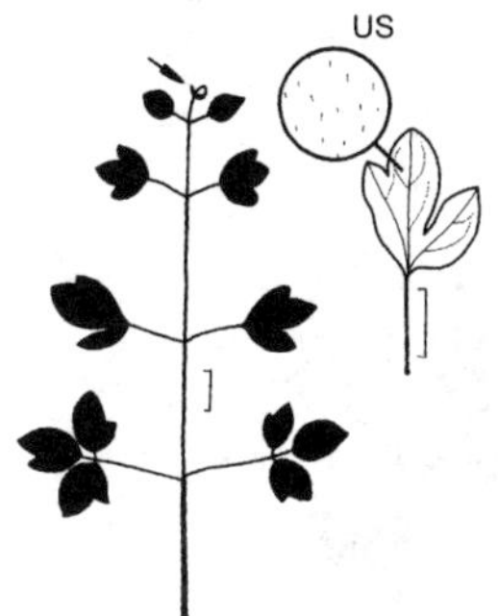

Clematis texensis

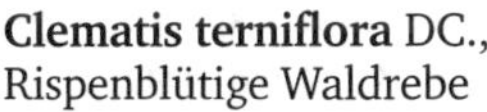

Clematis terniflora DC., Rispenblütige Waldrebe

Habitus: Bis 10 m hoch kletternd, Triebe 6- bis 12-rippig.
Blätter: 3-zählig oder gefiedert, Blättchen 5–7, lang gestielt, eiförmig, 3–9 cm lang, stumpf, an der Basis abgerundet oder herzförmig, meist ganzrandig, kahl, dunkelgrün.
Blüten: Sternförmig, 2,5–4 cm breit, nach Weißdorn duftend, in vielblütigen, end- und achselständigen Rispen, Tepalen 4, weiß, linealisch bis elliptisch, außen und Saum flaumig behaart, Staubbeutel rotbraun, Juli–Oktober.
Früchte: 4–9 mm lang, rotbraun, Griffel bis 4 cm lang, weißlich oder rötlich braun fedrig behaart.
Verbreitung: M- und O-China, Taiwan, Korea, Japan.
Verwendung: Selten, B, ☠, D, WHZ 6b, LB 6.3.2.9 (2.4.2.9).

Clematis texensis Buckland, Texas-Waldrebe

Habitus: 2–3 m hoch, nur schwach kletternd, halbstrauchig, Triebe dünn, rötlich, kahl oder fast kahl.
Blätter: Gefiedert, Blättchen derb, 4–8, rundlich bis eiförmig, 3–8 cm lang, spitz, Basis leicht herzförmig, gelegentlich 2- bis 3-lappig, Endblättchen meist zu einer Ranke umgebildet, oberseits grün, unterseits blaugrün.
Blüten: Urnen- bis eiförmig, zur Spitze hin deutlich verschmälert, 1,5–2 cm breit, nickend, meist einzeln, Tepalen 4, karmin- bis scharlachrot, innen cremefarben oder gelblich, selten rot, dick, schmal eiförmig, Spitzen leicht abgespreizt, Staubbeutel hellgelb, Juni–Oktober.
Früchte: Kugelig, 5–6 mm lang, angedrückt behaart, Griffel 4–5 cm lang, gelblich braun fedrig behaart.
Verbreitung: Texas.
Verwendung: Selten (mit einigen Hybriden, die zur Texensis-Gruppe gehören), B, ☠, WHZ 6a, LB 6.4.1.8.

Clematis Texensis-Gruppe
Kreuzungen zwischen *C. texensis* und großblumigen Hybriden.

Habitus: 2–4 m hoch kletternd, Sprosse krautig oder an der Basis verholzend.
Blätter: Meist gefiedert, selten 3-zählig, etwas ledrig.
Blüten: Einfach, tulpenförmig oder glockig, aufrecht oder nickend, 4–10 cm breit, Tepalen 4–6, blassrot, rosarot, purpurrot oder malvenrosa, selten weiß, ziemlich dick. Blütezeit: Im Sommer oder Frühherbst an diesjährigen Trieben.
Verwendung: Häufig, WHZ 6b, LB 6.4.1.9.

'Duchess of Albany'. Blüten glockig, 5–8 cm breit, Tepalen am Saum hellrosa, Mittelstreifen dunkelrosa, zum Saum hin silbrig rosa.

'Gravetye Beauty'. Blüten schmal glockig, 5–9 cm breit, Tepalen innen kirsch- bis rubinrot, tiefer rot schattiert.

'Princess Diana'. Blüten schlank tulpenförmig, 5–7 cm breit, Tepalen leuchtend tief malvenrosa, tiefrosa gestreift.

'Sir Trevor Lawrence'. Blüten glockig, 5–8 cm breit, Tepalen tief karmin- bis karmesinrot.

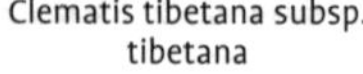
Clematis tibetana subsp. tibetana

Clematis ×triternata

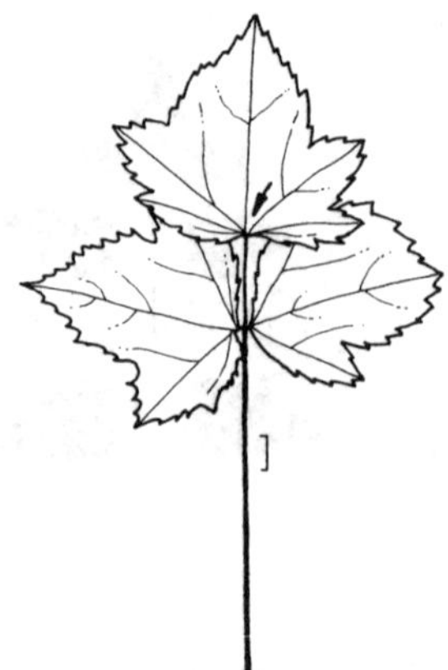
Clematis tubulosa

Clematis tibetana Kuntze **subsp. tibetana**, Tibet-Waldrebe

Habitus: 3–6(–8) m hoch kletternd, Triebe gefurcht, zu Anfang grau oder weißlich grün.
Blätter: Gefiedert, Blättchen dick und etwas ledrig, 5–7(–9), breit lanzettlich bis länglich, ganzrandig oder gezähnt, oft mit 1–3 kurzen, basalen Lappen, blaugrün oder graugrün.
Blüten: Glockig bis breit glockig, nickend, einzeln oder zu 2–3 achselständig, Tepalen 4, gelb bis grünlich gelb, außen meist rot- oder purpurbraun getönt oder gefleckt, dickfleischig, 1,5–3,5 cm lang, lanzettlich bis elliptisch, lang zugespitzt, innen und Saum dicht seidig behaart, Staubbeutel purpurn, Juni–September(–Oktober).
Früchte: Behaart, 1,6-2 mm lang, Griffel bis 3,5 cm lang.
Verbreitung: N- und W-Nepal, N-Indien, W- und NW-China, Tibet.
Verwendung: Sehr selten, B, ♧, ☠, WHZ 6a, LB 6.1.3.9.

subsp. vernayi (C.E.C Fischer) Grey Wilson **var. lancifolia** Grey-Wilson. Blättchen lanzettlich bis eiförmig, gelappt und gezähnt. N-Nepal.

subsp. vernayi (C.E.C Fischer) Grey Wilson **var. vernayi**. Blüten nahezu kugelig, Tepalen zitronengelb, eiförmig bis länglich, 1,5–3,5 cm lang, sehr dick und ledrig, Juli-Oktober. Blättchen breit eiförmig bis länglich, 2–10 mm breit, ganzrandig, mit 1–2 kurzen basalen Lappen. N- und W-Nepal, W-China, Tibet.

Clematis ×triternata DC.
(*C. flammula* × *C. viticella*)

Habitus: Bis 4 m hoch kletternd, Triebe gerippt.
Blätter: Einfach, 3-zählig oder doppelt gefiedert, bis 15 cm lang, Blättchen ganzrandig bis 3-lappig.
Blüten: 3 cm breit, sternförmig, duftend, in endständigen Rispen, Tepalen 6, lila, ausgebreitet.
Früchte: Griffel behaart.
Verwendung: Häufig die Sorte 'Rubromarginata', B, D, ☠, WHZ 6a, LB 6.3.4.9.

'Rubromarginata'. Blüten 2–5 cm breit, stark duftend, in end- und achselständigen Rispen, Tepalen 4(–6), in der Mitte weiß, zum Saum und zur Spitze hin rosarot bis violett, außen violettrot, schmal länglich, sternförmig ausgebreitet.

Clematis tubulosa Turcz., Hyazinthenblütige Waldrebe

Habitus: 0,6–5 m hoch, aufrecht, halbstrauchig, Triebe gerillt und flaumig behaart.
Blätter: 3-zählig, bis 20 cm lang, Endblättchen etwas länger als die seitlichen, elliptisch, eiförmig oder verkehrteiförmig, gezähnt oder seicht gelappt, 3- bis 5-nervig, dunkelgrün.
Blüten: 2-häusig verteilt, 2–3,5(–4) cm breit, glockig, stark duftend, zu 6–15 in dichten Büscheln in den oberen Blattachseln, ± aufrecht stehend, Tepalen 4(–6), indigoblau bis hellblau, länglich-eiförmig, im unteren Drit-

Clematis viorna

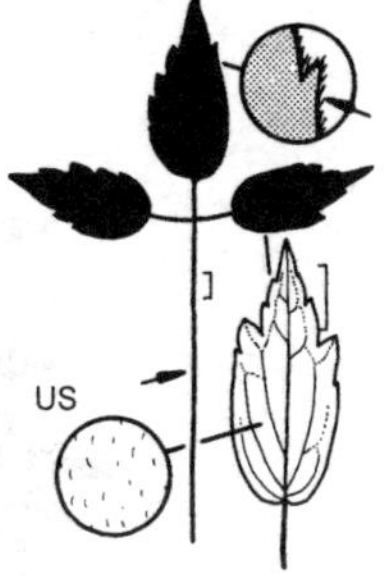

Clematis virginiana

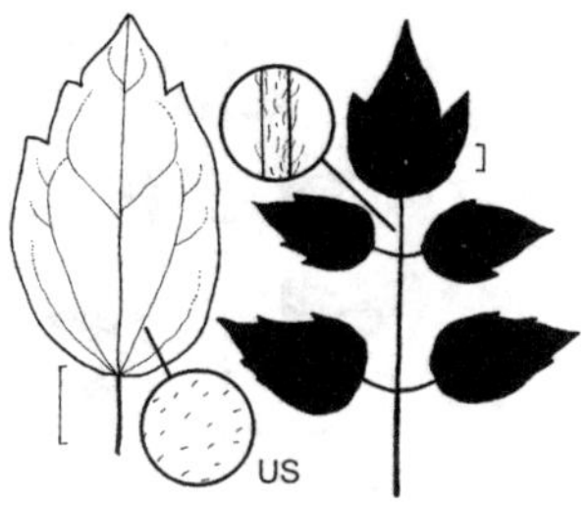

Clematis vitalba

tel zu einer Röhre geformt, darüber deutlich erweitert und der Saum ausgebreitet, in ♂ Blüten Staubblätter bis 1,3 cm lang und die gelben Staubbeutel doppelt so lang wie die Staubfäden, (Juni–)Juli–September.
Früchte: Behaart, Griffel 1 mm lang.
Verbreitung: NW-China, N-Korea.
Verwendung: Häufig, B, D, ☙, WHZ 5b, LB 6.3.2.8.

Clematis viorna L., Braunblütige Waldrebe

Habitus: 3(–4) m hoch kletternd, halbstrauchig, Triebe dünn, 6- bis 12-rippig.
Blätter: Gefiedert, Blättchen 5–9, eiförmig-länglich bis eiförmig, 3–8 cm lang, stumpf oder zugespitzt, Basis keilförmig bis leicht herzförmig, ganzrandig oder 3-lappig, kahl, dunkelgrün.
Blüten: Urnenförmig, nickend, einzeln, Tepalen 4, außen lavendel- bis violettblau oder purpurrot, zu den Spitzen hin oft cremefarben, innen hellgrün bis gelblich dickfleischig, 2,5–4 cm lang, eiförmig-lanzettlich, spitz, Spitzen stark zurückgebogen, Staubbeutel hellgelb, Juni–September.
Früchte: Kugelig bis eiförmig, Griffel bis 3 cm lang, gelblich oder bräunlich fedrig behaart.
Verbreitung: NO-, NOZ- und SO-USA.
Verwendung: Sehr selten, B, ☙, WHZ 6b, LB 6.4.4.9.

Clematis virginiana L., Virginische Waldrebe

Habitus: Bis 7 m hoch kletternd, Triebe 6- bis 12-rippig.
Blätter: 3-zählig, selten mit 5 Blättchen gefiedert, Blättchen ei- bis herzförmig, 5–10 cm lang, zugespitzt, Basis abgerundet bis leicht herzförmig, grob und unregelmäßig gezähnt oder gelappt, unterseits spärlich bis dicht seidig behaart.
Blüten: 2-häusig verteilt, 2–3 cm breit, in achselständigen, beblätterten, vielblütigen, bis 14 cm langen Rispen, Tepalen 4(–5), anfangs grünlich, später weiß bis cremeweiß, bis 1,5 cm lang, elliptisch bis spatelförmig, spreizend, außen behaart, Staubbeutel weiß, später braun, August–Oktober.
Früchte: Behaart, braun, Griffel 3–5 cm lang, silbrig fedrig behaart.
Verbreitung: O-Kanada, NO-, NOZ- und SO-USA.
Verwendung: Selten, B, ♧, ☙, WHZ 5b, LB 2.4.5.9 (4.3.4.9).

Clematis vitalba L., Gewöhnliche Waldrebe

Habitus: 10–15(–30) m hoch kletternd, Stämme bis 10 cm dick, Triebe 6-rippig.
Blätter: Gefiedert, Blättchen meist 5 (das unterste Paar oft 3-blättrig), eiförmig bis eiförmig-lanzettlich, 3–10 cm lang, spitz oder zugespitzt, Basis abgerundet bis leicht herzförmig, grob gezähnt oder ganzrandig, schwach behaart bis kahl.
Blüten: 2 cm breit, schwach duftend, in achsel- und endständigen Rispen an jungen Trieben, auf dicht behaarten Stielen, Tepalen 4, grünlich weiß bis cremeweiß, spreizend, an der Spitze zurückgeschlagen, 0,5–1,5 cm lang, länglich, stumpf, beiderseits flaumig behaart, Staubbeutel cremeweiß, Juli–September.
Früchte: Eiförmig, behaart, 2–5 mm lang, Griffel bis 2,5 cm lang, glänzend silberweiß fedrig behaart.

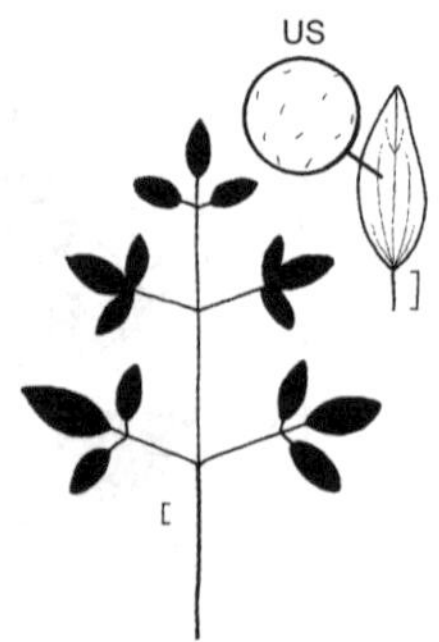

Clematis viticella subsp. viticella

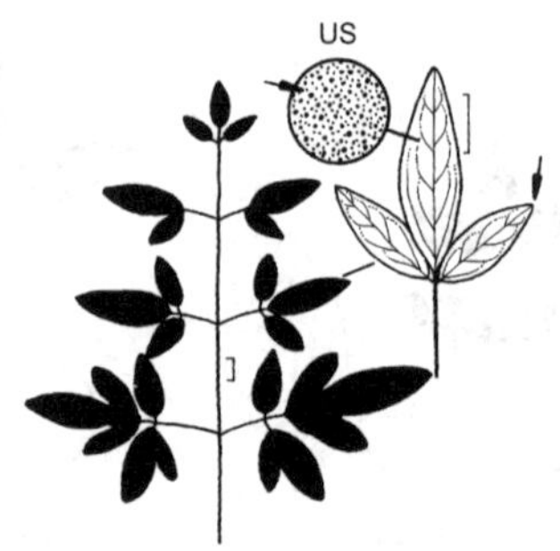

Clematis viticella subsp. campaniflora

Verbreitung: Europa (ausgenommen Skandinavien), Türkei, Kaukasien, Iran.
Verwendung: Sehr häufig, B, ☘, ☠, D, WHZ 5b, LB 2.5.3.9 (6.4.3.9).

Clematis viticella L. **subsp. viticella**, Italienische Waldrebe

Habitus: Bis 4 m hoch kletternd, halbstrauchig, Triebe dünn, gerippt.
Blätter: Gefiedert, bis 12,5 cm lang, Blättchen 5–9, 1,5–5 cm lang, lanzettlich bis eiförmig, meist stumpf, Basis abgerundet, ganzrandig oder 3-lappig, dicht flaumig behaart, besonders unterseits.
Blüten: Breit glockig bis schalenförmig, 3–6 cm breit, einzeln, achsel- oder endständig, Tepalen 4, bläulich, purpurrosa, purpurn, rot oder weiß, länglich oder verkehrteiförmig, 2–4 cm lang, Saum gewellt, außen seidig behaart, Staubbeutel grünlich cremefarben bis hellgelb, Juni–September.
Früchte: Kugelig oder breit eiförmig, 6–9 mm lang, behaart, Griffel 0,5–1 cm lang, kahl.
Verbreitung: S- und SO-Europa, Türkei, Kaukasien, NW-Iran.
Verwendung: Häufig, B, ☠, WHZ 6b, LB 6.3.4.9.

subsp. campaniflora (Brot.) Font Quer ex Bolòs et Vigo. Glockenblütige Waldrebe. 3–6 m hoch kletternd, Triebe dünn, 6-rippig. Blätter doppelt gefiedert oder doppelt 3-zählig, bis 15 cm lang, Blättchen ungeteilt oder gelappt, schmal lanzettlich bis eiförmig, 2,5–7 cm lang, zugespitzt, kahl. Blüten nickend, breit glockig, 1,3–3(–4) cm breit, Tepalen 4, fliederfarben oder weiß, violett getönt, länglich, die Spitzen zurückgerollt, Juli–September. Nüsschen eiförmig, Griffel bis 8,5 cm lang, im unteren Teil angedrückt behaart. SW-Europa. WHZ 6b, LB 6.3.4.9.

Clematis Viticella-Gruppe

Sorten, die zu *C. viticella* gehören oder die aus Kreuzungen mit dieser Art entstanden sind. Ausgenommen Hybriden zwischen *C. integrifolia* × *C. viticella*, die zur *Clematis* Integrifolia-Gruppe gehören.

Habitus: Sommergrün, 2–3,5(–5) m hoch kletternd.
Blätter: Einfach oder mehrfach gefiedert, selten einfach oder doppelt 3-zählig.
Blüten: Einfach, halb oder ganz gefüllt, glockig oder gelegentlich mit abstehenden Tepalen nahezu tellerförmig, 1,5–12(–18) cm breit, Tepalen einfacher Blüten 4–6, weiß oder in verschiedenen Schattierungen rosarot, rot, purpurrot, purpurn, blauviolett oder blau, oft heller oder dunkler oder andersfarbig gestreift. Blütezeit: Im Sommer und Frühherbst an diesjährigen Trieben.
Verwendung: Sehr häufig (in zahlreichen Sorten) WHZ 6b, LB 6.3.4.9.

'Abundance'. Blüten schalenförmig bis leicht glockig, 5–7,5 cm breit, Tepalen purpurlich rot bis weinrot, dunkler genervt und gestreift.

'Alba Luxurians'. Blüten 5–9 cm breit, Tepalen opalweiß, leicht deformiert, an der Spitze ± deutlich grün gefleckt.

'Betty Corning'. Blüten glockig, 5–7 cm breit, Tepalen helllila bis malvenfarben oder rötlich malvenfarben.

'Blue Belle'. Blüten breit glockig, bis 11 cm breit, Tepalen tief violettblau, Mittelband etwas dunkler.

'Carmencita'. Blüten 4–10 cm breit, Tepalen karminrot bis sehr dunkel rot oder purpurrot, purpurn gestreift.

'Emilia Platter'. Blüten 8–15 cm breit, Tepalen hell violettblau, Mittelstreifen und Nerven dunkler.

'Étoile Rosé'. Blüten breit glockig bis trompetenförmig, 5–6(–8) cm lang, Tepalen silbrig rosa bis tiefrosa, purpurrot bis scharlachrot gestreift.

'Étoile Violet'. Blüten 5–10(–13) cm breit, Tepalen samtig blauviolett bis rötlich purpurn.

'Kermesina'. Blüten 4–7(–10) cm breit, Tepalen tief weinrot, dunkler gestreift, im Zentrum weiß gefleckt.

'Little Nell'. Blüten 5–7 cm breit, Tepalen weiß bis cremeweiß, Saum purpurrosa.

'Madame Julia Correvon'. Blüten 5–10(–13) cm breit, tief weinrot bis purpurrot, flach schalenförmig.

'Minuet'. Blüten breit glockig bis schalenförmig, 3–8 cm breit, Tepalen in der Mitte cremeweiß, die Randstreifen tiefpurpurn.

'M. Koster'. Blüten schalenförmig, 7–8(–14) cm breit, Tepalen hell purpurrot, heller gestreift.

'Pagoda'. Blüten breit glockig, 6–8(–10) cm breit, Tepalen weißlich bis hellpurpurn.

'Royal Velours'. Blüten schalenförmig, 4–8(–12) cm breit, Tepalen samtig dunkelpurpurn bis tief rötlich purpurn.

'Venosa Violacea'. Blüten (5–)9–14 cm breit, Tepalen innen weißlich violett, der breite Saum und die Nervatur purpurn.

Clerodendrum L.

Losbaum – Lamiaceae

(griechisch *kleros* = Schicksal und *dendron* = Baum)

Habitus: Sommergrüne, kahle oder behaarte Kleinbäume, Sträucher oder Lianen, Zweige mit auffallenden Lentizellen, Knospen nackt, meist mit Beiknospen, Blattnarben rundlich-eiförmig, die Knospen nicht umgreifend.
Blätter: Gegenständig oder in Quirlen, einfach, ganzrandig oder gezähnt, reich an ätherischen Ölen, gerieben unangenehm riechend.

Clerodendrum trichotomum var. trichotomum

Blüten: Zwittrig, zygomorph, in end- oder achselständigen Zymen, gelegentlich zu Rispen oder Trugdolden vereint, Kelch glockig, 5-zipfelig, bisweilen kronblattartig gefärbt, bleibt zur Reife erhalten und wird fleischig, Krone sehr lang und dünn, der Saum 4- bis 5-teilig, Staubblätter 4, sehr lang hervorragend, Fruchtknoten 4-fächrig, oberständig.
Früchte: Steinfrüchte kugelig, 6–8 mm dick, stahlblau, saftig-fleischig, beerenartig, dem fleischig gewordenen Kelch aufsitzend, Steinkern stark verholzt, 5–6 mm lang.
Verbreitung: Etwa 400 Arten, vorwiegend in den Tropen und Subtropen der Alten Welt.
Verwendung: In M-Europa nur die folgende Art ausreichend frosthart. Sie ist vor allem durch den auffallenden Fruchtschmuck interessant.

Clerodendrum trichotomum Thunb. **var. trichotomum**, Japanischer Losbaum

Habitus: Bis 8 m hoher, baumartiger Strauch, in M-Europa oft nur 2–3 m hoch, Triebe anfangs fein flaumig behaart.
Blätter: Eiförmig bis elliptisch, 10–20 cm lang, zugespitzt, Basis breit keilförmig bis gestutzt, ganzrandig oder fein kerbig gezähnt, dunkelgrün, unterseits weichhaarig.
Blüten: 3 cm breit, stark duftend, in lang gestielten, 12–24 cm breiten, lockeren Zymen, achselständig an den Triebspitzen, Kelch rötlich, fleischig, tief 5-teilig, Krone weiß, Staubblätter und Griffel weit herausragend, August–September.
Früchte: Beerenartig, blau, später schwarz, dem ausgebreiteten, roten Kelch aufsitzend,

Kelch mit 5 länglich-3-eckigen, 1,5 cm langen Zipfeln.
Verbreitung: Japan.
Verwendung: Häufig, B, ♧, WHZ 7a, LB 6.3.1.4.

var. fargesii (Dode) Rehder. Blätter 8–15 cm lang, hellgrün, im Austrieb rötlich, weniger behaart als bei var. *trichotomum*. Krone weiß, Kelch grün, die Zipfel zuletzt rosa. Früchte hellblau. Frosthärter als die var. *trichotomum*, aber etwas weniger dekorativ. China, Taiwan.

Clethra L.

Scheineller, Zimterle – Clethraceae

(griechisch *klethra* = Schwarz-Erle)

Habitus: Sommer- oder immergrüne Sträucher oder Kleinbäume (hier nur sommergrüne Arten beschrieben), Zweige graubraun, schwach kantig bis abgerundet, Knospen nackt, Endknospen etwa 5 mm lang, lang zugespitzt, die äußeren Knospenblätter spreizend, dicht graubraun behaart.
Blätter: Wechselständig, einfach, meist gesägt, unterseits oft mit Sternhaaren, verkehrteiförmig bis länglich, selten lanzettlich, meist gesägt, unterseits meist mit Sternhaaren.
Blüten: Zwittrig, radiär, oft duftend, in 6–20 cm langen, endständigen Trauben oder Doppeltrauben, Kelch bleibend, tief 5-lappig, Kronblätter 5, weiß, frei, ausgebreitet, Staubblätter 10, in 2 Kreisen, Griffel lang, Narben meist 3, Fruchtknoten 3-fächrig, oberständig.
Früchte: Kapseln 3–5 mm breit, ± kegelförmig, 3-klappig, Samen zahlreich, etwa 1 mm lang.
Verbreitung: Etwa 80 Arten im tropischen Amerika, Asien bis Malaysia, N-Amerika und Madeira.
Verwendung: Sträucher mit lang anhaltender, sommerlicher Blütezeit, duftenden Blüten und teilweise prächtiger Herbstfärbung.

Bestimmungsschlüssel Clethra

1 Blätter kahl . . . . *C. alnifolia*
– Blätter (unterseits, zumindest auf den Nerven) behaart 2
2 Blätter mit höchstens 10 Nervenpaaren, unterseits weißfilzig . . . . *C. tomentosa*
– Blätter auch mit 10–15 Nervenpaaren, unterseits fast nur auf den Nerven behaart 3
3 Blätter in der Mitte am breitesten 4
– Blätter unterhalb der Mitte am breitesten, lang zugespitzt . . . . *C. acuminata*
4 Triebe mit vielen Sternhaaren . . . . *C. delavayi*
– Triebe (fast) kahl . . . . *C. barbinervis*

Clethra acuminata Michx., Berg-Zimterle

Habitus: Bis 3(–6) m hoher, aufrechter Strauch oder kleiner Baum, Triebe flaumig behaart.
Blätter: Länglich bis eiförmig, 5–15 cm lang, allmählich lang zugespitzt, Basis breit keilförmig oder abgerundet, meist nur auf den Nerven behaart, Nervenpaare 10–15.
Blüten: Meist in einfachen, filzig behaarten, 8–15 cm langen, endständigen, etwas abstehenden Trauben, duftend, Krone weiß, Staubfäden an der Basis behaart, Juli–August.
Früchte: 5 mm lang, nickend.
Verbreitung: NO- und SO-USA.
Verwendung: Selten, B, WHZ 6b, LB 2.3.1.4 (7.4.5.4).

Clethra alnifolia L., Erlenblättrige Zimterle

Habitus: Bis 3 m hoher, straff aufrechter Strauch.
Blätter: Verkehrteiförmig bis länglich, 4–10 cm lang, kurz zugespitzt, Basis keilförmig, scharf gesägt, beiderseits kahl, Nervenpaare 7–10.
Blüten: Etwa 1 cm breit, duftend, in 5–20 cm langen, dichten, aufrechten, behaarten Trauben, in den Achseln der obersten Blätter, Krone weiß, Juli–September.
Früchte: Eiförmig, 3 mm lang, aufrecht.
Verbreitung: NO- und SO-USA.
Verwendung: Häufig, B, H, D, WHZ 6b, LB 1.1.3.5 (2.1.5.5) (4.3.5.5).

'Anne Bidwell'. Blüten 1,2 cm breit, sehr stark duftend, Trauben zahlreich, vielblumig, etwa 15 cm lang.

'Hokie Pink'. Blüten rosaweiß, 1,5 cm breit, sehr stark duftend, Trauben zu 1–4, etwa 7 cm lang.

'Hummingbird'. Blüten weiß, 1,4 cm breit, Trauben zu 3–6, etwa 13 cm lang.

'Paniculata'. Blüten weiß, 1,4 cm breit, Trauben zu 3–6, etwa 13 cm lang, schlank.

'Rosea'. Blüten in der Knospe rosa, später weiß, 1,3 cm breit, sehr stark duftend, Trauben zu 2–5, etwa 7 cm lang.

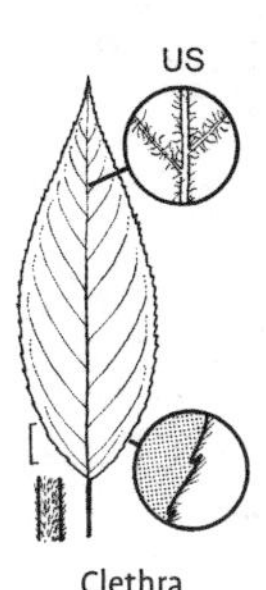

Clethra acuminata

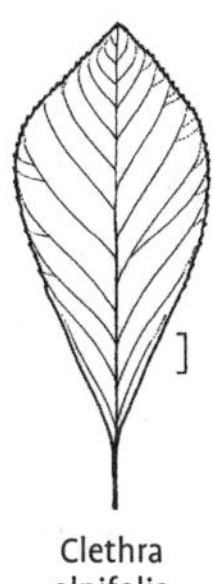

Clethra alnifolia

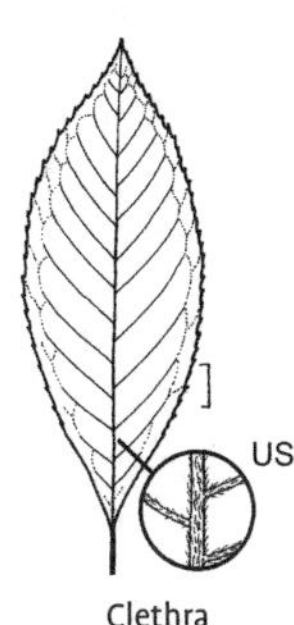

Clethra barbinervis

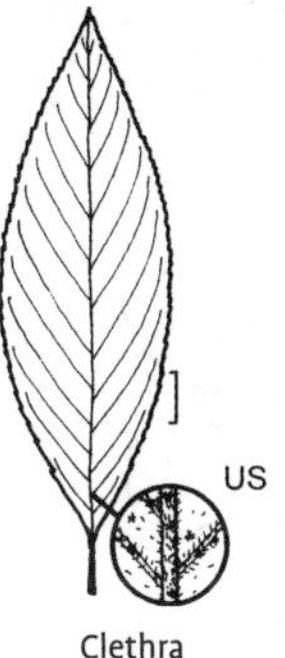

Clethra delavayi

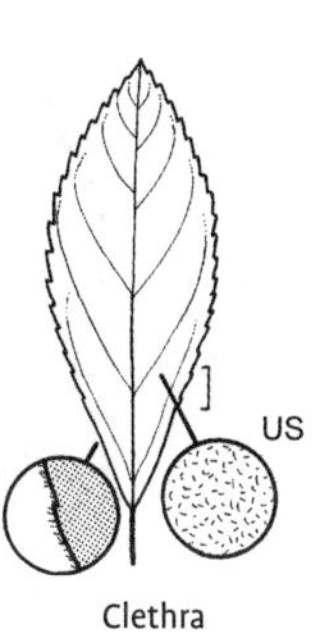

Clethra tomentosa

'Ruby Spire'. Blüten purpurrosa, 1,4 cm breit, sehr stark duftend, Trauben zu 1–3, etwa 5 cm lang.

Clethra barbinervis Siebold et Zucc., Japanische Zimterle

Habitus: Bis 10 m hoher Strauch, in M-Europa 4–5 m hoch, Stämme glatt, Rinde kaffeebraun, sich in dünnen Schichten lösend, Triebe nahezu kahl, rotbraun.
Blätter: Verkehrteiförmig bis länglich-verkehrteiförmig, 5–14 cm lang, lang zugespitzt, Basis keilförmig, zunächst beiderseits, zuletzt nur noch auf den Nerven behaart, Nervenpaare 10–15, Herbstfärbung intensiv gelb und rot.
Blüten: Meist in 3–6, 10–15(–20) cm langen, behaarten, ziemlich dichten, abstehenden, endständigen Trauben, duftend, Krone weiß, Staubfäden kahl, Kronblätter 5–6 mm lang, Juli–September.
Früchte: Kugelig, 4 mm lang.
Verbreitung: Japan, Korea.
Verwendung: Selten, B, H, D, WHZ 6b, LB 3.2.2.4 (6.2.2.4).

Clethra delavayi Franch., Delavays Zimterle

Habitus: 5(–10) m hoher Strauch, Zweige zottig behaart.
Blätter: Elliptisch-länglich bis lanzettlich, 5–15 cm lang, zugespitzt bis spitz, Basis keilförmig, gesägt, oberseits steif behaart, unterseits dicht filzig behaart, Stiel zottig behaart.
Blüten: Nickend, becherförmig, in 10–15 cm langen, endständigen Trauben, Krone weiß, gelegentlich gelb getönt, Kelchblätter zur Fruchtzeit rosa, Juli–August.
Früchte: Bis 4 mm breit.
Verbreitung: W-China.
Verwendung: Selten, B, WHZ 6b, LB 6.4.4.5.

Clethra tomentosa Lam., Filzige Zimterle

Habitus: Bis 3 m hoher Strauch.
Blätter: Verkehrteiförmig, 4–10 cm lang, zugespitzt, Basis keilförmig, oberhalb der Mitte gesägt, unterseits graufilzig behaart.
Blüten: In 6–10 cm langen, behaarten, wenig zahlreichen, aufrechten Trauben, duftend, endständig oder in den Achseln der oberen Blätter, Krone reinweiß, August–September.
Früchte: Abgeflacht kugelig, 4 mm lang.
Verbreitung: SO-USA.
Verwendung: Selten, B, D, WHZ 7a, LB 2.2.5.5.

Cocculus DC.

Kokkelstrauch – Menispermaceae
(Deminuitiv zu spät- und mittellateinisch *coccum* = Kern von Baumfrüchten)

Habitus: Sommer- oder immergrüne Lianen oder Sträucher, Triebe behaart, über ± halbkreisförmigen Blattnarben ein heller Haarfilz, darin die Knospen oder die Knospen mit serialen Beiknospen geborgen.
Blätter: Wechselständig, einfach oder gelappt, handnervig, Nebenblätter fehlend.
Blüten: 1-geschlechtig, 2-häusig verteilt, unscheinbar, in achselständigen Trauben oder Rispen, ♂ Blüten mit 6 Kelch- und Kronblättern und 6–9 Staubblättern, ♀ Blüten mit 3 oder 6 freien Stempeln, Fruchtblätter 3–6, frei.
Früchte: Steinfrüchtchen fleischig, zu 1–6 in roten oder schwarzblauen Sammelfrüchten,

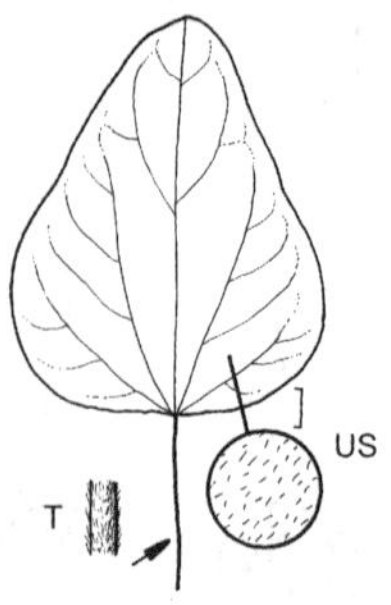

Cocculus carolinus

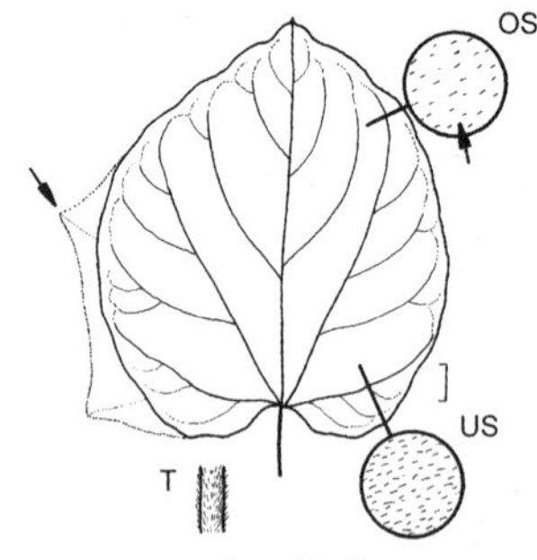

Cocculus orbiculatus

Steinkern 4–5 mm lang, abgeflacht und gekrümmt.
Verbreitung: 11 Arten in N-Amerika, O- und S-Asien, Afrika, Hawaii.
Verwendung: Nahe mit *Menispermum* verwandte Arten mit glänzenden Blättern für die Berankung von Lauben, Pergolen, Zäunen und alten Bäumen.

Bestimmungsschlüssel Cocculus

1 Blätter beiderseits (fühlbar!) behaart, Blattstiel höchstens 3 cm lang .... *C. orbiculatus*
– Blätter nur unterseits behaart, Blattstiele länger (zumindest viele) .... *C. carolinus*

Cocculus carolinus (L.) DC., Carolina-Kokkelstrauch

Habitus: Sommergrün, bis 4 m hoch windend, Triebe behaart.
Blätter: Herz- bis eiförmig, 5–10 cm lang, 3- bis 7-nervig, Spitze abgerundet, mit kleinem Stachelspitzchen, Basis abgerundet oder schwach herzförmig, ganzrandig oder schwach gelappt, unterseits behaart und bläulich.
Blüten: 5 mm breit, Krone grünlich weiß, die ♂ Blüten in kurzen Rispen, die ♀ Blüten in Trauben, Juni.
Früchtchen: Kugelig, 6–8 mm dick, rot.
Verbreitung: NO-, NOZ- und SO-USA.
Verwendung: Sehr selten, ♧, WHZ 7a, LB 9.3.5.9 (6.4.4.9).

Cocculus orbiculatus (L.) DC., Japanischer Kokkelstrauch

Habitus: Sommergrün, bis 4 m hoch windend, Triebe behaart.
Blätter: Eiförmig, 4–9 cm lang, ganzrandig oder 3-lappig, 3- bis 5-nervig, Spitze abgerundet, mit kleinem Stachelspitzchen, Basis abgerundet bis herzförmig, beiderseits behaart, bis zum Spätherbst haftend und grün bleibend.
Blüten: Sehr klein, in achselständigen Büscheln, Krone cremeweiß, Juni–August.
Früchtchen: Fast kugelig, 7 mm breit, schwarzblau, bereift, zu 6–12 in hängenden Büscheln.
Verbreitung: Himalaja, China, Japan, Philippinen.
Verwendung: Sehr selten, ♧, WHZ 7a, LB 6.3.4.9.

C. trilobus (Thunb.) DC. = *C. orbiculatus*

Colutea L.

Blasenstrauch – Fabaceae

(lateinisch *colutea* = Früchte des Blasenstrauches)

Habitus: Sommergrüne, unbewehrte oder dornige Sträucher, Rinde abblätternd oder abfasernd, Triebe anfangs grün bis rotbraun, später grau, schütter anliegend behaart, Knospen 3–4 mm lang, eiförmig, silbrig behaart, Endknospen fehlend, Knospenschuppen nur locker aufeinanderliegend, Blattnarben mit 3 Gefäßbündelspuren.
Blätter: Wechselständig, unpaarig gefiedert, Blättchen eiförmig bis rundlich, ganzrandig, unterseits meist flaumig behaart.
Blüten: Zwittrig, zygomorph, bis 2,5 cm breit, in wenigblütigen, achselständigen, lang gestielten Trauben, Kelch glockig, schwach 2-lippig, die 5 Kelchzähne fast gleich groß, Krone gelb oder bräunlich rot, Flügel linealisch bis sichelförmig, Schiffchen an der Basis

geöhrt, 9 Staubblätter miteinander verwachsen, 1 Staubblatt frei, Fruchtblatt 1, oberständig.
Früchte: Hülsen blasig vergrößert, 3,5–8 cm lang, silbrig, oft rötlich purpurn überlaufen, mit pergamentartig dünner Wand.
Verbreitung: 26 Arten von S-Europa bis M-Asien und N-Afrika.
Verwendung: Robuste, anspruchslose Blüten- und Gruppensträucher mit gelben Blüten und blasig vergrößerten Fruchthülsen.

Bestimmungsschlüssel Colutea

(nur mit Blüten weiter bestimmbar)

1 Viele Fiederblättchen länger als 1,5 cm 2
– Alle Fiederblättchen kürzer als 1,5 cm . . . . *C. orientalis*
2 Blüte gelb 3
– Blüten tief orange bis rotbraun . . . . *C. ×media*
3 Blüten zu 6–8 in Trauben . . . . . . *C. arborescens*
– Blüten zu 3–5 in Trauben . . . . *C. cilicica*

Colutea arborescens L.,
Gewöhnlicher Blasenstrauch

Habitus: 2–5 m hoher, straff aufrechter Strauch, Rinde graubraun, Triebe behaart.
Blätter: Bis 15 cm lang, Blättchen 9–13, breit elliptisch bis verkehrteiförmig, bis 4 cm lang, schwach ausgerandet, mit feinem Dornenspitzchen, dünn, frischgrün, unterseits heller und fein behaart.
Blüten: 1,5–2 cm lang, zu 6–8 in bis 12 cm langen Trauben, Krone gelb, Mai–August.
Früchte: 6–8 cm lang, grünlich oder rötlich, geschlossen bleibend.
Verbreitung: S- und SO-Europa (in Deutschland nur im oberen Rheintal, wird in der Roten Liste als gefährdet eingestuft), Kaukasien, N-Afrika.
Verwendung: Sehr häufig, B, ♧, Bi, ✈, WHZ 6a, LB 6.1.2.5.

Colutea cilicica Boiss. et Balansa,
Zilizischer Blasenstrauch

Habitus: Bis 5 m hoher Strauch, Triebe locker anliegend behaart.
Blätter: Bis 10 cm lang, Blättchen 9–13, eiförmig oder verkehrteiförmig, 1–2 cm lang, stumpf mit aufgesetzter Spitze, unterseits bläulich, kahl.
Blüten: 2 cm lang, zu 3–5 in bis 8 cm langen Trauben, Krone gelb, Flügel länger als das Schiffchen, Juni–Juli.
Früchte: 6–8 cm lang, geschlossen bleibend, glänzend.

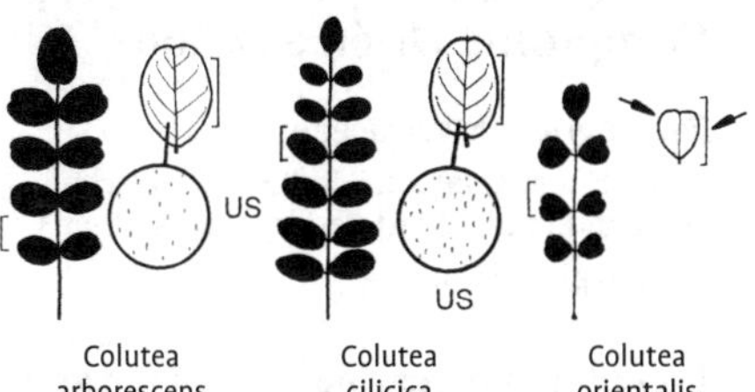

Verbreitung: SO-Europa, Türkei, Kaukasien.
Verwendung: Selten, B, ♧, ✈, WHZ 6a, LB 6.1.1.5.

Colutea ×media Willd., Bastard-Blasenstrauch
(*C. arborescens* × *C. orientalis*)

Habitus: Aufrechter Strauch, ähnlich *C. arborescens*.
Blätter: Blättchen 7–13, verkehrteiförmig, 1,5–2,5 cm lang, unterseits behaart, bläulich grün.
Blüten: 1,5 cm lang, Krone rotbraun bis tieforange, Juni–September.
Früchte: 6–7 cm lang, geschlossen bleibend.
Verwendung: Selten, B, ♧, ✈, WHZ 6a, LB 6.1.2.5.

Colutea orientalis Mill.,
Orientalischer Blasenstrauch

Habitus: Bis 2 m hoher, breit aufrechter Strauch, Triebe behaart.
Blätter: 4–8 cm lang, Blättchen 7–11, dicklich, breit verkehrteiförmig bis rundlich, 8–15 mm lang, oberseits kahl, unterseits in der Jugend etwas behaart, beiderseits hell blaugrün.
Blüten: 1–1,5 cm lang, zu 2–3 in bis 6 cm langen Trauben, Krone orangerot, mit dunkleren Nerven, Fahne an der Basis gelb gefleckt, Flügel kürzer als das Schiffchen, Kelch etwas behaart, Juni–Juli.
Früchte: 3–5 cm lang, oft violettpurpurn getuscht, sich an der Spitze öffnend, sitzend, kahl.
Verbreitung: Krim, Kaukasien.
Verwendung: Selten, B, ♧, ✈, WHZ 6a, LB 6.1.1.5.

Comptonia L'Hér. ex Aiton

Farnmyrte – Myricaceae

(nach Henry Compton, 1632–1713, Bischof von London und Förderer der Wissenschaft)

Monotypische Gattung

Comptonia peregrina (L.) Coult. **var. peregrina**

Habitus: Sommergrüner, aromatisch duftender, 0,5–1 m hoher, Ausläufer bildender Strauch, Triebe rotbraun, anfangs rauhaarig.
Blätter: Wechselständig, länglich-lanzettlich, 5–12 cm lang, regelmäßig tief fiedrig gelappt, Lappen rundlich-eiförmig, oberseits glänzend dunkelgrün, unterseits behaart, Stiel 3–6 cm lang, mit 2 großen Nebenblättern.
Blüten: 1-geschlechtig, 1-häusig verteilt, klein, unscheinbar, ♂ Kätzchen etwa 1,5 cm lang, mit lang zugespitzten, braun gewimperten Brakteen, ♀ Blüten mit 2 Fruchtblättern und 2 fadenförmigen Narben.
Früchte: Nüsse 3–5 mm lang, in kugelig-eiförmigen, 0,8–2,5 cm großen, glänzend olivbraunen Köpfen, die durch die fädigen Hochblätter wie kleine Stachelnüsse aussehen.
Verbreitung: NO-USA.
Verwendung: Sehr selten, D, WHZ 6a, LB 5.2.3.6.

var. asplenifolia (L.) Fernald. Zweige feiner behaart als bei var. *peregrina*. Blätter kleiner, kahl oder fast kahl. Häufiger in Kultur als var. *peregrina*. NO-USA.

Coriaria L.

Gerberstrauch – Coriariaceae

(lateinisch *coriarius* = Gerber, *corium* = Leder)

Habitus: Sommergrüne Sträucher und Halbsträucher, seltener Stauden, Zweige kantig, meist kahl, mit auffallenden Lentizellen und zahlreichen, dünnen, abgestorbenen Seitenzweigen, Knospen 2–3 mm lang, mit seitlichen Beiknospen, Endknospen fehlend.
Blätter: Gegenständig oder in Quirlen, einfach, eiförmig bis lanzettlich, ganzrandig, Nebenblätter klein, hinfällig.
Blüten: Zwittrig oder polygam, radiär, einzeln oder in Trauben, end- oder achselständig, Kelchblätter 5, dachziegelig, die 5 Kronblätter grünlich, zunächst kleiner, sich zur Fruchtreife stark vergrößernd, Staubblätter 10, Fruchtblätter 5–10, frei, der Blütenachse ringförmig ansitzend.
Früchte: Beeren bis 1,2 cm dick, die bleibenden, sich stark vergrößernden, saftig-fleischigen Kronblätter umschließen ein 3–5 mm langes, schwarz glänzendes Nüsschen.
Verbreitung: 20–30 Arten, Mittelmeergebiet bis Japan, Neuseeland, Mexiko bis Chile.
Verwendung: Meist nur in dendrologischen Sammlungen zu finden, interessant durch ihren herbstlichen Fruchtschnuck. Durch den hohen Gehalt an Gerbstoffen in der Gerberei verwendet.

Bestimmungsschlüssel Coriaria

1	Blätter mit 5–9 Nerven	*C. terminalis* var. *terminalis*
–	Blätter mit nur 3 Nerven	2
2	Blätter länger als 6 cm	*C. japonica*
–	Blätter kürzer als 6 cm	*C. myrtifolia*

Coriaria japonica A. Gray, Japanischer Gerberstrauch

Habitus: Bis 1 m hoher, ausgebreiteter Strauch, Zweige bogig aufsteigend, 4-kantig.
Blätter: Eiförmig-lanzettlich, 6–10 cm lang, derb, 3-nervig, spitz, oberseits frischgrün, unterseits graugrün.
Blüten: Achselständig an vorjährigen Zweigen, Krone grün oder rötlich, ♂ Trauben 2–3 cm lang, ♀ Trauben 8–15 cm lang, vor dem Blattaustrieb, Mai.
Früchte: Abgeflacht kugelig, hellrot, zur Reife schwarzviolett.
Verbreitung: Japan: Hokkaido.
Verwendung: Selten, ⁂, WHZ 6b, LB 6.2.1.8.

Coriaria myrtifolia L., Europäischer Gerberstrauch

Habitus: 1–3 m hoher Strauch, Zweige bogig aufsteigend, 4-kantig, kahl.
Blätter: Eiförmig-lanzettlich, 3–6 cm lang, spitz oder zugespitzt, derb, oberseits frischgrün, unterseits eher graugrün, 3-nervig.
Blüten: 1-geschlechtig oder zwittrig, in achselständigen, 3 cm langen Trauben, Krone grünlich, kürzer als der Kelch, Staubblätter in ♂ Blüten herausragend, in ♀ Blüten verkümmert, Griffel in fertilen Blüten lang.
Früchte: Zuerst grünlich, zur Reife glänzend rotbraun bis schwarz, 4 mm dick.
Verbreitung: SW- und SO-Europa, N-Afrika.
Verwendung: Sehr selten, N, ⁂, ☠, WHZ 7a, LB 6.1.4.8.

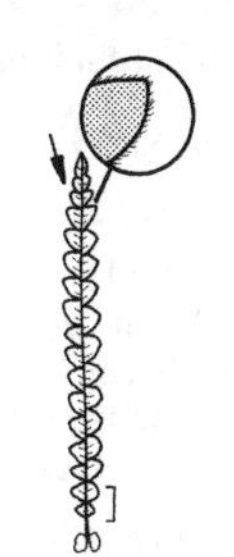

Comptonia peregrina var. peregrina

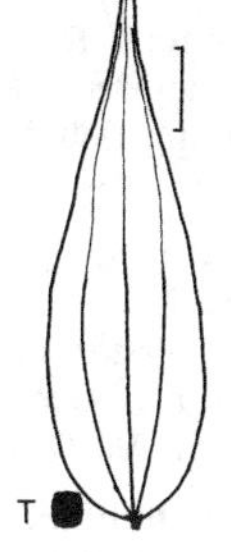

Coriaria japonica

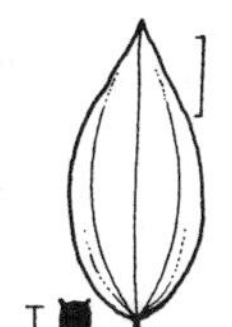

Coriaria myrtifolia

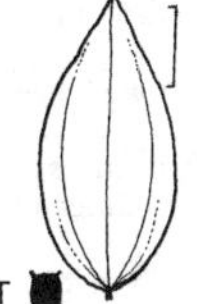

Coriaria terminalis var. terminalis

Coriaria terminalis Hemsl.
var. terminalis, Rispenblütiger Gerberstrauch

Habitus: Bis 1 m hoher, abstehend verzweigter Halbstrauch, Zweige 4-kantig, drüsig behaart.
Blätter: Breit eiförmig bis eiförmig-lanzettlich, 3–7 cm lang, kurz zugespitzt, 3 Nerven stark, 2–4 Nerven schwächer.
Blüten: In endständigen, 10–20 cm langen Trauben, Krone grünlich, Juni.
Früchte: Schwarz, 8 mm dick.
Verbreitung: W-China.
Verwendung: Sehr selten, ♧, WHZ 8a, LB 7.2.1.8 (6.4.1.8).

var. xanthocarpa Rehder et E.H. Wilson. Früchte durchscheinend gelb gefärbt. Frosthärter und häufiger in Kultur als var. *terminalis*. Heimisch in Sikkim.

Cormus domestica (L.) Spach = *Sorbus domestica*

Cornus L.

Hartriegel, Kornelkirsche – Cornaceae
(lateinisch *cornus* = Hartriegel, hartes Holz von *C. mas* und daraus gefertigte Lanzenschäfte)

Habitus: Sommergrüne, selten immergrüne Sträucher und Bäume, Zweige dünn, grün, gelblich grün, gelb oder rot, Knospen meist nackt, bei *C. alternifolia* und *C. controversa* beschuppt, zugespitzt, Seitenknospen anliegend, Blattpolster deutlich verdickt, Blattnarben mit 3 Gefäßbündelspuren.
Blätter: Gegenständig (nur bei *C. alternifolia* und *C. controversa* wechselständig), einfach, ganzrandig, mit deutlicher Nervatur, ± mit Gabelhaaren bekleidet.
Blüten: Zwittrig, radiär, klein, in endständigen Trugdolden oder kompakten Köpfchen, bei einigen Arten (Blumen-Hartriegeln) Blütenstand von 4–6 großen, auffallend gefärbten Brakteen umgeben, Blütenhülle doppelt 4-zählig, Krone weiß oder gelb, Fruchtknoten 2-fächrig, unterständig, Diskus deutlich ausgebildet, Griffel mit kopfiger Narbe.
Früchte: Steinfrüchte kugelig, eiförmig oder ellipsoid, 5–8(–10) mm groß, weiß, bläulich, rot oder blauschwarz, Steinkern stark verholzt, 2-kammerig, meist 2-samig, bei *C. alternifolia* und *C. controversa* an der Spitze mit einer Grube.
Verbreitung: Etwa 45 Arten, vorwiegend in der nemoralen und meridionalen Zone, vor allem im atlantischen N-Amerika und O-Asien, 3 Arten in M-Europa.
Verwendung: Die Gattung umfasst sowohl robuste und anspruchslose Gruppensträucher als auch sehr dekorative Blütensträucher, die in Garten und Park eine hervorragende Stellung verdienen. Besonders auffallend sind die Blumen-Hartriegel mit ihren großen, meist weißen Brakteen. *C. alternifolia* und *C. controversa* fallen durch ihren streng etagenförmigen Kronenaufbau auf. *C. mas* gehört in M-Europa zu den am frühesten blühenden Gehölzen.

Bestimmungsschlüssel Cornus

1 Blätter wechselständig, unterseits bläulich . . 2
– Blätter gegenständig 3
2 Haare auf Blattunterseite parallel, Blätter mit 6–7 Seitennervenpaaren. . . . . . . *C. controversa*
– Haare blattunterseits unterschiedlich orientiert, Blätter mit 4–5 Seitennervenpaaren . . . . *C. alternifolia*
3 Blätter nur mit höchstens 4 Seitennervenpaaren 4
– Blätter mit mehr Seitennervenpaaren (wenigstens viele) 7
4 Blätter unterseits nur gabelhaarig 5

– Blätter unterseits kraushaarig, zumindest auf den Nerven . . . . *C. sanguinea* subsp. *sanguinea*
5 Blätter unterseits mit dichten braunen Achselbärten . . . . *C.* VENUS
– Blätter unterseits ohne solche Achselbärte . . 6
6 Blattstiele höchstens 15 mm lang . . . . *C. racemosa*
– Blattstiele länger (zumindest viele) . . . . *C. walteri*
7 Blätter unterseits kraus behaart 8
– Blätter unterseits gerade behaart oder (fast) kahl 10
8 Triebe bereift . . . . *C. florida*
– Triebe nicht bereift 9
9 Triebe braun, Haare blattunterseits auf den Nerven braun und gekrümmt . . . . *C. amomum* subsp. *amomum*
– Triebe erst grün, dann rosa-purpurn, Haare andersartig . . . . *C. rugosa*
10 Blätter mit höchstens 5 Seitennervenpaaren 11
– Blätter mit mehr Seitennervenpaaren (wenigstens viele) 12
11 Blattstiele 5–10 mm lang, Blätter etwa 10 cm lang . . . . *C. mas*
– Blattstiele länger als 10 mm (wenigstens die meisten), Blätter höchstens 7 cm lang . . . . *C. ×rutgersensis*
12 Blattstiele höchstens 6 mm lang, Zweige runzelig . . . . *C. kousa* var. *kousa*
– Blattstiele länger als 6 mm (wenigstens die meisten), Zweige nicht runzelig 13
13 Blattspreiten maximal 8 cm lang . . . . *C. alba* subsp. *alba*
– Blätter länger (wenigstens viele) 14
14 Mark der Zweige weit und weiß . . . . *C. alba* subsp. *stolonifera*
– Mark andersartig 15
15 Blätter unterseits mit markanten braunen Haaren in den Nervenwinkeln . . . . . . *C. officinalis*
– Blätter unterseits ohne braune Achselbärte, Triebe behaart 16
16 Blattstiele höchstens 15 mm lang . . *C. nuttallii*
– Blattstiele länger, bis 3 cm lang (wenigstens die meisten) . . . . *C. macrophylla*

Cornus alba L. **subsp. alba**, Tatarischer Hartriegel

Habitus: 3(–5) m hoher, anfangs aufrechter, später breitwüchsiger bis breitlagernder, dickichtartiger Strauch, Zweige im Winter blut- oder korallenrot, in der Jugend bereift, Mark weit, weiß.
Blätter: Breit eiförmig bis elliptisch, 4–8 cm lang, plötzlich oder allmählich zugespitzt, Basis abgerundet oder keilförmig, Nervenpaare 5–7, Blatt oberseits lebhaft grün, unterseits eher bläulich grün gefärbt, Stiel 1–2,5 cm lang.
Blüten: In 3,5–5 cm breiten Trugdolden, Krone gelblich weiß, Mai–Juni.
Früchte: Etwa 8–8,5 mm lang, weiß bis bläulich, Steinkern länger als breit, an beiden Enden zugespitzt.
Verbreitung: N-Europa, W- und O-Sibirien, Russ. Ferner Osten, Mandschurei.
Verwendung: Sehr häufig, [Symbol], Bi, WHZ 3, LB 3.3.6.5 (9.3.3.5).

var. occidentalis (Torr. et A. Gray) Fosberg, Weichhaariger Hartriegel. 2–6 m hoher Strauch. Blätter eiförmig, 4–10 cm lang, dunkelgrün, oberseits spärlich, unterseits filzig behaart. Alaska, W-Kanada, W-USA.

subsp. stolonifera (Mill.) Wang. Weißer Hartriegel. Bis 2,5 m hoher, zuletzt dickichtartiger Strauch. Zweige dunkelrot, ausgebreitet und dem Boden aufliegend bis bogig übergeneigt, an den Spitzen oft wurzelnd. Mark weit, weiß. Blätter eiförmig bis länglich-lanzettlich, 8–12 cm lang, lang zugespitzt, Basis abgerundet, Nervenpaare 5–7, oberseits dunkelgrün, unterseits blaugrün, beiderseits anliegend behaart. Blüten in 3–5 cm breiten Trugdolden, Mai–Juni. Früchte weiß, nahezu kugelig, 5–5,5, cm lang, Steinkern breiter als hoch. W-Kanada, W-USA. (Wird auch als *C. sericea* beschrieben).

Zu subsp. *alba* gehören die Sorten 'Elegantissima', Gouchaultii', 'Kesselringii', 'Sibirica' und 'Spaethii', die restlichen zur subsp. *stolonifera.*

'Baileyi'. Bis 3 m hoch, keine Ausläufer bildend, Zweige kurz, wollig behaart, im Winter rotbraun.

'Elegantissima'. Zweige im Winter dunkel braunrot. Blätter matt mittelgrün, cremeweiß gerandet.

'Cardinal'. Zweige im Winter braunorange, im oberen Teil intensiv orangerot. Blätter matt mittelgrün.

'Flaviramea'. Zweige im Winter grünlich gelb. Blätter glänzend mittelgrün.

'Gouchaltii'. Zweige im Winter dunkel purpurrot. Blätter gelb bis mittelgrün, unregelmäßig und ziemlich schmal hellgelb gerandet.

IVORY HALO ('Bailhalo'). Zweige im Winter dunkelrot. Blätter matt mittelgrün, breit und unregelmäßig cremeweiß gerandet.

'Kelsey'. 0,75–1 m hoch, breitwüchsig, dicht verzweigt, dem Boden aufliegende Zweige wurzelnd, Winterzweige gelblich grün. Häufig für flächige Begrünungen gepflanzt.

KELSEY'S GOLD ('Rosco'). Mutante von 'Kelsey'. Wuchs gedrungen. Blätter grünlich gelb bis hellgelb.

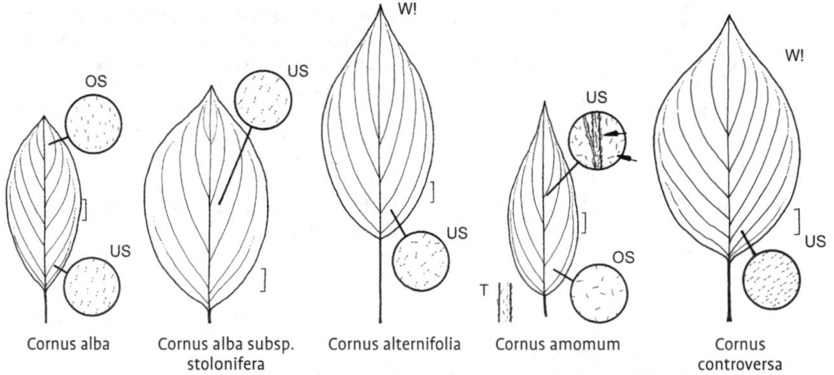

Cornus alba | Cornus alba subsp. stolonifera | Cornus alternifolia | Cornus amomum | Cornus controversa

'Kesselringii'. Zweige im oberen Teil dunkel rotbraun. Blätter dunkelgrün, im Austrieb bronzefarben.

'Sibirica'. Wuchs etwas schwächer, Zweige im Winter leuchtend korallenrot.

'Sibirian Pearl'. Zweige im Winter dunkelrot. Blätter glänzend dunkelgrün. Früchte zahlreich, weiß oder sehr hell blau.

'Spaethii'. Zweige im Winter matt purpurrot. Blätter mittelgrün, sehr breit und unregelmäßig goldgelb gerandet.

Cornus alternifolia L. f., Wechselblättriger Hartriegel

Habitus: Hoher Strauch oder bis 8 m hoher Baum, Äste horizontal, in ± regelmäßigen Etagen, Zweige glänzend wein- bis braunrot, Triebe grün, kahl, unbereift.
Blätter: Wechselständig, an den Triebenden gehäuft, breit eiförmig bis elliptisch, 6–12 cm lang, plötzlich kurz zugespitzt, Basis abgerundet bis keilförmig, Nervenpaare 5–6, oberseits glänzend grün, unterseits hellgrün, Gabelhaare und einfache Haare unregelmäßig angeordnet, Stiel 2–5 cm lang, Herbstfärbung weinrot.
Blüten: In 4–6 cm breiten Trugdolden, Krone gelblich weiß, Juni–Juli.
Früchte: Blauschwarz, bereift, 6–7 mm dick, Fuchtstandsstiele rot, Steinkern an der Spitze mit einer breiten Grube (⅔ des Durchmessers).
Verbreitung: NO-, NOZ- und SO-USA.
Verwendung: Häufig, B, ♧, WHZ 6b, LB 2.1.5.5 (3.2.4.3).

'Argentea'. Wuchs niedriger als bei der Art, Äste nicht immer deutlich etagenförmig gestellt. Blätter kleiner, weiß gefleckt.

Cornus amomum Mill. **subsp. amomum**, Seidenhaariger Hartriegel

Habitus: Bis 3,5 m hoher, kompakter Strauch, Zweige abstehend bis überhängend, purpur- bis rotbraun, Triebe behaart, Mark braun.
Blätter: Eiförmig-elliptisch, 11–15 cm lang, kurz zugespitzt, Basis meist abgerundet, oberseits sattgrün, unterseits heller, Haare gekrümmt und locker abstehend, zuletzt mindestens auf den Nerven, meist stark gebräunt, Nervenpaare 6–7, oberseits sattgrün, unterseits blaugrün, ohne Papillen, zuletzt mindestens auf den Nerven meist rotbraun behaart, Stiel 8–15 mm lang.
Blüten: In 4–6 cm breiten, gewölbten Trugdolden, Krone gelblich weiß, Juni–Juli.
Früchte: Blau bis bläulich weiß, 6–7 mm dick, Steinkern unregelmäßig gefurcht.
Verbreitung: O-Kanada, NO-, NOZ- und SO-USA.
Verwendung: Selten, ♧, WHZ 5a, LB 2.1.5.5 (1.2.3.5).

subsp. obliqua (Raf.) S. Wilson. Wuchs offener. Zweige gelblich. Blätter länglich-eiförmig, unterseits mit weißlichen Papillen. NO-USA.

C. brachypoda K. Koch. = *C. controversa*
C. candidissima Mill. = *C. florida*
C. coerulea Lam. = *C. ammomum* subsp. *ammomum*

Cornus controversa Hemsl. ex Prain, Pagoden-Hartriegel

Habitus: 8–10(–20) m hoher Baum, Aufbau regelmäßig etagenförmig, Äste waagerecht abstehend, Zweige dunkel braunviolett, bereift.
Blätter: Wechselständig, breit elliptisch bis

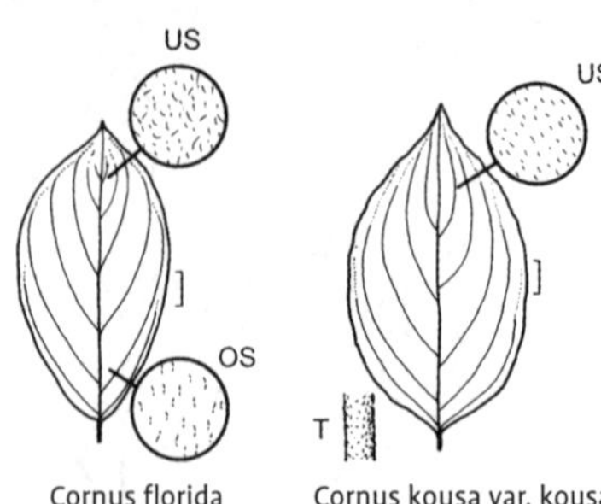

Cornus florida Cornus kousa var. kousa

elliptisch, 7–12 cm lang, plötzlich kurz zugespitzt, Basis abgerundet, mit geraden, parallel verlaufenden Haaren, Nervenpaare 6–9, oberseits glänzend dunkelgrün, unterseits bläulich grün, Herbstfärbung gelb bis weinrot.
Blüten: Köpfchen 1,3 cm breit, in 10–18 cm breiten, flachen Trugdolden, Krone weiß, Mai–Juni.
Früchte: Blauschwarz, kugelig, 6 mm dick, Steinkern an der Spitze mit einer schmalen Grube (1/3 des Durchmessers).
Verbreitung: China, Korea, Japan.
Verwendung: Häufig, B, ♧, WHZ 7a, LB 3.2.4.3.

'Variegata'. Wuchs schwächer, im Aufbau wie die Art. Blätter auffallend unregelmäßig gelblich weiß gerandet.

Cornus 'Eddie's White Wonder'

(*C. nuttallii* × *C. florida*)

Habitus: Strauch oder 4–5 m hoher Baum, Krone unregelmäßig und locker aufgebaut, Äste flach ausgebreitet bis übergeneigt.
Blätter: Ähnlich *C. nuttallii*, Herbstfärbung intensiv orange bis scharlachrot.
Blüten: Köpfchen 7–8 mm breit, von 4 (gelegentlich auch 5 oder 6) weißen, rundlichen bis breit verkehrteiförmigen, 4–5 cm langen, sich überlappenden Hochblättern umgeben.
Verwendung: Häufig, B, H, WHZ 7a, LB 7.2.4.4.

Cornus florida L., Blumen-Hartriegel

Habitus: Bis 10 m hoher Strauch oder meist mehrstämmiger Baum, Krone weit ausgebreitet, Triebe grün, bereift.
Blätter: Eiförmig-elliptisch, 8–15 cm lang, plötzlich zugespitzt, Basis breit keilförmig bis abgerundet, Nervenpaare 6–7, beiderseits gabelhaarig, oberseits stumpfgrün, unterseits weißflaumig, Stiel 5–15 mm lang, Herbstfärbung prächtig scharlachrot bis violett.
Blüten: Zu 20–30 in kleinen, grünlich weißen oder gelblichen Köpfchen, umgeben von 4 weißen, verkehrteiförmigen, 3–5 cm langen, vorne ausgerandeten Brakteen, Mai.
Früchte: Ellipsoid, 1 cm lang, rot.
Verbreitung: O-Kanada, NO-, NOZ- und SO-USA, NO-Mexiko.
Verwendung: Sehr häufig, B, ♧, H, WHZ 6b, LB 3.2.5.4 (4.1.2.4).

fo. pluribracteata Rehder. Wuchs kräftig, Brakteen zu 6–8, groß, weiß, leicht gedreht.

fo. rubra (Weston) Schelle. Brakteen ± rosa oder rot.

Neben der Art und den Formen sind auch selektierte, vegetativ vermehrte Sorten in Kultur:

Brakteen weiß, größer als bei der Art: 'Cherokee Princess', 'Cloud Nine', 'Springtime'.

Brakteen ± rosa oder rot: 'Apple Blossom', 'Cherokee Chief', 'Junior Miss', 'Red Giant', 'Sweetwater Red'.

Blätter weiß, cremeweiß oder gelb gerandet: 'Cherokee Sunset', 'Pink Flame', 'Rainbow'.

Cornus kousa Hance **var. kousa**, Japanischer Blumen-Hartriegel

Habitus: Hoher Strauch oder bis 7 m hoher Baum, Zweige zuletzt waagerecht abstehend, Triebe grün, bald braun, unbereift.
Blätter: Eiförmig-elliptisch, 6–9 cm lang, zugespitzt, Basis keilförmig, Rand meist wellig, Nervenpaare 4–5, oberseits dunkelgrün, unterseits blaugrün, anfangs beiderseits fein zerstreut behaart, zuletzt kahl, bis auf große, rötlich gelbe bis dunkelbraune Haartuffs in den Nervenwinkeln, Stiel 4–8 mm lang.
Blüten: Zu 20–30 in dichten Köpfchen, umgeben von 4 weißen, länglich-eiförmigen, lang zugespitzten, an der Basis keilförmigen, 3–5 cm langen Brakteen, Juni.
Früchte: Rosarot, zu einer fleischig-saftigen, 1–2,5 cm dicken, kugeligen, rosaroten Scheinfrucht verwachsen, Steinkern 6 mm lang, glatt.
Verbreitung: Japan, Korea.
Verwendung: Sehr häufig, B, ♧, WHZ 6b, LB 2.3.5.4 (4.2.2.4).

var. chinensis Osborn, Chinesischer Blumen-Hartriegel. Wuchs meist höher als bei

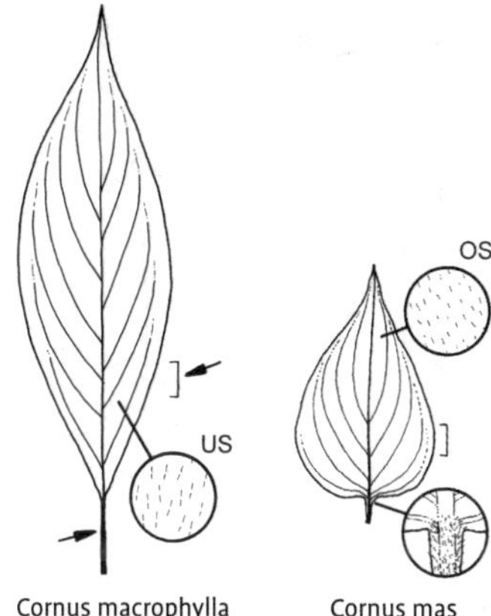

Cornus macrophylla Cornus mas

var. *kousa*. Blätter hellgrün, kaum gewellt, meist größer und stärker behaart, ohne oder mit undeutlichen Haartuffs in den Nervenwinkeln. Hochblätter bis 6 cm lang, an der Basis breiter und sich überlappend. China. LB 3.2.5.4.

In Kultur oft vegetativ vermehrte Selektionen:

Brakteen weiß bis hell elfenbeinfarben, meist größer als bei Sämlingspflanzen: 'China Girl', 'Eurostar', 'Milky Way', 'Schmetterling', 'Selektion Kordes', 'Teutonia', 'Weiße Fontäne', 'Wietings Select'.

Brakteen rosarot: 'Miss Satomi'.

Blätter gelb oder weiß gerandet: 'Gold Star', SAMARITAN ('Samzan'), 'Wolfs Eyes'.

Cornus macrophylla Wall., Großblättriger Hartriegel

Habitus: Bis 15 m hoher, vielstämmiger, abstehend verzweigter Strauch oder Baum, Zweige rötlich.
Blätter: Breit elliptisch, breit eiförmig oder länglich-eiförmig, lang zugespitzt, 10–17 cm lang, Nervenpaare 5–8, oberseits glänzend dunkelgrün, unterseits bläulich grün, spärlich silbrig anliegend behaart, Stiel 1,5–3 cm lang.
Blüten: In 8–12 cm breiten Trugdolden, 1–1,5 mm breit, weiß, duftend, Juni–Juli(–August).
Früchte: Nahezu kugelig, 4,5–6 mm dick, purpurlich oder bläulich schwarz.
Verbreitung: Himalaja, China, Japan.
Verwendung: Selten, WHZ 6b, LB 3.2.5.4.

Cornus mas L., Gewöhnliche Kornelkirsche

Habitus: 3–6 m hoher, sparrig verzweigter Strauch oder kurz- und mehrstämmiger Baum, Krone breit, sparrig verzweigt, Triebe grün, fein anliegend behaart, später braun, Borke schuppig abblätternd.
Blätter: Eiförmig bis elliptisch, 8–10 cm lang, zugespitzt, Basis breit keilförmig bis abgerundet, oberseits dunkelgrün, fein anliegend behaart, unterseits heller, stärker behaart und achselbärtig, Nervenpaare 3–5, Stiel 5–10 mm lang.
Blüten: In 1,5–2 cm breiten Dolden, die entfalteten, bis 1 cm langen, gelben Knospenschuppen dienen als Schauapparat, Februar–April.
Früchte: Ellipsoid, 2 cm lang, glänzend rot, der 1 cm lange Steinkern in saftreichem, süßsäuerlichem, essbarem Fruchtfleisch.
Verbreitung: Europa, Türkei, Syrien, Kaukasien, Iran.
Verwendung: Sehr häufig (als Stadtstraßenbaum gut geeignet), N, B, ஃ, Bi, WHZ 5a, LB 6.3.3.4 (9.1.4.4).

'Aurea'. Blätter leuchtend goldgelb.

'Devin'. Früchte mittelgroß, korallen- bis dunkelrot.

'Jolico'. Früchte sehr groß, Gehalt an Zucker und Vitamin C sehr hoch.

'Mascula'. Sehr reich blühende ♂ Sorte, Befruchtersorte für selbstunfruchtbare, zur Fruchtgewinnung angebaute Sorten, wie z. B. 'Devin', 'Jolico', 'Titus'.

'Titus'. Früchte mittelgroß, reif dunkelrot.

Cornus nuttallii Audubon, Nuttalls Blumen-Hartriegel

Habitus: 6(–25) m hoher Baum, Triebe anfangs flaumig behaart, später kahl.
Blätter: Eiförmig-elliptisch bis verkehrteiförmig, 8–12 cm lang, kurz zugespitzt, Basis breit keilförmig, zuerst beiderseits anliegend behaart, später mindestens oberseits verkahlend, Nervenpaare 5–6, Stiel 6–15 mm lang, Herbstfärbung gelb oder scharlachrot.
Blüten: In 2 cm breiten, dunkelgrünen bis purpurnen Köpfchen, umgeben von meist 6 (selten 5 oder 4), verkehrteiförmigen bis länglichen, 4–6 cm langen, gelblich weißen, im Verblühen leicht rosa gefärbten Brakteen, Mai.

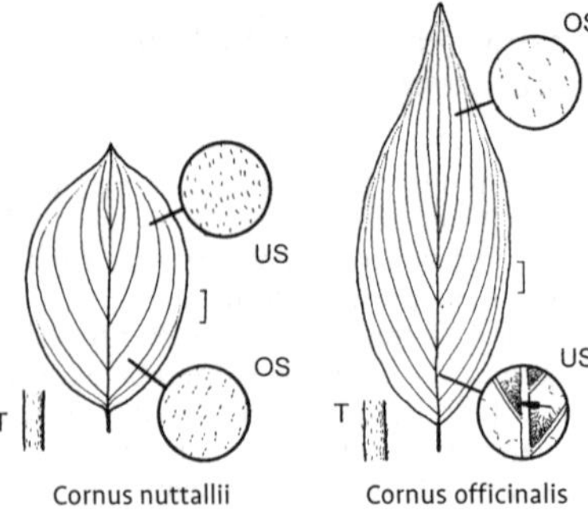

Cornus nuttallii Cornus officinalis

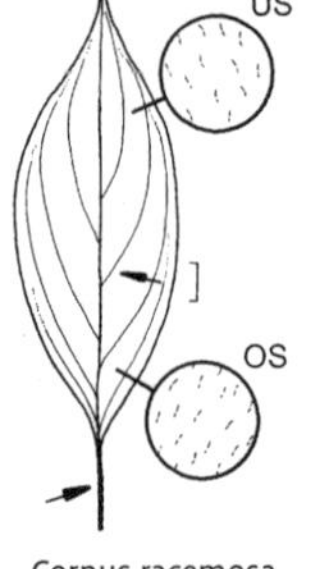

Cornus racemosa

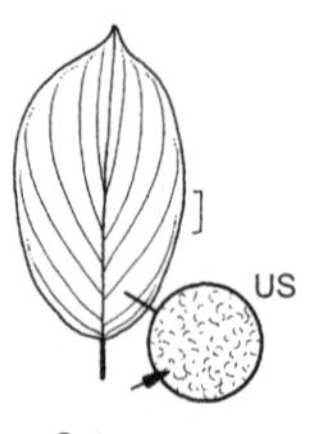

Cornus rugosa

Früchte: Ellipsoid, 1 cm lang, orange, zu 4 cm dicken Scheinfrüchten verwachsen.
Verbreitung: W-, Kanada, NW- und W-USA.
Verwendung: Selten, B, ♧, WHZ 7a, LB 7.2.2.4 (2.1.5.4).

Cornus officinalis Siebold et Zucc., Japanische Kornelkirsche

Habitus: Strauch oder bis 10 m hoher Baum, sehr ähnlich *C. mas*, Borke braun, sich in dünnen Fetzen ablösend.
Blätter: Eiförmig bis elliptisch, 5–12 cm lang, zugespitzt, oberseits glänzend dunkelgrün, unterseits heller und mit deutlichen, braunen Achselbärten, Nervenpaare 6–7, Stiel 6–12 mm lang, Herbstfärbung braunrot.
Blüten: In 1–1,5 cm breiten, lockeren, kugeligen Dolden, die ausgebreiteten Kelchblätter innen grünlich gelb, Februar–März.
Früchte: Ellipsoid, 1,5 cm lang, scharlachrot, Steinkern glatt.
Verbreitung: China, Korea, Japan.
Verwendung: Selten, B, ♧, WHZ 5b, LB 2.4.3.4.

C. paniculata L'Hér. = *C. racemosa*

Cornus racemosa Lam., Rispen-Hartriegel

Habitus: 2–3(–5) m hoher , reich verzweigter Strauch, Ausläufer bildend, Triebe kahl, bereits im 1. Jahr verkorkt und graubraun, Mark weiß bis hellbraun.
Blätter: Schmal elliptisch bis eiförmig-lanzettlich, 4–10 cm lang, lang zugespitzt, Basis keilförmig, fein angedrückt behaart oder nahezu kahl, oberseits dunkelgrün, unterseits meist mit weißlichen Papillen, Nervenpaare 3–5, Stiel 8–15 mm lang.
Blüten: In lockeren, 3–6 cm breiten, fast halbkugeligen, rispenartigen Trugdolden, Krone weiß, Juni–Juli.
Früchte: Weiß oder blau, 4–6 mm dick, abgeflacht kugelig, Fruchtstandsstiele rötlich, Steinkern breiter als hoch.
Verbreitung: O-Kanada, NO- und SO-USA.
Verwendung: Selten, ♧, WHZ 5a, LB 4.2.5.4 (9.2.6.5).

Cornus rugosa Lam., Rundblättriger Hartriegel

Habitus: Bis 3 m hoher Strauch, Triebe warzig, anfangs grün, später purpurn.
Blätter: Rundlich bis rundlich-elliptisch, 5–12(–15) cm breit, plötzlich zugespitzt, Nervenpaare 6–8, oberseits sattgrün, unterseits dicht graufilzig behaart, Stiel 1–1,5 cm lang.
Blüten: In 5–7 cm breiten, lockeren, gewölbten Trugdolden, Krone weiß, Mai–Juni.
Früchte: Hellblau oder grünlich weiß, 5–6 mm dick, Steinkern nahezu kugelig, ohne Rippen.
Verbreitung: O-Kanada, NO- und SO-USA.
Verwendung: Selten, ♧, WHZ 4, LB 7.1.6.5 (3.1.6.5).

Cornus ×rutgersensis hort., Rutgers Blumen-Hartriegel

Habitus: 3,3–6(–8) m hohe und zuletzt ebenso breite, anfangs straff aufrechte und sparsam verzweigte Sträucher.
Blätter: Derb, meist breit eiförmig, oft mit intensiver Herbstfärbung.
Blüten: In grünen, grünlich weißen oder bräunlich grünen Köpfchen, umgeben von 4 weißen oder rosafarbenen Brakteen, diese vorne ausgerandet oder mit aufgesetzter Spitze. Mai–Juni.

Früchte: Alle Sorten unfruchtbar.
Verwendung: Häufig, B, H, WHZ 6b, LB 3.2.5.4 (4.2.2.4): Alle Sorten zeichnen sich durch eine hohe Resistenz gegen die Dogwood-Anthracnose (Blatt- und Rindennekrose) aus, welche durch den Pilz *Discula destructiva* verursacht wird.

Aurora ('Rutban'). Wuchs breit aufrecht, Originalpflanze in 19 Jahren 5,4 m hoch und ebenso breit. Blätter derb, tiefgrün, Herbstfärbung insensiv dunkelrot. Brakteen weiß, im Verblühen cremeweiß, von fester, samtiger Textur, sehr breit verkehrteiförmig bis nahezu rundlich, sich überlappend, vorne leicht ausgerandet.

Celestial ('Rutdan') (*C. kousa* × *C. florida*). Wuchs mittelstark, Originalpflanze in 19 Jahren 5,1 m hoch, 4,2 m breit. Brakteen weiß, sehr breit verkehrteiförmig bis rundlich, vorne ausgerandet, anfangs leicht aufgebogen und eine flache Schale bildend. (Wurde ursprünglich unter dem Namen 'Galaxy' patentiert).

Constellation ('Rutcan') (*C. kousa* × *C. florida* 'Cherokee Princess'). Wuchs vergleichsweise stark, Originalpflanze in 19 Jahren 6,3 m hoch, 5,1 m breit. Blüten bis zu 25 je Inforeszenz, Brakteen weiß, im Verblühen rosa, breit verkehrteiförmig, vorne deutlich ausgerandet oder mit aufgesetzter Spitze, sich nicht überlappend.

Ruth Ellen ('Rutlan') (*C. kousa* × *C. florida* 'Hillemeyer'). Wuchs mittelstark, Äste abstehend, Originalpflanze in 19 Jahren 5,4 m hoch, 6,6 m breit, bis zum Boden dicht verzweigt. Brakteen reinweiß, im Verblühen hellrosa, breit verkehrteiförmig, vorne breit ausgerandet, an der Basis stieltellerartig verschmälert.

Stardust ('Rutfan'). Wuchs vergleichsweise schwach, Originalpflanze in 19 Jahren 3,3 m hoch, 5,7 m breit, bis zum Boden dicht verzweigt. Brakteen hellrosa bis weiß, breit verkehrteiförmig, sich nicht oder nur wenig überlappend.

Stellar Pink ('Rutgan') (*C. kousa* × *C. florida* 'Sweetwater Red'). Wuchs nur anfangs aufrecht, später einen rundlichen Busch bildend, Originalpflanze in 19 Jahren 6 m hoch, 5,7 m breit. Brakteen weiß bis hellrosa, im Verblühen dunkler werdend, breit verkehrteiförmig, sich leicht überlappend, vorne mit unregelmäßiger aufgesetzter Spitze.

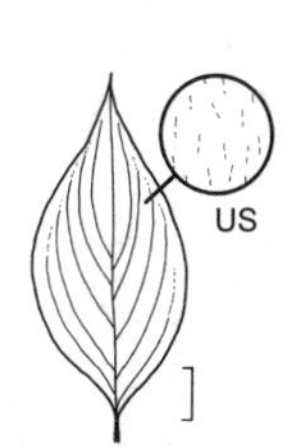

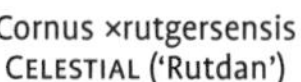
Cornus ×rutgersensis
Celestial ('Rutdan')

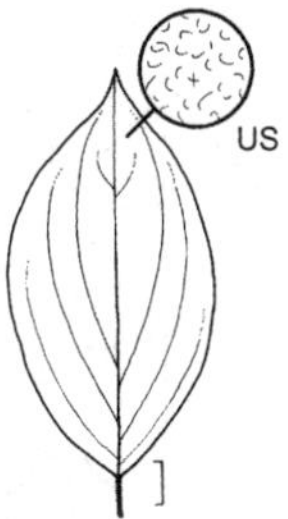

Cornus sanguinea
subsp. sanguinea

Cornus sanguinea L. **subsp. sanguinea**, Roter Hartriegel

Habitus: 4(–6) m hoher, breit aufrechter, zuletzt durch Ausläufer und wurzelnde Zweigspitzen dickichtartiger Strauch, Zweige im Winter bräunlich grün bis hellgrün, sonnenseits dunkelrot, Triebe grün, dicht anliegend behaart.
Blätter: Breit elliptisch bis eiförmig, 4–8 cm lang, zugespitzt, Basis keilförmig, Nervenpaare meist 4, selten 3–5, oberseits dunkelgrün, beiderseits zerstreut dünn behaart, unterseits ohne Papillen und Wachse. Herbstfärbung rot.
Blüten: Zahlreich, in 4–5 cm breiten, dichten, behaarten Trugdolden, Krone weiß, Mai–Juni.
Früchte: Schwarzblau, weiß punktiert, 5–8 mm dick, Steinkern glatt.
Verbreitung: Europa, Türkei, Kaukasien, M-Asien.
Verwendung: Sehr häufig, Bi, WHZ 4, LB 9.1.4.4 (3.1.4.4).

subsp. australis (C.A. Mey.) Jáv. Blätter eiförmig, stachelspitzig, bis 8 cm lang, anfangs unterseits flaumig behaart, später beiderseits angedrückt behaart. Blüten weiß, in dichten, 5 cm breiten Trugdolden. Früchte dunkelpurpurn, 5 mm dick. M-, SO- und O-Europa, Türkei, Libanon, Kaukasien, M-Asien.

Zweige im Winter auffallend gefärbt, orange bis orangegelb, im oberen Teil rot: 'Anny's Winter Orange', 'Midwinter Fire', 'Winter Beauty'.

C. sericea auct. non. L. = *C. alba* subsp. *stolonifera*
C. sibirica Lodd. ex G. Don = *C. alba*

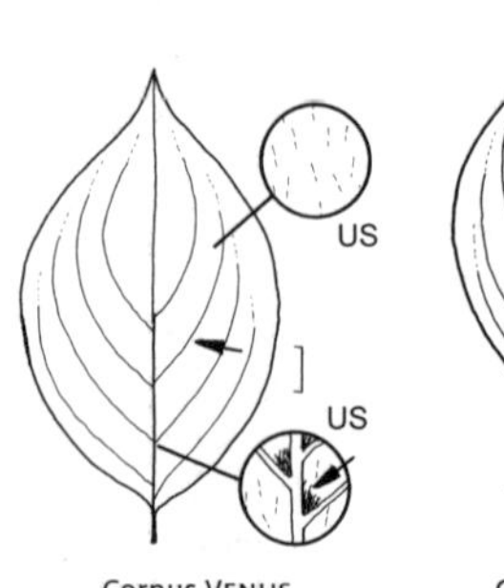

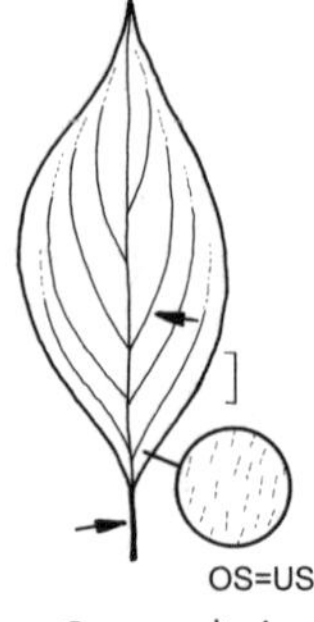

Cornus VENUS Cornus walteri

C. stolonifera F. Michx. = *C. alba* subsp. *stolonifera*
C. tatarica Mill. = *C. alba*

Cornus VENUS ('KN 30-8')
(*C. kousa* var. *chinensis* × *C. nuttallii* 'Goldspot') × *C. kousa* 'Rosea')

Habitus: Breit aufrechter Strauch, Originalpflanze in 15 Jahren 5,4 m hoch, 7,5 m breit.
Blätter: Eiförmig bis breit eiförmig oder nahezu rundlich, derb, spitz bis kurz zugespitzt, Basis gestutzt bis schwach herzförmig, Nervenpaare 3–4, dunkelgrün, Herbstfärbung intensiv wein- bis orangerot.
Blüten: 12–15(–17,5) cm breit, Brakteen 4, breit verkehrteiförmig, sich nicht oder nur sehr wenig überlappend, reinweiß, sich auch im Verblühen nicht verfärbend, Mai.
Verwendung: Häufig, B, H, WHZ 7a, LB 4.2.2.3. Wie die *C. ×rutgersensis*-Hybriden resistent gegen die Dogwood Anthracnose.

Cornus walteri Wangerin, Walters Hartriegel

Habitus: 10-12 m hoher Baum oder Strauch, Triebe grünlich gelb bis grünlich rot, bald kahl.
Blätter: Eiförmig-elliptisch, 5-12 cm lang, lang zugespitzt, Basis keilförmig, beiderseits anliegend behaart, besonders unterseits, Nervenpaare 3–5, Stiel bis 2,5 cm lang.
Blüten: In 5–7 cm breiten Trugdolden, etwa 1 cm breit, weiß, Juni.
Früchte: Kugelig, 6–7 mm dick, schwarz.
Verbreitung: M- und W-China.
Verwendung: Selten, WHZ 6b, LB 7.4.2.3.

Coronilla emerus L. = *Hippocrepis emerus*

Corylopsis Siebold et Zucc.

Scheinhasel – Hamamelidaceae

(Gattungsname *Corylus* und griechisch *opsis* = Aussehen)

Habitus: Sommergrüne Sträucher oder bis 6 m hohe Kleinbäume, Zweige zahlreich, dünn, Triebe oft sternhaarig oder flaumig behaart, Knospen 5–8 mm lang, spindelförmig, mit 3 sichtbaren Knospenschuppen, Blütenknospen bauchig verdickt, viel größer und dicker als die Blattknospen.
Blätter: Wechselständig, einfach, deutlich fiedernervig, breit eiförmig-rundlich bis rundlich-herzförmig, meist borstig gezähnt, Basis ± schief, Nebenblätter groß, hinfällig.
Blüten: Zwittrig, radiär, meist fein duftend, vor dem Blattaustrieb, in hängenden, achselständigen Ähren, Tragblätter der Blütenstände braun, manchmal rötlich getönt, hinfällig, Tragblätter der Einzelblüten farblos bis durchsichtig grün oder hellbraun, Kelch unscheinbar, bleibend, die 5 Kronblätter gelb, genagelt, je 5 Staubblätter und Staminodien, Fruchtknoten 2-fächrig, halboberständig bis oberständig, Griffel 2, bleibend.
Früchte: Kapseln verholzend, durch die 2 bleibenden Griffel gehörnt, 2-fächrig, sich 2-klappig öffnend, 6–9 mm dick, Samen 4–6 mm lang, schwarz glänzend.
Verbreitung: Etwa 7 Arten in Japan, China und im Himalaja.
Verwendung: Sehr dekorative, zierliche, zartgelbe Vorfrühlingsblüher für geschützte Standorte.

Bestimmungsschlüssel Corylopsis

(Arten nur mit Blüten/Früchten bestimmbar)

1 Triebe und Blätter kahl 4
– Triebe oder Blattunterseite behaart 2
2 Triebe dicht punktiert (durch Lentizellen) . . . . . . *C. sinensis* var. *calvescens*
– Triebe nicht dicht punktiert 3
3 Ähren höchstens 10-blütig, Blätter oberseits behaart . . . . . . *C. spicata*
– Ähren mit mehr Blüten, Blätter oberseits kahl . . . . . . *C. sinensis* var. *sinensis*
4 Ähren höchstens 3-blütig/-früchtig . . . . . . *C. pauciflora*
– Ähren mit mehr Blüten/Früchten 5
5 Blattstiele höchstens 15 mm lang 6
– Blattstiele länger (zumindest viele) 7
6 Blattstiele punktiert, kahl . . . . . . *C. glabrescens* var. *glabrescens*
– Blattstiele behaart . . . . . . *C. veitchiana*
7 Blattrand spärlich bewimpert . . . *C. willmottiae*
– Blattrand kahl . . . . . . *C. sinensis* var. *calvescens*

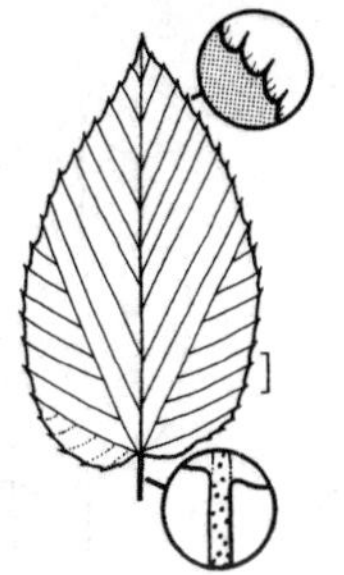

Corylopsis glabrescens var. glabrescens

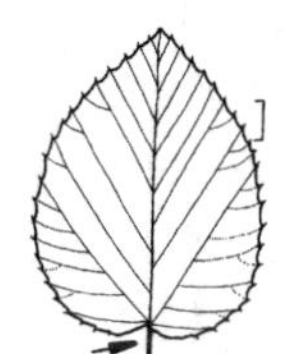

Corylopsis pauciflora

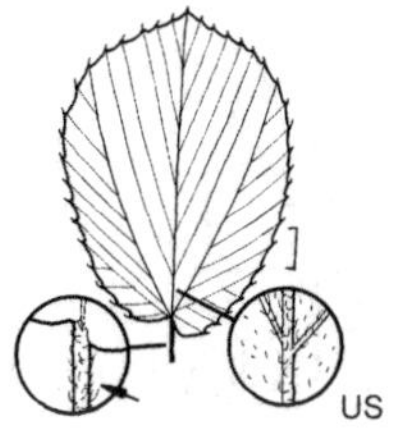

Corylopsis sinensis var. sinensis

Corylopsis glabrescens Franch. et Sav. **var. glabrescens**, Kahle Scheinhasel

Habitus: 2–4,5(–6) m hoher Strauch, Triebe kahl.
Blätter: Breit eiförmig, 3–10 cm lang, zugespitzt, Basis herzförmig, buchtig gezähnt, Zähne deutlich borstenförmig zugespitzt, Nervenpaare 5–7(–12), unterseits blaugrün, anfangs spärlich sternhaarig, Stiel dünn, 1,5–3 cm lang.
Blüten: Bis 1,5 cm lang, zu 5–10(–22) in 2–3,5 cm langen, hängenden Ähren, duftend, Blütenstandsachse ± kahl, basale Tragblätter rötlich grün, die der Einzelblüten glänzend, flaumig behaart, Kronblätter hellgelb, 7–8 mm lang, verkehrteiförmig, vorne eingeschnitten, Staubblätter halb so lang wie die Kronblätter, Staubbeutel gelb bis purpurn, Griffel grün, April.
Früchte: Kahl, 6–8 mm dick.
Verbreitung: S-Japan, Korea.
Verwendung: Selten, B, H, D, WHZ 6b, LB 7.2.5.5.

var. gotoana (Makino) Yamanaka. 1,5–2,5(–5) m hoher Strauch, Blätter groß, unterseits blaugrün bis weiß, anfangs leicht sternhaarig. Blüten etwa 1 cm lang, schwach duftend, zu 5–10 in kurzen Ähren, Kronblätter verkehrteiförmig, Staubblätter nahezu so lang wie die gelb gefärbten Kronblätter. S-Japan.

Corylopsis pauciflora Siebold et Zucc., Armblütige Scheinhasel

Habitus: Bis 2 m hoher, reich verzweigter, feintriebiger Strauch, Triebe und Knospen kahl.
Blätter: Eiförmig-elliptisch bis breit eiförmig, 3–8 cm lang, spitz, Basis ± herzförmig, buchtig gezähnt, Zähne mit kurzen Borsten, Nervenpaare 5–8(–9), oberseits hellgrün, kahl, unterseits blaugrün, auf den Nerven und am Blattrand leicht silbrig behaart, Stiel 0,5–1,5 cm lang.
Blüten: Zu 2–3 in 1–2(–3) cm langen Ähren, ziemlich stark duftend, basale Tragblätter rot, innen hellgrün, die der Einzelblüten kahl bis glänzend behaart, Kronblätter primelgelb, länglich-verkehrteiförmig, 6–7 mm lang, Staubblätter etwa halb so lang wie die Kronblätter, Staubbeutel hellgelb, Griffel gelb, März–April.
Früchte: Kahl, 6–8 mm dick.
Verbreitung: Japan: Honshu, Taiwan.
Verwendung: Häufig, B, H, D, WHZ 7a, LB 7.2.4.5.

C. platypetala Rehder et E.H. Wilson = *C. sinensis* var. *calvescens*

Corylopsis sinensis Hemsl. **var. sinensis**, Chinesische Scheinhasel

Habitus: Bis 4 m hoher Strauch, Triebe schlank, wie die Knospen behaart.
Blätter: verkehrteiförmig-rundlich oder länglich-verkehrteiförmig bis breit eiförmig, 3–9 cm lang, kurz zugespitzt, Basis herzförmig, buchtig gezähnt, Nervenpaare 7–9, oberseits schwach flaumhaarig, unterseits blaugrün und weich behaart, Stiel 0,6–1,2 cm lang, stark behaart.
Blüten: Zu 10–18 in 3–4 cm langen Ähren, stark duftend, basale Tragblätter dunkelbraun, die der Einzelblüten flaumig behaart, Kronblätter zitronengelb, 5–6 mm lang, spatelförmig, Staubblätter kürzer als die Kronblätter, Staubbeutel gelb, März–April.
Früchte: Meist behaart, 1–1,4 cm lang.
Verbreitung: M- und S-China.
Verwendung: Selten, B, H, D, WHZ 7a, LB 6.4.4.5.

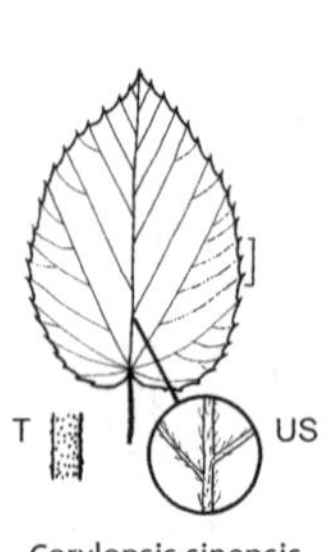

Corylopsis sinensis var. calvescens

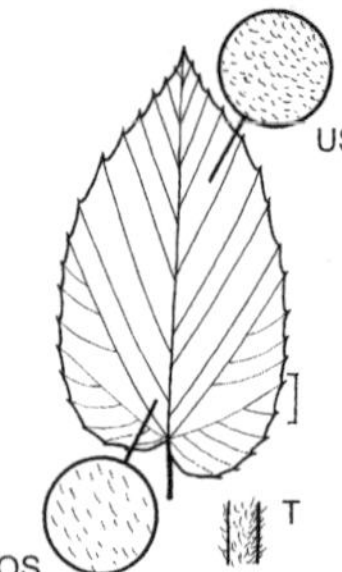

Corylopsis spicata

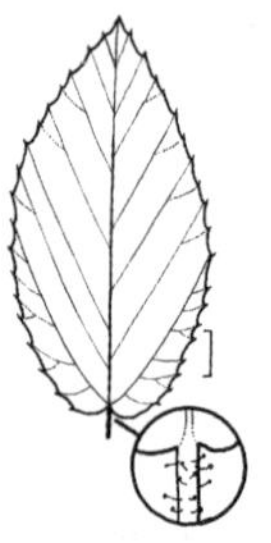
Corylopsis veitchiana

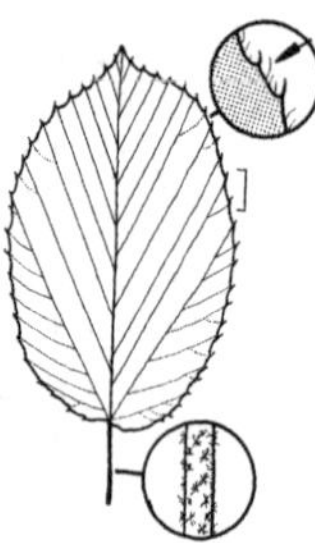
Corylopsis willmottiae

var. calvescens Rehder et E.H. Wilson. Bis 3,5 m hoher Strauch, Triebe und Knospen kahl. Blätter breit eiförmig bis länglich-verkehrteiförmig, spitz oder zugespitzt, oberseits kahl, unterseits nur auf den Nerven behaart. Blüten zu 8–20 in bis 5 cm langen Ähren, basale Tragblätter lang behaart, Kronblätter hellgelb, 3–4 mm lang, nierenförmig oder nahezu rundlich. S-China.

Corylopsis spicata Siebold et Zucc., Ährige Scheinhasel

Habitus: 2–3 m hoher, locker aufgebauter Strauch, zuletzt 4–6 m breit, Triebe relativ dick, anfangs behaart.
Blätter: Eiförmig bis breit verkehrteiförmig, zugespitzt, Basis abgerundet bis herzförmig, buchtig-stachelspitzig gezähnt, Nervenpaare 6–7, oberseits kahl oder leicht behaart, unterseits blaugrün und stärker behaart, Stiel 1–2,5 cm lang, wollig behaart.
Blüten: Zu 5–12 in 2–4 cm langen Ähren, Blütenstandsachse behaart, basale Tragblätter rötlich grün, kahl, die der Einzelblüten meist behaart, Kronblätter grünlich gelb bis hellgelb, 7–9 mm lang, verkehrteiförmig, Staubblätter etwa so lang wie die Kronblätter, Staubbeutel purpurn, (Februar–)März–April.
Früchte: Behaart, bis 8 mm dick.
Verbreitung: S-Japan.
Verwendung: Häufig, B, H, D, WHZ 7a, LB 7.2.4.6.

Corylopsis veitchiana Bean, Veitchs Scheinhasel

Habitus: Bis 2,5 m hoher, buschiger Strauch, Triebe dick, rötlich, kahl.
Blätter: Eiförmig oder verkehrteiförmig, 5–10 cm lang, kurz zugespitzt, Basis schief herzförmig oder fast so, buchtig gezähnt, Nervenpaare 6–8, unterseits zunächst purpurn überhaucht und spärlich seidig behaart, später grün, oberseits kahl, unterseits kahl oder entlang der Nerven behaart, Stiel 6–15 mm lang, kahl oder spärlich behaart.
Blüten: Zu 6–10(–15) in 2–4 cm langen Ähren, duftend, basale Tragblätter kahl, die der Einzelblüten außen silbrig behaart, Kronblätter primelgelb, 5–6 mm lang, löffelartig, Staubblätter etwas länger als die Kronblätter, Staubbeutel ziegelrot, März–April.
Früchte: Meist behaart, 6–9 mm dick.
Verbreitung: China: Hubei, O-Sichuan.
Verwendung: Sehr selten, B, H, D, WHZ 7a, LB 6.4.4.5.

Corylopsis willmottiae Rehder et E.H. Wilson, Willmotts Scheinhasel

Habitus: Bis 4 m hoher, langtriebiger Strauch, Triebe kahl, braun, mit zahlreichen kleinen Lentizellen.
Blätter: Eiförmig bis verkehrteiförmig, 3–8 cm lang, kurz zugespitzt, Basis leicht herzförmig bis gestutzt, buchtig gezähnt, Zähne stachelspitzig, Nervenpaare 7–10, oberseits dunkelgrün und kahl, unterseits blaugrün und behaart, Stiel 0,6–2 cm lang.
Blüten: In 5–7 cm langen, vielblumigen Ähren, Blütenstandsachse zottig behaart, Kronblätter hellgelb, kurz genagelt und nahezu rundlich bis nierenförmig, Staubblätter kürzer als die Kronblätter, Staubbeutel gelb, März–April.
Früchte: Etwa 7 mm dick, kahl.
Verbreitung: China: W-Sichuan.
Verwendung: Selten, B, H, D, WHZ 7a, LB 6.4.4.5.

Corylus L.

Hasel, Haselnuss – Betulaceae

(lateinisch *corylus* = Haselnuss)

Habitus: Sommergrüne Sträucher, seltener Bäume, Zweige vor allem im Spitzenbereich drüsig behaart, die rudimentäre Spitze von der subterminalen Knospe bedeckt, Knospen 5–6 mm lang, eiförmig bis länglich-eiförmig, Knospenschuppen 5–8, knorpelig, von unten nach oben kontinuierlich größer werdend, Endknospen fehlend.
Blätter: An senkrechten Trieben wechselständig, sonst 2-zeilig stehend, meist doppelt gesägt.
Blüten: 1-geschlechtig, 1-häusig verteilt, klein, lange vor dem Blattaustrieb, ♂ Blüten einzeln in den Achseln breit eiförmiger Tragblätter, in hängenden Kätzchen, die nackt überwintern, Blütenhülle fehlend, Staubblätter 4–8, ♀ Blüten zu 1–6 in den Achseln hinfälliger Tragblätter, bis auf die fädigen Narben in den Knospen verborgen, 1 Vorblatt, Fruchtknoten 2-fächrig.
Früchte: Nüsse 1-samig, hartschalig, mit großem, hellem Nabel, einzeln oder zu 2–3(–8) am Ende junger, beblätterter Triebe, von einer an den Enden zerschlitzten, gesägten oder schlauchartigen, aus dem Vorblatt entstandenen Hülle umgeben.
Verbreitung: 18 Arten in den gemäßigten Zonen der Nordhalbkugel.
Verwendung: Bis auf *C. colurna* und *C. chinensis* strauchartig wachsende Gehölze, die zur Fruchtgewinnung angebaut werden oder für Schutz- und Heckenpflanzen von Bedeutung sind. *C. colurna* ist ein häufig gepflanzter Park- und Straßenbaum. Die Haselnüsse des Handels stammen überwiegend von *C. maxima*.

Bestimmungsschlüssel Corylus

(sichere Bestimmung nur mit Früchten möglich)

1 Blattstiel höchstens 1,5 cm lang 2
– Blattstiele länger (wenigstens die meisten) . . 6
2 Fruchthülle deutlich länger als die Nuss 4
– Fruchthülle nur etwa so lang wie die Nuss . . 3
3 Blätter oberseits kahl, höchstens borstig behaart . . . . *C. heterophylla*
– Blätter oberseits weichhaarig . . . . . *C. avellana*
4 Fruchthülle dicht borstig . . . . *C. cornuta* var. *cornuta*
– Fruchthülle nicht borstig 5
5 Fruchthülle samtig behaart . . . . . . *C. maxima*
– Fruchthülle nicht samtig behaart . . . . *C. americana*

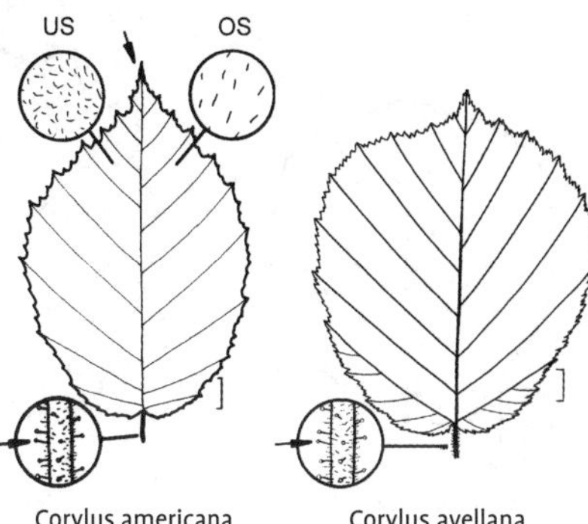

Corylus americana — Corylus avellana

6 Früchte bilden durch stachelige Fruchthülle klettenähnliche Gruppe . . . . *C. tibetica*
– Fruchtstand andersartig 7
7 Fruchthülle über der Nuss zu Röhre verengt . 8
– Fruchthülle andersartig 9
8 Nüsse zu 2–3 im Fruchtstand . . . . *C. sieboldiana* var. *sieboldiana*
– Nüsse zu 4–6 . . . . *C. chinensis*
9 Früchte zu 1–2 (selten 3) im Fruchtstand . . . . *C. heterophylla*
– Früchte zu mehr als 3 . . . . *C. colurna*

Corylus americana Marshall, Amerikanische Haselnuss

Habitus: Bis 3 m hoher Strauch, junge Triebe drüsig behaart.
Blätter: Breit eiförmig, 6–12 cm lang, kurz zugespitzt, Basis herzförmig oder abgerundet, unregelmäßig doppelt gesägt, oberseits spärlich, unterseits weich behaart, Stiel 0,8–1,5 cm lang, drüsig behaart.
Blüten: ♂ Kätzchen 3,5–7 cm lang.
Früchte: Zu 2–6, Hülle etwa doppelt so lang wie die Nuss, unregelmäßig gelappt, Nuss kugelig, 1,5 cm dick.
Verbreitung: Kanada, O-USA.
Verwendung: Selten, ♣, Bi, WHZ 5a, LB 3.1.6.4.

Corylus avellana L., Gewöhnliche Haselnuss

Habitus: Bis 6 m hoher Strauch, Zweige kurz filzig und abstehend drüsig behaart.
Blätter: Rundlich bis verkehrteiförmig, 5–10 cm lang, plötzlich zugespitzt, doppelt gesägt, etwas gelappt, Nervenpaare 6–7, Basis oft asymmetrisch, Stiel 0,5–1,5 cm lang, drüsig behaart.
Blüten: ♂ Kätzchen 8–10 cm lang, Februar–April.

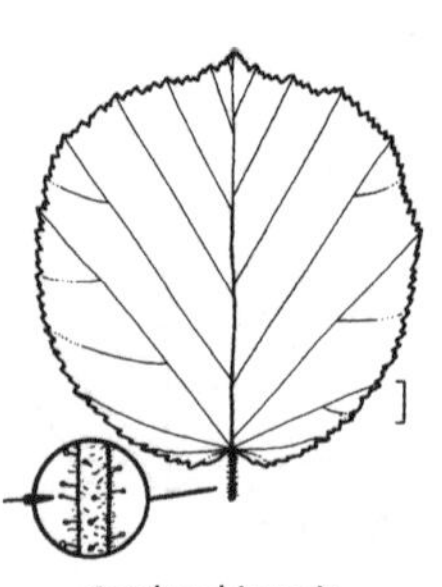
Corylus chinensis

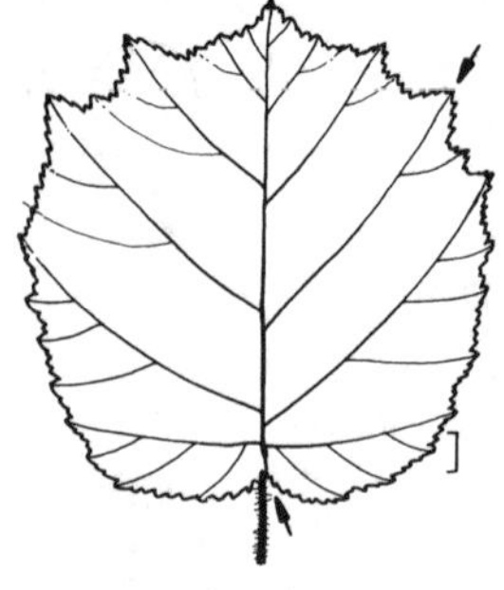
Corylus colurna

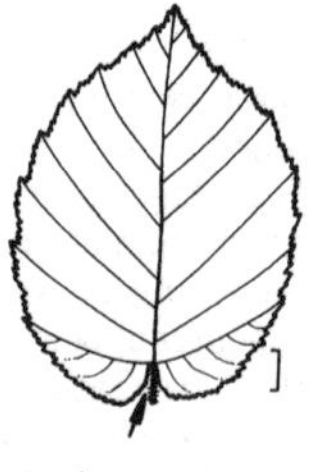
Corylus cornuta var. cornuta

Früchte: Zu 1–4, Hülle nicht oder nur wenig über die Nuss herausragend, Lappen gezähnt, Nuss länglich-eiförmig, 1,6–1,8 cm lang.
Verbreitung: Europa, Türkei, Kaukasien, N-Iran.
Verwendung: Sehr häufig (u. a. zur Fruchtgewinnung), N, B, ♣, Bi, WHZ 5a, LB 3.1.6.4 (9.1.4.4).

Häufiger kultivierte Gartenformen:

'Aurea', Gold-Hasel. Blätter gelb, später gelbgrün. Zweige im Winter orangegelb.

'Contorta', Korkenzieher-Hasel. Zweige fast korkenzieherartig gedreht. Blätter z. T. kraus und eingerollt.

'Fuscorubra'. Blätter rotbraun, nur im Austrieb dunkelrot, nicht so intensiv wie *C. maxima* 'Purpurea'.

'Heterophylla'. Blätter kleiner als bei der Art, tief eingeschnitten.

'Pendula'. Meist hochstämmig veredelt, Äste und Zweige bogenförmig überhängend.

Corylus chinensis Franch., Chinesische Haselnuss

Habitus: In seiner Heimat bis 40 m hoher Baum, junge Triebe dunkelbraun, drüsig behaart, Borke gefurcht.
Blätter: Eiförmig bis eiförmig-länglich, 12–18 cm lang, spitz, Basis schief herzförmig, doppelt gesägt, nicht gelappt, unterseits auf den Nerven behaart, Nervenpaare 13, Stiel 1–2,5 cm lang, drüsig-flaumig behaart.
Blüten: ♂ Kätzchen zu 1–4, 1,5–2 cm lang.
Früchte: Zu 4–6, Hülle gestreift, fein behaart, über der Nuss röhrig verengt, oben gezähnt, Nuss kugelig, 1,5 cm dick.
Verbreitung: M- und W-China.
Verwendung: Sehr selten, N, ♣, Bi, WHZ 6a, LB 3.3.2.3 (2.4.2.2).

Corylus colurna L., Baum-Hasel

Habitus: 12–15(–25) m hoher Baum, Stamm meist bis zum Wipfel durchgehend, Krone anfangs regelmäßig schmal kegelförmig bis breit eiförmig, Borke grauweiß, rau, korkig, Triebe dicht drüsig behaart.
Blätter: Breit eiförmig, 5–15 cm lang, plötzlich zugespitzt, Basis herzförmig, doppelt gesägt, etwas gelappt, oberseits dunkelgrün, unterseits auf den Nerven behaart, Stiel 1,5–3 cm lang.
Blüten: ♂ Kätzchen bis 12 cm lang, (Februar–)März–April.
Früchte: In großen, ballförmigen Büscheln, Nüsse bis 2 cm lang, sehr dickschalig, von einer tief geteilten, drüsig-borstigen Hülle umgeben.
Verbreitung: SO-Europa, Türkei, Kaukasien, Iran.
Verwendung: Sehr häufig (als Stadtstraßenbaum geeignet), N, ♣, Bi, WHZ 5b, LB 3.1.2.3 (2.4.2.2).

Corylus ×colurnoides C.K. Schneid., Bastard-Baum-Hasel
(*C. colurna* × *C. avellana*)

Habitus: Bis 20 m hoher, oft sehr breitkroniger, meist mehrstämmiger Baum, Borke weniger korkig als bei *C. colurna*.
Blätter: Ähnlich denen von *C. colurna*, aber breiter und schärfer gesägt.
Früchte: Fruchthülle drüsig-borstig, etwa bis zur Mitte gelappt, teilweise verwachsen, Nuss breit eiförmig.
Verwendung: Selten, ♣, WHZ 5b, LB 3.1.4.2.

Corylus cornuta Marshall **var. cornuta**, Schnabelnuss

Habitus: Bis 3 m hoher Strauch, Triebe weich behaart.
Blätter: Eiförmig bis verkehrteiförmig, 4–10 cm lang, spitz, Basis herzförmig, fein gesägt, kaum gelappt, unterseits weich behaart, Stiel 0,6–1,2 cm lang.
Blüten: ♂ Kätzchen 2,5–3 cm lang, Staubgefäße gelb.
Früchte: Zu 1–2, Hülle flaumig behaart, über der Nuss zu einer 3–4 cm langen Röhre zusammengezogen, Nuss 1,2–1,8 cm lang.
Verbreitung: NO-, NOZ-, Z-, SO-, NW- und SW-USA, Rocky Mts.
Verwendung: Selten, ♧, Bi, WHZ 5a, LB 7.2.3.5 (3.3.3.5) (9.1.4.5).

var. californica (A. DC.) Rose. Wuchs stärker als bei var. *cornuta*, bis 8 m hoch. Blätter unterseits stärker behaart. Fruchthüllen kürzer. W-USA.

Corylus heterophylla Fisch. et Trautv., Mongolische Haselnuss

Habitus: Strauch oder bis 7 m hoher Kleinbaum, Triebe drüsig behaart.
Blätter: Verkehrteiförmig bis rundlich-eiförmig, 5–10 cm lang, plötzlich kurz zugespitzt, Basis herzförmig oder abgerundet, unregelmäßig gesägt, ± gelappt, oberseits kahl, unterseits auf den Nerven behaart, Stiel 1–2 cm lang, drüsig behaart.
Blüten: ♂ Kätzchen 2–4 cm lang.
Früchte: Zu 1–2, selten 3, Hülle meist etwas länger als die Nuss, gestreift, samtig behaart, mit 6–9 langen, 3-eckig-eiförmigen, ± ganzrandigen Zipfeln, Nuss kugelig, 1,5 cm dick.
Verbreitung: Korea, Japan, O-Sibirien, Mandschurei, Russ. Ferner Osten, O-Mongolei.
Verwendung: Sehr selten, ♧, Bi, WHZ 5a, LB 4.3.2.4.

C. mandshurica Maxim. et Rupr. = *C. sieboldiana* var. *mandshurica*

Corylus maxima Mill., Große Hasel, Lamberts Hasel, Lambertsnuss

Habitus: Bis 5 m hoher Strauch, junge Triebe fein filzig und drüsig behaart.
Blätter: Rundlich-eiförmig bis verkehrteiförmig, 5–12 cm lang, plötzlich zugespitzt, Basis herzförmig, doppelt gesägt, leicht gelappt, Stiel 0,8–1,5 cm lang, drüsig behaart.

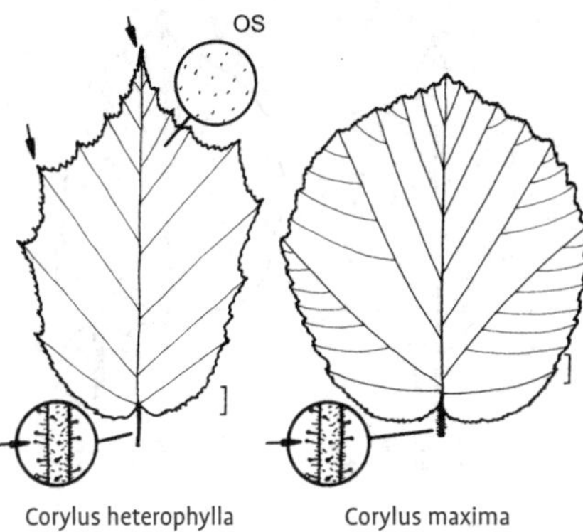

Corylus heterophylla　　Corylus maxima

Blüten: ♂ Kätzchen 5–10 cm lang, Februar–April.
Früchte: Zu 1–3, Hülle samtig behaart, doppelt so lang wie die Nuss, nur wenig verengt, Nuss länglich-eiförmig, 1,5–2,5 cm lang.
Verbreitung: SO-Europa, Türkei, vom Kaukasus bis zu den Britischen Inseln etabliert.
Verwendung: Sehr häufig, N, ♧, Bi, WHZ 5b, LB 3.1.4.4 (9.1.3.4).

Seit Langem in M-Europa in Kultur, in zahlreichen Fruchtsorten bekannt, Haselnüsse des Handels stammen meist von *C. maxima*, Hauptanbau in der asiatischen Türkei.

'Purpurea', Blut-Hasel. Blätter gleichmäßig tief schwarzrot. Auch Kätzchen und Fruchthüllen rot.

'Rubra', Rote Lambertsnuss. Blätter grün. Fruchtkern mit roter Haut.

C. rostrata Aitch. = *C. cornuta*
C. rostrata Aitch. var. *californica* A. DC. = *C. cornuta* var. *californica*
C. rostrata Aitch. var. *sieboldiana* (L.) Maxim. = *C. sieboldiana* var. *sieboldiana*

Corylus sieboldiana Blume **var. sieboldiana**, Japanische Haselnuss

Habitus: Bis 5 m hoher Strauch, Triebe behaart.
Blätter: Länglich-elliptisch bis verkehrteiförmig, 5–10 cm lang, zugespitzt, Basis meist abgerundet, doppelt gesägt, Nerven behaart, junge Blätter in der Mitte oft mit einem roten Fleck, Stiel 1,5–2,5 cm lang.
Blüten: ♂ Kätzchen einzeln oder zu 2–6, Staubbeutel rot.

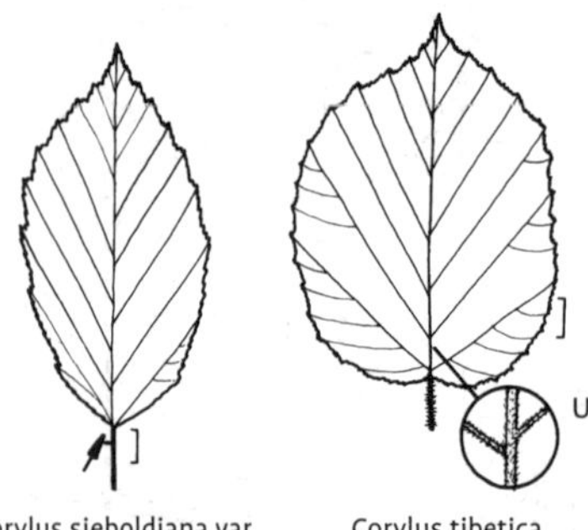

Corylus sieboldiana var. sieboldiana Corylus tibetica

Früchte: Zu 2–3, Hülle borstig, über der Nuss zu einer engen Röhre zusammengezogen, oben mit kurzen, ganzrandigen Zähnen, Nuss konisch, etwa 1,5 cm lang.
Verbreitung: N-China, Japan, Korea.
Verwendung: Sehr selten, ♧, Bi, WHZ 5a, LB 4.2.2.4 (7.1.3.5).

var. mandshurica (Maxim. et Rupr.) C.K. Schneid., Mandschurische Haselnuss. Blätter rundlich bis verkehrteiförmig, bis etwa 15 cm lang, Basis herzförmig, im oberen Teil gelappt, Stiel 2,5 cm lang. Fruchthülle bis 5 cm lang, braun behaart. Nuss konisch. Korea, Japan, Mandschurei, Russ. Ferner Osten.

Corylus tibetica Batalin, Tibetische Haselnuss

Habitus: Großer Strauch oder bis 15 m hoher Baum, Triebe kahl, braun, mit Lentizellen.
Blätter: Breit eiförmig bis verkehrteiförmig, 5–12 cm lang, plötzlich zugespitzt, Basis leicht herzförmig bis abgerundet, scharf unregelmäßig gesägt, unterseits Nerven seidig behaart, Stiel 1,5–2,5 cm lang.
Blüten: ♂ Kätzchen 5–7 cm lang, zu 3–6.
Früchte: Zu 3–6, Hülle mit kahlen Stacheln, zusammen eine klettenähnliche, 4–5 cm breite Gruppe bildend, Nuss 1–1,5 cm lang.
Verbreitung: M- und W-China.
Verwendung: Sehr selten, ♧, Bi, WHZ 6b, LB 6.3.2.4 (3.1.2.3).

C. tubulosa Willd. = *C. maxima*

Cotinus Mill.

Perückenstrauch – Anacardiaceae

(griechisch *kotinos* = attische Bezeichnung für *agrielaia* = wilder Ölbaum)

Habitus: Sommergrüne Sträucher oder Bäume, Zweige rotbraun bis purpurn, schwach bläulich bereift, mit hellen Lentizellen, bräunlichem Mark und gelblichem Holz, Endknospen etwa 5 mm lang, kegelförmig, zugspitzt, mit mehreren Blattschuppen, Seitenknospen in den Achseln erhabener Blattbasen, Gerbstoff in Rinde und Blättern.
Blätter: Wechselständig, lang gestielt, einfach, ganzrandig.
Blüten: Polygam oder 1-geschlechtig, 2-häusig verteilt, radiär, gelb, klein, in großen, lockeren, endständigen Rispen, Blütenhülle freiblättrig, Kelchblätter 5, bleibend, Kronblätter 5, doppelt so lang wie die Kelchblätter, Staubblätter 5, Fruchtknoten oberständig, Griffel 3, Blütenstiele der sterilen Blüten bleibend, sich später streckend und mit langen, abstehenden Haaren besetzt.
Früchte: Steinfrüchte nussartig, schief, ± abgeflacht, trocken, 3–5 mm lang, mit genetzter Oberfläche.
Verbreitung: Je 1 Art von S-Europa bis China, 1 Art in SO-USA.
Verwendung: Mit den großen, duftigen, perückenähnlichen, lange haftenden Fruchtständen und der auffallenden Herbstfärbung sehr dekorative, trockenresistente Solitärsträucher für sonnige Standorte in Garten und Park.

Bestimmungsschlüssel Cotinus

1 Blätter bläulich bereift und kahl, Blattgrund abgerundet .... *C. coggygria*
– Blätter anfangs unterseits seidenhaarig, Blattgrund keilförmig .... *C. obovatus*

C. americanus Nutt. = *C. obovatus*

Cotinus coggygria Scop., Gewöhnlicher Perückenstrauch

Habitus: 3–5 m hoher, breit ausladender, reich verzweigter Strauch. Triebe gerillt, mit zahlreichen kleinen Korkwarzen.
Blätter: Eiförmig bis verkehrteiförmig, 3–5 cm lang, abgerundet oder leicht ausgerandet, Basis abgerundet, beiderseits kahl, ± bläulich bereift, Stiel 2–5 cm lang, Herbstfärbung orangegelb bis scharlachrot.
Blüten: Zwittrig oder 1-geschlechtig, 3 mm breit, Krone gelblich grün, in dünn gestielten, zur Reife 15–20 cm langen und breiten, endständigen Rispen, Juni–Juli.
Früchte: 5 mm lang, Fruchtstiel grün bis etwas gerötet.
Verbreitung: S-, M- und SO-Europa, Türkei, Syrien, Kaukasien, Iran, Himalaja, China.

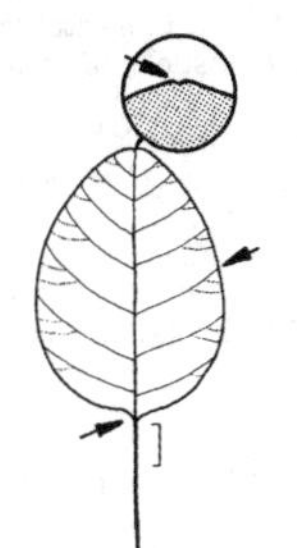

Cotinus coggygria

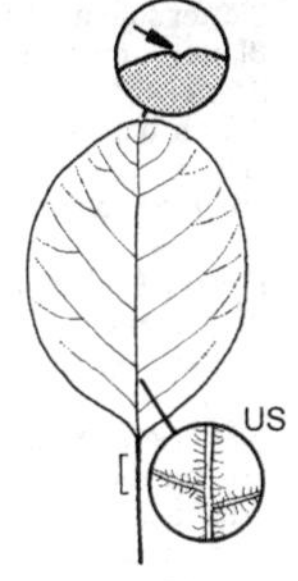

Cotinus obovatus

Verwendung: Sehr häufig, B, ♧, H, WHZ 6a, LB 6.3.2.4 (9.1.1.4).

Golden Spirit ('Ancot'). Blätter grünlich gelb.

Green Fontain ('Kolcot'). Blätter dunkelgrün. Fruchtstände 15–20 cm breit, sterile Blütenstiele zahlreich, purpurrot behaart.

'Purpureus'. Blätter grün. Fruchtstände karminrosa behaart.

'Royal Purple'. Blätter beständig intensiv tiefrot gefärbt. Fruchtstände wenig auffallend.

Rubrifolius-Gruppe. Blätter anfangs purpurn, später teilweise vergrünend. Fruchtstände rosarot behaart.

'Young Lady'. Blätter hell bis dunkelgrün. Fruchtstände 15–30 cm breit, sterile Blütenstiele purpurn bis purpurbraun behaart.

Cotinus obovatus Raf., Amerikanischer Perückenstrauch

Habitus: Hoher, aufrechter Strauch oder 10–12 m hoher, kurzstämmiger Baum.
Blätter: Verkehrteiförmig oder verkehrteiförmig-elliptisch, 6–12 cm lang, abgerundet, zur Basis hin keilförmig verschmälert, unterseits zunächst seidig behaart, Stiel rot, 1,5–3,5 cm lang, Herbstfärbung lebhaft orange und scharlachrot.
Blüten: 2-häusig verteilt, sonst wie bei *C. coggygria*.
Früchte: 3 mm lang, Fruchtstand 10–15 cm hoch, Behaarung hellpurpurn bis bräunlich.
Verbreitung: USA: Tennessee bis Alabama und Texas.
Verwendung: Sehr selten, B, ♧, H, WHZ 6b, LB 2.5.2.4 (6.3.2.4).

Cotoneaster Medik.

Zwergmispel, Felsenmispel – Rosaceae

(lateinisch *cotoneum malum* = Quitte und vergröberndes Suffix *aster*)

Habitus: Sommer- oder immergrüne Sträucher, Zwergsträucher oder Kleinbäume, Triebe ± dicht behaart, Knospen unter 5 mm lang, dicht silbrig behaart, die äußeren Blattschuppen etwas spreizend.
Blätter: Wechselständig, spiralig oder 2-zeilig angeordnet, einfach, ganzrandig, rundlich bis lanzettlich, 0,5–10 cm lang, Nebenblätter schmal, hinfällig.
Blüten: Zwittrig, radiär, einzeln oder bis zu 200 in ebensträußigen Blütenständen, die fast immer am Ende mehrblättriger Kurztriebe stehen, meist weniger als 1 cm breit, Kelchblätter 5, kurz, Kronblätter 5, meist weiß, seltener rosa, aufrecht oder ausgebreitet, Staubblätter meist 15–20, Fruchtblätter 5–1, in einem ± geschlossenen, fleischigen Fruchtbecher eingesenkt und mit diesem am basalen Teil der Rückseite verwachsen, Griffel 2–5, frei.
Früchte: Steinäpfel bis etwa 1 cm dick, kugelig bis ellipsoid, kreiselförmig oder verkehrteiförmig, von dem bleibenden, 1–2 mm langen Kelch und Griffel gekrönt, Steinkerne 1–3(–5), auf der Rückseite mit dem Fruchtbecher verwachsen, oben frei.
Verbreitung: Etwa 260 Arten in der nemoralen und meridionalen Zone, meist in Gebirgen, von Europa bis China, Hauptverbreitung vom Himalaja bis M-China.
Verwendung: Nur wenige Arten sind auffallende Blütensträucher, viele aber prachtvolle Fruchtsträucher. Entsprechend ihrem Habitus werden sie als Solitär-, Gruppen- oder Heckensträucher eingesetzt, einige kriechende Arten und deren Formen häufig auch als Bodendecker.
Alle *Cotoneaster*-Arten gehören zu den Wirtspflanzen des Feuerbrandes (*Erwinia amylovora*), können also ± stark geschädigt werden. Zu den besonders anfälligen Arten gehören *C. bullatus*, *C. salicifolius* und die *C.* ×*watereri*-Hybriden.
Die Gattung ist in zwei Monografien jüngeren Datums – Freyer & Hylmö (2009) und Dickoré & Kaparek (2010) – mit unterschiedlichen Auffassungen zur Artabgrenzung behandelt worden.

Bestimmungsschlüssel Cotoneaster

(sichere Artbestimmung nur mit Früchten möglich)

1 Früchte schwarz (oder braun) 2
– Früchte rot 7
2 Blätter unterseits weißgrau . . . . *C. niger*
– Blätter unterseits nicht weißgrau. 3
3 Blätter 8–13 cm lang und mit 8–11 Nervenpaaren. . . . . *C. moupinensis*
– Blätter höchstens 7 cm lang und mit 3–8 Nervenpaaren 4
4 Blätter höchstens 3,5 cm lang und mit 3–5 Nervenpaaren 5
– Blätter 4–7 cm lang und mit 6–8 Nervenpaaren. 6
5 Blätter oberseits matt, Blüten/Früchte zu 2–3 im Stand . . . . *C. acutifolius*
– Blätter oberseits glänzend, Blüten/Früchte zu 5–15 im Stand. . . . . *C. lucidus*
6 Blätter oberseits matt und glatt . . . . . *C. meyeri*
– Blätter oberseits glänzend und runzelig . . . . *C. ambiguus*
7 Blätter elliptisch-lanzettlich, 3–12 cm lang, Blattrand nach unten umgebogen 8
– Blätter nicht so 12
8 Blätter unterseits bleibend weißflockig behaart 9
– Blätter unterseits zerstreut oder nur an den Hauptnerven behaart oder verkahlend 10
9 Blätter oberseits glänzend und mit 9–14 Nervenparen . . . . *C. floccosus*
– Blätter oberseits matt und mit 6–8 Nervenparen. . . . . *C. ×watereri*
10 Blätter 4- bis 5-mal so lang wie breit, Blüten/Früchte zu maximal 50 in Ständen 11
– Blätter etwa 3-mal so lang wie breit, Blüten/Früchte zu 50–200 in Ständen . . . . . *C. frigidus*
11 Blätter oberseits glänzend . . . . . . *C. salicifolius*
– Blätter oberseits matt . . . . *C. henryanus*
12 Blätter unterseits höchstens spärlich behaart <u>und</u> höchstens 3 cm lang <u>und</u> Blüten zu 1–3(–4), Triebe flaumig oder striegelig behaart . . 13
– Blätter unterseits kahl, filzig oder flaumig behaart <u>oder</u> Blüten zu (2–)vielen, Triebe kahl, weich oder zottig behaart. 28
13 Wuchs ± niederliegend 14
– Wuchs aufrecht. 24
14 Blätter höchstens 10 mm lang, verkehrteiförmig und Blattrand nach unten umgebogen . . . . *C. microphyllus*
– Blätter (wenigstens viele) länger oder Rand nicht umgebogen, Form anders 15
15 Blattrand auffallend wellig. 16
– Blattrand nicht wellig. 17
16 Blätter nur bis 15 mm lang, Blattrand bewimpert . . . . *C. adpressus*
– Blätter länger (bis 25 mm), Blattrand nicht bewimpert. . . . . *C. nanshan*
17 Blätter bis 30 mm lang, mit Spitzchen 18
– Blätter höchstens 12 mm lang 20
18 Nervenpaare der Blätter höchstens 4 19
– Nervenpaare 5–8. . . . . *C. dammeri*
19 Blüten/Früchte zu 2–6 in Ständen . . . . *C. ×suecicus*
– Blüten/Früchte einzeln (selten bis zu 3) . . . . *C. radicans*
20 Früchte höchstens 6 mm dick 21
– Früchte mindestens 7 mm dick. 22
21 Blätter immergrün . . . . *C. procumbens*
– Blätter sommergrün . . . . *C. horizontalis*
22 Blätter unterseits kahl, Blattstiele höchstens 2 mm lang 23
– Blätter unterseits behaart, Blattstiele bis 4 mm lang . . . . *C. cochleatus*
23 Früchte höchstens 8 mm dick . . . . *C. atropurpureus*
– Früchte 8–10 mm dick. . . . . *C. congestus*
24 Blattspreite höchstens 15 mm lang. 25
– Blätter länger 27
25 Blätter stumpf bis ausgerundet 26
– Blätter mit Spitzchen . . . . *C. conspicuus*
26 Früchte mindestens 1 cm dick . *C. rotundifolius*
– Früchte höchstens 9 mm dick . . *C. integrifolius*
27 Nervenpaare der Blätter 3(–4) . . *C. divaricatus*
– Nervenpaare der Blätter (4–)5 . . . . *C. simonsii*
28 (12) Fruchtstiel kahl (oder höchstens spärlich behaart) 29
– Fruchtstiel flaumig oder filzig behaart. 31
29 Blüten/Früchte zu 2–4 im Stand . . . . *C. integerrimus*
– Blüten/Früchte zu mindestens 5 30
30 Blätter winter-/immergrün. . . . . *C. bullatus*
– Blätter sommergrün . . . . *C. roseus*
31 Blätter mit stumpfer Spitze, wenigstens teilweise 32
– Blätter mit deutlicher Spitze 33
32 Blattnervenpaare 3–5, Blätter oberseits runzelig, unterseits filzig behaart . . . . *C. zabelii*
– Blattnervenpaare 6–9, Blätter oberseits glatt, unterseits höchstens spärlich behaart . . . . *C. hupehensis*
33 Blätter sommergrün 34
– Blätter wintergrün 38
34 Früchte mindestens 1 cm dick, mit 2 Steinkernen 35
– Früchte höchstens 9 mm dick, mit 4 Steinkernen 36
35 Blattnervenpaare 4–5 . . . . *C. racemiflorus*
– Blattnervenpaare 2–3 . . . . *C. dielsianus*
36 Blüten/Früchte zu höchstens 10 im Stand . . 37
– Blüten/Früchte zu 10–20 . . . . . . *C. multiflorus*
37 Blattnervenpaare 4–5 . . . . *C. acuminatus*
– Blattnervenpaare 6–9 . . . . *C. hupehensis*
38 Blätter (sehr viele) über 5 cm lang . . *C. rugosus*
– Blätter höchstens 5 cm lang 39
39 Blätter oberseits runzelig 40
– Blätter oberseits glatt 41
40 Blätter oberseits bleibend behaart . . . . *C. sternianus*
– Blätter oberseits verkahlend. . . . . *C. wardii*
41 Steinkerne 3–4 . . . . *C. franchetii*
– Steinkerne 1–2 . . . . *C. racemiflorus*

Cotoneaster acuminatus Lindl., Spitzblättrige Zwergmispel

<u>Habitus:</u> Sommergrüner, 2–3 m hoher Strauch, Zweige steif aufrecht, hell- bis kastanienbraun, mit Lentizellen, Triebe dicht striegelhaarig.
<u>Blätter:</u> Eiförmig bis lanzettlich, zugespitzt, Basis keilförmig, oberseits glänzend hellgrün, anfangs spärlich behaart, unterseits zottig behaart, 4–6 cm lang, Nervenpaare 4–5. Herbstfärbung lebhaft orangerot bis purpurn.

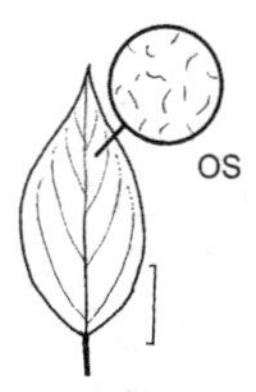

Cotoneaster acuminatus

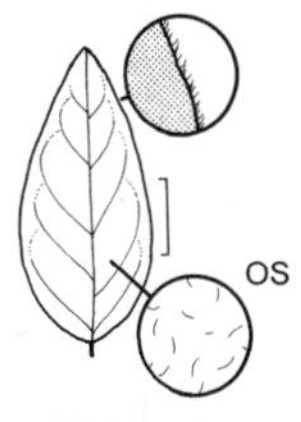

Cotoneaster acutifolius

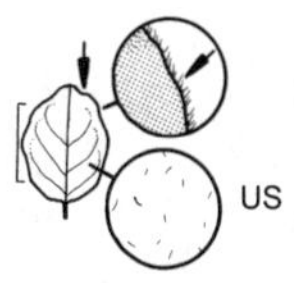

Cotoneaster adpressus

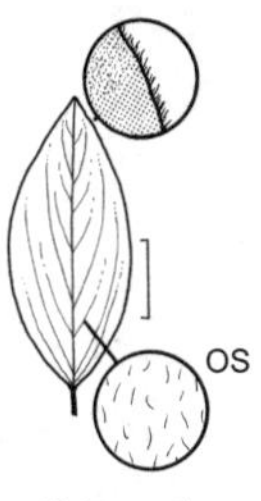

Cotoneaster ambiguus

Blüten: 7–8 mm lang, zu 2–10, in der Knospe rötlich braun, Kronblätter aufrecht, grünlich weiß, im Verblühen rosarot, Staubblätter (18–)20, Staubfäden grünlich weiß oder weiß, Staubbeutel weiß. Mai–Juni.
Früchte: Glänzend rot, verkehrteiförmig oder zylindrisch, 1,1–1,3 cm breit, Steinkerne 2(–3).
Verbreitung: Himalaja.
Verwendung: Selten, ♧, H, WHZ 7a, LB 6.3.2.4.

Cotoneaster acutifolius Turcz., Peking-Zwergmispel

Habitus: Sommergrüner, 2–4 m hoher Strauch, Zweige aufrecht-überhängend, rötlich braun, Triebe zottig-striegelhaarig.
Blätter: Elliptisch bis eiförmig, spitz oder zugespitzt, Basis abgerundet oder keilförmig, 1,5–3,4 cm lang, Nervenpaare 3–5, leicht eingesenkt, oberseits matt mittelgrün, anfangs behaart, unterseits zottig behaart.
Blüten: Zu 2–3(–5), Kronblätter aufrecht, weiß, an der Basis rot, Staubblätter 20. Mai–Juni.
Früchte: Rubinrot, zuletzt schwarz, verkehrteiförmig bis nahezu kugelig, 7–10 mm dick, Steinkerne 2(–3).
Verbreitung: Sibirien, Mongolei, N-China.
Verwendung: Selten, ♧, WHZ 6a, LB 7.1.2.5.

Cotoneaster adpressus Bois, Spalier-Zwergmispel

Habitus: Sommergrüner, bis 0,3 m hoher Strauch, Zweige steif, fächrig ausgebreitet, bogig übergeneigt, dem Boden aufliegend und wurzelnd, kastanienbraun, Triebe zottig-striegelhaarig.
Blätter: Elliptisch, eiförmig bis nahezu rundlich, spitz oder stumpf, Basis abgerundet, Rand leicht gewellt, 0,8–1,5 cm lang, Nervenpaare 2–3, oberseits stumpfgrün, kahl, unterseits nahezu kahl. Herbstfärbung gelbrot.
Blüten: 4–7 mm lang, zu 1–2, Kronblätter aufrecht, dunkelrot, Staubblätter 10(–13), Staubfäden rot und rosa, Staubbeutel weiß. April–Mai.
Früchte: Rot, kugelig, 6–7 mm dick, Steinkerne 2.
Verbreitung: Himalaja, Tibet, SW-China.
Verwendung: Sehr häufig, ♧, H, WHZ 7a, LB 8.2.1.7 (9.3.2.7).

'Little Gem'. In allen Teilen deutlich kleiner als die Art. Wuchs rundlich-kissenförmig. Nur wenig fruchtend.

C. adpressus var. *praecox* Bois et Berthault = *C. nanshan*

Cotoneaster ambiguus Rehder et E.H. Wilson, Zweifelhafte Zwergmispel

Habitus: Sommergrüner, 2–3 m hoher Strauch, Zweige aufrecht, hell- bis kastanienbraun, Triebe striegelhaarig.
Blätter: Elliptisch oder lanzettlich, zugespitzt, Basis keilförmig, 5–7 cm lang, Nervenpaare 6–8, eingesenkt, oberseits leicht runzelig, leicht glänzend dunkelgrün, spärlich behaart, unterseits mittelgrün, anfangs spärlich behaart. Herbstfärbung goldgelb.
Blüten: 6–7 mm lang, zu 5–11, Kronblätter aufrecht-eingekrümmt, grünlich weiß, an der Basis dunkelrot, Staubblätter 16–20, Staubfäden hell rosarot, Staubbeutel weiß. Mai–Juni.
Früchte: Glänzend purpurschwarz, kugelig oder verkehrteiförmig, 0,7–1,1 cm dick, Steinkerne 2(–3).
Verbreitung: SW-China.
Verwendung: Selten, ♧, WHZ 6b, LB 6.3.2.5.

Cotoneaster atropurpureus

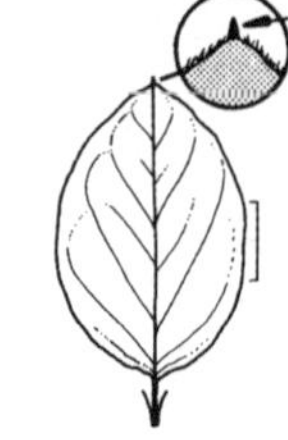
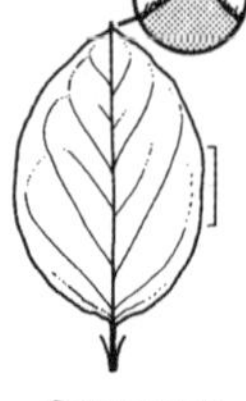

Cotoneaster bullatus

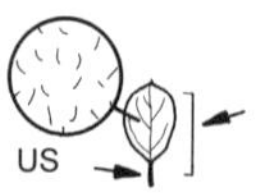

Cotoneaster cochleatus

Cotoneaster congestus

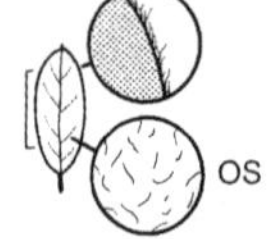

Cotoneaster conspicuus

Cotoneaster atropurpureus Flinck et B. Hylmö, Purpurblütige Zwergmispel

Habitus: Sommergrüner, 0,5–1 m hoher Strauch, Zweige aufsteigend bis niederliegend, purpurrot, Triebe dicht gelblich zottig-striegelhaarig.
Blätter: Verkehrteiförmig-rundlich, stumpf bis gestutzt, stachelspitzig, Basis abgerundet oder keilförmig, Rand leicht gewellt, 0,9–1,4 cm lang, Nervenparre 2–3, oberseits glänzend mittel- bis dunkelgrün, kahl, unterseits sehr spärlich glänzend goldgelb behaart. Herbstfärbung rubinrot.
Blüten: Meist zu 3, Kronblätter aufrecht-eingekrümmt, dunkelrot, mit purpurschwarzer Basis und schmalem, weißem Saum, Staubblätter 10, Staubfäden dunkel purpurrot, Staubbeutel weiß. Mai.
Früchte: Orangerot, verkehrteiförmig, 7–8 mm dick, Steinkerne 2(–3).
Verbreitung: China: Hubei.
Verwendung: Selten (gehört nach Dickoré & Kasparek (2010) zu *C. horizontalis*), ♧, H, WHZ 7a, LB 9.1.2.7. WHZ 7a.

'Variegatus'. Bis 0,5 m hoher Strauch. Blätter mit schmalem, cremeweißem Rand, der sich im Herbst rötlich verfärbt. Oft als *C. horizontalis* 'Variegatus' in Kultur.

Cotoneaster bullatus Bois, Runzelblättrige Zwergmispel

Habitus: Sommergrüner, 3–5 m hoher Strauch, Zweige aufrecht, an den Spitzen oft weit nach außen übergebogen, kastanienbraun, Triebe gelblich behaart.
Blätter: Elliptisch oder eiförmig, zugespitzt, Basis keilförmig oder abgerundet, 5,5–9 cm lang, Nervenpaare 6–9, eingesenkt, oberseits blasig aufgetrieben, glänzend dunkelgrün, unterseits behaart, besonders am Hauptnerv. Herbstfärbung orangegelb bis scharlachrot.
Blüten: 6–7 mm lang, zu 12–30, Kronblätter aufrecht-eingekrümmt, rot und hellrosa, grünlich rosa und mattweiß gesäumt, Staubblätter 20, Staubfäden hell rosarot, Staubbeutel weiß, Juli.
Früchte: Hellrot, nahezu kugelig, 7–8 mm dick, Steinkerne 4–5.
Verbreitung: SW-China. (1898).
Verwendung: Sehr häufig, ♧, WHZ 5b, LB 9.3.2.4.

Cotoneaster cochleatus (Franch.) G. Klotz, Yunnan-Zwergmispel

Habitus: Immergrüner, 0,2–0,4 m hoher, reich verzweigter Strauch, Zweige niederliegend, wurzelnd, rot bis purpurschwarz, Triebe gelblich grün striegelhaarig.
Blätter: Verkehrteiförmig bis nahezu rundlich, abgerundet bis stumpf, gelegentlich ausgerandet, Basis abgerundet oder breit keilförmig, 0,5–1,4 cm lang, Nervenpaare 2–3, oberseits glänzend dunkelgrün, kahl, unterseits anfangs dicht striegelhaarig.
Blüten: 8–10 mm breit, zu 1(–3), Kronblätter ausgebreitet, weiß, Staubblätter (15–)20, Staubfäden weiß, Staubbeutel purpurn, Griffel 2(–3). Mai–Juni.
Früchte: Karminrot, nahezu kugelig, 7–9 mm dick, Steinkerne 2(–3).
Verbreitung: China: Sichuan, Yunnan, SO-Tibet.
Verwendung: Ziemlich häufig (gehört nach Dickoré & Kasparek (2010) möglicherweise zu *C. microphyllus*), B, ♧, WHZ 7b. LB 6.2.2.6 (9.1.1.7).

Cotoneaster congestus Baker, Gedrungene Zwergmispel

Habitus: Immer- oder wintergrüner, 0,2–1 m hoher Strauch, Zweige meist niederliegend oder ausgebreitet, oft wurzelnd, Triebe spärlich behaart.

Blätter: Verkehrteiförmig bis verkehrteiförmig-elliptisch, stumpf, Basis keilförmig oder abgerundet, 0,4–1,3 cm lang, Nervenpaare 2–3, oberseits matt oder leicht glänzend hell- bis mittelgrün, kahl oder anfangs mit einzelnen Haaren auf dem Mittelnerv, unterseits hell graugrün, anfangs spärlich behaart.
Blüten: 7–9 mm breit, zu 1(–2), in der Knospe rosarot und weiß, Kronblätter ausgebreitet, weiß, Staubblätter 15–20, Staubfäden weiß, Staubbeutel violett. Mai–Juni.
Früchte: Karmin- bis kirschrot, abgeflacht kugelig, 8–10 mm dick, Steinkerne (1–)2(–3).
Verbreitung: Nepal, Sikkim, Kaschmir, Bhutan.
Verwendung: Häufig, B, ♧, WHZ 7b, LB 8.2.2.7.

Cotoneaster conspicuus J.B. Comber ex C. Marquand, Bogen-Zwergmispel, Tibetanische Zwergmispel

Habitus: Immergrüner, 0,5–2 m hoher, reich verzweigter Strauch, Zweige ausgebreitet, Spitzen bogig übergeneigt, kastanienbraun, Triebe striegelhaarig.
Blätter: Elliptisch-lanzettlich oder lanzettlich, stumpf oder spitz, Basis keilförmig, 0,6–2 cm lang, Nervenpaare 3–5, oberseits leicht glänzend mittel- oder graugrün, spärlich behaart oder kahl, unterseits graugrün, anfangs zottig-striegelhaarig.
Blüten: 9–13 mm breit, zu 1(–3), in der Knospe rosarot, Kronblätter ausgebreitet, weiß, Staubblätter 20, Staubfäden weiß, Staubbeutel purpurschwarz. Mai–Juni.
Früchte: Glänzend orangerot bis rot, abgeflacht kugelig, 8–10 mm dick, Steinkerne 2(–3).
Verbreitung: SO-Tibet.
Verwendung: Häufig (vor allem in der folgenden Sorte), B, ♧, WHZ 7b, LB 7.1.2.6.

'Decorus'. In allen Teilen kleiner als die Art. Wuchs mattenförmig. Zweige meist übergeneigt, an den Spitzen wurzelnd und in Bögen weiterwachsend, sehr dicht belaubt, überreich blühend und fruchtend.

Cotoneaster dammeri C.K. Schneid., Teppich-Zwergmispel

Habitus: Immergrüner, 0,2 m hoher, bis 1,5 m breiter Spalierstrauch, Zweige dem Boden aufliegend und wurzelnd, grünlich oder hellbraun, dicht mit Lentizellen besetzt, Triebe striegelhaarig.

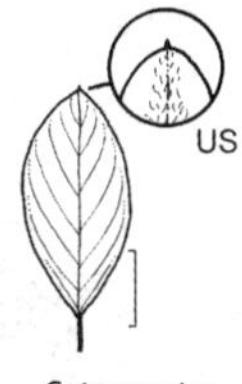

Cotoneaster dammeri

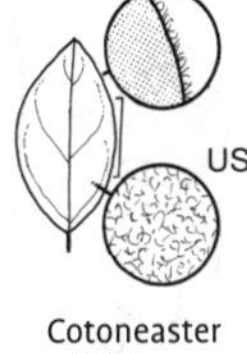

Cotoneaster dielsianus

Blätter: Elliptisch bis verkehrteiförmig, selten rundlich, stumpf, abgerundet oder spitz, Basis keilförmig oder abgerundet, 1,5–4 cm lang, Nervenpaare 5–8, tief eingesenkt, oberseits runzelig, glänzend hell- bis mittelgrün, oft einzelne Haare auf dem Mittelnerv, unterseits graugrün, anfangs zottig behaart.
Blüten: Zu (1–)2 bis 3(–4), 1–1,2 cm breit, Kronblätter ausgebreitet, weiß, Staubblätter 20, Staubfäden weiß, Staubbeutel purpurschwarz. Mai–Juni.
Früchte: Glänzend rot, kugelig, 6–7 mm dick, Steinkerne meist (4–)5.
Verbreitung: SW-China.
Verwendung: Sehr häufig (in einigen Sorten), ♧, Bi, WHZ 5b, LB 7.1.2.7.

'Major'. Im Wuchs wie die Art. Blätter meist nahezu rundlich, im Herbst einzelne Blätter orangerot verfärbt. Nur spärlich fruchtend. Wird besonders häufig gepflanzt.

'Mooncreeper'. Wuchs besonders flach, mattenförmig. Blätter klein, glänzend frischgrün. Früchte rot, klein, ziemlich zahlreich.

Zahlreiche weitere, oft zu *C. dammeri* gestellte Sorten gehören zu *C.* ×*suecicus*.

C. dammeri var. *radicans* C.K. Schneid. = *C. radicans*

Cotoneaster dielsianus E. Pritz., Diels Zwergmispel

Habitus: Sommergrüner, 2–4 m hoher, locker verzweigter Strauch, Zweige schlank, aufrecht-abstehend, graubraun, Triebe filzig behaart.
Blätter: Eiförmig bis breit eiförmig, spitz oder zugespitzt, Basis abgerundet oder keilförmig, 2–2,5 cm lang, Nervenpaare 2–3, leicht eingesenkt, oberseits leicht runzelig, glänzend graugrün, behaart, unterseits graufilzig, Herbstfärbung braunrot.
Blüten: 6–7 mm lang, zu 3–7(–10) in kompakten Ständen, Kronblätter aufrecht-eingekrümmt, rot bis dunkelrot, weiß gesäumt,

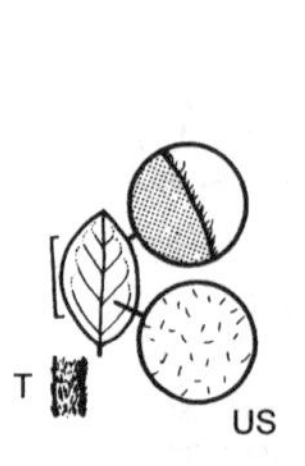

Cotoneaster divaricatus

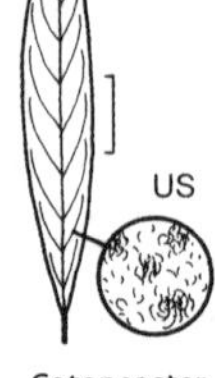

Cotoneaster floccosus

Cotoneaster franchetii

Staubblätter 20, Staubfäden dunkelrot oder rosarot, Staubbeutel weiß, Juni.
Früchte: Scharlachrot, abgeflacht kugelig oder verkehrteiförmig, 6–9 mm dick, Steinkerne (3–)4(–5).
Verbreitung: China: Sichuan, Yunnan.
Verwendung: Sehr häufig, ☘, H, WHZ 6b. LB 6.3.2.5 (9.1.2.5).

Cotoneaster divaricatus Rehder et E.H. Wilson, Sparrige Zwergmispel

Habitus: Sommergrüner, 1,5–2 m hoher, locker verzweigter Strauch, Zweige aufrecht-ausgebreitet, bräunlich violett, Triebe striegelhaarig.
Blätter: Breit elliptisch bis nahezu rundlich, spitz oder zugespitzt, Basis abgerundet, Rand gewellt, 1–3 cm lang, Nervenpaare 3–4, leicht eingesenkt, oberseits glänzend dunkelgrün, anfangs spärlich striegelhaarig, unterseits anfangs striegelhaarig. Herbstfärbung glänzend orange bis rötlich purpurn.
Blüten: 6–8 mm lang, zu (1–)2(–3), Kronblätter aufrecht-eingekrümmt, hell karminrot, Staubblätter 10–15, Staubfäden hell rosarot, Staubbeutel weiß. Mai.
Früchte: Glänzend dunkel- bis rubinrot, zylindrisch, 1–1,1 cm dick, Steinkerne (1–)2(–3), selten 4.
Verbreitung: SW- und M-China; in M-Europa nach Verwilderung etabliert.
Verwendung: Sehr häufig, ☘, H, Bi, WHZ 5b, LB 6.3.2.5 (9.1.2.5).

Cotoneaster floccosus (Rehder et E.H. Wilson) Flinck et B. Hylmö, Flockige Zwergmispel

Habitus: Immergrüner, bis 8 m hoher, meist vom Boden an mehrstämmiger, locker verzweigter Strauch, Zweige elegant und weit überhängend, braun bis purpurschwarz, Triebe striegelhaarig.
Blätter: Lanzettlich, spitz oder zugespitzt, Basis keilförmig oder zugespitzt, Rand leicht zurückgebogen, 6–7,7 cm lang, Nervenpaare 9–14, tief eingesenkt, oberseits runzelig, glänzend dunkelgrün, kahl, unterseits weißfilzig.
Blüten: 6–8 mm breit, zu 10–30 in etwas lockeren Ständen, Kronblätter ausgebreitet, weiß, Staubblätter 20, Staubfäden weiß, Staubbeutel purpurn, Juni–Juli.
Früchte: Glänzend rot, kugelig, spärlich behaart, 5–7 mm dick, Steinkerne (2–)3, selten 4.
Verbreitung: China: Sichuan.
Verwendung: Sehr häufig, B, ☘, WHZ 7b. LB 6.3.4.4 (9.3.1.4).

Cotoneaster franchetii Bois, Franchets Zwergmispel

Habitus: Immergrüner, 2–3 m hoher Strauch, Zweige schlank, elegant überhängend, kastanienbraun, Triebe dicht striegelhaarig.
Blätter: Eiförmig oder elliptisch, spitz oder zugespitzt, Basis keilförmig oder abgerundet, 2,5–3,7 cm lang, Nervenpaare 4–5, eingesenkt, oberseits matt glänzend graugrün, behaart, unterseits silbrig-filzig.
Blüten: 5–6 mm lang, zu 5–15(–25), Kronblätter aufrecht-eingekrümmt, rosa mit dunkelrot, weiß gesäumt, Staubblätter 20, Staubfäden purpurlich rosa, Staubbeutel rosarot bis purpurn, Juni–Juli.
Früchte: Glänzend orangerot, verkehrteiförmig, 8–10 mm dick, Steinkerne (2–)3, selten 4.
Verbreitung: China: Yunnan.
Verwendung: Häufig, ☘, WHZ 7b, LB 6.3.4.5.

C. franchetii var. *sternianus* Turill = *C. sternianus*

Cotoneaster frigidus Wall. ex Lindl., Baum-Zwergmispel

Habitus: Sommergrüner, 15–18 m hoher Strauch oder vom Boden an mehrstämmiger Baum, Zweige aufrecht bis leicht abstehend, braun, Triebe filzig bis zottig behaart.
Blätter: Elliptisch, verkehrteiförmig oder lanzettlich, meist spitz, Basis keilförmig, 10–18 cm lang, Nervenpaare 8–12, leicht eingesenkt, oberseits matt glänzend dunkelgrün, verkahlend, unterseits graugrün, zottig-filzig behaart.
Blüten: 6–7 mm breit, zu 50–200 in lockeren

Ständen, Kronblätter abstehend, weiß, Staubblätter 20, Staubfäden weiß, Staubbeutel schwarz, Juni.
Früchte: Glänzend rot, karminrot getönt, kugelig, 4–7 mm dick, Steinkerne 2(–3).
Verbreitung: Himalaja.
Verwendung: Selten, ♧, WHZ 7b, LB 6.1.1.4.

'Cornubia'. Wintergrüner, 3–6 m hoher Strauch oder kleiner Baum, Äste schräg aufrecht bis ausgebreitet, Zweige weit abstehend, meist bogig übergeneigt, dunkelbraun, mit zahlreichen weißen Lentizellen. Blätter 7–10 cm lang, mattgrün, leicht runzelig, unterseits verkahlend. Früchte leuchtend rot, fast kugelig, 7–9 mm dick, zahlreich, lange haftend.

'St. Monica'. Wintergrüner, straff aufrechter Strauch. Blätter 10–15 cm lang, länglich-elliptisch. Früchte zahlreich, lebhaft scharlachrot.

'Vicary'. Sommergrüner, starkwüchsiger Strauch. Blätter bis 10 cm lang, oberseits leicht runzelig, unterseits lang behaart. Früchte rubinrot.

Cotoneaster henryanus (C.K. Schneid.) Rehder et E.H. Wilson, Henrys Zwergmispel

Habitus: Immer- oder wintergrüner, 5(–7) m hoher Strauch, Zweige aufrecht-überhängend, grünlich braun bis purpurschwarz, Triebe gelblich braun zottig-striegelhaarig.
Blätter: Lanzettlich oder elliptisch, spitz oder zugespitzt, Basis keilförmig, 7–11,5 cm lang, Nervenpaare 7–10, eingesenkt, oberseits leicht runzelig, matt dunkelgrün, anfangs spärlich bräunlich behaart, unterseits anfangs dicht bräunlich striegelhaarig.
Blüten: 6–7 mm breit, zu 10–40, Kronblätter ausgebreitet, weiß, Staubblätter 20, Staubfäden weiß, Staubbeutel purpurn, Juni–Juli.
Früchte: Leuchtend- bis karminrot, verkehrteiförmig bis nahezu kugelig, 5–6 mm dick, Steinkerne 2, selten 1–3.
Verbreitung: China: Hubei, Sichuan.
Verwendung: Selten (gehört nach Dickoré & Kasparek (2010) zu *C. salicifolius*), B, ♧, WHZ 7b, LB 6.3.1.4. WHZ 7b.

Cotoneaster horizontalis Decne., Fächer-Zwergmispel

Habitus: Meist sommergrüner, 0,5–1 m hoher Strauch, Zweige aufsteigend bis horizon-

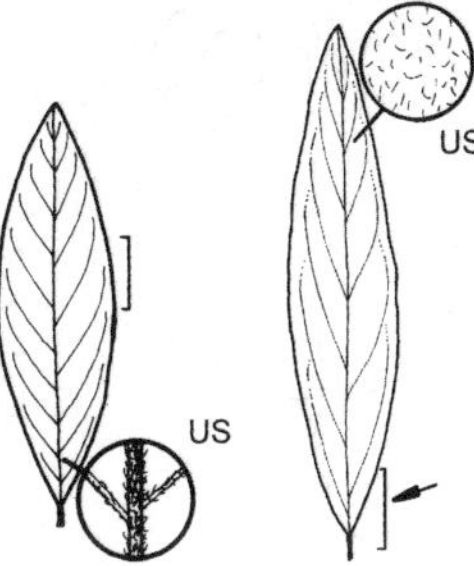

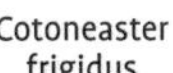

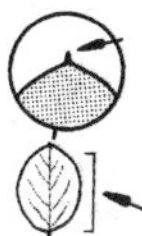

Cotoneaster frigidus Cotoneaster henryanus Cotoneaster horizontalis

tal ausgebreitet, fischgrätenartig verzweigt, kastanienbraun, Triebe dicht gelb striegelhaarig.
Blätter: Nahezu rundlich oder breit verkehrteiförmig, zugespitzt oder stumpf, Basis abgerundet oder keilförmig, 0,5–1,2 cm lang, Nervenpaare 2–4, oberseits glänzend dunkelgrün, kahl, unterseits spärlich lang striegelhaarig, Herbstfärbung scharlach- oder braunrot.
Blüten: 5–7 mm lang, zu 1–3, Kronblätter aufrecht-eingekrümmt, dunkelrot mit schwarzroter Basis und hell karminfarbenem Saum, Staubblätter 10(–13), Staubfäden dunkerot, Staubbeutel weiß, Mai.
Früchte: Glänzend orangerot, nahezu kugelig, 5–6 mm dick, Steinkerne (2–)3.
Verbreitung: W-China.
Verwendung: Sehr häufig, ♧, H, Bi, WHZ 6a. LB 7.1.2.6 (9.1.2.7).

C. humifusus Duthie et J. H. Veitch = *C. dammeri*

Cotoneaster hupehensis Rehder et E.H. Wilson, Hupeh-Zwergmispel

Habitus: Sommergrüner, 2–4 m hoher Strauch, Zweige schlank, ausgebreitet und überhängend, kastanienbraun, mit Lentizellen, Triebe sternhaarig.
Blätter: Elliptisch bis eiförmig, spitz, Basis keilförmig oder abgerundet, 2,5–4 cm lang, Nervenpaare 6–9, oberseits matt mittelgrün, kahl, unterseits anfangs locker behaart. Herbstfärbung gelb.
Blüten: 1,2 cm breit, zu 6–11, Kronblätter ausgebreitet, weiß, Staubblätter 20, Staubfäden weiß, Staubbeutel weiß, Juni.
Früchte: Kirschrot, kahl, kugelig oder abgeflacht kugelig, 1,1–1,4 cm dick, Steinkerne 2, verwachsen.

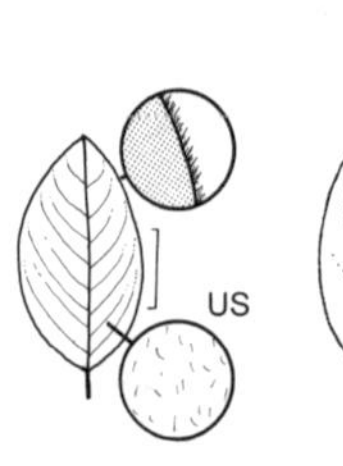

Cotoneaster hupehensis

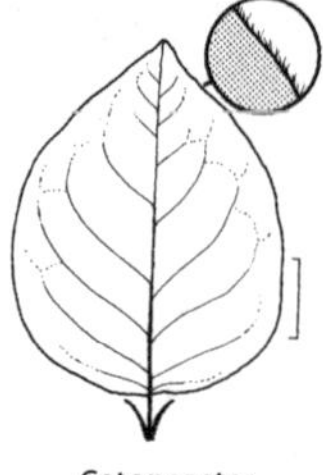

Cotoneaster integerrimus

Cotoneaster integrifolius

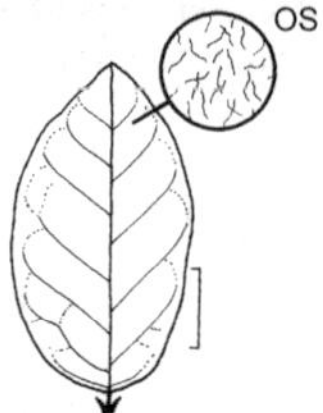

Cotoneaster lucidus

Cotoneaster meyeri

Verbreitung: China: Sichuan, Hubei.
Verwendung: Selten, ♧, H, WHZ 7b, LB 6.3.2.5.

Cotoneaster integerrimus Medik., Gewöhnliche Zwergmispel

Habitus: Sommergrüner, 1,5–2 m hoher Strauch, Zweige dick, aufrecht bis ausgebreitet, kastanienbraun, mit großen Lentizellen, Triebe filzig behaart.
Blätter: Breit eiförmig, spitz oder zugespitzt, Basis keilförmig oder abgerundet, Rand gewellt, 3–5,5 cm lang, Nervenpaare 4–6, tief eingesenkt, oberseits runzelig, graugrün, anfangs behaart, unterseits filzig behaart.
Blüten: 6–7 mm lang, (1–)3 bis 4(–6), Kronblätter rosaweiß, aufrecht-eingekrümmt, Staubblätter 20, Staubfäden weiß, an der Basis hell rosarot, Staubbeutel weiß, April–Mai.
Früchte: Rot, kugelig oder abgeflacht kugelig, 8–11 mm dick, Steinkerne (2–)3(–4).
Verbreitung: Europa, Kaukasien.
Verwendung: Selten, ♧, ☠, WHZ 5b, LB 6.1.3.6

Cotoneaster integrifolius (Roxb.) G. Klotz, Ganzblättrige Zwergmispel

Habitus: Immergrüner, 0,5–1,5 m hoher, bis 1,5 m breiter Strauch, Zweige weit ausgebreitet, purpurschwarz, Triebe striegelhaarig.
Blätter: Verkehrteiförmig-lanzettlich, länglich, selten lanzettlich, abgerundet oder stumpf, selten ausgerandet oder spitz, Basis keilförmig, 0,8–1,7 cm lang, Nervenpaare 2–4, oberseits glänzend dunkelgrün, gelegentlich blaugrün, anfangs striegelhaarig, unterseits grauweiß, dicht striegelhaarig.
Blüten: 7–15 mm breit, zu 1 (selten 2), Kronblätter ausgebreitet, weiß, Staubblätter 20, Staubfäden weiß, Staubbeutel purpurrot, Griffel 2(–3), Mai–Juni.
Früchte: Matt oder leicht glänzend dunkelrot, abgeflacht kugelig, 7–9 mm dick, Steinkerne 2, selten 3.
Verbreitung: Himalaja, SW-China.
Verwendung: Selten, WHZ 7b. LB 6.3.1.6.

Cotoneaster lacteus W.W. Sm., Späte Zwergmispel

Habitus: Immergrüner, aufrechter, 4–8 m hoher Strauch, Zweige schlank, aufrecht-abstehend, Triebe gelblich zottig-filzig behaart.
Blätter: Verkehrteiförmig bis breit elliptisch, 4–12 cm lang, spitz, zugespitzt oder stumpf, Basis keilförmig, Nervenpaare 7–9, tief eingesenkt, oberseits leicht runzelig, matt mittelgrün, anfangs spärlich behaart, unterseits gelblich filzig behaart.
Blüten: 6–8 mm breit, zu 20–150, Kronblätter ausgebreitet, cremeweiß, Staubblätter 20, Juni.
Früchte: Karminrot, kugelig, 6–7 mm dick, Steinkerne 2.
Verbreitung: China: Yunnan, Sichuan.
Verwendung: Selten, ♧, WHZ 6b, LB 6.4.4.5.

Cotoneaster lucidus Schltdl., Sibirische Zwergmispel, Glanz-Zwergmispel

Habitus: Sommergrüner, 1,5–2,5 m hoher Strauch, Zweige aufrecht-abstehend, grünlich grau bis kastanienbraun, Triebe striegelhaarig.
Blätter: Elliptisch bis eiförmig, spitz bis zugespitzt, Basis keilförmig oder abgerundet, 3–6 cm lang, Nervenpaare 3–5, eingesenkt, oberseits leicht runzelig, glänzend dunkelgrün, anfangs spärlich behaart, unterseits mittelgrün, spärlich striegelhaarig. Herbstfärbung intensiv dunkelrot.
Blüten: 8–10 mm breit, zu 5–15, Kronblätter aufrecht, mattweiß, rosarot und grün getönt, Staubblätter 20, Staubfäden rosarot, Staubbeutel weiß, April–Mai.

Früchte: Glänzend bläulich schwarz, kugelig, 8–10 mm dick, Steinkerne 2–3.
Verbreitung: Sibirien.
Verwendung: Selten (gehört nach Dickoré et Kasparek (2010) in den Variationsbereich von *C. acutifolius*), H, WHZ 5a, LB 6.3.3.5 (2.5.3.5) (9.1.4.5).

Cotoneaster meyeri Pojark., Meyers Zwergmispel

Habitus: Sommergrüner, 2–3 m hoher Strauch, Zweige schlank, aufrecht-ausgebreitet bis überhängend, kastanienbraun, Triebe striegelhaarig.
Blätter: Breit elliptisch, breit eiförmig oder eiförmig, spitz oder zugespitzt, Basis abgerundet oder keilförmig, 3,5–6 cm lang, Nervenpaare 5–7, oberseits matt dunkelgrün, anfangs spärlich lang behaart, unterseits matt hellgrün, spärlich behaart.
Blüten: 1–1,2 cm breit, zu 7–12 , Kronblätter ausgebreitet, weiß, Staubblätter 20, Staubfäden und Staubbeutel weiß, Mai.
Früchte: Purpurbraun, zur Reife schwarz, kugelig oder ellipsoid, 0,8–1,1 cm dick, Steinkerne 2, verwachsen.
Verbreitung: Türkei, Armenien, Georgien, Aserbaidschan.
Verwendung: Häufig (oft als *C. multiflorus*), B, ♧, WHZ 7a, LB 6.1.1.5.

Cotoneaster microphyllus Wall. ex Lindl., Kleinblättrige Zwergmispel

Habitus: Immergrüner, 0,6–1 m hoher, dicht und sparrig verzweigter Strauch, Zweige ausgebreitet-niederliegend, Seitenzweige aufrecht, kastanienbraun bis schwärzlich purpurn, Triebe striegelhaarig.
Blätter: Elliptisch, verkehrteiförmig, breit elliptisch oder breit verkehrteiförmig, abgerundet oder stumpf, gelegentlich spitz oder ausgerandet, Basis abgerundet oder keilförmig, 7–13 mm lang, Nervenpaare 2–4, oberseits glänzend mittel- bis dunkelgrün, spärlich striegelhaarig, untereits graugrün, anfangs striegelhaarig.
Blüten: 7–9 mm breit, meist zu 1(–4), Kronblätter ausgebreitet, weiß, Staubblätter 20, Staubfäden weiß, Staubbeutel schwärzlich violett, Mai–Juni.
Früchte: Karminrot, abgeflacht kugelig, 6–8 mm dick, Steinkerne 2(–3).
Verbreitung: Himalaja: Nepal.
Verwendung: Häufig, B, ♧, WHZ 7a, LB 6.3.2.6 (9.3.1.6).

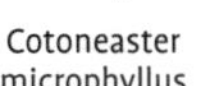
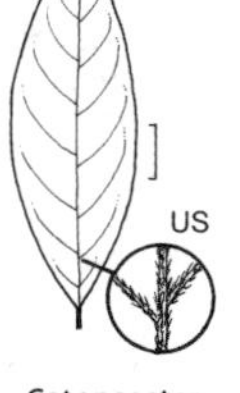

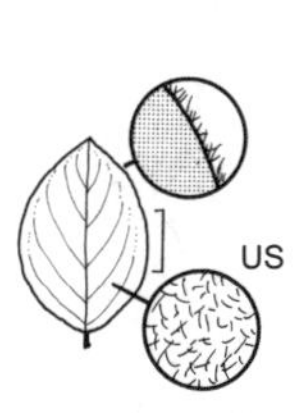

Cotoneaster microphyllus | Cotoneaster moupinensis | Cotoneaster mulitflorus

Cotoneaster moupinensis Franch., Moupin-Zwergmispel

Habitus: Sommergrüner, 2–4 m hoher Strauch, Zweige aufrecht-abstehend bis überhängend, braun, Triebe striegelhaarig.
Blätter: Breit elliptisch, verkehrteiförmig oder eiförmig, zugespitzt, Basis abgerundet, keilförmig oder gestutzt, 6,5–13 cm lang, Nervenpaare 8–11, eingesenkt, oberseits blasig aufgetrieben, leicht glänzend dunkelgrün, verkahlend, unterseits hellgrün, zottig behaart. Herbstfärbung dunkel purpurrot.
Blüten: 5–6 mm lang, zu 15–50, Kronblätter aufrecht-eingekrümmt, rosa- oder purpurrot, weiß gesäumt, Staubblätter 20, Staubfäden hell rosarot, Staubbeutel weiß. Mai–Juni.
Früchte: Purpurschwarz, abgeflacht kugelig, 9–10 mm dick, Steinkerne (4–)5.
Verbreitung: SW- und M-China.
Verwendung: Häufig, H, WHZ 7a, LB 3.1.5.5.

Cotoneaster multiflorus Bunge, Vielblütige Zwergmispel

Habitus: Sommergrüner, 3–5 m hoher, sehr reich blühender Strauch, Zweige aufrecht-abstehend, gelegentlich überhängend, hellbraun, Triebe spärlich striegelhaarig.
Blätter: Breit eiförmig bis nahezu rundlich, spitz, selten stumpf, Basis abgerundet, 3–6,4 cm lang, Nervenpaare 4–7, oberseits matt hellgrün, anfangs behaart, unterseits anfangs dicht behaart.
Blüten: 9–10 mm breit, zu 10–20, Kronblätter weit ausgebreitet, weiß, Staubblätter 20, Staubfäden und Staubbeutel weiß, Mai.
Früchte: Rot, kugelig oder abgeflacht kugelig, 1–1,1 cm dick, Steinkerne 2, verwachsen.
Verbreitung: M-Asien, N-Mongolei, N-China.
Verwendung: Sehr selten, B, ♧, WHZ 6b, LB 3.1.5.5.

Cotoneaster nanshan

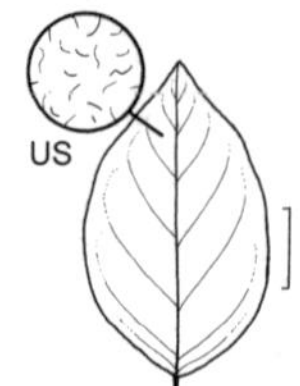

Cotoneaster niger

Cotoneaster procumbens

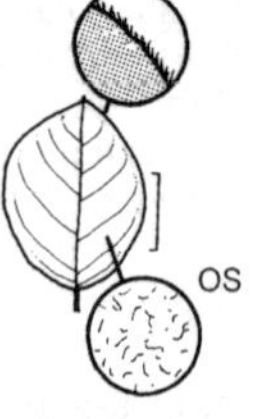

Cotoneaster racemiflorus

Cotoneaster nanshan Mottet, Nanshan-Zwergmispel

Habitus: Sommergrüner, 0,5–1 m hoher Strauch, Zweige 1,5–2 m lang, weit und bogig abstehend oder dem Boden aufliegend, rotbraun, Triebe striegelhaarig.
Blätter: Nahezu rundlich bis breit elliptisch, spitz oder zugespitzt, Basis abgerundet, Rand stark gewellt, 1,2–2,5 cm lang, Nervenpaare 3–4, oberseits matt dunkelgrün, anfangs leicht behaart, unterseits spärlich striegelhaarig, Mittelnerv stärker behaart. Herbstfärbung leuchtend rot.
Blüten: 7–10 mm lang, zu 2–4, Kronblätter aufrecht-eingekrümmt, rot und rosarot, mattweiß gesäumt, Staubblätter 10–12(–14), Staubfäden dunkelrot, Staubbeutel weiß, hell rosarot gestreift. Mai.
Früchte: Glänzend rot, nahezu kugelig, 1–1,2 cm dick, Steinkerne meist (1–)2, selten 3.
Verbreitung: China: Sichuan, Yunnan.
Verwendung: Sehr häufig, ☘, H, Bi, WHZ 7a, LB 7.1.3.7 (9.3.2.7).

Cotoneaster niger (Wahlberg) Fries, Schwarzfrüchtige Zwergmispel

Habitus: Sommergrüner, 1,5–2,5 m hoher Strauch, Zweige schmal aufrecht, später oft überhängend, rötlich braun,Triebe dicht behaart.
Blätter: Eiförmig oder ellptisch, spitz, stumpf oder abgerundet, Basis abgerundet, 2,3–7,7 cm lang, Nervenpaare 4–6, oberseits bald matt dunkelgrün, anfangs behaart, unterseits dicht grau striegelhaarig.
Blüten: 6 mm lang, zu 3–5(–9), Kronblätter aufrecht, mattweiß mit rosarot, Staubblätter (15–)20, Staubfäden rosarot, Staubbeutel weiß, Juli–August.
Früchte: Kastanienbraun bis schwarz, kugelig oder abgeflacht kugelig, 6–10 mm dick, Steinkerne 2(–3), selten 4.
Verbreitung: Europa, Türkei, Kaukasien, Sibirien, Russ. Ferner Osten, M-Asien, Mongolei, China, Korea.
Verwendung: Selten, WHZ 5b, LB 6.1.1.6.

C. praecox (Bois et Berthault) M. Vilm. = *C. nanshan*

Cotoneaster procumbens G. Klotz, Niederliegende Zwergmispel

Habitus: Immergrüner, bis 0,2 m hoher Spalierstrauch, Zweige niederliegend, wurzelnd, braun, mit Lentizellen, Triebe spärlich striegelhaarig.
Blätter: Verkehrteiförmig, abgerundet, oft ausgerandet, Basis keilförmig, 0,9–1,3 cm lang, Nervenpaare 2–4, leicht eingesenkt, oberseits runzelig, matt oder leicht glänzend dunkelgrün, kahl, unterseits weißlich grün behaart.
Blüten: 8–10 mm breit, einzeln, Kronblätter ausgebreitet, weiß, Staubblätter 20, Staubfäden weiß, Staubbeutel purpurn bis schwarz, Mai–Juni.
Früchte: Hell- bis karminrot, kugelig oder abgeflacht kugelig, 5–6 mm dick, Steinkerne 2(–3).
Verbreitung: China: Yunnan.
Verwendung: Häufig (meist in den folgenden Sorten), WHZ 7b, LB 9.3.2.7.

'Queen of Carpets'. Blätter dicker, größer, rundlicher, oft heller. Fruchtansatz gering.

'Streibs Findling'. Wuchs sehr schwach und gedrungen, 10–15 cm hoch. Blätter 8–9 mm lang, dunkel blaugrün. (Um 1960).

Cotoneaster racemiflorus (Desf.) K. Koch, Dichtblütige Zwergmispel

Habitus: Sommergrüner, 1,5–2 m hoher Strauch, Zweige schlank, aufrecht bis bogenförmig überhängend, rötlich braun, Triebe dicht striegelhaarig.

Blätter: Nahezu rund, breit elliptisch bis breit eiförmig, stachelspitzig, spitz oder zugespitzt, Basis abgerundet oder keilförmig, 2,5–4 cm lang, Nervenpaare 4–5, oberseits matt olivgrün, anfangs spärlich striegelhaarig, unterseits filzig behaart.
Blüten: 8–10 mm breit, zu 7–15, Kronblätter ausgebreitet, weiß, mit langen Haartuffs, Staubblätter (16–)20, Staubfäden und Staubbeutel weiß, Mai–Juni.
Früchte: Rot, abgeflacht kugelig, 8–9 mm dick, Steinkerne (1–)2.
Verbreitung: Kaukasien.
Verwendung: Selten, ♲, WHZ 6b, LB 6.3.2.5.

Cotoneaster radicans Dammer ex C.K. Schneid., Kriechende Zwergmispel

Habitus: Imergrüner, bis 0,2 m hoher Spalierstrauch, Zweige niederliegend, wurzelnd, kastanienbraun, mit zahlreichen Lentizellen, Triebe striegelhaarig.
Blätter: Verkehrteiförmig bis elliptisch, spitz oder stumpf, Basis keilförmig oder abgerundet, 1,2–2 cm lang, Nervenpaare 3–4, eingesenkt, oberseits runzelig, glänzend dunkelgrün, anfangs spärlich behaart, unterseits runzelig, weißlich grün, striegelhaarig.
Blüten: 8–10 mm breit, zu 1(–3), Kronblätter ausgebreitet, weiß, Staubblätter 20, Staubfäden weiß, Staubbeutel purpurn bis schwarz, Mai–Juni.
Früchte: Scharlach- bis karminrot, kugelig oder verkehrteiförmig, 7–8 mm dick, Steinkerne 3(–4), selten 2.
Verbreitung: China: Sichuan und Grenzbereich zu Yunnan und Tibet.
Verwendung: Sehr häufig (gehört nach DICKORÉ & KASPAREK (2010) zu *C. dammeri*), WHZ 7b, LB 9.3.2.7.

'Eichholz'. Wuchs sehr dicht, bis etwa 0,3 m hoch, Zweige niederliegend bis kriechend, nur vereinzelt etwas überhängend. Blätter 1,5–3 cm lang, breit elliptisch, matt bläulich dunkelgrün. Früchte blutrot, verkehrteiförmig bis breit elliptisch, 0,8–1 cm dick, nur wenig zahlreich.

Cotoneaster roseus Edgew., Rosarote Zwergmispel

Habitus: Sommergrüner, 2–4 m hoher Strauch, Zweige schlank, aufrecht bis bogig überhängend, kastanienbraun, Triebe striegelhaarig.

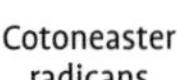

Cotoneaster radicans

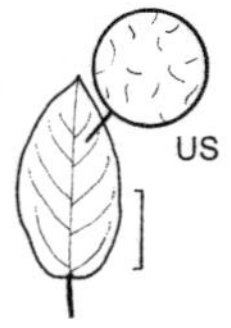

Cotoneaster roseus

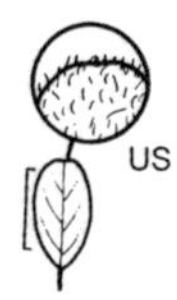

Cotoneaster rotundifolius

Blätter: Eiförmig oder elliptisch, spitz oder zugespitzt, Basis keilförmig oder gestutzt, 3,3–5,5 cm lang, Nervenpaare 6–8, oberseits mittelgrün, anfangs behaart, unterseits anfangs spärlich behaart.
Blüten: 8 mm breit, zu 7–15, Kronblätter ausgebreitet, rosarot, Staubblätter 18–29, Staubfäden und Staubbeutel weiß, Mai–Juni.
Früchte: Karmin- bis rubinrot, kugelig oder verkehrteiförmig, 9 mm dick, Steinkerne 1–2.
Verbreitung: Afghanistan, N-Pakistan, NW-Indien.
Verwendung: Selten, B, ♲, WHZ 6b, LB 6.1.1.6.

Cotoneaster rotundifolius Wall. ex Lindl., Rundblättrige Zwergmispel

Habitus: Immer- oder wintergrüner, 2–3 m hoher Strauch, Zweige steif, aufrecht oder nahezu aufrecht, braun, Triebe dicht striegelhaarig.
Blätter: Rundlich oder breit verkehrteiförmig, stumpf oder gestutzt, Basis abgerundet, 0,9–1,2 cm lang, Nervenpaare 3–4, oberseits glänzend dunkelgrün, unterseits mittelgrün, beiderseits spärlich striegehaarig.
Blüten: 6–7 mm lang, zu 1(–2), Kronblätter aufrecht-eingekrümmt, dunkelrot gefärbt, rosarot gerandet, Staubblätter (12–)18–20, Staubfäden dunkelrot, Staubbeutel weiß. Juni–Juli.
Früchte: Glänzend orangerot bis rot, verkehrteiförmig, 1–1,1 cm dick, Steinkerne (2–)3, selten 4.
Verbreitung: Himalaja.
Verwendung: Sehr selten, ♲, WHZ 7b, LB 6.1.2.6.

Cotoneaster rugosus E. Pritz. ex Diels, Runzelblättrige Zwergmispel

Habitus: Immergrüner, 4–5(–6) m hoher Strauch, Zweige locker aufrecht oder aufsteigend, hell rötlich braun, dicht mit Lentizellen bedeckt, Triebe striegelhaarig.

Cotoneaster rugosus

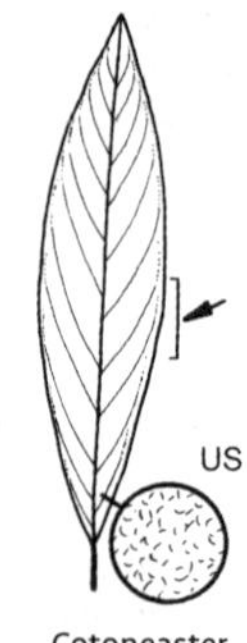

Cotoneaster salicifolius

Blätter: Lanzettlich-elliptisch, spitz oder zugespitzt, Basis keilförmig, Rand zurückgebogen, 7–9 cm lang, Nervenpaare 7(–11), tief eingesenkt, oberseits runzelig und stark aufgeblasen, anfangs glänzend, später matt dunkelgrün, unterseits weißlich striegelhaarig.
Blüten: 1,1–1,2 cm breit, zu 10–40, Kronblätter abstehend, weiß, Staubblätter 20, Staubfäden weiß, Staubbeutel violett, Juni–Juli.
Früchte: Matt orangerot, behaart, verkehrteiförmig oder abgeflacht kugelig, 6–8 mm dick, Steinkerne 2, selten 3.
Verbreitung: China: Sichuan, Hubei.
Verwendung: Selten (wird von Dickoré & Kasparek (2010) *C. salicifolius* zugeordnet), B, ♧, WHZ 7b, LB 6.3.4.5.

Cotoneaster salicifolius Franch., Weidenblättrige Zwergmispel

Habitus: Immergrüner, 6–8 m hoher Strauch oder kleiner Baum, Zweige schlank, locker aufrecht und bogig überhängend, kastanienbraun, Triebe filzig-striegelhaarig.
Blätter: Lanzettlich, spitz oder zugespitzt, Basis keilförmig, Rand zurückgebogen, 4–9 cm lang, Nervenpaare 7–12, tief eingesenkt, oberseits runzelig, glänzend dunkelgrün, anfangs spärlich behaart, unterseits graugrün, anfangs dicht zottig behaart.
Blüten: 5–6 mm breit, zu 10–50, Kronblätter ausgebreitet, weiß, Staubblätter 20, Staubfäden weiß, Staubbeutel purpurn, Juni.
Früchte: Glänzend rot, karminrot überhaucht, kugelig, 5–7 mm dick, Steinkerne 2(–3), selten 4–5.
Verbreitung: China: Sichuan; Tibet.
Verwendung: Sehr häufig, ♧, WHZ 7b, LB 6.2.4.4.

'Aldenhamensis'. Wuchs stark, etwa 3 m hoch, Zweige lang, dunkelbraun, mit zahlreichen hellen Lentizellen. Blätter 4–7 cm lang, verkehrt lanzettlich, an beiden Enden spitz, unterseits lang behaart. Blüten in kleinen, lockeren Ständen. Früchte rot, lange haftend.

'Exburyensis'. Wuchs stark, Zweige weit ausgebreitet, bräunlich, dicht mit Lentizellen bedeckt. Blätter 8–12 cm lang, oberseits stark runzelig, glänzend hellgrün. Früchte aprikosengelb, im Winter rosarot überlaufen.

'Gnom'. Wuchs schwach, kompakt, dicht mattenförmig, 0,2–0,3 m hoch, Zweige purpurschwarz, mit langen Internodien. Blätter 2 cm lang, lanzettlich oder länglich, an beiden Enden stumpf, oberseits glänzend flaschengrün. Früchte hell- oder glänzend rot, 3–5 mm dick.

'Herbstfeuer'. Wuchs stark, breit niederliegend, bis etwa 0,4 m hoch, sparsam verzweigt, Zweige dem Boden aufliegend, oft wurzelnd. Blätter 4–6 cm lang, elliptisch, etwas runzelig, Nervenpaare 7–9. Im Winter purpurn getönt. Blüten zu 5–12. Früchte scharlachrot, 5 mm dick, wenig zahlreich, lange haftend. Wird nicht selten zu Hängeformen aufgebunden.

'Parkteppich'. Wuchs langzweigig, weit ausgebreitet, 1–1,5 m hoch. Blätter 2–3 cm lang, an beiden Enden abgerundet, unterseits bläulich weiß und behaart. Früchte hellrot, 4–6 mm dick, wenig zahlreich.

'Pendulus'. Wuchs stark, Hauptachsen niederliegend bis stark hängend. Meist aufgebunden, dann bis 3 m hoch und Zweige bogig herabhängend, sonst ± dem Boden aufliegend. Blätter bis 7 cm lang, oberseits dunkelgrün, leicht runzelig. Früchte rot, kugelig, 6–8 mm dick, sehr zahlreich.

'Repens'. Wuchs stark, reich verzweigt, bis 0,8 m hoch, Zweige nicht wurzelnd, mit wenigen, auffallenden Lentizellen. Blätter 2,5–3,5 cm lang, eiförmig-lanzettlich, oberseits leicht runzelig, glänzend dunkelgrün, unterseits bläulich grün. Früchte hellrot, klein, wenig zahlreich.

'Rothschildianus'. Ähnlich 'Exburyensis'. Blätter schmaler, gelblich grün. Früchte cremegelb, in großen Ständen.

C. salicifolius var. *floccosus* Rehder et E. H. Wilson = *C. floccosus*

Cotoneaster simonsii Baker, Himalaja-Zwergmispel

Habitus: Sommergrüner, selten wintergrüner, 3–4 m hoher Strauch, Zweige steif, aufrecht, graubraun, Triebe dicht striegelhaarig.
Blätter: Breit elliptisch bis nahezu rundlich, spitz oder zugespitzt, Basis abgerundet oder keilförmig, 2–3,3 cm lang, Nervenpaare 4–5, oberseits glänzend mittel- bis dunkelgrün, spärlich stiegelhaarig, unterseits hellgrün, anfangs striegelhaarig.
Blüten: 5–7 mm lang, zu 2–6, Kronblätter ausgebreitet-eingekrümmt, dunkelrot, weiß gerandet, Staubblätter 20, Staubfäden rosarot, Staubbeutel weiß, Juni.
Früchte: Glänzend orange bis orangerot, meist zylindrisch bis verkehrteiförmig, 1–1,2 cm dick, Steinkerne 3(–4), selten 2.
Verbreitung: Myanmar, Nepal.
Verwendung: Selten, ♧, WHZ 7a, LB 7.1.1.6.

C. smithii G. Klotz = *C. lacteus*

Cotoneaster sternianus (Turrill) Boom, Sterns Zwergmispel

Habitus: Immergrüner, reich verzweigter, 3–4 m hoher Strauch, Zweige steif, aufrecht bis bogig übergeneigt, Triebe weißlich filzig.
Blätter: Elliptisch bis breit eiförmig, spitz oder zugespitzt, Basis abgerundet oder keilförmig, 3,7–4,9 cm lang, Nervenpaare 4–5, tief eingesenkt, oberseits sehr runzelig, matt glänzend dunkelgrün, behaart, unterseits dicht weißlich filzig.
Blüten: 5–6 mm lang, zu 7–20, Kronblätter aufrecht-eingekrümmt, klein, schwarz punktiert und weiß gerandet, Staubblätter 20, dunkelrot, Staubfäden rot, zur Spitze hin rosarot oder weiß, Staubbeutel weiß, rosa gerandet, Juni–Juli.
Früchte: Orangerot, kugelig oder abgeflacht kugelig, 0,9–1 cm dick, Steinkerne (2–)3–4(–5).
Verbreitung: Myanmar, China: NW-Yunnan.
Verwendung: Selten, ♧, WHZ 7b, LB 6.3.4.5.

Cotoneaster ×suecicus G. Klotz, Schwedische Zwergmispel
(*C. dammeri* × *C. conspicuus* bzw. *C. integrifolius*)

Habitus: Immergrüner, 0,4–0,6 m hoher, reich verzweigter Strauch, Zweige niederliegend bis ausgebreitet und in weiten Bögen übergeneigt, an den Spitzen wurzelnd, purpurschwarz, Triebe dicht striegelhaarig.
Blätter: ± elliptisch, abgerundet oder ausgerandet, Basis keilförmig, 1–2,3 cm lang, oberseits glänzend dunkelgrün, unterseits graugrün oder grau, anfangs dicht striegelhaarig.
Blüten: Zu 2–6, Kronblätter ausgebreitet, weiß, Staubblätter 15–20, Staubbeutel dunkelrot, Mai–Juni
Früchte: Scharlachrot, nahezu kugelig, 4–7 mm breit, Steinkerne 2–4.
Herkunft: Anfang der 1940er-Jahre in Schweden aus *C.-dammeri*-Sämlingen ausgelesen.
Verwendung: Sehr häufig, WHZ 6b, LB 9.3.2.7.

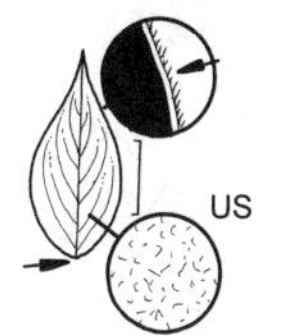

Cotoneaster simonsii

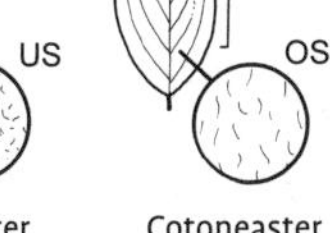

Cotoneaster sternianus

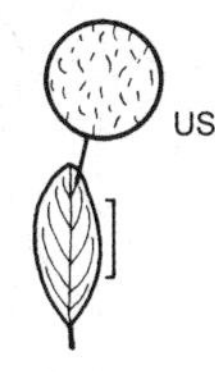

Cotoneaster ×suecicus

'Coral Beauty'. 0,3–0,8 m hoher, reich verzweigter Strauch, Zweige niederliegend bis bogig überhängend, 1–2 m lang. Blätter 0,8–2 cm lang, eiförmig-elliptisch, glänzend dunkelgrün. Blüten weiß, zahlreich. Mai–Juni. Früchte sehr zahlreich, lange haftend.

'Skogholm'. Starkwüchsiger Strauch, bis 0,6 m hoch, 2–3 m breit, Zweige niederliegend und überhängend. Blätter 1–3 cm lang, elliptisch, an beiden Enden abgerundet. Blüten 8 mm breit, zu 2–6. Früchte mattrot, Fruchtansatz gering.

C. symondsii T. Moore = *C. simonsii*

Cotoneaster tomentosus Lindl., Filzige Zwergmispel

Habitus: Sommergrüner, 1–2 m hoher Strauch, Zweige aufrecht, aufsteigend oder ausgebreitet, grünlich braun bis kastanienbraun, mit Lentizellen, Triebe zottig-filzig behaart.
Blätter: Elliptisch bis nahezu rundlich, stumpf, selten spitz, Basis abgrundet, 3,4–6,5 cm lang, Nervenpaare 4–5, eingesenkt, oberseits matt dunkelgrün, behaart, unterseits filzig behaart. Herbstfärbung rot.
Blüten: 5–7 mm lang, zu 5–12 , Kronblätter

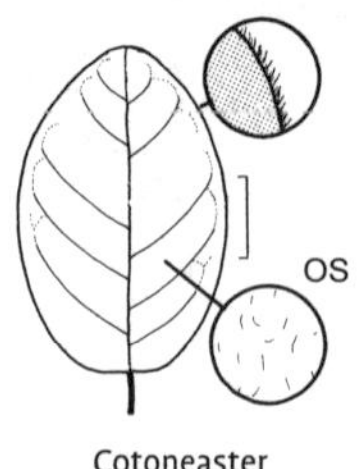

Cotoneaster tomentosus

Cotoneaster wardii

Cotoneaster ×watereri

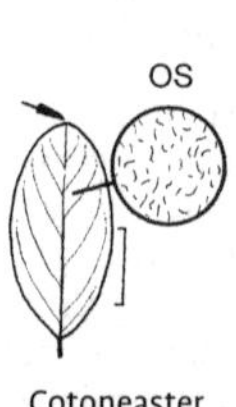

Cotoneaster zabelii

aufrecht-eingekrümmt, mattweiß, grünlich und rosarot getönt, Staubblätter (18–)20, Staubfäden weiß, an der Basis rosarot, Staubbeutel weiß, Mai–Juni.
Früchte: Rot, abgeflacht kugelig bis verkehrteiförmig, 0,9–1,2 cm dick, Steinkerne (4–)5, selten 3.
Verbreitung: S-, OM- und S-Europa.
Verwendung: Selten, ☘, WHZ 5b, LB 6.1.2.6.

Cotoneaster wardii W.W. Sm., Wards Zwergmispel

Habitus: Wintergrüner, 2–3 m hoher Strauch, Zweige locker aufrecht-ausgebreitet und überhängend, braun, Triebe filzig behaart.
Blätter: Schmal elliptisch bis schmal eiförmig, zugespitzt oder spitz, Basis keilförmig oder abgerundet, 2,5–4,5 cm lang, Nervenpaare 4–6, eingesenkt, leicht runzelig, dunkelgrün, verkahlend, unterseits dicht silberweiß filzig.
Blüten: 5–6 mm lang, zu 3–9(–20) Kronblätter aufrecht, dunkelrot, weiß gerandet, Staubblätter 20, Staubfäden rosarot und rot, Staubbeutel weiß, Juni–Juli.
Früchte: Orangerot, verkehrteiförmig, 0,9–1 cm dick, Steinkerne 2–3.
Verbreitung: Tibet, China: Yunnan.
Verwendung: Selten, ☘, WHZ 7b, LB 6.3.2.5.

Cotoneaster ×watereri Exell, Waterers Zwergmispel

(*C. frigidus* × *C. salicifolius* und deren Sorten)

Wintergrüne, sehr variable, mittelgroße bis große Sträucher oder kleine Bäume, Zweige aufrecht, ausgebreitet oder überhängend, glänzend dunkelbraun, mit großen Lentizellen. Blätter meist leicht runzelig, mattgrün. Blüten und Früchte sehr zahlreich. LB 6.4.2.4 (9.3.1.6). WHZ 6a.

'Brandekjaerhoej'. 4–5 m hoher Strauch, Zweige weit abstehend bis überhängend. Blätter bis 10 cm lang, länglich-lanzettlich. Früchte groß, rot. Gilt als besonders winterhart.

'Cornubia' = *C. frigidus* 'Cornubia'

'Exburyensis' = *C. salicifolius* 'Exburyensis'

'John Waterer'. Großer Strauch oder bis 6 m hoher Baum, Zweige ausgebreitet bis überhängend, dunkelbraun, mit nur wenigen Lentizellen. Blätter 7–10 cm lang, stumpf oder spitz, oberseits stumpfgrün, wenig runzelig, unterseits anfangs behaart, zuletzt kahl. Früchte glänzend hellrot, 8–9 mm dick, zahlreich, lange haftend, Steinkerne meist 2.

Cotoneaster zabelii C.K. Schneid., Zabels Zwergmispel

Habitus: Sommergrüner, 1,5–2 m hoher Strauch, Zweige aufsteigend-ausgebreitet, kastanienbraun, Triebe filzig behaart.
Blätter: Eiförmig oder elliptisch, spitz oder stumpf, Basis abgerundet, 3,2–4 cm lang, Nervenpaare 3–5, ziemlich tief eingesenkt, oberseits runzelig, matt dunkelgrün, spärlich behaart, unterseits filzig behaart. Herbstfärbung leuchtend gelb bis rotbraun.
Blüten: 7 mm lang, zu 3–13, Kronblätter aufrecht bis aufrecht-abstehend, weiß, mit einigen rosaroten Punkten, Staubblätter 20, Staubfäden und Staubbeutel weiß. Juni.
Früchte: Matt hellrot, verkehrteiförmig, 0,9–1,1 cm dick, Steinkerne 2(–3).
Verbreitung: China.
Verwendung: Häufig, ☘, H, WHZ 6b, LB 6.1.2.6.

+Crataegomespilus Simon-Louis ex Bellair

Bronvauxmispel – Rosaceae

(aus den Gattungsnamen *Crataegus* und *Mespilus* gebildet)

Sommergrüne, hohe Sträucher, die als Periklinalchimäre durch Pfropfung von *Mespilus germanica* auf *Crataegus monogyna* entstanden sind. Sie sind von *Mespilus* zu unterscheiden durch die kleineren Blüten, die 15–20 Staubblätter und die 2–3 nicht keimfähigen Samen, von *Crataegus* durch die mispelähnlichen Früchte. Von einigen Autoren wird die Mispel (*Mespilus germanica*) in die Gattung *Crataegus* einbezogen. Es würde sich hier dann nicht um einen Gattungsbastard, sondern um eine Arthybride handeln.

Die Bronvauxmispel hat in der Gartenkultur keine besondere Bedeutung und sind in der Regel nur in dendrologischen Sammlungen als Kuriositäten zu finden.

+Crataegomespilus dardarii Simon-Louis ex Bellair

(*Crataegus monogyna* + *Mespilus germanica*)

Habitus: Bis 6 m hoher, *Mespilus germanica* nahe stehender Strauch, Zweige dornig.
Blätter: Schmal länglich-elliptisch, bis 15 cm lang, ganzrandig oder fein gezähnt.
Blüten: 1,5 cm breit, zu 3–8 in Doldentrauben, Krone weiß, Staubblätter 15–20, Mai.
Früchte: Mispelartig, 2 cm breit.
Verwendung: Selten, B, ♧, WHZ 6a, LB 9.1.5.5.

'Jules d'Asniéres'. An derselben Pflanzen entstanden wie +*C. dardarii,* aber mehr an *Crataegus* erinnernd. Blätter bis 7,5 cm lang, breit eiförmig, sehr variabel, ganzrandig bis tief gelappt, mindestens an Kurztrieben mit 1–2 Paar abgerundeten Lappen. Blüten weiß, 1 cm breit. Früchte 1(–4) cm breit, braun, wollig behaart.

Crataegus L.

Weißdorn – Rosaceae

(griechisch *kratys* = hart, fest, bezogen auf das Holz, *krataigos* = für mehrere Arten der Gattungen *Crataegus* und *Sorbus*)

Habitus: Sommergrüne, selten wintergrüne Kleinbäume oder Großsträucher, Zweige

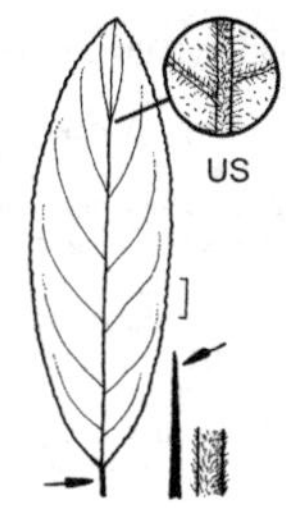

+ Crataegomespilus dardarii

meist mit dornigen Kurztrieben, im Spitzenbereich stets unbedornt, Dornen gerade oder gebogen, Knospen 1–4 mm lang, meist braun, kegel- bis eiförmig, ein- oder beidseitig neben den Dornen stehend, Dornen gerade oder schwach gebogen.
Blätter: Wechselständig, einfach, gesägt, gekerbt oder fiederig gelappt bis gespalten, Nebenblätter bleibend, ganzradig oder gesägt.
Blüten: Zwittrig, radiär, 1–2,5 cm breit, zu 4–50 in Trugdolden, selten einzeln, endständig an beblätterten, jungen Kurztrieben, 5-zählig, Kronblätter weiß, nur bei Gartenformen rosa oder rot, Kelchblätter klein, breit 3-eckig bis linealisch, bleibend, Staubblätter 5–25, Fruchtblätter 1–5, in einem ± geschlossenen, fleischigen Fruchtbecher eingesenkt und mit diesem verwachsen.
Früchte: Steinäpfel 1–2,5 cm lang, rot, gelb, braun oder schwarz, kugelig, eiförmig, birnenförmig, walzlich oder breit ellipsoid, von den aufrechten, abstehenden oder anliegenden Kelchblättern gekrönt, Fruchtfleisch mehlig oder saftig, Steinkerne 1–5.
Verbreitung: 100–200 (je nach Auffassung bis über 1100) Arten in Eurasien und N-Amerika, 20 Arten in Europa; Schwerpunkt der Verbreitung in N-Amerika.
Verwendung: Meist kleinkronige, reich blühende und reich fruchtende, z. T. häufig gepflanzte Garten-, Park- und Straßenbäume, die auch als Heckenpflanzen oder als Pioniergehölze von Bedeutung sind.

Bestimmungsschlüssel Crataegus

(sichere Artbestimmung nur mit Kurztrieben und während oder nach Blüte möglich)

1 Kurztrieb-Blätter deutlich gelappt oder geteilt und mit Buchtennerven 15
– Kurztrieb-Blätter gesägt, aber nicht gelappt oder ohne Buchtennerven 2

2 Blattstiel mit auffälligen, dunklen Drüsenhöckern 3
– Blattstiel ohne Drüsenhöcker 6
3 Blüten zu 2–4 . . . . *C. flava*
– Blüten (auch) zu 6 bis vielen 4
4 Blätter unterseits bleibend dicht weichhaarig . . . . *C. mollis*
– Blätter höchstens anfangs oder auf den Nerven unterseits behaart 5
5 Blätter unterseits kahl . . . . *C. chrysocarpa* var. *chrysocarpa*
– Blätter unterseits auf den Nerven behaart . . . . *C. coccinea*
6 Triebe und Blätter unterseits kahl (höchstens die Nerven behaart) 7
– Triebe oder Blätter unterseits behaart 11
7 Blätter bis 3 cm breit, Basis lang keilförmig . . . . *C. crus-galli*
– Blätter breiter, Basis nicht lang keilförmig . . . 8
8 Dornen höchstens 4 cm lang 9
– Dornen länger (zumindest viele) . . . . *C. succulenta* var. *succulenta*
9 Blütenstände kahl . . . . *C. douglasii*
– Blütenstände behaart 10
10 Blattstiel höchstens 15 mm lang . . . . *C.* ×*persimilis* 'Prunifolia'
– Blattstiele länger (zumindest viele) . . . . *C. intricata*
11 Blätter oberseits ledrig glänzend und kahl . 12
– Blätter oberseits matt oder behaart 13
12 Blätter unterseits flächig behaart, ungelappt . . . . *C.* ×*lavallei* 'Carrierei'
– Blätter nur auf Hauptnerven behaart, etwas gelappt . . . . *C. punctata*
13 Blätter gelappt, Triebe lang behaart, Blütenstände kahl 14
– Blätter (fast) ungelappt, Triebe filzig behaart, Blütenstände behaart . . . . *C. calpodendron*
14 Zweige ohne Dornen . . . . *C. sanguinea*
– Zweige mit Dornen . . . . *C. arnoldiana*
15 (1) Blätter unterseits kahl (höchstens auf/an den Nerven behaart) 20
– Blätter unterseits behaart oder filzig 16
16 Blätter eingeschnitten 17
– Blätter gespalten 18
17 Blätter mit beiderseits nur 2–3 Lappen . . . . *C. pentagyna*
– wenigstens einige Blätter mit mehr Lappenpaaren . . . . *C. nigra*
18 Blätter beiderseits zottig behaart, Griffel 5 19
– Blätter oberseits glänzend, kahl, Griffel 2 . . . . *C. azarolus*
19 Blattlappen spitz . . . . *C. orientalis*
– Blattlappen stumpf . . *C.* ×*lavallei* 'Grignonesis'
20 Kurztriebblätter ohne Buchtennerven 21
– Kurztriebblätter mit Buchtennerven 23
21 Dornen gekrümmt, bis 4 cm lang . . *C. intricata*
– Dornen (fast) gerade, höchstens 2 cm lang . 22
22 Blattspreite höchstens 7 cm lang . . . . *C. altaica*
– Blattspreiten länger (zumindest viele) . . . . *C. wattiana*
23 Griffel 5 24
– Griffel 1 oder 2 25
24 Blattstiel bis 3 cm lang . . . . . . *C. phaenopyrum*
– Blattstiel 3–6 cm lang . . . . *C. pinnatifida* var. *pinnatifida*
25 Griffel 1, Blätter teilweise tiefer als halbe Spreitenhälfte eingeschnitten, Lappen spitz 26
– Griffel 2 (zumindest viele), Blätter weniger als halbe Spreitenhälfte eingeschnitten 27

Crataegus altaica

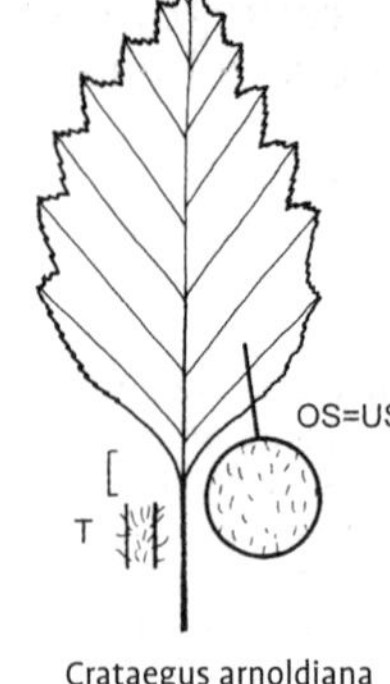

Crataegus arnoldiana

26 Nebenblätter mit Drüsenzähnen, Blattrand auch im basalen Teil gesägt . . . . *C. rhipidophylla* subsp. *rhipidophylla*
– Nebenblätter ohne Drüsenzähne, Blattrand nur an der Spitze gesägt . . . . *C. monogyna*
27 Blätter unterseits bläulich grün . . . . *C.* ×*media*
– Blätter unterseits heller grün . . . . . *C. laevigata*

Crataegus altaica (Loudon) Lange, Altai-Weißdorn

Habitus: Sparriger Kleinbaum, Dornen kräftig, bis 2 cm lang, wenig zahlreich.
Blätter: Eiförmig, bis 5 cm lang, mit 2–4 Paar Lappen tief gelappt, scharf gesägt, frischgrün.
Blüten: In lockeren Trugdolden, Mai.
Früchte: Kugelig, 0,8–1 cm dick, gelb.
Verbreitung: W-Sibirien, Altai, M-Asien, Afghanistan.
Verwendung: Sehr selten, B, ♧, WHZ 4, LB 6.4.2.3.

Crataegus arnoldiana Sarg., Arnolds Weißdorn

Habitus: 4,5–10 m hoher Baum, Krone dicht verzweigt, Dornen gerade oder leicht gebogen, 3–7 cm lang, Triebe anfangs zottig behaart.
Blätter: Breit eiförmig, 4–7 cm lang, spitz, Basis abgerundet oder gestutzt, jederseits mit 3–5 spitzen, scharf doppelt gesägten Lappen, oberseits glänzend dunkelgrün, unterseits heller, an den Neven behaart.
Blüten: 2–2,3 cm breit, zahlreich, in breiten, lockeren, behaarten Trugdolden, Staubblätter 10, Staubbeutel gelb, Griffel 3–5, Mai–Juni.
Früchte: Kugelig bis ellipsoid, 1,2–1,7 cm dick, karminrot, hell punktiert, Fruchtfleisch

Crataegus azarolus

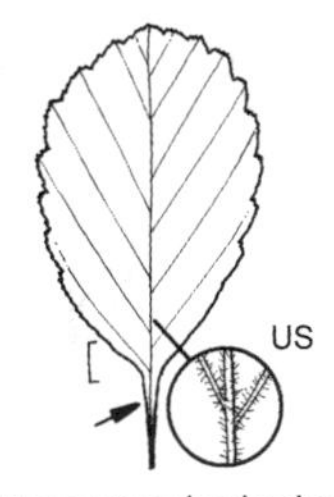

Crataegus calpodendron

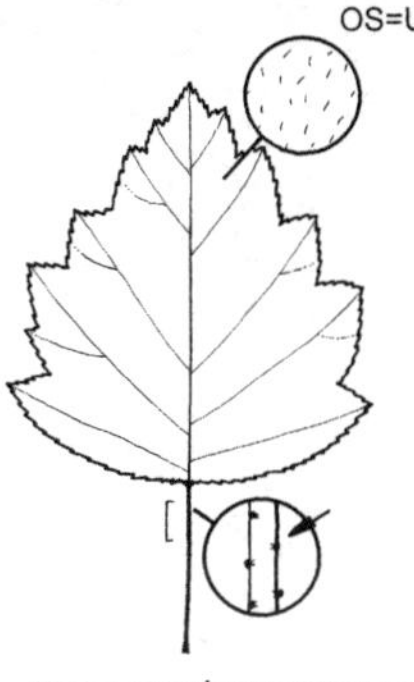

Crataegus chrysocarpa var. chrysocarpa

gelb, mürbe, süß schmeckend, Steinkerne 3–5.
Verbreitung: NO-USA.
Verwendung: Sehr selten, B, ♣, WHZ 5a, LB 2.5.2.3.

Crataegus azarolus L., Welsche Mispel, Azaroldorn

Habitus: Strauch oder bis 10 m hoher Baum, Zweige mit bis zu 3,5 cm langen Dornen oder unbewehrt, junge Triebe filzig.
Blätter: Rhombisch-eiförmig, 3–7 cm lang, meist ledrig, Basis keilförmig, tief 3- bis 5-lappig, Lappen ganzrandig oder gezähnt, anfangs beiderseits behaart, zuletzt oberseits glänzend dunkelgrün, unterseits blass- oder graugrün behaart, Nebenblätter stark gezähnt.
Blüten: 2 cm breit, zu 5–25 in 5–7 cm breiten, dichten, filzig behaarten Trugdolden, Staubblätter 16–22, Staubbeutel purpurn, Griffel 2–3, Mai.
Früchte: Kugelig oder schwach birnenförmig oder abgeflacht und mispelähnlich, 1–3 cm dick, orangerot oder gelb, trocken oft dunkelrot werdend, essbar, Steinkerne 2–3.
Verbreitung: S-Europa, N-Afrika, SW- bis M-Asien
Verwendung: Sehr selten, N, B, ♣, ⚕, WHZ 6a, LB 6.1.1.3.

Crataegus calpodendron (Ehrh.) Medik., Filziger Weißdorn

Habitus: Strauch oder bis 6 m hoher, kugelkroniger Baum, Zweige abstehend, unbewehrt oder mit bis zu 4 cm langen Dornen, junge Triebe anfangs filzig behaart, später kurz behaart oder fast kahl.
Blätter: Elliptisch bis länglich-verkehrteiförmig oder rhombisch, 5–6 cm lang, spitz, Basis keilförmig, gesägt und oft schwach gelappt, oberseits stumpfgrün und zuletzt kahl, unterseits bleibend dicht behaart, Herbstfärbung orange bis rot.
Blüten: 1–1,2 cm breit, zu vielen in 6–12 cm breiten, dicht weich behaarten Trugdolden, Kelchblätter lanzettlich, meist drüsig behaart Staubblätter 16–20, Staubbeutel blassrot, Griffel 2–5, Juni.
Früchte: Ellipsoid bis birnenförmig, 1–1,5 cm lang, gelb bis orange oder ziegelrot, Fruchtfleisch saftig und süß, Steinkerne 2–5.
Verbreitung: O-Kanada, NO-, NOZ-, Z- und SO-USA.
Verwendung: Selten, B, ♣, WHZ 5a, LB 2.5.2.4.

C. carrièrei Vaupel ex Carrière = *C. ×lavallei* 'Carrierei'

Crataegus chrysocarpa Ashe **var. chrysocarpa**, Rundblättriger Weißdorn

Habitus: Strauch oder bis 6 m hoher, breitkroniger, dicht verzweigter Baum, junge Triebe anfangs zottig behaart, Dornen dünn, 4–9 cm lang.
Blätter: Rundlich bis breit eiförmig oder breit verkehrteiförmig, 3–8 cm lang, spitz, Basis breit keilförmig, zur Spitze hin mit 3–4 Paar kurzen, spitz 3-eckigen Lappenpaaren, diese fein doppelt und drüsig gesägt, beiderseits locker behaart, oberseits verkahlend und dunkelgrün, Stiele mit einigen dicken, schwarzen Drüsen.
Blüten: 1,5–2 cm breit, in breiten, lockeren, vielblütigen Trugdolden, Kelchblätter und

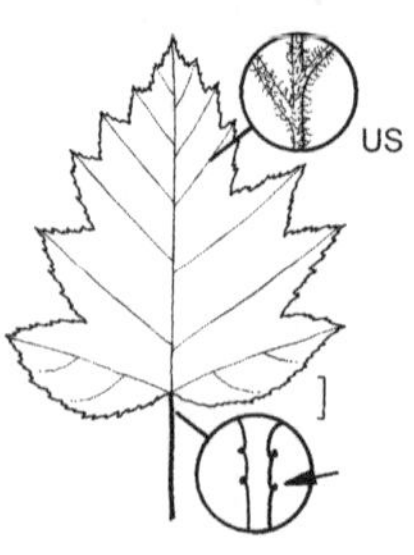

Crataegus coccinea

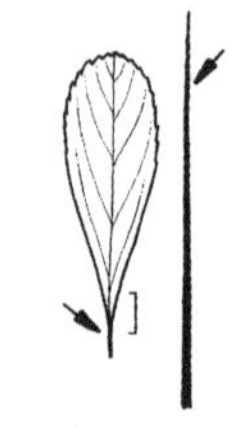
Crataegus crus-galli

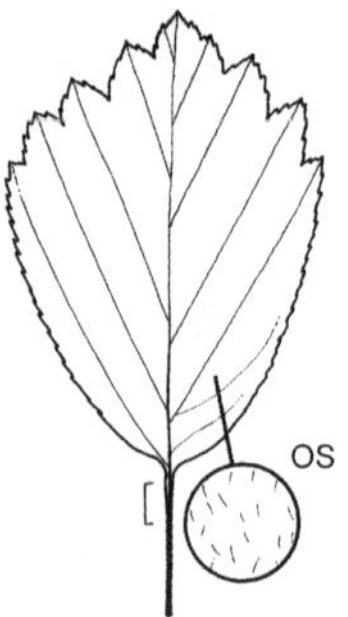

Crataegus douglasii

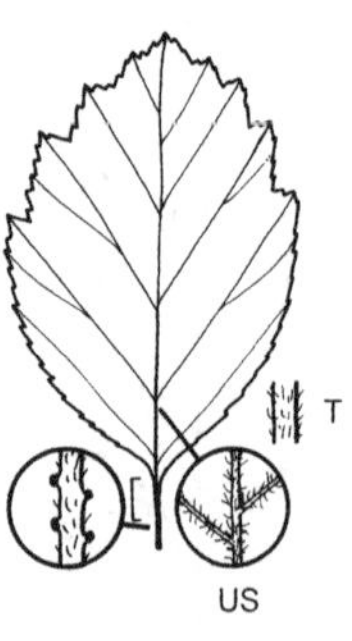

Crataegus flava

Blütenstiele drüsig-rauhaarig, Staubblätter 5–10, Staubbeutel gelb, Griffel 2–4, Mai.
Früchte: Kugelig, 1–1,5 cm dick, rot, Fruchtfleisch gelb, Steinkerne 2–4.
Verbreitung: M- und O-Kanada, NO-, NOZ- und Z-USA, Rocky Mts., New Mexico.
Verwendung: Selten, B, ♧, WHZ 4, LB 3.1.4.4.

var. phoenicea Palmer. Triebe und Infloreszenzen kahl, Blätter kahl oder unterseits Nerven behaart, Früchte 0,8–1,2 cm dick. O-Kanada, NO- und NOZ-USA.

Crataegus coccinea L., Scharlach-Weißdorn

Habitus: Bis 7 m hoher, breitkroniger Baum oder Großstrauch, Zweige dünn, junge Triebe nur anfangs behaart, später kahl, Dornen 3–5 cm lang, gerade oder leicht gebogen.
Blätter: Rundlich, breit eiförmig bis rhombisch, 5–10 cm breit. Basis breit keilförmig bis abgestutzt, oberhalb der Blattmitte 4–5 Paar kurze, spitze, doppelt gesägte Lappen, anfangs beiderseits behaart, später kahl, oberseits dunkelgrün und rau, unterseits heller und zuletzt kahl, Stiel mit Drüsenhöckern, Herbstfärbung gelborange.
Blüten: 1,5–2 cm breit, in großen, lockeren, behaarten Trugdolden, Staubblätter 10, Staubbeutel blassrosa bis rot, Griffel 3–5, Mai.
Früchte: Kugelig bis birnenförmig oder ellipsoid, sehr ansehnlich, etwa 1,2 cm dick, glänzend scharlachrot, Kelchblätter groß, aufrecht, Steinkerne 3–5.
Verbreitung: O-Kanada, NO- und NOZ-USA.
Verwendung: Sehr häufig, B, ♧, H, WHZ 5a, LB 3.1.4.3.

C. coccinea auct. non L. = *C. chrysocarpa, C. intricata* u. a.

Crataegus crus-galli L., Hahnensporn-Weißdorn

Habitus: 5–8(–12) m hoher Baum oder Großstrauch, Krone breit, abgeflacht kugelig bis schirmförmig, etwas sparrig, Dornen kräftig, 3–8 cm lang.
Blätter: Schmal verkehrteiförmig bis spatelig, 3–8 cm lang, glatt, fast ledrig, abgerundet, Basis lang und schmal keilförmig, nicht gelappt, von der Mitte bis zur Spitze fein gesägt, oberseits glänzend dunkelgrün, beiderseits kahl, Blattstiel ohne oder mit ganz vereinzelten Drüsen, Herbstfärbung gelb bis orange- und weinrot.
Blüten: Etwa 1,5 cm breit, in 5–7 cm breiten, vielblütigen, kahlen Trugdolden, Staubblätter 10, Staubbeutel blassrot, Griffel meist 2, Mai.
Früchte: Kugelig, etwa 1 cm dick, rot, oft bis zum Frühjahr haftend, Kelchblätter aufrecht, Steinkerne meist 2.
Verbreitung: O-Kanada, NO-, NOZ-, Z- und SO-USA.
Verwendung: Sehr häufig, B, ♧, H, WHZ 5a, LB 6.4.3.4 (9.1.3.4).

C. curvisepala Lindem. = *C. rhipidophylla*

Crataegus douglasii Lindl., Oregon-Weißdorn

Habitus: Bis 12 m hoher Baum, Zweige oft hängend, unbewehrt oder mit wenigen, 2–3 cm langen Dornen.
Blätter: Breit elliptisch bis verkehrteiförmig, 3–8 cm lang, meist spitz, doppelt gesägt, vor-

ne oft mit etwa 5 seichten Lappen, oberseits glänzend dunkelgrün, unterseits heller, anfangs beiderseits behaart, später nur noch die Mittelrippe unterseits.
Blüten: 1–1,6 cm breit, zu 8–12 in kahlen Trugdolden, Kelchblätter schlank, ganzrandig oder drüsig gezähnt, flaumig behaart, Staubblätter 8–10, Staubbeutel rosa, Griffel 3–5, Mai.
Früchte: Ellipsoid, 7,5–12 mm lang, dunkelpurpurn, reif schwarz, Steinkerne 3–5.
Verbreitung: Alaska, Kanada, NW-, W-, NO- und Z-USA, Rocky Mts.
Verwendung: Selten, B, ♧, WHZ 5a, LB 6.3.1.6.

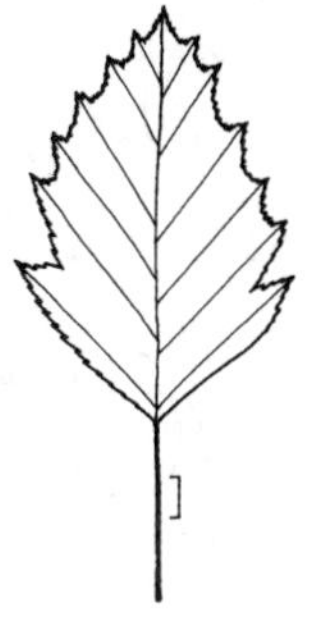
Crataegus intricata

Crataegus laevigata

Crataegus flava Aiton, Gelbfrüchtiger Weißdorn

Habitus: Bis 6 m hoher Baum, Zweige kahl, mit wenigen dünnen, 2–3 cm langen Dornen.
Blätter: Elliptisch, rhombisch oder breit verkehrteiförmig, 2–7 cm lang, derb, nahe der Spitze mit 3 drüsigen und doppelt gesägten Lappen, Basis keilförmig, beiderseits hellgrün, anfangs behaart, später oberseits kahl, unterseits an der Mittelrippe behaart, Stiel mit dicken, purpurroten, später fast schwarzen Drüsenhöckern.
Blüten: 1,5–1,8 cm breit, zu 2–7 in lockeren Trugdolden, gelegentlich auch einzeln, Staubblätter 10–20, Staubbeutel purpurn, Griffel 5, Mai–Juni.
Früchte: Kurz ellipsoid, 0,9–1,3 cm dick, gelb bis orangebraun, Steinkerne 5.
Verbreitung: NO- und SO-USA.
Verwendung: Sehr selten, B, ♧, WHZ 5b, LB 5.3.2.3.

C. germanica (L.) Kuntze = *Mespilus germanica*
C. ×grignonensis Mouill. = *C. ×lavallei* 'Grignonensis'

Crataegus intricata Lange, Verworrener Weißdorn

Habitus: Bis 4 m hoher, aufrechter oder breitwüchsiger, unregelmäßig verzweigter Strauch, Dornen dünn, 2–5 cm lang, leicht gekrümmt.
Blätter: Elliptisch-eiförmig oder verkehrteiförmig, 3–8 cm lang, spitz, Basis abgerundet oder keilförmig, mit 2–4 kurzen, spitzen, doppelt gesägten Lappenpaaren, oberseits lebhaft grün und kahl, unterseits etwas heller und nahezu kahl.
Blüten: 1,5–2 cm breit, zu 3–7 in Trugdolden, Kelchblätter drüsig gesägt, Staubblätter 10, Staubbeutel gelb oder rosa, Griffel 3–4, Mai–Juni.
Früchte: Kugelig bis ellipsoid oder verkehrteiförmig, stumpf rotbraun, fuchsiarot oder grünlich, Steinkerne 3–5.
Verbreitung: NO-, NOZ- und SO-USA.
Verwendung: Selten, B, ♧, WHZ 5b, LB 6.3.3.5.

C. laciniata Urica = *C. orientalis*

Crataegus laevigata (Poir.) DC., Zweigriffliger Weißdorn

Habitus: Bis 6 m hoher, sparrig verzweigter Strauch, selten 8–10 m hoher Baum, Krone unregelmäßig, aufrecht oder breit abgerundet, Triebe bald kahl, Dornen bis 1,5 cm lang, ohne verdornende Kurztriebe.
Blätter: Verkehrteiförmig, 3–5 cm lang, derb, Basis keilförmig, ungelappt oder im oberen Teil seicht 3- bis 5-lappig, Lappen stumpf oder abgrundet, Rand stumpf gesägt bis gekerbt, beiderseits im gleichen Grünton oder unterseits etwas heller, kahl, Nebenblätter 0,3–1,6 cm lang.
Blüten: Etwa 1–2 cm breit, weiß, bei Sorten auch rosa oder rot, zu 5–12 in Trugdolden, Staubblätter 15–20, Staubbeutel purpurn, Griffel 2(–3), Kelchblätter breit 3-eckig, Mai–Juni.
Früchte: Kugelig bis ellipsoid, 0,8–1,4 cm lang, dunkel- bis schwarzrot, Steinkerne 2(–3), Kelchblätter der Frucht anliegend.
Verbreitung: M-, W-, S- und südl. N-Europa.
Verwendung: Sehr häufig, N, B, ♧, Bi, WHZ 5b, LB 3.3.4.4 (9.3.3.4).

'Aurea'. Früchte gelb.

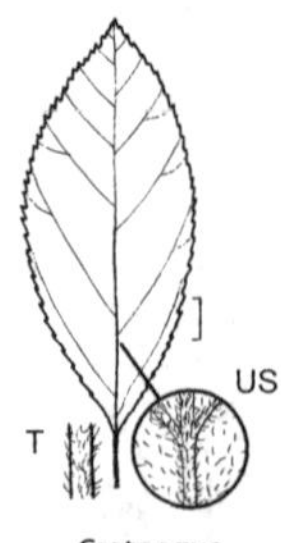

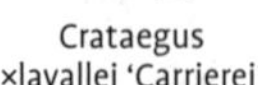

Crataegus ×lavallei 'Carrierei'

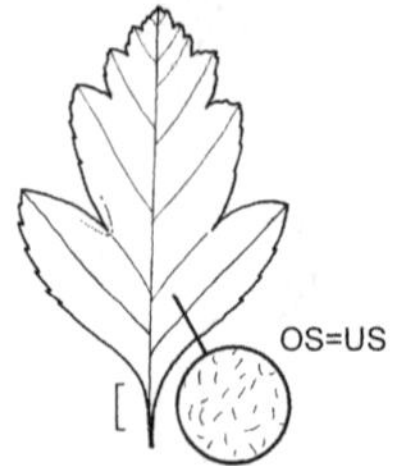

Crataegus ×lavallei 'Grignonensis'

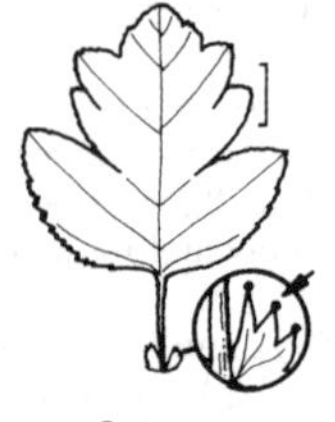

Crataegus ×macrocarpa

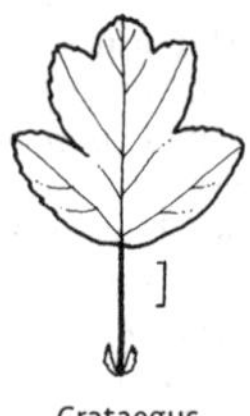

Crataegus ×media

'Crimson Cloud'. Blüten rot, mit kleinem, weißem Herz.

'Paul's Scarlet' = *C. ×media* 'Paul's Scarlet'

'Plena'. Blüten weiß, gefüllt.

'Rosea'. Blüten rosa, einfach.

'Rosea Flore Pleno'. Blüten rosa, gefüllt.

Crataegus ×lavallei Hérincq. ex Lavallée **'Carrierei'**, Lederblättriger Weißdorn, Apfeldorn

(*C. crus-galli* × *C. mexicana*)

Habitus: Bis 7 m hoher, spät austreibender Baum, Krone anfangs straff aufrecht und schmal eiförmig, im Alter unregelmäßig und sehr breit bis schirmförmig, Dornen wenige, aber stark, braunrot, bis 5 cm lang, junge Triebe anfangs behaart.
Blätter: Elliptisch bis verkehrt länglich-eiförmig, 5–12 cm lang, ledrig (wie immergrün aussehend), spitz, Basis keilförmig, von der Mitte an unregelmäßig gesägt, oberseits dunkelgrün, zuletzt kahl und glänzend, unterseits behaart, bis in den Winter hinein haftend.
Blüten: Etwa 2 cm breit, in vielblütigen, graufilzigen Trugdolden, Staubblätter (5–)15–20, Staubbeutel gelb oder rosa bis rot, Griffel 2–3, Mai.
Früchte: Ellipsoid, 1,5–2 cm lang, ziegel- oder gelb- bis orangerot, punktiert, Kelchblätter aufrecht, Steinkerne 2–3, nicht selten bis zum Frühjahr haftend.
Verwendung: Sehr häufig (als Stadtstraßenbaum geeignet), B, ✿, H, WHZ 5b, LB 6.3.3.3.

'Grignonensis'. Blätter ebenfalls ledrig, oberseits glänzend grün, unterseits weich behaart, eiförmig, bis 6 cm lang, mit 2–4 Paar kurzen, kerbig gesägten Lappen, oft bis in den Winter haftend. Früchte kugelig, 1,5 cm dick, glänzend braunrot.

Crataegus ×macrocarpa Hegetschw., Großfrüchtiger Weißdorn

(*C. laevigata* × *C. rhipidophylla*)

Habitus: Strauch oder bis 8 m hoher Baum, oft mit kräftigen, bis 1,5 cm langen Dornen.
Blätter: 3–5 cm lang, derb, von der Basis bis zur Mitte oder darüber hinaus gelappt, Lappen spitz oder zugespitzt, fein und scharf gesägt, oberseits dunkelgrün, unterseits meist bläulich grün, Nebenblätter blühender Kurztriebe breit sichelförmig bis linealisch, gesägt, oft mit hinfälligen Drüsen auf den Zähnen.
Blüten: Meist zahlreich, zu 4–13 in Trugdolden, alle oder wenigstens ein Teil der Kelchblätter lanzettlich bis pfriemlich, zugespitzt, mit breit 3-eckigen Kelchblättern an einer Blüte gemischt oder an verschiedenen Blüten, aufrecht oder zurückgebogen, Staubblätter 15–20, Staubbeutel purpurn, Griffel 1–2, Mai–Juni.
Früchte: Fast kugelig bis ellipsoid oder länglich, 8–13 mm dick, meist dunkelrot, selten kräftig hellrot, Steinkerne 1–2, Kelchblätter aufrecht, abstehend oder zurückgebogen.
Verbreitung: M-Europa.
Verwendung: Selten, B, ✿, WHZ 5b, LB 3.3.4.4.

C. macranthera Lodd. = *C. succulenta* var. *macranthera*

Crataegus ×media Bechst., Bastard-Weißdorn, Mittlerer Weißdorn

(*C. laevigata* × *C. monogyna*)

Habitus: Strauch oder bis 8 m hoher Baum, Zweige behaart oder kahl, oft mit dornigen Kurztrieben.

Blätter: 3–5 cm lang, derb, kaum oder bis etwa zur Hälfte gelappt, Lappen meist breit und im oberen Teil grob gesägt, oberseits dunkelgrün, unterseits meist bläulich- bis graugrün, Nebenblätter blühender Triebe meist fein und ± dicht gezähnt.
Blüten: Weiß, bei Sorten auch rot und gefüllt, Kelchblätter breit 3-eckig bis höchstens 2-mal so lang wie breit, vorne abgerundet oder stumpflich, oberseits oft seidenhaarig, Staubblätter 15–20, Staubbeutel purpurn, Griffel 1–2, Mai–Juni.
Früchte: Kugelig bis walzlich, 0,5–1 cm dick, dunkel- oder hellrot, Steinkerne 1–2.
Verbreitung: M-, W-, S- und südl. N-Europa.
Verwendung: Häufig, B, ♧, WHZ 5b, LB 3.3.4.4.

'Paul's Scarlet', Rotdorn. 4–6(–9) m hoher Baum. Blüten leuchtend karminrot, dicht gefüllt. (Mit Einschränkungen als Stadtstraßenbaum geeignet.)

'Punicea'. Blüten einfach, scharlachrot, in der Mitte weiß.

Crataegus mollis (Torr. et A. Gray) Scheele, Weichhaariger Weißdorn

Habitus: Bis 12 m hoher, breitkroniger Baum, Dornen 2,5–5,5 cm lang, dick, gerade, oft spärlich vorhanden, Triebe filzig behaart, später verkahlend.
Blätter: Breit eiförmig bis rhombisch, 4–12 cm lang, Basis abgerundet, keil- oder herzförmig, scharf doppelt gesägt, jederseits mit 4–5 kurzen, spitzen Lappen, unterseits anfangs dicht behaart, zuletzt nur noch auf den Nerven, Blattstiel mit einigen schwarzen Drüsenhöckern.
Blüten: 2–2,5 cm breit, bis zu 20 in fein filzig behaarten Trugdolden, Kelchblätter drüsig gesägt, Staubblätter 20, Staubbeutel weiß bis gelblich, Griffel meist 5. Mai.
Früchte: Fast kugelig bis birnenförmig oder verkehrteiförmig, 1–1,8 cm dick, scharlachrot, behaart, Steinkerne 5.
Verbreitung: M-USA.
Verwendung: Sehr selten, B, ♧, WHZ 5a, LB 3.1.4.3 (2.5.3.3) (9.1.3.3).

Crataegus monogyna Jacq., Eingriffliger Weißdorn

Habitus: Großer Strauch oder bis 10 m hoher Baum, meist mit kräftigen, dornigen Kurztrieben, Dornen 2–2,5 cm lang, junge Triebe hell filzig behaart, bald verkahlend.

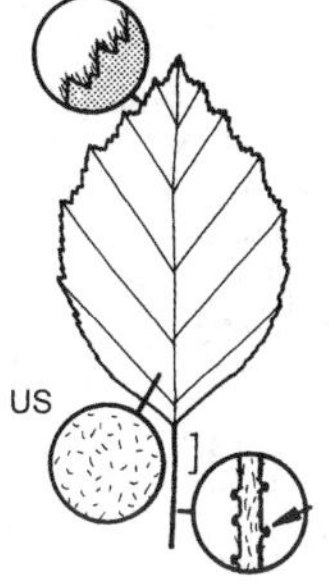

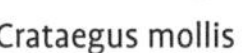
Crataegus mollis

Crataegus monogyna

Blätter: Breit eiförmig bis rautenförmig, 2–6 cm lang, kahl oder spärlich behaart, besonders an den Hauptnerven und in den Nervenwinkeln, Basis gestutzt oder breit keilförmig, die 3–7 Lappen schmal, spitz, nur an der Spitze grob gezähnt, oberseits glänzend mittelgrün, unterseits bläulich grün, Nebenblätter breit sichelförmig bis linealisch, ganzrandig oder mit weinigen groben Zähnen.
Blüten: 0,8–1,5 cm breit, zu 4–15 in 2–5 cm langen, kahlen Trugdolden, Kelchblätter meist etwa so lang wie breit, 3-eckig, Staubblätter 15–20, Staubbeutel purpurn, Griffel stets 1, Mai–Juni.
Früchte: Kugelig bis eiförmig-ellipsoid, 6–10 mm dick, dunkel weinrot, mit 1 Steinkern.
Verbreitung: Europa, N-Afrika, Syrien bis Palästina, Kaukasien.
Verwendung: Sehr häufig, N, B, ♧, ⚕, WHZ 5a, LB 3.1.6.4 (9.1.4.4).

Von den zahlreichen Gartenformen werden gegenwärtig nur noch wenige kultiviert.

'Biflora'. Austrieb früher. Blüte kleiner, sehr früh aufblühend.

'Compacta'. Wuchs gedrungen, Krone 1,5–3 m breit, Zweige kräftig, unbewehrt. Wird meist hochstämmig veredelt.

'Flexuosa'. Zweige korkenzieherartig gedreht.

'Semperflorens'. Wuchs buschig, dicht verzweigt. Blüten in mehreren Intervallen, von Mai bis August.

'Stricta'. Bis 6 m hoher Baum, Krone anfangs dicht säulenförmig bis schmal eiförmig, zuletzt aufgelockert und bis 3 m breit. (Mit Einschränkungen als Stadtstraßenbaum geeignet.)

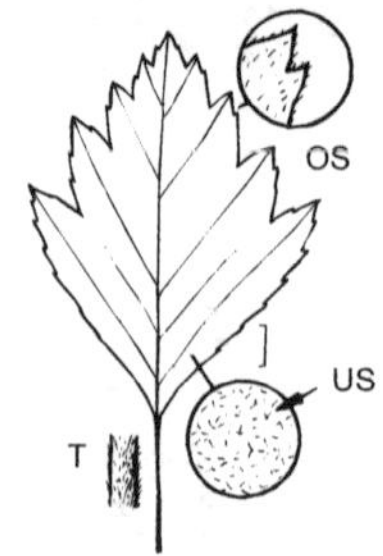

Crataegus nigra

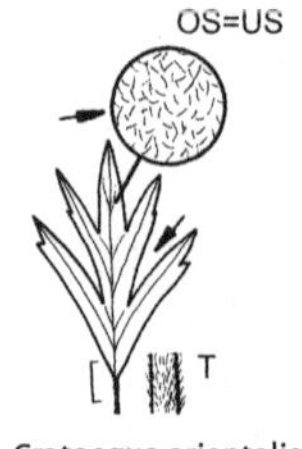

Crataegus orientalis

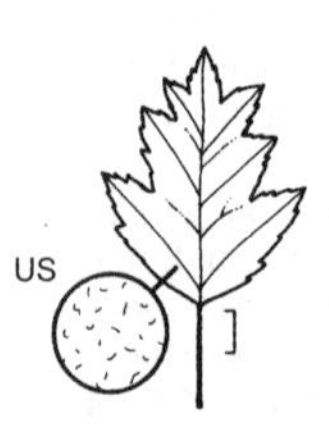

Crataegus pentagyna

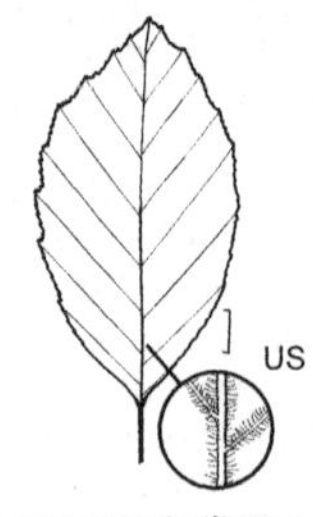

Crataegus ×persimilis 'Prunifolia'

Crataegus nigra Waldst. et Kit., Schwarzfrüchtiger Weißdorn

Habitus: Bis 7 m hoher, kugelkroniger Baum, Zweige kurz, unbewehrt oder mit wenigen kräftigen, 1 cm langen Dornen, Triebe anfangs filzig behaart.
Blätter: Eiförmig oder 3-eckig-eiförmig, 4–9 cm lang, spitz, Basis breit keilförmig oder gestutzt, jederseits mit 4–5 scharf gesägten Lappen, oberseits stumpfgrün, unterseits dicht filzig behaart, Nebenblätter breit, gekrümmt und grob gesägt.
Blüten: 1,5 cm breit, weiß, im Verblühen rosa, in kompakten, vielblütigen, zottig behaarten Trugdolden, Staubblätter 20, Griffel 5, Mai–Juni.
Früchte: Fast kugelig, 1–1,2 cm dick, schwarz, glänzend, weichfleischig.
Verbreitung: SO-Europa.
Verwendung: Selten, B, ♧, ⚕, WHZ 5b, LB 6.3.2.4.

Crataegus orientalis Pall. ex M. Bieb., Orientalischer Weißdorn, Balkan-Weißdorn

Habitus: Strauch oder bis 7 m hoher, sparrig verzweigter, spärlich bedornter Baum, junge Triebe wollig behaart.
Blätter: Verkehrteiförmig bis 3-eckig-rhombisch, 3–5 cm lang, Basis keilförmig, mit 5–9 tief eingeschnittenen, an der Spitze scharf gesägten Lappen, beiderseits behaart, unterseits filzig, Nebenblätter unregelmäßig gesägt, mit 2–13 Zähnen.
Blüten: Etwa 1–1,8 cm breit, zu 4–18 in kompakten, wollig behaarten Trugdolden, Staubblätter 20, Staubbeutel hellpurpurn, Griffel 4–5, Juni.
Früchte: Abgeflacht kugelig oder kugelig bis birnenförmig, etwa 1,5 cm dick, orange- bis ziegelrot, behaart, Steinkerne 4–5, Kelchblätter anliegend.
Verbreitung: SW-, SO- und O-Europa bis Kaukasien, N-Afrika.
Verwendung: Selten, B, ♧, WHZ 5a, LB 6.3.3.4.

C. oxyacantha auct. non L. = *C. laevigata*
C. pedicellata L. = *C. coccinea*

Crataegus pentagyna Waldst. et Kit. ex Willd., Fünfgriffliger Weißdorn

Habitus: Strauch oder bis 5(–12) m hoher Baum, junge Triebe anfangs wollig behaart, Dornen wenig zahlreich, 1–1,5 cm lang.
Blätter: Breit rhombisch-eiförmig, 2–6 cm lang, Basis gestutzt oder breit keilförmig, mit 3–7, oft nur an der Spitze unregelmäßig grob gesägten Lappen, oberseits sattgrün, unterseits heller, anfangs beiderseits locker behaart, später meist nur noch an der Unterseite entlang der Nerven und in den Nervenwinkeln, Herbstfärbung gelb.
Blüten: 1,2–1,5 cm breit, zu 9–50 in 4–7 cm breiten, lockeren, behaarten Trugdolden, Staubblätter 18–23, Staubbeutel rotviolett, Griffel 3–5, Mai–Juni.
Früchte: Ellipsoid, 0,7–1,2 cm lang, purpurschwarz bis schwarz, oft bereift, Fruchtfleisch rötlich, Steinkerne 4–5.
Verbreitung: MO- und SO-Europa bis Kaukasien und N-Iran.
Verwendung: Selten, B, ♧, ⚕, WHZ 5b, LB 3.3.5.4.

Crataegus ×persimilis Sarg. **'Prunifolia'**, Pflaumenblättriger Weißdorn

(*C. crus-gallii* × *C. succulenta* var. *macranthera*)

Habitus: Großer Strauch oder 6–7 m hoher, etwas sparrig verzweigter Baum, Hauptäste aufrecht, Seitenäste weit ausladend, Dornen

zahlreich, dick und scharf, bis 5 cm lang, gerade oder leicht gebogen.
Blätter: Verkehrteiförmig bis breit elliptisch oder fast rundlich, derb, 4–8 cm lang, scharf gesägt, gelegentlich im unteren Drittel ganzrandig und im oberen Drittel angedeutet gelappt, oberseits glänzend dunkelgrün, unterseits heller und auf den Nerven behaart, Herbstfärbung intensiv gelborange bis rot.
Blüten: 1,4–1,8 cm breit, zu vielen in dichten, an den Achseln behaarten Trugdolden, Kelchblätter linealisch bis lanzettlich, drüsig gezähnt, Mai–Juni.
Früchte: Kugelig, 0,9–1,5 cm dick, scharlachrot, früh abfallend, Steinkerne 2–3.
Verbreitung: USA.
Verwendung: Sehr häufig (wie 'Prunifolia Splendens' mit Einschränkungen als Stadtstraßenbaum geeignet), B, ♧, H, WHZ 5a, LB 9.1.3.4.

'MacLeod' = 'Prunifolia Splendens'

'Prunifolia Splendens'. Krone kompakter, regelmäßig kegelförmig, zuletzt kugelig. Früchte hellrot, zahlreich.

Crataegus phaenopyrum (L. f.) Medik., Washington-Weißdorn

Habitus: Bis 10 m hoher, reich verzweigter Baum oder Strauch, Krone anfangs eiförmig, zuletzt kugelig und bis etwa 7 m breit, Triebe braun, glänzend, kahl, Dornen zahlreich, dünn, gerade, 3–7 cm lang, gelegentlich verzweigt.
Blätter: Breit eiförmig oder 3-eckig-eiförmig, 3–7 cm lang, spitz, Basis keilförmig oder leicht herzförmig, unregelmäßig scharf gesägt oder 3- bis 5-lappig, das größte Lappenpaar in der unteren Hälfte, kahl oder fast kahl, oberseits hellgrün und glänzend, unterseits heller, Herbstfärbung orange- bis scharlachrot.
Blüten: 1–1,2 cm breit, in kahlen, vielblütigen, bis 7 cm breiten Trugdolden, Staubblätter 20, Staubbeutel blassgelb bis rot, Griffel 3–5, Mai–Juni.
Früchte: Abgeflacht kugelig, 4–8 mm dick, glänzend scharlachrot, oft sehr zahlreich, spät reifend und lange haftend, Steinkerne 3–5.
Verbreitung: SO-USA.
Verwendung: Sehr selten, B, ♧, H, WHZ 5b, LB 2.5.2.3.

Crataegus phaenopyrum

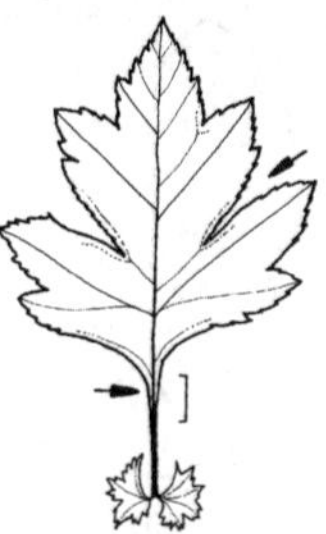
Crataegus pinnatifida var. pinnatifida

Crataegus pinnatifida Bunge **var. pinnatifida**, Fiederblättriger Weißdorn

Habitus: Bis 6 m hoher Strauch oder Baum, Triebe kahl oder spärlich behaart, Dornen wenig zahlreich, bis 1–2 cm lang.
Blätter: Breit eiförmig oder 3-eckig-eiförmig, 5–10 cm lang, Basis gestutzt oder breit keilförmig, jederseits mit 3–4 tief eingeschnittenen (teilweise bis nahe der Mittelrippe), scharf und unregelmäßig gesägten Lappen, oberseits glänzend dunkelgrün, unterseits heller, auf Nerven und in den Nervenwinkeln behaart, Herbstfärbung gelb, Nebenblätter oft bis 3 cm lang, hahnenkammartig, mit langen Zähnen.
Blüten: 1,5–1,8 cm breit, in 5–8 cm breiten, wenigblütigen, behaarten Trugdolden, Staubblätter 20, Staubbeutel blassrot, Griffel (2–)3(–5), Mai.
Früchte: Kugelig bis birnenförmig, 1–1,5 cm dick, dunkelrot, hell punktiert, an langen, dünnen Stielen, Steinkerne (2–)3–4(–5).
Verbreitung: Korea, Mandschurei, Russ. Ferner Osten.
Verwendung: Selten, B, ♧, WHZ 6a, LB 4.1.2.3.

var. major N.E. Br. Blätter größer und derber, weniger tief eingeschnitten. Früchte bis 2,5 cm dick, glänzend tiefrot. In China der essbaren Früchte wegen in verschiedenen Sorten angebaut. N-China.

C. ×prunifolia Pers. = *C. ×persimilis* 'Prunifolia'

Crataegus punctata Jacq., Punktierter Weißdorn

Habitus: Bis 10 m hoher, kugelkroniger Baum, Zweige steif, unbewehrt oder mit we-

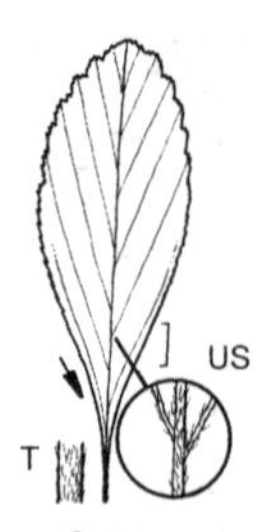

Crataegus punctata

Crataegus rhipidophylla subsp. rhipidophylla

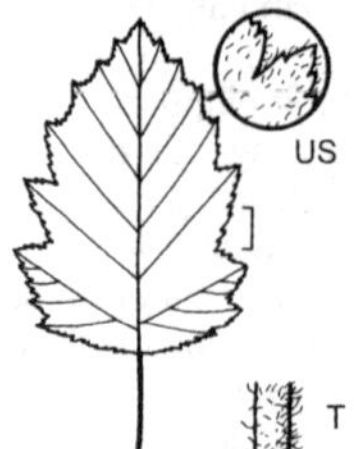

Crataegus sanguinea

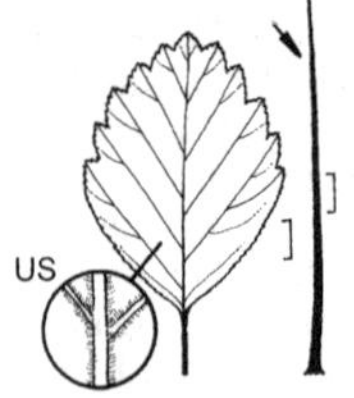

Crataegus succulenta var. succulenta

nigen, 3–7 cm langen, dicken Dornen, junge Triebe kahl oder anfangs behaart.
Blätter: Verkehrteiförmig bis spatelig, 3–10 cm lang, stumpf oder spitz, Basis keilförmig, unregelmäßig gesägt, oberhalb der Mitte auch schwach gelappt, oberseits matt dunkel graugrün, beiderseits anfangs behaart, später verkahlend, unterseits an den Nerven bleibend behaart.
Blüten: 1,2–2 cm breit, zahlreich, bis zu 15 in 10 cm breiten, behaarten Trugdolden, Staubblätter 20, Staubbeutel purpurrot oder gelb, Griffel (2–)3, Mai–Juni.
Früchte: Kugelig bis birnenförmig, 1,2–3 cm dick, orangerot oder stumpf braunrot, hell punktiert oder gefleckt, Fruchtfleisch gelblich und sauer schmeckend, bald abfallend, Steinkerne (2–)3–5.
Verbreitung: O-Kanada, NO-, NOZ- und SO-USA.
Verwendung: Häufig, B, ⁂, WHZ 5a, LB 2.4.3.3 (3.1.4.3).

Crataegus rhipidophylla Gand. **subsp. rhipidophylla**, Krummkelchiger Weißdorn

Habitus: Strauch oder bis 5 m hoher Baum, Zweige mit 1,5 cm langen Dornen.
Blätter: Breit eiförmig, 4–6 cm lang, Basis keilförmig, mit tiefen, spitzen Einschnitten, Blattlappen spitz, fein und scharf gesägt, Nebenblätter sichelförmig, gesägt, mit 8–20 Drüsenzähnen.
Blüten: Zu 5–15 in Trugdolden, Kelchblätter schmal lanzettlich bis pfriemlich, Staubblätter 15–20, Staubbeutel purpurn, Griffel 1, Mai–Juni.
Früchte: Ellipsoid oder fast kugelig, 0,8–1,5 cm dick, dunkel kirschrot, Steinkern stets 1, Kelchblätter der Frucht anliegend oder waagerecht abstehend.
Verbreitung: Europa, Türkei, Kaukasien.
Verwendung: Selten, ⁂, WHZ 5b, LB 3.3.4.4.

subsp. lindmanii (Hrabetová) P.A. Schmidt, Langkelch-Weißdorn. Kelchblätter schon an unreifen Früchten aufrecht nach oben gerichtet oder zusammenneigend. Früchte zylindrisch, hell korallenrot. M- und südl. N-Europa und Baltische Staaten, Frankreich.

C. rotundifolia Moench non Lam. = *C. chrysocarpa*

Crataegus sanguinea Pall., Blut-Weißdorn

Habitus: Strauch oder Baum, bis 7 m hoch, Zweige unbewehrt oder mit wenigen, kräftigen, 3 cm langen Dornen.
Blätter: Rhombisch-eiförmig bis breit verkehrteiförmig, 5–8 cm lang, derb, spitz, Basis keilförmig, mit 2–3 Paar kurzen, scharf und teilweise doppelt gesägten Lappen, oberseits dunkelgrün, unterseits heller, beiderseits spärlich behaart, Nebenblätter 2 cm lang, fast herzförmig, rau gesägt.
Blüten: 1,2–1,5 cm breit, in kleinen, meist unbehaarten Trugdolden, Staubblätter 20, Staubbeutel purpurn, Griffel (2–)3–4(–5), Mai.
Früchte: Kugelig, 1 cm dick, leuchtend blutrot, Steinkerne meist 3.
Verbreitung: O-Europa, M-Asien, Mongolei, Sibirien.
Verwendung: Selten, B, ⁂, WHZ 4, LB 6.3.3.4 (2.5.3.4).

Crataegus succulenta (Link) Schrad. **var. succulenta**, Saft-Weißdorn

Habitus: Sparriger Strauch oder bis 6 m hoher Baum, Zweige rotbraun, mit zahlreichen kräftigen, 3–5 cm langen Dornen, Triebe kahl oder schwach behaart.
Blätter: Breit elliptisch bis rhombisch oder

verkehrteiförmig, 5–8 cm lang, spitz oder stumpf, Basis keilförmig, oberhalb der Mitte schwach gelappt, einfach oder doppelt gesägt, oberseits glänzend dunkelgrün, meist kahl, unterseits anfangs auf den Nerven behaart, Herbstfärbung leuchtend scharlachrot.
Blüten: Etwa 1,6–2 cm breit, in 8 cm breiten, schwach zottig behaarten oder fast kahlen Trugdolden, Staubblätter 15–20, Staubbeutel blassrot, Griffel 2–3, Mai–Juni.
Früchte: Kugelig, 1–1,6 cm dick, glänzend tiefrot, Fruchtfleisch orange, saftig.
Verbreitung: O-Kanada, NO-, NOZ-, SO- und SW-USA, Rocky Mts.
Verwendung: Selten, B, ♧, WHZ 5a, LB 3.3.4.3.

var. macracantha (Lodd.) Eggl. Dornen 4–12 cm lang. Staubblätter 10, Staubbeutel weiß oder hellgelb. Früchte 0,8–1,2 cm dick. SO-Kanada, NO- und NOZ-USA.

Crataegus wattiana Hemsl. et Lace, Watts Weißdorn

Habitus: 7–10 m hoher, dichtkroniger Baum, Zweige kahl, rotbraun, dornenlos oder mit wenigen, bis 2 cm langen Dornen.
Blätter: Eiförmig, 5–9 cm lang, spitz oder kurz zugespitzt, Basis gestutzt oder breit keilförmig, tief eingeschnitten, jederseits mit 3–5 eiförmigen, spitzen, scharf und unregelmäßig gesägten Lappen, kahl.
Blüten: 1,2–1,5 cm breit, in 5–8 cm breiten, kahlen Trugdolden, Staubblätter 20, Staubbeutel weiß oder blassgelb, Griffel 5, Mai.
Früchte: Kugelig, 0,8–1,2 cm dick, leuchtend orange- oder rötlich gelb, Fruchtfleisch saftig, essbar.
Verbreitung: M-Asien, Pakistan.
Verwendung: Sehr selten, B, ♧, WHZ 5b, LB 6.2.3.3.

×Crataemespilus E.G. Camus

Weißdornmispel – Rosaceae

(aus den Gattungsnamen *Crataegus* und *Mespilus* gebildet)

Sommergrüne Sträucher, die als Gattungshybriden zwischen *Crataegus* und *Mespilus* entstanden sind und in ihren Merkmalen zwischen den Eltern stehen. Sie haben, wie +*Crataegomespilus*, in der Gartenkultur keine Bedeutung.
Verschiedene Autoren gliedern die Mispel

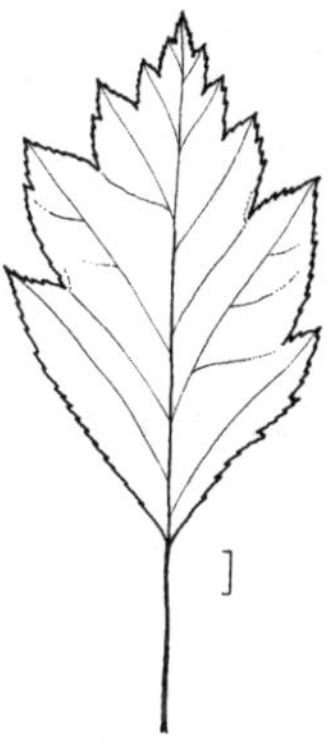

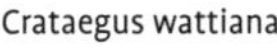

Crataegus wattiana

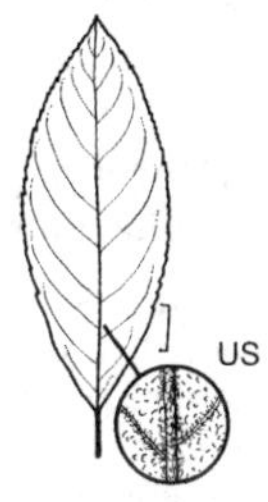

×Crataemespilus grandiflora

(*Mespilus germanica*) in die Gattung *Crataegus* ein. Danach wäre ×*Crataemespilus* kein Gattungsbestard, sondern eine *Crataegus*-Hybride.

×Crataemespilus gillotii Beck, Gelappte Weißdornmispel

(*Crataegus monogyna* × *Mespilus germanica*)

Unterscheidet sich von der folgenden Gattungshybride durch gelappte, nicht gesägte Blätter und kleinere Blüten mit 2 Griffeln.

×Crataemespilus grandiflora (Sm.) E.G. Camus, Großblütige Weißdornmispel

(*Crataegus laevigata* × *Mespilus germanica*)

Habitus: Strauch oder bis 6 m hoher, breitkroniger, etwas sparriger Baum, junge Zweige behaart.
Blätter: Eiförmig bis verkehrteiförmig, 3–7 cm lang, ungleich gesägt, im oberen Drittel leicht gelappt, unterseits behaart, Herbstfärbung gelb und braun.
Blüten: Bis 2,5 cm breit, zu 2–3, sehr zahlreich, Krone weiß, Mai–Juni.
Früchte: Mispelartig, kugelig-ellipsoid, etwa 1,5 cm breit, bräunlich behaart, essbar.
Verwendung: Nur in dendrologischen Sammlungen vorhanden, B, ♧, WHZ 6a, LB 9.1.1.4.

Cudrania tricuspidata (Carrière) Bureau ex Lavelle = *Maclura tricuspidata*

Cyclocarya Iljinsk.

Ringflügelnuss – Juglandaceae
(griechisch *kyclos* = rund und *carya* = Steinkern)
Monotypische Gattung

Cyclocarya paliurus (Batal.) Iljinsk., Ringflügelnuss, Scheibennuss

Habitus: Sommergrüner, bis 30 m hoher, kurzschäftiger Baum, Zweige mit gekammertem Mark, Winterknospen nackt, rostbraun beschuppt, End- und Seitenknospen teilweise lang gestielt, junge Triebe fein filzig behaart oder schülferig.
Blätter: Wechselständig, unpaarig gefiedert, bis 28 cm lang, Blättchen 7–9, länglich-eiförmig bis breit lanzettlich, 6–15 cm lang, ledrig, spitz, gesägt, Nervatur behaart oder kahl.
Blüten: 1-geschlechtig, 1-häusig verteilt, ♂ Blüten in bis 25 cm langen, hängenden, aus 2–5 olivgrünen Kätzchen zusammengestellten Rispen, mit 4 Kelchblättern und 20–31 Staubblättern, ♀ Blüten mit 4 Kelchblättern, 1 Stempel und 4-teiliger Narbe.
Früchte: Ringsum geflügelt, dadurch eine bis 7 cm breite, diskusähnliche Scheibe bildend.
Verbreitung: M- bis O- und SO-China, Taiwan.
Verwendung: Sehr selten, WHZ 6a, LB 2.3.2.3.

Cydonia Mill.

Quitte – Rosaceae
(griechisch *kydonea* = Quittenbaum, offenbar volksetymologisch an den Namen der „uralten" Stadt *Kydonia* an der Nordküste Kretas angelehnt)
Monotypische Gattung

Cydonia cathayensis Hemsl. = *Chaenomeles cathayensis*
C. japonica (Thunb.) Pers. = *Chaenomeles japonica* var. *japonica*
C. japonica Loisel. = *Chaenomeles speciosa*
C. maulei T. Moore = *Chaenomeles japonica* var. *japonica*

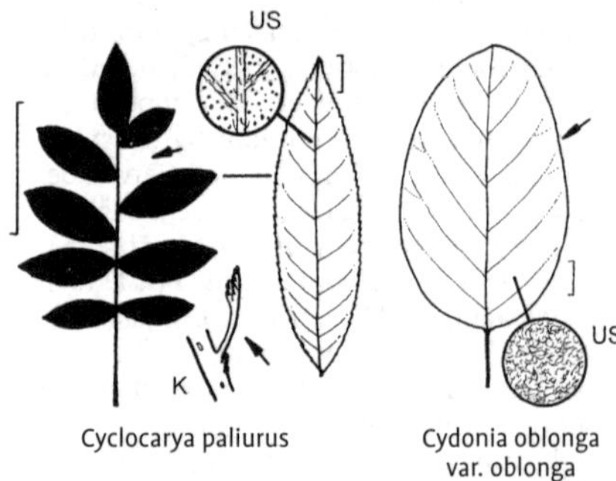

Cyclocarya paliurus   Cydonia oblonga var. oblonga

Cydonia oblonga Mill. **var. oblonga**, Echte Quitte

Habitus: Bis 6 m hoher, breitkroniger Baum oder Strauch, Zweige rot- oder violettbraun, filzig behaart, ebenso die Blattunterseiten sowie Blütenstiele und Kelchblätter, Knospen 5–7 mm lang, breit eiförmig, zugespitzt, mit 2 anliegend weiß behaarten Knospenschuppen, Blattnarben ± halbkreisförmig, Endknospen fehlend.
Blätter: Eiförmig bis länglich, 5–10 cm lang, spitz, Basis abgerundet oder schwach herzförmig, ganzrandig, oberseits stumpfgrün, Nebenblätter meist groß, laubartig.
Blüten: Zwittrig, radiär, 4–5 cm breit, Griffel bis zum Grund frei, Kronblätter rosa oder weiß, Kelchblätter ganzrandig, bleibend, Mai.
Früchte: Apfelfrüchte birnenförmig, 4–12 cm lang, duftend, gelb, graufilzig behaart, mit 1 cm langen, laubblattartigen Kelchblättern, Fruchtfleisch hart, mit zahlreichen körnigen Einschlüssen, nur gekocht essbar und dann wohlschmeckend.
Verbreitung: Türkei, Kaukasien, N-Iran.
Verwendung: Häufig, N, B, ♧, ⚕, WHZ 5a, LB 6.4.2.4.

var. maliformis (Mill.) C.K. Schneid, Apfel-Quitte. Früchte apfelförmig.

C. sinensis (Dum.-Cours.) Thouin = *Pseudocydonia sinensis*
C. vulgaris Pers. = *Cydonia oblonga* var. *oblonga*
Cytisanthus radiatus (L.) O. Lang = *Genista radiata*

Cytisophyllum O. Lang

Scheingeißklee – Fabaceae
(abgeleitet aus den Gattungsnamen *Cytisus* und *Phyllocytisus*)
Monotypische Gattung

Cytisophyllum sessilifolium (L.) O. Lang, Kahler Geißklee, Meergrüner Geißklee

Habitus: Sommergrüner, bis 2 m hoher, aufrechter, buschiger, in allen Teilen kahler Strauch, Zweige lang, stielrund, anfangs rötlich getönt.
Blätter: Wechselständig, 3-zählig, Blättchen verkehrteiförmig bis breit elliptisch, 0,8–2 cm lang, fahlgrün.
Blüten: Zwittrig, zygomorph, zu 3–12 in aufrechten, endständigen Trauben, Kelch kurz glockig, Krone gelb, Fahne nahezu rundlich, 1,1 cm lang, Kiel an der Spitze einwärts gekrümmt, Griffel gekrümmt, Staubblätter 10, verwachsen. Mai–Juni.
Früchte: Hülsen 2,5–4 cm lang, gerade, fadenförmig bis länglich, dünn, kahl, durchsichtig.
Verbreitung: SW- und S-Europa.
Verwendung: Häufig, B, ☠, WHZ 6b, LB 6.3.1.6.

Cytisus Desf.

Besenginster, Geißklee – Fabaceae
(griechisch *kytisos* = Futterpflanze aus der Familie der Hülsenfrüchtler, am wahrscheinlichsten die Luzerne)

Habitus: Sommer- oder immergrüne, unbewehrte Sträucher und Zwergsträucher, Zweige häufig kantig gerippt.
Blätter: Wechselständig, meist 3-zählig, selten einfach, Spreite oft sehr klein, Nebenblätter klein oder fehlend.
Blüten: Zwittrig, zygomorph, achselständig oder in endständigen Trauben oder dichten Köpfchen, Kelch glockig, 2-lippig, die untere Lippe mit 3 kurzen Zähnen, die obere frei oder verwachsen, Kronblätter 5, gelb oder weiß, selten rötlich, frei, Fahne breit eiförmig, Schiffchen länglich, meist kahl, Staubblätter 10, verwachsen, Fruchtblatt 1, oberständig.
Früchte: Hülsen ± stark abgeflacht, länglich-linealisch, 1,5–5,5 cm lang, kahl oder behaart, Samen 2–3,5 mm lang, mit deutlichem Nabelwulst.
Verbreitung: 33 Arten in Europa, vorwiegend im Mittelmeergebiet, in W-Asien und den Kanarischen Inseln, sie kommen häufig in Felssteppen und Sandfluren, auf Magerwiesen, Geröllhalden und an Felshängen vor.
Verwendung: Nicht wenige Arten sind häufig gepflanzte, reich blühende, meist trockenresistente Sträucher und Zwergsträucher für freie, sonnige Standorte.

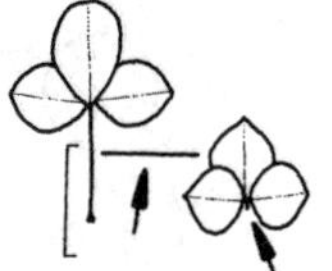

Cytisophyllum sessilifolium

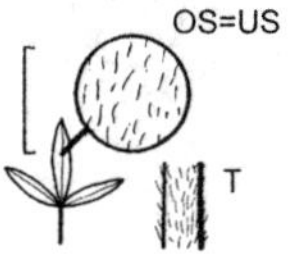

Cytisus ardoini

Bestimmungsschlüssel Cytisus

(Arten nur mit Blütentrieben bestimmbar)

1 Blüten in endständigen Trauben . . *C. nigricans*
– Blüten achselständig entlang der Zweige . . . 2
2 Griffel länger als das Schiffchen, spiralig eingerollt, Blüten 2–2,5 cm lang . . . . *C. scoparius* subsp. *scoparius*
– Griffel kürzer als das Schiffchen, nur wenig eingerollt, Blüten kleiner 3
3 Wuchs niederliegend oder ausgebreitet-aufsteigend, Blüten gelb 4
– Wuchs aufrecht 6
4 Blätter alle einfach . . . . *C. decumbens*
– Blätter 3-zählig, nur teilweise einfach 5
5 Blättchen verkehrteiförmig, Blüten goldgelb, Wuchs niederliegend, 10–20 cm hoch . . . . *C. ardoini*
– Blättchen linealisch, nur teilweise einfach, Blüten rahmweiß bis schwefelgelb, Wuchs ausgebreitet ansteigend, bis 30 cm hoch . . . . *C. ×kewensis*
6 Zweige kurz, steif, Blüten gelb . . . . . *C. purgans*
– Zweige dünn, rutenförmig, aufrecht oder in Bögen überhängend 7
7 Zweige aufrecht, Blüten reinweiß . . . . *C. multiflorus*
– Zweige bogenförmig überhängend, Blüten gelblich weiß bis schwefelgelb . . . . *C. ×praecox*

C. albus Hacq. = *Chamaecytisus albus*

Cytisus ardoini E. Fourn., Ardoines Geißklee

Habitus: Niederliegender, 0,2–0,6 m hoher Strauch, junge Zweige gerippt, zottig behaart.
Blätter: 3-zählig, Blättchen verkehrteiförmig bis länglich, 3–10 mm lang, weich behaart, besonders unterseits.

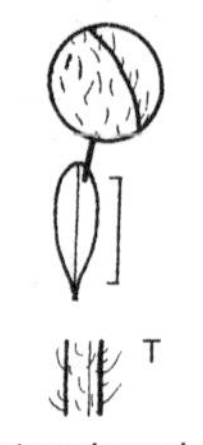

Cytisus decumbens

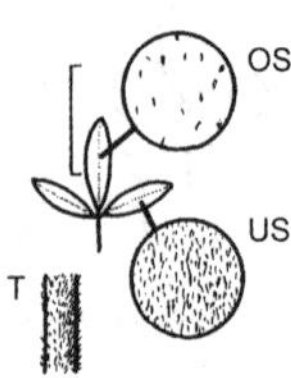

Cytisus ×kewensis

Cytisus multiflorus

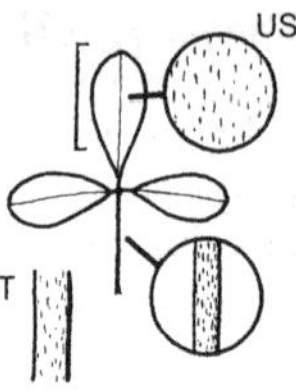

Cytisus nigricans

Blüten: Zu 1–3 an Kurztrieben, Krone goldgelb, Fahne rundlich, 0,8–1,2 cm lang, Kelch rau behaart, April–Mai.
Früchte: 2–2,5 cm lang, ± zottig behaart.
Verbreitung: Frankreich (Meer-Alpen).
Verwendung: Sehr selten, B, ☠, WHZ 6a, LB 6.1.2.7.

C. austriacus L. = *Chamaecytisus austriacus*

Cytisus ×beanii G. Nicholson, Beans Geißklee
(*C. ardoinii* × *C. purgans*)

Habitus: Bis 0,4 m hoher Strauch, Zweige stielrund, niederliegend-aufsteigend
Blätter: Einfach, linealisch, 1,2 cm lang, rau behaart.
Blüten: Zu 1–3, Krone tief goldgelb, Kelch etwas rau behaart, Mai.
Verwendung: Selten, B, ☠, WHZ 6a, LB 6.3.1.7 (9.3.1.7).

C. biflorus L'Hér. = *Chamaecytisus ratisbonensis*

Cytisus decumbens (Durande) Spach, Niederliegender Geißklee

Habitus: Niederliegender oder aufsteigender, bis 0,2 m hoher Strauch, Zweige oft wurzelnd, Triebe spärlich zottig behaart.
Blätter: Einfach, länglich bis verkehrteiförmig, 0,8–2 cm lang, dicht weich behaart, besonders unterseits.
Blüten: 1–1,5 cm lang, zu 1–3, Kelch 5 mm lang, behaart, Krone lebhaft gelb, Fahne 4–10 mm lang, eiförmig, Mai–Juni.
Früchte: 2–2,5 cm lang, rau behaart.
Verbreitung: W-, ZM- und SO-Europa.
Verwendung: Häufig, B, ☠, WHZ 5a, LB 6.1.2.7.

C. hirsutus L. = *Chamaecytisus hirsutus*

Cytisus ×kewensis Bean, Zwerg-Elfenbein-Ginster
(*C. ardoinii* × *C. multiflorus*)

Habitus: Bis 0,3 m hoher Strauch, im Alter bis 1,8 m breit, Zweige ausgebreitet-ansteigend.
Blätter: Meist 3-zählig, Blättchen linealisch-länglich, weich behaart.
Blüten: Zu 2–3, Kelch röhrig, Krone rahmweiß bis schwefelgelb, Fahne 1,2 cm breit, Mai.
Verwendung: Häufig, B, ☠, WHZ 6a, LB 6.3.2.7.

C. laburnum L. = *Laburnum anagyroides*

Cytisus multiflorus (L'Hér. ex Aiton) Sweet, Vielblütiger Geißklee

Habitus: Aufrechter, reich verzweigter, 2–3 m hoher Strauch, Zweige aufrecht, dünn, 5-kantig, gestreift, anfangs behaart.
Blätter: Im unteren Bereich der Triebe 3-zählig, nach oben hin einfach, Blättchen linealisch-länglich, etwa 1 cm lang, silbrig-seidig behaart.
Blüten: Zahlreich, zu 1–3, Kelch röhrenförmig, 5 mm lang, seidig behaart, Krone weiß, Fahne 1–1,2 cm lang, Mai–Juni.
Früchte: 1,5–2,5 cm lang, anliegend behaart.
Verbreitung: SW-Europa.
Verwendung: Sehr selten, B, ☠, WHZ 7a, LB 5.2.1.6.

Cytisus nigricans L., Schwarzwerdender Geißklee

Habitus: Aufrechter, 0,5–2 m hoher, vieltriebiger Strauch, Zweige stielrund, rau behaart.
Blätter: 3-zählig, Blättchen länglich-verkehrt-eiförmig, 1–3 cm lang, oberseits dunkelgrün, unterseits wie Blütenstiele und Kelch angedrückt behaart.

Blüten: In 8–30 cm langen, reichblütigen, endständigen Trauben, Kelch rau behaart, Krone gelb, Fahne 0,7–1 cm lang, Juni–Juli.
Früchte: 2,5–3 cm lang, behaart.
Verbreitung: M-, S- und SO-Europa.
Verwendung: Häufig, B, ☠, WHZ 5b, LB 6.1.2.6.

'Cyni'. Wuchs kompakt, sehr reich verzweigt. Blüten dunkelgelb, sehr zahlreich.

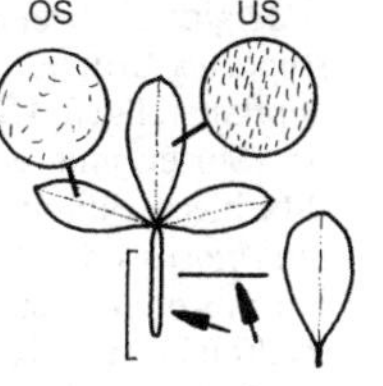

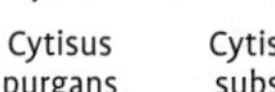

Cytisus ×praecox — Cytisus purgans — Cytisus scoparius subsp. scoparius

Cytisus ×praecox Bean, Elfenbein-Ginster
(*C. multiflorus* × *C. purgans*)

Habitus: Aufrechter, 0,7–1,5(–2) m hoher, vieltriebiger Strauch, Zweige dünn, graugrün, in Bögen übergeneigt.
Blätter: Stets einfach, lanzettlich bis linealisch-spatelförmig, 0,8–2 cm lang, hinfällig.
Blüten: Etwa 1 cm lang, streng riechend, zu 1–2 achselständig entlang der Zweige, Krone gelblich weiß bis schwefelgelb, April–Mai.
Verwendung: Sehr häufig (in verschiedenen Sorten), B, ☠, WHZ 6b, LB 9.2.1.6.

'Albus'. Blüten elfenbeinfarben. Wuchs schwächer als bei der Hybride.

'Allgold'. Blüten zahlreich, Fahne hellgelb, Flügel gelb. Häufigste Sorte.

'Frisia'. Blüten mehrfarbig, Fahne lilaweiß, außen karminrosa, Flügel braungelb, Kiel rahmgelb. Wuchs mäßig hoch und breit.

'Goldspeer'. Blüten tiefgelb, mittelgroß, sehr zahlreich. Wuchs etwas schwächer als bei der Hybride.

'Hollandia'. Blüten mehrfarbig, Fahne lilarosa, außen karminrot, Kiel lilarosa. Wuchs ziemlich hoch und stark.

'Zeelandia'. Blüten mehrfarbig, Fahne rahmweiß, außen lilarosa, Fahne schwach braunrot, Kiel hellgelb. Wuchs breitbuschig, etwas höher als bei der Hybride.

Cytisus purgans (L.) Boiss., Abführender Geißklee

Habitus: Aufrechter, 0,2–1 m hoher, dicht verzweigter Strauch, Zweige stielrund, steif, gestreift, Triebe anfangs behaart.
Blätter: An Blütentrieben einfach, an den unteren Trieben 3-zählig, Blättchen länglich-lanzettlich bis linealisch-lanzettlich oder spatelförmig, 0,6–1,2 cm lang, oberseits ± kahl, unterseits seidig behaart.
Blüten: Zu 1–2 achselständig an den Zweigenden, duftend, Kelch behaart, Krone goldgelb, Fahne 1–1,2 cm lang, April–Juni.
Früchte: 1,5–2,5 cm lang, behaart.
Verbreitung: SW-Europa.
Verwendung: Selten, B, ☠, WHZ 7a, LB 6.2.1.7.

C. purpureus Scop. = *Chamaecytisus purpureus*
C. ratisbonensis Schaeff. = *Chamaecytisus ratisbonensis*
C. saggitalis (L.) W.D.J. Koch = *Genista sagittalis*

Cytisus scoparius (L.) Link **subsp. scoparius**, Besenginster, Besenpfriem

Habitus: Aufrechter oder bogig aufsteigender, 1–2 m hoher, reich verzweigter Strauch, Zweige lange grün bleibend, 5-kantig, kahl oder anfangs seidig behaart.
Blätter: 3-zählig, Blättchen elliptisch bis verkehrteiförmig, 0,6–2 cm lang, oberseits dünn rau behaart, unterseits seidenhaarig, meist hinfällig, an Langtrieben einfach und oft lange haftend.
Blüten: Zu 1–2 achselständig entlang der vorjährigen Triebe, Kelch 5 mm lang, kahl, Krone goldgelb, Fahne kreisrund, 1,6–1,8 cm breit, Griffel länger als das Schiffchen, Mai–Juni.
Früchte: 2,5–4 cm lang, an den Kanten dick weiß oder braun behaart.
Verbreitung: M- und W-Europa.
Verwendung: Sehr häufig, B, ☠, Bi, WHZ 6b, LB 4.1.1.5 (5.2.1.5).

subsp. maritimus (Rouy) Heywood, Küsten-Besenginster. Zweige niederliegend, gelegentlich in der Mitte der Pflanze aufrecht oder aufsteigend, bis 0,4 m hoch, Blätter und junge Triebe dicht seidig behaart. Küsten von NW-Europa.

In der Gartenkultur ist die Art heute nahezu ohne Bedeutung. Häufiger werden die als

„Edelginster" bezeichneten oder zu einer *C.-scoparius*-Gruppe gestellten Gartenformen gepflanzt. Es sind Selektionen aus *C. scoparius* (Sorten mit gelben, braunen, 1- oder 2-farbigen Blüten) oder Kreuzungen mit *C. multiflorus* oder *C. ×dallimorei* (Sorten mit karminroten, rosaroten, lachsfarbenen und weißen Blüten). Die am häufigsten gepflanzten Sorten sind:

Blüten ± einfarbig rahm- oder schwefelgelb: 'Luna', 'Moonlight'.

Blüten einfarbig goldgelb oder mit 2 gelben Farben: 'Dukaat' (Wuchs gedrungen), 'Golden Sunlight', 'Prostratus' (Wuchs gedrungen).

Blüten gelb mit braunem Fleck: 'Andreanus', 'Andreanus Splendens', 'Firefly', 'Fulgens'.

Blüten mit gelblich lilafarbener Fahne, Kiel und Flügel rosa und rot: 'Goldfinch', 'Newry Seedling', 'Palette'.

Blüten ± einfarbig rot bis tiefbraun: 'Boskoop Ruby', 'Dorothy Walpole', 'Lena', 'Roter Favorit', 'Windlesham Ruby'.

Blüten mehrfarbig: 'Maria Burkwood' (Fahne weißlich, außen karminrot, Flügel hell karminrot, gelb gerandet, Kiel weißlich und karminrot), 'Palette' (Fahne gelb und weiß, außen hell karminrot, Flügel rein samtrot, Kiel gelb und lila).

C. sessilifolius L. = *Cytisophyllum sessilifolium*

C. supinus L. = *Chamaecytisus supinus*

Daboecia D. Don

Irlandheide, Glanzheide – Ericaceae

(nach St. Daboec, irischer Heiliger)

Monotypische Gattung

Bestimmungsschlüssel Daboecia

1 Blätter höchstens 3-mal so lang wie breit . . . . *D. cantabrica* subsp. *scotica*

– Blätter länger . . . . *D. cantabrica* subsp. *cantabrica*

D. azorica Tutin et E.F. Warb. = *D. cantabrica* subsp. *azorica*

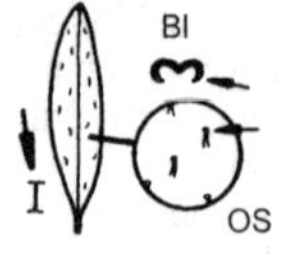

Daboecia cantabrica subsp. cantabrica

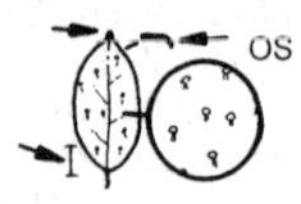

Daboecia cantabrica subsp. scotica

Daboecia cantabrica (Huds.) K. Koch **subsp. cantabrica**, Irische Heide, Connemaraheide

Habitus: Immergrüner, 0,2–0,5 m hoher, heidekrautähnlicher Strauch, Zweige niederliegend-ansteigend.
Blätter: Wechselständig, sehr dicht stehend, elliptisch, 0,6–1,2 cm lang, Rand etwas eingerollt, oberseits glänzend dunkelgrün, unterseits silbrig filzig behaart.
Blüten: Zwittrig, radiär, 0,8–1,2 cm lang, bauchig-krugförmig, in 10 cm langen, lockeren, nickenden, endständigen Trauben an den Zweigenden, Krone purpurrosa, Kelchblätter bleibend, Saum mit 4 zurückgeschlagenen Zipfeln, Staubblätter 8, in der Knospe eingeschlossen, Fruchtknoten 4-fächrig, Juli–September.
Früchte: Kapseln 5–7 mm lang, eiförmig, 4-klappig.
Verbreitung: S- und SW-Europa, Makronesien.
Verwendung: Häufig (vor allem im Heidegarten), B, WHZ 7a, LB 5.2.1.7.

subsp. azorica (Tutin et E.F. Warb.) D.C. McClint., Azoren-Glanzheide. Bis 0,15 m hoher Strauch. Zweige niederliegend. Blätter 5–8 mm lang, oberseits glänzend dunkelgrün, unterseits weißlich bis hellbraun. Blüten glockig, 7–8 mm lang, zu 3–7 in aufrechten Trauben, Krone rosa oder rubinrot, selten weiß, Mai–September. Azoren.

subsp. scotica D.C. McClint., Schottische Glanzheide. Wuchs meist strauchig, breitbuschig, geschlossen, Blätter kleiner und dichter gestellt als bei der subsp. *cantabrica*. Blüten ebenfalls kleiner, sich etwas früher öffnend. W-Europa.

Von den *D.-cantabrica*-Unterarten sind einige Sorten mit abweichenden Blütenfarben in Kultur:

Blüten weiß bis zartrosa getönt: 'Alba', 'Alba Globosa', 'Belitta', 'Cinderella', 'David Moss', 'Rodeo', 'Silberwells', 'Snowdrift', 'White Carpet'.

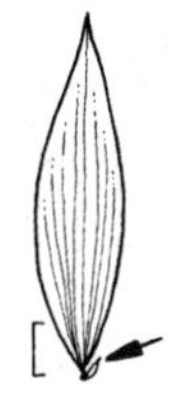
Danaë racemosa

Blüten rosa: 'Donard Pink', 'Globosa Pink', 'Pragerae', 'Winjie'.

Blüten purpurn, violett oder violettrot: 'Atropurpurea', 'Globosa Pink', 'Porter's Variety', 'Purpurea', 'Rainbow', 'William Buchanan'.

Blüten ± rot: 'Cupido', 'Jack Drake', 'Waley's Red'.

Blüten verschiedenfarbig: 'Bicolor', 'Harlequin'.

Danaë Medik.

Alexandrinischer Lorbeer – Asparagaceae

(griechisch *Danae* = in der griechischen Mythologie eine der Geliebten des Zeus, der sie in Gestalt eines goldenen Regens besuchte)

Monotypische Gattung

Danaë racemosa (L.) Moench, Alexandrinischer Lorbeer

Habitus: Immergrüner, aufrechter, bis 1,2 m hoher, buschiger, klumpförmig wachsender Strauch mit kurzen Rhizomen.
Blätter: Eiförmig-lanzettlich, schuppenartig, 1,5–2,5 cm lang, hinfällig, in ihren Achseln entspringen die 3–7 cm langen, 1–2,5 cm breiten, eiförmig-lanzettlichen, asymmetrischen, kurz gestielten, beiderseits stark glänzenden Phyllokladien.
Blüten: Zwittrig, radiär, unscheinbar, zu 5–8, in kurzen, endständigen Trauben, Blütenhülle weiß, 6-zählig, 2–3,5 cm lang, Staubblätter 6, Griffel kurz, mit 3 Narbenlappen, Fruchtknoten oberständig, 3-fächrig, Juni–Juli.
Früchte: Beeren kugelig, 0,8–1,3 cm dick, orangerot, Samen 1–2, 3–6 mm dick.
Verbreitung: Kaukasien Iran, N-Syrien.
Verwendung: Selten, ♣, WHZ 8b, LB 6.3.4.7.

Daphne L.

Seidelbast – Thymelaeaceae

(griechisch *daphne* = Lorbeerbaum, *Laurus nobilis*; wegen der Ähnlichkeit der Blätter von *Daphne laureola* mit dem Lorbeer)

Habitus: Sommer- oder immergrüne Sträucher, Zweige fein behaart oder verkahlend, Endknospe eiförmig, 5–7 mm lang, seidig behaart, Knospenschuppen spitz, Seitenknospen abstehend, 2–3 mm lang, dicht behaart, Blattstielnarben band- bis halbkreisförmig.
Blätter: Meist wechselständig, selten gegenständig, oft an den Zweigenden gehäuft, kurz gestielt oder sitzend, ganzrandig, kahl oder behaart.
Blüten: Zwittrig, radiär, in end- oder seitenständigen Köpfchen oder Trauben, oft stark duftend, Blütenhülle einfach, Kronblätter fehlend, Kelchröhre glockig oder zylindrisch, mit 4 ± spreizenden, kronblattartigen Zipfeln, malvenfarben, weiß, gelegentlich gelb oder grünlich gelb, Staubblätter 8–10, in 2 übereinander stehenden Reihen der Kronröhre eingefügt, Fruchtknoten 1-fächrig, oberständig, Griffel sehr kurz oder fehlend, mit großer, kopfartiger Narbe.
Früchte: Steinfrüchte 0,4–1 cm lang, gelblich, grün, rot oder fast schwarz, 1-samig, mit saftigem oder ledrig-fleischigem Mesokarp.
Verbreitung: Etwa 50 Arten in Europa und N-Afrika und den gemäßigten und subtropischen Zonen von Asien, Australien und den Pazifischen Inseln, davon 17 Arten in Europa, 5 in M-Europa.
Verwendung: Einige Arten sind dekorative, kleine Blütensträucher, die zwergig wachsenden Arten sind oft etwas heikle Pflanzen für Stein- und Troggärten oder auf Trockenmauern. Zahlreiche Arten stehen unter Naturschutz.

Bestimmungsschlüssel Daphne

1 Blätter sommergrün 2
– Blätter immer- oder zumindest wintergrün . . 7
2 Blätter beiderseits kahl. 3
– Blätter beiderseits behaart . . . . *D. alpina*
3 Blätter nur höchstens 5 cm lang 4
– Blätter (zumindest viele) länger 5
4 Blätter unterseits bläulich, mit weißlichen Drüsen . . . . *D. gnidium*
– Blätter unterseits andersartig . . *D. ×burkwoodii*
5 Blätter unterseits bläulich. 6
– Blätter unterseits (frisch)grün . . . *D. mezereum*
6 Blätter höchstens 10 mm breit, Frucht gelblich rot, Blüten zu höchstens 10 . . . . *D. altaica*
– Blätter breiter (bis 15 mm), Frucht schwarz, Blüten zu 15–20 . . . . *D. caucasica*

7 Sehr kleiner Strauch (bis ca. 30 cm hoch) . . . 8
– Höher werdender Strauch 13
8 Blätter höchstens 12 mm lang, Strauch nur 15 cm hoch . . . . *D. petraea*
– Blätter länger, Strauch höher werdend 9
9 Blätter höchstens 25 mm lang 10
– Blätter länger (bis 50 mm lang) . . . . *D. blagayana*
10 Blattrand nach unten umgerollt und Mittelrippe oberseits eingesenkt. . . . . *D. arbuscula*
– Blätter andersartig 11
11 Blätter ober- und unterseits behaart . . . . *D. sericea*
– Blätter kahl 12
12 Blätter an Triebenden gehäuft, unterseits grün . . . . *D. striata*
– Blätter nicht auffällig gehäuft, unterseits blaugrün. . . . . *D. cneorum* var. *cneorum*
13 Blätter 2–3 cm lang, Strauch über 1 m hoch werdend . . . . *D. oleoides*
– Blätter viel länger (bis 10 cm). 14
14 Blätter unterseits gelblich grün und ganzflächig mit Beulchen . . . . *D. laureola* subsp. *laureola*
– Blätter unterseits grün, höchstens am Rand mit Beulchen . . . . *D. pontica*

Daphne alpina L., Alpen-Seidelbast

Habitus: Sommergrüner, kompakter, gelegentlich wirr verzweigter, bis 0,5 m hoher Strauch, Zweige aufrecht oder niederliegend, Triebe behaart.
Blätter: Oft an den Zweigenden gehäuft vorkommend, länglich bis verkehrteiförmig oder spatelig, 1–4 cm lang, graugrün, beiderseits behaart.
Blüten: 1,5 cm breit, duftend, zu 6–8 in endständigen Köpfchen, Kelch weiß, Kelchröhre 0,8–1 cm lang, außen seidig behaart, Zipfel spitz eiförmig, 5–8 mm lang, Mai–Juni.
Früchte: Länglich, rot oder gelblich orange, fleischig, flaumig behaart.
Verbreitung: Gebirge in S-, ZM- und SO-Europa.
Verwendung: Häufig, B, D, ☠, WHZ 5a, LB 7.1.2.7.

Daphne altaica Pall., Altai-Seidelbast

Habitus: Sommergrüner, 0,3–0,75 m hoher, aufrechter Strauch, Triebe kahl.
Blätter: Schmal länglich, 3–6 cm lang, oberseits stumpfgrün, unterseits bläulich, kahl.
Blüten: Etwa 1,8 cm breit, leicht duftend, zu 6–10 in endständigen Köpfchen, Kelch weiß, Kelchröhre 1 cm lang, schwach behaart, Mai–Juni.
Früchte: Gelb bis schwarzrot.
Verbreitung: W-Sibirien (Altai), M-Asien.
Verwendung: Selten, B, D, ☠, WHZ 5b, LB 5.1.1.6.

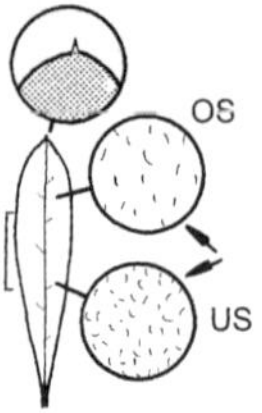

Daphne alpina

Daphne altaica

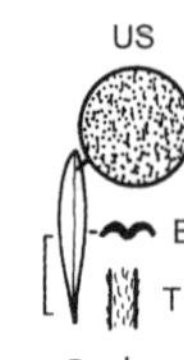

Daphne arbuscula

Daphne arbuscula Čelak., Bäumchen-Seidelbast

Habitus: Immergrüner, ± niederliegender, 0,1–0,2(–0,5) m hoher, vieltriebiger Strauch, Triebe rötlich bis gelblich, kahl oder fein behaart.
Blätter: An den Zweigenden gehäuft, linealisch bis länglich, 0,9–1,8 cm lang, dickledrig, stumpf, an den Rändern umgerollt, Mittelrippe eingesenkt, glänzend dunkelgrün.
Blüten: Zu 5–30 in endständigen Köpfchen, stark duftend, Kelch meist rosarot, gelegentlich auch tiefrosa bis weiß, Kelchröhre etwa 2 cm lang, Zipfel eiförmig-länglich, 5–8 mm lang, April–Juni.
Früchte: Weißlich grau, ledrig.
Verbreitung: SO-Europa, Kalkfelsen am Berg Murány.
Verwendung: Selten, B, D, ☠, WHZ 6a, LB 4.3.2.7.

Daphne blagayana Freyer, Königs-Seidelbast, Balkan-Seidelbast

Habitus: Immergrüner, bis 0,3 m hoher Strauch, Zweige niederliegend-aufsteigend, dunkel purpurbraun,Triebe kahl.
Blätter: An den Zweigenden gehäuft, verkehrteiförmig bis länglich-verkehrteiförmig, 2–5 cm lang, ledrig, stumpf, dunkelgrün, kahl.
Blüten: Zu 10–20 in dichten, endständigen Köpfchen, sehr stark duftend, Kelch gelblich weiß, Kelchröhre schmal, 1–1,3 cm lang, Zipfel eiförmig, stumpf bis spitz, 4–6 mm lang, April–Mai.
Früchte: Weißlich oder rötlich, in Kultur nur selten entwickelt.
Verbreitung: SO-Europa.
Verwendung: Selten, B, D, ☠, WHZ 6a, LB 7.2.4.7.

Daphne blagayana

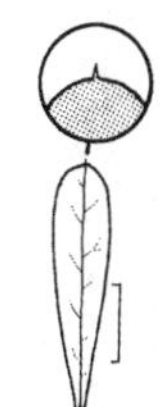

Daphne ×burkwoodii

Daphne caucasica

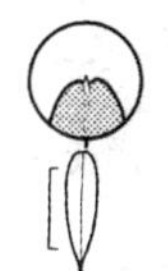

Daphne cneorum var. cneorum

Daphne ×burkwoodii Turrill, Burkwoods Seidelbast
(D. caucasica × D. cneorum)

Habitus: Sommer- oder wintergrüner, aufrechter, dichtbuschiger, bis 1 m hoher Strauch.
Blätter: Schmal länglich bis verkehrteiförmig-lanzettlich, bis 4 cm lang, an Kurztrieben fast rosettig stehend.
Blüten: Außen ± dicht und fein behaart, zu 6–16, in end- und seitenständigen Köpfchen im Spitzenbereich der Zweige, stark duftend, Kelch in der Knospe rosa, später weißlich, Kelchröhre 1 cm lang, Zipfel 5–8 mm lang, Mai.
Früchte: Nicht bekannt.
Verwendung: Häufig (in den folgenden Sorten), B, D, ☠, WHZ 6b, LB 9.3.3.6.

'Albert Burkwood'. Wuchs kugelig, bis 1 m hoch. Blätter linealisch-lanzettlich, bis 3 cm lang. Blüten bis 1,9 cm breit, purpurrosa.

'Carol Mackie'. Blätter anfangs goldgelb, später weiß gerandet.

'Somerset'. Wuchs aufrecht, kompakt, 1,5–1,8 m hoch. Blätter verkehrteiförmig-lanzettlich, 3–5 cm lang, derb, unterseits blaugrün. Blüten bis 1,3 cm breit, Kelchröhre purpurrosa, Kelchzipfel hellrosa.

'Variegata' = 'Carol Mackie'

Daphne caucasica Pall., Kaukasischer Seidelbast

Habitus: Sommergrüner, bis 2 m hoher, locker aufgebauter Strauch, Triebe purpurgrün.
Blätter: Lanzettlich oder verkehrteiförmig-lanzettlich, 2–7 cm lang, stumpf oder abgerundet mit kleiner Spitze, oberseits frischgrün, unterseits bläulich grün, kahl.
Blüten: Zu 2–20 in endständigen Köpfchen an Seitenzweigen, duftend, Kelch weiß, Kelchröhre 0,6–1 cm lang, außen seidig behaart, Zipfel eiförmig, 7–9 mm lang, Mai–Juni.
Früchte: Schwarz oder rot, fleischig.
Verbreitung: Türkei, Kaukasien.
Verwendung: Selten, B, D, ☠, WHZ 6b, LB 5.1.1.6.

Daphne cneorum L. **var. cneorum**, Rosmarin-Seidelbast, Steinrösel

Habitus: Immergrüner, 0,1–0,3 m hoher, zuletzt bis 2 m breiter Strauch, Zweige niederliegend-ansteigend, junge Triebe dunkelbraun, anliegend grau behaart.
Blätter: Länglich-lanzettlich bis spatelförmig, 1,2–1,5 cm lang, ledrig, spitz oder stumpf, zur Basis verschmälert, oberseits glänzend dunkelgrün, unterseits blaugrün, kahl.
Blüten: Zu 5–10 in dichten, endständigen Büscheln, stark nach Nelken duftend, Kelch hell- bis karminrosa, Kelchröhre 0,6–1 cm lang, außen dicht anliegend behaart, Zipfel länglich-eiförmig, stumpf, 4–7 mm lang, April–Mai.
Früchte: Gelb, später braun.
Verbreitung: Gebirge in S- und M-Europa.
Verwendung: Sehr häufig (gilt als stark gefährdet und steht unter Schutz), B, D, ☠, WHZ 5a, LB 6.3.2.7.

'Exima'. Wuchs stärker niederliegend als bei var. *cneorum*. Blätter und Blüten größer, Blüten in der Knospe karminrot, später rosa.

var. pygmaea Stoker. Wuchs kompakt, bis 0,1 m hoch, Blätter kleiner als bei var. *cneorum*, Kelchröhre außen runzelig. Alpen in N-Italien und S-Frankreich.

var. verlotii (Gren. et Godr.) Meissn. Im Habitus offener als var. *cneorum*. Blätter linea-

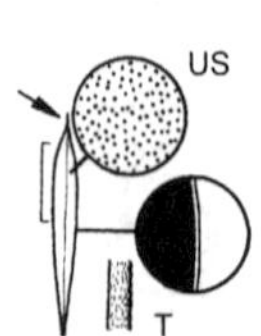

Daphne gnidium

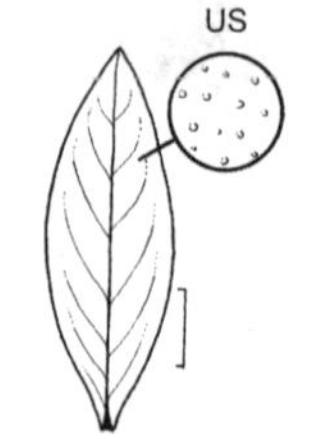

Daphne laureola subsp. laureola

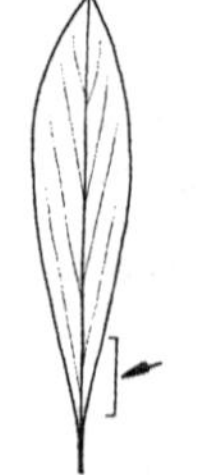
Daphne mezereum

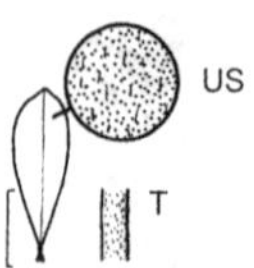

Daphne oleoides

lisch-lanzettlich, 1,2–2,5 cm lang. Blütenstände lockerer, Kelchröhre länger, Zipfel lanzettlich. Gebirge in SO-Frankreich, Bayern.

Daphne gnidium L., Mittelmeer-Seidelbast

Habitus: Sommergrüner, aufrechter, bis 1,5 m hoher Strauch, Zweige dünn, lang, Triebe bräunlich, angedrückt behaart.
Blätter: Lanzettlich bis länglich-verkehrteiförmig, 2,5–5 cm lang, ledrig, spitz, zur Basis verschmälert, unterseits bläulich und dicht mit weißlichen Drüsen bedeckt.
Blüten: Zu 10 oder mehr in endständigen Köpfchen, duftend, Kelch cremeweiß, Kelchröhre 2,5–4 cm lang, außen behaart, Zipfel eiförmig, spitz, 2–3 mm lang, August–September.
Früchte: Birnenförmig, rot, fleischig.
Verbreitung: S- und SO-Europa, N-Afrika, Makronesien.
Verwendung: Selten, B, D, ☠, WHZ 8a, LB 6.3.4.6.

Daphne laureola L. **subsp. laureola**, Lorbeer-Seidelbast

Habitus: Immergrüner, 0,5–1 m hoher, aufrechter Strauch, Triebe grün bis olivgrün, kahl.
Blätter: An den Zweigenden gehäuft, verkehrteiförmig bis lanzettlich, 3–10 cm lang, ledrig, spitz oder stumpf, zur Basis verjüngt, oberseits dunkelgrün und matt glänzend, mit hellem Mittelnerv, unterseits heller bis gelbgrün.
Blüten: Zu 5–10 in blattachselständigen Trauben im Bereich der Zweigspitzen, kaum duftend, Kelch grünlich gelb, Kelchröhre 3–8 mm lang, Zipfel 3-eckig, 2,5–4 mm lang, März–Mai.
Früchte: Eiförmig, schwarz, bis 1 cm lang, fleischig.
Verbreitung: Makronesien, S-, SO- und M-Europa.

subsp. philippii (Gren.) Rouy. Wuchs ± niederliegend, Blätter verkehrteiförmig, 3–5 cm lang. Blüten kleiner als bei subsp. *laureola*, duftend, außen oft etwas violett. S- und SO-Europa, Pyrenäen.

Daphne mezereum L., Gewöhnlicher Seidelbast, Kellerhals

Habitus: Sommergrüner, aufrechter, etwa 1 m hoher Strauch, Zweige dick, biegsam, zunächst silbrig behaart, später mit zahlreichen, kleinen Lentizellen.
Blätter: Oft an den Zweigenden gehäuft, länglich-lanzettlich, 3–8 cm lang, dünn, stumpf oder zugespitzt, zur Basis verschmälert, oberseits lebhaft grün, unterseits bläulich grün, kahl.
Blüten: Zu 2–3 achselständig an den vorjährigen Zweigen, stark duftend, Kelch purpurrosa oder purpurlila, Kelchröhre 5–7 mm lang, außen anliegend seidig behaart, Zipfel stumpf 3-eckig, 5 mm lang, Februar–April.
Früchte: Länglich-eiförmig, 8 mm lang, scharlachrot, fleischig.
Verbreitung: Europa, Kaukasien, Türkei, N-Iran, Sibirien.
Verwendung: Sehr häufig, B, D, ♧, ⚕, Bi, WHZ 4, LB 3.3.6.6 (9.3.4.6).

fo. alba. Wuchs meist straff aufrecht, Zweige dicker als bei der Art. Blüten rahmweiß. Früchte hellgelb.

Daphne oleoides Schreb., Ölbaumblättriger Seidelbast

Habitus: Immergrüner, aufrechter, vieltriebiger, bis 0,5 m hoher Strauch, Triebe grau behaart.
Blätter: Verkehrteiförmig-lanzettlich, 2–3 cm

lang, ledrig, stumpf oder spitz, oberseits graugrün, unterseits zuerst seidenhaarig, dann drüsig punktiert.
Blüten: Zu 2–8 in endständigen Köpfchen, duftend, Kelch cremeweiß bis weiß, Kelchröhre 6–8 mm lang, außen behaart, Zipfel schmal 3-eckig, 5–7 mm lang, Mai–Juni.
Früchte: Klein, rot oder orange, behaart.
Verbreitung: S- und SO-Europa, Türkei, Kaukasien, W-Iran, N-Afrika, Libanon.
Verwendung: Sehr selten, B, D, ☠, WHZ 7b, LB 6.3.1.7.

Daphne petraea Leyb., Felsen-Seidelbast

Habitus: Immergrüner, reich verzweigter, bis 0,15 m hoher, buschig aufrechter oder mattenförmig wachsender Strauch, Triebe locker behaart.
Blätter: An den Zweigenden büschelig gehäuft, schmal verkehrteiförmig-lanzettlich, 0,8–1,2 cm lang, ledrig, meist spitz, zur Basis verjüngt, oberseits dunkelgrün, kahl.
Blüten: Zu 3–5 in endständigen Köpfchen, duftend, Kelch rosa, Kelchröhre 0,9–1,5 cm lang, außen fein flaumig behaart, Zipfel breit eiförmig, stumpf, 3–5 mm lang, Juni–Juli.
Früchte: Grünlich braun, ledrig, schwach flaumig behaart.
Verbreitung: Europa: Italien (Brescia).
Verwendung: Sehr selten, B, D, ☠, WHZ 6b, LB 8.1.2.7.

Daphne pontica L., Pontischer Seidelbast

Habitus: Immergrüner, meist nicht mehr als 1 m hoher, kahler Strauch.
Blätter: Verkehrteiförmig bis länglich-verkehrteiförmig, 4,5–10 cm lang, ledrig, spitz, zur Basis hin verjüngt, glänzend tiefgrün.
Blüten: Kurz gestielt, meist in zahlreichen Paaren, jeweils auf einem gemeinsamen Stiel, gehäuft an der Basis der jungen Triebe und in den Achseln der oberen Blätter, meist duftend, Kelch gelblich weiß bis grünlich, Kelchröhre schmal, 0,6–1,2 cm lang, kahl, Zipfel linealisch-lanzettlich, 0,6–1,1 cm lang, April–Mai.
Früchte: Eiförmig, schwarz, fleischig.
Verbreitung: SO-Europa, Türkei, Kaukasien.
Verwendung: Selten, B, D, ☠, WHZ 6b, LB 7.2.4.6 (2.3.5.6).

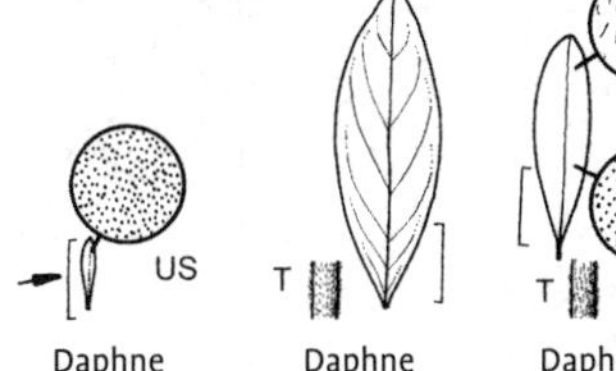

Daphne sericea Vahl, Berg-Seidelbast

Habitus: Immergrüner, 0,2–0,4 m hoher, vieltriebiger Strauch, junge Triebe dicht behaart.
Blätter: An den Zweigenden gehäuft, lanzettlich, 1–2 cm lang, spitz oder stumpf, oberseits glatt und glänzend, unterseits dicht behaart.
Blüten: Zu 10–15 in endständigen Köpfchen, duftend, Kelch rosarot, Kelchröhre 0,7–1,2 cm lang, dicht behaart, Zipfel breit eiförmig, 4–5 mm lang, Mai–Juni.
Früchte: Eiförmig, rötlich bis orangebraun, fleischig.
Verbreitung: S- und SO-Europa, Türkei, Syrien, Libanon.
Verwendung: Selten, B, D, ☠, WHZ 8a, LB 6.1.1.7.

Daphne striata Tratt., Gestreifter Seidelbast

Habitus: Immergrüner, niederliegender Zwergstrauch, Wuchs lockerer als *D. cneorum*.
Blätter: An den Zweigenden gehäuft, verkehrteiförmig-lanzettlich, 1,6–1,8 cm lang, glänzend, kahl.
Blüten: Zu 8–12 in endständigen Köpfchen, Kelch karminrosa, Kelchröhre leicht trichterförmig, längs gestreift, Juni–Juli.
Früchte: Rötlich orange.
Verbreitung: S-, ZM- und SO-Europa, Alpen.
Verwendung: Sehr selten, B, D, ☠, WHZ 7b, LB 8.1.5.7.

Daphniphyllum Blume

Scheinlorbeer – Daphniphyllaceae
(Gattungsname *Daphne* und griechisch *phyllon* = Blatt)

Habitus: Immergrüne, kahle Sträucher oder kleine Bäume.
Blätter: Wechselständig, lang gestielt, einfach, fiedernervig, Nebenblätter fehlend.

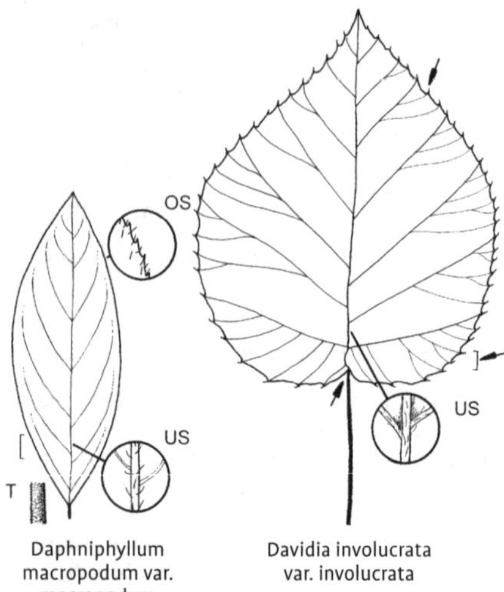

Daphniphyllum macropodum var. macropodum

Davidia involucrata var. involucrata

Blüten: 1-geschlechtig, 2-häusig verteilt, radiär, unscheinbar, in achselständigen Trauben, Kronblätter fehlend, ♂ Blüten mit 5–18 Staubblättern, kurzen Staubfäden und großen Staubbeuteln, ♀ Blüten mit 2-fächrigem Fruchtknoten und 2 kurzen, oft gekrümmten Griffeln.
Früchte: Steinfrüchte meist 1-samig, länglich-ellipsoid oder birnenförmig, 1 cm dick, dunkelblau bis schwarz, in 4–8 cm langen, hängenden Trauben.
Verbreitung: 10(–15) Arten in China, Japan, Formosa und Indomalaysien.
Verwendung: Kultur wie *Rhododendron* an sehr geschützten Standorten.

Daphniphyllum macropodum Miq. **var. macropodum**, Chinesischer Scheinlorbeer

Habitus: Strauch oder kleiner, bis 15 m hoher, dicht verzweigter Baum, junge Triebe dick, blaugrün oder rötlich.
Blätter: Länglich, 8–20 cm lang, zugespitzt, Basis keilförmig, oberseits dunkelgrün, unterseits bläulich weiß, Nervenpaare 12–17, Stiel 3–4 cm lang, wie die Mittelrippe oft rot.
Blüten: In 2,5 cm langen Trauben, Kelch hellgrün, Mai–Juni.
Früchte: Birnenförmig, etwa 1 cm lang, blauschwarz.
Verbreitung: M- und S-Japan, Korea.
Verwendung: Sehr selten, WHZ 7b, LB 2.3.5.5.

var. humile (Maxim ex Franch. et Sav.) K. Rosenth. Bis etwa 2 m hoher, breiter, langsam wachsender Strauch. Blätter eiförmig oder verkehrteiförmig, 5–12 cm lang, oberseits glänzend dunkelgrün, unterseits bläulich. M- und N-Japan, Korea.

Dasiphora fruticosa (L.) Rydb. = *Potentilla fruticosa*

Davidia Baill.

Taubenbaum – Nyssaceae

(nach Armand David, 1826–1890, französischer Missionar und Chinaforscher)

Monotypische Gattung

Davidia involucrata Baill. **var. involucrata**, Taubenbaum, Taschentuchbaum

Habitus: Sommergrüner, bis 20 m hoher Baum, Krone anfangs breit kegelförmig, zuletzt unregelmäßig, Äste aufstrebend bis waagerecht abstehend, Borke graubraun, abblätternd, Zweigsystem deutlich in Lang- und Kurztriebe gegliedert, Kurztriebe stets nur mit 1 Knospe, Zweige dick, olivbraun bis braun, mit deutlichen Lentizellen, Endknospen eiförmig, 6–7 mm lang, zugespitzt, glänzend dunkel rotbraun, Knospenschuppen fein bewimpert, Seitenknospen 6–8 mm lang, Blattnarben sichel- bis nahezu halbkreisförmig.
Blätter: Wechselständig, lang gestielt, breit eiförmig, 8–15 cm lang, zugespitzt, Basis herzförmig, mit grannenartig zugespitzten Zähnen und deutlicher Nervatur, oberseits frischgrün, unterseits ± dicht behaart, Blattstiel rot, Nebenblätter fehlend.
Blüten: ♂ oder zwittrig, in lang gestielten, köpfchenartigen Ständen am Ende beblätterter Kurztriebe, Stiel rot, 4–7 cm lang, Blütenhülle fehlend, Blütenköpfchen etwa 2 cm breit, mit zahlreichen, pinselartig angeordneten Staubblättern, purpurnen Staubbeuteln und einer ♀ Blüte, diese mit einem 6-strahligen Stempel und einem 6- bis 10-fächrigen, unterständigen Fruchtknoten, Blütenköpfchen umgeben von 2 gegenständigen, ungleich großen, bis 16 cm langen, hängenden, zunächst gelblichen, später weißen Hochblättern, (April–)Mai–Juni.
Früchte: Steinfrüchte ellipsoid, 3–3,5 cm lang, zuletzt purpurbraun, bereift, Steinkern

gefurcht, 3- bis 5-samig, Fruchtfleisch 4–6 mm dick, zunächst ledrig-fleischig, sich nicht vom verholzenden Steinkern lösend, Fruchtstiel unmittelbar unterhalb der Frucht verdickt, warzig und mit einem breiten, scharlachroten Ring.
Verbreitung: China: Sichuan, Hubei.
Verwendung: Häufig (vor allem der attraktiven Blüten wegen), B, WHZ 7a, LB 3.2.1.3.

var. vilmoriniana (Dode) Wangerin, Vilmorins Taubenbaum. Blätter glänzend hellgrün, unterseits bläulich grün, kahl oder nahezu kahl, Blattstiel grün, der rote Ring fehlend. Früchte größer als bei var. *involucrata* und mehr eiförmig, apfelgrün. Bei uns ist überwiegend diese Varietät in Kultur. China: Sichuan.

Decaisnea Hook. f. et Thomson

Blauschote, Gurkenstrauch – Lardizabalaceae

(nach Joseph Decaisne, 1807–1882, belgischer Botaniker, Prof. am Jardin des Plantes, Paris)

Habitus: Sommergrüne, sparsam verzweigte Sträucher, Zweige sehr dick, olivgrün, breift, mit deutlichen Lentizellen, Knospen 8–15 mm lang, anliegend, mit 2 kahlen Knospenschuppen, Endknospen fehlend, Blattnarben groß, mit zahlreichen unauffälligen Gefäßbündelspuren.
Blätter: Wechselständig, unpaarig gefiedert, Fiedern ganzrandig.
Blüten: Polygam, radiär, in langen, aufrechten oder hängenden Trauben, endständig an Seitenzweigen, zwittrige und ♂ Blüten in getrennten Ständen oder an verschiedenen Blütenstandsachsen, Blütenhülle einfach, Perigon 6-teilig, freiblättrig, Staubblätter 6, Fruchtblätter 3, frei, oberständig.
Früchte: Beeren walzenförmig, 6–10 cm lang, kobaltblau, Fruchtwand fleischig, die 9–10 mm langen, eiförmigen, abgeflachten, schwarz glänzenden Samen in 2 Längsreihen angeordnet und in einer durchscheinenden, essbaren Gallerte eingebettet.
Verbreitung: 2 Arten in China.

D. fargesii Franch. = *D. insignis*

Decaisnea insignis

Decaisnea insignis (Griff.) Hook. f. et Thomson, Chinesische Blauschote

Habitus: 2–3(–5) m hoher, steif aufrechter, etwas staksig wirkender Strauch, Zweige kahl, blau bereift.
Blätter: 50–80 cm lang, Blättchen gegenständig, zu 13–25, länglich-eiförmig, 6–14 cm lang, lang zugespitzt, Herbstfärbung gelb bis grüngolden.
Blüten: Glockig, in 25–50 cm langen, einfachen oder doppelten, hängenden Trauben an den Zweigenden, Kronblätter gelblich grün, lanzettlich, Mai–Juni.
Früchte: Kobaltblau, weiß bereift, meist zu 3.
Verbreitung: W-China.
Verwendung: Häufig, H, ♣, WHZ 7a, LB 6.4.4.5.

Decumaria L.

Sternhortensie – Hydrangeaceae

(lateinisch *decumus*, *decimus* = der Zehnte, nach der Zehnzahl der Blütenstruktur)

Habitus: Sommer- oder wintergrüne, mit Haftwurzeln kletternde, nahe mit *Hydrangea* verwandte Lianen.
Blätter: Gegenständig, ungeteilt, sternhaarig, Nebenblätter fehlend.
Blüten: Zwittrig, radiär, 0,7–1 cm breit, in vielblütigen, end- und achselständigen doldenartigen Rispen, im Gegensatz zu *Hydrangea* alle fruchtbar, Kelch- und Kronblätter je 7–10, Krone weiß, Staubblätter 20–30, Fruchtknoten 5- bis 10-fächrig, halbunterständig, Griffel bis zu den 7–10 Narben hinauf verwachsen.
Früchte: Kapseln kreisel- bis urnenförmig, 6–10 mm lang, 7- bis 10-fächrig, nach oben in einen dicken Griffel mit kopfiger Narbe verschmälert, Samen zahlreich, sehr klein.

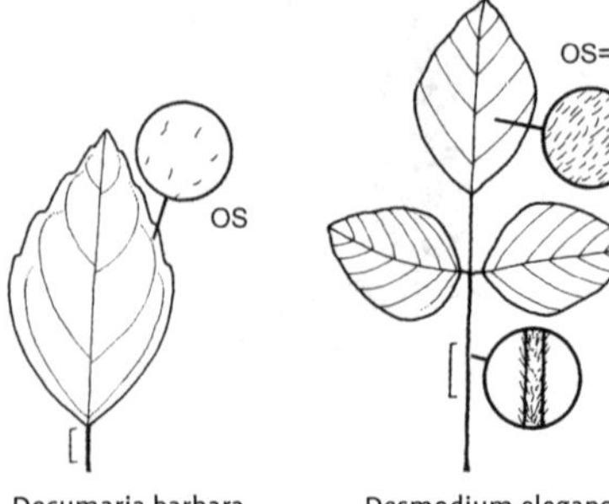

Decumaria barbara Desmodium elegans

Verbreitung: Je 1 Art in N-Amerika und China, die in China heimische *D. sinensis* ist bei uns nicht in Kultur.

Decumaria barbara L., Amerikanische Sternhortensie

Habitus: Bis 10 m hoch kletternd.
Blätter: Sommer- bis ± wintergrün, eiförmig bis elliptisch, 3–10 cm lang, kurz zugespitzt, meist entfernt gezähnt, oberseits kahl und glänzend grün, unterseits schwach flaumhaarig.
Blüten: In vielblütigen, kugeligen, 5–10 cm breiten Rispen, süß duftend, Mai–Juni.
Früchte: Urnenförmig.
Verbreitung: SO-USA.
Verwendung: Sehr selten, B, D, WHZ 7b, LB 1.2.4.9.

Desmodium Desv.

Wandelklee – Fabaceae
(griechisch *desmos* = Band oder Kette und *odes* = Ähnlichkeit)

Habitus: Sommergrüne Sträucher, Halbsträucher und Kräuter.
Blätter: Unpaarig gefiedert, mit 3–5, selten mit nur 1 großen Blättchen, Endblättchen mit 2, die seitlichen Blättchen mit 1 basalen Nebenblatt.
Blüten: Zwittrig, zygomorph, klein, in achsel- oder endständigen Trauben oder Rispen, Kelch kreiselförmig oder glockig, ± 2-lippig, Krone meist purpurn, Fahne länglich oder rundlich, Flügel dem Kiel angedrückt, die 10 Staubblätter an der Basis frei oder 9 verwachsen und 1 Staubblatt frei, Griffel einwärts gekrümmt.
Früchte: Hülsen gegliedert, zur Reife in Einzelteile zerfallend.
Verbreitung: 300(–450) Arten, vorwiegend in den Tropen und Subtropen.
Verwendung: Sehr selten gepflanzte, im Herbst blühende Sträucher für warme, sonnige Lagen und leichte, durchlässige Böden. Winterschutz und jährlicher Rückschnitt sind ratsam.

Desmodium elegans DC., Ähriger Wandelklee

Habitus: Sommergrüner, bis 1,5 m hoher Strauch, junge Zweige weich behaart, gerippt.
Blätter: 3-zählig, Endblättchen 3–4 cm lang, rundlich bis verkehrteiförmig, stachelspitzig, die seitlichen Blättchen kleiner, rundlich-eiförmig, alle oberseits dunkelgrün und grau behaart, unterseits dicht graufilzig, Nebenblätter bleibend.
Blüten: 1,75 cm lang, in vielblütigen, bis zu 20 cm langen, endständigen Ähren, die zu 6–8 in Quirlen stehen, Krone lila bis karminrosa, September–Oktober.
Früchte: Bis 5 cm lang, gebogen, meist 5-samig.
Verbreitung: Himalaja, China.
Verwendung: Selten, B, WHZ 7b, LB 2.3.5.8.

D. penduliflorum Oudem. = *Lespedeza thunbergii*
D. tiliifolium (D. Don) G. Don = *D. elegans*

Deutzia Thunb.

Deutzie – Hydrangeaceae
(nach Johan van der Deutz, 1743–1788, holländischer Ratsherr und Förderer von C. P. Thunberg)

Habitus: Sommergrüne, meist straff aufrecht wachsende Sträucher, Zweige stielrund, hohl oder mit hellem bis braunem, lockerem Mark, Rinde dünn abschälend, fein längsrissig, Knospen eiförmig oder länglich-eiförmig, z. T. 4-kantig, alle nahezu gleich groß, 3–7 mm lang, Knospenschuppen zugespitzt, Blattnarben v-förmig, mit 3 Gefäßbündelspuren.
Blätter: Gegenständig, meist kurz gestielt, eiförmig bis lanzettlich, gekerbt oder gesägt, oft mit vorwärtsgerichteten Zähnen, meist mit angedrückten Sternhaaren, Nebenblätter fehlend.

Blüten: Zwittrig, radiär, 1–2,5 cm breit, zu wenigen bis etwa 25 in Rispen, Trauben, Zymen oder Trugdolden, am Ende kurzer, beblätterter, seitenständiger Triebe, 5-zählig, Kelch glockig, 5-lappig, Kronblätter weiß, rosa oder purpurn, in der Knospe überwiegend klappig angeordnet, bei einigen Arten auch ganz oder teilweise dachziegelig, Staubblätter 10, kürzer als die Kronblätter, meist im unteren Teil auffallend breit geflügelt, die Flügel unterhalb der Staubbeutel oft in einen abstehenden Zahn auslaufend, Fruchtknoten unterständig, Griffel 3–5, frei.
Früchte: Kapseln ± kugelig oder abgeflacht-kugelig, 3–7 mm dick (ohne Griffel), 3- bis 5-fächrig, die bleibenden Griffel fädig und so lang wie oder länger als die Frucht, Samen 1–1,5 mm lang, zahlreich.
Verbreitung: Etwa 60 Arten, überwiegend in der nemoralen Zone O-Asiens, 2 Arten in Mexiko.
Verwendung: Häufig gepflanzte, reich blühende, robuste und ziemlich anspruchslose Blütensträucher. In der Gartenkultur sind die Züchtungen, u. a. von V. Lemoine, Nancy, meist von größerer Bedeutung als die Arten.

Bestimmungsschlüssel Deutzia

(Arten nur mit oder nach der Blüte bestimmbar)

1 Blüten in mindestens ± so breiten wie langen Schirmtrauben oder -rispen (Trugdolden), Blüten meist sternförmig ausgebreitet 2
– Blüten in länglichen Trauben, Thyrsen, Rispen 14
2 Blüten außen rosa, karminrot oder purpurn 3
– Blüten weiß 8
3 Staubbeutel am Ende der Staubfäden 4
– Staubbeutel der inneren Staubfäden auf der Innenseite des Staubfadens sitzend und von diesem überragt 6
4 Kelchblätter länger als der Blütenbecher 5
– Kelchblätter etwa so lang wie der Blütenbecher .... *D. purpurascens* 'Kalmiiflora'
5 Blätter etwa doppelt so lang wie breit, Blattgrund herzförmig .... *D. ×elegantissima*
– Blätter etwa 3-mal so lang wie breit, Blattgrund keilförmig .... *D. ×maliflora*
6 Blätter unterseits spärlich mit 4- bis 6-strahligen Sternhaaren .... *D. purpurascens*
– Blätter unterseits mit 8- bis 12-strahligen Sternhaaren 7
7 Sternhaare blattunterseits dicht .... *D. longifolia*
– Sternhaare blattunterseits spärlich .... *D. ×hybrida*
8 Blätter unterseits entlang der Mittelrippe neben den Sternhaaren auch mit langen, einfachen Haaren 9
– Blätter unterseits nur mit Sternhaaren 11
9 Blätter unterseits weißlich 10

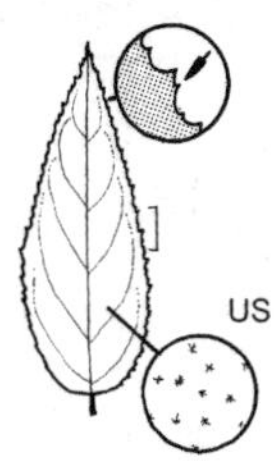

Deutzia ×carnea

– Blätter unterseits grün, Blattstiele höchstens 6 mm lang .... *D. ×wilsonii*
10 Blattstiele bis über 1 cm lang, Sternhaare 9- bis 12-strahlig .... *D. discolor*
– Blattstiele höchstens 8 mm lang, Sternhaare 3-bis 5-strahlig .... *D. setchuenensis* var. *setchuenensis*
11 Blätter unterseits mit 10- bis 15-strahligen Sternhaaren (Lupe!) .... *D. vilmoriniae*
– Blätter unterseits mit 3- bis 10-strahligen Sternhaaren 12
12 Blätter unterseits mit 3- bis 5-strahligen Sternhaaren (Lupe!) .... *D. scabra*
– Blätter unterseits mit 5- bis 10-strahligen Sternhaaren 13
13 Blätter unterseits nur zerstreut mit Sternhaaren .... *D. parviflora*
– Blätter unterseits flächig mit Sternhaaren .... *D. ×lemoinei*
14 (1) Blätter unterseits kahl oder mit 4- bis 7-strahligen Sternhaaren 16
– Blätter unterseits mit 10- bis 15-strahligen Sternhaaren (Lupe!) 15
15 Blüten 1,5–2 cm breit, Kelchblätter kürzer als der Blütenbecher .... *D. crenata*
– Blüten 2–2,5 cm breit, Kelchblätter so lang wie der Blütenbecher .... *D. ×magnifica*
16 Blüten weiß .... *D. gracilis*
– Blüten außen rosa oder rötlich 17
17 Kelchblätter lanzettlich, Blattrand einfach gesägt .... *D. ×rosea*
– Kelchblätter etwa 3-eckig, Blattrand doppelt gesägt .... *D. ×carnea*

Deutzia ×carnea (Lemoine) Rehder

(*D. scabra* × *D. ×rosea*)

Habitus: Wuchs niedrig, aufrecht, ähnlich wie *D. gracilis*.
Blätter: Eiförmig bis länglich-eiförmig, 3–5 cm lang, zugespitzt, Basis meist abgerundet, scharf gesägt, beiderseits mit zerstreuten, 4- bis 6-strahligen Sternhaaren.
Blüten: Etwa 2 cm breit, in lockeren, aufrechten Rispen, Krone außen rosa, innen weiß, Kelchblätter 3-eckig, rötlich, nicht länger als der Blütenbecher, Griffel nicht länger als die Staubblätter.
Verwendung: Häufig, B, WHZ 6a, LB 9.3.2.6.

D. chunii Hu = *D. ningpoensis*

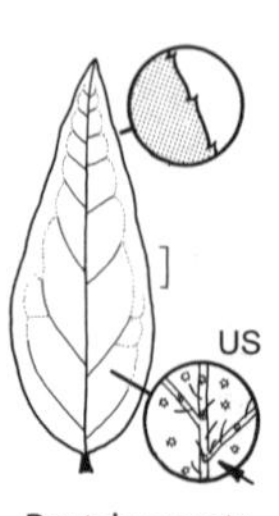

Deutzia crenata

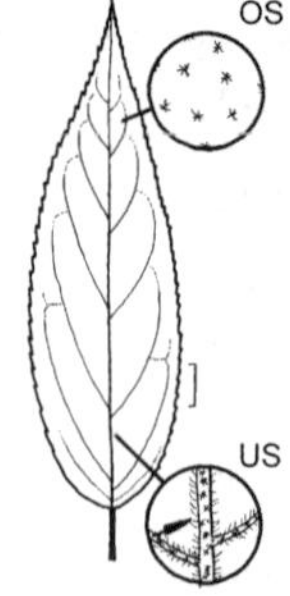

Deutzia discolor

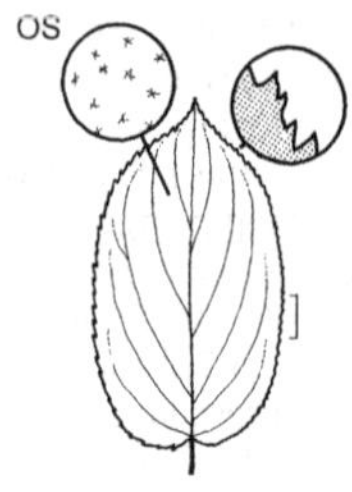

Deutzia ×elegantissima

Deutzia crenata Siebold et. Zucc., Gekerbtblättrige Deutzie

Habitus: 2,5–3 m hoher, straff aufrechter, dicht verzweigter Strauch.
Blätter: Eiförmig bis länglich, 3–8 cm lang, zugespitzt, Basis abgerundet, kerbig gesägt, oberseits grün, mit 4- bis 6-strahligen Sternhaaren, Sternhaare unterseits 10- bis 15-strahlig, auf den Nerven einige längere, aufrechte Haare.
Blüten: 1,5–2 cm breit, nach Honig duftend, in ziemlich dichten, breit kegelförmigen, aufrechten, dicht sternhaarigen Rispen, Kronblätter weiß, außen rosa getönt, schmal länglich, lange aufrecht, Kelchblätter 3-eckig, kürzer als der Blütenbecher, hinfällig, Griffel meist 3, Mai–Juni.
Verbreitung: Japan: Honshu, Shikoku, Kyushu, Riukiu-Inseln.
Verwendung: Sehr häufig (meist unter dem Namen *D. scabra*), B. WHZ 5b, LB 9.3.2.4

'Candidissima'. Blüten reinweiß, rosettenartig gefüllt.

'Codsall Pink'. Blüten malvenrosa, gefüllt, 2,5–3 cm breit, sehr zahlreich, in schmalen, kegelförmigen Rispen.

'Plena'. Blüten hellrosa, außen purpurrosa, dicht gefüllt, bis 3 cm breit.

'Pride of Rochester'. Blüten innen weiß, außen schwach rosa gestreift, dicht gefüllt, bis 3 cm breit, Kronblätter sehr schmal.

Deutzia discolor Hemsl., Verschiedenfarbige Deutzie

Habitus: 1,5–2 m hoher, aufstrebender Strauch.
Blätter: Länglich-lanzettlich, 4–11 cm lang, dünn, zugespitzt, Basis keilförmig, fein gesägt, oberseits mit 4- bis 5-strahligen Sternhaaren, unterseits graugrün oder weißlich, mit 9- bis 12-strahligen Sternhaaren, einige davon, besonders auf den Nerven, mit einem zusätzlichen Haar in der Mitte.
Blüten: 1,3–2,5 cm breit, in zahlreichen lockeren, fast halbkugeligen Zymen, Kronblätter weiß, außen leicht rosa, elliptisch, Kelchblätter 3-eckig-lanzettlich, etwa so lang wie der Blütenbecher, Staubblätter ½ so lang wie die Kronblätter, Griffel länger als die Staubblätter, alle Staubfäden gezähnt, Kelch und Blütenstiele dicht sternhaarig.
Verbreitung: M- und W-China.
Verwendung: Selten, B, WHZ 6a, LB 7.4.2.6 (9.3.2.5).

Deutzia ×elegantissima (Lemoine) Rehder, Elegante Deutzie
(*D. purpurascens* × *D. scabra*)

Habitus: Aufrechter, bis 1,5 m hoher Strauch.
Blätter: Eiförmig bis verkehrteiförmig, 5–6 cm lang, kurz zugespitzt, unregelmäßig scharf gesägt, stumpfgrün, runzelig, unterseits spärlich mit 4- bis 6-strahligen Sternhaaren.
Blüten: Etwa 2 cm breit, weit geöffnet, in reichblütigen, lockeren, aufrechten Zymen, Kronblätter außen rosa, innen weiß, rosa überhaucht, Kelchblätter lanzettlich, purpurn, länger als der Blütenbecher, innere Staubfäden gezähnt, Juni.
Verwendung: Selten, B, WHZ 6a, LB 9.3.2.5.

'Rosealind'. Blüten innen rosa, außen tief karminrosa, in zahlreichen, lockeren Ständen entlang der Zweige.

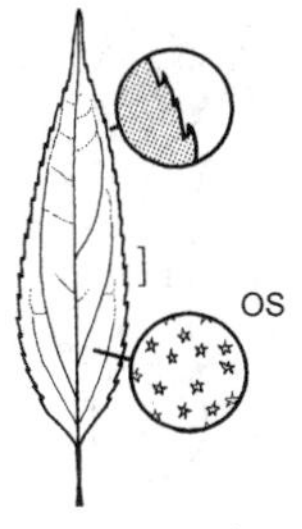

Deutzia gracilis

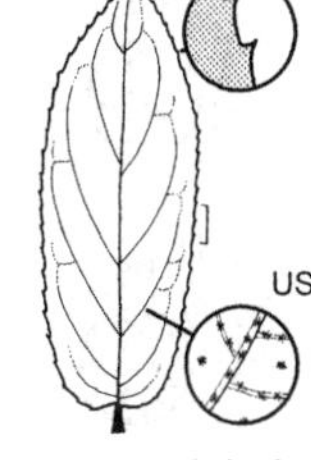

Deutzia ×hybrida

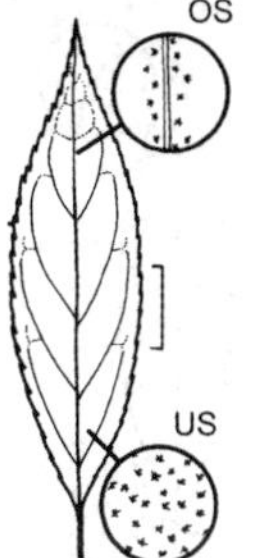

Deutzia ×lemoinei

Deutzia longifolia

Deutzia gracilis Siebold et Zucc., Zierliche Deutzie

Habitus: Bis 0,8 m hoher, breit aufrechter, buschiger, feinzweigiger Strauch.
Blätter: Länglich-eiförmig bis länglich-elliptisch, 3–7 cm lang, lang zugespitzt, Basis breit keilförmig oder abgerundet, unregelmäßig gesägt, hellgrün, oberseits zerstreut mit 3- bis 4-strahligen Sternhaaren, unterseits mit 4- bis 5-strahligen Sternhaaren.
Blüten: 1–2 cm breit, in aufrechten, 4–9 cm langen Trauben, Kronblätter weiß, elliptisch bis länglich, Kelchblätter kurz 3-eckig, etwa so lang wie der Blütenbecher, Griffel 5, etwa so lang wie die Staubblätter, Mai–Juni.
Verbreitung: M- und S-Japan.
Verwendung: Sehr häufig, B, WHZ 5b, LB 7.2.2.6 (9.3.2.6).

'Nikko' Bis etwa 0,3 m hoher Strauch. Zweige ausgebreitet-überhängend. Blüten zahlreich, weiß, gefüllt.

Deutzia ×hybrida Lemoine, Hybrid-Deutzie

(D. longifolia × D. purpurascens oder D. ×elegantissima)

Habitus: 1–1,5 m hoher, aufrechter Strauch.
Blätter: Länglich-eiförmig, 6–10 cm lang, scharf gesägt.
Blüten: Sehr zahlreich, weit geöffnet, Kronblätter malvenrosa, am Saum meist etwas heller, leicht gekräuselt, Staubblätter auffallend gelb, Juni.
Verwendung: Sehr häufig, B, WHZ 6b, LB 9.3.2.6.

'Contraste'. Blüten sehr groß, malvenrosa, stark gekräuselt. Eine der großblütigsten Sorten.

'Joconde'. Blüten sehr groß, hell lilaweiß, außen purpurn gestreift.

'Magicien'. Blüten groß, mittelrosa, am Saum weiß, außen dunkler mit purpurnen Streifen.

'Mont Rose'. Wuchs bis 2 m hoch. Blüten sehr zahlreich, bis 2,5 cm breit, in der Knospe lilarosa, später hellrosa, Saum heller, gekräuselt.

Die Abstammung der oft unter Deutzia ×hybrida aufgeführten Sorten ist bisher nicht in allen Fällen geklärt.

'Strawberry Fields'. Wuchs breit aufrecht, bis 1,5 m hoch. Blüten zahlreich, purpurrosa, 2,5–3 cm breit, in kegelförmigen Ständen.

D. ×kalmiiflora Lemoine = *D. purpurascens* 'Kalmiiflora'

Deutzia ×lemoinei Lemoine ex Bois, Lemoines Deutzie

(D. gracilis × D. parviflora)

Habitus: Bis 2 m hoher, aufrechter, buschiger Strauch.
Blätter: Elliptisch-lanzettlich bis lanzettlich, 3–6(–10) cm lang, lang zugespitzt, Basis keilförmig, scharf gesägt, beiderseits grün, unterseits spärlich mit 5- bis 8-strahligen Sternhaaren.
Blüten: 1,5–2 cm breit, in 3–8 cm langen, aufrechten Rispen oder kegelförmigen Trugdolden, Kronblätter weiß, verkehrteiförmig, in der Knospe teils dachziegelig, teils klappig angeordnet, Kelchblätter 3-eckig, viel kürzer als der Blütenbecher, Staubblätter gezähnt, Juni–Juli.
Verwendung: Sehr häufig (mit einigen Sorten), B, WHZ 5b, LB 9.3.2.6.

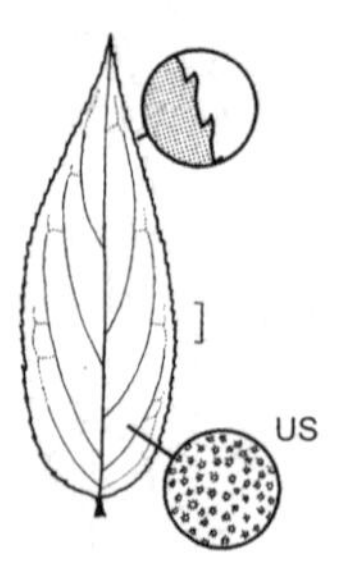

Deutzia ×magnifica

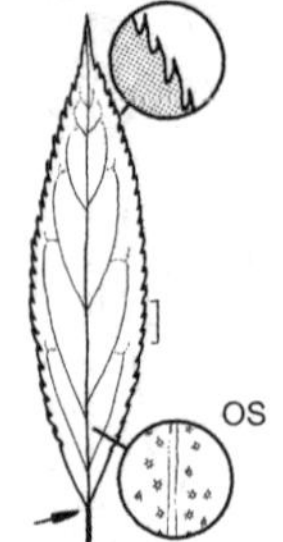

Deutzia ×maliflora

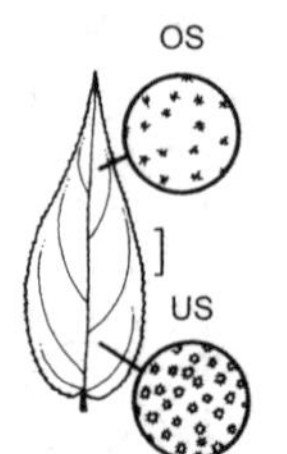

Deutzia ningpoensis

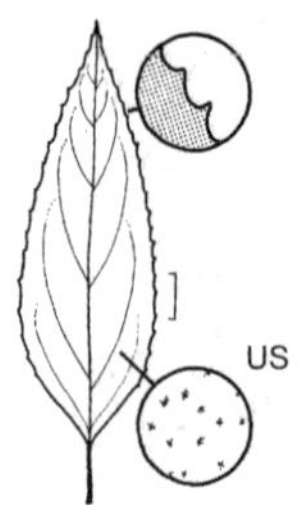

Deutzia parviflora

Deutzia longifolia Franch., Langblättrige Deutzie

Habitus: 1,5–2 m hoher, aufrechter Strauch.
Blätter: Länglich-lanzettlich bis lanzettlich, 5–8(–12) cm lang, lang zugespitzt, Basis keilförmig, gesägt, oberseits stumpfgrün mit 5- bis 6-strahligen Sternhaaren, unterseits graugrün oder weißlich, dicht mit 8- bis 12-strahligen Sternhaaren, auf den Nerven oft mit einfachen, abstehenden Haaren besetzt.
Blüten: 2–2,5 cm breit, in vielblütigen, gedrängten bis lockeren Zymen, Kronblätter innen weiß, außen rosa bis purpurn, elliptisch-länglich, Kelchblätter lanzettlich, länger als der Blütenbecher, alle Staubfäden gezähnt, Mai–Juni.
Verbreitung: China: Yunnan, Sichuan.
Verwendung: Selten, B, WHZ 6a, LB 4.3.2.6 (2.3.5.6) (9.3.2.6).

'Veitchii'. Blüten dunkler purpurrosa als bei der Art, Blütenstände größer und dichter.

Deutzia ×magnifica (Lemoine) Rehder, Großartige Deutzie

(D. crenata × D. vilmoriniae)

Habitus: Straff aufrechter, bis 2,5 m hoher, buschiger, dicht verzweigter Strauch, Zweige dick.
Blätter: Eiförmig-länglich, 4–6(–8) cm lang, Basis abgerundet, fein scharf gesägt, oberseits rau, unterseits weiß, ziemlich dicht mit 10- bis 15-strahligen Sternhaaren besetzt.
Blüten: 2,5 cm breit, rosettenartig gefüllt, in 4–8 cm langen, dichten, kugeligen Rispen, Kronblätter reinweiß, länglich, Kelchblätter eiförmig oder 3-eckig, etwa so lang wie der Blütenbecher, Staubfäden mit großen Zähnen, Juni.
Verwendung: Sehr häufig (mit einigen Sorten), B, WHZ 6b, LB 9.3.3.4.

Deutzia ×maliflora Rehder, Apfelblütige Deutzie

(D. purpurascens × D. ×lemoinei)

Habitus: Bis 2 m hoher, aufrechter Strauch.
Blätter: Länglich-eiförmig, 2,5–4 cm lang, zugespitzt, Basis abgerundet, fein gesägt, runzelig, unterseits grün und zerstreut mit 5- bis 8-strahligen Sternhaaren besetzt.
Blüten: 1,5 cm breit, in 3–6 cm langen, dichten, kugeligen Trugdolden, Kronblätter weiß, außen rosa bis purpurn, Kelchblätter länglich, deutlich länger als der Blütenbecher, Juni.
Verwendung: Selten, B, WHZ 6a, LB 9.3.2.6.

Deutzia ningpoensis Rehder, Ningpo-Deutzie

Habitus: 2–3 m hoher, zierlich verzweigter Strauch.
Blätter: Eiförmig, 3,5–7 cm lang, ganzrandig, oberseits mit 5- bis 6-strahligen Sternhaaren, unterseits mit 12- bis 14-strahligen sehr dicht stehenden Sternhaaren.
Blüten: 0,5–1 cm breit, dicht gedrängt in bis 10 cm langen, schmalen Rispen, Kronblätter weiß oder rosa, länglich, Kelchblätter ei- oder deltaförmig, Staubfäden mit 2 abstehenden Zähnen, Juni–Juli.
Verbreitung: China: Zhejiang, Anhui.
Verwendung: Selten, WHZ 5a, LB 7.4.4.2.

Deutzia parviflora Bunge, Kleinblütige Deutzie

Habitus: Bis 2 m hoher, reich verzweigter Strauch, Zweige locker sternhaarig.
Blätter: Eiförmig bis elliptisch-lanzettlich, 3–10 cm lang, zugespitzt, Basis keilförmig, unregelmäßig gesägt, Zähne abstehend, beiderseits grün, oberseits mit zerstreuten, 5- bis

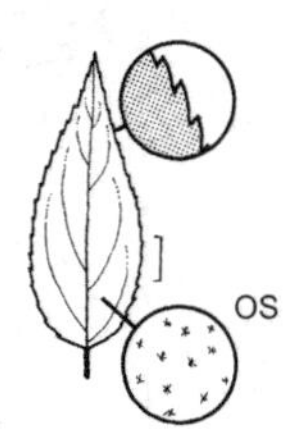

Deutzia purpurascens

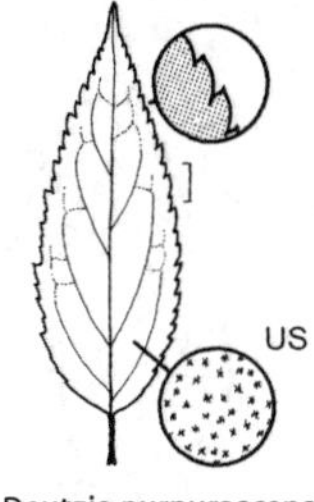

Deutzia purpurascens 'Kalmiiflora'

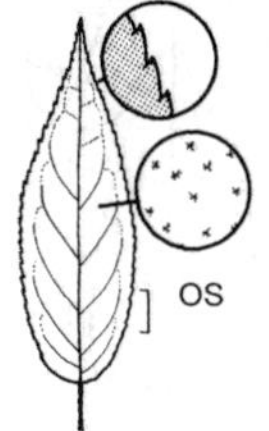

Deutzia ×rosea

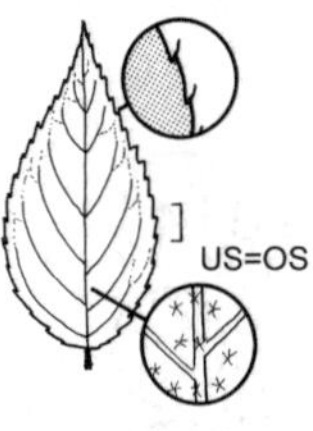

Deutzia scabra

8-strahligen Sternhaaren, unterseits mit 10- bis 12-strahligen Sternhaaren und einfachen Haaren entlang der Mittelrippe.
Blüten: 1,2 cm breit, in vielblütigen, 4–7 cm breiten Trugdolden, Kronblätter weiß, sternförmig ausgebreitet, rundlich-verkehrteiförmig, in der Knospe dachziegelig angeordnet, Kelchblätter breit eiförmig, kürzer als der Blütenbecher, Griffel 3, kürzer als die Staubblätter, Staubfäden ohne Zähne, Juni.
Verbreitung: China, Mandschurei.
Verwendung: Selten, B, WHZ 6a, LB 6.3.2.6.

Deutzia purpurascens (Franch. ex L. Henry) Rehder, Purpur-Deutzie

Habitus: Bis 1,5 m hoher Strauch, Zweige schlank, überhängend.
Blätter: Länglich-eiförmig bis länglich-lanzettlich, 4–7 cm lang, zugespitzt, Basis abgerundet, unregelmäßig gesägt, oberseits rau, mit meist 5-strahligen Sternhaaren, unterseits grün, mit 7- bis 8-strahligen Sternhaaren, beiderseits einige Sternhaare mit einem zentralen aufrecht stehenden Haar.
Blüten: 2 cm breit, zu 4–10 in kugeligen Zymen, Kronblätter weiß, außen lebhaft rot überlaufen, verkehrteiförmig oder elliptisch, Kelchblätter lanzettlich oder länglich lanzettlich, länger als der Blütenbecher, die äußeren Staubfäden mit einigen Zähnen, die inneren fein gezähnt, Mai–Juni.
Verbreitung: W-China.
Verwendung: Selten, B, WHZ 6b, LB 6.4.2.6.

'Kalmiiflora'. Etwa 1,5 m hoher, locker aufrechter, reich verzweigter, zierlicher Strauch, Zweige zierlich überhängend. Blätter länglich-eiförmig bis eiförmig-lanzettlich, 3–6 cm lang, zugespitzt, Basis breit keilförmig, gesägt, unterseits hellgrün und dicht mit 6- bis 8-strahligen Sternhaaren. Blüten etwa 2 cm breit, glockig, zu 5–12 in lockeren, aufrechten, doldenförmigen Rispen, Kronblätter in der Knospe dunkelrosa, später innen weiß mit rosa Hauch, außen hellrosa, verkehrteiförmig, Kelchblätter eiförmig, etwa so lang wie der Blütenbecher, Juni.

Deutzia ×rosea (Lemoine) Rehder, Rosa Deutzie

(*D. gracilis* × *D. purpurascens*)

Habitus: Bis etwa 1,5 m hoher, buschiger, gedrungener Strauch, Zweige überhängend.
Blätter: Länglich-eiförmig bis eiförmig-lanzettlich, bis 10 cm lang, scharf gesägt, oberseits mit zerstreuten, 4- bis 6-strahligen Sternhaaren, unterseits kahl.
Blüten: Etwa 2 cm breit, anfangs glockig, später weit geöffnet, in kurzen, breiten Rispen, Kronblätter innen weiß, außen rosa oder rot überlaufen, Kelchblätter lanzettlich, länger als der Blütenbecher, Griffel meist länger als die Staubblätter, Juni.
Verwendung: Sehr häufig, B, WHZ 6a, LB 9.3.2.6.

'Campanulata'. Blüten tief schalenförmig, reinweiß, bis 2,5 cm breit. Wuchs buschig, Zweige aufstrebend-überhängend.

'Carminea'. Blüten innen weiß, außen karminrosa, 2 cm breit. Wuchs ausgebreitet-überhängend.

'Grandiflora'. Blüten weiß, außen hell karminrosa, bis 3 cm breit, Blütenstände auf der ganzen Zweiglänge. Wuchs kräftig aufrecht, Zweige lang überhängend.

Deutzia scabra Thunb., Raue Deutzie

Habitus: Bis etwa 2,5 m hoher, straff aufrechter, dicht verzweigter Strauch.
Blätter: Eiförmig-länglich, 3–8 cm lang, spitz bis kurz zugespitzt, Basis abgerundet, scharf und unregelmäßig gesägt, mattgrün, beiderseits mit 3- bis 5-strahligen Sternhaaren.

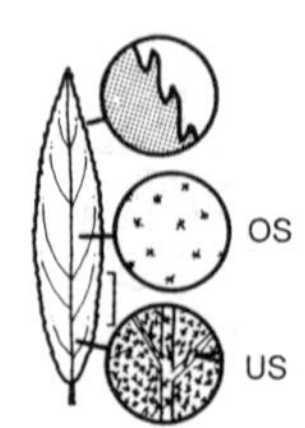

Deutzia setchuenensis var. setchuenensis

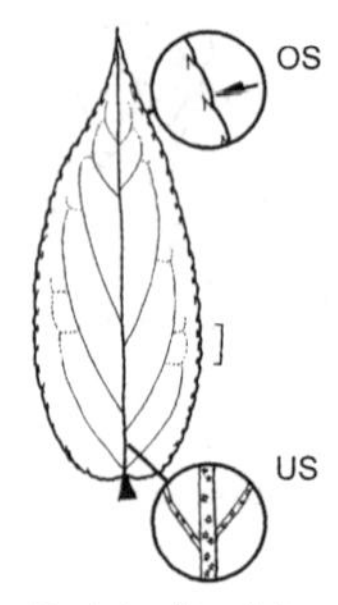

Deutzia vilmoriniae

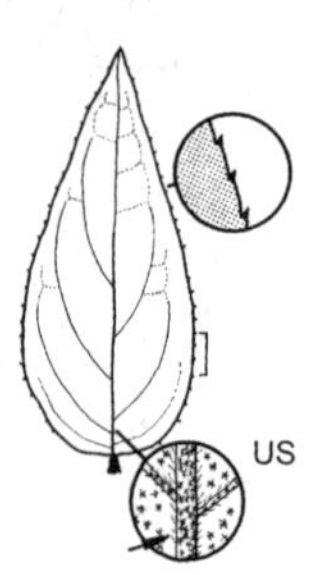

Deutzia ×wilsonii

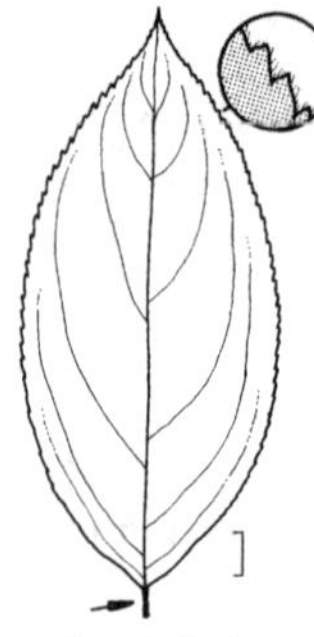
Diervilla lonicera

Blüten: Bis 1,2 cm breit, in breiten, lockeren Ständen, Kronblätter reinweiß, eiförmig, sternförmig ausgebreitet, Kelchblätter breit 3-eckig, Staubblätter ohne Zähne, Griffel etwas länger als die Staubblätter, Mai–Juni.
Verbreitung: M- und S-Japan.
Verwendung: Sehr selten (Pflanzen, die in Europa oder N-Amerika unter diesem Namen in Kultur sind, gehören meist zu *D. crenata* Sieb. et Zucc.) B, WHZ 5b, LB 9.3.2.4.

Deutzia setchuenensis Franch. **var. setchuenensis**, Sichuan-Deutzie

Habitus: Bis 2 m hoher Strauch.
Blätter: Eiförmig, bis 6 cm lang, meist lang zugespitzt, fein gesägt, oberseits mit 4- bis 6-strahligen Sternhaaren, unterseits mit 3- bis 5-strahligen Sternhaaren, einige mit einem langen, zentralen Haar.
Blüten: Bis 1 cm breit, zu wenigen bis vielen in lockeren Trugdolden, Kronblätter weiß, eiförmig-länglich, Kelchblätter breit deltaförmig, Staubfäden mit 2 deutlichen Zähnen, Griffel kurz, Juni–Juli.
Verbreitung: China: W-Hubei.
Verwendung: Selten, B, WHZ 7a, LB 6.4.2.5.

var. corymbiflora (Lemoine) Rehder. Blätter 3–11 cm lang. Blüten bis 1,5 cm breit, sternförmig, sehr zahlreich, in bis 10 cm breiten Trugdolden. Häufiger in Kultur als var. *setchuensis*. W- und M-China.

D. sieboldiana Maxim. = *D. scabra*

Deutzia vilmoriniae Lemoine, Vilmorins Deutzie

Habitus: Etwa 1,5 m hoher Strauch, Zweige aufrecht-überhängend, Rinde glänzend braun, zuletzt abblätternd.
Blätter: Eiförmig bis länglich, 3–6(–8) cm lang, zugespitzt, Basis breit keilförmig, scharf gesägt, oberseits sattgrün und locker sternhaarig, unterseits graugrün und mit 9- bis 12-strahligen Sternhaaren.
Blüten: 2 cm breit, in lockeren, 5–7 cm breiten Trugdolden, Kronblätter reinweiß, eiförmig, Kelchblätter lanzettlich, kaum länger als der Blütenbecher, Staubfäden gezähnt, Juni.
Verbreitung: M-China.
Verwendung: Selten, B, WHZ 6a, LB 4.3.2.6.

Deutzia ×wilsonii Duthie

(*D. discolor* × *D. parviflora*)

Habitus: Bis 2 m hoher, wüchsiger Strauch.
Blätter: Elliptisch bis länglich-lanzettlich, 6–9(–11) cm lang, spitz oder zugespitzt, Basis breit keilförmig, unregelmäßig gesägt, oberseits rau, unterseits graugrün, dicht mit 5- bis 10-strahligen Sternhaaren bedeckt, auf den Nerven auch einfache, abstehende Haare.
Blüten: Etwa 2 cm breit, in breiten, lockeren Trugdolden, Kronblätter weiß, breit elliptisch, ausgebreitet, Kelchblätter eiförmig-länglich, etwa so lang wie der Blütenbecher, einige Staubfäden gezähnt, Juni.
Verbreitung: M-China.
Verwendung: Selten, B, WHZ 6b, LB 7.4.2.5.

Diervilla Mill.

Buschgeißblatt – Caprifoliaceae

(nach M. Dierville, französischer Arzt und Pflanzensammler in N-Amerika, Anfang des 18. Jahrh.)

Habitus: Sommergrüne, niedrige, buschige Sträucher, Triebe kahl oder behaart, stiel-

rund oder leicht 4-kantig, Knospen 5–8 mm lang, länglich-eiförmig, den Zweigen anliegend.
Blätter: Gegenständig, sitzend oder kurz gestielt, eiförmig, gesägt.
Blüten: Zwittrig, zygomorph, in 3- oder vielblütigen Scheindolden, die oft zu dichten, endständigen Rispen zusammengefasst sind, Kelch 5-lappig, mit pfriemlichen Zipfeln, Krone 2-lippig, mit trichterförmiger Röhre, grün oder grünlich gelb, die 5 Staubblätter und der Griffel länger als die Krone, Fruchtknoten 2-fächrig, unterständig.
Früchte: 0,6–1,5 cm lange, länglich-eiförmige, geschnäbelte, dünnwandige, 2-fächrige Kapseln, die von dem bleibenden Kelch gekrönt sind, Samen 1 mm lang, zahlreich.
Verbreitung: 3 Arten im nemoralen östl. N-Amerika.
Verwendung: Unscheinbare, wenig anspruchsvolle Gruppensträucher, teilweise auch für flächige Begrünungen, u. a. im Straßenbegleitgrün, eingesetzt.

Bestimmungsschlüssel Diervilla

1 Blätter 5–10 mm lang gestielt, Triebe stielrund . . . . *D. lonicera*
– Blätter kürzer gestielt oder fast sitzend, Triebe 4-kantig 2
2 Blätter kurz gestielt, spitz, Triebe und Blätter kahl 3
– Blätter ± sitzend, lang zugespitzt, Triebe und Blätter unterseits behaart . . . . *D. rivularis*
3 Blätter rötlich, nur Nervatur unterseits grün . . . . *D. ×splendens*
– Blätter grün, Nervatur rot gesprenkelt . . . . *D. sessilifolia*

D. canadensis Willd. = *D. lonicera*

Diervilla lonicera Mill., Kanadisches Buschgeißblatt

Habitus: Bis 1 m hoher, buschiger Strauch, Triebe ± stielrund, kahl.
Blätter: Länglich-eiförmig, 4–10 cm lang, zugespitzt, Basis breit keilförmig, gesägt, Stiel 5–10 mm lang.
Blüten: Zu 3 achselständig oder zu 5 in endständigen Thyrsen, Kelch kahl, Kelchblätter aufrecht, pfriemlich, Krone trichterförmig, grünlich gelb, Kronröhre 1,3 cm lang, Griffel und Staubblätter behaart, Juni–Juli.
Früchte: Etwa 8 mm lang, Kanten wenig hervortretend.
Verbreitung: O-Kanada, NO-, NOZ- und SO-USA.
Verwendung: Selten, WHZ 5b, LB 4.2.4.6 (9.2.2.6) (5.3.5.6).

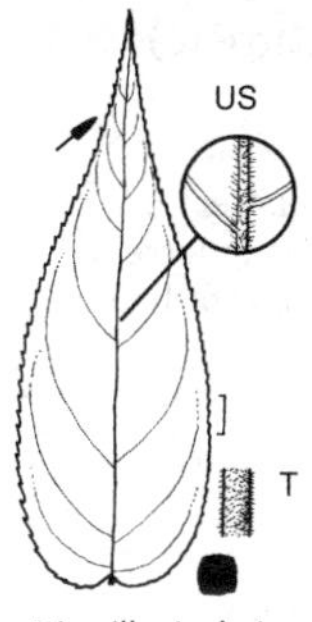

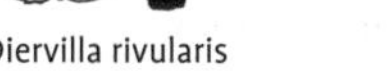
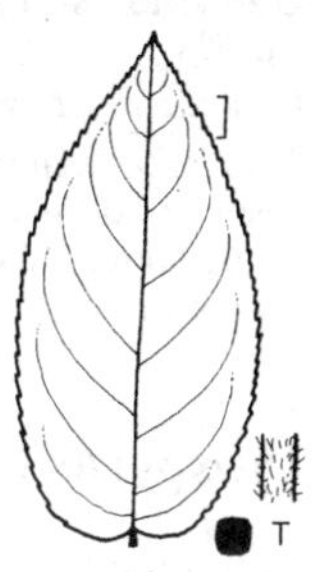

Diervilla rivularis Diervilla sessilifolia

Diervilla rivularis Gatt., Bach-Buschgeißblatt

Habitus: Etwa 1 m hoher, buschiger Strauch, Triebe leicht 4-kantig, dicht kurz behaart.
Blätter: Eiförmig bis länglich-lanzettlich, 4–8 cm lang, lang zugespitzt, Basis keilförmig bis herzförmig, doppelt gesägt, beiderseits behaart, fast sitzend.
Blüten: In dichten, mehrblütigen Scheindolden, die zu endständigen Rispen zusammengefasst sind, Krone zitronengelb, oft rötlich überlaufen, die Kronzipfel etwa so lang wie die Kronröhre, Juli–August.
Früchte: 6 mm lang.
Verbreitung: SO-USA.
Verwendung: Selten, WHZ 5b, LB 2.5.3.6.

Diervilla sessilifolia Buckland, Stielloses Buschgeißblatt

Habitus: Bis 1 m hoher, buschiger, Ausläufer bildender Strauch, Triebe ± 4-kantig, mindestens an den Kanten behaart.
Blätter: Eiförmig-lanzettlich, 6–15 cm lang, sitzend, zugespitzt, Basis abgerundet oder herzförmig, gesägt, bis auf die Mittelrippe unterseits kahl, Nervatur rot getuscht.
Blüten: Zu 3–7 in seitenständigen Scheindolden, die endständige Rispe oft mit mehr als 15 Blüten, Krone schwefelgelb, Kronzipfel kürzer als die Kronröhre, Juni–August.
Früchte: 1–1,2 cm lang, Kanten deutlich hervortretend.
Verbreitung: SO-USA.
Verwendung: Häufig, WHZ 5a, LB 2.5.4.6.

'Dise'. Blätter im Austrieb rötlich.

Diervilla ×splendens (Carrière) Kirchn.

(*D. lonicera* × *D. sessilifolia*)

Ähnlich *D. sessilifolia*, aber Blätter kurz gestielt und Nervatur der Blattunterseite grün, Blätter im Austrieb bronzefarben bis braunrot.

Diospyros L.

Dattelpflaume, Kakipflaume, Persimone – Ebenaceae

(griechisch *diospyros*, *diospyron* = eine der Weichselkirsche ähnliche Frucht)

Habitus: Sommer- oder immergrüne Bäume oder Sträucher, bei uns nur sommergrüne Bäume, Kernholz hart und schwer, meist dunkelbraun oder schwarz, Zweige olivgrün bis graubraun, mit deutlichen, hellen, länglichen Lentizellen, Kospen 4–6 mm lang, rundlich-eiförmig bis spitz eiförmig, mit nur 2 2-farbigen Knospenschuppen, Endknospen fehlend, der obere Rand der Blattnarben erhaben, schuppenartig.
Blätter: Wechselständig, einfach, ganzrandig, Nebenblätter fehlend.
Blüten: 1-geschlechtig, 1- oder 2-häusig verteilt, radiär, in den Blattachseln der diesjährigen Triebe, ♂ zu 2–5 in kurz gestielten Büscheln, ♀ Blüten stets einzeln, Kelch und Krone meist 4-zählig (selten 3- bis 7-zählig), Kelch bleibend, Krone urnenförmig oder glockig, die 4 Zipfel abspreizend oder zurückgeschlagen, Staubblätter 8–16, Fruchtknoten 4- bis 12-fächrig, Griffel 2–6.
Früchte: Beeren kugelig oder abgeflacht kugelig, 1–7 cm breit, gelbgrün oder orangefarben, leicht bereift oder glänzend, mit saftigweichem Fruchtfleisch, Kelch groß, 4-lappig, bis zur Reife grün bleibend, Samen 1–2 cm lang, braun.
Verbreitung: Rund 475 Arten, vorwiegend in den Tropen und Subtropen.
Verwendung: In M-Europa nur selten kultivierte, meist wärmebedürftige Parkbäume. *D. kaki* wird in den Subtropen und in Höhenlagen der Tropen weltweit als Obstbaum kultiviert.

Bestimmungsschlüssel Diospyros

1 Triebe bräunlich behaart, Blattspreite bis 20 cm lang . . . . *D. kaki*
– Triebe kahl oder grau behaart, Blattspreite kürzer als 12 cm 2
2 Blattstiel 6–12 mm lang, Blätter beiderseits weich (fühlbar) behaart . . . . *D. lotus*
– Blattstiel 10–25 mm lang, Blätter kahl . . . . *D. virginiana*

Diospyros kaki L. f., Kakipflaume

Habitus: 10–14 m hoher Baum, Triebe anfangs bräunlich behaart, später kahl, Borke grob gefeldert.
Blätter: Eiförmig-elliptisch bis länglich-eiförmig, 8–20 cm lang, Basis breit keilförmig, oberseits glänzend dunkelgrün, unterseits bläulich und anfangs behaart, Stiel 1–1,5 cm lang, Herbstfärbung orangerot.
Blüten: Gelblich, ♂ Blüten meist zu 3, etwa 1 cm lang, Staubblätter 14–16, ♀ Blüten 1,5–1,8 cm lang, Juni.
Früchte: Abgeflacht kugelig, tomatenförmig, 5–8 cm breit, orangerot, süß und schmackhaft.
Verbreitung: China, S-Korea, M- und S-Japan, die ursprüngliche Verbreitung ist nicht sicher bakannt, weil *D. kaki* schon sehr lange als Obst- und Ziergehölz in Kultur ist, im Mittelmeergebiet und auf der Balkanhalbinsel etabliert.
Verwendung: Sehr selten, N, ⚕, ♧, WHZ 8b, LB 6.3.1.3.

Diospyros lotus L., Lotuspflaume

Habitus: 10–12 m hoher Baum, Borke dunkelgrau, dick, klein gefeldert, Triebe anfangs hell behaart.
Blätter: Elliptisch bis länglich, 6–12 cm lang, ledrig, spitz, Basis breit keilförmig, oberseits glänzend dunkelgrün, unterseits blaugrün, anfangs durchgehend behaart, später nur noch auf den Nerven, Stiel 0,6–1,2 cm lang.
Blüten: Weiß, mit gelben und rötlichen Spitzen, ♂ Blüten zu 2–3, etwa 5 mm lang, Staubblätter 16, ♀ Blüten 0,8–1 cm lang, fast sitzend, Juli.
Früchte: Kugelig, gelb oder purpurn, blau bereift, fade schmeckend.
Verbreitung: Türkei, Korea, China.
Verwendung: Selten, N, ♧, WHZ 7b, LB 6.3.2.3 (2.5.2.3).

Diospyros virginiana L., Persimone

Habitus: Bis 15 m (selten bis 30 m) hoher Baum, Zweige oft hängend, Triebe ± behaart, Borke dunkel, tief und klein gefeldert.
Blätter: Eiförmig bis elliptisch, 6–14 cm lang, Basis meist abgerundet, oberseits glänzend dunkelgrün, unterseits heller und zuletzt

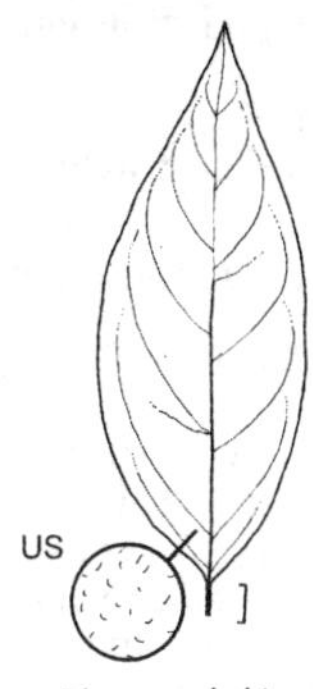

Diospyros kaki

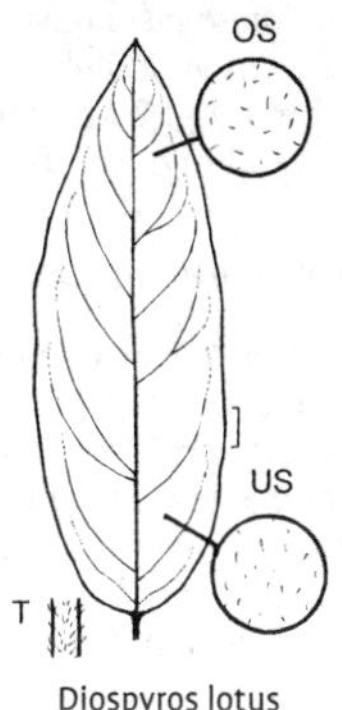

Diospyros lotus

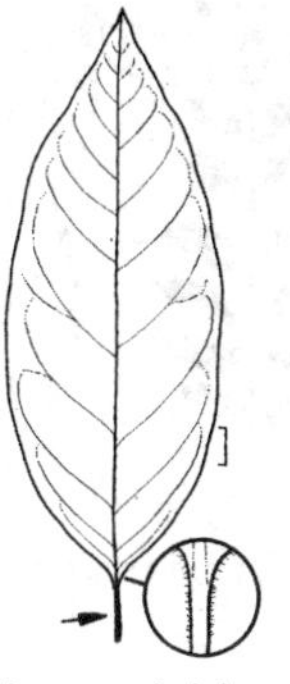

Diospyros virginiana

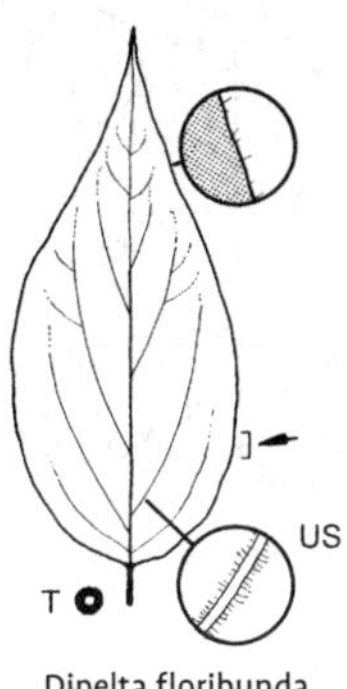

Dipelta floribunda

kahl, bis auf einige Haare auf dem Mittelnerv, Stiel 1–2,2 cm lang.
Blüten: Weiß, Kronzipfel gelb, glockig, Zipfel zurückgeschlagen, ♂ Blüten meist zu 3, etwa 1 cm lang, Staubblätter 16, ♀ Blüten einzeln, 1,5 cm lang, Mai–Juni.
Früchte: Kugelig bis abgeflacht kugelig, 2–3,5 cm breit, orange bis gelblich, nach Frosteinwirkung süßlich, essbar.
Verbreitung: NO-, NOZ- und Z-USA.
Verwendung: Selten, N, ♧, WHZ 7a, LB 2.5.2.3.

Dipelta Maxim.

Doppelschild – Caprifoliaceae

(griechisch *di* = zwei und *pelte* = Schild)

Habitus: Hohe, sommergrüne Sträucher, Rinde sich in langen, schmalen, papierartigen Streifen lösend, Zweige hohl, kahl, braun bis rotbraun, Knospen 3–5 mm lang, kahl, braun, die subterminalen spreizend, Knospenschuppen zahlreich, ± lang zugespitzt, Blattnarben flach 3-eckig, mit 3 Gefäßbündelspuren, Endknospen fehlend.
Blätter: Gegenständig, einfach, ganzrandig oder schwach gezähnt, kurz gestielt, Nebenblätter fehlend.
Blüten: Zwittrig, zygomorph, duftend, am Ende seitenständiger Kurztriebe, einzeln oder in wenigblütigen Büscheln, an der Basis von mehreren auffälligen, ungleichen Hochblättern umgeben, die beiden größeren umschließen den Fruchtknoten, Kelch mit linealischen oder lanzettlichen Zipfeln, Krone außen rosa oder gelb, innen weiß und gelb, trichterförmig-glockig, 5-lappig, 2-lippig, Staubblätter 4, Fruchtknoten 4-fächrig, nur 2 Fächer fertil.
Früchte: Kapseln 4-fächrig, dünnwandig, 5–7 mm lang, trocken, von den vergrößerten Hochblättern umgeben.
Verbreitung: 4 Arten in M- und W-China.
Verwendung: Ziemlich selten gepflanzte, reich und auffallend blühende Sträucher.

Bestimmungsschlüssel Dipelta

1 Triebe filzig behaart, Hochblätter ohrförmig . . . . *D. ventricosa*
– Triebe höchstens anfangs drüsenhaarig, Hochblätter schildförmig . . . . *D. floribunda*

Dipelta floribunda Maxim., Vielblütiges Doppelschild

Habitus: Bis 5 m hoher Strauch, in Kultur meist deutlich niedriger, junge Triebe drüsig behaart, Rinde hellbraun, in langen Streifen abfasernd.
Blätter: Eiförmig bis elliptisch-lanzettlich, 5–10 cm lang, zugespitzt, Basis abgerundet bis keilförmig, meist ganzrandig, verkahlend, Stiel 5–8 mm lang.
Blüten: Nickend, zu 1–6 in end- oder achselständigen Büscheln, duftend, Krone hellrosa, im Schlund mit orangefarbenem Saftmal, röhrenförmig-glockig, im unteren Teil verschmälert, 3 cm lang, Oberlippe 2-, Unterlippe 3-lappig, Hochblätter schildförmig, in der Mitte angewachsen, Mai–Juni.
Verbreitung: M-China.
Verwendung: Selten, B, D, WHZ 6a, LB 4.3.2.4 (6.3.3.4).

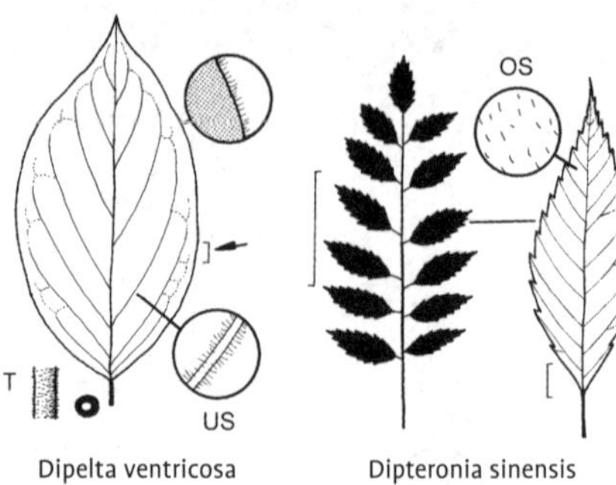

Dipelta ventricosa Dipteronia sinensis

Dipelta ventricosa Hemsl., Ohr-Doppelschild

Habitus: Bis 6 m hoher Strauch, in Kultur viel niedriger, junge Triebe flaumhaarig bis borstig behaart.
Blätter: Elliptisch bis lanzettlich, 5–14 cm lang, lang zugespitzt, Basis meist abgerundet, unterseits auf den Nerven behaart, Stiel 8,5 mm lang.
Blüten: Zu 1–3 in achselständigen Büscheln an den Ende der Kurztriebe, Krone außen fleischrosa bis lila, innen hellrosa oder im Schlund mit tiefgelber Zeichnung, bis 3 cm lang, breit röhrenförmig, an der Basis geschwollen, Hochblätter groß, ohrenförmig, mit der tief herzförmigen Basis angewachsen, Mai–Juni.
Verbreitung: W-China.
Verwendung: Sehr selten, B, D, WHZ 6a, LB 4.3.2.4.

Dipteronia Oliv.

Dipteronie – Sapindaceae
(griechisch *dipteros* = zweiflügelig)

Habitus: Kleine, sommergrüne Bäume, Rinde mit Milchsaft, Zweige olivgrün bis rotbraun, kahl, mit deutlichen Lentizellen, Knospen eiförmig, graubraun behaart, Blattnarben eines Nodiums durch eine Leiste miteinander verbunden, Gefäßbündelspuren 5.
Blätter: Gegenständig, gefiedert, Blättchen 7–15, gesägt, Nebenblätter fehlend.
Blüten: 1-geschlechtig, 1-häusig verteilt, klein, in endständigen, aufrechten, vielblütigen, kahlen Rispen, 5-zählig, Kelchblätter länger als die kurzen, breiten Kronblätter, ♂ Blüten mit 8 Staubblättern, ♀ Blüten mit 2-fächrigem Fruchtknoten.
Früchte: Spaltfrüchte, in 2 Teilfrüchte zerfallend, diese fast kreisrund, ringsum geflügelt, 2–2,5 cm breit, hellbraun.
Verbreitung: 2 Arten in China.
Verwendung: Nur die folgende Art in Kultur.

Dipteronia sinensis Oliv., Dipteronie

Habitus: Bis 10 m hoher Baum, junge Triebe spärlich flaumig behaart.
Blätter: 20–30 cm lang, die 9–13 Blättchen kurz gestielt, die oberen ± sitzend, länglich-eiförmig, 4–10 cm lang, lang zugespitzt, scharf gesägt, die unteren gelegentlich handförmig gelappt oder 3- bis 7-zählig, glatt oder unterseits zunächst spärlich behaart.
Blüten: Etwa 2,5 mm breit, weiß, Juni.
Früchte: Ringsum geflügelt, in großen Büscheln, zur Reife im Herbst rot gefärbt.
Verbreitung: M-China: Hubei, Sichuan.
Verwendung: Sehr selten, B, ♧, WHZ 7b, LB 6.4.1.3.

Dirca L.

Lederholz – Thymelaeaceae
(griechisch *Dirke* = Namen einer Quelle nordwestl. von Theben in Bäotien)

Habitus: Sommergrüne Sträucher, Knospen klein, anfangs von den Blattstielen völlig verborgen, Endknospen fehlend.
Blätter: Wechselständig, einfach, ganzrandig, dünn.
Blüten: Zwittrig, radiär, vor dem Blattaustrieb, zu 2–3 achselständig an vorjährigen Zweigen, Krone fehlend, Kelchröhre trichterförmig, kurz, deutlich 4-lappig, die 8 Staubblätter länger als Kelchröhre und Griffel, Fruchtknoten 1-fächrig, oberständig.
Früchte: Steinfrüchte ellipsoid, 6–8 mm lang, grün, eingetrocknet rötlich, Steinkern dick, schwarz glänzend.
Verbreitung: 2 Arten in N-Amerika. Bei uns ist nur die folgende Art (selten) in Kultur.

Dirca palustris L., Sumpf-Lederholz

Habitus: 1–2 m hoher, meist wenig verzweigter, langsam wachsender Strauch, Zweige sehr biegsam, mit glatter, zäher Rinde, Zweigabschnitte scheinbar tütenförmig ineinander gesteckt, Triebe kahl.
Blätter: Elliptisch bis verkehrteiförmig, 3–7 cm lang, stumpf, Basis keilförmig, oberseits hellgrün, unterseits blaugrün und anfangs behaart.

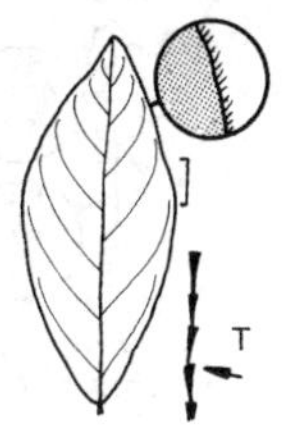

Dirca palustris

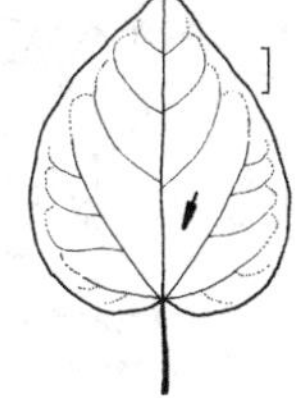

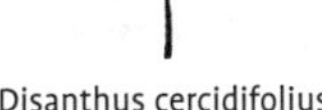

Disanthus cercidifolius

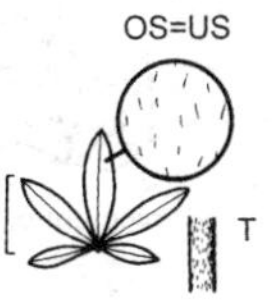

Dorycnium hirsutum

<u>Blüten:</u> Sehr kurz gestielt, Kelch hellgelb, 6–8 mm lang, März–Mai.
<u>Früchte:</u> Ellipsoid, 8 mm lang, hellgrün bis rötlich.
<u>Verbreitung:</u> O-Kanada, NO- und SO-USA.
<u>Verwendung:</u> Sehr selten, ☠, WHZ 5b, LB 2.4.6.6 (3.2.7.6).

Disanthus Maxim.

Doppelblüte – Hamamelidaceae
(griechisch *di* = zwei und *anthos* = Blüte)
Monotypische Gattung

Disanthus cercidifolius Maxim., Doppelblüte

<u>Habitus:</u> Sommergrüner, 2(–4) m hoher Strauch, Zweige mit deutlichen, hellen Lentizellen, Knospen stark abgeflacht, Knospenschuppen streng 2-zeilig angeordnet.
<u>Blätter:</u> Wechselständig, handnervig, 5–6 cm lang gestielt, eiförmig bis nahezu rundlich, 5–12 cm lang, Basis herzförmig, ganzrandig, kahl, oberseits blaugrün, unterseits heller, Nebenblätter hinfällig, Herbstfärbung leuchtend karminrot und orange.
<u>Blüten:</u> Zwittrig, radiär, klein, ähnlich wie *Hamamelis,* paarweise in kurz gestielten, achselständigen Köpfchen, 5-zählig, Kelch mit kurzen, zurückgeschlagenen Zipfeln, Kronblätter dunkelrot, linealisch-lanzettlich, geschwänzt, die 5 Staubblätter kürzer als der Kelch, Fruchtknoten 2-fächrig, oberständig, mit 2 kurzen Griffeln, Oktober.
<u>Früchte:</u> Kapseln sich bis zur Mitte 4-klappig öffnend, mehrsamig, 1,5 cm lang, erst im 2. Jahr reifend, werden in Kultur nur selten entwickelt, Samen 5 mm lang, schwarz glänzend.
<u>Verbreitung:</u> S-China, Japan: Honshu, Shikoku.
<u>Verwendung:</u> Sehr selten, B, H, WHZ 7a, LB 7.2.4.5.

Dorycnium Mill.

Backenklee – Fabaceae
(lateinisch *dorycnion* = eine giftige Sippe, den *trychnos* oder *strychnos* genannten Sippen ähnlich)

<u>Habitus:</u> Sommer- oder wintergrüne Stauden, Halbsträucher oder Kleinsträucher, Zweige grün, dünn, gerillt, fein behaart.
<u>Blätter:</u> Wechselständig, 5- bis 7-zählig, gefiedert oder ganzrandig, fast gefingert, meist 3 Blättchen endständig und 2 wie Nebenblätter am Grund der Blattspindel, Nebenblätter völlig verkümmert.
<u>Blüten:</u> Zwittrig, zygomorph, in achselständigen Köpfchen am Ende der Triebe, Kelch glockig, regelmäßig 5-zähnig oder schwach 2-lippig, Krone weiß bis hellrosa, Fahne eiförmig bis länglich, 9 Staubblätter miteinander verwachsen, 1 Staubblatt frei, Fruchtblatt 1, oberständig.
<u>Früchte:</u> Hülsen 0,3–1,2 cm lang, kugelig-eiförmig, 1- bis vielsamig.
<u>Verbreitung:</u> 10 Arten, vorwiegend im Mittelmeergebiet, in Makronesien und in NW-Afrika.
<u>Verwendung:</u> Selten kultivierte, wärmebedürftige Zwergsträucher.

Bestimmungsschlüssel Dorycnium

1 Blätter und Triebe dicht abstehend behaart, Blätter mit Spindel . . . . *D. hirsutum*
Blätter und Triebe höchstens etwas anliegend seidig behaart, Blättchen alle sitzend . . . . *D. pentaphyllum*

Dorycnium hirsutum (L.) Ser., Zottiger Backenklee

<u>Habitus:</u> Bis 0,5 m hoher, dichtbuschiger Halbstrauch, Sprosse, Blätter und Kelch dicht mit langen, weißen, abstehenden Haaren bedeckt.
<u>Blätter:</u> 1–3 cm lang, Rachis kurz oder feh-

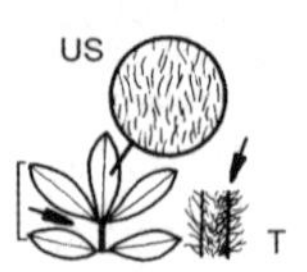

Dorycnium pentaphyllum

Dryas drummondii var. drummondii

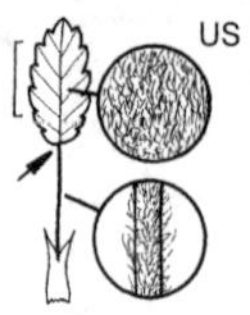

Dryas octopetala subsp. octopetala

lend, Blättchen 5, nahezu gleichartig, elliptisch bis eiförmig, 0,7–2 cm lang.
Blüten: Zu 5–10, Fahne und Flügel weiß bis rosa, Schiffchen mit dunkelroter, abgestumpfter Spitze, 2 cm lang, Kelch mit fast gleich langen Zähnen, Juni–September.
Früchte: 0,8–1,2 cm lang, eiförmig-länglich, mit 3–6 Samen.
Verbreitung: SW-, S- und SO-Europa, N-Afrika, Türkei, Levante.
Verwendung: Sehr selten, WHZ 8b, LB 6.1.1.7.

Dorycnium pentaphyllum Scop., Fünfblättriger Backenklee

Habitus: Niederliegend-aufsteigender, bis 0,5 m hoher Halbstrauch, Sprosse anliegend seidenhaarig.
Blätter: Blättchen meist 5 (selten 7), ziemlich gleichartig, länglich-verkehrteiförmig bis linealisch, 0,5–2 cm lang, anliegend oder abstehend behaart.
Blüten: Zu 10–12, Fahne und Flügel weiß, Schiffchen bläulich, etwa 6 mm lang, die unteren Kelchzähne deutlich länger als die beiden oberen, Mai–Juni.
Früchte: Eiförmig-kugelig, 3–5 mm lang, 1-samig.
Verbreitung: SW- und M-Europa.
Verwendung: Sehr selten, WHZ 8a, LB 6.3.1.8.

Dryas L.

Silberwurz – Rosaceae

(lateinisch *Dryas* = Baumnymphe, Dryade, griechisch *Dryas, Dryades*: ursprünglich himmlische Gottheiten, die ihren Sitz in großen, immergrünen Eichen hatten)

Habitus: Immergrüne, kriechende, stark verzweigte Spaliersträucher.
Blätter: Wechselständig, einfach, gestielt, länglich, ganzrandig, gekerbt oder fast fiederschnittig, ledrig, oberseits runzelig, glänzend dunkelgrün, unterseits ± weißfilzig behaart, Ränder umgebogen, Nebenblätter dem Blattstiel angewachsen.
Blüten: Zwittrig oder 1-geschlechtig, radiär, 2–4 cm breit, lang gestielt, einzeln, Kelch muschelförmig oder glockig, 7- bis 10-lappig, Kronblätter weiß bis gelblich, 7–10, länger als die Kelchblätter, Staub- und Fruchtblätter zahlreich, Griffel endständig.
Früchte: Nüsschen etwa 3 mm lang, gestielt, mit 2,5–4 cm langen, dünnen, zu einem Federschweif ausgewachsenen Griffeln.
Verbreitung: 3 Arten in arktisch-alpinen Regionen.
Verwendung: Langlebige, Matten bildende Zwergsträucher für Steingärten, Steinbeete und Tröge.

Bestimmungsschlüssel Dryas

(für sichere Artbestimmung Blüten notwendig)

1 Blattspreitenbasis keilförmig 2
– Blattspreitenbasis herzförmig. 3
2 Blüten in der Knospe gelb, später weiß, Krone ausgebreitet. . . . . *D.* ×*suendermannii*
– Blüten gelb bleibend, Krone glockig. . . . . *D. drummondii* var. *drummondii*
3 Blüten in der Knospe gelb, später weiß, nickend. . . . . *D.* ×*suendermannii*
– Blüten weiß, aufrecht . . . . *D. octopetala* subsp. *octopetala*

Dryas drummondii Richardson ex Hook. **var. drummondii**, Gelbe Silberwurz

Habitus: Lockere Teppiche bildender Strauch.
Blätter: Elliptisch bis verkehrteiförmig, bis 3,5 cm lang, Basis breit keilförmig, oberseits matt hellgrün, unterseits weißfilzig.
Blüten: Nickend, etwas glockig, nie voll geöffnet, Stiel bis 20 cm lang, Krone gelblich, Kelchblätter ± eiförmig, beiderseits etwas filzig, Staubblätter länger als die Kelchblätter, Staubfäden lang behaart.
Verbreitung: Kanada, W-USA, Grönland.
Verwendung: Sehr häufig, B, ♣, WHZ 1, LB 8.1.3.7.

var. tomentosa (Farr) L.O. Williams, Filzige Silberwurz. Blätter beiderseits graufilzig behaart. Blüten gelb, Kelchblätter ohne Drüsen. W-Kanada.

Dryas octopetala L. **subsp. octopetala**, Weiße Silberwurz, Alpen-Silberwurz

Habitus: Dichte Matten oder Polster bildend, Sprosse niederliegend, bis 0,5 m lang.
Blätter: Länglich-eiförmig, 0,5–4 cm lang, Basis herzförmig oder gestutzt, runzelig, gekerbt, oberseits sattgrün, unterseits weißfilzig behaart.
Blüten: Aufrecht, Stiel bis 20 cm lang, schwach seidig-filzig behaart, Kronblätter weiß, ausgebreitet, Staubblätter kürzer als die schmal länglichen Kelchblätter, Mai–Juni.
Verbreitung: Gebirge in N-Europa, Sibirien, Russ. Ferner Osten, NW-China, Japan, Alaska, O-Kanada, NW-USA, Rocky Mts., Grönland.
Verwendung: Sehr häufig, B, ♧, WHZ 1, LB 8.2.3.7.

subsp. alaskensis (Pors.) Hultén. Blätter groß, zur Spitze hin am breitesten, stark runzelig, mit einigen tief eingeschnittenen Zähnen unterseits oft nahezu kahl, Mittelrippe unterseits mit großen, gestielten Drüsen. Alaska.

fo. argentea (Blytt) Hultén. Blätter beiderseits filzig behaart. O-Alpen.

subsp. hookeriana (Juz.) Hultén. Blätter in der Mitte am breitesten, zu beiden Seiten hin verschmälert, seicht gezähnt, Mittelrippe unterseits mit großen, gestielten Drüsen. W-Kanada, W-USA.

Dryas ×suendermannii Keller ex Sünd., Sündermanns Silberwurz
(*D. drummondii* × *D. octopetala*)

Wuchs stark. Blüten in der Knospe elfenbeinfarben, später weiß, halb nickend, Kronblätter ausgebreitet. WHZ 4, LB 8.2.3.7.

D. tomentosa Farr = *D. drummonii* var. *tomentosa*
Echinopanax horridus (Sm) Sm. ex J.G. Cooper = *Oplopanax horridus*

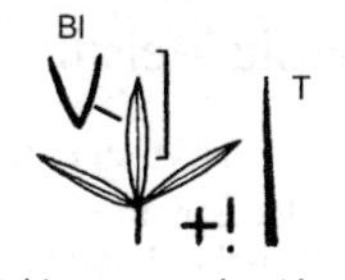

Echinospartum horridum

Echinospartum (Spach) Fourr.

Abschreckender Ginster – Fabaceae

(lateinisch *echinus* = stachelig wie ein Igel und vorlinneisches Artepitheton *Spartum* bzw. *Gramen Sparteum*, worunter hauptsächlich Arten der Gattung *Stipa* zu verstehen sind)

Habitus: Kleine Sträucher mit gegenständigen, verdornenden Zweigen.
Blätter: 3-zählig, kurz gestielt oder sitzend.
Blüten: Zwittrig, zygomorph, Kelch aufgebläht, glockig, 2-lippig, die obere Lippe tief 2-teilig, die untere mit 3 deutlichen Zähnen, alle Zähne so lang wie oder länger als die Kelchröhre, Krone gelb, Staubblätter zu einem Bündel verwachsen.
Früchte: Hülsen eiförmig, zugespitzt, trocken, behaart, Samen 1–3.
Verbreitung: 3 Arten in S- und SO-Europa.
Verwendung: Attraktive Zwergstäucher für sonnig-trockene Lagen in Stein- und Troggärten.

Echinospartum horridum (Vahl) Rothm., Abschreckender Ginster

Habitus: Dicht verzweigter, kissenartig wachsender, 0,3–0,6 m hoher Strauch, Zweige starr, stechend, junge Triebe kahl.
Blätter: Blättchen schmal verkehrteiförmig-lanzettlich, 4–9 mm lang, oberseits kahl werdend, unterseits seidig behaart.
Blüten: Meist zu 2 endständig an diesjährigen Trieben, Kelch 7–9 mm lang, glockig, spärlich seidig behaart, Zähne spitz, Krone gelb, Fahne 11–16 mm lang, kahl oder spärlich behaart, Schiffchen seidig behaart, Juni–August.
Früchte: Länglich, 2,5 cm lang, seidig-filzig behaart.
Verbreitung: SW-Europa.
Verwendung: Selten, B, ☠, WHZ 7b, LB 6.1.1.7.

Edgeworthia Meisn.

Papierstrauch – Thymelaeaceae

(nach Michael Pakenham Edgeworth, 1812–1881, englischer Botaniker im Dienste der East Indian Company in Bengalen)

Habitus: Sommer- oder wintergrüne, bis 2,5 m hohe Sträucher, Zweige dick, aufsteigend, graubraun, Rinde papierdünn abblätternd.
Blätter: Einfach, lanzettlich bis länglich, bis 10 cm lang, ganzrandig, meist behaart, kurz gestielt, an den Triebenden gehäuft stehend.
Blüten: Blüten zwittrig, radiär, sehr ansehnlich, stark duftend, sich vor der Laubentfaltung öffnend, in dichten, gestielten, achselständigen Köpfchen an den vorjährigen Zweigen, Kronblätter fehlend, Kelch weiß bis gelblich oder weiß mit golden oder orange gefärbten Flecken an der Basis, Kelchröhre zylindrisch, außen verkahlend bis seidig behaart, Kelchlappen 4, abstehend, Staubblätter 8, in 2 Reihen, Griffel lang, Narben zylindrisch.
Früchte: Trockene Steinfrüchte.
Verbreitung: 3 Arten in Japan und China.
Verwendung: *C. chrysantha* ist in wintermilden Klimazonen mit den stark duftenden Blüten ein sehr attraktiver Vorfrühlingsblüher. In Japan ist er ein häufiger Schrein- und Tempelstrauch. Aus dem Bast des Strauches wird ein sehr hochwertiges, als „Mitsumata" bezeichnetes Papier hergestellt.

Edgeworthia chrysantha Lindl., Papierstrauch

Habitus: Sommergrüner, bis 1 m hoher, regelmäßig aufgebauter, flach gewölbter Strauch, Zweige dick, sehr zäh und biegsam, anfangs dicht seidig behaart.
Blätter: Schmal länglich, zart, dünn, 7–12 cm lang, oberseits dunkelgrün, unterseits graugrün, anfangs beiderseits seidig behaart, später oberseits verkahlend.
Blüten: Hellgelb, gelegentlich in der Knospe auffallend orangerot (fo. *rubra*), zu 40–50 in dichten Köpfchen, März–April.
Früchte: Trockene Steinfrüchte.
Verbreitung: China.
Verwendung: Selten, B, D, WHZ 8a, LB 6.4.1.6.

E. papyrifera Siebold et Zucc. = *E. chrysantha*

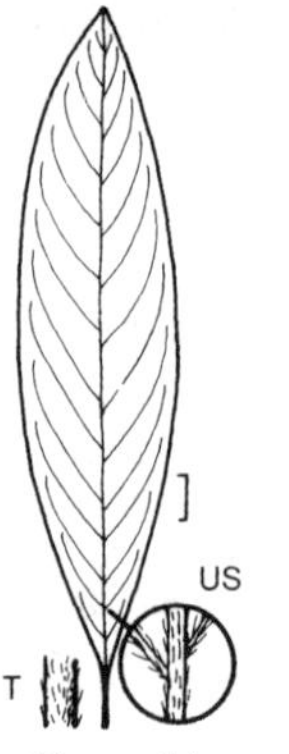

Edgeworthia chrysantha

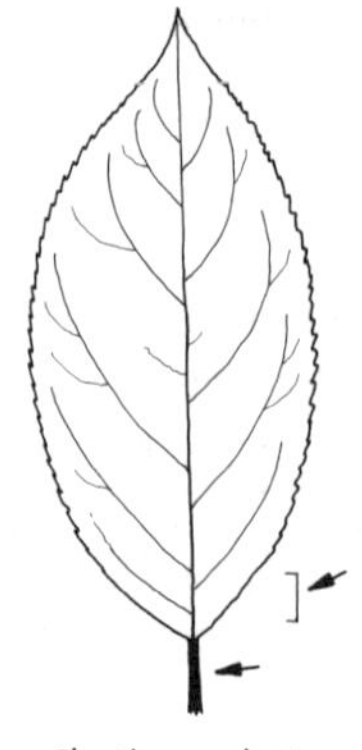

Ehretia acuminata

Ehretia P. Browne

Funkientee – Boraginaceae

(nach Johan Georg Dionisius Ehret, 1708–1777, deutscher Pflanzensammler und Botaniker)

Habitus: Sommer- oder imergrüne Straucher oder bis 25 m hohe Bäume.
Blätter: Wechselständig oder gehäuft stehend, verkehrteiförmig, eiförmig, elliptisch oder lanzettlich, stumpf oder spitz, Basis abgerundet oder keilförmig, selten herzförmig, ganzrandig oder scharf gesägt.
Blüten: Zwittrig, radiär, bis 1 cm breit, in endständigen Rispen, Kelch 5-zählig, Krone weiß oder gelb bis blau, röhrig-glockig, Zipfel abstehend oder zurückgeschlagen, Staubblätter 5, meist herausragend, Griffel 2, Fruchtknoten 4-fächrig.
Früchte: Steinfrüchte bis 2 cm dick, kahl, gelb oder orange bis rot, Steinkern 1- bis 2-samig.
Verbreitung: Etwa 50 Arten in Asien und Amerika.
Verwendung: Selten kultivierte Gehölze für wintermilde Zonen mit attraktiven Blättern, duftenden Blüten und auffallend gefärbten Früchten.

Bestimmungsschlüssel Ehretia

1 Blätter und Blattstiele kahl . . . . . *E. acuminata*
– Blätter unterseits und Blattstiele behaart . . . . *E. dicksonii*

Ehretia acuminata R. Br.

Habitus: Sommergrüner, bis 10 m hoher, breitkroniger Baum.
Blätter: Verkehrteiförmig, bis 16 cm lang, ledrig, kurz zugespitzt, Basis gestutzt oder abgerundet, gesägt, oberseits glänzend und kurz rau behaart, unterseits heller und kahl.
Blüten: In wenig verzweigten, bis 15 cm langen Rispen, duftend, Krone 6 mm breit, tief 5-lappig, weiß, August.
Früchte: Kugelig, 4 mm dick, anfangs orangerot, zur Reife schwarz.
Verbreitung: China, Japan.
Verwendung: Sehr selten, B, D, WHZ 8b, LB 6.2.1.5.

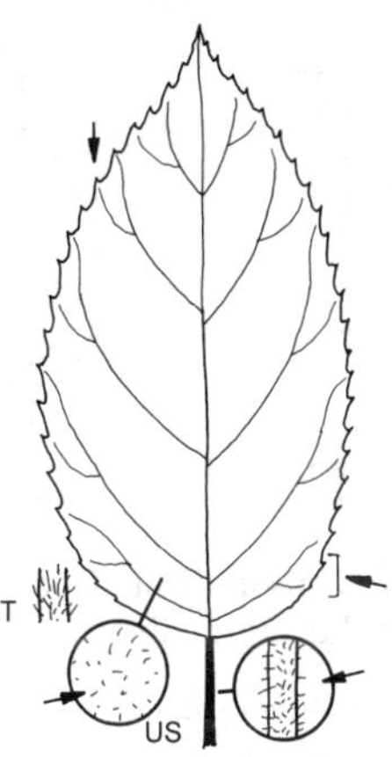

Ehretia dicksonii

Ehretia dicksonii Hance

Habitus: Sommergrüner, bis 12 m hoher Baum, junge Triebe steif borstig behaart.
Blätter: Länglich-elliptisch, bis 18 cm lang, derbledrig, spitz, Basis breit keilförmig bis abgerundet, gesägt, oberseits glänzend dunkelgrün und rau borstig behaart, unterseits heller und samtig behaart.
Blüten: In bis 15 cm breiten Doldentrauben oder Rispen, duftend, Krone 6 mm breit, weiß, gelblich getönt, August.
Früchte: Abgeflacht kugelig, bis 2 cm dick, gelb.
Verbreitung: China, Taiwan, S-Japan.
Verwendung: Sehr selten. B, D, WHZ 8a, LB 6.4.1.5.

Elaeagnus L.

Ölweide – Elaeagnaceae

(griechisch *elaiagnos* = eine Sumpfpflanze Bäotiens)

Habitus: Sommer- oder immergrüne Sträucher oder kleine Bäume, Zweige oft mit Dornen, oberirdische Pflanzenteile ± dicht mit silbrigen oder rostfarbenen Schuppen- oder Sternhaaren (Schülferhaaren) bedeckt, Endknospen 2–4 mm lang, zugespitzt, mit meist 4 sichtbaren Knospenschnuppen, Seitenknospen 2–7 mm lang, anliegend oder spreizend.
Blätter: Wechselständig, kurz gestielt, einfach, ganzrandig, lanzettlich bis eiförmig oder länglich, Nebenblätter fehlend.
Blüten: Zwittrig oder polygam, radiär, klein, meist angenehm duftend, einzeln oder zu mehreren in kleinen, achselständigen Dolden, Blütenhülle einfach, Kelchröhre 4-zipfelig, Staubblätter 4, Fruchtknoten 1-fächrig, oberständig.
Früchte: Steinfrüchte 0,6–1,5 cm lang, ellipsoid oder kugelig-eiförmig, meist rot, aber auch gelblich oder silbern, Fruchtfleisch meist saftig oder mehlig-fleischig, Steinkern 0,5–1 cm lang, ellipsoid.
Verbreitung: Etwa 50 Arten in Asien und N-Amerika, Hauptverbreitung in O-Asien.
Verwendung: Vor allem die immergrünen Arten sind dekorative Gartengehölze, die sommergrünen wertvolle Gehölze für Garten und Landschaft, die auch auf sehr nährstoffarmen Böden gedeihen können.

Bestimmungsschlüssel Elaeagnus

1 Blätter immergrün (ledrig, auch vorjährige Triebe belaubt) 2
– Blätter sommergrün 3
2 Zweige mit Dornen, Blattrand gesägt . . . . *E. pungens*
– Zweige dornenlos, Blattrand nicht gesägt . . . . *E. ×ebbingei*
3 Zweige dornenlos 4
– Zweige bewehrt 5
4 Blätter beiderseits silberschülferig . . . . *E. commutata*
– Blätter oberseits schnell verkahlend und dunkelgrün . . . . *E. multiflora*
5 Blätter unterseits und Triebe sternhaarig und ohne eingesprengte bräunliche Schuppen, mindestens 5-mal so lang wie breit . . . . *E. angustifolia* var. *angustifolia*
– Blätter unterseits und Triebe mit bräunlichen Schuppen (wenn auch bisweilen nur wenige), Blätter etwa 3-mal so lang wie breit . . . . *E. umbellata* var. *umbellata*

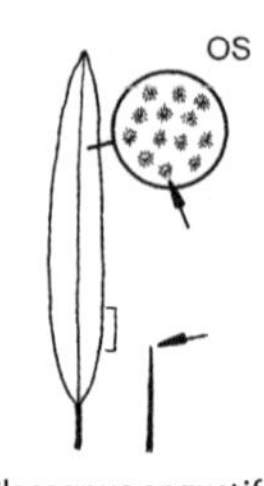

Elaeagnus angustifolia var. angustifolia

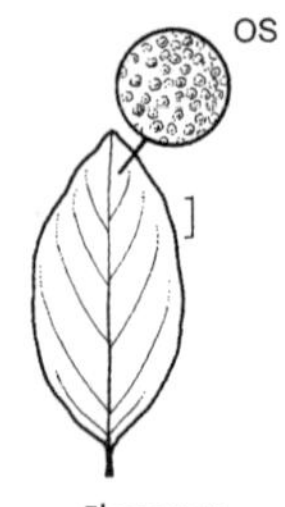

Elaeagnus commutata

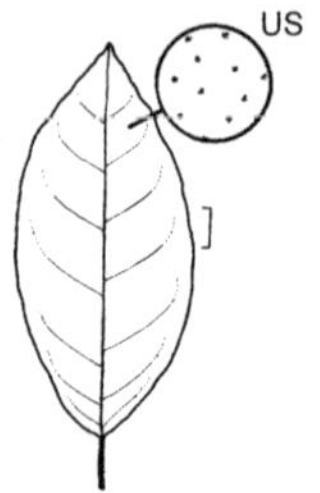

Elaeagnus ×ebbingei

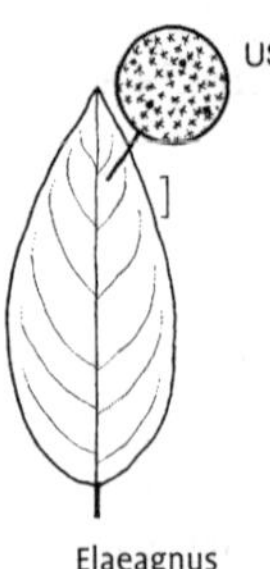

Elaeagnus multiflora

Elaeagnus angustifolia L. **var. angustifolia**, Schmalblättrige Ölweide

Habitus: Sommergrüner, bis 7 m hoher Strauch oder breitkroniger Kleinbaum, Rinde dünn, dunkel graubraun, Äste und Zweige überhängend, Zweige dornig bewehrt, junge Triebe, Knospen und Blätter dicht silbrig schülferig.
Blätter: Schmal lanzettlich, 4–8 cm lang, spitz oder stumpf, Basis meist breit keilförmig, mattgrün, unterseits dicht silbrig beschuppt.
Blüten: 1 cm lang, intensiv duftend, zu 2–3, Kelch innen gelb, außen silbrig, Juni.
Früchte: Ellipsoid, 0,7–1,4 cm lang, hellgelb, Fruchtfleisch mehlig-fleischig, essbar.
Verbreitung: Türkei, Syrien, Kaukasien, Iran, M-Asien, W-Sibirien, Mongolei, Himalaja.
Verwendung: Sehr häufig (die eiweißreichen Früchte sind im Orient sehr beliebt), N, ♧, Bi, WHZ 4, LB 6.1.2.4.

var. spinosa (L.) Kuntze. Zweige meist dornig, Blätter breiter, elliptisch bis länglich-elliptisch, 3–7 cm lang, dicht beschuppt, Früchte kleiner, nahezu kugelig bis ellipsoid.

E. argentea Moench = *E. angustifolia* var. *angustifolia*
E. argentea Pursh = *E. commutata*

Elaeagnus commutata Bernh. ex Rydb., Silber-Ölweide

Habitus: Sommergrüner, aufrechter, 1,5–2,5 m hoher, stark Ausläufer treibender, dickichtartiger Strauch, Zweige rotbraun, unbewehrt, junge Triebe und Knospen rotbraun schülferig.
Blätter: Eiförmig bis länglich, 2–20 cm lang, spitz oder stumpf, Basis breit keilförmig, beiderseits silbrig beschuppt, unterseits mindestens mit eingesprengten, bräunlichen Schüppchen.
Blüten: 1,2–1,5 cm lang, zylindrisch, Zipfel spreizend, stark süßlich duftend, zu 1–3, Kelch innen goldgelb, außen silbrig, Mai–Juni.
Früchte: Breit ellipsoid, 1 cm lang, silbrig, Fruchtfleisch trocken-mehlig.
Verbreitung: Alaska, Kanada, NO-, NOZ- und Z-USA.
Verwendung: Sehr häufig, ♧, D, WHZ 3, LB 6.1.2.4.

'Zempin'. Bis 4 m hoher, anfangs sehr raschwüchsiger, breit aufrechter Strauch, gilt als restistent gegen Wind, Trockenheit und Salzeintrag. Blätter bis 7 cm lang, oberseits silbrig grün, unterseits hellsilbrig. Blüten relativ klein, silbrig gelb gefärbt. Fruchtansatz gering.

Elaeagnus ×ebbingei Boom ex Door., Wintergrüne Ölweide

(*E. macrophylla* × *E. pungens*)

Habitus: Wintergrüner, in milden Zonen immergrüner, 1–2(–3) m hoher, buschiger, dicht belaubter Strauch, Zweige anfangs braun, später grau, schuppig.
Blätter: Elliptisch, 9–12 cm lang, oberseits dunkelgrün glänzend oder metallisch seegrün, silbrig beschuppt.
Blüten: Wachsartig, intensiv süß duftend, zu 3–6, Kelch cremeweiß, September–November(–Dezember).
Verwendung: Selten, D, WHZ 7b, LB 6.1.1.5.

'Coastal Gold'. Blätter graugrün, in der Mitte mit auffallendem, gelbem Fleck.

'Gilt Edge'. Blätter groß, glänzend grün, schmal gelb gerandet.

'Lemon Ice'. Blätter grün, in der Mitte mit einem rahmgelben bis gelbgrünen Fleck.

'Limelight'. Blätter in der Mitte mit einem tiefgelben und fahlgrünen Fleck.

E. edulis Carrière = *E. multiflora*
E. longipes A. Gray = *E. multiflora*

Elaeagnus multiflora Thunb., Reichblütige Ölweide

Habitus: Sommergrüner, bis 3 m hoher und breiter Strauch, Zweige unbewehrt, junge Triebe rotbraun schülferig.
Blätter: Elliptisch oder eiförmig bis länglich-verkehrteiförmig, 2,5–6 cm lang, kurz zugespitzt, Basis breit keilförmig, oberseits dunkelgrün, zuletzt kahl, unterseits silbrig, mit wenigen oder fehlenden braunen Schüppchen.
Blüten: 1–1,5 cm lang, Kelch weiß, im Verblühen gelb, Kelchröhre kaum länger als die Zipfel, zu 1–2, April–Mai.
Früchte: Länglich, 1,5 cm lang, an 2–3 cm langen und dünnen Stielen hängend, dunkel rotbraun, Fruchtfleisch saftig, sehr sauer.
Verbreitung: China, Japan, Korea.
Verwendung: Häufig, N, ♧, WHZ 5b, LB 6.1.2.5.

Elaeagnus pungens Thunb., Dornige Ölweide

Habitus: Immergrüner, bis 4 m hoher Strauch, bei uns meist niedriger, Zweige abstehend, dornig, braun.
Blätter: Elliptisch bis länglich, 5–10 cm lang, spitz oder stumpf, Basis abgerundet, Rand wellig und oft kraus, oberseits glänzend dunkelgrün, unterseits grauweiß beschuppt, dazwischen braune Schüppchen.
Blüten: 1,2 cm lang, duftend, hängend, zu 1–3, Kelch silbig weiß, Kelchröhre über dem Fruchtknoten plötzlich zusammengezogen, länger als die Zipfel, September–November.
Früchte: Ellipsoid, 1,5 cm lang, zunächst braun, später rot, bei uns nur selten entwickelt.
Verbreitung: N-China, Japan.
Verwendung: Häufig, N, ♧, D, WHZ 7b, LB 6.1.2.5.

'Aurea'. Blätter grün, mit schmalem, tiefgelbem Rand.

'Maculata'. Blätter groß, grün, in der Mitte mit dunkelgelbem Fleck.

'Simonii'. Blätter groß, oberseits frischgrün, unterseits lebhaft silbrig.

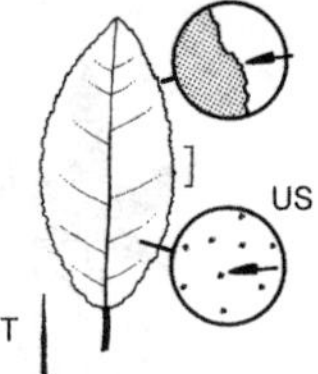

Elaeagnus pungens

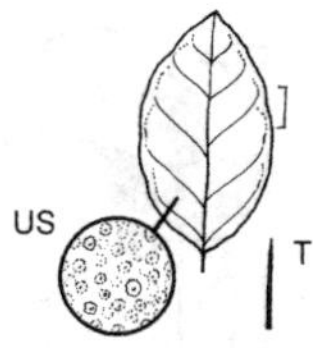

Elaeagnus umbellata var. umbellata

Elaeagnus umbellata Thunb. **var. umbellata**, Doldige Ölweide

Habitus: Sommergrüner, bis 4 m hoher Strauch, breit und sparrig wachsend, Zweige oft dornig, gelblich braun, teilweise auch silbrig.
Blätter: Elliptisch bis länglich-eiförmig, 3–7 cm lang, stumpf oder kurz zugespitzt, Basis keilförmig, Saum oft kraus, oberseits in der Jugend mit einigen silbrigen Schuppen, unterseits silbrig, meist mit reichlich eingesprengten braunen Schüppchen.
Blüten: 1,2 cm lang, duftend, nickend, zu 1–3, fast doldig stehend, Kelch gelblich weiß, Kelchröhre allmählich zur Basis hin enger werdend, etwa 2-mal so lang wie die Zipfel, Mai–Juni.
Früchte: Kugelig, 6–8 mm dick, zunächst silbrig braun, später rötlich.
Verbreitung: China, Korea, Japan.
Verwendung: Häufig, N, ♧, D, Bi, WHZ 5b, LB 6.2.2.5.

var. parvifolia (Royle) C.K. Schneid. Zweige und Winterknospen dicht silbrig beschuppt, Blätter elliptisch-lanzettlich, 3–7 cm lang, meist kurz zugespitzt, oberseits sternhaarig, zuletzt kahl und silbrig, unterseits silbrig, Früchte kurz gestielt, nahezu kugelig, silbrig, zuletzt hellrot. Himalaja, China, Japan.

Eleutherococcus Maxim.

Fingeraralie – Araliaceae

(griechisch *eleutheros* = frei und *kokkos* = Beere)

Habitus: Sommergrüne, selten immergrüne, mäßig verzweigte Bäume und Sträucher, bei uns nur sommergrüne Sträucher, Zweige ± stark bestachelt, Knospen klein, Gefäßbündelspuren deutlich.

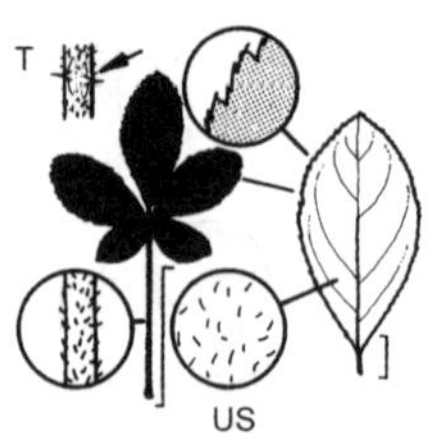

Eleutherococcus divaricatus

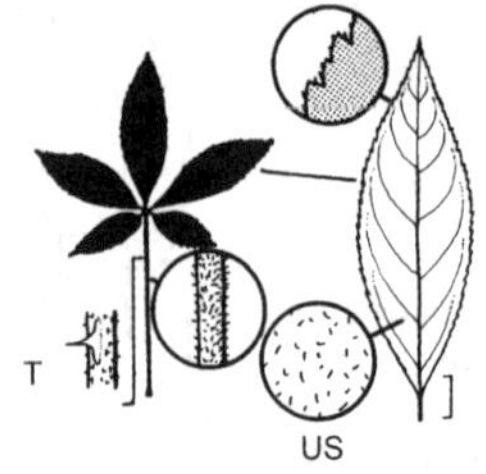

Eleutherococcus henryi

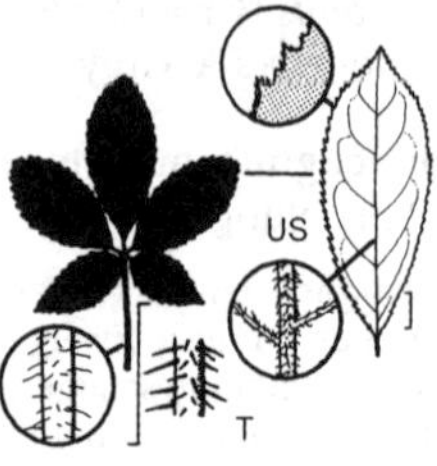

Eleutherococcus senticosus

Blätter: Wechselständig, gefingert, lang gestielt, Blättchen gesägt, Nebenblätter fehlend oder nur schwach entwickelt.
Blüten: Zwittrig oder polygam, radiär, klein, unscheinbar, in endständigen Dolden oder Doppeldolden, Kelchzähne winzig, Kronblätter 5, selten 4, Staubblätter 5, Fruchtknoten 2- bis 5-fächrig, unterständig, Griffel 2–5, frei oder verwachsen, Diskus deutlich ausgebildet.
Früchte: Steinfrüchte kugelig bis ellipsoid, 4–5 mm dick, schwarzblau, gekrönt von einem dünnen, 1,5–2 mm langen Griffel mit gabeliger Narbe, Steinkerne 2(–3).
Verbreitung: 40 Arten, vom Himalaja bis S- und O-Asien.
Verwendung: Mit ihren schwarzen, lange haftenden, kugeligen Früchten besonders im Herbst auffallende Sträucher.

Bestimmungsschlüssel Eleutherococcus

1	Triebe dicht mit borstigen Stacheln besetzt	*E. senticosus*
–	Triebe wenig oder gar nicht bestachelt	2
2	Fiederblättchen höchstens 5 cm lang	*E. sieboldianus*
–	Fiederblättchen länger	3
3	Blättchen sitzend	*E. sessiliflorus*
–	Blättchen kurz gestielt	4
4	Stacheln z. T. doppelt	*E. divaricatus*
–	Stacheln alle einfach	*E. henryi*

Eleutherococcus divaricatus (Siebold et Zucc.) S.Y. Hu, Sparrige Fingeraralie

Habitus: 3–4 m hoher Strauch, Zweige ausladend, gelegentlich mit paarweise auftretenden Stacheln, junge Triebe kahl oder behaart.
Blätter: Blättchen (3–)5, bis 7 cm lang, gestielt oder sitzend, elliptisch bis länglich, spitz oder kurz zugespitzt, Basis keilförmig, einfach oder doppelt gesägt, oberseits spärlich behaart, unterseits zottig behaart, selten nahezu kahl, Blattstiel 4–12 cm lang, gelegentlich stachelig.
Blüten: Zu 3–7 in dichten, endständigen, rundlichen Dolden, auf kurzen, behaarten Stielen, Krone bräunlich purpurn, Staubbeutel gelblich, August.
Früchte: Schwarz, kugelig, 6–7 mm dick.
Verbreitung: China: Hebei, Henan; Japan.
Verwendung: Selten, ♣, WHZ 6a, LB 6.3.2.5.

Eleutherococcus henryi Oliv., Henrys Fingeraralie

Habitus: Bis 3 m hoher Strauch, Triebe anfangs rau behaart, Zweige hell gelblich grau, mit starken, wenig gekrümmten Stacheln.
Blätter: Blättchen (3–)5, kurz gestielt, verkehrteiförmig bis länglich, bis 10 cm lang, zur Basis verschmälert, gesägt, oberseits rau, unterseits behaart, Blattstiel 4–7 cm lang.
Blüten: Zahlreich, in end- und achselständigen, kugeligen Dolden, auf einem starken, 1–3 cm langen Stiel, Krone grün, August–September.
Früchte: Schwarz, kugelig-ellipsoid, 8 mm dick.
Verbreitung: M-China.
Verwendung: Selten, ♣, WHZ 6a, LB 6.3.2.5.

Eleutherococcus senticosus (Rupr. ex Maxim.) Maxim., Borstige Fingeraralie

Habitus: 2–5 m hoher, aufrechter, sparrig verzweigter Strauch, Zweige dicht mit gelblichen, borstigen Stacheln besetzt.
Blätter: Blättchen meist 5 (selten 3), kurz gestielt, länglich-elliptisch bis schmal verkehrteiförmig, 6–13 cm lang, kurz zugespitzt, scharf und doppelt gesägt, oberseits dunkelgrün, unterseits heller und anfangs auf den

Nerven bräunlich behaart, Blattstiel 6–12 cm lang, fein bestachelt oder kahl.
Blüten: In kugeligen, vielblumigen, 3–4 cm breiten, meist einzeln stehenden Köpfchen auf 5–7 cm langem Stiel, Krone gelblich purpurn, Juli.
Früchte: Kugelig, 6–8 mm dick, schwarz, saftig.
Verbreitung: Russ. Ferner Osten, N-China, Mandschurei, Korea, Japan.
Verwendung: Selten, ♣, WHZ 5a, LB 3.1.5.5.

Eleutherococcus sessiliflorus (Rupr. et Maxim.) S.Y. Hu, Amur-Fingeraralie

Habitus: Bis 4 m hoher Strauch, Zweige ausladend, nicht oder nur wenig bestachelt.
Blätter: Blättchen meist 3 (selten 5), nahezu sitzend, länglich-eiförmig, 6–15 cm lang, zugespitzt, unregelmäßig gesägt, oberseits hellgrün, zerstreut behaart oder kahl, Blattstiel 3–6 cm lang, gelegentlich mit einem oder mehreren Stacheln.
Blüten: Fast sitzend, in dichten, kugeligen Dolden, meist zu mehreren am Ende der Zweige, Krone dunkelpurpurn, Juli–September.
Früchte: Breit ellipsoid, 1–1,4 cm dick, schwarz, in 3–4 cm breiten Ständen.
Verbreitung: Mandschurei, N-China, Korea.
Verwendung: Häufig, ♣, WHZ 5a, LB 3.1.5.5.

Eleutherococcus sieboldianus (Makino) Koidz., Siebolds Fingeraralie

Habitus: Bis 3 m hoher Strauch, Zweige etwas bogig abstehend, an Langtrieben unterhalb des Blattansatzes je ein 5–10 mm langer Dorn.
Blätter: An Kurztrieben rosettig, Blättchen 5–7, fast sitzend, verkehrteiförmig bis länglich-verkehrteiförmig, 2–5 cm lang, spitz, kerbig gesägt, glänzend grün, kahl, Blattstiel 3–8 cm lang.
Blüten: 5 mm breit, in 2–2,5 cm breiten, einzeln stehenden, 0,5–1 cm lang gestielten Dolden, Krone gelblich grün. Juni–Juli.
Früchte: Kugelig, 6–8 mm dick, schwarz.
Verbreitung: China.
Verwendung: Häufig, ♣, WHZ 6b, LB 6.1.2.5 (5.3.2.5).

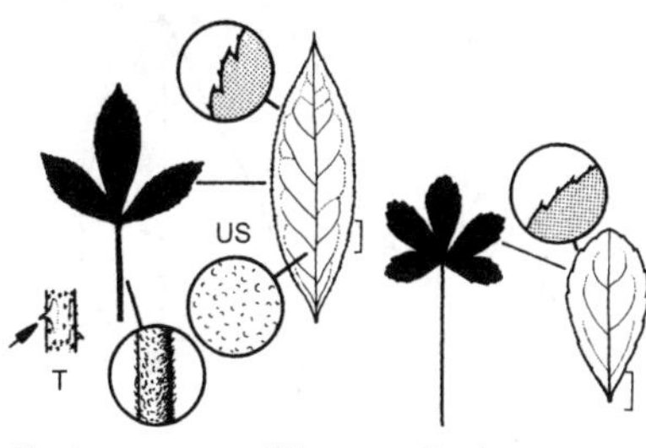

Eleutherococcus sessiliflorus   Eleutherococcus sieboldianus

Elsholtzia Willd.

Kammminze – Lamiaceae
(nach Johann Sigismund Elsholtz, 1623–1688, preußischer Arzt und Botaniker, Leibarzt des Großen Kurfürsten von Brandenburg)

Habitus: Aromatisch duftende Kräuter oder Sträucher, Knospen 4–5 mm lang, fein filzig behaart, Endknospen fehlend.
Blätter: Gegenständig, kurz gestielt, einfach, gesägt oder gezähnt.
Blüten: Zwittrig, radiär bis leicht zygomoprh, zu mehreren in Achseln bleibender Hochblätter, Scheinwirtel bildend, in dichten, oft rispig gehäuften, endständigen, einseitswendigen Scheinähren, die zu großen Rispen geordnet sind, Kelch röhrenförmig bis glockig, 5-zähnig, Krone klein, 2-lippig, die obere Lippe leicht ausgerandet, die untere 3-lappig, Kronröhre gerade, Griffel und die 4 Staubblätter weit hervorragend, Fruchtknoten 2-fächrig.
Früchte: Klausenfrüchte länglich-ellipsoid, 3-kantig, 1,5–2 mm lang.
Verbreitung: 41 Arten, vorwiegend in O-Asien.
Verwendung: Nur die folgende Art ist von gärtnerischer Bedeutung. Sie ist ein schöner Herbstblüher, für den sich eine schützende Mulchdecke im Wurzelbereich empfiehlt.

Elsholtzia stauntonii Benth., Chinesische Kammminze

Habitus: Sommergrüner, bis 1,5 m hoher Strauch, junge Triebe stielrund, fein weich behaart.
Blätter: Länglich-eiförmig bis länglich-lanzettlich, 6–15 cm lang, fein zugespitzt, scharf gesägt, oberseits glänzend grün, kahl, unterseits heller und dicht drüsig beaart.

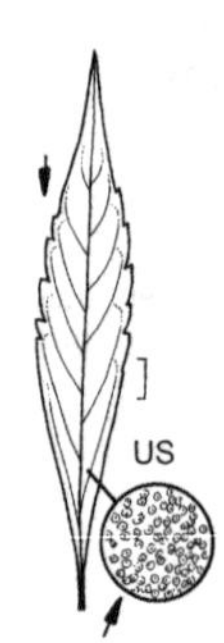

Elsholtzia stauntonii

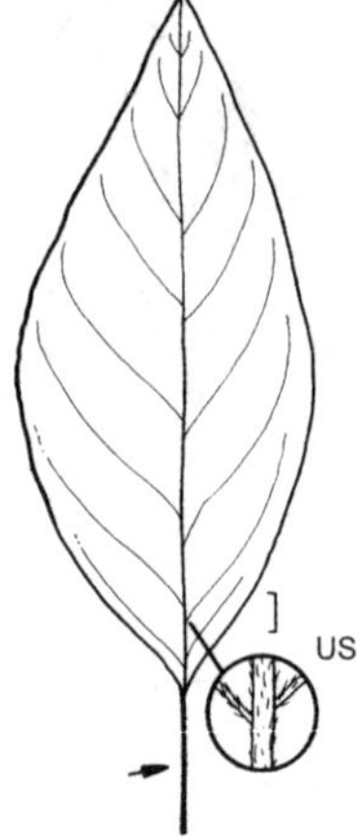

Emmenopteris henryi

Blüten: 7–8 mm lang, in 10–20 cm langen, oft rispig gehäuften, dichten, endständigen, einseitswendigen Scheinähren, Krone purpurrosa, September–Oktober.
Früchte: Nüsschen runzelig.
Verbreitung: N-China.
Verwendung: Häufig, B, D, WHZ 7a, LB 6.1.1.8.

Emmenopteris Oliv.

Emmenopteris – Rubiaceae
(griechisch *emmenes* = fortdauernd und *pteryx* = Flügel)

Habitus: Sommergrüne Bäume.
Blätter: Gegenständig, etwas ledrig, Nebenblätter hinfällig.
Blüten: Zwittrig, radiär, sehr ansehnlich, in vielblütigen, endständigen Rispen, Krone weiß oder gelb, trichterförmig oder glockig, Kronzipfel 5, abstehend, eiförmig, Kelch 5-lappig, 1 Lappen gelegentlich zu einem geflügelten oder blattartigen, eiförmigen bis länglichen, weißen, bleibenden Hochblatt vergrößert, Staubblätter 5, in der Krone eingeschlossen, Fruchtknoten 2-fächrig, Griffel fadenförmig.
Früchte: Kapseln länglich-eiförmig bis zylindrisch, 2-fächrig, zur Reife aufspringend, die zahlreichen Samen unregelmäßig geflügelt.
Verbreitung: 2 Arten in China und SO-Asien.
Verwendung: *E. henryi* ist in wintermilden Gebieten ein attraktiver Kleinbaum mit bronzefarbenem Blattaustrieb und weißen Blüten mit einem auffallenden Hochblatt.

Emmenopteris henryi Oliv., Henrys Emmenopteris

Habitus: Bis 26 m hoher Baum, in Kultur meist niedriger, Borke dunkelgrau, anfangs schuppig, später rau.
Blätter: Sehr variabel, elliptisch bis länglich-eiförmig, bis 20 cm lang, spitz, Basis abgerundet bis keilförmig, ganzrandig, im Austrieb bronzefarben, später oberseits glänzend grün und kahl, unterseits heller und behaart, vor allem auf den 5–8 Nerven, Stiel bis 5 cm lang, rot oder purpurn gefärbt.
Blüten: In bis 18 cm langen Rispen, Krone gelb, bis 3 cm lang, der blattartig vergrößerte Kelchzipfel bis 5 cm lang, Juni–Juli.
Früchte: Bis 5 cm lang.
Verbreitung: M- und W-China, Myanmar, Thailand.
Verwendung: Sehr selten, B, WHZ 7b, LB 6.4.4.4.

Empetrum L.

Krähenbeere – Ericaceae
(griechisch *en* = in, auf und *petros* = Stein, Fels)

Habitus: Immergrüne, niederliegende, mattenförmig wachsende, heideartig aussehende Zwergsträucher.
Blätter: Wechselständig, oft scheinwirtelig, nadelförmig, linealisch, Ränder nach unten umgerollt, sodass auf der Unterseite eine Längsfurche entsteht.
Blüten: Zwittrig oder 1-geschlechtig, 2-häusig verteilt, radiär, sehr klein und unscheinbar, einzeln in den Achseln der Laubblätter, an den Zweigenden gehäuft, Kelchblätter 3, Kronblätter fehlend, Staubblätter 2–3, die Krone weit überragend, Fruchtknoten oberständig, 2- bis 9-fächrig.
Früchte: Steinfrüchte beerenartig, kugelig, 6–8 mm dick, schwarz glänzend, Steinkerne 6–9, 1-samig.
Verbreitung: 2 Arten in nördl. gemäßigten Zonen, im südl. Teil des Areals nur im Gebirge, 1 Art, *E. atropurpureum*, in den südl. Anden und auf den Falkland-Inseln.
Verwendung: Häufig in Gruppen oder kleinflächig in Heidegärten.

Empetrum hermaphroditum

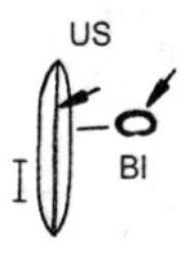

Empetrum nigrum

Bestimmungsschlüssel Empetrum

1 Blattränder bogig, Blätter höchstens 5 mm lang . . . . *E. hermaphroditum*
– Blätter parallelrandig, bis 8 mm lang . . . . *E. nigrum*

Empetrum hermaphroditum Hagerup, Zwittrige Krähenbeere

Habitus: Strauch mit niederliegenden oder aufsteigenden Ästen, Zweige selten mehr als 0,5 m lang, Triebe kahl oder braun filzig behaart.
Blätter: Meist elliptisch bis elliptisch-länglich, in der Mitte am breitesten, Blattränder nicht parallel, Furche auf der Unterseite 0,1–0,2 mm breit.
Blüten: Meist zwittrig.
Früchte: ± regelmäßig vorhanden.
Verbreitung: Europa, Türkei, Kaukasien, Sibirien, Kamtschatka, Kanada, Grönland.
Verwendung: Häufig, WHZ 2, LB 8.2.5.7.

Empetrum nigrum L., Schwarze Krähenbeere

Habitus: Bis 0,3 m hoher, Teppiche bildender Zwergstrauch mit weit kriechender Grundachse und aufrechten, 20–30 cm langen Trieben, junge Triebe, wie der Blattstiel, dicht drüsig-flaumig.
Blätter: Linealisch-länglich, 4–5 mm lang, Ränder nach unten umgerollt, sodass auf der Unterseite eine Furche entsteht, oberseits glänzend tiefgrün.
Blüten: 2-häusig verteilt, einzeln in den Blattachseln, Kronblätter blass- bis purpurrot, rundlich, konkav, Staubfäden lang, Staubbeutel rot, Stempel gelappt, in ♀ Blüten petaloid, Mai–Juni.
Früchte: Länglich-kugelig, erbsengroß, schwarz, essbar, saftig, aber fade schmeckend.
Verbreitung: Kanada, NW-, NO- und NOZ-USA, Europa, Sibirien, Russ. Ferner Osten, Korea, Sachalin, Japan, Alaska und Grönland.
Verwendung: Häufig, B, ♣, WHZ 2, LB 5.2.3.7.

Empetrum nigrum subsp. *hermaphroditum* (Hagerup) Böcher = *E. hermaphroditum*

Enkianthus Lour.

Prachtglocke – Ericaceae
(griechisch *enkyos* = schwanger, trächtig und *anthos* = Blüte)
Habitus: Sommergrüne, selten immergrüne, locker aufgebaute Sträucher, seitliche Verzweigung meist quirlständig, Zweige gelbbraun, Rinde sich im 2. Jahr lösend, Endknospen 4–7 mm lang, ± eiförmig, zugespitzt, kahl, dicker als die Zweige, Knospenschuppen glänzend grün bis gelbgrün, oft rötlich überlaufen.
Blätter: Wechselständig, meist an den Triebenden wirtelig gehäuft, einfach, 3–7 cm lang, meist fein gesägt, Herbstfärbung meist prachtvoll orange und scharlachrot.
Blüten: Zwittrig, radiär, in endständigen Dolden oder Trugdolden, nickend, Kelchblätter 5, bleibend, Krone glockig oder krugförmig, 5-teilig, Staubblätter 10, eingeschlossen, an der Spitze mit 2 Anhängseln, Fruchtknoten oberständig.
Früchte: Kapseln 5–8 mm lang, ellipsoid bis kugelig, sich bis zum Grund öffnend, Samen 3- bis 5-kantig.
Verbreitung: 13 Arten, von Japan bis zum Himalaja.
Verwendung: Prachtvolle Blütensträucher, meist mit auffallender Herbstfärbung.

Bestimmungsschlüssel Enkianthus

1 Blätter beiderseits mit borstiger Behaarung (fühlbar!) . . . . *E. campanulatus* var. *campanulatus*
– Blätter oberseits kahl, höchstens unterseits auf den Nerven behaart 2
2 Blattstiel 8–13 mm lang . . . . *E. perulatus*
– Blattstiel höchstens 5 mm lang 3
3 Blätter oberseits glänzend . . . . *E. cernuus* var. *cernuus*
– Blätter oberseits matt . . . . *E. subsessilis*

Enkianthus campanulatus (Miq.) G. Nicholson **var. campanulatus**, Glockige Prachtglocke

Habitus: Straff aufrechter, reich verzweigter, 4–5 m hoher Strauch oder kleiner Baum.
Blätter: Verkehrteiförmig bis elliptisch, 3–7 cm lang, scharf zugespitzt, gesägt, beiderseits borstig behaart, stumpfgrün, Herbst-

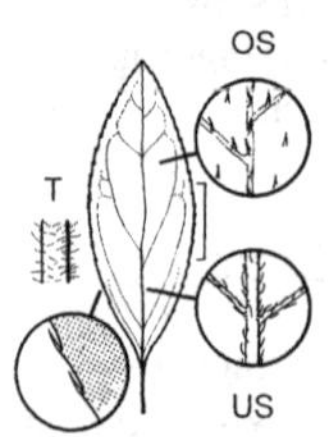

Enkianthus campanulatus var. campanulatus

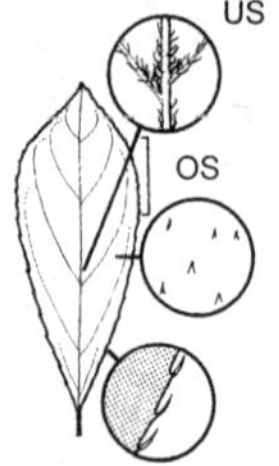

Enkianthus cernuus var. cernuus

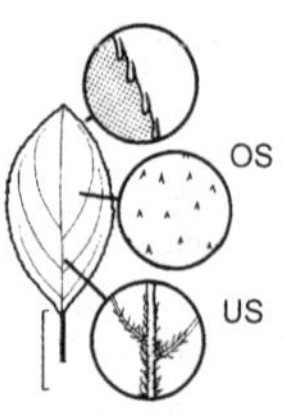

Enkianthus perulatus

färbung leuchtend rot bis scharlachrot, Stiel 3–15 mm lang.
Blüten: Zu 5–15 in hängenden Trugdolden, Stiele 1–2,5 cm lang, Kelchblätter 3 mm lang, lanzettlich, scharf zugespitzt, Krone hellgelb bis hellrosa mit lachsfarbenen, pfirsichfarbenen oder rostbraunen Adern (bei 'Albiflorus' weiß), glockig, 5 mm breit, Saum ganzrandig, Staubblätter sehr kurz, Fruchtknoten und Griffel kahl, Mai.
Früchte: Ellipsoid, 4–5 mm lang.
Verbreitung: Japan: Hokkaido, Honshu.
Verwendung: Sehr häufig, B, H, WHZ 6b, LB 7.2.2.5 (4.1.5.5) (9.2.5.5).

var. lonigilobus (Nakai) Makino. Blätter elliptisch bis breit elliptisch. Blüten etwas größer, Krone meist rosa mit dunkleren Streifen, 5-zählig, bis zur Hälfte oder bis zu ⅓ eingeschnitten. Japan: Kyushu

var. palibinii (Craib) Bean. Blätter verkehrteiförmig bis breit eiförmig, längs der Mittelrippe rostig behaart. Blüten in dichten Büscheln, Krone rot oder rötlich, bis zu ⅓ eingeschnitten, Staubfäden zottig behaart. Japan: Honshu.

Enkianthus cernuus (Siebold et Zucc.) Makino **var. cernuus**, Nickende Prachtglocke

Habitus: 4–5 m hoher, reich verzweigter Strauch, in Kultur meist niedriger.
Blätter: Elliptisch bis eiförmig-rhombisch, 2–5 cm lang, spitz, Basis ± spitz, fein kerbig gesägt, oberseits glänzend grün und weich behaart, unterseits auf der Mittelrippe und oft auch auf den Nerven braun behaart, Stiel 3–7 cm lang.
Blüten: Zu 5–12 in nickenden, flaumig behaarten Trauben, Stiele 0,5–1,5 cm lang, Kelchblätter eiförmig-lanzettlich, Krone creme- bis grünlich weiß, breit glockig, 5–8 mm breit, Saumzipfel gezackt und unregelmäßig, Griffel 4,5–5,5 mm lang, Juni–Juli.
Früchte: Ellipsoid, 4–6 mm lang.
Verbreitung: Japan: Honshu, Shikoku, Kyushu.
Verwendung: Sehr selten, B, H, WHZ 6b, LB 7.2.4.5.

var. matsudae (Komatsu) Makino. 3–4 m hoher Strauch. Blätter breit lanzettlich bis schmal eiförmig, 2–5 cm lang, Mittelrippe unterseits weich beharat. Kelchzipfel schmal eiförmig bis breit lanzettlich, Krone glockig, 6–8 mm breit, tiefrot. Japan: Honshu.

var. rubens (Maxim.) Makino, Rote Nickende Prachtglocke. Kleiner bis mittelgroßer, reich verzweigter Strauch. Blätter 1–2,5 cm lang, Herbstfärbung tief purpurrot. Blüten klein, glockig, Krone tiefrot. M- und S-Japan.

Enkianthus perulatus (Miq.) C.K. Schneid., Frühblühende Prachtglocke

Habitus: Bis 3 m hoher, kompakter, dicht belaubter Strauch, junge Zweige rötlich, kahl.
Blätter: Verkehrteiförmig bis elliptisch-eiförmig, 2–5 cm lang, spitz, Basis keilförmig, gesägt, oberseits glatt und glänzend grün, unterseits auf den Nerven behaart, sonst kahl, Stiel 0,8–1,3 cm lang, Herbstfärbung gelb bis scharlachrot.
Blüten: Zu 3–10 in kahlen, nickenden Dolden, Stiele 1,2 cm lang, Kelchblätter schmal 3-eckig, kahl, Krone schneeweiß, urnenförmig, 6–8 mm breit, mit 5 sackartigen Ausbuchtungen an der Basis, Kronzipfel rundlich, zurückgeschlagen, April–Mai, vor der Laubentfaltung.
Früchte: Schmal länglich, aufrecht, 8 mm lang.
Verbreitung: M- und S-Japan.
Verwendung: Sehr selten, B, H, WHZ 7a, LB 7.2.2.6.

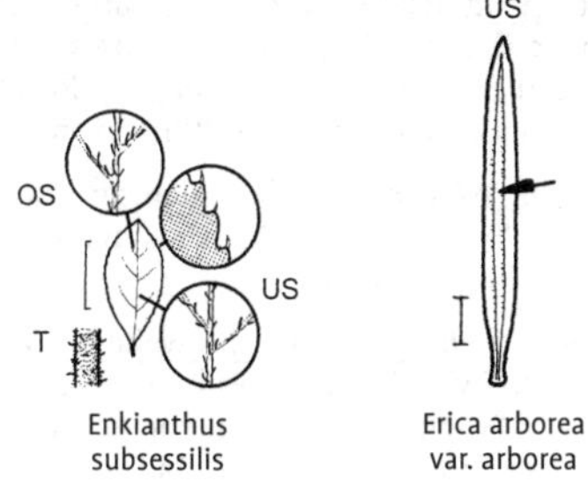

Enkianthus subsessilis

Erica arborea var. arborea

Enkianthus subsessilis (Miq.) Makino

Habitus: Aufrechter, 1–3 m hoher, dicht verzweigter Strauch.
Blätter: Verkehrteiförmig bis elliptisch, 2–3 cm lang, scharf zugespitzt, Basis spitz zulaufend, fein gezähnt, oberseits sattgrün, Mittelnerv weich weiß behaart, unterseits heller und locker braun weich behaart, Stiel 1–3 mm lang, kurz weich behaart, Herbstfärbung scharlachrot.
Blüten: Zu 5–10 in nickenden Trauben, Stiele 1–2,5 cm lang, Blütenstandsachsen rau behaart, Kelchblätter eiförmig, spitz, 2 mm lang, bewimpert, Krone weiß, urnenförmig, 5 mm breit, mit 5 sackartigen Ausbuchtungen an der Basis, Kronblätter kurz, zurückgeschlagen, Mai–Juni.
Früchte: Ellipsoid, 4 mm lang, kahl, hängend.
Verbreitung: Japan: Honshu.
Verwendung: Selten, B, H, WHZ 6a, LB 7.2.2.5.

Erica L.

Erika, Heide – Ericaceae
(griechisch *ereike* = Heidekraut, namentlich baumförmige Arten der Gattung)

Habitus: Immergrüne, meist reich verzweigte Zwergsträucher, Sträucher oder kleine Bäume.
Blätter: Klein, nadelförmig, zu 3–4(–6) in Wirteln stehend, an den Rändern eingerollt.
Blüten: Zwittrig, radiär, einzeln oder in 1- bis 30-blütigen, pseudoendständigen Köpfen, häufiger zu 1–3 an kurzen Seitenzweigen an den Triebenden, oft eine Rispe oder Traube bildend, Kelchblätter 4–5, selten grün, meist in der Farbe der Kronblätter, wesentlich kürzer als diese, Krone meist rosarot oder weiß, Kronblätter glockig oder urnenförmig zusammengewachsen, mit kurzen Zipfeln, Staubblätter 4–5, frei, mit oder ohne geschwänzte Anhängsel.
Früchte: Kapseln 1–2 mm lang, kugelig oder zylindrisch, 4-klappig, Samen sehr fein.
Verbreitung: Etwa 500–600(–800) Arten, davon über 90 % in der Kapregion S-Afrikas.
Verwendung: Die kultivierten Arten und deren Sorten sind unentbehrliche Zwergsträucher für die Anlage von Heidegärten.

Bestimmungsschlüssel Erica

(für sichere Artbestimmung z. T. Blüten notwendig)

1 Blätter bewimpert 2
– Blätter kahl 3
2 Blätter 4–5 mm lang, linealisch, Blüten 6–7 mm lang . . . . *E. tetralix*
– Blätter 2–4 mm lang, eiförmig, Blüten 8–10 mm lang . . . . *E. ciliaris*
3 Staubbeutel ragen aus der Krone heraus 4
– Staubbeutel ragen nicht aus der Krone heraus (nur der Griffel) 6
4 Blätter unvollständig eingerollt, bis über 10 mm lang, Blüten kugelig . . . . *E. vagans*
– Blätter vollkommen eingerollt (unterseits nur eine dünne Naht erkennbar), höchstens 8 mm lang, Blüten eiförmig 5
5 Triebe behaart, Staubbeutel nur wenig aus der Kronröhre herausragend . . . . *E. erigena*
– Triebe kahl, Staubbeutel fast ganz aus der Kronröhre herausragend . . . . *E. carnea*
6 Blätter vollkommen eingerollt, sodass unterseits nur eine Mittelnaht erkennbar . . . . *E. cinerea*
– Blätter unvollständig eingerollt, sodass blattunterseits 2 Nähte sichtbar (heller Mittelstreifen) 7
7 Triebe dick, steif aufrecht 8
– Triebe dünn, niederliegend . . . . *E. spiculifolia*
8 Strauch höchstens kniehoch, blattunterseitiger Mittelstreifen breiter als Randstreifen . . . . *E. terminalis*
– Strauch größer, blattunterseitiger Mittelstreifen schmaler als Randstreifen . . . . *E. arborea* var. *arborea*

Erica arborea L. **var. arborea**, Baum-Heide

Habitus: Baumförmiger, bis 4 m hoher, gelegentlich auch höher werdender Strauch, junge Triebe stark behaart.
Blätter: Fast nadelförmig, zu 3–4 in Wirteln, 3–6 mm lang, Blattränder umgerollt und die Blattunterseite fast verdeckend, dunkelgrün, kahl.
Blüten: 4 mm breit, duftend, an achselständigen Kurztrieben, zu großen, rispenartigen, 20–40 cm langen Ständen vereint, Krone grauweiß, glockig, 4 mm lang, Staubbeutel nicht die Krone überragend, März–April.

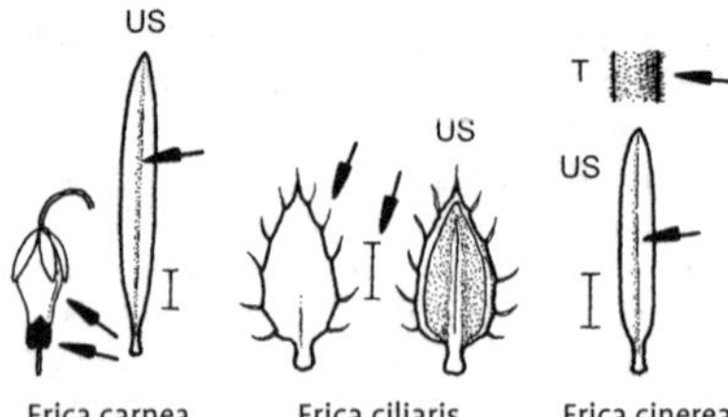

Verbreitung: Makronesien, SW-, S- und SO-Europa, Türkei, Kaukasien, N-Afrika und Gebirge von O-Afrika.
Verwendung: Sehr selten (aus dem Maserholz der Wurzeln werden Bruyère-Pfeifen gefertigt), N, B, WHZ 8b, LB 4.1.1.4 (6.2.4.4).

'Alberts Gold'. Wuchs gedrungen. Blätter ganzjährig goldgelb.

var. alpina Dieck ex Bean. Wuchs straff aufrecht, meist nicht höher als 1 m. Blätter hellgrün. Blüten weiß. Frosthärter als die var. *arborea*. W-Spanien.

Erica carnea L., Schnee-Heide

Habitus: Reich verzweigter, bis 0,3 m hoher Strauch, Zweige niederliegend-aufsteigend, Triebe kahl, 4-kantig, meist büschelig-quirlig verzweigt.
Blätter: Schmal linealisch, 4–8 mm lang, spitz bis zugespitzt, zu 3–4 in dichten Wirteln, Blattränder umgerollt, unterseits nur einen weiß behaarten Mittelstreifen freilassend.
Blüten: Nickend, im Herbst bereits voll entwickelt, in meist einseitswendigen Doppeltrauben, Krone rosa bis fleischfarben (bei Gartenformen von Weiß bis Purpur), zylindrisch bis glockig, 6 mm breit, an der Mündung verengt, die braunen Staubblätter mehr als zur Hälfte die Krone überragend, Februar–April.
Verbreitung: W-, M-, OM- und O-Europa.
Verwendung: Sehr häufig (in zahlreichen Sorten), B, Bi, WHZ 5b, LB 8.2.3.7 (2.5.3.7) (9.1.3.7).

Blüten weiß: 'Cecilia M. Beale', 'Golden Starlet', 'Kramer's Weiße', 'Schneekuppe', 'Snow Queen', 'Springwood White', 'Winter Beauty'.

Blüten hell- oder rubinrosa: 'Alan Coates', 'C. J. Backhouse', 'December Red', 'Foxhollow', 'Mrs Sam Doncaster', 'Prince of Wales', 'R.B. Cooke', 'Rubinteppich', 'Springwood Pink', 'Sunshine Rambler', 'Westwood Yellow'.

Blüten dunkelrosa oder rosarot: 'Ann Sparkes', 'Atrorubra', 'Aurea', 'Lohses Rubin', 'March Seedling', 'Pink Spangles', 'Rosalie', 'Rosantha', 'Winterfreude', 'Wintersonne'.

Blüten rosaviolett oder lilarosa: 'Beoley Pink', 'Heathwood', 'Pink Spangles', 'Pirbright Rose', 'Rubra'.

Blüten dunkel-, rubin- oder weinrot: 'Myretoun Ruby', 'Nathalie', 'Ruby Glow', 'Rotes Juwel', 'Rubinfeuer', 'Rubinteppich', 'Vivelli', WINTER RUBIN ('Kramer's Rubin').

Blüten purpurrot oder purpurrosa: 'Challenger', 'Eileen Porter', 'King George', 'Loughrigg', 'Praecox Rubra', 'Rubinette', 'Viking'.

Erica ciliaris L., Dorset-Heide, Wimpern-Heide

Habitus: Bis 0,3 m hoher Zwergstrauch, Zweige niederliegend-ansteigend, junge Triebe kurz drüsig behaart.
Blätter: Eiförmig bis lanzettlich, 3–4 mm lang, zu 3(–4) in Wirteln, Rand etwas nach unten gebogen, bis zu ein Drittel die Unterseite bedeckend, oberseits dunkelgrün, unterseits grauweiß, lang drüsig bewimpert.
Blüten: In endständigen, 5–10 cm langen Trauben, Kelch lang drüsig bewimpert, Krone rosarot, zylindrisch-krugförmig, 0,8–1 cm lang, Staubbeutel ohne Anhängsel, nicht die Krone überragend, Juli–September.
Verbreitung: S- und SW-Europa, N-Afrika.
Verwendung: Selten, B, WHZ 8a, LB 5.2.1.7.

Erica cinerea L., Grau-Heide

Habitus: 0,2–0,6 m hoher Zwergstrauch, Zweige niederliegend-aufrecht, junge Triebe kurz graufilzig behaart.
Blätter: Nadelförmig, 4–7 mm lang, zu 3 in Wirteln, Ränder stark umgerollt, dadurch Blattunterseite verdeckt.
Blüten: Zu 4–8 an den Zweigenden quirligtraubig stehend, Krone fleisch- oder violettrot, urnenförmig, bis 7 mm lang, Staubbeutel dunkelpurpurn, nicht die Krone überrragend, Juli–August.
Verbreitung: W-, SW- und ZM-Europa (die natürlichen Bestände in Deutschland sind vom Aussterben bedroht).
Verwendung: Häufig, B, WHZ 6b, LB 5.2.1.7.

Blüten weiß: 'Alba Major', 'Alba Minor', 'Domino', 'Hookstone White', 'Marina', 'White Dale'.

Blüten rosa: 'C.G. Best', 'Old Rose', 'Knap Hill Pink', 'Pink Ice', 'Sandpit Hill', 'Yvonne'.

Blüten hellrot oder rosarot: 'C.D. Eason', 'John Eason', 'Flamingo', 'Rose Queen', 'Stephen Davis'.

Blüten violett oder violettpurpurn: 'Ann Berry', 'Baylay's Variety', 'Cevennes', 'Fiddler's Gold', 'Golden Hue', 'Golden Sport', 'Hermann Dijkhuizen', 'Katinka', 'P.S. Patrick', 'Tilford', 'Violetta'.

Blüten wein- oder purpurrot: 'Atrorubens', 'Cindy', 'Grandiflora', 'Heidebrand', 'Michael Hugo', 'Pallas', 'Penaz', 'Pentreath', 'Plummer's Seedling', 'Windlebrooke'.

Blüten dunkelrot: 'Providence', 'Velvet Night'.

Erica ×darleyensis Bean
(E. carnea × E. erigena)

Habitus: Aufrechter, 0,25–0,5(–0,9) m hoher, buschiger, vieltriebiger Strauch.
Blätter: Linealisch, 7 mm lang, dunkelgrün, im Austrieb hellgrün.
Blüten: 6–8 mm lang, Krone lilarosa bis weiß, ab Dezember, meist von Januar bis Mai.
Verwendung: Selten, B, WHZ 7b, LB 9.3.1.7. Interessant durch die ungewöhnliche Blütezeit, aber weniger frosthart als *E. carnea*.

Blüten weiß: 'Silberschmelze', 'White Perfection'.

Blüten rosa: 'Darley Dale', 'Ghost Hills', 'J.W. Porter'.

Blüten lila- oder purpurrosa: 'Archie Graham', 'Arthur Johnson', 'Erecta', 'George Rendall', 'Margarete Porter'.

Blüten rot: 'Kramer's Rote'.

Erica erigena R. Ross, Purpur-Heide

Habitus: Buschiger, aufrechter, dicht verzweigter, bis etwa 1 m hoher Strauch, junge Triebe deutlich behaart.
Blätter: Linealisch, 4–8 mm lang, zu 4 in Wirteln, tiefgrün, Ränder umgerollt, dadurch unterseits eine hell gesäumte Furche bildend.
Blüten: 6 mm lang, einzeln oder zu 2 in den Blattachseln an den Enden der vorjährigen Triebe, in langen, zuammengesetzten Trauben, Krone rosarot, eiförmig-zylindrisch, Staubbeutel knapp die Krone überragend, März–Mai.
Verbreitung: W- und SW-Europa.

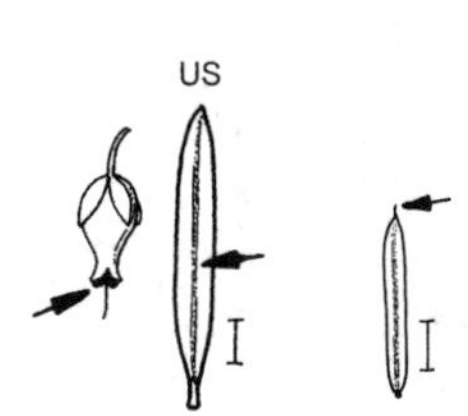
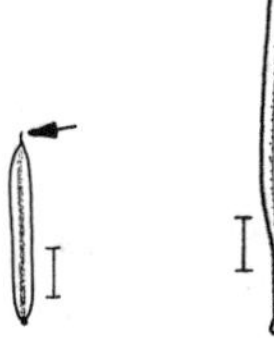

Erica erigena Erica spiculifolia Erica terminalis

Verwendung: Sehr selten, B, WHZ 8a, LB 5.2.1.7.

E. herbacea L. = *E. carnea*

Erica spiculifolia Salisb., Siebenbürger Heide

Habitus: Bis 0,25 m hoher, reich verzweigter Zwergstrauch, Zweige dünn, niederliegend-aufrecht, dicht beblättert, in der Jugend flaumig behaart.
Blätter: Gegen- oder quirlständig, sehr dicht stehend, linealisch, 3–5 mm lang, drüsig-stachelspitzig, Rand deutlich umgerollt, schwach drüsig behaart, oberseits glänzend dunkelgrün.
Blüten: Zu vielen in dichten, endständigen, 2–3 cm langen, aufrechten, zylindrischen Trauben, Krone rosa, glockig, 3 mm lang, Kelch wie die Krone gefärbt, nur ½ so lang und mit 4 gezähnten Lappen, Staubblätter 8, eingeschlossen, Juni–August.
Verbreitung: SO-Europa, NO-Türkei.
Verwendung: Häufig (oft als *Bruckenthalia spiculifolia*), WHZ 6b, LB 4.1.1.7 (8.2.2.7).

E. stricta Donn ex Willd. = *E. terminalis*

Erica terminalis Salisb., Steife Heide

Habitus: Straff und steif aufrechter, regelmäßig verzweigter, dicht belaubter, bis 0,8 m hoher Strauch, junge Triebe fein behaart.
Blätter: Linealisch, 4–5 mm lang, anfangs fein behaart, zu 4 in Wirteln, dunkelgrün, anfangs fein behaart.
Blüten: Zu 4–8 in endständigen Dolden, Krone rosarot, röhrenförmig-kugelig, 6 mm lang, Zipfel zurückgeschlagen, bräunlich, Staubbeutel mit Anhängsel, nicht die Krone überragend, Juli–September.
Verbreitung: S-Europa, N-Afrika.
Verwendung: Selten, B, WHZ 8b, LB 6.1.1.7.

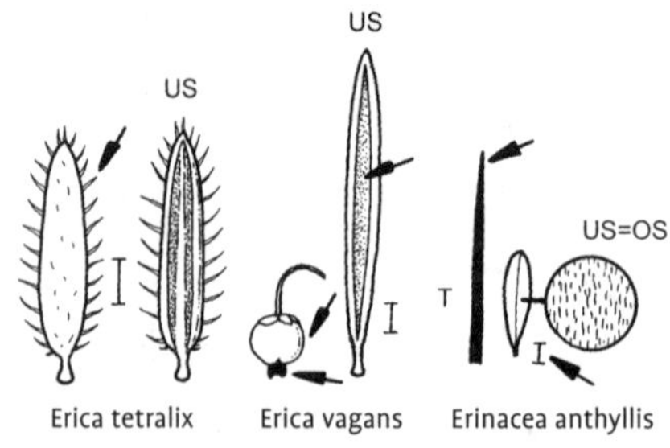

Erica tetralix L., Glocken-Heide

Habitus: Niederliegend-aufrechter, 0,2–0,5 m hoher, büschelig verzweigter Strauch, Triebe graufilzig behaart.
Blätter: Lanzettlich bis linealisch-länglich, 3–6 mm lang, zu (3–)4 in Wirteln, Ränder umgebogen und abstehend, drüsig behaart, unterseits nur ein schmaler, grau behaarter Streifen frei bleibend.
Blüten: Zu 5–10 in endständigen, köpfchenartigen Trugdolden, Kelch drüsig behaart, Krone lilarosa, selten weiß, bauchig-röhrenförmig, 6–7 mm lang, die kurzen Zipfel zurückgeschlagen, Staubbeutel mit Anhängsel, nicht die Krone überrragend, Juli–September.
Verbreitung: N-, W- und SW-Europa.
Verwendung: Sehr häufig, B, Bi, WHZ 5a, LB 5.2.1.7 (9.3.1.7).

Blüten weiß: 'Alba', 'Alba Mollis', 'Silver Bells'.

Blüten rosa oder rosarot: 'Ardy', 'Helma', 'Hookstone Pink', 'Pink Star'.

Blüten purpurn oder purpurrot: 'Ken Underwood', Tina'.

Erica vagans L., Cornwall-Heide

Habitus: Niederliegend-aufrechter, bis 0,5 m hoher, breitwüchsiger Strauch, Triebe kahl, gelblich braun.
Blätter: Linealisch, 4–10 mm lang, zu 4–5 in Wirteln, tiefgrün, unbehaart, Ränder eingerollt.
Blüten: Meist zu 2 achselständig, an etwa 8 mm langen Stielen, eine 8–16 cm lange, ± zylindrische Traube bildend, Krone purpurrosa, breit glockig, Staubbeutel weniger als zur Hälfte die Krone überragend, Staubbeutel bis zur Hälfte gespalten, Juli–September.
Verbreitung: W-Europa.
Verwendung: Häufig, B, WHZ 6b, LB 5.2.1.7.

Blüten weiß: 'Alba', 'Lyonesse', 'Valerie Proudley'.

Blüten rosa oder rosarot: 'Birch Glow', 'Diana Hornibrook', 'Fiddleston', 'Holden Pink', 'Mrs D.F. Maxwell', 'St. Keverne'.

Erica ×williamsii Druce
(*E. tetralix* × *E. vagans*)

Habitus: Gedrungener, 0,3–0,6 m hoher Strauch.
Blätter: Zu 4 in Wirteln, Triebspitzen im Winter goldgelb.
Blüten: Zu 5–6 in Dolden, diese bis zu 10 in einem endständigen Blütenstand, Krone lilarosa, eiförmig-glockig, die braunen Staubbeutel eingeschlossen, Juli–November.
Verwendung: Selten, B, WHZ 6b, LB 5.2.1.7.

Erinacea Adans.

Igelginster – Fabaceae
(lateinisch *erinaceus* = Igel)
Monotypische Gattung

Erinacea anthyllis Link, Igelginster

Habitus: Immergrüner, sehr dicht verzweigter, halbkugeliger, 0,2–0,3 m hoher Strauch, Triebe grün, stielrund, sehr fein gestreift, angedrückt silbrig behaart, in lange, stechende Dornen auslaufend.
Blätter: Nur am Ende junger Triebe, schmal lanzettlich, meist einfach, selten 3-zählig, 5–10 mm lang, behaart, sehr kurz gestielt, bald abfallend.
Blüten: Zwittrig, zygomorph, zu 2–4 achselständig an den vorjährigen Trieben, Kelch etwa 1 cm lang, röhrig, mit 5 kurzen Zähnen, nach der Blüte aufgeblasen, Krone hellblau, indigo oder purpurn, 1,5–2 cm lang, Staubblätter 10, verwachsen, Mai–Juni.
Früchte: Hülsen 1,5–2 cm lang, schmal länglich, drüsig behaart, 4- bis 6-samig, etwa bis zur Hälfte in dem aufgeblasenen Kelch geborgen.
Verbreitung: SW- und S-Europa, N-Afrika.
Verwendung: Selten, B, WHZ 8a, LB 6.1.1.7.

Eriolobus trilobatus (Poir.) Roem. = *Malus trilobata*

Escallonia Mutis ex L. f.

Andenstrauch, Escallonie – Escalloniaceae

(nach Señor Escallón, spanischer Reisender und Pflanzensammler in Kolumbien im späten 18. Jahrh.)

Habitus: Meist immer-, selten sommergrüne Sträucher oder kleine Bäume.
Blätter: Wechselständig, selten in Quirlen oder nahezu gegenständig, einfach, sitzend oder nahezu sitzend, meist grob gesägt, Zähne an der Spitze eine Drüse tragend.
Blüten: Zwittrig, radiär, in geschlossenen Rispen oder Trauben an den Enden beblätterter, diesjähriger Triebe, Kelchröhre kreiselförmig bis zylindrisch, Kelchblätter 5, kurz, Krone weiß, rosa oder rot, trichterförmig, die 5 Kronblätter oft genagelt, Staubblätter 5, Griffel meist einfach, mit 2- bis 5-lappiger Narbe, Fruchtknoten 2- bis 3-fächrig, unterständig.
Früchte: Kapseln 0,8–1 cm lang, behaart, oft drüsenhaarig, sich 2- bis 3-klappig öffnend, Samen zahlreich.
Verbreitung: 39 Arten in S-Amerika, vorwiegend in den Anden.
Verwendung: Schöne, sommerblühende Sträucher mit langer Blütezeit. Nur wenige Arten sind in M-Europa im Freien ausreichend frosthart. Sie brauchen warme, windgeschützte Plätze und eine winterliche Abdeckung im Wurzelbereich. In Kultur häufig *E.* 'Langleyensis', eine der bekanntesten Hybriden.

Bestimmungsschlüssel Escallonia

1 Blätter immergrün (auch vorjährige Triebe belaubt) 2
– Blätter sommergrün . . . . *E. virgata*
2 Blätter gestielt, oberseits glänzend, unterseits drüsig, bis 5 cm lang . . . . . . *E. rubra* var. *rubra*
– Blätter sitzend, oberseits matt, unterseits fast ohne Drüsen, 1–3 cm lang . . . . *Escallonia*-Hybriden

E. ×langleyensis Veitch = *Escallonia*-Hybriden
E. macrantha Hook. et Arn. = *E. rubra* var. *macrantha*

Escallonia rubra (Ruiz et Pav.) Pers. **var. rubra**, Roter Andenstrauch, Rote Escallonie

Habitus: Immergrüner, starkwüchsiger, bis 4 m hoher, oft wuchernder Strauch, Zweige steif, rötlich, weich behaart, meist mit dickstieligen, aromatischen Harzdrüsen.

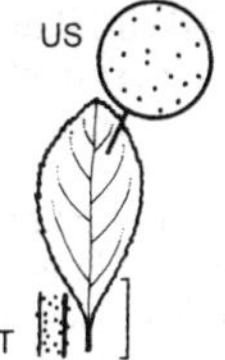

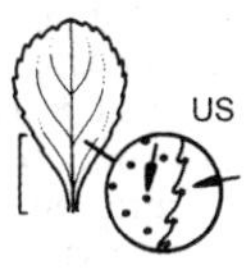

Escallonia rubra var. rubra — Escallonia virgata — Escallonia-Hybriden

Blätter: Verkehrteiförmig bis lanzettlich, 2–5 cm lang, an beiden Enden lang zugespitzt, einfach bis doppelt gesägt, zur Basis hin mit gestielten Drüsen, oberseits kahl und glänzend, unterseits, wie der Kelch, mit dickstieligen, aromatisch duftenden Harzdrüsen.
Blüten: Zu 3–7 in lockeren Rispen, Kronblätter rosarot, genagelt, mit ihren ± verklebten Rändern eine 1 cm lange Röhre bildend, Juni–September.
Verbreitung: Chile, Argentinien.
Verwendung: Sehr selten, B, WHZ 9, LB 4.1.1.5 (6.2.4.5).

var. macrantha (Hook. et Arn.) Reiche. 1,5–4 m hoher, reich verzweigter, breiter Strauch, Zweige behaart, drüsig. Blätter breit eiförmig, 2,5–7 cm lang, doppelt gezähnt, oberseits glänzend, unterseits mit Harzdrüsen. Blüten 1,5 cm lang, in 5–10 cm langen, endständigen Rispen, Krone tief rosarot. Argentinien, Chile.

Escallonia virgata (Ruiz et Pav.) Pers., Rutenförmiger Andenstrauch, Weißblütige Escallonie

Habitus: Sommergrüner, 1 m hoher, dicht und sparrig verzweigter Strauch, Zweige übergeneigt, fein rötlich-flaumig behaart.
Blätter: Verkehrteiförmig bis lanzettlich, 1–2 cm lang, sitzend, Basis keilförmig, beiderseits kahl, oberseits glänzend, von der Mitte an fein gesägt.
Blüten: Etwa 1 cm breit, meist zu 5–9 in seitenständigen Trauben, Kronblätter weiß, verkehrteiförmig, nicht genagelt, Mai–Juni.
Verbreitung: Chile, Argentinien.
Verwendung: Sehr selten, B, WHZ 8a, LB 7.2.4.6 (5.2.1.6).

Escallonia-Hybriden

Habitus: Meist wintergrüne, 1,2–3 m hohe Sträucher, Triebe zerstreut drüsig und sehr kurz weichhaarig.

Blätter: Schmal eiförmig bis verkehrteiförmig, 1–2,5 cm lang, sitzend, spitz bis stumpf, kerbig gesägt, oberseits kahl, unterseits zerstreut drüsig.
Blüten: 0,8–1 cm lang, an beblätterten Kurztrieben zu 6–10 in Trauben (am Ende von Langtrieben auch mehr rispig), Kronblätter weiß, rosa oder rot, undeutlich genagelt, die Nägel keine Röhre bildend, Juni–Juli.
Verwendung: Sehr selten, B, WHZ 8a, LB 4.1.1.5 (9.2.5.5).

Blüten weiß: 'Donard White'.

Blüten rosa oder hellrosa: 'Apple Blossom', 'Edinensis', 'Peach Blossom', 'Pride of Donard', 'Slive Donard'.

Blüten rot, rosarot oder karminrot: 'Donard Beauty', 'Donard Radiance', 'Langleyensis', 'Red Dream', 'Red Elfe', 'Red Robin'.

Eubotrys racemosa (L.) Nutt. = *Leucothoe racemosa*

Eucalyptus L'Hér.

Eukalyptus-Blaugummibaum – Myrtaceae

(griechisch *eu* = schön, gut und *kalyptos* = verborgen)

Habitus: Immer- oder sommergrüne, z. T. sehr hohe Bäume oder Sträucher.
Blätter: Junge Blätter wechsel- oder gegenständig, adulte Blätter meist wechselständig, einfach, beim Reiben aromatisch duftend, Nebenblätter fehlend.
Blüten: Zwittrig, radiär, nur mit Krone, Kronblätter 4, verwachsen, mützenartig abfallend, Staubblätter zahlreich, frei oder verwachsen, weiß, rosa, rot, orange oder gelb, Fruchtblätter 5–7, meist 4, verwachsen, unterständig oder halbunterständig.
Früchte: Vielsamige Kapseln.
Verbreitung: 500 oder mehr Arten, nahezu ausschließlich in Australien.
Verwendung: Sehr selten, in S-Europa stellenweise forstlich angebaut.

Eucalyptus pauciflora Sieber ex Spreng **subsp. pauciflora**, Schnee-Gummibaum

Habitus: Bis 20 m hoher Baum, Borke weiß bis hellbraun oder gelegentlich braunrot, sich in unregelmäßigen Flecken oder Streifen lösend.

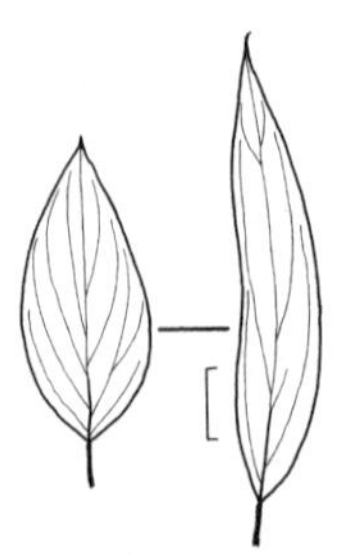

Eucalyptus pauciflora subsp. pauciflora

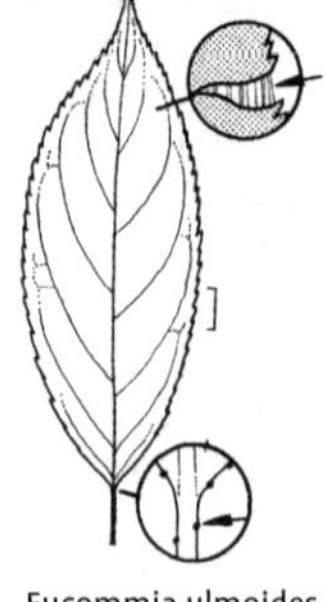

Eucommia ulmoides

Blätter: Juvenile Blätter dick, eiförmig, 3–5 cm lang, rasch in die Altersfom übergehend, dann lanzettlich bis breit lanzettlich oder schmal eiförmig, oft gekrümmt, 7–16 cm lang.
Blüten: Zu 7–15 in achselständigen Dolden, Kronblätter keulen- oder eiförmig, gelegentlich kantig, kahl oder warzig.
Früchte: Kugelig oder birnenförmig, 6–10 mm dick.
Verbreitung: Gebirge in Queensland, Neusüdwales, Victoria, S-Australien.
Verwendung: Sehr selten, obwohl eine der kälteresistentesten Arten, WHZ 8b, LB 8.1.1.2.

subsp. niphophila (Maiden et Blackely) L. Johnson et Blaxell. Bis 6 m hoher Baum, gelegentlich auch niedriger bleibend. Juvenile Blätter eiförmig, matt blaugrün, adulte Blätter 5–8 cm lang, breit lanzettlich bis schmal eiförmig, hakenförmig, grün bis blaugrün, Seitennerven etwa 1 mm vom Rand entfernt verlaufend, Blüten meist zu 7–11, Kronblätter kantig, bläulich, Staubfadenkranz 2,5 cm breit, weiß. Früchte kugelig oder halbkugelig, 5–10 mm dick. Hochlagen bis zur Baumgrenze in Victoria und Neusüdwales. WHZ 8a.

Eucommia Oliv.

Guttaperchabaum – Eucommiaceae

(griechisch *eu* = anmutig, reizvoll und lateinisch *commi* = Gummi)

Monotypische Gattung mit noch ungeklärten verwandtschaftlichen Beziehungen. In Saftschläuchen von Blättern, Rinde, Mark und Früchten befindet sich ein guttaperchaähnlicher Milchsaft, der beim Zerreißen der Blätter als weiße Fäden sichtbar wird. In China wird die Rinde wegen ihrer tonisierenden Wirkung medizinisch genutzt.

Eucommia ulmoides Oliv., Guttaperchabaum

Habitus: Sommergrüner, bis 20 m hoher Baum, Borke grau, Zweige leicht glänzend graubraun, Mark gekammert, Knospen 3–4 mm lang, eiförmig, zugespitzt, die 6–9 braunen Knospenschuppen fein bewimpert, die beiden äußeren gegenständig, kürzer als die Knospen, Blattnarben halbkreisförmig, mit 1 Gefäßbündelspur.
Blätter: Wechselständig, einfach, elliptisch bis länglich-eiförmig, 8–20 cm lang, zugespitzt, gezähnt, oberseits anfangs behaart, später kahl und runzelig, unterseits schwach behaart, beim Einreißen der Blätter gummiartige Substanz in Fäden austretend.
Blüten: 1-geschlechtig, 2-häusig verteilt, unscheinbar, einzeln in den Achseln von Hochblättern an der Basis junger Triebe, Blütenhülle fehlend, ♂ Blüten gestielt, Staubblätter 6–12, Staubbeutel rotbraun, ♀ Blüten mit 2 verwachsenen Fruchtblättern, nur 1 Fruchtblatt fertil, Blüten werden durch Wind bestäubt.
Früchte: Nüsse länglich-ellipsoid, etwa 3 cm lang, dickledrig, 1-samig, geflügelt, Flügel an der Spitze v-förmig eingekerbt.
Verbreitung: M- und W-China.
Verwendung: Selten, N, WHZ 6b, LB 6.3.2.3.

Euodia daniellii (Benn.) Hemsl. = *Tetradium daniellii*
E. hupehensis Dode = *T. daniellii*
E. velutina Rehder et E.H. Wilson = *T. daniellii*

Euonymus L.

Pfaffenhütchen, Spindelstrauch – Celastraceae

(griechisch *euonymus* = von gutem Namen, gutem Ruf)

Habitus: Sommer- oder immergrüne, aufrechte oder niederliegende, selten mit Haftwurzeln kletternde Sträucher, Zweige durch herablaufende Blattbasen ± kantig, manchmal mit Korkleisten, Endknospen 1,5–2 cm lang, mit 4–6 weinroten Knospenschuppen (*E. latifolia, E. planipes*) oder Knospen 4–8 mm lang, mit 3–4 Paar dicht anliegender Knospenschuppen.
Blätter: Gegenständig (nur bei *E. nanus* wechselständig), einfach, kahl, Nebenblätter hinfällig.
Blüten: Meist zwittrig, radiär, klein, unscheinbar, in achselständigen Zymen oder einzeln, 4- bis 5-zählig, Kronblätter frei, Staubblätter und Griffel kurz, einem großen, 4- oder 5-lappigen Diskus aufsitzend, Fruchtknoten oberständig, 3- bis 5-fächrig, mit je 1–2 Samenanlagen.
Früchte: Kapseln 4- bis 5-fächrig, meist gerippt oder geflügelte, sich 4- bis 5-klappig öffnend, grünlich weiß, rosa oder rot, Samen weiß, grau, rötlich, braun oder schwarz, völlig von einem orangeroten bis roten Arillus (Samenmantel) umgeben.
Verbreitung: Etwa 175 Arten in Asien, Europa, N- und M-Amerika, Madagaskar und Australien, Schwerpunkt der Verbreitung im Himalaja und in O-Asien, 4 Arten in Europa.
Verwendung: Einige Arten sind mit ihrem auffallenden Fruchtschmuck und der oft beachtlichen Herbstfärbung häufig gepflanzte Gartengehölze, die keine besonderen Standortansprüche stellen. *E. fortunei* ist mit den zahlreichen Sorten ein wichtiger, schattenverträglicher Bodendecker.

Bestimmungsschlüssel Euonymus

1 Blätter immergrün (ledrig, oberseits glänzend) 2
– Blätter sommergrün 4
2 Wuchs aufrecht 3
– Wuchs niederliegend-aufsteigend oder kletternd . . . . . *E. fortunei* var. *fortunei*
3 Blätter höchstens 7 cm lang . . . . . *E. japonicus*
– Blätter länger (zumindest viele, bis 12 cm) . . . . . *E. grandiflorus*
4 Blätter wechselständig und/oder zu 3 oder 4 im Quirl, maximal 5 mm breit . . . . . *E. nanus* var. *nanus*
– Blätter gegenständig, i. d. R. über 1 cm breit 5
5 Triebe dicht mit dunkelbraunen Korkwarzen bedeckt . . . . . *E. verrucosus*
– Triebe ohne Korkwarzen 6
6 Triebe mit flügelartigen Korkleisten 7
– Triebe mit schwächer ausgebildeten Korkleisten, 4-kantig oder rund 8
7 Blätter 6–10 cm lang, runzelig, Stiel 5–10 mm . . . . . *E. phellomanus*
– Blätter höchstens 6 cm lang, glatt, Stiel 1–2 mm . . . . . *E. alatus*
8 Blattstiel gefurcht oder oberseits rinnig 9
– Blattstiel nicht gefurcht 10
9 Triebe grün und mit 4 Korkleisten, Knospen stumpflich . . . . . *E. europaeus* var. *europaeus*
– Triebe andersartig, Knospen sehr lang und spitz . . . . . *E. latifolius*
10 Winterknospen länger als 5 mm (wenigstens viele) 11

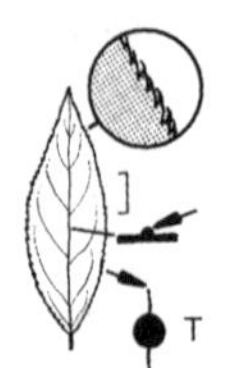

Euonymus alatus
var. alatus

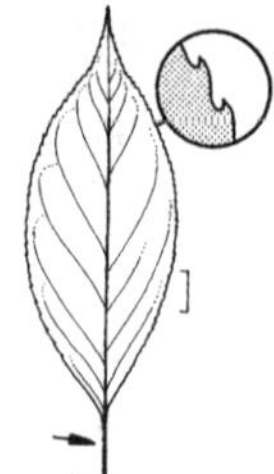

Euonymus bungeanus
var. bungeanus

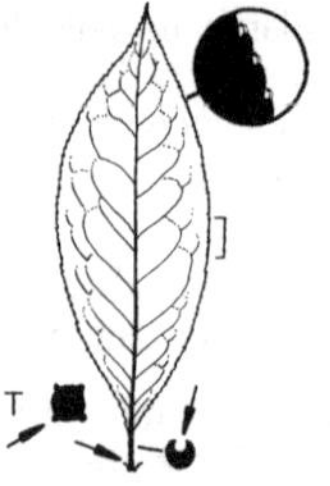

Euonymus europaeus
var. europaeus

- – Winterknospen höchstens 5 mm lang. 14
- 11 Blattzähne nicht gekrümmt 12
- – Blattzähne auffallend einwärts gekrümmt. . 13
- 12 Blattstiele höchstens 10 mm lang . . . . *E. sanguineus*
- – Blattstiele 10–25 mm lang . . . . *E. bungeanus* var. *bungeanus*
- 13 Blattstiele höchstens 6 mm lang . . *E. oxyphyllus*
- – Blattstiele länger (zumindest viele) . . . . *E. planipes*
- 14 Blätter oberhalb der Mitte am breitesten . . . . *E. hamiltonianus* subsp. *sieboldianus*
- – Blätter in der Mitte am breitesten, mit lang ausgezogener Spitze . . . . *E. hamiltonianus* subsp. *maackii*

Euonymus alatus (Thunb.) Siebold **var. alatus**, Flügel-Spindelstrauch

Habitus: Sommergrüner, bis 3 m hoher, dicht verzweigter, im Alter breit ausladender Strauch, Zweige grün, kahl, gewöhnlich mit 4 schmalen, flügelartigen Korkleisten versehen.
Blätter: Elliptisch bis eiförmig, 3–5 cm lang, an beiden Enden spitz oder zugespitzt, fein und scharf gesägt, dunkelgrün, unterseits kahl, Stiel 1–2 mm lang, Herbstfärbung leuchtend dunkelrot.
Blüten: 6–8 mm breit, 4-zählig, zu 1–3, in kurz gestielten Zymen, Krone grünlich gelb, Mai–Juni.
Früchte: Purpurn, schmal verkehrteiförmig, bis 8 mm breit, in der Regel 4-flügelig, nicht selten nur 1- oder 2-flügelig, Arillus orange, Samen weißlich rosa.
Verbreitung: Japan, Korea, China, Mandschurei, Russ. Ferner Osten.
Verwendung: Sehr häufig, H, ☠, WHZ 4, LB 3.1.6.5 (4.3.4.5) (9.3.4.5).

'Compactus'. Wuchs kompakt, im Alter 1–1,5 m hoch.

var. apterus Regel. Zweige nicht oder nur schwach geflügelt, Wuchs niedriger, Blüten zu 3–5.

Euonymus bungeanus Maxim. **var. bungeanus**, Bunges Spindelstrauch

Habitus: Sommergrüner, 3–4 m hoher, breit verzweigter Strauch, Zweige dünn, kahl.
Blätter: Eiförmig-elliptisch bis elliptisch-lanzettlich, 5–10 cm lang, lang zugespitzt, Basis breit keilförmig, regelmäßig gesägt, hellgrün, kahl, Stiel 1–2,5 cm lang, Herbstfärbung hellgelb.
Blüten: 10 mm breit, 4-zählig, zu 3–7 in bis 5 cm breiten Zymen, Krone gelblich weiß, Staubbeutel purpurn, Juni.
Früchte: Hellrosa, etwa 1 cm breit, tief 4-flügelig, Arillus orange, Samen weiß oder rosa.
Verbreitung: N-China, Mandschurei.
Verwendung: Selten, ☘, ☠, WHZ 5a, LB 6.4.3.4.

var. semipersistens (Rehder) C.K. Schneid. Blätter wintergrün, elliptisch. Früchte kreiselförmig, weniger zahlreich als bei var. *bungeanus*.

Euonymus europaeus L. **var. europaeus**, Gewöhnlicher Spindelstrauch, Gewöhnliches Pfaffenhütchen

Habitus: Sommergrüner, aufrechter, 2–6 m hoher Strauch oder kleiner Baum, Zweige grün, stielrund bis 4-kantig oder gerillt, oft mit Korkleisten.
Blätter: Länglich-lanzettlich oder eiförmig, 5–8 cm lang, zugespitzt, Basis abgerundet oder keilförmig, gleichmäßig fein gesägt, kahl, Stiel 5–8 mm lang.
Blüten: Etwa 10 mm breit, 4-zählig, zu 3–5 oder mehr in Zymen, Krone gelblich grün, Staubbeutel gelb, Mai.
Früchte: Rosa oder rot, 1–1,5 cm breit, stumpf 4-kantig, Arillus orange, Samen weiß.
Verbreitung: Europa, Türkei, Kaukasien.

Verwendung: Sehr häufig (mit einigen Sorten), N, ♧, ☠, Bi, WHZ 4, LB 2.3.6.4.

'Red Cascade'. Wuchs stark, 2–7 m hoch. Herbstfärbung intensiv scharlachrot. Früchte zahlreich, opalrosa.

var. intermedius Gaudin. Wuchs sparrig aufrecht. Blätter größer als bei var. *europaeus*, breit eiförmig, Basis abgerundet. Früchte hellrot, sehr zahlreich. SO-Europa.

Euonymus fortunei (Turcz.) Hand.-Mazz. var. fortunei, Kletternder Spindelstrauch

Habitus: Immergrüner, niederliegend-aufstrebender oder mit Haftwurzeln kletternder Strauch, an kletternden Pflanzen Verzweigung zuletzt waagerecht abstehend, Zweige grün, fein warzig.
Blätter: Elliptisch bis eiförmig-elliptisch, 2–6 cm lang, spitz oder kurz zugespitzt, Basis breit keilförmig, fein bis kerbig gesägt, kahl, dunkelgrün.
Blüten: 5 mm breit, 4-zählig, zu 15–20 in dichten Zymen, Krone grünlich weiß, Juni–Juli.
Früchte: Kugelig, etwa 8 mm breit, weißlich grün bis rötlich, Arillus orange, Samen weiß.
Verbreitung: W- und M-China.
Verwendung: Sehr häufig (meist in Sorten), ♧, ☠, WHZ 6b, LB 3.1.7.9.

var. radicans (Siebold ex Miq.) Rehder. Wuchs niederliegend oder mit Haftwurzeln bis 6 m hoch kletternd. Blätter eiförmig bis elliptisch, 1–3 cm lang, kerbig gesägt, dick, oberseits stumpfgrün und mit auffallend weißer Nervatur, unterseits einfarbig hellgrün. Japan, Korea.

Hier können nur die wichtigsten älteren Sorten genannt werden, die modernen Sorten sind Auslesen aus diesen „Stammformen".

'Carrierei'. Wuchs ± aufrecht, breitbuschig, selten kletternd. Blätter elliptisch-länglich, 3–5 cm lang, glänzend. Sehr reich fruchtend.

'Coloratus'. Zweige lang kriechend, kaum Haftwurzeln bildend. Blätter 3–5 cm lang, ziemlich grob gesägt, unterseits auch im Sommer ± rötlich, im Herbst zu dunklem Purpur verfärbt.

'Kewensis'. Zweige dünn, niederliegend, dicht mattenförmig wachsend. Blätter elliptisch bis rundlich, etwa 6 mm lang. Die am niedrigsten bleibende Form.

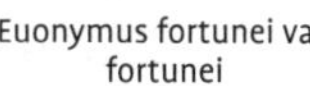

Euonymus fortunei var. fortunei

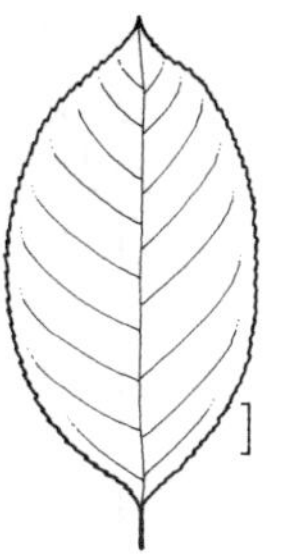

Euonymus grandiflorus

'Minimus'. Ähnlich 'Kewensis', aber kräftiger wachsend. Blätter bis 1,5 cm lang.

'Variegatus'. Blätter mit breitem, weißem Rand, Mitte der Blattspreite graugrün, z. T. auch rötlich verfärbt. Alte, aus Japan eingeführte Form. Darüber hinaus sind gegenwärtig zahlreiche, in sehr verschiedener Weise gelb oder weiß panaschierte Sorten mit unterschiedlicher Wuchshöhe in Kultur.

'Vegetus'. Wuchs breitbuschig, häufig auch kletternd, Triebe dick, leicht brechend. Blätter dick, fast rund, 2,5–4 cm lang, kerbig gesägt, einfarbig dunkelgrün. Sehr reich fruchtend, Früchte weißlich, Arillus orange, Samen weiß.

Euonymus grandiflorus Wall. ex Roxb., Großblumiger Spindelstrauch

Habitus: Halbimmergrüner Strauch oder bis 5 m hoher Baum.
Blätter: Linealisch-lanzettlich oder schmal elliptisch, bis 12 cm lang, meist zugespitzt, Basis keilförmig, gelegentlich aber auch verkehrteiförmig oder breit eiförmig, fein gezähnt, oberseits glänzend dunkelgrün.
Blüten: 17–22 mm breit, 4-zählig, zu 3–9 in bis 5 cm breiten Trugdolden, Krone gelb oder bräunlich grün, August.
Früchte: 4-kantig, hellrosa, 1,5 cm breit, Arillus scharlachrot, Samen schwarz.
Verbreitung: N-Indien bis W-China.
Verwendung: Selten, ♧, WHZ 8a, LB 2.4.1.5 (7.4.4.5).

Euonymus hamiltonianus var. maackii

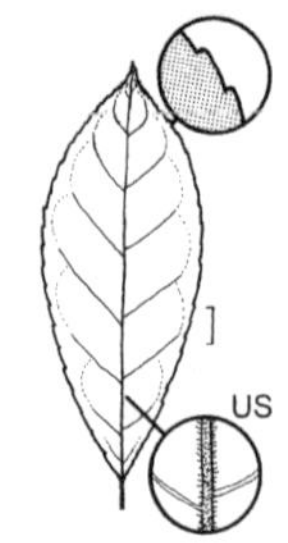

Euonymus hamiltonianus var. sieboldianus

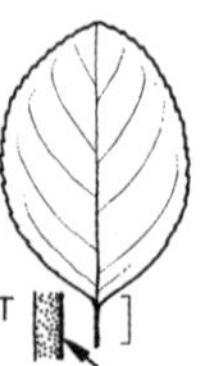

Euonymus japonicus

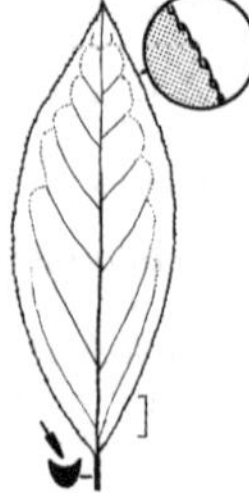

Euonymus latifolius

Euonymus hamiltonianus Wall. **var. hamiltonianus**, Hamiltons Spindelstrauch

Habitus: Sommergrüner Strauch oder kleiner Baum, ähnlich *E. europaeus*, aber Zweige stielrund, anfangs grün, später braunrot.
Blätter: Länglich-lanzettlich, kurz zugespitzt, derber und dicker als bei *E. europaeus*.
Blüten: 9–10 mm breit, 4-zählig, Krone weiß, Staubbeutel purpurn, Mai–Juni.
Früchte: 4-flügelig, verkehrt-herzförmig, rosarot, Arillus orange bis blutrot.
Verbreitung: Himalaja.
Verwendung: Selten (die beiden anderen Varietäten häufiger), ♧, ☠, WHZ 5b, LB 7.4.2.4.

var. maackii (Rupr.) Kom., Maacks Spindelstrauch. Sommergrüner, kahler, bis 5 m hoher Strauch oder kleiner Baum. Blätter elliptisch-lanzettlich, 5–8 cm lang, lang zugespitzt, allmählich zur Basis verschmälert, fein gesägt, dunkelgrün, unterseits heller, Stiel 5–8 mm lang. Blüten etwa 1 cm breit, in kleinen 1,5–2 cm breiten Zymen, Krone gelblich, Juni. Früchte rosa, 8 mm lang, 4-lappig, Arillus orange, Samen rot. N-China, Korea. WHZ 5b, LB 7.2.6.4.

var. sieboldianus (Blume) H. Hara, Siebolds Spindelstrauch. Sommergrüner, straff aufrechter, 3–4 m hoher Strauch. Blätter länglich, gelegentlich länglich-eiförmig oder elliptisch, 6–12 cm lang, zugespitzt bis plötzlich zugespitzt, Basis abgerundet bis plötzlich zugespitzt, kerbig gesägt, stumpfgrün, Stiel bis 2 cm lang, Herbstfärbung rotbraun. Blüten 8 mm breit, in vielblütigen Zymen, Krone grünlich, Juni. Früchte rosa, 1 cm breit, tief 4-flügelig, Arillus orange, Samen rötlich. Korea, Japan. WHZ 5b, LB 7.4.2.4 (1.2.4.5).

Euonymus japonicus Thunb., Japanischer Spindelstrauch

Habitus: Immergrüner, aufrechter, 2–4(–8) m hoher Strauch, Zweige ziemlich dick, steif, stielrund, grün, kahl.
Blätter: Verkehrteiförmig bis schmal elliptisch, 3–7 cm lang, derbledrig, spitz bis stumpf, Basis keilförmig, stumpf gesägt, oberseits glänzend dunkelgrün, unterseits heller, Stiel 0,6–1,2 cm lang.
Blüten: 5 mm breit, 4-zählig, zu 5–12 in ziemlich dichten Zymen, Krone gelblich weiß, Juni–Juli.
Früchte: Abgeflacht kugelig, 8 mm breit, nicht gelappt, rosa, Arillus orange, Samen weiß.
Verbreitung: Japan, Korea.
Verwendung: Sehr selten (als Kübelpflanze häufiger), ☠, WHZ 8b, LB 5.3.4.5.

Es gibt vom Japanischen Spindelstrauch zahlreiche Sorten mit Abweichungen in der Blattfärbung (gelb oder weiß panaschiert) und in der Blattform.

Euonymus latifolius (L.) Mill., Breitblättriger Spindelstrauch

Habitus: Sommergrüner, aufrechter, nur mäßig verzweigter, bis 5 m hoher Strauch, Zweige lang, schwach 4-kantig, Endknospen 1–1,5 cm lang, lang zugespitzt, grünlich bis rotbraun, glänzend.
Blätter: Länglich-elliptisch, 6–12 cm lang, kurz zugespitzt, Basis breit keilförmig, fein kerbig gesägt, oberseits tiefgrün, Stiel 4–6 mm lang, gefurcht.
Blüten: 10 mm breit, 5-zählig, zu 7–15 in Zymen, Krone grünlich gelb, Mai.
Früchte: Karminrot, etwa 2,5 cm breit, deutlich geflügelt, meist 5-, selten 4-flügelig, lang

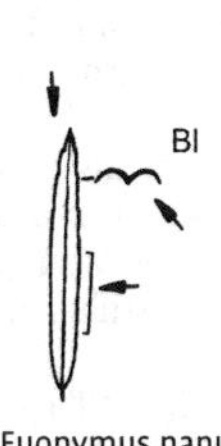

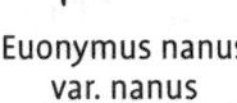
Euonymus nanus var. nanus

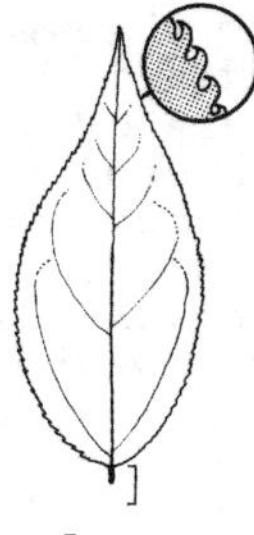
Euonymus oxyphyllus

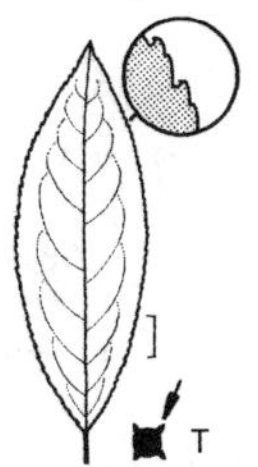

Euonymus phellomanus

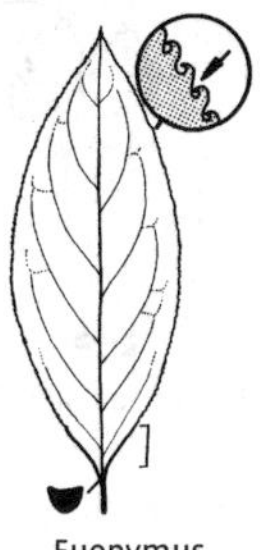
Euonymus planipes

gestielt, an langen Stielen hängend, Arillus orange, Samen weiß.
Verbreitung: S-, ZM- und O-Europa, N-Afrika, Türkei, Kaukasien, Syrien, N-Iran.
Verwendung: Häufig, N, ☘, H, ✗, WHZ 6a, LB 7.3.6.4.

E. maackii Rupr. = *E. hamiltonianus* subsp. *maackii*

Euonymus nanus M. Bieb **var. nanus**, Zwerg-Spindelstrauch

Habitus: Sommergrüner, 0,5–0,8 m hoher, locker verzweigter Strauch, Zweige kantig, rutenförmig, niederliegend-aufsteigend.
Blätter: Wechselständig, zuweilen quirlig, linealisch bis linealisch-länglich, 1,5–3 cm lang, Rand eingerollt, entfernt gezähnt oder ganzrandig, Stiel 1,5–3 mm lang.
Blüten: 4 mm breit, 4-zählig, zu 1–3 in Zymen, Krone bräunlich purpurn, Mai–Juni.
Früchte: Rosarot, stumpf 4-kantig, Arillus orange, Samen orangerot.
Verbreitung: O- und SO-Europa, Kaukasien, M-Asien, W-China.
Verwendung: Häufig, ☘, ✗, WHZ 4, LB 6.1.3.7.

var. turkestanicus (Dieck) Krysht. Wuchs im Vergleich zu var. *nanus* mehr aufrecht. Blätter 4–7 cm lang, am Rand nicht eingerollt. M-Asien, Altai, Tienshan. LB 6.3.3.6.

E. nikoensis Nakai = *E. hamiltonianus* subsp. *sieboldianus*

Euonymus oxyphyllus Miq., Spitzblättriger Spindelstrauch

Habitus: Sommergrüner, kahler Strauch oder kleiner Baum.
Blätter: Eiförmig oder länglich-eiförmig, 4–8 cm lang, zugespitzt, Basis abgerundet oder breit keilförmig, fein gesägt, Zahnspitzen etwas einwärts gekrümmt, oberseits stumpfgrün, Stiel 3–6 mm lang, Herbstfärbung weinrot.
Blüten: 8–9 mm breit, 5-zählig, zu vielen (mehr als 10) in lockeren Zymen, Krone grünlich, bräunlich überhaucht, Mai.
Früchte: Abgeflacht kugelig, etwa 1,2 cm breit, stumpf 4- oder 5-kantig, dunkelrot, Arillus rot, Samen grau.
Verbreitung: Japan.
Verwendung: Selten, ☘, H, ✗, WHZ 6a, LB 3.3.6.4.

Euonymus phellomanus Loes. ex Diels, Kork-Spindelstrauch

Habitus: Sommergrüner, 3–5 m hoher Strauch, Zweige bogig abstehend, 4-kantig, mit hohen, flügelartigen Korkleisten.
Blätter: Länglich-eiförmig bis länglich-lanzettlich, 6–10 cm lang, zugespitzt, Basis keilförmig, fein kerbig gesägt, runzelig, stumpfgrün, Stiel bis 1 cm lang, Herbstfärbung orange.
Blüten: Etwa 10 mm breit, 4-zählig, zu 7(–14) in Zymen, Krone gelblich, Mai.
Früchte: Rosa, stumpf 4-kantig, 1,5–1,7 cm breit, Arillus rot, Samen dunkelrot.
Verbreitung: N- und W-China.
Verwendung: Selten, ☘, H, ✗, WHZ 6b, LB 3.3.5.4.

Euonymus planipes (Koehne) Koehne, Flachstieliger Spindelstrauch

Habitus: Sommergrüner, bis 5 m hoher, locker aufgebauter Strauch, Endknospen ähnlich wie bei *E. latifolius*, bis 2 cm lang, spitz, purpurrot.
Blätter: Eiförmig bis eiförmig-lanzettlich, 5–12 cm lang, lang zugespitzt, Basis keilförmig, gesägt, Zähne einwärts gekrümmt, Stiel 5–10 mm lang, Herbstfärbung gelb bis orange- und karminrot.

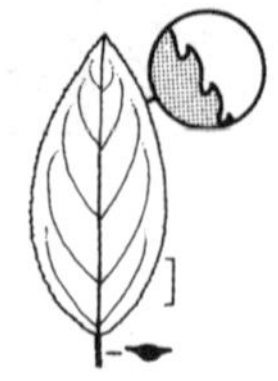

Euonymus sanguineus

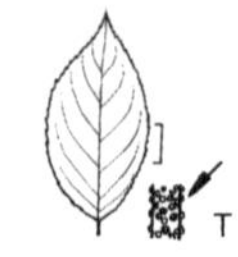

Euonymus verrucosus

Blüten: 5-zählig, zu 10–30 in lockeren, reich verzweigten Zymen, Krone grünlich gelb, Mai.
Früchte: Karminrot, 1–1,8 cm breit, 5-kantig, aber kaum geflügelt, Arillus orange, Samen weiß.
Verbreitung: Japan, Korea, Mandschurei, Russ. Ferner Osten.
Verwendung: Sehr häufig, ♣, H, ☠, WHZ 5b. LB 3.3.6.4 (7.3.3.4).

E. radicans Sieber ex Miq. = *E. fortunei* var. *radicans*
E. sachalinensis auct. non (Schmidt) Maxim. = *E. planipes*

Euonymus sanguineus Loes. ex Diels, Blut-Spindelstrauch

Habitus: Sommergrüner, 5–7 m hoher, aufrechter Strauch, Zweige rutenförmig, anfangs rötlich.
Blätter: Länglich-eiförmig bis breit elliptisch, 5–10 cm lang, zugespitzt, Basis breit keilförmig bis abgerundet, dicht und rau gezähnt, dunkelgrün, im Austrieb rötlich, Stiel 5–10 mm lang, Herbstfärbung braunrot, lange haftend.
Blüten: 4-zählig, zu 3–15 in 7–10 cm breiten, lockeren Zymen, Krone weißlich grün oder grünlich weiß, Mai.
Früchte: Rot, etwa 2,5 cm breit, etwas gelappt, Flügel 6–8 mm lang, Arillus orange, Samen schwarz.
Verbreitung: M- und W-China.
Verwendung: Sehr selten, ♣, H, ☠, WHZ 6a, LB 7.3.6.4.

Euonymus verrucosus Scop., Warziger Spindelstrauch

Habitus: Sommergrüner, reich verzweigter, 1–2 m hoher Strauch, Zweige dünn, stielrund, dicht mit großen, dunkelbraunen Korkwarzen bedeckt.
Blätter: Länglich-eiförmig bis länglich-elliptisch, 3–6 cm lang, zugespitzt, Basis keilförmig, fein gesägt, Stiel 1–3 mm lang, Herbstfärbung hellviolett bis leuchtend orangerot.
Blüten: 6–10 mm breit, 4-zählig, meist in 3-blütigen Zymen, Krone gelblich grün, fein rötlich punktiert, Mai–Juni.
Früchte: Blassrosa bis rötlich, 6 mm breit, 4-flügelig, Arillus orangerot, Samen nur an der Spitze schwarz, sonst mehr oder weniger weiß, nur unvollständig von dem Arillus umhüllt.
Verbreitung: ZM-, O- und SO-Europa, Türkei, Kaukasien.
Verwendung: Selten, ♣, H, ☠, WHZ 5a, LB 4.3.4.4.

E. yedoensis Koehne = *E. hamiltonianus* subsp. *sieboldianus*

Euptelea Siebold et Zucc.

Schönulme – Eupteleaceae

(griechisch *eu* = gut, schön und *ptelea* = Ulme)

Habitus: Sommergrüne Sträucher oder kleine Bäume, Zweigsystem deutlich in Lang- und Kurztriebe gegliedert, Kurztriebe stets nur mit 1 Knospe, Zweige mit deutlichen, hellen Lentizellen, Knospen 8–10 mm lang, eiförmig bis elliptisch, zugespitzt, glänzend rotbraun, dicker als die Zweige, Knospenschuppen dicht anliegend, fein weiß bewimpert, Endknospen fehlend.
Blätter: Wechselständig, einfach, gestielt, deutlich gezähnt, Nebenblätter fehlend.
Blüten: Zwittrig oder 1-geschlechtig, vor dem Blattaustrieb, einzeln in den Achseln der Knospenschuppen, Blütenhülle fehlend, Staubblätter zahlreich, Staubbeutel schmal länglich, rot oder orangerot, Fruchtblätter 8–18, frei.
Früchte: Nüsschen 1–2 cm lang, am Grunde breit keilförmig bis gestielt, oben breit asymmetrisch geflügelt, Samen im Zentrum, rosettig an Kurztrieben stehend und einen Fruchtstand vortäuschend, Früchte oft erst im Spätwinter abfallend.
Verbreitung: 2 Arten in O-Asien.
Verwendung: Meist nur in dendrologischen Sammlungen zu sehen.

Bestimmungsschlüssel Euptelea

1 Blätter plötzlich zugespitzt, Zähne bis 4 mm lang . . . . *E. pleiosperma*
– Blätter allmählich zugespitzt, einige Zähne bis 15 mm lang . . . . *E. polyandra*

E. franchetii Tiegh. = *E. pleiosperma*

Euptelea pleiosperma Hook. f. et Thomson, Franchets Schönulme

Habitus: 5–10 m hoher Baum, Zweige dunkel graubraun.
Blätter: Rundlich-eiförmig bis eiförmig, 5–12 cm lang, plötzlich zugespitzt, Basis keilförmig, unregelmäßig gezähnt, die längsten Zähne 4 mm lang, unterseits grau- bis bläulich grün, papillös, Herbstfärbung rot.
Blüten: Staubbeutel orangerot, März–April.
Früchte: Zu 8–15, 1,5–2 cm lang.
Verbreitung: Himalaja, SO-Tibet, M-China.
Verwendung: Sehr selten, H, WHZ 7a, LB 3.2.1.3 (6.4.2.3).

Euptelea polyandra Siebold et Zucc., Vielmännige Schönulme

Habitus: 5–7 m hoher Baum, Zweige rötlich braun.
Blätter: Breit eiförmig bis nahezu rundlich, 6–12 cm lang, allmählich zugespitzt, grob unregelmäßig gezähnt, die längsten Zähne 1,5 cm lang, unterseits grün, Herbstfärbung rot und gelb.
Blüten: Staubbeutel rot, März–April.
Früchte: Zu 10–20, 1–1,5 cm lang.
Verbreitung: M- und S-Japan.
Verwendung: Selten, H, WHZ 7a, LB 3.2.1.4.

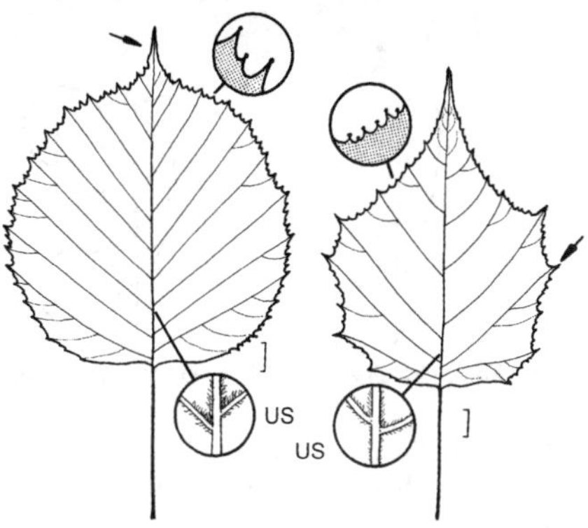

Euptelea pleiosperma Euptelea polyandra

Exochorda Lindl.

Radspiere – Rosaceae

(griechisch *exos* = äußerlich und *chorde* = Saite)

Habitus: Sommergrüne, aufrechte, hohe Sträucher, Zweige stielrund, graubraun, Rinde schon im 1. Jahr aufreißend, Knospen eiförmig bis länglich-eiförmig, End- und Seitenknospen etwa gleich groß, 3–4 mm lang, Knospenschuppen braun, Blattstielbasen erhaben, Blattnarben abgerundet-3-eckig bis sichelförmig.
Blätter: Wechselständig, einfach, gestielt, ganzrandig oder gesägt, Nebenblätter nur teilweise vorhanden.
Blüten: Zwittrig, radiär, 2,5–4 cm breit, zu 5–10 in endständigen, aufrechten oder abstehenden Trauben, Kelchröhre breit zylindrisch, die 4–5 Kelchblätter sehr kurz und breit, Kronblätter weiß, 5, breit verkehrteiförmig, genagelt, Staubblätter 15–30, Blütenbecher breit schüsselförmig, offen, die 5 Fruchtblätter darin eingebettet.
Früchte: Kapseln aufrecht stehend, holzig, aus 5, nur in der Mitte miteinander verbundenen Fruchtblättern bestehend (so eine 5-flügelige Kapsel vortäuschend), die Einzelfrüchte 1- bis 2-samig, sich 2-klappig öffnend, Samen 6–8 mm lang, braun.
Verbreitung: 4 Arten von M-Asien bis Korea.
Verwendung: Meist große, robuste, an den Standort anspruchsvolle, reich blühende Solitärsträucher.

Bestimmungsschlüssel Exochorda

(für sichere Artbestimmung z. T. Blüten notwendig)

1 Blattstiele höchstens 15 mm lang 2
– Blattstiele 15–25 mm lang .... *E. giraldii* var. *giraldii*
2 Obere Blatt-Seitennerven verlaufen bis in die Blattzähne 3
– Obere Seitennerven biegen vor dem Blattrand um .... *E. korolkowii*
3 Staubblätter 15, Blüten 4 cm breit .... *E. racemosa*
– Staubblätter 20, Blüten 3 cm breit .... *E.* ×*macrantha*

E. albertii Regel = *E. korolkowiii*

Exochorda giraldii Hesse **var. giraldii**, Dahurische Radspiere

Habitus: Bis 3 m hoher, breitwüchsiger Strauch.
Blätter: Elliptisch bis schmal elliptisch, selten länglich-verkehrteiförmig, 4–6 cm lang, spitz, Basis breit keilförmig, ganzrandig, sehr selten gekerbt, hellgrün, Nerven rötlich, Stiel 1,5–2,5 cm lang, oft rötlich, Nebenblätter fehlend.
Blüten: 3–4,5 cm breit, fast alle sitzend, zu 6–10 in 3–4,5 cm breiten Trauben, Kronblät-

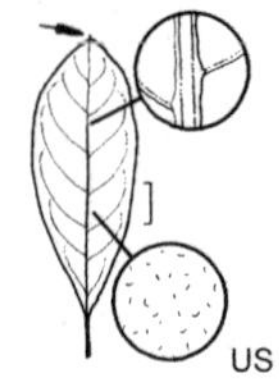

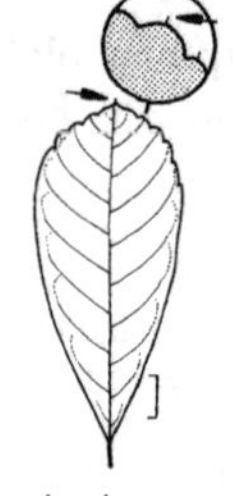

Exochorda giraldii var. giraldii   Exochorda korolkowii   Exochorda ×macrantha   Exochorda racemosa

ter weiß, allmählich verschmälert, Staubblätter 25–30, Blütenbecher oft rötlich, Mai.
Früchte: 1–1,3 cm hoch.
Verbreitung: NO-China.
Verwendung: Häufig, B, WHZ 5b, LB 3.3.5.5 (9.2.3.5).

var. wilsonii (Rehder) Rehder. Blüten bis 5 cm breit, etwas früher aufblühend als bei var. *giraldii*. Staubblätter 20–25, Blätter größer, Blattstiel 1–2 cm lang und nicht rötlich. M-China. Wird häufiger gepflanzt als var. *giraldii*.

E. grandiflora Lindl. = *E. racemosa*

Exochorda korolkowii Lavallée, Turkestanische Radspiere

Habitus: Bis 4 m hoher, sehr früh austreibender Strauch, Zweige schlank, fein rotbraun behaart.
Blätter: Länglich bis länglich-verkehrteiförmig, 4–7 cm lang, spitz, Blätter an Langtrieben oberhalb der Mitte gesägt und wenigstens z. T. mit Nebenblättern, oberseits hell- oder olivgrün, unterseits grau bis gelblich grün, Stiel 0,5–1,5 cm lang.
Blüten: 3–4 cm breit, fast sitzend, zu 5–8, Kronblätter weiß, allmählich verschmälert, Staubblätter etwa 25, Mai.
Früchte: Etwa 1,5 cm hoch.
Verbreitung: M-Asien.
Verwendung: Häufig, B, WHZ 6a, LB 9.1.2.4 (3.3.5.4).

Exochorda ×macrantha (Lemoine) C.K. Schneid.

(*E. korolkowii* × *E. racemosa*)

Habitus: Robuster, aufrechter Strauch, in Habitus und Belaubung ähnlich *E. racemosa*.
Blüten: Bis 3 cm breit, zahlreich, zu 3–6 in bis zu 10 cm langen, aufrechten bis abstehenden Trauben, Kronblätter reinweiß, Staubblätter 20, Mai.

'The Bride'. Wuchs gedrungen, 1,5–2 m hoch, Äste und Zweige stark übergeneigt. Blüten 3–4,5 cm breit, sehr zahlreich. Schon als junge Pflanze reich blühend.

Exochorda racemosa (Lindl.) Rehder, Chinesische Radspiere

Habitus: 3–4 m hoher, dicht verzweigter, früh austreibender Strauch, Zweige rotbraun, mit Lentizellen.
Blätter: Elliptisch bis länglich-verkehrteiförmig, 3–6 cm lang, spitz, Basis breit keilförmig, an Langtrieben oberhalb der Mitte gesägt, oberseits hellgrün, unterseits weißlich, auch an Langtrieben ohne Nebenblätter.
Blüten: 2,5–3,5 cm breit, zu 6–10 in 2,5–3,5 cm breiten Trauben, Kronblätter weiß, plötzlich in den kurzen Nagel verschmälert, Staubblätter 15–20, Mai.
Früchte: 0,8–1 cm hoch.
Verbreitung: O-China.
Verwendung: Sehr häufig, B, WHZ 5b, LB 3.2.2.4.

Fagus L.

Buche – Fagaceae
(lateinisch *fagus* = Rot-Buche)

Habitus: Sommergrüne, bis 40 m hohe Bäume mit glatter, grauer Rinde, Zweige dünn, hin- und hergebogen, braun, Knospen 1–3 cm lang, lang spindelförmig, meist spreizend, Knospenschuppen zahlreich, braun, silbrig behaart.
Blätter: Wechselständig, an aufrechten Trieben schraubig, an abstehenden Trieben ± 2-zeilig angeordnet, ganzrandig, leicht buchtig gezähnt, wellig gebuchtet oder fein gezähnt, glänzend grün.
Blüten: 1-geschlechtig, 1-häusig verteilt, radiär, in getrennten Ständen mit den Blättern an den jungen Trieben, ♂ Blüten mit 4- bis

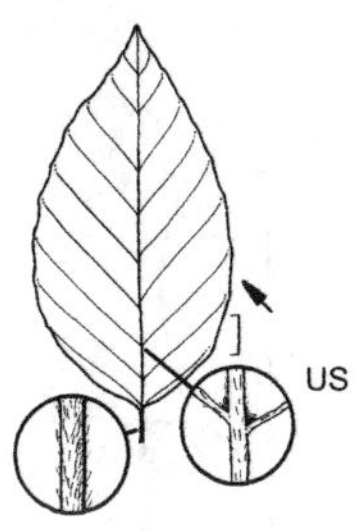

Fagus crenata

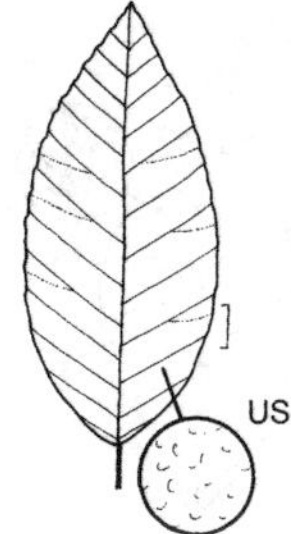

Fagus engleriana

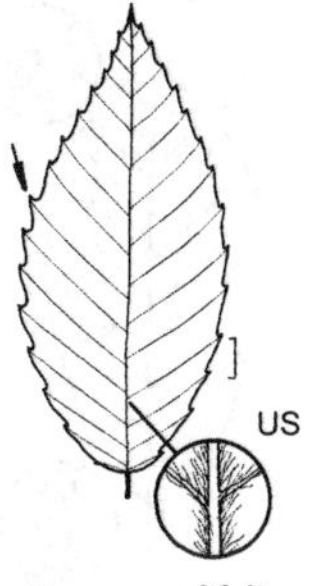

Fagus grandifolia subsp. garndiflora

7-spaltiger Blütenhülle und 8–16 Staubblättern, in dichten, lang gestielten Büscheln, ♀ Blüten zu 2–3, mit 4- bis 6-spaltiger, behaarter Blütenhülle und 3-fächrigem Fruchtknoten in aufrechten Ständen.
Früchte: Nüsse (Bucheckern) 3-kantig, 1–1,5 cm lang, glänzend kastanienbraun, zu 2 (selten zu 3) in einer stark verholzenden, außen weichstacheligen, 4-klappigen Kupula (Fruchtbecher) sitzend.
Verbreitung: 10 Arten in den gemäßigten Zonen der nördlichen Hemisphäre.
Verwendung: *F. sylvatica* ist in Europa ein weit verbreiteter Waldbaum, mit ihren zahlreichen Formen, die im Habitus sowie in Blattschnitt und -färbung von der Art abweichen, auch ein wichtiger Parkbaum. Andere Arten werden nur selten als Parkbäume gepflanzt.

Bestimmungsschlüssel Fagus

1 Blätter unterseits blaugrün 2
– Blätter unterseits grün 3
2 Blattstiel und Nerven unterseits behaart . . . . *F. japonica* var. *japonica*
– Blattstiel kahl, Blätter unterseits zerstreut behaart . . . . *F. engleriana*
3 Blätter gezähnt 4
– Blätter ganzrandig, höchstens etwas wellig oder buchtig 5
4 Blätter jederseits mit 10–14 Seitennerven . . . . *F. grandifolia* var. *grandifolia*
– Blätter jederseits mit 5–10 Seitennerven . . . . *F. sylvatica* var. *sylvatica*
5 Blätter im untersten Drittel am breitesten, gekerbt . . . . *F. crenata*
– Blätter in der Mitte am breitesten, Rand höchstens wellig 6
6 Blattstiel und Hauptnerv unterseits seidig-filzig, Blätter mit bis zu 12 Seitennervenpaaren . . . . *F. orientalis*
– Blätter unterseits mit Achselbärten, Blätter höchstens mit 10 Seitennervenpaaren . . . . *F. sylvatica* var. *sylvatica*

F. americana Sweet = *F. grandifolia*

Fagus crenata Blume, Gekerbte Buche

Habitus: Bis 30 m hoher Baum, junge Triebe nahezu kahl.
Blätter: Eiförmig oder elliptisch bis rhombisch, 6–8 cm lang, kurz zugespitzt, Basis abgerundet, unterhalb der Mitte am breitesten, anfangs oft behaart, am Rand seicht gekerbt, Nervenpaare 7–13, Stiel 0,2–1 cm lang.
Früchte: Kupula mit langen Borsten, die unteren linealisch oder spatelförmig, Stiel bis 2,5 cm lang.
Verbreitung: Japan.
Verwendung: Sehr selten, N, H, WHZ 6b, LB 7.3.2.1.

Fagus engleriana Seemen ex Diels, Englers Buche

Habitus: 20–30 m hoher Baum, Triebe kahl.
Blätter: Länglich-eiförmig, 5–10 cm lang, kurz zugespitzt, Basis keilförmig oder abgerundet, unterseits auffallend blaugrün, behaart, ganzrandig, etwas wellig, Nervenpaare 10–12, Stiel 0,4–1,3 cm lang.
Früchte: Kupula an der Basis mit blattähnlichen, spatelförmigen Borsten, Stiel länger als 2,5 cm.
Verbreitung: M-China.
Verwendung: Sehr selten, N, H, WHZ 6b, LB 3.3.5.2.

F. ferruginea Aiton = *F. grandifolia*

Fagus grandifolia Ehrh. **subsp. grandifolia**, Amerikanische Buche

Habitus: 20–30 m hoher Baum, Knospen braun, glänzend.
Blätter: Länglich-eiförmig, 5–12 cm lang, zugespitzt, Basis breit keilförmig bis schwach

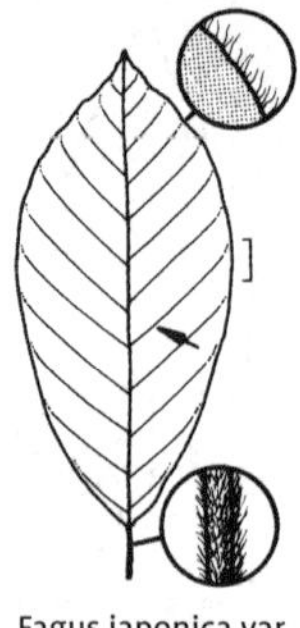

Fagus japonica var. japonica

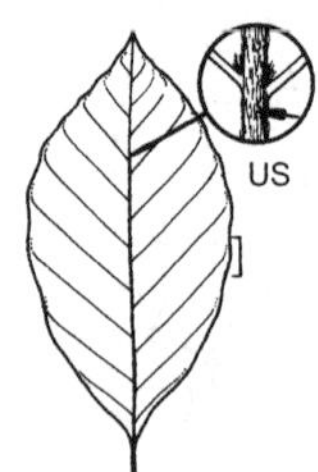

Fagus orientalis

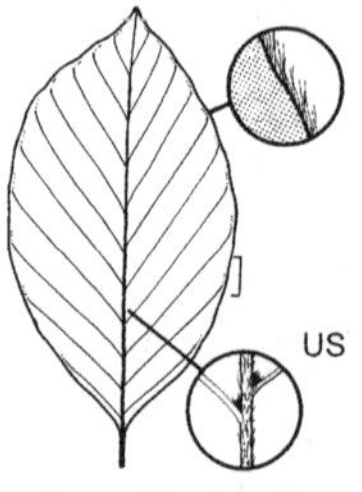

Fagus sylvatica var. sylvatica

herzförmig, oft ungleichseitig, Rand gezähnt, oberseits glänzend blaugrün, unterseits heller, Nervenpaare 9–15, Stiel 3–8 mm lang, Herbstfärbung goldgelb bis lederbraun.
Früchte: Kupula mit dünnen, geraden oder gekrümmten Borsten.
Verbreitung: O-Kanada, NO-, NOZ-, Z- und SO-USA.
Verwendung: Selten, N, H, WHZ 5a, LB 3.2.5.2.

subsp. mexicana (Martinez) E. Murray. Bis 35 m hoher Baum. Blätter 5–8 cm lang, ledrig, elliptisch, zugespitzt, Rand gekerbt bis gesägt. Hochlagen von Mexiko.

Fagus japonica Maxim. **var. japonica**, Japanische Buche

Habitus: Bis 25 m hoher Baum, oft von der Basis an mehrstämmig.
Blätter: Elliptisch-eiförmig bis eiförmig, 5–8 cm lang, spitz, Basis keilförmig, leicht buchtig gekerbt bis nahezu ganzrandig, oberseits bläulich grün, unterseits bläulich, Mittelrippe leicht behaart, Nervenpaare 9–15.
Früchte: Kupula 6–8 mm lang, mit 3-eckigen Auswüchsen, Nüsse bis zur Hälfte ihrer Länge herausragend.
Verbreitung: M- und S-Japan.
Verwendung: Sehr selten, N, WHZ 5b, LB 3.3.2.1.

var. multinervis (Nakai) Y.N. Lee ex Govaerts et Frodin., Koreanische Buche. Bis 30 m hoher Baum. Blätter 9–17 cm lang, stumpf, Saum gewellt, beiderseits schwach behaart, Nervenpaare 6–8. S-Korea.

F. latifolia (Moench) Sudw. = *F. grandifolia*

Fagus orientalis Lipsky, Orientalische Buche

Habitus: Raschwüchsiger, bis 40 m hoher Baum, Triebe behaart.
Blätter: Elliptisch bis verkehrteiförmig, 8–17 cm lang, spitz, Basis abgerundet, oft schief, Rand stark wellig-buchtig, oberseits glänzend dunkelgrün, unterseits heller, Hauptnerven und Blattstiel seidig behaart, Nervenpaare 8–12 (meist 10), Stiel 0,5–1,5 cm lang.
Früchte: Die unteren Borsten der Kupula spatelig verbreitert.
Verbreitung: O-Europa, Türkei, Kaukasien, N-Iran.
Verwendung: Selten, N, H, WHZ 6a, LB 3.3.2.1.

F. sieboldii Endl. ex A. DC. = *F. crenata*

Fagus sylvatica L. **var. sylvatica**, Rot-Buche

Habitus: 25–30(–40) m hoher Baum, Krone breit gewölbt, Rinde glatt, silbergrau, Triebe anfangs behaart, bald verkahlend.
Blätter: Eiförmig bis elliptisch, 5–10 cm lang, spitz, Basis abgerundet, Rand ± wellig-buchtig oder schwach stumpf gezähnt, Nervenpaare 5–9, Stiel 0,3–1 cm lang.
Früchte: Kupula mit aufrechten, pfriemlichen Borsten, Stiel bis 2,5 cm lang.
Verbreitung: Europa, Türkei.
Verwendung: Sehr häufig, N, H, Bi, ⚕, WHZ 5b, LB 3.3.5.1.

var. suentelensis Schelle, Süntel-Buche. Wuchs sehr unregelmäßig, Stamm und Äste ± gedreht, oft knie- oder knickwüchsig oder schlangenartig gewunden und ein dichtes Gewirr bildend. Die äußeren Äste meist in flachen Bögen abwärts wachsend und eine breite, abgeflacht kugelige oder schirmförmige Krone bildend. Belaubung wie bei der var. *sylvatica*. Gelegentlich in nordwestdeutschen Gebirgen (Süntel, Deister, Teutoburger Wald) und Frankreich auftretend.

Häufig gepflanzte Gartenformen von *F. sylvatica*:

1 Abweichungen im Habitus

1.1 Wuchs säulenförmig oder schmal kegelförmig:

Blätter grün: 'Dawyck'. 'Green Obelisk'.

Blätter gelb: 'Dawyck Gold'.

Blätter purpurbraun: 'Dawyck Purple', 'Rohan Obelisk'.

1.2 Wuchs hängend, Äste bogig abwärts gerichtet, Zweige herabhängend:

Blätter grün: 'Miltonensis', 'Pendula'.

Blätter gelb: 'Aurea Pendula'.

Blätter ± purpurn: 'Purple Fountain', 'Purpurea Pendula', 'Rohan Weeping'.

1.3 Wuchs ± strauchartig:

'Asterix', 'Fruticosa', 'Mercedes', 'Purpurea Nana'.

2 Abweichungen in der Belaubung

2.1 Blätter grün:

Größer als normal: 'Latifolia'.

Kreisrund, klein: 'Rotundifolia'.

Hahnenkammartig gekraust und gelappt: 'Cristata'.

Farnblättrig, ± schmal elliptisch bis ± fiederspaltig, teilweise deformiert: 'Asplenifolia', 'Cochleata', 'Crispa', 'Interrupta', 'Laciniata', 'Quercifolia'.

2.2 Blätter nicht grün:

Anfangs gelb, allmählich vergrünend: 'Zlatia'.

Einfarbig braunrot bis schwarzrot: Sorten der Atropurpurea-Gruppe wie 'Atropunicea', 'Purpurea Latifolia', 'Riversii', 'Spaethiana', 'Swat Margret'.

Lanzettlich, dunkel braunrot: 'Ansorgei'.

Monströs geschlitzt und gelappt, purpurbraun: 'Rohanii'.

Wie bei 'Rohanii', jedoch gelblich: 'Rohan Gold'.

2.3 Blätter mehrfarbig:

Weiß gerandet: 'Albomarginata'.

Weiß marmoriert: 'Argenteomarmorata'.

Purpurn mit unregelmäßig rosa gefärbten Rändern: 'Purpurea Tricolor'.

Fallopia Adans.

Flügelknöterich – Polygonaceae

(nach Falloppio [Falloppia], Gabriele (latinisiert Gabriel Fallopius), 1523–1562, italienischer Arzt und einer der bedeutendsten Anatomen des 16. Jahrh.)

Habitus: Ausdauernde Kräuter oder verholzende, rechtswindende Kletterpflanzen, Sprossinternodien an der Basis von einer häutigen Scheide (Ochrea) umgeben.
Blätter: Wechelständig, einfach, gestielt, meist ganzrandig.
Blüten: Zwittrig oder 1-geschlechtig, radiär, ziemlich klein, in großen, reich verzweigten, end- oder achselständigen Ähren oder Rispen, Blütenhülle meistens 5-, selten aber auch 4-teilig, ihre Blätter meist gleich gestaltet, kronblattähnlich, frei oder an der Basis verwachsen, Staubblätter 5–8, Fruchtblätter 2–3.
Früchte: Nüsse 3-kantig, geflügelt, 5 mm lang, von der Blütenhülle ganz oder teilweise umschlossen.
Verbreitung: 12 Arten in den gemäßigten Zonen der nördl. Halbkugel.
Verwendung: Die folgende Art sehr häufig als stark wachsende Kletterpflanze, u. a. häufig an Schallschutzwänden entlang von Autobahnen.

F. aubertii (L. Henry) Holub = *F. baldschuanica*

Fallopia baldschuanica (Regel) Holub, Chinesischer Knöterich, Schling-Flügelknöterich, Silberregen

Habitus: Bis über 10 m hoch windend, Zweige graubraun, Rinde aufreißend.
Blätter: Breit eiförmig bis eiförmig, 4–10 cm lang, meist stumpf zugespitzt, Basis herz- bis spießförmig, Stiel 1–3,5 cm lang.
Blüten: In breiten, nickenden, end- und achselständigen Rispen, Blütenhülle weiß, rosa getönt, Achsen der Blütenstände fast kahl, Juli–Oktober.

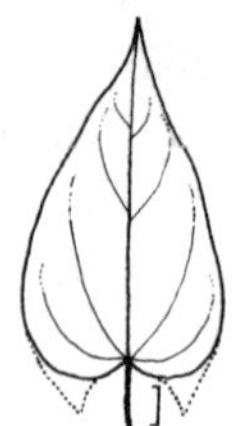

Fallopia baldschuanica

Früchte: Segmente der Blütenhülle zur Fruchtreife 6–8 mm lang.
Verbreitung: M-Asien.
Verwendung: Sehr häufig, B, WHZ 7a, LB 7.3.2.9.

Ficus L.

Feige – Moraceae

(lateinisch *ficus* = Echter Feigenbaum, *Ficus carica*)

Habitus: Immer- oder sommergrüne Bäume, Sträucher, Lianen oder Epiphyten, zahlreiche Arten mit Luftwurzeln, Zweige und Knospen Milchsaft führend.
Blätter: In der Regel wechselständig, ungeteilt oder gelappt.
Blüten: 1-geschlechtig, meist 1-häusig verteilt, sehr klein, ♂ und ♀ Blüten meist in sehr großer Zahl auf der Innenseite einer geschlossenen, krug- oder urnenförmigen Blütenstandsachse verborgen, die zur Reife saftig-fleischig wird, ♂ Blüten mit 1- bis 6-blättriger Hülle und 1–6 Staubblättern, ♀ Blüten mit 8-blättriger oder fehlender Blütenhülle und 2 verwachsenen, oberständigen Fruchtblättern.
Früchte: Scheinfrüchte (Feigen) länglich oder birnenförmig, einzeln in den Blattachseln stehend, kurz gestielt, länglich oder birnenförmig.
Verbreitung: Etwa 850 Arten, überwiegend in den Tropen.
Verwendung: In M-Europa hält nur die folgende Art im Freien aus. Sie ist in ihrem Verbreitungsgebiet seit alters her als Obstbaum in Kultur.

Ficus carica L., Echte Feige

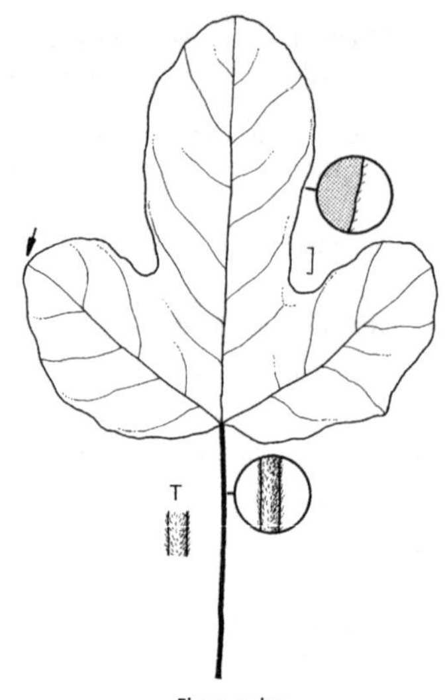

Ficus carica

Habitus: Sommergrüner Strauch oder kleiner Baum, Triebe dick, behaart, mit großen Blattnarben, Gefäßbündelspuren ringförmig angeordnet.
Blätter: Tief 3- bis 5-lappig, selten ungeteilt, 10–20 cm lang und breit, breit eiförmig bis rundlich, Blattlappen ± verkehrteiförmig, stumpf, unregelmäßig gezähnt, oberseits rau, unterseits weicher behaart.
Blüten: Wie oben beschrieben, Blütenstiel 2,5–10 cm lang.
Früchte: Grünlich, bräunlich oder violett, wohlschmeckend.
Verbreitung: S-, SW- und SO-Europa, N-Afrika, Türkei, Levante, N-Irak, Iran, M-Asien.
Verwendung: Selten, N, ꝏ, ⚕, WHZ 8a, LB 6.4.1.5.

Flueggea Willd.

Beilholz – Euphorbiaceae

(nach Johannes (Johann) Flüggé, 1775–1816, Arzt und Botaniker in Hamburg)

Habitus: Aufrechte Sträucher oder kleine Bäume, Zweige gelegentlich in Dornen endend.
Blätter: Wechselständig, einfach, kurz gestielt, ganzrandig oder fein gesägt.
Blüten: 1-geschlechtig, meist 2-häusig verteilt, klein, achselständig, einzeln, gebüschelt oder in Trugdolden, ♂ Blüten lang gestielt, Kelchblätter grünlich, 4–7, Kronblätter fehlend, Staubblätter 4–7, länger als die Kelchblätter, dem Diskus basal angeheftet bei ♀

Flueggea suffruticosa

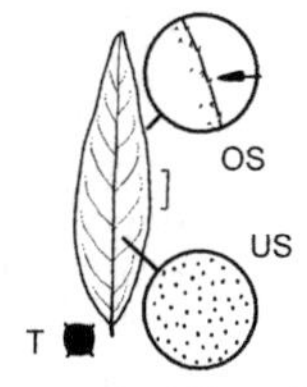

Fontanesia phillyreoides var. phillyreoides

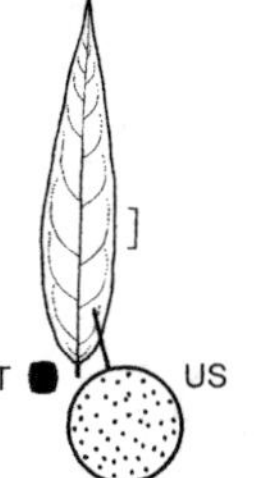

Fontanesia phillyreoides var. fortunei

Blüten Kelchblätter 4–7, Fruchtknoten (2–)3(–4)-fächrig.
Früchte: Kapseln beerenartig, kugelig oder 3-eckig, sich 3-teilig öffnend oder geschlossen bleibend, Kelchblätter bleibend.
Verbreitung: Etwa 13 Arten, weltweit in tropischen bis warm temperierten Zonen.
Verwendung: In Europa meist nur die folgende Art in Kultur, ohne besonderen Schmuckwert und ohne besondere Standortansprüche. Die jungen Zweige frieren oft zurück.

Flueggea suffruticosa (Pall.) Baill., Beilholz

Habitus: Sommergrüner, 1–3 m hoher, aufrechter Strauch, Zweige anfangs ± kantig, grünlich; zuletzt nahezu stielrund, Enddornen fehlend.
Blätter: Elliptisch bis länglich-elliptisch, selten verkehrteiförmig, 1,5–8 cm lang, spitz oder stumpf, Basis stumpf oder keilförmig, ganzrandig oder gelegentlich unregelmäßig gesägt, Nebenblätter vorhanden.
Blüten: ♂ Blüten zu 3–18 in Trugdolden, Kelchblätter 5–8, ♀ Blüten mit 3 verwachsenen Fruchtblättern, Juli–August.
Früchte: 2–5 mm breite, zur Reife rotbraune Kapseln.
Verbreitung: China, Japan, Korea, Mongolei, Russland.
Verwendung: Selten (wird auch als *Securinega suffruticosa* beschrieben), N, WHZ 6a, LB 4.2.1.6.

Fontanesia Labill.

Fontanesie – Oleaceae
(nach René Louiche Desfontaines, 1750–1833, französischer Botaniker)
Monotypische Gattung

Bestimmungsschlüssel Fontanesia

1 Blätter ganzrandig, oberseits glänzend . . . . *F. phillyreoides* var. *fortunei*
– Blattrand fein gesägt oder rau, Blätter oberseits matt. . . . . *F. phillyreoides* var. *phillyreoides*

F. angustifolia Dippel = *F. phillyreoides* var. *phillyreoides*
F. fortunei Carrière = *F. phillyreoides* var. *fortunei*

Fontanesia phillyreoides Labill. **var. phillyreoides**, Kleinasiatische Fontanesie

Habitus: Sommergrüner, bis 1,5 m hoher, an Liguster erinnernder Strauch, Zweige dünn, ± deutlich 4-kantig, hellbraun bis grau, Knospen 1–2 mm groß, gedrungen, mit 2 Paar äußeren Knospenschuppen, Blattnarben auf verdickten Kissen, Gefäßbündelspuren undeutlich, Endknospen fehlend.
Blätter: Gegenständig, einfach, eiförmig-lanzettlich bis länglich-elliptisch, 2–7 cm lang, kurz gestielt, Rand fein gesägt oder rau.
Blüten: Zwittrig oder 1-geschlechtig, radiär, etwa 3 mm breit, in kleinen, achselständigen Trauben oder 3–5 cm langen, endständigen Rispen, 4-zählig, Kelch klein, Kronblätter weißlich, 4, frei, Staubblätter 2, die Kronblätter überragend, Fruchtknoten 2-fächrig, oberständig, Mai.
Früchte: Nüsse ei- bis kreiselförmig oder ellipsoid, 6–8 mm lang, stark abgeflacht, ringsum dünn geflügelt, 2-fächrig, je Fach 2 Samen.
Verbreitung: S-Europa, Türkei, Libanon, Syrien.
Verwendung: Selten, WHZ 6b, LB 6.1.4.6.

var. fortunei (Carrière) Yalt. Chinesische Fontanesie. Straff aufrechter, bis 3 m hoher Strauch. Blätter lanzettlich, 4–10 cm lang, lang zugespitzt, ganzrandig, oberseits glän-

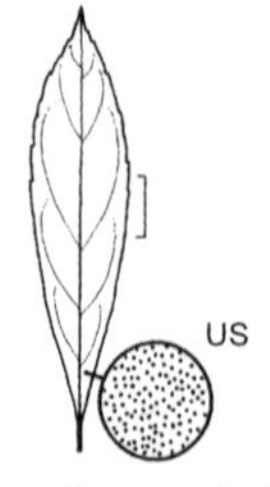

Forestiera acuminata

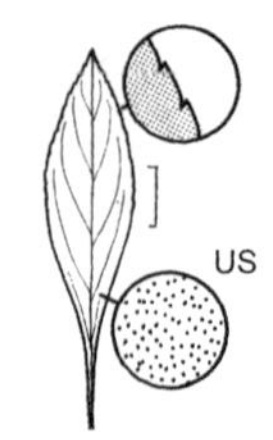

Forestiera neomexicana

zend frischgrün, lange haftend. Blüten weißlich, rosa angehaucht, Mai–Juni. Früchte eiförmig, 8 mm lang. O-China. WHZ 5b, LB 6.3.2.5.

Forestiera Poir.

Adelie – Oleaceae

(nach Charles Le Forestier, französischer Botaniker Anfang des 19. Jahrh.)

Habitus: Sommergrüne, sparrig verzweigte, an Liguster erinnernde Sträucher, Knospen 1,5–2 mm lang, eiförmig, kahl.
Blätter: Gegenständig, einfach, ganzrandig oder fein gesägt.
Blüten: Polygam oder 1-geschlechtig, 2-häusig verteilt, radiär, grünlich, unscheinbar, in achselständigen Büscheln oder Trauben, meist vor der Laubentfaltung, Blütenhülle einfach, grünlich, Kelchblätter 4–6, Staubblätter 2–3, Fruchtknoten 2-fächrig.
Früchte: 3–7 mm lange, dunkelpurpurne bis schwarze Steinfrüchte mit dünnem, trockenhäutigem Mesokarp.
Verbreitung: 15 Arten in N-Amerika und von Westindien bis Brasilien.
Verwendung: Selten gepflanzte Sträucher, *F. neomexicana* ist wegen ihrer hohen Trockenresistenz von Bedeutung.

Bestimmungsschlüssel Forestiera

1 Blätter höchstens 5 cm lang, Zweige oft stechend. *F. neomexicana*
– Blätter länger (zumindest viele), viele Blätter ganzrandig . . . . *F. acuminata*

Forestiera acuminata (Michx.) Poir., Spitzblättrige Adelie

Habitus: 2–3 m hoher, kahler Strauch.
Blätter: Länglich-eiförmig bis eiförmig-lanzettlich, 3–10 cm lang, zugespitzt, oberhalb der Mitte leicht gesägt, frischgrün.
Blüten: ♂ Blüten in sitzenden Büscheln, ♀ Blüten in kleinen Rispen, Blütenhülle grünlich, April–Mai.
Früchte: Länglich, 1,2 cm lang, purpurn.
Verbreitung: NOZ-, Z- und SO-USA.
Verwendung: Sehr selten, WHZ 6a, LB 1.2.4.5.

Forestiera neomexicana A. Gray, Neumexikanische Adelie, Wüstenolive

Habitus: Bis 3 m hoher, sparriger, gelegentlich dorniger Strauch.
Blätter: Länglich-verkehrteiförmig bis lanzettlich, 1,5–4 cm lang, in einen kurzen Stiel verschmälert, graugrün, kahl.
Blüten: ♂ und ♀ Blüten in Büscheln, Blütenhülle gelblich, April–Mai.
Früchte: Länglich, 1,2 cm lang, schwarz, blau bereift.
Verbreitung: Z- und SW-USA.
Verwendung: Sehr selten, WHZ 6a, LB 2.5.2.5.

Forsythia Vahl

Forsythie, Goldglöckchen – Oleaceae

(nach William Forsyth, 1737–1804, englischer Botaniker, Superintendent der Royal Botanic Gardens, Kensington)

Habitus: Sommergrüne, kahle Sträucher, Zweige stielrund oder 4-kantig, mit gekammertem Mark (nur bei *F. suspensa* hohl), olivgrün bis gelbbraun, mit zahlreichen hellen, korkigen Lentizellen, Knospen an beiden Enden verschmälert, häufig mit Beiknospen, Blattnarben auf starken Blattkissen, mit nur 1 Gefäßbündelspur.
Blätter: Gegenständig, meist einfach, selten 3-lappig, gesägt bis fast ganzrandig, kurz gestielt.
Blüten: Zwittrig, radiär, zu 1–6 achselständig, vor den Blättern, Kelch und Krone tief 4-teilig, Kronblätter gelb, in der Knospe gedreht und sich überdeckend. Die Blüten kommen in der Ausbildung des Griffels in zwei Formen vor. Bei der langgriffeligen Form ist der Griffel länger als die Staubblätter, deshalb steht die 2-teilige Narbe über den Staubbeuteln, bei der kurzgriffeligen Form ist der Griffel so kurz, dass die Narben unterhalb der Staubbeutel zwischen den beiden Staubfäden stehen. *Forsythia*-Arten und Sorten wer-

den in der Regel vegetativ vermehrt, sie kommen deshalb fast immer in einer der beiden Formen vor.
Früchte: Kapseln 1–1,5 cm lang, gestielt, aufrecht, stark verholzt, 2-fächrig, sich 2-klappig öffnend, Samen spindelartig, 5–7 mm lang.
Verbreitung: 8 Arten in O-Asien, 1 Art in Europa.
Verwendung: Sehr häufig gepflanzte, auffallend und reich blühende Sträucher ohne besondere Standortansprüche, zur Blütezeit häufig ganze Gartenlandschaften prägend.

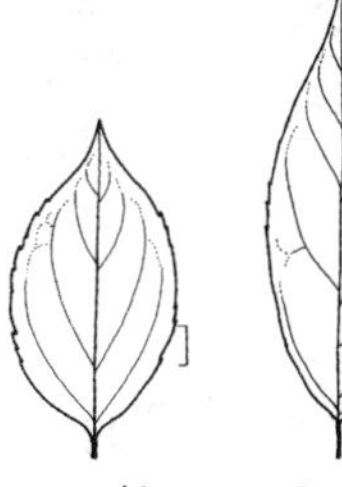
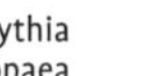

Forsythia europaea

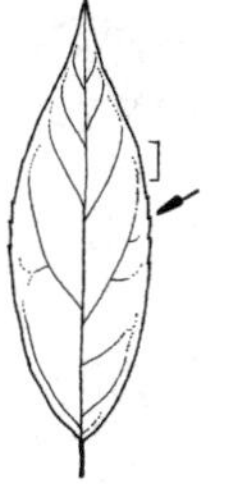

Forsythia giraldiana

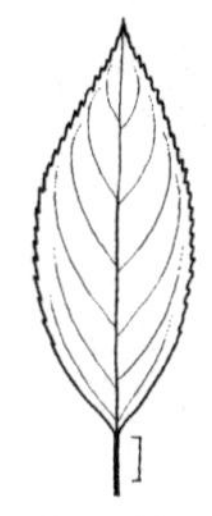

Forsythia ×intermedia

Bestimmungsschlüssel Forsythia

1	Triebe in den Internodien hohl	2
–	Triebe in den Internodien mit gekammertem Mark	3
2	Blattstiel länger als 2 cm oder kahl	*F. ×intermedia*
–	Blattstiel höchstens 2 cm lang, behaart, Blattrand bewimpert	*F. suspensa* var. *suspensa*
3	Mark durchweg gefächert	4
–	Mark nur an den Knoten und um sie herum gefächert	*F. ×intermedia*
4	Triebe stark 4-kantig	*F. viridissima* var. *viridissima*
–	Triebe rund(lich)	5
5	Triebe dunkelgrau, Blätter alle gezähnt	*F. giraldiana*
–	Triebe grün oder gelblich, Blätter teilweise ganzrandig	6
6	Blattstiele höchstens 8 mm lang	*F. europaea*
–	Blattstiele länger	*F. ovata*

Forsythia europaea Degen et Bald., Europäische Forsythie

Habitus: Bis 2,5 m hoher, ziemlich straff aufrechter Strauch, Zweige hellbraun, Mark gekammert.
Blätter: Eiförmig, 4–7 cm lang, spitz, Basis abgerundet bis breit keilförmig, meist ganzrandig oder mit wenigen kleinen Zähnen.
Blüten: Klein, meist einzeln, kurz gestielt, Krone hellgelb, Kelchblätter breit eiförmig, grün, kürzer als die schmal länglichen Kronblätter, meist kurzgriffelig, April.
Verbreitung: SO-Europa.
Verwendung: Selten, B, WHZ 6a, LB 6.1.2.5.

F. fortunei Lindl. = *F. suspensa* var. *fortunei*

Forsythia giraldiana Lingelsh., Giralds Forsythie

Habitus: Bis 4 m hoher, straff aufrechter, dünntriebiger Strauch, Zweige dunkelpurpurn, Mark gekammert.
Blätter: Elliptisch bis länglich-lanzettlich, lang zugespitzt, 5–12 cm lang, ganzrandig bis leicht gezähnt, unterseits Nerven meist spärlich behaart.
Blüten: Etwa 2 cm breit, langgriffelig, meist einzeln oder zu 3, Krone hellgelb, glockig, Kelch mit kurzer Röhre, März–April.
Verbreitung: NW-China.
Verwendung: Selten, B, WHZ 6a, LB 6.3.2.5.

Forsythia ×intermedia Zabel, Garten-Forsythie

(*F. suspensa* × *F. viridissima*)

Habitus: 2–3 m hohe, aufrechte bis breit ausladende Sträucher, Zweige meist 4-kantig, Mark meist gekammert, selten ± hohl.
Blätter: Eiförmig-lanzettlich, 8–12 cm lang, bis unter die Mitte gesägt, an kräftigen Langtrieben gelegentlich 3-lappig.
Blüten: Je nach Sorte zwischen 3,5 und 6 cm breit, Krone hell- bis goldgelb, Länge der Griffel bei den Sorten unterschiedlich, Ende April bis Anfang Mai.
Verwendung: Sehr häufig (in verschiedenen Sorten), B, WHZ 5b, LB 9.3.2.5.

In der nachfolgenden Sortenliste sind einige Sorten unbekannter Herkunft mit eingeschlossen.

'Beatrix Farrand'. Wuchs stark, aufrecht. Blätter grob gesägt. Blüten sehr groß, chromgelb.

BOUCLE D'OR ('Courtacour'). Wuchs schwach, sehr kompakt, bis etwa 0,7 m hoch, Zweige dick, mit kurzen Internodien. Blüten leuchtend gelb.

'Densiflora'. Wuchs aufrecht-überhängend. Blüten dicht gedrängt, groß, hellgelb, langgriffelig.

'Goldrausch'. Wuchs mittelstark, bis etwa 1,4 m hoch. Blüten sehr groß, leuchtend goldgelb.

Forsythia ovata

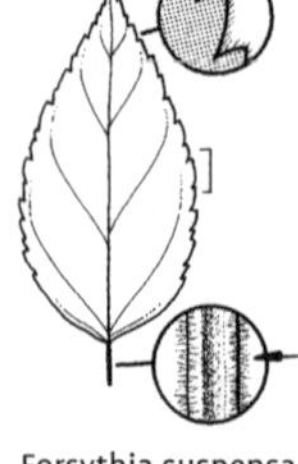

Forsythia suspensa var. suspensa

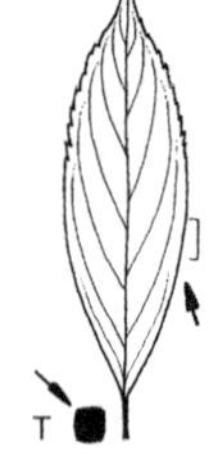

Forsythia viridissima var. viridissima

'Goldzauber'. Wuchs mittelhoch, dünntriebig. Blüten mittelgroß, goldgelb.

'Lynwood'. Wuchs aufrecht, Seitenzweige hängend. Blüten mittelgroß, gut verteilt, hellgelb.

MARÉE D'OR ('Courtasol'). Wuchs schwach, bis etwa 0,6 m hoch und 1,5 m breit, Zweige zahlreich, schlank. Blüten groß, zahlreich, zitronengelb.

MÊLÉE D'OR ('Courtaneur'). Wuchs buschig, kompakt, bis 1 m hoch. Blüten sehr zahlreich, hellgelb.

MINIGOLD ('Flojor'). Wuchs kompakt, ziemlich niedrig. Blüten dunkelgelb, ziemlich groß, zahlreich.

'Spectabilis'. Wuchs aufrecht. Blüten groß, hellgelb, dicht gedrängt, Blütenkrone 5- bis 6-teilig, kurzgriffelig.

'Spring Glory'. Wuchs aufrecht, mittelhoch. Blüten hellgelb, dicht gedrängt.

'Vitellina'. Wuchs sehr stark, aufrecht bis leicht überhängend. Blüten dunkelgelb, klein, zahlreich.

Forsythia ovata Nakai, Koreanische Forsythie

Habitus: 1–2 m hoher, aufrechter bis breit ausladender, kompakter Strauch, Zweige stielrund, braun, Mark gekammert.
Blätter: Eiförmig bis breit eiförmig, 5–7 cm lang, dünn, plötzlich zugespitzt, Basis gestutzt bis leicht herzförmig, fein gesägt bis fast ganzrandig, Stiel 0,8–1,2 cm lang.
Blüten: 1,5 cm lang, zu 1–2, Krone hellgelb, Kelchblätter breit eiförmig, kürzer als die breit länglichen Kronblätter, meist kurzgriffelig, März–April.
Verbreitung: Korea.
Verwendung: Selten, B, WHZ 5a, LB 6.3.2.6.

Häufiger kultivierte Sorten:

'Dresdener Vorfrühling'. Wuchs breit aufrecht, dicht verzweigt. Blüten hellgelb, 3–4 cm breit, Kronzipfel gedreht.

'Tetragold'. Wuchs buschig, aufrecht, gedrungen. Blüten tiefgelb, 3 cm breit.

Forsythia suspensa (Thunb.) Vahl **var. suspensa**, Hänge-Forsythie

Habitus: Aufrechter bis stark überhängender, bis 3 m hoher Strauch, Zweige schwach 4-kantig, hohl.
Blätter: Eiförmig bis länglich-eiförmig, 6–10 cm lang, spitz, Basis breit keilförmig bis abgerundet, gesägt, oft 3-lappig.
Blüten: Etwa 2,5 cm lang, zu 1–3, Krone goldgelb, März–April.
Verbreitung: China.
Verwendung: Sehr häufig, B, WHZ 5b, LB 6.3.2.5.

var. fortunei (Lindl.) Rehder, Fortunes Forsythie. Wuchs aufrecht, bis 3 m hoch, Zweige erst im Alter abstehend oder bogig überhängend. Blätter oft 3-lappig, scharf gesägt. Blüten mit schmalen, ausgebreiteten, oft gedrehten Kronzipfeln, Krone dunkelgelb. O-China.

var. sieboldii Zabel, Siebolds Forsythie. Im Alter bis 2,5 m hoher Strauch, Zweige dünn, wenn möglich kletternd und dann lang überhängend, sonst ± dem Boden aufliegend. Blätter meist einfach. Blüten wenig zahlreich, Krone anfangs glockig, Kronzipfel breit und flach, etwas abstehend. China, sehr früh in Japan in Kultur.

Forsythia viridissima Lindl. **var. viridissima**, Grüne Forsythie

Habitus: Bis 2 m hoher, aufrechter Strauch, Zweige olivgrün, 4-kantig, Mark gekammert.
Blätter: Elliptisch-länglich bis lanzettlich, 4–14 cm lang, spitz, Basis keilförmig, meist nur oberhalb der Mitte gesägt oder ± ganzrandig, dunkelgrün.
Blüten: Etwa 2,5 cm lang, zu 1–3, Krone sattgelb mit grünem Anflug, Kronblätter schmal länglich, Kelchblätter halb so lang wie die Kronröhre, langgriffelig, April–Mai.
Verbreitung: China.
Verwendung: Häufig, B, WHZ 6b, LB 6.4.1.6.

var. koreana Rehder. Bis 2,5 m hoher, breitwüchsiger Strauch. Blätter bis 12 cm lang, länglich-eiförmig, Herbstfärbung braunviolett. Blüten hellgelb, größer als bei var. *viridissima*.

Fothergilla L.

Federbuschstrauch – Hamamelidaceae

(nach John Fothergill, 1712–1780, englischer Arzt und Gartenfreund)

Habitus: Sommergrüne, trägwüchsige Sträucher, Zweige braun, Endknospen 5–8 mm lang, Triebe und Knospenschuppen sternhaarig.
Blätter: Wechselständig, einfach, kurz gestielt, verkehrteiförmig bis elliptisch, in der oberen Hälfte grob gezähnt, hell- bis mittelgrün, Herbstfärbung karminrot bis orangegelb, Nebenblätter hinfällig, Stiel bis 7 mm lang, behaart.
Blüten: Zwittrig, radiär, duftend, in endständigen, aufrechten, 3–8 cm langen Ähren, Kelch 5- bis 7-lappig, Kronblätter fehlend, Staubblätter etwa 24, die weißen, bis 2,5 cm langen Staubfäden nach oben deutlich verdickt, Staubbeutel gelb, Fruchtknoten 2-fächrig, oberständig.
Früchte: Kapseln 1–1,5 cm lang, sitzend, braun borstig behaart, 2-samig, sich meist 2-klappig öffnend, Kelch und Griffel bleibend, Samen etwa 8 mm lang, glänzend hellbraun.
Verbreitung: 2 Arten im südöstl. N-Amerika.
Verwendung: Schöne, etwas anspruchsvolle Blütensträucher mit eigenartigen Blüten und einer prachtvollen Herbstfärbung.

Bestimmungsschlüssel Fothergilla

(für sichere Artbestimmung z. T. Blütenstände notwendig)

1 Blätter höchstens 6 cm lang, Blattgrund herzförmig .... *F. gardenii*
– Blätter länger, Blattgrund keilförmig-abgerundet 2
2 Blütenstände 3–6 cm lange Ähren .... *F. major*
– Blütenstände 6–7 cm lange Ähren .... *F. ×intermedia*

F. alnifolia L. f. = *F. gardenii*
F. alnifolia var. *major* Sims = *F. major*
F. carolina (L.) Britton = *F. gardenii*

Fothergilla gardenii Murray., Erlenblättriger Federbuschstrauch

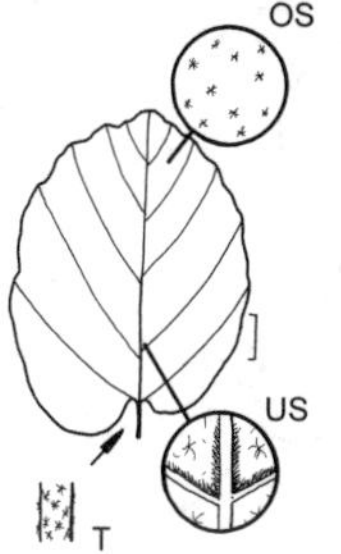

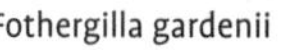

Fothergilla gardenii

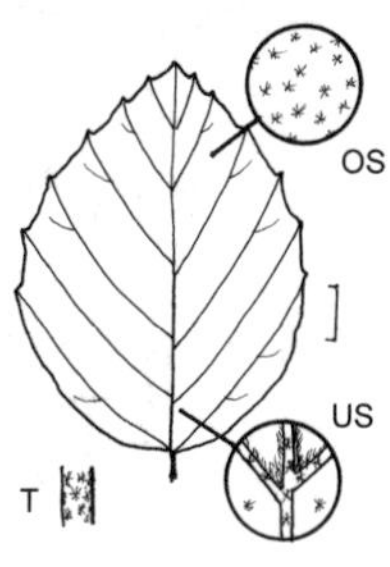

Fothergilla ×intermedia

Habitus: Bis 1 m hoher, zunächst straff aufrechter, später breiter, buschiger, schwach Ausläufer bildender Strauch, junge Triebe weißlich behaart.
Blätter: Verkehrteiförmig bis eiförmig, 2–5 cm lang, Basis herzförmig, in der oberen Hälfte unregelmäßig gezähnt.
Blüten: In 2–3 cm langen, zylindrischen, endständigen Ähren, vor den Blättern, Staubblätter 2,5 cm lang, weiß, April–Mai.
Verbreitung: SO-USA.
Verwendung: Selten, B, H, D, WHZ 7a, LB 1.2.4.6 (4.1.5.6).

Fothergilla ×intermedia Ranney et Fantz

(*F. gardenii* × *F. major*)

Habitus: Sehr variabler, breit aufrechter Strauch, ähnlich *F. major.*
Blätter: Breit eiförmig bis breit verkehrteiförmig oder rund, 5,6–11,1 cm lang, an der Basis herzförmig bis stumpf, oberseits blau- bis dunkelgrün, unterseits hellgrün bis hell graugrün, Herbstfärbung gelb oder orange bis tiefrot.
Blüten: In etwa 6,5 cm langen, aufrechten Ähren.
Verbreitung: SO-USA.
Verwendung: Selten, B, H, D, WHZ 6b, LB 4.1.2.5.

'Blue Shaddow'. Blätter im Austrieb bläulich grün, später intensiv grünlich blau.

'Mount Airy'. Blätter tiefgrün, Herbstfärbung gelb, orange und rot bis purpurrot, lange anhaltend.

Fothergilla major (Sims) Lodd., Großer Federbuschstrauch

Habitus: 1,5–3 m hoher, geschlossener, halbkugeliger bis breit kegelförmiger Strauch, junge Triebe weiß sternhaarig.

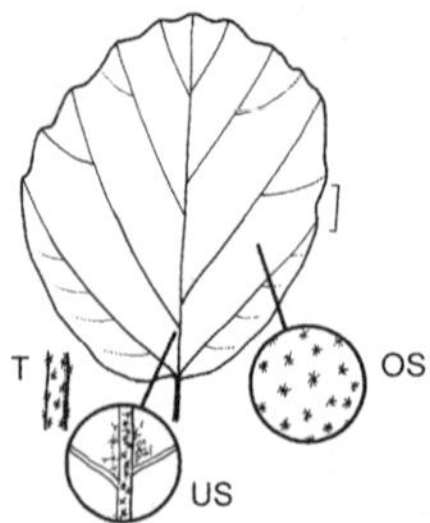

Fothergilla major

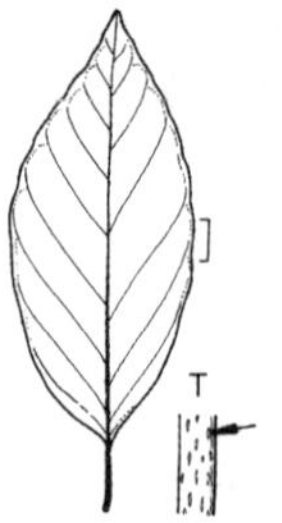

Frangula alnus

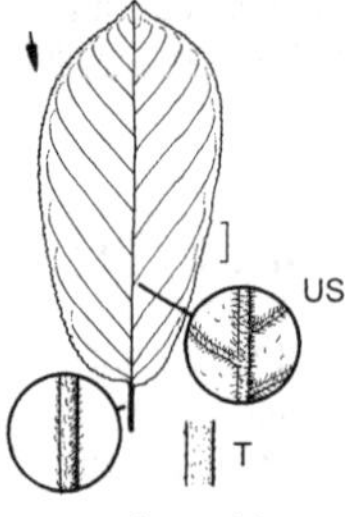

Frangula purshiana

Blätter: Rundlich-eiförmig bis breit eiförmig, 5–10 cm lang, Basis keil- oder herzförmig, nahezu ganzrandig, mit einigen Zähnen oberhalb der Mitte, oberseits glänzend dunkelgrün, unterseits grün oder blaugrün, spärlich behaart bis sternhaarig, Herbstfärbung leuchtend gelb und orange bis rot.
Blüten: In 3–6 cm langen, aufrechten Ähren an kurzen Seitenzweigen, mit den Blättern, würzig duftend, Staubblätter bis 2 cm lang, weiß, rötlich überhaucht, Mai.
Verbreitung: SO-USA.
Verwendung: Häufig, B, H, D, WHZ 7a, LB 4.1.2.5 (2.3.5.5) (7.2.2.5).

F. monticola Ashe = *F. major*
F. parvifolia Kearney = *F. gardenii*

Frangula Mill.

Faulbaum – Rhamnaceae

(unter Anlehnung an lateinisch *frangere* = brechen)

Habitus: Bäume oder Sträucher, Zweige grau, mit hellen Lentizellen, Knospen nackt, (bei *Rhamnus* Knospenschuppen vorhanden), Endknospen 5–10 mm lang, grau bis rotbraun behaart, Seitenknospen viel kleiner, Blattnarben halbkreis- bis kreisförmig, mit 1 großen und 2 kleinen Gefäßbündelspuren.
Blätter: Wechsel- oder gegenständig.
Blüten: Zwittrig, radiär, klein, unscheinbar, einzeln oder in Rispen, 4- bis 5-zählig, Kronblätter oft kleiner als die Kelchblätter, Staubblätter 5, mit den Kronblättern verwachsen, Fruchtknoten 2- bis 3-fächrig.
Früchte: Hartschalige Steinfrucht.
Verbreitung: Etwa 20 Arten in Eurasien und N-Amerika, 3 Arten in Europa, in M-Europa nur *F. alnus.*
Verwendung: Teilweise als Flurgehölz, *F. alnus* gedeiht auch auf feuchten bis anmoorigen Böden, die Art ist in allen Teilen giftig.

Bestimmungsschlüssel Frangula

1 Blattstiele höchstens 5 mm lang . . . *F. rupestris*
– Blattstiele länger (wenigstens die meisten) . . 2
2 Größte Blätter mit 10–15 Seitennervenpaaren . . . . *F. purshiana*
– Blätter mit höchstens 8 Seitennervenpaaren . . . . *F. alnus*

Frangula alnus Mill., Gewöhnlicher Faulbaum, Pulverholz

Habitus: Hoher, aufrechter Strauch oder bis 7 m hoher, Wurzelsprosse und Ausläufer bildender Strauch oder Kleinbaum, junge Triebe grau bis rostrot behaart, nur wenig verkahlend, mit zahlreichen, länglichen, hellbraunen Korkwarzen.
Blätter: Meist wechselständig, breit eiförmig bis breit elliptisch, 3–6 cm lang, kurz zugespitzt, Basis breit keilförmig, ganzrandig, Nervenpaare 7–9, oberseits und unterseits entlang der Nerven behaart, z. T. verkahlend, Stiel 0,8–1,2 cm lang.
Blüten: Trichterförmig, 5-zählig, zu 3–7 in achselständigen Büscheln, Blütenhülle weißlich, Mai–Juli.
Früchte: Kugelig, 7–8 mm dick, schwarzviolett, Steinkerne 2–3.
Verbreitung: Europa, Türkei, Kaukasien, N-Iran, Sibirien, M-Asien.
Verwendung: Sehr häufig (wird auch als *Rhamnus frangula* beschrieben), N, ⚕, Bi, ☠, WHZ 3, LB 1.2.2.4.

'Asplenifolia'. Zierlicher, feingliedriger Strauch. Blätter linealisch-lanzettlich, 4–6 cm lang, 3–5 mm breit.

Frangula purshiana (DC.) J.G. Cooper, Purgier-Faulbaum, Sagrada-Faulbaum

Habitus: 5–12 m hoher, locker aufgebauter Strauch oder kleiner Baum, junge Triebe behaart.
Blätter: Wechselständig, elliptisch bis länglich-eiförmig, 5–15 cm lang, spitz oder stumpf, Basis abgerundet, entfernt gesägt bis fast ganzrandig, Nervenpaare 10–15, oberseits dunkelgrün, unterseits heller und behaart bis nahezu kahl.
Blüten: 4–5 mm breit, 5-zählig, bis zu 25 in behaarten Dolden, Blütenhülle gelblich grün, Mai–Juni.
Früchte: 1 cm dick, schwarz, Steinkerne meist 3.
Verbreitung: W- Kanada, NW- und W-USA.
Verwendung: Selten, ☠, ⚕, WHZ 5a, LB 2.3.5.3.

Frangula rupestris (Scop.) Schur, Felsen-Faulbaum

Habitus: Bis 0,8 m hoher, aufrechter oder niedergestreckter Strauch, Triebe behaart.
Blätter: Wechselständig, elliptisch bis fast kreisrund, 2–5 cm lang, stumpf oder spitz, Basis abgerundet, stumpf gezähnt oder ganzrandig, Nervenpaare 5–8, unterseits auf den Nerven behaart, Stiel 2–5 mm lang.
Blüten: Zu 3–8 in behaarten, doldenartigen Büscheln, 5-zählig, Mai–Juni.
Früchte: Kugelig-eiförmig, 6 mm dick, erst rot, dann schwarz.
Verbreitung: S- und SO-Europa.
Verwendung: Selten, ☠, WHZ 6a, LB 6.1.2.6.

Franklinia W. Bartram ex Marshall

Franklinie – Theaceae

(nach Benjamin Franklin, 1706–1790, amerikanischer Staatsmann, Schriftsteller und Naturforscher)

Monotypische Gattung

Franklinia alatamaha Marshall, Franklinie

Habitus: Sommergrüner, aufrechter Strauch oder bis 10 m hoher Baum, Rinde glatt und dünn, junge Zweige olivgrün, Knospen etwa

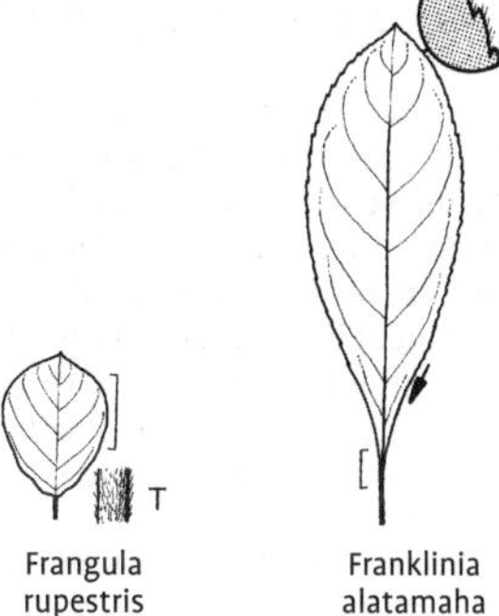

Frangula rupestris   Franklinia alatamaha

1,5 cm lang, lang schnabelförmig ausgezogen, von den 2 Knospenschuppen die äußere silbrig behaart, Blattnarben halbkreisförmig bis abgerundet-3-eckig, mit 1 Gefäßbündelspur.
Blätter: Wechselständig, einfach, länglich-verkehrteiförmig, 12–15 cm lang, zugespitzt, Basis schmal keilförmig, entfernt gesägt, oberseits glänzend frischgrün, unterseits behaart, Nebenblätter fehlend, Herbstfärbung oft leuchtend rot.
Blüten: Zwittrig, radiär, 7–8 cm breit, becherförmig, einzeln, achselständig, 5-zählig, Kronblätter weiß, rundlich-eiförmig, Staubblätter zahlreich, Fruchtknoten 5-fächrig, oberständig.
Früchte: Kapseln kugelig, 1,5–2 cm breit, oben und unten aufspringend, mit bleibender Mittelsäule, je Fach bis 8 kantige, etwa 1 cm große Samen.
Verbreitung: USA: Georgia. Seit 1790 nicht mehr wild gefunden, nur noch in Kultur erhalten.
Verwendung: Sehr selten, B, WHZ 6b, LB 3.2.1.4.

Fraxinus L.

Esche – Oleaceae

(lateinisch *fraxinus* = Esche)

Habitus: Sommergrüne Bäume, seltener Sträucher, Zweige stielrund, seltener ± 4-kantig, Endknospen braun, grau oder schwarz, größer als die Seitenknospen, kurz dicht behaart, Knospenschuppen 2(–4), Blattnarben groß, ± halbkreisförmig, Gefäßbündelspuren sichel- oder u-förmig angeordnet.
Blätter: Gegenständig, gestielt, unpaarig gefiedert, selten bis auf das Endblättchen redu-

ziert, Blättchen 1–15, sitzend oder gestielt, meist gesägt, das Endblättchen fast immer gestielt.
Blüten: Zwittrig (Sektion Ornus) oder 1-geschlechtig und 1- oder 2-häusig verteilt, radiär, klein, meist wenig ansehnlich, in end- oder seitenständigen Rispen oder Trauben, Kronblätter meist 4 (seltener 2 oder 6) oder fehlend, Staubblätter meist 2, Fruchtknoten oberständig, meist aus 2 verwachsenen Fruchtblättern gebildet, je Fruchtfach 2 hängende Samenanlagen. Die Gattung wird in 2 Sektionen gegliedert.
Sektion Ornus: Blüten in endständigen, am Grund beblätterten Rispen, nach der Laubentfaltung, überwiegend mit weißen Kronblättern (Blumen-Eschen) und durch Insekten bestäubt.
Sektion Fraxinaster: Blüten meist 2-häusig verteilt, in blattlosen, seitenständigen Rispen oder Trauben, vor dem Laubausbruch, ohne Kronblätter und durch Wind bestäubt.
Früchte: Nüsse meist stark abgeflacht, 2,5–4,5 cm lang, mit einem einseitigen, lang ausgezogenen Flügel, Samen basal platziert, länglich, 1 cm lang.
Verbreitung: Etwa 65 Arten, vorwiegend in den nördl. gemäßigten Zonen (Eurasien, N-Afrika, N-Amerika), Schwerpunkte der Verbreitung liegen in den Gebirgen Chinas und Innerasiens sowie in Mittel- und im südl. Nordamerika.
Verwendung: Eschen sind überwiegend große, langschäftige Wald-, Park- und Straßenbäume. Alle Blumen-Eschen sind auch als Blütenbäume von Bedeutung. *F. orunus* wurde früher in Italien zur Gewinnung von Mannit aus Rindeneinschnitten in Plantagen angebaut.

Bestimmungsschlüssel Fraxinus

1 Triebe mit 4 Längsrippen ... *F. quadrangulata*
– Triebe ohne Längsrippen, höchstens 4-kantig ... 2
2 Blätter einfach oder höchstens mit 3 Blättchen ... 3
– Blätter mit mehr als 3 Blättchen ... 4
3 Triebe 4-kantig ... *F. anomala*
– Triebe nicht kantig ... *F. excelsior* 'Diversifolia'
4 Blättchen (fast) sitzend (höchstens einige bis 4 mm lang gestielt) ... 5
– Blättchen wenigstens teilweise deutlich (mindestens 5 mm lang) gestielt ... 17
5 Blättchen (fast) ganzrandig ... 6
– Blättchen deutlich gesägt oder gezähnt ... 7
6 Blätter unterseits und Blattspindel behaart, Blättchen 5–7 ... *F. latifolia*
– Blattspindel und Blätter kahl (Blättchen höchstens am Grund und auf dem Hauptnerv behaart), Blättchen 7–9 ... *F. paxiana*
7 Blätter höchstens 20 cm lang ... 8
– Blätter länger (zumindest viele) ... 12
8 Blattspindel und Triebe kahl ... 9
– Blattspindel oder Triebe behaart ... 11
9 Knospen grau ... *F. sieboldiana*
– Knospen braun ... 10
10 Blättchen nur am unteren Teil der Mittelrippe behaart ... *F. angustifolia* subsp. *angustifolia*
– Blättchen unterseits kahl ... *F. angustifolia* subsp. *syriaca*
11 Blattspitze gerade, Triebe rund ... *F. holotricha*
– Blattspitze sichelförmig gebogen, Triebe schwach 4-kantig ... *F. longicuspis*
12 Endknospe braun und Blättchen unterseits flächig behaart ... 13
– Endknospe schwarz, Blättchen höchstens entlang der Mittelrippe behaart ... 14
13 Endknospe stumpf (breiter als hoch) ... *F. tomentosa*
– Endknospe spitz (höher als breit) ... *F. pennsylvanica* var. *pennsylvanica*
14 Triebe 4-kantig ... *F. mandshurica*
– Triebe rund ... 15
15 Endknospe mit nur 1 Schuppenpaar, Blättchen ganz kahl und am Rand mit einwärts gebogenen Zähnen ... *F. platypoda*
– Endknospe mit 2 Schuppenpaaren, Blättchen unterseits an der Mittelrippe behaart ... 16
16 Blattspitze etwas ausgezogen, Blättchen zerrieben nach Holunder riechend ... *F. nigra*
– Blattspitze nicht verlängert, Blättchen geruchlos ... *F. excelsior*
17 (4) Blätter höchstens 15 cm lang ... 18
– Blätter länger (zumindest viele) ... 22
18 Triebe und Blattspindel behaart ... 19
– Triebe oder/und Blattspindel kahl ... 20
19 Blättchen ganzrandig ... *F. velutina* var. *velutina*
– Blättchen gezähnt ... *F. cuspidata*
20 Blattspindel behaart ... *F. lanuginosa*
– Blattspindel kahl ... 21
21 Blätter höchstens 10 cm lang, Blättchen dicht und sich z. T. überdeckend ... *F. xanthoxyloides* var. *xanthoxyloides*
– Blätter auch länger, Blättchen sich nicht überdeckend ... *F. bungeana*
22 Endknospe schwarz und Blattspindel behaart ... *F. mandshurica*
– Endknospe braun oder grau oder Blattspindel kahl ... 23
23 Triebe kahl ... 24
– Triebe bleibend behaart ... *F. biltmoreana*
24 Blättchen unterseits kahl ... *F. potamophila*
– Blättchen unterseits (an Mittelrippe) behaart ... 25
25 Blättchen alle gestielt ... 27
– Blättchen teilweise fast sitzend ... 26
26 Blättchen unterseits nur am unteren Teil der Mittelrippe behaart, ohne Papillen ... *F. angustifolia* subsp. *angustifolia*
– Blättchen unterseits an gesamter Mittelrippe behaart, mit Papillen ... *F. americana*
27 Stiel der Blättchen dicht behaart ... *F. ornus* var. *ornus*
– Stiel der Blättchen (fast) kahl ... *F. chinensis*

Fraxinus americana L., Weiß-Esche

Habitus: 30–40 m hoher Baum, Krone eiförmig, junge Triebe stets kahl, olivgrün, End-

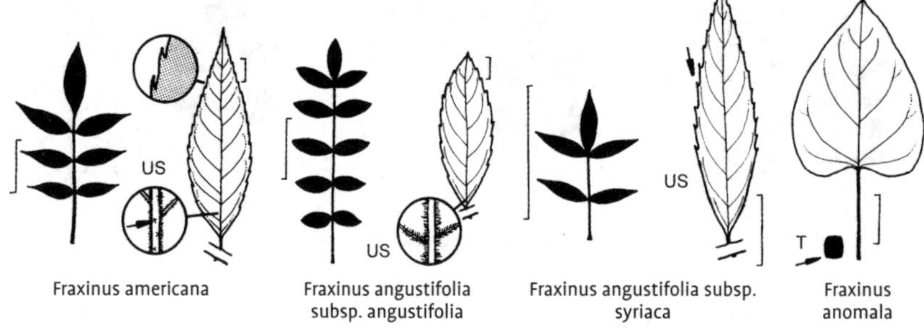

Fraxinus americana · Fraxinus angustifolia subsp. angustifolia · Fraxinus angustifolia subsp. syriaca · Fraxinus anomala

knospen braun, stumpf, meist breiter als hoch, Borke grobrissig, mit scharfen, unregelmäßigen Vertiefungen.
Blätter: 12–35 cm lang, Blättchen 5–9, meist 7, bis 15 cm lang, fast sitzend oder bis 1,5 cm lang gestielt, sehr variabel, von breit lanzettlich über eiförmig bis elliptisch, oft sichelförmig gebogen, zugespitzt, Basis keilförmig oder abgerundet, fast ganzrandig bis deutlich gezähnt, oberseits dunkelgrün, unterseits ± weißlich, behaart und mit Papillen, Herbstfärbung oft violettpurpurn.
Blüten: 2-häusig verteilt, in kahlen, seitenständigen Rispen, Kelchblätter vorhanden, Kronblätter fehlend, mit dem Austrieb im Mai.
Früchte: 2–5 cm lang, Nuss kugelig, Flügel lang und schmal, höchstens bis zum oberen Drittel herablaufend.
Verbreitung: O-Kanada, NO-, NOZ-, Z- und SO-USA.
Verwendung: Häufig (mit einigen Sorten), N, WHZ 5a, LB 2.4.3.1.

Fraxinus angustifolia Vahl **subsp. angustifolia**, Schmalblättrige Esche

Habitus: 15–20 m hoher Baum, Krone feinzweigig, Triebe dünn, kahl, oliv, Knospen oft zu 3 im Quirl stehend, Endknospen klein, braun, Borke alter Stämme sehr grob und tief gefurcht.
Blätter: 8–20 cm lang, Blättchen 5–13, sitzend oder fast sitzend, 4–10 cm lang, meist schmal lanzettlich, kurz zugespitzt, Basis keilförmig verschmälert, oberseits kahl, unterseits kahl oder nur Mittelrippe behaart, Rand grob scharf gesägt, Nerven und Zähne meist in gleicher Anzahl.
Blüten: Zwittrig, in seitenständigen, wenigblütigen Trauben, Kelch- und Kronblätter fehlend, vor den Blättern im April.
Früchte: 2–6 cm lang, Nuss flach, Flügel bis zum unteren Drittel oder bis zur Basis herablaufend.
Verbreitung: S-, ZM-, OM- und SO-Europa, Türkei.
Verwendung: Selten, WHZ 6b, LB 6.3.2.3.

'Elegantissima'. Bis 8 m hoher Baum. Blättchen 11–13, schmal lanzettlich, 4–6 cm lang.

'Monophylla'. Blätter einfach, an der Triebbasis oft mit 2 seitlichen Lappen oder 3-zählig, 12–14 cm lang, unregelmäßig grob gezähnt.

subsp. oxycarpa (M. Bieb. ex Willd.) Franco et Rocha Alfonso, Spitzfrüchtige Esche. Endknospen dunkelbraun. Blättchen 7–9, selten 5 oder 11, elliptisch-länglich bis lanzettlich, 4–7 cm lang, Basis keilförmig, scharf gesägt. Früchte 3–4 cm lang, Flügel 3–4 cm lang, verkehrteiförmig-lanzettlich. S- und SO-Europa, Türkei, Kaukasien.

'Raywood'. 15–20 m hoher Baum, Stamm durchgehend, Krone bis 10 m breit. Kein Fruchtansatz. (Mit Einschränkungen als Stadtstraßenbaum geeignet.)

subsp. syriaca (Boiss.) Yalt, Syrische Esche. Strauch oder kaum über 5 m hoher Baum, Triebe dünn, etwas steif, kahl, olivbraun, Endknospe braun, klein. Blätter 6–12 cm lang, Blättchen 1–7, lanzettlich bis breit lanzettlich, 3–6 cm lang, lang zugespitzt, Basis breit keilförmig, beiderseits kahl, scharf gesägt, im unteren Drittel ganzrandig. Türkei, Syrien, Irak, Iran, Afghanistan, W-Pakistan.

Fraxinus anomala Torr. ex S. Watson, Einblättrige Esche, Utah-Esche

Habitus: Strauch oder bis 8 m hoher Baum, Krone kugelig, Triebe scharf 4-kantig, Endknospen bräunlich behaart.
Blätter: Meist einfach, selten einzelne Blätter

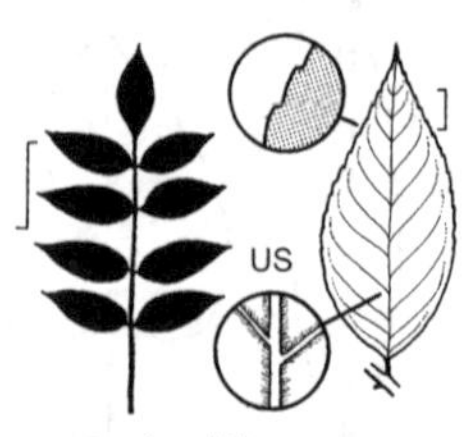

Fraxinus biltmoreana

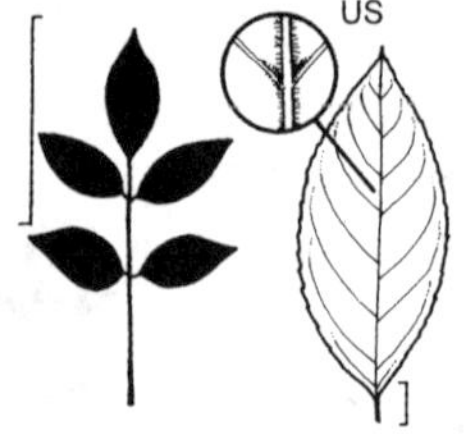

Fraxinus bungeana

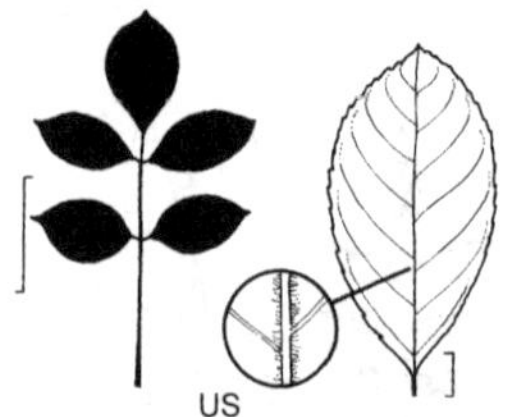

Fraxinus chinensis

3- bis 5-zählig, Blättchen 2–5 cm lang, breit eiförmig bis fast kreisrund, abgerundet oder kurz zugespitzt, Basis breit keilförmig, ganzrandig oder undeutlich gekerbt, Blattstiel nur in der Jugend behaart.
Blüten: Zwittrig oder 1-geschlechtig, in kurzen, behaarten, seitenständigen Rispen, Kelchblätter vorhanden, Kronblätter fehlend, mit den Blättern im Mai.
Früchte: 2 cm lang, Nuss flach, Flügel bis zur Basis herablaufend.
Verbreitung: SW-USA, Rocky Mts.
Verwendung: Sehr selten, WHZ 5b, LB 2.5.1.4.

Fraxinus biltmoreana Beadle, Biltmore-Esche

Habitus: 20–40 m hoher Baum, Krone kugelig, Triebe bleibend samtig behaart, Endknospe braun und spitz, Borke älterer Bäume stark rissig, tief gefurcht.
Blätter: 20–40 cm lang, Blättchen 7–11, gestielt, lanzettlich bis breit lanzettlich, oft sichelförmig gebogen, 8–15 cm lang, zugespitzt, Basis breit keilförmig bis abgerundet, undeutlich gezähnt bis fast ganzrandig, oberseits dunkelgrün, unterseits weißlich, mit Papillen und behaart.
Blüten: 2-häusig verteilt, in seitenständigen, behaarten Rispen, Kronblätter fehlend, mit den Blättern im Mai.
Früchte: 4–5 cm lang, Nuss im Querschnitt rund, Flügel höchstens bis zum oberen Drittel herablaufend.
Verbreitung: SO-USA.
Verwendung: Sehr selten, WHZ 6a, LB 2.4.3.3.

Fraxinus bungeana A. DC., Bunges Blumen-Esche

Habitus: 3–5 m hoher Strauch, Triebe dünn, winzig fein behaart, Endknospen klein, braun bis schwarzbraun.
Blätter: 2–15 cm lang, Blättchen 3–7, meist 5, gestielt, 2–4 cm lang, eiförmig bis fast kreisrund, kurz zugespitzt, Basis breit keilförmig, kahl, Blattstiel fein behaart.
Blüten: 2-häusig verteilt, in zierlichen, endständigen Rispen, Kelch- und Kronblätter vorhanden, Juni–Juli.
Früchte: 1,5–2 cm lang, Nuss ellipsoid, Flügel bis unter die Mitte herablaufend.
Verbreitung: N-China.
Verwendung: Sehr selten, B, WHZ 5a, LB 6.3.1.4.

Fraxinus chinensis Roxb., Schnabel-Esche

Habitus: Bis 30 m hoher, oft mehrstämmiger, breitkroniger Baum, Triebe oliv- bis braungrau, kahl, meist stielrund, Endknospen groß und sehr auffällig grau, Borke älterer Bäume unregelmäßig feinrissig und kleinschuppig.
Blätter: 15–35 cm lang, Blättchen 3–7(–9), meist kurz gestielt, eiförmig bis lanzettlich oder elliptisch, 4–16 cm lang, meist kurz zugespitzt, Basis abgerundet bis breit keilförmig, oberseits kahl, unterseits nur im unteren Teil der Mittelrippe bräunlich behaart, meist undeutlich kerbig gezähnt.
Blüten: 2-häusig verteilt, in 5–10 cm langen, endständigen Rispen, an jungen Trieben, Kelchblätter vorhanden, Kronblätter fehlend, mit den Blättern im Mai.
Früchte: 2,5–3 cm lang, Nuss kugelig, Flügel bis zum oberen Drittel herablaufend.
Verbreitung: Japan, Korea, N-China.
Verwendung: Sehr selten, WHZ 6a, LB 2.4.2.1.

F. chinensis var. *rynchophylla* (Hance) Hemsl. = *F. chinensis*
F. coriacea S. Watson = *F. velutina* var. *velutina*

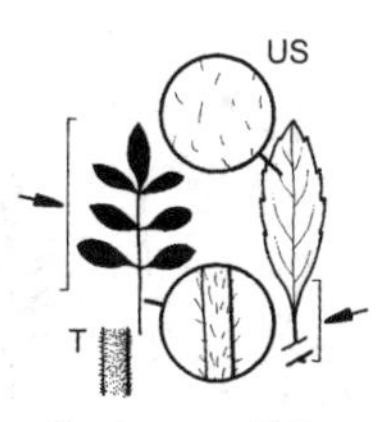

Fraxinus cuspidata

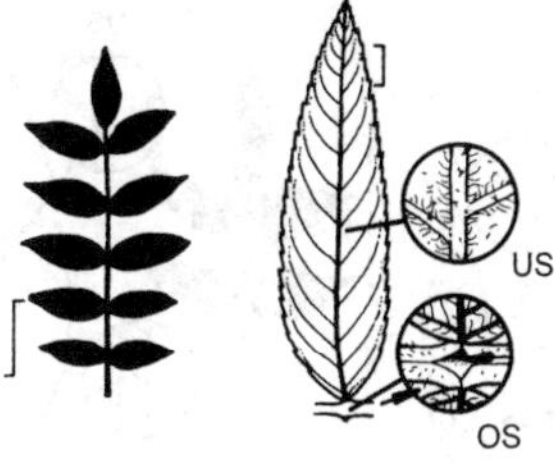

Fraxinus excelsior

Fraxinus cuspidata Torr., Stachelspitzige Blumen-Esche

Habitus: Strauch oder kleiner Baum, Triebe dünn, kahl, Endknospen dunkelbraun, lang und schmal.
Blätter: 10–18 cm lang, Blättchen 3–7, eiförmig bis lanzettlich, 1,5–4 cm lang, kurz zugespitzt, Basis keilförmig, meist nur in der Jugend unterseits etwas behaart, oberhalb der Mitte grob entfernt gezähnt oder ganzrandig.
Blüten: Zwittrig, duftend, in endständigen, kahlen Rispen, Kelch- und Kronblätter vorhanden, April–Mai.
Früchte: 1,5–2,5 cm lang, Nuss flach, Flügel meist bis zur Basis herablaufend.
Verbreitung: SW- und Z-USA, N-Mexiko.
Verwendung: Sehr selten, B, WHZ 7b, LB 6.2.1.4.

Fraxinus excelsior L., Gewöhnliche Esche

Habitus: Bis 40 m hoher Baum, Krone eiförmig bis kugelig, Triebe z. T. leicht abgeflacht, olivgrün, kahl, mit zahlreichen Lentizellen, Endknospen schwarz, breiter als hoch, Borke im Alter mit rautenförmigen Mustern fein und flach gefurcht.
Blätter: 20–40 cm lang, Blättchen (7–)9–13, sitzend, 4–10 cm lang, schmal eiförmig bis breit lanzettlich, zugespitzt, Basis abgerundet, seltener breit keilförmig, fein kerbig gesägt, mit einwärts gebogenen Zähnen, die zahlreicher sind als die Seitennerven, oberseits später kahl, unterseits behaart.
Blüten: Zwittrig oder 1-geschlechtig, in seitenständigen Rispen, Kelch- und Kronblätter fehlend, vor dem Blattaustrieb im April–Mai.
Früchte: 2,5–5 cm lang, Nuss flach, Flügel bis zum oberen Drittel oder bis zur Basis herablaufend.
Verbreitung: Europa, Türkei, Syrien, Kaukasien.
Verwendung: Sehr häufig (wie die Sorte 'Altena' mit Einschränkungen als Stadtstraßenbaum geeignet), N, Bi, WHZ 4, LB 2.4.2.1.

Neben Auslesen mit durchgehendem Stamm und straff aufrechtem Wuchs ('Altena', 'Eureka', 'Geessink', 'Westhofs Glorie') sind folgende Gartenformen ± häufig zu finden ('Atlas', 'Diversifolia', 'Geesnik', 'Globosa' und Westhof's Glorie' als Stadtstraßenbäume):

'Allgold'. 10–12 m hoher Baum, Triebe intensiv goldgelb gefärbt. Blätter im Sommer gelblich grün, im Herbst gelb.

'Aurea'. Bis 8 m hoher Baum, Zweige im Winter gelb. Blätter anfangs gelbgrün, im Herbst intensiv hellgelb.

'Diversifolia', Einblatt-Esche. 20–25 m hoher Baum. Blätter 14–18 cm lang, meist nur aus dem vergrößerten Endblättchen bestehend, darunter oft noch ein kleines Fiederpaar, Rand unregelmäßig bis doppelt gesägt.

'Globosa'. Zwergform, meist hochstämmig veredelt. Krone dicht verzweigt, abgeflacht kugelig, bis 4 m breit.

'Jaspidea', Gold-Esche. Bis 15 m hoher Baum, Rinde junger Triebe und Zweige gelbgrün gestreift, Blätter groß, anfangs gelb, im Sommer gelblich grün, im Herbst gelb.

'Nana', Kugel-Esche. Zwergform, meist hochstämmig veredelt. Krone kugelig, kompakt, 2,5–4,5 m breit.

'Pendula', Hänge-Esche. 12–15 m hoher Baum, Äste und Zweige bogenförmig abwärts wachsend, oft bis zum Boden reichend, Blätter und Knospen wie bei der Art.

Fraxinus holotricha Koehne, Behaarte Esche

Habitus: Bis 20 m hoher Baum, Triebe ziemlich dünn, dicht abstehend behaart, Endknospen stumpf, braun.

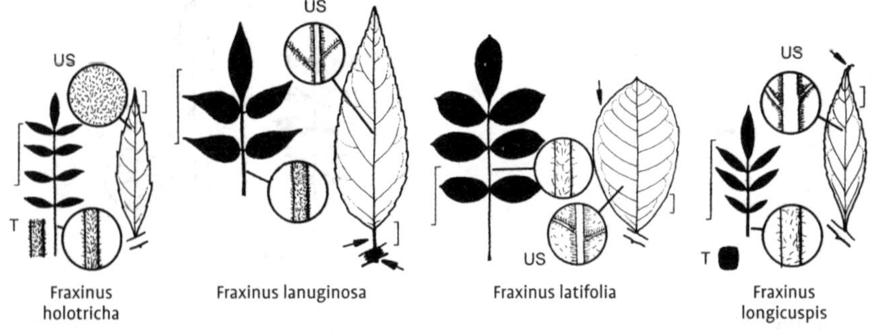

Fraxinus holotricha Fraxinus lanuginosa Fraxinus latifolia Fraxinus longicuspis

Blätter: 12–25 cm lang, Blättchen (7–)9–13, sitzend oder sehr kurz gestielt, lanzettlich oder eiförmig-lanzettlich, 3–6 cm lang, zugespitzt, Basis abgerundet bis keilförmig, mit 6–12 ungleichen, auswärts gebogenen Zähnen entfernt gesägt, oberseits grün, unterseits mehr graugrün, beiderseits behaart.
Blüten: Zwittrig, in kleinen, seitenständigen Trauben, Kelch- und Kronblätter fehlend, vor dem Austrieb im April–Mai.
Früchte: 3,5–4 cm lang, Nuss flach, Flügel bis zum unteren Drittel herablaufend.
Verbreitung: SO-Europa.
Verwendung: Sehr selten, WHZ 6a, LB 6.3.3.3.

Fraxinus lanuginosa Koidz., Wollflaumige Esche

Habitus: 5–10 m hoher Baum, in Kultur meist strauchig, Triebe graugelb, kahl oder behaart, Endknospen braun, stets höher als breit.
Blätter: 10–15 cm lang, Blättchen 5–7, sitzend oder fast sitzend, eiförmig bis elliptisch, 5–8 cm lang, zugespitzt, Basis abgerundet oder breit keilförmig, beidseitig kahl oder behaart, Rand deutlich scharf gesägt.
Blüten: Zwittrig oder 1-geschlechtig, in endständigen Rispen, Kelch- und Kronblätter vorhanden, mit den Blättern im April–Mai.
Früchte: 2–3 cm lang, Nuss im Querschnitt ellipsoid, Flügel ± bis zur Mitte herablaufend.
Verbreitung: Japan.
Verwendung: Sehr selten, WHZ 6a, LB 7.2.2.3.

Fraxinus latifolia Benth., Oregon-Esche

Habitus: 15–25 m hoher Baum, Triebe steif, ± behaart, Endknospen braun, spitz, meist dünn bräunlich behaart.
Blätter: 20–35 cm lang, Blättchen 5–7, selten 9, sitzend oder fast sitzend, 7–14 cm lang, breit elliptisch bis eiförmig oder verkehrteiförmig, spitz, Basis breit keilförmig bis abgerundet, oberseits kahl oder dünn behaart, unterseits behaart, undeutlich gezähnt bis ganzrandig.
Blüten: 2-häusig verteilt, in meist kahlen, seitenständigen Rispen, Kelchblätter vorhanden, Kronblätter fehlend, mit dem Austrieb im Mai–Juni.
Früchte: 3–4 cm lang, Nuss kugelig, Flügel ± bis zur Basis herablaufend.
Verbreitung: W-Kanada, NW- und W-USA.
Verwendung: Sehr selten, N, WHZ 6a, LB 2.3.2.2.

Fraxinus longicuspis Siebold et Zucc., Langspitzige Esche

Habitus: Bis 20 m hoher Baum, oft nur strauchig bleibend und etwas steif verzweigt, Triebe graubraun, stumpf 4-kantig, Endknospen braun, kraus behaart.
Blätter: 10–20(–25) cm lang, Blättchen 5–7(–9), deutlich gestielt, oft lang zugespitzt und sichelförmig gebogen, 5–12 cm lang, Basis abgerundet bis keilförmig, unterseits ± behaart, Rand kerbig gezähnt.
Blüten: 1-geschlechtig oder zwittrig, in endständigen, kahlen Rispen, Kelchblätter vorhanden, Kronblätter fehlend, mit den Blättern im Mai.
Früchte: 2,5–3 cm lang, Nuss ellipsoid, Flügel ± bis zur Mitte herablaufend.
Verbreitung: M- und S-Japan, China: Sichuan.
Verwendung: Sehr selten, WHZ 6a, LB 2.4.1.3.

Fraxinus mandshurica

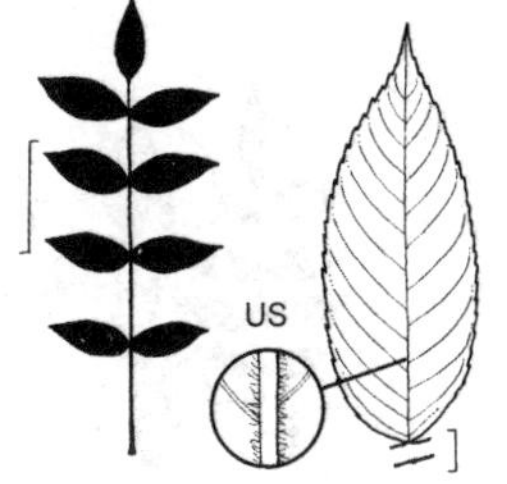

Fraxinus nigra

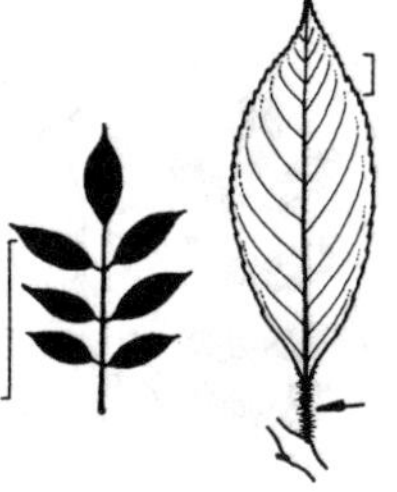
Fraxinus ornus var. ornus

Fraxinus mandshurica Rupr., Mandschurische Esche

Habitus: Bis 25 m hoher Baum, in Kultur meist strauchig, Triebe dick, steif, kahl, undeutlich 4-kantig, Endknospen schwarzgrün, kahl, Schuppen lose aneinanderliegend.
Blätter: 10–35 cm lang, Blättchen 7–11, oft sehr kurz gestielt, 5–15 cm lang, breit lanzettlich bis lanzettlich, lang zugespitzt, Basis abgerundet bis breit keilförmig, fein dicht gesägt, unterseits meist nur im Bereich der Mittelrippe behaart.
Blüten: 2-häusig verteilt oder polygam, in kahlen, endständigen Rispen, Kelch- und Kronblätter fehlend, mit dem Austrieb im April–Mai.
Früchte: 2,5–4 cm lang, Nuss flach, Flügel bis zur Mitte herablaufend.
Verbreitung: Russ. Ferner Osten, Mandschurei, N-China, Japan, Korea.
Verwendung: Selten, N, WHZ 5a, LB 1.2.2.2 (7.2.2.2).

F. mariesii Hook. f. = *F. sieboldiana*

Fraxinus nigra Marshall, Schwarz-Esche

Habitus: Bis 25 m hoher, schmalkroniger Baum, Äste steif aufrecht, Triebe kahl, meist schwarz.
Blätter: 20–35 cm lang, Blättchen 7–11, meist 9, sitzend, 7–12 cm lang, sitzend, verkehrteiförmig bis breit lanzettlich, lang zugespitzt, Basis breit abgerundet, mit etwas eingebogenen Zähnen fein gesägt, oberseits kahl, unterseits nur auf der Mittelrippe fein behaart, gerieben nach Holunder riechend.
Blüten: Polygam, in kahlen, seitenständigen Rispen, Kelch- und Kronblätter fehlend, vor den Blättern im April–Mai.
Früchte: 2,5–3,5 cm lang, Nuss flach, Flügel bis zum unteren Drittel oder fast bis zur Basis herablaufend.
Verbreitung: O-Kanada, NO- und NOZ-USA.
Verwendung: Selten, N, WHZ 4, LB 2.1.4.1 (1.2.1.1).

F. oregona Nutt. = *F. latifolia*

Fraxinus ornus L. **var. ornus**, Blumen-Esche, Manna-Esche

Habitus: Strauch oder bis 15 m hoher Baum, Triebe z. T. leicht abgeflacht, kahl, Endknospen grau bis braungrau, meist stumpf eiförmig, Stamm im Alter mit dunkler, warziger Borke.
Blätter: 10–25 cm lang, Blättchen 5–9, meist 7, gestielt, 4,5–10 cm lang, elliptisch bis eiförmig, meist kurz zugespitzt, Basis abgerundet bis breit keilförmig, oberseits dunkelgrün und kahl, unterseits heller und längs der Mittelrippe braun filzig behaart.
Blüten: Zwittrig, oft auch 1-geschlechtig, weiß, in reichblütigen, kahlen, endständigen Rispen, Kelch- und Kronblätter vorhanden, mit und nach den Blättern im Mai–Juni.
Früchte: 2,5–3,5 cm lang, Nuss ellipsoid, Flügel ± bis zur Mitte herablaufend.
Verbreitung: SW-, S-, SO- und ZM-Europa, Türkei, Syrien, Kaukasien.
Verwendung: Sehr häufig (wie die Sorten 'Mecsek' und 'Rotterdam' als Stadtstraßenbaum geeignet), N, B, D, Bi, ⚕, WHZ 7a, LB 6.3.1.3.

var. rotundifolia (Lam.) Ten. Wuchs kompakt. Blättchen bis 5 cm lang, verkehrteiförmig. S-Europa.

F. oxycarpa M. Bieb. ex Willd. = *F. angustifolia* subsp. *oxycarpa*

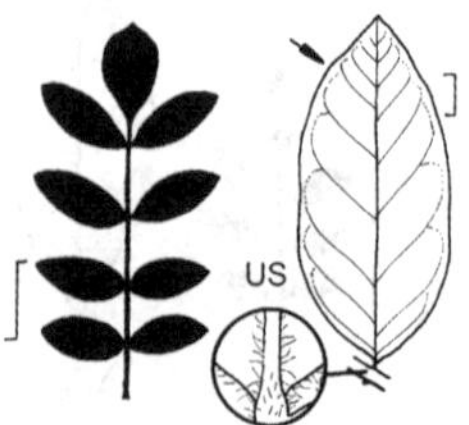

Fraxinus paxiana

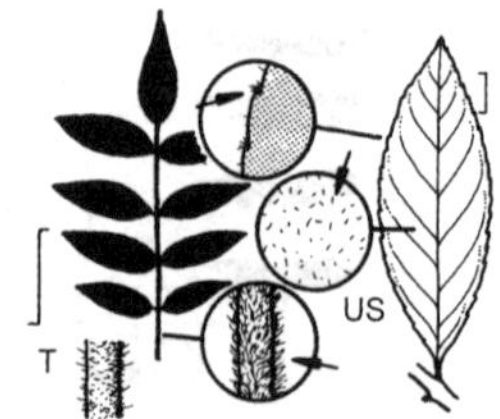

Fraxinus pennsylvanica var. pennsylvanica

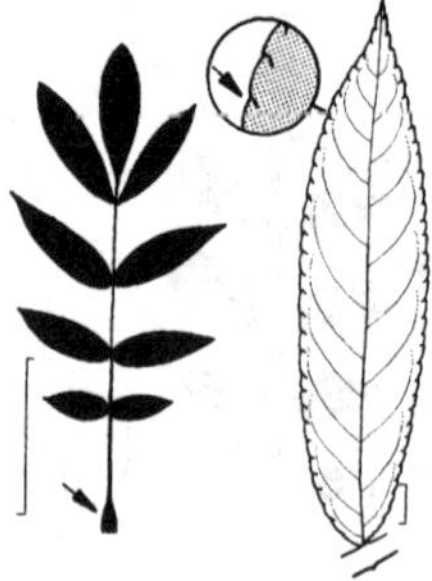
Fraxinus platypoda

F. oxyphylla M. Bieb. = *F. angustifolia* subsp. *angustifolia*
F. pallisiae Willmott ex Pallis = *F. holotricha*

Fraxinus paxiana Lingelsh., Chinesische Blumen-Esche

Habitus: 10–15 m hoher Baum, in Kultur oft nur strauchig, meist breiter als hoch, Triebe oliv bis gelbbraun, meist stielrund, kahl, Endknospen sehr groß, mit 1–2 Paar dünnen, dunkelbraunen, kragenförmig abstehenden Schuppen, die inneren Schuppen mit dickem, braunem Filz.
Blätter: 10–40 cm lang, Blättchen 7–9, sitzend oder fast sitzend, 8–14 cm lang, eiförmig bis lanzettlich, lang zugespitzt, Basis abgerundet bis breit keilförmig, oberseits dunkelgrün und kahl, unterseits nur in der Jugend etwas behaart.
Blüten: Zwittrig, weiß, in großen, sehr reichblütigen, endständigen Rispen, Kelch- und Kronblätter vorhanden, mit und nach den Blättern im Mai.
Früchte: 3–3,5 cm lang, Nuss ellipsoid, Flügel ± bis zur Mitte herablaufend.
Verbreitung: Himalaja, China.
Verwendung: Selten, B, D, WHZ 7b, LB 6.3.1.3.

Fraxinus pennsylvanica Marshall **var. pennsylvanica**, Rot-Esche, Pennsylvanische Esche

Habitus: Bis 20 m hoher Baum, Krone kugelig, Triebe kahl bis dicht filzig, Endknospen braun, spitz, meist höher als breit, Borke älterer Bäume stark rissig.
Blätter: 20–30 cm lang, Blättchen 5–9, meist 7, kurz gestielt, lanzettlich bis eiförmig-lanzettlich, oft sichelförmig gebogen, 7,5–13 cm lang, zugespitzt, Basis breit keilförmig, ganzrandig bis deutlich gezähnt, oberseits kahl bis behaart, unterseits ± behaart.
Blüten: 2-häusig verteilt, in meist behaarten, seitenständigen, kompakten Rispen, Kelchblätter vorhanden, Kronblätter fehlend, mit dem Austrieb im April–Mai.
Früchte: 3–5 cm lang, Nuss kugelig, Flügel schmal, höchstens bis zur Mitte herablaufend.
Verbreitung: O-Kanada, NO-, NOZ- und SO-USA, in O- und S-Deutschland, Österreich, Tschechien, Ungarn und Polen etabliert und als invasive Art eingestuft.
Verwendung: Häufig (mit einigen Sorten), N, WHZ 4, LB 2.5.3.1.

var. subintegerrima (Vahl) Fernald. Triebe lebhaft grün. Blätter schmal lanzettlich, kahl. NO-, NOZ-, SO- und Z-USA.

Fraxinus platypoda Oliv., Breitstielige Esche

Habitus: Bis 25 m, in Kultur bis 10 m hoher, breitkroniger Baum, Triebe graugelb, dick, steif, Endknospen braun, auffallend groß, höher als breit, nur 1 äußeres Schuppenpaar, Borke eisengrau, leicht rissig.
Blätter: 20–30 cm lang, Blättchen 5–9, sitzend, lanzettlich bis schmal verkehrteiförmig, 10–15 cm lang, kurz zugespitzt, Basis breit keilförmig bis abgerundet, oberseits kahl, tiefgrün, unterseits ± behaart, Rand flach kerbig gezähnt.
Blüten: Polygam, in seitenständigen Rispen, Kelchblätter vorhanden, Kronblätter fehlend, mit den Blättern im Mai.
Früchte: 3,5–5 cm lang, auffallend breit, Nuss flach, Flügel ± bis zur Mitte herablaufend.
Verbreitung: China: Hubei, Gansu, Sichuan, Yunnan; Japan: von Z-Honshu südwärts.

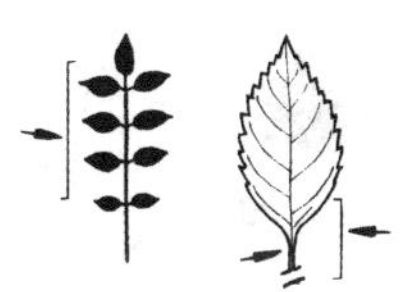
Fraxinus potamophila

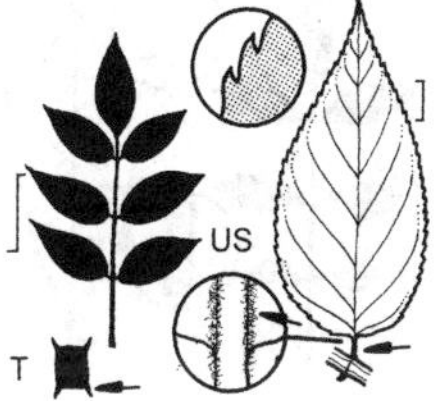

Fraxinus quadrangulata

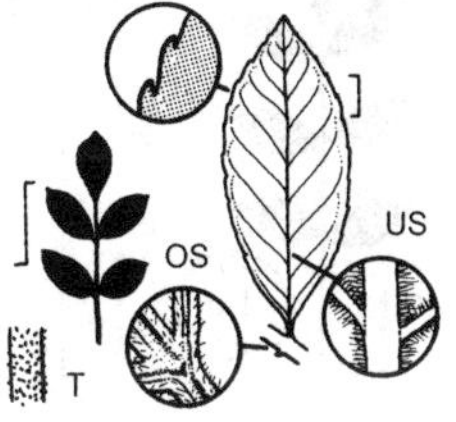

Fraxinus sieboldiana

Verwendung: Sehr selten, WHZ 6a, LB 2.3.2.3.

Fraxinus potamophila Herder, Fluss-Esche

Habitus: Bis 25 m, in Kultur oft nicht über 10 m hoher Baum, Krone eiförmig, Triebe oliv bis graubraun, kahl, Endknospen klein, braun, höher als breit.
Blätter: 10–25 cm lang, Blättchen (5–)7–11, lang gestielt, fast kreisrund bis breit lanzettlich, 2–6 cm lang, spitz, Basis breit keilförmig, nur in der oberen Hälfte unregelmäßig scharf gesägt, oberseits kahl, leicht blaugrün, unterseits nur in der Jugend auf den Nerven leicht behaart.
Blüten: Zwittrig, in seitenständigen Trauben, Kelch- und Kronblätter fehlend, vor den Blättern im April–Mai.
Früchte: 3–3,5 cm lang, Nuss flach, Flügel bis zur Mitte herablaufend.
Verbreitung: M-Asien.
Verwendung: Sehr selten, WHZ 6a, LB 2.5.1.3.

F. pubescens Lam. = *F. pennsylvanica* var. *pennsylvanica*

Fraxinus quadrangulata Michx., Blau-Esche

Habitus: Bis 25 m hoher Baum, Krone kugelig, Zweige scharf 4-kantig, oft geflügelt, kahl, gelbbraun, Endknospen grau, breit kegelförmig.
Blätter: 20–30 cm lang, Blättchen 7–11, kurz gestielt, schmal eiförmig bis lanzettlich, 8–19 cm lang, lang zugespitzt, Basis breit keilförmig, Rand mit einwärts gebogenen Zähnen gesägt, oberseits kahl, unterseits nur längs der Mittelrippe behaart.
Blüten: Zwittrig, in seitenständigen Rispen, Kelchblätter vorhanden, Kronblätter fehlend, vor den Blättern im April–Mai.
Früchte: 2,5–5 cm lang, Nuss flach, Flügel bis zur Basis herablaufend.
Verbreitung: O-Kanada, NO-, NOZ- und SO-USA.
Verwendung: Selten, N, WHZ 5a, LB 2.5.1.3 (6.3.2.2).

F. rhynchophylla Hance = *F. chinensis*
F. rotundifolia Lam. = *F. ornus* var. *rotundifolia*

Fraxinus sieboldiana Blume, Siebolds Blumen-Esche

Habitus: Strauch oder bis 5 m hoher, reich verzweigter, dünnzweigiger Baum, Triebe grau, abstehend weich behaart, Endknospen grau.
Blätter: 10–15 cm lang, Blättchen (3–)5–7 (–9), sitzend oder sehr kurz gestielt, eiförmig bis lanzettlich, 3–8 cm lang, spitz oder zugespitzt, Basis abgerundet, ganzrandig oder nur in der oberen Hälfte kerbig gezähnt, oberseits grün und kahl, unterseits an der Basis der Mittelrippe behaart, Blatt- und Blütenstandsstiele fein drüsig behaart.
Blüten: Zwittrig, weiß, in end- und achselständigen, 9–15 cm langen Rispen, Kelch- und Kronblätter vorhanden, Juni.
Früchte: 2 cm lang, Nuss kugelig, Flügel bis zum oberen Drittel herablaufend.
Verbreitung: M- und S-Japan, S-Korea, China: Jiangxi.
Verwendung: Selten, B, D, WHZ 6b, LB 4.2.2.4 (6.2.2.3).

F. syriaca Boiss. = *F. angustifolia* subsp. *syriaca*

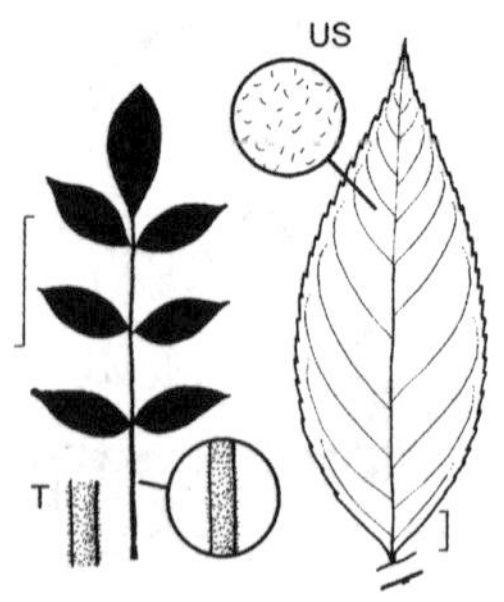

Fraxinus tomentosa

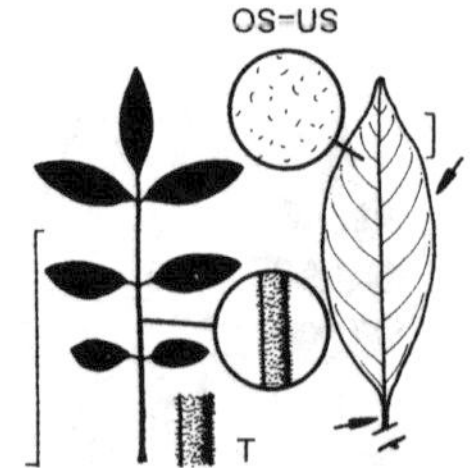

Fraxinus velutina var. velutina

Fraxinus xanthoxyloides var. xanthoxyloides

Fraxinus tomentosa Michx., Filzige Esche

Habitus: 20–40 m hoher Baum, Triebe steif, mit bleibender, filziger Behaarung, Endknospen braun, eiförmig, stumpf, meist breiter als hoch.
Blätter: 20–45 cm lang, Blättchen 7–9, gestielt, breit lanzettlich bis eiförmig, 10–17 cm lang, zugespitzt, Basis breit keilförmig bis abgerundet, oberseits nahezu kahl, unterseits, wie die Blattstiele, weich behaart, vor allem nahe der Mittelrippe und der Nervatur.
Blüten: 2-häusig verteilt, in behaarten, seitenständigen Rispen, Kelchblätter vorhanden, Kronblätter fehlend, mit den Blättern im Mai.
Früchte: 4–7 cm lang, Flügel bis zum unteren Drittel herablaufend.
Verbreitung: NO-, NOZ- und SO-USA.
Verwendung: Sehr selten, WHZ 6a, LB 2.1.2.1 (1.2.2.1).

Fraxinus velutina Torr. **var. velutina**, Arizona-Esche

Habitus: 10–12 m hoher, kugelkroniger Baum, Äste aufstrebend, Triebe dünn, kahl bis dicht samtig behaart, Endknospen braun, kegel- oder eiförmig.
Blätter: 10–15 cm lang, Blättchen 3–9, meist 5, sitzend oder bis 6 mm lang gestielt, 2,5–7,5 cm lang, in Form und Behaarung sehr variabel, lanzettlich bis verkehrteiförmig, spitz, Basis abgerundet bis breit keilförmig, meist beiderseits behaart.
Blüten: 2-häusig verteilt, in kurzen, meist behaarten, seitenständigen Rispen, Kelchblätter vorhanden, Kronblätter fehlend, mit dem Austrieb im Mai.
Früchte: 1,5–2 cm lang, Nuss im Querschnitt rund, Flügel bis zur Mitte herablaufend.
Verbreitung: SW-USA, Mexiko.
Verwendung: Sehr selten, WHZ 7b, LB 2.5.2.3.

var. coriacea (S. Watson) Rehder. Blätter stärker ledrig und netznervig, weniger behaart oder verkahlend. SW-USA: Kalifornien.

Fraxinus xanthoxyloides (G. Don) DC. **var. xanthoxyloides**, Afghanische Esche

Habitus: Strauch oder bis 8 m hoher Baum, Triebe braun bis grau, dünn, stielrund, selten undeutlich 4-kantig, kahl oder fein behaart, Kurztriebe oft fast im rechten Winkel abstehend, Endknospen oft kleiner als die Seitenknospen.
Blätter: 2–10 cm lang, Blättchen 5–9, sitzend, rundlich-eiförmig bis lanzettlich oder schmal eiförmig, 2–4 cm lang, kurz zugespitzt bis stumpf, Basis meist breit keilförmig, gekerbt bis gesägt, oberseits dunkelgrün und kahl, unterseits heller und meist nur im unteren Bereich der Mittelrippe stärker behaart, Blattspindel schmal geflügelt.
Blüten: Polygam, in 1–2 cm langen, seitenständigen Rispen, Kelchblätter vorhanden, Kronblätter fehlend, mit dem Austrieb im April–Mai.
Früchte: 3–5 cm lang, Nuss ellipsoid, Flügel bis zur Mitte oder bis zum unteren Drittel herablaufend.
Verbreitung: N-Afrika, Afghanistan, Kaschmir, Nepal.
Verwendung: Sehr selten, WHZ 7b, LB 6.1.1.4.

var. dumosa (Carrière) Lingelsh. Wuchs strauchig, dicht verzweigt, Krone ± kugelig. Blättchen verkehrteiförmig, bis 1 cm lang, dick, steif.

Fuchsia L.

Fuchsie – Onagraceae

(nach Leonard Fuchs, 1501–1566, deutscher Arzt und Botaniker)

Habitus: Zwergsträucher, Sträucher oder kleine Bäume.
Blätter: Wechselständig, gegenständig oder quirlig, einfach, gezähnt, Nebenblätter klein, hinfällig.
Blüten: Zwittrig oder 1-geschlechtig, radiär, meist rot, einzelne Blütenteile auch blau oder weiß, meist achselständig, einzeln oder gehäuft, selten in endständigen Trauben oder Rispen, hängend, 4-zählig, Blütenröhre glockig oder röhrenförmig, Kelchblätter meist gespreizt, 4 oder fehlend, Staubblätter meist 8, mit den Griffeln die Kronblätter meist weit überragend, Fruchtknoten 4-fächrig, unterständig.
Früchte: Beeren 1–2 cm lang, hängend, saftig-weichfleischig, schwarz bis schwarzrot, Samen zahlreich.
Verbreitung: 105 Arten in Neuseeland, Tahiti, M- und S-Amerika.
Verwendung: Als Freilandpflanze bei uns nur die folgende Art mit einigen etwas frosthärteren, reich blühenden Sorten in Kultur.

Fuchsia magellanica Lam. **var. magellanica**, Magellan-Fuchsie

Habitus: Sommergrüner, 3–5 m hoher, dicht verzweigter, breitbuschiger Strauch, in Kultur meist niedriger.
Blätter: Gegenständig oder zu 3 in Quirlen, eiförmig-lanzettlich, 1,5–5 cm lang, spitz, entfernt gezähnt, rötlich purpurn geadert.
Blüten: Schlank, einzeln oder in Paaren achselständig im Spitzenbereich an diesjährigen Trieben, hängend, Blütenröhre zylindrisch oder zur Öffnung hin leicht ausgestellt, 0,7–1,5 cm lang, Kelchblätter tief karminrot, selten weiß oder hellrosa, 1,1–2 cm lang, Kronblätter purpurn, selten rosa, Staubblätter und Griffel purpurrot, Juni–September.
Früchte: Wie oben.
Verbreitung: S-Chile.
Verwendung: Häufig, B, WHZ 7b, LB 7.2.4.6 (2.3.2.5).

var. gracilis (Lindl.) L.H. Bailey. Zweige schlank aufrecht. Blätter überwiegend gegenständig. Blüten sehr zahlreich, Blütenröhre und Kelch karminrot, Krone purpurn. Mexiko.

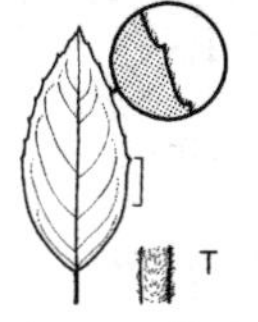

Fuchsia magellanica var. magellanica

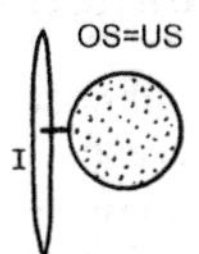

Fumana procumbens

Fumana (Dunal) Spach

Nadelröschen – Cistaceae

(Ableitung unsicher, vielleicht von lateinisch *fumus* = Rauch)

Habitus: Zwergsträucher ähnlich *Helianthemum*.
Blätter: Wechselständig, selten gegenständig, klein, eiförmig-lanzettlich bis nadelförmig, Nebenblätter vorhanden oder fehlend.
Blüten: Zwittrig, radiär, in endständigen, traubenartigen Wickeln oder einzeln, 5-zählig, Kelchblätter ungleich, die 3 inneren groß, die 2 äußeren viel kleiner, Kronblätter gelb, kurzlebig, Staubblätter zahlreich, die äußeren steril, Fruchtknoten oberständig.
Früchte: Kapseln 3-kantig, sich 3-klappig öffnend.
Verbreitung: Etwa 9 Arten, vom Mittelmeergebiet bis SO-Europa und W-Asien.
Verwendung: Meist nur die folgende Art als Steingartenpflanze in Kultur.

Fumana procumbens (Dunal) Gren. et Godr., Gewöhnliches Nadelröschen

Habitus: Bis 0,4 m hoher Zwergstrauch, Zweige niederliegend oder aufsteigend.
Blätter: Sehr schmal, dick, nadelförmig, 0,8–2 cm lang, dunkelgrün, in den Achseln gewöhnlicher Laubblätter oft Blattbüschel mit sehr kurzen Blättern.
Blüten: Meist einzeln, seitenständig oder in endständigen Wickeln, Kronblätter gelb, 0,8–1 cm lang, Juni–August.
Verbreitung: Europa, Türkei, Syrien, Kaukasien, Iran.
Verwendung: Sehr selten, WHZ 7a, LB 6.1.2.7.

×*Gaulnettya* Marchant = *Gaultheria*
×*Gaulnettya wisleyensis* Marchant = *Gaultheria* ×*wisleyensis*

Gaultheria Kalm ex L.

Rebhuhnbeere, Scheinbeere – Ericaceae

(nach Jean-Francois Gaulthier, etwa 1708–1756, französischer Arzt und Botaniker in Kanada)

Habitus: Immergrüne, aufrechte oder kriechende, teilweise Ausläufer bildende Sträucher.
Blätter: Wechselständig, einfach, kurz gestielt, meist borstig gesägt.
Blüten: Zwittrig, radiär, meist 5-teilig, nickend, einzeln in Blattachseln oder in seiten- und endständigen Trauben, Krone krugförmig oder glockig, mit 5 aufrechten oder abstehenden Zipfeln, Staubblätter 10, jeweils mit 4 Grannen, der Basis der Krone angeheftet, Fruchtknoten oberständig, der 5-lappige Kelch wird nach dem Verblühen größer und saftig-fleischig, er umschließt ± die 5-fächrige, weichwandige, vielsamige Fruchtkapsel und täuscht so eine Beere vor.
Früchte: Kapseln weichwandig, beerenartig, ± kugelig, 0,6–1,3 cm dick, weiß, rosa, rot oder blauschwarz, oft über Winter hängen bleibend.
Verbreitung: 134 Arten in N- und S-Amerika, O-Asien, Australien und Neuseeland. In M-Europa nur wenige Arten in Kultur.
Verwendung: Immergrüne Zwergsträucher, die einzeln, in Gruppen oder in flächigen Pflanzungen in Heidegärten oder zusammen mit *Rhododendron* gepflanzt werden. In die Gattung ist auch die früher selbstständige Gattung *Pernettya* mit der reich fruchtenden *P. mucronata* einbezogen worden.

Bestimmungsschlüssel Gaultheria

1 Blattstiele höchstens 5 mm lang 2
– Blattstiele länger (zumindest viele) 3
2 Blätter höchstens 2 cm lang, fast ganzrandig, höchstens entfernt gezähnt . . . . *G. mucronata*
– Blätter länger, deutlich gezähnt . . . . *G. ×wisleyensis*
3 Wuchs niederliegend . . . . *G. procumbens*
– Wuchs aufrecht 4
4 Triebe behaart 5
– Triebe nur jung behaart, Blätter 1–4 cm lang. . . . . *G. miqueliana*
5 Blätter 5–10 cm lang 6
– Blätter höchstens 3 cm lang 7
6 Blätter eiförmig bis kreisrund. . . . . . *G. shallon*
– Blätter länglich-elliptisch . . . . . *G. ×wisleyensis*
7 Blätter höchstens 15 mm lang, Zähne (fast) ohne Grannen . . . . *G. itoana*
– Blätter länger (zumindest viele), mit Grannenzähnen. 8
8 Blätter mit stechender Spitze . . *G. mucronata*
– Blätter spitz, aber nicht stechend . . *G. cuneata*

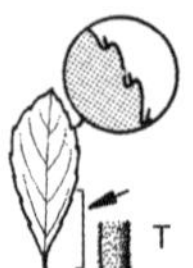

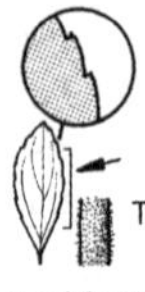

Gaultheria cuneata | Gaultheria itoana | Gaultheria miqueliana

Gaultheria cuneata (Rehder et E.H. Wilson) Bean, Chinesische Scheinbeere

Habitus: 0,2–0,3 m hoher, buschiger, kompakter Strauch, junge Triebe dicht behaart.
Blätter: Eiförmig-länglich bis verkehrteiförmig, 1–3 cm lang, ledrig, zu beiden Enden hin schmaler werdend, drüsig gesägt.
Blüten: Breit krugförmig, 6 mm lang, in kurzen Trauben in den oberen Blattachseln, Krone weiß, Fruchtknoten seidig behaart, Juni–Juli.
Früchte: Kugelig, 6 mm dick, weiß.
Verbreitung: W-China.
Verwendung: Selten, B, ♧, WHZ 6b, LB 7.2.4.7 (1.1.4.7).

Gaultheria itoana Hayata, Taiwanesische Scheinbeere

Habitus: Bis 0,2 m hoher Strauch, Triebe drahtartig dünn, behaart oder kahl werdend.
Blätter: Lanzettlich bis länglich-verkehrteiförmig, dünn, derb, 10–15 mm lang, an beiden Enden spitz, kahl, Rand gesägt und leicht eingerollt, die 2–3 Nervenpaare oberseits eingesenkt.
Blüten: 4–5 mm lang, eiförmig-röhrenförmig, Krone weiß, mit winzigen Saumzipfeln, Juni–Juli.
Früchte: Kugelig, weiß, 6 mm dick.
Verbreitung: Taiwan.
Verwendung: Sehr selten, B, ♧, WHZ 6b, LB 8.1.4.8.

Gaultheria miqueliana Takeda, Miquels Scheinbeere

Habitus: Bis 0,3 m hoher, buschiger, dicht verzweigter Strauch, Triebe nur anfangs behaart.
Blätter: Breit elliptisch, 2–4 cm lang, abgerundet bis spitz, drüsig gesägt, bald kahl, unterseits braundrüsig punktiert, an den Triebenden gehäuft.
Blüten: 6 mm lang, glockig-krugförmig, ni-

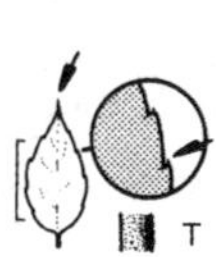

Gaultheria mucronata

Gaultheria procumbens

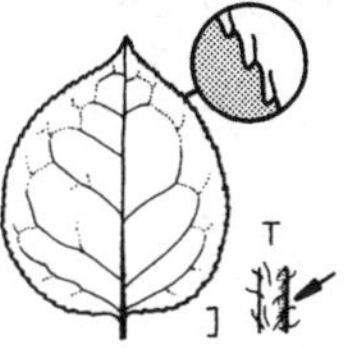

Gaultheria shallon

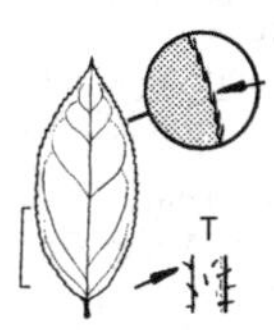

Gaultheria ×wisleyensis

ckend, in 2- bis 5-blütigen, achselständigen Trauben an den Triebenden, Krone weiß, Juni–Juli.
Früchte: Kugelig, weiß bis hellrosa, 6 mm dick.
Verbreitung: Japan, Russ. Ferner Osten.
Verwendung: Selten, B, ♧, WHZ 6b, LB 1.1.2.7 (8.1.4.7).

Gaultheria mucronata (L. f.) Hook. et Arn., Torfmyrte, Spitzblättrige Scheinbeere

Habitus: 0,5–1,5 m hoher, dicht verzweigter, sich durch unterirdische Ausläufer ausbreitender Strauch, Triebe dünn, wirr verzweigt, kahl oder fast kahl.
Blätter: Nahezu 2-zeilig stehend, eiförmig-elliptisch bis länglich-elliptisch, 0,8–1,8 cm lang, ledrig, stachelspitzig, Basis verjüngt bis abgerundet, jederseits mit 4–5 Zähnen, lebhaft grün.
Blüten: 6 mm lang, eiförmig-urnenförmig, einzeln blattachselständig, nickend, Krone weiß bis rosa angehaucht, Mai–Juni.
Früchte: Kugelig, 0,8–1,2 cm dick, weiß, rosa oder lila bis karminrot und purpurschwarz, die bleibenden Kelchzipfel trockenhäutig, oft über Winter hängen bleibend.
Verbreitung: S-Chile.
Verwendung: Sehr häufig (u. a. auch für winterliche Dekorationen, in vielen Sorten mit unterschiedlichen Fruchtfarben), ♧, Zone 7b, LB 1.1.4.6.

Gaultheria procumbens L., Niederliegende Scheinbeere

Habitus: Bis 0,2 m hoher, sich unterirdisch ausbreitender, dichte Teppiche bildender Strauch, Zweige aufrecht, kahl, meist unverzweigt.
Blätter: Verkehrteiförmig bis elliptisch, an den Triebenden gehäuft, 2–5 cm lang, spitz, Basis keilförmig, kahl, glänzend dunkelgrün, im Herbst oft gerötet.
Blüten: 4–7 mm lang, kegel- bis urnenförmig, nickend, einzeln oder in kleinen Trauben, end- und achselständig, Krone weiß oder leicht rötlich überlaufen, Juni–August.
Früchte: Kugelig, lebhaft rot, 0,8–1 cm dick, lange haftend.
Verbreitung: O-Kanada, NO-, NOZ- und SO-USA.
Verwendung: Häufig, B, ♧, H, WHZ 5b, LB 4.1.5.7 (7.2.4.8) (1.1.4.7).

Gaultheria shallon Pursh, Shallon-Scheinbeere, Hohe Rebhuhnbeere

Habitus: 0,6–1 m hoher, buschig aufrechter, stark Ausläufer treibender, dichte Bestände bildender Strauch, Triebe zottig behaart und leicht hin- und hergebogen.
Blätter: Breit eiförmig, 5–10 cm lang, spitz, Basis herzförmig, kahl oder anfangs locker steifhaarig, netznervig, borstig gesägt.
Blüten: 0,8–1,2 cm lang, breit krugförmig, in end- und achselständigen, drüsenhaarigen Trauben, Krone weiß, rosa getönt, Juni–Juli.
Früchte: Kugelig bis verkehrt kegelförmig, 1 cm dick, rot, zuletzt blauschwarz, leicht drüsig behaart.
Verbreitung: Alaska, W-Kanada, NW- und W-USA.
Verwendung: Häufig (u. a. für großflächige Pflanzungen, die Zweige auch in der Floristik), B, ♧, WHZ 6b, LB 1.1.4.6 (7.2.4.6).

Gaultheria ×wisleyensis, Marchant ex D.J. Middelton, Wisley-Scheinbeere *(G. mucronata × G. shallon)*

Habitus: Bis 1 m hoher, dicht verzweigter, Ausläufer bildender Strauch, Triebe borstig behaart.
Blätter: Länglich-elliptisch, bis etwa 4 cm lang, Rand seicht gezähnt, borstig bewimpert.
Blüten: Zu 6–15 in kurzen, drüsig behaarten Trauben, Krone weiß, Juni.
Früchte: Kugelig, rotbraun bis weinrot, der

fleischige Kelch nur halb so lang wie die Frucht.
Verwendung: Selten (mit einigen Sorten), B, WHZ 7a, LB 7.2.4.6.

'Wisley Pearl'. Typus dieser Kreuzung, um 1929 in Wisley Gardens entstanden. Blätter bis 3,8 cm lang, matt dunkelgrün. Früchte 6–8 mm dick, blutrot, in dichten Büscheln, bis in den Winter haftend.

Genista L.

Ginster – Fabaceae

(lateinisch *genista, genesta* = Ginster im weiteren Sinne)

Habitus: Sommer- oder immergrüne, bewehrte oder unbewehrte Zwergsträucher, Sträucher oder bis 6 m hohe, baumartige Sträucher, Zweige meist grün, oft kantig oder mit vielen Rillen.
Blätter: Wechselständig, selten gegenständig, überwiegend einfach, selten auch 3-zählig, Blättchen ganzrandig, oft kurzlebig, Nebenblätter klein oder fehlend.
Blüten: Zwittrig, zygomorph, in end- oder seitenständigen Köpfchen oder Trauben, selten einzeln, Kelch 2-lippig, die Oberlippe tief 2-teilig, die untere 3-zählig, Krone gelb, Fahne eiförmig, Flügel und Schiffchen an der Basis und mit den 10 zu einer Röhre verwachsenen Staubblättern verwachsen, Fruchtblatt 1, oberständig.
Früchte: Hülsen 1–2,5 cm lang, abgeflacht, eiförmig oder länglich-eiförmig bis ellipsoid, 1- bis mehrsamig, Samen ohne Nabelwulst.
Verbreitung: 87 Arten in Europa, N-Afrika und W-Asien, Hauptverbreitung in Europa, 5 Arten in M-Europa.
Verwendung: Meist reich blühende Klein- und Zwergsträucher für Heide-, Stein- und Troggärten. *Genista* ist in allen Teilen giftig.

Bestimmungsschlüssel Genista

(sichere Artbestimmung z. T. nur mit Blüten/Früchten möglich)

1 Triebe 2-seitig breit geflügelt . . . . *G. sagittalis* subsp. *sagittalis*
– Triebe nicht geflügelt 2
2 Blätter 3-zählig, gegenständig . . . . . *G. radiata*
– Blätter einfach, wechselständig 3
3 Strauch dornenlos. 4
– Strauch dornig, zumindest nahe Erdboden . . 6
4 Blätter 3–10 mm lang 5
– Blätter 10–50 mm lang . . . . *G. tinctoria* var. *tinctoria*

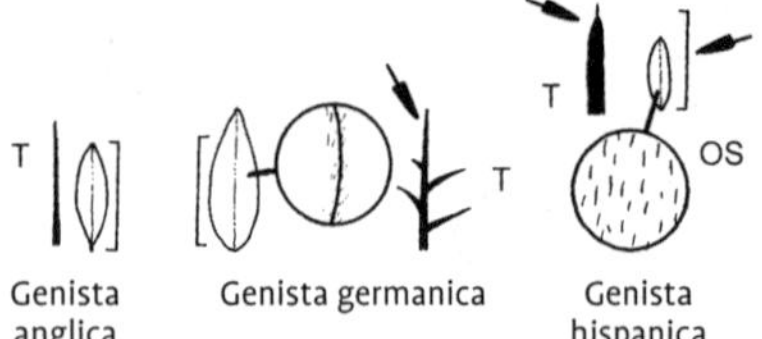

Genista anglica — Genista germanica — Genista hispanica

5 Zweige 4-kantig, Blätter unterseits (fast) kahl . . . . *G. lydia*
– Zweige rund(lich), Blätter unterseits seidig behaart . . . . *G. pilosa*
6 Blüten in endständigen Trugdolden. . . . . . . *G. hispanica*
– Blüten in Trauben 7
7 Triebe und Blattränder abstehend behaart . . . . *G. germanica*
– Zumindest Blätter kahl. 8
8 Blüten in endständigen Trauben . . . *G. anglica*
– Blüten in seitenständigen Trauben. . . . . . . *G. sylvestris* var. *sylvestris*

Genista anglica L., Englischer Ginster

Habitus: Sommer- oder halbimmergrüner, reich verzweigter, meist niederliegender, dornig bewehrter, 10–50 cm hoher Strauch, Zweige dünn, kahl, Sprossdornen bis 2 cm lang.
Blätter: Elliptisch bis lanzettlich, 0,5–1 cm lang, sitzend, oft gebüschelt, blaugrün, Nebenblätter nicht dornig.
Blüten: Zu 5–10 in kurzen Trauben, endständig an beblätterten Kurztrieben, Krone gold- bis zitronengelb, Fahne 8 mm lang, eiförmig, kürzer als Kiel und Flügel, Mai–Juni.
Früchte: 1,5–2 cm lang, blasig verdickt.
Verbreitung: W-, SW-, NW- und ZM-Europa, N-Afrika.
Verwendung: Selten, B, ☠, WHZ 7a, LB 5.2.1.7.

G. decumbens (Durrande) Willd. = *Cytisus decumbens*

Genista germanica L., Deutscher Ginster

Habitus: Sommergrüner, aufrechter, bis 60 cm hoher, bewehrter Strauch, Triebe gefurcht, abstehend behaart, Dornen bis 1,5 cm lang, blühende Triebe unbewehrt.
Blätter: Elliptisch bis lanzettlich, 1–2 cm lang, graugrün, am Rand mit langen, abstehenden Haaren.
Blüten: In bis 5 cm langen, lockeren, endständigen Trauben, Krone goldgelb, Fahne 8 mm lang, eiförmig, spitz, kürzer als der Kiel, Flü-

gel so lang wie die Fahne, kahl oder locker seidig behaart, Mai–Juli.
Früchte: 1 cm lang, länglich, nahezu kahl, schwarzbraun.
Verbreitung: S- und M-Europa.
Verwendung: Selten, B, ☠, WHZ 7a, LB 5.2.1.7 (4.1.2.7)

Genista hispanica L., Spanischer Ginster

Habitus: Sommergrüner, sehr dicht verzweigter, kugeliger 30–70 cm hoher Strauch, Triebe dicht abstehend behaart, aus allen Blattachseln entstehen bis 1 cm lange, verdornte Kurztriebe, nur die Blütentriebe sind unbewehrt.
Blätter: Länglich-eiförmig, 0,6–1 cm lang, stumpf, oberseits sattgrün, unterseits behaart, nur an Blütentrieben vorhanden.
Blüten: Zu 2–12 in köpfchenartigen, nahezu endständigen Trauben, Krone goldgelb, Fahne 8 mm lang, breit eiförmig, so lang wie der Kiel oder kürzer, Mai–Juni.
Früchte: 1 cm lang, länglich, locker seidig behaart.
Verbreitung: SW-Europa.
Verwendung: Selten, B, ☠, WHZ 7a, LB 7.2.4.7.

G. horrida (Vahl) DC. = *Echinospartum horridum*

Genista lydia Boiss., Lydischer Ginster

Habitus: Sommergrüner, niedergestreckter, breitwüchsiger, bis 50 cm hoher, unbewehrter Strauch, Zweige 4-kantig, bogig nach unten gekrümmt, graugrün, oft bläulich bereift.
Blätter: Linealisch-elliptisch, spitz, 0,5–1 m lang, ± kahl.
Blüten: Goldgelb, zu wenigen in zahlreichen kurzen, dichtblütigen Trauben, Fahne bis 1,2 cm lang, breit eiförmig, kahl, Kiel und Flügel wie die Fahne, Mai–Juni.
Früchte: Etwa 2,5 cm lang, schmal länglich, kahl.
Verbreitung: SO-Europa, Türkei, Syrien.
Verwendung: Sehr häufig, B, ☠, WHZ 7a, LB 6.1.2.7.

Genista pilosa L., Heide-Ginster, Behaarter Ginster

Habitus: Sommergrüner, niederliegend-aufsteigender, 10–45 cm hoher, unbewehrter

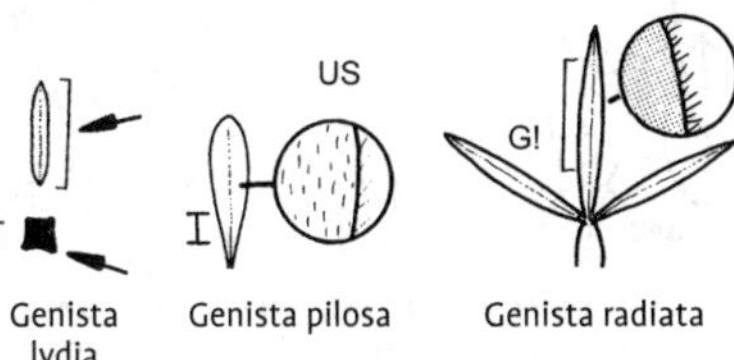

Genista lydia Genista pilosa Genista radiata

Strauch, Triebe knotig verdickt, oft etwas wirr, wurzelnd, anliegend weiß behaart.
Blätter: Verkehrteiförmig-lanzettlich, bis 1,5 cm lang, kurz gestielt oder sitzend, oberseits dunkelgrün, unterseits dicht anliegend seidig behaart.
Blüten: In lockeren, bis 15 cm langen Trauben an aufsteigenden Trieben, Krone goldgelb, Fahne 8 mm lang, breit eiförmig, seidig behaart, Kiel und Flügel wie die Fahne, Mai–Juni.
Früchte: Bis 2,5 cm lang, schmal länglich, dicht seidig behaart.
Verbreitung: Europa.
Verwendung: Häufig (mit einigen reich blühenden Sorten), B, ☠, WHZ 6b, LB 5.2.1.7 (4.1.2.7).

G. purgans L. = *Cytisus purgans*

Genista radiata (L.) Scop., Strahlen-Ginster

Habitus: Sommergrüner, aufrechter, bis 80 cm hoher, aber viel breiter werdender, strahlig verzweigter, unbewehrter Strauch, Zweige gegenständig, deutlich gerippt.
Blätter: Gegenständig, 3-zählig, Blättchen schmal verkehrteiförmig-lanzettlich, 2 cm lang, oberseits nahezu kahl, unterseits seidig behaart, meist kurzlebig.
Blüten: Zu 3–10 in endständigen Köpfen, Krone gelb, Fahne bis 1,4 cm lang, breit eiförmig, bis auf einen seidig behaarten Mittelstreifen kahl, ebenso lang wie der Kiel oder kürzer, Flügel wie die Fahne, Mai–Juni
Früchte: Bis 1,2 cm lang, eiförmig, gekrümmt, dicht seidig behaart.
Verbreitung: S-, ZM- und SO-Europa.
Verwendung: Häufig, B, ☠, WHZ 6b, LB 6.1.2.7.

Genista sagittalis L. **subsp. sagittalis**, Flügel-Ginster

Habitus: Immergrüner, 10–30 cm hoher, Matten bildender Zwergstrauch mit verhol-

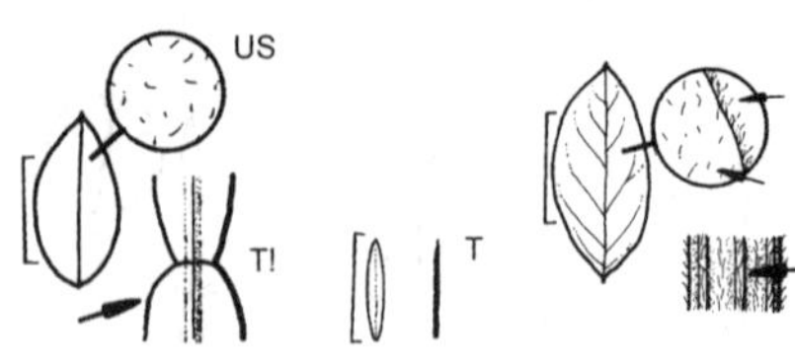

Genista sagittalis subsp. sagittalis — Genista sylvestris var. sylvestris — Genista tinctoria var. tinctoria

zenden, kriechenden, wurzelnden Ästen und aufsteigenden bis aufrechten, krautigen, breit geflügelten, gegliederten Zweigen, Flügel ungeteilt, ganzrandig, an den Sprossknoten unterbrochen.
Blätter: Hinfällig, einfach, elliptisch, 0,5–2,5 cm lang, ungeteilt, oberseits kahl oder nahezu kahl, unterseits rau behaart.
Blüten: 1–1,2 cm lang, in dichten, endständigen Trauben, Krone goldgelb, Fahne meist kahl, Kelch seidig behaart, Mai–Juni.
Früchte: 1,5–2 cm lang, behaart.
Verbreitung: Europa (ausgenommen Britische Inseln und Skandinavien).
Verwendung: Häufig (auch unter dem Namen *Chamaespartium sagittale* beschrieben), B, ✿, WHZ 6b, LB 5.3.1.6.

subsp. delphinensis (Verl.) Soják. Wuchs ± niederliegend, 5–8 cm hoch. Zweige hin- und hergebogen, Flügel unterseits seidig behaart. Blätter eiförmig-elliptisch, 6 mm lang, seidig behaart. Blüten zu 1–3, kleiner als bei der subsp. *sagittalis*, Krone goldgelb, Fahne seidig behaart, Juni–August. Hülse 1,2–1,8 cm lang. SW-Europa.

G. scoparius (L.) DC. = *Cytisus scoparius* subsp. *scoparius*

Genista sylvestris Scop. **var. sylvestris**, Wald-Ginster

Habitus: Sommergrüner, niederliegender, bis 20 cm hoher, dicht verzweigter, Teppiche bildender, bewehrter Strauch, Triebe behaart, bogig ansteigend, ± dornig.
Blätter: Schmal lanzettlich, bis 2 cm lang, sitzend, unterseits schwach flaumig behaart.
Blüten: In schmalen, lockeren, endständigen Trauben, Krone hell- bis goldgelb, Fahne 8 mm lang, 3-eckig, kürzer als der Kiel, Flügel wie die Fahne, Mai–Juni.
Früchte: 6 mm lang, 1-samig, mit aufwärts gebogenem Schnabel.
Verbreitung: S- und SO-Europa.
Verwendung: Selten, B, ✿, WHZ 8a, LB 6.1.1.7.

var. pungens (Vis.) Rehder. Dichter verzweigt als var. *sylvestris*, Triebe steif und rau behaart, Dornen sehr starr. Blätter sehr schmal. Spitzen von Fahne und Flügel flaumig behaart. SO-Europa.

Genista tinctoria L. **var. tinctoria**, Färber-Ginster

Habitus: Sommergrüner, variabler, aufrechter oder aufsteigender, bis 80 cm hoher, buschiger, unbewehrter Strauch, Zweige kantig, ± glänzend.
Blätter: Elliptisch, lanzettlich oder verkehrt-eiförmig-lanzettlich, sitzend, 3,5–6 cm lang, frischgrün, fast kahl, Rand bewimpert.
Blüten: In vielblütigen, gestreckten, bis 6 cm langen, seiten- und endständigen Trauben an diesjährigen Trieben, Krone goldgelb, Fahne bis 1,2 cm lang, breit eiförmig, kahl, Kiel und Flügel gleich der Fahne, Juni–August(–September).
Früchte: 1,5–3 cm lang, schmal länglich, stark abgeflacht, kahl.
Verbreitung: Europa bis W-Asien.
Verwendung: Sehr häufig, B, ✿, WHZ 5a, LB 4.1.1.6 (5.3.2.6).

var. humilior (Willd.) C.K. Schneid. Wuchs schwächer. Triebe, Blätter und Früchte flaumig behaart. N-Italien, Tessin.

'Flore Pleno'. Bis 50 cm hoch. Blüten tief goldgelb, zahlreich, groß, gefüllt.

'Royal Gold'. Wuchs aufrecht, kompakt, bis 80 cm hoch. Blüten goldgelb, sehr zahlreich.

Gleditsia L.

Gleditschie, Lederhülsenbaum – Fabaceae (Caesalpiniaceae)

(nach Johann Gottlieb Gleditsch, 1714–1786, deutscher Botaniker in Berlin)

Habitus: Hohe, sommergrüne, meist dornig bewehrte Bäume, an Ästen und Stämmen oft einfache bis mehrfach verzweigte Dornen, Zweige olivgrün, Knospen unterhalb der Dornen, mit absteigenden Beiknospen, Blattnarben mit 3 Gefäßbündelspuren.
Blätter: Wechselständig, einfach oder doppelt gefiedert, Nebenblätter klein, Blättchen bis 32, dünn.
Blüten: Polygam oder 1-geschlechtig und 2-häusig verteilt, radiär, unscheinbar, in seitenständigen Trauben, 5-zählig, Kelch- und

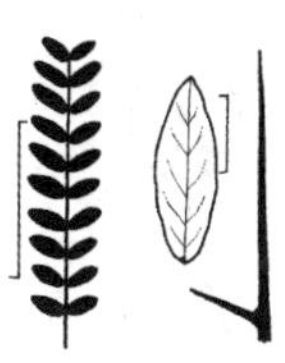
Gleditsia caspica

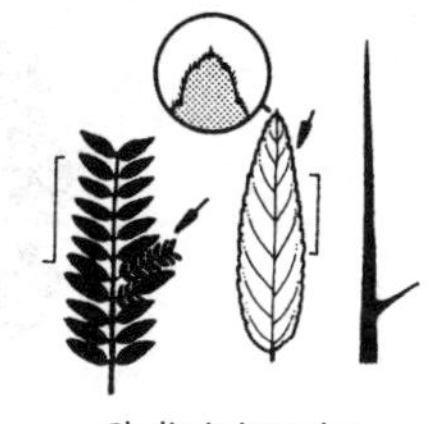
Gleditsia japonica

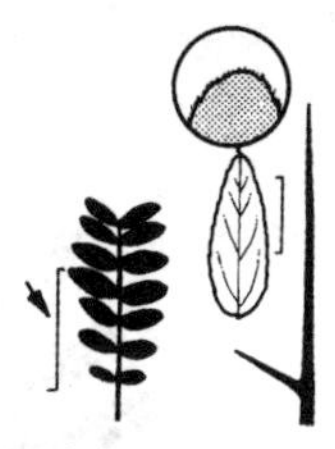
Gleditsia sinensis

Kronblätter fast gleich, Kronblätter weiß oder grünlich, länger als der Kelch, Staubblätter 6–10, frei, Fruchtblatt 1, oberständig, Griffel kurz, mit großer Narbe.
Früchte: Hülsen stark abgeflacht, riemenförmig, meist lederartig, 12–50 cm lang, oft um die Längsachse leicht gedreht, oft lange haftend, Samen meist viele, abgeflacht, rot- bis dunkelbraun.
Verbreitung: 14 Arten in M- und O-Asien, N- und S-Amerika und im tropischen Afrika.
Verwendung: Raschwüchsige, ornamentale Parkbäume mit lichten Kronen. Das Holz ist brüchig, die Kronen deshalb windbruchgefährdet. Die Blüten gelten als gute Nektarspender.

Bestimmungsschlüssel Gleditsia

1 Pflanze mit runden Dornen .... *G. sinensis*
– Pflanze mit an der Basis abgeflachten Dornen. 2
2 Blätter überwiegend doppelt gefiedert, Blättchen (zumindest viele) spitz ... *G. triacanthos*
– Blätter überwiegend einfach gefiedert, Blättchen stumpf oder ausgerandet (aber mit Stachelspitzchen)......................... 3
3 Triebe rotbraun, Blättchen deutlich gekerbt/gesägt .... *G. japonica*
– Triebe grün, Blättchen fast ganzrandig .... *G. caspica*

Gleditsia caspica Desf., Kaspische Gleditschie

Habitus: Bis 12 m hoher, breitkroniger Baum, Dornen bis 15 cm lang, zahlreich, stark verzweigt, abgeflacht, Triebe grün.
Blätter: Meist einfach gefiedert, 15–25 cm lang, Blättchen 12–24, bis 5 cm lang, eiförmig bis elliptisch, abgerundet bis ausgerandet, fein gekerbt, Spindel und Blättchenstiele behaart, doppelt gefiederte Blätter mit 6–8 Fiedern 1. Ordnung.
Blüten: Fast sitzend, in 5–10 cm langen, dichten, behaarten Trauben, Juni–Juli.
Früchte: Bis 20 cm lang, dünn, säbelartig gebogen.
Verbreitung: N-Iran, Kaukasus.
Verwendung: Sehr selten, ♧, H, Bi, WHZ 6b, LB 3.1.1.3 (6.3.2.3).

G. horrida Willd. = *G. sinensis*
G. horrida hort. non Willd. = *G. japonica*

Gleditsia japonica Miq., Japanische Gleditschie

Habitus: Bis 25 m hoher Baum, Stamm und Äste mit zahlreichen, 2–15,5 cm langen, oft verzweigten, etwas abgeflachten Dornen, Triebe rotbraun, kahl, glänzend.
Blätter: Häufig doppelt, aber auch einfach gefiedert, bis 30 cm lang, Fiedern 1. Ordnung 2–12, Blättchen nicht länger als 2,5 cm, einfach gefiederte Blätter mit 12–14 Blättchen, diese länglich-eiförmig oder eiförmig-lanzettlich, stumpf oder ausgerandet, ganzrandig oder entfernt gekerbt, 2,5–4 cm lang, oberseits glänzend grün, unterseits Mittelrippe fein behaart, Spindel am Saum der Rinne behaart.
Blüten: Fast sitzend, in 6–8 cm langen Trauben, Juni–Juli.
Früchte: 20–54 cm lang, unregelmäßig gedreht oder sichelförmig.
Verbreitung: M- und S-Japan, Korea, China.
Verwendung: Sehr selten, ♧, Bi, WHZ 6b, LB 6.1.2.2.

Gleditsia sinensis Lam., Chinesische Gleditschie

Habitus: Bis 15(–30) m hoher Baum, Dornen stielrund, dick kegelförmig, bis 16 cm lang, oft verzweigt, Triebe kahl.
Blätter: Meist einfach gefiedert, 10–16(–20) cm lang, Blättchen 8–16, eiförmig-lanzettlich bis länglich, 2–8,5 cm lang, stumpf, fein gekerbt, oberseits stumpf gelbgrün, unterseits deutlich netznervig, beiderseits etwas behaart, Spindel und Blättchenstiele behaart.

Gleditsia triacanthos

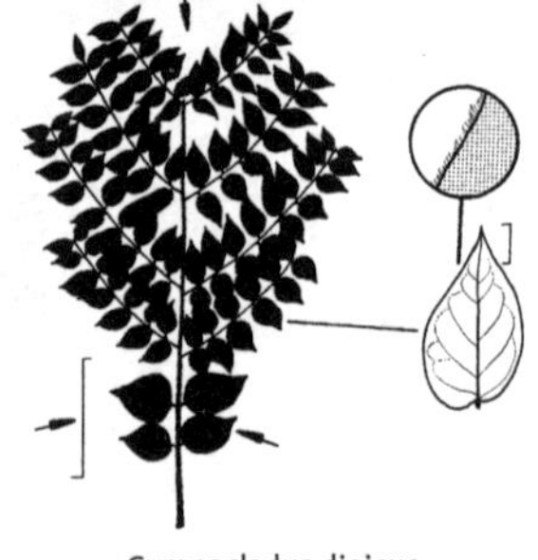

Gymnocladus dioicus

Blüten: In 5–14 cm langen, end- und achselständigen, flaumhaarigen Trauben, Juni–Juli.
Früchte: 12–37 cm lang, gerade oder gedreht, braun oder rötlich braun.
Verbreitung: China, Mongolei, Korea.
Verwendung: Sehr selten, ♧, Bi, WHZ 6b, LB 6.1.1.3.

Gleditsia triacanthos L., Amerikanische Gleditschie

Habitus: 15–25(–45) m hoher Baum mit lockerer, breit ausladender Krone, an Stamm und Ästen zahlreiche abgeflachte, einfache oder verzweigte, 2,5–10 cm lange Dornen, Triebe rotbraun, anfangs behaart, verkahlend.
Blätter: Bis 20 cm lang, Blättchen elliptisch-lanzettlich, 1,5–3,5 cm lang, meist zugespitzt, leicht kerbig gesägt, an einfach gefiederten Blättern zu 14–32, doppelt gefiederte Blätter mit 4–6 Paar Fiedern 1. Ordnung, glänzend dunkelgrün, im Herbst früh gelb gefärbt.
Blüten: Sehr kurz gestielt, in 5–13 cm langen, behaarten Trauben, Juni–Juli.
Früchte: 30–50 cm lang, glänzend dunkelbraun, flach, sichelförmig gekrümmt und gedreht.
Verbreitung: NO-, NOZ-, Z- und SO-USA.
Verwendung: Sehr häufig, N, ♧, H, Bi, WHZ 6a, LB 2.5.1.1 (4.3.2.1) (6.3.2.1).

In Kultur vor allem dornenlose Sorten. Formen und Sorten wie fo. *inermis* und 'Shademaster' sind als Stadtstraßenbaum geeignet, die Sorte 'Skyline' gilt als gut geeignet, die Sorte 'Sunburst' als geeignet mit Einschränkungen.

fo. inermis (L.) Zabel. Im Wuchs wie die Art, aber Stamm und Zweige ohne Dornen.

'Rubylace'. Wuchs deutlich schwächer als bei der Art. Blätter im Austrieb braunrot, später bronzegrün.

'Shademaster'. 15–20 m hoher, raschwüchsiger, unbewehrter Baum.

'Skyline'. Bis 15 m hoher, raschwüchsiger, unbewehrter Baum.

'Sunburst'. Bis 12 m hoher Baum. Blätter im Austrieb leuchtend goldgelb, später vergrünend.

Gymnocladus Lam.

Geweihbaum – Fabaceae (Caesalpiniaceae)
(griechisch *gymnos* = nackt und *klados* = Zweig)

Habitus: Hohe, sommergrüne Bäume mit gewölbter Krone, Zweige dick, mit zahlreichen Lentizellen, Knospen klein, Endknospen fehlend, Blattnarben groß, abgerundet-3-eckig.
Blätter: Gegenständig, sehr groß, doppelt gefiedert, Blättchen ganzrandig, Nebenblätter klein und hinfällig.
Blüten: Polygam oder 1-geschlechtig, 2-häusig verteilt, radiär, unscheinbar, in endständigen Rispen oder Trauben, 5-zählig, Kronblätter länger als der Kelch, Staubblätter 10, frei, Fruchtblatt 1, oberständig.
Früchte: Hülsen länglich, 15–25 cm lang, etwas abgeflacht, an den Kanten verdickt, derbledrig, starr, rotbraun, Innenwand der Hülsen mit einer schmierseifenartigen Masse ausgekleidet. Samen 4–8, breit eiförmig, abgeflacht, Hülsen bis zum Frühjahr hängen bleibend.
Verbreitung: 5 Arten in N-Amerika und China.

Verwendung: Bei uns nur die folgende Art in Kultur.

Gymnocladus dioicus (L.) K. Koch, Amerikanischer Geweihbaum

Habitus: 15–20(–30) m hoher, spät austreibender Baum, Krone sparsam und bizarr verzweigt, hoch gewölbt, im Alter unregelmäßig, Zweige dick und knotig, dunkelbraun bis rotbraun, mit zahlreichen Lentizellen, junge Triebe anfangs behaart, weißblau bereift, Knospen sehr klein, von einem runden, flachen Wulst umgeben, Blattnarben groß, abgerundet 3-eckig, mit 5 großen Gefäßbündelspuren.
Blätter: Bis 80 cm lang, mit 3–7 Fiederpaaren, Blättchen kurz gestielt, eiförmig bis eiförmig-elliptisch, 5–9 cm lang, zugespitzt, Basis abgerundet oder keilförmig, spät austreibend, Herbstfärbung leuchtend goldgelb.
Blüten: ♀ Blütenstände bis 25 cm lang, ♂ viel kürzer, Krone grünlich weiß, Juni.
Früchte: 10–15 cm lang, rotbraun, bereift, mehrsamig, Samen 2–2,5 cm lang, fast kreisrund, schwach abgeflacht, rotbraun.
Verbreitung: O-Kanada, NO-, NOZ-, Z- und SO-USA.
Verwendung: Sehr häufig, N, H, WHZ 6a, LB 3.1.2.1.

Halesia J. Ellis ex L.

Schneeglöckchenbaum – Styracaceae

(nach Stephen Hales, 1677–1761, englischer Geistlicher, Botaniker und Psychologe)

Habitus: Sommergrüne Bäume oder hohe Sträucher, Mark der Zweige quer gefächert, Triebe stielrund, anfangs sternhaarig, später kahl, Endknospen spindelförmig, 5–6 mm lang, mit 4–5 sichtbaren, grünen bis weinroten Knospenschuppen, Seitenknospen häufig mit kleinen, absteigenden Beiknospen.
Blätter: Wechselständig, einfach, dünn gestielt, gesägt, zerstreut sternhaarig.
Blüten: Zwittrig, radiär, in achselständigen Büscheln am vorjährigen Holz, Kelch krugförmig, schwach 4-rippig, mit 4 kleinen Zähnen, Krone weiß, breit glockig, 4-lappig, Kronblätter nur wenig miteinander verwachsen, Staubblätter 8–16, Fruchtknoten 2- bis 4-fächrig, unterständig.
Früchte: Steinfrüchte länglich oder verkehrteiförmig, 2–5 cm lang, mit 2 oder 4 breiten Längsflügeln und 1–4 länglichen Samen.

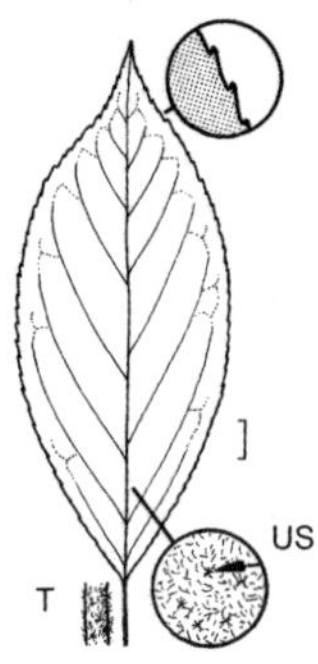

Halesia carolina

Verbreitung: 5 Arten im östl. N-Amerika und in O-China.
Verwendung: Attraktive, kleinkronige Blütenbäume mit hängenden, schneeglöckchenartigen Blüten.

Bestimmungsschlüssel Halesia

1 Blätter rundlich mit aufgesetzter Spitze, Basis abgerundet .... *H. diptera* var. *diptera*
– Blätter länglich, Basis keilförmig 2
2 Blätter in der Mitte am breitesten .... *H. carolina*
– Blätter oberhalb der Mitte am breitesten .... *H. monticola* var. *monticola*

Halesia carolina L., Carolina-Schneeglöckchenbaum

Habitus: Hoher Strauch oder bis 6 m hoher Baum, Krone halbkugelig bis trichterförmig, Äste und Zweige abstehend, Borke kleinschuppig, junge Triebe sternhaarig.
Blätter: Eiförmig oder elliptisch, 5–12 cm lang, spitz oder zugespitzt, Basis keilförmig oder abgerundet, fein gesägt, zunächst filzig behaart, bald kahl, unterseits grau sternhaarig.
Blüten: Zu 2–5 in Büscheln, Krone weiß, 1,5–2 cm lang, nur im vorderen Drittel eingeschnitten, Fruchtknoten 4-fächrig, Staubblätter 10–16, nur am Grund verwachsen, kürzer als die Krone, April–Mai.
Früchte: 4-flügelig, 2,5–3,5 cm lang.
Verbreitung: NO-, NOZ- und SO-USA.
Verwendung: Sehr häufig, B, WHZ 6a, LB 3.2.2.4.

H. carolina var. *monticola* Rehder = *H. monticola*

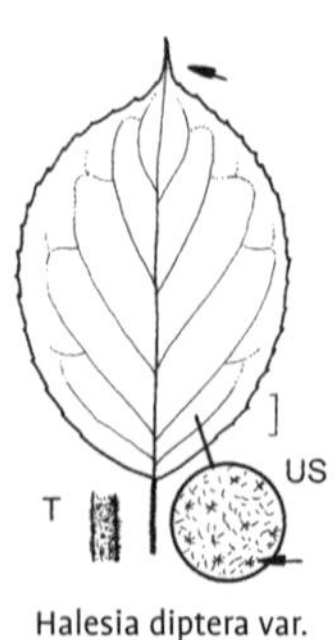

Halesia diptera var. diptera

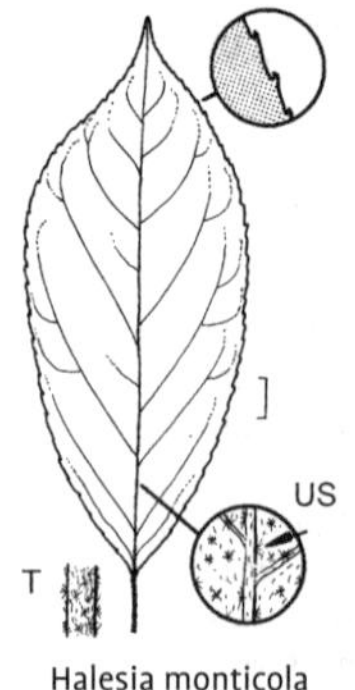

Halesia monticola var. monticola

Halimodendron halodendron

Halesia diptera J. Ellis **var. diptera**, Zweiflügeliger Schneeglöckchenbaum

Habitus: Hoher Strauch oder bis 8(–15) m hoher Baum, Zweige breit abstehend, junge Triebe weich grau sternhaarig.
Blätter: Eiförmig oder verkehrteiförmig, 6–12 cm lang, plötzlich zugespitzt, Basis keilförmig oder abgerundet, entfernt fein gezähnt, anfangs weich behaart, später bis auf Mittelrippe und Nerven kahl.
Blüten: Zu 2–5 in Büscheln oder kurzen Trauben, Krone weiß, 2–2,5 cm lang, fast bis zur Basis 4-teilig, Fruchtknoten meist 2-fächrig, selten 4-fächrig, Staubblätter meist 8, bis zur Hälfte verwachsen, fast so lang wie die Krone, Mai.
Früchte: 2-flügelig, 3,5–5 cm lang.
Verbreitung: SO- und Z-USA.
Verwendung: Sehr selten, B, WHZ 6b, LB 2.1.2.4 (1.2.2.4).

var. magnoliflora Godfrey. Hoher, breitkroniger Strauch, Äste weit abstehend. Blüten zahlreicher und größer als bei var. *diptera*. USA: N-Florida.

Halesia monticola (Rehder) Sarg. **var. monticola**, Berg-Schneeglöckchenbaum

Habitus: Bis 25 m hoher Baum oder 6–8 m hoher Strauch, Krone im Alter abgerundet, Borke sich in großen, platanenähnlichen Schuppen lösend, Triebe bald kahl.
Blätter: Eiförmig oder elliptisch, 8–16 cm lang, zugespitzt, Basis keilförmig oder abgerundet, entfernt gesägt, unterseits auf den Hauptnerven sternhaarig.
Blüten: Zu 2–5 in Büscheln, Krone weiß, 1,5–2,5 cm lang, nur im vorderen Drittel eingeschnitten, Fruchtknoten 4-fächrig, Staubblätter 10–16, nur am Grund verwachsen, kürzer als die Krone, April–Mai.
Früchte: 4-flügelig, 4–5 cm lang.
Verbreitung: SO- und Z-USA.
Verwendung: Häufig, N, B, WHZ 6b, LB 3.2.5.3.

'Rosea'. Blüten blassrosa.

var. vestita Sarg. Blätter bis 12 cm lang, anfangs unterseits weißfilzig behaart. Blüten bis 3 cm breit, Krone weiß, gelegentlich rosa überhaucht. SO-USA.

H. tetraptera J. Ellis = *H. carolina*

Halimodendron Fisch. ex DC.

Salzstrauch – Fabaceae

(griechisch *halimos* = salzig und *dendron* = Baum)

Monotypische Gattung

Halimodendron halodendron (Pall.) Voss, Salzstrauch

Habitus: Sommergrüner, 2 m hoher, aufrechter, dorniger Strauch, Triebe dünn, schwach kantig, hellgrau, anfangs seidig behaart, Knospen eiförmig, bis 3 mm lang, silbrig grau behaart.
Blätter: Wechselständig, paarig gefiedert, Blättchen in 1–2 Paaren, sitzend, 1,5–3,5 cm lang, verkehrteiförmig-lanzettlich, abgerundet oder stachelspitzig, grau oder blaugrün, anfangs dicht silbrig behaart, Nebenblätter und Spindel bleibend und verdornend.
Blüten: Zwittrig, zygomorph, 1,5–1,8 cm

lang, zu 2–4 in seitenständigen Trauben, 5-zählig, Krone hellpurpurn bis lila, Kelch glockig, mit 5 kurzen Zähnen, behaart, bleibend, 9 Staubblätter miteinander verwachsen, das obere frei, Fruchtblatt 1, oberständig, Juni–Juli.
Früchte: Hülsen länglich-eiförmig, blasig vergrößert, 1,5–3 cm lang, mehrsamig, ledrig, braungelb, Samen 4–5 mm groß, fast nierenförmig.
Verbreitung: O-Europa, N-Türkei, Kaukasien, Iran, W-Sibirien, M-Asien.
Verwendung: Selten (gedeiht auch auf sehr leichten, salzhaltigen Sandböden), N, B, WHZ 5b, LB 5.1.1.5 (6.1.1.5).

Hamamelis L.

Zaubernuss – Hamamelidaceae

(griechisch *hama* = gleichzeitig und *melon* = Apfel, Frucht)

Habitus: Sommergrüne Sträucher oder bis 12 m hohe Bäume, Kronen oft breiter als hoch, Triebe sternhaarig, Endknospen deutlich gestielt, ± nackt, 0,8–1,5 cm lang, länglich, dicht sternhaarig.
Blätter: Wechselständig, einfach, kurz gestielt, eiförmig oder verkehrteiförmig, an der Basis schief, buchtig gezähnt, Nebenblätter groß, hinfällig.
Blüten: Zwittrig, radiär, duftend oder ohne Duft, in kurz gestielten, achselständigen Köpfchen, Kelch mit 4 bleibenden, spreizenden Lappen, außen dicht behaart, innen rot oder purpurrot gefärbt, die 4 Kronblätter schmal linealisch, bandförmig, in der Knospe gerollt, bis 2 cm lang, meist gelb oder rot und orange, je 4 Staubblätter und zungenförmige Staminodien, Griffel 2, Fruchtknoten 2-fächrig, ± mittelständig.
Früchte: Kapseln ei- bis tonnenförmig, stark verholzend, 2- bis 4-teilig gefeldert, 2-samig, von der Spitze her aufspringend, mit hornartig zurückgebogenen, 1–2 cm langen Griffeln, Samen 0,8–1 cm lang, schwarzbraun glänzend.
Verbreitung: 6 Arten in N-Amerika und O-Asien.
Verwendung: Unentbehrliche Vorfrühlingsblüher mit einer beachtlichen Herbstfärbung. Blätter und Rinde der herbstblühenden *H. virginiana* werden offizinell und zur Herstellung von Kosmetika verwendet.

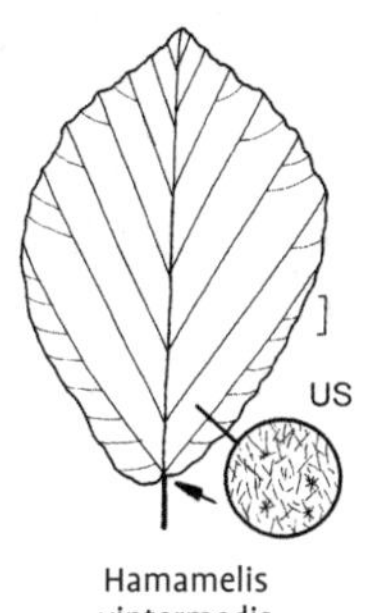

Hamamelis ×intermedia

Bestimmungsschlüssel Hamamelis

1	Blätter unterseits dicht weichhaarig, Basis schief herzförmig	2
–	Blätter kahl (zumindest schnell verkahlend), Basis undeutlich herzförmig oder keilförmig	3
2	Blätter oberseits matt	*H. mollis*
–	Blätter oberseits glänzend	*H. ×intermedia*
3	Blätter in der Mitte am breitesten	*H. virginiana*
–	Blätter oberhalb der Mitte am breitesten	4
4	Blätter unterseits matt und bläulich	*H. vernalis*
–	Blätter unterseits glänzend	*H. japonica* var. *japonica*

Hamamelis ×intermedia Rehder, Hybrid-Zaubernuss

(*H. japonica* × *H. mollis*)

Habitus: Breit aufrechter, 3–5 m hoher und gleich breiter, locker aufgebauter Strauch, Äste schräg ansteigend, Triebe graubraun.
Blätter: Verkehrteiförmig, 10–15 cm lang, oberseits kahl und rau, unterseits etwas behaart, Herbstfärbung gelb bis orangefarben und rot.
Blüten: Nach allen Seiten von den Zweigen abstehend (bei Sorten auch auf- oder abwärts gerichtet), Kelchblätter meist purpur- oder braunrot, Kronblätter gerade, nur an der Spitze gekrümmt, meist mehr als 15 mm lang, je nach Sorte tiefgelb, orange oder purpurrot, Januar–März.
Verwendung: Sehr häufig (in verschiedenen Sorten), B, H, WHZ 6b, LB 9.2.2.4.

Blüten hell- bis dunkelgelb: 'Advent', 'Allgold', 'Andrea', 'Angelly', 'Arnold Promise', 'Aurea', 'Barmstedt's Gold', 'Moonlight', 'Nina', 'Pallida', 'Primavera', 'Westerstede'.

Blüten orangegelb bis bronzefarben-orange: 'Amanda', 'Aphrodite', 'Harry', 'Jelena', 'Orange Beauty', 'Orange Peel', 'Winter Beauty'.

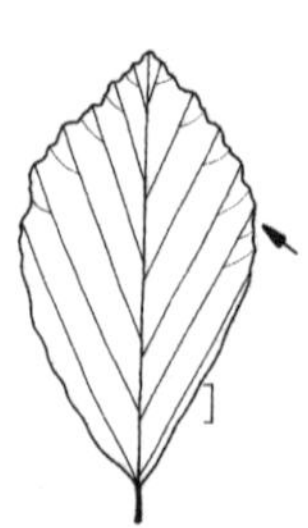

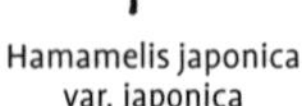

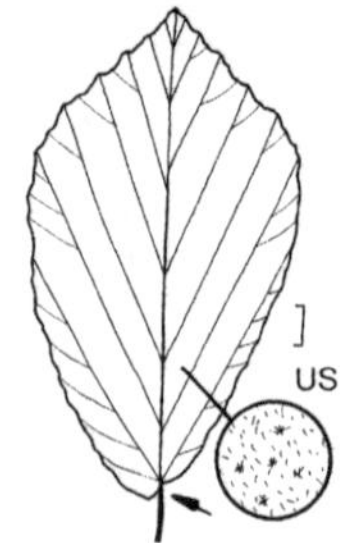

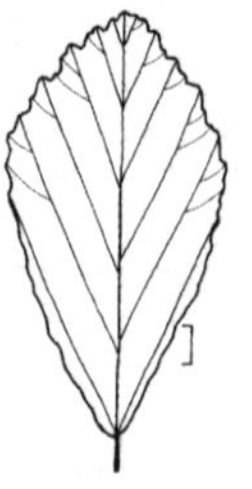

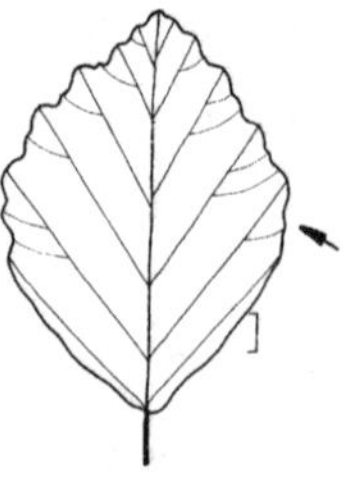

Hamamelis japonica var. japonica

Hamamelis mollis

Hamamelis vernalis

Hamamelis virginiana

Blüten kupfrig bis karminrot, ± rot überhaucht: 'Carmine Red', 'Diane', 'Feuerzauber', 'Hiltingbury', 'Rubin', 'Ruby Glow'.

Hamamelis japonica Siebold et Zucc. **var. japonica**, Japanische Zaubernuss

Habitus: 3–4 m hoher, breitkroniger, trichterförmig aufgebauter Strauch, Zweige abstehend, Triebe aschgrau, anfangs sternhaarig.
Blätter: Breit eiförmig bis verkehrteiförmig, 5–10 cm lang, spitz oder abgerundet, Basis schief abgerundet bis schwach herzförmig, Nervenpaare 8–9 (meist 7), unterseits hellgrün, bis auf die Nerven kahl, Stiel 0,5–1,5 cm lang, Herbstfärbung scharlachrot, bronzefarben, rot oder orange.
Blüten: Meist abwärts gerichtet, ohne Duft, Kelchblätter purpur- oder trübrot, Zipfel oberhalb der Mitte zurückgeschlagen, Kronblätter lebhaft gelb oder orange überhaucht, 10–17 mm lang, gekräuselt, Januar–März.
Verbreitung: Japan.
Verwendung: Sehr häufig, B, H, WHZ 6b, LB 7.2.2.4 (9.2.2.4) (4.2.2.4).

var. flavopurpurascens (Makino) Rehder. Kronblätter braunrot mit Gelborange, zur Spitze hin hellgelb, 10–12 mm lang, stark gedreht. Japan.

'Sulphurea'. Kronblätter hellgelb, 13–14 mm lang, sehr schmal, stark gelockt, Kelch innen purpurrot.

'Zuccariniana'. Kronblätter schwefelgelb, 10–12 mm lang, stark gelockt, Kelch innen grün bis grüngelb, erst Ende März blühend.

H. macrophylla Pursh = *H. virginiana*

Hamamelis mollis Oliv., Chinesische Zaubernuss

Habitus: Bis 5 m hoher, breit ausladender oder trichterförmiger, locker aufgebauter Strauch, junge Triebe dicht weich behaart.
Blätter: Rundlich bis breit verkehrteiförmig, 8–12 cm lang, kurz zugespitzt, Basis ± schief herzförmig, fein buchtig gezähnt, oberseits sternhaarig, unterseits dicht graufilzig behaart, Stiel 5–10 mm lang, Herbstfärbung gelborange bis rot.
Blüten: Aufwärts gerichtet, duftend, Kelchblätter außen braunfilzig behaart, innen purpurn, Staubblätter und Griffel ebenfalls purpurn, Kronblätter goldgelb, an der Basis rötlich, 10–18 mm lang, gerade oder leicht zurückgebogen, Januar–März.
Verbreitung: China: Hubei. Jiangxi.
Verwendung: Sehr häufig, B, H, WHZ 6b, LB 7.1.5.4 (9.2.2.4).

H. subaequalis H.T. Chang = *Parottia subaequalis*

Hamamelis vernalis Sarg., Frühlings-Zaubernuss

Habitus: Bis etwa 2(–3) m hoher, breit aufrechter Strauch.
Blätter: Länglich-verkehrteiförmig, 8–12 cm lang, über der Mitte buchtig gezähnt, oberseits dunkelgrün, unterseits grün oder schwach blaugrün, oft etwas filzig, Nervenpaare meist 5, Stiel 0,5–1,2 cm lang, Herbstfärbung orange.
Blüten: Wenig auffällig, fein würzig duftend, Kelchblätter hell- bis braunrot, Kronblätter 5–7 mm lang, hell orangegelb, an der Basis oft rötlich, Januar–März.
Verbreitung: SO- und Z-USA.
Verwendung: Selten, B, H, WHZ 6a, LB 2.2.2.4.

'Sandra'. Blätter im Austrieb violettpurpurn überlaufen, im Sommer unterseits mit rötlichem Anflug, Herbstfärbung intensiv orange, scharlach und rot.

Hamamelis virginiana L., Virginische Zaubernuss

Habitus: Bis 5(–7) m hoher, aufrechter Strauch, Krone locker, breit trichterförmig.
Blätter: Verkehrteiförmig bis elliptisch, 8–15 cm lang, kurz zugespitzt, Basis schwach herzförmig, oberhalb der Mitte grob rundlich gezähnt, Nervenpaare 5–7, unterseits nahezu kahl oder auf den Nerven behaart, Stiel 0,5–1,5 cm lang, Herbstfärbung tief goldgelb.
Blüten: Streng riechend, Kelchblätter braunrot, Kronblätter hellgelb, 11–13 mm lang, leicht gedreht, kurz vor oder gleichzeitig mit dem Laubfall, September–Oktober.
Verbreitung: O-Kanada, NO-, NOZ- und SO-USA.
Verwendung: Selten, N, B, ⚕, WHZ 5b, LB 3.2.6.4 (2.3.4.4).

Hebe Comm. ex Juss.

Strauchehrenpreis – Plantaginaceae

(griechisch *hebe* = Mannbarkeit, personifiziert als Gottheit der Jugend und Mundschenkin der Götter)

Habitus: Meist niedrige, immergrüne Sträucher, Zweige unverzweigt oder nur an der Basis mit abstehenden Seitenzweigen.
Blätter: 2-zeilig oder kreuzweise gegenständig, einfach, sitzend oder gestielt, sehr dicht stehend, schuppenförmig oder mit ± großer, ledriger Spreite, bläulich oder grün, oft etwas fleischig.
Blüten: Zwittrig, zygomorph, in achselständigen Trauben oder kleinen Köpfchen, Kelch meist 4-zählig, Krone weiß, rosarot, malvenfarben oder blau, mit kurzer Röhre und 4(–5) ausgebreiteten Lappen, Staubblätter 2, Fruchtknoten oberständig, 2-fächrig.
Früchte: Kapseln 0,25–1 cm lang, eiförmig bis länglich, trocken, Samen etwa 1 mm lang.
Verbreitung: Etwa 75 Arten in Australien, Neuseeland und dem temperierten S-Amerika.
Verwendung: Dekorative Zwergsträucher für Stein- und Heidegärten. Alle können in Mitteleuropa in strengen Wintern Schäden leiden, Winterschutzmaßnahmen sind deshalb ratsam. Alle besprochenen Arten sind in Neuseeland heimisch.
Neben den Arten sind, vor allem in wintermilden Regionen, zahlreiche Hybriden in Kultur, die oft als Andersonii-Hybriden bezeichnet werden. (Um 1849 wurde von Isaac Anderson-Henry die erste Sorte 'Andersonii' herausgebracht.) Am Zustandekommen dieser Hybriden sind zahlreiche, auch hier nicht genannte Arten beteiligt. Viele sind schöne Blütensträucher, z. T. mit blauen oder lilafarbenen Blüten.

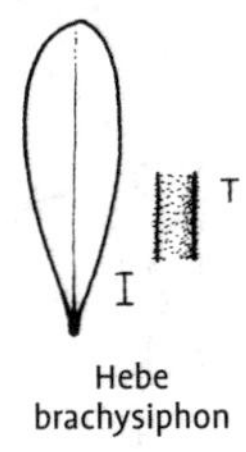

Hebe brachysiphon

Bestimmungsschlüssel Hebe

1	Blätter schuppenförmig, höchstens 5 mm lang	2
–	Blätter mit deutlicher Blattspreite, über 5 mm lang	4
2	Blätter goldbraun bis grüngelb	*H. ochracea*
–	Blätter reingrün	3
3	Blätter dicht dachziegelartig angedrückt	*H. hectoris*
–	Blätter paarweise voneinander getrennt	*H. cupressoides*
4	Blätter sich dachziegelartig überdeckend, höchstens 8 mm lang	*H. buxifolia*
–	Blätter nicht dachziegelig, länger	5
5	Blätter ± rundlich, blaugrün mit rotem Rand	*H. pinguifolia*
–	Blätter länglich bis lanzettlich, grün	6
6	Blätter höchstens 20 mm lang, spitzwinklig abstehend	*H. brachysiphon*
–	Blätter länger (bis 25 mm, wenigstens viele) rechtwinklig abspreizend	*H. traversii*

Hebe brachysiphon Summerh., Kurzröhriger Strauchehrenpreis

Habitus: Kugelig-ausgebreiteter, bis 1,3 m hoher Strauch, Triebe grün, fein behaart.
Blätter: Eiförmig bis lanzettlich, bis 2,5 cm lang, aufrecht bis abstehend, dicht gedrängt stehend, hellgrün, kahl, Spitze zurückgebogen.
Blüten: In bis 5 cm langen, seitenständigen Trauben, Krone weiß, Juni–Juli.
Verbreitung: Neuseeland.
Verwendung: Selten, WHZ 8b, LB 7.2.1.7.

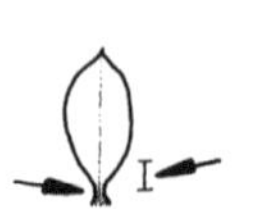
Hebe buxifolia

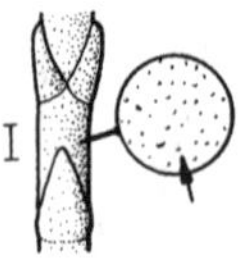
Hebe cupressoides

Hebe hectoris

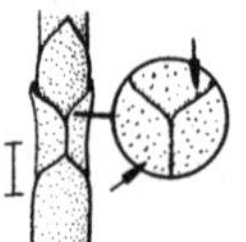
Hebe ochracea

Hebe pinguifolia

Hebe traversii

Hebe buxifolia (Benth.) Cockayne et Allan, Buchsbaumblättriger Strauchehrenpreis

Habitus: Aufrechter, 0,5–1 m hoher Strauch, Zweige aufrecht, anfangs hellgrün, kahl.
Blätter: Länglich-verkehrteiförmig, konkav, bis 1 cm lang, spitz, Basis stumpf, dachziegelig in 4 Reihen angeordnet, oberseits dunkelgrün, kahl, unterseits heller und sehr fein punktiert.
Blüten: Bis 8 mm breit, in dichten, bis 2,5 cm langen, end- und achselständigen Büscheln, Krone weiß, Juni–Juli.
Verbreitung: Neuseeland.
Verwendung: Selten, WHZ 8a, LB 8.1.2.6.

Hebe cupressoides (Hook. f.) Andersen, Zypressen-Strauchehrenpreis

Habitus: Zypressenartig aussehender, fein und dicht verzweigter, bis 2 m hoher Strauch, Triebe bläulich, schwach flaumhaarig.
Blätter: Juvenile Blätter linealisch, bis 6 mm lang, adulte Blätter etwa 1,5 mm lang, dicht den Trieben anliegend, schmal eiförmig bis 3-eckig, Rand bewimpert.
Blüten: Zu 3–8 in kleinen, lockeren, endständigen Büscheln, Krone blass blaulila, Staubbeutel rotbraun, Juli–August.
Verbreitung: Neuseeland.
Verwendung: Selten, WHZ 8a, LB 2.3.2.6.

Hebe hectoris (Hook. f.) Cockayne et Allan, Hectors Strauchehrenpreis

Habitus: Variabler, 0,2–0,7 m hoher, dicht verzweigter Strauch mit zahlreichen, steifen, aufrechten Zweigen, Triebe gelbgrün.
Blätter: Schuppenförmig, bis 4 mm lang, 3-eckig-eiförmig, locker angedrückt, glänzend grün, Rand bewimpert.
Blüten: Gedrängt in kleinen, endständigen Köpfchen, Krone weiß bis rosa, Juli.
Verbreitung: Neuseeland.
Verwendung: Selten, WHZ 8a, LB 8.1.2.7.

Hebe ochracea Ashwin, Ockergelber Strauchehrenpreis

Habitus: Bis 0,6 m hoher Strauch, Äste dick, steif, im Alter waagerecht abstehend, Triebe aufrecht auf der Oberseite der Äste, olivgrün bis ockerfarben.
Blätter: Schuppenförmig, bis 1,5 mm lang, den Trieben dicht anliegend, 3-eckig, in eine gekielte, stumpfe Spitze verschmälert, unterhalb der Mitte miteinander verwachsen, olivgrün bis ockerfarben, oberseits glänzend, unterseits stumpf.
Blüten: Wenig ansehnlich, zu 4–8 in kurzen, endständigen Ähren, Krone weiß, Juli–August.
Verbreitung: Neuseeland.
Verwendung: Häufig (gelegentlich als *H. armstrongii*), WHZ 7b, LB 5.2.1.7.

Hebe pinguifolia (Hook. f.) Cockayne et Allan, Fettblättriger Strauchehrenpreis

Habitus: Niederliegend-aufsteigender, 0,3–0,7 m hoher Strauch, Zweige dick, dicht mit Blattnarben bedeckt, Triebe seegrün, weich behaart.
Blätter: Rundlich bis verkehrteiförmig, bis 1,5 cm lang, dick, konkav, ziemlich fleischig, blaugrün, am Rand meist rötlich.
Blüten: Bis 8 mm breit, in gedrängten, bis 2,5 cm langen, achselständigen Trauben an den Zweigenden, Krone weiß, Staubgefäße blau, Juni–August.
Verbreitung: Neuseeland.
Verwendung: Selten, WHZ 7b, LB 8.1.2.7.

Hebe traversii (Hook. f.) Cockayne et Allan, Travers Strauchehrenpreis

Habitus: Breitwüchsiger, in seiner Heimat bis 2 m hoher Strauch, Triebe dünn, kahl oder anfangs flaumhaarig.

Blätter: Länglich, bis 2,5 cm lang, etwas ledrig, abstehend, stumpf gelbgrün.
Blüten: In bis 2,5 cm langen Trauben, Krone weiß, Juli.
Verbreitung: Neuseeland.
Verwendung: Selten, WHZ 8a, LB 7.2.1.6.

Hedera L.

Efeu – Araliaceae
(lateinisch *hedera* = Efeu)

Habitus: Immergrüne, kriechende oder mit Hilfe von kurzen, unverzweigten Haftwurzeln kletternde Sträucher, juvenile Triebe kletternd und mit Haftwurzeln, adulte Triebe ohne Haftwurzeln und abstehend oder überhängend.
Blätter: Wechselständig, derbledrig, lang gestielt, oberseits kahl, glänzend, unterseits sternhaarig oder schuppig, in der Form sehr variabel, an juvenilen Trieben gelappt, an adulten nahezu ungelappt, an der Basis herzförmig, stumpf oder breit keilförmig.
Blüten: Zwittrig radiär, klein, in einfachen oder doppelten Dolden, 5-zählig, Kelch klein, Kronblätter grünlich gelb, klappig, Staubblätter und Griffel 5, zwischen Staubblättern und Griffel eine breit kegelförmige Nektarscheibe, Fruchtknoten unterständig, 5-fächrig, Blütenentfaltung im Herbst.
Früchte: Steinfrüchte kugelig oder abgeflacht kugelig, 0,8–1 cm dick, blauschwarz bis schwarz, oft bereift, Steinkerne 5–2, eiförmig, dünnwandig, 1-samig, Fruchtfleisch mehlig-fleischig, Fruchtreife erst im Frühjahr nach der Blüte.
Verbreitung: 11 Arten von den Kanarischen Inseln über Europa nach O-Asien.
Verwendung: In der Gartenkultur wertvoll als Kletterpflanze zur Begrünung von Mauern und Gebäudefassenden, aber auch für großflächige Bodenbegrünungen, auch für sehr schattige Plätze. Alle Arten sind durch ihren Blattdimorphismus interessant.

Bestimmungsschlüssel Hedera

1 Blattspreite 4–10 cm lang, geruchlos, gelappt (wenn ungelappt, breiteste Stelle im unteren Drittel) 2
– Blattspreite länger (bis 25 cm), mit schwachem Sellerieduft, nicht gelappt, breiteste Stelle etwa in der Mitte. . . . . *H. colchica*
2 Blattrand fühlbar nach unten umgebogen, z. T. gezähnt . . . . *H. hibernica*
– Blattrand nicht umgebogen, nicht gezähnt . . . . *H. helix*

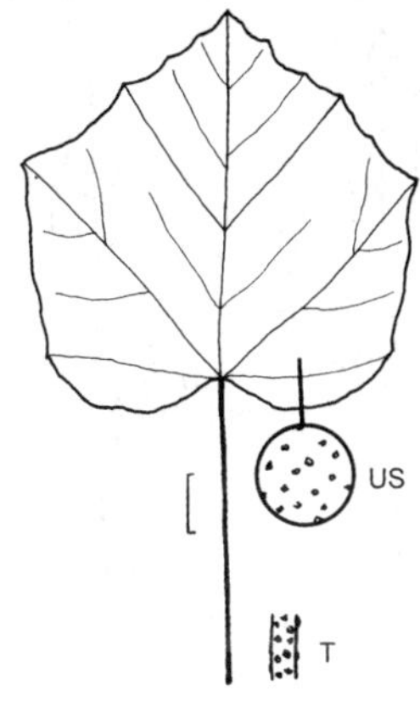

Hedera colchica

Hedera colchica (K. Koch) K. Koch, Kolchischer Efeu

Habitus: Kriechend oder 6–8 m hoch kletternd, Triebe sehr steif, grün, dicht schuppig behaart.
Blätter: Breit eiförmig bis elliptisch, dick ledrig, 10–15 cm lang, gerieben schwach nach Sellerie duftend, an juvenilen Trieben ganzrandig oder 3-lappig, an adulten ungelappt, eiförmig oder rundlich, Basis herzförmig oder abgerundet, oberseits stumpfgrün, unterseits mit anliegenden, rotorangefarbenen, 25- bis 30-strahligen Schuppenhaaren, die über die Hälfte ihrer Länge miteinander verwachsen sind.
Blüten: In 16- bis 18-strahligen Dolden mit bis 2 cm breiten Teilblütenständen, Kelch deutlich ausgebildet, Kelchlappen 3-eckig, September–Oktober.
Früchte: Blauschwarz, erst im Frühjahr reifend, werden in Deutschland nur selten ausgebildet.
Verbreitung: N-Türkei, Kaukasien.
Verwendung: Häufig, B, ♧, Bi, ☠, WHZ 7a, LB 6.4.4.9 (1.1.5.9).

'Arborescens' = 'Autumn Beauty'

'Autumn Beauty'. Vegetativ vermehrte Altersform. Wuchs buschig, ± kugelig, 1,5–2 m hoch.

'Dentata Variegata'. Blätter 15–20 cm lang, eiförmig, ungelappt, graugrün, Rand unregelmäßig breit gelblich weiß.

'Sulphur Heart'. Blätter 10–13 cm lang, eiförmig, ungelappt, Panaschierung der Blattmitte unregelmäßig groß, gelb bis gelbgrün.

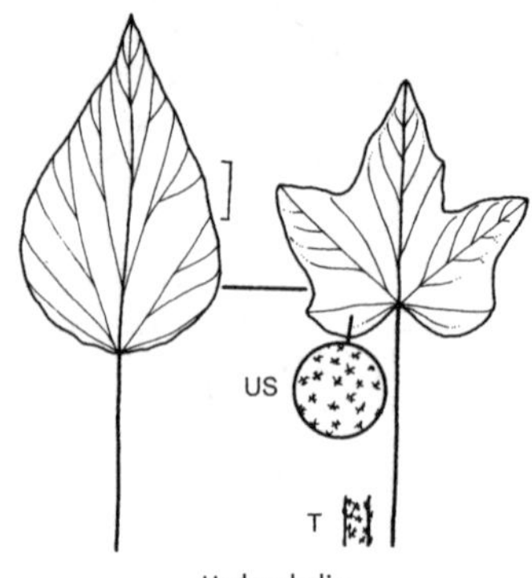

Hedera helix

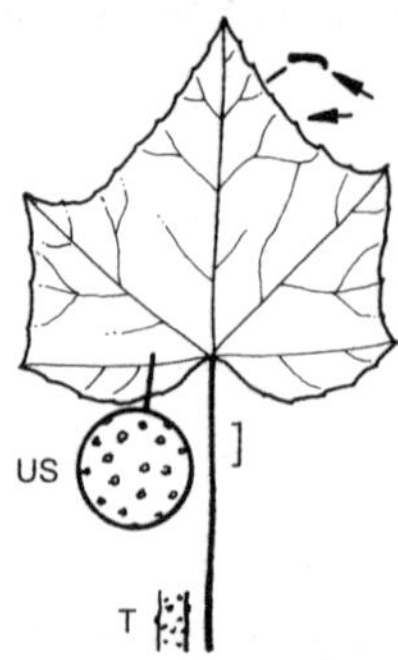

Hedera hibernica

Hedera helix L., Gewöhnlicher Efeu

Habitus: Weithin kriechend oder 10–20(–30) m hoch kletternd, Zweige auf der Schattenseite mit Haftwurzeln, adulte Zweige nicht kletternd, zunächst abstehend, später hängend, Triebe dicht mit 4- bis 14-strahligen Sternhaaren bedeckt.
Blätter: In Form und Größe sehr variabel, an sterilen Trieben 2-zeilig gestellt, im Umriss stumpf 3-eckig, deutlich 3- bis 5-lappig, Basis herzförmig, mit heller, fingerförmiger Aderung, an fertilen Trieben wechselständig, ungelappt, rauten- oder fast herzförmig, lang zugespitzt, unterseits mit weißen, 5–6(–8)-strahligen, nur am Grund verwachsenen Schuppenhaaren, Strahlen in alle Richtungen ausgebreitet.
Blüten: In 6–10 cm langen Rispen mit doldigen Teilblütenständen aus meist 8–19 Einzelblüten, Kronblätter unscheinbar, Kelch und Stiele weiß sternhaarig, September–Oktober.
Früchte: 0,8–1 cm breit, blauschwarz, erst im Frühjahr reifend.
Verbreitung: Europa (ausgenommen N- und NO-Europa), Türkei, Kaukasien.
Verwendung: Sehr häufig, B, ஃ, ⚕, ☠, WHZ 6a, LB 3.1.5.9 (2.4.2.9).

In Kultur zahlreiche Gartenformen, abweichend im Habitus sowie in Form, Farbe und Größe der Blätter. Unter den häufiger kultivierten Formen weichen folgende Sorten von der Normalform besonders stark ab.

Wuchs strauchig, Blätter ungelappt:

Arborescens-Gruppe. Vegetativ vermehrte Altersformen. Triebe dick und steif, erst nach vielen Standjahren kletternd.

Wuchs strauchig, ± steif aufrecht, Blätter klein:

'Congesta', 'Conglomerata', 'Erecta'.

Wuchs langtriebig oder kletternd:

'Sagittifolia'. Blätter zierlich, fein gelappt.

'Goldheart' = 'Oro di Bogliasco'

'Oro di Bogliasco'. Blätter 4–6 cm lang, meist 3-lappig, in der Mitte sattgelb panaschiert, Rand dunkelgrün. Die am häufigsten kultivierte gelblaubige Freilandsorte. Andere panaschierte Sorten oft als Topfpflanze.

Hedera hibernica (G. Kirchn.) Bean, Irischer Efeu

Habitus: Wuchs sehr stark, langtriebig, bis 20 m hoch kletternd oder kriechend und dicht mattenförmig wachsend, Schuppenhaare an jungen Trieben und auf der Unterseite junger Blätter mit weniger als 9 Strahlen, die parallel zur Blattoberfläche ausgebreitet sind.
Blätter: An juvenilen Trieben 5–8 cm lang, 5–14 cm breit, Basis herzförmig, die Spreite mit 5 spitzen, 3-eckigen Lappen, der mittlere Lappen am längsten, Nervatur hell graugrün.
Blüten: Blütenstände wesentlich größer als bei *H. helix*.
Früchte: Wie bei *H. helix*.
Verbreitung: Küstengebiete W-Europas.
Verwendung: Sehr häufig (mit einigen Sorten), WHZ 6a, LB 3.1.7.9.

Hedysarum L.

Hahnenkopf, Süßklee – Fabaceae
(griechisch *hedysaron* = Name eines Schotengewächses)

Habitus: Überwiegend Kräuter oder Stauden, selten Sträucher, Zweige hin- und hergebogen, starr, reich verzweigt, Nodien auffallend verdickt, Knospen eiförmig, 1,5–2 mm lang, grau behaart, einzelne Knospenschuppen nur schwer zu erkennen.
Blätter: Wechselständig, mit 15–35 Blättchen unpaarig gefiedert, Nebenblätter frei oder mit dem Blattstiel verwachsen oder auch fehlend.
Blüten: Zwittrig, zygomorph, in endständigen Trauben, 5-zählig, Kelch glockig, Kelchzähne fast gleich lang, Krone purpurn, violett oder hellrot, selten weiß oder gelb, Fahne verkehrteiförmig, kaum genagelt, Flügel sehr kurz, Kiel schief gestutzt, 9 Staubblätter miteinander verwachsen, das obere frei, Fruchtblatt 1, oberständig.
Früchte: Hülsen abgeflacht, zwischen den Samen eingeschnürt, 2- bis 3-gliedrig, zur Reife in 1-samige Abschnitte zerfallend.
Verbreitung: Etwa 100, überwiegend krautige Arten in gemäßigten Regionen der nördlichen temperierten Zone, überwiegend in Eurasien.
Verwendung: Als verholzende Art bei uns nur die Folgende in Kultur.

Hedysarum multijugum Maxim., Mongolischer Süßklee

Habitus: Bis 1,5 m hoher, locker und sparrig aufgebauter Strauch, Triebe dünn, graugelb, hin- und hergebogen, Knospen eiförmig, ± zugespitzt, 1,5–2 mm lang, braun, grau behaart.
Blätter: Blättchen 17–35, eiförmig bis verkehrteiförmig, 0,6–1,5 cm lang, stumpf oder gekerbt, graugrün, unterseits dicht seidenhaarig.
Blüten: Bis 2 cm lang, in aufrechten, lockeren, bis 20 cm langen, achselständigen Trauben, Krone purpurn, Juni–September.
Früchte: 3 cm lang, dicht mit kurzen Stacheln besetzt.
Verbreitung: Mongolei.
Verwendung: Sehr selten, B, WHZ 6b, LB 5.1.2.6.

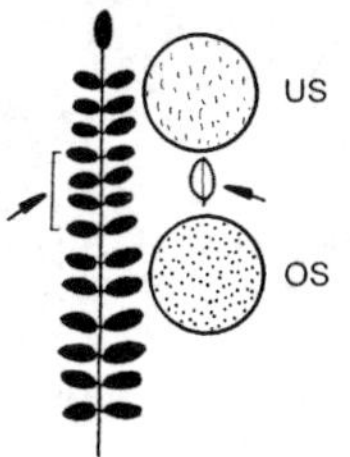

Hedysarum multijugum

Helianthemum Mill.

Sonnenröschen – Cistaceae
(griechisch *helios* = Sonne und *anthemon* = Blume)

Habitus: Immergrüne und halbimmergrüne Zwerg- und Halbsträucher oder Kräuter.
Blätter: Meist gegenständig (die oberen auch wechselständig), gestielt, länglich bis lanzettlich, ± stark behaart, Nebenblätter fehlend oder vorhanden.
Blüten: Zwittrig, radiär, in endständigen Zymen, 5-zählig, die Kelchblätter eiförmig bis länglich, die 2 äußeren klein, die 3 inneren größer, Kronblätter sehr kurzlebig, orange, gelb, hellrot, rot oder weiß, oft an der Basis mit einem gelben oder orangefarbenen Fleck, Staubblätter zahlreich, 1 kurzer Griffel, Fruchtknoten 1-fächrig, oberständig (die Blüten öffnen sich am frühen Morgen, die Kronblätter fallen bereits am Nachmittag ab).
Früchte: Kapseln sich 3-klappig öffnend, behaart, Samen 2 mm lang, braun, zahlreich.
Verbreitung: Etwa 110, überwiegend krautige Arten, vor allem im Mittelmeergebiet, in M-Asien und Iran, in Europa 15 Arten.
Verwendung: Schöne, reich blühende Zwergsträucher für Stein- und Troggärten oder für Trockenmauern und sonnige Böschungen.
In den Gärten werden statt der Arten häufig Hybriden kultiviert, die in der Hauptsache aus Kreuzungen zwischen *H. nummularium*, *H. apenninum* und *H. croceum* entstanden sind. Sie zeichnen sich vor allem durch ihre Fülle großer Blüten mit satten Farben, wie Weiß, Gelb, Rosa, Karmin und Rot, aus. Die Blüten sind überwiegend einfach, bei einigen Sorten aber auch gefüllt.

Bestimmungsschlüssel Helianthemum

1 Blätter ohne Nebenblätter 2
– Blätter mit Nebenblättern neben dem Blattstiel 3

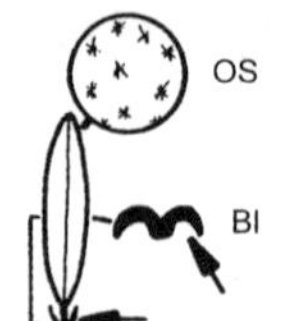

Helianthemum apenninum var. apenninum

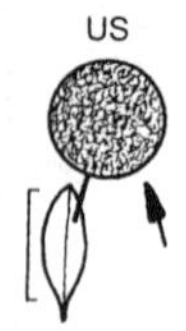

Helianthemum canum

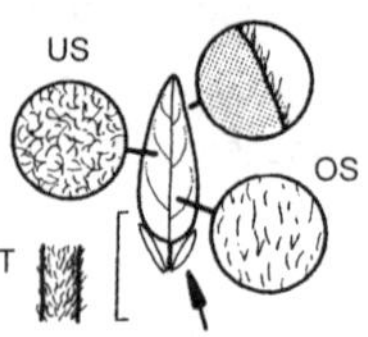

Helianthemum nummularium subsp. nummularium

Helianthemum oelandicum subsp. alpestre

2 Blätter unterseits grau- oder weißfilzig .... *H. canum*
– Blätter beiderseits grün .... *H. oelandicum* subsp. *alpestre*
3 Nebenblätter länger als der Blattstiel, Blätter flach.................................. ...... *H. nummularium* subsp. *nummularium*
– Untere Nebenblätter so lang wie der Blattstiel, Blattrand umgerollt ....*H. apenninum* var. *apenninum*

H. alpestre (Jacq.) DC. = *H. oelandicum* subsp. *alpestre*

Helianthemum apenninum (L.) Mill. **var. apenninum**, Apenninen-Sonnenröschen

Habitus: Bis 0,4 m hoher, niederliegend-aufgerichteter Halbstrauch, Triebe und Blätter beiderseits grau- bis weißfilzig behaart oder Blätter oberseits grün.
Blätter: Länglich-elliptisch bis linealisch, 0,8–3 cm lang, Rand meist umgerollt, Nebenblätter bleibend.
Blüten: Etwa 3 cm breit, zu 3–10 in einfachen Trauben, Krone weiß, am Grund zitronengelb, Mai–August.
Verbreitung: W-, SW-, ZM- und O-Europa.
Verwendung: Häufig, B, WHZ 6b, LB 6.1.3.8.

var. roseum (Jacq.) C.K. Schneid. Blätter grün, oberseits kahl. Blüten rosa. NW-Italien.

Helianthemum canum (L.) Baumg., Graues Sonnenröschen

Habitus: Bis 0,2 m hoher, niederliegender Strauch, an der Basis reich verzweigt, Blütenstiele aufrecht.
Blätter: Eiförmig-lanzettlich bis elliptisch, linealisch oder lanzettlich, bis 3 cm lang, oberseits grün- bis graufilzig, unterseits stets weißfilzig.
Blüten: Etwa 1,2 cm breit, zu 3–15 in einfachen Trauben, Krone dunkelgelb, Mai–Juni.
Verbreitung: Europa, N-Afrika Türkei, Kaukasien.
Verwendung: Häufig, B, WHZ 6b, LB 6.1.3.8.

H. chamaecistus Mill. = *H. nummularium* subsp. *nummularium*

Helianthemum nummularium (L.) Mill. non Grosser **subsp. nummularium**, Kahles Sonnenröschen

Habitus: 0,1–0,5 m hoher Halbstrauch, Zweige niederliegend-aufsteigend bis aufrecht.
Blätter: Länglich bis lanzettlich, eiförmig oder rundlich, 0,5–5 cm lang, oberseits grün, unterseits ± graufilzig, Nebenblätter bleibend.
Blüten: Etwa 2,5 cm breit, zu 2–15 in später gestreckten Zymen, Krone goldgelb, hellgelb, weiß oder orange, Mai–September.
Verbreitung: Europa, Türkei, Kaukasien, Syrien.
Verwendung: Häufig, B, WHZ 5a, LB 6.3.3.8 (4.3.2.8).

subsp. grandiflorum (Scop.) Schinz et Thell., Großblütiges Sonnenröschen. Blätter grün, unterseits spärlich behaart. Blüten 2,5–3 cm breit, zu vielen beisammen, Krone gelb. Gebirge in Europa.

Helianthemum oelandicum (L.) DC. **subsp. oelandicum**, Öland-Sonnenröschen

Habitus: Locker verzweigter, bis 0,2 m hoher Halbstrauch.
Blätter: Länglich-lanzettlich bis lanzettlich, 0,6–1 cm lang, spitz oder stumpf, mittel- bis tiefgrün, kahl oder behaart, Nebenblätter fehlend.
Blüten: Bis 8 mm breit, in einfachen oder verzweigten Zymen, Krone gelb, Juni–August.
Verbreitung: N-Europa.

Verwendung: Weniger häufig als die subsp. *alpestre*, B, WHZ 5a, LB 8.2.1.8.

subsp. alpestre (Jacq.) Breister., Alpen-Sonnenröschen. Wuchs dicht mattenförmig, bis 0,12 m hoch. Blätter lanzettlich bis verkehrteiförmig-lanzettlich, 0,6–1,8 cm lang, Rand eingerollt, beiderseits grün. Blüten etwa 1,5 cm breit, zu 2–6, Krone leuchtend gelb, Juni-August. Gebirge in SW-, ZM- und O-Europa, Türkei.

H. polifolium (L.) Mill. = *H. apenninum* var. *apenninum*
H. vulgare Gaertn. = *H. nummularium* subsp. *nummularium*

Helwingia Willd.

Helwingie – Helwingiaceae

(nach Georg Andreas Helwing, 1666–1748, deutscher Geistlicher und Naturforscher)

Habitus: Sommergrüne Sträucher, Zweige kahl, grün bis rötlich, Endknospen eiförmig, zugespitzt, 4–5 mm breit, Knospenschuppen 2–3, weinrötlich-grünlich, Blattnarben halbkreisförmig bis rundlich, 1-spurig.
Blätter: Wechselständig, einfach, gestielt, eiförmig bis lanzettlich, gesägt, Nebenblätter fädig.
Blüten: 1-geschlechtig, 2-häusig verteilt, unscheinbar, in kleinen Bündeln in der unteren Blatthälfte der Mittelrippe aufsitzend, Kelch zurückgebildet, Kron- und Staubblätter je 3–5, Krone grünlich, Nektarscheibe deutlich ausgebildet, Fruchtknoten unterständig, 3- bis 4-fächrig.
Früchte: Steinfrüchte kugelig, 6–7 mm breit, schwarz glänzend, Steinkerne 1–4.
Verbreitung: 3 Arten im Himalaja, in Japan und auf Taiwan.
Verwendung: Bei uns nur die folgende Art in Kultur.

Helwingia japonica (Thunb.) F. Dietr., Japanische Helwingie

Habitus: Bis 1,5 m hoher, aufrechter, dicht verzweigter Strauch mit kurzen Ausläufern und grünlichen Trieben.
Blätter: Eiförmig bis elliptisch, 3–10 cm lang, zugespitzt, grannig gezähnt.
Blüten: Sehr klein, 2–3 mm lang gestielt, bis zu 12 in kleinen Dolden, Krone grünlich weiß, Mai.
Früchte: Kugelig, 6 mm dick.

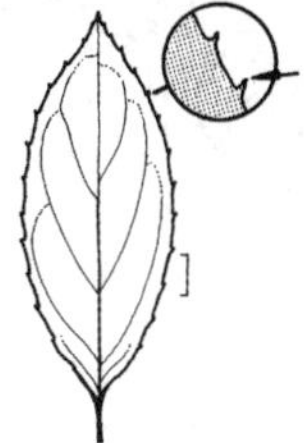

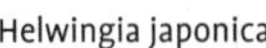

Helwingia japonica

Hemiptelea davidii

Verbreitung: Japan: S-Hokkaido bis Riukiu-Inseln.
Verwendung: Selten, WHZ 6a, LB 3.2.1.6.

Hemiptelea Planch.

Dornulme – Ulmaceae

(griechisch *hemi* = halb und *ptelea* = Ulme)

Monotypische Gattung

Hemiptelea davidii (Hance) Planch., Davids Dornulme

Habitus: Sommergrüner Strauch oder bis 15 m hoher, sparrig verzweigter Baum, Kurztriebe verdornt, 2–10 cm lang, junge Triebe behaart, später braun oder graubraun, Endknospen fehlend, Seitenknospen unter 2 mm hoch.
Blätter: Wechselständig, 2-zeilig gestellt, kurz gestielt, länglich-elliptisch, 4–7 cm lang, spitz, Basis abgerundet bis herzförmig, grob gesägt, Nervenpaare 8–12, eingesenkt, oberseits dunkelgrün, unterseits später nur auf den Hauptnerven behaart.
Blüten: Polygam, unscheinbar, in kurz gestielten, 1- bis 4-blütigen Büscheln an jungen Trieben in den Achseln von Knospenschuppen oder den unteren Blättern, Blütenhülle einfach, 4- bis 5-zählig, Staubblätter meist 4, April Mai.
Früchte: Nüsse ähnlich wie bei Ulmen asymmetrisch, stark abgeflacht, 6 mm lang, einseitig hautartig dünn geflügelt.
Verbreitung: Mandschurei, N-China.
Verwendung: Sehr selten, WHZ 6a, LB 6.1.1.4.

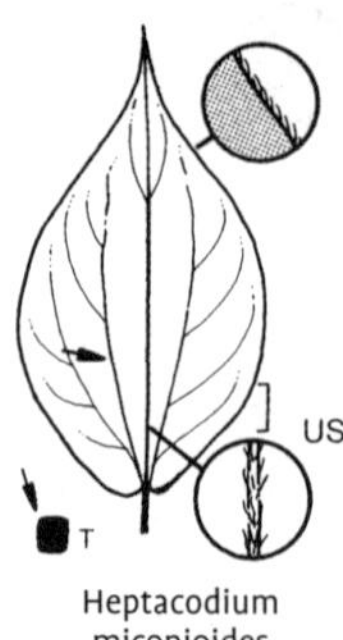

Heptacodium miconioides

Heptacodium Rehder

Heptacodium – Caprifoliaceae
(Herkunft ungeklärt, vielleicht griechisch *hepta* = sieben und *kodia* = Mohnkopf)
Monotypische Gattung

H. jasminoides Airy Shaw = *H. miconioides*

Heptacodium miconioides Rehder, Sieben-Söhne-des-Himmels-Strauch

Habitus: Sommergrüner, 3–5(–7) m hoher, breitwüchsiger Strauch, Knospen und junge Triebe rotbraun und 4-kantig, Rinde sich in dünnen Längsstreifen ablösend.
Blätter: Gegenständig, länglich-eiförmig, 9–17 cm lang, geschwänzt zugespitzt, Basis herzförmig, Ränder meist nach oben gebogen, deshalb die Spreite leicht kahnförmig, nahezu ganzrandig oder weit und seicht gebuchtet, oberseits matt dunkelgrün, unterseits heller, seitlich neben dem Hauptnerv je ein etwas schwächerer, parallel verlaufender Seitennerv, Herbstfärbung leicht purpurbraun.
Blüten: Zwittrig, zygomorph, stark duftend, 5-zählig, meist zu 6 in rispenartigen Ständen endständig an diesjährigen Langtrieben, Teilblütenstände lang gestielt, mehrfach 3-teilig, Kelch klein, purpurrot, bleibend, sich zur Fruchtreife vergrößernd, Kronblätter weiß, 5, schmal länglich, spreizend, Staubblätter weiß, August–Oktober.
Früchte: Beeren 1 cm lang, länglich, zur Reife von den 0,9–1,2 cm langen, anfangs rosafarbenen bis purpurnen Kelchblättern umgeben.
Verbreitung: China: Anhui, Zhejiang, Hubei.
Verwendung: Selten (fällt durch die reiche Blütenfülle im Spätsommer auf), B, WHZ 6b, LB 6.4.2.5.

Hibiscus L.

Eibisch – Malvaceae
(lateinisch *hibiscus* = Echter Eibisch, *Althaea officinalis*)

Habitus: Immer- oder sommergrüne Kräuter, Sträucher oder kleine Bäume, Zweige grau bis graubraun, verkahlend, mit zahlreichen kleinen Lentizellen, Knospen sehr klein und unauffällig, Endknospen in den 1–2 mm großen, flachen bis napfförmigen Fruchtstielnarben fast ganz geborgen, Blattnarben auf deutlichen Kissen, 3(–5)-spurig.
Blätter: Wechselständig, handnervig, elliptisch, lanzettlich, ei- oder herzförmig, manchmal gelappt, Nebenblätter vorhanden.
Blüten: Zwittrig, radiär, groß, meist einzeln in den Blattachseln junger Triebe, Außenkelch mit 4–10, selten bis 20 Segmenten, frei oder an der Basis verwachsen, gelegentlich mit den Kronblättern verbunden, Kelch 5-lappig, 10-nervig, Krone breit glockig, Kronblätter frei, gelb, lavendelfarben, rot oder in anderen Farben, an der Basis oft mit einem purpurnen Fleck, die zahlreichen Staubblätter zu einer langen, die 5 Griffel umschließenden Röhre verwachsen, Narben groß, Fruchtknoten 5-fächrig, oberständig.
Früchte: Kapseln 2–3 cm lang, eiförmig, sich 5-klappig öffnend, Samen nierenförmig, braun, 5 mm lang.
Verbreitung: Etwa 220 Arten, vorwiegend in den Tropen und Subtropen.
Verwendung: Von den verholzenden Sippen ist in M-Europa nur die folgende Art mit ihren zahlreichen großblumigen Sorten ausreichend frosthart.

Hibiscus syriacus L., Rosen-Eibisch, Strauch-Eibisch

Habitus: Sommergrüner, bis 3 m hoher, schmal trichterförmig aufgebauter Strauch, Zweige straff aufrecht, junge Triebe weich sternhaarig, später kahl.
Blätter: Rhombisch-eiförmig, ± 3-lappig, 5–10 cm lang, handnervig, grob gezähnt, Zähne spitz oder stumpflich, Basis breit keilförmig oder abgerundet, durchscheinend punkiert, Stiel 0,5–1,5 cm lang, Nebenblätter 4 mm lang, pfriemlich.
Blüten: Einzeln, kurz gestielt, 6–10 cm breit, Krone violett (bei den Sorten auch mit anderen Farben), Außenkelch mit schmal linealischen Zipfeln, August–September.
Früchte: Wie oben.

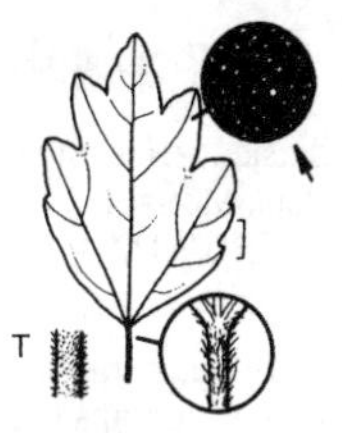

Hibiscus syriacus

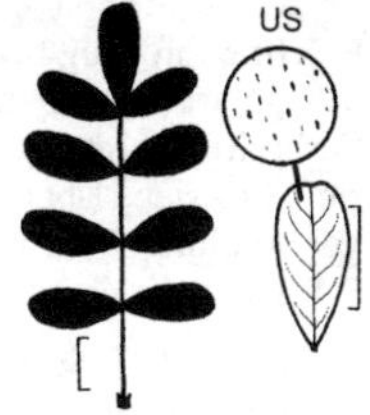

Hippocrepis emerus

Verbreitung: Indien, China, in S-Europa etabliert.
Verwendung: Sehr häufig (in zahlreichen Sorten), B, WHZ 7a, LB 6.4.2.5.

Nachfolgend werden die am häufigsten kultivierten Sorten aufgelistet. Fast alle Sorten haben am Grund der Kronblätter einen ± ausgeprägten oft dunkelrot gefärbten Basalfleck.

1. Blüten einfach:

Weiß: 'Diana', 'Red Heart', 'Totus Albus', 'William R. Smith'.

Rosa: 'Hamabo', 'Mathilde', 'Monstrosus', 'Helena', 'Pink Giant'.

Hellrot: 'Woodbridge'.

Purpurrot: 'Rubis'.

Violettblau, violettrot, lilapurpurn: 'Mauve Queen', 'Oiseau Bleu' (= 'Blue Bird'), 'Pink Flirt', 'Russian Violett'.

Blau: 'Coelestis'.

2. Blüten ± gefüllt:

Weiß: 'Admiral Dewey', 'Jeanne d'Arc', 'Lady Stanley' (Spitzen der Kronblätter rosa schattiert), 'Speciosus', WHITE CHIFFON ('Notwoodtwo').

Rot, rosarot, violettrosa: 'Duc de Brabant', LAVENDER CHIFFON ('Notwoodone'), 'Puniceus Plenus'.

Hell- bis intensiv blau: BLUE CHIFFON ('Notwood3'), CHINA CHIFFON ('Brittcuts')

Lilapurpurn, purpurblau, 'Ardens', 'Souvenir de Charles Breton'.

Hippocrepis L.

Hufeisenklee – Fabaceae

(Name von Linné zu *hippos* und griechisch *krepis* (Schuh) als Lehnübersetzung von lateinisch *solea* = Pferdeschuh, der nicht wie Hufeisen mit Nägeln angeschlagen, sondern angezogen wurde)

Habitus: Einjährige oder ausdauernde Kräuter, Halbsträucher oder Sträucher.
Blätter: Wechselständig, unpaarig gefiedert, Blättchen ganzrandig.
Blüten: Zwittrig, zygomorph, in köpfchenartigen Trauben oder achselständigen Büscheln, Kelch röhrig-glockig, mit 5 ungleichen Zähnen, Kiel spitz.
Früchte: Hülsen flach, gebogen, in hufeisenförmige Segmente gegliedert.
Verbreitung: 21 Arten in Europa, W-Asien und im Mittelmeergebiet.
Verwendung: Hübsch blühende Kleinsträucher für sonnig-warme Standorte an Hängen, in Steingärten oder auf Stein- und Hochbeeten.

Hippocrepis emerus (L.) Lassen, Strauchiger Hufeisenklee

Habitus: Sommergrüner, 0,5–2 m hoher, breitbuschiger, reich verzweigter Strauch, Zweige grün, kantig, anfangs behaart, später kahl.
Blätter: 4–6 cm lang, Blättchen 7–9, verkehrteiförmig bis herzförmig, 1–1,5 cm lang, smaragdgrün.
Blüten: 1,8–2 cm lang, duftend, zu 3–5 blattachselständig, Kronröhre mit 2 kleinen Zipfeln, Kelch rötlich grün, Fahne gelb, an der Basis rot gestreift, Stiel von Fahne, Flügel und Schiffchen viel länger als der Kelch, März–April.
Früchte: Zylindrisch, 5–11 cm lang, in 3–12 Segmente zerfallend.
Verbreitung: S-Europa bis W-Asien, N-Afrika.
Verwendung: Häufig, B, D, WHZ 7b, LB 6.3.4.6.

Hippophae L.

Sanddorn – Elaeagnaceae

(griechisch *hippophaés* = eine nicht näher bezeichnete Sippe, lateinisch *hippophaëa* = eine Wolfsmilchart mit starken Dornen)

Habitus: Sommergrüne Sträucher oder Bäume, oberirdische Teile mit silbrigen Schuppen- oder Sternhaaren (Schülferhaaren) bedeckt, Zweigenden meist verdornend, Knospen gedrungen, etwa 2 mm lang und breit, Endknospe fehlend.

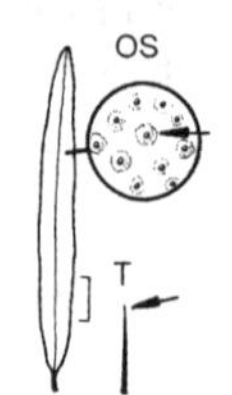

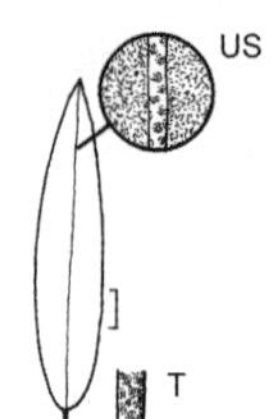

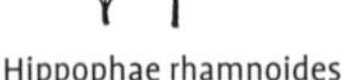
Hippophae rhamnoides Hippophae salicifolia

Blätter: Wechselständig, einfach, lanzettlich bis linealisch, ganzrandig, kurz gestielt, Nebenblätter fehlend.
Blüten: 1-geschlechtig, 2-häusig verteilt, unscheinbar, ♂ Blüten zu 4–8 in kurzen Trauben, achselständig an vorjährigen Zweigen, Kronblätter fehlend, Kelchblätter 2, die 4 Staubblätter bogenförmig bedeckend, ♀ Blüten in kurzen Trauben, Fruchtknoten 1-fächrig, oberständig.
Früchte: Steinfrüchte beerenähnlich, 7–8 mm lang, orangefarben oder gelb, glänzend, mit dünner Haut und wässrig-fleischigem Fruchtfleisch, das aus der Kelchröhre gebildet wird, Samen hart, länglich-eiförmig, glänzend schwarzbraun.
Verbreitung: 3 Arten im temperierten Eurasien.
Verwendung: Zier- und Fruchtsträucher, Pioniergehölze für vollsonnige Standorte und nährstoffarme, sandig-kiesige Böden. *H. rhamnoides* wird stellenweise plantagenmäßig angebaut, die vitaminreichen Früchte werden in vielfältiger Weise verarbeitet.

Bestimmungsschlüssel Hippophae

1 Strauch mit Dornen bewehrt, Blätter höchstens 8 mm breit . . . . *H. rhamnoides*
– Zweige dornenlos, Blätter 7–15 mm breit . . . . *H. salicifolia*

Hippophae rhamnoides L., Gewöhnlicher Sanddorn

Habitus: Aufrechter, sparrig verzweigter, meist stark dorniger Strauch oder bis 10 m hoher, sehr unregelmäßig aufgebauter Baum, oft zahlreiche Wurzelsprosse bildend und dann dickichtartig ausgebreitet.
Blätter: Schmal lanzettlich, 5–7 cm lang, beiderseits silbrig oder bronzefarben beschuppt.
Blüten: ♂ Blüten grünlich braun, schon im Spätsommer angelegt, vor dem Laubaustrieb im März–April aufblühend.
Früchte: Eiförmig bis kugelig, 7–8 mm groß, orangefarben, essbar.
Verbreitung: Europa, Kaukasien, Iran, Sibirien, M-Asien, Tibet, Himalaja, Mongolei.
Verwendung: Sehr häufig, N, ♣, WHZ 4, LB 5.1.2.4.

In Kultur oft ♀ Sorten mit großen, vitaminreichen Früchten und reichem Fruchtansatz, wie 'Askola', 'Dorana', 'Frugana', 'Hergo', 'Leicora', ORANGE ENERGIE ('Habego'), sowie ♂ Sorten (verschiedene 'Pollmix'-Klone), die als Befruchter dienen.

Hippophae salicifolia D. Don, Weidenblättriger Sanddorn

Habitus: Strauch oder bis 15 m hoher Baum, Zweige hängend, nicht dornig, junge Triebe braun zottig behaart.
Blätter: Schmal länglich, 4,5–8 cm lang, oberseits mattgrün, unterseits grau, dicht sternhaarig, mit zerstreuten braunen Schüppchen.
Blüten: Wie oben.
Früchte: Gelb.
Verbreitung: Himalaja.
Verwendung: Sehr selten, ♣, WHZ 6b, LB 6.1.2.5.

Hoheria A. Cunn.

Hoherie (in Neuseeland als ribbonwoods oder lacebark bezeichnet) – Malvaceae
(aus dem von den Maoris gebrauchten Namen für diese Pflanze – *hoheri* – latinisiert)

Habitus: Sommer- oder immergrüne, ± dicht sternhaarige Bäume oder kleine Sträucher, Stamm und Äste mit netzartigen Bastfasern, die sich zu einer dicken Schicht entwickeln.
Blätter: Wechselständig, einfach, gestielt, anfangs gelappt, später ungelappt.
Blüten: Zwittrig, radiär, einzeln oder bis zu 10 (meist 2–5) achselständig an diesjährigen Trieben, Kelch glockig, kurz 5-zähnig, Kronblätter 5, genagelt, weiß, creme- oder elfenbeinfarben, Staubblätter zu einer Säule verwachsen, an der Spitze in 5 Bündel getrennt, Anzahl der Griffel gleich denen der Fruchtblätter.
Früchte: Spaltfrüchte mit 5–15 ± deutlich geflügelten, 1-samigen Teilfrüchten.
Verbreitung: 5 Arten in Neuseeland.
Verwendung: Attraktive Blütensträucher für

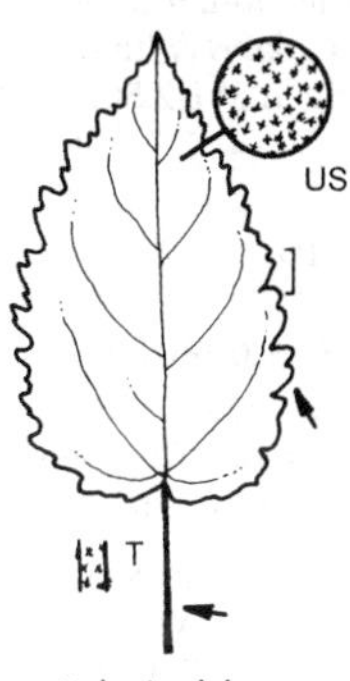

Hoheria glabrata

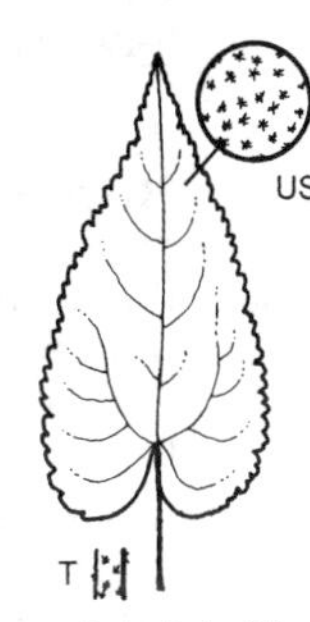

Hoheria lyallii

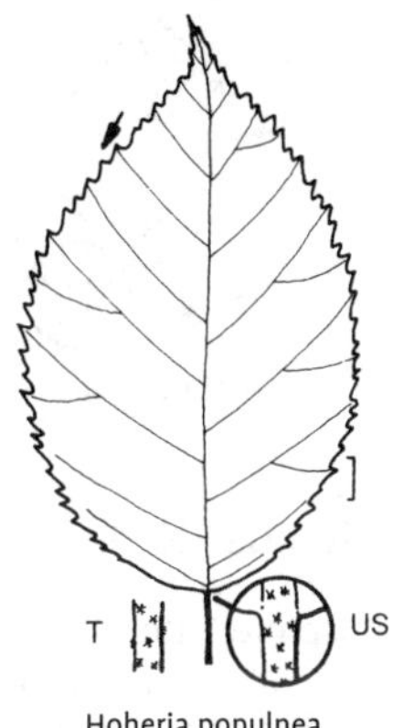

Hoheria populnea

wintermilde Zonen und windgeschützte Standorte.

Bestimmungsschlüssel Hoheria

1 Blattbasis keilförmig . . . . *H. populnea*
– Blattbasis abgerundet oder herzförmig 2
1 Blattstiele höchstens 3 cm lang. . . . . . *H. lyallii*
– Blattstiele länger (zumindest viele) . . . . *H. glabrata*

Hoheria glabrata Sprague et Summerh., Kahle Hoherie

Habitus: Sommergrüner Strauch oder bis 10 m hoher Baum, Rinde hellgrau, junge Triebe sternhaarig.
Blätter: Juvenile Blätter 1–3 cm lang, eiförmig bis nahezu rundlich oder herzförmig, unregelmäßig tief gelappt, adulte Blätter 5–14 cm lang, breit eiförmig bis eiförmig-lanzettlich, zugespitzt, Basis keil- oder herzförmig, kerbig gesägt.
Blüten: Zahlreich, bis 4 cm breit, becherförmig, Krone weiß bis cremeweiß, Staubblattsäule hellgelb, 5 mm lang, Staubbeutel purpurn, Juni–Juli (in der Heimat im Februar).
Früchte: Teilfrüchte ungeflügelt.
Verbreitung: Neuseeland: Westhänge auf der S-Insel.
Verwendung: Sehr selten, B, WHZ 8a, LB 6.4.1.5.

Hoheria lyallii Hoof. f., Berg-Hoherie

Habitus: Sommergrüner, bis 6 m hoher Strauch oder kleiner Baum, junge Triebe sternhaarig.
Blätter: Juvenile Blätter 2–7 cm lang, dünn, eiförmig bis nahezu rundlich, tief 3- bis 5-lappig, adulte Blätter 5–10 cm lang, breit eiförmig, zugespitzt, Basis herzförmig, gezähnt, graugrün, weißlich behaart, besonders unterseits.
Blüten: 2–3 cm breit, sehr zahlreich, Krone schneeweiß, Staubblattsäule hellgelb, 8 mm lang, Staubblätter purpurn, Juni–Juli.
Früchte: Teilfrüchte undeutlich geflügelt.
Verbreitung: Neuseeland: Osthänge der S-Insel.
Verwendung: Sehr selten, B, WHZ 8a, LB 6.4.1.5.

Hoheria populnea A. Cunn., Pappelblättrige Hoherie

Habitus: Immergrüner, bis 10 m hoher Baum, junge Triebe und Blütenstiele sternhaarig. Zweige dünn, gefurcht, Rinde hell, sich in aschgrauen Streifen lösend.
Blätter: Juvenile Blätter 1–3 cm lang, breit eiförmig, deltaförmig oder nahezu rundlich, adulte Blätter 7–14 cm lang, breit eiförmig bis eiförmig-lanzettlich oder elliptisch, meist zugespitzt, unregelmäßig grob gesägt-gezähnt.
Blüten: 2,5–3 cm breit, zu 5–10 in achselständigen Büscheln, Kronblätter reinweiß, löffelförmig gebogen, abstehend bis zurückgeschlagen, September.
Früchte: Teilfrüchte breit geflügelt.
Verbreitung: Neuseeland: S-Insel.
Verwendung: Sehr selten, B, WHZ 8b, LB 6.4.1.5.

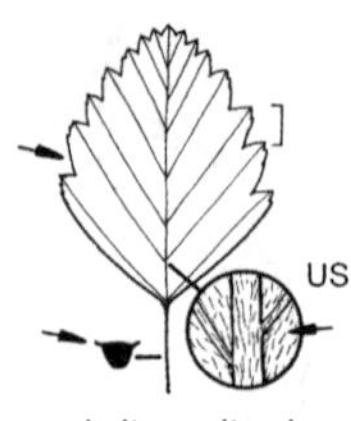

Holodiscus discolor

Holodiscus (K. Koch) Maxim.

Schaumspiere – Rosaceae

(griechisch *holos* = ganz, komplett und lateinisch *discus* = Scheibe)

Habitus: Sommergrüne, ± behaarte Sträucher, oft mit überhängenden, grauen Zweigen, Rinde schon im 1. Jahr längs aufreißend, Knospen länglich, Endknospen 3–5 mm lang, Seitenknospen 2–3 mm lang, zur Spitze hin dicht hell behaart.
Blätter: Wechselständig angeordnet, einfach, eiförmig, grob gezähnt bis eingeschnitten oder fiederschnittig, Nebenblätter fehlend.
Blüten: Zwittrig, radiär, 4–5 mm breit, sehr zahlreich, in bis 20 cm langen, lockeren, endständigen, meist überhängenden Rispen, weiß bis zartrosa, Kelch tief 5-lappig, die 5 Kronblätter kaum länger als der Kelch, Staubblätter 20, die 15 äußeren an der Basis verwachsen, Fruchtblätter 5, auffallend lang behaart, in einem offenen Blütenbecher sitzend.
Früchte: Nüsschen 1-samig, nicht aufspringend.
Verbreitung: 8 nahe verwandte Arten von British Columbia bis New Mexico und Kolumbien.
Verwendung: Bei uns oft nur die folgende Art der reichen Blüte wegen in Kultur.

Holodiscus discolor (Pursh) Maxim., Wald-Schaumspiere

Habitus: Bis 4 m hoher, breit aufrechter, locker aufgebauter Strauch, Äste braun oder graubraun, Zweige dünn, oft bogig überhängend.
Blätter: Eiförmig, 4–10 cm lang, stumpf, Basis gestutzt oder breit keilförmig, meist seicht fiedrig gelappt, die 4–8 Lappen gesägt, spitz, oberseits runzelig, stumpfgrün, kahl, unterseits grau bis weißlich krauswollig, Blattstiel geflügelt.
Blüten: In bis 30 cm langen, überhängenden Rispen, gelblich weiß, Juni–August.
Verbreitung: W-Kanada, NW- und W-USA.
Verwendung: Häufig, B, WHZ 5b, LB 2.2.4.5.

Hovenia Thunb.

Rosinenbaum – Rhamnaceae

(nach David ten Hove, 1724–1787, holländischer Senator, der Thunbergs Reisen nach Japan unterstützte)

Habitus: Sommergrüne Sträucher oder bis 20 m hohe Bäume, Zweige violettbraun, mit zahlreichen kleinen, hellen Lentizellen, Knospen eiförmig, etwas zugespitzt, bis 5 mm lang, Knospenschuppen dunkel rotbraun, dicht und fein anliegend behaart, Seitenknospen mit 1–2 absteigenden Beiknospen, Blattnarben deutlich 3-spurig.
Blätter: Wechselständig, einfach, lang gestielt, von der Basis an gesägt oder nahezu ganzrandig, 3-nervig, Nebenblätter fehlend.
Blüten: Zwittrig, radiär, klein, unscheinbar, in seiten- und endständigen Zymen, 5-zählig, Kelch 5-lappig, Kronblätter weiß, sehr klein, konkav, die 5 Staubblätter umfassend, Nektarscheibe behaart, Fruchtblätter 3, verwachsen.
Früchte: Nüsse kugelig, 7–8 mm dick, 3-fächrig, Fruchtwand hart, ledrig, Samen eiförmig bis kugelig, 4–5 mm dick, abgeflacht, 3-kantig, glänzend dunkelbraun. Die essbaren Fruchtstandsachsen werden zur Reife ± fleischig und verdickt.
Verbreitung: 2 Arten vom Himalaja bis Japan.
Verwendung: Bei uns nur die folgende Art in Kultur.

Hovenia dulcis Thunb., Japanischer Rosinenbaum

Habitus: Bis 10 m hoher, regelmäßig aufgebauter Baum, Triebe flaumig behaart.
Blätter: Breit eiförmig bis elliptisch, 10–20 cm lang, zugespitzt, Basis abgerundet oder herzförmig, grob gesägt, unterseits kahl oder auf den Nerven behaart, Stiel 3–5 cm lang, mit einigen Drüsen.
Blüten: 7 mm breit, in 5–7 cm breiten, vielblütigen Zymen, Krone grünlich weiß, Juni–August.
Früchte: Hell graubraun, 7 mm dick, bei uns nur selten ausgebildet, Fruchtstandsachsen rötlich braun.

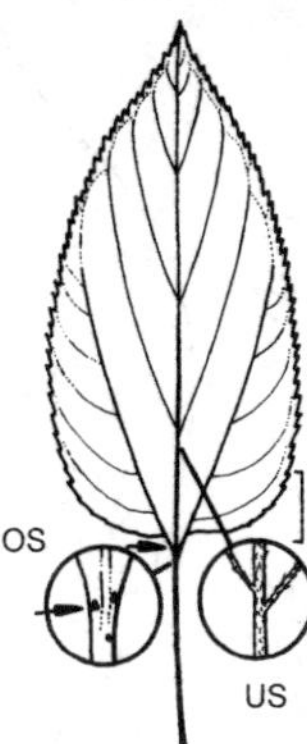

Hovenia dulcis

Verbreitung: China, Korea, Japan.
Verwendung: Selten, N, ♧, WHZ 6b, LB 6.1.1.3.

Hydrangea L.

Hortensie – Hydrangeaceae

(griechisch *hydor* = Wasser und *aggeion* = Gefäß)

Habitus: Überwiegend (in Kultur ausschließlich) sommergrüne Sträucher oder Kletterpflanzen, Äste und Zweige oft mit papierdünn abrollender Streifen- oder Ringelborke, Knospen schwach behaart oder kahl, mit 2–3 Paar äußeren Knospenschuppen, nur die größere Endknospe nackt.
Blätter: Gegenständig oder zu 3 in Quirlen, einfach, gestielt, rundlich bis länglich, gezähnt, selten fiedrig gelappt, Nebenblätter fehlend.
Blüten: Zwittrig, radiär oder zygomorph, klein, in vielblütigen, endständigen Rispen oder Trugdolden, weiß, rot oder blau, selten alle Blüten eines Blütenstandes fertil und radiär, die äußeren oft steril, dann z.T. zygomorph, deren Kelchblätter wesentlich vergrößert und kronblattartig als Schauorgan gestaltet, bei den restlichen Blüten die Kronblätter deutlich reduziert oder fehlend (bei Kulturformen oft alle Blüten eines Blütenstandes steril), Kelch- und Kronblätter 4–5, Staubblätter 8–20, meist 10, Griffel 2–5, kurz, Fruchtknoten halb bis ganz unterständig.
Früchte: Kapseln 1–8 mm groß, kugelig, ei- oder urnenförmig, 2- bis 5-fächrig, oben mit einer zentralen Öffnung, Samen zahlreich, 0,5–1 mm lang.

Verbreitung: 23 Arten vom Himalaja bis Japan, Philippinen und Java, atlantisches N-Amerika, Gebirge von M-Amerika bis Chile.
Verwendung: Mit den großen, weißen oder andersfarbigen Blütenständen sehr dekorative, häufig gepflanzte Blütensträucher von sehr unterschiedlichem Charakter (Samt-, Rispen- und Schneeball-Hortensien oder Garten-Hortensien mit einer Fülle an Sorten). *H. anomala* subsp. *petiolaris* ist eine häufig gepflanzte Kletter-Hortensie, die auch schattige Standorte toleriert.

Bestimmungsschlüssel Hydrangea

(sichere Artbestimmung z.T. nur mit Blüten möglich)

1 Pflanze kletternd (mit Haftwurzeln) . . . . *H. anomala* subsp. *petiolaris*
– Pflanze ohne Haftwurzeln, nicht kletternd . . 2
2 Blätter eichenähnlich gelappt. . . *H. quercifolia*
– Blätter nicht gelappt (aber gesägt). 3
3 Blütenstand kegelförmige Rispe. . . . . *H. paniculata*
– Blütenstand Trugdolde oder kugelige Rispe 4
4 Triebe dicht behaart 5
– Triebe (fast) kahl, höchstens mit faseriger Oberfläche. 8
5 Blütenstand halbkugelig, Blattgrund keilförmig . . . .*H. involucrata*
– Blütenstand eine flache Trugdolde, Blattgrund abgerundet 6
6 Blätter eiförmig. 7
– Blätter länglich . . . . . *H. aspera* Villosa-Gruppe
7 Blätter oberseits spärlich behaart. . . . . *H. aspera* subsp. *aspera*
– Blätter oberseits dicht samtig behaart . . . . *H. aspera* subsp. *sargentiana*
8 Blattrand kahl. 9
– Blattrand bewimpert. 10
9 Blätter höchstens 15 cm lang . . . . . . *H. serrata*
– Blätter 15–20 cm lang (zumindest viele) . . . . . *H. macrophylla*
10 Blattbasis keilförmig . . . . *H. heteromalla*
– Blattbasis abgerundet bis herzförmig. . . . . *H. arborescens* subsp. *arborescens*

Hydrangea anomala D. Don **subsp. anomala**, Kletter-Hortensie

Habitus: Mit Hilfe von Haftwurzeln bis 12 m hoch kletternd, Triebe kahl oder behaart, ältere Zweige mit schichtweise abblätternder Borke.
Blätter: Breit eiförmig bis rundlich, 7,5–13 cm lang, zugespitzt, Basis herzförmig bis abgerundet, grob gezähnt, unterseits bis auf Haartuffs in den Nervenwinkeln kahl.
Blüten: In ziemlich flachen, 12–15 cm breiten Trugdolden, sterile Randblüten weiß, zahlreich, 1,5–3,7 cm breit, fertile Blüten cremeweiß, zahlreich, klein, Kronblätter an der

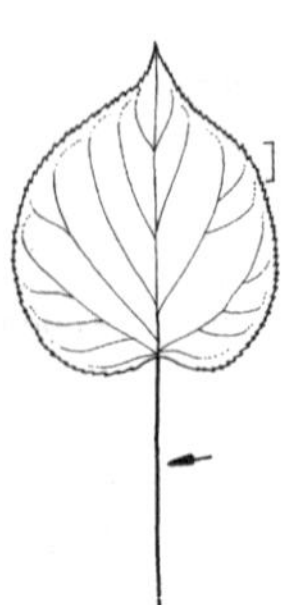
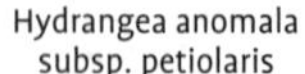

Hydrangea anomala subsp. petiolaris

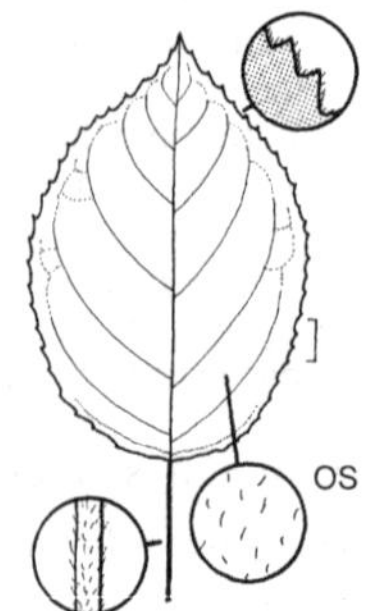

Hydrangea arborescens subsp. arborescens

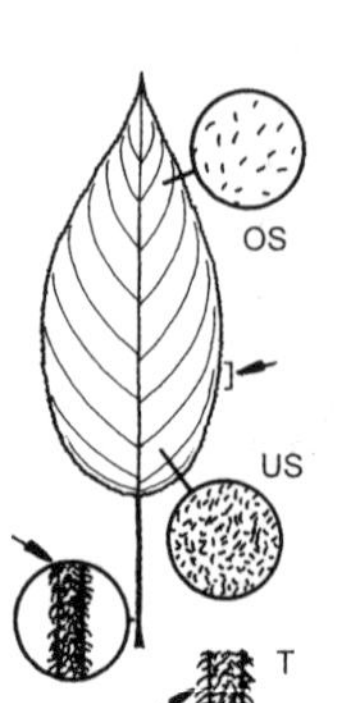

Hydrangea aspera subsp. aspera

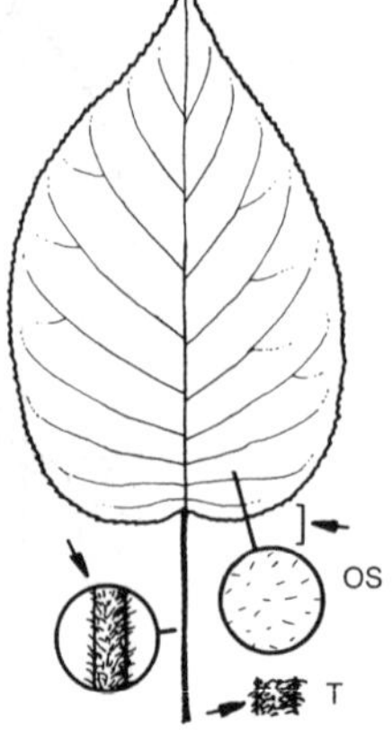

Hydrangea aspera subsp. sargentiana

Spitze kapuzenartig verbunden und als Ganzes abfallend, Staubblätter meist weniger als 15, Juni–Juli
Verbreitung: Himalaja, China.
Verwendung: Selten (sehr häufig die subsp. *petiolaris*), B, WHZ 5a, LB 7.2.6.9.

subsp. petiolaris (Siebold et Zucc.) E.M. McClint. Mit Haftwurzeln 10–20 m hoch kletternd. Blätter eiförmig-rundlich, 3,5–11 cm lang, spitz oder zugespitzt, Basis ± herzförmig, fein gezähnt, oberseits kahl, nur gelegentlich behaart, unterseits behaart, vor allem auf den Nerven, Stiel 2–8 cm lang. Blüten in flachen, 15–25 cm breiten, flachen Trugdolden, fertile Blüten weiß, sterile Randblüten weiß, bis zu 12, 2,5–4 cm breit, Staubblätter meist mehr als 15, Juni–Juli. S-Korea, Japan, Sachalin, Taiwan.

Hydrangea arborescens L. **subsp. arborescens**, Wald-Hortensie

Habitus: Aufrechter, 2–3 m hoher, halbkugeliger Strauch, junge Triebe und Blütenstände striegelhaarig.
Blätter: Breit eiförmig bis elliptisch oder länglich-eiförmig, 6–20 cm lang, spitz oder zugespitzt, Basis abgerundet oder herzförmig, grob gezähnt, unterseits kahl bis samtartig behaart, Stiel 2–6 cm lang.
Blüten: Trugdolden flach bis konvex, 5–15(–20) cm breit, fertile Blüten weiß, sterile Blüten weiß bis grünlich weiß, etwa 2 cm breit, Juni–September.
Verbreitung: NO- und SO-USA.
Verwendung: Sehr häufig (vor allem in „gefüllten" Gartenformen), B, WHZ 5b, LB 4.2.5.6 (2.4.6.6).

'Annabelle'. Blüten weiß, alle steril, in 15–25 cm breiten Ständen.

'Grandiflora'. Blüten grünlich weiß, fast alle steril, in 12–18 cm breiten, kugeligen Ständen.

INCREDIBALL/STRONG ANNABELLE ('Abotwo'). Blüten anfangs hell grünlich weiß, später weiß, dicht gedrängt in bis zu 30 cm breiten, kugeligen bis halbkugeligen Ständen.

INVINCIBELLE ('NCHA1'). Blüten alle steril, anfangs rosa, im Verblühen fleischfarben, in 10 cm breiten, halbkugeligen Ständen.

'Sterilis' (zu subsp. *discolor*). Blüten weiß, alle steril, in 15–20 cm breiten, halbkugeligen Ständen.

subsp. discolor (Ser.) E.M. McClintock. Blätter unterseits dicht, aber nicht geschlossen grau behaart. Sterile Randblüten vorhanden oder fehlend. Meist in der Sorte 'Sterilis' in Kultur. NO-, Z- und SO-USA.

subsp. radiata (Walter) McClintock. Blätter unterseits geschlossen weißfilzig behaart, Blüten süßlich duftend, sterile Randblüten meist zahlreich, 2–3 cm breit. SO-USA.

Hydrangea aspera D. Don **subsp. aspera**, Raue Hortensie

Habitus: 2–3 m hoher, sparsam verzweigter, in Bezug auf Habitus, Blattgröße, Blattform und Behaarung sehr variabler, etwas steif

wirkender Strauch, Zweige dick, aufrecht, anfangs mit anliegenden oder abstehenden Haaren, später kahl, Borke abblätternd.
Blätter: Meist lanzettlich oder schmal eiförmig, 5–23 cm lang, spitz oder zugespitzt, Basis abgerundet oder gestutzt, Rand mit abstehenden oder vorwärts gerichteten Zähnen, oberseits spärlich, unterseits dicht weich behaart, Stiel 1–5 cm lang.
Blüten: In flachen, 10–30 cm breiten Trugdolden, fertile Blüten klein, zahlreich, rosa, violett oder blau, selten weiß, mit 5 Kronblättern, sterile Blüten 2–6 cm breit, wenige bis viele, weiß bis rosa, mit dunklerer Nervatur, mit 4 abgerundeten, gezähnten oder ganzrandigen Sepalen, Mitte/Ende August.
Verbreitung: Himalaja, SW-China, Myanmar.
Verwendung: Häufig, B, WHZ 6b, LB 3.1.7.5 (6.4.4.5).

'Macrophylla'. Sparsam verzweigter, etwa 2(–3) m hoher, dicktriebiger Strauch, Äste meist unverzweigt. Blätter 15–25 cm lang, eiförmig, unterseits graufilzig mit gekräuselten und aufrechten, fein verfilzten Haaren. Blüten in abgeflacht kugeligen, bis 25 cm breiten Trugdolden, fertile Blüten blasslila, sterile Blüten weiß, Juli–August.

subsp. robusta (Hook. f. et Thomson) E.M. McClint. Bis 4 m hoher, locker aufgebauter Strauch. Blätter 9–12 cm lang, unterseits dicht borstig behaart. Blüten in bis 30 cm breiten Trugdolden, fertile Blüten blau, sterile Randblüten bis zu 20 oder mehr, groß, weiß. O-Asien.

subsp. sargentiana (Rehder) E.M. McClint., Samt-Hortensie. Bis 3 m hoher, sehr sparsam verzweigter, aufrechter, dicktriebiger Strauch, Langtriebe dicht bedeckt mit kleinen, aufrechten und abstehenden, dicklichen, fleischigen, 2–5 mm langen, anfangs rosaroten, an der Spitze oft gespaltenen und durchsichtigen Haaren. Blätter breit eiförmig, 10–25 cm lang, kurz zugespitzt, an der Basis abgerundet bis herzförmig, dicht gezähnt, oberseits dicht samtig behaart, unterseits, wie die jungen Triebe, dicht mit abstehenden, dicklichen, borstig-rauen, 2–5 mm langen, anfangs rosaroten, durchsichtigen Zottenhaaren besetzt, Stiel 5–11 cm lang. Blüten in 12,5–22,5 cm breiten, flachen bis leicht gewölbten Trugdolden, fertile Blüten zahlreich, rosalila, sterile Randblüten weiß, 3 cm breit, jede mit 4–5 ganzrandigen, unregelmäßigen Sepalen, Juli–August. Häufig in Kultur. China: Hubei. WHZ 6b, LB 3.1.5.5.

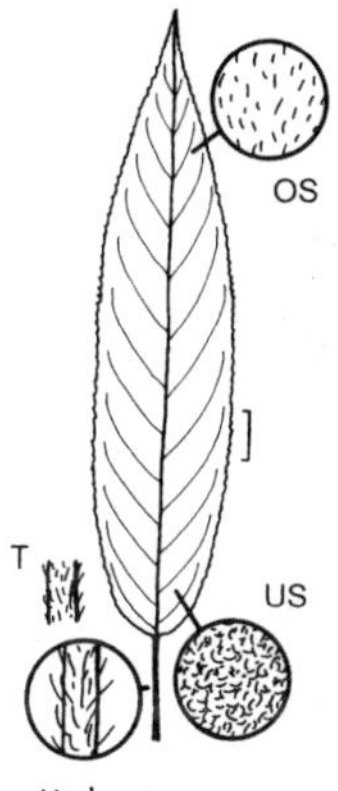

Hydrangea aspera
Villosa-Gruppe

subsp. strigosa (Rehder) E.M. McClint. Bis 2,5 m hoher, dicktriebiger Strauch, Triebe dicht borstig behaart. Blätter eiförmig bis lanzettlich, 7–30 cm lang, zugespitzt, Basis keilförmig bis rundlich, oberseits kahl oder spärlich behaart, unterseits dicht grauhaarig mit anliegenden, geraden Haaren, Stiel 1–5 cm lang. Trugdolden flach, 10–15 cm breit, fertile Blüten blau, sterile Blüten weiß bis rosa. China: Hubei, Sichuan, Yunnan.

Villosa-Gruppe. Vom Typ abweichend durch etwas zierlicheren Wuchs sowie kleinere Blätter und Blütenstände. Zweige, Blätter und Blütenstandsachsen dicht zottig behaart. Blüten zart lilablau, die sterilen Randblüten gezähnt. Häufig kultiviert (gelegentlich als *H. villosa*).

H. aspera var. *macrophylla* Hemsl. = *H. aspera* subsp. *strigosa*
H. bretschneideri Dippel = *H. heteromalla* 'Bretschneideri'
H. cinerea Small. = *H. arborescens* subsp. *discolor*
H. cuspidata (Thunb.) Miq. = *H. involucrata*
H. dumicola W.W. Sm. = *H. heteromalla*

Hydrangea heteromalla D. Don, Chinesische Hortensie

Habitus: Bis 3 m hoher Strauch, junge Triebe dicht kurz behaart, Borke 2-jähriger Zweige braun bis grau, geschlossen, korkwarzig.
Blätter: Variabel, meist schmal eiförmig,

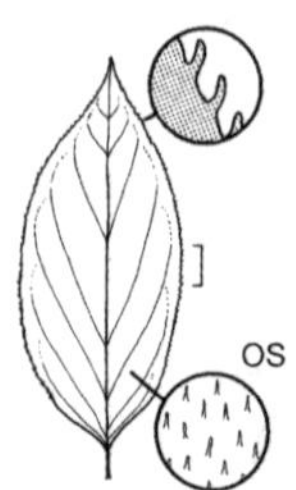

Hydrangea heteromalla

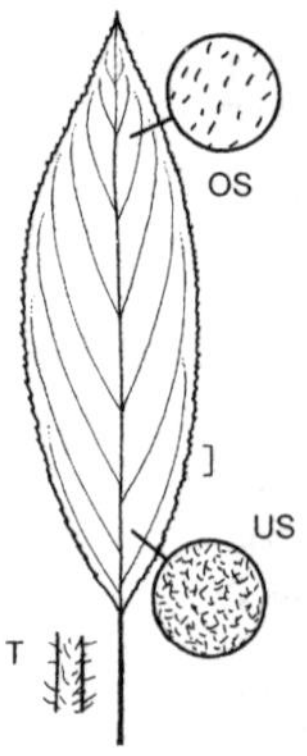

Hydrangea involucrata

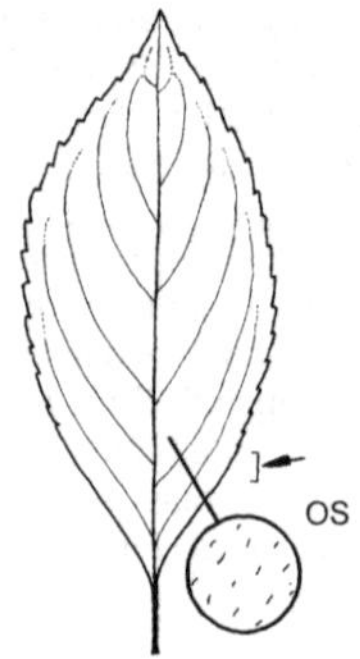

Hydrangea macrophylla

8–20 cm lang, abgerundet, Basis keilförmig oder gelegentlich herzförmig, oberseits kahl, unterseits behaart, zuletzt nur noch auf den Nerven, Stiel 2–6 cm lang.
Blüten: In flach gewölbten, 10–30 cm breiten, behaarten Trugdolden, fertile Blüten weiß, sterile Blüten zahlreich, klein, weiß oder im Verblühen rosa, Juni–Juli.
Verbreitung: Himalaja, China.
Verwendung: Häufig, B, WHZ 5b, LB 4.3.5.5.

'Bretschneideri'. Steif aufrechter, 2,5–3 m hoher Strauch, Borke 2-jähriger Zweige kastanienbraun, in dünnen Schichten abblätternd. Blätter länglich bis eiförmig, 7–12 cm lang, unterseits behaart. Blüten in 10–15 cm breiten, leicht konvexen Ständen, sterile Blüten im Verblühen meist rosa.

H. hortensia Siebold = *H. macrophylla*

Hydrangea involucrata Siebold ex Zucc., Hüllblatt-Hortensie

Habitus: 1–1,2(–2) m hoher, locker aufgebauter Strauch, junge Triebe dicht borstig behaart.
Blätter: Elliptisch bis länglich-eiförmig, 7,5–15 cm lang, zugespitzt, Basis keilförmig, fein gezähnt, borstig behaart, vor allem unterseits, Stiel 6–25 mm lang.
Blüten: In bis 12 cm breiten Trugdolden, Blütenstände vor dem Aufblühen kugelig, 2–3 cm dick, von 2–3 großen, rundlichen Hochblättern umhüllt, fertile Blüten meist rosa, sterile Randblüten wenig zahlreich, lang gestielt, weiß, selten rosa oder bläulich, 1,5–3 cm breit, Juli–September.
Verbreitung: M- und S-Japan.
Verwendung: Selten, B, WHZ 7a, LB 4.3.5.6 (7.2.4.6).

Hydrangea macrophylla (Thunb. ex Murray) Ser., Garten-Hortensie

Habitus: 1–3 m hoher, halbkugeliger Strauch, junge Zweige und Blütenstände völlig kahl, Triebe und Blätter dicklich-fleischig.
Blätter: Breit eiförmig bis elliptisch, 15–20 cm lang, spitz oder zugespitzt, Basis breit keilförmig, sehr grob gezähnt, oberseits glänzend dunkelgrün, unterseits hellgrün, Stiel 1–4 cm lang.
Blüten: In flachen, 10–20 cm breiten, reich verzweigten Trugdolden, fertile Blüten zahlreich, blau oder rosa, sterile Blüten wenig zahlreich, rosa oder blau, (die Blaufärbung der Blüten ist vom pH-Wert des Bodens abhängig), 1–3 cm breit, Juni–August.
Verbreitung: M-Japan, Korea.
Verwendung: Sehr häufig (in zahlreichen Sorten), B, WHZ 6b, LB 2.1.5.6 (1.2.5.6) (4.1.5.6).

Hierher gehören sowohl die sogenannten Garten-Hortensien (Hortensia-Gruppe) als auch die Lacecap-Hortensien. Garten-Hortensien haben stets nur sterile Blüten in ± kugeligen Ständen. Bei den Lacecap-Hortensien (Teller-Hortensien) sind die Blütenstände flach, die kleinen fertilen Innenblüten werden von einem einfachen oder doppelten Kranz großer steriler Blüten umgeben.

Häufigste Sorten der Hortensia-Gruppe:

(Sorten mit ± kugeligen Blütenständen, im engl. Mophead (= Wuschelkopf), meist alle Blüten steril)

'Alpenglühen'. Blütenstände abgeflacht kugelig, 14–17 cm breit, Blüten 4–5 cm breit, rosarot oder purpurn.

'Altona'. Blütenstände abgeflacht kugelig, bis 18 cm breit, Blüten 4,5 cm breit, altrosa oder dunkelpurpurn bis blauviolett.

'Ami Pasquier'. Blütenstände halbkugelig, locker, 10–12 cm breit, sterile Blüten karminrot, fertile Blüten rosa oder blau.

'Aysha'. Blütenstände abgeflacht kugelig, groß, sterile Blüten auffallend becherförmig, weiß, rosa oder hellblau, fertile Blüten blau oder rosa.

'Bouquet Rose'. Blütenstände kugelig, 12–20(–25) cm breit, Blüten 6 cm breit, auf sauren Böden hell türkisblau, auf alkalischen Böden bis rosa oder rosalila.

'Europa'. Blütenstände kugelig, bis 28 cm breit, Blüten auf sauren Böden purpurblau bis rötlich oder rosarot, auf alkalischen Böden gelbgrau.

'Générale Vicomtesse de Vibraye'. Blütenstände kugelig, 6–20 cm breit, Blüten auf sauren Böden himmelblau, zuletzt purpurn.

'Madame Elilie Mouillère'. Blütenstände groß, halbkugelig, Blüten weiß, später rosa getüpfelt.

'Mathilde Gutges'. Blütenstände kugelig, 10–16 cm breit. Blüten hellrosa oder blau.

'Mme G.J. Bier'. Blütenstände halbkugelig, 13–16 cm breit, Blüten rot oder violet

'Nigra'. Blütenstände halbkugelig, klein, Blüten lebhaft rosarot, lila oder blau.

'Westfalen'. Blütenstände kugelig, groß, Blüten kräftig rot.

Häufigste Sorten der Lacecap-Gruppe (Teller-Hortensien):

(Sorten mit flachen, schirmförmigen Blütenständen, Randblüten stets steril, die Innenblüten kleiner und fertil)

'Lanarth White'. Blütenstände flach schirmförmig, klein bis mittelgroß, Randblüten reinweiß, fertile Blüten blau oder lila.

'Mariesii Perfecta'. Blütenstände flach schirmförmig, locker, Randblüten zahlreich, bläulich, auf sauren Böden malvenfarben, fertile Blüten dunkler.

'Tokyo Delight'. Blütenstände flach, 8–12 cm breit, Randblüten rosa oder blau.

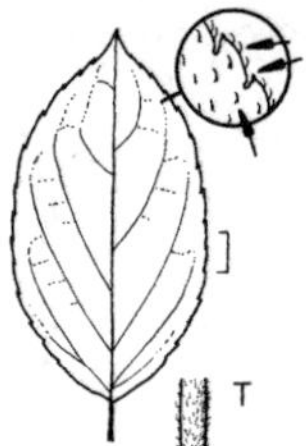

Hydrangea paniculata

'Veitchii'. Blütenstände flach, bis 22 cm breit, Randblüten sehr groß, weiß, im Verblühen hellrosa, fertile Blüten anfangs grün, später rosa, zuletzt blau.

'White Wave'. Blütenstände flach, 14–16 cm breit, Randblüten etwa 8 cm breit, perlweiß, fertile Blüten rosa oder blau.

H. macrophylla var. *normalis* Wilson = *H. macrophylla*
H. macrophylla subsp. *serrata* (Thunb.) Makino = *H. serrata*

Hydrangea paniculata Siebold, Rispen-Hortensie

Habitus: Bis 2 m hoher Strauch (durch häufigen Rückschnitt oft sehr dicht verzweigt), in der Heimat auch baumförmig und bis 10 m hoch, junge Triebe anliegend behaart.
Blätter: Elliptisch bis eiförmig, 5–15 cm lang, zugespitzt, Basis abgerundet oder keilförmig, gezähnt, oberseits fast kahl, unterseits borstig behaart, Stiel 1,25–2,5 cm lang.
Blüten: In kegelförmigen, 15–20 cm langen Rispen, fertile Blüten weiß, sterile Blüten weiß, später rosa, etwa 3 cm breit, gleichmäßig in der Rispe verteilt, August–September.
Verbreitung: Japan, Sachalin, SO-China.
Verwendung: Sehr häufig (in zahlreichen Sorten, Angaben zur Blütengröße beziehen sich auf sterile Blüten), B, WHZ 5a, LB 2.1.5.5 (1.1.4.5) (9.2.5.5).

'Big Ben'. Rispen schmal kegelförmig, locker, etwa 40 × 28 cm. Blüten überwiegend fertil, etwa 4,5 cm breit, weiß, im Verblühen intensiv rosa.

'Burgundy Lace'. Rispen kegelförmig, locker, etwa 35 × 18 cm. Blüten steril und fertil, etwa 4,5 cm breit, weiß, im Verblühen rosa bis dunkelrot.

'Dharuma'. Rispen breit kegelförmig, kompakt, etwa 25 × 18 cm. Blüten überwiegend steril, weiß, rasch rosarot bis rötlich braun.

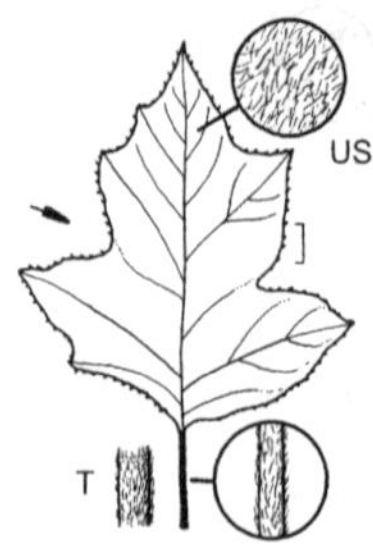

Hydrangea quercifolia

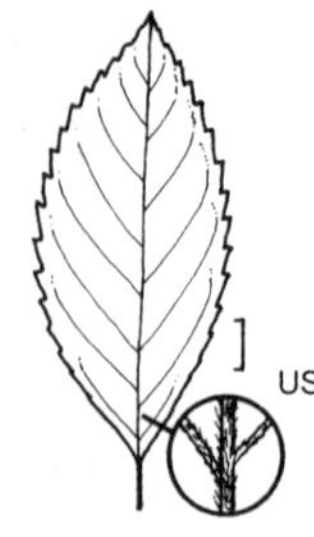

Hydrangea serrata

'Dolly'. Rispen kegelförmig, kompakt, etwa 25 × 15 cm. Blüten überwiegend steril, cremeweiß, im Verblühen rosa.

'Foribunda'. Rispen schmal kegelförmig, locker, etwa 25 × 23 cm. Blüten überwiegend fertil, weiß, im Verblühen rosa.

'Grandiflora'. Rispen breit kegelförmig, sehr dicht, etwa 25 × 18 cm. Blüten überwiegend steril, etwa 3 cm breit, cremeweiß.

'Greenspire'. Rispen schmal kegelförmig, bis 30 cm lang. Blüten steril und fertil, etwa 5 cm breit, weiß, im Verblühen rosa.

'Kyushu'. Rispen schlank kegelförmig, ziemlich locker, etwa 25 × 15 cm. Blüten überwiegend steril, cremeweiß.

'Limelight'. Rispen sehr breit kegelförmig, sehr dicht, etwa 30 × 25 cm. Blüten überwiegend steril, etwa 4 cm breit, anfangs grünlich weiß bis hell zitronengelb, zuletzt mattweiß.

'Mega Pearl'. Rispen breit kegelförmig bis kugelig, etwa 28 × 21 cm. Blüten überwiegend steril, etwa 5 cm breit, anfangs cremeweiß, später weiß. Im Verblühen rosa.

'Phantom'. Rispen breit kegelförmig, sehr dicht, etwa 30 × 25 cm. Blüten überwiegend steril, etwa 5 cm breit, anfangs grünlich cremefarben, im Verblühen rosa.

'Pink Diamond'. Rispen breit kegelförmig, etwa 25 × 15 cm. Blüten überwiegend steril, etwa 4,5 cm breit, anfangs cremeweiß, später hellrosa, im Verblühen tief rosarot.

Pinky Winky ('DVPPinky'). Rispen kegelförmig, locker, etwa 30 × 16 cm. Blüten steril und fertil, etwa 2,5 cm breit, anfangs weiß, rasch rötlich weiß, im Verblühen stark rötlich

'Silver Dollar'. Rispen sehr breit kegelförmig bis nahezu kugelig, etwa 25 × 20 cm. Blüten überwiegend steril, etwa 4 cm breit, anfangs cremefarben, später weiß, im Verblühen rosa.

'Unique'. Rispen breit kegelförmig, etwa 27 × 25 cm. Blüten steril und fertil, etwa 4 cm breit, weiß, im Verblühen rosa.

'White Goliath'. Rispen schmal kegelförmig, etwa 30 × 15 cm. Blüten steril und fertil, etwa 6,5 cm breit, weiß, im Verblühen rosa.

'White Lady'. Rispen breit kegelförmig, etwa 25 × 15 cm. Blüten steril und fertil, etwa 5,5 cm breit, weiß, im Verblühen schwach rosa.

H. petiolaris Siebold et. Zucc. = *H. anomala* subsp. *petiolaris*

Hydrangea quercifolia W. Bartram, Eichenblättrige Hortensie

Habitus: 1–2,5 m hoher, aufrechter bis ausgebreiteter Strauch, junge Triebe anfangs fein rötlich filzig behaart, später kahl.
Blätter: Fiedrig gelappt, 8–20 cm lang, jederseits mit 2–3 eiförmigen bis 3-eckigen, spitzen Lappen, oberseits runzelig, unterseits ± dicht weißlich filzig, Nerven deutlich hervortretend, Stiel 2,5–6 cm lang, Herbstfärbung auffallend rot oder braunrot.
Blüten: In kegelförmigen bis fast kugeligen, 15–20 cm langen, ± aufrechten Rispen, fertile Blüten weiß, sterile Blüten wenig zahlreich, 3–4 cm breit, weiß, später rötlich, Juli–September.
Verbreitung: SO-USA.
Verwendung: Selten (mit einigen Sorten), B, WHZ 7a, LB 6.3.2.6 (3.3.5.6).

H. radiata Walter = *H. arborescens* subsp. *radiata*
H. sargentiana Rehder = *H. aspera* subsp. *sargentiana*

Hydrangea serrata (Thunb.) Ser., Gesägte Hortensie

Habitus: Bis 2 m hoher, breitwüchsiger Strauch, Triebe anfangs fein behaart.
Blätter: Dünn, lanzettlich, 5–15 cm lang, zugespitzt, Basis keilförmig, fein bis grob gezähnt, stumpfgrün, oberseits kahl, unterseits auf den Nerven fein behaart, Stiel 1–3 cm lang.
Blüten: In flachen oder gewölbten, 5–15 cm breiten Trugdolden, fertile Blüten zahlreich, blau oder weiß, sterile Randblüten bis zu 12,

1–1,5 cm breit, mit 3 ganzrandigen oder unregelmäßig gezähnten Kelchblättern, weiß, rosa oder blau, Juli–August.
Verbreitung: Japan.
Verwendung: Sehr häufig (bes. in den folgenden Sorten), B, WHZ 6b, LB 3.1.5.5. (7.4.5.5).

'Bluebird'. Blütenstände schirmförmig, fertile Blüten zahlreich, meist blau, Randblüten weiß oder hellblau.

'Diadem'. Blütenstände gewölbt, etwa 10 cm breit, Randblüten purpurn bis hellblau.

'Grayswood'. Blütenstände flach, fertile Blüten rosa oder blau, Randblüten meist 9, anfangs weiß oder rosa, später oft karminrot, lange die Farbe haltend.

'Preziosa' (*H. serrata* × *H. macrophylla*). Blütenstände zahlreich, halbkugelig, Blüten überwiegend steril, groß, anfangs cremeweiß und rosa gerandet, später rosa oder lila, im Verblühen violettrot bis tief magentarot.

'Rosalba'. Blütenstände schirmförmig, locker, fertile Blüten rosa oder blau, Randblüten zu 6–7, anfangs weiß, bald teilweise karminrosa.

H. strigosa Rehder = *H. aspera* subsp. *strigosa*
H. villosa Rehder = *H. aspera* Villosa-Gruppe
H. xanthoneura Diels. = *H. heteromalla*

Hypericum L.

Johanniskraut – Hypericaceae

(griechisch *hypereikon* = eine Sippe mit heidekrautartigen Blättern)

Habitus: Sommer- oder immergrüne Kräuter oder kleine Sträucher, Triebe anfangs meist 2- bis 4(–6)-kantig oder längsstreifig, Knospen zugespitzt, 1–4 mm lang, die gegenüberliegenden Blattnarben durch eine Linie miteinander verbunden.
Blätter: Gegenständig oder mitunter zu 3–4 quirlig, einfach, sitzend oder kurz gestielt, ganzrandig, mit hellen und/oder dunklen, punktförmigen Öldrüsen, Nebenblätter fehlend.
Blüten: Zwittrig, radiär, einzeln oder zu mehreren in Zymen, endständig oder in den oberen Blattachseln, Kelchblätter 5 (selten 4), frei oder teilweise verwachsen, ganzrandig oder drüsig bewimpert oder gezähnt, Kronblätter 5 (selten 4), gelb, die sichtbaren Teile in der Knospe oft rot gefärbt, Staubblätter zahlreich, die Krone weit überragend, in 5 (selten 4) Bündeln den Kronblättern gegenüber, Griffel 3–5 (selten 2), meist frei, selten bis oben verwachsen, Fruchtknoten 1- bis 5-fächrig, oberständig.
Früchte: Kapseln 1-fächrig oder unvollkommen 3- bis 5-fächrig, sich 3- oder 5-klappig öffnend, 0,4–3 cm lang, kaum oder nur schwach verholzend, Samen zahlreich, etwa 1 mm lang.
Verbreitung: 370 überwiegend krautige Arten in den gemäßigten und subtropischen Zonen der nördl. Halbkugel, einige auch in tropischen Gebirgen.
Verwendung: Häufig gepflanzte, im Sommer blühende Gruppensträucher oder Bodendecker. In strengen Wintern ist Winterschutz ratsam. Fruchtende Zweige von *H.*-×*inodorum*-Sorten werden häufig in der Floristik verwendet.

Bestimmungsschlüssel Hypericum

(sichere Artbestimmung nur mit Blüten möglich)

1 Griffel 5 2
– Griffel 3 8
2 Triebe 2- oder 4-kantig 3
– Triebe rund 5
3 Triebe 2-kantig . . . . *H. kalmianum*
– Triebe 4-kantig 4
4 Pflanze mit Ausläufern, Blätter 5–10 cm lang . . . . *H. calycinum*
– Pflanze ohne Ausläufer, Blätter 2–6 cm lang . . . . *H. ×moserianum*
5 Griffel höchstens 7 mm lang 6
– Griffel 8–10 mm lang 7
6 Griffel frei . . . . *H. forrestii*
– Griffel fast bis zur Spitze verwachsen . . . . *H. hookerianum*
7 Staubblätter orangefarben . . . . *H.* 'Hidcote'
– Staubblätter gelb, auffallend lang . . . . *H. kouytchense*
8 Triebe rund . . . . *H. coris*
– Triebe 2-kantig 9
9 Blüten nur zu wenigen in Ständen . . . . *H. frondosum*
– Blüten (zumindest viele) zu 10 und mehr vereinigt 10
10 Blätter etwa 5-mal so lang wie breit, höchstens 4,5 cm lang . . . . *H. densiflorum*
– Blätter länger und breiter 11
11 Strauch höchstens 1 m hoch 12
– Strauch höher (bis über 2 m) 13
12 Kronblätter höchstens 12 mm lang . . . . *H. androsaemum*
– Kronblätter länger (bis 21 mm) . . *H. hircinum*
13 Spreitenbasis abgerundet bis herzförmig . . . . *H. ×inodorum*
– Spreitenbasis keilförmig . . . . *H. prolificum*

Hypericum androsaemum

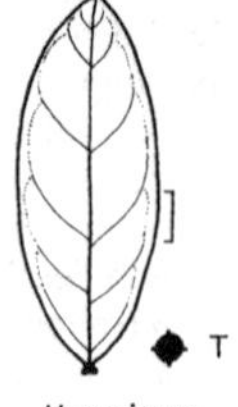

Hypericum calycinum

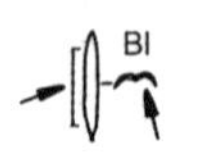

Hypericum coris

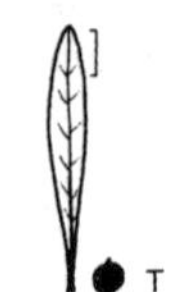

Hypericum densiflorum

Hypericum androsaemum L., Mannsblut

Habitus: Sommergrüner, 0,5–1 m hoher, buschiger Strauch, Triebe 2-kantig.
Blätter: Sitzend, länglich-eiförmig bis verkehrteiförmig, 4–15 cm lang, abgerundet, Basis keil- bis herzförmig, oberseits hell- bis dunkelgrün, unterseits weißlich, mit dunklen Drüsen.
Blüten: Stern- oder schalenförmig, 1,5–2 cm breit, zu 1–11, Kelchblätter sehr groß, unterschiedlich lang, in der Knospe purpurn, später grün, Kronblätter goldgelb, verkehrteiförmig, Staubblätter etwa so lang wie die Kronblätter, Griffel 2–2,5 cm lang, Juni–September.
Früchte: ± kugelig, fleischig, 8 mm dick, anfangs rotbraun, später glänzend schwarz.
Verbreitung: W-, S- und SO-Europa, N-Afrika, Türkei, Kaukasien.
Verwendung: Häufig (mit einigen Sorten), B, ♧, WHZ 6b, LB 6.3.4.6 (9.3.2.6).

Hypericum calycinum L., Immergrünes Johanniskraut

Habitus: Immer- oder wintergrüner, 0,2–0,6 m hoher, stark Ausläufer treibender Strauch, Triebe 4-kantig.
Blätter: Fast sitzend bis kurz gestielt, länglich bis elliptisch oder schmal eiförmig, 6–10 cm lang, ledrig, stumpf oder stachelspitzig, Basis keilförmig oder abgerundet, hell- bis dunkelgrün, im Austrieb bronzefarben.
Blüten: Schalenförmig, 4–8 cm breit, einzeln, selten zu 2–3, Kronblätter glänzend gelb, verkehrteiförmig bis verkehrteiförmig-lanzettlich, Staubblätter sehr lang, Staubbeutel rot, Griffel 5, 1,2–2 cm lang, Juli–September.
Früchte: Eiförmig.
Verbreitung: SO-Europa, Türkei: N- und NW-Anatolien.
Verwendung: Sehr häufig, B, WHZ 6b, LB 6.4.4.8 (9.3.5.8).

Hypericum coris L., Nadel-Johanniskraut

Habitus: Immergrüner, 0,1–0,5 m hoher Halbstrauch, Triebe dünn, aufsteigend, an der Basis verholzt, stielrund.
Blätter: Sitzend, zu 4 (selten 3) in Quirlen, linealisch, 0,4–1,8 cm lang, kurz zugespitzt bis abgerundet, Basis breit keilförmig bis herzförmig, Rand stark zurückgerollt, hellgrün bis bläulich grün.
Blüten: Sternförmig, zu 1–20 in breit kegelförmigen oder zylindrischen Ständen, Kronblätter goldgelb, gelegentlich rot geadert, 0,9–1,1 cm lang, verkehrteiförmig-lanzettlich, Staubblätter zu 3 in Bündeln, fast so lang wie die Kronblätter, Griffel 3, 6–8 mm lang, Juli–August.
Früchte: Eiförmig, 6–8 mm lang.
Verbreitung: S-, SW- und ZM-Europa.
Verwendung: Sehr selten, B, WHZ 7a, LB 6.1.3.8.

Hypericum densiflorum Pursh, Dichtblütiges Johanniskraut

Habitus: Immergrüner, dichtbuschiger, 0,6–3 m hoher Strauch, Triebe 2-kantig.
Blätter: Sitzend, dünn, sehr schmal länglich-elliptisch oder verkehrteiförmig-lanzettlich bis linealisch, 2–4,5 cm lang, abgerundet und stachelspitzig bis spitz, Basis schmal keilförmig, Rand umgebogen, oberseits hellgrün, unterseits heller, oft bläulich.
Blüten: Zu 5–25 in breit kegelförmigen bis breit zylindrischen Ständen, Kronblätter goldgelb, 6–9 mm lang, verkehrteiförmig bis verkehrteiförmig-lanzettlich, Staubblattbündel nicht getrennt, Griffel 3–4(–5), 2–3 mm lang, Juli–September.
Früchte: Eiförmig, 4–6 mm lang, 3-spaltig.
Verbreitung: NO-, NOZ-, Z- und SO-USA.
Verwendung: Sehr selten, B, WHZ 6b, LB 1.1.2.5 (4.2.2.5).

H. elatum Aiton = *H. ×inodorum*

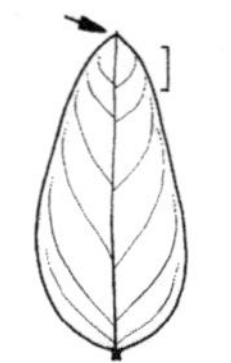

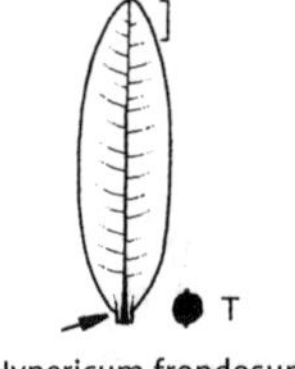

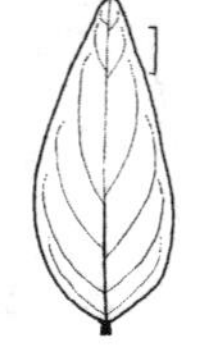

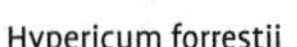

Hypericum forrestii — Hypericum frondosum — Hypericum 'Hidcote' — Hypericum hircinum

Hypericum forrestii (Chitt.) N. Robson, Forrests Johanniskraut

Habitus: Sommergrüner, aufrechter, dicht verzweigter, 0,3–1,5 m hoher Strauch, Triebe stielrund.
Blätter: Lanzettlich oder 3-eckig-eiförmig bis breit eiförmig, 2–6 cm lang, stumpf oder abgerundet, Basis breit keilförmig bis abgerundet, ganzrandig oder fein gezähnt.
Blüten: Meist tief becherförmig, zu 1–20, Kronblätter goldgelb, 1,8–3 cm lang, breit eiförmig, Staubblätter in 5 Bündeln, halb so lang wie die Kronblätter, Griffel 5, 4–7 mm lang, Juli–August.
Früchte: Schmal eiförmig, eiförmig-kegelförmig bis nahezu kugelig, 0,9–1,4 cm lang.
Verbreitung: China: Yunnan, SW-Sichuan; Himalaja, Assam, NO-Myanmar.
Verwendung: Selten, B, WHZ 6b, LB 7.2.1.5.

Hypericum frondosum Michx., Gold-Johanniskraut

Habitus: Sommergrüner, aufrechter, 0,6–1,3 m hoher Strauch, Triebe rötlich, 2-kantig, Rinde dünn abrollend.
Blätter: Sitzend, länglich oder manchmal elliptisch bis länglich-lanzettlich oder verkehrt-eiförmig-lanzettlich, 2,5–6,5 cm lang, stachelspitzig oder abgerundet, Basis breit oder schmal keilförmig, Rand gerade oder schwach umgeschlagen, blau- oder gelblich grün, unterseits heller oder leicht blaugrün.
Blüten: Zu 1–3(–7), Kronblätter goldgelb, 1,2–2,5 cm lang, verkehrteiförmig bis verkehrt-lanzettlich, Staubblätter etwa ¾ so lang wie die Kronblätter, puderquastenähnlich stehend, die Bündel nicht getrennt, Griffel 3, 3,5–6 mm lang, Juli–August.
Früchte: Eiförmig, 1–1,5 cm lang, rötlich braun.
Verbreitung: SO- und Z-USA.
Verwendung: Sehr selten, B, WHZ 6b, LB 2.5.2.6 (6.1.2.6).

Hypericum 'Hidcote', Großblumiges Johanniskraut

(vermutlich *H.* ×*cyathiflorum* 'Gold Cup' × *H. calycinum*)

Habitus: Wintergrüner, 0,7–1,5 m hoher, buschiger Strauch, Zweige abstehend bis aufsteigend, Triebe stielrund.
Blätter: Kurz gestielt, 3-eckig-lanzettlich, 3,5–6,5 cm lang, spitz bis stumpf, Basis ± breit keilförmig, oberseits dunkelgrün bis bläulich grün, unterseits hellgrün.
Blüten: Zu 1–16 in Trugdolden, flach schüsselförmig, Kronblätter goldgelb, 1,5–3,5 cm lang, verkehrteiförmig, Staubblätter in 5 Bündeln, sehr kurz, Staubbeutel orangefarben, Griffel 5, 8–10 mm lang, Juni–Oktober.
Verwendung: Sehr häufig, B, WHZ 6b, LB 9.1.5.6.

Hypericum hircinum L., Stinkendes Johanniskraut

Habitus: Wintergrüner, bis 1 m hoher, kugeliger Halbstrauch, Triebe bräunlich, 2-kantig.
Blätter: Sitzend oder fast sitzend, breit eiförmig bis 3-eckig-lanzettlich, 2–6 cm lang, spitz bis abgerundet, Basis kurz spitz zulaufend bis herzförmig, mit glänzenden, dunklen Drüsen, gerieben bockartig riechend.
Blüten: Sternförmig, zu (1–)3–20, Kronblätter hell- bis goldgelb, 1,1–2,1 cm lang, verkehrteiförmig-lanzettlich bis schmal verkehrteiförmig, Staubblätter in 5 Bündeln, länger als die Kronblätter, Griffel 3, 1–2,4 cm lang, Juli–September.
Früchte: Eiförmig, punktiert, 6–9 mm lang.
Verbreitung: Makronesien, N-Afrika, S- und SO-Europa, Türkei, Levante
Verwendung: Sehr selten, B, WHZ 7a, LB 6.2.4.8 (4.1.5.8).

Hypericum hookerianum

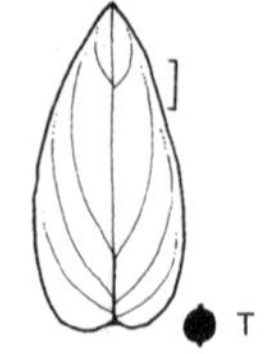

Hypericum ×inodorum

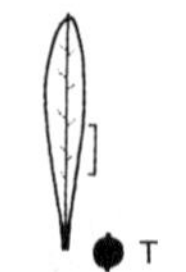

Hypericum kalmianum

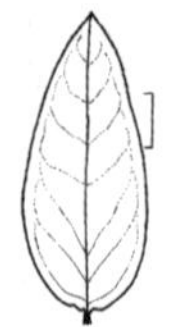
Hypericum kouytchense

Hypericum hookerianum Wight et Arn., Hookers Johanniskraut

Habitus: Immer- oder wintergrüner, aufrechter, buschiger, bis 2 m hoher Strauch, Zweige rötlich braun, stielrund, kahl.
Blätter: Fast sitzend, eiförmig bis eiförmig-länglich, 2,5–8 cm lang, abgerundet oder spitz, an der Basis schmal keilförmig bis fast herzförmig, oberseits dunkel blaugrün, unterseits heller.
Blüten: Tief becherförmig, zu 1–5, Kronblätter tief gold- bis hellgelb, 1,5–3 cm lang, breit verkehrteiförmig bis fast rundlich, Staubblätter kurz, in 5 Bündeln, Griffel 5, 2–4 mm lang, fast bis zur Spitze verwachsen, August–September.
Früchte: Breit eiförmig, gefurcht.
Verbreitung: W-China, Sikkim, Assam.
Verwendung: Häufig, B, WHZ 7a, LB 6.3.4.6.

Hypericum ×inodorum Mill., Duftloses Johanniskraut

(H. androsaemum × H. hircinum)

Habitus: Sommergrüner, 0,6–2 m hoher, buschiger Strauch, Triebe 2-kantig.
Blätter: Sitzend oder fast sitzend, länglich-lanzettlich bis breit eiförmig, 3,5–11 cm lang, spitz bis abgerundet, Basis abgerundet bis herzförmig, gerieben stark aromatisch duftend.
Blüten: Zu (1–)3–23, stern- oder becherförmig, Kronblätter goldgelb, 0,8–1,5 cm lang, goldgelb, verkehrteiförmig-lanzettlich bis schmal verkehrteiförmig, Staubblätter in 5 Bündeln, länger als die Kronblätter, Griffel 3, 0,8–1,6 cm lang, Juli–Oktober.
Früchte: Fleischig, eiförmig, verkehrteiförmig oder länglich, dunkelbraun oder rötlich, bei den Sorten auch rosa oder gelblich.
Verbreitung: Kaukasien, Iran, Makronesien.
Verwendung: Häufig (in zahlreichen Sorten), B, WHZ 6b, LB 4.3.1.6.

Hypericum kalmianum L., Kalms Johanniskraut

Habitus: Immergrüner, bis 0,6 m hoher Strauch, Triebe 2-kantig.
Blätter: Sitzend, schmal länglich bis verkehrteiförmig-lanzettlich oder linealisch, 1,5–4,5 cm lang, abgerundet bis stumpf, Basis schmal keilförmig, Rand umgeschlagen bis umgerollt, oberseits bläulich grün, unterseits heller oder seltener bläulich.
Blüten: Zu 1–7, Kronblätter goldgelb, 0,8–1,5 m lang, eiförmig bis länglich, Staubblätter etwa ¾ so lang wie die Kronblätter, Staubblattbündel nicht getrennt, Griffel (3–)5(–6), 3–4 mm lang, August.
Früchte: Eiförmig, geschnäbelt, 0,6–1 cm lang.
Verbreitung: O-Kanada, NO- und NOZ-USA.
Verwendung: Selten, B, WHZ 5b, LB 2.5.3.6 (5.3.3.6).

Hypericum kouytchense H. Lév.

Habitus: Wintergrüner, oft nur sommergrüner, 1–1,8 m hoher, buschiger Strauch, Zweige rotbraun, ± stielrund, abstehend oder überhängend.
Blätter: Kurz gestielt, elliptisch bis eiförmig oder lanzettlich 2–6 cm lang, spitz bis stumpf, Basis schmal keilförmig bis abgerundet, dunkelgrün.
Blüten: Sternförmig, zu 1–7(–11), Kronblätter lebhaft goldgelb, 2,4–4 cm, länglich-verkehrteiförmig bis verkehrteiförmig, Staubblätter auffällig, in 5 Bündeln, fast so lang wie die Kronblätter, Griffel 5, 8–10 mm lang, Juni–Oktober.
Früchte: Schmal eiförmig-kegelförmig bis eiförmig, 1,7–2 cm lang, zunächst tiefrot.
Verbreitung: W-China: Guizhou.
Verwendung: Häufig, B, WHZ 6b, LB 6.3.1.6.

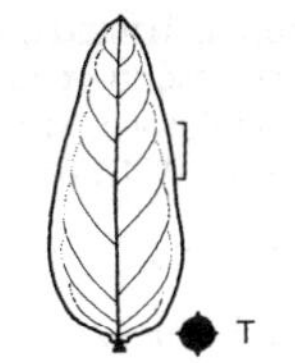

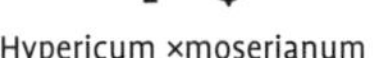

Hypericum ×moserianum

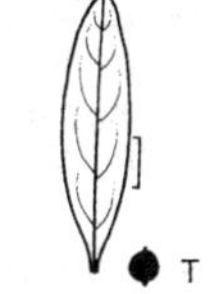

Hypericum prolificum

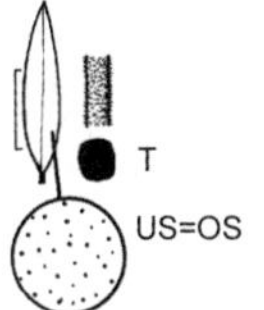

Hyssopus officinalis

Hypericum ×moserianum André, Bastard-Johanniskraut

(*H. calycinum* × *H. patulum*)

Habitus: Halbimmergrüner, 0,3–0,7 m hoher, buschiger Strauch, Triebe rötlich, 4-kantig.
Blätter: Kurz gestielt, länglich-lanzettlich bis länglich-eiförmig oder eiförmig, 2,2–6 cm lang, dünn ledrig, spitz bis abgerundet, Basis keilförmig oder abgerundet, oberseits bläulich grün, unterseits heller.
Blüten: Zu 1–8, sternförmig oder flach schalenförmig, Kronblätter lebhaft gelb, 2–3 cm lang, verkehrteiförmig, Staubblätter in 5 Bündeln, etwa ¾ so lang wie die Kronblätter, Staubbeutel rot, Griffel 5, 0,8–1,1 cm lang, Juni–Oktober.
Verwendung: Häufig, B, WHZ 7a, LB 9.1.5.7.

Hypericum prolificum L., Sprossendes Johanniskraut

Habitus: Immergrüner, aufrechter, buschiger, 0,2–2 m hoher Strauch, Triebe 2-kantig, Rinde abblätternd.
Blätter: Sitzend oder kurz gestielt, schmal länglich bis länglich-elliptisch oder verkehrt-eiförmig-lanzettlich, 3–7 cm lang, abgerundet bis spitz, Basis keilförmig bis verschmälert, Rand gerade oder zurückgekrümmt, matt glänzend dunkelgrün.
Blüten: Zu 1–2 endständig und zu 1–3(–7) seitenständig, Kronblätter goldgelb, 0,7–1,5 cm lang, verkehrteiförmig bis verkehrteiförmig-lanzettlich bis spatelförmig, Staubblätter fast so lang wie die Kronblätter, Staubblattbündel nicht getrennt, Griffel 3(–5), 4–5 mm lang, Juli–September.
Früchte: Länglich, 1–1,5 cm lang, nicht gefurcht.
Verbreitung: O-Kanada, O- und Z-USA.
Verwendung: Sehr selten, B, WHZ 6b, LB 4.2.2.6 (5.3.3.6).

Hyssopus L.

Ysop – Lamiaceae
(lateinisch *hyssopus, hyssopum* = Ysop)
Monotypische Gattung

Hyssopus officinalis L., Ysop

Habitus: Immergrüner, sehr variabler, bis etwa 0,6 m hoher Halbstrauch, Äste niederliegend-aufsteigend, Sprosse rutenförmig, schwach 4-kantig, kurz flaumig behaart bis verkahlend, Endknospe fehlend.
Blätter: Kreuzweise gegenständig, fast sitzend, lanzettlich bis linealisch, 0,8–4 cm lang, derb, beiderseits dicht mit Öldrüsen besetzt, stark aromatisch duftend.
Blüten: Zwittrig, zygomorph, in 3- bis 7-blütigen Scheinwirteln, die in den Achseln der Hochblätter stehen, zu langen, einseitswendigen Scheinähren vereinigt, 5-zählig, Kelch zylindrisch, mit 5 gleichen, geschwänzt zugespitzten Zähnen und 15 stark hervortretenden Nerven, Krone blauviolett, selten weiß, 5–7 mm lang, 2-lippig, Oberlippe flach, aufrecht-abstehend, ausgerandet, Unterlippe abstehend, 3-spaltig, Staubblätter 4, mindestens die beiden längeren über die Oberlippe hervorragend, Fruchtknoten 2-fächrig, durch eine zusätzliche Scheidewand in 4 Klausen geteilt, Juli–August.
Früchte: Klausenfrüchte länglich-eiförmig, 2 mm lang, graubraun, fein gekörnelt.
Verbreitung: Europa (ausgenommen Britische Inseln und Skandinavien), N-Afrika, Türkei, Kaukasien, W-Sibirien.
Verwendung: Sehr selten (seit Jahrhunderten als Heil- und Gewürzpflanze in Kultur), N, ⚕, B, WHZ 7a, LB 6.1.1.6.

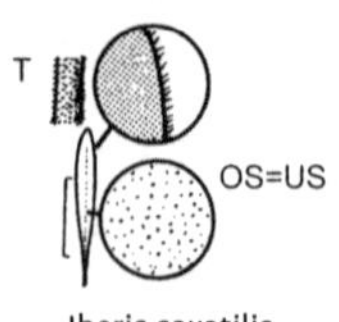

Iberis saxatilis

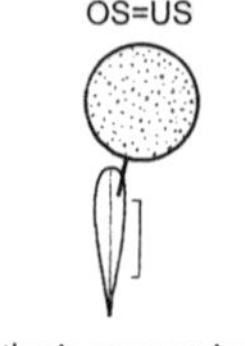

Iberis sempervirens

Iberis L.

Schleifenblume – Brassicaceae

(lateinisch *hiberis* = eine als giftig angesehene, der Kresse ähnliche Sippe; oder griechisch *iberia* = die Iberische Halbinsel)

Habitus: Ein- oder mehrjährige Kräuter oder immergrüne Zwerggehölze, Zweige niederliegend-aufsteigend.
Blätter: Wechselständig, ganzrandig oder gekerbt, Nebenblätter fehlend.
Blüten: Zwittrig, radiär, in endständigen, oft dicht gedrängten Trauben oder Trugdolden, Kelchblätter in 2 2-zähligen Kreisen, die 4 Kronblätter kreuzweise angeordnet und ungleich groß, die 2 äußeren deutlich größer als die inneren, weiß, rosa oder purpurn, Staubblätter 6, 4 längere und 2 kürzere, Fruchtblätter 2, zu einem 2-fächrigen, oberständigen Fruchtknoten verwachsen.
Früchte: Schoten 5–8 mm lang, stark abgeflacht, vom Grund an schmal geflügelt.
Verbreitung: 30 Arten in Europa und Asien.
Verwendung: Reich blühende, kalkholde Zwergsträucher für vollsonnige Standorte in Steingärten, auf Steinbeeten und Trockenmauern.

Bestimmungsschlüssel Iberis

1 Blätter höchstens 2 mm breit, bewimpert .... *I. saxatilis*
– Blätter über 2,5 mm breit, kahl .... *I. sempervirens*

Iberis saxatilis L., Felsen-Schleifenblume

Habitus: Immergrüner, niederliegender, bis 0,15 m hoher, kleine, flache Polster bildender Zwergstrauch, Zweige aufstrebend, zerbrechlich.
Blätter: Linealisch, etwas fleischig, 1,5–2 cm lang, bis 2 mm breit, etwas zugespitzt, kahl oder bewimpert, dunkelgrün.
Blüten: In endständigen, 1,5–2 cm breiten, zur Fruchtreife ± verlängerten Trugdolden, Krone weiß, Mai, im Herbst remontierend.
Verbreitung: S-, ZM- und SO-Europa, Krim.
Verwendung: Sehr häufig, B, WHZ 6a, LB 6.3.2.7 (8.2.3.7).

Iberis sempervirens L., Immergrüne Schleifenblume

Habitus: Immergrüner, bis 0,3 m hoher, ausgebreiteter Zwergstrauch.
Blätter: Länglich-spatelförmig bis lanzettlich, 1,5 cm lang, über 2,5 mm breit, ledrig, stumpf, Basis zugespitzt, ganzrandig, kahl.
Blüten: In seitenständigen, 3–4 cm breiten Trauben, Krone weiß, im Verblühen rosa überhaucht, Mai.
Verbreitung: S- und SO-Europa, Türkei.
Verwendung: Sehr häufig, B, WHZ 6a, LB 6.3.2.7.

Idesia Maxim.

Orangenkirsche – Salicaceae

(nach Everts Ides, holländischer Forscher in russischen Diensten Ende des 17. Jahrh.)

Monotypische Gattung

Idesia polycarpa Maxim., Orangenkirsche

Habitus: Sommergrüner, regelmäßig aufgebauter, etwa 15 m hoher Baum, Äste quirlig stehend, ± waagerecht ausgebreitet, Rinde glatt, grauweiß, oft durch rautenartige Lentizellen gezeichnet, Zweige olivgrün bis braun, mit deutlichen Lentizellen, Endknospe 3–6 mm groß, mit mehreren, glänzend weinrot-braunen, zur Spitze behaarten Schuppen, Blattnarben rundlich bis halbkreisförmig, mehrspurig, Gefäßbündelspuren halbkreisförmig angeordnet.
Blätter: Wechselständig, herz- bis eiförmig, 12–20 cm lang, zugespitzt, entfernt kerbig gesägt, oberseits dunkelgrün, unterseits blaugrün, Stiel 6–20 cm lang, rot, mit 1–8 auffallenden Nektarien.
Blüten: Meist 1-geschlechtig, 2-häusig verteilt, selten polygam, radiär, grünlich gelb, duftend, in 10–30 cm langen, end- und achselständigen, hängenden Ripsen, ♂ Blüten 1,6 cm breit, ♀ Blüten 8 mm breit, Kronblätter fehlend, Staubblätter zahlreich, Fruchtknoten 1-fächrig, Griffel spreizend, meist 5, Mai–Juni.

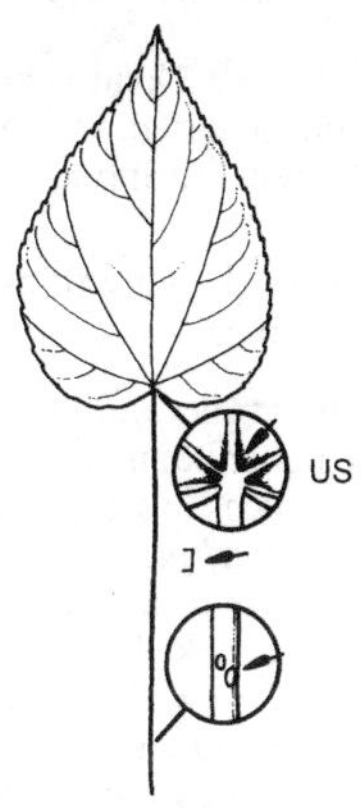

Idesia polycarpa

Früchte: Beeren kugelig, 7–8 mm dick, orangerot, mit mehlig-fleischigem Fruchtfleisch, Samen zahlreich, 2 mm lang.
Verbreitung: Japan, Korea, N- und W-China, Taiwan.
Verwendung: Häufig (u. a. der auffallenden Früchte wegen), ♣, WHZ 7a, LB 6.3.1.3.

Ilex L.

Stechpalme, Winterbeere – Aquifoliaceae

(lateinisch *ilex* = Steineiche)

Habitus: Sommer- oder immergrüne Bäume, Sträucher oder Kletterpflanzen, Zweige olivgrün bis rotbraun, mit hellen Lentizellen, durch herablaufende Blattbasen leicht kantig, Endknospen gedrungen, 2–3 mm lang, mit zahlreichen braunen, hell bewimperten Knospenschuppen, Seitenknospen kleiner, mit einer absteigenden Beiknospe, Blattnarben halbkreisförmig bis rundlich.
Blätter: Wechselständig, gestielt, einfach, ganzrandig oder gesägt, oft mit Randdornen, Nebenblätter klein und hinfällig, unterseits mit feinen hellen Punkten.
Blüten: Meist 1-geschlechtig, 2-häusig verteilt, selten polygam, radiär, klein, unscheinbar, meist weiß, achselständig, einzeln oder in kleinen, wenigblütigen Büscheln oder Zymen, Kelchblätter meist 4–8, verwachsen, Krone meist weiß, radförmig, Kronblätter 3–8, an der Basis verwachsen, Staubblätter 4–8, in den ♀ Blüten steril und zu Staminodien verkümmert, Fruchtknoten oberständig 2- bis 9-fächrig, wie die Narbe bei ♂ Blüten verkümmert.
Früchte: Steinfrüchte meist kugelig, 0,6–1 cm dick, überwiegend rot, seltener schwarz, glänzend, Mesokarp saftig-fleischig, Steinkerne 2–8, stark verholzt, 3-kantig, 4–7 mm lang.
Verbreitung: Etwa 400 Arten, überwiegend in den Tropen und Subtropen beider Erdhälften, nur wenige Arten in den gemäßigten Breiten, im atlantischen N-Amerika, in Europa und O-Asien.
Verwendung: Häufig gepflanzte Garten- und Parkgehölze mit überwiegend immergrüner, dekorativer Belaubung und reichem Fruchtschmuck.

In die Gattung *Ilex* kann nach neueren Untersuchungen der Blütenmorphologie, Holzanatomie und Molokulargenetik auch die bisher monotypische Gattung *Nemopanthus* einbezogen werden, die hier aber getrennt beschrieben wird.

Bestimmungsschlüssel Ilex

1 Blätter sommergrün 2
– Blätter immergrün (auch vorjährige Triebe belaubt) 5
2 Blätter oberseits glänzend 3
– Blätter oberseits matt 4
3 Blätter unterseits kahl . . . . . *I. laevigata*
– Blätter unterseits auf den Nerven behaart . . . . . *I. decidua*
4 Blattrand mit langen Zähnen . . . . . *I. serrata*
– Blattrand mit Drüsen . . . . . *I. verticillata*
5 Blätter ohne stechende Spitze 6
– Blätter mit ± stechender Spitze (wenigstens viele) und meist mit einigen stechenden groben Zähnen 10
6 Blätter höchstens 3 cm lang 7
– Blätter länger (wenigstens viele) 8
7 Blätter unterseits mit dunklen Punkten (Lupe!) . . . . . *I. crenata*
– Blätter unterseits ohne schwarze Punkte . . . . . *I. yunnanensis*
8 Blätter länger als 7 cm (wenigstens viele), bis 12 cm 9
– Blätter höchstens 7 cm lang . . . . . *I. pedunculosa*
9 Blätter fein gesägt . . . . . *I. fargesii*
– Blätter grob gezähnt . . . . . *I. ×koehneana*
10 Blätter höchstens 4 cm lang, Blattstiel höchstens 5 mm lang . . . . . *I. pernyi* var. *pernyi*
– Blätter und Blattstiele länger (wenigstens viele) 11
11 Blätter mit vielen (z. T. über 20) Zähnen . . . 12
– Blätter mit wenigen (höchstens 10) stechenden Zähnen 13
12 Blätter mit ingesamt höchstens 15 Zähnen . . . . . *I. ×meserveae*
– Blätter (die meisten) mit mehr Zähnen . . . . . *I. ×altaclerensis*
13 Spitze schmerzhaft stechend 14
– Spitze der Blattzähne verbiegt sich beim Berühren, daher nicht schmerzhaft 15
14 Blätter elliptisch, Zahl der Blattzähne sehr variabel (0–10) . . . . . *I. aquifolium*

Ilex ×altaclerensis

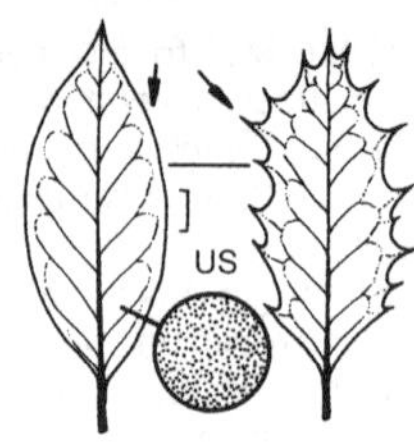

Ilex aquifolium

- – Blätter fast rechteckig, Zahl der Blattzähne 1–3 . . . . *I. cornuta*
- 15 Triebe kahl . . . . *I. opaca*
- – Triebe kurzhaarig . . . . *I. ciliospinosa*

Ilex ×altaclerensis (Loudon) Dallim., Großblättrige Stechpalme

(*I. aquifolium* × *I. perado*)

Habitus: Hoher, immergrüner Strauch oder bis 20 m hoher Baum, von *I. aquifolium* unterschieden durch stärkeren Wuchs, die oft größeren und breiteren Blätter, größere Blüten und Früchte und die kleineren Blattdornen.
Blätter: Elliptisch, 6–10 cm lang, dünner als bei *I. aquifolium*, Rand kaum gewellt, ± ganzrandig oder auch klein und regelmäßig gezähnt.
Blüten: Größer als bei *I. aquifolium*, Krone weiß, leicht rosa getönt.
Früchte: Größer als bei *I. aquifolium*.
Verwendung: Häufig (mit zahlreichen Sorten), ☘, WHZ 7b, LB 9.2.5.5 (7.2.4.4).

'Belgica Aurea'. Blätter 7–10 cm lang, ganzrandig oder in der oberen Hälfte stachelig, Rand unregelmäßig breit goldgelb, Mitte dunkel- bis graugrün.

'Camelliifolia'. Blätter 7–13 cm lang, meist ganzrandig oder in der oberen Hälfte mit 3–5 kleinen Dornen dunkel olivgrün.

'Golden King'. Blätter 5–10 cm lang, meist ganzrandig, selten 1–2 kleine Dornen nahe der Spitze, glänzend grün, mit einem breiten, goldgelben Rand. Früchte rötlich braun.

'Hodginsii'. Blätter 9–11 cm lang, meist ganzrandig oder mit 1–2 kleinen Dornen nahe der Spitze, dunkel olivgrün. Früchte kugelig, bräunlich rot.

'Lawsoniana'. Blätter bis 11 cm lang, Rand gleichmäßig entfernt bestachelt, dunkel olivgrün, unregelmäßig groß gelb gefleckt. Früchte orangerot.

'Wilsonii'. Blätter 10–12 cm lang, gleichmäßig gezähnt mit scharfen, weit auseinander stehenden Dornen, Früchte orangerot.

Ilex aquifolium L., Gewöhnliche Stechpalme, Hülse

Habitus: Immergrüner, aufrechter Strauch oder 10–15 m hoher Baum, Zweige grün (bei einigen Sorten auch ± purpurn), gerillt, kahl oder sehr kurz flaumhaarig, Rinde grau.
Blätter: Elliptisch bis lanzettlich, 5–9 cm lang, zugespitzt, Basis breit keilförmig bis abgerundet, Rand ± stark gewellt, dornig gezähnt, Altersblätter auch mit weniger Zähnen oder ganzrandig, dickledrig, oberseits glänzend dunkelgrün, unterseits gelbgrün, kurz gestielt.
Blüten: Gestielt, 4-zählig, duftend, meist zu mehreren in den Achseln vorjähriger Blätter, Krone weiß, Mai–Juni.
Früchte: Kugelig, 0,7–1 cm dick, glänzend rot, lange haftend, Steinkerne 2–4.
Verbreitung: Europa bis W-Asien, Türkei, Syrien, N-Afrika.
Verwendung: Sehr häufig (steht in Deutschland unter Schutz), N, ☘, ☠, ⚕, Bi, WHZ 7a, LB 3.2.7.4 (4.2.5.4).

Die am häufigsten gepflanzten Sorten:

1 Blätter grün

1.1 Blätter im Umriss wie bei der Art, Rand ± stark bedornt

'Alaska'. Wuchs schlank aufrecht. Blätter am Saum gewellt, jederseits 5–7 grobe Dornen. Früchte zahlreich, lebhaft rot.

'Amber'. Wuchs breit aufrecht. Blätter meist ganzrandig oder mit wenigen Dornen in der oberen Hälfte. Früchte groß, orangegelb.

'Green Pillar'. Wuchs langsam, säulenförmig, dicht geschlossen. Blätter jederseits mit 6 großen Dornen.

'I.C. van Tol'. Wuchs breit kegelförmig. Blätter leicht gewellt, mit kleinen, nach vorne gerichteten Dornen. ♀, selbstfruchtbare Sorte.

'Pyramidalis'. Wuchs anfangs schmal kegelförmig, später breiter. Blätter ganzrandig, selten mit 1–2 Dornen. ♀ Sorte.

SIBERIA ('Limsii'). Wuchs aufrecht, kegelförmig, dicht verzweigt. Blätter sehr variabel, jederseits mit 1–14 scharfen, dornigen Zähnen. Gilt als besonders frosthart.

1.2 Blätter in der Form abweichend von denen der Art:

'Ferrox'. Blätter 3–4 cm lang, dickledrig, oberseits auch auf der Blattspreite mit Dornen.

'Harpune'. Blätter schmal lanzettlich, sehr lang zugespitzt, dornig gezähnt bis ganzrandig.

'Myrtifolia'. Blätter 2–3 cm lang, lanzettlich, lang zugespitzt, Rand fein dornig gezähnt.

2 Blätter nicht nur grün

2.1 Blätter weißbunt:

'Argentea Marginata'. Blätter am Rand breit rahmweiß, in der Mitte tiefgrün. Junge Triebe grün. ♀, besonders häufig gepflanzte Sorte.

'Ferrox Argentea'. Blattschnitt wie bei 'Ferrox', aber breit rahmweiß gerandet.

'Handsworth New Silver'. Blätter am Rand ziemlich regelmäßig weiß, in der Mitte grün mit grauen Flecken. Junge Triebe purpurn.

'Silver Queen'. Blätter ziemlich klein, Rand breit weiß, Mitte dunkelgrün, graugrün marmoriert. Rinde stets purpurn. ♀ Sorte.

2.2 Blätter gelbbunt:

'Aurea Marginata'. Blätter dornig gezähnt, gelb gerandet. ♀ Sorte.

'Golden Milkboy'. Blätter glänzend dunkelgrün, in der Mitte mit einem großen unregelmäßigen oder mehreren kleinen hellgelben Flecken, jederseits mit 4–5 Dornen. ♂ Sorte.

'Golden Queen'. Blätter dunkel olivgrün, mit einem breiten, goldgelben Rand, teilweise Blätter auf einer Seite der Mittelrippe ganz gelb, Saum gewellt, stark bedornt. ♀ Sorte.

'Golden van Tol'. Blätter kleiner als bei 'I.C. van Tol', regelmäßig goldgelb gerandet. ♀ Sorte.

'Mme. Briot'. Blätter in der Mitte dunkel olivgrün, mit unregelmäßig breitem, goldgelbem Rand, z. T. fast ganz goldgelb. ♀ Sorte.

'Pyramidalis Aurea Marginata'. Blätter mit schmalem gelbem Rand. Reich fruchtend.

'Rubicaulis Aurea'. Blätter ziemlich groß, matt dunkelgrün, der gelbliche Saum ganz schmal. Triebe sehr dunkel violettbraun. Reich fruchtend.

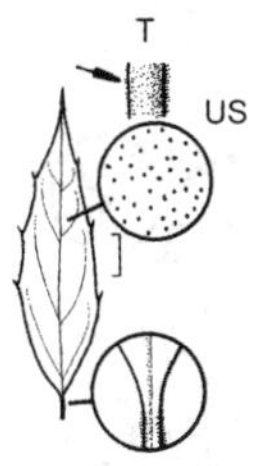

Ilex ciliospinosa

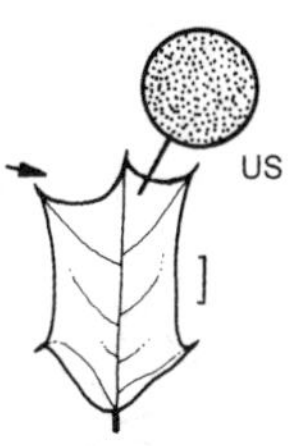

Ilex cornuta

Ilex ciliospinosa Loes., Grannenborstige Stechpalme

Habitus: Immergrüner, bis 4 m hoher, dicht verzweigter Strauch, Triebe dicht beblättert.
Blätter: Elliptisch oder elliptisch-eiförmig, 4–7,5 cm lang, kurz zugespitzt oder spitz, Basis abgerundet oder keilförmig, jederseits mit 4–6 vorwärts gerichteten Dornen oberseits matt dunkelgrün, unterseits heller.
Blüten: 4-zählig, zu 2–5 in Büscheln, achselständig an vorjährigen Zweigen, Krone weiß, Mai–Juni.
Früchte: Kugelig, rot, 1 cm dick, Steinkerne 1–4, meist 2.
Verbreitung: M- und W-China.
Verwendung: Selten, ꕥ, WHZ 7b, LB 6.4.4.5.

Ilex cornuta Lindl. et Paxton, Chinesische Stechpalme

Habitus: Immergrüner, bis 4 m hoher, dicht verzweigter, kugeliger Strauch.
Blätter: Sehr variabel, meist länglich-rechteckig, 5–8 cm lang, jederseits 1–3 Dornen, Blattspitze und jede Blattecke in eine dornige Spitze auslaufend, Blätter an adulten Pflanzen bis auf eine dornige Spitze vorne ganzrandig, dunkel olivgrün.
Blüten: 4-zählig, Kone gelblich weiß, Juni–Juli.
Früchte: Kugelig, 0,8–1 cm dick, rot, selten gelb, Steinkerne 4.
Verbreitung: China: Hubei, Shandong; Korea
Verwendung: Selten, ꕥ, WHZ 7b, LB 6.4.4.6 (4.2.1.6).

Ilex crenata Thunb., Japanische Stechpalme, Buchsbaumblättrige Stechpalme

Habitus: Immergrüner, 2–3(–5) m hoher, dicht und sparrig verzweigter, dicht beblätterter Strauch.

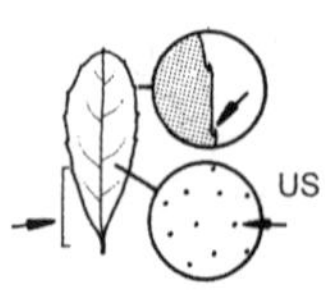

Ilex crenata

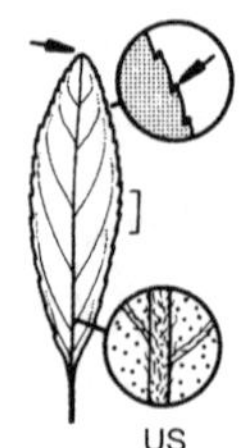

Ilex decidua

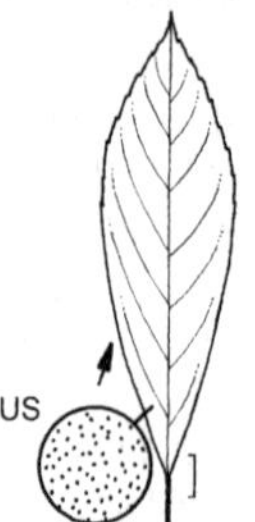

Ilex fargesii

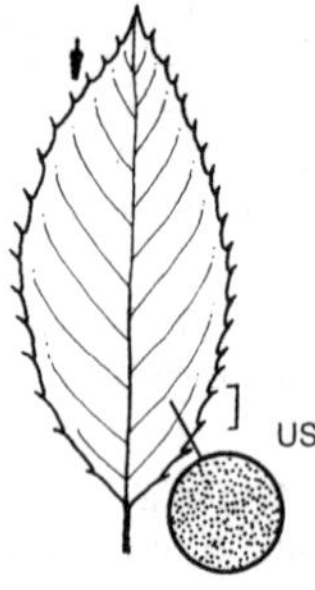

Ilex ×koehneana

Blätter: Elliptisch bis länglich-lanzettlich, kurz gestielt, 1,5–3 cm lang, abgerundet, stumpf oder spitzig, Basis stumpf, spitz oder gekerbt, jederseits mit 6–10 Zähnen fein kerbig gesägt, oberseits glänzend dunkelgrün, unterseits mit dunklen Punkten.
Blüten: 4-zählig, ♂ Blüten einzeln, ♀ Blüten zu 1–7 in achselständigen Büscheln, Krone weiß, Mai–Juni.
Früchte: Kugelig, 6–8 mm dick, glänzend schwarz, kurz gestielt, Steinkerne 4.
Verbreitung: Japan, Korea, Sachalin.
Verwendung: Sehr häufig (u. a. für Einfassungshecken als Ersatz für Buchsbaum, besonders in schwach und kompakt wachsenden Sorten), WHZ 7a, LB 7.2.2.5 (1.2.5.5) (4.2.5.5).

Ilex decidua Walter, Sommergrüne Winterbeere

Habitus: Sommergrüner, hoher Strauch oder bis 10 m hoher Baum, Zweige abstehend, hellgrau, Triebe kahl.
Blätter: Elliptisch bis verkehrteiförmig, 3,5–7 cm lang, derb, meist stumpf, Basis keilförmig, fein kerbig gesägt, oberseits glänzend dunkelgrün, unterseits heller, Mittelrippe behaart.
Blüten: 4-zählig, einzeln oder in Büscheln an Kurztrieben, ♂ Blüten 1 cm lang gestielt, Krone weißlich, Mai.
Früchte: Kugelig, 7–8 mm dick, glänzend orange bis scharlachrot, Steinkerne 4, mit zahlreichen Rippen.
Verbreitung: NO-, NOZ-, Z- und SO-USA, NO-Mexiko.
Verwendung: Sehr selten, ♧, WHZ 6a, LB 2.3.5.4 (1.2.5.5).

Ilex fargesii Franch., Farges Stechpalme

Habitus: Immergrüner Strauch oder bis 7 m hoher Baum, Triebe kahl.
Blätter: Länglich bis schmal lanzettlich, 6–14 cm lang, ledrig, lang zugespitzt, Basis keilförmig oder stumpf, oberhalb der Mitte gesägt, stumpfgrün.
Blüten: 4-zählig, in dichten, kurz gestielten Büscheln an vorjährigen Zweigen, Krone weißlich grün, Mai.
Früchte: Kugelig, 4–6 mm dick, rot, Steinkerne 4.
Verbreitung: China: Yunnan, Sichuan, Hubei.
Verwendung: Sehr selten, ♧, WHZ 6b, LB 6.4.4.5.

Ilex ×koehneana Loes., Koehnes Stechpalme

(*I. aquifolium* × *I. latifolia*)

Habitus: Immergrüner, hoher Strauch oder kleiner Baum.
Blätter: Sehr variabel, meist länglich oder elliptisch, 8–16 cm lang, zugespitzt, Basis keilförmig oder stumpf, Rand dick, kaum gewellt, kurz dornig gezähnt, glänzend mittelgrün.
Blüten: 4-zählig, Krone weiß, Mai.
Früchte: Kugelig, etwa 6 mm dick, tiefrot.
Verwendung: Selten, ♧, WHZ 7b, LB 9.2.5.5.

'Chestnut Leaf'. Blätter dickledrig, gelblich grün, am Rand stark bestachelt.

Ilex laevigata (Pursh) A. Gray, Glatte Winterbeere

Habitus: Sommergrüner, 2–5(–10) m hoher Strauch, Zweige aufrecht, kahl.
Blätter: Eiförmig-lanzettlich bis lanzettlich,

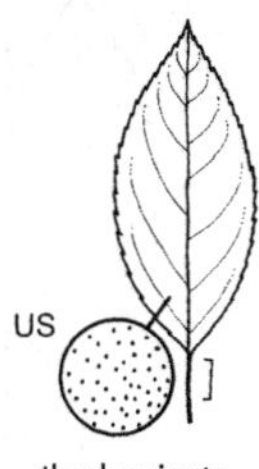

Ilex laevigata

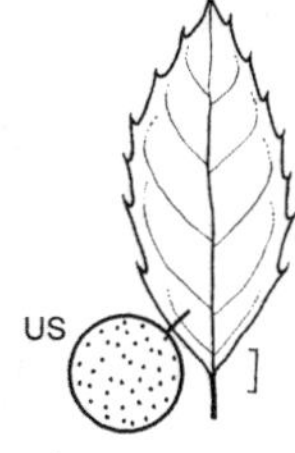

Ilex ×meserveae

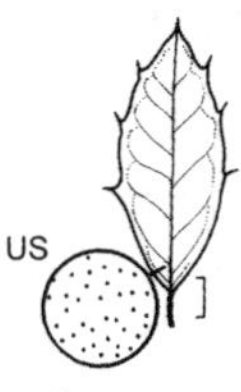

Ilex opaca

3–6 cm lang, zugespitzt, Basis keilförmig, fein anliegend gesägt, oberseits matt glänzend frischgrün, unterseits kahl oder auf den Nerven etwas behaart, Herbstfärbung gelb.
Blüten: 4- bis 8-zählig, zu 1–2, ♂ Blüten 0,8–1,2 cm lang gestielt, ♀ Blüten kurz gestielt, an diesjährigen Zweigen, Mai–Juni.
Früchte: Abgeflacht kugelig, 7–8 mm dick, orangerot, Steinkerne 4–8.
Verbreitung: NO- und SO-USA.
Verwendung: Sehr selten, ♧, WHZ 5b, LB 1.2.1.5.

Ilex ×meserveae S.Y. Hu, Blaue Stechpalme, Meserves Stechpalme

(I. aquifolium × I. rugosa)

Habitus: Immergrüner, buschig-aufrechter, 2–3 m hoher Strauch, Triebe ± dunkel violettbraun.
Blätter: Eiförmig oder elliptisch, 2–6 cm lang, spitz oder stumpf, Basis keilförmig, Rand kaum gewellt, jederseits 4–8 vorwärts gerichtete Zähne, oberseits sehr dunkelgrün, oft dunkel blaugrün, glänzend, unterseits hellgrün, Stiele ± violettbraun.
Blüten: 4-zählig, in Büscheln an vorjährigen Zweigen, Krone weiß bis rosaweiß, Mai–Juni.
Früchte: Meist verkehrteiförmig, glänzend rot oder gelb, 0,8–1 cm dick.
Verwendung: Häufig (mit einigen Sorten), ♧, WHZ 6b, LB 9.3.2.5, Steinkerne 4.

Am häufigsten in Kultur sind die ♀ Sorten Blue Angel ('Conang') und Blue Princess ('Conaproi') sowie die ♂ Sorte Blue Prince ('Conablue'), die als guter Pollenspender auch für andere *Ilex*-Arten gilt.

Zu *I. ×meserveae* werden gelegentlich auch folgende Hybriden gestellt, die aus Kreuzungen von *I. aquifolium* 'Pyramidalis' mit vermutl. *I. ×meserveae* Blue Prince entstanden sind:

Ilex Heckenfee ('Hachfee'). Wuchs straff aufrecht, regelmäßig kegelförmig. Blätter eiförmig bis breit elliptisch, 4,5–6 cm lang, jedereits mit 6–8 dornigen Zähnen, oberseits glänzend dunkelgrün. Früchte 8–9 mm lang, verkehrteiförmig, leuchtend rot, lange haftend.

Ilex 'Heckenpracht'. ♂ Sorte. Wuchs straff aufrecht, breit säulenförmig. Blätter dicht gedrängt stehend, verkehrteiförmig, 4–5 cm lang, jederseits mit 5–10 dornigen Zähnen, oberseits sehr dunkelgrün.

Ilex 'Heckenstar'. ♂ Sorte. Wuchs breit kegelförmig bis nahezu säulenförmig, dicht verzweigt. Blätter dicht gedrängt stehend, 3,4–4,4 cm lang, jederseits mit 6–8 dornigen Zähnen, oberseits sehr dunkel grün.

I. mucronata (L.) M. Powell et al. = *Nemopanthus mucronatus*

Ilex opaca Aiton, Amerikanische Stechpalme

Habitus: Immergrüner, aufrechter Strauch oder schmal kegelförmiger bis säulenförmiger, bis 15 m hoher Baum, Zweige abstehend, Triebe anfangs fein behaart.
Blätter: Elliptisch bis elliptisch-lanzettlich, 5–12 cm lang, stachelig zugespitzt, Rand flach oder gewellt, grob buchtig und dornig gezähnt, jederseits 3–6 oder mehr Dornen, selten fast ganzrandig, oberseits stumpfgrün, unterseits gelbgrün, Seitennerven deutlich parallel verlaufend.
Blüten: 4-zählig, ♂ Blüten zu 3–9 in gestielten Büscheln, ♀ Blüten einzeln, Krone cremeweiß, Juni.
Früchte: Kugelig oder ellipsoid, rot, 0,8–1 cm dick, meist einzeln, Steinkerne 4.
Verbreitung: NO-, NOZ-, Z- und SO-USA.
Verwendung: Sehr selten, ♧, WHZ 6a, LB 3.2.5.4 (5.3.5.4).

Ilex pedunculosa

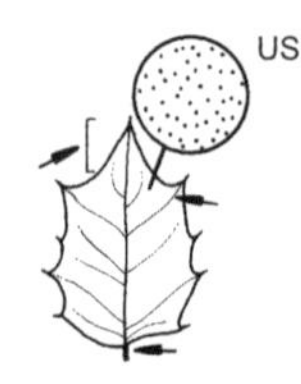

Ilex pernyi var. pernyi

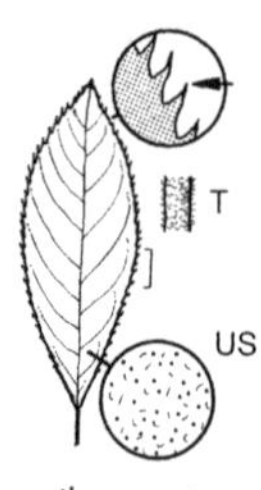

Ilex serrata

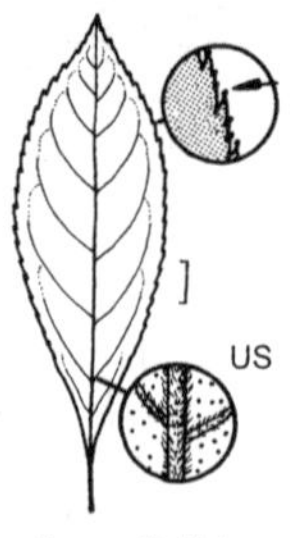

Ilex verticillata

Ilex pedunculosa Miq., Langstielige Stechpalme

Habitus: Immergrüner, kahler Strauch oder bis 10 m hoher Baum.
Blätter: Eiförmig-elliptisch bis elliptisch, 4–7 cm lang, plötzlich zugespitzt oder spitz, Basis abgerundet bis breit keilförmig, etwas gewellt, ganzrandig oder nur gelegentlich oberhalb der Mitte entfernt anliegend gezähnt, oberseits glänzend grün.
Blüten: 4- bis 5-zählig, in schlanken, gestielten Büscheln an diesjährigen Trieben, Krone weiß, Mai.
Früchte: Kugelig, 6–8 mm dick, leuchtend rot, einzeln oder zu mehreren, Stiel 2–4 cm lang, Steinkerne 5.
Verbreitung: M-China.
Verwendung: Selten, ♧, WHZ 6a, LB 4.2.2.4.

Ilex pernyi Franch. **var. pernyi**, Rautenblättrige Stechpalme

Habitus: Immergrüner, aufrechter, locker aufgebauter Strauch oder 6–9 m hoher Baum, junge Triebe grün, fein behaart.
Blätter: Gedrängt stehend, rhombisch bis fast quadratisch, 1,5–2,5 cm lang, in eine dornige Spitze auslaufend, jederseits 1–3 meist starre Dornen, die oberen am größten, aber kleiner als die Enddornen, oberseits glänzend dunkel olivgrün, unterseits gelblich grün.
Blüten: 4-zählig, in dichten Büscheln an den vorjährigen Trieben, Krone gelblich, Mai.
Früchte: Abgeflacht kugelig, 6–8 mm dick, rot, Steinkerne 4.
Verbreitung: M- und W-China.
Verwendung: Häufig, ♧, WHZ 7a, LB 3.2.7.5.

var. veitchii Bean. Blätter 3,6–6 cm lang, jederseits mit 3–5 starren Dornen, Steinkerne 2–4. W-CHina.

Ilex serrata Thunb. ex Murray, Japanische Winterbeere

Habitus: Sommergrüner, breit aufrechter, 2–6 m hoher Strauch, Zweige bräunlich schwarz, junge Triebe schwach flaumhaarig.
Blätter: Elliptisch bis verkehrteiförmig-elliptisch, 2–5 cm lang, spitz oder kurz zugespitzt, entfernt gesägt bis nahezu ganzrandig, oberseits dunkelgrün, unterseits behaart, Herbstfärbung gelb.
Blüten: 4- bis 6-zählig, in kurz gestielten Büscheln, Krone weiß, rosa oder rot, Juni.
Früchte: Kugelig, 4–5 mm dick, rot, nach dem Laubfall noch lange haftend, Steinkerne 2–4.
Verbreitung: Japan, China: Sichuan, Liaoning, Xinjian.
Verwendung: Selten, ♧, WHZ 7a, LB 7.2.2.5.

I. sieboldii Miq. = *I. serrata*

Ilex verticillata (L.) A. Gray, Rote Winterbeere

Habitus: Sommergrüner, 2–4(–15) m hoher Strauch oder kleiner Baum, Zweige sparrig abstehend.
Blätter: Elliptisch bis verkehrteiförmig oder verkehrteiförmig-lanzettlich, 4–10 cm lang, spitz oder zugespitzt, einfach oder doppelt gesägt, oberseits mattgrün, unterseits meist behaart, zuletzt nur noch auf den Nerven, Herbstfärbung intensiv gelb.
Blüten: 4- bis 7-zählig, alle kurz gestielt, ♀ Blüten einzeln oder zu 2, ♂ Blüten zu 2–10, Krone grünlich weiß, Juni–Juli.
Früchte: Kugelig, leuchtend rot, 6 mm dick, oft zu 2, nach dem Laubfall noch lange haftend, Steinkerne 4–7.
Verbreitung: O-Kanada, MO-, NOZ- und SO-USA.
Verwendung: Sehr häufig (plantagenmäßig

zur Gewinnung von Schmuckzweigen angebaut) ♣, H, ⚕, WHZ 4, LB 1.2.1.5.

'Oosterwijk'. Früchte groß, hellrot. Zur Gewinnung von Fruchtzweigen angebaut.

Ilex yunnanensis Franch., Yunnan-Stechpalme

Habitus: Immergrüner, aufrechter, bis 4 m hoher Strauch, Triebe kurz und dicht behaart.
Blätter: Eiförmig bis eiförmig-lanzettlich, 2–3,5 cm lang, spitz, mit aufgesetztem Spitzchen, Basis abgerundet, kerbig gesägt, kurz gestielt, oberseits matt glänzend, unterseits anfangs behaart, zuletzt nur noch auf der Mittelrippe.
Blüten: 4-zählig, ♀ Blüten einzeln, ♂ Blüten zu mehreren, kurz gestielt, Krone weiß, selten rosa oder rot, Juni.
Früchte: Kugelig, 6–8 mm dick, rot, Steinkerne 4.
Verbreitung: SW-China.
Verwendung: Selten, ♣, WHZ 7b, LB 6.4.4.5.

Indigofera L.

Indigostrauch – Fabaceae

(portugiesisch *indigo* = ein seit dem 1. Jahrh. n. Chr. aus Indien eingeführter blauer Farbstoff und lateinisch *fera* = tragen)

Habitus: Sommergrüne Kleinbäume, Sträucher, Halbsträucher oder Kräuter, Zweige rutenförmig, fein kantig, Triebe ± dicht mit Gabelhaaren, gelegentlich auch mit einfachen Haaren bedeckt, Knospen 3-eckig bis länglich-3-eckig, 1,5–3 mm lang, Endknospen fehlend, Blattnarben 3-spurig.
Blätter: Wechselständig, meist gefiedert, seltener 3-zählig oder einfach, Blättchen kurz gestielt, Nebenblätter klein, borstig oder pfriemlich, mit dem Blattstiel verwachsen, bleibend.
Blüten: Zwittrig, zygomorph, in achselständigen Trauben oder Ähren an diesjährigen Zweigen, 5-zählig, Kelch schief, 5-zähnig, Krone rosa oder purpurn, Fahne kurz genagelt, Schiffchen jederseits mit einem pfriemlichen Anhängsel, alle Staubblätter miteinander verwachsen, Fruchtknoten 1, oberständig.
Früchte: Hülsen zylindrisch, 3–5,5 cm lang, starr, sich 2-klappig öffnend, gefächert, mit dünnen Trennwänden, Samen 5–10, 2–3 mm lang, braun.
Verbreitung: Etwa 700 Arten, vor allem in den Tropen.
Verwendung: Die wenigen kultivierten Arten sind zierliche, im Sommer blühende Sträucher. In ungünstigen Klimazonen ist eine winterliche Abdeckung im Wurzelbereich ratsam. Ein jährlicher, scharfer Rückschnitt frostgeschädigter Zweige ist ohne Nachteile für eine reiche Blüte möglich.

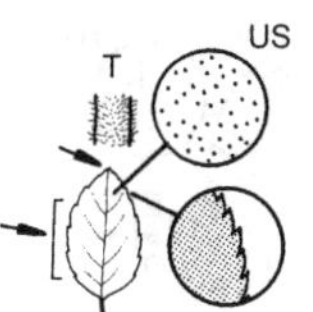

Ilex yunnanensis

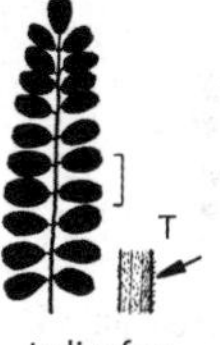

Indigofera heterantha

Indigofera kirilowii

Bestimmungsschlüssel Indigofera

(für sichere Artbestimmung sind Blüten notwendig)

1	Blättchen zu 13–21	*I. heterantha*
–	Blättchen zu 5–13	2
2	Blättchen 5–9, elliptisch, Blüten höchstens 8 mm lang	*I. potaninii*
–	Blättchen 7–11, rundlich, Blüten 1,5–2 cm lang	*I. kirilowii*

I. gerardiana Wall. ex Baker = *I. heterantha*

Indigofera heterantha Wall. ex Brandis, Himalaja-Indigostrauch

Habitus: Vieltriebiger, 1–2(–3) m hoher Strauch, Zweige stielrund, leicht gerillt, angedrückt behaart.
Blätter: 6–7 cm lang, Blättchen 13–21, verkehrteiförmig oder eiförmig, 0,5–2,5 cm lang, beiderseits anliegend behaart.
Blüten: Etwa 1 cm lang, kurz gestielt, zu 24 oder mehr in dichten, 7–15 cm langen, aufrechten, endständigen Trauben, Krone hell purpur- oder karminrosa, Juli–September.
Früchte: 3–5 cm lang, zur Reife gebogen.
Verbreitung: Himalaja.
Verwendung: Häufig, B, WHZ 7b, LB 6.1.1.6.

Indigofera kirilowii Maxim. ex Palib., Kirilows Indigostrauch

Habitus: Bis 1 m hoher Strauch, Zweige anfangs kantig, später stielrund, spärlich anliegend behaart.

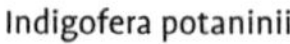

Indigofera potaninii

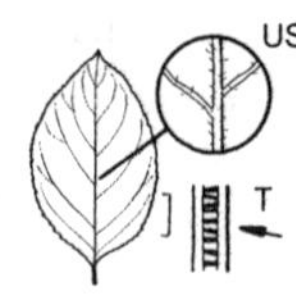

Itea virginica

Blätter: Bis 6–15 cm lang, Blättchen 7–11, breit eiförmig bis elliptisch, 1,5–4 cm lang, abgerundet oder spitz oder borstig zugespitzt, Basis keilförmig, beiderseits spärlich anliegend behaart, oberseits lebhaft grün unterseits heller.
Blüten: 1,5–2 cm lang, zu 20–30 in dichten, bis 5–12(–20) cm langen, achselständigen Trauben an den Zweigenden, Krone rosarot, Juni–August.
Früchte: Linealisch, 3–5 cm lang.
Verbreitung: Japan, Korea, Mandschurei, N-China.
Verwendung: Sehr selten, B, WHZ 6b, LB 6.1.1.6.

Indigofera potaninii Craib, Potanins Indigostrauch

Habitus: Aufrechter, bis 1,5 m hoher Strauch, Zweige anfangs anliegend behaart, bald kahl.
Blätter: 7–15 cm lang, Blättchen 5–9, elliptisch bis länglich, 1,3 cm lang, oberseits graugrün, dicht behaart, unterseits weniger behaart.
Blüten: 1 cm lang, in 5–12 cm langen, achselständigen Trauben, Krone lilarosa, Juni–Juli.
Früchte: 3,5 cm lang.
Verbreitung: NW-China.
Verwendung: Selten, B, WHZ 7b, LB 6.1.1.6.

Itea L.

Rosmarinweide – Iteaceae

(griechisch *itea* = Weide, wegen der weidenähnlichen Blätter)

Habitus: Sommer- oder immergrüne Sträucher, Zweige dünn, etwas hin- und hergebogen, mit gefächertem Mark, Knospen abgeflacht halbkugelig bis stumpf kegelförmig, Seitenknospen 2–3 mm lang, meist mit kleiner, absteigender Beiknospe.
Blätter: Wechselständig, einfach, gezähnt, Nebenblätter fehlend.
Blüten: Zwittrig, radiär, klein, in end- und seitenständigen Rispen oder Trauben, 5-zählig, Kronblätter schmal, weiß, cremeweiß oder grünlich weiß, Staubblätter 5, Fruchtblätter 2, bis zu den Narben hinauf verwachsen, frei auf dem Grund eines schüsselförmigen Blütenbechers stehend, Fruchtknoten oberständig.
Früchte: Kapseln 6–8 mm lang, schmal kegelförmig, behaart, sich 2-klappig öffnend, Samen zahlreich, 1 mm lang.
Verbreitung: Etwa 10 Arten vom Himalaja bis Japan und W-Malaysia, 1 Art im atlantischen N-Amerika.
Verwendung: Bei uns meist nur die folgende Art in Kultur.

Itea virginica L., Amerikanische Rosmarinweide

Habitus: Sommergrüner, 1–1,5(–3) m hoher, breitbuschiger Strauch, Ausläufer bildend, Grundzweige zahlreich, rutenförmig, aufrecht oder aufsteigend, Triebe anfangs filzig behaart.
Blätter: Schmal elliptisch bis länglich, 4–10 cm lang, spitz oder kurz zugespitzt, Basis meist keilförmig, fein scharf gesägt, oberseits sattgrün, unterseits heller, Herbstfärbung purpurn, rot oder gelb
Blüten: 1–1,5 cm breit, duftend, in 5–7(–15) cm langen, schlanken, aufrechten bis abstehenden, endständigen, dicht behaarten Trauben, Krone weiß, Juni.
Verbreitung: NO-, NOZ-, Z- und SO-USA.
Verwendung: Selten (mit einigen Sorten), B, H, WHZ 6a, LB 1.2.2.6 (5.2.5.6).

Jamesia Torr. et A. Gray

Jamesie – Hydrangeaceae

(nach Edwin James, 1797–1861, nordamerikanischer Arzt und Botaniker)

Monotypische Gattung

Jamesia americana Torr. et A. Gray, Jamesie

Habitus: Sommergrüner, breitbuschiger, 1–1,5 m hoher Strauch, Zweige markig, vom 2. Jahr an mit abblätternder, brauner, papierartiger Rinde, junge Triebe weich behaart, Endknospen 5–6 mm lang, kegelförmig-zylindrisch, breit ansitzend.
Blätter: Gegenständig, kurz gestielt, eiförmig bis elliptisch, 2–6 cm lang, spitz, scharf ge-

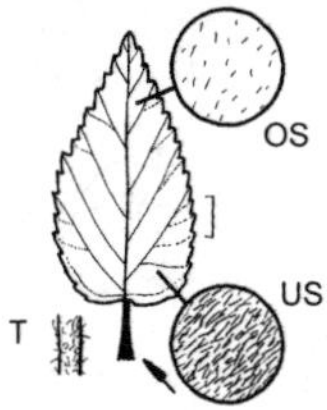

Jamesia americana

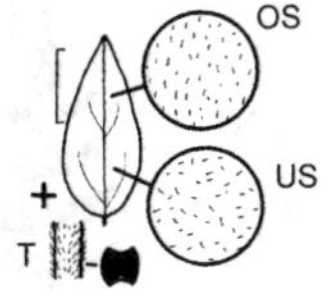

Jasminum beesianum

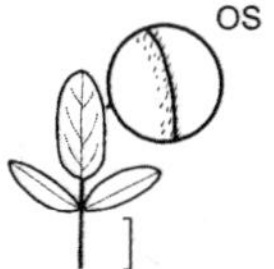

Jasminum fruticans

sägt, Nerven bis in die Zähne verlaufend, oberseits rau, schwach behaart, unterseits dicht grau- bis weißwollig, Nebenblätter fehlend.
Blüten: Zwittrig, radiär, duftend, 1–1,5 cm breit, zu 10–20 in dichten, endständigen, bis 6 cm langen Rispen, 5-zählig, Krone weiß, selten rosa überlaufen Staubblätter 10, Fruchtknoten ± oberständig, 3- bis 5-fächrig, Griffel 3–5, Mai–Juni.
Früchte: Kapseln etwa 4 mm lang, abstehend behaart, Samen zahlreich, winzig.
Verbreitung: W- und SW-USA.
Verwendung: Selten, B, WHZ 6a, LB 8.2.2.6.

Jasminum L.

Jasmin – Oleaceae

(arabisch *yasamin, yasmin* = Jasmin, Jasminöl)

Habitus: Immer- oder sommergrüne, aufrechte oder kletternde Sträucher, Zweige 4-kantig oder stielrund, grün, nur sonnenseits gerötet.
Blätter: Gegen- oder wechselständig, gefiedert, 3-zählig oder einfach.
Blüten: Zwittrig, radiär, duftend, in end- oder achselständigen Zymen, Kelch glockig, mit 4–9 sehr kleinen oder pfriemlichen Zähnen, bis zur Fruchtreife bleibend, Krone gelb, weiß oder rosa, mit langer Röhre und 4–9 in der Knospe zusammengerollten, später ausgebreiteten Zipfeln, Staubblätter 2, Fruchtknoten 2-fächrig, oberständig.
Früchte: Beeren 2-teilig, meist schwarz glänzend, aus zwei, am Grund nur kurz miteinander verwachsenen, 0,8–1 cm großen Beerchen bestehend, oft ist nur 1 Fruchthälfte entwickelt, jede Fruchthälfte mit 2 halbkugeligen, 5–6 mm großen Samen.
Verbreitung: Etwa 200 Arten, vorwiegend in den Tropen und Subtropen der Alten Welt.
Verwendung: Bei uns nur wenige, meist kletternde Arten in Kultur. *J. nudiflorum* öffnet seine Blüten bei mildem Wetter oft schon im Dezember.

Bestimmungsschlüssel Jasminum

1	Pflanze frei wachsend	2
–	Pflanze kletternd	4
2	Blätter wechselständig	3
–	Blätter gegenständig	*J. beesianum*
3	Blättchen stets 3, Triebe nur gestreift	*J. fruticans*
–	Blättchen auch bis 7, Triebe kantig	*J. humile*
4	Blätter einfach	*J. beesianum*
–	Blätter gefiedert	5
5	Blätter nur 3-zählig gefingert und Triebe mit 4 Leisten	*J. nudiflorum*
–	Blätter (auch) 5- oder mehrzählig gefiedert oder Triebe rund oder mit mehr Kanten	6
6	Blätter mit höchstens 5 Fiederblättchen	7
–	Fiederblättchen 7 oder 9	*J. officinale*
7	Oberste Seitenblättchen mit dem Blattstiel verwachsen	*J. ×stephanense*
–	Oberste Seitenblättchen frei	*J. humile*

Jasminum beesianum Forrest et Diels, Rosa Jasmin

Habitus: Sommergrüner, schwach kletternder, bis 1,5 m hoher Strauch, Zweige sehr dünn, gerillt.
Blätter: Gegenständig, einfach, eiförmig-lanzettlich, 3–6 cm lang, zugespitzt, olivgrün, beiderseits spärlich behaart.
Blüten: 1,5 cm breit, zu 1–3, Krone hell- bis dunkelrosa, Mai.
Verbreitung: W-China.
Verwendung: Selten, B, WHZ 8b, LB 6.4.4.9.

Jasminum fruticans L., Strauch-Jasmin

Habitus: Immer- oder wintergrüner, aufrechter, bis 1,25 m hoher Strauch, Zweige rutenförmig, grün, gestreift.
Blätter: Wechselständig angeordnet, 3-zählig, Blättchen 0,8–2 cm lang, länglich-spatelförmig, stumpf, dunkelgrün, etwas ledrig, fein bewimpert.
Blüten: 1,5 cm breit, zu 2–5 an kurzen Seitenzweigen, Krone gelb, Juli–September.

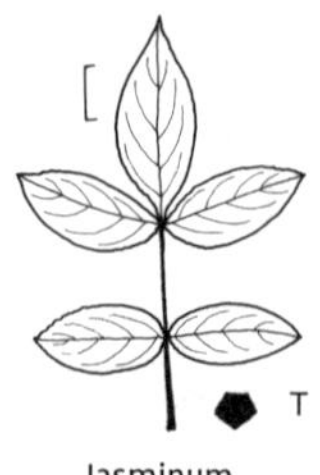

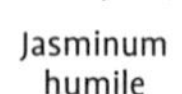

Jasminum humile

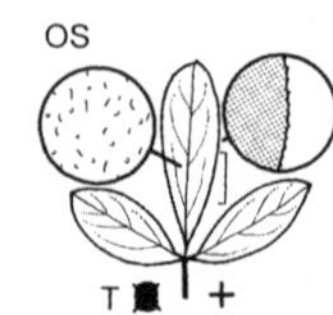

Jasminum nudiflorum

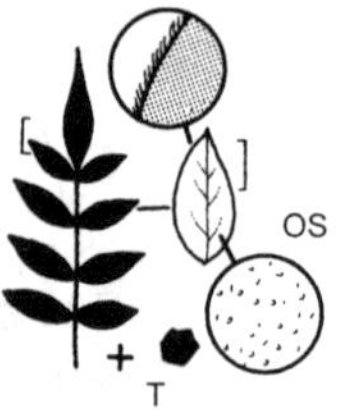

Jasminum officinale

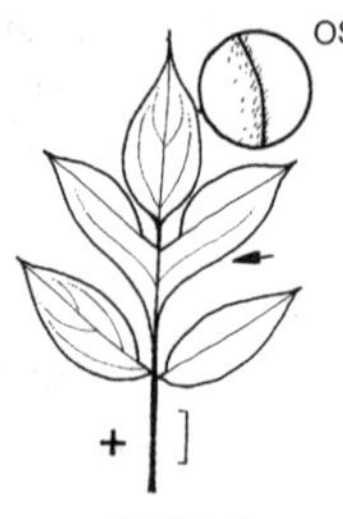

Jasminum ×stephanense

Verbreitung: SW-, S- und SO-Europa, N-Afrika, Türkei, Syrien, Kaukasien, N-Iran.
Verwendung: Selten, B, WHZ 8b, LB 6.2.1.5.

Jasminum humile L., Niedriger Jasmin, Gelber Jasmin

Habitus: Immergrüner oder fast immergrüner, bis 1,5(–6) m hoher, kahler Strauch, Zweige schwach kantig, grün.
Blätter: Wechselständig, Blättchen 3–9(–13), meist 5, eiförmig oder elliptisch bis länglich, bis 4 cm lang, stumpf oder spitz, Endblättchen 2–5 cm lang, Seitenblättchen 1,2–3 cm lang, oberseits stumpfgrün, unterseits heller.
Blüten: Etwa 1 cm breit, oft nicht duftend, zu 2–6 in doldenartigen Büscheln, Krone gelb, Kelchzähne sehr klein, 4-eckig, Abschnitte der Kronröhre zurückgebogen, Juni–Juli.
Verbreitung: M-Asien, Afghanistan, Himalaja, Indien, SW-China, Myanmar.
Verwendung: Selten, B, WHZ 7b, LB 6.4.4.5.

Jasminum nudiflorum Lindl., Winter-Jasmin

Habitus: Sommergrüner, an Spalieren 3 m hoch und breit kletternder Strauch, Zweige dunkelgrün, 4-kantig, rutenförmig, überhängend, oft dichte, wirre Kissen bildend.
Blätter: Gegenständig, 3-zählig, Blättchen länglich-eiförmig, 1–3 cm lang, tiefgrün, oberseits glänzend, unterseits matt, kahl.
Blüten: Einzeln, achselständig an vorjährigen Zweigen, Krone gelb, 2–2,5 cm breit, meist mit 6 Abschnitten, (Dezember–)Januar–April.
Verbreitung: W-China.
Verwendung: Sehr häufig, B, WHZ 7a, LB 6.3.1.9.

Jasminum officinale L., Echter Jasmin

Habitus: Sommergrüner, in milden Zonen und an Spalieren angeheftet bis 10 m hoch kletternder Strauch, Zweige grün, 4-kantig, dünn, rutenförmig.
Blätter: Gegenständig, Blättchen 5–9, elliptisch, zugespitzt, 1–6 cm lang, zugespitzt.
Blüten: Etwa 2,5 cm breit, duftend, bis zu 5 in Büscheln, Krone weiß, Kronsaum 5-lappig, Juni–September.
Verbreitung: Himalaja, Kaschmir, SW-China.
Verwendung: Sehr selten, B, D, WHZ 8b, LB 6.3.1.9.

Jasminum ×stephanense Lemoine
(*J. beesianum* × *J. officinale*)

Habitus: Sommergrüner, starkwüchsiger, 3–5 m hoch kletternder Strauch, Zweige rutenförmig, dünn, überhängend, etwas kantig, kahl.
Blätter: Gegenständig, einfach oder Blättchen meist 3–5, stumpfgrün, unterseits etwas behaart, Endblättchen eiförmig-lanzettlich, 2–4 cm lang.
Blüten: Zu 3–5, duftend, Krone zartrosa, Juni.
Verbreitung: In China (Yunnan) zwischen den Eltern wild gefunden.
Verwendung: Selten, B, D, WHZ 7a, LB 6.4.4.9.

Juglans L.

Walnuss – Juglandaceae

(lateinisch *iuglans* = Walnuss, Nussbaum, primär von lateinisch *Iovis* = Jupiter und *glans* = Frucht von Buchengewächsen)

Habitus: Sommergrüne Bäume, selten Sträucher, Rinde oft lange glatt bleibend, Zweige

kantig oder stielrund, mit gekammertem Mark, Endknospen ± halbkugelig bis 3-seitig kegelförmig, 5–12 mm lang, Blattnarben groß, abgerundet 3-eckig, mit 3 Gefäßbündelspuren, Seitenknospen viel kleiner.
Blätter: Wechselständig, unpaarig gefiedert, gesägt oder ganzrandig, gerieben aromatisch duftend, Nebenblätter fehlend.
Blüten: 1-geschlechtig, 1-häusig verteilt, unscheinbar, ♂ Blüten grün, in seitenständigen, schlaff hängenden, reichblütigen Kätzchen an den vorjährigen Zweigen, die 4 Perigonblätter mit den 2 Vorblättern und dem Tragblatt zu einer 7-teiligen Hülle verwachsen, Staubblätter 5–85, ♀ Blüten zu 2–30 in aufrechten Ähren, endständig an diesjährigen Trieben, Blütenhülle unscheinbar, mit dem unterständigen Fruchtknoten verwachsen, Griffel mit 2 nach außen gekrümmten Narbenästen.
Früchte: Nüsse kugelig, eiförmig oder länglich-eiförmig, 1,5–8 cm lang, mit runzeliger oder ± scharf gerippter Oberfläche, umgeben von einer dicken, grünen, glatten und kahlen oder drüsig behaarten Schale (sie entspricht einem Fruchtbecher und nicht, wie früher angenommen, der äußeren Fruchtschale einer Steinfrucht). Samen stark gefurcht, durch unvollständige Scheidewandbildungen 4-teilig gegliedert, stark ölhaltig, essbar.
Verbreitung: 21 Arten von S-Europa bis O-Asien sowie in N- und S-Amerika.
Verwendung: Hohe, oft großkronige, schön belaubte Hof-, Park- und Fruchtbäume. *J. regia* wird seit alters her mit zahlreichen Sorten vor allem in S- und SO-Europa zur Fruchtgewinnung angebaut, ausdehnte Plantagen finden sich auch in China, sowie in Kalifornien und Oregon. Das Holz der Nussbaumarten gehört zu den wertvollsten Edelhölzern.

Bestimmungsschlüssel Juglans

1 Blättchen 5–9, ± ganzrandig. . . . . *J. regia* subsp. *regia*
– Blättchen mehr als 9 (wenigstens häufig), gesägt oder gezähnt 2
2 Blättchen höchstens 3 cm breit, unterseits durch Drüsenhaare etwas klebrig, Blättchen z. T. sehr versetzt an der Spindel . . . . *J. microcarpa*
– Blättchen breiter (wenigstens viele), nicht klebrig. 3
3 Blattstiele und junge Triebe klebrig-drüsig behaart 4
– Behaarung von Trieben und Blättern filzigflaumig oder fehlend. . . . . *J. nigra*
4 Blätter unterseits auch mit Sternhaaren 5

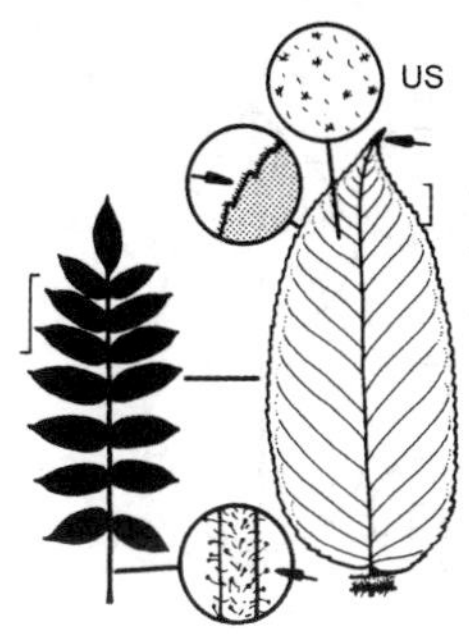

Juglans ailantifolia var. ailantifolia

– Blätter unterseits ohne Sternhaare. 6
5 Blätter höchstens 50 cm lang, Blättchengrund asymmetrisch und die Spindel verdeckend . . . . *J. cinerea*
– Blätter auch größer, Blättchengrund symmetrisch, Blättchen etwas gestielt. . . . . *J. ailantifolia* var. *ailantifolia*
6 Knospen schwärzlich, Blattrand gesägt . . . . *J. ailantifolia* var. *ailantifolia*
– Knospen braun, Blattrand gezähnt. . . . . *J. mandshurica*

Juglans ailantifolia Carrière **var. ailantifolia**, Japanische Walnuss

Habitus: Bis 20 m hoher, breitkroniger Baum, junge Triebe und Rachis der Blattspreite drüsig behaart.
Blätter: 45–60(–90) cm lang, Blättchen 11–17, länglich, 7–18 cm lang, zugespitzt, fein gesägt, oberseits anfangs flaumig behaart, später fast kahl, unterseits dicht flaumig behaart.
Blüten: ♂ Kätzchen 15–30 cm lang, ♀ Blüten zu 12–14.
Früchte: Bis zu 20 in langen Trauben, 5 cm dick, breit ei- oder birnenförmig, Nuss 3 cm lang, kugelig bis eiförmig, zugespitzt, oft mit 2 dickwulstigen Kanten, sonst ± glatt.
Verbreitung: Japan.
Verwendung: Häufig, N, WHZ 6b, LB 7.3.3.2.

var. cordiformis (Maxim.) Rehder. Herzfrüchtige Walnuss. Im Wuchs wie var. *ailantifolia*. Blättchen meist etwas schmaler. Nuss bis 3 cm lang, abgeplattet und dort längs gefurcht, scharf 2-kantig, dünnschalig. Japan.

Juglans cinerea L., Amerikanische Butternuss, Graunuss, Ölnuss

Habitus: Bis 30 m hoher, breitkroniger Baum, Borke grau, tief längs gefurcht, Triebe be-

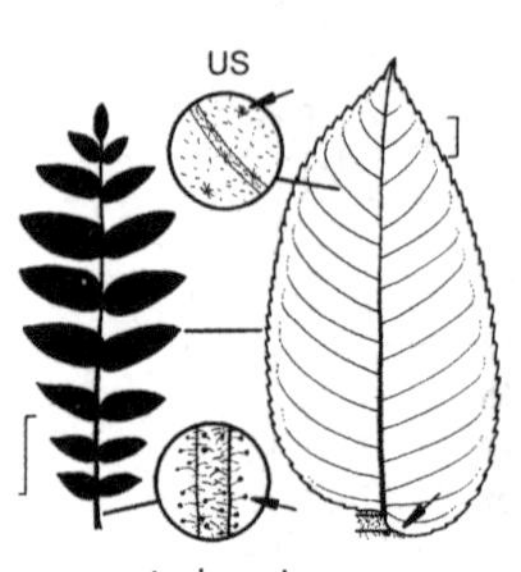

Juglans cinerea

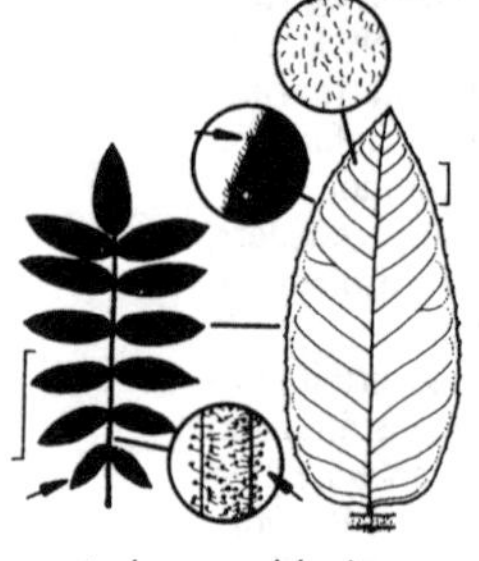

Juglans mandshurica

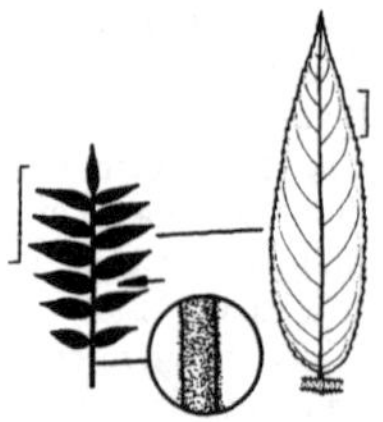
Juglans microcarpa

haart, anfangs klebrig-drüsig, später rotbraun.
Blätter: 25–50 cm lang, Blättchen 9–19, länglich-lanzettlich, 5–14 cm lang, zugespitzt, fein und regelmäßig gesägt, oberseits anfangs behaart, unterseits, vor allem auf der Mittelrippe, mit weichen Sternhaaren, Endblättchen oft fehlend.
Blüten: ♂ Kätzchen 5–14 cm lang, ♀ Blüten zu 5–8.
Früchte: Zu 5–8, eiförmig-länglich, 3–6 cm lang, klebrig-drüsig behaart, Nuss eiförmig, ellipsoid oder etwas zylindrisch, 2,5–3,8 cm lang, unregelmäßig tief gefurcht, mit 8 rauen, scharfkantigen Rippen.
Verbreitung: O-Kanada, NO-, NOZ- und SO-USA.
Verwendung: Sehr häufig, N, WHZ 5b, LB 2.4.2.2 (3.3.2.2).

J. cordiformis Maxim. = *J. ailantifolia* var. *cordiformis*

Juglans mandshurica Maxim., Mandschurische Walnuss

Habitus: Bis 25 m hoher, breitkroniger Baum, Triebe und Rachis der Blattspreite bräunlich klebrig-drüsig behaart.
Blätter: 40–60(–100) cm lang, Blättchen elliptisch bis länglich-elliptisch, (7–)11–19, die oberen alle gleich groß, 7–20 cm lang, zugespitzt, Basis asymmetrisch oder herzförmig, fein gezähnt, oberseits anfangs flaumig behaart, zuletzt kahl, unterseits dicht flaumig behaart.
Blüten: ♂ Kätzchen bis 40 cm lang, mit 12–40 Staubblättern je Blüte, ♀ Blüten zu 4–10, Narben rot.
Früchte: Zu 3–10 in bis 15 cm langen, hängenden Trauben, kugelig-eiförmig, bis 5 cm lang, klebrig-drüsig behaart, Nuss 3–7,5 cm lang, ± kugelig, eiförmig oder ellipsoid, mit 6–8 scharfen Leisten, dazwischen unregelmäßig zergratet.
Verbreitung: Russ. Ferner Osten, NO-China: Hailongjiang, Jilin, Liaoning; N-Korea, Taiwan.
Verwendung: Häufig, N, WHZ 5a, LB 2.3.2.3.

Juglans microcarpa Berland., Kleine Walnuss, Felsennuss, Texas-Walnuss

Habitus: Kaum mehr als 10 m hoher Baum, oft strauchig wachsend, Borke leicht grau, schmal gerippt und gefurcht, Triebe anfangs filzig, später gelbgrün behaart.
Blätter: 12–30 cm lang, Blättchen 13–20(–25), schmal lanzettlich und ± sichelförmig, 4–8 cm lang, lang zugespitzt, ganzrandig oder fein gesägt, Basis ungleich, abgerundet, oberseits nur anfangs leicht behaart, unterseits etwas drüsig behaart, zuletzt nur noch auf dem Hauptnerv.
Blüten: ♂ Kätzchen 5–10 cm lang.
Früchte: Einzeln stehend, kugelig, 1,4–2,3 cm dick, Nuss kugelig bis abgeflacht kugelig, bis 1,7 cm dick, längskehlig, glatt.
Verbreitung: Südl. Z-USA, nördl. Z-Mexiko.
Verwendung: Selten, N, WHZ 5b, LB 2.5.1.4.

Juglans nigra L., Schwarznuss, Schwarze Walnuss

Habitus: 20–30(–50) m hoher Baum, Krone unregelmäßig, breit abgerundet bis ausladend, Borke tief gerippt und gefurcht, grau bis bräunlich, Triebe flaumig behaart.
Blätter: 20–60 cm lang, Blättchen 13–23, Endblättchen oft fehlend, länglich-eiförmig bis eiförmig-lanzettlich, 6–15 cm lang, zugespitzt, Basis abgerundet, unregelmäßig gesägt, oberseits kahl und leicht glänzend, unterseits flaumig behaart.

Blüten: ♂ Kätzchen 5–12 cm lang, Staubblätter 17–50, ♀ Blüten zu 2–5.
Früchte: Kugelig, abgeflacht kugelig oder leicht birnenförmig, 4–5 cm dick, Schale sehr dick, rau, oft warzig, beim Abfallem vom Baum geschlossen bleibend und zuletzt schwarz, Nuss 2,5–3,5 cm dick, dickschalig, rau, grob und unregelmäßig gefurcht.
Verbreitung: SO-Kanada: NO-, NOZ-, Z- und SO-USA.
Verwendung: Sehr häufig, N, WHZ 5b, LB 3.3.2.1.

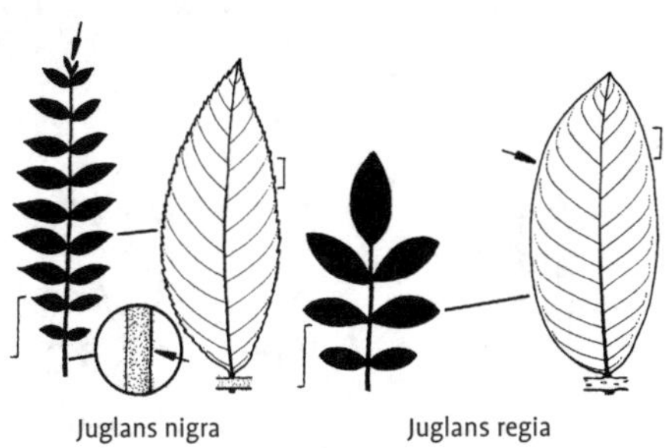

Juglans regia L. **subsp. regia**, Echte Walnuss, Welsche Nuss

Habitus: 15–20(–30) m hoher, oft kurzstämmiger, breitkroniger Baum, Rinde aschgrau bis graubraun, lange glatt bleibend, Triebe kahl.
Blätter: 20–50 cm lang, Blättchen derb, 5–9, elliptisch bis eiförmig, 6–12 cm lang, spitz oder zugespitzt, fast ganzrandig, oberseits glänzend dunkelgrün, kahl, unterseits mit Achselbärten, gerieben stark würzig riechend, Endblättchen auffallend groß.
Blüten: ♂ Kätzchen 5–10 cm lang, ♀ Blüten zu 2–5.
Früchte: Stumpf ellipsoid, 4–6 cm lang, glatt, grün, Nuss runzelig, mit 2 wulstigen Kanten, ziemlich dünnschalig, meist aus der am Baum bleibenden Außenschale herausfallend.
Verbreitung: M-Europa, Kaukasien, Iran, M-Asien.
Verwendung: Sehr häufig, N, Bi, ⚕, WHZ 6a, LB 3.3.1.1.

subsp. kamaonica (C. DC.) Mansf. Blättchen eiförmig-lanzettlich, unterseits Nerven behaart. Nüsse dünnschalig. Himalaja.

subsp. fallax (Dode) Popov. Blättchen meist elliptisch, bis 16 cm lang, 10 cm breit, sehr dick. Nüsse dünnschalig. M-Asien.

subsp. turcomanica Popov. Blättchen länglich-eiförmig bis länglich-lanzettlich. Nüsse dick- oder dünnschalig. M-Asien.

Vegetativ vermehrte Fruchtbäume oft in schwach wachsenden, fast strauchigen, früh tragenden Formen und mit großen, dünnschaligen Nüssen.

Die wenigen Formen mit tief eingeschnittenen ('Laciniata') oder langen, schmalen, unregelmäßig gelappten Blättchen ('Heterophylla') und nahezu vollständig fehlenden Seitenblättchen ('Monophylla') sind ebenso selten in Kultur wie die Form 'Pendula' mit den in kurzen Bögen abwärts wachsenden Ästen und Zweigen oder 'Purpurea' mit trübroten Blättern.

J. rupestris Engelm ex Torr. = *J. microcarpa*
J. sieboldiana Maxim. = *J. ailantifolia* var. *ailantifolia*

Kalmia L.

Lorbeerrose – Ericaceae

(nach Peter Kalm, 1715–1779, schwedisch-finnischer Botaniker)

Habitus: Immergrüne, selten sommergrüne Sträucher.
Blätter: Wechselständig, gegenständig oder quirlig, einfach, ganzrandig, gestielt oder fast sitzend, ledrig, dunkelgrün, unterseits heller.
Blüten: Zwittrig, radiär, in end- oder achselständigen Trugdolden, Dolden oder Büscheln, 5-zählig, Kelchblätter ledrig, bleibend, Krone breit glockig bis schüsselförmig, mit 10 nach außen gekrümmten Aussackungen, in denen die 10 Staubblätter bis zum Aufspringen festgehalten werden (zur Reife reagieren die gespannten Staubfäden auf Berührungsreize, strecken sich und reißen die Staubblätter aus ihren Halterungen), Staubblätter kürzer als die Krone, Fruchtknoten 5-fächrig.
Früchte: Kapseln 3–5 mm groß, 5-klappig aufspringend, Samen zahlreich, sehr fein.
Verbreitung: 7 Arten im östl. N-Amerika und Westindien.
Verwendung: Dekorative immergrüne Blütensträucher. Die Blüten von *K. latifolia* sind durch eine sehr unterschiedlich starke Pigmentierung sehr verschieden gefärbt.

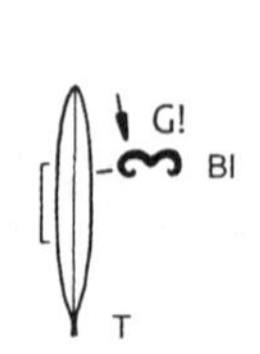

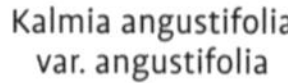
Kalmia angustifolia var. angustifolia

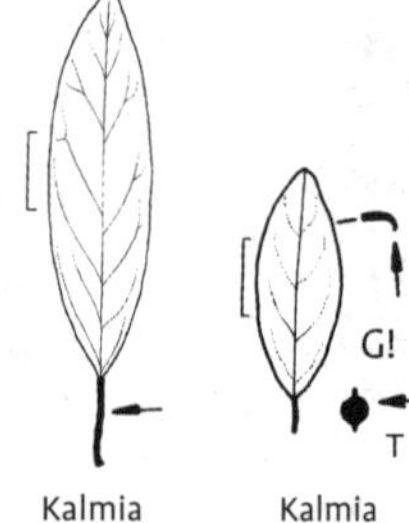
Kalmia latifolia

Kalmia polifolia

Bestimmungsschlüssel Kalmia

1 Blätter gegenständig oder zu 3 in Quirlen, Blattrand umgerollt 2
– Blätter wechselständig, Blattrand nicht umgerollt .... *K. latifolia*
2 Triebe 2-kantig .... *K. polifolia*
– Triebe rund, Blätter höchstens 1 cm breit .... *K. angustifolia* var. *angustifolia*

Kalmia angustifolia L. **var. angustifolia**, Schmalblättrige Lorbeerrose

Habitus: Immergrüner, bis 1,5 m hoher, straff aufrechter, meist sparsam verzweigter Strauch mit kurzen unterirdischen Ausläufern, Triebe kahl, stielrund.
Blätter: Meist gegenständig oder zu 3 in Quirlen, kurz gestielt, länglich bis elliptisch, 2–6 cm lang, stumpf, ganzrandig, oberseits frischgrün, unterseits heller, Rand umgerollt, Stiel 4–8 mm lang.
Blüten: 0,7–1,2 cm breit, in achselständigen Trugdolden an den Triebenden, Krone tief rosarot bis rot, Juni–Juli.
Verbreitung: O-Kanada, NO-, NOZ- und SO-USA, in Deutschland und NW-Großbritannien etabliert.
Verwendung: Sehr häufig (mit einigen Sorten), B, ☠, WHZ 5b, LB 1.1.2.6 (5.2.5.6) (4.1.5.6).

var. caroliniana (Small) Fern. Blätter unterseits grau behaart. Blüten purpurrosa. SO-USA.

var. ovata Pursh. Blätter breiter, verkehrteiförmig bis elliptisch.

K. caroliniana Small = *K. angustifolia* var. *caroliniana*

Kalmia latifolia L., Breitblättrige Lorbeerrose

Habitus: Immergrüner, 3–10 m hoher Baum oder Strauch, in Kultur allerdings meist nicht mehr als 3 m hoch, junge Triebe flaumig behaart.
Blätter: Wechselständig, elliptisch-lanzettlich, 5–10 cm lang, spitz oder kurz zugespitzt, Basis keilförmig, oberseits glänzend dunkelgrün, unterseits gelblich grün, Stiel 0,6–2,5 cm lang.
Blüten: 2–2,5 cm breit, in großen, endständigen, drüsig behaarten Trugdolden, Krone weiß bis tiefrosa, purpurn punktiert, Staubfäden weiß, Staubbeutel braun, Mai–Juni.
Verbreitung: O-USA.
Verwendung: Sehr häufig (mit zahlreichen Sorten), B, ☠, WHZ 5b, LB 5.2.4.6 (1.1.2.6) (7.2.5.6).

Durch Auslese und Kreuzungen sind zahlreiche Sorten entstanden. Sie unterscheiden sich von der Art durch kräftigere, rosafarbene, rote oder purpurne Blütenfarben oder durch oft auffällige, punkt- oder bandförmige, zimtfarbene bis rote Pigmentierungen im Innern der Blüten. Die Blüten sind Staatsblumen von Pennsylvania.

Kalmia polifolia Wangenh., Poleiblättrige Lorbeerrose

Habitus: Immergrüner, bis 0,7 m hoher Strauch, Triebe 2-kantig, anfangs fein flaumhaarig, später kahl.
Blätter: Gegenständig oder zu 3 wirtelig, länglich-lanzettlich, 2–3,5 cm lang, stumpf, Rand eingerollt, sitzend oder fast sitzend, unterseits weißlich blaugrün, Stiel 2–5 mm lang.
Blüten: 1–1,5 cm breit, in endständigen Trugdolden, Krone rosapurpurn, Mai–Juni.
Verbreitung: Alaska, Kanada, NO-, NOZ- und NW-USA, Rocky Mts.
Verwendung: Selten, B, ☠, WHZ 3, LB 1.1.2.7 (7.2.5.7).

Kalopanax Miq.

Baumaralie, Baumkraftwurz – Araliaceae

(griechisch *kalos* = schön und Gattungsname *Panax*)

Monotypische Gattung

K. pictus = (Thunb. ex A. Murray) Nakai = *K. septemlobus* var. *septemlobus*
K. ricinifolius (Siebold et Zucc.) Miq. = *K. septemlobus* var. *septemlobus*

Kalopanax septemlobus (Thunb. ex A. Murray) Koidz. **var. septemlobus**, Baumaralie

Habitus: Sommergrüner, sparsam verzweigter, bis 30 m hoher Baum (in Kultur meist viel niedriger), Zweige dick, starr, mit kurzen, an der Basis breiten Stacheln und zahlreichen hellen Lentizellen, Knospen breit sitzend, Knospenschuppen glatt, violettbraun, die beiden äußeren die Knospe nahezu vollständig umgreifend, Endknospen 5–6 mm hoch und gleich breit.
Blätter: Wechselständig, an den Triebenden ± rosettig genähert, im Umriss rund, 10–25(–35) cm breit, mit 5–7(–9) breit 3-eckigen, zugespitzten und gesägten Lappen, Basis keilförmig oder gestutzt, oberseits dunkelgrün und kahl, unterseits anfangs behaart, Stiel 10–25 cm lang.
Blüten: Zwittrig, radiär, in kleinen, kurz gestielten Dolden, die zu 20–40 cm breiten, endständigen, reich verzweigten, rispenartigen Ständen angeordnet sind, 4- bis 5-zählig, Kelch klein, die 5 Staubblätter länger als die weißen Kronblätter, Fruchtknoten unterständig, 2-fächrig, Nektarscheibe deutlich ausgebildet, Griffel zu einer Säule verwachsen, Mai.
Früchte: Steinfrüchte kugelig, 3–6 mm dick, schwarz, Steinkerne 2, abgeflacht.
Verbreitung: China, Russ. Ferner Osten, Mandschurei, Korea, Japan, Sachalin.
Verwendung: Häufig (vor allem der dekorativen Belaubung wegen), H, WHZ 5b, LB 7.4.1.3 (3.2.2.3).

var. maximowiczii (Van Houtte) Hand.-Mazz. Blätter 5- bis 7-lappig, bis weit über die Mitte eingeschnitten, Lappen länglich-lanzettlich. Wegen der eleganten Blätter oft häufiger gepflanzt als var. *septemlobus*. China, Japan.

Kerria DC.

Kerrie – Rosaceae
(nach William Kerr, gestorben 1814, englischer Gärtner und Pflanzensammler)
Monotypische Gattung

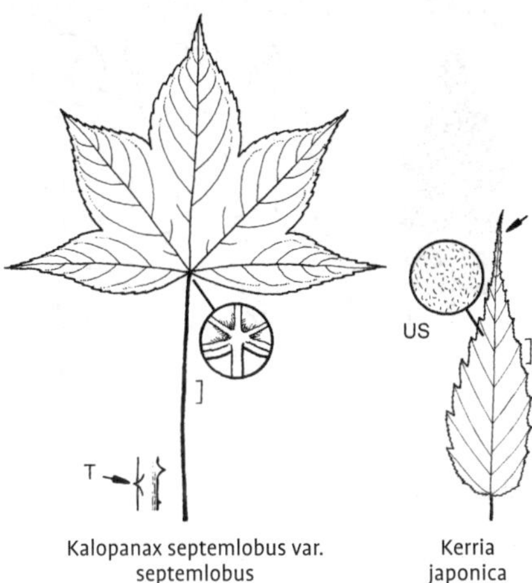

Kalopanax septemlobus var. septemlobus

Kerria japonica

Kerria japonica (L.) DC., Kerrie, Ranunkelstrauch

Habitus: Sommergrüner, 1,5–2 m hoher, buschiger Strauch, durch kurze, unterirdische Ausläufer dickichtartig, Zweige rutenartig, schwach längs gefurcht, kahl, bis über das 2. Jahr glänzend grün bleibend, mit dickem, weißem Mark, Knospen 2–3 mm lang, zugespitzt eiförmig, Endknospen fehlend, Knospenschuppen 6–8, rotbraun, am Rand fein weiß bewimpert.
Blätter: Wechselständig, eiförmig bis elliptisch, 3–6 cm lang, zugespitzt, doppelt gesägt, oberseits glänzend grün, kahl, unterseits heller und leicht behaart, Stiel 0,5–1,5 cm lang, Nebenblätter klein.
Blüten: Zwittrig, radiär, einzeln oder zu wenigen, meist am Ende beblätterter Kurztriebe, 5-zählig, Kelch klein, Krone glänzend gelb, 3 cm breit, Staubblätter zahlreich, halb so lang wie die Kronblätter, Fruchtblätter 5–8, in einem offenen Blütenbecher, April–Mai.
Früchte: Nüsschen kugelig-eiförmig, 4–5 mm lang, schwarzbraun glänzend, nur selten ausgebildet.
Verbreitung: Japan, M- und W-China.
Verwendung: Sehr häufig (weil robust und leicht zu kultivieren), B, WHZ 5b, LB 3.2.2.6.

'Aureovariegata'. Blätter gelb gerandet.

'Golden Guinea'. Blüten etwa 6 cm breit, creme- bis goldgelb.

'Picta'. Blätter cremeweiß panaschiert.

'Pleniflora'. Blüten röschenartig dicht gefüllt.

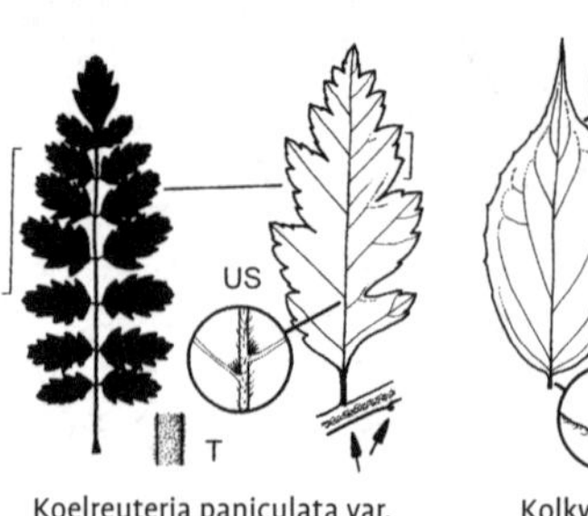

Koelreuteria paniculata var. paniculata

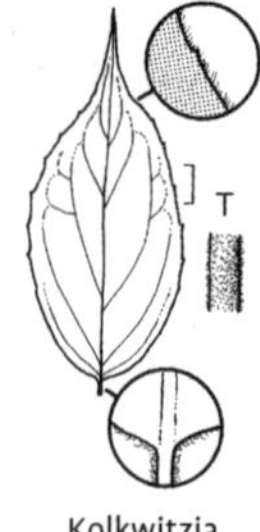

Kolkwitzia amabilis

Koelreuteria Laxm.

Blasenbaum – Sapindaceae
(nach Joseph Gottlieb Koelreuter, 1733–1806, deutscher Naturforscher)

Habitus: Sommergrüne Bäume oder Sträucher, Zweige braun bis rotbraun, locker behaart, mit auffallenden, warzenartigen Lentizellen, Blattnarben groß, abgerundet-3-eckig, Knospen 4–5 mm lang, breit eiförmig, Knospenschuppen 2, zugespitzt, Endknospen fehlend, Gefäßbündelspuren band- oder ringförmig angeordnet.
Blätter: Wechselständig, einfach oder doppelt gefiedert, Nebenblätter fehlend.
Blüten: Polygam, zygomorph, in großen, endständigen Rispen, Kelch 5-lappig, Kronblätter 4, gelb, lanzettlich, genagelt, Staubblätter 8, Fruchtblätter 3, verwachsen, oberständig.
Früchte: Kapseln 3,5–5 cm lang, 3-fächrig, sich fachspaltig 3-klappig öffnend, blasenartig aufgetrieben, mit papierartig dünner Wand, Samen 7–8 mm groß, glänzend schwarz.
Verbreitung: 3 Arten in China, Taiwan und auf den Fidschi-Inseln.
Verwendung: In M-Europa meist nur die folgende Art in Kultur. Auffallend durch die großen Fiederblätter, die sommerliche Blütenfülle und die sich rasch bildenden, blasenartigen Fruchtkapseln. Die wärmeliebende Art verträgt Boden- und Lufttrockenheit.

Koelreuteria paniculata Laxm. **var. paniculata**, Rispiger Blasenbaum

Habitus: 6–10(–15) m hoher, meist kurzstämmiger Baum, Krone breit abgerundet, im Alter schirmförmig, Borke mit schmalen, orangefarbenen Streifen.
Blätter: Gefiedert, bis 35 cm lang, Blättchen 7–15, länglich-eiförmig, 3–8 cm lang, unregelmäßig kerbig gesägt, am Grund oft eingeschnitten gelappt, oberseits kahl, unterseits auf den Nerven behaart, Herbstfärbung gelb.
Blüten: Etwa 1 cm breit, in breiten, lockeren, bis 35 cm langen, vielblütigen, aufrechten Rispen, Krone gelb, Juli–August.
Früchte: Länglich-eiförmig, 4–5 cm lang, zur Reife gelblich braun bis rötlich.
Verbreitung: China, Korea, Japan.
Verwendung: Sehr häufig (mit Einschränkungen als Stadtstraßenbaum geeignet), B, ꕥ, H, Bi, WHZ 7a, LB 6.1.1.4.

var. apiculata (Rehder et E.H. Wilson) Rehder. Im Wuchs etwas niedriger als var. *paniculata*. Blätter bis über 40 cm lang, bis 20 cm breit, vor allem im mittleren Bereich doppelt gefiedert. Blüten hellgelb, in aufrechten, bis 30 cm langen Rispen. China: Sichuan.

'Coral Sun'. Zweige hell orangerot. Blätter im Austrieb bronzefarben, später gelbgrün.

'Fastigiata'. Wuchs schmal säulenförmig, bis 8 m hoch.

Kolkwitzia Graebn.

Kolkwitzie – Caprifoliaceae
(nach Richard Kolkwitz, 1873–1957, deutscher Botaniker)
Monotypische Gattung

Kolkwitzia amabilis Graebn., Kolkwitzie

Habitus: Sommergrüner, 3–4 m hoher, aufrechter Strauch, Äste mit brauner, dünn abblätternder Rinde, Zweige in weiten Bögen übergeneigt, fein behaart, alle Knospen gleich groß, 2–5 mm lang, spitz eiförmig, vom Zweig abstehend, Knospenschuppenpaare 4–5, zugespitzt, braun, ± dicht weiß behaart, Endknospen fehlend.
Blätter: Gegenständig, breit eiförmig, 3–9 cm lang, lang bis geschwänzt zugespitzt, Basis abgerundet, entfernt gesägt bis fast ganzrandig, Rand bewimpert, oberseits dunkelgrün und zerstreut behaart, unterseits auf den Nerven rau behaart, Stiel 2–3 mm lang, borstig behaart.
Blüten: Zwittrig, zygomorph, paarweise in 5–7 cm breiten Trugdolden am Ende kurzer Seitenzweige, Kelch mit 5 schmalen, behaarten, spreizenden, bleibenden Zipfeln, Krone zartrosa, im behaarten Schlund gelb-

orange 1,5 cm lang, glockig, 5-zipfelig, die 4 Staubblätter so lang wie die Kronröhre, Fruchtknoten 3-fächrig, nur 1 Fach fruchtbar, Fruchtblätter eines „Blütenpaares" miteinander verwachsen, Mai–Juni.
Früchte: Schließfrüchte 0,7–1 cm lang, dicht borstig behaart, in einen langen Schnabel ausgezogen, von dem 3 mm langen, trockenen Kelch gekrönt.
Verbreitung: China: Hupeh.
Verwendung: Sehr häufig als reich blühender Zierstrauch mit einigen kräftiger rosa gefärbten Sorten, wie 'Pink Cloud' und 'Rosea', B, WHZ 5b, LB 3.1.3.5 (9.3.4.5).

+Laburnocytisus C.K. Schneid.

Geißkleegoldregen, Pfropfgoldregen – Fabaceae

(aus den Gattungsnamen *Laburnum* und *Cytisus* gebildet)

+Laburnocytisus adamii (Poit.) C.K. Schneid.

(*Cytisus purpureus* + *Laburnum anagyroides*)

Habitus: Die bei J.L. Adam in Vitry bei Paris aus einer Veredelung von *Cytisus purpureus* auf *Laburnum anagyroides* entstandene Periklinalchimäre (Chimäre, deren genetisch anders geartete Zellschichten alle anderen mantelartig überdecken) ist in Habitus und Aufbau einem *Laburnum* ähnlich. Blüten überwiegend trüb hellpurpurn, in hängenden Trauben. Daneben aber auch reingelbe *Laburnum*-Blüten in hängenden Trauben und ginsterähnliche Verzweigungen mit rosa *Cytisus*-Blüten. Nur in Sammlungen zu finden und als Ziergehölz ohne Bedeutung.

Laburnum Fabr.

Goldregen – Fabaceae

(lateinisch *laburnum* = Goldregen)

Habitus: Sommergrüne, straff aufrechte, ± trichterförmige Bäume oder Sträucher mit wenigen Grundstämmen und glatter, grünlicher bis grünlich brauner Rinde, Zweigsystem ± deutlich in Lang- und Kurztriebe gegliedert, Zweige olivgrün bis graubraun, durch herablaufende Blattbasen ± kantig, Endknospen 3–4 mm breit, breit eiförmig bis halbkugelig, mit mehreren, anliegend silbrig behaarten Knospenschuppen, Seitenknospen viel kleiner, Blattnarben undeutlich 3-spurig.

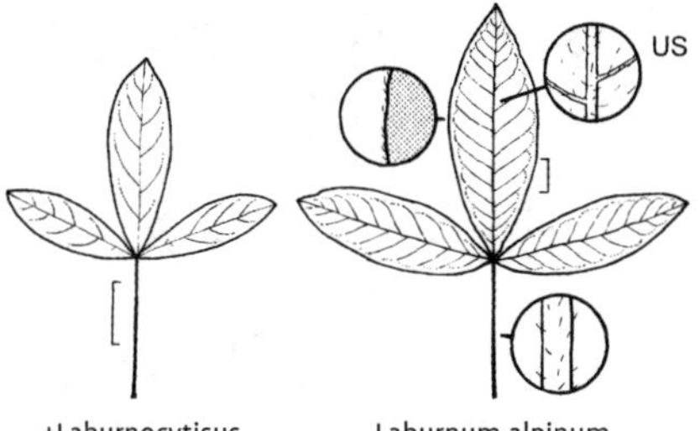

+Laburnocytisus adamii   Laburnum alpinum

Blätter: Wechselständig, lang gestielt, 3-zählig, Blättchen elliptisch bis verkehrteiförmig-elliptisch, fast sitzend, ganzrandig, Nebenblätter oft hinfällig.
Blüten: Zwittrig, zygomorph, in langen, schlaff hängenden Trauben, achselständig an Kurztrieben, Kelch glockig, mit 5 kurzen Zähnen, schwach 2-lippig, Fahne gelb, rundlich bis breit verkehrteiförmig, Flügel verkehrteiförmig, Kiel leicht gewölbt, die 10 Staubblätter zu einer Röhre verwachsen, Griffel einwärts gekrümmt, Fruchtblatt 1, oberständig, Mai.
Früchte: Hülsen stark abgeflacht, 4–6 cm lang, zwischen den Samen eingeschnürt, oft sehr lange haftend.
Verbreitung: 2 Arten von S-Europa bis W-Asien.
Verwendung: Zwei Arten und eine Hybride sind häufig gepflanzte, baumartige Blütensträucher. Alle Pflanzenteile, bsonders aber die Samen, enthalten giftige Alkaloide. Ein Schutz vor Hasen- und Kaninchenfraß ist notwendig. Die Sträucher sollten nicht geschnitten werden.

Bestimmungsschlüssel Laburnum

1 Blattspindel und Mittelnerv der Blättchen unterseits anliegend seidig behaart, Blättchen kurz, aber deutlich gestielt . . . . *L. anagyroides*
– Behaarung abstehend oder fehlend, Blättchen sitzend 2
2 Mittelnerv ± anliegend, Blätter unterseits seidig behaart oder kahl . . . . *L. ×watereri*
– Blätter nur mit abstehenden Haaren am Mittelnerv und bewimpert . . . . *L. alpinum*

Laburnum alpinum (Mill.) Bercht. et J. Presl, Alpen-Goldregen

Habitus: 4–6 m hoher Strauch oder mehrstämmiger Baum, Äste schräg aufsteigend,

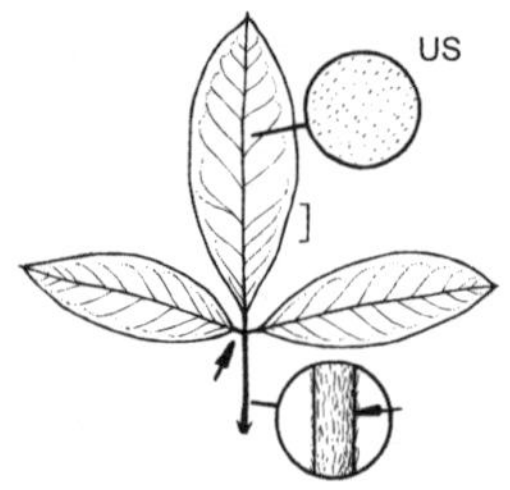

Laburnum anagyroides

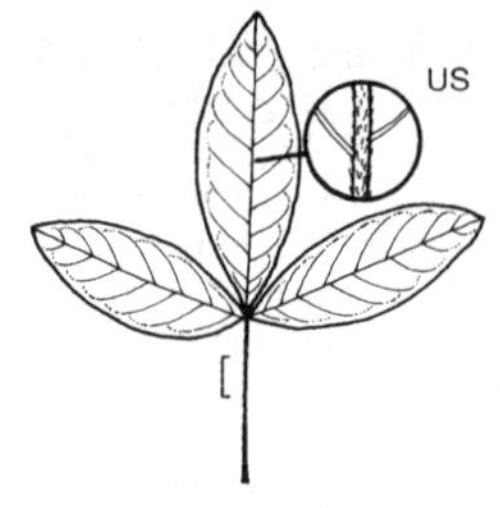

Laburnum ×watereri

Seitenzweige ± überhängend, Triebe zuweilen anfangs spärlich behaart, bald verkahlend, grün.
Blätter: Bis 10 cm lang gestielt, Blättchen länglich-elliptisch, 4–8 cm lang, sitzend, oberseits glänzend grün, kahl, unterseits heller, kahl oder fast kahl, Mittelnerv abstehend und zerstreut behaart, Nebenblätter hinfällig.
Blüten: 1,5–2 cm lang, schwach duftend, zu 20–40 in 30 cm langen, schmalen, dichten Trauben, Krone gelb, Kelch mit etwa gleich langen Zipfeln, Mai–Juni, 10–14 Tage später als *L. anagyroides*.
Früchte: 3–5 cm lang, kahl, glänzend, am oberen Rand mit bis 2 mm langem Flügel, Samen braun, 3–4 mm lang.
Verbreitung: W-, ZM-, O- und SO-Europa.
Verwendung: Häufig, N, B, ☠, WHZ 5b, LB 7.1.2.4.

Laburnum anagyroides Medik., Gewöhnlicher Goldregen

Habitus: 5–7(–9) m hoher Strauch oder mehrstämmiger Baum, Hauptäste schräg aufsteigend, Seitenzweige locker überhängend, Triebe anfangs dicht anliegend seidig behaart, ± grauweiß.
Blätter: 3–5 cm lang gestielt, Blättchen elliptisch bis eiförmig, 4–8 cm lang, gestielt, oberseits stumpfgrün, kahl, unterseits graugrün und fein seidenhaarig, Mittelnerv anliegend seidenhaarig, Nebenblätter langspitzig, bleibend.
Blüten: 2 cm lang, zu 10–30 in 10–20 cm langen Trauben, Krone goldgelb, Fahne breit ausgerandet, am Grund braun gezeichnet, Kelch mit vergrößerter Unterlippe, Mai–Juni.
Früchte: 4–6 cm lang, gekrümmt, das untere Ende zur Spindel zeigend, Rand wulstig, ungeflügelt, anliegend seidenhaarig, Samen 4–5 mm lang, schwarz.
Verbreitung: W-, ZM-, O- und SO-Europa.
Verwendung: Sehr häufig, N, B, ☠, Bi, WHZ 5b, LB 7.1.2.4.

'Pendulum'. Meist hochstämmig veredelt, Zweige in kurzem Bogen senkrecht nach unten wachsend.

Laburnum ×watereri (G. Kirchn.) Dippel, Hybrid-Goldregen

(*L. alpinum* × *L. anagyroides*)

Habitus: 5–6 m hoher Baum oder Strauch, intermediär zwischen den Eltern stehend, Seitenzweige übergeneigt, Triebe zerstreut behaart, grün.
Blätter: Blättchen 2,5–7 cm lang, elliptisch, oberseits ± glänzend grün, unterseits heller und fast kahl, Mittelnerv abstehend und zerstreut behaart.
Blüten: In bis 30–40 cm langen, dichten Trauben, duftend, Krone gelb, Traubenachse zerstreut seidig behaart, Mai–Juni, etwas später als *L. anagyroides*.
Früchte: ± seidenhaarig, glänzend, selten ausgebildet, Samen schwarzbraun.
Verwendung: Sehr häufig (in der folgenden Sorte), B, ☠, WHZ 6a, LB 7.1.2.4.

'Vossii'. Wuchs straff aufrecht bis schmal trichterförmig. Blüten leuchtend gelb, sehr zahlreich, dicht gedrängt in 30–50 cm langen Trauben.

Laurocerasus lusitanica (L.) M. Roem. = *Prunus lusitanica*
L. officinalis M. Roem. = *P. laurocerasus*

Laurus L.

Lorbeerbaum – Lauraceae

(lateinisch *laurus* = Lorbeerbaum)

Habitus: Immergrüne, aromatisch duftende Bäume oder Stäucher.

Blätter: Wechselständig, einfach, ledrig.
Blüten: 1-geschlechtig, 2-häusig verteilt, radiär, klein, meist in achselständigen Büscheln, 4-zählig, grünlich, ♂ Blüten mit 12 Staubblättern, ♀ Blüten mit 2–4 Staminodien.
Früchte: Beeren nahezu kugelig, schwarz.
Verbreitung: 2 Arten in S-Europa, auf den Kanarischen Inseln und den Azoren.
Verwendung: *L. nobilis* sehr häufig als Kübelpflanze, in M-Europa sehr selten im Freiland.

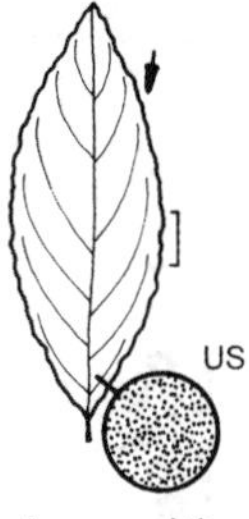

Laurus nobilis

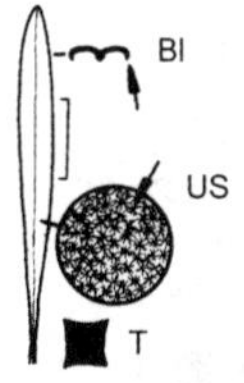

Lavandula angustifolia subsp. angustifolia

Laurus nobilis L., Europäischer Lorbeerbaum

Habitus: 7–15 m hoher, reich verzweigter, dicht belaubter Baum oder Strauch, Krone anfangs kegelförmig, junge Triebe kahl.
Blätter: Schmal elliptisch, 5–10 cm lang, an beiden Enden zugespitzt, Rand wellig, oberseits glänzend dunkelgrün.
Blüten: ♂ Blüten grünlich gelb, zu 4–6 in kurz gestielten, achselständigen Büscheln, März.
Früchte: Kugelig bis eiförmig, 1–1,5 cm dick, glänzend schwarz.
Verbreitung: SW- und SO-Europa, Kaukasien.
Verwendung: Als Freilandpflanze sehr selten, als Kübelpflanze sehr häufig, N, WHZ 8b, LB 6.1.1.3.

Lavandula L.

Lavendel – Lamiaceae
(lateinisch *lavare* = waschen)

Habitus: Aromatisch duftende Kräuter, Halb- und Zwergsträucher, Triebe 4-kantig.
Blätter: Kreuzweise gegenständig, meist einfach und schmal, seltener fiederspaltig oder gefiedert, höchsten 6 mm breit.
Blüten: Zwittrig, zygomorph, in kompakten oder unterbrochenen, endständigen Scheinähren, mit 2- bis 10-blütigen Scheinwirteln, Kelch kurz, zylindrisch oder urnenförmig, mit 5 Zähnen, Krone blau oder blauviolett, 2-lippig, Oberlippe 2-spaltig, Unterlippe 3-teilig, die 4 Staubblätter nicht herausragend, Fruchtknoten 2-fächrig, durch eine zusätzliche Scheidewand in 4 Klausen geteilt.
Früchte: Nüsschen, von den länglich-elliptischen, 2 mm langen, glatten, glänzend schwarzbraunen Klausen umgeben.
Verbreitung: 39 Arten von den Kapverden, Kanaren und Madeira über das Mittelmeergebiet bis Somalia und Indien.
Verwendung: Von den verholzenden Arten in M-Europa nur die folgende ausreichend frosthart.

Bestimmungsschlüssel Lavandula

1 Blätter nadelförmig, sehr dicht stehend . . . . *L. stoechas* subsp. *stoechas*
– Blätter laubblattartig (wenn auch sehr schmal), entfernt stehend 2
2 Blätter höchstens 6 mm breit, Pflanze höchstens 60 cm hoch . . . . *L. angustifolia* subsp. *angustifolia*
– Blätter teilweise breiter, Pflanze bis 1 m hoch . . . . *L. ×intermedia*

Lavandula angustifolia Mill. **subsp. angustifolia**, Echter Lavendel

Habitus: Immergrüner, reich verzweigter, aufrechter, bis 0,6 m hoher Strauch, ganze Pflanze dicht mit Sternhaaren besetzt.
Blätter: Linealisch-lanzettlich, 3–4 cm lang, sitzend, Ränder gelegentlich eingerollt, stumpf, oberseits graugrün und zerstreut bis dicht behaart, unterseits weiß- bis graufilzig behaart.
Blüten: In 2–5(–6) cm langen, kompakten oder 6–10(–12) cm langen, unterbrochenen Scheinähren, zu 4–10 Scheinwirteln, Tragblätter dünnhäutig, eiförmig oder breit eiförmig, zugespitzt, 3–5 mm lang, violett überlaufen, Kelch röhrig, graufilzig behaart, Krone blau bis violettblau, selten rosa oder weiß, 1–1,2 cm lang, Juni–August.
Verbreitung: SW- und S-Europa.
Verwendung: Sehr häufig, B, N, D, ⚕, WHZ 7a, LB 6.1.2.8.

Statt der Art werden häufig vegetativ vermehrte, kompakt wachsende und reich blühende Sorten mit farbintensiven, blauen, violettblauen oder rosafarbenen Blüten gepflanzt.

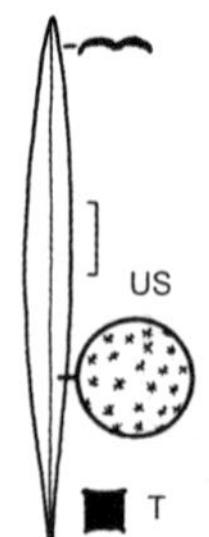

Lavandula ×intermedia

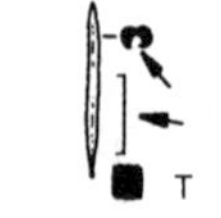

Lavandula stoechas subsp. stoechas

subsp. pyrenaica (DC.) Guinea. Tragblätter gewöhnlich den 5–7 mm langen Kelch überragend, Kelch nur auf den Rippen behaart. Krone 1,2–1,4 cm lang, tief violettblau, Oberlippe tief gespalten. SW-Europa: Pyrenäen, N-Spanien.

L. angustifolia var. *delphinensis* (Jord.) O. Bolòs et Vigo = *L. angustifolia* subsp. *angustifolia*

Lavandula ×intermedia Loisel., Englischer Lavendel

(*L. angustifolia* × *L. latifolia*)

Habitus: Breit aufrechter, 0,8–1,4 m hoher Strauch.
Blätter: Schmal elliptisch bis verkehrteiförmig, 4–6 cm lang, grau bis silbergrau filzig behaart.
Blüten: In (4–)6–15(–20) cm langen, kegelförmigen Scheinähren, Tragblätter 6–8 mm lang, eiförmig bis schmal rhombisch, lang zugespitzt, Kelchzipfel etwa 1 mm lang, seegrün bis dunkel violettblau, kurz und dicht filzig behaart, Krone violettblau bis weiß, Juli–August.
Verbreitung: S- und SW-Europa.
Verwendung: Häufig, in einigen Sorten mit violettfarbenen oder weißen Blüten, B, D, N, WHZ 7b, LB 6.1.2.8.

L. officinalis Chaix = *L. angustifolia* subsp. *angustifolia*

Lavandula stoechas L. **subsp. stoechas**, Schopf-Lavendel

Habitus: 0,2–0,5(–0,7) m hoher, aufsteigender oder ausgebreiteter Strauch.
Blätter: Linealisch, 1–3,5 cm lang, graugrün, spärlich bis dicht weißfilzig behaart.
Blüten: In 2–5 cm langen, kompakten Scheinähren, zu 6–10 je Scheinwirtel, fertile Tragblätter 6–10 mm lang, breit eiförmig, nur etwas länger als der Kelch, spärlich bis dicht wollig behaart, scheitelständige Tragblätter zu (2–)4(–6) schmal elliptisch bis spatelförmig, 1–1,5 cm lang, violettpurpurn, aufrecht und einen Schopf bildend, Kelch 13-nervig, 0,8–1 cm lang, dicht und lang wollig behaart, Krone sehr dunkel violettpurpurn, selten weiß, violett- oder kupfrigrosa, 6–8 mm lang, Juli–Oktober.
Verbreitung: SW-, S-, und SO-Europa, Türkei, N-Afrika.
Verwendung: Häufig, in zahlreichen Sorten, B, D, WHZ 8b, LB 6.1.1.7.

subsp. luisieri (Rozeira) Rozeira. Tragblätter 2,5–3,5 cm lang, Kelch kurz samtig behaart. Krone dunkel purpurviolett. SW-Europa: SW-Spanien, N-Portugal.

L. vera DC. = *L. angustifolia* subsp. *angustifolia*

Ledum L.

Porst – Ericaceae

(von griechisch und lateinisch *ledon* = Kretische Zistrose, *Cistus incanus* subsp. *creticus*, abgeleitet)

Habitus: Immergrüne, stark aromatisch duftende Kleinsträucher.
Blätter: Wechselständig, kurz gestielt, linealisch oder länglich, ledrig, ganzrandig, am Rand oft eingerollt, unterseits filzig behaart.
Blüten: Zwittrig, radiär, 1–1,5 cm breit, in endständigen, aufrechten, doldenartigen Büscheln, Kelchblätter verwachsen, mit 5 drüsigen Zipfeln, Kronblätter 5, weiß, frei, sternförmig ausgebreitet, Staubblätter 5–10, die Krone überragend, Fruchtknoten 5-fächrig, oberständig.
Früchte: Kapseln 3–6 mm lang, 5-klappig aufspringend, Samen fein, zahlreich.
Verbreitung: 4(–10) Arten in den gemäßigten und arktischen Zonen der Nordhemisphäre.
Verwendung: Ziersträucher für frische bis feuchte, saure, sandig-moorige oder stark torfhaltige, nährstoffarme Böden.

Die Gattung *Ledum* wird von einigen Autoren in die Gattung *Rhododendron* einbezogen.

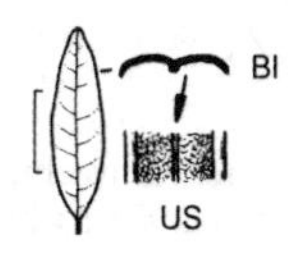

Ledum groenlandicum

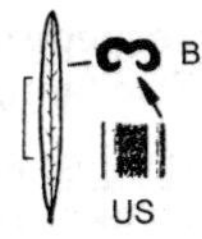

Ledum palustre

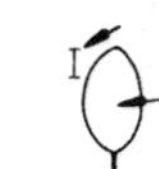

Leiophyllum buxifolium var. buxifolium

Bestimmungsschlüssel Ledum

1 Blätter mindestens 8 mm breit, 2- bis 4-mal so lang wie breit, Rand nach unten umgebogen . . . . *L. groenlandicum*

– Blätter schmaler, 4- bis 10-mal so lang wie breit, Rand stark eingerollt. . . . . *L. palustre*

Ledum groenlandicum Oeder, Labrador-Porst

Habitus: Bis 1 m hoher, aufrechter Strauch, junge Triebe braunfilzig behaart.
Blätter: Elliptisch bis länglich oder schmal länglich, 2–5 cm lang, 2- bis 5-mal so lang wie breit, stumpf, Ränder nur wenig eingerollt, oberseits dunkelgrün, kahl, unterseits rotbraun filzig, Stiel 1–5 mm lang.
Blüten: 1,5 cm breit, in etwa 5 cm breiten, reichblütigen Büscheln, Krone weiß, Staubblätter 5–8, Mai–Juni.
Verbreitung: Alaska, Kanada, NO-, NOZ- und NW-USA.
Verwendung: Häufig (wird auch als *Rhododendron groenlandicum* beschrieben), B, D, ☠, WHZ 1, LB 1.1.2.6.

'Compactum'. Wuchs etwas niedriger, Blätter etwas kürzer und breiter als bei der Art.

Ledum palustre L., Sumpf-Porst

Habitus: 1–1,5 m hoher, aufrechter oder niederliegender Strauch, Zweige bogig aufrecht, junge Triebe braunfilzig behaart.
Blätter: Linealisch bis lanzettlich, 2–3,5 cm lang, 4- bis 12-mal so lang wie breit, Ränder stark nach unten eingerollt, sich bis auf etwa 1 mm nähernd, oberseits olivgrün, matt glänzend, unterseits rostrot filzig behaart und mit Drüsen besetzt, Stiel 2–4 mm lang.
Blüten: 1–1,5 cm breit, zahlreich, in dichten, endständigen Büscheln, Kronblätter weiß, eiförmig, Staubblätter 10, Mai–Juni.
Verbreitung: N-, M- und ZO-Europa, Sibirien, Russ. Ferner Osten, Mandschurei.
Verwendung: Sehr häufig (wird auch als *Rhododendron tomentosum* beschrieben), B, D, ☠, WHZ 1, LB 1.1.2.6.

Leiophyllum (Pers.) R. Hedw.

Sandmyrte – Ericaceae
(griechisch *leios* = glatt und *phyllon* = Blatt)
Monotypische Gattung

Leiophyllum buxifolium (P. J. Bergius) Elliott **var. buxifolium**, Sandmyrte

Habitus: Immergrüner, bis 0,3 m hoher, dicht verzweigter, meist niederliegender Strauch.
Blätter: Wechsel- oder gegenständig, dicht gedrängt stehend, ledrig, länglich, eiförmig oder verkehrteiförmig, ganzrandig, 4–10 mm lang, sehr kurz gestielt, oberseits glänzend dunkelgrün, unterseits heller und schwärzlich punktiert.
Blüten: Zwittrig, radiär, sehr klein, in endständigen, aufrechten Trugdolden, Kelch und Krone 5-teilig, Krone in der Knospe bronzerot, später rosaweiß, Kronblätter frei, Staubblätter 10, doppelt so lang wie die Blütenkrone, Fruchtknoten meist 2- bis 3-fächrig, selten 5-fächrig, Mai.
Früchte: Kapseln eiförmig, 3 mm lang, 2- bis 3(–5)-fächrig, sich (2–)4(–5)-klappig öffnend, Griffel bleibend, Samen fein, zahlreich.
Verbreitung: NO-USA.
Verwendung: Sehr selten, B, WHZ 6b, LB 4.1.5.7 (7.2.4.7).

var. hugeri (Small) C.K. Schneid. Wuchs kissenförmig, bis 0,2 m hoch. Blätter stets wechselständig, länger als bei var. *buxifolium*. Blüten rosa. NO- und SO-USA.

var. prostratum (Loud.) A. Gray, Alleghany-Sandmyrte. Blätter stets gegenständig, 7–12 mm lang, rundlich bis elliptisch, behaart. O-USA.

Lembotropis nigricans (L.) Griseb. = *Cytisus nigricans*

Leptopus colchica (Fisch. et C. A. Mey. ex Boiss.) Pojark. = *Andrachne colchica*

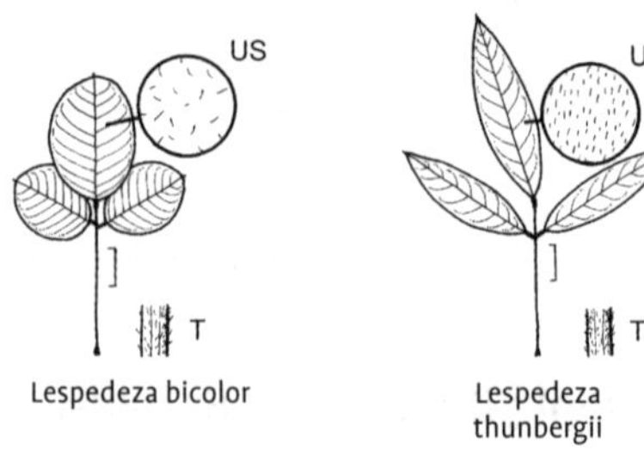

Lespedeza Michx.

Buschklee – Fabaceae

(nach Vincente Manuel de Céspedes, 1764–1802, spanischer Gouverneur von Florida; Name durch fehlerhafte Übermittlung entstellt)

Habitus: Kräuter, Halbsträucher oder sommergrüne Sträucher, oft kriechend oder Zweige schleppenartig überhängend, Zweige fein längsstreifig, graubraun, Knospen anliegend, 1,5–5 mm lang, die sichtbaren inneren Knospenschuppen anliegend weiß behaart, Endknospen fehlend.
Blätter: Wechselständig, 3-zählig, selten einfach, Blättchen ganzrandig, Nebenblätter pfriemlich, bleibend.
Blüten: Zwittrig, zygomorph, meist in achselständigen Trauben oder Büscheln, Kelch mit 5 fast gleich großen Zähnen, Fahne verkehrteiförmig, Flügel krallenförmig, Kiel aufwärts gekrümmt, Kronblätter zuweilen fehlend, 9 Staubblätter miteinander verwachsen, 1 Staubblatt frei, Fruchtblatt 1, oberständig.
Früchte: Hülsen 0,5–1,3 cm lang, stark abgeflacht, eiförmig bis ellipsoid, 1-samig, geschlossen bleibend, Samen nierenförmig, 3 mm lang.
Verbreitung: Etwa 40 Arten vom Himalaja bis China und Japan, in Australien und im temperierten N-Amerika.
Verwendung: Schöne Sommer- und Herbstblüher. Jährlicher starker Rückschnitt und Winterschutz im Wurzelbereich sind zu empfehlen.

Bestimmungsschlüssel Lespedeza

1 Blättchen lang zugespitzt, Endblättchen bis 8 cm lang . . . . *L. thunbergii*
– Blättchen vorne stumpf (aber mit Stachelspitzchen), Endblättchen ca. 4 cm lang . . . . *L. bicolor*

Lespedeza bicolor Turcz., Zweifarbiger Buschklee

Habitus: Bis etwa 1,5 m hoher, aufrechter Strauch, Triebe kantig, anfangs etwas behaart.
Blätter: Blättchen eiförmig oder länglich-eiförmig, 1,5–6 cm lang, stumpf bis breit abgerundet, mit Stachelspitzchen, Basis abgerundet bis breit keilförmig, dünn, oberseits dunkelgrün, unterseits graugrün seidig behaart.
Blüten: Etwa 1 cm lang, in 3–6 cm langen, lockeren, achselständigen Trauben, Krone violett bis purpurrosa, August–September.
Verbreitung: Japan, Korea, Mandschurei, N-China, Russ. Ferner Osten.
Verwendung: Häufig, B, N, WHZ 6a, LB 5.2.4.6 (6.2.2.6).

L. formosa Koehne = *L. thunbergii*
L. sieboldii Miq. = *L. thunbergii*

Lespedeza thunbergii (DC.) Nakai, Thunbergs Buschklee

Habitus: 1–3 m hoher, vieltriebiger Strauch, Zweige rutenförmig, lang überhängend, rinnig, anfangs fein behaart.
Blätter: Blättchen meist schmal länglich, 3–5 cm lang, scharf zugespitzt, oberseits hellgrün, kahl, unterseits anliegend behaart.
Blüten: Etwa 1–1,5 cm lang, zahlreich in 8–20 cm langen, achselständigen, hängenden Trauben, zu 60–80 cm langen, hängenden Rispen vereint, Krone rötlich purpurn, Kelchzähne länger bis doppelt so lang wie die Kronröhre, September–Oktober.
Verbreitung: Japan, N-China.
Verwendung: Häufig, B, WHZ 7a, LB 6.2.1.5.

Leucothoe D. Don

Traubenheide – Ericaceae

[aus der griechischen Mythologie, nach (lateinisch) *Leucothoe*, die vom Sonnengott begehrt und im äußersten Westen der Erde vergewaltigt wird]

Habitus: Immer- oder sommergrüne Sträucher.
Blätter: Wechselständig, länglich-lanzettlich, meist gezähnt, ledrig, gestielt.
Blüten: Zwittrig, radiär, in achsel- oder endständigen Trauben oder Rispen, die 5 Kelchzipfel sich dachziegelig deckend, Krone eiför-

mig bis zylindrisch, Krone weiß, selten rosa, Kronblätter 5, klein, Staubblätter 10, Fruchtknoten 5-fächrig.
Früchte: Kapseln 5-fächrig, 1,5–3,5 mm lang, abgeflacht kugelig, Fruchtwand bei der Fruchtöffnung nicht aufspaltend, Samen 0,7–1,4 mm lang.
Verbreitung: Etwa 40 Arten in N- und S-Amerika, 4 Arten in O-Asien.
Verwendung: Schöne Ziersträucher für Einzel- und Gruppenpflanzungen, nicht selten in Verbindung mit *Rhododendron*.

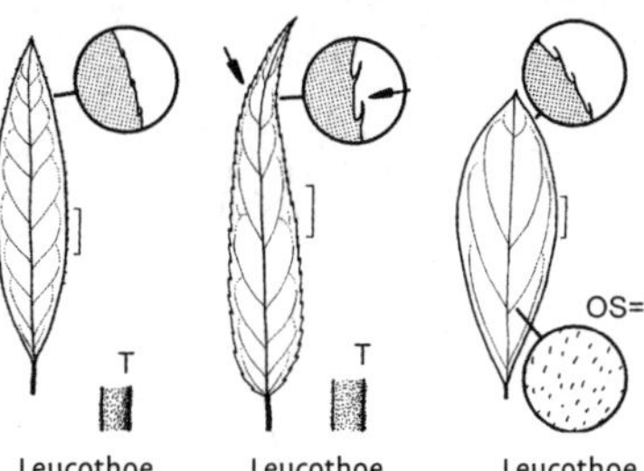

Bestimmungsschlüssel Leucothoe

1 Blätter sommergrün, ober- und unterseits behaart . . . . *L. racemosa*
– Blätter immergrün (auch vorjährige Triebe belaubt), kahl 2
2 Blattrandzähne beim Zurückstreichen hakig rau . . . . *L. fontanesiana*
– Blattrandzähne beim Zurückstreichen nicht rau . . . . *L. axillaris*

Leucothoe axillaris (Lam.) D. Don, Achselblütige Traubenheide

Habitus: Immergrüner, bis 1,5 m hoher Strauch, Zweige lang, bogig überhängend, in der Jugend fein behaart.
Blätter: Elliptisch-lanzettlich, 5–10 cm lang, plötzlich zugespitzt, entfernt gesägt, oberseits glänzend grün, unterseits heller und spärlich behaart, Stiel bis 6 mm lang.
Blüten: In 2–7 cm langen, achselständigen Trauben, Krone in der Knospe bronzerot, später rosaweiß, zylindrisch-eiförmig, 8 mm lang, Mai.
Verbreitung: SO-USA.
Verwendung: Selten (mit einigen Sorten und Hybriden) B, WHZ 6b, LB 1.1.2.6.

L. catesbaei hort. = *L. fontanesiana*
L. editorum Fernald et B.G. Schub. = *L. fontanesiana*

Leucothoe fontanesiana (Steud.) Sleumer, Gebogene Traubenheide

Habitus: Immergrüner, 1–2 m hoher, dicht verzweigter Strauch mit kurzen, unterirdischen Ausläufern, Zweige abstehend-aufrecht und bogig übergeneigt, in der Jugend rötlich und behaart.
Blätter: Länglich-lanzettlich oder eiförmig-lanzettlich, 6–16 cm lang, zu einer langen Spitze ausgezogen, Rand bewimpert und gezähnt, oberseits glänzend grün, unterseits heller und fein bräunlich punktiert, im Spätherbst und Winter oft rötlich oder bronzefarben gefärbt.
Blüten: In 4–6 cm langen, achselständigen Trauben, Krone weiß, in der Knospe gerötet, eiförmig-zylindrisch, 6 mm lang, Mai.
Früchte: Abgeflacht kugelig, 4–5 mm breit.
Verbreitung: NO- und SO-USA.
Verwendung: Sehr häufig (mit einigen Sorten und Hybriden), B, H, WHZ 6b, LB 1.1.2.6.

In Kultur auch einige Hybriden aus den beiden oben genannten Arten, deren Blätter sich im Herbst und über Winter intensiv rötlich bronzefarben, purpurrot oder tief weinrot verfärben. Dazu gehören Sorten wie CARINELLA ('Zebekot'), LOVITA ('Zebonard'), RED LIPS ('Lipsbowli') und SCARLETTA ('Zeblid').

Leucothoe racemosa (L.) A. Gray, Sommergrüne Traubenheide

Habitus: Sommergrüner, 1–2 m hoher, aufrechter Strauch, junge Triebe fein behaart.
Blätter: Länglich-elliptisch, 2–7 cm lang, an beiden Enden spitz, fast ganzrandig, beiderseits behaart, zuletzt nur noch auf den Nerven, Stiel etwa 3 mm lang.
Blüten: Nickend, in aufrechten oder abstehenden, 3–8 cm langen Trauben an kurzen Seitenzweigen, Krone weiß oder rosa, zylindrisch, 8–9 mm lang, Mai–Juni.
Früchte: Kugelig, 4 mm breit.
Verbreitung: NO- und SO-USA.
Verwendung: Selten, B, WHZ 6a, LB 1.1.2.6.

L. walteri (Willd.) Melvin = *L. fontanesiana*

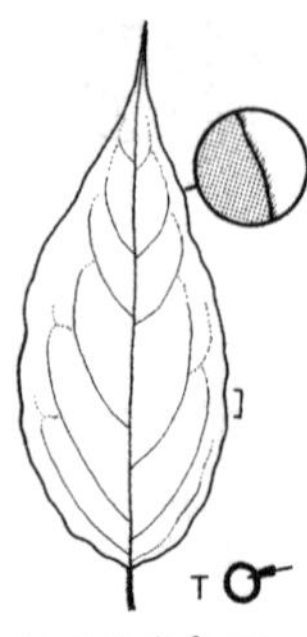

Leycesteria formosa

Leycesteria Wall.

Leycesterie – Caprifoliaceae

(nach William Leycester, 1775–1831, englischer Richter und Förderer der Botanik in Indien)

Habitus: Meist sommergrüne Sträucher, Zweige stielrund, hohl, nur an den Nodien massiv, Knospen 3,5 mm lang, länglich-eiförmig, Blattbasen miteinander verbunden.
Blätter: Gegenständig, einfach, 5-zählig, gestielt, Nebenblätter vorhanden oder fehlend.
Blüten: Zwittrig, ± zygomorph, in (4–)6-zähligen Wirteln in den Achseln großer Tragblätter, zu überhängenden, end- oder achselständigen Trauben vereinigt, Kelch bleibend, Kronblätter verwachsen, trichterförmig, an der Basis bauchig erweitert, Saum 5-lappig, Staubblätter 5, Fruchtknoten 5-fächrig.
Früchte: Beeren kugelig, 1 cm dick, purpur- bis schwarzrot, drüsig bewimpert, vielsamig, in den Achseln der Tragblätter, Samen eiförmig, 1 mm lang, hellbraun.
Verbreitung: 6 Arten vom W-Himalaja bis SW-China.
Verwendung: Bei uns nur die folgende Art in Kultur.

Leycesteria formosa Wall., Schöne Leycesterie

Habitus: Sommergrüner, 1–2 m hoher, aufrechter Strauch, Zweige kahl, grün, anfangs bereift.
Blätter: Breit eiförmig bis länglich-eiförmig, 5–18 cm lang, zugespitzt bis geschwänzt zugespitzt, Basis herzförmig, ganzrandig oder gesägt, zunächst fein behaart, später kahl.
Blüten: In 3–10 cm langen, überhängenden Trauben in den Achseln 1,5–3,5 cm langer, purpurvioletter Tragblätter, Krone 1,5–2 cm lang, weißlich bis purpurn, die pfriemlichen Kelchzipfel drüsig bewimpert und ⅓ so lang wie die Kronröhre, Juni–September.
Früchte: Kugelig, etwa 1 cm dick, purpurrot, zuletzt schwarz, drüsig bewimpert.
Verbreitung: Himalaja.
Verwendung: Häufig, B, ♣, WHZ 7a, LB 6.4.1.8.

Ligustrina amurensis Rupr. = *Syringa reticulata* var. *amurensis*
L. amurensis var. *japonica* (Maxim.) Franch. et Sav. = *S. reticulata* var. *reticulata*
L. pekinensis (Rupr.) hort. = *S. reticulata* subsp. *pekinensis*

Ligustrum L.

Liguster – Oleaceae

(lateinisch *ligustrum* = Gewöhnlicher Liguster, *Ligustrum vulgare*)

Sommer- oder immergrüne, reich verzweigte Sträucher oder kleine Bäume, Triebe kahl oder behaart, Knospen 2–5 mm lang, Endknospen oft unentwickelt, die Knospenschuppen sich häufig nicht deckend, Blattnarben 1-spurig.
Blätter: Gegenständig, einfach, länglich oder eiförmig, ganzrandig, kurz gestielt, Spreite etwas am Stiel herablaufend.
Blüten: Zwittrig, radiär, klein, in ± großen Rispen, die endständig an Kurztrieben stehen, Kelch glockig, 4-zähnig, Krone weiß, mit kurzer oder langer Röhre und 4 Lappen, Staubblätter 2, Fruchtknoten 2-fächrig, oberständig.
Früchte: Beeren fast kugelig oder eiförmig, 0,4–1 cm lang, blauschwarz, bereift, saftig-fleischig oder mehlig, giftig, Kelch bleibend.
Verbreitung: 40 Arten von Europa über Kleinasien und N-Iran bis nach O-Asien, im indomalaiischen Raum, in Neuguinea und Australien, 1 Art in Europa.
Verwendung: Vorwiegend als Heckenpflanze und zum Sichtschutz, sehr schnittverträglich und meist sehr anspruchslos.

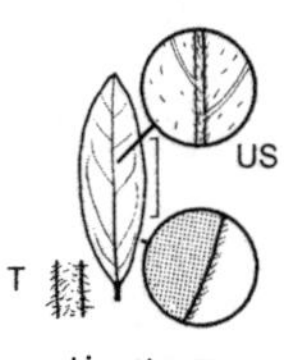

Ligustrum amurense

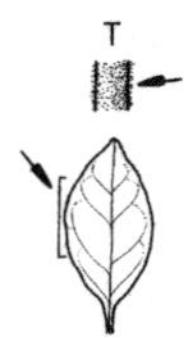

Ligustrum delavayanum

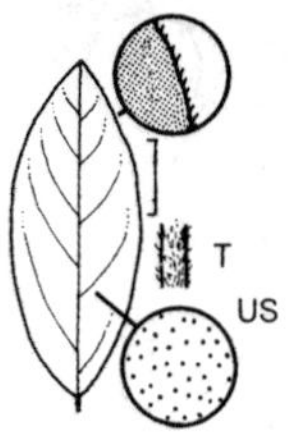

Ligustrum ibota

Bestimmungsschlüssel Ligustrum

(sichere Artbestimmung nur mit Blüten möglich)

1 Blätter sommergrün 2
- Blätter immergrün (auch vorjährige Triebe belaubt) 8
2 Blattrand bewimpert 3
- Blattrand kahl 4
3 Blütenrispen höchstens 1,5 cm lang . . . *L. ibota*
- Rispen 3–5 cm lang, flaumig behaart . . . . *L. amurense*
4 Blätter beiderseits und Triebe kahl 5
- Triebe, Blätter oder Blattstiel behaart 6
5 Blätter höchstens 2-mal so lang wie breit, oberseits gelblich grün . . . . *L. ×vicaryi*
- Blätter 3-mal so lang wie breit, oberseits dunkelgrün . . . . *L. vulgare*
6 Nur Triebe behaart, Blätter kahl . . . . *L. quihoui*
- Blätter unterseits behaart (zumindest auf dem Mittelnerv) 7
7 Blütenrispen höchstens 3 cm lang . . . . *L. obtusifolium* var. *obtusifolium*
- Rispen 6–10 cm lang . . . . *L. sinense* var. *sinense*
8 Blattspreite höchstens 3 cm lang . . . . *L. delavayanum*
- Blätter länger (wenigstens viele) 9
9 Blattspreite höchstens 3 cm breit, Blattstiel höchstens 1 cm lang . . . . *L. ovalifolium*
- Blätter breiter (wenigstens viele), Blattstiele z. T. länger 10
10 Blattrand und Mittelnerv gerötet . . . . *L. japonicum*
- Blattnerven beiderseits gut sichtbar . . . . *L. lucidum*

Ligustrum amurense Carrière, Amur-Liguster

Habitus: Sommergrüner, bis 3 m hoher, aufrechter Strauch, Zweige steif aufrecht, Triebe fein behaart.
Blätter: Elliptisch bis länglich, 2–5(–10) cm lang, spitz oder zugespitzt, Basis keilförmig, oberseits dunkelgrün, unterseits hellgrün, Mittelnerv behaart.
Blüten: Zu 25–50 in lockeren, flaumig behaarten, 3–6 cm langen Rispen, Krone 7–9 mm lang, Staubblätter die Mitte der Kronzipfel nicht überragend, Juni–Juli.
Früchte: Kugelig-eiförmig, 6–8 mm dick, schwarz, leicht bereift.
Verbreitung: N-China.
Verwendung: Selten, WHZ 5a, LB 6.4.3.5.

L. ciliatum Siebold et Blume = *L. ibota*
L. ciliatum Rehder = *L. tschonoskii*

Ligustrum delavayanum Har., Delavays Liguster

Habitus: Immergrüner, bis 2,5 m hoher, breit verzweigter Strauch (wird bei uns meist hochstämmig veredelt und mit kugelig geschnittener Krone als Kübelpflanze kultiviert), Triebe kahl bis fein behaart.
Blätter: Eiförmig bis elliptisch oder länglicheiförmig, 1–3(–5) cm lang, spitz, Basis breit keilförmig bis abgerundet, oberseits glänzend dunkelgrün, unterseits heller, nur Mittelnerv behaart.
Blüten: Zu 100–250 in 3–5 cm langen, behaarten, walzenförmigen, an der Basis beblätterten Rispen, Kronröhre 5 mm lang, Staubbeutel violett, nahezu so lang wie die Kronzipfel, Juni.
Früchte: Kugelig-eiförmig, etwa 6 mm dick, schwarz.
Verbreitung: Myanmar, China: Yunnan.
Verwendung: Sehr selten (meist als Kübelpflanze), WHZ 8a, LB 9.1.2.5.

Ligustrum ibota Siebold et Zucc., Bewimperter Liguster

Habitus: Sommergrüner, bis 2 m hoher, sparriger Strauch, Triebe leicht behaart, Langtriebe meist kahl.
Blätter: Rhombisch-eiförmig bis länglich-elliptisch, 1,5–5 cm lang, spitz, Basis keilförmig, oberseits stumpfgrün, unterseits heller, Mittelnerv behaart, Saum lang bewimpert.
Blüten: Zu 4–8 in fast kopfartigen, 1–1,5 cm langen Rispen, Kronröhre 8 mm lang, Staubblätter kaum die Krone überragend, Juni.

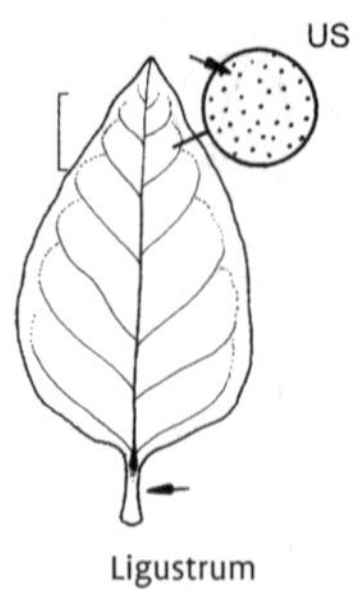

Ligustrum japonicum

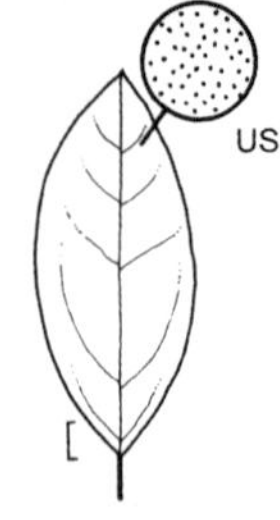

Ligustrum lucidum

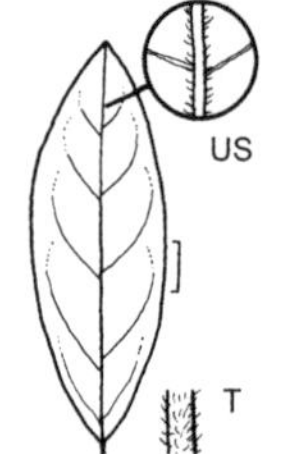

Ligustrum obtusifolium var. obtusifolium

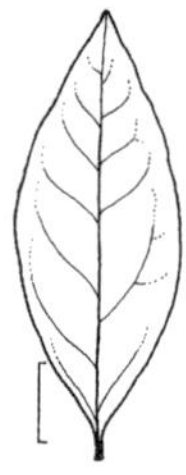
Ligustrum ovalifolium

Früchte: Kugelig-eiförmig, 7–8 mm lang.
Verbreitung: Japan.
Verwendung: Selten, WHZ 5a, LB 9.1.2.5.

L. ionandrum Diels = *L. delavayanum*

Ligustrum japonicum Thunb., Japanischer Liguster

Habitus: Immergrüner, 1–3(–6) m hoher Strauch, junge Triebe fein dunkel behaart, später kahl und mit Lentizellen.
Blätter: Ledrig, breit eiförmig bis länglich-eiförmig, 4–8 cm lang, kurz zugespitzt, spitz oder stumpf, Basis meist abgerundet, Nervenpaare 4–5, wenig ausgeprägt, oberseits dunkelgrün, unterseits blassgrün, Rand und Mittelnerv oft gerötet.
Blüten: Zu 200–600 in 6–15 cm langen, kegelförmigen Rispen, endständig an 6–13 cm langen Trieben, Staubblätter kaum länger als die Krone, Juli–September.
Früchte: Ellipsoid, 8–10 mm lang, purpurschwarz.
Verbreitung: Japan, Korea.
Verwendung: Selten (mit einigen Sorten), B, WHZ 8a, LB 4.2.5.6.

Ligustrum lucidum W.T. Aiton, Glänzender Liguster

Habitus: Immergrüner Strauch, in seiner Heimat (auch in S-Europa) bis 10 m hoher Baum, Zweige abstehend, in der Jugend kahl, mit Lentizellen.
Blätter: Ledrig, eiförmig-lanzettlich, 8–12 cm lang, spitz oder zugespitzt, Basis breit keilförmig, oberseits glänzend dunkelgrün, unterseits heller, Nervenpaare 4–6, beiderseits gut sichtbar.
Blüten: Bis zu 500 in 12–20 cm langen und ebenso breiten Rispen, endständig an 10 cm langen Trieben, Staubblätter so lang wie die Krone, August–September.
Früchte: Ellipsoid-kugelig, 8–10 mm dick, blauschwarz.
Verbreitung: Japan, China, Korea.
Verwendung: Sehr selten (mit einigen buntlaubigen Sorten), N, B, WHZ 8a, LB 6.4.4.4.

Ligustrum obtusifolium Siebold et Zucc. **var. obtusifolium**, Stumpfblättriger Liguster

Habitus: Sommergrüner, 2–3 m hoher, breitwüchsiger Strauch, Zweige bogig abstehend, Triebe fein behaart.
Blätter: Elliptisch bis länglich oder länglich-verkehrteiförmig, 1–3,5 cm lang, spitz oder stumpf, Basis breit keilförmig, oberseits tiefgrün und kahl, unterseits ganz oder auf dem Mittelnerv behaart.
Blüten: Zu 25–50 in ± nickenden, 2–3 cm langen Rispen, endständig an 1–5(–10) cm langen Trieben, Kronröhre 0,8–1 cm lang, Staubblätter so lang wie die Kronzipfel, Juni.
Früchte: Kugelig, 6 mm dick, schwarz, etwas bereift.
Verbreitung: Japan.
Verwendung: Häufig (mit einigen Sorten), B, ♧, WHZ 6a, LB 9.1.4.5.

var. regelianum (Koehne) Rehder. Kaum mehr als 1,5(–2) m hoch, Zweige ± horizontal ausgebreitet bis bogig abstehend. Blätter 2-zeilig stehend, stärker behaart als bei var. *obtusifolium*, lange haftend. Blütenrispen kürzer, aber zahlreicher. Japan.

Ligustrum ovalifolium Hassk., Wintergrüner Liguster

Habitus: Immer- oder wintergrüner, straff aufrechter, 3–5 m hoher Strauch, Triebe kahl.
Blätter: Elliptisch-eiförmig bis länglich-elliptisch, 3–8(–11) cm lang, spitz, Basis breit keilförmig, oberseits glänzend dunkelgrün, unterseits gelbgrün, kahl.

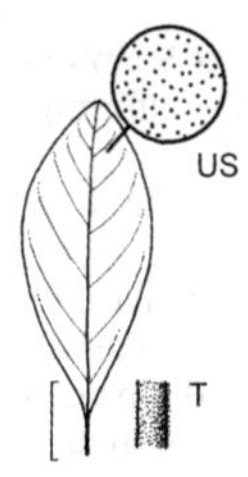

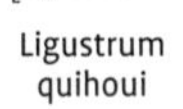

Ligustrum quihoui

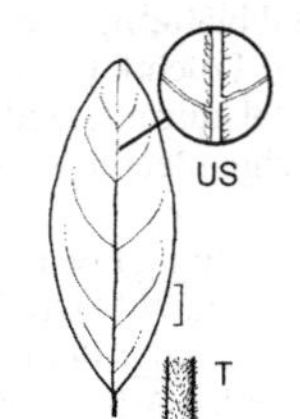

Ligustrum sinense var. sinense

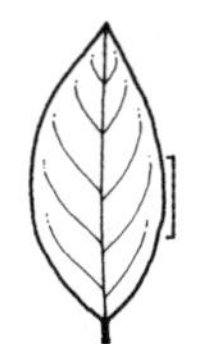

Ligustrum ×vicaryi

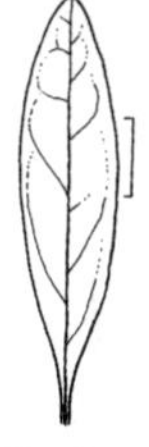

Ligustrum vulgare

<u>Blüten:</u> Zu 100–200 in 3–11 cm langen, gedrungenen, kegelförmigen Rispen, endständig an 4–15 cm langen Trieben, Krone 8 mm lang, Staubblätter so lang wie die Kronzipfel, Juli.
<u>Früchte:</u> Nahezu kugelig, etwa 8 mm dick, purpurschwarz.
<u>Verbreitung:</u> Japan.
<u>Verwendung:</u> Sehr häufig (mit einigen buntlaubigen Sorten), WHZ 7a, LB 6.3.4.5 (9.1.2.5).

'Aureum'. Blätter breit goldgelb gerandet oder ganz gelb. Ebenfalls häufig in Kultur.

L. prattii Koehne = *L. delavayanum*

Ligustrum quihoui Carrière, Quihouis Liguster

<u>Habitus:</u> Sommergrüner, bis 2 m hoher, breit und sparrig wachsender Strauch, Zweige dünn, steif, abstehend, Triebe weich rostbraun behaart.
<u>Blätter:</u> Elliptisch bis verkehrteiförmig, derb, 2–5 cm lang, stumpf, oberseits dunkelgrün und etwas glänzend, kahl, Stiel fein behaart.
<u>Blüten:</u> Bis zu 500 in schmalen, lockeren, 25–30 cm langen Rispen, endständig an 6–17 cm langen Trieben, Staubblätter die Krone überragend, September.
<u>Früchte:</u> Eiförmig, purpurschwarz.
<u>Verbreitung:</u> China.
<u>Verwendung:</u> Selten, B, WHZ 7a, LB 6.1.4.5.

L. regelianum Koehne = *L. obtusifolium* var. *regelianum*

Ligustrum sinense Lour. **var. sinense**, Chinesischer Liguster

<u>Habitus:</u> Sommergrüner, 4–7 m hoher, dicht verzweigter Strauch oder Baum, Zweige aufrecht bis schräg aufsteigend, Triebe filzig behaart, gelbgrün.
<u>Blätter:</u> Elliptisch bis länglich-elliptisch, 3–7 cm lang, spitz oder stumpf, Basis meist breit eiförmig, oberseits stumpfgrün, unterseits heller und auf dem Mittelnerv behaart.
<u>Blüten:</u> Zu 100–500 in behaarten, 6–10(–20) cm langen Rispen, endständig an 2–10 cm langen Trieben, Staubblätter die Kronzipfel überragend, Juli.
<u>Früchte:</u> Kugelig, 4 mm dick, blauschwarz.
<u>Verbreitung:</u> M-China.
<u>Verwendung:</u> Selten, WHZ 7a, LB 6.3.2.5.

var. stauntonii (A. DC.) Rehder. Wuchs weniger hoch und breiter als bei var. *sinense*, Zweige weniger behaart. Blütenrispen breiter und lockerer. M-China.

L. stauntonii A. DC. = *L. sinense* var. *stauntonii*

Ligustrum ×vicaryi Rehder

(*L. ovalifolium* 'Aureum' × *L. vulgare*)

<u>Habitus:</u> Sommergrüner, reich verzweigter, bis 2,5 m hoher Strauch, Zweige schräg ansteigend bis leicht überhängend, junge Triebe schwach behaart.
<u>Blätter:</u> Länglich-eiförmig, 3–7 cm lang, spitz bis zugespitzt, grünlich gelb.
<u>Blüten:</u> Bis zu 150 in 5–10 cm langen Rispen, endständig an 2–10 cm langen Trieben, Juni–August.
<u>Früchte:</u> 7–8 mm dick, schwarz, schwach grau bereift.
<u>Verwendung:</u> Häufig, B, ♧, WHZ 6b, LB 9.1.2.6.

Ligustrum vulgare L., Gewöhnlicher Liguster

<u>Habitus:</u> Sommer- bis halbimmergrüner, 5–7 m hoher, reich verzweigter Strauch, Zweige aufrecht bis schräg abstehend, teilweise dem Boden aufliegend und wurzelnd, junge Triebe fein behaart, bald kahl.

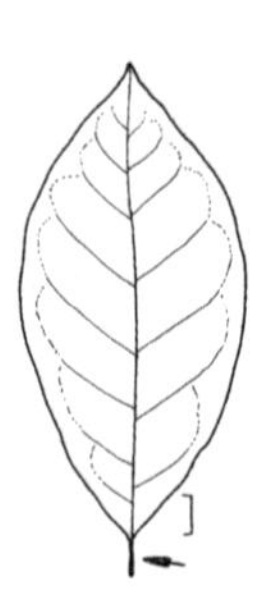

Lindera benzoin

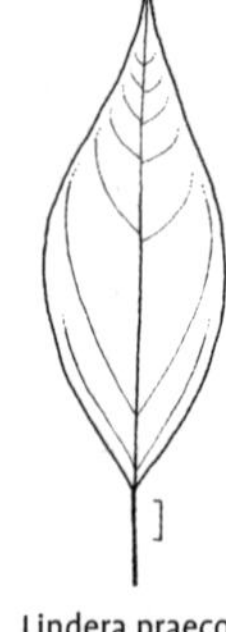

Lindera praecox

Blätter: Länglich-eiförmig bis lanzettlich, 3–6 cm lang, derb, stumpf bis spitz, oberseits dunkelgrün, unterseits heller, kahl, lange haftend.
Blüten: Zu 50–300 in 6–8 cm langen, kegelförmigen, fein behaarten Rispen, endständig an 1–10 cm langen Trieben, Staubblätter die Kronzipfel nicht überragend, Juni–Juli.
Früchte: Kugelig, 5–6 mm dick, glänzend schwarz, lange haftend.
Verbreitung: Europa, N-Afrika, Türkei, Kaukasien, N-Iran.
Verwendung: Sehr häufig (mit einigen Sorten), N, ⚭, ☠, WHZ 5a, LB 9.1.4.4.

'Atrovirens'. Wuchs stark, straff aufrecht. Blätter tiefgrün, leicht metallisch schimmernd, bis zur Entfaltung der neuen Blattgeneration haftend, im Winter rötlich bis violettbraun.

'Lodense'. Wuchs aufrecht, kompakt, dicht verzweigt, 0,7(–1,2) m hoch. Blätter schmal elliptisch, lange haftend, tiefgrün, im Winter bronzebraun.

Lindera Thunb.

Fieberstrauch – Lauraceae

(nach Johan Linder, 1676–1723, schwedischer Arzt und Botaniker)

Habitus: Sommer- oder immergrüne, aromatisch duftende Bäume oder Sträucher.
Blätter: Wechselständig, einfach bis 3-lappig, fiedernervig oder von der Basis an 3-nervig, Nebenblätter fehlend.
Blüten: Polygam oder 1-geschlechtig, oft 2-häusig verteilt, unscheinbar, in achselständigen Trugdolden, Blütenhülle einfach, grünlich gelb, Kelchblätter 6, ♂ Blüten mit 9(–12) Staubblättern, ♀ Blüten mit 6–9 Staminodien, Fruchtknoten kugelig oder eiförmig, Griffel kurz oder fadenförmig.
Früchte: Beeren kugelig oder eiförmig, 1-samig.
Verbreitung: Etwa 80 Arten im Himalaja, O-Asien und W-Malaysia, 2 Arten in N-Amerika.
Verwendung: Bei uns meist nur die beiden folgenden Arten in Kultur, meist nur in dendrologischen Sammlungen.

Bestimmungsschlüssel Lindera

1 Blattstiel höchstens 1,5 cm lang . . . . *L. benzoin*
– Blattstiel länger (wenigstens viele) . . . . *L. praecox*

Lindera benzoin (L.) Blume, Wohlriechender Fieberstrauch

Habitus: Sommergrüner, bis 5 m hoher, stark aromatisch duftender Strauch.
Blätter: Verkehrteiförmig, 7–12 cm lang, dünn, spitz oder kurz zugespitzt, Basis keilförmig, oberseits frischgrün, unterseits heller, Stiel, 0,5–1,5 cm lang, Herbstfärbung hellgelb.
Blüten: 4–5 mm breit, zu 3–4 in 7–9 mm breiten Ständen, vor dem Austrieb im März–April.
Früchte: Länglich-elliptisch, 1 cm lang, scharlachrot.
Verbreitung: O-Kanada, NO-, NOZ-, Z- und SO-USA.
Verwendung: Selten, D, WHZ 6a, LB 2.3.5.4 (3.1.4.3) (5.2.5.4).

Lindera praecox (Siebold et Zucc.) Blume, Frühzeitiger Fieberstrauch

Habitus: Sommergrüner Strauch oder bis 8 m hoher Kleinbaum, Triebe glänzend braun, mit auffallenden, hellen Korkwarzen.
Blätter: Eiförmig bis rundlich, 4–9 cm lang, dünn, zugespitzt, Basis keilförmig, kahl, oberseits tiefgrün, unterseits bläulich, Stiel 1,5–2,5 cm lang, Herbstfärbung gelb.
Blüten: In 1,5–2,5 cm breiten Ständen, die zu 2–3 in den Blattachseln stehen, vor dem Austrieb im März–April.
Früchte: Kugelig, 1,5–2 cm dick, gelb oder rötlich braun.
Verbreitung: Japan.
Verwendung: Sehr selten, WHZ 7a, LB 6.4.4.6.

Linnaea L.

Moosglöckchen – Caprifoliaceae
(nach Carl von Linné, 1707–1778, schwedischer Botaniker und Schöpfer der modernen Nomenklatur)
Monotypische Gattung

Linnaea borealis L. **var. borealis**, Nördliches Moosglöckchen

Habitus: Immergrüner, niederliegend-kriechender Zwergstrauch, Sprosse fadenförmig dünn, anfangs behaart.
Blätter: Gegenständig, eiförmig, 2,5–10 mm lang, abgerundet, mit wenigen seichten Kerbzähnen, oberseits glänzend dunkelgrün, schwach behaart, unterseits hellgrün, auf den Nerven behaart.
Blüten: Zwittrig, radiär, zartrosa, meist paarweise auf 3–8 cm langen Stielen, endständig an beblätterten Kurztrieben, nickend, Kelch glockig, 5-teilig, Krone zartrosa, dunkler geadert, trichterförmig-glockig, 6–9 mm lang, etwas schief 5-lappig, die 4 Staubblätter ungleich lang und in der Kronröhre eingeschlossen, Fruchtknoten unterständig, 3-fächrig, nur 1 Fach fruchtbar, Juli–September.
Früchte: Schließfrüchte unscheinbar, 3 mm lang, drüsig behaart.
Verbreitung: Europa (ausgenommen SW-Europa), Sibirien, Russ. Ferner Osten, Mongolei, Alaska, Grönland.
Verwendung: Selten, B, WHZ 1, LB 7.2.3.7 (8.1.3.7).

var. americana (J. Forbes) Rehder, Amerikanisches Moosglöckchen. Blätter kahl, nur an der Basis bewimpert. Blüten tiefrosa, Krone bis 1,5 cm lang. Alaska, Kanada, USA, Grönland.

Liquidambar L.

Amberbaum – Altingiaceae
(lateinisch *liquidus* = flüssig und arabisch *ambar* = fossiles Harz, Bernstein)

Habitus: Hohe, sommergrüne Bäume, Zweige kantig, rotbraun, oft mit Korkleisten, Endknospen 6–10 mm lang, lang eiförmig bis spindelförmig, Knospenschuppen 3–6, bewimpert, Blattnarben abgerundet, breit v-förmig bis fast kreisrund.
Blätter: Wechselständig, lang gestielt, mit

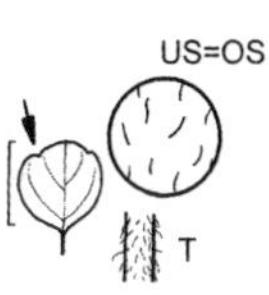

Linnaea borealis var. borealis

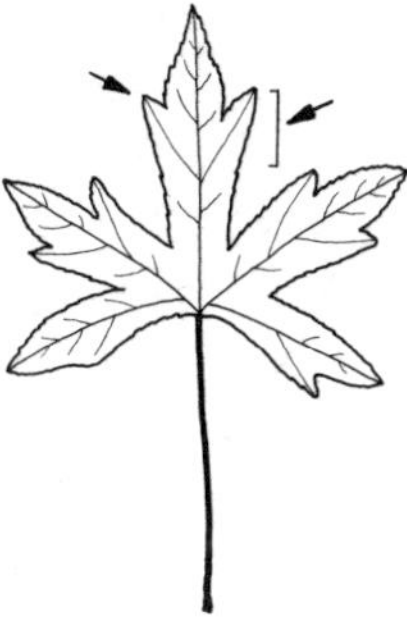
Liquidambar orientalis

5–7 Lappen handförmig gelappt, gesägt, Nebenblätter klein, hinfällig.
Blüten: 1-geschlechtig, 1-häusig verteilt, radiär, unscheinbar, grünlich, ♂ Blüten dicht gedrängt in traubig angeordneten, endständigen Köpfchen, ohne Blütenhülle, ♀ Blüten in 2–3 cm breiten, kugeligen, hängenden Köpfchen, meist am Grund des Gesamtblütenstandes, die nackten Einzelblüten mit 1 Fruchtblatt und 2 hakig gekrümmten Griffeln, ebenfalls ohne Krone.
Früchte: Kapseln 2-fächrig, durch den bleibenden, 5–6 mm langen Griffel geschnäbelt, in 2–3 cm dicken, kugeligen, hängenden, 3–5 cm lang gestielten Köpfchen.
Verbreitung: 4 Arten in N-Amerika, Kleinasien, SO-Asien, Indochina und auf Taiwan.
Verwendung: Stattliche Garten-, Park- und Straßenbäume mit einer prachtvollen Herbstfärbung.

Bestimmungsschlüssel Liquidambar

1 Blätter doppelt gelappt . . . . *L. orientalis*
– Blätter mit einfachen Lappen . . . . *L. styraciflua*

Liquidambar orientalis Mill., Orientalischer Amberbaum

Habitus: Bis 20 m hoher Baum, oft niedriger bleibend.
Blätter: 5–9 cm breit, meist mit 5 länglich-eiförmigen Lappen, mindestens die 3 oberen Lappen nochmals mit 1–2 3-eckigen, kurz zugespitzten Lappen, schwach gesägt, beiderseits völlig kahl, Stiel 2,5–5 cm lang.
Früchte: Fruchtstände etwa 2,5 cm breit.
Verbreitung: Türkei, Syrien.
Verwendung: Sehr selten, H, ⚕, WHZ 8a, LB 6.4.1.4.

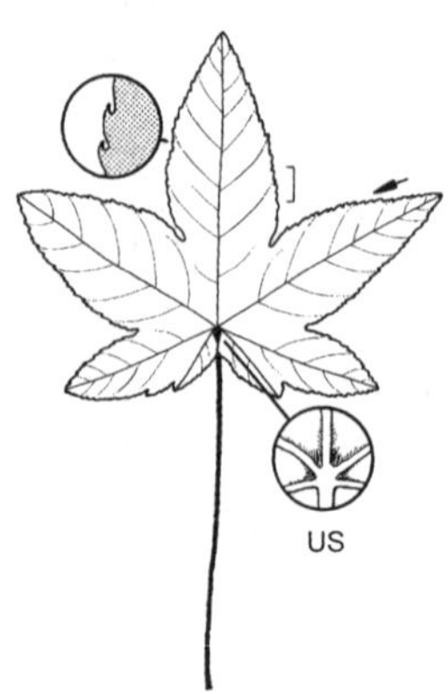

Liquidambar styraciflua

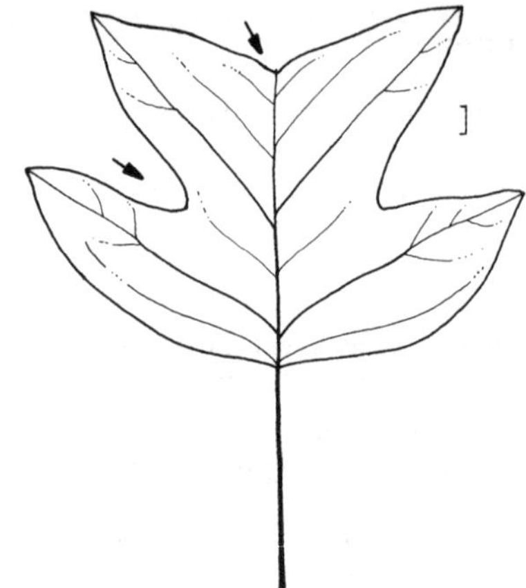
Liriodendron chinense

Liquidambar styraciflua L., Amerikanischer Amberbaum

Habitus: 10–20(–45) m hoher Baum, Stamm durchgehend, Krone regelmäßig, anfangs schmal kegelförmig, später eiförmig, Zweige oft mit unregelmäßigen Korkleisten, Borke graubraun, tief längsrissig.
Blätter: 10–18 cm lang und ebenso breit, meist 5(–7)-lappig, Lappen länglich-3-eckig, geschwänzt zugespitzt, fein gesägt, oberseits glänzend dunkelgrün, kahl, unterseits heller und mit Achselbärten, Stiel 6–12 cm lang, Herbstfärbung früh einsetzend und flammend bunt: violettbraun, tiefrot, orange und gelb.
Früchte: Fruchtstände 3–3,5 cm lang, oft den Winter über hängen bleibend.
Verbreitung: NO-, NOZ-, Z- und SO-USA, Mexiko, Guatemala.
Verwendung: Sehr häufig (wie z. B. die Sorten 'Moraine' und 'Paarl' mit Einschränkungen als Stadtstraßenbäume geeignet), N, ⚕, H, WHZ 6a, LB 2.3.1.2.

Liriodendron L.

Tulpenbaum – Magnoliaceae
(griechisch *leirion* = Lilie und *dendron* = Baum)

Habitus: Hohe, sommergrüne Bäume, Borke mit einem regelmäßigen Netzwerk gefurcht, Zweige oliv- bis graubraun, kahl, mit zahlreichen kleinen, hellen Lentizellen, Endknospen 5–12 mm lang, eiförmig, abgeflacht, Knospenschuppen als freie, nicht mit dem Blattgrund verbundene, bereifte Nebenblätter, Seitenknospen viel kleiner, Blattnarben abgerundet bis fast kreisrund, mit mehreren, zerstreut stehenden Gefäßbündelspuren.
Blätter: Wechselständig, lang gestielt, meist 4- bis 6-lappig, an der Spitze weit ausgerandet, gestutzt oder stumpf.
Blüten: Zwittrig, radiär, ansehnlich, glockig, einzeln, endständig, mit 3 abstehenden Kelchblättern und 6 aufrechten Kronblättern, Staubblätter zahlreich, mit nach außen gerichteten, linealischen Staubbeuteln, Fruchtblätter zahlreich, spiralig an einer verlängerten, spindelartigen Blütenachse stehend.
Früchte: Zapfenartig, 6–8 cm lang, zylindrisch, aus zahlreichen, geflügelten, 2,5–3,5 cm langen, linealischen, sich zunächst dachziegelartig deckenden, zuletzt spreizenden und einzeln abfallenden Nüsschen.
Verbreitung: Je 1 Art im östl. N-Amerika und in O-Asien.
Verwendung: Stattliche, raschwüchsige Park- und Straßenbäume mit eigenartig geschnittenen Blättern und schöner, goldgelber Herbstfärbung.

Bestimmungsschlüssel Liriodendron

1 Blätter höchstens bis zur Hälfte gebuchtet. . . . . *L. tulipifera*
– Blätter (zumindest viele) mit tieferen Buchten . . . . *L. chinense*

Liriodendron chinense (Hemsl.) Sarg., Chinesischer Tulpenbaum

Habitus: Bis etwa 15 m hoher Baum.

Blätter: Meist größer als bei *L. tulipifera*, tiefer, oft bis zur Mittelrippe gelappt, meist mit 1 Paar Basallappen, unterseits bläulich, mit Papillen, Stiel 6–12 cm lang.
Blüten: Meist ± becherförmig, die 3 Kelchblätter grünlich, zurückgeschlagen, Kronblätter 2–4 cm lang, grün, ± aufrecht, unterseits gelb geadert, Mai–Juni.
Früchte: Fruchtzapfen 7–9 cm lang.
Verbreitung: M-China, Indochina.
Verwendung: Selten, WHZ 8a, LB 6.4.1.3 (7.4.1.3).

Liriodendron tulipifera L., Amerikanischer Tulpenbaum

Habitus: Bis über 40 m hoher Baum mit durchgehendem Stamm, Krone breit säulenförmig oder hoch gewölbt, Borke mit einem regelmäßigen, rautenförmigen Muster tief gefurcht.
Blätter: Im Umriss fast 4-eckig, 8–15 cm lang und breit, Basis abgerundet oder gestutzt, Mittellappen quer gestutzt und mit sattelförmiger Einbuchtung, die 2 großen Seitenlappen kurz zugespitzt, oberseits frischgrün, unterseits leicht bläulich grün, Stiel 5–10 cm lang, Herbstfärbung goldgelb.
Blüten: Tulpenförmig, Kelchblätter hellgrün, Kronblätter 4–6 cm lang, grünlich gelb, beiderseits nahe der Basis mit breitem, orangefarbenem Band, Mai–Juni.
Früchte: Fruchtzapfen 6–8 cm lang.
Verbreitung: O-Kanada, NO-, NOZ- und SO-USA.
Verwendung: Sehr häufig (mit einigen Sorten, wie die Sorte 'Fastigiatum', mit Einschränkungen als Stadtstraßenbaum geeignet), N, B, H, Bi, WHZ 6a, LB 2.3.2.1 (3.2.2.1).

'Aureomarginatum'. Blätter gelbbunt gerandet. Wuchs schwächer als bei der Art.

'Fastigiatum'. Wuchs straff aufrecht, Krone breit kegelförmig, im Alter gelegentlich durch auswärts wachsende Äste unregelmäßig.

Loiseleuria Desv.

Gämsheide, Alpenheide – Ericaceae

(nach Jean-Louis Auguste Loiseleur-Deslongchamps, 1774–1849, französischer Arzt und Botaniker)

Monotypische Gattung

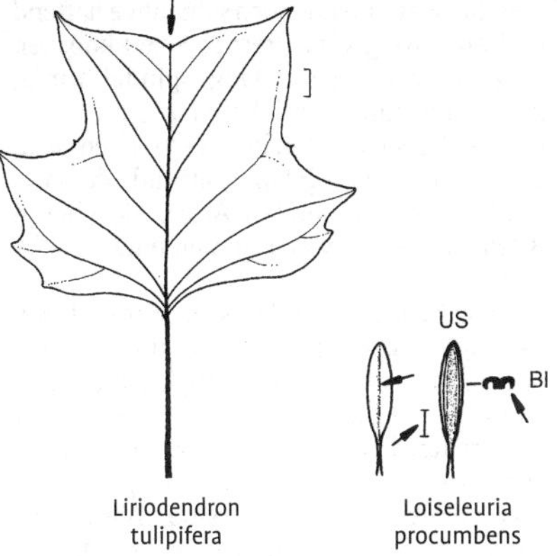

Liriodendron tulipifera

Loiseleuria procumbens

Loiseleuria procumbens (L.) Desv., Alpenheide

Habitus: Immergrüner, niederliegender, reich verzweigter, dichte Teppiche bildender, bis 0,2 m hoher Spalierstrauch.
Blätter: Gegenständig, lanzettlich bis länglich-eiförmig, 0,4–1,2 cm lang, kahl, ledrig, oberseits glänzend, unterseits bläulich grün oder filzig, Blattränder nach unten bis fast zur Mittelrippe umgebogen.
Blüten: Zwittrig, radiär, einzeln oder zu 2–5 in endständigen Trauben, 5-zählig, Kelchblätter rötlich, bis zum Grund frei, Kronblätter 3–4 mm lang, rosarot, Staubblätter länger als der Griffel, Juni–Juli.
Früchte: Kapseln, sich 2- bis 3-klappig öffnend, Samen zahlreich winzig.
Verbreitung: Pyrenäen, Alpen, Karpaten, Gebirge in Schottland, Skandinavien und Island; Ural, über Sibirien nach O-Asien, N-Amerika und Grönland.
Verwendung: Sehr selten, B, WHZ 1, LB 8.1.3.7.

Lonicera L.

Heckenkirsche, Geißblatt – Caprifoliaceae

(nach Adam Lonitzer, 1528–1586, deutscher Arzt und Naturwissenschaftler)

Habitus: Sommer- oder immergrüne Sträucher (Heckenkirschen) oder rechtswindende Lianen (Geißblatt-Arten), Zweige hohl oder mit vollem Mark, Rinde oft dünn abblätternd, Knospenschuppen bei der Blattentfaltung nicht abfallend, noch sehr lange haftend und am Zweig verwitternd, Seitenknospen länglich-eiförmig bis lang spindelförmig, stark spreizend, oft mit Beiknospen.

Blätter: Gegenständig, kurz gestielt, einfach, ganzrandig, selten gelappt, sitzend oder kurz gestielt, bei windenden Arten die oberen Blattpaare oft verwachsen und eine Scheibe bildend.

Blüten: Zwittrig, bei den strauchigen Arten paarweise blattachselständig auf ± langen Stielen, stets mit 2 großen Tragblättern (Vorblätter 1. Ordnung, auch als Hoch- oder Deckblätter bezeichnet) und fast immer mit Vorblättern 2. Ordnung, die oft paarweise miteinander verwachsen sind. Blüten bei kletternden Arten meist in 6-blütigen Quirlen an den Sprossenden. Kelch klein, 5-lappig, bleibend oder hinfällig, Krone mit langer, an der Basis oft bauchig oder höckerartig erweiterter Röhre, entweder radiär und mit 5 Zipfeln oder zygomorph und 2-lippig, mit 4-lappiger Ober- und 1-lappiger Unterlippe, die 5 Staubblätter der Kronröhre eingefügt. Fruchtknoten unterständig, 2- bis 3(–5)-fächrig, Fruchtknoten der Blütenpaare zuweilen ± miteinander verwachsen.

Früchte: Beeren oder Doppelbeeren, kugelig, wenigsamig, schwarz, rot, gelb oder weiß, meist giftig, teilweise verwachsenen Hochblättern aufsitzend.

Verbreitung: 200 Arten in N-Amerika (südl. bis Mexiko), Eurasien (südl. bis N-Afrika), Himalaja, Philippinen und SW-Malaysia.

Verwendung: Die meisten sommergrünen Arten sind robuste Sträucher für Hecken, Misch- und Unterpflanzungen. Die windenden Arten sind im Allgemeinen dekorative, schwach windende Lianen für die Bekleidung von niedrigen Mauern, Zäunen und Pergolen.

Bestimmungsschlüssel Lonicera

(sichere Artbestimmung z. T. nur mit Blüten/Früchten und/oder Knospen möglich)

1 Sträucher windend oder kriechend 2
– Aufrechte, frei wachsende Sträucher 17
2 Blätter unterhalb der Blüten paarweise scheibenartig miteinander verwachsen 3
– Blätter stets deutlich getrennt 12
3 Kronsaum mit 5 kurzen Zähnen. . . . . *L. sempervirens*
– Kronsaum 2-lippig 4
4 Kronsaum nur sehr schwach 2-lippig. 5
– Kronsaum tief 2-lippig 6
5 Krone orangerot bis scharlachrot . . *L. ×brownii*
– Krone gelb, außen rot überlaufen . . . *L. ciliosa*
6 Krone 4–8 cm lang 7
– Krone höchstens 3 cm lang . . . . *L. prolifera*
7 Krone außen gelb bis orange und Röhre innen behaart . . . . *L. tragophylla*
– Kronröhre innen kahl oder wenn schwach behaart, außen mit rötlichen Tönen 8
8 Teilblütenstände allesamt gestielt . . *L. etrusca*
– Wenigstens der unterste Teilblütenstand der obersten Blattscheibe aufsitzend 9
9 Nur unterster Blütenquirl der Blattscheibe aufsitzend, andere gestielt. 10
– Alle Teilblütenstände sitzend 11
10 Blütenquirle ährenartig übereinander stehend . . . .*L. ×heckrottii*
– Blütenquirle (bis auf untersten) kopfig genähert . . . . *L. ×americana*
11 Blütenquirle 2, Krone gelb . . .*L. ×tellmanniana*
– Blütenquirle mehr als 2, Krone weißlich bis rosa . . . . *L. caprifolium*
12 Krone höchstens 4 cm lang 13
– Krone länger . . . . *L. periclymenum*
13 Blütenstiele 2–10 mm lang 14
– Blütenstiele 1,5 cm lang . . . . . *L. alseuosmoides*
14 Blätter am Grund herzförmig, Blüten höchstens 2 cm lang 15
– Blattgrund keilförmig, Blüten 3–4 cm lang . . . . *L. japonica* var. *japonica*
15 Blätter beiderseits fühlbar behaart (beim Anfassen deutlich hörbares, raschelndes Geräusch) . . . . *L. giraldii*
– Blätter nur unterseits auf dem Hauptnerv behaart 16
16 Triebe behaart, Blüten paarweise. . . . *L. henryi*
– Triebe kahl, Blüten zu vielen im Quirl . . . .*L. acuminata*
17 (1) Blätter immergrün, ledrig 18
– Blätter sommergrün, wenn wintergrün, nicht ledrig. 19
18 Blätter höchstens 12 mm lang . . . . . . *L. nitida*
– Blätter länger (wenigstens viele) . . . .*L. pileata*
19 Krone deutlich 2-lippig. 20
– Krone mit 5 ± gleichen Zipfeln 42
20 Krone mit zurückgebogenen, borstigen Haaren . . . . *L. ferdinandi*
– Krone anders behaart oder kahl. 21
21 Winterknospen mit 2 sichtbaren Schuppen 22
– Winterknospen mit mehreren sichtbaren Schuppen 25
22 Terminalknospen fehlend (gabeliger Wuchs) . . . . *L. iberica*
– Terminalknospen vorhanden 23
23 Blattrand borstig bewimpert . . . . *L. fragrantissima* subsp. *fragrantissima*
– Blattrand kahl. 24
24 Blätter unterseits behaart. . . . . *L. fragrantissima* subsp. *standishii*
– Blätter bis auf Blattstiel kahl . . . . *L. fragrantissima* nothosubsp. *purpursii*
25 Blätter höchstens 2,5 cm lang. . . *L. microphylla*
– Blätter länger (wenigstens viele) 26
26 Winterknospen spitz und deutlich 4-kantig. 27
– Winterknospen stumpf oder rund 29
27 Früchte rot . . . . *L. maximowiczii* var. *maximowiczii*
– Früchte schwarz 28
28 Verwachsene Doppelfrucht, meist kurz gestielt . . . .*L. orientalis*
– Früchte bis 2 cm lang gestielt, die beiden Früchte vollkommen getrennt . . . . *L. nigra*

29 Blütenstiel viel länger als Blattstiel 30
– Blütenstiel kürzer oder höchstens wenig länger als Blattstiel 39
30 Kronröhre am Grund mit deutlichen Höckern. 31
– Kronröhre ohne deutlichen Höcker 37
31 Oberlippe fast bis zum Grund geteilt .... *L. morrowii*
– Oberlippe höchstens bis zur Mitte geteilt. 32
32 Blütenstiele an der Spitze auffällig verdickt und Krone innen lang behaart .... *L. alpigena*
– Blütenstiele oder Krone andersartig 33
33 Zweige mit vollem Mark .... *L. webbiana*
– Zweige hohl 34
34 Blattspreite höchstens 7 cm lang . *L. xylosteum*
– Blätter länger (wenigstens viele) 35
35 Staubblätter so lang wie der Kronsaum oder ihn überragend 36
– Staubblätter nur ⅔ so lang wie der Kronsaum .... *L. ruprechtiana*
36 Winterknospen lang, Schuppen bewimpert... .... *L. chrysantha*
– Winterknospen klein und kahl ..... *L. demissa*
37 Blätter höchstens 3 cm lang .... *L. korolkowii* var. *korolkowii*
– Blätter länger 38
38 Krone 1 cm lang .... *L. demissa*
– Krone 1,5–2 cm lang .... *L. tatarica*
39 Frucht weiß-durchscheinend .... *L. quinquelocularis*
– Frucht rot 40
40 Blütenkrone außen behaart 41
– Blütenkrone außen kahl .... *L. maackii*
41 Blätter eiförmig, höchstens 5 cm lang .... *L. trichosantha*
– Blätter lanzettlich, länger (wenigstens viele) . ... *L. deflexicalyx*
42 (19) Blätter höchstens 2,5 cm lang 43
– Blätter länger 45
43 Krone glockig 44
– Kronröhre schlank und dünn ...... *L. albertii*
44 Blüten gelblich weiß .... *L. myrtillus* var. *myrtillus*
– Blüten rötlichweiß-rosa .... *L. syringantha*
45 Früchte blau oder schwarz 46
– Früchte rot 49
46 Früchte nicht von Hochblättern umgeben .... *L. caerulea* var. *caerulea*
– Früchte von (roten) Hochblättern umgeben 47
47 Blätter unterseits weichhaarig ... *L. ledebourii*
– Blätter unterseits kahl oder nur zerstreut behaart .... *L. involucrata*
48 Krone länger als 2,5 cm .... *L. hispida*
– Krone höchstens 2 cm lang 49
49 Blätter höchstens 4 cm lang .... *L. pyrenaica*
– Blätter länger (wenigstens viele) .... *L. canadensis*

Lonicera acuminata Wall., Spitzblättriges Geißblatt

Habitus: Immer- oder wintergrüner, meist kletternder, selten niederliegender, starkwüchsiger Strauch.
Blätter: Länglich, bis 10 cm lang, lang zugespitzt, Basis herzförmig.
Blüten: In endständigen, vielblumigen Quirlen, oft darunter noch achselständige Blütenpaare, Krone gelb bis rot, Kronröhre trichterförmig, 8,5 mm lang, Juni–Juli.

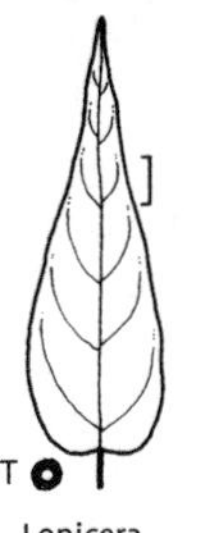

Lonicera acuminata

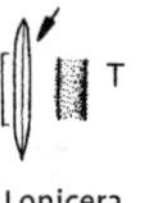

Lonicera albertii

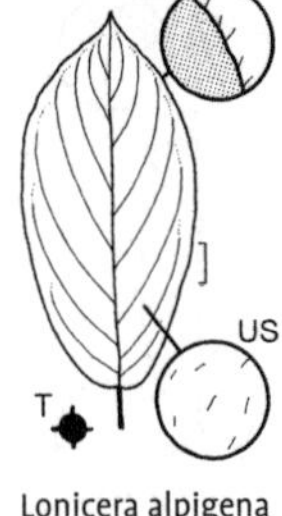

Lonicera alpigena

Früchte: Schwarz.
Verbreitung: Himalaja: Nepal, Sikkim.
Verwendung: Selten (wird nicht selten mit *L. japonica* verwechselt), B, ☠, WHZ 7a, LB 7.3.5.9.

L. acuminata hort. = *L. japonica* 'Dart's Acumen'

Lonicera albertii Regel, Alberts Dornige Heckenkirsche

Habitus: Sommergrüner, locker aufgebauter, bis 1,2 m hoher Strauch, Zweige mit vollem Mark, dünn, kahl oder drüsig behaart.
Blätter: Linealisch-länglich, 2–3 cm lang, stumpf, ganzrandig oder mit jederseits an der Basis 1–2 Zähnen, oberseits blaugrün, unterseits weißlich, Stiel 2–3 mm lang.
Blüten: 2 cm breit, duftend, paarweise achselständig, kurz gestielt, Kelchzähne verlängert, schmal, Krone rosalila, Kronröhre zylindrisch, 1,25 cm lang, Saum regelmäßig, Tragblätter linealisch, Vorblätter verwachsen, halb so lang wie die nur basal verwachsenen Fruchtknoten, Staubblätter den Kronsaum überragend, Mai–Juni.
Früchte: Etwa 8 mm dick, kastanienbraun bis weiß bereift.
Verbreitung: M-Asien, Tibet.
Verwendung: Selten, ☠, Bi, WHZ 5a, LB 6.1.1.6.

Lonicera alpigena L., Alpen-Heckenkirsche

Habitus: Sommergrüner, straff aufrechter, etwa 1 m hoher Strauch, Zweige kantig, mit vollem Mark, junge Triebe schütter behaart, bald verkahlend, graubraun, mit 2 erhabenen Längsleisten.

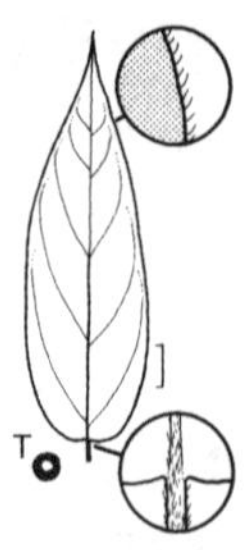

Lonicera alseuosmoides

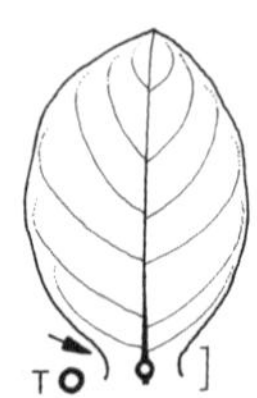

Lonicera ×americana

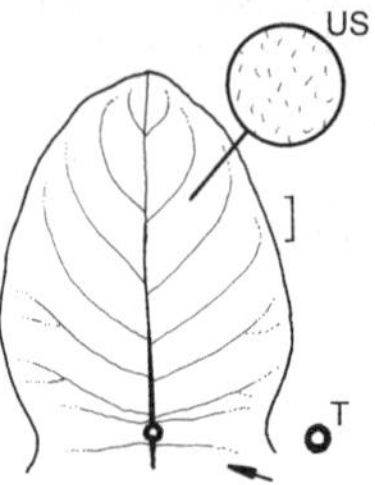

Lonicera ×brownii

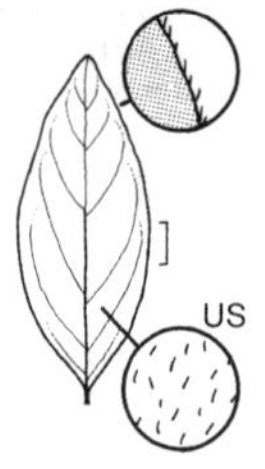

Lonicera caerulea var. caerulea

Blätter: Elliptisch bis verkehrteiförmig, 5–12 cm lang, zugespitzt, Basis breit keilförmig bis abgerundet, oberseits dunkelgrün, unterseits heller, anfangs behaart, bewimpert, Stiel bis 1,25 cm lang.
Blüten: Paarweise achselständig, auf 2–5 cm langen, aufrechten Stielen, Krone gelb oder grünlich gelb, außen trübrot, 2-lippig, 1,5 cm lang, trichterförmig, Kronröhre stark höckrig, kürzer als die Zipfel, Staubblätter erreichen den Kronsaum, Griffel etwas länger, Tragblätter linealisch, doppelt so lang, Vorblätter ¼ so lang wie der ± verwachsene Fruchtknoten, April–Mai.
Früchte: Doppelbeeren eiförmig-kugelig, 1,2–1,3 cm dick, glänzend kirschrot.
Verbreitung: Gebirge in M- und S-Europa.
Verwendung: Häufig, ♣, ✂, WHZ 5a, LB 7.3.6.5.

Lonicera alseuosmoides Graebn., Wohlriechendes Wald-Geißblatt

Habitus: Immergrüner, kletternder Strauch, Zweige hohl, Triebe kahl.
Blätter: Lanzettlich bis schmal lanzettlich, 3–6 cm lang, stumpflich oder zugespitzt, Basis keilförmig bis abgerundet, unterseits ± behaart, Stiel 3–5 mm lang.
Blüten: Paarweise achselständig, auf 1,5 cm langen Stielen, Krone außen gelb und kahl, innen purpurn und behaart, trichterförmig, 2-lippig, 1,25 cm lang, Kronröhre länger als die Kronzipfel, an der Basis deutlich höckrig, Fruchtknoten 3-fächrig, nicht mit den Vorblättern verwachsen, Juli–Oktober.
Früchte: Kugelig, schwarz, purpurn bereift.
Verbreitung: W-China.
Verwendung: Sehr selten, B, ✂, WHZ 6b, LB 6.4.4.9.

Lonicera ×americana (Mill.) K. Koch, Italienisches Geißblatt
(*L. caprifolium* × *L. etrusca*)

Habitus: Sommergrüner, kletternder Strauch, Zweige hohl, Triebe rötlich, kahl.
Blätter: Breit elliptisch bis verkehrteiförmig, bis 8 cm lang, unterseits bläulich, kahl, die obersten 3–4 Blattpaare zu schalenförmigen Scheiben verwachsen.
Blüten: Endständig in Quirlen, duftend, die unteren Blütenquirle der Blattscheibe aufsitzend, die oberen in den Achseln von Tragblättern, Krone gelb, außen ± gerötet, drüsig behaart, schlank trichterförmig, tief 2-lippig, 4–5 cm lang, Kronröhre länger als die Kronzipfel, innen kahl, Vorblätter etwa halb so lang wie die Fruchtknoten, Juni–September.
Früchte: Rot.
Verbreitung: SW-Europa, vermutlich Naturhybride.
Verwendung: Selten, B, ♣, ✂, D, WHZ 7a, LB 3.3.7.9.

Lonicera ×brownii (Regel) Carrière, Browns Trompeten-Geißblatt
(*L. hirsuta* × *L. sempervirens*)

Habitus: Sommergrüner, kletternder, bis 3 m hoher Strauch, Zweige hohl.
Blätter: Elliptisch bis eiförmig, 3–8 cm lang, oberseits mittelgrün, kahl, unterseits bläulich, etwas bewimpert, die oberen Blattpaare zu kreisrunden Scheiben verwachsen, Stiele spärlich drüsig.
Blüten: In 3–4 endständigen, weit auseinanderstehenden, 6-blütigen Quirlen, Krone orangescharlach, trompetenförmig, ± 2-lippig, bis 4,5 cm lang, Kronröhre länger als die Kronzipfel, an der Basis etwas höckrig, außen drüsig behaart, Mai–August.
Verwendung: Häufig, B, ✂, WHZ 6a, LB 6.4.4.9.

'Dropmore Scarlet'. Wuchs stark, bis 5 m hoch. Blüten tief scharlachrot.

'Fuchsioides'. Wuchs schwach. Blüten orangescharlachrot.

Lonicera caerulea L. **var. caerulea**, Blaue Heckenkirsche

Habitus: Sommergrüner, aufrechter oder sparriger, dicht verzweigter, 1–2 m hoher Strauch, Zweige mit vollem Mark, oft mit 3–4 Beiknospen, Triebe rotbraun, bläulich bereift, Rinde sich später in Streifen lösend.
Blätter: Rundlich-eiförmig oder eiförmig bis länglich, 2–8 cm lang, spitz oder stumpflich, Basis meist abgerundet, zuletzt ganz kahl, oberseits glänzend grün, Stiel bis 3 mm lang, behaart.
Blüten: Paarweise achselständig, kurz gestielt, Krone grünlich bis gelblich weiß, röhrig-trichterförmig, bis 1,5 cm lang, Kronröhre an der Basis höckrig, länger als der fast regelmäßige Saum, Kronzipfel aufrecht-abstehend, Staubblätter den Kronsaum überragend, Griffel länger als die Staubblätter, Tragblätter pfriemlich, länger als der Kelch, Vorblätter kahl, fleischig, blau bereift, die reife Frucht einschließend, April–Mai.
Früchte: Verwachsen, kugelig bis ellipsoid, 0,6–1,2 m lang, schwarz, hellblau bereift, essbar, aber nicht immer wohlschmeckend.
Verbreitung: Hochgebirge in Europa (außer Vogesen und Scharzwald) bis O-Sibirien.
Verwendung: Häufig, ♧, ☠, WHZ 3, LB 8.1.5.6.
Von der sehr variablen Art sind etwa 10 Varietäten oder Unterarten aus verschiedenen Regionen Eurasiens beschrieben worden. Dazu gehört auch *L. caerulea* var. *kamtschatica*, die u. a. ihrer Früchte wegen angebaut wird.

var. kamtschatica Sevast. Sommergrüner, reich verzweigter, 1–2(–2,5) m hoher Strauch, ähnlich L. caerulea. Triebe anfangs grün, im Sommer rotbraun, behaart, Haare abwärts gebogen. Zweige mit vollem Mark. Beiknospen deutlich ausgebildet, rotbraun. Blätter elliptisch bis länglich-elliptisch oder verkehrt eiförmig, 4–10 cm lang, anfangs samtig, auch noch im Sommer deutlich behaart, Rand bewimpert. Blüten in kurzen, achselständigen Paaren, Krone gelblich bis grünlich gelb, 1,1–1,6 cm lang, röhrig-glockig, Staubblätter die Krone weit überragend. April. Früchte 0,8–3,1 cm lang, unregelmäßig walzenförmig bis ei- oder birnenförmig, schwarzblau, hellblau bereift, schon im Mai–Juni reifend, essbar, schmackhaft. Verbreitung: Sibirien, Kamtschatka, Kurilen. Stellenweise in Sorten wie 'Balalaica', 'Blue Velvet', 'Eisbär', 'Honey Bee' und 'Kalinka' zur Fruchtgewinnung in Kultur.

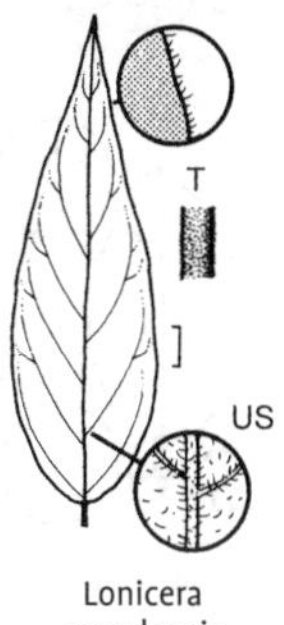

Lonicera canadensis

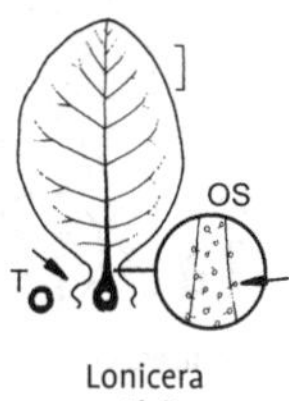

Lonicera caprifolium

Lonicera canadensis W. Bartram ex Marshall, Kanadische Heckenkirsche

Habitus: Sommergrüner, breit aufrechter, 1,5 m hoher Strauch, Zweige mit vollem Mark, Triebe kahl.
Blätter: Eiförmig bis länglich-eiförmig, 4–8 cm lang, spitz, Basis abgerundet bis herzförmig, zuletzt schwach behaart oder kahl, Stiel 5–8 mm lang.
Blüten: Paarweise achselständig, auf 2,5 cm langen Stielen, Krone gelblich weiß, oft rötlich überlaufen, röhrig-trichterförmig, 1,5–2 cm lang, Saum fast regelmäßig, kurz 5-zähnig, Kronröhre an der Basis stark höckrig, Staubblätter den Kronsaum nur etwas überragend, Griffel länger, Tragblätter pfriemlich, höchstens so lang wie der Kelch, Vorblätter klein oder fehlend, April–Mai.
Früchte: Eiförmig, hellrot, nur basal miteinander verwachsen.
Verbreitung: O-Kanada, NO-, NOZ- und Z-USA.
Verwendung: Sehr selten, ♧, ☠, WHZ 4, LB 7.1.6.6 (4.3.6.6).

Lonicera caprifolium L., Jelängerjelieber, Wohlriechendes Geißblatt

Habitus: Sommergrüner, bis 5 m hoch kletternder Strauch, Zweige hohl, junge Triebe mit längeren, abstehenden Haaren und kurzen Drüsenhaaren, später verkahlend und weißlich bereift.

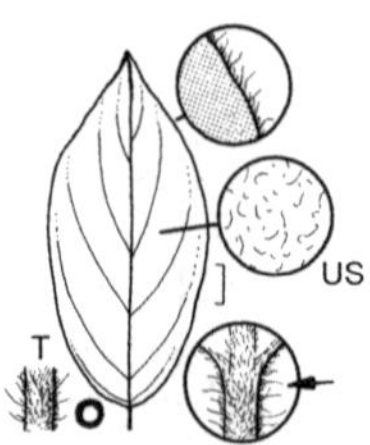

Lonicera chrysantha

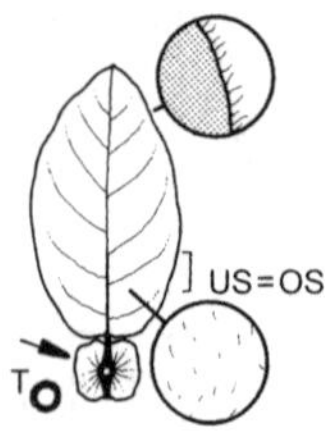

Lonicera ciliosa

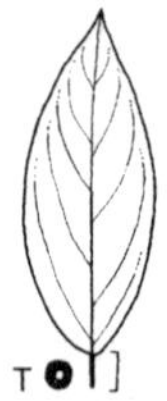

Lonicera deflexicalyx

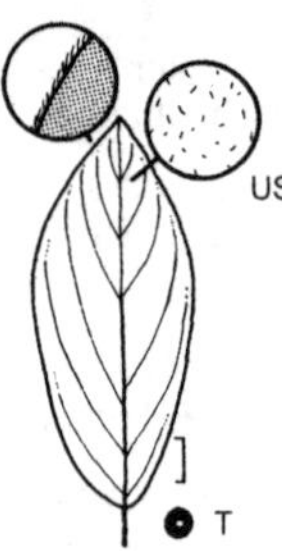

Lonicera demissa

Blätter: Breit elliptisch bis elliptisch, sehr kurz gestielt oder sitzend, 4–10 cm lang, stumpf, oberseits dunkelgrün, unterseits bläulich, die oberen Blattpaare zu spitz elliptischen Scheiben verwachsen.
Blüten: In 4- bis 6-blütigen Quirlen, stark duftend, unmittelbar dem obersten Blattpaar aufsitzend, häufig in den Achseln der abwärts folgenden Blattpaare noch weitere Blütenquirle, Krone gelblich weiß, außen oft etwas gerötet, schlank, tief 2-lippig, 4–5 cm lang, obere Lippe aufrecht bis zurückgeschlagen, Kronröhre höchstens 1,5-mal so lang wie die Kronzipfel, innen behaart, Staubblätter und der kahle Griffel so lang wie die Oberlippe, Mai–Juni.
Früchte: Ellipsoid, 6–8 mm lang, korallenrot gefärbt.
Verbreitung: OM- und SO-Europa, Türkei, Kaukasien.
Verwendung: Sehr häufig, B, D, ♧, ⚕, ✿, WHZ 5a, LB 3.3.2.9 (9.3.6.9).

Lonicera chrysantha Turcz., Gelbblütige Heckenkirsche

Habitus: Sommergrüner, aufrechter, 2–4 m hoher Strauch, Zweige hohl, junge Triebe weich behaart und dicht drüsig, später ± verkahlend.
Blätter: Eiförmig-lanzettlich bis breit lanzettlich, 6–12 cm lang, zugespitzt, Basis abgerundet bis breit keilförmig, oberseits dunkelgrün und nahezu kahl, unterseits heller und weich behaart, zuletzt nur noch auf den Nerven, Stiel bis 7 mm lang.
Blüten: Paarweise achselständig, auf 1,5–2,5 cm langen Stielen, Krone gelblich weiß, im Verblühen gelb, 2-lippig, 1,5–2,5 cm lang, Oberlippe bis zur Hälfte gespalten, Kronröhre kurz, stark höckrig, Staubblätter so lang wie der Kronsaum, unterhalb der Mitte behaart, Vorblätter ⅓ bis ½ so lang wie der Kronsaum, Tragblätter 2- bis 5-mal so lang wie der freie, länglich-eiförmige, drüsige Fruchtknoten, Mai–Juni.
Früchte: Kugelig, 7 mm dick, korallenrot, paarweise, dicht stehend.
Verbreitung: Japan, Korea, Sachalin, O-Sibirien.
Verwendung: Häufig, ♧, ✿, WHZ 4, LB 7.3.6.5.

Lonicera ciliosa (Pursh) Poir., Bewimpertes Geißblattt

Habitus: Sommergrüner, kletternder oder niederliegender Strauch, Zweige hohl.
Blätter: Eiförmig oder elliptisch bis länglich-elliptisch, 5–10 cm lang, stumpflich oder spitz, Basis meist breit keilförmig, bewimpert, unterseits blaugrün und in der Jugend behaart, Stiel bis 1,25 cm lang, das oberste Blattpaar zu einer spitz elliptischen Scheibe verwachsen.
Blüten: In kurz gestielten Köpfchen aus 1–3 Quirlen, Krone gelb, außen rot überlaufen, 2-lippig, 3–4 cm lang, Kronröhre an der Basis bauchig aufgeblasen, 3- bis 4-mal so lang wie die Kronzipfel, Staubblätter und der behaarte Griffel den Kronsaum überragend, Juni.
Früchte: Etwa 1 cm dick, nahezu kugelig, orangerot, durchscheinend, essbar.
Verbreitung: O-Kanada, NW- und SW-USA, Rocky Mts.
Verwendung: Sehr selten, B, ♧, ✿, WHZ 4, LB 9.2.6.9.

Lonicera deflexicalyx Batalin, Krummkelchige Heckenkirsche

Habitus: Sommergrüner, aufrechter, bis 3 m hoher Strauch, Zweige hohl, abstehend bis leicht überhängend, Triebe braunrot, fein behaart.
Blätter: Länglich-lanzettlich bis lanzettlich,

Lonicera etrusca

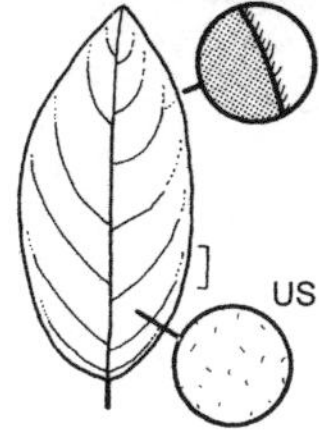

Lonicera ferdinandi

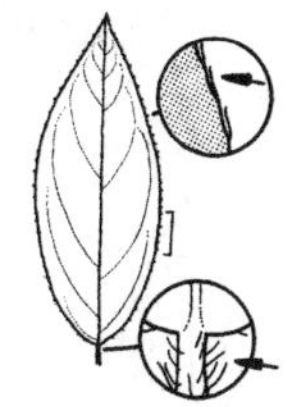

Lonicera fragrantissima subsp. fragrantissima

4–8 cm lang, zugespitzt, Basis breit keilförmig oder abgerundet, oberseits dunkelgrün und leicht behaart, unterseits hell graugrün und auf den Nerven behaart, Stiel 8,5 mm lang.
Blüten: Paarweise achselständig, kurz gestielt, Krone gelb, 2-lippig, 1,5 cm lang, außen behaart, Kronröhre kurz, stark höckrig, Tragblätter pfriemlich, kaum länger als der Kelch, Vorblätter ¾ so lang wie der Fruchtknoten, Juni.
Früchte: Ziegelrot.
Verbreitung: W-China.
Verwendung: Sehr selten, ♧, ✂, WHZ 6b, LB 3.3.4.6.

Lonicera demissa Rehder, Graue Heckenkirsche

Habitus: Sommergrüner, bis 4 m hoher, vieltriebiger Strauch, Zweige hohl, abstehend, Triebe kurz rauhaarig, Rinde grau.
Blätter: Verkehrteiförmig, an Langtrieben elliptisch, bis 3,5 cm lang, spitz oder stumpflich, Basis breit keilförmig, oberseits stumpfgrün und angedrückt behaart, unterseits graugrün und dichter behaart, Stiel sehr kurz.
Blüten: Paarweise achselständig, auf 0,6–1,2 cm langen Stielen, Krone gelb, 2-lippig, 1,2 cm lang, Kronröhre höckrig, außen kurz behaart, Staubblätter den Kronsaum etwas überragend, Tragblätter doppelt so lang, Vorblätter ± so lang wie der drüsig behaarte Fruchtknoten, Mai–Juni.
Früchte: Kugelig, 6–9 mm dick, glänzend scharlachrot.
Verbreitung: Japan.
Verwendung: Sehr selten, ♧, WHZ 6a, LB 7.3.6.5.

Lonicera etrusca Santi, Etruskisches Geißblatt

Habitus: Immer- oder wintergrüner, bis 4 m hoch kletternder Strauch, Zweige hohl, Triebe kahl.
Blätter: Eiförmig bis elliptisch, 3–8 cm lang, stumpf oder spitz, oberseits kahl, unterseits blaugrün und behaart, die unteren Blattpaare kurz gestielt, die oberen an der Basis verwachsen.
Blüten: In mehreren dichten, endständigen Quirlen, auf bis 4 cm langen Stielen, duftend, Krone gelblich weiß, oft rosa überlaufen, sehr schlank, tief 2-lippig, 4–5 cm lang, Kronröhre 1,5-mal so lang wie die Zipfel, Staubblätter weit herausragend, Vorblätter etwa so lang wie der Fruchtknoten, Juni.
Früchte: 6 mm dick, rot.
Verbreitung: S-, ZM- und O-Europa, N-Afrika, Türkei, Levante.
Verwendung: Sehr selten, B, ✂, ♧, WHZ 8a, LB 6.1.4.9 (9.1.5.5).

Lonicera ferdinandi Franch., Ferdinands Heckenkirsche

Habitus: Sommergrüner, aufrechter, bis 3 m hoher Strauch, Zweige mit vollem Mark, abstehend, Triebe meist borstig behaart.
Blätter: Eiförmig bis lanzettlich, 3–5 cm lang, zugespitzt, Basis abgerundet bis breit keilförmig, bewimpert, oberseits dunkelgrün, unterseits heller, beiderseits kurz behaart, an Langtrieben mit großen, stängelumfassenden Nebenblättern, Stiel 6,5 mm lang.
Blüten: Paarweise achselständig, kurz gestielt, Krone gelblich, 2-lippig, 1,5–2 cm lang, außen dicht drüsig und kurzhaarig, Kronröhre so lang wie die Kronzipfel, an der Basis sackartig erweitert, Tragblätter eiförmig, fast blattartig, länger als die Kronröhre, Vorblattbecher behaart, dicht mit dem behaarten Kelchgrund verfilzt, Mai–Juni.
Früchte: 8 mm lang, nur wenig miteinander

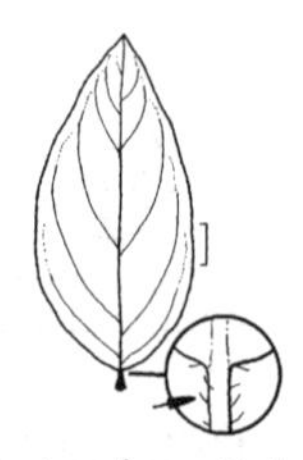

Lonicera fragrantissima nothosubsp. purpusii

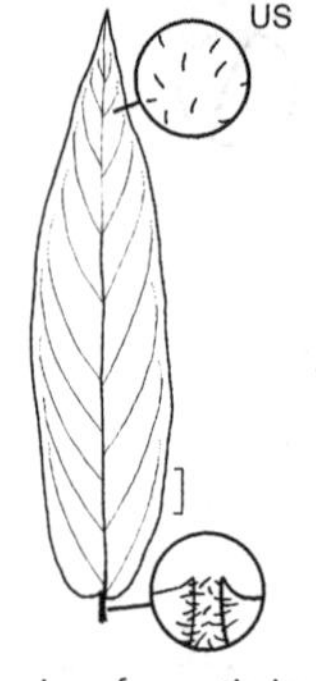

Lonicera fragrantissima subsp. standishii

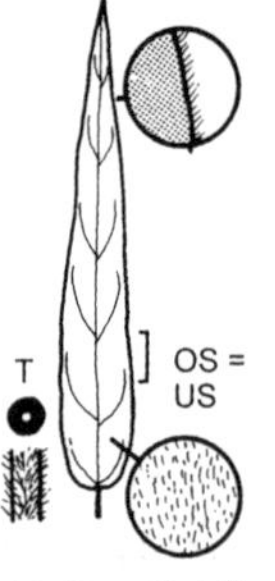

Lonicera giraldii

Lonicera ×heckrottii

verwachsen, glänzend rot, lange von dem gesprengten Vorblattbecher umgeben.
Verbreitung: Mongolei, N-China.
Verwendung: Selten, ♧, ✂, WHZ 6a, LB 9.3.6.5.

Lonicera fragrantissima Lindl. ex Paxton **subsp. fragrantissima**, Wohlriechende Heckenkirsche

Habitus: Wintergrüner, locker aufgebauter, bis 2 m hoher Strauch, Zweige mit vollem Mark, Triebe kahl, nur an den Knoten mit einzelnen Haaren.
Blätter: Elliptisch bis breit elliptisch oder verkehrteiförmig, 3–7 cm lang, spitz, oberseits dunkelgrün und kahl, unterseits blaugrün, Mittelnerv borstig behaart, sehr früh austreibend, Stiel bis 3 mm lang.
Blüten: Paarweise achselständig, kurz gestielt, stark duftend, Krone weiß, rosa überlaufen, 2-lippig, 1,5 cm lang, außen kahl, die oberen 4 Zipfel verwachsen, Kronröhre kurz, deutlich höckrig, Tragblätter deutlich länger als die basal verwachsenen Fruchtknoten, meist unbewimpert, Vorblätter fehlend, Dezember–März.
Früchte: Länglich-kugelig, 8–12 mm lang, blutrot, teilweise verwachsen.
Verbreitung: O-China.
Verwendung: Selten, B, D, ♧, ✂, WHZ 7a, LB 6.3.1.5.

nothosubsp. purpusii (Rehder) B. Schulz, Purpus' Heckenkirsche. Wintergrüner, aufrechter, dicht verzweigter, 2–3 m hoher Strauch, Zweige relativ kräftig, mit langen abstehenden Haaren, vereinzelt auch zwischen den Knoten. Blätter bis 9 cm lang, am Saum und auf der Mittelrippe mit langen abstehenden Haaren, oberseits leicht glänzend grün, unterseits heller. Blüten zu 2–4 achselständig, Krone weißlich, Fruchtknoten basal verwachsen, Tragblätter lang, bewimpert. Früchte rot, basal verwachsen. (Dezember–)Februar–April.

subsp. standishii (Jacques) P.S. Hsu et H-J. Wang, Stinkende Heckenkirsche. Wintergrüner, bis 2 m hoher Strauch, Triebe mit zahlreichen, rückwärts gerichteten Borstenhaaren. Blätter länglich-eiförmig bis lanzettlich, 4–14 cm lang, allmählich zugespitzt, sehr dicht borstig behaart. Blüten weiß, außen lang borstig behaart, auf drüsig-borstig behaarten Stielen, Tragblätter oft kürzer als der Fruchtknoten, am Rand borstig bewimpert, teilweise drüsig-borstig behaart. März–April (gelegentlich schon im Dezember). Früchte verkehrt herzförmig. W-China.

Lonicera giraldii Rehder, Giralds Geißblatt

Habitus: Immergrüner, bis 2 m hoch kletternder, dicht verzweigter Strauch, Zweige hohl, junge Triebe anfangs dicht gelblich weich behaart.
Blätter: Schmal länglich, bis 7 cm lang, zugespitzt, Basis herzförmig, beiderseits schwach behaart.
Blüten: An den Triebenden kopfig gehäuft, Krone purpurrot, 2-lippig, 2 cm lang, gelb behaart, Kronröhre schlank, an der Basis schwach bauchig, Juni–Juli.
Früchte: Purpurschwarz, bereift.
Verbreitung: NW-China.
Verwendung: Selten, B, ✂, WHZ 7a, LB 6.4.4.9.

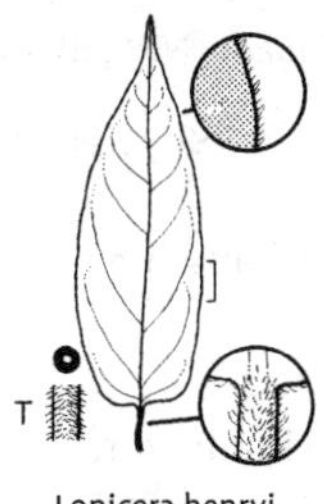

Lonicera henryi

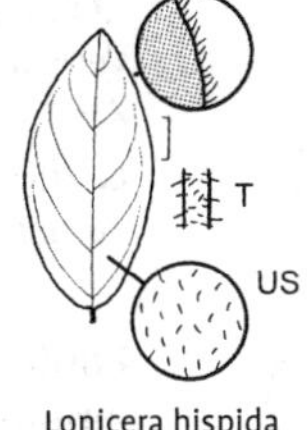

Lonicera hispida

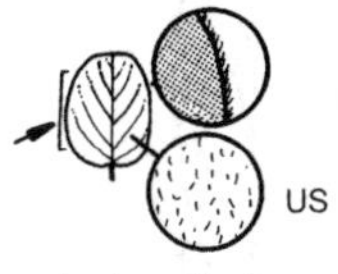

Lonicera iberica

Lonicera ×heckrottii Rehder, Heckrotts Trompeten-Geißblatt
(*L. ×americana × L. sempervirens*)

Habitus: Sommergrüner, schwach kletternder, 2–4 m hoher, oft nur buschiger Strauch, Zweige hohl, kahl.
Blätter: Länglich oder elliptisch, fast sitzend, 5–8 cm lang, spitz, bläulich grün, das obere Blattpaar tellerförmig verwachsen.
Blüten: Zu 15–30 in mehreren übereinander stehenden Quirlen, einen verlängerten, ährenähnlichen Blütenstand bildend, angenehm duftend, Krone außen purpurn und etwas drüsig, innen gelb und spärlich behaart, 2-lippig, bis 4 cm lang, Kronröhre schlank, Vorblätter halb so lang wie die Fruchtknoten, Juni–September.
Früchte: Orangegelb, selten ausgebildet.
Verwendung: Sehr häufig, B, D, ✂, WHZ 6a, LB 6.4.4.9.

'Goldflame'. Blätter dunkelgrün. Blüten innen gelb, außen dunkelpurpurn.

Lonicera henryi Hemsl., Henrys Geißblatt

Habitus: Immergrüner, starkwüchsiger, 4–6 m hoher, kletternder oder niederliegender Strauch, Zweige hohl, Triebe ± dicht angedrückt und abstehend behaart.
Blätter: Länglich-lanzettlich bis lanzettlich, 4–9 cm lang, zugespitzt, Basis abgerundet bis schwach herzförmig, mattgrün, bewimpert, unterseits auf dem Mittelnerv behaart, Stiel bis 1,25 cm lang.
Blüten: Paarweise achselständig, in 2–3 kurz gestielten, achselständigen Paaren an den Zweigenden, Krone gelb bis purpurrot, 2-lippig, 1,5–2 cm lang, Kronröhre leicht bauchig, länger als die Kronzipfel, Tragblätter pfriemlich, Juni–August.
Früchte: Länglich-kugelig, 1 cm lang, schwarz, blau bereift.
Verbreitung: W-China.
Verwendung: Häufig, B, ♧, ✂, WHZ 6b, LB 6.4.4.9.

Lonicera hispida (Stephan ex Fisch.) Pall. ex Roem. et Schult., Steifhaarige Heckenkirsche

Habitus: Sommergrüner, aufrechter, bis 1,5 m hoher Strauch, Zweige mit vollem Mark, Triebe borstig behaart, Winterknospen groß.
Blätter: Elliptisch bis länglich-eiförmig, 3–8 cm lang, spitz oder zugespitzt, Basis abgerundet oder breit keilförmig, bewimpert, oberseits dunkelgrün und kahl, unterseits bläulich und weich behaart, Stiel 3 mm lang.
Blüten: Paarweise achselständig, an 1–1,5 cm langen, borstig behaarten Stielen hängend, Krone weiß oder gelblich weiß, trichterförmig-röhrig, 2,3–3 cm lang, Saum regelmäßig, Kronröhre an der Basis ausgesackt, Staubblätter den Kronsaum erreichend, Griffel länger, Tragblätter eiförmig, weißlich, 2–2,5 cm lang, Vorblätter fehlend, Fruchtknoten getrennt, Staubblätter nahezu so lang, Griffel länger als der Kronsaum, April–Mai.
Früchte: Länglich, 1,5 cm lang, tiefrot, von den weißen Tragblättern umrahmt.
Verbreitung: M-Asien, Pakistan, Himalaja, SW China.
Verwendung: Sehr selten, ♧, ✂, WHZ 5a, LB 4.3.2.6.

Lonicera iberica M. Bieb., Iberische Heckenkirsche

Habitus: Sommergrüner, aufrechter, bis 2 m hoher Strauch, Zweige mit vollem Mark, Triebe behaart.
Blätter: Rundlich-eiförmig, 2–3,5 cm lang, spitz oder zugespitzt, Basis abgerundet oder

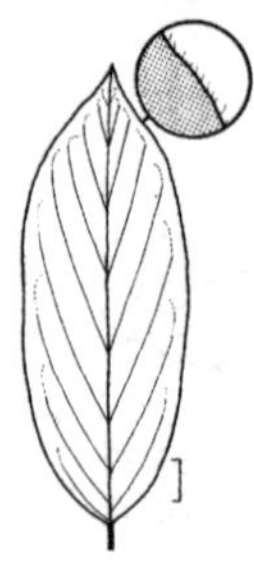

Lonicera involucrata

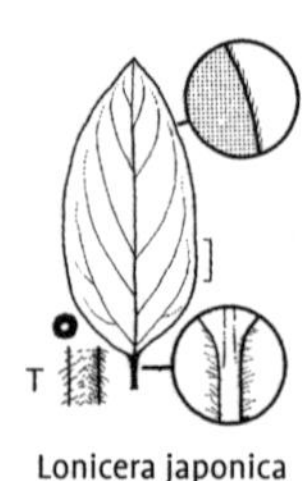

Lonicera japonica var. japonica

herzförmig, bewimpert, oberseits stumpfgrün, unterseits grau, behaart, Stiel 3–8 mm lang.
Blüten: Kurz gestielt, paarweise achselständig, Krone gelblich weiß, 2-lippig, 1,5 cm lang, fein behaart, Kronröhre so lang wie die Kronzipfel, an der Basis höckrig, Staubblätter und der behaarte Griffel erreichen den Kronsaum, Tragblätter länglich-eiförmig, doppelt so lang wie der Fruchtknoten, Vorblätter becherförmig verwachsen, drüsig behaart, Fruchtknoten getrennt, Juni.
Früchte: 6–7 mm lang, lebhaft rot, von dem gesprengten Vorblattbecher umgeben.
Verbreitung: Kaukasien, Iran.
Verwendung: Sehr selten, ♧, ⚘, WHZ 6a, LB 4.1.5.5.

Lonicera involucrata (Richardson) Banks ex Spreng., Behüllte Heckenkirsche

Habitus: Sommergrüner, aufrechter, meist nicht mehr als 1 m hoher Strauch, Zweige mit vollem Mark, Triebe kahl, leicht kantig.
Blätter: Länglich-elliptisch bis länglich-lanzettlich, 5–12 cm lang, zugespitzt, Basis keilförmig, kahl oder schwach behaart.
Blüten: Paarweise achselständig, auf 1,5–3 cm langen, aufrechten Stielen, Krone meist gelb, röhrig, 1,5–3 cm lang, Saum gleichmäßig, aufrecht, Kronröhre deutlich ausgesackt, Staubblätter erreichen den Kronsaum, der kahle Griffel etwas länger, Tragblätter eiförmig, drüsig behaart, bis zur Mitte der Krone reichend, Vorblätter groß, paarweise verwachsen, die getrennten Fruchtknoten umhüllend, April–Mai.
Früchte: Kugelig, glänzend purpurschwarz, von dem zur Reifezeit roten, stark vergrößerten und zuletzt etwas zurückgeschlagenen Vorblattbecher umgeben.
Verbreitung: Alaska, Kanada, NW-, SW- und NOZ-USA. Mexiko.
Verwendung: Häufig, B, ♧, ⚘, WHZ 4, LB 2.4.4.6.

L. ×italica Schmidt ex Tausch = *L. ×americana*

Lonicera japonica Thunb. **var. japonica**, Japanisches Geißblatt

Habitus: Immer- oder wintergrüner, 4–6(–10) m hoch kletternder oder niederliegender Strauch, Zweige hohl, Triebe behaart.
Blätter: Eiförmig oder länglich-eiförmig, 3–8 cm lang, spitz oder kurz zugespitzt, Basis abgerundet oder fast herzförmig, anfangs beiderseits behaart, später oberseits kahl, Stiel 5 mm lang.
Blüten: Paarweise achselständig, auf 0,3–1 cm langen Stielen, stark duftend, Krone weiß, purpurn überlaufen, im Verblühen gelb, 2-lippig, 3–4 cm lang, außen behaart und drüsig, Kronröhre ohne Höcker, Staubblätter und Griffel den Kronsaum überragend, Tragblätter groß, blattartig, breit eiförmig bis elliptisch, Vorblätter ⅓ bis ½ so lang wie die kahlen Fruchtknoten, Juni–August.
Früchte: Fast kugelig, 5–8 mm dick, glänzend blauschwarz, 7 mm dick.
Verbreitung: China, Mandschurei, Korea, Japan, in W-, S und M-Europa etabliert.
Verwendung: Häufig (mit einigen Sorten), B, D, ⚘, WHZ 6b, LB 7.4.5.9 (6.1.4.9).

'Aureoreticulata'. Wuchs stark verzweigt, buschig, 2(–4) m hoch. Blätter mit auffallender, hell- oder zitronengelber Nervatur. Blüten wenig zahlreich, weiß.

'Dart's Acumen'. Wuchs sehr stark, den Boden sehr rasch bedeckend. Blätter elliptisch. Blüten weiß, leicht rot überlaufend, im Verblühen gelb. Juni–September.

'Halliana'. Wuchs stark, 4–5 m hoch, mattenartig dicht. Blätter dunkelgrün. Blüten zahlreich, weiß, im Verblühen hellgelb.

var. repens (Siebold) Rehder. Wuchs mattenartig, kriechend oder bis 1 m hoch kletternd. Blätter eiförmig-länglich, 6–12 cm lang, oft ± gelappt, Nerven oft gerötet. Blüten weiß, außen purpurn getuscht, im Verblühen gelb, stark duftend. China, Japan.

L. kamtschatica (Sevast.) Pojark. = *L. caerulea* var. *kamtschatica*

Lonicera korolkowii Stapf **var. korolkowii**, Korolkows Heckenkirsche

Habitus: Sommergrüner, etwa 3 m hoher, breit aufrechter, fein verzweigter Strauch, Zweige hohl, junge Triebe fein behaart.
Blätter: Eiförmig bis elliptisch, bis 3 cm lang, spitz, Basis keilförmig bis abgerundet, oberseits hell graugrün, unterseits bläulich grün, oberseits leicht, unterseits stärker behaart, Stiel bis 6 mm lang.
Blüten: Paarweise achselständig, auf 1–2,5 cm langen Stielen, Krone hellrosa, 2-lippig, 1,5 cm lang, die seitlichen Einschnitte der Oberlippe bis zur Mitte oder etwas tiefer reichend, Kronröhre nur schwach höckrig, Staubblätter und Griffel erreichen den Kronsaum nicht, Tragblätter so lang wie die Fruchtknoten, die basal paarweise verwachsenen Vorblätter ⅓ so lang wie die Fruchtknoten. Mai–Juni.
Früchte: 5–7 mm dick, lebhaft rot bis orangerot.
Verbreitung: M-Asien, Afghanistan, Pakistan.
Verwendung: Häufig, ♧, ✂, WHZ 5a, LB 9.1.4.5.

'Aurora'. Blätter schmal eiförmig, spitz, unterseits samtig behaart. Blüten bis 8 mm lang, lilarosa. Früchte dunkel orangefarben.

var. zabelii (Rehder) Rehder. 1–1,2 m hoch, breit aufrecht, reich verzweigt. Blätter breit eiförmig, oberseits kahl, bläulich grün, unterseits silbrig oder graublau. Blüten weiß, rosa oder rot überlaufen. Buchara.

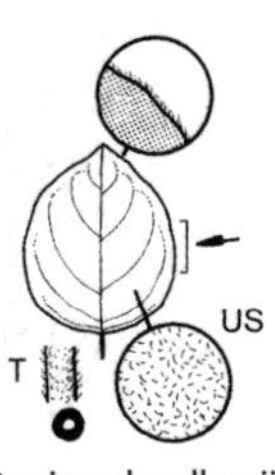

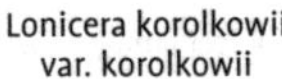
Lonicera korolkowii var. korolkowii

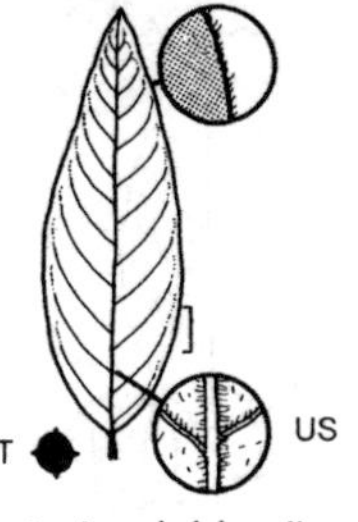

Lonicera ledebourii

Lonicera ledebourii Eschsch., Ledebours Heckenkirsche, Kalifornische Heckenkirsche

Habitus: Sommergrüner, aufrechter, bis 3 m hoher Strauch, Zweige kantig, mit vollem Mark, Triebe kahl oder spärlich behaart.
Blätter: Länglich-eiförmig bis eiförmig-lanzettlich, 6–12 cm lang, derb, zugespitzt, Basis breit keilförmig bis abgerundet, oberseits dunkelgrün und leicht glänzend, unterseits heller und bleibend weich behaart, Stiel 6,5 mm lang.
Blüten: Paarweise achselständig, auf 2–4 cm langen, aufrechten, kahlen oder behaarten Stielen, Krone tiefgelb, außen orange- und scharlachfarben überlaufen, drüsig, innen gelb, röhrig-trichterförmig, 1,5–2 cm lang, mit regelmäßigem Saum, die kurzen Kronzipfel abstehend, Kronröhre nur schwach höckrig, Staubblätter erreichen den Kronsaum nicht, Griffel länger, Tragblätter breit eiförmig, gelb oder rötlich, die Basis der Kronröhre umfassend, Vorblätter groß, paarweise verwachsen, die getrennten Fruchtknoten umhüllend, Mai–August.
Früchte: Kugelig, schwarz, von dem zur Reife stark vergrößerten, purpurroten, in der Mitte schwarzen Vorblattbecher umgeben.
Verbreitung: USA: Kalifornien.
Verwendung: Häufig, ♧, ✂, WHZ 5a, LB 2.4.4.5.

L. ligustrina Wall. = *L. nitida*
L. ligustrina var. *pileata* (Oliv.) Franch. = *L. pileata*

Lonicera maackii (Rupr.) Maxim., Maacks Heckenkirsche

Habitus: Sommergrüner, breit aufrechter, 4–6 m hoher Strauch, Zweige waagerecht ausgebreitet, hohl, Triebe kurz behaart, Äste mit lang abfasernder Rinde.

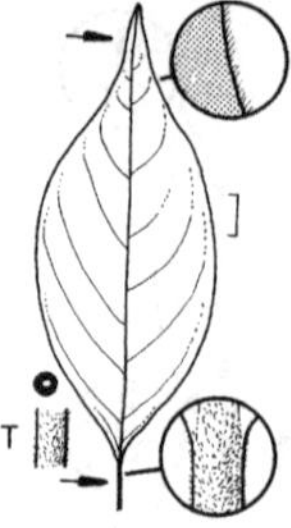

Lonicera maackii

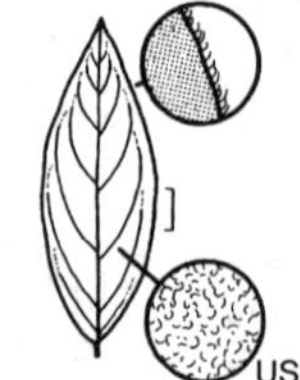

Lonicera maximowiczii var. maximowiczii

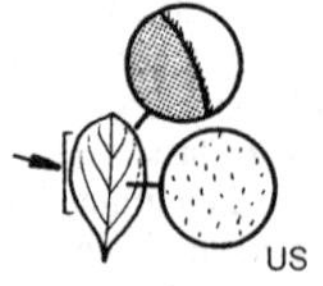

Lonicera microphylla

Blätter: Eiförmig-elliptisch bis eiförmig-lanzettlich, 5–8 cm lang, zugespitzt, Basis breit keilförmig, oberseits dunkelgrün, unterseits heller, beiderseits auf den Nerven behaart, Stiel bis 8 mm lang, drüsig behaart.
Blüten: Paarweise achselständig, kurz gestielt, duftend, Krone weiß, im Verblühen gelb, 2-lippig, 2 cm lang, außen meist kahl, Oberlippe meist bis zur Mitte gespalten, Kronröhre kurz, dünn, ohne Höcker, Griffel und Staubblätter so lang wie der Kronsaum, Tragblätter linealisch, länger als die Fruchtknoten, Kronröhre kurz, dünn, ohne Höcker, Staubblätter und Griffel erreichen den Kronsaum, Tragblätter linealisch, länger als die Fruchtknoten, Vorblätter bewimpert, paarweise miteinander verwachsen, halb so lang wie die Fruchtknoten, Juni.
Früchte: Kugelig, 4 mm dick, lachs- bis dunkelrot, zahlreich.
Verbreitung: Russ. Ferner Osten, N-China, Mandschurei, Korea, Japan.
Verwendung: Sehr häufig, B, ♧, ✕, WHZ 3, LB 7.3.3.4.

Lonicera maximowiczii (Rupr.) Maxim. **var. maximowiczii**, Maximowiczs Heckenkirsche

Habitus: Sommergrüner, bis 3 m hoher Strauch, Zweige mit vollem Mark, Triebe kahl, rötlich, Winterknospen scharf 4-kantig.
Blätter: Eiförmig bis eiförmig-lanzettlich, 3–7 cm lang, spitz oder zugespitzt, Basis abgerundet, oberseits dunkelgrün und kahl, unterseits heller und behaart.
Blüten: Paarweise achselständig, auf 1,5–2,5 cm langen Stielen, Krone violettrot, 2-lippig, 1 cm lang, außen kahl, Kronröhre höckrig, kürzer als die Kronzipfel, Griffel den Kronsaum erreichend, Staubblätter etwas länger, Tragblätter pfriemlich, ⅓ so lang wie die zu ⅔ verwachsenen Fruchtknoten, Vorblätter kürzer, Mai–Juni.
Früchte: Verwachsen, eiförmig, erbsengroß, rot.
Verbreitung: Korea, Mandschurei.
Verwendung: Selten, ♧, ✕, WHZ 5b, LB 7.3.2.5.

var. sachalinensis F. Schmidt. Blätter breit, spitz, oberseits dunkelgrün und kahl, unterseits deutlich blaugrün. Blüten 1,8 cm lang, Krone dunkelpurpurn. Früchte dunkelrot. Russ. Ferner Osten, Japan.

Lonicera microphylla Willd. ex Roem. et Schult., Kleinblättrige Heckenkirsche

Habitus: Sommergrüner, vieltriebiger, bis 1 m hoher Strauch, Zweige mit vollem Mark, Triebe kahl oder fein behaart.
Blätter: Verkehrteiförmig bis elliptisch, 1–2,5 cm lang, stumpf, beiderseits fein behaart oder kahl, Stiel 1,5 mm lang.
Blüten: Paarweise achselständig, aufrecht oder hängend, auf 0,5–1,5 cm langen Stielen, Krone gelblich weiß, 2-lippig, 1 cm lang, Oberlippe etwa bis zur Mitte in 4 Zipfel gespalten, Kronröhre so lang wie die Kronzipfel, an der Basis höckrig, Staubbeutel und Griffel kaum den Kronsaum erreichend, Tragblätter pfriemlich, Vorblätter fehlend, Fruchtknoten ganz miteinander verwachsen.
Früchte: Meist bis zur Spitze verwachsen, lebhaft rot.
Verbreitung: M-Asien.
Verwendung: Selten, ♧, ✕, WHZ 6a, LB 6.1.2.7.

Lonicera morrowii A. Gray, Morrows Heckenkirsche

Habitus: Sommergrüner, bis 2 m hoher Strauch, Zweige hohl, weit abstehend, junge Triebe weich behaart.
Blätter: Länglich-eiförmig bis elliptisch,

Lonicera morrowii

Lonicera myrtillus var. myrtillus

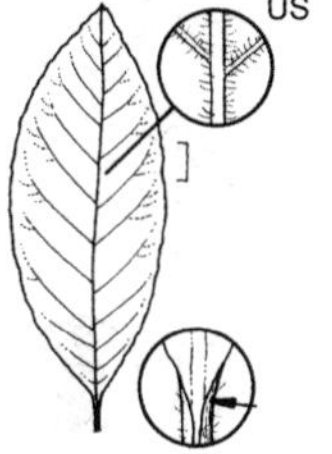

Lonicera nigra

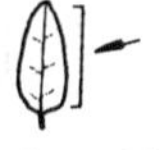

Lonicera nitida

3–5 cm lang, spitz oder stumpf und stachelspitzig, Basis abgerundet, in der Jugend oberseits leicht, unterseits stärker weichhaarig, Stiel 4 mm lang.
Blüten: Paarweise achselständig, auf 0,5–1,5 cm langen, behaarten Stielen, Krone weiß, im Verblühen gelb, 2-lippig, 1,5 cm lang, Oberlippe fast bis zur Basis in 5 fast gleich große, längliche, abstehende Zipfel geteilt, Kronröhre schlank, an der Basis höckrig, Staubblätter kahl, den Kronsaum nicht erreichend, Tragblätter behaart, meist den Kelch umfassend, Vorblätter etwa so lang wie die Fruchtknoten, Mai–Juni.
Früchte: Glänzend dunkelrot, meist bis zur Spitze verwachsen.
Verbreitung: Japan.
Verwendung: Selten, ♧, ⚘, WHZ 4, LB 3.1.6.5.

Lonicera myrtillus Hook. f. et Thomson **var. myrtillus**, Heidelbeerblättrige Heckenkirsche

Habitus: Sommergrüner, feinzweigiger, bis 1 m hoher Strauch, Zweige mit vollem Mark, überhängend, junge Triebe kahl oder schwach behaart.
Blätter: Eiförmig bis rundlich, 1–1,5 cm lang, sehr kurz gestielt, oberseits dunkelgrün, unterseits graugrün bis bläulich, beiderseits kahl, Rand zurückgekrümmt.
Blüten: Auf kurzen Stielen paarweise achselständig, Krone gelblich weiß, röhrig-glockig, 1 cm lang, außen kahl, innen lang behaart, Saum regelmäßig, Kronröhre etwa so lang wie die Kronzipfel, Griffel halb so lang wie die Kronröhre, Tragblätter länglich, länger als der Kelch, Vorblätter zu einem Becher verwachsen, halb so lang wie die völlig miteinander verwachsenen Fruchtknoten, Mai–Juni.
Früchte: Verwachsen, 8–9 mm dick, glänzend korallenrot.
Verbreitung: Afghanistan, Pakistan, Himalaja, SW-China.
Verwendung: Selten, ♧, ⚘, WHZ 6a, LB 6.1.2.7.

var. depressa (Royle) Rehder. Blattstiele länger, gelegentlich so lang wie die Blätter, Tragblätter eiförmig, Vorblätter größer und breiter, meist elliptisch. Himalaja: Nepal, Sikkim.

Lonicera nigra L., Schwarze Heckenkirsche

Habitus: Sommergrüner, aufrechter, bis 1,5 m hoher Strauch, Zweige mit vollem Mark, Triebe kahl.
Blätter: Elliptisch bis eiförmig-lanzettlich, kurz gestielt, spitz oder stumpf, Basis breit keilförmig oder abgerundet, oberseits glänzend grün und kahl, unterseits bläulich grün und anfangs längs dem Mittelnerv behaart.
Blüten: In achselständigen Paaren, auf 2–3 cm langen Stielen, Krone trübrosa, selten weißlich, 2-lippig, 1 cm lang, Vorblätter paarweise miteinander verwachsen, wie die Tragblätter etwa halb so lang wie die am Grund miteinander verwachsenen Fruchtknoten, Mai–Juni.
Früchte: Kugelig, 0,8–1 cm dick, blauschwarz, nur basal miteinander verwachsen.
Verbreitung: Gebirge in Europa (ausgenommen Britische Inseln, Skandinavien).
Verwendung: Selten, N, ⚘, WHZ 5a, LB 7.2.7.6.

Lonicera nitida E.H. Wilson, Immergrüne Strauch-Heckenkirsche

Habitus: Immergrüner, 1–1,5 m hoher, reich verzweigter Strauch, Zweige kreuzgegenständig, mit vollem Mark, Triebe anfangs purpurn und dicht behaart.
Blätter: Breit eiförmig bis eiförmig-länglich,

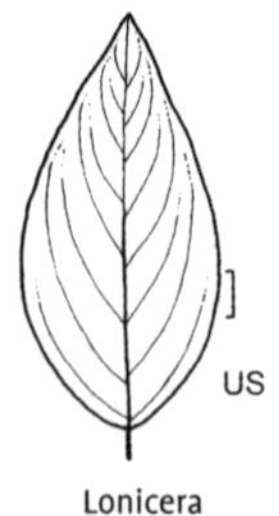

Lonicera orientalis

Lonicera periclymenum

0,6–1,2 cm lang, ledrig, oberseits glänzend dunkelgrün, unterseits heller, Stiel etwa 1 mm lang.
Blüten: Paarweise achselständig, kurz gestielt, duftend, Krone rahmweiß, röhrig-trichterförmig, 0,6–1,2 cm lang, innen und außen behaart, Saum regelmäßig, Kronröhre stark höckrig, länger als der Saum, Staubblätter und Griffel den Kronsaum überragend, Tragblätter pfriemlich, ± so lang wie die getrennten Fruchtknoten, Vorblätter becherartig verwachsen, Mai.
Früchte: Kugelig, 6 mm dick, purpurviolett.
Verbreitung: W-China.
Verwendung: Sehr häufig (mit einigen Sorten), ☠, WHZ 7a, LB 6.4.2.6 (9.3.5.6).

Nach B. Schulz (2011) unterscheiden sich *L. nitida* und *L. pileata* nur in der Wuchsform und Blattgestaltung, er schlägt deshalb vor, sie als Varitäten einer Art einzustufen. Dann wäre *L. nitida* als *L. pileata* var. *yunnanensis* (Franch.) B. Schulz zu benennen.

'Baggesen's Gold'. Blätter gelb, im Sommer mehr hellgrün.

'Fertilis'. Wuchs aufrecht, bis 2,5 m hoch. Blätter groß. Blüten und Früchte zahlreich.

'Elegant'. Wuchs breit aufrecht, 1–1,5(–2) m hoch. Blätter meist 2-zeilig stehend, matt dunkel- bis schwarzgrün.

'Hohenheimer Findling'. Ähnlich 'Elegant', aber frosthärter.

'Lemon Tips'. Blätter breit rahmgelb gerandet.

'Maigrün'. Wuchs kompakt, dicht verzweigt, bis etwa 1 m hoch. Blätter glänzend hellgrün.

'Red Tips'. Blätter im Austrieb glänzend tief purpurrot.

Lonicera orientalis Lam., Orientalische Heckenkirsche

Habitus: Sommergrüner, aufrechter, 2–3 m hoher Strauch, Zweige mit vollem Mark, Triebe kahl.
Blätter: Eiförmig bis eiförmig-lanzettlich, 4–10 cm lang, spitz bis zugespitzt, Basis abgerundet bis breit keilförmig, oberseits dunkelgrün und kahl, unterseits hell- bis graugrün, auf den Nerven behaart, Stiel 2–4 mm lang.
Blüten: Paarweise achselständig, kurz gestielt, Krone mattrosa bis violett, 2-lippig, 1,2 cm lang, außen kahl, Kronröhre höckrig, viel kürzer als die Kronzipfel, Staubbeutel und Griffel erreichen den Kronsaum nicht, Tragblätter pfriemlich, etwa so lang wie die völlig miteinander verwachsenen Fruchtknoten, Vorblätter ¼ bis ½ so lang wie die Fruchtknoten, Mai–Juli.
Früchte: Verwachsen, ellipsoid, bläulich schwarz.
Verbreitung: Türkei.
Verwendung: Selten, ☠, WHZ 5a, LB 3.2.5.5.

Lonicera periclymenum L., Wald-Geißblatt

Habitus: Sommergrüner, 3–6 m hoch kletternder Strauch, Zweige hohl, junge Triebe anfangs behaart, später verkahlend.
Blätter: Eiförmig bis schmal elliptisch, 4–6 cm lang, spitz oder stumpf, oberseits dunkelgrün und kahl, unterseits blaugrün, kahl oder in der Jugend behaart, die unteren Blattpaare kurz gestielt, die oberen kurz gestielt bis sitzend, aber nicht verwachsen.
Blüten: Zu mehreren in Köpfchen am Ende 10–20 cm langer, beblätterter Kurztriebe in den Achseln der oberen Blätter, stark duftend, Krone gelblich weiß, oft purpurn getönt, 2-lippig, 4–6 cm lang, außen drüsig, Kronröhre schlank, länger als die Kronzipfel, Staubblätter und Griffel den Kronsaum erreichend, Vorblätter halb so lang wie die Fruchtknoten, Mai–Juni.
Früchte: Fast kugelig, 7–8 mm dick, dunkelrot.
Verbreitung: W-, M- und S-Europa, N-Afrika.
Verwendung: Sehr häufig (mit einigen reich blühenden Sorten, wie z. B. 'Belgica', 'Belgica Select', 'Serotina' oder 'Serpentine'), B, D, ♣, ☠, WHZ 5b, LB 3.2.7.9.

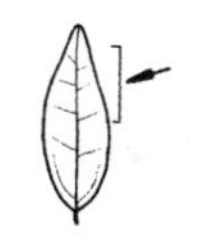

Lonicera pileata

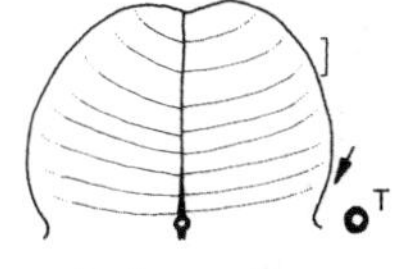

Lonicera prolifera

Lonicera pyrenaica

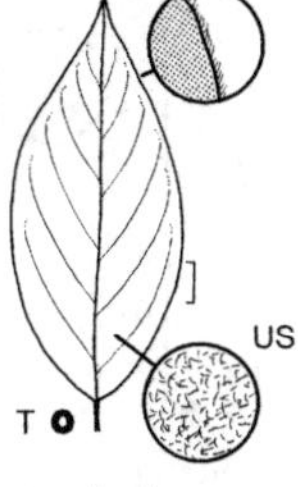

Lonicera quinquelocularis

Lonicera pileata Oliv., Immergrüne Kriech-Heckenkirsche

Habitus: Immergrüner, ausgebreiteter, bis 0,8(–1,5) m hoher Strauch, Zweige dünn, mit vollem Mark, Triebe purpurn, behaart.
Blätter: 2-zeilig stehend, eiförmig bis länglich-lanzettlich, 1,5–3 cm lang, kurz gestielt, stumpf oder abgerundet, Basis keilförmig, oberseits dunkelgrün und glänzend, unterseits heller, am Mittelnerv sparsam behaart oder kahl.
Blüten: Paarweise achselständig, kurz gestielt, duftend, Krone blassgelb, trichterförmig, 7–8 mm lang, innen und außen behaart, Saum regelmäßig, Kronröhre stark höckrig, länger als der Kronsaum, Staubblätter und Griffel den Kronsaum überragend, Tragblätter pfriemlich, ± so lang wie die getrennten Fruchtknoten, Vorblätter becherartig verwachsen, Mai.
Früchte: Kugelig, 5 mm dick, amethystfarben.
Verbreitung: M- und W-China.
Verwendung: Sehr häufig, ♧, ✂, WHZ 6b, LB 7.1.6.6 (9.3.5.6).

Lonicera prolifera (G. Kirchn.) Rehder, Sprossendes Geißblatt

Habitus: Sommergrüner, kaum kletternder, meist buschiger, bis 1,5 m hoher Strauch, Zweige hohl, Triebe kahl.
Blätter: Elliptisch oder länglich-verkehrteiförmig, sitzend oder sehr kurz gestielt, 5–9 cm lang, oberseits glänzend grün, oft bereift, unterseits blaugrün und meist fein behaart, meist mehr als 2 Blattpaare zu eiförmigen oder rundlichen, flachen, an den Enden abgerundeten oder ausgerandeten, stark bereiften Scheiben verwachsen.
Blüten: Endständig, in 2–4 mehrblütigen, achselständigen Quirlen, Krone hellgelb, außen oft rötlich überlaufen, tief 2-lippig, 2,5–3 cm lang, außen kahl, innen behaart, Kronröhre schlank, unterhalb der Mitte leicht bauchig, Griffel behaart, Juni–Juli.
Früchte: Scharlachrot, zahlreich.
Verbreitung: O-Kanada, NO-, NOZ-, Z- und SO-USA.
Verwendung: Selten, ♧, ✂, WHZ 5a, LB 9.1.6.6.

L. ×*purpusii* Rehder = *L. fragrantissima* nothosubsp. *purpusii*

Lonicera pyrenaica L., Pyrenäen-Heckenkirsche

Habitus: Sommergrüner, aufrechter, bis 1 m hoher Strauch, Zweige mit vollem Mark, Triebe kahl.
Blätter: Länglich-eiförmig bis länglich-lanzettlich, 2–4 cm lang, plötzlich zugespitzt, Basis in den sehr kurzen Stiel verschmälert, oberseits bläulich grün, unterseits heller.
Blüten: Nickend, paarweise achselständig, auf dünnen, 2–4,5 cm langen Stielen, Krone weiß, oft etwas gerötet, trichterförmig-glockig, 1,2–2 cm lang, außen kahl, Saum regelmäßig, Kronzipfel abstehend, Kronröhre an der Basis höckrig, Staubblätter erreichen den Kronsaum nicht, Griffel etwas länger, Tragblätter länglich-lanzettlich, die getrennten Fruchtknoten weit überragend, Vorblätter etwa halb so lang wie der Fruchtknoten, Mai.
Früchte: Kugelig, 6 mm dick, rot.
Verbreitung: SW-Europa, N-Afrika.
Verwendung: Sehr selten, ♧, ✂, WHZ 6b, LB 6.3.1.6.

Lonicera quinquelocularis Hardw., Durchsichtige Heckenkirsche

Habitus: Sommergrüner, aufrechter, 3–4 m hoher Strauch, Zweige hohl, abstehend, Triebe leicht purpurn, dicht behaart.
Blätter: Breit eiförmig bis elliptisch oder

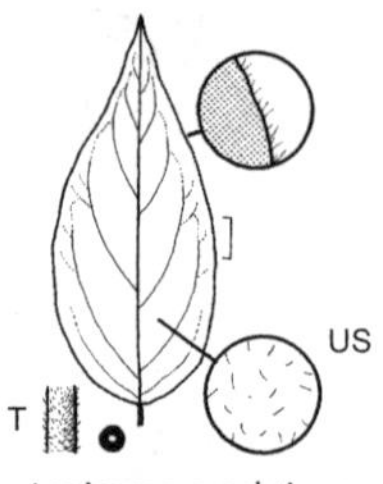

Lonicera ruprechtiana

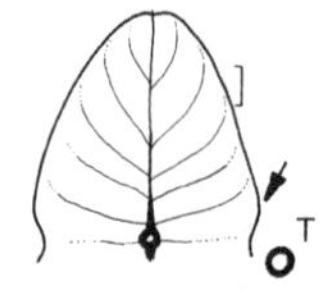

Lonicera sempervirens

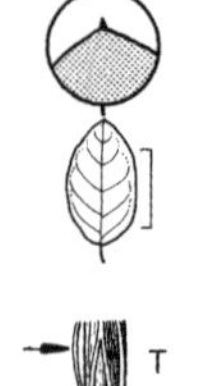

Lonicera syringantha

länglich-eiförmig, 3–7 cm lang, spitz oder kurz zugespitzt, Basis breit keilförmig oder abgerundet, oberseits leicht behaart, unterseits graugrün und stärker behaart, Stiel 3–5 mm lang.
Blüten: Paarweise achselständig, kurz gestielt, Krone gelblich, 2-lippig, 1,5–2 cm lang, Oberlippe sehr kurz 4-lappig, außen dicht angedrückt behaart, Kronröhre schlank, nur wenig höckrig, etwas kürzer als die Kronzipfel, Tragblätter kürzer als die Fruchtknoten, Vorblätter becherartig verwachsen, halb so lang wie die Fruchtknoten, Juni–Juli.
Früchte: Durchscheinend weiß, Samen schwarzviolett.
Verbreitung: Afghanistan, Pakistan, Himalaja, NW-China.
Verwendung: Selten, ✻, WHZ 6b, LB 7.3.1.4.

Lonicera ruprechtiana Regel,
Ruprechts Heckenkirsche

Habitus: Sommergrüner, aufrechter, bis 3 m hoher Strauch, Zweige hohl, etwas überhängend, junge Triebe leicht behaart.
Blätter: Länglich-verkehrteiförmig bis lanzettlich, 6–10 cm lang, zugespitzt, Basis keilförmig, oberseits dunkelgrün und ± glänzend, unterseits heller und behaart, Stiel bis 6 mm lang.
Blüten: Paarweise achselständig, auf 1–2 cm langen, leicht behaarten Stielen, Krone weiß, im Verblühen gelb, 2-lippig, 1,5–2 cm lang, die Oberlippe bis zur Mitte geteilt, außen kahl, Kronröhre dick, stark höckrig, Staubblätter erreichen den Kronsaum nicht, Tragblätter pfriemlich, meist länger als der Kelch, Vorblätter etwa ⅓ so lang wie die kahlen Fruchtknoten, Mai–Juni.
Früchte: 8,5 mm dick, durchscheinend, lebhaft korallen- oder orangerot.
Verbreitung: Mandschurei, China.
Verwendung: Selten, ♣, ✻, WHZ 4, LB 7.4.4.6.

Lonicera sempervirens L.,
Trompeten-Geißblatt

Habitus: Wintergrüner, hoch windender, kahler Strauch, Zweige hohl.
Blätter: Elliptisch oder eiförmig bis länglich, 3–8 cm lang, stumpf oder spitz, Basis meist keilförmig, oberseits dunkelgrün, unterseits bläulich grün und zuweilen kurz behaart, die unteren Blattpaare bis 6 mm lang gestielt, die 1–2 obersten zu fast kreisrunden bis länglichen, an den Enden abgerundeten und stachelspitzigen Scheiben verwachsen.
Blüten: In 3–4 entfernt stehenden Quirlen endständig an Seitentrieben, Krone gelb bis scharlachrot, mit fast regelmäßigem, aufrechtem, kurz 5-zähnigem Saum, 4–5 cm lang, Kronröhre schlank, unterhalb der Mitte schwach bauchig, 5- bis 6-mal so lang wie die Kronzipfel, Griffel und Staubblätter den Kronsaum etwas überragend, Mai–August.
Früchte: Kugelig, etwa 7 mm dick, scharlachrot.
Verbreitung: NO-, NOZ-, Z- und SO-USA.
Verwendung: Sehr selten, B, ♣, ✻, WHZ 7b, LB 6.4.4.9 (4.3.1.9) (1.1.3.9).

L. spinosa Jacquem. ex Walp. var. *albertii* (Regel) Rehder = *L. albertii*
L. standishii Jacques = *L. fragrantissima* subsp. *standishii*

Lonicera syringantha Maxim.,
Fliederblütige Heckenkirsche

Habitus: Sommergrüner, aufrechter, feinzweigiger, 2–3 m hoher Strauch, Zweige mit vollem Mark, Triebe kahl.
Blätter: Länglich-elliptisch, 1–2,5 cm lang, stumpf oder breit zugespitzt, Basis meist abgerundet, stumpfgrün, leicht bläulich, kahl, Stiel 2 mm lang.
Blüten: Paarweise achselständig, kurz gestielt, duftend, Krone rötlich weiß bis rosa,

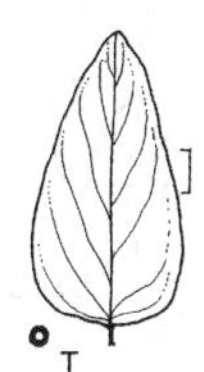

Lonicera tatarica

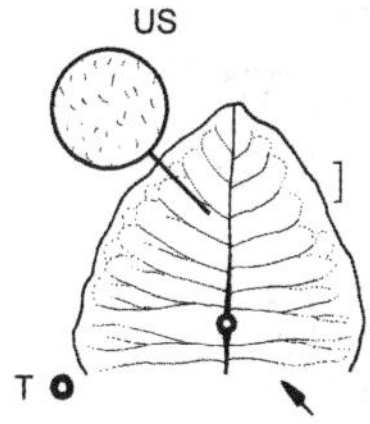

Lonicera ×tellmanniana

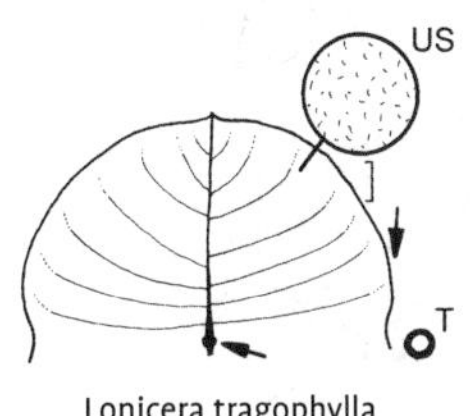

Lonicera tragophylla

glockig, 1,2–1,5 cm lang, Saum regelmäßig, Kronröhre 3- bis 4-mal so lang wie die Kronzipfel, Tragblätter linealisch-länglich, länger als der Kelch, Vorblätter becherartig verwachsen, kürzer als die Fruchtknoten, Mai–Juni.
Früchte: Ellipsoid, etwa 8 mm lang, rot.
Verbreitung: China: Gansu, Ningxia, Qinghai, Sichuan, Yunnan, Tibet.
Verwendung: Selten, B, D, ♣, ✂, WHZ 5b, LB 8.2.2.5.

Lonicera tatarica L., Tatarische Heckenkirsche

Habitus: Sommergrüner, straff aufrechter, 2–4 m hoher Strauch, Zweige hohl, im Alter grau, waagerecht abstehend bis bogig übergeneigt, Triebe kahl.
Blätter: Eiförmig bis eiförmig-lanzettlich, 3–6 cm lang, spitz oder zugespitzt, Basis abgerundet oder fast herzförmig, oberseits dunkelgrün, unterseits hell- bis bläulich grün, Stiel 4 mm lang.
Blüten: Paarweise achselständig, auf 1–2 cm langen Stielen, Krone weiß bis rot, 2-lippig, 1,5–2 cm lang, Oberlippe fast bis zum Schlund gespalten, Kronröhre an der Basis leicht höckrig, kürzer als die Kronzipfel, Staubblätter und Griffel kürzer als der Kronsaum, Tragblätter linealisch-lanzettlich, nicht oder nur wenig länger als der Kelch, Vorblätter getrennt oder nur am Grund schwach verbunden, bis ½ so lang wie der Fruchtknoten, Mai–Juni.
Früchte: Kugelig, 6–9 mm dick, scharlachrot bis gelborange.
Verbreitung: O-Europa, W-Sibirien, M-Asien, in S-, ZM- und OM-Europa etabliert.
Verwendung: Sehr häufig (mit einigen Sorten), N, ♣, ✂, WHZ 3, LB 4.2.3.4 (6.4.3.5) (9.3.4.5).

'Arnold's Red'. Blüten 2,5 cm breit, dunkelrot. Früchte dunkelrot, 9 mm dick.

'Hack's Red'. Blüten tief purpurrosa (nicht so dunkel wie bei 'Arnold's Red').

Lonicera ×tellmanniana P. Magyar ex Späth, Tellmanns Trompeten-Geißblatt

(*L. sempervirens* × *L. tragophylla*)

Habitus: Sommergrüner, stark wachsender, 4–6 m hoch kletternder Strauch, Zweige hohl, Triebe kahl, purpurfarben.
Blätter: Elliptisch bis eiförmig, 5–10 cm lang, oberseits tiefgrün, unterseits weißlich bereift, das oberste Blattpaar scheibenförmig verwachsen.
Blüten: Zahlreich, oberhalb des Blatttellers in lang gestielten, meist 6-blütigen Quirlen, Krone lebhaft orangegelb, 2-lippig, 7–8 cm lang, Kronröhre schlank, Juni–Juli, Nachblüte bis Oktober.
Früchte: Orangegelb, Fruchtansatz meist gering.
Verwendung: Häufig, B, ✂, WHZ 7a, LB 6.4.2.9.

Lonicera tragophylla Hemsl., Bocksblatt-Geißblatt

Habitus: Sommergrüner, hoch windender Strauch, Zweige hohl, Triebe kahl.
Blätter: Länglich, selten elliptisch, 5–12 cm lang, kurz gestielt, spitz bis stumpflich, Basis keilförmig, oberseits dunkelgrün und kahl, unterseits bläulich und zuletzt nur noch am Mittelnerv behaart, das oberste Blattpaar an der Basis verwachsen.
Blüten: In endständigen, kurz gestielten Köpfchen aus meist 2 Quirlen, Krone orange bis gelb, 2-lippig, 7–8 cm lang, innen leicht behaart, außen kahl, Kronröhre leicht gebogen, nahezu 3-mal so lang wie die Kronzipfel, Juni.
Früchte: Nahezu kugelig, etwa 1 cm dick, anfangs gelb, zur Reife rot.
Verbreitung: W-China.

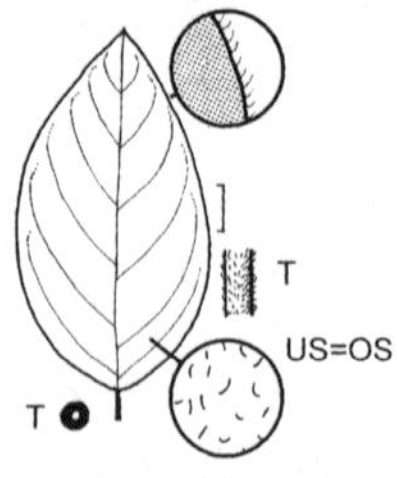

Lonicera trichosantha

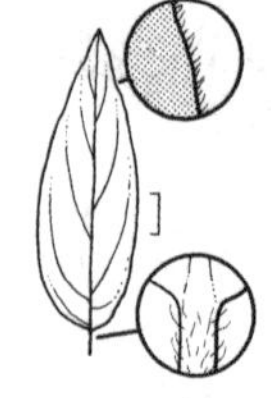
Lonicera webbiana

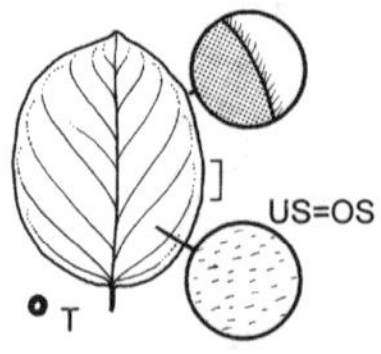

Lonicera xylosteum

Verwendung: Sehr selten, B, ✤, WHZ 6b, LB 9.3.6.9.

Lonicera trichosantha Bureau et Franch., Behaartblütige Heckenkirsche

Habitus: Sommergrüner, aufrechter, sparriger, bis 1,5 m hoher Strauch, Zweige hohl, schlank, Triebe kahl oder behaart.
Blätter: Eiförmig bis verkehrteiförmig, 2,5–5 cm lang, stumpf, meist stachelspitzig, Basis abgerundet oder gestutzt, oberseits dunkelgrün und kahl, unterseits weich behaart, zuletzt nur noch auf den Nerven, Stiel 3–6 mm lang.
Blüten: Paarweise achselständig, kurz gestielt, Krone gelblich, im Verblühen gelb, 2-lippig, 1,5 cm lang, außen behaart, Kronröhre kurz, stark höckrig, Tragblätter pfriemlich, kaum länger als der Kelch, Vorblätter ¾ so lang wie der Fruchtknoten, Juni.
Früchte: Kugelig, 6–8 mm dick, anfangs gelb, zu Reife gelbrot bis lebhaft rot.
Verbreitung: W-China, Tibet.
Verwendung: Sehr selten, ♧, ✤, WHZ 6b, LB 7.2.5.6.

Lonicera webbiana Wall. ex DC., Webbs Heckenkirsche

Habitus: Sommergrüner, aufrechter, bis 3 m hoher Strauch, Zweige hohl, Triebe drüsig behaart oder nahezu kahl.
Blätter: Elliptisch bis länglich-eiförmig oder länglich-lanzettlich, 5–12 cm lang, zugespitzt, Basis meist keilförmig, beiderseits drüsig und behaart.
Blüten: Paarweise achselständig, auf 2,5–3 cm langen, drüsig behaarten Stielen, Krone grünlich gelb bis fast weiß, oft purpurn überlaufen, 2-lippig, 1,5 cm lang, innen und außen behaart, Kronröhre dick, stark höckrig, viel kürzer als die Kronzipfel, Staubblätter erreichen den Kronsaum, der behaarte Griffel kürzer, Tragblätter drüsig bewimpert, so lang oder etwas länger als die Fruchtknoten, Vorblätter bis ½ so lang wie die Fruchtknoten, Mai–Juni.
Früchte: Früchte verwachsen oder frei, kurz eiförmig, scharlachrot.
Verbreitung: Afghanistan, Himalaja.
Verwendung: Sehr selten, ♧, ✤, WHZ 8b, LB 6.3.2.5.

Lonicera xylosteum L., Rote Heckenkirsche

Habitus: Sommergrüner, aufrechter, 1–3 m hoher, reich verzweigter Strauch, Zweige hohl, Triebe kurz weich behaart, später nur mäßig verkahlend.
Blätter: Breit elliptisch, 3–6 cm lang, stumpf oder kurz zugespitzt, Basis abgerundet, stumpfgrün, beiderseits schwach anliegend behaart, Stiel 6 mm lang.
Blüten: Paarweise achselständig, auf 1–2 cm langen, behaarten Stielen, Krone gelblich weiß, außen oft rötlich getönt, zuletzt gelb, 2-lippig, 1–1,5 cm lang, außen behaart, obere Lippe zu ¼ bis ⅓ eingeschnitten, Kronröhre kurz, bauchig, Tragblätter pfriemlich, selten die Fruchtknoten überragend, Vorblätter meist ½ so lang wie der Fruchtknoten, Mai–Juni.
Früchte: Abgeflacht kugelig, 5–7 mm dick, glänzend rot, nur basal etwas miteinander verbunden.
Verbreitung: Europa, N-Türkei, W-Sibirien.
Verwendung: Sehr häufig, N, ♧, ✤, Bi, WHZ 3, LB 3.1.6.5.

L. ×xylosteoides Tausch (*L. tatarica* × *L. xylosteum*) **'Clavay's Dwarf'**. Wuchs kugelig, kompakt, reich verzweigt, bis 1,8 m hoch. Blätter bläulich grün. Blüten weiß. Früchte rot.

Loranthus Jacq.

Riemenblume – Loranthaceae

(griechisch *loron* = Riemen und *anthos* = Blüte)

Monotypische Gattung

Loranthus europaeus Jacq., Riemenblume

Habitus: Sommergrüner, bis etwa 0,5 m hoher, halbparasitischer Strauch, Zweige zerbrechlich, braun bis schwarzgrau.
Blätter: Verkehrteiförmig bis länglich-eiförmig, 2–4 cm lang, stumpf, ganzrandig, dünn, dunkelgrün.
Blüten: Zwittrig oder 1-geschlechtig, radiär, in endständigen Trauben angeordnet, Perigonblätter 4–6, frei oder verwachsen, grün bis gelb, Staubblätter 4–6, mit dem Perigon verwachsen, Fruchtknoten unterständig, Mai–Juni.
Früchte: Beeren birnenförmig-kugelig, bis 1 cm dick, gelb, Fruchtfleisch klebrig.
Verbreitung: S- und SO-Europa, vorwiegend auf *Quercus*-Arten, vor allem auf *Q. pubescens* subsp. *pubescens*, seltener auf *Q. robur* und *Q. petraea*, z. T. auch auf *Castanea sativa*.
Verwendung: Keine planmäßige Verwendung, WHZ 6b, LB 6.4.2.7.

Lycium L.

Bocksdorn, Teufelszwirn – Solanaceae

(griechisch *lykion* = Name eines Dornstrauches aus Lykien in Kleinasien)

Habitus: Sommergrüne Sträucher mit meist dünnen, langrutigen, überhängenden, dornigen oder unbewehrten Ästen, Zweige kantig, grau, achselständige Kurztriebe oft verdornend.
Blätter: Wechselständig, an Kurztrieben rosettig, ganzrandig, kurz gestielt.
Blüten: Zwittrig, radiär, klein, an stark gestauchten Kurztrieben, einzeln oder in achselständigen Büscheln, Kelch glockig, unregelmäßig 2- bis 5-zipfelig, Krone schmutzig weiß, grün oder purpurn, trichterförmig, meist 5-lappig, Staubblätter 5, die Kronröhre überragend, Griffel 1, Fruchtknoten 2-fächrig.
Früchte: Beeren eiförmig-ellipsoid, 1–2,5 cm lang, scharlachrot, glänzend, Kelch bleibend.
Verbreitung: Etwa 100 Arten in den temperierten und subtropischen Zonen beider Hemisphären.
Verwendung: Bei uns nur die folgenden Arten häufiger in Kultur.

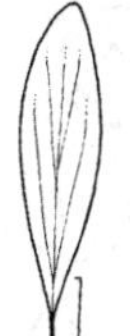

Loranthus europaeus

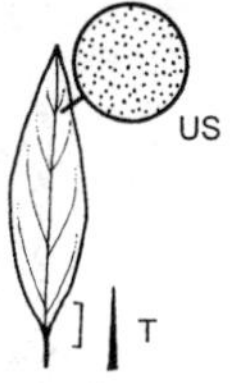

Lycium barbarum

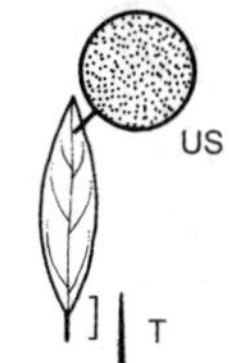

Lycium chinense var. chinense

Bestimmungsschlüssel Lycium

1 Blätter höchstens 5 cm lang, Triebe rund . . . . *L. chinense* var. *chinense*
– Blätter länger (zumindest viele, bis 8 cm), Triebe mit Rillen (Längslinien) . . . . *L. barbarum*

Lycium barbarum L., Gewöhnlicher Bocksdorn

Habitus: Bis 3,5 m hoher Strauch, mit langen, bogig bis schleppenartig überhängenden Zweigen wirre Büsche bildend, oft spreizklimmerartig in andere Sträucher hineinwachsend, Triebe gerillt, kahl, die seitlichen Kurztriebe bisweilen in Dornen endend.
Blätter: In Form und Größe sehr veränderlich, länglich-lanzettlich bis lanzettlich, selten elliptisch-lanzettlich, 3–8 cm lang, spitz oder stumpf, anfangs behaart, verkahlend, beiderseits graugrün.
Blüten: Etwa 1 cm lang, meist zu 1–4, Kelch mit 1–3 Zähnen, etwa bis zur Hälfte in stumpfe Lappen geteilt, Krone purpurn bis violett, trichterförmig, Mai–September.
Früchte: Ellipsoid, 1–2 cm lang, glänzend orangerot oder gelb, essbar, getrocknet als Goji-Beeren im Handel.
Verbreitung: N-China, in vielen Ländern verwildert oder etabliert.
Verwendung: Sehr häufig (u. a. in Sorten wie 'Big Liefeberry' oder 'Sweet Liefeberry'), B, ♧, Bi, ⚕, WHZ 5a, LB 5.1.2.5 (6.1.3.5).

Lycium chinense Mill. **var. chinense**, Chinesischer Bocksdorn

Habitus: Bis 4 m hoher Strauch, Zweige überhängend und niederliegend, ebenfalls oft spreizklimmerartig kletternd, z. T. verdornt.
Blätter: Rhombisch-eiförmig bis eiförmig-

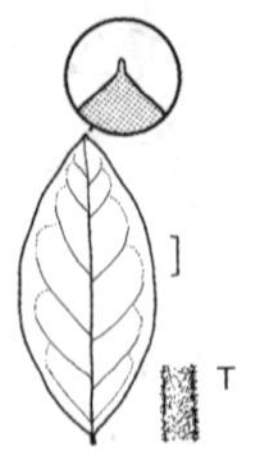

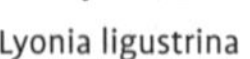

Lyonia ligustrina

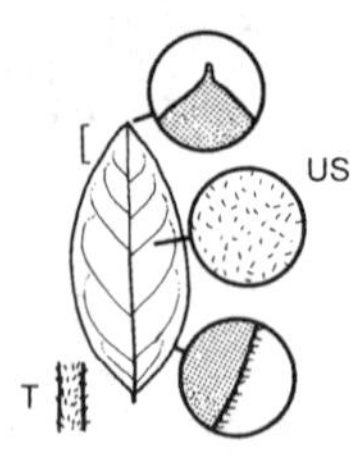

Lyonia mariana

lanzettlich, 2–5 cm lang, spitz oder stumpflich, Basis breit bis schmal keilförmig, lebhaft grün.
Blüten: 1–1,5 cm lang, Kelch mit 3–5 Zähnen, nicht ganz bis zur Mitte in spitze Lappen geteilt, Krone purpurn, breit trichterförmig, Juni–September.
Früchte: Eiförmig bis länglich, 1,5–2,5 cm lang, scharlachrot bis orange.
Verbreitung: China.
Verwendung: Selten, B, ♣, ⚕, WHZ 5a, LB 6.1.3.5 (2.5.2.5).

var. **ovatum** (Veill.) C.K. Schneid. Blätter rhombisch-eiförmig, bis 10 cm lang, Früchte groß, vorne stumpf und eingedellt. N-China, in Europa eingebürgert.

L. halimifolium Mill. = *L. barbarum*
L. ovatum Loisel. = *L. chinense* var. *ovatum*
L. vulgare Dunal = *L. barbarum*

Lyonia Nutt.

Lyonie – Ericaceae

(nach John Lyon, etwa 1768–1814, schottischer Gärtner und Botaniker)

Habitus: Sommer- oder immergrüne Sträucher, selten kleine Bäume, Triebe stielrund oder kantig, Knospen 3–4 mm lang, anliegend, länglich-eiförmig bis spindelförmig, Knospenschuppen 2, Blattnarben halbkreisförmig, Endknospen fehlend.
Blätter: Wechselständig, kurz gestielt, ganzrandig oder schwach gesägt oder gezähnt.
Blüten: Zwittrig, radiär, in achselständigen Büscheln oder Trauben, jeder Blütenstiel an der Basis mit 2 kleinen Brakteen, Kelch 4- bis 8-lappig, bleibend, Krone weiß oder hellrot, glockig, urnenförmig oder zylindrisch, 4- bis 7-lappig, Staubblätter 8–16, Fruchtknoten 4- bis 5-fächrig, Griffel aufrecht.
Früchte: Kapseln 3–9 mm lang, eiförmig oder nahezu kugelig, mit verdickten Verwachsungsnähten und zahlreichen feinen Samen.
Verbreitung: Etwa 35 Arten in O-Asien, Himalaja, N-Amerika und Westindien.
Verwendung: Am besten in Verbindung mit *Rhododendron*.

Bestimmungsschlüssel Lyonia

1 Blätter immergrün (auch vorjährige Triebe belaubt), Zweige kantig . . . . *L. lucida*
– Blätter sommergrün, Zweige rund 2
2 Blattnerven unterseits stark hervortretend . . . . *L. ligustrina*
– Blätter netznervig . . . . *L. mariana*

Lyonia ligustrina (L.) DC., Rispige Lyonie

Habitus: Sommergrüner, reich verzweigter, bis 4 m hoher Strauch, Triebe kahl oder leicht behaart.
Blätter: Elliptisch bis länglich-lanzettlich, 3–7 cm lang, an beiden Enden spitz zulaufend, fast ganzrandig, kahl oder unterseits auf den stark hervortretenden Nerven behaart.
Blüten: Dicht gedrängt in endständigen, 6–15 cm langen, Rispen, Krone weiß, eiförmig-urnenförmig bis fast kugelig, 4 mm lang, Lappen klein, breit, zurückgebogen, Mai–Juni.
Früchte: Nahezu kugelig, 3–4 mm lang.
Verbreitung: NO-, NOZ-, Z- und SO-USA.
Verwendung: Selten, B, H, ☠, WHZ 5a, LB 5.2.4.5 (1.2.2.6).

Lyonia lucida (Lam.) K. Koch, Glänzende Lyonie

Habitus: Immergrüner, bis 2 m hoher Strauch, Zweige auffallend 3-kantig.
Blätter: Breit elliptisch bis länglich, 3–8 cm lang, ledrig, plötzlich kurz zugespitzt, Basis keilförmig, ganzrandig, Saum etwas umgerollt, oberseits kahl und glänzend grün, unterseits fein schwärzlich punktiert.
Blüten: An den Triebenden in achselständigen, doldenartigen Büscheln, Krone weiß bis rosa, eiförmig-urnenförmig, 3–9 mm lang, Lappen aufrecht, April–Mai.
Früchte: Nahezu kugelig, 4 mm lang.
Verbreitung: NO- und SO-USA.
Verwendung: Sehr selten, B, WHZ 7a, LB 1.2.4.6.

Lyonia mariana (L.) D. Don, Marien-Lyonie

Habitus: Sommergrüner, bis 2 m hoher Strauch, Triebe stielrund, kahl.
Blätter: Elliptisch bis länglich, 3–6 cm lang, spitz oder stumpf, Basis keilförmig, ganzrandig, etwas ledrig, oberseits kahl, unterseits braun drüsig punktiert, Herbstfärbung rot.
Blüten: In nickenden, achselständigen Büscheln, zu einem endständigen, unbeblätterten, traubigen Blütenstand vereint, Krone weiß bis hellrosa, eiförmig-zylindrisch, 7–9 mm lang, Mai–Juni.
Früchte: Eiförmig bis kugelig, 7–9 mm lang.
Verbreitung: NO- und SO-USA.
Verwendung: Sehr selten, B, H, WHZ 6b, LB 4.1.2.6 (2.3.5.6).s

Maackia Rupr. et Maxim.

Maackie, Gelbholz – Fabaceae

(nach Richard Maack, 1825–1886, russischer Naturforscher)

Habitus: Sommergrüne Bäume, Zweige graubraun, mit länglichen, braunen Lentizellen, Knospen 5–7 mm groß, breit eiförmig, zugespitzt, Endknospen fehlend, Subterminalknospe scheinbar endständig, Knospenschuppen 2, dunkel violettbraun, anliegend weiß behaart, Blattnarben ± halbkreisförmig, mit 3 Gefäßbündelspuren.
Blätter: Gegen- oder wechselständig, unpaarig gefiedert, Blättchen fast gegenständig, Nebenblätter fehlend.
Blüten: Zwittrig, zygomorph, in aufrechten, dichten, vielblütigen Trauben, meist zu endständigen Rispen vereint, Kelch glockig, 5-zähnig, Krone weiß, Staubblätter 10, an der Basis verwachsen.
Früchte: Hülsen 3,5–5 cm lang, länglich-linealisch, stark abgeflacht, Samen 6 mm lang, hellbraun.
Verbreitung: 8 Arten in O-Asien.
Verwendung: Bei uns nur folgende Art als wertvoller Sommerblüher in Kultur.

Maackia amurensis Rupr. et Maxim. **var. amurensis**, Asiatische Maackie

Habitus: 10–15 m hoher Baum.
Blätter: 15–23 cm lang, Blättchen 7–9(–11), eiförmig bis verkehrteiförmig-elliptisch, 4–7 cm lang, kurz zugespitzt, Basis breit keilförmig, zuletzt kahl.

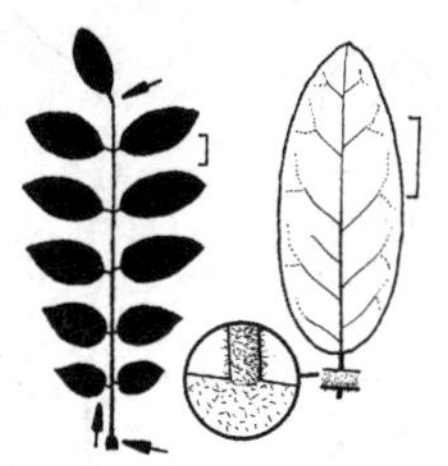

Maackia amurensis var. amurensis

Blüten: 8–12 mm lang, meist zu 3–7 in 5–9 cm langen, aufrechten, dicht braun behaarten Trauben, Juli–August.
Früchte: Linealisch, 3,5–5 cm lang.
Verbreitung: Russ. Ferner Osten, China, Mandschurei, Korea, Japan, Taiwan.
Verwendung: Selten, B, WHZ 5b, LB 6.3.2.3.

var. buergeri (Maxim.) C.K. Schneid. Blättchen stumpf, unterseits behaart. Japan.

Maclura Nutt.

Osagedorn, Milchorange – Moraceae

(nach William Maclure, 1763–1840, nordamerikanischer Geologe)

Habitus: Sommergrüne, Milchsaft führende Bäume, Sträucher oder Kletterpflanzen, Zweige mit achselständigen, bis 4 cm langen Dornen, Knospen klein, seitlich neben den Dornen.
Blätter: Wechselständig, einfach, ganzrandig.
Blüten: 1-geschlechtig, 2-häusig verteilt, achselständig, Blütenhülle einfach, Kelch 4-lappig, ♂ Blüten in kurzen Ähren oder Trauben, Staubblätter 4, ♀ Blüten in dichten, kugeligen Köpfchen, Fruchtknoten frei, mit langen, fädigen Griffeln.
Früchte: Scheinfrüchte 8–10(–14) cm dick, kugelig, runzelig, mosaikartig gefeldert, zusammengesetzt aus zahlreichen, dicht aneinandergepressten, zur Reife saftig-fleischigen Blütenhüllen, die die etwa 1 cm langen Nüsse umgeben.
Verbreitung: 17–20 Arten in warmgemäßigten bis tropischen Zonen von Amerika, Afrika und Asien.
Verwendung: Selten kultivierte Baumarten mit interessanten Sammelfrüchten. In die Gattung ist die bisherige Gattung *Cudrania* einbezogen worden.
Die Blätter von *M. tricuspidata* (früher *Cudra-*

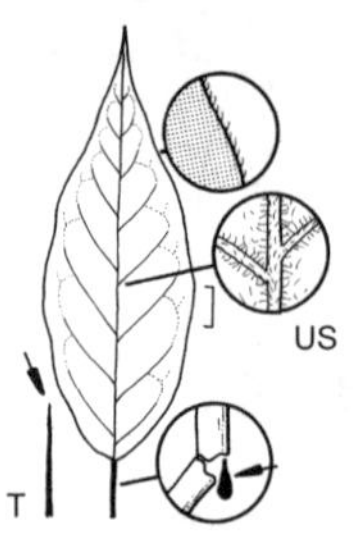

Maclura pomifera

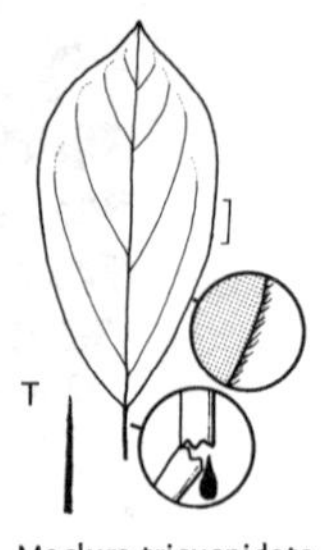

Maclura tricuspidata

nia tricuspidata) dienen in China als Seidenraupenfutter.

Bestimmungsschlüssel Maclura

1 Dornen höchstens 3 cm lang, Blätter höchstens 8 cm lang und unterseits kahl. . . . . *M. tricuspidata*
– Dornen bis 4 cm und Blätter bis 12 cm lang (zumindest viele), unterseits an den Nerven behaart . . . . *M. pomifera*

Maclura pomifera (Raf.) C.K. Schneid., Osagedorn

Habitus: 15–20 m hoher, oft mehrstämmiger Baum, Krone unregelmäßig, offen, Borke tief gefurcht, orangebraun, Triebe anfangs behaart, später kahl, Dornen bis 4 cm lang, Knospen etwa 2 mm lang, halbkugelig.
Blätter: Eiförmig bis eiförmig-lanzettlich, 5–12 cm lang, zugespitzt, Basis breit keilförmig bis schwach herzförmig, oberseits dunkelgrün und glänzend, unterseits blassgrün und vor allem auf den Nerven behaart.
Blüten: Unscheinbar, ♂ Blütenstände 2,5–3,5 cm lang, ♀ Blütenköpfe 2–2,5 cm lang, Mai–Juni.
Früchte: Orangenartig, 5–10 cm dick, gelbgrün.
Verbreitung: SO- und Z-USA.
Verwendung: Häufig, N, ♣, WHZ 7a, LB 6.4.2.3.

Maclura tricuspidata Carrière, Seidenwurmdorn

Habitus: Strauch oder 8(–18) m hoher Baum, junge Zweige kahl, Dornen schlank, 0,5–3 cm lang.
Blätter: Eiförmig bis verkehrteiförmig, 3–8 cm lang, zugespitzt, Basis abgerundet, gelegentlich an der Spitze 3-lappig (oder an jungen Pflanzen 3-spitzig), kahl, oberseits dunkelgrün, Stiel 0,8–1,5 cm lang.
Blüten: In kurz gestielten, kugeligen, 8 mm breiten, grünen Köpfchen, einzeln oder in Paaren, Juli.
Früchte: Etwa 2,5 cm dick, hart, glänzend orangegelb, sehr runzelig.
Verbreitung: Korea, M-China.
Verwendung: Sehr selten (wird auch als *Cudrania tricuspidata* beschrieben), N, ♣, ⚕, WHZ 7b, LB 6.1.1.4.

Macrodiervilla middendorffiana (Trautv. et Meyer) Nakai = *Weigela middendorffiana*

Magnolia L.

Magnolie – Magnoliaceae
(nach Pierre Magnol, 1638–1715, französischer Arzt und Botaniker)

Habitus: Sommer- oder immergrüne Bäume oder Sträucher (bis auf *M. figo* und *M. grandiflora* alle hier behandelten Arten sommergrün), Triebe kahl, bläulich bereift oder seidig bis steif behaart, Knospen kahl oder ± pelzig bis anliegend behaart, Endknospen 1–5 cm lang, Seitenknospen viel kleiner, von einer Schuppe umhüllt.
Blätter: Wechselständig, einfach, groß, breit elliptisch bis eiförmig, ganzrandig, gestielt, Nebenblätter an der Basis mit dem Blattstiel verbunden, tütenförmig miteinander verwachsen, die Sprossspitze umhüllend und nach dem Abfallen ringförmige Narben hinterlassend.
Blüten: Zwittrig, radiär, groß, einzeln, endständig , die 3 Kelchblätter oft kronblattartig, Kronblätter 6(–15), beide zusammen als Tepalen bezeichnet und in 3 Kreisen angeordnet, weiß oder rosa bis purpurn, seltener gelb oder grün, Staub- und Fruchtblätter zahlreich, spiralig einer kegelförmigen, verlängerten Blütenachse ansitzend.
Früchte: Sammelfrüchte 3–12 cm lang, länglich-eiförmig oder zylindrisch-kegelförmig, die wegen der ganz oder fast getrennten Fruchtblätter aus Teilfrüchtchen (Balgfrüchtchen) bestehen, diese 1–2 cm lang, sich zur Reife am Grund öffnend, Samen bis 1 cm lang, ± abgeflacht, braun oder schwarz, völlig von einem roten oder scharlachroten, fleischigen Samenmantel (Arillus) umgeben, oft an einem Faden (Funiculus) aus dem Balg heraushängend.
Verbreitung: 125 Arten vom Himalaja bis Japan, Borneo und Java sowie im östl. N-Amerika bis Venezuela.

Verwendung: In Garten und Park als dekorative, meist solitär gestellte, langlebige Gehölze mit besonders großen Blüten. In die Gattung *Magnolia* ist die bisherige Gattung *Michelia* mit ihren immergrünen Arten einbezogen worden.

Bestimmungsschlüssel Magnolia

(Artbestimmung z. T. nur mit Blüten möglich)

1 Blätter immergrün, ledrig 20
– Blätter sommergrün 2
2 Blätter 30–80 cm lang und Basis geöhrt . . . . *M. macrophylla* subsp. *macrophylla*
– Blätter höchstens 45 cm lang oder Basis keilförmig 3
3 Blattbasis herzförmig oder geöhrt 4
– Blattbasis keilförmig oder abgerundet 5
4 Triebe und Knospen behaart . . . . . *M. wilsonii*
– Triebe und Knospen kahl . . . . *M. fraseri* var. *fraseri*
5 Blätter bis 55 cm lang . . . . *M. tripetala*
– Blätter höchstens 40 cm lang 6
6 Blätter bis 40 cm lang, an den Triebenden gehäuft 7
– Blätter höchstens 25 cm lang 8
7 Blattspitze stumpf, z. T. ausgerandet, Knospen grün, Trieb ockerfarben . . . . *M. officinalis* var. *officinalis*
– Blätter spitz oder mit angedeuteter Spitze, Knospen grau, Trieb rötlich . . . . . . *M. obovata*
8 Blüten mit oder nach Laubentfaltung 9
– Blüten vor Laubausbruch 13
9 Blüten gelblich oder grünlich 10
– Blüten weiß(lich) 11
10 Blüten grünlich, Tepalen 5–10 cm lang, Blätter unterseits hellgrün . . . . *M. acuminata* var. *acuminata*
– Blüten kanariengelb, Tepalen 4–5 cm lang, Blätter unterseits blaugrün . . . . *M. acuminata* var. *subcordata*
11 Tepalen weiß . . . . *M. virginiana*
– Tepalen rosa 12
12 Blätter aufrecht, Blatt- und Blütenstiele kahl, Blattspreitenbasis keilförmig . . . . *M.* ×*wiesneri*
– Blüten nickend, Blatt- und Blütenstiele behaart, Blattspreitenbasis abgerundet . . . . *M. sieboldii* subsp. *sieboldii*
13 Kelchblätter 3, von Kronblättern durch geringere Größe zu unterscheiden 14
– Kelchblätter von Kronblättern nicht zu unterscheiden 17
14 Blüten außen purpurn, innen weiß . . . . *M. liliiflora*
– Blüten weiß 15
15 Blattknospen seidig behaart, Blätter eiförmig 16
– Blattknospen kahl, Blätter lanzettlich . . . . *M. salicifolia*
16 Blätter mit deutlicher Spitze, Tepalen 9–12 . . . . *M. kobus*
– Blätter ohne deutliche Spitze, Tepalen 14–16 . . . . *M.* ×*loebneri*
17 Junge Triebe kahl . . . . *M. sargentiana* var. *sargentiana*
– Junge Triebe behaart (wenigstens um die Blattstielbasis) 18

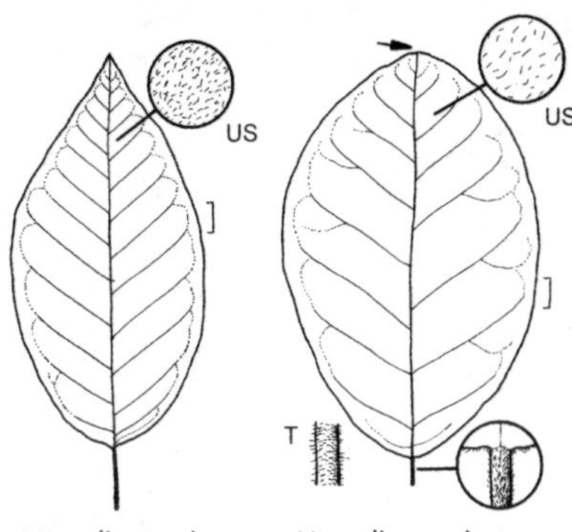

Magnolia acuminata var. acuminata

Magnolia acuminata var. subcordata

18 Kronblätter höchstens 12 19
– Kronblätter 12–18 . . . . *M. stellata*
19 Blüten reinweiß, Kurztriebknospen mit Blattstielbasis verwachsen . . . . *M. denudata*
– Blüten außen rosa bis purpurn, Kurztriebknospen frei . . . . *M.* ×*soulangeana*
20 (1) Blattstiele höchstens 8 mm lang, Blätter höchstens 8 cm lang, unterseits kahl . . . . *M. figo* var. *figo*
– Blattstiele 1–5 cm lang, Blätter bis 30 cm lang, unterseits rostbraun-filzig . . . . . *M. grandiflora*

Magnolia acuminata (L.) L. **var. acuminata**, Blaue Gurken-Magnolie

Habitus: 15–20 m hoher Baum, Krone anfangs kegelförmig, später ± ausladend, Borke hellbraun bis grau, im Alter grob und gefurcht, Triebe kahl oder schwach behaart, rotbraun, glänzend, Knospen gelblich seidig behaart.
Blätter: Eiförmig bis länglich, 12–24 cm lang, kurz zugespitzt, Basis abgerundet bis keilförmig, oberseits dunkelgrün, unterseits hellgrün und weich behaart, Stiel 1,5–5 cm lang.
Blüten: Glockig, Tepalen 9, gelb oder gelblich grün, oft bläulich überhaucht, die inneren 8,5–10 cm lang, aufrecht und bogig zusammengeneigt, äußere Tepalen kürzer, lanzettlich, sich zurückrollend, Juni–Juli.
Früchte: Eiförmig bis länglich, oft asymmetrisch, 5–8 cm lang, rot, Arillus rotorange.
Verbreitung: O-Kanada, NO-, NOZ- und SO-USA.
Verwendung: Häufig, N, B, ♣, WHZ 5b, LB 3.2.2.2 (2.3.2.2).

var. subcordata (Spach) Dandy, Gelbe Gurken-Magnolie. 5–7 m hoher, kleinkroniger Baum, Triebe bis zum 2. Jahr dicht behaart. Blätter eiförmig bis elliptisch, 8–15 cm lang, kurz zugespitzt oder stumpf, Basis breit

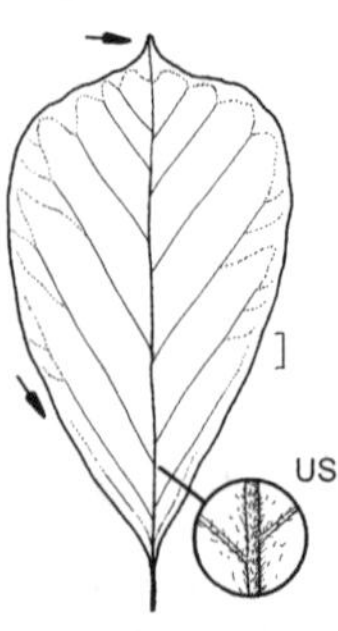

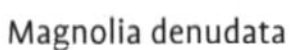
Magnolia denudata

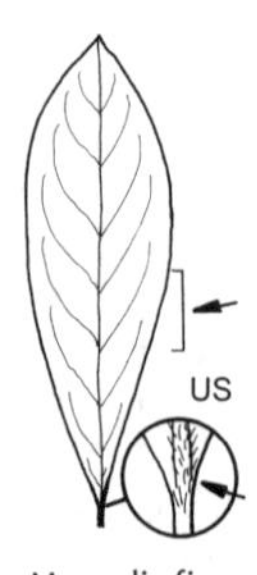

Magnolia figo var. figo

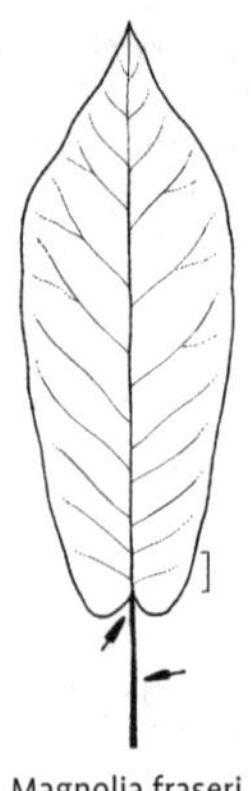

Magnolia fraseri var. fraseri

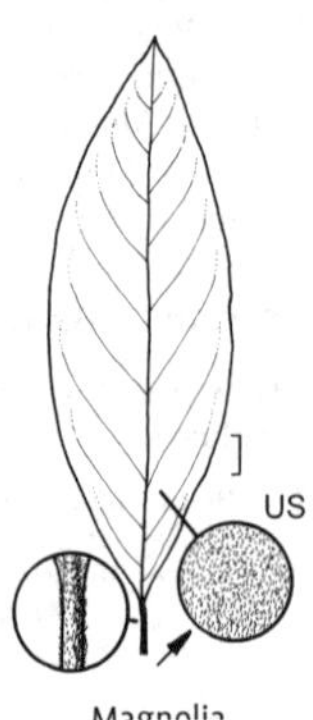

Magnolia grandiflora

keilförmig bis abgerundet, selten schwach herzförmig, unterseits blaugrün und behaart. Blüten glockig, Tepalen 9, kanariengelb, 4–5 cm lang, Mai–Juni. Früchte länglich-eiförmig, 2,5–3,5 cm lang, dunkelrot. SO-USA: North Carolina, Georgia, Alabama. WHZ 6b, LB 4.3.2.4.

Am Brooklyn Botanic Garden, New York hat Evamaria Sperber in den 1950er-Jahren farbintensive Auslesen von *M. acuminata* var. *acuminata* mit *M. denudata* und *M. ×soulangeana* gekreuzt, um großblumige, gelb blühende Sorten zu schaffen, als beste dieser Hybriden gilt 'Elizabeth'. Gelb blühende Hybriden, an deren Zustandekommen farbintensive Auslesen von *M. acuminata* var. *acuminata* beteiligt sind, sind außerdem u. a. 'Banana Split', 'Butterflies', 'Goldstar', 'Yellow Bird', 'Yellow Fever' und 'Yellow Lantern'.

M. conspicua Salisb. = *M. denudata*
M. cordata Michx. = *M. acuminata* var. *subcordata*

Magnolia denudata Desr., Yulan-Magnolie, Lilien-Magnolie

Habitus: 15–19 m hoher Baum, Krone anfangs breit kegelförmig, Borke graubraun, rau, junge Triebe und Knospen behaart, Endknospen gelblich filzig behaart.
Blätter: Verkehrteiförmig bis länglich, 7,5–15 cm lang, kurz zugespitzt, Basis abgerundet bis keilförmig, oberseits dunkelgrün und kahl, unterseits heller und anfangs behaart, Stiel etwa 2,5 cm lang.
Blüten: Glockig, später breit schalenförmig, 12–15 cm breit, duftend, Tepalen 9, reinweiß, alle gleich, 5–10 cm lang, fleischig, Staubblätter rosapurpurn, März–April.
Früchte: Zylindrisch, 12–15 cm lang, rötlich braun, Arillus rot.
Verbreitung: M-China.
Verwendung: Häufig, B, WHZ 6b, LB 3.2.1.4.

Magnolia figo (Lour.) DC. **var. figo**

Habitus: Immergrüner, bis 6 m hoher Baum oder Strauch, junge Triebe, Blattstiele und Knospen lang kupferfarben behaart.
Blätter: Länglich-elliptisch, 3–8 cm lang, spitz, nahezu sitzend oder kurz gestielt, oberseits glänzend dunkelgrün, unterseits heller.
Blüten: Achselständig, becherförmig, 3 cm breit, stark duftend, Tepalen 6, elfenbeinfarben oder gelblich, am Rand und an der Basis mit rosafarbenem oder purpurnem Anflug, länglich-elliptisch, 1,8–2,5 cm lang, April–Mai.
Früchte: Eiförmig bis kugelig, 2–3,5 cm lang.
Verbreitung: SO-China.
Verwendung: Sehr selten (oft noch unter dem Namen *Michelia figo*), B, WHZ 8a, LB 3.2.1.5.

var. crassipes (Y.-W. Law) Filgar et Noot. Tepalen schmal elliptisch, 1,8–2 cm lang, purpurlich rot bis dunkelpurpurn. SO-China.

Magnolia fraseri Walter **var. fraseri**, Berg-Magnolie

Habitus: Bis 10(–18) m hoher, oft mehrstämmiger, lockerkroniger Baum, Borke glatt, grau oder braun, Triebe und Knospen kahl.

Blätter: Verkehrteiförmig bis spatelförmig, ziemlich dünn, 25–40 cm lang, spitz, Basis tief herzförmig oder geöhrt, mittelgrün, beiderseits kahl, Stiel 5–10 cm lang.
Blüten: Schalenförmig, 20–35 cm breit, duftend, innere Tepalen 6–9, rahmweiß bis hellgelb, zunächst aufrecht, später spreizend, die 3 äußeren Tepalen kürzer, grünlich, zurückgebogen und bald abfallend, Juni.
Früchte: Ellipsoid, 5–13 cm lang, rot, später braun, purpurn überhaucht, Arillus rot.
Verbreitung: NO- und SO-USA: Virginia, Kentucky.
Verwendung: Sehr selten, B, ♧, WHZ 6b, LB 3.2.2.3 (2.4.2.3).

var. pyramidata (Bartram) Pamp. Wuchs etwas schwächer. Blätter 14–22 cm lang, verkehrteiförmig, kurz zugespitzt, unterseits blaugrau. Blüten 8–12 cm breit, Tepalen reinweiß, verkehrteiförmig-lanzettlich. SO- und Z-USA.

M. glauca (L.) L. = *M. virginiana*
M. glauca Thunb. = *M. obovata*

Magnolia grandiflora L., Immergrüne Magnolie

Habitus: Immergrüner, bis 30 m hoher Baum, Stamm durchgehend, Krone anfangs regelmäßig kegelförmig, Triebe und Endknospen gelblich grün bis braun, rostbraun filzig behaart.
Blätter: Länglich-verkehrteiförmig oder elliptisch, 12–20 cm lang, derbledrig, kurz zugespitzt, Basis keilförmig, oberseits glänzend dunkelgrün, unterseits rostbraun kurz filzig, Stiel 1–5 cm lang.
Blüten: Schalenförmig, 15–30 cm breit, stark duftend, Tepalen 9–12, weiß oder cremeweiß, fleischig, spatelförmig, auch die äußeren 3 kronblattartig, Staubblätter cremefarben, an der Basis karminrot, Mai–August.
Früchte: Eiförmig, 5–13 cm lang, kastanienbraun filzig behaart, Arillus rot, orange oder selten gelb.
Verbreitung: SO- und Z-USA.
Verwendung: Selten (mit einigen Sorten), N, B, ♧, WHZ 8a, LB 3.2.1.3 (1.2.4.3) (6.4.1.3).

M. heptapeta (Buch'hoz) Dandy = *M. denudata*
M. hypoleuca Siebold et Zucc. = *M. obovata*

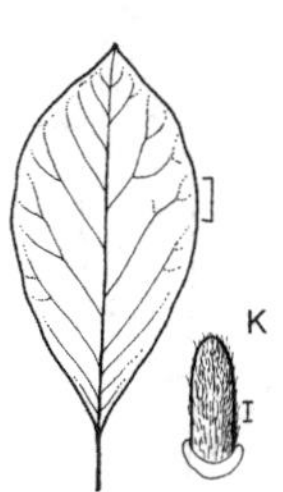

Magnolia kobus

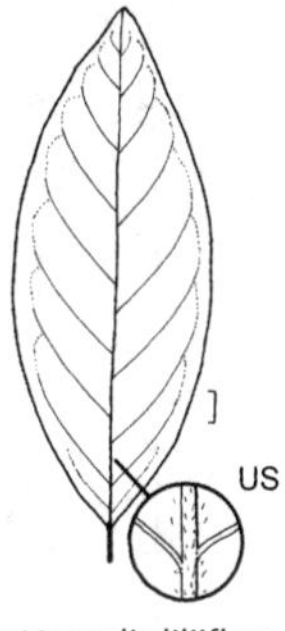

Magnolia liliiflora

Magnolia kobus DC., Kobushi-Magnolie

Habitus: Bis 25 m hoher, meist kurzstämmiger Baum, Krone anfangs kegelförmig, später abgerundet, Borke bräunlich bis silbrig grau, rau, Triebe gelblich grün und kahl, Blattknospen leicht, Blütenknospen dicht gelblich oder silbrig seidig behaart.
Blätter: Verkehrteiförmig, 6–12 cm lang, plötzlich zugespitzt, zur Basis keilförmig verschmälert, oberseits dunkelgrün, unterseits heller und auf den Nerven behaart, Stiel etwa 2,5 cm lang.
Blüten: 10 cm breit, Tepalen 6–9, weiß, die inneren aufrecht bis ungleich zurückgeschlagen, 5–7,5 cm lang, die 3 äußeren Tepalen viel kleiner und bald abfallend, Staubblätter meist purpurn oder an der Basis rosa, April–Mai.
Früchte: Zylindrisch, symmetrisch, 7–10 cm lang, rötlich braun, Arillus rot.
Verbreitung: Japan: Hokkaido, Kyushu.
Verwendung: Sehr häufig, B, WHZ 6a, LB 3.2.2.3.

M. kobus var. *borealis* Sarg. = *M. kobus*
M. kobus var. *loebneri* (Kache) Spongberg = *M. ×loebneri*
M. kobus var. *stellata* (Siebold et Zucc.) Blackburn = *M. stellata*

Magnolia liliiflora Desr., Purpur-Magnolie

Habitus: 3–5 m hoher und ebenso breiter, kugelkroniger Strauch oder Kleinbaum, Triebe, mit Ausnahme der Spitzen, kahl, Knospen behaart.
Blätter: Elliptisch bis verkehrteiförmig, 10–18 cm lang, spitz oder kurz zugespitzt, Basis

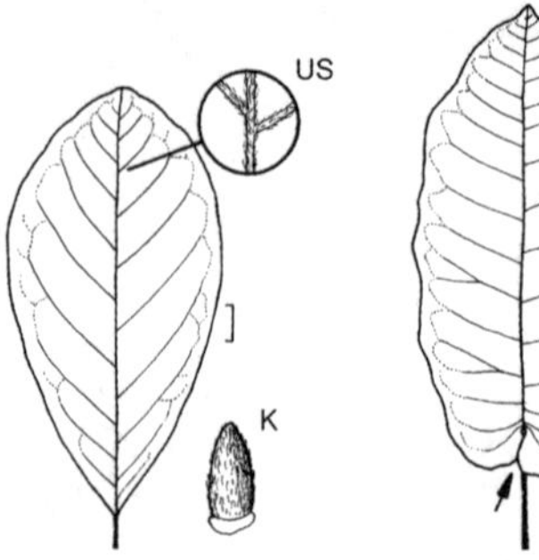

Magnolia ×loebneri Magnolia macrophylla subsp. macrophylla

breit keilförmig, dunkelgrün, beiderseits kahl, gelegentlich anfangs behaart, Stiel 1,3 cm lang.
Blüten: Vasenförmig, 10–13 cm breit, nicht spreizend, Tepalen 9–12, die inneren außen purpurn, innen weiß, 8–12 cm lang, die 3 äußeren lanzettlich, 2,5–5 cm lang, purpurlich grün, spreizend, bald abfallend, Mai–Juni, mit der Laubentfaltung.
Früchte: Zylindrisch, 2–5 cm lang, tiefpurpurn bis braun.
Verbreitung: M-China.
Verwendung: Sehr häufig (in der folgenden Sorte), B, WHZ 6b, LB 9.2.1.4.

'Nigra'. Wuchs etwas kompakter. Tepalen 10–12 cm lang, außen dunkel purpurrot, innen rosa-weiß.

Magnolia Gresham-Hybriden

Tod Gresham hat 1855 in Santa Cruz, Kalifornien, Kreuzungen mit *M. lilliflora* 'Nigra', *M. ×soulangeana* 'Lennei Alba' und *M. ×veitchii* durchgeführt. Die daraus erzielten Sorten werden als Gresham-Hybriden zusammengefasst. Es handelt sich um starkwüchsige, aufrechte Sträucher oder Kleinbäume mit aufsteigenden oder ausladenden Ästen und großen, duftenden, aufrecht stehenden Blüten, die schon an jungen Pflanzen angelegt werden. Die hier genannten Sorten werden auch bei uns häufiger kultiviert. WHZ 6b, LB 9.2.1.5.

'Heaven Scent' (*M. liliiflora* × *M. ×veitchii*). Blüten trichterförmig, duftend, bis 12 cm breit, Tepalen 9–12, auch bei geöffneten Blüten aufrecht stehend, tief purpurrosa, zur Spitze hin heller.

'Peppermint Stick' (*M. liliiflora* × *M. ×veitchii*). Blüten groß, weiß, Basis und Mittelrippe der breiten, rundlichen Tepalen violett getuscht, zur Vollblüte die inneren Tepalen aufrecht, die äußeren weit ausgebreitet, Blüte hat dann eine typische „cup-and-saucer-Form".

'Royal Crown' (*M. liliiflora* × *M. ×veitchii*). Blüten bis 30 cm breit, Tepalen 12, zur Vollblüte zurückgeschlagen, dunkelrot bis violett, an den Rändern heller, innen weiß.

'Sayonara' (*M. liliiflora* × *M. ×veitchii*). Blüten nahezu kugelig, bis 30 cm breit, Tepalen 9, weiß, an der Basis rosarot.

Magnolia ×loebneri Kache, Löbners Magnolie

(*M. kobus* × *M. stellata*)

Habitus: 6–8 m hoher Baum oder Strauch.
Blätter: Verkehrteiförmig-lanzettlich bis verkehrteiförmig oder breit elliptisch, 7–15 cm lang.
Blüten: Etwas größer als bei *M. stellata*, Tepalen 14–16, die 3 äußeren deutlich kleiner, weiß bis rosa, April–Mai.
Verwendung: Sehr häufig, B, WHZ 6b, LB 3.2.2.3.

In Kultur einige wüchsige, reich blühende Sorten:

'Leonard Messel'. Blüten anfangs kelchförmig, später flach ausgebreitet, Tepalen 12, außen rosa, innen fast weiß, linealisch, bis 7 cm lang.

'Merrill'. Bis 10 cm breit, duftend, Tepalen bis zu 15, weiß, doppelt so breit wie bei *M. stellata*. Wuchs kräftig, mehr baumartig. Schon früh blühend.

Magnolia macrophylla Michx. **subsp. macrophylla**, Großblättrige Magnolie

Habitus: 9–15 m hoher, breitkroniger Baum, Borke hellgrau, Äste dick und steif, Triebe gelblich grün, anfangs behaart, Endknospen 4–7,5 cm lang, weiß behaart.
Blätter: An den Triebenden quirlartig gehäuft und schirmartig abstehend, länglich-verkehrteiförmig, 30–80 cm lang, stumpf, Basis herzförmig geöhrt, oberseits hellgrün und kahl, unterseits bläulich und fein silbrig grau behaart, Stiel 5–10 cm lang.
Blüten: Schalenförmig, 25–30 cm breit, duftend, Tepalen 9, rahmweiß, die inneren 6 dick und fleischig, bis 20 cm lang, über der Mitte zurückgebogen, am Grund rosa gefärbt, Staubblätter weiß, Mai–Juni.

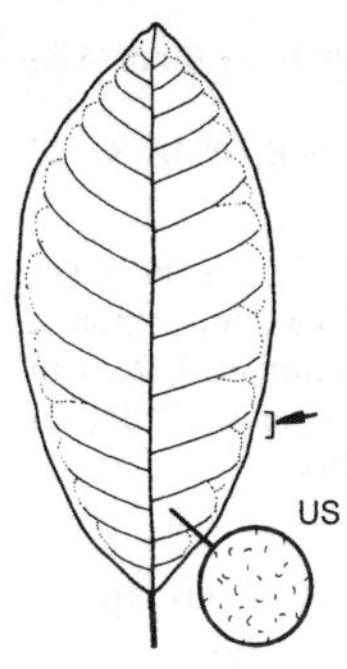

Magnolia obovata

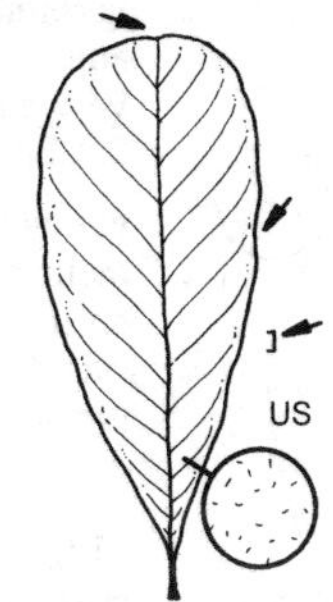

Magnolia officinalis var. officinalis

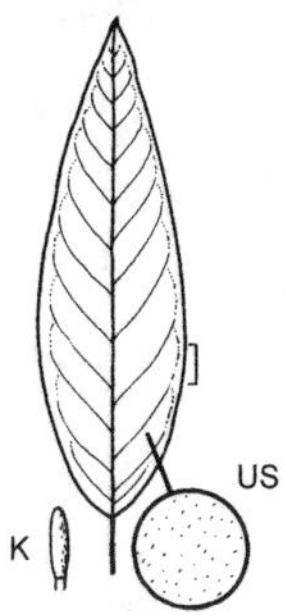

Magnolia salicifolia

Früchte: Eiförmig oder kugelig, 5–10 cm lang, rosa, anfangs dicht behaart, Arillus leuchtend rosarot.
Verbreitung: NO- und SO-USA.
Verwendung: Selten, B, ☘, WHZ 7b, LB 3.2.1.3.

subsp. ashei (Weath.) Spongberg. Wuchs strauchig, in allen Teilen kleiner als subsp. *macrophylla*. Früchte 2,5–5 cm lang. SO-USA.

Magnolia obovata Thunb., Honoki-Magnolie

Habitus: 20–25(–30) m hoher, meist 1-stämmiger, breit kegelförmiger, sparsam verzweigter Baum, Borke hellbraun, Triebe kahl, grün, zuletzt purpurbraun, Knospen kahl, purpurgrün.
Blätter: An den Triebenden quirlartig gehäuft und schirmförmig ausgebreitet, verkehrteiförmig, 20–40 cm lang, stumpf, an der Basis plötzlich zusammengezogen, oberseits hellgrün, unterseits bläulich grün, schütter behaart, Stiel 2,5–5 cm lang.
Blüten: Schalenförmig, 14–20 cm breit, stark duftend, Tepalen (6–)9–12, milchweiß, fleischig, die inneren 10–12 cm lang, die äußeren etwas kürzer und gelegentlich rosa getönt, Griffel und Basis der Staubblätter karminrot, Mai–Juni.
Früchte: Zylindrisch bis länglich, 10–18 cm lang, scharlachrot, Arillus rot.
Verbreitung: Japan, Kurilen.
Verwendung: Häufig, B, ☘, WHZ 6a, LB 7.2.2.3.

Magnolia officinalis Rehder et E.H. Wilson **var. officinalis**, Arznei-Magnolie

Habitus: Bis 20 m hoher Baum, Borke grau, sich in Platten lösend, Triebe anfangs gelb- bis grauseidig behaart.
Blätter: An den Triebenden gedrängt stehend, meist verkehrteiförmig, gewellt, bis 40 cm lang, stumpf, Basis keilförmig, Saum gewellt, oberseits apfelgrün und kahl, unterseits graugrün und locker behaart.
Blüten: Becherförmig, 15–20 cm breit, stark duftend, Tepalen 9–12, cremeweiß, fleischig, die 3 äußeren hinfällig, Staubblätter zahlreich, rot, Juni.
Früchte: Länglich-eiförmig, bis 15 cm lang.
Verbreitung: W- und M-China.
Verwendung: Selten (Rindenextrakt hat eine medizinische Bedeutung), B, N, ⚕, WHZ 8a, LB 6.3.2.3.

var. biloba Rehder et E.H. Wilson. Blätter verkehrteiförmig, an der Spitze tief gebuchtet, hellgrün, unterseits bläulich, fein behaart. Blüten becherförmig, 15–20 cm breit, pergamentfarben, in der Mitte dunkler.

M. parviflora Siebold et Zucc. =
M. sieboldii subsp. *sieboldii*
M. purpurea Curtis = *M. liliiflora*
M. quinquepeta (Buc'hoz) Dandy =
M. liliiflora

Magnolia salicifolia (Siebold et Zucc.) Maxim., Weidenblättrige Magnolie

Habitus: Bis 8 m hoher Baum oder großer Strauch, Krone breit kegelförmig, Borke rau, silbrig grau, Triebe und Blattknospen kahl, Blütenknospen dicht behaart.

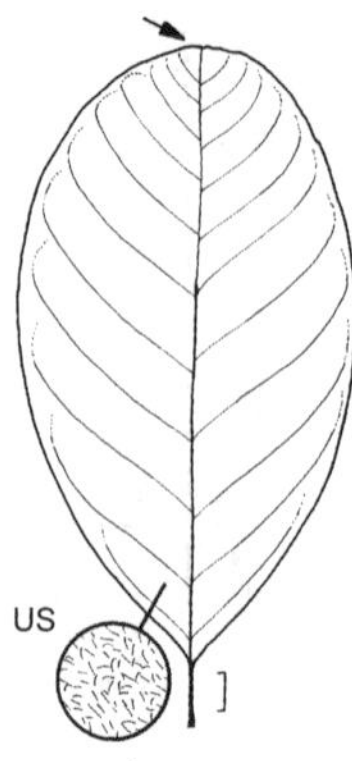

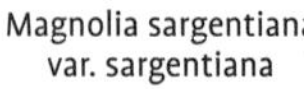
Magnolia sargentiana var. sargentiana

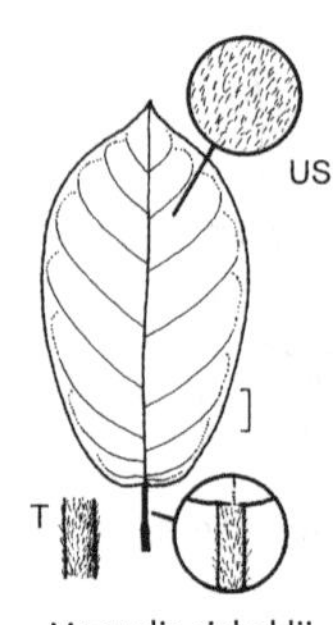

Magnolia sieboldii subsp. sieboldii

Blätter: Elliptisch-eiförmig bis länglich-lanzettlich, 7–12 cm lang, spitz bis zugespitzt, Basis breit keilförmig, oberseits dunkelgrün und kahl, unterseits blaugrün, zerstreut anliegend behaart, gerieben stark aromatisch riechend, Stiel 2,5 cm lang.
Blüten: Bis 12 cm breit, duftend, Tepalen reinweiß, die inneren zu 6, spatelförmig, 5–6 cm lang, abspreizend, äußere Tepalen 3, deutlich kürzer und schmaler, weiß bis grünlich, Staubblätter weiß oder cremefarben, April–Mai.
Früchte: Zylindrisch, 4–7 cm lang, grün, purpurschwarz werdend.
Verbreitung: Japan: Honshu, Kyushu.
Verwendung: Selten, B, WHZ 6a, LB 7.2.2.3.

Magnolia sargentiana Rehder et E.H. Wilson **var. sargentiana**, Sargents Magnolie

Habitus: Bis 15 m hoher, schlanker, straff aufrechter Baum, Borke bräunlich grau, Triebe gelblich braun, kahl, Endknospen gelblich flaumig behaart.
Blätter: Verkehrteiförmig, 11–18 cm lang, ledrig, abgerundet, mit aufgesetzter Spitze oder ausgerandet, Basis keilförmig, oberseits glänzend dunkelgrün, unterseits heller und grau behaart, Stiel dünn, 2,5–5 cm lang.
Blüten: Abstehend oder nickend, offen schalenförmig, 10–35 cm breit, duftend, Tepalen 12–14, weiß bis innen hell- und außen purpurrosa, besonders zur Basis hin, die inneren bis 12 cm lang, die 3 äußeren 7,5 cm lang, Staubblätter rosa, April–Mai.
Früchte: Zylindrisch, asymmetrisch, 8–15 cm lang, Arillus rötlich.
Verbreitung: China: Yunnan, Sichuan, Sikiang.
Verwendung: Sehr selten, B, WHZ 8a, LB 6.2.1.3.

var. robusta Rehder et E.H. Wilson. Wuchs mehr strauchig. Blätter länger und schmaler, an der Spitze stets ausgerandet. Blüten nickend, 20–30 cm breit, Tepalen 12–16, außen karminrot, innen heller.

Magnolia sieboldii K. Koch **subsp. sieboldii**, Siebolds Magnolie

Habitus: Strauch oder bis 10 m hoher Baum, Borke hellgrau, Triebe gelblich, anfangs leicht behaart, Endknospen leicht behaart.
Blätter: Verkehrteiförmig bis breit elliptisch, 6–15 cm lang, spitz, Basis keilförmig bis abgerundet, oberseits dunkelgrün und kahl, unterseits bläulich und zerstreut gelblich behaart, Stiel 1,5–5 cm lang.
Blüten: Nickend oder hängend, schalenförmig, 7–10 cm breit, duftend, Tepalen 9, weiß bis rahmweiß, 2,5–7,5 cm lang, die 3 äußeren blassrosa überlaufen, deutlich kürzer als die inneren, Staubblätter auffallend magentafarben, Juni.
Früchte: Verkehrteiförmig bis ellipsoid, 2–7 cm lang, hellrot, später braun mit Purpur, Arillus rot.
Verbreitung: Japan, Korea.
Verwendung: Selten, B, WHZ 6b, LB 7.2.5.4.

subsp. sinensis (Rehder et E.H. Wilson) Spongberg, Chinesische Magnolie. Wuchs stärker, Triebe gelblich bis rostrot behaart. Blätter 7–21 cm lang, ledrig, eiförmig bis länglich oder verkehrteiförmig bis rundlich, stumpf oder plötzlich zugespitzt, Basis keilförmig, oberseits grün und leicht behaart bis kahl, unterseits anfangs silbrig behaart, Stiel bis 7,5 cm lang. Blüten nickend, 8–12(–15) cm breit, nach Zitronen duftend, Tepalen 9–12, weiß, 5–7,5 cm lang, Staubblätter magentafarben. Früchte länglich, 5–7,5 cm lang. China: Sichuan.

Magnolia ×soulangeana Soul.-Bod., Tulpen-Magnolie

(*M. denudata* × *M. liliiflora*)

Habitus: Breit ausladender Strauch oder 3–6(–10) m hoher, kurzstämmiger Baum, Rinde silbergrau, Zweige purpurbraun.
Blätter: Verkehrteiförmig bis mehr elliptisch, 10–15 cm lang, kurz zugespitzt, abgerundet,

Basis oft schief, oberseits frischgrün, unterseits ± behaart.
Blüten: Groß, glockig, Tepalen 8–10, außen ± rosa bis purpurn, selten fast weiß, innen weiß, dick, fleischig, die äußeren oft etwas kleiner und schmaler als die inneren, April–Mai, oft bis zum Juni nachblühend.
Verwendung: Sehr häufig (in verschiedenen Sorten), B, WHZ 6b, LB 9.2.1.4.

'Alba Superba'. Wuchs mittelhoch, kompakt. Tepalen 9, weiß, außen im unteren Drittel leicht rosa getönt, Blütezeit früh.

'Alexandrina'. Wuchs stark, aufrecht. Blüten bis 12 cm breit, Tepalen innen reinweiß, außen zartrosa, zur Basis dunkler werdend, Blütezeit ziemlich früh, 3 Wochen anhaltend.

'Brozzonii'. Wuchs stark und breit, bis 8 m hoch. Blüten bis 30 cm breit, Tepalen 9, innen reinweiß, außen an der Basis zartrosa, Blütezeit spät.

'Lennei'. Wuchs breit und ausladend. Blüten breit kugelig, Tepalen breit, fleischig, innen weiß, außen dunkel purpurrot, Blütezeit spät.

'Lennei Alba'. Wuchs breit. Blüten in der Form ähnlich 'Lennei', Tepalen aber reinweiß.

'Norbertii'. Wuchs stark, aufrecht. Blüte ähnlich wie bei 'Alexandrina', aber etwas kleiner und etwas später blühend, Tepalen stärker purpurrosa getönt.

'Picture'. Wuchs stark, aufrecht, langtriebig. Blüten bis 35 cm breit, Tepalen innen weiß, außen dunkelpurpurn, sehr fleischig, die inneren zusammengeneigt, die äußeren spreizend.

'Rustica Rubra'. Wuchs kräftig, Äste ausgebreitet, bis 7 m hoch. Blüten bis 13 cm breit, wie bei 'Lennei', aber etwas mehr offen becherförmig und Tepalen mehr rosarot.

'Speciosa'. Blüten bis 15 cm breit, Tepalen innen weiß, außen rosa gestreift, in halber Höhe nach außen gebogen, reich und spät blühend.

Magnolia stellata (Siebold et Zucc.) Maxim., Stern-Magnolie

Habitus: 1,5–4,5 m hoher, kompakter, langsam wachsender Strauch, Triebe und Knospen dicht silbrig behaart.

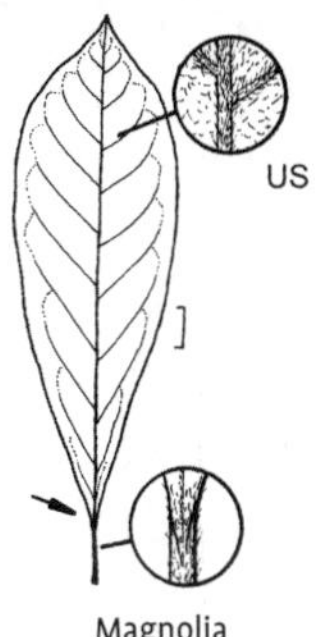

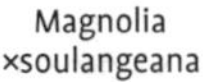

Magnolia ×soulangeana

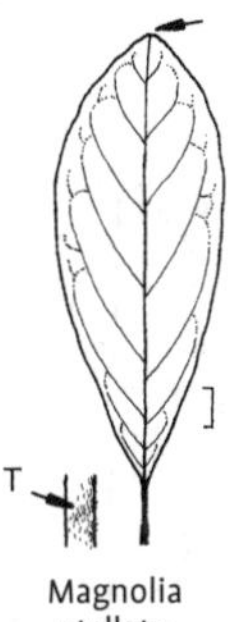

Magnolia stellata

Blätter: Schmal verkehrteiförmig bis breit lanzettlich, 4–14 cm lang, oberseits dunkelgrün und kahl, unterseits heller und kahl oder auf den Nerven behaart.
Blüten: 5–7 cm breit, duftend, Tepalen 12–15(–18), weiß, zuletzt leicht rosa getuscht, schmal länglich, schnell ungleich zurückgeschlagen, die äußeren rasch abfallend, Staubblätter 86–99, März–April.
Früchte: Asymmetrisch, bis 5 cm lang.
Verbreitung: Japan.
Verwendung: Sehr häufig (mit einigen Sorten), B, WHZ 6a, LB 7.2.2.5.

'Centennial'. Blüten bis 14 cm breit, Tepalen 28–32, reinweiß.

'Chrysanthemumiflora'. Blüten geöffnet chrysanthemenähnlich, Tepalen bis über 40, rosarot.

'Rosea'. Blütenknospen rosa, Tepalen später weiß, etwas schmaler als bei der Art.

'Royal Star'. Blüten bis 15 cm breit, Tepalen 25–30, reinweiß. Wuchs stärker und robuster als bei der Art.

'Rubra'. Tepalen 15, tiefrosa, nicht verblassend.

'Waterlily'. Blütenknospen rosa, Tepalen 14–18, weiß, etwas größer als bei der Art.

Magnolia De-Vos- und Korsar-Hybriden

Francis de Vos und William Korsar haben 1955 und 1956 im United States National Arboretum, Washington, D.C., mehrere Kreuzungsprogramme mit *M. stellata* und *M. liliiflora* durchgeführt. Die daraus erzielten Sorten werden nun als De-Vos- und Korsar-Hybriden bezeichnet. Alle entwickeln sich zu mehrstämmigen, kompakten, aufrechten, 3–4,5 m hohen Büschen oder kleinen Bäumen. Sie öffnen ihre duftenden,

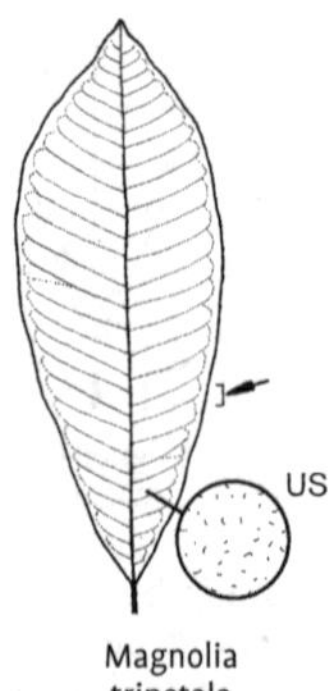

Magnolia tripetala

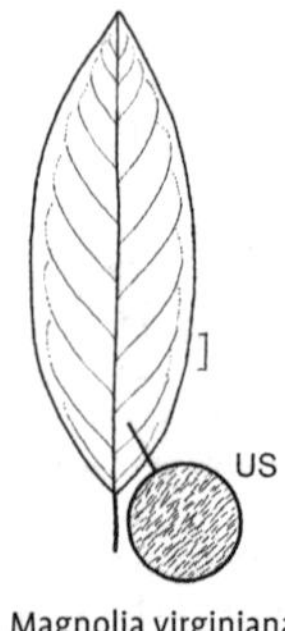

Magnolia virginiana

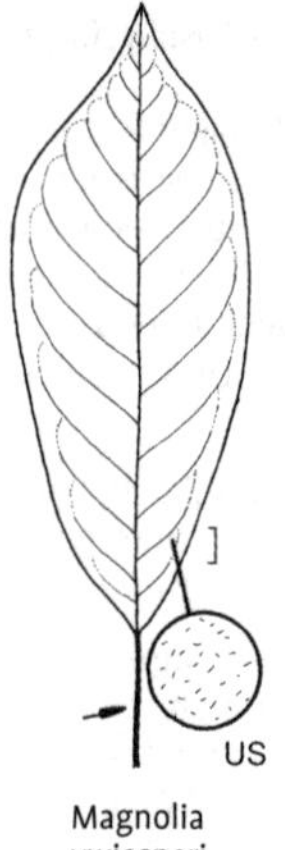

Magnolia ×wiesneri

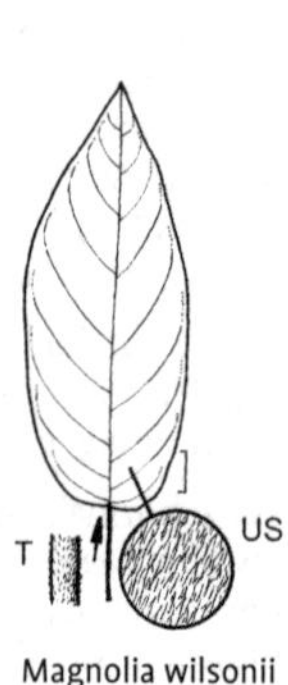

Magnolia wilsonii

mittelgroßen Blüten im April–Mai, vor oder gleichzeitig mit der Laubentfaltung. Die genannten Sorten besitzen einen hohen Gartenwert und werden häufig kultiviert. WHZ 6b bis 7a, LB 9.2.2.4.

'Ann' (*M. stellata* × *M. liliiflora* 'Nigra'). Blüten 5–10 cm breit, Tepalen 6–8, an der Basis rötlich purpurn, zur Spitze hin heller werdend, derb, schmal verkehrteiförmig, am Saum wellig.

'Betty' (*M. stellata* 'Rosea' × *M. liliiflora* 'Nigra'). Blüten bis 20 cm breit, Tepalen 12–18, an der Basis rötlich purpurn, zur Spitze hin grau-purpurn, spatel- oder zungenförmig, gedreht.

'Jane' (*M. stellata* 'Waterlily' × *M. liliiflora*). Blüten becherförmig, 9–10 cm breit, stark duftend, Tepalen 8–10, außen purpurrot, innen weiß, verkehrteiförmig bis spatelförmig.

'Pinkie' (*M. stellata* 'Rosea' × *M. liliiflora* 'Reflorescens'). Blüten becherförmig, 10–18 cm breit, Tepalen 9–12, außen rötlich purpurn, innen weiß, verkehrteiförmig bis spatelförmig.

'Randy' (*M. stellata* × *M. liliiflora* 'Nigra'). Blüten anfangs becherförmig, später sternförmig geöffnet, 8–13 cm breit, Tepalen 9–11, außen purpurrot, innen weiß.

'Ricki' (*M. stellata* × *M. liliiflora* 'Nigra'). Blüten 10–15 cm breit, Tepalen 10–12, gedreht, außen purpurrot bis purpurn, innen weiß bis hellpurpurn.

'Susan' (*M. stellata* 'Rosea' × *M. liliiflora* 'Nigra'). Blüten 10–15 cm breit, duftend, Tepalen 6, rötlich purpurn, beiderseits nahezu gleich gefärbt, schmal, meist gedreht, zur Vollblüte sternförmig ausgebreitet.

Magnolia tripetala (L.) L., Schirm-Magnolie

Habitus: Bis 12 m hoher, meist vom Boden an mehrstämmiger Baum, Krone etwas sparrig, Triebe und Knospen purpurn, kahl.
Blätter: An den Zweigenden quirlartig gehäuft und schirmförmig abstehend, länglich-verkehrteiförmig, 25–60 cm lang, spitz oder kurz zugespitzt, zur Basis allmählich keilförmig verschmälert, oberseits mittelgrün, unterseits graugrün und anfangs leicht behaart, Stiel 2,5–4 cm lang.
Blüten: 20–25 cm breit, etwas unangenehm riechend, Tepalen 6–9, milchweiß, die 6 inneren anfangs aufrecht, später spreizend, die 3 äußeren kleiner, mehr grünlich gefärbt, ausgebreitet, Staubfäden purpurn, Mai–Juli.
Früchte: Eiförmig-zylindrisch bis konisch, 6–10 cm lang, rosarot, Arillus scharlachrot.
Verbreitung: NO-, NOZ- und SO-USA.
Verwendung: Häufig, B, ♧, WHZ 6b, LB 3.2.1.4.

M. umbellata Steud. = *M. tripetala*
M. umbrella Desr. = *M. tripetala*

Magnolia virginiana L., Sumpf-Magnolie

Habitus: Sommer- oder wintergrüner, in Kultur kaum mehr als 3 m hoher, oft mehrstämmiger, schwachwüchsiger Strauch, Triebe

dünn, gelblich grün oder schwarz, kahl oder behaart, Knospen behaart.
Blätter: Elliptisch bis länglich-lanzettlich, 7–12 cm lang, spitz oder stumpf, Basis breit keilförmig, oberseits glänzend mittelgrün und kahl, unterseits blauweiß bereift, anfangs seidig behaart, Stiel 1,3 cm lang.
Blüten: Kugelig bis abgeflacht kugelig, 5–8 cm breit, stark duftend, Tepalen 8–12, weiß oder cremefarben, die inneren 4–6 cm lang, die äußeren kürzer und zurückgeschlagen, Staubblätter cremeweiß, Juni–September.
Früchte: Ellipsoid bis fast kugelig, 4–5 cm dick, dunkelrot, Arillus rot oder orange.
Verbreitung: NO-, Z- und SO-USA.
Verwendung: Selten, N, B, WHZ 6b, LB 1.2.4.4.

M. ×watsoniana Hook. f. = *M. ×wiesneri*

Magnolia ×wiesneri Carrière, Wiesners Magnolie
(*M. obovata* × *M. sieboldii* subsp. *sieboldii*)

Habitus: Bis 5 m hoher, aufrechter, etwas steifer Strauch, Triebe kahl.
Blätter: Verkehrteiförmig, 10–18 cm lang, ziemlich derbledrig, oberseits dunkelgrün, unterseits blaugrün und fein behaart.
Blüten: Aufrecht stehend, schalenförmig, stark duftend, 12–15 cm breit, Tepalen 9, die inneren elfenbeinfarben, die äußeren rosa, Staubblätter karminrot, Juni–Juli.
Verwendung: Selten, B, WHZ 7a, LB 7.2.5.4.

Magnolia wilsonii (Finet et Gagnep.) Rehder, Wilsons Magnolie

Habitus: Bis 8 m hoher, aufrechter Baum oder Strauch, Borke braun, Triebe purpurbraun, wie die Knospen samtig behaart.
Blätter: Länglich-eiförmig bis länglich-lanzettlich, 6–12 cm lang, spitz oder zugespitzt, Basis abgerundet bis schwach herzförmig, oberseits dunkelgrün und kahl, unterseits blaugrün und anfangs seidig-filzig behaart, Stiel 1,3–5 cm lang.
Blüten: Nickend oder hängend, schalenförmig, 10–12 cm breit, duftend, Tepalen 9(–12), alle weiß, spatelförmig, Staubblätter rot oder karminrot, Juni.
Früchte: Länglich-zylindrisch, 5–10 cm lang, rötlich braun, Arillus rot.
Verbreitung: China: Sichuan, Yunnan, Kansu.
Verwendung: Selten, B, WHZ 7b, LB 3.2.1.4.

M. yulan Desf. = *M. denudata*

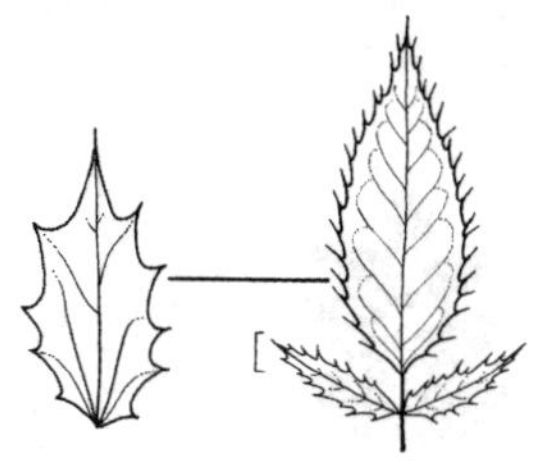
×Mahoberberis neubertii

×Mahoberberis C.K. Schneid.

Hybridmahonie – Berberidaceae
(aus den Gattungsnamen *Mahonia* und *Berberis* gebildet)

Gattungsbastard zwischen *Mahonia aquifolium* und verschiedenen *Berberis*-Arten. Von *Berberis* zu unterscheiden durch die unbedornten Zweige, von *Mahonia* durch die meist einfachen, gelegentlich 3-teiligen Blätter. In botanischen Gärten meist in der folgenden Form vorhanden. Nach Auffassung anderer Autoren kein Gattungsbastard, sondern eine *Berberis*-Hybride, weil die Gattung *Mahonia* in die Gattung *Berberis* einzugliedern sei. Dieser Auffassung wird hier nicht gefolgt.

×Mahoberberis neubertii (Baumann ex Lem.) C.K. Schneid.
(*Berberis vulgaris* × *Mahonia aquifolium*)

Habitus: Immergrüner oder nur wintergrüner, bis 1 m hoher, steif aufrechter Strauch.
Blätter: Derbledrig, an Langtrieben einfach, eiförmig bis eilänglich, 3–5 cm lang, stark gebuchtet, jederseits mit 5–7 langen dornigen Zähnen, an Kurztrieben teils einfach, eiförmig und ungestielt, teils 3-zählig und 2–3 cm lang gestielt, am Rand fein borstig gezähnt.
Blüten: Nicht bekannt.
Verwendung: Sehr selten, B, WHZ 6b, LB 9.2.5.6.

Mahonia Nutt.

Mahonie – Berberidaceae
(nach Bernard McMahon, etwa 1775–1816, nordamerikanischer Gärtner irischer Herkunft)

Habitus: Immergrüne, unbewehrte Sträucher, selten kleine Bäume, Äste oft lang und

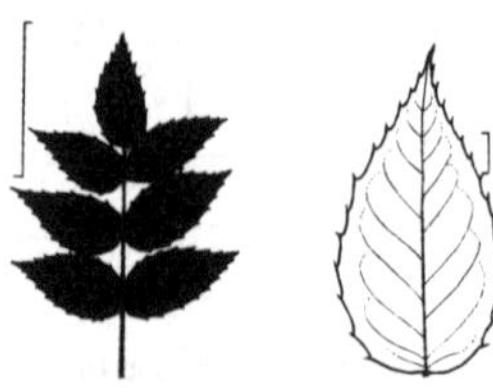

Mahonia aquifolium

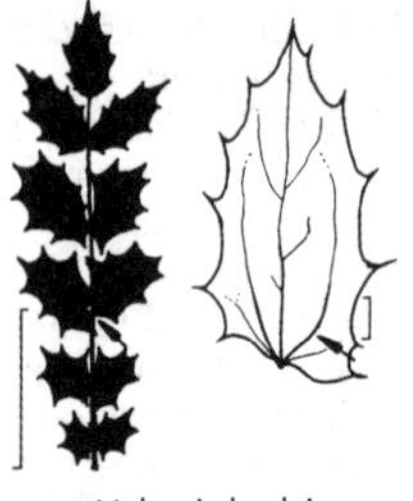

Mahonia bealei

unverzweigt oder nur an der Basis sparsam verzweigt.
Blätter: Wechselständig, unpaarig gefiedert, selten 3-zählig, Blättchen ledrig, scharf dornig gezähnt, die seitlichen sitzend, Nebenblätter klein, pfriemlich.
Blüten: Zwittrig, radiär, meist an den Zweigenden in vielblütigen, büschelig stehenden, kurzen Trauben, doldenartigen Büscheln oder Rispen, Kelchblätter 9, Kronblätter 6, gelb, Staubblätter 6, Fruchtknoten 1-fächrig, oberständig.
Früchte: Beeren 7–10 mm dick, kugelig, eiförmig, ellipsoid oder länglich, saftreich, dunkelblau oder blauschwarz, glänzend oder bereift, mit wenigen, 5–6 mm langen, braunen Samen.
Verbreitung: Etwa 100 Arten vom Himalaja bis Japan und Sumatra, N- und M-Amerika.
Verwendung: Häufig gepflanzte Einzel- und Gruppensträucher mit dekorativen Blättern, reicher Blüte und auffallendem Fruchtschmuck. Die Früchte werden teilweise wirtschaftlich verwertet.

Die Gattung *Mahonia* wird von anderen Autoren in die Gattung *Berberis* L. einbezogen. *Mahonia*-Arten unterscheiden sich von den *Berberis*-Arten u. a. durch ihre großen, gefiederten Blätter und die unbedornten Zweige.

Bestimmungsschlüssel Mahonia

1 Blättchen handnervig, 9–25 und dickledrig. 2
– Blättchen fiedernervig, 3–9 oder dünn ledrig 6
2 Nur 40 cm hoher, Ausläufer treibender Strauch, Knospenschuppen bis 3 cm lang, Blattstiele rötlich. . . . . . . *M. nervosa*
– Strauch höher und andersartig. 3
3 Blättchen sich an der Basis überdeckend und mit nur 2–5 Zähnen beiderseits . . . . . *M. bealei*
– Blättchen sich nicht überdeckend oder mit mehr Zähnen. 4
4 Blättchen höchstens 15. . . . . . *M. japonica*
– Blättchen auch mehr. 5
5 Blättchen höchstens 25, höchstens 3-mal so lang wie breit, jederseits mit bis zu 11 Zähnen . . . . . . *M.* ×*media*
– Blättchen bis 41, viele 4- bis 5-mal so lang wie breit, jederseits höchstens mit 7 Zähnen . . . . . . *M. lomariifolia*
6 Pflanzen Ausläufer treibend und kriechend, Blättchen 3–7, Rand kaum gewellt. 7
– Pflanzen aufrecht, ohne Ausläufer, Blättchen 5–13, Rand stark gewellt 8
7 Blättchen sich nicht überdeckend und 3–6 cm lang . . . . . . *M. repens*
– Blättchen sich teilweise überdeckend und 5–9 cm lang. . . . . . *M.* ×*decumbens*
8 Blätter höchstens 15 cm lang, Blättchen 7–13, dickledrig, jederseits mit 5–10 groben Stachelzähnen. . . . . . *M. pinnata*
– Blätter bis 20 cm lang, Blättchen 5–9, dünn ledrig, jederseits mit 10–20 feinen Stachelzähnen . . . . . . *M. aquifolium*

Mahonia aquifolium (Pursh) Nutt., Gewöhnliche Mahonie

Habitus: Aufrechter, kaum über 1 m hoher, buschiger, vieltriebiger Strauch.
Blätter: Bis 20 cm lang, Blättchen 5–13, sitzend, schmal eiförmig bis breit elliptisch, 3,5–8 cm lang, Basis abgerundet, oberseits glänzend dunkelgrün, unterseits heller, nicht papillös, Rand ± stark gewellt, jederseits mit 5–19 dornigen Zähnen, Stiel 2–5 cm lang, Blätter im Winter oft intensiv bronzerot gefärbt.
Blüten: Etwa 1,5 cm lang, in aufrechten, dicht stehenden, 5–8 cm langen Trauben, die zu 3–4 zusammenstehen, Krone gelb, mitunter etwas rötlich überlaufen, März–April(–Mai).
Früchte: Purpurschwarz, bereift, ellipsoid, etwa 8 mm lang, Griffel fehlend.
Verbreitung: O-Kanada, NW-USA.
Verwendung: Sehr häufig (mit einigen Sorten), B, ♣, H, D, Bi, ⚕, WHZ 5b, LB 7.2.5.6 (4.3.5.6) (9.2.6.6).

Neben der Art sind auch einige gleichmäßig und kompakt wachsende, reich blühende Sorten und Sorten mit intensiver Laubfär-

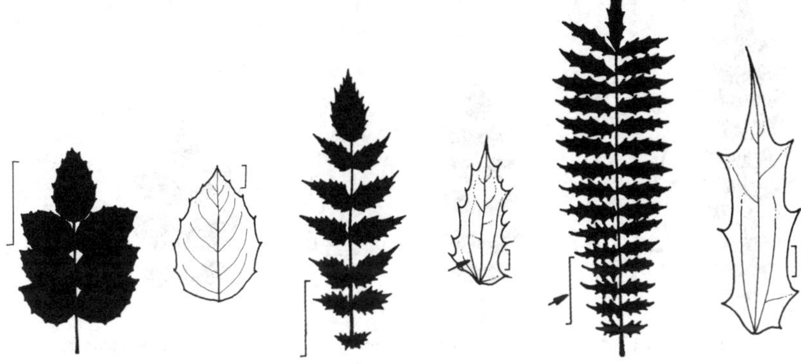

Mahonia ×decumbens   Mahonia japonica   Mahonia lomariifolia

bung im Winter in Kultur, z. B. 'Apollo', 'Atropurpurea', 'Dart's Golden Pride', 'Hasting's Elegant', HILLARY ('Darthill'), 'Marijke' oder 'Smaragd'.

Mahonia bealei (Fortune) Carrière, Beals Mahonie

Habitus: In M-Europa selten über 2 m hoher, dicktriebiger, steif aufrechter, sparsam verzweigter Strauch.
Blätter: 30–40 cm lang, Blättchen 9–15, steif, 5–12 cm lang, etwa 6 cm entfernt stehend, schmal verkehrteiförmig, ± blasig aufgetrieben, oberseits dunkelgrün und bläulich überlaufen, unterseits blaugrün bis gelbgrün, Basis der seitlichen Blättchen schief herzförmig, sich oft überdeckend, jederseits mit 2–5 großen, dornigen Zähnen, Stiel 1–2 cm lang.
Blüten: In 8–20 cm langen, ± aufgerichteten bis überhängenden Trauben, die zu 6–9 zusammenstehen, duftend, Krone hellgelb, Blütenstiele 1–2 cm lang, Tragblätter der Blüten 6–7 mm lang, Februar–Mai.
Früchte: Blauschwarz, bläulich bereift, eiförmig, 1 cm lang, Griffel reduziert oder fehlend.
Verbreitung: China: Hupeh.
Verwendung: Häufig, B, ♧, D, WHZ 7a, LB 6.4.4.5.

Mahonia ×decumbens Stace
(*M. repens* × *M. aquifolium*)

Habitus: Kaum mehr als 0,5 m hoher, kompakter, Ausläufer bildender Strauch.
Blätter: Etwa 13–20 cm lang, Blättchen 5–9, 5–9 cm lang, sich ± stark überlappend, Rand ± scharf gezähnt, matt blaugrün.
Blüten: Zahlreich, in vergleichsweise kurzen, meist dichten, 3–7 cm langen Trauben, ± stark duftend, Krone hell- bis goldgelb, April.
Früchte: Blauschwarz, bereift.
Verwendung: Selten [mit einigen Sorten, wie BLACKFOOT ('Bokrafoot') OTTAWA ('Bokrawa'), Pixie', ROTONDE ('Bokrarond') und SIOUX ('Bokrasio')] B, ♧, WHZ 6a, LB 7.1.5.7.

Mahonia japonica (Thunb. ex Murray) DC., Japanische Mahonie

Habitus: Bis 2 m hoher Strauch, ähnlich *M. bealei*, Äste aufrecht, sparsam verzweigt.
Blätter: 30–50 cm lang, Blättchen 7–19, eiförmig bis länglich-eiförmig, 5–10 cm lang, nur schwach gewölbt, Basis der seitlichen Blättchen weniger schief als bei *M. bealei*, sich selten überdeckend, oberseits glänzend graugrün, unterseits auffallend gelbgrün, jederseits mit 3–7 dornigen Zähnen.
Blüten: In 10–20 cm langen, lockeren, ± nickenden Trauben, die zu 10 zusammenstehen, stark duftend, Krone schwefelgelb, Blütenstiele dünn, 6–7 mm lang, Tragblätter ansehnlich, etwa 1 cm lang, Februar–Mai.
Früchte: Dunkelpurpurn, bereift, eiförmig, 6–9 mm lang, Griffel stark reduziert.
Verbreitung: Ursprüngliche Verbreitung unbekannt, in Japan seit Langem in Kultur.
Verwendung: Selten, B, ♧, D, WHZ 7a, LB 6.4.4.5 (7.4.4.5).

Mahonia lomariifolia Takeda, Lomariablättrige Mahonie

Habitus: Bis 4(–10) m hoher, vielstämmiger Strauch, Äste dick, steif aufrecht, selten verzweigt.
Blätter: 25–70 cm lang, an den Triebenden gehäuft, Blättchen 9–41, regelmäßig paar-

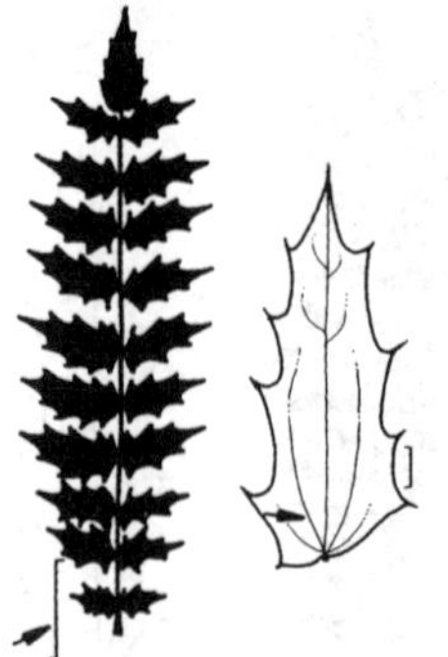

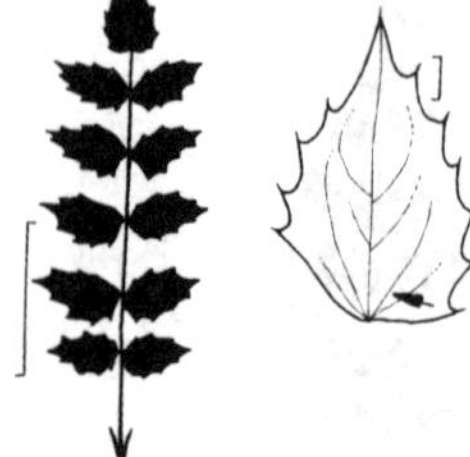

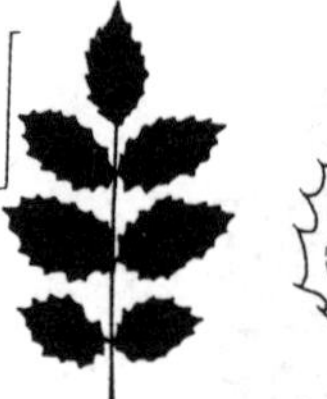

Mahonia ×media Mahonia nervosa Mahonia pinnata

weise angeordnet, 4–10 cm lang, länglich-eiförmig bis länglich-lanzettlich, scharf zugespitzt, jederseits mit 7 dornigen Zähnen gesägt, im Austrieb bronzerot, später oberseits dunkelgrün, kahl.
Blüten: Dicht gedrängt in aufrechten, 10–20 cm langen Trauben, die zu bis 20 zusammenstehen, duftend, Krone hellgelb, November–März.
Früchte: Blauschwarz, eiförmig, 1 cm lang, Griffel reduziert.
Verbreitung: Myanmar, W-China.
Verwendung: Selten, B, ♣, WHZ 8a, LB 6.4.4.5 (7.4.4.5).

Mahonia ×media C.D. Brickell

(M. japonica × M. lomariifolia)

Habitus: Aufrechte, stark wachsende, in wintermilden Zonen bis 4 m hohe Sträucher mit starken, wenig verzweigten Ästen.
Blätter: 20–60 cm lang, Blättchen 17–21, eiförmig-lanzettlich, 4–10 cm lang, lang zugespitzt, Basis stumpf, oberseits glänzend dunkelgrün, unterseits gelblich grün, mit deutlicher Nervatur, jederseits mit 2–5 dornigen Zähnen.
Blüten: In 10–20(–35) cm langen, lockeren Trauben, die zu bis 20 zusammenstehen, leicht duftend, Krone tiefgelb, November–Februar.
Früchte: 1,1–1,5 cm dick, blauschwarz, stark weißlich bereift.
Verwendung: Selten (mit einigen reich blühenden Sorten), B, WHZ 7b, LB 6.4.4.5.

'Buckland'. Bis 2 m hoch, reich verzweigt. Blätter 25–40(–50) cm lang. Blüten zu 12–18 in 15–30(–50) cm langen Trauben. (November–)Dezember(–Januar).

'Charity'. Bis 2(–5) m hoch. Blätter 25–40(–60) cm lang, stumpf graugrün. Blüten zu 12–18 in schlanken, 15–30(–50) cm langen, Trauben, November–Februar.

'Winter Sun'. 1–2 m hoher Strauch. Blätter 25–35(–40) cm lang. Blüten zu 10–20 in 15–30(–40) cm langen Trauben. (November–)Dezember(–Januar).

Mahonia nervosa (Pursh) Nutt., Nervige Mahonie

Habitus: Bis 0,4(–1) m hoher, Ausläufer bildender Strauch, Zweige mit bleibenden, lanzettlichen, 2–3 cm langen Knospenschuppen.
Blätter: Bis 40 cm lang, Blättchen 11–23, dick, sitzend, eiförmig bis eiförmig-lanzettlich, 4–8 cm lang, mit 3–5 von der Basis ausgehenden Nerven, Rand gebuchtet und jederseits mit 10–18 dornigen Zähnen, oberseits glänzend graugrün, unterseits gelbgrün, Rachis auffallend rot, Stiel 5–12 cm lang.
Blüten: In aufrechten, lockeren, 17–25 cm langen Trauben, die zu 3–4 zusammenstehen, Krone gelb, April–Juni.
Früchte: Blauschwarz, bereift, kugelig, 7–9 mm dick, Griffel fehlend.
Verbreitung: W-Kanada, NW- und SW-USA.
Verwendung: Sehr selten, B, ♣, WHZ 7b, LB 4.1.5.7.

Mahonia pinnata (Lag.) Fedde, Fiederblättrige Mahonie

Habitus: Aufrechter, etwa 1(–3) m hoher Strauch.
Blätter: 5–12 cm lang, Blättchen 5–9, eiförmig bis lanzettlich, 3–5 cm lang, Rand stark wellig, jederseits mit 10–20 feinen, dornigen Zähnen, oberseits schwach glänzend, unter-

seits grün, nicht papillös, Stiel sehr kurz, Basis der Blättchen sich meist überdeckend.
Blüten: Hellgelb, in 6–8 cm langen, end- und achselständigen Trauben, die zu 5 zusammenstehen, Mai.
Früchte: Purpurschwarz, blau bereift, kugelig-eiförmig, bis 6 mm dick, Griffel fehlend.
Verbreitung: NW- und SW-USA: Oregon, Mexiko: Baja California.
Verwendung: Sehr selten, B, ♣, WHZ 8a, LB 6.4.4.6.

Mahonia repens (Lindl.) G. Don,
Kriechende Mahonie

Habitus: Bis 0,5 m hoher, niederliegend-kriechender, Ausläufer bildender Strauch.
Blätter: 10–20 cm lang, Blättchen 3–7, meist 5, eiförmig, 3–6 cm lang, Rand lang buchtig gezähnt, jederseits 5–9 nach vorn gerichtete, borstige Zähne, zuweilen fast ganzrandig, oberseits matt blaugrün, unterseits papillös, im Winter grün bleibend, Stiel 2–3 cm lang.
Blüten: In 3–8 cm langen Trauben, die zu 6 zusammenstehen, nicht oder leicht duftend, Krone tiefgelb, April–Mai.
Früchte: Blauschwarz, bereift, kugelig, 7–9 cm lang, Griffel fehlend.
Verbreitung: W-Kanada, NW- und SW-USA, Rocky Mts.
Verwendung: Selten, B, ♣, WHZ 6a, LB 7.1.5.7.

Mahonia ×wagneri (Jouin) Rehder,
Wagners Mahonie
(*M. aquifolium* × *M. pinnata*)

Habitus: Breit aufrechter, bis 2,5 m hoher Strauch.
Blätter: Blättchen 7–11, eiförmig-länglich, jederseits mit 4–7 ziemlich schwach ausgebildeten Zähnen, oberseits tiefgrün und etwas glänzend, unterseits heller.
Blüten: In 6–8 cm langen, achselständigen Trauben, Krone hell- bis tief goldgelb, März–April.
Früchte: Eiförmig-kugelig, etwa 6 mm dick, dunkelblau, bereift, meist wenig zahlreich.
Verwendung: Sehr selten, B, ♣, WHZ 7a, LB 9.3.6.5.

'Pinnacle'. Bis 1,5 m hoch. Blättchen 9–11, stumpf bläulich graugrün, scharf dornig gezähnt, im Austrieb schön kupfrigbraun. Blüten reingelb, sehr zahlreich.

'Vikaryi'. Bis 1 m hoch, breit aufrecht. Blätter ziemlich klein, Blättchen meist 9, in Färbung und Bedornung wie bei 'Pinnacle', im Herbst teilweise rot verfärbt. Blüten gelb, in kleinen, dichten Trauben.

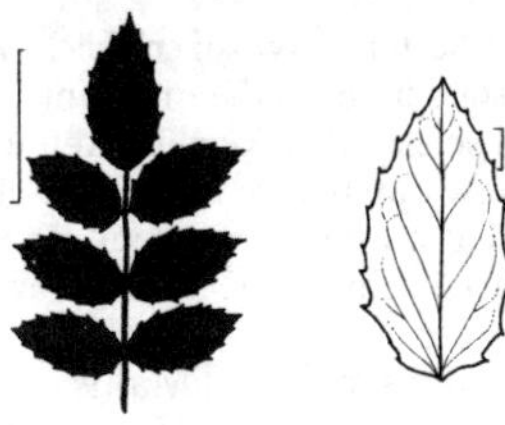
Mahonia repens

Malus Mill.

Apfel – Rosaceae
(lateinisch *malus* = Apfel)

Habitus: Sommergrüne (selten halbimmergrüne), meist kugelkronige und dicht verzweigte Kleinbäume oder Großsträucher, Borke meist flach und grobschuppig, Zweige olivgrün bis rotbraun, Seitenzweige mitunter verdornend, Dornen meist stumpf, Endknospen spitz eiförmig, 2–5 mm lang, Seitenknospen 1–3 mm lang.
Blätter: Wechselständig, einfach, gesägt, seltener fiedrig gelappt bis eingeschnitten, Nebenblätter hinfällig.
Blüten: Zwittrig, radiär, 1,5–5 cm breit, endständig an Kurztrieben in wenigblütigen Trugdolden, 5-zählig, Kelchblätter klein, bleibend oder hinfällig, Kronblätter weiß bis rosa oder karminrot, meist rundlich bis verkehrteiförmig, Staubblätter 15–20, Fruchtblätter 3–5, zur Reife pergamentartig bis knorpelig, in einen fleischigen Blütenbecher eingesenkt und mit diesem verwachsen.
Früchte: Kernäpfel meist kugelig, selten birnenförmig, 0,5–10 cm dick, grün, gelb, oft rotbackig oder einfarbig rot, das saftig-fleischige Fruchtfleisch meist ohne körnige Einschlüsse (Steinzellen), je Fach 2 eiförmige, 4–8 mm lange Samen.
Verbreitung: Je nach Auffassung 25–55 Arten in der nemoralen Zone der nördl. Hemisphäre.
Verwendung: Zieräpfel sind in Garten und Park sehr häufig gepflanzte, nahezu unentbehrliche Blüten- und Fruchtgehölze.

In der Gartenkultur werden den Zierapfel-Arten nicht selten durch Hybridisation entstandene Sorten vorgezogen. Nicht nur die Sorten, sondern auch die Arten (nicht selten schon in selektierten Klonen) werden vegetativ, meist durch Veredlung auf Sämlingsunterlagen, vermehrt und dann als Büsche, Halb- oder Hochstämme herangezogen.

Bestimmungsschlüssel Malus

(Artbestimmung nur mit Blüten und Früchten möglich!)

1 Blätter der Langtriebe wenigstens teilweise gelappt 2
– Alle Blätter ungelappt. 15
2 Blüten rosa oder rot 3
– Blüten weiß (höchstens im Austrieb rosa) . . . 6
3 Früchte höchstens 1,5 cm dick 4
– Früchte 3 cm dick . . . . . *M. coronaria*
4 Früchte 1,5 cm dick. 5
– Früchte 1 cm dick . . . . . *M. ×atrosanguinea*
5 Früchte elliptisch, 1,5 cm dick . . . . . *M. fusca*
– Früchte rund, 1 cm dick . . . . . *M. ×zumi*
6 Reife Früchte dicker als 2 cm 7
– Früchte höchstens 2 cm dick. 9
7 Hauptnerven der Blätter oberseits auffällig eingesenkt . . . . . *M. ioensis*
– Hauptnerven der Blätter nicht auffällig eingesenkt 8
8 Früchte an der Spitze gerippt, ohne rote Backe . . . . . *M. coronaria*
– Früchte mit roter Backe, nicht gerippt . . . . . *M. tschonoskii*
9 Früchte elliptisch 10
– Früchte rund 13
10 Blüten höchstens 2,5 cm breit. 11
– Blüten 3,5 cm breit . . . . . *M. trilobata*
11 Früchte 1 cm dick 12
– Früchte 1,5 cm dick. . . . . *M. fusca*
12 Griffel 5 . . . . . *M. florentina*
– Griffel 3 . . . . . *M. kansuensis*
13 Untere Lappen bis über die Spreitenhälfte eingeschnitten, Früchte 1–1,5 cm dick 14
– Untere Lappen nicht bis über die Spreitenhälfte eingeschnitten. . . . . *M. toringo*
14 Früchte 8 mm dick . . . . . *M. toringoides*
– Früchte 10–15 mm dick. . . . . *M. sargentii*
15 (1) Blüten weiß (höchstens in der Knospe rosa) 16
– Blüten rosa oder rot 26
16 Reife Früchte dicker als 1 cm 17
– Früchte höchstens 1 cm dick. 23
17 Blüten höchstens 1,5 cm breit, Früchte rot mit weißen Punkten . . . . . *M. yunnanensis* var. *yunnanensis*
– Blüten breiter, Früchte andersartig 18
18 Früchte (fast) rund 19
– Früchte eiförmig oder elliptisch 22
19 Früchte 1,5 cm dick. . . . . *M. ×zumi*
– Früchte (viel) dicker 20
20 Früchte höchstens 3 cm dick, untere Stammaustriebe mit stechenden vertrockneten Seitentrieben . . . . . *M. sylvestris*
– Früchte dicker, Zweige unbewehrt 21
21 Triebe filzig behaart, Blattbasis herzförmig . . . . . *M. pumila* var. *pumila*
– Triebe flaumig behaart, Blattbasis keilförmig bis abgerundet . . . . . *M. domestica*
22 Früchte um den Stielansatz herum vertieft . . . . . *M. prunifolia* var. *prunifolia*
– Früchte nicht vertieft . . . . . *M. ×robusta*
23 Griffel 5 24
– Griffel 3 oder 4 25
24 Kelch kahl . . . . . *M. baccata* var. *baccata*
– Kelch behaart . . . . . *M. sieboldii*
25 Früchte rot . . . . . *M. sieboldii*
– Früchte grünlich gelb (mit roter Backe). . . . . *M. hupehensis*
26 (15) Blüten rot 27
– Blüten rosa 28
27 Blüten 4–4,5 cm breit, Früchte 1,5–2,5 cm dick . . . . . *M. ×moerlandsii*
– Blüten 3–4 cm breit, Früchte 1–1,5 cm dick . . . . . *M. ×purpurea*
28 Früchte eiförmig oder elliptisch 29
– Früchte (fast) rund 30
29 Früchte 6–8 mm dick . . . . . *M. halliana*
– Früchte 1–3 cm dick . . . . . *M. ×robusta*
30 Früchte höchstens 1,5 cm dick 31
– Früchte dicker (bis 5 cm) 35
31 Griffel am Grund verwachsen 32
– Griffel bis zum Grund frei. 33
32 Griffel 3, Früchte 1,5 cm dick . . *M. ×arnoldiana*
– Griffel 4, Früchte 6–8 mm dick. . *M. floribunda*
33 Kronblätter 5. 34
– Kronblätter bis zu 10. . . . . *M. ×scheideckeri*
34 Blüten 2,5–3 cm breit . . . . . *M. ×micromalus*
– Blüten 3,5–4 cm breit . . . . . *M. hupehensis*
35 Früchte höchstens 4 cm dick. 36
– Früchte 4–5 cm dick . . . . . *M. ×adstringens*
36 Griffel am Grund verwachsen . . . . . *M. ×arnoldiana*
– Griffel bis zum Grund frei. 37
37 Blüten höchstens 3 cm breit 38
– Blüten breiter 39
38 Früchte etwas gerippt . . . . . *M. ×micromalus*
– Früchte nicht gerippt . . . . . *M. angustifolia*
39 Kronblätter 6–12. 40
– Kronblätter 5. 41
40 Früchte 1,5 cm dick. . . . . *M. ×scheideckeri*
– Früchte 3 cm dick . . . . . *M. ×magdeburgensis*
41 Früchte gelb . . . . . *M. spectabilis*
– Früchte gelbgrün, z. T. mit roter Backe . . . . . *M. sylvestris*

Malus ×adstringens Zabel

(*M. baccata* × *M. pumila*)

Habitus: 3–4 m hoher Strauch oder Baum.
Blätter: Elliptisch, unterseits weich behaart.
Blüten: Meist rosa, Kelchblätter und Blütenstiele kurz zottig behaart, Krone meist rosa, Mai.
Früchte: Kugelig, 4–5 cm dick, rot, gelb oder grün, Kelch hinfällig.
Verwendung: Häufig (meist in folgenden Sorten), B, ✿, Bi, WHZ 6a, LB 3.3.3.3.

'Almy'. Blätter im Austrieb purpurn, später bronzegrün. Blüten tiefpurpurn, bis 5 cm breit. Früchte kugelig, kantig, 2 cm dick, orangefarben mit großer roter Backe bis ganz rot.

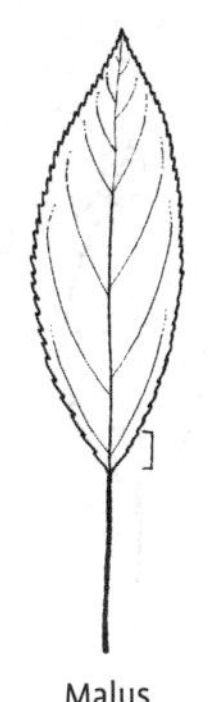

Malus
×adstringens

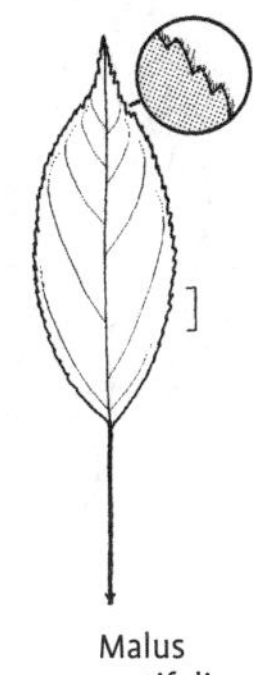

Malus
angustifolia

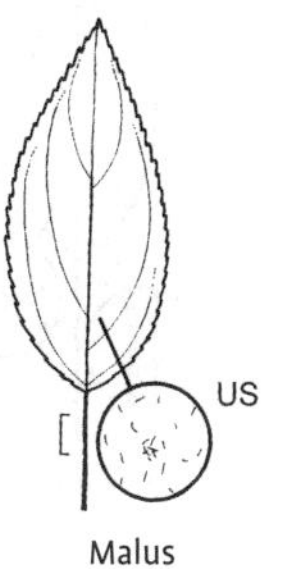

Malus
×arnoldiana

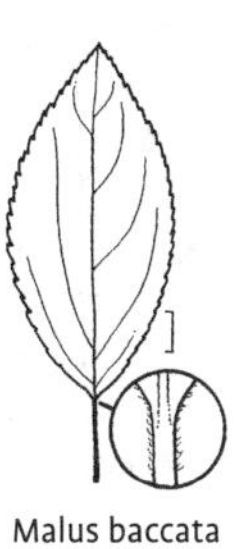

Malus baccata
var. baccata

'Hopa'. Blüten lilarot, 4–5 cm breit. Früchte kugelig, 2 cm dick, tiefrot.

Malus angustifolia (Aiton) Michx., Schmalblättriger Apfel

Habitus: 5–7(–10) m hoher Baum oder Strauch, Triebe dünn, anfangs leicht behaart.
Blätter: Länglich-lanzettlich bis eiförmig, derb, an Kurztrieben 3–7 cm lang, stumpf bis spitz, an der Basis breit keilförmig, unregelmäßig grob kerbig gesägt, an Langtrieben breiter und manchmal seicht gelappt, oberseits hellgrün, unterseits kahl bis filzig.
Blüten: 2,5 cm breit, lang gestielt, zu 3–5, nach Veilchen duftend, Krone rosa oder weiß, Griffel nur an der Basis behaart, Mai–Juni.
Früchte: Kugelig bis abgeflacht kugelig, 1,5–2,5 cm dick, gelbgrün, Kelch bleibend.
Verbreitung: NO-, NOZ- und SO-USA.
Verwendung: Selten, B, ♧, Bi, WHZ 6a, LB 2.4.2.4.

Malus ×arnoldiana (Rehder) Sarg.

(*M. baccata* var. *baccata* × *M. floribunda*)

Habitus: Bis 2 m hoher Strauch, Äste und Zweige weit ausladend.
Blätter: Elliptisch bis eiförmig-länglich, 5–8 cm lang, zugespitzt, Basis keilförmig bis abgerundet, unregelmäßig bis fast doppelt gesägt, an Langtriebblättern Nerven unterseits dauernd behaart.
Blüten: 3–4 cm breit, zu 4–6, Krone in der Knospe karminrot, aufgeblüht rosa, später fast weiß, Griffel meist 3, im unteren Drittel verwachsen und behaart, Mai.
Früchte: Kugelig, 1,5 cm dick, gelblich, Kelch hinfällig.
Verwendung: Selten, B, ♧, Bi, WHZ 6a, LB 3.3.4.5.

Sorten dieser Gruppe sind zurzeit gärtnerisch ohne große Bedeutung.

Malus ×atrosanguinea (Späth) C.K. Schneid., Karmesinroter Holz-Apfel

(*M. halliana* × *M. toringo*)

Habitus: 4,5–8 m hoher Baum, Krone breit und sparrig, Zweige leicht überhängend.
Blätter: Eiförmig, gesägt, nur an den Langtrieben oft jederseits mit einem Basallappen versehen.
Blüten: Zahlreich, 2,5 cm beit, Krone in der Knospe und aufgeblüht tief karminrot, nicht verblassend, Mai.
Früchte: Kugelig, 1 cm dick, rot oder gelb mit roter Backe, Kelch hinfällig.
Verwendung: Häufig (u. a. am Zustandekommen einiger wertvoller Sorten beteiligt), B, ♧, Bi, WHZ 6a, LB 3.3.3.3.

Malus baccata (L.) Borkh. **var. baccata**, Beeren-Apfel

Habitus: 5–12 m hoher, breitkroniger Baum, junge Triebe kahl, dünn.
Blätter: Eiförmig, dünn, 3–8 cm lang, spitz oder lang zugespitzt, Basis keilförmig oder abgerundet, fein und regelmäßig gesägt, kahl oder in der Jugend schwach behaart, Stiel 2–5 cm lang.
Blüten: 3–3,5 cm breit, lang gestielt, zu 4–6, Kelch kahl, Krone weiß, Kelchblätter lang zugespitzt, Griffel 5, am Grund etwas behaart, April–Mai.
Früchte: ± kugelig, 1 cm dick, rot oder gelb, Kelch hinfällig.

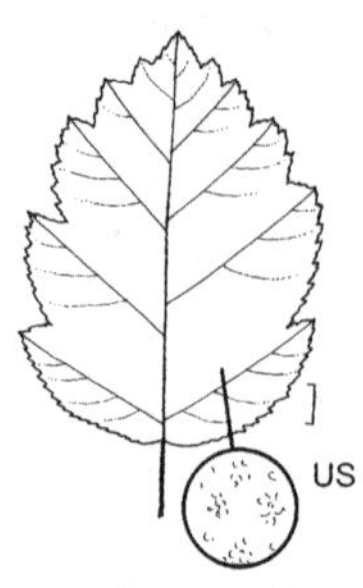

Malus coronaria

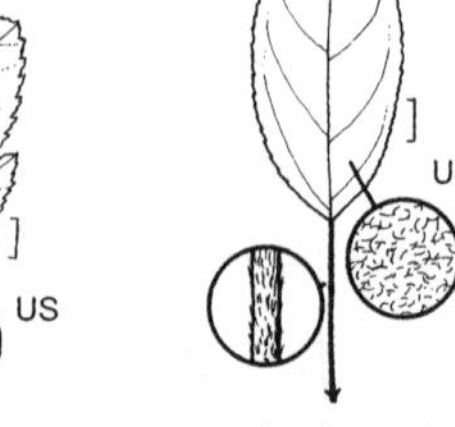

Malus domestica

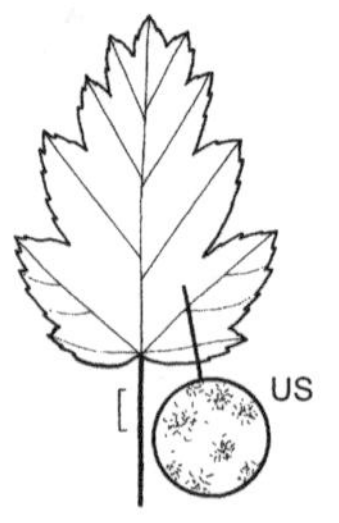

Malus florentina

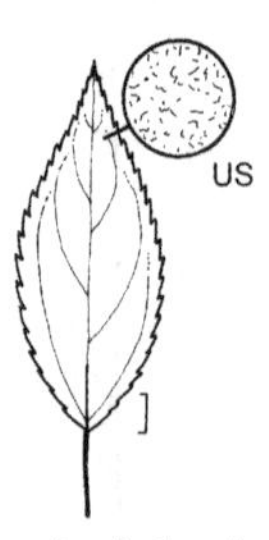

Malus floribunda

Verbreitung: N-China, Mandschurei, Korea, Sachalin.
Verwendung: Sehr häufig, B, ♧, Bi, WHZ 3, LB 2.4.2.4.

'Gracilis'. Hängeform mit dünnen Zweigen. Blätter glänzend grün, ziemlich klein. Blüten in der Knospe hellrosa, später weiß, 3–3,5 cm breit, sehr zahlreich. Früchte rahmgelb mit orangefarbener Backe.

'Street Parade'. Krone schmal eiförmig. Blüten in der Knospe lachsrosa, später weiß, 4–5 cm breit. Früchte klein, glänzend violettrot, sehr gesund.

var. mandshurica (Maxim.) C.K. Schneid. Blätter breit elliptisch, größer als bei var. *baccata*, in der Jugend unterseits behaart. Blüten 4 cm breit, duftend, Krone weiß, April. Früchte meist breit ellipsoid, bis 1,2 cm lang, lebhaft rot. Sehr reich und meist als erster Zierapfel blühend. Russ. Ferner Osten, China, Korea, Japan, Sachalin.

M. communis Poir. = *M. sylvestris*

Malus coronaria (L.) Mill., Kronen-Apfel

Habitus: Bis 7 m hoher, breitkroniger Baum, Triebe steif, anfangs filzig behaart, später kahl.
Blätter: Länglich-eiförmig, 5–10 cm lang, spitz, Basis meist abgerundet, unregelmäßig gesägt und seicht gelappt, an Langtrieben grober gelappt, in der Jugend unterseits flockig-filzig, später kahl, Herbstfärbung scharlachrot.
Blüten: 3–4 cm breit, lang gestielt, zu 4–6, nach Veilchen duftend, Krone weißlich rosa, Mai–Juni.
Früchte: Abgeflacht kugelig, 4 cm breit, an der Spitze gerippt, gelbgrün, Kelch bleibend.
Verbreitung: O-Kanada, NO-, NOZ-, Z- und SO-USA.
Verwendung: Häufig (meist in der folgenden Sorte), B, ♧, H, Bi, WHZ 5b, LB 3.3.3.3.

'Charlottae'. Blüten zartrosa, duftend, bis 5 cm breit, gefüllt, Kronblätter 18. Herbstfärbung rot und orange.

Malus domestica Borkh., Kultur-Apfel

Habitus: Mittelgroßer, meist breitkroniger Baum.
Blätter: Elliptisch bis eiförmig, bis 12 cm lang, jederseits bleibend behaart.
Blüten: Krone weiß, in der Knospe oft rosa überhaucht, Blütenstiele dick, meist behaart, April–Mai.
Früchte: Meist über 5 cm dick, süß, Kelch bleibend.
Verbreitung: Vor langer Zeit in Kultur entstanden.
Verwendung: Sehr häufig (in zahlreichen Kultursorten), N, WHZ 5a, LB 2.5.2.3.

Malus florentina (Zuccagni) C.K. Schneid., Italienischer Apfel

Habitus: Bis 8 m hoher, breitkroniger Baum, Zweige aufrecht, junge Triebe zottig behaart.
Blätter: Breit eiförmig, 5–7 cm lang, an der Basis meist keilförmig, stets eingeschnitten gelappt und gesägt, oberseits mattgrün, unterseits gelbgrau filzig behaart, Stiel 1–2,5 cm lang, behaart, Herbstfärbung orange und scharlachrot.
Blüten: 1,5–2 cm breit, zu 5–7 in zottig behaarten Büscheln, Krone weiß, Griffel 5, Staubblätter 30, Mai–Juni.
Früchte: Ellipsoid, 1–1,2 cm lang, rot, Kelch hinfällig.
Verbreitung: S- und SO-Europa.

Verwendung: Sehr selten, B, ♣, Bi, WHZ 6a, LB 3.3.3.3.

Malus floribunda Siebold ex Van Houtte, Vielblütiger Apfel

Habitus: 4(–10) m hoher Baum, Krone dicht, breit gewölbt, Zweige weit abstehend, junge Triebe behaart.
Blätter: Elliptisch bis eiförmig, 4–8 cm lang, zugespitzt, Basis meist keilförmig, scharf gesägt, Zähne deutlich grannenspitzig, an Langtrieben größer und eingeschnitten gesägt, ungelappt oder mit 2 flachen Lappen knapp unterhalb der Mitte, unterseits behaart oder nahezu kahl, Stiel 1,5–2,5 cm lang.
Blüten: 2,5–3 cm breit, Krone in der Knospe tief karminrot, aufgeblüht rosa, bald verblassend, Griffel meist 4, Stiele 2,5–3,5 cm lang, wie der Kelch rötlich und etwas behaart, Kelchblätter zugespitzt, Griffel meist 4, etwa bis zur Mitte verwachsen, Mai.
Früchte: Kugelig, 6–8 mm dick, gelblich grün bis rot, Kelch hinfällig.
Verbreitung: Japan, nur aus Kultur bekannt.
Verwendung: Sehr häufig (stellenweise als Pollenspender in Apfelplantagen), B, ♣, Bi, WHZ 5a, LB 3.3.4.3.

Malus fusca (Raf.) C.K. Schneid., Alaska-Apfel

Habitus: 7–10 m hoher, straff aufrechter, schmalkroniger Baum oder Strauch, junge Triebe anfangs weißlich grau behaart.
Blätter: Eiförmig bis länglich-lanzettlich, 3–10 cm lang, spitz oder zugespitzt, Basis meist abgerundet oder keilförmig, fein scharf gesägt, oft 3-lappig, beiderseits behaart, später oberseits kahl, Stiel 2–3,5 cm lang, behaart, Herbstfärbung braunrot.
Blüten: 2–2,5 cm breit, zu 6–12, Krone weiß oder rosa, Stiele dünn, wie der Kelch behaart, Griffel 3–4, Mai.
Früchte: Ellipsoid, 1,5 cm dick, rot oder gelb, Kelch hinfällig.
Verbreitung: Alaska, W-Kanada, NW- und SW-USA.
Verwendung: Sehr selten, B, ♣, Bi, WHZ 6a, LB 7.3.3.4.

Malus halliana Koehne, Halls Apfel

Habitus: Bis 5 m hoher Baum oder Strauch, Krone locker, unregelmäßig, junge Triebe bald kahl werdend, purpurn.

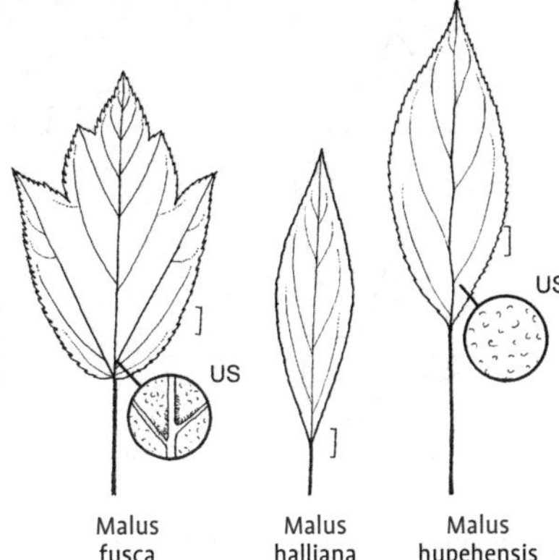

Blätter: Eiförmig oder elliptisch, 3,5–8 cm lang, zugespitzt, kerbig gesägt, derb, oberseits glänzend tiefgrün, unterseits heller, stets kahl, im Austrieb oft rötlich, Stiel 0,5–2 cm lang.
Blüten: 3–3,5 cm breit, zu 4–7 in oft hängenden Büscheln, Krone in der Knospe tiefrot, aufgeblüht dunkelrosa, Kronblätter meist mehr als 5, zu 4–7 in Büscheln, Stiele dünn, wie der Kelch rötlich und kahl, Kelchblätter eiförmig, stumpflich, Griffel 4–5, Mai.
Früchte: Verkehrteiförmig, 6–8 mm dick, rötlich braun, erst spät reifend, lange haftend, Kelch hinfällig.
Verbreitung: China, Japan, nur aus Kultur bekannt.
Verwendung: Sehr selten, B, ♣, Bi, WHZ 6a, LB 3.3.3.4.

'Parkmanii'. Blätter dickledrig, bronzegrün, glänzend, klein. Blüten halb gefüllt, tiefrosa, 3–3,5 cm breit, spät und lange blühend. Früchte kugelig, 1,5 cm dick, rot, wenig auffallend.

Malus hupehensis (Pamp.) Rehder, Tee-Apfel

Habitus: 5–7 m hoher, steif aufrechter, sehr schmalkroniger Baum, junge Triebe behaart, bald kahl werdend.
Blätter: Eiförmig bis eiförmig-lanzettlich, derb, 5–10 cm lang, zugespitzt, Basis abgerundet, scharf gesägt, unterseits anfangs auf den Nerven behaart, im Austrieb rötlich grün, Stiel 1–3 cm lang.
Blüten: 3,5–4 cm breit, zu 3–7, duftend, Krone anfangs rosa, später weiß, Stiele dünn, 3–4 cm lang, kahl oder leicht zottig behaart,

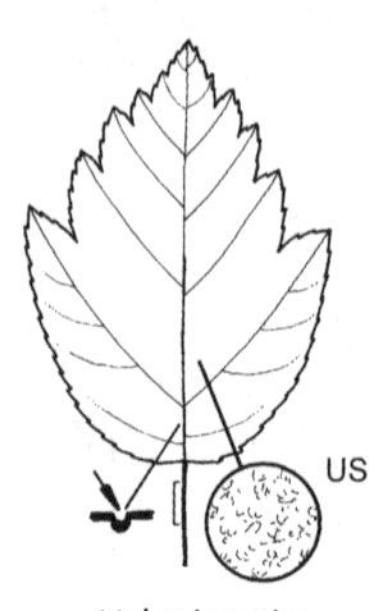

Malus ioensis

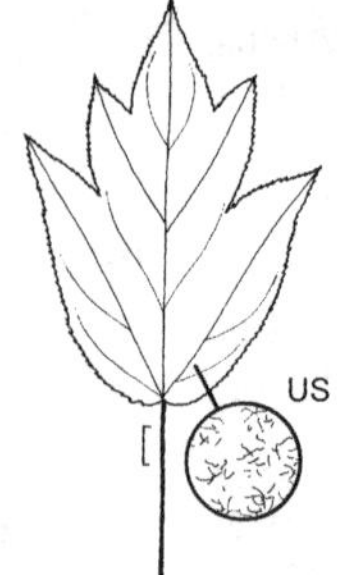

Malus kansuensis

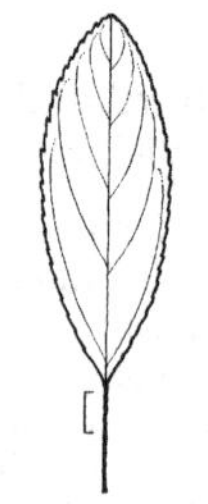
Malus ×micromalus

Kelchblätter 3-eckig, zugespitzt, rötlich, kahl, Griffel 3, selten 4, Mai.
Früchte: Kugelig bis ellipsoid, 0,6–1 cm dick, meist grünlich gelb mit roter Backe, Kelch hinfällig.
Verbreitung: China, N-Indien.
Verwendung: Selten, B, ♧, Bi, WHZ 6a, LB 9.1.3.3.

Malus ioensis (A.W. Wood) Britton, Prärie-Apfel

Habitus: Bis 6 m hoher, lockerkroniger Baum, Triebe anfangs filzig behaart, später kahl und rotbraun.
Blätter: Länglich bis eiförmig, 5–10 cm lang, spitz oder kurz zugespitzt, Basis breit keilförmig oder abgerundet, doppelt gesägt bis leicht gelappt, derb, Nerven eingesenkt, unterseits mindestens in der Jugend dicht filzig, Stiel kräftig, filzig, Herbstfärbung dunkelrot und gelb.
Blüten: Etwa 4 cm breit, zu 4–6, duftend, Krone weiß, mit zartrosa Anflug, Stiele kräftig, 2–3,5 cm lang, wie der Kelch filzig behaart, Mai–Juni.
Früchte: Kugelig oder breit ellipsoid, 2,5–3 cm dick, manchmal kantig, grünlich, mit wachsartiger Oberfläche, duftend, Kelch bleibend.
Verbreitung: NO- und Z-USA.
Verwendung: Selten, B, ♧, H, Bi, WHZ 3, LB 9.2.4.3.

'Plena'. Blüten groß, zartrosa, dicht gefüllt, regelmäßig sehr reich blühend.

Malus kansuensis (Batalin) C.K. Schneid., Kansu-Apfel

Habitus: Bis 5 m hoher Baum oder Strauch, junge Triebe behaart.
Blätter: Eiförmig, 5–8 cm lang, Basis gestutzt, abgerundet oder breit keilförmig, meist 3- bis 5-lappig, fein gesägt, Lappen 3-eckig-eiförmig, spitz, meist nicht bis zur Spreitenhälfte eingeschnitten, unterseits mindestens auf den Nerven behaart, Stiel 1,5–4 cm lang.
Blüten: 1,5–2 cm breit, zu 4–10, Krone weiß, Stiele 1,5–2,5 cm lang, wie der Kelch zottig behaart, Griffel 3, kahl, Mai.
Früchte: Ellipsoid, etwa 1 cm dick, gelb oder rot, Kelch hinfällig.
Verbreitung: NW-China.
Verwendung: Sehr selten, B, ♧, Bi, WHZ 6a, LB 6.3.3.3.

Malus ×magdeburgensis Hartwig
(*M. pumila* var. *pumila* × *M. spectabilis*)

Habitus: Kleiner, breitkroniger Baum, ähnlich *M. spectabilis*.
Blätter: Elliptisch, 6–8 cm lang, an beiden Enden verschmälert.
Blüten: 4,5 cm breit, Krone in der Knospe leuchtend rot, aufgeblüht leuchtend rosa, Kronblätter 6–12, Kelch und Blütenstiele behaart, Mai.
Früchte: Kugelig, 3 cm dick, gelbgrün mit roter Backe.
Verwendung: Selten, B, ♧, Bi, WHZ 6a, LB 3.3.2.4.

Malus ×micromalus Makino
(*M. baccata* var. *baccata* × *M. spectabilis*)

Habitus: 4–5 m hoher, aufrechter, reich verzweigter Baum, Zweige lang, dunkelbraun, bald kahl werdend.
Blätter: Elliptisch-länglich, 5–10 cm lang, derb, lang zugespitzt, Basis keilförmig, fein gesägt, oberseits glänzend grün, unterseits zuletzt kahl.
Blüten: 4,5 cm breit, zu 4–7, Krone außen ro-

sa, innen weißlich rosa, nicht verblassend, Mai.
Früchte: Kugelig, leicht gerippt, 1,5 cm dick, gelb, Kelch hinfällig.
Verwendung: Selten, B, ♧, Bi, WHZ 6a, LB 2.3.2.4.

Malus ×moerlandsii Door.

(*M.* ×*purpurea* 'Lemoine' × *M. toringo*)

Habitus: Bis 4 m hoher Baum oder Strauch.
Blätter: Elliptisch bis eiförmig, 7–11 cm lang, im Austrieb kupferfarben bis purpurn, später glänzend bronzegrün, an Langtrieben gelappt.
Blüten: 4–4,5 cm breit, Krone wein- bis karminrot, Mai.
Früchte: Kugelig, etwa 1–1,5 cm breit, purpurn.
Verwendung: Sehr häufig (meist in den folgenden Sorten), B, ♧, Bi, WHZ 6a, LB 3.3.3.4.

'Liset'. Bis 7 m hoch, Triebe purpurn. Blätter im Austrieb dunkelpurpurn, später überwiegend dunkelgrün und glänzend. Blüten blaurot, 4 cm breit. Schon als junge Pflanze reich blühend.

'Profusion'. 5–7 m hoch, Zweige überhängend. Blätter rot oder rötlich, später mehr bronzegrün. Blüten karminrot, rasch heller werdend, 4 cm breit. Früchte rotbraun.

M. niedzwetzkyana Dieck = *M. pumila* 'Niedzwetzkyana'

Malus prunifolia (Willd.) Borkh. var. prunifolia, Kirsch-Apfel

Habitus: 5(–10) m hoher Baum, junge Triebe anfangs leicht weich behaart.
Blätter: Eiförmig bis elliptisch, 5–10 cm lang, spitz oder kurz zugespitzt, Basis abgerundet oder keilförmig, scharf gesägt, unterseits auf den Nerven behaart, später kahl, Stiel dünn, 1,5–5 cm lang.
Blüten: 4–5 cm breit, zu 6–10, Krone in der Knospe rosa, geöffnet weiß, Stiele 2–3,5 cm lang, wie die Kelchblätter kahl oder filzig behaart, lang zugespitzt.
Früchte: Meist eiförmig, 2 cm dick, gelbgrün oder rot, um den Stielansatz herum vertieft, Kelch bleibend.
Verbreitung: NO-Asien, nur aus Kultur bekannt.
Verwendung: Häufig, N, B, ♧, Bi, WHZ 4, LB 3.3.3.3.

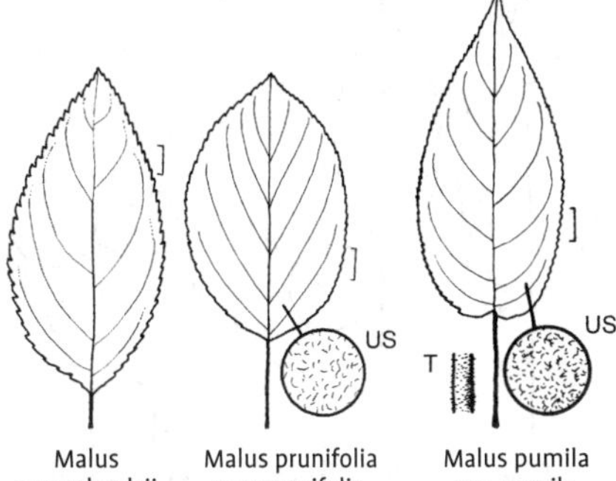

Malus ×moerlandsii — Malus prunifolia var. prunifolia — Malus pumila var. pumila

'Cheal's Crimson'. 3–5 m hoch. Blüten in der Knospe rosa, aufgeblüht weiß, 3 cm breit. Früchte orangegelb mit roter Backe, 2,5 cm breit, Kelch bleibend oder abfallend. Sehr reich fruchtend, häufiger gepflanzt als die Art.

var. rinkii (Koidz.) Rehder. Blattunterseiten, Blütenstiele und Kelch fein filzig behaart. Blüten rosa, bis 5 cm breit. Früchte 1,5–3,5 cm dick, wachsgelb. O-Asien, nur aus Kultur bekannt.

Malus pumila (L.) Mill. var. pumila, Johannis-Apfel

Habitus: 5–7(–15) m hoher, kurzstämmiger Baum, Krone abgerundet, locker, Zweige unbewehrt, Triebe filzig behaart.
Blätter: Elliptisch-eiförmig, 4–10 cm lang, spitz oder stumpf, Basis herzförmig, kerbig gesägt, anfangs behaart, später kahl.
Blüten: 3–4 cm breit, Krone weiß, rosa überhaucht, Kelchblätter zugespitzt, wie Stiele und Griffel behaart, April.
Früchte: Kugelig, 2–6 cm dick, grün, an beiden Enden vertieft, Kelch bleibend.
Verbreitung: In Kultur entstanden.
Verwendung: Selten, B, ♧, WHZ 5a, LB 3.3.2.4.

'Niedzwetzkyana', Kirgisischer Blut-Apfel. Bis 4 m hoher Baum oder Strauch, Zweige schwarzrot, im Holz gerötet. Blätter im Austrieb rot, später mehr bronzegrün. Blüten 4,5 cm breit, Kronblätter dunkelrot, weiß genagelt. Früchte 5–6 cm dick, außen dunkelrot, Fruchtfleisch gerötet, süß. Wird auch als in Turkestan heimische Wildform aufgefasst.

var. paradisiaca (L.) C.K. Schneid., Paradies-Apfel. Wuchs strauchig, Zweige gelegentlich dornig. Blätter meist nur 1,5–3 cm

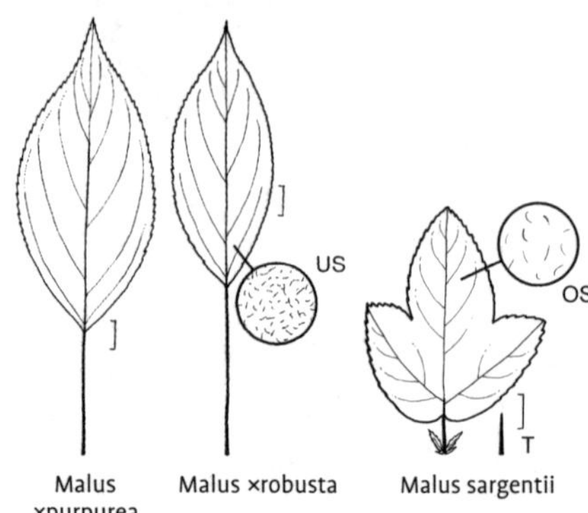

Malus ×purpurea Malus ×robusta Malus sargentii

lang. Blüten rosa. Früchte unter 3 cm dick, grünlich, süß. SO-Europa, SW-Asien.

Malus ×purpurea (Barbier) Rehder
(*M. pumila* 'Niedzwetzkyana' × *M. ×atrosanguinea*)

Habitus: 6–8 m hoher, aufrechter, locker verzweigter Baum, Zweige schwarzrot.
Blätter: Eiförmig, 8–9 cm lang, spitz, kerbig gesägt, an starken Langtrieben zuweilen leicht gelappt, kahl, zuerst braunrot, später glänzend dunkelgrün.
Blüten: 3–4 cm breit, Krone im Aufblühen purpurrot, bald verblassend, April–Mai.
Früchte: Kugelig, 1,5–2,5 cm dick, purpurrot, lang gestielt, Kelch bleibend.
Verwendung: Sehr häufig (meist in den folgenden Sorten), B, ♧, Bi, WHZ 6a, LB 3.3.2.4.

'Aldenhamensis'. Blätter im Austrieb purpurn, später bronzebraun. Blüten purpurrot, auch in der Knospe, mit 6–10 Kronblättern halb gefüllt. Früchte abgeplattet-kugelig, 1,5–2 cm dick, stumpf bräunlich rot. Mittelfrüh und reich blühend, oft Nachblüte im September–Oktober.

'Eleyi'. Blätter groß, glänzend, zuerst purpurn, dann bronzegrün. Blüten hell weinrot, 3–3,5 cm breit. Früchte eiförmig bis kugelig, 1,5–2 cm dick, tiefrot, lang gestielt. Sehr reich blühende, häufig gepflanzte Sorte.

M. ringo Siebold ex Carrière = *M. prunifolia* var. *rinkii*

Malus ×robusta (Carrière) Rehder
(*M. baccata* var. baccata × *M. prunifolia*)

Habitus: Wuchs kräftig, aufrecht, Krone breit kegelförmig, Zweige an den Spitzen leicht hängend.
Blätter: Elliptisch, 8–11 cm, spitz, Basis abgerundet, lebhaft grün.
Blüten: 3–4 cm breit, zu 3–8, Krone weiß, mitunter etwas rosa, April–Mai.
Früchte: Kugelig bis ellipsoid, 1–3 cm dick, gelb oder rot, lang gestielt, Kelch bleibend oder hinfällig.
Verwendung: Selten, B, ♧, Bi, WHZ 6a, LB 2.4.2.4.

Von den zahlreichen Sorten dieser Hybride gehört zurzeit keine mehr zum gängigen Sortiment.

Malus sargentii Rehder, Sargents-Apfel, Strauch-Apfel

Habitus: Bis 2,5 m hoher, reich verzweigter Strauch, Äste waagerecht abstehend, Kurztriebe oft dornig, junge Triebe filzig behaart.
Blätter: Eiförmig, 5–8 cm lang, zugespitzt, Basis abgerundet oder fast herzförmig, scharf gesägt, anfangs zottig behaart, zuletzt kahl, an Langtrieben meist 3-lappig, Herbstfärbung orangegelb.
Blüten: 2,5 cm breit, lang gestielt, zu 5–6, duftend, Krone reinweiß, Kronblätter eiförmig, sich an der Basis überlappend, Mai.
Früchte: Kugelig, 1 cm dick, dunkelrot, lang gestielt, oft bis zum Frühjahr haftend, Kelch hinfällig.
Verbreitung: N-Japan.
Verwendung: Häufig, B, ♧, WHZ 5a, LB 3.3.4.3 (1.2.3.5).

'Tina'. Wuchs schwach. Blüten sehr zahlreich, in der Knospe rosa, aufgeblüht weiß. Früchte klein, rot.

Malus ×scheideckeri Späth ex Zabel
(*M. floribunda* × *M. prunifolia*)

Habitus: Bis 4 m hoher, straff aufrechter Strauch, junge Triebe behaart.
Blätter: Eiförmig, 5–10 cm lang, scharf gesägt, gelegentlich mit einem größeren Einschnitt, lebhaft grün, unterseits heller und behaart.
Blüten: 4–5 cm breit, Krone hellrosa, mit bis zu 10 Kronblättern halb gefüllt, Mitte Mai.
Früchte: 1,5 cm dick, gelb bis orangefarben, lang gestielt, Kelch meist bleibend.
Verwendung: Selten, B, ♧, Bi, WHZ 6a, LB 3.3.4.5.

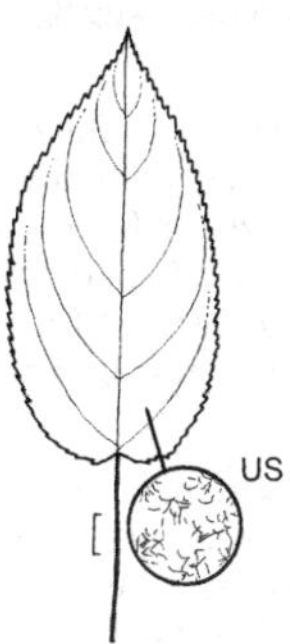

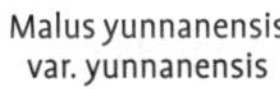
Malus yunnanensis var. yunnanensis

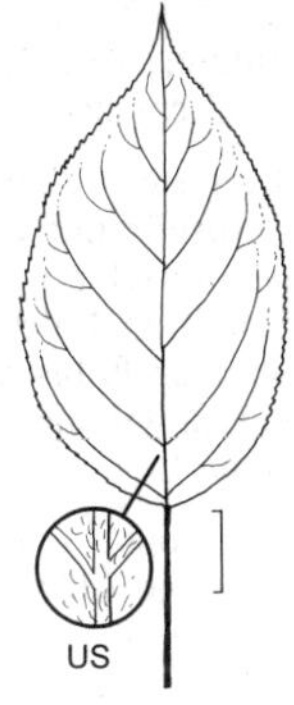

Malus ×zumi

Malus tschonoskii (Maxim.) C.K. Schneid., Woll-Apfel

Habitus: Bis 12 m hoher, anfangs breit kegelförmiger Baum, Triebe filzig behaart.
Blätter: Elliptisch bis eiförmig, 7–12 cm breit, unregelmäßig oder doppelt gesägt, manchmal seicht gelappt, anfangs filzig, später oberseits kahl und dunkelgrün, unterseits dünnfilzig, Stiel 2–3 cm lang, Herbstfärbung intensiv orange bis scharlachrot.
Blüten: 3 cm breit, zu 2–5, duftend, Krone weiß, Stiele 2–2,5 cm lang, wie der Kelch filzig, Kelchblätter 3-eckig-eiförmig, kürzer als die Kelchröhre, Griffel am Grund filzig, Mai.
Früchte: Kugelig, 2–3 cm dick, gelblich grün mit rötlicher Backe, Kelch bleibend.
Verbreitung: Japan: Honshu.
Verwendung: Selten (als Stadtstraßenbaum geeignet) B, ✿, H, Bi, WHZ 6b, LB 3.1.3.3.

Malus yunnanensis (Franch.) C.K. Schneid. **var. yunnanensis**, Yunnan-Apfel

Habitus: Bis 10 m hoher Baum, Krone anfangs schmal und straff aufrecht, junge Triebe filzig behaart.
Blätter: Eiförmig bis länglich-eiförmig, 6–12 cm lang, kurz zugespitzt, Basis abgerundet oder schwach herzförmig, scharf und doppelt gesägt, meist ungelappt, teilweise mit 3–5 Paar kurzen, breiten Lappen, unterseits filzig behaart, Stiel 2–3,5 cm lang, Herbstfärbung rot und orange.
Blüten: 1,5 cm breit, zu 8–12 in 4–5 cm breiten Doldentrauben, Krone weiß, Stiele 1–2 cm lang, wie der Kelch zottig-filzig, Griffel 5, Mai.
Früchte: Fast kugelig, 1–1,5 cm dick, rot, weiß punktiert, Kelch bleibend.
Verbreitung: W-China.
Verwendung: Selten, B, ✿, Bi, WHZ 5a, LB 2.4.3.3.

var. veitchii Rehder. Blätter eiförmig, Basis deutlich herzförmig, stets gelappt, die Lappen kurz zugespitzt, zuletzt unterseits verkahlend, Blüten cremeweiß, 1,2 cm breit. Früchte 1,3 cm breit, purpurbraun, weiß gepunktet. M-China.

Malus ×zumi (Matsum) Rehder
(*M. baccata* var. *mandshurica* × *M. sieboldii*)

Habitus: Kleiner, schmal kegelförmiger Baum, Triebe leicht behaart.
Blätter: Breit eiförmig, 5–9 cm lang, lang zugespitzt, an Bütentrieben gekerbt bis fein gesägt, an Langtrieben gesägt oder gelegentlich gelappt, oberseits dunkelgrün, behaart, unterseits anfangs dicht behaart.
Blüten: 3 cm breit, Krone in der Knospe rosa, aufgeblüht weiß, Mai.
Früchte: Kugelig, 1,5 cm dick, rot.
Verwendung: Selten, B, ✿, Bi, WHZ 5a, LB 3.3.4.5.

Malus – Gärtnerische Züchtungen

Viel häufiger als generativ vermehrte Arten werden in Parks und Gärten vegetativ vermehrte Sorten gepflanzt. Sie sind aus Kreuzungen verschiedener Arten und Sorten hervorgegangen; sie übertreffen in ihren dekorativen Eigenschaften und in ihrer Resistenz gegenüber Mehltau und Schorf oft ihre Eltern. Von den zahlreichen Sorten können hier nur die wichtigsten genannt werden. LB 9.3.3.4.

'Adams'. Blätter im Austrieb braunrot, später glänzend hellgrün. Blüten in der Knospe karminrot, später rosarot, zahlreich. Früchte kugelig, 2,5 cm dick, karminrot mit roter Backe.

'Adirondack'. Blätter ledrig, matt dunkelgrün. Blüten reinweiß, 4–4,5 cm breit, Kronblätter unterseits mit karminrosafarbenem Rand. Früchte fast kugelig, rot, orange schattiert.

'Brower's Beauty'. Blätter glänzend- bis mattgrün. Blüten in der Knospe purpurrot, aufgeblüht hellrosa. Früchte kugelig, 0,8–1 cm dick, gelb bis orangerot.

'Butterball'. Blätter hellgrün. Blüten in der Knospe rosa, später weiß mit rosafarbenem

Anflug, 3–4 cm breit. Früchte kugelig, 2–2,5 cm dick, glänzend gelb.

'Evereste'. Blätter grün, lange haftend, Herbstfärbung goldgelb. Blüten in der Knospe dunkel purpurrosa, zuletzt weiß, 5,5–6 cm breit. Früchte ± kugelig, 2–2,5 cm dick, orangegelb bis rot, sehr lange haftend (mit Einschränkungen als Stadtstraßenbaum geeignet).

'Gorgeous'. Blätter grün, oberseits leicht glänzend. Blüten in der Knospe tiefrosa, später weiß, 4 cm breit. Früchte kugelig, 2–2,5 cm breit, glänzend rot, lange haftend.

'Golden Hornet'. Blätter mattgrün. Blüten in der Knospe rosa, später rosaweiß, 3,5–4 cm breit. Früchte kugelig, 2–2,5 cm dick, tiefgelb, lange haftend. Wuchs straff aufrecht.

'John Downie'. Blätter dunkelgrün, glänzend. Blüten in der Knospe rosa, später weiß, 5 cm breit. Früchte eiförmig, 2,5–3 cm dick, orange mit roter Backe, sehr zahlreich, gut zu verarbeiten.

'Katharine'. Blüten mit 15–24 Kronblättern gefüllt, in der Knospe rosa, aufgeblüht weiß, 5,5 m breit, sehr reich blühend, aber alternierend. Früchte kugelig, 1 cm dick, gelb mit roter Backe oder rotbraun.

'Makamik'. Blätter anfangs rötlich, später dunkelgrün. Blüten anfangs dunkel lilarosa, im Verblühen hellrosa, Kronblätter an der Basis weiß, 4,5–5 cm breit. Früchte fast kugelig, 2–2,5 cm dick, hellrot.

'Neville Copeman'. Blätter anfangs rötlich, später grün. Blüten in der Knospe rot, später lilarosa, 2,5 cm. Früchte flach kugelig bis breit ellipsoid, 3–3,5 cm dick, karminrot auf gelbem Untergrund.

'Professor Sprenger'. Blätter stumpfgrün, Herbstfärbung goldgelb. Blüten in der Knospe rosa, später reinweiß, sehr zahlreich. Früchte eiförmig, 1,5–2 cm dick, gelborange, lange haftend.

'Radiant'. Blätter dunkel bronzerot, später grün. Blüten in der Knospe tiefrot, später rosarot. Früchte hagebuttenförmig, 1,5 cm dick, kirschrot, lange haftend.

'Red Jade'. Hängeform. Blätter glänzend grün. Blüten reinweiß, 4–4,5 cm breit. Früchte eiförmig, 1,5 cm lang, glänzend rot, bis in den Winter haftend.

'Red Sentinel'. Blätter anfangs bronzefarben, später hellgrün. Blüten in der Knospe hellrosa, später weiß, 3 cm breit. Früchte kugelig, 2–2,5 cm dick, hell glänzend rot, bis in den Winter haftend (mit Einschränkungen als Stadtstraßenbaum geeignet).

'Red Splendor'. Blätter dunkel rötlich grün, später glänzend hellgrün, Herbstfärbung rötlich purpurn. Blüten in der Knospe karminrot, später hellrosa, 4–4,5 cm breit. Früchte kugelig, etwas spitz zulaufend, etwa 1,5 cm dick, hellrot.

'Royal Beauty'. Hängeform. Blätter dunkel braunrot, glänzend, lange haftend. Blüten in der Knospe dunkelrot, später karminrot, 3–3,5 cm breit. Früchte kugelig, 10 mm dick, kirschrot, wenig zahlreich.

'Rudolph'. Blätter anfangs tief bronzerot, später dunkel bronzegrün, lange haftend. Blüten in der Knospe karminrot, später rosarot, 4,5 cm breit, zahlreich. Früchte länglich, 1,5 cm dick, orangegelb, zahlreich.

'Street Parade'. Blätter grün. Blüten in der Knospe lachsrosa, aufgeblüht weiß, 4–5 cm breit. Früchte 1,6 cm dick, glänzend violettrot (mit Einschränkungen als Stadtstraßenbaum geeignet).

'Van Eseltine'. Blätter grün, Rand gewellt und bronzefarben. Blüten gefüllt, kugelig, 3,5–4 cm breit, Kronblätter 13–19, außen rosa mit dunklerer Schattierung, innen weiß, in der Knospe rot, zahlreich. Früchte gelblich grün mit Braunrot, 1,5 cm dick, nicht auffallend.

Meliosma Blume

Meliosma – Sabiaceae

(griechisch *meli* = Honig und *osme* = Duft)

Habitus: Sommer- oder immergrüne Bäume oder Sträucher, Knospen nackt.
Blätter: Wechselständig, einfach und mit zahlreichen geraden, parallel verlaufenden Nerven oder unpaarig gefiedert, Blättchen nahezu gegenständig, ganzrandig oder gesägt, Stiel kurz, an der Basis oft geschwollen, oberseits deutlich gefurcht, Nebenblätter fehlend.
Blüten: Zwittrig (selten 1-geschlechtig), zygomorph, klein, unscheinbar, in großen, kegelförmigen end- oder achselständigen Rispen, die 5 (selten 4) Kelchblätter dachziege-

lig, ungleich, Kronblätter 5, sehr ungleich, die 3 äußeren groß, fast kreisrund und konkav, die 2 inneren viel kleiner, oft nur schuppenförmig und mit den fertilen Staubblättern verwachsen, Staubblätter 5, die äußeren steril und zu becherförmigen Staminodien umgewandelt, die inneren fertil, Fruchtknoten meist 2-fächrig (selten 3-fächrig).
Früchte: Steinfrüchte kugelig oder länglich, klein, meist 1-samig, schwarz oder rot.
Verbreitung: Etwa 50 Arten, meist im tropischen O- und SO-Asien und im tropischen Amerika. Die winterharten Arten sommergrün und in China und Japan verbreitet.
Verwendung: Selten kultivierte, großblättrige Bäume mit ansehnlichen Blütenständen.

Meliosma dilleniifolia (Wight et Arn.) Walp. **subsp. dilleniifolia**, Dillenius' Meliosma

Habitus: Sommergrüner Strauch oder 10–15 m hoher Baum, Zweige behaart.
Blätter: Verkehrteiförmig bis elliptisch oder länglich-vekehrteiförmig, einfach, 7–30 cm lang, spitz, Basis keilförmig bis gestutzt, grannig gezähnt, Nervenpaare 13–27, oberseits etwas rau, unterseits fast kahl bis behaart.
Blüten: Etwa 4 mm breit, in bis 28 cm langen, endständigen, aufrechten oder nickenden Rispen, Krone weiß, Mai–Juni.
Früchte: Kugelig, 4–5 mm dick glänzend schwarz.
Verbreitung: Punjab bis N-Myanmar.
Verwendung: Sehr selten, B, WHZ 8a, LB 6.3.1.5 (7.4.1.5).

subsp. cuneifolia (Franch.) Beusekom. Blätter 3–24 cm lang, fast kahl bis behaart, besonders unterseits in den Nervenwinkeln, ganzrandig oder entfernt gezähnt, Nervenpaare 10–30. Blüten anfangs gelblich weiß, zuletzt weiß, stark duftend, in bis 50 cm langen, aufrechten Rispen. Früchte 6 mm dick, kugelig, schwarz. W-China.

subsp. flexuosa (Pamp.) Beusekom. Bis 5 m hoher Strauch. Junge Triebe purpurn, behaart. Blätter 4–16 cm lang, unterseits fast kahl bis spärlich behaart, ganzrandig oder entfernt gezähnt, Nervenpaare 12–21. Blüten in 7–22 cm langen, aufrechten oder nickenden Rispen. Östl. M-China.

subsp. tenuis (Maxim.) Beusekom. Großer Strauch oder kleiner Baum, Triebe anfangs purpurn, behaart. Blätter 3–16 cm lang, unterseits fast kahl bis spärlich behaart, Nervenwinkel behaart, grob gezähnt, Nervenpaare 8–14. Blüten gelblich weiß, in lockeren, 10–15 cm langen Rispen. Früchte schief kugelig, 4–5 mm dick, schwarz, purpurn überhaucht. M- und S-Japan.

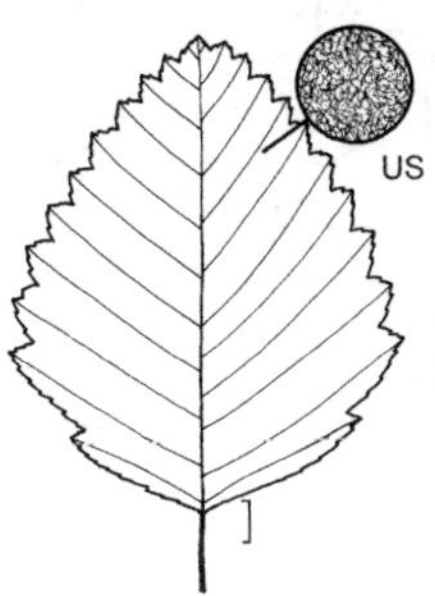

Meliosma dilleniifolia subsp. tenuis

Menispermum L.

Mondsame – Menispermaceae
(griechisch *men* = Mond und *sperma* = Samen)

Habitus: Sommergrüne, linkswindende, üppig wachsende Sträucher, Zweige dünn, glänzend olivgrün bis dunkel braunrot, Knospen in der Blattnarbe geborgen, diese napfartig oder kreisförmig oder am oberen Saum ausgerandet, häufig oberhalb der Blattbarbe noch 1–2 Beiknospen.
Blätter: Wechselständig, lang gestielt, ± schildförmig, 3- bis 7-lappig, Nebenblätter fehlend.
Blüten: 1-geschlechtig, 2-häusig verteilt, radiär, unscheinbar, in gestielten, achselständigen Trauben oder Rispen, Kelchblätter 4–10, Kronblätter 6–9, gelbgrün, kürzer als die Kelchblätter, ♂ Blüten mit 9–24 Staubblättern, ♀ Blüten mit 6–12 Staminodien, Fruchtblätter 2–4, mit breiten, fast sitzenden Narben.
Früchte: Steinfrüchtchen fleischig, zu 2–3, nahezu kugelig, 0,8–1 cm dick, dunkelpurpurn bis schwarz, Steinkerne nieren- oder becherförmig, abgeflacht kugelig, seitlich vertieft, 7–8 mm groß.
Verbreitung: 2 bis 4 Arten im temperierten O-Asien, atlantischen N-Amerika und Mexiko.
Verwendung: Selten gepflanzte Lianen mit schindelartig dicht stehenden Blättern, gut

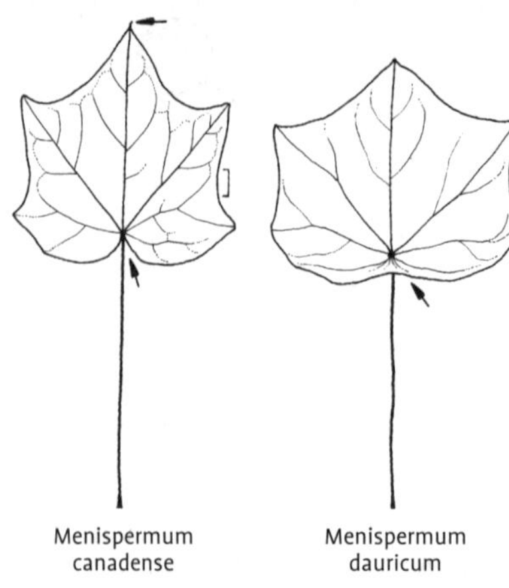

zur Bekleidung von Lauben, Zäunen und Mauern geeignet.

Bestimmungsschlüssel Menispermum

1 Blattstiel nahe dem Blattrand ins Blatt mündend .... *M. canadense*
– Blattstiel deutlich vom Blattrand entfernt ins Blatt mündend .... *M. dauricum*

Menispermum canadense L., Amerikanischer Mondsame

Habitus: Bis 4(–6) m hoch windend, junge Triebe fein behaart.
Blätter: Eiförmig-herzförmig bis nahezu rundlich, 10–20 cm lang, einfach oder seicht 5- bis 7-lappig, oberseits dunkelgrün, unterseits etwas heller, anfangs leicht behaart, Stiel 5–10 cm lang, nahe dem Blattrand angeheftet.
Blüten: In lockeren, 2–6 cm langen Rispen, Stiel 7–10 cm lang, Mai–Juni.
Früchtchen: 8 mm dick, bläulich schwarz, kleinen Weintrauben ähnlich.
Verbreitung: O-Kanada, NO-, NOZ-, Z- und SO-USA.
Verwendung: Häufig, WHZ 5b, LB 2.1.2.9 (9.2.3.9).

Menispermum dauricum DC., Dahurischer Mondsame

Habitus: Bis 4(–6) m hoch windend, junge Triebe kahl.
Blätter: Eiförmig-rundlich, 6–12 cm lang, ausgeschweift gelappt, selten ungelappt, Stiel 3–12 cm lang, deutlich schildförmig angeheftet.
Blüten: In kleinen, doldenähnlichen Rispen, Juni.
Früchtchen: 1 cm dick, schwarz, in kleinen Büscheln.
Verbreitung: Japan, Korea, Mandschurei, N-China, O-Sibirien.
Verwendung: Selten, WHZ 5b, LB 7.3.2.9.

Menziesia Sm.

Menziesie – Ericaceae

(nach Archibald Menzies, 1754–1842, schottischer Gärtner, Arzt und Pflanzensammler)

Habitus: Sommergrüne, niedrige Sträucher, Zweige rotbraun, mit Haaren und Drüsenhaaren, Endknospen 7–8 mm lang, mit 2 sichtbaren Knospenschuppen, die folgenden Knospen 5–7 mm lang, spindelförmig, mit 5–6 Knospenschuppen, die basalen Seitenknospen etwa 0,5 mm groß.
Blätter: Wechselständig, elliptisch, ganzrandig, gestielt.
Blüten: Zwittrig, radiär bis zygomorph, nickend, in endständigen Dolden oder Trauben, an vorjährigen Zweigen, lang gestielt, Stiel meist rau behaart, 4- bis 5-zählig, Kelchblätter kurz, Krone urnenförmig oder zylindrisch, innen fein behaart, Fruchtknoten 4- bis 5-fächrig, Staubblätter 5–10, in der Kronröhre eingeschlossen.
Früchte: Kapseln 3–7 mm lang, 4- bis 5-klappig, eiförmig oder länglich-ellipsoid, Fruchtwand dickledrig, Samen zahlreich 2–2,5 mm lang.
Verbreitung: 7 Arten in N-Amerika und N-Asien.
Verwendung: Zierliche Blütensträucher mit Standortansprüchen ähnlich denen von *Rhododendron*.

Bestimmungsschlüssel Menziesia

(sichere Artbestimmung nur mit Blüten möglich)

1 Triebe kahl, Blütenkrone über 13 mm lang ... . *M. ciliicalyx* var. *ciliicalyx*
– Triebe drüsig oder behaart, Krone kürzer ... 2
2 Triebe mit Drüsenhaaren, Blütenkrone 9–13 mm lang .... *M. ferruginea*
– Triebe leicht behaart, Blütenkrone 6–7 mm lang .... *M. pilosa*

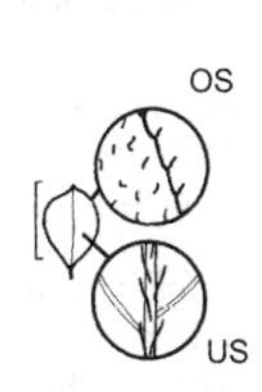

Menziesia ciliicalyx var. ciliicalyx

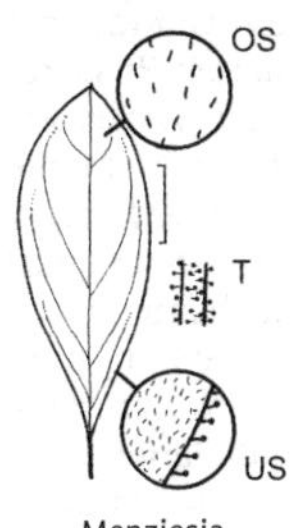

Menziesia ferruginea

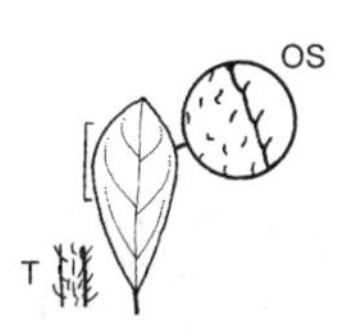

Menziesia pilosa

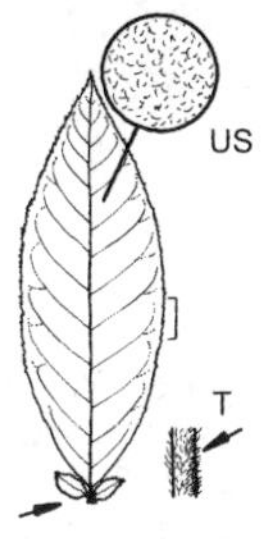

Mespilus germanica

Menziesia ciliicalyx (Miq.) Maxim. **var. ciliicalyx**, Bewimperte Menziesie

Habitus: Bis 1 m hoher, aufrechter Strauch, Triebe kahl oder spärlich behaart.
Blätter: Verkehrteiförmig bis länglich-eiförmig, 2,5–5 cm lang, spitz, Basis verschmälert, fein bewimpert, oberseits borstig behaart, unterseits blass- bis mittelgrün, auf dem Mittelnerv angedrückt rau behaart, Stiel 2–4 mm lang.
Blüten: Zu 3–8 in gestielten Dolden, Krone gelb oder grünlich weiß, mit purpurnem Reif, röhrig-förmig, etwas ungleichmäßig, 1,3–1,7 cm lang, Staubblätter 8–10, behaart, Stiel drüsig behaart, 2–3 cm lang, Mai–Juni.
Verbreitung: Japan. Honshu.
Verwendung: Sehr selten, B, WHZ 6a, LB 7.2.4.6.

var. bicolor Makino. Blütenstände meist sitzend. Japan: Hokkaido, Honshu, Shikoku.

var. multiflora (Maxim.) Makino. Blüten zu 6–10, Krone nahezu glockig, purpurn. Japan: Hokkaido.

var. purpurea (Maxim.) Makino. Blätter oberseits rau und lang behaart. Blüten purpurrosa, an der Mündung leicht eingeschnürt, Blütenknospen bläulich. Gilt als schönste Art bzw. Varietät der Gattung. Japan: Honshu.

Menziesia ferruginea Sm., Rostige Menziesie

Habitus: 1(–2) m hoher Strauch, Triebe fein behaart und mit gestielten Drüsen.
Blätter: Elliptisch bis verkehrteiförmig, 2–5 cm lang, spitz, Basis verschmälert, oberseits anliegend rotbraun behaart, drüsig bewimpert, unterseits weniger behaart.
Blüten: Zu 2–5 in Dolden, 4-teilig, Krone mattweiß mit rosa, röhrenförmig, 0,9–1,3 cm lang, Staubblätter 8, Stiel 1–2 cm lang, weich behaart bis drüsig, Mai–Juni.
Verbreitung: Alaska, W-Kanada, NW-USA.
Verwendung: Sehr selten, B, WHZ 6b, LB 5.2.4.6.

Menziesia pilosa (Michx.) Juss., Borstige Menziesie

Habitus: Bis 2 m hoher Strauch, Triebe ohne Drüsen, nur leicht behaart.
Blätter: Elliptisch bis verkehrteiförmig, 1,5–5 cm lang, plötzlich fein zugespitzt, Basis keilförmig, gewimpert, oberseits leicht angedrückt behaart, unterseits weniger behaart und bläulich.
Blüten: Zu wenigen in kleinen Dolden, 4-zählig, Krone gelblich weiß bis rötlich, glockig, 6–7 mm lang, Staubblätter 8, kahl, Mai–Juni.
Verbreitung: NO- und SO-USA.
Verwendung: Sehr selten, B, WHZ 6a, LB 5.2.4.6.

Mespilus L.

Mispel – Rosaceae
(lateinisch *mespilus* = Mispel)
Monotypische Gattung, die nach der Auffassung anderer Autoren in die Gattung *Crataegus* einzugliedern ist.

Mespilus germanica L., Echte Mispel

Habitus: Sommergrüner, 3–6 m hoher Strauch oder kurzstämmiger Kleinbaum, Zweige rot- bis dunkelbraun, gelegentlich mit unverzweigten Dornen, Triebe dicht und lang wollig behaart, Endknospen 2–4 mm groß, Seitenknospen nur wenig kleiner, Knospenschuppen fast kahl, weiß bewimpert.

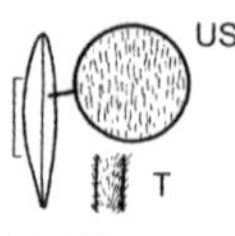

Moltkia petraea

Blätter: Wechselständig, breit länglich bis länglich-lanzettlich, 6–12 cm lang, kurz zugespitzt, Basis abgerundet oder schwach herzförmig, ± fein gesägt, oberseits verkahlend und glänzend dunkelgrün, unterseits bleibend fein filzig, Nebenblätter lanzettlich, bis 1,5 cm lang.
Blüten: Zwittrig, radiär, 4–5 cm breit, einzeln, kurz gestielt, endständig an kurzen, beblätterten Zweigen, 5-zählig, Kelchblätter linealisch-lanzettlich, 1,5 cm lang, länger als die weißen, rundlichen Kronblätter, bis zur Fruchtreife bleibend, Staubblätter 30–40, Fruchtblätter 5, vollständig mit dem fleischigen Blütenbecher zu einem unterständigen Fruchtknoten verwachsen, Mai–Juni.
Früchte: Kernäpfel breit kreiselförmig, 3–4 cm breit, fein rau behaart, von den ± aufrechten Kelchblättern gekrönt, am oberen Ende flach oder eingesenkt, Fruchtfleisch sehr fest (erst nach Frosteinwirkung teigig und essbar), die 5 Steinkerne 0,8–1 cm lang.
Verbreitung: SO-Europa, Kaukasien, N-Iran, in M- und W-Europa etabliert.
Verwendung: Häufig (wird auch als *Crataegus germanica* beschrieben), N, ⚕, B, ♧, H, WHZ 5b, LB 6.3.2.4.

'Macrocarpa'. Zweige meist unbewehrt. Früchte groß, oben stark abgeplattet.

M. arbutifolia L. = *Aronia arbutifolia* var. *arbutifolia*
M. arbutifolia var. *melanocarpa* Michx. = *Aronia melanocarpa*
M. prunifolia Marschall = *Aronia* ×*prunifolia*
Michelia figo (Lour.) Spreng. = *Magnolia figo*
Micromeles alnifolia (Siebold et Zucc.) Koehne = *Sorbus alnifolia* var. *alnifolia*

Moltkia Lehm.

Moltkie – Boraginaceae
(nach Graf Joachim Godske Lensgreve Moltke, 1746–1818, dänischer Staatsmann)

Habitus: Kräuter oder halbimmergrüne, rau behaarte Halbsträucher.
Blätter: Wechselständig, schmal, ganzrandig, Nebenblätter fehlend.
Blüten: Zwittrig, radiär, in kurzen Zymen, einzeln oder endständig gedrängt, 5-zählig, Kelchblätter linealisch, Krone purpurn, blau oder gelb, röhrig-trichterförmig, Kronenabschnitte aufrecht, innen gelegentlich behaart, Staubblätter 5, die Kronröhre überragend, Griffel fadenförmig, Fruchtknoten 2-fächrig, oberständig.
Früchte: Nüsschen zu 4, eiförmig bis eiförmig-3-kantig, kahl bis fein höckrig oder papillös.
Verbreitung: 3–6 Arten von N-Italien bis N-Griechenland, 3 Arten von Kleinasien bis NW-Iran.
Verwendung: Zwergsträucher für Fels- und Mauerspalten, Stein- und Troggärten.

Moltkia petraea (Tratt.) Griseb., Felsen-Moltkie

Habitus: Bis 0,4 m hoher, buschiger Halbstrauch, Zweige zahlreich, dünn, etwas steif, dicht anliegend weiß borstig behaart.
Blätter: Schmal linealisch bis länglich-lanzettlich oder linealisch, 2,5–5 cm lang, spitzig bis stumpf, Rand umgerollt, hellgrün, oberseits spärlich, unterseits dicht weiß borstig behaart.
Blüten: In kurzen, kompakten, endständigen Wickeln, Krone blau oder blauviolett, Mai–August.
Verbreitung: Gebirge in SO-Europa.
Verwendung: Häufig, B, WHZ 7a, LB 6.1.2.8.

Morella cerifera (L.) Small = *Myrica cerifera*
Morella pensylvanica (Mirb.) Kartecz = *Myrica pensylvanica*

Morus L.

Maulbeerbaum – Moraceae
(lateinisch *morus* = Schwarzer Maulbeerbaum, *Morus nigra*)

Habitus: Sommergrüne, großkronige, Milchsaft führende Bäume und Sträucher, Borke braun, rau, Zweige graubraun, mit zerstreut stehenden Lentizellen, Knospen 5–8 mm groß, rotbraun, Knospenschuppen 3–5, Endknospen fehlend.
Blätter: Wechselständig, ungeteilt oder 2- bis

5-lappig, meist herzförmig, gesägt oder gezähnt, Nebenblätter lanzettlich.
Blüten: 1-geschlechtig, 1- oder 2-häusig verteilt, unscheinbar, Blütenhülle grünlich, 4-teilig, in 2 gleichartigen Kreisen, in getrennten, gestielten, hängenden Ähren in den Blattachseln junger Triebe, ♂ Blüten mit 4 Staubblättern, ♀ Blüten mit 1 Fruchtknoten und 2 Griffeln, Mai.
Früchte: Scheinfrüchte brombeerähnlich, 1–3 cm groß, weiß, rot, dunkelpurpurn oder schwarz, zusammengesetzt aus 20–100 dicht gedrängt stehenden, aber nicht miteinander verbundenen, 1-samigen Steinfrüchten, die 2–2,5 mm langen Nüsse sind von der fleischig gewordenen Blütenhülle umgeben.
Verbreitung: 10–15 Arten im westl. N-Amerika und von S-Europa bis Japan, südl. bis zum tropischen Zentralafrika.
Verwendung: Dekorative Park- und Hofbäume, gelegentlich auch zu Hecken und Laubengängen gezogen. Die Blätter von *M. alba* sind der wichtigste Futterlieferant für Seidenraupen.

Bestimmungsschlüssel Morus

(sichere Artbestimmung nur mit reifen Früchten möglich!)

1 Blätter oberseits gegen den Strich sehr rau, reife Früchte dunkel- bis schwarzrot . . . *M. nigra*
– Blätter oberseits (fast) glatt, z. T. tief gelappt, reife Früchte weiß bis purpurn. 2
2 Früchte weiß bis hellrosa . . . .*M. alba* var. *alba*
– Früchte rot bis purpurn. . . . . *M. rubra*

Morus alba L. **var. alba**, Weißer Maulbeerbaum

Habitus: 10–15 m hoher, meist kurzstämmiger Baum, junge Triebe leicht behaart, bis zum Herbst kahl.
Blätter: Breit eiförmig, 6–19 cm lang, spitz oder kurz zugespitzt, Basis abgerundet oder herzförmig, grob gezähnt, oft sehr verschiedenartig gelappt (meist 2 oder 3 Lappen), oberseits hellgrün, kahl, glatt oder nur schwach rau, unterseits auf den Nerven behaart, Stiel 1–2,5 cm lang, Herbstfärbung gelb.
Blüten: In 0,8–1,4 cm langen, zylindrischen Köpfchen, Mai.
Früchte: Scheinfrüchte 1,5–2,5 cm lang, weiß oder hellrosa, süß, bei Vollreife aber fade schmeckend.
Verbreitung: China (seit langer Zeit in Kultur und in vielen Ländern verwildert und etabliert).

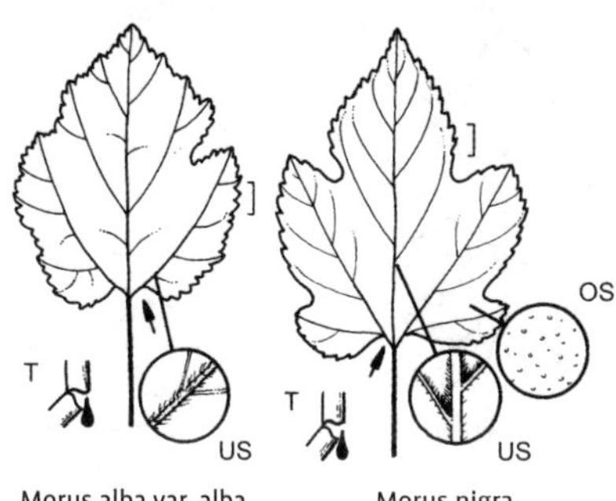

Morus alba var. alba Morus nigra

Verwendung: Sehr häufig (mit einigen Sorten), N, ♧, WHZ 5b, LB 6.3.1.3.

'Laciniata'. Blätter groß, regelmäßig tief eingeschnitten, Lappen schmal, lang zugespitzt, tief gesägt.

'Macrophylla'. Blätter sehr groß, 15–20 cm breit, meist ungeteilt, zwischen den Nerven blasig aufgetrieben, Basis herzförmig.

'Pendula'. Meist hochstämmig veredelte Hängeform. Äste und Zweige steif abwärts wachsend.

var. tatarica (Pall.) Ser., Tatarischer Maulbeerbaum. Strauch oder kleiner, dichtkroniger Baum. Blätter 4–8 cm lang, ungeteilt oder gelappt. Fruchtstände kleiner als bei var. *alba*, meist rot.

M. bombycis Koidz. = *M. alba* var. *alba*

Morus nigra L., Schwarzer Maulbeerbaum

Habitus: Bis 15 m hoher, meist kurzstämmiger, breitkroniger Baum, Triebe behaart, braun werdend.
Blätter: Breit eiförmig, 6–12(–20) cm lang, spitz oder kurz zugespitzt, Basis tief herzförmig, grob gesägt, oft 2- bis 3-lappig, oberseits sehr rau und glänzend dunkelgrün, unterseits heller und behaart, zuletzt entlang der Nerven, Stiel 2 cm lang, behaart.
Blüten: ♂ Kätzchen 2–2,5 cm lang, ♀ Kätzchen 1–1,5 cm lang, Mai.
Früchte: 2–2,5 cm lang, purpurn bis dunkelviolett, saftig, süß.
Verbreitung: Vermutlich M- und Vorder-Asien (seit alter Zeit in Kultur, in den Mittelmeerländen und den SO-USA etabliert).
Verwendung: Häufig, N, ♧, WHZ 6b, LB 6.4.1.4.

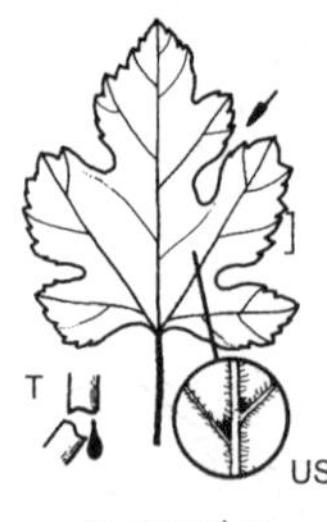

Morus rubra

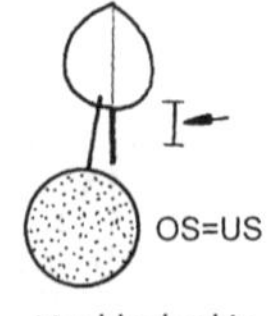

Muehlenbeckia axillaris

Morus rubra L., Roter Maulbeerbaum

Habitus: Bis 20 m hoher Baum, Triebe anfangs behaart.
Blätter: Breit eiförmig bis länglich-eiförmig, 7–12(–20) cm lang, zugespitzt, Basis gestutzt bis schwach herzförmig, scharf gesägt, z. T. 2- bis 3-lappig, oberseits etwas rau, unterseits entlang der Hauptnerven weich behaart, Stiel 2 cm lang, behaart, Herbstfärbung lebhaft gelb.
Blüten: ♂ Kätzchen 2–4 cm lang, ♀ Kätzchen 2–2,5 cm lang, Mai.
Früchte: 2–3 cm lang, anfangs rot, zur Reife dunkelpurpurn, süß.
Verbreitung: O-Kanada, NO-, NOZ-, Z- und SO-USA.
Verwendung: Selten, N, ♣, WHZ 6a, LB 3.3.1.3.

Muehlenbeckia Meisn.

Drahtstrauch, Muehlenbeckie – Polygonaceae

(nach Gustav Mühlenbeck, 1798–1845, elsässischer Arzt und Botaniker)

Habitus: Kleine, kletternde, aufrechte oder niederliegende, sehr dicht verzweigte Sträucher, Triebe dünn, dunkel.
Blätter: Wechselständig, meist klein, gestielt, Nebenblätter klein.
Blüten: Zwittrig oder 2-häusig verteilt, oder zwittrige und 1-geschlechtige Blüten an einer Pflanze, unscheinbar, klein, achselständig in kurzen Büscheln oder Ähren, Blütenhülle weißlich grün, einfach, tief 5-lappig, Staubblätter meist 8, Griffel 3, kurz.
Früchte: Nüsschen 3-kantig, 2–3 mm lang, von der fleischig gewordenen Blütenhülle umgeben.
Verbreitung: 22 Arten in Neuguinea, Australien, Neuseeland und im westlichen S-Amerika.
Verwendung: Die folgende Art als kleinblättriger Zwergstrauch in Stein- und Troggärten.

Muehlenbeckia axillaris (Hook. f.) Walp., Schwarzfrüchtiger Drahtstrauch

Habitus: Sommergrüner, kriechender Zwergstrauch mit drahtartig dünnen, fein grau behaarten, goldfarbenen bis schwarzen Trieben, mattenartig wachsend.
Blätter: Eiförmig bis fast kreisrund, 5–10 mm lang, oberseits dunkelgrün, unterseits graugrün, Stiel bis 3 mm lang.
Blüten: Zu 1–2 achselständig, Mai–Juni.
Früchte: Schwarz, glänzend.
Verbreitung: Neuseeland.
Verwendung: Selten, WHZ 7a, LB 7.2.1.7.

Myrica L.

Gagelstrauch – Myricaceae

(griechisch *myrike* = bei Homer Name der Tamariske)

Habitus: Sommer- oder immergrüne, aromatisch duftende Sträucher oder Bäume.
Blätter: Wechselständig, einfach, ganzrandig, gekerbt oder gezähnt, mit Harzdrüsen, fast sitzend oder kurz gestielt, Nebenblätter fehlend.
Blüten: 1-geschlechtig-, 1- oder 2-häusig verteilt, klein, unscheinbar, in schmal elliptischen bis zylindrischen Kätzchen, Blütenhülle fehlend, ♂ Blüten mit 2–8 Staubblättern, in den Achseln eines Tragblattes sitzend, ♀ Blüten mit 2 Fruchtblättern und 2 fadenförmigen Narben, März–April.
Früchte: Steinfrüchte kugelig, 2–5 mm dick, oft mit wachsartigem Überzug.
Verbreitung: Etwa 35 Arten auf den Kanaren, in N-, O- und S-Afrika, im tropischen Asien, gemäßigten O-Asien, in N-Amerika, Westindien und den Anden.
Verwendung: Liebhabergehölze für ufernahe Bepflanzungen. *M. gale* war früher in der Volksmedizin von Bedeutung.

Die hier beschriebenen, in Amerika heimischen *M. cerifera* und *M. pensylvanica* und andere Sippen werden von anderen Autoren in die Gattung *Morella* Lour. einbezogen. Die Gattung *Myrica* besteht danach nur aus *M. gale* und *M. hartwegii* S. Watson.

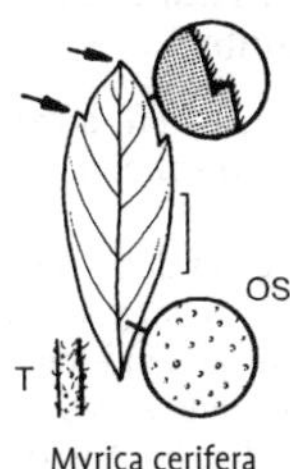

Myrica cerifera

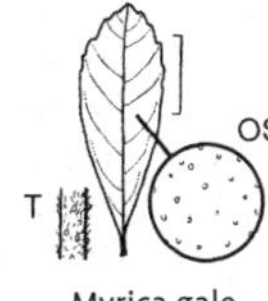

Myrica gale

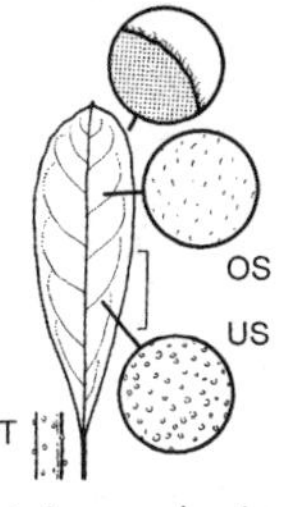

Myrica pensylvanica

Bestimmungsschlüssel Myrica

1 Triebe graugrün, Blätter 1,5–4 cm breit, ganzrandig .... *M. pensylvanica*
– Triebe braun oder rötlich, Blätter höchstens 2 cm breit und im oberen Teil grob gezähnt. . 2
2 Triebe rötlich, Blätter spitz, immergrün..*M. cerifera*
– Triebe dunkelbraun, Blätter stumpf, sommergrün........................... *M. gale*

Myrica cerifera L., Wachsmyrte

Habitus: Immergrüner Strauch oder kleiner, gelegentlich bis 12 m hoher Baum, Triebe gelegentlich rötlich, kahl oder schwach behaart.
Blätter: Verkehrteiförmig-lanzettlich, 3–9 cm lang, spitz, Basis keilförmig, im oberen Teil entfernt gesägt, oberseits glänzend dunkelgrün, kahl, unterseits hellgrün, auf dem Mittelnerv behaart, mit goldgelben Harzdrüsen.
Blüten: ♂ Kätzchen 2 cm lang, ♀ Kätzchen 1 cm lang, Mai–Juni.
Früchte: 2–3 mm dick, mit weißem Wachs überzogen.
Verbreitung: NO-, Z- und SO-USA.
Verwendung: Selten, D, WHZ 8a, LB 4.1.1.5.

Myrica gale L., Moor-Gagelstrauch

Habitus: Sommergrüner, 0,5–1,25 m hoher, reich verzweigter, stark aromatisch duftender Strauch, Zweige rutenartig, dunkelbraun, schwach flaumhaarig, reich mit gold gelben Harzdrüsen besetzt.
Blätter: Verkehrteiförmig bis verkehrteiförmig-lanzettlich, 2,5–6 cm lang, meist stumpf, Basis keilförmig, im oberen Teil entfernt gesägt, oberseits glänzend dunkelgrün, kahl, unterseits blassgrün, ± flaumig behaart, mit goldglänzenden Harzdrüsen, zuletzt ledrig.
Blüten: An vorjährigen Zweigen, ♂ Kätzchen bis 1,5 cm, ♀ Kätzchen bis 6 mm lang, April.
Früchte: Bis 3 mm dick, 3-spitzig, dicht mit gelben Harzdrüsen besetzt.
Verbreitung: Atlantisches N- und W-Europa, Alaska, NW-USA.
Verwendung: Selten (mit Blütenknospen besezte Winterzweige u. a. als Schmuckreiser), B, D, WHZ 3, LB 1.1.1.6.

Myrica pensylvanica Loisel., Amerikanischer Gagelstrauch

Habitus: Sommer- oder halbimmergrüner, bis 2,5 m hoher Strauch, Zweige grau behaart und drüsig.
Blätter: Verkehrteiförmig-lanzettlich bis elliptisch, 2–8 cm lang, stumpf oder plötzlich zugespitzt, Basis zugespitzt, im oberen Teil flach kerbig gesägt, oberseits dunkelgrün, beiderseits behaart, mit goldgelben Harzdrüsen.
Blüten: Unter den Blättern, ♂ Kätzchen bis 1,5 cm lang, ♀ Kätzchen bis 1 cm lang, April–Mai.
Früchte: Kugelig, 3,5–4,5 mm dick, mit grauweißem Wachs überzogen.
Verbreitung: O-Kanada, NO- und SO-USA.
Verwendung: Selten, D, WHZ 3, LB 5.2.4.6 (1.2.3.6)

Myricaria Desv.

Rispelstrauch – Tamaricaceae
(vom Gattungsnamen *Myrica* abgeleitet)

Habitus: Sommergrüne, aufrechte Sträucher oder Halbsträucher, Zweige rutenförmig, schwach kantig bis gerillt, dunkelbraun, schwach flaumhaarig, Knospen 0,5–1 cm dick, kugelig, Endknospen fehlend.
Blätter: Wechselständig, schuppenförmig, dachziegelig stehend.
Blüten: Zwittrig, radiär, klein, in end- oder achselständigen Trauben, Kelch- und Kronblätter 5, bis zur Fruchtreife bleibend, Krone weiß oder rosa, Staubblätter 10, zu ⅓ bis ½

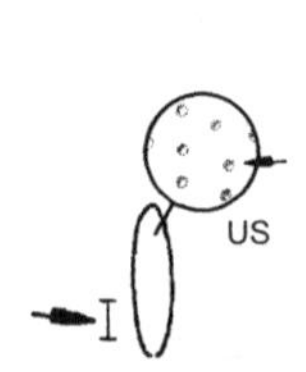

Myricaria germanica

Nandina domestica

verwachsen, Fruchtknoten 1-fächrig, aus 3 Fruchtblättern bestehend, oberständig.
Früchte: Kapseln bis 1,2 cm lang, sich 3-klappig öffnend, Samen mit gestieltem Haarschopf.
Verbreitung: 10(–40) Arten, vorwiegend in M-Asien, 1 Art in Europa.
Verwendung: Bei uns nur die folgende Art (selten) in Kultur.

Myricaria germanica (L.) Desv., Europäischer Rispelstrauch

Habitus: Straff aufrechter, rutenförmig verzweigter, bis 2 m hoher Strauch, Zweige graubraun, blau- bis graugrün. schwach gerillt bis stielrund, kahl; kleinere seitliche Verzweigungen an diesjährigen Sprossen, im Herbst mit den Blättern abfallend.
Blätter: Am Hauptspross pfriemlich, 4–7 mm lang, lang zugespitzt, an Seitensprossen linealisch, dicklich, 1,5–2 mm lang, dicht dachziegelartig angedrückt, wie die Sprosse bläulich bereift.
Blüten: In 10–20 cm langen, einfachen oder verzweigten, überwiegend endständigen Trauben, Tragblätter eiförmig-lanzettlich, lang zugespitzt, häutig gesäumt, Krone hellrosa, Staubblätter in 2 Kreisen, 5 längere und 5 kürzere, Staubblätter rot, Juni–August.
Verbreitung: Europa (ausgenommen die Britischen Inseln), Türkei, Kaukasien, Iran, Afghanistan, Pakistan, in einem zerklüfteten Areal.
Verwendung: Sehr selten, WHZ 6a, LB 2.2.2.6 (5.1.1.6).

Nandina Thunb.

Himmelsbambus – Berberidaceae
(lateinische Version des japanischen Namens der Pflanze: Nanten Zoku)
Monotypische Gattung

Nandina domestica Thunb. ex Murray, Himmelsbambus

Habitus: Immergrüner, straff aufrechter, mehrstämmiger, kaum verzweigter, kahler Strauch.
Blätter: Wechselständig, an den Triebenden rosettig genähert, 30–50 cm lang, (2–)3-fach gefiedert, Blättchen fast sitzend, elliptisch-lanzettlich, 3–7 cm lang, lang zugespitzt, Basis keilförmig, ganzrandig, im Austrieb rötlich, später oberseits frischgrün, unterseits heller, Herbstfärbung purpurn.
Blüten: Zwittrig, radiär, 6 mm breit, in 20–35 cm langen, endständigen, aufrechten Rispen, Kelchblätter zahlreich, Kronblätter weiß, 3 oder 6, Juni–Juli.
Früchte: Beeren kugelig, 6–8 mm dick, leuchtend rot, sehr lange haftend, mit bleibendem Griffel.
Verbreitung: Japan, M-China.
Verwendung: Als Freilandpflanze sehr selten, häufiger als Kübelpflanze, ꕥ, ☠, WHZ 8a, LB 2.3.1.6.

Neillia D. Don

Traubenspiere – Rosaceae
(nach Patrick Neill, 1776–1851, schottischer Drucker und Botaniker)

Habitus: Sommergrüne Sträucher, Zweige dünn, hin- und hergebogen, abstehend-überhängend, dunkelbraun, Rand der Knospenschuppen fein weißlich bewimpert, Endknospen fehlend, Zweigspitzen meist abgestorben.
Blätter: Wechselständig, oft 2-zeilig stehend, einfach, eiförmig, 4–10 cm lang, doppelt gesägt, meist schwach 3-lappig, Nebenblätter groß, bald abfallend.
Blüten: Zwittrig radiär, 0,8–1,5 cm lang, meist in endständigen Trauben oder Rispen, Kelch- und Kronblätter 5, klein, Form und Farbe der Blüten werden vor allem durch die glockige bis zylindrische, weißliche bis rötliche Blütenröhre bestimmt, die Kelch- und Kronblätter als kleines Anhängsel trägt, die 10–30 Staubblätter und die 1–2 Fruchtblätter in der Kelchröhre eingeschlossen.
Früchte: Balgfrüchte, völlig in der bleibenden, dünnhäutigen, drüsig behaarten Kelchröhre eingeschlossen, Samen 1–3(–5), etwa 2 mm lang, glatt und glänzend.
Verbreitung: 11 Arten, vom O-Himalaja bis Korea, Indochina, Sumatra und Java.

Neillia affinis var. affinis

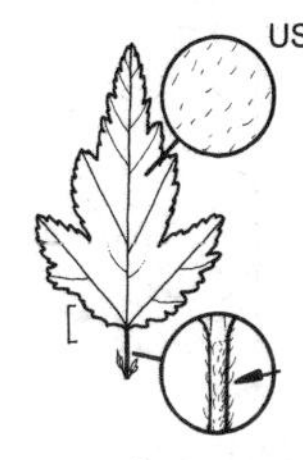

Neillia incisa

Neillia sinensis

Verwendung: Meist als Gruppen- und Heckensträucher. In strengen Wintern frostgefährdet, aber immer wieder durchtreibend.

In die Gattung sind die Arten der früher selbstständigen Gattung *Stephanandra* Sieb. et Zucc. einbezogen worden.

Bestimmungsschlüssel Neillia

1 Triebe bleibend behaart . . . . *N. thibetica*
– Triebe bald kahl 2
2 Basale Blattlappen lang zugespitzt. . . . . *N. affinis* var. *affinis*
– Basale Blattlappen nicht lang zugespitzt 3
3 Blattstiel höchstens 10 mm lang 4
– Blattstiel länger (wenigstens viele) 5
4 Triebe kantig . . . . *N. thyrsiflora*
– Triebe rund . . . . *S. incisa*
5 Nebenblätter länglich-lanzettlich, ganzrandig . . . . *N. sinensis*
– Nebenblätter herzförmig, gesägt . . . *S. tanakae*

Neillia affinis Hemsl. **var. affinis**, Rote Traubenspiere

Habitus: Bis 2 m hoher Strauch, Triebe kantig, kahl.
Blätter: Eiförmig bis eiförmig-länglich, 5–9 cm lang, lang zugespitzt, Basis ± herzförmig, gelappt, die beiden Basislappen oft lang zugespitzt, unterseits auf den Nerven leicht behaart, Stiel 1–2,5 cm lang.
Blüten: Zu mehr als 10 in dichten, 3–8 cm langen Trauben, Kronröhre rosa, glockig, 8 mm lang, fein behaart, etwa so lang wie die lanzettlichen Kelchblätter, Fruchtknoten zottig behaart, Mai–Juni.
Verbreitung: W-China.
Verwendung: Selten, B, WHZ 6b, LB 3.2.5.6.

var. pauciflora (Rehder) E. Vidal. Blütentrauben 3–4 cm lang, die 5–10 Blüten am Achsenende gedrängt stehend. SW-China.

Neillia incisa (Thunb.) Zabel, Japanische Traubenspiere

Habitus: Bis 1,5(–2,5) m hoher, vieltriebiger Strauch, Triebe hin- und hergebogen, überhängend ausgebreitet, stielrund, braun, anfangs behaart.
Blätter: Eiförmig oder 3-eckig-eiförmig, 2–6 cm lang, lang zugespitzt, Basis herzförmig bis gestutzt, unregelmäßig tief grob eingeschnitten gesägt, Seitennervenpaare 4–7, unterseits auf den Nerven behaart, Stiel 0,3–1 cm lang, Nebenblätter eiförmig-länglich bis lanzettlich, spärlich gezähnt, Herbstfärbung tief rotbraun.
Blüten: In lockeren, 2–6 cm langen, endständigen Rispen, Kronröhre cremeweiß oder gelblich, 4–5 mm breit, Staubblätter 10, Juni.
Verbreitung: Japan, Korea.
Verwendung: Häufig (oft unter dem Namen *Stephanadra incisa*), B, WHZ 5b, LB 7.2.2.6.

'Crispa'. Bis 0,8 m hoher, dicht verzweigter Strauch, Zweige bogig nach unten gekrümmt. Blätter kleiner als bei der Art, kraus, 3-eckig-eiförmig, 3-lappig, grob gesägt. Wird nicht selten als Bodendecker gepflanzt.

N. longiracemosa Hemsl. = *N. thibetica*

Neillia sinensis Oliv., Blasse Traubenspiere

Habitus: Bis 2 m hoher Strauch, Triebe stielrund, braun, kahl.
Blätter: Eiförmig bis eiförmig-länglich, 4–8 cm lang, lang zugespitzt, Basis abgerundet oder gestutzt, eingeschnitten gesägt und gelappt, hellgrün, zuletzt beiderseits kahl, Stiel 0,5–1,5 cm lang, Nebenblätter in der Regel lanzettlich, ganzrandig.

Neillia tanakae

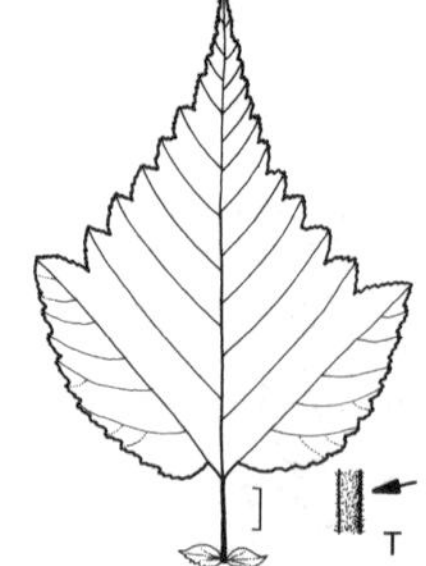

Neillia thibetica

Neillia thyrsiflora

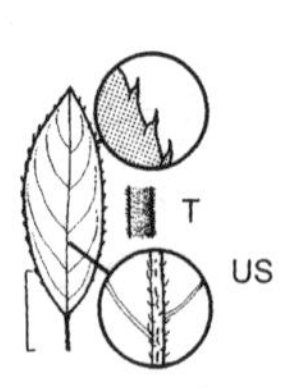

Nemopanthus mucronatus

Blüten: Zu 12–20 in 4–8 cm langen, nickenden Trauben, Kronröhre weißlich rosa, 1–1,2 cm lang, zylindrisch kahl, zuletzt mit einigen Drüsenborsten, mindestens 3-mal so lang wie die 3-eckig-eiförmigen, lang zugespitzten Kelchblätter, Fruchtknoten an der Spitze behaart, Mai–Juni.
Verbreitung: M- und W-China.
Verwendung: Selten, B, WHZ 6b, LB 2.5.2.6.

Neillia tanakae (Franch. et Sav.) Franch. et Sav., Tanakas Traubenspiere

Habitus: Bis 2 m hoher, locker aufgebauter Strauch, Triebe dünn, stielrund oder kantig.
Blätter: Eiförmig, 3–8 cm lang, lang zugespitzt, Basis fast herzförmig, ziemlich gleichmäßig fein doppelt gesägt, Nervenpaare 6–10, nahezu kahl oder unterseits auf den Nerven etwas behaart, Stiel 0,5–1,5 cm lang, Nebenblätter herzförmig, gesägt, Herbstfärbung orange und rot.
Blüten: In 5–10 cm langen, lockeren Rispen, Kronröhre weiß, über 5 mm breit, Staubblätter 15–20, Juni–Juli.
Verbreitung: Japan.
Verwendung: Häufig (oft unter dem Namen *Stephanadra tanakae*), B, H, WHZ 6a, LB 7.2.2.5.

Neillia thibetica Franch., Tibetische Traubenspiere

Habitus: Bis 2 m hoher Strauch, Triebe nahezu stielrund, weich behaart.
Blätter: Eiförmig, 5–8 cm lang, lang zugespitzt, Basis fast herzförmig, doppelt gesägt und gelappt, oberseits zuletzt kahl, unterseits auf allen Nerven bleibend fein und dicht behaart, Stiel 0,8–1,5 cm lang, Nebenblätter eiförmig, gesägt.
Blüten: In 8–15 cm langen, dichten Trauben, Kronröhre rosa, 8 mm lang, zylindrisch, fein behaart, doppelt so lang wie die Kelchblätter, zuletzt mit Drüsenhaaren, Fruchtknoten seidig behaart, Mai.
Verbreitung: Himalaja, W-China.
Verwendung: Selten, B, WHZ 7a, LB 7.2.2.6.

Neillia thyrsiflora D. Don, Himalaja-Traubenspiere

Habitus: Aufrechter 1(–2) m hoher Strauch, Triebe kantig, kahl.
Blätter: Eiförmig bis länglich-eiförmig, 4–10 cm lang, lang zugespitzt, Basis herzförmig, doppelt eingeschnitten gesägt, mit 3 kurzen Lappen, unterseits auf den Nerven behaart oder nahezu kahl, Stiel 0,5–1 cm lang, Nebenblätter etwa so lang wie der Blattstiel.
Blüten: In endständigen Rispen, Kronröhre weiß, 8 mm lang, glockig, so lang wie die lanzettlichen, gestielte Drüsen tragenden Kelchblätter, Fruchtknoten fast ganz kahl, Mai.
Verbreitung: Himalaja.
Verwendung: Selten, B, WHZ 7a, LB 7.4.4.6.

Nemopanthus Raf.

Berghülse – Aquifoliaceae

(griechisch *nema* = Faden, *pous* = Fuß und *anthos* = Blüte)

Monotypische Gattung, die von einigen Autoren in die Gattung *Ilex* einbezogen worden ist.

Nemopanthus mucronatus (L.) Trel., Berghülse

Habitus: Sommergrüner, bis 3,5 m hoher, dünntriebiger, nahezu kahler, Ausläufer treibender Strauch.

Blätter: Wechselständig, elliptisch bis länglich, bis 6 cm lang, mit kleinem Spitzchen, ganzrandig oder leicht gezähnt, oberseits dunkelgrün, unterseits graugrün, Stiel 0,6–1,2 cm lang, Herbstfärbung gelb.
Blüten: 1-geschlechtig, 1-häusig verteilt, klein, unscheinbar, Krone weißlich, Kelch- und Kronblätter 4–5, ♂ Blüten zu 1–4, fadenförmig dünn gestielt, ♀ Blüten einzeln, Griffel frei.
Früchte: Steinfrüchte kugelig, 6–8 mm dick, rot, Steinkerne 4–5, stark verholzt.
Verbreitung: O-Kanada, NO- und NOZ-USA.
Verwendung: Sehr selten, H, WHZ 5a, LB 7.2.5.5.

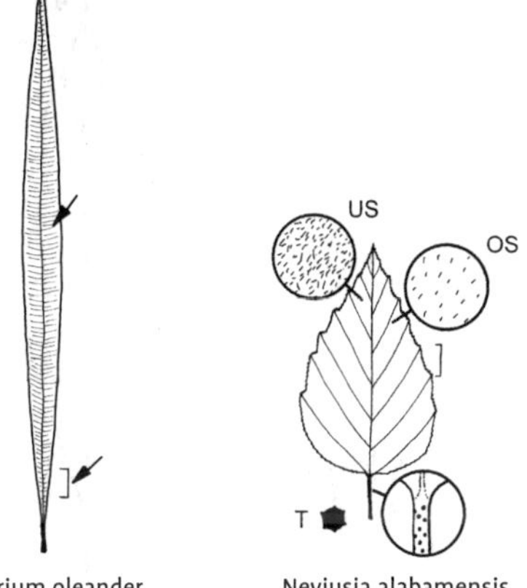

Nerium oleander   Neviusia alabamensis

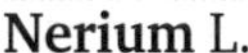

Nerium L.

Oleander – Apocynaceae
(lateinisch *nerium* = Oleander, vorlinneisch als *Nerion floribundus rubescentibus*)
Monotypische Gattung

Nerium oleander L., Oleander

Habitus: Immergrüner, aufrechter, 2–6 m hoher, kahler Strauch, Milchsaft führend, in allen Teilen giftig.
Blätter: Meist zu 3 in Quirlen, selten zu 2 oder 3 gegenständig, lanzettlich, 10–20 cm lang, spitz, ledrig, dunkelgrün.
Blüten: Zwittrig, radiär, bis zu 80 in breiten, endständigen Zymen, Kelchblätter innen mit Drüsen, Kronblätter lila, rosa, weiß oder gelb, stieltellerförmig, 2,5–5 cm breit, nach rechts gedreht, Nebenkrone vorhanden, Staubbeutel geschwänzt, Juni–Oktober.
Früchte: Balgfrüchte verlängert, Bälge 2, Samen mit Haarschopf.
Verbreitung: S- und SO-Europa, Türkei, Iran, NW-Afrika, Levante.
Verwendung: Häufig (in M-Europa in zahlreichen, auch gefüllten Sorten, ausschließlich als Kübelpflanze genutzt) B, ☠, WHZ 8b, LB 6.1.2.4.

Neviusia A. Gray

Schneelocke – Rosaceae
(nach Ruben Denton Nevius, 1827–1913, nordamerikanischer Geistlicher und Pflanzensammler)
Monotypische Gattung

Neviusia alabamensis A. Gray, Schneelocke

Habitus: Sommergrüner, 1–1,5 m hoher, stark Ausläufer bildender Strauch, Triebe hellbraun, kantig, fein behaart, ± überhängend.
Blätter: Wechselständig, oft 2-zeilig stehend, eiförmig bis eiförmig-länglich, 3–7 cm lang, spitz bis zugespitzt, doppelt gesägt bis leicht fiedrig gelappt, fein behaart, Stiel 1 cm lang, Nebenblätter klein, linealisch.
Blüten: Zwittrig, radiär, zu 3–8 in endständigen Trauben oder Dolden an beblätterten Kurztrieben, selten einzeln, 1,5–2,5 cm breit, die 5 Kelchblätter weiß oder hellgrün, groß, laubblattartig, gesägt, bleibend, Kronblätter fehlend, Staubblätter zahlreich, weiß, Antheren gelb, Fruchtblätter 2–4, in einer offenen Kelchröhre, Staubblätter auffallend, bis 8,5 mm lang, Filamente weiß, Antheren gelb, Griffel lang, Fruchtknoten dicht behaart, Mai–Juni.
Früchte: Nüsse 3–5 mm lang, 1,5–4 cm lang gestielt, mit 0,8–1 cm langen, spreizenden Kelchblättern.
Verbreitung: USA: Alabama.
Verwendung: Selten, B, WHZ 6b, LB 3.3.2.6.

Nothofagus Blume

Scheinbuche, Südbuche – Fagaceae
(griechisch *nothos* = falsch, unecht und Gattungsname *Fagus*)

Habitus: Sommergrüne oder immergrüne Bäume oder Sträucher, Zweige purpurbraun

Nothofagus antarctica

Nyssa sinensis

mit aufallend hellen, rundlichen Lentizellen, Triebe dünn, kahl oder behaart, Knospen bis 3 mm lang, die Knospenschuppen wie verklebt erscheinend, Endknospen fehlend.
Blätter: Wechselständig, 0,8–20 cm lang, kurz gestielt, ganzrandig oder gesägt, Nervenpaare 4–22.
Blüten: 1-geschlechtig, 1-häusig verteilt, unscheinbar, ♂ Blüten kurz gestielt, einzeln oder zu 2–3 achselständig, mit glockigem, 4- bis 6-lappigem Kelch und 3–90 Staubblättern, ♀ Blüten zu 1–3, sitzend oder kurz gestielt, mit 3(–7) Griffeln.
Früchte: Nüsse 3–4 mm lang, eiförmig, in einem verholzenden, 6–7 mm langen Fruchtbecher geborgen, dieser bis zum Grund 4-teilig und mit dachziegelartig deckenden, bewimperten Schuppen besetzt.
Verbreitung: 34 Arten in den gemäßigten Zonen der südl. Hemisphäre (Australien, Neuseeland, S-Amerika) und den Tropen (Neuguinea, Neukaledonien).
Verwendung: In M-Europa überwiegend die folgende Art in Kultur.

Nothofagus antarctica (G. Forst.) Oerst., Scheinbuche, Südbuche

Habitus: In M-Europa kaum mehr als 6 m hoch (in der Heimat deutlich höher), straff aufrecht, oft mehrstämmig, Krone unregelmäßig, offen, Zweige fischgrätenartig verzweigt, mit hellen Lentizellen, Triebe kahl, grün, oberseits rötlich.
Blätter: 2-zeilig und sehr dicht stehend, eiförmig bis breit eiförmig, 1,5–3 cm lang, abgerundet, Basis gestutzt bis herzförmig, fein und unregelmäßig gezähnt, Nervenpaare 4–6, oberseits glänzend dunkelgrün, kahl, unterseits Mittelnerv spärlich behaart.
Früchte: Zu 3 in einem 4-lappigen Fruchtbecher.
Verbreitung: Feuerland bis Chile.
Verwendung: Sehr häufig, WHZ 7a, LB 7.2.1.4.

Nyssa L.

Tupelobaum – Nyssaceae

(von Linné für eine Gattung der Nyssaceae vorgesehen, zunächst bezogen auf *N. aquatica*)

Habitus: Sommergrüne, bis 30 m hohe Bäume, Borke im Alter tief längs gefurcht, Zweige olivbraun bis braun, kahl, Knospen spitz eiförmig bis kegelförmig, Endknospen 6–7 mm lang, sichtbare Knospenschuppen 3–4, rotbraun bis grünlich, anliegend dicht fein behaart.
Blätter: Wechselständig, ganzrandig oder entfernt gezähnt, Nebenblätter fehlend.
Blüten: Polygam oder 1-geschlechtig, 2-häusig verteilt, unscheinbar, in achselständigen, gestielten Büscheln, ♂ Blüten zu mehreren, Kelch scheiben- oder becherförmig, 5-zähnig, die 5 Kronblätter klein, grünlich weiß, am Rand der ansehnlichen Kelchscheibe sitzend, Staubblätter 5–12, ♀ Blüten meist zu 1–2, selten zu mehreren, oft mit sterilen Staubblättern, Kelchröhre glockig, mit 5-zähnigem Rand, Griffel 5–10, kurz, Fruchtknoten 1- bis 2-fächrig.
Früchte: Steinfrüchte 1-samig, Mesokarp dünn, fleischig-saftig, Steinkern gerippt oder geflügelt.
Verbreitung: 5–8 Arten im Himalaja, in O-Asien, W-Malaysia und dem südöstlichen N-Amerika.
Verwendung: Prachtvolle Parkbäume mit einer brillanten Herbstfärbung.

Bestimmungsschlüssel Nyssa

1 Blätter oberhalb der Mitte am breitesten, spitz .... *N. sylvatica*
– Blätter in der Mitte am breitesten .. *N. sinensis*

Nyssa sinensis Oliv., Chinesischer Tupelobaum

Habitus: 10–15 m hoher Baum, Krone kegelförmig, locker aufgebaut.
Blätter: Länglich-lanzettlich, 8–12(–20) cm

lang, zugespitzt, Basis breit keilförmig bis abgerundet, anfangs beiderseits spärlich behaart, bald kahl, im Austrieb rötlich, später oberseits glänzend tiefgrün, unterseits heller, Herbstfärbung auffallend gelb bis orangerot.
Blüten: Siehe Gattungsbeschreibung.
Früchte: 1,2 cm lang, bläulich, zu 1–3 auf einem gemeinsamen Stiel.
Verbreitung: M-China.
Verwendung: Selten, WHZ 8a, LB 3.2.1.3 (6.4.1.3).

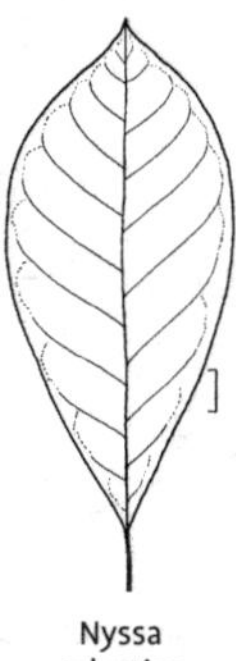

Nyssa sylvatica

Oemleria cerasiformis

Nyssa sylvatica Marshall, Wald-Tupelobaum

Habitus: Bis 30 m hoher Baum, Krone anfangs meist kegelförmig, im Alter unregelmäßig kugelig, Äste abstehend, Zweige im äußeren Kronenbereich überhängend.
Blätter: Verkehrteiförmig oder elliptisch, 5–12 cm lang, spitz oder stumpf, Basis meist keilförmig, meist ganzrandig, oberseits glänzend grün, unterseits bläulich, auf den Nerven behaart oder zuletzt ganz kahl, Herbstfärbung prachtvoll scharlachrot und gelb, Stiel 0,6–3,5 cm lang.
Blüten: Meist polygam, grünlich, an behaarten oder filzigen, 1–3,5 cm langen Stielen, Mai–Juni.
Früchte: Eiförmig, 0,8–1,2 cm lang, blauschwarz, Steinkern mit 10–12 Rippen.
Verbreitung: Kanada, NO-, NOZ-, Z- und SO-USA.
Verwendung: Selten, N, H, WHZ 6b, LB 2.3.1.3.

Oemleria Rchb.

Oregonpflaume – Rosaceae

[nach Genaust (1996) wurde der Name von Reichenbach, 1793–1879, für eine Gattung der Rosaceae Nordamerikas vergeben, ungeklärt, nach wem benannt; nach Huxley (1992) wurde die Gattung nach Oemler, Dresden, benannt, einem Freund von Nuttall, Elliot und Torrey, der Reichenbach mit zahlreichen seltenen Pflanzen beliefert hat]

Monotypische Gattung

Oemleria cerasiformis (Torr. et A. Gray ex Hook. et Arn.) J.W. Landon

Habitus: Sommergrüner, 2(–5) m hoher, aufrechter, Ausläufer bildender, sehr früh austreibender Strauch, Zweige mit gekammertem Mark, Endknospen 7–9 mm lang, Seitenknospen deutlich kleiner, Blattschuppen fein bewimpert.
Blätter: Wechselständig, verkehrteiförmig bis lanzettlich, 7–10 cm lang, an beiden Enden spitz, kurz gestielt, ganzrandig, graugrün, unterseits behaart oder kahl, Nebenblätter hinfällig.
Blüten: 1-geschlechtig, 2-häusig verteilt, 0,8–1 cm breit, zu 5–10 in kurz gestielten, nickenden Trauben, endständig an beblätterten Kurztrieben, 5-zählig, Kelch grün, kreiselförmig bis glockig, Kronblätter grünlich weiß, verkehrteiförmig, Staubblätter 15, in 3 Kreisen, davon 1 Kreis auf dem Rand, 2 im Inneren des offenen, schüsselförmigen Blütenbechers, Fruchtblätter 5, März–April.
Früchte: Steinfrüchte pflaumenartig, 0,8–1,5 cm lang, blauschwarz, bereift, meist zu 1–3, an der Basis gemeinsam von dem wulstigen Rand des hinfälligen Blütenbechers umgeben, Mesokarp dünn, Steinkern 7–8 mm lang, braun, glatt.
Verbreitung: O-Kanada, NW- und W-USA.
Verwendung: Selten, D, WHZ 6a, LB 7.4.4.5 (3.1.2.5) (9.3.5.5)

Olea L.

Ölbaum – Oleaceae

(lateinisch *Olea* = Ölbaum)

Habitus: Immergrüne, dornige oder unbewehrte Bäume.
Blätter: Gegenständig, meist ganzrandig
Blüten: Zwittrig oder 1-geschlechtig, 2-häusig verteilt, radiär, in meist achselständigen, büschelig oder gabelig verzweigten Rispen, Kelchblätter 4, Kronblätter 4, verwachsen, Fruchtblätter 2, oberständig.

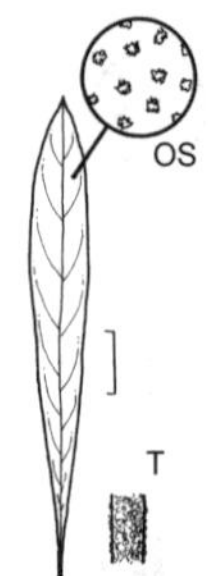

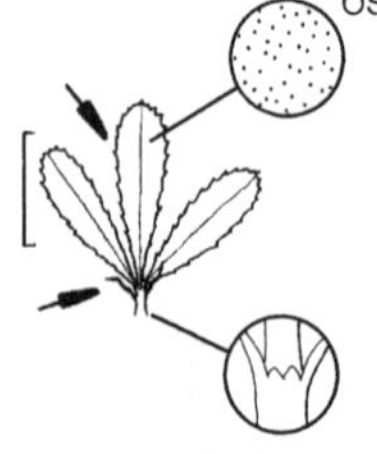

Olea europaea Ononis fruticosa

Früchte: Steinfrüchte eiförmig, ellipsoid oder kugelig, 1-samig.
Verbreitung: 32 Arten im Mittelmeergebiet, in N- und S-Afrika, im temperierten und tropischen Asien, Australien, Neuseeland und Polynesien.
Verwendung: Bei uns nur *O. europaea* in Kultur. Der Ölbaum gilt als Charakterpflanze der Mediterraneis, seine geografische Verbreitung deckt sich mit den Grenzen des mediterranen Raumes.

Olea europaea L. **subsp. europaea**, Kultur-Ölbaum

Habitus: Immergrüner, 5–7 m hoher, meist mehr- und kurzstämmiger Baum.
Blätter: Elliptisch bis lanzettlich, bis 8 cm lang, derbledrig, oberseits graugrün, schuppig, unterseits silbrig grün.
Blüten: In bis 5 cm langen, achselständigen Rispen, gelblich weiß, duftend, Juni–August.
Früchte: Pflaumenförmig bis nahezu kugelig, bis 4 cm lang, zur Reife dunkelblau oder gelb, sehr ölhaltig.
Verbreitung: Seit alter Zeit in Kultur.
Verwendung: Selten, aber immer häufiger, u. a. für Innenhofbepflanzung in wintermilden Regionen oder als Kübelpflanze, WHZ 8b, LB 6.1.1.3.

subsp. africana (Mill.) P.S. Green, Afrikanischer Ölbaum. Bis 8 m hoher Baum. Blätter linealisch-lanzettlich, bis 8 cm lang, unterseits gelb schuppig. Früchte kugelig, 0,5 cm dick. Tropisches Afrika, S-Afrika, SW-China.

subsp. sylvestris (Mill.) Rouy, Wilder Ölbaum. Strauch oder kleiner, dornig bewehrter Baum. Zweige kantig. Früchte nahezu kugelig, bis 1,5 cm dick, Mesokarp dünn. SW-, S- und SO-Europa, Türkei, NW-Afrika, Libyen.

Ononis L.

Hauhechel – Fabaceae

(griechisch *ononis* = Hauhechel, *Ononis spinosa*)

Habitus: Kräuter, Stauden oder sommergrüne, teilweise dornige Sträucher, Triebe oft drüsig behaart.
Blätter: Wechselständig, 3-zählig, selten gefiedert, Blättchen meist gezähnt, Nebenblätter oft laubblattartig, mit dem Blattstiel verwachsen.
Blüten: Zwittrig, radiär, in achsel- oder endständigen Trauben, Kelch tief 5-teilig, Krone purpurn bis weiß oder gelb, Fahne fast kreisrund, Flügel verkehrteiförmig, Schiffchen meist geschnäbelt, die 10 Staubblätter miteinander verwachsen, Fruchtknoten 1, oberständig.
Früchte: Hülsen 2–2,5 cm lang, zylindrisch, meist 4-samig, Samen 2,5–3 mm groß.
Verbreitung: Etwa 75 Arten, von den Kanaren über das Mittelmeergebiet bis M-Asien.
Verwendung: Sonnig-trockene Standorte im Steingarten und Steinbeet.

Ononis fruticosa L., Strauchige Hauhechel

Habitus: Bis 1 m hoher, reich verzweigter Strauch, junge Triebe kurz behaart, Knospen in den Achseln von abgestorbenen Blattresten geborgen, Endknospen fehlend.
Blätter: Blättchen sitzend, länglich-eiförmig oder verkehrteiförmig-lanzettlich, derb, bis 2,5 cm lang, scharf gesägt-gezähnt, kahl, graugrün, Nebenblätter 2- bis 4-zähnig.
Blüten: 1,5–2 cm lang, in endständigen, drüsig behaarten Doppeltrauben, Krone hellrosa oder weißlich, mit dunkleren Streifen, Kelch rötlich, drüsig behaart, Juli–September.
Früchte: Behaart.
Verbreitung: SW-Europa, N-Afrika.
Verwendung: Selten, B, WHZ 7b, LB 6.1.1.8.

Oplopanax (Torr. et A. Gray) Miq.

Igelkraftwurz – Araliaceae

(griechisch *hopla* = Waffe und Gattungsname *Panax*)

Habitus: Sommergrüne, sehr sparsam verzweigte Sträucher, Triebe starr, dick, dicht

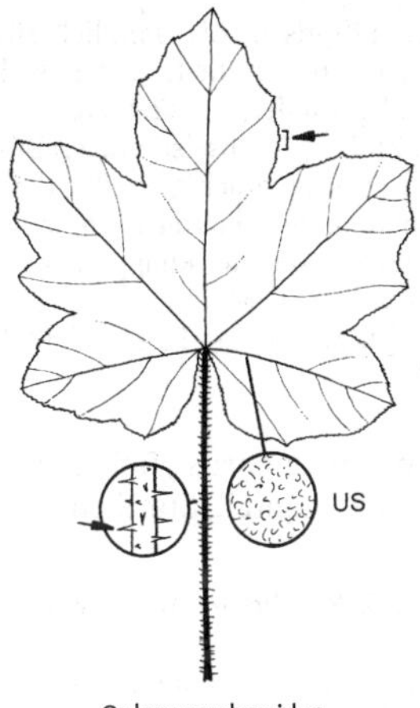

Oplopanax horridus

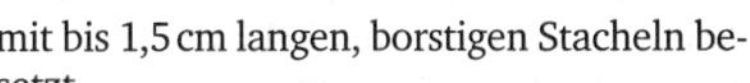

mit bis 1,5 cm langen, borstigen Stacheln besetzt.
Blätter: Wechselständig, lang gestielt, rundlich-eiförmig, mit 5–7 Lappen handförmig gelappt, Nebenblätter fehlend.
Blüten: Zwittrig, radiär, klein, unscheinbar, an den Zweigenden in 8–15 cm langen Doppeltrauben, 5-zählig, Kelchzähne undeutlich, Kronblätter klappig, grünlich weiß, Staubblätter 5, Griffel 2, frei, Fruchtknoten mehrfächrig, unterständig.
Früchte: Steinfrüchte beerenartig, kugelig-eiförmig, etwas abgeflacht, 8 mm lang, glänzend scharlachrot, Steinkerne 2, abgeflacht.
Verbreitung: 3 Arten in O-Asien und im westlichen N-Amerika.
Verwendung: Bei uns nur die folgende Art als sehr großblättiger, schattenverträglicher Strauch in Kultur.

Oplopanax horridus (Sm.) Miq., Igelkraftwurz

Habitus: 2(–4) m hoher Strauch mit dicken, starren Trieben, wie die Blattstiele, die Blattnerven auf beiden Seiten und die Blütenstandsachsen dicht mit 1–1,5 cm langen, abstehenden, borstigen Stacheln besetzt.
Blätter: Rundlich-eiförmig, 35–40 cm breit, 5- bis 7-lappig, Lappen breit 3-eckig, scharf gesägt, oberseits glänzend dunkelgrün, unterseits zottig behaart, Stiel 8–15 cm lang.
Blüten: In 8–18 cm langen Ständen, Krone weiß, Juli–August.
Früchte: Breit ellipsoid, 8 mm lang, scharlachrot.

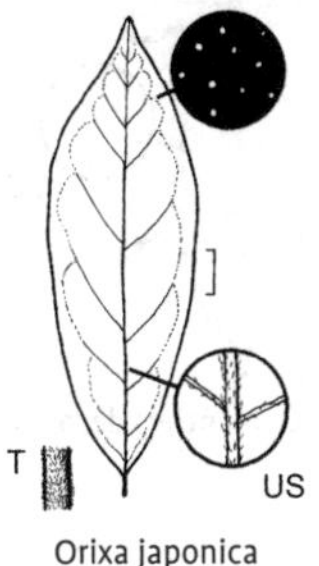

Orixa japonica

Verbreitung: Alaska, W-Kanada, NW- und W-USA, Rocky Mts.
Verwendung: Selten, ♧, WHZ 6a, LB 2.3.5.5.

Orixa Thunb.

Orixa – Rutaceae
(vielleicht gekürzt aus japanisch *kaori* = duftend und *kusa* = Gras)
Monotypische Gattung

Orixa japonica Thunb., Orixa

Habitus: Sommergrüner, aufrechter, bis 3 m hoher Strauch, Triebe anfangs fein behaart, später kahl, Rinde zerrieben aromatisch duftend, Knospen schwach 4-kantig, Endknospen 4 mm lang, Seitenknospen fast gleich lang, über den halbkreisförmigen Blattnarben stehend.
Blätter: Wechselständig, kurz gestielt, einfach, durchscheinend punktiert, verkehrteiförmig bis länglich, 5–15 cm lang, stumpf zugespitzt, ganzrandig oder leicht gesägt, oberseits glänzend grün, unterseits auf den Nerven etwas behaart, Stiel 1 cm lang.
Blüten: 1-geschlechtig, 2-häusig verteilt, radiär, etwa 6 mm breit, 4-zählig, an vorjährigen Zweigen, Krone grünlich, ♂ Blüten zu 8–10 in Trauben, mit 4-lappiger Nektarscheibe und 4 Staubblättern, die kürzer sind als die Kronblätter, ♀ Blüten einzeln, Fruchtblätter 4–5, ± frei, oberständig, Mai–Juni.
Früchte: Balgfrüchte etwa 1,8 cm breit, Bälge meist 4, schief ellipsoid, eiförmig oder kugelig, etwa 8 mm lang, etwas abgeflacht, zur Reife sternartig ausgebreitet, Samen fast kugelig, schwarz, 4 mm dick.
Verbreitung: China, S-Japan, Korea.
Verwendung: Selten (in Japan als Heckenpflanze), D, WHZ 6a, LB 7.4.4.5.

Osmanthus ×burkwoodii

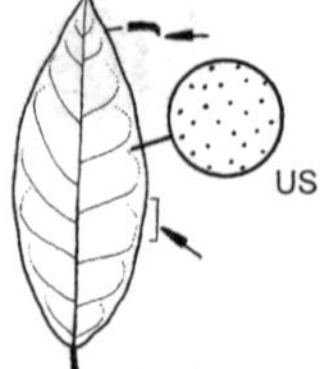

Osmanthus decorus

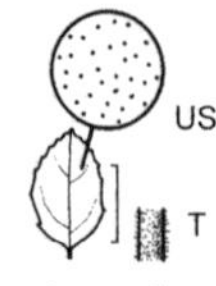

Osmanthus delavayi

Osmanthus Lour.

Duftblüte – Oleaceae

(griechisch *osme* = Duft und *anthos* = Blüte)

Habitus: Immergrüne Sträucher oder kleine Bäume.
Blätter: Gegenständig, kurz gestielt, derb ledrig, ganzrandig oder gesägt, oberseits glänzend grün, unterseits mit zahlreichen drüsigen Vertiefungen, Stiel kurz, wie die Mittelrippe meist behaart.
Blüten: Zwittrig oder polygam, radiär, meist duftend, meist in achselständigen Büscheln, selten in endständigen Rispen, Kelch kurz, 4-zähnig, Krone mit meist kurzer Röhre und 4 dachziegeligen Zipfeln, Staubblätter 2, in der Kronröhre eingeschlossen, Griffel zylindrisch, mit großer Narbe, Fruchtknoten 2-fächrig, oberständig.
Früchte: Steinfrüchte eiförmig bis kugelig-eiförmig, 1–1,5 cm lang, blauschwarz, bereift, 1-samig, Steinkern stark verholzt.
Verbreitung: 30 Arten in O- und SO-Asien und Polynesien, 2 Arten in N-Amerika.
Verwendung: Dekorative Sträucher mit intensiv duftenden Blüten für warme, geschützte Lagen, in M-Europa nur wenige Arten ausreichend frosthart.

Bestimmungsschlüssel Osmanthus

1 Blätter (wenigstens teilweise) mit dornigen Zähnen . . . . *O. heterophyllus*
– Blätter ganzrandig oder gesägt 2
2 Blätter 8–12 cm lang . . . . *O. decorus*
– Blätter kleiner 3
3 Blätter 2–4 cm lang, kahl . . . . . *O. ×burkwoodii*
– Blätter 1–2,5 cm lang, unterseits drüsig-zottig behaart . . . . *O. delavayi*

Osmanthus ×burkwoodii (Burkwood et Skipwith) P.S. Green, Burkwoods Duftblüte

(*O. decorus* × *O. delavayi*)

Habitus: Bis 2 m hoher und breiter, locker aufgebauter Strauch, Triebe fein behaart.
Blätter: Elliptisch bis länglich-eiförmig, 2–4 cm lang, kurz gestielt, spitz, Basis keilförmig bis abgerundet, ± gesägt, kahl.
Blüten: Zu 5–7 in achselständigen Büscheln, duftend, Krone milchig weiß, Kronröhre 4–5 mm lang, Kelchblätter 2 mm lang, grünlich weiß, Staubblätter knapp die Kronröhre überragend, April–Mai.
Verwendung: Häufig, B, D, WHZ 7a, LB 6.3.4.6.

Osmanthus decorus (Boiss. et Balansa) Kasapligil, Stattliche Duftblüte

Habitus: 2–3 m hoher, buschiger Strauch, Triebe kahl.
Blätter: Länglich bis länglich-lanzettlich, 8–12 cm lang, zugespitzt, Basis breit keilförmig, ganzrandig, selten entfernt gesägt, oberseits dunkelgrün und glänzend, unterseits gelblich grün, kahl, Stiel 1–1,5 cm lang.
Blüten: 6 mm breit, in dichten, achselständigen Büscheln, Krone weiß, April–Mai.
Früchte: Eiförmig, etwa 1,5 cm lang, blauschwarz.
Verbreitung: NO-Türkei, Kaukasien.
Verwendung: Selten, B, D, WHZ 6b, LB 6.3.2.5.

Osmanthus delavayi Franch., Delavays Duftblüte

Habitus: Bis 2 m hoher Strauch, Triebe schwach behaart.
Blätter: Eiförmig bis lanzettlich, bis 3 cm lang, spitz, Basis breit keilförmig, scharf oder undeutlich gezähnt, oberseits glänzend dunkelgrün, unterseits drüsig-zottig.
Blüten: Zu 4–8 in achselständigen Büscheln, duftend, Krone weiß, Kronröhre etwa 1 cm lang, die eiförmigen Kronzipfel 4 mm lang, April–Mai.
Früchte: Eiförmig, 1,2 cm lang, blauschwarz.
Verbreitung: W-China.
Verwendung: Sehr selten, B, D, WHZ 8a, LB 6.3.1.5.

Osmanthus heterophyllus (G. Don) P.S. Green, Stachelblättrige Duftblüte

Habitus: 2,5–4 m hoher, dicht verzweigter Strauch, Triebe kahl.
Blätter: Elliptisch-länglich, derbledrig, 2–6 cm lang, mit dorniger Spitze, jederseits mit 1–4 dornigen Zähnen, an älteren Pflanzen oft ganzrandig, oberseits dunkelgrün,

glänzend, unterseits gelblich grün, Nervatur deutlich sichtbar.
Blüten: 4–5 mm breit, duftend, in achselständigen Büscheln, Krone weiß, fast bis zur Basis geteilt, September–Oktober.
Früchte: Ellipsoid, etwa 1,2 cm lang, blauschwarz.
Verbreitung: S-Japan, Taiwan.
Verwendung: Häufig (mit einigen, auch buntlaubigen Sorten), B, D, WHZ 7a, LB 6.3.4.5.

Osmanthus ilicifolius (Hassk.) hort. ex Dippel = *Osmanthus heterophyllus*
×*Osmarea burkwoodii* Burkwood et Skipwitch = *Osmanthus ×burkwoodii*
Osmaronia cerasiformis (Torr. et A. Gray) Greene = *Oemleria cerasiformis*

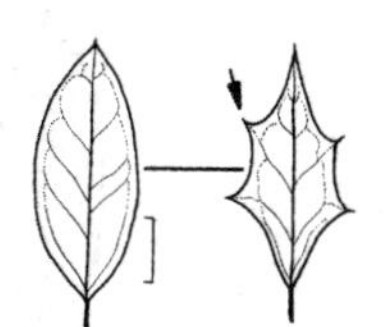
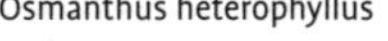
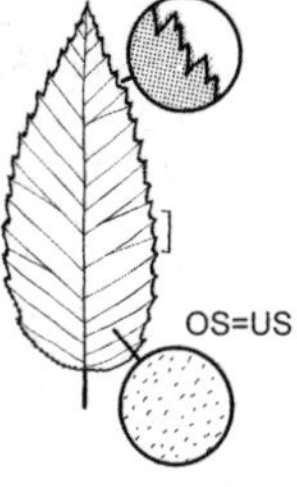

Osmanthus heterophyllus   Ostrya carpinifolia

Ostrya Scop.

Hopfenbuche – Betulaceae

(griechisch *ostrya, ostrys* = Hopfenbuche mit hartem Holz, *Ostrya carpinifolia*)

Habitus: Sommergrüne, hainbuchenähnliche Bäume oder Sträucher, Rinde lange glatt bleibend, Knospen 2-reihig stehend, über den 3-spurigen Blattnarben oft etwas schief, Knospenschuppen spiralig stehend.
Blätter: Wechselständig, eiförmig bis eiförmig-länglich, doppelt gesägt, Nebenblätter hinfällig.
Blüten: 1-geschlechtig, 1-häusig verteilt, ♂ Kätzchen zu 3–5 an der Spitze vorjähriger Zweige, nackt überwinternd, zur Blüte schlaff hängend, Blüten in den Achseln von Tragblättern jeweils mit 6–14 Staubblättern, Blütenhülle fehlend, ♀ Kätzchen in knospigem Zustand überwinternd, kürzer, in 3–12 Paaren in den Achseln hinfälliger Tragblätter, mit 1 Vorblatt, Blütenhülle unscheinbar, April.
Früchte: Nüsse 5–8 mm lang, 1-samig, von einer aus den Vorblättern gebildeten, sackartigen Hülle umgeben, am Grund fest mit dieser verwachsen, in ährenartigen Fruchtständen.
Verbreitung: 9 Arten in warmgemäßigten Zonen von N- und M-Amerika sowie Europa und W- und O-Asien.
Verwendung: Mittelhohe, wie Hainbuchen zu verwendende Garten- und Parkbäume ohne besondere Standortansprüche.

Bestimmungsschlüssel Ostrya

1 Blätter beiderseits (fühlbar!) weichhaarig, Nervenpaare 9–12 . . . . *O. japonica*
– Blätter oberseits kahl (höchstens spärlich behaart), Nervenpaare 11–15 2
2 Spreitenbasis abgerundet, Rand doppelt gesägt und bewimpert . . . . *O. carpinifolia*
– Spreitenbasis schwach herzförmig, Rand einfach gesägt und kahl . . . . *O. virginiana*

Ostrya carpinifolia Scop., Gewöhnliche Hopfenbuche

Habitus: Bis 20 m hoher, meist kurzstämmiger Baum, Krone anfangs kegel- bis eiförmig, zuletzt aufgelockert abgerundet, Borke grau, junge Triebe behaart.
Blätter: Eiförmig bis elliptisch, 4–10 cm lang, zugespitzt, Basis meist abgerundet, scharf und doppelt gesägt, Nervenpaare 12–15, oberseits dunkelgrün und spärlich behaart, unterseits blassgrün und auf den Nerven spärlich behaart, Stiel bis 1 cm lang, behaart, Herbstfärbung hellgelb.
Blüten: ♂ Kätzchen bis 7,5 cm lang, April–Mai.
Früchte: Fruchtstände 3,5–5 cm lang, Nuss eiförmig, 4–5 mm lang, an der Spitze mit einem Haarbüschel.
Verbreitung: W-, ZM- und SO-Europa, Türkei, Kaukasien, Syrien.
Verwendung: Häufig, N, WHZ 6b, LB 6.3.3.3.

Ostrya japonica Sarg., Japanische Hopfenbuche

Habitus: Bis 25 m hoher, breitkroniger Baum, junge Triebe dicht behaart.
Blätter: Eiförmig, 8–15 cm lang, zugespitzt, an der Basis abgerundet, unregelmäßig scharf doppelt gesägt, beiderseits weich behaart, Nervenpaare 9–12, Stiel 4–8 mm lang, behaart.
Blüten: ♂ Kätzchen 5–6 cm lang.
Früchte: Fruchtstände 3–4 cm lang, Nuss

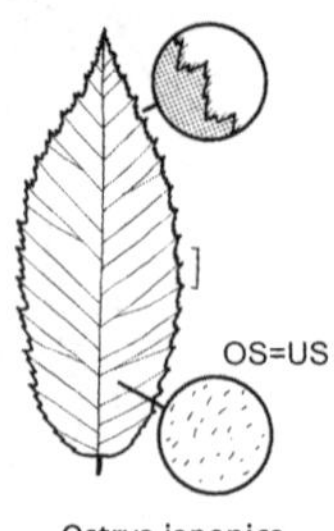

Ostrya japonica

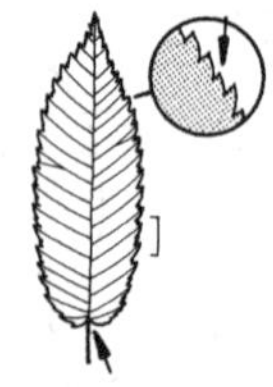
Ostrya virginiana

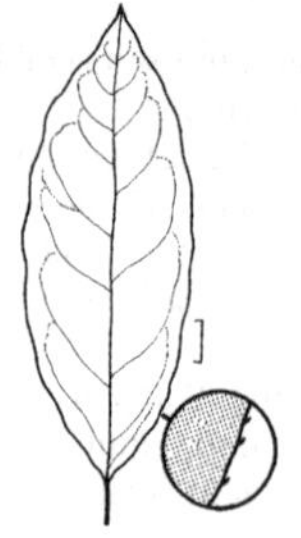
Oxydendrum arboreum

länglich-eiförmig, 5–6,5 mm lang, an der Spitze kahl.
Verbreitung: China, Korea, Japan.
Verwendung: Selten, WHZ 6b, LB 6.4.2.3.

Ostrya virginiana (Mill.) K. Koch, Virginische Hopfenbuche

Habitus: Bis 20 m hoher, kurzstämmiger Baum, Krone zuletzt aufgelockert und abgerundet, Rinde graubraun, dünn, Zweige lang, abstehend, an den Spitzen überhängend, junge Triebe drüsig behaart, später kahl und dunkelbraun.
Blätter: Eiförmig-lanzettlich, 5–12 cm lang, zugespitzt, Basis leicht herzförmig, scharf gesägt, Nervenpaare 9–12, oberseits dunkelgrün, unterseits heller, beiderseits weich behaart, Stiel bis 5 mm lang, drüsig behaart.
Blüten: ♂ Kätzchen bis 5 cm lang, April–Mai.
Früchte: Fruchtstände 3–4,5 cm lang, Nuss länglich-eiförmig, 5–6,5 cm lang, an der Spitze kahl.
Verbreitung: O-Kanada, NO-, NOZ-, Z- und SO-USA, Mexiko, Guatemala.
Verwendung: Selten, WHZ 5b, LB 6.3.2.2.

Oxycoccus macrocarpus (Aiton) Pursh = *Vaccinium macrocarpon*

Oxydendrum DC.

Sauerbaum – Ericaceae

(griechisch *oxys* = sauer und *dendron* = Baum)

Monotypische Gattung

Oxydendrum arboreum (L.) DC., Sauerbaum

Habitus: Sommergrüner, 20–25 m hoher Baum, bei uns meist strauchig und kaum über 5 m hoch, im Alter mit tiefrissiger, rostroter Borke, Äste aufsteigend oder horizontal abstehend, Zweige weinrot bis rotbraun, Knospen 1–2 mm groß, rundlich bis halbkugelig, Triebe kahl oder schwach flaumhaarig.
Blätter: Wechselständig, elliptisch-länglich, 8–20 cm lang, von dünner Textur, zugespitzt, Basis breit keilförmig, ganzrandig, aber mit Borstenzähnen, oberseits glänzend grün, kahl, unterseits auf den Nerven spärlich behaart, säuerlich schmeckend, Herbstfärbung lebhaft scharlachrot.
Blüten: Zwittrig, radiär, 6–9 mm lang, in 5–15 cm langen, einseitswendigen Trauben, die zu 10–25 cm langen, enständigen, abstehenden Rispen angeordnet sind, Kelch tief 5-teilig, Krone weiß, Kronröhre mit 5 kurzen Lappen, Staubblätter 10, in der Kronröhre eingeschlossen, Fruchtknoten 5-fächrig, Griffel kurz hervorragend, Juli–August.
Früchte: Kapseln 5–7 mm lang, fein grau behaart, Samen fein, zahlreich.
Verbreitung: NO-, NOZ- und SO-USA.
Verwendung: Selten (interessant durch seine sommerliche Blütezeit und die attraktive Herbstfärbung), N, B, H, WHZ 6a, LB 4.1.2.4.

Pachysandra Michx.

Dickmännchen, Ysander – Buxaceae

(griechisch *pachys* = dick und *andros* = Mann)

Habitus: Immer- oder wintergrüne Halbsträucher mit fleischigen, niederliegend-ansteigenden Sprossen und weitstreichenden unterirdischen Ausläufern.
Blätter: Wechselständig, an den Sprossenden gehäuft, grob gezähnt.
Blüten: 1-geschlechtig, 1-häusig verteilt, radiär, unscheinbar, in aufrechten, reichblütigen Ähren, Krone weiß, ♂ Blüten zahlreich

(5–40), mit je 4 Kelch- und Staubblättern und rudimentären Griffeln, ♀ Blüten nur wenige (1–5) an der Basis der Blütenstände, mit 4 gegenständigen Kelchblättern und 4 Griffeln, Fruchtknoten 2- bis 3-fächrig, oberständig, April–Mai.
Früchte: Kapseln 1–2 cm lang, durch bleibende Griffel gehörnt.
Verbreitung: 3 Arten in O-Asien, 1 Art im östl. N-Amerika.
Verwendung: *P. terminalis* wird sehr häufig und meist großflächig als robuster, langlebiger, sehr schattentoleranter Bodendecker gepflanzt.

Bestimmungsschlüssel Pachysandra

1 Blattstiel 1,5–4 cm lang, junge Triebe und Blattstiele fein behaart . . . . *P. procumbens*
– Blattstiel 1–2 cm, junge Triebe und Blattstiele kahl . . . . *P. terminalis*

Pachysandra procumbens Michx., Amerikanischer Ysander

Habitus: Wintergrüner, bis 25 cm hoher horstartig wachsender Halbstrauch, Sprosse unverzweigt dem Wurzelstock entspringend, junge Sprosse fein behaart.
Blätter: Breit eiförmig, verkehrteiförmig oder rhombisch, 5–8 cm lang, in der oberen Hälfte sehr grob gezähnt, Basis breit keilförmig, graugrün, Stiel 1,5–4 cm lang.
Blüten: In aufrechten, 5–10 cm langen Ähren an der unbelaubten Sprossbasis, Krone weiß bis weißlich rosa, duftend, Staubbeutel hellrot, März–Mai.
Verbreitung: SO-USA.
Verwendung: Selten, WHZ 6a, LB 3.2.7.8.

Pachysandra terminalis Siebold et Zucc., Japanischer Ysander

Habitus: Bis 0,2 m hoher Halbstrauch, Sprosse kahl, Rhizome flach und weithin kriechend, Flächen dicht deckend.
Blätter: Länglich-rhombisch bis länglich-verkehrteiförmig, etwas ledrig, 5–8 cm lang, in der oberen Hälfte jederseits mit 1–3 groben Zähnen, Basis schmal keilförmig, dunkelgrün, oberseits stark glänzend, Stiel 1–2 cm lang.
Blüten: In 3–5 cm langen, aufrechten, endständigen Ähren, Krone weiß. April.
Früchte: 1–1,5 cm lang, weiß, glasartig.
Verbreitung: China, Japan.
Verwendung: Sehr häufig, WHZ 5b, LB 3.2.7.8.

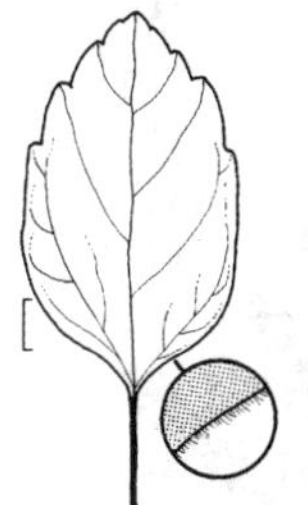

Pachysandra procumbens

Pachysandra terminalis

'Variegata'. Blätter weiß gerandet und gestreift.

Padus laurocerasus (L.) Mill. = *Prunus laurocerasus*
P. maackii (Rupr.) Kom. = *P. maackii*
P. racemosa Lam. = *P. padus*
P. rubra Mill. = *P. virginiana*
P. serotina (Ehrh.) Borkh. = *P. serotina*

Paeonia L.

Päonie, Pfingstrose – Paeoniaceae
(lateinisch *paeonia* = Echte Pfingstrose, *Paeonia officinalis*)

Habitus: Meist Stauden, seltener sommergrüne, schwach verzweigte Sträucher mit dicken, steifen Zweigen, Blattbasen herablaufend, Endknospen 1,5–3 cm lang, von den Knospenschuppen einige in einen kurzen, hornartigen Fortsatz endend, Blattnarben v-förmig bis fast kreisrund, mit 5 Gefäßbündelspuren.
Blätter: Wechselständig, groß, lang gestielt, mehrfach geteilt, Nebenblätter fehlend.
Blüten: Zwittrig, radiär, groß, meist einzeln, endständig, Kelchblätter 5, grün, bleibend, Kronblätter 5–10, groß, weiß, rot oder gelb, Staubblätter zahlreich, Fruchtblätter 2–5, Narbe sitzend.
Früchte: Balgfrüchte, Bälge 2–5, sitzend, spreizend oder sternförmig ausgebreitet, mehrsamig, dickledrig, Samen bis 1 cm groß, dunkelbraun oder schwarz.
Verbreitung: 33 Arten im temperierten Eurasien und im westl. N-Amerika.
Verwendung: Mit den großen, leuchtend gefärbten Blüten prachtvolle Blütensträucher.

Paeonia delavayi

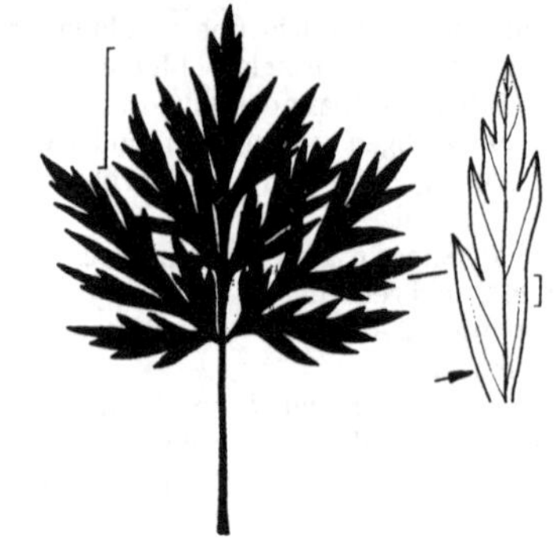

Paeonia lutea var. lutea

Bestimmungsschlüssel Paeonia

1 Blätter fiederartig zerteilt, Blättchenbasis flügelartig am Stiel herablaufend . . . . *P. delavayi*
– Blätter bis 3-fach gefiedert, Fiederblättchen nicht am Stiel herablaufend 2
2 Untere Seitenfieder nochmals vollständig gefiedert 3
– Untere Seitenfieder nur fiederartig zerteilt . . . . *P. lutea* var. *lutea*
3 Blättchen 17–30 . . . . *P. rockii* subsp. *rockii*
– Blättchen meist 9 . . . . *P. suffruticosa*

Paeonia delavayi Franch., Delavays Strauch-Päonie

Habitus: Bis 1,6 m hoher, Ausläufer bildender Strauch, Zweige kahl, dünn, hohl.
Blätter: Fiederartig zerteilt, 20–27 cm lang, 7–10 cm lang gestielt, Blattabschnitte länglich-elliptisch, meist 5–7 cm lang, flügelartig am Stiel herablaufend, oberseits dunkelgrün, unterseits blaugrün.
Blüten: Einfach, nickend, 6–10 cm breit, becherförmig, Hüllblätter 6–12, Kelchblätter 5, nahezu rundlich, 2–2,5 cm lang, grün, Kronblätter (4–)7–11(–13), dunkelrot, 3–4 cm lang, verkehrteiförmig, Staubfäden dunkel karminrot, Staubbeutel gelb, Fruchtblätter 3–5, Nektarscheibe ansehnlich, fleischig, 3–5 mm hoch, Mai.
Früchte: Etwa 2,5 cm lang, kahl.
Verbreitung: China: Yunnan, Sinkiang.
Verwendung: Häufig, B, WHZ 5b, LB 6.3.2.6 (7.4.2.6).

Paeonia lutea Franch. **var. lutea**, Gelbe Pfingstrose, Gelbe Strauch-Päonie

Habitus: Bis 3 m hoher, unregelmäßig und locker aufgebauter Strauch, kaum Ausläufer bildend, Äste nahezu unverzweigt, kahl.
Blätter: 1- bis 2-fach gefiedert, 30–40 cm lang, 8–14 cm lang gestielt, Blattabschnitte 5–10 cm lang, gelappt und gezähnt, stumpf zugespitzt, Basis nicht am Stiel herablaufend, oberseits dunkelgrün, unterseits blaugrün.
Blüten: Einfach, 5–7 cm breit, nickend, Hüll- und Kelchblätter zusammen 5–8, bleibend, die äußeren 3–4 schmal länglich bis schmal elliptisch, 2–7 cm lang, die inneren nahezu rundlich, 1,5–1,8 cm lang, grünlich, oft rot getuscht, Kronblätter 6–7, gelb (selten mit rotem Basalfleck), verkehrteiförmig, Basis keilförmig, Staubblätter gelb, Fruchtblätter kahl, Nektarscheibe ansehnlich, fleischig, 3–4 mm hoch, Juni.
Früchte: 2,5–3 cm lang, konisch.
Verbreitung: China, Yunnan, Sichuan.
Verwendung: Häufig, B, WHZ 6b, LB 6.3.2.6 (4.3.1.6).

var. ludlowii Stern et Taylor, Tibetanische Strauch-Päonie. Bis 3,5 m hoher Strauch. Blüten 13–15 cm breit, becherförmig, aufrecht, meist zu 4, Hüll- und Kelchblätter zusammen 5–16, Kronblätter tiefgelb, etwa 12, fast kreisrund. Tibet.

In Kultur häufig auch Sorten der *P.-lutea-*Gruppe (Kreuzungen mit Sorten von *P. suffruticosa*), die in allen Farbschattierungen von Gelb bis Orange und Rot blühen.

Paeonia rockii (S.G. Haw et Lauener) T. Hong et J.J. Li **subsp. rockii**, Rocks Strauch-Päonie

Habitus: Bis 2,5 m hoher, über 2 m breiter, sehr robuster, halbkugeliger, locker aufgebauter Strauch, Äste dick, wenig verzweigt, aufrecht bis schräg aufsteigend.
Blätter: 2- bis 3-fach gefiedert, bis 40 cm lang,

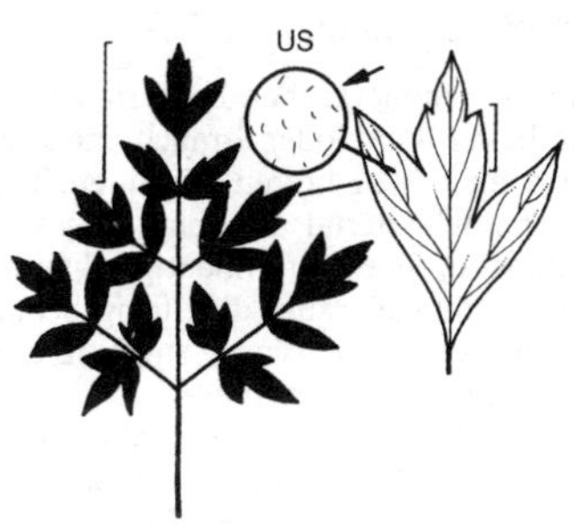

Paeonia rockii subsp. rockii

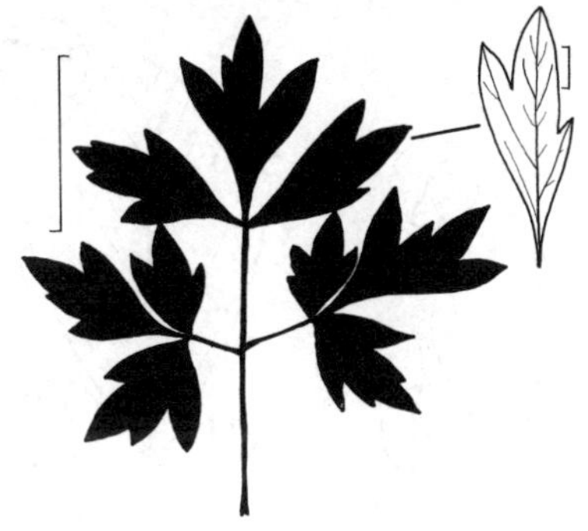

Paeonia suffruticosa

Blättchen 17–30, bis 20 cm lang, eiförmig, schmal eiförmig oder lanzettlich, meist ganzrandig oder 2- bis 4-lappig, oberseits dunkelgrün, unterseits heller, behaart.
Blüten: Einzeln, aufrecht, sehr groß, schalenförmig, einfach (bei Sorten auch gefüllt), Kronblätter 12, weiß (bei Sorten auch rosa oder rot), am Rand unregelmäßig eingeschnitten, Basalfleck auffallend groß, schwarzrot, Staubblätter zahlreich, Staubblätter gelb, Fruchtblätter 5 (oder 6), dicht wollig behaart, Mai.
Früchte: Bis 3,5 cm lang, dicht gelblich behaart.
Verbreitung: China: S-Gansu, W-Henan, W-Hubei, M- und S-Shaanxi.
Verwendung: Häufig (mit einigen Sorten), B, WHZ 6b, LB 6.3.4.6.

subsp. linyanshanii T. Hong et Osti. Blättchen lanzettlich oder schmal eiförmig, ganzrandig. China: Gansu, Hubei.

Paeonia suffruticosa Andrews, Gewöhnliche Strauch-Päonie

Habitus: Bis 2 m hoher, nur wenig verzweigter, locker aufgebauter Strauch, Triebe kahl.
Blätter: Meist doppelt 3-zählig, 10–25 cm breit, Blattabschnitte meist 9, bis 10 cm lang, breit eiförmig bis eiförmig-länglich, gestielt oder sitzend, nahezu ganzrandig oder 2- bis 3-lappig, oberseits hellgrün, kahl, unterseits bläulich und spärlich behaart.
Blüten: Einzeln, endständig, aufrecht, 10–17 cm breit, einfach (bei Sorten auch gefüllt), Kronblätter 5–8 cm lang, weiß, rosa, purpurn oder lila, selten mit einem rötlich purpurnen Basalfleck, verkehrteiförmig, am Saum unregelmäßig eingeschnitten, Fruchtblätter 5, dicht wollig behaart, Nektarscheibe ledrig, purpurrot, Mai–Juni.
Früchte: Länglich, dicht bräunlich behaart.
Verbreitung: NW-China, Tibet, Bhutan.
Verwendung: Sehr häufig (in zahlreichen Sorten mit unterschiedlich gefärbten sowie einfachen oder ± stark gefüllten Blüten), B, WHZ 5b, LB 6.3.4.6 (9.3.1.6).

Paliurus Mill.

Stechdorn, Christdorn – Rhamnaceae
(lateinisch *paliurus* = Christdorn mit spitzen Dornen)

Habitus: Sommergrüne, dornig bewehrte Sträucher oder Bäume, Zweige unterhalb des Blattansatzes mit 2 scharfen Dornen.
Blätter: Wechselständig, 2-zeilig stehend, eiförmig bis herzförmig, von der Basis an 3-nervig, ganzrandig bis gesägt, Nebenblätter bleibend.
Blüten: Zwittrig, radiär, unscheinbar, klein, 5-zählig, Kronblätter frei, gelblich, Staubblätter 5, vor den Kronblättern und mit diesen verwachsen, Fruchtblätter 2–3, verwachsen, halbunterständig, in kleinen, achsel- oder endständigen Thyrsen.
Früchte: Nüsse trocken, verholzend, in der Längsachse scheibenförmig abgeflacht, 2–3,5 cm breit, ringsum geflügelt, Flügel konzentrisch gestreift, Nuss 2- bis 3-fächrig.
Verbreitung: 8 Arten von S-Europa und N-Afrika bis Japan.
Verwendung: Nur die folgende Art ist in M-Europa an wintermilden Standorten ausreichend frosthart.

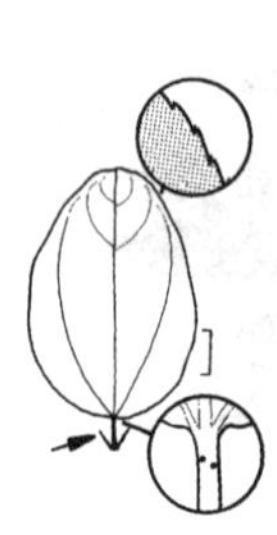

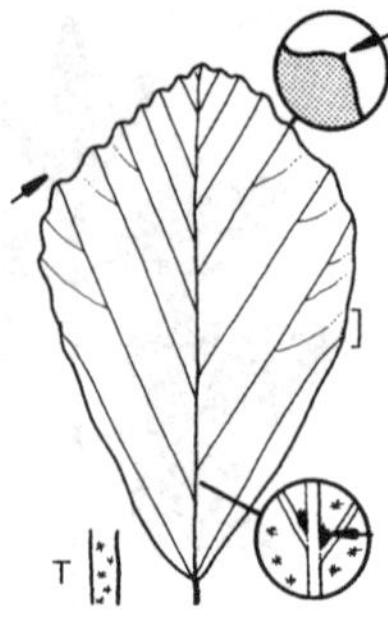

Paliurus spina-christi

Parrotia persica

Paliurus spina-christi Mill., Gewöhnlicher Christdorn

Habitus: Bis 6 m hoher, sparrig verzweigter, dorniger Strauch oder kleiner Baum, junge Triebe behaart, die beiden Dornen ungleich, 1 Dorn gerade, der andere gekrümmt.
Blätter: Eiförmig bis eiförmig-rundlich, 2,5–5 cm lang, stumpf, Basis meist schief abgerundet, fein gesägt oder ganzrandig, oberseits dunkelgrün, unterseits kahl oder auf den Nerven leicht behaart, Stiel 0,4–1,2 cm lang.
Blüten: Krone grünlich gelb, Juni–Juli.
Früchte: Bräunlich gelb, 2–2,5 cm breit.
Verbreitung: S-Europa, N-Afrika, Türkei, Kaukasien, Syrien, N-Irak, Iran, M-Asien.
Verwendung: Sehr selten, ♧, WHZ 8b, LB 6.1.1.4.

Parrotia C.A. Mey.

Parrotie, Eisenholz – Hamamelidaceae

(nach J.J.F.W. von Parrot, 1792–1841, deutsch-russischer Forschungsreisender)

Von den beiden bekannten Arten der Gattung – *P. persica* und *P. subaequalis* (H.T. Chang) R.M. Ho et H.T. Wei (Syn. *Hamamalis subaequalis* H.T. Chang), heimisch in den chinesischen Provinzen Anhui, S-Jiangsu und N-Zhejiang – ist in Europa bisher nahezu ausschließlich *P. persica* in Kultur.

Parrotia jacquemontiana Decne. = *Parrotiopsis jacquemontiana*

Parrotia persica (DC.) C.A. Mey., Parrotie, Eisenholz

Habitus: Sommergrüner, breitkroniger, 10–12 m hoher Baum oder Strauch, meist vom Boden an mit mehreren Stämmen, Borke schuppig abblätternd, ein mehrfarbiges Muster bildend, Triebe sternhaarig, olivbraun, Knospen dunkelbraun, dick filzig behaart, Endknospen 6–9 mm lang, zugespitzt, Seitenknospen deutlich kleiner.
Blätter: Wechselständig, verkehrteiförmig bis elliptisch, 6–10 cm lang, abgerundet, Basis abgerundet bis schwach herzförmig, im Austrieb gelegentlich rötlich getönt, später oberseits tiefgrün, unterseits heller, oberhalb der Mitte bogig gezähnt, beiderseits sternhaarig, Stiel 2–6 mm lang, Nebenblätter groß, hinfällig, Herbstfärbung lebhaft gelb, orange und scharlachrot.
Blüten: Zwittrig, radiär, in dichten, endständigen Köpfchen, die von einem 1–1,5 cm langen, braunen Hochblatt umgeben sind, Kelchblätter 5–7, 1–1,5 mm lang, grün, an der Spitze braunfilzig, Kronblätter fehlend, die 14 Staubblätter mit bis 1,5 cm langen Staubfäden und roten Staubbeuteln, Fruchtknoten 2-fächrig, März–April.
Früchte: Kapseln 1–1,5 cm lang, filzig, sich 4-klappig öffnend, gehörnt, Samen etwa 8 mm lang, hellbraun, glänzend.
Verbreitung: N-Iran.
Verwendung: Sehr häufig (mit einigen Sorten), H, WHZ 6a, LB 2.3.2.4.

Parrotiopsis (Nied.) C.K. Schneid.

Scheinparrotie – Hamamelidaceae

(Gattungsname *Parrotia* und griechisch *opsis* = Aussehen)

Monotypische Gattung

Parrotiopsis jacquemontiana (Decne.) Rehder

Habitus: Sommergrüner, straff aufrechter Strauch, in seiner Heimat bis 7 m hoher Baum, Zweige grau bis graugrün, Triebe sternhaarig, Endknospen bis 1 cm lang, Seitenknospen deutlich kleiner, kurz gestielt.
Blätter: Wechselständig, verkehrteiförmig bis rundlich, 5–8 cm lang, scharf gesägt, anfangs oberseits spärlich sternhaarig, unterseits dichter und auf den Nerven bleibend be-

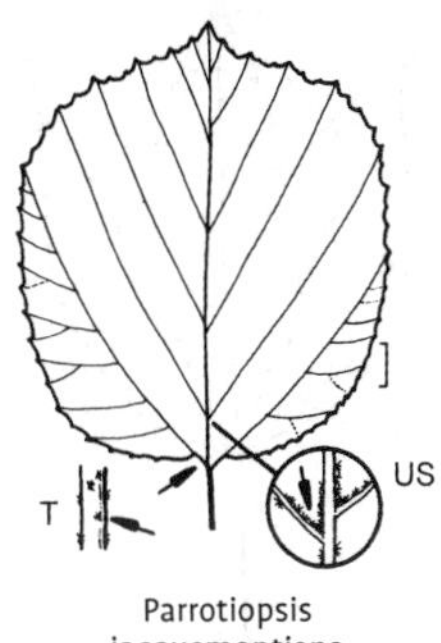

Parrotiopsis jacquemontiana

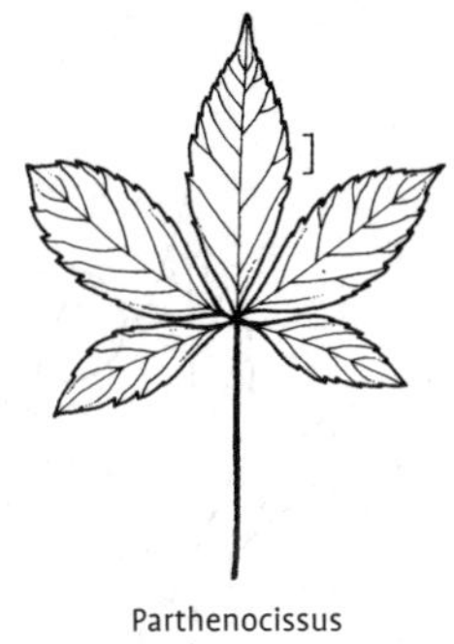
Parthenocissus inserta

haart, Stiel 0,6–1,2 cm lang, Nebenblätter eiförmig, 3–5 mm lang, meist hinfällig, Herbstfärbung matt- bis goldgelb.
Blüten: Zwittrig, radiär, in kleinen, endständigen, mehrblütigen Köpfchen, duftend, umgeben von mehreren weißen, 1,5–2 cm großen, abstehenden, unterseits braun sternhaarigen Hochblättern, Kelch unscheinbar, Kronblätter fehlend, Staubblätter 15, gelb, Fruchtknoten 2, April–Mai.
Früchte: Kapseln etwa 1 cm lang, 2-samig, gehörnt, sich 4-klappig öffnend, Samen 5–6 mm lang, braun, glänzend.
Verbreitung: Himalaja.
Verwendung: Selten, B, H, D, WHZ 6b, LB 6.4.4.5.

Parthenocissus Planch.

Jungfernrebe, Wilder Wein – Vitaceae
(griechisch *parthenos* = Jungfrau und lateinisch *cissos* = Efeu)

Habitus: Sommergrüne, rasch wachsende Kletterpflanzen, Ranken ± stark verzweigt, meist mit deutlich ausgebildeten Haftscheiben, Zweige mit Lentizellen und weißem Mark.
Blätter: Wechselständig, lang gestielt, gelappt oder fingerförmig, Nebenblätter vorhanden.
Blüten: Zwittrig, selten polygam, radiär, klein, unscheinbar, in reich verzweigten, den Blättern gegenüberstehenden Rispen oder endständig an Kurztrieben, Kelch klein, Kronblätter grünlich, 5, selten 4, spreizend, Griffel kurz und dick, zwischen den Staubblättern und dem 2-fächrigen, oberständigen Fruchtknoten eine undeutlich ausgebildete Nektarscheibe.
Früchte: Beeren ± kugelig, 6–8 mm dick, dunkelblau bis blauschwarz, bereift, saftreich, Samen meist 2–3(–4), 5 mm lang.
Verbreitung: 10 Arten in N-Amerika, O-Asien und Himalaja.
Verwendung: Häufig für eine rasche Begrünung von Fassaden, Lauben und Pergolen gepflanzte Kettersträucher.

Bestimmungsschlüssel Parthenocissus

1 Blätter ungelappt oder bis 3-zählig gelappt oder gefingert . . . . *P. tricuspidata*
– Blätter 5(–7)-zählig gefingert. 2
2 Ranken mit 2–5 windenden Seitenästchen, Haftscheiben fehlend oder nur schwach entwickelt, Blätter oberseits glänzend und glatt. . . . . *P. inserta*
– Ranken mit 5–12 geraden Seitenästchen und Haftscheiben, Blätter oberseits matt und rau . . . . *P. quinquefolia* var. *quinquefolia*

Parthenocissus inserta (A. Kern.) Fritsch, Fünfblättrige Jungfernrebe, Wilder Wein

Habitus: Bis 8 m hoch kletternd, Triebe und Blattknospen im Frühjahr grün, Ranken mit 2–5 stark verlängerten, windenden Seitenästchen, Haftscheiben fehlend oder nur schwach ausgebildet.
Blätter: Meist 5-zählig, Blättchen elliptisch bis länglich, 5–12 cm lang, zugespitzt, Basis meist keilförmig, grob scharf gesägt, beiderseits glänzend, oberseits dunkelgrün, unterseits heller, kahl, lang gestielt, Herbstfärbung leuchtend scharlachrot.
Blüten: In breiten, kugeligen oder halbkugeligen Büscheln (Rispen), Stiele am oberen Ende gegabelt, Juni–Juli.
Früchte: Blauschwarz, meist bereift, 6–7 mm dick.
Verbreitung: O-Kanada, NO-, NOZ- und SW-USA, Rocky Mts.
Verwendung: Selten, H, WHZ 4, LB 2.4.3.9.

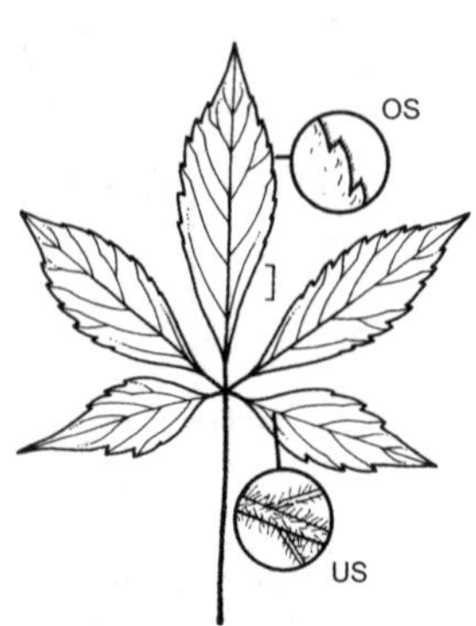

Parthenocissus quinquefolia var. quinquefolia

Parthenocissus tricuspidata

Parthenocissus quinquefolia (L.) Planch. **var. quinquefolia**, Selbstkletternde Jungfernrebe

Habitus: Bis 15(–20) m hoch kletternd, Triebe und Blattknospen im Frühjahr hellrot, Ranken 3–7 cm lang, mit 5–8(–12) regelmäßig angeordneten Seitenästchen, Haftscheiben stets vorhanden.
Blätter: Meist 5-zählig, Blättchen elliptisch bis verkehrteiförmig, 4–10 cm lang, zugespitzt, Basis meist keilförmig, grob gesägt, oberseits mattgrün, unterseits bläulich grün, Stiel 2,5–10 cm lang, Herbstfärbung leuchtend karminrot.
Blüten: In großen, lockeren, endständigen Rispen, Juli–August.
Früchte: Blauschwarz, kaum bereift, 5–7 mm dick, wenig fleischig.
Verbreitung: O-Kanada, NO-, NOZ-, Z- und SO-USA.
Verwendung: Sehr häufig (oft mit *P. inserta* verwechselt), H, WHZ 5a, LB 2.4.3.9.

var. engelmannii Rehder. Blättchen schmaler als bei var. *quinquefolia*, nur 3–4 cm breit, Ranken mit 4–6(–7) Ästen, Haftscheiben sehr kräftig entwickelt. Häufiger in Kultur als die var. *quinquefolia*. O-USA.

var. hirsuta (Pursh) Planch. Junge Triebe, Blattunterseiten und Blütenstandsachsen weich behaart. Blätter im Austrieb auffallend rot. O-USA, Mexiko.

var. saint-paulii (Koehne et Graebn.) Rehder. Junge Triebe fein behaart. Ranken mit 6–8 Ästen. Blättchen 12–15 cm lang, Blätter im Herbst lange haftend. Blütenstiele verlängert. NO- und Z-USA.

Parthenocissus tricuspidata (Siebold et Zucc.) Planch., Dreilappige Jungfernrebe

Habitus: Bis 20(–25) m hoch kletternd, dichte Matten bildend, Wuchsrichtung auf Wandflächen fächerförmig senkrecht und waagerecht, Ranken sehr kurz, 2–3 cm lang, Haftscheiben 6–10, fest an der Unterlage haftend.
Blätter: Lang gestielt, sehr variabel, in 3 Grundformen: entweder ungelappt, breit eiförmig und 10–20 cm lang oder 3-lappig mit zugespitzten, grob gesägten Lappen oder 3-zählig mit gestielten Blättchen, das mittlere verkehrteiförmig, die seitlichen schief eiförmig, oberseits kahl und glänzend, unterseits auf den Nerven behaart, Austrieb bronzefarben, Herbstfärbung orangegelb bis scharlachrot.
Blüten: Meist achsel- und endständig an 2-blättrigen Kurztrieben, reich an Nektar und Pollen, Juni–Juli.
Früchte: Blauschwarz, etwas bereift, 5–8 mm dick.
Verbreitung: Japan, Korea, China.
Verwendung: Sehr häufig (mit einigen Sorten), H, WHZ 6a, LB 7.3.2.9.

'Green Spring'. Blätter 15–20(–25) cm lang, einfach oder 3-lappig, gelegentlich 3-zählig, oberseits glänzend lebhaft grün.

'Lowii'. Blätter (4–)6–10 cm lang, stark gelappt, gelegentlich 3-zählig, junge Triebe und Blätter anfangs rötlich, später frischgrün, Ranken sehr dünn.

'Purpurea'. Blätter tief purpurbraun, später dunkel bronzegrün. Wuchs schwach.

'Veitchii'. Blätter kleiner als beim Typ, einfach oder 3-zählig, Blättchen an den Außenseiten mit 1–3 Zähnen. Wuchs stark. Wird sehr häufig gepflanzt.

'Veitchii Boskoop'. Blätter 10–12(–14) cm lang, oberseits runzelig, leicht purpurn, später matt bis leicht glänzend dunkelgrün.

'Veitchii Robusta'. Blätter 12–14(–16) cm lang, einfach oder 3-zählig, oberseits runzelig, leicht purpurn, später schwach glänzend dunkelgrün. Junge Triebe und Blätter tief bronzefarben. Wuchs sehr stark.

P. veitchii (Carrière) Graebn. =
P. tricuspidata 'Veitchii'
P. vitacea (Knerr) Hitchc. = *P. inserta*

Paulownia Siebold et Zucc.

Blauglockenbaum, Paulownie – Paulowniaceae

[nach Anna Pavlovna, 1795–1865, Tochter von Zar Paul (Pavel) I.]

Habitus: Sommergrüne, starkastige, breitkronige Bäume, Zweige junger Bäume sehr dick, steif, hohl, Zweigenden mit Blütenstand oder abgestorben, Endknospen fehlend.
Blätter: Gegenständig, groß, lang gestielt, ganzrandig oder schwach 3- bis 5-lappig, Basis herzförmig.
Blüten: Zwittrig, zygomorph, an vorjährigen Zweigen in endständigen, rispenartigen Ständen mit 70–150 Blüten, schon im Herbst weit vorgebildet, Blütenknospen nackt überwinternd, Kelch tief 5-teilig, Krone trichterförmig, schwach 2-lippig, Oberlippe 3-, Unterlippe 2-lappig, Staubblätter 4, Fruchtknoten 2 fächrig, oberständig.
Früchte: Kapseln 3–4,5 cm lang, eiförmig, schnabelartig zugespitzt, klebrig, 2-klappig, lange am Baum haftend, Samen zahlreich, etwa 4 mm lang, schwach geflügelt.
Verbreitung: 6 Arten in O-Asien.
Verwendung: In M-Europa ist überwiegend *P. tomentosa* als Blütenbaum in Kultur. In O-Asien werden einige hier nicht beschriebene Arten und Hybriden für Kurzumtriebsplantagen genutzt. Das Holz ist für Möbel- und Instrumentenbau begehrt.

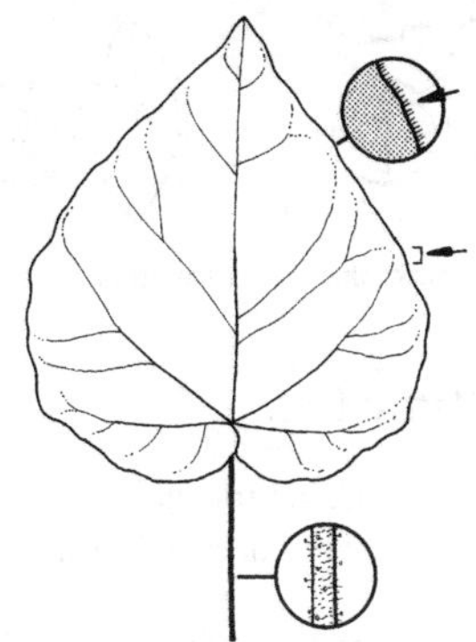

Paulownia tomentosa

P. imperialis Siebold et Zucc. =
P. tomentosa

Paulownia tomentosa (Thunb. ex Murray) Steud., Chinesischer Blauglockenbaum

Habitus: Bis 15 m hoher, rasch wachsender Baum, Krone im Alter schirmförmig, Zweige mit deutlichen Lentizellen, junge Triebe klebrig-drüsig behaart.
Blätter: Breit eiförmig bis eiförmig, 12–30(–40) cm lang, spitz, Basis herzförmig, ganzrandig oder manchmal schwach 3-lappig, oberseits behaart, unterseits sehr fein gestielt und lang sternhaarig, Stiel 8–20 cm lang, behaart.
Blüten: In 25–40 cm langen, kegelförmigen, rispigen Ständen, Blüten zu 3–4, Kelch breit glockig, etwa 1,5 cm lang, Krone trichterförmig-glockig, 5–6 cm lang, hell purpurblau, innen gelb gestreift und dunkler gepunktet, außen deutlich behaart, April–Mai, unmittelbar vor der Laubentfaltung.
Früchte: Kapseln eiförmig, 3–4,5 cm lang, bis in den Winter hinein haftend.
Verbreitung: China; in SO-USA, der Schweiz und in Italien etabliert.
Verwendung: Häufig (in wintermilden Lagen), B, D, WHZ 7b, LB 6.1.1.3.

'Hulsdonk'. In Wuchs und Belaubung wie die Art, aber schon als 1- oder 2-jährige Pflanzen blühend.

'Lilacina'. Blätter nie gelappt, unterseits filzig behaart. Blütenkrone helllila, innen hellgelb gestreift, Saum weit abstehend.

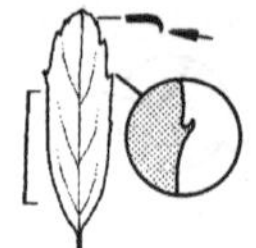
Paxistima canbyi

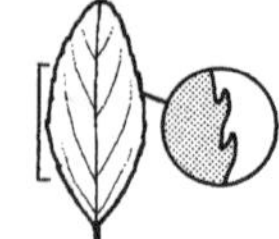
Paxistima myrsinites

Paxistima Raf.

Dicknarbe – Celastraceae

(griechisch *pachys* = dick und *stigma* = Narbe)

Habitus: Immergrüne, kahle Zwergsträucher, Triebe 4-kantig, fein warzig.
Blätter: Gegenständig, klein, ledrig, kurz gestielt, gesägt oder ganzrandig, Nebenblätter klein, hinfällig.
Blüten: Zwittrig, radiär, klein, unscheinbar, zu wenigen in achselständigen Büscheln, 4-zählig, mit breiter, flacher Nektarscheibe, Krone grünlich oder rötlich, Staubblätter 4, Griffel kurz, mit großer Narbe, Fruchtknoten 2-fächrig, halbunterständig.
Früchte: Kapseln, 4–8 mm lang, eiförmig-länglich, 1-fächrig, sich 2-klappig öffnend, ledrig, Samen 1–2, von einem dünnen, weißen, zerschlitzten Arillus umgeben.
Verbreitung: 2 Arten in N-Amerika.
Verwendung: Im Steingarten, in Gruppen oder flächigen Pflanzungen.

Bestimmungsschlüssel Paxistima

1 Blätter höchstens 5 mm breit, Rand nach unten gebogen. . . . . *P. canbyi*
– Blätter breiter als 5 mm, Rand nicht umgebogen. . . . . *P. myrsinites*

Paxistima canbyi A. Gray, Gewöhnliche Dicknarbe

Habitus: Bis 0,4 m hoher Strauch, sich durch unterirdische Ausläufer ausbreitend, Zweige niederliegend-aufsteigend.
Blätter: Schmal länglich, 1–2,5 cm lang, stumpf, im oberen Teil fein gesägt, Rand etwas eingerollt, dunkelgrün.
Blüten: 3 mm breit, zu 1–3 in 0,8–1,2 cm lang gestielten Büscheln, Krone bräunlich rot, April.
Früchte: 4 mm lang.
Verbreitung: NO-USA.
Verwendung: Selten, WHZ 5b, LB 7.1.4.7.

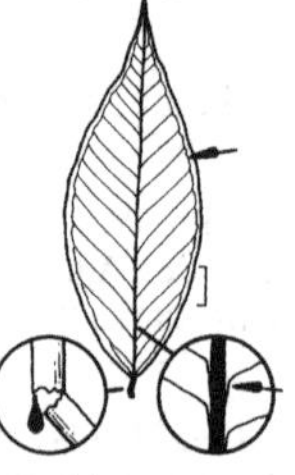
Periploca graeca

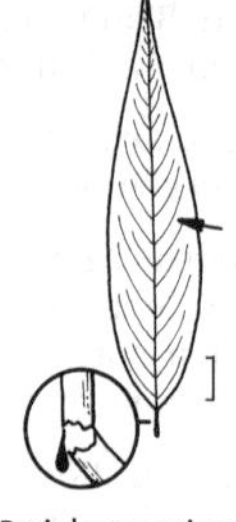
Periploca sepium

Paxistima myrsinites (Pursh) Raf., Myrtenblättrige Dicknarbe

Habitus: Bis 1 m hoher, reich verzweigter, dicht beblätterter, niederliegender Strauch, Triebe braun, kahl.
Blätter: Breit elliptisch bis länglich-eiförmig, 1–3 cm lang, fast sitzend, ledrig, fein gesägt bis ganzrandig, Rand eingerollt, dunkelgrün.
Blüten: 4 mm breit, zu 1–3 in 2–3 mm lang gestielten Büscheln, Krone rotbraun, April.
Früchte: 4–5 mm lang, weißlich.
Verbreitung: W-Kanada, NW- und W-USA, Mexiko.
Verwendung: Selten, WHZ 6a, LB 7.2.4.6.

Pentaphylloides fruticosa (L.) O. Schwarz = *Potentilla fruticosa*

Periploca L.

Baumschlinge – Asclepiadaceae

(griechisch *periploke* = Umwindung)

Habitus: Sommer- oder immergrüne, linkswindende, kahle, Milchsaft führende Sträucher, Zweige mit hellgrünem Mark, Knospen nicht sichtbar, Blattnarben erhaben, ± kreisförmig, mit einer zentralen Gefäßbündelspur.
Blätter: Gegenständig, einfach, ganzrandig.
Blüten: Zwittrig, radiär, in achsel- oder endständigen, lockeren Zymen oder Trugdolden, Kelch 5-lappig, innen drüsenhaarig, neben den 5 radförmig ausgebreiteten Kronblättern eine Nebenkrone aus 5 oder 10 langen, schmalen, fast fadenförmigen, am Ende einwärts gekrümmten Zipfeln, Staubblätter sehr kurz, Griffel kurz, Narbe breit, Fruchtblätter 2.
Früchte: Balgfrüchte, Bälge 2, am Grund miteinander verbunden, schmal zylindrisch, hornförmig zugespitzt, 10–15 cm lang, Sa-

men abgeflacht, 1,2–1,5 cm lang, mit einem 3–4 cm langen, weiß glänzenden, seidigen Haarschopf.
Verbreitung: 15 Arten in S-Europa, W-Afrika und Asien.
Verwendung: Selten gepflanzte, in allen Teilen giftige Lianen zur Berankung von Lauben, Pergolen und Mauern.

Bestimmungsschlüssel Periploca

1 Blätter höchstens 3 cm breit, mit etwa 20 Seitennervenpaaren . . . . *P. sepium*
– Blätter breiter (zumindest viele), mit weniger Seitennervenpaaren . . . . *P. graeca*

Periploca graeca L., Orientalische Baumschlinge

Habitus: Sommergrüner, mit kräftigen Trieben bis 15 m hoch windender Strauch, Zweige glatt, graugrün.
Blätter: Eiförmig oder elliptisch bis lanzettlich, 4–10 cm lang, 2,5–5 cm breit, zugespitzt, glänzend dunkelgrün, bis zum späten Laubfall grün bleibend.
Blüten: 2,5 cm breit, Kronzipfel gespreizt, außen gelblich grün, innen bräunlich purpurn, zu 8–12 in lang gestielten, lockeren Trugdolden, Juli–August.
Früchte: 10–12 cm lang, meist an der Spitze leicht miteinander verbunden.
Verbreitung: S- und SO-Europa, Türkei, Syrien, Palästina, Kaukasien, N-Irak, N-Iran.
Verwendung: Selten, ☠, WHZ 6a, LB 6.3.2.9.

Periploca sepium Bunge, Chinesische Baumschlinge

Habitus: Bis 10 m hoch windend, Triebe zarter als bei *P. graeca*, im Winter oft absterbend.
Blätter: Eiförmig-länglich, zur Spitze hin verjüngt, Basis keilförmig, 5–9 cm lang, 1,2–3 cm breit, Nervenpaare 20–25.
Blüten: In wenigblütigen Trugdolden, etwas kleiner als bei *P. graeca*, Kronzipfel zurückgebogen, Juni–Juli.
Früchte: 10–15 cm lang.
Verbreitung: N-China.
Verwendung: Sehr selten, ☠, WHZ 6b, LB 6.1.1.9.

Pernettya mucronata (L. f.) Gaudich. ex Spreng. = *Gaultheria mucronata*

Perovskia Kar.

Perovskie – Lamiaceae
(nach L.A. Perovskij, 1792–1856, russischer General und Gouverneur von Orenburg)

Habitus: Aromatisch duftende Halbsträucher, Zweige und Knospen durch eine dichte Behaarung mit Stern- und Bäumchenhaaren grauweiß, Endknospen fehlend.
Blätter: Gegenständig, gesägt bis fiederschnittig.
Blüten: Zwittrig, zygomorph, in langen, schmalen, unterbrochenen Scheinwirteln, die an diesjährigen Trieben zu 30–45 cm langen, endständigen, rispenartigen Ständen zusammengesetzt sind, Kelch röhrig-glockig, 2-lippig, Oberlippe ganzrandig oder 3-zähnig, Unterlippe 2-zähnig, stark behaart, zur Fruchtzeit aufgeblasen, Krone blauviolett, mit kurz trichterförmiger Röhre, 2-lippig, Oberlippe ganzrandig oder 3-zähnig, Unterlippe 2-zähnig, Staubblätter 4, 2 fertil und gespreizt, 2 steril, klein und unter der Oberlippe eingefügt, Fruchtknoten 2-fächrig, durch zusätzliche Scheidewände in 4 Klausen geteilt.
Früchte: Nüsschen zu 4, von dem 5–6 mm langen, aufgeblasenen, weißfilzigen Kelch umgeben, die Klausen spitz eiförmig bis länglich-eiförmig, 2–2,5 mm lang, braun, mit feinen Längsstreifen.
Verbreitung: 7 Arten in Vorder- und M-Asien bis NW-Indien und Tibet.
Verwendung: Häufig gepflanzte, graulaubige, im Sommer blühende, trockenresistente, frostempfindliche Steppensträucher. Zweige am besten regelmäßig im Frühjahr bis zum Boden zurückschneiden.

Bestimmungsschlüssel Perovskia

1 Blätter fein fiedrig zerteilt . . . . *P. abrotanoides*
– Blätter einfach (nur gesägt oder gekerbt) . . . 2
2 Blätter ± 1 cm lang gestielt und gelappt, Triebe rund(lich) . . . . *P. atriplicifolia*
– Blätter fast sitzend und nicht gelappt, Triebe schwach 4-kantig . . . . *P. scrophulariifolia*

Perovskia abrotanoides Kar., Fiederschnittige Perovskie

Habitus: Bis 1 m hoher, vieltriebiger Halbstrauch, Zweige an der Basis verholzt, aufrecht bis niederliegend-aufsteigend, grauweiß behaart, mit goldfarbenen Drüsen.
Blätter: Fiederschnittig bis doppelt fiederschnittig, 4–6 cm lang, Abschnitte linealisch, graugrün, dicht mit hellen Drüsen besetzt, kurz behaart, Stiel 1 cm lang.

Perovskia abrotanoides

Perovskia atriplicifolia

Perovskia scrophulariifolia

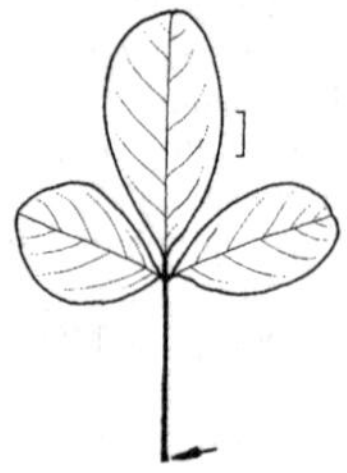
Petteria ramentacea

Blüten: Zu 4–6 in Scheinwirteln, einen bis 40 cm langen, rispenartigen Blütenstand bildend, Krone lilablau, August–September.
Verbreitung: Afghanistan, Himalaja, M-Asien.
Verwendung: Häufig, B, D, WHZ 6a, LB 6.1.1.8.

Perovskia atriplicifolia Benth., Silber-Perovskie

Habitus: Bis 1,5 m hoher Halbstrauch, Zweige bei fehlendem Rückschnitt oft umfallend, Triebe rutenförmig, stielrund, silbrig-sternhaarig.
Blätter: Eiförmig-lanzettlich, 3–6 cm lang, unregelmäßig grob gesägt, anfangs behaart, später häufig kahl, beiderseits mit Drüsen, Stiel 3–8 mm lang.
Blüten: Zu 2–6 in Scheinwirteln, einen 30–50 cm langen, rispenartigen Blütenstand bildend, Krone blau, August–September.
Verbreitung: Afghanistan, Himalaja, Tibet.
Verwendung: Häufig (mit einigen Sorten), B, D, WHZ 7a, LB 6.1.1.8.

Perovskia scrophulariifolia Bunge, Runzelige Perovskie

Habitus: Bis 1 m hoher Halbstrauch, Zweige an der Basis verholzt, behaart, mit goldfarbenen Drüsen, Triebe 4-kantig, grünlich weiß, fein flaumhaarig.
Blätter: Länglich-eiförmig, fast sitzend, bis 4 cm lang, stumpf, ungleich stumpf gesägt bis gekerbt, Rand stark wellig, oberseits runzelig, unterseits anfangs auf den Nerven schwach flaumhaarig.
Blüten: In bis 30 cm langen, blattlosen, kegelförmigen, rispenartigen Ständen, Krone violett oder weiß, August–September.
Verbreitung: M-Asien.
Verwendung: Selten, B, D, WHZ 6a, LB 6.1.1.8.

Persica vulgaris Mill. = *Prunus persica* var. *persica*

Petteria C. Presl

Petterie – Fabaceae

(nach Franz Petter, 1789–1858, österreichischer Botaniker in Dalmatien)

Monotypische Gattung

Petteria ramentacea (Sieber) C. Presl, Petterie

Habitus: Sommergrüner, breit aufrechter, bis 2 m hoher Strauch, Zweige durch erhöhte Blattbasen und bleibende Nebenblätter stark knotig, Triebe anfangs angedrückt behaart, später kahl, grün, Knospen nackt, seidig behaart, von den bleibenden, hornartig bespitzten Nebenblättern verdeckt, Endknospen fehlend.
Blätter: Wechselständig, 3-zählig, Blättchen fast sitzend, länglich-elliptisch bis länglich-verkehrteiförmig, 2–6 cm lang, abgerundet, oberseits dunkelgrün und zuletzt kahl, unterseits heller, Mittelnerv bleibend behaart, Stiel 2–4 cm lang.
Blüten: Zwittrig, zygomorph, duftend, etwa 2 cm lang, zu 10–20 in aufrechten, endständigen, 4–7 cm langen Trauben, Kelch kurz 2-lippig, Oberlippe bis zur Basis geteilt, Unterlippe 3-zähnig, seidig behaart, Krone gelb, Fahne ausgerandet, Fruchtblatt 1, oberständig, Mai–Juni.
Früchte: Hülsen 3–5 cm lang, gerade, stark abgeflacht, kahl, mehrsamig, Samen 5 mm groß, glänzend hellbraun.
Verbreitung: SO-Europa.
Verwendung: Selten, (für sonnig-trockene Standorte), B, D, WHZ 6b, LB 6.1.1.6.

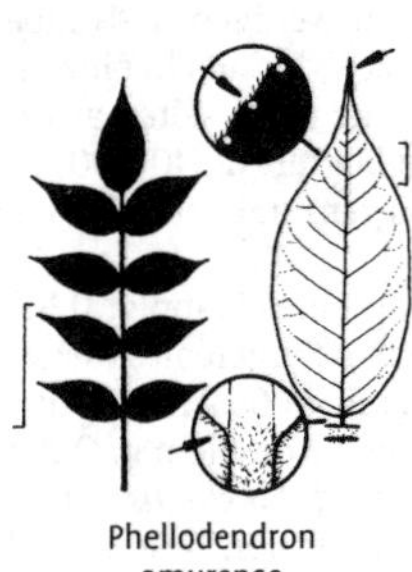
Phellodendron amurense

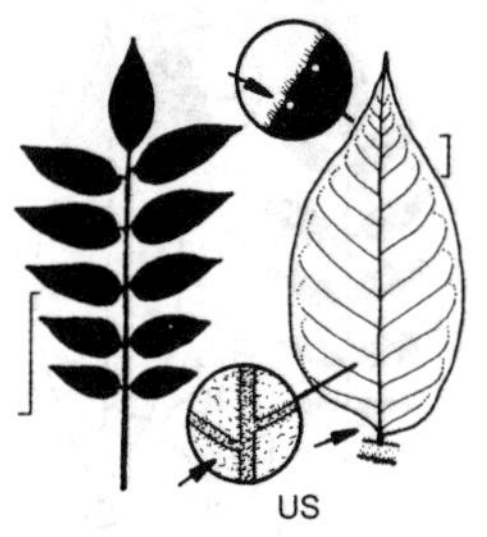

Phellodendron japonicum

Phellodendron Rupr.

Korkbaum – Rutaceae
(griechisch *phellos* = Kork und *dendron* = Baum)

Habitus: Sommergrüne, aromatisch duftende Bäume, Borke oft dick, tief gefurcht und korkig, Zweige dunkelbraun, Knospen 2–3 mm groß, fuchsrot bis rotbraun behaart, von den hufeisenförmigen Blattnarben umgeben, Gefäßbündelspuren 3, undeutlich.
Blätter: Gegenständig, unpaarig gefiedert, Blättchen fein gekerbt, am Rand durchscheinend punktiert, gerieben streng terpentinartig duftend.
Blüten: 1-geschlechtig, 2-häusig verteilt, klein, unscheinbar, in reich verzweigten, endständigen Rispen, Blütenhülle 5- bis 8-zählig, die gelblich grünen Kronblätter viel länger als die Kelchblätter, Staubblätter 5–6, ♀ Blüten mit 5–6 kleinen Staminodien und 5 verwachsenen Fruchtblättern, Griffel kurz und dick, Narbe 5-lappig.
Früchte: Steinfrüchte ± kugelig, etwa 1 cm dick, schwarz, Steinkerne 5, 1-samig, dunkelbraun bis schwarz, 4–5 mm lang.
Verbreitung: 10 Arten in O-Asien.
Verwendung: Wenig anspruchsvolle, stets gesunde, stadttaugliche Parkbäume mit ausladenden Kronen.

Bestimmungsschlüssel Phellodendron

1 Blättchen unterseits behaart, Basis asymmetrisch .... *P. japonicum*
– Blättchen unterseits höchstens auf den Hauptnerven behaart, Basis ± symmetrisch 2
2 Blättchen nur an der Basis (am Stielchen) behaart, mit lang ausgezogener Spitze .... *P. amurense*
– Blättchen unterseits auf den Hauptnerven behaart, ohne lang ausgezogene Spitze........ .... *P. sachalinense*

Phellodendron amurense Rupr., Amur-Korkbaum

Habitus: Bis 15(–25) m hoher, kurzstämmiger, breit- und lockerkroniger Baum, Borke dick, korkig, tief gefurcht, Triebe orangegelb bis gelblich grün.
Blätter: Bis 35 cm lang, Rachis filzig behaart, Blättchen 9–13, eiförmig bis eiförmig-lanzettlich, 5–10 cm lang, geschwänzt zugespitzt, Basis abgerundet oder zugespitzt, bewimpert, oberseits glänzend dunkelgrün, unterseits bläulich grün, mit spärlichen Haaren entlang der Basis der Mittelrippe, Herbstfärbung goldgelb, Laubfall früh.
Blüten: In 6–8 cm langen, flaumig behaarten Rispen, Juni.
Früchte: 1 cm dick, gerieben streng terpentinartig riechend.
Verbreitung: Russ. Ferner Osten, N-China, Mandschurei, Korea, Japan.
Verwendung: Häufig, N, H, D, Bi, WHZ 5b, LB 3.1.2.3 (7.1.2.3).

Phellodendron japonicum Maxim., Japanischer Korkbaum

Habitus: Bis 10 m hoher Baum, Borke dünn, nur schwach gefurcht, dunkelbraun, Triebe rötlich braun.
Blätter: 20–30 cm lang, Rachis dicht zottig oder filzig behaart, Blättchen 9–13(–15), eiförmig bis länglich-eiförmig, 6–10 cm lang, zugespitzt, Basis sehr ungleich, gestutzt oder schwach herzförmig, Spreiten oberseits stumpfgrün, unterseits heller und weich grauhaarig.
Blüten: In 5–7 cm breiten, dichten, filzigen Rispen, Juni.
Früchte: Etwa 1 cm dick.
Verbreitung: Japan.
Verwendung: Selten, WHZ 5b, LB 3.3.2.3.

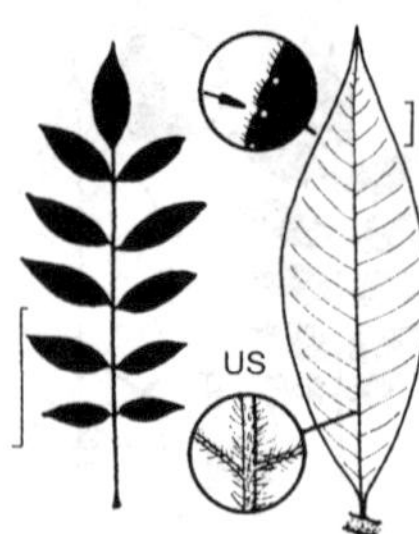

Phellodendron sachalinense

Phellodendron sachalinense (Fr. Schmidt) Sarg., Sachalin-Korkbaum

Habitus: Bis 15 m hoher, breitkroniger Baum, Borke dünn, nur schwach gefurcht, zuletzt in dünne Platten gegliedert, Triebe dunkelbraun.
Blätter: 22–30 cm lang, Blättchen 7–11, nicht oder nur spärlich bewimpert, eiförmig oder länglich-eiförmig, 6–12 cm lang, zugespitzt, Basis keilförmig oder abgerundet, oberseits stumpfgrün, unterseits bläulich grün, kahl oder nahezu kahl, Herbstfärbung gelb.
Blüten: In 6–8 cm hohen und breiten, fast kahlen Rispen, Juni.
Früchte: Etwa 1 cm dick.
Verbreitung: China, Korea, Japan, Russ. Ferner Osten.
Verwendung: Sehr selten, WHZ 4, LB 6.3.3.3.

Philadelphus L.

Pfeifenstrauch, Sommerjasmin – Hydrangeaceae

(griechisch *philadelphus* = ein Strauch mit wohlriechenden Blüten, *Philadelphus coronarius*)

Habitus: Überwiegend sommergrüne (bei uns ausschließlich), aufrechte oder breitwüchsige Sträucher, Zweige mit vollem Mark, teilweise mit auffallender, sich in Streifen lösender Rinde, Achselknospen unter den Blattstielnarben verborgen oder sichtbar, Blattnarben miteinander verbunden, breit v-förmig bis halbkreisförmig, mit 3 Gefäßbündelspuren.
Blätter: Gegenständig, meist kurz gestielt, ganzrandig oder gesägt, von der Basis an 3- oder 5-nervig, Nebenblätter fehlend.
Blüten: Zwittrig, radiär, meist duftend, endständig an kurzen, beblätterten Seitenzweigen, meist zu wenigen in Trauben, Rispen oder Zymen, oder auch einzeln stehend, 4-zählig, Krone weiß, selten an der Basis gerötet, Staubblätter 12–40(–90), Fruchtknoten halb- bis ganz unterständig, meist 4-fächrig, Griffel 4.
Früchte: Kapseln 4-klappig, 0,5–1 cm lang, die zahlreichen Samen oft geschwänzt.
Verbreitung: Etwa 65 Arten in der nördl. gemäßigten Zone, vor allem in O-Asien.
Verwendung: *Philadelphus*-Arten und -Formen gehören zu den besonders häufig gepflanzten, wenig anspruchsvollen, meist überreich blühenden Sträuchern.

Neben den Arten sind zahlreiche Sorten, die zu verschiedenen Hybridgruppen gehören, in Kultur. Darunter befinden sich auch einige gefüllt blühende Sorten. Selbst bei den kultivierten Arten handelt es sich fast stets um vegetativ vermehrte, auf Blütenreichtum selektierte Klone.

Bestimmungsschlüssel Philadelphus

(Artbestimmung nur mit Blüten möglich)

1 Blätter höchstens 2 cm lang und ganzrandig . . . . *P. microphyllus*
– Blätter länger, gezähnt 2
2 Seitenknospen sichtbar (genau hinsehen!) . . 3
– Seitenknospen unter Blattstiel verborgen . . . 7
3 Blüten höchstens 3 cm breit 4
– Blüten breiter 5
4 Blätter unterseits dicht behaart oberseits behaart, Blüten ohne Duft . . . . *P. hirsutus*
– Blätter unterseits zerstreut, oberseits nur am Rand behaart, Blüten stark duftend . . . . *P.* Lemoinei-Gruppe
5 Blätter oberseits behaart, Blüten weiß mit purpurroter Mitte . . *P.* Purpureomaculatus-Gruppe
– Blätter oberseits bis auf Hauptnerven und Blattrand kahl, Blüten weiß 6
6 Blüten höchstens zu 3(5), Blätter höchstens 5 cm lang (an sterilen Trieben). . . . . *P.* Lemoinei-Gruppe
– Blüten bis zu 11, Blätter bis 8 cm lang . . . . *P. lewisii* var. *lewisii*
7 Blüten höchstens zu 3. . . . . *P. inodorus* var. *inodorus*
– Blüten bis zu 11. 8
8 Blüten höchstens 3 cm breit 9
– Blüten breiter 13
9 Blätter oberseits dicht behaart . . . . . *P. incanus*
– Blätter oberseits kahl oder höchstens zerstreut behaart 10
10 Blätter unterseits dicht behaart . . *P. tomentosus*
– Blätter unterseits höchstens spärlich behaart 11
11 Blätter mit 3–5 fast gleich starken Hauptnerven. 12
– Blätter mit Hauptnerv und deutlich untergeordneten Seitennerven . . . . *P. tenuifolius*
12 Griffel bis auf Spitze verwachsen . . . . *P. pekinensis*
– Griffel ganz frei . . . . *P. coronarius*

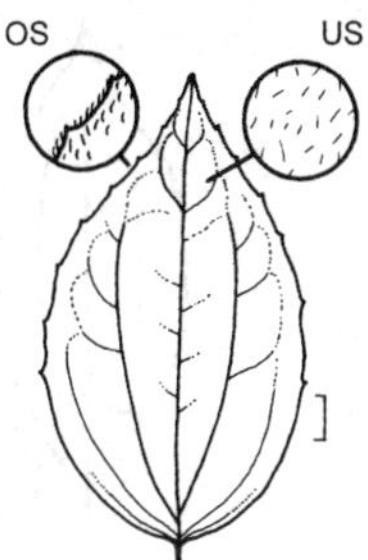

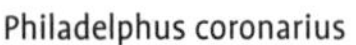
Philadelphus coronarius

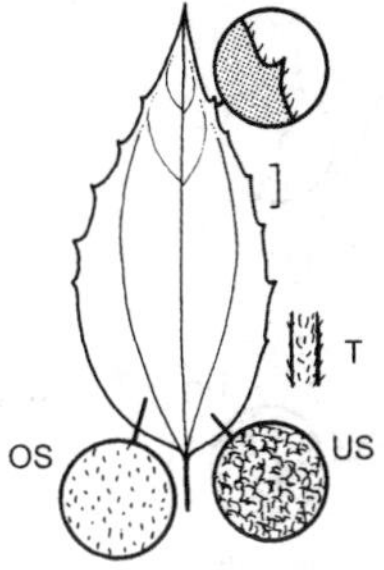

Philadelphus hirsutus

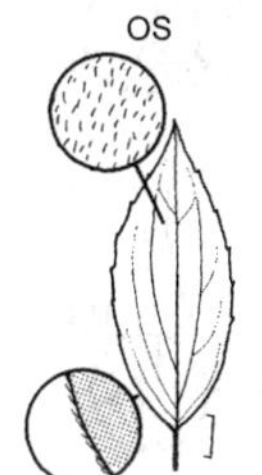

Philadelphus incanus

13 Blüten höchstens 3,5 cm breit. 14
– Blüten 4–6 cm breit. . . . . . *P.* Virginalis-Gruppe
14 Blütenbecher behaart . . . . *P.* Burfordensis-Gruppe
– Blütenbecher kahl. 15
15 Kelchblätter höchstens 5 mm lang . . . . *P. coronarius*
– Kelchblätter 6–7 mm lang. . . . . *P. pubescens* var. *pubescens*

P. caucasicus Koehne = *P. coronarius*

Philadelphus coronarius L., Europäischer Pfeifenstrauch

Habitus: 3–4 m hoher, straff aufrechter Strauch, Rinde kastanienbraun, abblätternd, junge Triebe kahl oder schwach behaart, Achselknospen verborgen.
Blätter: Eiförmig, 4–8 cm lang, zugespitzt, Basis breit keilförmig bis abgerundet, deutlich gezähnt, bis auf Achselbärte unterseits kahl oder auf den Nerven spärlich behaart.
Blüten: 2,5–3,5 cm breit, stark duftend, zu 5–7 in Trauben, Kronblätter cremeweiß, nahezu flach ausgebreitet, länglich-verkehrteiförmig, abgerundet, Blütenstiele meist kahl, Kelch und Kelchröhre kahl, Kelchblätter eiförmig, 4–5 mm lang, Staubblätter etwa 25, Griffel und Nektarscheibe kahl, Mai–Juni.
Verbreitung: Europa: SO-Alpen, Steyermark, Südtirol, Toskana bis Umbrien; Kaukasien.
Verwendung: Sehr häufig, B, D, WHZ 5a, LB 3.1.3.5 (9.2.3.5).

'Aureus'. Blätter im Austrieb gelb, später grünlich gelb, ± gelappt.

'Zeyheri'. Blüten zu 3–5, 3,5–5 cm breit, reinweiß. Reich blühend, die am häufigsten kultivierte Sorte.

P. ×cymosus Rehder = siehe *Philadelphus*-Hybriden mit Sortennamen (S. 478)

P. gordonianus Lindl. = *P. lewisii* var. *gordonianus*
P. grandiflorus Willd. = *P. inodorus* var. *grandiflorus*

Philadelphus hirsutus Nutt., Grauhaariger Pfeifenstrauch

Habitus: Bis 2,5 m hoher Strauch, Rinde rotbraun, abblätternd, Zweige sparrig und überhängend, junge Triebe weich behaart, Achselknospen sichtbar.
Blätter: Länglich-eiförmig, 3–8 cm lang, zugespitzt, Basis keilförmig, scharf gezähnt, oberseits mit an der Basis geschwollenen Haaren bedeckt, unterseits dicht rauhaarig.
Blüten: 2–3 cm breit, ohne Duft, meist zu 3, selten 1 oder 4–5, Blütenstiele und Kelchröhre filzig, Kelchblätter 3-eckig-eiförmig, Kronblätter cremeweiß, flach ausgebreitet, verkehrteiförmig, Griffel und Nektarscheibe kahl, Griffel einschließlich der Narbe ± bis zur Spitze verwachsen, Juni.
Verbreitung: SO-USA.
Verwendung: Sehr selten, B, WHZ 6a, LB 6.3.3.5 (9.2.3.5).

Philadelphus incanus Koehne, Später Pfeifenstrauch

Habitus: 3(–5) m hoher Strauch, Rinde älterer Zweige braun, später in schmalen Streifen abblätternd, Achselknospen verborgen, junge, Blüten tragende Zweige schwach, Langtriebe dicht behaart.
Blätter: Eiförmig bis länglich-eiförmig, 4–8,5 cm lang zugespitzt, Basis breit keilförmig oder abgerundet, gesägt, oberseits spärlich behaart oder kahl, unterseits dicht anliegend borstig behaart.
Blüten: 2,5–3 cm breit, ohne Duft, zu 5–7 in behaarten Trauben, Krone weiß, breit glockig

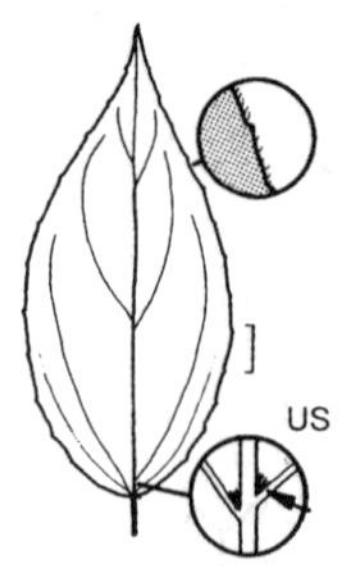

Philadelphus inodorus var. inodorus

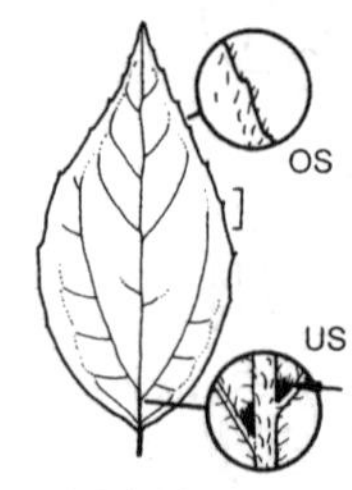

Philadelphus lewisii var. lewisii

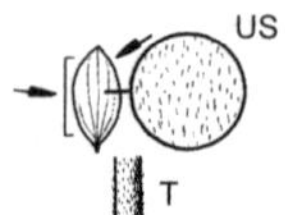

Philadelphus microphyllus

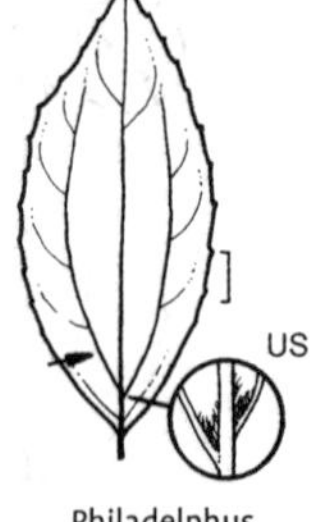

Philadelphus pekinensis

bis flach ausgebreitet, Kelch und Blütenstiele dicht anliegend borstig behaart, Griffel oft bis weit über die Mitte verwachsen, Staubblätter 30–35, Juli (die am spätesten blühende Art).
Verbreitung: China: Hupeh, Schansi.
Verwendung: Selten, B, WHZ 5a, LB 2.5.2.5.

Philadelphus inodorus L. **var. inodorus**, Duftloser Pfeifenstrauch

Habitus: 3–5 m hoher, breitwüchsiger Strauch, Rinde kastanienbraun, abblätternd, Zweige überhängend, Triebe kahl, Achselknospen verborgen.
Blätter: Eiförmig, 3–6(–10) cm lang, spitz oder zugespitzt, Basis meist abgerundet, ganzrandig oder gezähnt, oberseits spärlich angedrückt behaart oder kahl, unterseits behaart.
Blüten: Schalenförmig, 4–5 cm breit, ohne Duft, zu 1–3 in Zymen, Fruchtknoten und Kelch kahl, Kelchblätter eiförmig, kurz zugespitzt, Kronblätter weiß, verkehrteiförmig, an der Spitze abgerundet, Griffel deutlich länger als die 60–90 Staubblätter, Juni–Juli.
Verbreitung: SO-USA: South Carolina.
Verwendung: Häufig (meist in der folgenden Varietät), B, WHZ 5a, LB 2.5.3.5 (9.2.3.5).

var. grandiflorus (Willd.) A. Gray. Blätter 4–7(–12) cm lang, oberseits stumpfgrün. Blüten 4,5–5,5 cm breit, Kronblätter anfangs rundlich, später länger. O-USA.

P. ×*lemoinei* Lemoine = siehe *Philadelphus*-Hybriden mit Sortennamen (S. 478)

Philadelphus lewisii Pursh **var. lewisii**, Oregon-Pfeifenstrauch

Habitus: 2–3 m hoher, steiftriebiger Strauch, Achselknospen sichtbar, junge Triebe kahl, Rinde meist rot-, seltener gelbbraun, an 2-jährigen Zweigen meist noch geschlossen, später mit Querrissen und in kleinen, schuppenförmigen Stücken abblätternd.
Blätter: Eiförmig, 3–7 cm lang, spitz, Basis abgerundet, 3- bis 5-nervig, ganzrandig oder undeutlich gezähnt (an Langtrieben mit großen, abstehenden Zähnen), oberseits kahl, unterseits vorwiegend auf den Nerven behaart und achselbärtig.
Blüten: 3,5–4 cm breit, nicht oder nur schwach duftend, zu (5–)7–11 in gedrängten Trauben, Blütenstiele und Kelch kahl, Kelchblätter eiförmig-lanzettlich, 5–6 mm lang, Kronblätter reinweiß, kreuzförmig angeordnet, bis 1 cm breit, elliptisch bis länglich, an der Spitze abgerundet und ausgerandet, Nektarscheibe und Griffel kahl, so lang wie oder kürzer als die 28–35 Staubblätter, Juni–Juli.
Verbreitung: W-Kanada, NW- und W-USA, Rocky Mts.
Verwendung: Selten, B, WHZ 5a, LB 2.4.3.5.

var. gordonianus (Lindl.) Koehne. Blätter kurz zugespitzt, jederseits mit 4–5 groben Zähnen mit auswärts zeigenden Spitzen, unterseits ± behaart. Kronblätter verkehrteiförmig, bis 2 cm breit. W-Kanada, NW- und W-USA.

Philadelphus microphyllus A. Gray, Kleinblättriger Pfeifenstrauch

Habitus: Bis 1,5 m hoher, zierlicher Strauch, Rinde kastanienbraun, abblätternd, junge Triebe anfangs angedrückt behaart, später kahl und glänzend rotbraun, Achselknospen verborgen.
Blätter: Eiförmig-elliptisch bis länglich-lanzettlich, 1–2 cm lang, spitz oder stumpf, Basis breit keilförmig, ganzrandig, oberseits glänzend dunkelgrün, unterseits blaugrün und meist striegelhaarig.
Blüten: 2–2,5 cm breit, sehr stark duftend,

meist einzeln, Kelch kahl, Kelchblätter lanzettlich, Kronblätter reinweiß, kreuzweise angeordnet, länglich-verkehrteiförmig, an der Spitze rund und ausgerandet, Griffel etwas kürzer als die etwa 32 Staubblätter, Juni.
Verbreitung: SW-USA.
Verwendung: Selten, B, D, WHZ 6a, LB 6.3.2.6.

Philadelphus pekinensis Rupr., Peking-Pfeifenstrauch

Habitus: 2–3 m hoher Strauch, Rinde meist kastanienbraun, abblätternd, junge Triebe ganz kahl, oft purpurn überlaufen, Achselknospen verborgen.
Blätter: Länglich eiförmig, 2,5–5(–8) cm lang, lang zugespitzt, Basis keilförmig, ganz kahl oder unterseits schwach achselbärtig und graugrün, meist 3-nervig, Stiele und Nerven purpurn überlaufen.
Blüten: 2–3 cm breit, duftend, zu 3–9 in dichten, kahlen Trauben, Kelch, Griffel und Nektarscheibe kahl, Kelch hell gelblich grün, oft purpurn überlaufen, Kelchblätter eiförmig, 4 mm lang, Kronblätter cremeweiß, flach ausgebreitet, eiförmig, vor dem Aufblühen auf der Rückseite purpurn gestreift, Griffel bis auf die Spitze verwachsen, etwa so lang wie die etwa 25 Staubblätter.
Verbreitung: N-China, Korea.
Verwendung: Selten, B, D, WHZ 5a, LB 6.3.2.5.

P. ×polyanthus Rehder = siehe *Philadelphus*-Hybriden mit Sortennamen (S. 478)

Philadelphus pubescens Loisel. var. pubescens, Weichhaariger Pfeifenstrauch

Habitus: 2–3 m hoher, straff aufrechter Strauch, Rinde grau, nicht abblätternd, Achselknospen verborgen, junge Triebe grün, kahl.
Blätter: Eiförmig oder elliptisch, 4–10 cm lang, plötzlich zugespitzt, Basis abgerundet oder breit keilförmig, meist entfernt gezähnt, oberseits dunkelgrün und bis auf die rau behaarte Mittelrippe kahl, unterseits dicht grau striegelhaarig.
Blüten: Schüsselförmig, 3–4 cm breit, ohne Duft, zu 5–9(–11) in Trauben, Kelch dicht behaart, Kelchblätter rahmweiß, eiförmig, zugespitzt, 6–7 mm lang, Kronblätter verkehrteiförmig bis länglich, Griffel und Nektarscheibe kahl, Griffel zu ⅔ verwachsen, Staubblätter etwa 35, Juni–Juli.
Verbreitung: NO-, NOZ- und SO-USA.
Verwendung: Sehr selten, B, WHZ 5a, LB 2.5.3.4.

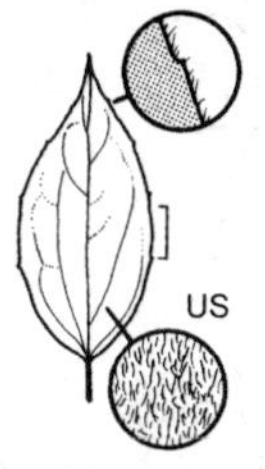

Philadelphus pubescens var. pubescens

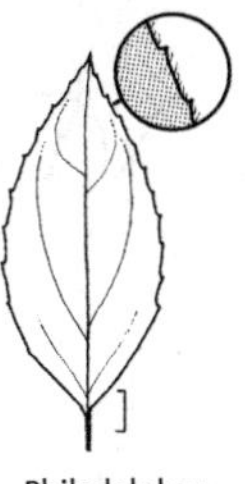
Philadelphus tenuifolius

var. verrucosus (Schrad. ex DC.) S.Y. Hu. Blätter elliptisch, 6,5–15 cm lang, plötzlich kurz zugespitzt, Basis spitz oder stumpf. Blüten zu (5–)7–9. NO- und SO-USA.

P. ×purpureomaculatus Lemoine = siehe *Philadelphus*-Hybriden mit Sortennamen (S. 478)

Philadelphus tenuifolius Rupr. ex Maxim., Mandschurischer Pfeifenstrauch

Habitus: 1–3 m hoher, aufrechter Strauch, Zweige überhängend, Rinde kastanien- oder graubraun, abblätternd, Blüten tragende Triebe spärlich behaart, junge Langtriebe kahl oder nahezu kahl, Achselknospen verborgen.
Blätter: Eiförmig oder länglich-lanzettlich, bis 10,5 cm lang, zugespitzt, Basis abgerundet oder breit keilförmig, gezähnt oder fast ganzrandig, bis auf die unterseits spärlich behaarten Nerven kahl, von der Basis an meist 5-nervig.
Blüten: 2,5–3 cm breit, nicht oder nur schwach duftend, zu 5–7 in Trauben, Stiele dicht behaart, die unteren etwa 5 mm lang, Kelch nur an der Basis behaart, Kelchblätter hell gelblich weiß, eiförmig, 5 mm lang, Kronblätter weiß, länglich-verkehrteiförmig, Griffel kahl, etwa bis zur Mitte verwachsen, Staubblätter 25–30.
Verbreitung: Mandschurei, Korea, O-Sibirien.
Verwendung: Selten, B, WHZ 4, LB 9.2.2.5.

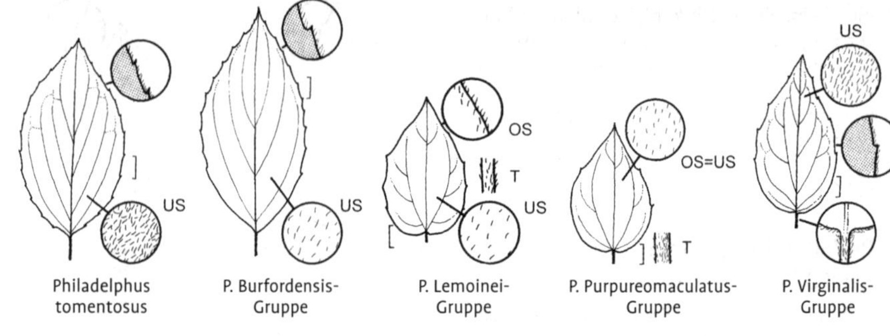

Philadelphus tomentosus Wall. ex G. Don, Filziger Pfeifenstrauch

Habitus: 2–3 m hoher Strauch, Rinde zimtbraun, erst spät abblätternd, Achselknospen verborgen, junge Triebe spärlich behaart oder nahezu kahl.
Blätter: Eiförmig bis eiförmig-lanzettlich, 4–10 cm lang, lang zugespitzt, Basis breit keilförmig oder abgerundet, 5- bis 7-nervig, gezähnt (bei Langtrieben mit vorwärts gerichteten Zähnen), oberseits dunkelgrün und spärlich behaart oder kahl, unterseits gleichmäßig dicht weich filzig.
Blüten: 1,5–2,5 cm breit, stark duftend, zu 5–7 in Trauben, die unteren Blütenstiele 0,7–1 cm lang, spärlich behaart, Kelch ± kahl oder mit einigen Haaren, Kelchblätter eiförmig, 5 cm lang, Kronblätter weiß, kreuzweise angeordnet, verkehrteiförmig-länglich, Griffel kahl, zu ⅔ verwachsen.
Verbreitung: Himalaja.
Verwendung: Selten, B, D, WHZ 6a, LB 7.4.1.5 (6.4.2.5).

P. verrucosus Schrad. ex DC. = *P. pubescens* var. *verrucosus*
P. ×*virginalis* Rehder = siehe *Philadelphus*-Hybriden mit Sortennamen

Philadelphus-Hybriden mit Sortennamen

Hoffman (1994) hat die gärtnerischen Züchtungen ungeachtet ihrer Herkunft nach praktischen Gesichtspunkten in die folgenden vier Sortengruppen eingeteilt. WHZ 6a, LB 9.3.2.6.

1. Purpureomaculatus-Gruppe

Standardsorte: *Philadelphus* 'Purpureomaculatus' (= *P.* ×*purpureomaculatus* Lemoine = *P. coulteri* × *P.* ×*lemoinei*): Blüten (rahm-)weiß mit purpurroter Mitte. Pflanzen niedrig bis mittelhoch (0,3–2 m). Blätter klein bis mittelgroß, an sterilen Trieben 2–8 cm lang. 'Beauclerk', 'Conquete', 'Etoile Rose', 'Purpureomaculatus'.

2. Lemoinei-Gruppe

Standardsorte: *Philadelphus* 'Lemoinei' (= *P.* ×*lemoinei* Lemoine = *P. coronarius* × *P. microphyllus*): Blüten (rahm)weiß. Pflanzen niedrig bis mittelhoch (0,2–2 m). Blätter klein, an fertilen Trieben stets, an sterilen meist kürzer als 5 cm. 'Avalanche', 'Dame Blanche', 'Frosty Morn', 'Innocence', 'Lemoinei', 'Manteau d'Hermine', 'Silberregen', 'Snowdwarf', 'Snowgoose'.

3. Virginalis-Gruppe

Standardsorte: *Philadelphus* 'Virginal' (= *P.* ×*virginalis* Rehder, Eltern unbekannt): Blüten (rahm)weiß, überwiegend halb gefüllt bis gefüllt. Pflanzen mittelhoch bis hoch (1–4 m). Blätter (mittel)groß, an sterilen Trieben länger als 5 cm. 'Boule d'Argent', 'Bouquet Blanc', 'Entanchment', 'Girandole', 'Justynca', 'Minnesota Snowflake', 'Rusalka', 'Schneesturm', 'Snowbelle', 'Virginal', 'Yellow Hill'.

4. Burfordensis-Gruppe

Im Wesentlichen eine Zusammenfassung der Hybridgruppen *P.* ×*cymosus* Rehder (Eltern unbekannt) und *P.* ×*polyanthus* Rehder (*P. insignis* × *P.* 'Lemoinei'): Blüten (rahm-)weiß, einfach. Pflanzen mittelhoch bis hoch (1–4 m). Blätter (mittel)groß, an sterilen Trieben überwiegend länger als 5 cm. 'Albâre', 'Burfordensis', 'Conquête', 'Dresden', 'Favourite', 'Hidden Blush', 'Kalina', 'Karolinca', 'Limestone', 'Mont Blanc', 'Rosace'.

Phillyrea L.

Steinlinde – Oleaceae

(griechisch *philyrea, phillyrea* = ein Beeren tragender Strauch mit ligusterähnlichem Laub)

Habitus: Immergrüne Sträucher oder Kleinbäume.
Blätter: Gegenständig, einfach, kurz gestielt, ganzrandig oder gezähnt.
Blüten: Zwittrig oder 1-geschlechtig, 2-häusig verteilt, radiär, klein, duftend, in gestauchten, achselständigen Trauben an vorjährigen Zweigen, Kelch und Krone 4-zählig, Kronblätter weißlich, in der Knospe dachziegelig, länger als die Kronröhre, Griffel 2, vorragend, Griffel kürzer als die Staubblätter, Fruchtknoten 2-fächrig, oberständig.
Früchte: Steinfrüchte kugelig oder länglich-eiförmig, etwa 6 mm dick, dunkelpurpurn oder blauschwarz, Steinkern stark verholzt, dünnwandig.
Verbreitung: 2 Arten von Madeira bis N-Iran.
Verwendung: In M-Europa nur für wintermilde Regionen geeignet.

Bestimmungsschlüssel Phillyrea

1 Blattrand gesägt, Blätter mit 5–12 Seitennervenpaaren . . . . *P. latifolia*
– Blätter ganzrandig, mit wenigen Seitennervenpaaren . . . . *P. angustifolia*

Phillyrea angustifolia L., Schmalblättrige Steinlinde

Habitus: Bis 3 m hoher, sparriger Strauch, Triebe kahl.
Blätter: Länglich bis linealisch-lanzettlich, 2–6 cm lang, derb, spitz, Basis keilförmig, meist ganzrandig, selten entfernt gesägt, Nervenpaare 5–6, oberseits olivgrün, unterseits gelblich grün.
Blüten: Krone etwa 2 mm lang, grünlich weiß, Kelch dick, bräunlich, Zipfel rundlich, bis auf etwa ¼ der Länge eingeschnitten, Mai–Juni.
Früchte: Eiförmig-kugelig, 6–8 mm dick, blauschwarz.
Verbreitung: SW-, S- und SO-Europa, N-Afrika.
Verwendung: Selten, WHZ 8a, LB 6.3.4.5.

P. decora Boiss. et Balansa = *Osmanthus decorus*

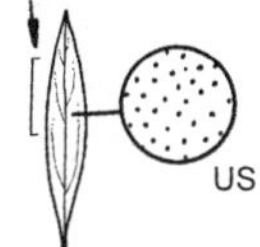

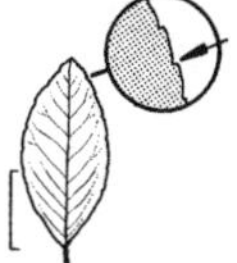

Phillyrea angustifolia Phillyrea latifolia

Phillyrea latifolia L., Breitblättrige Steinlinde

Habitus: 5(–10) m hoher, sparriger Strauch oder kleiner Baum, junge Triebe schwach flaumhaarig.
Blätter: Eiförmig oder elliptisch-lanzettlich, 2–6 cm lang, spitz, Basis schwach herzförmig oder rundlich, meist scharf, gelegentlich auch undeutlich gesägt, Nervenpaare 5–12, oberseits dunkelgrün und glänzend, unterseits hellgrün und auf dem Mittelnerv behaart.
Blüten: Etwa 5 mm breit, Krone grünlich weiß, Kelch dünn, gelblich, Zipfel 3-eckig, bis auf ⅓ der Länge eingeschnitten, Mai.
Früchte: Kugelig, 5–7 mm dick, blauschwarz.
Verbreitung: SW-, S- und SO-Europa, N-Afrika, Türkei, Levante, Libyen.
Verwendung: Selten, WHZ 8a, LB 6.3.4.5.

P. media L. = *P. latifolia*
P. vilmoriniana Boiss. et Balansa = *Osmanthus decorus*

Photinia Lindl.

Glanzmispel – Rosaceae

(griechisch *photeinos* = hell, leuchtend)

Habitus: Sommer- oder immergrüne, sparrig verzweigte Sträucher oder Bäume, Triebe dünn, mit markanten, warzenartigen Lentizellen, Endknospen 3–4 mm lang, eiförmig bis länglich-eiförmig, Seitenknospen 1–3 mm groß, Knospenschuppen dunkel- bis rotbraun, Blattnarben klein, mit 3 deutlichen Gefäßbündelspuren.
Blätter: Wechselständig, kurz gestielt, einfach, meist fein gesägt, Nebenblätter blattartig.
Blüten: Zwittrig, radiär, klein, in kurzen Trauben, Rispen oder Trugdolden, 5-zählig, Kelchblätter bleibend, Kronblätter weiß, rundlich, Staubblätter etwa 20, Griffel 2, selten 3–5, am Grund vereinigt, Fruchtknoten oft nur in der unteren Hälfte mit dem Blütenbecher verwachsen.

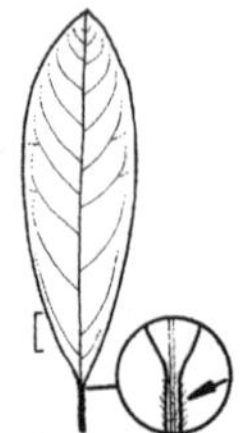
Photinia davidiana var. davidiana

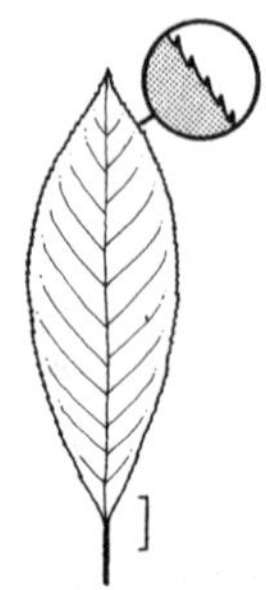
Photinia ×fraseri

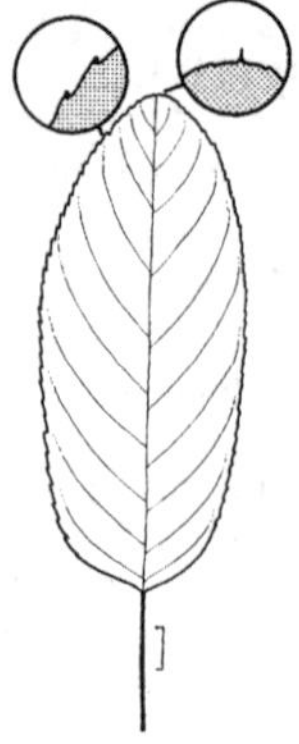
Photinia serratifolia

Früchte: Kernäpfel 0,4–1 cm dick, ± kugelig, meist rot, je Fach 2 braune, 3 mm lange Samen.
Verbreitung: 65 Arten vom Himalaja bis Japan und Sumatra und in N-Amerika.
Verwendung: Attraktive Blüten- und Fruchtsträucher. Die immergrünen Arten teilweise mit auffallend gefärbten Blättern während der Laubentfaltung, sommergrüne Arten mit prachtvoller Herbstfärbung.

Bestimmungsschlüssel Photinia

1 Blätter unterseits flächig behaart, sommergrün . . . . *P. villosa* var. *villosa*
– Blätter unterseits höchstens auf dem Hauptnerv behaart, immergrün 2
2 Blätter höchstens 11 cm lang 3
– Blätter 10–18 cm lang (zumindest viele) . . . .*P. serratifolia*
3 Blattstiele höchstens 2 cm lang, behaart . . . . *P. davidiana* var. *davidiana*
– Blattstiele länger (wenigstens die meisten), kahl . . . . *P. ×fraseri*

Photinia davidiana (Decne.) Cordot **var. davidiana**, Davids Glanzmispel

Habitus: Immergrüner, 2–8 m hoher, reich verzweigter Strauch oder Baum, Zweige aufrecht, dunkelgrün.
Blätter: Lanzettlich oder verkehrteiförmig-lanzettlich, ledrig, 6–10 cm lang, ganzrandig, beiderseits glänzend grün, bis auf die Mittelrippe kahl.
Blüten: 8 mm breit, in lockeren, 5 cm breiten Trugdolden, Staubblätter rot, Juni.
Früchte: Fast kugelig, 7–8 mm dick, lebhaft rot, lange haftend.
Verbreitung: W-China.
Verwendung: Häufig (teilweise noch als *Stranvaesia davidiana*), B, ꕥ, WHZ 7b, LB 6.4.2.4.

var. salicifolia (Hutch.) Cardot, Weiden-Glanzmispel. Blätter meist schmal länglich bis schmal lanzettlich, Seitennerven zahlreicher als bei var. *davidiana*. W-China.

var. undulata (Decne.) Cardot, Gewellte Glanzmispel. Wuchs meist niedriger als bei var. *davidiana*. Blätter 3–8 cm lang, länglich-elliptisch bis länglich-lanzettlich, am Rand gewellt. Früchte etwa 6 mm dick, korallenrot bis orange. M- und W-China.

Photinia ×fraseri Dress, Rotlaubige Glanzmispel, Frasers Glanzmispel
(*P. glabra* × *P. serrulata*)

Habitus: Immergrüner, starkwüchsiger, breit aufrechter, locker aufgebauter Strauch.
Blätter: Elliptisch-eiförmig bis elliptisch, 7–9 cm lang, zur Spitze hin verschmälert, Basis keilförmig, im Austrieb kupferfarben, später oberseits glänzend dunkelgrün, unterseits heller, kahl, Blattstiel 1,5–3 cm lang.
Blüten: In bis 12 cm breiten Trugdolden, Mai–Juni.
Verwendung: Häufig (besonders die folgende Sorte), B, WHZ 7b, LB 9.3.5.5.

'Red Robin'. Blätter im Austrieb auffallend glänzend hellrot bis purpurn, später bronzefarben, zuletzt glänzend dunkelgrün.

Photinia serratifolia (Desf.) Kalkman, Kahle Glanzmispel

Habitus: Immergrüner, 5–12 m hoher, kahler Strauch, Triebe rötlich, kahl.
Blätter: Schmal verkehrteiförmig bis länglich, ledrig, 10–18 cm lang, zugespitzt, Basis meist abgerundet, scharf grannig gesägt, im

Austrieb kupferrot, später oberseits glänzend dunkelgrün, unterseits gelblich grün, Stiel 2–4 cm lang, behaart.
Blüten: 6–8 mm breit, zu vielen in 10–18 cm breiten, kahlen Rispen, deren Achseln ziemlich dick und nicht warzig, Juni–Juli.
Früchte: Kugelig, 5–6 mm dick, rot.
Verbreitung: China.
Verwendung: Selten, N, B, ♣, WHZ 8a, LB 6.3.1.4.

P. serrulata Lindl. = *P. serratifolia*

Photinia villosa (Thunb.) DC. **var. villosa**, Warzige Glanzmispel

Habitus: Sommergrüner, bis 5 m hoher, breitbuschiger Strauch oder kleiner Baum, Triebe dünn, in der Jugend behaart.
Blätter: Verkehrteiförmig bis eiförmig-lanzettlich, ledrig, 3–8 cm lang, lang zugespitzt, Basis keilförmig, fein und scharf gesägt, oberseits dunkelgrün und glänzend, unterseits heller und blau- bis graugrün, ± behaart, Stiel 1–5 mm lang, Herbstfärbung orange bis scharlachrot.
Blüten: 1–1,2 cm breit, zu 5–20 in 3–5 cm langen und ebenso breiten, oft etwas behaarten Trugdolden, Stiele auffallend dick korkwarzig, Mai–Juni.
Früchte: Ellipsoid bis eiförmig, etwa 8 mm lang, leuchtend rot.
Verbreitung: China, Korea, Japan.
Verwendung: Häufig (teilweise noch als *Stranvaesia davidiana*)B, ♣, H, WHZ 6b, LB 3.2.5.4.

var. laevis (Thunb.) Dippel. Blätter kleiner und schmaler als bei var. *villosa*, lang zugespitzt, bald (oft schon zur Blütezeit) unterseits kahl oder nur noch auf den Nerven behaart. Früchte bis 1,2 cm dick.

fo. maximowicziana (Lév.) Rehder. Blätter verkehrteiförmig, Basis abgerundet, oberseits Nervatur tief eingesenkt. Herbstfärbung lebhaft goldgelb. Korea.

Phyllodoce Salisb.

Blauheide, Moosheide – Ericaceae

(nach Phyllodoce, einer griechischen Nymphe, oder direkt nach griechisch *phyllon* = Blatt und *doke* = Schein)

Habitus: Immergrüne, niederliegende oder aufrechte Zwergsträucher.

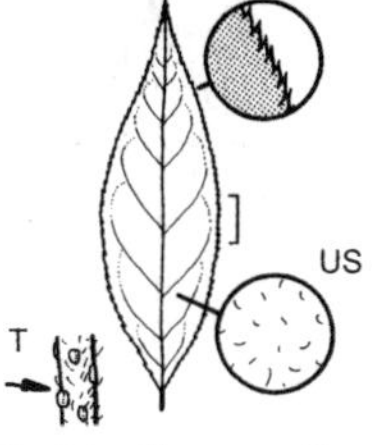

Photinia villosa var. villosa

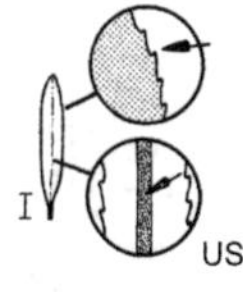

Phyllodoce caerulea

Blätter: Wechselständig, linealisch, 0,4–1,5 cm lang, ledrig, Rand gezähnt und stark umgerollt, unterseits weich behaart, kurz gestielt.
Blüten: Zwittrig, radiär, in endständigen Köpfchen, nickend, Kelch klein, bleibend, 5-zähnig, Krone krugförmig oder glockig, Saum 5-lappig, Staubblätter 8–12, Staubbeutel ohne Anhängsel, mit einer großen Öffnung aufspringend, Fruchtknoten 5-fächrig.
Früchte: Kapseln kugelig-eiförmig, 3–4 mm dick, meist drüsig behaart, vielsamig.
Verbreitung: 8 Arten in borealen und subarktischen Zonen sowie Hochgebirge gemäßigter Zonen in Ostasien, Nordamerika und Europa.
Verwendung: Reizende, immergrüne Zwergsträucher mit spezifischen Standortansprüchen (saurer Boden und frische bis feuchte, sommerkühle Plätze) für Stein-, Heide- und Rhododendrongärten.

Bestimmungsschlüssel Phyllodoce

1 Blätter höchstens 10 mm lang, „Mittelrippe“ unterseits als eingesenkter Streifen .... *P. caerulea*
– Blätter länger (wenigstens sehr viele), Mittelrippe unterseits erhaben..... *P. empetriformis*

Phyllodoce caerulea (L.) Bab., Bläuliche Moosheide

Habitus: Aufrechter oder niederliegender, dicht verzweigter, 10–35 cm hoher Zwergstrauch.
Blätter: Linealisch oder linealisch-länglich, 4–9 mm lang, stumpf, fein gezähnt, oberseits glänzend dunkelgrün.
Blüten: Einzeln oder zu 3–4 in lockeren Köpfchen, Krone eiförmig-krugförmig, 0,7–1,2 cm lang, kahl, lila oder purpurn, beim Trocknen bläulich werdend, Kelch rotbraun, drüsig behaart, April–Mai.
Verbreitung: Arktisch-alpine Gebiete von Europa, N-Amerika und N-Asien.
Verwendung: Häufig, B, WHZ 2, LB 8.1.4.7.

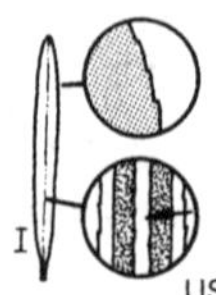

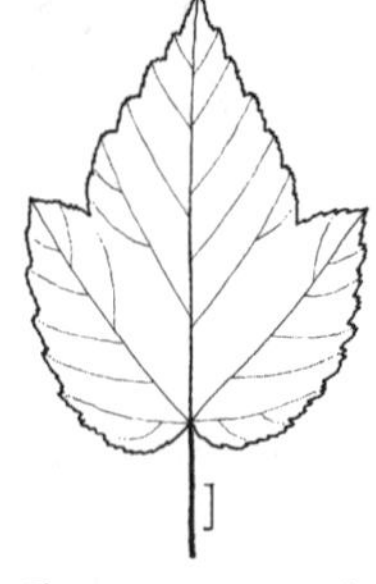

Phyllodoce empetriformis Physocarpus amurensis

Phyllodoce empetriformis (Sm.) D. Don, Krähenbeerblättrige Moosheide

Habitus: Matten bildender, unregelmäßig wachsender, 0,1–0,4 m hoher Zwergstrauch Zweige aufsteigend, anfangs behaart.
Blätter: Linealisch bis linealisch-länglich, 0,6–1,5 cm lang, stumpf oder spitz, fein drüsig gezähnt, oberseits glänzend dunkelgrün.
Blüten: Zu wenigen bis vielen in doldenartigen, nahezu aufrechten bis überhängenden Büscheln, Krone purpurrosa, glockig, 5–9 mm lang, Kelchblätter bis auf den bewimperten Rand kahl, Mai–Juni.
Verbreitung: W-Kanada, NW- und W-USA, Rocky Mts.
Verwendung: Selten, B, WHZ 6a, LB 8.1.4.7.

Physocarpus (Cambess.) Maxim.

Blasenspiere – Rosaceae

(griechisch *physa* = Blase und *karpos* = Frucht)

Habitus: Sommergrüne, hohe Sträucher mit auffallender Streifenborke, Zweige rotbraun, gerillt, Blattstielbasen deutlich erhaben, mit 5 oder 3 Gefäßbündelspuren, Endknospen 4–8 mm lang, eiförmig bis länglich-eiförmig.
Blätter: Wechselständig, gestielt, einfach, 3- bis 5-lappig, Nervatur oft deutlich ausgeprägt, Nebenblätter ansehnlich, meist hinfällig.
Blüten: Zwittrig, radiär, 0,8–1,5 cm breit, in vielblütigen Trugdolden, endständig an beblätterten Kurztrieben, Kronblätter weiß bis blassrosa, ausgebreitet, rundlich, Kelch breit glockig, der Saum 5-teilig, Staubblätter 20–40, Fruchtblätter 1–5.
Früchte: Balgfrüchte länglich-eiförmig, blasig vergrößert, dünnwandig, 0,6–1 cm lang, aus dem flach schüsselförmigen Blütenbecher herausragend, Früchtchen 1–5, frei oder von der Basis an bis zu ⅔ miteinander verwachsen, Kelchblätter bleibend, Samen 1,5–2 mm lang, glänzend strohfarben.
Verbreitung: 10 Arten in der nemoralen Zone von N-Amerika und NO-Asien.
Verwendung: Meist als robuste, wenig anspruchsvolle, raschwüchsige Blüten- und Decksträucher für sonnige bis halbschattige Lagen.

Bestimmungsschlüssel Physocarpus

1 Junge Triebe sternhaarig-filzig 2
– Junge Triebe (fast) kahl 3
2 Blätter unterseits sternhaarig, bis 6 cm lang . . . . *P. malvaceus*
– Blätter unterseits fast kahl, länger . . . . *P. monogynus*
3 Blattlappen zugespitzt 4
– Blattlappen ± abgerundet 5
4 Blätter unterseits behaart . . . . *P. amurensis*
– Blätter unterseits kahl. . . . . *P. monogynus*
5 Blätter meist 3-lappig, stumpf doppelt gesägt . . . . *P. opulifolius* var. *intermedius*
– Blätter meist 5-lappig, kerbig gesägt . . . . *P. opulifolius* var. *opulifolius*

Physocarpus amurensis (Maxim.) Maxim., Amur-Blasenspiere

Habitus: Bis 3 m hoher Strauch, Triebe kahl oder spärlich grau behaart.
Blätter: Eiförmig, 5–10 cm lang, Basis schwach herzförmig oder abgestutzt, 3- bis 5-lappig, Lappen spitz oder zugespitzt, doppelt gesägt, oberseits grün und weitgehend kahl, unterseits weißlich grün und leicht wollig behaart.
Blüten: Etwa 1,5 cm breit, in lockeren, 4–5 cm breiten Trugdolden, Kelch dicht sternhaarig, Kelchblätter 3-eckig, Kronblätter weiß, außen wollflaumig, Staubblätter 40, Staubbeutel purpurn, Juni–Juli.
Früchte: Früchtchen zu 3–4, aufgeblasen, bis zur Mitte verwachsen, sternhaarig.
Verbreitung: Mandschurei, Korea.
Verwendung: Häufig, WHZ 5b, LB 3.1.6.5.

P. intermedius (Rydb.) C.K. Schneid. = *P. opulifolius* var. *intermedius*

Physocarpus malvaceus (Greene) Kuntze, Oregon-Blasenspiere

Habitus: Bis 2 m hoher, aufrechter Strauch, Triebe dicht sternhaarig-filzig.
Blätter: Rundlich bis breit eiförmig, 2–6 cm

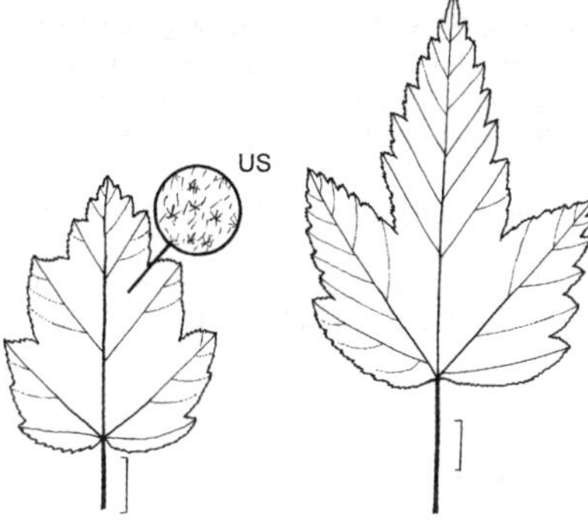

Physocarpus malvaceus Physocarpus monogynus

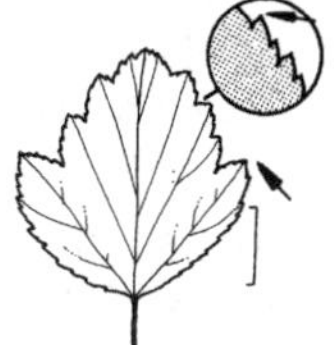

Physocarpus opulifolius var. opulifolius

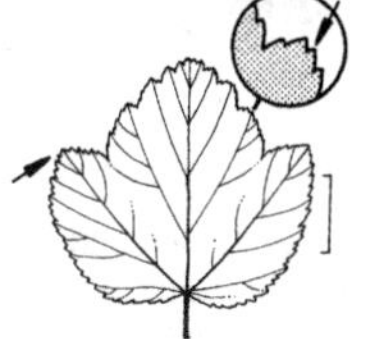

Physocarpus opulifolius var. intermedius

lang, Basis herzförmig bis abgestutzt, 3- bis 5-lappig, Lappen breit und rund, seicht doppelt gekerbt-gezähnt, unterseits meist sternhaarig.
Blüten: 1 cm breit, in wenigblütigen, 3 cm breiten Trugdolden, Stiele und Kelch sternhaarig, Kronblätter weiß, etwa 4 mm lang, Juni.
Früchte: Früchtchen meist zu 2, sternhaarig, flach und etwas gekielt, mit aufrechten Schnäbeln.
Verbreitung: W-USA, Rocky Mts.
Verwendung: Sehr selten, WHZ 6a, LB 2.4.2.6.

Physocarpus monogynus (Torr.) Coult., Colorado-Blasenspiere

Habitus: Bis 1 m hoher Strauch, Äste meist niederliegend, Triebe braun, kahl oder spärlich sternhaarig.
Blätter: Breit eiförmig oder nierenförmig, 5–10 cm lang, Basis abgerundet oder schwach herzförmig, tief 3- bis 5-lappig, Lappen abgerundet, eingeschnitten gesägt, kahl oder nahezu kahl, Stiel bis 1,5 cm lang.
Blüten: 1 cm breit, in vielblütigen Trugdolden, Stiele und Kelch spärlich oder ziemlich dicht sternhaarig, Kelchblätter eiförmig-lanzettlich bis elliptisch, Kronblätter weiß, oft rosa überlaufen, rundlich, Juni.
Früchte: Früchtchen meist zu 2, selten 1 oder 3, aufgeblasen, bis zur Mitte verwachsen, dicht sternhaarig-filzig, Griffel spreizend.
Verbreitung: SW- und Z-USA, Rocky Mts.
Verwendung: Selten, WHZ 6a, LB 6.4.2.6.

Physocarpus opulifolius (L.) Maxim. **var. opulifolius**, Schneeball-Blasenspiere

Habitus: 3(–4) m hoher Strauch, Zweige überhängend, Borke braun, rissig, abblätternd, Triebe braun, kahl oder nahezu kahl.
Blätter: Rundlich-eiförmig, 2–7 cm lang, Basis herzförmig, meist 5-lappig, Lappen stumpf oder spitz, doppelt kerbig gesägt, unterseits ± kahl, Stiel bis 2 cm lang.
Blüten: 1 cm breit, in vielblütigen, 3–5 cm breiten Trugdolden, Stiele und Kelch kahl oder spärlich behaart, Kronblätter weiß, oft blassrosa, Staubblätter 30, Staubbeutel purpurn, Mai–Juni.
Früchte: Balgfrüchtchen kahl, doppelt so lang wie die Kelchblätter.
Verbreitung: O-Kanada, NO-, NOZ-, Z- und SO-USA.
Verwendung: Sehr häufig, Bi, WHZ 4, LB 3.1.6.4 (2.4.4.4).

'Dart's Gold'. Bis 1,5 m hoher Strauch. Blätter hellgelb, leuchtender und länger die Farbe haltend als bei 'Lutea'.

'Diabolo'. Starkwüchsiger Strauch. Blätter auffallend purpurbraun bis purpurrosa. Blüten rosa bis purpurrosa.

Lady in Red ('Tuilad'). Blätter im Austrieb hellrot, später dunkler rot. Blüten weiß.

'Lutea'. Blätter anfangs reingelb, später vergrünend oder bronzegelb.

var. intermedius (Rydb.) B.L. Rob. Bis 1,5 m hoher Strauch, junge Triebe kahl oder nahezu kahl. Blätter eiförmig-rundlich, 2–6 cm lang, meist seicht 3-lappig, Lappen stumpf, doppelt kerbig gesägt, unterseits

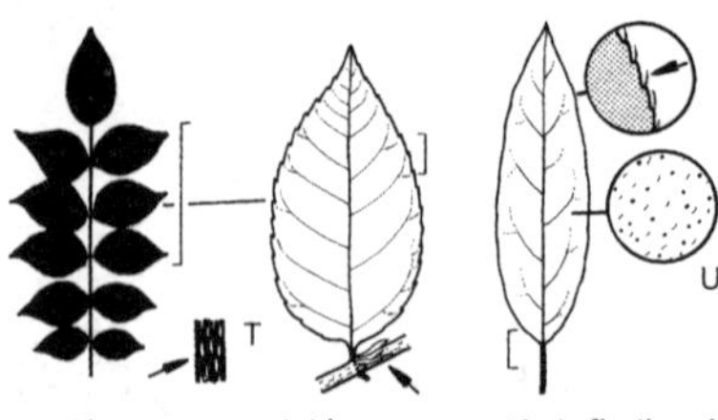

Picrasma quassioides   Pieris floribunda

spärlich sternhaarig bis fast kahl. Blüten 1,2 cm breit, in dichten Trugdolden, Mai. O-Kanada, NO-, NOZ-, Z- und SO-USA.

Summer Wine ('Seward'). Blätter im Austrieb kupferfarben, später dunkel braunrot. Blüten rahmweiß bis purpurrosa.

Picrasma Blume

Bitterholz – Simaroubaceae
(griechisch *pikrasmos* = Bitterkeit)

Habitus: Sommergrüne Bäume, Zweige hell bis dunkel rotbraun, verkahlend bis kahl, dicht mit länglichen, grauen Lentizellen bedeckt, Knospen nackt, seidig glänzend silbrig braun anliegend behaart, Endknospen etwa 5 mm lang, Gefäßbündelspuren undeutlich.
Blätter: Wechselständig, unpaarig gefiedert, an den Zweigenden gehäuft, Nebenblätter fehlend.
Blüten: Polygam, radiär, klein, in lockeren, achselständigen Rispen, Kelchblätter bleibend, Kronblätter 4–5, länglich, grünlich, Staubblätter 4–5, der Basis der 4- bis 5-lappigen Nektarscheibe eingefügt, länger als die Kronblätter, Fruchtblätter 2–5, frei.
Früchte: Steinfrüchtchen ringförmig angeordnet, eiförmig-kugelig, 6–7 mm lang, in bis 10 cm langen und 15 cm breiten Rispen, Mesokarp saftig-fleischig, dünn, zur Reife rot.
Verbreitung: 8 Arten vom Himalaja bis Japan, Malaysia und auf den Fidschi-Inseln.
Verwendung: Die folgende Art nur in Sammlungen zu finden.

Picrasma quassioides (D. Don) Benn., Bitterholz

Habitus: Bis 10 m hoher Baum, Rinde sehr bitter schmeckend, Zweige rötlich braun, dicht mit länglichen Lentizellen besetzt.
Blätter: 25–35 cm lang, Blättchen 9–15, 4–10 cm lang, fast sitzend, zugespitzt, Basis breit keilförmig bis abgerundet, schief, kerbig gesägt, oberseits glänzend grün, unterseits hellgrün, nur anfangs entlang der Mittelrippe behaart, Herbstfärbung orange und scharlachrot.
Blüten: 8 mm breit, in lockeren, 8–15 cm breiten Rispen, Mai–Juni.
Verbreitung: N-China, Korea, Japan, Taiwan.
Verwendung: Sehr selten, H, WHZ 6b, LB 6.2.1.6.

Pieris D. Don

Lavendelheide – Ericaceae
(griechisch *pieris* = ursprünglicher Name der neun Töchter des makedonischen Königs Pieros, die die Musen zum Wettgesang herausforderten und die nach ihrer Niederlage in Dohlen verwandelt wurden.)

Habitus: Immergrüne Sträucher oder kleine Bäume.
Blätter: Wechselständig, oft dicht gedrängt stehend, gestielt, gesägt bis gekerbt, im Austrieb oft rot oder bronzefarben, später ledrig, etwas rauhaarig.
Blüten: Zwittrig, radiär, in endständigen, 5–15 cm langen Rispen, Kelch 5-lappig, Krone krugförmig, weiß, mit 5 kurzen Lappen, die beiden Anhängsel der 10 Staubblätter zurückgebogen, Blüten im Herbst schon weit vorgebildet, die Knospen teilweise auffällig gefärbt.
Früchte: Kapseln eingedrückt kegelförmig, 5–6 mm dick, vielsamig.
Verbreitung: Etwa 10 Arten in O-Asien und N-Amerika.
Verwendung: Immergrüne, reich blühende Sträucher mit den Standortansprüchen von *Rhododendron*.

Bestimmungsschlüssel Pieris

1 Junge Triebe und Blätter unterseits striegelhaarig, Blätter bewimpert und sehr runzelig . . . . *P. floribunda*
– Junge Blätter und Triebe kahl, Blätter nicht bewimpert . . . . *P. japonica*

Pieris floribunda (Pursh ex Sims) Benth. et Hook. f., Vielblütige Lavendelheide

Habitus: Bis 2 m hoher, kompakter, halbkugeliger Strauch, junge Triebe striegelhaarig.
Blätter: Elliptisch bis länglich-lanzettlich,

3–8 cm lang, spitz oder kurz zugespitzt, Basis stumpf, kerbig gesägt und gewimpert, unterseits mit bräunlichen Drüsenpunkten, Stiel 0,4–1,1 cm lang.
Blüten: Nickend, in dichten, aufrechten, 5–10 cm langen Rispen, Kelchblätter stumpfweiß, Krone weiß, 5–6 mm lang, mit 5 bauchigen Kanten, April–Mai.
Früchte: Kugelig, 5–8 mm lang, schwach kantig.
Verbreitung: NO- und SO-USA.
Verwendung: Sehr häufig, B, WHZ 5b, LB 4.1.4.5.

Pieris japonica (Thunb. ex Murray) D. Don ex G. Don, Japanische Lavendelheide

Habitus: Bis 3 m hoher, breit aufrechter, buschiger Strauch, junge Triebe kahl.
Blätter: An den Zweigenden gehäuft, länglich-lanzettlich, 3–8 cm lang, scharf spitz, Basis abgerundet bis breit keilförmig, kerbig gesägt, oberseits glänzend dunkelgrün, unterseits heller und mit zerstreuten, feinen, schwärzlichen Drüsenpunkten, Austrieb oft bräunlich bis rot, Stiel 0,4–1,1 cm lang.
Blüten: Nickend, in ziemlich lockeren, 12–15 cm langen, ausgebreitet-überhängenden Rispen, Krone weiß, eiförmig, nur schwach kantig, 6–8 mm lang, Kelchblätter oft rotbraun, März–Mai.
Früchte: Abgeflacht kugelig, 5–6 mm dick.
Verbreitung: Japan.
Verwendung: Sehr häufig, B, WHZ 6b, LB 7.2.5.5.

Von *P. japonica* werden gegenwärtig zahlreiche Sorten vermehrt:

Blätter grün, Blüten weiß: 'Cavatine', 'Debutante', 'Nocturne', 'Prelude', 'Purity', 'Sarabande', 'Stöckmann', 'Valley Valentine', 'White Cascade', 'White Pearl'.

Blätter grün, Blütenknospen im Winter bronzefarben, braunrot, purpurrot oder orangerot, Blüten weiß: 'Chaconne', 'Christmas Cheer', 'Cupido', 'Grayswood', 'Pink Delight', 'Mountain Fire', 'Select'.

Blätter im Austrieb auffallend rotbraun, Blüten weiß: 'Mountain Fire', 'Red Mill', 'Splendens'.

Blätter im Austrieb auffallend rotbraun, Blüten ± rosa: 'Blush', 'Flamingo', 'Rosalinda', 'Valley Rose', 'Valley Valentine'.

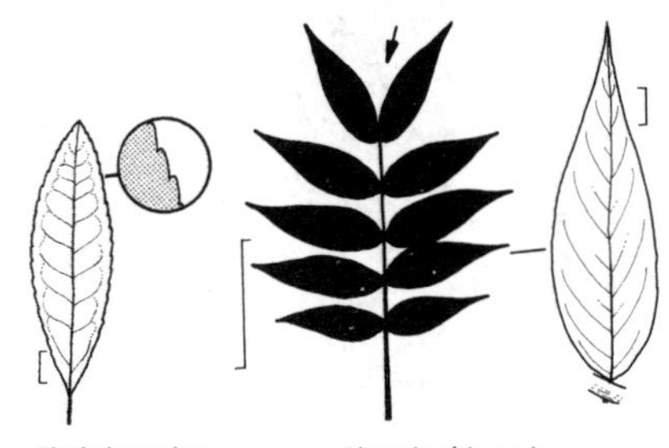

Pieris japonica   Pistacia chinensis

Blätter weiß gerandet: 'Flaming Silver', 'Nana Variegata', 'Variegata', White Rim'.

P. lucida (Lm.) Rehder = *Lyonia lucida*
P. mariana (L.) Benth et Hook. = *Lyonia mariana*

Pistacia L.

Pistazie, Mastixstrauch – Anacardiaceae

(lateinisch *pistacia* = Echte Pistazie, *Pistacia vera*)

Habitus: Sommer- oder immergrüne Bäume oder Sträucher.
Blätter: Wechselständig, einfach, 3-zählig oder paarig oder unpaarig gefiedert.
Blüten: 1-geschlechtig, 2-häusig verteilt, radiär, unscheinbar, in seitenständigen Rispen oder Trauben, Blütenhülle einfach, Blütenhüllblätter 1–5 oder fehlend, Staubblätter (3–)4(–8), Nektarscheibe vorhanden, Fruchtblätter oberständig, verwachsen.
Früchte: Steinfrüchte.
Verbreitung: 9 Arten in M-Asien, China, Taiwan, Philippinen.

Pistacia chinensis Bunge, Chinesische Pistazie

Habitus: Sommergrüner, bis 20 m hoher Baum.
Blätter: Meist paarig gefiedert, Blättchen 10–12, lanzettlich bis eiförmig-lanzettlich, 5–10 cm lang, fast sitzend, ganzrandig, spitz oder lang zugespitzt, Basis schief, glänzend grün, Herbstfärbung prachtvoll karminrot.
Blüten: ♂ Blütenstände gebüschelt, 6–7 cm lang, ♀ Blütenstände locker, 15–20 cm lang, März–Mai.

Platanus ×hispanica

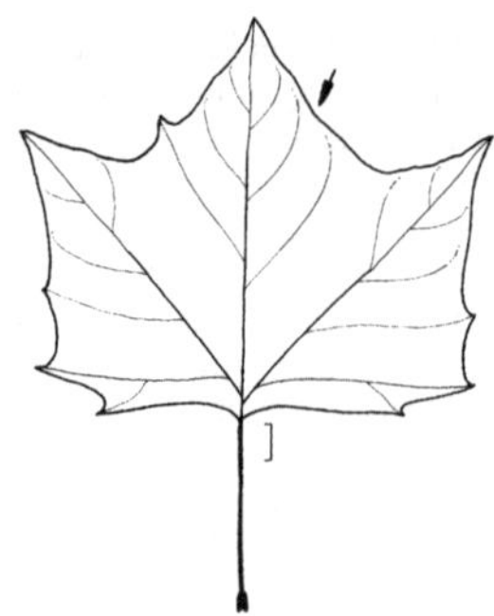

Platanus occidentalis

Früchte: Verkehrteiförmig-kugelig, pfefferkorngroß, anfangs rot, zuletzt blau.
Verbreitung: W- und M-China.
Verwendung: Sehr selten, H, WHZ 7b, LB 3.1.2.1.

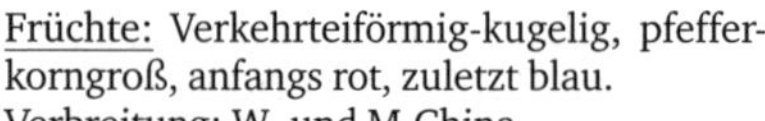

Platanus L.

Platane – Platanaceae

(lateinisch *platanus* = Platane, *Platanus orientalis*, griechisch *platanos* = Platane)

Habitus: Sommergrüne, großkronige Bäume, Borke gelbbraun, sich in ± großen Platten ablösend, selten rau und an alten Stämmen bleibend, Knospen mit nur 1 kappenartigen Schuppe, anfangs in der Blattstielbasis verborgen, Endknospe fehlend, endständige Seitenknospen bis 1 cm lang.
Blätter: Wechselständig, lang gestielt, 3- bis 7-lappig, handnervig, Nebenblätter verwachsen, den Trieb kragenartig umfassend.
Blüten: 1-geschlechtig, 1-häusig verteilt, radiär, unscheinbar, in 1-geschlechtigen, lang gestielten, hängenden Köpfchen (Teilblütenständen), ♂ Blüten mit kleiner Blütenhülle, 3–8 Kelch- und Kronblättern und 3–4 Staubblättern, ♀ Blüten mit 5–9 freien, oberständigen Fruchtblättern und langen, bleibenden Griffeln, Mai.
Früchte: Nüsschen 1-samig, am Grund mit einem langen, gelben Haarschopf, in 2–3,5 cm dicken, kugeligen Köpfchen, die zu 1–6 in 15–20 cm langen, hängenden Fruchtständen angeordnet sind, die über Winter am Baum hängen bleiben.
Verbreitung: 8 Arten in N-Amerika, je 1 Art in Kleinasien und Indochina.
Verwendung: Großkronige, lichtbedürftige Park-, Stadt- und Straßenbäume. An Promenaden häufig mit flachen, dachförmigen Kronen gezogen.

Bestimmungsschlüssel Platanus

1 Blätter (zumindest viele) 3-lappig, zumindest unterseits behaart, kaum gezähnt 2
– Blätter (zumindest einige) 7-lappig, (fast) kahl, dicht gezähnt 3
2 Mittlerer Blattlappen ± so lang wie breit . . . . *P. ×hispanica*
– Mittlerer Blattlappen breiter als lang . . . . *P. occidentalis*
3 Mittlerer Blattlappen ± so lang wie breit . . . . *P. ×hispanica*
– Mittlerer Blattlappen länger als breit . . . . *P. orientalis*

P. ×acerifolia (Aiton) Willd. = *P. ×hispanica*

Platanus ×hispanica Münchh.,
Ahornblättrige Platane
(*P. occidentalis* × *P. orientalis*)

Habitus: Bis 35 m hoher Baum, Krone anfangs breit kegelförmig, im Alter ausladend, 10–15 m breit, Äste stark, schräg aufsteigend, Zweige im unteren Kronenbereich überhängend, Borke sich in großen Platten lösend, junge Triebe dicht bräunlich filzig behaart. Vermutlich keine Hybride, sondern eine Form einer der beiden oben genannten Arten.
Blätter: 12–25 cm breit, 3- bis 5-lappig, Lappen ± breit 3-eckig, der mittlere etwa so lang wie breit, Buchten spitz oder abgerundet, bis zu ⅓ der Spreitenlänge erreichend, Lappen ganzrandig oder wenig gezähnt, zuletzt kahl oder fast kahl, Stiel 3–10 cm lang.
Früchte: Köpfchen meist zu 2, gelegentlich auch 3 oder mehr, 2,5 cm dick, borstig, Nüsschen stumpf kugelig, an der Spitze mit einem Griffelrest.

Platanus orientalis

Verbreitung: Ursprung unbekannt.
Verwendung: Sehr häufig (mit Einschränkungen als Stadtstraßenbaum geeignet), WHZ 6b, LB 2.5.2.1 (6.4.2.1).

P. ×hybrida Brot. = *P. ×hispanica*

Platanus occidentalis L., Amerikanische Platane

Habitus: Bis 40 m hoher, breitkroniger, oft kurzstämmiger Baum, Äste kräftig, mehr aufwärts gerichtet als bei *P. ×hispanica*, Borke sich in kleinen Platten ablösend.
Blätter: 10–22 cm breit, meist 3-lappig, selten 5-lappig, Lappen breit 3-eckig, mittlerer Lappen breiter als lang, ganz oder spärlich gezähnt, Buchten flach, unterseits auf den Nerven und in den Nervenwinkeln bleibend behaart.
Früchte: Köpfchen meist einzeln (selten 2 oder 3), 3 cm dick, Nüsschen an der Spitze gestutzt oder stumpf, Griffel kurz.
Verbreitung: O-Kanada, NO-, NOZ-, Z- und SO-USA.
Verwendung: Selten, N, WHZ 6b, LB 2.4.2.1.

Platanus orientalis L., Morgenländische Platane

Habitus: Bis 30 m hoher, breitkroniger Baum, Borke sich in größeren Platten ablösend.
Blätter: 15–30 cm breit, tief 5- bis 7-lappig, mittlerer Lappen länger als seine Basisbreite, Buchten bis fast zur Blattmitte reichend, Lappen ganzrandig oder grob buchtig gezähnt, zuletzt kahl oder fast kahl, Stiel 3–8 cm lang.
Früchte: Köpfchen zu 3–7 in lockeren Ständen, 2–2,5 cm dick, borstig behaart, mit vorstehenden Haaren zwischen den ± spitz 3-eckigen Nüsschen, Griffel bleibend.
Verbreitung: S- und SO-Europa, Türkei, Syrien.
Verwendung: Selten, N, WHZ 6b, LB 6.4.1.1.

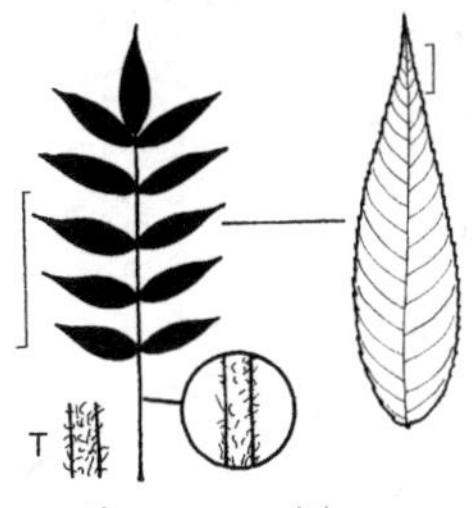

Platycarya strobilacea

Platycarya Siebold et Zucc.

Zapfennuss – Juglandaceae
(griechisch *platys* = breit, flach und *karya* = Nuss)
Monotypische Gattung

Platycarya strobilacea Siebold et Zucc., Zapfennuss, Breitnuss

Habitus: Sommergrüner, bis 15(–20) m hoher, kurzschäftiger Baum oder Strauch, Zweige mit vollem Mark, gelblich oder kastanienbraun, nur anfangs behaart, Knospen stumpf kegelförmig, bis 8 mm lang.
Blätter: Wechselständig, unpaarig gefiedert, 8–40 cm lang, Blättchen 5–17, eiförmig-lanzettlich bis länglich-lanzettlich, 4–20 cm lang, zugespitzt, doppelt gesägt, zuletzt nahezu kahl, Herbstfärbung gelb.
Blüten: 1-geschlechtig, 1-häusig verteilt, ♂ und ♀ Kätzchen steif aufrecht, terminal oder lateral an einer gemeinsamen Achse, (3–)5–7(–9), 4,5–8 cm lange ♂ Ähren umgeben eine zentrale Ähre mit ♀ Blüten an der Basis und ♂ Blüten im oberen Teil (nach der Blüte fällt der ♂ Teil ab), Staubblätter 4–15, in den Achseln länglich-lanzettlicher Tragblätter, Juni–Juli.
Früchte: Fruchtzapfen kugelig bis länglich-elliptisch (2–)4–5(–6) cm lang, in den rechtwinklig abstehenden, oberseits löffelartig geformten Tragblättern, 70–100 stark abgeflachte, bis 6 mm lange, schwarzbraune, am Rand etwa 1 mm breit braun längs geflügelte Nussfrüchte.

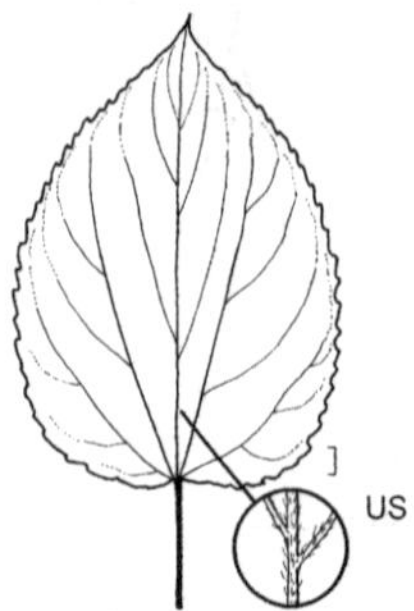

Poliothyrsis sinensis

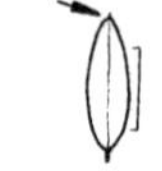
Polygala chamaebuxus var. chamaebuxus

Verbreitung: SO-China, N-Vietnam, S-Korea, S-Japan, N-Taiwan.
Verwendung: Sehr selten, WHZ 6b, LB 6.1.1.4.

Poliothyrsis Oliv.

Poliothyrsis – Flacourtiaceae
(griechisch *polis* = weiß und *thyrsos* = Strauß)
Monotypische Gattung

Poliothyrsis sinensis Oliv.

Habitus: Sommergrüner, bis 15 m hoher Baum, Borke im Alter tief gefurcht, Zweige graubraun, Triebe kahl oder verkahlend, Endknospen fehlend, endständige Seitenknospen 2–3 mm lang, Blattnarben die Knospen fast ringförmig umgebend, mit 3 Gefäßbündelspuren.
Blätter: Wechselständig, einfach, eiförmig bis länglich-eiförmig, 8–16 cm lang, zugespitzt, Basis meist abgerundet oder gestutzt, von der Basis an 3-nervig, gezähnt, unterseits behaart oder fast kahl, Stiel bis 3,5 cm lang.
Blüten: 1-geschlechtig, 1-häusig verteilt, radiär, 8 mm breit, lang gestielt in 10–20 cm langen, endständigen Rispen, Kronblätter fehlend, Kelchblätter 5, cremeweiß, im Verblühen gelb, eiförmig bis lanzettlich, klappig, ♂ Blüten mit zahlreichen freien, kurzen Staubblättern, ♀ Blüten mit Staminodien an der Basis des Fruchtknotens, Griffel 3, zurückgebogen, an der Spitze gespalten, Juli.
Früchte: Kapseln 1-fächrig, länglich-eiförmig, 1,5–2 cm lang, sich 3- bis 4-klappig öffnend, braunfilzig behaart, vielsamig, Samen etwa 1 cm lang.
Verbreitung: M-China.
Verwendung: Sehr selten, WHZ 7a, LB 6.3.4.4.

Polygala L.

Kreuzblume – Polygalaceae
(griechisch *polys* = viel und *gala* = Milch)

Habitus: Kräuter, Halbsträucher oder Sträucher, selten auch Bäume.
Blätter: Wechselständig, selten gegenständig, gestielt, einfach, Nebenblätter klein oder fehlend.
Blüten: Zwittrig, zygomorph, meist in end- oder achselständigen Trauben, Blütenhülle doppelt 5-zählig, Kelchblätter frei, ungleich, die 2 inneren meist flügel- und kronblattartig, Kronblätter verschieden gestaltet, das vordere stets schiffchenartig mit gefranstem Anhängsel, Staubblätter meist 8, zu einer oben offenen Röhre verwachsen, Fruchtblätter 2, verwachsen, Fruchtknoten oberständig.
Früchte: Kapseln 2-fächrig, 6–7 mm lang, ringsum etwa 1 mm breit geflügelt, 2-samig, Samen 3–5 mm lang.
Verbreitung: Etwa 500 Arten, weltweit verbreitet, mit Ausnahme von Neuseeland, Polynesien und arktischen Zonen.
Verwendung: Bei uns nur 1 verholzende Art in Kultur, mit den zweifarbigen Blüten und den buchsbaumähnlichen Blättern ein reizender Zwergstrauch.

Polygala chamaebuxus L. **var. chamaebuxus**, Buchsbaumblättrige Kreuzblume

Habitus: Immergrüner, bis 0,25 m hoher Zwergstrauch, unterirdische Ausläufer bildend, daher ± dichtrasig, Triebe 4-kantig, gelb- bis rötlich grün.
Blätter: Wechselständig, 1,5–3 cm lang, ledrig, lanzettlich bis verkehrteiförmig, Rand eingerollt, zugespitzt, Basis gestutzt, kahl, oberseits etwas glänzend.
Blüten: 1,2–1,5 cm lang, zu 1–2 achselständig, Flügel cremeweiß, Schiffchen an der Spitze gelb oder violett, April–Mai.
Früchte: Abgeflacht kugelig.
Verbreitung: Gebirge in W-, M-, OM- und SO-Europa.
Verwendung: Selten, WHZ 5b, LB 6.3.4.8.

var. grandiflora Gaudin. Blüten größer als bei var. *chamaebuxus*, Flügel purpurn, Schiffchen gelb. Tessin, Graubünden.

Polygonum aubertii L. = *Fallopia baldschuanica*
Polygonum baldschuanicum Regel = *Fallopia baldschuanica*

Poncirus Raf.

Bitterorange – Rutaceae
(abgeleitet von französisch *poncire* für Zitronat-Zitrone, *Citrus medica*)
Monotypische Gattung

Poncirus trifoliata (L.) Raf., Bitterorange

Poncirus trifoliata

Habitus: Sommergrüner, 1–4(–7) m hoher, dicht verzweigter, dornig bewehrter Strauch, Zweige kahl, steif, deutlich abgeflacht, leicht gerillt, matt glänzend dunkelgrün, Dornen 1–4(–7) cm lang, steif, abgeflacht, grün.
Blätter: Wechselständig, 3-zählig, durchscheinend punktiert, Blättchen etwas ledrig, dunkelgrün, das mittlere verkehrteiförmig bis elliptisch, 2,5–6 cm lang, stumpf oder ausgerandet, schwach gekerbt, die seitlichen kleiner, an der Basis sehr schief, Blattstiel geflügelt, 8–25 mm lang.
Blüten: Zwittrig, radiär, 3,5–5 cm breit, stark duftend, einzeln, blattachselständig, sitzend, an vorjährigen Zweigen, Kelchblätter klein, 3-eckig, Kronblätter weiß, 2–2,5 cm lang, verkehrteiförmig, Staubblätter 6–10, frei, Fruchtknoten 6- bis 8-fächrig, behaart, Griffel kurz und dick, April–Mai.
Früchte: Beeren zitronenähnlich, aromatisch duftend, kugelig, 3–5 cm dick, goldgelb, filzig behaart, roh ungenießbar, im Querschnitt deutlich radiär gefeldert und in 6 Sektoren gegliedert, Samen zahlreich, fast weiß, 0,6–1,2 cm lang.
Verbreitung: Himalaja, M-China, in Japan etabliert.
Verwendung: Häufig (u. a. als Veredlungsunterlage für *Citrus*-Arten), B, ♧, H, WHZ 7b, LB 6.3.1.5.

Populus L.

Pappel – Salicaceae
(lateinisch *populus* = Pappel)

Habitus: Sommergrüne, meist raschwüchsige, z. T. Wurzelsprosse und Stockausschläge bildende Bäume, Borke hell, anfangs glatt, im Alter gefurcht, Zweige stielrund oder kantig, hell- oder oliv- bis rotbraun, Knospen lang spindelförmig, Endknospen 0,8–2,5 cm lang, bei Balsam-Pappeln mit einem klebrigen, aromatisch duftenden Knospenbalsam, Seitenknospen meist nur wenig kleiner, Blattnarben abgerundet 3-eckig.
Blätter: Wechselständig, eiförmig bis lanzettlich oder 3-eckig, ganzrandig, gezähnt oder gelappt, Nebenblätter hinfällig, Stiel lang, stielrund oder abgeflacht, am Blattansatz oft mit Drüsen.
Blüten: 1-geschlechtig, 2-häusig verteilt, klein, in hängenden Kätzchen vor dem Laubausbruch, Tragblätter der Blüten gezähnt oder geschlitzt, kahl oder bewimpert, Blüten an der Basis mit einer einfachen, becherförmigen Nektarscheibe, ♂ Blüten mit 8–30 (selten 4–7) Staubblättern, Staubbeutel meist karminrot oder purpurn, ♀ Blüten mit 2-blättrigem Fruchtknoten.
Früchte: Kapseln 0,3–1,2 cm lang, sich 2-klappig öffnend, Samen 1–1,5 mm lang, am Grund mit einem pinselartigen Haarschopf.
Verbreitung: Etwa 35 Arten in den gemäßigten Zonen der nördl. Hemisphäre.
Verwendung: Als Pioniergehölze, in Wind- und Sichtschutzpflanzungen, für Ufer- und Bodenbefestigungen, zur Landschaftsgestaltung, für Kurzumtriebsplantagen, seltener als Park- und Straßenbaum, zahlreiche *P. ×canadensis*-Sorten vor allem zur Holzgewinnung.

Bestimmungsschlüssel Populus

(sichere Artbestimmung nur mit Langtrieben möglich)

1 Blätter ohne durchscheinenden Rand 2
– Blätter mit breitem durchscheinendem Rand 19
2 Knospen und Blätter unterseits ± dicht filzig behaart 3
– Knospen und Blätter kahl (höchstens spärlich behaart oder bewimpert) 4
3 Blätter an Langtrieben gelappt, mit verschiedenen Blattformen („Heterophyllie"). . . *P. alba*
– Blätter an Langtrieben nicht gelappt, Blattformen kaum unterschiedlich. . . . *P. ×canescens*

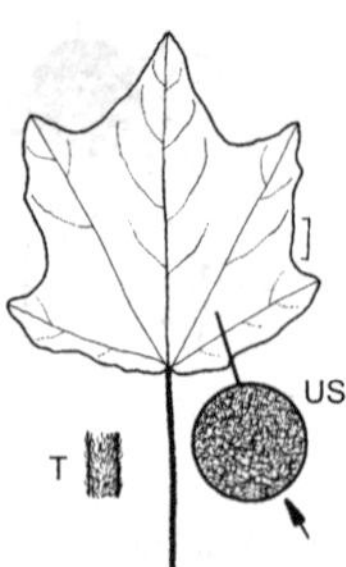

Populus alba

4 Blattstiel 2-seitig scharf zusammengedrückt 5
– Blattstiel rund (höchstens oberseits rinnig) . . 7
5 Blätter an der Basis keilförmig bis abgerundet, Rand grob und unregelmäßig gezähnt, Triebe stellenweise etwas behaart . . . *P. grandidentata*
– Blätter an der Basis herzförmig bis abgerundet, Rand buchtig gezähnt, Triebe kahl 6
6 Blätter unregelmäßig buchtig gezähnt, oft stumpf, unterseits blaugrün, Blattrand kahl . . . . *P. tremula*
– Blätter regelmäßig fein gesägt, meist kurz zugespitzt, unterseits blassgrün, Blattrand anfangs fein behaart . . . . *P. tremuloides*
7 Junge Blätter unterseits weißlich, jung aromatisch duftend 11
– Junge Blätter unterseits hellgrün, geruchlos 8
8 Junge Triebe anfangs dicht filzig behaart und Blattstiel rot und 5–10 cm lang . . . *P. lasiocarpa*
– Junge Triebe kahl oder Blattstiele länger (wenigstens viele) 9
9 Blattgrund keilförmig 10
– Blattgrund herzförmig . . . . *P. wilsonii*
10 Zweige gelblich . . . . *P. ×berolinensis*
– Zweige braun . . . . *P. simonii*
11 Blätter in oder oberhalb der Mitte am breitesten, Spreitenbasis keilförmig ausgezogen . . . . *P. simonii*
– Blätter unterhalb der Mitte am breitesten, Basis abgerundet oder herzförmig 12
12 Triebe kantig 13
– Triebe rund 15
13 Triebe braun 14
– Triebe gelbgrau bis orangegelb . . . *P. laurifolia*
14 Blattrand drüsig gezähnt, Blattstiel rot . . . . *P. szechuanica*
– Blattrand fein, gesägt, Blattstiel grün . . . . *P. trichocarpa*
15 Blattstiele höchstens 15 mm lang, Blattrand kahl . . . . *P. koreana*
– Blattstiele länger (wenigstens die meisten), Blattrand bewimpert 16
16 Junge Triebe dicht behaart 17
– Junge Triebe kahl . . . . *P. trichocarpa*
17 Zweige braun, Blätter ± glatt 18
– Zweige gelblich, Blätter auffallend runzelig . . . . *P. maximowiczii*
18 Blattstiele höchstens 5 cm lang, Spreitenbasis abgerundet und ohne Drüsen . . . . *P. balsamifera* var. *balsamifera*
– Blattstiele länger (wenigstens viele), Spreitenbasis herzförmig, mit 2–3 Drüsen . . . *P. ×jackii*
19 (1) Blattstiele (fast) rund . . . . . *P. ×berolinensis*
– Blattstiele 2-seitig zusammengedrückt 20
20 Blattstiele höchstens 6 cm lang, Spreiten (zumindest viele) rautenförmig (4-eckig), nicht bewimpert, Spreitenbasis ohne Drüsen . . . . *P. nigra* subsp. *nigra*
– Blattstiele länger (wenigstens die meisten), Spreiten ± 3-eckig, Blattrand meist bewimpert, Spreitenbasis oft mit 2 Drüsen 21
21 Narben (weiblicher Blüten) gestielt, Staubblätter zu 40–60, Blattstiele behaart . . *P. deltoides*
– Narben sitzend, Staubblätter zu 15–25, Blattstiele kahl . . . . *P. ×canadensis*

Populus alba L., Silber-Pappel

Habitus: 25–30 m hoher, breitkroniger, Wurzelsprosse bildender, oft kurzstämmiger Baum, Borke weißlich grau, an der Basis gefurcht und schwärzlich, junge Zweige und Basis der Knospen weißfilzig behaart.
Blätter: An Langtrieben 6–12 cm lang, 3- bis 5-lappig, Basis fast herzförmig, Lappen grob gezähnt, oberseits dunkelgrün, kahl, unterseits weißfilzig behaart, an Kurztrieben eiförmig bis länglich-elliptisch, Rand unregelmäßig wellig, gezähnt, unterseits graufilzig behaart, Stiel 1,2–3 cm lang, fast stielrund.
Blüten: ♂ Kätzchen etwa 4–7 cm lang, Staubblätter je Blüte 5–10, Staubbeutel purpurn, ♀ Kätzchen länger, Tragblätter mit wenigen, kurzen, unregelmäßigen Zähnen, oft fast ganzrandig, zottig bewimpert, Narben 2, März–April.
Früchte: Kätzchen 8–10 cm lang.
Verbreitung: Europa (ausgenommen Britische Inseln und Skandinavien), Türkei, Kaukasien, W-Sibirien, M-Asien, Himalaja, N-Afrika.
Verwendung: Sehr häufig (bes. für Landschaftsgestaltung in Auegebieten, zur Festlegung sandiger Böschungen), N, Bi, WHZ 4, LB 2.4.2.1.

'Nivea'. Junge Zweige, Blattstiele und Blattunterseiten schneeweiß filzig behaart.

'Pyramidalis'. Bis 20 m hoher Baum, Wuchs schmal kegel- bis säulenförmig. Blätter tief 5-lappig, oft kahl und unterseits ± grün.

'Raket'. Bis 20 m hoher, windresistenter Baum. Krone schmal kegel- bis säulenförmig. Blätter oberseits glänzend grün, unterseits silbrig grau. ♀ Form.

Populus balsamifera L. var. **balsamifera**, Balsam-Pappel

Habitus: Bis 35 m hoher, Wurzelsprosse bildender Baum, Stamm durchgehend, Krone kegel- bis eiförmig, zuletzt unregelmäßig

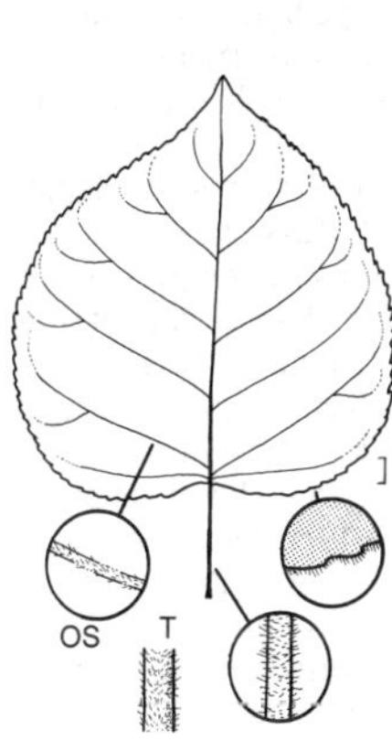

Populus balsamifera var. balsamifera

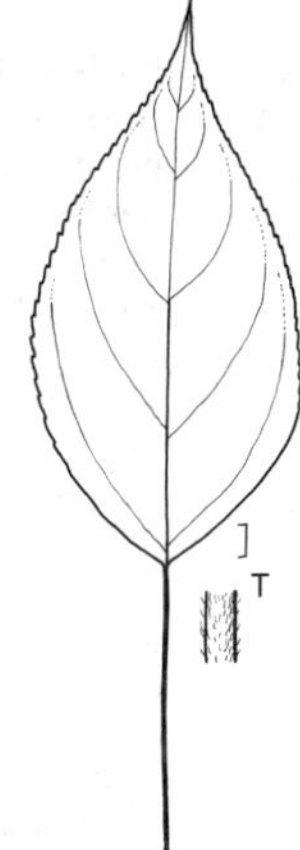

Populus ×berolinensis

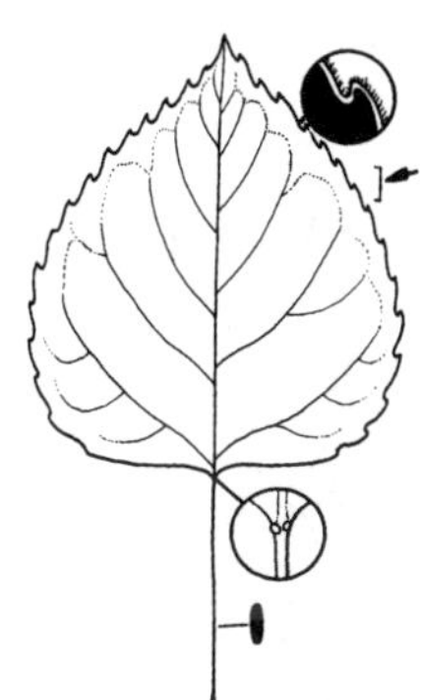

Populus ×canadensis

und locker, Äste aufstrebend, Triebe stielrund oder leicht kantig, behaart, Knospen bis 2,5 cm lang, mit gelblichem, duftendem Harz.
Blätter: Eiförmig bis breit eiförmig, 5–12 cm lang, ziemlich derb, zugespitzt, anfangs klebrig-harzig und duftend, Basis abgerundet bis seicht herzförmig, kerbig gesägt, fein bewimpert, oben dunkelgrün und kahl, unten leicht behaart, Stiel dünn, stielrund, 3–5 cm lang.
Blüten: ♂ Kätzchen 5–7 cm lang, Staubblätter je Blüte 12–20.
Früchte: Kätzchen 12–14 cm lang.
Verbreitung: Alaska, Kanada, NO-, NOZ- und Z-USA, Rocky Mts.
Verwendung: Sehr häufig, N, WHZ 3, LB 2.2.3.1.

var. subcordata Hyl. Triebe leicht kantig, rot- bis olivbraun, schwach behaart. Blätter breit eiförmig bis 3-eckig, 12–16 cm lang, kurz zugespitzt, oberseits glänzend dunkelgrün, unterseits weißlich grün, besonders auf den Nerven behaart. O-Kanada, NO- und NOZ-USA.

Populus ×berolinensis (K. Koch) Dippel, Berliner Lorbeer-Pappel

(*P. laurifolia* × *P. nigra* 'Italica')

Habitus: Bis 25 m hoher, ♂ Baum, Stamm durchgehend, Krone breit kegelförmig, Äste aufsteigend, Triebe etwas kantig, behaart, im 2. Jahr gelblich grau, Knospen grünlich, harzig.
Blätter: Eiförmig bis rhombisch-eiförmig, 7–10 cm lang, lang zugespitzt, Basis abgerundet bis keilförmig, Rand kerbig gesägt, oft wellig und durchscheinend, oben dunkelgrün, unten blassgrün bis weißlich, beiderseits kahl, Stiel stielrund, zerstreut behaart.
Blüten: Kätzchen ♂, 4–7 cm lang, kahl, Staubblätter je Blüte etwa 15.
Verwendung: Häufig (mit Einschränkungen als Stadtstraßenbaum geeignet), N, WHZ 4, LB 2.5.3.1.

Populus ×canadensis Moench, Bastard-Schwarz-Pappel

(*P. deltoides* × *P. nigra*)

Habitus: Bis 30 m hoher, Wurzelsprosse bildender Baum, Stamm durchgehend, Krone schmal bis breit eiförmig, Triebe stielrund bis leicht kantig, kahl, selten leicht behaart, Knospen harzig.
Blätter: ± 3-eckig bis rhombisch, 7–10 cm lang, lang zugespitzt, Basis gestutzt, mit oder ohne 1–2 Drüsen am Blattstielansatz, Rand kerbig gesägt, beiderseits kahl, Stiel abgeflacht, rötlich.
Blüten: ♂ Kätzchen etwa 7 cm lang, Staubblätter je Blüte 15–25.
Verbreitung: In Europa etabliert; gilt in Österreich als invasiv in naturnahen Lebensräumen, Ausbreitung aber wenig aggressiv.
Verwendung: Sehr häufig (u. a. zur Holzerzeugung in Plantagen), N, WHZ 4, LB 2.5.3.1.

In Kultur befinden sich zahlreiche Klone, die meist forstwirtschaftlich von Bedeutung sind. Ihre genaue Bestimmung ist nur an 1-jährigen, durch Steckholz vermehrten Pflanzen möglich.

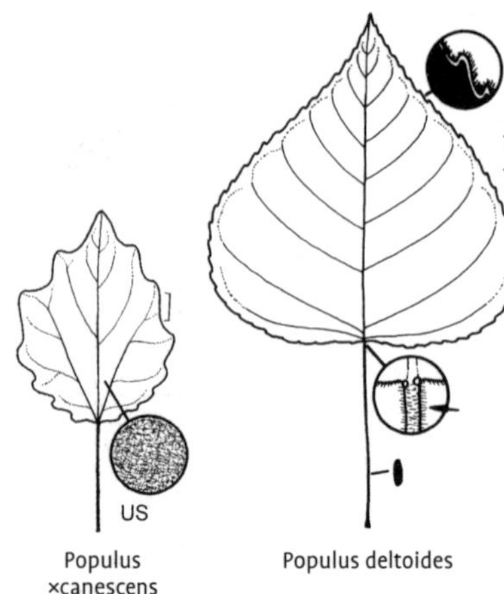

Populus ×canescens   Populus deltoides

'Gelrica'. ♂ Form. Raschwüchsig. Stamm lange fast weiß bleibend, Austrieb rotbraun, mittelfrüh. Blätter ± 3-eckig, grob gezähnt, oben glänzend frischgrün.

'Marilandica'. ♀ Form. Krone breit und vielastig, Äste stumpfwinklig abgehend, Austrieb mittelfrüh, braun, rasch grün werdend. Blätter rhombisch-eiförmig, mit langer Spitze, Basis keilförmig, auffallend hellgrün.

'Regenerata'. ♀ Form. Wuchs breit kegelförmig, Äste ± quirlig stehend, junge Zweige fein behaart, Austrieb mittelfrüh, bräunlich, rasch grün werdend. Blätter 3-eckig, hellgrün, Stiele oft etwas gerötet.

'Robusta'. ♂ Form. Wuchs säulenförmig, regelmäßig aufrecht, Äste fast quirlig stehend, junge Zweige fein behaart, rot überlaufen, Austrieb früh, rotbraun. Blätter derb, 3-eckig, 10–12 cm lang, bis fast zur Spitze gesägt, glänzend grün, Stiele rot überlaufen.

'Serotina'. ♀ Form. Krone breit kegelförmig, Borke dick und tief gefurcht, junge Zweige kahl, braun, Knospen klebrig, Austrieb sehr spät (Mitte Mai), rotbraun. Blätter ± 3-eckig, 7–10 cm lang, oberseits matt dunkelgrün, Basis gestutzt, Stiele meist gerötet.

P. candicans Aiton = *P. ×jackii*

Populus ×canescens (Aiton) Sm., Grau-Pappel

(*P. alba* × *P. tremula*)

Habitus: Bis 35 m hoher, Wurzelsprosse bildender Baum, Krone zuletzt abgerundet bis hoch gewölbt, Rinde gelbgrau mit waagerechten Lentizellenbändern, Triebe anfangs grauwollig behaart, später kahl, Knospen an der Basis oft behaart.
Blätter: An Langtrieben nur schwach gelappt, 3-eckig bis eiförmig, 6–12 cm lang, unregelmäßig gezähnt, oberseits dunkelgrün, unterseits graufilzig behaart, Basis seicht herzförmig, an Kurztrieben rundlich bis eiförmig, anfangs graufilzig behaart, später kahl und hellgrün, am Blattstielansatz mit Drüsen. Stiel 1–7,5 cm lang, stielrund bis abgeflacht.
Blüten: ♂ Kätzchen 5–10 cm lang, Staubblätter je Blüte 8–15, ♀ Kätzchen 2–10 cm lang, Griffel 8–15, Tragblätter lang bewimpert, Narben gelb oder purpurrot.
Früchte: Kätzchen 6–10 cm lang.
Verbreitung: Europa (ausgenommen Skandinavien), Türkei, Kaukasien.
Verwendung: Sehr häufig (ihrer Sturmfestigkeit wegen besonders für Wind- und Küstenschutzpflanzungen geeignet), N, WHZ 5a, LB 2.5.3.1.

Populus deltoides W. Bartram ex Marshall, Kanadische Schwarz-Pappel

Habitus: Bis 30 m hoher, raschwüchsiger Baum, Stamm durchgehend, Krone breit und ziemlich offen, Rinde hell grüngelb, Triebe kahl, ± stielrund, nur Langtriebe kantig gerippt, Knospen braun, lang und scharf zugespitzt, harzig, balsamisch duftend.
Blätter: 3-eckig bis breit eiförmig, 8–12 cm lang, plötzlich zugespitzt, Basis gestutzt bis seicht herzförmig, mit 2–3 Drüsen am Blattstielansatz, Rand grob kerbig gesägt, mit einwärts gekrümmten Spitzen, an Spitze und Basis ganzrandig, dicht bewimpert, oben glänzend dunkelgrün, unten heller, beiderseits kahl, Stiel 3–10 cm lang, abgeflacht, rötlich getönt.
Blüten: ♂ Kätzchen 7–10 cm lang, Staubblätter je Blüte 40–60, Tragblätter farnförmig zerschlitzt.
Früchte: Kätzchen 15–20 cm lang.
Verbreitung: O-Kanada, NO-, NOZ-, Z- und SO-USA.
Verwendung: Selten (als Kreuzungspartner für Hybrid-Pappeln von Bedeutung), N, WHZ 6a, LB 2.4.3.1.

'Purple Tower'. Triebe und Blätter im Austrieb dunkel bräunlich purpurn. Blätter nur langsam leicht vergrünend.

P. ×euroamericana (Dode) Guinier = *P. ×canadensis*

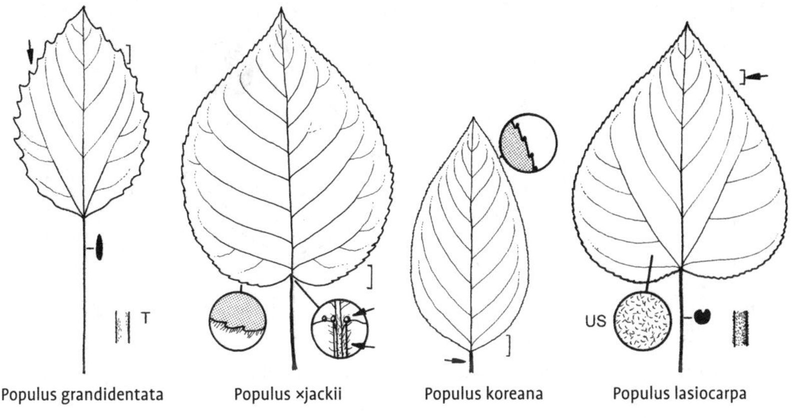

Populus grandidentata Populus ×jackii Populus koreana Populus lasiocarpa

Populus grandidentata Michx., Großzähnige Pappel

Habitus: Bis 20 m hoher, nur anfangs raschwüchsiger Baum, Stamm anfangs glatt und hellgrau, Zweige ziemlich dick, anfangs graufilzig behaart, später glänzend braun, Knospen graufilzig behaart.
Blätter: An Langtrieben eiförmig, 7–10 cm lang, zugespitzt, Basis gestutzt bis breit keilförmig, grob buchtig gezähnt, oberseits dunkelgrün, unterseits anfangs graufilzig behaart, später kahl werdend und blaugrün, an Kurztrieben elliptisch und scharf gesägt, Stiel 2,5–6 cm lang, dünn, zum Blattansatz hin etwas abgeflacht.
Blüten: ♂ Kätzchen 3,5–6 cm lang, Tragblätter gelappt und lang gefranst, Staubblätter je Blüte 6–12.
Früchte: Kätzchen 6–12 cm lang.
Verbreitung: O-Kanada, NO-, NOZ-, Z- und SO-USA.
Verwendung: Sehr selten, N, WHZ 4, LB 4.1.3.2.

Populus ×jackii Sarg.
(P. balsamifera × P. deltoides)

Habitus: 10–30 m hoher Baum, Stamm graubraun, orange getönt, junge Zweige rotbraun, behaart oder kahl, Knospen eiförmig, rötlich, stark harzig.
Blätter: 3-eckig-eiförmig, 2,5–11,5 cm lang, zugespitzt, Basis nahezu herzförmig, fein kerbig gesägt, oberseits blaugrün, unterseits bläulich getönt, am Blattstiel in der Nähe des Spreitengrundes 2–3 auffällige Drüsen aufweisend.
Blüten: ♂ Kätzchen 5–15 cm lang, Staubblätter je Blüte 25–40.
Verbreitung: O-Kanada, NO- und NOZ-USA.
Verwendung: Selten, WHZ 4, LB 2.4.3.1.

Populus koreana Rehder, Koreanische Balsam-Pappel

Habitus: Bis 25 m hoher Baum, Krone kegelförmig bis breit säulenförmig, Rinde hellgrau, Triebe stielrund, anfangs klebrig, kahl, Knospen glänzend grün, klebrig.
Blätter: An Langtrieben eiförmig bis elliptisch, 8–15 cm lang, kurz zugespitzt, Basis keilförmig bis abgerundet, an Kurztrieben 4–10 cm lang, schmaler, Rand fein drüsig gesägt, oberseits dunkelgrün, kahl und runzelig, ± gewölbt, unterseits weißlich, kahl, Mittelnerv rötlich, Stiel 0,5–1,5 cm lang, anfangs behaart, Austrieb sehr früh (März), junge Blätter aromatisch duftend.
Blüten: ♂ Kätzchen 3–5 cm lang, Staubblätter je Blüte 5–10.
Früchte: Kätzchen 10–14 cm lang.
Verbreitung: Korea.
Verwendung: Selten, N, WHZ 6a, LB 6.4.1.3.

Populus lasiocarpa Oliv., Großblatt-Pappel

Habitus: Bis 20 m hoher, langsam wachsender Baum, junge Triebe dick, dicht filzig behaart, später kahl und gelbbraun, Knospen groß, lang zugespitzt, etwas harzig.
Blätter: Eiförmig, 15–30 cm lang, zugespitzt, Basis herzförmig, drüsig gesägt, oberseits anfangs behaart, später kahl, Mittel- und Seitennerven rot, unterseits behaart, besonders

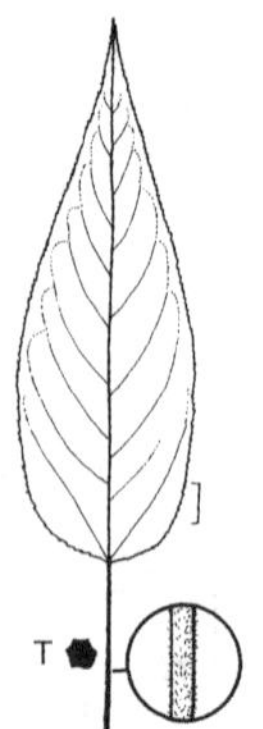

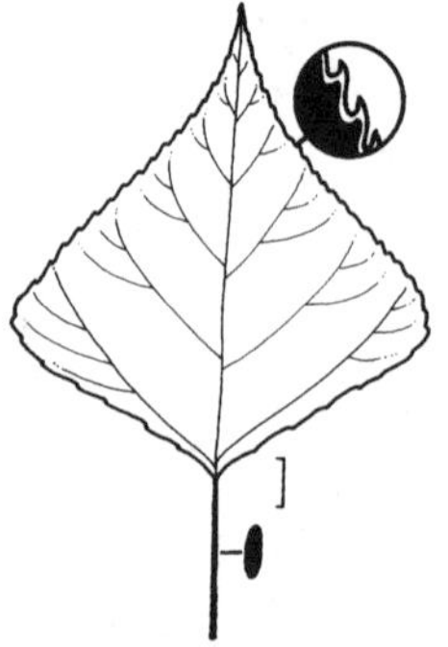
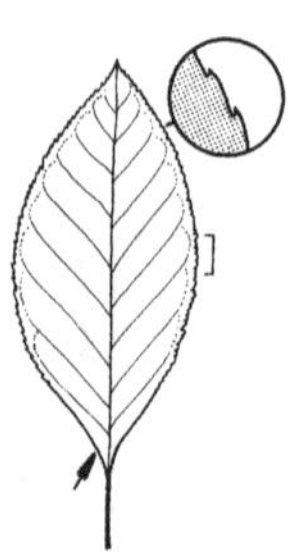

Populus laurifolia Populus maximowiczii Populus nigra subsp. nigra Populus simonii

auf den Nerven, Stiel 5–10 cm lang, behaart, abgeflacht, sonnenseits rot gefärbt.
Blüten: ♂ Kätzchen 9 cm lang, Staubblätter je Blüte 30–40.
Früchte: Kätzchen 15–20 cm lang.
Verbreitung: M- und W-China.
Verwendung: Häufig (als großblättriger Parkbaum), N, WHZ 6a, LB 3.3.2.3.

Populus laurifolia Ledeb., Lorbeerblättrige Pappel

Habitus: Bis 15 m hoher breitkroniger Baum, Triebe dünn, scharfkantig, graugelb, zuletzt an der Spitze behaart. Knospen harzig.
Blätter: An Langtrieben lanzettlich bis eiförmig-lanzettlich, 5–12 cm lang, an Kurztrieben elliptisch bis eiförmig, zugespitzt, Basis abgerundet, drüsig gesägt, oberseits dunkelgrün und kahl, unterseits graugrün und deutlich netznervig, Stiel 0,6–3 cm lang, behaart.
Blüten: ♂ Kätzchen 5 cm lang, Tragblätter groß, behaart, Staubblätter je Blüte 30–40, Satubbeutel purpurlich rot.
Früchte: Kätzchen 8–10 cm lang.
Verbreitung: Sibirien, M-Asien, China: Sikiang; Mongolei, NW-Indien, Japan.
Verwendung: Sehr selten (einer der Eltern der Berliner Lorbeer-Pappel), N, WHZ 5a, LB 2.2.3.2.

Populus maximowiczii A. Henry, Maximowiczs Balsam-Pappel

Habitus: Bis 30 m hoher, breitkroniger Baum, Borke grau, tiefrissig, Triebe stielrund, dicht behaart, anfangs rötlich, später grau. Knospen 1,5–2 cm lang, spitz, harzig.
Blätter: Derb, elliptisch bis eiförmig-elliptisch, 6–12 cm lang, plötzlich kurz zugespitzt mit verdrehter Spitze, Basis schwach herzförmig, drüsig gesägt und bewimpert, oberseits dunkelgrün und runzelig, unterseits weißlich, beiderseits auf den Nerven fein behaart, Stiel 2–4 cm lang.
Blüten: ♂ Kätzchen 5–10 cm lang, Staubblätter je Blüte 30–40.
Früchte: Kätzchen 18–25 cm lang.
Verbreitung: Russ. Ferner Osten, Mandschurei, Korea, Japan, Sachalin.
Verwendung: Sehr selten (als Elter für Hybrid-Pappeln von Bedeutung), N, WHZ 4, LB 2.2.3.1.

Populus nigra L. **subsp. nigra**, Europäische Schwarz-Pappel

Habitus: Bis 30 m hoher, breitkroniger Baum, alte Stämme oft mit dicken Knollen, Borke grau, tiefrissig, Triebe stielrund, kahl, hell graubraun, später graubraun, Knospen bis 1 cm lang, schmal eiförmig, zugespitzt, rotbraun, harzig balsamisch duftend.
Blätter: Eiförmig-3-eckig bis rautenförmig, 5–12 cm lang, lang zugespitzt, Basis gestutzt bis abgerundet, fein kerbig gesägt, beiderseits grün und kahl, Stiel 2–6 cm lang, dünn, abgeflacht.
Blüten: ♂ Kätzchen 4–6 cm lang, Tragblätter gelappt, Staubblätter je Blüte 20–30, März–April.
Früchte: Kätzchen 10–15 cm lang.
Verbreitung: Europa, N-Afrika, Türkei, Kaukasien, Sibirien, M-Asien.
Verwendung: Selten (gehört in Deutschland zu den gefährdeten Pflanzenarten), N, Bi, WHZ 5b, LB 2.4.3.1.

'Afghanica'. Im Wuchs wie 'Italica', aber ♀ Form. Rinde auffallend weiß, später flachborkig und dunkel. Triebe grau, anfangs behaart. Blätter 3-eckig-eiförmig, Basis breit keilförmig. Frostempfindlicher und wärmebedürftiger als 'Italica'. In SO-Europa und N-Afrika häufig in Kultur.

'Italica', Italienische Pappel, Pyramiden-Pappel. Wuchs schmal säulenförmig, 25–30 cm hoch, Äste straff aufwärts gerichtet. Blätter klein, rundlich-rhombisch, Austrieb 3 Wochen vor der subsp. *nigra*. Viel häufiger gepflanzt als diese. Nur als ♂ Form bekannt.

'Plantierensis'. Wuchs säulenförmig, aber etwas breiter als bei 'Italica', junge Triebe und Blätter behaart. Nur selten in Kultur.

subsp. betulifolia (Pursh) Buttler et Hand, Birkenblättrige Scharz-Pappel, Manchester-Pappel. Im Wuchs wie var. *nigra*, junge Zweige braunorange, anfangs behaart, Knospen stumpf. Blätter kleiner als bei var. *nigra*, zur Spitze hin verjüngt, anfangs behaart. Stiel gelbbraun, anfangs behaart. W-Europa.

P. nigra var. *pyramidalis* (Rozier) Spach = *P. nigra* 'Italica'

Populus simonii Carrière, Simons Pappel, Birken-Pappel

Habitus: 12–15 m hoher, schmalkroniger Baum, Starktriebe kantig, Triebe sonst dünn, stielrund, kahl, rötlich braun, Knospen spitz, harzig.
Blätter: Rhombisch-elliptisch bis verkehrteiförmig, 4–12 cm lang, kurz zugespitzt, Basis breit keilförmig bis abgerundet, gesägt, oberseits dunkelgrün, unterseits hellgrün bis weißlich, beiderseits kahl, Stiel 1–2 cm lang, Austrieb sehr früh.
Blüten: ♂ Kätzchen 2–3 cm lang, Staubblätter je Blüte 8, ♀ Kätzchen schlank, 2,5–6 cm lang.
Früchte: Kätzchen bis 15 cm lang.
Verbreitung: N-China.
Verwendung: Häufig (wie die Sorte 'Fastigiata' mit Einschränkungen als Stadtstraßenbaum geeignet), N, Bi, WHZ 4, LB 2.5.2.2.

'Fastigiata'. Wuchs anfangs schmal säulenförmig, später breit kegelförmig.

P. suaveolens Maxim. = *P. maximowiczii*

Populus szechuanica C.K. Schneid., Chinesische Balsam-Pappel

Habitus: Bis 40 m hoher Baum, Triebe ± kantig, kahl, Knospen purpurn, harzig.

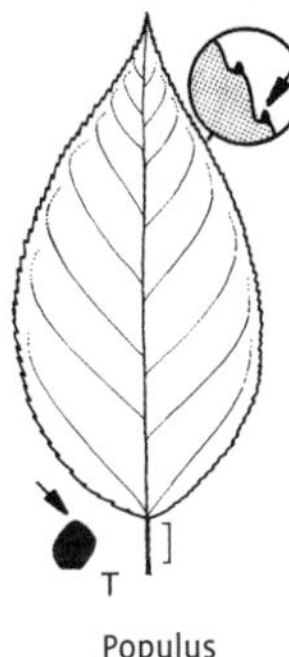

Populus szechuanica

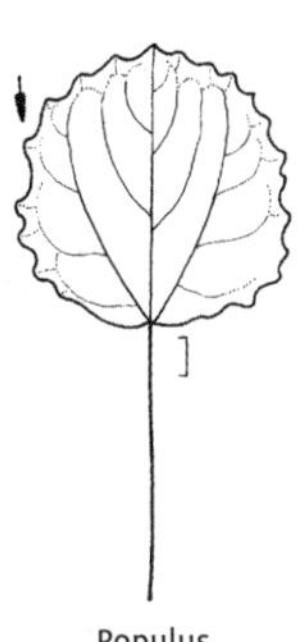
Populus tremula

Blätter: Im Austrieb rötlich, eiförmig bis länglich-eiförmig, an kräftigen Trieben 18–30 cm, sonst 8–10 cm lang, zugespitzt, Basis abgerundet bis schwach herzförmig, drüsig gezähnt, oberseits dunkelgrün, unterseits blassgrün, auf den Nerven behaart, Nerven und der 2–7 cm lange Stiel rot.
Früchte: Kätzchen 10–20 cm lang oder länger.
Verbreitung: China: Sichuan.
Verwendung: Sehr selten, N, WHZ 6a, LB 2.4.2.1.

P. tacamahaca Mill. = *P. balsamifera* var. *balsamifera*

Populus tremula L., Zitter-Pappel, Espe

Habitus: 10–30 m hoher, breitkroniger Baum, mit Hilfe von Wurzelsprossen oft dichte Bestände bildend, Rinde anfangs gelbbraun und glatt, später schwarzgrau und längsrissig, Triebe stielrund, kahl, glänzend, gelbbraun, Knospen 5 mm lang, dunkelbraun, leicht klebrig.
Blätter: Rundlich bis breit eiförmig, 3–8(–15) cm lang, abgerundet oder spitz, Basis gestutzt oder schwach herzförmig, stumpf gezähnt, oberseits glänzend grün, unterseits blaugrün, Stiel 3–7 cm lang, dünn, kahl, stark abgeflacht (senkrecht zur Ebene der Blattspreite).
Blüten: ♂ Kätzchen 8–10 cm lang, Tragblätter tief eingeschnitten und grauzottig bewimpert, Staubblätter je Blüte 5–15, Feb.–März.
Früchte: Kätzchen bis 12 cm lang.
Verbreitung: Europa, N-Afrika, Türkei, Kaukasien, Libanon, Sibirien, Russ. Ferner Osten, M-Asien, Mongolei, N-China.
Verwendung: Sehr häufig (u. a. als Pionier-

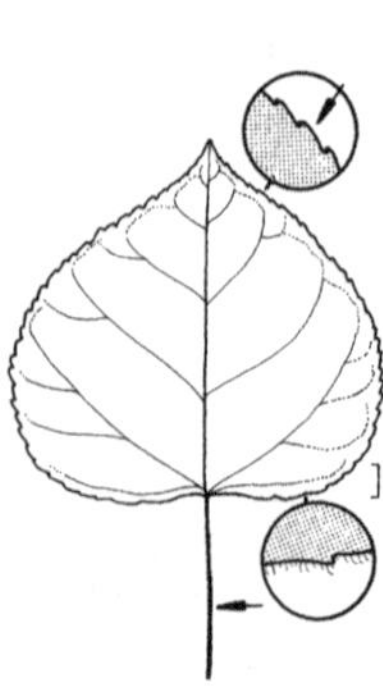

Populus tremuloides

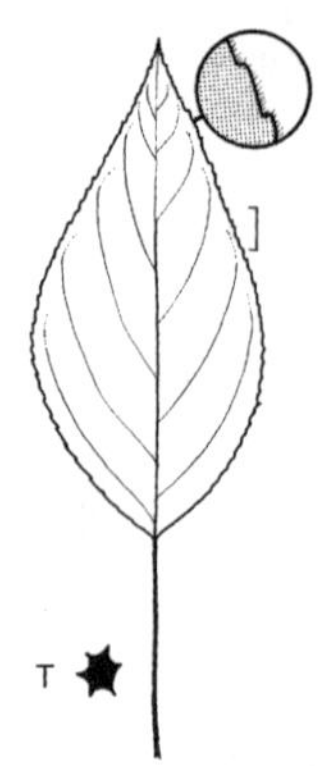

Populus trichocarpa

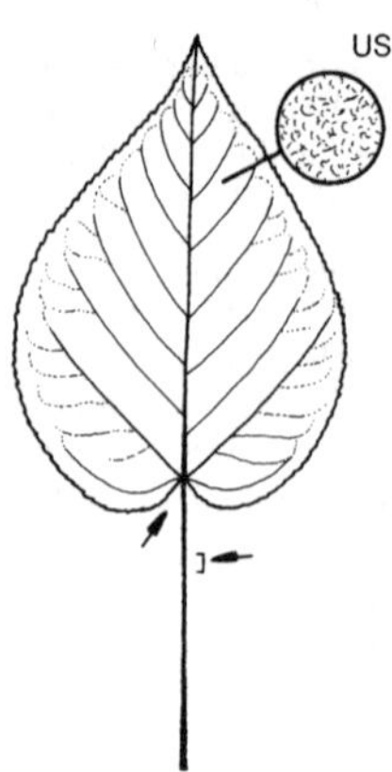

Populus wilsonii

baum mit weiter Standortamplitude), N, Bi, WHZ 1, LB 4.2.3.2.

'Erecta'. Wuchs straff aufrecht, schmal säulenförmig.

'Pendula'. Zweige hängend.

Populus tremuloides Michx., Amerikanische Zitter-Pappel

Habitus: Bis 30 m hoher Baum, stark Wurzelsprosse bildend, junge Stämme heller als bei *P. tremula*, Triebe kahl, rötlich braun, Knospen leicht harzig.
Blätter: Rundlich-eiförmig, 3–7 cm lang, kurz zugespitzt, Basis gestutzt bis breit keilförmig, Rand gleichmäßig fein gesägt und anfangs fein behaart, oberseits dunkelgrün und glänzend, unterseits blassgrün, beiderseits kahl, Stiel 3–9 cm lang, abgeflacht.
Blüten: ♂ Kätzchen 5–8 cm lang, schlanker als bei *P. tremula*.
Verbreitung: Alaska, Kanada, NO-, NOZ-, Z-, NW- und SW-USA, Rocky Mts.
Verwendung: Selten, N, WHZ 1, LB 7.2.3.2.

Populus trichocarpa Torr. et A. Gray ex Hook., Westliche Balsam-Pappel

Habitus: Bis 60 m hoher Baum, Krone kegelförmig, offen, Triebe olivbraun, leicht kantig, anfangs schwach behaart, später kahl, ockerbraun, stielrund, Knospen schmal eiförmig, zugespitzt, harzig.
Blätter: Derbledrig, eiförmig bis rhombisch-länglich, 8–12(–25) cm lang, spitz oder kurz zugespitzt, Basis gestutzt, abgerundet oder schwach herzförmig, fein kerbig gesägt, oberseits dunkelgrün, unterseits weißlich bis bräunlich und deutlich netznervig, Stiel 3–6 cm lang.
Blüten: ♂ Kätzchen 3,5–6 cm lang, Staubblätter je Blüte 30–60.
Früchte: Kätzchen schlank, 6–8 cm lang.
Verbreitung: Alaska, W-Kanada, NW- und W-USA, Rocky Mts., N-Mexiko.
Verwendung: Häufig, N, WHZ 5a, LB 2.1.2.1.

Populus wilsonii C.K. Schneid., Wilsons Großblatt-Pappel

Habitus: Bis 25 m hoher Baum, Krone kegelförmig, sparsam verzweigt, Triebe dick, steif, stielrund, kahl, anfangs rötlich, später grau bis graubraun, Knospen groß, glänzend, etwas harzig.
Blätter: Breit eiförmig, 8–22 cm lang, stumpf, Basis herzförmig oder abgerundet, Rand wellig, fein gesägt, oberseits mattgrün, unterseits blau- oder graugrün, beiderseits bald (fast) kahl, Stiel bis 15 cm lang.
Blüten: ♀ Kätzchen etwa 7 cm lang.
Früchte: Kätzchen bis 15 cm lang, dünn, anfangs wollig.
Verbreitung: China: Hupeh, Sichuan.
Verwendung: Selten, N, WHZ 6b, LB 3.3.1.3.

Populus ×wilsocarpa Bartkowiak et Bugala

(*P. wilsonii* × *P. lasiocarpa*).

Bis 25 m hoher, starkwüchsiger, breitkroniger Baum. Blätter breit eiförmig, 12–25 cm lang, abgerundet spitz, Basis herzförmig, fein kerbig gesägt, Stiel 8–12 cm lang, seitlich abgeflacht.

Potentilla L.

Fingerkraut, Fingerstrauch – Rosaceae

(lateinisch *potentilla*: der Anlaut eher vom ehemaligen Gattungsnamen *Poterium*, Wiesenknopf, als von lateinisch *potentia* = Macht, Kraft, abgeleitet, wegen der großen Heilkraft von *Potentilla anserina*, Gänse-Fingerkraut; im Wortausgang beeinflusst von *tormentilla* = Blutwurz, Tormentilla; *Potentilla erecta*)

Habitus: Meist Stauden, selten sommergrüne Kleinsträucher, Zweige rotbraun, Knospen von bleibenden, abgestorbenen, in dünne Spitzen auslaufenden Blattbasen geborgen.
Blätter: Wechselständig, 3 zählig gefingert oder gefiedert, Nebenblätter mindestens im unteren Teil dem Blattstiel flügelartig angewachsen.
Blüten: Zwittrig, radiär, schüsselförmig, einzeln oder in end- oder achselständigen Rispen oder in wenig- bis vielblütigen Thyrsen, 5-zählig, Kelchblätter oft gelb oder rot getönt, (alternierend zu den Kelchblättern 5 grüne Außenkelchblätter), Kronblätter 5, gelb, weiß oder rot, rundlich, Staubblätter 10–30, Fruchtblätter zahlreich, jeweils mit 1 Samenanlage.
Früchte: Nüsschen, trocken, einzeln abfallend.
Verbreitung: Über 300 meist krautige Arten in gemäßigten und kalten Zonen sowie in tropischen Gebirgen südlich bis Peru und Neuguinea.
Verwendung: Von den verholzenden Arten sind fast ausschließlich zahlreiche Sorten von *P. fruticosa* als reich blühende, wenig anspruchsvolle Kleinsträucher für sonnige Standorte in Kultur.
Die strauchigen Arten der Gattung werden von anderen Autoren aufgrund molekulargenetischer Untersuchungen auch in eigene Gattungen – *Dasiphora* L. und *Pentaphylloides* Hill. – gestellt.

Bestimmungsschlüssel Potentilla

1 Blättchen 5 (3–7), ganzrandig, Rand eingerollt . . . . *P. fruticosa* var. *fruticosa*
– Blättchen 7–9(–13), gesägt . . . . *P. salesoviana*

Potentilla fruticosa L. var. fruticosa, Gewöhnlicher Fingerstrauch

Habitus: Aufrechter, bis über 1 m hoher, sehr dicht verzweigter Strauch, Rinde braun, abblätternd.

Potentilla fruticosa var. fruticosa

Blätter: 5-, seltener 3- oder 7-zählig gefiedert, Blättchen elliptisch bis linealisch, 1–2,5(–6) cm lang, ganzrandig, Rand eingerollt, ± seidig behaart.
Blüten: 2–3(–4) cm breit, zu wenigen bis vielen in ziemlich dichten, end- oder seitenständigen Thyrsen, selten einzeln, Krone gelb (bei Sorten auch weiß, rosa, kupfrig oder rot), Kronblätter länger als die bleibenden Kelchblätter, Mai–September.
Verbreitung: N-, S- und O-Europa, Kaukasien, Himalaja, N-Asien, Japan, Alaska, Kanada, NO-, NOZ-, Z-, NW- und SW-USA, Rocky Mts., Grönland.
Verwendung: Sehr häufig (wird auch als *Dasiphora fruticosa* oder *Pentaphylloides fruticosa* beschrieben), B, Bi, WHZ 2, LB 4.2.2.6 (5.1.2.6) (9.3.4.6).

var. arbuscula (D. Don.) Maxim. Wuchs niedrig, bis 0,6 m hoch, Zweige niederliegend bis aufsteigend. Blättchen meist zu 5, selten zu 1, über 1 cm lang, gelappt, dick, oberseits hell- bis mittelgrün, unterseits weiß behaart. Blüten gelb, 3 cm breit, in lockeren Ständen. Himalaja.

var. davurica (Nestl.) Ser. Kaum über 0,5 m hoch. Blättchen 1 cm lang, unterseits blaugrün, fast kahl. Blüten weiß, 2–3 cm breit. Sibirien, N-China.

var. mandshurica (Maxim.) E.L. Wolf. Wuchs niederliegend, 0,3–0,4 m hoch. Blättchen beiderseits dicht grau seidig behaart. Blüten weiß, 2,5 cm breit. Japan, Mandschurei, N-China.

var. unifoliolata Ludlow. Bis 1 m hoch. Zweige dicht beblätter. Blätter 0,7–1,5 cm lang, einfach oder gelegentlich mit 2 Blättchen. Blüten einzeln, goldgelb, 2–3 cm breit. Himalaja: Bhutan.

Statt der Varietäten sind in der Gartenkultur ausschließlich ± großblumige Sorten von Bedeutung, die meisten blühen von Juni bis Oktober.

Aus der großen Sortenfülle werden hier nur die wichtigsten aufgelistet:

Potentilla salesoviana

Blüten gelb, Wuchs stark, aufrecht: 'Goldfinger', 'Goldstar', 'Goldstern', 'Hachmanns Gigant', 'Klondike'.

Blüten gelb, Wuchs niedrig, kompakt: 'Beesii', 'Dart's Golddigger', 'Goldkissen', 'Goldstar', 'Goldteppich', 'Jolina', 'Katharine Dykes', 'Kobold', 'Longacre', 'Sommerflor', 'Tangerine'.

Blüten reinweiß: 'Abbotswood', 'Eisprinzessin', 'Manchu'.

Blüten cremeweiß oder rahmgelb: 'Elfenbein', 'Primrose Beauty', 'Tilford Cream'.

Blüten rot oder orangerot: 'Leuchtfeuer', MARIAN RED ROBIN ('Marrob'), 'Red Ace'.

Blüten rosa: 'Pretty Polly', 'Royal Flush', LOVELY PINK ('Pink Beauty').

Potentilla salesoviana Stephan, Asiatischer Fingerstrauch

Habitus: Aufrechter, bis 1 m hoher Strauch.
Blätter: Blätter gefiedert, Blättchen 7–9(–13), Endblättchen 2–4 cm lang, linealisch-länglich, scharf gesägt, dunkelgrün, unterseits auffallend weißfilzig behaart.
Blüten: 3–3,5 cm breit, nickend, in lockeren, 3- bis 10-blütigen Thyrsen, Krone weißlich oder rosa überlaufen, Kronblätter kürzer als oder höchstens so lang wie die bleibenden Kelchblätter, Außenkelch nur etwa halb so lang wie die Kelchblätter, Juni–August.
Verbreitung: W-Sibirien, M-Asien, Mongolei, Tibet, Himalaja.
Verwendung: Sehr selten, B, WHZ 4, LB 2.5.5.6.

Prinsepia Royle

Dornkirsche – Rosaceae

(nach James Prinsep, 1799–1840, englischer Archäologe und Kolonialbeamter in Indien)

Habitus: Sommergrüne, früh austreibende, locker aufgebaute, sparrig verzweigte Sträucher mit blattachselständigen Dornen, Zweige dünn, mit gekammertem Mark, Knospen sehr klein, nackt, graubraun behaart.
Blätter: Wechselständig, lanzettlich bis elliptisch, 3–10 cm lang, ganzrandig oder gesägt, an Kurztrieben meist gebüschelt, Nebenblätter klein, lanzettlich, bleibend.
Blüten: Zwittrig, radiär, zu 1–4 in achselständigen, sitzenden Dolden an vorjährigen Rosettensprossen, Kelch becherförmig, mit 5 kurzen, breiten Zipfeln, die 5 Kronblätter genagelt, Staubblätter meist 10, Fruchtknoten 1-fächrig, Griffel nahe der Basis des Fruchtknotens stehend.
Früchte: Steinfrüchte ± kugelig, 1–1,5 cm lang, rot, oft ± bereift, mit saftig-fleischigem Mesokarp und schief-eiförmigem Steinkern.
Verbreitung: 4 Arten in O-Asien, von der Mandschurei bis zum Himalaja.
Verwendung: An den Standort anspruchslose, früh austreibende, frostharte Sträucher.

Bestimmungsschlüssel Prinsepia

1 Blattrand ganzrandig und bewimpert, Dornen spitzwinklig abstehend . . . . *P. sinensis*
– Blattrand gesägt und kahl, Dornen rechtwinklig abstehend . . . . *P. uniflora*

Prinsepia sinensis (Oliv.) Oliv. ex Bean, Mandschurische Dornkirsche

Habitus: Bis 3 m hoher Strauch, Zweige hell graubraun, Dornen 6–10 mm lang, gekrümmt.
Blätter: Eiförmig-lanzettlich bis lanzettlich, 5–8 cm lang, lang zugespitzt, ganzrandig bis leicht gesägt, am Rand fein bewimpert, oberseits glänzend hellgrün, Stiel dünn.
Blüten: 5 cm breit, duftend, Krone gelblich, Stiele 1 cm lang, März–April.
Früchte: Kugelig-eiförmig, 1,5 cm lang, purpurrot, wohlschmeckend.
Verbreitung: N-China.
Verwendung: Selten, ♧, WHZ 5b, LB 9.3.2.6.

Prinsepia uniflora Batalin, Chinesische Dornkirsche

Habitus: Bis 1,5 m hoher Strauch, Zweige hellgrau, Dornen bis 1,2 cm lang.
Blätter: Linealisch-länglich bis schmal länglich, 2,5–6 cm lang, zugespitzt oder stumpf, ganzrandig oder entfernt fein gesägt, oberseits glänzend dunkelgrün, unterseits heller, kahl.

Blüten: 1,5 cm breit, zu 3 in Büscheln, duftend, Krone weiß, Stiele 3–5 mm lang, März–April.
Früchte: Kugelig, 1 cm dick, dunkel purpurrot, bereift.
Verbreitung: N-China.
Verwendung: Häufig, ♧, WHZ 6a, LB 6.1.4.6.

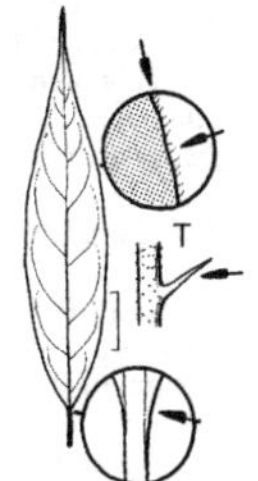

Prinsepia sinensis

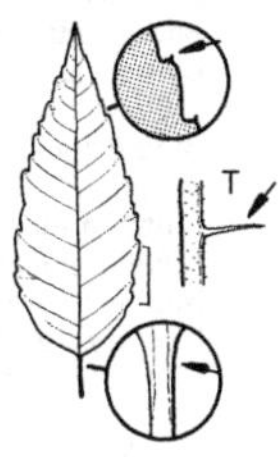

Prinsepia uniflora

Prunus L.

Aprikose, Kirsche, Lorbeerkirsche, Mandel, Pfirsich, Pflaume, Schlehe, Traubenkirsche, Weichsel, Zwetsche – Rosaceae

(lateinisch *Prunus* = Pflaumenbaum, *Prunus domestica*)

Habitus: Meist sommergrüne, seltener immergrüne Bäume oder Sträucher, Rinde oft lange glatt bleibend, teilweise als Spiegelrinde ausgebildet, Zweige mit Endknospen oder Endknospen fehlend.
Blätter: Wechselständig, gestielt, einfach, meist gesägt, Blattzähne oft anliegend, Nebenblätter bleibend oder hinfällig, am oberen Blattstielende oder an der Spreitenbasis oft 2 oder mehrere Nektarien (Drüsenhöcker).
Blüten: Zwittrig, radiär, in Trauben, Dolden oder Trugdolden, meist an beblätterten oder unbeblätterten seitlichen Kurztrieben oder an vorjährigen Langtrieben, in Büscheln oder einzeln, mit oder vor dem Laubausbruch erscheinend, doppelt 5-zählig, meist ansehnlich, Kronblätter meist weiß, seltener rosa oder rot, Staubblätter zahlreich, am Grund eines schüsselförmigen, glockigen oder röhrigen Blütenbechers, Fruchtblatt 1, mit endständigem Griffel, vor oder mit dem Laubausbruch erscheinend.
Früchte: Steinfrüchte meist 1-samig, Steinkern glatt, runzelig oder gerippt, Fruchtfleisch ± dick, saftig-fleischig, oft essbar, Samen aber oft durch den Gehalt an Amygdalin giftig.
Verbreitung: Etwa 430 Arten in den nemoralen, borealen und meridionalen Zonen der nördl. Hemisphäre, die Verbreitung der Untergattung *Laurocerasus* reicht in tropischen Gebirgen südwärts bis nach S-Brasilien und Neuguinea.
Verwendung: Zahlreiche Arten und Sorten sind als überreich blühende Bäume und Sträucher in Kultur, außerdem werden viele Arten und deren Sorten als Fruchtgehölze verwendet.

Die Gattung wird in mehrere Untergattungen und Sektionen gegliedert, die gelegentlich auch als eigene Gattungen aufgefasst werden: *Amygdalus* L. = Mandeln, Pfirsiche; *Armeniaca* Scop. = Aprikosen; *Cerasus* Mill. = Kirschen; *Laurocerasus* Duhamel = Lorbeerkirschen; *Padus* Mill. = Traubenkirschen, *Prunus* L. (i. e. S.) = Pflaumen.

Bestimmungsschlüssel Prunus

(sichere Artbestimmung nur mit oder nach der Blüte möglich)

1 Blätter immergrün (auch vorjährige Triebe belaubt), dickledrig 2
– Blätter sommergrün 3
2 Blattstiele höchstens 15 mm lang, gelblich grün . . . . *P. laurocerasus*
– Blattstiele länger (wenigstens die meisten) und rötlich . . . . *P. lusitanica* subsp. *lusitanica*
3 Blüten zu mindestens 12 in Blütenständen . . 4
– Blüten einzeln oder zu wenigen (höchstens 8 in einem Blütenstand) 7
4 Blütenstand unterwärts ohne Laubblätter, Blätter unterseits mit Drüsenpunkten. . . *P. maackii*
– Blütenstand unterwärts mit Laubblättern, Blätter ohne Drüsenpunkte. 5
5 Kelch bis zur Fruchtreife bleibend, Rinde riecht beim Abziehen unangenehm . . . . . . *P. serotina*
– Kelch kurz nach der Blüte abfallend 6
6 Blätter oberseits durch eingesenkte Nerven etwas runzelig . . . . *P. padus* subsp. *padus*
– Blätter oberseits glatt . . . . *P. virginiana*
7 Langtriebe ohne Endknospe (Triebe enden mit abgestorbener Triebspitze). 8
– Langtriebe mit Endknospe (keine abgestorbene Triebspitze) 17
8 Blüten zu 1 oder 2 und sitzend 9
– Blüten zu 1–5 und gestielt 11
9 Blätter oberseits glänzend, Blattstiele meist ohne Drüsen . . . . *P. sibirica*
– Blätter oberseits stumpf, Blattstiele mit 2 Drüsen. 10
10 Blätter lang zugespitzt, Spreitenbasis breit keilförmig, Triebe halbseitig grün . . . . . . *P. mume*
– Blätter plötzlich zugespitzt, Spreitenbasis abgerundet, z. T. auch schwach herzförmig. . . . . *P. armeniaca*
11 Blätter höchstens 2,5 cm breit, Triebe z. T. verdornt . . . . *P. spinosa*
– Blätter breiter (wenigstens die meisten) . . . 12
12 Blätter rot 13

– Blätter grün(lich) … 14

13 Blätter unterseits kahl … *P. ×cistena*

– Blätter unterseits an der Mittelrippe behaart … *P. cerasifera* subsp. *cerasifera*

14 Blüten auch einzeln (wenigstens viele) … *P. cerasifera* subsp. *cerasifera*

– Blüten mindestens zu zweit … 15

15 Blüten mindestens zu dritt … *P. nigra*

– Blüten auch zu zweit (wenigstens viele) … 16

16 Blüten zu bis zu 5 zusammen … *P. americana*

– Blüten höchstens zu dritt … *P. domestica* subsp. *domestica*

17 (7) Seitenknospen zu zweit oder zu dritt (wenigstens teilweise an Langtrieben) … 18

– Seitenknospen nur einzeln … 35

18 Blüten etwa 1 cm lang oder länger gestielt . 19

– Blüten ± sitzend … 27

19 Blattstiele über 1 cm lang (wenigstens die meisten) … 20

– Blattstiele höchstens 6 mm lang … 25

20 Blüten meist einzeln … *P. persica* var. *persica*

– Blüten zu 2–4 … 21

21 Triebe behaart … *P. ×subhirtella*

– Triebe kahl … 22

22 Blätter höchstens 5 cm lang … *P. fruticosa*

– Blätter länger (zumindest viele) … 23

23 Blätter unterseits blaugrün … *P. pumila* var. *pumila*

– Blätter unterseits ± reingrün wie oberseits … 24

24 Blätter unterseits kahl … *P. ×amygdalopersica* 'Pollardii'

– Blätter unterseits auf den Hauptnerven behaart … *P. nipponica* var. *kurilensis*

25 Blätter an Langtrieben z. T. 3-lappig und oberseits sehr rau, Triebe dicht samthaarig (Lupe!) … *P. triloba* var. *triloba*

– Blätter nie 3-lappig und oberseits ± glatt, Triebe kahl werdend … 26

26 Nebenblätter mindestens so lang wie der Blattstiel … *P. glandulosa*

– Nebenblätter deutlich kürzer als der Blattstiel … *P. ×subhirtella*

27 Blätter höchstens 3 cm lang, unterseits weißfilzig … *P. prostrata*

– Blätter länger … 28

28 Blätter unterseits graufilzig behaart … 29

– Blätter unterseits höchstens an den Nerven etwas behaart … 31

29 Blattstiele höchstens 6 mm lang … *P. tomentosa*

– Blattstiele etwa 2 cm lang … 30

30 Blätter unterseits grauweiß filzig … *P. incana*

– Blätter unterseits grün … *P. dulcis* var. *dulcis*

31 Blattstiele höchstens 6 mm lang … 32

– Blattstiele mindestens 10 mm lang … 33

32 Spreitenbasis keilförmig … *P. tenella*

– Spreitenbasis abgerundet … *P. japonica*

33 Blüten einzeln … *P. davidiana*

– Blüten meist zu zweit … 34

34 Blätter höchstens 8 cm lang, nahe der Basis am breitesten … *P. fenzliana*

– Blätter länger (wenigstens sehr viele), etwa in der Mitte am breitesten … *P. dulcis* var. *dulcis*

35 (17) Blattrand mit stumpfen Zähnen … 36

– Blattrand mit sehr spitzen Zähnen … 43

36 Blattstiele länger (wenigstens viele) als 2 cm, bis 5 cm … 37

– Blattstiele höchstens 2 cm lang … 39

37 Blattrandzähne mit schwarzer Drüse, Triebe behaart … 38

– Triebe kahl und silbergrau … *P. avium* var. *avium*

38 Blätter unterseits höchstens auf den Hauptnerven behaart, Blattrand kahl … *P. serrula*

– Obere Blätter unterseits flächig behaart, Blattrand bewimpert … *P. ×schmittii*

39 Blattstiele höchstens etwa 1 cm lang … *P. cerasus* subsp. *cerasus*

– Blattstiele länger (wenigstens viele, bis 2 cm) … 40

40 Blätter höchstens 5 cm lang … *P. fruticosa*

– Blätter länger (wenigstens viele) … 41

41 Blüten zu 4–10 … *P. mahaleb*

– Blüten zu 2–5 … 42

42 Blattstiel ohne Drüsen … *P. ×eminens*

– Blattstiel mit Drüsen … *P. pensylvanica*

43 Blattstiele bleibend behaart … 44

– Blattstiele kahl, höchstens anfangs behaart … 48

44 Blätter höchstens 5 cm lang … *P. incisa*

– Blätter länger (wenigstens die meisten) … 45

45 Blattstiele ohne Drüsen … 46

– Blattstiele mit Drüsen … 47

46 Blattstiele höchstens 3 mm lang … *P. japonica*

– Blattstiele länger (bis 2 cm) … *P. pendula* var. *pendula*

47 Blattgrund keilförmig … *P. ×yedoensis*

– Blattgrund herzförmig oder abgerundet … *P.* 'Hillieri'

48 Blattrand sehr grob doppelt gesägt … 49

– Blattrand fein, z. T. nur einfach gesägt … 51

49 Blattstiele höchstens 15 mm lang … *P. nipponica* var. *nipponica*

– Blattstiele länger (wenigstens sehr viele) . . 50

50 Blätter höchstens 8 cm lang, unterseits auf den Nerven behaart … *P. ×schmittii*

– Blätter länger (wenigstens sehr viele), unterseits kahl und blaugrün … *P. sargentii*

51 Blattstiele höchstens 6 mm lang … *P. ×subhirtella*

– Blattstiele länger (wenigstens viele) … 52

52 Blüten auch einzeln oder zu zweit … *P. hirtipes*

– Blüten mindestens zu 3 oder 4 … 53

53 Blütenstiele kahl … 54

– Blütenstiele behaart … *P. ×yedoensis*

54 Früchte rot … *P. jamasakura*

– Früchte schwarz … *P. serrulata* var. *serrulata*

P. acida Dumort. = *P. cerasus* subsp. *acida*

Prunus 'Accolade'

(*P. sargentii* × *P. subhirtella*)

Bis 8(–10) m hoher Baum, Krone unregelmäßig breit trichterförmig bis nahezu schirmförmig, zuletzt breiter als hoch, Zweige dann leicht überhängend. Blätter elliptisch bis länglich-elliptisch, 7–10 cm lang, lang zugespitzt, fein und scharf gesägt, Herbstfärbung gelb bis rot. Blüten etwa 4 cm breit, halb gefüllt, zu 3 in hängenden Büscheln, sehr zahlreich, Krone in der Knospe rosa, aufgebüht hellrosa, April–Mai. Sehr häufige Sorte (mit Einschränkungen als Stadtstraßenbaum geeignet), B, H. WHZ 6a, LB 9.3.2.3.

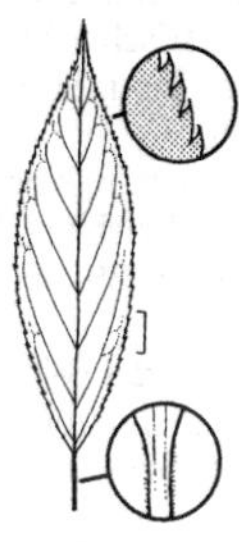

Prunus americana

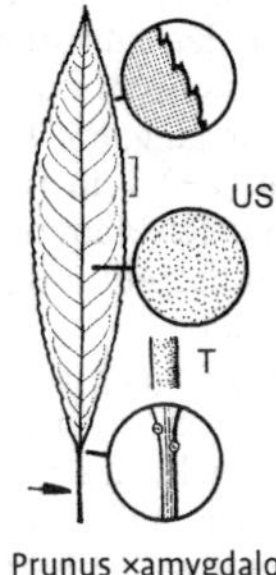

Prunus ×amygdalopersica 'Pollardii'

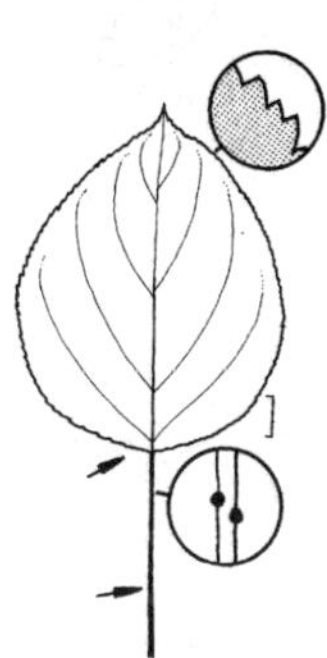

Prunus armeniaca

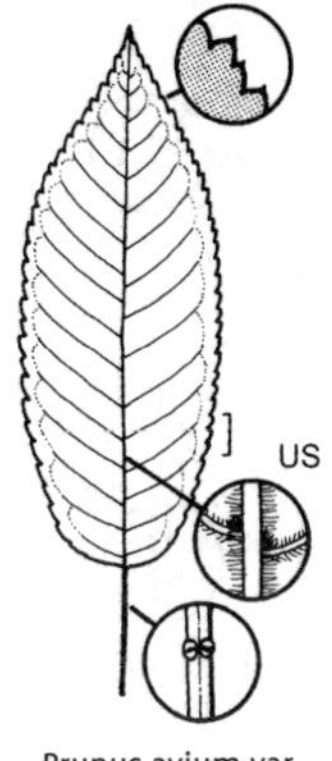

Prunus avium var. avium

Prunus americana Marshall, Amerikanische Pflaume

Habitus: Strauch oder 3–8(–11) m hoher, Ausläufer bildender Baum, Zweige ± dornig, junge Triebe kahl, anfangs kastanienbraun später dunkelbraun gefärbt, Borke dunkelbraun.
Blätter: Elliptisch bis länglich, 6–10 cm lang, zugespitzt, Basis breit keilförmig, scharf und oft doppelt gesägt, oberseits glänzend grün, unterseits heller, kahl oder an der Mittelrippe leicht behaart, Stiel bis 1,4 cm lang, behaart, ohne Nektarien.
Blüten: 2–3 cm breit, zu 3–4 in Dolden, unangenehm riechend, Krone weiß, Kelchblätter zugespitzt, außen kahl, Mai.
Früchte: Fast kugelig, 2–3 cm dick, rot, selten gelb, Steinkern abgeflacht.
Verbreitung: O-Kanada, NO-, NOZ-, Z- und SO-USA, Mexiko.
Verwendung: Sehr selten, N, B, Bi, WHZ 4, LB 2.5.2.4 (9.3.2.4).

Prunus ×amygdalopersica (Weston) Rehder **'Pollardii'**, Mandel-Pfirsich
(*P. dulcis* × *P. persica*)

Habitus: Baum oder Strauch (meist abhängig von der Veredlungshöhe), Kurztriebe etwas verdornend.
Blätter: Lanzettlich, wie bei *P. dulcis*, aber schärfer gesägt.
Blüten: 4–5 cm breit, einfach, Krone hellrosa mit dunklerer Mitte, April.
Früchte: Pfirsichähnlich, aber ziemlich trockenfleischig.
Verwendung: Selten, B, Bi, WHZ 6b, LB 6.3.2.4.

P. amygdalus Batsch = *P. dulcis* var. *dulcis*

Prunus armeniaca L., Kultur-Aprikose, Marille

Habitus: Bis 10 m hoher Baum, Krone abgerundet, Triebe bräunlich, Ringelkork dunkel- bis schwarzbraun.
Blätter: Rundlich-eiförmig, 5–10 cm lang, plötzlich zugespitzt, Basis schwach herzförmig oder abgerundet, unregelmäßig gesägt, Stiel bis 5,5 cm lang, dunkelrot, mit 2 Nektarien.
Blüten: 2,5 cm breit, meist einzeln, Krone weiß bis blassrosa, Staubblätter 20–100, April.
Früchte: Kugelig bis eiförmig, 3 cm dick, gelb mit roten Flecken, weichfleischig, essbar, Steinkern groß, glatt, mit verdicktem, gefurchtem Rand.
Verbreitung: W- und M-Asien bis China.
Verwendung: Häufig (in mehreren Sorten als Fruchtbaum), N, B, ♧, WHZ 6b, LB 6.3.2.3.

Prunus avium (L.) L. **var. avium**, Vogel-Kirsche, Süß-Kirsche

Habitus: 15–20(–30) m hoher Baum, Krone zuletzt abgerundet, Ringelkork anfangs glatt, von waagerechten Korkwarzenbändern unterbrochen, Triebe kahl, braun.
Blätter: Länglich-eiförmig bis elliptisch, 7–12 cm lang, zugespitzt bis geschwänzt, Basis keilförmig, unregelmäßig gesägt, oberseits kahl, unterseits auf den Nerven behaart, z. T. mit Achselbärten, Stiel bis 5 cm lang, meist mit 2 Nektarien.
Blüten: 2,5–3,5 cm breit, zu 2–3 in sitzenden

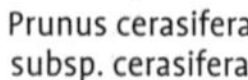
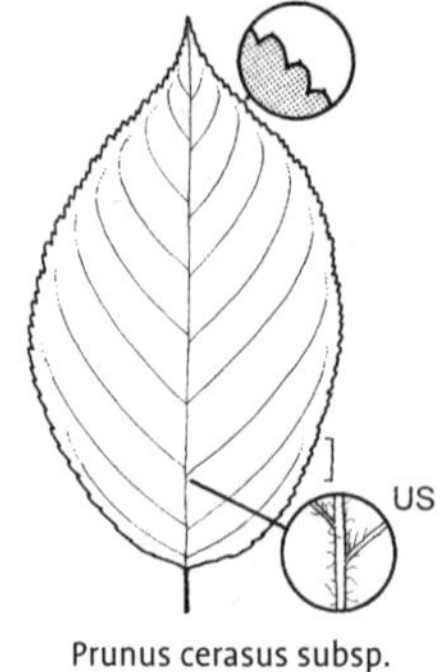

Prunus cerasifera subsp. cerasifera

Prunus cerasus subsp. cerasus

Dolden, Hochblätter der Blütentriebe ± zungenförmig, Blütenbecher breit krugförmig, kahl, Krone weiß, Kelchblätter zurückgeschlagen, knapp halb so lang wie die 1–1,5 cm langen Kronblätter, Staubblätter 20–30, April–Mai.
Früchte: Kugelig, etwa 1 cm dick (bei Fruchtsorten bis 2,5 cm dick), schwarzrot, süß, aromatisch, Steinkern glatt.
Verbreitung: Europa, Türkei, Kaukasien, Iran.
Verwendung: Sehr häufig (Kirschbaumholz für die Drechslerei, für Musikinstrumente und kunstgewerbliche Gegenstände), N, B, ꕥ, H, Bi, WHZ 5a, LB 3.3.3.2 (2.5.3.4).

Aus der Wildsippe *P. avium* subsp. *avium* sind die Süß-Kirschen mit den Unterarten subsp. *duracina* und subsp. *juliana* entstanden.

var. duracina (L.) Schübl. et G. Martens, Knorpel-Kirsche. Laubblätter und Früchte sehr groß, Früchte gelblich bis rot, Fruchtfleisch fest, Saft farblos.

var. juliana (L.) Schübl. et G. Martens, Herz-Kirsche. Früchte meist schwarzrot, Fruchtfleisch weich, sehr saftig, Saft dunkelrot.

'Plena'. 12–15 m hoher Baum. Blüten zahlreich, weiß, rosettenartig gefüllt, 3–5 cm breit, in hängenden Büscheln. Mit Einschränkungen als Stadtstraßenbaum geeignet.

Prunus cerasifera Ehrh. **subsp. cerasifera**, Kirsch-Pflaume, Myrobalane

Habitus: 5–8 m hoher Strauch oder vom Boden an mehrstämmiger Baum, Krone zuletzt abgerundet, dicht und sparrig verzweigt, Zweige oft dornig, Triebe kahl, glänzend grün.
Blätter: Elliptisch bis verkehrteiförmig, 4–6 cm lang, spitz, Basis breit keilförmig oder abgerundet, fein stumpf gesägt, frischgrün, unterseits bis auf die Mittelrippe kahl, Stiel 0,5–1 cm lang, mit 1–2 Nektarien.
Blüten: 2–2,5 cm breit, meist einzeln, vor oder mit den Blättern, Krone weiß, Kelchblätter schmal eiförmig, Staubblätter 25–30, April–Mai.
Früchte: Kugelig, bis 3 cm dick, rot oder gelb, etwas bereift, essbar, saftig, säuerlich, Steinkern kugelig bis eiförmig, sich nicht vom Fruchtfleisch lösend.
Verbreitung: SO-Europa,Türkei, Kaukasien, Iran, M-Asien.
Verwendung: Sehr häufig (oft als Veredlungsunterlage für Pflaumen), N, B, ꕥ, Bi, WHZ 5a, LB 6.1.2.4.

'Nigra'. Bis 7 m hoher Baum, innere Rinde der jungen Zweige rötlich. Blätter im Austrieb rot, den Sommer hindurch dunkel purpurrot. Blüten rosa, später weißlich, 2–2,5 cm breit.

'Pissardii', Blut-Pflaume. Bis 7 m hoher Baum, innere Rinde der jungen Zweige weiß. Blätter hell bis dunkel purpurrot, allmählich trübpurpurn werdend. Blüten weiß bis blassrosa. Früchte kugelig, purpurrot, 3 cm dick.

subsp. divaricata (Ledeb.) C.K. Schneid. Wuchs niedriger, Zweige dünner als bei subsp. *cerasifera*. Blätter an der Basis abgerundet. Blüten kleiner. Früchte kugelig, 2 cm dick, gelb. SO-Europa, Türkei, Kaukasien, M-Asien, Iran.

Prunus cerasus L. **subsp. cerasus**, Amarelle, Baumweichsel

Habitus: 5–10 m hoher Baum, Ringelkork dunkel- bis rotbraun, Zweige dünn, oft überhängend, Triebe kahl.
Blätter: Elliptisch bis eiförmig, 5–8 cm lang, spitz, fein gesägt, derb, oberseits glänzend, unterseits entlang der Nerven schwach behaart, Stiel 1–2 cm lang, oft ohne Nektarien.
Blüten: 2–2,5 cm breit, zu 3–4 in dichten, sitzenden Dolden, Kelchblätter 3-eckig, bräunlich, kahl, Krone weiß, Kronblätter nicht ausgerandet, Hochblätter der Blütentriebe als kleine Laubblätter ausgebildet, April–Mai.
Früchte: Abgeflacht kugelig, bis eiförmig,

1,5–2 cm dick, hellrot, glasig, Saft farblos, Steinkern sich nicht vom Stiel lösend.
Verbreitung: Kultiviert in Europa, Asien, N-Amerika.
Verwendung: Sehr häufig (mit mehreren Unterarten u. a. zur Fruchtgewinnung), N, B, ꕥ, Bi, ⚕, WHZ 5b, LB 9.1.3.4.

'Plena'. Blüten halb gefüllt, weiß.

'Rhexii'. Blüten dicht gefüllt, rahmweiß.

'Semperflorens', Allerheiligen-Kirsche. Blüten meist zu 3–4 in lockeren Ständen, von Mai an bis zum Herbst blühend und fruchtend.

subsp. acida (Dumort.) Asch. et Graebn., Strauch-Weichsel, Schattenmorelle. Wuchs meist strauchig, Wurzelsprosse bildend. Zweige dünn und ± überhängend. Blattstiele meist drüsig. Früchte eiförmig, dunkelrot, sauer, Saft stark färbend. M-Europa.

var. austera L. (zu subsp. *cerasus*), Süß-Weichsel, Morelle. Wuchs wie bei subsp. *cerasus*. Früchte süßsauer, Saft färbend, Steinkern sich vom Stiel leicht lösend.

var. cerasus (zu subsp. *cerasus*), Glas-Kirsche. Früchte hellrot, glasig, Saft farblos.

var. marasca (Host) Vis. (zu subsp. *cerasus*), Maraschino-Kirsche. Zweige ± weit überhängend. Früchte sehr klein, schwarzrot, bitter.

Prunus ×cistena (Hansen) Koehne, Rote Sand-Kirsche

(*P. pumila* × *P. cerasifera* 'Pissardii')

Habitus: 2–3 m hoher, breitbuschiger, aufrechter Strauch, Zweige glänzend dunkelrot.
Blätter: Lanzettlich bis verkehrteiförmig, 2–6 cm lang, zugespitzt, im Austrieb dunkelrot, später kupfrig braun bis dunkelpurpurn, oberseits glänzend, unterseits entlang der Mittelrippe etwas behaart, mit Drüsen, Stiel bis 1,5 cm lang.
Blüten: Etwa 2,5 cm breit, zu 1–2, Blütenbecher und -stiele rötlich, Krone anfangs zartrosa, später weiß, Mai.
Früchte: Schwärzlich purpurn.
Verwendung: Selten, B, Bi, WHZ 4, LB 6.3.3.6.

P. communis (L.) Arcang. = *P. dulcis* var. *dulcis*
P. conradinae Koehne = *P. hirtipes*

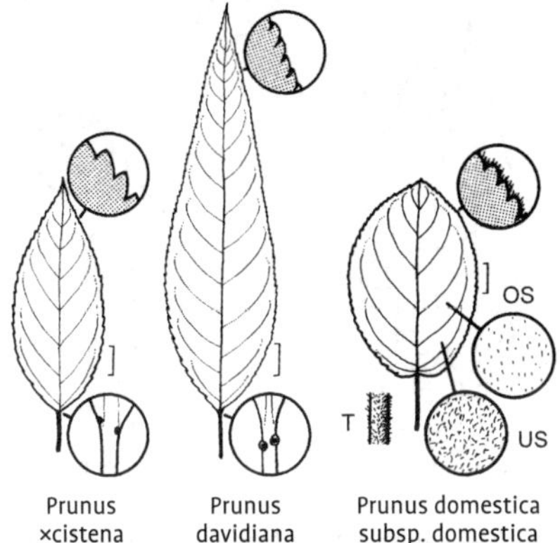

Prunus ×cistena | Prunus davidiana | Prunus domestica subsp. domestica

Prunus davidiana (Carrière) Franch., Davids Pfirsich

Habitus: 8–10 m hoher Baum, Zweige schlank, aufrecht, junge Triebe kahl, rutenförmig.
Blätter: Lanzettlich bis schmal elliptisch, 5–10 cm lang, allmählich sehr lang und fein zugespitzt, Basis breit keilförmig, oberseits glänzend dunkelgrün, unterseits heller, fein und scharf gesägt, kahl, Stiel 1–2 cm lang, selten mit Nektarien.
Blüten: 2,5 cm breit, einzeln an sehr kurzen Stielen, Krone hellrosa, in der Mitte dunkler, Kelchblätter eiförmig, kahl, März–April.
Früchte: Kugelig, ellipsoid oder länglich, 2,5–3,5 cm dick, fein filzig behaart, Fruchtfleisch dünn, leicht ablösbar, Steinkern grubig.
Verbreitung: N-China.
Verwendung: Sehr selten, B, Bi, WHZ 4, LB 6.4.1.4.

Prunus domestica L. **subsp. domestica**, Gewöhnliche Pflaume, Zwetsche

(hybridogen entstanden, vermutlich aus *P. cerasifera* × *P. spinosa*)

Habitus: 6(–12) m hoher, meist dornenloser Baum, oft Wurzelsprosse bildend, junge Triebe oft behaart.
Blätter: Elliptisch bis verkehrteiförmig, 5–10 cm lang, gekerbt bis gesägt, oberseits kahl und stumpfgrün, unterseits ± behaart, Stiel 1,5–2,5 cm lang.
Blüten: 1,5–2 cm breit, meist zu 2 (selten 3) in Büscheln, Blütenstiele und Kelchblätter innen behaart, Krone grünlich weiß, Kronblätter länglich bis eiförmig, April–Mai.

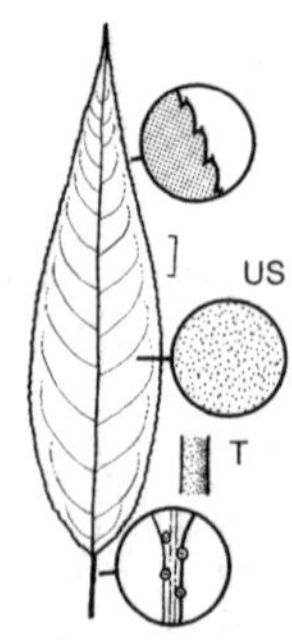

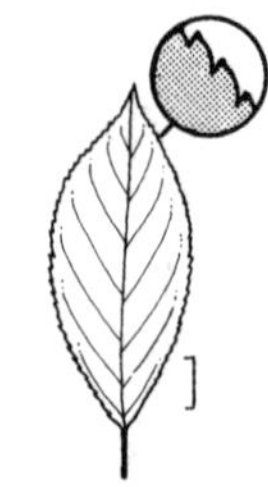

Prunus dulcis var. dulcis

Prunus ×eminens

Früchte: Länglich bis eiförmig, 4–7,5 cm lang, purpurrot bis blauschwarz, süß, saftig, essbar, Steinkern fast glatt, deutlich abgeflacht, sich leicht vom Fleisch lösend.
Verbreitung: Europa, W-Asien, N-Afrika.
Verwendung: Sehr häufig (vor allem in Fruchtsorten), N, B, ♧, Bi, WHZ 5b, LB 9.3.1.3.

subsp. insititia (L.) Bonnier et Layens, Hafer-Pflaume, Kriechen-Pflaume. 3–7 m hoher, sparrig verzweigter, manchmal etwas dorniger Baum, Zweige bis zum 2. Jahr samtig behaart. Blätter oft behaart, stumpf gezähnt. Blüten 2–2,5 cm breit, Krone reinweiß, Kelch- und Kronblätter ± rundlich, April–Mai. Früchte kugelig bis tropfenförmig, 1,5–3(–5) cm dick, rot, grünlich oder gelblich, selten blauschwarz, essbar, Steinkern kaum abgeflacht, sich meist nicht vom Fruchtfleisch lösend. Kultiviert in Europa, W-Asien, Indien, N-Afrika, N-Amerika (u. a. als Veredlungsunterlage benutzt).

subsp. syriaca (Borkh.) Janch. ex Mansf., Mirabelle. Kleiner Baum. Blütenkrone grünlich weiß. Früchte kugelig, gelb, rotbackig, Fruchtfleisch sich vom Steinkern lösend. In Euroa seit der 2. Hälfte des 16. Jahrh. in Kultur.

Prunus dulcis (Mill.) D.A. Webb **var. dulcis**, Mandelbaum

Habitus: 8–10 m hoher, breitkroniger Baum, Triebe kahl.
Blätter: Eiförmig bis länglich-lanzettlich, 7–10 cm lang, lang zugespitzt, Basis breit keilförmig bis fast abgerundet, fein drüsig gesägt, hellgrün, kahl, Stiel bis 2,5 cm lang, mit einigen Nektarien.
Blüten: 3–5 cm breit, meist zu 2, fast sitzend, Krone blassrosa bis weiß, Kelchblätter nur am Rand filzig behaart, (Februar–)März–April.
Früchte: Länglich-eiförmig, abgeflacht, 3–6 cm lang, samtig behaart, Fruchtfleisch trocken-ledrig, bei der Reife aufspringend, Steinkern wenig gefurcht, Samen süß schmeckend.
Verbreitung: Türkei, Kaukasien, Iran, M-Asien, Afghanistan (das ursprüngliche Verbreitungsgebiet ist nicht mehr genau eingrenzbar), im Mittelmeergebiet etabliert.
Verwendung: Häufig (auch in Fruchtsorten), N, B, ♧, Bi, WHZ 7a, LB 6.3.1.3.

var. amara (DC.) Buchheim, Bitter-Mandel. Blätter mit drüsigen Sägezähnen. Kronblätter länger als der Kelch. Steinkern sehr hart, löchrig, Samen bitter schmeckend, giftig.

var. fragilis (Borkh.) Buchheim, Krach-Mandel. Sägezähne der Blätter ohne Drüsen. Kronblätter so lang wie der Kelch. Steinkernschale dünn und brüchig, Samen süß und essbar.

Prunus ×eminens Beck, Mittlere Weichsel

(*P. cerasus* subsp. *acida* × *P. fruticosa*)

Habitus: (1–)2–3,5 m hoher, aufrechter Strauch, mit allen Übergängen zu den Eltern, zahlreiche Wurzelsprosse bildend.
Blätter: Schmal verkehrteiförmig oder schmal elliptisch, 3–7 cm lang, derb, kurz zugespitzt oder stumpf, Basis keilförmig oder abgerundet, oberseits glänzend dunkelgrün, unterseits fast kahl, Hauptnerv mit einzelnen, langen, fadenförmigen Haaren.
Blüten: Größer als bei *P. fruticosa*, Kronblätter 0,8–1 cm lang, Kelchblätter abstehend.
Früchte: Abgeflacht kugelig, 8–10 mm dick.
Verwendung: Häufig die Sorte 'Umbraculifera' (nicht selten als *P. fruticosa* 'Globosa' bezeichnet), WHZ 5b, LB 6.1.2.3 (für 'Umbraculifera').

'Umbraculifera'. Kleiner, 3–5 m hoher Baum (abhängig von der Veredlungshöhe), Krone regelmäßig kugelig, später abgeflacht kugelig, sehr dicht verzweigt. Blätter schmal verkehrteiförmig, 3–5 cm lang, fein gezähnt, oberseits dunkelgrün, unterseits blaugrün, früh austreibend. Blüten rahmweiß, etwa 1,5 cm breit, zahlreich, aber zwischen den sich entfaltenden Blättern wenig auffallend, April–Mai. (Häufig unter dem Namen *P. fruticosa* 'Globosa' in Kultur).

Prunus fenzliana Fritsch, Kaukasische Mandel

Habitus: 3–4 m hoher, dicht verzweigter Strauch oder Baum, Zweige stark dornig, Triebe dünn, kahl, graugrün.
Blätter: Schmal länglich-eiförmig, 6–8 cm lang, zugespitzt, Basis abgerundet, beiderseits bläulich grün, kahl, Stiel 1–2 cm lang, mit Nektarien.
Blüten: 3–4 cm breit, zu 1–5 in Büscheln, Blütenbecher glockig, rot, Krone rosa, Kronblätter breit eiförmig oder rundlich, Kelchblätter kurz, stumpf oder zugespitzt, März.
Früchte: Mandelähnlich, kugelig, samtig, behaart, Steinkern bis 2,5 cm lang, abgeflacht eiförmig.
Verbreitung: Kaukasien.
Verwendung: Sehr selten, B, Bi, WHZ 7a, LB 6.1.2.4.

Prunus ×fruticans Weihe, Hafer-Schlehe
(*P. spinosa* × *P. domestica* subsp. *insititia*)

2–8 m hoher, Wurzelsprosse bildender Baum. Ältere Zweige ± verdornend. Blätter verkehrteiförmig, bis 5 cm lang. Blüten zu 1–2, Krone weiß, mit der Laubentfaltung. Früchte kugelig, 1,2–1,8(–2,6) cm dick, schwarz bis blauschwarz, leicht herbsauer. Steinkern fast kugelig, fast glatt. In Deutschland, Österreich und Tschechien kultivierter Baum, der früher als Veredlungsunterlage benutzt wurde. WHZ 5b, LB 6.3.1.3.

Prunus fruticosa Pall., Steppen-Kirsche, Zwerg-Kirsche

Habitus: 0,2–1(–1,5) m hoher, sparriger, Wurzelsprosse bildender Strauch, Zweige dünn, kahl, zahlreiche Wurzelschosse bildend.
Blätter: Elliptisch bis verkehrteiförmig, 2–5 cm lang, derb, stumpf oder kurz zugespitzt, Basis keilförmig, kerbig gesägt, oberseits glänzend dunkelgrün, unterseits viel heller, kahl, Stiel 0,5–1,2 cm lang, ohne Nektarien.
Blüten: 1,5 cm breit, zu (1–)3 oder 4 in sitzenden Dolden, Kelchblätter breit, stumpf, Krone weiß, Kronblätter ausgerandet, Staubblätter zahlreich, Mai.
Früchte: Kugelig, 7–9 mm dick, dunkelrot, süßsauer, Steinkern spitz.
Verbreitung: M-, SO- und O-Europa, Kaukasien, W-Sibirien, M-Asien, in Deutschland

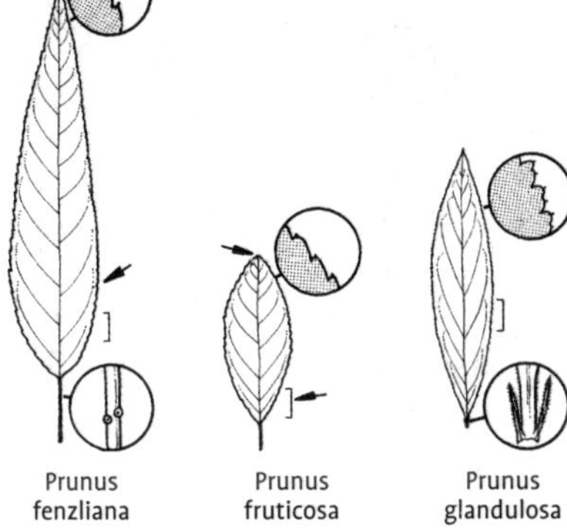

nur an wenigen Fundorten in Rheinland-Pfalz, Sachsen-Anhalt und Thüringen.
Verwendung: Selten (in der Roten Liste als stark gefährdet eingestuft), B, ♧, Bi, WHZ 6a, LB 6.1.2.3.

P. fruticosa 'Globosa' = *P. ×eminens* 'Umbraculifera'

Prunus glandulosa Thunb. ex Murray, Drüsen-Kirsche

Habitus: Bis 1,5 m hoher, kugelkroniger Strauch, Triebe kahl, selten schwach flaumhaarig, Zweige glänzend dunkelbraun.
Blätter: Länglich-eiförmig bis länglich-lanzettlich, 3–9 cm lang, meist spitz, Basis breit keilförmig, von der Basis an dicht drüsig gesägt, beiderseits kahl oder unterseits an der Mittelrippe spärlich behaart, Stiel 6 mm lang.
Blüten: 1–2 cm breit, meist zu 1–2, Krone hellrosa bis weiß, Kelchblätter 3-eckig-elliptisch, Staubblätter etwa 30. März–April.
Früchte: Fast kugelig, 1–1,3 cm dick, rot oder purpurn.
Verbreitung: China.
Verwendung: Häufig (vor allem in gefüllt blühenden Sorten), B, Bi, WHZ 5a, LB 6.3.2.6 (9.3.2.6).

'Alba Plena'. Blüten weiß, dicht gefüllt, etwa 2,5 cm breit.

'Rosea Plena' = 'Sinensis'

'Sinensis'. Blüten rosa, dicht gefüllt, etwas lockerer als bei 'Alba Plena'.

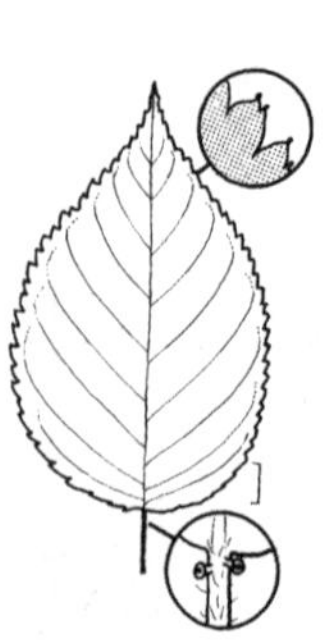

Prunus 'Hillieri'

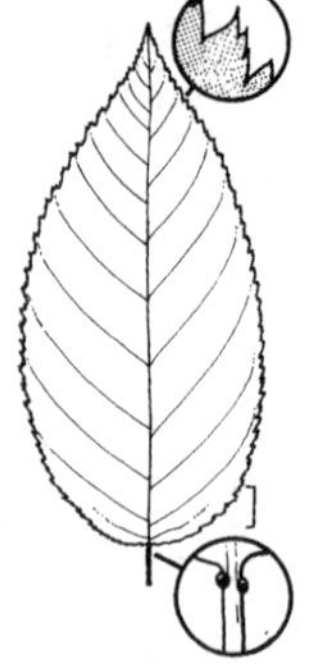
Prunus hirtipes

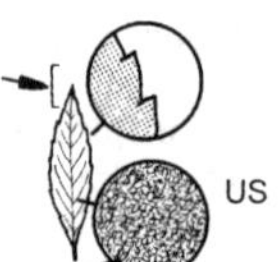

Prunus incana

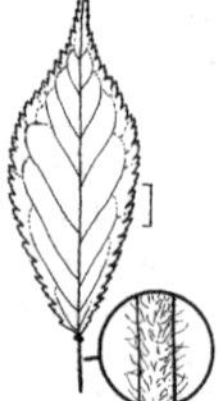
Prunus incisa

Prunus 'Hally Jolivette'
([*P. subhirtella* × *P.* ×*yedoensis*] × *P. subhirtella*)

Habitus: 3–4(–5) m hoher, sehr fein und dicht verzweigter Baum oder Strauch, Zweige dünn, rötlich, dicht warzig punktiert.
Blätter: Schmal eiförmig, 3–4,5 cm lang, lang zugespitzt, scharf einfach bis doppelt gesägt, beiderseits behaart, unterseits dichter, besonders auf den Nerven.
Blüten: 3 cm breit, sehr zahlreich, gefüllt, Krone in der Knospe rosa, aufgeblüht milchweiß mit Rosa, Mitte April–Mai.
Früchte: Nicht bekannt.
Verwendung: Häufig, B, Bi, WHZ 6b, LB 9.3.3.3.

Prunus 'Hillieri', Hilliers Kirsche
(*P. incisa* × *P. sargentii*)

Habitus: Bis 10 m hoher Baum, Krone anfangs sehr schmal eiförmig, Äste und Zweige straff aufrecht.
Blätter: Eiförmig, zugespitzt, doppelt gesägt, unterseits auf den Nerven behaart, Herbstfärbung gelb, orangefarben und rot.
Blüten: 3 cm breit, zu 1–4, Stiele lang und dünn, Blütenbecher schmal zylindrisch-trichterförmig, bronzerot, Krone hellrosa bis weiß, Kelchblätter schmal eiförmig-lanzettlich, unregelmäßig gezähnt, April–Mai.
Verwendung: Häufig, B, WHZ 6b, LB 9.3.3.3.

Prunus hirtipes Hemsl., Borstenstängelige-Kirsche

Habitus: 6–8 m hoher Baum, junge Triebe kahl.
Blätter: Eiförmig bis breit eiförmig, 5–10 cm lang, plötzlich zugespitzt, Basis meist abgerundet, einfach bis doppelt gesägt, oberseits kahl, unterseits nur anfangs auf den Nerven behaart, Stiel 1–1,5 cm lang, kahl.
Blüten: 2 cm breit, zu 1–5 in kurz gestielten Dolden, Blütenbecher glockig-trichterförmig, Krone weiß bis blassrosa, Kronblätter tief ausgerandet, Staubblätter 32–54, März.
Früchte: Eiförmig oder nahezu kugelig, 8–11 mm dick, rot, Steinkern glatt.
Verbreitung: M-China.
Verwendung: Sehr selten, B, Bi, WHZ 7a, LB 3.2.2.4.

Prunus incana (Pall.) Batsch, Graue Mandel-Kirsche

Habitus: Bis 2 m hoher, locker aufgebauter Strauch, Triebe schwach behaart.
Blätter: Elliptisch bis lanzettlich, 3–6 cm lang, spitz oder stumpf, Basis keilförmig, fein scharf gesägt, oberseits dunkelgrün und glatt, unterseits grauweiß filzig behaart, Stiel etwa 2 cm lang.
Blüten: 1 cm breit, zu 1–2, Krone lebhaft rosa, Kelchblätter kurz, ganzrandig, stumpf, außen behaart, Mai.
Früchte: Kugelig, 5 mm dick, rot.
Verbreitung: Türkei.
Verwendung: Selten, B, Bi, WHZ 6a, LB 6.1.2.6.

Prunus incisa Thunb. ex Murray, März-Kirsche

Habitus: 5–10 m hoher, zierlicher Baum, Triebe kahl.
Blätter: Eiförmig bis verkehrteiförmig, 3,5–5 cm lang, kurz zugespitzt, grob und unregelmäßig eingeschnitten, doppelt gesägt, ziem-

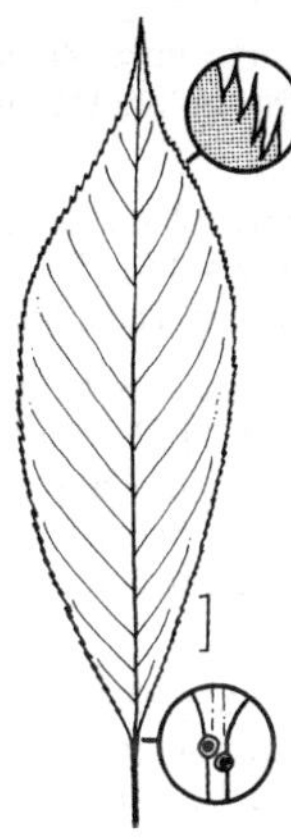

Prunus jamasakura

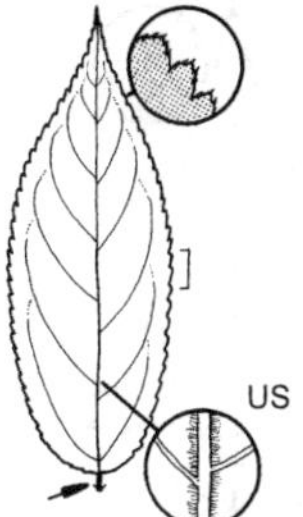

Prunus japonica

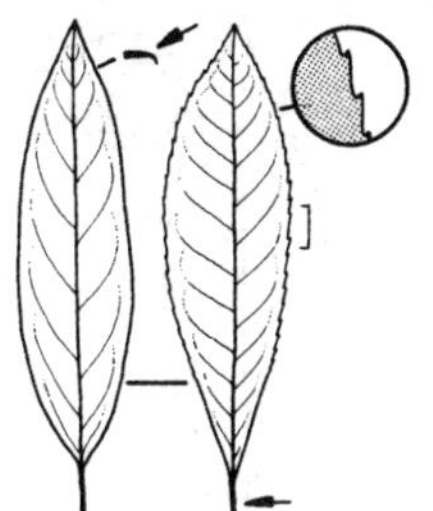

Prunus laurocerasus

lich derb, im Austrieb rötlich, oberseits und unterseits auf den Nerven flaumig behaart, Stiel 0,8–1 cm lang, mit 2 oder mehr Nektarien.
Blüten: 1–2 cm breit, zu 1–3 in Dolden, nickend, Stiele kurz, meist mit rundlich-eiförmigen, gesägten Hochblättern, Blütenbecher röhrig-glockig, wie die Kelchblätter rötlich, kahl, Krone weiß bis blassrosa, Kronblätter ausgerandet, März–April.
Früchte: Eiförmig, 6–8 mm lang, purpurschwarz.
Verbreitung: Japan: Berge von S-Honshu.
Verwendung: Häufig (vor allem die folgenden Sorten), B, Bi, WHZ 6b, LB 7.2.2.4 (3.3.2.4) (9.4.2.3).

'February Pink'. Blüten hellrosa, sich bei frostfreiem Wetter schon im (Januar–)Februar öffnend.

'Kojo-no-mai'. Wuchs schwach, dicht verzweigt, feintriebig, Zweige leicht zickzackförmig. Blätter bis 2 cm lang, lang zugespitzt, Herbstfärbung auffallend leuchtend rot. Blüten klein, anfangs hellrot, geöffnet rosa.

P. insititia L. = *P. domestica* subsp. *insititia*

Prunus jamasakura Sieber ex Koidz., Japanische Berg-Kirsche

Habitus: 12–14 m hoher, breitkroniger Baum, Rinde braun oder grau, mit auffallenden Lentizellen.
Blätter: Länglich bis verkehrteiförmig, bis 8 cm lang, zugespitzt, einfach bis doppelt grannig gesägt, Stiel bis 2 cm lang, rötlich, mit 1–2 Nektarien.
Blüten: 2,5–3 cm breit, zu 2–4 in Büscheln, Hochblätter ziemlich groß, die inneren rötlich, Blütenbecher schmal röhrig-glockig, Krone meist weiß, mitunter auch rosa, April–Mai.
Früchte: Fast kugelig, 7 mm dick, dunkelrot.
Verbreitung: Japan: S-Honshu, Shikoku, Kyushu.
Verwendung: Selten (gelegentlich als *P. serrulata* var. *spontanea*), B, WHZ 6a, LB 3.3.2.3.

Prunus japonica Thunb. ex Murray, Japanische Kirsch-Mandel

Habitus: Bis 1,5 m hoher, feinzweigiger Strauch, Triebe kahl.
Blätter: Eiförmig bis breit eiförmig, bis 7 cm lang, lang zugespitzt, Basis abgerundet, scharf doppelt gesägt, beiderseits kahl oder unterseits auf den Nerven behaart, Stiel 2–3 mm lang.
Blüten: Bis 2 cm breit, zu 2–3 in Büscheln, Stiele 0,5–1 cm lang, Blütenbecher kreiselförmig, Krone blassrosa bis nahezu weiß, Kelchblätter ziemlich groß, Staubblätter etwa 32, Griffel kahl, Mai.
Früchte: Breit ellipsoid, 1 cm dick, weinrot, Steinkern spitz.
Verbreitung: China, Korea.
Verwendung: Selten, B, ♧, Bi, WHZ 4, LB 9.2.2.6.

P. kurilensis Miyabe ex Tak. = *P. nipponica* var. *kurilensis*

Prunus laurocerasus L., Pontische Lorbeerkirsche

Habitus: Immergrüner, 2–6 m hoher Strauch oder kleiner Baum, Äste aufstrebend oder

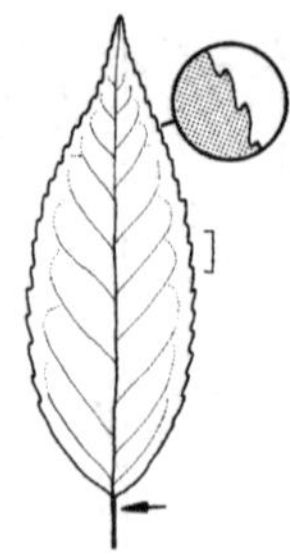

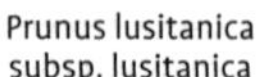
Prunus lusitanica subsp. lusitanica

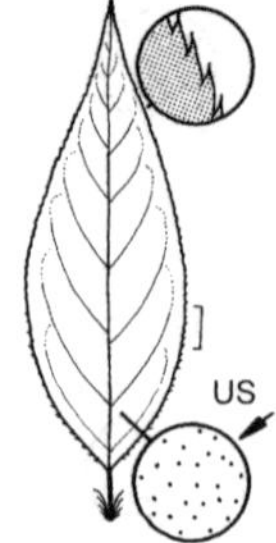

Prunus maackii

ausgebreitet, junge Triebe kahl oder schwach flaumhaarig, grün.
Blätter: Länglich bis verkehrteiförmig, 5–15(–25) cm lang, zugespitzt, Basis keilförmig bis abgerundet, ganzrandig oder nur schwach gezähnt, Rand oft etwas umgebogen, derbledrig, oberseits glänzend dunkelgrün, unterseits blassgrün, an der Mittelrippe nahe der Basis selten 2–4 Nektarien, Stiel etwa 1,25 cm lang.
Blüten: 8 mm breit, in dichten, 5–12 cm langen, dichtblütigen Trauben, Krone weiß, Staubblätter 20, Mai.
Früchte: Kegelförmig, 8 mm lang, ± schwarz.
Verbreitung: SO-Europa, Türkei, Kaukasien.
Verwendung: Sehr häufig (in zahlreichen Sorten), B, ☠, ⚕, WHZ 7a, LB 9.3.5.5.

Statt der Art sind zahlreiche Sorten in Kultur, die sich in Wuchsform, Blattgröße und Winterhärte unterscheiden. Die wichtigsten Sorten sind:

'Caucasica'. Wuchs kräftig, schmal aufrecht, 3–5 m hoch. Blätter länglich bis schmal elliptisch, 13–20 cm lang.

'Cherry Brandy'. Wuchs kräftig, flach ausgebreitet, bis 3 m breit, 0,6 m hoch. Blätter elliptisch, 9–12 cm lang.

Etna ('Anbri'). Wuchs breit aufrecht, gedrungen, reich verzweigt, 2–3 m hoch. Blätter 9–13 cm lang, im Austrieb bronzefarben.

'Herbergii'. Wuchs dicht kegelförmig, bis 2 m hoch. Blätter länglich bis schmal elliptisch, 9–14 cm lang. Reich blühend, regelmäßige Nachblüte im September.

Mercurius ('Bokamer'). Wuchs ausgebreitet bis aufrecht. Blätter elliptisch bis länglich, 8–11 cm lang.

'Mischeana'. Wuchs breit und flach, bis 1,5 m hoch und doppelt so breit. Blätter breit elliptisch, 9,5–10,5 cm lang. Ziemlich spät blühend, reiche Nachblüte im August–September.

'Mount Vernon'. Wuchs kompakt, Zweige ausgebreitet, etwa 0,5 m hoch. Blätter länglich bis elliptisch, 9–11 cm lang.

'Otto Luyken'. Wuchs sehr dicht, breit und gedrungen, etwa 1 m hoch. Blätter länglich-lanzettlich, 7–11 cm lang, alle ziemlich aufrecht stehend. Sehr reich blühend, im Mai–Juni, Nachblüte im August–September.

'Piri'. Wuchs niedrig, ausgebreitet, kompakt, etwa 1 m hoch. Blätter elliptisch, 7–8 cm lang. Blüten meist zahlreich, regelmäßige Nachblüte im August.

'Polster'. Wuchs ausgebreitet, kompakt, bis 0,7 m hoch. Blätter elliptisch bis länglich-elliptisch, 9,5–11,5 cm lang.

'Reynvaanii'. Wuchs kompakt, ziemlich schmal aufrecht, bis 2 m hoch. Blätter länglich bis schmal-elliptisch, 9–14 cm lang. Ältere Pflanzen nur wenig blühend.

'Schipkaensis Macrophylla'. Wuchs kräftig, locker, breit aufrecht, bis 2,5 m hoch. Blätter 10–11,5 cm lang. Sehr reich blühend.

'Van Nees'. Wuchs breit, dicht verzweigt, bis 1,5 m hoch. Blätter länglich bis elliptisch, 9–11 cm lang.

'Zabeliana'. Wuchs sehr flach, bis 1,5 m hoch und bis 3 m breit. Blätter länglich-lanzettlich, 9–14 cm lang. Blüten spärlich im Mai, zahlreich im September.

Prunus lusitanica L. **subsp. lusitanica**, Portugiesische Lorbeerkirsche

Habitus: Immergrüner Strauch oder bis 20 m hoher Baum, Triebe kahl, rot.
Blätter: Länglich-eiförmig, 6–13 cm lang, weich ledrig, zugespitzt, Basis abgerundet, Rand gewellt und deutlich gesägt, oberseits glänzend dunkelgrün, unterseits heller.
Blüten: 0,8–1,2 cm breit, in lockeren, 15–25 cm langen, abstehenden bis überhängenden Trauben, Krone weiß, Juni.
Früchte: Kegelförmig, etwa 8 mm lang, dunkelpurpurn.
Verbreitung: SW-Europa, Makronesien.
Verwendung: Häufig, B, ♧, ☠, WHZ 8a, LB 6.2.2.4.

subsp. azorica (Mouill.) Franco. Hoher Strauch oder bis 4 m hoher, sehr breitkroniger Baum. Blätter eiförmig-elliptisch, 8–13 cm lang, fast ganzrandig, im Austrieb rörtlich. Blüten zu 20–30 in 10–17 cm langen Trauben. Gebirge der Azoren.

Prunus maackii Rupr., Amur-Traubenkirsche

Habitus: Bis 15 m hoher Baum, Krone breit kegelförmig bis trichterförmig, Spiegelrinde auffallend glänzend braungelb, dünn abrollend, junge Triebe behaart.
Blätter: Länglich-eiförmig, 3–10 cm lang, zugespitzt, Basis abgerundet, scharf gesägt, unterseits drüsig punktiert und auf den Nerven etwas behaart, Stiel 1–2 cm lang.
Blüten: 8–10 mm breit, zu 10–30 in ziemlich dichten, 4–8 cm langen, ± behaarten Trauben, Trauben am Grund ohne Laubblätter, Blütenbecher glockig-krugförmig, behaart, Krone weiß, Kelchblätter länglich-3-eckig, leicht bewimpert, Staubblätter 15–30, Griffel länger als Staubblätter, zur Hälfte behaart, Mai.
Früchte: Kugelig, 5 mm dick, schwarz, Steinkern runzelig.
Verbreitung: N-China, Korea Mandschurei.
Verwendung: Häufig, B, H, Bi, WHZ 4, LB 3.3.4.3.

Prunus mahaleb L., Felsen-Kirsche, Stein-Weichsel

Habitus: 3–10 m hoher, dicht verzweigter, sparriger Strauch oder vom Grund an mehrstämmiger Baum, Krone breit ausladend, junge Triebe anfangs kurz flaumig und schwach drüsig behaart, später verkahlend.
Blätter: Breit eiförmig bis rundlich, 3–8 cm lang, spitz bis abgerundet, Basis abgerundet bis schwach herzförmig, kerbig gesägt, oberseits glänzend tiefgrün, unterseits heller, entlang der Nerven behaart, Stiel 1–1,5 cm lang.
Blüten: 1,5 cm breit, duftend, zu 4–10 in Trugdolden, Blütenstände meist mit einigen kleinen, bleibenden, blattartigen Hochblättern, Krone weiß, Staubblätter 20–25, Mai.
Früchte: Kugelig, 6–8 mm dick, schwarz, meist etwas bitter schmeckend, Steinkern glatt.
Verbreitung: M-Europa (vor allem im Main-, Nahe- und Donaugebiet), N-Afrika, Türkei, Kaukasien, N-Iran, Afghanistan, M-Asien.
Verwendung: Sehr häufig (oft auch als Veredlungsunterlage für Sauerkirschen), N, B, Bi, WHZ 5a, LB 6.3.3.4 (9.2.3.4).

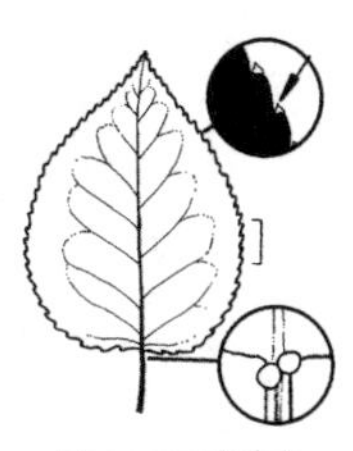
Prunus mahaleb

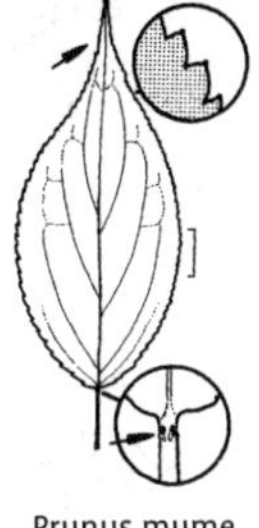
Prunus mume

Prunus mume Siebold et Zucc., Japanische Aprikose

Habitus: 5–7(–10) m hoher, kugelkroniger Baum, Krone durch regelmäßigen Rückschnitt der Zweige meist sparrig verzweigt, Zweige schlank, glänzend grün.
Blätter: Breit eiförmig bis eiförmig, 4–10 cm lang, lang zugespitzt, Basis breit keilförmig, fein scharf gesägt, oberseits frischgrün, unterseits heller, beiderseits oder nur unterseits auf den Nerven behaart, Stiel 1–2 cm lang.
Blüten: 2–2,5 cm breit, stark duftend (besonders am Abend), zu 1–2, sehr kurz gestielt, Blütenbecher breit glockig, meist rötlich braun, Krone weiß (bei Sorten auch hell- bis dunkelrosa, einfach oder gefüllt), März–April.
Früchte: ± kugelig, 2–3 cm dick, gelb oder grünlich weiß, wenig behaart, Fruchtfleisch sauer bis bitter, Steinkern grubig, sich nicht vom Fleisch lösend (Früchte werden in Japan und China in vielfältiger Form zubereitet).
Verbreitung: China (früh nach Japan eingeführt und dort in sehr vielen Sorten in Kultur).
Verwendung: Selten (bei uns meist in der folgenden Sorte), N, B, D, Bi, WHZ 6b, LB 3.2.1.4.

'Beni-shidori'. Blüten einfach, zahlreich, etwa 2,5 cm breit, stark duftend, Krone in der Knospe dunkelrosa, später intensiv rosa, Kronblätter 6–8.

P. myrobalana (L). Loisel. = *P. cerasifera* subsp. *cerasifera*
P. nana (L.) Stockes = *P. tenella*
P. nana Du Roi = *P. virginiana*

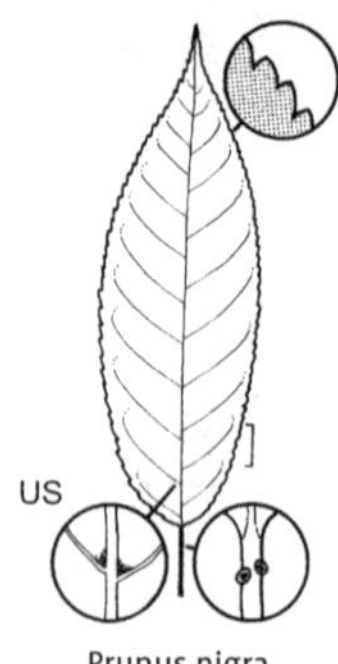

Prunus nigra

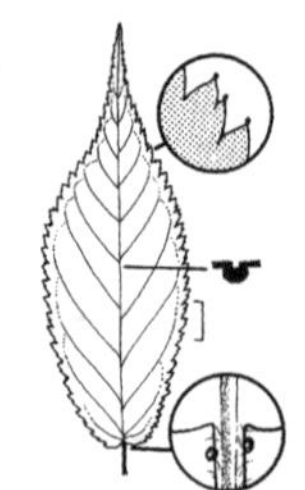
Prunus nipponica var. nipponica

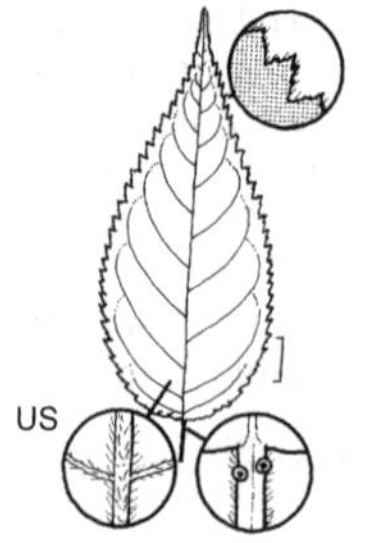

Prunus nipponica var. kurilensis

Prunus nigra Aiton, Bitter-Kirsche, Kanadische Pflaume

Habitus: 6(–10) m hoher, schmalkroniger Baum mit aufstrebenden Ästen, Rinde rot- bis graubraun, junge Triebe kahl oder behaart.
Blätter: Elliptisch bis verkehrteiförmig, 6–10 cm lang, zugespitzt, Basis breit keilförmig bis schwach herzförmig, doppelt gesägt, Zähne in einer Drüse endend, oberseits kahl, unterseits ± behaart, Stiel 1,5–2,5 cm lang, mit 2 Nektardrüsen nahe der Blattspreite.
Blüten: 2–3 cm breit, zu 2–3 in Dolden, Krone weiß, im Verblühen rosa, Kelchblätter spitz, drüsig gesägt, oberseits kahl, unterseits behaart, Mai.
Früchte: Länglich, 2–3 cm lang, gelb bis rot, Steinkern abgeflacht, sich nicht vom Fruchtfleisch lösend.
Verbreitung: O-Kanada, NO-, NOZ- und SO-USA.
Verwendung: Sehr selten, N, B, ♣, Bi, WHZ 4, LB 2.4.3.4 (9.2.3.4) (3.1.3.4).

Prunus nipponica Matsum. **var. nipponica**, Japanische Alpen-Kirsche

Habitus: Bis 6 m hoher Strauch oder Baum, Triebe kahl, kastanienbraun.
Blätter: Eiförmig, 4–9 cm lang, lang zugespitzt, Basis meist abgerundet, unregelmäßig grob eingeschnitten, doppelt gesägt, ziemlich derb, dunkelgrün, anfangs unterseits auf den Nerven behaart, später ganz kahl, Stiel bis 1,5 cm lang, bleibend behaart, 2 oder mehr Nektarien.
Blüten: 2–2,5 cm breit, zu 1–3 in sitzenden Dolden, Blütenbecher röhrig-glockig, wie die Kelchblätter weinrötlich, Krone weiß oder blassrosa, Kronblätter ausgerandet, März–April.
Früchte: Kugelig, 8 mm dick, purpurschwarz.
Verbreitung: Japan.
Verwendung: Sehr selten, B, Bi, WHZ 6a, LB 8.1.2.4 (4.3.2.4).

var. kurilensis (Miyabe) E.H. Wilson, Kurilen-Kirsche. 1,3–3 m hoher, schwachwüchsiger Strauch, junge Triebe behaart, später kahl. Blätter schmal eiförmig, 7–9 cm lang, lang zugespitzt, Basis keilförmig, sehr grob gesägt, Zähne an der Spitze mit Drüsen, oberseits etwas rau behaart, unterseits Hauptnerven dicht behaart, Stiel 8 mm lang, borstig behaart. Blüten 2,5–3 cm breit, zu 1–3 in sitzenden Dolden, Blütenbecher röhrig-glockig, fast kahl, wie die ganzrandigen Kelchblätter rötlich, Krone weiß bis weißlich rosa, Griffel kahl, April. Früchte abgeflacht kugelig, 7 mm breit, purpurschwarz. Sachalin, Japan: Hokkaido. WHZ 5b, LB 8.1.2.6. In Kultur vor allem die Sorte 'Brillant'.

'Brillant'. Wuchs aufrecht, 2–3 m hoch, Blüten 2–3 cm breit, anfangs milchweiß, später sehr zart rosa mit purpurroter Mitte, blüht schon als kleine Pflanze sehr reich.

Prunus padus L. **subsp. padus**, Gewöhnliche Traubenkirsche

Habitus: 8–18 m hoher, meist vom Grund an mehrstämmiger, schlanker, Wurzelsprosse bildender Baum, Rinde schwarzgrau, später dünn und längsrissig, unangenehm riechend, Triebe ± kahl, mit auffallenden Korkwarzen.
Blätter: Länglich-elliptisch, 6–12 cm lang, plötzlich zugespitzt, Basis abgerundet oder schwach herzförmig, fein scharf gesägt, oberseits stumpfgrün, durch vertiefte Nerven etwas runzelig, unterseits blaugrün, bis auf kleine, gelbliche Achselbärte kahl, Stiel 1–1,5 cm lang, mit 2 deutlichen Nektarien.
Blüten: 0,5–1,5 cm breit, stark duftend, in

lockeren, vielblütigen, 10–15 cm langen, überhängenden Trauben, Trauben am Grund oft mit gut ausgebildeten Laubblättern, Blütenbecher breit verkehrt konisch, innen dicht behaart, Kelchblätter eiförmig, drüsig gesägt, Krone weiß, Kronblätter rundlich, April–Mai.
Früchte: Kugelig, 7–9 mm dick, glänzend schwarzrot, bitter schmeckend, Steinkern kugelig-eiförmig, zugespitzt.
Verbreitung: Europa, N-Afrika, Türkei, Kaukasien, W- und O-Sibirien, Russ. Ferner Osten, M-Asien, Korea, Japan.
Verwendung: Sehr häufig, N, B, Bi, WHZ 3, LB 2.2.4.4.

'Albertii'. Blüten zahlreich, weiß, in dichten, 15–18 cm langen Trauben.

'Colorato'. Blätter im Austrieb kupferfarben-purpurn, im Sommer mattgrün, unterseits mit purpurner Nervatur. Blüten hellrosa.

'Schloß Tiefurt'. Wuchs etwas schwächer als bei der Art, Stamm durchgehend, Krone gleichmäßig, geschlossen. Blüten zahlreich. Als Stadtstraßenbaum geeignet.

'Watereri'. Blüten zahlreich, groß, weiß, in 18–20 cm langen Trauben.

subsp. borealis Cajander, Berg-Traubenkirsche. Blütentrauben abstehend bis aufrecht, Blätter derb, mit stark hervortretenden Nerven, unterseits vor allem in den Nervenwinkeln büschelig behaart, z. T. durch Wachsüberzug hell weißlich grün. Blüten geruchlos, in abstehenden bis aufrechten Trauben. Gebirge in M-Europa.

subsp. *petraea* (Tausch) Domin = subsp. *borealis*

Nicht berücksichtigt sind aus Asien beschriebene Varietäten – var. *pubescens* Regel et Tilig (Sibirien, Russ. Ferner Osten, Mongolei, N-China) und var. *commutata* Dipp. (O-Asien) – die von einigen Autoren als eigene Arten beschrieben werden, aber wahrscheinlich als Unterarten anzusehen sind.

Prunus 'Pandora'

(*P. subhirtella* 'Rosea' × *P.* ×*yedoensis*)

Habitus: Bis 6 m hoher Baum, Krone anfangs säulenförmig, später trichterförmg, bis 4 m breit, Zweige leicht überhängend.
Blätter: Eiförmig-elliptisch, 5–7 cm lang, lang zugespitzt, ziemlich grob und scharf doppelt gesägt, oberseits runzelig und kahl, unterseits zerstreut behaart, im Austrieb bronzefarben, später grün.
Blüten: Mittelgroß, einzeln, sehr zahlreich, Krone weiß, leicht rosa getönt, mit dunklerem Auge, Anfang April.
Früchte: Unbekannt.
Verwendung: Häufig, B, Bi, WHZ 6a, LB 9.3.2.4.

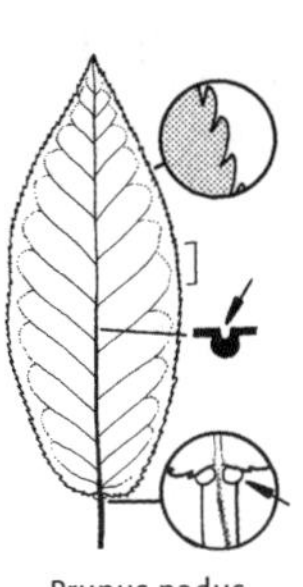

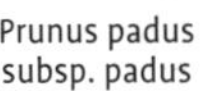

Prunus padus subsp. padus

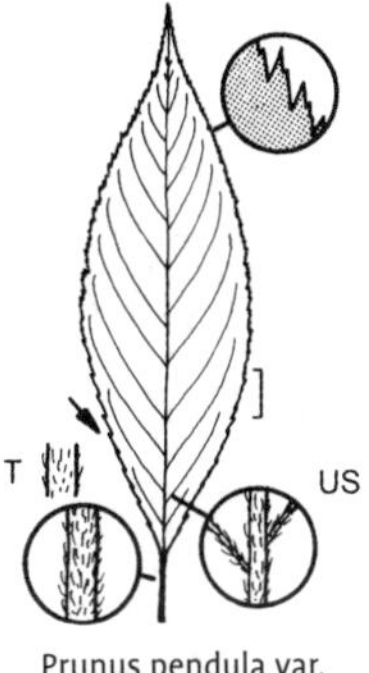

Prunus pendula var. pendula

Prunus pendula Maxim. var. pendula, Japanische Hänge-Kirsche

Habitus: Bis 15 m hoher, langlebiger Baum, Äste weit abstehend bis leicht überhängend, Zweige hängend, Rinde grau, im Alter tief gefurcht, Triebe kahl oder behaart.
Blätter: Elliptisch, bis 10 cm lang, geschwänzt zugespitzt, Basis stumpf, an der Basis einfach, darüber doppelt gesägt, oberseits tiefgrün, unterseits grün, behaart, besonders an der Mittelrippe, Stiel bis 1,8 cm lang, dicht anliegend behaart.
Blüten: 2–3 cm breit, einfach, zu 3–4 in doldenartigen Büscheln, Blütenbecher urnenförmig, dicht anliegend behaart, Krone weiß, Kronblätter elliptisch, Staubblätter 19–24, April, vor der Laubentfaltung.
Früchte: Fast kugelig, 1 cm dick, purpurschwarz.
Verbreitung: Japan (dort sehr häufig in Kultur).
Verwendung: Sehr selten, B, WHZ 6b, LB 7.3.2.3.

var. ascendens (Makino) Ohwi. Bis 12(–20) m hoher, aufrechter Baum, Krone bis 12 m breit oder breiter, Äste flach aufsteigend. Zweige lang, ziemlich dünn, hell graubraun, anfangs weich behaart. Blätter doppelt gesägt, zur Blütezeit noch nicht entfaltet. Blüten 1,5–2 cm breit, zu 3–5, Kronbätter

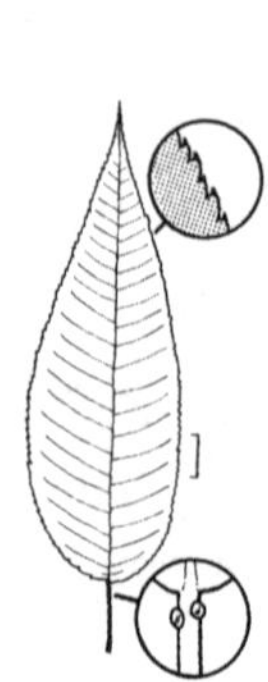
Prunus pensylvanica

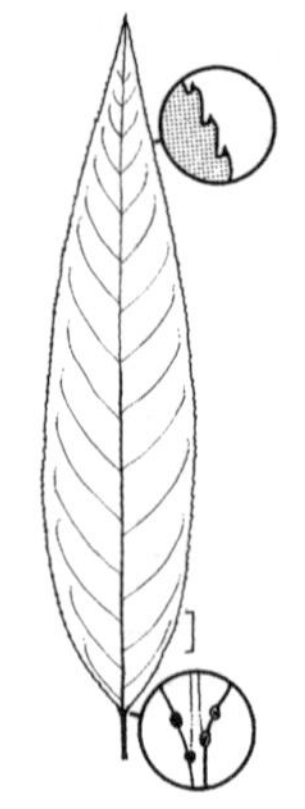
Prunus persica var. persica

verkehrteiförmig, ausgerandet. Ende März. Japan: Gebirge von Honshu, Kyushu, Shikoku; Korea.

'Beni-shidare'. Kleiner Baum, bis 8 m hoch oder höher. Zweige stark hängend. Blüten, 2–3 cm breit, schalenförmig, zu 3–4 in Büscheln, Krone in der Knospe tiefrosa, aufgeblüht reinrosa, Kronblätter schmal, ungleich in Form und Größe, ausgerandet.

'Pendula Rubra' = 'Beni-shidare'

'Rosea' = 'Beni-shidare'

'Yae-beni-shidare'. 5–7 m hoher Baum. Zweige hängend. Blüten 1,7–2,5 cm breit, Krone in der Knospe tief rosarot, aufgeblüht heller, Kronblätter 10–20, elliptisch bis verkehrteiförmig, gedreht, vorne ausgerandet.

Prunus pensylvanica L. f., Feuer-Kirsche

Habitus: Strauch oder bis 12 m hoher Baum, Triebe kahl, glänzend rotbraun, mit zahlreichen, gelblichen Korkwarzen.
Blätter: Eiförmig bis länglich-eiförmig, 6–11 cm lang, allmählich zu einer langen Spitze verschmälert, fein kerbig gesägt, kahl, oberseits glänzend grün, unterseits etwas heller, Stiel 1–2 cm lang, mit Nektarien, Herbstfärbung gelb und orangerot.
Blüten: 1–2 cm breit, zu 4–8 in doldenartigen Büscheln, Stiele 1–2 cm lang, kahl, Krone weiß, Kelchblätter eiförmig, stumpf, ganzrandig, kürzer als der Blütenbecher, Mai.
Früchte: Kugelig, 6 mm dick, rot.
Verbreitung: Kanada, NO-, NOZ- und SO-USA, Rocky Mts.
Verwendung: Selten, B, Bi, WHZ 4, LB 9.3.3.4.

Prunus persica (L.) Batsch **var. persica**, Kultur-Pfirsich

Habitus: Bis 8 m hoher, kurzstämmiger Baum, Triebe kahl, sonnenseits gerötet, schattenseits meist grün, Knospen behaart.
Blätter: Elliptisch- bis länglich-lanzettlich, 8–15 cm lang, lang zugespitzt, Basis breit keilförmig, gesägt, kahl, Stiel 1–1,5 cm lang, mit Nektarien.
Blüten: 2–3,5 cm breit, meist einzeln, Blütenbecher kurzglockig, grün, rötlich getönt, Krone rosa oder rot, Kelchblätter eiförmig bis länglich, außen kurz wollig behaart, Staubblätter 20–30, März–April.
Früchte: Breit ellipsoid bis abgeflacht kugelig, (3–)5–7(–12) cm dick, filzig behaart, Fruchtfleisch weich und saftig, essbar Steinkern tief gefurcht.
Verbreitung: China.
Verwendung: Sehr häufig (in zahlreichen Frucht- und einigen Zierformen), N, B, ♧, Bi, WHZ 6b, LB 6.4.2.3.

'Klara Meyer'. Blüten gut gefüllt, leuchtend rosarot, etwa 4 cm breit.

'Nana'. Zwergform, nur bis 1 m hoch. Blätter länger, stärker gesägt als bei var. *persica*, hängend. Gegenwärtig mit mehreren Sorten in Kultur.

'Purpurea'. Blätter purpurrot. Blüten einfach, rosa.

var. nucipersica (L.) C.K. Schneid., Nektarine. Früchte kleiner als bei var. *persica* und mit glatter Schale.

P. persicoides Dalla Torre et Santh. = *P.* × *amygdalopersica*
P. × *persicoides* (Ser.) Vilm et Bois = *P.* × *amygdalopersica*
P. pissardii Carrière = *P. cerasifera* 'Pissardii'

Prunus prostrata Labill., Niedrige Kirsch-Mandel

Habitus: Bis 1 m hoher, sparriger, oft niederliegender Strauch.
Blätter: Eiförmig bis rundlich, 2–3,5 cm lang, ± zugespitzt, Basis meist abgerundet, meist doppelt bis eingeschnitten gesägt, oberseits kahl, unterseits graufilzig bis schwach behaart.

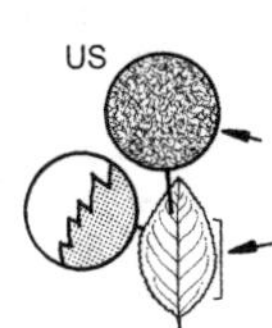

Prunus prostrata

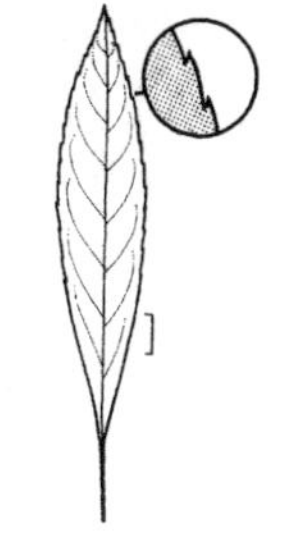

Prunus pumila var. pumila

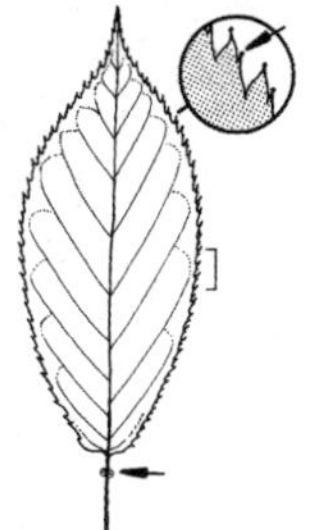

Prunus sargentii

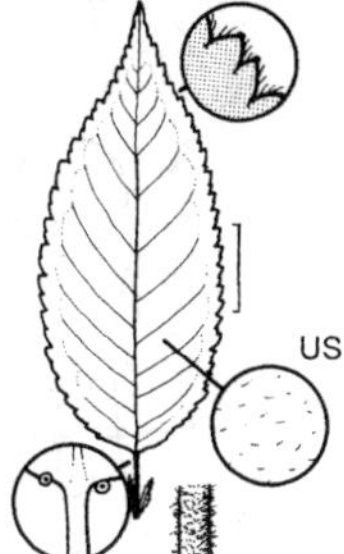

Prunus ×schmittii

Blüten: 1,2–1,5 cm breit, zu 1–2, Blütenbecher röhrig-glockig, Krone rosa, Griffel an der Basis lang behaart, April–Mai.
Früchte: Eiförmig, 5 mm dick, schwarzrot.
Verbreitung: S- und SO-Europa, Türkei, Syrien, Libanon, N-Afrika.
Verwendung: Selten, B, Bi, WHZ 6b, LB 6.1.1.6.

Prunus pumila L. **var. pumila**, Sand-Kirsche

Habitus: 1–2 m hoher Strauch, Zweige schlank, aufrecht, mitunter auch niederliegend, junge Triebe kahl, rotbraun.
Blätter: Verkehrteiförmig bis verkehrteiförmig-lanzettlich, 4 cm lang, zugespitzt oder spitz, Basis keilförmig, im oberen Teil ziemlich dicht angedrückt gesägt, zur Basis hin entfernt gesägt bis ganzrandig, Stiel 1–1,6 cm lang.
Blüten: Etwa 1 cm breit, zu 2–3 in Büscheln, Krone rosa, Kronblätter schmal verkehrteiförmig, Mai.
Früchte: Fast kugelig, 1 cm dick, purpurschwarz, herb.
Verbreitung: O-Kanada, NO- und SO-USA.
Verwendung: Selten (häufiger die var. *depressa*), B, Bi, WHZ 5a, LB 5.3.2.6.

var. depressa (Pursh) Bean. Zweige ± dicht dem Boden angepresst (oder auf Stämmchen veredelt und dann hangend). Blätter oft stumpf spatelförmig, unterseits bläulich weiß. Früchte kugelig-ellipsoid, essbar, aber bitter schmeckend. O-Kanada, NO-USA.

P. sachalinensis Miyoshi = *P. sargentii*

Prunus sargentii Rehder, Berg-Kirsche, Sachalin-Kirsche

Habitus: 15–18(–25) m hoher Baum, Krone kegelförmig bis breit ausladend, Spiegelrinde glatt, kastanienbraun, mit großen Lentizellen, Triebe kahl.
Blätter: Elliptisch bis eiförmig, 7–12 cm lang, lang zugespitzt, Basis meist abgerundet, mit spitzen Zähnen grob doppelt gesägt, meist kahl, unterseits blaugrün, Stiel 2–3 cm lang, mit 2 kleinen Nektardrüsen, Blätter im Austrieb bronzefarben, Herbstfärbung leuchtend orange bis karminrot.
Blüten: 3–4 cm breit, zu 2–5 in sitzenden Dolden, mit ± weinrotem Hochblatt, Stiele 1,5–3 cm lang, Blütenbecher schmal röhrig-glockig, meist kahl, Krone rosarot, Kronblätter breit länglich-eiförmig, eingeschnitten, April–Mai.
Früchte: Länglich-eiförmig, 1 cm lang, purpurschwarz.
Verbreitung: Japan, Korea, Sachalin.
Verwendung: Häufig (mit Einschränkungen als Stadtstraßenbaum geeignet), B, H, Bi, WHZ 6a, LB 3.3.2.3.

Prunus Sato-zakura-Gruppe

Die zahlreichen Japanischen Blüten-Kirschen, oft japanischen Ursprungs, werden zu einer *Prunus* Sato-zakura-Gruppe zusammengefasst. Ihr Ursprung ist teilweise komplexer Natur, manche sind seit Jahrhunderten in Japan in Kultur. Einige gelten als Hybriden, während andere unzweifelhaft von *P. speciosa* oder *P. jamasakura* abstammen. Die Schreibweise der Sortennamen wird sehr unterschiedlich gehandhabt. Die zahlreichen Sorten können hier nicht beschrieben werden. Sorten wie 'Kanzan' und 'Rancho' sind mit Einschränkungen als Stadtstraßenbäume geeignet. WHZ 6a, LB 9.3.2.4.

Prunus ×schmittii Rehder, Schmitts Kirsche
(*P. avium* × *P. canescens*)

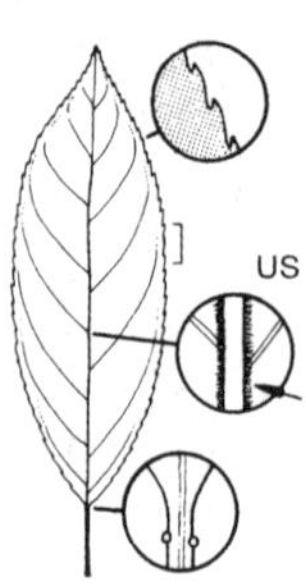

Prunus serotina

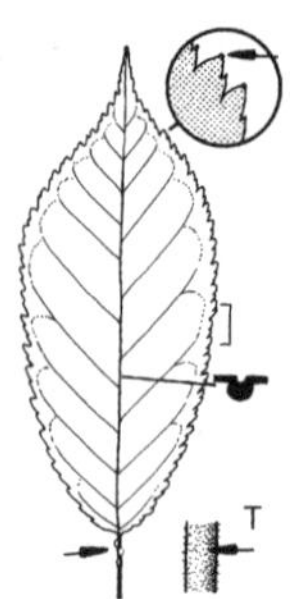

Prunus serrula

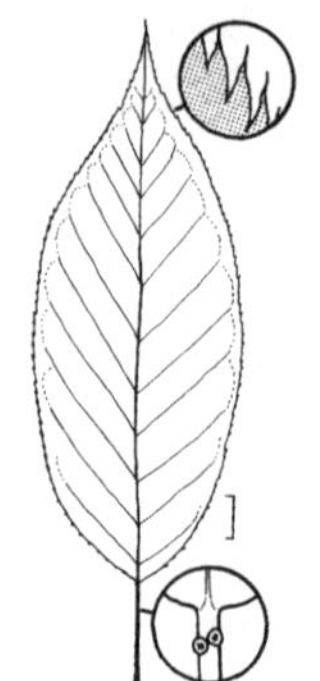
Prunus serrulata var. serrulata

Habitus: 7–12 m hoher Baum, Wuchs straff aufrecht, Krone schmal eiförmig, Spiegelrinde mahagonibraun, stark von quer verlaufenden Lentizellenbändern durchsetzt.
Blätter: Elliptisch-länglich, 5–8 cm lang, lang zugespitzt, an der Basis abgerundet, unregelmäßig gesägt, oberseits dunkelgrün, bald kahl, unterseits auf den Nerven bleibend behaart, Stiel 2–3 cm lang, meist mit 2 Nektarien.
Blüten: Einfach, Blütenbecher glockig, Krone weiß, Kronblätter 1 cm lang, breit eiförmig, Mai.
Verwendung: Selten (als Stadtstraßenbaum geeignet), B, WHZ 5a, LB 3.3.3.3.

Prunus serotina Ehrh., Späte Traubenkirsche

Habitus: Bis 30 m hoher, Wurzelsprosse bildender Baum, Krone schmal länglich bis eiförmig, Äste aufstrebend, Rinde dunkelbraun, junge Triebe kahl.
Blätter: Länglich-eiförmig, 5–12 cm lang, derb und fast ledrig, zugespitzt, Basis keilförmig, fein kerbig gesägt, die Zähne eingekrümmt und knorpelig, zuletzt oberseits glänzend, unterseits heller und oft längs dem Mittelnerv behaart, Stiel 0,6–2,5 cm lang.
Blüten: 0,8–1 cm breit, in 10–14 cm langen, kahlen, walzenförmigen Trauben, Blütenbecher bis zur Fruchtreife bleibend, Krone weiß, Mai–Juni.
Früchte: Eiförmig-kugelig, 0,8–1 cm dick, dunkelrot bis schwarz, bitter schmeckend.
Verbreitung: O-Kanada, NO-, NOZ-, SO- und SW-USA, Mexiko, Guatemala, in Europa etabliert und als invasive Art eingestuft.
Verwendung: Sehr häufig, N, B, ♧, Bi, WHZ 4, LB 4.1.3.4.

Prunus serrula Franch., Tibetische Kirsche, Mahagoni-Kirsche

Habitus: Bis 10 m hoher, oft vom Boden an mehrstämmiger Baum, Spiegelrinde auffallend glatt und glänzend mahagonibraun, in schmalen Streifen abrollend, junge Triebe fein behaart.
Blätter: Lanzettlich bis schmal-elliptisch, 4–10 cm lang, plötzlich lang zugespitzt, Basis abgerundet, gleichmäßig scharf gesägt, oberseits stumpfgrün, unterseits entlang dem Mittelnerv behaart, Nervenwinkel bärtig, Stiel etwa 1 cm lang.
Blüten: Etwa 2 cm breit, zu 1–4 in fast sitzenden Dolden, nickend, Blütenbecher röhrig-glockig, grün, Krone weiß, Staubblätter 38–44, April–Mai.
Früchte: Eiförmig-kugelig, 1–1,3 cm lang, rot.
Verbreitung: W-China.
Verwendung: Häufig, WHZ 6b, LB 3.2.2.3.

Prunus serrulata Lindl. **var. serrulata**, Japanische Blüten-Kirsche

Habitus: Bis 25 m hoher Baum, Rinde glatt, dunkel kastanienbraun, junge Zweige kahl.
Blätter: Eiförmig bis eiförmig-lanzettlich, 6–12 cm lang, plötzlich lang zugespitzt, gesägt oder oft doppelt gesägt, mit begrannten Zähnen, Stiel 1,5–3 cm lang, meist mit 2–4 Nektarien.
Blüten: 3,5–4 cm breit, ± stark gefüllt, zu 3–7 in fast sitzenden Trugdolden, meist mit auffälligen, grünen bis rötlichen Hochblättern, Blütenbecher trichterförmig, Krone rosa, rot, weißlich oder gelblich, Kronblätter 18–21, petaloide Kronblätter 1–5, Staubblätter etwa 38, April–Mai.
Früchte: Klein, schwarz.

Verbreitung: China, Korea, Japan.
Verwendung: Sehr häufig (Sorten Japanischer Blüten-Kirschen werden oft fälschlicherweise hierher gestellt), N, B, WHZ 6a, LB 9.3.2.4.

var. hupehensis Ingram, Chinesische Berg-Kirsche. 12–15 m hoher Baum, Rinde grau. Blätter im Austrieb rotbraun bis bronzegrün. Blüten 2,5–3 cm breit, zu 3–4, Krone anfangs rosa, später weiß, April. China.

var. pubescens E.H. Wilson, Koreanische Berg-Kirsche. Von var. *hupehensis* unterschieden durch stets ± stark behaarte Blattunterseiten und -stiele. Blätter im Austrieb bronzegrün. Blüten kaum abweichend. Korea bis NW-Hokkaido.

Prunus serrulata var. *sachalinensis* (F. Schmidt) E.H. Wilson = *P. sargentii*
Prunus serrulata var. *spontanea* (Maxim.) E.H. Wilson = *P. jamasakura*

Prunus sibirica L., Sibirische Aprikose

Habitus: Bis 5 m hoher, aufrechter Baum oder Strauch, Triebe kahl, graubraun oder rotbraun.
Blätter: Eiförmig, 5–8 cm lang, lang zugespitzt, Basis gestutzt oder abgerundet, fein gesägt, im Austrieb rötlich, später glänzend grün, bis auf Achselbärte unterseits kahl, Stiel 1–3 cm lang, rötlich.
Blüten: 3 cm breit, einzeln, fast sitzend, Blütenbecher zylindrisch, rot, Krone weiß mit rosafarbenen Adern oder hellrosa, April.
Früchte: Nahezu kugelig, 1,5–2,5 cm dick, gelb, auf der Sonnenseite gerötet, Fruchtfleisch dünn, trocken, Steinkern glatt.
Verbreitung: O-Sibirien, Mandschurei, N-China, Korea, Russ. Ferner Osten, Mongolei.
Verwendung: Sehr selten, B, Bi, WHZ 5b, LB 6.1.1.4.

Prunus spinosa L., Gewöhnliche Schlehe, Schwarzdorn

Habitus: 1–4 m hoher, sparrig verzweigter, stark dornig bewehrter Strauch, starke Ausbreitung durch Wurzelsprosse, Rinde fast schwarz, junge Triebe anfangs behaart, später kahl und rötlich.
Blätter: Verkehrteiförmig bis elliptisch, 2–4(–5) cm lang, stumpf, kerbig gesägt, oberseits dunkelgrün und kahl, unterseits heller, an den Nerven behaart, am Spreitengrund mit undeutlichen Nektarien.

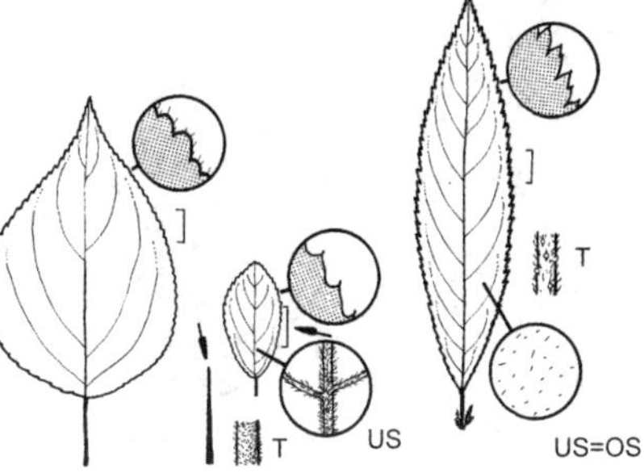

Prunus sibirica Prunus spinosa Prunus ×subhirtella

Blüten: 1–1,5 cm breit, meist einzeln, Krone weiß, Staubblätter 20–25, April, vor den Blättern.
Früchte: Kugelig bis fast eiförmig, 1–1,5 cm lang, blau bereift, später fast schwarz, lange haftend, herb, essbar, Steinkern abgeflacht, stark runzelig.
Verbreitung: Europa, N-Afrika, Türkei, Kaukasien, Iran.
Verwendung: Sehr häufig, N, B, ♧, Bi, WHZ 5a, LB 6.3.3.5 (2.5.3.5).

Prunus ×subhirtella Miq., Higan-Kirsche

(*P. incisa* × *P. pendula* var. *ascendens*)

Habitus: 4–6 m hoher, reich verzweigter, dünnzweigiger Baum, Äste aufstrebend, Zweige dünn, junge Triebe behaart.
Blätter: Eiförmig bis länglich-eiförmig, 3–8 cm lang, spitz, einfach bis doppelt gesägt, oberseits frischgrün, unterseits anfangs auf den Nerven behaart, Stiel etwa 6 mm lang, behaart, Herbstfärbung gelborange.
Blüten: 1,8 cm breit, zu 2–5 in Büscheln, Blütenbecher trichterförmig-röhrig, rötlich purpurn, behaart, Krone blassrosa bis weiß, Staubblätter etwa 10, Griffel behaart, April.
Früchte: Eiförmig-kugelig, 8 mm dick, purpurschwarz.
Verbreitung: Ursprung unbekannt, in Japan seit Langem in Kultur.
Verwendung: Sehr häufig (in den folgenden Sorten), B, Bi, WHZ 6a, LB 9.3.2.4.

'Autumnalis'. Wuchs breit aufrecht, bis 7 m hoch, fein verzweigt. Blätter im Austrieb hell bronzefarben bis bronzegrün, Blüten 2–2,5 cm breit, weit geöffnet, zu 1–3 in Büscheln, Krone anfangs rosa, später fast weiß, Kronblätter 10–20, elliptisch bis verkehrteiförmig, Staubblätter im Verblühen rosa, Blü-

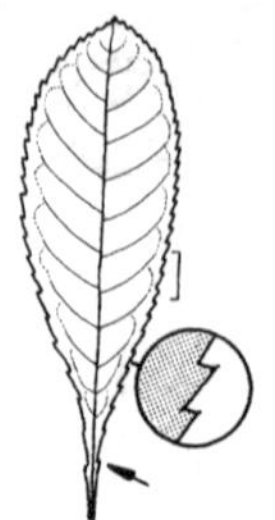

Prunus tenella

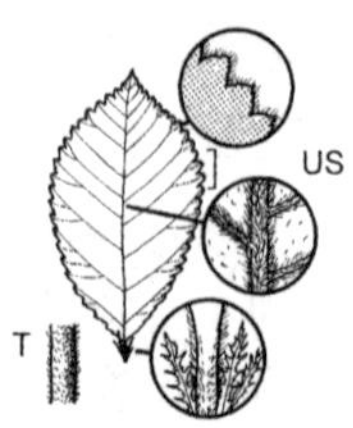

Prunus tomentosa

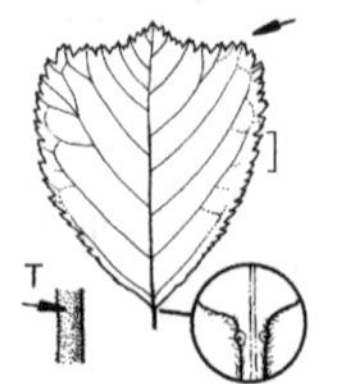

Prunus triloba var. triloba

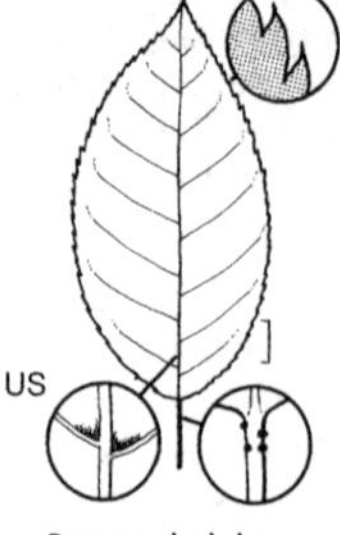

Prunus virginiana

ten öffnen sich oft schon im Herbst. Mit Einschränkungen als Stadtstraßenbaum geeignet.

'Fukubana'. Wuchs breit aufrecht, bis 5 m hoch. Blätter im Austrieb leicht bronzegrün. Blüten sehr zahlreich, 1,8 cm breit, Krone im Aufblühen dunkelrosa, später etwas heller werdend, Kronblätter 12–14, tief eingeschnitten, April.

Prunus tenella Batsch, Russische Zwerg-Mandel

Habitus: Bis 1,5 m hoher Strauch, durch Wurzelsprosse zunächst dichte, später lockere Bestände bildend, Zweige aufrecht, wenig verzweigt, Triebe kahl.
Blätter: Lanzettlich bis schmal verkehrteiförmig, 3–7 cm lang, spitz, Basis schmal keilförmig, scharf gesägt, kahl, hellgrün, Stiel 2–6 mm lang.
Blüten: 2 cm breit, sitzend, zu 1–3 in Büscheln entlang der vorjährigen Zweige, sehr zahlreich, Krone rosarot, April–Mai.
Früchte: Eiförmig, 2 cm lang, gelbgrün, filzig, fest, ungenießbar, Steinkern breit eiförmig, rau.
Verbreitung: ZM-, OM- und SO-Europa, Kaukasien, W-Sibirien, M-Asien.
Verwendung: Sehr häufig, B, Bi, WHZ 5a, LB 6.1.3.6.

'Alba'. Blüten weiß.

'Firehill'. Blüten in der Knospe rosarot, geöffnet dunkelrosa, 2,5 cm breit.

Prunus tomentosa Thunb. ex Murray, Japanische Mandel-Kirsche

Habitus: 1,5–3 m hoher, breitwüchsiger Strauch, junge Triebe dicht filzig behaart.
Blätter: Verkehrteiförmig bis elliptisch, 5–7 cm lang, plötzlich zugespitzt, Basis abgerundet, unregelmäßig gesägt, oberseits stumpfgrün, runzelig und behaart, unterseits graugrün und filzig, Stiel 2–4 mm lang.
Blüten: Etwa 2,5 cm breit, zu 1–2, sitzend, Blütenbecher röhrig bis breit glockig, meist behaart, Krone weiß, in der Mitte oft rosa getönt, Staubblätter 20–25, April, mit den Blättern.
Früchte: Nahezu kugelig, 5–12 mm dick, scharlachrot, essbar.
Verbreitung: Tibet, W- und N-China, Korea.
Verwendung: Selten, N, B, ♧, Bi, WHZ 4, LB 6.3.2.5.

Prunus triloba Lindl. **var. triloba**, Gefülltblühendes Mandelbäumchen

Habitus: 2–3 m hoher Strauch oder kleiner Baum, auf Stämmchen veredelt (dann oft mit zahlreichen Wurzelsprossen der Unterlage) oder durch Stecklinge wurzelecht gezogen und ohne Wurzelsprosse, Zweige dunkelbraun, junge Triebe kahl oder schwach behaart.
Blätter: Breit verkehrteiförmig, 3–6 cm lang, zugespitzt oder vorne oft ± 3-lappig, Basis breit keilförmig, grob doppelt bis eingeschnitten gesägt, oberseits sattgrün, unterseits heller und behaart, Stiel etwa 5 mm lang.
Blüten: 2,5–3 cm breit, dicht rosettenartig gefüllt, zu 1–2, Blütenbecher breit glockig, Krone rosa, März–April.
Früchte: Selten ausgebildet.
Verbreitung: Kulturform aus China.
Verwendung: Sehr häufig, B, WHZ 5a, LB 9.3.1.5.

var. simplex (Bunge) Rehder, Einfachblühendes Mandelbäumchen, Blüten einfach, etwa 2,5 cm breit, Krone rosa, Staubblätter 25–30. Früchte kugelig, 1–1,5 cm dick, rötlich, dicht behaart, Kaum in Kultur. China.

Prunus virginiana L., Virginische Trauben-Kirsche

Habitus: Bis 10 m hoher Baum, sich stark durch Wurzelsprosse ausbreitend, Triebe kahl.
Blätter: Breit elliptisch bis verkehrteiförmig, 4–12 cm lang, plötzlich zugespitzt, Basis breit keilförmig bis abgerundet, feinspitzig gezähnt, oberseits lebhaft grün, unterseits blau- oder graugrün, bis auf die bräunlich gebärteten Nervenwinkel kahl, Stiel 1–2 cm lang, mit 2–6 Nektarien.
Blüten: 0,8–1 cm breit, in 7–15 cm langen, überhängenden Trauben, Krone weiß, Mai.
Früchte: Kugelig, 1 cm dick, rot, essbar, Steinkern glatt.
Verbreitung: Kanada, NO-, NOZ-, SO- und SW-USA, Rocky Mts.
Verwendung: Selten, N, B, Bi, WHZ 4, LB 2.5.4.3 (3.1.3.3).

Prunus ×yedoensis Matsum., Yoshino-Kirsche
(*P. speciosa* × *P. pendula* var. *ascendens*)

Habitus: 10(–15) m hoher, breit aufrechter Baum, Krone abgeflacht, bis 12 m breit, Rinde glatt, hellgrau, junge Triebe schwach behaart.
Blätter: Elliptisch bis eiförmig, 6–12 cm lang, zugespitzt, ziemlich fein einfach bis doppelt gesägt, Zähne gleichmäßig und meist grannig zugespitzt, Nervatur oft sehr regelmäßig mit ± parallel und in gleichen Abständen verlaufenden Seitennerven, oberseits frischgrün, unterseits heller, auf den Nerven behaart, Stiel behaart und mit Nektarien, Herbstfärbung goldgelb mit Ziegelrot.
Blüten: 3–3,5 cm breit, meist einfach, schwach duftend, zu 4–6 in behaarten Dolden, mit unscheinbaren, blass grünlichen Hochblättern, Blütenbecher zylindrisch, meist unter 4 mm breit, ± weinrot, wie die Blütenstiele und Griffel behaart, Krone hellrosa, geöffnet weiß, Staubblätter etwa 32, April–Mai.
Früchte: Kugelig, erbsengroß, schwarz.
Verbreitung: Ursprung unbekannt; japanische Kulturform.
Verwendung: Häufig, B, Bi, WHZ 6a, LB 3.3.2.3.

'Ivensii'. Hängeform. Äste ziemlich dünn, zuerst weit waagerecht abstehend, dann abwärts geneigt, Zweige sehr dünn. Blüten in der Knospe rosa, aufgeblüht weiß.

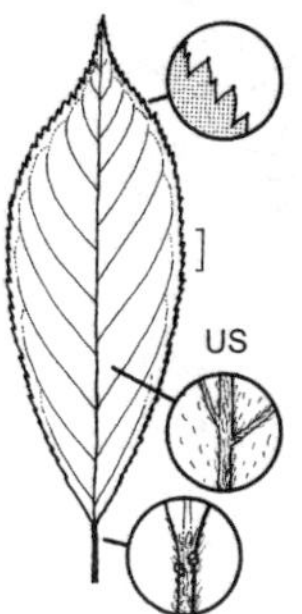

Prunus ×yedoensis

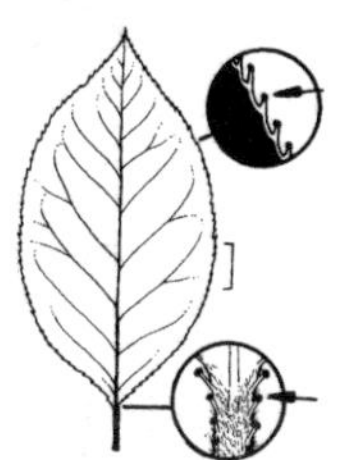

Pseudocydonia sinensis

'Moerheimii'. Bis 3 m hoch, sehr breitkronig, Zweige grau, hängend. Blüten anfangs rosa, bald weiß, meist zu 3 in gestielten Büscheln, Kronblätter schmal, 1–1,4 cm lang. Häufig in Kultur.

'Shidare-Yoshino'. Meist hochstämmig veredelte, starkwüchsige Hängeform. Äste nach kurzen Bögen fast senkrecht nach unten wachsend. Blüten reinweiß.

Pseudocydonia (C.K. Schneid.) C.K. Schneid.

Holzquitte – Rosaceae
(griechisch *pseudos* = Schein, falsch und Gattungsname *Cydonia*)

Monotypische, nahe mit *Cydonia* verwandte Gattung.

Pseudocydonia sinensis (Dum.-Cours.) C.K. Schneid., Holzquitte

Habitus: Sommer- oder wintergrüner, bis 18 m hoher Baum oder Strauch, Borke glatt, sich in kleinen Platten ablösend, junge Triebe anfangs zottig behaart.
Blätter: Eiförmig oder elliptisch, 5–8 cm lang, spitz, fein und scharf gesägt, oberseits stark glänzend, unterseits in der Jugend zottig behaart, Nebenblätter undeutlich, Herbstfärbung scharlachrot und gelb.
Blüten: Zwittrig, radiär, 2,5–3 cm breit, Krone hellrosa, Griffel am Grund vereinigt, Kelchblätter gesägt, vor der Reife abfallend, Mai.
Früchte: Apfelfrüchte länglich-ellipsoid bis ellipsoid, 10–15 cm lang, dunkelgelb, Fruchtfleisch dick, fest, fast holzig, mit reichlich harten, körnigen Einschlüssen.

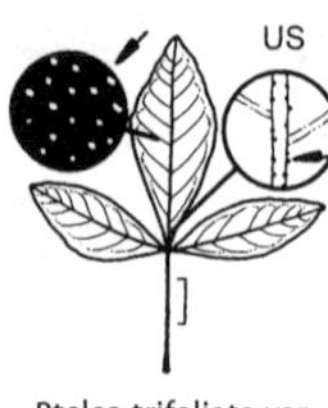

Ptelea trifoliata var. trifoliata

Verbreitung: China.
Verwendung: Selten (wird auch als *Cydonia sinensis* beschrieben), B, ♣, N, H, WHZ 5b, LB 3.3.6.3.

Ptelea L.

Kleeulme, Lederstrauch – Rutaceae
(griechisch *ptelea* = Ulmen)

Habitus: Sommergrüne, aromatische Sträucher oder kleine Bäume, Rinde bitter schmeckend, Zweige dunkel rotbraun, kahl, Knospen eingesenkt, etwa 1 mm breit, silbrig behaart, Blattnarben mit 3 Gefäßbündelspuren, Endknospen fehlend. Blätter und unreife Früchte reich an ätherischen Ölen.
Blätter: Wechselständig, gestielt, meist 3-zählig gefingert, Blättchen ganzrandig oder schwach gezähnt, durchscheinend punktiert, gerieben aromatisch duftend.
Blüten: Polygam, klein, unscheinbar, in endständigen Rispen an kurzen Seitenzweigen, Kelch kurz, mit 4–5 sich überlappenden Zipfeln, die 4–5 grünlich weißen Kronblätter viel länger als die Kelchblätter, sich ebenfalls überlappend, Staubblätter 4–5, kürzer als die Kronblätter, Fruchtknoten 2-fächrig, Griffel kurz.
Früchte: Nüsse 2-samig, stark abgeflacht, 2–2,5 cm breit, breit geflügelt, lange haftend.
Verbreitung: 11 Arten in N-Amerika und Mexiko.
Verwendung: Meist als robuste Gruppen- und Heckensträucher mit ansehnlicher Herbstfärbung und lange haftenden Früchten.

Ptelea trifoliata L. **var. trifoliata**, Dreiblättriger Lederstrauch

Habitus: Strauch oder 3–5(–8) m hoher Baum, Rinde kastanienbraun, junge Triebe spärlich behaart, im 2. Jahr rotbraun.
Blätter: 3-zählig, Blättchen eiförmig-elliptisch, 6–12 cm lang, an beiden Enden verschmälert, oberseits dunkelgrün und glänzend, unterseits heller und meist kahl, Herbstfärbung oft goldgelb.
Blüten: 1–1,2 cm breit, in 4–5 cm breiten, kurzen, vielblumigen Rispen, Krone grünlich weiß bis gelbgrün, Juni.
Früchte: Kugelig, 2–2,5 cm dick, an der Spitze leicht ausgerandet, lange haftend.
Verbreitung: O-Kanada, NO-, NOZ-, Z- und SO-USA, Mexiko.
Verwendung: Sehr häufig (windrestistent und stadtklimafest), ♣, H, Bi, WHZ 5b, LB 3.1.6.4.

'Aurea'. Blätter beständig goldgelb.

var. mollis Torr. et A. Gray. Blättchen breiter als bei var. *trifoliata*, unterseits bleibend dicht behaart. S-USA, Texas.

Pterocarya Kunth

Flügelnuss – Juglandaceae
(griechisch *pteron* = Flügel und *karya* = Nuss)

Habitus: Meist hohe, sommergrüne, großkronige Bäume, Zweige olivgrün bis graubraun, mit deutlichen Lentizellen, Mark gekammert, Endknospen etwa 2 cm lang, nackt oder mit 2–3 großen Schuppenblättern, Seitenknospen gestielt, Blattnarben groß, abgerundet 3-eckig, mit mehreren Gefäßbündelspuren.
Blätter: Wechselständig, unpaarig gefiedert, gesägt, Blättchen 5–27.
Blüten: 1-geschlechtig, 1-häusig verteilt, ♀ unscheinbar, grün, klein, zu 10–40 oder mehr in hängenden Ähren an diesjährigen Trieben, ♂ Blüten in kurzen, seitenständigen, hängenden Kätzchen an vorjährigen Zweigen, mit 4 Perigonblättern, 1 Tragblatt und 2 Vorblättern, Staubblätter 6–32, an den ♀ Blüten vergrößern sich Vorblätter nach der Befruchtung zu Fruchtflügeln, Fruchtknoten 1-fächrig, unterständig, Griffel kurz, in 2 Narbenäste geteilt.
Früchte: Nüsse 1-samig, in 20–50 cm langen, hängenden Ähren, sie tragen am Grund 2 seitliche, 1–1,5 cm lange, starre, ledrig-holzige Flügel, die mit den postfloralen Perigonblättern an der Basis oder bis zur Mitte verwachsen sind.
Verbreitung: 8–10 Arten von Kaukasien bis O- und SO-Asien.
Verwendung: Großkronige, dekorative Bäume für Parks und Grünanlagen.

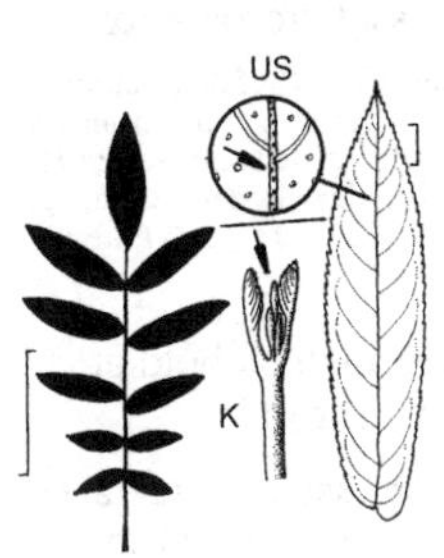

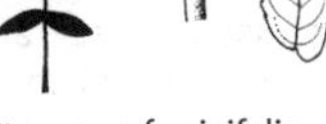

Pterocarya fraxinifolia

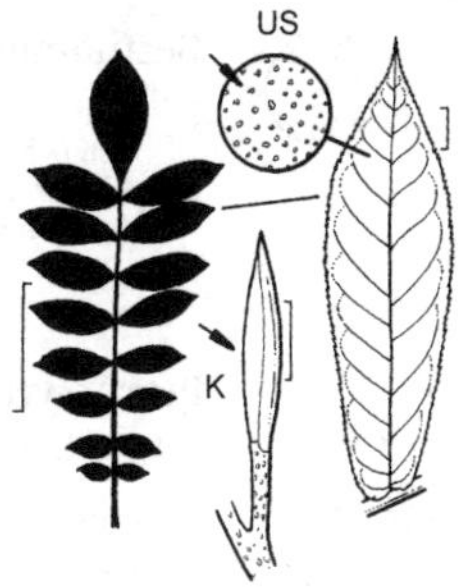

Pterocarya rhoifolia

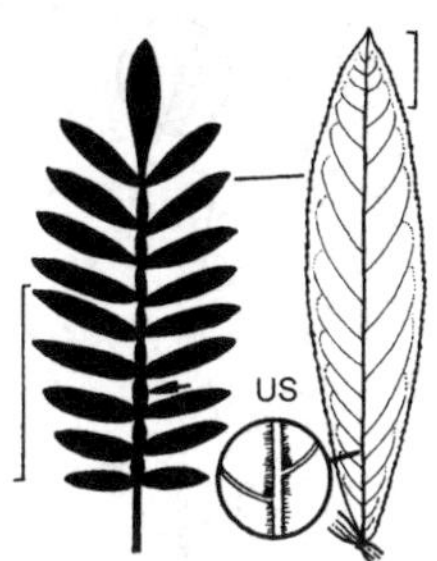

Pterocarya stenoptera

Bestimmungsschlüssel Pterocarya

1 Spindel der Blattspreite zwischen den Blättchen geflügelt . . . . *P. stenoptera*
– Blattspindel rund 2
2 Knospen nackt (keine Knospenschuppen), rostbraun . . . . *P. fraxinifolia*
– Knospen mit wenigen, sehr großen Schuppen. . . . . *P. rhoifolia*

P. caucasica C.A. Mey. = *P. fraxinifolia*

Pterocarya fraxinifolia (Poir.) Spach, Kaukasische Flügelnuss

Habitus: 20–30 m hoher, oft mehrstämmiger, breitkroniger Baum mit bogenförmig aufsteigenden Stämmen, nicht selten mit zahlreichen Wurzelsprossen, Borke schwarzgrau, tief gefurcht, Knospen nackt, rostbraun, junge Triebe anfangs leicht schülferig, bald kahl.
Blätter: 20–45(–60) cm lang, Blättchen 11–27, eiförmig bis länglich-lanzettlich, 8–15 cm lang, zugespitzt, fein scharf gesägt, oberseits dunkelgrün und kahl, unterseits heller und mit Sternhaaren in den Blattachseln und entlang der Mittelnerven, Rachis stielrund.
Blüten: ♂ Kätzchen 7,5–12,5 cm lang, ♀ Kätzchen 30–45 cm lang.
Früchte: 1,5–2 cm breit, Fügel deutlich halbkreisförmig, Fruchtstände 20–45 cm lang, Juni.
Verbreitung: Türkei, Kaukasien, N-Iran.
Verwendung: Sehr häufig, ♣, WHZ 5b, LB 2.1.1.2.

Pterocarya ×rehderiana C.K. Schneid., Rehders Flügelnuss

(*P. fraxinifolia* × *P. stenoptera*)

Bis 30 m hoher, raschwüchsiger, nur wenige Wurzelsprosse bildender Baum. Blätter bis etwa 25 cm lang, Blättchen schmal länglich-eiförmig, 11–21, Spindel teilweise schmal geflügelt oder nur flügelkantig. Wüchsiger und frosthärter als die Elternarten. WHZ 6b, LB. 2.4.2.2.

Pterocarya rhoifolia Siebold et Zucc., Japanische Flügelnuss

Habitus: Bis 20(–30) m hoher Baum, Triebe anfangs fein behaart oder nahezu kahl, Knospen mit 2–3 großen, 1,5 cm langen, im Spätherbst abfallenden Schuppenblättern, Knospen dann nackt.
Blätter: 20–30 cm lang, Blättchen 11–21, eiförmig-länglich bis lanzettlich, 6–12 cm lang, zugespitzt, fein scharf gesägt, unterseits mit Sternhaaren entlang der Mittel- und Seitennerven, Rachis stielrund, anfangs fein behaart oder nahezu kahl.
Blüten: ♂ Kätzchen 7,5 cm lang, ♀ Kätzchen 20–30 cm lang, Juni.
Früchte: 2–2,5 cm breit, Flügel breit rhombisch, Fruchtstände 20–30 cm lang, Spindel stielrund.
Verbreitung: Japan: S-Hokkaido, Honshu, Kyushu, Shikoku.
Verwendung: Selten, ♣, H, WHZ 6a, LB 1.1.2.2 (2.1.2.2).

Pterocarya stenoptera C. DC., Chinesische Flügelnuss

Habitus: Bis 25 m hoher Baum, Borke rissig, junge Triebe anfangs dicht braungelb behaart oder fast kahl, Knospen nackt.
Blätter: 8–16(–25) cm lang, Blättchen (6–)11–23, Endblättchen oft fehlend, schmal länglich, 3–12 cm lang, meist spitz, fein gesägt, oberseits frischgrün, unterseits heller, entlang der Nerven leicht behaart, mit deutlichen Achselbärten, Rachis mit 2–3 mm breiten, meist gesägten Flügelleisten.

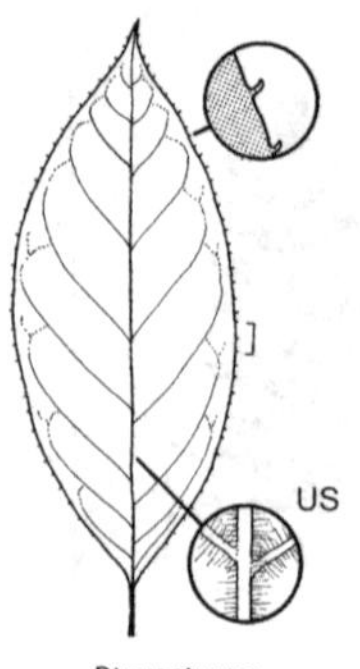

Pterostyrax corymbosa

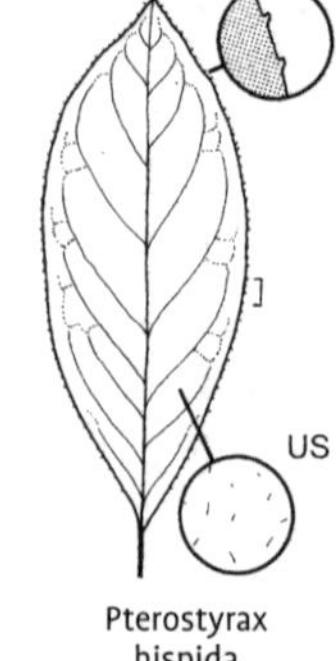

Pterostyrax hispida

Blüten: ♂ Kätzchen etwa 6,5 cm lang, ♀ Kätzchen 20–30 cm lang, Juni.
Früchte: 1–2 cm lang, Flügel eiförmig-lanzettlich, nach vorn gerichtet, ein V bildend, Fruchtstände 20–30 cm lang.
Verbreitung: China (ausgenommen NO-China), Taiwan.
Verwendung: Sehr selten, ♧, H, WHZ 7a, LB 6.4.1.3 (2.2.1.3).

Pterostyrax Siebold et Zucc.

Flügelstorax – Styracaceae

(griechisch *pteron* = Flügel und Gattungsname *Styrax*)

Habitus: Sommergrüne Bäume oder Sträucher, Zweige hell- bis rotbraun, anfangs fein sternhaarig, später kahl, Blattnarben groß, halbkreisförmig bis rundlich, mit einer sichelförmigen Gefäßbündelspur, Knospen nackt, Endknospen etwa 1 cm lang, Seitenknospen kaum kürzer.
Blätter: Wechselständig, gestielt, gesägt.
Blüten: Zwittrig, radiär, in großen, lockeren, endständigen Rispen an kurzen Seitenzweigen, Kelch glockig, 5-zähnig, die 5 Kronblätter nur wenig miteinander verwachsen, Staubblätter 10, hervorragend, Fruchtknoten nahezu unterständig, 3-, selten 4- bis 5-fächrig, je Fach mit 4 Samenanlagen, Griffel etwas länger als die Staubblätter.
Früchte: Steinfrüchte mit dünnem, korkigem Mesokarp, borstig behaart und mit 10 schmalen Längsrippen oder kurz sternhaarig-filzig und mit 5 schmalen Längsflügeln.
Verbreitung: 3 Arten von Myanmar bis Japan.
Verwendung: Schöne Blütengehölze für warme, geschützte Standorte, bei Jungpflanzen ist Winterschutz ratsam.

Bestimmungsschlüssel Pterostyrax

1 Blätter unterseits höchstens auf den Hauptnerven behaart . . . . *P. corymbosa*
– Blätter unterseits auch auf den schwachen Nerven behaart, z. T. auch dazwischen . . . . *P. hispida*

Pterostyrax corymbosa Siebold et Zucc., Doldiger Flügelstorax

Habitus: Bis 12 m hoher Baum oder Strauch, Zweige anfangs sternhaarig, später kahl.
Blätter: Elliptisch oder eiförmig, 6–12 cm lang, kurz zugespitzt, Basis keilförmig, mit borstigen Zähnen, beiderseits etwas sternhaarig.
Blüten: In 8–15 cm langen, nickenden, weiß sternhaarigen, doldigen Rispen, duftend, Kronblätter rahmweiß, 1,5 cm lang, Staubblätter ungleich lang, zur Basis hin verwachsen, Mai.
Früchte: 0,6–1,2 cm lang, mit 5 schmalen Längsflügeln, kurz sternhaarig-filzig.
Verbreitung: China, Japan.
Verwendung: Sehr selten, B, ♧, WHZ 7a, LB 6.2.1.4 (2.3.1.2).

Pterostyrax hispida Siebold et Zucc., Borstiger Flügelstorax

Habitus: 5(–15) m hoher Baum oder Strauch, junge Zweige spärlich behaart.
Blätter: Länglich-eiförmig, 7–17 cm lang, spitz oder kurz zugespitzt, Basis abgerundet oder keilförmig, oberseits kahl und sattgrün, unterseits graugrün und leicht behaart, zuletzt nur noch auf den Nerven, Stiel 1,3–4 cm lang.
Blüten: In 15–25 cm langen, hängenden, sternhaarigen Rispen, duftend, Kronblätter rahmweiß, 0,8–1 cm lang, Staubblätter gleich lang, nahezu frei, Filamente behaart, Juni.
Früchte: Etwa 1 cm lang, mit 10 schmalen Längsrippen, dicht gelblich silbern behaart, Haare spreizend.
Verbreitung: Japan.
Verwendung: Selten, B, ♧, WHZ 6a, LB 6.2.2.4 (2.3.1.4).

Ptilotrichum spinosum (L.) Boiss. = *Alyssum spinosum*

Punica L.

Granatapfel – Punicaceae

(lateinisch *Malus Punica* = Granatapfelbaum, *puniceus* = purpurrot)

Habitus: Sommergrüne, dicht verzweigte, dornig bewehrte Sträucher oder kleine Bäume, Zweige kantig.
Blätter: Gewöhnlich gegenständig, an Kurztrieben rosettig, einfach, ganzrandig, Nebenblätter fehlend.
Blüten: Zwittrig, radiär, ansehnlich, zu 1–5 in Büscheln, blattachsel- und endständig, Kelchblätter 5–8, fleischig, 3-eckig, bis zur Fruchtreife bleibend, Kronblätter 5–7, dachziegelig, Staubblätter sehr zahlreich, Griffel 1, kurz, Fruchtblätter 9, verwachsen, Fruchtknoten unterständig, gefächert.
Früchte: Beeren ± kugelig, 6–8 cm dick, mit ledriger, gelber, roter oder rotbrauner Fruchtwand und zahlreichen kantigen Samen, äußere Schale saftig, rot, innere lederartig fest.
Verbreitung: 1 Art endemisch auf Sokotra, 1 Art von SO-Europa bis zum Himalaja.
Verwendung: Bei uns nur folgende Art (meist als Kübelpflanze) in Kultur. *P. granatum* wird seit alter Zeit als Zier-, Obst- und Arzneipflanze genutzt.

Punica granatum L., Granatapfel

Habitus: 5(–10) m hoher Strauch, Zweige 4-kantig bis schwach geflügelt, z. T. in Dornen endend.
Blätter: Länglich-eiförmig bis lanzettlich, kurz gestielt, 2–8 cm lang, zugespitzt, kahl, oberseits glänzend grün.
Blüten: Etwa 3 cm breit, kurz gestielt, Kronblätter scharlachrot, geknittert, Kelch purpurn, Mai–Juni.
Früchte: Kugelig, 6–8 cm dick, vom bleibenden Kelch gekrönt, rötlich gelb bis bräunlich.
Verbreitung: Vermutlich Türkei, Kaukasien, M-Asien, urspüngliches Verbreitungsgebiet nicht bekannt, da seit alter Zeit in Kultur.
Verwendung: Selten, N, B, ♧, WHZ 8b, LB 6.1.1.5.

Pyracantha M. Roem.

Feuerdorn – Rosaceae

(griechisch *pyr* = Feuer und *akantha* = Dorn)

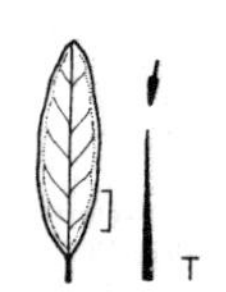

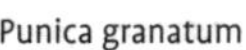
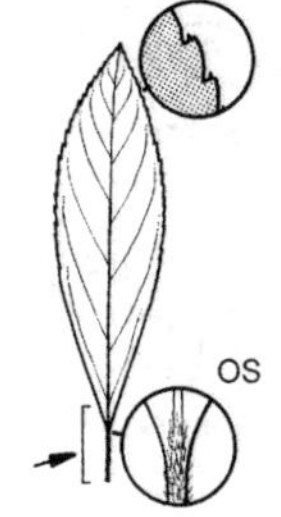

Punica granatum Pyracantha atalantioides

Habitus: Immergrüne, dornige Sträucher.
Blätter: Wechselständig, kurz gestielt, einfach, elliptisch bis länglich, 2–7 cm lang, ganzrandig bis gesägt, Nebenblätter winzig, hinfällig.
Blüten: Zwittrig, radiär, 0,5–1 cm breit, streng weißdornartig riechend, zu 10 bis vielen in 2–4 cm breiten Trugdolden an beblätterten Kurztrieben, 5-zählig, Kelchblätter kurz, bleibend, Kronblätter weiß, rundlich, abstehend, Staubblätter 20, Staubbeutel gelb, Griffel 5, Fruchtblätter 5, an der Bauchseite frei, am Rücken auf der halben Länge der Kelchröhre angewachsen.
Früchte: Steinäpfel ± kugelig, 5–7 mm dick, leuchtend rot, orangefarben oder gelb, vom bleibenden Kelch gekrönt, mit 5 dicht beieinander liegenden Steinkernen, Fruchtfleisch mehlig-fleischig.
Verbreitung: 9 Arten von SO-Europa bis zum Himalaja und Z-China.
Verwendung: In Kultur überwiegend vegetativ vermehrte Auslesen und Hybriden als dekorative, anspruchslose, lichtbedürftige Blüten- und Fruchtsträucher und als Heckenpflanzen, stellenweise auch als Spaliersträucher für Wandbegrünungen.

Bestimmungsschlüssel Pyracantha

1 Blätter höchstens 4 cm lang, unterseits grün 2
– Blätter länger (wenigstens viele), unterseits blaugrün . . . . . . *P. atalantioides*
2 Blätter nicht bis zum Grund gezähnt, oberhalb der Mitte am breitesten, stumpf(lich), Blattstiele kahl . . . . . . *P. rogersiana*
– Fast ganzer Blattrand gesägt, Blätter in der Mitte am breitesten, spitz, Blattstiele behaart . . . . . . *P. coccinea*

Pyracantha atalantioides (Hance) Stapf, Chinesischer Feuerdorn

Habitus: Bis 6 m hoher Strauch, Triebe olivbraun, nur anfangs behaart.

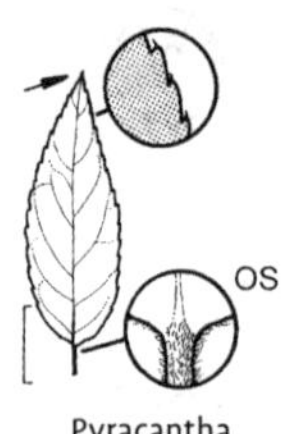

Pyracantha coccinea

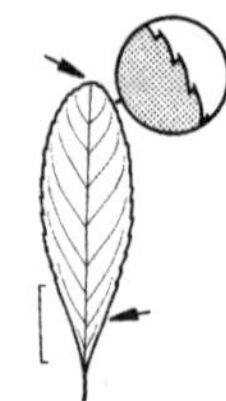
Pyracantha rogersiana

Blätter: Länglich-elliptisch bis lanzettlich oder verkehrteiförmig, 3–7 cm lang, spitz, ganzrandig oder fein gesägt bis gekerbt, unterseits blaugrün, anfangs bräunlich behaart.
Blüten: 1–1,5 cm breit, in 3–4 cm breiten, vielblütigen Trugdolden, Mai–Juni.
Früchte: 6–7 mm dick, leuchtend scharlach- bis karminrot.
Verbreitung: China.
Verwendung: Sehr selten, ♧, WHZ 7a, LB 6.1.4.4.

Pyracantha coccinea M. Roem., Mittelmeer-Feuerdorn

Habitus: 2–3(–5) m hoher und ebenso breiter, reich verzweigter Strauch, junge Triebe grau behaart.
Blätter: Elliptisch bis lanzettlich, 2–4 cm lang, ± spitz, Basis keilförmig, dicht kerbig gesägt, oberseits glänzend dunkelgrün, unterseits kahl oder anfangs leicht behaart.
Blüten: 8 mm breit, in 2,5–4 cm breiten, vielblütigen, behaarten Trugdolden, Mai–Juni.
Früchte: 5–6 mm dick, scharlachrot, zahlreich.
Verbreitung: S-Europa, Türkei, Kaukasien, N-Iran.
Verwendung: Sehr häufig (in Gartenformen), ♧, Bi, WHZ 6b, LB 6.3.2.4.

Pyracantha rogersiana (A.B. Jacks.) Bean, Gelbfrüchtiger Feuerdorn

Habitus: 3–4 m hoher Strauch, junge Triebe kurz behaart, später kahl und rotbraun.
Blätter: Verkehrteiförmig-lanzettlich bis schmal verkehrteiförmig, 2–3,5 cm lang, meist abgerundet, in der oberen Hälfte leicht gezähnt, oberseits dunkelgrün, unterseits heller.
Blüten: 5 mm breit, in kleinen Trugdolden, Juni.
Früchte: 8–9 mm dick, goldgelb bis rötlich orange.
Verbreitung: China: Yunnan.
Verwendung: Sehr selten, WHZ 8a, LB 6.1.1.5.

Pyracantha-Gartenformen

Die bei uns kultivierten Gartenformen sind entweder Auslesen aus *P. coccinea* ('Bad Zwischenahn', 'Kasan', 'Lalandei', 'Red Column', 'Red Cushion', 'Telstar') oder Hybriden, an deren Zustandekommen neben *P. coccinea* vor allem *P. rogersiana*, seltener auch *P. crenatoserrata* beteiligt sind. Mit Ausnahme von 'Red Column' sind alle *P.-coccinea*-Sorten zwar frosthart, aber ± anfällig gegen Schorf. Die Hybriden sind dagegen weniger anfällig, teilweise aber auch weniger frosthart.

In Kultur sind zurzeit vor allem folgende, z. T. vom Bundessortenamt positiv bewertete Sorten:

'Golden Charmer'. Wuchs aufrecht bis buschig, bis 3 m hoch, etwas breiter als hoch. Früchte mittelgroß, leuchtend orange.

'Orange Charmer'. Wuchs aufrecht bis buschig, bis etwa 2,5 m hoch, breiter als hoch. Früchte klein bis mittelgroß, tieforange.

'Orange Glow'. Wuchs schlank aufrecht, bis etwa 2,5 m hoch. Früchte mittelgroß, orangerot bis dunkelorange.

'Red Column'. Wuchs stark, straff aufrecht. Früchte groß, leuchtend hellrot, zahlreich.

'Red Cushion'. Wuchs buschig bis ausgebreitet, etwa 0,9 m hoch und 1,5 m breit. Früchte mittelgroß, orangerot.

SAPHYR ORANGE ('Cadange'). Wuchs stark, ziemlich schmal aufrecht. Früchte groß, zahlreich, leuchtend dunkelorange.

SAPHYR ROUGE ('Cadrou'). Wuchs mittelstark, aufrecht. Früchte groß, zahlreich, glänzend karminrot, später tieforange.

'Soleil d'Or'. Wuchs kräftig, buschig, breiter als hoch. Früchte mittelgroß, reingelb bis goldgelb, zahlreich.

'Teton'. Wuchs breit aufrecht, bis 4 m hoch. Früchte klein, goldgelb bis gelborange, zahlreich. Wenig anfällig gegen Schorf und Feuerbrand.

Pyrus L.

Birne – Rosaceae

(lateinisch *pirus*, *pyrus* = Birnbaum, *Pyrus communis*)

Habitus: Sommergrüne, selten halbimmergrüne Bäume oder Großsträucher, Borke grau, kleinfeldrig, ± längsrissig, Zweige meist kahl, olivgrün bis grau- oder rotbraun, Kurztriebe gelegentlich verdornend, Knospen spitz eiförmig bis kegelförmig, rotbraun, glänzend, Blattnarben schwärzlich.
Blätter: Wechselständig, einfach, rundlich bis lanzettlich, oft gesägt oder gezähnt, selten gelappt, Nebenblätter klein.
Blüten: Zwittrig, radiar, 2–4 cm breit, mit oder vor den Blättern, in mehrblütigen Dolden oder kurzen Trugdolden, an seitlichen Kurztrieben, 5-zählig, Kelchblätter meist zurückgebogen oder gespreizt, Kronblätter weiß, selten rosa getönt, rundlich oder breit verkehrteiförmig, Staubblätter meist 20, selten 25–30, Staubbeutel meist rot bis violett, Griffel 2–5, frei, nur am Grund von der Nektarscheibe eingeschnürt.
Früchte: Kernäpfel kugelig bis birnenförmig, 2–4(–8) cm groß, gelb oder braun, Kelch bleibend oder fehlend, Fruchtfleisch gleichmäßig dicht mit harten, körnigen Einschlüssen, je Fach 1–2 schwarze oder schwarzbraune Samen, Stiel 1–3 cm lang, dick.
Verbreitung: Etwa 25 Arten von Europa bis O-Asien, südl. bis N-Afrika, Iran und Himalaja.
Verwendung: Mit Ausnahme der Fruchtsorten nur wenige Arten regelmäßig als Blütenbäume angepflanzt.

Bestimmungsschlüssel Pyrus

1 Blätter (zumindest viele) tief fiederteilig . . . . . *P. regelii*
– Blätter einfach: ganzrandig oder Rand höchstens gezähnt, gesägt oder gekerbt 2
2 Blätter gezähnt oder gesägt 3
– Blätter ganzrandig oder Rand höchstens gekerbt 8
3 Blätter fein und langgrannig gesägt 4
– Blattrand anders gestaltet 5
4 Blätter etwa doppelt so lang wie breit . . . . . *P. pyrifolia* var. *pyrifolia*
– Blätter kaum länger als breit . . . . . *P. ussuriensis* var. *ussuriensis*
5 Blattrand gleichmäßig fein gesägt, bewimpert 6
– Blattrand unregelmäßig gesägt, kahl . . . . . *P. betulifolia*
6 Blätter rundlich, Blattstiel etwa so lang wie die Spreite . . . . . *P. pyraster*
– Blätter deutlich länger als breit, Stiel deutlich kürzer als Spreite 7

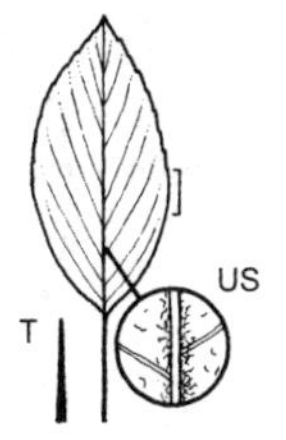

Pyrus amygdaliformis

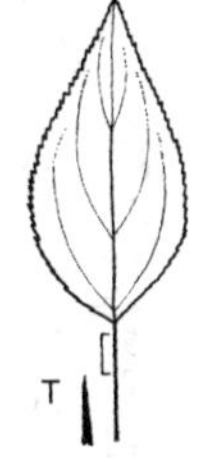

Pyrus betulifolia

7 Blätter rautenförmig . . . . . *P. betulifolia*
– Blätter eiförmig . . . . . *P. communis*
8 Blätter schmal lanzettlich, höchstens 2,5 cm breit 9
– Blätter viel breiter (wenigstens viele) 10
9 Blätter unterseits matt, weißgrau-haarig . . . . . *P. elaeagrifolia* var. *elaeagrifolia*
– Blätter glänzend, verkahlend . . . . . *P. salicifolia*
10 Blätter jung unterseits weißfilzig . . . . . *P. nivalis*
– Blätter unterseits höchstens spärlich behaart 11
11 Blattstiel etwas geflügelt, Triebe ± kantig und behaart. Blätter mit weniger als 5 Seitennervenpaaren . . . . . *P. calleryana* var. *calleryana*
– Blattstiel nicht geflügelt, Triebe rund und kahl, Blätter auch mit über 10 Seitennervenpaaren . . . . . *P. amygdaliformis*

Pyrus amygdaliformis Vill., Mandelblättrige Birne

Habitus: Bis 6 m hoher, sparriger, oft dorniger Baum oder Strauch, junge Triebe dünn zottig behaart, später braun und glänzend.
Blätter: Eiförmig bis eiförmig-länglich, 2,5–7 cm lang, spitz oder stumpf, Basis meist keilförmig, dicklich, ganzrandig oder etwas gekerbt, anfangs schwach filzig, später oberseits kahl und glänzend, unterseits bläulich grün, Stiel dünn, 1–3 cm lang.
Blüten: 2–2,5 cm breit, zu 8–12 in graufilzig behaarten Trugdolden, April–Mai.
Früchte: Kugelig bis kurz birnenförmig, 2–3 cm dick, gelblich braun, Stiel dick, 2–3 cm lang.
Verbreitung: SO-Europa, Türkei.
Verwendung: Selten, B, ♧, Bi, WHZ 6a, LB 6.3.2.4.

Pyrus betulifolia Bunge, Birkenblättrige Birne

Habitus: 5–10 m hoher, schmalkroniger Baum, junge Triebe graufilzig behaart, im 2. Jahr kahl.
Blätter: Rautenförmig bis länglich-eiförmig, 5–8 cm lang, zugespitzt, Basis breit keilförmig, scharf gesägt, zuletzt oberseits kahl und

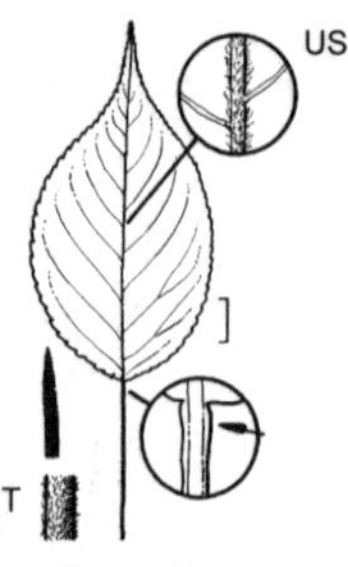

Pyrus calleryana

Pyrus communis

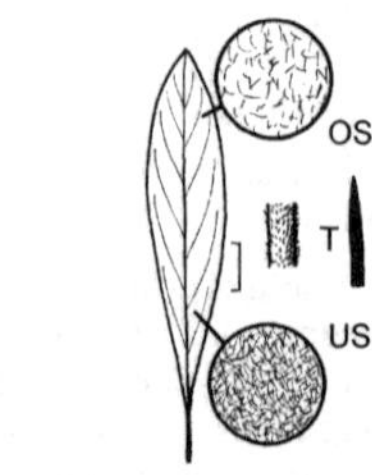

Pyrus elaeagrifolia var. elaeagrifolia

glänzend grün, unterseits graugrün, spärlich behaart, Stiel 2–3 cm lang, filzig.
Blüten: 1,5–2 cm breit, zu 8–10 in filzig behaarten Trugdolden, Stiel 1,5–2 cm lang, Mai.
Früchte: Nahezu kugelig, 1,5–2 cm dick, braun, weiß punktiert, Kelch fehlend, Stiel 2–3 cm lang.
Verbreitung: N-China.
Verwendung: Selten, B, ♣, Bi, WHZ 5b, 6.3.2.3.

Pyrus calleryana Decne. **var. calleryana**, Chinesische Birne

Habitus: 5–8 m hoher Baum, Krone anfangs regelmäßig kegelförmig, Kurztriebe verdornend, Triebe kahl, Knospen fein behaart.
Blätter: Breit eiförmig bis eiförmig, 4–8 cm lang, zugespitzt, Basis abgerundet oder breit keilförmig, gekerbt, oberseits dunkelgrün und kahl, unterseits heller, Stiel 2–4 cm lang, Herbstfärbung glänzend dunkel braunrot.
Blüten: 2–2,5 cm breit, in kahlen Trugdolden, Stiel 1,5–3 cm lang, Mai.
Früchte: Kugelig, 1 cm dick, schwärzlich braun, hell punktiert, Kelch fehlend, Stiel dünn.
Verbreitung: S-China.
Verwendung: Selten, B, H, Bi, WHZ 6a, LB 6.1.2.3.

'Chanticleer'. Wuchs baumartig, bis 15 m hoch, Krone schmal kegelförmig, bis 4 m breit. Blätter lange haftend, Herbstfärbung gelb, orange, scharlach und purpurn. Mit Einschränkungen als Stadtstraßenbaum geeignet.

P. chamaemespilus (L.) Ehrh. = *Sorbus chamaemespilus*

Pyrus communis L., Kultur-Birne

Habitus: Bis 15(–20) m hoher Baum, Krone schmal oder breit kegelförmig oder hoch gewölbt, Äste sparrig abstehend, Zweige unbedornt. Bei *P. communis* handelt es sich um eine komplexe Hybride, an deren Zustandekommen mehrere Arten beteiligt sind.
Blätter: Eiförmig bis elliptisch, 5–9 cm lang, spitz, kerbig gesägt bis ganzrandig, sehr schnell kahl werdend, oberseits glänzend grün, Stiel dünn, 1,5–5 cm lang, deutlich kürzer als die Spreite.
Blüten: Etwa 3 cm breit, selbststeril, zu 3–9 in zottig behaarten oder kahlen Trugdolden, Krone weiß oder rosa, Staubblätter rot. April–Mai.
Früchte: Birnenförmig oder fast kugelig, über 5 cm lang, grün, gelb oder bräunlich, oft mit roter Backe, saftig, je nach Sorte herbsäuerlich bis fruchtig, essbar, Kelch bleibend.
Verbreitung: Seit Langem in vielen Ländern mit mehr als 1500 Sorten in Kultur.
Verwendung: Sehr häufig, N, B, ♣, Bi, WHZ 5a, LB 6.4.2.2 (2.5.2.2).

'Beech Hill'. Wuchs anfangs straff aufrecht, später breiter werdend. Mit Einschränkungen als Stadtstraßenbaum geeignet.

P. decora (Sard.) Hyl. = *Sorbus decora*
P. domestica (L.) Sm. = *Sorbus domestica*
P. domestica Medik. = *Pyrus communis*

Pyrus elaeagrifolia Pall. **var. elaeagrifolia**, Ölweidenblättrige Birne

Habitus: Kleiner Baum, ähnlich *P. nivalis*, Zweige dornig, junge Triebe filzig.
Blätter: Lanzettlich bis schmal-elliptisch, 3,5–8 cm lang, stumpf bis kurz zugespitzt, Basis keilförmig, ganzrandig, beiderseits

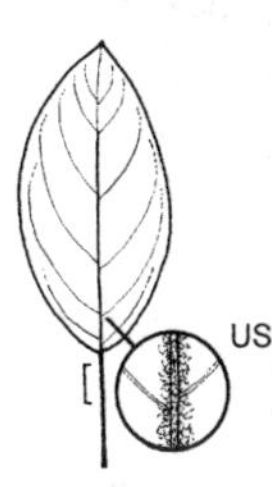

Pyrus nivalis

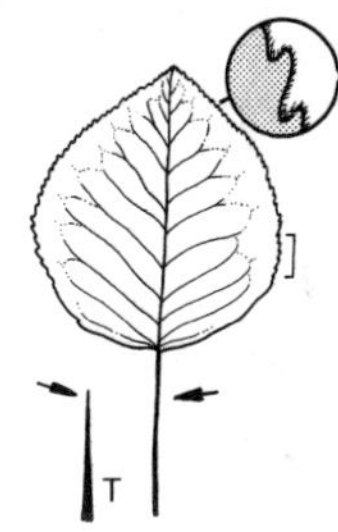

Pyrus pyraster

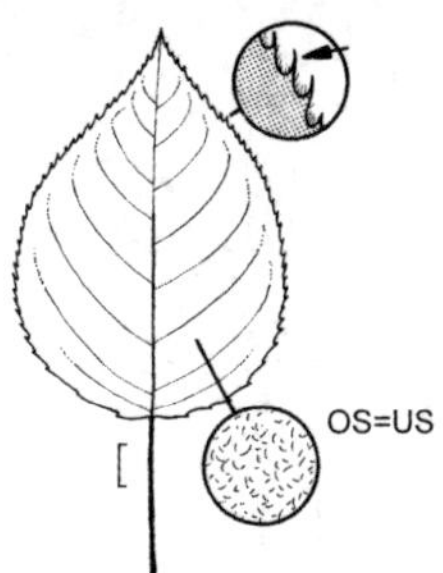

Pyrus pyrifolia var. pyrifolia

grau oder weiß behaart, oberseits oft kahl werdend, Stiel 1–4 cm lang.
Blüten: 2,5–3 cm breit, in filzig behaarten Trugdolden, Griffel etwa bis zur Mitte behaart, Mai.
Früchte: Kugelig bis kreiselförmig, etwa 2 cm dick, grün, kurz gestielt.
Verbreitung: Türkei.
Verwendung: Selten, B, Bi, WHZ 5a, LB 6.4.2.3.

var. kotschyana (Decne.) Boiss. Kleiner, dornenloser Baum. Blätter 5–6 cm lang. Türkei.

Pyrus nivalis Jacq., Schnee-Birne

Habitus: 10(–16) m hoher Baum, Zweigdornen fehlend, junge Triebe filzig behaart.
Blätter: Elliptisch bis verkehrteiförmig, 5–9 cm lang, spitz, Basis keilförmig, ganzrandig oder schwach gekerbt, anfangs weißfilzig, später oberseits kahl oder nur schwach behaart, Stiel 1–3 cm lang, Herbstfärbung dunkelrot.
Blüten: 2–3 cm breit, zu 6–9 in weißfilzig behaarten Trugdolden, April–Mai.
Früchte: Kugelig bis birnenförmig, 3–5 cm dick, gelblich grün, rot punktiert, Stiel bis 5 cm lang, sauer schmeckend, erst überreif essbar.
Verbreitung: S-, OM- und SO-Europa.
Verwendung: Selten, N, B, ♧, Bi, WHZ 6a, LB 6.3.2.4 (9.2.1.4).

Pyrus pyraster (L.) Burgsd., Wild-Birne

Habitus: 15–20 m hoher, schwach bedornter Baum, Schuppenborke klein gefeldert, Krone breit kegelförmig, Zweige olivgrün bis graubraun, vor allem an jungen Pflanzen mit Dornen bewehrt.
Blätter: Rundlich bis breit eiförmig, 2,5–7 cm lang, spitz oder kurz zugespitzt, Basis schwach herzförmig bis breit keilförmig, gleichmäßig fein gezähnt oder selten ganzrandig, oberseits glänzend dunkelgrün, unterseits bläulich grün, Stiel 3–7 cm lang (etwa so lang wie die Spreite).
Blüten: Etwa 3 cm breit, zu 3–9 in zottig behaarten oder kahlen Trugdolden, Staubblätter 20–30, April–Mai.
Früchte: Kugelig bis kurz birnenförmig, 1,5–3,5 cm lang, stumpfgelb, braun gefleckt, hart, roh herb und adstringierend, Kelchblätter bleibend.
Verbreitung: Europa (ausgenommen Britische Inseln und Skandinavien), Türkei, Kaukasien, Iran.
Verwendung: Selten, B, WHZ 5a, LB 6.4.2.2 (2.5.2.2).

Pyrus pyrifolia (Burm. f.) Nakai **var. pyrifolia**, Sand-Birne

Habitus: 5–12 m hoher Baum, Triebe anfangs dicht wollig behaart oder kahl, im 2. Jahr rötlich braun bis dunkelbraun.
Blätter: Eiförmig-länglich, selten eiförmig, 7–10 cm lang, lang zugespitzt, Basis meist abgerundet, scharf borstig gesägt, Zähne leicht anliegend, kahl oder anfangs etwas flockig behaart, Stiel 3–4,5 cm lang.
Blüten: 3–3,5 cm breit, zu 6–9 in kahlen oder anfangs flockig behaarten Trugdolden, Stiele 3–4,5 cm lang, Kelchblätter lang zugespitzt, doppelt so lang wie die Kelchröhre, Griffel meist 5, kahl, April–Mai.
Früchte: Fast kugelig, 3 cm dick, braun, hell punktiert, Fruchtfleisch ziemlich hart, Kelch fehlend.
Verbreitung: M- und W-China.
Verwendung: Sehr selten, N, B, ♧, Bi, WHZ 6a, 6.3.1.3.

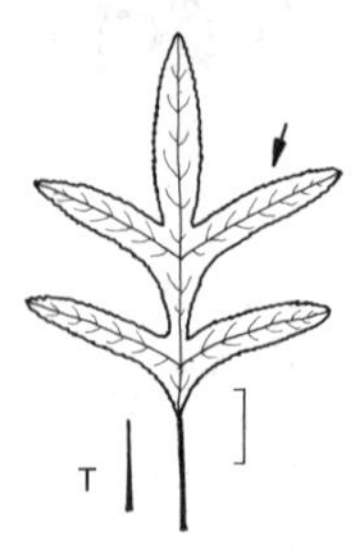

Pyrus regelii

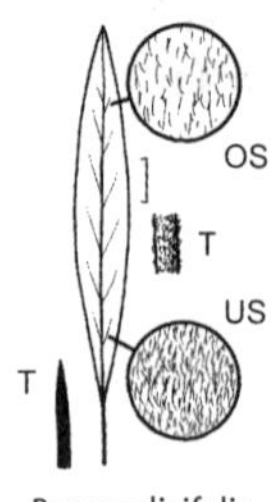

Pyrus salicifolia

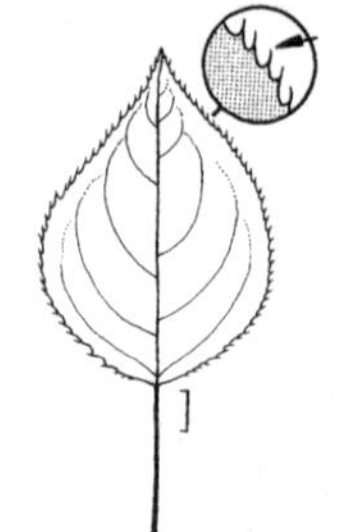
Pyrus ussuriensis var. ussuriensis

var. culta (Makino) Nakai, Nashi-Birne. Blätter bis 15 cm lang. Früchte größer als bei var. *pyrifolia*, apfel- oder birnenförmig, braun oder gelb. In O-Asien und N-Amerika häufig als Obstbaum gepflanzt.

Pyrus regelii Rehder, Regels Birne, Turkmenische Birne

Habitus: Bis 12 m hoher Baum, Krone eiförmig, 3–4 m breit. Zweige oft dornig, Triebe graufilzig behaart, im 2. Jahr kahl und purpurbraun.
Blätter: Variabel, teils länglich-eiförmig und ganzrandig oder mit 1 bis mehreren, seichteren bis tieferen Lappen, grob gesägt, teils fiederteilig und mit 5–7 schmalen, gesägten Abschnitten, anfangs filzig behaart, später kahl.
Blüten: 2–2,5 cm breit, zu wenigen in kurzen Trugdolden, April–Mai.
Früchte: Birnenförmig oder kugelig, 2–3 cm dick.
Verbreitung: M-Asien.
Verwendung: Selten, (mit Einschränkungen als Stadtstraßenbaum geeignet), WHZ 7a, LB 6.3.2.4.

Pyrus salicifolia Pall., Weidenblättrige Birne

Habitus: 5–9 m hoher, meist kurzstämmiger Baum, Äste waagerecht abstehend bis knieförmig abwärts gebogen, Zweige dünn, ± hängend, Seitenzweige oft dornig, Triebe im 1. Jahr dicht grauweiß filzig.
Blätter: Schmal lanzettlich, 3–9 cm lang, nach beiden Enden verschmälert, ganzrandig, anfangs beiderseits silbergrau behaart, später oberseits kahl und glänzend, unterseits behaart bleibend, Stiel 0,3–1,5 cm lang.
Blüten: 2 cm breit, zu 6–8 in kleinen Trugdolden, Basis der Griffel, Kelch und Blütenstiele weißwollig behaart, April.
Früchte: Birnenförmig, 2–3 cm lang, grün, hart, Stiel kurz und dick, Kelch bleibend.
Verbreitung: Türkei, Kaukasien, Iran.
Verwendung: Häufig, B, Bi, WHZ 5b, LB 6.1.2.3.

P. spinosa Forssk. = *P. amygdaliformis*
P. suecica (L.) Garcke = *Sorbus intermedia*
P. torminalis (L.) Ehrh. = *S. torminalis*

Pyrus ussuriensis Maxim. **var. ussuriensis**, Ussuri-Birne

Habitus: Bis 15 m hoher Baum, Triebe gelblich braun, kahl oder nahezu kahl.
Blätter: Rundlich-eiförmig oder eiförmig, 5–10 cm lang, zugespitzt, Basis abgerundet oder schwach herzförmig, fein und scharf gesägt, Zähne in eine lange Granne auslaufend, nur im Austrieb leicht bis filzig behaart, später ± kahl, Stiel 2–5 cm lang.
Blüten: 3–3,5 cm breit, zu 6–9 in dichten, kahlen Trugdolden, Stiele früh verkahlend, Griffel am Grund behaart, April–Mai.
Früchte: ± kugelig, 3–4 cm dick, grünlich gelb, Fruchtfleisch hart, Kelch bleibend, Stiel kurz, dick.
Verbreitung: Russ. Ferner Osten, Mandschurei, Korea.
Verwendung: Selten, B, Bi, WHZ 6a, LB 7.1.3.3.

var. hondoensis (Kikuchi et Nakai) Rehder. Triebe und Blätter anfangs wollig behaart, Blattzähne weniger borstig zugespitzt, feiner und mehr anliegend als bei var. *ussuriensis*. M-Japan.

Quercus L.

Eiche – Fagaceae

(lateinisch *quercus* = Eiche)

Habitus: Überwiegend sommer-, seltener immergrüne Bäume, gelegentlich Sträucher, Zweige ± deutlich 5-kantig, wie die Knospen kahl oder behaart, Endknospen von mehreren, nahezu gleich großen Subterminalknospen umgeben, Knospenschuppen in 5 Längszeilen angeordnet.
Blätter: Wechselständig, kurz gestielt, fiedrig gelappt, selten ganzrandig oder gezähnt, oft sternhaarig, Nebenblätter meist hinfällig.
Blüten: 1-geschlechtig, 1-häusig verteilt, unscheinbar, ♂ Blüten mit 6- bis 8-teiliger Blütenhülle und 6–10 Staubblättern, einzeln in hängenden, büschelig gehäuften Kätzchen am Grund von Jungtrieben, ♀ Blüten mit 6-zähniger Blütenhülle und 3-fächrigem Fruchtknoten, einzeln oder zu 1–5 in ährenartigen oder kopfigen, ± aufrechten Ständen im Spitzenbereich von Jungtrieben.
Früchte: Eicheln kugelig oder eiförmig, länglich oder zylindrisch, 1–3,5 cm lang, zu ⅓ bis ½ (selten bis zu ¾) von einem kugeligen, napf-, teller- oder becherförmigen Fruchtbecher umgeben, einzeln oder zu mehreren in sitzenden oder gestielten Ständen, Samenreife der Weiß-Eichen (Sektion *Quercus*) im 1. Jahr, der Zerr-Eichen (Sektion *Cerris*) und der Rot-Eichen (Sektion *Lobatae*) im 2. Jahr.
Verbreitung: Etwa 550 Arten in Europa (25 Arten), N-Afrika, Vorderasien, W-Sibirien, in O- und SO-Asien bis Indonesien, in N- und M-Amerika bis Nicaragua.
Verwendung: Wichtige, häufig gepflanzte Wald-, Park- und Straßenbäume.

Bestimmungsschlüssel Quercus

1 Blätter immergrün (Blätter des Vorjahres noch vorhanden) . . . 2
– Blätter sommergrün . . . 4
2 Blätter gezähnt, unterseits filzig behaart, Zähne mit Stachelspitzchen . . . 3
– Blätter stumpf gelappt, unterseits nur zerstreut behaart . . . *Q. ×turneri* 'Pseudoturneri'
3 Blattzähne deutlich, dreieckig . . *Q. ×hispanica*
– Zähne sehr flach, z. T. fehlend . . . *Q. ilex*
4 Blätter ganzrandig, nur die Mittelrippe in eine Grannenspitze auslaufend . . . 5
– Blätter buchtig-gelappt oder gezähnt . . . 6
5 Blätter höchstens 25 mm breit, Blattstiel höchstens 6 mm lang . . . *Q. phellos*
– Blätter breiter, Blattstiele länger (wenigstens die meisten) . . . *Q. imbricaria*
6 Blätter regelmäßig gezähnt . . . 39
– Blätter gelappt oder sehr unregelmäßig gezähnt . . . 7
7 Blattlappen gerundet (höchstens mit Knorpelspitze) . . . 18
– Blattlappen grannenspitzig . . . 8
8 Blätter im Umriss lanzettlich, regelmäßig gelappt . . . 9
– Blätter im Umriss elliptisch, (sehr) unregelmäßig gelappt . . . 10
9 Blattbasis abgerundet, asymmetrisch . . . *Q. ×leana*
– Blattbasis keilförmig, symmetrisch . . . *Q. ×heterophylla*
10 Blätter nur nahe der Spitze flach 3-lappig . . . *Q. marilandica*
– Blätter deutlich gelappt . . . 11
11 Blätter unterseits kahl, höchstens zerstreut oder in den Nervenwinkeln behaart . . . 12
– Blätter unterseits bleibend filzig behaart . . . 17
12 Blätter nur flach gelappt (höchstens bis etwa zur halben Spreitenhälfte) . . . 13
– Blätter tiefer, mindestens bis zu ⅔ der Spreitenhälfte gelappt . . . 14
13 Blätter unterseits und Triebe sternhaarig . . . *Q. velutina*
– Blätter unterseits und Triebe kahl . . . *Q. rubra*
14 Terminalknospen kantig, weißgrau wollig behaart, Blätter unterseits und Triebe zerstreut mit Sternhaaren . . . *Q. velutina*
– Knospen, Blätter und Triebe andersartig . . . 15
15 Blätter unterseits mit undeutlichen oder hellen Achselbärten, größtes Blattlappenpaar ± symmetrisch, Blattgrund keilförmig . . . 16
– Blätter unterseits mit braunen Achselbärten, größtes Blattlappenpaar asymmetrisch, Blattgrund gestutzt . . . *Q. coccinea*
16 Blattstiel höchstens 2 cm lang . . . *Q. ×schochiana*
– Blattstiele länger (wenigstens die meisten) . . . *Q. palustris*
17 Blätter höchstens 10 cm lang, 7 cm breit . . . *Q. ilicifolia*
– Blätter länger und breiter (wenigstens viele) . . . *Q. falcata*
18 (7) Triebe dicht kurz filzig behaart . . . 19
– Triebe (fast) kahl oder lang behaart . . . 25
19 Knospen mit langen, fädlichen (Nebenblatt-)Schuppen . . . 20
– Knospen ohne oder höchstens mit ganz kurzen, fädlichen Schuppen . . . 21
20 Blätter jederseits mit 4–9 knorpelspitzigen Blattlappen . . . *Q. cerris*
– Blätter jederseits mit 7–11 abgerundeten Blattlappen . . . *Q. macranthera*
21 Blattstiele höchstens 5 mm lang . . . *Q. dentata*
– Blattstiele länger (wenigstens viele) . . . 22
22 Blätter nur flach gelappt, Lappen ± 3-eckig-rundlich . . . 23
– Blätter tiefer (bis etwa zur halben Spreitenhälfte) gelappt, Lappen ± parallelrandig . . . 24
23 Blattrand nur wellig bzw. wellig gelappt, alle Hauptseitennerven in Lappen endend . . . *Q. ×hispanica*
– Blattrand deutlich gelappt, mit Buchtennerven . . . *Q. pubescens*
24 Blattspitze unregelmäßig gelappt *Q. pyrenaica*
– Blattspitze auffällig 3-lappig . . . *Q. lyrata*
25 Blattlappen mit kurzen Grannenzähnen . . . *Q. muehlenbergii*
– Blattlappen ohne Grannenzähne . . . 26
26 Blattspreiten länger als 15 cm (wenigstens viele) . . . 27
– Blattspreiten höchstens 15 cm lang . . . 31

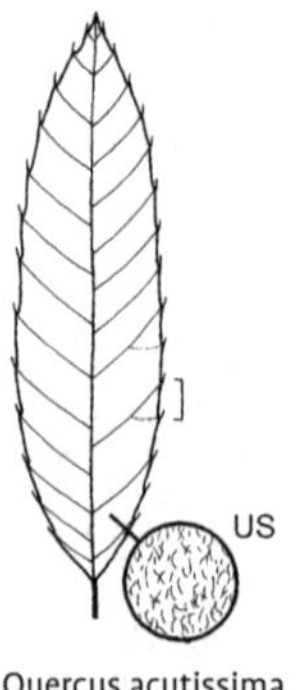

Quercus acutissima

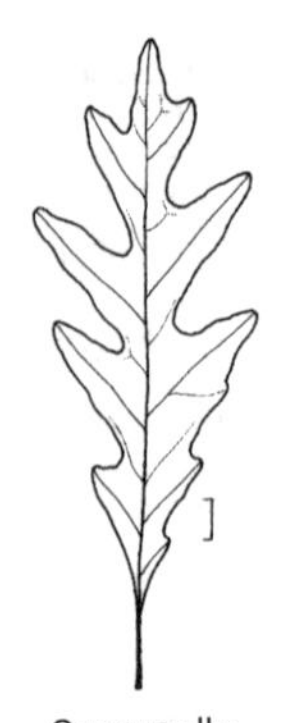
Quercus alba

27 Blattstiel höchstens 1 cm lang 28
– Blattstiele mindestens 1,5 cm lang (wenigstens sehr viele) 30
28 Blätter unterseits und Triebe behaart und mit Sternhaaren. . . . . *Q. frainetto*
– Blätter unterseits höchstens auf den Nerven behaart, ohne Sternhaare, Triebe kahl. 29
29 Blätter jederseits mit 3–7 Lappen, Buchten tief, Blattstiele 8–10 mm lang . . . *Q. ×bimundorum*
– Blätter jederseits mit 7–10 Lappen, Buchten flach, Blattstiele 4–8 mm lang . . . . *Q. mongolica* subsp. *mongolica*
30 Blätter unterseits und Blattstiele kahl . . . . *Q. alba*
– Blätter unterseits und Blattstiel filzig behaart . . . . *Q. macrocarpa*
31 Blätter jederseits mit mindestens 10 Lappen 32
– Blätter jederseits mit höchstens 8 Lappen . . 33
32 Blätter beiderseits spärlich behaart, Triebe rund. . . . . *Q. michauxii*
– Blätter nur unterseits behaart (auch mit Sternhaaren), Triebe kantig . . . . *Q. montana*
33 Blattlappen sehr flach und Blätter unterseits filzig behaart. . . . . *Q. bicolor*
– Blätter andersartig 34
34 Blätter unterseits und Blattstiele mit einigen Sternhaaren. . . . . *Q. ×calvescens*
– Blätter ohne Sternhaare 35
35 Blätter nur flach gelappt (<½ der Spreitenhälfte) 36
– Blätter tief (>½ der Spreitenhälfte) gelappt . . . . *Q. ×bimundorum*
36 Blätter mit (wenigstens 4) Buchtennerven, unterseits kahl, Blattstiele höchstens 1 cm lang 37
– Blätter fast ohne Buchtennerven (max. 3), unterseits entlang der Nerven behaart, Blattstiele länger (wenigstens viele) 38
37 Eines der drei unter 36 für Weg zu 37 genannten Merkmale nicht zutreffend und Früchte traubig genähert, fast sitzend. . . . . *Q. ×rosacea*
– Mindestens 2 der 3 dort genannten Merkmale zutreffend, Früchte lang gestielt und am Stiel verteilt . . . . *Q. robur*
38 Eines der drei unter 36 für Weg zu 38 genannten Merkmale nicht zutreffend und Früchte lang gestielt, am Stiel verteilt. . . . . *Q. ×rosacea*
– Mindestens 2 der 3 dort genannten Merkmale zutreffend, Früchte traubig genähert, fast sitzend. . . . . *Q. petraea*

39 (6) Blätter über 12 cm lang (wenigstens viele) 40
– Blätter kleiner 41
40 Blattstiele höchstens 15 mm lang . . . *Q. pontica*
– Blattstiele länger (wenigstens die meisten) . . . . *Q. acutissima*
41 Blattzähne mit Grannenspitze . . . . . . *Q. libani*
– Blattzähne ohne Grannenspitze 42
42 Blätter höchstens 7 cm lang, Blattrand sehr wellig. 44
– Blätter länger (wenigstens viele), Blattrand nicht wellig 43
43 Blätter unterseits mit Sternhaaren, Blattrandzähne nach außen weisend . . . *Q. castaneifolia*
– Blätter unterseits mit einfachen Haaren, Blattrandzähne einwärts gekrümmt . . . . *Q. serrata*
44 Blattzähne stumpf (höchstens mit Stachelspitzchen) . . . . *Q. ×hispanica*
– Zähne spitz . . . . *Q. trojana*

Quercus acutissima Carruth., Seidenraupen-Eiche

Habitus: Bis 15(–25) m hoher Baum, Krone eiförmig, Äste aufstrebend, Borke unregelmäßig feinrissig, erst im Alter stärker grob gefurcht, Triebe anfangs fein behaart, bald kahl.
Blätter: Länglich-lanzettlich bis verkehrteiförmig, 8–18 cm lang, lang zugespitzt, Basis breit keilförmig bis abgerundet, Nervenpaare 8–20, parallel verlaufend, in langen Grannenspitzen endend, oberseits glänzend dunkelgrün, unterseits heller und kahl, höchstens mit kleinen Achselbärten in den Nervenwinkeln, Stiel 1,5–2,5 cm lang, dünn.
Früchte: Eiförmig, bis 2,5 cm lang, einzeln, sitzend, zu ⅔ von einem halbkugeligen Becher umgeben, Schuppen lang, abstehend, behaart, Samenreife im 2. Jahr.
Verbreitung: Himalaja, China, Korea, Japan.
Verwendung: Selten (in China als Seidenraupenbaum in Kultur), N, WHZ 7b, LB. 3.2.2.3.

Quercus alba L., Weiß-Eiche

Habitus: Bis 30(–45) m hoher, breitkroniger Baum, in Kultur meist niedriger, Krone unregelmäßig breit abgerundet, Borke dick, hell grauweiß, rot, braun oder schwarz, zuletzt unregelmäßig längs gefurcht und sich in langen Schuppen lösend, Triebe rotbraun oder grau, sehr rasch kahl.
Blätter: In der Form sehr variabel, verkehrteiförmig, länglich oder elliptisch, 12–23 cm lang, plötzlich spitz, Basis keilförmig, jederseits 3–7 ganzrandige oder wenig gezähnte, tiefe Lappen, oberseits dunkelgrün, unterseits blaugrün und kahl, Stiel 1,5–2,5 cm lang, Herbstfärbung weinrot bis purpurviolett.

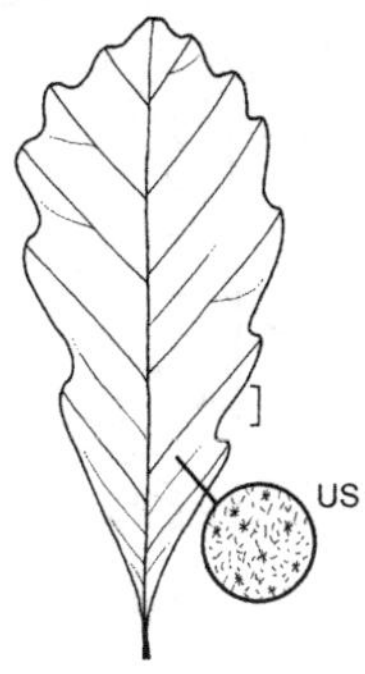

Quercus bicolor

Quercus ×bimundorum

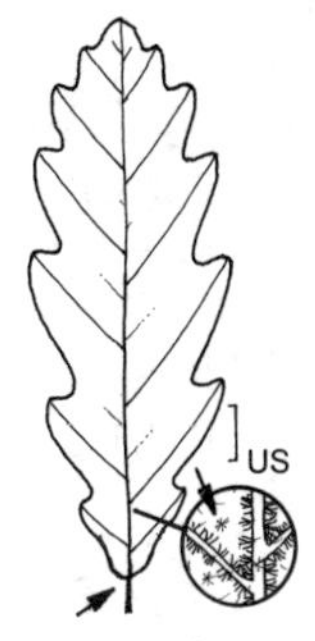

Quercus ×calvescens

Früchte: Eiförmig, 2–2,5 cm lang, zu 1–2, sitzend oder kurz gestielt, zu ¼ von einem grauweißen, seidig behaarten Becher umgeben.
Verbreitung: O-Kanada, NO-, NOZ-, Z- und SO-USA.
Verwendung: Selten (in SO-Kanada und O-USA ein wichtiger Forstbaum), N, H, WHZ 5b, LB 3.2.2.1.

'Elongata'. Blätter deutlich schmaler als bei der Art, bis 25 cm lang, Blattlappen ± löffelförmig nach unten gebogen, Herbstfärbung purpurviolett. Häufiger in Kultur als die Art.

Quercus bicolor Willd., Zweifarbige Eiche, Sumpf-Weiß-Eiche

Habitus: Bis 25 m hoher Baum, Krone breit abgerundet, offen, Borke hell graubraun, schmal längs gefurcht, sich schuppig ablösend, im Alter mit tiefen, ± regelmäßigen Furchen, Triebe anfangs flaumig oder schülferig behaart.
Blätter: Breit verkehrteiförmig, 10–18 cm lang, plötzlich spitz oder abgerundet, Basis spitz zulaufend, jederseits 6–8 flache, abgerundete Lappen, oberseits glänzend dunkelgrün, unterseits graugrün, samtartig bis weißgrau filzig behaart, Mittelnerv und der 1–2 cm lange Blattstiel gelblich, Herbstfärbung gelbbraun bis orange oder rot.
Früchte: Länglich-eiförmig, 2–3 cm lang, zu 1–2 auf 5–8 cm langem, dünnem Stiel, zu ⅓ von einem grauen Becher umgeben.
Verbreitung: O-Kanada, NO-, NOZ-, Z- und SO-USA.
Verwendung: Häufig, N, H, WHZ 4, LB 2.3.3.2.

Quercus ×bimundorum E.J. Palmer
(*Q. alba* × *Q. robur*)

Habitus: Bis 25(–30) m hoher Baum, in Kultur meist niedriger, Krone unregelmäßig abgerundet, Borke dick, grauweiß, zuletzt unregelmäßig längs gefurcht, junge Triebe rostbraun oder gelb, rasch kahl.
Blätter: Sehr variabel, verkehrteiförmig, länglich oder elliptisch, 10–18 cm lang, plötzlich zugespitzt, Basis keilförmig, jederseits 3–7 ganzrandige oder schwach gezähnte, tief gebuchtete Lappen, oberseits dunkelgrün, unterseits blaugrün, kahl, Stiel 5–10 mm lang, Herstfärbung weinrot bis purpurviolett.
Verbreitung: NO-USA.
Verwendung: Selten (vor allem in der folgenden Sorte), verträgt höhere pH-Werte als *Q. alba*. WHZ 5b, LB 3.2.2.1 (2.3.2.1)

Crimson Spire ('Crimschmidt'). Wuchs schlank säulenförmig. Blätter etwas tiefer eingeschnitten, frei von Mehltau, Herbstfärbung auffallend orangerot.

Q. borealis F. Michx.= *Q. rubra*
Q. borealis var. *maxima* (Marshall) Sarg. = *Q. rubra*

Quercus ×calvescens Vukot., Flaumblättrige Bastard-Eiche
(*Q. petraea* × *Q. pubescens*)

Habitus: Bis 25 m hoher Baum, in seinen Merkmalen zwischen den Eltern stehend. Junge Triebe bald kahl.
Blätter: Sehr veränderlich, ähnlich *Q. petraea*, aber Blattstiel kürzer, Spreite an der Basis gelegentlich leicht geöhrt bis herzförmig.
Früchte: Bis 2 cm lang, zu ⅓ von dem leicht behaarten Becher umgeben.

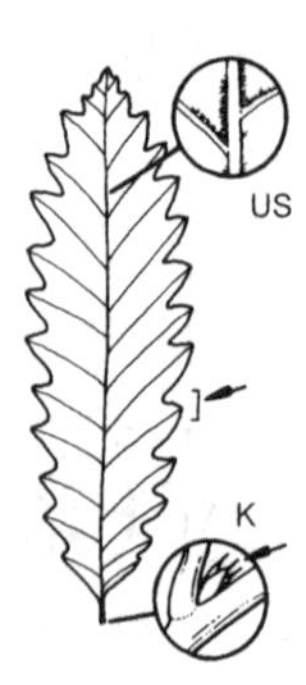

Quercus castaneifolia

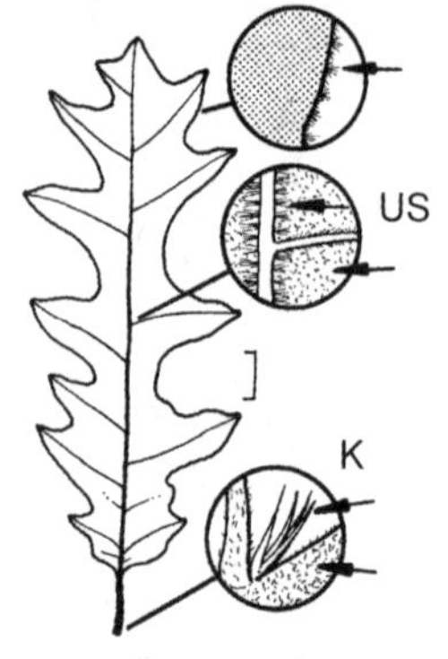

Quercus cerris

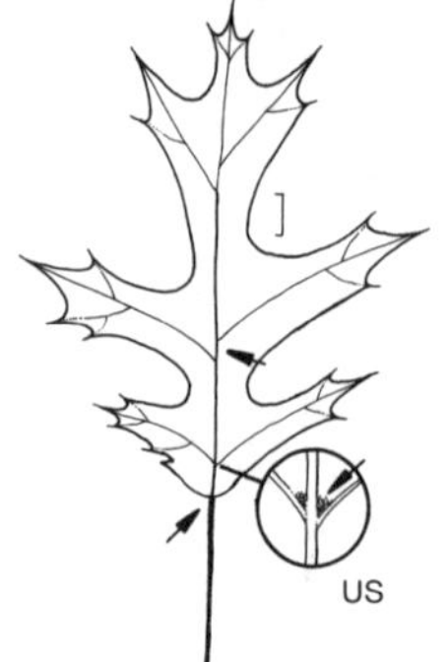

Quercus coccinea

Verbreitung: S- und SO-Europa.
Verwendung: Selten. WHZ 6a, LB 6.3.2.3 (4.2.2.1).

Quercus castaneifolia C.A. Mey., Kastanienblättrige Eiche

Habitus: Bis 35 m hoher Baum, Krone zunächst breit kegelförmig, im Alter hoch und gewölbt, Rinde lange glatt bleibend, Borke später mit flachen, leistenartigen Wülsten, junge Triebe filzig behaart, später kahl, Knospen mit bleibenden Nebenblattschuppen.
Blätter: Schmal eiförmig bis verkehrteiförmig, 8–12 cm lang, spitz, Basis keilförmig bis abgerundet, Nervenpaare 6–14, am Saum 7–14 Paar stachelspitzige Zähne, oberseits dunkelgrün, unterseits heller und ± sternhaarig, Stiel 1–2,5 cm lang, wollig behaart.
Früchte: Eiförmig, 2,5–4 cm lang, zu 1–2(–5), fast sitzend, zu ⅓ bis ½ von einem schuppigen Becher umgeben, Schuppen pfriemlich, abstehend oder zurückgeschlagen, Samenreife im 2. Jahr.
Verbreitung: Kaukasien, Iran.
Verwendung: Häufig, N, WHZ 7a, LB 2.3.2.1.

Quercus cerris L., Zerr-Eiche

Habitus: Bis 30(–45) m hoher Baum, Krone anfangs locker kegelförmig, später meist hoch gewölbt, Äste aufstrebend, Borke dunkelgrau, dick, tief längsrissig gefurcht, Triebe anfangs kurz filzig behaart, Knospen mit bleibenden, fadenförmigen Nebenblattschuppen.
Blätter: Sehr variabel, länglich-eiförmig, 6–14 cm lang, an beiden Enden verschmälert, unregelmäßig tief buchtig gelappt, jederseits 4–9 Lappen, die in einer Stachelspitze enden, oberseits anfangs filzig behaart, später verkahlend und dunkelgrün, unterseits graugrün und behaart, Stiel 1–2 cm lang, mit fadenförmigen Nebenblättern.
Früchte: Länglich-eiförmig, 2,5–3 cm lang, zu 1–4, sitzend oder sehr kurz gestielt, bis zu ½ von einem schuppigen Becher umgeben, Schuppen pfriemlich, zurückgeschlagen, Samenreife im 2. Jahr.
Verbreitung: M- und S-Europa, Libanon, eingebürgert in M-Spanien.
Verwendung: Sehr häufig (als Stadtstraßenbaum geeignet), N, WHZ 6a, LB 6.3.2.1.

Quercus coccinea Münchh., Scharlach-Eiche

Habitus: Bis 30 m hoher Baum, Stamm im Unterschied zu *Q. palustris* nicht durchgehend, Krone locker, mit ansteigenden bis abstehenden Ästen und vielen dünnen Zweigen im Inneren, Borke dunkelgrau, feinrissig, Triebe anfangs behaart, später kahl und orange- bis rotbraun.
Blätter: Verkehrteiförmig bis elliptisch, 8–17 cm lang, Basis meist gestutzt, selten breit keilförmig, jederseits 3–4 abstehende, etwas gezähnte Lappen, oberseits dunkelgrün und kahl, unterseits heller und bis auf braune Achselbärte kahl, Stiel 4–6 cm lang, Herbstfärbung brilliant leuchtend scharlachrot.
Früchte: Eiförmig, 1,5–2,5 cm lang, meist einzeln, zu ⅓ bis ½ von einem napfförmigen Becher umgeben, Schuppen ziemlich groß, gelbbraun, anliegend, Samenreife im 2. Jahr.
Verbreitung: O-Kanada, NO-, NOZ- und SO-USA.

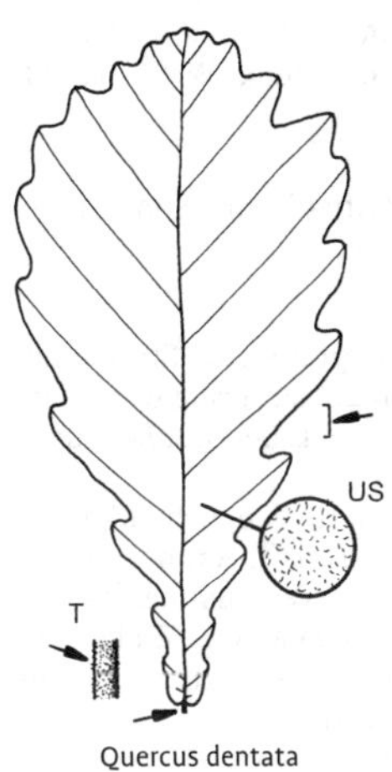

Quercus dentata

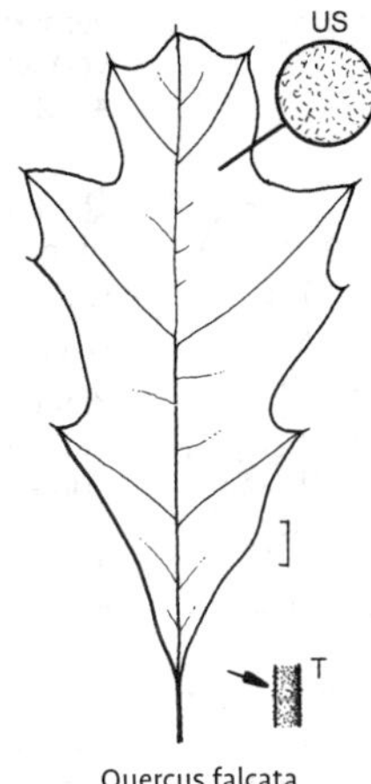

Quercus falcata

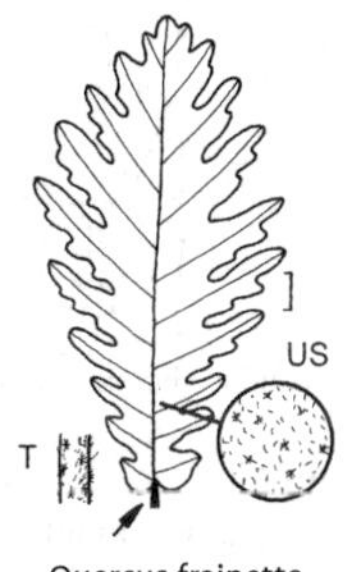

Quercus frainetto

Verwendung: Sehr häufig, N, H, WHZ 5b, LB 4.3.2.2.

Q. conferta Kit. = *Q. frainetto*
Q. daimio hort. ex K. Koch = *Q. dentata*

Quercus dentata Thunb., Japanische Kaiser-Eiche

Habitus: Bis 25 m hoher Baum, Krone offen, oft niedrig angesetzt, Borke schwärzlich grau, dick, tief in unregelmäßige Platten gefurcht, Triebe sehr dick und graufilzig.
Blätter: Länglich-verkehrteiförmig, 30(–50) cm lang, abgerundet oder verschmälert, Basis stark verschmälert, abgerundet oder herzförmig, jederseits 4–12 abgerundete Lappen oder nur wellig-buchtig, Nervenpaare 4–12, oberseits dunkelgrün und anfangs behaart, unterseits anfangs graufilzig, später gelbgrün und weich behaart, Stiel 2–5 mm lang, behaart.
Früchte: Eiförmig bis nahezu kugelig, 1,2–2,5 cm lang, meist in Büscheln, sitzend, zu ½ von einem halbkugeligen, schuppigen Becher umgeben, Schuppen anliegend, Becher am oberen Rand mit langen, fransenartigen, abstehenden Schuppen.
Verbreitung: Japan, Korea, W- und N-China, Mandschurei.
Verwendung: Selten (in China als Seidenraupenbaum in Kultur), N, H, WHZ 6a, LB 4.2.2.2.

Quercus falcata Michx., Sichelblättrige Eiche

Habitus: Bis 30 m hoher Baum, Krone eiförmig bis abgerundet, locker, Borke grau, zunächst flachrissig, später tief und schmal gefurcht, Triebe zumindest anfangs dicht silbrig-weißfilzig behaart.
Blätter: Verkehrteiförmig bis länglich, 9–20(–30) cm lang, spitz oder zugespitzt, Basis abgerundet, gelegentlich keilförmig, tief buchtig gelappt, Lappen 3–7, sichelförmig, mit 1–3 Zähnen, Mittellappen stark verlängert, oberseits anfangs behaart, später glänzend dunkelgrün, unterseits silbrig-weißfilzig behaart, Stiel 3–3,5 cm lang, anfangs behaart.
Früchte: Nahezu kugelig, 1–2 cm lang, sehr kurz gestielt, hell rotbraun, zu ½ in einem sehr flachen Becher sitzend, Schuppen anliegend, Samenreife im 2. Jahr.
Verbreitung: Z- und SO-USA.
Verwendung: Sehr selten, WHZ 7a, LB 4.2.1.3.

Q. farnetto Ten. = *Q. frainetto*
Q. ferruginea F. Michx. = *Q. marilandica*

Quercus frainetto Ten., Ungarische Eiche

Habitus: Bis 30(–40) m hoher Baum, Krone anfangs geschlossen und regelmäßig eiförmig, später sehr breit und aufgelockert, Borke hellgrau, mit einem dichten Netzwerk tiefer Furchen, Triebe nur anfangs behaart.

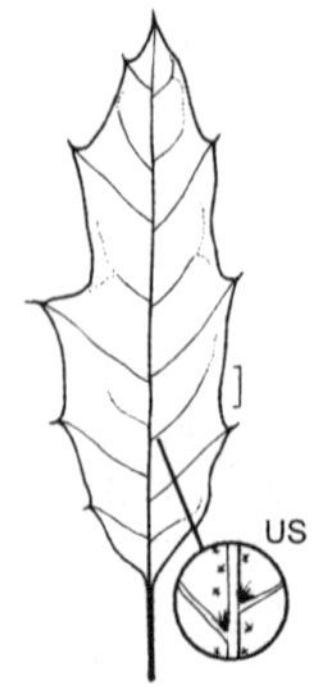

Quercus ×heterophylla

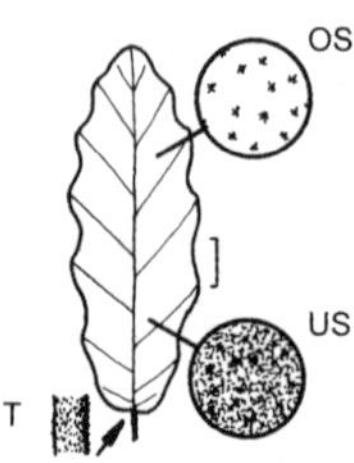

Quercus ×hispanica

Blätter: Verkehrteiförmig, 8–20(–25) cm lang, abgerundet, zur Basis verschmälert und geöhrt, auffallend tief gelappt, jederseits 6–10(–13) längliche Lappen, die Lappen an der Spitze meist 3-lappig und gezähnt, Nervenpaare 7–9(–12), oberseits anfangs gelblich weißfilzig, später kahl oder sternhaarig, dunkelgrün, unterseits graugrün und mit Sternhaaren, Stiel 0,5–1 cm lang.
Früchte: Länglich-elliptisch bis länglich-eiförmig, 1,5–3,5 cm lang, zu 2–5, fast sitzend, bis zu ½ von einem halbkugeligen, außen dicht filzig behaarten Becher umgeben, Schuppen anliegend.
Verbreitung: OM-, S- und SO-Europa, Türkei, Levante.
Verwendung: Sehr häufig (mit Einschränkungen als Stadtstraßenbaum geeignet), H, WHZ 6a, LB 6.3.2.1.

Q. glandulifera Blume = *Q. serrata*

Quercus ×heterophylla F. Michx., Verschiedenblättrige Eiche

(*Q. phellos* × *Q. rubra*)

Habitus: Bis 20(–25) m hoher Baum, Krone ziemlich offen, Äste ausgebreitet, Rinde hellgrau oder braun, dünn, lange glatt bleibend, später rau und feinrissig, Triebe anfangs weißflaumig behaart, später tiefrot bis dunkelbraun.
Blätter: Sehr variabel, länglich-lanzettlich bis verkehrteiförmig, 10–18 cm lang, Basis keilförmig, vorne mit aufgesetzter Spitze, ganzrandig oder jederseits mit 1–4, oft lang zugespitzten und sehr ungleich abstehenden Zähnen, oberseits tiefgrün und glänzend, unterseits mit blassbraunen Haarbüscheln in den Nervenwinkeln.
Früchte: Fast sitzend, ähnlich wie bei *Q. rubra*.
Verbreitung: O-USA.
Verwendung: Sehr selten, WHZ 6a, LB 4.2.2.2.

Quercus ×hispanica Lam., Spanische Eiche

(*Q. cerris* × *Q. suber*)

Habitus: Halbimmergrüner, 15–30 m hoher Baum, gelegentlich nur strauchig wachsend, Borke weniger korkig als bei *Q. suber*, junge Triebe filzig behaart.
Blätter: Ziemlich derb, länglich-elliptisch, 4–12 cm lang, spitz, Basis abgerundet, jederseits 4–7 kleine, 3-eckige, stumpfe, stachelspitzige Zähne, Nervenpaare 5–7, oberseits dunkelgrün, spärlich behaart, unterseits dicht gelblich weißfilzig behaart.
Früchte: 2–4 cm lang, länglich-eiförmig, zu ½ von einem halbkugeligen bis eiförmigen, außen filzig behaarten Becher umgeben, Schuppen aufrecht bis zurückgebogen, Samenreife im 2. Jahr.
Verbreitung: S- und SO-Europa.
Verwendung: Selten, WHZ 7b, LB 6.3.1.4.

'Ambrozyana'. Wintergrüner Strauch oder kleiner Baum. Blätter länglich-verkehrteiförmig, 6–10 cm lang, die lappenartigen Zähne in kurze, pfriemliche Spitzen auslaufend, oberseits glänzend dunkelgrün, unterseits graufilzig.

'Lucombeana'. Wintergrüner, 25–30 m hoher Baum, Krone kegelförmig, Borke etwas korkig. Blätter länglich, 6–12 cm lang, jederseits 6–7(–9) große, 3-eckige Zähne, oberseits glänzend dunkelgrün, kahl, unterseits graugrün, filzig behaart.

'Pseudoturneri' = *Q. ×turneri* 'Pseudoturneri'

'Turneri' = *Q. ×turneri*

Quercus ilex L., Stein-Eiche

Habitus: Immergrüner, bis 20 m hoher Baum, Krone breit gewölbt, Rinde lange glatt bleibend, graubraun, im Alter dünn, klein gefeldert, Triebe graufilzig behaart, im 2. Jahr kahl.
Blätter: Ledrig, sehr veränderlich, 2–9 cm lang, schmal elliptisch, eiförmig-lanzettlich bis nahezu rundlich, spitz oder stumpf, Basis breit keilförmig, ganzrandig oder ± weitläufig gezähnt, oberseits dunkelgrün und glänzend, unterseits grau- bis bräunlich weiß filzig behaart, Stiel 0,6–1,5 cm lang.
Früchte: Länglich-eiförmig bis nahezu kuge-

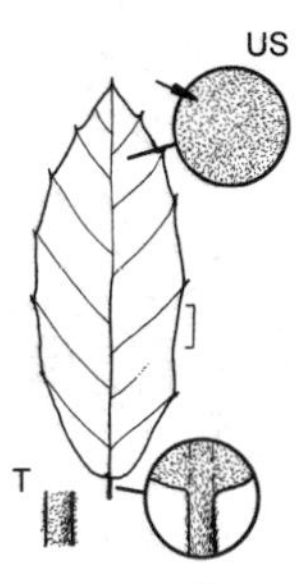

Quercus ilex

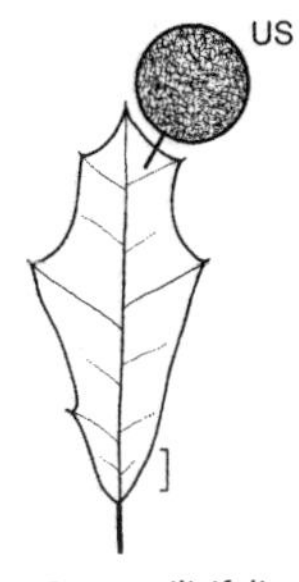

Quercus ilicifolia

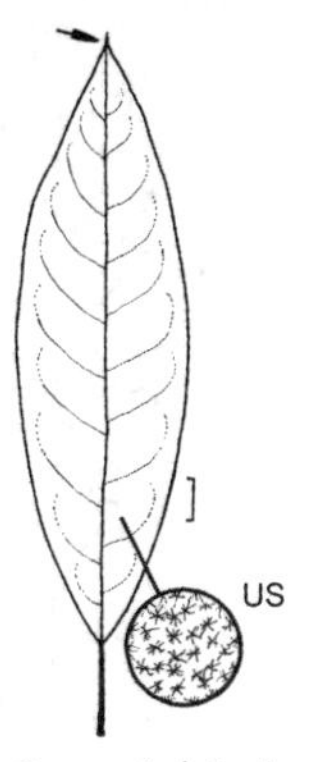

Quercus imbricaria

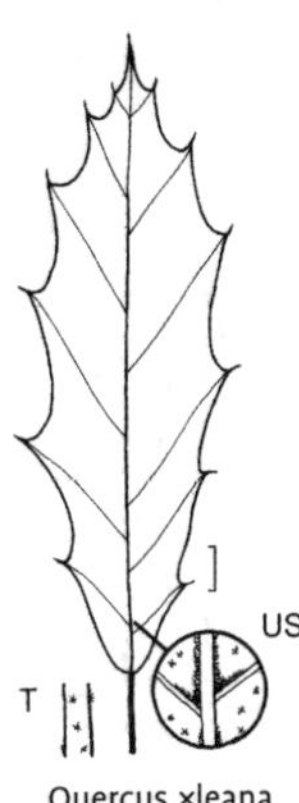

Quercus ×leana

lig, 2–3,5 cm lang, zu 1–3, meist gestielt, zu ½ von einem becherförmigen Becher umgeben, Schuppen dünn, anliegend.
Verbreitung: S- und SO-Europa, Türkei, NW-Afrika.
Verwendung: Sehr selten, N, WHZ 8a, LB 6.2.1.3.

Quercus ilicifolia Wangenh., Busch-Eiche

Habitus: 3–7 m hoher, sparriger, kugelkroniger Baum oder Strauch, Borke dünn, im Alter klein gefeldert, dunkelbraun, Triebe dicht hellgrau behaart, später kahl und dunkelbraun.
Blätter: Verkehrteiförmig, gelegentlich länglich-verkehrteiförmig, 5–12 cm lang, stumpf mit aufgesetzter Spitze, Basis breit keilförmig, jederseits 3–7 flache, 3-eckige Lappen mit kurzer Grannenspitze, oberseits dunkelgrün und glänzend, unterseits dicht weißgrau-filzig behaart, Stiel 0,6–1,5 cm lang, Herbstfärbung gelb bis rotbraun.
Früchte: Kugelig-eiförmig, 1 cm lang, zu 1–2, kurz gestielt, zu ½ von einem schalenförmigen Becher umgeben, Samenreife im 2. Jahr.
Verbreitung: NO- und SO-USA.
Verwendung: Sehr selten, H, WHZ 6b, LB 4.1.2.4.

Quercus imbricaria Michx., Schindel-Eiche

Habitus: Bis 20(–30) m hoher Baum, Krone kegelförmig bis kugelig, Borke im Alter unregelmäßig flach rissig, Triebe bald kahl, dunkelbraun.
Blätter: Länglich-lanzettlich bis eiförmig, von dünner Textur, 7–20 cm lang, an beiden Enden zugespitzt, ganzrandig, Rand wellig, die Mittelrippe in eine manchmal undeutliche Grannenspitze auslaufend, oberseits glänzend dunkelgrün, unterseits blassgrün und weich filzig behaart, Stiel 0,5–1,5 cm lang.
Früchte: Nahezu kugelig, 1–1,5 cm lang, einzeln, kurz gestielt, zu ⅓ bis ½ von einem flachen Becher umgeben.
Verbreitung: NO-, NOZ-, Z- und SO-USA.
Verwendung: Häufig, WHZ 5b, LB 2.3.2.2.

Q. lanuginosa Lam. = *Q. pubescens*

Quercus ×leana Nutt.

(*Q. imbricaria* × *Q. velutina*)

Habitus: Bis 25(–30) m hoher Baum, *Q. imbricaria* nahestehend, Krone kugelig, locker, Borke dunkelgrau, im Alter stark rissig und grob gefeldert, Triebe rötlich, flaumig behaart.
Blätter: Sehr variabel, schmal verkehrteiförmig bis verkehrteiförmig, 8–12(–17) cm lang, spitz, Basis abgerundet, oft etwas schief, ganzrandig oder mit 1–3 unregelmäßigen Lappen nahe der Spitze, oberseits glänzend dunkelgrün, unterseits locker sternhaarig, vor allem in den Nervenwinkeln, Stiel 1,5–2 cm lang.
Früchte: 2 cm lang, zu 1–2, zu ½ von einem tiefen Becher umgeben.
Verbreitung: O-USA.
Verwendung: Sehr selten, WHZ 6a, LB 2.3.2.2.

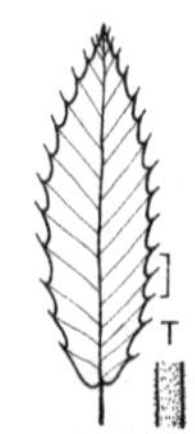

Quercus libani

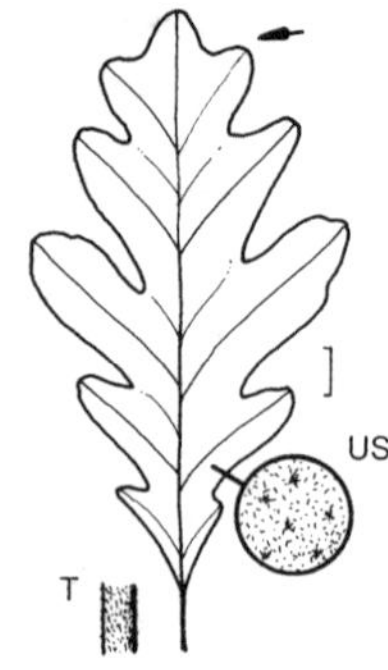

Quercus lyrata

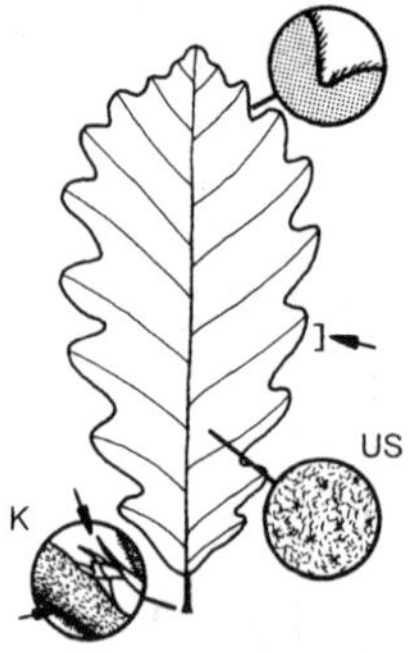

Quercus macranthera

Quercus libani Olivier, Libanon-Eiche

Habitus: Sommer- oder selten wintergrüner, bis 15 m hoher, zierlicher, offenkroniger Baum, Borke ziemlich lange glatt bleibend, im Alter rau und flach längsfurchig, schmale Wülste bildend, junge Triebe rotbraun behaart, bald kahl.
Blätter: Länglich-lanzettlich, 5–11(–15) cm lang, zugespitzt, Basis abgerundet, Rand leicht wellig, gezähnt, Nervenpaare 9–18, ± parallel verlaufend, in den Zähnen in eine kurze Grannenspitze endend, oberseits dunkelgrün und kahl, unterseits hellgrün und fast kahl bis fein kurzhaarig, Stiel 1–1,5 cm lang.
Früchte: Eiförmig bis zylindrisch, 2,2–3,5 cm lang, zu 1–2, zu ⅔ von einem dicht beschuppten, glockigen oder flachen Becher umgeben, Schuppen anliegend oder die oberen abstehend, Samenreife im 2. Jahr.
Verbreitung: Türkei, Syrien, N-Iran, N-Irak.
Verwendung: Häufig, WHZ 6b, LB 6.1.2.3.

Quercus ×libanerris Boom
(*Q. cerris* × *Q. libani*).

Von *Q. cerris* abweichend durch kahle Triebe, linealische Nebenblattschuppen, die nur an den Endknospen vorhanden sind, und eine größere Zahl von Blattlappen. Von *Q. libani* abweichend durch stärkeren Wuchs. In Kultur mit den raschwüchsigen Sorten 'Rotterdam' und 'Trompenburg'. WHZ 6a, LB 6.1.2.3.

Quercus lyrata Walter, Leierblättrige Eiche

Habitus: Bis 15(–25) m hoher Baum, Krone regelmäßig kugelig, Äste und Zweige oft hängend, Borke hellgrau, in große Platten gespalten, Triebe weich behaart, im Winter kahl werdend.
Blätter: Verkehrteiförmig, 10–20 cm lang, spitz oder stumpf, leierförmig-fiederspaltig gelappt, jederseits mit 2–5 stumpfen oder spitzen Lappen, die beiden unteren Paare viel kleiner, der Mittellappen meist 3-lappig, Nervenpaare 4–6, Spreite oberseits dunkelgrün und zuletzt kahl, unterseits weißfilzig behaart.
Früchte: Kugelig bis eiförmig, 1,5–2,5 cm lang, zu ⅔ von einem halbkugeligen, außen graufilzigen Becher umgeben.
Verbreitung: NO-, NOZ- und SO-USA.
Verwendung: Selten, WHZ 6a, LB 2.1.1.3.

Quercus macranthera Fisch. et C.A. Mey. ex Hohen., Persische Eiche

Habitus: Bis 20(–30) m hoher Baum, Krone hoch gewölbt, Borke dünn, in großen Platten abblätternd, Triebe dick, stark graufilzig behaart, erst im 2. Jahr allmählich verkahlend, Knospen mit bleibenden, fadenförmigen Nebenblattschuppen.
Blätter: Verkehrteiförmig, 8–23 cm lang, abgerundet, zur Basis verschmälert, regelmäßig flach gelappt, jederseits 7–11 abgerundete, eiförmige Lappen, die Lappen in der Blattmitte am größten, Nervenpaare 7–11, oberseits dunkelgrün und kahl, unterseits stark gelblich bis rotbraun filzig behaart.
Früchte: Eiförmig-ellipsoid, 1,6–2,5 cm lang, zu 1–4, sitzend, zu ½ von einem halbkugeligen Becher umgeben, Schuppen lanzettlich, aufrecht oder abspreizend, behaart.
Verbreitung: Gebirge in SO-Kaukasien, N-Iran.
Verwendung: Häufig, WHZ 6a, LB 6.1.2.2 (8.2.2.2).

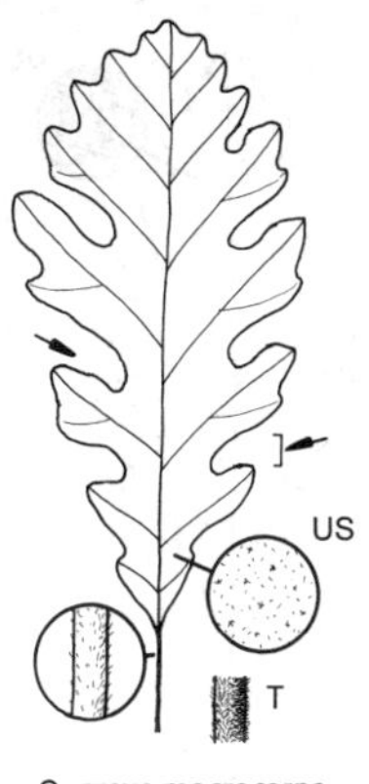

Quercus macrocarpa

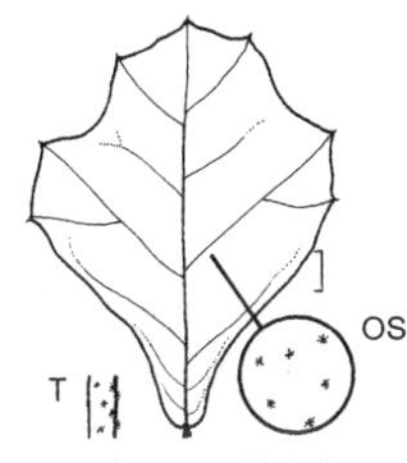

Quercus marilandica

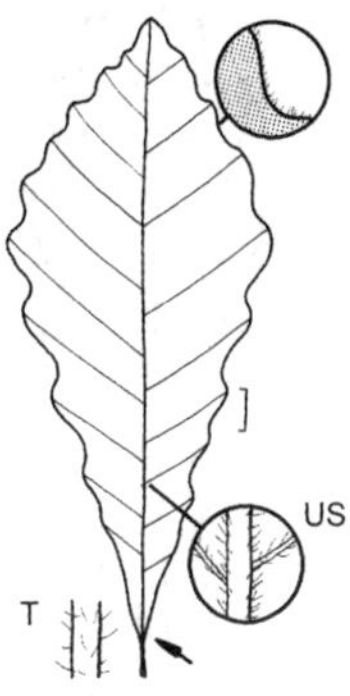

Quercus michauxii

Quercus macrocarpa Michx., Klettenfrüchtige Eiche

Habitus: Bis 30(–50) m hoher, langschäftiger Baum, Krone kugelig, ± regelmäßig, Borke hell graubraun, rau, sich in unregelmäßigen Platten lösend, Triebe dick, anfangs dicht filzig behaart, bald kahl und dunkelbraun.
Blätter: In Form und Größe sehr variabel, verkehrteiförmig, bis länglich-verkehrteiförmig, 10–30(–45) cm lang, Basis verschmälert, keil- oder herzförmig, unregelmäßig leierförmig-fiederspaltig, jederseits 5–7 Lappen, etwas unterhalb der Mitte mit einem sehr tief eingeschnittenen Buchtenpaar, oberseits dunkelgrün, unterseits heller, bläulich- oder weißfilzig behaart, Stiel 2–3 cm lang.
Früchte: Breit eiförmig oder nahezu kugelig, 2,5–5 cm lang, fast sitzend, zu ½ von einem halbkugeligen Becher umgeben, die unteren Schuppen anliegend, die oberen mit freien, abstehenden Spitzen.
Verbreitung: O-Kanada, NO-, NOZ-, Z- und SO-USA.
Verwendung: Häufig, N, WHZ 4, LB 2.4.3.1.

Q. macrocarpa var. *oliviformis* (F. Michx.) A. Gray = *Q. macrocarpa*

Quercus marilandica Münchh., Schwarz-Eiche

Habitus: Bis 15(–25) m hoher, langsam wachsender, knorriger Baum, oft nur strauchig wachsend, Krone kompakt, oft unregelmäßig, Borke schwarzgrau, rau, dick, klein gefeldert, Triebe im 1. Jahr filzig behaart, im 2. Jahr braun und kahl.
Blätter: Breit verkehrteiförmig, (5–)10–20 cm lang, derb, stumpf, Basis abgerundet, im oberen Drittel flach 3- bis 5-lappig, Lappen abgerundet und oft mit kurzer, borstiger Granne, oberseits glänzend dunkelgrün und anfangs mit Sternhaaren, unterseits heller und rostfarben behaart, Stiel 1–2 cm lang, Herbstfärbung braun oder gelb.
Früchte: Länglich-eiförmig, 1–2 cm lang, zu 1–2 auf dickem, kurzem, behaartem Stiel, zu ⅓ bis ½ von einem behaarten Becher umgeben, Schuppen breit, anliegend, Samenreife im 2. Jahr.
Verbreitung: NO-, NOZ-, Z- und SO-USA.
Verwendung: Sehr selten, H, WHZ 7a, LB 4.1.1.3.

Quercus michauxii Nutt., Korb-Eiche

Habitus: Bis 30(–50) m hoher Baum, Krone kugelig, ziemlich kompakt, Borke hellgrau, in dünnen Schuppen ablösend, Triebe anfangs behaart, später kahl und grau.
Blätter: Breit verkehrteiförmig bis länglich-verkehrteiförmig, (6–)10–16(–28) cm lang, spitz, Basis keilförmig oder abgerundet, ziemlich grob regelmäßig gezähnt, jederseits 10–14 stumpfliche Zähne, oberseits frischgrün und glänzend, unterseits graufilzig-samtig behaart, Nervenpaare 9–20, parallel verlaufend, Stiel 1,5–3,5 cm lang.
Früchte: Länglich-elliptisch, 2,5–3,5 cm lang, zu 1–2, sitzend oder kurz gestielt, zu ⅓ von einem beschuppten Becher umgeben, untere Schuppen dick, die oberen einen steifen, fransenförmigen Saum bildend.
Verbreitung: SO-USA.
Verwendung: Sehr selten, WHZ 6a, LB 2.1.2.1.

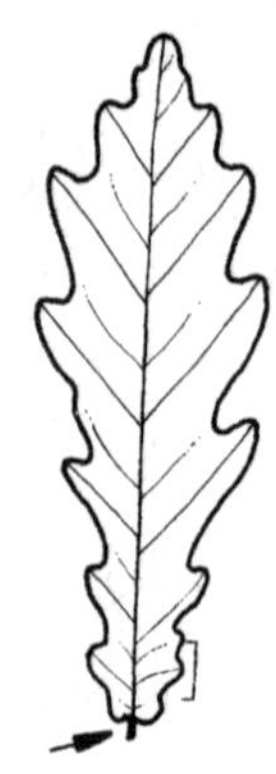
Quercus mongolica subsp. mongolica

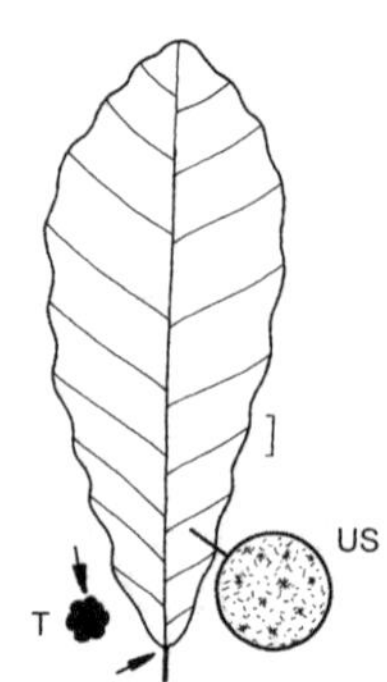

Quercus montana

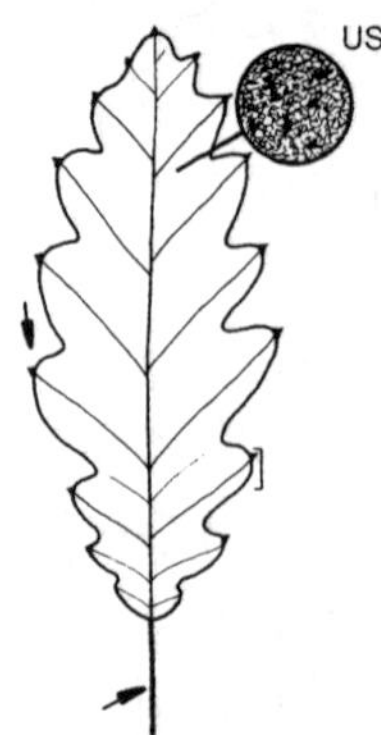

Quercus muehlenbergii

Quercus mongolica Fisch. ex Ledeb. **subsp. mongolica**, Mongolische Eiche

Habitus: Bis 30 m hoher Baum, Borke im Alter mit unregelmäßigen, leistenartigen Wülsten, Triebe kahl.
Blätter: Verkehrteiförmig, (3–)10–20(–30) cm lang, stumpf, zur Basis verschmälert und geöhrt, jederseits 5–18 breite, meist stumpfe, grobe Zähne, oberseits dunkelgrün, unterseits heller und kahl oder nur die Nerven behaart, Stiel 4–8 mm lang.
Früchte: Eiförmig, 1,4–2,6 cm lang, sitzend oder kurz gestielt, zu ⅓ von einem dicken Becher umgeben, Schuppen warzenförmig, die oberen fransenartig zugespitzt.
Verbreitung: O-Sibirien, N-China, Korea, N-Japan, O-Mongolei, O-Russland.
Verwendung: Sehr selten, WHZ 5b, LB 7.2.3.4 (4.2.2.3) (3.1.2.2).

subsp. crispula (Blume) Menitsky. Zweige warzig. Blätter 10–12 cm lang, jederseits 5–18 breite, meist vorwärts gerichtete, spitze Zähne. Fruchtbecher dicht anliegend beschuppt, nicht fransig. Japan, Sachalin, Kurilen.

Quercus montana Willd., Kastanien-Eiche

Habitus: Bis 15(–20) m hoher Baum, Krone kugelig, ziemlich geschlossen, Borke grauschwarz, tief gefurcht, mit breiten, fein quer zerrissenen Wülsten, Triebe nur anfangs behaart.
Blätter: Länglich- bis schmal verkehrteiförmig, 10–23 cm lang, abgerundet, verjüngt oder spitz, Basis keilförmig bis abgerundet, regelmäßig grob kerbig gelappt, jederseits 10–16 stumpfe, regelmäßige Lappen, oberseits gelblich grün und kahl, unterseits heller und grauweiß filzig behaart, Stiel 1,5–3,5 cm lang.
Früchte: Eiförmig, 1,5–3,5 cm lang, zu 1–3, sitzend bis kurz gestielt, zu ¼ bis ⅓ von einem warzigen Becher umgeben.
Verbreitung: O-Kanada, NO-, NOZ- und SO-USA.
Verwendung: Sehr selten, N, WHZ 6a, LB 4.1.1.1.

Quercus muehlenbergii Engelm., Gelb-Eiche

Habitus: Bis 20 m (selten bis 35 m) hoher Baum, Krone hoch gewölbt, Borke hell graubraun, in dünne, flache Schuppen gespalten, Triebe nur anfangs behaart, zuletzt graubraun.
Blätter: Länglich, verkehrteiförmig oder lanzettlich, (3–)10–20 cm lang, spitz oder zugespitzt, Basis abgerundet oder breit keilförmig, jederseits 8–13 Lappen, diese mit Knorpelspitze, im Austrieb hellgrün, bronzefarben getuscht, zuletzt oberseits kahl, unterseits weiß seidig behaart, Stiel 2–4 cm lang.
Früchte: Eiförmig, 1,3–2,8 cm lang, einzeln, fast sitzend, etwa zu ½ von einem halbkugeligen Becher umgeben, Schuppen dünn, anliegend, die oberen spitz.
Verbreitung: NO-, NOZ-, und Z-USA, NO-Mexiko.
Verwendung: Sehr selten, WHZ 6a, LB 3.1.2.2 (6.1.2.2).

Q. nana (Marshall) Sarg. non Willd. = *Q. ilicifolia*
Q. obovata Bunge = *Q. dentata*

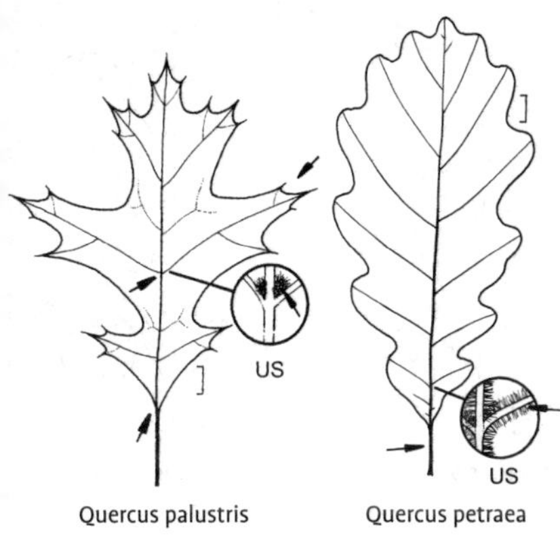

Quercus palustris Münchh., Sumpf-Eiche

Habitus: Bis 25 (selten bis 35 m) hoher Baum, Stamm fast stets durchgehend, Krone eiförmig-kegelförmig, dicht verzweigt, mittlere Äste abstehend, die unteren hängend, in der Krone oft viel feines, auch abgestorbenes Holz, Borke lange glatt bleibend, mit silbrigen Längsstreifen, im Alter rau und mit sehr flachen Furchen, Triebe bald kahl, glänzend rotbraun.
Blätter: Verkehrteiförmig, 8–15 cm lang, fast ebenso breit, spitz, Basis meist keilförmig, selten gestutzt, jederseits 3–4 fast waagerecht abstehende, längliche oder 3-eckige, spitze, gezähnte Lappen, beiderseits lebhaft grün und kahl, bis auf die braunen Achselbärte unterseits, Stiel dünn, 2–5 cm lang, Herbstfärbung karmin- bis dunkelrot.
Früchte: Nahezu halbkugelig, 1–1,7 cm dick, sitzend bis kurz gestielt, einem schüsselförmigen Becher aufsitzend.
Verbreitung: O-Kanada, NO-, NOZ- und SO-USA.
Verwendung: Sehr häufig (als Stadtstraßenbaum geeignet), N, H, WHZ 5b, LB 2.3.2.2 (1.2.3.2).

Q. pedunculata Ehrh. = *Q. robur*

Quercus petraea (Matt.) Liebl., Trauben-Eiche

Habitus: 20–30(–45) m hoher, langschäftiger Baum, Krone geschlossen, hoch gewölbt oder kugelig, Äste aufstrebend, Borke grau- bis schwarzbraun, längsrissig, gerippt, Triebe kahl.
Blätter: Breit oder schmal verkehrteiförmig, 6–17 cm lang, abgerundet, Basis breit keilförmig bis gestutzt, jederseits 4–6 gleichmäßige, abgerundete Lappen, oberseits tiefgrün, kahl und glänzend, unterseits graugrün, an den Nerven büschelig behaart, Stiel 1–2 cm lang, wie die Mittelrippe gelb.
Früchte: Eiförmig bis länglich-eiförmig, 2–3 cm lang, zu 1–5 in fast ungestielten Ständen, zu ¼ von einem schuppigen Becher umgeben, Schuppen dicht stehend, anliegend.
Verbreitung: Europa, Türkei, Syrien, Kaukasien, Iran.
Verwendung: Sehr häufig (als Stadtstraßenbaum geeignet), N, Bi, WHZ 5b, LB 4.2.2.1 (3.1.3.1).

Von den Sorten sind gelegentlich folgende zu finden:

'Cochleata'. Blattspreite löffelartig gewölbt.

'Columna'. Wuchs anfangs säulenförmig, später schief rautenförmig. Blätter schmal länglich, unregelmäßig flach gelappt.

'Mespilifolia'. Blätter an Frühjahrstrieben 8–18 cm lang, schmal lanzettlich, am Rand gewellt und ohne Zähnung, Blätter an Johannistrieben ähnlich denen der Art.

'Pendula'. Äste und Zweige hängend.

'Purpurea'. Wuchs schwach. Blätter anfangs bräunlich purpurn, später rötlich graugrün mit roten Nerven.

Quercus phellos L., Weiden-Eiche

Habitus: bis 25(–35) m hoher Baum, Krone kegelförmig bis gewölbt, dicht verzweigt, Borke grau, rotbraun getönt, lange glatt bleibend, erst an älteren Bäumen rau, Triebe dünn, kahl, rotbraun.
Blätter: Schmal lanzettlich, 5–12 cm lang, an beiden Enden ± gleichmäßig zugespitzt, ganzrandig, Rand oft gewellt, die Mittelrippe in eine Grannenspitze auslaufend, oberseits glänzend grün, unterseits heller, beiderseits kahl, Stiel 2–4 mm lang.
Früchte: Halbkugelig, 0,8–1,2 cm lang, einem flachen, schüsselförmigen, kurz gestielten Becher aufsitzend, Schuppen anliegend, Samenreife im 2. Jahr.
Verbreitung: NO-, NOZ-, Z- und SO-USA.
Verwendung: Selten, H, WHZ 6b, LB 2.3.2.1.

Q. platanoides (Castigl.) Sudw. = *Q. bicolor*

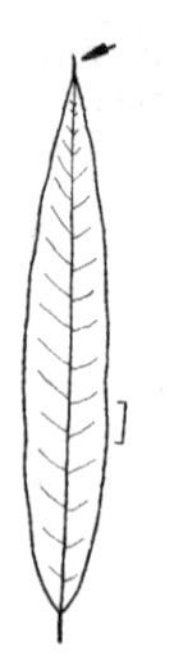

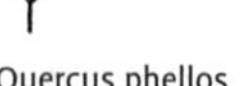

Quercus phellos

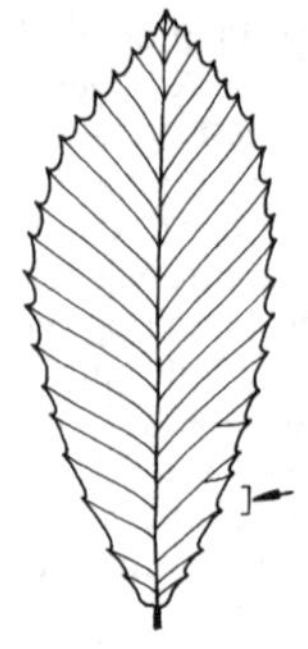

Quercus pontica

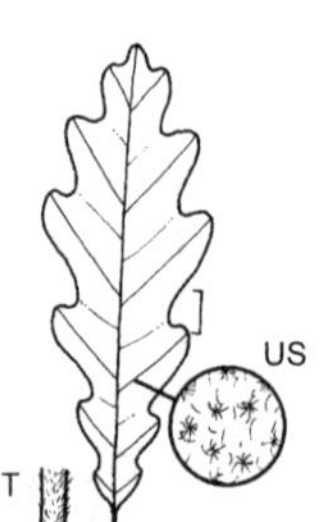

Quercus pubescens

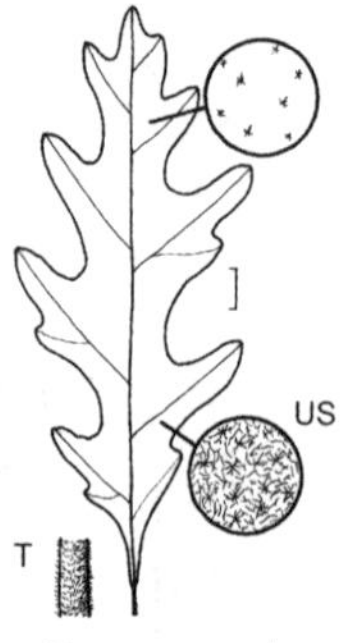

Quercus pyrenaica

Quercus 'Pondaim'
(*Q. dentata* × *P. pontica*)

Bis etwa 8 m hoher, sparsam verzweigter, dicktriebiger Strauch. Blätter ledrig, verkehrteiförmig, 14–24 cm lang, zugespitzt, an der Basis zum kurzen Stiel hin verschmälert, jederseits 10–15 große, 3-eckige Zähne, die bis zu 15 parallel verlaufende Seitennerven enden in einem aufgesetzten Spitzchen. Herbstfärbung hell lederbraun. WHZ 6b, LB 6.3.1.4.

Quercus pontica K. Koch, Pontische Eiche

Habitus: Bis 6(–12) m hoher, sparsam verzweigter Baum oder Strauch, Krone anfangs breit kegelförmig, später kugelig, Borke an älteren Bäumen mit unregelmäßigen, flachen Leisten, Triebe dick, kahl, kantig, Endknospe groß.
Blätter: Verkehrteiförmig bis elliptisch, 15–25(–35) cm lang, spitz, Basis breit keilförmig und oft etwas schief, unregelmäßig scharf gezähnt, Nervenpaare 15–25, parallel verlaufend, oberseits lebhaft grün und glänzend, mit gelber Mittelrippe, unterseits blaugrün und auf den Nerven behaart, Stiel 0,5–1,5 cm lang, gelb, Herbstfärbung lederbraun bis goldgelb.
Früchte: Eiförmig, 2,2–4 cm lang, fast sitzend, zu ¼ von einem schuppigen Becher umgeben, Schuppen 3-eckig, anliegend, behaart.
Verbreitung: Kaukasien.
Verwendung: Selten, H, WHZ 6b, LB 6.3.1.4.

Q. prinus L. = *Q. montana*
Q. ×pseudoturneri C.K. Schneid. = *Q. ×tuneri* 'Pseudoturneri'

Quercus pubescens Willd., Flaum-Eiche

Habitus: Bis 20(–25) m hoher, breitkroniger Baum oder nur reich verzweigter Strauch, Borke braun bis schwarz, dick, regelmäßig rau gefeldert, Triebe anfangs dicht flaumig-filzig behaart, erst spät verkahlend.
Blätter: Sehr variabel, meist verkehrteiförmig bis elliptisch, 4–12 cm lang, abgerundet, Basis breit keilförmig bis schwach herzförmig, jederseits 4–8 abgerundete, sehr unregelmäßig gestaltete Lappen, anfangs beiderseits flaumig behaart, später oberseits verkahlend und dunkelgrün, unterseits graugrün filzig behaart, Stiel 0,6–1,9 cm lang.
Früchte: Eiförmig, 1–2 cm lang, zu 1–4, sitzend oder kurz gestielt, zu ⅓ bis ½ von einem halbkugeligen Becher umgeben, Schuppen unregelmäßig, die unteren kurz, dick und verwachsen, die oberen länger, frei, stachelspitzig.
Verbreitung: Europa (ausgenommen Britische Inseln und Skandinavien), Türkei, Kaukasien.
Verwendung: Häufig, N, †, WHZ 6b, LB 6.3.2.3.

Q. pumila Walter = *Q. ilicifolia*

Quercus pyrenaica Willd., Pyrenäen-Eiche

Habitus: Bis 15–20(–30) m hoher Baum oder buschiger Strauch, Krone offen, Borke braunschwarz, unregelmäßig tief feinrissig, Triebe gelblich graufilzig behaart.
Blätter: Sehr variabel, verkehrteiförmig bis schmal verkehrteiförmig, 7–20 cm lang, abgerundet, Basis keilförmig oder abgerundet

bis geöhrt, tief gelappt, jederseits 4–7 gezähnte oder buchtig eingeschnittene, schmale, meist ziemlich regelmäßig gestaltete Lappen, oberseits dunkel- bis graugrün, anfangs behaart, unterseits graufilzig behaart, Stiel 0,5–2 cm lang, filzig.
Früchte: Länglich-eiförmig, 1,5–4 cm lang, zu 2–4, 1–3 cm lang gestielt, zu ⅓ bis ½ von einem halbkugeligen Becher umgeben, Schuppen frei, lanzettlich, behaart.
Verbreitung: SW-Europa, N-Afrika.
Verwendung: Selten, WHZ 6b, LB 6.1.1.3.

Quercus robur L., Stiel-Eiche

Habitus: 20–30(–50) m hoher, starkästiger, breitkroniger Baum, bei Bäumen im Freistand Krone tief angesetzt und Stamm nicht durchgehend, Krone anfangs kegelförmig, zuletzt unregelmäßig kugelig, locker, Borke dick, dunkelgrau, tief gefurcht, Triebe kahl.
Blätter: Sehr variabel, länglich bis verkehrteiförmig, 5–15(–20) cm lang, abgerundet, Basis ± geöhrt, unregelmäßig gelappt, jederseits 3–6 breite, rundliche Lappen, Seitennerven bis in die Buchten gehend, oberseits tiefgrün und glänzend, unterseits hell blaugrün, kahl, Stiel 4–8 mm lang.
Früchte: Eiförmig bis länglich-eiförmig, 1,5–5 cm lang, einzeln oder in Büscheln, 5–12 cm lang gestielt, zu ¼ von einem halbkugeligen Becher umgeben, Schuppen anliegend, samtig behaart.
Verbreitung: Europa, Türkei, Kaukasien.
Verwendung: Sehr häufig (als Stadtstraßenbaum geeignet), N, ⚕, Bi, WHZ 5a, LB 3.1.4.1 (2.5.3.1).

Von den zahlreichen Sorten werden in der Regel nur 'Fastigiata' und 'Koster' kultiviert. Andere Sorten findet man nur gelegentlich in älteren Parkanlagen oder Arboreten:

'Asplenifolia'. Wuchs schwach. Blätter an Frühjahrstrieben unregelmäßig linealisch, später breiter und mehr regelmäßig gelappt.

'Concordia'. Wuchs schwach, 10–15 m hoch. Blätter in Form und Größe wie bei subsp. *robur*, goldgelb, im Sommer wenig vergrünend.

'Cucullata. Blätter ziemlich lang, löffelförmig gewölbt.

'Fastigiata'. Wuchs säulenförmig bis schmal kegelförmig, 15–20 m hoch, Äste in einem spitzen Winkel aufsteigend. Als Stadtstraßenbaum geeignet.

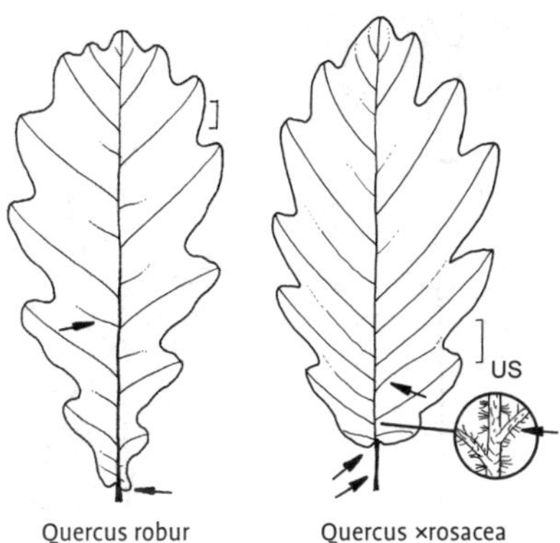

Quercus robur Quercus ×rosacea

'Fürst Schwarzenberg'. Wuchs schwach. Blätter an Frühjahrstrieben normal grün, an Johannistrieben zunächst fast ganz weiß, später grün mit weißen Flecken.

'Koster'. In den Niederlanden lange Zeit unter dem Namen 'Fastigiata' (Typ Koster) oder als 'Fastigiata Koster' kultiviert. Wuchs schmal säulenförmig. Als Stadtstraßenbaum geeignet.

'Pendula'. Wuchs stark, Krone breit ausladend, wenn die Äste entsprechend geleitet werden, Zweige stark hängend.

Q. robur subsp. *sessiliflora* (Salisb.) A. DC. = *Q. petraea*

Quercus ×rosacea Bechst., Gewöhnliche Bastard-Eiche

(*Q. petraea* × *Q. robur*)

Habitus: Bis 35 m hoher Baum, in den Merkmalen zwischen den Eltern stehend, junge Triebe bald kahl.
Blätter: Sehr variabel, alle Übergänge der Merkmale zwischen den beiden Eltern möglich, meist verkehrteiförmig bis fast elliptisch, die Basis schmaler als bei *Q. robur*, gelegentlich leicht geöhrt bis herzförmig.
Früchte: 2–5 cm lang, zu ⅓ vom Becher umgeben.
Verbreitung: Häufig zwischen den Eltern vorkommend.
Verwendung: Selten bzw. wird nicht als Hybrid erkannt, WHZ 5a, LB 3.2.1.1 (4.2.2.1).

Quercus rubra L., Rot-Eiche

Habitus: Bis 25(–40) m hoher, raschwüchsiger, geradschäftiger Baum, Krone kugelig,

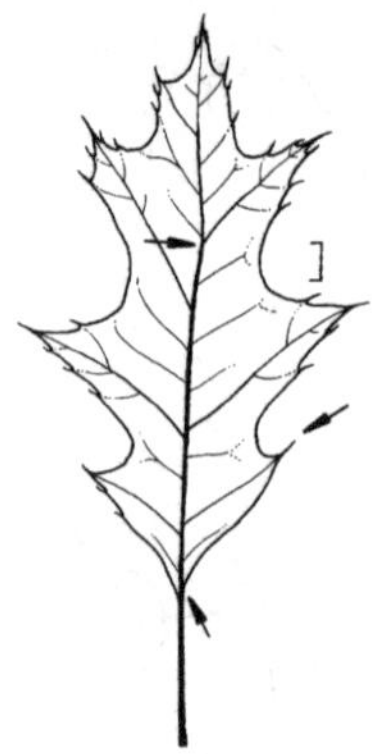

Quercus rubra

Quercus ×schochiana

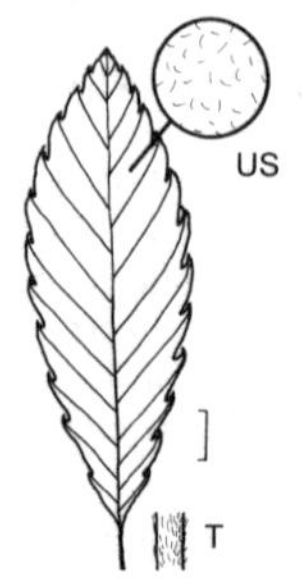

Quercus serrata

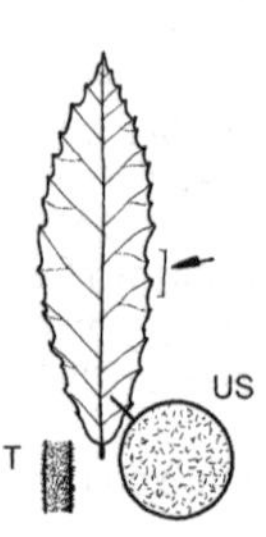

Quercus trojana

bis 20 m breit, Stamm lange glatt bleibend, Borke erst im Alter rau und meist flach gefurcht, Triebe bald kahl.
Blätter: Länglich bis verkehrteiförmig, 10–22 cm lang, Basis meist keilförmig, jederseits 3–5 breite, unregelmäßig gezähnte Lappen, die Buchten höchstens bis zur Mitte der Spreitenhälfte gehend, Blattlappen breiter als die Buchten, oberseits stumpf dunkelgrün, kahl, unterseits heller, gelblich grün oder graugrün, bis auf rotbraune Achselbärte kahl, Stiel 2–5 cm lang, Herbstfärbung orange- bis scharlachrot.
Früchte: Eiförmig, 2–3(–5) cm lang, kurz gestielt, zu ⅓ von einem flachen Becher umgeben, Schuppen kurz, dicht anliegend, im 2. Jahr reifend.
Verbreitung: O-Kanada, NO-, NOZ-, Z- und SO-USA.
Verwendung: Sehr häufig (mit Einschränkungen als Stadtstraßenbaum geeignet), N, H, Bi, WHZ 5b, LB 4.2.2.1 (3.1.2.1).

Quercus ×schochiana Dieck, Schochs Eiche
(*Q. palustris* × *Q. phellos*)

Habitus: Bis 20 m hoher Baum.
Blätter: Fiedrig gelappt bis ganzrandig, 6–12 cm lang, die ganzrandigen Blätter schmal lanzettlich, die übrigen länglich-lanzettlich, Blattrand wellig oder jederseits 1–3(–5) Lappen mit borstigen Grannen, oft asymmetrisch, oberseits glänzend grün und kahl, unterseits bis auf Achselbärte verkahlend, Stiel 0,4–1,5 m lang.
Früchte: Werden nur selten ausgebildet.
Verbreitung: O-USA.
Verwendung: Sehr selten, WHZ 6b, LB 2.3.1.2.

Quercus serrata Murray, Drüsenblättrige Eiche

Habitus: Bis 15(–25) m hoher Baum, Borke gefurcht, junge Triebe seidig behaart.
Blätter: Verkehrteiförmig bis länglich-eiförmig, 5–15 cm lang, spitz, Basis zugespitzt, jederseits mit 6–12 einwärts gekrümmten, 3-eckigen, drüsenspitzigen Zähnen, Nervenpaare 7–14, oberseits glänzend dunkelgrün, kahl, unterseits bläulich grün, leicht behaart, Stiel bis 3 cm lang.
Früchte: Eiförmig bis eiförmig-kugelig, 1,7–2,5 cm lang, zu 1–3, zu ⅓ von einem flachen, außen weißfilzigen Becher umgeben, Schuppen angedrückt.
Verbreitung: Japan, Korea, China, Taiwan.
Verwendung: Selten, WHZ 6a, LB 6.3.2.4.

Q. *serrata* Siebold et Zucc. = Q. *acutissima*
Q. *serrata* Thunb. = Q. *serrata* Murray
Q. *sessilis* Schur = Q. *petraea*
Q. *×streimii* auct. non Heuff. ex Freyn = Q. *×calvescens*
Q. *tinctoria* W. Bartram ex Michx. = Q. *velutina*
Q. *toza* Gillet = Q. *pyrenaica*

Quercus trojana Webb, Mazedonische Eiche

Habitus: Sommer- oder wintergrüner, bis 12–18(–25) m hoher Baum oder Strauch, Borke dick, korkig, junge Zweige schülferig, grau bis braun.
Blätter: Länglich-eiförmig, ledrig, 3–6(–10) cm lang, kurz zugespitzt, Basis abgerundet bis leicht herzförmig, buchtig gezähnt, Nervenpaare 6–12, die kurzen Zähne überra-

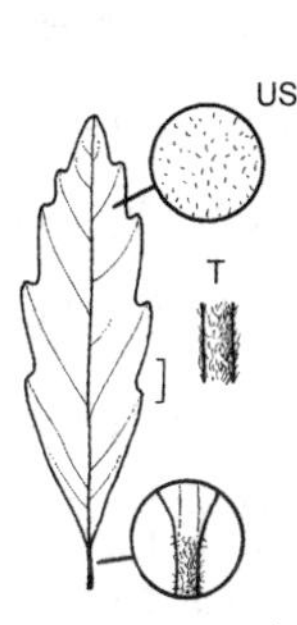

Quercus ×turneri
'Pseudoturneri'

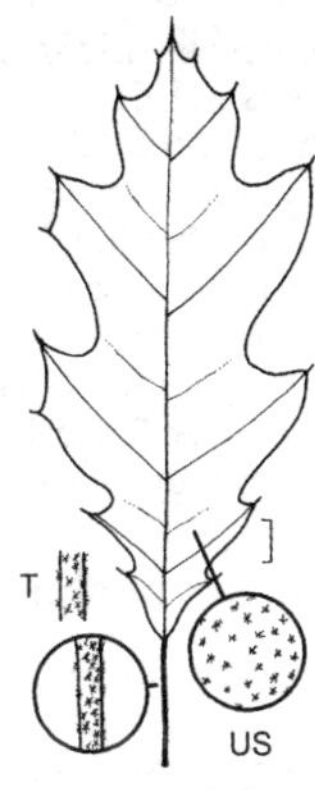

Quercus velutina

gend und eine Knorpelspitze bildend, oberseits glänzend dunkelgrün, kahl, unterseits heller und bis auf die behaarten Nerven fast kahl. Stiel 3–4 mm lang.
Früchte: Eiförmig bis ellipsoid, 2,7–5 cm lang, einzeln, sitzend oder kurz gestielt, über ½ von einem großen, halbrunden oder glockigen Becher umgeben, Schuppen lanzettlich, aufrecht oder zurückgeschlagen, Samenreife im 2. Jahr.
Verbreitung: S- und SO-Europa, W-Türkei.
Verwendung: Sehr selten, WHZ 7b, LB 6.1.1.4.

Quercus ×turneri Willd.

(*Q. ilex* × *Q. robur*)

Habitus: Halbimmergrüner, bis 15(–25) m hoher, meist kurzstämmiger Baum, Borke dünn, graubraun, kurz gefeldert, Triebe behaart.
Blätter: Verkehrteiförmig bis elliptisch, ledrig, 6–12 cm lang, spitz oder stumpf, Basis abgerundet bis etwas geöhrt, jederseits 3–6 breite, stumpfe Lappen, oberseits glänzend dunkelgrün, unterseits heller, Nerven kahl bis behaart.
Früchte: Eiförmig, 2 cm lang, gestielt, zu 3–7, zu ½ von einem halbkugeligen, filzig behaarten Becher umgeben.
Verwendung: Selten (meist in der folgenden Sorte), WHZ 7b, LB 6.3.2.3.

'Pseudoturneri'. Blätter länglich-verkehrteiförmig, 7–10 cm lang, meist den ganzen Winter hindurch grün bleibend, Lappen meist länger und schmaler, unterseits weniger stark behaart als bei *Q. ×turneri*.

Quercus velutina Lam., Färber-Eiche

Habitus: Bis 40 m hoher Baum, Krone schmal, locker, Borke im Alter dick, fast schwarz, sehr rau und regelmäßig tief gefurcht, Triebe anfangs rostbraun-filzig, Bast gelb, Terminalknospen stark weißwollig behaart.
Blätter: Schmal eiförmig bis verkehrteiförmig, 6–28 cm lang, derb, spitz, Basis keilförmig oder gestutzt, tief gelappt, jederseits 5–7 eiförmige bis 3-eckige Lappen, an deren Spitze 1–3 grannenspitzige Zähne, oberseits glänzend dunkelgrün, unterseits blassgrün, anfangs dicht filzig behaart, später schülferig und mit wenigen Haaren in den Nervenwinkeln, Stiel dick, 3–6 cm lang.
Früchte: Eiförmig bis fast kugelig, 1,5–2,2 cm lang, zu 1–2, kurz gestielt, zu ½ von einem schuppigen Becher umgeben, Schuppen behaart, sich locker überlappend, Samenreife im 2. Jahr.
Verbreitung: O-Kanada, NO-, NOZ-, Z- und SO-USA.
Verwendung: Selten, N, WHZ 5b, LB 4.1.2.1.

Rhamnus L.

Kreuzdorn – Rhamnaceae

(griechisch *rhamnos* = Kreuzdorn, *Rhamnus* sp.)

Habitus: Sommergrüne, selten immergrüne Bäume oder Sträucher, Zweige oft dornig bewehrt, mit kleinen, zerstreuten Lentizellen, Knospen länglich-eiförmig, 0,6–1 cm lang, mit mehreren, rotbraunen Schuppen, Blattnarben klein.
Blätter: Wechsel- oder gegenständig, fiedernervig, gesägt oder ganzrandig, Nebenblätter klein, dornig oder fehlend.
Blüten: Meist zwittrig, selten polygam, radiär, klein, unscheinbar, in Trauben oder achselständigen Büscheln, Kelch- und Kronblätter 5- bis 4-zählig, frei, Kronblätter grünlich, gelblich oder weißlich, z. T. fehlend, Fruchtknoten oberständig, 2- bis 4-fächrig, frei im Blütenbecher, Griffel 1–4, Staubblätter 5–4.
Früchte: Steinfrüchte beerenähnlich, kugelig, kreisel- oder kugelig-eiförmig, 0,5–1 cm dick, meist schwarz oder schwarzviolett, giftig, am Grund von einem bleibenden, tellerförmigen Rest des Blütenbechers umgeben, Steinkerne 2–4, 1-samig, 2–6 mm lang, Fruchtfleisch saftig-fleischig.
Verbreitung: Etwa 125 Arten, meist in den gemäßigten Zonen der nördl. Halbkugel.

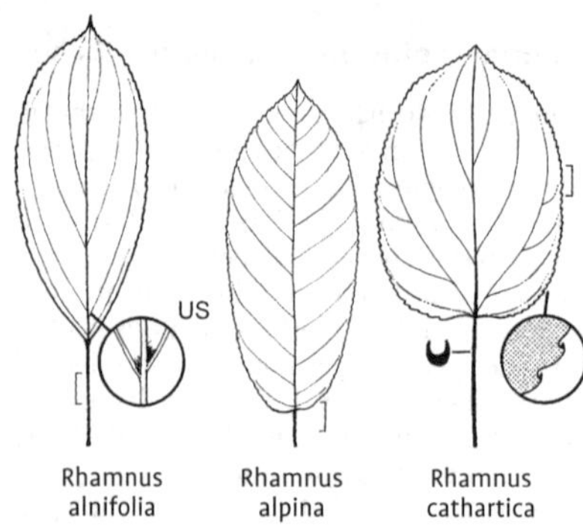

Rhamnus alnifolia   Rhamnus alpina   Rhamnus cathartica

Verwendung: Meist für Gehölzgruppen, Hecken und Schutzpflanzungen, nur selten als Ziergehölze. Nur wenige Arten häufiger in Kultur, die meisten nur in Gehölzsammlungen zu finden.

Bestimmungsschlüssel Rhamnus

1 Blätter an Langtrieben z. T. (fast) gegenständig 2
– Blätter wechselständig 6
2 Blätter höchstens 3 cm lang . . . . . . *R. saxatilis*
– Blätter länger (wenigstens viele) 3
3 Blattstiele höchstens ⅙ so lang wie Spreite, höchstens 12 mm . . . . *R. utilis*
– Blattstiele länger (wenigstens sehr viele), mindestens ¼ so lang wie Spreite 4
4 Blattgrund keilförmig . . . . *R. japonica*
– Blattgrund abgerundet oder herzförmig 5
5 Blätter mit höchstens 4 Paar Seitennerven . . . . *R. cathartica*
– Blätter mit mehr Seitennerven (wenigstens sehr viele) . . . . *R. davurica*
6 Strauch nur bis 20 cm hoch, Blätter höchstens 5 cm lang . . . . *R. pumila*
– Strauch höher oder Blätter länger (wenigstens die meisten) 7
7 Blätter mit höchstens 6 Seitennervenpaaren . . . . *R. alnifolia*
– Blätter mit mehr Seitennervenpaaren 8
8 Blätter mit höchstens 12 Seitennervenpaaren . . . . *R. alpina*
– Blätter mit mehr Seitennervenpaaren 9
9 Blätter höchstens 12 cm lang, mit 12–20 Seitennervenpaaren, Blätter beiderseits glänzend . . . . *R. fallax*
– Blätter länger (wenigstens viele), mit 15–25 Seitennervenpaaren, Blätter matt . . . . *R. imeretina*

Rhamnus alnifolia L'Hér., Erlenblättriger Kreuzdorn

Habitus: Kaum 1 m hoher, breiter Strauch, junge Triebe fein grau oder rotbraun flaumhaarig.
Blätter: Wechselständig, elliptisch bis eiförmig, 4–10 cm lang, spitz, Basis keilförmig, unregelmäßig kerbig gesägt, kahl oder unterseits auf den 6–8 Nervenpaaren leicht behaart, Stiel 0,5–1,2 cm lang.
Blüten: Zu 2–3, 5-zählig, Kronblätter fehlend, Mai–Juni.
Früchte: Fast kugelig, 6 mm dick, schwarz, Steinkerne 3.
Verbreitung: Kanada, NO-, NOZ-, NW- und SW-USA, Rocky Mts.
Verwendung: Selten, ☠, WHZ 3, LB 1.2.1.6.

Rhamnus alpina L., Alpen-Kreuzdorn

Habitus: 2–3 m hoher, schwach verzweigter Strauch, junge Triebe kahl oder fein behaart.
Blätter: Wechselständig, elliptisch, 5–10 cm lang, abgerundet oder plötzlich kurz zugespitzt, Basis abgerundet bis leicht herzförmig, bis fast zur Basis fein gezähnt, Nervenpaare 9–12, Stiel 0,5–1,5 cm lang.
Blüten: Klein, 4-zählig, Kronblätter vorhanden, Mai–Juni.
Früchte: Fast kugelig, 4–5 mm dick, schwarz.
Verbreitung: Gebirge in S-Europa, nördl. bis zu den Alpen, N-Afrika.
Verwendung: Selten, ☠, WHZ 5b, LB 8.2.1.5.

R. alpina subsp. *fallax* (Boiss.) Maire et Petitm. = *R. fallax*
R. carniolica A. Kern = *R. alpina*

Rhamnus cathartica L., Echter Kreuzdorn, Purgier-Kreuzdorn.

Habitus: 2–3(–8) m hoher, sparriger, locker aufgebauter, dornig bewehrter Strauch oder kleiner, kurzstämmiger Baum, Zweige graubraun oder braun, junge Triebe schwach behaart, bald verkahlend.
Blätter: Meist gegenständig, teils wechselständig, eiförmig, 3–7 cm lang, zugespitzt, Basis abgerundet, regelmäßig fein gezähnt, oberseits tiefgrün, unterseits heller, Nervenpaare 3–5.
Blüten: Zu 2–8 in achselständigen Büscheln, 4–5 mm breit, glockig, 4-zählig, Kelchblätter 3-eckig-lanzettlich, Mai–Juni.
Früchte: Kugelig, 6–8 mm dick, schwarzviolett, Steinkerne 2–4.
Verbreitung: Europa, Türkei, Kaukasien, Iran, W-Sibirien, M-Asien, N-Afrika.
Verwendung: Sehr häufig (früher als Arznei- und Färberpflanze), N, ⚕, ☠, Bi, ♧, WHZ 4, LB 6.3.3.4.

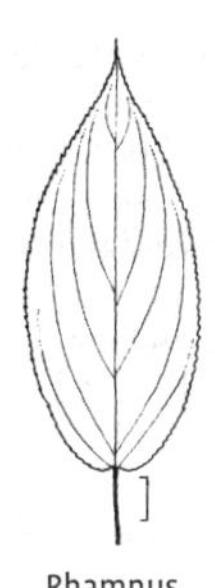

Rhamnus davurica

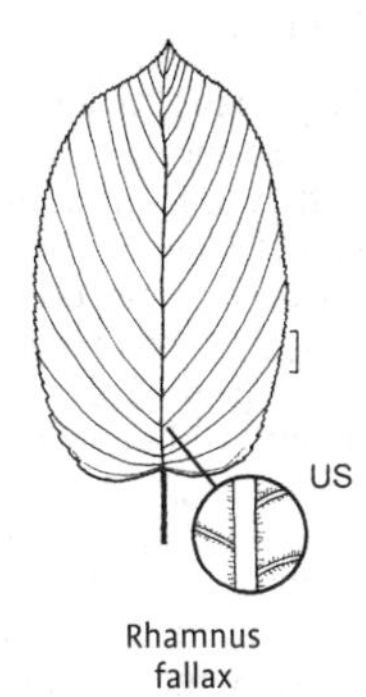

Rhamnus fallax

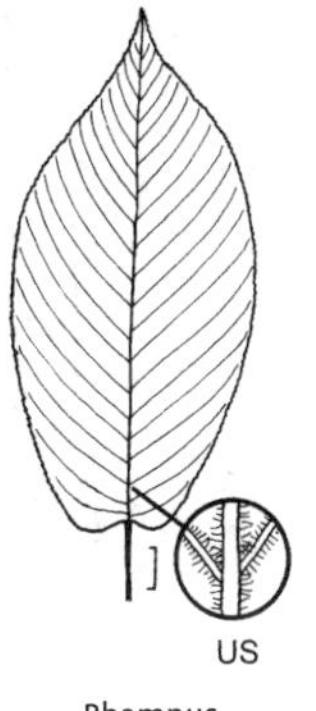

Rhamnus imeretina

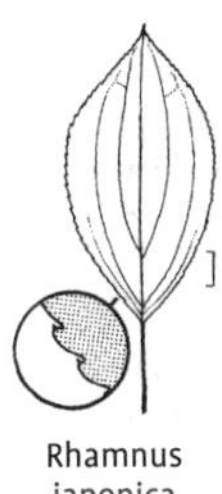

Rhamnus japonica

Rhamnus davurica Pall., Dahurischer Kreuzdorn

Habitus: Bis 7 m hoher, breitwüchsiger Strauch oder kleiner Baum, Kurztriebe dick und verdornend, Triebe kahl.
Blätter: Gegenständig, länglich bis elliptisch, etwas ledrig, 6–14 cm lang, zugespitzt, Basis keilförmig, kerbig gesägt, oberseits glänzend grün, unterseits graugrün und kahl oder leicht behaart, Nervenpaare 4–8, Stiel 0,6–2,5 cm lang.
Blüten: Zu 10–20 in achselständigen Büscheln, 4–6 mm breit, schmal trichterförmig-glockig, 4-zählig, Mai–Juni.
Früchte: Kugelig, blauschwarz, Steinkerne 2.
Verbreitung: O-Sibirien, Russ. Ferner Osten, Mongolei, Mandschurei, Korea.
Verwendung: Selten, ⚘, WHZ 4, LB 6.3.3.4.

Rhamnus fallax Boiss., Krainer Kreuzdorn

Habitus: Bis 3 m hoher, aufrechter Strauch, junge Triebe ziemlich dick, kahl.
Blätter: Wechselständig, breit elliptisch, 5–12 cm lang, zugespitzt, Basis abgerundet oder leicht herzförmig, kerbig gesägt, oberseits dunkelgrün, unterseits heller, Nervenpaare 12–20, Stiel 0,6–1,5 cm lang.
Blüten: Zu 3–7 in achselständigen Büscheln, 4-zählig, Mai–Juni.
Früchte: Kugelig, 4–5 mm dick, schwarz.
Verbreitung: ZM- und SO-Europa, Türkei, Syrien.
Verwendung: Selten, ⚘, WHZ 5b, LB 8.2.1.5.

R. frangula L. = *Frangula alnus*

Rhamnus imeretina J.R. Booth ex G. Kirchn., Kaukasischer Kreuzdorn

Habitus: Bis 2(–4) m hoher, breitwüchsiger, locker aufgebauter Strauch, Zweige aufrecht, kräftig, Triebe leicht grün behaart, Knospen auffallend groß.
Blätter: Wechselständig, elliptisch bis länglich, 10–25 cm lang, kurz zugespitzt, Basis abgerundet oder leicht herzförmig, fein gesägt, oberseits glänzend sattgrün und kahl, unterseits vor allem auf den Nerven behaart, Nervenpaare 15–25, diese oberseits vertieft, Stiel 1–2 cm lang.
Blüten: Zu 3–7 in achselständigen Büscheln, 4-zählig, glockig, 4–5 mm breit, Juni.
Früchte: Kugelig, 4–7 mm dick, schwarz, Steinkerne 3.
Verbreitung: Türkei, Kaukasien.
Verwendung: Selten, ⚘, WHZ 6a, LB 6.4.4.5.

Rhamnus japonica Maxim., Japanischer Kreuzdorn

Habitus: Bis 3 m hoher Strauch, Triebe kahl, gelblich oder graubraun, glänzend, oft dornig.
Blätter: Gegenständig, länglich bis verkehrteiförmig, 5–8 cm lang, abgerundet oder kurz zugespitzt, Basis keilförmig, fein gesägt, oberseits frischgrün, unterseits spärlich behaart oder kahl, Nervenpaare 4–5, Stiel 0,8–2,5 cm lang.
Blüten: In vielblütigen, achselständigen Büscheln, 4-zählig, duftend, bräunlich grün, Mai.
Früchte: Kugelig, 6–8 mm dick, schwarz.
Verbreitung: Japan.
Verwendung: Selten, ⚘, WHZ 5a, LB 1.2.2.5.

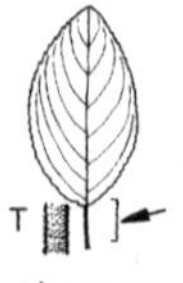

Rhamnus pumila

Rhamnus saxatilis

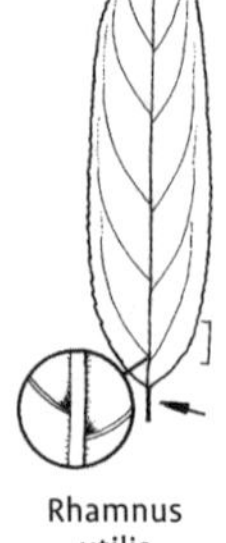
Rhamnus utilis

Rhamnus pumila Turra, Zwerg-Kreuzdorn

Habitus: Bis 0,2 m hoher, niederliegender bis kriechender, knorriger Zwergstrauch, Triebe kurz behaart und mit zahlreichen, hellen Korkwarzen.
Blätter: Wechselständig, elliptisch bis verkehrteiförmig, 1–3 cm lang, spitz oder zugespitzt, Basis breit keilförmig, kerbig gesägt, anfangs kurz flaumig behaart, oberseits verkahlend, unterseits auf den Nerven bleibend behaart, Nervenpaare 4–9(–13), Stiel 0,5–1 cm lang.
Blüten: In kleinen, achselständigen Büscheln, 4-zählig, Mai–Juli.
Früchte: Kugelig, 6–8 mm dick, blauschwarz.
Verbreitung: Gebirge in M- und SO-Europa.
Verwendung: Selten, ☠, WHZ 6a, LB 8.2.1.7.

R. purshianus DC. = *Frangula purshiana*
R. rupestris Scop. = *Frangula rupestris*

Rhamnus saxatilis Jacq., Felsen-Kreuzdorn

Habitus: Sparrig verzweigter, niederliegender, reich verzweigter Strauch, Seitenzweige oft verdornend, junge Triebe fein behaart.
Blätter: Gegenständig, elliptisch bis verkehrteiförmig, 1–3 cm lang, fein drüsig gesägt, oberseits kahl oder fast kahl, unterseits behaart, Nervenpaare 2–4.
Blüten: Zu 2–4 in achselständigen Büscheln, 4-zählig, Mai–Juni.
Früchte: Kugelig, 5–7 mm dick, schwarz, Steinkerne meist 3.
Verbreitung: S-, OM- und O-Europa.
Verwendung: Selten, ☠, WHZ 6a, LB 6.1.3.6.

Rhamnus utilis Decne., Chinesischer Kreuzdorn

Habitus: Bis 3 m hoher, kahler, meist dornenloser Strauch.
Blätter: Gegenständig, breit elliptisch bis schmal länglich, 6–12 cm lang, zugespitzt, Basis keilförmig, oft fein scharf gesägt, oberseits glänzend dunkelgrün, unterseits heller, Nervenpaare 5–6, Stiel 0,5–1,2 cm lang.
Blüten: ♂ Blüten zu 10–30, ♀ Blüten zu 2–6 in achselständigen Büscheln, 4-zählig, Kronblätter lanzettlich, April–Mai.
Früchte: Kugelig-eiförmig, 6 mm dick, schwarz, Steinkerne meist 2.
Verbreitung: W-China.
Verwendung: Selten, ☠, WHZ 6a, LB 6.3.4.5.

Rhododendron L.

Alpenrose, Rhododendron, Azalee – Ericaceae

(griechisch *rhodon* = Rose und *dendron* = Baum)

Habitus: Immer- und sommergrüne Sträucher, gelegentlich auch Bäume, Zweige kahl oder behaart, Knospen deutlich zugespitzt, mit zahlreichen Schuppen.
Blätter: Wechselständig, meist an den Zweigenden gehäuft, ungeteilt, ganzrandig, Blattrand oft nach unten umgerollt, unterseits z. T. mit einem ± dichten Haarfilz (= Indument) oder auch beschuppt (= lepidot).
Blüten: Zwittrig, radiär bis zygomorph, meist in endständigen, aufrechten, doldenartigen Trauben, z. T. auch einzeln achselständig, Krone röhrig, glockig, trichter-, teller- oder radförmig, die 5 (selten 6–10) Kronblätter miteinander verwachsen, Kelchblätter meist in gleicher Anzahl wie die Kronblätter, kürzer oder länger als die Kronröhre, Krone in vielen Farben, oft mit dunkleren Flecken auf den oberen Kronblättern, Staubblätter 5–20, meist 10, Fruchtknoten meist 5-, gelegentlich bis 12-fächrig, Griffel mit großer Narbe.
Früchte: Kapseln ± lang gestreckt, meist 5-fächrig, verholzend, in ihren Scheidewänden von oben her meist bis zum Grund aufspringend, die Klappen ± abstehend, deshalb Mittelsäule sichtbar, Griffel meist bleibend, Samen zahlreich, meist sehr fein.
Verbreitung: Etwa 1100 Arten, Verbreitungszentrum in O-Asien, Himalaja bis S-China,

Malaysien, Neuguinea und Japan, außerdem in N-Amerika, W-Asien, M- und S-Europa.
Verwendung: Gärtnerisch sehr wichtige Gattung, von der neben kaum mehr als 100 kultivierten Arten sehr zahlreiche Gartenformen in Kultur sind. *Rhododendron* sind sehr beliebte und häufig gepflanzte Gartengehölze mit sehr spezifischen Standortansprüchen.
Die überaus zahlreichen Gartenformen können hier nicht berücksichtigt werden. Viele Arten (auch deren Nektar und Honig) sind durch Andromedotoxin giftig. Trotzdem wird auch gegenwärtig noch Rhododendronhonig verwendet.

Bestimmungsschlüssel Rhododendron

(Arten nur mit Blüten bestimmbar)

1 Pflanze ohne Schülferschuppen 2
– Blattunterseiten, z. T. auch Triebe und/oder Blütenorgane mit vielen Schülferschuppen und oft mit Zotten 3
2 Laubblätter ober- oder unterseits ± behaart (striegelartig) oder wenigstens bewimpert, Pflanzen mit Zotten oder Drüsen (Azaleen) 21
– Blattoberseite verkahlend oder kahl und meist glänzend, ledrig, Pflanzen außer mit Flockenhaaren oft auch mit Drüsen, Blattunterseite durch Flockenhaare filzig oder (ver)kahl(end) 37
3 Blüten einzeln oder zu mehreren nur aus seitenständigen Knospen, die allerdings zum Triebende gehäuft stehen können 4
– Blüten zu mehreren bis vielen (auch aus endständiger Knospe) 6
4 Blütenstände mit mehreren Blüten, über den Zweig verteilt . . . . *R. racemosum*
– Blüten einzeln, Blüten an der Spitze des Zweiges gehäuft und daher scheinbar endständig 5
5 Blätter allesamt sommergrün, beidendig zugespitzt . . . . *R. mucronulatum*
– Blätter z. T. wintergrün (zur Blütezeit noch vorhanden), beidendig stumpf . . . . . *R. dauricum*
6 Blütenstände stets auch aus Seitenknospen, Blütenkrone zygomorph (mit nur einer Symmetrieebene) 7
– Blütenstände stets nur aus endständigen Knospen, Blütenkrone ± radiärsymmetrisch 12
7 Blütenkrone am Grund weiß, rosa, lila, purpurn oder blau 9
– Blütenkrone am Grund gelb (mit grünlichem, rötlichem oder rotbraunem Ton) 8
8 Blattunterseite dicht mit sich berührenden Schuppen bedeckt, oberseits kahl (höchstens anfangs auf der Mittelrippe behaart) . . . . *R. ambiguum*
– Blattunterseite zerstreut beschuppt, oberseits (zumindest auf der Mittelrippe) behaart . . . . *R. keiskei*
9 Mittelrippe auf der Blattunterseite mit langen, oft gedrehten Borsten, Blüten meist blau (selten weiß oder purpurn) . . . . *R. augustinii*
– Mittelrippe auf der Blattunterseite kahl oder nur kurz mit Nadelhaaren, Blüten nicht blau 10
10 Junge Blätter, Blütenstiele und Kelch deutlich bereift, Schuppen klein, halbkugelförmig, meist grau . . . . *R. oreotrephes*
– Junge Blätter, Blütenstiele und Kelch (fast) unbereift, Schuppen flach, braun, gelb oder golden 11
11 Blütenkrone ± purpurn, außen beschuppt . . . . *R. concinnum*
– Blütenkrone weiß, rosa oder lavendelfarben, außen unbeschuppt . . . . *R. yunnanense*
12 Blätter aromatisch duftend . . . . *R. rupicola* var. *chryseum*
– Blätter nicht aromatisch duftend 13
13 Kronlappen länger als die Blütenkronröhre 14
– Kronlappen kürzer als die Blütenkronröhre, selten gleich lang 18
14 Blütenstiele bilden mit der Blütenachse einen stumpfen Winkel, Blütenkrone radförmig, Schuppen gekerbt . . . . *R. calostrotum* subsp. *calostrotum*
– Blütenstiele bilden mit der Blütenachse eine gerade Linie, Blütenkrone trichterförmig, Schuppen mit Wellenrand 15
15 Schuppen auf der Blattunterseite undurchsichtig, weiß oder rosa getönt. . . . . . *R. fastigiatum*
– Blattunterseitige Schuppen andersartig. . . . 16
16 Blattunterseitige Schuppen fahlgelb bis hellbraun . . . . *R. hippophaeoides*
– Blattunterseitige Schuppen rotbraun oder braun 17
17 Blüten zu 1–4 . . . . *R. impeditum*
– Blüten zu 4–6 . . . . *R. russatum*
18 Blütenkrone höchstens 1 cm lang, reinweiß . . . . *R. micranthum*
– Blütenkrone länger, nicht reinweiß 19
19 Blätter besonders am Rand lang behaart, Griffel an der Basis behaart . . . . *R. hirsutum*
– Blätter und Griffel kahl. 20
20 Blätter höchstens 4 cm lang . . . *R. ferrugineum*
– Blätter länger . . . . *R. minus* var. *minus*
21 (2) Blüten aus vorjährigen Knospen 22
– Blüten an beblätterten diesjährigen Trieben . . . . *R. camtschaticum*
22 Laubtriebe aus Schuppenachseln der Blütenknospen oder -stände 23
– Laubtriebe aus Achseln der Vorjahresblätter 29
23 Blätter an der Zweigspitze gedrängt, nicht striegelig 24
– Blätter nicht auffällig an der Zweigspitze gehäuft, durch braune oder graue Zotten striegelig 26
24 Blätter verkehrt-eiförmig, meist zu 5 an der Triebspitze gedrängt 25
– Blätter rhombisch oder breit oval, zu zweit oder dritt an der Triebspitze gedrängt . . . . *R. reticulatum*
25 Blütenkrone rosa mit kleinen, rotbraunen Flecken, nicht hängend . . . . *R. schlippenbachii*
– Blütenkrone weiß, mit grünen Punkten, ± hängend . . . . *R. quinquefolium*
26 Blüten weiß(lich) . . . . *R. mucronatum*
– Blüten farbig 27
27 Blüten breiter als 3 cm (bis 6 cm) 28
– Blüten höchstens 3 cm breit . . . . . *R. kiusianum*
28 Staubblätter 5 . . . . *R. kaempferi*
– Staubblätter 5 oder fehlend . . . . *R. yedoense* var. *yedoense*

29 Staubblätter 5–10, Krone weit geöffnet und meist bis zum Grund eingeschnitten 30
– Staubblätter 5, Krone röhrig-trichterförmig und nicht tief eingeschnitten 32
30 Staubblätter 5–7 . . . . *R. vaseyi*
– Staubblätter 8–10 31
31 Untere 2 Lappen der Krone bis zum Grund frei und nur etwa 2 mm breit . . . . *R. canadense*
– Untere 2 Lappen nicht so tief eingeschnitten, breiter . . . . *R. albrechtii*
32 Krone gelb oder mit großem, gelbem, orangefarbenem oder grünlichem Fleck 33
– Krone weiß bis rot, ohne großen Fleck 36
33 Kronröhre sehr kurz, Krone einen weiten Trichter bildend. . . . . *R. molle* subsp. *molle*
– Kronröhre deutlich ausgebildet, ± halb so lang wie die Krone 34
34 Blüten weiß mit großem, gelbem Schlundfleck . . . . *R. occidentale*
– Blüten gelb oder orangefarben (selten scharlachrot) 35
35 Krone außen behaart (aber nicht klebrig-drüsig), Winterknospen nicht klebrig . . . . *R. calendulaceum*
– Krone außen stark drüsig-klebrig, Knospen klebrig . . . . *R. luteum*
36 Junge Triebe borstig-rauhaarig, Blätter höchstens 5 cm lang . . . . *R. viscosum*
– Junge Triebe kahl, Blätter länger (wenigstens viele) . . . . *R. arborescens*
37 (2) Blätter oberseits matt und zart. 38
– Blätter glänzend oder ledrig. 39
38 Blätter unterseits an der Basis fleckenhaarig, geruchlos. . . . . *R. schlippenbachii*
– Blätter unterseits kahl, duftend . . . . *R. arborescens*
39 Voll entwickelte Blätter unterseits behaart oder filzig. 57
– Voll entwickelte Blätter unterseits kahl (höchstens Hauptnerven behaart oder vereinzelte Haare) 40
40 Blütenkrone mit 6–8 Lappen 41
– Blütenkrone mit 5 Lappen 50
41 Laubblätter fast kreisförmig, höchstens 1,2- bis 1,5-mal so lang wie breit . . . . *R. orbiculare*
– Blätter viel länger (mindestens 1,5-mal) als breit 42
42 Blätter höchstens 10 cm lang 43
– Blätter länger (wenigstens viele) 47
43 Blattstiele länger als 1 cm (wenigstens die meisten) 44
– Blattstiele höchstens 1 cm lang. 45
44 Krone höchstens 5 cm breit, mit roten Flecken . . . . *R. vernicosum*
– Krone 5–9 cm breit, ohne Flecken . . . . *R. fortunei* subsp. *fortunei*
45 Blätter ledrig, wintergrün. 46
– Blätter zart, sommergrün . . . . *R. molle* subsp. *japonicum*
46 Blattgrund keilförmig und Blattstiel drüsig . . . . *R. aberconwayi*
– Blattgrund abgerundet oder Blattstiel kahl . . . . *R. oreodoxa* var. *oreodoxa*
47 Blattstiel rötlich . . . *R. fortunei* subsp. *fortunei*
– Blattstiel grün 48
48 Blätter unterseits mit an der Basis wolliger Mittelrippe und wollig behaartem Blattstiel . . . 49
– Blätter unterseits und Blattstiel kahl . . . . *R. fortunei* subsp. *discolor*
49 Staubblätter höchstens 15 . . . .*R. sutchuenense*
– Staubblätter 16–22 . . . .*R. calophytum*
50 Blätter fast kreisförmig (kaum länger als breit) und unterseits weißlich . . . . *R. williamsianum*
– Blätter viel länger als breit 51
51 Krone am Grund mit Nektartaschen . . . .*R. forrestii*
– Blütenkrone am Grund ohne Nektartaschen 52
52 Basis der Blattspreite keilförmig. 53
– Basis der Blattspreite herzförmig oder abgerundet 54
53 Krone 6–7,5 cm breit. . . . . *R. campylocarpum* subsp. *campylocarpum*
– Krone 3–4 cm breit . . . .*R. maximum*
54 Fruchtknoten kahl. . . . . *R. ponticum*
– Fruchtknoten drüsig und/oder filzig 55
55 Kelch höchstens 2 mm lang . . . *R. catawbiense*
– Kelch 5–15 mm lang 56
56 Krone 6–7,5 cm breit, Blattstiel drüsig . . . . *R. campylocarpum* subsp. *campylocarpum*
– Krone bis 4 cm breit, Blattstiel bereift . . . .*R. wardii* var. *wardii*
57 (39) Krone mit 7 (6–10) Lappen 58
– Krone mit 5 Lappen 59
58 Blattrand bewimpert, Blattstiel oft filzig . . . . *R. molle* subsp. *japonicum*
– Blattrand und Blattstiel kahl . . *R. clementinae*
59 Blütenkrone am Grunde mit Nektartaschen . . . .*R. haematodes*
– Blütenkrone ohne Nektartaschen. 60
60 Blütenkrone etwa bis zur Mitte eingeschnitten, Blütenzeichnung bräunlich, gelblich oder grünlich. 61
– Blütenkrone kürzer eingeschnitten, Blütenzeichnung fehlend oder rot bis purpurn . . . 65
61 Kelch höchstens 2 mm lang 62
– Kelch länger (wenigstens die meisten) 63
62 Blattgrund herzförmig . . . . *R. brachycarpum* subsp. *brachycarpum*
– Blattgrund keilförmig . . . .*R. caucasicum*
63 Blütenstandsachse höchstens 5 mm lang, Triebe kahl . . . *R. degronianum* subsp. *yakushimanum*
– Blütenstandsachse über 2,5 cm lang, Triebe dicht weißwollig-filzig 64
64 Blätter höchstens 11 cm, Kelch höchstens 3 mm lang . . . . *R. smirnowii*
– Blätter und Kelche länger (wenigstens die meisten) . . . . *R. ungernii*
65 Krone gelb. . . . . *R. wightii*
– Krone weiß, rosa oder rot. 66
66 Blätter unterseits glänzend beige, Krone 3–4 cm breit. . . . . *R. insigne*
– Blätter unterseits matt rostbraun oder orangebraun, Krone 4–5 cm breit 67
67 Blätter lanzettlich, höchstens 2 cm breit, eingerollt . . . . *R. makinoi*
– Blätter breiter, nicht eingerollt. 68
68 Blüten zu 8 . . . . *R. campanulatum* subsp. *campanulatum*
– Blüten zu 12 . . . .*R. degronianum* subsp. *degronianum*

Rhododendron aberconwayi Cowan, Aberconways Rhododendron

Habitus: Immergrüner, 1–2,5 m hoher Strauch, junge Triebe drüsig und kurz behaart.

Blätter: Dick, steif ledrig, elliptisch, 3–6 cm lang, spitz, Basis keilförmig, oberseits zuletzt

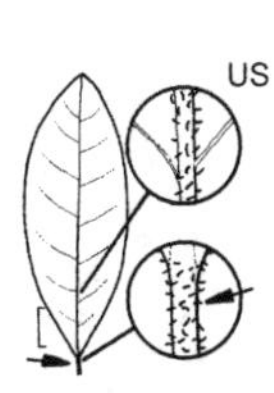

Rhododendron aberconwayi

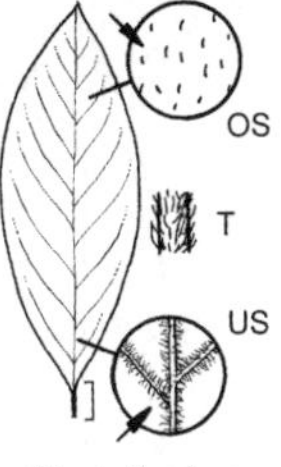

Rhododendron albrechtii

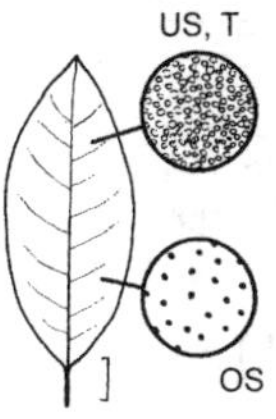

Rhododendron ambiguum

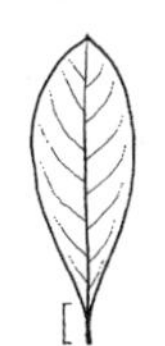

Rhododendron arborescens

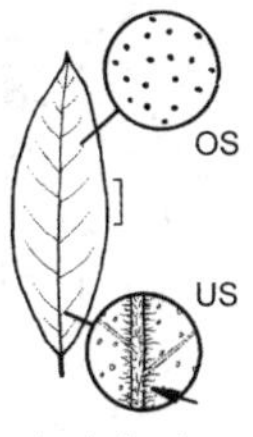

Rhododendron augustinii

kahl, unterseits auf den Nerven zerstreut rot behaart, Stiel 0,5–1 cm lang.
Blüten: Zu 6–12 in lockeren Ständen, fast tellerförmig bis schwach glockig, 2,8–3,5 cm breit, Krone weiß, z.T. rosa getönt und purpurn gezeichnet, Staubblätter 10, ungleich lang, Fruchtknoten und Griffel drüsig, Kelch etwa 1 mm lang, spärlich drüsig, Mai–Juni.
Verbreitung: China: NO-Yunnan, Guizhou.
Verwendung: Selten, B, WHZ 7b, LB 8.1.2.5.

Rhododendron albrechtii Maxim., Albrechts Azalee

Habitus: Sommergrüner, 1,5–3 m hoher, buschiger, locker aufgebauter Strauch, junge Triebe etwas drüsig und kraus behaart.
Blätter: Meist zu 5 an den Enden von Kurztrieben, verkehrteiförmig bis breit elliptisch, 2–12 cm lang, zugespitzt, Basis lang keilförmig, Rand fein gesägt und bewimpert, oberseits spärlich behaart, unterseits grau weichhaarig, Stiel 1 cm lang, Herbstfärbung leuchtend gelb.
Blüten: Zu 3–5 in Trugdolden, breit glockig, 5 cm breit, Krone rosarot bis hellpurpurn, Staubblätter 10, ungleich lang, Fruchtknoten drüsig behaart, Griffel kahl, Kelch sehr klein, drüsig behaart, April–Mai.
Verbreitung: Japan: Hokkaido, Honshu.
Verwendung: Selten, B, H, WHZ 6b, LB 3.2.5.5.

Rhododendron ambiguum Hemsl., Unbeständiger Rhododendron

Habitus: Immergrüner, straff aufrechter, dicht verzweigter, bis 1,5 m hoher Strauch, Triebe dünn, dicht drüsig.
Blätter: Aromatisch duftend, schmal eiförmig bis schmal elliptisch, 3–6 cm lang, zugespitzt, in Länge und Breite etwas gewölbt, Basis abgerundet oder schwach herzförmig, oberseits sattgrün, bleibend beschuppt, unterseits mit zuletzt schwärzlichen, ungleich großen, breit gerandeten Schuppen, Stiel 0,6–1,6 cm lang.
Blüten: Zu 3–7 in lockeren Büscheln, trichterförmig, deutlich zygomorph, 3–5 cm breit, außen leicht beschuppt, Krone gelb bis grünlich gelb, oft mit dunkelgelber bis grünlicher Zeichnung, auch blass rötlich oder fleischfarben bis purpurn, Staubblätter 10, nahe der Basis behaart, Fruchtknoten beschuppt, Griffel meist kahl, Mai–Juni.
Verbreitung: China: W-Sichuan, Guizhou.
Verwendung: Selten, B, WHZ 6b, LB 8.1.2.6.

Rhododendron arborescens (Pursh) Torr., Baumartige Azalee

Habitus: Sommergrüner, 3(–6) m hoher, locker und unregelmäßig verzweigter Strauch, Triebe kahl, meist bläulich bereift.
Blätter: Verkehrteiförmig bis lanzettlich, 3–8 cm lang, spitz oder stumpflich, Rand fein wimperzähnig, oberseits frischgrün, unterseits meist bläulich grün, beiderseits fast kahl oder kahl, Stiel bis 0,5 mm lang, getrocknet aromatisch duftend.
Blüten: Zu 3–7 in kurzen Trauben, stark duftend, trichterförmig, bis 5 cm breit, außen drüsig-zottig behaart, Krone weiß bis hellrosa, Staubblätter 5, weit herausragend, Griffel länger, Kelchblätter etwa 7 mm lang, stark behaart, Mai–August.
Verbreitung: NO- und SO-USA.
Verwendung: Selten, B, D, WHZ 6b, LB 2.3.5.5. (7.2.6.4).

R. ashleyi Coker = *R. maximum*
R. astrocalyx Balf. f. et Forrest = *R. wardii*

Rhododendron augustinii Hemsl., Augustines Rhododendron

Habitus: Meist immergrüner, 2–3(–6) m hoher, aufrechter Strauch, Triebe weich behaart und drüsig.

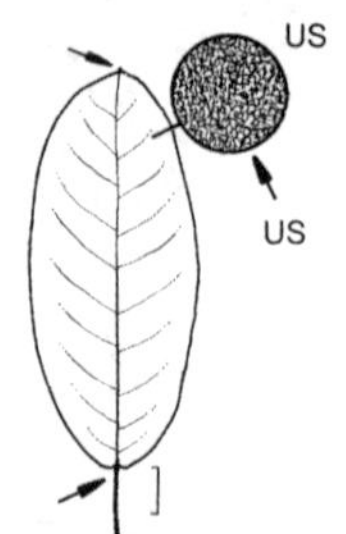

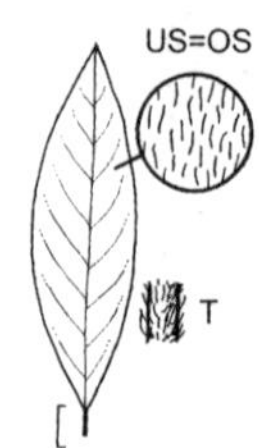

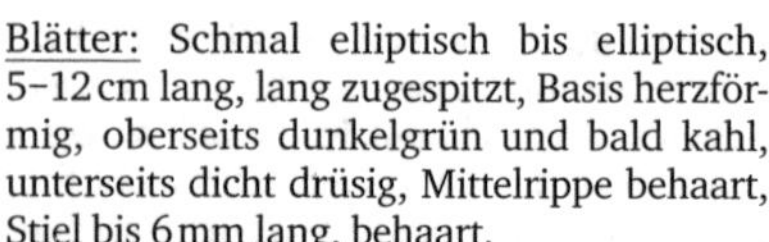
Rhododendron brachycarpum subsp. brachycarpum

Rhododendron calendulaceum

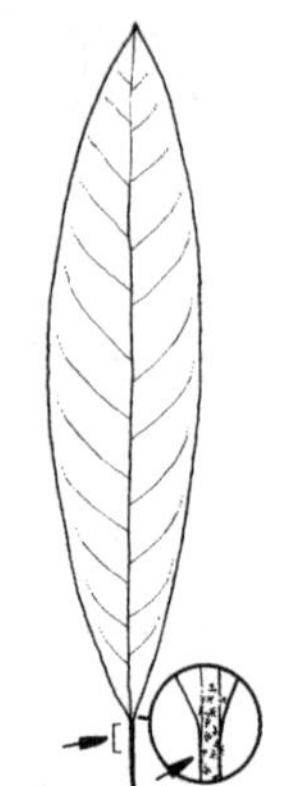
Rhododendron calophytum

Blätter: Schmal elliptisch bis elliptisch, 5–12 cm lang, lang zugespitzt, Basis herzförmig, oberseits dunkelgrün und bald kahl, unterseits dicht drüsig, Mittelrippe behaart, Stiel bis 6 mm lang, behaart.
Blüten: Meist zu 2–6 in lockeren Ständen, tief 5-zipfelig, breit trichterförmig-glockig, 3,5–5 cm breit, außen beschuppt, Krone meist lavendelfarben oder blau oder purpurn, selten weiß, innen mit einem grünlichen oder bräunlichen Fleck, Staubblätter 10, ungleich lang, nahe der Basis behaart, Griffel an der Basis flaumig behaart oder kahl, Fruchtknoten beschuppt, April–Mai.
Verbreitung: China: Hubei, Sichuan.
Verwendung: Selten, B, WHZ 7a, LB 7.2.4.5.

R. benhallii Craven = *Menziesia ciliicalyx*

Rhododendron brachycarpum D. Don ex G. Don **subsp. brachycarpum**, Kurzfrüchtiger Rhododendron

Habitus: Immergrüner, 2–3 m hoher, dicht verzweigter, buschiger Strauch, junge Zweige ziemlich dick, im Austrieb weißfilzig behaart.
Blätter: Länglich bis verkehrteiförmig, 7–15 cm lang, an beiden Enden abgerundet, oberseits kahl, unterseits mit einem bleibenden, grauen bis rehbraunen Indument, Stiel 1–2 cm lang, kahl.
Blüten: Zu 10–20 in dichten, hoch gewölbten Ständen, breit trichterförmig-glockig, 2,5 cm breit, Krone weiß bis hellrosa, mit grünlicher Zeichnung, Staubblätter 10, an der Basis behaart, Fruchtknoten dicht bräunlich flaumig behaart, Griffel kahl, Juni–Juli.
Verbreitung: Japan, Korea.
Verwendung: Häufig, B, WHZ 5b, LB 7.2.6.5 (8.1.4.6).

subsp. fauriei (Franch.). D.F. Chamb. Blätter zuletzt beiderseits kahl. Korea.

Rhododendron calendulaceum (Michx.) Torr., Gelbe Alpenrose

Habitus: Sommergrüner, reich verzweigter, 1–1,5(–5) m hoher Strauch, junge Triebe dicht behaart.
Blätter: Eiförmig bis verkehrteiförmig oder elliptisch, 4–8 cm lang, spitz, Basis breit keilförmig, beiderseits fein behaart, unterseits anfangs dichter behaart, Stiel sehr kurz, behaart, Herbstfärbung leuchtend orange bis scharlachrot.
Blüten: Zu 5–9 in kurzen Trauben, breit trichterförmig-röhrig, 5 cm breit, fast ohne Duft, außen drüsig und behaart, Krone gelb oder orange bis scharlach, Staubblätter 5, weit herausragend, so lang oder etwas kürzer als der Griffel, Fruchtknoten nicht oder wenig drüsig, Mai–Juni.
Verbreitung: NO- und SO-USA.
Verwendung: Selten, B, H, WHZ 6a, LB 7.2.6.5 (5.2.3.5).

Rhododendron calophytum Franch., Schöner Rhododendron

Habitus: Immergrüner, (2–)5–9 m hoher Strauch oder Baum, Triebe sehr dick, anfangs weißfilzig, später kahl.
Blätter: Verkehrteiförmig-lanzettlich, 14–30 cm lang, Ränder abwärts gebogen, plötzlich zugespitzt, allmählich in den 1–2 cm langen Stiel verschmälert, oberseits hellgrün, unterseits noch heller, bald kahl.
Blüten: Bis zu 30 in lockeren, 15–20 cm breiten Ständen, offen glockig, 5- bis 7-lappig, 5–6 cm breit, Krone weiß oder rosaweiß, mit deutlichem, karminrotem Basalfleck, Staub-

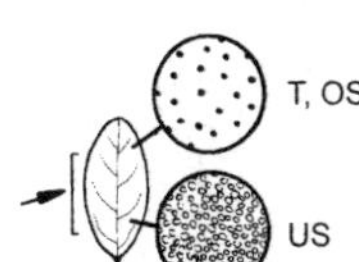

Rhododendron calostrotum subsp. calostrotum

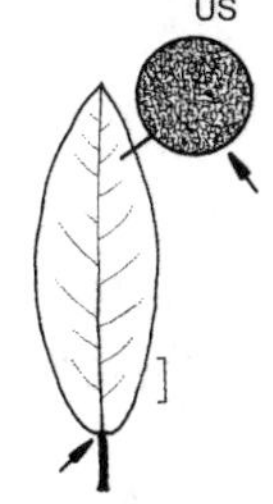

Rhododendron campanulatum subsp. capanulatum

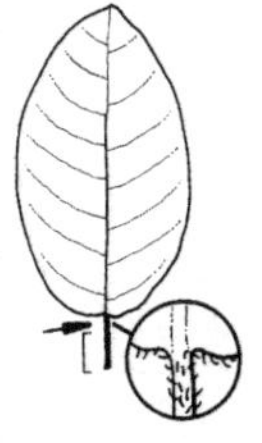
Rhododendron campylocarpum subsp. campylocarpum

blätter 15–20, sehr ungleich lang, kürzer als die Krone, Fruchtknoten und Griffel kahl, Narben sehr groß, gelb, März–April.
Verbreitung: China: NO-Yunnan, Sichuan, Guizhou.
Verwendung: Selten, B, WHZ 7a, LB 7.2.4.5.

Rhododendron calostrotum Balf. f. et Kingdon-Ward **subsp. calostrotum**, Ausgebreiteter Rhododendron

Habitus: Immergrüner, 0,5–1,5 m hoher, niederliegender bis breit aufrechter Strauch, junge Triebe dicht beschuppt.
Blätter: Rundlich bis länglich-eiförmig, 1,2–2,2 cm lang, stumpf, oberseits bleibend dicht grün beschuppt, unterseits Schuppen in 3–4 deutlich getrennten Reihen.
Blüten: Zu 1–2 in lockeren Ständen, schalen- bis radförmig, 2–3 cm breit, außen weich behaart, Krone rot, selten rosa oder purpurn, oft mit dunkelroter Zeichnung auf dem oberen Kronblatt, Staubblätter 10, an der Basis behaart, Fruchtknoten beschuppt, Griffel purpurn, mit einigen Haaren im unteren Teil, Kelch groß, beschuppt und lang behaart, Mai
Verbreitung: N-Myanmar, China: W-Yunnan.
Verwendung: Selten, B, WHZ 7b, LB 7.2.4.7 (8.1.2.7).

subsp. keleticum (Balf. f. et Forrest) Cullen. Bis 0,4 m hoher, niederliegender, Polster bildender Strauch. Blätter verkehrteiförmig bis elliptisch, bis 2 cm lang, spitz, oberseits unbeschuppt und glänzend, unterseits dicht beschuppt. Blüten zu 1–3, Krone rot, seltener rosa oder purpurn, oft mit dunkelroter Zeichnung. SO-Myanmar, China: NW-Yunnan, SO-Tibet. LB 8.1.4.7 (1.2.2.7).

Rhododendron campanulatum D. Don **subsp. campanulatum**, Glockenblütiger Rhododendron

Habitus: Immergrüner, breit aufrechter, 1–6(–9) m hoher Strauch, Triebe kahl, grün.
Blätter: Eiförmig bis breit elliptisch, 9,5–18 cm lang, abgerundet, stachelspitzig, Basis abgerundet bis schwach herzförmig, oberseits glänzend dunkelgrün und kahl, anfangs ohne metallisch blaugrünen Glanz, unterseits bleibend dicht rostbraun wollig behaart, Stiel 1,5–2,5 cm lang.
Blüten: Zu 6–18, in lockeren Ständen, breit glockig, 5 cm breit, Krone weiß bis hell malvenfarben oder purpurrosa, meist mit purpurfarbenen Flecken, Staubblätter 10, kahl oder manchmal zur Basis hin behaart, Kelch 1 mm lang, Fruchtknoten und Griffel kahl, April–Mai.
Verbreitung: N-Indien: Kaschmir bis Sikkim; Nepal, Bhutan.
Verwendung: Selten, B, WHZ 7b, LB 7.2.5.5 (4.1.2.5).

subsp. aeruginosum (Hook. f.) D.F. Chamb. Bis 2 m hoher Strauch. Blätter 7–10 cm lang, anfangs mit einem auffälligen, blaugrün metallischen Schimmer. Blüten zu 10–12, Krone lilarosa bis rötlich purpurn, mit dunklerer Zeichnung. Himalaja, Sikkim, Bhutan.

Rhododendron campylocarpum Hook. f. **subsp. campylocarpum**, Krummfrüchtiger Rhododendron

Habitus: Immergrüner, buschiger, 1–6 m hoher Strauch, Triebe dünn, mit wenigen, kurzen Drüsenhaaren.
Blätter: Elliptisch, 3–10 cm lang, abgerundet, Basis herzförmig, kahl, oberseits dunkelgrün, glänzend, unterseits blaugrün, selten mit ei-

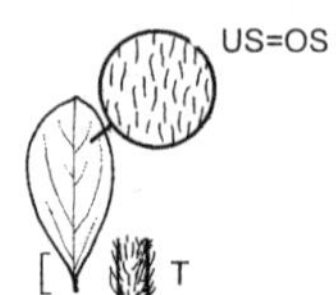

Rhododendron camtschaticum

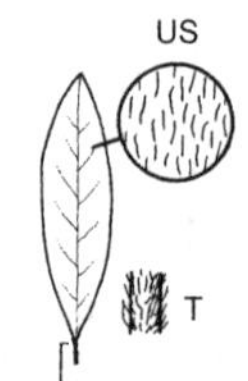

Rhododendron canadense

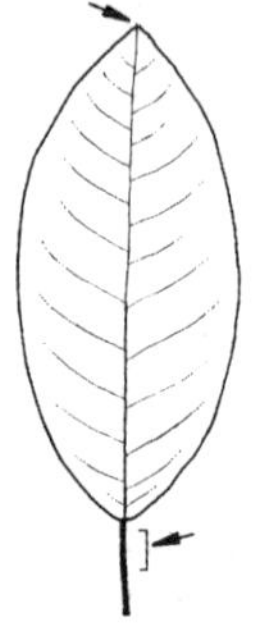
Rhododendron catawbiense

nigen rötlichen Drüsen am Blattgrund, Stiel 0,5–2,2 cm lang, anfangs drüsenhaarig.
Blüten: Zu 3–10(–15) in lockeren bis dichten Ständen, weit glockig, 6–7,5 cm breit, Krone schwefelgelb, in der Knospe gelegentlich rötlich getönt, Basalfleck vorhanden oder fehlend, Staubblätter 10, kahl oder an der Basis schwach behaart, Fruchtknoten dicht drüsenhaarig, Griffel kahl oder bis zu ⅓ der Länge drüsenhaarig, Kelch etwa 1 mm lang, kahl, April–Mai.
Verbreitung: Nepal, Sikkim, Bhutan, NO-Indien, China: S-Tibet.
Verwendung: Selten, B, WHZ 7b, LB 7.2.4.6.

subsp. caloxanthum (Balf f. et Forrest) D.F. Cham. Bis 2 m hoher Strauch. Blätter rundlich, häufig bläulich glänzend. N-Myanmar, China: SO-Tibet, Yunnan.

Rhododendron camtschaticum Pall., Kamtschatka-Azalee

Habitus: Sommergrüner, bis 0,2 m hoher, kriechender Strauch, Triebe hell- bis rotbraun, wie die Blütenstiele lang borstig behaart.
Blätter: Verkehrteiförmig bis spatelig, sitzend, 1,5–5 cm lang, dünn, abgerundet und stachelspitzig, Basis keilförmig, am Rand bewimpert, unterseits auf den Nerven drüsenhaarig, Herbstfärbung gelb bis rot.
Blüten: Zu 1–3 an diesjährigen Trieben, offen trichterförmig, 3–4 cm breit, bis fast zum Grund eingeschnitten, Krone purpurrot, mit leicht rotbrauner Zeichnung, Staubblätter 10, Kelch groß, Zipfel blattartig, Mai–Juni.
Verbreitung: N-Japan, O-Russland, Aleuten, Alaska.
Verwendung: Häufig, B, WHZ 5b, LB 8.1.3.7 (1.1.3.7).

Rhododendron canadense (L.) Torr., Kanadische Azalee

Habitus: Sommergrüner, straff aufrechter, bis 1 m hoher Strauch, Triebe dünn, anfangs fein borstig behaart, später kahl und gelblich rot.
Blätter: Länglich-elliptisch, 2–5 cm lang, stumpf oder spitz, Basis keilförmig, Rand bewimpert und etwas eingerollt, oberseits matt bläulich grün, kahl, unterseits heller, blaugrau, graufilzig behaart.
Blüten: Zu 3–6 in Trugdolden, 1,5–2 cm lang, 2-lippig, die untere Lippe bis fast zur Basis in 2 schmale Lappen geteilt, die obere Lippe mit 3 kurzen, eiförmigen Lappen, Krone rosa bis hellpurpurn, selten weiß, mit oder ohne Flecken auf den 3 oberen Kronblättern, Staubblätter 10, so lang wie die Krone, an der Basis behaart, Fruchtknoten borstig behaart, April–Mai.
Verbreitung: O-Kanada, NO-USA.
Verwendung: Selten, B, WHZ 5b, LB 1.1.5.6.

R. cantabile Hutch. = *R. russatum*

Rhododendron catawbiense Michx., Catawba-Rhododendron

Habitus: Immergrüner, 2–4(–7) m hoher, dicht verzweigter, halbkugeliger Strauch, Triebe anfangs schwach behaart, bald kahl.
Blätter: Breit elliptisch bis verkehrteiförmig, 6–15 cm lang, stumpf zugespitzt, Basis abgerundet, oberseits leicht gewölbt, tiefgrün und glänzend, unterseits hellgrün, in Basisnähe bleibend behaart, Stiel 2–3 cm lang, anfangs wollig, später fast kahl.
Blüten: Zu 15–20 in dichten Ständen, breit trichterförmig-glockig, 5–6 cm breit, Krone lilapurpurn mit olivgrüner Zeichnung, Staub-

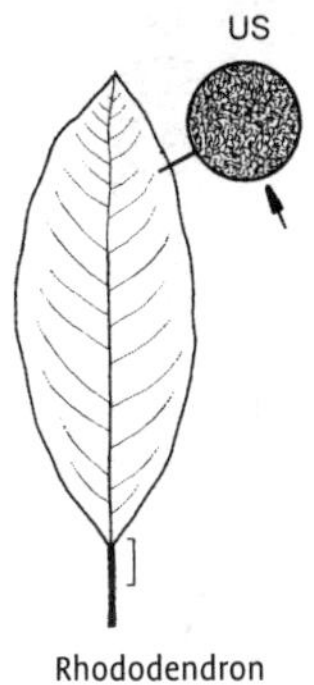

Rhododendron caucasicum

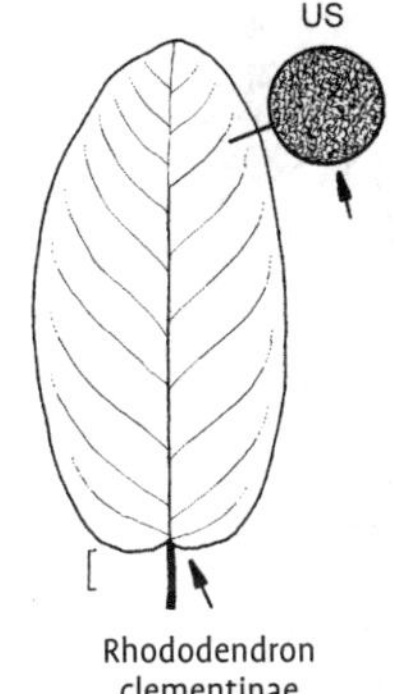

Rhododendron clementinae

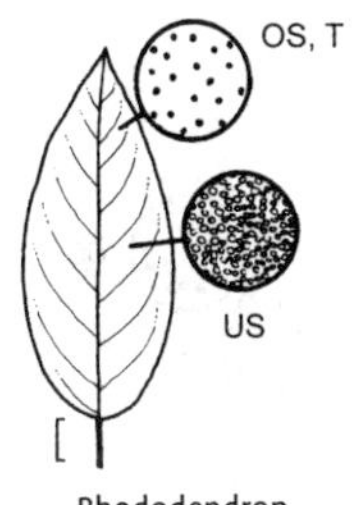

Rhododendron concinnum

blätter 10, an der Basis behaart, Fruchtknoten drüsig behaart, Griffel weiß, an der Basis behaart, Mai–Juni.
Verbreitung: NO- und SO-USA.
Verwendung: Sehr häufig (besonders in zahlreichen Catawbiense-Hybriden), B, ☠, WHZ 5b, LB 7.2.6.4.

Rhododendron caucasicum Pall., Kaukasus-Rhododendron

Habitus: Immergrüner, 0,5–1 m hoher, dicht verzweigter Strauch, Triebe ± dicht filzig.
Blätter: Verkehrteiförmig bis elliptisch, 5–10 cm lang, spitz, Basis keilförmig, oberseits dunkelgrün, kahl, etwas runzelig, unterseits mit einem kompakten, rehbraunen bis braunen Indument, Stiel 6–8 mm lang.
Blüten: Zu 6–15 in lockeren bis dichten Ständen, breit glockig, 5 cm breit, Kronlappen rundlich und ausgerandet, Krone rosa bis gelblich weiß, mit grüner Zeichnung, Staubblätter 10, an der Basis behaart, Fruchtknoten dicht behaart, Kelch sehr klein, April–Mai.
Verbreitung: NO-Türkei und angrenzende Gebiete Kaukasiens.
Verwendung: Selten, B, WHZ 5b, LB 8.1.2.6.

R. chryseum Balf. f. et Kingdon-Ward = *R. rupicola* var. *chryseum*

Rhododendron clementinae Forrest, Clementines Rhododendron

Habitus: Immergrüner, 1–3 m hoher, langsam und gedrungen wachsender Strauch, Triebe dick, kahl, hellgrün.
Blätter: Eiförmig-lanzettlich, 6–14 cm lang, abgerundet, Basis abgerundet oder herzförmig, oberseits dunkelgrün, glänzend, etwas gewölbt, unterseits mit einem 2-schichtigen, weißen bis hellbraunen Indument, Stiel 2 mm lang.
Blüten: Zu 10–15 in lockeren Ständen, glockig, 6- bis 7-zipfelig, 4–5 cm breit, Krone rahmweiß mit rosafarbenem Anflug oder rosa mit dunklerer, purpurner Zeichnung, Staubblätter 12–14, an der Basis behaart, Fruchtknoten und Griffel kahl, Kelch etwa 1 mm lang, kahl, Mai.
Verbreitung: China: N-Yunnan, SW-Sichuan.
Verwendung: Selten, B, WHZ 6b, LB 7.2.2.5 (8.1.4.6).

Rhododendron concinnum Hemsl., Reizender Rhododendron

Habitus: Immergrüner, 1,5–4 m hoher, lockerer Strauch, Triebe dicht braun schülferig.
Blätter: Eiförmig bis elliptisch, aromatisch duftend, 3,5–8,5 cm lang, spitz bis zugespitzt, Basis abgerundet bis herzförmig, oberseits beschuppt, allmählich verkahlend, unterseits mit zahlreichen, großen, flachen, breitrandigen, grauen oder bräunlichen Schuppen, Stiel 0,9–1 cm lang.
Blüten: Zu 2–5 in lockeren Büscheln, trichterförmig, 4–5 cm breit, außen beschuppt, Krone purpurviolett bis purpurn, dunkler gezeichnet, Staubblätter 10, an der Basis behaart, Fruchtknoten beschuppt, Griffel kahl oder behaart, Kelch klein, bewimpert, April–Mai.
Verbreitung: China: Sichuan, Hubei, Guizhou.
Verwendung: Sehr selten, B, WHZ 7b, LB 7.2.4.5.

R. coombense Hemsl. = *R. concinnum*
R. coreanum Rehder = *R. yedoense* var. *poukhanense*

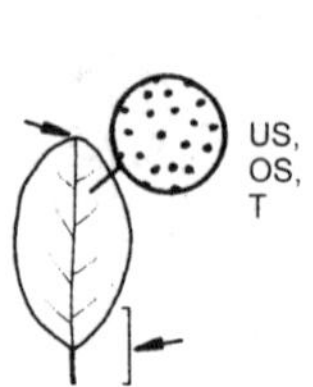

Rhododendron dauricum

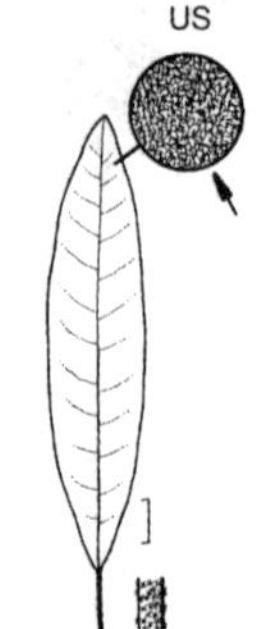

Rhododendron degronianum subsp. degronianum

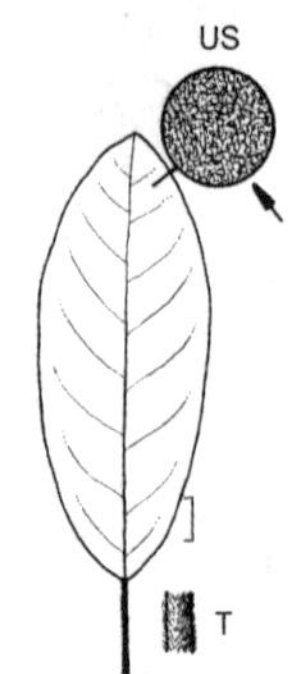

Rhododendron degronianum subsp. yakushimanum

Rhododendron dauricum L.,
Dahurische Azalee

Habitus: Sommer- oder ± wintergrüner, bis 3 m hoher, locker verzweigter Strauch, Triebe bräunlich, behaart und beschuppt.
Blätter: Elliptisch bis lanzettlich, 2–4 cm lang, dickledrig, abgerundet und stachelspitzig, Basis keilförmig, oberseits dunkelgrün und spärlich drüsig beschuppt, unterseits heller und dicht beschuppt, zerrieben aromatisch duftend.
Blüten: Zu 1–3, seitenständig an den Zweigenden, offen trichterförmig, 2,5–3,5 cm breit, Krone purpurrosa, Staubblätter 10, an der Basis behaart, Fruchtknoten dicht beschuppt, Griffel kahl, Februar–April.
Verbreitung: O-Sibirien, Mongolei, N-China, Japan: Hokkaido.
Verwendung: Häufig, B, WHZ 5b, LB 8.1.2.6.

Sempervierens-Gruppe. Wuchs im Vergleich zur Art schmaler und straffer aufrecht, Blätter ± immergrün. Blüten dunkler purpurn.

Rhododendron degronianum Carrière **subsp. degronianum**,
Japanischer Rhododendron, Metternichs-Rhododendron

Habitus: Immergrüner, 1–2,5 m hoher, dicht belaubter Strauch, junge Triebe behaart, an 1-jährigen Trieben Indument spärlich oder fehlend.
Blätter: Länglich bis länglich-elliptisch, 7–18 cm lang, stumpf oder spitz, Basis keilförmig, Rand eingerollt, oberseits glänzend dunkelgrün, kahl, unterseits mit einem samtigen, grauen bis rehbraunen Indument, auf der Mittelrippe spärlich oder fehlend, Stiel 2–3 cm lang, anfangs filzig.
Blüten: Zu 9–12 in dichten Ständen, trichterförmig-glockig, 4,5–5 cm breit, 5-lappig, Krone zartrosa (gelegentlich auch reinweiß), ohne oder mit rötlicher Zeichnung, Staubblätter 10, Fruchtknoten dicht weißfilzig, Griffel weiß, April–Mai.
Verbreitung: N- Japan.
Verwendung: Häufig, B, WHZ 5b, LB 7.2.2.6.

subsp. yakushimanum (Nakai) H. Hara, Yakushima-Rhododendron. Immergrüner, 0,5–1,5(–2,5) m hoher, dichter, abgeflacht kugeliger Strauch, Triebe dick, anfangs silbergrau filzig behaart, später ± kahl, Knospenschuppen abfallend. Blätter schmal bis breit elliptisch, 6–21 cm lang, derbledrig, Basis keilförmig bis abgerundet, Rand stark nach unten umgerollt, zugespitzt, längs und quer deutlich aufgewölbt, im Austrieb silbrig filzig behaart, später oberseits dunkelgrün und glänzend, unterseits dick weißlich bis gelbbraun wollig-filzig behaart. Blüten zu 5–10(–15), in lockeren Ständen, breit trichterförmig-glockig, 5-lappig, 5–6 cm breit, Blütenknospen zartrosa, Krone später reinweiß, Staubblätter 10, Fruchtknoten dicht weiß- bis braunfilzig behaart, Kelch 2–5(–7) mm lang, dicht filzig behaart, Mai. Japan: Insel Yakushima. Sehr häufig in Kultur, auch in zahlreichen Yakushimanum-Hybriden. WHZ 6a, LB 7.2.2.6 (9.2.5.6).

R. discolor Franch. = *R. fortunei* subsp. *discolor*

R. fargesii Franch. = *R. oreodoxa* var. *fargesii*

Rhododendron fastigiatum Franch., Aufstrebender Rhododendron

Habitus: Immergrüner, 0,5–1,5 m hoher, dicht kissenförmiger oder mehr aufrechter Strauch, Triebe dicht beschuppt.
Blätter: Oft bläulich, breit elliptisch bis eiförmig, 0,7–1,4 cm lang, abgerundet und stachelspitzig, Basis keilförmig, beiderseits dicht beschuppt, unterseits rehbraun bis grau, Schuppen rosa, in Gruppen und sich ± berührend, Stiel sehr kurz.
Blüten: Zu 1–5, trichterförmig, 2–2,5 cm breit, innen behaart, Krone lebhaft hell lavendelblau bis rosa oder purpurn, Staubblätter 10, an der Basis behaart, Fruchtknoten beschuppt, mit einem Haarbüschel an der Spitze, Griffel meist kahl, Kelch beschuppt und bewimpert, April–Mai.
Verbreitung: China: N- und M-Yunnan.
Verwendung: Sehr selten, B, WHZ 6b, LB 8.1.2.7.

R. fauriei Franch. = *R. brachycarpum* subsp. *fauriei*

Rhododendron ferrugineum L., Rostblättrige Alpenrose

Habitus: Immergüner, bis 1 m hoher, breit aufrechter bis niederliegender, dicht verzweigter Strauch, junge Triebe rostbraun beschuppt.
Blätter: Eiförmig bis elliptisch-lanzettlich, 2–5 cm lang, an beiden Enden spitz, oberseits glänzend dunkelgrün, kahl, etwas runzelig, Rand umgerollt, nicht bewimpert, unterseits dicht rostbraun beschuppt, Schuppen sich überlagernd, Stiel 5 mm lang.
Blüten: Zu 5–16 in dichten, kurzen Trauben, schmal röhrig, 1–1,5 cm breit, mit 5 abspreizenden Zipfeln, außen behaart und mit gelblichen Drüsenschuppen, Krone purpurrosa, Staubblätter 10, an der Basis behaart, Fruchtknoten dicht beschuppt, Griffel kahl, Kelchzipfel 4 mm lang, bewimpert, Juni–Juli.
Verbreitung: Alpen, Pyrenäen, nördl. Apenninen.
Verwendung: Häufig, B, ⚕, ☠, WHZ 5a, LB 8.1.5.6.

R. flavum G. Don = *R. luteum*

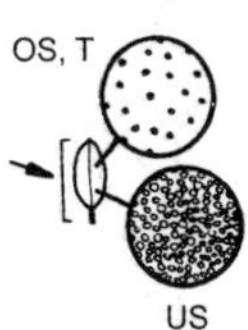

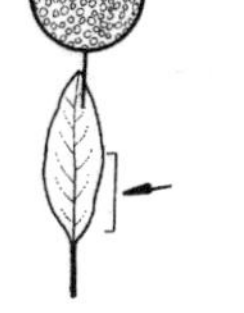

Rhododendron fastigiatum   Rhododendron ferrugineum   Rhododendron forrestii

Rhododendron forrestii Balf. f. ex Diels, Forrests Rhododendron

Habitus: Immergrüner, 0,10–0,15 m hoher, niederliegend-kriechender Strauch.
Blätter: Verkehrteiförmig bis rundlich, 1,5–3 cm lang, abgerundet, Basis keilförmig, oberseits dunkelgrün, kahl, Nerven deutlich vertieft, unterseits purpurn bis grün, kahl oder mit einigen gestielten Drüsen und verzweigten Haaren nahe der Basis, Stiel 0,3–1,2 cm lang, rötlich, schwach behaart und drüsig.
Blüten: Meist einzeln, 3–3,5 cm breit, röhrig-glockig, fleischig, 5-zipfelig, tief eingeschnitten, Krone dunkel karminrot, Staubblätter 10, kahl, Griffel kahl, Fruchtknoten nicht drüsig, Kelch sehr klein, drüsig, April–Mai.
Verbreitung: NO-Indien, NO-Myanmar, China: NW-Yunnan, S-Tibet.
Verwendung: Selten (sehr häufig dagegen Sorten der Repens-Gruppe), B, WHZ 6b, LB 8.1.2.7 (1.2.2.7).

Repens-Gruppe. Wuchs niederliegend. Blätter unterseits hell- oder bläulich grün, Blüten tiefrot.

Rhododendron fortunei Lindl. **subsp. fortunei**, Fortunes Rhododendron

Habitus: Immergrüner, 2–4 m hoher und fast ebenso breiter Strauch oder bis 10 m hoher Baum, Triebe drüsig, später kahl und hellgrün.
Blätter: Verkehrteiförmig, 8–18 cm lang, 1,8- bis 2,5-mal länger als breit, plötzlich zugespitzt, Basis abgerundet oder schwach herzförmig, oberseits matt dunkelgrün, unterseits hell blaugrün, kahl, Stiel 2–3 cm lang, oberseits oft rötlich.
Blüten: Zu 5–12 in lockeren Ständen, duftend, trichterförmig-glockig, bis 9 cm breit, 7-zipfelig, Krone weiß bis zart hellrosa oder gelblich rosa, Staubblätter 14–16, kahl,

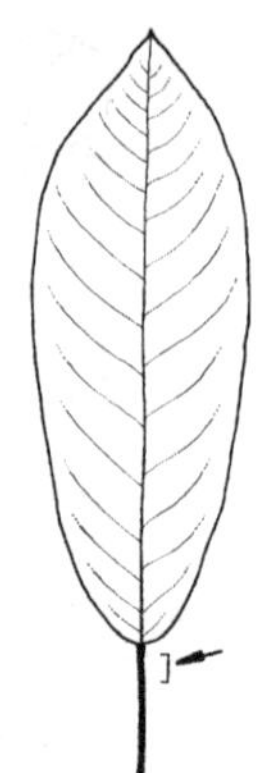

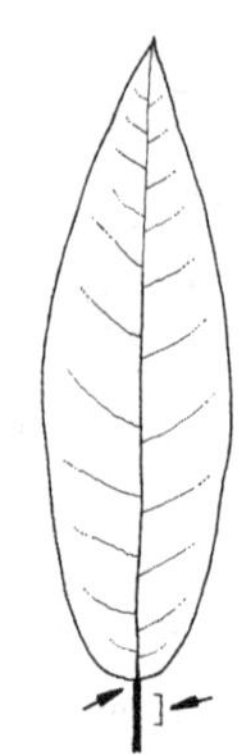

Rhododendron fortunei subsp. fortunei

Rhododendron fortunei subsp. discolor

Fruchtknoten und Griffel drüsig, Kelch klein, mit kurzen, drüsigen Zipfeln, Mai–Juni.
Verbreitung: M-, S- und O-China.
Verwendung: Selten, B, D, WHZ 7a, LB 3.2.5.5.

subsp. discolor (Franch.) D.F. Chamb. Großer Strauch. Blätter bis 20 cm lang, länglich-elliptisch bis verkehrteiförmig-lanzettlich, 2,8- bis 4-mal länger als breit. Blüten trichterförmig, duftend, Krone rosa, Juni–Juli. China: Hupeh, Sichuan.

R. groenlandicum (Oeder) Kron et Judd = *Ledum groenlandicum*

Rhododendron haematodes Franch., Blutroter Rhododendron

Habitus: Immergrüner, bis 1,8 m hoher, breiter Strauch, Triebe dicht wollig-filzig behaart.
Blätter: Verkehrteiförmig bis länglich, 4,5–8,5 cm lang, spitz, Basis keilförmig bis abgerundet, oberseits tiefgrün und fein runzelig, kahl oder schütter behaart, unterseits mit einem dichten, mattenförmigen, 2-schichtigen Indument, untere Schicht mattweiß, kompakt, obere Schicht aus reh- bis rotbraunen, büscheligen Haaren, Stiel 1 cm lang, filzig.
Blüten: Zu 4–6(–12) in dichten Ständen, röhrig-glockig, 3,5–5 cm lang, fleischig, Kronlappen breit, abgerundet, aufrecht, Krone weiß bis zart hellrosa oder gelblich rosa, Staubblätter 10, kahl, Griffel kahl, Fruchtknoten wollig, Kelch ± glockig, 8 mm lang, rot, März–Juni.
Verbreitung: NO-Myanmar, China: W- und NW-Yunnan, SO-Tibet.

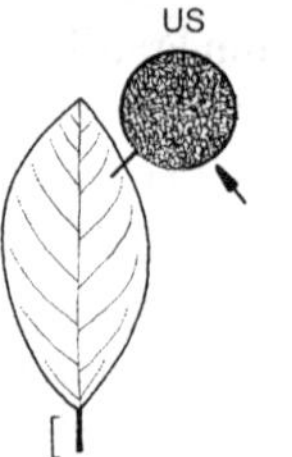

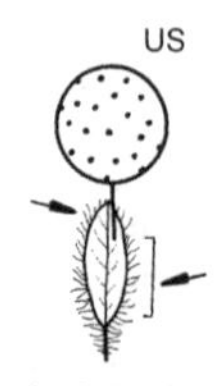

Rhododendron haematodes

Rhododendron hippophaeoides

Rhododendron hirsutum

Verwendung: Selten, B, WHZ 6b, LB 7.2.4.6 (8.1.4.7).

Rhododendron hippophaeoides Balf. f. et W.W. Sm., Grauer Rhododendron

Habitus: Immergrüner, aufrechter, bis 1 m hoher, fein und offen verzweigter, aromatischer Strauch, Triebe dünn, beschuppt.
Blätter: Elliptisch, länglich oder schmal verkehrteiförmig, 0,8–3,5 cm lang, stumpf oder abgerundet und stachelspitzig, Basis keilförmig, Rand etwas eingerollt, oberseits dicht graugrün beschuppt, unterseits gelblich grün bis graugrün, mit zahlreichen anliegenden oder sich überlappenden Schuppen, Stiel 3–4 mm lang.
Blüten: Zu 4–8, breit trichterförmig, 2,5 cm breit, Krone hell lavendelfarben bis tiefpurpurn Staubblätter 10, ungleich lang, länger als die innen weich behaarte Kronröhre, Fruchtknoten beschuppt, Griffel kahl, rot, März–Mai.
Verbreitung: China: Yunnan, SW-Sichuan.
Verwendung: Häufig, B, WHZ 6b, LB 1.2.2.6 (8.1.4.7).

Rhododendron hirsutum L., Behaarte Alpenrose

Habitus: Immergrüner, bis 1 m hoher, kurzastiger Strauch, Triebe dicht beblättert, zerstreut behaart und etwas schuppig.
Blätter: Schmal verkehrteiförmig bis verkehrteiförmig-rundlich, 1–3 cm lang, stumpf bis spitz, Basis keilförmig, oberseits glänzend frischgrün, kahl und etwas runzelig, unterseits hellgrün und mit zerstreuten Drüsenschuppen, Rand schwach gekerbt und lang bewimpert.
Blüten: Zu 4–12 in kurzen Trauben, trichterförmig-glockig, etwa 1,5 cm breit, innen weiß behaart, außen mit spärlichen, gelblichen

Drüsenschuppen, Krone purpurrosa, Staubblätter 10, ungleich lang, an der Basis, wie der Griffel, behaart, Fruchtknoten beschuppt, Kelchzipfel 4 mm lang, bewimpert, Mai–Juli.
Verbreitung: M- und O-Alpen, Gebirge in O-Europa.
Verwendung: Häufig, B, WHZ 5b, LB 8.1.5.6.

R. hispidum (Pursh) Torr.= *R. viscosum*
R. hormophorum Balf. f. et Forrest = *R. yunnanense*

Rhododendron impeditum Balf. f. et W.W. Sm., Veilchenblauer Rhododendron

Habitus: Immergrüner, 0,3–0,6 m hoher, ausgebreiteter oder aufrechter, dicht und fein verzweigter Strauch, Triebe mit dunkelbraunen bis schwarzen Schuppen.
Blätter: Länglich-eiförmig bis elliptisch, 0,4–1,5 cm lang, stumpf, mit drüsiger Spitze, oberseits dunkelgrün, unterseits mit hell graugrünen und braunen oder fast überwiegend braunen, anliegenden Schuppen, Stiel 2 mm lang.
Blüten: Zu 1–4, offen trichterförmig, etwa 2,5 cm breit, tief gelappt, Kronlappen abstehend, Krone purpurviolett bis lavendelrosa, Staubblätter 10, weit herausragend, an der Basis etwas behaart, Griffel kahl, April–Mai.
Verbreitung: China: N-Yunnan, SW-Sichuan.
Verwendung: Häufig (vor allem als Impeditum-Hybriden), B, WHZ 6b, LB 8.1.2.7 (1.1.2.7).

Rhododendron insigne Hemsl. et E.H. Wilson, Ausgezeichneter Rhododendron

Habitus: Immergrüner, 1,5–4 m hoher, gedrungener, halbkugeliger Strauch, Triebe dick, ziemlich kurz graufilzig, vom 2. Jahr an kahl.
Blätter: Schmal elliptisch, 7–14 cm lang, derbledrig, an beiden Enden zugespitzt, oberseits dunkelgrün, Nerven etwas eingesenkt, unterseits mit einem kompakten, rehbraunen Indument, das wie ein dichter, glänzender Film wirkt, Nerven deutlich hervortretend, Stiel 1,5–2 cm lang, nur anfangs wollig.
Blüten: Zu 8–17 in dichten Ständen, breit glockig, 3–4 cm breit, Krone innen zartrosa, nicht oder nur schwach gezeichnet, außen ± kräftig rot getönt Staubblätter 10–14, an der Basis behaart, Fruchtknoten dicht weißfilzig,

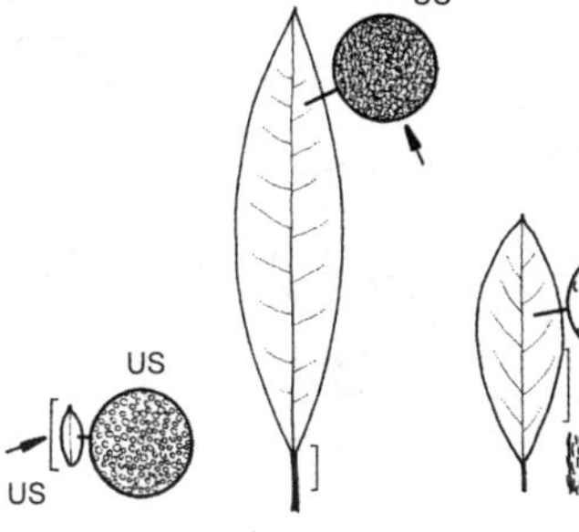

Rhododendron impeditum Rhododendron insigne Rhododendron kaempferi

Griffel kahl, Kelch 1–2 mm lang, wollig, Mai–Juni.
Verbreitung: China: NO-Yunnan, Sichuan.
Verwendung: Selten (häufiger in einigen Sorten und Hybriden), B, WHZ 6b, LB 7.2.5.5.

R. japonicum (A. Gray) J.V. Suringar = *R. molle* subsp. *japonicum*

Rhododendron kaempferi Planch., Kaempfers Azalee

Habitus: Sommergrüner (nur Blätter der Triebspitzen wintergrün), 1–2 m hoher, breit aufrechter Strauch, Triebe angeliegend rotbraun borstig behaart.
Blätter: Elliptisch oder rautenförmig bis eiförmig-lanzettlich, 2–5 cm lang, an beiden Enden zugespitzt, oberseits glänzend grün, zerstreut behaart, unterseits hellgrün und meist mit rostroten Haaren.
Blüten: Zu 2–3, trichterförmig, 3–6 cm breit, Kronlappen rundlich, Krone weiß, orange, rosa bis purpurn, Staubblätter 5, im unteren Teil behaart, Griffel kahl, Kelch mit 5 schmalen, behaarten Zipfeln, Mai.
Verbreitung: Japan: Hokkaido bis Yakushima.
Verwendung: Selten (häufig die vielen Sorten der Kaempferi-Hybriden), B, WHZ 6b, LB 7.2.5.6.

R. kaempferi var. *japonicum* Rehder = *R. kiusianum*

Rhododendron keiskei Miq., Keisukes Rhododendron

Habitus: Immergrüner, 0,3–3 m hoher, gedrungener Strauch, Triebe zerstreut beschuppt, bald kahl.

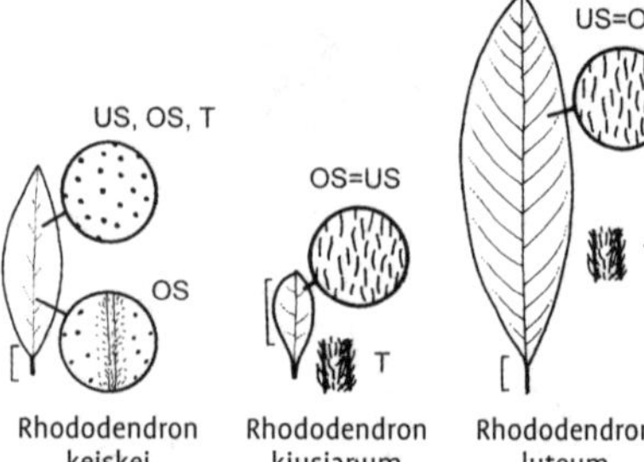

Blätter: Lanzettlich oder schmal elliptisch, 3–8 cm lang, ± lang zugespitzt, zur Basis verschmälert und plötzlich abgerundet, oberseits dunkelgrün, deutlich geadert, variabel beschuppt, Mittelrippe fein behaart, unterseits hellgrün, mit großen, sich nicht berührenden Schuppen, Rand und der etwa 6 mm lange Stiel selten bewimpert, im Austrieb bronzefarben.
Blüten: Zu 3–6 in lockeren Büscheln, trichterförmig, 2–3 cm breit, außen beschuppt, Krone hellgelb bis intensiv zitronengelb, Staubblätter 10, an der Basis behaart, Griffel kahl, Kelchlappen bis 2,5 mm lang, außen variabel beschuppt und gelegentlich mit spärlichen, kurzen, abstehenden Haaren, April–Mai.
Verbreitung: Japan.
Verwendung: Selten, B, ☠, WHZ 6a, LB 7.2.5.6.

R. keleticum Balf. f. et Forrest = *R. calostrotum* subsp. *keleticum*

Rhododendron kiusianum Makino, Kyushu-Azalee

Habitus: Wintergrüner, 0,2–0,5 m hoher, dicht verzweigter, breitwüchsiger Strauch, Triebe anliegend rotbraun borstig behaart.
Blätter: Breit lanzettlich bis elliptisch oder verkehrteiförmig, 1–3 cm lang, ± stumpf, mit aufgesetzter Spitze, Basis ± keilförmig, oberseits stumpfgrün, anliegend striegelhaarig, unterseits heller und glänzend, Mittelrippe dicht, sonst zerstreut ± anliegend striegelhaarig.
Blüten: Zu 2–3, trichterförmig, 2–3 cm breit, kahl, Krone lachsrosa bis karminrot und purpurn, Staubblätter 5, im unteren Teil locker behaart oder kahl, Mai.
Verbreitung: Japan: Kyushu.
Verwendung: Selten (meist nur als Kurume-Azaleen), B, WHZ 7a, LB 7.2.5.6.

R. ledifolium (Hook.) G. Don = *R. mucronatum*

Rhododendron luteum Sweet, Pontische Azalee

Habitus: Sommergrüner, 1–4 m hoher, dicht verzweigter Strauch, junge Triebe drüsig-zottig behaart, Knospen klebrig.
Blätter: Länglich bis verkehrteiförmig-lanzettlich, 6–15 cm lang, spitz oder stumpf, mit aufgesetzter Spitze, Basis keilförmig, Rand fein bewimpert und gezähnt, beiderseits anliegend drüsig behaart, oberseits dunkelgrün, unterseits heller, graugrün, Stiel 7 mm lang, behaart, Herbstfärbung gelb, orange oder leuchtend rot.
Blüten: Zu 7–17 in kurzen Trauben röhrig-trichterförmig, stark duftend, bis 5 cm breit, Kronröhre außen, wie Kelch und Blütenstiele, stark drüsig-klebrig, Krone sattgelb mit dunkelgelbem Fleck, Staubblätter 5, an der Basis behaart, Griffel behaart, Fruchtknoten drüsig, Kelch 3 mm lang, Mai–Juni.
Verbreitung: OM- und O-Europa, Türkei, Kaukasien, etabliert auf den Britischen Inseln.
Verwendung: Häufig (u. a. beteiligt am Zustandekommen der Genter Azaleen), B, H, D, ☠, WHZ 5b, LB 7.2.3.5.

R. luteum (L.) C.K. Schneid. = *R. calendulaceum*

Rhododendron makinoi Tagg, Makinos Rhododendron

Habitus: Immergrüner, bis 3 m hoher, reich verzweigter, abgerundeter Strauch, Triebe bleibend dicht behaart, anfangs weißlich, später bräunlich wollig.
Blätter: Schmal lanzettlich, 7–18 cm lang, lang zugespitzt, Basis keilförmig, Rand nach unten eingerollt, oberseits im 1. Jahr mit einem dünnen, fleckigen Filzschleier, zuletzt kahl, unterseits anfangs weißlich, später bräunlich filzig behaart.
Blüten: Zu 5–10(–15) in dichten Ständen, etwa 4 cm breit, trichterförmig-glockig, Krone zartrosa, ohne oder mit rötlichen Flecken, Mai–Juni.
Verbreitung: Japan: Honshu.
Verwendung: Häufig, B, WHZ 7a, LB 7.2.6.5.

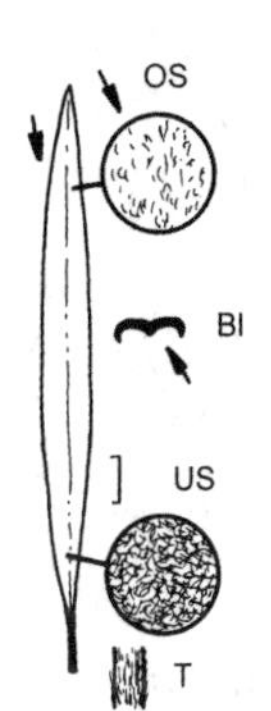

Rhododendron makinoi

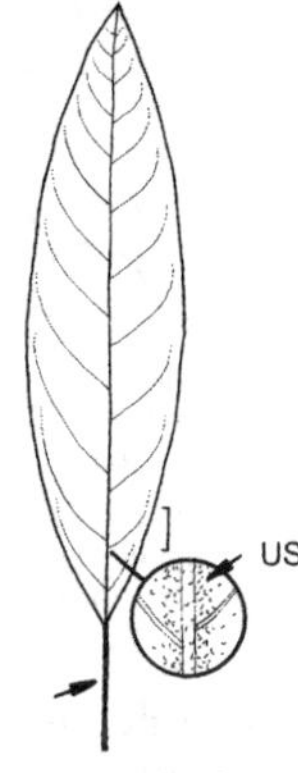

Rhododendron maximum

Rhododendron maximum L., Riesen-Rhododendron

Habitus: Immergrüner, 1–4(–10) m hoher, locker aufgebauter, in klimatisch günstigen Lagen baumförmiger Strauch, junge Triebe filzig und mit kurzen Drüsenhaaren.
Blätter: Verkehrteiförmig-lanzettlich bis elliptisch, 10–20(–30) cm lang, spitz oder kurz zugespitzt, Basis keilförmig, oberseits dunkelgrün, kahl, unterseits heller und mit einem dünnen, weißen bis hellbraunen, vergänglichen Indument, nur an der Basis, nahe der Mittelrippe bleibend, Stiel 1,5–2,5 cm lang.
Blüten: Zu 12–30 in dichten Ständen, glockig, 3,5–4 cm breit, im Schlund fein behaart, außen an der Basis drüsig, Krone rosa bis purpurrosa, mit gelbbrauner Zeichnung (selten auch weiß), Staubblätter 8–12, behaart, Fruchtknoten kurz drüsig und mit kurzen, weißen Haaren, Griffel kahl, Kelch 3–5 mm lang, Lappen abgerundet und mit Drüsenhaaren, Juni–Juli.
Verbreitung: O-Kanada, NO- und SO-USA.
Verwendung: Selten, B, WHZ 5a, LB 2.3.6.4.

R. menziesii Craven = *Menziesia ferruginea*
R. metternichii Siebold et Zucc. = *R. degronianum* subsp. *degronianum*
R. metternichii var. *petramerum* Matsum. = *R. degronianum* subsp. *degronianum*
R. metternichii var. *yakushimanum* (Nakai) Ohwi = *R. degronianum* subsp. *yakushimanum*

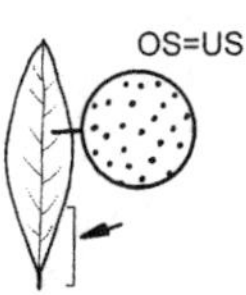

Rhododendron micranthum

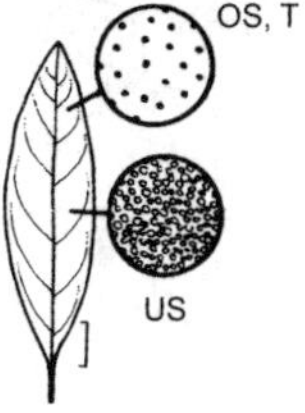

Rhododendron minus var. minus

Rhododendron micranthum Turcz., Kleinblütiger Rhododendron

Habitus: Immergrüner, 1–1,5 m hoher, breit aufrechter, reich verzweigter Strauch, Triebe dünn, braun beschuppt, anfangs mit ± langen, abstehenden Haaren.
Blätter: Länglich-elliptisch, 3–4,5 cm lang, zugespitzt, allmählich in den Blattstiel verschmälert, oberseits zerstreut beschuppt, unterseits dicht hellbraun beschuppt, Stiel etwa 3 mm lang.
Blüten: Meist zu mehr als 20 in dichten, endständigen, gelegentlich seitenständigen Büscheln, trichterförmig-glockig, 0,8–1,2 cm breit, außen dicht beschuppt, Krone weiß, Staubblätter 10, kahl, die Krone überragend, Griffel kürzer, kahl, Mai–Juni.
Verbreitung: N- und W-China, Mandschurei
Verwendung: Selten, B, WHZ 5a, LB 8.1.4.6.

Rhododendron minus Michx. **var. minus**, Kleiner Rhododendron

Habitus: Immergrüner, bis 5 m hoher (in Kultur meist niedriger), reich verzweigter, sehr variabler Strauch, junge Triebe grün oder grünlich purpurn, spärlich beschuppt.
Blätter: Breit elliptisch bis lanzettlich, 4–12 cm lang, an beiden Enden ziemlich gleichmäßig zugespitzt, oberseits dunkelgrün, mit trocken werdenden Schuppen, unterseits dicht bräunlich beschuppt, Stiel 0,5–1 cm lang.
Blüten: Zu 4–12 in dichten Ständen, schmal trichterförmig, 3–4 cm breit, Kronröhre länger als die Kronzipfel, außen spärlich beschuppt, Krone purpurrosa, außen grünlich gezeichnet, Staubblätter 10, an der Basis behaart, Fruchtknoten beschuppt, Griffel kahl, Mai–Juni.
Verbreitung: SO-USA.
Verwendung: Selten, B, WHZ 6a, LB 7.2.6.5 (2.3.6.4).

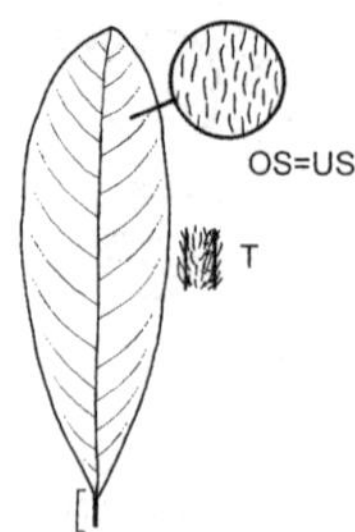

Rhododendron molle subsp. molle

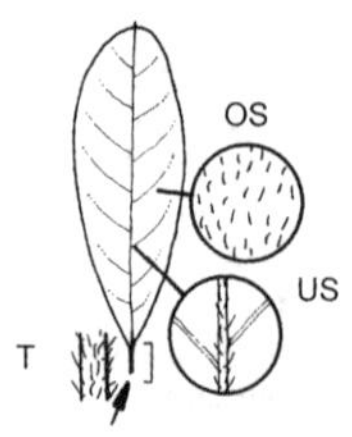

Rhododendron molle subsp. japonicum

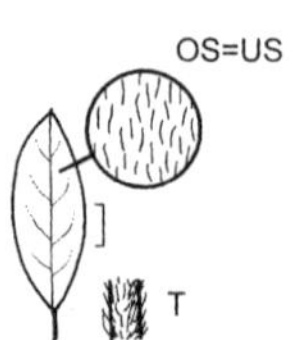

Rhododendron mucronatum

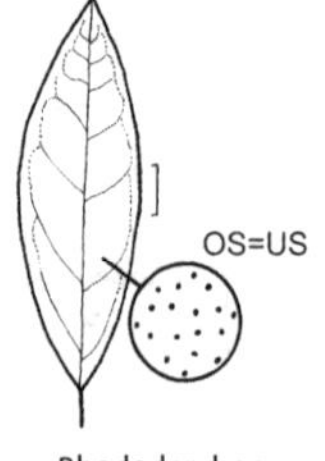

Rhododendron mucronulatum

Carolinianum-Gruppe. Schwachwüchsiger als der Typ. Blüten breit trichterförmig, Kronröhre außen leicht oder nicht beschuppt. SO-USA: N-Carolina.

var. chapmanii (A. Gray) Duncan et Pullen. Wuchs steif aufrecht, bis 2 m hoch. Blätter eiförmig bis länglich-eiförmig, vorne stumpf oder gekerbt. Blüten trichterförmig, Krone rosa, grün gefleckt, Staubblätter schokoladenfarben, April–Mai. SO-USA: W-Florida.

Rhododendron molle (Blume) G. Don **subsp. molle**, Chinesische Azalee

Habitus: Sommergrüner, 1–3 m hoher, sparrig verzweigter Strauch, junge Triebe zottig behaart.
Blätter: Länglich bis länglich-lanzettlich, 5–15 cm lang, stumpf, mit aufgesetzter Spitze, Basis keilförmig, oberseits mattgrün, anfangs weich behaart, unterseits mehr bleibend grauweiß behaart, Stiel 5 mm lang.
Blüten: Zu 3–13 in kurzen Trauben, duftend, breit trichterförmig, 5–7 cm breit, außen fein behaart, Krone gelb, die oberen Kronblätter gefleckt, Staubblätter 5, in der unteren Hälfte behaart, kürzer als die Krone, Fruchtknoten behaart, Griffel kahl, Kelch klein, behaart und bewimpert, April–Mai.
Verbreitung: M-, S- und O-China.
Verwendung: Selten (u. a. beteiligt am Zustandekommen der Mollis- und Rustica-Hybriden), B, WHZ 7a, LB 9.2.2.5.

subsp. japonicum (A. Gray) Kron, Japanische Azalee. Blütenkronen gelb, rosa, lachsfarben bis rot. Fruchtkapseln dichter behaart als bei subsp. *molle*. Japan.

Rhododendron mucronatum (Blume) G. Don, Porstblättriger Rhododendron

Habitus: Wintergrüner, 1–3 m hoher, feinzweigiger, schirmartig aufgebauter Strauch, junge Triebe mit abstehenden, graubraunen Haaren, gemischt mit wenigen oder zahlreichen, flachen, gelegentlich drüsigen, anliegenden Haaren.
Blätter: Frühjahrsblätter sommergrün, schmal verkehrteiförmig bis elliptisch, 4–9 cm lang, an beiden Enden zugespitzt, Sommerblätter (Kurztriebsblätter) wintergrün, lanzettlich, 1–4 cm lang, allmählich in den Blattstiel verschmälert, beide Formen beiderseits behaart, Sommerblätter oberseits stumpfgrün, Nerven eingesenkt, unterseits graugrün, Stiel 3–6 mm lang.
Blüten: Zu 1–3, duftend, breit trichterförmig, 5–6 cm breit, Krone meist weiß, auch zartrosa, Staubblätter 8–10, kahl, Fruchtknoten bräunlich-borstig, Griffel kahl, Kelch 12 mm lang, drüsig, Mai.
Verbreitung: Herkunft unbekannt, seit langer Zeit in China und Japan in Kultur, möglicherweise eine Hybride (*R. ripense* × *R. stenopetalum*)
Verwendung: Häufig (auch unter dem Namen *R.* 'Mucronatum'), B, WHZ 6b, LB 9.2.6.6.

Rhododendron mucronulatum Turcz., Stachelspitzige Azalee

Habitus: Sommergrüner, bis 2 m hoher, dicht verzweigter Strauch, junge Triebe dünn, beschuppt und behaart.
Blätter: Sehr dünn, elliptisch-lanzettlich, 4–7 cm lang, an beiden Enden zugespitzt, oberseits dunkelgrün, nur anfangs zerstreut behaart, später nur noch auf der Mittelrippe, unterseits hellgrün, gleichmäßig zerstreut

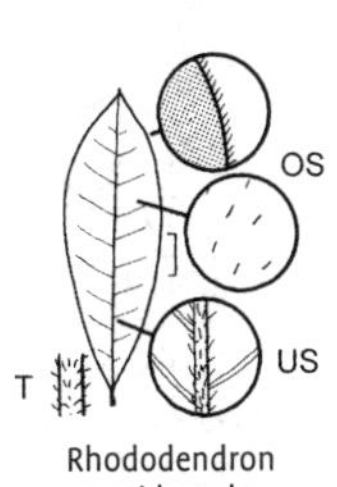

Rhododendron occidentale

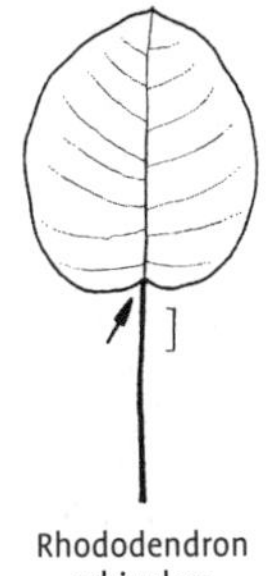
Rhododendron orbiculare

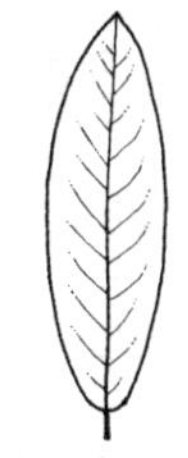
Rhododendron oreodoxa var. oreodoxa

behaart, Rand ± bewimpert, Stiel 3–6 mm lang.
Blüten: Einzeln achselständig, zu 3–6 gehäuft an den Zweigenden, breit trichterförmig, 2–3,5 cm breit, außen weich behaart, Krone purpurrosa, Staubblätter 10, an der Basis behaart, Staubbeutel dunkelpurpurn bis lila, Fruchtknoten beschuppt, Griffel kahl, (Februar–)März–April.
Verbreitung: O-Sibirien, NO-China, Mongolei, Korea, Japan: Honshu, Kyushu.
Verwendung: Selten, B, H, WHZ 5a, LB 4.3.5.6.

R. nanum H. Lév. = *R. fastigiatum*

Rhododendron occidentale (Torr. et A. Gray) A. Gray, Westliche Azalee

Habitus: Sommergrüner, 1–2(–5) m hoher Strauch, junge Triebe weich behaart, später braun und kahl.
Blätter: Elliptisch bis länglich-lanzettlich, 4–10 cm lang, spitz oder stumpf, mit aufgesetzter Spitze, Basis keilförmig, Spreite oberseits glänzend grün, nahezu kahl, unterseits hell graugrün, kahl oder auf der Mittelrippe striegelhaarig, Stiel etwa 6 mm lang, behaart, bis zum Herbst nur noch spärlich, Rand bewimpert, Herbstfärbung scharlachrot und rot.
Blüten: Zu 5–25, stark duftend, röhrig trichterförmig, etwa 6 cm breit, außen zottig und drüsig behaart, Krone weiß bis hellrosa, im Schlund mit gelbem Fleck, Staubblätter 5, an der Basis behaart, Fruchtknoten drüsig, Griffel, wie die Staubblätter, die Krone überragend, Kelch 4 mm lang, bewimpert, Mai–Juni.
Verbreitung: NW- und W-USA.
Verwendung: Häufig (u. a. am Zustandekommen der Occidentalis-Azaleen beteiligt), B, WHZ 6a, LB 1.2.5.6.

Rhododendron orbiculare Decne., Rundblättriger Rhododendron

Habitus: Immergrüner, 1–3 m hoher, gedrungen wachsender Strauch, junge Triebe dick, hellgrün, mit bläulichem Reif, matt glänzend, später braun.
Blätter: Eiförmig bis fast kreisförmig, 7–12 cm lang, abgerundet bis schwach abgestumpft, Basis herzförmig, kahl, oberseits matt glänzend grün, unterseits bläulich grün, Stiel 4–5 cm lang, kräftig.
Blüten: Zu 7–10, nickend, breit glockig, 7-lappig, 5–6 cm breit, Krone karminrosa, nicht gefleckt, Staubblätter 14, kahl, Griffel kahl, Fruchtknoten drüsig, Kelch klein, kahl, April.
Verbreitung: China: Sichuan, Guangxi.
Verwendung: Häufig, B, WHZ 6b, LB 7.2.4.5.

Rhododendron oreodoxa Franch. **var. oreodoxa**, Bergruhm-Rhododendron

Habitus: Immergrüner, 2–3(–6) m hoher, straff aufrechter Strauch oder kleiner Baum, junge Triebe dick, anfangs filzig, nur an der Spitze beblättert.
Blätter: Verkehrteiförmig bis elliptisch, 5–9 cm lang, abgerundet und stachelspitzig, Basis abgerundet, im Austrieb flockig behaart, bald kahl, oberseits dunkelgrün, unterseits blaugrün, mit vereinzelten kleinen Drüsen, Stiel kurz, drüsig oder nahezu kahl.
Blüten: Zu 5–18 in lockeren Ständen, breit glockig, 6- bis 7-zipfelig, 3–5 cm breit, Krone hell- bis dunkelrosa, Staubblätter 10–14, kürzer als die Krone, Fruchtknoten drüsig, Griffel kahl, März–April.
Verbreitung: China: NW-Yunnan, Sichuan, S-Gansu, W-Hubei.
Verwendung: Häufig, B, WHZ 6b, LB 7.4.4.5.

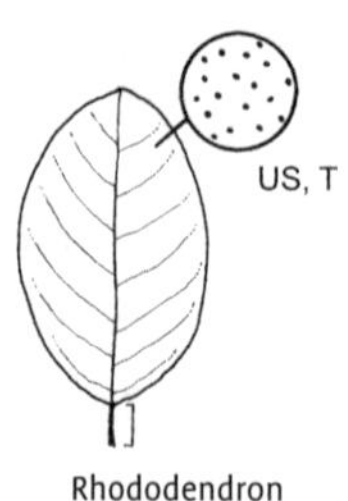

Rhododendron oreotrephes

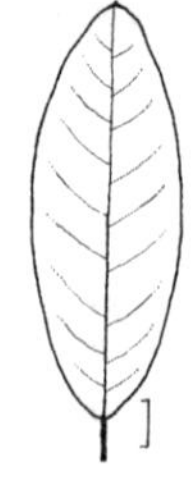
Rhododendron ponticum

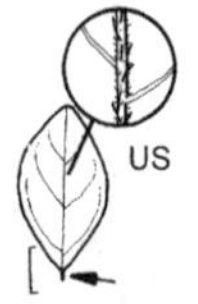

Rhododendron quinquefolium

var. fargesii (Franch.) D.F. Chamb. Blüten 6- bis 7-zipfelig, 5 cm lang, trichterförmig, Krone außen rosarot, innen heller, Fruchtknoten mit kurzen, gestielten Drüsen. China: Hupeh, Sichuan.

Rhododendron oreotrephes W.W. Sm., Berg-Rhododendron

Habitus: Immergrüner, in ungünstigen Lagen nur wintergrüner, bis 2,5(–8) m hoher, kugeliger bis breit eiförmiger Strauch, junge Triebe dünn, beschuppt, meist weiß bis grau bereift.
Blätter: Länglich bis verkehrteiförmig, 2–8 cm lang, abgerundet bis zugespitzt, Basis abgerundet bis herzförmig, oberseits meist unbeschuppt, bläulich glänzend, unterseits dicht mit kleinen, sich berührenden, manchmal berandeten, purpurfarbenen, rötlich braunen oder grauen Schuppen besetzt, Stiel 1,5 cm lang, kahl oder behaart.
Blüten: Zu 3–10 in lockeren, end- und achselständigen Büscheln, 2–4 cm lang, röhrigtrichterförmig, außen kahl, unbeschuppt, innen behaart. Krone rosa bis helllila, selten weiß, oft mit dunkleren Flecken, Griffel kahl, Staubblätter 10, zur Basis hin behaart, Kelch zu einer Scheibe reduziert, selten schwach gelappt, spärlich beschuppt, April–Mai.
Verbreitung: NO-Myanmar, China: N-Yunnan, SW-Sichuan, S-Tibet.
Verwendung: Selten, B, WHZ 6b, LB 8.1.2.5 (7.4.4.5).

Rhododendron ponticum L., Pontischer Rhododendron

Habitus: Immergrüner, 2–5(–8) m hoher Strauch, Triebe kahl.
Blätter: Verkehrteiförmig-lanzettlich bis breit elliptisch, 10–20 cm lang, an beiden Enden spitz, oberseits dunkelgrün, unterseits heller, beiderseits kahl, Stiel 1–2 cm lang.
Blüten: Zu 6–20 in dichten Ständen, glockig, 4–5 cm breit, Krone lilarosa bis purpurrosa, mit grünlich gelber Zeichnung, Staubblätter 10, an der Basis behaart, Griffel und Fruchtknoten kahl, Mai.
Verbreitung: SW- und SO-Europa, N-Türkei, S-Kaukasien, Libanon, etabliert in Frankreich und auf den Britischen Inseln.
Verwendung: Selten (häufiger in der spät blühenden und winterharten Form 'Roseum'), B, WHZ 6b, LB 3.2.7.4 (7.2.5.5).

R. poukhanense (Lév.) Nakai = *R. yedoense* var. *poukhanense*
R. pritzelianum Diels = *R. micranthum*
R. pubigerum Balf. f. et Forrest = *R. oreotrephes*
R. purpureum (Pursh) G. Don = *R. maximum*

Rhododendron quinquefolium Bisset et S. Moore, Fünfblättrige Azalee

Habitus: Sommergrüner, 1–3(–8) m hoher Strauch, Triebe kahl, glänzend braun.
Blätter: Breit elliptisch bis verkehrteiförmig, 3–5 cm lang, stumpf, mit aufgesetzter Spitze, Basis keilförmig, bewimpert und oft mit schmalem, rotem Rand, oberseits bis auf die Mittelrippe kahl, unterseits zur Basis hin zottig behaart, zu 4–5 an den Zweigenden gehäuft, Stiel sehr kurz, behaart.
Blüten: Zu 1–3 in kurzen Trauben, breit trichterförmig, bis 5 cm breit, Krone weiß mit grünlichen Flecken, Kronlappen länger als die Kronröhre, Staubblätter 10, ungleich lang, grünlich, im unteren Teil behaart, Fruchtknoten und Griffel kahl, April–Mai.
Verbreitung: Japan.
Verwendung: Selten, B, WHZ 6b, LB 3.2.7.5.

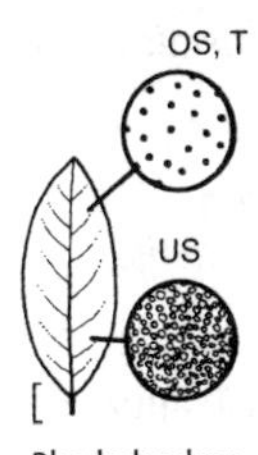

Rhododendron racemosum

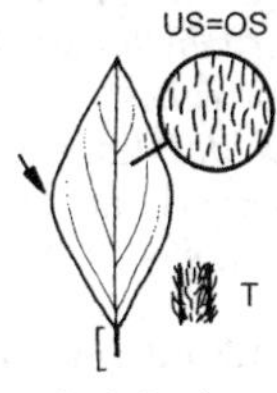

Rhododendron reticulatum

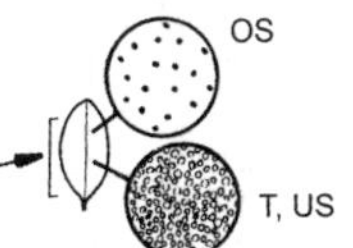

Rhododendron rupicola var. chryseum

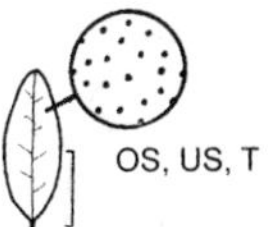

Rhododendron russatum

Rhododendron racemosum Franch., Traubiger Rhododendron

Habitus: Immergrüner, 0,3–1(–2) m hoher, ungleichmäßig verzweigter Strauch, junge Triebe purpurrot, ältere braun, beschuppt, kahl oder mit einzelnen Drüsenhaaren.
Blätter: Breit verkehrteiförmig bis länglich-lanzettlich, 1,5–5 cm lang, stumpf, mit aufgesetzter Spitze, Basis abgerundet oder breit keilförmig, oberseits stumpf, tiefgrün, kahl, nur auf der Mittelrippe einige feine Haare, unterseits blaugrün bis silbergrau, dicht mit dunkelbraunen, meist runden Schuppen besetzt.
Blüten: Zu 1–4 achselständig entlang der vorjährigen Zweige, zur Spitze hin gehäuft, breit trichterförmig, bis 2 cm breit, Krone weiß bis hell- oder dunkelrosa, Staubblätter 10, an der Basis spärlich behaart, Fruchtknoten kahl, dicht beschuppt, Griffel kahl oder an der Basis behaart, April–Mai.
Verbreitung: China: Yunnan.
Verwendung: Häufig, B, WHZ 6b, LB 6.4.4.6 (9.2.5.7).

R. radicans Balf. f. et Forrest = *R. calostrotum* subsp. *keleticum*
R. repens Balf. f. et Forrest = *R. forrestii* Repens-Gruppe

Rhododendron reticulatum D. Don ex G. Don, Netzadrige Azalee

Habitus: Sommergrüner, 1–1,5(–8) m hoher, locker aufgebauter Strauch, junge Triebe dünn, hellbraun, spärlich behaart.
Blätter: Meist zu 2–3 an den Zweigenden gehäuft, ± rhombisch bis breit eiförmig, 3–7 cm lang, oberseits sattgrün, mit eingesenkten Seitennerven, anfangs grau oder gelb behaart, unterseits deutlich heller, auf den Nerven behaart, Stiel 4–7 mm lang, Herbstfärbung purpurn.
Blüten: Zu 1–2(–3), trichterförmig-glockig, bis 5 cm breit, leicht 2-lippig, Krone lila bis purpurrosa, meist ohne Zeichnung, Staubblätter 10, ungleich lang, Fruchtknoten und Griffel behaart, April–Mai.
Verbreitung: Japan: S-Honshu, Kyushu, Shikoku.
Verwendung: Selten, B, WHZ 6b, LB 3.2.5.5.

R. rhombicum Miq. = *R. reticulatum*

Rhododendron rupicola W.W. Sm. **var. chryseum** (Balf. f. et Kingdon-Ward) Philipson et M.N. Philipson, Goldener Rhododendron

Habitus: Immergrüner, bis 0,6(–1,2) m hoher, reich verzweigter Strauch, Triebe braun, dicht beschuppt.
Blätter: Aromatisch duftend, breit elliptisch bis elliptisch, 1,5 cm lang, an beiden Enden meist stumpf, oberseits dunkelgrün, unterseits heller, beiderseits dicht beschuppt, Stiel 2 mm lang, beschuppt.
Blüten: Zu 4–5, radförmig, 2–2,5 cm breit, außen dicht behaart, Kronröhre innen weiß behaart, Kelchzipfel 4 mm lang, unbeschuppt, nur an den Rändern mit Wimpernhaaren, Krone schwefel- bis hellgelb. Staubblätter 5–10, Fruchtknoten stark beschuppt, Griffel kahl, oder an der Basis schwach beschuppt.
Verbreitung: NO-Myanmar, China: NW-Yunnan, SO-Tibet.
Verwendung: Selten, B, WHZ 7a, LB 8.1.2.7 (1.1.2.7).

Rhododendron russatum Balf. f. et Forrest, Rötlicher Rhododendron

Habitus: Immergrüner, 0,3–1,5 m hoher, buschig aufrechter, wenig verzweigter Strauch, junge Triebe braun, dicht dunkelbraun beschuppt.
Blätter: Schmal oder breit elliptisch bis länglich, 2–4 cm lang, stumpf oder abgerundet,

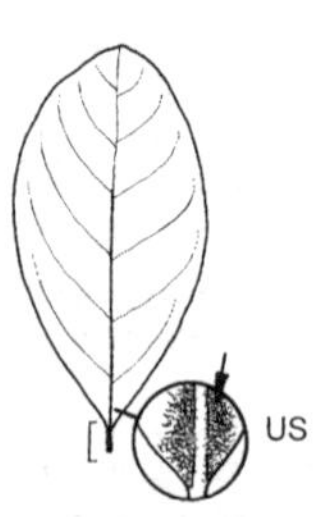

Rhododendron schlippenbachii

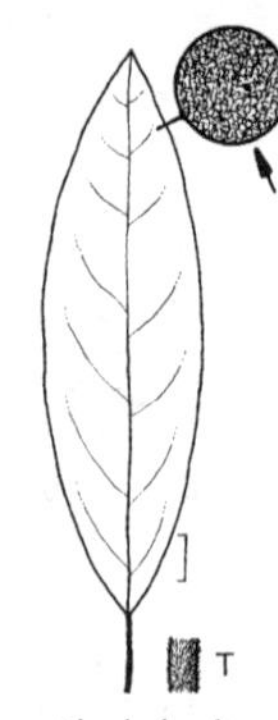

Rhododendron smirnowii

Basis keilförmig, oberseits graugrün, leicht beschuppt, unterseits dicht braun oder rotbraun beschuppt, die Schuppen sich berührend, Stiel 8 mm lang.
Blüten: Zu 4–6, breit trichterförmig, 1–2, cm breit, im Schlund durch zahlreiche Haare weiß, außen dicht beschuppt, Krone dunkelviolett, Staubblätter 10, an der Basis lang behaart, die Krone überragend, Fruchtknoten beschuppt und an der Spitze meist mit einem Haarbüschel, Griffel rot, bis zur Hälfte behaart, Kelch tief 5-lappig, Lappen 4–6 mm lang, bewimpert, Mai.
Verbreitung: China: N-Yunnan, SW-Sichuan.
Verwendung: Häufig, B, WHZ 6b, LB 8.1.2.6 (1.1.4.7).

Rhododendron schlippenbachii Maxim., Schlippenbachs Azalee

Habitus: Sommergrüner, 2–5 m hoher, breit aufrechter Strauch, junge Triebe kurz drüsig behaart.
Blätter: Meist zu 5 an den Zweigenden gehäuft, verkehrteiförmig bis breit eiförmig, dünn, 4–11 cm lang, breit abgerundet, Basis keilförmig, oberseits frischgrün, unterseits heller, beiderseits anfangs zerstreut behaart, Behaarung nur unterseits auf der Mittelrippe bleibend, Stiel sehr kurz, nicht bewimpert, Herbstfärbung gelb bis karminrot.
Blüten: Zu 3–6 in Trugdolden, breit trichterförmig, 5–8 cm breit, Krone rosa, mit rotbraunen Flecken auf den oberen Kronlappen, Staubblätter 10, wie der Griffel an der Basis behaart, Fruchtknoten und Kelch drüsig behaart, Mai.
Verbreitung: Korea und angrenzende Gebiete O-Russlands.
Verwendung: Häufig, B, H, D, WHZ 5b, LB 3.2.5.5 (4.2.4.5).

R. semanteum Balf. f. = *R. impeditum*
R. siderophylloides Hutch. = *R. oreotrephes*
R. sieboldii Miq. = *R. kaempferi*
R. sinense (Lodd.) Sweet = *R. molle* subsp. *molle*

Rhododendron smirnowii Trautv., Smirnows Rhododendron

Habitus: Immergrüner, 1–3 m hoher, breit aufrechter Strauch, Triebe bis zum 2. Jahr dicht weißwollig behaart, mit wenigen, zerstreuten Drüsen.
Blätter: Verkehrteiförmig-lanzettlich bis elliptisch, 8–17 cm lang, meist abgerundet, Basis keilförmig, Rand nach unten eingerollt, oberseits zunächst weißwollig behaart, dunkelgrün und zuletzt kahl, unterseits dicht weiß- bis hellbraun-filzig behaart, Stiel 0,8–1,8 cm lang, dicht wollig.
Blüten: Zu 7–15 in dichten Ständen, trichterförmig-glockig, bis 5 cm breit, Rand der Kronlappen gekraust, innen fein behaart, außen kahl, Krone purpurrosa bis hell karminrosa, gelblich grün gezeichnet, Staubblätter 10, an der Basis behaart, Fruchtknoten dicht weißfilzig, Griffel kahl, Mai–Juni.
Verbreitung: NO-Türkei, Kaukasien.
Verwendung: Häufig, B, WHZ 5b, LB 3.2.4.5.

R. sonomense Greene = *R. occidentale*
R. speciosum (Willd.) Sweet = *R. calendulaceum*
R. strictum H. Lév. = *R. yunnanense*

Rhododendron sutchuenense Franch., Sichuan-Rhododendron

Habitus: Immergrüner, 1–5(–10) m hoher, breit aufrechter Strauch, Triebe dick, anfangs graufilzig behaart.
Blätter: Länglich-lanzettlich, 10–25 cm lang, ± spitz bis stachelspitzig, Basis breit keilförmig, oberseits matt dunkelgrün, kahl, unterseits bis auf die flockig behaarte Mittelrippe kahl, Stiel 1,5–3 cm lang, anfangs dicht wollig.
Blüten: Zu 8–10, in bis 20 cm breiten, lockeren Ständen, breit glockig, 5–7,5 cm breit, 5- bis 6-lappig, außen kahl, innen dicht weichhaarig, Krone rosa, mit dunkleren Flecken, Staubblätter 12–15, an der Basis behaart, Staubbeutel schwarz, Fruchtknoten und Griffel kahl, Narbe groß, März–April.
Verbreitung: China: N-Sichuan. Shaanxi, Hubei, Guizhou, Guangxi.

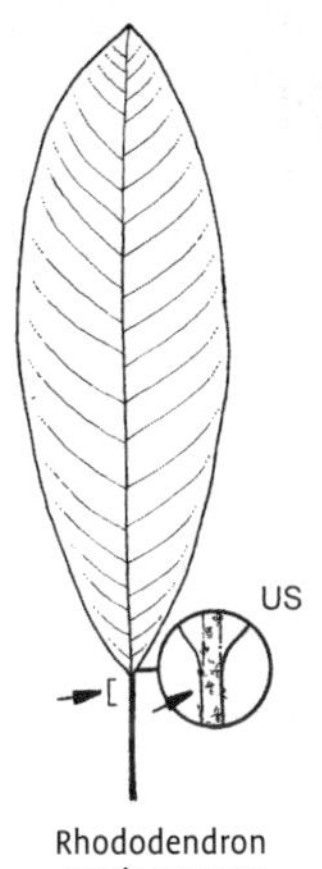

Rhododendron sutchuenense

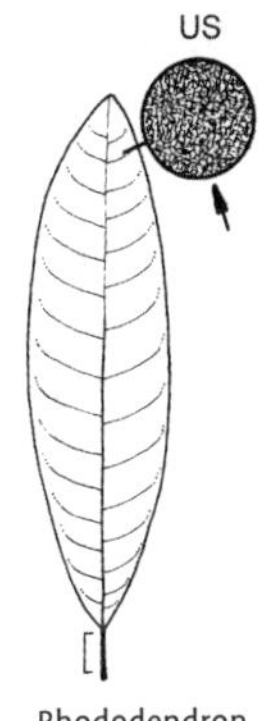

Rhododendron ungernii

Rhododendron vaseyi

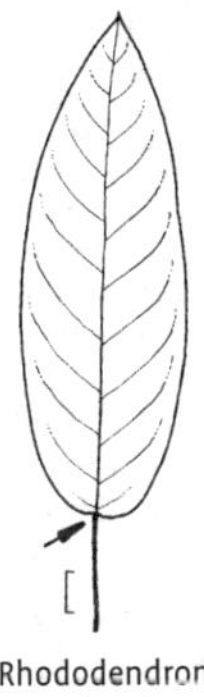

Rhododendron vernicosum

Verwendung: Selten, B, WHZ 6b, LB 3.2.1.5 (6.2.4.4).

R. tomentosum Harmaja = *Ledum palustre*
R. trichocalyx J. W. Ingram = *R. keiskei*

Rhododendron ungernii Trautv., Ungerns Rhododendron

Habitus: 2(–6) m hoher, langsam wachsender, dicht verzweigter Strauch oder Baum, Triebe anfangs weißwollig behaart, später kahl.
Blätter: Verkehrteiförmig-lanzettlich bis verkehrteiförmig, 10–25 cm lang, dickledrig, stumpf, mit Stachelspitze, Basis keilförmig bis abgerundet, oberseits tiefgrün und zuletzt kahl, unterseits dicht rehbraun- bis weißwollig-filzig, Stiel 1,5–2,5 cm lang, wollig-filzig, anfangs kurz drüsenhaarig.
Blüten: Zu 20–30 in lockeren Ständen, trichterförmig-glockig, Kronlappen abstehend, bis 5 cm breit, außen kahl, innen behaart, Krone weiß, gelegentlich rosa getönt, mit grünlicher Zeichnung, Staubblätter 10, an der Basis behaart, Fruchtknoten bräunlich, kurz drüsig, Griffel kahl, Kelch 5–9 mm lang, die lanzettlichen Lappen drüsig, Juni–Juli.
Verbreitung: NO-Türkei, Kaukasien.
Verwendung: Selten, B, ☠, WHZ 5b, LB 3.2.4.5.

Rhododendron vaseyi A. Gray, Vaseys Azalee

Habitus: Sommergrüner, bis 2(–5) m hoher, locker und unregelmäßig verzweigter Strauch, Triebe anfangs zerstreut behaart.
Blätter: Elliptisch oder verkehrteiförmig, 6–13 cm lang, zugespitzt, Basis keilförmig, Rand etwas gewellt, bewimpert, oberseits dunkelgrün, bis auf kurze Haare entlang der Mittelrippe kahl, unterseits hellgrün und kahl oder auf der Mittelrippe spärlich weich behaart, Stiel 3–7 mm lang.
Blüten: Zu 5–8 in Trugdolden, offen trichterförmig, bis 5 cm breit, tief 5-lappig und deutlich 2-lippig, die 3 oberen Lappen rot gefleckt, Krone zartrosa bis purpurrosa, selten weiß, Staubblätter meist 7–5, kahl, Fruchtknoten, Kelch und Blütenstiele drüsig behaart, Griffel mit einigen Drüsen nahe der Basis, April–Mai.
Verbreitung: SO-USA: North Carolina.
Verwendung: Häufig, B, H, D, WHZ 5a, LB 7.2.6.5.

Rhododendron vernicosum Franch., Glänzender Rhododendron

Habitus: Immergrüner, bis 2,5(–8) m hoher Strauch oder kleiner Baum, Triebe kahl.
Blätter: Elliptisch bis eiförmig-elliptisch, 7–10 cm lang, stumpf, mit aufgesetzter Spitze, Basis abgerundet, kahl, oberseits mattgrün, mit wachsartigem Überzug (wird bei Erwärmung lackartig glänzend), unterseits bläulich grün, Stiel 2–3 cm lang.
Blüten: Zu 6–12, breit trichterförmig-glockig,

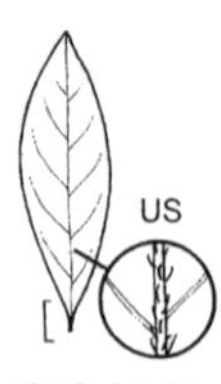

Rhododendron viscosum

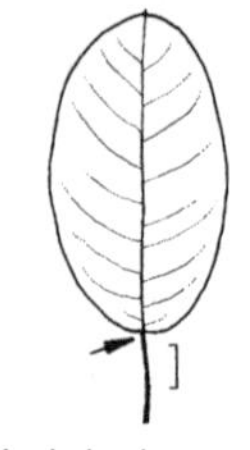
Rhododendron wardii var. wardii

6- bis 7-zipfelig, 3,5–5 cm breit, kahl, Krone hellrosa bis purpurrosa mit roten Flecken, Staubblätter 14, kahl, Fruchtknoten und Griffel mit roten Stieldrüsen, Kelch 2 mm lang, drüsig, Mai.
Verbreitung: China: SW-Sichuan, N-Yunnan, Gansu, SO-Tibet.
Verwendung: Selten, B, WHZ 7a, LB 7.2.4.5.

Rhododendron viscosum (L.) Torr., Sumpf-Azalee

Habitus: Sommergrüner, 2–3 m hoher, dicht verzweigter Strauch, Triebe bis einschließlich des 2. Jahres dicht angliegend rau behaart, Knospenschuppen bewimpert.
Blätter: Verkehrteiförmig bis lanzettlich, 3–5 cm lang, spitz oder stumpf, oberseits sattgrün, nur auf der Mittelrippe behaart, unterseits graugrün, anfangs behaart, zuletzt nur noch auf der Mittelrippe striegelhaarig, Stiel 1–3 cm lang, behaart.
Blüten: Zu 3–14 in kurzen Trauben, sehr stark und angenehm duftend, trichterförmig-röhrig, 2,5–3 cm breit, Krone weiß, selten rosa, Staubblätter 5, an der Basis behaart, Fruchtknoten borstig, Griffel im unteren Teil behaart, Kronröhre länger als die Kronlappen, wie der sehr kurze Kelch drüsig behaart, Mai–Juni.
Verbreitung: NO- und SO-USA.
Verwendung: Häufig, B, WHZ 5a, LB 5.2.3.5 (1.1.3.5).

Rhododendron wardii W.W. Sm. **var. wardii**, Wards Rhododendron

Habitus: Immergrüner, 1–3(–8) m hoher, breit aufrechter Strauch, junge Triebe spärlich drüsig bis kahl.
Blätter: Schmal verkehrteiförmig bis breit eiförmig, 6–11 cm lang, abgerundet, Basis herzförmig, oberseits dunkelgrün, unterseits leicht blaugrün, beiderseits kahl, Stiel 1–3,5 cm lang, kahl oder mit gestielten Drüsen.

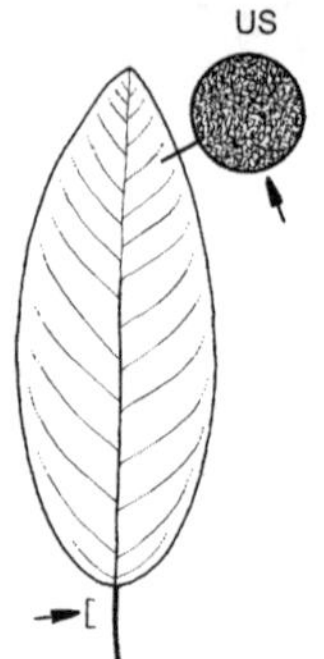

Rhododendron wightii

Blüten: Zu 5–10(–15) in lockeren bis dichten Ständen, etwas fleischig, schalenförmig, 3–4 cm lang, Krone hellgelb, ein purpurfarbener Basalfleck fehlend oder vorhanden, Staubblätter 10, kahl, Fruchtknoten mit gestielten Drüsen, Griffel bis zur Spitze drüsig, Kelch 0,5–1,5 cm lang, drüsenborstig, Mai.
Verbreitung: China: NW-Yunnan. SW-Sichuan, SO-Tibet.
Verwendung: Häufig, B, WHZ 7b, LB 7.2.4.5.

var. puralbum (Balf f. et W.W. Sm.) Chamb. Blätter länglich-elliptisch, bis 7,5 cm lang, dunkelgrün. Blüten weiß.

Rhododendron wightii Hook. f., Wights Rhododendron

Habitus: Immergrüner, bis 2–6 m hoher, locker und sparrig aufgebauter Strauch, Triebe dick, anfangs grauweiß-filzig.
Blätter: Breit elliptisch bis verkehrteiförmig, 5–18 cm lang, fein zugespitzt, Basis keilförmig bis abgerundet, oberseits frischgrün, kahl, unterseits mit dichtem, anfangs weißem, später rotbraunem Indument aus verzweigten Haaren, Stiel 1–2,5 cm lang, spärlich filzig bis kahl.
Blüten: Zu 12–20 in dichten oder lockeren Ständen, breit glockig, 3,5–4,5 cm breit, 5-zipfelig, Krone hell- bis zitronengelb, mit braunen und purpurfarbenen Flecken, Staubblätter 10, an der Basis behaart, Fruchtknoten rotbraun, dicht filzig, Griffel sehr lang, kahl, Kelch sehr klein, April–Mai.
Verbreitung: Bhutan, NO-Indien, SO-Tibet.
Verwendung: Selten, B, WHZ 7a, LB 3.2.7.5.

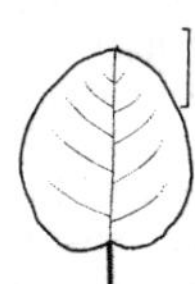
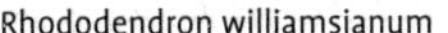
Rhododendron williamsianum

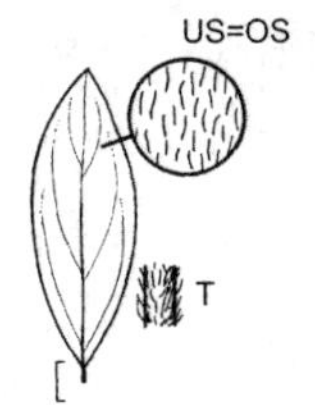

Rhododendron yedoense var. yedoense

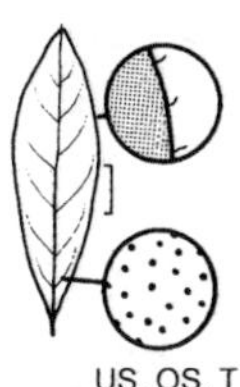

Rhododendron yunnanense

Rhododendron williamsianum Rehder et E.H. Wilson, Williams Rhododendron

Habitus: Immergrüner, 0,5–1,5 m hoher, dicht verzweigter, abgeflacht kugeliger Strauch, junge Triebe mit drüsigen Borsten.
Blätter: Breit eiförmig bis rundlich, 2–4,5 cm lang, abgerundet, mit kurzer Stachelspitze, Basis herzförmig, beiderseits kahl, oberseits frischgrün, unterseits blau- bis weißgrün, mit vereinzelten rötlichen Drüsen, Stiel 0,7–1,2 cm lang, kahl bis drüsenborstig, Austrieb bronzefarben.
Blüten: Zu 2–3(–5) in lockeren Ständen, nickend, breit glockig, 3–4 cm breit, Krone reinrosa, mit dunkleren Flecken, Staubblätter 10, kahl, Fruchtknoten und Griffel mit kurzen Drüsen, auch der kleine Kelch und die Blütenstiele drüsig, April.
Verbreitung: China: Sichuan.
Verwendung: Sehr häufig (auch als Williamsianum-Hybriden), B, WHZ 6b, LB 7.2.5.6.

R. yakushimanum Nakai = *R. degronianum* subsp. *yakushimanum*

Rhododendron yedoense Maxim. **var. yedoense**, Yadogawa-Azalee

Habitus: Sommer- oder wintergrüner, 1–2 m hoher, kompakter, dicht verzweigter Strauch, Triebe dicht anliegend grau behaart, im 2. Jahr kahl.
Blätter: Frühjahrsblätter sommergrün, elliptisch-lanzettlich, 3–8 cm lang, an beiden Enden spitz, beiderseits mit angedrückten, glänzenden, grauen oder braunen Haaren, Sommerblätter wie die Frühjahrsblätter, aber wintergrün, Stiel 3–4 mm lang.
Blüten: Zu 2–3, breit trichterförmig, bis 5 cm breit, duftend, Krone rosapurpurn, gefüllt, Kelch bis 1,5 cm lang, Staubblätter fehlend, Mai.
Verbreitung: Nur aus Kultur bekannt.
Verwendung: Selten, B, WHZ 6a, LB 9.2.6.6 (7.3.5.6).

var. poukhanense (Lév.) Nakai. Wuchs ausgebreitet, dicht verzweigt. Blätter schmal, bis 8 cm lang, dunkelgrün. Herbstfärbung orange bis karminrot. Blüten zu 2–4, einfach, breit trichterförmig, 3,5–4 cm breit, 5-zipfelig, Krone rosa bis helllila, Staubblätter 10, Staubbeutel purpurn, Fruchtknoten borstig. Korea, Japan.

Rhododendron yunnanense Franch., Yunnan-Rhododendron

Habitus: Immer- oder nur wintergrüner, bis 2(–6) m hoher, dichter Strauch, junge Triebe beschuppt und gelegentlich borstig behaart, bald verkahlend.
Blätter: Schmal elliptisch bis elliptisch, 4–10 cm lang, an beiden Enden spitz, oberseits ± beschuppt und am Rand borstig behaart, unterseits mit flachen, braunen, weit auseinanderliegenden Schuppen, Stiel bis 8 mm lang.
Blüten: Zu 1–6 in lockeren, endständigen Infloreszenzen, breit trichterförmig, bis 5 cm breit, schwach duftend, Krone weiß, rosa oder lavendelfarben, mit aufallender grünlicher oder gelblicher Zeichnung, dicht rot und gelb punktiert, Staubblätter 10, an der Basis behaart, Griffel kahl, Fruchtknoten, Kelch und Blütenstiele dicht beschuppt, Mai.
Verbreitung: N-Myanmar, China: W-Sichuan, W-Yunnan, Guizhou, SO-Tibet.
Verwendung: Selten, B, WHZ 7a, LB 6.4.4.5 (9.2.5.6).

Rhodothamnus Rchb.

Zwergalpenrose – Ericaceae
(griechisch *rhodon* = Rose und *thamnos* = Strauch)

Montypische Gattung

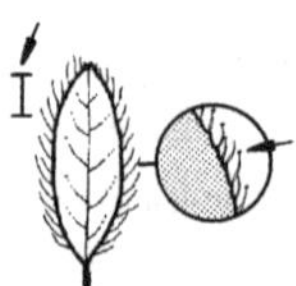

Rhodothamnus chamaecistus

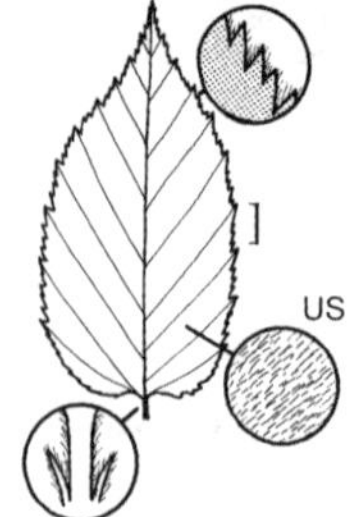

Rhodotypos scandens

Rhodothamnus chamaecistus (L.) Rchb., Zwergalpenrose

Habitus: Immergrüner, mäßig verzweigter, bis 0,4 m hoher Strauch, junge Triebe kurz flaumig und länger borstig behaart.
Blätter: Wechselständig, fast sitzend, an den Sprossspitzen dicht gedrängt stehend, schmal elliptisch bis keilförmig-länglich, 0,5–1,5 cm lang, an beiden Enden verschmälert, oberseits glänzend dunkelgrün, spärlich borstig, unterseits heller und kahl, am Rand borstig bewimpert.
Blüten: Zwittrg, radiär, zu 1–3 endständig an aufrechten, drüsenhaarigen Stielen, Kelchblätter lanzettlich, 2–3 cm breit, radförmig, Krone hellrosa, Staubblätter 10, die Krone weit überragend, Fruchtknoten oberständig, Juni–Juli.
Früchte: Kapseln 3 mm dick, kugelig, mit zahlreichen, winzigen Samen.
Verbreitung: Subalpine und alpine Stufen der östl. Kalkalpen.
Verwendung: Selten, B, WHZ 5a, LB 8.1.5.7.

Rhodotypos Siebold et Zucc.

Scheinkerrie – Rosaceae
(griechisch *rhodon* = Rose und *typos* = Bild, Gestalt)

Monotypische Gattung

Rhodotypos scandens (Thunb.) Makino, Scheinkerrie

Habitus: Sommergrüner, 1–2(–5) m hoher, locker aufgebauter Strauch, Zweige stielrund, anfangs grün, später braun, ± kahl, Knospen eiförmig, 3–4 mm lang.
Blätter: Gegenständig, eiförmig, 4–8 cm lang, zugespitzt, Basis abgerundet, scharf doppelt gesägt, oberseits dunkelgrün, unterseits heller, ± anliegend behaart, Stiel 3–5 mm lang, Nebenblätter klein, zottig behaart.
Blüten: Zwittrig, radiär, 3–5 cm breit, einzeln, endständig, 4-zählig, Kelch bleibend, Kelchröhre kurz, Kelchblätter bis 1,5 cm lang, schmal eiförmig, Kronblätter reinweiß, rundlich, Staubblätter zahlreich, halb so lang wie die Kronblätter, Fruchtblätter meist 4, in einem offenen Blütenbecher, Mai–Juni.
Früchte: Steinfrüchtchen kugelig-eiförmig, etwa 8 mm lang, trocken, glänzend schwarzbraun, von den bleibenden, 2–2,5 cm langen Kelchblättern umgeben.
Verbreitung: China, Korea, Japan.
Verwendung: Häufig, B, ♣, WHZ 6a, LB 3.1.7.6 (4.3.4.6).

R. kerrioides Siebold et Zucc. = *R. scandens*

Rhus L.

Essigbaum, Sumach – Anacardiaceae
(lateinisch *rhus*, griechisch *rhous* = gelber Sumach, *R. coriaria*, und dessen als Gewürz verwendete Laubblätter und Früchte)

Habitus: Sommergrüne (in Kultur bei uns ausschließlich) oder immergrüne, sparsam verzweigte, oft dicktriebige Bäume und Sträucher oder mit Haftwurzeln kletternde Lianen.
Blätter: Wechselständig, 3-zählig oder unpaarig gefiedert, selten einfach, Blättchen ganzrandig oder gesägt, Nebenblätter fehlend oder hinfällig.
Blüten: Polygam oder 1-geschlechtig, meist 2-häusig verteilt, radiär, klein, unscheinbar, in end- oder seitenständigen Rispen, Kelch tief 5-teilig, bleibend, Kronblätter 5, freiblättrig, die 5 Staubblätter einer Nektarscheibe aufsitzend, Fruchtknoten 1-fächrig, oberständig.
Früchte: Steinfrüchte klein, ± kugelig, 1-samig, ± dicht behaart oder kahl, trocken, Fruchtstände in Form und Größe ähnlich den Blütenständen.
Verbreitung: Etwa 200 Arten in den Tropen, Subtropen und gemäßigten Zonen beider Erdhälften.
Verwendung: Als dekorative Solitärgehölze, oft mit prächtiger Herbstfärbung. Einige Arten sind durch starke Kontaktallergene sehr giftig, das gilt vor allem für *R. radicans*, *R. toxicodendron*, *R. verniciflua* und *R. vernix*,

sowie für die hier nicht beschriebene *R. succedana.* Die Gift-Sumach-Arten (sie haben achselständige Blütenrispen und weiße bis graue oder gelbe Früchte) werden von anderen Autoren in die Gattung *Toxicodendron* Mill. gestellt.

Bestimmungsschlüssel Rhus

(Vorsicht: einige Arten sehr giftig, daher Blätter etc. nur mit Handschuhen anfassen)

1 Blätter 3-zählig gefiedert 2
– Blätter mehrzählig gefiedert.............. 5
2 Seitenblättchen höchstens 2,5 cm lang .... *R. trilobata*
– Seitenblättchen viel länger.............. 3
3 Blättchen höchstens 7 cm lang, grob kerbig gesägt .... *R. aromatica*
– Blättchen größer (wenigstens viele), ganzrandig oder mit wenigen Zähnen 4
4 Blättchen in der unteren Hälfte am breitesten, Seitenblättchen kurz, aber deutlich gestielt... .... *R. radicans*
– Blättchen in oder oberhalb der Mitte am breitesten, Seitenblättchen sitzend............. .... *R. toxicodendron*
5 Blättchen 11–31 6
– Blättchen 7–13 7
6 Junge Triebe dicht samthaarig ..... *R. typhina*
– Junge Triebe kahl, bläulich bereift... *R. glabra*
7 Blattspindel geflügelt, Blättchen gesägt..... 8
– Blattspindel nicht geflügelt, Blättchen ganzrandig 9
8 Blättchen oberseits behaart .... *R. coriaria*
– Blättchen oberseits kahl .... *R. chinensis*
9 Basis der Blättchen keilförmig, Nervenpaare höchstens 12.................... *R. vernix*
– Basis der Blättchen abgerundet; Nervenpaare meist mehr 10
10 Blattspindel an der Basis 2-kantig .... *R. sylvestris*
– Blattspindel an der Basis nicht 2-kantig...... .... *R. verniciflua*

Rhus aromatica Aiton, Duftender Sumach, Gewürz-Sumach

Habitus: Bis 1 m hoher, niederliegend-aufstrebender Strauch mit angenehmem, aromatischem Geruch, Triebe weich behaart.
Blätter: 3-zählig, Blättchen fast sitzend, eiförmig, 2,5–7 cm lang, spitz oder zugespitzt, grob gesägt, anfangs beiderseits behaart, später oberseits ± verkahlend, Herbstfärbung organge bis rot.
Blüten: In 1–2 cm langen, seitenständigen Ähren an den Enden vorjähriger Zweige, Krone gelblich, vor dem Laubausbruch im April–Mai.
Früchte: Kugelig, 6 mm dick, rot, fein behaart.
Verbreitung: O-Kanada, NO-, NOZ-, Z- und SO-USA.

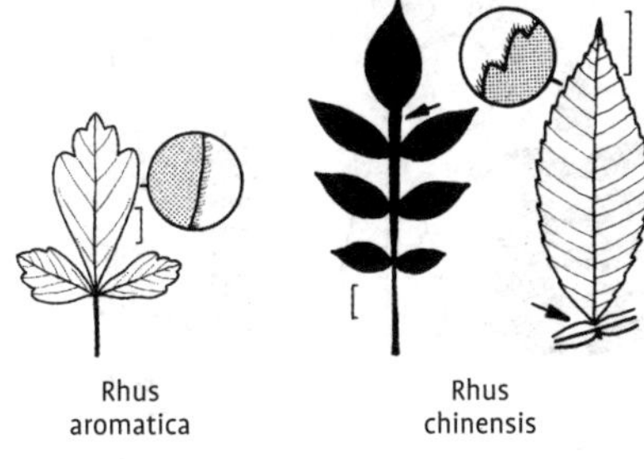

Rhus aromatica   Rhus chinensis

Verwendung: Selten, ⚕, ♧, D, WHZ 4, LB 6.2.3.6.

R. canadensis Marschall non Mill. = *R aromatica*

Rhus chinensis Mill., Gallen-Sumach

Habitus: Bis 8 m hoher Strauch oder Baum, Krone abgerundet bis schirmförmig, Wurzelsprosse bildend, Triebe gelblich, kahl.
Blätter: Gefiedert, Spindel zwischen den Blättchenpaaren deutlich geflügelt, Blättchen 7–13, eiförmig-länglich, bis 11 cm lang, spitz oder kurz zugespitzt, grob kerbig gesägt, oberseits dunkelgrün, unterseits dicht bräunlich behaart, Herbstfärbung lebhaft rot.
Blüten: In 15–25 cm langen, breiten, endständigen Rispen, Krone gelblich weiß, August–September.
Früchte: Fast kugelig, orangerot, dicht fein behaart.
Verbreitung: China, Taiwan, Mandschurei, Korea, Japan, Malaiischer Archipel.
Verwendung: Sehr selten (die durch die Blattlaus *Schlechendaria sinensis* verursachten, gerbstoffreichen Gallen als traditionelles chinesisches Heilmittel), N, B, ♧, WHZ 7b, LB 6.2.2.4.

Rhus coriaria L., Gerber-Sumach

Habitus: Bis 3 m hoher, locker aufgebauter Strauch, Zweige fein und dicht behaart.
Blätter: Gefiedert, bis 18 cm lang, Blättchen 9–15, elliptisch bis länglich, bis 7 cm lang, grob gesägt, graugrün, beiderseits behaart.
Blüten: In 10–25 cm langen, endständigen Rispen, zwittrig, Krone gelblich grün, Juni–Juli.
Früchte: Purpurbraun, rau behaart.
Verbreitung: S- und O-Europa, Makronesien, Türkei, Iran, M-Asien, N-Afrika, Syrien.

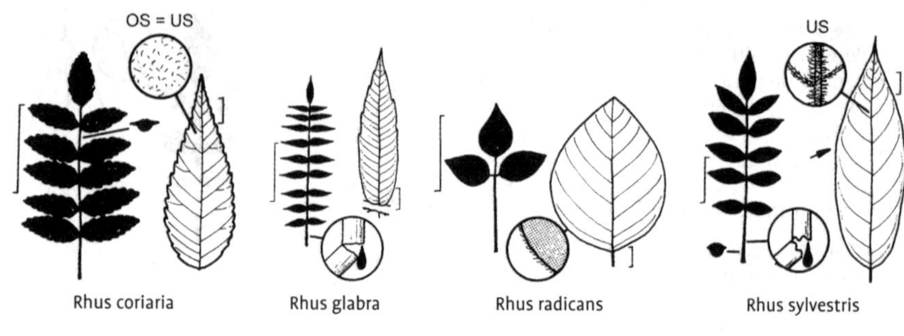

Rhus coriaria Rhus glabra Rhus radicans Rhus sylvestris

Verwendung: Selten (angebaut zur Gerbstoffgewinnung, getrocknete Früchte in arabischen Ländern als Gewürz), N, ☠, WHZ 9, LB 6.1.1.6.

R. cotinoides Nutt. = *Cotinus obovatus*
R. cotinus L. = *Cotinus coggygria*

Rhus glabra L., Scharlach-Sumach

Habitus: 2(–5) m hoher, locker aufgebauter Strauch oder kleiner, kurzstämmiger Baum, zahlreiche Wurzelsprosse bildend, Triebe kahl, ± blau bereift.
Blätter: Gefiedert, Blättchen 11–31, länglich-lanzettlich, bis 11 cm lang, zugespitzt, scharf eng gesägt, kahl, unterseits blaugrün, Herbstfärbung scharlach- bis weinrot.
Blüten: In 10–25 cm langen, dichten, fein drüsig behaarten Rispen, Krone grünlich, Juli–August.
Früchte: Scharlachrot, klebrig-flaumhaarig.
Verbreitung: Kanada, USA, Mexiko.
Verwendung: Selten (in Amerika früher zur Gewinnung von Tannin genutzt), N, ⚕, B, ♧, H, WHZ 6a, LB 5.1.2.4.

'Laciniata'. Blättchen tief fiederschnittig.

R. hirta (L.) Sudw. = *R. typhina*
R. javanica Thunb. non L. = *R. chinensis*
R. osbeckii Decne. = *R. chinensis*

Rhus radicans L., Kletternder Gift-Sumach

Habitus: Niederliegender, aufrechter oder mit Haftwurzeln kletternder Strauch, Triebe spärlich behaart oder kahl.
Blätter: 3-zählig, Blättchen eiförmig bis rhombisch, 5–12 cm lang, zugespitzt, Basis abgerundet, ganzrandig oder spärlich buchtig gesägt, oberseits dunkelgrün, kahl und glänzend, unterseits ± behaart.
Blüten: In 5–6 cm langen Rispen, Krone grünlich weiß, Juni–Juli.
Früchte: Fast kugelig, 5–6 mm dick, kahl, selten kurz behaart, grauweiß.
Verbreitung: Kanada, USA (ausgenommen NW- und W-USA), Mexiko, Guatemala, Westindien.
Verwendung: Der hohen Giftigkeit wegen sehr selten, ☠, WHZ 4, LB 5.2.4.9.

R. semialata Murray = *R. chinensis*

Rhus sylvestris Siebold et Zucc., Wald-Sumach

Habitus: Bis 10 m hoher, flachkroniger Baum, junge Triebe kurz behaart, später ziemlich kahl und rotgrau.
Blätter: Gefiedert, Blättchen 7–13, kurz gestielt, eiförmig bis länglich-eiförmig, 4–10 cm lang, zugespitzt, Basis abgerundet oder breit keilförmig, oberseits locker, unterseits, zumindest auf den Nerven, dichter behaart, Nervenpaare 18–25, deutlich hervortretend, Herbstfärbung tiefrot oder scharlachrot.
Blüten: In 8–18 cm langen, lockeren Rispen mit abstehenden Seitenzweigen, Juni.
Früchte: Etwa 1 cm breit, sehr schief, breiter als hoch, bräunlich gelb.
Verbreitung: China, Korea, Japan und Taiwan.
Verwendung: Selten, B, ♧, H, WHZ 6b, LB 6.4.2.4.

Rhus toxicodendron L., Behaarter Gift-Sumach

Habitus: Aufrechter oder etwas kriechender, bis 0,5 m hoher, Ausläufer bildender Strauch.
Blätter: 3-zählig, Blättchen breit rhombisch-eiförmig, bis 10 cm lang, ± spitz und lappig gesägt, unterseits behaart.
Blüten: In lockeren, 3–7 cm langen, achsel-

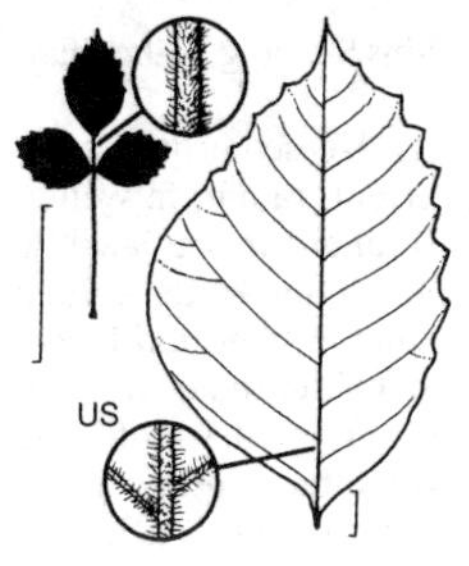

Rhus toxicodendron

Rhus trilobata

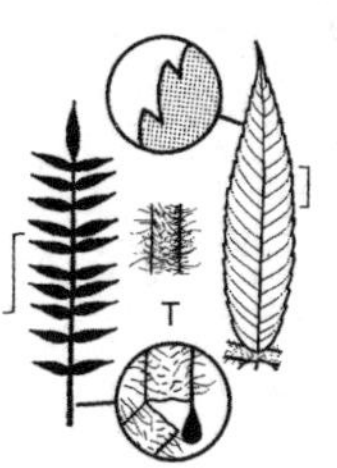

Rhus typhina

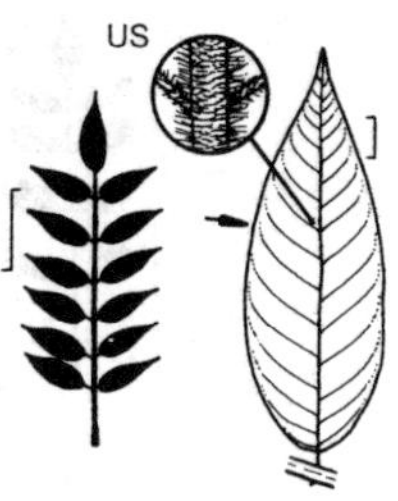

Rhus verniciflua

ständigen Rispen, Krone grünlich weiß, Juni–Juli.
Früchte: Kugelig, 5 mm dick, gelblich bis grünlich weiß, meist behaart und warzig.
Verbreitung: NO-, NOZ- und SO-USA.
Verwendung: Der hohen Giftigkeit wegen sehr selten, (wird auch als *Toxicodendron pubescens* beschrieben), ⚕, ☠, WHZ 6a, LB 3.2.5.6.

Rhus trilobata Nutt. ex Torr. et A. Gray, Stink-Sumach

Habitus: Aufrechter oder aufstrebender, bis 2 m hoher Strauch mit unangenehmem Geruch, Wurzelsprosse bildend, Triebe behaart.
Blätter: 3-zählig, Blättchen verkehrteiförmig bis elliptisch, sitzend oder fast sitzend, 1–2,5 cm lang, Basis keilförmig, mit einigen rundlichen Zähnen, Mittelblättchen oft ± 3-lappig, nur in der Jugend etwas behaart.
Blüten: In 1–2 cm langen, seitenständigen Ähren an den Enden der vorjährigen Zweige, Krone grünlich, April–Mai.
Früchte: Kugelig, 6 mm dick, rot, behaart.
Verbreitung: W-Kanada, NO-, Z- und NW-USA, Rocky Mts., Mexiko.
Verwendung: Selten, N, ♧, WHZ 6a, LB 6.2.3.6.

Rhus typhina L., Essigbaum, Kolben-Sumach

Habitus: Bis 3(–10) m hoher, wenig verzweigter, dickästiger Strauch oder kleiner, meist kurzstämmiger Baum, Krone zuletzt schirmförmig, oft stark Wurzelsprosse bildend, sodass dickichtartige Kolonien entstehen, Triebe dick, dicht samthaarig.
Blätter: Gefiedert, Blättchen 11–31, länglich-lanzettlich, 5–12 cm lang, zugespitzt, gesägt, oberseits sattgrün, unterseits hell graugrün, anfangs behaart, z. T. nicht verkahlend, Herbstfärbung orange bis scharlachrot.
Blüten: 2-häusig verteilt, ♀ Blüten in dichten, stark behaarten, 15–20 cm langen, kolbenartigen, endständigen Rispen, ♂ Blütenstände etwas größer und lockerer, Juni–Juli.
Früchte: Kugelig, 3–5 mm dick, scharlachrot, dicht behaart.
Verbreitung: O-Kanada, NO-, NOZ- und SO-USA, in Europa stellenweise etabliert, in der Schweiz als invasive Art eingestuft.
Verwendung: Sehr häufig (früher in Amerika zur Gewinnung von Tannin genutzt), N, B, ♧, H, ☠, WHZ 6a, LB 5.3.2.4.

'Dissecta'. 2–4 m hoher Strauch. Blättchen fiederschnittig, fast farnartig fein zerteilt. Blütenstand wie bei der Art.

'Laciniata' = 'Dissecta'

Tiger Eyes ('Bailtiger'). Blättchen wie bei 'Dissecta' sehr tief eingeschnitten, aber hell gelbgrün, im Herbst gelb bis hell ziegelrot, Spindel weinrot.

Rhus verniciflua Stokes, Lack-Sumach

Habitus: 10–20 m hoher, in der Jugend straff aufrechter Baum, junge Triebe behaart, später verkahlend, graugelb und mit Lentizellen.
Blätter: Gefiedert, Blättchen 7–13, eiförmig-länglich, gestielt, 7–20 cm lang, zugespitzt, Basis abgerundet bis breit keilförmig, ganzrandig, anfangs unterseits behaart, bis auf die Mittelrippe verkahlend, Nervenpaare 8–16.
Blüten: In 15–20 cm langen, lockeren, überhängenden Rispen, achselständig an den Zweigenden gehäuft, Krone gelblich weiß, Juni–Juli.
Früchte: Breiter als hoch, 6–8 mm breit, strohgelb.
Verbreitung: Japan, M-China.
Verwendung: Sehr selten (Blutungssaft wird

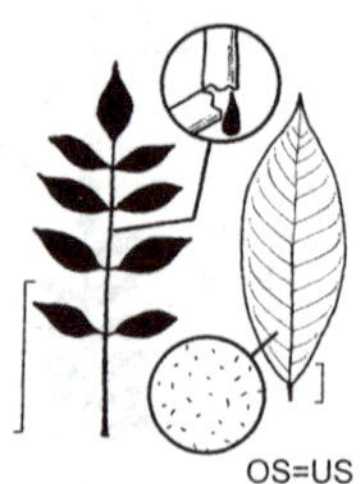

Rhus vernix

in China seit 4000 Jahren zur Gewinnung eines dauerhaften, schwarzen Lackes – Ningpo-Lack – genutzt, (wird auch als *Toxicodendron verniciflua* beschrieben), N, B, ☠, WHZ 6b, LB 2.5.5.4.

Rhus vernix L., Kahler Gift-Sumach

Habitus: 2–3(–7) m hoher Strauch oder kleiner Baum, Triebe kahl, zuletzt hellgrau.
Blätter: Gefiedert, Blättchen 7–13, kurz gestielt, elliptisch bis länglich-elliptisch, 4–10 cm lang, zugespitzt, Basis keilförmig, ganzrandig, nur anfangs leicht behaart, Nervenpaare 8–12, Herbstfärbung orangerot.
Blüten: In 10–20 cm langen, schmalen, lockeren, überhängenden Rispen, Krone grünlich gelb, Juni–Juli.
Früchte: Abgeflacht kugelig, 5–6 mm dick, hell graugelb.
Verbreitung: O-Kanada, NO-, NOZ-, Z- und SO-USA.
Verwendung: Der starken Giftigkeit wegen sehr selten, B, ☠, WHZ 6b, LB 1.1.3.5.

Ribes L.

Johannisbeere, Stachelbeere – Grossulariaceae

(wahrscheinlich von einem arabischen oder persischen Namen abgeleitet)

Habitus: Sommergrüne (in Kultur bei uns nahezu ausschließlich), selten immergrüne Sträucher, Zweige grau bis graubraun, kahl oder verkahlend, Epidermis sich oft schon im 1. Jahr in Längsstreifen auflösend, Stacheln meist fehlend (bei Johannisbeeren) oder Stacheln fast stets vorhanden (bei Stachelbeeren), diese oft an den Nodien gehäuft oder dort einzeln, seltener gleichmäßig am Zweig verteilt, Knospen mit zahlreichen, spiralig stehenden Schuppen.
Blätter: Wechselständig, gestielt, einfach, aber überwiegend 3- bis 5-lappig, Nebenblätter meist hinfällig.
Blüten: Zwittrig oder 1-geschlechtig, gelegentlich 2-häusig verteilt, radiär, in wenig- oder vielblütigen Trauben, meist 5-zählig und ziemlich klein, Form und Farbe werden vorwiegend durch Blütenbecher und Kelchblätter bestimmt, Kronblätter sehr klein, Blütenbecher glockig bis röhrig oder radförmig ausgebreitet, Fruchtknoten unterständig, 1-fächrig (aus 2 verwachsenen Fruchtblättern gebildet).
Früchte: Beeren meist kugelig, selten eiförmig oder ellipsoid, 0,5–1,5 cm dick, meist von der eingetrockneten Blütenhülle gekrönt, ± saftig-fleischig, gelb, grün, purpurn oder schwarz, bereift oder häufig behaart oder drüsenborstig, essbar (aber nicht immer wohlschmeckend).
Verbreitung: Etwa 150 Arten, meist in den nemoralen oder borealen Zonen, außerdem in den Gebirgen von S-Amerika, südlich bis Patagonien.
Verwendung: Aus einigen Arten wurden wichtige Obstgehölze entwickelt, einige andere sind häufig gepflanzte, oft früh austreibende Ziergehölze mit sehr geringen Standortansprüchen.
Ribes-Arten beherbergen als Zwischenwirte den Rostpilz *Cronatium ribicola*. Der Pilz befällt 5-nadelige Kiefern und verursacht Nadelverfärbungen und Rindennekrosen, die schließlich zum Absterben der Bäume führen.

Bestimmungsschlüssel Ribes

1 Zweige mit Stacheln 2
– Zweige unbewehrt 8
2 Zweige mit 2 feinen Stacheln an den Nodien und z. T. mit verstreuten, kleineren Stacheln an den Internodien . . . . *R. diacanthum*
– Stacheln zu 1–3(–5) und größer 3
3 Internodien mit Stachelborsten 4
– Internodien unbewehrt. 5
4 Blätter höchstens 2 cm breit . . . . *R. leptanthum*
– Blätter breiter (wenigstens die meisten) . . . . *R. oxyacanthoides*
5 Blätter unterseits weichhaarig 6
– Blätter unterseits höchstens auf den Nerven behaart 7
6 Frucht stachelborstig . . . . *R. cynosbati*
– Frucht nicht stachelborstig, zuletzt fast kahl . . . . *R. uva-crispa* var. *uva-crispa*
7 Stacheln zurückgekrümmt, bis 2 cm lang, Blattstiel behaart . . . . *R. divaricatum*
– Stacheln gerade, bis 1,5 cm lang, Blattstiel kahl . . . . *R. niveum*
8 Blätter unterseits mit gelben Drüsenpunkten 9
– Blätter nicht drüsenfleckig 11
9 Blätter stark riechend, nur unterseits mit Drüsenpunkten . . . . *R. nigrum*

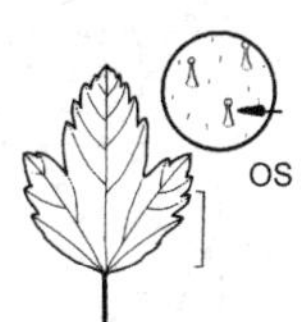

Ribes alpinum

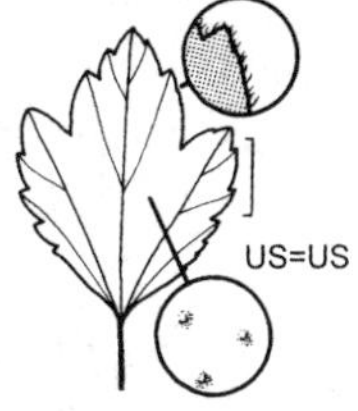

Ribes americanum

Ribes aureum

– Blätter kaum riechend, beiderseits drüsig punktiert 10
10 Drüsen haarförmig (Lupe!) . . . . *R. ×gordonianum*
– Drüsen fleckenförmig . . . . *R. americanum*
11 Blätter unterseits bleibend graufilzig behaart 12
– Blätter unterseits nicht graufilzig 13
12 Blätter oberseits und Triebe kahl . . . . *R. sanguineum*
– Blätter oberseits und Triebe behaart . . . . *R. multiflorum*
13 Blätter sehr unangenehm riechend, auch 7-lappig . . . . *R. glandulosum*
– Blätter nicht unangenehm riechend, höchstens 5-lappig 14
14 Blätter höchstens 5 cm breit 15
– Blätter breiter (wenigstens viele) 17
15 Blätter beiderseits zerstreut drüsenhaarig . . . . *R. alpinum*
– Blätter nicht drüsenhaarig 16
16 Blätter unterseits und Triebe behaart. . . . . *R. fasciculatum*
– Blätter unterseits und Triebe kahl . . *R. aureum*
17 Triebe behaart. . . . . *R. odoratum*
– Triebe (fast) kahl 18
18 Blätter oberseits auffallend runzelig . . . . *R. petraeum* var. *petraeum*
– Blätter oberseits nicht auffallend runzelig . . 19
19 Blätter bis über 8 cm breit, Basis gestutzt . . . . *R. rubrum* var. *rubrum*
– Blätter höchstens 8 cm breit, Basis schwach herzförmig . . . . *R. spicatum*

Ribes alpinum L., Alpen-Johannisbeere

Habitus: 1–2 m hoher, unbewehrter, reich verzweigter Strauch, Triebe kahl, hellgrau, Rinde sich jährlich in regelmäßigen Streifen lösend.
Blätter: Rundlich bis eiförmig, Basis gestutzt bis schwach herzförmig, 3–5 cm breit, meist 3-, selten 5-lappig, gezähnt, oberseits mattgrün, unterseits glänzend, beiderseits mit zerstreut stehenden Drüsenhaaren.
Blüten: Vorwiegend 2-häusig verteilt, unscheinbar, in seitenständigen, aufrechten Trauben, gelblich grün, Blütenbecher radförmig, ♂ Blütenstände 2–3 cm lang, mit 10–30 Blüten, ♀ Trauben wenigblütig, April.
Früchte: 5 mm dick, glänzend scharlachrot, kahl, mit fadem Geschmack.
Verbreitung: N- und M-Europa, Kaukasien.
Verwendung: Sehr häufig (mit einigen, meist ♂ Sorten), Bi, WHZ 3, LB 7.1.6.6.

Ribes americanum Mill., Kanadische Johannisbeere

Habitus: Aufrechter, bis 1,5 m hoher, unbewehrter Strauch, Zweige dünn, übergebogen, junge Triebe schwach behaart und mit gelben Drüsen.
Blätter: Fast rundlich, Basis herzförmig bis fast gestutzt, 3–8 cm breit, 3-lappig, die Lappen spitz, gesägt, beiderseits mit gelblichen, drüsigen Flecken, schwach riechend.
Blüten: Zu 5–15 in etwa 10 cm langen, hängenden Trauben, gelblich weiß, Blütenbecher röhrig-glockig, die Tragblätter meist länger als die Blütenstiele, Fruchtknoten kahl, ohne Drüsenflecken, April–Mai.
Früchte: 0,8–1,2 cm dick, schwarz, bereift, erst im Oktober reifend.
Verbreitung: Kanada, NO-, NOZ-, Z- und SW-USA, Rocky Mts.
Verwendung: Selten, H, Bi, WHZ 5a, LB 1.2.3.5.

Ribes aureum Pursh, Gold-Johannisbeere

Habitus: Bis 2 m hoher, anfangs straff aufrechter, später ausgebreiteter Strauch, junge Triebe kahl oder fein behaart.
Blätter: Rundlich-nierenförmig bis verkehrteiförmig, Basis keilförmig oder fast herzförmig, 3–5 cm breit, 3-lappig, Lappen oft mit 2–3 groben Kerbzähnen, dicklich, beiderseits kahl, Rand bewimpert.
Blüten: Zu 5–15 in 5–6 cm langen, hängenden Trauben, duftend, gelb. Blütenbecher lang röhrig, bis fast doppelt so lang wie die aufrechten bis abstehenden Kelchblätter, Kronblätter etwas kürzer, Staubbeutel rot, April–Mai.
Früchte: 6–8 mm dick, schwarz bis purpurbraun.

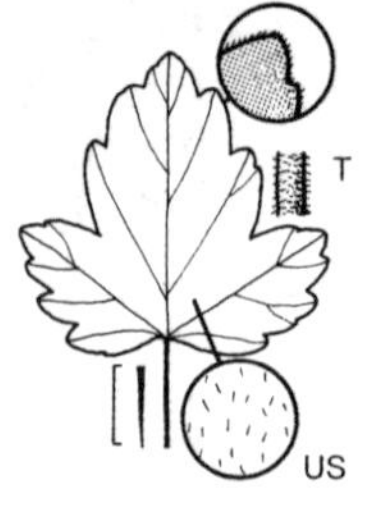

Ribes cynosbati

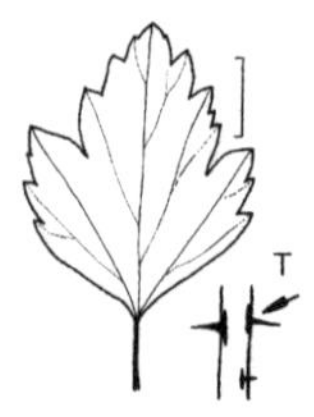

Ribes diacanthum

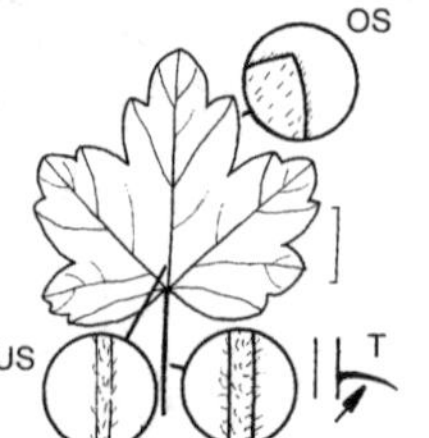

Ribes divaricatum

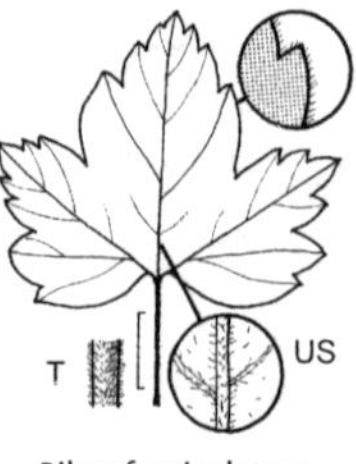

Ribes fasciculatum

Verbreitung: W-Kanada, NW-, W- und SW-USA, Rocky Mts.
Verwendung: Sehr häufig (der Salzverträglichkeit wegen oft auf Mittelstreifen an Autobahnen, auch als Veredlungsunterlage für Stämmchenformen von Johannis- und Stachelbeeren), N, B, D, H, Bi, WHZ 3, LB 7.3.3.5.

Ribes cynosbati L., Hunds-Stachelbeere

Habitus: Bis 1,5 m hoher, bewehrter Strauch, Triebe dünn, überhängend, Stacheln zu 1–3, schlank, etwa 1 cm lang oder fehlend.
Blätter: Rundlich, Basis keil- oder herzförmig, 3–5 cm breit, tief 3- bis 5-lappig, eingeschnitten gesägt, ± weich behaart.
Blüten: Zu 1–3, grün, Kelch- und Staubblätter kürzer als der breit glockige Blütenbecher, Fruchtknoten borstig, Mai.
Früchte: Kugelig bis ellipsoid, 1 cm dick, borstig, weinrot, essbar.
Verbreitung: O-Kanada, NO-, NOZ- und SO-USA.
Verwendung: Sehr selten, WHZ 3, LB 2.4.6.6.

Ribes diacanthum Pall., Tienschan-Johannisbeere

Habitus: Bis 2 m hoher, aufrechter, kahler Strauch, Triebe mit 2 feinen Stacheln an den Nodien, auch an den Internodien kleinere, verstreute Stacheln.
Blätter: Eiförmig bis verkehrteiförmig, Basis meist keilförmig, 2–3,5 cm lang, schwach 3-lappig oder nur grob doppelt gesägt, oberseits glänzend.
Blüten: 2-häusig verteilt, grünlich gelb, in aufrechten Trauben, Blütenbecher radförmig, ♂ Trauben 2–3 cm lang, ♀ Trauben 1–2 cm lang, April–Mai.
Früchte: Kugelig bis kugelig-eiförmig, klein, scharlachrot.
Verbreitung: O-Sibirien, Mongolei, Mandschurei, N-Korea.
Verwendung: Selten, WHZ 3, LB 5.3.4.6.

Ribes divaricatum Douglas, Oregon-Stachelbeere

Habitus: Bis 3 m hoher Strauch, Triebe grau bis braun, gelegentlich borstig, Stacheln zu 1–3, 1–2 cm lang, oft zurückgekrümmt.
Blätter: Rundlich-herzförmig, Basis herzförmig, 2–6 cm breit, meist 5-lappig, unterseits entlang der Nerven behaart oder kahl.
Blüten: Zu 2–4 an dünnen Stielen, grünlich purpurn, Blütenbecher glockig, Mai.
Früchte: Kugelig, 1 cm dick, schwarz oder dunkelrot, bereift.
Verbreitung: W-Kanada, NW- und W-USA.
Verwendung: Selten, WHZ 6a, LB 1.2.3.5.

Ribes fasciculatum Siebold et Zucc., Dolden-Johannisbeere

Habitus: Bis 1,5 m hoher Strauch, Triebe steif, dick, bräunlich, kahl.
Blätter: Rundlich, 3- bis 5-lappig, 3–6 cm breit, Basis keilförmig bis schwach herzförmig, grob gezähnt, kahl bis schwach behaart.
Blüten: 2-häusig verteilt, in sitzenden Dolden, die ♂ zu 4–9, die ♀ zu 2–4, tiefgelb, duftend, Blütenbecher becherförmig, April–Mai.
Früchte: Kugelig, 0,8–1,2 cm dick, scharlachrot, erst im Oktober reifend, Fleisch gelblich, mehlig, fade schmeckend.
Verbreitung: Japan, Korea, N-China.
Verwendung: Sehr selten, WHZ 5a, LB 9.2.6.6.

R. floridum Mill. = *R. americanum*
R. fragrans Lodd. non Pall. = *R. odoratum*

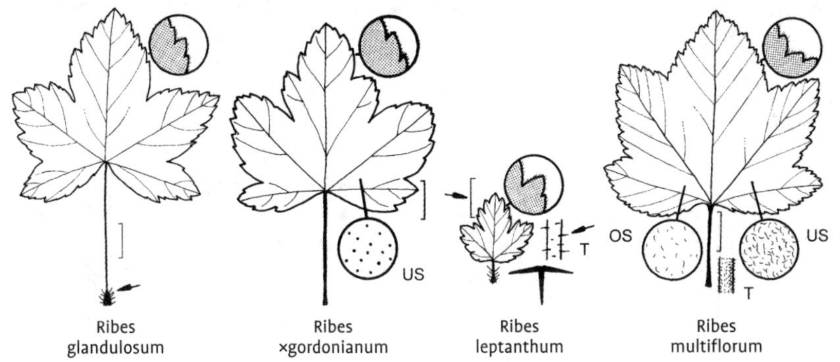

Ribes glandulosum
Ribes ×gordonianum
Ribes leptanthum
Ribes multiflorum

Ribes glandulosum Grauer ex Weber, Stinktier-Johannisbeere

Habitus: Niederliegend-ausgebreiteter, langtriebiger, raschwüchsiger, bis 0,4 m hoher Strauch, junge Triebe spärlich behaart, drüsig.
Blätter: Rundlich, dünn, 5- bis 7-lappig, 3–8 cm breit, sehr unangenehm riechend, oberseits glänzend dunkelgrün, kahl, unterseits auf den Nerven behaart.
Blüten: Zu 8–12 in aufrechten Trauben, rötlich weiß, Fruchtknoten und Blütenstiele drüsenborstig, April–Mai.
Früchte: Kugelig, 8 mm dick, rot, mit drüsigen Borsten.
Verbreitung: Alaska, Kanada, NO- und NOZ-USA.
Verwendung: Sehr selten, WHZ 4, LB 1.2.1.7.

Ribes ×gordonianum Beaton, Gordons Johannisbeere
(*R. odoratum* × *R. sanguineum*)

Habitus: 1,5–2,5 m hoher Strauch, Zweige steif aufrecht, braun, kahl.
Blätter: 3- bis 5-lappig, eingeschnitten gezähnt, glänzend grün, beiderseits fein drüsig behaart.
Blüten: In bis 7 cm langen, aufrechten Trauben, Kelchblätter außen rot, innen gelb, April–Mai.
Früchte: Kein Fruchtansatz.
Verwendung: Häufig, B, WHZ 6a, LB 9.3.2.5.

R. grossularia L. = *R. uva-crispa* var. *reclinatum*

Ribes leptanthum A. Gray, Zartblütige Stachelbeere

Habitus: 1–2 m hoher, dicht und sparrig verzweigter, stark bewehrter Strauch, Stacheln etwa 1 cm lang, Internodien oft borstig.
Blätter: Rundlich, tief und schmal 3- bis 5-lappig, 0,5–2 cm breit, Basis meist keilförmig, kahl oder behaart und etwas drüsig, Stiel etwa so lang wie die Spreite.
Blüten: Zu 1–2, sehr kurz gestielt, Fruchtknoten, Blütenbecher und Kelch grünlich weiß, Mai.
Früchte: Eiförmig, 6–8 mm dick, schwarz, glänzend.
Verbreitung: W-USA, New Mexico.
Verwendung: Sehr selten, WHZ 6a, LB 6.4.4.6.

Ribes multiflorum Kit. ex Roem. et Schult., Troddel-Johannisbeere

Habitus: Bis 2 m hoher, aufrechter, unbewehrter Strauch, Zweige dick, aschgrau, junge Triebe behaart.
Blätter: Bis 10 cm lang und breit, seicht 3- bis 5-lappig, Lappen stumpf, gesägt, Basis schwach herzförmig bis keilförmig, unterseits bleibend locker grauweiß behaart Stiel kürzer als die Spreite, behaart.
Blüten: Bis zu 50 in bis 12 cm langen, schmalen, hängenden Trauben, grünlich gelb, Blütenbecher becherförmig, Kelchblätter zurückgeschlagen, Staubblätter weit vorragend, Fruchtknoten kahl, Mai.
Früchte: 7,5 mm dick, dunkelrot.
Verbreitung: S- und SO-Europa.
Verwendung: Sehr selten (in Garten-Johannisbeeren eingekreuzt), WHZ 6a, LB 7.4.5.6.

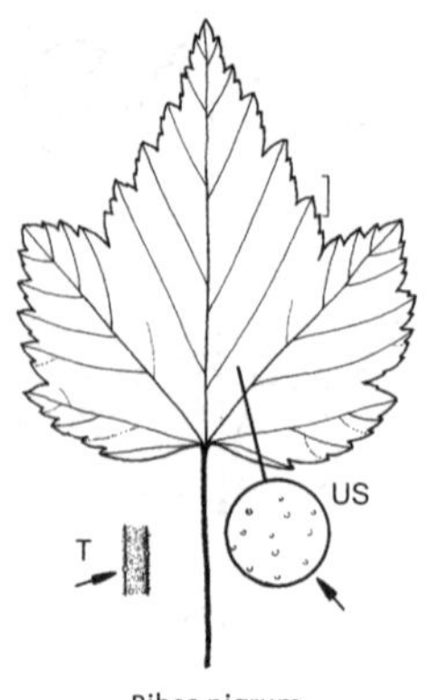

Ribes nigrum

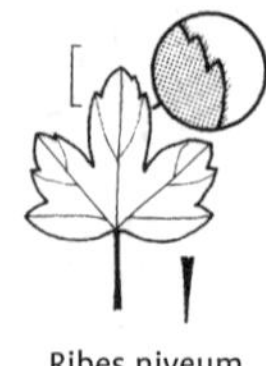
Ribes niveum

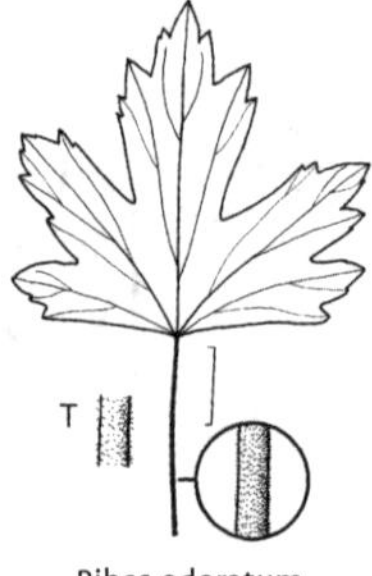

Ribes odoratum

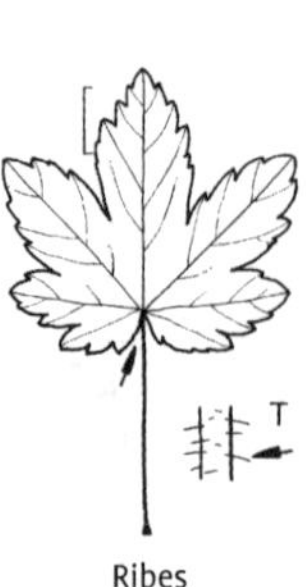

Ribes oxyacanthoides

Ribes nigrum L., Schwarze Johannisbeere

Habitus: Bis 2 m hoher, unbewehrter Strauch, Zweige kräftig gelbbraun, junge Triebe mit gelben Drüsen, nur anfangs behaart, ganze Pflanze sehr stark aromatisch riechend.
Blätter: Rundlich-3-eckig, 5–10 cm breit, 3- bis 5-lappig, Basis herzförmig, unterseits behaart und drüsig punktiert, Stiel lang, behaart.
Blüten: Zu 4–10 in weich behaarten, hängenden Trauben, außen grün, innen rötlich weiß, Kelch 2–3 mm lang, länger als der breit glockige Blütenbecher, Kronblätter nur halb so lang, Fruchtknoten drüsenfleckig, oft auch behaart, April–Mai.
Früchte: Etwa 1 cm dick, schwarz, kahl, wohlschmeckend.
Verbreitung: Europa (ausgenommen Iberische Halbinsel), Kaukasien, W- und O-Sibirien, M-Asien, Mongolei, in Deutschland in der Roten Liste als gefährdet eingestuft.
Verwendung: Sehr häufig (vor allem als Fruchtsträucher), N, ♧, WHZ 5a, LB 2.2.6.6.

Ribes niveum Lindl., Schnee-Stachelbeere

Habitus: Bis 3 m hoher, bewehrter Strauch, Zweige aufrecht oder überhängend, Triebe rötlich braun, Stacheln braun, zu 1–3, 0,7–1,5 cm lang, Stachelborsten fehlend.
Blätter: Rundlich, 2–3,5 cm breit, 3- bis 5-lappig, gekerbt, Basis meist keilförmig, spärlich behaart oder kahl.
Blüten: Zu 1–4 in lockeren, nickenden Trauben, schneeweiß, Blütenbecher glockig, Staubblätter dicht nebeneinander gerade vorgestreckt, Staubfäden behaart, April–Mai.
Früchte: Kugelig, blauschwarz, 8 mm dick, kahl.
Verbreitung: NW-USA.
Verwendung: Sehr selten, WHZ 6a, LB 7.2.5.5.

Ribes odoratum H.L. Wendl., Wohlriechende Johannisbeere

Habitus: Bis 2,5 m hoher, unbewehrter Strauch, junge Triebe behaart.
Blätter: Eiförmig bis rundlich, 3–8 cm breit, tief 3- bis 5-lappig, grob gezähnt, Basis keilförmig bis gestutzt.
Blüten: Zu 5–10 in nickenden Trauben, gelb, duftend, Blütenbecher zylindrisch, bis 1,5 cm lang, Kelchblätter meist zurückgerollt, kaum halb so lang wie der Blütenbecher, April–Mai.
Früchte: Kugelig bis ellipsoid, 0,8–1 cm dick, schwarz.
Verbreitung: NOZ- und Z-USA.
Verwendung: Sehr selten, D, WHZ 5a, LB 7.3.3.5.

Ribes oxyacanthoides L., Manitoba-Stachelbeere

Habitus: Bis 1 m hoher, bewehrter Strauch, Zweige dünn, an den Nodien mit 1–5 kräftigen, etwa 1 cm langen, braunen Stacheln, Internodien mit zahlreichen Stachelborsten.
Blätter: Rundlich, 2–4 cm breit, tief 5-lappig, Basis herzförmig, gezähnt, etwas runzelig, schwach behaart oder nahezu kahl, glänzend grün.
Blüten: Zu 1–2, sehr kurz gestielt, grünlich weiß, Blütenbecher röhrig, Kelchblätter län-

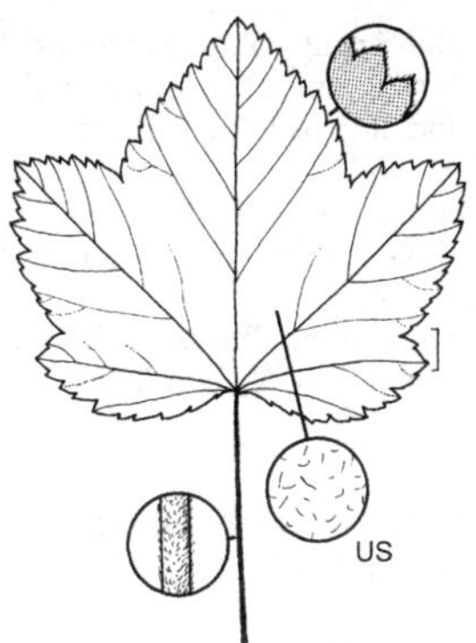

Ribes petraeum var. petraeum

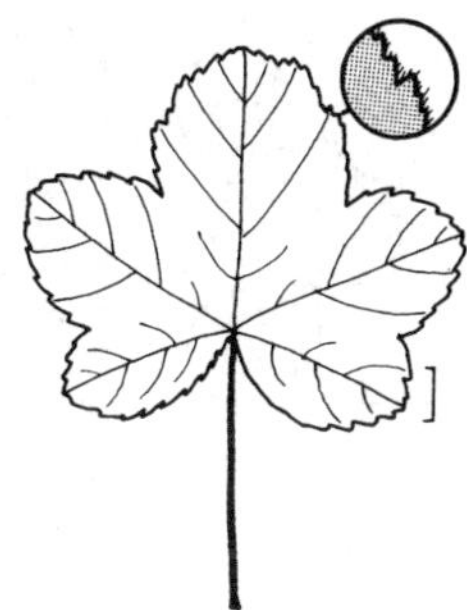

Ribes rubrum var. rubrum

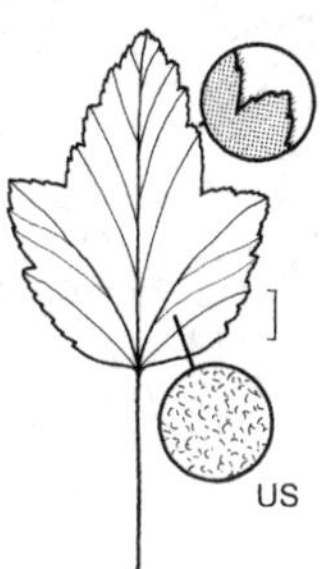

Ribes sanguineum

ger als der Blütenbecher, Staubblätter etwa halb so lang wie die 2–2,5 cm langen Kronblätter, Fruchtknoten kahl, Mai.
Früchte: Kugelig, 1 cm dick, purpurrot, kahl.
Verbreitung: Kanada, NOZ- und Z-USA.
Verwendung: Sehr selten, WHZ 4, LB 1.2.3.6.

Ribes petraeum Wulfen **var. petraeum**, Felsen-Johannisbeere

Habitus: Bis 2 m hoher, unbewehrter Strauch, Zweige dick, graubraun, kahl.
Blätter: Rundlich, 7–10 cm breit, meist 3-lappig, Lappen spitz, gezähnt, Basis schwach herzförmig bis gestutzt, oberseits ± runzelig, unterseits meist auf den Nerven behaart.
Blüten: Zu 10–15 in dichten Trauben, grün, rosa oder rötlich grün, Blütenbecher kurz glockig, Kelchblätter kurz, breit abgerundet, bewimpert, Kronblätter bis halb so lang wie die Kelchblätter, Staubblätter in der Krone eingeschlossen, Griffel kegelig, Fruchtknoten kahl, Juni–Juli.
Früchte: Abgeflacht kugelig, rot oder schwarzrot, säuerlich.
Verbreitung: Gebirge in Europa (ausgenommen Britische Inseln und Skandinavien), Sibirien, NW-Afrika.
Verwendung: Häufig (an der Bildung der Fruchtsorten beteiligt), N, ꕥ, WHZ 6a, LB 8.1.5.5.

var. biedersteinii (Berland.) C.K. Schneid. Blätter bis 12 cm lang und breit, meist 5-lappig, Lappen stumpf, unterseits dicht filzig behaart, Blüten rot, in 10 cm langen Trauben, Früchte nahezu schwarz. Kaukasien.

R. reclinatum L. = *R. uva-crispa* var. *reclinatum*

Ribes rubrum L. **var. rubrum**, Wilde Rote Johannisbeere

Habitus: Bis 2 m hoher, unbewehrter Strauch, Triebe meist kahl.
Blätter: Rundlich, bis 8 cm breit, 3- bis 5-lappig, Lappen abgerundet, Basis tief herzförmig, oberseits grün, unterseits oft ± kahl oder nur auf den Nerven etwas behaart.
Blüten: Zu 10–20 in hängenden bis abstehenden Trauben, grünlich bis bräunlich, Blütenbecher radförmig, innen mit 5-eckigem Ringwulst, Staubbeutelhälften spreizend, durch ein breites Mittelband deutlich getrennt, April–Mai.
Früchte: Kugelig, rot, durchscheinend, wohlschmeckend.
Verbreitung: M-, W- und S-Europa.
Verwendung: Häufig, N, ꕥ, WHZ 4, LB 1.2.3.5.

var. domesticum Wallr. Garten-Johannisbeere. Früchte rot oder weiß. Seit Jahrhunderten mit zahlreichen Fruchtsorten in Kultur.

Ribes sanguineum Pursh, Blut-Johannisbeere

Habitus: 2–4 m hoher, unbewehrter, aromatisch duftender Strauch, Zweige rotbraun, behaart und oft spärlich drüsenhaarig.
Blätter: Rundlich, 5–10 cm breit, 3- bis 5-lappig, Basis herzförmig bis gestutzt, oberseits runzelig, dunkelgrün und behaart, unterseits dicht weißlich filzig behaart, dazwischen drüsenhaarig.
Blüten: Zu 10–20 in bis 8 cm langen, aufsteigenden bis hängenden Trauben, rot oder ro-

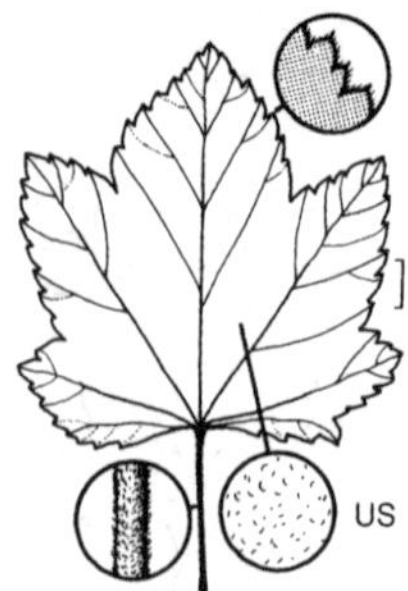

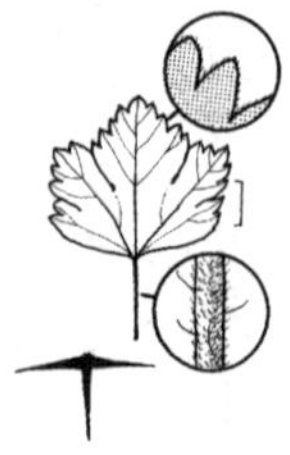

Ribes spicatum

Ribes uva-crispa var. uva-crispa

sarot, Blütenbecher röhrig-glockig, 3–5 mm lang, halb so lang wie die 5–7 mm langen Kelchblätter, Fruchtknoten mit ± klebrigen Drüsenhaaren, Mai.
Früchte: 7–9 mm dick, schwarz, blau bereift, etwas drüsenborstig.
Verbreitung: W-Kanada, NW- und W-USA.
Verwendung: Sehr häufig (vor allem in Gartenformen), B, Bi, WHZ 5b, LB 4.3.2.5.

'Atrorubens Select'. Blüten dunkel purpurrosa, groß, zu 30–37 in 9–12 cm langen Trauben.

'Brocklebankii'. Blätter gelb.

'Carneum'. Blüten hell purpurrosa, zu 15–22 in 7–11 cm langen Trauben.

'King Edward VII'. Blüten dunkel purpurrosa, in langen, vielblumigen Trauben.

'Pink Rain'. Blüten purpurrosa, ziemlich klein, zu 20–30 in 6–8 cm langen Trauben.

'Pulborough Scarlet'. Blüten tiefrot, mit weißer Mitte, sehr groß, zu 19–26 in 9–13 cm langen Trauben.

'Tydeman's White'. Blüten weiß, ziemlich klein, zu 15–24 in 4–8 cm langen Trauben.

Ribes spicatum E. Robson, Ährige Rote Johannisbeere

Habitus: Bis 2 m hoher, unbewehrter Strauch, Triebe meist kahl.
Blätter: Rundlich-5-eckig, bis 10 cm breit, 3- bis 5-lappig, Lappen ± zugespitzt 3-eckig, Basis meist gerade oder mit stumpfwinkliger Stielbucht, oberseits kahl, unterseits meist behaart oder auch fast kahl.
Blüten: In zunächst aufrechten, später abstehenden bis übergebogenen Trauben, 7 mm breit, grünlich, meist bräunlich getönt, Blütenbecher schalenförmig, ohne Ringwulst, Staubbeutelhälften aneinanderstoßend, Traubenachse und Blütenstiele ± behaart und fein drüsig, April–Mai.
Früchte: Rot, durchscheinend.
Verbreitung: W-, N-, M-, OM- und O-Europa, Sibirien, Mandschurei.
Verwendung: Sehr selten (hierzu gehören nur wenige Fruchtsorten), N, ♧, WHZ 4, LB 7.3.6.5.

Ribes uva-crispa L. **var. uva-crispa**, Europäische Stachelbeere

Habitus: Bis 1,5 m hoher, breitwüchsiger, bewehrter Strauch, Stacheln zu 1–3, kräftig, Triebe behaart.
Blätter: Rundlich, 2–6 cm breit, 3- bis 5-lappig, eingeschnitten gekerbt, Basis herzförmig, unterseits meist weich behaart.
Blüten: Zu 1–3 in gestielten Büscheln, grünlich, Blütenbecher halbkugelig, Kelchblätter 2,5 mm lang, Kronblätter nur halb so lang, Fruchtknoten weich behaart, ohne Drüsen, April–Mai.
Früchte: Länglich bis fast kugelig, erbsengroß, gelblich grün, behaart, zuletzt oft kahl.
Verbreitung: Europa (ausgenommen Skandinavien), Kaukasien, Sibirien, Mandschurei, Himalaja.
Verwendung: Selten, N, ♧, WHZ 5a, LB 2.4.6.6.

var. reclinatum (L.) Berland. Garten-Stachelbeere. Pflanzen kräftig bestachelt. Fruchtknoten und Früchte weich behaart und drüsenborstig. Früchte bis über 1 cm dick, kugelig bis fast ellipsoid, grün, gelb oder rot, wohlschmeckend. (Seit alter Zeit in zahlreichen Sorten in Kultur.)

R. vulgare Lam. = *R. rubrum* var. *rubrum*

Robinia L.

Robinie, Scheinakazie – Fabaceae

(nach Jean Robin, 1550–1629, französischer Hofgärtner, bzw. dessen Sohn Vespasian, 1579–1662, Botaniker)

Habitus: Sommergrüne Bäume oder Sträucher, oft Wurzelsprosse bildend, Zweige oft etwas kantig, glatt oder borstig oder klebrig, Endknospen fehlend, Knospen klein, nackt, in den Blattnarben geborgen, erst im Früh-

jahr hervorbrechend, Blattnarben mit 3 Gefäßbündelspuren
Blätter: Wechselständig, unpaarig gefiedert, Nebenblätter oft zu Dornen umgewandelt, Blättchen gegenständig, kurz gestielt, ganzrandig.
Blüten: Zwittrig, zygomorph, schmetterlingsförmig, in hängenden Trauben, Krone weiß bis lila oder purpurrosa, Blütenhülle doppelt 5-zählig, Kelch glockig, 5-zähnig, schwach 2-lippig, Fahne breit, Griffel einwärts gekrümmt, 9 Staubblätter zu einer oben offenen Röhre verwachsen, auf der das freie Staubblatt aufliegt, Fruchtblatt 1, oberständig, in der Staubblattröhre liegend.
Früchte: Hülsen, stark abgeflacht, schmal länglich oder riemenförmig, 5–10 cm lang, mehrsamig, zwischen den Samen ± eingeschnürt, sich 2-klappig öffnend, lange an den Pflanzen haftend, Samen schief eiförmig bis nierenförmig, 4–5 cm lang, braun.
Verbreitung: 10 Arten in N-Amerika, südlich bis Mexiko.
Verwendung: Reich blühende Bäume für Garten und Park. Blüten sehr reich an Nektar. Vor allem die Rinde, aber auch Blätter, Samen und Früchte sind bei einigen Arten giftig.

Bestimmungsschlüssel Robinia

1	Gehölz strauchig	2
–	Gehölz baumförmig	4
2	Blätter höchstens 15 cm lang	*R. kelseyi*
–	Blätter länger (zumindest viele)	3
3	Zweige dicht mit Borsten besetzt	*R. hispida*
–	Zweige ohne Borsten	*R. ×slavinii*
4	Triebe drüsig-klebrig	*R. viscosa*
–	Triebe nicht klebrig	5
5	Triebe und Blattspindel borstig	*R. hispida*
–	Triebe drüsig oder einfach behaart oder kahl	6
6	Blattspindel und Triebe fein grau behaart	*R. neomexicana*
–	Blattspindel und Triebe kahl oder drüsig behaart	7
7	Blättchen höchstens etwa 3 cm lang	*R. luxurians*
–	Blättchen 3–6 cm lang	8
8	Zweige mit langen Dornen	*R. pseudoacacia*
–	Zweige (fast) unbewehrt	*R. × margaretta* 'Casque Rouge'

Robinia ×ambigua Poir. **'Decaisneana'**
(*R. pseudoacacia* × *R. viscosa*)

Habitus: Mittelgroßer Baum, Stamm durchgehend, zuletzt mit abstehenden Ästen eine breite, offene Krone bildend, Triebe etwas klebrig, Dornen klein oder fehlend.
Blätter: Blättchen zu 13–21, kleiner als bei *R. pseudoacacia*.

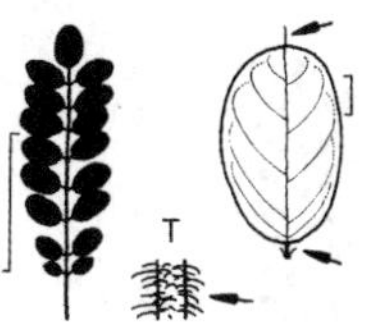

Robinia hispida

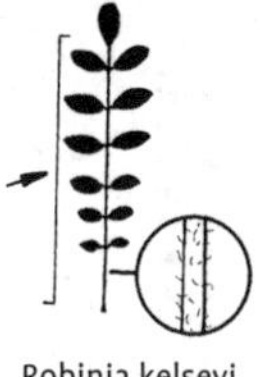
Robinia kelseyi

Blüten: Ziemlich groß, in hängenden Trauben, Krone hellrosa, Kelch ziemlich kräftig behaart.
Verwendung: Häufig, B, ☠, WHZ 6a, LB 6.1.3.3.

Robinia hispida L., Borstige Robinie

Habitus: 1,5–3 m hoher, unbewehrter, Wurzelsprosse bildender Strauch, selten kleiner Baum (in Kultur meist auf *P. pseudoacacia* veredelt), Zweige sehr brüchig, dicht mit langen, roten Borsten besetzt.
Blätter: Bis 23 cm lang, Blättchen 17, 2–5 cm lang, stumpf, stachelspitzig, ± kahl, oberseits dunkelgrün, unterseits graugrün.
Blüten: Zu 3–6 in kurzen Trauben, 2,5 cm lang, ohne Duft, Krone purpurrosa, Traubenachse und Blütenstiele borstig behaart, Kelch drüsenborstig, Juni, Nachblüte bis September.
Früchte: 5–8 cm lang, dicht drüsenborstig.
Verbreitung: NO- und SO-USA.
Verwendung: Sehr häufig, B, WHZ 6a, LB 6.1.2.5.

'Macrophylla'. Wuchs kräftiger als bei der Art, Zweige nur weich behaart. Blättchen und Blüten etwas größer.

Robinia kelseyi H.P. Kelsey ex Hutch., Allegheny-Robinie, Kelseys Robinie

Habitus: 2–3 m hoher, locker aufgebauter, breitwüchsiger Strauch, Zweige mit zahlreichen dünnen Borsten.
Blätter: 10–15 cm lang, Blättchen 9–13, länglich-lanzettlich, 2–3,5 cm lang, spitz, Basis abgerundet, oberseits dunkelgrün, unterseits hell graugrün.
Blüten: Zu 5–8 in sehr dichten, bis 6 cm langen Trauben entlang der vorjährigen Triebe, 2 cm lang, Krone rosalila, Kelch dicht drüsig behaart, purpurn überlaufen, Kelchabschnitte spitz 3-eckig, Mai–Juni.
Früchte: 3–5 cm lang, dicht mit roten Drüsenborsten besetzt.
Verbreitung: SO-USA.
Verwendung: Selten, B, WHZ 6a, LB 6.1.2.5.

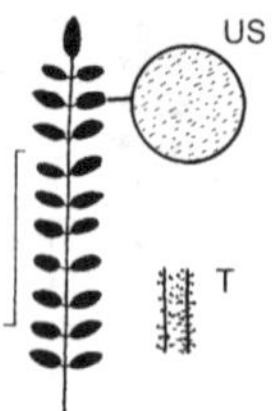

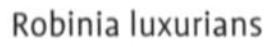
Robinia luxurians

Robinia ×margaretta 'Casque Rouge'

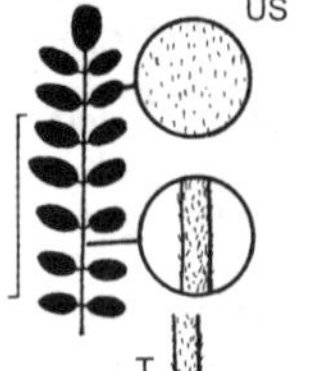

Robinia neomexicana

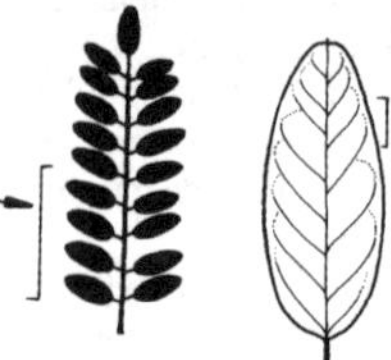
Robinia pseudoacacia

Robinia luxurians (Dieck) C.K. Schneid., Üppige Robinie

Habitus: Strauch oder bis 10 m hoher Baum, Zweige dornig, Triebe anfangs rostbraun drüsig behaart.
Blätter: 15–30 cm lang, Blättchen zu 13–21, elliptisch-länglich oder eiförmig, 2–3,5 cm lang, abgerundet und stachelspitzig oder spitz, unterseits anfangs seidig behaart, zuletzt blaugrün, Stiele zottig behaart.
Blüten: In dichten, vielblütigen Trauben, etwa 2 cm lang, Krone blassroa bis fast weiß, Juni–August.
Früchte: Bis 10 cm lang, drüsenborstig.
Verbreitung: SW-USA, Rocky Mts., N-Mexiko.
Verwendung: Häufig, N, B, ☠, WHZ 6a, LB 6.1.3.3.

Robinia ×margaretta Ashe

(*R. hispida* × *R. pseudoacacia*)

Habitus: 3–4 m hoher Strauch, oft hochstämmig veredelt, *R. pseudoacacia* nahestehend.
Blätter: Unterseits anfangs behaart.
Blüten: In bis 15 cm langen, behaarten Trauben, Krone blassrosa, Kelch leicht drüsig behaart, Krone bis 2 cm lang.
Verbreitung: SO-USA.
Verwendung: Meist nur in der folgenden Sorte in Kultur, WHZ 6a, LB 6.1.2.3.

Casque Rouge ('Pink Cascade'). 6(–10) m hoher Baum, schon als junge Pflanze reich blühend. Krone offen, unregelmäßig. Blättchen 11–19, 5 cm lang, elliptisch bis lanzettlich. Blüten in bis 15 cm langen Trauben, 2,3 cm lang, Krone violettrot, Fahne hellgelb gefleckt.

Robinia neomexicana A. Gray, Neu-Mexiko-Robinie

Habitus: Bis 2 m hoher Strauch, junge Triebe und Blattspindel fein grau behaart, Zweige dornig.
Blätter: Blättchen 9–15, elliptisch bis elliptisch-lanzettlich, 1–4 cm lang, stumpf bis spitz, beiderseits fein angedrückt behaart.
Blüten: In kurzen Trauben, Krone rosa, Blütenstandsstiele weich behaart und drüsenborstig, Juni–Juli.
Früchte: Bis 10 cm lang, spärlich behaart, nicht drüsig, netznervig.
Verbreitung: SW-USA.
Verwendung: Selten, B, ☠, WHZ 6a, LB 6.1.2.5.

R. neomexicana var. *luxurians* Dieck = *R. luxurians*
R. neomexicana auct. non A. Gray = *R. luxurians*

Robinia pseudoacacia L., Gewöhnliche Robinie, Gewöhnliche Scheinakazie

Habitus: 20–25 m hoher, z. T. mehrstämmiger, zahlreiche Wurzelsprosse bildender Baum, Krone locker, kugelig bis schirmförmig, Borke tief längsrissig, Zweige und junge Äste stark dornig, Triebe kahl.
Blätter: 20–30 cm lang, Blättchen zu 9–19, länglich-elliptisch, 3–6 cm lang, abgerundet oder gestutzt und stachelspitzig, nur anfangs unterseits etwas behaart.
Blüten: Zu 10–25 in 10–25 cm langen, dichten Trauben, Krone weiß, mit gelbem Fleck am Grund der Fahne, stark duftend, 2–3 cm lang, Mai–Juni.
Früchte: 5–10 cm lang, rotbraun, glatt, lange haftend.
Verbreitung: NO-, NOZ- und SO-USA, in Europa etabliert, in der Schweiz als invasive Art eingestuft.
Verwendung: Sehr häufig (als Stadtstraßenbaum geeignet), N, B, ☠, WHZ 6a, LB 6.1.3.2.

'Appalachia'. Wuchs straff aufrecht, an 1-jährigen Trieben nur kleine Dornen.

'Bessoniana'. Wuchs stark, Krone dichter als bei der Art, Hauptstamm durchgehend. Als Stadtstraßenbaum geeignet.

'Frisia'. Blätter im Austrieb leuchtend goldgelb, später zitronengelb, Triebe mit weinroten Dornen.

'Monophylla' = 'Unifoliola'

'Monophylla Fastigiata'. Wuchs sehr straff oder säulenförmig aufrecht. Blättchen 1–7, Endblättchen vergrößert.

'Pyramidalis'. Wuchs unregelmäßig, schmal säulenförmig, Dornen fehlend.

'Sandraudiga', Lichte Robinie. Wuchs stark, Krone breit kegelförmig, locker aufgebaut, Stamm durchgehend. Als Stadtstraßenbaum geeignet.

'Semperflorens', Öfterblühende Robinie. Wuchs stark, locker aufrecht, Hauptblüte im Juli, geringere Nachblüte im August–September.

'Tortuosa', Korkenzieher-Robinie. Äste und Zweige bizarr gewunden und korkenzieherartig gedreht. Blätter oftmals hängend.

TWISTY BABY ('Lace Lady'). Wuchs strauchig. Zweige überhängend, stark zickzackartig gewunden.

'Umbraculifera', Kugel-Robinie. Meist hochstämmig veredelt, Krone mit zahlreichen dünnen, unbewehrten Zweigen gedrungen kugelig, im Alter abgeflacht kugelig bis schirmförmig. Als Stadtstraßenbaum geeignet.

'Unifoliola'. Einblättrige Robinie. Endblättchen stark vergrößert, bis 15 cm lang, z. T. noch 3–7 kleine Seitenblättchen. Als Stadtstraßenbaum geeignet.

Robinia ×slavinii Rehder

(R. kelseyi × R. pesudoacacia)

Habitus: Strauch, von *R. kelseyi* abweichend durch breitere, spitze bis stumpfe Blättchen.
Blätter: 15–25 cm lang.
Blüten: Viel zahlreicher als bei den Eltern, Krone hellrosa, Blütenstandsachsen zottig behaart, aber nicht drüsig.
Früchte: Durch winzige Warzen rau.
Verwendung: Häufig in der folgenden Sorte, WHZ 6a, LB 6.1.2.4.

'Hillieri'. Wuchs aufrecht, baum- oder strauchförmig, bis 10 m hoch, Krone abgerundet, locker. Äste abstehend bis übergeneigt, Zweige abstehend, wenig bedornt. Blätter 10–20 cm lang, Blättchen 15–19. Blüten lilarosa, duftend, Juni.

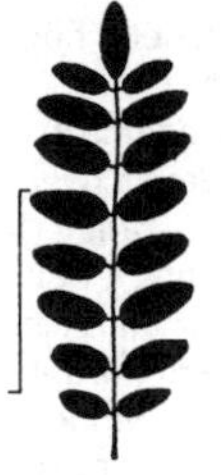
Robinia ×slavinii

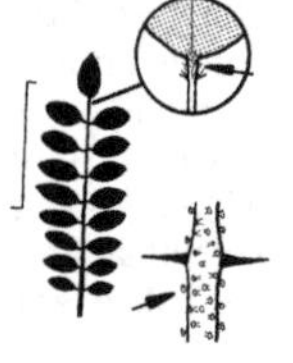
Robinia viscosa

Robinia viscosa Vent., Klebrige Robinie

Habitus: Bis 12 m hoher Baum, Zweige dunkel rotbraun, wie die Blattstiele und Blütenstandsachsen dicht drüsig-klebrig, Dornen klein, oft fehlend.
Blätter: Bis 25 cm lang, Blättchen zu 13–25, eiförmig, 2,5–4 cm lang, stumpf oder spitz, Basis keilförmig, oberseits dunkelgrün und kahl, unterseits behaart, vor allem auf der gelben Mittelrippe und den Hauptnerven.
Blüten: Zu 6–16 in 5–8 cm langen Trauben, etwa 2 cm lang, Krone rosa, mit hellgelbem Fleck auf der Fahne, Kelch gerötet, Mai–Juni.
Früchte: 5–10 cm lang, klebrig-drüsig.
Verbreitung: NO- und SO-USA.
Verwendung: Selten, B, WHZ 6a, LB 6.1.3.3.

Rosa L.

Rose – Rosaceae

(lateinisch *rosa* = Kultur-Rose, *R. ×alba*, *R. centifolia*, *R. ×damascena*, *R. gallica* usw.)

Habitus: Sommergrüne (in Kultur nahezu ausschließlich), selten immergrüne, niedrige bis hohe Sträucher, oft Ausläufer bildend, Zweige biegsam, ± stark bestachelt und borstig, aufrecht oder bogig übergeneigt, seltener kriechend oder kletternd, gelbgrün bis rot, Endknospen abgerundet, 4–5 mm groß, Seitenknospen 3–4 mm groß, ± abstehend, Knospenschuppen 2–4, Blattnarben bandförmig, etwa halb so breit wie der Zweigumfang.
Blätter: Wechselständig, unpaarig gefiedert, gezähnt, Nebenblätter vorhanden, diese

meist dem unteren Teil des Blattstieles flügelartig angewachsen.

Blüten: Zwittrig, radiär, einzeln oder in Trugdolden an den Enden kurzer Seitenzweige, Blütenhülle freiblättrig, doppelt 5-zählig (bei *R. sericea* subsp. *omeiensis* 4-zählig), Staubblätter 30 bis 200, die ebenfalls zahlreichen Fruchtblätter in einem großen, krugförmigen Blütenbecher eingebettet, dessen Mündung durch die zahlreichen Griffel verschlossen wird. Griffel entweder kurz (den Rand des Blütenbechers ± nicht überragend, meist sind nur die Narben als flache bis halbkugelige Köpfchen sichtbar) oder lang (den Rand des Blütenbechers überragend und mindestens halb so lang wie die inneren Staubblätter, Griffel unter den ± verdickten Narben deutlich sichtbar), die Griffel dann deutlich voneinander frei (*R. chinensis*) oder mindestens im unteren Teil zu einer Säule vereint.

Früchte: Sammelfrüchte (Hagebutten), saftig oder ledrig-fleischig, mit bleibenden oder hinfälligen Kelchblättern, orange bis rot oder schwarz, kahl, behaart, drüsig oder stachelig. Nüsschen zahlreich.

Verbreitung: 100–150 Arten in der gemäßigten Zone der nördl. Halbkugel, in tropischen Gebirgen südlich bis Mexiko, Äthiopien und zu den Philippinen.

Verwendung: Wichtige und häufig gepflanzte Blüten- und Fruchtsträucher. Häufiger als die hier behandelten Arten werden Hunderte von Kultursorten gepflanzt, die hier nicht berücksichtigt werden können.

Bestimmungsschlüssel Rosa

(sichere Artbestimmung z. T. nur mit Blüten/Früchten möglich)

1 Blättchen auch 3, meist aber 5 2
– Blättchen mindestens 5, nie 3 8
2 Blättchen höchstens 5 3
– Blättchen auch 7 oder noch mehr 5
3 Blüten zu 5–10 .... *R. setigera*
– Blüten zu wenigen oder einzeln 4
4 Blüten meist zu mehreren, Blättchen oberseits glänzend und glatt .... *R. chinensis* var. *chinensis*
– Blüten meist einzeln, Blättchen oberseits matt und runzelig .... *R. gallica*
5 Blattstiele stachelig .... *R. gallica*
– Blattstiele kahl oder borstig 6
6 Blättchen unterseits netznervig und mit Drüsen auf den Nerven, Stacheln paarweise unter den Knoten .... *R. jundzillii*
– Blättchen unterseits und Stacheln andersartig 7
7 Stacheln breit, Blattstiel drüsig .... *R. chinensis* var. *chinensis*
– Stacheln dünn, Blattstiel behaart .... *R. carolina*
8 Blättchen höchstens 7 35
– Blättchen auch 9 oder mehr 9
9 Blättchen auch 11 und mehr 10
– Blättchen höchstens 9 18
10 Blättchen mindestens 9 .... *R. roxburghii* fo. *normalis*
– Blättchen auch 7 (oder 5) 11
11 Blättchen bis 17 .... *R. sericea* subsp. *omeiensis*
– Blättchen höchstens 13 12
12 Blättchen höchstens 2 cm lang 13
– Blättchen (wenigstens viele) länger 16
13 Triebe mit stark abgeflachten und unter den Knoten oft gepaarten Stacheln 14
– Stacheln schlank oder fehlend oder nie gepaart 15
14 Triebe auch mit Stachelborsten .... *R. sericea* subsp. *sericea*
– Triebe ohne Stachelborsten .... *R. moyesii*
15 Am Grund starker Langtriebe Stacheln und Stachelborsten .... *R. spinosissima*
– Stachelborsten fehlend .... *R. xanthina*
16 Triebe mit Stacheln oder Stachelborsten .... *R. sweginzowii*
– Triebe ohne oder mit Stacheln, aber ohne Stachelborsten 17
17 Stacheln oft paarweise unter den Knoten .... *R. moyesii*
– Stacheln spärlich, am Trieb verteilt oder fehlend .... *R. pendulina* var. *pendulina*
18 Blättchen mindestens 7 19
– Blättchen auch 5 26
19 Nebenblätter auffallend kammförmig zerschlitzt .... *R. multiflora* var. *multiflora*
– Nebenblätter andersartig 20
20 Triebe auch mit Stachelborsten 21
– Triebe nur mit Stacheln, ohne Stachelborsten 22
21 Stacheln paarig unter den Knoten .... *R. virginiana*
– Stacheln nicht paarig .... *R. nitida*
22 Blättchen höchstens 15 mm lang, Stacheln unter den Knoten oft gepaart ..... *R. willmottiae*
– Blätter länger (zumindest sehr viele), Stacheln anders 23
23 Blätter höchstens 8 cm, Blättchen höchstens 2,5 cm lang .... *R. wichuraiana*
– Blätter und Blättchen länger (zumindest die meisten) 24
24 Blätter unterseits mit Drüsen, sonst kahl .... *R. setipoda*
– Blätter unterseits ohne Drüsen, kahl oder an den Hauptnerven behaart 25
25 Blätter unterseits an Hauptnerven behaart .... *R. moschata*
– Blätter kahl .... *R. virginiana*
26 Triebe auch mit Stachelborsten 27
– Triebe ohne oder mit Stacheln, aber ohne Stachelborsten 28
27 Blätter oberseits runzelig, unterseits behaart .... *R. rugosa*
– Blätter oberseits glatt, unterseits (fast) kahl .... *R. nitida*
28 Nebenblätter auffallend kammförmig zerschlitzt .... *R. multiflora* var. *multiflora*
– Nebenblätter andersartig 29
29 Triebe und Blätter auffällig rötlich bis bläulich bereift .... *R. glauca*
– Triebe und Blätter nicht bereift 30
30 Blätter unterseits (fast) kahl 31
– Blätter unterseits behaart 33
31 Stacheln paarweise unter den Knoten 32

– Stacheln nicht paarweise oder fehlend . . . . *R. blanda*

32 Stacheln höchstens 1 cm lang, Blättchen länglich. . . . . *R. woodsii* var. *woodsii*

– Stacheln auch länger (bis 2 cm), Blättchen rundlich. . . . . *R. multibracteata*

33 Blätter beiderseits filzig (fühlbar!), leicht harzig duftend . . . . *R. villosa*

– Blätter andersartig 34

34 Blattrand doppelt drüsig gesägt. . . . *R. foetida*

– Blattrand einfach gesägt, bewimpert . . . .*R. californica*

35 (8) Triebe mit oder ohne Stacheln, jedenfalls ohne Stachelborsten 36

– Triebe mit Stacheln und (z. T. wenigen) Stachelborsten 59

36 Junge Triebe bläulich bereift und Nebenblätter mit kurzen, 3-eckigen, abstehenden Öhrchen . . . .*R. tomentosa*

– Junge Triebe oder Nebenblätter andersartig 37

37 Blätter unterseits deutlich behaart, ohne Drüsen. 38

– Blätter unterseits kahl (höchstens an/auf den Hauptnerven behaart) oder mit Drüsen. . . . 47

38 Blätter beiderseits seidenhaarig, fühlbar weich . . . . *R. mollis*

– Blätter andersartig behaart, oberseits (fast) kahl 39

39 Blätter unterseits zottig behaart. .*R. californica*

– Blätter unterseits andersartig behaart 40

40 Nebenblätter breit und nach oben zusammengefaltet . . . . *R. majalis*

– Nebenblätter andersartig 41

41 Kelchblätter gefiedert oder fiedrig eingeschnitten (wenigstens äußere). 42

– Kelchblätter nicht gefiedert/fiedrig eingeschnitten 45

42 Kelchblätter mit Stieldrüsen. 43

– Kelchblätter drüsenlos 44

43 Kelchblätter nach der Blüte zurückgeschlagen und abfallend . . . .*R. ×centifolia*

– Kelchblätter nach der Blüte aufrecht und bleibend . . . . *R. sherardii*

44 Blätter bewimpert. . . . .*R. ×alba*

– Blätter nicht bewimpert . . . .*R. stylosa*

45 Kelchblätter nach der Blüte zurückgeschlagen und abfallend 46

– Kelchblätter nach der Blüte aufgerichtet und bleibend . . . . *R. caesia*

46 Blattstiel drüsig. . . . .*R. ×centifolia*

– Blattstiel behaart, aber nicht drüsig. . . . . *R. corymbifera*

47 (37) Blätter unterseits mit Drüsen 48

– Blätter ohne Drüsen 53

48 Basis der Blättchen rundlich, Blütenstiel drüsig oder kahl, Kelchblätter bleibend 49

– Basis der Blättchen keilförmig, Blütenstiel kahl, Kelchblätter sofort nach der Blüte abfallend . . . . *R. agrestis*

49 Kelchblätter nach der Blüte zurückgeschlagen oder ausgebreitet 51

– Kelchblätter nach der Blüte aufgerichtet . . . 50

50 Kelchblätter einfach/ganzrandig . . . .*R. californica*

– Kelchblätter lang gefiedert . . . . *R. elliptica* subsp. *elliptica*

51 Blättchenrand drüsig gezähnt, Stacheln kräftig 52

– Blättchen gesägt, Stacheln dünn . . . .*R. rubiginosa*

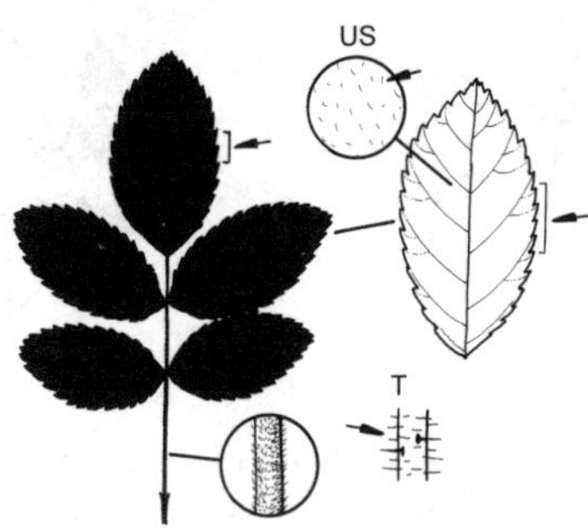

Rosa acicularis var. acicularis

52 Blättchen oberseits runzelig durch eingesenkte Nerven. . . . .*R. tomentella*

– Blättchen oberseits glatt . . . .*R. micrantha*

53 Triebe bläulich bereift. . . . .*R. dumalis*

– Triebe nicht bereift 54

54 Blattstiele drüsig-borstig behaart. . . . . *R. moschata*

– Blattstiele nicht borstig. 55

55 Nebenblätter breit und nach oben zusammengefaltet . . . . *R. majalis*

– Nebenblätter nicht nach oben gefaltet. 56

56 Kelchblätter nach der Blüte zurückgeschlagen, abfallend, Stacheln nicht gepaart. 57

– Kelchblätter nach der Blüte aufgerichtet, bleibend, Stacheln unter den Knoten oft gepaart . . . . *R. woodsii* var. *woodsii*

57 Äußere Kelchblätter gefiedert . . . . . .*R. canina*

– Äußere Kelchblätter ungefiedert 58

58 Blütenstiele drüsig . . . .*R. stylosa*

– Blütenstiele kahl. . . . .*R. arvensis*

59 (35) Blätter unterseits kahl oder höchstens auf den Nerven behaart 60

– Blätter unterseits behaart. 61

60 Blättchen elliptisch bis lanzettlich, höchstens 3 cm lang, Blätter höchstens 10 cm lang. . . . . *R. carolina*

– Blättchen eiförmig, ebenso wie Blätter länger (wenigstens die meisten) . . . . . *R. ×damascena*

61 Stacheln ± gerade (wenigstens viele). 62

– Stacheln hakig gekrümmt. 63

62 Stacheln verschieden groß, viele gekrümmt . . . .*R. ×centifolia*

– Stacheln zahlreich und nadelförmig . . . .*R. acicularis* var. *acicularis*

63 Blätter höchstens 10 cm lang . . . .*R. ×alba*

– Blätter länger (wenigstens sehr viele) . . . . *R. ×damascena*

Rosa acicularis Lindl. **var. acicularis**, Nadel-Rose

Habitus: 1–2 m hoher, Ausläufer bildender Strauch, Zweige mit sehr zahlreichen geraden, nadelförmigen Stacheln und Stachelhaaren.

Blätter: Bis 15 cm lang, Blättchen meist 5–7, breit elliptisch bis schmal länglich, bis 6 cm lang, oberseits stumpfgrün, unterseits blaugrün und behaart, Nebenblätter breit.

Blüten: Meist einzeln, 4–5 cm breit, leicht

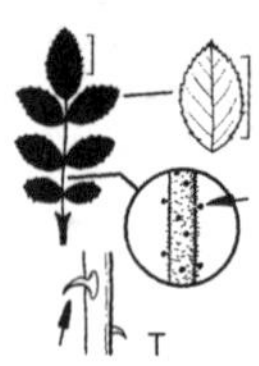
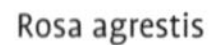
Rosa agrestis

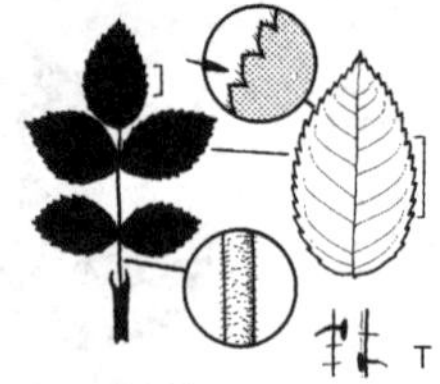
Rosa ×alba

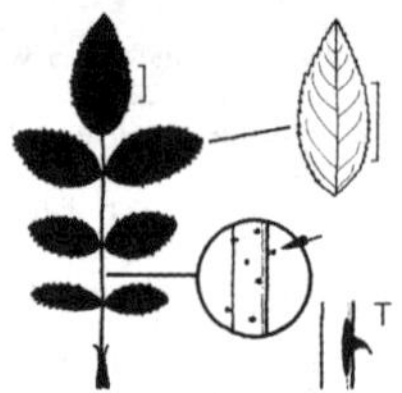
Rosa arvensis

duftend, Krone dunkelrosa, Blütenstiele meist kahl, selten leicht drüsenborstig, Griffel frei, kurz, Kelchblätter schmal lanzettlich, ganzrandig, auf der Rückseite drüsig, nach der Blüte aufrecht, bleibend, Mai–Juni.
Früchte: Kugelig bis birnenförmig, 1,5–2 cm lang, rot, kahl.
Verbreitung: Kanada, NO-, NOZ- und Z-USA, Rocky Mts.
Verwendung: Sehr selten, B, ❀, D, WHZ 4, LB 7.2.3.6 (2.2.4.6).

var. bourgeauana (Crép.) Crép. Blüten größer als bei var. *acicularis*, Früchte mehr kugelig und sehr kurzhalsig. Alaska, Kanada, NO-, NOZ- und Z-USA, Rocky Mts.

Rosa agrestis Savi, Acker-Rose, Feld-Rose

Habitus: 1–2(–3) m hoher, locker aufgebauter Strauch, Zweige dünn, rutenförmig, Stacheln gleichartig, kräftig, hakig gekrümmt, meist paarweise unter den Nodien.
Blätter: Blättchen meist 7, länglich elliptisch, 1,5–5 cm lang, Basis keilförmig, spitz gezähnt, oberseits glänzend dunkelgrün, kahl, unterseits und Spindel locker mit schwarzen Drüsen besetzt, Nebenblätter schmal.
Blüten: Einzeln oder zu 2–10, 3–5 cm breit, Krone weiß, Blütenstiele und -becher kahl, Griffel kurz, Kelchblätter schmal, schwach gefiedert, länger als die Kronblätter, nach der Blüte zurückgeschlagen, hinfällig, Juni.
Früchte: Eiförmig oder kugelig, 1–1,5 cm lang, orangerot.
Verbreitung: Europa (ausgenommen Skandinavien), Türkei, N-Afrika.
Verwendung: Sehr selten, B, WHZ 6a, LB 2.4.3.5 (6.4.3.5).

Rosa ×alba L., Weiße Rose

(*R. arvensis* × *R. gallica* × ?)

Habitus: 2–3 m hoher, starkästiger, vielstämmiger Strauch, Zweige überhängend, Stacheln ungleich groß, hakenförmig, daneben oft wenige Stachel- und Drüsenborsten, manchmal ganz fehlend.
Blätter: Bis 10 cm lang, Blättchen 5–7, eiförmig oder rundlich, kurz zugespitzt oder stumpf, einfach gezähnt, oberseits matt grün, kahl, unterseits behaart, vor allem auf den Nerven.
Blüten: 6–8 cm breit, ± gefüllt, stark duftend, Krone weiß oder zartrosa überlaufen, Blütenbecher meist ± kahl, Griffel frei, lang, Kelchblätter fiedrig eingeschnitten, drüsenborstig, nach der Blüte ausgebreitet, hinfällig, Juni.
Früchte: Kugelig, 2,5 cm dick, rot, glatt.
Verbreitung: Herkunft nicht sicher bekannt, seit sehr langer Zeit in Kultur.
Verwendung: Häufig (mit zahlreichen Sorten), B, D, ❀, WHZ 5a, LB 9.3.3.5.

R. alpina L. = *R. pendulina* var. *pendulina*

Rosa arvensis Huds., Kriechende Rose

Habitus: Bis 1 m hoher, niederliegender, oft mehrere Meter weit kriechender oder kletternder Strauch, Zweige lange grün bleibend, die dem Boden aufliegenden Zweige bewurzeln sich, Stacheln zahlreich, klein, hakenförmig.
Blätter: 7–10 cm lang, Blättchen (3–)5–7, dünn, elliptisch bis eiförmig, spitz oder stumpf, 1–3 cm lang, einfach gezähnt, oberseits sattgrün, glänzend, unterseits kaum heller, beiderseits kahl oder schwach anliegend behaart.
Blüten: Meist einzeln oder zu 2–3, 2,5–5 cm breit, duftend, Krone reinweiß, Tragblätter fehlend, Griffel zu einer 3 mm langen Säule verbunden, Kelchblätter gefiedert, nach der Blüte zurückgeschlagen, hinfällig, Juni–Juli.
Früchte: Je nach Besonnung eiförmig und klein oder kugelig und groß, zuletzt braunrot.
Verbreitung: Europa (ausgenommen Skandinavien), Türkei.
Verwendung: Selten, B, ❀, D, WHZ 5b, LB 3.3.6.6 (7.2.6.6) (9.2.4.6).

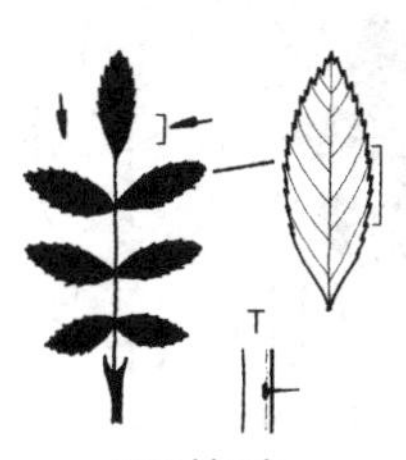

Rosa blanda

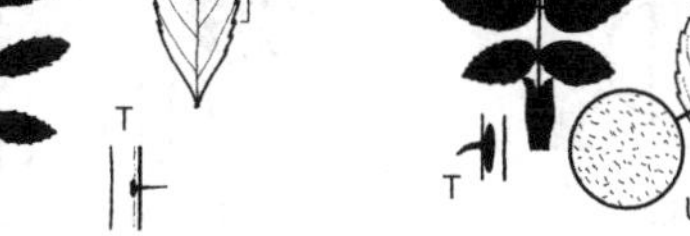

Rosa caesia

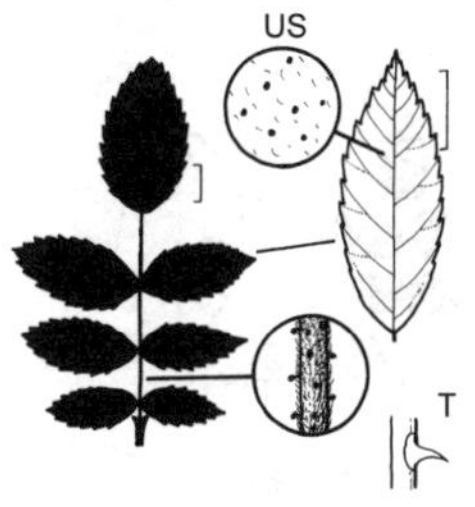

Rosa californica

Rosa blanda Aiton, Labrador-Rose

Habitus: Bis 2 m hoher Strauch, Ausläufer bildend, Zweige schlank, braun, fast unbewehrt, nur in der Jugend nahe der Basis einzelne braune, später abfallende Stacheln.
Blätter: Etwa 10 cm lang, Blättchen 5–7(–9), 2–6 cm lang, elliptisch bis verkehrteiförmig, grob einfach gesägt, oberseits mattgrün, kahl, unterseits heller und fein behaart.
Blüten: Bis 6 cm breit, einzeln oder zu 3–7, duftend, Krone rosa, Stiele und Blütenbecher kahl, Tragblätter groß, die Blütenstiele umhüllend, Griffel kurz, Kelchblätter ganzrandig, auf der Rückseite flaumig behaart und drüsig, nach der Blüte aufrecht, bleibend, Mai–Juni.
Früchte: Ei- bis birnenförmig, 1 cm dick, rot, glatt.
Verbreitung: NO-, NOZ- und SO-USA.
Verwendung: Selten, B, ♧, WHZ 4, LB 2.1.4.5 (4.2.3.5) (3.1.3.5).

Rosa caesia Sm., Lederblättrige Rose

Habitus: Bis 1,5 m hoher, dicht verzweigter Strauch, Zweige grün, oft bläulich bereift, Stacheln gekrümmt.
Blätter: Blättchen 5–7, 2–4 cm lang, länglich bis breit eiförmig, ziemlich steif, Basis keilförmig, meist einfach und drüsig gesägt, im Frühjahr blaugrün schimmernd, Behaarung oberseits während des Sommers abnehmend, unterseits wenigstens auf den Nerven behaart, Spindel flaumig bis filzig behaart.
Blüten: Einzeln oder zu mehreren, Krone kräftig rosa, im Verblühen heller, Tragblätter groß, die etwa 1 cm langen, meist kahlen und unbewehrten Blütenstiele umhüllend, Griffel kurz, Kelchblätter groß, gefiedert, meist grauhaarig, nach der Blüte aufrecht, bleibend, meist einen langen Schopf bildend, Juni–Juli.
Früchte: Kugelig bis eiförmig, bis 2,5 cm lang, rot.
Verbreitung: Europa, Türkei.
Verwendung: Selten, B, ♧, WHZ 5a, LB 6.1.3.6.

R. calendarum Borkh. = *R.* ×*damascena*

Rosa californica Cham. et Schltdl., Kalifornische Rose

Habitus: Bis 3 m hoher, aufrechter Strauch, Zweige anfangs grün, zuletzt rotbraun, Stacheln flach, gekrümmt, 5–8 mm lang, paarweise unter den Nodien, junge Langtriebe mitunter borstig, Blütentriebe meist stachelig.
Blätter: Blättchen 5–7, eiförmig bis breit elliptisch, 1–3 cm lang, meist stumpf, meist einfach gesägt, oberseits stumpfgrün und kahl oder angedrückt flaumig behaart, unterseits flaumig behaart und oft drüsig, Nebenblätter schmal und flach anliegend.
Blüten: Etwa 4 cm breit, zu mehreren bis vielen, duftend, Krone tiefrosa bis karminrot, Tragblätter breit, Blütenbecher kahl oder anfangs behaart, Griffel frei, kurz, Kelchblätter ganzrandig, auf der Rückseite behaart, nach der Blüte aufrecht, bleibend, Mai–Juni.
Früchte: Kugelig oder etwas länglich, mit schlankem Hals, 0,8–1,5 cm breit, rot.
Verbreitung: W- und SW-USA.
Verwendung: Sehr selten, B, ♧, D, WHZ 6a, LB 2.2.4.5.

Rosa canina L., Hunds-Rose

Habitus: Bis 3 m hoher, sehr variabler, selten Ausläufer bildender Strauch, Zweige weit ausladend und überhängend, Stacheln kräftig, sichelförmig oder hakig, meist länger als die Breite ihrer Basis.
Blätter: 8–12 cm lang, Blättchen 5–7, dünn, eiförmig oder elliptisch, 3–4 cm lang, gleichmäßig gesägt, Zähne spitz, nach vorne wei-

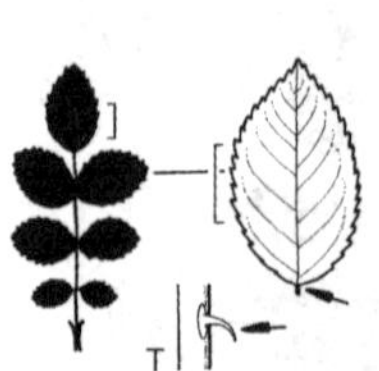

Rosa canina

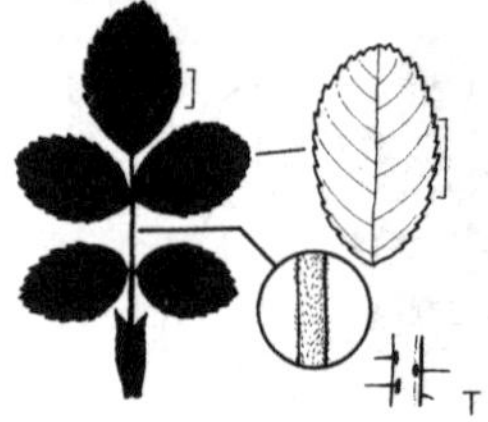

Rosa carolina

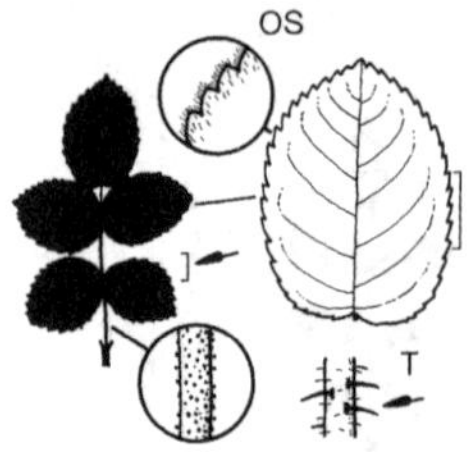

Rosa ×centifolia

send, oberseits dunkelgrün, unterseits heller, beiderseits kahl, Blattstiele und Spindel ebenfalls kahl, Nebenblätter schmal.
Blüten: 4–5 cm breit, einzeln oder zu mehreren, duftend, Krone weiß bis hellrosa, Tragblätter die bis 2 cm langen Blütenstiele nicht umhüllend, Griffel frei, lang, äußere Kelchblätter gefiedert, die inneren meist ungeteilt, Nach der Blüte zurückgeschlagen, hinfällig, Blütenstiele und -becher kahl, Mai–Juni.
Früchte: Kugelig bis schlank eiförmig, 2–2,5 cm lang, korallenrot, kahl.
Verbreitung: Europa, Türkei, Kaukasien, Iran, M-Asien, Makronesien, N-Afrika.
Verwendung: Sehr häufig, N, B, ♧, †, Bi, WHZ 4, LB 6.3.3.5 (9.1.3.5).

R. canina subsp. *dumetorum* (Thuill.) R. Keller = *R. corymbifera*
R. carelica Fr. = *R. acicularis* var. *acicularis*

Rosa carolina L., Wiesen-Rose

Habitus: 1–1,5 m hoher, schlankzweigiger Strauch mit zahlreichen Ausläufern, Stacheln schütter verteilt oder fehlend, gerade, dünn, ungleich groß, paarweise unter den Nodien, junge Triebe oft sehr borstig.
Blätter: 6–10 cm lang, Blättchen (3–)5–7, lanzettlich bis schmal eiförmig oder rundlich, 1–3 cm lang, spitz oder stumpf, scharf gesägt, oberseits sattgrün, kahl, unterseits graugrün, auf den Nerven behaart oder nahezu kahl, Nebenblätter schmal.
Blüten: 5 cm breit, meist einzeln, oder zu 2–5, Krone rosa, Tragblätter vorhanden, Blütenstiele und -becher drüsenborstig, Griffel frei, kurz, Kelchblätter gefiedert, auf der Rückseite drüsenborstig, nach der Blüte abstehend, hinfällig, Juni–Juli.
Früchte: Nahezu kugelig, bis 8 mm dick, rot, drüsenborstig.
Verbreitung: O-Kanada, NO-, NOZ-, Z- und SO-USA.
Verwendung: Selten, B, ♧, H, WHZ 5a, LB 5.2.2.6 (1.2.3.6) (4.2.3.6).

R. carolinensis Marshall = *R. virginiana*

Rosa ×centifolia L., Hundertblättrige Rose

(R. canina × R. gallica × R. moschata)

Habitus: Bis 2 m hoher, locker verzweigter Strauch mit wenigen Ausläufern, Stacheln ziemlich ungleich, zahlreich, klein, gerade, teilweise borstenartig und drüsig, die kräftigeren stark abgeflacht.
Blätter: 8–12 cm lang, Blättchen 5–7, 2–8 cm lang, etwas schlaff, eiförmig-rundlich, spitz oder stumpf, meist einfach drüsig gesägt, beiderseits oder nur unterseits behaart, Spindel ohne Stacheln.
Blüten: Zu mehreren, oft nickend, auf langen, dünnen Stielen, gefüllt, stark duftend, Krone meist rosa, Tragblätter schmal, Griffel frei, kurz, Kelchblätter mit auffallend großen, dicht stieldrüsigen Fiedern, nach der Blüte zurückgeschlagen, hinfällig, auch Blütenstiele und -becher dicht stieldrüsig, Juni–Juli.
Früchte: Ellipsoid bis nahezu kugelig, dicht stieldrüsig, selten ausgebildet.
Verbreitung: Heimat unbekannt, vermutlich in Kultur entstandene, komplexe Hybride.
Verwendung: Häufig (mit zahlreichen alten Sorten, u. a. verschiedenen „Moos-Rosen"), B, D, †, WHZ 5a, LB 6.3.2.5.

Rosa chinensis Jacq. **var. chinensis**, Bengal-Rose, Chinesische Rose

Habitus: Niedriger, aufrechter Strauch oder bis 6 m hoch kletternd, Zweige purpurn, fast kahl, mit oder fast ohne Stacheln.
Blätter: Blättchen 3–5, lanzettlich bis breit eiförmig, 2,5–6 cm lang, zugespitzt, gesägt, oberseits glänzend dunkelgrün, kahl, unterseits heller, bis auf die behaarte Mittelrippe kahl, Nebenblätter sehr schmal.

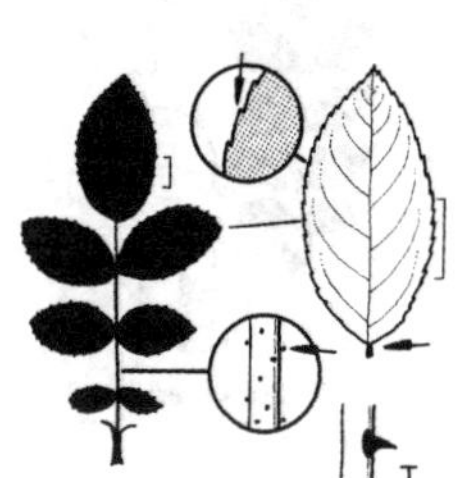

Rosa chinensis var. chinensis

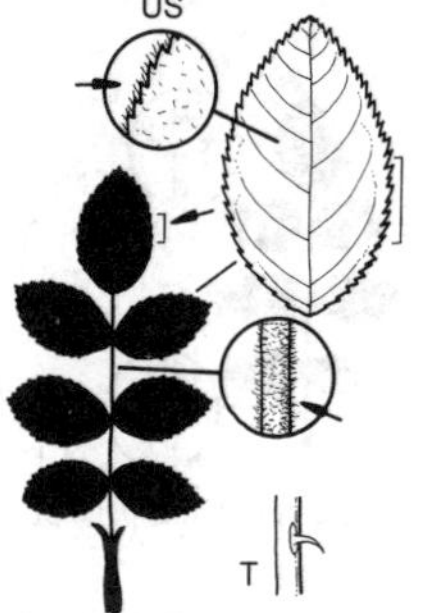

Rosa corymbifera

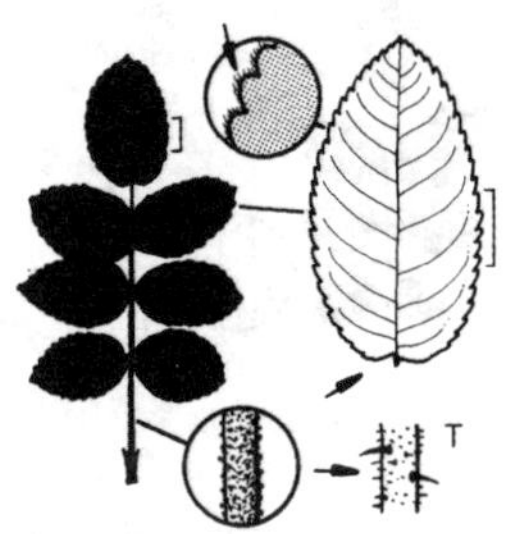

Rosa ×damascena

Blüten: Etwa 5 cm breit, meist zu mehreren, selten einzeln, an langen, meist drüsigen Stielen, nur wenig duftend, einfach oder halb gefüllt, Krone dunkelrot bis rosa oder fast weiß, Tragblätter schmal, Griffel frei, lang, Kelchblätter einfach oder etwas gefiedert, auf der Rückseite kahl oder drüsig, nach der Blüte zurückgeschlagen, hinfällig, Juni–September.
Früchte: Ei- bis birnenförmig, 1,5–2 cm lang, lange grün bleibend, zuletzt braungrün.
Verbreitung: Gartenform aus China.
Verwendung: Selten (Elternteil zahlreicher Gartenrosen), B, WHZ 6a, LB 6.2.2.5 (3.2.1.5).

var. spontanea (Rehder et E.H. Wilson) T.T Yu et T.C. Ku. Aufrechter, 1–2,5 m hoher oder kletternder Strauch, Zweige mit dünnen Stacheln. Blättchen lanzettlich. Blüten zu 1–3, einfach, 5–6 m breit, Krone dunkelrot oder rosa, Kelchblätter ganzrandig. Früchte orange. M-China.

R. cinnamomea L. 1753 = *R. pendulina* var. *pendulina*
R. cinnamomea L. 1759 = *R. majalis*
R. coriifolia Fr. = *R. caesia*

Rosa corymbifera Borkh., Busch-Rose, Doldentraubige Rose

Habitus: 2–3 m hoher, breitwüchsiger Strauch, Stacheln kräftig, hakig, meist länger als die Breite ihrer Basis.
Blätter: Blättchen 5–9, eng stehend, dünn, rundlich-eiförmig bis elliptisch, stumpf, 2,5–4 cm lang, meist einfach gesägt, meist beiderseits behaart, mindestens unterseits auf den Nerven, Spindel flaumig behaart.
Blüten: 4–5 cm breit, einzeln oder zu vielen, Krone weiß bis zartrosa, Tragblätter vorhanden, Blütenstiele meist lang, wie der Blütenbecher meist behaart, aber nicht drüsig, Griffel frei, nicht oder leicht vorragend, Kelchblätter mäßig gefiedert, auf der Rückseite meist kahl, selten etwas drüsig, nach der Blüte zurückgeschlagen, hinfällig, Juni.
Früchte: Eiförmig oder kugelig, 1,5–2 cm lang, orangerot, meist glatt.
Verbreitung: Europa, Türkei, Kaukasien, M-Asien, Afghanistan, N-Afrika.
Verwendung: Sehr selten (häufiger als Veredlungsunterlage die Sorte 'Laxa'), B, ✿, WHZ 6a, LB 6.1.3.5 (9.1.3.5).

Rosa ×damascena Mill., Damaszener-Rose, Portland-Rose

(*R. gallica* × *R. moschata*)

Habitus: Bis 2 m hoher Strauch, Zweige bogig abstehend, mit zahlreichen, sehr kräftigen, hakenförmigen Stacheln und relativ wenigen Stachel- und Drüsenborsten.
Blätter: 12–15 cm lang, Blättchen 5(–7), eiförmig bis elliptisch, spitz bis stumpf, 2–6 cm lang, einfach gesägt, oberseits graugrün und kahl, unterseits ± behaart, Nebenblätter schmal.
Blüten: Bis zu 12 in Büscheln, gefüllt, stark duftend, Krone rosa bis rot, Tragblätter schmal, Blütenstiele oft schwach, Blüten daher oft nickend, Blütenbecher nach oben verschmälert, drüsig, Griffel frei, lang, Kelchblätter gefiedert, Spitze ausgezogen, auf der Rückseite drüsig und behaart, nach der Blüte zurückgeschlagen, hinfällig, Juni–Juli.
Früchte: Kreiselförmig, bis 2,5 cm lang, rot, borstig.
Verbreitung: Alte Kultursorte, vermutlich mit den zurückkehrenden Kreuzfahrern um 1520 bis 1570 aus Kleinasien nach Europa gebracht.
Verwendung: Häufig (mit einigen Sorten), N, B, D, ✿, ⸸, WHZ 5b, LB 6.3.5.5 (9.3.1.5).

Rosa dumalis

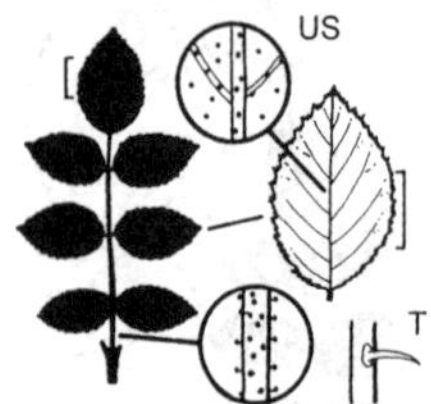

Rosa elliptica subsp. elliptica

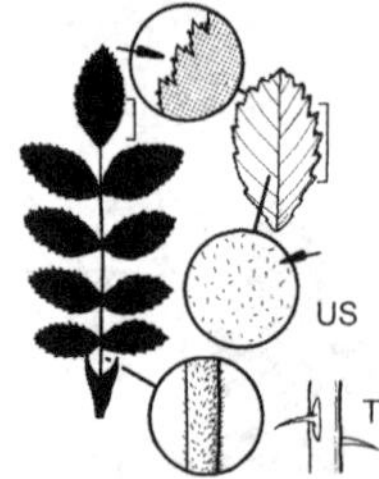

Rosa foetida

Rosa dumalis Bechst., Graugrüne Rose, Vogesen-Rose

Habitus: Bis 2 m hoher, gedrungener Strauch, Triebe oft rötlich, bläulich bereift, Stacheln hakig gebogen, mit breiter Basis.
Blätter: Blättchen 5–7, dicht stehend, 2–4 cm lang, breit eiförmig bis rundlich, spitz oder stumpf, scharf und doppelt gesägt, glänzend blaugrün, bläulich bereift, beiderseits kahl.
Blüten: 4–5 cm breit, einzeln oder zu vielen, duftend, Krone rosarot, Tragblätter groß, die bis 1 cm langen, kahlen, unbewehrten Blütenstiele umhüllend, Griffel kurz, dicht wollig behaart, Kelchblätter groß, laubartig, gefiedert, grauhaarig, nach der Blüte ausgebreitet bis aufgerichtet, meist einen langen Schopf bildend, ± bleibend, Juni–Juli.
Früchte: Kugelig bis eiförmig, bis 2 cm lang, tiefrot, glatt oder drüsenborstig.
Verbreitung: Europa (ausgenommen Britische Inseln), Türkei.
Verwendung: Sehr selten, B, ♧, WHZ 5a, LB 7.4.1.5.

R. eglanteria L. = *R. rubiginosa*

Rosa elliptica Tausch **subsp. elliptica**, Keilblättrige Rose

Habitus: Bis 1,5 m hoher, gedrungener, dicht verzweigter, kurzästiger Strauch, kurze Ausläufer bildend, Stacheln gleichartig, hakig gekrümmt, meist paarweise unter den Nodien.
Blätter: Blättchen meist 7, klein, keilig verschmälert bis verkehrteiförmig, mit weitem Abstand voneinander, doppelt drüsig gezähnt, oberseits graugrün, im Frühsommer auch braungrün, unterseits auf den Hauptnerven und der Spindel dicht drüsig, im Frühsommer auch ohne Reiben mit apfelartigem Duft.
Blüten: Einzeln oder zu wenigen, Krone hellrosa, im Aufblühen auch lebhaft rosa, Blütenstiele kurz, meist ohne Drüsen, Kelchblätter lang gefiedert, nach der Blüte aufgerichtet und einen bleibenden Schopf bildend, Juni–Juli.
Früchte: Kugelig bis krug- oder eiförmig, scharlachrot, glatt.
Verbreitung: Europa (ausgenommen Skandinavien), in der Roten Liste als gefährdet eingestuft.
Verwendung: Selten, B, WHZ 6b, LB 6.3.3.6.

subsp. inodora (Fries) Schwertschlager. Wuchs locker. Stacheln an den Blütenzweigen auch fehlend. Kelchblätter nach der Blüte flattrig ausgebreitet und hinfällig.

R. fendleri Crép. = *R. woodsii* var. *fendleri*
R. ferruginea auct. non Vill. = *R. glauca*

Rosa foetida Herrm., Fuchs-Rose, Gelbe Rose

Habitus: Bis 2 m hoher Strauch mit wenigen kurzen Ausläufern, Zweige aufrecht-übergebogen, dunkelbraun, später graubraun, Stacheln wenige, gerade, ungleich groß, an der Basis abrupt verbreitert.
Blätter: 5–8 cm lang, Blättchen 5–9, elliptisch bis verkehrteiförmig, 1,5–4 cm lang, meist stumpf, doppelt drüsig gesägt, oberseits dunkelgrün, glänzend, nahezu kahl, unterseits drüsig und behaart, Nebenblätter schmal.
Blüten: 5–7 cm breit, meist einzeln oder zu 2, unangenehm duftend, Krone tiefgelb, Tragblätter fehlend, Blütenstiele und -becher glatt, Griffel kurz, Kelchblätter lanzettlich, ganzrandig oder die äußeren manchmal fiederschnittig, Spitze ausgezogen, kahl oder drüsig behaart, nach der Blüte aufrecht, bleibend, Mai–Juni.
Früchte: Abgeflacht kugelig, etwa 1 cm dick, dunkelrot, kahl.
Verbreitung: Iran, Afghanistan, NW-Himalaja.
Verwendung: Häufig, B, ♧, D, WHZ 5a, LB 6.3.2.6.

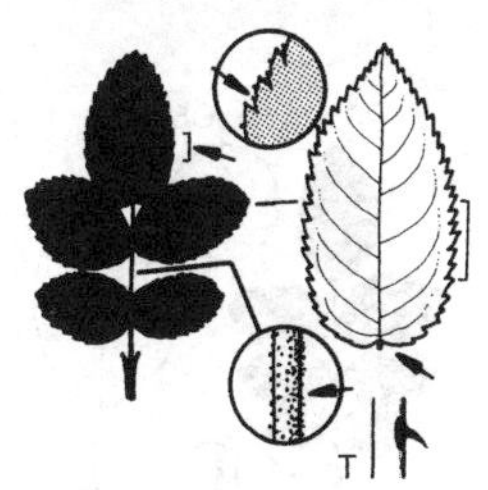

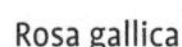

Rosa gallica

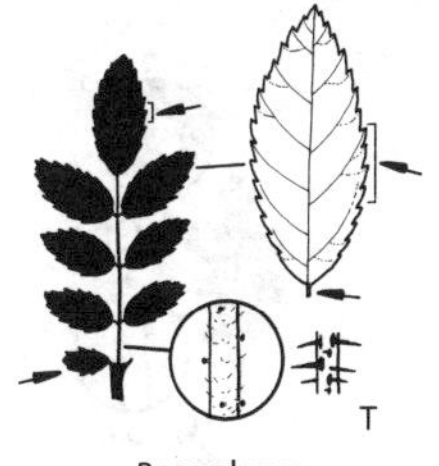

Rosa glauca

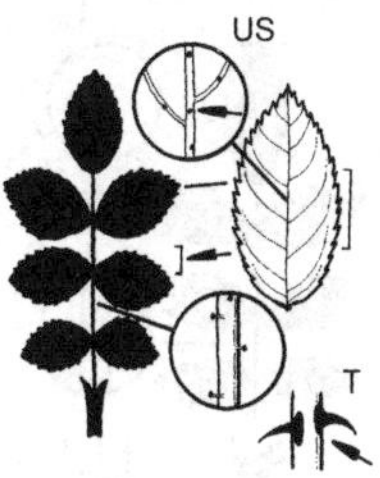

Rosa jundzillii

'Bicolor', Kapuziner-Rose. 1–2 m hoch. Zweige überhängend, dicht mit Blüten besetzt. Krone innen orangescharlach, außen gelb.

Rosa gallica L., Essig-Rose, Gallische Rose

Habitus: Bis etwa 1 m hoher, aufrechter, gedrungener Strauch, mit weithin kriechenden Ausläufern Bestände bildend, Zweige grün oder stumpfgrün, Stacheln sehr ungleich, meist gekrümmt, aber auch gerade, oft mit zahlreichen, ± geraden Stachelborsten und Stieldrüsen durchsetzt.
Blätter: 6–12 cm lang, ledrig, Blättchen 3–5(–7), breit elliptisch oder eiförmig, 2–6 cm lang, stumpf oder plötzlich zugespitzt, Basis abgerundet bis schwach herzförmig, oberseits dunkelgrün und rau, unterseits heller und oft leicht behaart, Stiel und Spindel durch Drüsen und Haken rau, Sommerblätter bis in den Winter haftend, Nebenblätter schmal.
Blüten: 4–6 cm breit, meist einzeln, auf dicken, drüsigen Stielen, duftend, Kronblätter ausgerandet, hellrot bis dunkelpurpurn mit hellem Nagel, Tragblätter vorhanden, Blütenstiele, -becher und Kelchblätter meist stieldrüsig, Griffel frei, kurz, äußere Kelchblätter stark gefiedert, nach der Blüte straff zurückgeschlagen, hinfällig, Juni–Juli.
Früchte: Kugelig oder birnenförmig, etwa 1,5 cm lang, wenig fleischig, braunrot, vor der Fruchtreife drüsenborstig.
Verbreitung: Europa (ausgenommen Britische Inseln, Skandinavien und Iberische Halbinsel), Türkei, N-Irak, Kaukasien; in der Roten Liste als gefährdet eingestuft.
Verwendung: Häufig (mit einigen Sorten), N, B, ♧, ⚘, D, WHZ 5a, LB 6.1.3.6 (9.1.3.6).

R. gallica var. *damascena* (Mill.) Voss. = *R.* ×*damascena*

Rosa glauca Pourr., Rotblättrige Rose

Habitus: Bis 3 m hoher, aufrechter, schlanktriebiger, kahler Strauch, Triebe auffallend rötlich bis hechtblau bereift, Stacheln wenige, meist gerade, abwärts geneigt, meist an der Basis der Langtriebe.
Blätter: 7–12 cm lang, Blättchen 5–9, elliptisch bis länglich-eiförmig, spitz, 2–4,5 cm lang, scharf gesägt, kahl, bläulich grün, ± purpurrot überlaufen.
Blüten: 3–3,5 cm breit, zu wenigen auf kurzen Stielen, Kronblätter karminrosa mit weißem Nagel, Tragblätter vorhanden, Griffel frei, lang, Kelchblätter ganzrandig oder mit einigen seitlichen Lappen, auf der Rückseite kahl oder drüsig, nach der Reife abstehend, hinfällig, Juni–Juli.
Früchte: Kugelig, etwa 1,5 cm dick, orange bis scharlachrot.
Verbreitung: Gebirge in M- und S-Europa; in der Roten Liste als potenziell gefährdet eingestuft.
Verwendung: Häufig, B, ♧, Bi, WHZ 3, LB 6.1.3.5 (7.1.3.5).

R. hugonis Hemsl. = *R. xanthina* fo. *hugonis*
R. humilis Marshall = *R. carolina*
R. indica Lour. non L. = *R. chinensis*

Rosa jundzillii Besser, Raublättrige Rose

Habitus: 0,5–2,5 m hoher, variabler, dicht verzweigter Strauch, mäßig stark Ausläufer bildend, Zweige bogig überhängend, Stacheln kräftig, gleichartig, gerade oder nur schwach gekrümmt.
Blätter: Blättchen 3–7, eiförmig bis elliptisch, 2,5–4,5 cm lang, spitz oder zugespitzt, ziemlich derb, mit großen Zähnen mehrfach drüsig gezähnt, oberseits matt oder glänzend dunkelgrün, unterseits und Spindel mit Drüsen, kahl oder flaumig behaart.

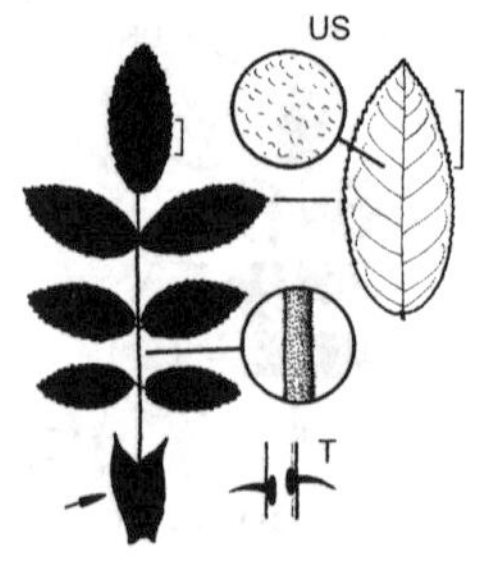

Rosa majalis

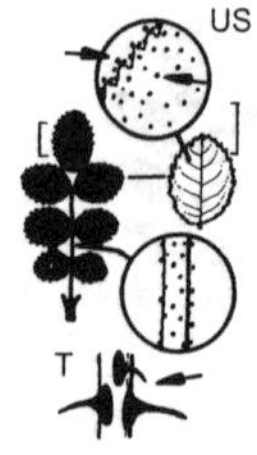

Rosa micrantha

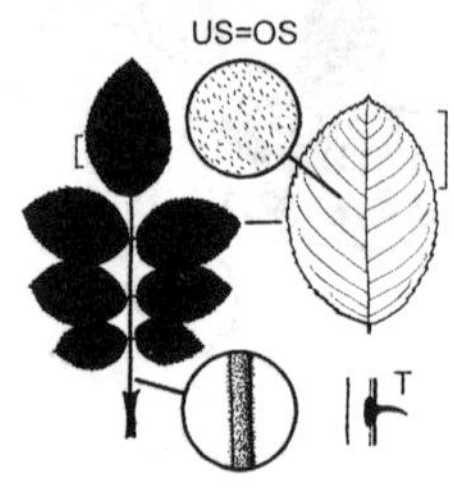

Rosa mollis

Blüten: 5–7 cm breit, meist einzeln oder zu 2–8, leicht duftend, Krone blass- bis dunkelrosa, Tragblätter vorhanden, Griffel zu einer Säule verbunden, Kelchblätter gefiedert, auf der Rückseite drüsig, nach der Blüte abstehend oder zurückgeschlagen, hinfällig, Juni–Juli.
Früchte: Kugelig bis eiförmig, etwa 1,2 cm dick, rot, glatt.
Verbreitung: M-, OM- und O-Europa, Kaukasien.
Verwendung: Sehr selten, B, ♧, WHZ 5a, LB 6.1.3.5 (4.3.3.5).

R. lucida Ehrh. = *R. virginiana*
R. lutea Mill. = *R. foetida*

Rosa majalis J. Herrm., Mai-Rose, Zimt-Rose

Habitus: Bis 1,5 m hoher Strauch, durch zahlreiche Ausläufer Dickichte bildend, Stämme und Zweige dünn, braunrot, oft unbewehrt, Stacheln meist hakig und paarweise unter den Nodien, Blütentriebe meist unbewehrt.
Blätter: 4–9 cm lang, Blättchen 5–7, länglich-elliptisch, 1,5–3 cm lang, dünn, stumpf bis zugespitzt, oberseits stumpfgrün und behaart, unterseits heller und meist kahl, Nebenblätter breit, nach oben gefaltet.
Blüten: Bis 5 cm breit, einzeln oder zu wenigen, angenehm duftend, Krone karminrot bis purpurn, Griffel kurz, Tragblätter groß, so lang wie oder länger als die Blütenstiele, Griffel frei, kurz, Kelchblätter meist ungeteilt, nach der Blüte aufrecht, bleibend, unterseits wie Blütenbecher und -stiel kahl, Mai–Juni.
Früchte: Kugelig bis birnenförmig, 1,2–1,5 cm dick, scharlachrot, glatt.
Verbreitung: N-, M-, OM- und O-Europa, Kaukasien, W- und O-Sibirien.
Verwendung: Selten, B, ♧, D, WHZ 4, LB 2.2.6.5.

R. marginata auct. non Wollr. = *R. jundzillii*

Rosa micrantha Borrer ex Sm., Kleinblütige Rose

Habitus: Bis 3 m hoher, locker aufgebauter, langästiger Strauch, Zweige bogig überhängend, Stacheln gleichartig, hakig gekrümmt.
Blätter: Intensiv duftend, Blättchen 5–7, rundlich bis breit eiförmig, 2–3 cm lang, kurz zugespitzt, Basis abgerundet, doppelt drüsig gezähnt, oberseits glänzend dunkelgrün, kahl oder behaart, unterseits und Spindel dicht drüsig und locker behaart.
Blüten: 3 cm breit, zu 1–4, Krone rosa bis weiß, Tragblätter vorhanden, Griffel frei, kurz, Kelchblätter gefiedert, nach der Blüte zurückgeschlagen, hinfällig, Blütenstiele und -becher stieldrüsig, Juni.
Früchte: Eiförmig bis nahezu kugelig, 1,2–1,8 cm dick, rot, glatt oder spärlich drüsenborstig.
Verbreitung: Europa (ausgenommen Skandinavien), Türkei, Libanon, Kaukasien, N-Afrika; in der Roten Liste als gefährdet eingestuft.
Verwendung: Sehr selten, B, ♧, WHZ 5b, LB 6.1.3.6.

R. microphylla Roxb. ex Lindl. = *R. roxburghii* fo. *normalis*

Rosa mollis Sm., Weichblättrige Rose

Habitus: Bis 1 m hoher, aufrechter Strauch, ähnlich *R. villosa*, Triebe rötlich, bereift, Stacheln gleichartig, dünn, ziemlich gerade.
Blätter: Blättchen 5–7, 1–3,5 cm lang, unterseits seidig behaart und wenig drüsig, doppelt gesägt.
Blüten: 4–5 cm breit, zu 1–4, Krone rosa, Blü-

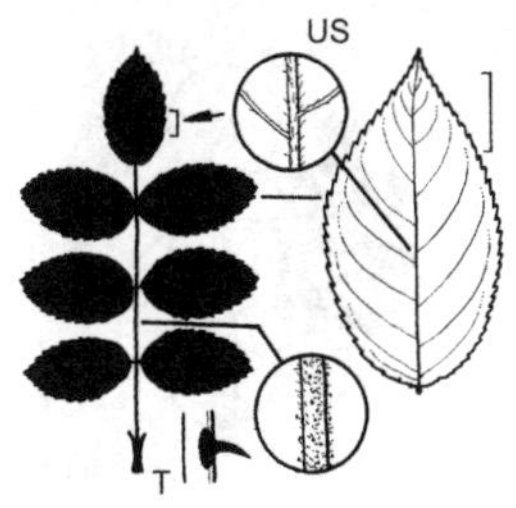

Rosa moschata

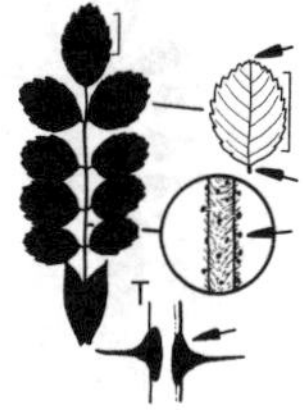

Rosa moyesii

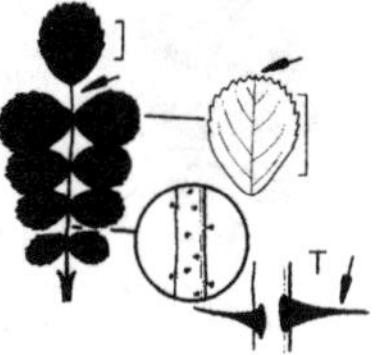

Rosa multibracteata

tenstiele, -becher und Frucht nur mit wenigen Drüsen- und ohne Stachelborsten, Griffel kurz, Kelchblätter etwas gefiedert, drüsenborstig, nach der Blüte bleibend, Juni–Juli.
Früchte: Kugelig, 1–1,5 cm dick, scharlachrot.
Verbreitung: Europa (ausgenommen Apenninenhalbinsel), Türkei, W-Asien.
Verwendung: Sehr selten, B, ☘, WHZ 5a, LB 6.1.3.6.

Rosa moschata Herrm., Moschus-Rose

Habitus: 3–4 m hoher, locker aufgebauter Strauch, Zweige kahl, rötlich oder purpurn getönt, Stacheln wenig zahlreich, gerade oder gebogen.
Blätter: Blättchen 5–7, breit eiförmig oder breit elliptisch, 2,5–5 cm lang, spitz oder zugespitzt, gesägt, oberseits glänzend tiefgrün und kahl, unterseits heller, auf der Mittelrippe behaart, sonst kahl, Stiele drüsenborstig, Nebenblätter schmal.
Blüten: 3–5 cm breit, meist zu 7, nach Moschus duftend, Krone weiß, Tragblätter fehlend, Kronblätter bald zurückgeschlagen, Kelchblätter ganzrandig oder gefiedert, nach der Blüte zurückgeschlagen, bleibend, Stiele und Blütenbecher fein anliegend behaart, nicht oder nur schwach drüsig, Griffel lang, August bis zum Frost.
Früchte: Eiförmig, 1–1,5 cm lang, orangerot, meist behaart und etwas drüsig.
Verbreitung: Ursprüngliche Verbreitung unbekannt.
Verwendung: Sehr selten, N, B, ☘, D, WHZ 7a, LB 6.3.2.4.

Rosa moyesii Hemsl. et E.H. Wilson, Mandarin-Rose

Habitus: Bis 3,5 m hoher, starkwüchsiger, locker aufgebauter Strauch, Äste stark, rotbraun, Zweige kahl oder spärlich behaart, Stacheln kräftig, mit breiter Basis, gerade, gelblich, oft paarweise unter den Nodien.
Blätter: 7–12 cm lang, Blättchen 7–13, eiförmig bis breit elliptisch, 1–4 cm lang, spitz, die obersten auffallend größer als die unteren, fein gesägt, oberseits dunkelgrün, kahl, unterseits leicht bläulich, auf der Mittelrippe behaart, Spindel drüsenborstig, Nebenblätter breit.
Blüten: 5–6 cm breit, zu 1–2(–4), Krone rosa bis blutrot, Staubblätter goldgelb, Tragblätter am Saum drüsig, Stiele drüsenborstig, Griffel frei, kurz, Kelchblätter ganzrandig, eiförmig, lang geschwänzt, nach der Blüte aufrecht, bleibend, Juni.
Früchte: Flaschenförmig, mit deutlichem Hals, 5–7 cm lang, tief orangerot.
Verbreitung: China: Sichuan.
Verwendung: Häufig (mit einigen Sorten), B, ☘, WHZ 6a, LB 7.1.3.5 (2.5.2.4) (9.3.4.4).

Rosa multibracteata Hemsl. et E.H. Wilson, Kragen-Rose

Habitus: 2–4 m hoher Strauch, Zweige dünn, übergeneigt, anfangs grün, später rotbraun, Stacheln schlank, gerade, bis über 1 cm lang, scharf stechend, meist paarweise unter den Nodien.
Blätter: Blättchen 5–9, verkehrteiförmig bis elliptisch oder ± rundlich, 0,6–1,5 cm lang, stumpf, doppelt gesägt, oberseits stumpfgrün, unterseits graugrün, kahl oder Mittelrippe unterseits behaart, Spindel drüsig und mit einigen feinen Stacheln.
Blüten: 2,5–3,8 cm breit, einzeln oder zu mehreren, zu schmalen, bis 30 cm langen, übergeneigten Rispen vereint, Krone hellrosa, Tragblätter breit, Blütenbecher und -stiel mit Stachelborsten, Griffel frei, lang, Kelchblätter ganzrandig, innen flaumig behaart, außen drüsig, nach der Blüte aufrecht, bleibend, Juni.

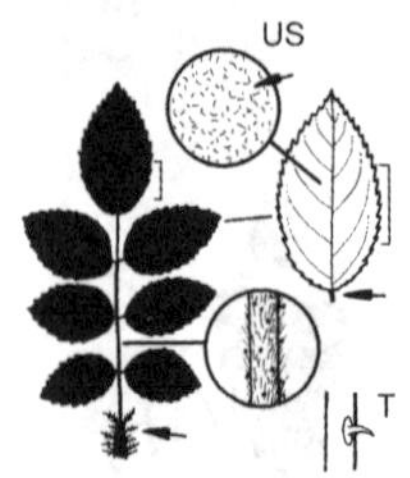

Rosa multiflora var. multiflora

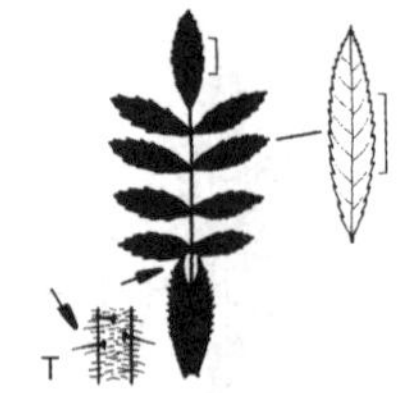

Rosa nitida

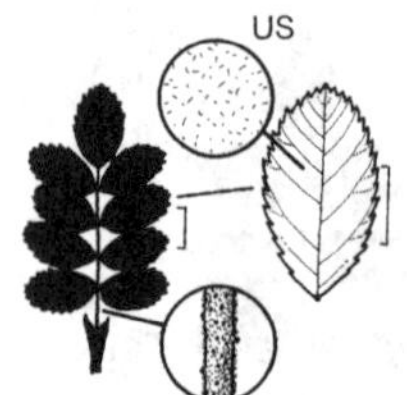

Rosa pendulina var. pendulina

Früchte: Eiförmig, 1–1,5 cm lang, orangerot, drüsenborstig.
Verbreitung: China: Sichuan.
Verwendung: Selten, B, ♣, WHZ 7a, LB 6.3.2.5.

Rosa multiflora Thunb. ex Murray **var. multiflora**, Vielblütige Rose

Habitus: Bis 3 m hoher, breitwüchsiger Strauch oder bis 5 m hoch kletternd, Zweige dünn, rötlich oder bräunlich grün, bald übergeneigt, bei Bodenberührung wurzelnd, Stacheln wenig zahlreich oder fehlend.
Blätter: 5–10 cm lang, Blättchen meist 7–9, verkehrteiförmig bis elliptisch, 1,5–5 cm lang, spitz, zugespitzt oder stumpf, gesägt, oberseits glänzend grün, unterseits mattgrün und meist behaart, Nebenblätter auffallend kammförmig zerschlitzt.
Blüten: 1,5–2 cm breit, zu vielen in großen, kegelförmigen Rispen, nach Honig duftend, Krone weiß, Tragblätter meist fehlend, Griffel lang zu einer Säule verbunden, Kelchblätter eiförmig, gefiedert, auf der Rückseite drüsenborstig, nach der Blüte zurückgeschlagen, hinfällig, Juni–Juli.
Früchte: Verkehrteiförmig bis kugelig, 5 mm dick, orange bis rot.
Verbreitung: Japan, Korea.
Verwendung: Sehr häufig (u. a. als Veredlungsunterlage), N, B, ♣, WHZ 5b, LB 5.3.3.5.

var. cathayensis Rehder et E.H. Wilson. Blüten bis 4 cm breit, Krone rosa. M- und S-China.

Rosa nitida Willd., Glanzblättrige Rose

Habitus: Aufrechter, bis 75 cm hoher Strauch, durch zahlreiche Ausläufer Kolonien bildend, Zweige rötlich, dicht mit dünnen Stachelborsten besetzt, dazwischen ± unregelmäßig verteilt längere Stacheln.
Blätter: 5–7 cm lang, Blättchen (5–)7–9, elliptisch bis länglich, 2–3 cm lang, spitz, deutlich gezähnt, oberseits glänzend dunkelgrün, unterseits spärlich behaart oder kahl, Herbstfärbung braunrot.
Blüten: 4–5 cm breit, zu 1–3, Krone rosa, Staubbeutel goldgelb, Tragblätter vorhanden, Blütenstiele und -becher drüsenborstig, Griffel kurz, Kelchblätter schmal, ganzrandig, borstig oder drüsig, nach der Blüte abstehend, hinfällig, Juni.
Früchte: Kugelig oder nahezu so, 5–8 mm dick, scharlachrot, borstig.
Verbreitung: O-Kanada, NO-USA.
Verwendung: Häufig, B, ♣, H, WHZ 4, LB 1.2.1.6.

R. omeiensis Rolfe = *R. sericea* subsp. *omeiensis*

R. omeiensis fo. *pteracantha* (Franch.) Rehder et E.H. Wilson = *R. sericea* subsp. *omeiensis* fo. *pteracantha*

Rosa pendulina L. **var. pendulina**, Alpen-Hecken-Rose

Habitus: 0,5–2 m hoher, aufrechter, locker aufgebauter Strauch mit zahlreichen Ausläufern, Zweige rötlich oder grün, wenig bestachelt, im unteren Bereich nadelförmige, abwärts gerichtete Stacheln.
Blätter: 10–12 cm lang, Blättchen (5–)7–11(–13), elliptisch bis breit elliptisch, 2–6 cm lang, spitz oder stumpf, scharf doppelt drüsig gesägt, mittelgrün, beiderseits behaart oder auch kahl, Nebenblätter nach oben verbreitert.
Blüten: 4–6,5 cm breit, zu 1–5, Krone rosarot, Tragblätter so lang wie die Blütenstiele, hinfällig, Blütenstiele und -becher kahl oder drüsenborstig, Griffel frei, kurz, Kelchblätter ganzrandig, lang zugespitzt, nach der Blüte aufrecht, bleibend, Mai.
Früchte: Länglich, mit flaschenförmigem Hals, 2–2,5 cm lang, ziegelrot.
Verbreitung: Gebirge in S- und M-Europa.

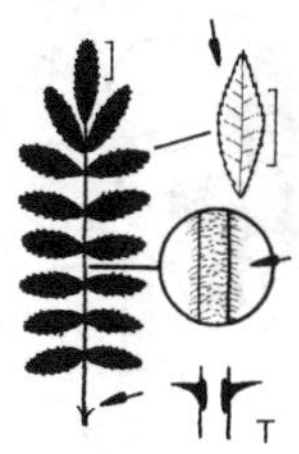

Rosa roxburghii fo. normalis

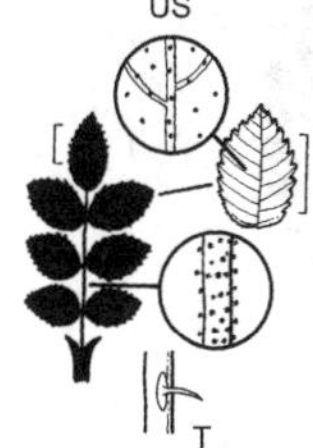

Rosa rubiginosa

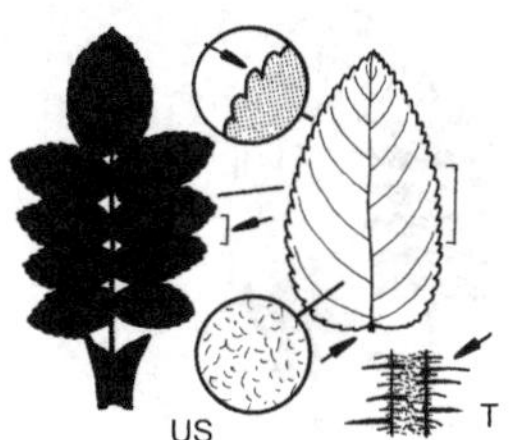

Rosa rugosa

Verwendung: Häufig, B, ♧, ⚕, WHZ 6a, LB 7.1.3.5.

var. pyrenaica (Gouan) R. Keller, Pyrenäen-Rose, Wuchs niedriger, Zweige bläulich bereift, Blütenstiele und -boden drüsenborstig. Pyrenäen.

R. pimpinellifolia L. = *R. spinosissima*
R. polyantha Siebold et Zucc. = *R. multiflora* var. *multiflora*
R. pomifera Herrm. = *R. villosa*
R. regeliana Linden et André = *R. rugosa*
R. repens Scop. = *R. arvensis*

Rosa roxburghii Tratt. **fo. normalis** Rehder et E.H. Wilson, Igel-Rose

Habitus: Bis 2,5(–5) m hoher, sparriger Strauch, Äste ziemlich steif, Rinde grau oder rotbraun, dünn abblätternd, Stacheln wenig zahlreich, gerade, meist paarweise unter den Nodien.
Blätter: 10–12 cm lang, Blättchen (7–)9–15(–19), schmal eiförmig bis verkehrteiförmig, 1–2 cm lang, spitz oder stumpf, scharf gesägt, beiderseits kahl.
Blüten: 5–7,5 cm breit, meist einzeln, duftend, Krone hellrosa, Tragblätter rasch abfallend, Blütenstiele und -becher dicht stachelborstig, Griffel kurz, Kelchblätter gefiedert, auf der Rückseite flaumig behaart und borstig, nach der Blüte aufrecht, bleibend, Mai–Juni.
Früchte: Abgeflacht kugelig, 3–4 cm breit, grün, dicht stachelborstig, bald abfallend, stark nach Äpfeln duftend.
Verbreitung: China, Japan.
Verwendung: Häufig, N, B, ♧, WHZ 6a, LB 2.4.2.4 (9.1.4.4).

Die gefüllt blühende *R. roxburghii*, eine chinesische Gartenform, ist hierzulande kaum in Kultur.

Rosa rubiginosa L., Wein-Rose, Schottische Zaun-Rose

Habitus: 1–3 m hoher, dicht verzweigter, gedrungener, kurzästiger Strauch, Zweige zunächst aufrecht, später bogig übergeneigt, Stacheln zahlreich, hakig gekrümmt, an der Basis scheibenförmig verbreitert.
Blätter: 6–8 cm lang, Blättchen 5–7, rundlich bis breit eiförmig, 2–3 cm lang, stumpf oder spitz, mehrfach drüsig gesägt, oberseits blassgrün, behaart oder kahl, unterseits und Spindel locker behaart, dicht mit kurz gestielten, rotbraunen Drüsen besetzt, im Frühsommer auch ohne Reiben mit deutlichem Duft nach frischen Äpfeln.
Blüten: 3–5 cm breit, meist zu 1–7, duftend, Krone lebhaft rosa, Tragblätter vorhanden, Blütenstiele und -becher stieldrüsig, Griffel kurz, Kelchblätter gefiedert, auf der Rückseite drüsenborstig, nach der Reife zurückgeschlagen, bleibend, Juni.
Früchte: Kugelig bis eiförmig, 1,5–2 cm lang, scharlachrot, am Grund kahl oder mit Borsten und Drüsenborsten.
Verbreitung: Europa, Türkei, Kaukasien, N-Indien.
Verwendung: Sehr häufig (auch in einigen Gartenformen), N, B, ♧, Bi, WHZ 5a, LB 6.1.3.5 (7.1.3.5) (9.1.3.5).

R. rubrifolia Vill. = *R. glauca*

Rosa rugosa Thunb., Kartoffel-Rose

Habitus: 1–2 m hoher, aufrechter, dicht verzweigter, kurzästiger Strauch, durch zahlreiche Ausläufer stellenweise ausgedehnte Bestände bildend, Zweige meist ± dicht mit Stacheln und Stachelborsten besetzt.
Blätter: 5–15 cm lang, Blättchen 5–9, derb, dicklich, elliptisch bis verkehrteiförmig, meist spitz, 2–5 cm lang, oberseits glänzend grün und runzelig, unterseits graugrün, netznervig, behaart.

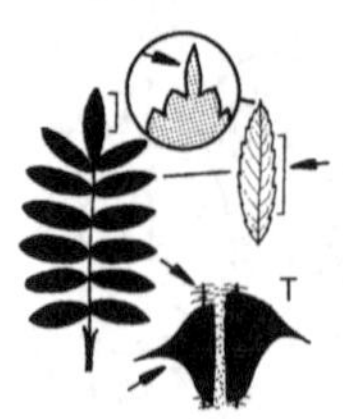

Rosa sericea subsp. sericea

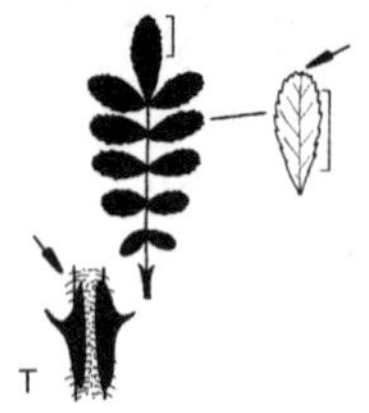

Rosa sericea subsp. omeiensis

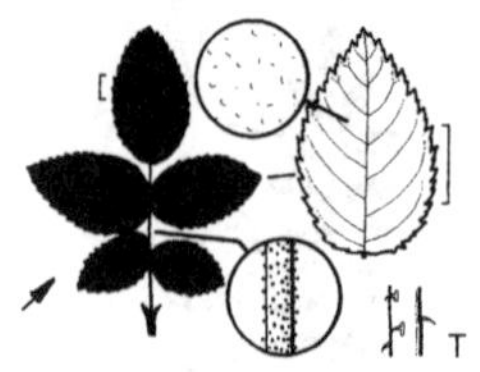

Rosa setigera

Blüten: 6–9 cm breit, einzeln oder zu wenigen, duftend, Krone purpurn, rosa oder weiß, Tragblätter groß, die Blütenstiele umhüllend, Griffel frei, kurz, Kelchblätter 2–4 cm lang, an der Spitze blattartig erweitert, nach der Blüte aufrecht, bleibend, Blütenstiele kurz, borstig, Blütenbecher glatt, Juni–September.
Früchte: Abgeflacht kugelig, 2–2,5 cm dick, ziegelrot, weichfleischig, wirtschaftlich verwertbar.
Verbreitung: O-Sibirien, Russ. Ferner Osten, N-China, Korea, Japan; in Teilen von W-, N- und M-Europa etabliert; in den Küstengebieten von Deuschland und den europäischen Nord- und Ostseestaaten als invasive Art eingestuft.
Verwendung: Sehr häufig (mit zahlreichen Sorten), B, ♧, D, H, Bi, ⚕, WHZ 5a, LB 5.2.3.5.

R. sepium Thuill. non Lam. = *R. agrestis*

Rosa sericea Lindl. **subsp. sericea**, Seiden-Rose

Habitus: Bis 2,5 cm hoher, sparrig verzweigter Strauch, Äste grau oder zimtbraun, Stacheln bis 12 mm lang, stark abgeflacht und mit breiter Basis, gerade oder hakig gekrümmt, oft paarweise unter den Nodien, oft mit dünnen Borsten gemischt.
Blätter: 3–7 cm lang, Blättchen 5–7(–11), elliptisch, länglich oder verkehrteiförmig, 0,6–3 cm lang, stumpf oder ± spitz, zur Spitze hin scharf gesägt, unterseits seidig behaart.
Blüten: 2,5–6 cm breit, meist 5-zählig, meist einzeln stehend, Krone weiß, Tragblätter fehlend, Griffel kurz, Kelchblätter ganzrandig, auf der Rückseite kahl oder seidig behaart, nach der Blüte aufrecht oder abstehend, bleibend, Mai.
Früchte: Kugelig oder birnenförmig, 0,8–1,5 cm lang, rot oder gelb, glatt, Stiel dünn.
Verbreitung: W-Himalaja.
Verwendung: Selten, B, ♧, WHZ 6a, LB 2.5.3.5.

subsp. omeiensis (Rolfe) A.V. Roberts, Omei-Rose. 3–4 m hoher Strauch, Stacheln flach, an der Basis stark verbreitert, oft paarweise unter den Nodien, daneben meist auch Stachelborsten. Blättchen 7–17, länglich oder elliptisch, 0,8–3 cm lang, spitz, Basis keilförmig, gesägt, kahl oder unterseits auf der Mittelrippe behaart. Blüten 2,5–3 cm breit, Kronblätter meist 4, weiß, Griffel kurz, Kelchblätter ganzrandig, aufrecht, bleibend, Mai–Juni. Früchte birnenförmig, 1–1,5 cm lang, tiefrot, Stiel fleischig verdickt. China: Sichuan, Hubei, Yunnan, WHZ 6a, LB 2.5.3.5.

fo. pteracantha Franch. (zu subsp. *omeiensis*), Stacheldraht-Rose. Stacheln viel größer als bei der subsp. *omeiensis*, in Längsrichtung der Zweige flügelartig verbreitert, im Austrieb durchscheinend blutrot. China: W-Sichuan. Viel häufiger gepflanzt als die subsp. *omeiensis*. LB 7.1.2.5.

Rosa setigera Michx., Prärie-Rose

Habitus: Bis 5 m hoher Strauch, Zweige kahl, kletternd oder zurückgebogen, Stacheln kräftig, ± gerade.
Blätter: Blättchen 3–5, eiförmig oder länglich-eiförmig, 3–8 cm lang, kurz zugespitzt, scharf gesägt, oberseits hellgrün, unterseits graugrün, auf den Nerven behaart, Nebenblätter ganzrandig oder etwas gezähnt.
Blüten: 5–6 cm breit, zu 5–15, in lockeren Büscheln, duftend, Krone rosarot, im Verblühen weiß werdend, Tragblätter fehlend, Blütenstiele und -becher drüsig, Griffel lang, zu einer Säule verbunden, Kelchblätter gefiedert, auf der Rückseite flaumig behaart und drüsenborstig, Nach der Blüte zurückgeschlagen, hinfällig. Juni–August.
Früchte: Kugelig, 8 mm dick, braungrün, drüsenborstig.
Verbreitung: O-Kanada, NO-, NOZ-, Z- und SO-USA.
Verwendung: Selten, B, WHZ 5b, LB 6.3.3.9 (9.1.3.9).

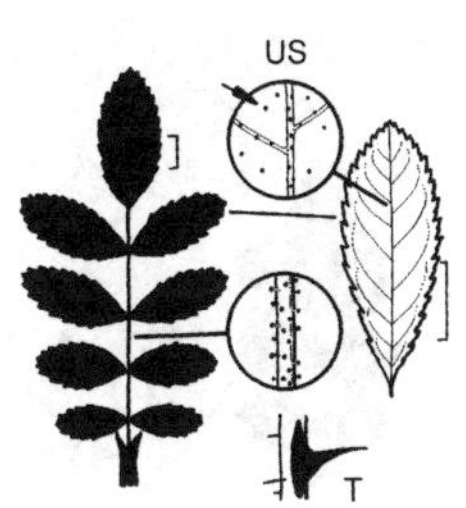

Rosa setipoda

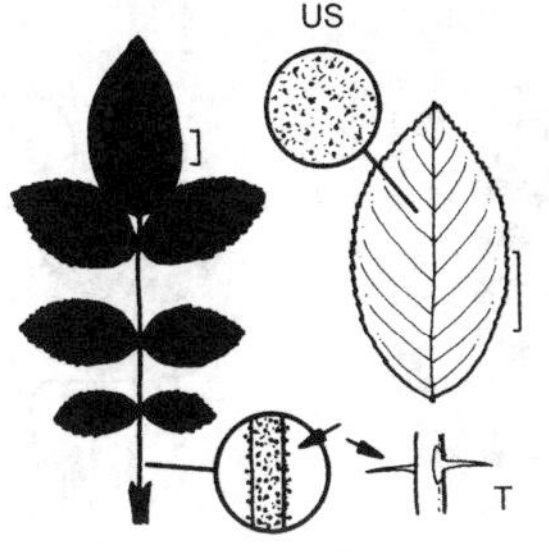

Rosa sherardii

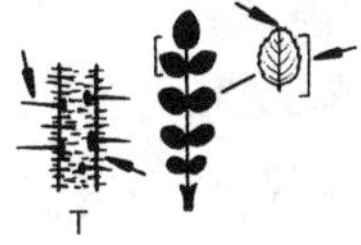

Rosa spinosissima

Rosa setipoda Hemsl. et E.H. Wilson, Borsten-Rose

Habitus: Aufrechter, bis 3 m hoher Strauch, Äste kräftig, aufrecht oder übergebogen, rötlich, Stacheln wenig zahlreich, groß, an der Basis verbreitert.
Blätter: 10–17 cm lang, Blättchen 7–9, elliptisch oder eiförmig, 3–6 cm lang, stumpf oder spitz, meist doppelt gesägt, oberseits dunkelgrün und glänzend, unterseits bläulich grün, meist drüsig und auf den Nerven schwach behaart oder kahl, Spindel drüsig und etwas stachelig, Nebenblätter ziemlich groß.
Blüten: Etwa 5 cm breit, in lockeren Rispen, Krone rosa, Tragblätter groß, Blütenstiele und -becher stark drüsenborstig, Griffel frei, kurz, Kelchblätter ganzrandig, lang geschwänzt, mit blattartiger, gesägter Spitze, nach der Blüte aufrecht, bleibend, Juni.
Früchte: Flaschenförmig, 3–5 cm lang, orangerot, drüsenborstig.
Verbreitung: M-China.
Verwendung: Selten, B, ♧, WHZ 6a, LB 7.1.3.4.

Rosa sherardii Davies, Samt-Rose

Habitus: Bis 2 m hoher, reich verzweigter, kurzastiger Strauch, junge Triebe bereift, Stacheln gerade oder gebogen.
Blätter: Blättchen zu (3–)5–7, elliptisch bis breit eiförmig, doppelt gezähnt, matt graugrün, beiderseits dicht behaart, unterseits drüsig, Spindel filzig.
Blüten: 3–5 cm breit, zu mehreren in Trugdolden, Krone lebhaft rosarot, mit heller Mitte, Griffel kurz, frei, Narben weißwollig behaart, Kelchblätter spärlich gefiedert, dicht drüsig behaart, nach der Blüte aufrecht und bleibend, Juni–Juli.
Früchte: Ei- bis kreiselförmig, 1,2–2 cm dick, rot, drüsenborstig.
Verbreitung: Europa (ausgenommen Apenninenhalbinsel).
Verwendung: Selten, B, WHZ 6, LB 6.1.3.5.

Rosa spinosissima L., Bibernellblättrige-Rose, Dünen-Rose

Habitus: 0,1–1 m hoher, aufrechter Strauch, durch zahlreiche Ausläufer dichte Bestände bildend, Zweige dicht mit Stachelborsten und derberen, geraden Stacheln besetzt.
Blätter: 4–6 cm lang, Blättchen (5–)7–9(–11), elliptisch bis rundlich, 1–2 cm lang, stumpf, einfach drüsig gesägt, matt dunkelgrün, kahl, manchmal unterseits drüsig behaart, Blattstiel und Spindel drüsig, bestachelt, Nebenblätter klein.
Blüten: 4–6 cm breit, einzeln, sehr zahlreich, Krone weiß bis blassgelb, Tragblätter fehlend, Stiele drüsenborstig, Kelchblätter schmal lanzettlich, ganzrandig, nach der Blüte aufrecht, bleibend, Mai–Juni.
Früchte: Kugelig, 1–1,5 cm dick, ledrig, schwarz oder schwarzbraun, Stiel fleischig verdickt.
Verbreitung: Europa (ausgenommen Iberische Halbinsel), Türkei, Kaukasien, W-Sibirien, M-Asien, China.
Verwendung: Sehr häufig (mit einigen Sorten), B, ♧, WHZ 3, LB 5.1.2.6.

Rosa stylosa Desv., Griffel-Rose

Habitus: Bis 3 m hoher, locker aufgebauter, aufrechter oder kletternder Strauch, Zweige übergebogen, Stacheln zerstreut, kräftig, hakig oder sichelförmig.
Blätter: Blättchen 5–7, elliptisch bis länglich-elliptisch, 1,5–5 cm lang, spitz oder zugespitzt, mit vorwärts weisenden Zähnen gesägt, oberseits glänzend grün, zerstreut behaart, unterseits wenigstens auf den Nerven locker behaart, Spindel behaart,

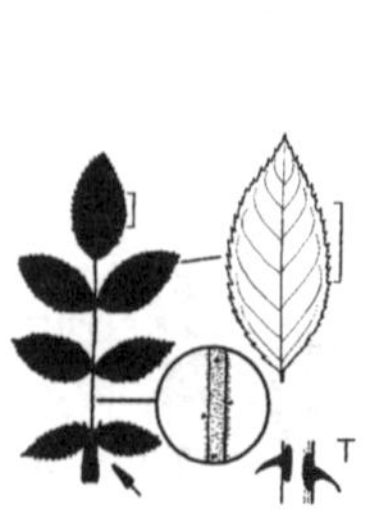

Rosa stylosa

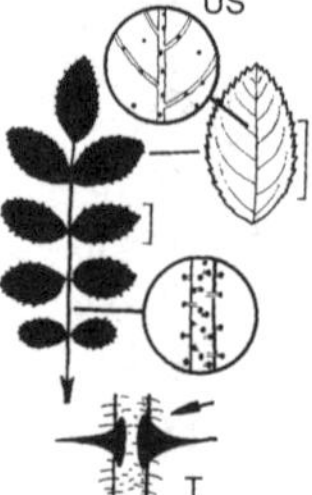

Rosa sweginzowii

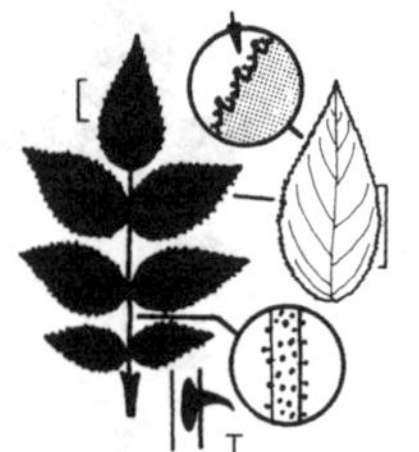

Rosa tomentella

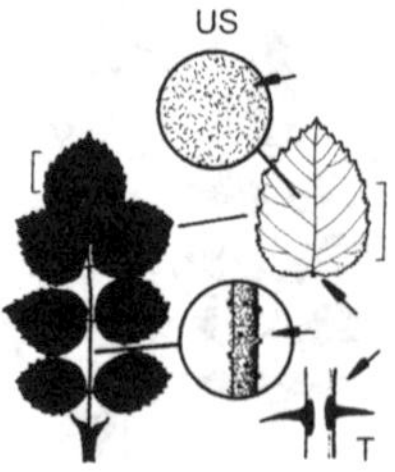

Rosa tomentosa

meist stachelig, Nebenblätter ziemlich schmal.
Blüten: 3–5 cm breit, zu 1–18, Krone weiß oder hellrosa, Tragblätter schmal, Stiele lang, drüsig, Griffel meist kürzer als die inneren Staubblätter, Kelchblätter gefiedert, auf der Rückseite oft schwach drüsig, nach der Blüte zurückgeschlagen, hinfällig, Juni.
Früchte: Länglich-eiförmig, bis 1,5 cm lang, rot, glatt.
Verbreitung: W-, SW- und M-Europa.
Verwendung: Sehr selten, B, ♧, WHZ 6a, LB 6.3.2.5.

Rosa sweginzowii Koehne,
Sweginzows Rose

Habitus: Bis 5 m hoher, aufrechter Strauch, Stacheln groß, 3-eckig, abgeplattet, dazwischen manchmal zahlreiche kleine Stacheln, junge Triebe auffallend weinrot.
Blätter: 10–14 cm lang, Blättchen 7–11, elliptisch oder breit elliptisch, 2–5 cm lang, spitz, doppelt gesägt, oberseits kahl, unterseits behaart, besonders auf den Nerven, Spindel stachelig und drüsig, Nebenblätter breit, drüsig bewimpert.
Blüten: 3,5–5 cm breit, zu 1–3(–6), Krone rosa, Tragblätter breit, Blütenstiele und -becher drüsenborstig, Griffel frei, kurz, Kelchblätter nur wenig gelappt, an der Spitze gesägt, nach der Blüte aufrecht, bleibend.
Früchte: Schlank flaschenförmig, 1,5–2,5 cm lang, purpurrot, drüsenborstig.
Verbreitung: NW-China.
Verwendung: Häufig (auch in der großfrüchtigen Sorte 'Macrocarpa'), B, ♧, WHZ 6a, LB 7.1.3.4.

Rosa tomentella Léman,
Stumpfblättrige Rose

Habitus: Bis 3 m hoher, aufrechter, dicht verzweigter Strauch, Zweige bogig überhängend, Stacheln kräftig, hakig.
Blätter: Blättchen 5–7, breit eiförmig, mehrfach drüsig gezähnt, oberseits durch tief eingesenkte Nerven runzelig, kahl, unterseits Nerven dichter behaart und drüsig, Spindel flaumig behaart und drüsig.
Blüten: Klein, zu mehreren, duftend, Krone weiß, in der Knospe zartrosa, Griffel zu einem schlanken Bündel vereint, Kelchblätter reich gefiedert, ohne Drüsen, nach der Blüte zurückgeschlagen, rasch hinfällig, Mai–Juni.
Früchte: Klein, kugelig bis krugförmig, scharlachrot, glatt, lang gestielt.
Verbreitung: W-, M- und S-Europa.
Verwendung: Selten, B, WHZ 6b, LB 6.3.3.5.

Rosa tomentosa Sm., Filz-Rose,
Wald-Rose

Habitus: Bis 3 m hoher, kompakter Strauch, Zweige ziemlich dick, ausgebreitet und bogig überhängend, Triebe bläulich bereift, Stacheln kräftig, gleichartig, fast gerade bis schwach gebogen, an der Basis verbreitert, oft paarweise unter den Nodien.
Blätter: 5–10 cm lang, gerieben aromatisch duftend, Blättchen 5–7, elliptisch bis eiförmig, 2–4 cm lang, stumpf, spitz oder zugespitzt, mit einfachen, meist breiten, zwiebelförmigen Zähnen, hell- bis graugrün, oberseits weich behaart, unterseits und Spindel dicht behaart, Nebenblätter mit kurzen, 3-eckigen, abstehenden Öhrchen.
Blüten: 4–5,5 cm breit, zu 1–4, duftend, Krone blassrosa oder weiß, Blütenstiele oft drüsenborstig, Griffel kurz, Kelchblätter gefiedert, lang zugespitzt, auf der Rückseite drü-

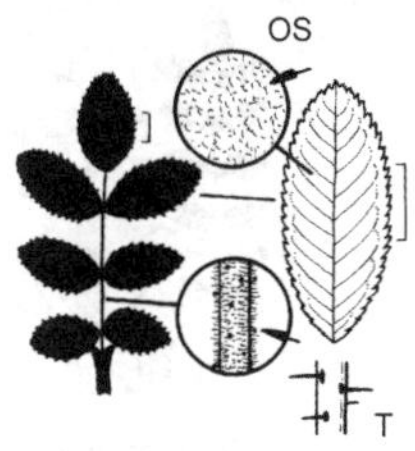

Rosa villosa

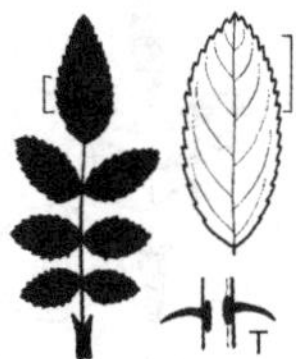

Rosa virginiana

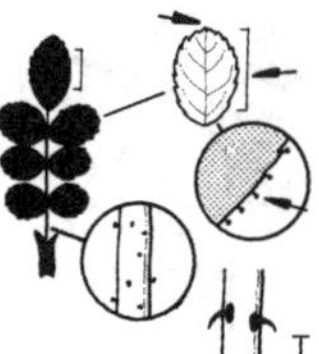

Rosa wichuraiana

senborstig, nach der Blüte zurückgeschlagen, hinfällig, Juni–Juli.
Früchte: Fast kugelig, 1–2 cm lang, rot, fleischig, stark borstig.
Verbreitung: Europa, Türkei, Kaukasien, Libanon.
Verwendung: Selten, B, ✿, WHZ 5a, LB 6.1.3.5 (4.3.2.5).

Rosa villosa L., Apfel-Rose

Habitus: Bis 2 m hoher, aufrechter Strauch mit vereinzelten Ausläufern in Nähe der Mutterpflanze, Stacheln schlank, völlig gerade.
Blätter: 8–9 cm lang, Blättchen 5–7(–9), elliptisch bis länglich-elliptisch, 3–5 cm lang, spitz oder stumpf, am Rand große Sägezähne mit drüsigen Nebenzähnen und weiteren Drüsen, oberseits graugrün und behaart, unterseits wollig-filzig behaart und mit zahlreichen Drüsen, gerieben leicht harzig duftend.
Blüten: 3–6,5 cm breit, zu 1–3 oder mehr, leicht duftend, Krone rosa, Tragblätter breit, oft den Blütenbecher verdeckend, Blütenstiele und -becher dicht mit Stachel- und Drüsenborsten besetzt, Griffel kurz, Kelchblätter lang, reich gefiedert, auf der Rückseite drüsig, nach der Blüte aufrecht, bleibend, Juni–Juli.
Früchte: Länglich-kugelig, bis 3 cm dick, dunkelrot, ± stieldrüsig bis weichstachelig, wirtschaftlich verwertbar.
Verbreitung: Europa, Türkei, Kaukasien, Iran, M-Asien.
Verwendung: Häufig, N, B, ✿, WHZ 5a, LB 7.1.3.5 (6.2.4.3) (4.3.2.5).

Rosa virginiana Herrm., Virginische Rose

Habitus: Bis 1,5 m hoher, aufrechter, kaum Ausläufer bildender Strauch, Stacheln gerade oder hakig, paarweise unter den Nodien, Triebe oft mit Stachelborsten.
Blätter: 8–12 cm lang, Blättchen 5–9, länglich-elliptisch bis verkehrteiförmig, 2–6 cm lang, an beiden Enden spitz, grob gesägt, oberseits dunkelgrün und glänzend, unterseits kahl oder auf den Nerven behaart, Nebenblätter flach, Herbstfärbung orangerot bis tiefgelb.
Blüten: 5–6,5 cm breit, zu 1–8, duftend, Krone hellrosa, Tragblätter, Blütenstiele und -becher drüsenborstig, Griffel frei, kurz, Kelchblätter schmal lanzettlich, ganzrandig oder mit einigen seitlichen Lappen, auf der Rückseite behaart und drüsig, nach der Blüte abstehend oder zurückgeschlagen, hinfällig, Juni–August.
Früchte: Abgeflacht kugelig, 1–1,5 cm dick, rot, ± glatt.
Verbreitung: O-Kanada, NO-, NOZ- und SO-USA.
Verwendung: Häufig, B, ✿, WHZ 4, LB 5.3.2.6.

R. vosagiaca Desp. = *R. dumalis*

Rosa wichuraiana Crép., Wichuras Rose

Habitus: Wintergrüner, raschwüchsiger, niederliegender oder 3–6 m hoch kletternder Strauch, Stacheln dick, hakenförmig.
Blätter: 6–8 cm lang, Blättchen 5–9, fast ledrig, elliptisch bis breit eiförmig oder rundlich, 1–2,5 cm lang, meist stumpf, grob gesägt, beiderseits glänzend und bis auf die Mittelrippe unterseits kahl, Nebenblätter gezähnt.
Blüten: 4–5 cm breit, zu 6–10 in lockeren, kegelförmigen Ständen, duftend, Krone weiß, Tragblätter fehlend, Griffel lang, zu einer Säule verbunden, Kelchblätter ganzrandig oder mit einigen seitlichen Lappen, auf der Rückseite oft flaumig behaart oder leicht drüsig, nach der Blüte abstehend, hinfällig Juli–August.
Früchte: Eiförmig, bis 1,5 cm lang, tiefrot.
Verbreitung: Japan, Korea, O-China, Taiwan.

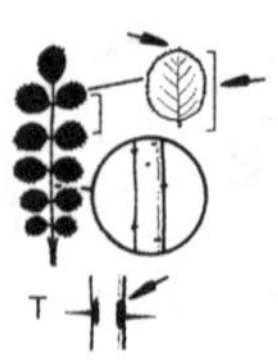

Rosa willmottiae

Rosa woodsii var. woodsii

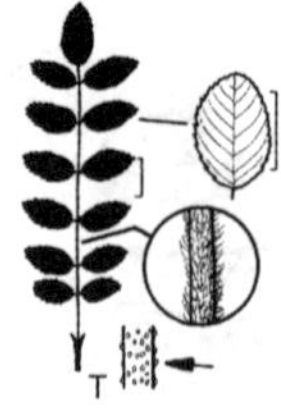

Rosa xanthina

Verwendung: Selten (häufig zur Züchtung von Kletterrosen verwendet), B, ♧, WHZ 6b, LB 6.2.2.9.

Rosa willmottiae Hemsl., Willmotts Rose

Habitus: Bis 3 m hoher, dicht und fein verzweigter, breitwüchsiger Strauch, Zweige aufrecht oder übergeneigt, Triebe braunrot, stark bereift, Stacheln gerade, dünn, scharf stechend, oft paarweise unter den Nodien.
Blätter: Blättchen 7–9, verkehrteiförmig bis länglich oder rundlich, 0,6–1,5 cm lang, stumpf, dicht und doppelt gesägt, beiderseits kahl.
Blüten: 3 cm breit, meist einzeln, sehr zahlreich, schwach duftend, Krone purpurrosa, Tragblätter und Blütenstiele kahl, Griffel frei, kurz, Kelchblätter lanzettlich, ganzrandig, auf der Rückseite kahl, nach der Blüte aufgerichtet, hinfällig, Mai–Juni.
Früchte: Ei- oder birnenförmig bis ± kugelig, etwa 1 cm dick, orangerot.
Verbreitung: W-China.
Verwendung: Selten, B, ♧, WHZ 7a, LB 2.5.2.5.

Rosa woodsii Lindl. **var. woodsii**, Woods Rose

Habitus: Bis 2 m hoher, aufrechter Strauch, Äste purpur- oder rotbraun, Stacheln zahlreich, dünn, gerade oder gebogen, oft paarweise unter den Nodien.
Blätter: Blättchen 5–7(–9), verkehrteiförmig bis mehr länglich, 1–3 cm lang, spitz oder stumpf, einfach scharf gesägt, unterseits bläulich und kahl oder nahezu kahl, Nebenblätter schmal, ganzrandig bis leicht gesägt.
Blüten: 3–4,5 cm breit, zu 1–3(–5), Krone rosa, selten weiß, Tragblätter vorhanden, Blütenstiele und -becher kahl, Griffel frei, kurz, Kelchblätter ganzrandig, auf der Rückseite kahl oder flaumig behaart, nach der Blüte aufrecht bis abstehend, bleibend, Juni–Juli.
Früchte: Eiförmig bis kugelig, etwa 1 cm dick, mit deutlichem Hals, rot.
Verbreitung: Alaska, Kanada, NO-, NOZ-, SO-, NW- und SW-USA, Rocky Mts., N-Mexiko.
Verwendung: Selten, B, ♧, WHZ 5a, LB 7.2.3.5.

var. fendleri (Crép.) Rydb. Bis 1 m hoher Strauch, Zweige überhängend, Stacheln schlank, gerade, Nebenblätter und Stiele drüsig behaart. Blättchen meist doppelt gesägt. Blüten und Früchte etwas kleiner. Kanada, NOZ-, Z-, NW-, W- und SW-USA, Rocky Mts., Mexiko.

Rosa xanthina Lindl., Goldgelbe Rose

Habitus: 1,5–3 m hoher Strauch, Äste braun bis graubraun, Stacheln zahlreich, dick, gerade oder gebogen, oft paarweise unter den Nodien, Langtriebe stets ohne Stachelborsten.
Blätter: Blättchen 7–13, breit elliptisch bis verkehrteiförmig oder nahezu rundlich, 0,8–2 cm lang, stumpf, stumpf gesägt, oberseits kahl, unterseits etwas behaart, Nebenblätter schmal.
Blüten: 4–5 cm breit, meist einzeln, halb gefüllt, Krone gelb, Tragblätter fehlend, Blütenbecher kahl, Griffel verkümmert, Kelchblätter ganzrandig, lanzettlich, zugespitzt, an der Spitze blattartig und gezähnt, auf der Rückseite kahl oder spärlich behaart, nach der Blüte aufrecht, bleibend, Mai–Juni.
Früchte: Kugelig bis breit ellipsoid, braunrot, 1,2–1,8 cm dick, glatt.
Verbreitung: Kulturform aus N-China und Korea.
Verwendung: Selten, B, ♧, WHZ 6a, LB 6.1.2.5.

fo. hugonis (Hemsl.) A.V. Roberts, Chinesische Gold-Rose. Blättchen elliptisch bis verkehrteiförmig. Blütenstiele kahl, Blüten 4–6 cm breit, einfach, Krone gelb. M-China.

fo. spontanea Rehder. Im Alter bis 3 m hoch. Blätter dicht stehend, seegrün. Blüten 5–6 cm breit, einfach, Krone gelb, Juni. Früchte dunkelrot. Früchte dunkelrot. N-China, Mongolei, Turkestan.

Rosmarinus L.

Rosmarin – Lamiaceae

(lateinisch *rosmarinus* = Rosmarin, abgeleitet von lateinisch *ros, roris* = Tau und *marinus* = Meer)

Habitus: Immergrüne, niedrige, aromatische Sträucher.
Blätter: Gegenständig, schmal, ganzrandig, Rand nach unten eingerollt.
Blüten: Zwittrig, zygomorph 5-zählig, in kurzen, achselständigen, wenigblütigen, fast sitzenden Trauben, Kelch eiförmig-glockig, 2-lippig, Oberlippe hohl, 3-zähnig, Unterlippe 2-spaltig, Krone bläulich bis weiß, Kronröhre zu einem 2-lippigen Schlund erweitert, Oberlippe aufrecht, ausgerandet, Unterlippe 3-teilig, Mittellappen am größten, fruchtbare Staubblätter 2, Fruchtknoten 2-fächrig, durch zusätzliche Scheidewände in 4 Klausen geteilt.
Früchte: Klausenfrüchte mit 4 1-samigen Teilfrüchten, Nüsschen kugelig-eiförmig, glatt.
Verbreitung: 3 Arten im Mittelmeergebiet.
Verwendung: In M-Europa nur folgende Art in Kultur, oft auch als Kübelpflanze.

Rosmarinus officinalis L., Rosmarin

Habitus: 0,5–1(–2) m hoher, buschig aufrechter, reich verzweigter Strauch, Triebe graufilzig behaart.
Blätter: Linealisch-länglich, 3–5 cm lang, stumpf, sitzend, oberseits glänzend grün, unterseits graufilzig.
Blüten: In 3–6 cm langen, lang gestielten, achselständigen Trauben an den vorjährigen Zweigen, Krone blassblau bis weißlich, Kelch bläulich rot, drüsig, Mai.
Verbreitung: S- und SO-Europa, Türkei, N-Afrika, in der Schweiz und auf der Krim etabliert.
Verwendung: Selten (mit einigen Sorten), N, B, ⚕, WHZ 7a, LB 6.1.1.6.

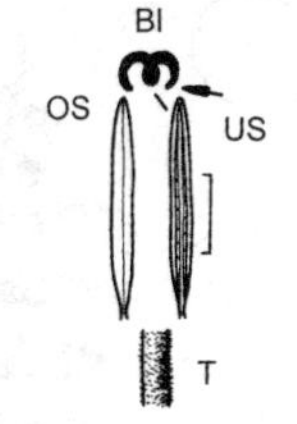

Rosmarinus officinalis

Rubus L.

Brombeere, Himbeere – Rosaceae

(lateinisch *rubus* = Brombeerstrauch)

Habitus: Sommergrüne (in Kultur überwiegend) oder immergrüne, aufrechte, kletternde oder niederliegende Sträucher, seltener Stauden, oft unterirdische Ausläufer oder Wurzelsprosse bildend; Zweige bewehrt oder unbewehrt, oft nur kurzlebig, sie erreichen im 1. Jahr ihre volle Länge, blühen und fruchten im 2. Jahr an seitlichen Kurztrieben im oberen Bereich der Zweige, verzweigen sich im 3. Jahr nur noch schwach oder sterben ab.
Blätter: Wechselständig, gelappt, gefingert oder gefiedert, Nebenblätter vorhanden.
Blüten: Meist zwittrig, radiär, in Trauben, Rispen, Trugdolden oder einzeln, Kelch 5-lappig, bleibend, Kronblätter 5, weiß bis rosa, rot oder purpurn, Staubblätter zahlreich, Nektarscheibe ringförmig, Fruchtblätter zahlreich, einer kegelförmigen, halbkugeligen oder flachen Blütenachse aufsitzend.
Früchte: Sammelfrüchte aus meist vielen, kugelig-eiförmigen, 2–5 mm großen Früchtchen mit einem eiförmigen, 2–4 mm großen Steinkern und einem saftig-fleischigen, meist essbaren Mesokarp.
Bei den Brombeeren (Subgenus *Rubus*) sitzen die meist schwarz glänzenden oder blau bereiften Früchtchen einer meist festen, kegelförmigen Blütenachse an, die sich zur Reife als Ganzes löst. Bei den Himbeeren (Subgenera *Idaeobatus* = Echte Himbeeren, *Anoplobatus* = Blumenhimbeeren und *Malachobatus* = Immergrüne Himbeeren) sitzen die gelben, orangefarbenen oder roten, selten schwarzen Früchtchen einer kegelförmigen, halbkugeligen oder flachen Blütenachse auf. Die Früchte lassen sich von der Blütenachse lösen. Die Früchtchen sind nicht miteinander verwachsen, aber durch feine Haare miteinander verbunden.

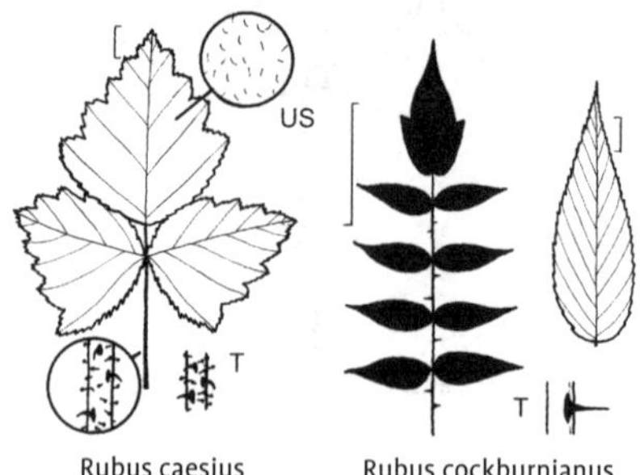

Rubus caesius Rubus cockburnianus

Verbreitung: Je nach Auffassung 250 bis 3000 Arten (allein in M-Europa über 400 „Kleinarten"), überwiegend in den gemäßigten und temperierten Zonen der nördl. Halbkugel, einige Arten in den Tropen der südl. Halbkugel.
Verwendung: Neben den Fruchtgehölzen sind nur wenige Arten als Ziergehölze in der Gartenkultur vertreten. Sie werden als Blütensträucher, Kletterpflanzen, zur Bodenbegrünung oder als Gruppensträucher verwendet.

Bestimmungsschlüssel Rubus

1 Nebenblätter breit, oft zerschlitzt, vom Blattstiel frei 2
– Nebenblätter länglich-lanzettlich, mit dem Blattstiel verwachsen 4
2 Triebe mit (z. T. wenigen) Stacheln 3
– Triebe dicht mit Borsten besetzt, aber ohne Stacheln . . . . *R. tricolor*
3 Triebe zottig behaart, Nebenblätter tief eingeschnitten . . . . *R. pentalobus*
– Triebe (nur in der Jugend) und Blattstiele weiß fleckig-filzig, Nebenblätter ganzrandig (z. T. gezähnt) . . . . *R. henryi* var. *henryi*
4 Triebe unbewehrt 5
– Triebe mit (z. T. wenigen) Stacheln 8
5 Blattstiele (die meisten) über 5 cm lang 6
– Blattstiele höchstens 3,5 cm lang . . . . *R. deliciosus*
6 Blattstiele ohne Drüsen, kahl . . . . *R. spectabilis*
– Blattstiele mit Drüsen oder behaart 7
7 Blütenstände mit 10 und mehr Blüten, Blattstiele nur mit Stieldrüsen . . . . *R. odoratus*
– Blütenstände mit 3–7 Blüten, Blattstiele mit Drüsen und behaart . . . . *R. parviflorus*
8 Blätter beiderseits ± gleich grün 9
– Blätter unterseits weißfilzig bereift oder viel heller grün 10
9 Junge Triebe bläulich bereift . . . . . . *R. caesius*
– Junge Triebe nicht bereift . . . . *R. spectabilis*
10 Blätter (zumindest die meisten) 7- bis mehrzählig gefiedert 11
– Blätter (wenigstens überwiegend) 3- bis 5-zählig gefiedert oder gefingert 12
11 Blattrand einfach gesägt, Triebe nicht bereift . . . . *R. cockburnianus*
– Blattrand doppelt gesägt, Triebe weiß bereift . . . . *R. thibetanus*
12 Triebe und Blattstiele dicht mit roten Drüsenborsten besetzt . . . . *R. phoenicolasius*
– Triebe und Blattstiele ohne solche Drüsenborsten 13
13 Triebe auffallend bläulich oder weiß bereift 14
– Triebe unbereift 16
14 Stacheln borstenförmig (biegsam) und zahlreich . . . . *R. lasiostylus*
– Stacheln steif oder fast fehlend 15
15 Stacheln hakig gekrümmt, Triebe grauweiß . . . . *R. leucodermis*
– Stacheln nicht hakig, Triebe grünlich braun . . . . *R. idaeus*
16 Stacheln spärlich, nicht verletzend . . *R. idaeus*
– Stacheln zahlreich und verletzend 17
17 Blättchen tief eingeschnitten und zerschlitzt . . . . *R. laciniatus*
– Blättchen nicht tief eingeschnitten, nur doppelt gesägt (sehr formenreich mit zahlreichen Unterarten; zu deren weiterer Bestimmung s. z. B. H.E. Weber 1981) . . . . *R. fruticosus* agg.

Rubus caesius L., Kratzbeere, Acker-Brombeere

Habitus: Niederliegender, dicht mattenförmig wachsender oder kletternder, 0,5–1,5 m hoher Strauch, Triebspitzen den Boden berührend und sich bewurzelnd, Zweige stielrund, dünn, bläulich bereift, Stacheln verstreut, dünn, kurz, fast gerade.
Blätter: 3-zählig, Blättchen rhombisch-eiförmig oder eiförmig, 2- bis 3-lappig, 7 cm lang, Basis fast herzförmig, ungleich grob und eingeschnitten gesägt, beiderseits hellgrün, meist behaart.
Blüten: Etwa 3 cm breit, in wenigblütigen, drüsig behaarten, stacheligen Büscheln, Kronblätter weiß, breit elliptisch, Staubblätter und Griffel grün, Kelchblätter eiförmig-lanzettlich, Juni–August.
Früchte: Schwarz, hell bläulich bereift, meist nur aus wenigen (2–20), ziemlich großen Früchtchen bestehend.
Verbreitung: Europa, Türkei, Kaukasien, W-Sibirien, Altai.
Verwendung: Selten, ♧, Bi, WHZ 4, LB 2.2.6.6 (9.2.3.9).

R. calycinoides Hayata ex Koidz. = *R. pentalobus*

Rubus cockburnianus Hemsl., Tangutische Himbeere

Habitus: Bis 3 m hoher Strauch, Zweige zunächst aufrecht, später bogig übergeneigt, bläulich weiß bereift, spärlich bestachelt.
Blätter: Gefiedert, 7- bis 9-zählig, Blättchen länglich-lanzettlich, 3–6 cm lang, Endblättchen mehr rautenförmig, bis 10 cm lang, un-

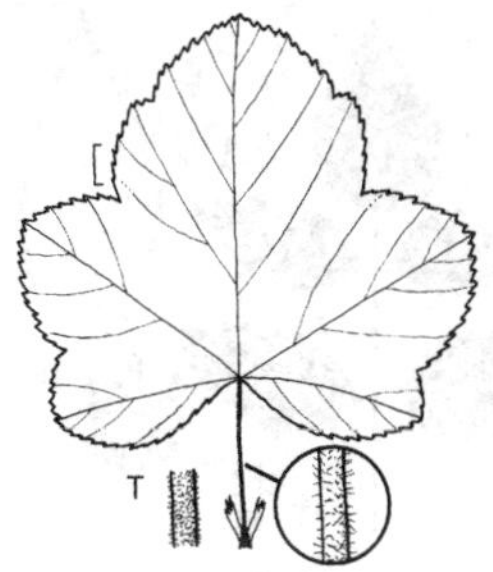

Rubus deliciosus

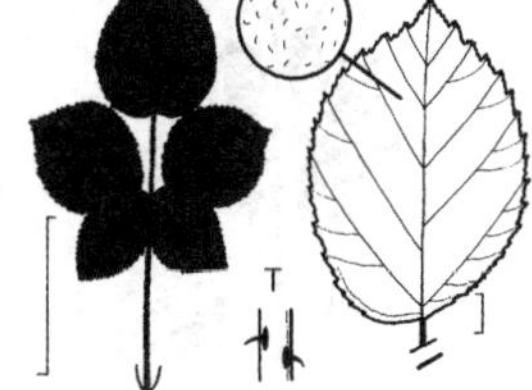

Rubus fruticosus agg.

Rubus henryi var. henryi

gleich und grob gezähnt, unterseits weißfilzig, Stiele und Spindel bestachelt.
Blüten: 1 cm breit, in endständigen, gestreckten, 5–10 cm langen Rispen, Krone purpurrosa, Mai–Juni.
Früchte: 1 cm dick, nahezu kugelig, purpurschwarz.
Verbreitung: N- und M-China.
Verwendung: Selten, B, Bi, WHZ 6a, LB 6.4.2.5.

Rubus deliciosus Torr., Colorado-Himbeere

Habitus: Bis 3 m hoher Strauch, Zweige abstehend bis aufsteigend, unbewehrt, junge Triebe weich behaart.
Blätter: Nierenförmig bis rundlich-eiförmig, 3–8 cm breit, Basis gestutzt oder herzförmig, mit 3(–5) breiten, meist abgerundeten, doppelt gesägten Lappen, unterseits drüsig und auf den Nerven etwas behaart, Stiel 2–3,5 cm lang.
Blüten: Bis 5 cm breit, meist einzeln, Kronblätter reinweiß, eiförmig, Kelchblätter eiförmig, geschwänzt, wollig behaart, Mai.
Früchte: Halbkugelig, 1,5 cm breit, dunkelpurpurn.
Verbreitung: W-USA: Colorado.
Verwendung: Selten, B, ꕥ, Bi, WHZ 5a, LB 6.4.2.5.

Rubus fruticosus L. **agg.**, Echte Brombeere

Habitus: Sommer- oder halbimmergrüner, bis 2 m hoher Strauch, Zweige aufrecht bis bogig überhängend, stielrund bis 5-kantig oder stark gerillt, Rinde grün bis rötlich, sehr unterschiedlich bestachelt.
Blätter: Meist 5-zählig, selten 3- oder 7-zählig, Blättchen breit elliptisch bis verkehrteiförmig, 5–10 cm lang, Stiele und Mittelrippen meist bewehrt, grob und scharf doppelt gesägt, oberseits dunkelgrün und etwas glänzend, unterseits heller oder graugrün, ± dicht weich behaart.
Blüten: 2 cm breit, in vielblütigen, endständigen Rispen an Seitentrieben der vorjährigen Zweige, Krone weiß bis hellrosa, Juni–August.
Früchte: Glänzend schwarz oder schwarzrot, mit zahlreichen Früchtchen, essbar.
Verbreitung: Europa.
Verwendung: Sehr häufig (u. a. in Fruchtsorten), N, ꕥ, Bi, WHZ 5b, LB 4.2.4.5 (9.2.3.9).

Zu dieser Artengruppe (und den Haselblatt-Brombeeren, *R. corylifolius* agg.), die aus Kreuzungen mit *R. caesius* hervorgegangen ist, gehören die meisten der über 400 in Deutschland heimischen Arten.

R. giraldianus Focke = *R. cockburnianus*

Rubus henryi Hemsl. et Kuntze **var. henryi**, Kletter-Himbeere

Habitus: Immergrüner, bis 6 m hoher, kletternder Strauch, Zweige dünn, weißfilzig-flockig behaart, Stacheln wenig zahlreich, hakenförmig.
Blätter: Meist tief 3-lappig, selten 5-lappig oder ungelappt, 10–15 cm lang, Basis abgerundet, Lappen 2–2,5 cm breit, zugespitzt, entfernt fein gesägt, oberseits glänzend dunkelgrün, unterseits weißfilzig, Nebenblätter ganzrandig bis gezähnt.
Blüten: 2 cm breit, zu 9–20 in 7–12 cm langen, end- und achselständigen Trauben, Kronblätter rötlich, zugespitzt, drüsig behaart. Juni.
Früchte: Schwarz, glänzend, 6,5 mm dick.
Verbreitung: W- und M-China.
Verwendung: Selten, Bi, WHZ 7a, LB 6.4.4.9.

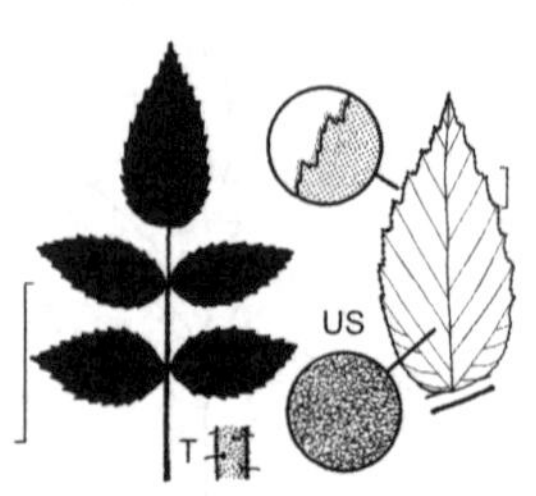

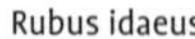

Rubus idaeus

Rubus laciniatus

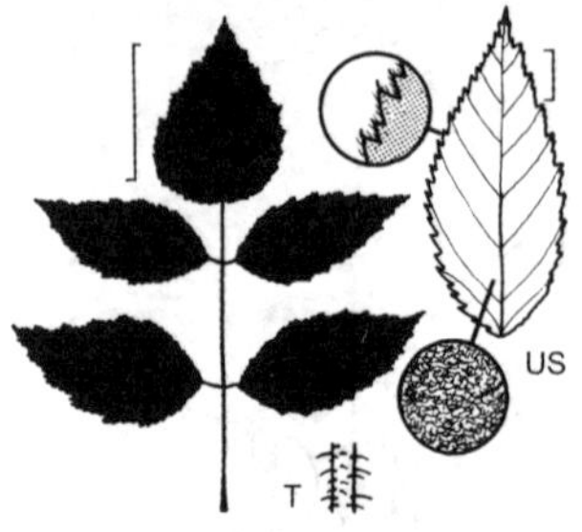

Rubus lasiostylus

var. bambusarum (Focke) Rehder. Zweige stärker bewehrt als bei var. *henryi*. Blätter tief 3-lappig, Blättchen schmal lanzettlich, 7–12 cm lang. M-China.

Rubus idaeus L., Gewöhnliche Himbeere

Habitus: Aufrechter, 1–2 m hoher Strauch, durch zahlreiche Wurzelsprosse oft ausgedehnte Bestände bildend, Zweige schwach bereift, mit kurzen, nicht hakigen Stacheln und Stachelborsten, aber auch stachellos, Rinde braun.
Blätter: Meist 3- bis 5-zählig, selten 7-zählig, Blättchen eiförmig bis lanzettlich, 5–10 cm lang, meist doppelt gesägt, oberseits dunkelgrün, kahl, unterseits dicht silbrig-weißlich.
Blüten: Bis 1 cm breit, meist nickend, in mehrblütigen, end- und achselständigen Trauben, Kronblätter weiß, aufrecht, Staubblätter weiß, Kelchblätter lanzettlich, filzig behaart, Mai–Juni.
Früchte: Rot oder orange, halbkugelig, wohlschmeckend.
Verbreitung: Europa, Türkei, Kaukasien, Sibirien, Russ. Ferner Osten, Korea, Japan, Alaska, Kanada, USA (ausgenommen südl. Präriestaaten).
Verwendung: Häufig (vor allem in mehreren, auch gelbfrüchtigen Fruchtsorten), N, ☘, ⚕, Bi, WHZ 3, LB 3.3.6.5.

Rubus laciniatus Willd., Geschlitztblättrige Brombeere

Habitus: Kletternder oder niederliegender Strauch, Zweige häufig bis 4 m lang, Stacheln gekrümmt.
Blätter: 3- bis 5-zählig, Blättchen tief fiedrig zerschlitzt, oberseits dunkelgrün, unterseits meist schwach behaart, Stiele und Mittelrippe unterseits stachelig, Stiel 7,5 cm lang.
Blüten: 2 cm breit, in großen, behaarten und stacheligen, endständigen Rispen, Kronblätter rosaweiß, an der Spitze gezähnt, Kelchblätter bis 2 cm lang, schmal, geschwänzt, wollig behaart, Juni–Juli.
Früchte: Kugelig, 1,5 cm dick, schwarz, wohlschmeckend.
Verbreitung: Kulturpflanze unbekannten Ursprungs, in Europa und N-Amerika etabliert.
Verwendung: Selten (Ausgangsart für mehrere stachellose Brombeer-Sorten), N, B, ☘, Bi, WHZ 6b, LB 5.2.3.9.

Rubus lasiostylus Focke, Haar-Himbeere

Habitus: Aufrechter, bis 2 m hoher Strauch, Rinde bläulich weiß bereift, Stacheln borstenartig.
Blätter: 3- bis 5-zählig, die seitlichen Blättchen eiförmig, fast sitzend, 5–10 cm lang, spitz oder zugespitzt, Basis herzförmig, oberseits hellgrün und zerstreut behaart, unterseits weißfilzig behaart, Endblättchen oft bis 15 cm lang und 3-lappig, Stiele stachelborstig.
Blüten: 2,5–3,5 cm breit, nickend, zu 1–5 in Büscheln, Krone rötlich, Kelchblätter eiförmig-lanzettlich, zugespitzt, außen kahl, Juni.
Früchte: Kugelig, 2,5 cm breit, rot, lang weißwollig.
Verbreitung: M-China.
Verwendung: Selten, ☘, Bi, WHZ 6b, LB 3.3.2.5.

Rubus leucodermis Douglas ex Torr. et A. Gray, Oregon-Himbeere

Habitus: Aufrechter, bis 2 m hoher Strauch, Zweige stark bläulich weiß bereift, Stacheln flach, gekrümmt.
Blätter: 3-zählig, an Langtrieben oft 5-zählig, Blättchen breit eiförmig, 6–10 cm lang, spitz,

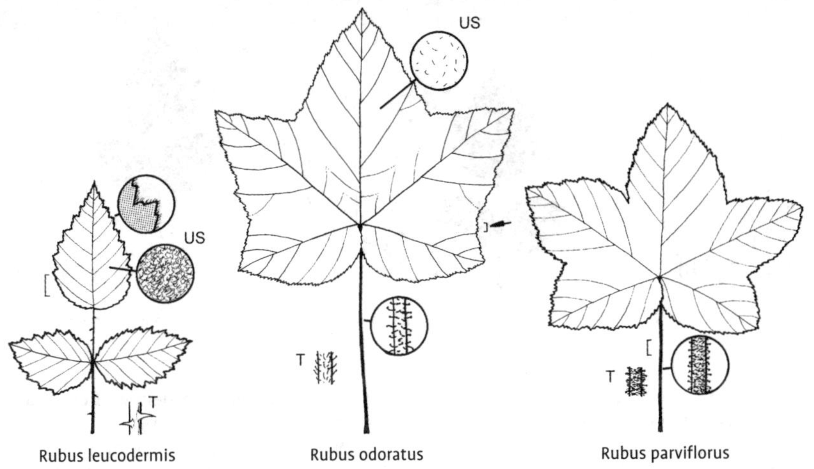

Rubus leucodermis Rubus odoratus Rubus parviflorus

Basis abgerundet bis fast herzförmig, grob doppelt gesägt, unterseits graufilzig, Stiel und Mittelrippe stachelig.
Blüten: Zu wenigen in behaarten und bestachelten Büscheln, Krone weiß, Kelchblätter lanzettlich, außen behaart, länger als die Kronblätter, Juni.
Früchte: Halbkugelig, purpurschwarz, bereift, essbar.
Verbreitung: W-Kanada, NW- und W-USA, Rocky Mts.
Verwendung: Selten, Bi, WHZ 6b, LB 7.1.2.5.

Rubus odoratus L., Wohlriechende Himbeere

Habitus: Aufrechter, bis 3 m hoher, stark Wurzelsprosse bildender, dickichtartig ausgebreiteter Strauch, Langtriebe in der Jugend zottig-drüsig, Rinde sehr hell braun, sich in Streifen lösend.
Blätter: Einfach, 10–30 cm breit, Basis herzförmig, Lappen breit 3-eckig, plötzlich zugespitzt, unregelmäßig gezähnt, beiderseits behaart, Nebenblätter fast frei, abfallend.
Blüten: 4–5 cm breit, duftend, in kurzen, vielblütigen Rispen, Kronblätter rosa, breit, stumpf, Kelchblätter breit eiförmig, geschwänzt, außen dicht mit dunklen Drüsenhaaren bedeckt, Juni–Juli.
Früchte: Abgeflacht halbkugelig, rot, 1–2 cm breit, ungenießbar, Früchtchen klein, flaumig behaart, oft einzeln abfallend.
Verbreitung: O-Kanada, NO-, NOZ- und SO-USA.
Verwendung: Häufig, B, D, Bi, WHZ 4, LB 2.3.6.5.

Rubus parviflorus Nutt., Nutka-Himbeere

Habitus: Aufrechter, bis 2 m hoher, unbewehrter Strauch, junge Triebe weich behaart und etwas drüsig, Rinde abblätternd.
Blätter: Einfach, meist 5-lappig, 6–20 cm breit, Lappen 3-eckig, spitz oder kurz zugespitzt, gezähnt, beiderseits etwas behaart, Stiel 5–12 cm lang, drüsig behaart.
Blüten: 3–6 cm breit, zu 3–7(–10) in kurzen, dichten Trugdolden, Kronblätter weiß, breit elliptisch bis eiförmig, Kelchblätter breit eiförmig, kurz geschwänzt, außen dicht drüsig, Juni.
Früchte: Halbkugelig, 1,5–2 cm breit, rot, essbar.
Verbreitung: Alaska, Kanada, NO-, W- und SW-USA, Rocky Mts.
Verwendung: Selten, B, Bi, WHZ 4, LB 1.2.2.5 (7.3.2.4).

Rubus pentalobus Hayata, Kriech-Himbeere

Habitus: Immer- oder nur wintergrüner, kriechender, bis 0,1 m hoher, dichte Matten bildender Strauch, Zweige wurzelnd, Triebe braunzottig behaart, mit einzelnen kleinen Stacheln.
Blätter: 3-lappig, ± rundlich, 2–4 cm breit, mit meist 3 seichten, abgerundeten Lappen, Basis tief herzförmig, Rand gewellt und grob gekerbt, oberseits tiefgrün, stark runzelig, kahl, unterseits dicht weiß- bis bräunlich-filzig, Stiel 0,6–1,2 cm lang, Nebenblätter breit, tief handförmig eingeschnitten.

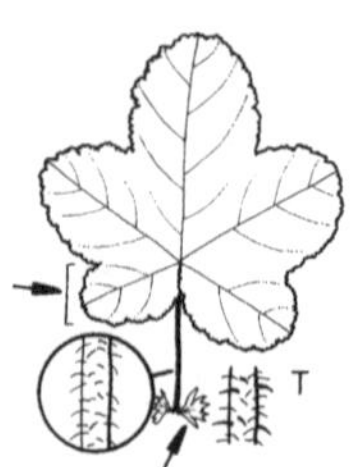

Rubus pentalobus

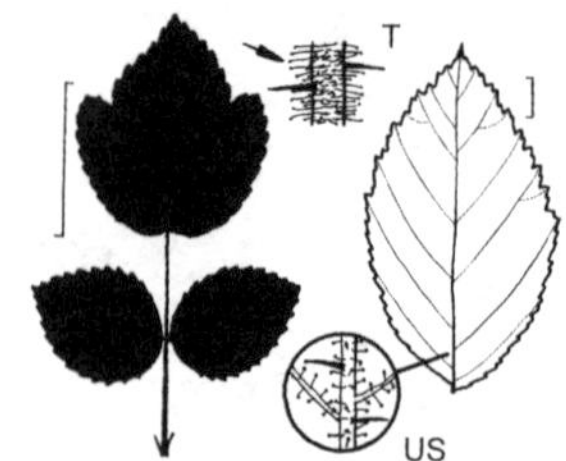

Rubus phoenicolasius

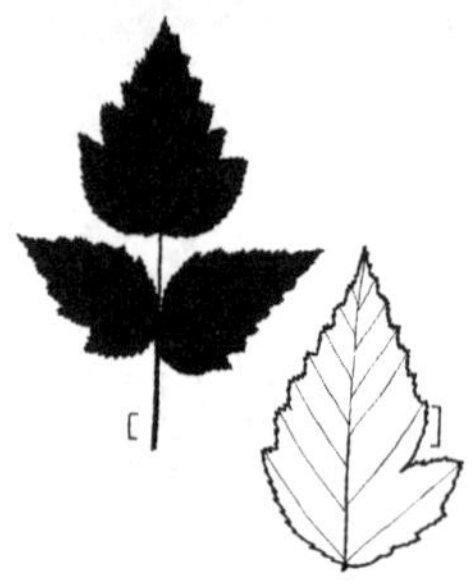
Rubus spectabilis

Blüten: 1,5 cm breit, zu 1–2 an bogig aufgerichteten Kurztrieben, Krone weiß, Kelchblätter eiförmig, bis 1,2 cm lang, braun oder gelb, seidig behaart, Mai–Juni.
Früchte: Kugelig, 1–1,4 cm dick, gelb, orange oder rötlich.
Verbreitung: Taiwan.
Verwendung: Selten, B, Bi, WHZ 7b, LB 8.1.4.7.

Rubus phoenicolasius Maxim., Japanische Weinbeere

Habitus: Bis 3 m hoher Strauch, Zweige abstehend, oft übergeneigt, wie Blütenstiele, Blattstiele und Kelch dicht mit auffallenden, roten Drüsenborsten besetzt, Stacheln wenig zahlreich, dünn.
Blätter: Meist 3- selten 5-zählig, Blättchen eiförmig bis breit eiförmig, 4–10 cm lang, zugespitzt, grob und unregelmäßig spitz gesägt, oberseits dunkelgrün und etwas behaart, unterseits weißfilzig behaart.
Blüten: Zu wenigen in 6–10 cm langen, endständigen Trauben, Kronblätter purpurlich rot, verkehrteiförmig, bis 6 mm lang, Kelch bis 4 cm breit, drüsig behaart, Kelchblätter sehr schmal, spitz, Juni–Juli.
Früchte: Kegelförmig, 2 cm breit, orangerot, saftig, wohlschmeckend.
Verbreitung: China, Korea, Japan.
Verwendung: Häufig, N, B, ♧, Bi, WHZ 6a, LB 4.2.4.5.

Rubus spectabilis Pursh, Pracht-Himbeere

Habitus: 1–2 m hoher, aufrechter, Ausläufer bildender Strauch, Zweige kahl, nur im unteren Teil etwas stachelig.
Blätter: 3-zählig, Blättchen eiförmig, 10–15 cm lang, lang zugespitzt, eingeschnitten, gesägt, Endblättchen gestielt, größer als die fast sitzenden Seitenblättchen.
Blüten: 2,5 cm breit, duftend, nickend, einzeln, Krone purpurrot, Kelchblätter 3-eckig-eiförmig, deutlich kürzer als die Kronblätter, Mai–Juni.
Früchte: Gelb oder orange, groß, durchscheinend, essbar.
Verbreitung: Alaska, W-Kanada, NW- und W-USA.
Verwendung: Häufig, B, ♧, Bi, WHZ 6a, LB 2.1.5.5.

Rubus thibetanus Franch., Tibet-Himbeere

Habitus: Bis 2 m hoher, locker aufgebauter Strauch, Zweige bogig abstehend bis ausgebreitet, stielrund, bläulich bereift, unregelmäßig mit dünnen, kahlen Stacheln besetzt.
Blätter: Gefiedert, 10–20 cm lang, Blättchen 7–13, eiförmig, 2,5–5 cm lang, grob und unregelmäßig gesägt, oberseits seidig behaart, unterseits graufilzig, Endblättchen fiedrig gelappt.
Blüten: 1–1,5 cm breit, einzeln oder in wenigblütigen, endständigen Trauben, Krone purpurn, Kelchblätter 3-eckig, Juni.
Früchte: Halbkugelig, 8–10 mm dick, purpurschwarz oder dunkelrot, grau behaart.
Verbreitung: W-China.
Verwendung: Selten, B, ♧, WHZ 6b, LB 7.4.4.5.

Rubus tricolor Focke, Dreifarbige Himbeere

Habitus: Wintergrüner, etwa 0,2 m hoher, mattenförmig wachsender Strauch, Zweige stielrund, dicht mit 3–4 mm langen, abstehenden, rötlichen bis gelblich braunen Borsten besetzt.

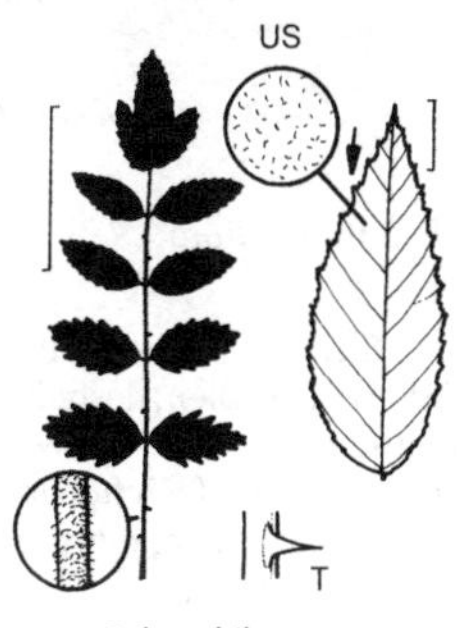

Rubus thibetanus

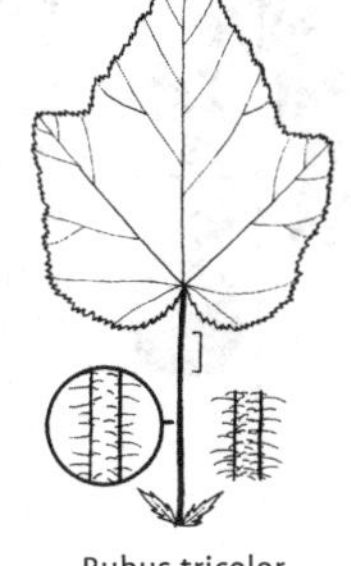
Rubus tricolor

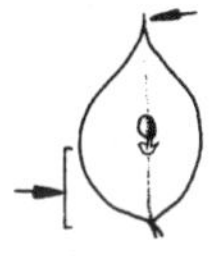
Ruscus aculeatus

Blätter: Einfach, rundlich bis eiförmig, 6–10 cm lang, kurz zugespitzt, Basis herzförmig, unregelmäßig und scharf gesägt, mitunter leicht gelappt, oberseits glänzend dunkelgrün, die Nervatur tief eingesenkt, unterseits weißfilzig und auf den Nerven borstig behaart, Stiel 2–4 cm lang.
Blüten: 2–2,5 cm breit, in 3–5 cm langen, endständigen, borstig behaarten Trauben, Krone weiß, Juli–August.
Früchte: Halbkugelig, 1,5–1,7 cm dick, hellrot, borstig behaart, essbar.
Verbreitung: W-China.
Verwendung: Selten, B, WHZ 6b, LB 6.2.4.6.

Ruscus L.

Mäusedorn – Asparagaceae (Ruscaceae)

(lateinisch *ruscus*, *ruscum* = Mäusedorn)

Habitus: Immergrüne, niedrige, reich verzweigte, horstartig wachsende Sträucher mit grünen Sprossen und blattartigen Kurztrieben, diese Flachsprosse (Phyllokladien) wechselständig oder spiralig, ledrig, eiförmig bis lanzettlich, stumpf, spitz oder stechend.
Blätter: Zu kleinen, häutigen Schuppenblättern reduziert, die meist den Flachsprossen aufsitzen und in deren Achseln die Blüten entspringen.
Blüten: 1-geschlechtig, 2-häusig verteilt, radiär, klein, unscheinbar, die 3 äußeren Blütenhüllblätter eiförmig, fast klappig, später abstehend, die 3 inneren viel kleiner und vor dem Aufblühen eingeschlossen, an ♂ Blüten die 3 Staubblätter zu einer etwas fleischigen Röhre verwachsen, an ♀ Blüten die Staubblattröhre ohne Staubbeutel, Fruchtknoten stets 1-fächrig, eiförmig-kugelig oder länglich.
Früchte: Beeren kugelig, 1–1,5 cm dick, leuchtend rot, mit 1–2 Samen, die einzeln einem Flachspross aufsitzen.
Verbreitung: 6 Arten auf den Azoren, In N-Afrika, auf Madeira und von W-Europa bis zum Kaspischen Meer.
Verwendung: Im Mittelmeergebiet häufig als schattenverträgliche Freilandpflanze, nördl. der Alpen nur in klimatisch günstigen Regionen ausreichend frosthart, sonst als Kübelpflanze.

Bestimmungsschlüssel Ruscus

1 „Blätter“ (Flachsprosse!) stechend, an Seitentrieben, höchstens 3,5 cm lang . . . *R. aculeatus*
– „Blätter“ nicht stechend, direkt am Hauptspross, länger (zumindest viele) 2
2 „Blätter“ höchstens 4 cm breit . *R. hypoglossum*
– „Blätter“ bis 8 cm breit . . . . . . *R. hypophyllum*

Ruscus aculeatus L., Stacheliger Mäusedorn

Habitus: Bis 0,9 m hoher, steifer, buschiger, Strauch, Sprosse aufrecht, einfach verzweigt, dunkelgrün, gerillt, Flachsprosse dicht spiralig an starren Seitenzweigen, rhombisch, bis 3,5 cm lang, 2,5 cm breit, steif ledrig, mit feiner, stechender Spitze, Hälften der nach oben gerichteten Seiten löffelartig aufgebogen, Hochblätter klein, auf der Oberseite der Flachsprosse.
Blüten: Klein, kurz gestielt, Krone gelblich weiß, Staubblattröhre schwärzlich violett, Staubbeutel getrennt, meist zu 2 in der Achsel eines kleinen, trockenhäutigen Stützblattes sitzend, März.
Früchte: Kugelig, bis 7,5 mm dick, leuchtend korallenrot.
Verbreitung: ZM-, W-, SW, S- und SO-Europa, Türkei, Makronesien, N-Afrika, Syrien.
Verwendung: Selten, ⚘, ⚕, ☠, WHZ 8a, LB 6.4.4.6.

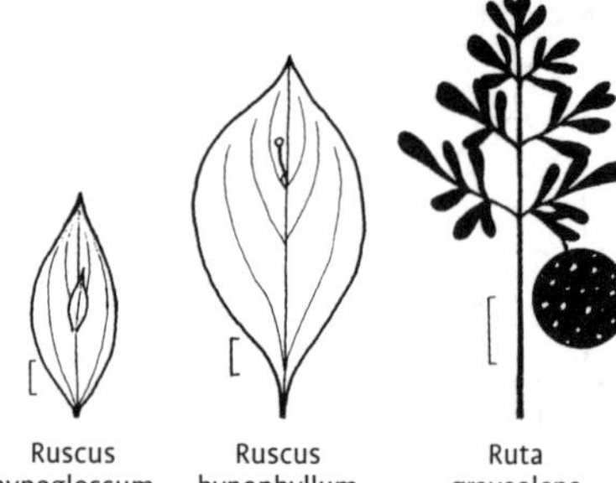

Ruscus hypoglossum L., Hadernblatt

Habitus: Bis 0,7 m hoher, buschiger Strauch, Sprosse unverzweigt, Flachsprosse bis zu 22 je Hauptspross, 8–10 cm lang, 3–4 cm breit, ledrig, verkehrteiförmig-rhombisch bis breit eiförmig, geschwänzt zugespitzt, nicht stechend, Hochblätter bis 1,3 cm lang, auf der Oberseite der Flachsprosse, an der Basis mit diesen verwachsen.
Blüten: Gestielt, zu 2–5 auf der Oberseite der Flachsprosse in der Achsel eines elliptischen, zungenförmigen, krautigen Stützblattes sitzend, Krone weißlich, Staubblattröhre violett.
Früchte: Kugelig, 1 cm dick, rot.
Verbreitung: ZM-, OM- und SO-Europa, Türkei.
Verwendung: Selten, ♧, WHZ 8a, LB 6.4.4.8.

Ruscus hypophyllum L.

Habitus: Bis 75 cm hoher, aufrechter Strauch, Sprosse gelegentlich mit 1 Seitenzweig, Flachsprosse bis zu 16 je Spross, 5–9 cm lang, 5–8 cm breit, sehr variabel, aber meist eiförmig, spitz, Basis lang zugespitzt, dunkelgrün, Hochblätter 4,5–9 mm lang, auf der Unter- oder Oberseite der Flachsprosse oder in einem seitlichen Einschnitt.
Blüten: Lang gestielt, meist zu 5–6 auf der Unterseite der Flachsprosse sitzend, Stützblatt viel kleiner als bei *R. hypoglossum*, Staubblattröhre dunkelviolett, Mai–Juni.
Früchte: Wie oben.
Verbreitung: SW- und S-Europa, N-Afrika.
Verwendung: Sehr selten, ♧, WHZ 8b, LB 6.4.4.6.

Ruta L.

Raute – Rutaceae
(lateinisch *ruta* = Wein-Raute, *Ruta graveolens*)

Habitus: Immergrüne Sträucher oder Halbsträucher, reich an ätherischen Ölen, deshalb intensiv aromatisch duftend.
Blätter: Wechselständig, 1- bis 3-fach fiederschnittig, die Abschnitte länglich-verkehrteiförmig, durchscheinend punktiert.
Blüten: Zwittrig, radiär, in endständigen Büscheln oder Rispen, Blütenhülle doppelt, die seitlichen Blüten 4-zählig, die endständigen 5-zählig, Kelchblätter an der Basis verwachsen, bleibend, Kronblätter gelblich, ganzrandig, gezähnt oder bewimpert, Staubblätter 8 oder 10, Diskus groß, tief 4- bis 5-lappig, Fruchtblätter 4 oder 5, Fruchtknoten oberständig.
Früchte: Kapseln, 4- bis 5-hörnig, kugelig oder abgeflacht kugelig, 6–8 mm breit, mehrsamig, Samen 2–2,5 mm lang, schwarz.
Verbreitung: 7 Arten, vom Mittelmeerraum bis W-Asien.
Verwendung: Die hier behandelte Art wird seit alters her als Heilpflanze genutzt.

Ruta graveolens L., Wein-Raute

Habitus: 0,3–0,5 m hoher Halbstrauch, Sprosse ziemlich steif, wenig verzweigt, gerieben streng duftend.
Blätter: Doppelt fiederschnittig, 6–12 cm lang, blaugrün, kahl, Abschnitte spatelförmig bis lanzettlich, ganzrandig oder nur wenig gezähnt.
Blüten: Fast 2 cm breit, in endständigen, lockeren Rispen, Kronblätter gelb, länglich-eiförmig, gezähnt, am Saum gewellt, kapuzenartig einwärts gekrümmt, Juni–August.
Früchte: Siehe oben.
Verbreitung: SW-, S- und SO-Europa.
Verwendung: Häufig, N, B, D, ⚕, ☠, WHZ 7a, LB 6.1.2.8.

Salix L.

Weide – Salicaceae
(lateinisch *salix* = Weide)

Habitus: Sommergrüne Bäume, Sträucher, Zwerg- oder Spaliersträucher, Zweige kahl oder behaart, Endknospen fehlend, Knospen gelegentlich abgeflacht oder 2-seitig gekielt,

kapuzenartig von einer Knospenschuppe umgeben, Blattstielnarben mit 3 Gefäßbündelspuren.
Blätter: Wechselständig (bei einigen Arten auch gegenständig oder schief gegenständig), meist kurz gestielt, ungeteilt, in Form und Größe sehr variabel, rundlich, eiförmig, elliptisch, lanzettlich oder linealisch, gesägt, gezähnt oder ganzrandig, Nebenblätter ± gut entwickelt, bei vielen Arten bleibend.
Blüten: 1-geschlechtig, 2-häusig verteilt, in seitenständigen Kätzchen, bereits im Vorjahr ausgebildet und oft vor oder gleichzeitig mit dem Blattaustrieb erscheinend, Einzelblüten jeweils in der Achsel eines ganzrandigen, schuppenförmigen Tragblattes, mit 1–2 Nektardrüsen, Blütenhülle fehlend, ♂ Blüten meist mit 2, selten 3–5(–12) Staubblättern, Staubfäden dünn, frei oder selten verwachsen, die Tragblätter überragend, ♀ Blüten mit einem 2-blättrigen, 1-fächrigen, ± lang gestielten, kahlen oder behaarten Fruchtknoten, Narben 2, gelegentlich geteilt.
Früchte: Kapseln, sich 2-klappig öffnend, Samen zahlreich, sehr fein, am Grund mit einem sitzenden, mehrfach längeren, seidigen Haarschopf.
Verbreitung: 300–400 Arten, überwiegend in den gemäßigten und kühleren Zonen der nördl. Halbkugel bis in die Arktis, einige Arten in den Tropen S-Amerikas, Asiens und Afrikas.
Verwendung: Die strauch- und baumförmigen Arten sind lichtbedürftige und vergleichsweise konkurrenzschwache Gehölze mit ausgeprägtem Pioniercharakter. Sie werden für ingenieurbiologische Bauweisen, zum Verbau von Böschungen, Steilhängen und Uferbefestigungen, für Schutzpflanzungen und Hecken eingesetzt, außerdem zur Erzeugung von Biomasse für die Energiegewinnung. Die biegsamen Ruten sind seit alters her als Flecht- und Bindematerial von Bedeutung. Einige Arten werden mit ihren auffallenden ♂ Blüten als Ziergehölze und als „Palmkätzchen" am Palmsonntag verwendet. Die zwergig wachsenden Arten sind brauchbare Steingartenpflanzen. Rinde und Blätter enthalten das Phenoglykosid Salicin, das seit der Antike als Fieber- und Kopfschmerzmittel eingesetzt wird.

Bestimmungsschlüssel Salix

1 Niederliegender, kriechender Strauch, oft mit sich bewurzelnden Trieben. 2
– Aufrechter Baum oder Strauch. 6
2 Blattstiel 8–25 mm lang . . . . *S. reticulata*
– Blattstiel höchstens wenige mm lang. 3
3 Blätter an den Triebenden gehäuft, höchstens 1 cm lang. . . . . *S. serpyllifolia*
– Blätter am Trieb verteilt, bis 2 cm lang. 4
4 Blattstiel nur 2 mm lang, Blätter ganzrandig oder mit wenigen Zähnen. . . . . *S. retusa*
– Blattstiel ca. 5 mm lang, Blattrand gesägt . . . 5
5 Triebe dick, Knospen groß, Blätter nicht auffällig netznervig . . . . *S. ×simulatrix*
– Triebe dünn, Knospen klein, Blätter auffällig netznervig. . . . . *S. herbacea*
6 Zweige hin- und hergebogen, z. T. gedreht-gewunden 7
– Zweige ± gerade oder z. T. überhängend 8
7 Blätter kraus, z. T. ineinander gedreht, Rinde goldgelb-orangefarben . . . . *S. ×sepulcralis* 'Erythroflexuosa'
– Blätter gebogen, Rinde grünlich gelb. . . . . *S. matsudana* 'Tortuosa'
8 Blätter (zumindest fast) ganzrandig 9
– Blattrand deutlich gesägt oder gezähnt. . . . 40
9 Blätter teilweise gegenständig 10
– Blätter eindeutig wechselständig. 12
10 Blätter höchstens 3 cm lang, deutlich gestielt . . . . *S. subopposita*
– Blätter (z. T. viel) länger, fast sitzend. 11
11 Blätter unterseits kahl. . . . . *S. integra*
– Blätter unterseits seidenhaarig. . . *S. myrsinites*
12 Blätter mindestens 4-mal so lang wie breit . 13
– Blätter höchstens 3-mal so lang wie breit . . 20
13 Blätter klein, höchstens 5(–7) cm lang. 14
– Blätter (wenigstens viele) deutlich länger . . 15
14 Blätter mindestens 5-mal so lang wie breit, oberseits kahl . . . . *S. rosmarinifolia*
– Blätter höchstens 4-mal so lang wie breit, beiderseits wollig behaart . . . . *S. glauca*
15 Blattrand (etwas) umgerollt. 16
– Blattrand nicht eingerollt 19
16 Blattbasis lang keilförmig und Blattrand im oberen Drittel gezähnt 17
– Blattbasis ± abgerundet oder Blattrand gänzlich ohne Zähne 18
17 Blätter höchstens 5-mal so lang wie breit . . . . *S. appendiculata*
– Blätter bis 10-mal so lang wie breit . . . . *S. elaeagnos*
18 Blätter höchstens 12 cm lang . . *S. sachalinensis*
– Blätter (wenigstens sehr viele) länger, 10–25 cm lang. . . . . *S. viminalis*
19 Triebe und Blätter kahl, bereift bzw. blaugrün . . . . *S. irrorata*
– Junge Triebe und Blätter unterseits filzig behaart, nicht bereift/blaugrün . . . *S. ×smithiana*
20 Blätter höchstens 4 cm lang 21
– Blätter länger (wenigstens die meisten) . . . 25
21 Blätter sehr dicht stehend und höchstens 15 mm lang . . . . *S. bockii*
– Blätter entfernt stehend und (viele) länger . 22
22 Blätter zugespitzt 23
– Blätter stumpf oder ausgerandet, auffallend runzelig. . . . . *S. ×boydii*
23 Blätter höchstens mit 6 Seitennervenpaaren 24
– Blätter mit 7–12 Seitennervenpaaren . . . . *S. arbuscula*
24 Triebe abstehend behaart. . . . . *S. repens* subsp. *repens*
– Triebe anliegend behaart oder kahl . . . . *S. myrtilloides*
25 Blattstiele (wenigstens die meisten) 1 cm und länger 26

– Blattstiele kürzer (bis 1 cm) … 30

26 Blätter höchstens 12 cm lang und 5 cm breit … 27

– Blätter fast alle länger (bis 20 cm lang), über 7 cm breit, Triebe und Blätter oberseits bereift … *S. magnifica*

27 Blätter oberseits auffällig runzelig … 28

– Blätter oberseits ± glatt … 29

28 Triebe bald glänzend rotbraun oder grün, Blätter unterseits graufilzig … *S. caprea*

– Triebe graugrün, Blätter unterseits zerstreut behaart … *S. appendiculata*

29 Blätter beiderseits wollig behaart … *S. glauca*

– Blätter beiderseits schnell kahl. . *S. phylicifolia*

30 Blätter klein, höchstens 4 cm lang … 31

– Blätter (wenigstens viele) länger … 34

31 Blattstiele (wenigstens die meisten) über 5 mm lang … 32

– Blattstiele z. T. viel kürzer, höchstens 5 mm lang … *S. caesia*

32 Blätter (dicht) behaart … 33

– Blätter kahl … *S. bicolor*

33 Blätter auch oberseits behaart … *S. helvetica*

– Blätter oberseits kahl/verkahlend … *S. lapponum*

34 Triebe und Winterknospen dicht weißwollig behaart … *S. lanata*

– Triebe und Winterknospen andersartig … 35

35 Blätter unterseits blaugrün … 36

– Blätter unterseits andersfarbig … 39

36 Blätter sehr runzelig … 37

– Blätter glatt … 38

37 Blätter oberseits behaart, Blattgrund bewimpert … *S. starkeana*

– Blätter oberseits kahl, nicht bewimpert … *S. appendiculata*

38 Blattstiele 3–8 mm lang … *S. hastata*

– Blattstiele 8–10 mm lang … *S. phylicifolia*

39 Blätter sehr runzelig … *S. appendiculata*

– Blätter nicht auffallend runzelig … *S. ×erdingeri*

40 (8) Blätter mindestens 4-mal so lang wie breit … 41

– Blätter höchstens etwa 3-mal so lang wie breit … 67

41 Blätter unterseits (dicht) behaart … 42

– Blätter kahl oder höchstens unterseits zerstreut oder an den Hauptnerven flaumhaarig (außer direkt nach dem Austreiben) … 48

42 Blätter unterseits bläulich grün … 43

– Blätter unterseits weißfilzig … 46

43 Blätter 10–15 cm lang, Blattstiel ohne Drüsen … 44

– Blätter (die meisten) nicht über 10 cm lang, Blattstiel mit Drüsen … *S. alba* var. *alba*

44 Triebe behaart … 45

– Triebe kahl … *S. sachalinensis*

45 Blätter höchstens 15 cm lang, mit höchstens 20 Seitennervenpaaren … *S. ×smithiana*

– Blätter (wenigstens viele) länger, mit mehr als 20 Seitennervenpaaren … *S. dasyclados*

46 Blätter höchstens 1 cm breit … 47

– Blätter breiter … *S. ×smithiana*

47 Blätter unterseits kraus filzig behaart … *S. elaeagnos*

– Blätter unterseits seidig behaart (Haare ±parallel … *S. exigua*

48 Blätter beiderseits ± gleich grün … 49

– Blätter unterseits graugrün oder grau … 51

49 Blattstiel höchstens 6 mm lang (an Blättern ohne Achselspross!) … *S. nigra*

– Blattstiel 6–12 mm lang … 50

50 Blattstiele mit Drüsen (zumindest viele), höchstens 12 mm lang, Triebe nicht auffällig dick … *S. lucida*

– Blattstiele drüsenlos, länger, Triebe und Knospen auffällig dick … *S. fargesii*

51 Zweige schlaff herabhängend … 52

– Zweige ± aufrecht … 55

52 Junge Triebe grün oder rotbraun … 53

– Junge Triebe gelblich … *S. ×sepulcralis* 'Chrysocoma'

53 Triebe grün, Blattstiel mit Drüsen . . *S. ×rubens*

– Triebe bräunlich, Blattstiel ohne Drüsen … 54

54 Blätter lang zugespitzt, Blattstiele 5-10 mm lang … *S. ×pendulina*

– Blätter spitz,Blattstiele 3-5 mm lang … *S. babylonica*

55 Blattstiele mit Drüsen (wenigstens viele) . . 56

– Blattstiele drüsenlos … 60

56 Nebenblätter hinfällig/fehlend … 57

– Nebenblätter auffällig, bleibend … *S. triandra* subsp. *triandra*

57 Blätter unterseits und Blattstiele zerstreut behaart … *S. ×rubens*

– Blätter und Blattstiele kahl … 58

58 Blätter oberseits glänzend, Hauptseitennervenpaare höchstens 19 … 59

– Blätter oberseits matt, mit 20–25 Seitennervenpaaren … *S. ×rubra*

59 Blätter schmal lanzettlich … *S. fragilis*

– Blätter eiförmig-elliptisch … *S. ×meyeriana*

60 Blätter teilweise gegenständig … 61

– Blätter allesamt wechselständig … 62

61 Blätter (fast) sitzend … *S. integra*

– Blätter gestielt… *S. purpurea* subsp. *purpurea*

62 Triebe auffallend bereift … 63

– Triebe nicht auffällig bereift … 65

63 Triebe dick und steif … *S. daphnoides*

– Triebe dünn und biegsam … 64

64 Triebe bläulich bereift, rotbraun oder grün, Blätter mit Balsamgeruch … *S. acutifolia*

– Triebe weißlich bereift, purpurn, geruchlos… *S. irrorata*

65 Blattgrund herzförmig … *S. pyrifolia*

– Blätter keilförmig … 66

66 Nebenblätter groß, bleibend … *S. triandra* subsp. *triandra*

– Nebenblätter klein, hinfällig … *S. ×rubra*

67 (40) Blätter höchstens 5 cm lang … 68

– Blätter (wenigstens sehr viele) länger … 77

68 Blätter höchstens 3 cm lang … 69

– Blätter (wenigstens die meisten) bis 4(–5) cm lang … 70

69 Blattrand nur spärlich gezähnt, etwas zurückgerollt … *S. bockii*

– Blattrand drüsig gezähnt … *S. arbuscula*

70 Blattrand höchstens (spärlich) gezähnt … 71

– Blattrand gesägt … 75

71 Blätter dick, Blattrand deutlich gezähnt … *S. glabra*

– Blattrand höchstens spärlich oder undeutlich gezähnt, Blätter dünn … 72

72 Blätter unterseits behaart … 73

– Blätter unterseits kahl … *S. bicolor*

73 Nebenblätter bleibend, auffällig … *S. aurita*

– Nebenblätter hinfällig oder fehlend … 74

74 Blattstiele höchstens 3 mm lang . *S. myrtilloides*

– Blattstiele bis 1 cm lang … *S. lapponum*

75 Blätter auffällig runzelig, alle wechselständig … *S. aurita*

– Blätter nicht auffallend runzelig, z. T. gegenständig … 76

76 Blätter unterseits kahl. . . . . *S. integra*
– Blätter unterseits seidenhaarig. . . *S. myrsinites*
77 Blätter teilweise gegenständig . . . . . *S. integra*
– Blätter allesamt wechselständig 78
78 Blattstiel mit Drüsen (zumindest viele) 79
– Blattstiel ohne Drüsen 81
79 Blattbasis lang keilförmig ausgezogen. . . . . *S. fragilis*
– Blattbasis abgerundet bis herzförmig. 80
80 Blätter mit lang ausgezogener Spitze. . . . . *S. lucida*
– Blätter nur kurz zugespitzt. . . . . . *S. pentandra*
81 Blattrand höchstens gezähnt 82
– Blattrand (z. T. schwach) gesägt. 91
82 Blätter auffällig runzelig. 83
– Blätter nicht auffallend runzelig 84
83 Blätter unterseits dicht graufilzig behaart . . . . *S. caprea*
– Blätter unterseits nur zerstreut behaart. . . . . *S. appendiculata*
84 Triebe bis ins 2. Jahr filzig behaart, Blattrand wellig. 85
– Triebe verkahlend 86
85 Blätter oberseits glänzend, Blattgrund abgerundet . . . . *S. aegyptiaca*
– Blätter oberseits matt, Blattgrund keilförmig . . . . *S. cinerea* var. *cinerea*
86 Nebenblätter fehlend (früh abfallend). . . . . *S. glabra*
– Nebenblätter bleibend 87
87 Nebenblätter gestielt. . . . . *S. ×erdingeri*
– Nebenblätter sitzend. 88
88 Blätter unterseits behaart . . . . . .*S. myrsinifolia*
– Blätter unterseits kahl. 89
89 Blätter lanzettlich, 3- bis 3,5-mal so lang wie breit. . . . . *S. gracilistyla* 'Melanostachys'
– Blätter eiförmig, 2- bis 3-mal so lang wie breit 90
90 Blattgrund abgerundet bis keilförmig, Nervenpaare höchstens 10 . . . . *S. hastata*
– Blattgrund herzförmig, Nervenpaare 15-20. . . . . *S. eriocephala*
91 Triebe von Anfang an kahl 92
– Triebe (anfangs) behaart 94
92 Blattgrund herzförmig, Nebenblätter auffallend groß. *S. pyrifolia*
– Blätter nicht auffällig duftend, andersartig 93
93 Triebe purpurn . . . . *S. fargesii*
– Triebe gelblich bis braun . . . . . . *S. phylicifolia*
94 Triebe auch im 2. Jahr noch dicht graufilzig . . . . *S. cinerea* var. *cinerea*
– Triebe höchstens im 1. Jahr (filzig oder anders) behaart 95
95 Triebe anfangs dicht filzig behaart, schwarzgrünlich. . . . .*S. myrsinifolia*
– Triebe andersartig und farbig. 96
96 Blätter unterseits blaugrün und kahl oder schwach behaart . . . . *S. hastata*
– Blätter unterseits seidig behaart oder hell(grau)-grün . . . . *S. ×erdingeri*

Salix acutifolia Willd., Kaspische Reif-Weide, Spitzblättrige Weide

Habitus: Bis 4 m hoher Strauch, ähnlich *S. daphnoides*, Zweige meist rotbraun bis violett, oft weißlich bereift.
Blätter: Lanzettlich, 6–12 cm lang, lang zugespitzt, Basis keilförmig, fein drüsig gesägt, beiderseits kahl, oberseits dunkelgrün und glänzend, unterseits schwach blaugrün, Nervenpaare 12 oder mehr, Nebenblätter lanzettlich, oft mit dem Blattstiel verwachsen.
Blüten: Kätzchen 3–6 cm lang, Staubblätter kahl, Fruchtknoten gestielt, kahl, Griffel deutlich abgesetzt, Narben länglich, geteilt, 1 längliche Nektardrüse, Tragblätter halb so lang wie der Fruchtknoten, März–April, vor dem Blattaustrieb.
Verbreitung: O-Europa (westl. bis N-Polen), Kaukasien, W- und O-Sibirien, Mandschurei.
Verwendung: Häufig, N, Bi, WHZ 5a, LB 2.2.3.4.

'Pendulifolia'. ♂ Sorte, Wuchs höher als bei der Art, Äste und Zweige sehr schlank, in großen Bögen übergeneigt. Blätter 10–16 cm lang, linealisch-lanzettlich, fast stets senkrecht nach unten stehend, Herbstfärbung leuchtend gelb.

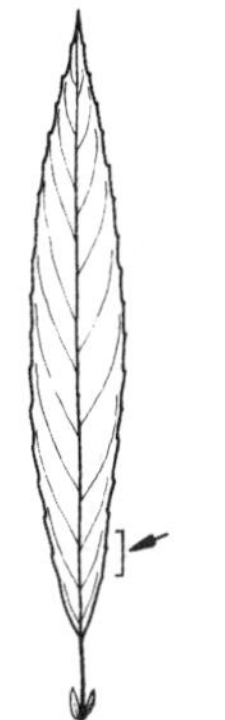

Salix acutifolia

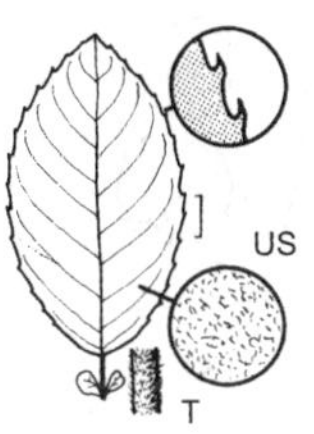

Salix aegyptiaca

Salix aegyptiaca L., Persische Weide

Habitus: Strauch oder bis 10 m hoher Baum, ähnlich *S. caprea*, Zweige dick, rot, bis zum 2. Jahr graufilzig behaart, später kahl.
Blätter: Länglich-elliptisch bis elliptisch, 6–15 cm lang, spitz, Basis abgerundet bis breit keilförmig, Rand wellig, unregelmäßig gezähnt, anfangs beiderseits behaart, später oberseits kahl und glänzend grün, unterseits blaugrün und etwas behaart, Nervenpaare 15, Stiel bis 2 cm lang, Nebenblätter groß, halbherzförmig.
Blüten: Kätzchen bis 8 cm lang, sitzend, zylindrisch oder eiförmig, Staubfäden etwa bis zur Hälfte verwachsen, an der Basis behaart,

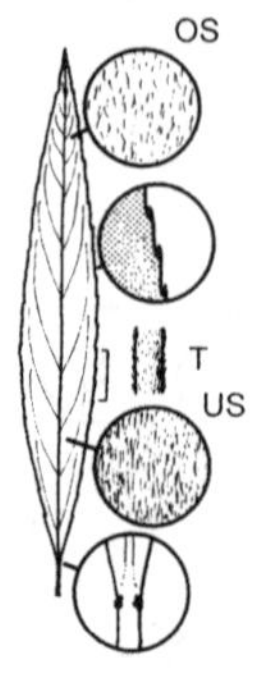

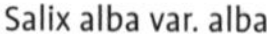

Salix alba var. alba

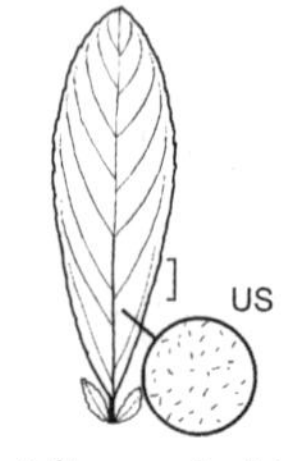

Salix appendiculata

Fruchtknoten gestielt, schwach behaart, Tragblätter halb so lang wie der Fruchtknoten, März–April, vor dem Blattaustrieb.
Verbreitung: SO-Europa, Türkei, Israel, Kaukasien, N-Iran, M-Asien, Afghanistan, N-Pakistan.
Verwendung: Selten, N, B, WHZ 6a, LB 2.1.2.4.

Salix alba L. **var. alba**, Silber-Weide

Habitus: Bis 35 m hoher Baum, Krone anfangs schlank kegelförmig, später länglich bis abgerundet, Borke grau, tief längsrissig, mit breiten Rippen, Triebe dünn, oft ± hängend, gelb bis (rot)braun, anfangs anliegend seidig behaart, später kahl.
Blätter: Lanzettlich, 5–12 cm lang, zu beiden Enden hin gleichmäßig verschmälert, regelmäßig fein drüsig gesägt, oberseits glänzend, anfangs behaart, verkahlend und dann dunkelgrün, unterseits, vor allem anfangs, silbrig seidig behaart, Nervenpaare 15–20, Stiel 0,6–1,2 cm lang, Nebenblätter nicht oder nur schwach entwickelt.
Blüten: Kätzchen bis 7 cm lang, schlank zylindrisch, auf etwa 1,5 cm langen, beblätterten Stielen, Staubblätter an der Basis dicht behaart, Griffel fast sitzend, kahl, Narben fast ungeteilt, seitwärts gebogen, bei ♂ Blüten 2, bei ♀ Blüten 1 Nektardrüse, Tragblätter einfarbig hell, nur an Rand und Basis kurz behaart, April–Mai, gleichzeitig mit oder kurz vor dem Blattaustrieb.
Verbreitung: Europa, SW-Asien, W-Sibirien, Afghanistan, Pakistan, Himalaja, Tibet, N-Afrika.
Verwendung: Sehr häufig (auch als Kopfweide), N, Bi, ⚕, WHZ 4, LB 2.2.3.1.

var. *argentea* Wimm. = *S. alba* var. *sericea*

var. britzensis Spaeth, Mennige-Weide, Kermesin-Weide. Jüngere Zweige vor allem im Winter zinnoberrot, ältere gelb.

var. coerulea (Sm.) Sm. ♀ Form. Großer Baum mit kegelförmiger Krone. Blätter lanzettlich, 8–11 cm lang. In England häufig gepflanzt, weil das Holz zur Herstellung von Cricket-Schlägern benutzt wird.

var. sericea Gaudin. Kleiner, kugelkroniger Baum. Junge Triebe und Blätter beiderseits ± dicht anliegend silbrig weiß behaart.

'Tristis', Hänge-Weide, Trauer-Weide. 10–20 m hoher, starkwüchsiger, früh austreibender Baum. Krone bis 15 m breit. Zweige dünn, gelb, lang herabhängend. Blätter schmal lanzettlich, oberseits glänzend grün, unterseits blaugrün.

var. vitellina (L.) Stokes, Dotter-Weide. Wuchs schwächer als bei var. *alba*, 1-jährige Zweige lebhaft hellgelb. Blätter oberseits lebhaft grün. Häufig als Kopf- und Flechtweide gepflanzt.

S. amygdalina L. = *S. triandra* subsp. *triandra*

Salix appendiculata Vill., Großblättrige Weide, Gebirgs-Weide, Schlucht-Weide

Habitus: Strauch oder bis 6 m hoher Baum, Holz 2- bis 3-jähriger Zweige mit oder ohne Striemen, Zweige grau bis dunkel- oder rotbraun, kahl, Triebe anfangs dünn flaumhaarig.
Blätter: Meist verkehrteiförmig bis verkehrteiförmig-lanzettlich, 6–18 cm lang, vorne kurz zugespitzt, Basis keilförmig oder abgerundet, unregelmäßig gekerbt bis gesägt, oberseits sattgrün, (schwach) glänzend, zerstreut behaart oder kahl, durch vertiefte Nervatur sehr runzelig, unterseits zerstreut behaart, Nervatur stark vortretend, Nervenpaare 12–15, Stiel 1 cm lang, Nebenblätter herz- oder nierenförmig.
Blüten: Kätzchen 2–3 cm lang, sitzend oder bis 5 mm lang gestielt, Staubblätter an der Basis behaart, Fruchtknoten gestielt, dicht behaart, Griffel deutlich, Narben geteilt, Tragblätter klein, am Grund hell, vorne dunkelbraun oder schwarz, an der Spitze lang behaart, April–Mai, mit dem Blattaustrieb.
Verbreitung: ZM-Europa: Alpen und Vorgebirge, N-Kroatien, nördl. Apennin, Reliktvorkommen im S-Schwarzwald.

Verwendung: Sehr selten, WHZ 5a, LB 8.1.3.4.

Salix arbuscula L., Bäumchen-Weide

Habitus: Bis 0,5 m hoher, aufrechter, buschiger, dicht verzweigter Strauch, Triebe anfangs spärlich behaart, später kahl und glänzend dunkelbraun.
Blätter: Elliptisch-lanzettlich, 0,5–3(–4) cm lang, drüsig gesägt, oberseits kahl, glänzend grün, unterseits blaugrün, schwach anliegend behaart, Nervenpaare 7–12, Nebenblätter sehr klein oder fehlend.
Blüten: Kätzchen 1–2 cm lang, kurz gestielt, elliptisch, Staubblätter kahl, Staubbeutel bläulich oder rötlich violett, Fruchtknoten fast sitzend, behaart, Griffel lang, Narben dick, geteilt, 1 Nektardrüse, Tragblätter hellbraun, kurz behaart, Mai, mit dem Blattaustrieb.
Verbreitung: Europa: Gebirge in Schottland, Skandinavien und N-Russland bis hin zum Ural.
Verwendung: Sehr selten, WHZ 4, LB 8.1.3.7.

S. arenaria L. = *S. repens* subsp. *dunensis*

Salix aurita L., Ohr-Weide

Habitus: Bis 3 m hoher, reich verzweigter Strauch, Äste sparrig abstehend bis bogenförmig aufsteigend, dunkelbraun bis schwärzlich, Holz der 2- bis 3-jährigen Zweige mit deutlichen Striemen, Zweige dünn, rotbraun bis braun, kahl, glänzend, Triebe anfangs behaart.
Blätter: Verkehrteiförmig bis verkehrteiförmig-lanzettlich, 2–5 cm lang, mit kurzer, oft aufrechter Spitze, Basis keilförmig bis abgerundet, Rand unregelmäßig und oft wellig gesägt, oberseits grün, durch eingesenkte Nervatur ± runzelig, meist kahl, unterseits graugrün, behaart oder kahl, Nervenpaare 7–10, Stiel 3–8 mm lang, Nebenblätter groß, nierenförmig, gezähnt.
Blüten: Kätzchen 1–2,5 cm lang, sehr kurz gestielt, Staubblätter an der Basis behaart, Fruchtknoten lang gestielt, behaart, fast ohne Griffel, Narben kopfig, sitzend, nicht geteilt, 1 kurze Nektardrüse, Tragblätter zweifarbig, am Grund hell, sonst hellbraun, an der Spitze lang behaart, April–Mai, vor dem Blattaustrieb.
Verbreitung: Europa, W-Asien.
Verwendung: Häufig, N, WHZ 5b, LB 1.2.3.5.

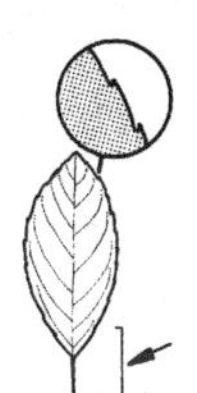

Salix arbuscula

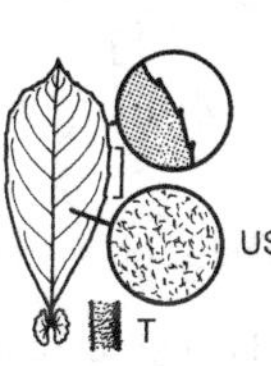

Salix aurita

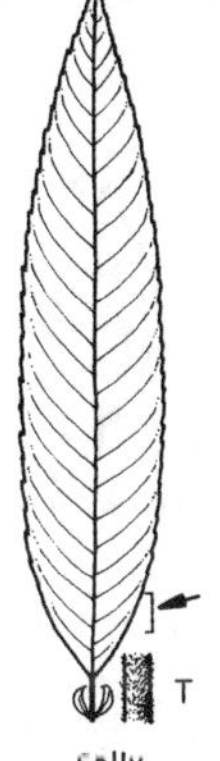

Salix babylonica

Salix babylonica L., Chinesische Hänge-Weide, Trauer-Weide

Habitus: Bis 12 m hoher, breitkroniger Baum, Äste bogig abstehend, Zweige auffallend dünn, lang herabhängend, junge Triebe anfangs seidig behaart, später kahl, gelblich, lehmbraun oder rötlich.
Blätter: Lanzettlich bis linealisch-lanzettlich, 8–16 cm lang, lang zugespitzt, Basis keilförmig, fein gesägt, oberseits tiefgrün, unterseits graugrün, kahl, Stiel 3–5 mm lang, Nebenblätter eiförmig-lanzettlich oder fehlend, etwas eingerollt.
Blüten: Kätzchen bis 4 cm lang, kurz gestielt, gekrümmt, Fruchtknoten sitzend, kahl, Griffel sehr kurz, Narben geteilt, Tragblätter länglich, spitz, April–Mai.
Verbreitung: China und Japan.
Verwendung: Selten, WHZ 8a, LB 2.3.3.2.

S. babylonica var. *pekinensis* Henry = *S. matsudana*
S. balsamifera (Hook.) Barrat = *S. pyrifolia*

Salix bicolor Ehrh. ex Willd., Zweifarbige Weide

Habitus: Bis 4 m hoher Strauch, Triebe gelblich bis braun, oft glänzend, kahl oder verkahlend.
Blätter: Elliptisch bis lanzettlich, 3–8 cm lang, spitz, ganzrandig oder schwach gezähnt, anfangs seidig behaart, unterseits blaugrün, Stiel bis 1 cm lang, Nebenblätter klein oder fehlend.
Blüten: Kätzchen 1–3 cm lang, kurz gestielt,

Salix bicolor

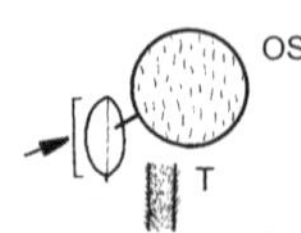

Salix bockii

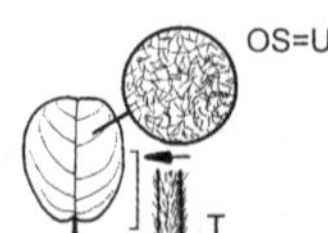

Salix ×boydii

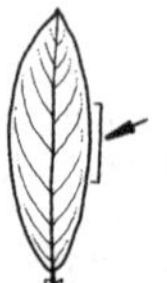
Salix caesia

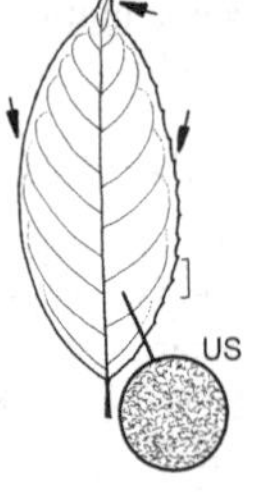

Salix caprea

Staubbeutel anfangs rot, später gelb, Juni–Juli.
Verbreitung: Gebirge in Europa: Pyrenäen, Vogesen, Alpen, Sudeten, Karpaten.
Verwendung: Selten, B, WHZ 6a, LB 8.1.3.6.

Salix bockii Seemen, Chinesische Myrten-Weide

Habitus: 1–3 m hoher, sparrig verzweigter Strauch, Äste abstehend, Zweige dünn, Triebe grauflaumig behaart.
Blätter: Sehr dicht stehend, länglich bis verkehrteiförmig, 0,6–1,5 cm lang, stumpf oder spitz, ganzrandig oder spärlich gezähnt, Rand etwas zurückgerollt, oberseits dunkelgrün und kahl, unterseits bläulich weiß und seidig behaart, Stiel 1–2 mm lang.
Blüten: ♀ Kätzchen bis 3,5 cm lang (in Kultur nur ♀ Pflanzen), ♂ Kätzchen bis 2,5 cm lang, blattachselständig am Ende diesjähriger Triebe, Fruchtknoten sitzend, behaart, Griffel wollig behaart, Narben geteilt, Tragblätter lanzettlich, spitz, bleich, August–Oktober.
Verbreitung: W-China.
Verwendung: Selten, WHZ 7a, LB 2.3.1.5.

Salix ×boydii E.F. Linton, Zwerg-Weide
(*S. lapponum* × *S. reticulata*)

Habitus: Bis 0,7 m hoher, kurztriebiger, bonsaiähnlicher Strauch, Zweige dick, gelblich oder rötlich, Triebe anfangs weißlich behaart.
Blätter: Rundlich, 5–15 mm breit, abgerundet bis leicht ausgerandet, Basis leicht herzförmig, ganzrandig, anfangs beiderseits weiß behaart, später oberseits dunkelgrün, runzelig, unterseits kurz weißwollig, Stiel sehr kurz, Nebenblätter sehr klein oder fehlend.
Blüten: Kätzchen eiförmig, 1–2 cm lang (nur ♀ Pflanzen bekannt), Fruchtknoten sitzend, behaart, Tragblätter mit dunkler Spitze, seidig behaart, Mai, kurz vor oder mit dem Blattaustrieb.
Verbreitung: Um 1900 in Schottland gefunden.
Verwendung: Selten, WHZ 5a, LB 7.3.2.6.

Salix caesia Vill., Blaugrüne Weide, Blaue-Weide

Habitus: Bis etwa 0,7 m hoher Strauch, Zweige aufrecht bis bogig abstehend, grün bis rotbraun, kahl, glänzend.
Blätter: Elliptisch bis lanzettlich, 1–4 cm lang, meist kurz zugespitzt, Basis breit keilförmig bis abgerundet, ganzrandig, beiderseits kahl, oberseits bläulich grün, unterseits etwas heller, graugrün, Stiel 2–3 mm lang, Nebenblätter klein.
Blüten: Kätzchen 1–2 cm lang, länglich, sitzend, Staubfäden teilweise verwachsen, Staubbeutel rot oder rotviolett, Fruchtknoten fast sitzend, behaart, Griffel kurz und dick, Narben rot, nicht geteilt, 1 Nektardrüse, Tragblätter zweifarbig, an der Spitze bräunlich, locker behaart, Mai–Juni, mit dem Blattaustrieb.
Verbreitung: Hochgebirge M-Asiens, Mongolei, Schweizer Alpen und italienische Alpen.
Verwendung: Selten, WHZ 5a, LB 8.1.3.6.

Salix caprea L., Sal-Weide

Habitus: Strauch oder bis 12 m hoher, mäßig verzweigter, kurzstämmiger Baum, Stamm grau, mit großen rautenförmigen Korkwarzen, Zweige dick, gelbbraun oder grünlich bis braun, kahl, Mark braun, Holz 2- bis 3-jähriger Zweige ohne Striemen, Triebe anfangs kurz behaart, später kahl.
Blätter: Elliptisch bis verkehrteiförmig, 3–10 cm lang, Spitze kurz, deutlich verdreht, Basis abgerundet, ganzrandig oder unregelmäßig gezähnt, oberseits nur anfangs samtig behaart, dunkelgrün, schwach glänzend, un-

terseits dicht graufilzig, Nervenpaare 7–10, Stiel 0,8–2 m lang, Nebenblätter unscheinbar, schief nierenförmig.
Blüten: Kätzchen bis 3 cm lang, eiförmig, sitzend, vor dem Aufblühen in einen dichten, weißen Pelz gehüllt, Staubblätter fast kahl, Fruchtknoten gestielt, dicht silberweiß behaart, Griffel kurz, Narben zusammengedrückt, 1 breite Nektardrüse, Tragblätter am Grund hell, an der Spitze schwarz, dicht weiß behaart, März–April, vor dem Blattaustrieb.
Verbreitung: Europa, Türkei, Kaukasien, Iran, W- und O-Sibirien, M-Asien, Russ. Ferner Osten, China, Korea, Japan.
Verwendung: Sehr häufig (u. a. Zweige als „Palmkätzchen"), N, B, Bi, WHZ 3, LB 4.3.3.3 (3.1.3.3).

'Atlas'. ♂ Sorte. Kätzchen zahlreich, bis 5 cm lang, anfangs silberweiß, später goldgelb, Februar–März.

'Kilmarnock'. ♂ Sorte, meist hochstämmig veredelte Hängeform. Zweige steif, in kurzen Bögen abwärts wachsend. Kätzchen zahlreich, anfangs silberweiß, später goldgelb.

'Mas' = 'Atlas'

'Pendula' (♂) = 'Kilmarnock'

'Pendula' (♀) = 'Weeping Sally'

'Weeping Sally'. ♀ Sorte, im Wuchs wie 'Kilmarnock', zur Blütezeit aber weniger attraktiv.

S. ×chrysocoma Dode = *S. ×sepulcralis* 'Chrysocoma'

Salix cinerea L. **var. cinerea**, Grau-Weide, Asch-Weide

Habitus: Bis 6 m hoher, breitwüchsiger Strauch, Äste glatt, grau, Holz 2- bis 3-jähriger Zweige mit deutlichen Striemen, Zweige graubraun bis schwarzbraun, Triebe dicht samtig behaart, Knospenschuppen rot oder rotbraun.
Blätter: Länglich-verkehrteiförmig bis verkehrteiförmig-lanzettlich, 5–12 cm lang, Spitze meist gerade, Basis keilförmig oder abgerundet, unregelmäßig entfernt gesägt oder gezähnt bis fast ganzrandig, oberseits mattgrün, Nervatur nur schwach eingesenkt, unterseits heller graugrün, Nervatur stark hervortretend, Nervenpaare 10–15, Stiel 1 cm lang, Nebenblätter nierenförmig, oft unauffällig.

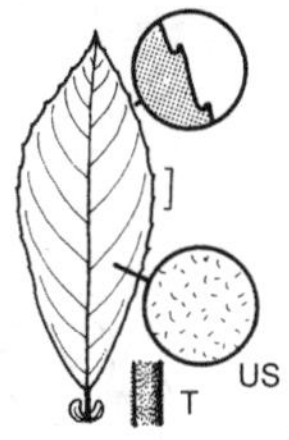

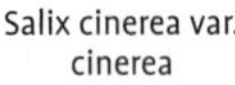

Salix cinerea var. cinerea

Salix daphnoides

Blüten: ♂ Kätzchen bis 5 cm lang, sehr kurz gestielt, ♀ Kätzchen zur Fruchtreife bis 9 cm lang, Staubblätter an der Basis behaart, Fruchtknoten gestielt, behaart, Griffel kurz, Narben länglich, geteilt, 1 Nektardrüse, Tragblätter am Grund hell, sonst braun bis schwarz, dicht und lang behaart, März–April, vor dem Blattaustrieb.
Verbreitung: Europa, Türkei, Kaukasien, Iran, W-Sibirien.
Verwendung: Sehr häufig, N, WHZ 4, LB 1.2.1.4 (2.1.4.4) (7.2.3.4).

var. atrocinerea (Brot.) Bolòs et Vigo. Nerven unterseits rotbraun behaart. W- und SW-Europa.

S. cinerea subsp. *oleifolia* (Sm.) Marcreight = *S. cinerea* var. *atrocinerea*.
S. cordata H.L. Muhl. non Michx. = *S. eriocephala*

Salix daphnoides Vill., Reif-Weide

Habitus: Großer Strauch oder bis 15 m hoher, meist geradschäftiger Baum, Zweige rotbraun bis tiefpurpurn, kahl, junge Zweige bläulich weiß bereift, teilweise abwischbar, junge Triebe anfangs behaart.
Blätter: Elliptisch bis lanzettlich, 3–12 cm lang, kurz zugespitzt, zur Basis hin allmählich verschmälert, regelmäßig fein gezähnt, anfangs ± dicht behaart, später kahl, die Mittelrippe unterseits mitunter bleibend behaart, oberseits glänzend dunkelgrün, unterseits blaugrün, Nervenpaare 12–15, Stiel 0,4–1,2 cm lang, Nebenblätter bleibend, mit dem Blattstiel verwachsen.
Blüten: Kätzchen 3–5 cm lang, sitzend, Staubblätter kahl, Fruchtknoten kurz gestielt, kahl, flach zusammengedrückt, Griffel vorhanden, Narben ungeteilt, schmal, 1 längliche Nektardrüse, Tragblätter am Grund hell, sonst schwarzbraun, dicht hellbraun behaart, März–April, vor dem Blattaustrieb.

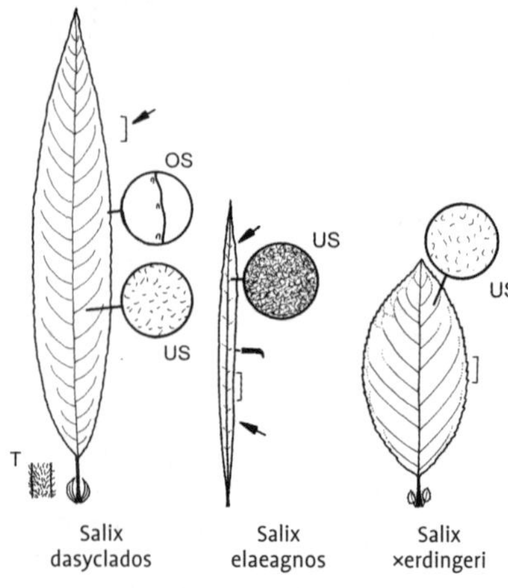

Verbreitung: N- und O-Europa, Gebirge in M-, SW- und SO-Europa.
Verwendung: Sehr häufig, N, B, Bi, WHZ 4, LB 2.2.4.3.

S. daphnoides subsp. *acutifolia* (Willd.) Dahl = *S. acutifolia*

Salix dasyclados Wimm. Bandstock-Weide, Filzast-Weide

(Vermutl. Tripelbastard aus *S. caprea* × *S. cinerea* × *S. viminalis*)

Habitus: Strauch oder bis 6 m hoher Baum, Holz 3- bis 4-jähriger Zweige ohne Striemen, Zweige dick, graubraun, Triebe samtig behaart.
Blätter: Lanzettlich, 8–15(–23) cm lang, zur Basis hin verschmälert, unregelmäßig gezähnt bis ganzrandig, oberseits glänzend grün, unterseits samtig grau behaart, gelegentlich etwas schimmernd, verkahlend, Nervenpaare mehr als 20, Stiel 1–2 cm lang, Nebenblätter groß.
Blüten: Kätzchen 3–5 cm lang, zylindrisch, Fruchtknoten sitzend oder kurz gestielt, Tragblätter zweifarbig, behaart, März–April, vor dem Blattaustrieb.
Verbreitung: Nördl. M-Europa, O-Europa.
Verwendung: Selten, N, WHZ 4, LB 2.2.3.4.

Salix elaeagnos Scop., Schmalblättrige Grau-Weide, Lavendel-Weide

Habitus: Strauch oder bis 16(–20) m hoher, meist mehrstämmiger Baum, Rinde lange glatt bleibend, nie längsrissig, Zweige schlank, gelblich grün bis rot- oder dunkelbraun, kahl, glänzend, Triebe anfangs meist behaart.
Blätter: Linealisch bis schmal lanzettlich, 6–15 cm lang, an beiden Enden spitz, Rand nach unten eingerollt, fein drüsig gezähnt (meist nur im oberen Bereich), oberseits matt dunkelgrün, verkahlend, unterseits weiß- bis graufilzig behaart, Stiel 4–8 mm lang, Nebenblätter meist fehlend.
Blüten: Kätzchen schmal walzenförmig, ± wagerecht abstehend und gekrümmt, kurz gestielt, ♂ Kätzchen 2–3 cm lang, ♀ Kätzchen bis 6 cm lang, Staubblätter an der Basis behaart, Staubfäden teilweise verwachsen, Fruchtknoten kurz gestielt, kahl, Griffel deutlich, Narben länglich, geteilt, 1 kurze Nektardrüse, Tragblätter grünlich gelb, mit unscharf abgehobener, blassroter bis -brauner Spitze, am Rand kraushaarig, April–Mai, vor oder gleichzeitig mit dem Blattaustrieb.
Verbreitung: Gebirge von M- und S-Europa, Türkei, N-Afrika.
Verwendung: Häufig, WHZ 5b, LB 2.2.3.4.

'Angustifolia'. Bis 3 m hoher, straff aufrecht wachsender Strauch. Blätter bis 10 cm lang, nur 3–5 mm breit. Häufiger in Kultur als die Art.

S. elegantissima K. Koch = *S. ×pendulina* 'Elegantissima'

Salix ×erdingeri A. Kern.

(*S. caprea* × *S. daphnoides*)

Habitus: Hoher Strauch oder kleiner Baum, ähnlich *S. caprea*, Triebe anfangs behaart, später kahl, rotbraun.
Blätter: Elliptisch bis verkehrteiförmig, 4–7 cm lang, an beiden Enden spitz, kerbig gesägt bis fast ganzrandig oder auch gewellt, anfangs beiderseits seidig behaart, später oberseits kahl und glänzend dunkelgrün, unterseits graugrün, netznervig, Nerven behaart.
Blüten: In Kultur nur ♀ Pflanzen bekannt, Kätzchen schlank, bis 8 cm lang, Fruchtknoten gestielt, seidig behaart, Griffel verlängert, Tragblätter eiförmig, lang behaart, März–April, vor dem Blattaustrieb.
Verbreitung: M-Europa.
Verwendung: Sehr selten, WHZ 5a, LB 2.2.4.4.

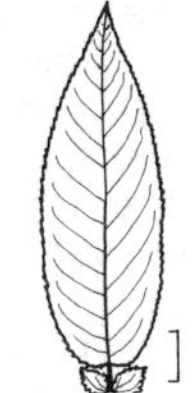

Salix eriocephala

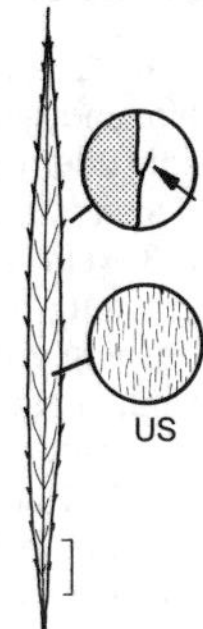

Salix exigua

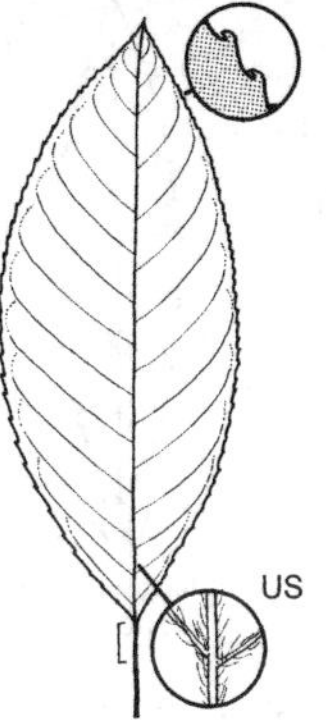

Salix fargesii

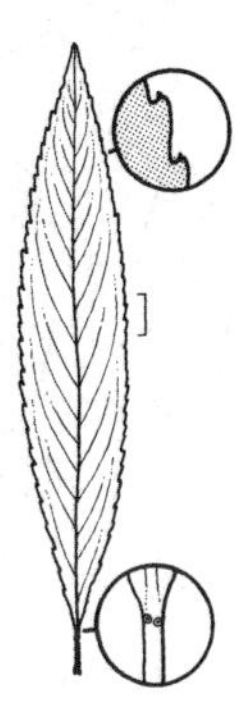

Salix fragilis

Salix eriocephala Michx., Herzblättrige Weide

Habitus: Bis 3(–6) m hoher, breitwüchsiger Strauch, Triebe gelb- bis rotbraun, anfangs behaart, verkahlend.
Blätter: Länglich-elliptisch bis lanzettlich, 5–13 cm lang, spitz, Basis abgerundet bis schwach herzförmig, gezähnt, anfangs etwas behaart, rasch verkahlend, ± glänzend, oberseits dunkelgrün, unterseits heller grün oder schwach blaugrün, Stiel 5–15 mm lang, Nebenblätter groß, niernförmig.
Blüten: Kätzchen 2–6 cm lang, zylindrisch, auf kurzen Stielen mit kleinen Laubblättchen, mit dem Laubaustrieb.
Verbreitung: Kanada, USA.
Verwendung: Selten (gelegentlich als *S. balsamifera* 'Mas' im Gartenhandel). WHZ 4, LB 2.2.3.4.

S. ×erythroflexuosa Ragonese = *S. ×sepulcralis* 'Erythroflexuosa'

Salix exigua Nutt., Kojoten-Weide

Habitus: Strauch oder bis 5(–10) m hoher, schlank aufrechter, eleganter, Wurzelsprosse bildender Baum, Triebe gelb- bis rotbraun, anfangs behaart, später kahl.
Blätter: Linealisch bis linealisch-lanzettlich, 5–10(–14) cm lang, nur 1,4 cm breit, spärlich gezähnt bis ganzrandig, hellgrün, anfangs auffallend silbrig-seidig behaart, Stiel 2–2,5 mm lang, Nebenblätter klein oder fehlend.
Blüten: Kätzchen 2–5 cm lang, eiförmig oder verkehrteiförmig, auf langen beblätterten Stielen, mit der Blattentfaltung.
Verbreitung: Alaska, Z- und O-Kanada, SO- und Z-USA.
Verwendung: Sehr selten, WHZ 2, LB 2.3.4.4

S. euxina I.V. Belyaeva = *S. fragilis*

Salix fargesii Burkhill, Farges Weide

Habitus: Bis 3 m hoher Strauch, Zweige aufrecht bis ausgebreitet, dick, kahl, glänzend purpurn, Winterknospen groß, rot.
Blätter: Schmal eiförmig bis elliptisch, 7–15 cm lang, zugespitzt, Basis verschmälert, fein gesägt, oberseits tiefgrün, glänzend, kahl, mit eingesenkter Nervatur, Nervenpaare 13–25, unterseits heller grün und seidig behaart, Stiel 0,5–1,8 cm lang, Nebenblätter fehlend.
Blüten: Kätzchen 4–10 cm lang, zylindrisch, kurz gestielt, die ♀ zur Fruchtzeit bis 20 cm lang, Fruchtknoten kurz gestielt, kahl, Tragblätter gelbbraun, seidig behaart, April–Mai, mit dem Blattaustrieb.
Verbreitung: China: W-Hubei, O-Sichuan.
Verwendung: Sehr selten, B, WHZ 6b, LB 2.3.2.5.

Salix fragilis L., Knack-Weide, Bruch-Weide

Habitus: Strauch oder bis 25 m hoher, oft mehrstämmiger Baum, Krone unregelmäßig, breit und locker, Borke grob längsrissig, Zweige starr und rechtwinklig abstehend, an der Ansatzstelle leicht abbrechend, Triebe gelb- oder lehmbraun, wie die Knospen völlig kahl.
Blätter: Lanzettlich, 8–18 cm lang, lang zugespitzt, Basis abgerundet, Rand grob gesägt,

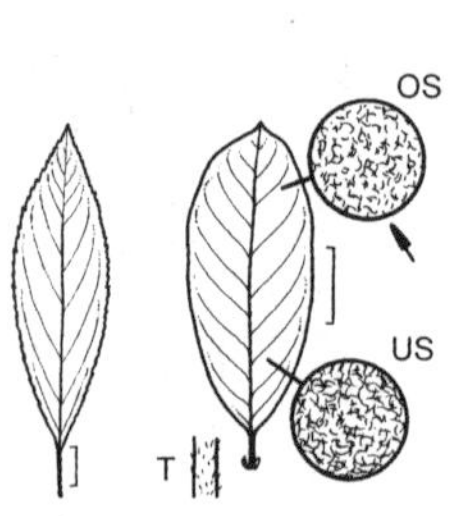

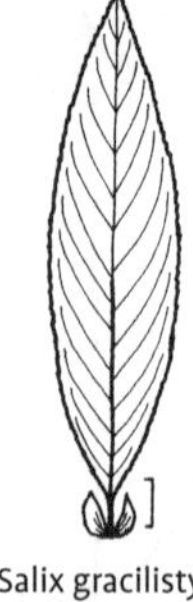

Salix glabra　Salix glauca　Salix gracilistyla 'Melanostachys'

mit Drüsen in den Blattzahnbuchten, oberseits glänzend dunkelgrün, kahl, unterseits blau- oder hellgrün, anfangs leicht seidig behaart, bald kahl, Nervenpaare 15–20, Stiel 0,6–2,5 cm lang, am Übergang zur Blattspreite mit meist 2, selten 3–4 Drüsen, Nebenblätter halbherzförmig, gesägt, an Langtrieben bleibend, sonst ± hinfällig.
Blüten: Kätzchen 3–7 cm lang, zylindrisch, auf beblätterten Stielen, Staubblätter am Grund dicht behaart, Fruchtknoten kahl, fast sitzend, Griffel kurz, Narben dick, geteilt, seitwärts gebogen, 2 Nektardrüsen, Tragblätter einfarbig gelb, lang ausgezogen, am Saum dicht lang weiß behaart, April–Mai, mit dem Blattaustrieb.
Verbreitung: Europa, Türkei, Kaukasien, SW-Asien, W-Sibirien bis zum Altai.
Verwendung: Sehr häufig (oft auch als Kopfweide), N, WHZ 4, LB 2.1.3.2.

Salix glabra Scop., Kahle Weide

Habitus: Bis 1,5 m hoher, in allen Teilen kahler Strauch, Zweige dick, rotbraun, Triebe gelblich grün.
Blätter: Elliptisch bis lanzettlich, 4–8 cm lang, spitz, Basis keilförmig bis abgerundet, drüsig gesägt, oberseits dunkelgrün, stark glänzend, unterseits weißlich, mit dichtem Wachsbelag, Nervatur stark hervortretend, Nebenblätter schwach entwickelt oder fehlend.
Blüten: Kätzchen bis 7 cm lang, eiförmig oder zylindrisch, auf kurzen, beblätterten Stielen, Staubblätter an der Basis behaart, Staubbeutel purpurrot, später gelb, Fruchtknoten gestielt, kahl, Griffel verlängert, Narben kurz, geteilt, 1 breite Nektardrüse, Tragblätter gelb bis braun, an der Spitze bärtig, Mai–Juni, mit dem Blattaustrieb.
Verbreitung: Alpen und Gebirge in SO-Europa.
Verwendung: Sehr selten, WHZ 4, LB 7.3.3.6.

Salix glauca L., Arktische Grau-Weide

Habitus: Bis 2,5 m hoher Strauch, Zweige kahl, glänzend gelb oder rotbraun, Triebe dicht seidig oder wollig grauweiß behaart.
Blätter: Lanzettlich, elliptisch oder verkehrteiförmig, 3–8 cm lang, an beiden Enden spitz, fast ganzrandig, anfangs beiderseits anliegend bis wollig grauweiß behaart, oberseits zuletzt kahl, matt oder glänzend dunkelgrün, unterseits graugrün oder bläulich, behaart oder kahl, Nervenpaare 5–8, Stiel bis 1,5 cm lang, Nebenblätter klein.
Blüten: Kätzchen bis 4,5 cm lang, zylindrisch, auf beblätterten Stielen, Staubblätter an der Basis behaart, Fruchtknoten kurz gestielt, behaart, Griffel teilweise gespalten, Narben länglich, tief ausgerandet, ♂ Blüten mit 2, ♀ Blüten mit 1 Nektardrüse, Tragblätter hellbraun, lang behaart, Mai–Juli, mit dem Blattaustrieb.
Verbreitung: Zirkumpoalar in der arktischen Zone.
Verwendung: Selten, WHZ 3, LB 1.1.1.7.

Salix gracilistyla Miq. Japanische Kätzchen-Weide, Schlankgriffelige Weide

Habitus: 1–3 m hoher Strauch, Triebe anfangs graufilzig behaart, im 2. Jahr kahl.
Blätter: Lanzettlich, 5–10 cm lang, spitz, Basis keilförmig oder abgerundet, ganzrandig bis fein gesägt, anfangs seidig behaart, oberseits verkahlend, unterseits bläulich grau, meist bleibend behaart.
Blüten: ♂ Kätzchen 3–4 cm lang, dicht, sitzend, seidig behaart, Staubbeutel rot bis rostrot, ♀ Kätzchen zur Fruchtreife bis 8 cm lang, Tragblätter eiförmig, zugespitzt, dicht lang behaart, März–April, vor dem Blattaustrieb.
Verbreitung: Japan, Korea, Mandschurei, China.
Verwendung: Selten (meist in der Sorte 'Melanostachys'), WHZ 6b, LB 1.2.1.5.

'Melanostachys'. ♀ Sorte. Kahler Strauch, Zweige kräftig, dicht beblättert. Blätter länglich-lanzettlich, 8–10 cm lang, fein drüsig gezähnt, beiderseits hellgrün, kahl. Kätzchen 1–2 cm lang, sitzend, nackt, Tragblätter dunkel braunschwarz, Kätzchen deshalb anfangs schwarz aussehend, Staubblätter im Aufblühen ziegelrot, später gelb.

S. grandifolia Ser. = *S. appendiculata*

Salix hastata L., Spieß-Weide

Habitus: Bis 1,5 m hoher, aufrechter oder bogig aufsteigender Strauch, Zweige steif, Triebe behaart, rasch kahl und dann glänzend braun bis rotbraun.
Blätter: Elliptisch bis lanzettlich, 3–8(–10) cm lang, stumpf bis spitz, Basis abgerundet bis keilförmig, an Langtrieben gelegentlich herzförmig, ganzrandig oder unregelmäßig gesägt, oberseits dunkelgrün, unterseits blaugrün, kahl oder anfangs schwach behaart, mit feiner, flacher Nervatur, Stiel 3–8 mm lang, Nebenblätter fast stets vorhanden, groß, schief herzförmig.
Blüten: Kätzchen 3–6 cm lang, eiförmig bis zylindrisch, auf kurzen, beblätterten Stielen, Fruchtknoten kahl, deutlich gestielt, Griffel verlängert, an der Spitze manchmal geteilt, Narben geteilt, seitwärts gebogen, 1 kurze Nektardrüse, Tragblätter hellbraun, zur Spitze hin dunkler, lang behaart, Mai–Juli, kurz vor oder mit dem Blattaustrieb.
Verbreitung: N-Europa, Gebirge in M- und S-Europa, Türkei, Kaukasien, W- und O-Sibirien, Russ. Ferner Osten, M-Asien, Mongolei, Himalaja.
Verwendung: Selten (sehr häufig allerdings in der folgenden Sorte), B, WHZ 5a, LB 8.1.3.6.

'Wehrhahnii'. ♂ Sorte. Kätzchen zahlreich, vor dem Aufblühen mit dichtem, silbrig-weißem Haarpelz, später hellgelb.

Salix helvetica Vill., Schweizer Weide

Habitus: Bis 1,5 m hoher Strauch, Äste kurz, dick, bogig aufsteigend, kahl, Triebe anfangs weißfilzig behaart, später kahl, dann leicht glänzend.
Blätter: Elliptisch bis lanzettlich, bis 4 cm lang, kurz zugespitzt, fast ganzrandig, oberseits anfangs behaart, dann dunkelgrün, ± glänzend, unterseits weißfilzig oder anliegend seidig behaart, Nebenblätter schwach entwickelt oder fehlend.
Blüten: Kätzchen 3–5 cm lang, zylindrisch, bis 1 cm lang gestielt, Stiel seidig behaart, ♀ Kätzchen dicht weiß behaart, nach der Blütezeit stark verlängert, Staubblätter kahl, Fruchtknoten kurz gestielt, dicht behaart, Griffel sehr lang, Narben länglich, gabelig geteilt, 1 längliche Nektardrüse, Tragbätter an der Basis hell, der vordere Teil schwarz, hell behaart und bärtig, Mai–Juni, kurz vor oder mit dem Blattaustrieb.

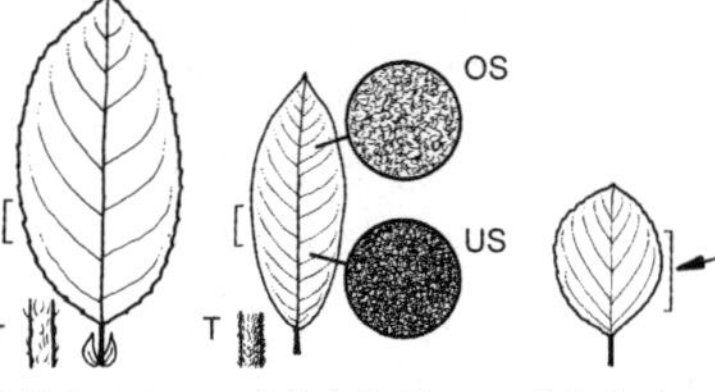

Salix hastata Salix helvetica Salix herbacea

Verbreitung: Europa: Alpen, W-Karpaten, Abruzzen, Dinarische Gebirge.
Verwendung: Häufig, WHZ 4, LB 8.1.3.6.

Salix herbacea L., Kraut-Weide

Habitus: Winziger, niederliegender, mattenförmig wachsender Spalierstrauch mit unterirdischen Ästen und Zweigen, aufsteigende Triebe mit nur wenigen Blättern, kahl oder anfangs etwas behaart.
Blätter: Rundlich bis breit elliptisch, 0,5–2 cm lang, abgerundet oder stumpf, Basis zuweilen leicht herzförmig, kerbig gesägt, beiderseits glänzend grün, kahl oder unterseits spärlich grau behaart, deutlich netznervig, Stiel bis 5 mm lang, Nebenblätter klein oder fehlend.
Blüten: Kätzchen kugelig, 0,5–1,5 cm lang, mit nur wenigen Blüten, auf beblätterten Stielen, Staubblätter kahl, Staubbeutel rot, Fruchtknoten kurz gestielt, kahl, Griffel kurz, Narben kurz, geteilt, seitwärts gerichtet, Nektardrüsen groß, die Blüte fast umkreisend, Tragblätter gelbgrün, breit, kahl oder wenig behaart, Juni–August, nach dem Blattaustrieb.
Verbreitung: Arktisches und subarktisches Europa und N-Amerika, Hochgebirge in M-, S- und SO-Europa.
Verwendung: Selten, WHZ 4, LB 8.1.3.7.

S. incana Schrank. = *S. elaeagnos*

Salix integra Thunb., Japanische Weide

Habitus: Hoher Strauch oder kleiner Baum, Triebe kahl, glänzend.
Blätter: Fast sitzend, meist gegenständig, länglich bis lanzettlich, 3–6 cm lang, ziemlich dünn, Basis abgerundet bis leicht herzförmig, undeutlich gesägt bis ganzrandig, unterseits weißlich.
Blüten: Kätzchen 1,5–3 cm lang, zylindrisch, kurz gestielt, Staubblätter kahl, Fruchtkno-

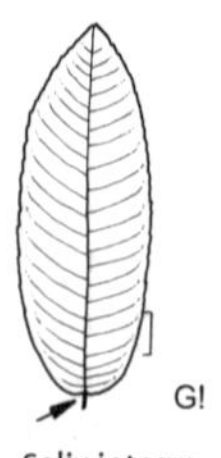

Salix integra

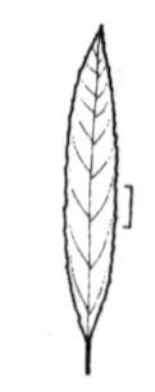

Salix irrorata

Salix lanata

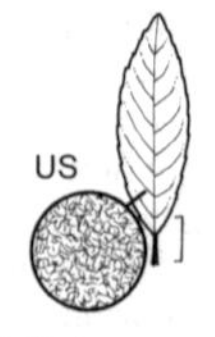

Salix lapponum

ten sitzend, seidig behaart, Narben sehr kurz, geteilt, Tragblätter breit eiförmig, locker und lang bewimpert, April, vor dem Blattaustrieb.
Verbreitung: Japan, Korea.
Verwendung: Sehr selten (häufig in der folgenden Form), WHZ 6a, LB 7.2.3.5.

'Hakuro Nishiki'. Zweige schlank, ausgebreitet bis überhängend. Blätter graugrün, dicht mit weißen, gelegentlich auch rosafarbenen Tupfen und Flecken bedeckt. Wird nicht selten hochstämmig veredelt und bildet bei regelmäßigem Rückschnitt vieltriebige, nahezu kugelige Kronen.

Salix irrorata Andersson, Amerikanische Reif-Weide

Habitus: Bis 5 m hoher Strauch, Zweige purpurn, kahl, stark bereift.
Blätter: Länglich bis schmal lanzettlich, 5–12 cm lang, spitz, Basis keilförmig, gesägt bis fast ganzrandig, oberseits kahl, glänzend grün, unterseits nur anfangs etwas behaart, bald kahl, blaugrün, Stiel 0,3–1 cm lang, gelb.
Blüten: Kätzchen 2–3 cm lang, zylindrisch, fast sitzend, Staubbeutel rötlich, Fruchtknoten kahl, Griffel sehr kurz, Narben kurz und dick, Tragblätter fast schwarz, dicht weiß behaart, März–April, vor dem Blattaustrieb.
Verbreitung: W- und SW-USA, Rocky Mts.
Verwendung: Sehr selten, WHZ 5a, LB 6.4.2.5.

Salix lanata L., Woll-Weide

Habitus: Bis 2 m hoher Strauch, Zweige dick, bogig aufsteigend, junge Triebe und Winterknospen dick weißwollig behaart.
Blätter: Rundlich, breit elliptisch bis verkehrt-eiförmig, 2,5–7 cm lang, spitz, Basis breit keilförmig bis fast herzförmig, ganzrandig bis etwas gewellt, in der Jugend beiderseits dicht und lang weißseidig behaart, später kahl dann oberseits trübgrün, unterseits bläulich grün und netznervig, Nervenpaare 6–10, Stiel 0,5–1,5 cm lang, Nebenblätter groß, ganzrandig.
Blüten: Kätzchen 2–2,5 cm lang, elliptisch, sitzend, dicht goldgelb behaart, Staubblätter kahl, Fruchtknoten kurz gestielt, kahl, Griffel lang, Narben groß, ungeteilt, 1 längliche Nektardrüse, Tragblätter dunkelbraun, goldgelb behaart, April–Mai, vor dem Blattaustrieb.
Verbreitung: N-Europa, W- und O-Sibirien, Alaska.
Verwendung: Häufig, WHZ 4, LB 7.2.3.6 (1.1.1.6).

Salix lapponum L., Lappland-Weide

Habitus: Bis 1(–2)m hoher, breit aufrechter, dicht verzweigter Strauch, Triebe dünn, zunächst graufilzig behaart, später kahl, dunkel rotbraun, glänzend.
Blätter: Elliptisch bis lanzettlich, an den Triebenden gehäuft, 2,5–6 cm lang, spitz, Basis abgerundet bis keilförmig, ganzrandig, oberseits anfangs weißfilzig behaart, später kahl und olivgrün, unterseits bleibend graufilzig, Stiel bis 1 cm lang, Nebenblätter undeutlich oder fehlend.
Blüten: Kätzchen 2–4 cm lang, länglich, sitzend, Staubblätter kahl, Fruchtknoten fast sitzend, behaart, Griffel lang, Narben länglich, geteilt, 1 längliche Nektardrüse, Tragblätter dunkelbraun, lang behaart, Mai–Juni, kurz vor dem Blattaustrieb.
Verbreitung: N-Europa, südl. bis Polen, W-Sibirien.
Verwendung: Selten, WHZ 4, LB 1.2.1.6.

S. livida Wahlenb. = *S. starkeana*

Salix lucida Muhl., Glanz-Weide

Habitus: Strauch oder bis 6 m hoher Baum, Zweige braun, glänzend, kahl.
Blätter: Eiförmig-lanzettlich bis lanzettlich, 5–12 cm lang, sehr lang zugespitzt, Basis breit keilförmig bis abgerundet, drüsig gesägt, beiderseits glänzend, kahl, oberseits

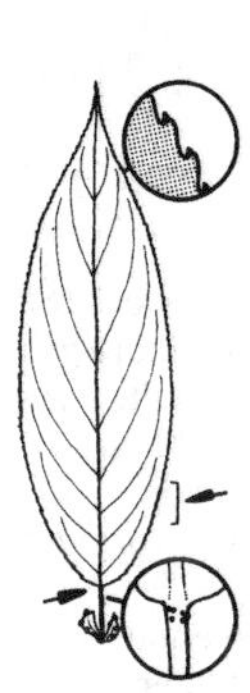
Salix lucida

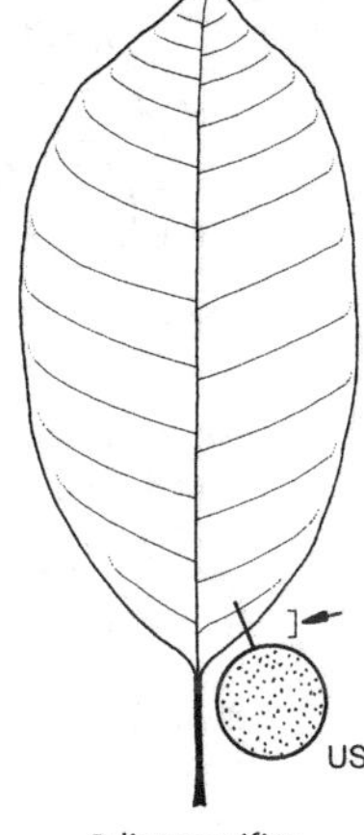

Salix magnifica

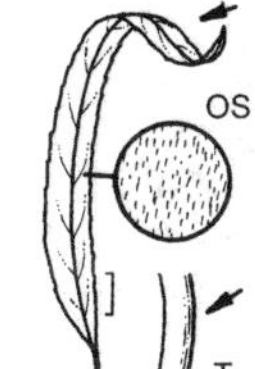

Salix matsudana 'Tortuosa'

dunkelgrün, unterseits heller, Stiel 0,6–1,2 cm lang, Nebenblätter halbherzförmig, sehr drüsig.
Blüten: Kätzchen 3–7 cm lang, zylindrisch, Staubblätter meist 3(–5). Staubbeutel goldgelb, Fruchtknoten kahl, Narben fast sitzend, Tragblätter gelblich, behaart, Mai, mit dem Blattaustrieb.
Verbreitung: O-Kanada, NO- und NOZ-USA.
Verwendung: Sehr selten, WHZ 3, LB 1.1.3.4.

Salix magnifica Hemsl., Pracht-Weide

Habitus: Strauch oder bis 6 m hoher, straff aufrechter, wenig verzweigter Baum, Zweige dick, in der Jugend wie die Winterknospen purpurn, später rot.
Blätter: Ledrig, elliptisch bis verkehrteiförmig, 10–25 cm lang, kurz zugespitzt, Basis abgerundet bis fast herzförmig, ganzrandig, oberseits graugrün, unterseits blaugrün, Mittelrippe und der 1–3,5 cm lange Stiel rötlich, Nebenblätter fehlend oder sehr klein.
Blüten: Kätzchen sehr ansehnlich, 10–25 cm lang, schmal zylindrisch, Staubbeutel anfangs purpurn, später gelb, Fruchtknoten kahl, Tragblätter kahl, Mai, mit dem Blattaustrieb.
Verbreitung: W-China; nach der Roten Liste der Weltnaturschutzunion als stark gefährdet eingestuft.
Verwendung: Selten, B, WHZ 7a, LB 7.1.1.4.

Salix matsudana Koidz., Peking-Weide

Habitus: Bis 13 m hoher Baum, Äste aufrecht oder abstehend, Zweige aufrecht bis hängend, anfangs sehr fein behaart, bald kahl und gelblich bis olivgrün.
Blätter: Länglich bis lanzettlich, 5–8 cm lang, lang zugespitzt, Basis abgerundet, selten keilförmig, scharf drüsig gesägt, oberseits frischgrün, unterseits bläulich bis weißlich, anfangs locker seidig behaart, bald kahl, Stiel 2–8 mm lang, Nebenblätter lanzettlich, oft fehlend.
Blüten: Kätzchen 1–1,5 cm lang, Staubblätter an der Basis behaart, Fruchtknoten fast sitzend, kahl, Griffel fehlend oder sehr kurz, Narben sitzend oder sehr kurz gestielt, 2 Nektardrüsen, Tragblätter eiförmig, stumpf, gelbgrün, April.
Verbreitung: N-China, Korea, Mandschurei, O-Sibirien.
Verwendung: Sehr selten (häufig die Sorte 'Tortuosa'), N, Bi, WHZ 5b, LB 2.5.2.3.

'Pendula'. Bis 10 m hoher Baum, Krone unregelmäßig, Äste ausgebreitet bis überhängend, Zweige lang, dünn, schleppenartig herabhängend.

'Tortuosa', Korkenzieher-Weide. Wuchs in der Jugend straff aufrecht, im Alter so hoch wie die Art, Zweige und Blätter korkenzieherartig gewunden.

'Umbraculifera'. Meist hochstämmig veredelt. Krone dicht verzweigt, anfangs ± kugelig, später abgeflacht bis schirmförmig. In Bejing und Umgebung häufig an Straßen und Plätzen.

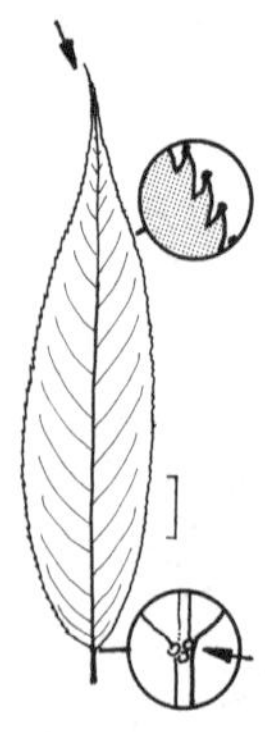

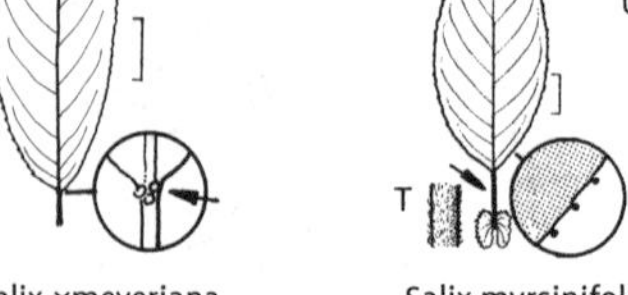

Salix ×meyeriana

Salix myrsinifolia

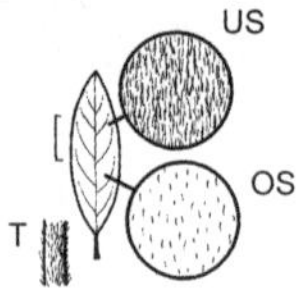

Salix myrsinites

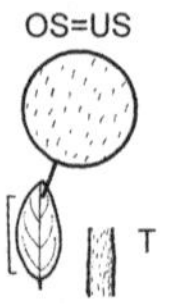

Salix myrtilloides

Salix ×meyeriana Rostk. ex Willd., Zerbrechliche Lorbeer-Weide

(*S. fragilis* × *S. pentandra*)

Habitus: Großstrauch oder breitkroniger Kleinbaum, ähnlich *S. pentandra*, aber oft höher als diese, Zweige kahl, glänzend braun.
Blätter: Dünner als bei *S. pentandra*, schmal eiförmig-elliptisch oder breit lanzettlich, 5–12 cm lang, zugespitzt, dicht drüsig gezähnt, oberseits glänzend dunkelgrün, unterseits heller, Nebenblätter fehlend oder hinfällig.
Blüten: Kätzchen zylindrisch, 4–5 cm lang, mit dem Blattaustrieb.
Verbreitung: Europa.
Verwendung: Häufig, WHZ 5b, LB 1.2.2.4.

S. melanostachys Makino = *S. gracilistyla* 'Melanostachys'

Salix myrsinifolia Salisb., Schwarze Weide, Schwarzwerdende Weide

Habitus: Bis 5 m hoher, dicht verzweigter Strauch, selten kleiner Baum, Zweige dunkelbraun bis schwarzgrau oder rötlich, Triebe kurz samtig behaart, bisweilen auch ± kahl.
Blätter: Rundlich oder elliptisch bis lanzettlich, 2–8 cm lang, kurz zugespitzt, Basis abgerundet bis keilförmig, unregelmäßig oder wellig gesägt oder drüsig gezähnt, oberseits dunkelgrün und oft glänzend, ± kahl, unterseits behaart oder kahl, ± grauweiß bereift die Spitze grün, Nervenpaare 7–10, Stiel 1–2 cm lang, Nebenblätter groß, nieren- oder schief eiförmig, Blätter beim Trocknen schwarz werdend.
Blüten: ♂ Kätzchen bis 2 cm lang, ♀ Kätzchen bis 4 cm lang, auf kurzen, beblätterten Stielen, Staubblätter an der Basis behaart, Staubbeutel rot, Fruchtknoten kahl, lang gestielt, Griffel lang, Narben kurz, geteilt, seitwärts gebogen, 1 Nektardrüse, Tragblätter an der Basis hell, an der Spitze braun oder schwarz, lang behaart, April–Mai, kurz vor oder mit dem Blattaustrieb.
Verbreitung: Europa (ausgenommen Iberische Halbinsel), W- und O-Sibirien.
Verwendung: Sehr selten, WHZ 4, LB 2.2.4.5 (1.2.3.5).

Salix myrsinites L., Heidelbeerblättrige Weide

Habitus: Bis 0,6 m hoher, niederliegender oder ausgebreiteter Strauch, Zweige kurz, knotig, dünn, anfangs behaart, später rotbraun und glänzend.
Blätter: Elliptisch oder verkehrteiförmig bis lanzettlich, 1–5 cm lang, an beiden Enden spitz, fein drüsig gesägt, anfangs seidig behaart, später beiderseits grün und glänzend, Nervatur weitmaschig, beiderseits deutlich hervortretend, Stiel 1–3 mm lang, Nebenblätter schwach entwickelt.
Blüten: Kätzchen 4–5 cm lang, auf beblätterten Stielen, an den Triebspitzen gedrängt, Staubblätter kahl, vor dem Aufblühen violett, Fruchtknoten gestielt, fast kahl oder ± behaart, Griffel verlängert, zuweilen an der Spitze geteilt, Narben geteilt, violett, seitwärts gebogen, 1 längliche, rosafarbene Nektardrüse, Tragblätter rötlich, am oberen Saum schwärzlich, locker behaart, Juni, mit dem Blattaustrieb.
Verbreitung: N-Europa, Sibirien, Russ. Ferner Osten, Mongolei.
Verwendung: Sehr selten, WHZ 5a, LB 8.1.3.7.

Salix myrtilloides L., Heidelbeer-Weide, Moor-Weide

Habitus: Bis 0,6 m hoher Strauch, oft mit niedergedrückten, wurzelnden Ästen, Triebe rotbraun, zunächst kurz behaart, später kahl.
Blätter: Elliptisch bis lanzettlich, 1,5–4 cm

lang, kurz zugespitzt, Basis fast herzförmig, ganzrandig oder sehr fein gezähnt, beiderseits kahl, oberseits sattgrün, unterseits blaugrün, deutlich netznervig, Stiel 3 mm lang, Nebenblätter meist fehlend.
Blüten: Kätzchen 1–2,5 cm lang, zylindrisch, Stiel lang, mit 4–6 den Normalblättern ähnlichen Blättchen, Staubblätter kahl, Staubbeutel rot, Fruchtknoten lang gestielt, kahl, Narben kurz, ungeteilt, 1 längliche Nektardrüse, Tragblätter klein, dünnhäutig, einfarbig gelblich grün, mit purpurrotem Saum, spärlich behaart, Mai–Juni, mit dem Blattaustrieb.
Verbreitung: M-, N- und O-Europa, Sibirien, Russ. Ferner Osten, Japan.
Verwendung: Sehr selten, WHZ 4, LB 1.1.1.7 (7.2.3.7).

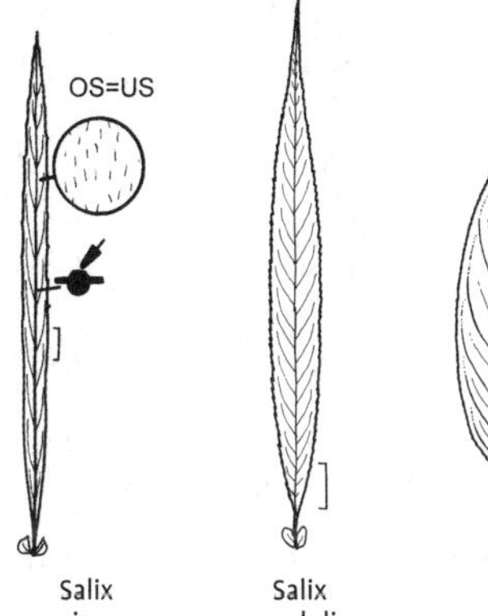

Salix nigra Marshall, Amerikanische Schwarz-Weide

Habitus: Bis 20 m hoher Baum, Borke rau, dunkelbraun, Triebe gelblich bis dunkelbraun, in der Jugend etwas behaart.
Blätter: Lanzettlich bis linealisch-lanzettlich, 6–13 cm lang, lang zugespitzt, Basis keilförmig, fein gesägt, oberseits grün, unterseits hellgrün, nur auf den Nerven manchmal behaart, Stiel 3–6 mm lang, Nebenblätter breit halbherzförmig.
Blüten: Kätzchen 3–8 cm lang, zylindrisch, auf beblätterten Stielen, Staubblätter 3–7, Fruchtknoten deutlich gestielt, kahl, Narben fast sitzend, Tragblätter hellgelb, flaumig behaart, April–Mai, mit dem Blattaustrieb.
Verbreitung: O-Kanada, NO-, NOZ-, Z- und SO-USA, NO-Mexiko.
Verwendung: Sehr selten, ⚕, WHZ 4, LB 2.2.3.3.

S. nigricans Sm. = *S. myrsinifolia*

Salix ×pendulina Wender., Wisconsin-Trauer-Weide

(*S. baylonica* × *S. fragilis*)

Habitus: Bis 12 m hoher, breitkroniger Baum, Äste abstehend bis bogenförmig ausgebreitet, Zweige lang, hängend, olivbraun, kahl, an der Basis leicht brüchig, Borke tief gefurcht.
Blätter: Lanzettlich, 10–12 cm lang, lang zugespitzt, Basis keilförmig, drüsig gesägt, oberseits glänzend dunkelgrün, unterseits blaugrün, Nebenblätter eiförmig oder fehlend.
Blüten: Kätzchen 2–3 cm lang, schlank, auf kurzen, beblätterten Stielen, Fruchtknoten kahl bis behaart, April–Mai, mit dem Blattaustrieb.
Verwendung: Selten, WHZ 5b, LB 2.1.2.3.

'Blanda'. Kleiner bis mittelgroßer, sehr breitkroniger Baum, Zweige weniger stark hängend als bei *S. ×pendulina*. Blätter lanzettlich, kahl, Nebenblätter vorne scharf zugespitzt. Fruchtknoten kahl, gestielt.

'Elegantissima'. Im Habitus wie 'Blanda', aber Zweige stark hängend. Nebenblätter weniger stark zugspitzt. Fruchtknoten sehr spärlich behaart, sehr kurz gestielt.

Salix pentandra L., Lorbeer-Weide

Habitus: Strauch oder bis 15 m hoher Baum, Borke grau, grob längsrissig, Triebe gelb bis rötlich braun, kahl, glänzend, im Frühjahr an der Spitze oft klebrig und balsamisch duftend.
Blätter: Elliptisch bis lanzettlich, 4–10 cm lang, meist kurz zugespitzt, Basis keilförmig bis abgerundet, regelmäßig fein drüsig gesägt, Nervenpaare 13–20(–25), beiderseits kahl, oberseits glänzend grün, unterseits heller, Stiel 0,6–1 cm lang, Mittelrippe gelb, schwach glänzend, Blattstiel am Spreitenansatz mit 4–10 klebrigen, balsamisch duftenden Drüsen, Nebenblätter undeutlich oder fehlend.
Blüten: Kätzchen 3–5 cm lang, zylindrisch, ± bogig überhängend, auf 5 cm langen, beblätterten Stielen, nach Honig riechend, Staubblätter 4–8, an der Basis stark behaart, Fruchtknoten kurz gestielt, kahl, Griffel kurz,

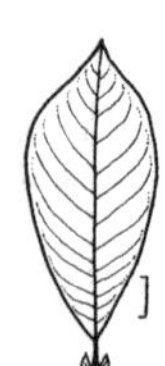
Salix phylicifolia

Salix purpurea subsp. purpurea

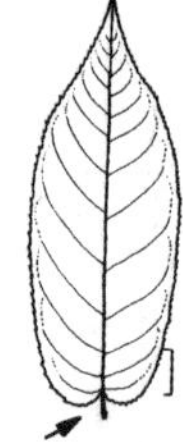
Salix pyrifolia

Narben dick, geteilt, seitwärts gebogen, Tragblätter groß, einfarbig hellgelb, am Grund ± dicht behaart, Nektardrüsen groß, die Blüte umfassend, oft in breitere oder schmalere Teile gespalten, Mai–Juni, nach dem Blattaustrieb.
Verbreitung: Europa, Türkei, Kaukasien, W- und O-Sibirien, Russ. Ferner Osten, Mongolei, W-China.
Verwendung: Häufig, WHZ 4, LB 1.2.2.4 (2.1.3.3).

Salix phylicifolia L., Teeblättrige Weide, Grün-Weide

Habitus: Bis 4 m hoher Strauch, Triebe kahl oder nur schwach behaart, gelblich bis braun, ± glänzend.
Blätter: Derb, elliptisch oder verkehrteiförmig bis lanzettlich, 3–8 cm lang, spitz oder kurz zugespitzt, Basis abgerundet oder keilförmig, ganzrandig oder leicht gesägt, oberseits glänzend grün, unterseits blau- bis graugrün, kahl oder anfangs behaart, Nervenpaare 9–12, Stiel 0,8–1 cm lang, Nebenblätter halbherzförmig, klein oder fehlend.
Blüten: Kätzchen 1–4 cm lang, länglich-elliptisch, fast sitzend, Staubblätter an der Basis behaart, Fruchtknoten kurz gestielt, behaart, Griffel deutlich, Narben geteilt, seitwärts gebogen, Tragblätter dunkelbraun bis schwarz, lang behaart, 1 Nektardrüse, Mai, kurz vor dem Blattaustrieb.
Verbreitung: N-Europa, N-Russland, Kaukasien, W- und O-Sibirien.
Verwendung: Häufig, WHZ 5a, LB 8.1.3.5.

Salix purpurea L. **subsp. purpurea**, Purpur-Weide

Habitus: Bis 6 m hoher Strauch, selten baumförmig, Zweige dünn, straff, biegsam, gelblich oder bräunlich, oft auch purpurrot, höchstens ganz jung leicht behaart, sonst kahl.
Blätter: An der Triebbasis (schief) gegenständig, sonst durchweg wechselständig, verkehrteiförmig-lanzettlich, 3–12 cm lang, kurz zugespitzt, Basis keilförmig, oberhalb der Mitte fein gesägt, oberseits grün, unterseits blau- bis graugrün, kahl oder anfangs behaart, Nervenpaare 20–25, Stiel 2–8 mm lang, Nebenblätter fehlend.
Blüten: Kätzchen 2–5 cm lang, zylindrisch, oft gekrümmt, sitzend, die 2 Staubblätter verwachsen, Staubbeutel vor dem Aufblühen purpurrot, später gelb, Fruchtknoten sitzend, behaart, Griffel kaum sichtbar, Narben kopfig, sitzend, 1 längliche Drüse, Tragblätter am Grund hell, sonst schwarz, lang behaart, März–April, vor dem Blattaustrieb.
Verbreitung: W-, S- und M-Europa, N-Afrika, Türkei, Palästina, N-Iran, M-Asien, China, Japan.
Verwendung: Sehr häufig (u. a. als Flecht- und Bindeweide), N, Bi, ⚕, WHZ 5a, LB 2.2.3.4.

'Gracilis' = 'Nana'

'Nana'. ♀ Sorte. Wuchs gedrungen, dicht verzweigt, Zweige dünn, biegsam. Blätter 5–7 cm lang, schmal lanzettlich.

'Pendula'. Wuchs zwergig, bis 0,6 m hoch, oft hochstämmig veredelt, die sehr dünnen Zweige dann bogig überhängend.

subsp. lambertiana (Sm.) A. Neumann ex Rech. f., Lambert-Weide. Zweige dicker als bei subsp. *purpurea*. Blätter fast schon von der Basis an gesägt. Oft ganze Triebe gegenständig beblättert. Mehr im südl. Teil des Areals.

Salix pyrifolia Andersson, Balsam-Weide

Habitus: Bis 5 m hoher Strauch, Triebe kahl, glänzend rotbraun, oder gelblich.
Blätter: Eiförmig bis lanzettlich, 4–10 cm lang, spitz, Basis fast herzförmig bis abgerundet, leicht kerbig gesägt, oberseits dunkelgrün, unterseits blaugrün, netznervig, kahl, Stiel 0,6–1,5 cm lang, Nebenblätter fehlend oder klein, Herbstfärbung goldgelb.
Blüten: Kätzchen 3–5 cm lang, gestielt, Fruchtknoten gestielt, kahl, Narben sitzend, Tragblätter gelb oder rötlich braun, behaart, April, mit dem Blattaustrieb.
Verbreitung: Alaska, Kanada, NO- und NOZ-USA.
Verwendung: Sehr selten (sehr häufig in der folgenden Form), H, WHZ 4, LB 7.2.3.4.

'Masr'. 2–3 m hoher, breitwüchsiger, früh

austreibender Strauch. Zweige niederliegend oder aufstrebend, bei Bodenkontakt wurzelnd, dann dickichtartig ausgebreitet. Herbstfärbung auffallend goldgelb. Häufig für flächige Pflanzungen im Straßenbegleitgrün eingesetzt.

Salix repens subsp. repens

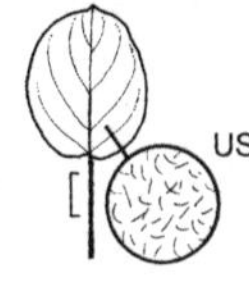

Salix reticulata

Salix retusa

Salix repens L. **subsp. repens**, Gewöhnliche Kriech-Weide

Habitus: Bis 1,5 m hoher, sehr veränderlicher Strauch, Äste z. T. unterirdisch kriechend, Zweige ± straff aufrecht, Triebe dünn, grau bis rotbraun, wie die Knospen kurz anliegend hell behaart, selten verkahlend.
Blätter: Elliptisch bis lanzettlich, 1–5 cm lang, an beiden Enden spitz oder an der Basis abgerundet, ganzrandig, selten mit einigen Zähnen, oberseits dunkelgrün, schwach glänzend, ± behaart, im Alter oft völlig verkahlend, unterseits graugrün bis grün, mit ± dichter, parallel zu den Seitennerven gerichteter, anliegend seidiger Behaarung, Nervenpaare 4–6, Stiel 2–3 mm lang, Nebenblätter lanzettlich, nur an Langtrieben vorhanden.
Blüten: Kätzchen bis 3 cm lang, zylindrisch, kurz gestielt, Staubbeutel anfangs purpurrot, später gelb, Fruchtknoten lang gestielt, behaart, Narben geteilt, rot oder gelb, Tragblätter am Grund hell, an der Spitze purpurn, behaart, Ende April bis Anfang Juni, kurz vor oder mit dem Blattaustrieb.
Verbreitung: W-, M- und N-Europa.
Verwendung: Sehr häufig (u. a. zur Dünenverbauung), N, Bi, WHZ 5a, LB 1.2.1.6 (5.2.3.6).

subsp. *arenaria* (L.) Hiltonen = subsp. *dunensis*
subsp. *argentea* (Sm.) E.G. Camus et A. Camus = *S. repens* subsp. *dunensis*
var. *argentea* (Sm.) Ser. = *subsp. dunensis*

subsp. dunensis Rouy, Dünen-Weide, Sand-Kriech-Weide. Blätter verkehrteiförmig, bis 2,5-mal so breit wie lang, oberseits ± dauernd behaart, Rand spärlich drüsig gezähnt. Dünengebiete im atlantischen Europa: W-Frankreich bis S-Skandinavien; Küsten der Ostsee.

subsp. *rosmarinifolia* (L.) Čelak. = *S. rosmarinifolia*
var. *nitida* Wender. = *S. repens* subsp. *dunensis*
var. *subopposita* (Miq.) Seemen = *S. subopposita*

Salix reticulata L., Netz-Weide

Habitus: Bis 0,2 m hoher Spalierstrauch, Äste und Zweige dem Boden angedrückt, wurzelnd, Triebe ziemlich dick, gelbbraun bis olivgrün, kahl bis schwach behaart.
Blätter: Derb, rundlich bis elliptisch, 1–5 cm lang, Basis herzförmig, im Austrieb ± dicht wollig behaart, später oberseits kahl, dunkelgrün, glänzend, durch eingesenkte Nerven runzelig, unterseits weißgrau bis graugrün, behaart oder verkahlend, Nervatur deutlich hervortretend, Stiel 0,5–1,5 cm lang, Nebenblätter fehlend.
Blüten: Kätzchen 1,5–3 cm lang, zylindrisch, aufrecht auf langen, unbeblätterten Stielen, Staubblätter kahl, Fruchtknoten purpurn, kurz gestielt, dicht behaart, Griffel kurz, Narben dick, geteilt, Tragblätter breit, am Rand rötlich, locker behaart, Nektardrüsen die Blüte fast umfassend, unregelmäßig in breite und schmale Abschnitte gespalten, Juni–Juli. nach der Blattentfaltung.
Verbreitung: Arktisches und subarktisches Europa, Asien und N-Amerika, Gebirge in M-, S- und SO-Europa.
Verwendung: Häufig, WHZ 4, LB 8.1.3.7.

Salix retusa L., Stumpfblättrige Weide

Habitus: Bis 0,2 m hoher, Matten bildender Spalierstrauch, Äste dem Boden angedrückt, wurzelnd, Triebe kahl, braun oder olivgrün.
Blätter: Breit verkehrteiförmig bis elliptisch, 1–2,5 cm lang, Spitze oft leicht ausgerandet, Basis keilförmig, ganzrandig oder mit wenigen kleinen Zähnen, beiderseits fast gleichfarbig grün, glänzend, unterseits nur anfangs auf den Nerven behaart, Stiel etwa 1 mm lang, Nebenblätter fehlend.
Blüten: Kätzchen 1–3 cm lang, eiförmig bis zylindrisch, an beblätterten Stielen, Staubblätter kahl, Staubbeutel rot, Fruchtknoten gestielt, kahl, Griffel sehr kurz, Narben kurz, geteilt, Tragblätter breit, grün, kahl oder mit wenigen Wimperhaaren, ♂ Blüten mit 2 manchmal gelappten Nektardrüsen, ♀ Blüten

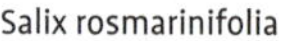

Salix rosmarinifolia

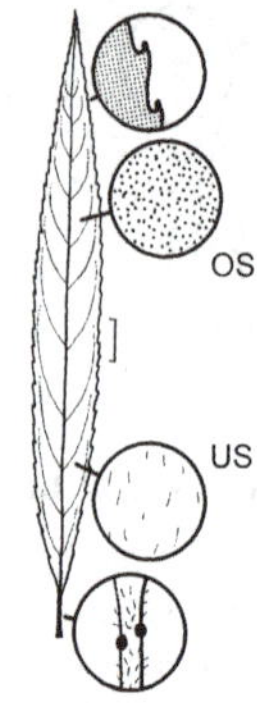

Salix ×rubens

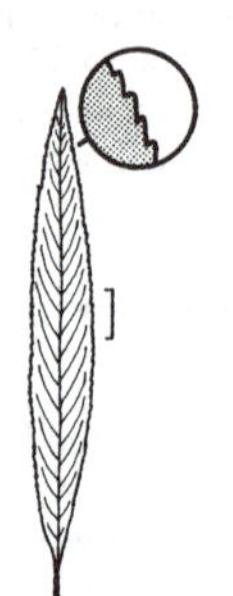

Salix ×rubra

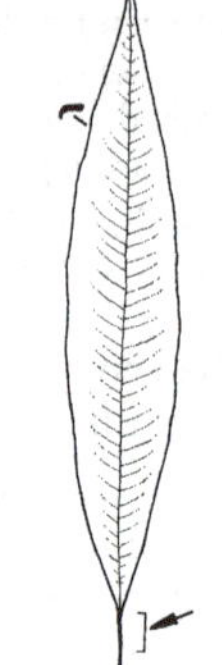

Salix sachalinensis

mit 1 Nektardrüse, Juni–Juli, mit der Blattentfaltung.
Verbreitung: Gebirge in Europa (ausgenommen Britische Halbinsel und Skandinavien).
Verwendung: Häufig, WHZ 4, LB 8.1.3.7.

S. rigida Muhl. = *S. eriocephala*

Salix rosmarinifolia L., Rosmarinblättrige Weide

Habitus: Bis 1,5(–2) m hoher Strauch, Stämme niederliegend, Zweige aufsteigend, bis zum 2. Jahr filzig behaart.
Blätter: Linealisch bis lanzettlich, dünn, 2–5 cm lang, an beiden Enden verjüngt, ganzrandig, oberseits zuletzt kahl und dunkelgrün, unterseits silbrig-seidig behaart, Nervenpaare 12 oder mehr, Nebenblätter meist fehlend.
Blüten: Kätzchen kugelig bis eiförmig, Fruchtknoten stets behaart, gewöhnlich vor dem Blattaustrieb.
Verbreitung: M- und O-Europa, W- und O-Sibirien, M-Asien.
Verwendung: Häufig, WHZ 5a, LB 1.1.1.6.

Salix ×rubens Schrank, Rot-Weide, Fahl-Weide
(*S. alba* × *S. fragilis*)

Habitus: Sehr variabel, meist bis 20 m hoher Baum, in den Merkmalen zwischen den Eltern stehend, dabei Formen, die *S. alba* oder *S. fragilis* ähnlich sind, Zweige lehmfarben gelbgrau, an der Ansatzstelle ± leicht brechend, Triebe zumindest jung leicht behaart.
Blätter: Lanzettlich, 6–15 cm lang, etwas steif, lang und oft etwas schief zugespitzt, Basis abgerundet bis keilförmig, fein drüsig gesägt, oberseits frischgrün, ± kahl, unterseits anliegend seidig behaart, bisweilen völlig verkahlend, meist bläulich grün, Stiel am Übergang zur Blattspreite mit 1–2 Drüsen.
Blüten: Kätzchen 3–6 cm lang, zylindrisch, ♀ Blüten mit 1 oder 2 Nektardrüsen, Tragblätter stumpf, am Saum lang behaart, an der Spitze bärtig, April–Mai, mit oder kurz nach dem Blattaustrieb.
Verbreitung: Europa, Areal weitgehend identisch mit dem von *S. fragilis*.
Verwendung: Häufig, N, WHZ 4, LB 2.2.3.1.

Salix ×rubra Huds., Blend-Weide, Rote Weide
(*S. purpurea* × *S. viminalis*)

Habitus: Bis 6 m hoher Baum oder Strauch, Borke grau gefurcht, Triebe lang, biegsam, gelblich oder braun, anfangs grauhaarig, zuletzt kahl.
Blätter: Verkehrteiförmig-lanzettlich, 4–15 cm lang, an der Triebbasis oft ± gegenständig, im vorderen Teil gesägt, Nervenpaare 20–25, oberseits mattgrün, unterseits blaugrün, behaart bis kahl, Stiel oft mit Drüsen, Nebenblätter klein, hinfällig.
Blüten: Kätzchen 2–5 cm lang, Staubblätter anfangs gerötet, vor dem Blattaustrieb.
Verbreitung: Europa.
Verwendung: Häufig (oft als Kopf- und Flechtweide), WHZ 6b, LB 2.2.3.4.

Salix sachalinensis F. Schmidt, Sachalin-Weide, Amur-Weide

Habitus: Strauch oder bis 5 m hoher Baum, Zweige rötlich oder gelblich braun, glänzend, anfangs grau behaart.

Blätter: Lanzettlich bis schmal lanzettlich, 6–15 cm lang, an beiden Enden zugespitzt, ganzrandig oder gewellt, Rand leicht umgebogen, oberseits glänzend grün, unterseits blaugrün oder weißlich und anfangs leicht anliegend behaart, Nebenblätter klein oder fehlend.
Blüten: Kätzchen 2–5 cm lang, zylindrisch, meist sitzend, Fruchtknoten gestielt, behaart, Griffel und Narben schlank, Tragblätter lanzettlich, vor allem am Rand mit langen, weißen Haaren, April–Mai, vor dem Blattaustrieb.
Verbreitung: O-Sibirien, Russ. Ferner Osten, Japan.
Verwendung: Sehr selten (oft als *S. udensis* und häufiger in der folgenden Form), WHZ 5b, LB 2.3.2.5.

'Sekka', Drachen-Weide. ♂ Sorte. Wuchs strauchig, 3–5 m hoch und breit, Zweige rötlich, oft flach gebändert und kurvenartig gewunden, 5–8 cm breit, Blätter 5–15 cm lang, oberseits glänzend grün, unterseits silbrig, Herbstfärbung gelb. Kätzchen oft zahlreich, bis 5 cm lang, anfangs silbrig, später gelb. Japanische Kulturform.

S. schraderiana Willd. = *S. bicolor*

Salix ×sepulcralis Simonk., Trauerweide

(*S. alba* × *S. babylonica*)

In Wuchs und Habitus wie *S. babylonica*, aber frosthärter. Borke gefurcht, Blattstiele mit Drüsen, Nebenblätter klein oder fehlend. Kätzchen wie bei *S. alba*. Europa (im natürlichen Areal von *S. alba* mehrfach spontan entstanden). WHZ 6b, LB 2.4.2.2.

'Chrysocoma' (*S. alba* var. *vitellina* × *S. babylonica*), Goldene Trauer-Weide, Dotter-Trauer-Weide. Bis 20 m hoher, starkwüchsiger Baum, Zweige gelblich, sehr dünn, schleppenartig herabhängend. Blätter linealisch-lanzettlich, oberseits glänzend grün, unterseits anfangs blaugrün, im Herbst bis zum Frost grün bleibend. Blüten überwiegend ♂, aber auch häufig Kätzchen mit ♂ und ♀ Blüten.

'Erythroflexuosa' (*S.* ×*sepulcralis* 'Chrysocoma' × *S. matsudana* 'Tortuosa'). Kleiner, reich verzweigter, breitkroniger Baum, Äste und Zweige weit bogig überhängend oder abstehend, Zweige hin- und hergebogen, teilweise gedreht oder gewunden (weniger stark als bei *S. matsudana* 'Tortuosa'), Rinde

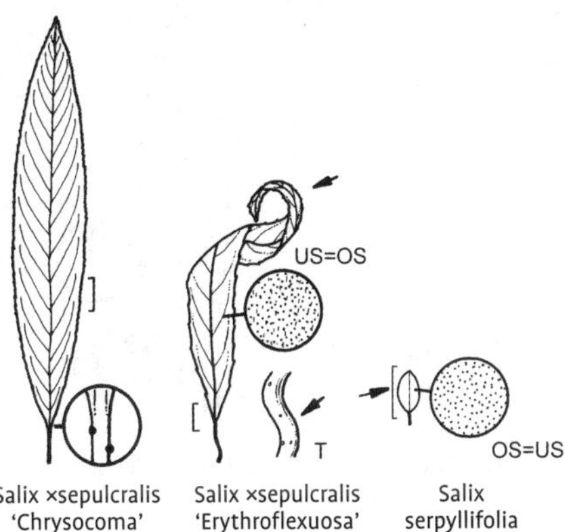

Salix ×sepulcralis 'Chrysocoma' · Salix ×sepulcralis 'Erythroflexuosa' · Salix serpyllifolia

goldgelb bis orange. Blätter etwa 10 cm lang, länglich-lanzettlich, kraus, oft gedreht.

Salix serpyllifolia Scop., Quendelblättrige Weide

Habitus: Winziger Spalierstrauch, Zweige dünn, eng dem Boden angedrückt, wurzelnd.
Blätter: An den Sprossenden fast rosettenartig gedrängt, eiförmig bis lanzettlich, 0,4–1 cm lang, ganzrandig, kahl, Stiel etwa 5 mm lang, Nebenblätter fehlend.
Blüten: Kätzchen bis 5 mm lang, mit 4–7 Blüten, an kurzen, beblätterten Stielen, Staubblätter kahl, Fruchtknoten kurz gestielt, kahl, Griffel kurz, Narben kurz, ungeteilt, ♂ Blüten mit 2 Nektardrüsen, ♀ Blüten mit 1 Nektardrüse, Tragblätter breit, hellgrün, kahl, Juni–Juli, mit der Blattentfaltung.
Verbreitung: Subalpine und alpine Stufe der Alpen.
Verwendung: Selten, WHZ 4, LB 8.1.3.7.

S. sibirica Pall. var. *subopposita* C.K. Schneid. = *S. subopposita*

Salix ×simulatrix F.B. White

(*S. arbuscula* × *S. herbacea*)

Habitus: Kriechender Zwergstrauch, Zweige flach dem Boden aufliegend, Triebe braun, nur anfangs etwas behaart, Winterknospen groß.
Blätter: Eiförmig bis rundlich, 1–5 cm lang, ganzrandig bis schwach gekerbt, beiderseits glänzend dunkelgrün.
Blüten: Kätzchen klein, hellgelb, sehr zahlreich, auf beblätterten Stielen, in Kultur nur ♂ Pflanzen.

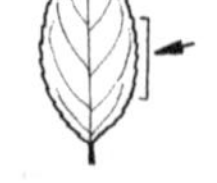

Salix ×simulatrix

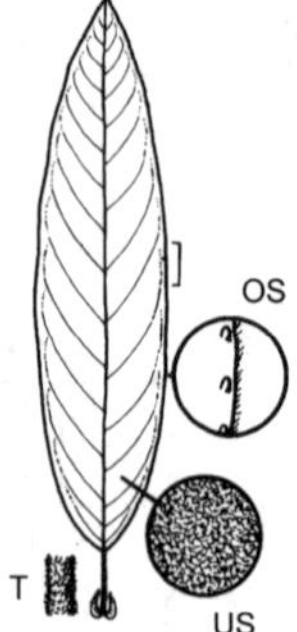

Salix ×smithiana

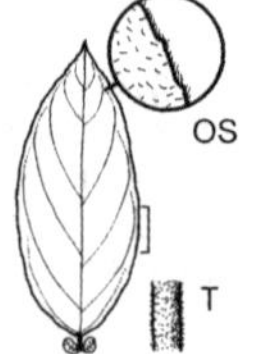

Salix starkeana

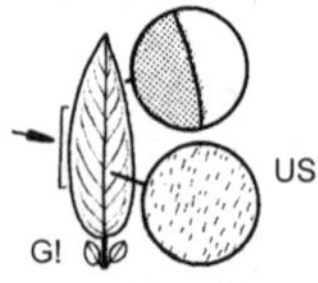

Salix subopposita

Verbreitung: Herkunft unbekannt, vermutlich Schweiz.
Verwendung: Selten, WHZ 5a, LB 8.1.3.7.

Salix ×smithiana Willd., Kübler-Weide

(*S. caprea* × *S. viminalis*)

Habitus: Strauch oder bis 10 m hoher Baum, Zweige straff aufrecht, Holz 2- bis 3-jähriger Zweige ohne Striemen, Triebe ziemlich dick, anfangs stark filzig behaart, später kahl, rötlich braun.
Blätter: Lanzettlich, 6–12 cm lang, kurz zugespitzt, ganzrandig bis schwach gezähnt, oberseits dunkelgrün, unterseits weich grau behaart, zuletzt nahezu kahl, Nervenpaare 15–20, Nebenblätter groß, eiförmig, zugespitzt.
Blüten: Kätzchen 2–4 cm lang, eiförmig, fast sitzend, Fruchtknoten behaart, Narben schmal länglich, so lang wie der Griffel, Tragblätter an der Spitze dunkel, silbrig-seidig behaart, März–April, vor dem Blattaustrieb.
Verbreitung: Europa.
Verwendung: Häufig (vor allem als Bienenweide und „Palmkätzchenweide"), B, Bi, WHZ 5a, LB 2.5.3.4.

Salix starkeana Willd., Bleiche Weide

Habitus: Bis 1 m hoher, niederliegender bis bogig aufsteigender Strauch, Triebe gelblich oder braun bis purpurrot, nur anfangs etwas behaart, bald kahl.
Blätter: Verkehrteiförmig, 2–5 cm lang, kurz zugespitzt, zur Basis hin verschmälert, ganzrandig oder wellig gekerbt, anfangs behaart, rasch kahl, oberseits oft bleibend fein behaart, im Austrieb rötlich, später oberseits schwach glänzend dunkelgrün, unterseits matt bläulich grün, Nervenpaare 6–8, Stiel 5 mm lang, Nebenblätter breit elliptisch bis halbnierenförmig.
Blüten: Kätzchen 1–3 cm lang, ellipsoid auf bis 1 cm langen, beblätterten Stielen, fast kahl, Fruchtknoten lang gestielt, dicht behaart, Griffel deutlich, Narben geteilt, Tragblätter gelblich oder bräunlich, kahl, nur am Rand lang bärtig, 1 Nektardrüse, April–Mai, kurz vor dem Blattaustrieb.
Verbreitung: Skandinavien, M-Europa (hier nur wenige Reliktvorkommen in S-Deutschland), O-Europa, N-Asien.
Verwendung: Sehr selten, WHZ 5a, LB 1.2.3.6.

Salix subopposita Miq., Japanische Zwerg-Weide

Habitus: Etwa 0,3 m hoher, kurztriebiger Strauch, Zweige zahlreich, dünn, in der Jugend dicht grau behaart.
Blätter: Sehr dicht stehend, oft gegenständig, breit lanzettlich bis schmal länglich, 3–4 cm lang, spitz, ganzrandig, oberseits kahl oder nahezu kahl, Nervatur leicht eingesenkt, unterseits bläulich grün, anfangs dicht, später spärlich anliegend graugelb behaart, Stiel 1–5 mm lang, Nebenblätter eiförmig.
Blüten: Kätzchen 1–3 cm lang, eiförmig, Fruchtknoten ziemlich dicht grauhaarig, Griffel fast fehlend, Narben kurz, geteilt, Tragblätter länglich, abgerundet, seidig behaart, April–Mai, vor dem Blattaustrieb.
Verbreitung: Japan, Korea.
Verwendung: Sehr selten, WHZ 6a, LB 7.2.3.7.

Salix triandra L. **subsp. triandra**, Mandel-Weide

Habitus: Bis 8 m hoher, sehr breitwüchsiger Strauch oder Baum, Borke sich flächig lösend, junge Rinde dann zimtbraun, Triebe anfangs etwas behaart, bald kahl und gelbgrün, rötlich oder rotbraun.
Blätter: Schmal elliptisch bis lanzettlich, 5–10 cm lang, gleichmäßig zugespitzt, Basis keilförmig, regelmäßig fein drüsig gesägt, nur im Austrieb behaart, sonst kahl, oberseits dunkelgrün und oft glänzend, unterseits heller blaugrün, Nervenpaare 15–25, Stiel 0,5–1,2 cm lang, am Übergang zur Spreite oft mit 1–2 Drüsen, Nebenblätter groß, nieren- bis halbherzförmig, bleibend.
Blüten: Kätzchen bis 8 cm lang, schlank zylindrisch, auf etwa 2 cm langen, beblätterten Stielen, Staubblätter meist 3, an der Basis behaart, Fruchtblätter gestielt, kahl, Griffel kurz, Narben dick, nicht geteilt, seitwärts gebogen, Tragblätter einfarbig gelblich, dünnhäutig, nur an der Basis lang behaart, ♂ Blüten mit 2 Nektardrüsen, ♀ Blüten mit 1 Nektardrüse, April–Mai, mit dem Blattaustrieb.
Verbreitung: Europa, Türkei, Kaukasien, Iran, Irak, Afghanistan, W- und O-Sibirien, Russ. Ferner Osten, Mongolei, China, Mandschurei, Japan.
Verwendung: Häufig (wichtige Korbweide), N, WHZ 4, LB 2.2.2.4.

subsp. amygdala (L.) Schübl. et Martens. Blätter unterseits bläulich oder grauweiß, Blattstieldrüsen schwach entwickelt, Nervenpaare 15–20. In W-Europa weiter östl. als subsp. *triandra*, vor allem in kontinentaler geprägten Gebieten.

S. triandra subsp. *discolor* (W.D.J. Koch) Arcang. = *S. triandra* subsp. *amygdala*
S. udensis Trautv. et C.A. Mey. = *S. sachalinensis*
S. variegata Franch. = *S. bockii*

Salix viminalis L., Korb-Weide, Hanf-Weide

Habitus: Strauch oder bis 10 m hoher Baum, Borke im Alter längsrissig, Zweige rutenartig schlank, aufrecht-abstehend, Triebe dunkel olivgrün bis graubraun oder gelbbraun, anfangs, wie die Winterknospen, dicht filzig behaart, später kahl.

Salix triandra subsp. triandra

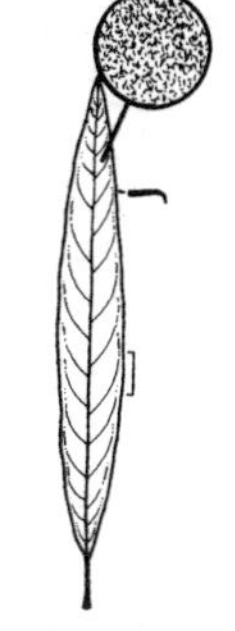

Salix viminalis

Blätter: Schmal lanzettlich bis linealisch, 6–17 cm lang, lang zugespitzt, Basis keilförmig, ganzrandig, Rand etwas umgerollt, wellig, mit vereinzelten drüsigen Zähnen, oberseits dunkelgrün, unterseits dicht anliegend und seidig glänzend behaart, Mittelnerv stark hervortretend, Nervenpaare etwa 30, Stiel 0,4–1,2 cm lang, Nebenblätter nur an kräftigen Langtrieben, sonst klein oder fehlend.
Blüten: Kätzchen 3–4 cm lang, ± gedrungen, kurz gestielt, Staubblätter kahl, Fruchtknoten sitzend, behaart, Griffel sehr lang, Narben lang, geteilt, aufwärts gerichtet, Tragblätter am Grund hell, sonst schwarz, ganzflächig lang bärtig behaart, 1 lange, schmale Nektardrüse, März–April, vor dem Blattaustrieb.
Verbreitung: M-, OM- und O-Europa, W- und O-Sibirien, Mongolei, China (Xinjiang), Japan.
Verwendung: Sehr häufig (als Kopf- und Bindeweide in zahlreichen Rassen), N, Bi, WHZ 4, LB 2.2.3.4.

S. vitellina L. = *S. alba* var. *vitellina*
S. wehrhahnii Bonstedt = *S. hastata* 'Wehrhahnii'

Salvia L.

Salbei – Lamiaceae
(lateinisch *salvia* = Salbei)

Habitus: Überwiegend Stauden, nur wenige Halb- oder Kleinsträucher.
Blätter: Gegenständig, ganzrandig, gezähnt, eingeschnitten oder fiederschnittig, reich an ätherischen Ölen.
Blüten: Zwittrig, zygomorph, zu mehreren in

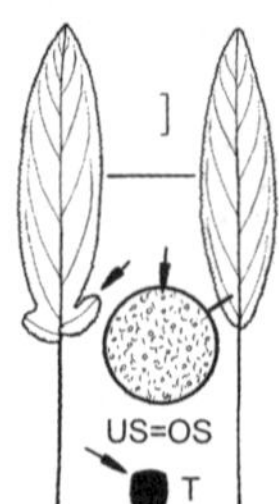

Salvia officinalis

den Achseln von Hochblättern, Blütenquirle bildend, die zu ährenförmigen, traubigen oder rispigen Ständen vereint sind, 5-zählig, Kelch und Krone 2-lippig, 2 Kronblätter bilden die helmartige Oberlippe, 3 die Unterlippe, Staubblätter 2, Fruchtknoten 2-fächrig, durch zusätzliche Scheidewände in 4 Klausen geteilt.
Früchte: Klausen eiförmig-kugelig, 3 mm groß, glatt, glanzlos, von dem 1–1,2 cm langen, 15-rippigen Kelch umgeben.
Verbreitung: Etwa 800–900 Arten mit kosmopolitischer Verbreitung.
Verwendung: Unter den verholzenden Arten ist bei uns nur die folgende ausreichend frosthart. Sie wurde schon im Altertum als Gewürz- und Heilpflanze angebaut.

Salvia officinalis L., Echter Salbei, Garten-Salbei

Habitus: Bis 0,6 m hoher, grünfilzig behaarter, aromatisch duftender Halbstrauch.
Blätter: Z. T. wintergrün, schmal elliptisch, 3–8 cm lang, Basis stumpf oder verschmälert, runzelig, fein gekerbt bis ganzrandig, z. T. an der Basis mit 2 Lappen, anfangs dicht graufilzig behaart, ± verkahlend, Stiel bis 2,5 cm lang.
Blüten: Etwa 1,5 cm lang, in 4- bis 10-blütigen Quirlen, zu langen, unterbrochenen Scheinähren vereint, Kelch fast glockig, mit spitzen Zähnen, Krone hellviolett, röhrig, Juli.
Verbreitung: SO-Europa, im Mittelmeergebiet, ZM-Europa und N-Amerika etabliert.
Verwendung: Häufig (mit einigen Sorten), N, B, D, ⚕, WHZ 7a, LB 6.1.2.8.

Sambucus L.

Holunder – Adoxaceae
(lateinisch *sambucus* und *sabucus* = Holunder)

Habitus: Sommergrüne Sträucher oder kleine Bäume, seltener krautige Pflanzen, Zweige dick, Lentizellen groß, Mark voll, weiß oder cremefarben, Endknospen gelegentlich fehlend, Knospenschuppen nicht dicht deckend, sich schon im Winter leicht öffnend.
Blätter: Gegenständig, unpaarig gefiedert, gesägt.
Blüten: Zwittrig, radiär, in vielblütigen, endständigen, flachen Trugdolden oder Rispen, 5-zählig, Kelch klein, 5-lappig, Krone weiß oder gelblich weiß, radförmig, tief gelappt, mit eiförmigen bis länglich-lanzettlichen Zipfeln, Staubblätter 5, am Grund der Kronröhre eingefügt, Fruchtknoten unterständig, 3- bis 5-fächrig.
Früchte: Steinfrüchte ± kugelig, saftreich, beerenähnlich, mit 3–5, ± 3-kantigen Steinkernen, Kelch bleibend.
Verbreitung: 9 Arten in temperierten und subtropischen Zonen von Amerika, Eurasien, Afrika, S-Amerika, O-Australien und Tasmanien, 3 Arten in Europa.
Verwendung: Meist für Eingrünungen, Hecken, Misch- und Schutzpflanzungen, Sorten von *S. nigra* auch zur Fruchtgewinnung genutzt.

Bestimmungsschlüssel Sambucus

1 Junge Triebe mit 2 bläulichen Ringen an den Knoten, Pflanze borstig behaart . . . . *S. sieboldiana*
– Triebe ohne solche Ringe, Pflanze nicht borstig behaart 2
2 Triebe anfangs bläulich bereift, Blättchen unterseits blaugrün, an der Basis sehr asymmetrisch . . . . *S. caerulea*
– Triebe unbereift, Blätter unterseits nicht blaugrün, ± symmetrisch 3
3 Triebe nur mit wenigen (großen) Lentizellen . . . . *S. canadensis*
– Triebe mit zahlreichen Lentizellen 4
4 Mark weiß, Blättchen gerieben unangenehm riechend . . . . *S. nigra*
– Mark zimtbraun, Blättchen aromatisch riechend . . . . *S. racemosa*

Sambucus caerulea Raf., Blauer Holunder

Habitus: Bis 15 m hoher Strauch oder Baum, Zweige dünn, kahl, anfangs etwas bläulich bereift.

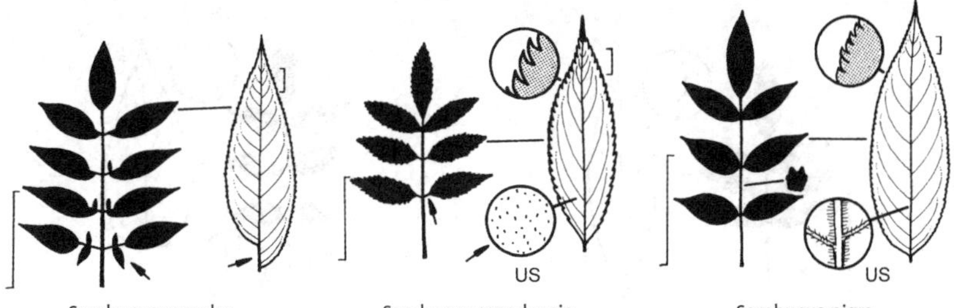

Sambucus caerulea   Sambucus canadensis   Sambucus nigra

Blätter: Bis 25 cm lang, Blättchen 5–7(–9), länglich bis lanzettlich, 6–15 cm lang, Basis stark asymmetrisch, grob gesägt, oberseits hellgrün, unterseits blaugrün, kahl.
Blüten: In 5-strahligen, 5–10 cm breiten, etwas gewölbten Trugdolden, Krone gelblich weiß, Juni–Juli.
Früchte: 4 mm dick, blauschwarz, stark weißlich bereift, Fruchtstandsachsen rot.
Verbreitung: W-Kanada, NW- und SW-USA, Rocky Mts.
Verwendung: Selten, N, ♧, ☠, WHZ 5b, LB 2.5.2.4.

Sambucus canadensis L.,
Kanadischer Holunder

Habitus: 3–4 m hoher, breitwüchsiger, Ausläufer bildender Strauch, Zweige mit nur wenigen Lentizellen.
Blätter: Blättchen (5–)7(–11), meist 7, kurz gestielt, elliptisch bis lanzettlich, 5–15 cm lang, zugespitzt, scharf gesägt, oberseits hellgrün, seidig glänzend, unterseits auf den Nerven weich behaart oder fast kahl.
Blüten: In 5-strahligen, leicht gewölbten, 20–25 cm breiten Trugdolden, Krone hell gelblich weiß, Juni–Juli.
Früchte: 4–5 mm dick, purpurschwarz, Steinkerne 4.
Verbreitung: O-Kanada, NO-, NOZ- und SO-USA, Mexiko, Westindien.
Verwendung: Selten, N, ♧, ☠, WHZ 5b, LB 3.1.6.4 (2.4.6.4).

'Aurea'. Blätter im Austrieb und im Herbst leuchtend gelb, im Sommer heller.

'Maxima'. Wuchs sehr stark. Blüten- und Fruchtstände 30–40 cm breit.

S. glauca Nutt. ex Torr. et A. Gray = *S. caerulea*

Sambucus nigra L., Schwarzer Holunder

Habitus: 5–7(–10) m hoher, breit ausladender Strauch oder Baum, Borke hellgrau, rissig, Zweige mit zahlreichen großen Lentizellen, Mark weiß.
Blätter: 10–30 cm lang, Blättchen 5–7(–9), eiförmig bis elliptisch, 6–10 cm lang, oberseits dunkelgrün, kahl, unterseits heller und anfangs behaart, gerieben unangenehm riechend.
Blüten: In flachen, 10–15 cm breiten, lockeren Trugdolden, Krone weiß bis gelblich weiß, Juni–Juli.
Früchte: 5–6 mm dick, glänzend schwarzviolett, Saft blutrot, Steinkerne meist 3, unreife Früchte durch Gehalt an Sambunigrin giftig.
Verbreitung: Europa, Türkei, N-Irak, W-Iran.
Verwendung: Sehr häufig (alte Kultur- und Heilpflanze, auch gegenwärtig in einigen großfruchtigen Sorten zur Fruchtgewinnung angebaut), N, ♧, ⚕, ☠, WHZ 5a, LB 3.1.6.4 (9.3.4.4).

'Aurea'. Blätter goldgelb, Stiele ± rot.

'Aureomarginata'. Blättchen gelb gerandet.

Black Beauty ('Gerda'). Blätter vom Austrieb bis zum Herbst oberseits dunkel purpurbraun, unterseits purpurn. Blütenkrone rosa.

Black Lace ('Eva'). Blätter stark geschlitzt, im Austrieb rötlich grün. Blütenkrone rosa.

'Guincho Purple'. Blätter anfangs grün, später tief purpurbronzefarben. Blütenknospen rosa, Krone später weiß.

'Laciniata'. Blättchen regelmäßig tief eingeschnitten.

'Linearis'. Blättchen unregelmäßig und fast bis zur Mittelrippe eingeschnitten, teilweise bis auf einen fadenförmigen Rest reduziert.

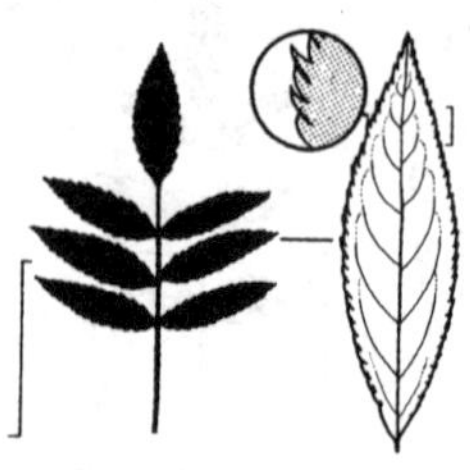
Sambucus racemosa

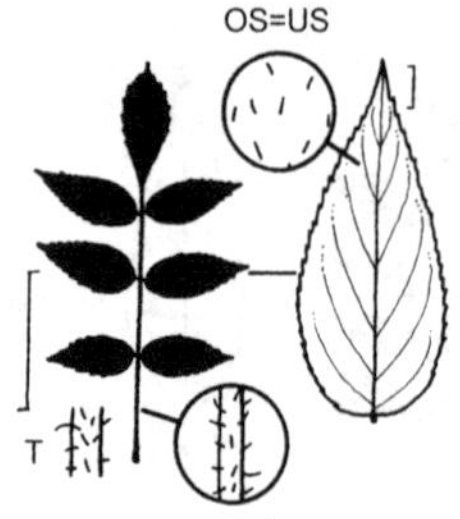

Sambucus sieboldiana

Sambucus racemosa L., Trauben-Holunder

Habitus: 2–4(–8) m hoher Strauch, Zweige hell graubraun, kahl, mit zahlreichen großen, länglichen Lentizellen, Mark gelb bis zimtbraun.
Blätter: 10–25 cm lang, Blättchen 3–7, eiförmig oder elliptisch, 5–8 cm lang, lang zugespitzt, scharf gesägt, oberseits dunkelgrün, kahl, unterseits hellgrün, flaumig behaart.
Blüten: In ei- bis kegelförmigen, 5–8 cm langen Rispen, Krone grünlich gelb, April–Mai.
Früchte: 4–5 mm dick, scharlachrot, Steinkerne giftig.
Verbreitung: Europa (ausgenommen Britische Inseln und Skandinavien) bis W-Asien.
Verwendung: Sehr häufig, N, ♧, ✂, WHZ 4, LB 7.2.3.4 (9.2.4.4).

'Laciniata'. Blättchen regelmäßig tief eingeschnitten, Austrieb grün.

'Plumosa'. Blätter im Austrieb violett, Blättchen etwa bis zur Mitte der Spreite eingeschnitten, Zähne lang und schmal.

'Plumosa Aurea'. Wuchs schwach. Blattform wie bei 'Plumosa', Blätter aber goldgelb gefärbt.

'Sutherland Gold'. Sämling von 'Plumosa Aurea'. Wuchs kräftiger. Blätter besser sonnenbeständig.

Sambucus sieboldiana Blume ex Miq., Japanischer Trauben-Holunder

Habitus: Bis 6 m hoher Strauch oder Baum, Zweige gelblich, kahl, mit 2 blauen Ringen an den Knoten, Mark hellbraun.
Blätter: Bis 30 cm lang, Blättchen (5–)7(–11), länglich bis länglich-lanzettlich, 5–12 cm lang, lang zugespitzt bis geschwänzt, gleichmäßig ± grob gesägt, hellgrün, kahl.
Blüten: In eiförmigen bis kugeligen, 8–10 cm langen Rispen, Krone gelblich weiß, April–Mai.
Früchte: 3–4 mm dick, scharlachrot.
Verbreitung: Japan, Korea, China.
Verwendung: Sehr selten, ♧, ✂, WHZ 6a, LB 7.2.5.4.

Santolina L.

Heiligenblume, Heiligenkraut – Asteraceae

(abgeleitet von lateinisch *herba Santonia* = eine an der Küste der Saintonge in W-Frankreich wachsende Sippe von Korbblütlern mit aromatischen, wirksamen Substanzen)

Habitus: Immergrüne, aromatisch duftende, reich verzweigte Sträucher oder Halbsträucher.
Blätter: Wechselständig, gezähnt, fiederschnittig oder kammförmig geteilt, Nebenblätter fehlend.
Blüten: Zwittrig, röhrig, in lang gestielten, einzeln stehenden, gelben Köpfchen, die von mehrreihigen, sich dachziegelig deckenden Hüllblättern umgeben sind, vergrößerte Randblüten fehlen.
Früchte: Nüsse 3- bis 4-kantig, ± abgeflacht, 1–2 mm lang, Haarkranz fehlend, in 1–2 cm breiten Köpfen.
Verbreitung: 10 Arten im westl. Mittelmeergebiet.
Verwendung: Im Sommer blühende Zwergsträucher für Stein- und Steppengärten, auf Steinbeeten und in Trockenmauern. Außerhalb von Weinbaugebieten ist meist Winterschutz erforderlich.

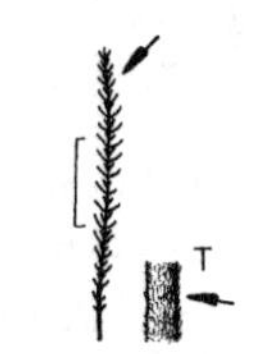

Santolina chamaecyparissus

Santolina pinnata subsp. pinnata

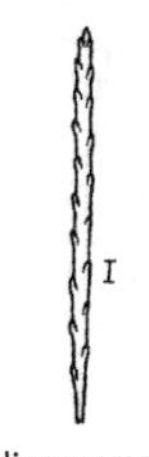

Santolina rosmarinifolia subsp. rosmarinifolia

Bestimmungsschlüssel Santolina

1 Blätter mit nadelförmigen Fiedersegmenten 2
– Blätter mit pfriemlichen Fiedersegmenten . . . . . *S. rosmarinifolia* subsp. *rosmarinifolia*
2 Triebe und Blätter grauweiß-filzig . . . . . *S. chamaecyparissus*
– Triebe und Blätter grün . . . . . *S. pinnata* subsp. *pinnata*

Santolina chamaecyparissus L., Graue Heiligenblume

Habitus: Bis 0,5 m hoher, dicht verzweigter Halbstrauch, Sprosse niederliegend-aufsteigend, anfangs dicht weißfilzig.
Blätter: 1–4 cm lang, fein fiederschnittig, Segmente in 2–4 Paaren, bis 2 mm lang, grau- bis weißfilzig.
Blüten: In halbkugeligen, 1–2 cm breiten, tiefgelben Köpfchen, auf bis 15 cm langen Stielen über dem Laub, Juli–August.
Verbreitung: SW-, S- und ZW-Europa, N-Afrika.
Verwendung: Selten (mit einigen Sorten), B, D, WHZ 7b, LB 6.1.2.8.

S. chamaecyparissus subsp. *tomentosa* (Pers.) Arcang. = *S. pinnata* subsp. *neapolitana*
S. ericoides Poir. = *S. chamaecyparissus*
S. incana Lam. = *S. chamaecyparissus*
S. neapolitana Jord. et Fourr. = *S. pinnata* subsp. *neapolitana*

Santolina pinnata Viv. **subsp. pinnata**, Gefiederte Heiligenblume

Habitus: Bis 0,8 m hoher, dicht belaubter, kahler oder nahezu kahler Strauch.
Blätter: 2,5–4 cm lang, Segmente in 2–4 Paaren, 3–5 mm lang, grün.
Blüten: In 1,5 cm breiten, trübweißen Köpfchen, auf 15 cm langen Stielen.
Verbreitung: Italien.
Verwendung: Selten, B, WHZ 8a, LB 6.1.1.6.

subsp. etrusca (Lacaita) Guinea. Ähnlich subsp. *neapolitana*, aber 0,6 m hoch, dichter verzweigt. Blätter bis 3 cm lang. Blütenköpfchen cremegelb. Italien, Sizilien.

subsp. neapolitana (Jord. et Fourr.) Guinea ex C. Jefferey. Wuchs locker, bis 0,75 m hoch, Zweige dünn, aufrecht, dicht weißfilzig behaart. Blätter bis 5 cm lang, gefiedert oder Blättchen in 4 Reihen, Segmente bis 6 mm lang, an vegetativen Sprossen weißfilzig, an fertilen Sprossen grün. Blüten in wenigen bis zahlreichen, 2 cm breiten, lebhaft gelben Köpfchen, die auf 15 cm langen Stielen in Büscheln stehen. Häufiger in Kultur als subsp. *pinnata*. S-Italien.

Santolina rosmarinifolia L. **subsp. rosmarinifolia**, Grüne Heiligenblume

Habitus: Bis 0,5 m hoher Halbstrauch, Sprosse schlaff, meist ± niederliegend, kahl bis spärlich behaart.
Blätter: Gefiedert, 2–5 cm lang, dunkelgrün, kahl, Segmente pfriemlich.
Blüten: Köpfchen 0,7–1,2 cm breit, hellgelb, auf dünnen, bis 25 cm langen Stielen, Juni–Juli.
Verbreitung: SW-Europa, N-Afrika.
Verwendung: Selten, B, D, WHZ 8a, LB 6.1.1.8.

subsp. canescens (Lag.) Nyman. Ganze Pflanze dicht weiß- bis graufilzig behaart. Blättchen linealisch, abstehend. SO-Spanien.

S. tomentosa Pers. = *S. pinnata* subsp. *neapolitana*
S. virens Mill. = *S. rosmarinifolia* subsp. *rosmarinifolia*
S. viridis Willd. = *S. rosmarinifolia* subsp. *rosmarinifolia*

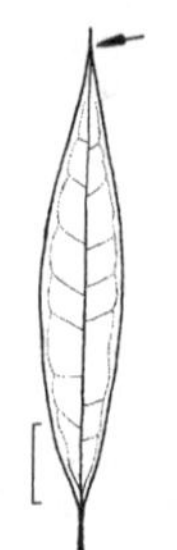

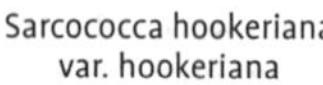

Sarcococca hookeriana var. hookeriana

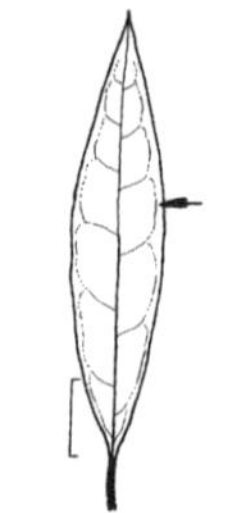

Sarcococca hookeriana var. humilis

Sarcococca Lindl.

Fleischbeere, Schleimbeere – Buxaceae

(griechisch *sarx* = Fleisch und lateinisch *coccum* = Kern von Baumfrüchten)

Habitus: Immergrüne, niedrige bis mittelhohe, oft Ausläufer bildende Sträucher, Zweige weich behaart bis kahl.
Blätter: Wechselständig, gelegentlich zur Triebspitze hin gegenständig oder nahezu so, gestielt, dickledrig und mit undeutlicher Nervatur oder dünn ledrig und mit auffallender Nervatur, ganzrandig, Nebenblätter fehlend.
Blüten: 1-geschlechtig, 1-häusig verteilt, radiär, sehr klein, duftend, in kurzen, achselständigen Köpfchen oder Trauben, ♀ Blüten unterhalb der ♂ im gleichen Blütenstand, Kronblätter fehlend, Kelch weißlich, ♀ Blüten mit 4–6 Kelchblättern, 2- bis 3-fächrigem Fruchtknoten und 2–3 Griffeln, ♂ Blüten mit je 4 Kelch- und Staubblättern.
Früchte: Bereen, eiförmig oder kugelig, 0,7–1 cm lang, kahl, glatt, dunkelrot bis schwarz, mit markanten, aufrechten, an der Spitze gekrümmten Griffeln, Fruchtwand fleischigledrig, Fruchtfleisch gallertartig, Samen 1–2, glänzend schwarzbraun.
Verbreitung: 11 Arten in SO-Asien, im Himalaja und in W-China.
Verwendung: Selten gepflanzte Zwergsträucher mit stark duftenden Blüten für Einzel- und Gruppenpflanzung. In schneelosen Wintern ist Winterschutz ratsam.

Bestimmungsschlüssel Sarcococca

1 Blattstiele 6–8 mm lang, Blattnervatur unterseits deutlich sichtbar und hervortretend . . . 2
– Blattstiele höchstens 6 mm lang, Nervatur unterseits nicht sichtbar . . . . *S. ruscifolia* var. *ruscifolia*
2 Mittelrippe oberseits hervortretend . . . . *S. hookeriana* var. *humilis*
– Mittelrippe oberseits nicht hervortretend . . . . *S. hookeriana* var. *hookeriana*

Sarcococca hookeriana Baill. **var. hookeriana**, Himalaja-Fleischbeere

Habitus: Bis 1,8 m hoher Strauch, sich durch Ausläufer oder niederliegende Zweige ausbreitend, junge Triebe schwach flaumhaarig.
Blätter: Schmal lanzettlich, bis länglich-lanzettlich, 5,5 cm lang, zugespitzt, Basis keilförmig, runzelig, stumpfgrün, Stiel 6–8 mm lang.
Blüten: Kelch weiß, Staubbeutel tief rosarot, Griffel 3, September–November.
Früchte: Fast kugelig, 6 mm dick, schwarz.
Verbreitung: W-Himalaja, Afghanistan.
Verwendung: Selten, B, D, WHZ 7a, LB 6.2.4.6.

var. digyna Franch. 0,3–1 m hoher Strauch. Triebe purpurn. Blätter teilweise gegenständig oder nahezu so, schmal elliptisch bis länglich-elliptisch, 4–8 cm lang. Staubbeutel creme- oder rosafarben. China: Sichuan, NW-Yunnan. Frosthärter und häufiger in Kultur als var. *hookeriana*.

var. humilis Rehder et E.H. Wilson. Bis 0,5 m hoher, stark Ausläufer bildender Strauch. Triebe rötlich, Blätter elliptisch bis schmal lanzettlich, 3,5–7 cm lang, spitz, Basis schmal keilförmig. Blüten stark duftend, Staubbeutel rosa, China: Hubei, Sichuan.

S. humilis (Rehder et E.H. Wilson) Stapf ex Sealy = *S. hookeriana* var. *humilis*

Sarcococca ruscifolia Stapf **var. ruscifolia**, Mäusedornblättrige Fleischbeere

Habitus: 1–1,5 m hoher, buschiger, dicht verzweigter, Ausläufer bildender Strauch, junge Triebe weich behaart.
Blätter: Eiförmig bis breit eiförmig, 1,5–3,5 cm lang, lang zugespitzt, Basis keilförmig, Rand leicht gewellt, oberseits glänzend dunkelgrün, unterseits heller, Nervatur nicht sichtbar, Stiel 3–6 mm lang.
Blüten: In den Achseln der oberen Blätter, Kelch milchig weiß, Staubbeutel cremefarben, Griffel 3, Dezember–März.
Früchte: Kugelig, 6 mm dick, scharlach- bis karminrot.
Verbreitung: M-China.

Verwendung: Selten, B, D, WHZ 9, LB 6.2.4.6.

var. chinensis (Franch.) Rehder et E.H. Wilson. Wuchs stärker. Blätter länger und schmaler. M- und W-China.

Sarothamnus scoparius (L.) Wimm. ex W.D.J. Koch = *Cytisus scoparius* subsp. *scoparius*

Sassafras Nees

Fenchelholzbaum, Sassafras – Lauraceae

(*Sassafras* ist als vorlinnéische Benennung möglicherweise von spanisch *azrafan* oder französisch *safran* = Safran, Krokus abgeleitet worden.)

Habitus: Sommergrüne, aromatische Bäume, Borke tief gefurcht.
Blätter: Wechselständig, einfach, ganzrandig oder 1- bis 3-lappig, von der Basis an 3-nervig, Nebenblätter fehlend.
Blüten: Zwittrig oder 1-geschlechtig, 1- oder 2-häusig verteilt, unscheinbar, in mehrblütigen, wenig verzweigten, achselständigen Trauben, vor den Blättern, Kronblätter fehlend, Kelchblätter 6, Staubblätter 9, in 3 Wirteln, Staubbeutel 4-fächrig, ♀ Blüten mit Staminodien, eiförmigem Fruchtknoten und dünnem Griffel.
Früchte: Steinfrüchte eiförmig, 1–1,5 cm lang, blauschwarz, bereift, 1-samig, Fruchtstiel fleischig verdickt und leuchtend rot, Fruchtfleisch dünn.
Verbreitung: Je 1 Art in China, Taiwan und N-Amerika.
Verwendung: *S. albidum* ist durch die eigenartig geschnittenen, im Herbst prachtvoll gefärbten Blätter ein interessanter Garten- und Parkbaum. Die nach Fencheln duftende Wurzelrinde wurde von den amerikanischen Indianern als Würz- und Heilmittel verwendet.

Sassafras albidum (Nutt.) Nees **var. albidum**, Seidiger Fenchelholzbaum

Habitus: 13–15(–20) m hoher, Wurzelsprosse bildender Baum, Borke tief gefurcht, Triebe grün, kahl, bereift.
Blätter: Eiförmig bis elliptisch, 5–16 cm lang, stumpf oder spitz, Basis keilförmig, ganzrandig oder im oberen Teil 1- bis 3-lappig, oberseits frischgrün, unterseits blaugrün, kahl,

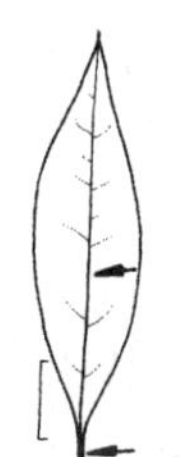

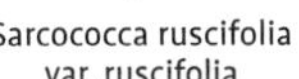
Sarcococca ruscifolia var. ruscifolia

Sassafras albidum var. albidum

Stiel 1,5–3 cm lang, Herbstfärbung orange und scharlachrot.
Blüten: 7 mm breit, in 3–5 cm langen Trauben, Kelchblätter grünlich gelb, April–Mai.
Früchte: 1 cm lang, blauschwarz, bereift.
Verbreitung: NO-, NOZ- und SO-USA.
Verwendung: Selten, H, ⚕, ☠, WHZ 6b, LB 4.1.1.3 (6.2.2.3).

var. molle (Raf.) Fernald. Knospen und Triebe fein behaart, Blätter anfangs bläulich grün und seidig behaart. NO-, NOZ-, Z- und SO-USA.

Satureja L.

Bohnenkraut – Lamiaceae

(lateinisch *satureja* = Bohnenkraut)

Habitus: Aromatische Kräuter, Stauden oder Halbsträucher.
Blätter: Kreuzweise gegenständig, linealisch bis keilförmig, ganzrandig, fast sitzend.
Blüten: Zwittrig, zygomorph, zu mehreren in den Achseln von Hochblättern, Scheinwirtel bildend, 5-zählig, Kelch röhrig bis röhrig-glockig, 10- bis 13-nervig, gleichmäßig 5-zählig oder 2-lippig, Kronröhre den Kelch überragend, Oberlippe flach, ganzrandig oder ausgerandet, Unterlippe 3-lappig, Staubblätter 4, unter der Oberlippe, Fruchtknoten 2-fächrig, durch zusätzliche Scheidewände in 4 Klausen geteilt.
Früchte: Klausenfrüchte kugelig-eiförmig, 1 mm lang.
Verbreitung: 38 Arten in den gemäßigten und warm-gemäßigten Zonen der nördl. Hemisphäre.
Verwendung: Als verholzende Art ist bei uns nur *Satureja montana* seit Langem als Duft- und Gewürzpflanze in Kultur.

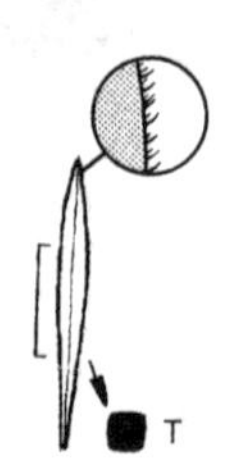

Satureja montana

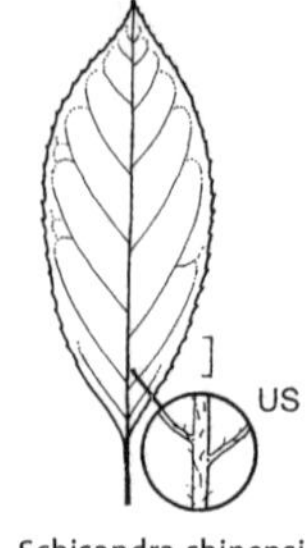

Schisandra chinensis

Satureja montana L., Winter-Bohnenkraut

Habitus: Halbimmergrüner, aufrechter, bis 35 cm hoher Halbstrauch, Sprosse ± anliegend behaart.
Blätter: Linealisch-lanzettlich bis verkehrteiförmig, 1–2,5 cm lang, scharf zugespitzt, ganzrandig, dunkel drüsig punktiert, ± fein behaart und begrannt.
Blüten: In wenigblütigen Scheinwirteln, Kelch regelmäßig 5-zähnig, Krone weiß, rosa oder violett, 2-lippig, Oberlippe flach abgerundet, Unterlippe 3-teilig, Juli–August.
Verbreitung: SW-, S- und SO-Europa, Türkei, Syrien.
Verwendung: Häufig, N, D, WHZ 6b, LB 6.1.2.7.

Schisandra Michx.

Spaltkölbchen – Schisandraceae
(griechisch *schizein* = spalten, trennen und *aner*, *andros* = Mann, männlich)

Habitus: Immer- oder sommergrüne, rechtswindende Sträucher, Rinde dünn, aromatisch duftend.
Blätter: Wechselständig, einfach, ganzrandig oder entfernt gezähnt, meist länglich-lanzettlich, Basis keilförmig, Nebenblätter fehlend.
Blüten: Polygam, radiär, einzeln oder zu wenigen in achselständigen Büscheln an der Basis junger Triebe, Blütenhülle freiblättrig, Perigon 7- bis 12-zählig, Kelch- und Kronblätter gleich gestaltet, Staubblätter 5–60, Fruchtknoten zahlreich, kopfig gedrängt.
Früchte: Aus den ♀ Blüten mit den zahlreichen Fruchtblättern entstehen durch Streckung verlängerte, ährenartige, 5–13 cm lange, fleischige Achsen, an denen die kugeligen, 0,8–1 cm dicken, beerenartigen, saftig-fleischigen Früchtchen sitzen.
Verbreitung: 24 Arten im tropischen und warm-gemäßigten S- und O-Asien, 1 Art (*S. coccinea*) im östl. N-Amerika.
Verwendung: Kettersträucher für warme, geschützte Lagen, vor allem zur Bekleidung von Mauern geeignet. Klettergerüste sind erforderlich. Die Früchte von *S. chinensis* werden seit Jahrhunderten in der Volksheilkunde genutzt. Gegenwärtig wird die Art ihrer wertvollen Inhaltsstoffe wegen in Europa und Amerika plantagenmäßig angebaut. Der Fruchtsaft ist reich an organischen Aminosäuren und verschiedenen Zuckern, er wird zur Herstellung von Likören und alkohlfreien Getränken genutzt.

Bestimmungsschlüssel Schisandra

1 Triebe rötlich und rund, Blätter dünn . . . . *S. grandiflora* var. *rubriflora*
– Triebe braun und etwas kantig, Blätter dick (fast ledrig) . . . . *S. chinensis*

Schisandra chinensis (Turcz.) Baill., Chinesisches Spaltkölbchen

Habitus: Sommergrüner, 5–7 m hoch windender Strauch, junge Triebe kahl, rötlich, etwas kantig.
Blätter: Breit elliptisch bis verkehrteiförmig, dünn, 5–10 cm lang, spitz oder kurz zugespitzt, Basis keilförmig, entfernt gezähnt, oberseits glänzend dunkelgrün, unterseits heller, oft bläulich, anfangs auf den Nerven leicht behaart, Stiel 1,5–3 cm lang.
Blüten: Etwa 1,5 cm breit, einzeln auf 2,5 cm langen Stielen, zu 2–4 in Büscheln, Tepalen 6–8, gelblich weiß bis blassrosa, Staubblätter (4–)5(–7), getrennt, Mai–Juni.
Früchtchen: Scharlachrot, bis zu 40 an bis 15 cm langen, hängenden Achsen.
Verbreitung: Russ. Ferner Osten, China, Korea, Japan, Sachalin.
Verwendung: Häufig, B, D, ♧, N, ⚕, WHZ 6b, LB 3.2.1.9.

Schisandra grandiflora Hook f. et Thomson var. grandiflora, Großblütiges Spaltkölbchen

Habitus: Sommergrüner, bis 7 m hoch kletternder Strauch, junge Triebe dunkel rötlich braun.
Blätter: Eiförmig bis länglich-lanzettlich, derb, 6–15 cm lang, plötzlich zugespitzt, unregelmäßig gezähnt bis fast ganzrandig, oberseits matt tiefgrün, unterseits leicht glänzend.

Blüten: 2,5 cm breit, einzeln oder zu 2–3 an 2,5 cm langen Stielen an der Basis junger Triebe, duftend, Tepalen weiß, cremefarben oder hellrosa, 6–9, Staubblätter 30–50, ± getrennt, April–Mai.
Früchte: Früchtchen kugelig, scharlachrot, an bis 23 cm langen Achsen.
Verbreitung: Himalaja, SW-China, Myanmar.
Verwendung: Selten (viel häufiger die frosthärtere var. *rubriflora*), B, ♋, WHZ 8b, LB 7.4.4.9.

var. rubriflora (Rehder et E.H. Wilson) C.K. Schneid., Rotblühendes Spaltkölbchen. Bis 4 m hoch kletternd, Triebe dunkel rötlich braun. Blätter schmal eiförmig bis elliptisch, bis 12 cm lang, glänzend grün. Blüten bis 2,5 cm breit, Tepalen 7(–8), scharlach- bis dunkelrot, an bis 12 cm langen Achsen, Staubblätter 34–66. China: Sichuan, Xinjiang; Indien: Assam. WHZ 7a, LB 7.4.4.9.

S. rubriflora (Franch.) Rehder et E.H. Wilson = *S. grandiflora* var. *rubriflora*

Schizophragma Siebold et Zucc.

Spalthortensie – Hydrangeaceae

(griechisch *schizein* = spalten und *phragma* = Zaun, Scheidewand)

Habitus: Sommergrüne, mit Haftwurzeln kletternde, nahe mit *Hydrangea* verwandte Kletterpflanzen, die auch einer weit gefassten Gattung *Hydrangea* zugeordnet werden können. Rinde an älteren Zweigen in langen Streifen abblätternd.
Blätter: Gegenständig, lang gestielt, gezähnt oder ganzrandig, Nebenblätter fehlend.
Blüten: Zwittrig, radiär, in flachen, vielblütigen Trugdolden, die Mehrzahl klein, fertil, mit je 4–5 Kelch- und Kronblättern, Staubblätter 10, Fruchtknoten unterständig, Griffel bis an die 4- bis 5-spaltige Narbe verwachsen, Randblüten steril, zu einem großen, als Schauapparat dienenden, weißen Kelchblatt ausgebildet.
Früchte: Kapseln 10-rippig, kreisel- bis verkehrteiförmig, 6–8 mm lang, zwischen den Rippen aufspringend, Griffel und Narbe bleibend, Samen zahlreich, 4–5 mm lang.
Verbreitung: 2–4(–8) Arten im Himalaja und in O-Asien.
Verwendung: Wie die Kletter-Hortensie *Hydrangea anomala* subsp. *petiolaris*, aber viel seltener in Kultur.

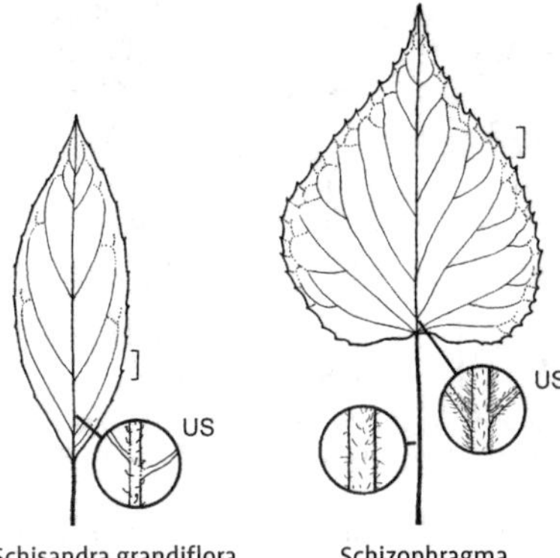

Schisandra grandiflora var. rubriflora
Schizophragma hydrangeoides

Schizophragma hydrangeoides Siebold et Zucc., Japanische Spalthortensie

Habitus: Bis 10 m hoch kletternd, Zweige aschgrau bis braun.
Blätter: Rundlich bis breit eiförmig, 5–12 cm lang, kurz zugespitzt, Basis abgerundet oder herzförmig, entfernt grob gesägt, fast kahl, oberseits hellgrün, unterseits blassgrün bis weißlich, Stiel 3–7 cm lang.
Blüten: In 15–50 cm breiten Ständen, Randblüten weiß bis elfenbeinfarben, eiförmig, herzförmig oder rhombisch, etwa 3 cm lang, Juli.
Verbreitung: Japan.
Verwendung: Selten, B, WHZ 6a, LB 6.4.4.9.

Securinega suffruticosa (Pall.) Rehder = *Flueggea suffruticosa*

Shepherdia Nutt.

Büffelbeere – Elaeagnaceae

(nach John Shephard, etwa 1764–1836, englischer Gärtner)

Habitus: Sommergrüne (in Kultur ausschließlich) oder immergrüne Sträucher, Zweige meist gegenständig, wie die Blätter dicht mit Schildhaaren bedeckt, Zweigspitzen oft verdornend, Seitenknospen paarweise an den Knoten.
Blätter: Gegenständig, gestielt, einfach, ganzrandig, Nebenblätter fehlend.
Blüten: 1-geschlechtig, 2-häusig verteilt, radiär, klein, fast sitzend, in kurzen, achselständigen Ähren, Krone gelblich, ♀ Blüten auch

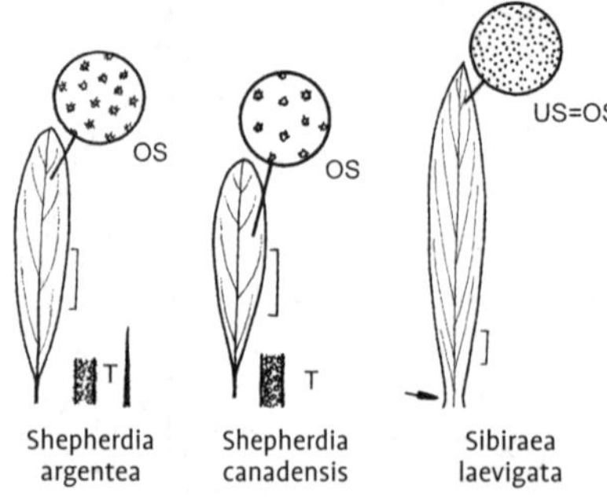

einzeln, ♂ Blüten mit 8 Staubblättern, 8-lappiger Nektarscheibe und 4-zipfeliger Kelchröhre, ♀ Blüten mit urnenförmiger, 4-spaltiger Kelchröhre, eingeschlossenem Fruchtknoten und einem verlängerten Griffel, März–April.
Früchte: Steinfrüchte eiförmig bis fast kugelig, 4–6(–10) mm dick, orangerot, Fruchtfleisch saftig, aus der Kelchröhre hervorgegangen, Samen 3–5 mm lang, hell- oder schwarzbraun, glänzend.
Verbreitung: 3 Arten in N-Amerika.
Verwendung: Meist nur in Sammlungen gepflanzte, trockenresistente Sträucher mit vitaminreichen Früchten. Getrocknete Früchte wurden von den nordamerikanischen Indianern, zusammen mit Büffelfleisch und Fett, zu dem Wintervorrat Pemmikan verarbeitet.

Bestimmungsschlüssel Shepherdia

1 Zweige dornenlos, Blätter oberseits grün . . . . *S. canadensis*
– Zweige mit vereinzelten Dornen, Blätter oberseits silberschuppig . . . . *S. argentea*

Shepherdia argentea (Pursh) Nutt., Silber-Büffelbeere

Habitus: Baumartiger, 4–6 m hoher Strauch, Zweige meist verdornend, rotbraun, anfangs dicht mit silbrigen Schildhaaren bedeckt.
Blätter: Schmal länglich, 4–6 cm lang, stumpf, Basis keilförmig, beiderseits silberschülferig.
Blüten: Krone weißlich gelb, Staubblätter behaart, März–April.
Früchte: Gelblich rot, 4–6 mm dick, säuerlich-süß, essbar.
Verbreitung: W-Kanada, NO-, W-, SW- und NOZ-USA.
Verwendung: Selten, N, ♧, WHZ 5a, LB 5.3.2.4.

Shepherdia canadensis (L.) Nutt., Kanadische Büffelbeere

Habitus: Bis 2,5 m hoher, sparriger Strauch, Zweige glänzend rotbraun, nicht verdornend.
Blätter: Elliptisch bis eiförmig, 3–5 cm lang, stumpf, oberseits stumpfgrün, unterseits silbrig, mit zahlreichen rotbraunen Schüppchen.
Blüten: Krone cremegelb, 4 mm breit, Staubblätter kahl, März–April.
Früchte: Gelblich rot, 4–6 mm dick, fade schmeckend.
Verbreitung: Alaska, Kanada, NO-, NOZ- und SW-USA. Rocky Mts.
Verwendung: Selten, ♧, WHZ 5a, LB 2.5.3.5.

Sibiraea Maxim.

Blauspiere – Rosaceae
(aus russisch *Sibir* = Sibirien und Gattungsname *Spiraea*)

Habitus: Sommergrüne, bis 2 m hohe Sträucher, Rinde sich schon im 1. Jahr großflächig lösend, sekundäre Rinde rotbraun, Endknospen 1–2 cm lang, spitz eiförmig bis spindelförmig, die äußeren Knospenschuppen ± abstehend, dünn, Seitenknospen 5 mm lang.
Blätter: Wechselständig, einfach, schmal eiförmig bis lanzettlich, ganzrandig, Nebenblätter fehlend.
Blüten: Zwittrig, meist jedoch 1-geschlechtig, radiär, in aufrechten, endständigen Trauben, 5-zählig, Kelch glockig, Kelchblätter aufrecht, kurz, breit 3-eckig, Kronblätter weiß, rundlich bis verkehrteiförmig, die der ♂ Blüten doppelt so groß wie die der ♀, Staubblätter etwa 25, Fruchtblätter 5.
Früchte: Balgfrüchte 4 mm lang, 2- bis 3-samig, zur Hälfte im 2 mm langen Blütenbecher geborgen, Samen etwa 2,5 mm lang, gelblich.
Verbreitung: 2 Arten in Sibirien, W-China und SO-Europa.
Verwendung: Bei uns nur die folgende Art in Kultur.

S. altaiensis (Laxm.) C.K. Schneid = *S. laevigata*

Sibiraea laevigata (L.) Maxim. Schneid., Sibirische Blauspiere

Habitus: Bis 1 m hoher, etwas steifer, wenig verzweigter Strauch, Zweige aufsteigend-aufrecht, stielrund, dicklich, rotbraun, kahl.
Blätter: Länglich-verkehrteiförmig, 5–15 cm

lang, meist mit kleiner Spitze, zur Basis allmählich verschmälert, sitzend, kahl, beiderseits auffallend blaugrün.
Blüten: 6–10 mm breit, in kahlen, 8–12 cm langen, an der Basis beblätterten Trauben, Krone grünlich weiß, Mai.
Verbreitung: SO-Europa, Sibirien, Altai.
Verwendung: Häufig, B, WHZ 5a, LB 7.1.3.6.

Sinocalycanthus chinensis (Cheng et Chang) Cheng et Chang = *Calycanthus chinensis*

×*Sinocalycalycanthus raulstonii* hort. = *Calycanthus* ×*raulstonii*

Sinofranchetia (Diels) Hemsl.

Sinofranchetie – Lardizabalaceae
(lateinisch *sino* = im Sinne von chinesisch und Adrien-René Franchet, 1834–1900, französischer Botaniker)
Monotypische Gattung

Sinofranchetia chinensis (Franch.) Hemsl., Sinofranchetie

Habitus: Sommergrüner, 5–10 m hoch kletternder Strauch, Triebe kahl, rötlich bereift.
Blätter: 3-zählig, lang gestielt, 15–20 cm lang, seitliche Blättchen kurz gestielt, 6–10 cm lang, eiförmig bis verkehrteiförmig, mit kurzer Spitze, an der Basis schief, Mittelblättchen größer, länger gestielt, symmetrisch, verkehrteiförmig bis fast kreisrund, oberseits tiefgrün, unterseits bläulich, Stiel 5–10 cm lang.
Blüten: 1-geschlechtig, 2-häusig verteilt, 8 mm breit, in 10–30 cm langen, zur Blütezeit aufgerichteten, später hängenden, achselständigen Trauben, Tepalen weiß, 6, frei, Nektarien und Staubblätter je 6, in ♀ Blüten als Staminodien, Fruchtblätter 3, frei, Mai.
Früchte: Beeren eiförmig-ellipsoid, 1–2 cm lang, nur am Grund etwas miteinander verwachsen, in 25–40 cm langen Trauben, Samen 3–5, 6–7 mm lang, schwarz, in einer durchscheinenden Gallerte eingebettet.
Verbreitung: M- und W-China.
Verwendung: Selten, ♧, WHZ 7b, LB 6.4.2.9.

Sinojackia Hu

Sinojackie – Styracaceae
(lateinisch *sino* = im Sinne von chinesisch und nach J.G. Jack, 1861–1949, Botaniker am Arnold Arboretum)

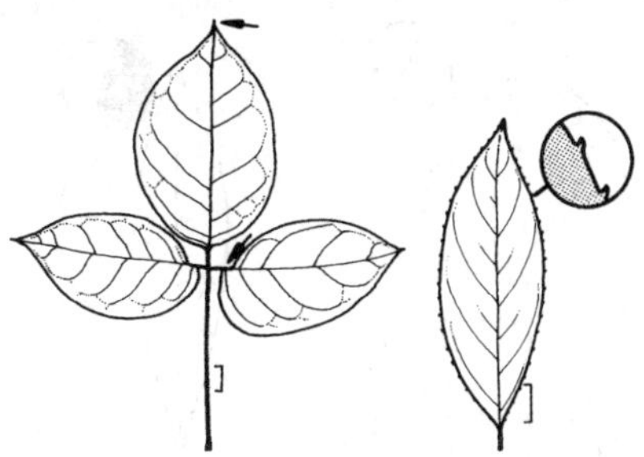
Sinofranchetia chinensis Sinojackia xylocarpa

Habitus: Sommergrüne, nahe mit *Styrax* verwandte Sträucher oder Kleinbäume, Triebe und Zweige spärlich sternhaarig.
Blätter: Wechselständig, elliptisch bis verkehrteiförmig-elliptisch, gesägt oder gezähnt, Nebenblätter fehlend.
Blüten: Zwittrig, radiär, in achselständigen, beblätterten, lockeren Trauben, Kelch mit 5–7 kurzen Zipfeln, Kronblätter weiß, 5–7, an der Basis verwachsen, Staubblätter 10–14, Fruchtknoten 3- bis 4-fächrig.
Früchte: Kapseln eiförmig bis zylindrisch-länglich, holzig, meist 1-samig.
Verbreitung: 2 Arten in S-China.
Verwendung: Sehr selten gepflanzte Blütensträucher für wintermilde Klimazonen.

Sinojackia xylocarpa Hu

Habitus: Bis 6 m hoher Strauch oder Baum.
Blätter: Elliptisch bis verkehrteiförmig, 3–7 cm lang, kurz zugespitzt, Basis abgerundet, gezähnt, oberseits bis auf die Mittelrippe kahl, unterseits sternhaarig.
Blüten: Etwa 2,5 cm breit, zu 3–5, Kronblätter weiß, meist 6–7, Mai.
Früchte: Eiförmig, 1,5–2 cm lang.
Verbreitung: SO-China.
Verwendung: Sehr selten, B, WHZ 8a, LB 6.2.4.6.

Sinowilsonia Hemsl.

Sinowilsonie – Hamamelidaceae
(lateinisch *sino* = im Sinne von chinesisch und E.H. Wilson, 1876–1930, englischer Gärtner, später nordamerikanischer Botaniker, Pflanzensammler in Japan, Korea und China)
Monotypische Gattung

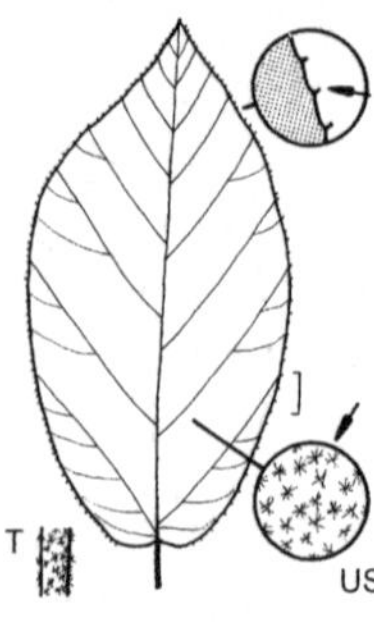

Sinowilsonia henryi

Skimmia ×confusa

Sinowilsonia henryi Hemsl., Sinowilsonie

Habitus: Sommergrüner, bis 8 m hoher, baumartiger, locker aufgebauter Strauch, Zweige ± waagerecht abstehend, Triebe sternhaarig.
Blätter: Wechselständig, breit eiförmig bis elliptisch, 10–15 cm lang, spitz oder kurz zugespitzt, Basis fast herzförmig bis gestutzt, gleichmäßig fein grannig gezähnt, anfangs beiderseits behaart, später oberseits kahl oder fast kahl, unterseits behaart, besonders die Nerven, Stiel 1 cm lang, Nebenblätter linealisch, bis 2 cm lang, hinfällig.
Blüten: 1-geschlechtig, 1-häusig verteilt, radiär, unscheinbar, Kronblätter fehlend, in endständigen, kätzchenartigen Ähren, ♂ Blüten 5–6 cm lang, Staubblätter 6, ♀ Blüten stets an beblätterten Kurztrieben, 1,5–3 cm lang, mit 5 Staminodien, Fruchtblätter 2, miteinander verwachsen, Griffel frei, April–Mai.
Früchte: Kapseln breit eiförmig, etwa 1 cm lang, borstig braun behaart, ganz von der bleibenden Kelchröhre umhüllt, 2-samig, sich 3- bis 4-klappig öffnend, Samen 8 mm lang, glänzend dunkelbraun.
Verbreitung: M- und W-China.
Verwendung: Sehr selten, WHZ 6a, LB 2.3.5.4.

Skimmia Thunb.

Skimmie – Rutaceae

(von Thunberg offensichtlich aus einem japanischen Pflanzennamen entstellt)

Habitus: Immergrüne, niedrige, kahle, lorbeerartig aussehende, ± aromatische Sträucher.
Blätter: Wechselständig, oft scheinquirlartig genähert, verkehrteiförmig, verkehrteiförmig-lanzettlich, länglich oder elliptisch, ganzrandig, kurz gestielt, lederartig dick, durchscheinend punktiert.
Blüten: Zwittrig, polygam oder 1-geschlechtig und 2-häusig verteilt, radiär, klein, in ansehnlichen, endständigen Rispen, Blütenhülle 4- oder 5-zählig, Kelchblätter 1–2 mm lang, Kronblätter weiß oder gelb, 3–7 mm lang, ♂ Blüten mit 4–6 Staubblättern, die rund um eine grüne Nektarscheibe sitzen, ♀ Blüten mit Staminodien und 2–5 ganz miteinander verwachsenen Fruchtblättern, Griffel kurz, dick, Narbe 4- bis 5-teilig.
Früchte: Steinfrüchte beerenartig, eiförmig oder verkehrteiförmig bis kugelig, 0,6–1,2 cm dick, rot oder schwarz, Steinkerne 2–4, weiß, 6–8 mm lang.
Verbreitung: 4 Arten vom Himalaja bis nach O-Asien und zu den Philippinen.
Verwendung: Häufig gepflanzte, in allen Teilen leicht giftige Kleinsträucher mit lorbeerartigen Blättern, duftenden, z. T. schon im Herbst weit vorgebildeten Blüten und teilweise reichem Fruchtschmuck.

Bestimmungsschlüssel Skimmia

(sichere Artbestimmung nur mit Blüten/Früchten möglich)

1 Blütenrispen höchstens 12 cm lang .... *S. japonica* subsp. *japonica*
– Blütenrispen länger (bis 15 cm lang) .... *S. ×confusa*

Skimmia ×confusa N.P. Taylor, Konfuse Skimmie
(*S. anquetilia* × *S. japonica*)

Habitus: 0,5–3 m hoher, ausgebreiteter, streng aromatisch duftender Strauch.
Blätter: Verkehrteiförmig-lanzettlich bis schmal elliptisch, 7–15 cm lang, spitz bis zugespitzt, ganzrandig.
Blüten: 1-geschlechtig, 4- oder 5-zählig, in bis 15 cm langen und breiten Ständen, süß duftend, Krone der ♂ Blüten weiß oder cremeweiß, April.
Früchte: Rot, meist steril, bis zu 50 je Fruchtstand.
Verwendung: Häufig (in der Sorte ‘Kew Green’), B, D, ஃ, WHZ 7b, LB 6.2.4.6.

‘Kew Green’. ♂ Sorte. Wuchs sehr breit, buschig, 0,4–1 m hoch. Blätter elliptisch, 8–10 cm lang, hellgrün. Blüten rahmweiß, 4- bis 5-zählig, in 8–10 cm breiten Ständen.

S. ×foremanii Knight = *S. japonica* 'Veitchii'
S. fragrans Carrière = *S. japonica* subsp. *japonica*

Skimmia japonica Thunb. **subsp. japonica**, Japanische Skimmie

Habitus: 0,5–0,7 m hoher, sehr variabler, schwach aromatisch duftender Strauch, bis auf die schwach flaumig behaarten Blütenstandsachsen kahl.
Blätter: Sehr variabel, meist länglich-verkehrteiförmig, 7–12 cm lang, spitz oder zugespitzt, oberseits dunkel- bis hellgrün oder gelblich grün, unterseits gelbgrün, an den Zweigenden oft gedrängt stehend.
Blüten: Blütenstände mit ♂ Blüten gut entwickelt, Blütenstände mit ♀ und zwittrigen Blüten mit nur 4–5 Blüten, 4- oder 5-zählig, stark süß duftend, Kronblätter ausgebreitet, weiß, außen gelegentlich rosa oder rot getuscht, April.
Früchte: Einzeln oder zu vielen, kugelig bis leicht kantig, 0,9–1,1 cm dick, hellrot, schwach glänzend, meist länger als 1 Jahr haftend.
Verbreitung: Japan, Riukiu-Inseln, Taiwan.
Verwendung: Häufig (mit zahlreichen Sorten, oft die ♀ Sorte 'Veitchii', aber auch ♂ Sorten, wie z. B. 'Rubella') B, D, ♣, WHZ 7a, LB 7.2.5.6.

subsp. reevesiana (Fortune) N.P. Taylor et Airy Shaw. Reeves Skimmie. Blüten zwittrig, 5-zählig (gelegentlich 4-zählig), in 5–7 cm langen, dichten kegelförmigen Rispen, Krone weiß, April–Mai. Früchte verkehrteiförmig, bis 1 cm lang, schwach glänzend bis matt dunkelrot, lange haftend. China, Taiwan, Philippinen: Luzon. WHZ 7a, LB 7.4.5.7.

S. oblata Hoare = *S. japonica* subsp. *japonica*
S. reevesiana Fortune = *S. japonica* subsp. *reevesiana*

Smilax L.

Stechwinde – Liliaceae
(lateinisch *smilax* = Stechwinde, *Smilax aspera*)

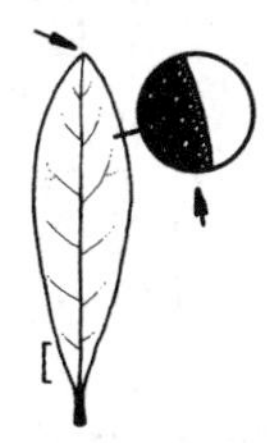
Skimmia japonica subsp. japonica

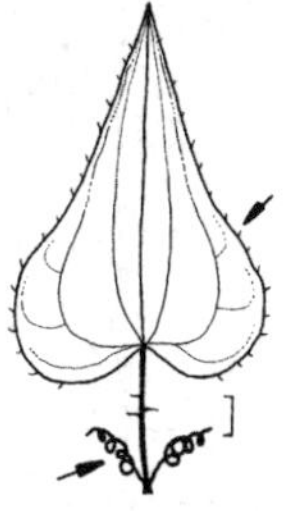
Smilax aspera

Habitus: Sommer- oder immergrüne, verholzende oder krautige Kletterpflanzen, selten aufrecht wachsend, Zweige oft dornig, stachelig oder borstig behaart.
Blätter: Wechselständig, einfach, rundlich oder elliptisch bis herzförmig, zwischen den 3–9 bogig aufsteigenden Nerven netznervig, Stiel meist sehr kurz, Nebenblätter zu Ranken umgewandelt.
Blüten: 1-geschlechtig, 2-häusig verteilt, in achselständigen Dolden, Blütenhülle grünlich, gelblich oder weißlich, klein, 6-zählig, freiblättrig, ♂ Blüten mit 6 freien Staubblättern, ♀ Blüten mit Staminodien, Fruchtknoten 3-fächrig, oberständig, Griffel kurz, mit 3 Narben.
Früchte: Beeren kugelig bis ellipsoid, (3–)5–11 mm dick, dunkelgrün, rot oder blauschwarz, glänzend, Fruchtfleisch saftig, Samen zu 1–3, mit deutlichem Nabel.
Verbreitung: Etwa 250 Arten in den Tropen und Subtropen, wenige Arten in den gemäßigten Zonen beider Erdhälften, 3 Arten in Europa.
Verwendung: Selten gepflanzte, immergrüne Kettersträucher ohne besondere Standortansprüche.

Bestimmungsschlüssel Smilax

1 Triebe kantig, Blätter mit beidseitig ausgebauchter Basis, Blattrand bestachelt . . . . *S. aspera*
– Triebe rund, Blattrand kahl 2
2 Stamm mit vielen dünnen Borsten und Stacheln besetzt . . . . *S. tamnoides*
– Stamm nur mit vereinzelten dicken Stacheln . . . . *S. rotundifolia*

Smilax aspera L., Raue Stechwinde

Habitus: Immergrüner, bis 15 m hoch kletternder Strauch, Zweige deutlich 4-kantig, hin- und hergebogen, ± dicht mit leicht gebogenen Stacheln besetzt.

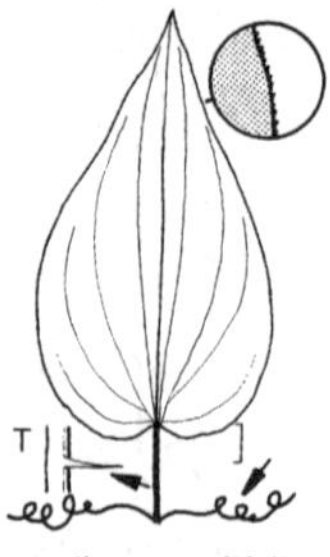

Smilax rotundifolia

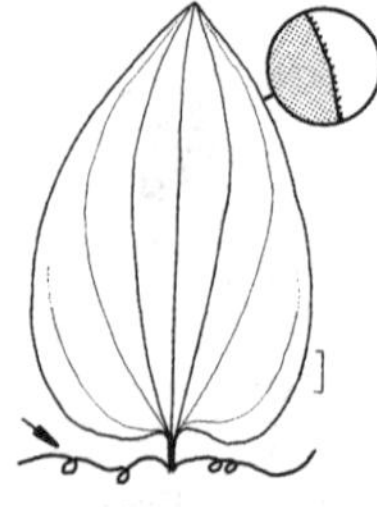
Smilax tamnoides

Blätter: Derbledrig, sehr variabel in Form und Größe, lanzettlich bis 3-eckig-eiförmig, 4–12 cm lang, plötzlich verschmälert, Basis herzförmig oder breit keilförmig, Rand und Mittelrippe unterseits oft bewehrt, Nerven 5–9, beiderseits glänzend grün, oberseits oft weiß gefleckt oder marmoriert, Stiel 0,5–2 cm lang, meist stachelig.
Blüten: Zu 5–7 in Büscheln, die zu 3–10 cm langen, achsel- und endständigen Trauben vereint sind, duftend, Blütenhülle gelblich grün, 2–4 mm lang, August–September.
Früchte: Kugelig, 3–4 mm dick, dunkelrot bis schwarz.
Verbreitung: SW-, S- und SO-Europa, Kanaren, Türkei, N-Afrika. Äthiopien, Himalaja, Sri Lanka.
Verwendung: Selten, ♧, WHZ 8a, LB 6.4.4.9.

S. hispida Muhl ex Torr. = *S. tamnoides*

Smilax rotundifolia L., Rundblättrige Stechwinde

Habitus: Sommer- oder wintergrüner, 7–10 m hoch kletternder Strauch, Wurzelstock stark kriechend, Ausläufer bildend, Zweige meist stielrund, mit wenigen, dicken Stacheln.
Blätter: Eiförmig bis fast kreisrund, 3–15 cm lang, spitz, Basis abgerundet bis herzförmig, ganzrandig oder am Rand rau, beiderseits glänzend grün, Nerven 5, Stiel 0,6–1,2 cm lang.
Blüten: In Dolden, Blütenhülle grünlich gelb, Juni.
Früchte: Kugelig, 6 mm dick, schwarz, meist bläulich bereift, Fruchtstiele 0,6–1,2 cm lang.
Verbreitung: O-Kanada, NO-, NOZ-, Z- und SO-USA.
Verwendung: Sehr selten, ♧, WHZ 5b, LB 2.4.5.9.

Smilax tamnoides L., Steifborstige Stechwinde

Habitus: Sommergrüner, bis 10 m hoch kletternder Strauch, Zweige kantig, im unteren Teil dicht mit geraden, dünnen, schwärzlichen Borsten und Stacheln bedeckt.
Blätter: Eiförmig bis breit eiförmig, 5–12 cm lang, plötzlich zugespitzt, Basis herzförmig, Rand etwas rau, unterseits grün, Nerven 5–9, Stiel 0,6–1,8 cm lang.
Blüten: Bis zu 25 in Dolden, Blütenhülle gelblich grün, Juni.
Früchte: Kugelig, 8 mm dick, schwarz, Fruchtstiele 2–5 cm lang.
Verbreitung: USA.
Verwendung: Sehr selten (gelegentlich als *S. hispida*), ♧, WHZ 5a, LB 4.2.2.9.

Solanum L.

Nachtschatten – Solanaceae
(lateinisch *solanum* = Schwarzer Nachtschatten, *S. nigrum*)

Habitus: Bäume, Sträucher, Kletterpflanzen und Kräuter, Zweige mitunter dornig, Knospen in den Blattstielnarben geborgen, sich erst spät entfaltend, dann 1–2 mm groß, schwarzbraun behaart, Endknospen fehlend.
Blätter: Wechselständig, einfach oder zusammengesetzt.
Blüten: Zwittrig, radiär, in Wickeln, Dolden, Rispen oder Trauben, selten einzeln, oft den Blättern gegenüberstehend, Kelch 5- bis 10-teilig oder zähnig, Krone radförmig bis fast glockig, Staubblätter 5, über die Krone emporragend, kegelförmig zusammengeneigt, an der Spitze aufspringend, Fruchtknoten 2-fächrig.
Früchte: Vielsamige Beeren.
Verbreitung: 1400–1700 Arten, überwiegend in den Tropen und Subtropen.
Verwendung: Nur die folgende Art in M-Europa ausreichend frosthart.

Solanum dulcamara L., Bittersüß, Bittersüßer Nachtschatten

Habitus: Sommergrüner, niederliegender oder bis 2,5 m hoher, kletternder, in allen Teilen giftiger Halbstrauch, Sprosse kantig, hohl, meist kahl, graugelb.
Blätter: Länglich-eiförmig, 4–10 cm lang, ganzrandig oder mit 1–3 basalen Lappenpaaren, zugespitzt, Basis meist herzförmig, ober-

seits dunkelgrün, unterseits heller, beiderseits kahl oder ganz fein behaart, Stiel 1–3 cm lang.
Blüten: In lang gestielten Wickeln, Kronblätter violett, länglich-lanzettlich, zurückgeschlagen, jeweils mit 2 grünen Flecken an der Basis, Staubbeutel goldgelb, Juni–September.
Früchte: Eiförmig, 1 cm lang, tiefrot, giftig.
Verbreitung: Europa, Türkei, Kaukasien, N-Iran, Sibirien, M-Asien, Afghanistan, Pakistan, Himalaja, N-Afrika.
Verwendung: Selten, N, B, ♧, ⚕, ☠, WHZ 6b, LB 2.1.6.9.

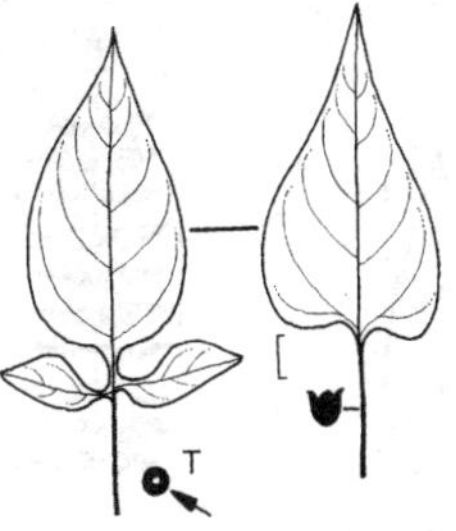

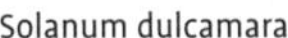
Solanum dulcamara

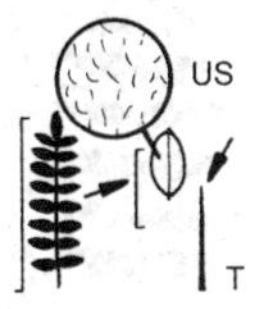

Sophora davidii

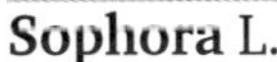

Sophora L.

Schnurbaum – Fabaceae

(abgeleitet aus dem von Linné eingeführten Artepitheton *sophera*, verwendet im synonymen Artnamen *Cassia sophera*, heute *Senna siamea*)

Habitus: Immer- oder sommergrüne Bäume oder Sträucher, selten Stauden, Rinde lange grün bleibend.
Blätter: Wechselständig, unpaarig gefiedert, Blättchen gegenständig, mehr als doppelt so lang wie breit, Basis abgerundet, Nebenblätter klein, pfriemlich.
Blüten: Zwittrig, zygomorph, in Trauben oder Rispen, endständig an Kurz- oder Langtrieben, Kelch röhrig oder röhrig-glockig, mit 5 kurzen Zähnen, Krone mit Fahne, Flügel und Schiffchen, Staubblätter 10, frei, nur an der Basis verwachsen, Fruchtblatt 1, oberständig.
Früchte: Hülsen 3–8 cm lang, stielrund oder abgeflacht, zwischen den Samen eingeschnürt, ledrig-fleischig, Samen 4–7 mm groß, gelb oder dunkelbraun.
Verbreitung: 52 Arten mit kosmopolitischer Verbreitung.
Verwendung: In Kultur überwiegend *S. davidii*, ein sehr reich blühender Strauch, der auch noch auf nährstoffarmen, sandigen Böden gedeiht.
Die früher als *S. japonica* bekannte Art wird heute als *Styphnolobium japonicum* geführt, nachdem neuere Untersuchungen zur Abtrennung von *Calia* Téran et Berland. ex Yakovlev (SW-USA, Mexiko) und *Styphnolobium* Schott aus der Gattung *Sophora* geführt haben.

Sophora davidii (Franch.) Skeels, Wickenblättriger Schnurbaum

Habitus: Sommergrüner, 1–2(–4) m hoher Strauch, Äste waagerecht abstehend, Zweige dornig bewehrt, Triebe grau behaart.
Blätter: 3–6 cm lang, Blättchen 11–19, länglich-elliptisch, 0,5–2 cm lang, ± lang stachelspitzig, unterseits seidig behaart oder nahezu kahl.
Blüten: 1,5–2 cm lang, zu 6–10 in endständigen Trauben an seitlichen Kurztrieben, Krone weiß, violett oder hellblau überhaucht, Juni.
Früchte: 5–6 cm lang, 1- bis 4-samig, lang geschnäbelt, fast kahl.
Verbreitung: W-China.
Verwendung: Sehr selten, B, WHZ 7a, LB 6.3.2.5.

S. japonica L. = *Styphnophyllum japonicum*
S. viciifolia Hance = *S. davidii*

Sorbaria (Ser. ex DC.) A. Braun

Fiederspiere – Rosaceae

(Name bezieht sich auf die Blütenstände der Mehlbeere, *Sorbus aria*, und die Laubblätter der Eberesche, *Sorbus aucuparia*)

Habitus: Sommergrüne, meist hohe Sträucher, Zweige stielrund, graubraun bis rotbraun, kahl oder verkahlend, fein längs gestreift, mit deutlichen Lentizellen, Endknospen 0,6–1 cm lang, eiförmig bis kugelig, Knospenschuppen nicht dicht deckend, Blattstielnarben abgerundet 3-eckig bis halbkreisförmig.

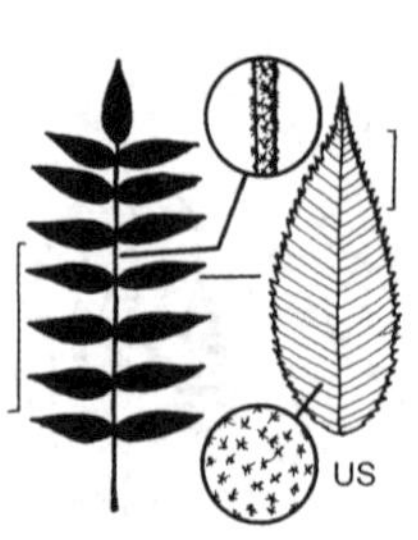

Sorbaria arborea

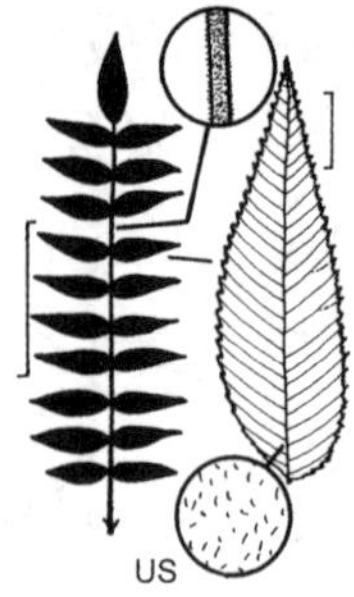

Sorbaria kirilowii

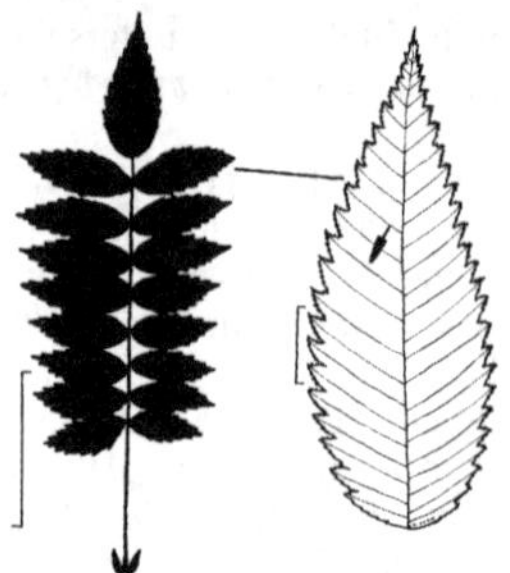

Sorbaria sorbifolia var. sorbifolia

Blätter: Wechselständig, groß, unpaarig gefiedert, Blättchen 7–33, bis 13 cm lang, meist doppelt gesägt, jeder Zahn mit 0–6 kleinen Zähnen, Nebenblätter bleibend.
Blüten: Zwittrig, radiär, 0,5–1 cm breit, in vielblütigen, 10–30 cm langen, endständigen Rispen, doppelt 5-zählig, Kelchblätter bleibend, Kronblätter weiß, rundlich, Staubblätter 20–60, oft länger als die Kronblätter, Fruchtblätter 4–8, oberständig, an der Basis verwachsen, in einem offenen Blütenbecher.
Früchte: Balgfrüchte 2,5–5 mm lang, kahl oder behaart, mit bleibendem Kelch und Griffel, Bälge zu 5.
Verbreitung: 9 Arten in M- und O-Asien sowie im östl. N-Amerika.
Verwendung: Reich blühende, früh austreibende und zudem an den Standort wenig anspruchsvolle Solitär- und Gruppensträucher.

Bestimmungsschlüssel Sorbaria

1 Blättchen höchstens 15 mm breit, ± einfach gesägt .... *S. tomentosa* var. *angustifolia*
– Blättchen breiter, doppelt gesägt 2
2 Junge Blätter unterseits (zerstreut) sternhaarig .... *S. arborea*
– Junge Blätter ohne Sternhaare oder kahl ... 3
3 Blättchen mit höchstens 20 Seitennervenpaaren .... *S. sorbifolia* var. *sorbifolia*
– Blättchen auch mit 25 und mehr Seitennervenpaaren, Blattspindel kurz behaart 4
4 Blätter unterseits behaart, Blattspindel kahl .. .. *S. kirilowii*
– Blätter unterseits kahl.................... ....*S. tomentosa* var. *tomentosa*

S. aitchisonii (Hemsl.) Hemsl. ex Rehder = *S. tomentosa* var. *angustifolia*
S. angustifolia (Wenz.) Zabel = *S. tomentosa* var. *angustifolia*

Sorbaria arborea C.K. Schneid., Chinesische Fiederspiere

Habitus: Bis 6 m hoher, breitwüchsiger Strauch, Triebe gelblich grün, anfangs fein behaart, zuletzt dunkel braunrot und kahl.
Blätter: Bis 40 cm lang, Blättchen 13–17, lanzettlich oder länglich-lanzettlich, 4–9 cm lang, lang zugespitzt, scharf doppelt gesägt, beiderseits kahl oder unterseits ± sternhaarig, Nervenpaare 20–25.
Blüten: 7–8 mm breit, in 20–30 cm langen und 15–20 cm breiten Rispen, Staubblätter 20–30, bis 6 mm lang, Kelchblätter fast rundlich, Juli–August.
Früchte: Etwa 3 mm lang, meist kahl.
Verbreitung: M-China.
Verwendung: Selten, B, WHZ 6a, LB 9.2.2.4.

Sorbaria kirilowii (Regel et Tiling) Maxim. Afghanische Fiederspiere

Habitus: Bis 3 m hoher Strauch, Zweige aufrecht oder aufsteigend.
Blätter: Oft über 30 cm lang, Blättchen 13–17, verkehrteiförmig-lanzettlich bis schmal lanzettlich, oft sichelförmig gebogen, 5–8 cm lang, lang zugespitzt, scharf doppelt gesägt, unterseits auf den Nerven behaart oder nahezu kahl, Nervenpaare mindestens 20.
Blüten: Etwa 7 mm breit, in 10–16 cm langen, lockeren Rispen, Staubblätter 20–25, bis 6 mm lang, Kelchblätter nahezu rundlich, kahl, Juli.
Früchte: Bis 5,5 mm lang, meist kahl.
Verbreitung: Afghanistan, Pakistan, Kaschmir.
Verwendung: Selten, B, WHZ 6b, LB 3.3.5.5.

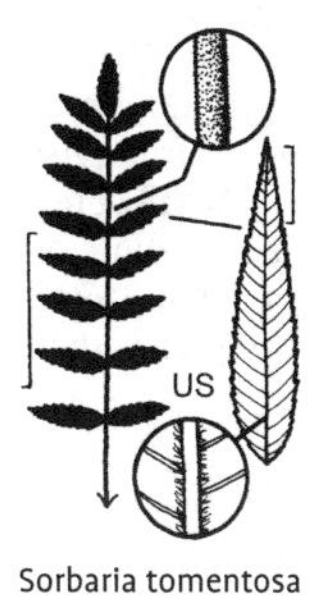

Sorbaria tomentosa
var. tomentosa

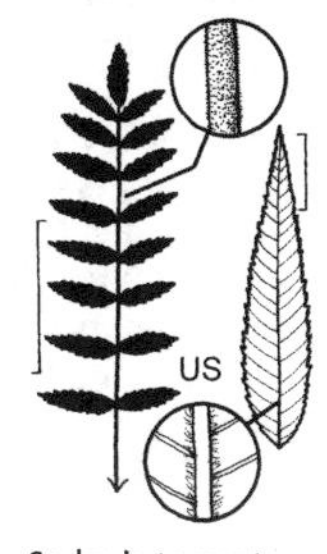

Sorbaria tomentosa
var. angustifolia

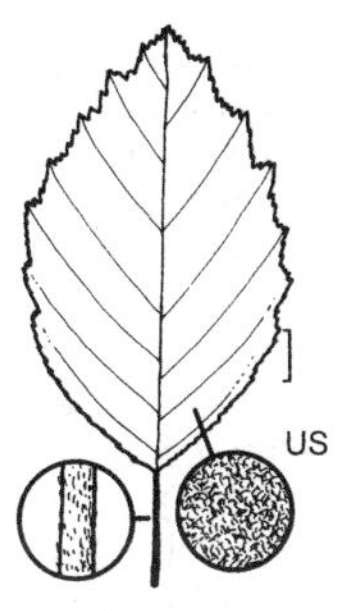

×Sorbopyrus
auricularis

Sorbaria sorbifolia (L.) A. Braun **var. sorbifolia**, Sibirische Fiederspiere

Habitus: Bis 2 m hoher, aufrechter, früh austreibender Strauch, sich durch zahlreiche Ausläufer weit ausbreitend, Zweige ziemlich steif, braun, kahl oder fein behaart.
Blätter: Bis 25 cm lang, Blättchen 11–17, lanzettlich bis eiförmig-lanzettlich, 5–7 cm lang, lang zugespitzt, scharf doppelt gesägt, beiderseits kahl oder nahezu kahl, Nervenpaare 12–16.
Blüten: 10–12 mm breit, in 10–12 cm langen und ebenso breiten Rispen, Staubblätter 40–50, bis 8 mm lang, Kelchblätter breit eiförmig, drüsig, Juni–Juli.
Früchte: Bis 5,5 mm lang, kurz behaart, Griffel zurückgekrümmt, bis 3,5 mm lang.
Verbreitung: Sibirien, Russ. Ferner Osten, Mongolei, Mandschurei, Japan, Korea.
Verwendung: Häufig, B, WHZ 3, LB 3.3.5.5.

'Sem'. Wuchs kompakt, bis 1,5 m hoch. Blätter im Austrieb tief bronzefarben orange, später hellgrün.

var. stellipila Maxim. Blätter unterseits dicht sternhaarig. Blütenstiel und Kelch schwach flaumhaarig. Balgfrüchte fein behaart. Japan, Korea.

Sorbaria tomentosa (Lindl.) Rehder **var. tomentosa**, Himalaja-Fiederspiere

Habitus: Bis 6 m hoher Strauch, Zweige weit abstehend, kahl oder mit einfachen Sternhaaren.
Blätter: Blättchen 11–21, lanzettlich, bis 11 cm lang, schmal zugespitzt, doppelt gesägt, oberseits kahl, unterseits meist auf den Nerven behaart, Seitennervenpaare 16–32.
Blüten: 6 mm breit, in bis 40 cm langen und 15–20 cm breiten Rispen, Staubblätter 17–30, bis 4 mm lang, Kelchblätter breit eiförmig, meist kahl, selten drüsig, Juli–August.
Früchte: Bis 4,5 mm lang, kahl oder spärlich behaart.
Verbreitung: M-Asien, Afghanistan, Pakistan, Himalaja.
Verwendung: Selten, B, WHZ 6b, LB 9.2.2.4.

var. angustifolia (Wenz.) Rahn, Afghanische Fiederspiere, Kaschmir-Fiederspiere. Bis 3 m hoher, eleganter Strauch, Zweige aufrecht oder aufsteigend, nach außen übergeneigt. Blättchen schmal lanzettlich, oft einfach gesägt, kahl, im Austrieb rötlich. Blüten 1 cm breit, in 20–25 cm langen, kahlen Rispen, Staubblätter länger als die cremeweißen Kronblätter, Juli–August. Afghanistan, Pakistan, Kaschmir. Häufiger in Kultur als var. *tomentosa*. WHZ 6a, LB 2.3.3.5.

×Sorbopyrus C.K. Schneid.

Hagebuttenbirne – Rosaceae

(aus den Gattungsnamen *Sorbus* und *Pyrus* gebildet)

Bisher nur in der folgenden Kombination bekannt.

×Sorbopyrus auricularis (Knoop) C.K. Schneid., Hagebuttenbirne
(*Pyrus communis* × *Sorbus aria*)

Habitus: Sommergrüner, bis 18 m hoher, kugelkroniger Baum, Triebe anfangs graufilzig.
Blätter: Wechselständig, einfach, eiförmig bis elliptisch, bis 10 cm lang, an der Basis meist stumpf, unregelmäßig grob gesägt.
Blüten: Bis 2,5 cm breit, in vielblütigen, bis

7,5 cm breiten, graufilzigen Trugdolden, Krone weiß, Mai.
Früchte: Birnenförmig, bis 3 cm dick, rot, Fruchtfleisch gelb, süß, wenig saftig, essbar.
Verwendung: Sehr selten, B, ✿, WHZ 6b, LB 6.2.2.3.

Sorbus L.

Eberesche, Mehlbeere, Elsbeere, Speierling – Rosaceae

(lateinisch *sorbus* = zunächst Speierling, dessen birnenähnliche Früchte = lateinisch *sorbar*, wohl auch Elsbeere, im Hinblick auf die Nutzung als Heilpflanze)

Habitus: Sommergrüne Bäume und Sträucher, Zweige oliv- bis rotbraun, kahl oder zerstreut behaart, Lentizellen hell, zahlreich (*S. torminalis*) oder zerstreut, Knospen länglich-eiförmig bis spindelförmig oder breit eiförmig bis kugelig (*S. torminalis*), Endknospen 1–1,6 cm lang, sichtbare Knospenschuppen 4–6, grün, rötlich überlaufen oder weinrot.
Blätter: Wechselständig, bei Ebereschen unpaarig gefiedert, bei Mehlbeeren einfach, dann oft fiedrig gelappt, 3–20 cm lang, gesägt, in der Knospenlage gefaltet, Nebenblätter einfach oder gefiedert, meist hinfällig.
Blüten: Zwittrig, radiär, in vielblütigen, endständigen Trugdolden, doppelt 5-zählig, Kronblätter meist weiß, selten rosa, Staubblätter 10–15, Fruchtblätter 2–5, entweder teilweise frei und halbunterständig oder völlig verwachsen und unterständig, Griffel frei oder am Grund verwachsen.
Früchte: Kernäpfel 0,6–1,5 cm dick (bei *S. domestica* 2–3 cm lang), ellipsoid oder fast kugelig, rot, gelb, bräunlich oder weiß, Fruchtfleisch mehlig-fleischig, wenig schmackhaft.
Verbreitung: Mehr als 50 Arten (nicht berücksichtigt sind dabei zahlreiche hybridogene „Kleinarten", die sich apomiktisch vermehren) in der borealen Zone der Nordhemisphäre und der nemoralen Zone Eurasiens.
Verwendung: Teilweise häufig gepflanzte, meist kleinkronige Garten-, Park- und Straßenbäume mit überwiegend weißen Blüten, reichem Fruchtschmuck und teilweise bemerkenswerter Herbstfärbung.

Hier wird internationalen Bestrebungen nicht gefolgt, nach denen die Gattung *Sorbus* in mehrere Gattungen aufzugliedern sei. Danach gehören zur Gattung *Sorbus* s. str. nur noch Arten mit gefiederten Blättern, ausgenommen der Speilerling, *S. domestica*. Die Mehlbeeren werden in die Gattung *Aria* (Pers.) Host gestellt, die Zwerg-Mehlbeere in die Gattung *Chamaemespilus* Medik., der Speierling in die Gattung *Cormus* Spach und die Elsbeere in die Gattung *Torminalis* Medik.

Bestimmungsschlüssel Sorbus

1	Blätter im basalen Teil gefiedert, im oberen Teil nur gelappt	2
–	Blätter entweder ganz gefiedert oder einfach, höchstens gelappt	3
2	8–10 Blattnervenpaare, 1(–2) völlig freie(s) Fiederpaar(e) an der Basis	*S. hybrida*
–	10–14 Blattnervenpaare, (1–)2–4 völlig freie(s) Fiederpaar(e) an der Basis	*S. ×thuringiaca*
3	Blätter ganz gefiedert	15
–	Blätter einfach, höchstens gelappt	4
4	Blätter gelappt	5
–	Blätter ungelappt, aber Blattrand gesägt	11
5	Blätter mit beiderseits 3–5 Lappen	*S. torminalis*
–	Blätter mit mehr Lappen	6
6	Blätter oberseits sehr glänzend	7
–	Blätter oberseits matt	9
7	Junge Triebe weißfilzig	*S. intermedia*
–	Junge Triebe glänzend braun	8
8	Blätter nicht eingeschnitten (nur gelappt), Nervenpaare höchstens 8	*S. latifolia*
–	Blätter im unteren Teil eingeschnitten, Nervenpaare 10 und mehr	*S. austriaca*
9	Nerven- und Lappenpaare 5–8	*S. latifolia*
–	Nerven- und Lappenpaare 8–12	10
10	Blätter 1,5-mal so lang wie breit	*S. decipiens*
–	Blätter 2-mal so lang wie breit	*S. mougeotii*
11	Seitennerven bis in die Blattzähne verlaufend, Blattstiele über 1 cm lang (wenigstens die meisten)	12
–	Seitennerven nicht deutlich bis in die Blattzähne verlaufend, Blattstiele höchstens 1 cm lang	*S. chamaemespilus*
12	Blätter unterseits bis ins Alter weißfilzig	13
–	Blätter unterseits höchstens schwach behaart, nicht filzig	*S. alnifolia* var. *alnifolia*
13	Blattrand grob gesägt bzw. schwach gelappt	14
–	Blattrand fein gesägt	*S. folgneri*
14	Haarfilz blattunterseits silbrig	*S. aria*
–	Haarfilz blattunterseits gelbgrün	*S. badensis*
15	(3) Blättchen über 19 (wenigstens viele)	16
–	Blättchen höchstens 19	19
16	Triebe kahl	*S. koehneana*
–	Triebe behaart	17
17	Blätter unterseits behaart	18
–	Blätter unterseits kahl	*S. prattii* var. *prattii*
18	Blätter nur an der Spitze gezähnt, Blattränder auffällig parallel	*S. scalaris*
–	Blätter fast vom Grund an gesägt, Blattränder nicht parallel	*S. vilmorinii*
19	Blattzähne braundrüsig	*S. domestica*
–	Blattzähne nicht braundrüsig	20
20	Blättchen über 17 (wenigstens viele)	21
–	Blättchen höchstens 15	23
21	Blättchen höchstens 4 cm lang, im unteren Teil ganzrandig	*S. cashmiriana*

- Blättchen länger (wenigstens die meisten), vom Grund an gesägt 22
22 Blätter unterseits dunkelgrün, Triebe stark behaart . . . . *S. decora*
- Blätter unterseits hellgrün, Triebe (fast) kahl . . . . *S. americana*
23 Blättchen mindestens 11 24
- Blättchen auch weniger 30
24 Knospen behaart, Blattspindel nicht geflügelt . . . . *S. decora*
- Knospen kahl, Blattspindel geflügelt 25
25 Blättchen unterseits bläulich 26
- Blättchen unterseits hell graugrün 28
26 Nebenblätter früh abfallend, Blattnervenpaare höchstens 9 . . . . . . *S. commixta* var. *commixta*
- Nebenblätter lange bleibend, mehr Nervenpaare 27
27 Nebenblätter breit gelappt, Blätter unterseits auf der Mittelrippe behaart . . . . *S. hupehensis* var. *hupehensis*
- Nebenblätter fingerförmig gezähnt, Blätter unterseits kahl . . . . *S. discolor*
28 Blattspindel behaart 29
- Blattspindel kahl . . . . *S. esserteauana*
29 Blätter vom Grund an gesägt . . . . *S. americana*
- Blätter am Grund ganzrandig . . . . *S. pohuashanensis*
30 Blättchen höchstens 2,5 cm lang . . . *S. reducta*
- Blättchen (wenigstens die meisten) länger 31
31 Winterknospen auffallend groß und klebrig . . . . *S. sargentiana*
- Winterknospen nicht klebrig 32
32 Nebenblätter sehr auffällig, Blätter nur nahe der Spitze gesägt . . . . *S. gracilis*
- Nebenblätter nicht auffällig, Blätter fast am ganzen Rand gesägt 33
33 Winterknospen (fast) kahl . . . . *S. ×arnoldiana*
- Winterknospen behaart . . . . *S. aucuparia* subsp. *aucuparia*

Sorbus alnifolia (Siebold et Zucc.) K. Koch **var. alnifolia**, Erlenblättrige Mehlbeere

Habitus: Bis 20 m hoher Baum, Krone zuletzt abgerundet, Zweige relativ dünn, graubraun, mit zahlreichen Lentizellen, Endknospen kupferbraun, etwa 6,5 cm lang, schlank, kahl.
Blätter: Einfach, eiförmig bis eiförmig-elliptisch, 5–10 cm lang, kurz zugespitzt, Basis abgerundet, ungleichmäßig gesägt, Nervenpaare 6–10, oberseits kahl, unterseits kahl bis leicht behaart, Herbstfärbung orange bis rotbraun.
Blüten: 1–1,5 cm breit, zu 6–10 in 5–7 cm breiten Trugdolden, Blütenstiele kahl, Griffel meist 2, Mai–Juni.
Früchte: Fast kugelig, 8 mm dick, rot und gelb.
Verbreitung: Russ. Ferner Osten, China, Korea, Japan.
Verwendung: Selten, ♧, H, WHZ 6a, LB 4.2.3.3.

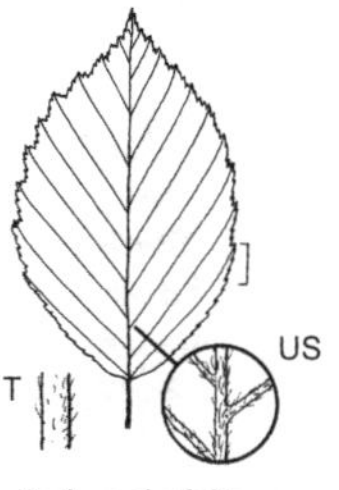

Sorbus alnifolia var. alnifolia

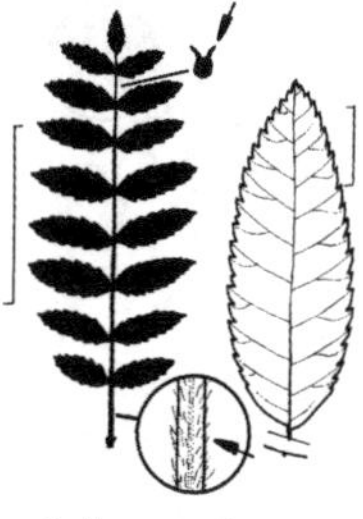
Sorbus americana

var. submollis Rehder. Blätter unterseits dicht weich behaart. Russ. Ferner Osten, China, Japan, Korea.

Sorbus americana Marshall, Amerikanische Eberesche

Habitus: Bis 10 m hoher, kurzstämmiger Baum oder mehrstämmiger Strauch, Krone kugelig bis abgeflacht kugelig, Zweige dick, rotbraun, Endknospen kegelförmig, bis 2 cm lang, dunkel purpurrot, kahl, glänzend, klebrig.
Blätter: Gefiedert, bis 33 cm lang, Blättchen 11–17, länglich-lanzettlich bis lanzettlich, 4–10 cm lang, zugespitzt, scharf gesägt, Nervenpaare 5–8, oberseits hellgrün, unterseits hell graugrün, nur anfangs etwas behaart, Herbstfärbung goldgelb.
Blüten: 5–6 mm breit, in dichten, bis 14 cm breiten, kahlen Trugdolden, Mai–Juni.
Früchte: Kugelig, 4–6 mm dick, scharlachrot, dicht gedrängt stehend.
Verbreitung: O-Kanada, NO-, NOZ- und SO-USA.
Verwendung: Selten, ♧, H, WHZ 4, LB 7.2.3.3.

S. arbutifolia (L.) Heyhn. = *Aronia arbutifolia* var. *arbutifolia*

Sorbus aria (L.) Crantz, Echte Mehlbeere

Habitus: Bis 15(–20) m hoher Baum, Krone regelmäßig eiförmig oder kugelig, junge Triebe wollig-filzig behaart, später verkahlend, olivgrün bis hellbraun, Endknospen eiförmig, grünlich, Ränder der Knospenschuppen braun und behaart, sonst kahl oder leicht wollig behaart.
Blätter: Einfach, derb, breit eiförmig, 6–8 cm lang, spitz oder stumpf, Basis keilförmig, unregelmäßig doppelt gesägt, Nervenpaare

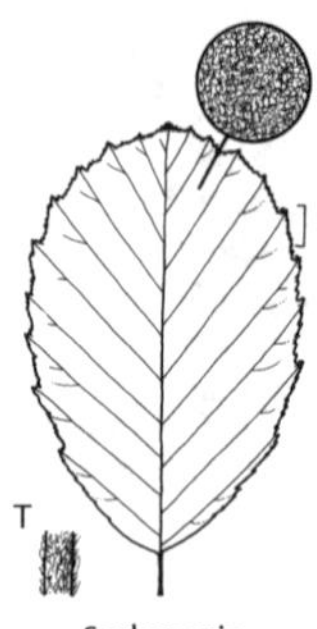

Sorbus aria

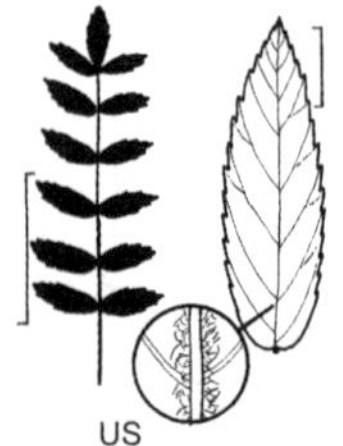

Sorbus ×arnoldiana

Sorbus aucuparia subsp. aucuparia

8–12, oberseits anfangs silbrig behaart, später verkahlend und glänzend dunkelgrün, unterseits bleibend silbrig behaart.
Blüten: Etwa 1,5 cm breit, in 5–8 cm breiten, filzigen Trugdolden, Kelchblätter weißfilzig behaart, Griffel 2–3, Mai.
Früchte: Länglich bis kugelig, 1–1,3 cm lang, orange- bis korallenrot, Kelchblätter bleibend.
Verbreitung: Europa (ausgenommen Skandinavien), N-Afrika.
Verwendung: Sehr häufig (mit Einschränkungen als Stadtstraßenbaum geeignet), N, ♧, H, WHZ 5a, LB 6.3.3.3.

'Gigantea'. Bis 12 m hoher Baum, Krone breit kegelförmig. Blätter beiderseits weißwollig behaart. Wertvoller Ersatz für 'Majestica'.

'Lutescens'. 8–12 m hoher Baum, Krone breit kegelförmig. Blätter im Austrieb beiderseits auffallend weißfilzig behaart, oberseits später stumpf- bis graugrün, unterseits bleibend silbrig behaart.

'Magnifica'. 8–12 m hoher Baum, Krone eiförmig, Äste aufstrebend. Blätter groß, dick, steif ledrig, oberseits glänzend dunkelgrün, unterseits schneeweiß-filzig behaart. Als Stadtstraßenbaum geeignet.

'Majestica'. 6–12 m hoher Baum, Krone kegelförmig. Blätter groß, oberseits stumpfgrün, unterseits weiß, später grünlich filzig behaart. Mit Einschränkungen als Stadtstraßenbaum geeignet.

Sorbus ×arnoldiana Rehder, Arnolds Eberesche

(*S. aucuparia* × *S. discolor*)

Habitus: Steht *S. aucuparia* nahe, abweichend durch die oft ± kahlen Knospen.
Blätter: Gefiedert, Blättchen kleiner als bei *S. aucuparia*, oberseits dunkelgrün, unterseits graugrün, bald kahl.
Früchte: Rosa oder weißlich rosa.
Verwendung: Häufig (vor allem in einigen „Lombarts-Hybriden"), ♧, WHZ 6b, LB 7.1.3.3.

Von den etwa 20 bekannten Sorten der „Lombarts-Hybriden" werden die folgenden am häufigsten gepflanzt.

'Apricot Queen'. 6–8 m hoher Baum, Krone schmal eiförmig. Früchte 1 cm dick, aprikosenfarben, essbar, in großen Ständen.

'Golden Wonder'. 8–12 m hoher Baum, Krone breit kegelförmig bis kugelig. Früchte goldgelb, in großen, hängenden Ständen, essbar.

'Kirsten Pink'. 3–4 m hoher Baum. Blätter zierlich gefiedert. Früchte weiß bis zartrosa, auffällig gepunktet.

'Rose Elegance'. 8–12 m hoher Baum. Früchte lachsrosa, eiförmig, in großen Ständen.

'Schouten'. 6–8 m hoher Baum, Krone auffallend dicht geschlossen. Blätter groß, leicht wollig behaart. Früchte wenig zahlreich, orangegelb, bitterstoffarm.

Sorbus aucuparia L. **subsp. aucuparia**, Gewöhnliche Eberesche, Gewöhnliche Vogelbeere

Habitus: Bis 15 m hoher Baum oder Strauch, Krone anfangs eiförmig, zuletzt aufgelockert und kugelig, Rinde graubraun, lange glatt bleibend, junge Triebe filzig behaart, später verkahlend, Endknospen eiförmig bis länglich-eiförmig, bis 1,5 cm lang, dunkelbraun bis schwärzlich, meist weiß behaart.
Blätter: Gefiedert, 13–25 cm lang, Blättchen 9–15, linealisch, 2,5–4,5 cm lang, spitz oder

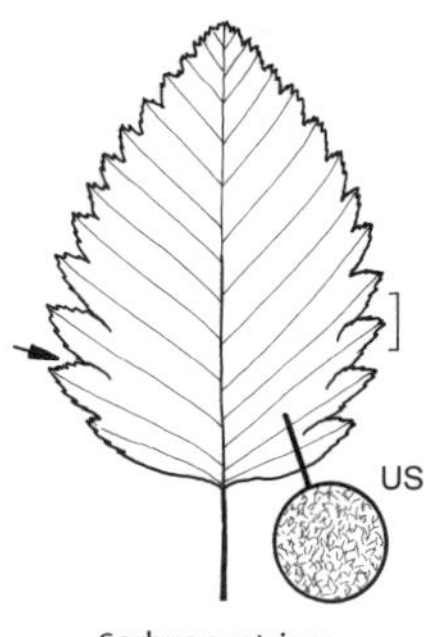

Sorbus austriaca

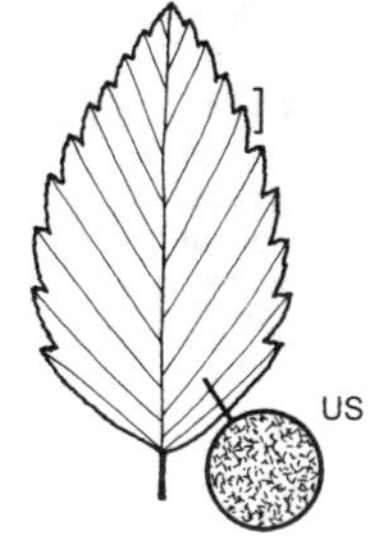

Sorbus badensis

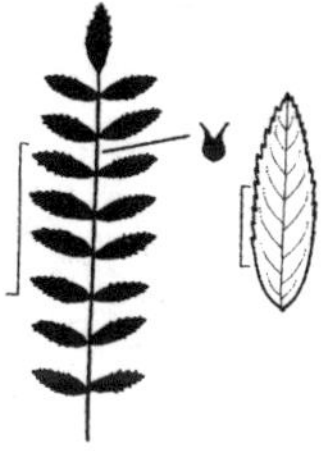
Sorbus cashmiriana

stumpflich, gesägt, Nervenpaare 10–15, oberseits dunkelgrün, unterseits graugrün, anfangs behaart, Herbstfärbung gelborange bis ziegel- oder tiefrot.
Blüten: 0,8–1 cm breit, in 10–15 cm breiten, flachen, filzig behaarten Trugdolden, Griffel 3, Mai–Juni.
Früchte: Kugelig, 0,8–1 cm dick, korallenrot.
Verbreitung: Europa, Türkei, Kaukasien, W-Sibirien.
Verwendung: Sehr häufig, N, ⚕, ♣, H, Bi, WHZ 3, LB 7.1.3.3 (4.2.3.3) (1.2.3.4).

'Fastigiata'. Wuchs straff aufrecht, 5–7 m hoch, Krone anfangs säulenförmig, später unregelmäßig eiförmig, Zweige steif und dick.

'Pendula'. Meist hochstämmig veredelt, Zweige hängend.

'Sheerwater Seedling'. Wuchs straff aufrecht, 8–10 m hoch, Krone kompakt, anfangs schmal kegelförmig, später mehr eiförmig, bis 4 m breit.

subsp. moravica (Zengerl.) Gams. Süße Eberesche. Wuchs stark, 12–15 m hoch, Krone anfangs schmal eiförmig, später locker und unregelmäßig. Blättchen 5–7 cm lang, Stiele rötlich. Früchte bis 1,5 cm dick, arm an Bitterstoffen, essbar. Tschechien. Hierzu gehören Sorten mit bitterstoffarmen, essbaren Früchten wie 'Konzentra', 'Rosina', 'Rossica' und 'Rossica Major'.

Sorbus austriaca (Beck) Hedl., Österreichische Mehlbeere

Habitus: Kleiner Baum, ähnlich *S. intermedia*, aber Wuchs mehr kegelförmig.
Blätter: Einfach, breit eiförmig bis fast rundlich, 8–13 cm lang, zur Basis hin gelappt, Lappen bis zu ⅙ der Spreitenhälfte eingeschnitten, Blattlappen gewöhnlich einander etwas überdeckend, scharf gesägt, unterseits rein grauweiß filzig behaart.
Blüten: Wie bei *S. intermedia*.
Früchte: Kugelig, 10–13 mm dick, rot, mit zahlreich Lentizellen.
Verbreitung: ZO-, OM-, SO- und O-Europa.
Verwendung: Selten, ♣, WHZ 5a, LB 3.1.3.3.

Sorbus badensis Düll, Badische Mehlbeere

Habitus: Mittelgroßer, bis 20 m hoher Baum.
Blätter: Eiförmig, zugespitzt, Basis abgerundet bis breit keilförmig, grob doppelt gesägt, jederseits mit 9–10 Seitennerven, unterseits gelbgrün filzig behaart.
Blüten: Zu 20–25 in Trugdolden, Mai–Juni.
Früchte: Fast kugelig bis birnenförmig, 10–11 mm dick, hellrot bis orangerot, mit Lentizellen, nur etwa 10 Früchte je Fruchtstand.
Verbreitung: Europa: Tauber- und Maintal zwischen Tauberbischofsheim, Würzburg und Karlstadt.
Verwendung: Selten, WHZ 6a, LB 6.3.3.3.

Sorbus cashmiriana Hedl., Himalaja-Eberesche

Habitus: 5–8 m hoher, lockerkroniger Baum, Zweige ziemlich steif, kahl, rötlich braun, Endknospen eiförmig-kegelförmig, bis 1,4 cm lang, rötlich, an den Rändern der Knospenschuppen braunrot behaart.
Blätter: Gefiedert, 10–23 cm lang, Blättchen 15–19, elliptisch bis länglich, 2–3 cm lang, lang zugespitzt, zur Spitze hin scharf gesägt, Nervenpaare 10–12, rau, oberseits matt dunkelgrün, unterseits hellgrün, Mittelrippe und Spindel anfangs bräunlich behaart, später ± gerötet, zur Blütezeit kahl.
Blüten: 1,5 cm breit, in bis 18 cm breiten, lo-

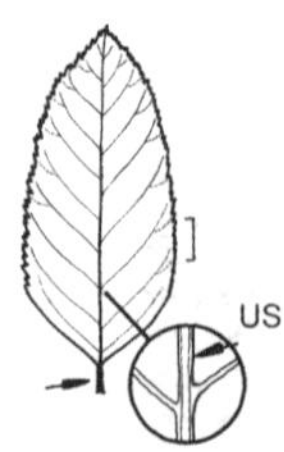

Sorbus chamaemespilus

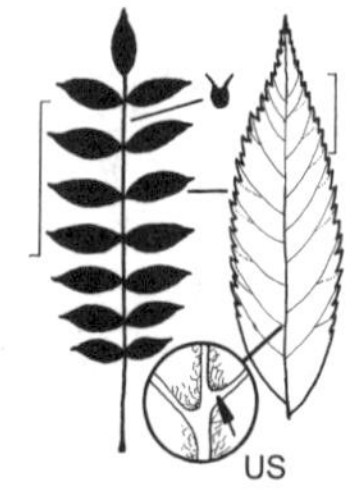

Sorbus commixta var. commixta

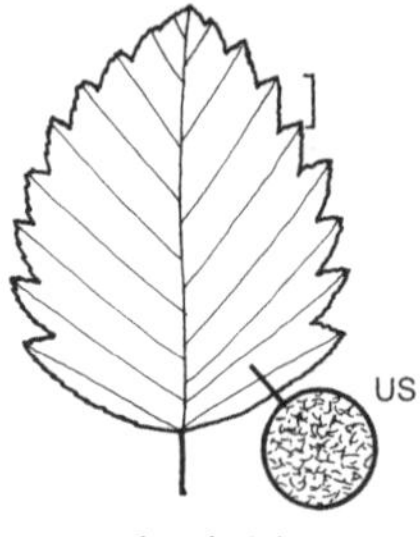

Sorbus decipiens

ckeren, kahlen Trugdolden, Krone rosaweiß, in der Knospe dunkelrosa, Griffel 4–5, Mai.
Früchte: Kugelig-eiförmig, bis 1,8 cm dick, weiß.
Verbreitung: Kaschmir, Afghanistan.
Verwendung: Selten, B, ♣, WHZ 6b, LB 8.2.3.3.

Sorbus chamaemespilus (L.) Crantz, Zwerg-Mehlbeere

Habitus: Bis 2 m hoher, breit aufrechter, mäßig dicht verzweigter Strauch, Triebe anfangs weißlich filzig behaart, bald verkahlend und rotbraun, Endknospen eiförmig-kugelig, etwa 1 cm lang, grünlich braun, Spitze und Ränder der Knospenschuppen leicht behaart.
Blätter: Einfach, länglich-eiförmig bis elliptisch, 3–7 cm lang, spitz oder stumpf, Basis breit keilförmig, gleichmäßig gesägt, etwas ledrig, Nervenpaare 10–12, oberseits kahl und glänzend, unterseits ± blaugrün, kahl bis etwas weißfilzig bhaart.
Blüten: 0,8–1 cm breit, in dichten, filzig behaarten, bis 3 cm breiten Trugdolden, Kronblätter rosa bis rötlich, aufrecht, Griffel meist 2, Juni–Juli.
Früchte: Verkehrteiförmig bis kugelig, 0,8–1,3 cm dick, braunrot bis scharlachrot, essbar, Kelchblätter bleibend.
Verbreitung: Europa (ausgenommen Britische Inseln und Skandinavien).
Verwendung: Selten, ♣, WHZ 5a, LB 8.2.4.6.

Sorbus commixta Hedl. **var. commixta**, Japanische Eberesche

Habitus: Bis 7(–15) m hoher Baum, Zweige rotbraun, Endknospen länglich, bis 1,5 cm lang, rot oder grünlich, mit einigen rotbraunen Haaren an der Spitze.
Blätter: Gefiedert, 21–26 cm lang, Blättchen 11–15, elliptisch-lanzettlich, 2,5–8 cm lang, lang zugespitzt, scharf gesägt, Nervenpaare meist 6–9, früh bräunlich austreibend, später oberseits hellgrün, unterseits bläulich, Herbstfärbung gelb und rot.
Blüten: 8 mm breit, in 8–12 cm breiten, kahlen, lockeren Trugdolden, Griffel meist 3, Mai.
Früchte: Kugelig, 6–8 mm dick, scharlachrot.
Verbreitung: Japan: Hokkaido bis Kyushu, Sachalin.
Verwendung: Selten, ♣, H, WHZ 6a, LB 8.1.3.3.

var. rufoferruginea Shirai ex C.K. Schneid. Knospen, Blütenstiele und Mittelnerv blattunterseits braun zottig behaart. Griffel 5. Japan.

'Serotina'. Späte Eberesche. Bis 10 m hoher Baum, Krone locker, kugelig bis abgeflacht kugelig. Blättchen 9–13, eiförmig bis lanzettlich, 3,5–5 cm lang, scharf gesägt, oberseits glänzend dunkelgrün. Herbstfärbung auffallend leuchtend hell- bis mahagonirot. Blüten in meist bräunlich behaarten Trugdolden, Mai. Früchte kugelig, 0,6–1 cm dick, orangerot, lange haftend.

S. conradinae hort. = *S. pohuashanensis*
S. conradinae Koehne = *S. esserteauana*

Sorbus decipiens (Bechst.) Irmisch ex Petz. et G. Kirchn., Täuschende Mehlbeere

Habitus: Mittelgroßer Baum, steht *S. latifolia* nahe.
Blätter: Eiförmig, bis 12 cm lang, etwa 1,5-mal so lang wie breit, Basis keilförmig bis abgerundet, doppelt gesägt, an der Basis schwach gelappt, Nervenpaare 9–12, unterseits nur dünn filzig behaart, die Nerven sichtbar.
Blüten: Ähnlich *S. latifolia*.
Früchte: Länglich, 1,4–1,6 cm lang, orangerot.

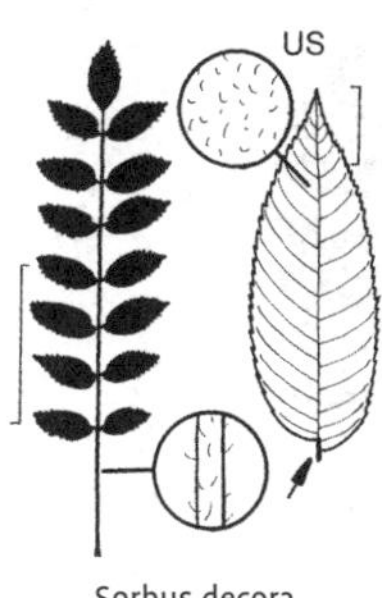

Sorbus decora

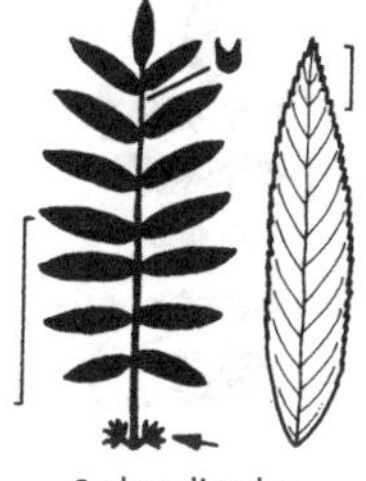
Sorbus discolor

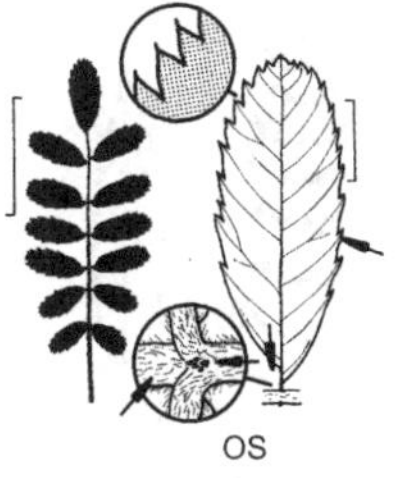

Sorbus domestica

Verbreitung: Europa: O-Deutschland, Schweiz, NO-Frankreich.
Verwendung: Selten, ♣, WHZ 5a, LB 6.1.2.3.

Sorbus decora (Sarg.) C.K. Schneid., Labrador-Eberesche

Habitus: 8–12 m hoher Baum oder großer Strauch, Krone breit kegelförmig bis kugelig, Triebe ziemlich dicht mit Lentizellen besetzt, Endknospen länglich, dunkel karminrot bis schwarz, klebrig.
Blätter: Gefiedert, 20–32 cm lang, Blättchen 11–17, elliptisch bis länglich-lanzettlich, 3–7 cm lang, stumpflich oder plötzlich zugespitzt, gesägt, Zähne nach oben gebogen, Nervenpaare 5–7, oberseits dunkelgrün, unterseits heller und in der Jugend behaart, Spindel und Mittelrippe meist rötlich.
Blüten: 0,8–1 cm breit, in 5–10 cm breiten, ziemlich lockeren, meist bis zur Fruchtzeit behaarten Trugdolden, Griffel 3–4, Mai.
Früchte: Fast kugelig, 0,7–1 cm dick, lebhaft rot, Kelchblätter bleibend.
Verbreitung: O-Kanada, NO- und NOZ-USA, Grönland.
Verwendung: Selten, ♣, WHZ 3, LB 7.3.3.3.

Sorbus discolor (Maxim.) Maxim., Verschiedenfarbige Eberesche

Habitus: Bis 10 m hoher Baum, Krone sehr breit kegelförmig, Äste schräg abstehend, Zweige rötlich grau, Knospen eiförmig-länglich etwa 1,3 cm lang, tiefrot, an der Spitze und den Rändern der Knopsenschuppen braunrot behaart.
Blätter: Gefiedert, bis 20 cm lang, Blättchen 11–15, eiförmig-lanzettlich, 3–6 cm lang, spitz bis zugespitzt, tief gesägt, Nervenpaare 12–20, oberseits dunkelgrün, unterseits blaugrün, Herbstfärbung auffallend goldgelb bis bräunlich rot, lange haftend.
Blüten: In 10–14 cm breiten, kegelförmigen Trugdolden, Krone grünlich cremeweiß, Griffel 3–5, Mai.
Früchte: Kugelig, 6–8 mm dick, weißlich gelb, gelegentlich rosa überlaufen.
Verbreitung: N-China.
Verwendung: Selten, ♣, WHZ 6b, LB 3.3.2.3.

Sorbus domestica L., Speierling

Habitus: 10–20 m hoher Baum, Krone anfangs regelmäßig kegelförmig, später eiförmig bis kugelig, Borke graubraun, kleinschuppig, junge Triebe weiß behaart, bald verkahlend und dann olivgrün bis rötlich braun, Endknospen länglich-eiförmig, 1,2–1,5 cm lang, grünlich, nur leicht behaart, klebrig.
Blätter: Gefiedert, bis 20 cm lang, Blättchen 11–21, schmal länglich, 3–8 cm lang, spitz, gleichmäßig gesägt, im unteren Drittel ganzrandig, darüber einfach gesägt, Nervenpaare 5–10, oberseits mattgrün, kahl, unterseits heller, entlang der Nerven behaart.
Blüten: 1,5–1,8 cm breit, in 6–10 cm breiten, breit kegelförmigen, filzig behaarten Trugdolden, Griffel meist 5, Mai–Juni.
Früchte: Birnen- oder apfelförmig, 2–3,5 cm lang, grünlich gelb, sonnenseits gerötet, herbsauer, stark duftend, nur überreif mild süßsäuerlich und roh essbar.
Verbreitung: Europa (ausgenommen Britische Inseln und Skandinavien), Türkei, Kaukasien, N-Afrika.
Verwendung: Häufig (Früchte werden zur besseren Haltbarkeit und zur Geschmacksverbesserung des Apfelweines genutzt), N, ♣, H, WHZ 6b, LB 6.1.2.2.

fo. pomifera (Hayne) Rehder. Früchte apfelförmig, 2–3 cm dick.

fo. pyriformis (Hayne) Rehder. Früchte birnenförmig, 3–4 cm lang.

Sorbus esserteauana

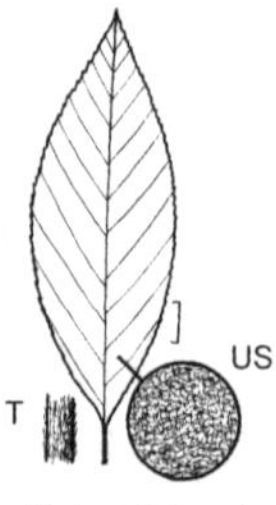

Sorbus folgneri

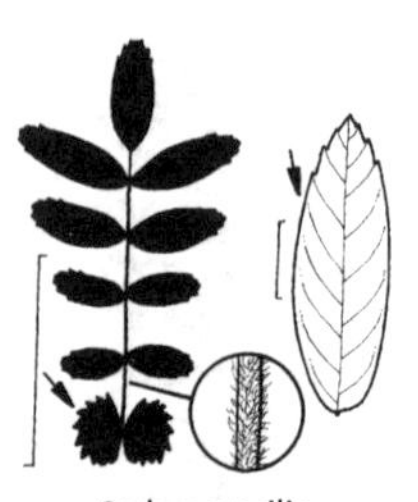

Sorbus gracilis

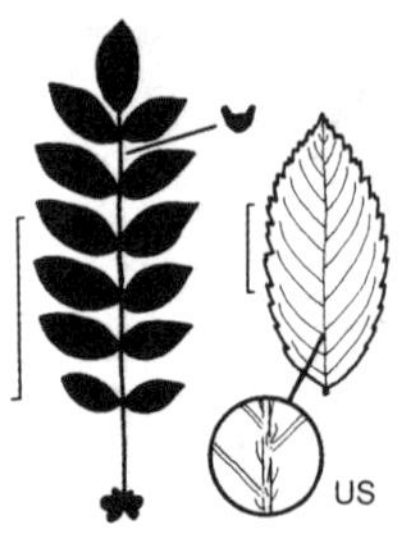

Sorbus hupehensis var. hupehensis

Sorbus esserteauana Koehne, Esserteaus Eberesche

Habitus: Bis 12 m hoher, lockerkroniger Baum, Zweige steif, grau, anfangs behaart, Endknospen eiförmig-kugelig, etwa 1,2 cm lang, rötlich, dicht weißseidig behaart.
Blätter: Gefiedert, 18–26 cm lang, Blättchen 11–15, derbledrig, länglich bis eiförmig-lanzettlich, 4–10 cm lang, spitz bis zugespitzt, scharf gesägt, Nervenpaare meist 5–6, oberseits frischgrün, kahl, unterseits bleibend dick weiß- oder grauweiß filzig behaart, Nebenblätter bleibend, 1–2 cm breit, grob gesägt, Herbstfärbung rot.
Blüten: 1 cm breit, in 9–15 cm breiten, filzig behaarten Trugdolden, Mai–Juni.
Früchte: Abgeflacht kugelig, 7–9 mm dick, scharlachrot.
Verbreitung: W-China.
Verwendung: Selten, ✿, WHZ 6a, LB 7.3.2.3.

S. ×fennica (Kalm.) Fr. = *S. hybrida*

Sorbus folgneri (C.K. Schneid.) Rehder, Chinesische Mehlbeere

Habitus: Bis 12 m hoher Baum, Zweige dünn, weitbogig überhängend, junge Triebe anfangs weißfilzig, Endknospen schlank kegelförmig, kahl.
Blätter: Einfach, eiförmig bis elliptisch-eiförmig, 5–8 cm lang, spitz oder kurz zugespitzt, Basis breit keilförmig oder abgerundet, fein gesägt, an Langtrieben doppelt gesägt und oft schwach gelappt, Nervenpaare 8–9, oberseits glänzend dunkelgrün, unterseits silbrigweiß filzig behaart.
Blüten: 1 cm breit, in vielblütigen, bis 10 cm breiten, kompakten Trugdolden, Griffel 3, Mai.
Früchte: Ellipsoid, 1,3 cm lang, rot.
Verbreitung: M-China.
Verwendung: Selten, ✿, WHZ 6a, LB 6.3.3.4.

Sorbus gracilis (Siebold et Zucc.) K. Koch, Zierliche Eberesche

Habitus: Bis 3,5 m hoher Strauch, Zweige steif, rötlich braun, junge Triebe weich behaart, Endknospen eiförmig, rot, an der Spitze und an den Rändern der Knospenschuppe weiß behaart.
Blätter: Gefiedert, bis 31 cm lang, Blättchen 7–9(–11), elliptisch-länglich, die unteren 1–2 cm, die oberen 2–6 cm lang, stumpf, über der Mitte gesägt, oberseits kahl oder nahezu kahl, unterseits gelblich braun filzig behaart, Mittelrippe mit weißlichen Haaren, Nebenblätter auffallend groß, bleibend.
Blüten: 5–8 mm breit, in 5–8 cm breiten Trugdolden, Krone grünlich weiß, Griffel (2–)3, Mai.
Früchte: Ellipsoid bis kugelig, 0,7–1 cm dick, rot.
Verbreitung: Japan.
Verwendung: Sehr selten, ✿, WHZ 6a, LB 7.2.3.5.

Sorbus hupehensis C.K. Schneid. **var. hupehensis**, Hupeh-Eberesche

Habitus: Bis 10 m hoher Baum mit straff aufstrebender Verzweigung, Triebe bald verkahlend, Endknospen eiförmig-länglich, rötlich, kahl oder an der Spitze und den Rändern der Knospenschuppen leicht behaart.
Blätter: Gefiedert, Blättchen 13–17, elliptisch-länglich, 2–5 cm lang, stumpf oder leicht zugespitzt, nur an der Spitze fein gesägt, Nevenpaare 7–16, oberseits bläulich grün, kahl oder Mittelrippe behaart, unterseits graugrün.
Blüten: In 12 cm breiten, lockeren, lang gestielten Trugdolden, Griffel 4–5, Mai.
Früchte: Kugelig, 7–8 mm dick, weiß, zuletzt rosa.
Verbreitung: M- und W-China.
Verwendung: Selten, ✿, WHZ 6a, LB 3.3.2.3.

Sorbus hybrida

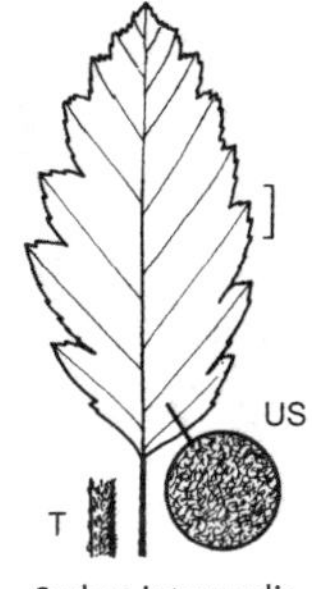

Sorbus intermedia

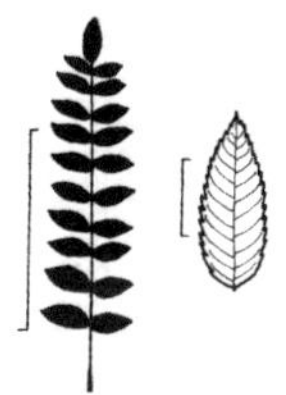
Sorbus koehneana

var. obtusata C.K. Schneid., Blättchen zu 9–11, 3–5 cm lang, stumpf, an der Basis gesägt. Früchte rosa. China: Hupeh.

Sorbus hybrida L., Bastard-Mehlbeere

Habitus: 10–12 m hoher Baum, Krone anfangs schmal aufrecht, später breit, junge Triebe flockig-filzig behaart, Endknospen eiförmig, etwa 6 mm lang, die basalen Knospenschuppen braun, kahl, die oberen behaart.
Blätter: Einfach, eiförmig bis länglich-eiförmig, 7–12 cm lang, vorne breit abgerundet, an der Basis mit 1–2 Paar Fiederblättchen, darüber ± tief eingeschnitten gelappt und gesägt, Zähne zugespitzt, Nervenpaare 8–10, oberseits dunkelgrün, unterseits graufilzig behaart, zuletzt derbledrig.
Blüten: 1–1,5 cm breit, in 6–10 cm breiten, filzigen Trugdolden, Griffel 3, Mai–Juni.
Früchte: Fast kugelig, 1–1,2 cm dick, rot, spärlich punktiert.
Verbreitung: N-Europa.
Verwendung: Häufig, ♧, WHZ 5a, LB 6.3.3.3.

Sorbus intermedia (Ehrh.) Pers., Schwedische Mehlbeere

Habitus: Bis 15 m hoher Baum, Krone meist regelmäßig eiförmig bis kugelig, Triebe anfangs filzig behaart, Endknospen eiförmig oder zugespitzt, grünlich oder bräunlich, klebrig.
Blätter: Einfach, länglich-elliptisch bis verkehrteiförmig, 6–10 cm lang, Basis breit keilförmig, jederseits mit 6–9 seichten, doppelt gesägten Lappen, Nervenpaare 7–9, oberseits glänzend grün, unterseits graufilzig behaart.
Blüten: 1,2 cm breit, in 8–10 cm breiten, reich verzweigten, filzig behaarten Trugdolden, Griffel meist 2, Mai–Juni.
Früchte: Eiförmig bis kugelig, 1–1,2 cm dick, scharlachrot, gelbfleischig.
Verbreitung: N-, ZM- und O-Europa.
Verwendung: Sehr häufig (mit Einschränkungen als Stadtstraßenbaum geeignet), N, ♧, Bi, WHZ 5a, LB 3.1.3.3.

'Brouwers'. Wuchs straff aufrecht, Krone kegelförmig, kompakt, Stamm durchgehend. Als Stadtstraßenbaum geeignet.

Sorbus koehneana C.K. Schneid., Weißfrüchtige Eberesche

Habitus: 2–3(–5) m hoher, kurz- oder mehrstämmiger, lockerkroniger Baum, Zweige dünn, kahl, dunkel rötlich oder schokoladenbraun, Endknospen eiförmig-länglich, 7(–10) mm lang, an der Spitze und den Rändern der Knospenschuppen braunrot bis weiß behaart.
Blätter: Gefiedert, 15(–21) cm lang, Blättchen 17–25, länglich bis länglich-lanzettlich, 1,5–3,5 cm lang, spitz, von der Basis an scharf gesägt, Nervenpaare 8–12, unterseits graugrün, in der Jugend etwas behaart, Spindel leicht geflügelt, Herbstfärbung kupferrot.
Blüten: 0,8–1 cm breit, in 4–8 cm breiten, meist ± kahlen Trugdolden, Staubbeutel braun, Griffel 5, Mai–Juni.
Früchte: Fast kugelig, 6–7 mm dick, weiß, ± rosa überhaucht, Stiele der Fruchtstände rot.
Verbreitung: M-China.
Verwendung: Häufig, ♧, WHZ 5a, LB 7.2.2.4.

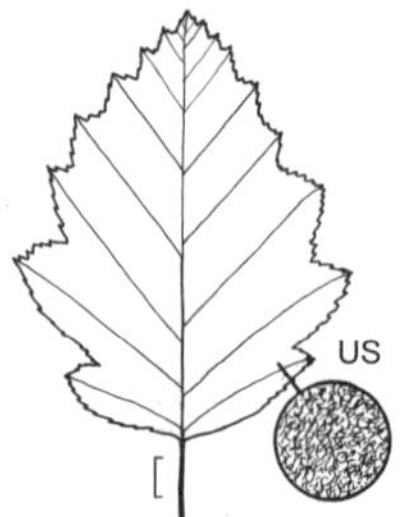

Sorbus latifolia

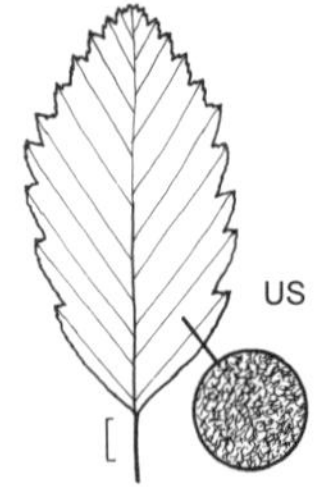

Sorbus mougeotii

Sorbus pohuashanensis

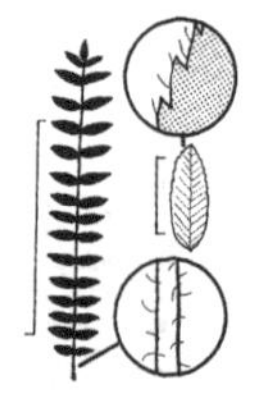
Sorbus prattii var. prattii

Sorbus latifolia (Lam.) Pers.,
Breitblättrige Mehlbeere

Habitus: Bis 15 m hoher Baum, Krone breit kegelförmig, Borke kleinschuppig abblätternd, Zweige glänzend olivbraun, Endknospen 8–14 mm lang, mit ± kahlen, glänzend grünen, nicht oder kaum geröteten Schuppen.
Blätter: Einfach, ± rundlich, 7–9 cm lang, Basis meist abgerundet, seicht breit 3-eckig gelappt und unregelmäßig scharf gesägt, jederseits meist nur 4 oder weniger Lappen deutlich ausgebildet, Nervenpaare 5–8, oberseits matt glänzend dunkelgrün, unterseits grau- bis gelblich filzig behaart.
Blüten: 1–1,5 cm breit, in 7–10 cm breiten, filzig behaarten Trugdolden, Griffel 2–3, Mai.
Früchte: Kugelig bis kurz ellipsoid, 1–1,4 cm dick, gelb- bis rotbraun, punktiert.
Verbreitung: Pyrenäen bis ZM-Europa, in Schweden etabliert.
Verwendung: Häufig, ♧, WHZ 5a, LB 6.1.2.3.

S. melanocarpa (Michx.) Heyhn. = *Aronia melanocarpa* var. *melanocarpa*

Sorbus mougeotii Soy.-Will.,
Vogesen-Mehlbeere, Berg-Mehlbeere

Habitus: Strauch oder bis 12(–20) m hoher Baum, Zweige glänzend rot bis dunkelbraun, Endknospen länglich-eiförmig, bis 1 cm lang Knospenschuppen am Rand dicht filzig behaart.
Blätter: Einfach, länglich-elliptisch, 7–12 cm lang, derb, meist spitz, Basis keilförmig, jederseits mit 8–12 gesägten Lappen, Einschnitte bis zu ¼ der Blattbreite, Zähne scharf zugespitzt, Nervenpaare 8–12, in den Blattlappen deutlich am Innenrand verlaufend, oberseits dunkelgrün, unterseits grau- bis weißfilzig behaart.
Blüten: 1–1,5 cm breit, in locker bis dicht filzig behaarten Trugdolden, Griffel 2–3, Mai.
Früchte: ± kugelig bis schwach eiförmig, 1–1,3 cm dick, rot, essbar.
Verbreitung: Gebirge in M-Europa.
Verwendung: Selten, ♧, WHZ 5a, LB 7.3.3.4.

S. munda Koehne = *S. prattii*
S. allgodonta (Cardot) Hand.-Mazz. = *S. hupehensis*
S. pinnatifida (Ehrh.) Bean = *S. ×thuringiaca*

Sorbus pohuashanensis (Hance) Hedl., Pohuasha-Eberesche

Habitus: 8–10 m hoher Baum, Zweige rötlich braun, zuletzt kahl, Endknospen eiförmig, 6–9 mm lang, ± dicht weißseidig behaart.
Blätter: Gefiedert, etwa 18 cm lang, Blättchen 11–15, elliptisch bis länglich-lanzettlich, 2,5–6 cm lang, spitz oder zugespitzt, von unterhalb der Mitte an scharf grob gesägt, Nervenpaare 9–16, oberseits kahl, unterseits graugrün und weich behaart
Blüten: Etwa 1 cm breit, in 10 cm breiten, wollig behaarten Trugdolden, Griffel 3(–4), Mai.
Früchte: Fast kugelig, 6–8 mm dick, rot oder orangerot.
Verbreitung: N China.
Verwendung: Selten, ♧, WHZ 5b, LB 4.2.3.3.

Sorbus prattii Koehne **var. prattii**,
Pratts Eberesche

Habitus: 5–8 m hoher Baum oder großer Strauch, Knospen 6–9 mm lang, eiförmig, wie die jungen Triebe mit langen, rostbraunen Haaren.
Blätter: Gefiedert, 6–14 cm lang, Blättchen

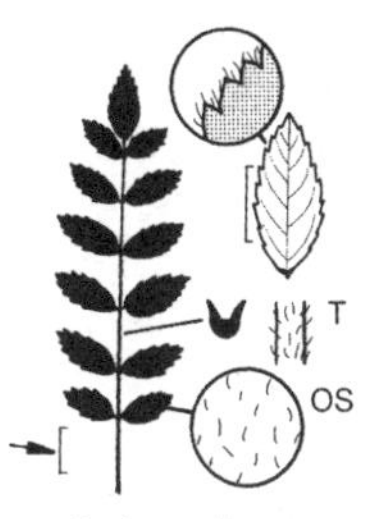

Sorbus reducta

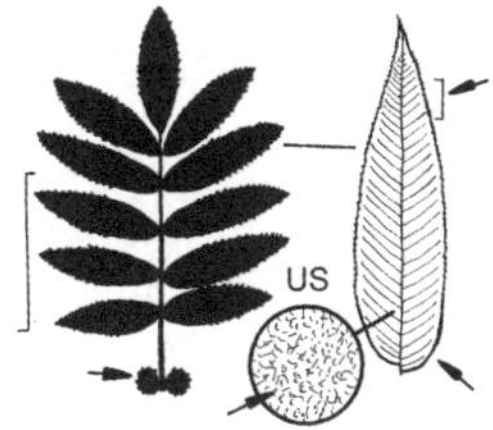

Sorbus sargentiana

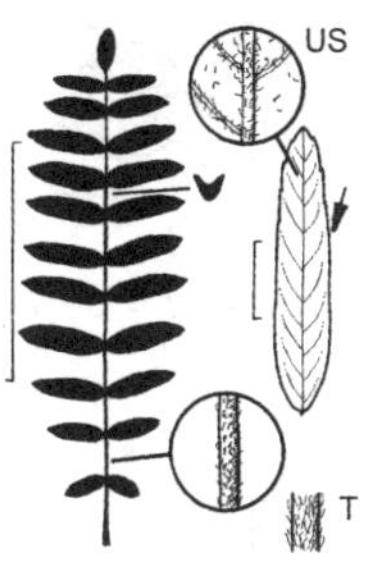

Sorbus scalaris

21–27, länglich, selten länglich-eiförmig, 1,5–3 cm lang, Basis abgerundet, zur Spitze hin mit 5–10 Zähnen fein scharf gesägt, Nervenpaare 9–13(–17), oberseits mittelgrün, unterseits blaugrün, locker hellbraun flaumig behaart.
Blüten: 7–8 mm breit, in 5–7 cm breiten, kahlen oder behaarten Trugdolden, Griffel 5, Mai.
Früchte: Kugelig, 6–9 mm dick, perlweiß.
Verbreitung: W-China.
Verwendung: Selten, ♧, WHZ 6a, LB 7.3.3.4.

var. subarachnoidea (Koehne) Rehder. Blätter unterseits spinnwebartig rostbraun behaart. China: W-Sichuan.

Sorbus reducta Diels, Zwerg-Eberesche

Habitus: Bis 1 m hoher, dünntriebiger Strauch, schwach Ausläufer bildend, Zweige dunkel braunrot, zuletzt kahl, mit einigen großen Lentizellen, Endknospen eiförmig-länglich, bräunlich rot, bis 8 mm lang, an der Spitze und den Rändern der Knospenschuppen braunrot behaart.
Blätter: Gefiedert, 7–10 cm lang, Blättchen 9–15, eiförmig bis elliptisch, 1,5–2,5 cm lang, spitz, grob gesägt, Nervenpaare 4–7, oberseits dunkelgrün, nur etwas behaart, unterseits kahl, Herbstfärbung karminrot.
Blüten: 1,2 cm breit, zu wenigen in kahlen Trugdolden, Staubblätter meist 10, Griffel (3–)4–5, Mai.
Früchte: Kugelig, 6 mm dick, karminrot.
Verbreitung: Myanmar, W-China.
Verwendung: Selten, ♧, WHZ 6b, LB 8.2.3.7.

S. rufoferruginea (C.K. Schneid.) C.K. Schneid. = *S. commixta* var. *rufoferruginea*

Sorbus sargentiana Koehne, Sargents Eberesche

Habitus: Bis 15 m hoher, sparsam verzweigter Baum, Zweige sehr dick, steif, graubraun, Endknospen kurz eiförmig, bis 2 cm lang, rotbraun, stark klebrig, glänzend.
Blätter: Gefiedert, bis 35 cm lang, Blättchen 7–11, schmal lanzettlich, 8–13 cm lang, zugespitzt, Basis keilförmig, fein gesägt, Nervenpaare 25–30, oberseits stumpf dunkelgrün, unterseits hellgrün filzig behaart, Nebenblätter sehr groß, bleibend, Herbstfärbung auffallend leuchtend orangerot bis rotbraun.
Blüten: 6 mm breit, in bis 15 cm breiten, vielblütigen, dicht zottig behaarten Trugdolden, Griffel 3–4, Juni.
Früchte: Kugelig, 6 mm dick, scharlachrot, bis zu 500 in dichten Ständen.
Verbreitung: W-China.
Verwendung: Sehr selten, ♧, H, WHZ 6b, LB 7.3.3.3.

S. scandica Fries = *S. intermedia*
S. scopulina Hough non Greene = *S. decora*
S. semipinnata (Roth.) Hedl. = *S. ×thuringiaca*
S. serotina Koehne = *S. commixta* 'Serotina'
S. 'Theophrasta' = *S. ×thuringiaca*

Sorbus scalaris Koehne, Leitern-Eberesche

Habitus: Bis 10 m hoher Baum mit locker aufgebauter Krone, Zweige grau, Triebe weich behaart, Endknospen eiförmig, bis 1,1 cm lang, rot, weiß behaart.
Blätter: Gefiedert, 13–20 cm lang, Blättchen 21–33, schmal länglich, 3,5–5 cm lang, spitz oder stumpf, Basis abgerundet, leicht asymmetrisch, oberhalb der Mitte oder nur an der

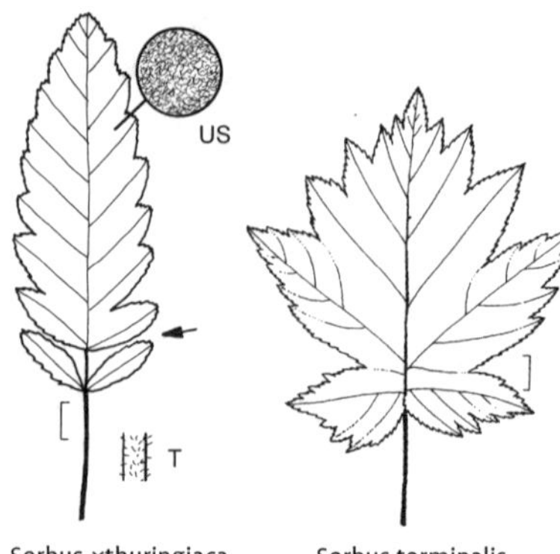

Sorbus ×thuringiaca Sorbus torminalis

Spitze seicht gesägt, Nervenpaare 10–16, tief eingesenkt, oberseits glänzend tiefgrün, unterseits dicht grau spinnwebenartig filzig, Spindel gerötet, oberseits gefurcht, behaart, Herbstfärbung karminrot.
Blüten: 6–8 mm breit, in 13–14 cm breiten, sehr dichten, gewölbten oder flachen, lang behaarten Trugdolden, Griffel 3–4, Mai–Juni.
Früchte: ± kugelig, 7,5 mm dick, leuchtend rot.
Verbreitung: W-China.
Verwendung: Sehr selten, ♧, WHZ 6a, LB 7.2.3.3.

Sorbus ×thuringiaca (Ilse) Fritsch, Thüringer Mehlbeere

(*S. aria* × *S. aucuparia*)

Habitus: Kleiner Baum mit aufstrebender Verzweigung und kompakter Krone, Endknospen eiförmig, bis 1 cm lang, zur Spitze hin dicht behaart.
Blätter: Einfach, zum stumpfen Ende hin allmählich verschmälert, am Grund mit 1–4 Fiederpaaren, zur Spitze hin abnehmend gelappt, schließlich nur noch gesägt, Zähne kürzer und spitzer als bei *S. hybrida*, Nervenpaare 10–14, oberseits silbrig überhaucht, unterseits graugrün.
Blüten: 1,2 mm breit.
Früchte: 6–8 mm dick, rot.
Verbreitung: ZM-Europa.
Verwendung: Häufig in der folgenden Form, ♧, WHZ 5b, LB 6.3.3.3.

'Fastigiata'. 5–8 m hoher Baum, Krone zunächst schmal kegelförmig, mit steil ansteigenden Ästen, Äste später ausgebreitet, Krone dann breit eiförmig. Blätter eiförmig-länglich, stumpf zugespitzt, am Grund mit

Sorbus vilmorinii

1–4 Fiederpaaren, diese mit freier oder etwas herablaufender Basis, dunkelgrün, derb. Früchte sehr zahlreich, dunkelrot. Als Stadtstraßenbaum geeignet.

Sorbus torminalis (L.) Crantz, Elsbeere

Habitus: Bis 20(–25) m hoher Baum, Krone eiförmig bis kugelig, Borke dunkel graubraun, kleinschuppig, Zweige olivbraun, kahl, Endknospen eiförmig, 7–9 mm lang, bräunlich grün, kahl.
Blätter: Einfach, breit eiförmig, 6–12 cm lang, beiderseits mit 3–4 3-eckigen, spitzen, tief eingeschnittenen, gesägten Lappen, Seitennerven bis in die Lappenspitzen verlaufend, Nervenpaare 4–6(–7), anfangs beiderseits behaart, später oberseits glänzend dunkelgrün, unterseits graugrün, auf den Nerven behaart, Herbstfärbung orangerot bis lederbraun.
Blüten: 1–1,5 cm breit, in 10–12 cm breiten, lockeren, filzig behaarten Trugdolden, Griffel 2, Mai–Juni.
Früchte: Ei- bis birnenförmig, 1–1,8 cm lang, bräunlich, punktiert.
Verbreitung: Europa, Türkei, Kaukasien, Libanon, Palästina, N-Iran, Marokko, N-Afrika.
Verwendung: Häufig, N, ♧, H, WHZ 6a, LB 6.1.2.2.

Sorbus vilmorinii C.K. Schneid., Vilmorins Eberesche

Habitus: Strauch oder bis etwa 7,5 m hoher, lockerkroniger Baum, Zweige dünn, braunrot, anfangs rostbraun behaart, Endknospen eiförmig-länglich, 4–8 mm lang, tiefrot, an der Spitze und den Rändern der Knospenschuppen braunrot behaart.
Blätter: Gefiedert, 10–15 cm lang, Blättchen 11–31, elliptisch, 1,5–2,5 cm lang, an Langtrieben auf ¾ der Länge, an Kurztrieben nur im oberen Drittel gesägt, Nervenpaare 9–14, kahl, oberseits dunkelgrün, unterseits grau-

grün, Spindel meist leicht geflügelt und leicht behaart.
Blüten: 6 mm breit, in 5–10 cm breiten, lockeren, rostbraun behaarten Trugdolden, Griffel 3–4, Juni.
Früchte: Kugelig, etwa 1 cm dick, anfangs karminrot, später heller werdend, gelegentlich weiß und karminrot gefleckt.
Verbreitung: W-China.
Verwendung: Häufig, ♧, WHZ 6a, LB 7.1.2.4.

Spartium L.

Pfriemenginster – Fabaceae

(griechisch *spartion* = Binsenginster oder *sparton* = Tau, Seil, Strick)

Monotypische Gattung

Spartium junceum L., Pfriemenginster

Habitus: Sommergrüner, 2–3 m hoher, aufrechter, breitbuschiger Strauch, junge Zweige binsenartig, stielrund, fein gerillt, grün, kahl, sehr biegsam.
Blätter: Einfach, kurzlebig, länglich-lanzettlich, 1,5–3 cm lang, blaugrün, oberseits kahl, unterseits entlang der Mittelrippe anliegend behaart.
Blüten: Zwittrig, zygomorph, 2–2,5 cm lang, in langen, lockeren Trauben, endständig an jungen Trieben, stark duftend, Kelch 1-lippig, 5-zähnig, Krone leuchtend gelb, Fahne groß, ± zurückgeschlagen, Flügel kürzer als der einwärts gekrümmte Kiel, Staubblätter 10, ungleich lang miteinander verwachsen, Fruchtblatt 1, oberständig, Mai–September.
Früchte: Hülsen 5–10 cm lang, schwarzbraun, seitlich stark abgeflacht, Samen 4 mm lang, glänzend rotbraun.
Verbreitung: SW-, S- und SO-Europa, Türkei, Syrien, Palästina, Kaukasien, N-Afrika.
Verwendung: Selten, B, WHZ 8a, LB 6.1.1.5.

Spiraea L.

Spierstrauch, Spiere – Rosaceae

(lateinisch *spiraea* = Spierstrauch, griechisch *speiraia* = strauchige Sippe und *speira* = Windung, nach der Form der Blütenstände)

Habitus: Sommergrüne, 0,2–2,5(–4) m hohe, meist reich verzweigte Sträucher, Zweige oft

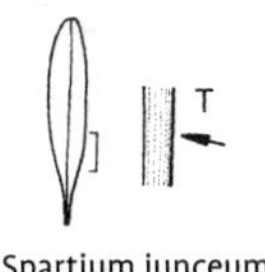

Spartium junceum

gebogen oder leicht überhängend, Knospen 1–4 mm lang, eiförmig bis spitz eiförmig, Knospenschuppen 2 oder mehr.
Blätter: Wechselständig, meist kurz gestielt, einfach, gesägt, gezähnt oder gelappt, selten ganzrandig, Nebenblätter fehlend.
Blüten: Zwittrig, radiär, selten 1-geschlechtig oder polygam und 2-häusig verteilt, selten über 1 cm breit, zu vielen in Dolden oder Trugdolden, oder länglichen Rispen, Krone weiß, rosa bis rot, Kelchblätter 5, meist kurz, bleibend, Kronblätter meist rundlich, länger als die Kelchblätter, Staubblätter 15–60, zwischen Kelch und Drüsenring eingefügt, Fruchtblätter meist 5, frei oder am Grund kaum verwachsen, Blütenbecher schüsselförmig oder kurz glockig, am oberen Rand meist in einen oft gelb gefärbten, durchgehenden oder gelappten Drüsenring eingefügt.
Früchte: Balgfrüchte, die 5 Bälge meist 2–3 mm lang, 2- oder mehrsamig, frei oder zuweilen am Grund miteinander verwachsen, Bälge aufgerichtet nebeneinander stehend oder spreizend, an der Bauchnaht aufspringend, Griffel aufrecht oder spreizend, Samen 1,5–2 mm lang.
Verbreitung: Etwa 80 Arten in den warm- bis kalt-gemäßigten Zonen von Asien, Europa, N-Amerika und Mexiko.
Verwendung: Reich blühende, in Garten und Park häufig gepflanzte Blüten-, Gruppen-, Hecken- und Decksträucher. Neben den Arten werden zahlreiche Hybriden und Sorten kultiviert.

Bestimmungsschlüssel Spiraea

(weitere Bestimmung nur mit Blütenständen möglich)

1 Blütenstand eine Dolde oder eine Rispe 2
– Blütenstand eine Trugdolde (Blüten schirmartig ± in einer Ebene, aber Blütenachsen nicht von einem Verzweigungspunkt ausgehend oder verzweigt, auch als Ebenstrauß bezeichnet) 12
2 Bütenstand eine Dolde 10
– Blütenstand eine Rispe 3
3 Blütenstand seitenständig an Kurztrieben . . . . *S. ×fontenaysii*
– Blütenstand endständig an Langtrieben 4
4 Blüten weiß. 5
– Blüten rosa 6

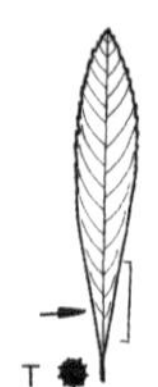

Spiraea alba var. alba

5 Blätter unterseits blaugrün, Blütenstände (fast) kahl .... *S. alba* var. *latifolia*
– Blätter unterseits grün, Blütenstände filzig behaart .... *S. alba* var. *alba*
6 Blattrand bewimpert...................................... *S.* ×*billardii* nothovar. *billardii*
– Blattrand kahl......................... 7
7 Blätter mehr als 5-mal so lang wie breit .... *S. salicifolia*
– Blätter höchstens 4-mal so lang wie breit ... 8
8 Blätter unterseits kahl, Triebe kantig .... *S. alba* var. *latifolia*
– Blätter unterseits filzig behaart, Triebe nur streifig (nicht kantig) 9
9 Blätter mindestens bis zur Spreitenhälfte ganzrandig ....*S. douglasii* var. *douglasii*
– Blattrand grob gesägt ....*S. tomentosa*
10 Blätter ganzrandig, mit 3–5 gleich starken Hauptnerven.................................... *S. hypericifolia* subsp. *hypericifolia*
– Blattrand gesägt oder gezähnt, Blätter nur mit 1 Hauptnerv (und davon abzweigenden, deutlich schwächeren Seitennerven).......... 11
11 Blätter etwa 4- bis 5-mal so lang wie breit.............................. *S. thunbergii*
– Blätter höchstens 3-mal so lang wie breit .... *S. prunifolia* fo. *prunifolia*
12 (1) Trugdolden endständig an Langtrieben. 13
– Trugdolden seitlich entlang der vorjährigen Zweige........................... 19
13 Blüten rosa 14
– Blüten weiß........................ 16
14 Blattrand bewimpert, Blüten 7–8 mm breit .... *S.* ×*foxii* 'Margaritae'
– Blattrand kahl, Blüten 4–6 mm breit 15
15 Trugdolden 15–20 cm breit...................................*S. japonica* var. *japonica*
– Trugdolden 2–4 cm breit........ *S. densiflora*
16 Staubblätter höchstens gleich lang wie Kronblätter 18
– Staubblätter länger als Kronblätter 17
17 Blätter höchstens 2,5 cm lang.... *S. canescens*
– Blätter länger .... *S. betulifolia* var. *betulifolia*
18 Staubblätter kürzer als Kronblätter, Blätter gelappt .... *S. cantoniensis*
– Staubblätter etwa gleich lang wie Kronblätter, Blätter nicht gelappt...............................*S. decumbens* subsp. *decumbens*
19 Blüten rosa, Triebe kantig .... *S. bella*
– Blüten weiß......................... 20
20 Staubblätter länger als Kronblätter 21
– Staubblätter höchstens so lang wie Kronblätter 25
21 Blätter höchstens 2,5 cm lang...... *S. veitchii*
– Blätter länger (zumindest viele) 22
22 Triebe behaart und Blattrand bewimpert.................................. *S. veitchii*
– Triebe oder Blattrand kahl 23
23 Blätter fast ganzrandig, höchstens mit einigen groben Zähnen nahe der Blattspitze 24
– Blätter dicht gesägt............................. *S. chamaedrifolia* var. *chamaedrifolia*
24 Blätter mit 3 gleich starken Hauptnerven .... *S. crenata*
– Blätter nur mit 1 Hauptnerv (und davon abzweigenden, deutlich schwächeren Seitennerven.......................... *S. media*
25 Blätter gelappt/eingeschnitten........... 26
– Blätter nicht gelappt................... 27
26 Blätter höchstens 3 cm lang, rundlich, Trugdolden 4 cm breit .... *S. trilobata*
– Blätter 3–4 cm lang, rhombisch, Trugdolden 4–5 cm breit................*S.* ×*vanhouttei*
27 Triebe behaart......................... 28
– Triebe kahl 31
28 Blattrand bewimpert und Blätter unterseits flächig behaart 29
– Blattrand kahl, Blätter unterseits höchstens auf den Hauptnerven behaart............... 30
29 Blätter höchstens 3 cm lang, ohne Knorpelspitze.......................... *S. cana*
– Blätter (zumindest viele) länger, Blätter mit Knorpelspitze .... *S.* ×*cinerea*
30 Trugdolden abgeflacht, 5–7 cm breit .... *S. henryi*
– Trugdolden dicht gewölbt, 3–5 cm breit .... *S. wilsonii*
31 Blätter höchstens 1,5 cm breit, im oberen Drittel am breitesten 32
– Blätter (zumindest viel) breiter, in der Mitte oder unterhalb am breitesten... *S. trichocarpa*
32 Triebe kantig..... *S. nipponica* var. *nipponica*
– Triebe rund 33
33 Blätter bleibend behaart.......*S. sargentiana*
– Triebe rund, Blätter bald verkahlend................................. *S.* ×*arguta*

S. aemiliana C.K. Schneid. = *S. betulifolia* var. *aemiliana*

Spiraea alba Du Roi **var. alba**, Weißer Spierstrauch

Habitus: Bis 1,5(–2) m hoher, aufrechter Strauch mit unterirdischen Ausläufern, Zweige aufrecht bis abstehend, kantig, fein rotbraunfilzig behaart.
Blätter: Länglich bis verkehrteiförmig-lanzettlich, 3–7(–11) cm lang, an beiden Enden spitz, scharf gesägt, unterseits kahl oder Nerven schwach behaart, kurz gestielt.
Blüten: In endständigen, bis 20 cm langen, breit kegelfömigen, feinfilzig behaarten Rispen, Krone weiß, Kelchzipfel aufrecht, Staubblätter länger als die Kronblätter, Juli–August.
Früchte: Bälge kahl.
Verbreitung: O-Kanada, NO- und NOZ-USA.
Verwendung: Selten, B, WHZ 5a, LB 1.2.1.6.

var. latifolia (Aiton) Dippel, Breitblättriger Spierstrauch. Triebe kahl. Blätter breit elliptisch bis verkehrteiförmig, grob und oft dop-

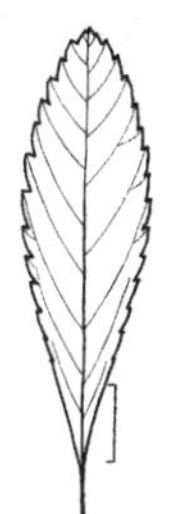

Spiraea alba var. latifolia

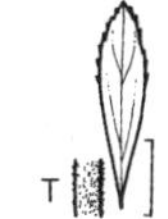

Spiraea ×arguta

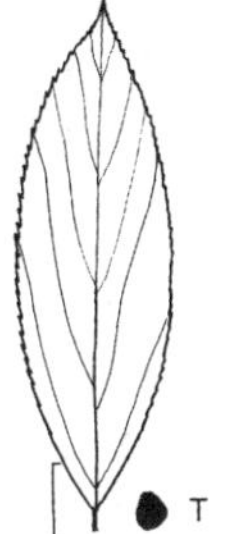

Spiraea bella

Spiraea betulifolia var. betulifolia

pelt gesägt, kahl. Blütenrispen mit kahlen oder fast kahlen Ästen. Krone weiß, oft rosa getönt. (Oft unter dem Namen *S. latifolia* in Kultur.)

S. albiflora (Miq.) Zabel = *S. japonica* var. *albiflora*

Spiraea ×arguta Zabel, Braut-Spierstrauch

(*S. thunbergii* × *S.* ×*multiflora*)

Habitus: Bis 2 m hoher, breit aufrechter, locker verzweigter Strauch, Zweige dünn, zierlich übergebogen.
Blätter: Länglich-verkehrteiförmig bis lanzettlich, 1–4 cm lang, spitz, mit Ausnahme der am Grund der Triebe sitzenden Blätter scharf und oft doppelt gesägt, lebhaft grün, zuletzt kahl, Herbstfärbung gelblich.
Blüten: 8 mm breit, in vielblütigen, kahlen Trugdolden entlang der vorjährigen Zweige, Kronblätter weiß, nahezu so lang wie die Staubblätter, Ende April–Mai.
Verwendung: Sehr häufig, B, WHZ 5a, LB 9.2.2.5.

S. beauverdiana C.K. Schneid. = *S. betulifolia* var. *aemiliana*

Spiraea bella Sims, Schöner Spierstrauch

Habitus: Bis 1,5 m hoher, 2-häusiger Strauch, Zweige lang, ausgebreitet, dünn, Triebe schwach kantig, anfangs dünn rotbraun behaart.
Blätter: Eiförmig bis elliptisch, 3–5 cm lang, spitz, Basis abgerundet bis breit keilförmig, vom unteren Drittel an gesägt, unterseits kahl oder auf den Nerven behaart, Stiel 2–4 mm lang.
Blüten: 1-geschlechtig, 5–5,5 mm breit, in 3–4 cm breiten, behaarten Trugdolden entlang der vorjährigen Zweige, Krone blassrosa bis rosa, ♂ Blüten mit langen, die Kronblätter überragenden Staubblättern und verkümmerten Fruchtblättern, ♀ Blüten mit kurzen, sterilen Staubblättern und aus dem Blütenbecher herausragenden Fruchtblättern, Mai–Juni.
Früchte: Bälge an der Bauchnaht behaart.
Verbreitung: Himalaja.
Verwendung: Selten, B, WHZ 7a, LB 7.2.3.6.

Spiraea betulifolia Pall. **var. betulifolia**, Birkenblättriger Spierstrauch

Habitus: 0,5–1,3 m hoher, dicht verzweigter, kompakter Strauch mit unterirdischen Ausläufern, Zweige bogig aufsteigend, Triebe stielrund oder undeutlich kantig, braunrot, kahl, gestreift.
Blätter: Breit eiförmig bis elliptisch, 2–7 cm lang, meist abgerundet, Basis breit keilförmig, unregelmäßig gekerbt bis doppelt gesägt, oberseits dunkelgrün, unterseits graugrün und netznervig, meist kahl, Stiel bis 6,5 mm lang, Herbstfärbung leuchtend braunrot.
Blüten: 4–8 mm breit, in dichten, 3–8 cm breiten, ± flachen, kahlen Trugdolden, endständig an Langtrieben, Krone weiß, selten rosa getönt, Staubblätter deutlich länger als die Kronblätter, Juni.
Früchte: Bälge aufrecht, kahl.
Verbreitung: Japan, Sachalin, O-Sibirien.
Verwendung: Selten, B, WHZ 4, LB 8.2.3.9.

var. aemiliana (C.K. Schneid.) Koidz. Bis 0,8 m hoher, breit aufrechter bis kugeliger, kompakter Strauch, Triebe meist kurz behaart. Blätter derb, rundlich, gekerbt, 1,3–3 cm lang, durch eingesenkte Nervatur runzelig. Blüten 4–5 mm breit, in zahlreichen,

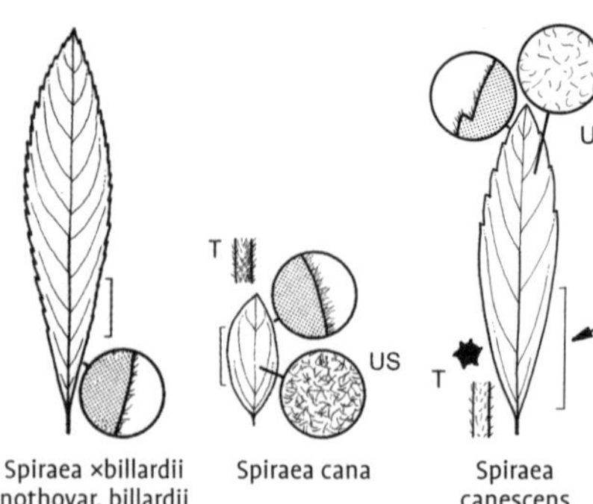

Spiraea ×billardii nothovar. billardii
Spiraea cana
Spiraea canescens

2–3 cm breiten, endständigen Trugdolden. Viel häufiger in Kultur als var. *betulifolia* und gut für flächige Pflanzungen geeignet. Japan.

var. corymbosa Raf. Triebe stielrund. Blätter 3–7,5 cm lang, breit elliptisch, in der oberen Hälfte grob und oft doppelt gesägt, kahl, unterseits bläulich. Blüten 4 mm breit, in kugeligen, bis 10 cm breiten Trugdolden. O-USA.

var. lucida (Douglas et Greene) Hitchc. Triebe stielrund. Blätter eiförmig bis länglich-eiförmig, meist spitz, Basis abgerundet oder breit keilförmig, scharf doppelt gesägt. Blüten in dichten, abgeflachten, 10 cm breiten Trugdolden. NW-USA.

Spiraea ×billardii Hérincq **nothovar. billardii**, Billards Bastard-Spierstrauch

(*S. alba* var. *alba* × *S. douglasii*)

Habitus: Bis 2,5 m hoher, straff aufrechter, starkwüchsiger, robuster Strauch, stark Ausläufer bildend, Triebe braun, behaart.
Blätter: Länglich-lanzettlich bis elliptisch-eiförmig, 5–8 cm lang, an beiden Enden spitz, oder abgerundet, meist scharf gesägt, ausgenommen im unteren Drittel, unterseits dünn graufilzig oder nur schwach behaart.
Blüten: In schmalen, walzen- bis kegelförmigen, dichten, 10–20 cm langen Rispen, endständig an Langtrieben, Krone rosa, Staubblätter doppelt so lang wie die Kronblätter, Juli–September.
Früchte: Bälge aufrecht, kahl.
Verbreitung: In Deutschland stellenweise eingebürgert.
Verwendung: Häufig (meist die Sorte 'Triumphans'), B, WHZ 5a, LB 9.2.4.5.

nothovar. macrothyrsa (Dippel) J. Duvign. (*S. alba* var. *latifolia* × *S. douglasii*). Blätter breit eiförmig, einfach bis doppelt, oft grob und unregelmäßig gesägt. Blüten in überwiegend schmalen, an der Basis durch abstehende Rippenäste breit kegelförmigen, an der Spitze mehr walzenförmigen Rispen.

'Triumphans'. In bis 20 cm langen, breit kegelförmigen, an der Basis verzweigten Rispen, Krone lebhaft purpurrosa.

S. bullata Maxim. = *S. japonica* 'Bullata'
S. bumalda Burv. = *S. japonica*

Spiraea cana Waldst. et Kit., Graufilziger Spierstrauch

Habitus: Kaum über 1 m hoher, dicht verzweigter Strauch, Triebe dünn, stielrund, behaart.
Blätter: Elliptisch bis länglich, 1–3,5 cm lang, an beiden Enden spitz, ganzrandig oder selten mit 1–2 Zähnen nahe der Spitze, beiderseits grau behaart, unterseits dichtfilzig, kurz gestielt.
Blüten: 6 mm breit, in dichten, grau behaarten, 2,5 cm breiten Trugdolden an seitlichen Kurztrieben, Krone gelblich bis mattweiß, Staubblätter so lang wie die rundlichen Kronblätter, Mai.
Früchte: Bälge behaart.
Verbreitung: S- und SO-Europa.
Verwendung: Selten, B, WHZ 6a, LB 8.2.1.6.

Spiraea canescens D. Don, Grauer Spierstrauch

Habitus: Bis 2,4(–4) m hoher, dicht verzweigter Strauch, Zweige dünn, abstehend oder lang übergebogen, Triebe gerippt bis kantig, weich behaart.
Blätter: Breit eiförmig bis verkehrteiförmig, 1–2,5 cm lang, oberhalb der Mitte kerbig gezähnt, beiderseits grau, oberseits spärlich, unterseits dicht wollflaumig behaart.
Blüten: 5 mm breit, zu 15–20 in 3–5 cm breiten, halbkugeligen Trugdolden entlang der vorjährigen Zweige, Krone weiß bis cremeweiß, Staubblätter etwas länger als die bis 3 mm langen, verkehrteiförmigen Kronblätter, Kelchblätter 1 mm lang, Juni.
Früchte: Bälge lang behaart, Kelchblätter aufrecht oder spreizend.
Verbreitung: Himalaja.
Verwendung: Selten, B, WHZ 7a, LB 7.4.2.5.

Spiraea cantoniensis Lour., Kanton-Spierstrauch

Habitus: Bis 2 m hoher, eleganter, breitwüchsiger Strauch, Äste aufrecht bis abstehend, Zweige locker übergebogen, Triebe dünn, stielrund, kahl.
Blätter: Rhombisch-länglich bis lanzettlich, 2–6,5 cm lang, Basis keilförmig, oberhalb der Mitte grob gesägt oder unregelmäßig 3-lappig, oberseits dunkelgrün, unterseits graugrün, deutlich netznervig, Stiel 6–8 mm lang, dünn.
Blüten: 8,5 mm breit, zu vielen in 5 cm breiten, halbkugeligen Trugdolden, endständig an Langtrieben, Krone reinweiß, Staubblätter kürzer als die rundlichen bis eiförmigen Kronblätter, Kelchblätter aufrecht, 3-eckig, Mai–Juni.
Früchte: Bälge und Kelchblätter aufrecht.
Verbreitung: China, dort und in Japan seit langer Zeit in Kultur.
Verwendung: Selten (häufig in S-Europa), B, WHZ 7, LB 6.4.1.6.

Spiraea chamaedryfolia L. **var. chamaedryfolia**, Gamander-Spierstrauch

Habitus: 1–2 m hoher, aufrechter, dicht verzweigter, robuster, Ausläufer bildender Strauch, Zweige meist bogig abstehend, Triebe etwas hin- und hergebogen, kantig geflügelt, gelb, kahl.
Blätter: Eiförmig-elliptisch bis länglich-lanzettlich, 2–6 cm lang, spitz, Basis meist keilförmig und ganzrandig, darüber eingeschnitten gesägt, frischgrün, beiderseits nahezu kahl, Stiel 0,5–1 cm lang.
Blüten: 8–10 mm breit, in leicht gewölbten, 4 cm breiten Trugdolden an seitlichen Kurztrieben, Drüsenring vorhanden, Krone weiß, Staubblätter länger als die kreisrunden Kronblätter, Mai–Juni.
Früchte: Bälge kahl, Kelchblätter zurückgebogen.
Verbreitung: OM-, O-, S- und SO-Europa, Sibirien, M-Asien, Mongolei.
Verwendung: Häufig, B, WHZ 5a, LB 7.2.3.6.

var. flexuosa (Fisch.) Maxim. Wuchs oft niedriger und Triebe stärker hin- und hergebogen und auffälliger geflügelt. Blätter kleiner, schmaler, zur Spitze hin einfach gesägt oder fast ganzrandig. Blüten weniger zahlreich.

var. ulmifolia (Scop.) Maxim., Ulmenblättriger Spierstrauch. Wuchs aufrecht, stärker als bei var. *chamaedryfolia*, Zweige steifer. Blätter eiförmig, an der Basis ganzrandig, in den oberen zwei Drittel grob doppelt gesägt. Blüten 1,3 cm breit, in größeren, halbkugeligen Trugdolden. SO-Europa, N-Asien, Japan.

Spiraea cantoniensis

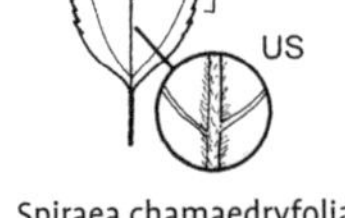

Spiraea chamaedryfolia var. chamaedryfolia

Spiraea ×cinerea

Spiraea ×cinerea Zabel, Aschgrauer Spierstrauch
(*S. cana* × *S. hypericifolia*)

Habitus: 1,5–2,5 m hoher, dicht verzweigter Strauch, Triebe kantig, gestreift, feinfilzig behaart.
Blätter: Länglich, 2,5–3,5 cm lang, zugespitzt, mit kleiner, zurückgekrümmter Knorpelspitze, ganzrandig oder an der Spitze mit 1–2 Zähnen, oberseits graugrün, unterseits heller.
Blüten: 6,5 mm breit, in kleinen, teils sitzenden, teils bis 2 cm lang gestielten Trugdolden an seitlichen Kurztrieben, Krone weiß, Staubblätter kürzer als die Kronblätter, Mai.
Verwendung: Häufig, B, WHZ 5a, LB 9.2.3.5.

'Grefsheim'. Bis 1,5 m hoch, Zweige zierlich überhängend. Blüten zu 2–6 in sehr kurz gestielten Trugdolden, sehr reich blühend, etwa 10 Tage früher als *S. ×arguta*. Häufig gepflanzt.

S. corymbosa Raf. = *S. betulifolia* var. *corymbosa*

Spiraea crenata L., Kerb-Spierstrauch

Habitus: Bis 1 m hoher, dicht verzweigter Strauch, Zweige aufrecht, leicht kantig, rotbraun, Triebe dünn, stielrund, anfangs fein behaart.
Blätter: Lanzettlich bis verkehrteiförmig, 2–3,5 cm lang, spitz oder abgerundet, Basis keilförmig, oberhalb der Mitte gekerbt, mit 3 gleich starken, von der Basis bis zur Spitze laufenden Hauptnerven, graugrün, anfangs weich behaart.

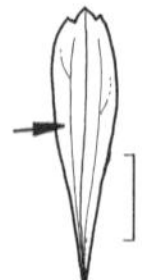

Spiraea crenata

Spiraea decumbens subsp. decumbens

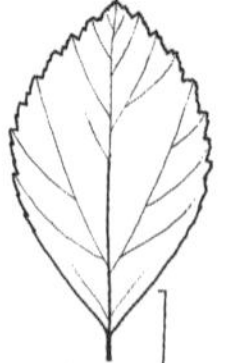

Spiraea densiflora

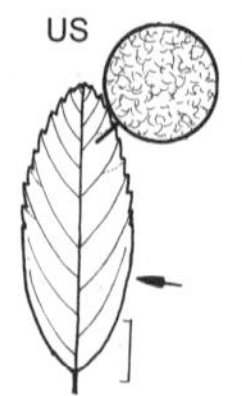

Spiraea douglasii var. douglasii

Blüten: 5 mm breit, zu 10–20 in 2 cm breiten, dicht behaarten, halbkugeligen Dolden an seitlichen Kurztrieben, Krone weiß, Staubblätter länger als die rundlichen bis verkehrteiförmigen Kronblätter, Mai.
Früchte: Bälge fast kahl, Kelchblätter aufrecht.
Verbreitung: OM-, O- und SO-Europa, M-Asien.
Verwendung: Selten, B, WHZ 6a, LB 6.3.2.6.

Spiraea decumbens W.D.J. Koch **subsp. decumbens**, Kärntener Spierstrauch, Weiße Polster-Spiere

Habitus: Bis 0,5 m hoher, stark Ausläufer bildender Strauch, dichte Bestände bildend, Zweige drahtartig dünn, kahl, niederliegend-aufsteigend.
Blätter: Elliptisch bis länglich oder verkehrteiförmig, 1–4 cm lang, an beiden Enden spitz, einfach oder doppelt gesägt.
Blüten: 5–7 mm breit, in 5 cm breiten, vielblütigen, lockeren, kahlen Trugdolden, endständig an diesjährigen Trieben, Krone weiß, Staubblätter etwa so lang wie die Kronblätter, Juni.
Früchte: Bälge aufrecht, kahl.
Verbreitung: SO-Alpen.
Verwendung: Häufig (u. a. für kleinflächige Pflanzungen), B, WHZ 6a, LB 6.3.3.7.

subsp. tomentosa (Poech) Dostál. Bis 0,3 m hoch, Zweige oft niederliegend, grau behaart. Blätter elliptisch, bis 2,5 cm lang, gezähnt, unterseits graufilzig. Blütenstände 3 cm breit. NO-Italien.

Spiraea densiflora Nutt. ex Torr. et A. Gray, Dichtblütiger Spierstrauch

Habitus: Bis 0,6 m hoher, kompakter, robuster Strauch, Triebe stielrund, hin- und hergebogen, rotbraun, kahl.
Blätter: Elliptisch, 1,5–4 cm lang, an beiden Enden abgerundet, oberhalb der Mitte gekerbt oder gesägt, oberseits dunkelgrün, unterseits heller, Stiel sehr kurz, sehr gesund und lange haftend, Herbstfärbung orange bis weinrot oder leuchtend rot.
Blüten: 3–6 mm breit, in ziemlich dichten, kahlen, 2–4 cm breiten, fein behaarten oder nahezu kahlen Trugdolden, Krone rosa, Mai–Juni.
Früchte: Bälge aufrecht, kahl, glänzend.
Verbreitung: W-Kanada, NW- und W-USA.
Verwendung: Selten (sehr gut für flächige Pflanzungen geeignet), B, WHZ 5a, LB 7.2.2.6.

Spiraea douglasii Hook. **var. douglasii**, Oregon-Spierstrauch

Habitus: Bis 2,5 m hoher, straff aufrechter, kompakter, etwas grober, robuster, Ausläufer bildender Strauch, Zweige schlank, rötlich braun gestreift, anfangs weißfilzig behaart
Blätter: Länglich bis schmal länglich, 4–10 cm lang, an beiden Enden stumpf oder mit kurzer Spitze, in der oberen Hälfte gesägt bis fast ganzrandig, unterseits weißfilzig, Stiel 2–4 mm lang.
Blüten: In 10–20 cm langen, dichten, schmal kegelförmigen bis walzlichen, weißfilzig behaarten Rispen, endständig an Langtrieben, Drüsenring fehlend, Krone purpurrosa, Staubblätter doppelt so lang wie die verkehrteiförmigen Kronblätter, Staubbeutel rosa, Juni–Juli.
Früchte: Bälge kahl.
Verbreitung: W-USA.
Verwendung: Häufig, B, WHZ 4, LB 1.2.4.5.

var. menziesii (Hook.), Calder et Roy L. Taylor, Menzies-Spierstrauch. Kaum mehr als 1 m hoher Strauch, Zweige mehr abstehend, junge Triebe und Blätter unterseits schwächer behaart, nicht filzig. Blütenstände feiner und weniger dicht behaart. NW-USA.

S. flexuosa Fisch. = *S. chamaedryfolia* var. *flexuosa*

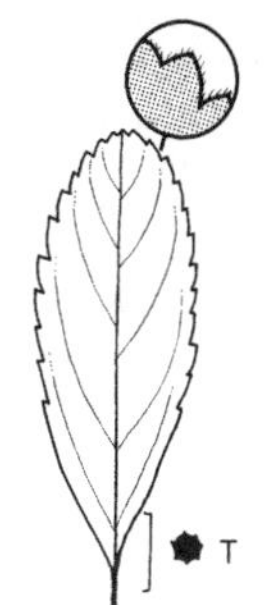

Spiraea ×fontenaysii

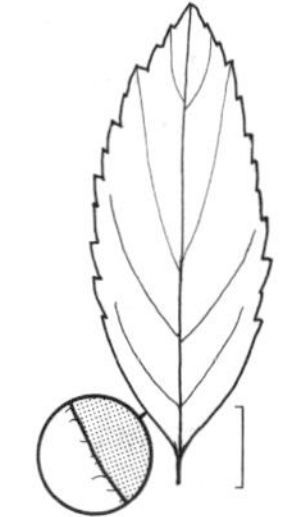

Spiraea ×foxii 'Margaritae'

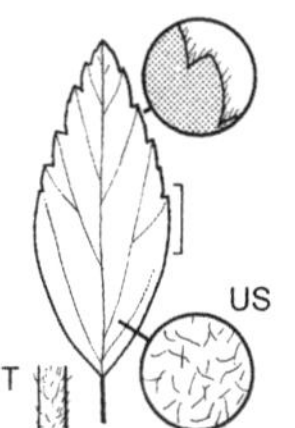

Spiraea henryi

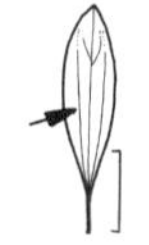

Spiraea hypericifolia subsp. hypericifolia

Spiraea ×fontenaysii Lebas
(*S. alba* var. *latifolia* × *S. canescens*)

Habitus: Bis 2 m hoher, aufrechter Strauch, Zweige schlank, Triebe kantig, anfangs behaart.
Blätter: Eiförmig bis länglich-elliptisch, 2–5 cm lang, an beiden Enden stumpf, oberhalb der Mitte kerbig gesägt, unterseits blaugrün und fast kahl, kurz gestielt.
Blüten: In 3–8 cm langen und ebenso breiten, kegelförmigen Rispen, an seitlichen Kurztrieben, Krone weiß oder rosa, Staubblätter so lang wie die Kronblätter, Juni–Juli.
Früchte: Nahezu kahl, Bälge gespreizt, Kelchblätter aufrecht oder abstehend.
Verwendung: Selten, B, WHZ 5a, LB 7.4.2.5.

Spiraea ×foxii (Voss) Zabel
(*S. betulifolia* × *S. japonica*)

Habitus: Bis 1,5 m hoher, aufrechter Strauch, Zweige hin- und hergebogen, Triebe fein gestreift, fast kahl.
Blätter: Elliptisch, 4–8 cm lang, kahl, im unteren Drittel ganzrandig, sonst doppelt gesägt, oberseits mattgrün, unterseits hellgrün.
Blüten: 6 mm breit, in bis 15 cm breiten, flachen Trugdolden endständig an Langtrieben, Drüsenring vorhanden, Krone weißlich, rosa getönt, Staubblätter doppelt so lang wie die Kronblätter, Juni–August.
Früchte: Bälge aufrecht, parallel, kahl oder schwach behaart.
Verwendung: Selten, B, WHZ 6a, LB 9.3.3.6.

'Margaritae' (*S. japonica* var. *japonica* × *S. ×foxii* 'Superba'). Triebe fast stielrund, ungestreift, anfangs fein behaart. Blätter eiförmig-elliptisch bis schmal elliptisch, kurz zugespitzt, Basis keilförmig, grob einfach und doppelt gesägt, unterseits hellgrün, auf den Nerven behaart oder nahezu kahl. Blüten 7–8 mm breit, Krone lebhaft rosa, Juli–August. (Häufiger in Kultur als *S. ×foxii)*.

'Superba' (*S. betulifolia* × *S. japonica* var. *albiflora*). Triebe gestreift, fast kahl. Blätter länglich-elliptisch, an beiden Enden spitz, einfach oder doppelt gesägt. Blüten 7–8 mm breit, Krone hellrosa, Juli–August.

Spiraea henryi Hemsl., Henrys Spierstrauch

Habitus: Bis 3 m hoher, breit und locker aufgebauter Strauch, Triebe stielrund, anfangs behaart.
Blätter: Länglich bis verkehrteiförmig oder spatelig, 3–9 cm lang, spitz oder abgerundet, Basis keilförmig, meist an der Spitze kerbig gezähnt, oberseits kahl oder etwas behaart, unterseits locker grauwollig behaart, Stiel 4–6 mm lang.
Blüten: 5–7 mm breit, in 5–7 cm breiten, abgeflachten Trugdolden, entlang der vorjährigen Zweige, Krone weiß, Staubblätter kürzer als die kreisrunden Kronblätter, Juni.
Früchte: Bälge leicht gespreizt, behaart.
Verbreitung: W- und M-China.
Verwendung: Häufig, B, WHZ 6a, LB 6.4.2.5.

Spiraea hypericifolia L. **subsp. hypericifolia**, Hartheu-Spierstrauch

Habitus: Bis 1,5 m hoher Strauch, Zweige aufrecht-überhängend, Triebe bräunlich, fast stielrund, behaart oder kahl.
Blätter: Schmal elliptisch bis verkehrteiförmig, bis 3,5 cm lang, meist spitz, ganzrandig oder an der Spitze fein gekerbt, unterseits blaugrün und gelegentlich leicht behaart, mit 3–5 deutlichen, längs verlaufenden Nerven, fast sitzend.
Blüten: 5–7 mm breit, in 5- bis vielblütigen,

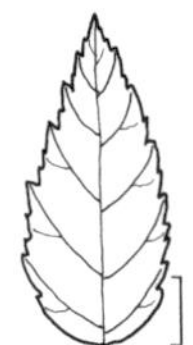

Spiraea japonica var. japonica

fast sitzenden Dolden an seitlichen Kurztrieben, Krone weiß, Staubblätter kürzer als die fast kreisrunden Kronblätter, April–Mai.
Früchte: Bälge nahezu kahl.
Verbreitung: SO- und O-Europa bis Sibirien und M-Asien.
Verwendung: Selten, B, WHZ 5a, LB 6.3.2.5.

subsp. obovata (Waldst. et Kit. ex Willd.) H. Huber. Blätter etwas breiter, stumpf. Blüten bis 6,5 mm breit, Staubblätter so lang wie die verkehrteiförmigen Kronblätter. SW- und S-Europa. Häufiger in Kultur als subsp. *hypericifolia*.

Spiraea japonica L. f. **var. japonica**, Japanischer Spierstrauch

Habitus: Bis 1,5 m hoher, steif aufrechter, meist nur wenig verzweigter Strauch, Triebe meist stielrund, gelegentlich kantig, kahl oder nur anfangs behaart.
Blätter: Lanzettlich bis eiförmig, 2–8 cm lang, spitz oder zugespitzt, Basis schmal keilförmig bis abgerundet, scharf doppelt gesägt, bis gekerbt oder eingeschnitten, oberseits dunkel-, unterseits hell- oder graugrün, meist auf den Nerven behaart, Stiel 1–3 mm lang.
Blüten: 4–6 mm breit, in 15–20 cm breiten, flachen Trugdolden, endständig an Langtrieben, Drüsenring unvollständig oder fehlend, Krone hellrosa bis karminrot, Staubblätter viel länger als die Kronblätter, Juli–August.
Früchte: Bälge aufrecht, kahl.
Verbreitung: Japan, Korea, China bis zum Himalaja.
Verwendung: Sehr häufig (u. a. für Gruppenpflanzungen und Flächenbegrünungen), B, WHZ 4, LB 5.3.3.5 (bei den Sorten LB 9.3.3.6).

var. acuminata Franch. Blätter länglich-eiförmig bis lanzettlich, zugespitzt, zuletzt nur noch auf den Nerven behaart. Blüten in 10–14 cm breiten Trugdolden, Krone rosa, August–Oktober. M- und W-China.

var. albiflora (Miq.) Z. Wei et Y.B. Chang, Weißblütiger Japan-Spierstrauch. 0,5–0,8(–1,3) m hoher, breitbuschiger Strauch. Triebe kantig. Blätter lanzettlich, 3–5(–7) cm lang, zugespitzt, meist einfach gesägt, oberseits hellgrün, unterseits blaugrün. Blüten in zahlreichen, dichten, bis 7 cm breiten Trugdolden, Drüsenring vorhanden, Krone reinweiß, Ende August.

var. fortunei (Franch.) Rehder. Bis 1,5 m hoher Strauch, Triebe stielrund, anfangs behaart. Blätter länglich-eiförmig, 5–10 cm lang, scharf doppelt gezähnt, unterseits bläulich grün. Blüten in großen, reich verzweigten Trugdolden, Krone rosa. M- und O-China.

Von den zahlreichen Sorten werden die folgenden am häufigsten gepflanzt, sie wurden früher häufig (gelegentlich auch noch gegenwärtig) zu *S. bumalda* Burv. gestellt.

'Alpina' = 'Nana'

'Anthony Waterer'. Bis 1 m hoch. Blätter elliptisch, 4–7 cm lang, im Austrieb rötlich, später dunkelgrün, einzelne Blätter häufig gelbbunt (bei einer virusfrei gemachten Auslese (als 'Sapho' bezeichnet) kommen keine gelben Blätter mehr vor). Blütenkrone karminrot, Anfang Juni bis Ende August.

'Bullata'. Bis 0,4 m hoch, steif, gedrungen. Blätter 1–3 cm lang, dicklich, oberseits stark runzelig und etwas aufgetrieben, dunkelgrün. Blütenkrone dunkelrosa, im Verblühen schmutzig rosa, Juni–Juli.

'Crispa'. Bis 0,7 m hoch. Blätter stark gewellt, am Rand tief zerschlitzt, im Austrieb bronzerötlich, später glänzend dunkelgrün. Blütenkrone rosarot, Ende Juli bis August.

'Dart's Red'. Bis 1 m hoch. Blätter 4–6 cm lang, im Austrieb braunrot, später mittelgrün. Blütenkrone karminrot, Juni–Juli(–August).

'Froebelii'. Bis 1,1 m hoch. Blätter breit elliptisch, im Austrieb bronzefarben, später stumpf dunkelgrün. Blütenkrone hell karminrosa, Juli–August.

'Goldflame'. Bis 0,8 m hoch. Blätter anfangs auffallend bronzefarben bis orangebraun, später goldgelb, im Sommer grünlich gelb. Blüten in ziemlich kleinen Ständen, Krone violettrosa, Juli–August.

'Little Princess'. Bis 0,8 m hoch, sehr dicht verzweigt. Blätter 2–4 cm lang, hellgrün, unterseits graugrün. Blüten in lockeren, 5 cm breiten Ständen, Krone hellrosa, Juni–Juli.

'Nana'. Bis 0,5 m hoch, sehr kompakt. Blätter 1–2 cm lang, breit eiförmig, dunkelgrün. Blüten klein, in gedrungenen, leicht ballförmigen Ständen, Krone rosa, Juni–Juli.

SHIROBANA ('Genpei'). Bis 0,8 m hoch. Blätter schmal eiförmig, 3–5(–7) cm lang, hellgrün. Blütenkrone schneeweiß, rosa und rosarot, verteilt auf verschiedene Blütenstände, auch an einem Blütenstand mehrere Farben, Juli–August(–September).

'Zigeunerblut'. Bis 0,8 m hoch, breitbuschig. Blätter 3,5–6 cm lang, im Austrieb dunkel braunrot. Blüten in zahlreichen, sehr großen Ständen, Krone dunkel rosarot, mit lilafarbenem Anflug, Ende Juni.

S. latifolia (Aiton) Borkh. = *S. alba* var. *latifolia*
S. lucida Douglas ex Greene = *S. betulifolia* var. *lucida*
S. ×macrothyrsa Dippel = *S. ×billardii* nothovar. *billardii*
S. ×margaritae Zabel = *S. ×foxii* 'Margaritae'

Spiraea media F. Schmidt, Karpaten Spierstrauch

Habitus: Bis 1,5 m hoher, aufrechter Strauch, Zweige stielrund, nicht gestreift, anfangs behaart.
Blätter: Breit elliptisch bis länglich-eiförmig, 3–5,5 cm lang, stumpf, oberhalb der Mitte jederseits mit 3–4 großen Zähnen, an Blütentrieben auch ganzrandig, behaart oder nahezu kahl, Stiel 1–2 mm lang.
Blüten: 8 mm breit, zu vielen in kahlen, endständigen, bis 4 cm langen Trugdolden an seitlichen Kurztrieben, Krone weiß, Staubblätter so lang wie oder etwas länger als die kreisrunden Kronblätter, Mai.
Früchte: Bälge kahl oder dünn, behaart, Kelchblätter zurückgeschlagen.
Verbreitung: OM-, O- und S-Europa, Sibirien.
Verwendung: Selten, B, WHZ 4, LB 7.2.3.5.

S. menziesii Hook. = *S. douglasii* var. *menziesii*

Spiraea nipponica Maxim. var. nipponica, Nippon-Spierstrauch

Habitus: 1,5–3 m hoher, buschiger, breitwüchsiger Strauch, Zweige aufrecht, im oberen Bereich bogig abstehend, Triebe kantig, kahl.

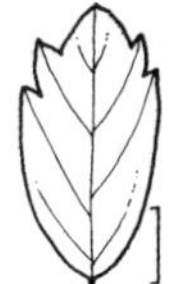

Spiraea media Spiraea nipponica var. nipponica

Blätter: Breit verkehrteiförmig, eiförmig oder elliptisch, 1,5–3 cm lang, dünn, abgerundet, Basis breit keilförmig, an der Spitze mit einigen rundlichen Zähnen oder völlig ganzrandig, oberseits dunkelgrün, unterseits blaugrün.
Blüten: 5–8,5 mm breit, zu vielen in zahlreichen, halbkugeligen bis kegelförmigen, 4–7 cm breiten, kahlen Trugdolden an Kurztrieben entlang der vorjährigen Zweige, Krone reinweiß, Staubblätter kürzer als die kreisrunden Kronblätter, Mai–Juni.
Früchte: Bälge aufrecht, leicht behaart, Kelch aufrecht.
Verbreitung: Japan.
Verwendung: Häufig, B, WHZ 5b, LB 3.3.3.5.

var. tosaensis (Yatabe) Makino. Sehr dicht verzweigter Strauch. Blätter 1–3 cm lang, verkehrteiförmig-lanzettlich, bis länglich-verkehrteiförmig, ganzrandig oder zur Spitze hin leicht kerbig gesägt. Blüten klein, in dichten Trugdolden. Japan: Shikoku.

Bei den folgenden Sorten handelt es sich um sehr reich blühende Auslesen mit weißen Blüten.

'Flächenfüller'. Bis 1,5 m hoher Strauch, mit zahlreichen verzweigten Grundtrieben straff aufrecht wachsend, Zweige im Winter rot- bis schwarzbraun.

'Halward's Silver'. Wuchs sehr gedrungen, aufrecht, dicht verzweigt. Blüten bis 9 mm breit, zu 8–12 in Trugdolden.

'June Bride'. Bis etwa 1 m hoch, Zweige kurz, überhängend. Blüten in kleinen Trugdolden.

'Snowmound'. Bis 1,5(–2,5) m hoch, sehr dicht verzweigt, Zweige aufsteigend bis bogig abstehend. Blüten in 2–3 cm breiten Trugdolden.

Spiraea prunifolia Siebold et Zucc. fo. prunifolia, Pflaumenblättriger Spierstrauch

Habitus: Bis 2(–3) m hoher, aufrechter, dicht verzweigter, etwas sparrigen Strauch, Zweige

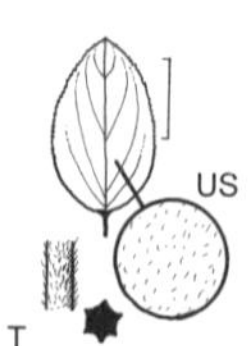

Spiraea prunifolia fo. prunifolia

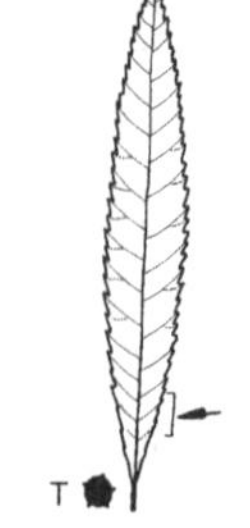

Spiraea salicifolia

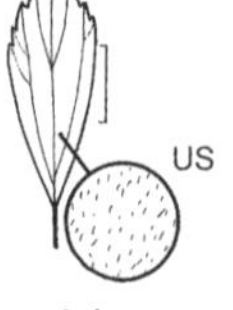

Spiraea sargentiana

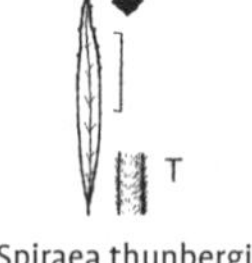

Spiraea thunbergii

schlank, bogig überhängend, Triebe kantig, behaart oder nahezu kahl.
Blätter: Eiförmig, elliptisch oder länglich-elliptisch, 1,5–5 cm lang, an beiden Enden spitz, sehr fein gezähnt, oberseits frischgrün, unterseits kahl oder fein grau behaart, Stiel 2–3 mm lang.
Blüten: 0,8–1 m breit, gefüllt, auf dünnen Stielen in 3- bis 6-blütigen, sitzenden, leicht behaarten Dolden an seitlichen Kurztrieben, Krone reinweiß, Staubblätter kürzer als die breit verkehrteiförmigen Kronblätter, April–Mai.
Früchte: Bälge spreizend, kahl.
Verbreitung: Aus Japan eingeführte Kulturform.
Verwendung: Häufig, B, WHZ 6b, LB 6.2.2.6.

fo. simpliciflora Nakai. Blüten einfach. M-China, Taiwan, Korea. Bei uns kaum in Kultur.

S. prunifolia var. *plena* C.K. Schneid. = *S. prunifolia* fo. *prunifolia*
S. reevesiana Lindl. = *S. cantoniensis*

Spiraea salicifolia L., Weidenblättriger Spierstrauch

Habitus: Bis 1,5 m hoher, straff aufrechter, Ausläufer bildender Strauch, Triebe kantig, anfangs etwas behaart.
Blätter: Schmal elliptisch bis länglich-lanzettlich, 4–8 cm lang, ziemlich dünn, an beiden Enden spitz, fast von der Basis an dicht scharf, manchmal doppelt gesägt, beiderseits kahl, unterseits hellgrün, kurz gestielt.
Blüten: 8 mm breit, in dichten, schmal kegelförmigen bis walzlichen, aufrechten, feinfilzig behaarten, bis 12 cm langen Rispen, endständig an Langtrieben, Krone rosa, Staubblätter doppelt so lang wie die breit eiförmigen bis rundlichen Kronblätter, Drüsenring vorhanden. Juni–Juli.
Früchte: Bälge nahezu aufrecht, an der Bauchnaht bewimpert.
Verbreitung: OM-, O- und SO-Europa, Sibirien, Russ. Ferner Osten, Mongolei, N-Korea, Japan.
Verwendung: Häufig, B, WHZ 4, LB 7.2.3.5.

S. salicifolia auct. = *S. alba*, *S. ×billardii*, *S. ×pseudobillardii* u. a.

Spiraea sargentiana Rehder, Sargents Spierstrauch

Habitus: Bis 2,5 m hoher Strauch, Zweige schlank, weitbogig abstehend, Triebe stielrund, nur anfangs behaart.
Blätter: Länglich bis elliptisch oder verkehrteiförmig, 1–4 cm lang, Basis keilförmig, mit einigen spitzen Zähnen im oberen Drittel, oberseits fein behaart, unterseits zottig behaart, kurz gestielt.
Blüten: 3–6 mm breit, in dichten, zottig behaarten, 3–4 cm breiten Trugdolden entlang der vorjährigen Zweige, Krone rahmweiß, Staubblätter etwa so lang wie die Kronblätter, Juli–August.
Früchte: Bälge fast kahl.
Verbreitung: W-China.
Verwendung: Selten, B, WHZ 6a, LB 6.3.2.5.

S. ×superba (Froebel) Zabel = *S. ×foxii* 'Superba'
S. ×syringiflora Lemoine = *S. ×semperflorens* 'Syringiflora'

Spiraea thunbergii Siebold ex Blume, Thunbergs Spierstrauch

Habitus: Bis 1 (–1,5) m hoher, dicht verzweigter, zierlicher Strauch, Zweige dünn, hin- und hergebogen, aufrecht-abstehend, Triebe kantig, rotbraun, anfangs etwas behaart.
Blätter: Schmal lanzettlich, 2,5–4 cm lang, an

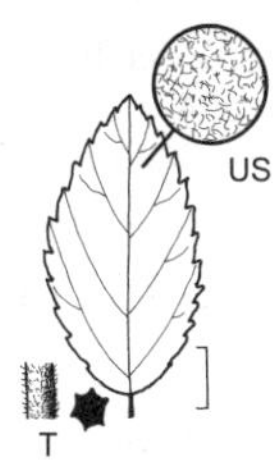

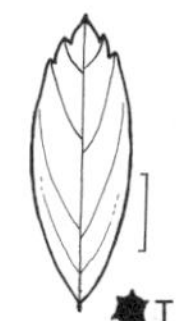

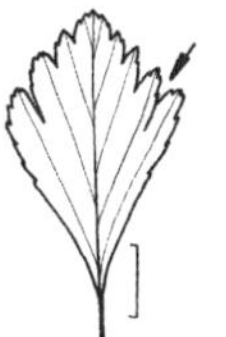

Spiraea tomentosa Spiraea trichocarpa Spiraea trilobata Spiraea ×vanhouttei

beiden Enden spitz oder zugespitzt, fein und scharf gesägt, lebhaft grün, kahl, sehr früh austreibend, Herbstfärbung orange und scharlachrot.
Blüten: Etwa 8 mm breit, zu (3–)5 auf dünnen, kahlen Stielen, in sitzenden Dolden an seitlichen Kurztrieben, Krone weiß, Staubblätter viel kürzer als die verkehrteiförmigen Kronblätter, Ende April–Mai.
Früchte: Bälge spreizend.
Verbreitung: China, Japan.
Verwendung: Sehr häufig, B, WHZ 5b, LB 6.2.1.6.

Spiraea tomentosa L., Filziger Spierstrauch

Habitus: Bis 15 m hoher, breit aufrechter, sich durch Ausläufer stark ausbreitender Strauch.
Blätter: Schmal elliptisch bis eiförmig, 3–7,5 cm lang, spitz, mit Ausnahme der Basis unregelmäßig gesägt, oberseits dunkelgrün, leicht runzelig und nahezu kahl, unterseits gelbgrau- bis braunfilzig.
Blüten: In aufrechten, endständigen, schmal kegelförmigen, bis 18 cm langen Rispen. Drüsenring fehlend, Krone purpurrosa bis rosa, selten weiß, Juli–August.
Früchte: Bälge dicht behaart.
Verbreitung: Östl. N-Amerika, breitet sich lokal, z. B. in Sachsen (Oberlausitz), nach Verwilderung aus.
Verwendung: Selten, B, WHZ 5b, LB 5.2.3.6 (1.2.3.6).

Spiraea trichocarpa Nakai, Koreanischer Spierstrauch

Habitus: Bis 2 m hoher Strauch, Zweige steif, abstehend, Triebe deutlich kantig, kahl.
Blätter: Länglich bis lanzettlich, 3–6 cm lang, plötzlich zugespitzt, Basis keilförmig, ganzrandig oder mit einigen Zähnen an der Spitze, oberseits lebhaft grün, unterseits bläulich, bald kahl.
Blüten: 8 mm breit, in 3–5 cm breiten, behaarten, Trugdolden, auf beblätterten Kurztrieben entlang der vorjährigen Zweige, Krone weiß, Staubblätter kürzer als die rundlichen Kronblätter, Juni.
Früchte: Bälge behaart, Kelchblätter aufrecht.
Verbreitung: Korea.
Verwendung: Selten, B, WHZ 5b, LB 3.3.3.5.

Spiraea trilobata L., Dreilappiger Spierstrauch

Habitus: Bis 1,2 m hoher, breit aufrechter, kompakter Strauch, Zweige oft hin- und hergebogen, stielrund, Triebe dünn, kahl.
Blätter: Fast kreisrund, 1,5–3 cm lang, abgerundet, Basis abgerundet bis etwas herzförmig, seicht 3- bis 5-lappig, unterseits hell bläulich grün, Stiel 5–8 mm lang.
Blüten: 8,5 mm breit, in vielblütigen, 2–4 cm breiten, kahlen Dolden an seitlichen Kurztrieben, Krone reinweiß, Staubblätter kürzer als die Kronblätter, Mai–Juni.
Früchte: Bälge etwas spreizend, kahl, Kelchblätter aufrecht.
Verbreitung: N-China bis Turkestan.
Verwendung: Selten, B, WHZ 5b, LB 6.3.2.6.

S. ulmifolia Scop. = *S. chamaedryfolia* var. *ulmifolia*

Spiraea ×vanhouttei (Briot) Zabel, Belgischer Spierstrauch, Pracht-Spiere
(*S. cantoniensis* × *S. trilobata*)

Habitus: 2–3 m hoher, dicht verzweigter Strauch, Zweige lang, bogig aufrecht, an der Spitze zierlich überhängend, Triebe kahl.
Blätter: Eiförmig, rhombisch oder verkehrteiförmig bis fast rundlich, 3–4 cm lang, spitz, Basis abgerundet oder keilförmig, in der oberen Hälfte kerbig gesägt, schwach 3- bis 5-lappig, oberseits dunkelgrün, unterseits bläulich, kahl.

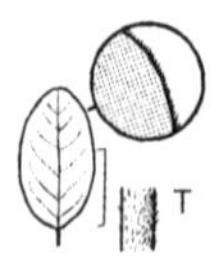

Spiraea veitchii

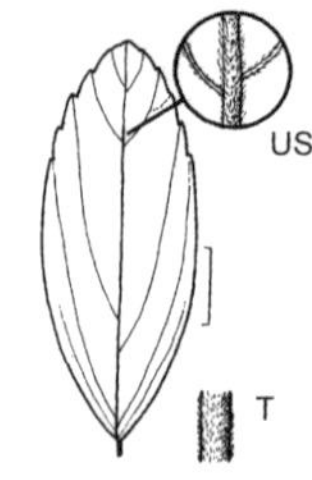

Spiraea wilsonii

Blüten: 8 mm breit, in zahlreichen vielblütigen, flachen, bis 5 cm breiten Trugdolden an seitlichen Kurztrieben, Krone reinweiß, Staubblätter halb so lang wie die kreisrunden Kronblätter, Ende Mai bis Juni.
Früchte: Bälge etwas spreizend, Kelchblätter aufrecht.
Verwendung: Sehr häufig, B, WHZ 5b, LB 9.3.4.5.

Spiraea veitchii Hemsl., Veitchs Spierstrauch

Habitus: 3(–4) m hoher, etwas sparriger Strauch, Zweige lang übergebogen, Triebe gestreift, anfangs behaart.
Blätter: Eiförmig bis länglich, selten verkehrteiförmig, 2–5 cm lang, stumpf, Basis breit keilförmig, ganzrandig, oberseits frischgrün, verkahlend, unterseits bläulich, schwach behaart, Stiel 2–4 mm lang.
Blüten: 4–5 mm breit, in zahlreichen, 3–6 cm breiten, ziemlich dichten, behaarten Trugdolden entlang der vorjährigen Zweige, Krone weiß, Staubblätter länger als die Kronblätter, Juni–Juli.
Früchte: Bälge aufrecht, kahl.
Verbreitung: M- und W-China.
Verwendung: Selten, B, WHZ 6a, LB 6.4.2.4.

Spiraea wilsonii Duthie, Wilsons Spierstrauch

Habitus: Bis 2,5 m hoher Strauch, Zweige übergebogen, Triebe rötlich, anfangs weich behaart.
Blätter: Eiförmig bis verkehrteiförmig oder länglich, 3–6 cm lang, stumpf oder mit kurzer Spitze, ganzrandig oder an der Spitze mit einigen groben Zähnen, oberseits dunkelgrün und behaart, unterseits graugrün, dichter und länger behaart als oberseits, sehr kurz gestielt.
Blüten: Etwa 6 mm breit, in 3–5 cm breiten, dichten, kahlen Trugdolden entlang der vorjährigen Zweige, Krone reinweiß, Staubblätter so lang wie die Kronblätter, Juni.
Früchte: Bälge spreizend, an der Bauchnaht behaart.
Verbreitung: M- und W-China.
Verwendung: Selten, B, WHZ 6a, LB 6.4.2.5.

Stachyurus Siebold et Zucc.

Schweifähre, Perlschweif – Stachyuraceae
(griechisch *stachys* = Ähre und *oura* = Schwanz)

Habitus: Immer- oder sommergrüne Bäume oder Sträucher, Zweige rotbraun, zur Spitze hin durch die erhabenen, herablaufenden, breit eiförmigen Blattstielbasen kantig, Endknospen 3–4 mm lang, spitz, Knospenschuppen knorpelig, Seitenknospen etwas kürzer, eiförmig.
Blätter: Wechselständig, einfach, gesägt, dünn, Nebenblätter linealisch-lanzettlich, hinfällig.
Blüten: Zwittrig, radiär, klein, an vorjährigen Zweigen in achselständigen, starr nach unten gerichteten Trauben oder Ähren, die schon im Vorjahr angelegt werden und nackt überwintern, Einzelblüten 4-zählig, Krone glockig, Staubblätter 8, Fruchtblätter verwachsen, Fruchtknoten oberständig, Griffel kurz, mit 4-teiliger Narbe, bleibend.
Früchte: Beeren kugelig, 6–8 mm dick, grün, oft rot überlaufen, Fruchtwand ledrig, Plazenten scheidewandartig vergrößert, Frucht dadurch 4-fächrig, je Fach 3 Reihen Samen, die von einem dünnen, gallertartigen Samenmantel umgeben sind.
Verbreitung: 6–10 Arten vom Himalaja bis nach Taiwan und Japan.
Verwendung: Interessante Vorfrühlingsblüher für warme, geschützte Plätze. Blüten schon im Herbst weit vorgebildet.

Bestimmungsschlüssel Stachyurus

1 Blätter mit lang ausgezogener Spitze . . . . *S. chinensis*
– Blätter mit kurzer Spitze . . . . *S. praecox* var. *praecox*

Stachyurus chinensis Franch., Chinesische Schweifähre

Habitus: Sommergrüner, bis 2,5 m hoher, breit aufrechter Strauch, Zweige grünlich oder stumpf braun.

Blätter: Eiförmig bis länglich-eiförmig, 6–12 cm lang, lang zugespitzt, Basis abgerundet bis fast herzförmig, kerbig gesägt.
Blüten: In 5–10 cm langen Trauben, Krone hellgelb, Griffel so lang wie oder länger als die Krone, März–April, etwa 2 Wochen später als *S. praecox*.
Früchte: Kugelig, 6–7 mm dick, schwach gerippt, grün, oft rot überlaufen.
Verbreitung: M-China.
Verwendung: Selten, B, WHZ 7b, LB 6.3.4.5.

S. japonicus Steud. = *S. praecox*
S. lancifolius Koidz. = *S. praecox* var. *matsuzaki*
S. matsuzaki Nakai = *S. praecox* var. *matsuzaki*
S. ovalifolius Nakai = *S. praecox* var. *matsuzaki*

Stachyurus praecox Siebold et Zucc. **var. praecox**, Japanische Schweifähre

Habitus: Sommergrüner, 2–4 m hoher Strauch, Zweige schlank, abstehend, braunrot, glänzend, kahl.
Blätter: Elliptisch-eiförmig bis eiförmig-lanzettlich, 7–14 cm lang, zugespitzt, Basis abgerundet, deutlich gesägt, Zähne etwas abstehend, unterseits kahl und glänzend oder entlang der Nerven behaart.
Blüten: Etwa 8 mm breit, in 5–8 cm langen Trauben, Krone gelb, Griffel kürzer als die Kronblätter, März–April.
Früchte: Kugelig, etwa 8 mm dick, glatt, grünlich.
Verbreitung: Japan, Riukiu-Inseln.
Verwendung: Häufig, B, WHZ 7a, LB 6.3.4.5.

var. matsuzakii (Nakai) Makino. Zweige dicker, hell blaugrün. Blätter 13–25 cm lang, schwanzförmig zugespitzt, oberseits hellgrün, unterseits blaugrün. Küstenbereiche von M-Japan.

Staphylea L.

Pimpernuss – Staphyleaceae
(griechisch *staphylodendron* = Pimpernuss, gebildet aus griechisch *staphyle* = Traube und *dendron* = Baum)

Habitus: Sommergrüne, aufrechte, meist sparsam verzweigte Sträucher, Rinde glatt, hell längs gestreift, Knospen beidseitig gekielt, Endknospen fehlend, Blattstielnarben

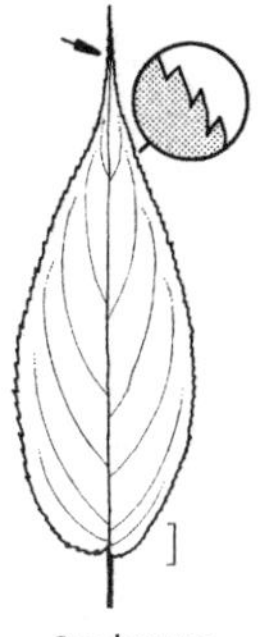

Stachyurus chinensis

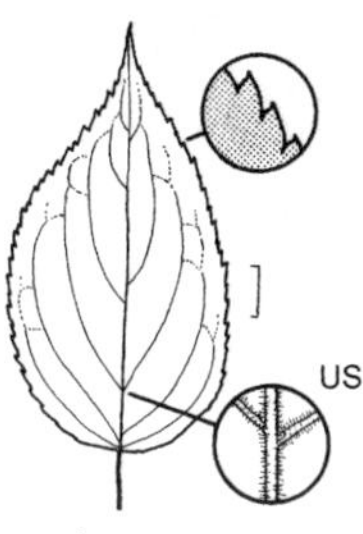

Stachyurus praecox var. praecox

halbkreisförmig, Gefäßbündelspuren deutlich.
Blätter: Gegenständig, unpaarig gefiedert, Blättchen 3–7, fein gesägt, Nebenblätter hinfällig.
Blüten: Zwittrig, radiär, in endständigen Rispen an jungen Trieben, doppelt 5-zählig, Krone weiß oder hellrosa, Kelchblätter kronblattartig, ± so lang wie die Kronblätter, Staubblätter 5, Fruchtblätter 2–3, frei oder an der Spitze verwachsen, Fruchtknoten oberständig.
Früchte: Kapseln blasig aufgetrieben, pergamenthäutig, 2–8 cm lang, 2- bis 3-fächrig, 2- oder 3-zipfelig, Samen 0,2–1,2 cm groß, sehr hart, gelbbraun, glatt, glänzend.
Verbreitung: 11 Arten in der nemoralen Zone von Eurasien und N-Amerika.
Verwendung: Schöne Blüten- und Fruchtsträucher.

Bestimmungsschlüssel Staphylea

1 Blätter allesamt 3-zählig 2
– Blätter (zumindest die meisten) 5- bis 7-zählig 3
2 Endblättchen mit deutlichem (über 1 cm langem) Stiel . . . . *S. trifolia*
– Endblättchenstiel nur wenige mm lang oder fehlend . . . . *S. bumalda*
3 Endblättchen mit deutlichem Stiel . . *S. pinnata*
– Endblättchen fast sitzend . . . . *S. colchica*

Staphylea bumalda DC., Japanische Pimpernuss

Habitus: Bis 2 m hoher Strauch, Zweige abstehend, braunrot.
Blätter: Blättchen 3, elliptisch bis eiförmig, 3,5–4 cm lang, kurz zugespitzt, kerbig gesägt, Endblättchen an der Basis spitz keilförmig, Stiel kurz oder fehlend, hellgrün, kahl, bis auf die unterseits schwach behaarten Nerven.

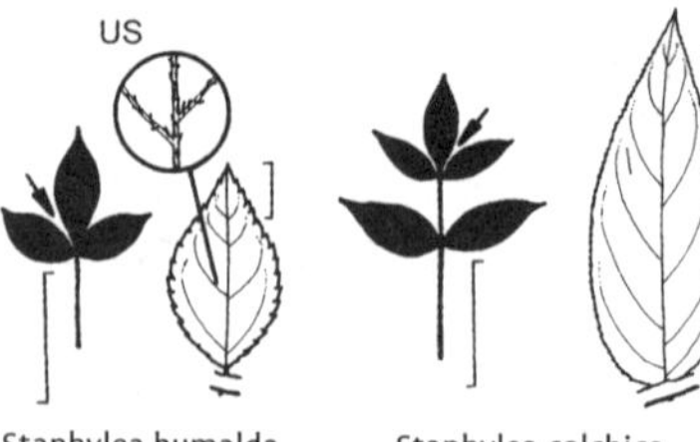

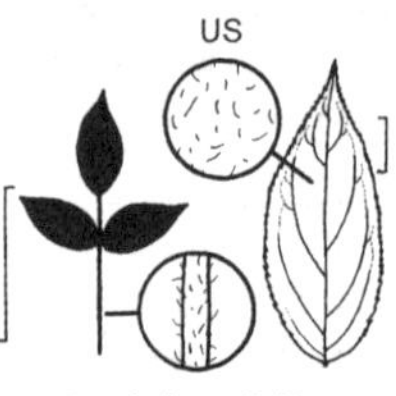

Staphylea bumalda Staphylea colchica Staphylea pinnata Staphylea trifolia

Blüten: 8 mm lang, in 5–7,5 cm breiten, lockeren, aufrechten Rispen, Kelchblätter gelblich weiß, etwas kürzer als die weißen Kronblätter, Juni.
Früchte: Meist 2-zipfelig, 1,5–2,5 cm lang, Samen gelblich, 5 mm lang.
Verbreitung: China, Mandschurei, Korea, Japan.
Verwendung: Selten, B, ꕤ, WHZ 5a, LB 2.4.4.5.

Staphylea colchica Steven, Kolchische Pimpernuss

Habitus: 3–5 m hoher, aufrechter, locker aufgebauter Strauch, Zweige rotbraun.
Blätter: Blättchen 5, an Blütentrieben 3, länglich-eiförmig, 5–8 cm lang, zugespitzt, scharf gesägt, Endblättchen fast sitzend, oberseits lebhaft grün, unterseits glänzend hellgrün.
Blüten: 1,2–1,5 cm lang, in 5–10 cm langen und ebenso breiten, aufrechten bis nickenden Rispen, Kelchblätter abstehend, schmal länglich, gelblich weiß, etwas kürzer als die weißen, schmal spateligen Kronblätter, Staubblätter kahl, Mai–Juni.
Früchte: 2- bis 3- zipfelig, verkehrteiförmig, 5–8 cm lang, Samen 8 mm lang.
Verbreitung: Kaukasien.
Verwendung: Häufig, B, ꕤ, WHZ 6a, LB 3.3.5.4.

Staphylea ×elegans Zabel
(S. colchica × S. pinnata)

Wuchs üppig. Blätter an Lang- und Kurztrieben 3- bis 5-zählig, Blättchen lang zugespitzt, bis 12 cm lang. Blüten in langen, schmalen, hängenden Rispen. Früchte 4–5 cm lang, Zipfel nach außen gebogen. WHZ 6a, LB 3.3.4.4.

Staphylea pinnata L., Gewöhnliche Pimpernuss

Habitus: Bis 5 m hoher, aufrechter Strauch, Zweige glänzend braun.
Blätter: Blättchen 5–7, länglich-eiförmig, 5–10 cm lang, zugespitzt, scharf gesägt, Endblättchen mit deutlichem Stiel, oberseits lebhaft grün, unterseits kahl und bläulich grün.
Blüten: 1 cm lang, in 5–12 cm langen, hängenden, 5 cm lang gestielten Rispen, Kelchblätter stark abstehend, eiförmig, weißlich, an der Basis grünlich, an der Spitze rötlich überlaufen, Kronblätter länglich, Mai–Juni.
Früchte: Nahezu kugelig, 2,5–3 cm dick, kurz 2- bis 3-zipfelig, Samen 1 cm lang, gelbbraun.
Verbreitung: S-, M-, OM-, O- und SO-Europa, Türkei, Kaukasien.
Verwendung: Häufig, B, ꕤ, Bi, WHZ 5b, LB 3.3.4.4.

Staphylea trifolia L., Dreiblättrige Pimpernuss

Habitus: Bis 5 m hoher, aufrechter Strauch, Zweige olivgrün, sonnenseits leicht gerötet.
Blätter: Blättchen 3, elliptisch bis eiförmig, 3,5–8 cm lang, zugespitzt, unregelmäßig scharf gesägt, oberseits dunkelgrün, unterseits behaart, Endblättchen an der Basis abgerundet bis breit keilförmig, stets gestielt.
Blüten: 8 mm lang, in 3–5 cm langen, nickenden Rispen oder doldenartigen Trauben, Kelchblätter grünlich weiß, Kronblätter weiß, etwas länger als die Kelchblätter, Griffel vorragend, Staubblätter unterhalb der Mitte behaart, Fruchtknoten behaart, Mai.
Früchte: Meist lang 3-zipfelig, 3–4 cm lang, Samen gelblich, 5 mm lang.
Verbreitung: O-Kanada, NO-, NOZ- und SO-USA.
Verwendung: Selten, B, ꕤ, WHZ 5a, LB 2.3.6.4.

Stauntonia DC.

Stauntonie – Lardizabalaceae

(nach Sir George Leonard Staunton, 1737–1801, britischer Arzt und Naturforscher irischer Herkunft)

Habitus: Immergrüne, windende Sträucher.
Blätter: Wechselständig, 3- bis 7-zählig.
Blüten: 1-geschlechtig, 2-häusig verteilt, in kleinen, wenigblütigen, achselständigen Trauben, von den 6 Kelchblättern die 3 äußeren fleischig und breiter als die 3 inneren, ♂ Blüten mit 6 verwachsenen Staubblättern, Kronblätter und Nektarien fehlen, ♀ Blüten mit 3 Fruchtknoten und zu Staminodien reduzierten Staubblättern.
Früchte: Beeren eiförmig, fleischig-saftig, Samen zahlreich.
Verbreitung: 24 Arten von Myanmar bis Formosa und Japan.
Verwendung: Bei uns nur die folgende Art (selten) an klimatisch besonders günstigen Standorten in Kultur.

Stauntonia hexaphylla (Thunb.) Decne., Japanische Stauntonie

Habitus: Bis etwa 10 m hoch windender, kahler Strauch.
Blätter: Lang gestielt, derbledrig, Blättchen 3–7, eiförmig bis elliptisch, 8–14 cm lang, spitz oder zugespitzt, glänzend dunkelgrün, ganzrandig.
Blüten: Etwa 2 cm lang, duftend, Kelchblätter weißlich, violett überlaufen, April.
Früchte: Kugelig bis eiförmig, 2,5–5 cm dick, violettpurpurn, essbar.
Verbreitung: Japan, Riukiu-Inseln, S-Korea.
Verwendung: Sehr selten, B, ♣, D, WHZ 8a, LB 7.4.4.9.

Stephanadra incisa (Thunb.) Zabel = *Neillia incisa*
S. tanakae (Franch. et Sav.) Franch. et Sav. = *Neillia tanakae*

Stewartia L.

Scheinkamelie – Theaceae

(nach John Stuart, Earl von Butte, 1713–1792, britischer Politiker und Förderer der Wissenschaften)

Habitus: Sommer- oder immergrüne Sträucher oder Bäume, (bei uns nur sommergrüne

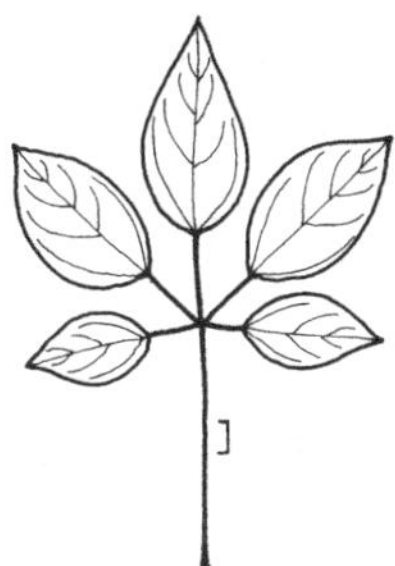

Stauntonia hexaphylla

Arten in Kultur). Borke platanenartig abblätternd und bunte Stammbilder hinterlassend, Knospen spindelförmig, 1–1,5 cm lang, die Knospenschuppen deutlich 2-zeilig stehend, die inneren silbrig behaart.
Blätter: Wechselständig, einfach, ganzrandig oder gesägt, kurz gestielt, Nebenblätter fehlend.
Blüten: Zwittrig, radiär, groß, schalenförmig, achselständig, meist einzeln, Krone weiß, Kelchblätter 5(–6), bleibend, Tragblätter unter dem Kelch, diese bei *S. ovata* einzeln und hinfällig, sonst 2 und bleibend, bei *S. pseudocamellia* deutlich kürzer als die Kelchblätter, sonst gleich lang oder länger, Kronblätter 5(–8), verkehrteiförmig bis rundlich, außen seidig behaart, an der Basis verwachsen, Staubblätter zahlreich, an der Basis meist verwachsen, Fruchtknoten oberständig, Griffel 5, frei oder verwachsen.
Früchte: Kapseln 1–1,2 cm lang, deutlich 5-kantig, verholzend, sich 5-klappig öffnend, Samen 0,5–1 cm lang, ringsum schmal geflügelt.
Verbreitung: 9 Arten in O-Asien und dem östl. N-Amerika.
Verwendung: Prachtvolle, im Sommer blühende, kalkmeidende Sträucher mit einer auffallenden Herbstfärbung.

Bestimmungsschlüssel Stewartia

1	Triebe in der Jugend gerötet	*S. serrata*
–	Triebe von Anfang an bräunlich	2
2	Triebe auch in der Jugend kahl	*S. pseudocamellia*
–	Triebe (zumindest anfangs) behaart	3
3	Blätter höchstens 4 cm breit ...	*S. monadelpha*
–	Blätter (wenigstens die meisten) breiter	*S. sinensis*

S. koreana Rehder = *S. pseudocamellia* Koreana-Gruppe

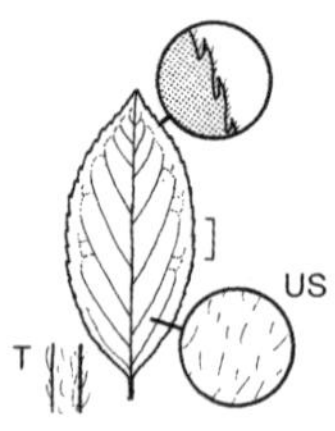

Stewartia monadelpha

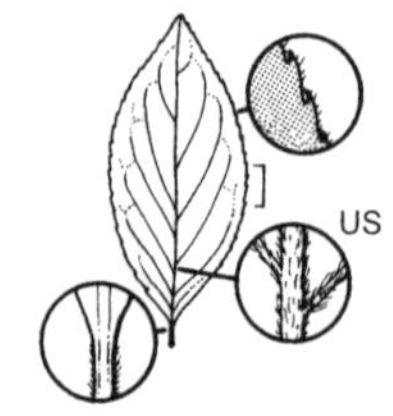

Stewartia pseudocamellia

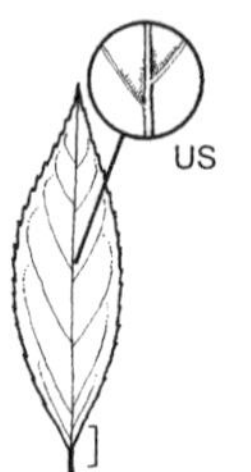

Stewartia serrata

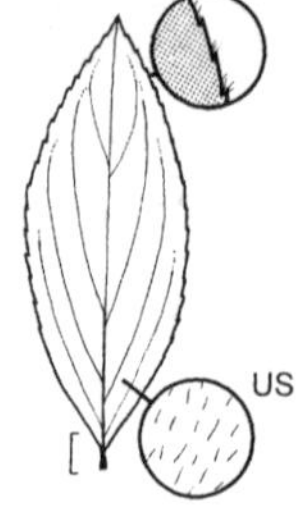

Stewartia sinensis

Stewartia monadelpha Siebold et Zucc., Hohe Scheinkamelie

Habitus: Bis 25 m hoher Baum, bei uns meist nur strauchig wachsend, Triebe rotbraun, fein behaart, Borke in kleinen, dünnen Platten ablösend.
Blätter: Elliptisch bis länglich-elliptisch, 4–6 cm lang, spitz, entfernt gesägt, unterseits auf den Nerven dicht seidig behaart, Herbstfärbung karminrot.
Blüten: 2,5–3,5 cm breit, Kronblätter weiß, abstehend, Staubfäden weiß, Staubbeutel violett, Griffel verwachsen, Tragblätter länger als die Kelchblätter, Juli–August.
Früchte: Eiförmig, geschnäbelt, etwa 1 cm lang.
Verbreitung: Japan.
Verwendung: Sehr selten, B, H, WHZ 7a, LB 3.2.5.4.

Stewartia pseudocamellia Maxim., Japanische Scheinkamelie

Habitus: 4–6(–18) m hoher, anfangs straff aufrechter Strauch oder Baum, Borke rötlich, sich in großen Platten ablösend, Triebe dünn, graubraun, kahl, gerade.
Blätter: Elliptisch oder verkehrteiförmig-elliptisch bis elliptisch-lanzettlich, 3–8 cm lang, zugespitzt, Basis keilförmig, entfernt kerbig gesägt, oberseits frischgrün, unterseits heller und kahl oder mit einzelnen langen Haaren, Stiel 0,3–1 cm lang, Herbstfärbung auffallend orange- bis dunkelrot.
Blüten: 5–6 cm breit, breit schalenförmig, Kronblätter weiß, fast kreisrund, Filamente weiß, Staubbeutel orange, Griffel verwachsen, Tragblätter deutlich kürzer als die Kelchblätter, Juli–August.
Früchte: Eiförmig, etwa 2 cm lang, 5-kantig.
Verbreitung: Japan.
Verwendung: Selten, B, H, WHZ 6b, LB 3.2.5.4.

Koreana-Gruppe, Koreanische Scheinkamelie. Triebe leicht hin- und hergebogen. Blätter breit elliptisch, 4,5–6,5 cm lang, kurz zugespitzt. Blüten 6–7 cm breit, Kronblätter kreisrund bis breit verkehrteiförmig, Rand fein gewellt. Korea.

Stewartia serrata Maxim., Gesägte Scheinkamelie

Habitus: Bis 7 m hoher Baum, Triebe rötlich, anfangs behaart.
Blätter: Elliptisch bis verkehrteiförmig, 4–7 cm lang, kurz zugespitzt, Basis keilförmig, gesägt, Zähne einwärts gebogen, unterseits auf der Mittelrippe behaart und achselbärtig, Stiel 0,3–1,2 cm lang.
Blüten: 5–6 cm breit, Kronblätter rahmweiß, außen an der Basis gerötet, Staubfäden frei, weiß, Staubbeutel gelb, Fruchtknoten kahl, Tragblätter länger als die Kelchblätter, Juni–Juli.
Früchte: Eiförmig, 2 cm lang, 5-kantig.
Verbreitung: Japan.
Verwendung: Sehr selten, B, WHZ 7a, LB 7.2.4.4.

Stewartia sinensis Rehder et E.H. Wilson, Chinesische Scheinkamelie

Habitus: 7–10 m hoher Strauch oder Baum, Borke braun, in großen Platten ablösend, Triebe anfangs meist behaart.
Blätter: Eiförmig bis länglich-eiförmig, 5–10 cm lang, zugespitzt, Basis meist keilförmig, entfernt gesägt oder mehr gekerbt, unterseits etwas angedrückt behaart oder bis auf die Mittelrippe kahl, Stiel 5–8 mm lang.
Blüten: Weiß, etwa 5 cm breit, schalenförmig, duftend, Kronblätter weiß, breit verkehrteiförmig, Staubfäden im unteren Drittel verwachsen, behaart, Staubbeutel gelb, Fruchtknoten behaart, Tragblätter länger als die Kelchblätter, Juli.

Früchte: Konisch 1,5–2 cm lang, 5-kantig.
Verbreitung: M-China.
Verwendung: Sehr selten, B, WHZ 7a, LB 6.2.4.4.

Stranvaesia davidiana Decne. = *Photinia davidiana*
S. undulata Decne. = *P. davidiana* var. *undulata*

Styphnolobium Schott

Pagodenbaum – Fabaceae

Styphnolobium japonicum wurde lange Zeit unter den Namen *Sophora japonica* kultiviert. Die 9 in O-Asien und N-Amerika heimischen *Styphnolobium*-Arten unterscheiden sich von den *Sophora*-Arten durch folgende Merkmale: Chromosomenzahl (bei *Styphnolobium* 2n = 28, bei *Sophora* 2n = 18), die unterschiedliche Form der Keimung (bei *Styphnolobium* Keimung epigäisch, Keimblätter blattartig, bei *Sophora* Keimung hypogäisch, Keimblätter fleischig), die Staubfäden (bei *Styphnolobium* ungleichmäßig verwachsen, bei *Sophora* deutlich frei) und die den *Styphnolobium*-Arten fehlende (bei *Sophora* vorhandene) Fähigkeit der Wurzeln, eine Symbiose mit Luftstickstoff bindenden Bakterien einzugehen.

Styphnolobium japonicum Schott, Japanischer Pagodenbaum, Japanischer Schnurbaum

Habitus: Sommergrüner, bis 25 m hoher, unbewehrter Baum, Krone im Alter abgerundet bis leicht schirmförmig, Borke graubraun, längsrissig, Zweige mehrere Jahre lang glänzend dunkelgrün, mit helleren Korkwarzen.
Blätter: Wechselständig, 15–25 cm lang, Blättchen 7–17, gestielt, eiförmig bis eiförmig-lanzettlich, 2,5–5 cm lang, stumpf bis spitz, ganzrandig, Basis breit keilförmig bis abgerundet, oberseits glänzend dunkelgrün, unterseits bläulich, kurz dicht anliegend behaart.
Blüten: Zwittrig, zygomorph, 1–1,5 cm lang, in 25–30 cm langen, endständigen, lockeren, rispenartigen Trauben, Krone cremeweiß, Kelch becherförmig, grün, Staubfäden nur am Grund miteinander verbunden, August–September.
Früchte: Hülsen 5–8 cm lang, stielrund, 1- bis 6-samig, kahl, zwischen den einzelnen Samen eingeschnürt, Samen 8–10 mm lang, seitlich abgeflacht, schwarzbraun.
Verbreitung: China, Korea.
Verwendung: Sehr häufig als spätaustreibender, im Sommer blühender Park- und Straßenbaum (z. B. die Sorten 'Regent' und 'Princeton Upright' mit Einschränkungen als Stadtstraßenbaum geeignet), B, Bi, WHZ 6b, LB 6.1.2.2.

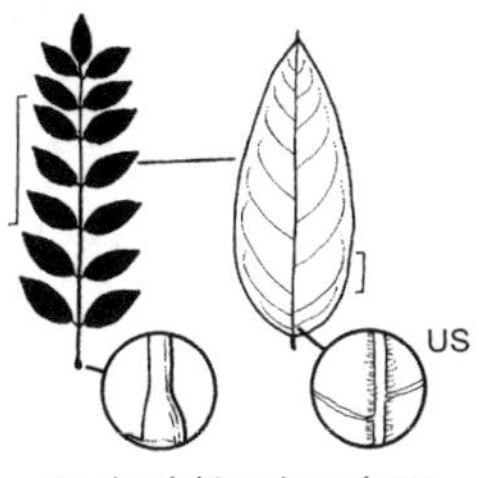

Styphnolobium japonicum

'Pendulum'. Meist hochstämmig veredelt, 5–8 m hoch, Kronen malerisch verzweigt, Zweige steif, in Bögen abwärts wachsend. Nur selten blühend. Unter dem Namen sind offenbar mehrere Klone in Kultur.

Styrax L.

Storaxbaum – Styracaceae

(lateinisch *styrax* = Echter Storaxbaum, *Styrax officinalis*)

Habitus: Sommer- und immergrüne Bäume und Sträucher, Zweige hin- und hergebogen, anfangs sternhaarig, Knospen sternhaarig, mit 1–2 absteigenden Beiknospen.
Blätter: Wechselständig, einfach, kurz gestielt, ganzrandig oder gesägt, meist sternhaarig.
Blüten: Zwittrig, radiär, in Trauben oder Büscheln an kurzen Seitenzweigen, Krone weiß, Kelch glockig, schwach 5- bis 10-lappig, Krone tief 5-lappig, Staubblätter 10(–16), Fruchtknoten oberständig.
Früchte: Steinfrüchte kugelig-eiförmig, bis 2 cm dick, Fruchthülle dünn, trocken oder fleischig, Steinkern 1–1,2 cm lang, hartschalig.
Verbreitung: Etwa 130 Arten im Mittelmeergebiet, SO-Asien, Melanesien und dem tropischen Amerika.
Verwendung: In Kultur bei uns nur sommergrüne Arten als dekorative Blütengehölze für gepflegte, kalkfreie Böden.

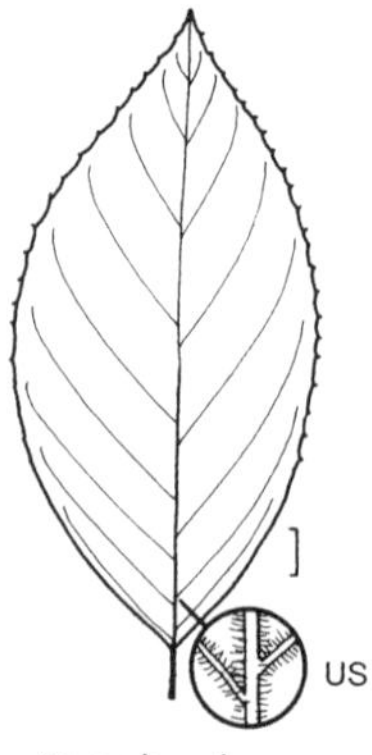

Styrax hemsleyanus

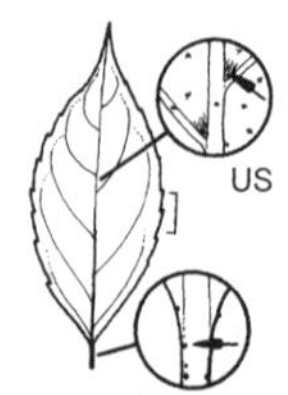

Styrax japonicus

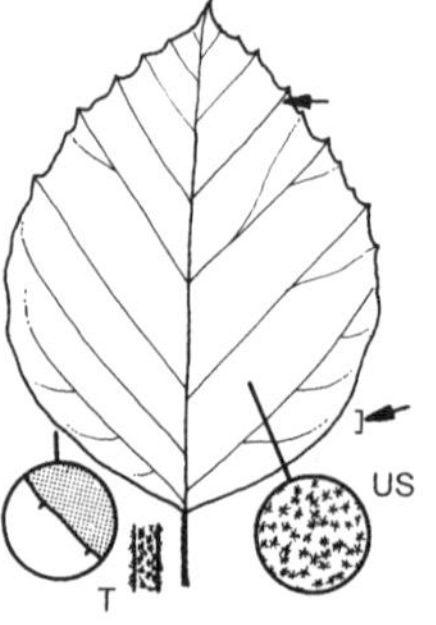

Styrax obassia

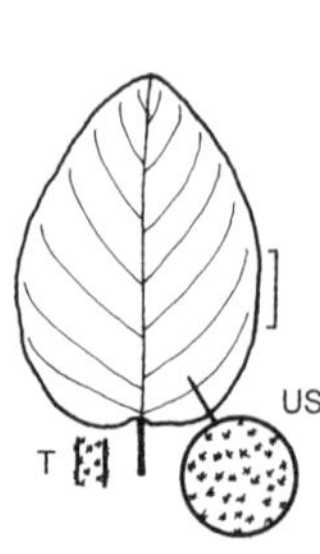

Styrax officinalis

Bestimmungsschlüssel Styrax

1 Blätter ganzrandig . . . . *S. officinalis*
– Blätter drüsig gezähnt 2
2 Obere Seitennerven verlaufen in die Blattzähne. . . . . *S. obassia*
– Obere Seitennerven biegen vor dem Blattrand um 3
3 Blätter höchstens 3,5 cm breit und unterseits mit auffälligen Achselbärten . . . . .*S. japonicus*
– Blätter (wenigstens die meisten) breiter und unterseits entlang der Hauptnerven behaart . . . . *S. hemsleyanus*

Styrax hemsleyanus Diels, Chinesischer Storaxbaum

Habitus: Bis 10 m hoher Baum, Triebe anfangs sternhaarig, bald kahl.
Blätter: Verkehrt- oder schief eiförmig, 7–13 cm lang, zugespitzt, Basis keilförmig oder abgerundet, entfernt fein gezähnt, oberseits hellgrün und kahl, unterseits spärlich sternhaarig.
Blüten: 1,5–2 cm lang, in 8–15 cm langen, behaarten Rispen, Kronblätter elliptisch-länglich, in der Knospenlage dachziegelig, Juni.
Früchte: Verkehrteiförmig, 1,5 cm lang.
Verbreitung: M- und W-China.
Verwendung: Selten, B, WHZ 8a, LB 6.4.4.5.

Styrax japonicus Siebold et Zucc., Japanischer Storaxbaum

Habitus: 5–7(–10) m hoher Baum, Krone breit, reich verzweigt, Äste weit abstehend, Zweige dünn, ausgebreitet, junge Triebe sternhaarig.
Blätter: Breit elliptisch bis länglich-elliptisch, 2–8 cm lang, spitz oder zugespitzt, entfernt drüsig gezähnt bis fast ganzrandig, oberseits glänzend dunkelgrün, unterseits anfangs sternhaarig, bis auf Achselbärte verkahlend, Stiel bis 8 mm lang.
Blüten: 1,5–2 cm lang, zu 3–6 in Büscheln, an dünnen, 2–3,5 cm langen Stielen hängend, Kelch kahl, mit 5 kurzen Zähnen, Kronblätter elliptisch-länglich, 1,5 cm lang, außen behaart, Juni.
Früchte: Eiförmig, 1,2–1,4 cm lang.
Verbreitung: China, Japan.
Verwendung: Häufig, B, WHZ 6b, LB 7.2.2.4.

Styrax obassia Siebold et Zucc., Obassia-Storaxbaum

Habitus: 6–12 m hoher, kurzstämmiger, lockerkroniger Baum, Äste und Zweige aufstrebend, junge Triebe anfangs flockig-filzig behaart, bald kahl.
Blätter: Fast kreisrund bis breit verkehrteiförmig oder elliptisch, 7–20 cm lang, plötzlich zugespitzt, Basis meist abgerundet, oberhalb der Mitte fein grannig gezähnt, oberseits lebhaft grün, unterseits dicht sternhaarig, Stiel 0,5–2 cm lang.
Blüten: In 10–20 cm langen, hängenden Trauben, duftend, Kelch behaart, 5- bis 9-zähnig, Krone tief 5-lappig, Kronblätter 2 cm lang, Mai–Juni.
Früchte: Eiförmig, etwa 2 cm lang.
Verbreitung: Japan.
Verwendung: Selten, B, WHZ 6b, LB 7.4.4.4.

Styrax officinalis L., Echter Storaxbaum

Habitus: Bis 7 m hoher, breit aufrechter Strauch oder kleiner Baum, Zweige dünn, anfangs filzig behaart.

Blätter: Eiförmig, 4–6 cm lang, Basis herzförmig, ganzrandig, anfangs weißflaumig behaart.
Blüten: Etwa 3 cm breit, zu 3–8 in kurzen, endständigen Büscheln, hängend, Kronblätter schmal lanzettlich, dicht behaart, April–Mai.
Früchte: Kugelig, 1 cm dick.
Verbreitung: S- und SO-Europa, Türkei, Zypern, Syrien.
Verwendung: Selten (früher zur Gewinnung eines balsamischen Harzes aus Rindeneinschnitten genutzt), B, WHZ 9, LB 6.1.1.5.

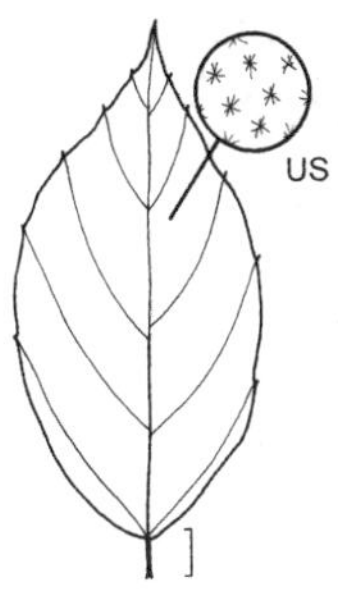

×Sycoparottia semidecidua

×Sycoparrotia P.K. Endress et Anliker

Sycoparrotie – Hamamelidaceae
(aus den Gattungsnamen *Sycopsis* und *Parottia* gebildet)

Monotypische Gattungshybride, die nur in dieser Form bekannt ist.

×Sycoparrotia semidecidua P.K. Endress et Anliker
(*Parrotia persica* × *Sycopsis sinensis*)

Habitus: Wintergrüner, bis 4 m hoher Strauch.
Blätter: Wechselständig, verkehrteiförmig, bis 12 cm lang, ledrig, spitz, Basis gestutzt oder leicht herzförmig, jederseits oberhalb der Mitte mit etwa 5 kleinen Zähnen.
Blüten: Intermediär zwischen den Eltern stehend, Kronblätter dunkelbraun, filzig behaart, Staubbeutel zinnober- bis karminrot, April.
Verwendung: Sehr selten, B, WHZ 7b, LB 6.4.4.5.

Symphoricarpos Duhamel

Korallenbeere, Schneebeere, Wolfsbeere, Knallerbsenstrauch – Caprifoliaceae
(griechisch *symphorein* = vereinigt und *karpos* = Frucht)

Habitus: Sommergrüne, niedrige, meist Ausläufer bildende Sträucher, Zweige dünn, stielrund, meist hohl, kahl oder behaart, Knospen 1–2 mm groß, sichtbare Knospenschuppen mehr als 4.
Blätter: Gegenständig, einfach, kurz gestielt, ganzrandig oder an Langtrieben gelappt, Nebenblätter fehlend.
Blüten: Zwittrig, radiär, klein, wenig ansehnlich, in end- oder achselständigen, köpfchenartig verkürzten Ähren, Kelch mit kurzer, breiter Röhre und 4–5 kurzen Zipfeln, Krone glockig oder trichterförmig, 4- bis 5-lappig, Staubblätter 4–5, in der Krone eingefügt, Fruchtknoten 4-fächrig mit 2 sterilen Fächern, Griffel dünn, mit großer Narbe.
Früchte: Steinfrüchte beerenartig, kugelig, eiförmig oder ellipsoid, meist weiß oder weißlich rötlich bis rosarot, giftig, Fruchtfleisch schwammig, Steinkerne 2, 2–5 mm lang, weißlich.
Verbreitung: Etwa 17 Arten in N-Amerika, südl. bis Mexiko, 1 Art in M-China.
Verwendung: Sehr robuste und anspruchslose, oft wuchernde Gruppen- und Heckensträucher, die auch für flächige Pflanzungen eingesetzt werden. Sorten von *S.* ×*doorenbosii* sind auch als Fruchtsträucher interessant.

Bestimmungsschlüssel Symphoricarpos

1 Blätter höchstens 4 cm lang 3
– Blätter (wenigstens sehr viele) länger 2
2 Blätter an Langtrieben oft gelappt, unterseits hellgrün. . . . . *S. albus* var. *albus*
– Blätter allesamt ungelappt, unterseits graugrün. . . . . *S. occidentalis*
3 Blätter höchstens 2 cm lang . . . . *S.* ×*chenaultii*
– Blätter (wenigstens die meisten) länger 4
4 Blätter mit kurzer Spitze 5
– Blätter stumpf 6
5 Blätter unterseits hellgrün . . . . *S.* ×*doorenbosii*
– Blätter unterseits graugrün. . . . . *S. orbiculatus*
6 Blätter höchstens 3,5 cm lang. . . *S. orbiculatus*
– Blätter (wenigstens die meisten) länger . . . . *S. occidentalis*

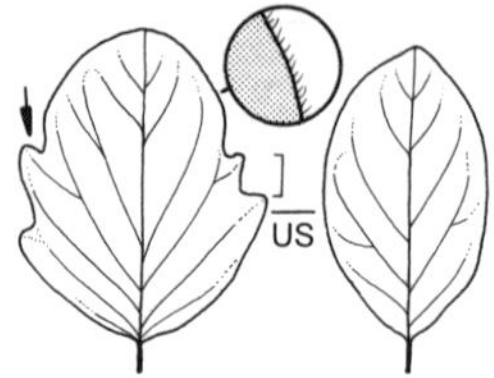

Symphoricarpos albus var. albus

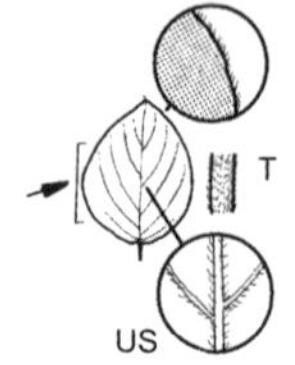

Symphoricarpos ×chenaultii

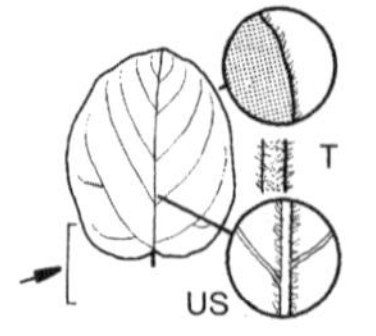

Symphoricarpos ×doorenbosii

Symphoricarpos albus (L.) S.F. Blake **var. albus**, Gewöhnliche Schneebeere

Habitus: Bis 1 m hoher, dicht verzweigter, Ausläufer bildender Strauch, Zweige dünn, aufrecht, Triebe meist fein behaart.
Blätter: Rundlich bis eiförmig-elliptisch, 4–6 cm lang, stumpf, Basis abgerundet, an Langtrieben oft größer und buchtig gelappt, oberseits dunkelgrün, unterseits heller, kahl.
Blüten: 5–6 mm lang, in bis 4 cm breiten Ähren oder Büscheln, Krone rötlich, Griffel viel kürzer als die von der Krone eingeschlossenen Staubblätter, Juni–September.
Früchte: Kugelig oder eiförmig, 1–1,5 cm dick, schneeweiß.
Verbreitung: Alaska, Kanada, NO-, NOZ-, Z-, SO- und NW-USA, Rocky Mts., in M-Europa etabliert und als invasive Art eingestuft.
Verwendung: Selten (sehr häufig die folgenden Varietät), ☘, Bi, ✱, WHZ 3, LB 5.3.3.5 (4.3.4.5) (2.4.6.5).

var. laevigatus (Fernald) S.F. Blake. Bis 2 m hoher Strauch, durch Ausläufer dickichtartig ausgebreitet, Zweige kahl. Blätter eiförmig, bis 7,5 cm lang, nahezu kahl. Blüten in kurzen Ähren. Früchte sehr zahlreich, kugelig, weiß, größer als die der var. *albus*. Alaska, W-Kanada, NW-USA, Rocky Mts.

Symphoricarpos ×chenaultii Rehder, Bastard-Korallenbeere

(*S. microphyllus* × *S. orbiculatus*)

Habitus: 1,5–2 m hoher und ebenso breiter, aufrechter, reich und locker verzweigter Strauch, Zweige bogig übergeneigt, Triebe rötlich, ganze Pflanze dicht weich behaart.
Blätter: Eiförmig, 1–2 cm lang, 2-zeilig stehend, oberseits dunkelgrün, unterseits blaugrün.
Blüten: In kurzen, endständigen Ähren, Krone rosa, glockig-trichterförmig, Kronröhre doppelt so lang wie die Zipfel, Griffel behaart, Juni–Juli.
Früchte: Fast kugelig, rot mit weißen Punkten, auf der Schattenseite oft weiß mit roten Punkten.
Verwendung: Sehr häufig für großflächige Pflanzungen (vor allem in der folgenden Form), ☘, Bi, ✱, WHZ 4, LB 9.3.4.5.

'Hancock'. Wuchs sehr stark, im Bestand bis über 1 m hoch, Zweige abstehend-niederliegend, bei Bodenkontakt wurzelnd. Die Sorte wird oft großflächig als Bodendecker eingesetzt.

Symphoricarpos ×doorenbosii Krüssm., Doorenbos' Korallenbeere

(*S. albus* var. *laevigatus* × *S. ×chenaultii*)

Habitus: Bis 2 m hoher, aufrechter, dicht verzweigter Strauch, Triebe kurz behaart.
Blätter: Elliptisch bis breit rundlich, 2–4 cm lang, stumpf mit kurzer Spitze, Basis stumpf bis spitz, oberseits dunkelgrün, unterseits heller und ± behaart.
Blüten: 5–7 mm lang, in kurzen Trauben, Krone glockig, weiß, etwas rosa überlaufen, Juni–August(–September).
Früchte: Kugelig, 1–1,3 cm dick, weiß mit rosa Wange, in dichten Ständen.
Verwendung: Häufig, ☘, B, ✱, WHZ 4, LB 9.3.4.6.

'Amethyst'. Bis 1,5 m hoch, Fruchtzweige bogig überhängend. Früchte groß, lilarosa bis purpurviolett.

'Erect'. Wuchs straff aufrecht. Blüten rosa, innen behaart. Früchte magentarot, 1 cm dick, sehr dicht beisammen.

'Hecona'. Wuchs straff aufrecht, bis 2 m hoch. Blätter lange haftend. Früchte groß, weiß, mit lilarosafarbenem Überzug. Gute Bienenweide.

'Magic Berry'. Wuchs buschig, bis 1 m hoch, Zweige dicht und abstehend behaart. Früchte lilarot, ellipsoid, schon im Juli Farbe zeigend, in dichten Büscheln.

'Mother of Pearl'. Wuchs locker aufrecht, bis 2 m hoch. Früchte bis 1,3 cm dick, grünlich weiß bis weiß, mit rosa Wange.

'White Hedge'. Wuchs aufrecht, bis 1,5 m hoch. Blüten glockig, 4 mm lang, etwas gerötet. Früchte weiß, 1–1,3 cm dick, in dichten Trauben.

'Taiga'. Wuchs aufrecht, bis 1 m hoch. Blüten zartrosa. Früchte weiß, an der Sonnenseite lilarosa.

S. giraldii Hesse = *S. orbiculatus*
S. glomerulatus Pursh = *S. orbiculatus*

Symphoricarpos occidentalis Hook., Westamerikanische Schneebeere, Wolfsbeere

Habitus: Bis 1,8 m hoher, aufrechter, etwas steifer Strauch, Triebe behaart.
Blätter: Elliptisch oder eiförmig, 2–7 cm lang, stumpf, Basis keilförmig oder abgerundet, ganzrandig oder wellig gekerbt, oberseits blaugrün, unterseits heller und behaart bis kahl.
Blüten: In dichten, bis 3 cm breiten, achsel- oder endständigen Ähren, Krone hellrosa, 0,6–1 cm lang, offen trichterförmig, tief 5-lappig, innen dicht behaart, Staubblätter und der kahle Griffel gleich lang, etwas länger als die Krone, Juni–August.
Früchte: Fast kugelig, grünlich weiß, bis 1 cm dick, früh braun werdend.
Verbreitung: Kanada, NO-, NOZ-, Z-, NW- und SW-USA, Rocky Mts.
Verwendung: Häufig, ♧, ☠, WHZ 4, LB 4.2.3.6.

Symphoricarpos orbiculatus Moench, Korallenbeere

Habitus: 1–2 m hoher, straff aufrechter Strauch, durch zahlreiche Ausläufer dickichtartig ausgebreitet, Triebe dünn, anfangs behaart.
Blätter: Elliptisch bis eiförmig, 1,5–3,5 cm lang, stumpf oder mit kurzer Spitze, Basis abgerundet, oberseits stumpf dunkelgrün, unterseits graugrün und behaart, Herbstfärbung rot.
Blüten: 4 mm lang, in kurzen, dichten, achselständigen Büscheln oder kleinen Ähren, Krone gelblich weiß, rosa überlaufen, glockig, innen spärlich behaart, Staubblätter und der behaarte Griffel kürzer als die Krone, Juni–August.

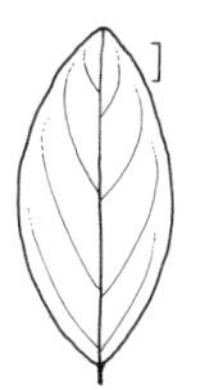

Symphoricarpos occidentalis

Symphoricarpos orbiculatus

Früchte: Fast kugelig, 4–6 mm dick, purpurrot.
Verbreitung: NO-, NOZ-, Z- und SO-USA, Mexiko.
Verwendung: Sehr häufig, ♧, Bi, ☠, WHZ 5a, LB 2.5.4.5 (6.3.3.5) (5.1.3.5).

S. pauciflorus Britt. = *S. albus* var. *albus*
S. racemosus Michx. = *S. albus* var. *albus*
S. rivularis Suksd. = *S. albus* var. *laevigatus*
S. vulgaris Michx. = *S. orbiculatus*

Symplocos Jacq.

Rechenblume – Symplocaceae
(griechisch *symplokos* = zusammengeflochten)

Habitus: Sommer- oder immergrüne Bäume oder Sträucher, Zweige oliv- bis graugrün, mit Resten von Sternhaaren und auffälligen, gelbbraunen Lentizellen, Knospen 1–2 mm lang, Blattstielnarben groß, nahezu halbkreisförmig.
Blätter: Wechselständig, einfach, oft derb und lorbeerartig, Nebenblätter fehlend.
Blüten: Zwittrig, radiär, in achselständigen Büscheln, Rispen oder Ähren, Kelch mit 5, selten 4 Lappen, Krone mit 5 oder 10, selten 4 Lappen, Staubblätter 15 bis viele, Staubbeutel kugelig bis eiförmig, Fruchtknoten 2- bis 5-fächrig, unter- oder halbunterständig, Griffel 1, mit 1- bis 5-teiliger Narbe.
Früchte: Steinfrüchte ellipsoid bis verkehrteiförmig, 5–8 mm lang, Fruchthülle dünn, Steinkern etwa 5 mm lang, rotbraun.
Verbreitung: Etwa 250 Arten im tropischen und subtropischen Asien, Australien, Polynesien und Amerika.
Verwendung: Bei uns nur folgende Art in Kultur. Interessanter Strauch mit leuchtend blauen Früchten für gepflegte Böden und geschützte, warme Lagen.

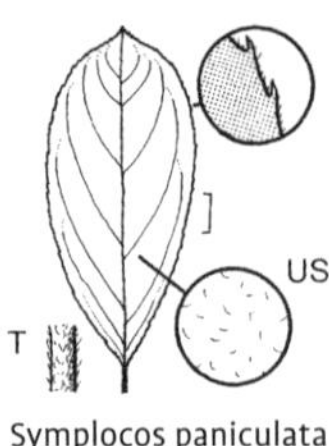

Symplocos paniculata

Symplocos paniculata (Thunb.) Miq., Saphirbeere

Habitus: Sommergrüner, kaum mehr als 5 m hoher Strauch, in der Heimat bis 12 m hoher Baum, Zweige abstehend, junge Triebe behaart.
Blätter: Elliptisch bis länglich-verkehrteiförmig, 3–7 cm lang, spitz oder zugespitzt, Basis meist breit keilförmig, fein und scharf gesägt, oberseits frischgrün, kahl und runzelig, unterseits mit deutlicher Nervatur und meist behaart.
Blüten: 0,6–1 cm breit, in 4–8 cm langen, end- und achselständigen Rispen an beblätterten Kurztrieben, duftend, Krone weiß, Staubblätter etwa 30, Mai–Juni.
Früchte: Ellipsoid, 0,8–1 cm lang, leuchtend blau.
Verbreitung: Himalaja, China, Japan.
Verwendung: Selten, B, D, ♧, WHZ 7a, LB 6.2.1.4.

Syringa L.

Flieder – Oleaceae

(griechisch *syrinx* = Pfeife als Blasinstrument aus hohlen Pflanzenstängeln, primär dem Pfeifenstrauch zugeordnet, spätlateinisch *syringa* = Einlauf, Einspritzung, Klistierspritze)

Habitus: Sommergrüne Sträucher, selten kleine Bäume, Stämme gelegentlich drehwüchsig, Zweige grau bis rotbraun, Knospen kugelig bis länglich-eiförmig, meist zugespitzt, ± kantig, 0,7–1 cm lang, mit mehreren Knospenschuppenpaaren, Endknospen vorhanden oder fehlend, dann mit 2 subterminalen Seitenknospen.
Blätter: Gegenständig, gestielt, meist einfach, selten gelappt oder gefiedert.
Blüten: Zwittrig, radiär, in end- und seitenständigen Rispen, meist an vorjährigen Zweigen, duftend, Kelch klein, glockig, mit 4 Zähnen, Krone mit einer meist langen, zylindrischen Röhre und 4 kurzen, abstehenden Zipfeln, Staubblätter 2, in der Kronröhre eingeschlossen oder hervorragend, Fruchtknoten 2-fächrig, oberständig, Griffel 1, mit 2-lappiger Narbe, in der Kronröhre eingeschlossen.
Früchte: Kapseln 0,8–2 cm lang, ledrig, 2-fächrig, sich 2-klappig öffnend, stielrund oder ± abgeflacht, je Fach 2 0,6–1,2 cm lange, braune Samen.
Verbreitung: 22 Arten von SO-Europa bis O-Asien.
Verwendung: Neben einigen Arten werden vor allem zahlreiche Sorten von *S. vulgaris, S.* ×*prestoniae* und *S. villosa* als üppig blühende Sträucher mit stark duftenden Blüten kultiviert.

Bestimmungsschlüssel Syringa

(Artbestimmung meist nicht ohne Blüten möglich)

1 Blätter gefiedert . . . . *S. pinnatifolia*
– Blätter einfach (höchstens gelappt) 2
2 Blätter schmal lanzettlich (höchstens 2 cm breit) oder z. T. gelappt. 3
– Blätter breiter und nie gelappt 5
3 Blätter höchstens 3-lappig . . . . *S.* ×*persica*
– Blätter bis 9-lappig 4
4 Blätter alle fiederschnittig . . . *S. protolaciniata*
– Blätter teilweise einfach . . . . *S.* ×*persica* 'Laciniata'
5 Blätter höchstens 4 cm lang und mit 2 fast parallel zum Blattrand verlaufenden Seitennervenpaaren . . . . *S. meyeri*
– Blätter länger oder Nervatur andersartig. . . . 6
6 Blätter höchstens 4 cm lang . . . . *S. pubescens* subsp. *microphylla*
– Blätter länger (zumindest die meisten) 7
7 Blütenkronröhre höchstens 4 mm lang, Blätter unterseits weißlich . . . . *S. yunnanensis*
– Kronröhre länger oder Blätter unterseits nicht weißlich. 8
8 Kronröhre 15–20 mm lang 9
– Kronröhre höchstens 15 mm lang. 10
9 Blüten duftend, Blattrand bewimpert . . . . *S. wolfii*
– Blüten nicht duftend, Blattrand kahl . . . . *S. komarowii* subsp. *komarowii*
10 Blätter unterseits glänzend, rundlich (etwa so breit wie lang). . . . . *S. oblata* subsp. *oblata*
– Blätter unterseits matt oder viel länger als breit. 11
11 Kronröhre 12–15 mm lang 12
– Kronröhre höchstens 12 mm lang. 13
12 Blätter unterseits graugrün, nur an Hauptnerven behaart, Triebe rund . . . . *S. josikaea*
– Blätter unterseits grün, flächig zerstreut behaart, Triebe 4-kantig. . . . . *S. pubescens* subsp. *pubescens*
13 Triebe behaart. 14
– Triebe kahl 15

14 Blätter unterseits punktiert (Lupe!) . . . . *S. pubescens* subsp. *julianae*
– Blätter unterseits nicht punktiert . . . . *S. tomentella*
15 Blüten unangenehm riechend, Blattstielbasis violett . . . . *S. emodi*
– Blüten geruchlos oder duftend, Blattstielbasis nicht violett 16
16 Blüten nicht duftend 17
– Blüten duftend 19
17 Blätter unterseits fast gleichfarbig grün . . . . *S. ×persica* 'Chinensis'
– Blätter unterseits blau- oder graugrün 18
18 Blätter unterseits punktiert (Lupe!), höchstens entlang der Hauptnerven behaart . . . *S. villosa*
– Blätter unterseits ohne Punkte, flächig behaart . . . . *S. ×prestoniae*
19 Blätter unterseits kahl 20
– Blätter unterseits zumindest an Hauptnerven behaart 22
20 Spreitenbasis keilförmig 21
– Spreitenbasis (fast) herzförmig, Blattrand kahl . . . . *S. vulgaris*
21 Blattrand bewimpert . . . . *S. komarowii* subsp. *reflexa*
– Blattrand kahl . . *S. reticulata* subsp. *pekinensis*
22 Blätter unterseits blaugrün, Basis (angedeutet) herzförmig . . . . .*S. reticulata* subsp. *reticulata*
– Blätter unterseits grün oder graugrün, Basis breit keilförmig 23
23 Blätter unterseits graugrün 24
– Blätter unterseits (fast) gleichfarbig grün . . 25
24 Kronröhre 8 mm lang . . . .*S. sweginzowii*
– Kronröhre 10–15 mm lang . . . .*S. josikaea*
25 Kronzipfel lanzettlich, Behaarung entlang der Hauptnerven sehr dicht . . . .*S. tomentella*
– Kronzipfel kurz und stumpf, Behaarung nicht auffallend dicht. . . . *S. pubescens* subsp. *patula*

S. amurensis Rupr. = *S. reticulata* var. *amurensis*

S. amurensis var. *japonica* (Maxim.) Franch. et Sav. = *S. reticulata* var. *reticulata*

S. buxifolia Nakai = *S. protolaciniata*

S. ×chinensis Willd. = *S. ×persica* 'Chinensis'

S. dielsiana C.K. Schneid. = *S. pubescens* subsp. *microphylla*

Syringa emodi Wall. ex G. Don, Himalaja-Flieder

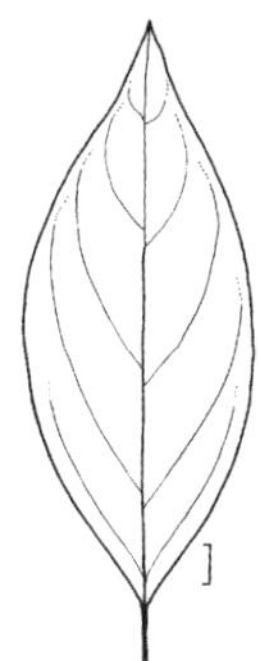

Syringa emodi

Habitus: 2–5 m hoher, straff aufrechter Strauch, Zweige steif aufrecht, ziemlich dick, olivbraun, mit hellen Lentizellen, Endknospen vorhanden.
Blätter: Elliptisch bis länglich, bis 9 cm lang, meist an beiden Enden verschmälert, oberseits dunkelgrün, kahl, unterseits silbergrau und anfangs leicht behaart.
Blüten: Unangenehm riechend, in dichten, ziemlich breiten, 8–15 cm langen, fein behaarten Rispen, Krone helllila bis weißlich, Kronröhre schmal, 1 cm lang, Zipfel kurz, lineal-lanzettlich, zurückgeschlagen, Staubbeutel hervorragend, Mai–Juni.
Früchte: Zylindrisch, bis 1,5 cm lang, lang zugespitzt, glatt oder etwas warzig.
Verbreitung: Afghanistan, Kaschmir, NW-Indien, Nepal.
Verwendung: Häufig, B, D, WHZ 5a, LB 7.3.2.5.

S. formosissima Nakai = *S. wolfii*

Syringa ×hyacinthiflora (Lemoine) Rehder, Frühlings-Flieder

(*S. oblata* × *S. vulgaris*)

Sehr variable Hybride mit intermediären Merkmalen. Wuchs locker aufrecht, 3–5 m hoch und gleich breit. Blätter breit eiförmig, Herbstfärbung purpurn. Blüten Einfach oder gefüllt, von April bis Anfang Mai.

Am häufigsten in Kultur ist die Sorte 'Eastern Stanley': Blüten einfach, zahlreich, in großen, breiten Ständen, Krone in der Knospe rosa, aufgeblüht rot.

S. japonica Maxim. = *S. reticulata* var. *reticulata*

Syringa ×josiflexa Preston ex Pringle

(*S. josikaea* × *S. komarowii* subsp. *reflexa*)

Mittelhohe bis hohe Sträucher. Blätter tiefgrün. Blüten duftend. Von *S. komarowii* subsp. *reflexa* abweichend durch andere Blütenfarben, nickende Rispen und größere Winterhärte. Die folgende Sorte häufig in Kultur. WHZ 5b, LB 9.2.2.4.

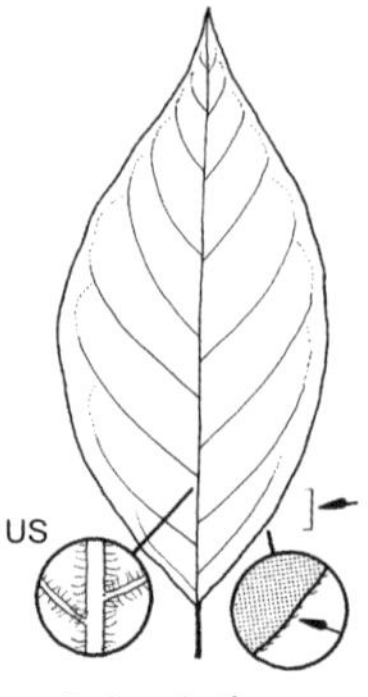

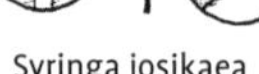

Syringa josikaea

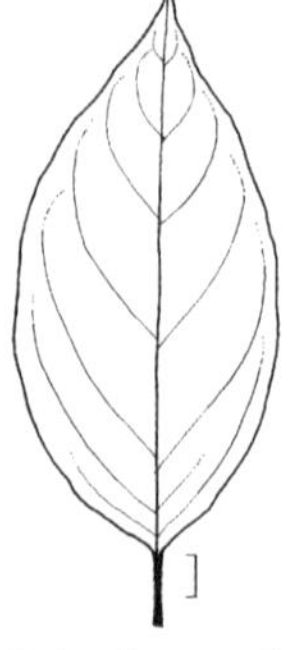

Syringa komarowii subsp. komarowii

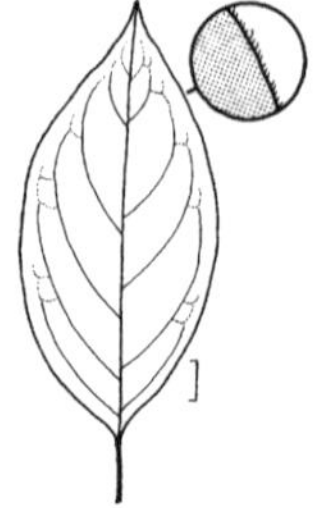

Syringa komarowii subsp. reflexa

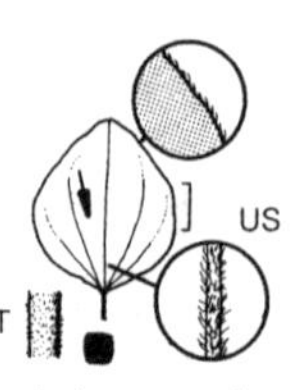

Syringa meyeri

'Bellicent'. Blüten in der Knospe rötlich purpurn, aufgeblüht weißlich rosa, in bis 15 cm langen und 12 cm breiten, lockeren Rispen. Mai–Juni.

Syringa josikaea J. Jacq. ex Rchb., Ungarischer Flieder

Habitus: 3–4 m hoher, steif aufrechter Strauch, Zweige ziemlich dick, nur anfangs schwach behaart, Lentizellen zerstreut, Endknospen vorhanden.
Blätter: Breit elliptisch bis länglich-elliptisch, 6–12 cm lang, spitz oder zugespitzt, Basis breit keilförmig oder abgerundet, fein gewimpert, oberseits tiefgrün, kahl, etwas glänzend, unterseits graugrün, Nerven zerstreut behaart oder zuletzt kahl.
Blüten: In ziemlich schmal kegelförmigen, 10–18 cm langen, fein behaarten, meist ziemlich aufrechten Rispen, herb duftend, Krone lilapurpurn, Kronröhre 1–1,5 cm lang, Zipfel eiförmig, meist ± aufrecht, Staubbeutel kurz über der Mitte der Kronröhre platziert, Mai–Juni.
Früchte: 1 cm lang, zugespitzt, behaart.
Verbreitung: SO-Europa, W-Russland.
Verwendung: Sehr häufig, B, D, WHZ 5a, LB 3.2.2.4.

S. julianae C.K. Schneid. = *S. pubescens* subsp. *julianae*

Syringa komarowii C.K. Schneid. **subsp. komarowii**, Komarows Flieder

Habitus: 3–5 m hoher Strauch, Zweige ziemlich dick, mit zahlreichen Lentizellen, in der Jugend behaart, Endknospen vorhanden.
Blätter: Eiförmig-länglich bis länglich-lanzettlich, 5–19 cm lang, spitz oder zugespitzt, Basis keilförmig, oberseits tiefgrün, kahl oder entlang der Mittelrippe fein behaart, unterseits gelblich graugrün, behaart oder auf den Nerven stark behaart.
Blüten: 1–2,2 cm breit, in 4–25 cm langen, 3–13 cm breiten, ± kompakten, nickenden oder überhängenden, zerstreut kurz behaarten Rispen, Krone purpurrosa, roa oder helllila, innen heller, Kronröhre 0,8–1,5 cm lang, trichterförmig, Zipfel ± aufrecht, Staubbeutel etwa 2 mm unterhalb des Schlundes platziert oder diesen etwas überragend, Mai–Juni.
Früchte: 1,2–1,5(–2) cm lang, länglich-ellipsoid, stumpf, kahl oder etwas warzig.
Verbreitung: N-China.
Verwendung: Selten, B, WHZ 6a, LB 7.3.2.4.

subsp. reflexa (C.K. Schneid.) P.S. Greene et M.C. Chang, Bogen-Flieder. Blüten in 10–20 cm langen, kegelförmigen, oft unterbrochenen Rispen, Krone hellrot bis helllila, Kronzipfel meist abstehend. M-China.

S. ×laciniata Mill. = *S. ×persica* 'Laciniata'

Syringa meyeri C.K. Schneid., Meyers Flieder

Habitus: 1–1,5 m hoher, dicht verzweigter Strauch, Zweige schwach 4-kantig, kahl oder schwach flaumhaarig, Endknospen fehlend.
Blätter: Eiförmig bis nahzu rundlich, 2–5 cm lang, spitz oder stumpflich, Basis breit keilförmig, mit 2, von der Basis bis fast zur Spitze parallel zum Rand verlaufenden Nervenpaaren, oberseits grün, kahl, unterseits heller, kahl oder entlang der Nerven behaart, Stiel 0,5–1 cm lang.

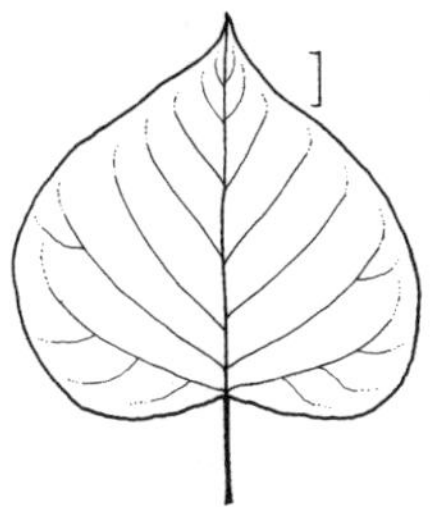

Syringa oblata var. oblata

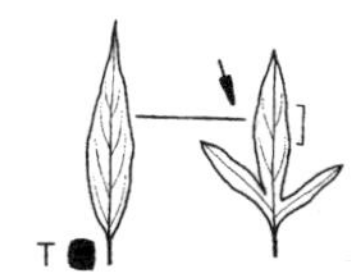

Syringa ×persica

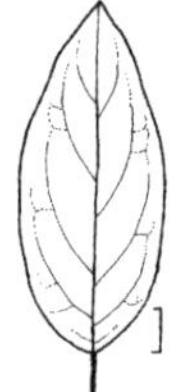

Syringa ×persica 'Chinensis'

Blüten: In 2,5–10 cm langen, 2,5–4 cm breiten, aufrechten, dicht behaarten Rispen, meist zu mehreren an den Zweigenden, Krone purpurblau, purpurrot, purpurrosa oder weiß, Kronröhre nahezu zylindrisch, etwa 1,5 cm lang, Zipfel länglich, ausgebreitet, Staubbeutel zur Reife schwarz, unterhalb des Schlundes platziert, Mai.
Früchte: 1,2–2 cm lang, länglich-ellipsoid, warzig.
Verbreitung: N-China.
Verwendung: Häufig, B, D, WHZ 5b, LB 9.1.3.6.

'Palibin'. Bis 1,5 m hoch, dicht verzweigt. Blätter ledrig, glänzend dunkelgrün. Blüten zahlreich, in kleinen Rispen, Krone in der Knospe purpurrot, aufgeblüht weißlich rosa. Meist schon als junge Pflanze blühend. Häufiger in Kultur als die Art.

S. microphylla Diels. = *S. pubescens* subsp. *microphylla*

Syringa oblata Lindl. **subsp. oblata**, Rundblättriger Flieder

Habitus: 2–4 m hoher, breit aufrechter bis ausgebreiteter Strauch, Zweige ziemlich dick, kahl, Endknospen fehlend.
Blätter: Rundlich-eiförmig bis nierenförmig, 4–10 cm breit, plötzlich zugespitzt, Basis ± herzförmig, beiderseits glänzend grün, kahl, ziemlich derb, Herbstfärbung auffallend weinrot.
Blüten: In 6–12 cm langen, breiten, dichten, fein behaarten Rispen, duftend, Krone hell- bis dunkellila, Kronröhre 1–1,2 cm lang, Zipfel ausgebreitet, Staubbeutel in der Mitte der Kronröhre, Ende April bis Mai.
Früchte: 1–2 cm lang, zusammengedrückt, lang zugespitzt, glatt.
Verbreitung: N-China.
Verwendung: Selten, B, D, H, WHZ 5a, LB 2.5.2.4.

subsp. dilatata (Nakai) Rehder. 1–3 m hoher Strauch. Blätter eiförmig bis eiförmig-rundlich, 3–10 cm lang, Blüten in lockeren, 5–10 cm langen, mit Blättern durchsetzten Rispen, Krone purpurviolett, Kronröhre 1–1,7(–2,2) cm lang. Mai–Juni. Korea.

S. oblata var. *giraldii* (Lemoine) Rehder = *S. oblata* subsp. *oblata*
S. palibiniana hort. non Nakai = *S. meyeri* 'Palibin'
S. palibiniana Nakai = *S. pubescens* subsp. *patula*
S. patula (Palib.) Nakai = *P. pubescens* subsp. *patula*
S. pekinensis Rupr. = *S. reticulata* subsp. *pekinensis*

Syringa ×persica L., Persischer Flieder
(*S. protolaciniata* × *S.* vulgaris)

Habitus: Bis 2 m hoher, buschiger Strauch, Zweige etwas kantig, kahl, Endknospen fehlend.
Blätter: Lanzettlich oder eiförmig-lanzettlich, 2–6 cm lang, zugespitzt, Basis keilförmig, einfach, selten gefiedert oder 3-lappig, Stiel 0,5–1,2 cm lang.
Blüten: In 5–8 cm langen, breiten, lockeren Rispen, duftend, Krone purpurlila, Kronröhre etwa 1 cm lang, Zipfel spitz eiförmig, Mai.
Früchte: 0,8–1 cm lang, stumpflich, 4-kantig, glatt.
Verwendung: Häufig, B, D, WHZ 6a, LB 6.3.2.5.

'Chinensis'. 3–5 m hoher und breiter, aufrechter Strauch, Zweige dünn, bogig übergeneigt. Blätter eiförmig-lanzettlich, 4–8 cm lang, zugespitzt, Basis abgerundet oder breit keilförmig, Blüten in großen, ziemlich lockeren, kahlen Rispen entlang der Zweige, Krone purpurviolett, Kronröhre 7–8 mm lang. (Oft als *S. ×chinensis* in Kultur.)

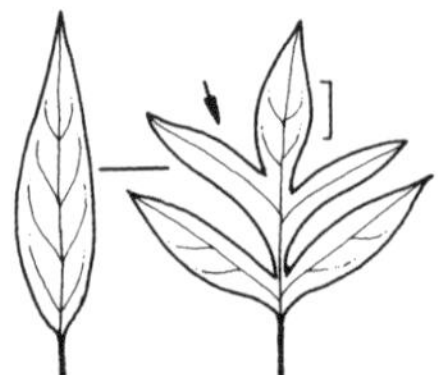

Syringa ×persica 'Laciniata'

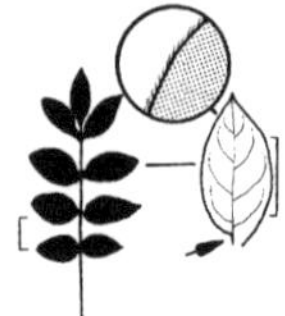
Syringa pinnatifolia

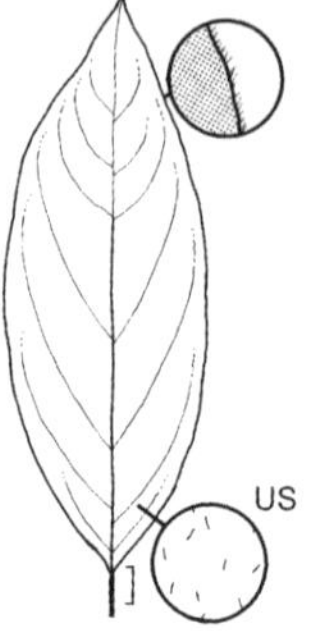

Syringa ×prestoniae

Syringa protolaciniata

'Laciniata' Bis 2 m hoher, locker aufgebauter Strauch. Juvenile Blätter fiederspaltig oder 3- bis 9-lappig, adulte Blätter einfach. Blüten duftend, in lockeren, bis 7 cm langen Rispen, achselständig an den Zweigenden, Krone in der Knospe tief lilafarben, aufgeblüht malvenfarben. (Oft als *S. ×laciniata* in Kultur).

Syringa pinnatifolia Hemsl., Fiederblättriger Flieder

Habitus: Bis 4 m hoher, aufrechter, zierlich verzweigter Strauch, Borke abblätternd, Zweige 4-kantig, Endknospen fehlend.
Blätter: Gefiedert, 4–8 cm lang, Blättchen 7–11(–13), eiförmig bis eiförmig-lanzettlich, 0,5–3 cm lang, kahl oder in den Achseln spärlich behaart.
Blüten: 1–1,6 cm breit, in 2–6,5 cm langen, 2–5 cm breiten, achselständigen Rispen, Krone weiß bis blassrosa, Kronröhre nahezu trichterförmig, 0,8–1,2 cm lang, Zipfel eiförmig oder länglich, ausgebreitet, Staubbeutel 4 mm unterhalb des Schlundes platziert, Mai–Juni.
Früchte: Länglich-ellipsoid, 1–1,3 cm lang, glatt.
Verbreitung: SW-China.
Verwendung: Sehr selten, B, WHZ 5b, LB 6.1.2.5.

S. potaninii C.K. Schneid. = *S. pubescens* subsp. *microphylla* var. *potaninii*

Syringa ×prestoniae McKelvey, Amerikanischer Flieder, Kanadischer Flieder

(*S. komarowii* subsp. *reflexa* × *S. villosa*)

Habitus: Hybridschwarm mit zahlreichen Sorten, ähnlich *S. villosa*, im Aufbau aber lockerer, 3–4 m hoch, Endknospen vorhanden.
Blätter: Ähnlich *S. villosa*, unterseits behaart.
Blüten: In langen, schmalen, dichten, nickenden Rispen, Krone purpurn, rosa oder weiß, Kronröhre schlank trichterförmig.
Verwendung: Selten (mit einigen winterharten Sorten der Villosae-Gruppe), B, WHZ 5a, LB 9.2.2.4.

Syringa protolaciniata P.S. Greene et M.C. Chang, Buxblättriger Flieder

Habitus: 1–3 m hoher, breit aufrechter Strauch, Zweige 4-kantig. Endknospen vorhanden.
Blätter: Gefiedert und 3- bis 9-zählig oder mit 3–9 Segmenten tief eingeschnitten, Blätter oder Blättchen lanzettlich, elliptisch, eiförmig oder verkehrteiförmig, 1–4 cm lang, oberseits matt dunkelgrün, unterseits drüsig punktiert.
Blüten: 1–2 cm breit, in 4–10 cm langen, schlanken, end- und achselständigen Rispen, Kronblätter lila oder purpurn, nahezu zylindrisch, 0,7–1,2 cm lang, Staubbeutel etwa 2 mm unterhalb des Schlundes platziert, April–Mai.
Früchte: Etwa 0,8–1,5 cm lang, länglich-zylindrisch, schwach 4-kantig.
Verbreitung: China: O- und S-Gansu, O-Quinghai.
Verwendung: Selten, B, WHZ 6b, LB 9.1.3.5.

Syringa pubescens Turcz. **subsp. pubescens**, Wolliger Flieder

Habitus: Bis 5 m hoher, aufrechter Strauch, Zweige deutlich 4-kantig, ± kahl, anfangs violett überlaufen, Endknospen fehlend.
Blätter: Eiförmig bis breit eiförmig, selten

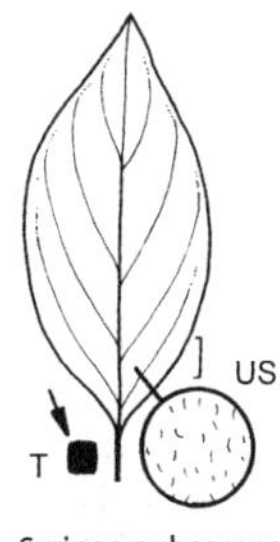

Syringa pubescens subsp. pubescens

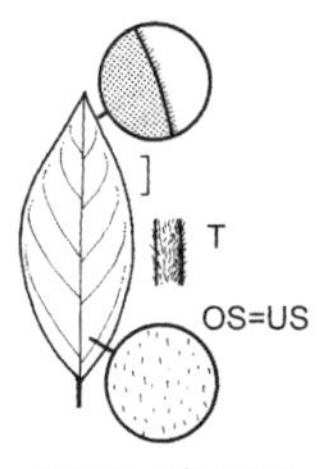

Syringa pubescens subsp. julianae

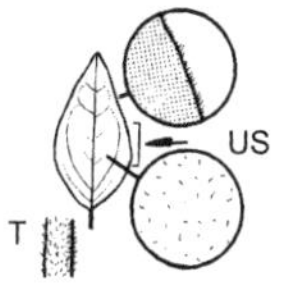

Syringa pubescens subsp. microphylla

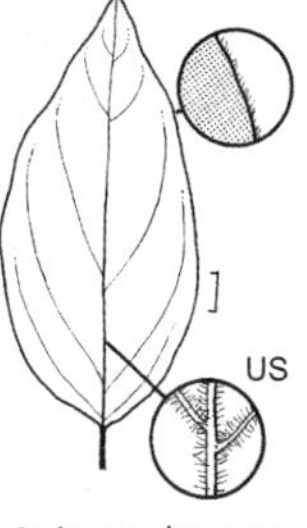

Syringa pubescens subsp. patula

elliptisch, (1,5–)2,5–3(–7) cm lang, kurz zugespitzt bis stumpf, Basis breit keilförmig, oberseits dunkelgrün, kahl, unterseits kahl oder auf der Mittelrippe und den Hauptnerven behaart.
Blüten: 0,8–1,8 cm breit, in 4–8(–10) cm langen, ziemlich dichten, kahlen Rispen, stark süßlich duftend, Krone lilarosa, innen heller, Kronröhre zylindrisch-trichterförmig, 1–1,5 cm lang, Zipfel länglich oder eiförmig, ausgebreitet, Staubbeutel 1–3 mm unterhalb des Schlundes platziert, Mai–Juni.
Früchte: 1–2 cm lang, zylindrisch, glatt oder etwas warzig.
Verbreitung: N-China.
Verwendung: Sehr selten, B, D, WHZ 6a, LB 6.4.2.5.

subsp. julianae (C.K. Schneid.) M.C. Chang et X.L. Chen, Julianes Wolliger Flieder. Kaum über 2 m hoher Strauch, Wuchs ausladend, Zweige bis ins 2. Jahr stark filzig behaart, Endknospen fehlend. Blätter elliptisch-eiförmig, (2,5–)4–5(–7) cm lang, spitz oder zugespitzt, Basis breit keilförmig, oberseits dunkelgrün, schütter behaart, unterseits heller, auf Mittelrippe und Hauptnerven dicht zottig behaart. Blüten in (3–)4–6(–10) cm langen Rispen, Blütenstandsachsen purpurviolett, stark duftend, Krone purpurviolett, Kronröhre 6–8 mm lang, Zipfel eiförmig-länglich, ausgebreitet, Staubbeutel 1 mm unterhalb des Schlundes platziert, Mai–Juni. Früchte bis 1 cm lang, zugespitzt, warzig. W-China. (Oft als *S. julianae* in Kultur.)

subsp. microphylla (Diels) M.C. Chang et X.L. Chen, Kleinblättriger Wolliger Flieder. Bis 2 m hoher, breit aufrechter, kugeliger Strauch, Zweige dünn, bis zum 2. Jahr fein behaart. Blätter schmal bis breit eiförmig, 1–4 cm lang, stumpf oder plötzlich zugespitzt, beiderseits kahl, selten schütter behaart, oberseits sattgrün, unterseits graugrün. Blüten in 4–10(–12) cm langen, ± dichten Rispen, meist zu 2 endständig, stark duftend, Krone blasslila, Kronröhre 1 cm lang, Zipfel lanzettlich, Staubbeutel 3 mm unterhalb des Schlundes platziert. Früchte 1–2 cm lang, spindelförmig, oft gekrümmt, warzig. Mai–Juni. N-China. (Oft als *S. microphylla* in Kultur.)

subsp. patula (Palib.) M.C. Chang et X.L. Chen, Ausladender Wollflieder, Koreanischer Wolliger Flieder. Bis 3 m hoher, breit aufrechter Strauch. Triebe purpurn, leicht behaart oder kahl, manchmal drüsig. Blätter eiförmig bis breit eiförmig, gelegentlich elliptisch bis breit elliptisch, (3–)5–9(–11) cm lang, kurz zugespitzt, bis stumpf, Basis breit keilförmig bis abgerundet, oberseits kahl, unterseits auf der Mittelrippe und den Hauptnerven kurz behaart. Blüten in 5–9(–15) cm langen ± dichten, behaarten Rispen, duftend, Krone lilarot, innen weiß, Kronröhre 0,7–0,8(–1) cm lang, Zipfel kurz, stumpf, an der Spitze zurückgeschlagen, Staubbeutel purpurn, 1 mm unterhalb des Schlundes platziert. Mai–Juni. Fruchtkapseln etwa 1,2 cm lang, zugespitzt, warzig. Korea. (Oft als *S. patula* in Kultur.)

var. potaninii (C.K. Schneid.) M.C. Chang et X.L. Chen. (zu subsp. *microphylla*) Bis 4 m hoher, aufrechter bis breit aufrechter Strauch, Triebe fein behaart. Blätter eiförmig bis elliptisch, (2,5–)3–5(–6) cm lang, meist kurz zugespitzt, oberseits schwach flaumhaarig bis kahl, unterseits dicht behaart, vor allem auf der Mittelrippe und den Seitennerven. Blüten in 6–10 cm langen, ± lockeren, fein behaarten Rispen, duftend, Krone lilarosa, Kronröhre 0,8–1 cm lang. Juni. W-China.

'Superba'. Von der subsp. *microphylla* abweichend durch die sehr lange Blütezeit von Mai–Oktober und durch die rosaroten, im Verblühen helleren Blütenkronen.

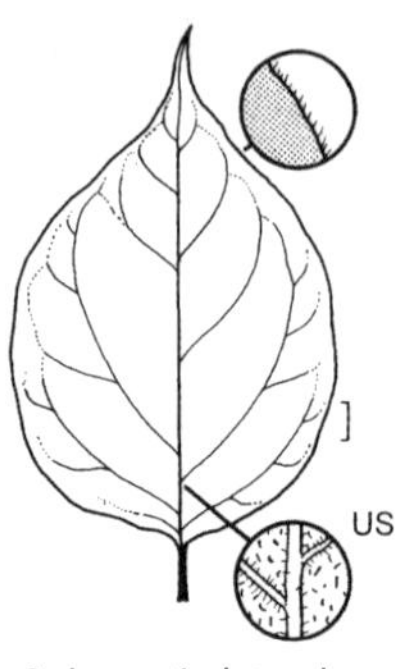

Syringa reticulata subsp. reticulata

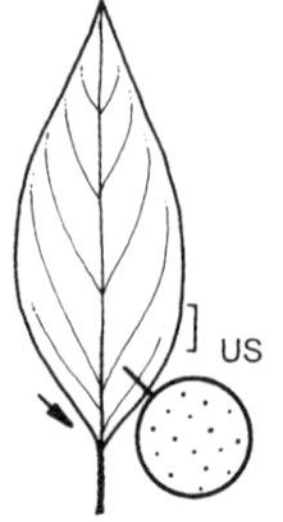

Syringa reticulata subsp. pekinensis

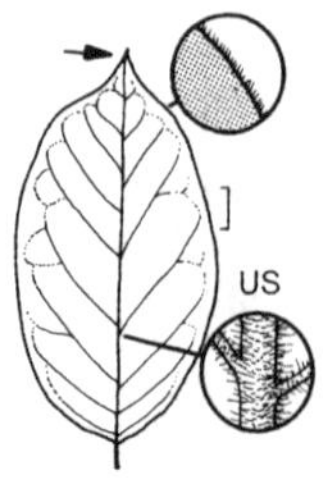

Syringa sweginzowii

Syringa reticulata (Blume) H. Hara **subsp. reticulata**, Japanischer Flieder

Habitus: 4–10(–15) m hoher, kahler Strauch oder Baum, Krone eiförmig-kugelig, Rinde rötlich, sich nicht oder kaum ablösend, Zweige glänzend rötlich, Endknospen fehlend.
Blätter: Eiförmig, eiförmig-lanzettlich, länglich-lanzettlich oder nahezu rundlich, 5–17 cm lang, spitz oder zugespitzt, Basis abgerundet bis herzförmig, oberseits frischgrün, unterseits blaugrün, entlang der Mittelrippe und Hauptnerven behaart.
Blüten: Wie Ligusterblüten riechend, in 5–20(–27) cm langen, ziemlich dichten Rispen, Krone gelblich weiß, Kronröhre nicht oder nur wenig länger als der Kelch, Staubbeutel weit herausragend, Juni–Juni.
Früchte: 1,2–1,5 cm lang, länglich-ellipsoid, stumpf, glatt oder leicht warzig.
Verbreitung: Japan.
Verwendung: Häufig, WHZ 4, LB 2.3.3.4.

subsp. amurensis (Rupr.) P. S. Green et M.C. Chang, Amur-Flieder. 2–3(–10) m hoher, sparriger Strauch oder Baum. Rinde graubraun, im Alter dunkler, sich nicht lösend. Blätter rundlich bis eiförmig oder breit eiförmig, 5–10 cm lang, lang zugespitzt, Basis abgerundet bis breit keilförmig. Blüten ohne Duft, in 10–15 cm langen, kompakten, aufrechten bis abstehenden Rispen, Krone weiß bis rahmweiß, Staubblätter den Schlund nur etwas überragend. Früchte an der Spitze stumpf. Mandschurei.

subsp. pekinensis (Rupr.) P.S. Greene et M.C. Chang, Peking-Flieder. 6–16(–10) m hoher, breitkroniger Strauch oder Baum. Rinde kastanienbraun, dünn abrollend. Zweige dünn, graubraun, z. T. leicht überhängend. Blätter eiförmig bis eiförmig-lanzettlich, 5–10 cm lang, zugespitzt, Basis keilförmig, oberseits dunkelgrün, unterseits graugrün, kahl, Nervatur wenig hervortretend. Blüten wie Ligusterblüten riechend, in 8–15 cm langen, lockeren, kahlen Rispen, Krone gelblich weiß, Kronröhre nicht oder nur wenig länger als der Kelch, Staubbeutel weit herausragend. Juni–August. Früchte spitz bis zugespitzt. N-China. (Oft als *S. pekinensis* in Kultur.)

S. reticulata var. *mandschurica* (Maxim.) Hara = *S. reticulata* subsp. *amurensis*
S. sargentiana C.K. Schneid. = *S. komarowii* subsp. *komarowii*
S. schneideri Lingl. = *S. pubescens* subsp. *microphylla*

Syringa ×swegiflexa Hesse ex J.S. Pringle, Perlen-Flieder

(*S. komarowii* subsp. *reflexa* × *S. sweginzowii*).

3–4 m hoher, aufstrebender bis trichterförmiger, locker aufgebauter Strauch, *S. swegiflexa* ähnlicher als *S. komarowii* subsp. *reflexa*. Blätter größer als bei *S. sweginzowii*, aber kleiner als bei *S. komarowii* subsp. *reflexa*. Blütenstände weniger offen, Blüten mit einem weitstreichenden Duft, Krone in der Knospe tiefrot, aufgeblüht dunkelrosa, zuletzt heller. WHZ 5b, LB 9.2.2.4.

Syringa sweginzowii Koehne et Lingelsh., Sweginzows Flieder

Habitus: 2,5–4 m hoher, breit aufrechter Strauch, junge Zweige 4-kantig, purpurbraun, kahl, Endknospen vorhanden.

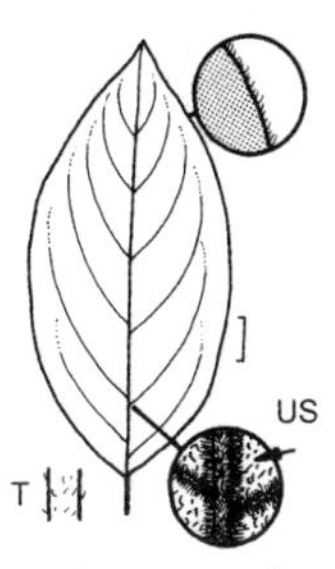

Syringa tomentella

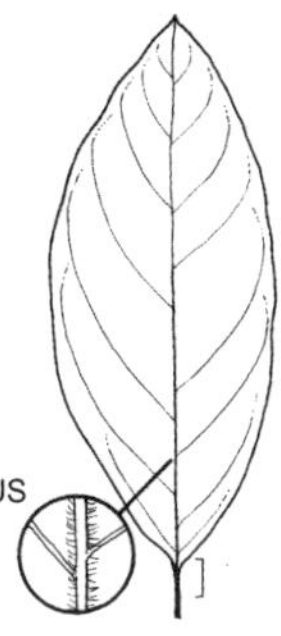

Syringa villosa

Blätter: Eiförmig, eiförmig-elliptisch bis lanzettlich, 1,5–4(–8) cm lang, spitz oder zugespitzt, Basis breit keilförmig bis nahezu abgerundet, oberseits glänzend tiefgrün, unterseits hellgrün, Nerven nahe der Basis behaart oder kahl.
Blüten: 0,9–2 cm breit, in 7–25 cm langen, 3–15 cm breiten, aufrechten, lockeren, spärlich fein behaarten oder kahlen Rispen, duftend, Krone rosa, lila oder weiß, Kronröhre 0,6–1,5 cm lang, Zipfel länglich-eiförmig bis lanzettlich, ausgebreitet, Staubbeutel nahe dem Schlund platziert, Juni.
Früchte: 1,5–2 cm lang, länglich-ellipsoid, glatt.
Verbreitung: NW-China.
Verwendung: Häufig, B, D, WHZ 5b, LB 7.2.2.5.

S. tigerstedtii Harry Sm. = *S. sweginzowii*

Syringa tomentella Bureau et Franch., Filziger Flieder

Habitus: 3–5 m hoher, schlank aufrechter Strauch, junge Zweige dünn, bräunlich, dicht und fein behaart, Endknospen vorhanden.
Blätter: Eiförmig-lanzettlich bis länglich-elliptisch, 2–12 cm lang, spitz oder zugespitzt, Basis keilförmig, oberseits sattgrün, kahl oder anliegend behaart, unterseits entlang der Nerven dicht kurz behaart.
Blüten: 1–1,7 cm breit, in 10–25 cm langen, 4–12 cm breiten, lockeren, beblätterten Rispen, duftend, Krone lilarosa, rosa oder weiß, Kronröhre 0,8–1,4 cm lang, Zipfel eiförmig bis elliptisch, abstehend, Staubbeutel den Schlund erreichend oder kurz hervorragend, Juni–Juli.
Früchte: 1–1,2 cm lang, länglich-ellipsoid, warzig oder glatt.
Verbreitung: W-China.
Verwendung: Häufig, B, O, WHZ 6a, LB 7.2.2.5.

S. velutina hort. = *S. meyeri*
S. velutina Kom. = *S. pubescens* subsp. *patula*

Syringa villosa Vahl, Zottiger Flieder

Habitus: 3–4 m hoher Strauch, Zweige ziemlich dick, nur anfangs sehr fein behaart, Endknospen vorhanden.
Blätter: Eiförmig, breit ellptisch bis länglich-verkehrteiförmig, 4–11(–18) cm lang, spitz oder zugespitz, Basis keilförmig oder nahezu abgerundet, oberseits sattgrün, kahl, unterseits blaugrün, meist nahe der Mittelrippe behaart, selten kahl.
Blüten: 1–2 cm breit, in 5–13(–17) cm langen, 3–10 cm breiten, ziemlich kompakten, kegelförmigen, beblätterten, behaarten Rispen, Krone lilarot bis rosa oder weiß, Kronröhre 0,7–1,5 cm lang, Zipfel eiförmig bis elliptisch, ausgebreitet, Staubbeutel nahe dem Schlund platziert oder leicht hervorragend, Mai–Juni.
Früchte: 1–1,5 cm lang, stumpf oder stumpflich glatt oder fast glatt.
Verbreitung: N-China.
Verwendung: Häufig (mit zahlreichen Sorten der Villosa-Gruppe), B, WHZ 4, LB 4.3.2.4.

Syringa Villosae-Gruppe

Es handelt sich hierbei um Sorten, die aus Kreuzungen von Arten und Hybriden entstanden sind, die zur Serie Villosae C.K. Schneid. gehören, vor allem *S. josikaea, S. ×josiflexa, S. ×prestoniae, S. komarowii* subsp. *reflexa* und *S. villosa.*

Sorten der Villosae-Gruppe unterscheiden sich von den *S.-vulgaris*-Sorten durch die spätere Blütezeit, die meist schlankeren, locker aufgebauten Blütenstände und die länglichen bis eiförmigen, oberseits oft stark runzeligen Blätter. Die Blütenrispen entwickeln sich aus Endknospen (bei den *S.-vulgaris*-Sorten aus endständigen Seitenknospen), sie sind an der Basis belaubt. Blütezeit ist Mitte oder Ende Mai bis Anfang Juni. Genannt werden hier nur positiv bewertete Sorten. WHZ 5b, LB 9.2.2.4.

Blüten einfach, hellrosa:

'Bellicent', 'Lynette'

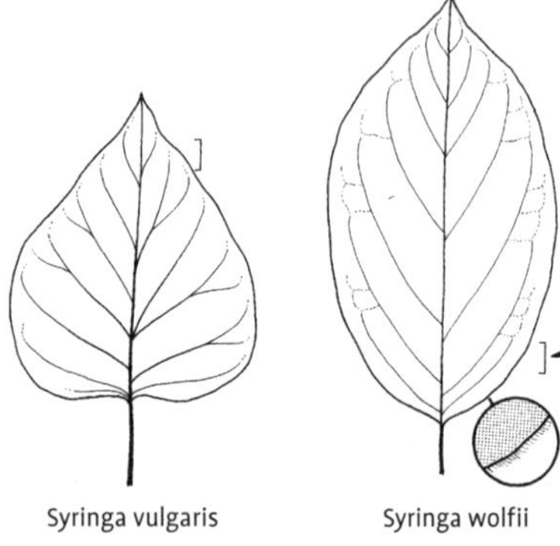

Syringa vulgaris Syringa wolfii

Blüten einfach, hell- bis dunkelviolett:

'Alice Rose Foster', 'Minuet', 'Nocturne', 'Redwine'

Blüten einfach, lila:

'Royalty'

Blüten einfach bis halb gefüllt, rosa bis hellrosa:

'James Mcfarlane', 'Miss Canada'

Blüten halb gefüllt, weiß:

'Agnes Smith'

Syringa vulgaris L., Gewöhnlicher Flieder

Habitus: Bis 7 m hoher, vielstämmiger Strauch oder kleiner Baum, durch Ausläufer dickichtartige Kolonien bildend, Stamm oft drehwüchsig, Borke graubraun, längsrissig, sich in langen Streifen lösend, junge Zweige olivgrün, kahl, Endknospen fehlend.
Blätter: Derb, eiförmig bis breit eiförmig, 5–12 cm lang, zugespitzt, Basis gestutzt oder fast herzförmig bis breit keilförmig, glänzend grün, kahl, Stiel 1,5–3 cm lang.
Blüten: In 10–20 cm langen, vielblumigen Rispen, stark duftend, Krone blauviolett, Kronröhre etwa 1 cm lang, Zipfel stumpf, ausgebreitet, Staubbeutel dicht unter dem Schlund platziert, April–Mai.
Früchte: 1–1,5 cm lang, länglich, zugespitzt, zusammengedrückt, kahl, braun, glänzend.
Verbreitung: SO-Europa; etabliert in W-, M-, MO- und S-Europa, Türkei, Iran und Kaukasien.
Verwendung: Sehr häufig (besonders in zahlreichen Gartenformen), N, B, D, ☤, WHZ 4, LB 6.3.3.4.

Die am häufigsten kultivierten Sorten sind:

Blüten einfach, Kronblätter 4:

'Andenken an Ludwig Späth'. Blüten in 18–28 cm langen Rispen, Krone dunkel purpurrot.

'G.J. Braadse'. Blüten sehr groß, in 18–28 cm langen, Rispen, Krone violett.

'Marie Legraye'. Blüten in 15–22 cm langen Rispen, Krone weiß, in der Knospe cremefarben. Gute Treibsorte.

'Primrose'. Blüten in 8–17 cm langen Rispen, Krone hell primelgelb.

Blüten halb gefüllt, Kronblätter 4–8:

'Charles Joly'. Blüten in 12–22 cm langen Rispen, Krone dunkelviolett.

'Michel Buchner'. Blüten groß, in 16–24 cm langen Rispen, Krone hellviolett.

'Mme Antoine Buchner'. Blüten in 15–25 cm langen, dichten Rispen, Krone hellviolett.

'Mrs. Edward Harding'. Blüten groß, in 15–26 cm langen, breiten Rispen, Krone violett.

Blüten gefüllt, Kronblätter 8–12:

'Katharine Havemeyer'. Blüten in 14–24 cm langen Rispen, Krone hellviolett.

'Miss Ellen Wilmott'. Blüten in 6–18 cm langen Rispen, Krone weiß.

'Mme Antoine Buchner'. Blüten in 15–25 cm langen Rispen, Krone hellviolett.

'Mme Lemoine'. Blüten in 15–22 cm langen Rispen, Krone reinweiß.

S. wilsonii C.K. Schneid. = *S. tomentella*

Syringa wolfii C.K. Schneid., Wolfs Flieder

Habitus: Bis 6 m hoher, aufrechter Strauch, Zweige grau, Triebe kahl oder behaart, Endknospen vorhanden.
Blätter: Elliptisch-länglich oder länglich-verkehrteiförmig, 3,5–12(–18) cm lang, spitz oder kurz zugespitzt, Basis keilförmig oder breit keilförmig, oberseits tiefgrün, kahl oder spärlich behaart, unterseits hell graugrün, wollig behaart.
Blüten: In 5–30 cm langen, 3–17 cm breiten, beblätterten, fein behaarten Rispen, meist zu 3 endständig, duftend, Krone helllila oder

rötlich lila, Kronröhre 1–1,4 cm lang, Zipfel länglich-eiförmig oder eiförmig, ± aufrecht, Staubblätter nahe oder leicht unterhalb des Schlundes platziert, Juni.
Früchte: Länglich, 1,2 cm lang, stumpf, kahl oder leicht behaart.
Verbreitung: Korea, Mandschurei.
Verwendung: Selten, B, D, WHZ 5a, LB 4.3.2.4.

Syringa yunnanensis Franch., Yunnan-Flieder

Habitus: 2–5 m hoher, aufrechter Strauch, Zweige ziemlich dünn, stielrund oder leicht 4-kantig, anfangs behaart, später mit deutlichen Lentizellen.
Blätter: Elliptisch, elliptisch-lanzettlich oder verkehrteiförmig-lanzettlich, 2–8(–13) cm lang, spitz oder kurz zugespitzt, Basis keilförmig, oberseits grün, unterseits hell- oder fast weißlich grün, behaart, kahl oder entlang der Nerven leicht behaart, Stiel purpurrot.
Blüten: 0,7–1,2(–1,7) cm breit, in 5–8(–13) cm langen, 3–12 cm breiten, aufrechten, lockeren, behaarten Rispen, duftend, Krone in der Knospe rosa, aufgeblüht lilarosa, im Verblühen weiß, Kronröhre 0,5–0,8(–1,3) cm lang, trichterförmig, Zipfel länglich, ausgebreitet, Staubbeutel 2 mm unterhalb des Schlundes platziert, Mai–Juni.
Früchte: Zylindrisch bis 1,5 cm lang, kahl.
Verbreitung: China: Yunnan.
Verwendung: Selten, B, D, WHZ 6a, LB 7.4.2.5.

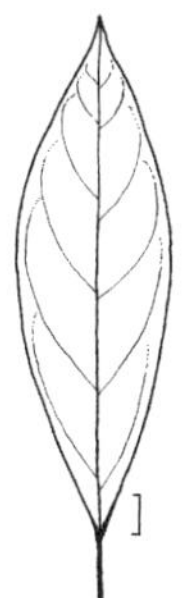

Syringa yunnanensis

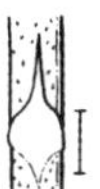

Tamarix chinensis

Tamarix L.

Tamariske – Tamaricaceae

(lateinisch *tamarix* = Tamariske)

Habitus: Sommergrüne Bäume oder Sträucher, Zweige rutenförmig, durch Lentizellen warzig-rau, olivgrün bis rotbraun, kleinere Seitenverzweigungen im Herbst mit den Blättern abfallend, Knospen etwa 1 mm lang, häufig mit seitlichen Beiknospen, Endknospen fehlend.
Blätter: Schuppenförmig, wechselständig, ungestielt, sich dachziegelig deckend, grün oder bläulich, Nebenblätter fehlend.
Blüten: Zwittrig, radiär, klein, in dichten Trauben, meist zu endständigen Rispen vereint, kurz gestielt oder sitzend, Kelch- und Kronblätter je 4–5, Krone rosa, Staubblätter bei den kultivierten Arten 4–5, einer ± tief gelappten Nektarscheide aufsitzend, Fruchtknoten 1-fächrig, oberständig, Griffel 3 bis 5, kurz.
Früchte: Kapseln 3–7 mm lang, sich 3- bis 5-klappig öffnend, Samen 1 mm lang, mit ungestielt aufsitzendem Haarschopf.
Verbreitung: 54 Arten in W-Europa und vom Mittelmeergebiet bis Indien und N-China.
Verwendung: Schöne Blütensträucher oder -bäume mit ausladenden Kronen für freie, sonnige Standorte.

Bestimmungsschlüssel Tamarix

1	Blattbasis verschmälert, Blattrand durchscheinend und Zweige fast schwarzrindig	*T. tetrandra*
–	Blätter und/oder Zweige andersartig	2
2	Blätter halb stängelumfassend, Spitze trockenhäutig, Zweige dunkelpurpurn ...	*T. parviflora*
–	Blätter und/oder Zweige andersartig	3
3	Blattrand durchscheinend	*T. gallica*
–	Blattrand nicht durchscheinend	4
4	Blattrand feinst gesägt (Lupe!)	*T. ramosissima*
–	Blattrand nicht gesägt	*T. chinensis*

Tamarix chinensis Lour., Chinesische Tamariske

Habitus: Bis 5 m hoher Baum oder Strauch, Zweige abstehend, oft überhängend, Triebe sehr dünn.
Blätter: Lanzettlich, zugespitzt, Basis breit, gekielt, bläulich grün.
Blüten: 5-zählig, in schmalen, 3–5 cm langen Trauben, seitenständig an den vorjährigen Zweigen, Tragblätter linealisch-pfriemlich, an der Basis höckrig, länger als der Blütenstiel, Kelchblätter eiförmig, viel kürzer als die Kronblätter, Staubblätter so lang oder doppelt so lang wie die Kronblätter, Nektarscheibe tief 10-lappig, Juli–September.
Verbreitung: M-Asien, China.
Verwendung: Selten, B, ⚕, WHZ 7b, LB 6.1.1.5.

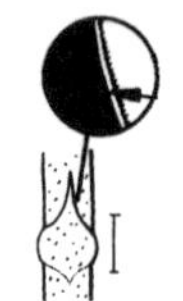

Tamarix gallica

Tamarix parviflora

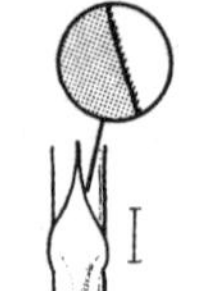

Tamarix ramosissima

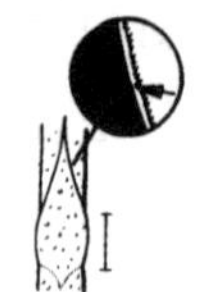

Tamarix tetrandra

Tamarix gallica L., Französische Tamariske

Habitus: Strauch oder bis 10 m hoher Baum, Zweige dünn, ± aufrecht, Rinde rotbraun bis tiefpurpurn.
Blätter: 1,5–2 mm lang, eiförmig-lanzettlich bis rhombisch-eiförmig, spitz oder zugespitzt, Basis breit, dunkel- bis bläulich grün, Rand durchscheinend.
Blüten: 5-zählig, in dichten, 3–5 cm langen, zylindrischen Trauben, an diesjährigen Trieben, zu endständigen Rispen vereint, Tragblätter eiförmig-lanzettlich, zugespitzt, doppelt so lang wie die Blütenstiele, Kronblätter nach dem Verblühen abfallend, Staubfäden an der Basis etwas verdickt, Juli–September.
Verbreitung: S- und SW-Europa, Makronesien.
Verwendung: Selten, B, ⚕, WHZ 6b, LB 2.5.1.4.

T. germanica L. = *Myricaria germanica*
T. japonica Dippel = *T. chinensis*
T. odessana Steven ex Bunge = *T. ramosissima*

Tamarix parviflora DC., Kleinblütige Tamariske

Habitus: Bis 5 m hoher, breitbuschiger, locker aufgebauter Strauch oder kleiner Baum, Äste aufrecht, Zweige bogenförmig übergeneigt, rotbraun bis tiefpurpurn, im Winter fast schwarz.
Blätter: 2–2,5 mm lang, sehr schmal pfriemförmig, hellgrün, halb stängelumfassend, die Spitze trockenhäutig.
Blüten: 4-zählig, in 2–4 cm langen, schmalen Trauben, seitlich an den vorjährigen Zweigen, Tragblätter linealisch-länglich, kaum länger als die Blütenstiele, Kronblätter länglich-eiförmig, unter 2 mm lang, aufrecht, bleibend, Staubblätter zugespitzt, Griffel 3, März–April.
Verbreitung: SO-Europa, Türkei, N-Afrika.
Verwendung: Häufig, B, WHZ 6b, LB 6.3.2.4.

T. pentandra Pall. = *T. ramosissima*
T. plumosa Carrière = *T. chinensis*

Tamarix ramosissima Ledeb., Kaspische Tamariske, Sommer-Tamariske

Habitus: 2–4 m hoher, etwas sparriger, locker und unregelmäßig aufgebauter Strauch, Äste aufstrebend, Zweige schlank, wenig verzweigt, bogig überhängend.
Blätter: 1,5–3,5 mm lang, lanzettlich-pfriemförmig, am Zweig hinablaufend, graugrün, am Rand sehr fein gesägt.
Blüten: 5-zählig, in bis 3 cm langen, lockeren Trauben an diesjährigen Kurztrieben, die zu langen, fedrigen Rispen vereint sind, Tragblätter linealisch-pfriemlich, länger als die Blütenstiele, Krone hellrosa, Kronblätter verkehrteiförmig, abspreizend, Nektarscheibe 5-lappig, Lappen ausgebuchtet oder 2-lappig, Griffel oft 4, am Rand sehr fein gesägt, Juli–September.
Verbreitung: SO-Russland, Afghanistan, Iran, Irak, Pakistan, Mongolei, China, Korea.
Verwendung: Häufig, B, WHZ 5b, LB 5.1.1.5 (6.1.2.5).

'Pink Cascade'. Blätter blaugrün. Blütenkrone rosa.

'Rosea'. Blätter hell blaugrün. Blütenkrone rosarot.

'Rubra'. Blütenkrone dunkel karminrosa.

Tamarix tetrandra Pall. ex M. Bieb., Viermännige Tamariske

Habitus: Strauch oder bis 5 m hoher Baum, Zweige fast schwarz.
Blätter: 4–5 mm lang, eiförmig-lanzettlich, zur Basis verschmälert, am Rand durchscheinend.
Blüten: 4-zählig, in 4–5 cm langen, ± büscheligen Trauben, seitenständig an den vorjährigen Zweigen, Tragblätter breit, an der Basis höckrig, deutlich länger als die Blütenstiele, Kronblätter über 2 mm lang, nach dem Ver-

blühen abfallend, Staubblätter 4–7, Griffel 3–5, April–Mai.
Verbreitung: SO-Europa, N-Türkei, Syrien, Zypern, Kaukasien.
Verwendung: Häufig, B, WHZ 5b, LB 5.1.1.5.

Tetracentron Oliv.

Viersporbaum – Trochodendraceae
(griechisch *tetra* = vier und *kentron* = Sporn)
Monotypische Gattung

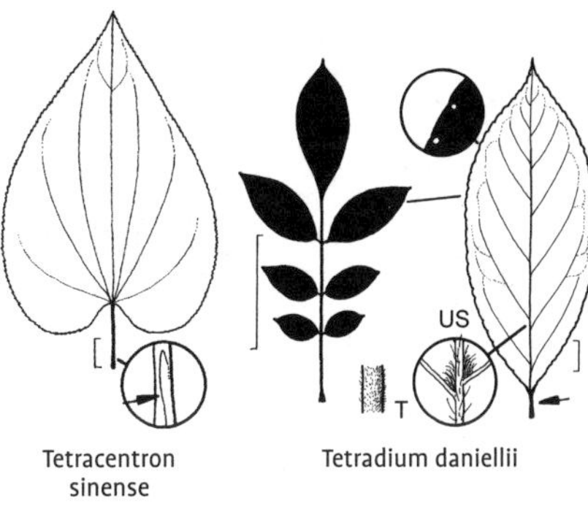

Tetracentron sinense
Tetradium daniellii

Tetracentron sinense Oliv., Chinesischer Viersporbaum

Habitus: Sommergrüner, 10–20 m hoher Baum, Sprosssystem in Lang- und Kurztriebe gegliedert, Kurztriebe mehrere Jahre lebend, stets mit nur einer Knospe, Langtriebe dunkelbraun, mit hellen Lentizellen, Knospen bis 1 mm lang, mit nur 1 Knospenschuppe.
Blätter: Wechselständig, 2-zeilig gestellt, einfach, eiförmig bis elliptisch, 7–12 cm lang, zugespitzt, Basis schwach herzförmig oder abgerundet, Rand stumpf gesägt, Spreite handnervig, mit 5–7 Nerven, lang gestielt, Nebenblätter scheidig mit dem Blattstiel verwachsen.
Blüten: Zwittrig, radiär, klein, in endständigen, hängenden, 8–16 cm langen, dünnen, kätzchenartigen Ähren, Blütenhülle einfach, 4-zählig, Tepalen gelblich, eiförmig, Staubblätter 4, vor den Tepalen stehend, Fruchtblätter seitlich miteinander verwachsen, Griffel 4, Juni–Juli.
Früchte: Kapseln 4 mm lang, 4-eckig, mehrsamig, sich fachspaltig öffnend, Samen 2–2,5 cm lang.
Verbreitung: Nepal, NO-Indien, Myanmar, SW-China.
Verwendung: Sehr selten, WHZ 7b, LB 7.4.1.4.

Tetradium Lour.

Stinkesche – Rutaceae
(griechisch *tetra* = vier, bezogen auf die meist 4-teiligen Balgfrüchte)

Habitus: Sommer- oder immergrüne Bäume oder Sträucher, Zweige grau bis graubraun, kahl oder behaart, mit Lentizellen, Endknospen 1–1,5 cm lang, Knospen offen, Knospenschuppen fehlend, Blattstielnarben mit 3 Gefäßbündelspuren.
Blätter: Gegenständig, unpaarig gefiedert, Blättchen ganzrandig, bei Berührung unangenehm riechend, am Rand mit durchscheinenden Punkten.
Blüten: 1-geschlechtig, 1-häusig verteilt, radiär, klein, in endständigen, lang gestielten, reich verzweigten Rispen oder Trugdolden, in allen Teilen 4- bis 5-zählig, Fruchtblätter nahezu frei oder verwachsen, 2-armig, Nektarscheibe becherförmig.
Früchte: Aus 4–5 Balgfrüchten zusammengesetzt, diese 2–8 mm lang, zur Reife sternförmig ausgebreitet und sich vor allem bauchseitig öffnend, Griffel bleibend, sich bei der Balgöffnung spaltend, die Fruchtklappen dadurch 1–2 mm lang gehörnt, Samen 1–3,5 mm groß, glänzend schwarz, ungleich groß, im Endokarp verbleibend, der größere Same dickwandig und deutlich exponiert, der kleinere dünnwandig und steril.
Verbreitung: 9 Arten in S- und SO-Asien, W-Malaysia.
Verwendung: Die beschriebene Art ist ein interessanter Garten- und Parkbaum, der durch seine späte Blüte und hohe Nektarabsonderung eine wertvolle Bienentrachtpflanze ist.

Tetradium daniellii (Benn.) T.G. Hartley, Samthaarige Stinkesche

Habitus: Strauch oder 4–9 m hoher, spät austreibender Baum, Krone breit kegelförmig, zuletzt abgeflacht kugelig bis nahezu schirmförmig, Triebe anfangs dicht grau behaart.
Blätter: 20–44 cm lang, Blättchen meist 7–11, 5–10 cm lang, die seitlichen fast sitzend, elliptisch, eiförmig oder lanzettlich, lang bis geschwänzt zugespitzt, fein gekerbt, beider-

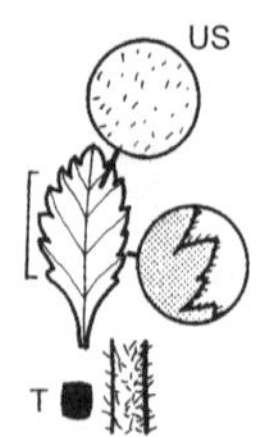

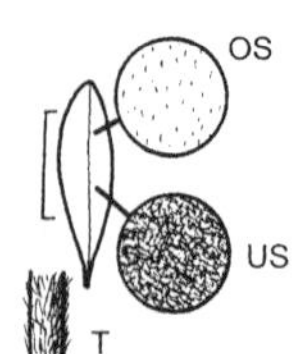

Teucrium chamaedrys   Teucrium montanum

seits weich behaart, unterseits auf der Mittelrippe mit langen, zottigen Haaren, Herbstfärbung fahlgelb.
Blüten: In 10–15 cm breiten, schwach flaumhaarigen Trugdolden, Krone weiß, Juli–August.
Früchte: Bräunlich rot bis purpurn oder schwarz, ellipsoid, 6–8 mm lang.
Verbreitung: Korea, N-China.
Verwendung: Häufig, B, ♧, D, Bi, WHZ 7a, LB 3.3.1.3.

Teucrium L.

Gamander – Lamiaceae

(griechisch *teukrion* = Name einer ungedeuteten Pflanzensippe)

Habitus: Kräuter, Halbsträucher oder Sträucher, junge Sprosse deutlich 4-kantig.
Blätter: Kreuzweise gegenständig, ganzrandig, gezähnt oder eingeschnitten, kurz gestielt, reich an ätherischen Ölen.
Blüten: Zwittrig, zygomorph, in Ähren, Köpfchen, Scheinwirteln oder Trauben, Kelch röhrig oder glockig, 10-nervig, mit 5 fast gleich großen Zähnen, Krone ± 2-lippig, mit sehr großer Unterlippe und unscheinbarer, tief gespaltener Oberlippe, Staubblätter 4, weit hervorragend, Fruchtknoten 2-fächrig, durch zusätzliche Scheidewände in 4 Klausen geteilt.
Früchte: Nüsschen zu 4, verkehrteiförmig, netznervig und runzelig.
Verbreitung: Etwa 250 Arten, kosmopolitisch verbreitet, überwiegend vom Mittelmeergebiet bis W-Asien.
Verwendung: Reich und lange blühende, aromatisch duftende, niedrige Halbsträucher für Steingärten, Steinbeete und Einfassungen.

Bestimmungsschlüssel Teucrium

1 Blätter immergrün, ganzrandig .... *T. montanum*
– Blätter sommergrün, Blattrand im oberen Drittel gekerbt .... *T. chamaedrys*

Teucrium chamaedrys L., Edel-Gamander

Habitus: Sommergrüner, bis 25 cm hoher Zwergstrauch mit kriechendem Wurzelstock und aufrechten, dicht beblätterten Sprossen.
Blätter: Eiförmig bis länglich-eiförmig, 0,5–2 cm lang, spitz, Basis meist keilförmig, kurz gestielt, im oberen Drittel stumpf gekerbt, unterseits grün bis graugrün, weich behaart, Stiel bis 7 mm lang.
Blüten: Zu 4–8 in Scheinwirteln, die eine lockere, endständige Scheinähre bilden, Krone purpurn, 1–1,5 cm lang, Kelch oft rotviolett überlaufen, Juni–August.
Verbreitung: Europa (ausgenommen Britische Inseln und Skandinavien), Türkei, Kaukasien.
Verwendung: Häufig (seit der Antike als Heilpflanze bekannt), N, B, ⚕, WHZ 6b, LB 6.3.3.8.

Teucrium montanum L., Berg-Gamander

Habitus: Immergrüner, bis 0,3 m hoher, niederliegend-aufsteigender Strauch, Sprosse flaumig behaart.
Blätter: Linealisch-lanzettlich, 0,8–2 cm lang, Basis verschmälert, ganzrandig, Rand nach unten eingerollt, kurz gestielt oder mit verschmälertem Grund sitzend, oberseits kahl bis schwach flaumig behaart, unterseits weißfilzig behaart.
Blüten: 1,2 cm lang, in endständigen, halbkugeligen, kopfig gedrängten Ständen, Krone weiß bis cremeweiß oder gelblich, 1,2 cm lang, Juni–August.
Verbreitung: Europa (ausgenommen Britische Inseln und Skandinavien).
Verwendung: Selten, B, ⚕, WHZ 6b, LB 6.3.3.5.

Thymus L.

Thymian – Lamiaceae

(lateinisch *thymus* = Name für einige Thymian-Arten des Mittelmeergebietes, zurückgehend auf griechisch *thymos*, *thymein* = räuchern, weil wegen des aromatischens Duftes in der Antike als Weihrauch verwendet)

Habitus: Immer- oder wintergrüne, 1–40 cm hohe, aufrechte, flach ausgebreitet und aufsteigende, meist aromatische Halb- oder Zwergsträucher.
Blätter: Kreuzweise gegenständig, 2–30 mm lang, ganzrandig, meist mit blassen, oder gelben bis roten Öldrüsen besetzt, beim Reiben meist aromatisch duftend.
Blüten: Zwittrig oder 1-geschlechtig und nur ♀, zygomorph, 2-lippig, zu 2–6 in Scheinwirteln (Zymen), diese zu vielen in ährenförmig angeordneten, kopfigen oder walzenförmigen, teilweise auch unterbrochenen Thyrsen, Tragblätter der Zymen zuweilen größer und anders geformt als die Stängelblätter, Krone 4–15 mm lang, rosa oder purpurrot, selten weißlich gelblich oder weiß, Kelch 2,5–8 mm lang, Röhre zylindrisch bis glockig, Oberlippe mit 3, meist 3-eckigen bis lanzettlichen, bewimperten oder kahlen Zähnen, Unterlippe mit sehr schmalen, pfriemlichen, stets bewimperten Zähnen, Staubblätter 4, wie der Griffel aus der Krone herausragend.
Früchte: Bei der Reife in 4 1-samige Teilfrüchte (Klausen) zerfallend.
Verbreitung: Je nach Auffassung 220–350 Arten in den subarktischen, kalt- und warmgemäßigten Zonen Eurasiens, Verbreitungsschwerpunkt ist der Mittelmeerraum.
Verwendung: Thymian-Arten und -Hybriden werden dank ihres hohen Gehaltes an ätherischen Ölen, Gerb- und Bitterstoffen seit dem Altertum als Heil- und Gewürzpflanzen genutzt.

Bestimmungsschlüssel Thymus

1 Blätter eiförmig bis lanzettlich, bis auf Wimpern kahl .... *T. ×citriodorus*
– Blätter linealisch bis elliptisch, unterseits dicht filzig behaart .... *T. vulgaris*

Thymus ×citriodorus (Pers.) Schweigg., Zitronen-Thymian
(*T. pulegioides* × *T. vulgaris*)

Habitus: 0,1–0,3 m hoher Zwergstrauch, Sprosse aufrecht oder bogig aufsteigend, Blütentriebe 4-kantig, unregelmäßig ringsum behaart.
Blätter: Lanzettlich, eiförmig bis elliptisch oder rhombisch, Rand zumindest teilweise schwach zurückgerollt, oft an der Basis mit

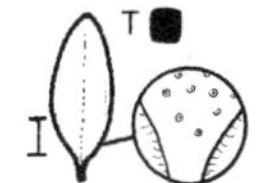

Thymus ×citriodorus

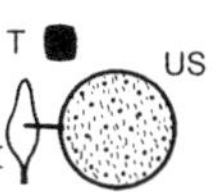

Thymus vulgaris

einzelnen Wimpern, unterseits kurz samtig beehaart oder kahl, zerrieben würzig oder nach Zitronen duftend.
Blüten: Krone hell- bis purpurrot, obere Kelchzähne meist bewimpert, Juni–September.
Verbreitung: In S-Frankreich entstandene Naturhybride.
Verwendung: Häufig (auch in gelblaubigen Sorten), B, D, ⚕, WHZ 7a, LB 6.1.2.8.

Thymus vulgaris L., Echter Thymian, Gewürz-Thymian

Habitus: Bis 0,4 m hoher, reich verzweigter Zwergstrauch, Sprosse aufrecht bis bogig aufsteigend, Blütentriebe stumpf 4-kantig bis scheinbar stielrund, ringsum kurz behaart.
Blätter: Linealisch bis elliptisch, kurz gestielt, 3,5–6,5 mm lang, am Rand stark umgerollt, oberseits graugrün, an der Basis ohne Wimpern, unterseits dicht weißsamtig behaart, zerrieben würzig duftend.
Blüten: Etwa 5 mm lang, Krone weißlich bis hell purpurrosa, Kelch 3,5–5,5 mm lang, obere Kelchzähne ohne Wimpern, Mai–September.
Verbreitung: SW- bis W-Europa.
Verwendung: Häufig, N, B, D, ⚕, WHZ 6a, LB 6.1.2.8.

Tilia L.

Linde – Malvaceae
(lateinisch *tilia* = Linde)

Habitus: Sommergrüne Bäume, Borke anfangs glatt und silbergrau, später dunkler und flach gefurcht, Zweige hin- und hergebogen, Triebe glänzend, meist sternhaarig, Endknospen fehlend, die Sprossspitze mit einer subterminalen Knospe, Knospen mit 2–3 Schuppen, kahl oder behaart, Blattstielnarben meist mit 3 Gefäßbündelspuren.
Blätter: Wechselständig, 2-zeilig stehend, lang gestielt, einfach, ungeteilt, Basis ± herzförmig und asymmetrisch, fein bis grob gesägt, mit oder ohne Achselbärte, Nebenblätter hinfällig.

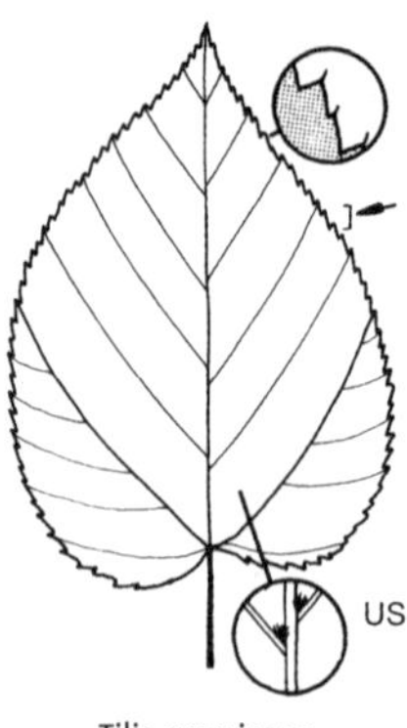

Tilia americana

Blüten: Zwittrig, radiär, oft duftend, zu 3–15 in hängenden, lang gestielten Zymen, Blütenstandsachsen ± bis zur Hälfte mit einem flügelartigen, im freien Teil abspreizenden Hochblatt verwachsen, Blütenhülle doppelt 5-zählig, freiblättrig, Krone gelblich weiß, Kelch innen am Grund mit Nektar absondernden Haaren (Haar-Nektarien), Staubblätter 15–80, frei oder zu 5 vor den Kronblättern stehenden Bündeln vereinigt, oft 1 oder mehrere als kronblattartige Staminodien ausgebildet, Fruchtknoten ± kugelig, schwach 5-eckig, behaart, 5-fächrig mit je 2 Samenanlagen, Griffel kahl oder behaart, Narbe 5-lappig.
Früchte: Nuss 1-fächrig, 1- bis 2-samig, 0,5–1,5 cm lang, Schale behaart, zerbrechlich oder holzig, glatt oder ± gerippt, geschlossen bleibend.
Verbreitung: 25–45 Arten in der nördl. gemäßigten Zone, südl. bis Indochina und Mexiko.
Verwendung: Häufig gepflanzte Park-, Straßen-, Dorf- und Hofbäume, meist wertvolle Bienentrachtpflanzen (das gilt auch für *T. tomentosa*!).

Bestimmungsschlüssel Tilia

1 Blätter unterseits mit Stern- oder Büschelhaaren, weiß-grau-filzig (zumindest junge) 2
– Blätter unterseits kahl oder nur mit einfachen Haaren, grün(lich) 10
2 Blattstiele länger als die halbe Spreite...... 3
– Blattstiele kürzer als die halbe Spreite...... 6
3 Blattspreiten höchstens 11 cm lang 4
– Blattspreiten (wenigstens viele) länger, unterseits graugrün 5
4 Blätter plötzlich zugespitzt, Blattrandzähne kurz .... *T. oliveri*
– Blätter mit ausgezogener Spitze, Zähne grob . ... *T. chinensis*
5 Triebe und Blattstiele filzig behaart........ .... *T. tomentosa* 'Petiolaris'
– Trieb und Blattstiele kahl .... *T. ×moltkei*
6 Blätter schlank eiförmig (⅔ so breit wie lang) .... *T. miqueliana*
– Blätter breit eiförmig (> ⅔ so breit wie lang) 7
7 Blattzähne groß und mit Grannen ....*T. henryana*
– Blattzähne feiner, ohne Grannen 8
8 Blätter unterseits (bald) ohne Sternhaare .... *T. heterophylla* var. *heterophylla*
– Blätter unterseits bleibend mit Sternhaaren 9
9 Blattstiele höchstens 3,5 cm lang .... *T. tomentosa*
– Blattstiele länger (bis 7 cm), zumindest die meisten .... *T. mandshurica*
10 Blattzähne mit aufgesetzter Grannenspitze... 11
– Blattzähne ohne Grannenspitze.......... 14
11 Blätter höchstens 15 cm lang 12
– Blätter länger (bis 25 cm)....... *T. americana*
12 Achselbärte in den unterseitigen Nervenwinkeln weißlich, Blattstiele behaart........... .... *T. dasystyla* subsp. *caucasica*
– Achselbärte rotbraun, Blattstiele kahl 13
13 Blattrand bewimpert............ *T. ×flaccida*
– Blattrand kahl................ *T. ×euchlora*
14 Blätter meist deutlich 3-lappig und grob gezähnt .... *T. mongolica*
– Blätter nicht 3-lappig und ± gleichmäßig fein gezähnt 15
15 Blattstiel ± dicht behaart............... 16
– Blattstiel (fast) kahl 17
16 Triebe behaart, Blattrand bewimpert........ ....*T. platyphyllos*
– Triebe und Blattrand kahl....... *T. ×europaea*
17 Blätter unterseits kahl (bis auf Achselbärte) 18
– Blätter unterseits behaart (zumindest auf den Hauptnerven) 19
18 Blätter eiförmig, Blattstiel am Ende behaart .. ..*T. amurenis*
– Blätter rundlich, Blattstiel am Ende kahl..... .... *T. cordata*
19 Achselbärte in den unterseitigen Nervenwinkeln weiß-gelb, Blattrand kahl... *T. ×europaea*
– Achselbärte bräunlich, Blattrand bewimpert.. .... *T. ×flaccida*

T. alba Aiton = *T. tomentosa*
T. alba K. Koch = *T. tomentosa* 'Petiolaris'

Tilia americana L., Amerikanische Linde

Habitus: Bis 25(–40) m hoher Baum, Krone breit eiförmig bis gewölbt, Borke dunkelgrau, längsrissig, Triebe kahl, olivgrün oder bräunlich.
Blätter: Eiförmig bis rundlich, 20(–30) cm lang, plötzlich zugespitzt, Basis herzförmig bis gestutzt, oft kaum schief, grob gezähnt, Zähne mit aufgesetzter Spitze, oberseits dunkelgrün und etwas glänzend, kahl, unterseits etwas heller, bis auf kleine Achselbärte an den Seitennerven kahl, Stiel 3–8 cm lang, kahl.

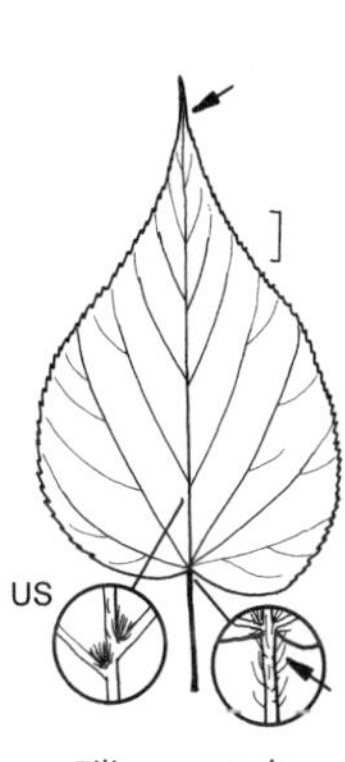

Tilia amurensis

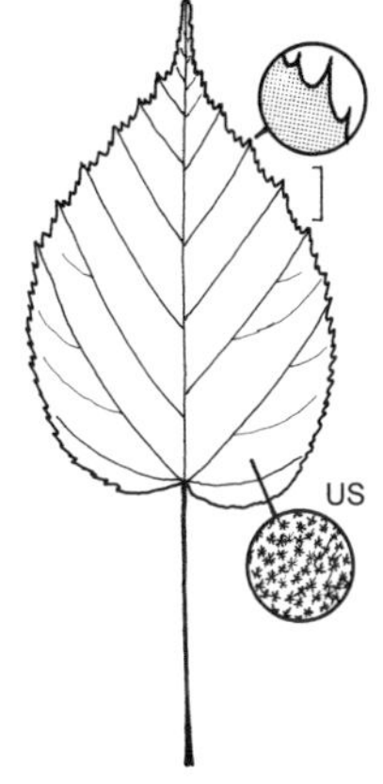

Tilia chinensis

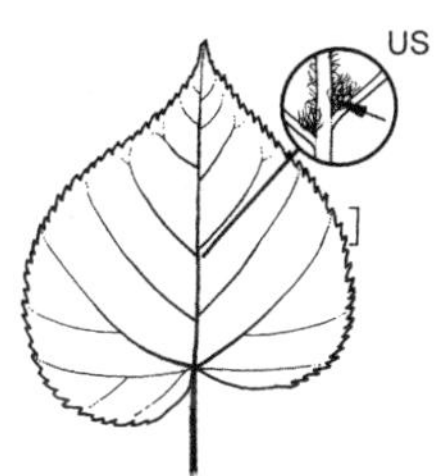

Tilia cordata

Blüten: 1,5 cm breit, zu 6–15 in hängenden, kahlen Zymen, Kronblätter hellgelb, fast aufrecht, elliptisch, Staubblätter etwa 60, deutlich kürzer als die Kronblätter, Staminodien, vorhanden, Hochblätter 10–12 cm lang, Juni–Juli.
Früchte: Kugelig-eiförmig, dickschalig, nicht gerippt, fein graufilzig behaart.
Verbreitung: O-Kanada, NO-, NOZ- und SO-USA.
Verwendung: Häufig (mit einigen Sorten wie 'Dentata', 'Nova' und 'Redmond'), N, Bi, WHZ 5b, LB 3.3.4.1.

'Nova'. Krone breit kegelförmig bis eiförmig, ziemlich locker, Stamm durchgehend, Blätter 10–22 cm lang. Als Stadtstraßenbaum geeignet.

T. argentea DC. = *T. tomentosa*

Tilia amurensis Rupr., Amur-Linde

Habitus: Bis 15(–20) m hoher Baum, ähnlich *T. cordata*, Borke dünn, schuppig abblätternd, Triebe kahl oder leicht behaart.
Blätter: Breit eiförmig, 5–8 cm lang, lang zugespitzt, Basis herzförmig bis gestutzt, mit zugespitzten Zähnen grob gesägt, Herbstfärbung goldgelb.
Blüten: Stark duftend, zu 3–20 in 3–5 cm breiten, aufrechten Zymen, Krone hellgelb, Staubblätter 20, Staminodien gelegentlich vorhanden, Juni–Juli.
Früchte: Eiförmig-kugelig, 5–8 mm dick, dünnschalig, ± 5-rippig.
Verbreitung: SO-Sibirien, Mandschurei, Korea.
Verwendung: Selten, WHZ 5a, LB 3.3.3.2.

T. begoniifolia Steven = *T. dasystyla* subsp. *caucasica*
T. ×carlsruhensis Simonk. = *T. ×flaccida*

Tilia chinensis Maxim. non C.K. Schneid., Chinesische Linde

Habitus: Bis 15(–20) m hoher Baum.
Blätter: Breit eiförmig bis eiförmig, 7–13 cm lang, plötzlich lang zugespitzt, Basis schief herzförmig, dicht und scharf gesägt, oberseits kahl, unterseits dicht sternhaarig.
Blüten: Zu 1–3, Staubblätter 30–45, Staminodien 5, kürzer als die Kronblätter, Hochblätter 7–9(–12) cm lang, Juni.
Früchte: Ellipsoid oder kugelig, 10–14 mm dick, deutlich 5-kantig.
Verbreitung: China: Gansu bis Yunnan.
Verwendung: Selten, WHZ 6b, LB 4.3.2.3.

Tilia cordata Mill., Winter-Linde

Habitus: Bis 40 m hoher Baum, Krone anfangs kegelförmig, später meist hoch gewölbt, Borke längs gefurcht, dicht gerippt, schwärzlich grau, Triebe olivgrün, sonnenseits gerötet, anfangs fein behaart, bald verkahlend.
Blätter: Nahezu rundlich, 3–10 cm lang, plötzlich zugespitzt, Basis schief herzförmig, mit schmaler Stielbucht, gleichmäßig scharf gesägt, an den Rändern meist nach oben gewölbt, oberseits grün, kahl, unterseits graugrün, mit rostfarbenen Achselbärten entlang der Mittelrippe, Stiel 1,5–3 cm lang, kahl.

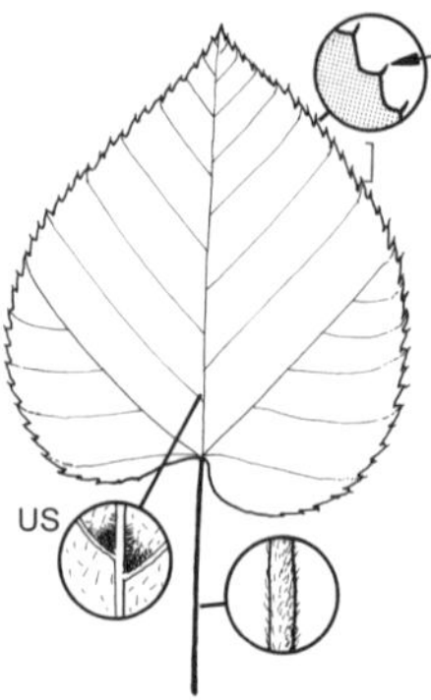

Tilia dasystyla subsp. caucasica

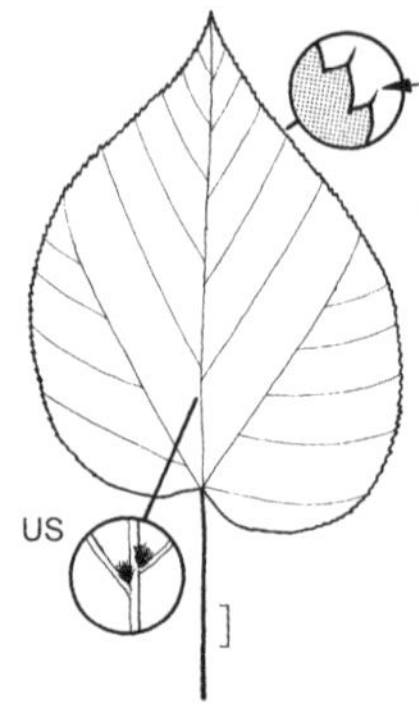

Tilia ×euchlora

Blüten: Stark duftend zu 5–7(–11) in überhängenden oder nahezu aufrechten, meist oben auf den Blättern liegenden, kahlen Zymen, Hochblatt 4–7 cm lang, kahl, Kronblätter gelblich weiß, aufgerichtet, Staubblätter bis 30, etwa so lang wie die Kronblätter, alle fruchtbar, Juni–Juli.
Früchte: Kugelig, 5–7 mm dick, dünnschalig, schwach gerippt, behaart.
Verbreitung: Europa, Kaukasien, N-Iran, W-Sibirien.
Verwendung: Sehr häufig (mit Einschränkungen als Stadtstraßenbaum geeignet), N, D, Bi, ⚕, WHZ 4, LB 3.1.3.1 (2.4.3.1).

'Böhlje'. Wuchs mittelstark, 18–20 m hoch, Krone anfangs breit säulenförmig, zuletzt breit eiförmig, Äste und Zweige straff oder schräg aufstrebend. Als Stadtstraßenbaum geeignet.

'Greenspire'. Wuchs mittelstark, 15(–18) m hoch, Krone anfangs kompakt kegelförmig, später breit eiförmig, Stammverlängerung bis weit in die Krone reichend, Äste und Zweige steil aufsteigend. Als Stadtstraßenbaum gut geeignet.

'Rancho'. Wuchs schwach, 9–12 m hoch, Krone kompakt, sehr regelmäßig aufgebaut, anfangs schmal eiförmig, später kegelförmig, Äste und Zweige schräg aufsteigend, Blätter klein, glänzend dunkelgrün. Als Stadtstraßenbaum geeignet.

'Roelvo'. Wuchs schwach, 10–12(–15) m hoch. Krone regelmäßig breit kegelförmig bis nahezu kugelig, Stamm durchgehend. Als Stadtstraßenbaum geeignet.

Tilia dasystyla Steven **subsp. caucasica** (V. Engelm.) Labill, Kaukasische Linde

Habitus: Bis 40 m hoher Baum, Triebe purpurrot, kahl.
Blätter: Rundlich-eiförmig, 7–12(–16) cm lang, plötzlich zugespitzt, Basis schief herzförmig, scharf gesägt, Zähne mit langen, aufgesetzten Grannen, oberseits glänzend dunkelgrün, unterseits heller mit weißlich gelben Achselbärten.
Blüten: Zu 5–7 in Zymen, Griffel dicht behaart, Staminodien fehlend, Juni.
Früchte: Kugelig-eiförmig, etwa 1 cm dick, dickwandig verholzt, leicht 5-kantig.
Verbreitung: Kaukasus, N-Iran.
Verwendung: Sehr selten (die auch auf der Krim heimische subsp. *dasystyla* ist bei uns nicht in Kultur), Bi, WHZ 6a, LB 3.3.2.1.

Tilia ×euchlora K. Koch, Krim-Linde
(*T. cordata* × *T. dasystyla*)

Habitus: Bis 20 m hoher Baum, Krone anfangs schmal und dicht verzweigt, stumpf kegelförmig, später hoch gewölbt, Stamm duchgehend, Äste aufsteigend, nach außen bogig übergeneigt, Zweige stark hängend, oft schleppenartig bis zum Boden.
Blätter: Breit eiförmig, 6–10 cm lang, kurz zugespitzt, Basis schief herzförmig oder nahezu gestutzt, scharf gesägt, Zähne mit aufgesetzten Grannenspitzen, oberseits auffallend glänzend dunkelgrün, unterseits heller und mit bräunlichen Achselbärten, Herbstfärbung hellgelb.
Blüten: Zahlreich, zu 3–7 in hängenden, 5–7 cm breiten, kahlen Zymen, Hochblätter 5–8 cm lang, Juni.

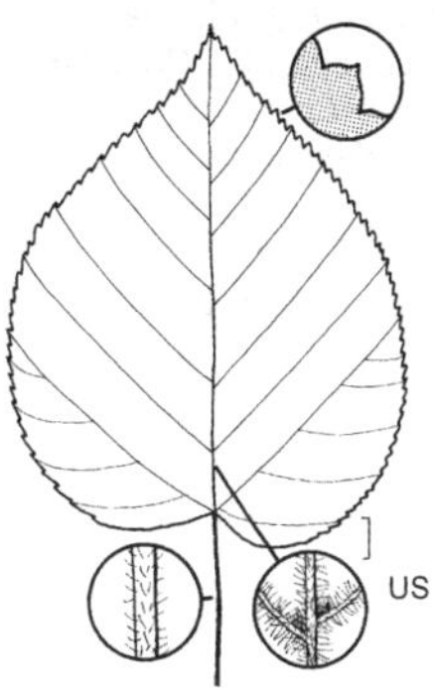

Tilia ×europaea

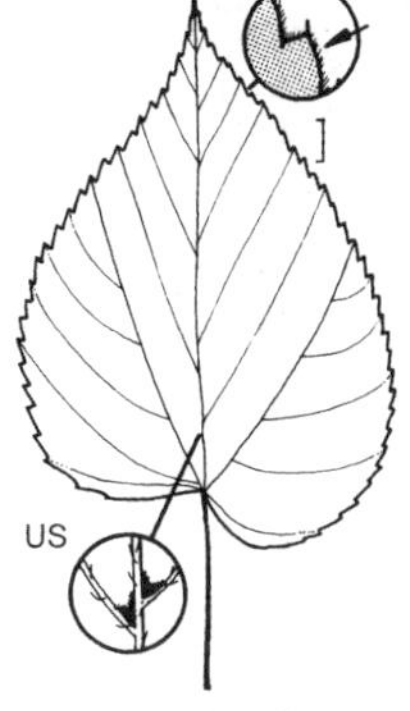

Tilia ×flaccida

Früchte: Eiförmig bis ellipsoid, 0,5–1 cm dick, schwach 5-rippig, dickschalig, dicht zottig-filzig behaart.
Verwendung: Sehr häufig, Bi, WHZ 4, LB 3.3.3.1.

Tilia ×europaea L., Holländische Linde

(*T. cordata* × *T. platyphyllos*)

Habitus: Bis 40 m hoher Baum, Krone anfangs eiförmig, später breit eiförmig und hoch gewölbt, Äste aufsteigend, junge Triebe kahl.
Blätter: Breit eiförmig, 6–10 cm lang, kurz zugespitzt, Basis schief herzförmig bis nahezu gestutzt, scharf gesägt, oberseits stumpfgrün, kahl, unterseits graugrün, fast kahl, Achselbärte gelblich bis weißlich, Stiel 3–5 cm lang, kahl.
Blüten: Zu 3–7 in kahlen bis behaarten, bis 9 cm breiten Zymen, Hochblätter 7–10 cm lang, Kronblätter ± ausgebreitet, Staubblätter so lang wie die Kronblätter, Staminodien fehlend, Juni.
Früchte: Fast kugelig, 8 mm lang, undeutlich gerippt, Schale ± zerbrechlich, filzig behaart.
Verwendung: Sehr häufig (auch unter dem Namen *T. ×vulgaris*), als Stadtstraßenbaum geeignet, Bi, WHZ 4, LB 3.3.3.1.

'Koningslinde'. Großer Baum, Krone breit kegelförmig mit einer charakteristischen konischen Spitze. Zweige anfangs gelbbraun, später braunrot. Blätter unterseits gelblich grün, etwa 14 Tage später austreibend als 'Pallida'. Durch die Anfälligkeit gegenüber Blattläusen kommt es oft zu einer starken Honigtaubildung.

'Lappen'. Starkwüchsiger, robuster, 30–40 m hoher Baum, Stamm duchgehend, Krone regelmäßig breit kegelförmig. Von allen Lindensorten in der Krone am wenigsten Totholz. Blätter oberseits frischgrün, unterseits blaugrün, im Herbst leuchtend gelb. Baum bleibt auch in extrem tockenen Jahren lange belaubt. Der stets vegetativ vermehrte Typ stammt von einem Baum aus der von Kaiser Wilhelm II geschaffenen Siegesallee in Berlin. Wird auch unter dem Namen 'Pallida Typ Lappen' angeboten. Als Stadtstraßenbaum gut geeignet.

'Pallida', Kaiser-Linde. 30–40 m hoher Baum, Stamm durchgehend, Krone regelmäßig breit bis stumpf kegelförmig. Zweige im Winter rötlich gefärbt. Blätter groß, lange haftend, unterseits gelblich bis blaugrün. Als Stadtstraßenbaum gut geeignet.

Tilia ×flaccida Host ex Bayer

(*T. americana* × *T. platyphyllos*)

Habitus: Großer Baum, ähnlich *T. americana*, Krone kegelförmig.
Blätter: Rundlich-eiförmig, 10–14 cm lang, lang zugespitzt, Basis schief schwach herzförmig bis schief gestutzt, scharf gesägt, oberseits kahl, unterseits hellgrün, ± schwach glänzend und kahl, nur auf den Nerven mit einfachen Haaren, in den Winkeln der sekundären Nerven meist deutliche, in der Regel hell bräunliche Achselbärte.
Blüten: Zu (2–)4–8 in hängenden, kahlen bis behaarten Zymen, Kronblätter fast aufrecht, Staubblätter so lang wie die Kronblätter, fast stets mit einigen Staminodien, Juli.
Früchte: 0,8–1 cm lang, schwach gerippt, dickschalig, fein filzig behaart.

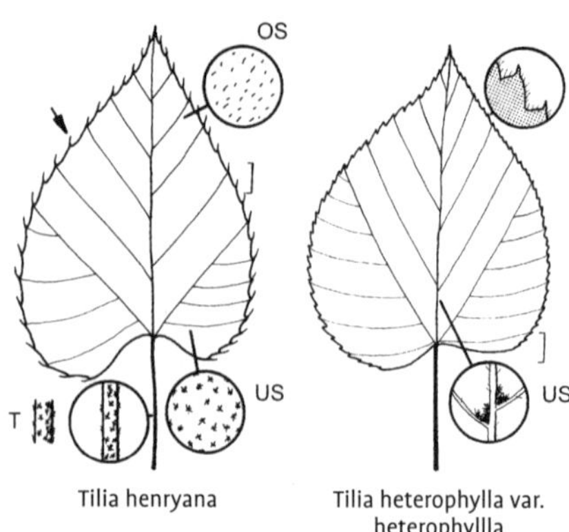

Tilia henryana Tilia heterophylla var. heterophyllla

Verwendung: Selten (häufig unter dem Namen *T. americana* 'Nova' in Kultur), Bi, WHZ 6a, LB 3.3.3.1.

Tilia ×flavescens A. Braun ex Döll **'Glenleven'**
(*T. americana* × *T. cordata*)

Habitus: 20–25 m hoher Baum, Stamm kräftig, durchgehend, Krone kegel- bis eiförmig, im Alter ausladend bis kugelig.
Blätter: 6–12 cm lang, rundlich bis herzförmig, scharf gezähnt, im Herbst lange grün bleibend.
Blüten: In vielblütigen Zymen, Staminodien rudimentär.
Verwendung: Wird vergleichsweise selten gepflanzt (mit Einschränkungen als Stadtstraßenbaum geeignet), WHZ 4, LB 3.3.3.1.

T. glabra Vent. = *T. americana*
T. grandifolia Ehrh. ex W.D.J. Koch = *T. platyphyllos*

Tilia henryana Szyszyl., Henrys Linde

Habitus: 10–15 m hoher, sparsam verzweigter, lockerkroniger Baum, Triebe anfangs sternhaarig, bald kahl.
Blätter: Breit eiförmig bis eiförmig, 5–12 cm lang, kurz zugespitzt, Basis schief herzförmig oder gestutzt, fein gezähnt, mit borstigen, bis 1 cm langen Zähnen, oberseits Mittelrippen und Nerven etwas behaart, unterseits bräunlich sternhaarig und mit Achselbärten, Stiel 2–4 cm lang, behaart, Herbstfärbung satt goldgelb.
Blüten: Ansehnlich, zu 30–100 in 10–12 cm langen, hängenden, bis 13 cm breiten Zymen, Staubblätter so lang wie die Kronblätter, Staminodien kürzer als die cremeweißen Kronblätter, Hochblätter bis 15 cm lang, sternhaarig, Juli–August.
Früchte: Verkehrteiförmig, 7–9 mm dick, 5-rippig.
Verbreitung: M-China.
Verwendung: Sehr selten, Bi, WHZ 6b, LB 6.4.2.3.

Tilia heterophylla Vent. **var. heterophylla**, Verschiedenblättrige Linde

Habitus: Bis 30 m hoher Baum, Krone kegelförmig, Borke dick, gefurcht, Triebe kahl, silbergrau oder rötlich braun.
Blätter: Eiförmig, 8–13 cm lang, allmählich zugespitzt, Basis meist schief gestutzt oder fast herzförmig, fein grannig gesägt, oberseits kahl und glänzend, unterseits dicht weißfilzig, mitunter auch bräunlich filzig behaart, Achselbärte rotbraun, Stiel 3–4 cm lang, kahl.
Blüten: Zu 8–20 in 6–8 cm langen, behaarten Zymen, Staubblätter länger als die Kronblätter, Staminodien vorhanden, Hochblätter 10–15 cm lang, fast sitzend, anfangs unterseits behaart, Juni–Juli.
Früchte: Ellipsoid, 8 mm lang, zugespitzt, braunfilzig behaart.
Verbreitung: NO- und SO-USA.
Verwendung: Selten, N, Bi, WHZ 6a, LB 3.3.2.1.

var. michauxii (Nutt.) Sarg. Junge Triebe kahl, rötlich braun. Blätter rundlich bis länglich, 8–15 cm lang, spitz oder zugespitzt, Basis herzförmig, gelegentlich schief gestutzt, scharf gesägt, unterseits hell behaart. Früchte fast kugelig, 8 mm dick. NOZ- und SO-USA.

T. ×hollandica K. Koch = *T. ×europaea*
T. ×intermedia DC. = *T. ×europaea*

Tilia mandshurica Rupr. et Maxim., Mandschurische Linde

Habitus: Bis 10(–20) m hoher Baum, Knospen und junge Triebe dicht gelblich grau filzig behaart.
Blätter: Rundlich-eiförmig, 8–15(–20) cm lang, kurz zugespitzt, Basis meist herzförmig, grob gesägt, Zähne 3-eckig, lang zugespitzt, mitunter etwas gelappt, oberseits lebhaft grün, zerstreut behaart, unterseits dicht grauweiß filzig behaart, Stiel 3–7 cm lang, behaart.

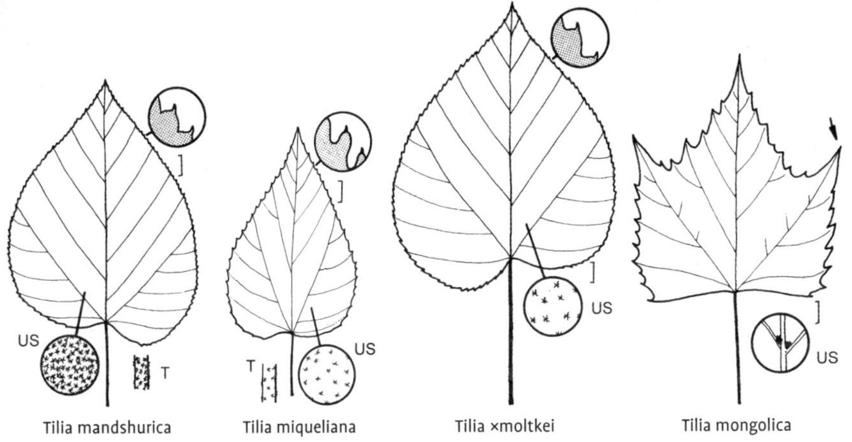

Tilia mandshurica Tilia miqueliana Tilia ×moltkei Tilia mongolica

Blüten: Zu 6–12(–20) in 15–22 cm breiten, hängenden, bräunlich behaarten Zymen, Staubblätter so lang wie die Kronblätter, Staminodien kürzer als die Kronblätter, Hochblätter 7–11 cm lang, Juni–Juli.
Früchte: Kugelig, 7–9 mm dick, deutlich gerippt, filzig behaart.
Verbreitung: Russ. Ferner Osten, NO-China, N-Korea.
Verwendung: Selten, N, Bi, WHZ 5a, LB 6.3.3.2.

Tilia miqueliana Maxim., Miquels Linde

Habitus: Bis 15 m hoher Baum, junge Triebe, Blattstiele und Blattunterseiten filzig behaart.
Blätter: Eiförmig oder 3-eckig-eiförmig, 6–8 cm lang (an Langtrieben bis 12 cm lang), spitz oder zugespitzt, Basis schief herzförmig, grob gesägt, Zähne mit kurzem Spitzchen, oberseits glänzend dunkelgrün, fast kahl, unterseits graufilzig behaart, ohne Achselbärte, Stiel 2–4 cm lang.
Blüten: Zu 3–12 in 5–8 cm breiten, hängenden, graufilzig behaarten Zymen, Staubblätter 50–75, etwas kürzer als die Kelchblätter, Griffel kürzer als die Kronblätter, Staminodien 5, Hochblätter 7–10 cm lang, spärlich behaart, Juni.
Früchte: Fast kugelig, 7–8 mm dick, an der Basis 5-rippig, dicht graubraun behaart.
Verbreitung: O-China.
Verwendung: Selten, Bi, WHZ 6a, LB 6.4.2.3.

Tilia ×moltkei Späth, Moltkes Linde

(*T. americana* × *T. tomentosa* 'Petiolaris')

Habitus: Bis 25 m hoher Baum, Krone locker, eiförmig, Äste abstehend, Zweige etwas überhängend, junge Triebe kahl.
Blätter: Fast rundlich bis eiförmig, 15–20 cm lang, plötzlich zugespitzt, Basis herzförmig bis gestutzt, Rand grannenspitzig, oberseits dunkelgrün und kahl, unterseits graugrün, ± sternhaarig, ohne Achselbärte, Stiel 5–6 cm lang, kahl.
Blüten: Zu 7–10 in auffallend lang hängenden, ± sternhaarigen, kompakten Zymen, Kronblätter fast aufrecht, Staubblätter kürzer als die Kronblätter, Staminodien vorhanden, Juli.
Früchte: Fast kugelig, undeutlich gefurcht.
Verwendung: Sehr selten, Bi, WHZ 5a, LB 3.3.4.1.

Tilia mongolica Maxim., Mongolische Linde

Habitus: Bis 10(–20) m hoher Baum, Krone kugelig, locker aufgebaut, Zweige abstehend bis leicht hängend, Triebe kahl, bis zum Herbst rötlich überhaucht.
Blätter: Rundlich bis eiförmig, 4–7 cm lang, zugespitzt, Basis gestutzt bis herzförmig, meist deutlich 3-lappig und grob gezähnt, im Austrieb rötlich, oberseits glänzend dunkelgrün, unterseits bläulich, bis auf kleine Achselbärte kahl, Stiel 2–3 cm lang, rötlich.
Blüten: Zu 6–12 oder mehr in 5–8 cm breiten Zymen, Staubblätter so lang wie die Kronblätter, Staminodien kürzer, Hochblätter 3,5–6 cm lang, gestielt, Juli.

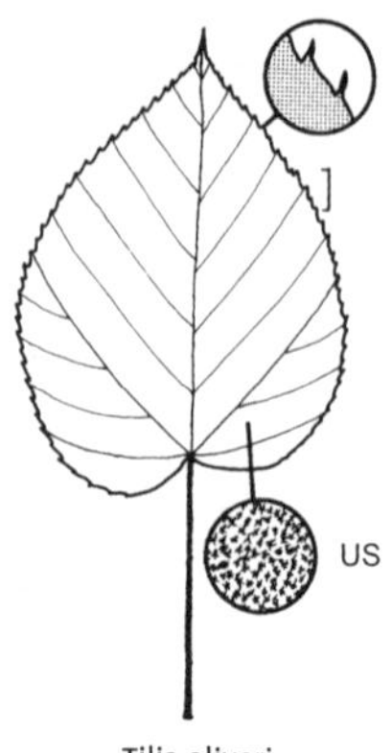

Tilia oliveri

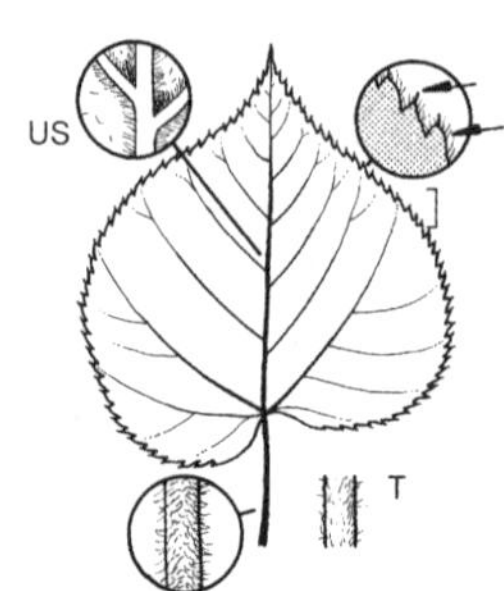

Tilia platyphyllos

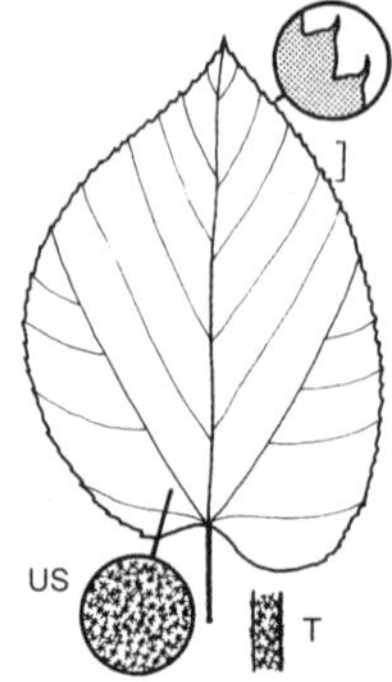

Tilia tomentosa

Früchte: Verkehrteiförmig bis kugelig, 6–8 mm dick, dünnschalig, 5-kantig, flaumig behaart.
Verbreitung: Mongolei, N-China.
Verwendung: Selten, Bi, WHZ 5b, LB 6.3.3.3.

T. monticola Sarg. = *T. heterophylla*
T. multiflora Ledeb. = *T. dasystyla* subsp. *caucasica*
T. nigra Borkh. = *T. americana*

Tilia oliveri Szyszyl., Olivers Linde

Habitus: Bis 25 m hoher Baum, Krone ± kugelig, locker aufgebaut, Äste abstehend, junge Triebe kahl, rotbraun.
Blätter: Breit eiförmig bis rundlich-eiförmig, 7–11 cm lang, plötzlich zugespitzt, Basis schief herzförmig bis gestutzt, spärlich gezähnt, drüsenspitzig, oberseits dunkelgrün, kahl, unterseits weißfilzig behaart.
Blüten: Klein, zu 7–20 in hängenden Zymen, Staubblätter 45, Stamonodien kürzer als die Kronblätter, Hochblätter 5–8 cm lang, sitzend, Juni.
Früchte: Kugelig, 7–10 mm dick, dickschalig, schwach gerippt, grauweiß behaart und ± warzig.
Verbreitung: M-China.
Verwendung: Selten, WHZ 7a, LB 6.4.2.3.

T. parvifolia Ehrh. = *T. cordata*
T. petiolaris DC. = *T. tomentosa* 'Petiolaris'

Tilia platyphyllos Scop., Sommer-Linde

Habitus: Bis 40 m hoher Baum, Krone oft tief angesetzt, anfangs kegel- oder breit eiförmig, später abgerundet, Borke grau- bis schwarzbraun, längsrissig, dicht gerippt, Triebe olivgrün, sonnenseits rot, flaumig behaart, im 2. Jahr kahl.
Blätter: Rundlich-eiförmig, 7–15 cm lang, plötzlich zugespitzt, Basis schief herzförmig, scharf gesägt, oberseits stumpfgrün, anfangs behaart, meist verkahlend, unterseits grün, flaumig behaart, mit zahlreichen, weißlichen Achselbärten, Stiel 1,5–5 cm lang, Herbstfärbung sattgelb.
Blüten: Zu 2–5 in hängenden, behaarten Zymen, Kronblätter hellgelb, ausgebreitet, Staubblätter deutlich länger als die Kronblätter, Staminodien fehlend, Hochblätter 5–12 cm lang, Juni.
Früchte: Kugelig bis birnenförmig, 0,8–1,8 cm lang, deutlich 5-kantig, dickschalig, stark verholzt, graufilzig behaart.
Verbreitung: Europa (ausgenommen Britische Inseln, dort aber eingebürgert), Kaukasien.
Verwendung: Sehr häufig, N, D, Bi, ⚕, WHZ 4, LB 7.3.2.1 (3.3.4.1).

'Laciniata'. 10–15 m hoher Baum. Blätter unregelmäßig tief gelappt, Lappen z. T. sehr schmal, oft bis zur Mittelrippe eingeschnitten.

'Rubra'. 30–35 m hoher Baum, Zweige im Winter auffallend orange- bis korallenrot.

Tilia tomentosa Moench, Silber-Linde

Habitus: Bis 30 m hoher Baum, Krone anfangs breit kegelförmig, bald abgerundet, Hauptäste spitzwinklig aufstrebend, junge Triebe fein graufilzig bis grünlich.
Blätter: Rundlich, 10–15 cm lang, plötzlich zugespitzt, Basis herzförmig bis nahezu ge-

stutzt, scharf gesägt, oberseits dunkelgrün, verkahlend, unterseits silbergrau, sternhaarig, Stiel 2–3,5 cm lang, fein filzig.
Blüten: Zu 5–10 in hängenden, sternhaarigen, 3–5 cm breiten Zymen, Krone mattweiß, Kronblätter fast aufrecht, Staubblätter kürzer als die Kronblätter, Staminodien vorhanden, Hochblätter plötzlich zugespitzt, flaumig behaart, Juli–August.
Früchte: Kugelig-eiförmig bis eiförmig, 8 mm lang, deutlich zugespitzt und gerippt, dickschalig, warzig-filzig.
Verbreitung: SO-Europa, Türkei, Syrien.
Verwendung: Sehr häufig, N, Bi, D, WHZ 5a, LB 6.3.2.1.

'Brabant'. Brabanter Silber-Linde. 25–30 m hoher Baum, Stamm durchgehend, Krone sehr regelmäßig aufgebaut. Zweige straff aufrecht.

'Petiolaris'. Hänge-Silber-Linde. Bis 25 m hoher Baum, Krone unregelmäßig eiförmig, im Alter annähernd säulenförmig, Äste stark überhängend, junge Triebe fein filzig. Blätter rundlich-eiförmig, 10–15 cm lang, plötzlich zugespitzt, Basis herzförmig bis gestutzt, ± grannenspitzig gesägt, oberseits dunkelgrün, verkahlend, unterseits silbergrau, sternhaarig, Stiel 3–6 cm lang, fein filzig. Blüten cremeweiß, zu 3–10 in hängenden, sternhaarigen Zymen, Kronblätter fast aufrecht, Staubblätter kürzer als die Kronblätter, Staminodien vorhanden, Juli. Früchte abgeflacht kugelig, 8 mm dick, undeutlich gefurcht, warzig-filzig. WHZ 5a, LB 6.3.2.1.

T. ulmifolia Scop. = *T. cordata*
T. ×vulgaris Hayne = *T. ×europaea*

Toona (Endl.) M. Roem.

Surenbaum – Meliaceae

(über englisch *toon tree* = Surenbaum aus Hindi *tun* und weiter aus altindisch *tunna* entlehnt)

Habitus: Sommer- oder immergrüne Bäume, Zweige dick, dunkel graubraun, mit hellen Lentizellen, Endknospen kegel- bis eiförmig, 0,8–1 cm lang, Knospenschuppen braun, fein anliegend silbrig oder bräunlich behaart, Blattstielnarben sehr groß, flach bis abgerundet 3-eckig, Gefäßbündelspuren etwa 5.
Blätter: Wechselständig, paarig gefiedert, Nebenblätter fehlend.
Blüten: Zwittrig, radiär, klein, in großen, endständigen Rispen, doppelt 4- bis 5-zählig, Kronblätter grünlich oder weißlich, frei, Staubblätter 4–6, kürzer als die Kronblätter, Fruchtknoten oberständig, 5-fächrig.
Früchte: Kapseln 2–3,5 cm lang, sich 5-klappig öffnend, je Fach 1–3 längliche, 1–1,2 cm lange, geflügelte Samen.
Verbreitung: 6 Arten, überwiegend im tropischen Asien und Australien.
Verwendung: Bei uns nur die folgende, üppig beblätterte, im Sommer blühende Art in Kultur.

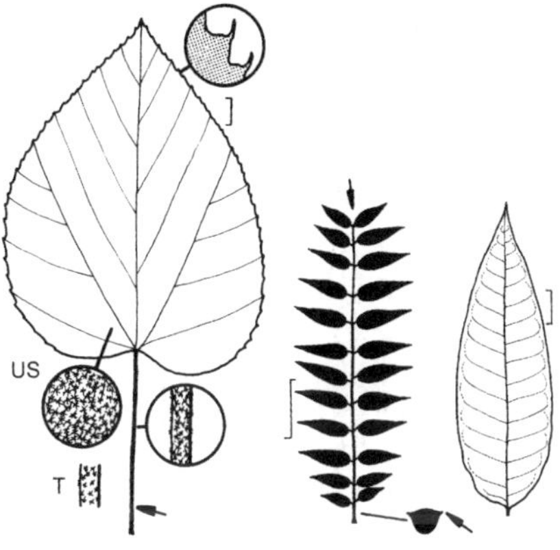

Tilia tomentosa 'Petiolaris' Toona sinensis

Toona sinensis (A. Juss.) M. Roem., Chinesischer Surenbaum

Habitus: Sommergrüner, 12–15(–25) m hoher, an *Ailanthus* erinnernder Baum, Krone im Alter breit und locker, Borke längsrissig, sich in langen Streifen lösend, junge Triebe dick, fein behaart.
Blätter: 25–60 cm lang, lang gestielt, Rachis geflügelt, Blättchen 10–26, kurz gestielt, länglich bis länglich-lanzettlich, 5–8 cm lang, zugespitzt, entfernt schwach gezähnt oder fast ganzrandig, oberseits hellgrün, kahl, unterseits bleichgrün, entlang der Nerven behaart oder kahl, im Gegensatz zu den *Ailanthus*-Arten ohne Drüsen an der Basis der Blättchen.
Blüten: Duftend, 5 mm lang, in 30–40 cm langen, kegelförmigen, überhängenden Rispen, Juni–Juli(–August).
Früchte: Kapseln eiförmig, 2–2,5 cm lang, holzig.
Verbreitung: China, Korea, Japan.
Verwendung: Selten, N, B, WHZ 6b, LB 6.3.1.2.

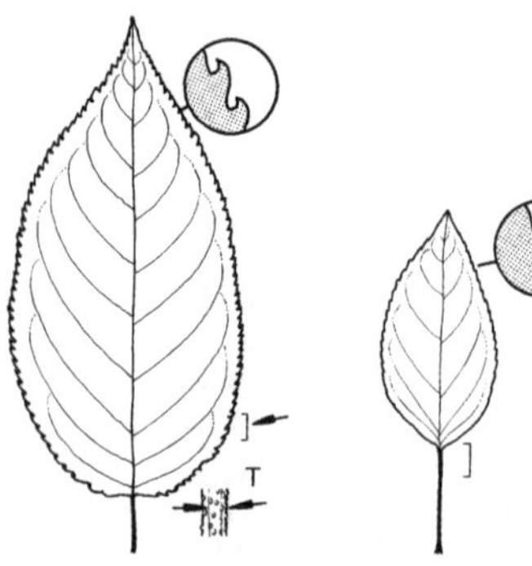

Tripterygium regelii Trochodendron aralioides

Torminaria torminalis (L.) Dippel = *Sorbus torminalis*
Toxicodendron quercifolium (Michx.) Greene = *Rhus toxicodendron*
T. pubescens Mill. = *R. toxicodendron*
T. radicans (L.) Kuntze = *R. radicans*
T. succedana (L.) Kuntze = *R. succedana*
T. verniciflua (Stockes) F. A. Barkley = *R. verniciflua*
T. vernix (L.) Kunzte = *R. vernix*

Tripterygium Hook. f.

Dreiflügelfrucht – Celastraceae
(griechisch *tri* = drei und *pteryx, pterygos* = Flügel)

Habitus: Sommergrüne, kahle, ± kletternde Sträucher, die langen Zweige meist unverzweigt.
Blätter: Wechselständig, einfach, groß, Nebenblätter pfriemlich, hinfällig.
Blüten: Polygam, radiär, klein, in endständigen Rispen, doppelt 5-zählig, Kronblätter weiß oder gelblich weiß, frei, Nektarscheibe napfförmig, Staubblätter 5, Fruchtknoten oberständig, Griffel kurz.
Früchte: Nüsse 1,2–1,8 mm lang, 1-samig, mit 3 dünnen, pergamentartigen, bis 1 cm breiten Flügeln, Samen 6–7 mm lang, 3-kantig, schwarzbraun.
Verbreitung: 2 Arten in O-Asien.
Verwendung: Bei uns fast ausschließlich die folgende Art in Kultur.

Tripterygium regelii Sprague et Takeda, Japanische Dreiflügelfrucht

Habitus: 3(–10) m hoher, meist nur schwach kletternder Strauch, Zweige lang aufsteigend-überhängend, schwach 5-kantig, rotbraun, warzig.
Blätter: Breit elliptisch bis eiförmig, 6–15 cm lang, zugespitzt, Basis breit keilförmig oder abgerundet, kerbig gesägt, hellgrün, kahl, nur anfangs unterseits Mittelrippe behaart, Stiel 1–3 cm lang.
Blüten: Bis 6 mm breit, in 10–20 cm langen, an der Basis beblätterten Rispen, Krone gelblich weiß, Juni–Juli.
Früchte: 1,8 cm lang, grünlich weiß, mit 3 elliptischen Flügeln.
Verbreitung: Mandschurei, Korea, Japan.
Verwendung: Selten, B, WHZ 6a, LB 3.3.2.9.

Trochodendron Siebold et Zucc.

Radbaum – Trochodendraceae
(griechisch *trochos* = Rad und *dendron* = Baum)
Monotypische Gattung

Trochodendron aralioides Siebold et Zucc., Radbaum

Habitus: Immergrüner, bis 20 m hoher, kahler Baum, in Kultur meist viel niedriger, Zweige abstehend.
Blätter: Wechselständig, an den Zweigenden büschelig genähert, einfach, ledrig, rhombisch-eiförmig bis verkehrteiförmig, 6–12 cm lang, stumpf oder zugespitzt, Basis keilförmig, drüsig gesägt, oberseits glänzend dunkelgrün, unterseits heller, Stiel 3–7 cm lang, Nebenblätter fehlend.
Blüten: Meist zwittrig, radiär, bis 1,8 cm breit, zu 10–20 in 5–13 cm breiten, endständigen, schwach verzweigten, traubigen Ständen, Blütenhülle fehlend, Staubblätter lebhaft grün, 40–70, vom Rand einer breiten, grünen Nektarscheibe abstehend, Staubblätter lang, Fruchtblätter 4–11, seitlich miteinander verwachsen, Mai–Juni.
Früchte: Balgfrüchte aus 4–11, am Grund mit der Blütenachse verwachsenen, vielsamigen Bälgen, Samen 1,5–2 mm lang, braun.
Verbreitung: Japan, Riukiu-Insel, Taiwan.
Verwendung: Selten, WHZ 7b, LB 6.4.4.4.

Ulex L.

Stechginster – Fabaceae

(lateinisch *ulex* = eine rosmarinähnliche, strauchige Sippe)

Habitus: Dicht verzweigte, dornig bewehrte Sträucher, Zweige anfangs gerillt-gerillt, Zweigspitzen in scharfen, stechenden Dornen endend, Seitenknospen der Haupt- und Nebensprosse schon im 1. Jahr austreibend.
Blätter: Wechselständig, nur an Keimpflanzen ausgebildet, später zu stechenden, grünen, pfriemlichen, behaarten Dornblättern umgebildet, Nebenblätter fehlend.
Blüten: Zwittrig, zygomorph, ansehnlich, duftend, zu 1–2 achselständig an Lang- und Kurztrieben, mitunter an den Zweigenden in Trauben, Krone gelb, 2-lippig, Oberlippe mit 2, Unterlippe mit 3 Zähnen, bleibend, später auch die Frucht teilweise umschließend, Fahne eiförmig, Kiel und Flügel stumpf, Staubblätter 10, alle miteinander verwachsen, Fruchtblatt 1, oberständig, in der Staubblattröhre liegend.
Früchte: Hülsen 1–2 cm lang, dicht filzig behaart, 2- bis 4-samig, Samen 3 mm lang, hellbraun, glänzend.
Verbreitung: Etwa 20 Arten in W-Europa und N-Afrika, hauptsächlich auf der Iberischen Halbinsel.
Verwendung: Wärmebedürftige und frostempfindliche Sträucher für Heide- und Steingärten. Bei uns nur die folgende Art in Kultur.

Ulex europaeus L., Europäischer Stechginster

Habitus: Sparriger, 0,5–2 m hoher, breit aufrechter, dicht verzweigter Strauch, Zweige dunkelgrün, fein gerillt, abstehend behaart.
Blätter: An Keimlingspflanzen mit 3-zähliger, kleeblattähnlicher Spreite, Dornblätter 4–8 mm lang, grünlich.
Blüten: 1,5–1,8 cm lang, meist einzeln, Krone goldgelb, an der Basis rötlich, Kelch gelblich, Flügel länger als der Kiel, stark behaart, Mai–Juni, bis September nachblühend.
Früchte: 1–2 cm lang, dicht filzig behaart, Mai–Juni.
Verbreitung: W-, SW-, S- und M-Europa.
Verwendung: Häufig, B, ☠, WHZ 7b, LB 5.2.1.5.

Ulex europaeus

Ulmus L.

Ulme, Rüster – Ulmaceae

(lateinisch *ulmus* = Ulme)

Habitus: Sommergrüne Bäume, Borke oft tief gefurcht, Zweigspitzen mit subterminalen Knospen, Knospen meist schräg über der Blattstielnarbe stehend, Knospenschuppen 2-zeilig angeordnet.
Blätter: Wechselständig, 2-zeilig gestellt, einfach, kurz gestielt, fiedernervig, linealisch-eiförmig bis verkehrteiförmig oder rundlich-eiförmig, meist doppelt gesägt, Basis meist asymmetrisch.
Blüten: 1-geschlechtig oder zwittrig, radiär, klein, unscheinbar, einzeln oder in kleinen, büscheligen Trugdolden, den Achseln von Knospenschuppen entspringend, schon im Vorsommer fertig ausgebildet und meist vor der Laubentfaltung aufblühend, einige Arten aber auch im Herbst blühend, Blütenhülle einfach, unscheinbar, die 4–5 Perigonblätter glockig verwachsen, Staubblätter 4–5, viel länger als die Blütenhülle, Staubbeutel purpurrot, Fruchtknoten oberständig, 2-blättrig, Narben 2, weiß oder rosarot.
Früchte: Nuss ringsum geflügelt, 1-samig, 1,6–2,3 cm lang, breit eiförmig bis kugelig, Samen zentral oder nach oben verschoben.
Verbreitung: Etwa 45 Arten in der nördl. gemäßigten Zone, in subtropischen Gebirgen südl. bis Indochina.
Verwendung: Bis zur Ausbreitung der Holländischen Ulmenkrankheit, die 1919 erstmals in Holland auftrat, häufig gepflanzte Wald-, Park- und Straßenbäume. Die europäischen und amerikanischen Arten sind durch die Ulmenkrankheit stark gefährdet.
Als Ersatz für die gefährdeten Ulmenarten sind durch Züchtung und Auslese Klone (z. T. Mehrfach-Hybriden unter Beteiligung europäischer und asiatischer Arten) entstanden, die gegen die Ulmenkrankheit resistenter (aber auch nicht völlig immun) sind als ältere Sorten. Aus den Niederlanden stammen die Sorten 'Columella', 'Clusius', 'Dodoens', 'Lobel' und 'Plantijn'. In den USA sind die sogenannten Resista-Ulmen entstanden: 'New Horizon', 'Rebona', 'Regal' und 'Sapporo Au-

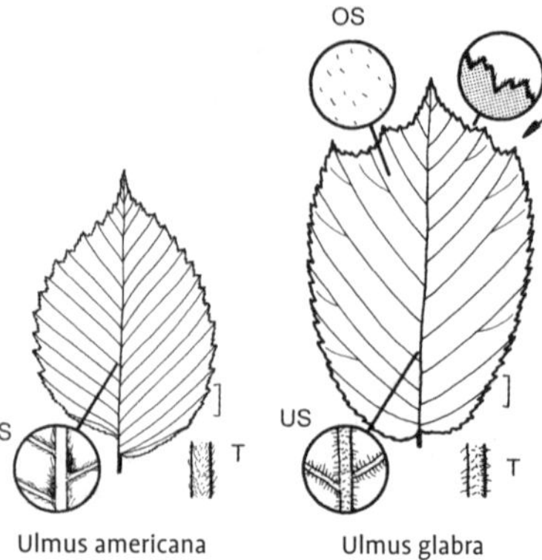

Ulmus americana Ulmus glabra

tumn Gold'. Neuere europäische Züchtungen sind Lutèce ('Nanguen') (Frankreich) und 'San Zanobi' (Italien).

Bestimmungsschlüssel Ulmus

(zur Bestimmung sind Kurztriebblätter zu verwenden; Angaben zur Blattstiellänge beziehen sich bei asymmetrischen Blättern auf die Länge bis zum untersten Spreitengrund)

1 Blattgrund symmetrisch, Blätter und Triebe kahl und Seitennerven eingesenkt . . . . *U. pumila* var. *pumila*
– Blattgrund asymmetrisch oder Seitennerven nicht eingesenkt 2
2 Blattstiel höchstens 4 mm lang und Blätter oberseits sehr rau . . . . . . *U. glabra*
– Blattstiele länger oder Blätter nicht rau 3
3 Blätter mit höchstens 14 Seitennervenpaaren 4
– Blätter (jedenfalls viele) mit mehr Seitennervenpaaren 11
4 Blätter höchstens 5 cm lang . . . . . *U. parvifolia*
– Blätter länger 5
5 Blattstiele höchstens 6 mm lang 6
– Blattstiele länger 8
6 Blätter höchstens 8 cm lang, mit höchstens 12 Paar Seitennerven . . . . . . *U. minor* var. *vulgaris*
– Blätter länger, mit z. T. mehr Seitennervenpaaren 7
7 Blätter teilweise 3- und mehrspitzig . . . . . . *U. glabra*
– Blätter nicht mehrspitzig . . . . . . *U. rubra*
8 Blätter oberseits sehr rau und junge Triebe rau . . . . . . *U. rubra*
– Blätter oberseits oder Triebe nicht auffällig rau 9
9 Triebe kahl, mit Korkleisten oder Blätter unterseits mit bräunlichen Achselbärten . . *U. minor* var. *minor*
– Triebe behaart, ohne Korkleisten und Blätter unterseits dicht samtig behaart 10
10 Blätter unterseits kahl und höchstens 8 cm lang . . . . . . *U. macrocarpa*
– Blätter unterseits an den Hauptnerven behaart, 8–12 cm lang . . . . . . *U. ×hollandica*
11 Blätter höchstens 5 cm lang . . . . . *U. parvifolia*
– Blätter länger 12
12 Blätter oberseits gegen den Strich auffällig rau 13
– Blätter oberseits glatt . . . . . . *U. laevis*
13 Blattseitennerven teilweise bis zur Blattspitze gegabelt . . . . . . *U. rubra*
– Blattseitennerven nur vereinzelt im unteren Drittel des Blattes gegabelt . . . . . *U. americana*

U. alba Raf. = *U. americana*

Ulmus americana L., Weiß-Ulme

Habitus: 20–40 m hoher Baum, mit Stockausschlag, aber kaum Wurzelbrut bildend, Krone vasenförmig, mit weit ausladenden, bogenförmig aufstrebenden Ästen, Borke hellgrau, schuppig und tief gefurcht, junge Triebe flaumig behaart oder nahezu kahl.
Blätter: Länglich-eiförmig bis elliptisch, 7–15 cm lang, zugespitzt, Basis asymmetrisch, doppelt gesägt, oberseits dunkelgrün, sehr rau, unterseits flaumig behaart oder nahezu kahl, Nervenpaare etwa 18, Stiel 5–6 mm lang.
Blüten: Meist zu 5–12, an 1–2 cm langen Stielen hängend, Staubblätter 7–8, länger als die Blütenhülle, Narben weiß, März–April.
Früchte: Ellipsoid, etwa 1 cm lang, Samen zentral, Flügelrand bewimpert, Einschnitt bis zum Samen reichend.
Verbreitung: O-Kanada, NO-, NOZ-, Z- und SO-USA.
Verwendung: Selten (sehr anfällig für die Holländische Ulmenkrankheit), N, WHZ 4, LB 3.3.4.1.

In den USA zahlreiche, auch resistente Sorten, die bei uns noch kaum verbreitet sind.

U. 'Camperdownii' = *U. glabra* 'Camperdownii'
U. campestris L. p. p. = *U. glabra* p. p., *U. minor*
U. carpinifolia Gled. = *U. minor*
U. effusa Willd. = *U. laevis*
U. fulva Michx. = *U. rubra*

Ulmus glabra Huds., Berg-Ulme

Habitus: 30–40 m hoher Baum, mit Stockausschlag, aber kaum Wurzelbrut bildend, Krone breit, unregelmäßig, Borke graubraun, lange glatt bleibend, später längsrissig, Triebe rotbraun, behaart.
Blätter: Elliptisch bis verkehrteiförmig,

8–12 cm lang, plötzlich zugespitzt oder mehrspitzig mit nach vorn gerichteten Lappen, Basis schwach asymmetrisch, Blattstiel von einem Öhrchen der größeren Blatthälfte überdeckt, doppelt gesägt, oberseits mattgrün, durch nach vorn gerichtete Haare sehr rau, unterseits vor allem auf den Nerven behaart, mit hellen Achselbärten, Nervenpaare 14–20, Stiel 3–6 mm lang.
Blüten: In dichten Büscheln, an sehr kurzen Stielen, Staubblätter 5–6, viel länger als die Blütenhülle, Staubbeutel dunkelviolett, Narben rosarot, März–April.
Früchte: Breit ellipsoid, 2–2,5 cm lang, Samen zentral, durch einen langen Strang mit dem Einschnitt am oberen Ende verbunden.
Verbreitung: Europa, Türkei, Syrien, Kaukasien, N-Iran.
Verwendung: Häufig (anfällig für die Holländische Ulmenkrankheit), N, WHZ 5a, LB 2.4.4.1 (7.3.3.1).

Von den zahlreichen bekannten Sorten werden gegenwärtig nur noch wenige kultiviert.

'Camperdownii', Lauben-Ulme. 5–6 m hoher Baum, meist hochstämmig veredelt, Krone 5–6 m breit, fast halbkugelig, Zweige in kurzen Bögen abwärts wachsend, den Boden berührend. Blätter sehr groß, dicht stehend.

'Exoniensis', Exeter-Ulme. 15–30 m hoher Baum, Krone anfangs schmal säulenförmig, später breiter werdend. Blätter an den Spitzen der aufrechten Triebe gehäuft, in der oberen Hälfte tief unregelmäßig grob gezähnt.

'Horizontalis', Hänge-Ulme. 10–12 m hoher, meist hochstämmig veredelter, sehr breitkroniger Baum. Äste waagerecht ausgebreitet, Zweige lang herabhängend. Blätter groß, tief dunkelgrün, dicht stehend.

U. glabra Mill. non Huds. = *U. minor*

Ulmus ×hollandica Mill., Holländische Ulme

(*U. glabra* × *U. minor*)

Habitus: Bis 40 m hoher, Wurzelbrut bildender Baum, Äste oft überhängend, Borke tief rissig.
Blätter: Eiförmig-elliptisch bis breit elliptisch, 8–12 cm lang, zugespitzt, tief doppelt gesägt, Zähne nach vorn gerichtet, Basis stark asymmetrisch, oberseits dunkelgrün und ziemlich

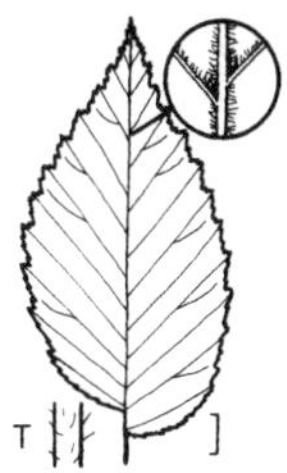

Ulmus ×hollandica

glatt, unterseits behaart und etwas drüsig, mit Achselbärten, Nervenpaare 10–14, Stiel 0,6–1 cm lang.
Blüten: In achselständigen Büscheln.
Früchte: Eiförmig bis verkehrteiförmig, 2–2,5 cm lang, Samen oberhalb der Mitte, Flügeleinschnitt bis zum Samen reichend.
Verwendung: Früher häufig, in zahlreichen Sorten, wie 'Belgica', 'Commelin' und 'Vegeta'. Jüngere Züchtungen galten zunächst als widerstandsfähig gegen die Ulmenkrankheit, sie sind aber ebenfalls nicht mehr resistent und werden kaum noch kultiviert. WHZ 5a, LB 2.4.4.1.

'Dampieri Aurea' = 'Wredei'

'Wredei', Gold-Ulme. 8–10 m hoher Baum. Krone anfangs schmal säulenförmig bis kegelförmig, später breiter und unregelmäßig trichterförmig. Blätter im Austrieb leuchtend gelb, später gelb bis gelbgrün. Wenig anfällig gegen die Ulmenkrankheit.

Ulmus laciniata (Trautv.) Mayr, Geschlitztblättrige Ulme

Habitus: Bis 10(–27) m hoher Baum, Borke dunkel graubraun bis grau, längsrissig, Zweige hell braungrau bis rötlich braun.
Blätter: Verkehrteiförmig bis länglich, 8–18 cm lang, dünn, plötzlich zugespitzt und an der Spitze oft 3- bis 5-lappig, Basis schief, Rand doppelt gesägt, oberseits dunkelgrün und rau, unterseits heller und weich behaart, Nervenpaare 10–17, Stiel 2–4 mm lang.
Blüten: In Büscheln, Krone glockig, April–Mai.
Früchte: Ellipsoid bis kugelig-ellipsoid, 1,5–2 cm breit, kahl, Samen in der Mitte oder leicht zur Basis hin platziert.
Verbreitung: Mandschurei, N-China, Japan.
Verwendung: Selten, WHZ 5a, LB 7.3.2.4 (3.3.2.3).

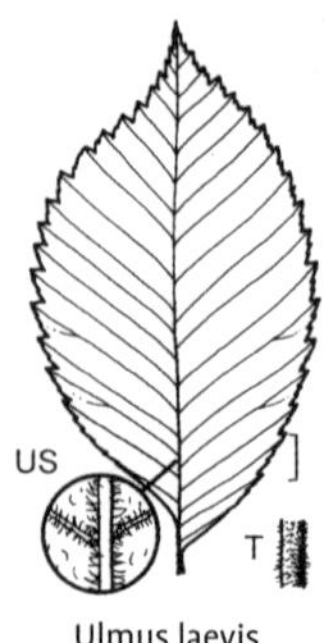

Ulmus laevis

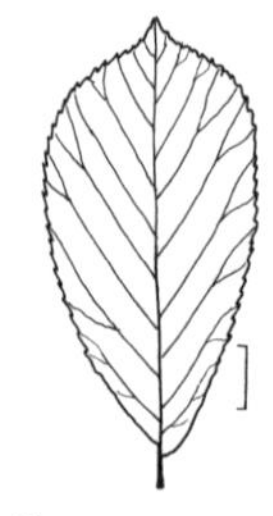
Ulmus macrocarpa

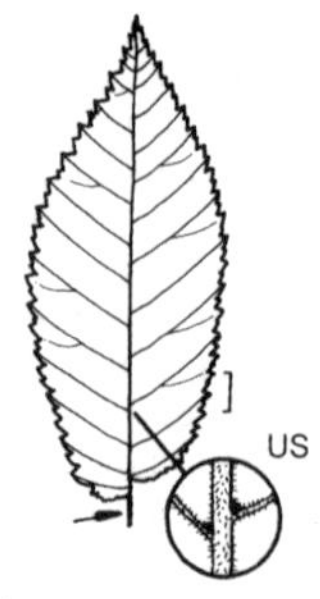

Ulmus minor var. minor

Ulmus laevis Pall., Flatter-Ulme

Habitus: Bis 40 m hoher, Stockausschläge und Wurzelbrut bildender Baum, Krone breit, locker, Äste schräg aufrecht, Borke längsrissig, am Stamm oft zahlreiche Wasserreiser, Stammbasis oft brettwurzelartig verbreitert, Triebe dicht weich behaart.
Blätter: Elliptisch bis verkehrt-eiförmig, über der Mitte am breitesten, 6–12 cm lang, zugespitzt, Basis stark asymmetrisch, scharf und doppelt gesägt, oberseits grün, matt glänzend, verkahlend, unterseits dicht samtig weich, grau behaart, Nervenpaare bis 18, Stiel 4–6 mm lang.
Blüten: Zu mehreren in lang gestielten Büscheln, Staubblätter 5–8, nur wenig länger als die Blütenhülle, Staubbeutel rötlich violett, März–April.
Früchte: Kugelig bis breit ellipsoid 1–1,4 cm lang, Samen etwa zentral, Flügel oben mit V-förmigem Einschnitt, am Rand dicht bewimpert.
Verbreitung: M-, O- und SO-Europa, Türkei, Kaukasien.
Verwendung: Häufig (relativ widerstandsfähig gegen die Holländische Ulmenkrankheit), N, WHZ 5a, LB 2.4.2.1.

Ulmus macrocarpa Hance, Großfrüchtige Ulme

Habitus: Bis 20 m hoher Baum, Borke grau bis schwärzlich grau, längsrissig, Zweige reh- bis rotbraun, gelegentlich mit korkigen Flügeln.
Blätter: Verkehrteiförmig, breit verkehrteiförmig, verkehrteiförmig-rundlich oder verkehrteiförmig-rhombisch, 4–11 cm lang, plötzlich zugespitzt, Basis plötzlich verjüngt, doppelt gesägt, oberseits rau, unterseits kahl, Nervenpaare 10–14, Stiel 4–14 mm lang.
Blüten: In Büscheln an vorjährigen Trieben oder schütter an der Basis junger Triebe, April–Mai.
Früchte: Breit verkehrteiförmig-kugelig bis ± kugelig, 1,5–4,7 cm breit, Flügel an der Spitze leicht eingeschnitten, bewimpert, Samen in der Mitte.
Verbreitung: N- und O-Asien.
Verwendung: Selten, WHZ 5a, LB 6.3.2.4. (7.1.2.3.)

Ulmus minor Mill. **var. minor**, Feld-Ulme

Habitus: Bis 40 m hoher Baum, oft mit starker Neigung zur Wurzelbrutbildung, Krone anfangs kegelförmig, später hoch und schmal gewölbt, Borke dick, längsrissig und gefeldert, Triebe nur anfangs behaart und drüsig, Zweige oft mit Korkleisten.
Blätter: Länglich-eiförmig bis länglich-elliptisch, 4–10 cm lang, zugespitzt, Basis sehr stark asymmetrisch, doppelt gesägt, oberseits dunkelgrün, verkahlend, unterseits heller und mit bräunlichen Achselbärten, Nervenpaare 10–15, Stiel 0,6–1,3 cm lang.
Blüten: Zu 15–30, Staubblätter 4–5, viel länger als die Blütenhülle, Narben weißfilzig behaart, März–April.
Früchte: Ellipsoid bis verkehrteiförmig, 1,3–2 cm lang, Samen unterhalb des geschlossenen Flügeleinschnittes.
Verbreitung: Europa (ausgenommen Britische Inseln), Türkei, Kaukasien, Iran, Libanon.
Verwendung: Früher häufig (wegen der großen Anfälligkeit für die Holländische Ulmenkrankheit heute seltener), N, WHZ 5a, LB 2.5.2.1 (3.1.3.1).

var. cornubiensis (West.) Rehder, Cornwall-Ulme. 18–20 m hoher Baum, Krone

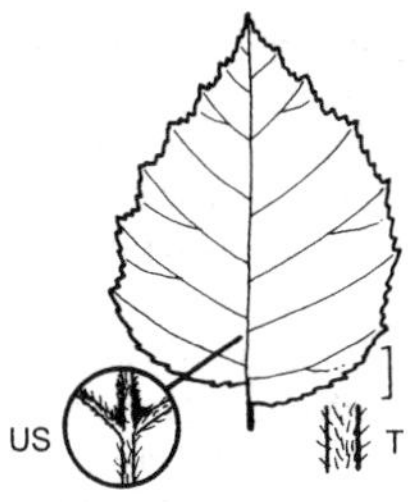

Ulmus minor var. vulgaris

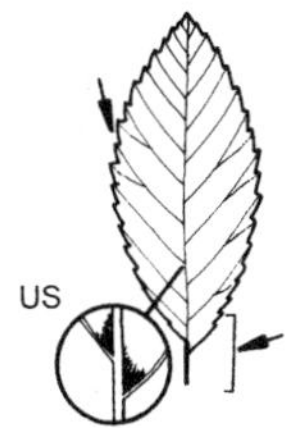

Ulmus parvifolia

Ulmus pumila var. pumila

schmal kegelförmig. Blätter 5–7 cm lang, etwas ledrig, oberseits dunkelgrün und glatt. Früchte kleiner als beim Typ. S-England.

var. sarniensis (Loud.) Moss., Jersey-Ulme. 15–18 m hoher Baum, Stamm durchgehend, Krone schmal kegelförmig. Blätter 4–6 cm lang, oberseits glänzend dunkelgrün, unterseits ohne deutliche Achselbärte. Früchte kahl. S-England.

var. vulgaris (Aiton) Richens, Englische Ulme. (Möglicherweise nur ein Klon der Feld-Ulme). Bis 30 m hoher Baum, Krone unregelmäßig. Blätter 3–8 cm lang, eiförmig bis fast rund. Samen unterhalb des Flügeleinschnittes. Bildet aber kaum Samen aus und vermehrt sich durch Wurzelsprosse. W-, SW- und S-Europa. Früher in Großbritannien sehr häufig, durch die Ulmenkrankheit fast ausgestorben.

'Dampieri Aurea' = *U. ×hollandica* 'Wredei'

'Jacqueline Hillier'. Meist vom Boden an verzweigter Strauch oder kleiner Baum, zwar schwachwüchsig, aber mehr als 4 m hoch und breit werdend, Krone gleichmäßig geschlossen kugelig, Zweige sehr brüchig. Blätter sehr dicht und deutlich 2-zeilig gestellt, elliptisch-lanzettlich, 2,5–3,5 cm lang, doppelt gesägt, rau behaart.

U. montana With. = *U. glabra*

Ulmus parvifolia Jacq., Japanische Ulme

Habitus: 20–30 m hoher Baum, Borke löst sich an alten Stämmen in großen, rundlichen Fetzen ab, rötliche Lentizellen deutlich sichtbar, Triebe behaart.
Blätter: Elliptisch bis eiförmig oder verkehrteiförmig, 2–5 cm lang, spitz oder stumpflich, Basis ungleichmäßig abgerundet, meist einfach gesägt, oberseits glänzend und glatt, unterseits anfangs weich behaart, Nervenpaare 10–12, Stiel 0,4–1,2 cm lang.
Blüten: In achselständigen Büscheln, August–September.
Früchte: Ellipsoid bis kugelig, 0,8–1,3 cm lang, Samen zentral, Flügeleinschnitt an der Spitze gespalten.
Verbreitung: Japan, Korea, China, Taiwan, N- und M-China.
Verwendung: Sehr selten (widerstandsfähig gegenüber der Holländischen Ulmenkrankheit), N, WHZ 6b, LB 6.4.2.3.

'Geisha'. Wuchs zierlich, strauchig. Blätter 2-zeilig stehend, bis etwa 2 cm lang, glänzend hellgrün, Zähne weiß. Oft mit Neigung zu Rückmutationen.

U. procera Salisb. = *U. minor* var. *vulgaris*

Ulmus pumila L. **var. pumila**, Sibirische Ulme

Habitus: 20–30 m hoher Baum, Krone unregelmäßig gewölbt, Borke tief rissig, Triebe behaart oder nahezu kahl.
Blätter: Elliptisch bis eiförmig-lanzettlich, 2–6 cm lang, derb, spitz bis zugespitzt, Basis fast symmetrisch, nahezu einfach gesägt, oberseits tiefgrün, kahl, unterseits schwach behaart, derb, Nervenpaare 10–12, eingesenkt, Blattstiele 2–4 mm lang.
Blüten: Sehr kurz gestielt, Staubblätter 4–5, Antheren violett, April.
Früchte: Kugelig, 1–1,5 cm lang, Samen oberhalb der Mitte, Flügelsaum tief eingeschnitten.
Verbreitung: O-Sibirien, Russ. Ferner Osten, M-Asien, Mongolei, N-China.
Verwendung: Selten (widerstandsfähig gegenüber der Holländischen Ulmenkrankheit), WHZ 4, LB 6.1.3.3.

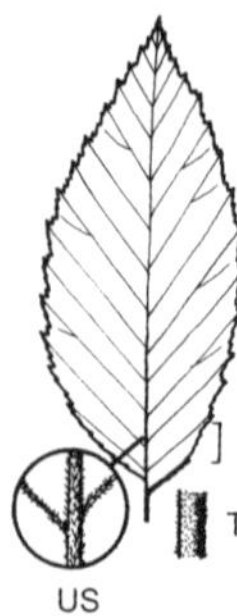

Ulmus rubra

var. arborea Litv., Turkestanische Ulme, Wuchs anfangs kegelförmig, später Zweige ± überhängend. Blätter elliptisch-eiförmig bis eiförmig-lanzettlich, 4–7 cm lang, doppelt gesägt, Zähne meist mit 1–2 kleinen Zähnchen. O-Asien.

Ulmus rubra Muhl., Rot-Ulme

Habitus: Bis 30 m hoher, breitkroniger Baum, Triebe rotbraun, rau behaart.
Blätter: Länglich-eiförmig bis länglich-lanzettlich, 7–18 cm lang, spitz oder zugespitzt, Basis stark asymmetrisch, doppelt gesägt, oberseits rau, unterseits heller und weich behaart, Stiel 4–8 mm lang.
Blüten: In kurz gestielten, dichten, aufrechten Büscheln, Staubblätter 5–9, Narben rötlich, März–April.
Früchte: Breit ellipsoid bis kugelig, 1–2 cm lang, Samen zentral, rostbraun behaart, Flügelsaum schwach eingeschnitten.
Verbreitung: O-Kanada, NO-, NOZ-, Z- und SO-USA.
Verwendung: Sehr selten, N, WHZ 4, LB 2.4.3.2.

U. scabra Mill. = *U. glabra*
U. turkestanica Regel = *U. pumila* var. *arborescens*
U. vegeta (Loud.) Ley = *U. ×hollandica* 'Vegeta'

Gegen die Ulmenkrankheit resistente Hybrid-Ulmen

Folgende Sorten sind nach der „GALK-Straßenbaumliste 2017“ mit Einschränkungen als Stadtstraßenbäume geeignet: 'Dodoens', 'Lobel', 'New Horizon', 'Rebona' und 'Regal'. Die Sorten 'Clusius' und 'Columella' befinden sich seit 2005 bzw. 2007/2008 im Straßenbaumtest.

Ulmus 'Clusius' ([*U. glabra* 'Exoniensis' × *U. wallichiana*] × *U. ×hollandica* 'Bea Schwarz'). 15–20 m hoher, windresistenter Baum, Stamm durchgehend. Krone anfangs schlank, später mehr eiförmig. Blätter derb, lebhaft grün.

Ulmus 'Columnella' ([*U. glabra* 'Exoniensis' × *U. wallichiana*] × *U. minor*). Mittelstark wachsender, spät austreibender Baum. Krone bleibend schmal säulenförmig, etwas locker. Blätter klein, gekräuselt, lebhaft grün.

Ulmus 'Dodoens' (*U. glabra* 'Exoniensis' × *U. ×hollandica* 'Belgica'). Bis 20 m hoher, rasch wachsender Baum. Krone anfangs locker schlank aufrecht, später breit kegel- bis trichterförmig. Zweige leicht überhängend. Blätter 6–10 cm lang, länglich-eiförmig, grob gesägt, leicht glänzend dunkelgrün, glatt.

Ulmus 'Lobel' ([*U. wallichiana* × *U. glabra* 'Exoniensis] × *U. ×hollandica* 'Bea Schwarz'). 12–20 m hoher, aufrechter, langsam wachsender Baum. Krone anfangs säulenförmig, später kompakt kegel- bis breit kegelförmig. Äste in spitzem Winkel ansteigend. Zweige kurz, dicht stehend. Blätter bis 9,5 cm lang, derb, spitz eiförmig, mattgrün, glatt, im Herbst lange haftend.

Ulmus LUTEC ('Nanguen') ([(*U. glabra* 'Exoniensis' × *U. wallichiana*) × *U. minor*] × *U. ×hollandica* 'Bea Schwarz'). Krone anfangs schmal aufrecht. Blätter klein.

Ulmus 'New Horizon' (*U. japonica* × *U. pumila*). Bis 25 m hoher rasch wachsender Baum. Stamm gerade, bis in die Krone reichend. Krone kegelförmig, dicht verzweigt. Blätter 8–9 cm lang, verkehrteiförmig, basis asymmetrisch, oberseits sehr dunkelgrün, seidig glänzend. Tolerant gegenüber der *Verticillium-dahliae*-Welke.

Ulmus 'Pantijn' ([*U. glabra* 'Exoniensis' × *U. wallichiana*] × *U. minor*). 15–20 m hoher, rasch wachsender Baum. Stamm ± durchgehend. Krone anfangs schmal eiförmig, später breit eiförmig bis kegelförmig. Äste spitzwinklig ansteigend. Blätter bis 16 cm lang, eiförmig, graugrün.

Ulmus 'Rebona' (*U. hollandica* 'Commelin' × [*U. pumila* × *U. minor* 'Hoersholmensis']). Bis 25 m hoher, anfnags rasch wachsender Baum. Stamm geradschaftig, durchgehend. Krone kegelförmig, dicht belaubt. Blätter 6–9 cm lang, elliptisch bis eiförmig, Basis kaum symmetrisch, regelmäßig gesägt, oberseits tief dunkelgrün, rau behaart.

Ulmus 'Regal' (*U. ×hollandica* 'Commelin' × [*U. pumila* × *U. minor* 'Hoersholmensis']). Langsam wachsender Baum mit aufstrebender Verzweigung. Stamm gerade, bis weit in die Krone reichend. Krone anfangs schlank aufrecht, später unregelmäßig und aufgelockert. Äste schräg ansteigend. Blätter 8–12 cm lang, verkehrteiförmig, leicht zugespitzt, Basis schief keilförmig, doppelt gezähnt, oberseits dunkelgrün und kahl, unterseits kurz behaart, vor allem in den Nervenwinkeln und entlang dem Hauptnerv, im Herbst lange haftend.

Ulmus 'San Zanobi'. Wuchs anfangs säulenförmig. Stamm durchgehend. Blätter schmal eiförmig, bis 15 cm lang, lang zugespitzt.

Umbellularia (Nees) Nutt.

Berglorbeer – Lauraceae

(Deminuitiv zu lateinisch *umbella* = Sonnenschirm, nach den in kleinen, achselständigen Dolden stehenden Blüten)

Habitus: Immergrüne, aromatisch duftende Bäume, Rinde glatt, Zweige grün.
Blätter: Wechelständig, einfach, ledrig, ganzrandig, fein durchscheinend punktiert, stark duftend.
Blüten: Zwittrig, grünlich gelb, stark duftend, auf sehr kurzen, behaarten Stielchen in achselständigen Dolden an den Zweigspitzen, Kelch kurzröhrig, 6-lappig, Krone fehlend, die 9 Staubblätter in 3 Kreisen, die inneren mit 2 grundständigen Drüsen, der Fruchtknoten in einen dicken Griffel verschmälert, Januar–Mai.
Früchte: Beeren 2–3 cm lang, birnenförmig, grünlich bis lilafarben.
Verbreitung: 2 Arten in W-USA.
Verwendung: Kleiner Baum mit dunkelgrünen, intensiv duftenden Blättern für wintermilde Lagen. Die Blätter wurden von den nordamerikanischen Indianern als Küchengewürz genutzt und gegen Leib- und Kopfschmerzen eingesetzt.

Umbellularia californica (Hook. et Arn.) Nutt., Kalifornischer Berglorbeer

Habitus: Bis 25 m hoher, meist mehrstämmiger, dicht verzweigter, üppig belaubter Baum, in M-Europa meist viel niedriger.
Blätter: Länglich-eiförmig bis lanzettlich, 5–12 cm lang, glänzend dunkelgrün, gerieben oder bei warmem Wetter intensiv nach Kampfer riechend.
Blüten: Wie oben beschrieben.
Früchte: Wie oben beschrieben.
Verbreitung: USA: Kalifornien, Oregon.
Verwendung: Sehr selten, WHZ 8a, LB 6.4.2.4.

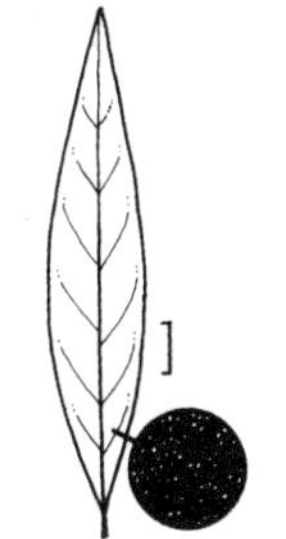

Umbellularia californica

Vaccinium L.

Heidelbeere, Preiselbeere, Moosbeere – Ericaceae

(lateinisch *vaccinia nigra*, womit jedoch keine Beerensträucher mit schwarzen Früchten gemeint waren, sondern blühende Kräuter mit tiefdunklen Blüten)

Habitus: Sommer- oder immergrüne Sträucher, oft mit Ausläufern.
Blätter: Wechselständig, einfach, kurz gestielt, ganzrandig, oft mit brillanter Herbstfärbung.
Blüten: Zwittrig, radiär, einzeln oder in end- oder achselständigen Büscheln oder Trauben, doppelt 4- bis 5-zählig, Kelch sehr klein, Krone weiß bis rot, glockig oder krugförmig, Kronblätter verwachsen, Staubblätter 8–10, Staubbeutel sich an der Spitze mit 2 Poren öffnend, Fruchtknoten unterständig, 4- bis 5-zählig.
Früchte: Beeren 0,6–1 cm dick, blauschwarz und bereift oder leuchtend rot, vielsamig, vom bleibenden Kelch gekrönt, saftig oder mehlig.
Verbreitung: Etwa 450 Arten in der nördl. gemäßigten Zone und vorwiegend in Gebirgen der tropischen Zonen von Asien, Amerika, S-Afrika und Madagaskar.
Verwendung: Überwiegend Frucht-, selten Ziersträucher. Früchte werden an Wildstandorten gesammelt oder von Kulturpflanzen gewonnen.

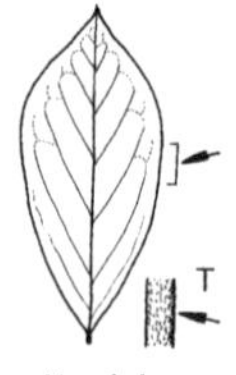

Vaccinium corymbosum

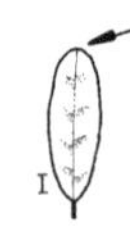

Vaccinium macrocarpon

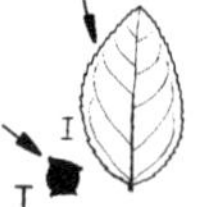

Vaccinium myrtillus

Vaccinium oxycoccos subsp. oxycoccos

Bestimmungsschlüssel Vaccinium

1 Sprosse allesamt kriechend 2
– Sprosse aufrecht 3
2 Blätter zugespitzt, mit auffällig umgerolltem Rand, höchstens 8 mm lang .... *V. oxycoccos* subsp. *oxycoccos*
– Blätter stumpf, mit kaum umgerolltem Rand, bis 17 mm lang .... *V. macrocarpon*
3 Triebe scharfkantig .... *V. myrtillus*
– Triebe rund(lich) 4
4 Triebe warzig .... *V. corymbosum*
– Triebe nicht warzig 5
5 Blätter immergrün, ledrig, matt glänzend grün .... *V. vitis-idaea*
– Blätter sommergrün, dünn, stumpf bläulich grün .... *V. uliginosum*

Vaccinium corymbosum L., Amerikanische Heidelbeere, Kultur-Heidelbeere

Habitus: Sommergrüner, straff aufrechter, 1–2 m hoher Strauch, Triebe gelbgrün, kahl oder etwas behaart, warzig.
Blätter: Eiförmig bis lanzettlich, 3–8 cm lang, spitz, ganzrandig, oberseits dunkelgrün, kahl, unterseits kahl oder etwas behaart.
Blüten: 4- bis 5-zählig, in dichten Büscheln, Krone weiß oder leicht gerötet, röhrig-urnenförmig, 0,6–1 cm lang, Mai.
Früchte: Kugelig, 0,8–1,5 cm dick, blauschwarz, bereift, essbar.
Verbreitung: O-Kanada, NO-, NOZ- und SO-USA.
Verwendung: Sehr häufig (in mehreren großfrüchtigen Sorten), N, ♧, WHZ 5b, LB 1.1.4.5.

Vaccinium macrocarpon Aiton, Großfrüchtige Moosbeere, Cranberry

Habitus: Immergrüner, niederliegender, bis 0,3 m hoher und bis 0,8 m breiter, flache Matten bildender Strauch, Zweige fadenförmig dünn, weithin kriechend, sich bewurzelnd.
Blätter: Elliptisch-länglich, 0,6–1,8 cm lang, stumpf, eben oder Rand leicht eingerollt, oberseits dunkelgrün, unterseits weißlich.
Blüten: Zu wenigen achselständig, an 1–3 cm langen, fadenförmigen Stielen, Krone hellpurpurn, 6–10 mm lang, tief 4-teilig, Kronzipfel zurückgeschlagen, Mai–Juni.
Früchte: 1–2 cm dick, rot, essbar, lange haltbar.
Verbreitung: O-Kanada, NO-, NOZ- und SO-USA, in Europa stellenweise etabliert.
Verwendung: Selten (in Amerika und Europa mit vielen Kultursorten, bei uns als Cranberry im Handel), N, ♧, WHZ 2, LB 1.1.1.7.

V. microcarpum (Turcz. ex Rupr.) Schmalh. = *V. oxycoccos* subsp. *microcarpum*

Vaccinium myrtillus L., Gewöhnliche Heidelbeere, Blaubeere

Habitus: Sommergrüner, bis 0,5 m hoher, reich verzweigter Strauch mit weit kriechender, unterirdischer Grundachse und buschig aufstrebenden Zweigen, Triebe deutlich hin- und hergebogen, grün, kantig gerillt bis schwach geflügelt.
Blätter: Eiförmig bis elliptisch, 1–3 cm lang, spitz, kahl, fein gesägt.
Blüten: Einzeln achselständig, hängend oder nickend, Krone grün, oft rot überlaufen, (4–)5-zählig, 4–7 mm lang, krugförmig, Kelch undeutlich, Mai–Juni.
Früchte: Kugelig, 7–8 mm dick, dunkelblau, bereift, essbar, Saft stark färbend.
Verbreitung: Europa, Türkei, Kaukasien, Sibirien, Mongolei.
Verwendung: Sehr häufig zur Fruchtgewinnung (häufig auch als grüne Winterzweige in der Floristik), N, ⚕, ♧, WHZ 1, LB 4.1.4.7.

Vaccinium oxycoccos L. **subsp. oxycoccos**, Gewöhnliche Moosbeere

Habitus: Immergrüner, niederliegender Strauch, Zweige fadenförmig dünn, 0,1–0,3 m lang, kahl, braun.
Blätter: Eiförmig-länglich bis lanzettlich,

0,5–1 cm lang, Rand stark nach unten eingerollt, oberseits tiefgrün, unterseits bläulich.
Blüten: Zu 1–4 in Büscheln an aufgerichteten Sprossen, Blütenstiele fadenförmig, 1–2 cm lang, Krone dunkel- bis blassrosa, 5–6 mm lang, tief 4(–5)-teilig, Kronzipfel zurückgeschlagen, dadurch die Krone turbanartig aussehend, Mai–Juni.
Früchte: Kugelig, 0,8–1,2 cm dick, dunkelrot, säuerlich, oft den Winter über haftend, nach Frosteinwirkung essbar.
Verbreitung: Europa (ausgenommen Iberische Halbinsel), N-Asien, Alaska, Kanada, NO-, NOZ- und NW-USA, Rocky Mts., Grönland.
Verwendung: Häufig, (Früchte lange haltbar, erst nach Frosteinwirkung essbar), ♧, WHZ 1, LB 1.1.1.7.

subsp. microcarpum (Turzc.) A. Blytt, Kleinfrüchtige Moosbeere. Blätter 3-eckig-eiförmig, im unteren Teil am breitesten. Blütenstiele kahl oder fast kahl. Früchte birnenförmig. Europa (ausgenommen Frankreich und Iberische Halbinsel).

Vaccinium uliginosum L.
Rauschbeere, Moorbeere, Trunkelbeere

Habitus: Sommergrüner, bis 0,9 m hoher, reich verzweigter Strauch, Triebe stielrund, kurz flaumig behaart oder kahl.
Blätter: Eiförmig bis verkehrteiförmig, 1–3 cm lang, stumpf, kahl, fast sitzend, Rand etwas nach unten eingerollt, oberseits mattgrün, unterseits hell blaugrün.
Blüten: Zu 4–5 in Trauben, Krone weiß bis rosa, krugförmig, 4–5 mm lang, 4- bis 5-zählig, Kronzipfel abstehend, Mai–Juni.
Früchte: Kugelig, 0,8–1 cm dick, schwarzblau, bereift, Saft farblos.
Verbreitung: Europa, Russ. Ferner Osten, Sibirien, Mongolei, Mandschurei, Korea, Japan, Alaska, Kanada, NO-, NW- und W-USA, Rocky Mts., Grönland.
Verwendung: Häufig (Früchte mit hohem Vitamingehalt, weden häufig als Wildobst gesammelt, obwohl gelegentlich als giftverdächtig eingestuft), ♧, WHZ 1, LB 1.1.4.6.

Vaccinium vitis-idaea L.,
Preiselbeere, Kronsbeere

Habitus: Immergrüner, 0,1–0,3 m hoher Strauch, die aufrechten Sprosse entspringen einer kriechenden, schuppig beblätterten Grundachse, junge Triebe kurz filzig behaart.
Blätter: Verkehrteiförmig bis elliptisch, ledrig, 1–2,5 cm lang, stumpf, oberseits etwas abgerundet, Rand eingerollt, oberseits glänzend dunkelgrün, unterseits matt bläulich grün, zerstreut behaart und drüsig punktiert.
Blüten: In gedrängten, vielblütigen, hängenden Trauben, Krone weiß, rosa überlaufen, 0,8–1 cm lang, glockig, 5(–4)-zählig, bis zur Mitte gespalten, Kronzipfel zurückgeschlagen, Mai–September.
Früchte: Kugelig, 5–8 mm dick, rot, glänzend, mehlig, säuerlich, essbar.
Verbreitung: Europa (ausgenommen Iberische Halbinsel), Kaukasien, Russ. Ferner Osten, Sibirien, Amur, Sachalin, Mongolei, Mandschurei, Korea, Japan, Alaska, Kanada, NO-, und NW-USA, Grönland.
Verwendung: Häufig (Fruchtgewinnung von Wildbeständen und kultivierten, großfruchtigen Sorten), N, ⚕, ♧, WHZ 1, LB 4.1.4.8.

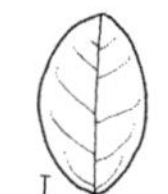

Vaccinium uliginosum

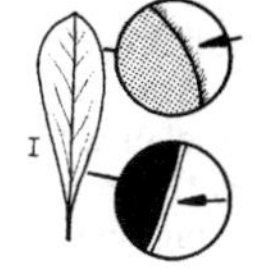

Vaccinium vitis-idaea

Viburnum L.

Schneeball – Adoxaceae (Caprifoliaceae)
(lateinisch *viburnum* = Wolliger Schneeball, *V. lantana*)

Habitus: Sommer- oder immergrüne Sträucher, seltener kleine Bäume, Zweige dunkelbraun bis dunkel rotbraun, mit Sternhaaren oder ± kahl, Knospen nackt oder beschuppt, ± kahl oder mit Stern- oder Schülferhaaren, Endknospen 0,7–2 cm lang, Blattstielnarben mit 3 Gefäßbündelspuren.
Blätter: Gegenständig, einfach oder gelappt, ganzrandig, gesägt oder gezähnt, Nebenblätter fehlend.
Blüten: Zwittrig, radiär, klein, in endständigen Trugdolden oder Dolden oder in end- oder achselständigen Rispen, Blütenhülle verwachsenblättrig, meist doppelt 4- bis 5-zählig, Kelch unscheinbar, mit 5 kurzen Zähnen, Krone meist weiß, 5-lappig, glockig, rad-, oder röhrenförmig, Blütenstände oft mit sterilen, vergrößerten, zygomorphen

Randblüten, bei Gartenformen auch alle Blüten steril, Blütenstände dann ± ballförmig, Staubblätter 4–5, in die Kronröhre eingefügt, Fruchtknoten unterständig, 1-fächrig, Narbe 3-lappig, sitzend.
Früchte: Steinfrüchte kugelig, ellipsoid oder eiförmig, 0,6–1,5 cm dick, rot, dunkelblau oder schwarz, der 1-samige Steinkern stark verholzt, 3–9 mm lang.
Verbreitung: Etwa 150 Arten in gemäßigten und subtropischen Zonen, vorwiegend in O-Asien und N-Amerika, 16 Arten in Malaysia.
Verwendung: Häufig gepflanzte, meist dekorative Blüten- und Fruchtsträucher mit einem hohen Gartenwert. Die Früchte aller Arten sind giftig.

Bestimmungsschlüssel Viburnum

1 Blätter winter- oder immergrün . . . 2
– Blätter sommergrün . . . 12
2 Blätter mit 3 vom Spreitengrund ausgehenden, fast parallel bis zur Blattspitze verlaufenden, ± gleich starken Nerven . . . *V. davidii*
– Blattnervatur andersartig . . . 3
3 Junge Triebe oder Blätter unterseits dicht sternhaarig . . . 4
– Triebe und Blattunterseiten (fast) ohne Sternhaare . . . 11
4 Blattstiele höchstens bis 1 cm lang . . . 5
– Blattstiele (zumindest viele) länger . . . 8
5 Blätter höchstens 7 cm lang . . . 6
– Blätter (zumindest fast alle) deutlich länger, sich beiderseits samtig anfühlend . . . 7
6 Blätter höchstens 10 cm lang, oberseits glänzend . . . *V.* 'Eskimo'
– Blätter (zumindestens viele) länger, oberseits matt . . . *V. buddleifolium*
7 Blätter höchstens 4 cm breit, ledrig . . . *V. utile*
– Blätter (zumindest viele) breiter, nicht ledrig . . . *V. ×burkwoodii*
8 Blätter oberseits stark runzelig . . . 10
– Blätter nicht runzelig, sich beiderseits samtig anfühlend . . . 9
9 Blattstiele höchstens 1,5 cm lang . . . *V. buddleifolium*
– Blattstiele länger (bis 3 cm) . . . *V. ×rhytidophylloides*
10 Blattspreite an beiden Enden ± abgerundet . . . *V. rhytidophyllum*
– Blattspreite an beiden Enden ± spitz . . . *V. ×pragense*
11 Triebe kahl . . . *V. henryi*
– Triebe behaart . . . *V. tinus*
12 (1) Blätter gelappt und mit mehreren, am Blattstiel zusammenlaufenden, sternartigen Hauptnerven . . . 13
– Blätter ungelappt (ganzrandig, gezähnt oder gekerbt), mit einem Haupt- und vielen Seitennerven . . . 16
13 Blattstiel mit Drüsen . . . 14
– Blattstiel ohne Drüsen . . . *V. acerifolium*
14 Blätter 3- bis 5-lappig, unterseits behaart, Drüsen napfförmig vertieft . . . *V. opulus*
– Blätter 3-lappig, unterseits bis auf die Nerven kahl, Drüsen nicht napfartig vertieft . . . 15
15 Blattstieldrüsen klein . . . *V. trilobum*
– Blattstieldrüsen auffallend groß . . . *V. sargentii*
16 Winterknospen nackt, d. h. gefaltete Blättchen nicht durch Schuppen geschützt . . . 17
– Winterknospen mit 2–4 Knospenschuppen . . . 23
17 Blätter unterseits graugrün, glanzlos . . . 18
– Blätter unterseits grün und etwas glänzend . . . 22
18 Blattstiele höchstens 1 cm lang . . . 19
– Blattstiele (wenigstens die meisten) länger . . . 20
19 Blätter unterseits auch mit braunen Sternhaaren . . . *V. ×juddii*
– Blätter unterseits nur mit weißlichen Sternhaaren . . . *V. burejaeticum*
20 Blätter nicht auffällig rau, Blattstiele höchstens 2 cm lang . . . 21
– Blätter auffällig rau (durch Sternhaare), Stiele auch länger . . . *V. macrocephalum*
21 Blätter zerrieben unangenehm riechend . . . *V. sieboldii*
– Blätter nicht unangenehm riechend . . . *V. lantana*
22 Blattstiele höchstens 10 mm lang . . . *V. carlesii*
– Blattstiele (wenigstens die meisten) länger . . . *V. ×carlcephalum*
23 Junge Triebe und Blätter unterseits (dicht) sternhaarig-filzig . . . 24
– Triebe und Blattunterseiten nicht durch dichte Sternhaare filzig . . . 25
24 Blätter mit 5–8 Paar Seitennerven, gezähnt, Knospen mit 4 Schuppen . . . *V. hupehense*
– Blätter mit 8–12 Paar Seitennerven, grob gezähnt, Knospen mit 2 Schuppen . . . *V. plicatum* var. *plicatum*
25 Blätter ganzrandig oder gesägt, Seitennerven biegen vor dem Rand um . . . 26
– Blätter deutlich und grob gezähnt, Seitennerven verlaufen direkt bis in die Zähne . . . 31
26 Blattstiele geflügel und wie die Spreite unterseits braunschülferig . . . 27
– Blattstiele oder Blattunterseite andersartig . . . 28
27 Blattstiel wellig geflügelt, 1–2,5 cm lang, Blattrand fein gezähnt . . . *V. lentago*
– Blattstiel glattrandig geflügelt, höchstens 1,5 cm lang, Blattrand fast ganzrandig . . . *V. nudum*
28 Blätter mit höchstens 6 Paar Seitennerven, die oberseits tief eingesenkt sind . . . *V. farreri*
– Blätter (zumindest sehr viele) mit mehr oder nicht auffällig tief eingesenkten Seitennervenpaaren . . . 29
29 Blätter unterseits braunschülferig, z. T. (fast) ganzrandig . . . *V. cassinoides*
– Blätter unterseits nicht braunschülferig . . . 30
30 Blätter am Grund ganzrandig, unterseits kahl. . . . *V. prunifolium*
– Blätter vom Grund an gesägt, unterseits an den Hauptnerven behaart . . . *V. ×bodnantense*
31 Blattstiel mit nebenblattartigen, lanzettlichen Anhängseln . . . *V. betulifolium*
– Blattstiel ohne Anhängsel . . . 32
32 Blätter unterseits bläulich und achselbärtig . . . *V. dentatum*
– Blätter unterseits andersartig . . . 33
33 Blätter beiderseits behaart . . . 34
– Blätter höchstens auf/an den Nerven behaart . . . 35
34 Blätter nur mit einfachen Haaren . . . *V. dilatatum*

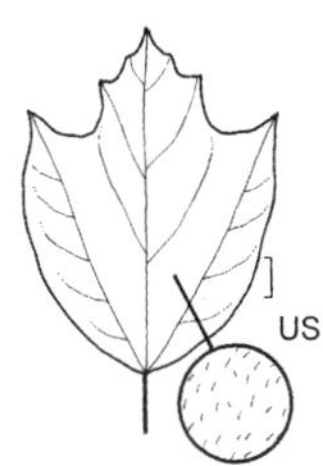

Viburnum acerifolium

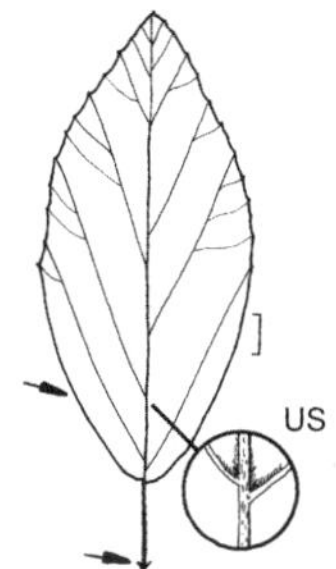

Viburnum betulifolium

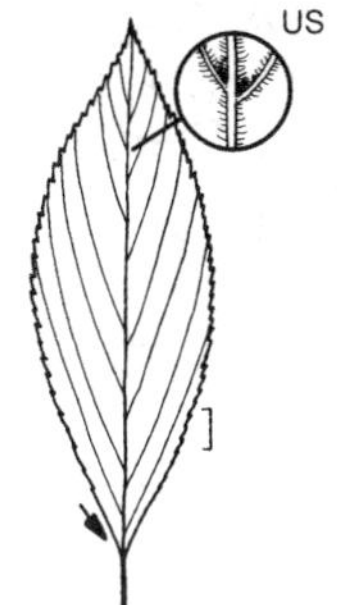

Viburnum ×bodnantense

- – Blätter ober- und unterseits mit Sternhaaren. . . . . *V. hupehense*
- 35 Blätter fast so breit wie lang. . . *V. lobophyllum*
- – Blätter mindestens 2-mal so lang wie breit 36
- 36 Basis der Blätter breit keilförmig 37
- – Basis der Blätter abgerundet . . . . *V. setigerum*
- 37 Blätter zerrieben unangenehm riechend . . . . *V. sieboldii*
- – Blättter kaum bzw. angenehm riechend . . . . *V. ×bodnantense*

Viburnum acerifolium L.,
Ahornblättriger Schneeball

Habitus: Sommergrüner, 1,5–2 m hoher Strauch, junge Triebe behaart.
Blätter: Fast kreisrund bis eiförmig, 3-lappig, 6–10 cm lang, Basis abgerundet bis herzförmig, Lappen spitz oder zugespitzt, grob gezähnt, oberseits leicht, unterseits dicht behaart und dunkel punktiert, Stiel 1–2,5 cm lang, Herbstfärbung scharlachrot.
Blüten: 5 mm breit, in lang gestielten, 3–8 cm breiten Trugdolden, Krone gelblich weiß, Mai–Juni.
Früchte: Ellipsoid, 6–8 mm lang, blauschwarz.
Verbreitung: O-Kanada, NO-, NOZ- und SO-USA.
Verwendung: Selten, B, ♧, ☠, WHZ 5a, LB 4.1.4.5 (7.2.3.5).

V. alnifolium Marshall = *V. lantanoides*
V. americanum auct. non Mill. = *V. trilobum*

Viburnum betulifolium Batalin,
Birkenblättriger Schneeball

Habitus: Sommergrüner, bis 4 m hoher und ebenso breiter Strauch, Triebe kahl, zuletzt rot- bis purpurbraun.
Blätter: Eiförmig bis rhombisch-eiförmig, mitunter elliptisch-länglich, 3–8 cm lang, spitz oder kurz zugespitzt, Basis breit keilförmig, grob gezähnt, oberseits sattgrün, kahl, unterseits spärlich behaart und mit Achselbärten, Nervenpaare 4–5, Stiel 1–1,5 cm lang.
Blüten: 5 mm breit, in kurz gestielten, ziemlich lockeren, 6–15 cm breiten, meist 7-strahligen Trugdolden, Krone weiß, Staubblätter länger als die Krone, Juni–Juli.
Früchte: Kugelig-ellipsoid, 6 mm lang, tiefrot, in schweren, überhängenden Ständen, meist am Strauch bleibend und vertrocknend.
Verbreitung: W- und M-China.
Verwendung: Selten, B, ♧, ☠, WHZ 6a, LB 7.3.6.4.

Viburnum ×bodnantense Aberc.,
Bodnant-Schneeball
(*V. farreri* × *V. grandiflorum*)

Habitus: Sommergrüner, bis 3 m hoher, etwas starrer, sparsam verzweigter Strauch, grobastiger als *V. farreri*.
Blätter: Lanzettlich bis eiförmig oder verkehrteiförmig, 3–10 cm lang, spitz, gesägt, bald kahl, oberseits runzelig, frischgrün, Nervenpaare 6–9.
Blüten: 1 cm breit, in 5–7 cm breiten, dichten Büscheln, stark duftend, Krone in der Knospe tiefrosa, später mehr weiß, November–März.
Früchte: Dunkelblau, leicht bereift, wenig auffallend.
Verwendung: Sehr häufig (mit Sorten wie 'Charles Lamont', 'Dawn' und 'Deben'), B, D, ☠, WHZ 6b, LB 9.3.2.5.

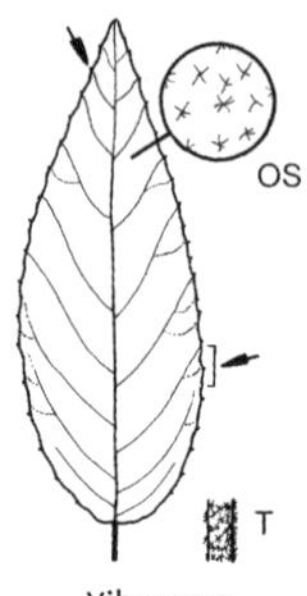

Viburnum buddleifolium

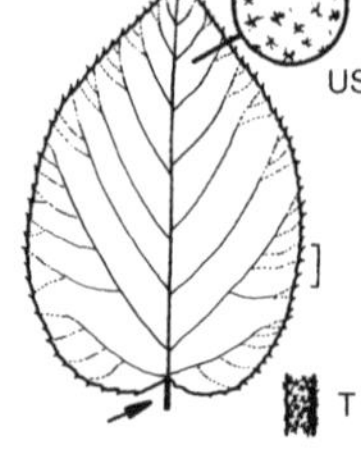

Viburnum burejaeticum

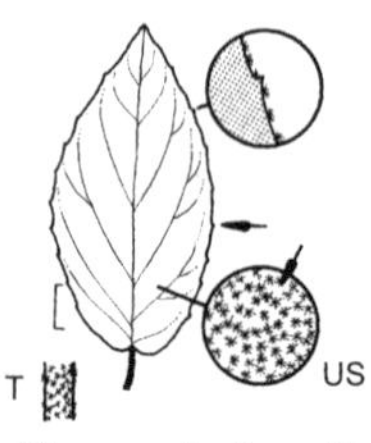

Viburnum ×burkwoodii

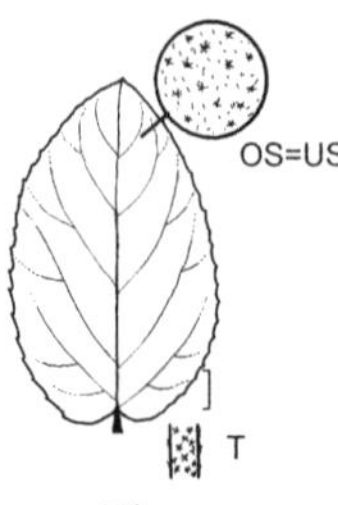

Viburnum ×carlcephalum

Viburnum buddleifolium C.H. Wright, Buddlejablättriger Schneeball

Habitus: Sommer- oder wintergrüner, bis 2 m hoher, locker aufgebauter Strauch, Triebe anfangs dicht hell sternhaarig.
Blätter: Länglich-lanzettlich, 8–15 cm lang, zugespitzt, Basis abgerundet bis fast herzförmig, oberseits matt grün bis graugrün und einfach oder gabelig behaart, unterseits durch Sternhaare dicht graufilzig, Stiel 0,6–1,3 cm lang.
Blüten: 8 mm breit, trichterförmig, in kurz gestielten, 8 cm breiten Trugdolden, Krone in der Knospe rötlich, später weiß, März–April.
Früchte: Eiförmig, 8 mm lang, anfangs rot, später schwarz.
Verbreitung: M-China.
Verwendung: Selten, B, ♧, 🐝, WHZ 6b, LB 6.3.2.5.

Viburnum burejaeticum Regel et Herder, Mongolischer Schneeball

Habitus: Sommergrüner, bis 5 m hoher Strauch, junge Triebe sternhaarig, im 2. Jahr kahl und hellgrau, Winterknospen nackt.
Blätter: Eiförmig oder elliptisch bis elliptisch-verkehrteiförmig, 4–10 cm lang, spitz bis stumpf, Basis abgerundet bis fast herzförmig, buchtig gezähnt, oberseits meist locker einfach behaart, unterseits locker sternhaarig, besonders auf den Nerven, Stiel 3–8 mm lang, schorfig behaart.
Blüten: 6,5 mm breit, in dichten, 5-strahligen, 4–5 cm breiten Trugdolden, Krone weiß, Mai.
Früchte: Ellipsoid bis länglich-ellipsoid, 1 cm lang, blauschwarz.
Verbreitung: Mandschurei, N-China.
Verwendung: Selten, B, ♧, 🐝, WHZ 5a, LB 6.3.2.5.

Viburnum ×burkwoodii Burkwood et Skipwith, Burkwoods Schneeball, Wintergrüner Duft-Schneeball

(*V. carlesii* × *V. utile*)

Habitus: Immer- oder nur wintergrüner, 2–3,5 m hoher, locker und sparrig wachsender Strauch, Triebe dicht braun sternfilzig behaart, allmählich verkahlend.
Blätter: Eiförmig bis eiförmig-elliptisch, 3–7 cm lang, Basis abgerundet bis herzförmig, teils ganzrandig, teils undeutlich entfernt gezähnelt, oberseits glänzend tiefgrün, zerstreut sternhaarig, unterseits graugrün und kurz sternhaarig, Stiel etwa 8 mm lang, sternhaarig.
Blüten: 1,2 cm breit, in 6–9 cm breiten, kugeligen. 5-strahligen, vielblumigen Trugdolden, stark nach Vanille duftend, Krone anfangs rosaweiß, später weiß, Staubblätter so lang wie die Kronröhre, März–April, im Herbst regelmäßig nachblühend.
Früchte: Klein, länglich, zuletzt schwarz, wenig auffallend.
Verwendung: Häufig (vor allem die Sorte 'Anne Russel'), B, D, Bi, 🐝, WHZ 6b, LB 3.3.1.5.

Viburnum ×carlcephalum Burkwood ex A.V. Pike, Großblumiger Duft-Schneeball

(*V. carlesii* × *V. macrocephalum*)

Habitus: Sommergrüner, 2–3 m hoher, steif verzweigter, locker aufgebauter Strauch, ähnlich *V. carlesii*.
Blätter: Rundlich-eiförmig, 6–12 cm lang, zugespitzt, grob gezähnt, oberseits grün, leicht glänzend, unterseits graugrün, z. T. mit einfachen Haaren.
Blüten: Bis 1,7 cm breit, bis zu 100 in bis 15 cm breiten, nahezu kugeligen Trugdolden,

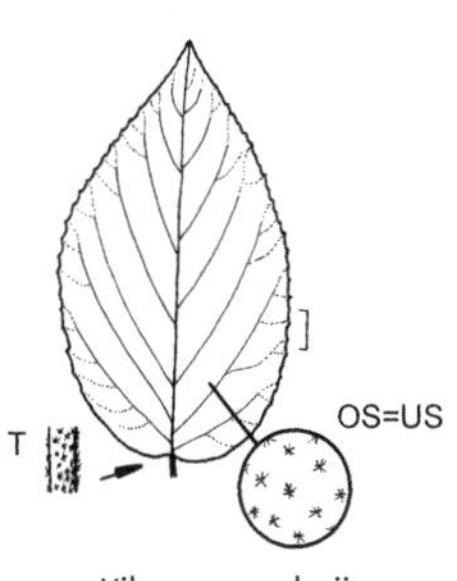

Viburnum carlesii

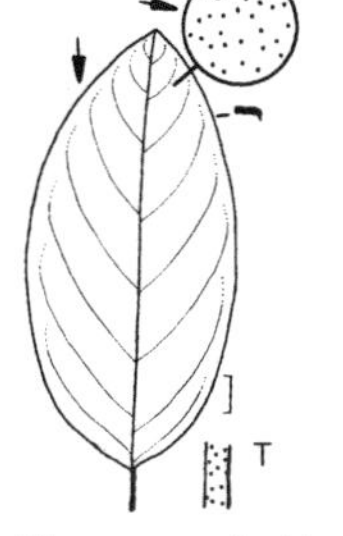

Viburnum cassinoides

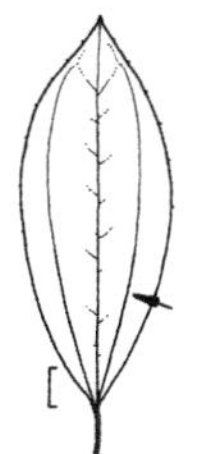
Viburnum davidii

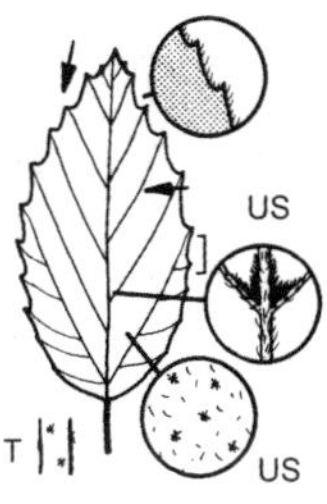

Viburnum dentatum

stark duftend, Krone reinweiß, in der Knospe nur ganz wenig gerötet, Kronröhre trichterförmig, kürzer als die ausgebreiteten Zipfel, Staubblätter die Krone überragend, Anfang bis Ende Mai.
Verwendung: Häufig, B, D, Bi, ✕, WHZ 6a, LB 9.1.2.5.

Viburnum carlesii Hemsl., Koreanischer Schneeball

Habitus: Sommergrüner, bis 1,5 m hoher, lockerer, kugeliger Strauch, junge Triebe dicht sternfilzig behaart, Winterknospen nackt.
Blätter: Breit eiförmig bis elliptisch, 3–10 cm lang, spitz, Basis meist abgerundet, unregelmäßig gezähnt, oberseits stumpfgrün, unterseits auf den Nerven braun sternhaarig, Nervenpaare 5–7, Stiel 0,5–1 cm lang.
Blüten: 1–1,4 cm breit, in sehr dichten, 5–7 cm breiten, 5-strahligen, ± halbkugeligen Trugdolden, stark und angenehm duftend, Krone weiß, außen fleischrot, Kronröhre zylindrisch, etwa 8 mm lang, Kronzipfel rundlich, oft stark zurückgeschlagen, Staubblätter kürzer als die Krone, April–Mai.
Früchte: Ellipsoid, 1 cm lang, blauschwarz.
Verbreitung: Korea.
Verwendung: Sehr häufig, B, D, ☘, ✕, WHZ 5b, LB 3.2.2.6.

Viburnum cassinoides L., Birnblättriger Schneeball

Habitus: Sommergrüner, etwa 2,5 m hoher, kugeliger Strauch, junge Triebe braun schülferig.
Blätter: Elliptisch oder eiförmig bis länglich, 3–10 cm lang, spitz oder stumpf zugespitzt, Basis abgerundet, ganzrandig oder unregelmäßig wellig gezähnelt, Rand nach unten umgebogen, oberseits dunkelgrün und nahezu kahl, unterseits braun schülferig, Stiel 0,6–1,8 cm lang, Herbstfärbung rot und orange.
Blüten: 5 mm breit, in bis 12 cm breiten, dichten, flach gewölbten Trugdolden, Krone gelblich weiß, Juni–Juli.
Früchte: Kugelig-eiförmig, 0,8–1 cm lang, anfangs rot, später blauschwarz.
Verbreitung: O-Kanada, NO-, NOZ- und SO-USA.
Verwendung: Selten, B, ☘, ✕, WHZ 5a, LB 1.2.3.5 (4.2.4.5).

Viburnum davidii Franch., Davids Schneeball

Habitus: Immergrüner, sehr dicht verzweigter, bis etwa 1,5 m hoher, halbkugeliger, gleichmäßig aufgebauter Strauch, Triebe warzig.
Blätter: Derbledrig, elliptisch bis länglich-elliptisch, 5–14 cm lang, kurz zugespitzt, Basis breit keilförmig bis abgerundet, weitläufig schwach gezähnt, deutlich 3-nervig, oberseits tiefgrün, unterseits gelbgrün und achselbärtig, Stiel 0,6–2,5 cm lang.
Blüten: 5 mm breit, in dichten, 5–10 cm breiten, 7-strahligen Trugdolden, Krone stumpfweiß, Mai. (Blüten sind oft funktional 1-geschlechtig).
Früchte: Schmal eiförmig, 6 mm lang, blau.
Verbreitung: W-China.
Verwendung: Häufig, B, ☘, ✕, WHZ 7a, LB 6.4.4.6.

Viburnum dentatum L., Gezähnter Schneeball

Habitus: Sommergrüner, bis 5 m hoher, aufrechter, vielgestaltiger Strauch, Triebe ± kahl, grau, mit einzelnen Sternhaaren.
Blätter: Rundlich bis eiförmig, 3–6 cm lang,

Viburnum dilatatum

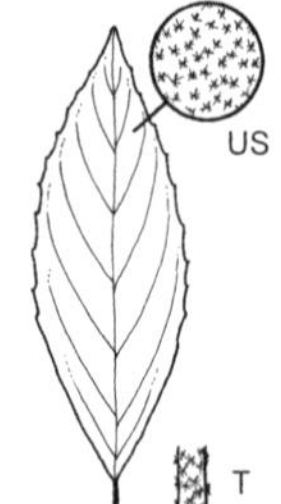

Viburnum 'Eskimo'

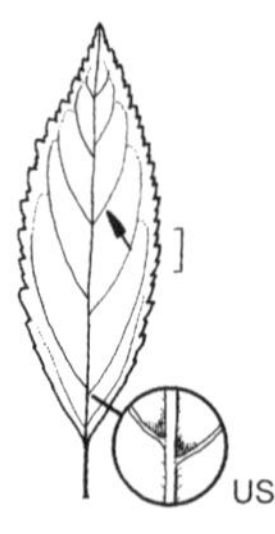

Viburnum farreri

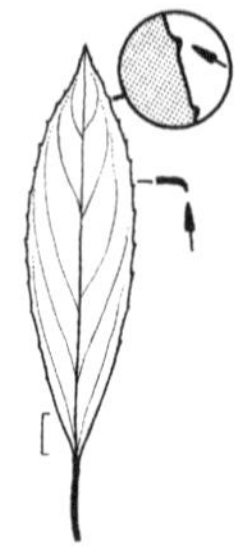
Viburnum henryi

kurz zugespitzt, Basis abgerundet bis fast herzförmig, grob gezähnt, Nervenpaare 6–10, oberseits kahl und glänzend, unterseits bläulich und achselbärtig, Stiel 1–2,5 cm lang.
Blüten: 4 mm breit, in bis 11,5 cm breiten, kahlen, abgeflachten bis kugeligen, 5- bis 7-strahligen Trugdolden, leicht duftend, Krone rahmweiß, Staubblätter länger als die Krone, Mai–Juni.
Früchte: Kugelig-eiförmig, 6 mm lang, glänzend stahlblau bis blauschwarz.
Verbreitung: NO-, NOZ-, Z- und SO-USA.
Verwendung: Selten, B, ♧, ⚘, WHZ 4, LB 2.1.6.5.

Viburnum dilatatum Thunb., Breitdoldiger Schneeball

Habitus: Sommergrüner, bis 3 m hoher, buschiger Strauch, junge Triebe stark flaumig behaart.
Blätter: Breit eiförmig, rundlich oder verkehrteiförmig, 6–12 cm lang, plötzlich kurz zugespitzt, Basis abgerundet oder fast herzförmig, grob gezähnt, beiderseits behaart, Nervenpaare 5–8, Stiel 0,6–1,6 cm lang.
Blüten: 6,5 mm breit, in 8–12 cm breiten, behaarten, meist 5-strahligen, vielblumigen Trugdolden, Krone weiß, Staubblätter länger als die behaarte Krone, Mai–Juni.
Früchte: Breit eiförmig, 8 mm lang, rot.
Verbreitung: Japan.
Verwendung: Selten, B, ♧, ⚘, WHZ 6a, LB 6.4.2.5.

Viburnum 'Eskimo'

(*V.* × *carlcephalum* 'Cayuga' × *C. utile*)

Habitus: Wintergrüner, etwa 1,5 m hoher, kompakter, gleichmäßig aufgebauter, halbkugeliger Strauch, schon als junge Pflanze reich blühend.
Blätter: Elliptisch bis verkehrteiförmig, 8–10 cm lang, etwas ledrig, glänzend dunkelgrün.
Blüten: In kugeligen, oft leicht überhängenden Trugdolden, nicht duftend, Krone in der Knospe cremefarben bis rosa überhaucht, geöffnet reinweiß, April–Mai.
Früchte: Kugelig, etwa 9 mm dick, anfangs rot, zuletzt schwarz.
Verwendung: Häufig, B, WHZ 7b, LB 9.1.2.6.

Viburnum farreri Stearn, Duftender Schneeball

Habitus: Sommergrüner, straff aufrechter, bis 3 m hoher Strauch, Zweigspitzen übergeneigt, bei Bodenkontakt wurzelnd, deshalb dickichtartig wachsend, Triebe rotbraun.
Blätter: Länglich-elliptisch, 5–10 cm lang, spitz, Basis breit keilförmig oder keilförmig, 3-eckig gezähnt, oberseits grün und spärlich behaart, unterseits heller und auf den tief eingesenkten Nerven behaart, Nervenpaare 5–6, Stiel 1–2,5 cm lang, gerötet.
Blüten: Bis 1,6 cm breit, in 3–5 cm langen, eiförmigen bis breit kegelförmigen Rispen, stark duftend, Krone in der Knospe rosa, später weiß, Kronröhre schlank, bis 9,5 mm lang, Staubblätter kürzer als die Kronröhre, Dezember–April.
Früchte: Anfangs rot, später schwarz.
Verbreitung: N-China.
Verwendung: Sehr häufig (mit einigen Sorten), B, D, Bi, WHZ 6b, LB 9.3.2.5.

V. fragrans Bunge = *V. farreri*

Viburnum henryi Hemsl., Henrys Schneeball

Habitus: Immer- oder nur wintergrüner, straff aufrechter, bis 3 m hoher Strauch, Triebe kahl.

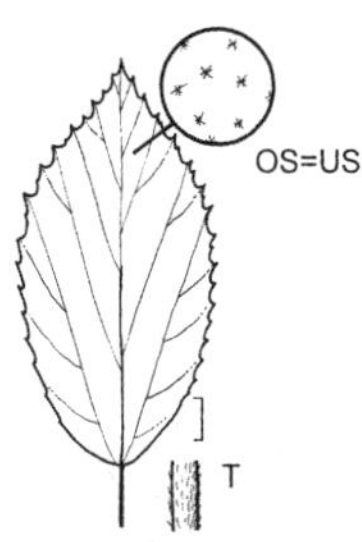

Viburnum hupehense

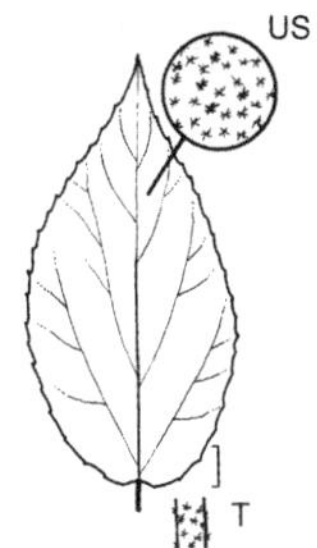

Viburnum ×juddii

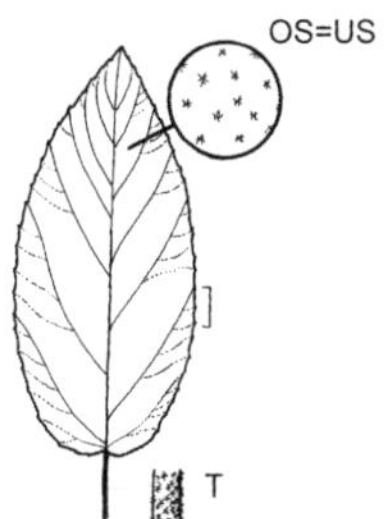

Viburnum lantana

Blätter: Schmal eiförmig, länglich oder verkehrteiförmig, 5–12 cm lang, zugespitzt, Basis keilförmig bis abgerundet, seicht gezähnt, Nervenpaare 5–7, oberseits glänzend dunkelgrün, unterseits graugrün, Mittelrippe spärlich sternhaarig, Stiel 1–2 cm lang.
Blüten: 6 mm breit, alle fertil, in bis 10 cm langen und an der Basis ebenso breiten, steifen, kegelförmigen Rispen, duftend, Krone weiß, Juni–Juli.
Früchte: Eiförmig, 8,5 mm lang, rot, später schwarz.
Verbreitung: M-China.
Verwendung: Selten, B, ♧, ☠, WHZ 8a, LB 6.2.4.5.

Viburnum hupehense Rehder, Hupeh-Schneeball

Habitus: Sommergrüner, bis 2,5 m hoher, breitwüchsiger Strauch, junge Triebe sternhaarig, später kahl, purpurbraun.
Blätter: Breit elliptisch oder rundlich-eiförmig, 5–7 cm lang, zugespitzt, Basis leicht herzförmig, grob gezähnt, oberseits dunkelgrün, unterseits blaugrün, sternhaarig, Nervenpaare 5–8, Stiel 0,8–1,5 cm lang.
Blüten: Etwa 4 mm breit, zahlreich, in 4–5 cm breiten, dicht behaarten, 5-strahligen Trugdolden, Krone weiß, außen behaart, Juni.
Früchte: Eiförmig, 0,8–1 cm lang, rot.
Verbreitung: M-China.
Verwendung: Selten, B, ♧, ☠, WHZ 6a, LB 7.3.6.4.

Viburnum ×juddii Rehder, Judds Schneeball

(*V. bitchiuense* × *V. carlesii*)

Habitus: Sommergrüner, bis 1,5 m hoher, kompakter, ± kugeliger Strauch, Triebe dicht sternhaarig.
Blätter: Eiförmig bis länglich-eiförmig, 4–8 cm lang, spitz, seicht gezähnt, unterseits auffallend braun sternhaarig.
Blüten: In 6–9 cm breiten, lockeren, 5-strahligen Trugdolden, stark duftend, Krone anfangs rosa, später weiß, Kronröhre 1–1,2 cm lang, Kronzipfel eiförmig, tellerförmig ausgebreitet, Staubblätter kürzer als die Krone, April–Mai.
Verwendung: Selten, B, ☠, WHZ 6a, LB 9.2.2.5.

V. keteleeri Carrière = *V. macrocephalum* fo. *keteleeri*

Viburnum lantana L., Wolliger Schneeball, Schlinge

Habitus: Sommergrüner, aufrechter, 2–4 m hoher, im Alter sehr breiter Strauch, Triebe braun, durch graubraune Sternhaare dicht filzig behaart, Winterknospen nackt.
Blätter: Breit eiförmig bis länglich, 5–12 cm lang, spitz bis stumpf, Basis herzförmig oder abgerundet, fein und dicht gezähnt, oberseits dunkelgrün, runzelig, unterseits dicht graufilzig behaart, Stiel 1–3 cm lang.
Blüten: 6–8 mm breit, alle fertil, in dichten, 5–10 cm breiten, filzig behaarten, 7-strahligen Trugdolden, unangenehm duftend, Krone weiß, kurz glockig, Staubblätter nur wenig kürzer als die Krone, Mai–Juni.
Früchte: Eiförmig, 7–8 mm lang, erst rot, dann schwarz, glänzend.
Verbreitung: Europa (ausgenommen Skandinavien), Türkei, Iran, N-Afrika.
Verwendung: Sehr häufig, N, B, ♧, ☠, WHZ 4, LB 6.3.3.4.

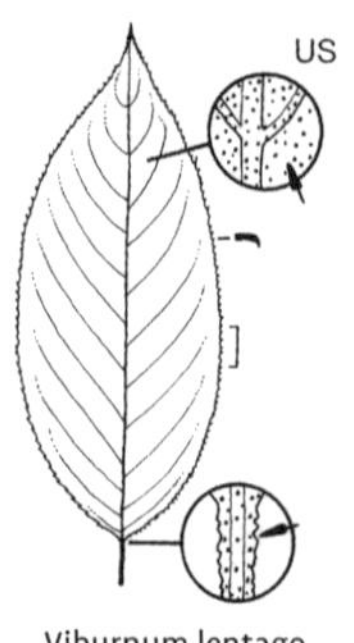

Viburnum lentago

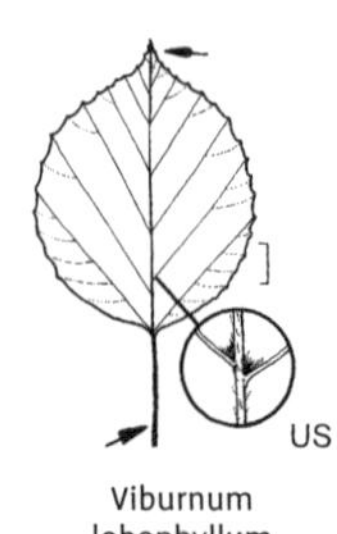

Viburnum lobophyllum

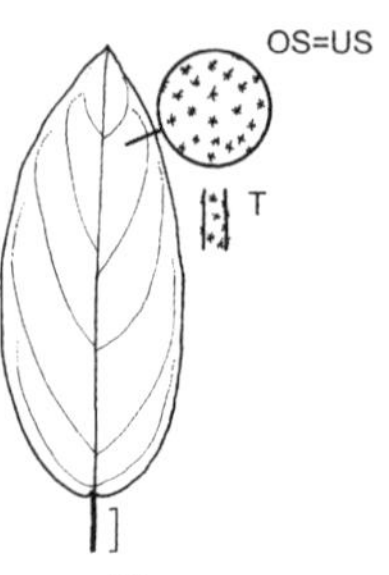

Viburnum macrocephalum

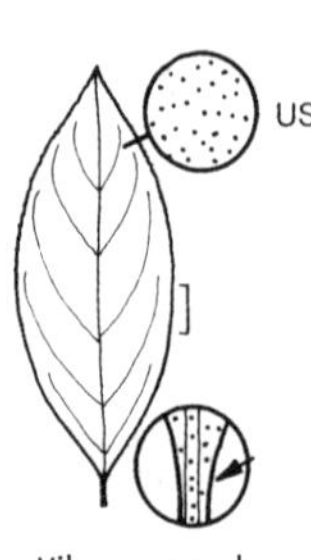

Viburnum nudum

Viburnum lentago L., Kanadischer Schneeball

Habitus: Sommergrüner, straff aufrechter Strauch oder bis 10 m hoher Baum, Triebe etwas braun schülferig.
Blätter: Eiförmig bis elliptisch-verkehrteiförmig, 5–10 cm lang, zugespitzt, Basis breit keilförmig oder abgerundet, fein gezähnt, oberseits glänzend hellgrün, unterseits heller, auf der Mittelrippe ± braun schülferig, Stiel 1–2,5 cm lang, meist breit geflügelt, Herbstfärbung lebhaft rotbraun.
Blüten: 6 mm breit, in 6–12 cm breiten, sitzenden, (3–)4(–5)-strahligen, 6–12 cm breiten Trugdolden, angenehm duftend, Krone cremeweiß, Mai–Juni.
Früchte: Ellipsoid, 1,2–1,5 cm lang, blauschwarz, bereift, sehr lange haftend.
Verbreitung: M- und O-Kanada, NO-, NOZ-, Z- und SO-USA, Rocky Mts.
Verwendung: Selten, B, ♣, H, ✱, WHZ 5b, LB 2.4.6.4.

Viburnum lobophyllum Graebn., Gelapptblättriger Schneeball

Habitus: Sommergrüner, bis 5 m hoher Strauch, Triebe kahl oder anfangs spärlich behaart, dunkel rotbraun.
Blätter: Eiförmig bis eiförmig-rundlich oder breit verkehrteiförmig, 5–11 cm lang, plötzlich zugespitzt, Basis gestutzt oder breit keilförmig, seicht gezähnt, Mittelrippe oberseits und Nerven unterseits behaart, sonst kahl, Nervenpaare 5–6, Stiel 1–2,5 cm lang, Herbstfärbung weinrot und braun.
Blüten: Etwa 4 mm breit, in 5–10 cm breiten, meist fein behaarten und drüsigen, 7-strahligen Trugdolden, Krone weiß, Staubblätter länger als die Krone, Juni–Juli.
Früchte: Fast kugelig, 8 mm dick, rot.
Verbreitung: W- und M-China.
Verwendung: Selten, B, ♣, ✱, WHZ 6a, LB 7.3.6.4.

Viburnum macrocephalum Fortune, Chinesischer Schneeball

Habitus: Sommergrüner, zuweilen wintergrüner, etwa 1,5(–4) m hoher, lockerer Strauch, Triebe anfangs geschlossen schorfig oder fein sternhaarig.
Blätter: Eiförmig, gelegentlich elliptisch oder länglich, 5–10 cm lang, spitz oder stumpf, Basis abgerundet, gezähnelt, oberseits mattgrün, nahezu kahl, unterseits sternhaarig, Stiel 0,8–2 cm lang.
Blüten: Bis 3 cm breit, tellerförmig, alle steril, in dichten, 8–15 cm breiten, kugeligen Ständen, Krone reinweiß, Mai–Juni.
Verbreitung: Gartenform aus China.
Verwendung: Selten, B, WHZ 7a, LB 9.1.2.6.

fo. keteleeri (Carrière) Rehder. Blüten in ziemlich flachen, etwa 12 cm breiten Trugdolden, Innenblüten fertil, die großen Randblüten steril. China.

Viburnum nudum L., Gelber Schneeball

Habitus: Sommergrüner, aufrechter, 3(–5) m hoher Strauch, Zweige dünn, junge Triebe etwas schorfig.
Blätter: Elliptisch, eiförmig oder lanzettlich, 8–15 cm lang, dünn, unregelmäßig gezähnt bis ganzrandig, oberseits glänzend dunkelgrün und kahl, unterseits heller und leicht schorfig oder kahl, Herbstfärbung lebhaft rot und orange bis dunkelrot und rotbraun, Blattstiel 0,6–1,6 cm lang.

Blüten: 6 mm breit, in bis 10 cm breiten Trugdolden, Krone gelblich weiß, Juni–Juli.
Früchte: Eiförmig, 8 mm dick, bläulich schwarz.
Verbreitung: NO-, NOZ- und Z-USA.
Verwendung: Selten, WHZ 6b, LB 1.2.4.5 (2.1.1.5).

Viburnum opulus L., Gewöhnlicher Schneeball

Habitus: Sommergrüner, bis 4(–5) m hoher, ausladender, oft dickichtartig wachsender Strauch, Triebe stumpfkantig oder gerillt, kahl, grau- bis graubraun.
Blätter: Breit eiförmig, bis 12 cm lang, 3- bis 5-lappig, Lappen zugespitzt, unregelmäßig buchtig gezähnt, oberseits dunkelgrün, kahl, unterseits graugrün, flaumig behaart, Stiel 2–3 cm lang, oberseits mit einer schmalen Furche, kurz unterhalb der Spreite mit meist 4–5 napfförmigen Nektardrüsen, Herbstfärbung wein- bis orangerot.
Blüten: In bis 10 cm breiten, flachen Trugdolden, Krone weiß, die fertilen Innenblüten glockig, 4–5 mm breit, von einem Kranz steriler, 1,5–2,5 cm breiter Blüten umgeben, deren Kronlappen flach ausgebreitet und unterschiedlich groß, Staubblätter die Krone überragend, Mai–Juni.
Früchte: Kugelig, 1 cm dick, leuchtend scharlachrot.
Verbreitung: Europa, Türkei, Kaukasien, W- und O-Sibirien, M-Asien.
Verwendung: Sehr häufig, N, B, , , , WHZ 4, LB 2.2.6.4.

'Compactum'. Wuchs schwach, reich verzweigt, kaum mehr als 1 m hoch. Blätter kleiner als bei der Art. Blüten und Früchte ± normal groß. Reich blühende und fruchtende Sorte.

'Nanum'. Kaum mehr als 0,6 m hoch, hexenbesenartig verzweigt. Blätter sehr klein. Selten blühend.

'Roseum'. In Wuchs und Belaubung wie die Art. Blütenstände ballförmig, Blüten alle steril, grünlich weiß bis cremeweiß, im Verblühen leicht rosa getönt.

'Sterile' = 'Roseum'

'Xanthocarpum'. Früchte rein goldgelb, zuletzt etwas dunkler, zur Reife fast durchscheinend.

V. opulus var. *americanum* Aiton = *V. trilobum*

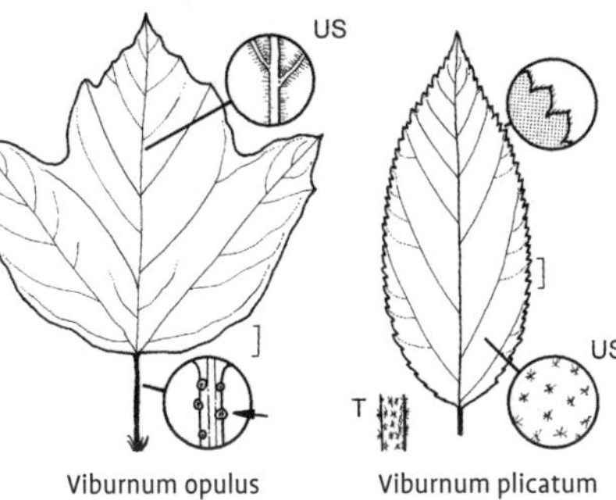

Viburnum opulus   Viburnum plicatum var. plicatum

Viburnum plicatum Thunb. **var. plicatum**, Japanischer Schneeball

Habitus: Sommergrüner, bis 4 m hoher und ebenso breiter Strauch, Äste und Zweige ± waagerecht ausgebreitet, Triebe sternfilzig behaart.
Blätter: Breit eiförmig bis verkehrteiförmig-elliptisch, 4,5–8(–12) cm lang, spitz oder plötzlich zugespitzt, Basis abgerundet bis breit keilförmig, gleichmäßig kerbig gesägt, oberseits dunkelgrün und nahezu kahl, unterseits ± sternhaarig, Nervenpaare 8–12, fast gerade verlaufend, Stiel 1–2 cm lang, Herbstfärbung dunkel weinrot bis violett.
Blüten: 2,5–3,5 cm breit, nicht duftend, alle steril, zu etwa 75 in 5–8 cm breiten, meist 7-strahligen, ± kugeligen Ständen, entlang der Zweige auf kurzen, beblätterten Stielen, Mai–Juni.
Früchte: Kein Fruchtansatz.
Verbreitung: Gartenform, in Japan und China schon vor 1712 in Kultur, 1844 von R. Fortune aus China eingeführt.
Verwendung: Sehr häufig (in Europa früher als 'Sterile' und in den Niederlanden stellenweise unter dem Namen 'Thunberg's Original'), B, , WHZ 5b, LB 9.3.2.5.

var. tomentosum (Thunb.) Miq. 2–3 m hoher, breitbuschiger bis locker aufgebauter Strauch, meist breiter als hoch, Äste waagerecht abstehend und in Etagen übereinanderstehend. Blätter eiförmig bis elliptisch, Herbstfärbung tief weinrot. Blütenstände flach, 6–10 cm breit, die sterilen Randblüten 3–4 cm breit, weiß, die fertilen Innenblüten viel kleiner. Früchte oft zahlreich, breit ellipsoid, 5–6 mm lang, anfangs rot, zuletzt schwarz. Japan: Honshu. Shikoku; China, Taiwan.

Hierzu gehören alle Sorten mit flachen oder schirmförmigen Blütenständen, wie z. B.

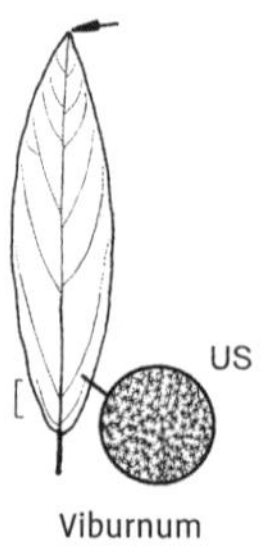

Viburnum ×pragense

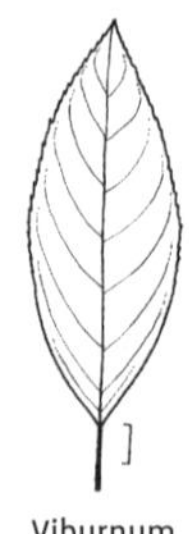

Viburnum prunifolium

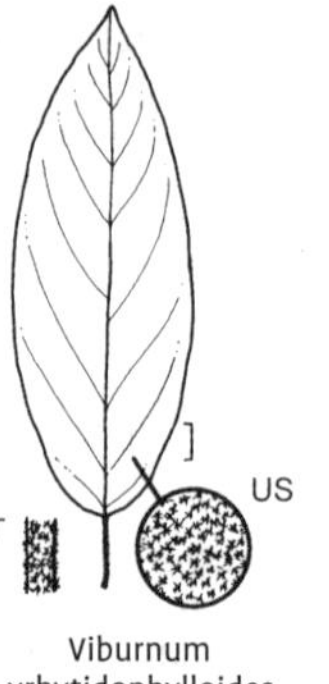

Viburnum ×rhytidophylloides

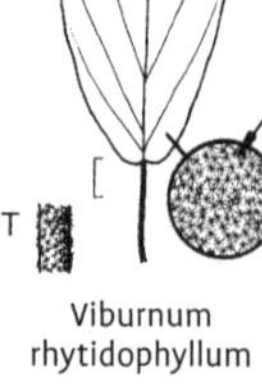

Viburnum rhytidophyllum

'Cascade', 'Grandiflorum', 'Lanarth', 'Mariesii', 'Pink Beauty', 'Rowallane', 'Shasta', 'Summer Snowflake' und 'Watanabe'.

Viburnum ×pragense Vikulova, Prager Schneeball

(*V. ×rhytidocarpum* × *V. utile*)

Habitus: Immergrüner, bis 3(–5) m hoher, anfangs locker und etwas sparrig aufgebauter Strauch, Zweige ziemlich dünn, abstehend bis überhängend.
Blätter: Elliptisch-eiförmig, 5–10 cm lang, an beiden Enden spitz, Rand nach unten umgebogen, oberseits glänzend dunkelgrün und etwas runzelig, unterseits runzelig und dicht sternhaarig, Nervenpaare 4–6.
Blüten: In 8–15 cm breiten, halbkugeligen Ständen, Krone in der Knospe zartrosa, aufgeblüht cremeweiß, Mai.
Früchte: Kein Fruchtansatz.
Verwendung: Häufig, WHZ 6b, LB 6.4.4.5.

Viburnum prunifolium L., Kirschblättriger Schneeball

Habitus: Sommergrüner Strauch oder bis zu 9 m hoher Baum, Äste ziemlich steil aufrecht wachsend, Zweige sparrig abstehend, Triebe steif, kahl.
Blätter: Eiförmig, elliptisch oder verkehrteiförmig, gelegentlich rundlich, 3–9 cm lang, spitz, Basis abgerundet oder breit keilförmig, dicht und fein gesägt, oberseits dunkelgrün, unterseits heller, fast kahl oder auf den Nerven schülferig, Stiel 0,8–1,6 cm lang, nicht oder nur schmal geflügelt, Herbstfärbung dunkel braunrot.
Blüten: 5 mm breit, in 5–10 cm breiten, fast sitzenden Trugdolden, Krone reinweiß, Mai–Juni.
Früchte: Breit ellipsoid bis fast kugelig, 0,8–1,2 cm dick, blauschwarz, bereift.
Verbreitung: NO-, NOZ-, Z- und SO-USA.
Verwendung: Selten, N, B, ♣, H, ✂, WHZ 4, LB 9.1.3.4.

Viburnum ×rhytidophylloides J.V. Suringar

(*V. lantana* × *V. ×rhytidocarpum*)

Habitus: Meist wintergrüner, 3–4 m hoher, stark- und breitwüchsiger Strauch, intermediär zwischen den Eltern stehend.
Blätter: Eiförmig bis länglich-eiförmig, 10–20 cm lang, fein gezähnt, oberseits heller grün und weniger runzelig als bei *V. rhytidophyllum*.
Blüten: In 10–18 cm breiten Trugdolden, Krone cremeweiß, Mai–Juni.
Früchte: Anfangs glänzend dunkelrot, zuletzt schwarz.
Verwendung: Häufig (in mehreren Sorten), B, WHZ 6a, LB 6.4.2.5.

Viburnum rhytidophyllum Hemsl., Runzelblättriger Schneeball

Habitus: Immergrüner, zunächst aufrechter, später ausladender, 3–5(–7) m hoher Strauch, Triebe dick, anfangs hellbraun sternfilzig behaart.
Blätter: Länglich-eiförmig, 8–20 cm lang, spitz oder stumpf, Basis abgerundet oder schwach herzförmig, ganzrandig oder undeutlich gezähnt, oberseits dunkelgrün, stark runzelig, unterseits dicht grau- oder gelblich filzig behaart, Nervenpaare 7–10, Nervatur deutlich hervortretend, Stiel 1–3 cm lang.
Blüten: 6 mm breit, in 10–20 cm breiten, flachen, 7- bis 11-strahligen, sternhaarig-filzigen, schon im Herbst ausgebildeten und

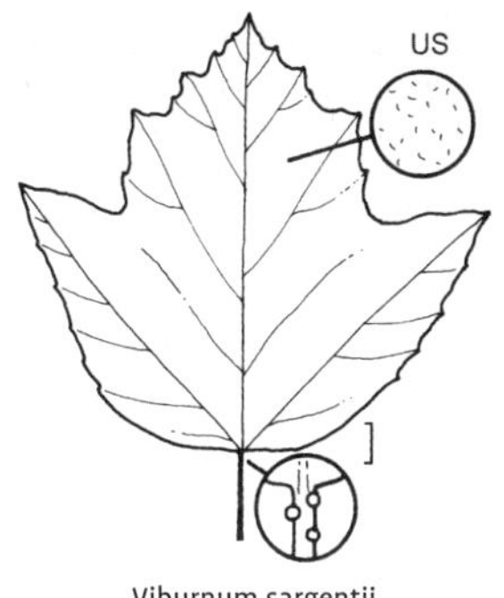

Viburnum sargentii

Viburnum setigerum

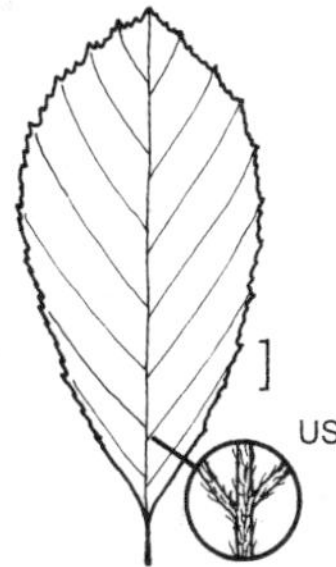

Viburnum sieboldii

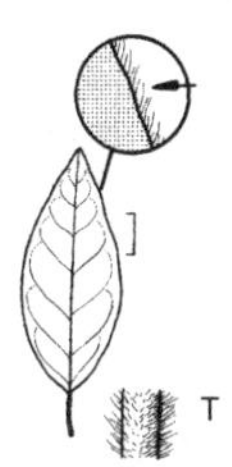

Viburnum tinus

nackt überwinternden Trugdolden auf 2–4 cm langen, dicken Stielen, Krone weiß bis gelblich weiß, Mai–Juni.
Früchte: Eiförmig, 8 mm lang, anfangs rot, später schwarz, glänzend.
Verbreitung: W- und M-China.
Verwendung: Sehr häufig, B, ♣, ✂, WHZ 6b, LB 6.4.2.4.

Viburnum sargentii Kohne, Sargents Schneeball

Habitus: Sommergrüner, bis 3 m hoher, aufrechter Strauch, Borke dick, etwas korkig, junge Triebe kantig, kahl.
Blätter: Rundlich bis eiförmig, 3-lappig, 6–12 cm lang, Mittellappen länger als die seitlichen, im Austrieb dunkelbraun, später oberseits dunkelgrün, unterseits hell- bis gelbgrün, am Stiel große, scheibenförmige Drüsen.
Blüten: In 8–10 cm breiten, flachen Trugdolden, Innenblüten fertil, die sterilen Randblüten bis 3 cm breit, Krone weiß bis cremefarben, Staubbeutel purpurn, Mai–Juni.
Früchte: Nahezu kugelig, 1 cm dick, hellrot.
Verbreitung: China, Mandschurei, Korea, Japan, Sachalin.
Verwendung: Selten (vorzugsweise die Sorte 'Onondaga'), B, WHZ 4, LB 7.2.5.5.

Viburnum setigerum Hance, Borstiger Schneeball

Habitus: Sommergrüner, aufrechter, bis 3,5 m hoher Strauch, Zweige grau, junge Triebe kahl.
Blätter: Eiförmig-lanzettlich, 5–15 cm lang, lang zugespitzt, Basis abgerundet, entfernt scharf gezähnt, oberseits dunkelgrün, unterseits heller und bis auf die seidig behaarten Nerven kahl.
Blüten: 6,5 mm breit, in endständigen, 5 cm breiten, 5-strahligen Trugdolden, Krone weiß, Kelch purpurn, Mai–Juni.
Früchte: Eiförmig, 6 mm lang, tiefrot.
Verbreitung: M- und W-China.
Verwendung: Selten, B, WHZ 5b, LB 6.4.4.5.

Viburnum sieboldii Miq., Stinkender Schneeball, Siebolds Schneeball

Habitus: Sommergrüner, 3–5 m hoher Strauch oder kleiner Baum, Äste steif, straff aufrecht, junge Triebe behaart, später kahl.
Blätter: Elliptisch bis verkehrteiförmig, 8–14(–20) cm lang, spitz oder stumpf, Basis keilförmig, grob gesägt, oberseits glänzend sattgrün, die 7–9 Nervenpaare deutlich eingesenkt, unterseits kahl oder, meist auf den Nerven, flaumig behaart, Herbstfärbung bronzefarben, Laub gerieben unangenehm riechend.
Blüten: 8,5 mm breit, in lang gestielten, bis 12 cm breiten Trugdolden, Krone cremeweiß, glockig, Mai–Juni.
Früchte: Eiförmig, 1,2 cm lang, anfangs rot, später blauschwarz.
Verbreitung: Japan.
Verwendung: Selten, B, WHZ 5a, LB 7.3.5.4.

Viburnum tinus L., Lorbeerblättriger Schneeball

Habitus: Immergrüner, 2–3,5 m hoher, reich verzweigter Strauch, Triebe kahl oder leicht behaart.
Blätter: Länglich-elliptisch bis elliptisch, 3–10 cm lang, stumpf oder zugespitzt, Basis breit keilförmig bis abgerundet, oberseits dunkelgrün, mit heller Nervatur, meist kahl, unterseits hellgrün, entlang der Nerven behaart, vereinzelt mit Sternhaaren, achselbärtig, Stiel 1–1,5 cm lang, behaart.

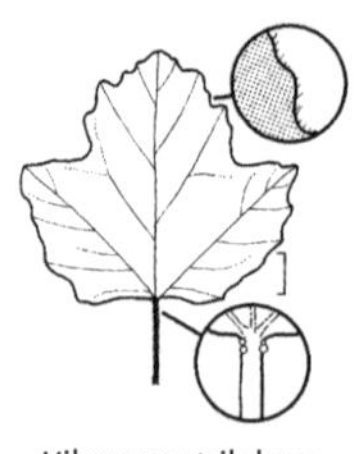
Viburnum trilobum

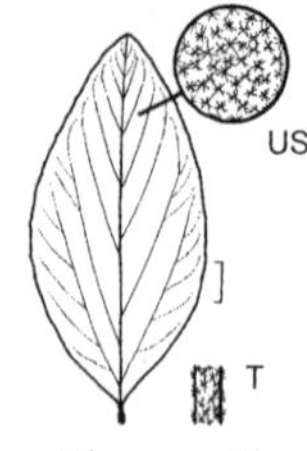

Viburnum utile

Blüten: 4–9 mm breit, in 4–9 cm breiten, 5–8-strahligen Trugdolden, Krone in der Knospe rosa, aufgeblüht weiß, November–April.
Früchte: Kugelig, 7–8 mm dick, dunkelblau.
Verbreitung: S-Europa, N-Afrika.
Verwendung: Häufig (oft als Kübelpflanze), B, D, ♧, ✂, WHZ 8a, LB 6.1.4.5.

V. tomentosum Thunb. non Lam. = *V. plicatum* var. *tomentosum*

Viburnum trilobum Marshall, Amerikanischer Schneeball

Habitus: Sommergrüner, bis 4 m hoher Strauch, Triebe kahl, grau.
Blätter: Breit eiförmig, 5–12 cm lang, Basis abgerundet bis gestutzt, 3-lappig, die Lappen zugespitzt, Mittellappen verlängert und grob gezähnt oder ganzrandig, Nerven etwas behaart oder nahezu kahl, Stiel 1–3 cm lang, oberseits mit flacher Furche und kleinen, meist gestielten, in der Mitte nicht vertieften Drüsen, Herbstfärbung karminrot.
Blüten: In 7–10 cm breiten, 1,5–3 cm lang gestielten Trugdolden, Krone weiß, Staubblätter etwa doppelt so lang wie die Krone, Staubbeutel gelb, Mai–Juni.
Früchte: Fast kugelig, 9 mm dick, scharlachrot.
Verbreitung: Kanada, NO- und NOZ-USA, Rocky Mts.
Verwendung: Selten, N, B, ♧, ✂, WHZ 4, LB 2.2.6.4.

Viburnum utile Hemsl., Nützlicher Schneeball

Habitus: Immergrüner, bis 2 m hoher, locker aufgebauter Strauch, Zweige dünn, Triebe sternhaarig.
Blätter: Schmal eiförmig bis länglich, 2–7 cm lang, meist stumpf, Basis breit keilförmig bis abgerundet, ganzrandig, oberseits glänzend dunkelgrün, kahl, unterseits dicht sternhaarig-weißfilzig, Stiel 4–8 mm lang.
Blüten: 8,5 mm breit, in 5–8 cm breiten, 5-strahligen, abgeflacht kugeligen, dicht sternhaarigen Trugdolden, Krone weiß, außen schwach rosa überlaufen, Mai–Juni.
Früchte: Breit ellipsoid, 6–8 mm lang, blauschwarz.
Verbreitung: M-China.
Verwendung: Selten, B, ♧, ✂, WHZ 7a, LB 6.3.4.5.

Vinca L.

Immergrün – Apocynaceae
(gekürzt aus lateinisch *vincapervinca* = Immergrün, von *vincire* = winden, biegen)

Habitus: Überwiegend immergrüne, kriechende Halbsträucher, nur Blütentriebe aufrecht.
Blätter: Kreuzweise gegenständig, einfach, ganzrandig, ledrig, glänzend.
Blüten: Zwittrig, radiär, blattachselständig, gestielt, Kelch klein, mit 5 schmal zugespitzten Zipfeln, Krone stieltellerförmig, mit zylindrischer Röhre und 5 breiten, in der Knospe gedrehten Zipfeln, Staubblätter 5, in der Mitte der Krone eingefügt, Fruchtknoten oberständig, 2-fächrig, Griffel kurz, an der Spitze zu einem häutigen Ring verdickt.
Früchte: Balgfrüchte, Bälge paarweise, am Grund miteinander verbunden, schmal zylindrisch, 1,5–5 cm lang, je Balg 2–3 walzenförmige, 6–9 mm lange Samen.
Verbreitung: 5 Arten in Europa, N-Afrika und W-Asien.
Verwendung: Häufig für flächige Pflanzungen, auch in halbschattigen Lagen, sowie im Wurzelbereich von Bäumen und Sträuchern.

Bestimmungsschlüssel Vinca

1 Blätter am Grund keilförmig auslaufend, Blattrand kahl, Blattstiel rund .... *V. minor*
– Blätter am Grund abgerundet bis herzförmig, Blattrand bewimpert, Blattstiel oberseits rinnig .... *V. major* subsp. *major*

Vinca major L. **subsp. major**, Großes Immergrün

Habitus: Immergrüner, 0,5–0,8 m hoher, dichte Polster bildender Strauch.
Blätter: Meist eiförmig, 2–7 cm lang, spitz oder stumpflich, Basis abgerundet bis fast herzförmig, bewimpert, Stiel 0,8–1,2 cm lang, oberseits rinnig, spärlich behaart.

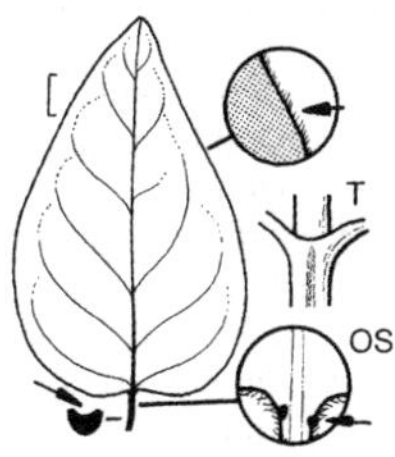

Vinca major subsp. major

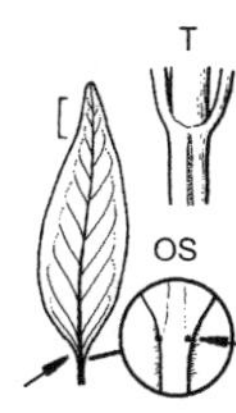

Vinca minor

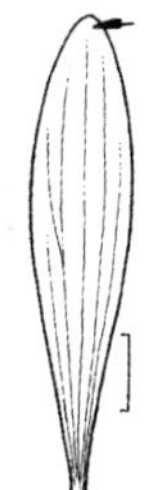
Viscum album subsp. album

Blüten: 3,5–4 cm breit, Krone lebhaft blau, Kronzipfel 1,2 cm lang, fast so lang wie die Röhre, am Rand bewimpert, Mai–September.
Verbreitung: S- und SO-Europa, Türkei, Zypern, Syrien, Kaukasien.
Verwendung: Häufig (mit einigen Sorten), B, ☠, WHZ 7a, LB 6.4.4.6.

subsp. hirsuta (Boiss.) Stearn. Blätter meist lanzettlich, Blattstiele stark behaart, Kelchblätter mit bis zu 1 cm langen Haaren. Türkei, Kaukasien.

Vinca minor L., Kleines Immergrün

Habitus: Immergrüner, 0,2–0,3 m hoher, mattenförmig wachsender Strauch, die niederliegenden Sprosse bis meterlang, bei Bodenkontakt wurzelnd.
Blätter: Länglich-lanzettlich bis elliptisch, 2–4 cm lang, stumpf oder etwas spitz, Basis allmählich verschmälert, Stiel 2–5 mm lang, stielrund.
Blüten: 2,5–3 cm breit, Krone blauviolett, Kronzipfel 3 mm lang, knapp halb so lang wie die Röhre, März–Juni, September.
Verbreitung: Europa (ausgenommen Britische Inseln und Skandinavien, dort aber etabliert), W-Türkei, Levante, Kaukasien, Iran.
Verwendung: Sehr häufig (mit einigen, auch weiß blühenden Sorten), B, ☠, WHZ 6b, LB 3.1.1.7.

Viscum L.

Mistel – Santalaceae (Viscaceae)

(lateinisch *viscum* = aus den gelben Beeren der Eichen-Mistel, *Loranthus europaeus*, bereiteter Vogelleim)

Habitus: Auf den Ästen verschiedener Gehölze als Halbparasiten wachsende, immergrüne Sträucher mit grünen, gabelig verzweigten Sprossen.
Blätter: Gegenständig, oft dick und fleischig, ± parallelnervig.
Blüten: 1-geschlechtig, 1- oder 2-häusig verteilt, klein, unscheinbar, in doldigen Ständen oder einzeln in den Achseln kleiner Hochblätter, 3- bis 4-zählig, Blütenhülle aus gleichartigen Blättern in 2 Kreisen, bei ♂ Blüten die Blütenblätter mit den Staubblättern verwachsen, Innenseite der Blütenblätter durch die sich öffnenden Pollenfächer siebartig durchlöchert, ♀ Blüten deutlich kleiner, Fruchtknoten unterständig, mit dem Blütenbecher verwachsen.
Früchte: Scheinfrüchte beerenartig, etwa 8 mm dick, ± kugelig, mit dicker, klebriger Schleimschicht, Samen etwa 5 mm groß.
Verbreitung: 60–70 Arten in den gemäßigten sowie tropischen und subtropischen Zonen der Alten und Neuen Welt, vor allem in Afrika.
Verwendung: Kein planmäßiger Anbau. Mistelzweige hatten früher eine große Bedeutung in der Mythologie, gegenwärtig werden sie häufig zu Weihnachten als Schmuckzweige aufgehängt.

Viscum album L. **subsp. album**, Laubholz-Mistel

Habitus: Bis etwa 1 m hoher, ± kugeliger, gabelig verzweigter Strauch, als Halbparasit vorwiegend auf Laubbäumen wachsend, Zweige gelblich grün, biegsam, kahl, regelmäßig gabelig verzweigt.
Blätter: Verkehrteiförmig bis länglich-eiförmig, 2–8 cm lang, stumpf, derb, gelbgrün, fast sitzend.
Blüten: Zu 3–5 in den Achseln kleiner Hochblätter zwischen den Gabelästen, April–Mai.
Früchte: ± kugelig, 0,6–1 cm dick, weiß.
Verbreitung: Europa, Türkei, Kaukasien, N-Iran, Himalaja, Russ. Ferner Osten, China,

Vitex agnus-castus

Korea, Japan, Myanmar, Vietnam, N-Afrika. Vorkommen auf verschiedenen Laubbäumen und -sträuchern, häufig auf *Populus* (ausgenommen Pyramiden-Pappel), *Salix*, *Malus* und *Tilia*, sehr selten auf *Acer*, *Carpinus*, *Quercus*, *Ulmus* und *Fraxinus*, nie auf *Fagus*.
Verwendung: Häufig, N, ☘, ⚕, ☠, WHZ 5b, LB 3.0.2.7.

subsp. abietis (Wiesb. ex Beck) K. Malý. Tannen-Mistel. Früchte ei- bis birnenförmig, meist weiß. Blätter bis 8 cm lang. M-, S- und O-Europa, Kaukasien. Kommt nur auf verschiedenen *Abies*-Arten vor; die Verbreitung deckt sich weitgehend mit dem Areal von *Abies alba*.

subsp. austriacum (Wisb.) Vollm., Kiefern-Mistel. Früchte ei- bis birnenförmig, gelblich. Blätter 2–4(–6) cm lang. S-, M-, MO-, O- und SO-Europa, Türkei, N-Afrika. Kommt vor allem auf *Pinus sylvestris*, weniger häufig auf *P. nigra* und anderen *Pinus*-Arten vor, selten auf *Picea*, *Larix* und *Cedrus*.

Vitex L.

Keuschbaum, Mönchspfeffer – Lamiaceae

(lateinisch *vitex* = Mönchspfeffer, *V. agnus-castus*)

Habitus: Sommer- oder immergrüne Sträucher oder Bäume, Zweige grau, schwach behaart, verkahlend, Endknospen fehlend.
Blätter: Gegenständig, handförmig geteilt, Blättchen 3–7, selten auf 1 Blättchen reduziert, reich an ätherischen Ölen.
Blüten: Zwittrig, zygomorph, klein, in endständigen, rispenartigen Ständen, die aus Scheinwirteln zusammengesetzt sind, Kelch glockig, oft 5-zähnig, Krone weiß, blau oder gelblich, röhrig-trichterförmig, mit schief 5-lappigem oder fast 2-lippigem Saum, Staubblätter 4, je 2 kürzere und 2 längere, Griffel an der Spitze gespalten.
Früchte: Steinfrüchte kugelig-eiförmig, 2–4 mm dick, schwärzlich braun, 4-fächrig, 4-samig, Steinkern hart.
Verbreitung: Etwa 250 Arten in tropischen und subtropischen Regionen beider Erdhälften, selten in gemäßigten Zonen.
Verwendung: Nur folgende Art als Freiland- oder Kübelpflanze in Kultur. Die scharf schmeckenden Samen enthalten ein ätherisches Öl, sie wurden früher als Pfefferersatz und als Anaphrodisiakum genutzt.

Vitex agnus-castus L., Mönchspfeffer

Habitus: Sommergrüner, bis 3 m hoher Strauch, Zweige 4-kantig, graufilzig behaart, gerieben aromatisch duftend.
Blätter: Blättchen 5–7, lanzettlich bis schmal lanzettlich, 5–10 cm lang, ganzrandig oder mit einigen groben Zähnen, unterseits grau behaart.
Blüten: 8 mm lang, 2-lippig, in bis 30 cm langen, end- oder achselständigen, kegelförmigen, dicht kurz behaarten Rispen an jungen Zweigen, duftend, Krone hellviolett, September–Oktober.
Früchte: Kugelig, 3–4 mm dick.
Verbreitung: SW-, S- und SO-Europa, Türkei, Kaukasien, Iran, M-Asien, N-Afrika.
Verwendung: Selten (mit einigen, auch weiß blühenden Sorten), B, ⚕, WHZ 8b, LB 6.4.1.5.

Vitis L.

Rebe, Weinrebe – Vitaceae

(lateinisch *vitis* = Edle Weinrebe, *Vitis vinifera*)

Habitus: Meist sommergrüne, mit blattgegenständigen, verzweigten oder unverzweigten Ranken (zu Haftorganen umgebildete, sterile Blütenstände) kletternde Sträucher, Borke in Streifen abfasernd, mehrjährige Zweige mit braunem, an den Knoten unterbrochenem Mark, Ranken oft an jedem 3. Sprossknoten fehlend, Blattstielnarben mit undeutlichen Gefäßbündelspuren.
Blätter: Wechselständig, einfach, meist gelappt, selten handförmig zusammengesetzt, Nebenblätter vorhanden.
Blüten: Zwittrig, polygam oder 1-geschlechtig, zuweilen 2-häusig verteilt, radiär, klein, unscheinbar, in Rispen am Grund junger Triebe, Blütenhülle doppelt 5-zählig, Kelch viel kürzer als die an der Spitze verwachsenen Kronblätter, die beim Aufblühen als

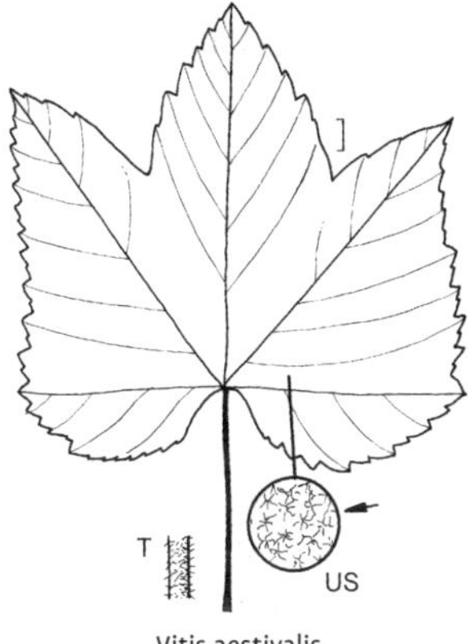

Vitis aestivalis

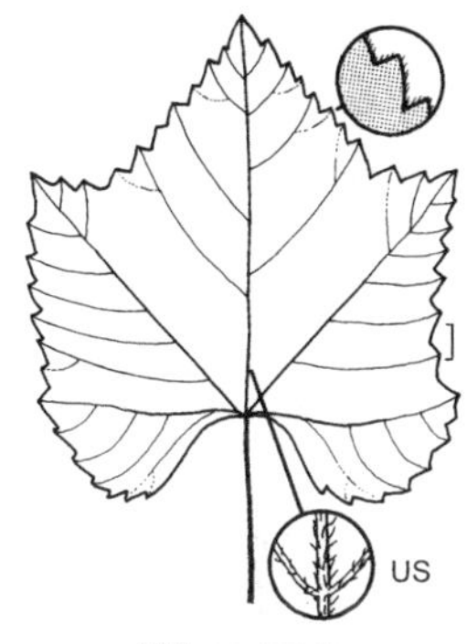

Vitis amurensis

5-zipfelige „Mütze“ abgeworfen werden, Fruchtknoten oberständig, 2-fächrig, zwischen den 5 Staubblättern und dem Fruchtknoten eine 5-teilige Nektarscheibe.
Früchte: Beeren ellipsoid bis kugelig, meist 0,7–1 cm dick, gelbgrün, purpurschwarz oder schwarz, oft etwas bereift, die 2–4 Samen meist deutlich birnenförmig.
Verbreitung: Etwa 65 Arten in der nördl. Hemisphäre, meist in gemäßigten Zonen, überwiegend in N-Amerika und O-Asien.
Verwendung: Neben der Kultur-Weinrebe, *V. vinifera* subsp. *vinifera*, werden einige Arten als dekorativ belaubte Kletterpflanzen zur Bekleidung von Mauern, Pergolen und Lauben verwendet. Kultur-Weinreben gehören neben den Getreidearten zu den ältesten Kulturpflanzen der Menschen.

Bestimmungsschlüssel Vitis

1 Blätter unterseits kahl oder nur schwach behaart, grün 2
– Blätter unterseits (zumindest in der Jugend) filzig oder bereift, jedenfalls nicht rein grün 8
2 Basaler Bogen der Blattspreite (beidseits des Stieles) eng (v-förmig) 3
– Basaler Bogen der Blattspreite weit (halbkreisförmig) 5
3 Triebe und Blattstiele mit Drüsenborsten/-stacheln . . . . *V. davidii*
– Triebe und Blattstiele ohne Drüsenborsten/-stacheln 4
4 Blätter im Umriss fast kreisförmig, 3- bis 5-lappig, unterseits leicht behaart . . . . *V. vinifera* subsp. *sylvestris*
– Blätter im Umriss eiförmig, 3-lappig oder ungelappt, unterseits kahl oder jedenfalls nur auf den Nerven behaart . . . . *V. vulpina*
5 Ranken hinfällig oder öfter fehlend, Blätter breiter als lang . . . . *V. rupestris*
– Ranken kräftig (höchstens an jedem 3. Knoten fehlend), Blätter länger als breit 6
6 Triebe rot oder rötlich 7
– Triebe grün . . . . *V. riparia*
7 Buchten rund . . . . *V. palmata*
– Buchten spitz . . . . *V. amurensis*
8 Triebe 5-kantig . . . . *V. thunbergii*
– Triebe rund (höchstens streifig) 9
9 Blätter tief gelappt 11
– Blätter kaum gelappt 10
10 Ranken an jedem 3. Knoten fehlend . . . . *V. coignetiae*
– Ranken nicht an jedem 3. Knoten fehlend . . . . *V. labrusca*
11 Triebe flockig-filzig behaart . . . . . . *V. aestivalis*
– Triebe (fast) kahl . . . *V. vinifera* subsp. *vinifera*

Vitis aestivalis Michx., Sommer-Rebe

Habitus: Bis etwa 20 m hoch kletternd, Internodien meist kurz, Triebe flockig-filzig behaart, Ranken oder Blütenstände an jedem 3. Sprossknoten fehlend.
Blätter: Breit eiförmig bis fast kreisrund, 10–30 cm lang, ungeteilt bis tief 3- bis 5-lappig, Basis herzförmig, mit schmalen bis breiten, sich oft überdeckenden Basislappen, grob gezähnt, oberseits stumpfgrün und zuletzt kahl, unterseits graufilzig, nur entlang der Nerven mit rostfarbigen Flecken.
Blüten: In walzenförmigen, 10–25 cm langen Rispen, Juni.
Früchte: Kugelig, 0,8–1 cm dick, dunkelblau, oft bereift.
Verbreitung: NO-USA.
Verwendung: Sehr selten (als Kreuzungspartner für europäische Reben von Bedeutung), N, ♧, WHZ 6a, LB 2.4.2.9.

Vitis amurensis Rupr., Amur-Rebe

Habitus: Bis etwa 15 m hoch kletternd, Triebe rötlich, anfangs flockig-filzig behaart, Zweige schwach kantig, Markscheidewände dick.

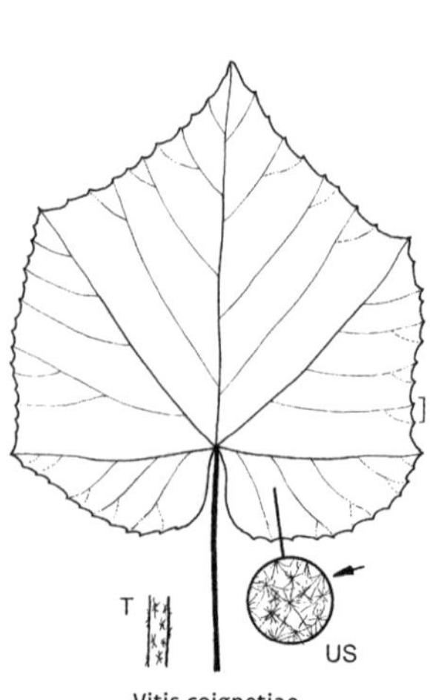

Vitis coignetiae

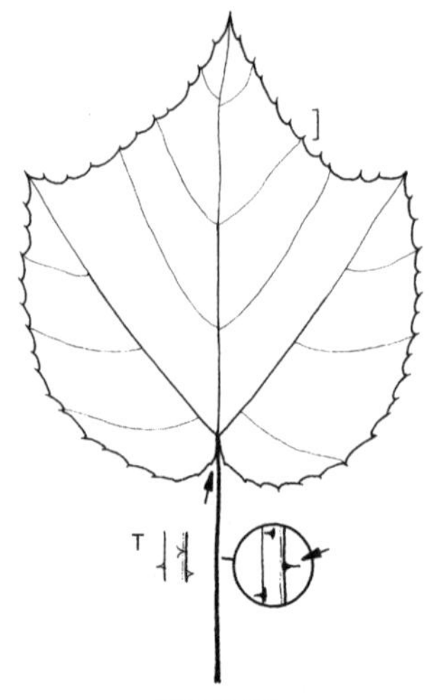

Vitis davidii

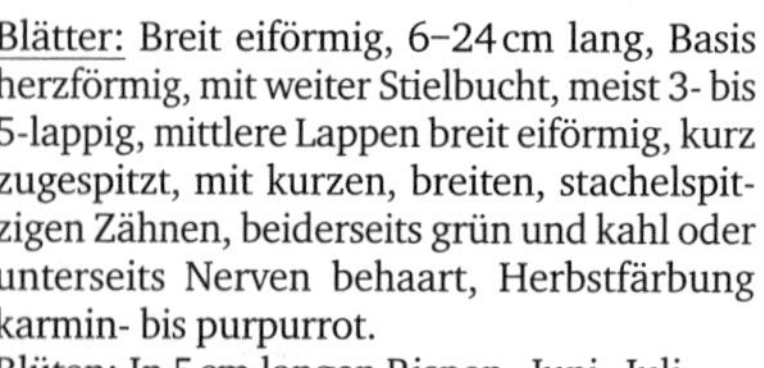

Blätter: Breit eiförmig, 6–24 cm lang, Basis herzförmig, mit weiter Stielbucht, meist 3- bis 5-lappig, mittlere Lappen breit eiförmig, kurz zugespitzt, mit kurzen, breiten, stachelspitzigen Zähnen, beiderseits grün und kahl oder unterseits Nerven behaart, Herbstfärbung karmin- bis purpurrot.
Blüten: In 5 cm langen Rispen, Juni–Juli.
Früchte: Eiförmig, bis 1,6 cm dick, schwarz, säuerlich, essbar.
Verbreitung: Russ. Ferner Osten, N-China, Mandschurei, Korea, Japan.
Verwendung: Häufig (Früchte von Wildpflanzen werden zur Weinbereitung gesammelt), ♧, N, WHZ 5a, LB 3.2.2.9.

V. armata Diels et Gilg. = *V. davidii*

Vitis coignetiae Pulliat ex Planch., Rostrote Rebe

Habitus: Bis etwa 25 m hoch kletternd, Triebe rostbraun spinnwebenartig bis filzig behaart, ± stark verkahlend, Ranken oder Blütenstände an jedem 3. Sprossknoten fehlend.
Blätter: Rundlich-eiförmig, 20–30 cm breit, Basis tief herzförmig, mit schmaler Stielbucht, deutlich 3- bis 5-lappig, Rand mit kurzen, stachelspitzigen Zähnen, oberseits stumpfgrün und runzelig, nahezu kahl, unterseits, besonders auf den Nerven, bleibend rostrot spinnwebenartig filzig behaart, Herbstfärbung auffallend scharlach- bis karminrot.
Blüten: In schmalen, 6–12 cm langen, rostrot filzig behaarten Rispen, Juni–Juli.
Früchte: 1,2 cm dick, schwazpurpurn, bereift.
Verbreitung: Japan, Korea, Sachalin.
Verwendung: Häufig, H, WHZ 6a, LB 7.4.2.9.

Vitis davidii (Carrière) Foex, Davids Rebe

Habitus: Bis etwa 15 m hoch kletternd, Triebe kahl, aber mit sitzenden, drüsenspitzigen Stacheln besetzt.
Blätter: Eiförmig oder eiförmig-elliptisch, 5–12 cm lang, einfach oder schwach 3-lappig, zugespitzt bis spitz, Basis tief herzförmig, fein buchtig gezähnt, (jederseits 12–33 Zähne), oberseits glänzend dunkelgrün, kahl, unterseits bläulich bis graugrün, bis auf die drüsigborstigen Nerven nahezu kahl, Stiel ebenfalls drüsig-borstig, Herbstfärbung leuchtend karminrot.
Blüten: In 10–20 cm langen Rispen, April–Juli.
Früchte: Kugelig, 1,2–2,5 cm dick, schwarz.
Verbreitung: China.
Verwendung: Selten, ♧, H, WHZ 7a, LB 6.2.1.9.

Vitis labrusca L., Fuchs-Rebe

Habitus: Bis etwa 15 m hoch kletternd, junge Triebe stark flockig-filzig behaart, Ranken bzw. Blütenstände stehen ununterbrochen an mehreren aufeinander folgenden Sprossknoten.
Blätter: Rundlich-eiförmig bis breit eiförmig, 7–16 cm breit, Stielbucht gewöhnlich offen,

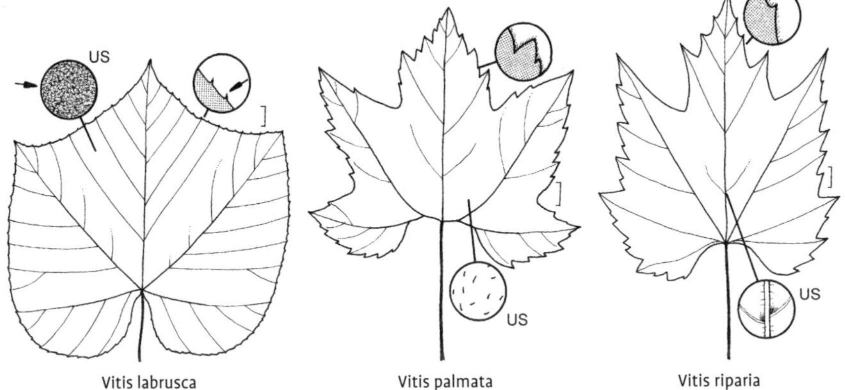

Vitis labrusca Vitis palmata Vitis riparia

ungeteilt oder seicht 3-lappig, meist unregelmäßig seicht gezähnt, oberseits dunkelgrün, unterseits anfangs grau- oder weißfilzig, später bräunlich filzig behaart.
Blüten: In fast traubenartigen, 5–7 cm langen Ständen, Juni.
Früchte: 1,5–2 cm dick, dunkelviolett (in Kultur auch grün, rot oder weiß), nach Muskat schmeckend.
Verbreitung: NO- und SO-USA.
Verwendung: Selten, N, ♧, WHZ 5a, LB 2.3.4.9.

V. labrusca auct. non L. = *V. coignetiae*

Vitis palmata Vahl, Katzen-Rebe

Habitus: Bis etwa 20 m hoch kletternd, Triebe kahl, anfangs leuchtend rot, Zweige dünn, kantig, Markscheidewände dick.
Blätter: Eiförmig, 8–12 cm lang, tief 3- bis 5-lappig, mit runden Buchten, Lappen lang zugespitzt, grob gezähnt, oberseits glänzend dunkelgrün, unterseits frischgrün, kahl oder auf den Nerven behaart, Stiel rot.
Blüten: In 8–15 cm langen, lockeren, lang gestielten Rispen, Juli–August.
Früchte: 0,8–1 cm dick, schwarz, nicht bereift, süß.
Verbreitung: NO-, Z-, und SO-USA.
Verwendung: Sehr selten, N, ♧, WHZ 5a, LB 2.4.5.9.

Vitis riparia Michx., Ufer-Rebe

Habitus: Bis etwa 20 m hoch kletternd, Triebe kahl, Markscheidewände in den letzten Sprossknoten dünn, 0,5–1 mm dick.
Blätter: Breit eiförmig oder eiförmig, 8–12 cm lang, mit weiter Stielbucht, meist 3-lappig, Lappen kurz, zugespitzt, ungleichmäßig grob gezähnt, oberseits glänzend, unterseits frischgrün und kahl oder auf den Nerven behaart.
Blüten: In 5–10 cm langen Rispen, duftend, Juni.
Früchte: Kugelig, 8 mm dick, purpurschwarz, bereift.
Verbreitung: O-Kanada, NO-, NOZ-, Z-, SW- und SO-USA, Rocky Mts.
Verwendung: Selten, N, D, WHZ 4, LB 2.4.3.9.

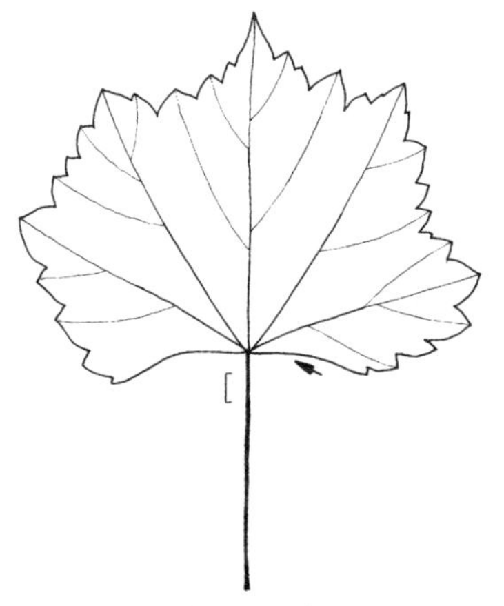

Vitis rupestris

Vitis rupestris Scheele, Sand-Rebe

Habitus: Meist strauchig wachsend, bis 2 m hoch, Ranken fehlend oder nur an den unteren Sprossknoten, junge Triebe kahl oder

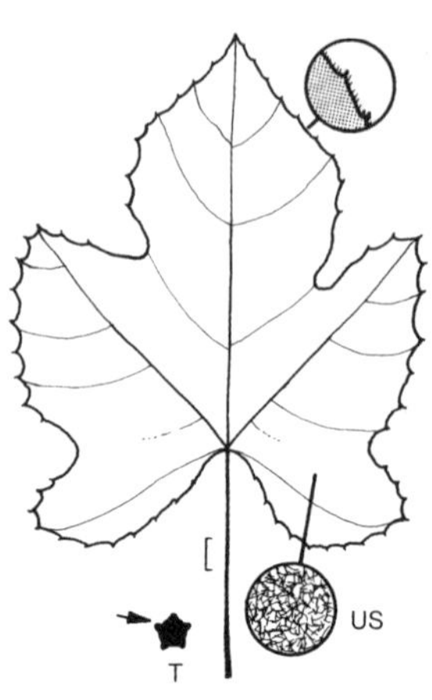

Vitis thunbergii

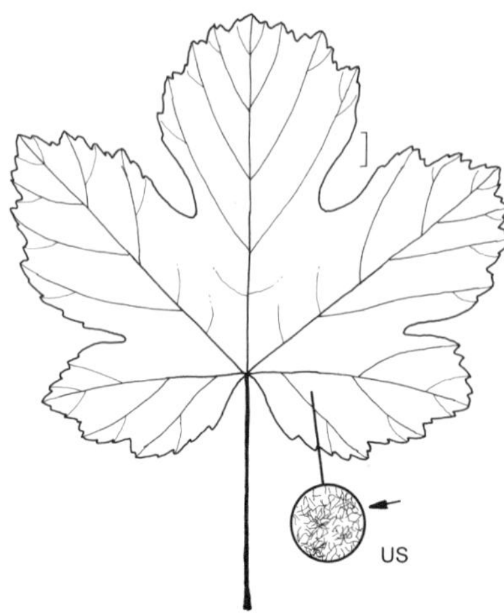

Vitis vinifera subsp. vinifera

spärlich behaart, ± violett, Markscheidewände dünn.
Blätter: Rundlich-eiförmig, 4–10 cm breit, mit sehr weiter Stielbucht, unregelmäßig grob gezähnt und manchmal schwach 3-lappig, oberseits bläulich grün, glänzend, meist kahl, unterseits zuletzt kahl oder auf den Nerven behaart.
Blüten: In lockeren, 2–10 cm langen Rispen, Juni.
Früchte: Nahezu kugelig, 0,7–1,4 cm dick, purpurschwarz, manchmal bereift, angenehm schmeckend.
Verbreitung: NO-, NOZ-, Z- und SO-USA.
Verwendung: Selten, N, ♧, WHZ 6a, LB 6.3.2.5.

V. sylvestris C.C. Gmel. = *V. vinifera* subsp. *sylvestris*

Vitis thunbergii Siebold et Zucc., Thunbergs Rebe

Habitus: Bis etwa 10 m hoch kletternd, junge Triebe rostbraun filzig behaart, Zweige 5-kantig, Ranken oder Blütenstände nur an jedem 3. Sprossknoten.
Blätter: 3- bis 5-lappig, meist tief eingeschnitten, 6–10 cm breit, Lappen breit eiförmig mit runden Buchten, Stielbucht geschlossen, unregelmäßig seicht gezähnt, oberseits stumpf dunkelgrün, unterseits rostbraun filzig behaart, Stiele zuletzt rauhaarig, Herbstfärbung karminrot.
Blüten: In 5–8 cm langen Rispen, Juni–Juli.
Früchte: 0,8–1 cm dick, schwarz, purpurn bereift.
Verbreitung: Japan, China, Korea, Taiwan.
Verwendung: Sehr selten, ♧, H, WHZ 6a, LB 6.4.1.9.

V. veitchii Lynch = *Parthenocissus tricuspidata* 'Veitchii'

Vitis vinifera L. **subsp. vinifera**, Kultur-Weinrebe

Habitus: In Kultur regelmäßig bis auf Höhen von etwa 1–3 m zurückgeschnitten, junge Triebe kahl oder spinnwebartig filzig behaart
Blätter: Kreisrund, 5–15 cm breit, 3- bis 7-lappig, Stielbucht weit offen bis geschlossen, Blattlappen sich teilweise überdeckend, unregelmäßig gezähnt, oberseits stets verkahlend, unterseits oft bleibend filzig oder flockig behaart.
Blüten: Zwittrig, in ziemlich dichten, vielblumigen Rispen, Juni.
Früchte: Etwa 1 cm bis mehr als 2,5 cm lang, ± kugelig bis ellipsoid, gelb, grün, grau, rosa, rot, blauschwarz, oft bereift, in weniger als 10 cm bis über 25 cm langen Trauben.
Verbreitung: Seit alter Zeit in zahlreichen Sorten in Kultur.
Verwendung: Sehr häufig, WHZ 7a, LB 2.4.2.9.

subsp. sylvestris (C.C. Gmel.) Hegi, Wilde Weinrebe. 20–30 m hoch kletternd, Ranken verzweigt. Blätter kreisrund, 5–15 cm breit,

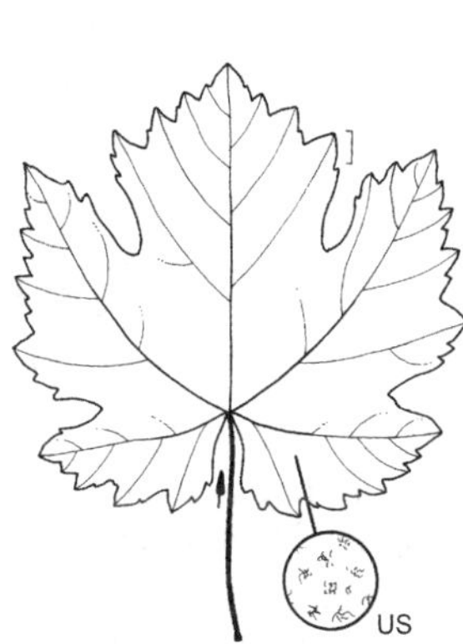

Vitis vinifera subsp. sylvestris

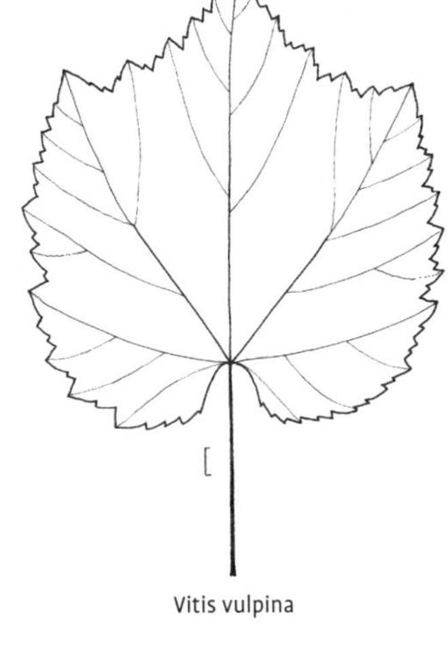
Vitis vulpina

3- bis 5-lappig, Basis tief eingeschnitten, herzförmig, mit oft weiter Stielbucht, oberseits tiefgrün, verkahlend, unterseits bleibend behaart. Blüten 1-geschlechtig, 2-häusig verteilt, duftend, Juni. Früchte 5–7 mm dick, blauviolett bis schwarzblau, saftarm, sauer. S-, SO-, MO- und O-Europa, Türkei, Kaukasien, N-Iran, M-Asien.

V. virginiana Poir. = *V. riparia*

Vitis vulpina L., Duft-Weinrebe, Winter-Rebe

Habitus: Bis etwa 20 m hoch kletternd, Markscheidewände 2–5 mm dick, Ranken verzweigt, fuchsrot.
Blätter: Breit eiförmig, 10–12 cm lang, Basis herzförmig, mit enger, spitzwinkliger Stielbucht, ungelappt oder seicht 3-lappig, mit spitzen Zähnen unregelmäßig grob gesägt, oberseits glänzend, unterseits hellgrün, zuletzt auf den Nerven rau behaart.
Blüten: In vielblumigen 10–25 cm langen Rispen, duftend, Juni.
Früchte: 0,8–1 cm dick, schwarz oder dunkelblau, leicht bereift, anfangs sehr sauer, erst nach Frosteinwirkung süß und essbar.
Verbreitung: NO-, NOZ-, Z- und SO-USA.
Verwendung: Selten, N, ♲, WHZ 6a, LB 2.4.3.9.

Weigela Thunb.

Weigelie – Caprifoliaceae
(nach Christian Ehrenfried von Weigel, 1748–1831, deutscher Arzt, Chemiker, Pharmazeut und Botaniker)

Habitus: Sommergrüne, aufrechte Sträucher, Zweige stielrund, mit vollem Mark, Endknospen fehlend, Seitenknospen länglich, eng dem Zweig anliegend.
Blätter: Gegenständig, einfach, gesägt, kurz gestielt, Nebenblätter fehlend.
Blüten: Zwittrig, zygomorph, einzeln oder zu mehreren in endständigen Thyrsen an Kurztrieben, die vorjährigen Zweigen entspringen, Kelch 5-zipfelig, Krone weiß, rosa bis rot oder gelblich, röhrenförmig-glockig bis trichterförmig, Kronröhre deutlich länger als die 5 Kronzipfel, Staubblätter 5, am Ende der Kronröhre eingefügt, kürzer als die Krone, Griffel oft mit kopfiger Narbe, oft die Krone überragend, Fruchtknoten unterständig, 2-fächrig.
Früchte: Kapseln länglich, 1,5–3 cm lang, oben oft ± lang schnabelförmig verlängert, 2-fächrig, sich 2-klappig öffnend, Samen je Fach zahlreich, oft geflügelt.
Verbreitung: 10 Arten in der nemoralen Zone O-Asiens.
Verwendung: Häufig gepflanzte, reich blühende, langlebige Ziersträucher. In den Gärten sind selten Arten, sondern meist Hybriden und Sorten zu finden.

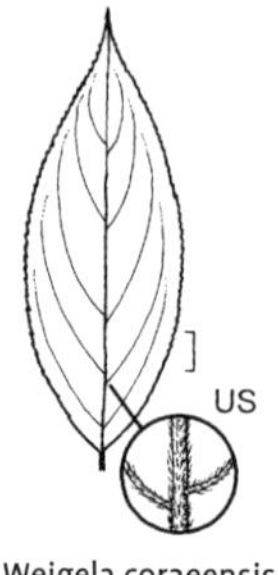

Weigela coraeensis

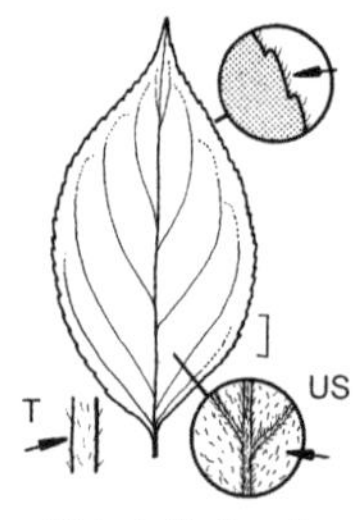

Weigela floribunda

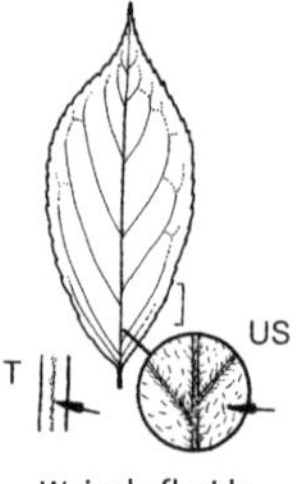

Weigela florida

Bestimmungsschlüssel Weigela

1 Blätter (fast) sitzend 2
– Blätter deutlich gestielt 3
2 Junge Triebe mit 2 Haarreihen, Blätter ober- und unterseits auf den Nerven behaart . . . . *W. middendorffiana*
– Junge Triebe behaart (aber nicht mit 2 Haarreihen) oder kahl, Blätter (ober- und) unterseits flächig behaart . . . . *W. praecox*
3 Triebe (wenigstens viele) mit Haarstreifen, Blattstiele höchstens 5 mm lang 4
– Triebe ohne Haarstreifen, Blattstiele 5–10 mm lang . . . . *W. coraeensis*
4 Blätter höchstens 6 cm lang . . . . *W. florida*
– Blätter länger (wenigstens die meisten) 5
5 Blätter lang zugespitzt, Blattrand kahl . . . . *W. japonica*
– Blätter spitz, aber ohne lang ausgezogene Spitze, Blattrand bewimpert . . . . *W. floribunda*

W. amabilis Planch. = *W. coraeensis*
W. arborea hort. = *W. coraeensis*

Weigela coraeensis Thunb., Koreanische Weigelie

Habitus: 2–3(–5) m hoher Strauch, Triebe steif, kahl, graubraun.
Blätter: Eiförmig bis verkehrteiförmig, 8–12 cm lang, plötzlich zugespitzt, Basis keilförmig, Spreite fein kerbig gesägt, oberseits glänzend und bis auf die Nerven kahl, unterseits Nerven spärlich behaart, Stiel 0,5–1 cm lang.
Blüten: 2,5–3 cm lang, zu 2–8, glockig-trichterförmig, unterhalb der Mitte plötzlich verengt, außen kahl, Krone hellrosa bis weißlich, später innen dunkel karminrosa, Fruchtknoten kahl, Griffel nicht vorragend, Kelchzipfel schmal linealisch, bis zur Basis getrennt, kahl bis bewimpert, Mai–Juni.
Früchte: Bis 3 cm lang, schmal zylindrisch, kahl.
Verbreitung: Japan.
Verwendung: Selten, B, WHZ 6a, LB 7.2.2.5 (9.2.2.5).

Weigela floribunda (Siebold et Zucc.) K. Koch, Reichblütige Weigelie

Habitus: 2–3 m hoher Strauch, junge Triebe behaart oder wenigstens mit 2 Haarstreifen.
Blätter: Länglich-eiförmig oder eiförmig, 6–12 cm lang, zugespitzt, Basis breit keilförmig, oberseits spärlich behaart, unterseits besonders auf den Nerven zottig behaart, Stiel 2–3 mm lang.
Blüten: 2,5–4 cm lang, zu 1–3 in den oberen Blattachseln, trichterförmig, nach unten allmählich verschmälert, außen behaart, Krone dunkel karminrot, in der Knospe bräunlich, Fruchtknoten behaart, Griffel deutlich länger als die Krone, Kelchzipfel schmal linealisch, bis zur Basis getrennt, Mai–Juni.
Früchte: Bis 2,5 cm lang, zylindrisch, etwas gebogen, oft behaart.
Verbreitung: Japan.
Verwendung: Häufig, B, WHZ 6a, LB 7.2.2.5 (6.4.3.5).

Weigela florida (Bunge) A. DC., Liebliche Weigelie

Habitus: 2–3(–4) m hoher Strauch, Triebe mit 2 Haarstreifen.
Blätter: Elliptisch bis länglich-eiförmig, 4–6 cm lang, lang zugespitzt, Basis abgerundet oder keilförmig, oberseits bis auf die Mittelrippe kahl, unterseits ± dicht weich behaart.
Blüten: 3–3,5 cm lang, meist zu 3–4, trichterförmig-glockig, unterhalb der Mitte plötzlich verengt, außen ± behaart, Krone rosa bis dunkelrosa, innen heller bis weiß, Fruchtknoten behaart, Kelchzipfel breit 3-eckig, ± lang zugespitzt, bis zur Hälfte verwachsen, Mai–Juni.
Früchte: Bis 2,5 cm lang, schmal zylindrisch, kahl.
Verbreitung: Korea, Mandschurei, N-China.

Verwendung: Sehr häufig (mit einigen Sorten), B, WHZ 5b, LB 9.3.3.5.

'Bristol Snowflake'. Blüten glockig, 3 cm breit, zu 6–9. Krone weiß. Blätter mittelgrün, am Rand leicht purpurn.

'Florida Variegata'. Blüten glockig, 3 cm breit, zu 9–16, Krone hell purpurrosa bis nahezu weiß. Blätter grün mit weißlich gelbem Rand.

'Foliis Purpureis'. Blüten trichterförmig, 2 cm breit, zu 5–9, Krone hell purpurrosa. Blätter tief braunrot.

'Milk an Honey'. Blüten glockig, 3 cm breit, zu 5–9, Krone anfangs gelblich grün, aufgeblüht weiß. Blätter in der Mitte grünlich gelb, am Rand grün.

Minor Black ('Verzweig 3'). Blüten trichterförmig, 2,5 cm breit, zu 3–7, Krone (dunkel) purpurrosa. Wuchs schwach. Blätter braunrot.

Monet ('Verzweig'). Blüten trichterfömig, 2 cm breit, zu etwa 5, Krone (hell) purpurrosa. Wuchs schwach, Blätter grün, mit einem breiten gelben Rand.

'Tango'. Blüten trichterförmig, 1,8 cm breit, zu 3–9, Krone purpurrosa. Blätter grünlich rot.

'Victoria'. Blüten trichterförmig, 2,5 cm breit, Krone purpurrosa. Blätter matt grünlich rot.

'Wine & Roses'. Blüten glockig bis trichterförmig, 3 cm breit, zu 3–11, Krone (dunkel) purpurrosa. Blätter (dunkel) braunrot.

W. grandiflora (Siebold et Zucc.) Fortune = *W. coraeensis*

Weigela japonica Thunb., Japanische Weigelie

Habitus: Bis 3 m hoher Strauch, Triebe kahl oder mit 2 Haarstreifen.
Blätter: Elliptisch bis länglich-verkehrteiförmig, 5–10 cm lang, zugespitzt, Basis abgerundet oder keilförmig, oberseits spärlich behaart, unterseits ganz oder auf den Nerven weich grauhaarig, Stiel 2–5 mm lang.
Blüten: 3–3,5 cm lang, glockig-trichterförmig, in der Mitte plötzlich verengt, einzeln oder paarweise, Krone anfangs grünlich bis weißlich, später außen karminrot, Griffel nicht oder nur wenig hervorragend, Fruchtknoten kahl oder spärlich weichhaarig,

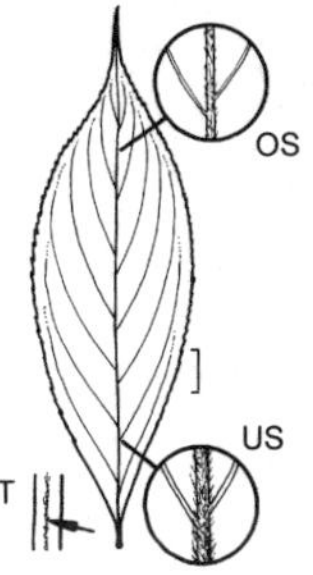

Weigela japonica

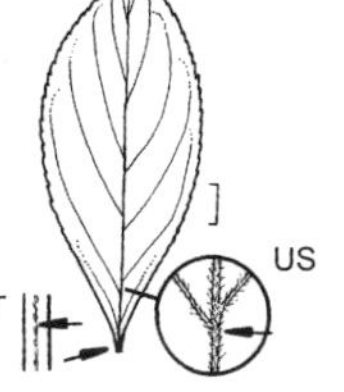

Weigela middendorffiana

Kelchzipfel schmal linealisch, bis zur Basis getrennt, Mai–Juni.
Früchte: Bis 2,7 cm lang, länglich, etwas gebogen, behaart.
Verbreitung: China, Japan.
Verwendung: Selten, B, WHZ 6a, LB 7.2.3.5.

Weigela middendorffiana (Trautv. et C.A. Mey.) K. Koch, Gelbblütige Weigelie

Habitus: 1–1,5 m hoher Strauch, Triebe graugelb, anfangs mit 2 Haarstreifen.
Blätter: Länglich bis schmal eiförmig 5–8 cm lang, zugespitzt oder spitz, Basis keilförmig oder abgerundet, oberseits frischgrün, fein runzelig, beiderseits Nerven kurz behaart, sitzend oder fast sitzend.
Blüten: 3–4 cm lang, trichterförmig, fast 2-lippig, zu 1–2, deutlich gestielt, Krone schwefelgelb, innen orange gefleckt, Staubblätter behaart, Kelch 2-lippig, Mai–Juni.
Früchte: Bis 2,5 cm lang, fadenartig, kahl.
Verbreitung: Russ. Ferner Osten, Sachalin, Korea, Japan.
Verwendung: Sehr selten, B, WHZ 5a, LB 7.2.5.6.

Weigela praecox (Lemoine) L.H. Bailey, Frühblühende Weigelie

Habitus: 2–3 m hoher Strauch, Triebe kahl oder weich behaart.
Blätter: Eiförmig bis länglich-eiförmig, 5–8(–12) cm lang, zugespitzt, oberseits schwach behaart, unterseits dichter weich behaart, kurz gestielt oder fast sitzend.
Blüten: 2–3,5 cm lang, zu 3–5, nickend, in meist achselständigen Büscheln, trichterförmig-glockig, unterhalb der Mitte plötzlich verengt, außen behaart, Krone purpurrosa, innen gelb, Fruchtknoten behaart, Kelchzip-

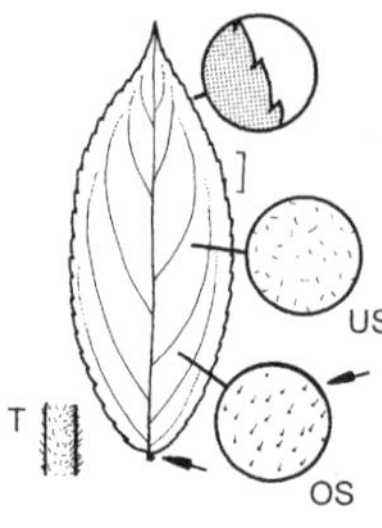

Weigela praecox

fel breit 3-eckig, bis zur Hälfte verwachsen, behaart, Mai.
Früchte: 1,5 cm lang, kahl.
Verbreitung: Korea, Mandschurei.
Verwendung: Häufig (mit einigen Sorten), B, WHZ 5b, LB 9.3.2.5.

'Floréal'. Blüten 3,5 cm breit, glockig, Krone hell purpurrosa. Blätter dunkelgrün.

'Praecox Variegata'. Blüten 4 cm breit, glockig, zu 9–15, Krone (hell) purpurrosa bis weißlich. Blätter hellgrün, am Rand unregelmäßig breit cremegelb.

'Red Prince'. Blüten glockig, 4 cm breit, zu 5–13, Krone (dunkel)rot, kaum verblassend. Blätter dunkelgrün.

W. rosea Lindl. = *W. florida*

Weigela-Hybriden

Die Hauptblütezeit der Hybriden liegt im Mai–Juni, bei einigen Sorten kommt es zu einer ± reichen Nachblüte im Spätsommer. Die meisten Sorten erreichen Wuchshöhen von 1,5–2 m, sie besitzen, von einigen Ausnahmen abgesehen, dunkelgrüne Blätter. Einige Sorten tragen neben ihrem Sortennamen auch einen in Kapitälchen gesetzten Handelsnamen, unter dem sie in der Regel angeboten und hier beschrieben werden. Von den rund 200 bekannten Hybridsorten gehören die folgenden zu den am häufigsten kultivierten:

'Abel Carrière'. Blüten 2,5 cm breit, glockig, zu 13–35, Krone anfangs purpurrosa.

Briant Rubidor ('Olympiade'). Blüten 3 cm breit, glockig, zu 5–12. Krone (dunkel)rot. Blätter grünlich gelb.

'Bristol Ruby'. Blüten 3,5 cm breit, glockig, zu 9–20, Krone dunkelrot.

'Bristol Snowflake'. Blüten glockig, 3 cm breit, zu 5–9, Krone weiß, in der Knospe gelbgrün.

'Candida'. Blüten glockig, 3,5 cm breit, zu 5–9, Krone weiß. Blätter hellgrün.

Carnaval ('Courtalor'). Blüten 3,5 cm breit, glockig, zu 9–16, Krone in der Knospe dunkel purpurrosa, aufgeblüht unregelmäßig weiß und purpurrosa gefleckt und gestreift.

'Eva Rathke'. Blüten 3,1 cm breit, glockig, zu 15–40, Krone (dunkel)rot.

'Eva Supreme'. Blüten 3,5 cm breit, glockig, zu 7–18, Krone (dunkel)rot.

'Evita'. Blüten 3 cm breit, glockig, zu 9–15, Krone (purpur)rot.

Lucifer ('Courtared'). Blüten 4,5 cm beit, trichterförmig, zu 9–21, Krone (purpur)rot.

Naomi Campbell ('Brokashine'). Blüten 2 cm breit, trichterförmig, Krone (dunkel) purpurrosa. Blätter braunrot.

'Newport Red'. Blüten 3 cm breit, glockig, zu 9–17, Krone purpurrot.

Wisteria Nutt.

Glyzine, Wisterie, Blauregen – Fabaceae

[nach Caspar Wister (Wistar), 1761–1818, nordamerikanischer Anatom und Gartenbesitzer]

Habitus: Sommergrüne, rechts- oder linkswindende Sträucher, bis etwa 10 m hoch kletternd.
Blätter: Wechselständig unpaarig gefiedert, Blättchen gegenständig, länglich-elliptisch, gestielt, ganzrandig, Endblättchen meist am größten, Nebenblätter hinfällig.
Blüten: Zwittrig, zygomorph, in langen, überhängenden, vielblumigen, end- und seitenständigen Trauben an Kurztrieben, nacheinander von der Basis bis zur Spitze aufblühend, Kelch glockig, mit 5 ungleichen Zähnen, Fahne groß, ± zurückgeschlagen, an der Basis mit 2 Schwielen oder Anhängseln, Flügel sichelförmig, Schiffchen gekrümmt, stumpf, 9 Staubblätter zu einer oben offenen Röhre verwachsen, 1 Staubblatt frei, Fruchtblatt 1, oberständig, in der Staubblattröhre liegend.
Früchte: Hülsen lanzettlich oder linealisch, derbwandig, samtig grau behaart, zwischen

den wenigen Samen ± deutlich verengt, Samen abgeplattet, fast kreisförmig, 1,2–1,5 cm breit.
Verbreitung: 6 Arten in O-Asien und im östl. N-Amerika.
Verwendung: Häufig gepflanzte, stark wachsende, prachtvoll blühende Lianen zur Bekleidung von Mauern, Pergolen und Lauben. Keine Regenfallrohre und -rinnen als Kletterhilfen benutzen! Die Samen aller Arten sind giftig.

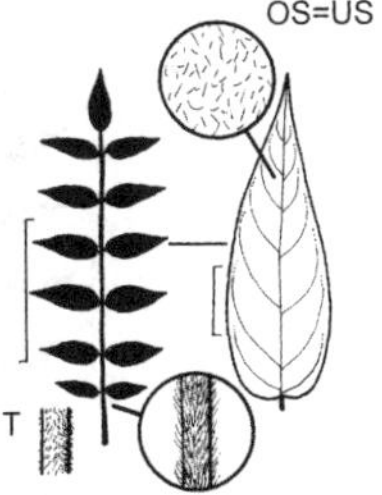

Wisteria brachybotrys

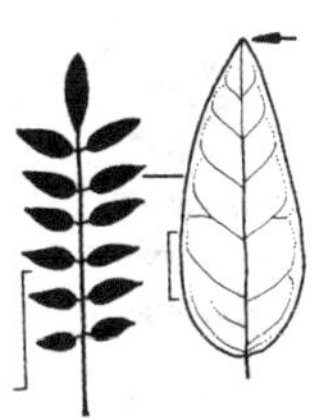
Wisteria floribunda

Bestimmungsschlüssel Wisteria

1 Blättchen bewimpert oder Blattstiel behaart 2
– Blättchen nicht bewimpert, Blattstiel kahl . . . . *W. floribunda*
2 Basis der Blättchen lang keilförmig 3
– Basis der Blättchen abgerundet oder herzförmig 4
3 Blätter oberseits kahl . . . . *W. ×formosa*
– Blätter oberseits zerstreut behaart . . . . *W. sinensis*
4 Blätter unterseits bleibend flächig behaart . . . *W. brachybotrys*
– Blätter unterseits bald nur noch auf den Nerven zerstreut behaart . . . . *W. frutescens*

Wisteria brachybotrys Siebold et Zucc., Seiden-Wisterie

Habitus: Bis etwa 9 m hoch kletternd, linkswindend, junge Triebe behaart.
Blätter: Blättchen 9–11, schmal eiförmig, 4–6 cm lang, anfangs beiderseits kurz seidig behaart, unterseits bleibend behaart, Herbstfärbung gelb.
Blüten: Zu etwa 17 in 10–20 cm langen Trauben nach der Laubentfaltung, auf der ganzen Länge der Langtriebe, Fahne 2 cm breit oder breiter, geöhrt, Krone purpurn, Mai–Juni.
Früchte: 10–20 cm lang, dicht samtig behaart.
Verbreitung: M- und S-Japan.
Verwendung: Sehr selten (mit einigen Sorten), B, ☠, WHZ 7a, LB 7.4.2.9.

'Alba' = 'Shiro-kapitan'

'Murasaki-kapitan'. Blüten zu 35–47 in 14–22 cm langen Trauben, blauviolett.

'Shiro-kapitan'. Blüten zu 20–35 in 12–18 cm langen, dicht samtig behaarten Trauben, weiß, Mai–Juni.

W. chinensis DC. = *W. sinensis*

Wisteria floribunda (Willd.) DC., Japanische Wisterie

Habitus: Etwa 8–12 m hoch kletternd, rechtswindend.
Blätter: 25–32 cm lang, Blättchen 11–17, eiförmig-elliptisch bis länglich, 4–8 cm lang, zugespitzt, Basis meist abgerundet, Spreiten anfangs anliegend behaart, später kahl und glänzend.
Blüten: In 40–80(–120) cm langen Trauben kaum duftend, Kelch behaart, häufig purpurn, Fahne 1,5–2 cm breit, breit eiförmig, geöhrt, Krone violett oder blauviolett, Fruchtknoten behaart, Mai–Juni.
Früchte: 10–15 cm lang, behaart.
Verbreitung: Japan.
Verwendung: Sehr häufig, B, ☠, WHZ 6b, LB 2.3.2.9.

Von den zahlreichen Sorten werden häufiger gepflanzt:

'Alba' = 'Shiro-noda'

'Domino'. Blüten zu 50–78 in 18–25 cm langen Trauben, Krone rein violettblau.

'Honbeni'. Blüten zu 72–97 in 32–40(–45) cm langen Trauben, Krone zartrosa, gelegentlich schwach lavendelrosa, Fahne gelb gefleckt, Kelch purpurrosa.

'Lawrence'. Blüten zu 145–170 in 36–45 cm langen, schlanken Trauben, Krone zart lilablau, Fahne groß, grünlich gelb gefleckt, Kelch bläulich.

'Macrobotrys' = 'Multijuga'

'Multijuga'. Blüten zu 79–128 in 50–60(–100) cm langen, schlanken Trauben, Krone zart purpurblau, Fahne gelb gefleckt. Kelch purpurn.

'Rosa' = 'Honbei'

'Royal Purple'. Blüten zu 90–110 in 27–40(–50) cm langen Trauben, Krone violett, Fahne mit einem großen gelblichen Fleck, Kelch purpurn.

'Shiro-noda'. Blüten zu 129–153 dicht gedrängt in 36–47 cm langen, schlanken Trau-

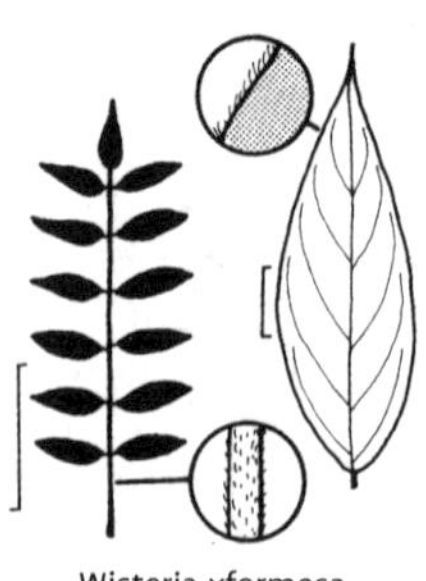
Wisteria ×formosa

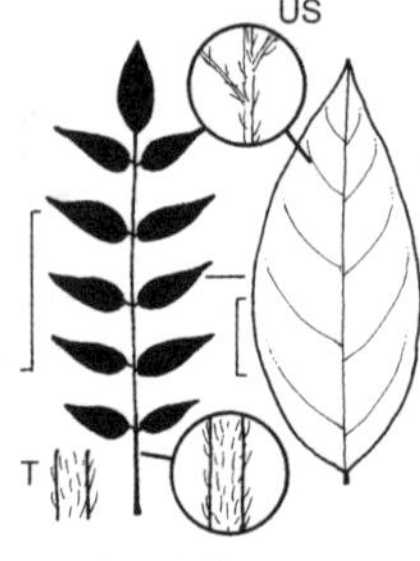

Wisteria frutescens

Wisteria sinensis

ben, Krone weiß, Fahne gelb gefleckt, Kelch bläulich grau bis weißlich.

'Violacea Plena'. Blüten mit etwa 20 petaloiden Kronblättern gefüllt, zu 75–86 in 33–36 cm langen Trauben, Krone violettpurpurn.

Wisteria ×formosa Rehder

(*W. floribunda* × *W. sinensis*)

Habitus: Bis 9 m hoch kletternd, rechtswindend, Triebe seidig behaart.
Blätter: Blättchen 11–15, anfangs hell bronzefarben und seidig behaart, zuletzt lebhaft grün und oberseits kahl.
Blüten: Zu 73–86 in 26–35 cm langen Trauben, mittelstark duftend, Krone violett, Fahne 1,7–2,1 cm breit, Kiel und Flügel dunkler als die auffallend gelb und weiß gefleckte Fahne, Mai–Juni.
Früchte: 9–21 cm lang, mit 1–6 Samen.
Verwendung: Selten, B, D, WHZ 6b, LB 2.3.2.9.

Wisteria frutescens (L.) Poir., Amerikanische Wisterie

Habitus: 10–12 m hoch kletternd, rechtswindend, junge Triebe gelb.
Blätter: 20–30 cm lang, Blättchen 11–15, eiförmig-lanzettlich, 3–6 cm lang, anfangs leicht behaart, zuletzt oberseits dunkelgrün und kahl.
Blüten: Zu 30–65 in 4–10 cm langen, fein behaarten, hängenden oder gelegentlich abstehenden bis fast aufrechten Trauben, schwach duftend, Krone hell purpurlila, Fahne 1,7–1,9 cm breit, gelb gefleckt, Kelch malvenfarben, stark behaart.
Früchte: 5–10 cm lang, kahl.
Verbreitung: NO-, NOZ- und SO-USA.
Verwendung: Selten (meist die Sorte 'Amethyst Falls'), WHZ 6a, LB 6.4.2.9 (2.3.5.9).

W. macrostachya Nutt. ex Torr. et A. Gray = *W. frutescens*
W. multijuga Van Houtte = *W. floribunda*

Wisteria sinensis (Sims) Sweet, Chinesische Wisterie

Habitus: Bis etwa 10 m hoch kletternd, linkswindend.
Blätter: 25–30 cm lang, Blättchen 7–13, eiförmig-elliptisch bis länglich, 5–8 cm lang, plötzlich zugespitzt, Basis meist breit keilförmig, im Austrieb oft kupfer- oder bronzegrün, später tiefgrün, oberseits kahl, unterseits borstig behaart, v.a. auf der Mittelrippe.
Blüten: Zu 25–95 in 10–35 cm langen, ziemlich dichten Trauben, mit dem ersten Laubausbruch, duftend, Krone blauviolett, violett oder rötlich violett, Fahne 1,8–2,5 cm breit, groß gelb bis grünlich weiß oder weiß gefleckt, Kelch behaart, meist violett, Fruchtknoten behaart, Mai–Juni.
Früchte: Hülsen 10–15 cm lang, an beiden Enden zugespitzt, dicht samtig behaart.
Verbreitung: China.
Verwendung: Sehr häufig (mit einigen Sorten), B, ☠, WHZ 6b, LB 2.3.1.9.

'Amethyst'. Blüten zu 25–40 in 20–30 cm langen Trauben, stark duftend, Krone violettpurpurn, Kelch gelb und weiß.

'Profilic'. Blüten zu etwa 30–50 in 25–30 cm langen Trauben, Krone hell violettblau, Kelch nur etwas dunkler. Schwache Nachblüte im August–September mit etwas dunkler gefärbten Blüten.

W. venusta Rehder et E.H. Wilson = *W. brachybotrys*

Xanthoceras Bunge

Gelbhorn – Sapindaceae

(griechisch *xanthos* = gelb und *keras* = Horn)

Monotypische Gattung

Xanthoceras sorbifolium Bunge, Gelbhorn

Habitus: Sommergrüner Baum, bei uns meist nur ein bis 7,5 m hoher, locker aufgebauter Strauch, Zweige olivgrün bis rötlich, mit zahlreichen deutlichen Lentizellen, Rinde innen gelb.
Blätter: Wechselständig, unpaarig gefiedert, 15–30 cm lang, Blättchen 9–17, schmal elliptisch bis lanzettlich, 3–5 cm lang, scharf gesägt, oberseits dunkelgrün, unterseits heller.
Blüten: Polygam, radiär, süß duftend, glockig, 2–3 cm breit, in 10–20 cm langen, aufrechten, dichten, achselständigen Trauben an vorjährigen Zweigen, doppelt 5-zählig, Kronblätter zart, faltig, weiß, an der Basis mit einem gelben, sich später rötlich verfärbenden Fleck, Nektarscheibe 5-lappig, jeder Lappen auf der Rückseite mit einem hornartigen Fortsatz, der etwa halb so lang wie die Staubblätter ist, Fruchtknoten 3-fächrig, oberständig, Griffel kurz und dick, Mai–Juni.
Früchte: Kapseln 4–6 cm groß, stumpf 3-kantig, sich bis zum Grund 3-klappig öffnend, dickwandig, je Fach 1 bis wenige Samen, diese kugelig-eiförmig, 1 cm dick, dunkel- bis schwarzbraun, mit hellem Nabel.
Verbreitung: N-China.
Verwendung: Selten (als auffallend blühender Strauch), B, WHZ 6b, LB 6.3.2.3.

Xanthorhiza Marshall

Gelbwurz – Ranunculaceae

(griechisch *xanthos* = gelb und *rhiza* = Wurzel)

Monotypische Gattung

Xanthorhiza simplicissima Marshall, Gelbwurz

Habitus: Sommergrüner, 0,6–1 m hoher, stark Ausläufer bildender Strauch, Zweige dünn, kaum verzweigt, innere Rinde und Wurzel gelb und bitter schmeckend.

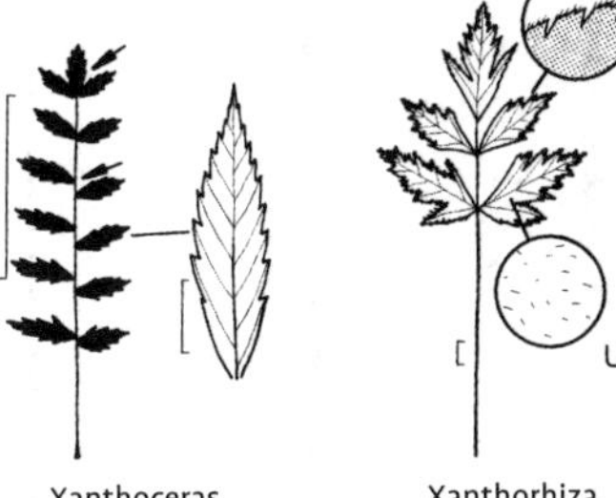

Xanthoceras sorbifolium   Xanthorhiza simplicissima

Blätter: Wechselständig, unpaarig gefiedert, bis 20 cm lang, lang gestielt, an den Zweigenden gehäuft, Blättchen (3–)5(–7), länglich-eiförmig, 3–9 cm lang, eingeschnitten gesägt bis 3-teilig, anfangs bronzepurpurn, später frischgrün.
Blüten: Polygam, radiär, 6–8 mm breit, in 5–10 cm langen, lockeren, endständigen, aufrechten oder abstehenden Trauben, Kronblätter fehlend, Kelchblätter 5, rotbraun, eiförmig, spitz, Staubblätter 5–10, Nektarblätter 5, Fruchtblätter 10, Mai–Juni.
Früchte: Balgfrüchte, Bälge 5–10, etwa 3 mm lang, dünnhäutig, Samen nach außen durchscheinend, 1 mm groß, glänzend braun.
Verbreitung: NO- und SO-USA.
Verwendung: Selten (gut für flächige Pflanzungen geeignet), WHZ 5b, LB 2.1.5.6.

Yucca L.

Palmlilie – Agavaceae

[über spanisch *yucca* für Maniok (essbare Knolle von *Manihot esculenta*), sekundär auch für Palmlilie (wegen der essbaren Blüten und Samen von *Yucca aloifolia*) aus dem Arawak (oder Taino?) Hispaniolas entlehnt]

Habitus: Immergrüne, stammlose oder kurzstämmige Holzgewächse, einige Arten auch mit ± verzweigten, dicken Stämmen.
Blätter: Rosettig stehend, schwertförmig, derb und fest, ± graugrün, oft mit stechender Spitze und am Rand ± abfasernd.
Blüten: Zwittrig, radiär, nickend, in bis über 1,5 m langen, endständigen oder in den oberen Blattachseln stehenden, aufrechten, vielblütigen Rispen, Krone weiß oder gelblich weiß, 3–7 cm lang, kugelig bis breit glockig, Kronblätter 6, fleischig, am Grund verwachsen, Staubblätter 6, deutlich kürzer als die

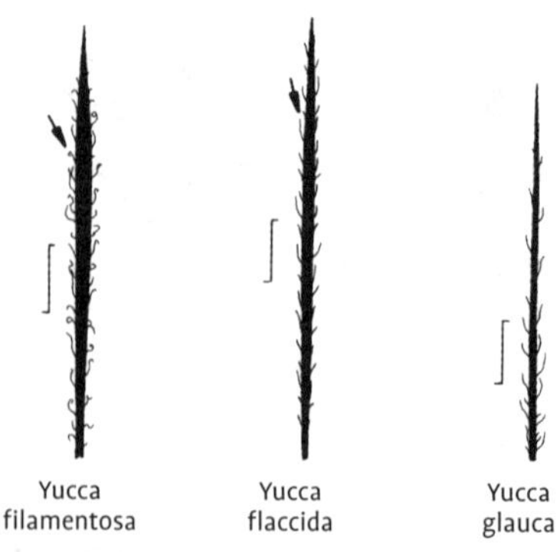

Krone, Fruchtknoten länglich, Griffel dick, mit 6 Narben.
Früchte: Kapseln, 3–7 cm lang, 6-kantig, 3-fächrig oder unvollkommen 6-fächrig, sich fachspaltig öffnend, Samen je Fach in 2 Längsreihen, 0,6–1 cm dick, schwarz.
Verbreitung: Etwa 40 Arten im südl. N-Amerika, Mexiko und Westindien.
Verwendung: Auffallende Blatt- und Blütenpflanzen. Nicht winterharte Arten werden oft als Kübelpflanzen gehalten.

Bestimmungsschlüssel Yucca

1	Blätter höchstens 2 cm breit	*Y. glauca*
–	Blätter breiter (zumindest die meisten)	2
2	Blätter 3 cm breit, Spitze übergebogen, Fäden am Blattrand kraus	*Y. flaccida*
–	Blätter 4–5 cm breit, steif, Fäden am Blattrand (fast) gerade	*Y. filamentosa*

Y. angustifolia Pursh = *Y. glauca*

Yucca filamentosa L., Fädige Palmlilie

Habitus: Stammlos, an der Basis mit kurzen Seitensprossen.
Blätter: Steif aufrecht bis abstehend, linealisch-lanzettlich, 0,25–0,75 m lang, 4–5 cm breit, spitz, Spitze mitunter etwas stechend, leicht blaugrün, Ränder weißlich, mit zahlreichen sich ablösenden, stark gekräuselten Fäden.
Blüten: 5–7 cm lang, in 1,2(–2,5) m hohen Rispen, Krone grünlich weiß, weit glockig, Juli–August.
Früchte: 3,5–6 cm lang, länglich, spitz, geschnäbelt, Fruchtwände gleichmäßig gerundet.
Verbreitung: NO- und SO-USA.
Verwendung: Häufig (mit einigen Sorten), B, WHZ 5b, LB 5.1.2.6 (4.3.2.6).

Yucca flaccida Haw., Schlaffe Palmlilie

Habitus: Stammlos, an der Basis mit kurzen Seitensprossen.
Blätter: Bis 0,7 m lang, 3 cm breit, biegsam, allmählich zur Spitze hin verschmälert, Spitze ± übergeneigt, Rand mit feinen ± geraden Fäden.
Blüten: 5–7 cm lang, in behaarten Rispen, Krone gelblich weiß, Juli–August.
Früchte: Fruchtwände außen kantig, mit kurzem, dickem Schnabel.
Verbreitung: SO-USA.
Verwendung: Häufig, B, WHZ 5b, LB 6.1.2.6.

Yucca glauca Nutt. ex Fraser, Blaugrüne Palmlilie

Habitus: Stamm kurz oder etwas verlängert und niederliegend.
Blätter: Aufrecht und leicht zurückgebogen, schmal linealisch, 0,6–0,9 m lang, bis 2 cm breit, graugrün, mit schmalem, weißem Rand und nur wenigen, feinen Fäden.
Blüten: 6–7 cm lang, in 1–2 m hohen, schmalen, kaum verzweigten Rispen, Krone grünlich weiß, Juli–August.
Früchte: Bis 7 cm lang, braun, etwas rau.
Verbreitung: NO-, NOZ-, Z- und SO-USA, Rocky Mts., Mexiko.
Verwendung: Selten, B, WHZ 5b, LB 6.1.2.6 (5.1.1.6).

Y. puberula Haw. = *Y. flaccida*
Zabelia mosanensis I.C. Chung ex Nakai = *Abelia mosanensis* T.H. Chung ex Nakai

Zanthoxylum L.

Stachelesche – Rutaceae
(griechisch *xanthos* = gelb und *xylon* = Holz)

Habitus: Sommer- oder immergrüne Sträucher, Zweige stielrund, mit deutlichen Lentizellen und geraden Stacheln, Knospen klein, Blattstielnarben mit 3 Gefäßbündelspuren.
Blätter: Wechselständig, unpaarig gefiedert, selten 3-zählig, Blättchen sehr kurz gestielt oder fast sitzend, gegenständig, ganzrandig oder gesägt, durchscheinend punktiert.
Blüten: Polygam oder 1-geschlechtig und 2-häusig verteilt, klein, unscheinbar, in Rispen oder achselständigen Büscheln, 3- bis 8-zählig, Blütenhülle einfach oder doppelt,

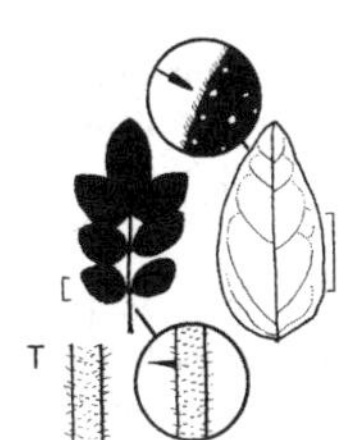

Zanthoxylum americanum

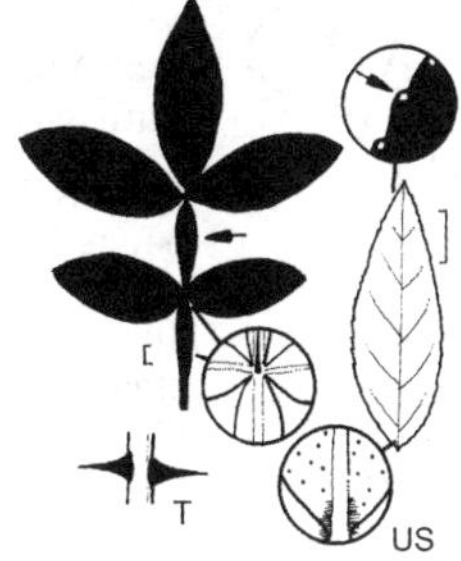

Zanthoxylum armatum

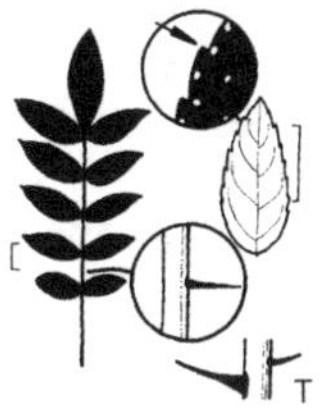

Zanthoxylum simulans

gelb oder grünlich, ♂ Blüten mit rudimentären Fruchtblättern, ♀ Blüten mit 5–1 freien, meist deutlich gestielten Fruchtblättern, Griffel mit kopfiger Narbe.
Früchte: Balgfrüchte, Bälge 5–1, schief eiförmig bis kugelig, 6–8 mm lang, rot oder schwarz, schwach runzelig, sich 2-klappig öffnend, Samen 5 mm lang, schwarz.
Verbreitung: Etwa 250 Arten, vorwiegend in trop. und subtropischen Zonen beider Erdhälften, wenige Arten in gemäßigten Zonen.
Verwendung: Meist nur in Sammlungen gepflanzte Sträucher mit aromatisch duftenden Blättern und lange haftenden Früchten.

Bestimmungsschlüssel Zanthoxylum

1 Blättchen 3–5, bis 12 cm lang, Blattspindel geflügelt .... *Z. armatum*
– Blättchen (zumindest oft) auch mehr (bis 11), höchstens 6 cm lang, Blattspindel nicht geflügelt 2
2 Stacheln höchstens 1 cm und allesamt etwa gleich lang................. *Z. americanum*
– Stacheln sehr verschieden und bis 2 cm lang.. .... *Z. simulans*

Z. alatum Roxb. = *Z. armatum*
Z. alatum Roxb. var. *planispinum* (Siebold et Zucc.) Rehder et E.H. Wilson = *Z. armatum*

Zanthoxylum americanum Mill., Zahnwehholz

Habitus: Sommergrüner, aromatischer, breit aufrechter Strauch oder bis 8 m hoher Baum, junge Triebe behaart, Stacheln bis 1 cm lang.
Blätter: Bis 30 cm lang, Blättchen 5–11, eiförmig oder elliptisch, 3–6 cm lang, zugespitzt, ganzrandig oder gesägt, oberseits dunkelgrün, unterseits heller und behaart.
Blüten: In achselständigen Büscheln an den vorjährigen Zweigen, vor dem Blattaustrieb im April–Mai.
Früchte: Kugelig bis ellipsoid, etwa 5 mm lang, schwärzlich.
Verbreitung: O-Kanada, NO-, NOZ-, Z- und SO-USA.
Verwendung: Selten, N, WHZ 5a, LB 2.5.2.5.

Zanthoxylum armatum DC., Flügelstachelige Stachelesche

Habitus: Sommergrüner, 2–4 m hoher Strauch, Triebe kahl, Stacheln am Grund breit abgeflacht, bis 1,5 cm lang.
Blätter: 12–25 cm lang, Spindel breit geflügelt, Blättchen 3–5, bis 10 cm lang, schmal länglich bis breit lanzettlich, Endblättchen am größten, zugespitzt, fein gezähnt, kahl.
Blüten: In 3–5 cm langen Rispen, achselständig, an jungen Sprossen, nach dem Blattaustrieb, Juni.
Früchte: Etwa 5 mm lang, rot, warzig.
Verbreitung: China, Pakistan, Himalaja, Indien, Malaiischer Archipel, Philippinen.
Verwendung: Selten (auch unter den Namen *Z. planispinum*), ♧, WHZ 5b, LB 6.1.2.5.

Z. bungeanum Maxim. = *Z. simulans*
Z. bungei Planch. = *Z. simulans*
Z. fraxineum Willd. = *Z. americanum*
Z. planispinum Siebold et Zucc. = *Z. armatum*

Zanthoxylum simulans Hance, Täuschende Stachelesche

Habitus: Sommergrüner Strauch oder bis 7 m hoher Baum, Triebe schwach behaart oder kahl, Stacheln an der Basis sehr breit, kräftig, 0,6–2 cm lang.
Blätter: Bis 12,5 cm lang, Blattspindel und Mittelrippe der Blättchen stachelig, Blättchen 7–11, länglich-eiförmig, 1,5–5 cm lang, kerbig gesägt.
Blüten: Gelblich, in sitzenden Büscheln oder

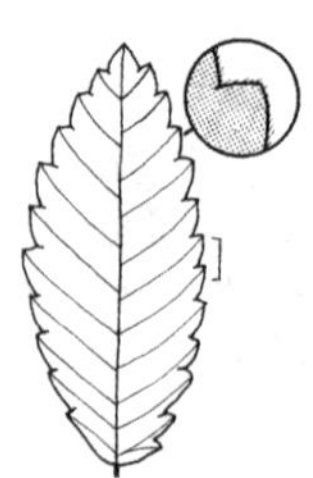

Zelkova carpinifolia — Zelkova serrata

kurzen, 4–6 cm breiten Rispen, nach dem Blattaustrieb im Juni–Juli.
Früchte: Rötlich, dunkler punktiert.
Verbreitung: N- und M-China.
Verwendung: Selten, N, ꝏ, WHZ 6a, LB 6.2.2.5 (2.5.2.4).

Zelkova Spach

Zelkove – Ulmaceae

(wahrscheinlich abgeleitet von armenisch *t'eli* = Ulme)

Habitus: Sommergrüne Bäume, Rinde lange glatt bleibend, später meist kleinschuppig abblätternd, Endknospen fehlend, Sprossspitzen mit subterminalen Knospen, Knospen mit 1–2 Beiknospen.
Blätter: Wechselständig, kurz gestielt, einfach, grob gesägt, fiedernervig, an der Basis kaum schief, Blatthälften ± gleichartig.
Blüten: Zwittrig oder 1-geschlechtig, 1-häusig verteilt, unscheinbar, ♂ Blüten in achselständigen Büscheln an diesjährigen Zweigen, ♀ Blüten einzeln oder zu wenigen, Blütenhülle einfach, 4- bis 5-teilig, Staubblätter 2–5, Fruchtknoten oberständig, Griffel 2.
Früchte: Steinfrüchte sehr kurz gestielt, 4–5 mm lang, mit 2 schwachen Längskanten und dünnem Fruchtfleisch.
Verbreitung: 5 Arten im östl. Mittelmeergebiet, im Kaukasus und in O-Asien.
Verwendung: Park- und Straßenbäume (z. B. *Zelkova serrata* in japanischen Städten), z. T. mit einer beachtlichen Herbstfärbung. Werden wie die Ulmen von der Holländischen Ulmenkrankheit befallen.

Bestimmungsschlüssel Zelkova

1 Blattstiele höchstens 3 mm lang, Blätter grob gezähnt .... *Z. carpinifolia*
– Blattstiele (zumindest die meisten) länger, Blätter mit scharf zugespitzten Zähnen .... *Z. serrata*

Zelkova carpinifolia (Pall.) K. Koch, Kaukasische Zelkove

Habitus: Bis 35 m hoher, oft mehrstämmiger Baum, Hauptäste straff aufrecht, Krone geschlossen, eiförmig bis ellipsoid, Triebe dünn, dicht behaart, Rinde buchenartig, grau.
Blätter: Elliptisch bis länglich, 2–7(–15) cm lang, Basis abgerundet bis schwach herzförmig, Nervenpaare 7–11, in stumpfe Zähne verlaufend, oberseits dunkelgrün, zerstreut behaart, unterseits Nerven behaart, Stiel 1–2 mm lang, Herbstfärbung hellbraun, später orangebraun.
Früchte: 8 mm dick.
Verbreitung: Kaukasien.
Verwendung: Häufig, N, H, WHZ 5a, LB 3.3.2.1.

Z. crenata Spach = *Z. carpinifolia*
Z. keaki (Siebold) Maxim. = *Z. serrata*

Zelkova serrata (Thunb. ex Murray) Makino, Japanische Zelkove

Habitus: Bis 35 m hoher, oft mehrstämmiger Baum, Krone anfangs breit aufrecht bis abgerundet, später ausgebreitet, fast schirmförmig, Stamm buchenartig, grau, Triebe dünn, purpurgrau, leicht behaart, mit Lentizellen.
Blätter: Eiförmig-elliptisch, 3–7(–12) cm lang, zugespitzt, Basis abgerundet bis schwach herzförmig, Nervenpaare 6–13, in scharf zugespitzte Zähne verlaufend, oberseits dunkelgrün, kahl, rau, unterseits kahl oder fast kahl, Stiel 2–6 mm lang, Herbstfärbung gelb bis auffallend orangerot oder ziegel- bis weinrot.
Früchte: 4 mm dick, sitzend, schwach behaart, grün.
Verbreitung: Japan, Korea, Taiwan, O-China.
Verwendung: Häufig (mit Einschränkungen als Stadtstraßenbaum geeignet), N, H, WHZ 6a, LB 3.1.2.2.

'Green Vase'. Wuchs aufrecht, bis etwa 15 m hoch, Krone später breit trichterförmig, 10–12 m breit, stadtklimafest, aber spätfrostgefährdet.

'Mushashino-Ichigon'. Wuchs stark, Krone säulenförmig bis sehr schmal verkehrteiförmig.

Z. ulmoides C.K. Schneid. = *Z. carpinifolia*

Z. ×verschaffeltii (Dippel) G. Nicholson
= *Z. carpinifolia*

Zenobia D. Don

Zenobie – Ericaceae

(nach Zenobia, 267–271/72 n. Chr., Herrscherin von Palmyra in Syrien)

Monotypische Gattung

Zenobia pulverulenta (W. Bartram ex Willd.) Pollard, Zenobie

Habitus: Winter- oder sommergrüner, 0,5–1 m hoher, aufrechter Strauch, Zweige aufrecht oder bogig aufstrebend, Triebe ± stark bläulich bereift, Endknospen fehlend.
Blätter: Wechselständig, ledrig, kurz gestielt, einfach, länglich-eiförmig bis breit elliptisch, 2–7 cm lang, stumpf oder spitzlich, schwach gekerbt bis ganzrandig, unterseits oder beiderseits bläulich weißlich bereift.
Blüten: Zwittrig, radiär, duftend, 6–8 mm lang, nickend, an dünnen Stielen, in achselständigen Büscheln am oberen Ende der vorjährigen Zweige, Kelch 5-teilig, hellgrün, an der Basis der Frucht bleibend, Krone weiß, glockig, mit 5 Abschnitten, Staubblätter 10, mit 4 grannenartigen, aufrechten Anhängseln, Nektarscheide 10-lappig, Griffel so lang wie die Krone, Mai–Juni.
Früchte: Kapseln, 6–7 mm dick, blaugrün, kugelig, 5-klappig, sich nur im oberen Teil öffnend.
Verbreitung: SO-USA.
Verwendung: Häufig (wegen der weiß bereiften Blätter und der duftenden Blüten), B, WHZ 6b, LB 1.1.2.6.

fo. nitida (Michx). Fernald. Meist wintergrüner Strauch. Blätter beiderseits glänzend grün, im Herbst leuchtend orangerot. SO-USA.

Ziziphus Mill.

Brustbeere, Judendorn, Jujube – Rhamnaceae

(lateinisch *ziziphus* = Jujube, *Ziziphus jujuba*, von Augustus von Syrien nach Italien verpflanzt)

Habitus: Sommer- oder immergrüne, dornig bewehrte Bäume oder Sträucher, Zweige deutlich hin- und hergebogen.

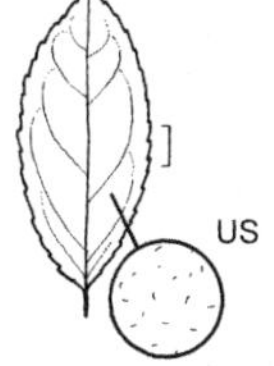

Zenobia pulverulenta

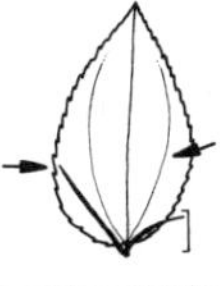
Ziziphus jujuba

Blätter: Wechselständig, 2-zeilig gestellt, kurz gestielt, einfach, von der Basis an 3- bis 5-nervig, ganzrandig oder gesägt, Nebenblätter meist dornig.
Blüten: Meist zwittrig, klein, unscheinbar, in achselständigen Büscheln, doppelt 5-zählig, Krone gelb, Fruchtknoten 2-fächrig, Griffel meist 2-teilig.
Früchte: Steinfrüchte bis 2,5 cm lang (bei Fruchtsorten größer), kugelig bis länglich, Fruchtfleisch fleischig-ledrig, Steinkern stark verholzt, 1–1,5 cm lang, meist 2-fächrig.
Verbreitung: Etwa 100 Arten, vorwiegend in den Tropen und Subtropen beider Erdhälften, besonders in Amerika, Afrika, Indomalaysia und Australien.
Verwendung: Die folgende Art wird u. a. auch im Mittelmeergebiet wegen der Früchte (Chinesische Datteln) angebaut, die roh oder getrocknet verzehrt werden.

Ziziphus jujuba Mill., Brustbeere, Chinesische Dattel

Habitus: Sommergrüner Strauch oder bis 9 m hoher Baum, Zweige kahl, jeweils 1 Dorn gerade und bis 3 cm lang, der andere kürzer und gekrümmt.
Blätter: Eiförmig-lanzettlich bis elliptisch, 2–6 cm lang, stumpf-spitzig oder stumpf, Basis schief, 3-nervig, kerbig gesägt, Stiel 1,5 cm lang.
Blüten: Zu 2–3 achselständig, kurz gestielt, April–Mai.
Früchte: Eiförmig-länglich, 1,5–2,4 cm lang, dunkelrot, zuletzt schwärzlich, essbar.
Verbreitung: S- und SO-Europa, W-Asien, Syrien, Belutschistan, NW-Indien, Himalaja, N-China, Japan.
Verwendung: Sehr selten (mit einigen, zur Fruchtgewinnung selektierten, großfrüchtigen Sorten), N, ♣, WHZ 8a, LB 6.1.5.5.

Z. sativa Gaertn. = *Z. jujuba*
Z. vulgaris Lam. = *Z. jujuba*

6.3 Palmen (Arecaceae)

Trachycarpus H. Wendl.

Hanfpalme – Arecaceae

(griechisch *trachys* = rau und *karpos* = Frucht)

Habitus: Kleine bis mittelhohe, unbewehrte Fächerpalmen, Stamm einfach, im oberen Teil dicht mit Fasern und Blattgrundresten bedeckt.
Blätter: Lang gestielt, fächerförmig, tief vielstrahlig.
Blüten: 1-geschlechtig, 1- oder 2-häusig verteilt, radiär, klein, in bis 50 cm langen, steifen Rispen, je 3 Kelch- und Kronblätter, die ♂ Blüten mit 6, einem fleischigen Boden aufsitzenden Staubblättern, die ♀ Blüten mit 3 getrennten, dickfleischigen Fruchtblättern.
Früchte: Beeren kugelig oder nierenförmig, glatt.
Verbreitung: 8 Arten vom W-Himalaja bis China und Japan.
Verwendung: Sehr selten in sehr wintermilden Lagen.

Trachycarpus fortunei (Hook.) H. Wendl., Chinesische Hanfpalme

Habitus: 3–12 m hohe, langsam wachsende Fächerpalme, Krone mit 30 Blättern.
Blätter: Etwa 0,9 m breit, mit 30–60 V-förmigen, bis zum Blattgrund eingeschnittenen, vorne 2-spitzigen, dunkel- bis bläulich grünen Segmenten, der 0,5 m lange Stiel stachelig.
Blüten: Sehr zahlreich, duftend, in 0,7–0,9 m langen, von 2–4 Hüllblättern umgebenen Rispen, Kronblätter gelb, Mai.
Früchte: Nierenförmig, 1,2 cm dick, hellblau.

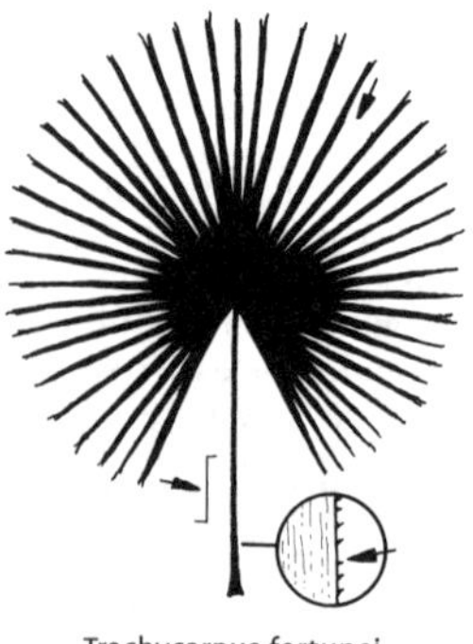

Trachycarpus fortunei

Verbreitung: Myanmar, China, S-Japan.
Verwendung: Sehr selten, WHZ 8a, LB 3.3.1.3.

6.4 Bambus (Gramineae)

6.4.1 Bestimmungsschlüssel zu den Gattungen

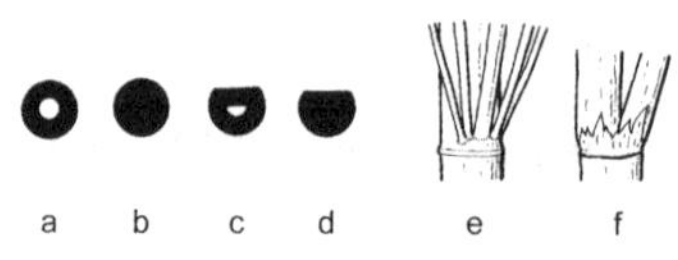

1 Ausgewachsene Halme vollmarkig (Abb. b, d) . . . . . . *Shibataea kumasasa*
– Ausgewachsene Halme hohl (Abb. a, c; bis auf die Knoten-Ansatzstellen von Blättern und Seitentrieben) 2
2 Halme im Querschnitt wie ein »D«: an einer Seite (fühlbar!) abgeplattet (Abb. c) 3
– Halme rund, höchstens mit Rillen (Abb. a) 4
3 Halme allseits gerillt, zumindest zwischen den Knoten, an denen Seitentriebe entspringen . . . . . . *Phyllostachys*
– Halme höchstens oberseits gerillt oder ganz glatt . . . . . . *Semiarundinaria fastuosa*
4 Jeweils nur 1 Seitentrieb je Knoten (Abb. f) 5
– An den meisten Knoten mehr als 1 Seitentrieb (Abb. e) 7
5 Scheidenborsten (an Blattansatzstelle) rau, Blattrand gegen den Strich sehr rau 6
– Scheidenborsten fehlend oder, wenn vorhanden, weich, Blattrand gegen den Strich nicht sehr rau . . . . . . *Pseudosasa japonica*
6 Halme stets aufsteigend, 4–11 Blätter an jedem Trieb . . . . . . *Sasa*
– Halme schließlich umfallend, 1–2 Blätter je Trieb . . . . . . *Indocalamus tessellatus*
7 Halmscheiden mindestens so lang wie die Internodien 8
– Halmscheiden kürzer als die Internodien . . . . . . *Fargesia*
8 Scheidenborsten rau . . . . . . *Thamnocalamus tesselatus*
– Scheidenborsten weich . . . . . . *Pleioblastus*

6.4.2 Artbeschreibungen und Bestimmungsschlüssel zu den Arten

Arundinaria auricoma Mitford = *Pleioblastus auricomus*
A. chino (Franch. et Sav.) Makino = *Pleioblastus chino*
A. disticha (Mitford) Pfitzer ex J. Houz. = *Pleioblastus pygmaeus*
A. fastuosa (Lat.-Marl. ex Mitford) J. Houz. = *Semiarundinaria fastuosa*

A. humilis Mitford = *Pleioblastus humilis*
A. japonica Siebold ex Zucc. ex Steud. = *Pseudosasa japonica*
A. murieliae Gamble = *Fargesia murieliae*
A. nitida Mitford = *Fargesia nitida*
A. palmata (Mitford) Bean = *Sasa palmata*
A. pygmaea (Miq.) Makino = *Pleioblastus pygmaeus*
A. ragamowskii (Keng f.) Pfitzer = *Indocalamus tesselatus*
A. simonii (Carrière) Rivière et C. Rivière = *Pleioblastus simonii*
A. spathacea (Franch.) D.C. McClint. = *Fargesia murieliae*
A. tesselata (Nees) Munro = *Thamnocalamus tesselatus*
A. variegata (Siebold ex Miq.) Makino = *Pleioblastus variegatus*
A. viridistriata (Siebold ex André) Makino ex Nakai = *Pleioblastus auricomus*
Bambusa fastuosa Lat.-Marl. ex Mitford = *Semiarundinaria fastuosa*
B. flexuosa Carrière non Munro = *Phyllostachys flexuosus*
B. kumasasa Zoll. ex Steud. = *Shibataea kumasasa*
B. metake Vilm. = *Pseudosasa japonica*
B. nigra Lodd. ex Lindl. = *Phyllostachys nigra*
B. palmata Burb. = *Sasa palmata*

Fargesia Franch.

Schirmbambus – Poaceae

(vermutl. nach Paul Farges (1844–1912), Missionar und Pflanzensammler in China)

Habitus: Wuchs horstartig, Halme mittelhoch, stielrund, meist dünn, unterhalb der Knoten weiß bepudert, Halmscheiden mit weichen, hin- und hergebogenen Haaren, je Knoten mehrere gleich lange, abstehende Zweige.
Blätter: Schachbrettartig gemustert, Borsten rau.
Verbreitung: 12 oder mehr Arten in China und im Himalaja.
Verwendung: Häufig gepflanzte, robuste Arten, die keine Ausläufer bilden. Ein Klon von

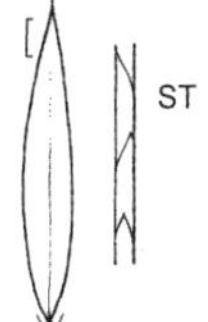

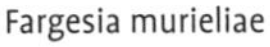

Fargesia murieliae

Fargesia nitida

Fargesia murieliae hat 1976 in Dänemark, später auch in ganz Europa geblüht. Zahlreiche Pflanzen sind eingegangen. Bald danach sind aus Sämlingspopulationen neue Klone ausgelesen worden, mit deren Blüte wohl erst in einigen Jahrzehnten zu rechnen sein wird. Inzwischen haben auch erste Exemplare von *F. nitida* geblüht.

Bestimmungsschlüssel Fargesia

1 Halmscheiden nur etwa halb so lang wie die Internodien . . . . *F. murieliae*
– Halmscheiden mindestens ¾ so lang wie die Internodien 2
2 Blätter zierlich, höchstens 8 cm lang und 1 cm breit . . . . *F. rufa*
– Blätter länger und breiter . . . . *F. nitida*

Fargesia murieliae (Gamble) T.P. Yi, Muriel-Schirmbambus

Habitus: Halme bis 4 m hoch, grünlich, zuletzt überhängend, Halmscheiden der Haupthalme halb so lang wie die Internodien, Öhrchen und Borsten fehlend, anfangs flaumig behaart und grünlich purpurn, verkahlend und strohgelb werdend, vor dem Abfallen abstehend.
Blätter: Bis 15 cm lang, 2 cm breit, Blattstiele in der Sonne purpurn, Blattscheiden oft purpurn, kahl, oft ohne Borsten.
Verbreitung: M- und W-China.
Verwendung: Häufig (mit einigen Sorten), WHZ 6a, LB 3.3.5.5.

Fargesia nitida (Mitford) Keng f., Glanz-Schirmbambus

Habitus: Halme 4–6 m hoch, im 1. Jahr steif aufrecht, sich ab Juni verzweigend, vom 2. Jahr an im oberen Bereich überneigend, weiß bemehlt, später rötlich braun bis purpurn, Halmscheiden kürzer als die Internodien, 1 Jahr oder länger bleibend, meist purpurgrün, Öhrchen und Borsten fehlend.
Blätter: Zierlich, 5–10 cm lang, 0,5–1,5 cm breit, kahl, dunkelgrün, Blattscheiden kahl, bewimpert, meist purpurn.

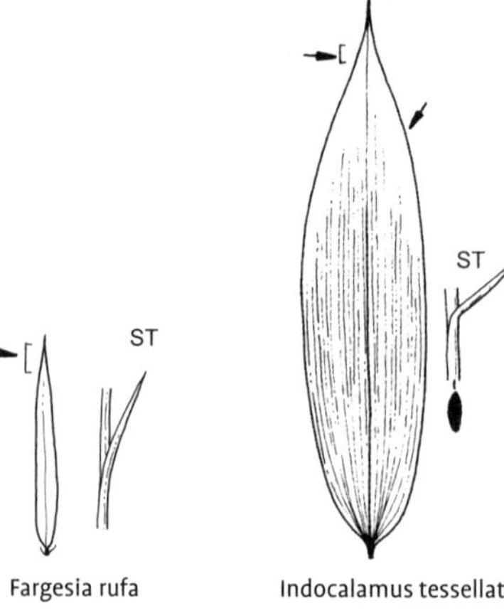

Fargesia rufa Indocalamus tessellatus

Verbreitung: W- und M-China.
Verwendung: Häufig, WHZ 6b, LB 3.3.5.5.

'Jiuzhaigou'. Verschiedene Klone (1–10) aus Aufsammlungen 1986 im Jiuzhaigou-Park in N-Sichuan. Wuchshöhen zwischen 2 und 4 m. Halme oft rötlich.

Fargesia rufa T.P. Yi

Habitus: Wuchs weit ausladend, Halme 2–2,5 m hoch, dicht stehend, abstehend-überhängend, grün, im Alter gelblich, Halmscheiden etwas kürzer als die Internodien, anfangs orangegelb bis kupferrot, später cremegelb.
Blätter: Zierlich, länglich-lanzettlich, bis 8 cm lang, 1 cm breit, glänzend sattgrün, rollen bei Frost, Sonne und Trockenheit nicht ein.
Verbreitung: M-China, Sichuan.
Verwendung: Häufig, WHZ 6b. LB 3.3.5.5.

Indocalamus Nakai

Rohrbambus – Poaceae

(lateinisch der *Indus* und *Calamus*, Gattung der Gramineae)

Habitus: Niedrige, kurze Ausläufer bildende, den *Sasa*-Arten ähnliche Arten, Halme dünn und gerade, Internodien kurz, von Halmscheide und Blättern bedeckt, Knoten nicht angeschwollen, wachsartig weiß bepudert, je Halm meist 1 Zweig, selten 2–3.
Blätter: Sehr groß und derb, Rand borstig gezähnt, je Zweig zu 1–3.
Blüten: Mit 3 Staubblättern und 2 Griffeln.
Verbreitung: Etwa 25 Arten in Malaysia und China. Bei uns meist nur die folgende Art in Kultur.
Verwendung: Bildet keine sehr langen Ausläufer und eignet sich gut als Unterpflanzung in halbschattigen Lagen.

Indocalamus tessellatus (Munro) Keng f.

Habitus: Lockere Bestände bildend, Halme 1–1,5(–2) m hoch, stielrund, dünn, mattgrün, schräg aufsteigend, sich durch das Gewicht der Blätter bald neigend, Internodien sehr kurz, kahl, purpurn, Haupthalme sich erst im 2. Jahr verzweigend, Halmscheiden dick, anfangs purpurn oder rötlich braun, bald abfallend.
Blätter: Bis 0,6 m lang, 5–11 cm breit, matt glänzend grün, unterseits bläulich.
Verbreitung: M-China, Japan.
Verwendung: Häufig (seit 2005 vereinzelt in Blüte), WHZ 7b, LB 3.2.7.6.

Phyllostachys Siebold et Zucc.

Flachrohrbambus – Poaceae

(griechisch *phyllon* = Blatt und *stachys* = Ähre)

Habitus: Wuchs mittelhoch bis hoch, Rhizome kurz oder lang, Halme straff aufstrebend, mit kurzen, hohlen Internodien, stets oberhalb der Knoten das ganze Internodium an einer Seite abgeflacht bis rinnig (die Einkerbung wird als Sulcus bezeichnet, er ist meist etwas anders gefärbt als der übrige Halm), Knoten deutlich verdickt, meist mit je 2–3 verzweigten Seitenzweigen, die beiden äußeren ungleich lang, der mittlere kleiner und manchmal fehlend, Halmscheiden hinfällig, sie werden druch ein ± großes Blättchen verlängert, zwischen Scheiden und Spreite befinden sich die befranste Zunge, Öhrchen und Wimpern.
Blätter: 6–20 cm lang, oberseits kahl und dunkelgrün, unterseits meist heller und nahe der Basis flaumig behaart, Borsten rau, hinfällig, Blattscheiden mit rauen, bleibenden oder hinfälligen Borsten.
Blüten: In wenigblütigen, sitzenden Ähren, Staubblätter 3, Griffel lang, mit 3 Narben.
Verbreitung: Etwa 80 Arten vom Himalaja bis Japan.
Verwendung: Einige Arten sind auch in M-

Europa in Kultur. Sie bilden durch unterschiedlich lange Ausläufer kompakte oder locker aufgebaute Gruppen und gedeihen am besten an sommerwarmen, sonnigen Plätzen, die im Winter leicht beschattet und windgeschützt sein sollten.

Bestimmungsschlüssel Phyllostachys

1 Blätter unterseits bläulich grün mit grünem Randstreifen, längs gerillt .... *P. viridiglaucescens*
– Blätter andersartig 2
2 Unterste Knoten asymmetrisch und sehr dicht beieinander; Halm unterhalb der Knoten oft angeschwollen .... *P. aurea*
– Unterste Knoten symmetrisch und entfernt, Halm nicht verdickt 3
3 Halme mit verschiedenfarbigen Rillen, Blätter bläulich .... *P. aureosulcata*
– Halme ohne oder mit gleichfarbigen Rillen .. 4
4 Halme hin- und hergebogen und Blattscheiden (meist) ohne Borsten und Öhrchen .... *P. flexuosa*
– Halme gerade aufrecht oder Blattscheiden zumindest in der Jugend mit Borsten oder Öhrchen 5
5 Halmscheiden bis auf dunkle Punkte nahe der Spitze ungefleckt und viele Blätter unter 7 cm lang .... *P. nigra*
– Halmscheiden gefleckt oder die meisten Blätter länger als 10 cm...................... 6
6 Halme hin- und hergebogen und höchstens 4 cm dick .... *P. viridiglaucescens*
– Halme gerade oder bis 20 cm dick 7
7 Halme höchstens 4 cm dick, Blätter glatt, ohne Borsten 8
– Halme bis 20 cm dick, Blätter zart, Nerven deutlich sicht- und fühlbar, mit Borsten an der Basis 9
8 Blätter dünn, mit bewimperten Öhrchen an Stielbasis, höchstens 10 cm lang.... *P. humilis*
– Blätter derb, haarlos, bis 16 cm lang .... *P. propinqua*
9 Blätter höchstens 2,5 cm breit, alte Halme gelb, bis 9 cm dick .... *P. sulphurea*
– Blätter bis 4 cm breit, alte Halme dunkelgrün, bis 20 cm dick .... *P. bambusoides*

Phyllostachys aurea Carrière ex Rivière et C. Rivière, Gold-Flachrohrbambus

Habitus: Halme 2–5(–10) m hoch, 2–5 cm dick, aufrecht, durch kurze Ausläufer dicht stehend, kahl, grün, braungelb, an sonnigen Standorten leuchtend gelb, unterhalb der Knoten leicht weiß bepudert, basale Internodien gestaucht und verdickt, unter den Knoten oft kropfartig angeschwollen, die oberen Internodien bis 15 cm lang, Halmscheiden olivgrün, Nerven rötlich oder blassgrün.
Blätter: 5–15 cm lang, 0,5–2 cm breit, gelblich grün, unterseits nahe der Mittelrippe flaumig behaart.

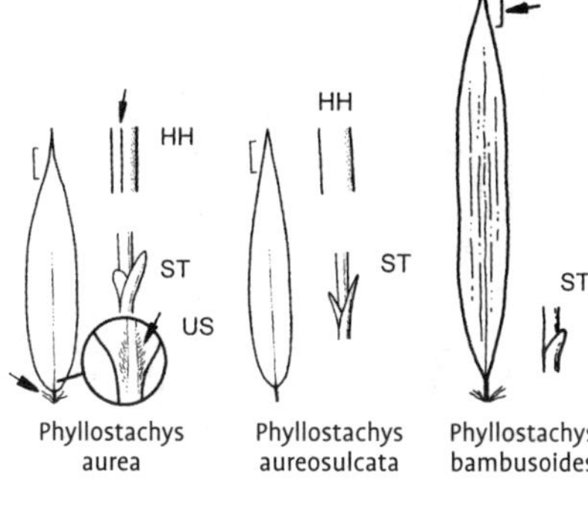

Verbreitung: SO-China, in Japan etabliert.
Verwendung: Selten, WHZ 7b, LB 3.2.1.4 (9.3.1.5).

Phyllostachys aureosulcata McClure, Gelbgruben-Flachrohrbambus

Habitus: Halme 3–10 m hoch, 1–4 cm dick, durch lange Ausläufer locker stehend, anfangs sehr rau, olivgrün bis rötlich braun, im Sulcus gelb gestreift, im unteren Bereich stark zickzackartig gebogen, unterhalb der Knoten weiß bemehlt, Halmscheiden blass olivgrün, Öhrchen mit wenigen, gelockten Wimpern, junge Sprosse essbar.
Blätter: 5–17 cm lang, 1–2,5 cm breit, an den Blattscheiden Öhrchen und Borsten vorhanden oder fehlend.
Verbreitung: NO-China.
Verwendung: Selten, WHZ 7a, LB 2.4.2.4.

fo. aureocaulis Z.P. Wang et N.X. Ma. Halme leuchtend gelb, sonnenseits rötlich.

fo. spectabilis C.D. Chu et C.S. Chao. Wuchs stärker als bei der Art, Halme 4–6(–10) m hoch, aufrecht, an der Spitze überhängend, gelblich, im Sulcus grün gestreift.

Phyllostachys bambusoides Siebold et Zucc., Holz-Flachrohrbambus

Habitus: Halme 3–10(–30) m hoch, 2–6(–20) cm dick, anfangs aufrecht, später übergeneigt, durch lange Ausläufer große Haine bildend, glänzend dunkelgrün, glatt, nicht oder kaum bemehlt, Halmscheiden groß, dick, rau, grün, dicht dunkelbraun getupft.
Blätter: Sehr variabel, 9–20 cm lang, 2–4,5 cm breit, Nervenpaare 5–7, Blattscheiden meist mit Öhrchen und auffallenden, bis 1,2 cm langen Borsten.

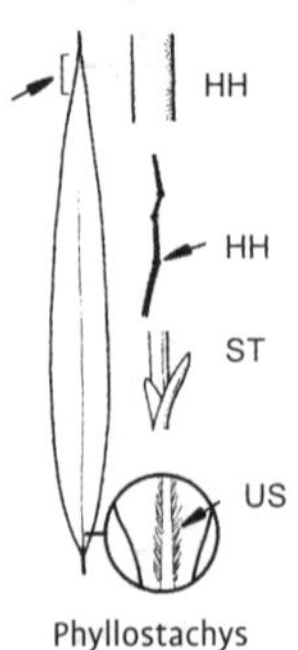

Phyllostachys flexuosa

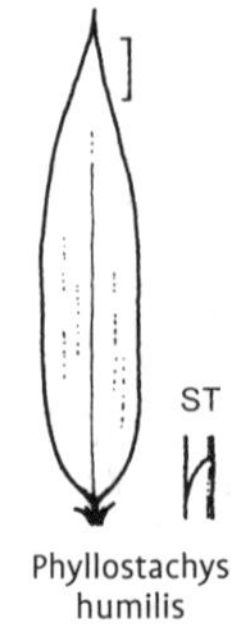

Phyllostachys humilis

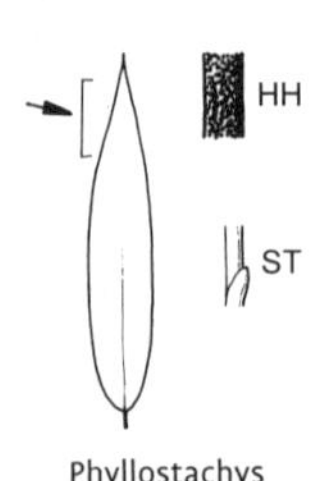

Phyllostachys nigra

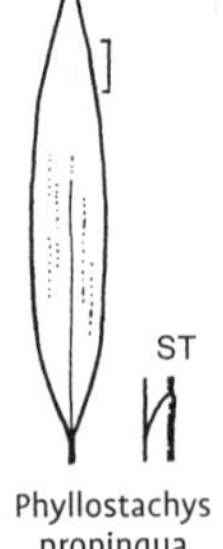

Phyllostachys propinqua

Verbreitung: M- und S-China.
Verwendung: Selten (in Asien in vielfältiger Weise als Nutzholz verwendet), WHZ 8a, LB 2.4.1.4.

P. bambusoides var. *aurea* (Carrière ex Rivière et C. Rivière) Makino = *P. aurea*
P. fastuosa (Lat.-Marl. ex Mitford) G. Nicholson = *Semiarundinaria fastuosa*

Phyllostachys flexuosa (Carrière) Rivière et C. Rivière, Zickzack-Flachrohrbambus

Habitus: Halme 2–10 m hoch, 2–7 cm dick, dünn, gelegentlich zickzackförmig gebogen, durch lange Ausläufer locker stehend, aufrecht oder an den Spitzen weich überhängend, leicht gerippt, grün, später gelb mit schwarzen, sich vergrößernden Flecken, Halmscheiden zugespitzt, grünbeige, klein braun gefleckt, Öhrchen und Borsten fehlend, Zunge groß und dunkel, gefranst.
Blätter: 5–15 cm lang, 1,5–2 cm breit, unterseits nahe der Mittelrippe flaumig behaart, Blattscheide meist ohne Öhrchen und Borsten, ausgenommen an jungen Sprossen.
Verbreitung: China.
Verwendung: Selten, WHZ 7b, LB 6.4.2.5.

Phyllostachys humilis Munro, Niedriger Flachrohrbambus

Habitus: Halme 2–4(–6) m hoch, dünn, rau, aufrecht, an den Spitzen überhängend, oft ausladend, fein verzweigt, dicht beblättert, olivgrün bis hellbraun, Ausläuferbildung sehr stark, Zweige fast waagerecht abstehend, Halmscheiden papierartig, graugrün, dicht braun gefleckt, borstig braun behaart, an kleinen Halmen Öhrchen mit langen Wimpern, die große Zunge mit zahlreichen langen, schwarzroten Fransen gesäumt.
Blätter: 8–10 cm lang, 1–1,5 cm breit, sehr derb.
Verbreitung: China: Sichaun; in Japan häufig kultiviert.
Verwendung: Selten, WHZ 7b, LB 6.4.2.5.

Phyllostachys nigra (Lodd. ex Lindl.) Munro, Schwarzer Flachrohrbambus

Habitus: Halme 3–10 m hoch, 1–4 cm dick, durch einige kurze Ausläufer locker stehend, aufrecht, an den Spitzen übergebogen, leicht gerippt, anfangs grün, in den ersten beiden Jahren braun gepunktet, sich später rotbraun, schließlich glänzend schwarz verfärbend, Knoten dick. Zweige ziemlich aufrecht, Halmscheiden rosabeige, an der Spitze schwarz gepunktet, Spreite klein, grün, Zunge gefranst, Öhrchen groß, rot bis schwarzrot bewimpert.
Blätter: 3–8 cm lang, 0,8–1,8 cm breit, papierartig dünn, kahl, dunkelgrün, Nervenpaare 3–6, Öhrchen und Borsten schwach entwickelt oder fehlend.
Verbreitung: O-China.
Verwendung: Selten, WHZ 8a, LB 3.2.1.5 (2.3.1.5) (9.3.1.5).

'Boryana'. Halme straff aufrecht stehend, Spitzen überhängend, dunkelgrün bis bräunlich, später unterschiedlich braun gefleckt. Blätter relativ klein, dicht stehend, dunkelgrün.

fo. henonis (Mitford) Muroi. Halme aufrecht bis weich überhängend, anfangs grün bis olivgrün, bei hoher Sommerwärme bemehlt, Halmscheiden lohfarben, rosa getönt, Spreite kurz, dolchartig, gewellt. Die winterhärteste Sorte der Art.

fo. punctata Schelle. Halme anfangs grün, später unterschiedlich stark dunkel purpurbraun gefleckt, zuletzt fast völlig schwarz.

Phyllostachys propinqua McClure

Habitus: Halme 4–8(–12) m hoch, bis 4 cm dick, kräftig, dicht belaubt, breit trichterförmig aufrecht, leuchtend dunkelgrün, im Alter gelb-olivgrün, Wuchs stark, aber eher horstartig, Halmscheiden glänzend, Zweige quirlständig, fast waagerecht abstehend, junge Sprosse sehr schmackhaft.
Blätter: 7–16 cm lang, ziemlich derb, dunkelgrün.
Verbreitung: China.
Verwendung: Selten, N, WHZ 8a, LB 2.4.5.4.

Phyllostachys sulphurea (Carrière) Rivière et C. Rivière, Schwefelgelber Flachrohrbambus

Habitus: Halme 4–6(–20) m hoch, 0,5–9 cm dick, aufrecht, Spitzen übergeneigt, im Alter gelb bis goldgelb, gelegentlich fein grün gestreift, Zweige aufrecht stehend, Halmscheiden dick, kahl, braun gefleckt und gesprenkelt.
Blätter: 6–16 cm lang, 1,5–2,5 cm breit, gelegentlich gestreift, Blattscheiden an jungen Halmen mit Öhrchen und Borsten.
Verbreitung: O-China.
Verwendung: Häufig (in der fo. *viridis*), WHZ 8b, LB 2.4.1.4.

fo. viridis (R.A. Young) Ohrnb. Halme 7–16 m hoch, mattgrün, kahl, mit Orangenhautstruktur, die unbezweigten Knoten nicht erhaben, Halmscheiden matt hellrosa, kahl, Adern grün, braun gepunktet, Öhrchen und Borsten fehlend. China.

Phyllostachys viridiglaucescens (Carrière) Rivière et C. Rivière

Habitus: Halme 4–12 m hoch, 1–5 cm dick, durch lange Ausläufer locker stehend, steif aufrecht oder die äußeren Halme im oberen Teil weit übergebogen, anfangs glänzend gras- bis dunkelgrün, später stumpf gelbgrün, im 1. Jahr unterhalb der Knoten bläulich weiß bemehlt, Halmscheiden rau, mattgrün, rot geadert, dunkel gefleckt, Öhrchen groß, lang bewimpert, Spreite leicht gefältelt.
Blätter: 4–20 cm lang, 0,6–2 cm breit, Blattscheiden meist mit Öhrchen und Borsten,

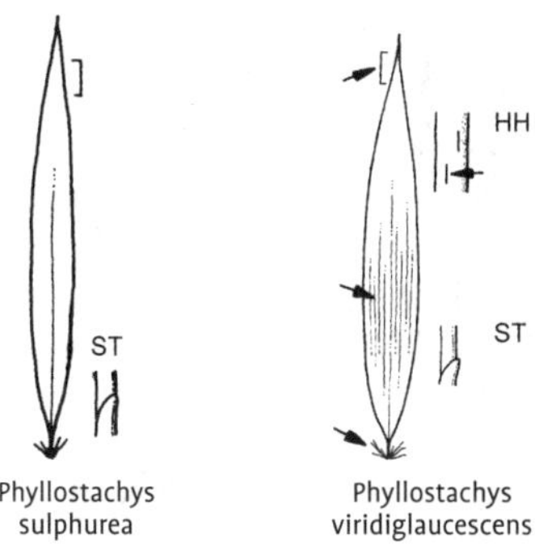

Phyllostachys sulphurea Phyllostachys viridiglaucescens

glänzend grün, unterseits behaart und bewimpert.
Verbreitung: M- und S-China.
Verwendung: Selten, WHZ 8a, LB 2.4.1.4.

P. viridis (R.A. Young) McClure = *P. sulphurea* fo. *viridis*

Pleioblastus Nakai

Sprossbambus – Poaceae

(griechisch *pleios* = voll und *blastos* = Keim, Trieb)

Habitus: Wuchs niedrig bis mittelhoch, Rhizome meist dünn und weitstreichend, Halme aufrecht oder übergeneigt, stielrund, hohl, dickwandig, je Knoten 3–7, manchmal nur 1–2 Zweige, überwiegend im unteren Teil der Halme, Halmscheiden bleibend, ledrig, mit gut entwickelter Spreite, mit weichen, weißlichen Borsten.
Blätter: Mit weichen, weißlichen Borsten, die gelegentlich auch fehlen.
Blüten: Zu 5–13 in Ähren oder Trauben, Staubblätter 3, Griffel mit 3 Narben.
Verbreitung: Etwa 20 Arten von China bis Japan.
Verwendung: Alle Arten bilden Ausläufer und bevorzugen nährstoffreiche, feuchte Böden und in trockenen, heißen Sommern eher halbschattige Lagen.

Bestimmungsschlüssel Pleioblastus

1 Oberer Rand der Blattscheiden schief . . . . *P. simonii*
– Oberer Rand der Blattscheiden gerade 2
2 Halme höchstens 40 cm hoch . . . . *P. pygmaeus*
– Halme viel höher wachsend 3
3 Blätter reingrün . . . . *P. humilis*
– Blätter grün-gelb gestreift. 4

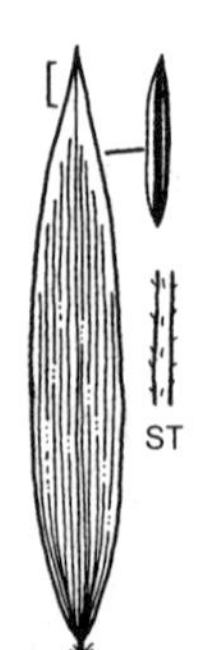

Pleioblastus argentostriatus

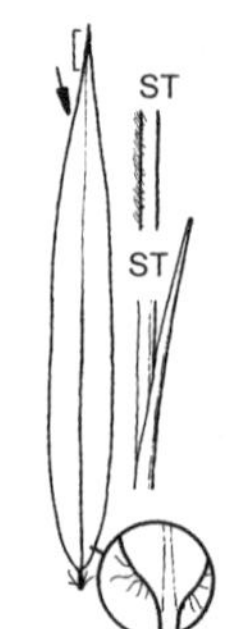

Pleioblastus humilis

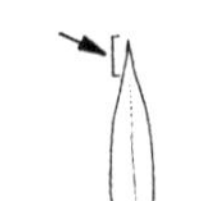
Pleioblastus pygmaeus

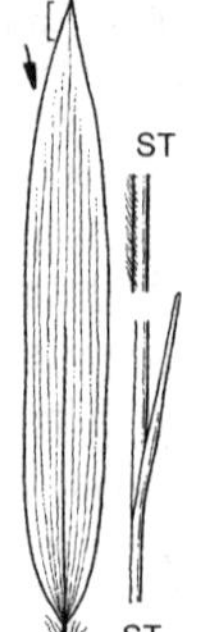

Pleioblastus simonii

4 Blätter behaart 5
– Blätter kahl .... *P. argentostriatus*
5 Blätter beiderseits behaart, Halme höchstens 7 mm dick .... *P. viridistriatus*
– Blätter nur unterseits behaart, Halme bis 2 cm dick .... *P. variegatus*

Pleioblastus argentostriatus (Regel) Nakai

Habitus: Ähnlich *P. variegatus*, aber Halme mehr aufrecht, bis 1,2(–1,5) m hoch, grün bis rotbraun, Knoten anfangs behaart.
Blätter: 14–22 cm lang, 1–2,1 cm breit, kahl, unregelmäßig und unterschiedlich dicht weiß gestreift, Blattscheiden bis auf die Basis kahl, lange haftend.
Verbreitung: Japan, nur aus Kultur bekannt.
Verwendung: Selten, WHZ 7b, LB 3.2.7.5.

Pleioblastus humilis (Mitford) Nakai

Habitus: Halme 1–2 m hoch, 2–3 mm dick, grün bis braun, unterhalb der kahlen Knoten weiß bereift, Seitenzweige lang, zu 2–3 je Knoten, Halmscheiden kahl, anfangs purpurn.
Blätter: 10–15 cm lang, 0,8–2 cm breit, hellgrün, Nervenpaare 4–5, Blattscheiden leicht behaart, Borsten vorhanden oder fehlend.
Verbreitung: Japan.
Verwendung: Selten, WHZ 7a, LB 2.3.6.6.

Pleioblastus pygmaeus (Miq.) Nakai, Zweizeilen-Sprossbambus

Habitus: Stark wuchernd, flächig wachsend, dicht den Boden bedeckend, Halme bis 0,6 m hoch, 1 mm dick, aufrecht, Halmscheiden gelegentlich behaart oder bewimpert, je Knoten 1–2 Zweige.
Blätter: 2–4 cm lang, 4–8 mm breit, grün, meist schwach flaumig behaart, vor allem unterseits, Rand in strengen Wintern papierartig weiß.
Verbreitung: Japan.
Verwendung: Selten, WHZ 7a, LB 2.3.7.7.

'Distichus'. Halme 1 m hoch, grün, Internodien 3–8 cm lang, Knoten, Halmscheiden und Blätter meist kahl. Blätter 3–7 cm lang, 0,3–1 cm breit, beiderseits hellgrün, zu 8 Paaren in 3 Reihen an den Halmspitzen, Nervenpaare 2–3. Häufiger in Kultur als die Art, nicht selten unter dem Namen *P. pygmaeus*.

Pleioblastus simonii (Carrière) Nakai, Simon-Sprossbambus

Habitus: Rhizome meist kurz, Halme 3–5 m hoch, 1,2–3 cm dick, aufrecht, die äußeren oft überhängend, grün bis gelb, Halmscheiden bis 25 cm lang, anfangs purpurn, lange haftend, Seitenzweige zahlreich, im oberen Bereich der Halme.
Blätter: 13–27 cm lang, 1,5–2,5 cm breit, einige der ersten Blätter oberseits hellgrün und weiß oder weißlich gestreift, unterseits je zur Hälfte blaugrün und grün, Nervenpaare 4–7, Blattscheiden kahl.
Verbreitung: Japan.
Verwendung: Selten, WHZ 8a, LB 2.3.5.5.

Pleioblastus variegatus (Siebold et Miq.) Makino, Streifen-Sprossbambus

Habitus: Halme 0,25–0,7 m hoch, 0,5–2 cm dick, unterhalb der kahlen Knoten weiß bepudert, Halmscheiden kurz behaart, bewim-

pert, Seitenzweige zu 1–2, meist im unteren Bereich der Halme.
Blätter: 10–20 cm lang, 0,7–1,8 cm breit, unterseits behaart, dunkelgrün, mit auffallenden, unterschiedlich breiten, cremeweißen Längsstreifen, Blattscheiden purpurn gestreift, fein weich behaart, bewimpert, Borsten vorhanden oder fehlend.
Verbreitung: Japan.
Verwendung: Selten, WHZ 7b, LB 2.3.5.5.

Pleioblastus viridistriatus (Regel) Makino

Habitus: Rhizome kurz, Halme 1–3 m hoch, 2–4 mm dick, grün bis rötlich violett, weich behaart, unterhalb der deutlichen Knoten weiß bereift, Halmscheiden kürzer als die Internodien, bewimpert, anfangs weich behaart.
Blätter: 12–22 cm lang, 1,5–3,5 cm breit, beiderseits samtig weich behaart, im Frühjahr gelb mit einigen unterschiedlich breiten Streifen in verschiedenen Grüntönen, im Laufe des Jahres vergrünend, Blattscheiden purpurn, dicht flaumig behaart, bewimpert, Borsten vorhanden oder fehlend.
Verbreitung: Japan.
Verwendung: Selten, WHZ 7b, LB 2.4.5.6.

Pseudosasa Makino ex Nakai

Scheinzwergbambus – Poaceae
(griechisch *pseudos* = falsch, Schein und Gattungsname *Sasa*)

Habitus: Wuchs niedrig bis hoch, Ausläufer bildend, in kälteren Klimazonen ± horstig wachsend, Halme aufrecht, stielrund, Halmscheiden länger als die Internodien, Borsten meist fehlend, wenn vorhanden weiß und weich, Knoten nicht verdickt, an den oberen Knoten 1–3 Zweige.
Blätter: Zu 4–7 je Zweig, Öhrchen und Borsten fehlend, Blattscheiden kahl.
Blüten: In wenigblütigen Rispen, Staubblätter 3, selten 4, Narben 3.
Verbreitung: 6 Arten in China, Japan und Korea.
Verwendung: Als Solitärpflanzen und in Hecken. Bei uns meist nur die folgende Art in Kultur.

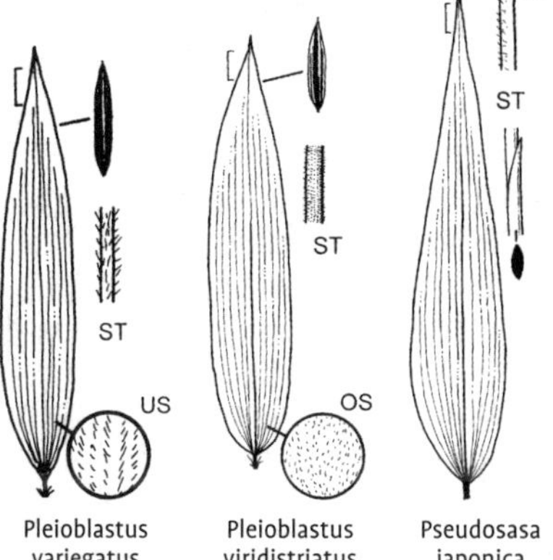

Pleioblastus variegatus — Pleioblastus viridistriatus — Pseudosasa japonica

Pseudosasa japonica (Siebold et Zucc. ex Steud.) Makino ex Nakai, Japan-Scheinzwergbambus

Habitus: Wuchs dichtbuschig, steif und straff aufrecht, Halme 3–6 m hoch, 1–2 cm dick, dunkelgrün, im oberen Teil reich bezweigt und zuletzt überhängend, Halmscheiden hellbraun, lange haftend, rau, schütter behaart, Borsten wenige oder fehlend, Seitenzweige meist einzeln, fächerförmig ausgebreitet.
Blätter: Lanzettlich, 10–35 cm lang, 2,5–3,5 cm breit, ziemlich dick, oberseits rau und dunkelgrün, unterseits bläulich, Rand rau gezähnelt.
Verbreitung: Japan, S-Korea.
Verwendung: Häufig, WHZ 7b, LB 2.3.5.5.

Sasa Makino et Shibata

Zwergbambus – Poaceae
(japanisch *sasa* = Bambusgras)

Habitus: Wuchs niedrig bis mittelhoch, Ausläufer bildend, Rhizome sympodial, reich verzweigt, weit kriechend, Halme hohl, stielrund, aufsteigend, kahl, unterhalb der verdickten Knoten weiß bemehlt, Halmscheiden bleibend, kürzer als die Internodien, Wimpern abstehend oder fehlend, auf der ganzen Länge gezähnt, Seitenzweige stets einzeln oder fehlend, etwa so dick wie die Halme.
Blätter: Groß und breit, meist dick, deutlich schachbrettartig gemustert, gezähnt, unterseits zu ¼ grün, zu ¾ bläulich, Blattscheiden

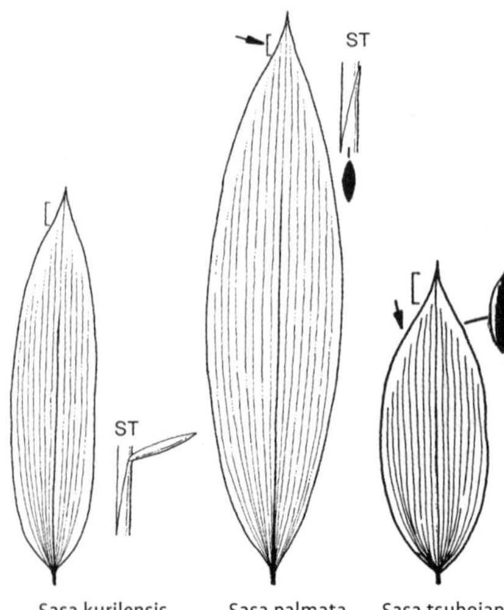

Sasa kurilensis Sasa palmata Sasa tsuboiana

mit abstehenden, rauen Borsten oder diese fehlend.
Blüten: In wenig- oder vielblütigen, aufrechten Rispen, Staubblätter 6, Narben 3.
Verbreitung: Etwa 40 Arten in Japan und Korea.
Verwendung: Alle Arten haben eine große unterirdische Ausdehnung, sie werden deshalb in Japan auch zur Befestigung von Böschungen eingesetzt. Sie benötigen nährstoffreiche Böden, reichlich Wasser und in kontinentalen Zonen eher schattige Standorte.

Bestimmungsschlüssel Sasa

1 Ausläufer weitstreichend, Halm mit vielen Seitenzweigen, die auch im oberen Teil des Halmes entspringen und mit dem Haupthalm ± auf gleicher Höhe enden . . . . *S. kurilensis*
– Ausläufer kurz, Halm oberwärts kaum verzweigt 2
2 Blätter grün mit gelber Mittelrippe, unterseits bläulich grün mit grünem Randstreifen . . . . *S. palmata*
– Blätter bald mit weißem, eingetrocknetem Rand 3
3 Halme höchstens 1,3 m hoch, Blätter bis 25 cm lang, Halmscheiden behaart . . . . *S. veitchii*
– Halme bis 2 m hoch, Blätter höchstens 15 cm lang, Halmscheiden kahl . . . . *S. tsuboiana*

S. albomarginata (Franch. et Sav.) Makino et Shibata = *S. veitchii*

S. disticha (Mitford) E.G. Camus = *Pleioblastus pygmaeus* 'Distichus'
S. humilis (Mitford) E.G. Camus = *Pleioblastus humilis*
S. japonica (Siebold et Zucc. ex Steud.) Makino = *Pseudosasa japonica*

Sasa kurilensis (Rupr.) Makino et Shibata, Kurilen-Zwergbambus

Habitus: Wuchs stark, dichte Bestände bildend, Halme 1–4 m hoch, kräftig, kahl, weiß bemehlt, Halmscheiden stets kahl, mit nur wenigen Borsten, Zweige mit dem Halm auf gleicher Höhe endend.
Blätter: 15–30 cm lang, 2,2–4,8 cm breit, glänzend grün, mit deutlicher Nervatur, im Winter oft mit weißem Frostrand, Rand meist nur auf einer Seite rau, Blattscheiden fein behaart, Borsten vorhanden oder fehlend.
Verbreitung: Japan, Korea, Sachalin, Kurilen.
Verwendung: Selten, WHZ 6b, LB 2.1.5.6.

Sasa palmata (Burb.) E.G. Camus, Breitblättriger Zwergbambus

Habitus: Wuchs flächig, durch starke Ausläuferbildung dickichtartig, Halme aufrecht bis überhängend, 1,5–4 m hoch, kräftig, grün, weiß bemehlt, Halmscheiden sehr bald trocken werdend und dann abstehend, anfangs an Basis und Spitze flaumig behaart, Öhrchen und Borsten meist fehlend.
Blätter: 25–40 cm lang, 5–9,5 cm breit, ausgebreitet, oft ± rechtwinklig abstehend, matt glänzend dunkelgrün, unterseits bläulich grün, Mittelrippe gelb, Rand rau, Blattscheiden selten mit Borsten.
Verbreitung: Japan, Sachalin.
Verwendung: Selten, WHZ 7a, LB 2.1.5.6.

S. pygmaea (Miq.) Rehder = *Pleioblastus pygmaeus*
S. tessellata (Munro) Makino et Shibata = *Indocalamus tessellatus*

Sasa tsuboiana Makino, Tsuboi-Zwergbambus

Habitus: Wuchs dicht, flächig, Rhizome kurz, Halme 1–2 m hoch, kräftig, grün bis gelb, Halmscheiden kahl, oft purpurn getönt, mit Borsten.
Blätter: 12–26 cm lang, kahl, Blattscheiden kahl, bald ohne Borsten.
Verbreitung: Japan.

Verwendung: Selten, WHZ 7b, LB 3.2.5.6.

S. variegata (Siebold ex Miq.) E.G. Camus = *Pleioblastus variegatus*

Sasa veitchii (Carrière) Rehder, Veitch-Zwergbambus

Habitus: Wuchs dicht, buschig, aufrecht, kompakt, sich stark ausbreitend, Halme 0,8–1,5 m hoch, bläulich grün, purpurn gestreift, untere Internodien kurz, Halmscheiden lange haftend, anfangs weiß behaart, mit Öhrchen und Borsten.
Blätter: 15–25 cm lang, 6 cm breit, lanzettlich-eiförmig, kurz zugespitzt, glänzend sattgrün, ab Herbst mit einem breiten, papierartigen, weißen, eingetrockneten Rand, Mittelrippe kahl, Blattscheiden oft purpurn, Borsten hinfällig.
Verbreitung: Japan.
Verwendung: Selten, WHZ 8a, LB 4.2.2.7.

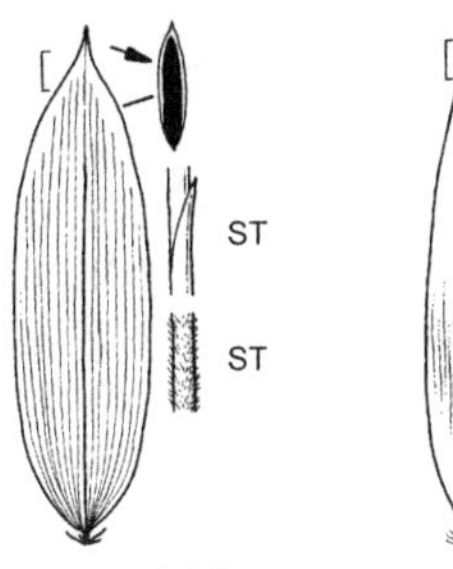

Sasa veitchii

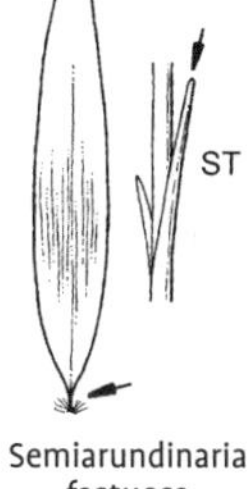

Semiarundinaria fastuosa

Semiarundinaria Makino ex Nakai

Narihirabambus – Poaceae

(lateinisch *semi* = halb und Gattungsname *Arundinaria*)

Habitus: Mit kurzen Rhizomen sehr dicht wachsend, Halme hohl, wie bei *Phyllostachys* mit einem Sulcus (Erläuterung siehe dort), aber nur an Halmen, die Zweige tragen und nur etwa im unteren Drittel der Halme, Halmscheiden rasch hinfällig, aber oft noch kurze Zeit im abgestorbenen Zustand hängen bleibend, Internodien zylindrisch, Öhrchen und Borsten fehlend, je Knoten mit 3–8 aufrechten Seitenzweigen.
Blätter: Bis 20 cm lang, mit rauen Borsten, deutlich schachbrettartig gemustert.
Blüten: In wenigblütigen Ährchen, Staubblätter 3, Narben 3.
Verbreitung: 7 Arten in O-Asien.
Verwendung: Überwiegend die folgende Art in Kultur, sie eignet sich ihres aufrechten Wuchses wegen besonders gut für Hecken.

Semiarundinaria fastuosa (Lat.-Marl. ex Mitford) Makino ex Nakai, Narihirabambus

Habitus: Wuchs straff aufrecht, Halme kräftig, 5–8(–12) m hoch, bis 4 cm dick, grün bis rotbraun, unterhalb der Knoten weiß bepudert, Halmscheiden dick, anfangs grün, dann purpurn, je Knoten 3–8 kurze Zweige.
Blätter: 9–21 cm lang, 1,6–2 cm breit, zu 5–9 je Zweig, lanzettlich, dick, kahl, Öhrchen und Borsten fehlend, oberseits dunkelgrün, unterseits auf einer Seite bläulich grün.
Verbreitung: Japan.
Verwendung: Selten, WHZ 7a, LB 3.3.2.4.

Shibataea Makino ex Nakai

Shibatabambus – Poaceae

(nach Shibata Keito, 1877–1949, japanischer Botaniker)

Habitus: Wuchs meist horstförmig, bis 1,5 m hoch, Halme schlank, hin- und hergebogen, Knoten dick, je Knoten 3–5 kurze, dünne, ± gleich lange Seitenzweige, Halmscheiden bleibend, kahl, Öhrchen und Borsten fehlend.
Blätter: Zu 1–2 je Zweig, breit lanzettlich, schachbrettartig gemustert, Borsten fehlend, Blattscheiden fehlend, aber mit langen, schmalen, membranartigen Tragblättern an den unteren Knoten.
Blüten: In 1- bis 2-blütigen Ährchen, Staubblätter 3, Narben 3.
Verbreitung: 8 Arten in Japan und China.
Verwendung: Bei uns nur die folgende Art in Kultur, sie bevorzugt halbschattige Standorte und ausreichend feuchte Böden.

Shibataea kumasasa (Zoll. ex Steud.) Makino ex Nakai, Mäusedorn-Shibatabambus

Habitus: Wuchs buschig, aufrecht, kompakt und gedrungen, sich flächig ausbreitend, Halme aufrecht, bis 1,5 m hoch, grün, Nodien dick, Internodien kurz, stark hin- und hergebogen, Halmscheiden olivgrün, bewimpert,

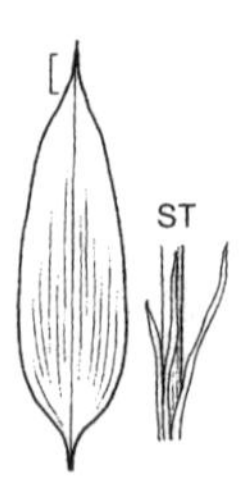

Shibataea kumasasa

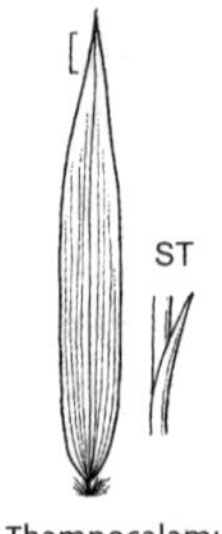

Thamnocalamus tesselatus

die kurzen Zweige geben den Eindruck von quirlig stehenden Blättern.
Blätter: 5–10 cm lang, 1,5–2,5 cm breit, oberseits glänzend dunkelgrün, kahl, unterseits leicht bläulich grün, anfangs flaumig behaart.
Verbreitung: Japan.
Verwendung: Selten, WHZ 7a, LB 3.2.7.6.

Sinarundinaria murieliae (Gamble) Nakai = *Fargesia murieliae*
S. nitida (Mitford) Nakai = *Fargesia nitida*

Thamnocalamus Munro

Bergbambus – Poaceae

(griechisch *thamnos* = Dickicht, Gebüsch, Strauch und lateinisch *Calamus* = Pfahlrohr, Schilf)

Habitus: Wuchs horstförmig, Halme stielrund, dickwandig, Halmscheiden mit Öhrchen und dunklen, rauen Borsten, Zweige zahlreich, erst im 2. Jahr erscheinend.
Blätter: Schachbrettartig gemustert, kahl, Blattscheiden kahl, Öhrchen und Borsten vorhanden.
Verbreitung: 6 Arten im Himalaja und S-Afrika.
Verwendung: *T. tesselatus* ist eine selten gepflanzte Art mit dunkelgrünem Laub, hellen Halmscheiden und purpurfarbenen Halmen.

T. spathaceus (Franch.) Soderstr. = *Fargesia murieliae*

Thamnocalamus tesselatus (Nees) Soderstr. et R.P. Ellis

Habitus: Halme 2,5–7 m hoch, lockere Horste bildend, aufrecht, dickwandig, anfangs hellgrün, später dunkler werdend und zuletzt tiefpurpurn, Halmscheiden sehr lange haftend, meist länger als die Internodien, dick, anfangs blassgrün mit Rosa, später trockenweiß, mit Öhrchen und Borsten, Seitenzweige zahlreich, kurz, aufrecht.
Blätter: 5–21 cm lang, 1–2 cm breit, dunkelgrün, Blattscheiden bewimpert, Öhrchen und Borsten vorhanden.
Verbreitung: S-Afrika.
Verwendung: Selten, WHZ 8a, LB 2.5.5.4.

6.5 Nadelgehölze (Gymnospermae) einschließlich Ephedra und Ginkgo

6.5.1 Bestimmungsschlüssel zu den Gattungen

1 Triebe schachtelhalmartig, mit feinen Rillen, dünn, rund, mit unscheinbaren Blattschuppen über den Knospen ... *Ephedra*

– Triebe andersartig ... 2

2 Blätter/Nadeln sommergrün, daher ± dünn und weich ... 3

– Blätter/Nadeln immergrün, daher ± hart ... 7

3 Blätter mit mehrere cm breiter Spreite und gegabelten Blattnerven ... *Ginkgo biloba*

– Blätter nadel- oder schuppenförmig ... 4

4 Triebe mit „Fiederblättern“: Nadeln stehen an unverholzten Achsen, mit denen zusammen sie im Herbst abfallen ... 5

– Triebe ohne „Fiederblätter“: Nadeln oder Schuppenblätter befinden sich (z. T. in Büscheln) direkt an verholzten Trieben ... 6

5 Nadeln, Triebe und Knospen gegenständig (z. T. lediglich etwas versetzt) ... *Metasequoia glyptostroboides*

– Nadeln, Triebe und Knospen wechselständig ... *Taxodium*

6 Nadeln höchstens 1,5 mm breit, obere Schuppen der Endknospen stumpf ... *Larix*

– Nadeln etwa 2 mm breit, Schuppen der Endknospen zugespitzt ... *Pseudolarix amabilis*

7 Blätter (wenigstens viele) schuppenförmig, gegenständig oder zu wenigen im Quirl, schuppenförmige Blätter dem Trieb ± anliegend ... 8

– Blätter allesamt nadelförmig, wechselständig oder zu vielen quirlig, vom Trieb abstehend 24

8 Junge Triebe im Querschnitt rund oder ± quadratisch, Schuppenblätter aller Seiten daher ± gleich ... 9

– Junge Triebe platt, seitenständige Schuppenblätter daher ± gekielt (zumindest viel stärker als ober- und unterständige) ... 16

9 Blätter teilweise nadelförmig ... 10

– Blätter allesamt schuppenförmig ... 11

10 Nadeln höchstens 3 cm lang ... *Juniperus*

– Nadeln über 5 cm lang ... *Sciadopitys*

11 Schuppenblätter stumpf ... 12

– Schuppenblätter spitz ... 13

12 Junge Triebe etwas abgeflacht ... *×Cuprocyparis leylandii*

– Junge Triebe im Querschnitt rund oder quadratisch ... *Cupressus*

13 Junge Triebe etwas abgeflacht ... 14

– Junge Triebe im Querschnitt rund oder quadratisch ... 15

14 Schuppenblätter mit lang ausgezogener Spitze ... *Microbiota decussata*

– Schuppenblätter nur mit kurzer Spitze ... *×Cuprocyparis leylandii*

15 Zapfen sieht wie Beere aus, fleischig *Juniperus*

– Zapfen mit getrennten, verholzenden Schuppen ... *Cupressus*

16 Junge Triebe höchstens 4 mm breit, unterseits grün oder mit weißlicher Zeichnung ... 17

– Junge Triebe breiter, unterseits auffallend weiß gezeichnet ... *Thujopsis dolabrata* var. *dolabrata*

17 Spitzen der seiten- und ober-/unterständigen Schuppenblätter auf gleicher Höhe ... *Calocedrus decurrens*

– Spitzen der seitenständigen Schuppenblätter zwischen denen der ober- und unterständigen Schuppenblätter ... 18

18 Triebenden rund(lich) ... 19

– Triebenden deutlich abgeflacht ... 20

19 Schuppenblätter mit lang ausgezogener Spitze ... *Juniperus*

– Schuppenblätter nur mit kurzer Spitze ... *×Cuprocyparis leylandii*

20 Strauch nur 30 cm hoch werdend, Schuppenblätter mit weißlichem Saum und durchscheinender Drüse (Gegenlicht!) ... *Microbiota decussata*

– Habitus oder Schuppenblätter andersartig ... 21

21 Leittrieb überhängend, kugelige Zapfen mit schildförmigen Schuppen, die sich nur am Rand berühren ... 22

– Leittrieb aufrecht, längliche Zapfen mit länglichen Schuppen, die wie Dachziegel übereinandergreifen ... 23

22 Schuppenblätter beiderseits blaugrün und sehr unangenehm riechend ... *Xanthocyparis nootkatensis*

– Schuppenblätter unterseits mit weißlichen oder bereiften Linien oder Flecken, angenehm riechend ... *Chamaecyparis*

23 Triebe in senkrechten Ebenen stehend, zerrieben ohne aromatischen Geruch, Zapfen mit 6 Schuppen ... *Platycladus orientalis*

– Triebe mehr waagerecht ausgebreitet, zerrieben aromatisch duftend, Zapfen mit mindestens 8 Schuppen ... *Thuja*

24 (7) Nadeln (auch) an Kurztrieben, daher z. T. oder allesamt in seitlichen Büscheln/Wirteln zu 2 oder mehr an den Hauptachsen ... 25

– Nadeln nur einzeln an Langtrieben oder wenn in Wirteln, diese mit deutlichem Abstand voneinander und triebumfassend an den Hauptachsen (nicht seitlich stehend) ... 26

25 Nadeln nur zu 2–5 in Büscheln/Wirteln (an seitlichen Kurztrieben) ... *Pinus*

– Nadeln auch einzeln an Langtrieben ... *Cedrus*

26 Nadeln in Quirlen und bis über 10 cm lang und fast 3 mm breit, mit markanter Mittellinie („Doppelnadeln“) ... *Sciadopitys verticillata*

– Nadeln einzeln oder wenn in Quirlen, viel kürzer und dünner ... 27

27 Nadeln an der Basis höchstens wenige mm breit ... 28

– Nadeln an der Basis 0,7–2 cm breit ... *Araucaria araucana*

28 Nadelansatzstellen schraubig am Trieb (wenn auch Nadeln z. T. gescheitelt) ... 29

– Nadeln gegen- oder quirlständig ... *Juniperus*

29 Nadeln laufen am Trieb ohne Farb- und Strukturveränderung ein Stück herab ... 30

– Nadeln deutlich (d. h. in Farbe und Struktur) vom Trieb abgegliedert, gestielt oder ungestielt ... 34

30 Nadeln an Seitentrieben in 1 Ebene (gescheitelt) ... 32

– Nadeln nicht gescheitelt ... 31

31 Nadeln in 3 oder 5 Zeilen angeordnet, nicht stechend ... 33

– Nadeln nicht in Zeilen angeordnet, stechend ... *Taiwania cryptomeroides*

32 Nadeln höchstens 2 cm lang .... *Sequoia sempervirens*
– Nadeln länger (3–7 cm) ....*Cunninghamia lanceolata*
33 Nadeln stehen in 5 Zeilen schraubig am Trieb und sind diesem sichelförmig zugebogen, freie Nadelenden 1 cm und länger ....*Cryptomeria japonica*
– Nadeln stehen in 3 Zeilen schraubig am Trieb und sind von diesem weggebogen, freie Nadelenden nur wenige mm lang............. .... *Sequoiadendron giganteum*
34 2-jährige Triebe andersfarbig als grün(lich) 35
– 2-jährige Triebe grün(lich).............. 39
35 Nadeln mit tellerförmiger Basis dem Trieb aufsitzend, nach Abreißen eine kreisrunde, tellerförmige Narbe hinterlassend .... *Abies*
– Nadelbasis und Narbe andersartig 36
36 Nadeln am Grund mit deutlichem Stielchen, beim Abreißen löst sich kein Stückchen der Rinde mit ab 37
– Nadeln am Grund fast in voller Breite dem Nadelkissen aufsitzend, keinen Stiel aufweisend, beim Abreißen einer jungen Nadel löst sich ein Stückchen der Rinde mit ab .... *Picea*
37 Nach Abreißen einer Nadel bleiben deutliche Nadelkissen zurück, die die Triebobeerfläche feilenartig rau machen 38
– Nach Abreißen der Nadel ist die Triebobeerfläche fast glatt, da keine weit hervorstehenden Nadelkissen zurückbleiben (Nadeln zerrieben nach Orangen duftend) .... *Pseudotsuga menziesii* subsp. *menziesii*
38 Nadeln höchstens ca. 1 mm breit, oberseits gewölbt, nicht gescheitelt, im vorderen Teil beiderseits mit Spaltöffnungsstreifen .... *Hesperopeuce mertensiana*
– Nadeln bis über 2 mm breit, oberseits abgeflacht/rinnig, gescheitelt, nur unterseits mit Spaltöffnungsstreifen ....*Tsuga*
39 Nadelunterseite grün (evtl. mit helleren Streifen) 40
– Nadelunterseite mit 2 weiß(lich)en Spaltöffnungsstreifen 41
40 Nadeln oberseits mit eingesenkter Mittelrippe .... *Podocarpus nivalis*
– Nadeln oberseits mit erhabener Mittelrippe .. ..*Taxus*
41 Nadelunterseitige weißliche (Spaltöffnungs-) Streifen breiter als grüne Rand- und Mittelstreifen .... *Cephalotaxus*
– Weißliche Streifen schmaler als grüne....... .... *Torreya*

6.5.2 Artbeschreibungen

Abies Mill.

Tanne – Pinaceae

(lateinisch *abies* = Tanne)

Habitus: Immergrüne, hohe Bäume, Krone kegel- bis walzenförmig, im Alter abgeflacht (sog. Storchennestkrone), Äste in regelmäßigen Etagen, ± waagerecht abstehend, Rinde junger Bäume glatt und mit Harzbläschen, die ein dünnes, öliges Harz enthalten, Borke später rissig und rau, Zweige meist glatt, selten gefurcht, Knospen kugelig bis kegelförmig, harzig oder harzfrei.

Nadeln: Schraubig angeordnet, an Seitentrieben oberseits oft ± gescheitelt in einer Ebene stehend oder eine V-förmige Furche freilassend, meist flach und ziemlich breit, vorne stumpf oder ausgerandet, selten stachel- oder 2-spitzig, am Grund stielartig verschmälert und mit einer verbreiterten Basis dem Zweig aufsitzend, Blattnarben kreisrund, keine Blattkissen vorhanden, unterseits mit 2 weißen bis grauen Bändern aus mehreren Spaltöffnungslinien, diese selten auch auf der Oberseite der Nadeln, dann mit einigen Linien vor allem an der Spitze.

Blüten: 1-geschlechtig, 1-häusig verteilt, nur im Spitzenbereich der Krone an vorjährigen Zweigen, ♂ Blüten gelb, rötlich oder purpurrot, in hängenden Zapfen auf der Zweigunterseite, ♀ Blütenzapfen zylindrisch, aufrecht auf der Oberseite der Zweige.

Zapfen: Aufrecht stehend, länglich-eiförmig bis zylindrisch, Deckschuppen entweder kürzer als die Samenschuppen und im Zapfen verborgen oder länger als diese und zumindest mit der Spitze aus dem Zapfen herausragend, im 1. Jahr reifend, nach der Reife zerfallend, während die verholzte Spindel noch mehrere Jahre am Zweig stehen bleibt.

Verbreitung: 48 Arten, vorwiegend in kühlfeuchten Gebirgslagen der Nordhemisphäre.

Verwendung: Häufig gepflanzte Wald-, Park- und Gartenbäume mit zahlreichen, auch zwergig wachsenden Gartenformen.

Bestimmungsschlüssel Abies

1 Nadeln beiderseits mit weißen Spaltöffnungsstreifen bis zur Basis, daher auch oberseits graugrün oder bläulich.................. 2
– Nadeln oberseits grün (höchstens Nadelspitze andersfarbig), Spaltöffnungslinien nur unterseits 7
2 Knospen stark harzig, Schuppen daher kaum erkennbar 3
– Knospen nicht so harzig, daher basale Schuppen frei sichtbar 5
3 Nadeln höchstens 2 cm lang, wie bei einer Flaschenbürste rundherum vom Trieb abstehend, etwas stechend, Knospen mit Harzbällchen. . . ..*A. pinsapo*
– Nadeln länger (zumindest die meisten), nicht stechend, Knospen ohne Harzbällchen 4
4 Nadeln höchstens 4 cm lang und 1,5 mm breit, junge Triebe graubraun ....*A. lasiocarpa* var. *lasiocarpa*
– Nadeln länger und 2–2,5 mm breit, bogig nach vorne gekrümmt, junge Triebe gelblich grün. . ...*A. concolor* var. *concolor*

5 Nadeln mit charakteristischer sichelförmiger Krümmung an der Basis vom Trieb weg, junge Triebe mit rotbraunen Haaren 6

– Nadeln ohne basale Krümmung, junge Triebe höchstens schwach behaart .... *A. lasiocarpa* var. *lasiocarpa*

6 Nadeln im Querschnitt 4-eckig, Knospen mit lang zugespitzten basalen Schuppen .... *A. magnifica*

– Nadeln abgeflacht, Knospen ohne lang zugespitzte basale Schuppen .... *A. procera*

7 Junge Triebe mit deutlichen Längsfurchen 8

– Junge Triebe ohne deutliche Furchen (höchstens mit feinen Längsrissen) 10

8 Knospen harzig, Nadeln höchstens 2 mm breit, unterseits kreideweiß .... *A. homolepis*

– Knospen kaum harzig, Nadeln breiter, unterseits mit breiter, grüner Mittelrippe 9

9 Nadeln in mehrere sehr ungleich lange Reihen gescheitelt .... *A. spectabilis*

– Nadeln ± gleich lang, kaum gescheitelt .... *A. firma*

10 Nadeln unterseits nur mit undeutlichen Spaltöffnungslinien 11

– Nadeln unterseits mit 2 deutlichen weißen oder bereiften Spaltöffnungslinien 12

11 Nadeln stumpf oder 2-spitzig .... *A. firma*

– Nadeln mit einer Spitze .... *A. holophylla*

12 Junge Seitentriebe kahl 13

– Junge Seitentriebe behaart (zumindest stellenweise, Lupe!) 28

13 Nadeln stechend, 1-spitzig 14

– Nadeln stumpf (oder 2-spitzig) 17

14 Nadeln bis 5 cm lang, Knospen spindelförmig und über 1,2 cm lang .... *A. bracteata*

– Nadeln und Knospen andersartig 15

15 Junge Triebe grün(lich), Nadeln oberseits mit unvollständigen Spaltöffnungslinien .... *A. nordmanniana* subsp. *equi-trojani*

– Junge Triebe braun oder ledergelb, Nadeln höchstens an der Spitze mit ganz kurzen Spaltöffnungsstreifen 16

16 Nadeln unterseits gescheitelt, Knospen spitz, ohne Harzbällchen .... *A. holophylla*

– Nadeln allseits abstehend, Knospen stumpf und mit Harzbällchen .... *A. cephalonica*

17 Knospen stark harzig (Schuppen kaum sichtbar) 18

– Knospen nicht oder kaum harzig, Schuppen daher sichtbar 21

18 Nadeln auf ± ganzer Länge gedreht .... *A. numidica*

– Nadeln nur an der Basis gedreht 19

19 Nadeln höchstens 2 cm lang, Knospen stumpf. .... *A. koreana*

– Nadeln länger 20

20 Knospen spitz .... *A. nordmanniana* subsp. *equi-trojani*

– Knospen stumpf .... *A. forrestii*

21 Nadeln höchstens 1,8 mm breit .... *A. cilicica*

– Nadeln breiter 22

22 Nadeln höchstens 2,5 mm breit 23

– Nadeln (z. T.) breiter .... *A. firma*

23 Nadeln auf ± ganzer Länge gedreht, junge Triebe braun .... *A. numidica*

– Nadeln nur an der Basis gedreht 24

24 Junge Triebe nicht zimtfarben 25

– Junge Triebe zimtfarben 26

25 Nadeln mit 2 Spitzen, Triebe fein runzelig .... *A. fargesii* var. *fargesii*

– Nadeln stumpf oder höchstens ausgerandet, Triebe nicht runzelig .... *A. nordmanniana* subsp. *nordmanniana*

26 Nadelränder nach unten gebogen, Nadeln daher längs gewölbt .... *A. fabri*

– Nadelränder nicht umgebogen 27

27 Knospenschuppen an der Spitze gekielt und anliegend .... *A. firma*

– Knospenschuppen nicht gekielt, an der Spitze abstehend .... *A. nordmanniana* subsp. *equi-trojani*

28 (12) Knospen nicht oder kaum harzig, Schuppen daher frei sichtbar 29

– Knospen (sehr) harzig, Schuppen deshalb nicht (vollständig) sichtbar 37

29 Nadeln stechend 30

– Nadeln nicht stechend 31

30 Nadeln 1-spitzig, Triebe nicht runzelig .... *A.* ×*borisii-regis*

– Nadeln 2-spitzig, Triebe fein runzelig .... *A. fargesii* var. *fargesii*

31 Nadeln höchstens 1,8 mm breit .... *A. cilicica*

– Nadeln breiter 32

32 Nadeln höchstens 2,5 mm breit 33

– Nadeln (z. T.) breiter 35

33 Nadeln auf ± ganzer Länge gedreht .... *A. numidica*

– Nadeln nur an der Basis gedreht 34

34 Knospen spitz(lich), Nadeln trieboberseits gescheitelt .... *A. alba*

– Knospen stumpf, Nadeln nicht gescheitelt .... *A. nordmanniana* subsp. *nordmanniana*

35 Knospen lang spindelförmig (über 1,2 cm lang) .... *A. bracteata*

– Knospen kürzer 36

36 Nadeln auf ± ganzer Länge gedreht, junge Triebe braun .... *A. numidica*

– Nadeln nur an der Basis gedreht, junge Triebe zimtfarben .... *A. firma*

37 Nadeln stechend 38

– Nadeln nicht stechend 39

38 Nadeln 1-spitzig, Triebe nicht runzelig .... *A.* ×*borisii-regis*

– Nadeln 2-spitzig, Triebe fein runzelig .... *A. fargesii* var. *fargesii*

39 Nadeln über 2 mm breit und über 4 cm lang .... *A. grandis*

– Nadeln schmaler oder kürzer 40

40 Nadeln nur 1–2 cm lang 41

– Nadeln (zumindest viele) länger 42

41 Nadeln trieboberseits zurückgebogen .... *A. koreana*

– Nadeln trieboberseits vorwärts-aufsteigend .... *A. fraseri*

42 Nadeln höchstens 1,6 mm breit 43

– Nadeln breiter (zumindest die meisten) 46

43 Knospen auffallend glasig beharzt und mit Harzbeulen .... *A. balsamea*

– Knospen andersartig beharzt 44

44 Nadeln an der Basis nicht verdreht .... *A. fraseri*

– Nadeln an der Basis verdreht 45

45 Knospen auffallend purpur-rotbraun, bläulich beharzt, junge Triebe braun, dunkel behaart (in den Furchen), Nadeln zerrieben (etwas unangenehm) nach Husteneinreibemittel riechend, höchstens 1,5 mm breit .... *A. sachalinensis*

– Knospen und junge Triebe blassgelb, Letztere nicht gerippt, weiß behaart, Nadeln zerrieben angenehm aromatisch duftend .... *A. sibirica*

46 Knospen dunkelrot, rötlich oder grün 47

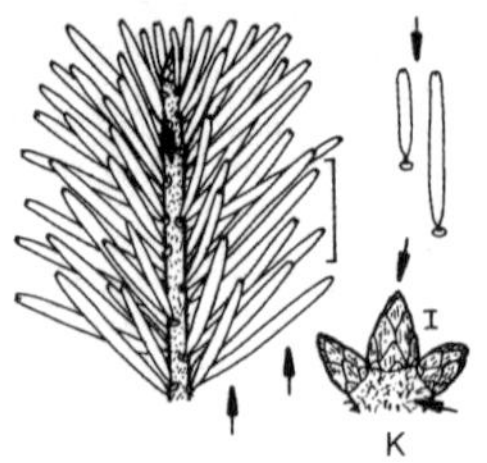

Abies alba

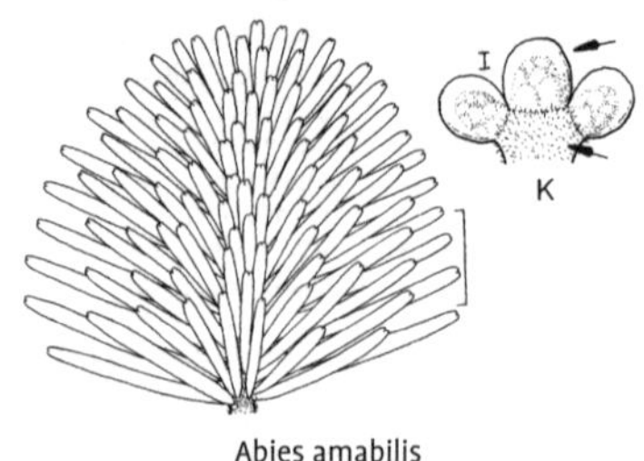

Abies amabilis

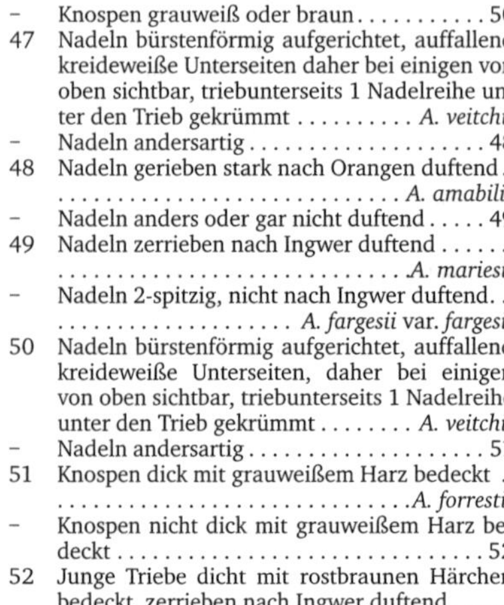

– Knospen grauweiß oder braun 50

47 Nadeln bürstenförmig aufgerichtet, auffallend kreideweiße Unterseiten daher bei einigen von oben sichtbar, triebunterseits 1 Nadelreihe unter den Trieb gekrümmt . . . . *A. veitchii*

– Nadeln andersartig 48

48 Nadeln gerieben stark nach Orangen duftend . . . . *A. amabilis*

– Nadeln anders oder gar nicht duftend 49

49 Nadeln zerrieben nach Ingwer duftend . . . . *A. mariesii*

– Nadeln 2-spitzig, nicht nach Ingwer duftend. . . . . *A. fargesii* var. *fargesii*

50 Nadeln bürstenförmig aufgerichtet, auffallend kreideweiße Unterseiten, daher bei einigen von oben sichtbar, triebunterseits 1 Nadelreihe unter den Trieb gekrümmt . . . . *A. veitchii*

– Nadeln andersartig 51

51 Knospen dick mit grauweißem Harz bedeckt . . . . *A. forrestii*

– Knospen nicht dick mit grauweißem Harz bedeckt 52

52 Junge Triebe dicht mit rostbraunen Härchen bedeckt, zerrieben nach Ingwer duftend . . . . *A. mariesii*

– Junge Triebe fast kahl 53

53 Nadeln nur an der Basis verdreht und deutlich längs gewölbt (Nadelränder nach unten gebogen) . . . . *A. fabri*

– Nadeln auf ganzer Länge verdreht, Nadelränder nicht umgebogen . . . . *A. numidica*

Abies alba Mill., Weiß-Tanne

Habitus: Bis 50(–60) m hoher Baum, Stamm anfangs graubraun, später mit dünner, hellbrauner bis silbergrauer Schuppenborke, Triebe hell gelbbraun oder grau, kurz gelblich oder braun behaart, Knospen eiförmig, harzfrei.
Nadeln: Kamm- oder V-förmig gescheitelt, 1,2–3 cm lang, 1,5–2,5 mm breit, stumpf bis deutlich ausgerandet, bisweilen 2-spitzig, oberseits glänzend dunkelgrün, unterseits 2 weiße Spaltöffnungsbänder.
Zapfen: Zylindrisch, 10–16 cm lang, bis 3 cm breit, anfangs bronzegrün, braunrot bis violett überlaufen, reif dunkelbraun, Samenschuppen 2,5–3 cm breit, Deckschuppen herausragend, ihre Spitze zurückgebogen.
Verbreitung: W-, M-, S- und westl. O-Europa.
Verwendung: Sehr häufig (mit einigen Sorten), N, WHZ 5a, LB 7.3.2.1.

Abies amabilis (Douglas ex Loudon) Douglas ex Forbes, Purpur-Tanne

Habitus: Bis 50–60 m hoher Baum, Krone kegelförmig, Rinde junger Bäume glatt, silbrig weiß, später etwas dunkler und gefurcht, Triebe grünlich braun, dicht und kurz bräunlich behaart, Knospen klein, kugelig, dunkelrot oder grünlich, stark harzig.
Nadeln: Auf der Zweigoberseite dicht gedrängt stehend und nach vorne gerichtet, seitliche abstehend, auf der Zweigunterseite gescheitelt, 2–3 cm lang, 1,5–2 mm breit, gestutzt oder 2-spitzig, oberseits gefurcht und dunkelgrün, unterseits 2 weiße Spaltöffnungsbänder, gerieben deutlich nach Orangen duftend.
Zapfen: Zylindrisch bis länglich-kegelförmig, 9–15 cm lang, 5,5–7 cm breit, jung dunkel purpurrot, reif braun, Samenschuppen 2,5–2,8 cm breit, Deckschuppen verborgen.
Verbreitung: SO-Alaska, W-Kanada bis NW-USA (Oregon).
Verwendung: Häufig, N, WHZ 6b, LB 7.2.2.1.

'Spreading Star'. Zwergform. Stamm kurz, bis 1 m hoch, Äste weit und waagerecht ausgebreitet.

A. arizonica Merriam = *A. lasiocarpa* var. *arizonica*

Abies balsamea (L.) Mill., Balsam-Tanne

Habitus: Bis 15–25 m hoher, nur anfangs eleganter, schlanker Baum, Stamm mit zahlreichen Harzbeulen, Rinde aschgrau, zuletzt schuppig, Triebe hell gelbgrün bis -braun, zerstreut behaart, Knospen klein, eiförmig-kugelig, glasig beharzt.
Nadeln: Dicht gedrängt stehend, auf der Zweigoberseite mit deutlicher V-förmiger

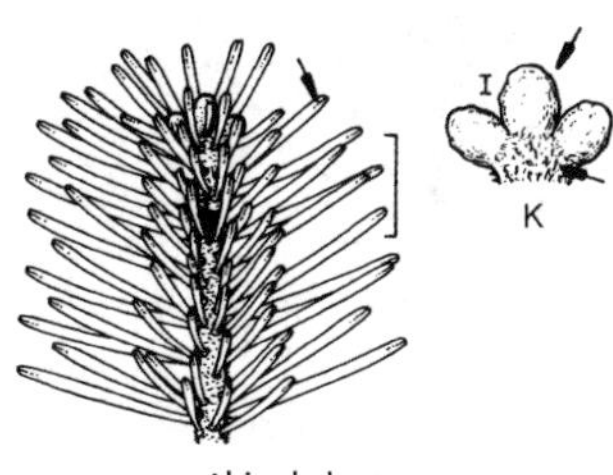

Abies balsamea

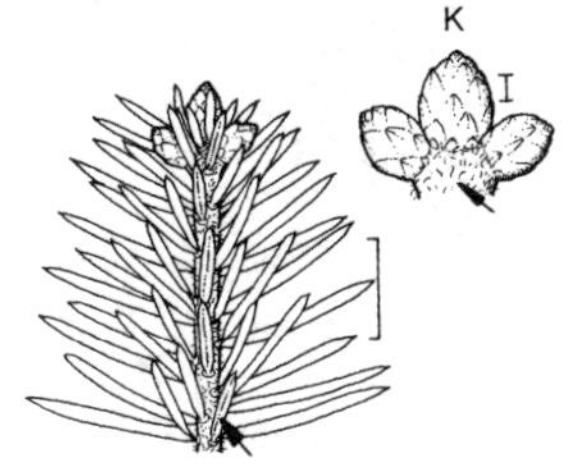

Abies ×borisii-regis

Furche, nach vorne und aufwärts gerichtet, auf der Zweigunterseite und an schwächeren Zweigen gescheitelt, 1,5–3 cm lang, 1,3–2 mm breit, abgerundet oder ausgerandet, oberseits tiefgrün, an der Spitze mit einigen kurzen Spaltöffnungslinien, unterseits mit 2 weißen Spaltöffnungsbändern, gerieben stark balsamisch duftend.
Zapfen: Länglich-zylindrisch, 6–10 cm lang, jung grün bis purpurviolett, reif (purpur) braun, Samenschuppen etwa 1,5 cm breit, Deckschuppen verborgen.
Verbreitung: Alakska bis Kanada und NO-USA.
Verwendung: Häufig, N, WHZ 4, LB 7.2.6.2 (1.2.3.2).

fo. hudsoniana (Jacq.) Fernald et Weath. Wuchs zwergig, abgeflacht kugelig bis kissenförmig, Äste sehr dicht gestellt, Zweige zahlreich, kurz. Nadeln halb radial stehend, kurz, breit, flach, oberseits schwarzgrün, unterseits blaugrün. In Kultur genommene Formen als Hudsonia-Gruppe im Handel.

'Nana'. im Habitus ähnlich fo. *hudsonia,* bis etwa 1 m hoch, Nadeln radial stehend.

Abies ×borisii-regis Mattf., König-Boris-Tanne
(*A. alba* × *A. cephalonica*)

Habitus: Bis 30 m hoher Baum, Triebe hellgelb, dicht und weich behaart, bald kahl, Knospen leicht harzig.
Nadeln: Auf der Zweigoberseite dicht stehend, nach oben und seitwärts abstehend, kaum oder nicht gescheitelt, 1,5–3 cm lang, 1,5–2,5 mm breit, meist spitz bis fast stechend oder etwas ausgerandet, oberseits gefurcht, unterseits 2 weiße Spaltöffnungsbänder.
Zapfen: Kegelförmig bis zylindrisch, 10–15 cm lang, jung gelblich grün, reif hell- oder rotbraun, Samenschuppen 3–3,5 cm breit, Deckschuppen herausragend, ihre Spitze zurückgeschlagen.

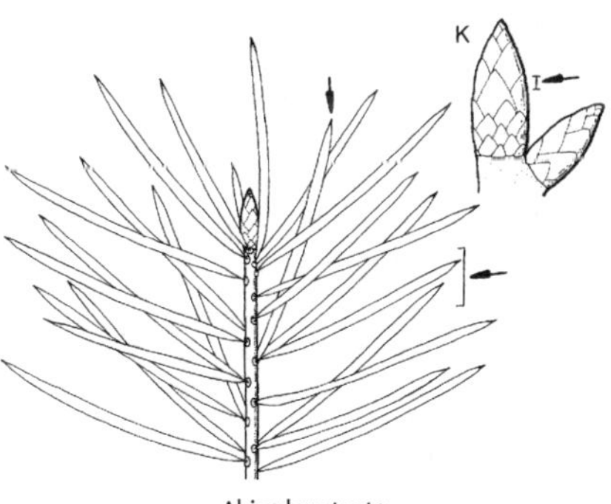

Abies bracteata

Verbreitung: SO-Europa: N-Griechenland, S-Bulgarien.
Verwendung: Sehr selten, N, WHZ 6b, LB 6.3.2.2.

A. ×bornmuelleriana Mattf. = *A. nordmanniana* subsp. *equi-trojani*
A. brachyphylla Maxim. = *A. homolepis*

Abies bracteata (D. Don) A. Poit., Santa-Lucia-Tanne, Grannen-Tanne

Habitus: Bis 20–30(–50) m hoher Baum, Krone breit kegelförmig, die unteren Äste hängend, Rinde anfangs glatt, rötlich braun, an älteren Stämmen Borke an der Basis gefurcht, Triebe anfangs grünlich bis rötlich braun, später graugrün, kahl, Knospen lang spindelförmig, bis 2,5 cm lang, blassgelb, harzfrei.
Nadeln: Locker stehend, gescheitelt, 3–5,5 cm lang, 2,5–3 mm breit, sehr steif, scharf zugespitzt, oberseits glänzend dunkel- oder graugrün, unterseits 2 silberweiße Spaltöffnungsbänder.
Zapfen: Eiförmig, 7–10 cm lang, 4,5–6,5 cm breit, reif blass purpur- bis rötlich braun, harzig, Deckschuppen weit herausragend, mit

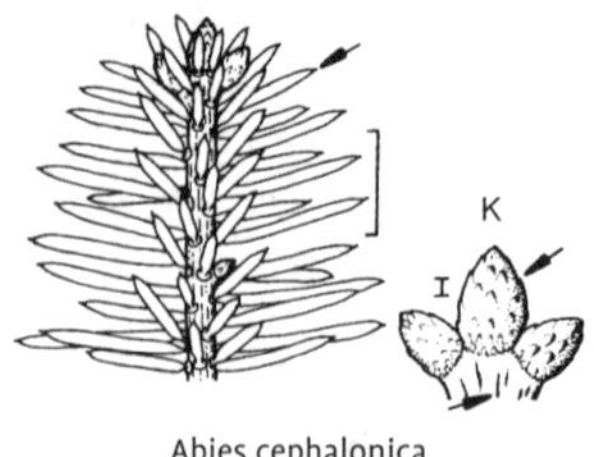

Abies cephalonica

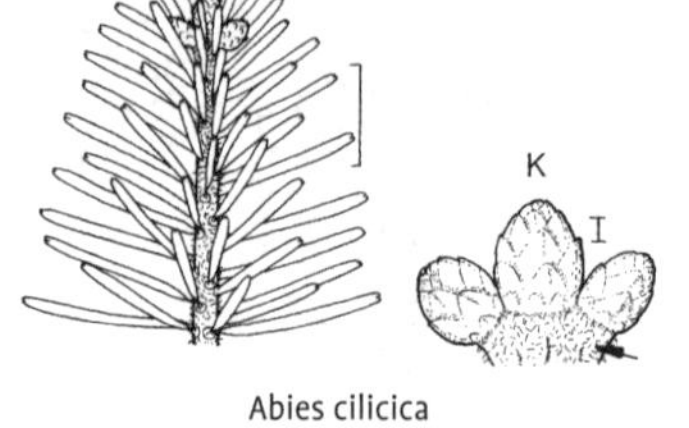

Abies cilicica

einem langen, grannenartigen Fortsatz, die Fortsätze den Zapfen teilweise umhüllend.
Verbreitung: USA: Kalifornien.
Verwendung: Sehr selten, N, WHZ 8a, LB 7.4.1.1.

Abies cephalonica Loudon,
Griechische Tanne

Habitus: Bis 20–40 m hoher Baum, Krone breit kegelförmig, Stamm im Alter mit längsrissiger, dunkelgrauer Schuppenborke, Triebe glänzend hell- oder rötlich braun, kahl, Knospen ei- bis kegelförmig, stark harzig.
Nadeln: Meist allseitig vom Zweig abstehend, auf der Zweigoberseite nicht, auf der -unterseite kaum gescheitelt, 1,5–3,7 cm lang, 2–2,5 mm breit, steif, scharf 1-spitzig, stechend, oberseits glänzend dunkelgrün, an der Spitze 2 Spaltöffnungslinien, unterseits 2 weiße Spaltöffnungsbänder.
Zapfen: Zylindrisch, an beiden Enden etwas verschmälert, 10–16 cm lang, Samenschuppen 2,5–3,5 cm breit, Deckschuppen herausragend, ihre Spitze zurückgebogen.
Verbreitung: M- und S-Griechenland, Ägäis.
Verwendung: Häufig, N, WHZ 6b, LB 6.3.2.2.

'Meyers Dwarf'. Zwergform. Wuchs anfangs unregelmäßig breit, später buschig, in 15 Jahren bis 2 m hoch.

Abies cilicica (Antoine et Kotschy) Carrière, Kilikische Tanne

Habitus: Bis 20–30 m hoher Baum, Krone breit kegelförmig, Stamm im Alter mit tief gefurchter, graubrauner Schuppenborke, Triebe graubraun, kahl oder nur anfangs kurz dünn behaart, Knospen ei- bis kegelförmig, rotbraun, nicht oder nur leicht harzig, Schuppenspitzen abstehend.
Nadeln: Auf der Zweigoberseite fast gleichmäßig abstehend oder nur in der Mitte eine V-förmige Spalte freilassend, auf der Zweigunterseite meist unregelmäßig gescheitelt, 2,5–4 cm lang, 1,5–1,8 mm breit, stumpf bis abgerundet, selten schwach ausgerandet oder zugespitzt, ziemlich starr, nicht stechend, oberseits glänzend dunkel- oder graugrün, an der Spitze zuweilen mit einigen Spaltöffnungslinien, unterseits 2 weiße Spaltöffnungsbänder.
Zapfen: Zylindrisch, 16–20 cm lang, 4–5 cm breit, jung grün, reif braun bis rotbraun, Samenschuppen 4–5 cm breit, Deckschuppen verborgen.
Verbreitung: Kilikischer Taurus, Antitaurus, N-Syrien, Libanon.
Verwendung: Häufig, WHZ 6b, LB 6.4.2.1.

Abies concolor (Gordon et Glend.) Lindl. ex Hildebr. **var. concolor**, Colorado-Tanne

Habitus: Bis 25–50(–70) m hoher Baum, Krone locker, regelmäßig schmal kegelförmig, Stamm lange glatt bleibend, mit auffallenden Harzbeulen, später mit weißlicher bis hellgrauer, längs gefurchter Borke, Triebe gelb- bis graugrün, kurz flaumig behaart oder kahl, Knospen eiförmig bis kugelig, braun, stark harzig.
Nadeln: Auf der Zweigoberseite leicht bogig aufwärts und nach vorne gerichtet, oft in unregelmäßigen Reihen und nur undeutlich gescheitelt, schwach zugespitzt oder abgerundet, ungleich lang, 3–6(–8) cm lang, 2–2,5 mm breit, beiderseits blau- oder graugrün, unterseits 2 blasse Spaltöffnungsbänder.
Zapfen: Zylindrisch, an beiden Enden leicht verjüngt, 8–12 cm lang, 3–3,5 cm breit, jung grünlich oder purpurn, reif hellbraun, Samenschuppen 3–3,5 cm breit, Deckschuppen verborgen.
Verbreitung: W- und SW-USA: Utah, Colorado, New Mexico.
Verwendung: Sehr häufig (mit einigen zwergig wachsenden Sorten), N, WHZ 5a, LB 7.1.3.1.

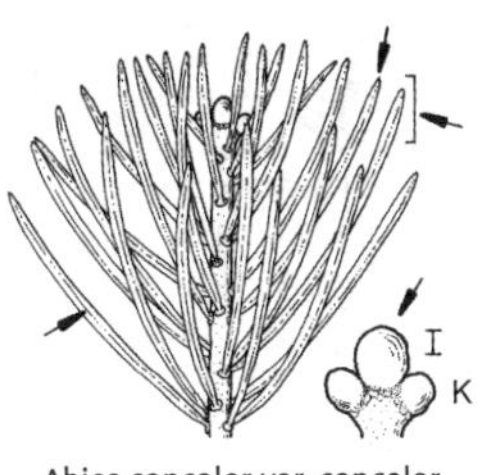

Abies concolor var. concolor

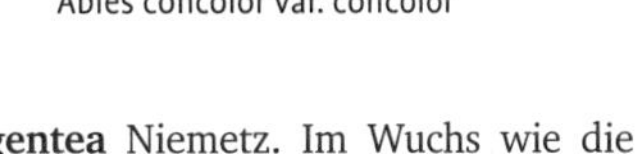

fo. argentea Niemetz. Im Wuchs wie die Art, aber Nadeln silberweiß.

'Compacta'. Zwergform. Wuchs kompakt, unregelmäßig strauchig, Zweige sehr dicht stehend. Nadeln 2,5–4 cm lang, blau bereift.

var. lowiana (Gordon) Lemm. Nadeln meist ziemlich regelmäßig 2-reihig, deutlich V-förmig gescheitelt, obere Reihen etwas kürzer als die anderen, 4,5–6 cm lang, oberseits mattgrün, unterseits 2 blauweiße Spaltöffnungsbänder. NW- bis SW-USA: Sierra Nevada, Oregon, Kalifornien, New Mexico.

Violacea-Gruppe. Vegetativ vermehrte Sorten mit blauweißen Nadeln.

'Wintergold'. Wuchs baumförmig, schwächer als bei var. *concolor*. Nadeln im Austrieb gelb, im Sommer hell zitronengelb bis grüngelb, im Winter goldgelb.

A. delavayi Franch. var. *fabri* (Mast.) Hunt. = *A. fabri* var. *faxoniana* (Rehder et E.H. Wilson) A.B. Jacks. = *A. fargesii* var. *faxoniana*
A. delavayi var. *forrestii* (Coltm.-Rog.) A.B. Jacks. = *A. forrestii*
A. equi-trojani Aschers. et Sint. = *A. nordmanniana* subsp. *equi-trojani*

Abies fabri (Mast.) Craib, Fabers Tanne

Habitus: Bis 25(–40) m hoher Baum, Rinde grau, im Alter gefurcht, Triebe glänzend beige oder bränlich gelb, kahl oder schwach behaart, Knospen ei- bis kegelförmig, grünlich purpurn, harzig.
Nadeln: Auf der Zweigoberseite in 2 Reihen, eine V-förmige Furche bildend, seitliche Nadeln abstehend, 1,5–3 cm lang, 2–2,5 mm breit, abgerundet und gekerbt oder 2-spitzig, oberseits grün bis glänzend dunkelgrün, unterseits 2 weiße Spaltöffnungsbänder, Rand etwas nach unten gebogen.

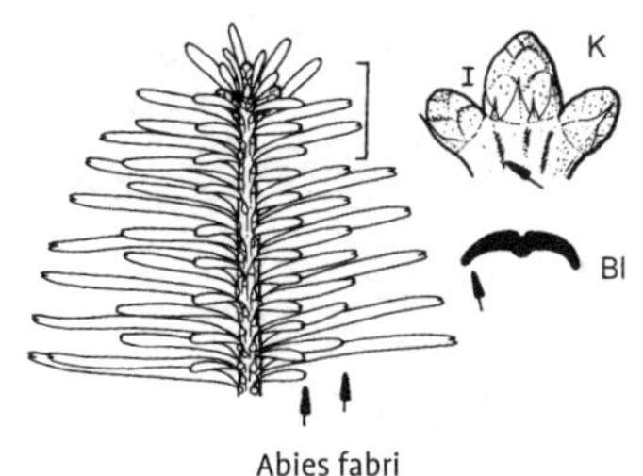

Abies fabri

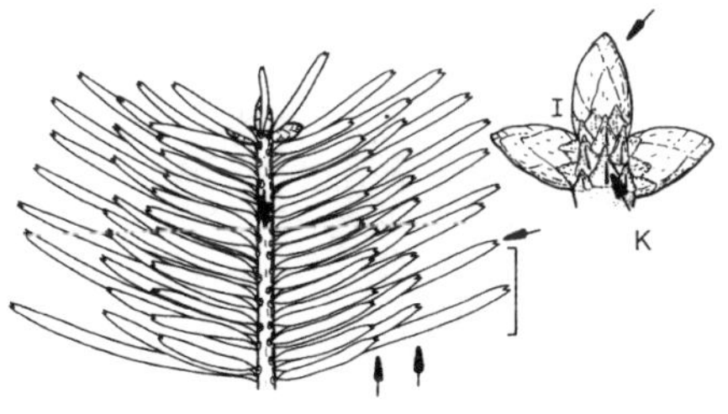

Abies fargesii var. fargesii

Zapfen: Länglich-eiförmig bis zylindrisch, 8–10 cm lang, 3,5–4,5 cm breit, jung violettpurpurn, reif purpurbraun, Spitzen der Deckschuppen etwas herausragend, zurückgeschlagen.
Verbreitung: China: NW-Sichuan.
Verwendung: Sehr selten, WHZ 7a, LB 3.2.1.2.

Abies fargesii Franch. **var. fargesii**, Farges' Tanne

Habitus: Bis 45 m hoher Baum, Krone anfangs regelmäßig kegelförmig, später breiter und abgeflacht, Schuppenborke zuletzt rotbraun bis rötlich grau, Triebe braun, rötlich oder purpurn oder purpurbraun, kahl oder fein behaart, Knospen länglich-eiförmig, 6–8 mm lang, gelbbraun, schwach harzig.
Nadeln: In 2 oder mehreren, sich überlappenden Reihen ± waagerecht abstehend, 1–3 cm lang, 2–3,5 mm breit, vorne ausgerandet bis 2-spitzig, oberseits glänzend dunkelgrün, unterseits 2 silberweiße Spaltöffnungsbänder.
Zapfen: Länglich-eiförmig bis zylindrisch, 5–8 cm lang, 3 cm breit, jung purpurblau, reif purpur- oder rotbraun, Deckschuppen etwas herausragend, Samen dunkelbraun bis schwarz.
Verbreitung: M- und SW-China.
Verwendung: Sehr selten, WHZ 7a, LB 7.2.1.2.

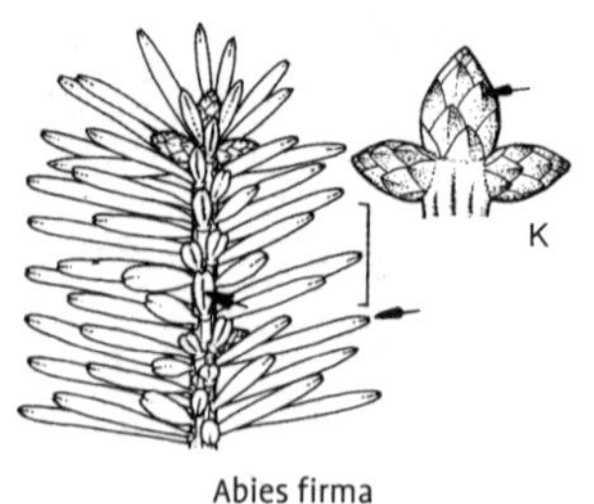

Abies firma

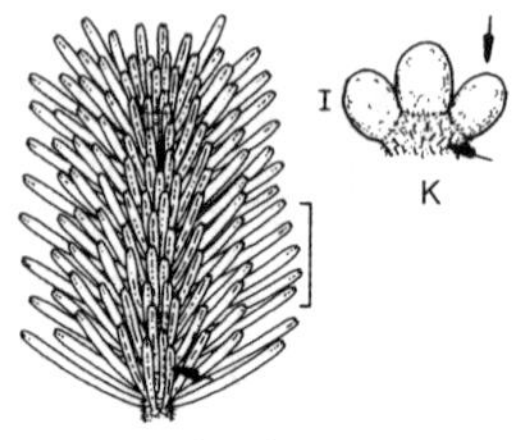

Abies fraseri

var. faxoniana (Rehder et E.H. Wilson) T.S. Liu, Sichuan-Tanne. Triebe dicht zottig behaart, Knospen 4–5 mm lang, Nadeln an der Spitze ausgerandet, Samen hellbraun. W-China: Sichuan.

Abies firma Siebold et Zucc., Momi-Tanne

Habitus: Bis 35(–50) m hoher Baum, Krone regelmäßig kegelförmig, Stamm anfangs glatt, zuletzt mit rauer, korkiger Schuppenborke, Triebe hell graugelb bis hell zimtfarben, gefurcht, kahl oder in den Furchen fein behaart, Knospen ei- bis kegelförmig, nicht oder nur wenig harzig, Knospenschuppen abstehend.
Nadeln: Nach beiden Seiten abstehend, eine breite, V-förmige Rinne bildend, derb, sehr steif, 2–3 cm lang, 2–4 mm breit, an jungen Pflanzen scharf 2-spitzig, an älteren stumpf oder ausgerandet, oberseits glänzend grün, gefurcht, an der Spitze mit einigen Spaltöffnungslinien, unterseits hellgrün, mit undeutlichen, graugrünen Spaltöffnungsbändern.
Zapfen: Länglich-eiförmig bis zylindrisch, 5–9 cm lang, 3,5–5 cm breit, jung grünlich gelb bis graugrün, reif gelbbraun, Samenschuppen 2,5–3,2 cm breit, Deckschuppen herausragend, aufrecht.
Verbreitung: M- und S-Japan.
Verwendung: Selten, WHZ 6a, LB 3.3.5.2.

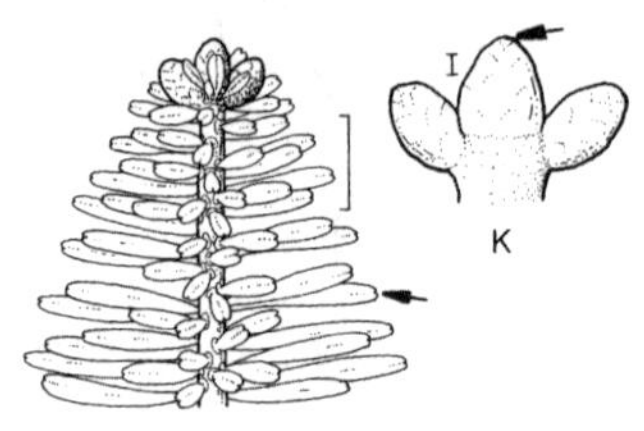

Abies forrestii

Abies forrestii Craib., Forrests Tanne

Habitus: Bis 20–30(–40) m hoher Baum, Krone breit kegelförmig, Rinde anfangs runzelig, bräunlich grau, Stamm im Alter mit dunkelbrauner Schuppenborke, an der Basis gefurcht, Triebe purpur-, orange- oder rötlich braun, kahl oder rostfarben behaart, Knospen groß, kugelig bis eiförmig, dick mit grauweißem Harz bedeckt.
Nadeln: Dicht stehend, gescheitelt, mit V-förmiger Furche, auf der Oberseite der Zweige kürzer und aufrecht stehend, mitunter stark rückwärts gebogen, auf der Zweigunterseite nach vorne und oben gebogen, 2–3,5 cm lang, 2–2,5 mm breit, abgerundet oder gekerbt, Rand flach oder umgebogen, oberseits gefurcht, glänzend dunkel- oder graugrün, unterseits 2 breite, weiße, gelegentlich grünlich weiße Spaltöffnungsbänder.
Zapfen: Breit zylindrisch, 6–10 cm lang, 4–5 cm breit, jung purpurblau, reif purpur- oder dunkelbraun, Deckschuppen verborgen oder deren Spitzen herausragend.
Verbreitung: China: SW-Sichuan, NW-Yunnan, SO-Tibet.
Verwendung: Sehr selten, WHZ 7a, LB 3.2.1.2.

Abies fraseri (Pursh) Poir., Frasers Tanne

Habitus: Bis 15–25 m hoher Baum, Krone kegelförmig, Rinde anfangs glatt und grau, Borke zuletzt grau, rau, schuppig, Triebe grau bis gelbbraun, dicht und kurz rötlich behaart, Knospen klein, kugelig bis eiförmig, stark harzig.
Nadeln: Aufwärts und nach vorne gerichtet, auf der Zweigunterseite gescheitelt, 1,5–2,5 cm lang, 2–2,2 mm breit, abgerundet oder spitz, selten leicht ausgerandet, oberseits glänzend dunkelgrün, unterseits 2 breite, kreideweiße Spaltöffnungsbänder, gerieben stark aromatisch duftend.

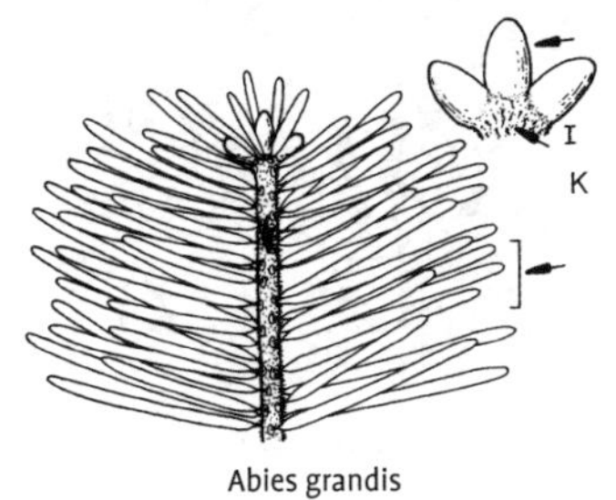

Abies grandis

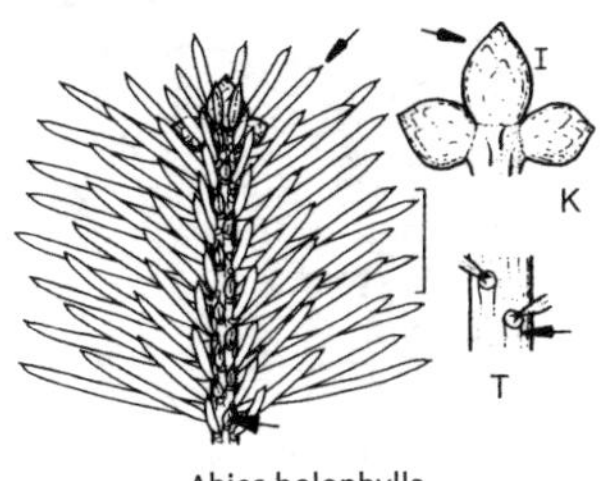

Abies holophylla

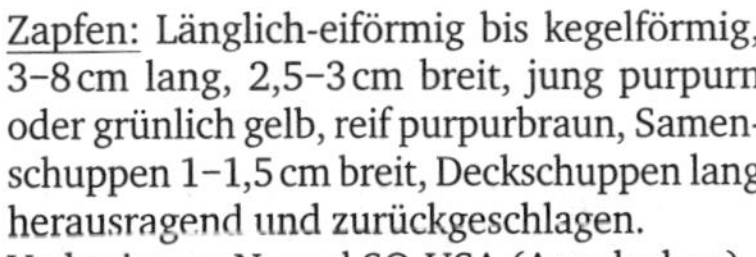

Zapfen: Länglich-eiförmig bis kegelförmig, 3–8 cm lang, 2,5–3 cm breit, jung purpurn oder grünlich gelb, reif purpurbraun, Samenschuppen 1–1,5 cm breit, Deckschuppen lang herausragend und zurückgeschlagen.
Verbreitung: N- und SO-USA (Appalachen).
Verwendung: Sehr selten, N, WHZ 5b, LB 7.2.2.3.

A. georgii Orr = *A. forrestii*

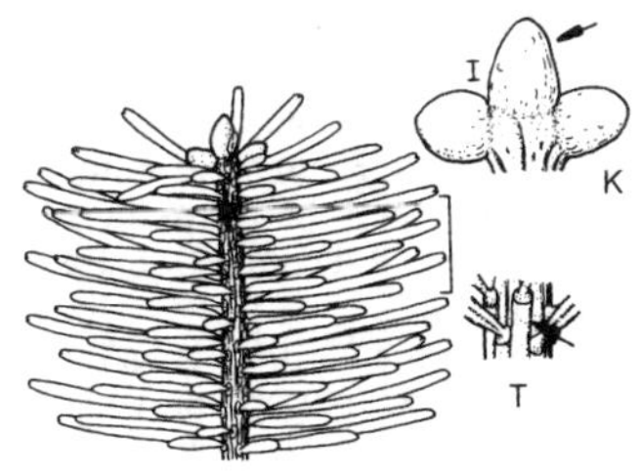

Abies homolepis

Abies grandis (Douglas ex D. Don) Lindl., Große Küsten-Tanne, Riesen-Tanne

Habitus: Bis 30–70(–100) m hoher Baum, Krone anfangs schlank kegelförmig, später unregelmäßig säulenförmig, Borke anfangs dünn, glatt, graubraun, im Alter kleinschuppig und tief gefurcht, Triebe olivgrün bis rötlich braun, kahl oder kurz und fein behaart, Knospen nahezu kugelig, glänzend, leicht harzig.
Nadeln: Streng horizontal gescheitelt, unterschiedlich lang, die der Zweigoberseite kürzer als die unteren, 3,5–6 cm lang, 2–3 mm breit, ausgerandet, oberseits glänzend frischgrün, nicht gefurcht, unterseits 2 weiße, grünlich getönte Spaltöffnungsbänder, zerrieben stark riechend.
Zapfen: Zylindrisch, an beiden Enden etwas verschmälert, 6–12 cm lang, 3–4 cm breit, jung hellgrün oder purpurn getönt, reif dunkel graubraun, Samenschuppen 2,5–3 cm breit, ganzrandig, Deckschuppen sehr klein, verborgen.
Verbreitung: SW-Kanada bis W-USA.
Verwendung: Sehr häufig, N, WHZ 6a, LB 3.2.5.1 (7.2.2.1).

Abies holophylla Maxim., Mandschurische Tanne

Habitus: Bis 25–50 m hoher Baum, Krone breit kegelförmig, Rinde anfangs glatt, grau oder gelb- bis orangebraun, später Borke grau, dünnschuppig, Triebe hell ledergelb, schwach gefurcht, kahl oder in den Furchen fein behaart, Knospen ei- bis kegelförmig, harzig.
Nadeln: Dicht stehend, nach vorne und aufwärts gerichtet, auf der Zweigoberseite eine V-förmige Furche bildend, unterseits gescheitelt, 2,5–4 cm lang, 2–2,5 mm breit, kräftig, steif, stechend, an jungen Pflanzen scharf 1-spitzig, oberseits glänzend hellgrün, gelegentlich an der Spitze mit einigen Spaltöffnungslinien, unterseits 2 weißliche bis mattgrüne Spaltöffnungsbänder.
Zapfen: Zylindrisch, 12–14 cm lang, 4 cm breit, jung hell- bis gelbgrün, reif gelbbraun, Samenschuppen 3 cm breit, Deckschuppen verborgen.
Verbreitung: Russ. Ferner Osten, Korea, Mandschurei.
Verwendung: Sehr selten, WHZ 6a, LB 7.2.2.1 (3.2.6.1).

Abies homolepis Siebold et Zucc., Nikko-Tanne

Habitus: Bis 30–40 m hoher Baum, Krone regelmäßig breit kegelförmig, Borke anfangs glatt und grau, später graubraun und schuppig, Triebe hell gelblich braun, glänzend, fichtenartig gefurcht, kahl, Knospen ei- bis kegelförmig, harzig.

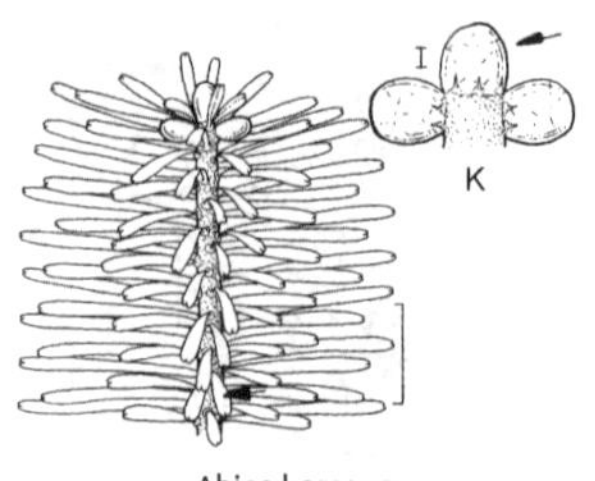

Abies koreana

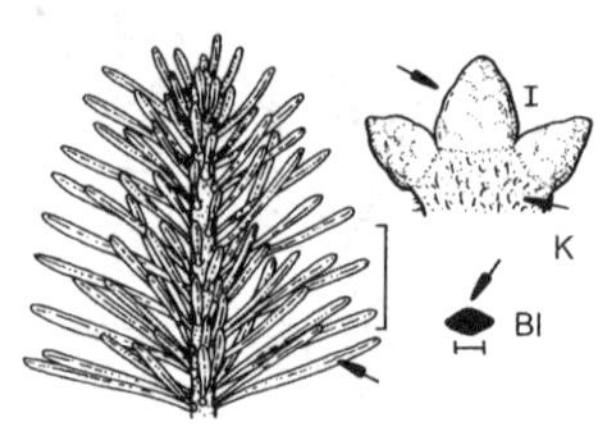

Abies lasiocarpa var. lasiocarpa

Nadeln: Sehr dicht stehend, auf der Zweigoberseite nach vorne und seitwärts gerichtet, eine V-förmige Furche bildend, ziemlich steif, 1–3,5 cm lang, 2–3,5 mm breit, stumpf oder kurz 2-spitzig, oberseits glänzend dunkelgrün, unterseits 2 kreideweiße Spaltöffnungsbänder.
Zapfen: Zylindrisch, 7–10 cm lang, 2,5–3 cm breit, jung grünlich oder purpurviolett, reif braun, Samenschuppen dünn, 2,5–3 cm breit, Deckschuppen verborgen.
Verbreitung: Japan.
Verwendung: Häufig, N, WHZ 5b, LB 7.2.3.1.

Abies koreana E.H. Wilson, Koreanische Tanne

Habitus: Bis 10–15(–20) m hoher Baum, Krone regelmäßig breit kegelförmig, Rinde anfangs glatt, hellbraun, purpurn getönt, Borke grauschwarz, rau, Triebe gelblich grau oder graugrün, nur anfangs dünn behaart, Knospen nahezu kugelig, stark harzig.
Nadeln: Dicht stehend, auf der Zweigoberseite schräg abstehend, auf der Zweigunterseite ± gescheitelt, 1–2 cm lang, 2–2,5 mm breit, zur Spitze hin meist breiter werdend, Rand leicht umgebogen, vorne abgerundet bis ausgerandet, an jungen Pflanzen zugespitzt, oberseits glänzend grün, unterseits 2 breite, silberweiße Spaltöffnungsbänder.
Zapfen: Zylindrisch, zur Spitze etwas verjüngt, 4–7 cm lang, 2,5 cm dick, jung auffallend purpurn bis blauviolett, mit grünen, herausragenden Deckschuppoen, reif dunkel- oder purpurbraun, Samenschuppen 1–2 cm breit, Deckschuppen meist etwas herausragend und ihre Spitze umgeschlagen (veredelte Pflanzen sehr früh Zapfen tragend).
Verbreitung: S-Korea.
Verwendung: Sehr häufig (mit einigen zwergwüchsigen Sorten), WHZ 5b, LB 7.3.3.3.

'Blauer Eskimo'. Zwergform. Wuchs kompakt, kugelig, Nadeln blaugrau, unterseits silbrig weiß.

'Cis'. Zwergform. Wuchs abgeflacht kugelig, sehr dicht verzweigt, Nadeln glänzend dunkelgrün, unterseits grauweiß.

'Kohuts Icebraker'. Zwergform. Wuchs abgeflacht halbkugelig, Nadeln aufwärts gebogen und so ihre silberweiße Unterseite zeigend.

'Silberlocke'. Wuchs breit aufrecht, schwach. Nadeln stark aufwärts gebogen und lockig gedreht, die silberweiße Unterseite zeigend.

Abies lasiocarpa (Hook.) Nutt. **var. lasiocarpa**, Felsengebirgs-Tanne

Habitus: Bis 30–35(–50) m hoher Baum, Krone schmal kegelförmig, Rinde anfangs silbergrau, glatt, mit zahlreichen Harzbeulen, später Borke graubraun, mit harten Schuppen, Triebe anfangs hellbraun, bald aschgrau, meist kurz behaart, Knospen klein, eiförmig bis kugelig, hellbraun, stark harzig.
Nadeln: Dicht gedrängt, auf der Zweigoberseite nach vorne und spitzwinklig aufwärts gerichtet, 2,5–4 cm lang, 1–1,5 mm breit, stumpf bis spitz oder schwach ausgerandet, oberseits blass blaugrün, gefurcht, mit durchlaufenden Spaltöffnungslinien, unterseits 2 silbergraue Spaltöffnungsbänder.
Zapfen: Zylindrisch, 6–10 cm lang, jung violettpurpurn, reif (purpur)braun, Samenschuppen 1,3–2,5 cm breit, Deckschuppen verborgen.
Verbreitung: SO-Alaska, W-Kanada, NW- bis SW-USA.
Verwendung: Häufig, WHZ 4, LB 7.2.2.1.

var. arizonica (Merriam) Lemm., Arizona-Tanne, Kork-Tanne. Mittelhoher bis kleiner Baum, Borke cremeweiß, dick, korkig. Nadeln oberseits mehr bläulich grün, unterseits

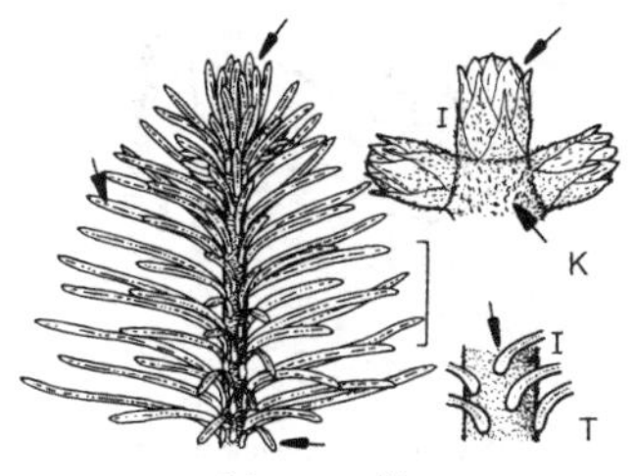

Abies magnifica

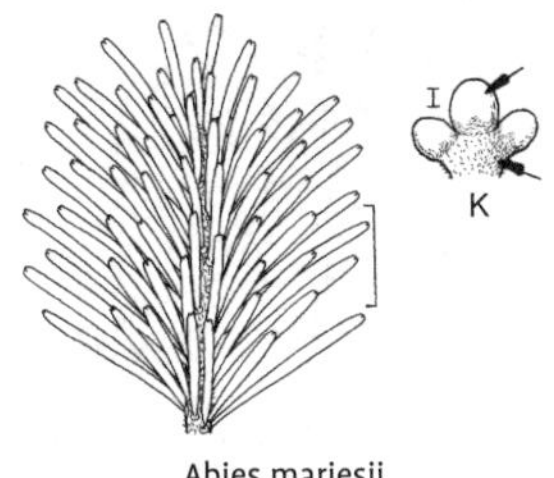

Abies mariesii

bläulich weiß. Zapfen kürzer als bei var. *lasiocarpa*. W- bis SW-USA. Häufiger in Kultur als die Art.

'Compacta'. Auslese aus var. *arizonica*, keine echte Zwergform, aber deutlich schwächer wachsend, Äste sehr dicht stehend und aufstrebend. Nadeln sehr dicht stehend, 1,5–2,5 cm lang, silberblau.

A. lowiana (Gordon) A. Murray = *A. concolor* var. *lowiana*

Abies magnifica A. Murray, Prächtige Tanne, Kalifornische Rot-Tanne

Habitus: Bis 30–70 m hoher Baum, Krone schmal kegel- bis säulenförmig, Borke anfangs dünn, grau bis purpurgrau, zuletzt dick, korkig, tief längs gefurcht, rotbraun, Triebe bräunlich oder grünlich, dicht rotbraun behaart, Knospen klein, eiförmig-kugelig, purpurn, nicht oder wenig harzig.
Nadeln: Auf der Zweigoberseite locker stehend, nicht gescheitelt, abstehend und oft etwas zurückgebogen, Auf der Zweigunterseite mit scharfer, knieförmiger Biegung seitwärts abstehend, 1,5–4 cm lang, 1,5 mm breit, dick, steif, im Querschnitt schief 4-kantig, beiderseits graugrün, auf allen 4 Seiten mit Spaltöffnungsbändern, die unterseits meist besser ausgeprägt sind.
Zapfen: Zylindrisch, 15–22 cm lang, 7–9 cm breit, jung purpur- oder goldgrün, später gelb- bis graubraun, reif braun, Samenschuppen 3–4 cm breit, Deckschuppen verborgen.
Verbreitung: NW- bis W-USA.
Verwendung: Selten, N, WHZ 6b, LB 7.2.2.1.

Abies mariesii Mast., Aomori-Tanne, Maries-Tanne

Habitus: Bis 25–35 m hoher Baum, Krone breit kegelförmig, Rinde anfangs glatt, hellgrau, Borke an der Basis alter Stämme dunkelgrau, rau, schuppig, Triebe hellbraun, dicht rostbraun behaart, Knospen klein, halbkugelig, harzig.
Nadeln: Auf der Zweigoberseite gedrängt stehend, nicht gescheitelt, die mittleren nach vorne gerichtet und fast anliegend, die seitlichen länger und auswärts gerichtet, 1,5–2,2 cm lang, 1,5–2,5 mm breit, abgerundet oder ausgerandet, oberseits glänzend dunkelgrün, unterseits 2 weiße Spaltöffnungsbänder.
Zapfen: Eiförmig bis länglich-eiförmig, 4–9 cm lang, 4–5 cm breit, jung purpurviolett, reif dunkel bis schwärzlich purpurn, Samenschuppen 2–2,5 cm breit, ganzrandig, Deckschuppen verborgen.
Verbreitung: Japan.
Verwendung: Sehr selten, WHZ 6a, LB 8.1.3.1.

A. momi Siebold = *A. firma*
A. nobilis (Douglas ex D. Don) Lindl. = *A. procera*

Abies nordmanniana (Steven) Spach **subsp. nordmanniana**, Nordmanns-Tanne

Habitus: Bis 50(–60) m hoher Baum, Krone anfangs kegelförmig, später dicht walzenförmig, Äste weit abstehend bis hängend, Borke dunkelgrau, schuppig, Triebe glänzend olivgrün bis braun, behaart, Knospen eiförmig, hellbraun, nicht harzig.
Nadeln: Auf der Zweigoberseite dicht stehend, nach vorne gerichtet, die mittleren den Zweig bedeckend, nur an schwachen Seitenzweigen leicht gescheitelt, 2–3,5 cm lang, 1,5–2,5 mm breit, steif, nicht starr, vorne ausgerandet, nur an zapfentragenden Zweigen stumpf bis spitz, oberseits dunkelgrün und stark glänzend, unterseits 2 silberweiße Spaltöffnungsbänder.
Zapfen: Zylindrisch, 12–15 cm lang, 2,5–4 cm breit, jung grünlich, reif braun, Samenschuppen 2,5–4 cm breit, Deckschuppen herausragend, ihre Spitze zurückgeschlagen.

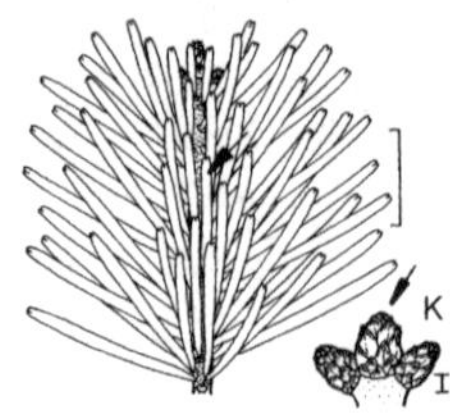

Abies nordmanniana subsp. nordmanniana

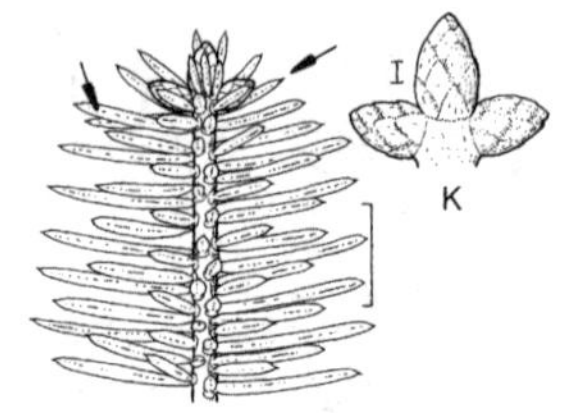

Abies nordmanniana subsp. equi-trojani

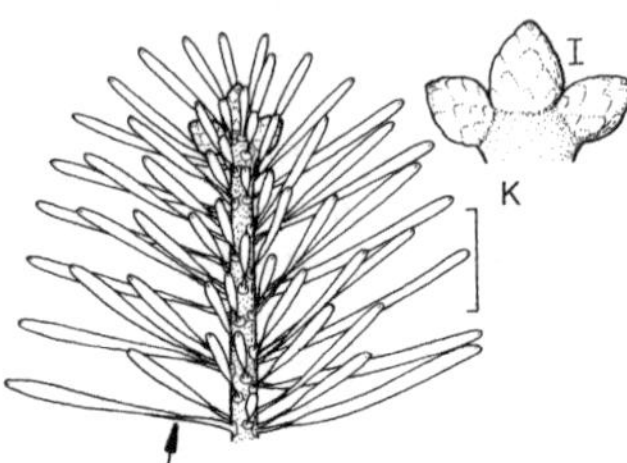

Abies numidica

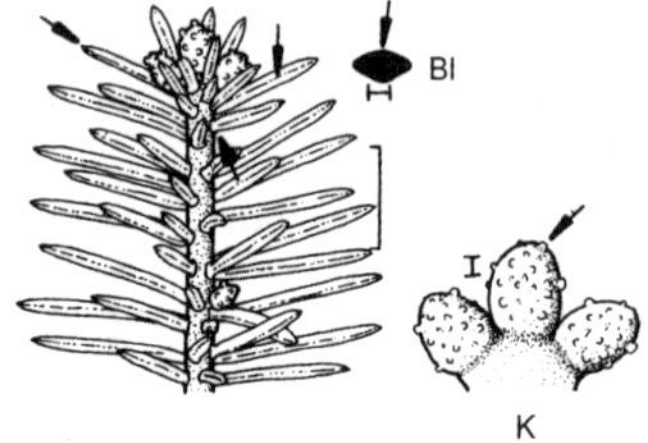

Abies pinsapo

Verbreitung: N- bis W-Kleinasien bis Großer Kaukasus.
Verwendung: Sehr häufig (mit einigen Sorten), N, WHZ 5a, LB 7.3.3.1.

'Aurea'. Wuchs wie die Art, Nadeln goldgelb.

subsp. equi-trojani (Boiss.) Coode et Cullen. Knospen im Gegensatz zu subsp. *nordmanniana* harzig, junge Triebe kahl. S-Küste des Schwarzen Meeres, NW-Türkei (Kaz-Dagh), Ulu-Dagh). WHZ 6b, LB 6.3.3.2.

'Golden Spreader'. Zwergform. Wuchs abgeflacht kissenförmig, Nadeln oberseits hellgelb, unterseits gelblich weiß.

'Münsterland'. Zwergform. Wuchs anfangs kugelig bis bienenkorbförmig, später breiter werdend, Nadeln glänzend dunkelgrün.

Abies numidica de Lannoy ex Carrière, Algerien-Tanne, Numidische Tanne

Habitus: Bis 15–20 m hoher Baum, Krone breit kegelförmig, unregelmäßig dicht verzweigt, Borke anfangs glatt, grau, sich im Alter mit kleinen, rundlichen Platten lösend, Triebe gelblich, grau oder orangebraun, glänzend, kahl, Knospen groß, eiförmig oder breit kegelförmig, nicht oder wenig harzig.
Nadeln: Auf der Zweigoberseite sehr dicht stehend, auf- und auswärts gerichtet, den Zweig verdeckend, nur an beschatteten Trieben gelegentlich gescheitelt, 1,5–2,5 cm lang, 2–3 mm breit, dicklich, steif, an der Basis gedreht, stumpf oder etwas eingekerbt, an jungen Pflanzen spitz, oberseits tiefgrün, gefurcht, an der Spitze durch einige Spaltöffnungslinien blaugrau, unterseits 2 blauweiße Spaltöffnungsbänder.
Zapfen: Zylindrisch, 12–20 cm lang, 4–6 cm breit, jung grün mit violettem Reif, reif purpurbraun, Samenschuppen 2,5–3,5 cm breit, Deckschuppen verborgen.
Verbreitung: NO-Algerien.
Verwendung: Selten, WHZ 6a, LB 6.3.1.3.

A. pectinata (Lam.) Lam. et DC. = *A. alba*

Abies pinsapo Boiss., Spanische Tanne

Habitus: Bis 20–30 m hoher Baum, Krone breit kegelförmig, Stamm anfangs glatt und dunkelgrau, im Alter mit schwarzgrauer Schuppenborke, Triebe olivgrün bis rotbraun, gerillt, fein behaart, Knospen klein, eiförmig-kugelig, rotbraun, nicht bis sehr harzig.
Nadeln: Dicht und fast gleichmäßig nach allen Seiten rechtwinklig abstehend, dick, starr, 1–2 cm lang, 1,5–3 mm breit, fast 4-eckig, nicht oder nur schwach gedreht, vorne stumpf, spitz oder zugespitzt, grau- oder blaugrün, an beiden Seiten 2 blauweiße Spaltöffnungsbänder.

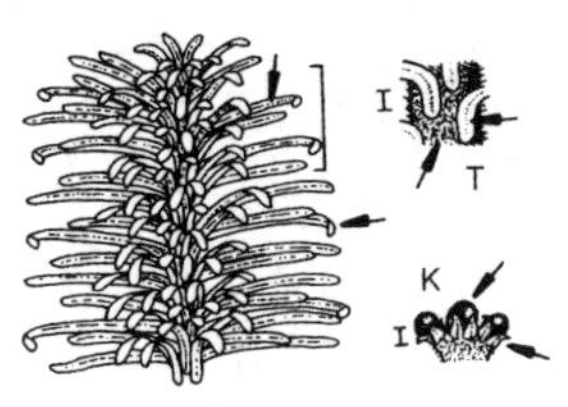

Abies procera

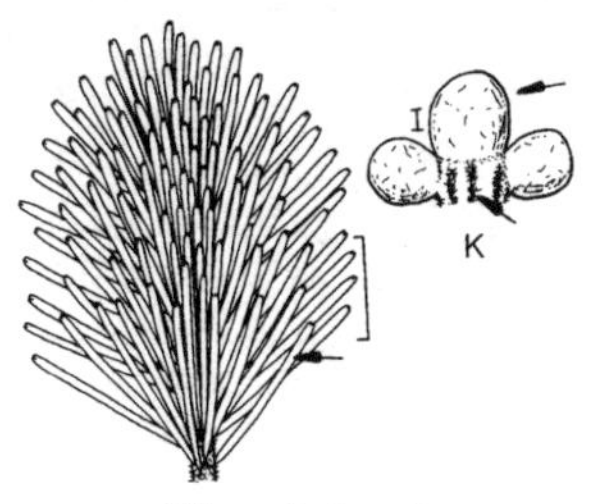

Abies sachalinensis

Zapfen: Zylindrisch, 9–15 cm lang, 4–5 cm breit, jung grün, mit rötlichem oder violettem Reif, reif braun, Samenschuppen 2–2,5 cm breit, Deckschuppen verborgen.
Verbreitung: SO-Spanien.
Verwendung: Häufig, N, WHZ 6b, LB 6.3.1.2.

'Glauca'. Im Habitus wie die Art. Nadeln auffallend blaugrün, mit wachsartigem Überzug.

'Horstmann'. Zwergform. Wuchs strauchig, starr, sehr dicht verzweigt. Nadeln kurz, intensiv blaugrau.

'Kelleriis'. Im Habitus wie die Art, besonders wüchsig und winterhart. Nadeln wie bei 'Glauca'.

Abies procera Rehder, Edle Tanne, Edel-Tanne

Habitus: Bis 50–60(–80) m hoher Baum, Krone anfangs schlank kegelförmig, später breiter und unregelmäßig aufgelockert, Stamm im Alter mit silbergrauer bis rotbrauner Schuppenborke, Triebe olivgrün bis rotbraun, gerillt, fein rotbraun behaart, Knospen klein, eiförmig-kugelig, rotbraun, schwach harzig.
Nadeln: Dicht gedrängt stehend, die Zweigoberseite bedeckend, die unteren Reihen abstehend, die mittleren viel kürzer, Basis kaum verbreitert, dem Zweig dicht anliegend, dann mit einer sichelartigen Krümmung von ihm abbiegend, 1–2,5 cm lang, 1,5–2 mm breit, abgerundet oder leicht ausgerandet, oberseits dunkel blau- bis graugrün, mit mehreren Spaltöffnungslinien, unterseits mit blauweißen Spaltöffnungsbändern.
Zapfen: Länglich bis zylindrisch, 15–25 cm lang, 5–9 cm breit, jung grün, purpurrot getönt, reif graubraun, Samenschuppen 2,5–3,5 cm breit, Deckschuppen weit herausragend und zurückgeschlagen, dem Zapfen anliegend.
Verbreitung: NW- bis W-USA: Washington bis Kalifornien.
Verwendung: Sehr häufig, N, WHZ 6b, LB 7.2.2.2.

Glauca-Gruppe. In Aussaaten auftretende, blaunadelige Formen. Die älteste Sorte, 'Glauca', wächst als veredelte Pflanze anfangs oft sehr unregelmäßig. Nadeln intensiv blaugrau gefärbt.

'Prostrata'. Keine zwergwüchsige Zweigmutation, sondern nur aus Veredlungen mit Seitenzweigen entstanden, kann jahrelang strauchig wachsen, bildet stets aber einen Mitteltrieb und wächst dann aufrecht. Nadelfärbung wie bei 'Glauca'.

Abies sachalinensis (Fr. Schmidt) Mast., Sachalin-Tanne

Habitus: Bis 30–40 m hoher Baum, Krone breit kegelförmig, Borke hellgrau bis graubraun, im Alter gefurcht, Triebe grau- bis rotbraun, in den Furchen behaart, Knospen klein, eiförmig bis fast kugelig, bläulich, stark harzig.
Nadeln: Auf der Zweigoberseite dicht stehend, nach vorne gerichtet, 2–4 cm lang, 1–1,2 mm breit, stumpf oder eingekerbt, oberseits frischgrün, glänzend, gelegentlich einige Spaltöffnungslinien an der Spitze, unterseits 2 grünlich- bis grauweiße Spaltöffnungsbänder.
Zapfen: Zylindrisch, 5–8 cm lang, 2,5–3 cm breit, jung olivgrün bis purpurn oder violett, reif purpurschwarz oder dunkelbraun, Samenschuppen 1,5–2 cm breit, Deckschuppen herausragend, ihre Spitzen zurückgeschlagen.
Verbreitung: N-Japan, Russ. Ferner Osten: Kurilen, Sachalin.
Verwendung: Sehr selten, N, WHZ 4, LB 8.1.3.1.

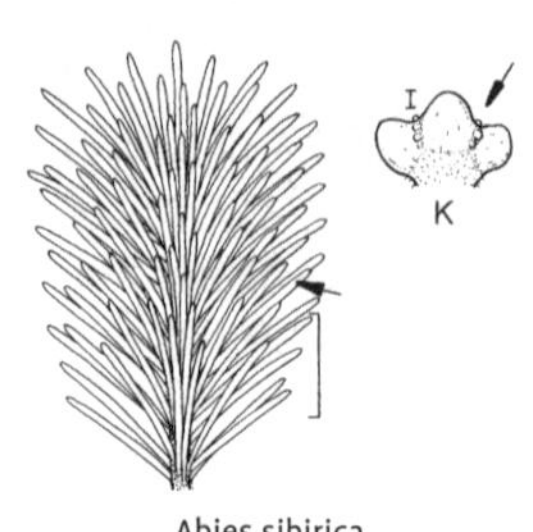

Abies sibirica

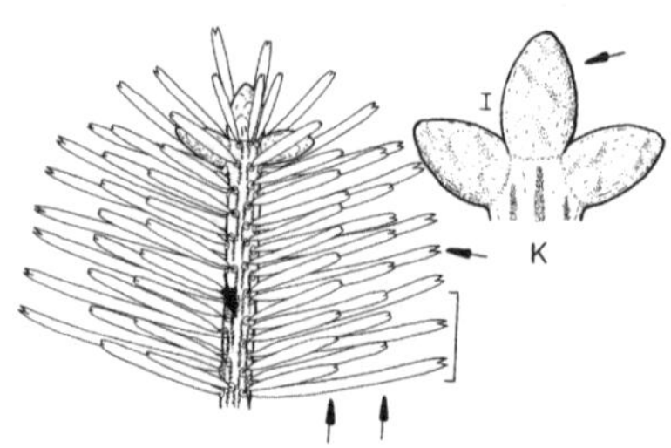

Abies spectabilis

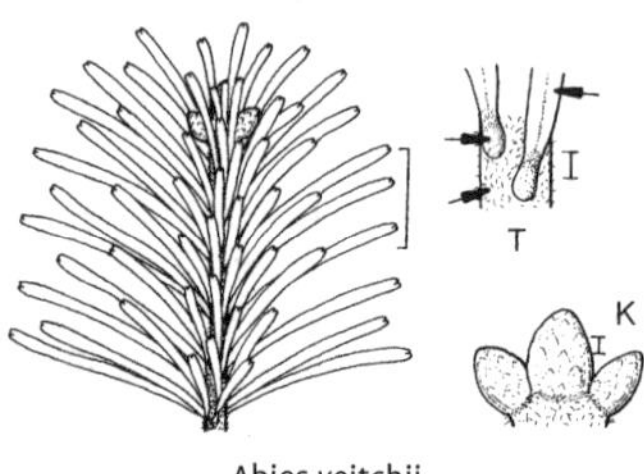

Abies veitchii

Abies sibirica Ledeb., Sibirische Tanne

Habitus: Bis 30–45 m hoher Baum, Krone schmal kegelförmig, Rinde glatt, grau oder graubraun, mit zahlreichen Harzbeulen, Borke erst im Alter graubraun, rau und schuppig, Triebe silbrig bis gelblich grau oder beige, anfangs dünn behaart, Knospen klein, halbkugelig, stark harzig.
Nadeln: Auf der Zweigoberseite dicht stehend, nach vorne gerichtet, auf der Zweigunterseite waagerecht abstehend und länger als die der Oberseite, 1,5–3,5 cm lang, 1,3–1,6 mm breit, stumpf, spitz oder eingekerbt, oberseits hellgrün, unterseits 2 graugrüne Spaltöffnungsbänder.
Zapfen: Zylindrisch, 5–8 cm lang, jung blauviolett, reif braun, Samenschuppen 2–2,3 cm breit, Deckschuppen verborgen.
Verbreitung: NO-Europa (N-Russland), Sibirien, Russ. Ferner Osten, M-Asien, Mandschurei.
Verwendung: Sehr selten (in Europa durch frühen Austrieb oft unter Spätfrost leidend), N, WHZ 4, LB 7.2.2.1.

Abies spectabilis (D. Don) Spach, Himalaja-Tanne

Habitus: Bis 30–50 m hoher Baum, Krone breit kegel- oder walzenförmig, Äste weit abstehend, Borke anfangs glatt, hell- bis rosagrau, später schuppig, rau, Triebe dick, gelblich braun, tief gefurcht, in den Furchen behaart, Knospen eiförmig oder fast kugelig, rötlich braun, stark harzig.
Nadeln: In 2–4 Reihen, nach vorne und seitwärts gerichtet, ± V-förmig gescheitelt, 2,5–6 cm lang, 2,2–3,5 mm breit, ledrig, steif, ausgerandet und 2-spitzig, oberseits glänzend dunkelgrün, unterseits 2 breite, weiße Spaltöffnungsbander.
Zapfen: Zylindrisch, 10–18 cm lang, 5–6 cm breit, jung violettpurpurn, reif dunkel purpurbraun, Samenschuppen 3–3,5 cm breit, Deckschuppen verborgen.
Verbreitung: Hindukusch, Karakorum, Himalaja.
Verwendung: Sehr selten, N, WHZ 8a, LB 8.1.4.1.

A. subalpina Engelm. = *A. lasiocarpa*
A. sutchuensis (Franch.) Rehder et E.H. Wilson = *A. fargesii*

Abies veitchii Lindl., Veitchs Tanne

Habitus: Bis 15–30 m hoher Baum, Krone schmal kegelförmig, Äste im Alter weit abstehend bis durchhängend, Stamm grau, lange glatt bleibend, mit Harzbeulen, unter den Astansätzen mitunter mit tiefen Kehlen, Triebe grau oder hellbraun, leicht gerippt, anfangs kurz behaart, Knospen klein, eiförmig-kugelig, rötlich purpurn, stark harzig.
Nadeln: Auf der Zweigoberseite dicht stehend, nach vorne und teilweise aufwärts gerichtet, auf der Zweigunterseite gescheitelt, 1–3 cm lang, 1,5–2,2 mm breit, gestutzt oder ausgerandet, weich, oberseits glänzend tiefgrün, gefurcht, unterseits 2 kreideweiße Spaltöffnungsbänder.
Zapfen: Zylindrisch bis ellipsoid, 3,5–8 cm lang, 2,5–3 cm dick, jung bläulich purpurn oder grün, Samenschuppen 1,5 cm breit,

Deckschuppen meist nur mit ihren geraden oder umgebogenen Spitzen etwas herausragend.
Verbreitung: M-Japan: Honshu, Shikoku.
Verwendung: Selten, N, WHZ 5a, LB 7.2.2.2.

A. venusta (Douglas) K. Koch = *A. bracteata*
A. webbiana (Wall. ex D. Don) Lindl. = *A. spectabilis*

Araucaria Juss.

Araukarie – Araucariaceae

(spanisch *auraucano* = araukanisch, nach der Provinz Aurauco in den chilenischen Alpen, auch Sammelname für dort lebende Indianerstämme und deren Sprache)

Habitus: Hohe bis kleine, immergrüne Bäume, Krone säulen- oder kegelförmig, Äste in regelmäßigen Quirlen stehend, Triebe grün, ohne deutlich sichtbare Knospen.
Blätter: Schraubig und sehr dicht stehend, teilweise Stamm und Äste bedeckend, entweder breit und flach, mit zahlreichen parallelen Nerven oder nadelförmig bis pfriemlich und 1-nervig.
Blüten: Meist 1-geschlechtig, 1-, seltener 2-häusig verteilt, ♂ Blüten zapfenförmig, mit zahlreichen schraubig angeordneten Staubblättern, meist im unteren Bereich der Krone, ♀ Blütenzapfen im mittleren und oberen Bereich der Krone, groß, endständig, mit zahlreichen Deckschuppen in schraubiger Anordnung, Samenanlagen in den Schuppen eingesenkt und mit ihnen verwachsen.
Zapfen: Bis 30 cm dick, bis 5(–10) kg schwer, aufrecht, nach der Reife im 2. oder 3. Jahr am Baum zerfallend, Spindel stehen bleibend, je Schuppe nur 1 ungeflügelter Samen.
Verbreitung: 19 Arten in Neuguinea, O-Australien, Neuseeland, auf den Norfolkinseln, in Neukaledonien und von S-Brasilien bis Chile.
Verwendung: In M-Europa ist an klimatisch günstigen Standorten nur die folgende Art ausreichend frosthart. Aber auch sie leidet in strengen Wintern und braucht, besonders in der Jugend, Winterschutz.

Araucaria araucana (Molina) K. Koch, Chiletanne, Andentanne

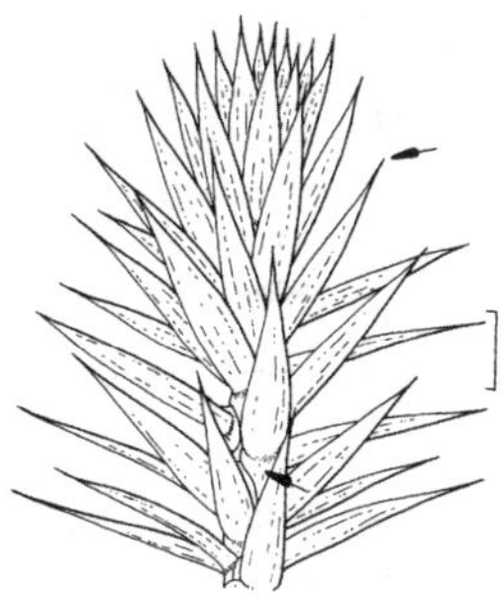
Araucaria araucana

Habitus: Bis 30–50 m hoher Baum, Krone anfangs kegelförmig, im Alter breit abgerundet bis schirmförmig, Stamm mit bis zu 15 cm dicker, grauer Schuppenborke, Narben abgefallener Äste lange sichtbar, Äste zu 5–7 in regelmäßigen Quirlen, waagerecht abstehend bis hängend, am Ende bogig aufsteigend.
Blätter: 3-eckig, 2,5–5 cm lang, 1,5–3 cm breit, ganzrandig, starr, mit steifer, stechender Spitze, sehr dicht stehend und sich dachziegelartig deckend, am Grund stark verbreitert und am Spross herablaufend, den Zweig völlig bedeckend, beiderseits glänzend dunkelgrün, parallelnervig, 10–15 Jahre lang lebend, nicht einzeln abfallend, sondern an den Zweigen verwitternd oder mit abgestorbenen Zweigpartien abfallend.
Blüten: 2-häusig, seltener 1-häusig verteilt.
Zapfen: Kugelig, reif 14–20 cm dick, Frischgewicht 3–4 kg, anfangs grün, dicht mit den herausragenden Spitzen der Deckschuppen bedeckt, Samen 3–5 cm lang, essbar.
Verbreitung: Chile, SW-Argentinien.
Verwendung: Selten, N, WHZ 8a, LB 7.4.1.1.

A. imbricata Pav. = *A. araucana*
Callitropis nootkatensis (D. Don) D.P. Little = *Xanthocyparis nootkatensis*

Calocedrus Kurz

Flusszeder – Cupressaceae

(griechisch *calos* = schön und *kedros* = *Cedrus*, ein Name für verschiedene Koniferen mit duftendem Holz)

Habitus: Hohe, immergrüne Bäume, Borke schuppig abblätternd, Äste abstehend oder aufrecht, Triebe in einer Ebene verzweigt, abgeflacht.
Blätter: Schuppenförmig, dem Zweig eng anliegend, in 4-zähligen Quirlen, Kanten- und

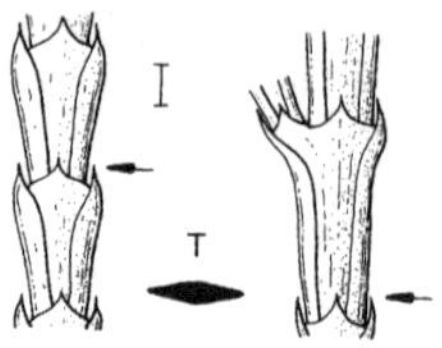

Calocedrus decurrens

Flächenblätter deutlich verschieden, Spaltöffnungsbänder meist auf der Unterseite der Kantenblätter.
Blüten: 1-geschlechtig, 1-häusig verteilt, unscheinbar, endständig an kurzen Sprossen, ♂ Blüten, goldgelb, mit 12–16 Staubblättern, ♀ Blütenzapfen eiförmig bis länglich-eiförmig.
Zapfen: Verholzt, 1–3,5 cm lang, das innere der 3 Schuppenpaare zu einer Platte verwachsen, das äußere Paar steril, die beiden mittleren Platten fruchtbar, zur Reife weit gespreizt, darunter jeweils 2 ungleichmäßig geflügelte Samen.
Verbreitung: je 1 Art in N-Amerika, auf Taiwan und von SW-China bis Myanmar.
Verwendung: Bei uns nur folgende Art als schmalkroniger Parkbaum in Kultur.

Calocedrus decurrens (Torr.) Florin, Kalifornische Flusszeder

Habitus: Bis 30–40(–60) m hoher Baum, Krone säulenförmig bis breit eiförmig, Borke dick, dunkel- bis rotbraun, unregelmäßig tief gefurcht und in dünnen Platten lösend, Äste kurz, waagerecht abstehend, an den Spitzen steil aufstrebend.
Blätter: An Seitenzweigen Kantenblätter 2–3 mm lang, deutlich abgeflacht und gekielt, die freien Spitzen fein stachelspitzig, Flächenblätter gleich lang, breit spatelförmig, unterseits mit einer undeutlichen Drüse, auf beiden Seiten fast gleichfarbig glänzend dunkelgrün, zerrieben nach Terpentin riechend, Lebensdauer 2–3 Jahre.
Zapfen: Länglich-eiförmig, 2–3,5 cm lang, hell rötlich braun, Samen länglich-lanzettlich, 0,8–1,2 cm lang, weißlich braun.
Verbreitung: NW- und W-USA: Oregon, Kalifornien, Mexiko: Baja California.
Verwendung: Sehr häufig, N, WHZ 6b, LB 7.3.2.1.

Cedrus Trew

Zeder – Pinaceae

(griechisch *kedros* = Baumwacholder mit wertvollem, wohlriechendem Holz, seit Homer Zeder, Name erst später auf die Gattung der Zedern übertragen)

Habitus: Hohe, immergrüne, stattliche Bäume, Krone anfangs kegelförmig, mit regelmäßig abstehenden Ästen, später Äste unregelmäßig abstehend oder aufstrebend, Krone dann oft abgeflacht bis schirmförmig, Rinde anfangs glatt, Borke dunkelgrau, rissig und schuppig, Zweigsystem in Lang- und Kurztriebe gegliedert, Knospen klein, eiförmig, mit nur wenigen Schuppen.
Nadeln: Im Querschnitt meist rhombisch, starr, zugespitzt und stechend, oft etwas gebogen, einem kleinen, bleibenden Nadelkissen aufsitzend, an Langtrieben entfernt schraubig stehend, an Kurztrieben zu 30–50 gebüschelt, Lebensdauer 3–6 Jahre.
Blüten: 1-geschlechtig, 1-häusig verteilt, an 4- bis 5-jährigen Kurztrieben im oberen Kronenbereich, ♂ Blüten kätzchenartig, mit zahlreichen schraubig gestellten Staubblättern, aufrecht stehend, bis 5 cm lang, ♀ Blütenzapfen 1–2,5 cm lang, unscheinbar, grün bis rötlich, September–Oktober.
Zapfen: Aufrecht stehend, ei- oder fassförmig, im 2. oder 3. Jahr reifend, am Baum zerfallend, die verholzte Spindel lange stehen bleibend, Samenschuppen sehr breit, dachziegelig angeordnet, fest schließend, je Samenschuppe 2 Samenanlagen, Samen unregelmäßig 3-eckig, mit dünner Schale und großem Flügel.
Verbreitung: 4 Arten, 1 im Himalaja und 3 nahe verwandte, ähnliche Arten, die auch als Unterarten einer Art aufgefasst werden, im Mittelmeergebiet und Marokko.
Verwendung: Häufig gepflanzte, im Alter oft majestätische, teilweise wärmebedürftige Parkbäume.

Bestimmungsschlüssel Cedrus

1 Nadeln höchstens 15 mm lang, stark gebogen. . . . . *C. brevifolia*
– Nadeln länger (zumindest die meisten). 2
2 Nadeln an Kurztrieben zu höchstens etwa 15–20 im Büschel, junge Triebe (fast) kahl, Knospen hellbraun mit zerfransten, dunklen Schuppenspitzen. . . . . *C. libani*
– Nadeln an Kurztrieben zu etwa 30 oder mehr im Büschel, junge Triebe dicht behaart oder fein bereift. 3

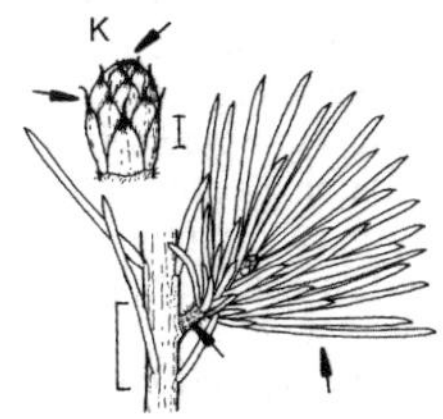

Cedrus atlantica

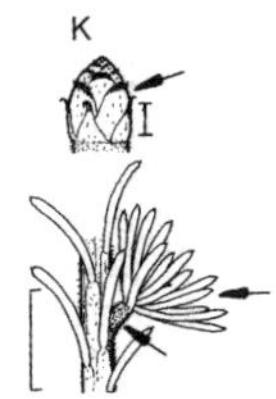

Cedrus brevifolia

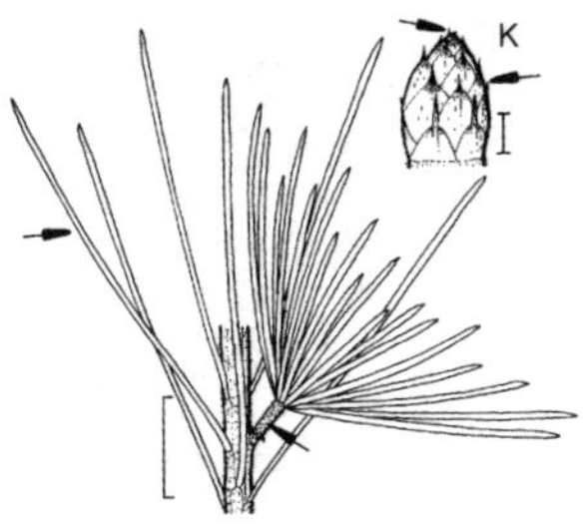

Cedrus deodara

3 Junge Triebe ± dicht behaart, Knospen rotbraun mit langen, schwarzen Schuppenspitzen, Nadeln höchstens 3 cm lang . . *C. atlantica*

– Junge Triebe fein und kurz, weißlich bereift, Knospen grünlich orange mit blassbraunen Schuppenspitzen, Nadeln länger (bis 5 cm). . . . . *C. deodara*

Cedrus atlantica (Endl.) Manetti ex Carrière, Atlas-Zeder

Habitus: Bis 30–40 m hoher Baum, Krone anfangs regelmäßig breit kegelförmig, im Alter unregelmäßig, weit ausladend bis abgeflacht, Äste ± in einem spitzen Winkel aufsteigend, meist erst im Alter waagerecht abstehend, Verzweigung nicht in einer Ebene stehend, Gipfeltrieb gerade oder seitwärts geneigt, Langtriebe graugrün bis graubraun, ± dicht behaart, ab 2. Jahr gefurcht.
Nadeln: 1,5–2,5 cm lang, 1–1,5 mm breit, sehr kurz zugespitz, grün bis bläulich grün, auf allen Seiten mit Spaltöffnungslinien, diese auf der Unterseite besonders auffällig, an Kurztrieben zu 20–45 rosettig genähert, Lebensdauer 4–6 Jahre.
Blüten: ♂ 3–4 cm lang, September–Oktober.
Zapfen: Fassförmig, an der Spitze abgeflacht oder leicht eingedellt, 5–8 cm lang, 3–5 cm breit, reif hellbraun, harzig.
Verbreitung: Atlasgebirge in Marokko und Algerien.
Verwendung: Sehr häufig (besonders die Sorte 'Glauca'), N, WHZ 7a, LB 6.4.1.1.

'Aurea'. Wuchs schwach. Nadeln im 1. Jahr goldgelb, im 2. Jahr vergrünend.

'Fastigiata'. Wuchs stark, schmal kegelförmig bis nahezu säulenförmig, Äste kurz, aufstrebend, dicht bezweigt. Nadeln hellgrün.

Glauca-Gruppe, Blaue Atlas-Zeder. Im Wuchs wie die Art. Nadeln prächtig graublau gefärbt. Blaunadelige Formen kommen am natürlichen Standort häufig vor. Die vegetativ vermehrte 'Glauca' ist in den Gärten häufiger anzutreffen als die Art.

'Glauca Pendula' (Glauca-Gruppe). Wuchs aufrecht-überhängend, Krone 5–8 m breit, Zweige dicht stehend, mähnenartig herabhängend. Nadeln graublau.

'Pendula'. Wuchs anfangs fast säulenförmig aufrecht, dann Gipfel überhängend und Äste ± mähnenartig herabhängend. Nadeln grün.

Cedrus brevifolia (Hook. f.) Henry, Zypern-Zeder

Habitus: Bis 10–25 m hoher Baum, Krone anfangs regelmäßig ei- bis säulenförmig, im Alter unregelmäßig und schirmförmig abgeflacht, Äste dann waagerecht abstehend, Triebe hell graubraun, fein flaumig behaart, Knospen etwas harzig.
Nadeln: 0,5–1,6 cm lang, 1–1,5 mm breit, etwas gebogen, mit kurzer Spitze, blaugrün, an Kurztrieben zu 20–30.
Zapfen: Fassförmig, bis 8 cm lang, 4 cm breit, an der Spitze eingedellt, in der Vertiefung ein kurzer Nabel.
Verbreitung: Zypern: Wald von Paphos.
Verwendung: Sehr selten, WHZ 7a, LB 6.4.2.3.

Cedrus deodara (Roxb.) G. Don, Himalaja-Zeder

Habitus: Bis 40–50(–60) m hoher Baum, Krone anfangs kegelförmig, Gipfeltrieb und Zweigspitzen überhängend, später Krone breit und ausladend, Stamm gerade, weit in die Krone reichend, Hauptäste stark, aufrecht bis waagerecht abstehend, Verzweigung fast in einer Ebene ausgebreitet, Triebe weißlich bis cremefarben, fein und kurz weißlich bereift.
Nadeln: 2–6,5 cm lang, 1–1,5 mm breit, weich, grün bis blaugrün, im Querschnitt ab-

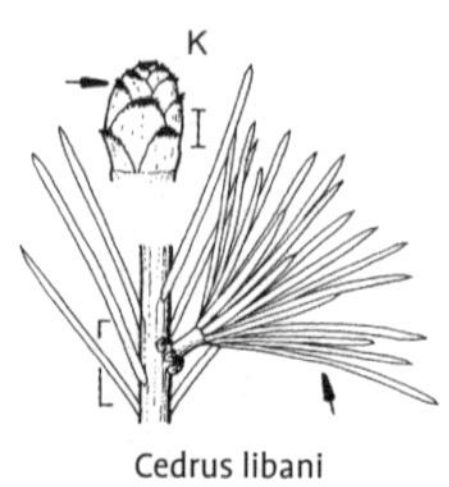

Cedrus libani

gerundet 4-kantig, etwa so breit wie hoch, an Kurztrieben zu 20–30, Spaltöffnungslinien auf allen Seiten, aber auf 2 Seiten zahlreicher, Lebensdauer 2–3 Jahre.
Blüten: ♂ Blüten 6–7 cm lang, September-Oktober.
Zapfen: Fass- oder eiförmig, an der Spitze nicht eingedellt, 7–13 cm lang, 5–9 cm breit, jung graugrün, dann bläulich grün, gelegentlich bereift, reif braun bis rotbraun.
Verbreitung: Hindukusch, Karakorum, Himalaja: von Kaschmir bis SW-Tibet.
Verwendung: Häufig, N, WHZ 7b, LB 7.2.1.1.

'Aurea'. Wuchs schwach. Nadeln im Austrieb goldgelb, bis zum Herbst allmählich vergrünend, im Winter grünlich gelb und bereift.

'Eisregen'. Wuchs baumförmig, Zweigspitzen stark verzweigt, nicht so ausgeprägt hängend wie bei der Art. Nadeln hell blaugrau, winterhärter als die Art, Auslese aus Saatgut aus der afghanischen Provinz Paktia.

'Feelin Blue'. Zwergform. Wuchs flach und breit bis abgeflacht halbkugelig. Nadeln dünn, scharf zugespitzt, graublau.

'Golden Horizon'. Wuchs kräftig, anfangs, weil aus Seitentrieben veredelt, breit und flach, später aufrecht und baumförmig. Nadeln 2–3 cm lang, sonnenseits intensiv grün bis grünlich gelb, sonst mehr blaugrün.

'Karl Fuchs'. Wuchs baumförmig, Krone schmal kegelförmig. Nadeln 1,5–2,5 cm lang, graublau bereift. Die am stärksten blaunadelige Sorte der Paktia-Herkünfte, frosthärter als die Art.

Cedrus libani A. Rich., Libanon-Zeder

Habitus: Bis 25–35 m hoher Baum, Stamm stark, im Freistand oft kurz, im Bestand langschäftig, Krone anfangs breit kegelförmig, im Alter abgeflacht und ± tafelförmig, untere Hauptäste stark, oft senkrecht aufstrebend, die oberen viel kleiner, waagerecht und fast etagenförmig übereinander, Gipfeltrieb gerade oder seitlich gebogen, Langtriebe unregelmäßig schwach behaart bis kahl.
Nadeln: 2–2,5 cm lang, im Querschnitt 3-eckig bis rhombisch, durch die abgeflachte Oberseite breiter als hoch, an Kurztrieben zu 20–25 rosettig genähert, meist dunkelgrün, Lebensdauer 2–5 Jahre.
Blüten: ♂ Blüten 4–5 cm lang, September–Oktober.
Zapfen: Ei- bis fassförmig, 6,5–12 cm lang, 3–6 cm breit, vorne abgeflacht bis eingedellt, schwach harzig, anfangs hellgrün, dann grau- bis purpurgrün, reif graubraun.
Verbreitung: Türkei, vor allem Taurus und Antitaurus, Libanon, Syrien.
Verwendung: Häufig, N, WHZ 7a, LB 6.4.1.1.

var. stenocoma (O. Schwarz) Frankis. Von der Art nur durch ihre schlanke Krone mit den anfangs steil aufsteigenden Ästen abweichend. Vermutlich nur ein Ökotyp, deshalb ist der taxonomische Rang als Varietät oder Unterart zweifelhaft.

C. libani subsp. *atlantica* (Endl.) Batt. et Trab. = *C. atlantica*
C. libani subsp. *brevifolia* (Hook. f.) Meikle = *C. brevifolia*

Cephalotaxus Siebold et Zucc.

Kopfeibe – Cephalotaxaceae

(griechisch *kephale* = Kopf und Gattungsname *Taxus*, wegen der Ähnlichkeit mit der Eibe)

Habitus: Immergrüne Sträucher oder bis 20 m hohe Bäume, Borke sich in Schuppen oder Streifen lösend, Zweige 2–3 Jahre lang grün bleibend, später braun, Triebe kahl, durch die am Trieb herablaufenden Nadelbasen gefurcht, anfangs grün, später gelbbraun, orange oder hellbraun, Knospen ei- bis kegelförmig, mit zahlreichen, bleibenden Schuppen.
Nadeln: Spiralig gestellt, aber meist in einer Ebene nahezu 2-zeilig stehend, 2,5–8 cm lang, lederig, linealisch, spitz, oberseits mit deutlicher Mittelrippe, glänzend dunkelgrün, unterseits mit 2 bläulichen oder weißlichen Spaltöffnungsbändern, Lebensdauer 3–5 Jahre.
Blüten: 1-geschlechtig, 2-häusig verteilt, ♂ Blüten in hängenden Köpfchen in den Blattachseln vorjähriger Seitenzweige, ♀ Blüten-

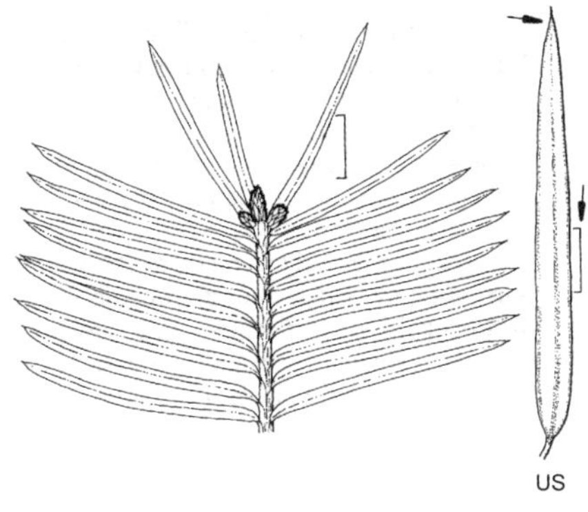

Cephalotaxus fortunei

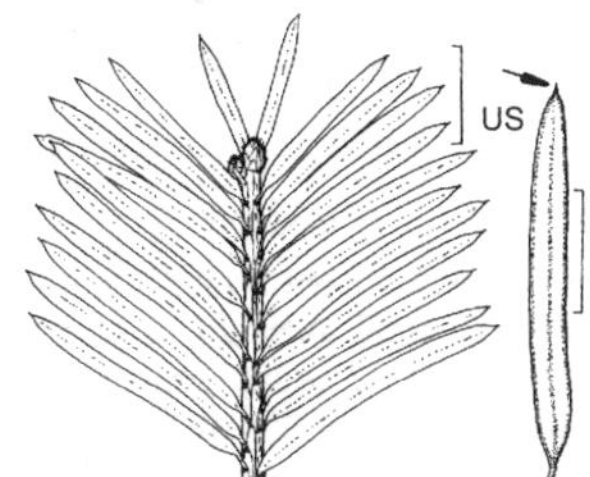

Cephalotaxus harringtonii var. harringtonii

zapfen sehr klein, grün, unscheinbar, gestielt, blattachselständig am Grund junger Triebe, Zapfenschuppen (nicht in Samen- und Deckschuppen gegliedert) in wenigen gegenständigen Paaren, davon 1 Paar steril, die anderen fertil, mit je 2 Samenanlagen, fleischig werdend, April–Mai.
Samen: Steinfruchtartig, 1,5–4,5 cm lang, äußere Schale fleischig, anfangs grün, später gelb-, oliv- bis rotbraun oder purpurn getönt, innere Samenschale verholzt, Samenreife im 2. Jahr.
Verbreitung: 8 sehr ähnliche Arten in O- und SO-Asien bis NO-Indien.
Verwendung: Meist als schattenverträgliche Gruppensträucher.

Bestimmungsschlüssel Cephalotaxus

1 Nadeln bis 5 mm breit, bis 10 cm lang, allmählich zugespitzt .... *C. fortunei*
– Nadeln höchstens 4 mm breit und 5 cm lang, plötzlich zugespitzt .... *C. harringtonii* var. *harringtonii*

C. drupacea Siebold et Zucc. = *C. harringtonii* var. *drupacea*

Cephalotaxus fortunei Hook., Fortunes Kopfeibe

Habitus: Strauch oder 5–6(–20) m hoher, meist mehrstämmiger Baum, Borke rotbraun, sich in größeren, Streifen lösend.
Nadeln: In 2 ± horizontal stehenden Reihen, 3,5–10 cm lang, 3–5 mm breit, linealisch, leicht sichelförmig gebogen, allmählich fein zugespitzt, oberseits glänzend dunkelgrün, unterseits mit 3 blassen, grauweißen Spaltöffnungsbändern aus je 17–24 Linien.
Samen: Ellipsoid, 1,4–2,5 cm lang, mit einer kleinen, aufgesetzten Spitze, jung grün oder gelb, reif purpurn und auffällig gestreift.
Verbreitung: M-, SW- und SO-China, N-Myanmar.
Verwendung: Selten, G, WHZ 7b, LB 6.4.4.4.

Cephalotaxus harringtonii (Knight ex J. Forbes) K. Koch **var. harringtonii**, Harringtons Kopfeibe

Habitus: Strauch oder bis 10 m hoher Baum, Äste abstehend, aufwärts gerichtet oder hängend, Borke grau bis rotbraun, sich in schmalen Streifen lösend, Zweige abstehend, oft etwas überhängend.
Nadeln: Etwas unregelmäßig 2-zeilig gestellt, oft schräg nach oben gerichtet und oft sichelförmig gebogen, 3–5 cm lang, 3–4 mm breit, allmählich oder manchmal plötzlich fein zugespitzt, oberseits glänzend dunkelgrün, unterseits mit 2 breiten, graugrünen Spaltöffnungsbändern aus je 10–15 Linien.
Samen: Zu 3–6 zusammenstehend, verkehrteiförmig, 1,5–2 cm lang, jung olivgrün, purpurn überlaufen, reif orangerot bis purpurn, glatt oder gestreift.
Verbreitung: Japan. N- und S-Korea.
Verwendung: Selten, G, WHZ 6b, LB 6.4.4.4.

var. drupacea (Siebold et Zucc.) Koidz. Wuchs meist nur strauchig, Äste quirlig abstehend, Zweige nicht überhängend. Nadeln schräg aufwärts gerichtet und so eine V-förmige Furche bildend. Bei uns häufiger gepflanzt als die var. *harringtonia*. Die Abtrennung als Varietät ist zweifelhaft (Merkmale im Bereich der Variationsbreite der Art).

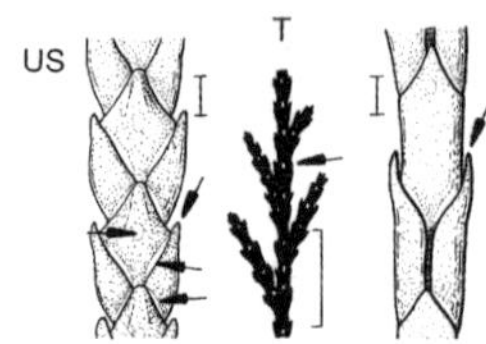

Chamaecyparis lawsoniana

'Fastigiata'. Wuchs ± breit säulenförmig, Äste zahlreich, steif aufrecht, kaum verzweigt. Nadeln nicht 2-zeilig, sondern in dichten Spiralen um den Zweig stehend, anfangs aufgerichtet, später abstehend oder leicht zurückgebogen.

var. nana (Nakai) Rehder. Breitwüchsiger, 0,5–2 m hoher Strauch, Zweige aufsteigend bis niederliegend, Nadeln 1–3,5 cm lang, regelmäßig 2-zeilig und fast waagerecht abstehend, Samen nahezu kugelig. Japan: Hokkaido, Honshu.

C. pedunculata Siebold et Zucc. = *C. harringtonia* var. *harringtonii*

Chamaecyparis Spach

Scheinzypresse – Cupressaceae

(griechisch *chamai* = niedrig und *kyparissos* = Zypresse)

Habitus: Hohe, immergrüne, meist breit oder schmal kegelförmig wachsende Bäume mit überhängendem Gipfeltrieb, Äste abstehend, beblätterte Seitenzweige ± in einer Ebene abgeflacht und feder- oder fächerförmig verzweigt.
Blätter: Adulte Blätter klein, schuppenförmig, nur bei juvenilen Pflanzen (und einigen Sorten) pfriemlich, kreuzweise gegenständig, flächen- und kantenständige Schuppenblätter in Form und Größe verschieden, Flächenblätter meist kleiner als die Kantenblätter, oft mit Öldrüsen, Spaltöffnungslinien oder -streifen unterseits meist wenig auffällig, Lebensdauer 2–3 Jahre.
Blüten: 1-geschlechtig, 1-häusig verteilt, ♂ Blüten kurz zylindrisch, sehr klein, meist einzeln und endständig an kurzen Seitenzweigen, meist gelb oder rötlich, ♀ Blütenzapfen mit wenigen, kreuzweise gegenständigen Schuppen.
Zapfen: ± kugelig bis ellipsoid-eiförmig, verholzend, mit meist 8–12 Schuppen, diese schildförmig, 4-eckig, rhombisch oder rund, sich nur an den Rändern berührend und zur Reife durch Eintrocknung auseinanderklaffend, je Schuppe 2–3 2-flügelige, im 1. Jahr reifende Samen.
Verbreitung: 5 Arten, davon je 1 im pazifischen und im atlantischen N-Amerika, 2 in Japan, 1 in Taiwan.
Verwendung: Häufig gepflanzte Park- und Gartenbäume. Noch häufiger als die Arten werden zahlreiche normal- und schwachwüchsige Sorten verwendet, die sich vor allem im Habitus und in der Laubfärbung von den Arten unterscheiden.

Bestimmungsschlüssel Chamaecyparis

1 Schuppenblätter beiderseits grün (evtl. unterseits etwas heller) . . . . *C. thyoides*
– Schuppenblätter unterseits mit weißlichen oder bereiften Linien oder Flecken 2
2 Triebe fassen sich durch abstehende Schuppenblattspitzen sehr rau an, unterseitige Schuppenblätter mit weißlichen Flecken, zerrieben scharf nach Harz duftend . . . . *C. pisifera*
– Triebe und Schuppenblätter andersartig 3
3 Seitenständige Schuppenblattspitzen einwärts gekrümmt, unterseitige Schuppenblätter mit weißen Linien (in Form eines Y) . . . . *C. obtusa* subsp. *obtusa*
– Seitenständige Schuppenblattspitzen nicht einwärts gekrümmt, Schuppenblätter in starkem Gegenlicht mit durchscheinendem Punkt, zerrieben mit Petersilien-Duft, unterseitige Zeichnung in Form eines X . . . . *C. lawsoniana*

Chamaecyparis lawsoniana
(A. Murray) Parl., Lawsons Scheinzypresse

Habitus: Bis 20–50(–70) m hoher Baum, Krone schmal kegelförmig, bis breit säulenförmig Stamm anfangs glatt, Borke im Alter tief rotbraun, längsrissig, sich in rundlichen Schuppen lösend, Äste kurz, abstehend, Spitzen meist überhängend, Zweige fächer- oder federförmig, ± horizontal in einer Ebene verzweigt.
Blätter: An Seitentrieben 2–3 mm lang, 1–1,5 mm breit, anliegend und sich dachziegelig deckend, ± spitz, Kantenblätter gekielt, breit sichelförmig bis lanzettlich, mit freien Spitzen, Flächenblätter viel kleiner, rhombisch, angepresst, meist mit deutlicher Öldrüse, oberseits dunkel- bis graugrün und matt glänzend, unterseits heller und mit undeutlicher weißer, X-förmiger Zeichnung.
Blüten: ♂ Blüten gelbgrün bis karminrot, 3–5 mm lang, schon im Herbst ausgebildet, ♀ Blütenzapfen unscheinbar, stahlblau, 5 mm lang.
Zapfen: ± kugelig, 0,7–1 cm dick, jung grün, bläulich bereift, reif dunkelgrau bis rotbraun,

Schuppen 8–10, mit einem zusammengedrückten Höckerchen.
Verbreitung: NW- und W-USA.
Verwendung: Sehr häufig (mit zahlreichen Sorten), N, WHZ 5b, LB 9.3.3.1.

1 Hochwüchsige Sorten

1.1 Belaubung grün:

'Erecta Viridis'. Wuchs breit kegelförmig, 5–10(–20) m hoch, Zweige fächerförmig, sehr dicht und aufrecht in einer Ebene. Blätter frischgrün, auch im Winter.

'Draht'. Wuchs schmal kegelförmig bis säulenförmig, dicht, 4–5 m hoch, Triebe dicklich, etwas hahnenkammartig. Blätter alle schuppenförmig, sehr dicht und spiralig stehend, mattgrün.

'Green Hedger'. Wuchs regelmäßig schmal kegelförmig, ziemlich dicht verzweigt. Blätter auffallend frischgrün.

'Green Pillar'. Wuchs schmal kegelförmig, Äste und Zweige straff aufrecht. Blätter frischgrün, im zeitigen Frühjahr mit Goldton.

1.2 Belaubung blaugrün bis silbrig:

'Alumii'. Wuchs schmal kegelförmig, bis 15 m hoch, Zweige fächerförmig, sehr dicht stehend. Blätter blau bereift, später mehr graublau.

'Blue Surprise'. Wuchs dicht kegelförmig, reich verzweigt. Blätter alle nadelförmig, dünn und scharf, auffallend blaugrün.

'Chilworth Silver'. Ähnlich 'Blue Surprise', aber Wuchs langsamer, breitbuschig, Zweige dicht und aufrecht stehend. Blätter nadelförmig, silbrig blau.

'Columnaris'. Wuchs schmal säulenförmig, 5–10 m hoch, Äste straff aufrecht. Blätter oberseits dunkelgrün, unterseits deutlich blaugrün.

'Fletcheri'. Wuchs säulen- bis kegelförmig, 5–8 m hoch, Äste und Zweige aufstrebend, sehr dicht stehend. Blätter nadel- bis schuppenförmig, blaugrün, im Innern der Pflanze dunkelgrün.

'Fraseri'. Wuchs schlank kegelförmig, ähnlich 'Intertexta', bis 10 m hoch, Äste entfernt stehend, Spitzen überhängend. Blätter dick, blaugrün bereift.

'Grayswood Pillar'. Wuchs sehr schmal säulenförmig, schmaler als bei 'Columnaris', in der Blattfärbung aber gleich.

'Intertexta'. Wuchs aufrecht, bis 10 m hoch oder höher, Zweige und Astspitzen überhängend. Blätter dick, blaugrün bereift.

'Little Surprise'. Wuchs ähnlich 'Wisselii', aber schmaler und straffer aufrecht, Zweige leicht gedreht. Blätter bläulich grün.

'Pelt's Blue'. Wuchs schmal kegelförmig bis säulenförmig, dicht verzweigt, Äste und Zweige aufrecht. Blätter fast silbrig blau.

'Pembury Blue'. Wuchs schmal kegelförmig, locker, Äste ± waagerecht ausgebreitet, Zweige dünn. Blätter silbergrau, im 2. Jahr mehr grünlich.

'Spek'. Wuchs elegant aufgelockert, bis 10 m hoch, Äste ziemlich dick und kräftig. Blätter graublau, sich etwas rau anfühlend.

'Triomf van Boskoop'. Wuchs breit kegelförmig, bis 15 m hoch, Äste ansteigend, locker stehend. Blätter blaugrün, gleichmäßig silbrig bereift.

'Wisselii'. Wuchs schmal kegelförmig, etwa 10 m hoch, Äste und Zweige ansteigend, Zweige dicht und nach allen Seiten ± farnartig bis hahnenkammförmig verzweigt. Blätter nadelförmig, blaugrün.

1.3 Belaubung gelb oder weißbunt:

'Alumigold'. Wuchs mehr gedrungen als bei 'Alumii'. Blätter reingelb, zum Inneren der Pflanze hin bläulich gelbgrün.

'Golden King'. Wuchs stark, 10–15 m hoch, Äste aufrecht-überhängend, Zweige breit fächerförmig nach vorne abstehend. Blätter oberseits goldgelb, im Winter mehr bläulich gelb.

'Golden Wonder'. Wuchs ähnlich 'Lane', aber Färbung der Blätter tiefer goldgelb, auch im Winter.

'Howarth's Gold'. Wuchs gedrungen kegelförmig. Blätter hellgelb, im Inneren der Pflanze hellgrün.

'Ivonne' Wuchs schmal kegelförmig. Blätter rein- bis goldgelb, im Winter nur wenig verfärbend.

'Kelleriis Gold'. Wuchs schlank säulenförmig. Blätter stumpfgelb.

'Lane'. Wuchs regelmäßig schmal kegelförmig, 5–10 m hoch, Äste abstehend, Zweige dünn, zahlreich. Blätter oberseits goldgelb, unterseits mehr gelbgrün.

'Lutea'. Wuchs schlank aufrecht, bis 10 m hoch, Äste kurz und abstehend, Zweige hängend. Blätter goldgelb, in der Mitte mehr gelblich weiß.

'Silver Queen'. Wuchs breit kegelförmig, bis 10 m hoch, Äste ansteigend und abstehend, Zweige an den Spitzen rahmweiß bis gelblich grün.

'Snow White'. Wuchs ziemlich breit kegelförmig, dicht verzweigt. Blätter nadelförmig, sehr kurz, graugrün. Triebspitzen im Frühjahr und ab Mitte August rahmweiß.

'Stardust'. Wuchs stark, breit kegelförmig, Zweige federförmig. Blätter schwefelgelb, auch im Inneren der Pflanze.

'Stewartii'. Wuchs kegelförmig, 5–10 m hoch, Äste und Zweige ziemlich aufrecht, Triebe goldgelb, zur Basis hin mehr gelbgrün, auch im Winter.

'Winston Churchill'. Wuchs schmal kegelförmig, Äste abstehend, Triebe auf der Oberseite goldgelb, hell- und gelbgrün gefleckt, unterseits graugrün und gelb gescheckt.

'Wisselii'. Wuchs schmal kegelförmig, 5(–10) m hoch Triebe farnartig bis hahnenkammförmig. Blätter sehr klein, blaugrün.

2 Niedrig bleibende Sorten

2.1 Belaubung grün:

'Rijnhof'. Wuchs flach, bis 1 m breit, 0,3 m hoch. Blätter nadelförmig, graugrün.

2.2 Belaubung blaugrün bis silbrig:

'Blom'. Wuchs dicht säulenförmig, 2–3 m hoch, Äste und Zweige aufrecht, Triebe sehr dicht stehend. Blätter klein, blaugrün bis blau bereift.

'Blue Surprise'. Wuchs schmal kegelförmig, 2–4 m hoch. Blätter nadelförmig, grau- bis silberblau.

'Chilworth Silver'. Wuchs ähnlich 'Blue Surprise', aber langsamer und breitbuschig. Blätter nadelförmig, silbrigblau.

'Down's Gem'. Wuchs breit und ziemlich locker, Verzweigung sehr grob. Blätter ziemlich lang, graublau, unterseits stark weiß bereift.

'Duncanii'. Wuchs unregelmäßig abgeflacht kugelig, im Alter bis 2 m hoch und 5 m breit, Verzweigung locker und überhängend, Triebe fast fadenförmig, blaugrün.

'Elwoodii'. Wuchs kegelförmig, 2–3 m hoch, Äste aufstrebend und dicht stehend. Blätter nadelförmig-pfriemlich, blaugrau, im Inneren der Pflanze hellgrau.

'Forsteckensis'. Wuchs abgeflacht kugelig, bis 1,5 m hoch und 2 m breit, sehr dicht beastet, Zweige kurz, kraus stehend. Blätter nadelförmig, sehr klein, angedrückt, graublau.

'Gimbornii'. Wuchs kugelig bis breit kegelförmig, dicht gedrungen, kaum über 1,5 m hoch, Äste aufrecht, dick, steif. Blätter im Austrieb purpurblau, später blau bereift.

'Gnome'. Ähnlich 'Forsteckensis', aber schwächer wachsend, dicht kegelförmig.

'Minima Glauca'. Wuchs kompakt, ± abgeflacht kugelig, Äste aufrecht bis abstehend, Triebe stets aufrecht, etwas muschelförmig. Blätter blaugrün mit weißer Zeichnung.

'Pygmaea Argentea'. Wuchs sehr langsam, abgeflacht kugelig, Äste aufrecht, Zweige dunkelgrün, zu den Spitzen hin mit grünlich weißen Blättern.

'Tharandtensis Caesia'. Wuchs kugelig bis breit kegelförmig, bis 2 m hoch und 3 m breit. Blätter stumpf blaugrün bereift.

2.3 Belaubung gelb bis weißbunt:

'Aurea Densa'. Wuchs stumpf kegelförmig, bis 0,8 m hoch, Triebe ziemlich steif, sehr dicht gestellt, etwas muschelförmig. Blätter sehr kurz und breit, bleibend goldgelb.

'Ellwood's Gold'. Wuchs wie 'Ellwoodii', Triebspitzen im Frühjahr und Sommer goldgelb, im Herbst verblassend.

'Ellwood's Gold Pillar'. Wuchs kugelig bis kegelförmig, Blätter nadelförmig, intensiv goldgelb.

'Ellwood's White'. Aus weißbunten Zweigen entstanden, die gelegentlich an 'Ellwoodii' auftreten.

'Erecta Aurea'. Wuchs kegelförmig, bis 3 m hoch, Äste aufrecht, Triebe zierlich, goldgelb.

'Lutea Nana'. Wuchs breit kegelförmig, bis etwa 1,5 m hoch, Zweige fächer- bis leicht muschelförmig. Blätter buttergelb.

'Minia Aurea'. Wuchs spitz eiförmig, bis etwa 0,8 m hoch, Äste abstehend, Triebe goldgelb, auch im Inneren der Pflanze.

'Schneeball'. Wuchs locker abgeflacht kugelig. Blätter grün, teilweie lebhaft gelb und weiß panaschiert.

C. nootkatensis (D. Don) Spach = *Xanthocyparis nootkatensis*

Chamaecyparis obtusa (Siebold et Zucc.) Endl. **subsp. obtusa**, Hinoki-Scheinzypresse, Feuer-Scheinzypresse

Habitus: Bis 40–50 m hoher Baum, Krone dicht kegelförmig, im Alter breiter und abgerundet, Borke rotbraun, gefurcht, Äste abstehend, Zweige feder- bis muschelförmig verzweigt.
Blätter: An Seitentrieben dicklich, ledrig, 1,5–3 mm lang, 1–1,5 mm breit, fest anliegend, Öldrüsen nicht sichtbar, oberseits dunkelgrün, matt glänzend, unterseits dunkel graugrün, mit sehr deutlichen, feinen, silberweißen, Y-förmig geführten Linien, flächenständige Blätter eiförmig-rhombisch, stumpf, mit rundlichen Drüsen, kantenständige Blätter deutlich größer, fest anliegend, sehr dicht stehend, stumpf, vorne leicht einwärts gebogen.
Blüten: ♂ Blüten stumpfgelb bis orangebraun oder purpurn, April.
Zapfen: Kugelig, 0,9–1,2 cm dick, jung gelbgrün, reif rot- bis dunkelbraun, Schuppen 8–10, zur Reife Schild außen eingedrückt, in der Mitte mit kurzer, aufwärts gebogener Spitze.
Verbreitung: Japan: Honshu, Shikoku, Kyushu.
Verwendung: Sehr häufig (aber nahezu ausschließlich in Gartenformen), N, WHZ 4, LB 7.2.5.3 (9.3.3.4).

subsp. formosana (Hayata) H.L. Li, Taiwan-Scheinzypresse. Von der subsp. *obtusa* abweichend durch kleinere Blätter und Zapfen. Schuppenblätter der Seitentriebe 0,8–1,5 mm lang, 0,5–1 mm breit, die weißen Linien unterseits weniger auffällig. Zapfen 7–9 mm dick. Taiwan.

1 Höher werdende Sorten

1.1 Belaubung grün:

'Magnifica'. Wuchs breit kegelförmig, locker, bis über 5 m hoch, Äste waagerecht abstehend, Zweige fächerförmig. Blätter hellgrün.

'Filicoides'. Wuchs stark, schmal aufrecht, Äste lang, Verzweigung flach farnwedelartig. Blätter klein, dicklich, in 4 Reihen dachziegelig stehend, glänzend dunkelgrün.

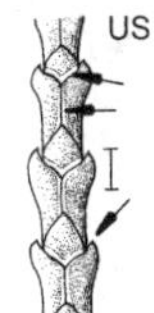

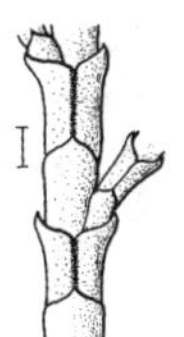

Chamaecyparis obtusa subsp. obtusa

1.2 Belaubung gelb:

'Aurea'. Wuchs kegelförmig, sehr locker, bis 5 m hoch, junge Zweige goldgelb, teilweise oft nur grün.

'Crippsii'. Wuchs breit kegelförmig, bis 5 m oder höher, Äste und Zweige abstehend-überhängend, Zweige fächerförmig. Blätter goldgelb, zum Innern der Pflanze hin gelbgrün.

2 Niedrig bleibende Sorten

2.1 Belaubung grün:

'Caespitosa'. Zwergform. Wuchs gedrungen kissenförmig oder halbkugelig, Zweige muschelförmig. Blätter sehr klein, bläulich grün.

'Contorta'. Wuchs breit kegelförmig, bis 2 m hoch, Äste kurz, abstehend, gedreht, Zweige mit kurzen, dicken, fadenförmigen Trieben. Blätter hellgrün.

'Coralliformis'. Zwergform. Wuchs abgeflacht kugelig bis breitbuschig, bis 0,5 m hoch, Äste dünn, schlaff, durcheinander wachsend, Zweige dünn, ± fadenförmig, Triebe dicklich, korallenförmig. Blätter glänzend bläulich grün.

'Hage'. Zwergform. Wuchs gedrungen, unregelmäßig kissenförmig, etwa 1 m hoch, Zweige dicht gedrängt, gedreht. Blätter sehr klein, frischgrün.

'Kosteri'. Zwergform. Wuchs locker und gedrungen, etwas über 1 m hoch, Triebe dicklich, etwas muschelförmig, bräunlich. Blätter hellgrün.

'Lycopodioides'. Wuchs bizarr, strauchig, bis 2 m hoch, Äste etwas unregelmäßig stehend, Zweige dicklich, an den Spitzen mit hahnenkammartigen Trieben. Blätter bläulich dunkelgrün.

'Nana Gracilis'. Zwergform. Wuchs unregelmäßig kugelig bis breit kegelförmig, bis 2 m hoch, Zweige unregelmäßig muschel- bis tütenförmig gedreht. Blätter glänzend dunkelgrün.

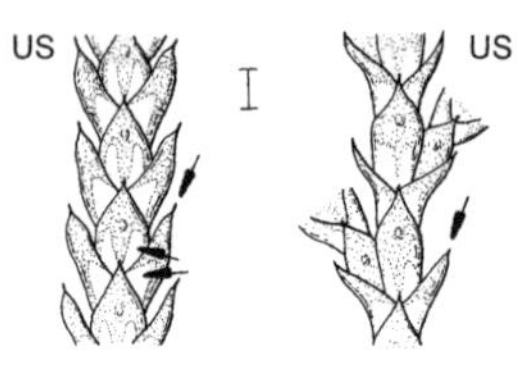

Chamaecyparis pisifera

'Rigid Dwarf'. Zwergform. Wuchs sehr regelmäßig, straff aufrecht, bis 1 m hoch, Triebspitzen, fingerförmig, überhängend. Blätter sehr dunkelgrün.

2.2 Belaubung gelb:

'Albospica'. Wuchs kegelförmig, dicht verzweigt, bis 2 m hoch, Zweigspitzen im Austrieb und im Sommer gelblich weiß, später vergrünend.

'Lycopodioides Aurea'. Wuchs schwächer als 'Lycopodioides'. Blätter hellgelb.

'Nana Aurea'. Zwergform. Wuchs locker, schmal kegelförmig, bis 2 m hoch, Äste waagerecht abstehend, Zweige goldgelb, teilweise weißlich gelb.

'Nana Lutea'. Zwergform. Wuchs gedrungen breit kegelförmig. Blätter während des ganzen Sommers rein goldgelb.

'Tetragona Aurea'. Wuchs locker, meist buschig bis breit kegelförmig, selten mehr als 2 m hoch. Zweigspitzen oft hahnenkammförmig. Blätter glänzend goldgelb bis bronzegelb, im Schatten gelb- bis blaugrün.

Chamaecyparis pisifera (Siebold et Zucc.) Endl., Sawara-Scheinzypresse, Erbsenfrüchtige Scheinzypresse

Habitus: Bis 15–20(–50) m hoher Baum, Krone schmal kegelförmig, locker beastet, Borke im Alter dünn, glatt, rotbraun, längsrissig, sich in schmalen Streifen lösend, Zweige horizontal abgeflacht, feder- bis fächerförmig verzweigt.
Blätter: An Seitentrieben 1,5–2 mm lang, 1 mm breit, ledrig, oberseits matt glänzend, unterseits graugrün, mit weißen Flecken, flächenständige Blätter rhombisch bis eiförmig, manchmal stumpf gekielt, stumpf bis scharf zugespitzt, mit lang gestreckten Öldrüsen, unterseits mit je 2 länglichen, weißen Flecken, kantenständige Blätter mit je 1 Fleck, breit sichelförmig, mit unscheinbaren Drüsen, nur die unteren ⅔ fest anliegend, Spitzen ± weit abstehend.
Blüten: Schon im Herbst ausgebildet, ♂ Blüten anfangs gelblich grün, später purpur- bis schwarzbraun, ♀ Blütenzapfen gelbgrün bis violettbraun, April.
Zapfen: Kugelig, 5–7 mm dick, jung grün, reif braun bis schwarzbraun, Schuppen 7–8, Schild runzelig, schwach eingedrückt, über der Mitte mit glattem, 3-eckigem Höcker.
Verbreitung: Japan: Honshu, Kyushu.
Verwendung: Sehr häufig (überwiegend in Gartenformen), N, WHZ 4, LB 7.3.3.2.

1 Filifera-Gruppe

Zweige dünn, fadenförmig, überhängend, Blätter in gegenständigen Paaren, scharf zugespitzt:

'Filifera'. Wuchs breit kegelörmig, bis 5 m hoch und ebenso breit. Blätter graugrün, auf den Innenseiten weiß.

'Filifera Aurea'. Im Aufbau ähnlich 'Filifera', aber schwächer wachsend. Nadeln gelb. Die als 'Filifera Aurea Nana' bezeichneten Pflanzen stammen aus Seitenzweig-Vermehrung von 'Filifera Aurea', bleiben zunächst niedriger, werden zuletzt aber doch hoch.

'Filifera Nana'. Zwergform. Wuchs regelmäßig abgeflacht kugelig, kaum 1 m hoch, dicht verzweigt, die fadenförmigen Triebe nach allen Seiten überhängend. Blätter tiefgrün.

'Golden Mop'. Zwergform. Wuchs halbkugelig, kaum über 1 m hoch. Blätter beständig goldgelb.

'Sungold'. Wuchs kissenförmig bis abgeflacht kegelförmig. Blätter goldgelb bis gelblich grün, sehr sonnenbeständig.

2 Plumosa-Gruppe

Zweige fedrig kraus, Blätter 3–4 mm lang, pfriemlich, zugespitzt, etwas abstehend, grün, im Winter mitunter etwas bräunlich:

'Plumosa'. Wuchs kegelförmig, 10–20 m hoch.

'Plumosa Aurea'. Im Wuchs wie 'Plumosa', Blätter jedoch goldgelb.

'Plumosa Compressa'. Zwergform, kaum 1 m hoch, sehr dicht verzweigt. Blätter teils pfriemlich, teils nadelartig, in der Färbung sehr variabel: gelblich, grün, grau oder bläulich.

'Plumosa Flavescens'. Zwergform, bis etwa 1 m hoch, reich verzweigt. Blätter gelbweiß, im Herbst ± vergrünend.

3 Squarrosa-Gruppe

Zweige moosartig kraus, sich weich anfühlend. Blätter nadelförmig, ringsum dicht stehend:

'Boulevard'. Wuchs breit kegelförmig bis säulenförmig, 5–10 m hoch. Blätter ausgeprägt silberblau, im Winter mehr graublau.

'Squarrosa'. Wuchs stark, 10–20 m hoch, Krone oft etwas unregelmäßig locker. Blätter oberseits blaugrün, unterseits silberweiß.

'Squarrosa Sulphurea'. Wuchs dicht kegelförmig, kaum über 5 m hoch. Blätter im Sommer schwefelgelb, im Winter mehr silbergrau.

4 Andere Formen

'Aurea'. Wuchs kegelförmig, bis über 10 m hoch. Blätter goldgelb, im Inneren der Pflanze vergrünend.

'Nana'. Zwergform. Wuchs schwach, gedrungen, kaum 1 m hoch, Zweige fächerförmig, sehr dicht stehend. Blätter sehr klein, oberseits tiefgrün, unterseits mehr blaugrün.

C. sphaeroidea Spach = *C. thyoides*
C. taiwanensis Masam. et S. Suzuki = *C. obtusa* subsp. *formosana*

Chamaecyparis thyoides (L.) Britton, Sterns et Poggenb., Weiße Scheinzypresse, Weißzeder

Habitus: Bis 25–35(–45) m hoher Baum, Krone anfangs schmal, später breit kegelförmig, Borke rötlich braun, sich in langen, faserigen Streifen lösend, Äste aufrecht oder abstehend, beblätterte Seitentriebe kaum 1,3 mm breit, nicht in einer Ebene stehend, sondern unregelmäßig nach allen Seiten ausgebreitet.
Blätter: An Seitentrieben 1,5–2,5 mm lang, 1–1,5 mm breit, dunkel bläulich bis hell- oder gelbgrün, ohne weiße Zeichnung, flächenständige Blätter rhombisch bis länglich-eiförmig, manchmal gekielt, stumpf oder zugespitzt, anliegend, auf dem Rücken mit deutlichem, rundlichem Drüsenhöcker, kantenständige Blätter kaum länger als die flächenständigen, breit sichelförmig bis lanzettlich, Spitze dicht anliegend, gerieben stark würzig riechend.
Blüten: ♂ Blüten sehr klein, dunkelbraun.
Zapfen: Kugelig, 4–7 mm dick, Schuppen meist 6, Schild eingedrückt, strahlig gerillt, in der Mitte mit gebogenem, dornigen Höcker.
Verbreitung: NO- bis SO-USA.

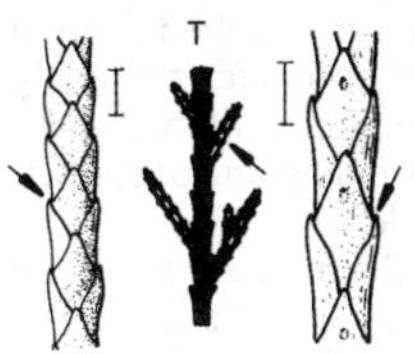

Chamaecyparis thyoides

Cryptomeria japonica

Verwendung: Sehr selten, N, WHZ 5a, LB 1.1.2.3.

'Andelyensis'. Wuchs schlank kegelförmig, bis 3 m hoch, Äste straff aufrecht. Blätter teils nadelförmig und zu 3 wirtelig, teils schuppenförmig und in gegenständigen Paaren, blaugrün. Häufiger in Kultur als die Art.

'Andelyensis Nana'. Zwergform. Wuchs unregelmäßig breit kegelförmig. Blätter an aufrechten Trieben meist nadelförmig.

'Ericoides'. Wuchs regelmäßig breit kegelförmig, etwa 1,5 m hoch. Blätter nadelförmig, sich weich anfühlend, blaugrün, im Winter auffallend rotbraun bis rötlich violett.

Cryptomeria D. Don

Sicheltanne – Cupressaceae
(griechisch *kryptos* = verborgen und *mereia* = Teil)
Monotypische Gattung

C. fortunei Hornibr. = *C. japonica*

Cryptomeria japonica (L. f.) D. Don, Japanische Sicheltanne

Habitus: Immergrüner, bis 50–60 m hoher Baum, Krone schmal kegelförmig, Borke dunkel- bis rotbraun, sich in langen, schmalen Streifen lösend, Äste locker stehend (nicht in Quirlen), Zweige hängend, Triebe grün, kahl, Knospen 2–3 mm lang, ohne Schuppen.
Nadeln: Pfriemlich, in 5 Längsreihen spiralig um den Zweig gestellt, 0,6–2,5 cm lang, 1–2 mm breit, sichelartig gebogen, zu ½ bis ⅓ am Zweig herablaufend, allmählich zugespitzt, nicht stechend, oberseits stumpf, unterseits scharf gekielt, seitlich zusammengedrückt, im Querschnitt stumpf 4-kantig, dunkelgrün, allseits mit grünlichen Spaltöffnungsbändern, nach einer Lebensdauer von 4–5 Jahren mit den Zweigen abfallend.
Blüten: 1-geschlechtig, 1-häusig verteilt,

schon im Herbst angelegt, ♂ Blüten 3–6 mm lang, gelb, einzeln oder gehäuft, endständig an kurzen Seitenzweigen, ♀ Blütenzapfen kugelig, einzeln, endständig an kurzen Seitenzweigen, Februar–März.
Zapfen: Kugelig, 1,5–2,5 cm dick, mit 15–40 holzigen, sparrigen Schuppen, im 1. Jahr reifend, jede Schuppe mit 3–5 dornigen Zähnen, je Schuppe 3–5 abgeflachte, schmal geflügelte, 4–5 mm lange, braune Samen.
Verbreitung: Japan: Honshu, Shikoku, Kyushu, Yakushima.
Verwendung: Sehr häufig (in Japan der wichtigste Forst- und Tempelbaum), N, WHZ 6b, LB 7.2.4.1.

Bei den chinesichen Vorkommen, oft als var. *sinensis* Miq. beschrieben, handelt es sich offenbar nicht um eine dort heimische Sippe, sondern um die lange vor 1700 eingeführte, in Japan endemische Art.

Von den zahlreichen Gartenformen werden die folgenden häufiger gepflanzt:

'Bandai-sugi'. Zwergform. Wuchs kugelig bis unregelmäßig strauchig. Nadeln an jungen Trieben 1,2–1,5 cm, sonst nur 3 mm lang, steif, blaugrün.

'Compacta'. Wuchs schlank kegelförmig, 5–10 m hoch, dicht verzweigt. Nadeln 1–1,5 cm lang.

'Cristata'. Wuchs unregelmäßig kegelförmig, 6–10 m hoch, Zweige kurz, steif, oft mit breiten, hahnenkammartigen Verbänderungen. Nadeln 0,6–1 cm lang.

'Dacrydioides'. Wuchs locker, unregelmäßig, im Alter 4–6 m breit, Äste weit abstehend, mit nur wenigen Seitenzweigen. Nadeln gleichbleibend dunkelgrün.

'Elegans'. Wuchs unregelmäßig buschig, 3–5 m hoch, Äste dicht stehend. Nadeln 1–1,5 cm lang, dünn, weich, abstehend, bläulich grün.

'Elegans Nana'. Zwergform. Wuchs langsam, sehr dicht verzweigt, etwa 2 m hoch. Nadeln feiner und stärker gebogen als bei 'Elegans'.

'Globosa Nana'. Zwergform. Wuchs gedrungen, abgeflacht kugelig, 1–2 m hoch, dicht verzweigt. Nadeln kurz, ungleich lang, hell gelblich grün.

'Gracilis'. Wuchs kegelförmig, bis 5 m hoch. Nadeln 3–5 mm lang, dicht den Zweigen angedrückt, gleichbleibend frischgrün.

'Jindai-sugi'. Wuchs breit kegelförmig, gedrungen, 2–3 m hoch, Äste an der Spitze mit zahlreichen, kurzen Zweigen. Nadeln 3–6 mm lang, hellgrün.

'Lycopodioides'. Wuchs unregelmäßig strauchig, bis 4,5 m hoch und ebenso breit. Äste peitschenartig lang, an den Enden mit wenigen, nahezu schlangenförmigen Seitentrieben.

'Monstrosa Nana'. Zwergform. Wuchs unregelmäßig, etwa 1 m hoch, Mitteltrieb meist mit einer hexenbesenartigen Anhäufung kurzer, dünner Zweige. Nadeln 0,4–2 cm lang, grün.

'Vilmoriniana'. Zwergform. Wuchs unregelmäßig kugelförmig, sehr dicht, kaum über 1 m hoch. Nadeln 3–7 mm lang, hellgrün.

'Winter Bronze'. Zwergform. Wuchs breit kegelförmig, kompakt, etwa 1,5 m hoch. Nadeln 0,5–1 cm lang, matt graugrün, im Winter intensiv rotbraun.

'Yoshino'. Wuchs unregelmäßig kegelförmig, locker, 10–15 m hoch. Nadeln 3–6 mm lang, grün bis graugrün.

Cunninghamia R. Br.

Spießtanne – Cupressaceae

(nach James Cunningham, britischer Arzt und Pflanzensammler, gestorben etwa 1709)

Habitus: Hohe, immergrüne Bäume, Krone schmal kegelförmig, im Alter unregelmäßig abgerundet, Borke rötlich braun, längs gestreift, sich in schmalen Streifen lösend, Äste in regelmäßigen Quirlen, abstehend, an den Spitzen hängend, Knospen kugelig, 0,5–1 cm lang, von blattartigen Schuppen umgeben.
Blätter: Mit den Ansatzstellen spiralig um den Zweig angeordnet, an Seitenzweigen aber 2-zeilig in einer Ebene stehend, linealisch bis schmal lanzettlich, 1,2–6 cm lang, 2–6 mm breit, ledrig, steif, sich allmählich verjüngend, Spitze scharf stechend, schwach gesägt, beiderseits oder nur unterseits mit bläulich weißen Spaltöffnungsbändern, Lebensdauer 4–8 Jahre.
Blüten: 1-geschlechtig, 1-häusig verteilt, endständig, ♂ Blüten zu 3–15 den Achseln von Knospenschuppen entspringend, walzlich, 0,8–2 cm lang, ♀ Blütenzapfen zu 1–3, etwa 1 cm groß, gelbgrün, April–Mai.

Zapfen: Kugelig-eiförmig, abwärts geneigt, Schuppen dünn, flach, nur wenig verholzend, am Rücken gekielt, in eine kurze, stechende Spitze auslaufend, Rand fein gesägt, je Schuppe 2–3 elliptische, 4–7 mm lange, abgeflachte, schmal geflügelte Samen, im 1. Jahr reifend.
Verbreitung: 2 ähnliche Arten in China und Taiwan.
Verwendung: Bei uns die folgende Art in Kultur. Die auf Taiwan heimische *C. konishii* Hayata ist in M-Europa nicht ausreichend frosthart.

Cunninghamia lanceolata (Lamb.) Hook., Chinesische Spießtanne

Habitus: Bis 30–40 m hoher Baum, bei uns oft nur wenige Meter hoch, Krone kegelförmig, Borke dunkelbraun, sich in schmalen Streifen lösend.
Blätter: Linealisch-lanzettlich, gerade oder gebogen, 3–6 cm lang, 3–5 mm breit, am Rand schwach gesägt, oberseits glänzend frisch- bis dunkelgrün, unterseits mit 2 breiten, blauweißen Spaltöffnungsbändern.
Zapfen: Kugelig, 2,5–4 cm lang, 2,5–3,5 cm breit, meist zu 3 an den Zweigspitzen stehend, Schuppen braun, zugespitzt.
Verbreitung: M- und SO-China, Laos, Vietnam (natürliche Vorkommen unsicher).
Verwendung: Sehr selten, N, WHZ 7b, LB 6.2.1.3.

C. sinensis R. Br. = *C. lanceolata*
×*Cupressocyparis* Dallim. = ×*Cuprocyparis*
×*Cupressocyparis leylandii* Dallim. et A. B. Jackson = ×*Cuprocyparis leylandii*

Cupressus L.

Zypresse – Cupressaceae

(lateinisch *cupressus*, abgeleitet von griechisch *kyparissos* = Gattung der „echten" Zypressen)

Habitus: Immergrüne Sträucher oder bis 40(–95) m hohe Bäume, Krone meist schmal kegel- bis säulenförmig oder abgerundet, Borke glatt oder rissig, sich meist in langen Streifen lösend, beblätterte Triebe 4-kantig oder stielrund, selten abgeflacht.
Blätter: Schuppenförmig (nur an Sämlingen nadelförmig) an Seitentrieben in 4 Reihen sehr dicht stehend und ± den Zweigen angepresst oder Spitzen frei, 3-eckig oder rhombisch, 1–3 mm lang, 0,8–1,2 mm breit, meist auf allen Seiten gleich, Öldrüsen vorhanden oder fehlend.

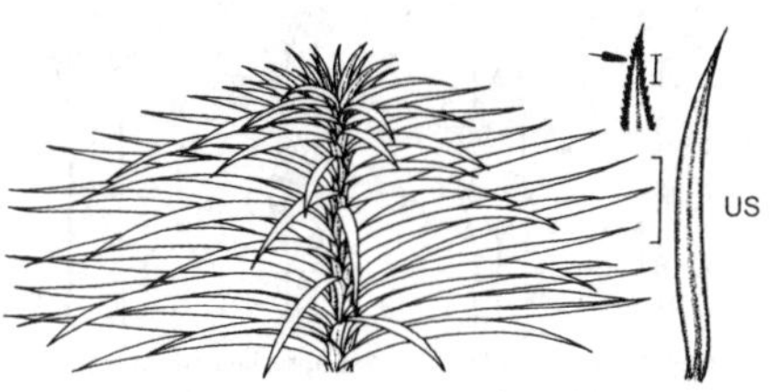

Cunninghamia lanceolata

Blüten: 1-geschlechtig, 1-häusig verteilt, endständig an vorjährigen Zweigen, bereits im Herbst angelegt und ungeschützt überwinternd, ♂ Blüten 3–7 mm lang, länglich oder zylindrisch, gelblich, ♀ Blütenzapfen unscheinbar, kugelig, mit spreizenden Schuppen.
Zapfen: Kugelig bis länglich-eiförmig, 1–4 cm lang, 1–3 cm breit, holzig, Schuppen schildförmig, zu 6–14, dicht schließend, später klaffend, Schild in der Mitte mit einem kurzen Dorn, im 2. Jahr reifend, jede Schuppe mit 5–20 abgeflachten, schmal geflügelten, 3–5 mm langen Samen.
Verbreitung: 15 Arten im südwestl. N-Amerika, in Mexiko und Guatemala, vom Mittelmeergebiet und N-Afrika über Kleinasien, Vorderasien und den Himalaja bis nach China.
Verwendung: Kultur in M-Europa nur in wintermilden Lagen möglich.

Bestimmungsschlüssel Cupressus

1 Jüngste Triebe 4-kantig, unzerrieben mit Wachsgeruch, bei längerem Anfassen klebrig . . . . *C. bakeri*
– Jüngste Triebe rundlich 2
2 Schuppenblätter reingrün 3
– Schuppenblätter grau- oder blaugrün 4
3 Triebenden höchstens 1 mm breit und Schuppenblätter höchstens 1 mm lang, zerrieben fast ohne Duft . . . . *C. sempervirens*
– Triebenden breiter oder Schuppenblätter länger, zerrieben nach Zitrone duftend. . . . . *C. macrocarpa*
4 Ältere Triebabschnitte orangegrün und braun, Schuppenblätter z. T. mit weißlichen Harzdrüsen, ± graugrün, zerrieben nach Grapefruit duftend . . . . . . *C. arizonica* var. *glabra*
– Ältere Triebabschnitte braun, Schuppenblätter mit nur undeutlichen Harzdrüsen, blaugrün, fast ohne Duft . . . . . *C. arizonica* var. *arizonica*

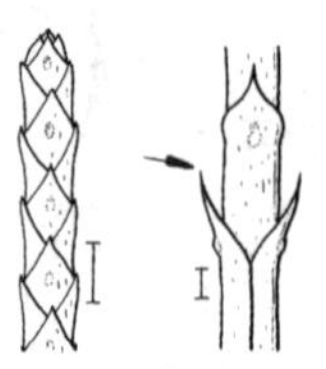
Cupressus arizonica var. arizonica

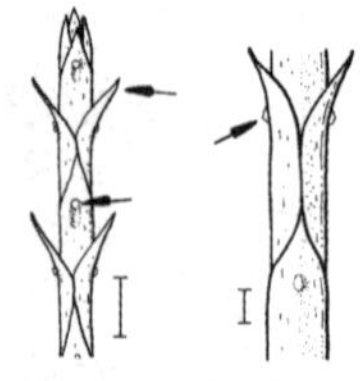
Cupressus arizonica var. glabra

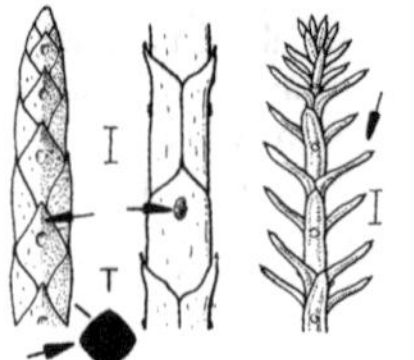
Cupressus bakeri

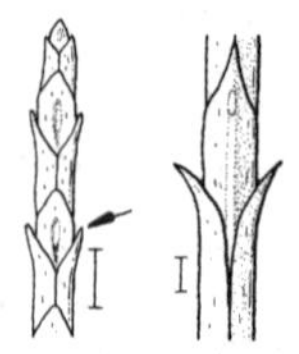
Cupressus macrocarpa

Cupressus arizonica Greene **var. arizonica**, Arizona-Zypresse

Habitus: Bis 5–20(–30) m hoher Baum, selten strauchig wachsend, Krone breit eiförmig bis kegelförmig, Rinde anfangs glatt, grau, Borke auch später dünn, sich in unregelmäßigen Platten oder Schuppen lösend, darunter die kirsch- bis purpurrote oder rötlich braune Rinde sichtbar, Borke zuletzt feinrissig und sich in langen Streifen lösend, beblätterte Triebe im Querschnitt 4-eckig, 1,3–1,6 mm dick.
Blätter: Eng anliegend, stumpf oder zugespitzt, 1,4–2 mm lang, 1–1,3 mm dick, dunkel blau- oder graugrün, Harzdrüsen undeutlich oder fehlend.
Zapfen: Breit eiförmig bis fast kugelig, 1,5–2,7 cm dick, reif dunkelbraun, blau bereift, Schuppen meist 8–10. Schild rhombisch bis 5-seitig, mit ausgeprägtem Dorn.
Verbreitung: SW- bis Z-USA.
Verwendung: Sehr selten (häufiger die var. *glabra*), N, WHZ 7b, LB 6.1.3.3.

var. glabra (Sudw.) Little, Glattrindige Arizona-Zypresse. Borke lange glatt bleibend, in dünnen Lagen abrollend. Blätter mit deutlichen Harzdrüsen. SW-USA: Arizona.

Cupressus bakeri Jeps., Modoc-Zypresse

Habitus: Bis 10–15(–25) m hoher Baum, Äste abstehend, Borke dünn, rötlich grau, sich in kleinen Platten spaltend, beblätterte Triebe dünn, 4-kantig.
Blätter: 1,2–2 mm lang, 1 mm breit, stumpf oder zugespitzt, oft abstehend, dunkel- bis graugrün, gekielt, Harzdrüse deutlich.
Zapfen: Kugelig, 1–1,8 cm dick, jung graugrün, reif graubraun, Schuppen 6–8, plötzlich in einen kurzen, geraden Dorn auslaufend.
Verbreitung: W-USA: N-Kalifornien.
Verwendung: Sehr selten, WHZ 7b, LB 6.1.3.3.

C. glabra Sudw. = *C. arizonica* var. *glabra*

Cupressus macrocarpa Hartw. ex Gordon, Monterey-Zypresse

Habitus: Bis 10–25 m hoher Baum, Krone anfangs ± kegelförmig, im Alter mit waagerecht abstehenden Ästen weit ausgebreitet, Borke anfangs rotbraun, später grau und rissig-schuppig, beblätterte Triebe abgerundet 4-kantig, etwas dicklich, 1–1,8 mm dick, gerieben nach Zitronen duftend.
Blätter: Rautenförmig, 1–2 mm lang, dicht angedrückt, stumpf, Harzdrüsen undeutlich oder fehlend, grün bis dunkelgrün.
Zapfen: Nahezu kugelig bis breit eiförmig, 2–3,5 cm lang, 1,8–3 cm breit, reif kastanien- bis dunkelbraun, die ungleich großen Schuppen zu 8–14, Rücken konvex bis leicht konkav, in der Mitte mit kurzem Dorn.
Verbreitung: W-USA: Monterey-Insel in Kalifornien.
Verwendung: Sehr selten (häufiger die gelblaubigen Formen als Topfpflanze), WHz 8b, LB 7.1.3.3.

'Goldcrest'. Wuchs stark, schmal säulenförmig. Blätter nadelförmig, goldgelb.

'Golden Pillar'. Wuchs sehr schmal aufrecht, später breiter werdend. Blätter goldgelb.

'Gold Spire'. Wuchs säulenförmig. Blätter goldgelb.

Cupressus sempervirens L., Echte Zypresse, Mittelmeerzypresse

Habitus: Bis 20–30(–40) m hoher Baum, Krone säulen-bis schmal kegelförmig, lang zugespitzt, Äste abstehend oder aufsteigend, Wuchs bei kultivierten Pflanzen meist säulen-

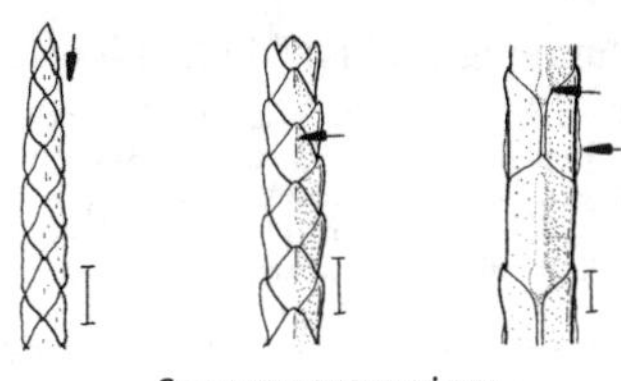

Cupressus sempervirens

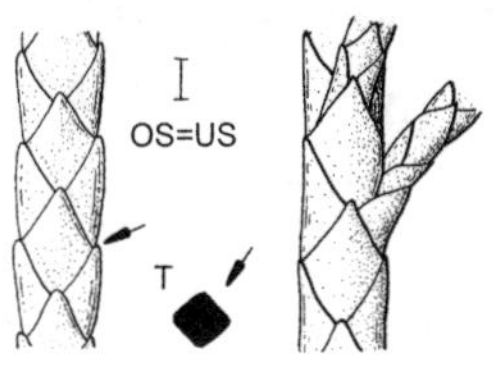

×Cuprocyparis leylandii

förmig, mit senkrecht aufsteigenden Ästen, Borke dunkelgrau, längsrissig, sich in breiten Fasern lösend, Triebe fast stielrund, 1–1,5(–2) mm dick.
Blätter: Rautenförmig, 1–1,8 cm lang, stumpf oder spitz, Spitze anliegend oder frei, grün oder graugrün, Harzdrüsen vorhanden.
Zapfen: Länglich-eiförmig bis fast kugelig, 2–3,5 cm lang, 2–2,5 cm breit, Schuppen 10–14, Schild flach oder in der Mitte mit kleinem Dorn, jung grün oder olivgrün, reif hell- oder rötlich braun.
Verbreitung: Östl. Mittelmeergebiet und N-Afrika, kam schon im Altertum nach Italien und wird seit Jahrhunderten auch im westl., Mittelmeergebiet gepflanzt.
Verwendung: Im Mittelmeergebiet sehr häufig, vor allem in ± säulenförmigen Auslesen, die zur einer Stricta-Gruppe zusammengefasst werden. WHZ 8a, LB 6.1.3.3.

'Horizontalis'. Vegetativ vermehrte Formen mit zedernartigem Wuchs.

Stricta-Gruppe. Fast alle kultivierten Sorten mit hohem, säulenförmigen Wuchs zusammen. Die seit Jahrhunderten im Mittelmeergebiet kultivierte Säulenform wird auch als 'Stricta' oder früher als var. *stricta* Aiton bezeichnet.

'Swane's Gold'. Wuchs kompakt, sehr schmal säulenförmig. Blätter hell- bis goldgelb.

C. sempervirens var. *fastigiata* (Gaussen) Silba = Stricta-Gruppe

×**Cuprocyparis** Farjon

Bastardzypresse – Cupressaceae
(*Cupressus* × *Xanthocyparis*)

Von mehreren, in England entstandenen Gattungsbastarden zwischen *Cupressus* und *Xanthocyparis* ist bei uns überwiegend die folgende Hybride mit einigen Sorten in Kultur.

×Cuprocyparis leylandii (Dallim. et A.B. Jacks.) Farjon, Leylandzypresse
(*Cupressus macrocarpa* × *Xanthocyparis nootkatensis*)

Habitus: Bis über 30 m hoher Baum, Krone dicht bis aufgelockert, schmal kegelförmig bis säulenförmig, Borke dunkel rotbraun, mit flachen Längsfurchen, Triebe nur wenig abgeflacht, fast 4-kantig.
Blätter: Ähnlich denen von *Chamaecyparis nootkatensis*, die kantenständigen Schuppenblätter stark, die flächenständigen flach gekielt.
Zapfen: Bis 2 cm dick, kugelig, Schuppen 6–8, je Schuppe 5 Samen.
Verwendung: Sehr häufig, WHZ 7a, LB 7.1.1.1.

'Castlewellan Gold'. Wuchs kräftig, aber wesentlich schwächer als bei der Hybride. Blätter kurz, nadelförmig, goldgelb, an älteren Pflanzen bronzegrün.

'Golden Rider'. Wuchs schmal kegelförmig. Blätter meist kurz, nadelförmig, intensiv gelb.

'Haggerston Grey'. Wuchs baumförmig, Verzweigung ziemlich locker, Triebe dicht und unregelmäßig stehend. Blätter graugrün. In England häufig in Kultur.

'Leighton Green'. Wuchs anfangs dicht und schmal säulenförmig, später lockerer, Zweige etwas unregelmäßig gestellt. Blätter frisch- bis gelbgrün. Vor allem in M-Europa in Kultur.

'Naylor's Blue'. Wuchs ähnlich wie bei 'Leighton Green', Verzweigung noch lockerer. Blätter graugrün.

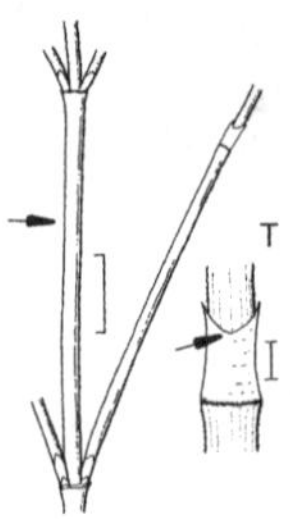

Ephedra distachya subsp. distachya

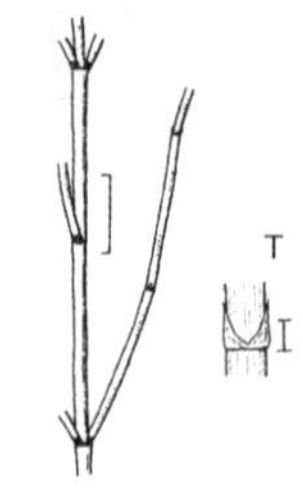

Ephedra equisetina

Ephedra L.

Meerträubel – Ephedraceae

(griechischer Pflanzenname, wahrscheinlich abgeleitet von griechisch *ephedros* = draufsitzen zu *epi* = auf und *hedra* = Sitz, im 16. Jahrh. auf die heutige Gattung übertragen)

Habitus: Rutensträucher, aufrecht wachsend, niederliegend oder kletternd, reich verzweigt, häufig mit unterirdischen Rhizomen, Zweige grün bereift oder wachsartig grau, Kreuzweise oder zu 3–4 in Wirteln, junge Sprosse stielrund, später gefurcht.
Blätter: Stark reduziert, schuppenförmig, gegenständig, am Grund meist ± scheidenartig verwachsen.
Blüten: 1-geschlechtig, meist 2-häusig verteilt, ♂ Blütenstände meist achselständig an älteren Zweigen, aus 4–24 Blüten bestehend, umgeben von einer 2-blättrigen Blütenhülle, zu einem rundlichen bis verkehrt-eiförmigen, häutigen Schlauch verwachsen, Staubblätter bis 8, ♀ Blüten endständig, einzeln oder zu 2–3, von 2–4 oder noch mehr Paaren schuppenförmiger, dachziegelartig sich deckender Hochblättern eingeschlossen oder über diese herausragend, mit 1 Samenanlage und schlauchförmiger Blütenhülle, deren Micropyle (Zugang zum inneren Teil der Samenanlage) gerade vorgestreckt oder korkenzieherartig gedreht.
Samen: Samen(stände) beerenartig, von verholzenden oder fleischig werdenden Hochblättern ganz oder teilweise umhüllt, Samenreife im 1. Jahr.
Verbreitung: Etwa 40 Arten in S-Europa, N-Afrika, Asien sowie im subtropischen Amerika.
Verwendung: Selten gepflanzte Sträucher für sonnige, trockene Standorte in Steingärten oder für steppenartige Pflanzungen.

Bestimmungsschlüssel Ephedra

1 Triebenden teilweise 4-kantig oder höchstens 1,5 mm dick. . . . .*E. major* subsp. *major*
– Triebe dicker und allesamt rund 2
2 Jüngste Internodien höchstens 3 cm lang, Schuppenblätter höchstens zur Hälfte verwachsen 3
– Jüngste Internodien bis 6 cm lang, Schuppenblätter meist zu ⅔ verwachsen. . . . .*E. distachya* subsp. *distachya*
3 Schuppenblätter kürzer als 5 mm, Pflanze strauchig . . . . *E. equisetina*
– Schuppenblätter länger, Pflanzen kriechend (höchstens 10 cm hoch werdend). . . . .*E. gerardiana* var. *gerardiana*

Ephedra distachya L. **subsp. distachya**, Gewöhnliches Meerträubel

Habitus: Bis etwa 0,5 m hoher Strauch, Äste ± niederliegend, Zweige meist steif aufrecht, Triebe fein gestreift, etwa 2 mm dick, blau- oder dunkelgrün, Internodien 1,5–5 cm lang.
Blätter: Schuppenblätter 2–3 mm lang, bis zu ⅔ verwachsen, in der Mitte grün, ringsum trockenhäutig.
Blüten: ♂ Blüten zu 8–16 in länglich-eiförmigen Blütenständen, ♀ Blüten meist zu 2, meist mit 3 Paar Hochblättern, Micropyle gerade.
Samen: Kugelig, 6–7 mm dick, rot.
Verbreitung: Europa (ausgenommen W-, N-, nördl. M- und O-Europa); Kaukasien, W-Sibirien, M-Asien.
Verwendung: Selten, ⚭, ⚕, ☠, WHZ 6b, LB 6.1.2.7.

subsp. helvetica (C.A. Mey.) Asch. et Graebn., Schweizerisches Meerträubel. Wuchs meist niedriger als bei var. *distachya*, dichter verzweigt, Zweige tiefgrün, Mark rotbraun, Micropyle korkenzieherartig. SW-, S- und ZM-Europa, SW-Alpen, S-Alpen.

subsp. monostachys (L.) Riedl. Niedriger Strauch, Triebe dünn, 1 mm dick, Blütenstände einzeln. SO-Europa, Türkei.

E. equisetiformis Webb et Berthel. = *E. major* subsp. *major*

Ephedra equisetina Bunge, Mongolisches Meerträubel

Habitus: Aufrechter oder aufsteigender, bis 2 m hoher Strauch, Triebe steif, glatt oder leicht gestreift, graugrün oder blaugrün, Internodien 1–2 cm lang.
Blätter: Schuppenblätter etwa 2 mm lang, etwa zu ½ verwachsen, der freie Teil 3-eckig.

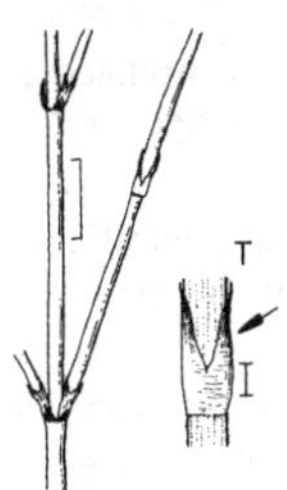

Ephedra gerardiana var. gerardiana

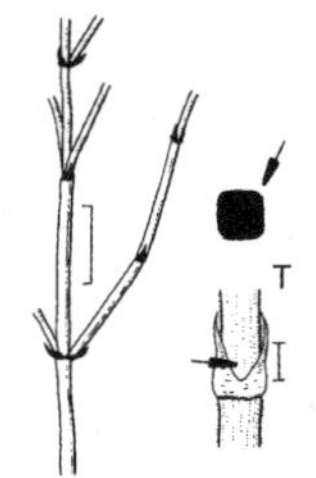

Ephedra major subsp. major

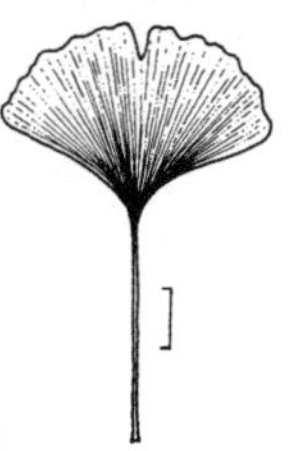
Ginkgo biloba

Blüten: ♂ Blüten zu 4–8, Blütenstände zu 1–3, sitzend, ♀ Blüten mit 2–3 Paar Hochblättern, die unteren zu ½ die oberen zu ⅔ verwachsen.
Samen: Eiförmig, fleischig, rot.
Verbreitung: M-Asien, Mongolei, N-China.
Verwendung: Sehr selten, WHZ 7a, LB 6.1.2.5.

Ephedra gerardiana Wall. ex C.A. Mey. **var. gerardiana**, Kriechendes Meerträubel

Habitus: Kriechender Strauch, Äste niederliegend, Zweige kaum über 5 cm aufsteigend, dunkelgrün, fein gestreift, 1,5–2 mm dick, Internodien bis 2 cm lang.
Blätter: Schuppenblätter 2 mm lang, zu ½ verwachsen.
Blüten: ♂ Blüten zu 4–6, Blütenstände kugelig bis eiförmig, ♀ Blüten meist zu 2, mit 3–4 Paar, im unteren Drittel verwachsenen Hochblättern, Micropyle gerade.
Samen: Kugelig, 5–7 mm dick, rot, Samen zu 1–2, herausragend.
Verbreitung: Himalaja, China.
Verwendung: Sehr selten, WHZ 6b, LB 6.1.1.7.

var. sikkimensis Stapf. Zweige bis 15 cm hoch, steif aufrecht. Blätter länger, ♂ Blütenstände größer. Reich fruchtend. N-Indien.

E. helvetica C.A. Mey. = *E. distachya* subsp. *helvetica*

Ephedra major Host **subsp. major**, Großes Meerträubel

Habitus: 1–2 m hoher, aufrechter, unregelmäßig verzweigter Strauch, Zweige meist quirlständig, dunkelgrün, fein gestreift, 1–1,5 mm dick, Internodien etwa 2 cm lang.
Blätter: Schuppenblätter 1–3 mm lang, zu ⅓ bis ⅔ verwachsen, trockenhäutig, im Alter dunkelbraun.
Blüten: ♂ Büten zu 4–8, Blütenstände kugelig, ♀ Blüten einzeln, meist mit 2, seltener 3 Paar, zu ⅓ verwachsener Hochblätter.
Samen: 5–7 mm dick, meist rot, gelegentlich gelb.
Verbreitung: SW-, S- und SO-Europa, N-Afrika.
Verwendung: Sehr selten, WHZ 7a, LB 6.1.1.5.

subsp. procera (Fisch. et C.A. Mey.) Markgr. Zweige glatt, Mark rotbraun. ♂ Blütenzapfen länger als bei subsp. *major*. Früchte gestreckt. Häufiger in Kultur als subsp. *major*. Gebirge der südl. Balkanhalbinsel, Türkei, Zypern, Kaukasus, Iran, Himalaja.

E. monostachya (L.) Guss. = *E. distachya* subsp. *monostachya*
E. nebrodensis Tino et Guss = *E. major* subsp. *major*
E. procera Fisch. et C.A. Mey. = *E. major* subsp. *procera*
E. scoparia Lange = *E. major* subsp. *major*
E. sikkimensis hort. = *E. gerardiana* subsp. *sikkimensis*

Ginkgo L.

Ginkgo – Ginkgoaceae
(von japanisch *gin-kyo*, zu *gin* = Silber und *kyo* = Frucht, oder von chinesisch *yinxing*, zu *yin* = Silber und *xing* = Aprikose)
Monotypische Gattung

Ginkgo biloba L., Ginkgo

Habitus: Sommergrüner, 30–40 m hoher Baum, Krone schmal kegelförmig bis ausgebreitet, Borke grau, längsrissig, breit gefurcht, Sprosssystem auffallend in Lang- und Kurztriebe gegliedert, Langtriebe glatt, fein

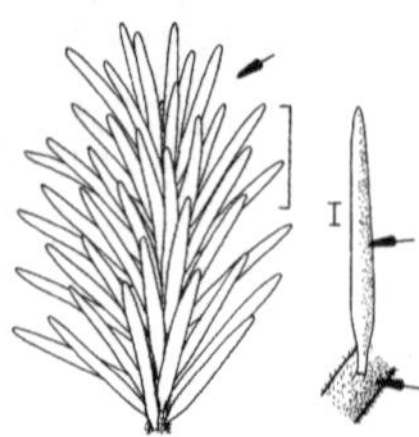

Hesperopeuce mertensiana

längs gestreift, Blattstielnarben mit 2 deutlichen Gefäßbündelspuren, Kurztriebe stark gestaucht, stets nur mit 1 Knospe.
Blätter: Flächig, derbledrig, fächerförmig, Nervatur nahezu parallel, fein gabelig verzweigt, an Langtrieben entfernt schraubig stehend, Spreite keilförmig, bis 10 cm lang, 5–7 cm breit, am oberen Rand sehr unregelmäßig gespalten, an Kurztrieben zu 3–6 rosettig genähert, Spreite breit fächerförmig, 7–10 cm lang, 6–12 cm breit, am oberen Rand ohne Spalt, fast ganzrandig, Stiel 2–9 cm lang, Herbstfärbung auffallend goldgelb.
Blüten: 1-geschlechtig, 2-häusig verteilt, ♂ Blüten kätzchenartig, 3–5 cm lang, an Kurztrieben in den Achseln von Niederblättern, ♀ Blüten unscheinbar, grün, zu 2–3 in den Achseln von Nieder- und Laubblättern, lang gestielt, mit 2 Samenanlagen, von denen sich meist nur 1 entwickelt, April–Mai.
Samen: Steinfrucht- oder pflaumenähnlich, kugelig bis kugelig-eiförmig, etwa 2,5 cm dick, zu 1–2 einem 3–5 cm langen, gestielten Wulst aufsitzend, die äußere Samenschale zur Reife orangegelb, bereift, saftig-fleischig, unangenehm nach Butter- und Valeriansäure riechend, innere Samenschale 2–2,5 cm lang, eiförmig, meist 2-kantig, glatt, verholzt (einem Steinkern ähnlich), gelblich weiß, der ölhaltige Kern („Ginkgonuss“) essbar.
Verbreitung: SO-China, vermutlich nur noch in einem kleinen natürlichen Vorkommen am Tian-mu-shan, 94 km westl. von Hangzhou.
Verwendung: Sehr häufig, N, ∴, ⚕, WHZ 5b, LB 6.3.2.1 (3.1.2.1).

‘Autumn Gold’. ♂ Sorte. Wuchs regelmäßig breit kegelförmig, Herbstfärbung besonders leuchtend goldgelb.

‘Fastigiata’. ♂ Sorte. Wuchs spitz kegelförmig bis säulenförmig.

‘Laciniata’. Wuchs stark, Krone kegelförmig. Blätter bis 15(–30) cm breit, nierenförmig, am oberen Rand mit zahlreichen Einschnitten.

‘Marieken’. Aus einem Hexenbesen gewonnene Zwergform. Wuchs abgeflacht kugelig, ziemlich geschlossen, Zweige abstehend bis ansteigend.

‘Pendula’. Krone breit schirmförmig oder halbkugelig, Äste ± überhängend bis ausgebreitet.

‘Priceton Sentry’. ♂ Sorte. Wuchs anfangs schmal säulenförmig, später breiter werdend.

‘Saratoga’. ♂ Sorte. Wuchs schmal kegelförmig, kompakt. Blätter variabel, sehr lang gestielt, meist viel schmaler als bei der Art, im Umriss schmal 3-eckig.

‘Tremonia’. Wuchs streng säulenförmig.

‘Troll’. Aus einem Hexenbesen gewonnene Zwergform. Wuchs lockerer als bei ‘Marieken’, Zweige abstehend bis schräg ansteigend.

‘Tubifolia’. Wuchs deutlich schwächer als die Art. Blätter sehr lang gestielt, sehr schmal fächerfömig, vorne unregelmäßig eingeschnitten und tütenartig gedreht.

‘Variegata’. ♀ Sorte. Wuchs schwächer als die Art. Blätter ganz oder partiell, von den Neven begrenzt, creme- bis hellgelb.

Hesperopeuce (Engelm.) Rydb.

Berghemlock – Pinaceae

(lateinisch *hesperides* = westlich und *peuce* = harzreicher Nadelbaum)

Monotypische Gattung, die früher (stellenweise auch heute noch) zur Gattung *Tsuga* gestellt worden ist.

Hesperopeuce mertensiana

(Bong.) Rydb., Berghemlock, Berg-Hemlocktanne

Habitus: 10–30(–45) m hoher Baum, Krone schmal kegelförmig, Äste waagerecht abstehend bis leicht abwärts gerichtet, Triebe anfangs gelb bis rötlich braun, später grau, dicht gelblich behaart, Knospen ei- bis kegelförmig, harzfrei.
Nadeln: Alle schraubig stehend, 0,5–2,5 cm lang, 1–1,5 mm breit, vorwärts und aufwärts gerichtet, linealisch, stumpf, ganzrandig, oberseits gewölbt, blaugrün bis silberweiß, beiderseits mit Spaltöffnungslinien.
Blüten: 1-geschlechtig, 1-häusig verteilt,

♂ hängend, anfangs purpurblau, später gelb und purpurn getönt, ♀ Blütenzapfen anfangs aufrecht, später meist hängend, purpurblau.
Zapfen: Länglich bis zylindrisch, 3–8 cm lang, 1,5–3,3 cm breit, hell- bis dunkelbraun, Samenschuppen verkehrteiförmig bis keilförmig, dick, anfangs außen schwach flaumhaarig, Samen 3–5 mm lang, braun, geflügelt.
Verbreitung: S-Alaska, W-Kanada, NW- und W-USA (bis Kalifornien).
Verwendung: Häufig (wird auch als *Tsuga mertensiana* beschrieben), WHZ 6b, LB 8.1.3.3.

'Glauca'. Wuchs viel langsamer als bei der Art. Nadeln ausgeprägt blaugrün, blauweiß bereift. Häufiger kultiviert als die Art.

Juniperus L.

Wacholder – Cupressaceae

(lateinisch *iuniperus* = Wacholder)

Habitus: Immergrüne, niederliegende Spaliersträucher, aufrechte Sträucher oder bis 30(–40) m hohe Bäume, Borke rissig oder faserig, sich in langen Streifen lösend, Äste niederliegend, aufsteigend, aufrecht oder hängend.
Blätter: Kreuzweise gegenständig oder zu 3 wirtelig, nadel- oder schuppenförmig, an Jungpflanzen stets nadelförmig, an älteren Pflanzen nadel- oder schuppenförmig oder beide Formen gleichzeitig vorhanden, am Trieb herablaufend oder von ihm abgegliedert, Schuppenblätter mit oder ohne Öldrüsen, Blattspitze spitz, stumpf oder stechend.
Blüten: 1-geschlechtig, 1- oder 2-häusig verteilt, blattachsel- und endständig an vorjährigen Zweigen, bereits im Herbst angelegt, ♂ Blüten gelblich, halbkugelig bis eiförmig, mit mehreren Staubblattwirteln, ♀ Blütenzapfen grün, unscheinbar, aus mehreren, 3-gliedrigen Quirlen von 3-eckigen, zunächst freien Samenschuppen bestehend, alle oder nur wenige Schuppen mit 1–2 Samenanlagen.
Zapfen: Als Beerenzapfen ausgebildet (nur bei *J. drupacea* steinfruchtartig), eiförmig bis halbkugelig oder kugelig, 0,4–3 cm dick, reif hell- bis rotbraun oder dunkelblau, blau-, purpurschwarz oder schwarz, meist bereift, Zapfenschuppen 3 oder 6, miteinander verwachsenen, ± holzig oder fleischig werdend, bis zur Reife im 1. bis 3. Jahr geschlossen bleibend, Samen je Zapfen zu 1–8, 3-eckig, 0,2–1 cm dick, nussähnlich, Schale hart.
Verbreitung: 54 Arten auf der nördlichen Halbkugel, von der subarktischen Tundra bis in die Halbwüsten und die Gebirge der Tropen, von der Meeresküste bis in Höhen von 5200 m über NN.
Verwendung: Sehr häufig, vor allem in zahlreichen Sorten von sehr unterschiedlichem Habitus.

Bestimmungsschlüssel Juniperus

(bei vielen Gartenformen keine sichere Bestimmung möglich)

1 Nadeln sitzen gelenkartig an der Basis am Trieb und sind von diesem deutlich abgegliedert, Knospen sind vorhanden 2
– Nadeln sitzen anders am Trieb oder fehlen (nur Schuppen vorhanden), keine Knospen erkennbar 6
2 Nadeln laufen alle ein Stückchen am Zweig herab, 3–4 mm breit . . . . *J. drupacea*
– Nadeln sitzen deutlich abgegliedert am Trieb, höchstens 2 mm breit 3
3 Spaltöffnungsband auf der Nadeloberseite durch grüne Mittelrippe geteilt . . . . *J. oxycedrus* subsp. *oxycedrus*
– Nadeln oberseits mit nur einem ungeteilten Spaltöffnungsband 4
4 Weißes Spaltöffnungsband breiter als die grünen Randstreifen. 5
– Weißes Spaltöffnungsband schmaler als die grünen Randstreifen . . . . *J. rigida*
5 Nadeln zerrieben nach Äpfeln duftend, junge Triebe nicht geflügelt . . . . *J. communis* subsp. *communis*
– Nadeln zerrieben nicht duftend, junge Triebe im Gegenlicht durchscheinend geflügelt . . . . *J. conferta*
6 Blätter allesamt nadelförmig 7
– Blätter teilweise oder allesamt schuppenförmig 10
7 Nadeln beiderseits fast gleichfarbig grün, oberseits ohne grüne Mittelrippe, junge Nadeln mit weißlichem Saum, weich und nicht stechend, zerrieben nach Zitrone duftend . . . . *J. recurva* var. *recurva*
– Nadeln deutlich „mehrfarbig", oberseits mit grüner Mittelrippe, Nadeln ohne Saum, steif und stechend. 8
8 Nadeln unterseits bläulich, bereift, außen bzw. unterseits mit eingesenkter Mittelrippe, mit 2 bereiften Linien auf dem am Trieb herablaufenden Blattkissen. . . . . *J. procumbens*
– Nadeln unterseits grün, ohne weiße Flecken und Linien, gekielt 9
9 Nadeln oberseits hohl, wenig stechend, zerrieben nach Wachs riechend . . . . *J. squamata*
– Nadeln oberseits flach, zerrieben nach Petersilie riechend, Zweige beim Umfassen sehr stechend. . . . . *J. chinensis* var. *chinensis*
10 Schuppenblätter teilweise mit Drüsenfurche und zerrieben nach Zitrone riechend. . . . . *J. phoenicea*
– Schuppenblätter ohne Drüsenfurche oder anders riechend 11

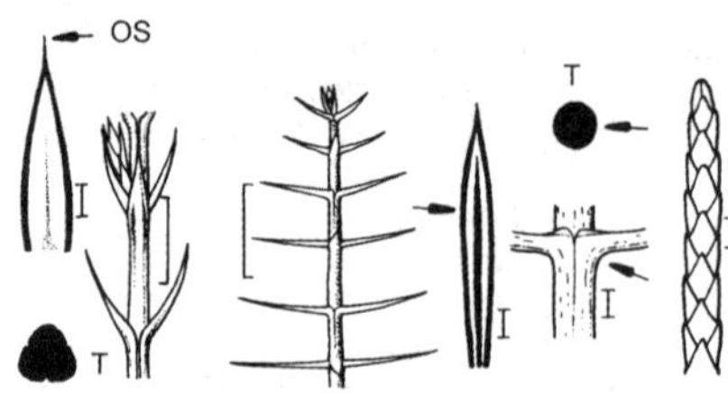

Juniperus chinensis var. chinensis

11 Nadelförmige Blätter meist zu 3 wirtelig, schuppenförmige Blätter stumpf, zerrieben nach Petersilie riechend .... *J. chinensis* var. *chinensis*
– Nadelförmige Blätter meist zu 2 gegenständig oder fehlend, schuppenförmige Blätter spitz.. 12
12 Triebe zerrieben unangenehm riechend ... 13
– Triebe zerrieben aromatisch oder (fast) gar nicht riechend 15
13 Jüngste Triebe 4-kantig .... *J. foetidissima*
– Jüngste Triebe nicht 4-kantig (2-kantig oder rund) 14
14 Junge Triebe schwach 2-kantig, zerrieben stinkend, nadelförmige Blätter abstehend .... *J. sabina* var. *sabina*
– Junge Triebe rund(lich), zerrieben etwas unangenehm, aber aromatisch riechend, Nadeln fast anliegend .... *J. ×pfitzeriana*
15 Schuppenförmige Blätter mit nicht anliegender Grannenspitze (teppichbildendes Gehölz) ... . *J. horizontalis*
– Schuppenförmige Blätter ohne Grannenspitze, Gehölz höher als 30 cm werdend 16
16 Schuppenförmige Blätter an der Spitze abstehend, zerrieben nach Farbe oder Seife riechend .... *J. virginiana*
– Spitze der schuppenförmigen Blätter dem Trieb angepresst, zerrieben kaum oder anders riechend 17
17 Kleiner Baum 18
– Niederliegender Strauch.................. .... *J. sabina* var. *davurica*
18 Triebe z. T. mit nadelförmigen Blättern, schuppenförmige Blätter mit deutlicher Drüse, unterseits gekielt .... *J. excelsa*
– Nur schuppenförmige Blätter, nicht gekielt, mit undeutlicher oder ohne Drüse .. *J. scopulorum*

Juniperus chinensis L. **var. chinensis**, Chinesischer Wacholder

Habitus: Im Wuchsform und Benadelung sehr variabler, bis 25 m hoher Baum mit kegelförmiger Krone, selten 2–3 m hoher, gelegentlich niederliegender Strauch, Borke dunkel- bis graubraun, längsrissig, Äste aufsteigend bis fast waagerecht ausgebreitet, Triebe 1–2 mm dick, fast 4-kantig oder abgerundet.
Blätter: Nadel- oder schuppenförmig, kurz am Trieb herablaufend, juvenile Blätter nadelförmig, meist zu 3 wirtelig (teilweise auch zu 2 gegenständig), spitzwinklig abstehend, 0,6–1,2 cm lang, 0,5–0,7 mm breit, stechend zugespitzt, oberseits mit schmalen, blaugrünen Spaltöffnungsbändern und grünem Mittelstreifen, adulte Blätter schuppenförmig, schmal rhombisch, stumpf, dicht anliegend, sich dachziegelig deckend, 1,5–3 mm lang, 1 mm breit, grün oder bläulich grün, mit hellen Rändern und einer vertieften Drüse auf dem Rücken.
Blüten: Meist 2-häusig verteilt.
Beerenzapfen: Fast kugelig oder breit birnenförmig, 4–10 mm dick, anfangs blauweiß, zur Reife hell- oder rotbraun, mehlig bereift, im 2. Jahr reifend, Samen meist 2–4.
Verbreitung: Myanmar, Japan, China, Taiwan, Korea.
Verwendung: Sehr häufig (in zahlreichen Sorten), WHZ 5a, LB 9.1.3.4 (9.1.3.6).

var. sargentii (Henry) Takeda, Sargents Wacholder. Bis etwa 0,8 m hoher, 2–3 m breiter Strauch, Äste niederliegend oder flach ausgebreitet, Zweige aufstrebend. Blätter an jungen Pflanzen nadelförmig, 3–7 mm lang, später überwiegend oder ganz schuppenförmig. Japan, NO-China, Russ. Ferner Osten.

1 Wuchs aufrecht, kegel- bis säulenförmig

'Aurea'. Wuchs schlank kegelförmig, bis etwa 5 m hoch. Blätter nadel- und schuppenförmig, die nadelförmigen oberseits gelbgrün, unterseits blauweiß gestreift, die schuppenförmigen goldgelb.

'Kaizuka'. Wuchs unregelmäßig breitbuschig, 4–5 m hoch. Blätter schuppenförmig, frischgrün. In Japan, China und dem tropischen O-Asien sehr häufig gepflanzt, in M-Europa nicht ausreichend frosthart und oft krankheitsanfällig.

'Keteleeri'. Wuchs dicht säulenförmig, bis 10 m hoch, Zweige zahlreich, sehr fein. Blätter schuppenförmig, grün, leicht bereift. Früchte sehr zahlreich, 1,2–1,5 cm dick, blauweiß bereift.

'Mas'. Wuchs säulenförmig, bis 20 m hoch. Blätter nadel- oder schuppenförmig, die nadelförmigen zu 3 wirtelig, scharf zugespitzt, oberseits bläulich weiß gestreift, unterseits grün, Schuppenblätter gelbgrün.

'Monarch'. Wuchs baumartig, schmal kegelförmig. Blätter nadelförmig, pfriemlich, bis 1 cm lang, scharf zugespitzt, blaugrün.

'Obelisk'. Wuchs oft etwas unregelmäßig säulenförmig, bis 3 m hoch. Blätter nadelförmig, 1–1,5 cm lang, lang und scharf zugespitzt, oberseits mit 2 blauweißen Spaltöffnungsbändern, unterseits blau bereift.

'Pyramidalis'. Wuchs säulenförmig, dicht verzweigt, 4–5 m hoch. Blätter nadelförmig, relativ weich, intensiv blaugrün.

'Stricta'. Wuchs schmal kegelförmig, dicht verzweigt. Blätter nadelförmig, sich weich anfühlend, oberseits blaugrün, unterseits bereift.

2 Wuchs ± strauchförmig

'Blaauw'. Wuchs buschig, breit trichterförmig bis aufrecht, 1,2–2 m hoch, Blätter schuppenförmig, dicht stehend, dunkel graublau.

'Blue Alps'. Wuchs stark, buschig aufrecht, 2–4 m hoch. Blätter nadelförmig, sehr scharf zugespitzt, oberseits blaugrün, mit 2 weißlichen Spaltöffnungsbändern.

'Golden Wonder'. Wuchs strauchig, breiter als hoch. Blätter gelbgrün bis goldgelb.

Japonica Variegata'. Wuchs buschig, ausgebreitet bis unregelmäßig kegelförmig, bis 2 m hoch. Zweige kurz und dick. Blätter im Alter schuppenförmig, teils cremegelb, teils sibrigweiß.

'Parsonii'. Wuchs breitstrauchig, bis etwa 0,4 m hoch, Äste dick, flach ausgebreitet, dicht mit kurzen Zweigen besetzt. Blätter nadel- und schuppenförmig, die nadelförmigen 0,6–1,2 cm lang, oberseits silbergrau.

'Plumosa'. Wuchs breitstrauchig, selten mehr als 1,5 m hoch, Äste ansteigend, mitunter einseitig ausgerichtet, Zweige fiederförmig angeordnet. Blätter überwiegend schuppenförmig, dunkelgrün.

'Plumosa Aurea'. Im Aufbau wie 'Plumosa', aber schwächer wachsend. Blätter überwiegend schuppenförmig, im Frühjahr gelblich grün, im Sommer goldgelb, im Winter bronzegelb.

Juniperus communis L. **subsp. communis**, Gewöhnlicher Wacholder, Heide-Wacholder

Habitus: Mehrstämmiger Strauch oder bis 15 m hoher Baum, Krone ± säulenförmig bis breit und abgerundet, Borke dünn, rötlich braun bis graubraun, längsstreifig, Triebe fast 3-eckig, hellgrün, mit deutlichen Längsstreifen.

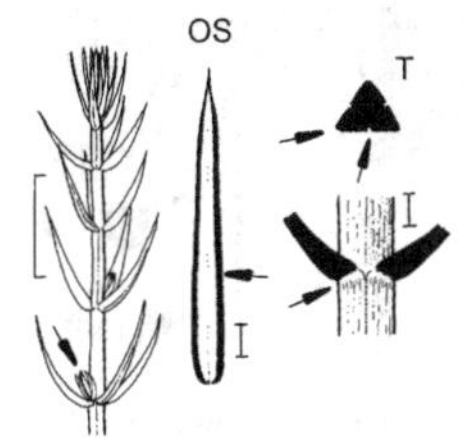

Juniperus communis subsp. communis

Blätter: Alle nadelförmig, linealisch bis lanzettlich, in meist 3-zähligen Wirteln, 0,7–2 cm lang, 0,7–1,5 mm breit, starr, stachelspitzig, am Grund breiter, mit einem Gelenk dem Zweig ansitzend, anfangs aufgerichtet, später abstehend, oberseits seicht rinnig, mit breitem, grauweißem Spaltöffnungsband und grünem Saum, unterseits gekielt und glänzend grün.
Blüten: 2-häusig, selten auch 1-häusig verteilt, April–Juni.
Beerenzapfen: Kugelig bis breit eiförmig, 5–7 mm dick, kurz gestielt, zur Reife schwarzbraun oder -blau, etwas bereift, im 2. oder 3. Jahr reifend, Samen meist 3.
Verbreitung: Europa, N-, M- und W-Asien, westl. N-Afrika.
Verwendung: Sehr häufig (auch in zahlreichen Sorten), N, ⚕, WHZ 3, LB 4.2.3.4 (5.3.2.4) (7.1.3.4).

subsp. depressa (Pursh) Franco, Kanadischer Zwerg-Wacholder. Wuchs niederliegend oder aufsteigend, meist mehrstämmig, bis 1,5 m hoch, Nadeln 1–2 cm lang, 1,5 mm breit, 1–1,7 mm breit, oft aufwärts gerichtet, oberseits mit breitem, weißem Spaltöffnungsband. N-Amerika, Grönland. Bei uns kaum in Kultur. LB 7.1.3.6.

subsp. nana (Willd.) Syme, Zwerg-Wacholder. Bis 0,2–0,8 m hoch, Äste ± niederliegend, Zweige kurz und dick. Nadeln in dicht gedrängt stehenden Wirteln, 4–8 mm lang, 1,5–2,5 mm breit, linealisch-lanzettlich, aufwärts gebogen bis ± anliegend, plötzlich zugespitzt, nicht stechend, oberseits stark rinnig, mit breitem, weißem Spaltöffnungsband, unterseits schwach gekielt, glänzend grün, Beerenzapfen eiförmig-kugelig, 4–7 mm dick. Subarktische Gebiete und Hochgebirge in Europa, N- bis M- und O-Asien, Grönland, westl. N-Amerika. LB 8.2.1.6.

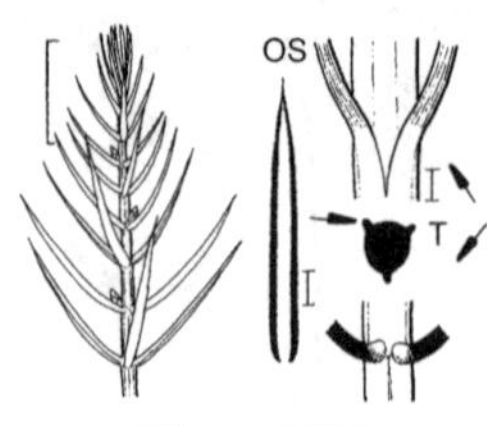

Juniperus conferta

subsp. oblonga (M. Bieb.) Galushko. Wuchs breit säulenförmig aufrecht, 3–10 m hoch, Äste anfangs aufrecht, später bogig überhängend, Zweige abstehend bis hängend. Blätter nadelförmig, 1,5–2,5 cm lang, dünn, steif, stechend zugespitzt, grün, oberseits mit undeutlichem Spaltöffnungsband. Beerenzapfen kugelig, eiförmig oder ellipsoid, 4–9 mm dick. Kleinasien, Kaukasien, NW-Iran. Bei uns kaum in Kultur, die Sorte 'Oblonga Pendula' dagegen häufiger.

In Kultur zahlreiche Sorten in sehr verschiedenen Wuchsformen und Nadelfärbungen:

1 Wuchs aufrecht, säulenförmig

'Arnold'. Wuchs sehr schmal säulenförmig, mäßig stark, Blätter nadelförmig, blassgrün, kleiner als bei 'Hibernica'.

'Compressa'. Zwergform. Wuchs sehr schmal kegelförmig oder spindelförmig. Blätter sehr fein, 4–5 mm lang, oberseits hellgrün, mit einem deutlichen, weißen Spaltöffnungsband.

'Dresdener Heide'. Wuchs geschlossen säulenförmig, 2–3 m hoch. Nadeln scharf stechend, dunkelgrün, oberseits mit weißen Spaltöffungsstreifen.

'Hibernica', Irischer Wacholder. Wuchs kegel- oder säulenförmig, 3–5 m hoch, Zweigspitzen steif aufrecht. Nadeln 5–7 mm lang, plötzlich scharf zugespitzt, nicht stechend, beiderseits bläulich grün.

'Schneeverdinger Goldmachangel'. Wuchs säulenförmig, ähnlich 'Hibernica'. Nadeln bis 1,1 cm lang, spitz stechend, Triebspitzen im Austrieb und noch lange danach lebhaft goldgelb, später leicht vergrünend.

'Suecica', Schwedischer Wacholder. Wuchs breit säulenförmig, an der Spitze abgerundet, 3–5(–12) m hoch, Zweige aufrecht, ihre Spitzen nickend. Nadeln bläulich grün, stechend.

2 Wuchs aufrecht, Zweige hängend

'Horstmann'. Wuchs elegant aufrecht, Äste unregelmäßig und locker angeordnet, breit bogig überhängend, Zweige mähnenartig herabhängend. Nadeln graugrün.

'Oblonga Pendula'. Wuchs breit und locker aufrecht, 3–4 m hoch, Äste anfangs aufrecht, Zweige im oberen Teil zierlich und lang überhängend. Nadeln 1,5–2 cm lang, dünn, stechend zugespitzt.

3 Wuchs niedrig, ausgebreitet bis niederliegend

'Depressa Aurea'. Wuchs breitstrauchig, Äste schräg aufsteigend. Nadeln 1,2–1,5 cm lang, im Austrieb goldgelb, später gelbgrün, zuletzt tief bronzegelb.

'Green Carpet'. Wuchs flach, sehr dicht verzweigt. Nadeln kurz, im Sommer lebhaft grün, im Winter dunkelgrün.

'Hornibrookii'. Wuchs kriechend, bis 0,5 m hoch, bis 2 m breit, Zweigspitzen leicht aufsteigend. Nadeln 0,7–1 cm lang, stechend, frischgrün, oberseits bläulich weiß.

'Repanda'. Wuchs breit niederliegend, bis 0,6 m hoch, bis 1,5 m breit, Äste nach allen Seiten abstehend, Zweige dünn. Nadeln 1–1,2 cm lang, dicht stehend, etwas einwärts gebogen, weich, oberseits silbrig weiß, unterseits grün, gewölbt.

Juniperus conferta Parl., Strand-Wacholder

Habitus: Niederliegender, mattenförmig ausgebreiteter Strauch mit langen, rotbraunen Ästen, Zweigspitzen aufgerichtet.
Blätter: Nadelförmig, zu 3 in Wirteln, dicht gedrängt stehend, den Zweig völlig bedeckend, 1–2 cm lang, 1–1,7 mm breit, nach vorne gerichtet, scharf zugespitzt, aber nicht stechend, frischgrün, oberseits rinnig, mit 1 weißen Spaltöffnungsband, unterseits gekielt.
Blüten: 2-häusig verteilt.
Beerenzapfen: Breit eiförmig bis fast kugelig, 0,8–1,2 cm dick, dunkelblau, grau bereift, im 2. Jahr reifend.
Verbreitung: Japan, Russ. Ferner Osten: Sachalin.
Verwendung: Sehr selten (mit einigen Sorten wie 'Blue Pacific', 'Emerald Sea' und 'Silver Mist'), WHZ 6a, LB 5.3.1.7.

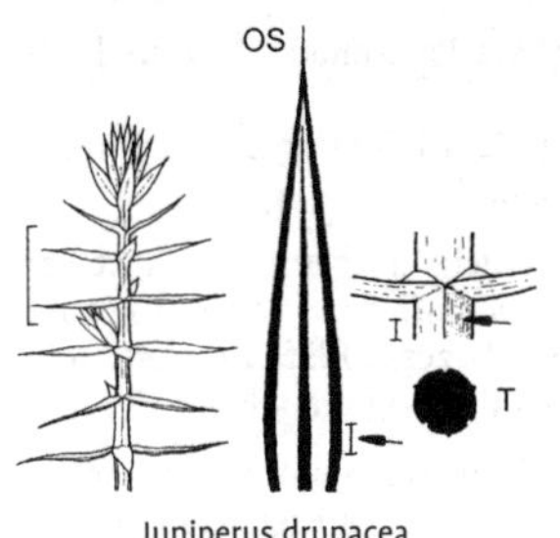

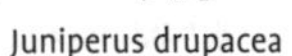

Juniperus drupacea

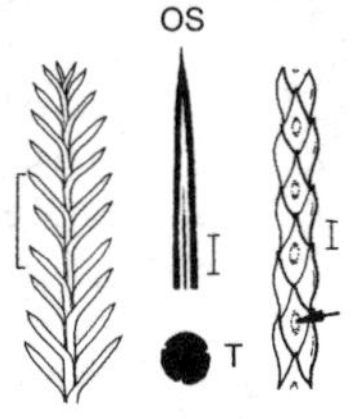

Juniperus excelsa

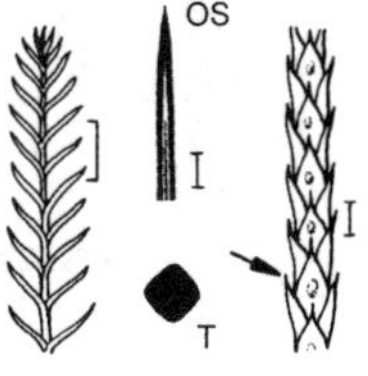

Juniperus foetidissima

J. davurica Pall. = *J. sabina* var. *davurica*
J. depressa (Pursh) Raf. = *J. communis* subsp. *depressa*
J. depressa 'Expansa' = *J. chinensis* 'Parsonii'
J. depressa 'Expansa Variegata' = *J. chinensis* 'Variegata'

Juniperus drupacea Labill., Syrischer Wacholder, Stein-Wacholder

Habitus: Bis 10–15(–45) m hoher Baum, Krone kegel- bis säulenförmig, zuletzt abgerundet, Äste aufstrebend bis abstehend, Borke braun, später aschgrau, sich in langen, faserigen Streifen lösend.
Blätter: Nadelförmig, zu 3 in Quirlen, eiförmig-lanzettlich, herablaufend, 1–2,4 cm lang, 2–4 mm breit, starr, stechend, oberseits leicht rinnig, mit 2 weißen Spaltöffnungsbändern und grünem Mittelstreifen, unterseits gekielt.
Blüten: Meist 2-häusig verteilt.
Zapfen: Steinfruchtartig, kugelig bis eiförmig, 1,5–3 cm lang, 1,3–2,4 cm breit, braun oder bläulich, bereift, Zapfenschuppen dick, schwach holzig, Samen zu 3, eiförmig-kugelig, gelblich braun, im 2. Jahr reifend.
Verbreitung: Griechenland, Türkei, Syrien, Libanon, Israel.
Verwendung: Sehr selten, WHZ 8a, LB 6.1.1.4.

Juniperus excelsa M. Bieb., Hoher Wacholder, Kleinasiatischer Baum-Wacholder

Habitus: Bis 20–25 m hoher, starkstämmiger Baum, selten strauchförmig, Krone schmal oder breit kegelförmig, später abgerundet bis unregelmäßig, Äste aufrecht oder abstehend, Borke rötlich braun, später graubraun, sich in Streifen lösend, Triebe mit anliegenden Schuppenblättern, stielrund oder schwach 4-kantig, 0,7–1,3 mm dick.
Blätter: Überwiegend schuppenförmig, 0,6–1,6 mm lang, 0,4–0,9 mm breit, eiförmig-rhombisch, fest angedrückt, Spitze stumpf, einwärts gebogen, mit Drüse, unterseits gekielt, gelblich grün bis matt hellgrün, juvenile Blätter nadelförmig, gegenständig, 5–6 mm lang, oberseits mit 2 blauen Spaltöffnungsbändern.
Blüten: Meist 2-häusig, seltener 1-häusig verteilt.
Beerenzapfen: ± kugelig, 0,6–1,2 cm dick, braun, blau oder dunkel purpurgrau, meist bläulich bereift, Samen zu 3–6, im 2. Jahr reifend.
Verbreitung: SO-Europa, Krim, Kleinasien, S-Kaukasien bis M-Asien und Pakistan, Levante, Oman.
Verwendung: Sehr selten, WHZ 8a, LB 6.1.2.4.

Juniperus foetidissima Willd., Stinkender Baum-Wacholder

Habitus: Bis 25(–42) m hoher Baum, Krone kegelförmig, später abgerundet oder unregelmäßig, Äste aufrecht oder abstehend, Borke hell graubraun, sich in langen Streifen lösend, Triebe mit anliegenden Schuppen stielrund oder schwach 4-kantig, 1,2–2 cm dick.
Blätter: Nadel- und schuppenförmig, juvenile Blätter nadelförmig, locker anliegend oder abstehend, stachelspitzig und scharf gekielt, adulte Blätter schuppenförmig, eiförmig-rhombisch, 2–3 mm lang, 1–1,5 mm breit, Spitze abstehend oder angepresst, spitzlich, Drüse meist unauffällig, gerieben unangenehm riechend.
Blüten: 1- oder 2-häusig verteilt.
Beerenzapfen: Kugelig, 0,5–1,3 cm dick, rotbraun bis schwarzblau, bereift, Samen 1–2.

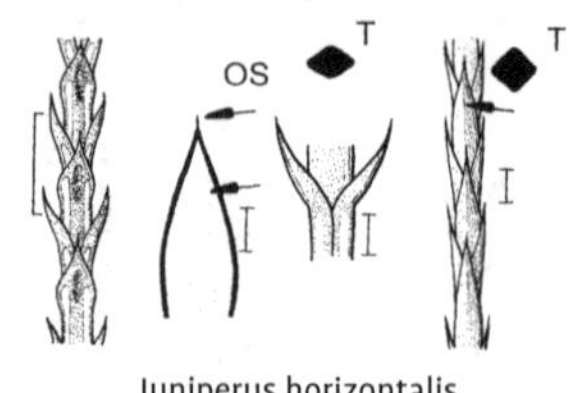

Juniperus horizontalis

Verbreitung: SO-Europa, Krim, Kleinasien, Libanon, S-Kaukasien, Turkmenistan.
Verwendung: Sehr selten, WHZ 8a, LB 6.1.1.4.

Juniperus 'Grey Owl'

(*J. ×pfitzeriana* 'Wilhelm Pfitzer' × *J. virginiana* 'Glauca')

Wuchs breitstrauchig, weit ausladend, 2–3 m hoch, 5–8 m breit. Äste in einem Winkel von 45° aufsteigend, Spitzen überhängend. Blätter schuppenförmig, im Innern der Pflanze nadelförmig, silbrig grau, im Winter purpurn überhaucht.

Juniperus 'Hetzii'

Sorte mit ungeklärter Zugehörigkeit, teilweise zu *J. ×pfitzeriana, J. chinensis* oder *J. virginiana* gestellt. Wuchs ähnlich *J. ×pfitzeriana*, 3–5 m hoch und gleich breit, Hauptäste nach allen Seiten anfangs waagerecht, später schräg aufsteigend. Blätter überwiegend schuppenförmig blaugrün bis graublau.

Juniperus horizontalis Moench, Nordamerikanischer Kriech-Wacholder

Habitus: Dem Boden flach anliegender, Teppiche bildender, etwa 0,3 m hoher Spalierstrauch, Äste weithin kriechend, Zweige niederliegend, aufsteigend oder abstehend, Triebe zahlreich, kurz, dicht stehend.
Blätter: Überwiegend nadelförmig, gegenständig, gelegentlich zu 3 in Quirlen, 2–6 mm lang, etwas abstehend, grün oder blaugrün, adulte Blätter schuppenförmig, 1,5–2 mm lang, 1–2 mm breit, rhombisch, scharf zugespitzt, mit nicht abstehender Grannenspitze, auf dem Rücken gekielt, oft mit Drüse.
Blüten: 2-häusig verteilt, an kultivierten Pflanzen oft fehlend.
Beerenzapfen: Kugelig, 5–8 mm dick, bräunlich blau bis blauschwarz, meist etwas bläulich bereift, an zurückgebogenen, stielartigen Trieben sitzend.
Verbreitung: Alaska, Kanada, NW- und NO-USA.
Verwendung: Sehr häufig (meist in Sorten), WHZ 4, LB 5.1.3.7.

'Blue Chip'. Wuchs ausgebreitet, dicht verzweigt, Äste niederliegend, Zweige aufsteigend bis niederliegend. Blätter nadelförmig, klein, auffallend silbrig graublau.

'Douglasii'. Wuchs mattenförmig, niederliegend, Seitenzweige ansteigend. Blätter überwiegend schuppenförmig, sehr dicht stehend, angedrückt, graugrün, blau bereift, im Winter leicht purpurn überlaufen.

Glauca-Gruppe. Sammelname für Sorten mit flach niederliegendem, ausgebreitetem, dicht mattenförmigem Wuchs, Seitenzweige gerade vorwärts oder leicht aufsteigend. Blätter überwiegend schuppenförmig, dicht anliegend, auffallend stahlblau, im Winter nicht verfärbend.

'Golden Carpet'. Im Wuchs ähnlich 'Wilsonii'. Blätter grünlich gelb.

ICE BLUE ('Momber'). Wuchs ausgebreitet, flach niederliegend, bis 0,2 m hoch. Blätter überwiegend schuppenförmig, leuchtend stahlblau.

'Jade River'. Wuchs mattenförmig, dicht verzweigt, bis 0,4 m hoch. Blätter nadel- und schuppenförmig, auffallend graublau.

'Plumosa'. Wuchs niederliegend, später in der Mitte bis 0,5 m hoch, Zweigspitzen schräg aufgerichtet, stark fedrig verzweigt. Blätter überwiegend nadelförmig, sehr dicht stehend und locker angedrückt, hell graugrün, im Herbst und Winter deutlich purpurn gefärbt.

'Prince of Wales'. Wuchs niederliegend, mattenförmig, bis 0,15 m hoch. Blätter nadel- und schuppenförmig, anfangs leicht blaugrün, später lebhaft mittelgrün, im Winter purpurbraun.

'Prostrata'. Wuchs niederliegend, mattenförmig, bis 0,3 m hoch, Äste an den Spitzen ansteigend, dicht verzweigt, Spitzen etwas purpurn. Blätter nadel- und schuppenförmig, die nadelförmigen 3–5 mm lang, die schuppenförmigen anliegend, grün, mit purpurfarbenem Hauch.

'Wiltonii'. Wuchs niederliegend, mattenförmig, selten mehr als 0,2 m hoch, sehr dicht verzweigt. Blätter überwiegend schuppenförmig, dicht angedrückt, lebhaft silbrig blau, im Winter graublau.

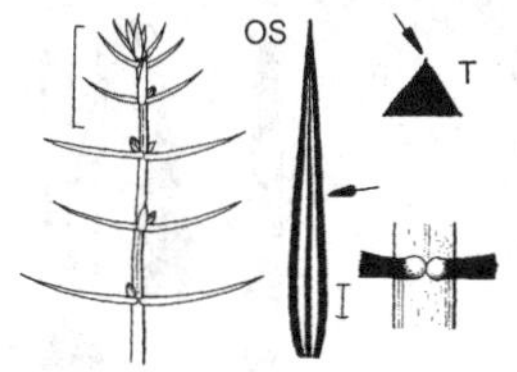

Juniperus oxycedrus subsp. oxycedrus

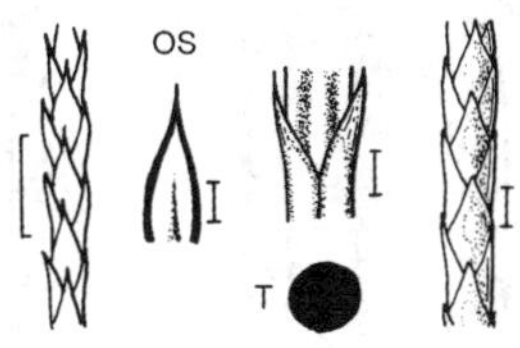

Juniperus ×pfitzeriana

J. litoralis Maxim. = *J. conferta*
J. macrocarpa Sibth. et Sm.= *J. oxycedrus* subsp. *macrocarpa*
J. ×media Melle = *J. ×pfitzeriana*

Juniperus oxycedrus L. **subsp. oxycedrus**, Baum-Wacholder, Stech-Wacholder

Habitus: Strauch oder bis (10–)15 m hoher Baum, Krone unregelmäßig kegelförmig bis abgerundet, Borke grau bis rotbraun, längs gestreift, Äste aufsteigend bis waagerecht abstehend, Triebe fast 3-kantig.
Blätter: Nadelförmig, zu 3 in Quirlen, an der Basis nicht herablaufend, schräg bis waagerecht abstehend, 0,6–2,5 cm lang, 1,1–2 mm breit, stechend zugespitzt, oberseits flach, mit 2 silbergrauen Spaltöffnungsbändern, unterseits gekielt, grün.
Blüten: 2-häusig verteilt.
Beerenzapfen: Kugelig, 0,6–1,3 cm dick, reif meist glänzend rotbraun, Samen meist 3, im 2. Jahr reifend.
Verbreitung: Marokko, Portugal bis SO-Europa, Kleinasien, Kaukasien, Levante, Iran, Irak.
Verwendung: Sehr selten, N, ⚕, WHZ 8a, LB 6.1.1.4.

subsp. macrocarpa (Sibth. et Sm.) Ball. Wuchs niedriger als bei subsp. *oxycedrus*, Blätter 2,2–2,5 cm lang, waagerecht abstehend, sehr starr. Beerenzapfen kugelig oder kugelig-eiförmig, 1,5–2,3 cm lang, jung orange bis gelblich, reif purpurbraun oder -rot, bereift. Küstengebiete des Mittelmeeres von Marokko bis Griechenland und des Schwarzen Meeres: Krim und Türkei.

Juniperus ×pfitzeriana (Späth) P.A. Schmidt, Pfitzers Wacholder
(*J. chinensis* × *J. sabina*)

Habitus: 2–4 m breiter, starkwüchsiger, weit ausladender Strauch, Äste im Winkel von 40–60° aufsteigend, Zweige relativ lang, waagerecht abstehend, Spitzen meist überhängend, Rinde rotbraun, schuppig abblätternd.
Blätter: Überwiegend schuppenförmig, meist zu 2, an Starktrieben auch zu 3, gelb- bis graugrün, außen meist mit einer Drüse, nadelförmige Blätter oft im Innern des Strauches, bis 6 mm lang, zugespitzt, oberseits graugrün.
Blüten: 2-häusig verteilt.
Beerenzapfen: Unregelmäßig kugelig, 4–6 mm dick, dunkelpurpurn, hellblau bereift, im 1. Jahr reifend, Samen zu 2–4.
Verwendung: Häufig, in zahlreichen Sorten, die früher oft entweder zu *J. chinensis* oder zu *J. ×media* gestellt worden sind. WHZ 5a, LB 9.1.3.4 (6.1.3.4).

'Blue Cloud' = *J. virginiana* 'Blue Cloud'

'Gold Coast'. Wuchs strauchig, bis 1 m hoch, 2 m breit, Äste kurz, Zweige in Bögen überhängend. Blätter nadel- und schuppenförmig, tief chromgelb, im Winter intensiver gefärbt.

'Gold Star'. Wuchs breitstrauchig, ziemlich dicht, bis 0,8 m hoch, Äste schräg aufsteigend, Zweige aufrecht, ziemlich regelmäßig verzweigt. Blätter nadel- und schuppenförmig, oberseits gelb und grün, unterseits gelblich.

'Kuriwao Gold'. Wuchs strauchig, locker, bis 1,5 m hoch, Äste schräg aufrecht, Zweige etwas hängend. Blätter nadel- und schuppenförmig, scharf zugespitzt, oberseits gelb, unterseits grün, grünlich blau und gelb.

'Mathot'. Wuchs breitstrauchig, gedrungen, etwa 1 m hoch. Blätter nadel- und schuppenförmig, bläulich grün, nadelförmige Blätter überwiegend an Langtrieben, grün.

'Mint Julep'. Wuchs strauchig, dicht und voll verzweigt, bis 2 m hoch, Äste bogig abstehend. Blätter nadel- und schuppenförmig, frischgrün.

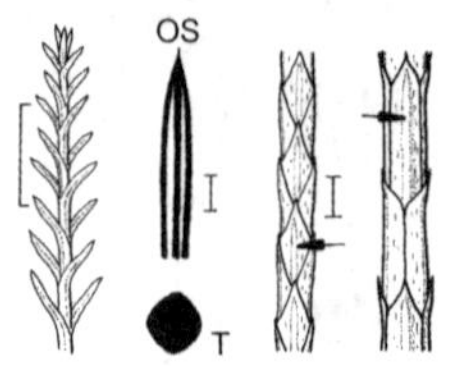

Juniperus phoenicea

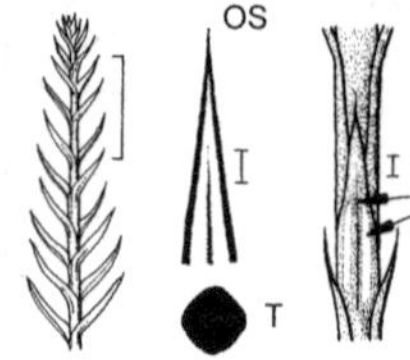

Juniperus procumbens

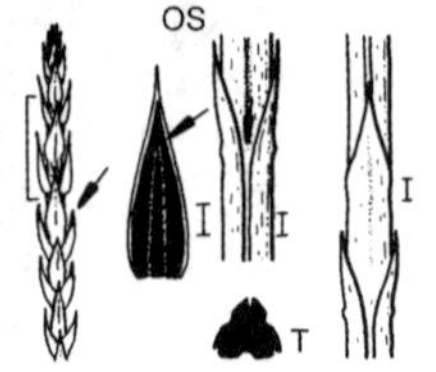

Juniperus recurva var. recurva

'Mordigan Gold'. Wuchs breitstrauchig, dicht verzweigt, Äste fast waagerecht abstehend, Zweige überhängend. Blätter überwiegend nadelförmig, oberseits gelblich grün, unterseits blaugrün.

'Old Gold'. Wuchs breitstrauchig, ziemlich kompakt, Äste ziemlich kurz, schräg aufsteigend. Blätter überwiegend schuppenförmig, oberseits gelbgrün, unterseits grün.

'Pfitzeriana' = 'Wilhelm Pfitzer'

'Pfitzeriana Aurea'. Wuchs sehr breitstrauchig, Äste ziemlich lang, schräg aufsteigend, Zweige schräg abwärts gerichtet. Blätter überwiegend schuppenförmig, oberseits grün bis gelblich, unterseits grünlich blau.

'Pfitzeriana Compacta'. Wuchs breitstrauchig, gedrungen, dicht verzweigt, etwa 1 m hoch, Äste schräg aufsteigend. Blätter überwiegend nadelförmig, grün.

'Pfitzeriana Glauca'. Von 'Wilhelm Pfitzer' unterschieden durch die ± bläuliche Benadelung.

'Sulphur Spray'. Wuchs strauchig, breiter als hoch, bis etwa 2 m breit. Blätter überwiegend nadelförmig, gleichbleibend hell schwefelgelb.

'Wilhelm Pfitzer'. Wuchs stark, breit ausladend, 3–4 m hoch, 5–6 m breit, im Alter baumförmig. Blätter nadel- und schuppenförmig, die nadelförmigen zu 4 in Quirlen, gelblich grün, unterseits weißlich, insgesamt graugrün erscheinend.

Juniperus phoenicea L., Phönizischer Wacholder, Zypressen-Wacholder

Habitus: Strauch oder bis 8–12 m hoher Baum, Krone kegelförmig bis breit gerundet, Borke dunkel rotbraun, längsrissig, sich in langen Steifen lösend, Äste meist abstehend, Seitentriebe mit Schuppenblättern 1–1,5 mm dick.
Blätter: Überwiegend schuppenförmig, meist gegenständig, 0,5–1(–2) mm lang, 0,5–0,7 mm breit, sich dicht dachziegelig deckend, meist stumpf, glänzend hellgrün oder graugrün, meist mit einer deutlichen länglichen Drüse, nadelförmige Blätter nur an Jungpflanzen, 0,7–1 cm lang, am Zweig herablaufend, spreizend, graugrün, außen mit 2 Spaltöffungsbändern und heller Mittelrippe.
Blüten: 1-häusig verteilt.
Beerenzapfen: Eiförmig bis kugelig, 0,5–1,4 cm dick, gelb- bis rotbraun oder purpurschwarz, Samen 3–8, im 2. Jahr reifend.
Verbreitung: Kanarische Inseln, Madeira, Mittelmeergebiet, N-Afrika.
Verwendung: Sehr selten, WHZ 9, LB 6.1.1.4.

Juniperus procumbens (Endl.) Siebold, Japanischer Kriech-Wacholder

Habitus: Wuchs niederliegend-ausgebreitet, im Alter 0,5–0,7 m hoch, Äste ziemlich steif, Zweigspitzen aufgerichtet, Borke dünn, schuppig, kastanienbraun.
Blätter: Nadelförmig (selten teilweise schuppenförmig) zu 3 in Quirlen, am Trieb herablaufend, der freie Teil 4–10 mm lang, allmählich scharf zugespitzt, oberseits rinnig, mit 2 blaugrünen Spaltöffnungsbändern und grüner Mittelrippe, unterseits gewölbt, bläulich, mit eingesenkter Mittelrippe, 2 kleine, weiße Flecken nahe der Basis und 2 bläuliche Linien auf dem herablaufenden Blattkissen.
Blüten: Meist 1-häusig vertielt.
Beerenzapfen: Fast kugelig, 7–9 mm dick, purpur- bis schwarzblau, Samen meist 2–3.
Verbreitung: Japan.
Verwendung: Selten (meist in der folgenden Form), WHZ 6b, LB 5.3.2.7.

'Nana'. Wuchs flach, niederliegend, kaum mehr als 0,2 m hoch, 1 m breit, Äste steif, kurz, dicht verzweigt. Blätter nadelförmig, 5–7 mm lang, oberseits nahezu ohne helle Spaltöffnungslinien.

J. prostrata Pers. = *J. horizontalis*

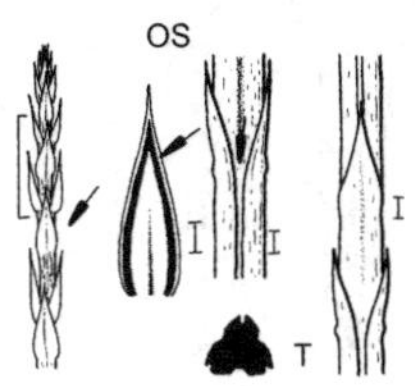

Juniperus recurva var. coxii

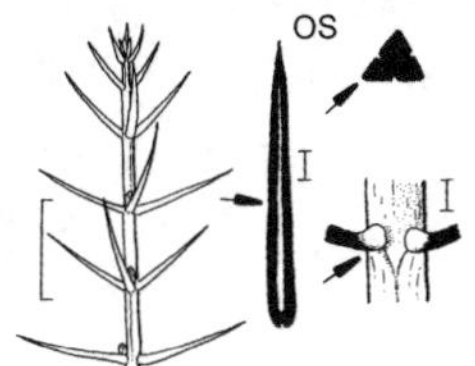

Juniperus rigida

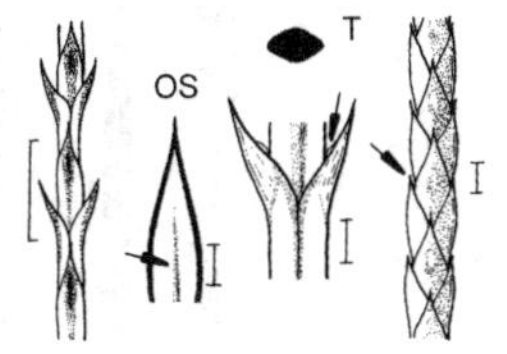

Juniperus sabina var. sabina

Juniperus recurva Buch.-Ham. ex D. Don **var. recurva**, Hänge-Wacholder

Habitus: Strauch oder bis 20 m hoher, ein- oder mehrstämmiger Baum, Krone anfangs breit kegelförmig, später abgerundet oder unregelmäßig, Äste bogig aufgerichtet, Zweige waagerecht ausgebreitet, Spitzen hängend, Borke rotbraun, später dunkler und sich in dünnen Streifen lösend.
Blätter: Nadelförmig, zu 3 in Quirlen, pfriemlich-lanzettlich, angedrückt oder etwas abstehend, am Trieb herablaufend, der freie Teil 2–5 mm lang, 1–1,2 mm breit, spitz oder zugespitzt, sich weich anfühlend, frischgrün, oberseits stark rinnig, mit 2 grünlich weißen Spaltöffnungsbändern und grüner Mittelrippe, unterseits gewölbt.
Blüten: 1-häusig verteilt.
Beerenzapfen: Kugelig bis eiförmig, 7–12 mm lang, 6–9 mm breit, glänzend purpurbraun bis schwarz, selten etwas bereift, Samen 1, im 2. Jahr reifend.
Verbreitung: Hiamlaja: Nepal bis Myanmar; China: Sichuan, Yunnan, Tibet.
Verwendung: Sehr selten, WHZ 8a, LB 6.1.1.4.

var. coxii (Jacks.) Melville., Sarg-Wacholder. Bis 40 m hoher Baum. Krone schmal kegelförmig, Zweige stärker hängend als bei var. *recurva*. Blätter nadelförmig, 6–10 mm lang, 0,8–1 mm breit, stärker zugespitzt, gerade oder nur schwach einwärts gebogen. Beerenzapfen 6–8 mm lang. N-Myanmar bis Sikkim und Bhutan, China: Yunnan, Tibet.

Juniperus rigida Siebold et Zucc., Nadel-Wacholder, Tempel-Wacholder

Habitus: Strauch oder bis 10 m hoher Baum, Krone kegelförmig, Äste aufsteigend bis weit ausgebreitet, Zweige dünn, ± lang herabhängend, Borke grau- bis gelbbraun, sich in dünnen, schmalen Streifen lösend, Tribe 3-kantig, hell- bis rotbraun.
Blätter: Nadelförmig, zu 3 in Quirlen, nicht herablaufend, 1,2–2,3 cm lang, 1–1,3 mm breit, scharf und stechend zugespitzt, fast rechtwinklig abstehend, oberseits tief rinnig, mit schmalem, weißem Mittelband und grünen Randstreifen, unterseits stark gekielt, grün.
Blüten: 2-häusig verteilt.
Beerenzapfen: Breit eiförmig bis kugelig, 5–8 mm dick, braun bis schwarzblau, bereift, Samen 2–3, im 2. Jahr reifend.
Verbreitung: Japan, N- und O-China, N-Korea.
Verwendung: Selten, WHZ 6b, LB 6.1.2.4.

Juniperus sabina L. **var sabina**, echter Sadebaum, Stink-Wacholder

Habitus: Niederliegender, aufsteigender oder aufrechter, 0,2–2 m hoher, dicht buschig verzweigter, breiter Strauch, selten baumförmig und bis 6(–12) m hoch, Äste niederliegend bis schräg aufsteigend, Borke gelb bis graubraun, längsrissig, Triebe mit Schuppenblättern stielrund bis 4-kantig, 0,8–1,4 mm dick, beim Zerreiben unangenehm riechend.
Blätter: Nadel- und schuppenförmig, meist gegenständig, selten zu 3 in Quirlen, nadelförmige Blätter 6–10 mm lang, 0,5–1 mm breit, scharf zugespitzt, oberseits flach, mit 2 graublauen Spaltöffnungsbändern und erhabener Mittelrippe, unterseits gewölbt, glänzend grün, mit zunehmendem Alter, ab 10 Jahren, nur noch Schuppenblätter (bei Sorten auch an älteren Pflanzen nadelförmige Blätter), diese eiförmig bis lanzettlich-rhombisch, dicht angepresst, 1,5–2 mm lang, 0,6 1 mm breit, stumpf oder zugespitzt, mit 2 schmalen, grauweißen Spaltöffnungsbändern, beide mit einer länglichen gelblichen Drüse.
Blüten: 1- oder 2-häusig verteilt.
Beerenzapfen: Unregelmäßig kugelig, 3–8 mm dick, purpurbraun bis schwarzblau, bereift, endständig an kurzen, beschuppten, hakenförmig zurückgebogenen Trieben, Samen 2–3, im Herbst des 1. oder im Frühjahr des 2. Jahres reifend.

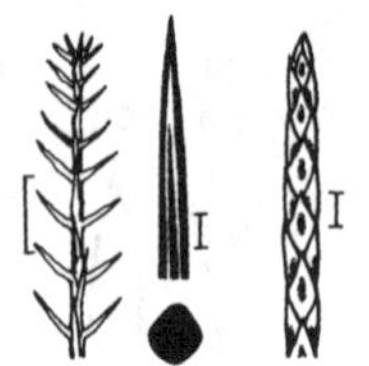

Juniperus sabina var. davurica

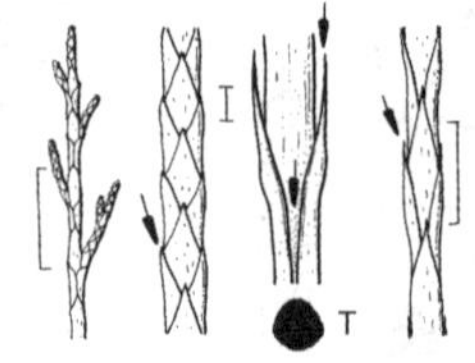

Juniperus scopulorum

Verbreitung: Alpen, Tatra, Karpaten, Gebirge von SW- bis SO-Europa und in N-Afrika, Kaukasien, N-Iran, W-Sibirien, M-Asien, Mongolei, N-China.
Verwendung: Sehr häufig (auch in einigen Sorten), ☠, ⚕, WHZ 5a, LB 8.2.1.5 (6.1.3.5).

var. davurica (Pall.), Farjon, Dahurischer Sadebaum. Nahezu niederliegender Strauch, Äste flach aufsteigend, Zweige aufrecht. Blätter wie bei var. *sabina*, aber bis zum Alter überwiegend nadelförmig, nur an einigen Zweigen Blätter schuppenförmig, es kommen allerdings auch Populationen mit überwiegend schuppenförmigen Blättern vor. Mongolei, China, Russ. Ferner Osten, N-Korea.

'Arcadia'. Wuchs breitstrauchig, kaum mehr als 0,5 m hoch, aber viel breiter werdend, Äste niederliegend, Zweige aufrecht. Blätter nadelförmig, an älteren Pflanzen auch schuppenförmig, hellgrün bis grün.

'Broadmoor'. ♀ Sorte. Wuchs ausgebreitet, dicht verzweigt, bis 0,5 m hoch, Äste nahezu waagerecht ausgebreitet, Zweige kurz, leicht aufsteigend. Blätter nadelförmig, 3–4 mm lang, lebhaft grün.

'Hicksii'. Wuchs strauchig, mäßig stark, Zweige aufrecht bis ausgebreitet. Blätter überwiegend nadelförmig, 3–5 mm lang, deutlich graublau.

'Mas'. ♂ Sorte. Wuchs breitbuschig, bis 2 m hoch, Äste schräg aufsteigend. Blätter überwiegend nadelförmig, stechend, oberseits bläulich, unterseits grün.

'Rockery Gem'. Wuchs nahezu niederliegend, kräftig, etwa 0,2 m hoch, 2 m breit, Äste waagerecht abstehend, Zweige ± aufrecht. Blätter nadelförmig, 4–5 mm lang, oberseits mit einem breiten Spaltöffnungsband, unterseits grün.

'Tamariscifolia'. Wuchs flach ausgebreitet, bis 1 m hoch, 2–3 m breit, Äste waagerecht ausgebreitet, Zweige schräg aufsteigend. Blätter überwiegend nadelförmig, 3–4 mm lang, locker angedrückt, bläulich grün.

'Tam No Blight'. Wuchs wie 'Tamariscifolia', weniger anfällig für Zweigsterben durch *Kabatina juniperi*.

Juniperus scopulorum Sarg., Felsengebirgs-Wacholder, Westliche Rotzeder

Habitus: Strauch oder bis 10–15(–20) m hoher, meist mehrstämmiger Baum, Krone anfangs kegelförmig, später locker, Äste aufsteigend oder abstehend, Borke rotbraun bis grau, faserig, in schmale Streifen zerrissen, beblätterte Triebe ± 4-kantig, 0,8–1,2 mm dick.
Blätter: Schuppenförmig, rhombisch-eiförmig, spitz oder zugespitzt, dicht angedrückt, 1–2 mm lang, 0,5–1 mm breit, mit deutlicher Drüse, dunkel- oder gelblich grün.
Blüten: Meist 2-häusig verteilt.
Beerenzapfen: Fast kugelig, 6–8 mm dick, purpurorange oder rotbraun, bereift, Samen meist 1–2, meist im 2. Jahr reifend.
Verbreitung: W-Kanada, SW- und Z-USA, Mexiko.
Verwendung: Selten, N, WHZ 6b, LB 6.1.3.5.

'Blue Arrow'. Wuchs sehr schmal säulenförmig, geschlossen. Blätter sehr klein, dicht anliegend, tief blaugrau.

'Blue Haven'. Wuchs regelmäßig gedrungen kegelförmig. Blätter ausgeprägt blau.

'Skyrocket'. Wuchs sehr schmal säulenförmig, bis über 4 m hoch, Äste und Zweige ± steif aufrecht. Blätter blaugrau.

'Springbank'. Wuchs unregelmäßig breit säulenförmig, bis etwa 2 m hoch, obere Zweige locker und zierlich abstehend, Triebspitzen sehr dünn, fast fadenförmig. Blätter intensiv silbrig graublau.

J. sibirica Burgsd. = *J. communis* subsp. *alpina*

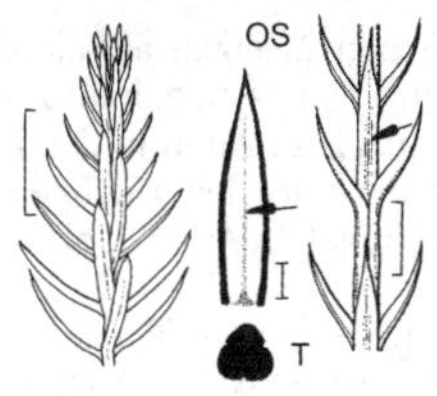

Juniperus squamata

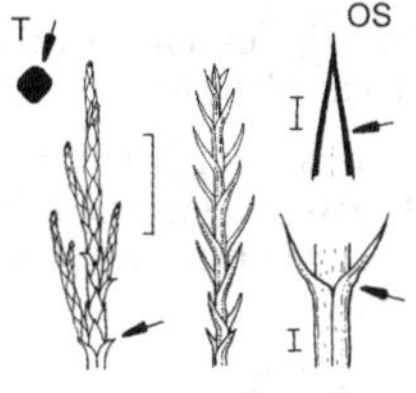

Juniperus virginiana

Juniperus squamata Buch.-Ham. ex D. Don, Schuppen-Wacholder

Habitus: Niederliegender oder aufrechter Strauch oder bis 8 m hoher, meist mehrstämmiger Baum, Äste abstehend, Seitenzweige kurz, aufgerichtet, Borke rost- bis graubraun, sich in langen, papierartig dünnen Schuppen lösend.
Blätter: Nadelförmig, zu 3 in Quirlen, dicht stehend, Basis am Trieb herablaufend, der freie Teil nadelförmig bis pfriemlich-lanzettlich, 4–10 mm lang, 0,8–1,5 mm breit, nach vorne gerichtet bis schräg abstehend, gerade oder schwach gebogen, fein und scharf zugespitzt, oberseits kahnförmig ausgehöhlt, durch die nur schwach angedeuteter Mittelrippe weiß erscheinend, unterseits grün bis bläulich grün, gewölbt, von der Basis bis fast zur Spitze gefurcht, abgestorbene Nadeln braun werdend und lange haftend.
Blüten: 1-häusig verteilt.
Beerenzapfen: Eiförmig bis fast kugelig, 4–8 mm lang, 4–6 mm breit, jung grün, reif rotbraun bis purpurschwarz, Samen 1, im 2. Jahr reifend.
Verbreitung: Afghanistan, N-Pakistan, Himalaja von Indien bis Tibet und N-Myanmar, M- und W-China, Taiwan.
Verwendung: Sehr häufig (aber nur in Sorten), WHZ 5b, LB 6.1.3.6 (8.2.1.6) (9.2.3.4).

'Blue Carpet'. Wuchs ausgebreitet, dicht verzweigt, etwa 0,5 m hoch, 2 m breit. Nadeln 6–9 mm lang, stahlbalu.

'Blue Star'. Wuchs schwach, kompakt, abgeflacht halbkugelig, bis 0,8 m hoch, 1 m breit. Nadeln 0,6–1 cm lang, spitz, leicht stechend, stahlblau.

'Holger'. Wuchs strauchig, ausgebreitet, etwa 0,8 m hoch, 2–3 m breit. Nadeln anfangs deutlich gelb, später vergrünend.

'Hunnetrop'. Wuchs breitstrauchig, etwa 1 m hoch, bis 3 m breit. Nadeln 6–8 mm lang, graublau.

'Meyeri'. Wuchs strauchig, 5–6 m hoch, Äste schräg aufsteigend oder ausgebreitet, Seitenzweige zahlreich. Nadeln sehr dicht stehend, schmal lanzettlich, 0,6–1 cm lang, 1,5 mm breit, oberseits schneeig weiß, unterseits grün bis blaugrün, an älteren Pflanzen zahlreiche abgestorbene, braune Nadeln.

Juniperus virginiana L., Virginischer Wacholder, Virginische Rotzeder

Habitus: Bis 15–20(–27) m hoher Baum oder baumförmiger Strauch, Krone schmal bis breit kegelförmig, Äste aufrecht oder abstehend, Borke rötlich braun, sich in langen Streifen lösend, Triebe mit Schuppenblättern undeutlich 4-kantig, weniger als 1 mm dick.
Blätter: Meist schuppenförmig, rhombisch-eiförmig, spitz oder zugespitzt, Spitze abstehend, 1,3–3 mm lang, 0,7–1,2 mm breit, hell- bis dunkel- oder blaugrün, mit deutlicher Drüse, juvenile Blätter bei Jungpflanzen (bei Sorten auch an adulten Pflanzen) nadelförmig, gegenständig oder an üppigen Zweigen zu 3 wirtelig, 5–6 mm lang, stechend zugespitzt, oberseits rinnig, graugrün, weißlich gezeichnet, unterseits grün.
Blüten: 2-häusig verteilt.
Beerenzapfen: Fast kugelig bis eiförmig, aufrecht sitzend, 4–6,5 mm lang, 3–3,5 mm breit, dunkelblau, bereift, Samen 1–2, im (1.–)2. Jahr reifend.
Verbreitung: O-Kanada, SO- und Z-USA.
Verwendung: Sehr häufig (überwiegend in Sorten), N, ☠, WHZ 4, LB 5.3.2.4.

1 Wuchs kegel- bis säulenförmig

'Burkii'. Wuchs breit säulenförmig oder kegelförmig, bis über 3 m hoch, Äste aufrecht, dicht stehend, Zweige zahlreich. Blätter nadelförmig 5–7 mm lang, grün, oberseits matt blau bereift, im Herbst stahlblau, im Winter purpurn überlaufen.

'Canaertii'. Wuchs schlank säulenförmig bis kegelförmig, bis 8 m hoch, Äste dick, abstehend. Blätter überwiegend nadelförmig, grün bis dunkelgrün, reich fruchtend, Beerenzapfen klein, blauweiß.

'Glauca'. Wuchs stark, säulenförmig, 5(–10) m hoch, Zweigspitzen seitlich herausragend. Blätter schuppenförmig, angedrückt, klein, silbergrau.

2 Wuchs strauchig

'Grey Owl' = *J.* 'Grey Owl'

'Hetzii' = *J.* 'Hetzii'

SILVER SPREADER ('Mona'). Wuchs breitstrauchig, bis 2 m hoch. Blätter überwiegend nadelförmig, anfangs graugrün, später grün.

'Tripartita'. Wuchs strauchig, bis 2 m hoch, Äste steif, meist unregelmäßig aufrecht stehend. Blätter nadel- und schuppenförmig, grün, leicht bläulich bereift, im Winter dunkelpurpurn.

Larix Mill.

Lärche – Pinaceae

(lateinisch *larix* = Lärche)

Habitus: Sommergrüne, bis 30–50(–80) m hohe Bäume, Krone anfangs regelmäßig kegelförmig, im Alter oft breit bis abgeflacht und schirmförmig, Äste regelmäßig quirlig, ± waagerecht abstehend, Sprosssystem in Lang- und Kurztriebe gegliedert, Borke dick, tief gefurcht, schuppig abblätternd.
Blätter: Nadelförmig, weich, dünn, 1,5–5,8 cm lang, unterseits oder beiderseits gekielt, unterseits mit grauen, wenig auffälligen Spaltöffnungsbändern, an Langtrieben spiralig stehend, an Kurztrieben zu 15–50 in Büscheln, hell- bis dunkelgrün, Herbstfärbung leuchtend gelb.
Blüten: 1-geschlechtig, 1-häusig verteilt, endständig, ♂ Blüten an unbeblätterten Kurztrieben, eiförmig bis kugelig, mit zahlreichen Pollensäcken in spiraliger Anordnung, rosa oder gelb, ♀ Blütenzapfen aufrecht, an beblätterten Kurztrieben, eiförmig, rötlich bis purpurn oder grün, Samenschuppen in den Achseln von Deckschuppen, je Samenschuppe 2 Samenanlagen.
Zapfen: Eiförmig bis ellipsoid oder kugelig bis fast zylindrisch, 1–11 cm lang, jeder Zapfen mit 10–100 Samenschuppen, diese gerade oder konvex, kahl oder behaart, Deckschuppen im Zapfen verborgen, Rand manchmal nach unten gebogen oder nach außen umgerollt, lange am Baum hängend, später mit den Zweigen abfallend, Samen 2–8 mm lang, fast 3-eckig, häutig geflügelt.
Verbreitung: 11–14 Arten in den kalt-gemäßigten Zonen und den Hochgebirgen der nördl. Halbkugel, in Asien südl. bis zum Himalaja.
Verwendung: Häufig gepflanzte, lichtkronige Wald-, Park- und Hausbäume mit frischgrüner Benadelung und prächtiger Herbstfärbung.

Bestimmungsschlüssel Larix

(sichere Artbestimmung nur mit Zapfen möglich!)

1 Nadeln beiderseits gekielt (Abb. c) 2
– Nadeln nur unterseits gekielt (Abb. a, b) 3
2 Triebe bereift, Samenschuppen außen behaart, zur Reife abspreizend . . . . *L. lyallii*
– Triebe nicht bereift, Samenschuppen kahl, zur Reife anliegend bleibend . . . . *L. potaninii*
3 Triebe bereift. 4
– Triebe nicht bereift 7
4 Nadeln beiderseits gleich mit Spaltöffnungslinien (Abb. b), Zapfen höchstens 1,5 cm lang Samenschuppen höchstens 20 . . . . . *L. laricina*
– Nadeln nur einseitig mit Spaltöffnungslinien (Abb. a), Zapfen länger, Samenschuppen (auch) mehr 5
5 Triebe rötlich braun bis orangerot 6
– Triebe gelblich, Samenschuppen nur im vorderen Teil der Zapfen nach außen gebogen. . . . . *L. ×eurolepis*
6 Nadeln oberseits matt, 1 mm breit, Samenschuppen alle an der Spitze deutlich nach außen gebogen . . . . *L. kaempferi*
– Nadeln oberseits glänzend, 0,5 mm breit, Samenschuppen nicht nach außen gebogen . . . . *L. gmelinii* var. *gmelinii*
7 Nadeln beiderseits mit Spaltöffnungsbändern (Abb. b), Samenschuppen außen leicht behaart, Deckschuppen weit aus dem reifen Zapfen herausragend . . . . *L. occidentalis*
– Nadeln ohne oder nur einseitig mit Spaltöffnungsbändern (Abb. a), Deckschuppen höchstens im unteren Zapfenbereich sichtbar. 8
8 Triebe bereift oder Nadeln einseitig mit Spaltöffnungsbändern, Samenschuppen im vorderen Zapfenteil etwas nach außen gebogen. . . . . *L. ×eurolepis*
– Triebe nicht bereift und ohne auffällige Spaltöffnungsbänder, Samenschuppen nicht oder nach innen umgebogen 9
9 Triebe behaart, Samenschuppen höchstens 40, außen flaumig braun behaart, Deckschuppen von außen nicht sichtbar . . . . *L. sibirica*
– Triebe kahl, Samenschuppen 40–50, kahl, Deckschuppen nur im unteren Zapfenbereich etwas herausragend . . . . *L. decidua*

L. americana Michx. = *L. laricina*
L. archangelica Laws. = *L. sibirica*
L. chinensis Beissn. = *L. potanini*
L. dahurica (Loudon) Turcz. et Trautv. = *L. gmeliniii*

Larix decidua Mill., Europäische Lärche

Habitus: Bis 40(−55) m hoher Baum, Krone anfangs regelmäßig kegelförmig, im Alter breit oder abgeflacht, Borke grau- bis rotbraun, im Alter tief gefurcht, Äste waagerecht abstehend bis bogig aufsteigend, Triebe dünn, stroh- bis hellgelb, kahl, schlaff herabhängend, Knospen 3 mm lang, stumpf eiförmig bis kahlkugelig gelbbraun, nicht harzig.
Nadeln: Linealisch, stumpf oder kurz zugespitzt, 1,5−3 cm lang, 0,5−1 mm breit, hellgrün, oberseits flach, unterseits gekielt, an Kurztrieben zu 30−50, Herbstfärbung leuchtend goldgelb.
Zapfen: Eiförmig bis fast kugelig, zu 2−3, 2−6 cm lang, jung dunkelrot, purpurn oder grün, reif braun, Samenschuppen zu 25−40(−50), ± gerade, am Rand gleichmäßig abgerundet oder etwas ausgerandet, nicht oder nur wenig nach unten umgebogen, Deckschuppen nicht oder nur im unteren Teil etwas herausragend.
Verbreitung: Gebirge in M-Europa: Alpen, Sudeten, Karpaten.
Verwendung: Sehr häufig, N, ⚕, WHZ 4, LB 8.2.3.1.

'Fastigiata'. Wuchs schmal säulenförmig, Äste kurz, steil aufstrebend.

'Pendula'. Wuchs baumartig, unregelmäßig, sparrig, Äste übergebogen, Zweige herabhängend oder niedergebogen.

'Puli'. Zierliche Hängeform. Wuchs schwach, meist hochstämmig veredelt, Zweige dünn, in kurzen Bögen senkrecht herabhängend. Nadeln hellgrün.

'Repens'. Zwergform. Äste und Zweige am Boden aufliegend oder hängend.

Larix ×eurolepis Henry, Hybrid-Lärche
(L. decidua × L. kaempferi)

Im Wuchs ähnlich *L. kaempferi*, Krone aber schmaler, Äste an der Spitze aufstrebend, Triebe gelblich bis schwach rötlich, weniger bereift als bei *L. kaempferi*. Nadeln bläulich grün, kürzer und schmaler als bei *L. kaempferi*, Anzahl der Spaltöffnungslinien geringer. Zapfen größer als bei den Eltern, Samenschuppen nur im vorderen Teil leicht nach außen umgebogen.

L. europaea DC. = *L. decidua*

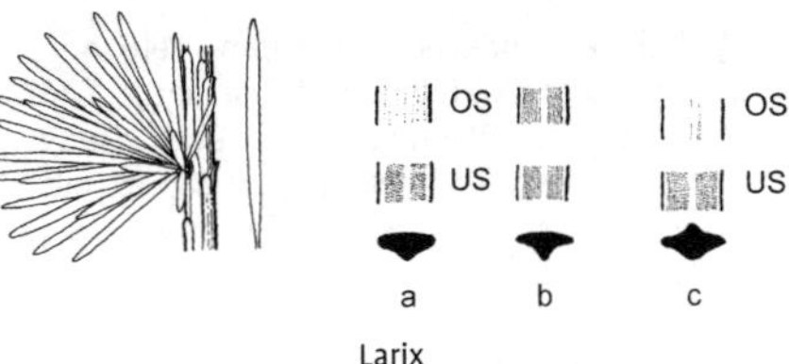

Larix

Larix gmelinii (Rupr.) Kuzen. **var. gmelinii**, Dahurische Lärche

Habitus: Bis 30−50 m hoher Baum, Krone anfangs breit kegelförmig, später abgeflacht und unregelmäßig, Borke anfangs rotbraun, später dunkelgrau, schuppig-plattig, Äste weit abstehend, Triebe meist gelblich, auch rötlich oder orange bis purpurbraun, kahl oder anfangs schwach behaart, Knospen eiförmig-kugelig, gelbbraun, an der Basis dunkler bis fast schwarz, wenig oder nicht harzig.
Nadeln: 1,5−3 cm lang, 0,5−0,8 mm breit, an Kurztrieben zu 20−35, flach oder unterseits gekielt, hellgrün, unterseits mit deutlichen graugrünen Spaltöffnungsbändern, oberseits Spaltöffungsbänder wenige oder fehlend.
Zapfen: Eiförmig bis eiförmig-ellipsoid, 0,8−2,5 cm lang, 0,8−1,5 cm breit, jung grün oder purpurrot, reif hell- oder rotbraun, Samenschuppen zu 10−20, bei der Reife weit auseinanderklaffend, oberer Rand abgerundet oder ausgerandet, Deckschuppen kürzer und heller als die Samenschuppen.
Verbreitung: O-Sibirien, Russ. Ferner Osten, Mongolei, NO-China.
Verwendung: Selten, WHZ 3, LB 7.1.3.1.

var. japonica (Regel) Pilg., Kurilen-Lärche. Triebe braunrot bis violett, anfangs stark behaart. Nadeln kürzer als bei var. *gmelinii*, an Kurztrieben zu 15−25(−30), Zapfen eiförmig, 1,2−2,5 cm lang, 1,5−2,8 cm breit, Samenschuppen 12−25. Russ. Ferner Osten, Sachalin, Kurilen.

var. olgensis A. Henry, Olgabucht Lärche. Krone schmaler und Äste dünner als bei den anderen Varietäten, Triebe gelblich bis rötlich braun, meist dicht rotbraun behaart. Zapfen 1,5−3 cm lang, 1,5−3 cm breit, Samenschuppen 16−30, zur Reife nur mäßig klaffend, oberer Rand an der Spitze schwach umgebogen. Russ. Ferner Osten: Sichote-Alin-Gebirge; NO-China, N-Korea.

var. principis-ruprechtii (Mayr) Pilg., Prinz-Ruprecht-Lärche. Triebe steif, dicker als bei den anderen Varietäten, gelb oder orangebraun. Nadeln 1,5–2,5 cm lang, Zapfen länglich-eiförmig, 2,5–4 cm lang, 2–2,5 cm breit, Samenschuppen 25–45, kürzer als bei der var. *gmelinii*. N-China: Hebai, Henan, N-Shaanxi.

Larix kaempferi (Lamb.) Carrière, Japanische Lärche

Habitus: Bis 30–35(–40) m hoher Baum, Krone anfangs kegelförmig, später breit ausladend, Äste waagerecht weit ausgebreitet, die oberen bogig aufsteigend, Borke rotbraun, später hellbraun oder grau, tief gefurcht, sich in dünnen Platten lösend, Triebe rötlich braun bis orangerot, Knospen kegelförmig, 4–5 mm lang, schwach harzig.
Nadeln: 2–3,5 cm lang, 1 mm breit, bläulich grün bis graugrün, an Kurztrieben zu 20–40, oberseits flach, mit einigen Spaltöffnungslinien, unterseits gekielt, mit 2 Spaltöffnungsbändern aus je 5 Linien, Herbstfärbung goldgelb.
Zapfen: Anfangs breit eiförmig, 1,5–3,5 cm lang, grün oder purpurrot bis violett, reif abgeflacht kugelig, braun, Samenschuppen 30–40, dünn, oberer Rand gestutzt bis ausgerandet, deutlich zurückgebogen, Zapfen so rosettenartig aussehend, Deckschuppen halb so lang wie die Samenschuppen.
Verbreitung: M-Japan: Honshu.
Verwendung: Sehr häufig, N, WHZ 5a, LB 7.2.3.1 (7.1.3.1) (4.2.3.1).

'Blue Ball'. Zwergform. Wuchs gedrungen, aufgelockert kugelig, Zweige nach allen Seiten abstehend. Nadeln auffallend blaugrün. Ähnliche Sorten mit zwergförmigem Wuchs und blaugrüner Benadelung sind unter Namen wie 'Blue Dwarf', 'Blue Rabbit' und 'Little Blue Star' in Kultur.

'Diana'. Wuchs baumartig, aber deutlich schwächer als bei der Art, unregelmäßig, Äste waagerecht abstehend bis schräg aufsteigend, Zweige ± korkenzieherartig gedreht. Nadeln frischgrün.

'Grey Pearl'. Wuchs strauchig, gedrungen, ± kugelig. Nadeln graugrün bis schwach blaugrau, unterseits silbrig grau.

'Pendula'. Wuchs langsam, wenn aufgebunden baumförmig, Äste zunächst ansteigend, dann überhängend, Zweige hängend.

'Stiff Weeper'. Zierliche Hängeform, meist hochstämmig veredelt. Wuchs schwach, Zweige in kurzen Bögen senkrecht herabhängend. Nadeln anfangs hellgrün, später bläulich bereift.

'Wolterdingen'. Zwergform. Wuchs unregelmäßig buschig, Zweige gleichmäßig nach allen Seiten gerichtet. Nadeln anfangs frischgrün, später blaugrün.

L. kamtschatica (Rupr.) Carrière = *L. gmelinii* var. *japonica* oder var. *gmelinii*
L. kurilensis Mayr = *L. gmelinii* var. *japonica*

Larix laricina (Du Roi) K. Koch, Amerikanische Lärche

Habitus: Bis 15–25(–35) m hoher Baum, Krone anfangs schlank kegelförmig, später abgerundet, Borke dünn, kleinschuppig, zuletzt rötlich braun, Äste waagerecht abstehend, die oberen aufsteigend, Zweige ± hängend, Triebe dünn, gelb- bis rotbraun oder purpurn, bereift, kahl, Knospen eiförmig, 3 mm lang, kastanienbraun, harzig.
Nadeln: 2–3 cm lang, 0,5 mm breit, frischgrün bis bläulich grün, an Kurztrieben zu 15–20, pinselartig aufgerichtet, unterseits stark gekielt, mit undeutlichen Spaltöffnungsbändern, Herbstfärbung gelb.
Zapfen: Eiförmig, 1–2 cm lang, jung grün oder purpurn, reif orange- bis strohbraun, Samenschuppen 12–20, fast kreisrund, Rand etwas einwärts gebogen und fein gezähnt, auf dem Rücken gestreift, Deckschuppen nicht sichtbar.
Verbreitung: Alaska, Kanada, NO- und NOZ-USA.
Verwendung: Selten, N, WHZ 1, LB 1.2.1.1.

L. leptolepis (Siebold et Zucc.) Siebold ex Gordon = *L. kaempferi*
L. lubarskii Sukaczev = *L. gmelinii* var. *olgensis*

Larix lyallii Parl., Rocky-Mountain-Lärche, Felsengebirgs-Lärche

Habitus: Bis 20–25(–30) m hoher Baum, Krone anfangs schmal oder breit kegelförmig, später unregelmäßig offen, Borke dünn, schuppig, rot- bis graubraun, zuletzt grau, Äste kurz, waagerecht abstehend oder aufsteigend, Triebe orangebraun, dicht grau bis gelblich behaart.
Nadeln: 2,5–3,5 cm lang, 0,6–1 mm breit,

steif, bläulich grün, beiderseits deutlich gekielt, an Kurztrieben zu 25–40, aufrecht bis abstehend.
Zapfen: Zylindrisch-eiförmig, 2,5–5 cm lang, reif gelb- bis graubraun, Samenschuppen 35–55, fast kreisrund, oberer Rand meist ausgerandet, außen anfangs behaart, zur Reife abspreizend und nach außen umgebogen, Deckschuppen lang zugespitzt, purpurn, weit aus dem reifen Zapfen herausragend.
Verbreitung: USA: N-Idaho, W-Montana.
Verwendung: Sehr selten, WHZ 3, LB 8.1.2.3.

Larix occidentalis Nutt., Westamerikanische Lärche

Habitus: Bis 30–50(–80) m hoher Baum, Krone schmal kegelförmig bis fast säulenförmig, Borke zuletzt zimtbraun, tief gefurcht, dick, plattig, Äste kurz, waagerecht abstehend oder abwärts gebogen, Triebe gelblich bis hell orangebraun, in den Furchen lang behaart, bald verkahlend, Knospen 3 mm lang, fast kugelig, braun, harzig, Schuppen behaart.
Nadeln: 2–4 cm lang, 0,5–1 mm breit, steif, hell- bis graugrün, unterseits gekielt, mit 2 weißen Spaltöffnungsbändern, an Kurztrieben zu 30–40, abstehend.
Zapfen: Zylindrisch-eiförmig, 2,5–3,5 cm lang, jung purpurrot, reif gelb- bis graubraun, Samenschuppen 35–55, fast kreisrund, oberer Rand meist ausgerandet, außen leicht behaart, Deckschuppen lanzettlich, lang zugespitzt, weit aus dem reifen Zapfen herausragend.
Verbreitung: W- Kanada, NW-USA.
Verwendung: Selten, N, WHZ 6a, LB 7.2.3.1.

L. olgensis Henry = *L. gmelinii* var. *olgensis*

Larix potaninii Batalin, Chinesische Lärche

Habitus: Bis 20–45(–65) m hoher Baum, Krone kegel- bis kuppelförmig, Borke zuletzt rotbraun, tief gefurcht, sich in dünnen Platten lösend, Äste kurz, waagerecht abstehend bis aufsteigend, Triebe dünn, hängend, glänzend orange- bis rotbraun, nur anfangs etwas behaart, Knospen eiförmig-kugelig, 3 mm lang, rotbraun, harzig.
Nadeln: 1,5–3,5 cm lang, etwa 1 mm breit, hell- bis graugrün, unterseits oder beiderseits gekielt, oberseits mit einigen Linien, unterseits mit 2 Spaltöffnungsbändern, an Kurztrieben zu 15–30.
Zapfen: Zylindrisch bis eiförmig, 3–5 cm lang, jung rot- bis purpurbraun, reif graubraun, Samenschuppen 35–65, fast kreisrund, auch zur Reife anliegend, oberer Rand gestutzt oder abgerundet, Deckschuppen weit aus dem reifen Zapfen herausragend.
Verbreitung: China: Gansu, Shaanxi, Sichuan. NW-Yunnan, Tibet; Nepal.
Verwendung: Sehr selten, WHZ 6a, LB 7.1.3.1.

L. principis-ruprechtii Mayr = *L. gmelinii* var. *principis-ruprechtii*
L. russica (Endl.) Sabine ex Trautv. = *L. sibirica*

Larix sibirica Ledeb., Sibirische Lärche

Habitus: Bis 30–40 m hoher Baum, Krone breit kegelförmig bis länglich-eiförmig, oft locker und unregelmäßig, Borke gelblich bis rötlich braun, zuletzt graubraun, Äste kurz, waagerecht abstehend bis aufsteigend, Triebe glänzend hell gelblich grau, nur anfangs schwach behaart, Knospen eiförmig, 3 mm lang, nicht harzig, behaart.
Nadeln: 2,5–4 cm lang, 0,5–1 mm breit, dünn, oberseits dunkelgrün, unterseits hellgrün, stark gekielt, beiderseits mit Spaltöffnungsbändern, an Kurztrieben zu 20–40.
Zapfen: Länglich-eiförmig, 2,5–3,5 cm lang, jung rötlich grün oder purpurrot, reif graubraun, Samenschuppen 25–40, ziemlich dick, muschelschalenförmig, oberer Rand gestutzt oder abgerundet, Deckschuppen nicht sichtbar.
Verbreitung: NO-Europa, Sibirien, angrenzende Gebiete der Mongolei (Altai), China: Altai, O-Tienschan.
Verwendung: Sehr selten, N, ⚕, WHZ 2, LB 7.2.2.1.

Libocedrus decurrens Torr. = *Calocedrus decurrens*

Metasequoia Miki ex Hu et W.C. Cheng

Chinesisches Rotholz, Urweltmammutbaum, Metasequoie – Cupressaceae

(griechisch *meta* = hinter, verwandelt und Gattungsname *Sequoia*)

Monotypische Gattung

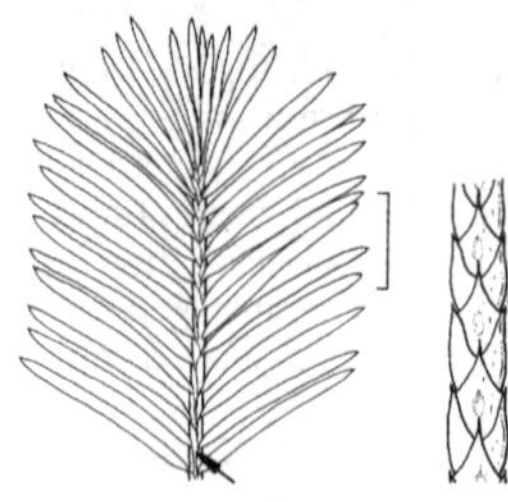

Metasequoia glyptostroboides

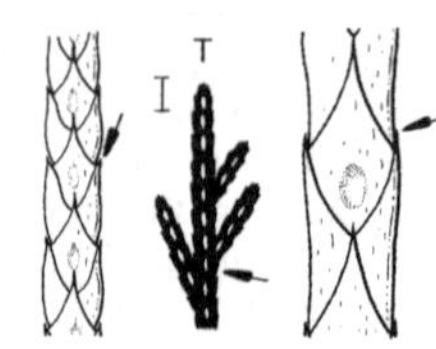

Microbiota decussata

Metasequoia glyptostroboides Hu et W.C. Cheng

Habitus: Sommergrüner, bis 35(–50) m hoher Baum, Krone kegelförmig, locker, im Alter breiter und offener, Stamm am Grund stark verbreitert, oft spannrückig und mit tiefen Kehlungen, Borke gefurcht, faserig, fuchsrot bis graubraun, sich in schmalen Streifen lösend, Äste spitzwinklig aufsteigend bis abstehend, Sprosssystem in Lang- und Kurztriebe gegliedert, die Langtriebe anfangs hell rotbraun und schwach bereift, später olivgrün bis graubraun, Kurztriebe ± gegenständig, 5–15 cm lang, kaum verholzt, im Herbst mit den Blättern abfallend.
Blätter: Nadelförmig, weich, an Langtrieben schraubig stehend, im Herbst einzeln abfallend, an Kurztrieben 2-reihig angeordnet, sich fast gegenüberstehend, 0,8–3,5 cm lang, 1,5–2,5 mm breit, stumpf oder kurz zugespitzt, hell- bis frischgrün, Herbstfärbung kupfern bis rötlich.
Blüten: 1-geschlechtig, 1-häusig verteilt, ♂ Blütenstände 5–6(–10) cm lang, kätzchenartig, überhängend, achselständig im Spitzenbereich vorjähriger Langtriebe, ♀ Blütenzapfen endständig an beblätterten Kurztrieben, gelblich grün, 5–6 mm lang, Mai.
Zapfen: Fast kugelig, 1,5–2,5(–3) cm lang, lang gestielt, hängend, matt- oder graubraun, Schuppen gegenständig, in 8–12 Paaren, nur die mittleren Schuppen mit je 5–8 Samenanlagen, Schuppen zur Reife weit gespreizt, Samen abgeflacht, 4–6 mm lang, schmal geflügelt, im 1. Jahr reifend.
Verbreitung: M-China: Shizhu, Hubei, Hunan.
Verwendung: Sehr häufig, N, WHZ 6b, LB 2.4.3.1.

Gold Rush ('Ogon'). Wuchs schwächer als bei der Art. Nadeln im Austrieb hell- bis goldgelb, im Sommer gelb bis gelbgrün, im Herbst orangebraun.

'Matthaei Brown'. Zwergform. Wuchs breit bis gedrungen kugelig. Nadeln frischgrün bis bläulich grün.

'White Spot'. Wuchs baumförmig. Nadeln grün, teilweise weiß gesprenkelt.

Microbiota Kom.

Zwerglebensbaum – Cupressaceae

(griechisch *mikros* = klein und Gattungsname *Biota*)

Monotypische Gattung

Microbiota decussata Kom.

Habitus: Immergrüner, niederliegender, dicht verzweigter, kaum mehr als 0,3–0,5(–1) m hoher Strauch, Zweigspitzen übergeneigt, Triebe 4-kantig, abgeflacht.
Blätter: Schuppenförmig, kreuzweise gegenständig, 1,5–3,5 mm lang, 0,6–1,5 mm breit, rhombisch, zugespitzt, flächenständige Blätter mit deutlicher Harzdrüse, grün bis gelblich grün, im Winter bronzerot oder purpurn.
Blüten: 1-geschlechtig, meist 1-häusig verteilt, sehr unscheinbar, ♂ Blüten eiförmig-kugelig, gelb, 2–3 mm lang, ♀ Blütenzapfen endständig an kurzen Zweigen.
Zapfen: Kugelig, 3–6 mm dick, mit 2–4 gegenständigen, zur Reife klaffenden Schuppen, nur 1 Same, im 1. Jahr reifend.
Verbreitung: Russ. Ferner Osten: Sichote-Alin-Gebirge.
Verwendung: Häufig, WHZ 3, LB 8.2.3.6.

Picea A. Dietr.

Fichte – Pinaceae

(lateinisch *piceus* = pech-, harzhaltig, indogermanisch pik = Pech und pit = Fichten und andere Nadelbäume)

Habitus: Immergrüne, 20–60(–100) m hohe Bäume, Krone meist regelmäßig kegel- oder walzenförmig, Borke sich meist in dünnen Schuppen lösend, Äste meist ziemlich kurz, regelmäßig scheinquirlig stehend, abstehend oder abwärts gebogen, Seitenäste und -zweige abstehend (Plattenfichten) oder lang hängend (Kammfichten), Triebe völlig von Nadelkissen berindet, durch herablaufende Nadelkissen gefurcht und nach dem Abfallen der Nadeln raspelartig rau, Winterknospen (in den Beschreibungen als Knospen bezeichnet) harzig oder harzfrei.

Nadeln: ± 4-kantig und auf allen Seiten fast gleichfarbig und mit wenig auffälligen Spaltöffnungslinien oder abgeflacht und 2-farbig, mit Spaltöffnungbändern nur auf der nach unten gerichteten Seite (= morphologische Oberseite, weil Nadeln an der Basis gedreht sind, bei den Beschreibungen als Unterseite bezeichnet), spiralig angeordnet, radial abstehend, gelegentlich auf der Zweigunterseite gescheitelt.

Blüten: 1-geschlechtig, 1-häusig verteilt, an vorjährigen Zweigen im oberen Kronenbereich, ♂ Blüten eiförmig bis zylindrisch, 0,3–3 cm lang, einzeln, blattachselständig, nach unten gerichtet, anfangs purpurn bis rosarot, später gelb, mit zahlreichen, spiralig stehenden Staubblättern, Pollen mit Luftsäcken, ♀ Blütenzapfen einzeln, endständig, aufrecht, Mai–Juni.

Zapfen: Eiförmig bis zylindrisch, 1,5–21 cm lang (Breitenangaben im geöffneten Zustand), ± harzig, meist braun, anfangs aufrecht oder seitlich abstehend, später hängend, im 1. Jahr reifend und als Ganzes abfallend, Samenschuppen 12 bis über 200, mit je 2 Samenanlagen, Deckschuppen stets kürzer als die Samenschuppen, Samen 3–6 mm lang, mit löffelartig aufsitzendem, leicht lösbarem, häutigem Flügel.

Verbreitung: 34 Arten in der kalt- bis warmgemäßigten Zone der nördl. Halbkugel, südl. bis Mexiko, Himalaja und Taiwan, Mannigfaltigkeitszentrum in China.

Verwendung: Häufig gepflanzte Wald-, Park- und Gartenbäume. Einige Arten mit zahlreichen, häufig schwachwüchsigen Sorten.

Bestimmungsschlüssel Picea

1 Nadeln im Querschnitt deutlich breiter als hoch (waagrecht abgeflacht) oder unterseits mindestens doppelt so viele Spaltöffnungsbänder wie oberseits ... 2

– Nadeln im Querschnitt ± quadratisch oder höher als breit (senkrecht zusammengedrückt) und allseits etwa gleichmäßig mit Spaltöffnungsbändern ... 21

2 Nadeln oberseits mit mindestens 1–2 ununterbrochenen Spaltöffnungsbändern ... 3

– Nadeln oberseits (außen) ohne oder höchstens mit unterbrochenen Spaltöffnungsbändern ... 10

3 Untere Schuppen der Endknospen mit lang pfriemlichen Spitzen, die die Knospenspitze überragen oder diese zumindest erreichen .. 4

– Untere Schuppen der Endknospen ohne Anhängsel ... 6

4 Junge Seitentriebe nur in den Furchen behaart, Knospen harzig ... *P. glehnii*

– Junge Seitentriebe flächig behaart, Knospen harzlos ... 5

5 Junge Triebe mit Drüsenhaaren, Nadeln zerrieben nach Schwarzer Johannisbeere riechend ... *P. mariana*

– Junge Triebe mit Borstenhaaren, ohne Johannisbeergeruch ... *P. rubens*

6 Nadeln stark abgeflacht, beiderseits gekielt. . 7

– Nadeln nur etwas abgeflacht ... 8

7 Nadeln stumpf ... *P. purpurea*

– Nadeln spitz ... *P. likiangensis* var. *likiangensis*

8 Triebunterseits etliche Nadeln fast senkrecht nach unten gerichtet ... *P. wilsonii*

– Nadeln triebunterseits gescheitelt ... 9

9 Junge Triebe bereift und behaart (in den Furchen), Knospenschuppen zugespitzt, Nadeln unterseits gleichfarbig ... *Picea koyamai*

– Junge Triebe kahl, mit wie aufgeblasenen, stark quer gewellten Blattkissen, Knospenschuppen abgerundet, Nadeln unterseits blaugrün (daher „zweifarbig") ... *P. alcoquiana* var. *alcoquiana*

10 Nadeln oberseits (außen) ohne oder mit höchstens einem unterbrochenen Spaltöffnungsband ... 11

– Einige Nadeln oberseits mit 1–2 unvollständigen Spaltöffnungsbändern an der Basis (Lupe!) ... *P. likiangensis*

11 Nadeln allseits vom Trieb abstehend ... *P. breweriana*

– Nadeln unterseits gescheitelt ... 12

12 Seitentriebe sehr schlaff herabhängend.... 13

– Seitentriebe ± steif ... 14

13 Junge Triebe behaart, hellbraun ... *P. omorika*

– Junge Triebe kahl, gelb oder orangebraun ... *P. brachytyla* var. *brachytyla*

14 Junge Triebe kahl ... 15

– Junge Triebe behaart (Lupe!)... 18

15 Knospen spitz ... 16

– Knospen stumpf ... 17

16 Nadelkissen mit hellem Dreieck oberhalb der Nadel, Knospen spitz, Schuppen mit dunklem Rand ... *P. sitchensis*

– Nadelkissen andersartig, Knospen stumpf, Schuppen dunkel ... *P. jezoensis* subsp. *jezoensis*

17 Knospen harzig, glänzend, 2-jährige Blattkissen längs gewellt... *P. jezoensis* subsp. *jezoensis*

– Knospen harzlos, matt, 2-jährige Blattkissen quer gewellt .... *P. brachytyla* var. *brachytyla*

18 Knospen stumpf ... 19

– Knospen spitz ... 20

19 Nadeln spitz, Knospen harzlos ... *P. brachytyla* var. *brachytyla*

– Nadeln stumpf, Knospen harzig ... *P. purpurea*

20 Nadeln stechend, zerrieben etwas nach Johannisbeere duftend, oberseits mit ± 1 Spaltöffnungslinie, höchstens 1,5 mm breit, Knospenschuppen mit lang pfriemlichen Enden bis kurz unter die Knospenspitze ... *P. ×mariorika*

– Nadeln nicht stechend, ohne Johannisbeergeruch, oberseits ohne Spaltöffnungslinie, ± 2 mm breit, Knospenschuppen nur mit kurzer, fadenförmiger Spitze ... *P. omorika*

21 (1) Junge Seitentriebe behaart, zumindest in den Furchen (Lupe!)... 22

– Junge Triebe kahl ... 28

22 Endknospe höchstens 8 mm lang ... 23

– Endknospe größer als 8 mm, Schuppen an der

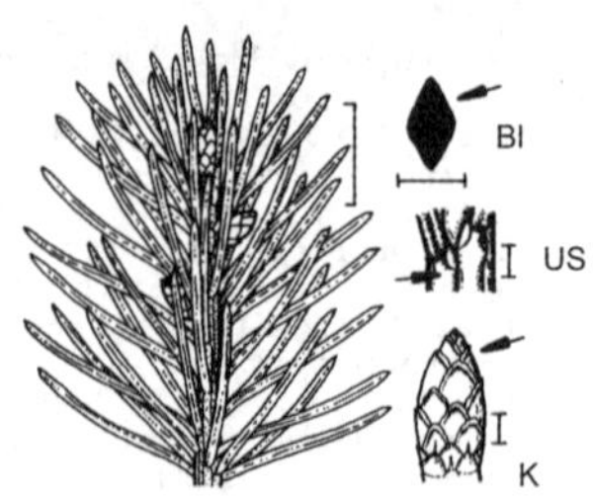

Picea abies

Spitze abstehend und z. T. zurückgerollt . . . . *P. asperata*

23 Nadeln stumpf und höchstens 10 mm lang . . . . *P. orientalis*

– Nadeln spitz oder länger. 24

24 Untere Schuppen der Endknospen mit lang pfriemlichen Spitzen, die die Knospenspitze überragen 25

– Untere Schuppen der Endknospen ohne Anhängsel 26

25 Nadeln stumpf, zerrieben nach Schwarzer Johannisbeere riechend . . . . *P. mariana*

– Nadeln spitz, ohne Johannisbeergeruch . . . . *P. rubens*

26 Junge Triebe gelb(lich)-rosa. . . . . *P. engelmannii* subsp. *engelmannii*

– Junge Triebe (hell)braun 27

27 Knospen harzig, Schuppen ohne Wimpern . . . . *P. koyamae*

– Knospen nicht harzig, Schuppen bewimpert . . . . *P. obovata*

28 Nadeln in alle Richtungen um den Trieb gleichmäßig und ± rechtwinklig abstehend. 29

– Nadeln trieboberseits deutlich nach vorne gerichtet und unterseits ± gescheitelt 31

29 Knospen stark harzig . . . . *P. maximowiczii*

– Knospen nicht sehr harzig 30

30 Knospen spitz, matt, Nadeln im Querschnitt ± quadratisch . . . . *P. pungens*

– Knospen stumpf, glänzend, Nadeln höher als breit. . . . . *P. torano*

31 Knospen (sehr) harzig 32

– Knospen nicht harzig 35

32 Nadeln abgeflacht. 33

– Nadeln nicht zusammengedrückt. 34

33 Spitzen der Knospenschuppen anliegend . . . . *P. wilsonii*

– Spitzen der Knospenschuppen abstehend . . . . *P. koyamae*

34 Junge Triebe grau, Nadeln mindestens 2 cm lang . . . . *P. smithiana*

– Junge Triebe rötlich braun, Nadeln höchstens 2 cm lang . . . . *P. asperata*

35 Nadeln abgeflacht bzw. zusammengedrückt (breiter als hoch oder höher als breit) 36

– Nadeln nicht zusammengedrückt, nur 4-kantig 37

36 Nadeln abgeflacht, junge Triebe grau oder weißlich, Blattkissen unauffällig . . . *P. wilsonii*

– Nadeln zusammengedrückt (höher als breit), junge Triebe rötlich oder gelblich, Blattkissen hervortretend . . . . *P. abies*

37 Untere Knospenschuppen der Endknospen und viele Nadelkissen bewimpert . . . . . . *P. obovata*

– Untere Knospenschuppen oder Endknospen kahl (oder behaart, aber nicht bewimpert) . 38

38 Obere Knospenschuppen an der Spitze gespalten, haarlos, Nadeln zerrieben mit strengem Geruch (nach Schwarzer Johannisbeere) . . . . *P. glauca* subsp. *glauca*

– Basale Schuppen der Endknospe behaart, obere nicht gespalten, Nadeln zerrieben ohne auffälligen Geruch . . . . *P. schrenkiana*

Picea abies (L.) Karst., Europäische Fichte, Gewöhnliche Fichte, Rottanne

Habitus: 30–50(–60) m hoher Baum, Krone spitz kegelförmig, Borke rotbraun, in dünnen Schuppen abblätternd, Äste waagerecht oder bogig abwärts stehend, an der Spitze aufgerichtet, Zweige abstehend, im Alter meist hängend, Triebe orange- bis rotbraun, meist kahl oder leicht behaart, Knospen ei- bis kegelförmig, zugespitzt, hell- bis rotbraun, nicht oder nur schwach harzig.

Nadeln: ± um den Zweig gestellt, 1–2,5 cm lang, 1–1,8 mm breit, auf der Zweigunterseite weniger dicht und gescheitelt, steif, stechend zugespitzt, 4-kantig, senkrecht zusammengedrückt bis fast quadratisch, mit 2–4 Spaltöffnungslinien auf allen Seiten, glänzend dunkelgrün.

Zapfen: Zylindrisch, 8–16 cm lang, 3–4 cm breit, jung grün oder rot, reif braun, Samenschuppen dünn, rhombisch, Spitze gezähnelt oder ausgerandet.

Verbreitung: N- bis O-Europa, Gebirge in M- und S-Europa.

Verwendung: Sehr häufig (mit zahlreichen Sorten), N, ⚕, WHZ 2, LB 7.1.3.1.

1 Wuchs baumförmig, säulen- oder kegelförmig

'Columnaris'. Wuchs säulenförmig, Hauptäste kurz, abstehend oder abwärts geneigt, reich verzweigt.

'Cupressina'. Wuchs breit säulenförmig, 10–20 m hoch, Äste steil aufstrebend, ziemlich dicht stehend, Zweige kurz.

'Pyramidata'. Wuchs schlank kegelförmig, Äste sehr steil aufstrebend, die unteren besonders lang.

2 Wuchs baumartig, unregelmäßig, spärlich beastet

'Cranstonii'. Äste lang und dick, oft wirr durcheinander, nur wenig verzweigt. Nadeln entfernt stehend, bis 3 cm lang.

'Virgata', Schlangen-Fichte. Äste wenig zahlreich, oft wirr durcheinander wachsend, die oberen aufwärts gerichtet, die unteren hängend. Nadeln bis 2,5 cm lang.

3 Hängeformen

'Inversa'. Wuchs aufrecht, bizarr, 5–10 m hoch, Äste senkrecht abwärts wachsend, dem Stamm dicht angepresst, Zweige schlaff hängend, die unteren oft dem Boden aufliegend.

'Frohburg'. Wuchs aufrecht, Stamm meist durchgehend, Äste und Zweige schlaff dicht am Stamm herabhängend. Nadeln 0,8–1,2 cm lang, dünn, feiner als bei 'Inversa'.

'Pendula Major'. Wuchs aufrecht, Krone kegelförmig, Äste waagerecht abstehend oder in größeren Bögen abwärts gebogen, Zweige senkrecht herabhängend.

'Viminalis'. Wuchs baumförmig, 12 15 m hoch, Krone breit kegelförmig, Äste lang und waagerecht abstehend, später mehr abwärts geneigt, Zweige fast senkrecht herabhängend.

4 Baumartig wachsende Sorten mit abweichender Benadelung

'Cincinnata', Locken-Fichte. Nadeln sehr lang, ± nach oben gebogen, aber nicht gelockt, frischgrün.

'Aurea'. Bis 10 m hoher Baum. Nadeln glänzend gelblich weiß, in der Sonne leicht verbrennend.

'Aurea Magnifica'. Wuchs niedriger und breiter als bei 'Aurea'. Nadeln ausgeprägt hell goldgelb, im Winter mehr orangegelb.

'Aurescens'. Junge Nadeln goldgelb, später gelblich grün.

5 Wuchs buschig, im Alter 3–5 m hoch

'Acrocona'. Wuchs breit kegelförmig, Äste waagerecht abstehend bis abwärts geneigt, Zweige oft schleppenartig hängend. Im Frühjahr zahlreiche, auffällig rot gefärbte ♀ Blütenzapfen, später an den Spitzen zahlreicher Triebe lang gestreckte, monströse Zapfen, oft mit einem Nadelbüschel an der Spitze.

'Acrocona Nana' = 'Pusch'

6 Wuchs zwergig, bis etwa 3 m hoch, im Alter gelegentlich auch höher

<u>6.1 Wuchs ± kegelförmig:</u>

'Barryi'. Wuchs kompakt, unregelmäßig kegelförmig, Zweige kräftig, abstehend, Endknospen auffallend groß, von einem Nadelbüschel umgeben.

'Ellwangeriana'. Wuchs breit kegelförmig, dicht, junge Zweige sehr dick und steif. Nadeln glänzend dunkelgrün, dick und steif.

'Globosa Nana'. Wuchs kugelig bis breit kegelförmig, Äste nach allen Richtungen abstehend, junge Zweige teils dünn, teils sehr dick. Nadeln fast graugrün, glänzend.

'Ohlendorffii'. Wuchs anfangs kugelig, später breit kegelförmig, Äste ansteigend-ausgebreitet, Zweige büschelig ausgebreitet. Nadeln sehr dünn, glänzend gelbgrün, auf der Oberseite dicht stehend, unten gescheitelt.

'Pygmaea'. Wuchs schwach, sehr dicht, gestaucht, kaum über 1 m hoch. Nadeln nur an starken Trieben radial, sonst spiralig und deutlich gedreht, sehr dicht stehend.

'Remontii'. Wuchs regelmäßig kegelförmig, Äste spitzwinklig abstehend. Nadeln frischgrün, an der Zweigbasis lang und abwärts zeigend, an der Spitze kurz und vorwärts zeigend.

'Will's Zwerg'. Wuchs regelmäßig und sehr dicht kegelförmig. Nadeln an den Johannistrieben viel heller als die dunkelgrünen alten Nadeln.

<u>6.2 Wuchs halbkugelig bis ± abgerundet:</u>

'Clanbrassiliana'. Wuchs ± bienenkorbförmig, selten über 1,5 m hoch, Zweige dünn und biegsam, in der Jugend unterseits rahmweiß bis grünlich weiß, auffallende Unterschiede zwischen kräftigen Zweigen mit langen Nadeln und schwachen Zweigen mit kurzen Nadeln.

'Compacta'. Wuchs breit kegelförmig und gedrungen, bis etwa 1,5 m hoch, Äste zahlreich, kurz, abstehend bis ansteigend. Nadeln zur Triebspitze hin allmählich kleiner werdend.

'Echiniformis'. Wuchs kugelig bis kissenförmig, dicht und unregelmäßig, stets mit aus der sonst insgesamt geschlossenen Form vorbrechenden stärkeren Trieben, Jahreszuwachs 1,5–2 cm. Nadeln 1,2–1,5 cm lang, stumpf gelbgrün bis graugrün.

'Gregoryana'. Wuchs sehr langsam, kugelig bis abgeflacht kugelig, sehr dicht verzweigt, von der selteneren 'Echiniformis' unterschieden durch das Fehlen vorbrechender Triebe und die mit 0,8–1,2 cm Länge kürzeren, dichter gestellten, stumpf graugrünen Nadeln, die stets radial stehen.

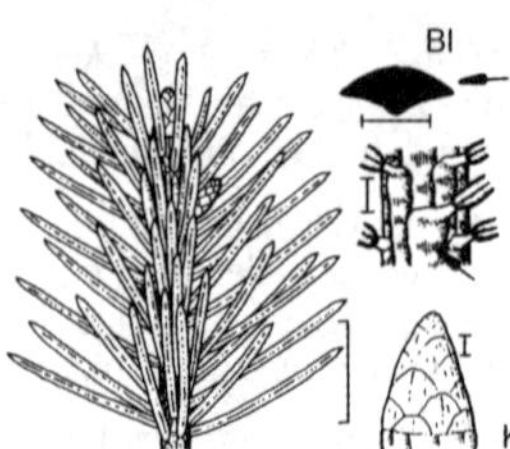

Picea alcoquiana var. alcoquiana

'Gregoryana Veitchii'. Wuchs breit kegelförmig, kräftiger als bei 'Gregoryana'. Nadeln nur an aufrechten Leittrieben radial stehend, sonst nur halb radial oder gescheitelt. Häufiger in Kultur als 'Gregoryana'.

'Mariae-Orffiae'. Wuchs sehr langsam, eiförmig-kugelig, Zweige gedrängt und aufrecht stehend, Triebe gelblich, sehr fein, Jahreszuwachs 0,5–1 cm. Nadeln steif und dick, hell gelbgrün, mit deutlich gelber Spitze.

'Merkii'. Wuchs kugelig bis breit kegelförmig, gedrungen, Äste ausgebreitet bis etwas aufstrebend, an den Spitzen hängend. Nadeln sehr dünn, grasgrün, allmählich in eine lange, haarfeine Spitze verschmälert.

'Nana Compacta'. Wuchs abgeflacht kugelig, sehr gedrungen, dicht beastet, mit starken, dicken, schräg aufsteigenden Ästen. Nadeln fast überall radial, dicht stehend, steif, stechend, frischgrün.

'Nidiformis', Nest-Fichte. Wuchs abgeflacht halbkugelig, meist mit einer nestförmigen Vertiefung, bis 3 m hoch, Zweige zahlreich, abstehend, an den Spitzen abwärts gebogen. Nadeln nur unvollkommen radial, hellgrün.

'Little Gem'. Wuchs abgeflacht kugelig, wie bei 'Nidiformis' mit einer nestförmigen Vertiefung, mit einem Jahreszuwachs von 2–3 cm aber viel niedriger bleibend, Triebe sehr dünn, dicht gedrängt. Nadeln 2–5 mm lang, sehr dünn.

'Pusch'. Aus einer Zweigmutation von 'Acrocona' gewonnen, im Wuchs deutlich schwächer als diese, ♀ Blütenzapfen und Zapfen ebenfalls zahlreich, aber kleiner.

6.3 Wuchs flach, Äste ± flach ausgebreitet:

'Procumbens'. Wuchs stark, breit und flach, Äste leicht ansteigend, steif. Nadeln sehr lang, 1–1,7 cm, dick, sich sehr steif anfühlend, mit scharfer Spitze, frischgrün.

'Pumila'. Wuchs unregelmäßig, untere Äste weit ausgebreitet und niederliegend, die oberen aufgerichtet, bis 1 m hoch. Nadeln 0,6–1 cm lang, dünn, frischgrün.

'Pumila Glauca'. In Habitus und Benadelung weitgehend identisch mit 'Pumila Nigra', nur Spaltöffnungslinien deutlicher ausgeprägt.

'Pumila Nigra'. Wuchs breit und flach, kaum mehr als 1 m hoch. Nadeln 0,8–1,2 cm lang, sehr dicht und halb radial stehend, dünn, dunkel bläulich grün, mit 2–4 sehr kleinen, rahmweißen Spaltöffnungslinien.

'Repens'. Wuchs niederliegend bis ausgebreitet, Zweige in Lagen dicht und gleichmäßig übereinander, bis 0,5 m hoch. Nadeln frisch- bis gelbgrün, halb radial stehend, Zweigunterseite frei sichtbar.

'Tabuliformis'. Wuchs ausgebreitet, anfangs mattenförmig, Äste später in Lagen übereinander, dann flachkugelig, Äste flach verzweigt, Spitzen übergeneigt. Nadeln halb radial, ziemlich weit gestellt, hell gelbgrün.

P. ajanensis Fisch. et Carrière = *P. jezoensis* subsp. *jezoensis*
P. alba Link = *P. glauca*
P. albertiana S. Br. = *P. glauca* var. *albertiana*

Picea alcoquiana (Veitch ex Lindl.) Carrière **var. alcoquiana**, Zweifarbige Fichte, Alcock-Fichte

Habitus: Bis 25–35 m hoher Baum, Krone breit kegelförmig, Borke hellgrau bis graubraun, sich in dünnen Schuppen lösend, Triebe glänzend, gelb oder rötlich braun, kahl, Knospen eiförmig bis fast kugelig, braun, schwach harzig, Schuppen meist angedrückt, an der Spitze gespalten.
Nadeln: 0,8–1,5 cm lang, 1–1,5 mm breit, steif, zugespitzt, stechend, ± gebogen, auf der Zweigoberseite fast anliegend und nach vorne gerichtet, auf der Zweigunterseite etwas abstehend und gescheitelt, oberseits dunkelgrün, je Fläche mit 1–3 undeutlichen Spaltöffnungslinien, unterseits blaugrün, je Fläche mit 3–6 weißen Spaltöffnungslinien.
Zapfen: Länglich-eiförmig, 6–10 cm lang, 3–5,5 cm breit, jung purpurn oder violett, reif rötlich braun oder braun, Samenschuppen eiförmig-rhombisch bis verkehrteiförmig, dünn, biegsam, vorne eingekerbt, gewellt, gezähnelt.
Verbreitung: Japan: Z-Honshu.

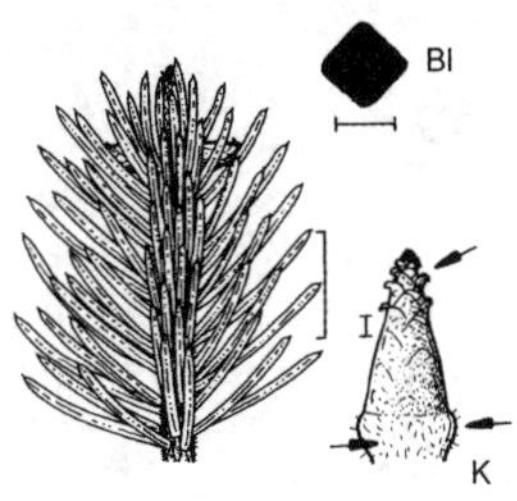

Picea asperata

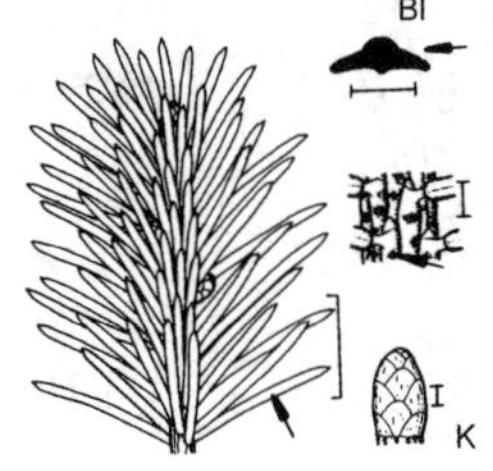

Picea brachytyla var. brachytyla

Verwendung: Selten, N, WHZ 5b, LB 7.1.2.1.

var. acicularis (Maxim. et Beissn.) Fitschen. Junge Triebe behaart, Nadeln bläulich, 1,3–2,5 cm lang, stärker gebogen als bei den var. *alcoquiana*, Zapfen 6–15 cm lang, Samenschuppen vorne abgerundet oder gestutzt, ganzrandig oder gezähnelt. Japan: Z-Honshu.

var. reflexa (Shiras.) Fitschen. Junge Triebe behaart, Nadeln gebogen, Zapfen 4–7,5 cm lang, Samenschuppen vorne abgerundet, verschmälert und die Spitze umgebogen. Japan: Z-Honshu.

Picea asperata Mast., Raue Fichte, Borsten-Fichte

Habitus: Bis 25–45 m hoher Baum, Krone breit kegelförmig, Äste waagerecht abstehend, an den Spitzen bogenförmig aufgerichtet, Borke graubraun, sich in dünnen Schuppen lösend, Triebe glänzend gelblich braun oder orange, ± behaart oder kahl, Blattkissen ziemlich groß, abstehend. Knospen 0,6–1,52 cm lang, ei- oder kegelförmig, zugespitzt, gelblich braun, harzig, Schuppen an der Spitze der Knospe abstehend und oft ± zurückgebogen.
Nadeln: Allseitig abstehend und nach vorne gerichtet, bläulich grün, 1–2,5 cm lang, 1–1,8 mm dick, steif, spitz, stechend, 4-kantig, auf jeder Seite 3–4 Spaltöffnungslinien.
Zapfen: Zylindrisch, 8–12 cm lang, jung grün oder purpurn, reif braun oder rotbraun, Samenschuppen länglich-rhombisch bis verkehrteiförmig, vorne abgerundet oder gestutzt, ganzrandig.
Verbreitung: China: Von O-Tibet bis Shaanxi, Gansu und Sichuan.
Verwendung: Selten, N, WHZ 5b, LB 7.1.2.1.

P. balfouriana Rehder et E.H. Wilson = *P. likiangensis* var. *rubescens*

P. bicolor (Maxim.) Mayr = *P. alcoquiana*

Picea brachytyla (Franch.) E. Pritz. **var. brachytyla**, Silber-Fichte, Sargents Fichte

Habitus: Bis 25(–40) m hoher Baum, Krone breit kegelförmig, Äste waagerecht abstehend, die Spitzen aufsteigend, Zweige hängend, Borke dunkelbraun oder graubraun, an älteren Stämmen dunkler und tief aufreißend, Triebe anfangs weiß, dann hell- oder orangebraun, kahl oder fein behaart, Blattkissen sehr klein, Knospen ei- bis kegelförmig, 5 mm lang, kastanienbraun, harzig, Schuppen angedrückt.
Nadeln: Auf der Zweigunterseite gescheitelt, auf der Oberseite nach vorne gerichtet, 0,8–2,4 cm lang, 1–1,5 mm breit, spitz oder scharf zugespitzt, abgeflacht, oberseits grün und stark gekielt, unterseits kreide- bis silberweiß, mit 10–12 Spaltöffnungslinien, ohne deutliche Mittelrippe.
Zapfen: Zylindrisch bis länglich-eiförmig, 6–10 cm lang, 3–4 cm breit, jung grün oder purpurgrün, reif dunkelbraun, Schuppen breit verkehrteiförmig, oberer Rand wellig, ausgerandet oder ganzrandig, meist umgebogen.
Verbreitung: M- und W-China.
Verwendung: Sehr selten, N, WHZ 6b, LB 7.2.2.1 (6.4.2.1).

var. complantana (Mast.) Rehder. Borke hellgrau, Zapfen 8–15 cm lang, 3,5–5 cm breit, Samenschuppen am oberen Rand gestutzt oder abgerundet, gerade oder umgebogen. SW-China, NO-Indien, N-Myanmar.

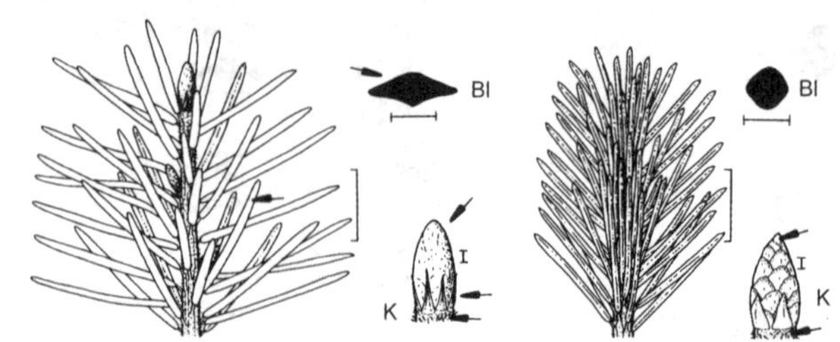

Picea breweriana

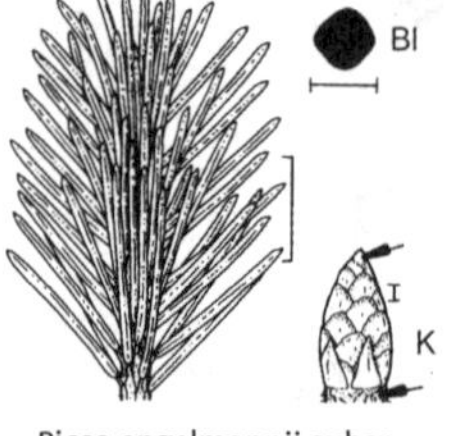

Picea engelmannii subsp. engelmannii

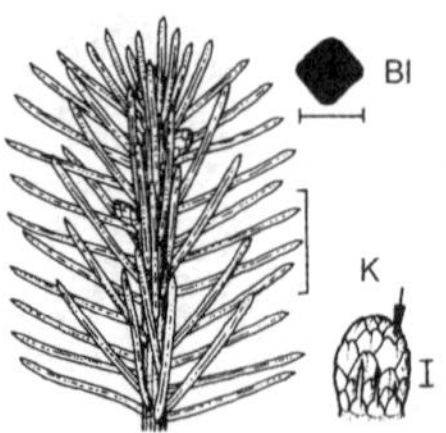

Picea glauca subsp glauca

Picea breweriana S. Watson, Siskiyou-Fichte

Habitus: 20(–35) m hoher, eleganter Baum, Krone breit kegelförmig, Äste waagerecht abstehend, an den Spitzen leicht aufsteigend, Zweige lang und schleppenartig herabhängend, Borke schuppig, dunkel rötlich grau oder purpurgrau, Triebe rötlich braun, später grau, behaart, Blattkissen lang, abstehend, Knospen spindel- bis schmal eiförmig, 5–8 mm lang, hell- oder gelblich braun, anfangs schwach harzig.
Nadeln: Locker und meist radial stehend, fast rechtwinklig vom Zweig abstehend, 2–3 cm lang, 1,5–2 mm breit, stumpf, abgeflacht, gerade oder etwas gebogen, oberseits konvex, glänzend dunkelgrün, ohne Spaltöffnungslinien, unterseits schwach gekielt, mit 2 Spaltöffnungsbändern aus 4–6 grünlich weißen Linien.
Zapfen: Zylindrisch, 8–12 cm lang, 3–4 cm breit, jung grün bis purpurbraun, reif rotbraun, Samenschuppen verkehrteiförmig, sehr dick, oberer Rand abgerundet oder gestutzt, ganzrandig.
Verbreitung: USA: SW-Oregon, N-Kalifornien.
Verwendung: Sehr häufig, WHZ 6a, LB 7.2.2.3.

P. canadensis (Mill.) Britton, Sterns et Poggenb. = *P. glauca*

Picea engelmannii Parry ex Engelm. **subsp. engelmannii**, Engelmanns Fichte

Habitus: 20(–50) m hoher Baum, Krone schmal kegel- bis säulenförmig Borke dünn, anfangs rötlich braun, später grau und hellbraun, rau, gefurcht, Äste kurz, waagerecht ausgebreitet, an der Spitze aufwärts gebogen, Triebe grünlich gelb, später hell braungelb, fein drüsig behaart, Knospen ei- bis kegelförmig, 5–6 mm lang, gelblich braun, an der Spitze harzig, Schuppen anliegend, an der Spitze der Knospen zurückgebogen.
Nadeln: Radial stehend oder auf der Zweigunterseite gescheitelt, nach vorne gerichtet, 2–3 cm lang, 1,5–2 mm breit, dünn, spitz, gerade oder etwas gebogen, ziemlich weich, biegsam, bläulich grün bis stahlblau, 4-kantig, Spaltöffnungslinien oberseits je 1–3, unterseits je 3–6, zerrieben unangenehm riechend.
Zapfen: Eiförmig-zylindrisch, 4–7 cm lang, 2–3,5 cm breit, jung grün, rosa getönt bis rotbraun, reif hellbraun, Samenschuppen dünn, länglich-rhombisch, zur Spitze hin verschmälert, vorne gestutzt, am Rand gezähnelt, Deckschuppen 3–5 mm lang.
Verbreitung: Gebirge von W-Kanada bis SW-USA.
Verwendung: Häufig, N, WHZ 4, LB 7.2.2.1.

subsp. mexicana (Martìnez) P.A. Schmidt, Mexikanische Fichte. Von der subsp. *engelmannii* abweichend durch die hellere, graue Borke, die nur 1–1,2 mm breiten Nadeln und die schmaleren, 4–6 mm langen Deckschuppen. Mexiko: Nuevo Leon und Chihuahana.

Glauca-Gruppe. Formen aus der subsp. *engelmannii* mit intensiv blaugrünen bis silbergrauen Nadeln, wie 'Argentea' und 'Glauca'.

P. excelsa (Lam.) Link = *P. abies*

Picea glauca (Moench) Voss **subsp. glauca**, Schimmel-Fichte, Kanadische Fichte

Habitus: 20(–50) m hoher Baum, Krone kegel- bis säulenförmig, Borke gelblich grün, zuletzt graubraun, schuppig, Äste kurz, ab-

stehend bis hängend, Zweige meist hängend, Triebe kahl, weißlich grau oder hellbraun, oft leicht bereift, Knospen eiförmig bis fast kugelig, 6 mm lang, stumpf, hellbraun, harzlos, Schuppen kahl, lose anliegend, an der Spitze abgerundet und gespalten.
Nadeln: Radial und ziemlich dicht stehend, 0,8–1,8 cm lang, 1,5 mm breit, spitz, ziemlich starr, etwas gebogen, matt blaugrün bis weißgrau, 4-kantig, Spaltöffnungslinien oberseits je Fläche 1–3, unterseits je 2–4, zerrieben streng riechend.
Zapfen: Zylindrisch bis eiförmig-länglich, 3,5–6 cm lang, 1,5–2,5 cm breit, jung grün bis rötlich grün, reif hellbraun, Samenschuppen dünn, biegsam, fast rundlich, oberer Rand abgerundet, ganzrandig, Deckschuppen 3–5 mm lang.
Verbreitung: Alaska, Kanada, NO-USA.
Verwendung: Sehr häufig (besonders in Gartenformen), N, WHZ 4, LB 7.3.3.6.

subsp. albertiana (S. Br.) P.A. Schmidt., Alberta-Fichte. Von subsp. *glauca* abweichend durch behaarte Triebe und längere, (1,2–) 1,5–2,4(–2,7) mm lange, vorne stumpfe Nadeln. Zapfen eiförmig bis eiförmig-länglich, an der Basis abrupt verschmälert. W-Kanada: Alberta; W-USA: Montana.

'Alberta Globe'. Zwergform, Wuchs sehr kompakt, ± kugelig, 0,5–1 m hoch. Nadeln grün, dünn, 6–9 mm lang.

'Blue Wonder'. Zwergform, Wuchs gleichmäßig schmal kegelförmig, in 10 Jahren etwa 0,7 m hoch, Nadeln stahlblau.

'Conica', Zuckerhut-Fichte. Zwergform, im Alter bis 4 m hoch. Wuchs regelmäßig und streng kegelförmig, sehr dicht. Nadeln dünn, 1 cm lang, locker und radial stehend, anfangs hellgrün, später leicht bläulich grün.

'Echiniformis'. Zwergform. Wuchs abgeflacht kugelig bis kissenförmig, bis 0,5 m hoch und 1 m breit. Nadeln 5–7 mm lang, sehr schmal, durch starken Reifbelag grau- oder blaugrün.

'Laurin'. Mutation an 'Conica', im Habitus ähnlich, aber viel schwächer wachsend, Jahrestriebe nur 0,5–2,5 cm lang. Nadeln 0,5–1 cm lang, dunkelgrün.

'Nana'. Wuchs kugelig, im Alter bis 2 m hoch und breit, Zweige sehr dicht stehend. Nadeln 5–7 mm lang, hell graugrün.

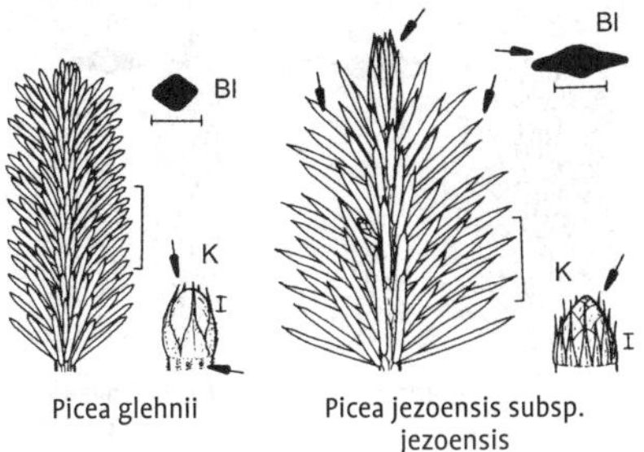

Picea glehnii   Picea jezoensis subsp. jezoensis

Picea glehnii (F. Schmidt) Mast., Sachalin-Fichte

Habitus: Bis 30 m hoher Baum, Krone schmal kegelförmig, Borke rotbraun, sich in dünnen Schuppen lösend, Äste waagerecht abstehend, Triebe orange oder rötlich braun, nur in den Furchen dicht behaart, Knospen ei- oder kegelförmig, 4–6 mm lang, braun, harzig, Terminalknospen mit pfriemlichen Basalschuppen, die die Knospe überragen.
Nadeln: Radial stehend, auf der Zweigoberseite dicht stehend, auf der Zweigunterseite ± gescheitelt, 0,6–1,5 cm lang, 1–1,5 mm breit, stumpf oder an jungen Pflanzen spitz, 4-kantig, ± so hoch wie breit, oberseits grün oder bläulich grün, je Fläche 1–2 undeutliche Spaltöffnungslinien, unterseits mattgrün, je Fläche 3–5 deutliche Spaltöffnungslinien.
Zapfen: Eiförmig-länglich bis zylindrisch, 3,5–8,5 cm lang, 2,5–3,8 cm breit, jung purpurgrün oder dunkelviolett, reif glänzend braun, Samenschuppen breit verkehrteiförmig, oberer Rand gewellt oder ausgerandet, unregelmäßig gezähnelt.
Verbreitung: N-Japan, Russ. Ferner Osten: Sachalin.
Verwendung: Selten, WHZ 4, LB 8.1.4.2 (1.2.3.2) (4.2.3.2) (5.2.3.2).

P. heterolepis Rehder et E.H. Wilson = *P. asperata*
P. hondoensis Mayr = *P. jezoensis* subsp. *hondoensis*

Picea jezoensis (Siebold et Zucc.) Carrière **subsp. jezoensis**, Yedo-Fichte, Ajan-Fichte

Habitus: Bis 50 m hoher Baum, Krone kegelförmig, Borke schwarzbraun oder dunkel purpurgrau, schuppig, an alten Stämmen tief gefurcht, Äste lang, waagerecht abstehend, Triebe blassgelb, später orangegelb oder

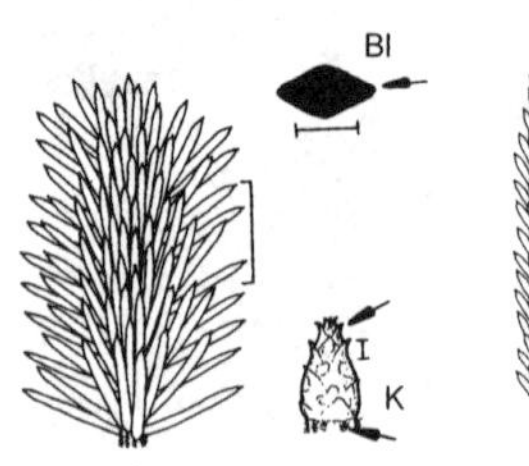

Picea koyamae

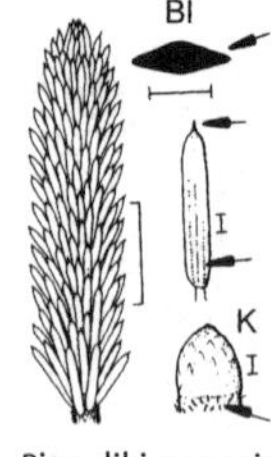

Picea likiangensis var. likiangensis

gelblich braun, meist kahl, glänzend, Knospen eiförmig bis fast kugelig, 5–8 mm lang, glänzend orangebraun, nicht harzig.
Nadeln: Auf der Zweigoberseite nach vorne gerichtet, auf der Unterseite gescheitelt, abgeflacht, 1–2 cm lang, 1,5–2 mm breit, spitz oder scharf zugespitzt, gerade oder leicht gebogen, beiderseits leicht gekielt, oberseits glänzend dunkelgrün, ohne Spaltöffnungslinien, unterseits mit 2 breiten Spaltöffnungsbändern aus je 5–8 Linien.
Zapfen: Zylindrisch, 4–8 cm lang, 2–3,5 cm breit, jung grün oder braun, reif gelblich oder rötlich braun, Samenschuppen steif, papierartig dünn, länglich-verkehrteiförmig bis rhombisch, oberer Rand gewellt, gezähnelt.
Verbreitung: N-Japan, Mandschurei, Korea, Russ. Ferner Osten.
Verwendung: Häufig, N, WHZ 5b, LB 7.2.2.1.

subsp. hondoensis (Mayr) P.A. Schmidt, Hondo-Fichte. Von der subsp. *jezoensis* abweichend durch orange bis rotbraun werdende Triebe, stärker abgeflachte, 1,8–2,2 mm breite Nadeln mit unterseits schneeweißen Spaltöffnungsbändern, dunkel rotbraune Zapfen und steifere, fast flache Samenschuppen. Japan: Honshu.

Picea koyamae Shiras., Koyamai-Fichte

Habitus: Bis 25 m hoher Baum, Krone anfangs kegelförmig, im Alter unregelmäßig, Borke graubraun, dünn, im Alter schuppig, Äste waagerecht abstehend, Spitzen aufsteigend, Triebe gelblich bis rötlich braun, etwas bereift, Spitzentriebe fast kahl, Seitentriebe in den Furchen schwach behaart, Knospen ei- bis kegelförmig, 4–13 mm lang, braun, harzig, Schuppen zugespitzt.
Nadeln: Sehr dicht, abstehend, nach vorne und oben gerichtet, 0,6–1,5 cm lang, 1,5–2 mm breit, spitz oder stumpf, gebogen, 4-kantig, etwas breiter als hoch, oberseits dunkelgrün, je Fläche mit 2–4 undeutlichen, unterseits mit je 5–8 deutlichen Spaltöffnungslinien.
Zapfen: Eiförmig-zylindrisch, 6–8 cm lang, 2,5–3,5 cm breit, jung grün oder purpurgrün, reif braun, Samenschuppen steif, oberer Rand abgerundet oder gestutzt, gezähnelt.
Verbreitung: Japan: M-Honshu.
Verwendung: Sehr selten, WHZ 6b, LB 8.1.2.2.

Picea likiangensis (Franch.) E. Pritz. **var. likiangensis**, Likiang-Fichte

Habitus: Bis 30(–50) m hoher Baum, Krone kegelförmig, Borke grau, tiefrissig, Äste abstehend bis aufsteigend, Triebe gelblich braun, kahl oder anfangs behaart, Knospen kegel- bis eiförmig, 4–6 mm lang, rot- bis purpurbraun, harzig, Schuppen klein, zugespitzt.
Nadeln: Auf der Zweigoberseite nach vorne gerichtet, dem Zweig dicht anliegend, die seitlichen etwas abwärts gerichtet, abgeflacht rhombisch, 0,7–1,7 cm lang, 1–1,5 mm breit, stechend zugespitzt, gerade oder gebogen, oberseits dunkel- oder bläulich grün, je Fläche mit 1–2, unterseits mit 4–6 teils unvollständigen Spaltöffnungslinien.
Zapfen: Eiförmig-zylindrisch, 7–12 cm lang, 3,5–5 cm breit, jung rot, reif gelb- bis hell- oder purpurbraun, Samenschuppen länglich-rhombisch oder verkehrteiförmig, dünn, biegsam, zur Spitze hin verjüngt, oberer Rand abgerundet oder stumpf, manchmal gewellt und fein gezähnelt.
Verbreitung: SW-China: S-Sichuan, W-Yunnan, SO-Tibet; Bhutan.
Verwendung: Sehr selten, WHZ 6b, LB 7.2.3.2.

var. rubescens Rehder et E.H. Wilson. Von der var. *likiangensis* abweichend durch orangefarbene, fein behaarte Triebe, 1,5–2 mm breite Nadeln, 4–8 cm lange, zur Reife purpurbraune Zapfen mit ledrigen, eingerissenen Samenschuppen. SW-China: W-Sichuan, Tibet.

P. likiangensis subsp. *balfouriana* (Rehder et E.H. Wilson) Rusforth = *P. likiangensis* var. *rubescens*
P. likiangensis var. *purpurea* (Mast.) Dallim. et Jackson = *P. purpurea*

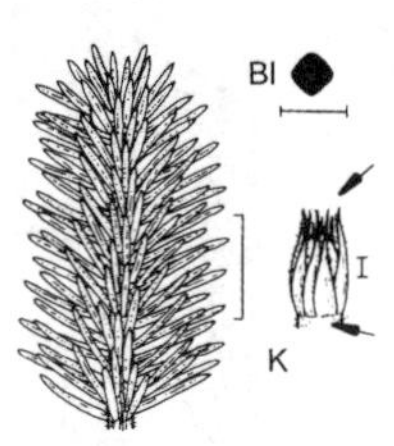

Picea mariana

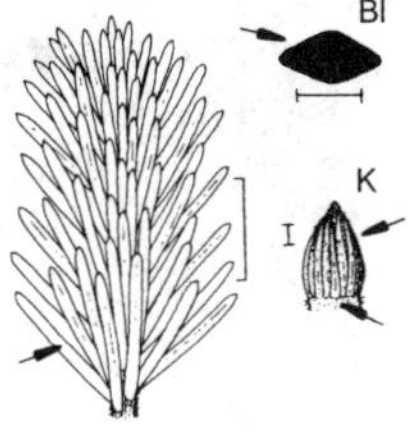

Picea ×mariorika

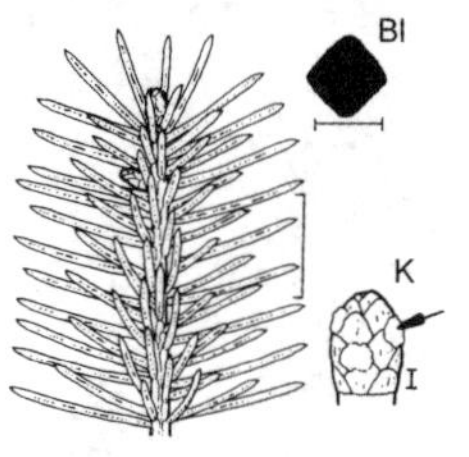

Picea maximowiczii

Picea mariana (Mill.) Britton, Sterns et Poggenb., Schwarz-Fichte

Habitus: 5–20(–30) m hoher Baum, Krone anfangs schmal kegel- bis säulenförmig, im Alter häufig unregelmäßig, Borke rotbraun, rau, rissig, Äste kurz, dünn, oft überhängend, Triebe gelblich oder rotbraun, dicht behaart, Blattkissen flach, Knospen eiförmig bis fast kugelig, 5–6 mm lang, purpurbraun, nicht oder nur schwach harzig, mit behaarten, pfriemlichen Basalschuppen, die die Knospe überragen.
Nadeln: Sehr dicht stehend, auf der Zweigoberseits nach vorne gerichtet, auf der Unterseite ± gescheitelt, dünn, 0,6–1,5 cm lang, 0,7–0,8 mm breit, spitz oder stumpflich, gerade oder leicht gebogen, 4-eckig, matt dunkel- oder blaugrün, oberseits je Fläche mit 1–3, unterseits mit 2–4 Spaltöffnungslinien, zerrieben leicht nach Schwarzen Johannisbeeren riechend.
Zapfen: Eiförmig bis fast kugelig, 2–3 cm lang, 1,5–2(–2,8) cm dick, jung rötlich oder violett bis tiefpurpurn, reif rot-, grau- oder schwarzbraun, Samenschuppen steif, abgerundet, am Rand fein gezähnelt, ± gewellt, einwärts gebogen.
Verbreitung: Alaska, O-Kanada, NO-USA.
Verwendung: Häufig (vor allem in Gartenformen), N, WHZ 3, LB 1.1.1.2 (2.1.4.2).

'Asurea'. Wuchs zierlich. Nadeln im Austrieb gelb, später bläulich grün.

'Beissneri'. Wuchs gedrungen, breit kegelförmig, bis 5 m hoch. Nadeln oft stahlblau.

'Doumettii'. Wuchs ziemlich regelmäßig breit kegelförmig, 5–6 m hoch. Nadeln dünn, silbrig graugrün.

'Nana'. Zwergform. Wuchs abgeflacht kugelig, bis 0,5 m hoch, aber viel breiter, etwas locker und unregelmäßig verzweigt. Nadeln stumpf blaugrün, mit 2–4 ausgeprägten Spaltöffnungslinien.

Picea ×mariorika Boom, Hybrid-Schwarz-Fichte
(*P. mariana* × *P. omorika*)

Von *P. omorika* unterschieden durch den breit kegelförmigen Wuchs, kurz behaarte Triebe mit vereinzelten Drüsen, schmalere, mehr blaugrüne Nadeln mit scharfer, stechender Spitze, die unterseits 4–6 Spaltöffnungslinien, oberseits keine oder nur 1 Linie haben, und kleinere Zapfen. In Kultur gelegentlich die folgenden Zwergformen. WHZ 5a, LB 9.2.3.2.

'Gnom'. Wuchs unregelmäßig breit kegelförmig, bis etwa 1,5 m hoch, sehr dicht verzweigt. Nadeln 1–1,5 cm lang, glänzend grün, unterseits mit 4–5 weißen Spaltöffnungsstreifen.

'Kobold'. Wuchs kugelig, dicht, bis etwa 1 m hoch und breit. Nadeln oberseits tiefgrün, unterseits mit je 3–4 Spaltöffnungslinien.

'Machala'. Wuchs ausgebreitet bis abgeflacht kugelig, Zweige waagerecht bis ansteigend. Nadeln ziemlich steif und sehr spitz, dunkelgrün, durch die Spaltöffnungslinien oft silberweiß bis graublau wirkend. Hat die Neigung zur Bildung aufrechter Spitzentriebe. Soll nach Grimshaw & Bayton (2009) zu *P. ×lutzii* (*P. glauca* × *P. sitchensis*) gehören.

Picea maximowiczii Regel ex Mast., Maximowiczs Fichte

Habitus: Bis 20–25 m hoher Baum, Krone breit kegelförmig, dicht verzweigt, Borke grau bis graubraun, rau, rissig, Äste lang, waagerecht abstehend oder aufsteigend, Triebe kahl, gelblich oder rötlich braun, Knospen ei- bis kegelförmig oder fast kugelig, stumpf, 2,5–4,5 mm lang, rot- oder purpurbraun, nicht oder schwach harzig, Schuppen anliegend.
Nadeln: ± rechtwinklig vom Zweig abste-

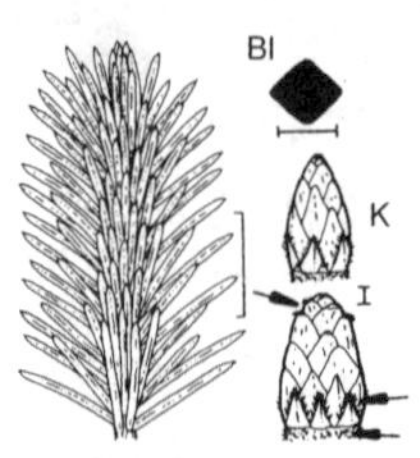

Picea obovata

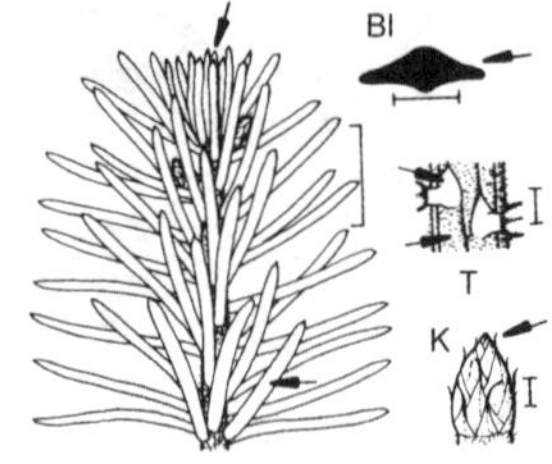

Picea omorika

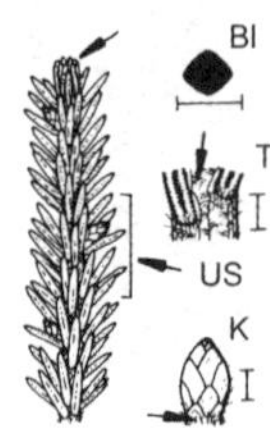

Picea orientalis

hend, an der Zweigunterseite fast gescheitelt, (0,6–)0,8–1,3(–1,8) cm lang, 1–1,4 mm breit, steif, spitz, scharf stechend, dunkelgrün, 4-kantig, auf allen Seiten mit je 3–4 Spaltöffnungslinien.
Zapfen: Eiförmig-zylindrisch bis länglich-eiförmig, (2,5–)3–6,5(–9) cm lang, 2,5–3,5 cm breit, jung grün, reif rotbraun oder braun, Samenschuppen vorne abgerundet oder stumpf, ganzrandig.
Verbreitung: M-Japan: Honshu.
Verwendung: Sehr selten, WHZ 5a, LB 8.1.2.2.

P. mexicana Martinez = *P. engelmannii* subsp. *mexicana*
P. nigra (Aiton) Link = *P. mariana*

Picea obovata Ledeb., Sibirische Fichte

Habitus: 25–35(–40) m hoher Baum, Krone schmal kegelförmig bis walzlich, Borke anfangs dünn, glatt, grau bis rotbraun, später dünnschuppig bis plattig und längsrissig, grau bis graubraun. Äste abstehend oder nach unten durchgebogen, Triebe gelblich grau bis rötlich braun, ± drüsig behaart, selten kahl, Knospen kegelförmig, 3–5 mm lang, rotbraun, nicht oder schwach harzig, untere Schuppen fest anliegend, bei Terminalknospen freie oder abstehende, auch pfriemliche Spitzen.
Nadeln: Auf der Zweigoberseite nach vorne gerichtet, auf der Unterseite etwas gescheitelt, 4-kantig, 0,8–1,5 cm lang, auf allen Seiten mit 2–4 schwachen Spaltöffnungslinien.
Zapfen: Zylindrisch-eiförmig, 6–8 cm lang, jung grün oder purpurn, reif grau- bis dunkelbraun, Samenschuppen dünn, biegsam, breit verkehrteiförmig bis abgerundet, ganzrandig.
Verbreitung: NO-Europa, N-Asien bis Russ. Ferner Osten, Mongolei.
Verwendung: Selten, N, WHZ 1, LB 8.1.4.1.

Picea omorika (Pančić) Purk., Omorika-Fichte, Serbische Fichte

Habitus: 30–35(–40) m hoher, eleganter Baum, Krone schmal kegelförmig bis säulenförmig, Borke dunkelbraun, sich in dünnen Schuppen lösend, Äste kurz, bogenförmig durchhängend, Triebe orange- bis hellbraun, dicht behaart, Knospen breit kegel- bis eiförmig, rot- oder orangebraun, 5–8 mm lang, nicht oder nur an der Basis harzig, Schuppen gekielt und geschwänzt zugespitzt, Terminalknospe in einem Nadelbüschel eingeschlossen.
Nadeln: Dicht stehend, auf der Zweigoberseite nach vorne gerichtet, deutlich abgeflacht, 1,2–1,8 cm lang, zugespitzt, nicht stechend, beiderseits gekielt, glänzend dunkelgrün, unterseits mit 2 breiten, silberweißen Spaltöffnungsbändern aus je 4–8 Linien.
Zapfen: Länglich-eiförmig, 3–6,5 cm lang, 2–3 cm breit, jung violettpurpurn, reif glänzend rot- oder dunkelbraun, meist harzig, Samenschuppen am oberen Rand abgerundet, fein gezähnelt.
Verbreitung: SO-Europa: nur im Tara-Gebirge an der mittleren und oberen Drina.
Verwendung: Sehr häufig, N, WHZ 5a, LB 6.3.3.1.

'Gnom' = *P.* ×*mariorika* 'Gnom'

'Kamenz'. Zwergform. Wuchs breit, abgeflacht, Zweige und Äste locker, schräg ansteigend. Nadeln 0,7–1,5 cm lang.

'Nana'. Zwergform, im Alter aber 4–6 m hoch. Wuchs breit kegelförmig, sehr dicht verzweigt, Äste ungleich lang, deshalb Habitus etwas unregelmäßig. Nadeln 7–8 mm lang, oberseits gelbgrün, unterseits mit 5–7 Spaltöffnungslinien.

'Pendula'. Hängeform. Wuchs bei gestäbten Pflanzen baumförmig, bis 10 m hoch, Äste und Zweige hängend, die weiße Nadelunterseite gut sichtbar.

'Pendula Bruns'. Hängeform. Ähnlich 'Pendula', aber dichter verzweigt, Äste und Zweige stärker hängend.

'Pimoco'. Zwergform. Wuchs dicht, unregelmäßig halbkugelig, bis etwa 0,3 m hoch. Nadeln kurz, bläulich grün.

'Treblitzsch'. Zwergform. Wuchs unregelmäßig halbkugelig, sehr kompakt, reich verzweigt. Nadeln nahezu radial stehend, 5–8 mm lang.

Picea orientalis (L.) Peterm., Kaukasus-Fichte, Orient-Fichte

Habitus: 40–50(–60) m hoher Baum, Krone dicht, schmal kegelförmig bis fast säulenförmig, Borke dunkelbraun, dünn, schuppig, Äste lang, dicht und regelmäßig stehend, meist leicht abwärts gebogen, Triebe weißlich, hellgelb bis gelblich oder rötlich braun, dünn, behaart, Blattkissen stark ausgeprägt, Knospen ei- bis kegelförmig, rotbraun, 3–5 mm lang, harzlos.
Nadeln: Dicht stehend, ziemlich steif, auf der Zweigoberseite anliegend, auf der Unterseite gescheitelt, dunkelgrün, stark glänzend, 5–8 mm lang, 0,7–1 mm breit, sehr stumpf, 4-kantig, im Querschnitt fast quadratisch, auf allen Seiten mit weißen Spaltöffnungsbändern, oberseits je 1–3, unterseits je 3–6.
Zapfen: Schmal zylindrisch, 5–10 cm lang, 2–3,3 cm breit, jung grün bis purpurn, reif braun, Samenschuppen lederartig, fast kreisrund, ganzrandig.
Verbreitung: Gebirge im W-Kaukasus, N-Kleinasien.
Verwendung: Sehr häufig, N, WHZ 5b, LB 6.4.2.1.

'Aurea'. Wuchs baumartig, 10–12(–15) m hoch. Nadeln im Austrieb goldgelb, später vergrünend.

'Aureospicata'. Wuchs baumartig. Nadeln im Austrieb cremegelb, später dunkelgrün.

'Gracilis'. Zwergform, aber bis 6 m hoch. Wuchs eiförmig-kugelig, Äste sehr dicht stehend. Nadeln 5–7 mm lang, sehr dicht und radial stehend, frischgrün, auf jeder Seite mit 1–4 unterbrochenen Spaltöffnungslinien.

'Nana'. Unter diesem Namen sind verschiedene, schwachwüchsige, kissenförmig, kugelig oder kegelförmig aufgebaute Sorten in Kultur.

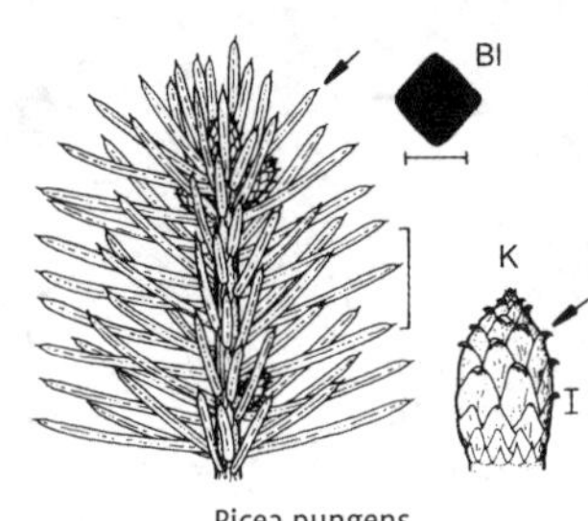

Picea pungens

'Nutans'. Wuchs unregelmäßig und sparrig, 8–12(–15) m hoch, Äste teilweise waagerecht abstehend, teilweise hängend. Nadeln sehr dunkelgrün.

P. polita (Siebold et Zucc.) Carrière = *P. torano*

Picea pungens Engelm., Blau-Fichte, Stech-Fichte

Habitus: Bis 30–40(–50) m hoher Baum, Krone breit kegel- bis walzenförmig, Borke dunkel graubraun, dickschuppig, tief gefurcht, Äste waagerecht abstehend, in einer Ebene verzweigt, Triebe kahl, hell- bis orangebraun, Knospen ei- bis kegelförmig, 5–8 mm lang, zugespitzt, gelblich braun, nicht harzig, Schuppen papierdünn, locker anliegend, an der Spitze zurückgebogen.
Nadeln: Auf der Zweigoberseite radial abstehend, auf- und vorwärts gerichtet, auf der Zweigunterseite etwas gescheitelt, 1,5–2,5 cm lang, 1–1,5 mm dick, starr, oft schwach sichelförmig gebogen, kurz und stechend zugespitzt, 4-kantig, im Querschnitt rhombisch oder fast quadratisch, matt dunkelgrün bis silbergrau, bei Gartenformen auch blauweiß, allseits mit 3–6 Spaltöffnungslinien.
Zapfen: Zylindrisch bis länglich-eiförmig, 6–10 cm lang, 3,5–4,5 cm breit, Samenschuppen dünn, biegsam, gewellt, längsfaltig, länglich-rhombisch, nach vorne verschmälert, oberer Rand wellig und unregelmäßig gezähnelt.
Verbreitung: W- und SW-USA: Rocky Mts.
Verwendung: Sehr häufig (auch in zahlreichen Sorten), WHZ 4, LB 7.1.3.2 (2.3.4.2).

1 Wuchs baumartig

'Endtz'. Wuchs kegelförmig, dicht, Äste waagerecht ausgebreitet. Nadeln blau, im Winter silbrig, 2,5–3 cm lang.

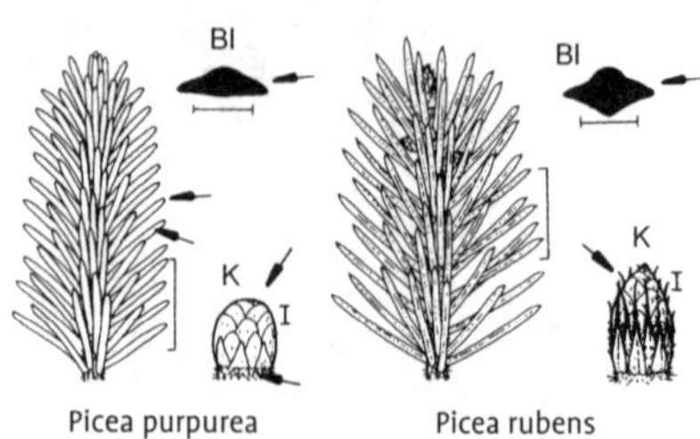

Picea purpurea Picea rubens

'Erich Frahm'. Wuchs sehr regelmäßig kegelförmig. Nadeln intensiv blau.

'Fürst Bismarck'. Wuchs kegelförmig, Äste waagerecht ausgebreitet, in dicht stehenden, regelmäßigen, tellerförmigen Lagen. Nadeln leuchtend blau.

Glauca-Gruppe. Gruppenname für alle am natürlichen Standort oder in Aussaten vorkommenden Pflanzen und vegetativ vermehrte Sorten mit ausgeprägt bläulich weißer Benadelung.

'Hoopsii'. Wuchs unregelmäßig kegelförmig, Äste breit abstehend, in dicht aufeinanderfolgenden Etagen, Nadeln stark blauweiß, sehr dicht stehend.

'Iseli Fastigiate'. Wuchs schlank aufrecht, Äste sehr dicht stehend, alle steil aufstrebend. Nadeln blaugrau.

'Koster'. Wuchs regelmäßig kegelförmig, Äste ausgebreitet. Nadeln silberblau, auch im Winter, 2–2,5 cm lang.

'Maigold'. Wuchs kegelförmig, schwächer als die blaunadeligen Formen. Nadeln im Austrieb auffallend hellgelb, später blaugrün.

'Moerheim'. Wuchs schmal kegelförmig. Nadeln blauweiß bereift, auch im Winter, 2,5–3 cm lang.

'Oldenburg'. Wuchs regelmäßig kegelförmig, 10–15 m hoch, aus Veredlungen rasch gleichmäßige Pflanzen aufbauend. Nadeln stahlblau, 2–2,5 cm lang.

'Spek'. Wuchs kräftig, aufgelockert kegelförmig. Nadeln wachsartig blau bereift.

'Thomsen'. Wuchs kräftig, regelmäßig kegelförmig. Nadeln dick, weiß bis silberblau.

2 Wuchs ± zwergig

'Glauca Globosa'. Wuchs abgeflacht kugelig, sehr dicht, etwa 1 m hoch und 1,5 m breit. Nadeln weißblau, 1–1,2 cm lang.

'Glauca Procumbens'. Wuchs unregelmäßig strauchig, breit niedergestreckt. Nadeln silberblau, 2–2,5 cm lang.

'Montgomery'. Wuchs sehr gedrungen, regelmäßig breit kegelförmig. Nadeln 1,8–2 cm lang, graublau.

'Thuem'. Wuchs kompakt, breit kegelförmig, ähnlich 'Montgomery', aber stärker wachsend und die Nadeln länger.

3 Wuchs überhängend

'Glauca Pendula'. Wuchs, wenn aufgebunden, schief aufrecht, Äste schräg abwärts wachsend, die oberen zunächst waagerecht, später auch hängend.

Picea purpurea Mast., Purpur-Fichte

Habitus: Bis 30(–50) m hoher Baum, Krone kegel- bis walzenförmig, Borke anfangs dünnschuppig, später dicker, tiefrissig, rostbraun bis grau, Äste dick, waagerecht ausgebreitet oder abwärts gebogen, Triebe hell gelblich grau, dicht braungelb behaart, Knospen kegelförmig, dunkelbraun, harzig, Schuppen stumpf.
Nadeln: Auf der Zweigoberseite nach vorne gerichtet, dem Zweig dicht anliegend, die seitlichen etwas aufwärts gerichtet, 0,7–1,4 cm lang, 1,5–1,8 mm breit, stumpf, ± stark abgeflacht, beiderseits gekielt, hellgrün bis glänzend dunkelgrün, oberseits ohne oder mit 1–2 undeutlichen, unterseits mit 2 weißlichen Spaltöffnungsbändern.
Zapfen: Eiförmig oder länglich-eiförmig, 2,5–5(–7) cm lang, 1,7–3 cm breit, jung violettpurpurn, reif purpurbraun oder braun, Samenschuppen länglich-rhombisch, dünn, Spitze längs gefaltet, vorderer Rand gewellt, unregelmäßig gezähnelt.
Verbreitung: China: Gansu, Quinghai, Sichuan.
Verwendung: Sehr selten, WHZ 6b, LB 7.2.3.3.

Picea rubens Sarg., Amerikanische Rot-Fichte

Habitus: Bis 35(–50) m hoher Baum, Krone schmal kegelförmig, Borke rotbraun, schuppig bis gefurcht, Äste waagerecht abstehend Triebe anfangs gelbbraun, später orange bis rotbraun, dicht kurz borstig behaart, Knospen ei- bis kegelförmig, 5–8 mm lang, spitz, basale Schuppen lang, pfriemlich, die Knospe überragend.

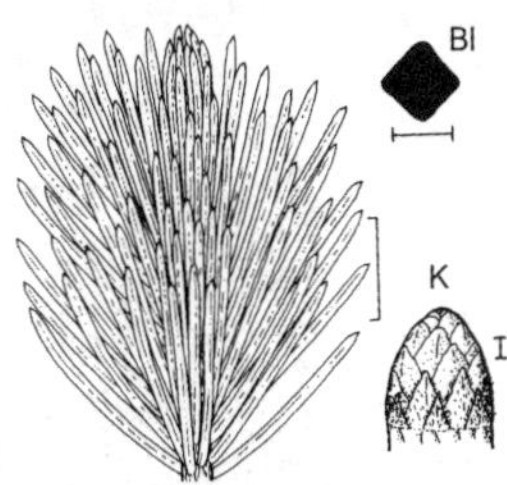

Picea schrenkiana

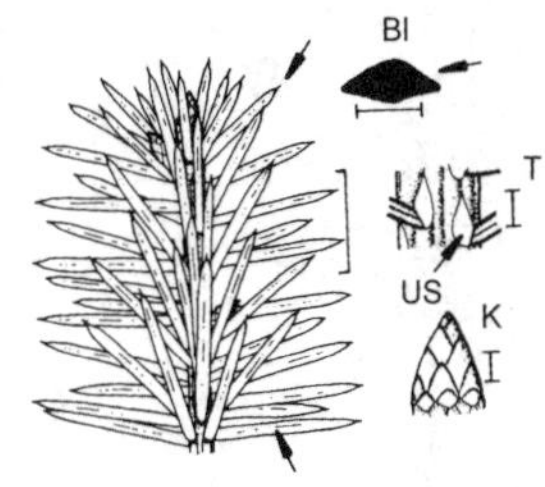

Picea sitchensis

Nadeln: Radial stehend, nach vorne gerichtet, auf der Zweigunterseite schwach gescheitelt, 1–1,5 cm lang, 1 mm breit, spitz oder fast stumpflich, ± sichelförmig gebogen, gelbgrün oder dunkelgrün, stark glänzend, 4-kantig, auf allen Seiten mit 2–4 Spaltöffnungslinien.
Zapfen: Eiförmig, 2,5–5 cm lang, 1,8–3,5 cm breit, jung grün oder purpurn, reif glänzend rotbraun, ziemlich harzig, Samenschuppen verkehrteiförmig, steif, oberer Rand abgerundet, ganzrandig oder schwach und unregelmäßig gezähnelt.
Verbreitung: O-Kanada, O-USA: Appalachen.
Verwendung: Sehr selten, N, WHZ 3, LB 7.2.3.2.

P. rubra (Du Roi) Link = *P. rubens*

Picea schrenkiana Fisch. et C.A. Mey., Schrenks Fichte, Tienschan-Fichte

Habitus: Bis 35–50(–60) m hoher Baum, Krone schmal kegel- bis walzenförmig, in Kultur anfangs oft sehr breit kegelförmig, Borke schuppig, grauschwarz, Äste waagerecht abstehend bis durchgebogen oder hängend, Triebe dick, grau bis graugelb, kahl oder behaart, Knospen breit ei- bis kegelförmig, 0,5–10 mm lang, hellbraun, nicht harzig, Schuppen fest anliegend, stumpf, Terminalknospen mit zugespitzten, gekielten, behaarten Basalschuppen.
Nadeln: Radial stehend, auf der Zweigoberseite nach vorne gerichtet, unterseits etwas gescheitelt, 1,5–3,5 cm lang, 1–1,5 mm breit, starr, scharf und stechend zugespitzt, gerade oder etwas gebogen, dunkelgrün, 4-kantig, allseits mit je 2–4 auffallenden Spaltöffnungslinien.
Zapfen: Zylindrisch, (8–10 cm lang, 2,5–3,5 cm breit, jung grün oder purpurn, reif dunkel graubraun bis purpurschwarz, Samenschuppen verkehrteiförmig, flach gebogen, oberer Rand abgerundet, ganzrandig.
Verbreitung: M-Asien: Gebirge in Kirgisistan bis ins angrenzende China (Tienschan).
Verwendung: Sehr selten, N, WHZ 6b, LB 7.1.2.1.

Picea sitchensis (Bong.) Carrière, Sitka-Fichte

Habitus: 40–60(–90) m hoher Baum, Krone kegelförmig bis breit kegelförmig, Borke grau- bis rotbraun, dünnschuppig, Äste lang, waagerecht abstehend, Zweige abstehend oder hängend, Triebe glänzend hellgrau bis orangebraun, kahl, Nadelkissen auffallend abstehend, Knospen spitz ei- bis kegelförmig, 4–5 mm lang, hellbraun, nicht oder an der Basis schwach harzig.
Nadeln: Radial stehend, an waagerecht stehenden Seitenzweigen meist auf der Oberseite anliegend und nach vorne gerichtet, auf der Zweigunterseite gescheitelt, 1,5–2,5 cm lang, 1–1,2 mm dick, starr, stechend zugespitzt, etwas abgeflacht, im Querschnitt fast rhombisch, oberseits glänzend grün, ohne oder mit 1–2 undeutlichen, unterbrochenen Spaltöffnungslinien, unterseits mit 2 Spaltöffnungsbändern aus je 5–8 silberweißen Linien.
Zapfen: Zylindrisch, 5–8 cm lang, 2–3 cm breit, jung gelbgrün, reif gelblich braun, Samenschuppen länglich-rhombisch, dünn, biegsam, am oberen Rand gewellt und gezähnelt.
Verbreitung: Alaska, Kanada, NW- bis W-USA.
Verwendung: Sehr häufig, N, WHZ 5b, LB 4.1.3.2 (2.3.4.2).

'Silberzwerg'. Zwergform. Wuchs langsam, breit kegelförmig bis nahezu kugelig, Nadeln blaugrün, unterseits mit silbrig glänzenden Spaltöffnungsbändern.

'Tenas'. Zwergform. Wuchs sehr kompakt, abgeflacht halbkugelig. Nadeln sehr kurz, auffallend blaugrau bis graugrün.

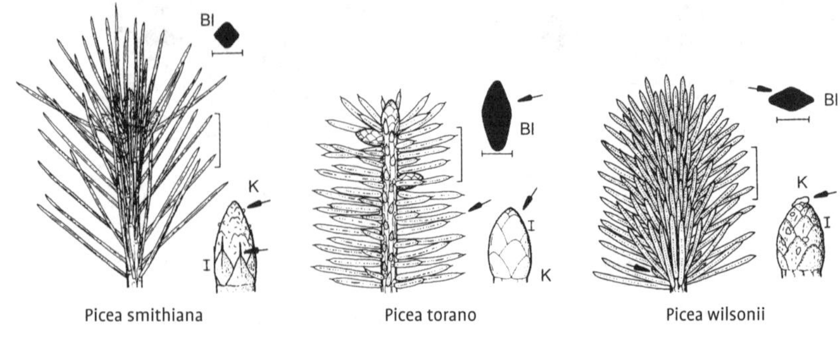

Picea smithiana Picea torano Picea wilsonii

Picea smithiana (Wall.) Boiss., Himalaja-Fichte

Habitus: Bis 30–50(–60) m hoher, eleganter Baum, Krone anfangs breit kegelförmig, im Alter walzenförmig, Äste lang, waagerecht abstehend, Zweige deutlich hängend, Triebe dünn, hellgrau bis glänzend hellbraun, Knospen ei- bis kegelförmig, bis 0,5–1,2 cm lang, glänzend kastanienbraun, harzig.
Nadeln: Radial stehend, schräg vorwärts gerichtet, gerade oder leicht gebogen, 3–4 cm lang, 1 mm breit, zugespitzt, ziemlich weich, nicht stechend, dunkelgrün, 4-kantig, im Querschnitt breiter als hoch, auf allen Seiten mit 2–5 Spaltöffnungslinien.
Zapfen: Zylindrisch, 12–18 cm lang, 3–6 cm dick, jung grün oder purpurgrün, reif glänzend braun, Samenschuppen breit verkehrteiförmig, oberer Rand abgerundet, ganzrandig.
Verbreitung: Himalaja: Afghanistan, Kaschmir, Tibet, NW-Indien, Nepal.
Verwendung: Selten, N, WHZ 7a, LB 7.4.1.1 (6.4.1.1).

Picea torano (Siebold ex K. Koch) Koehne, Tigerschwanz-Fichte

Habitus: 20–40 m hoher Baum, Krone breit kegelförmig, starr aufgebaut, Borke grau bis purpurbraun, grobschuppig, Äste lang, waagerecht abstehend, Triebe dick, kahl, glänzend gelblich braun bis grau, Knospen eiförmig, 0,8–1,2 cm lang, glänzend kastanienbraun, nicht oder nur schwach harzig, Schuppen fest anliegend.
Nadeln: Radial, auf der Zweigoberseite dicht und fast rechtwinklig abstehend, schwach sichelförmig gebogen, 1,5–2 cm lang, 1,8–2 mm breit, sehr starr, dornig zugespitzt, stechend, glänzend frisch- bis dunkelgrün, 4-kantig, höher als breit, allseits mit Spaltöffnungslinien, oberseits je Fläche 4–6, unterseits je Fläche 6–8.
Zapfen: Länglich-eiförmig oder eiförmig, 7–11 cm lang, 4–7 cm breit, jung hellgrün, reif rot- bis orangebraun, Samenschuppen breit, verkehrteiförmig bis halbrund, oberer Rand breit abgerundet, gezähnt oder ganzrandig.
Verbreitung: S-Japan.
Verwendung: Sehr selten, WHZ 6a, LB 6.2.2.2.

Picea wilsonii Mast., Wilsons Fichte

Habitus: Bis 25–40(–50) m hoher Baum, Krone anfangs kegelförmig, später breit kegel- bis walzenförmig, Äste kurz, waagerecht abstehend oder abwärts gebogen und an der Spitze aufsteigend, Triebe gelblich bis weißlich grau, kahl, Knospen eiförmig, stumpf, 5–8 mm lang, dunkel- oder purpurbraun, glänzend, nicht harzig.
Nadeln: Auf der Zweigoberseite sehr dicht stehend, ± nach vorne gerichtet, auf der Zweigunterseite gescheitelt, 1–2 cm lang, 1–1,7 mm breit, gerade oder leicht gebogen, spitz oder stumpflich, 4-kantig, abgeflacht, oberseits mit je 1–3, unterseits mit je 3–4 undeutlichen Spaltöffnungslinien.
Zapfen: Länglich-eiförmig oder zylindrisch, 4–8 cm lang, 2,5–3,5 cm breit, jung grün oder purpurgrün, reif braun, Samenschuppen verkehrteiförmig bis fast kreisrund, oberer Rand abgerundet oder gestutzt, meist ganzrandig.
Verbreitung: M- und W-China.
Verwendung: Sehr selten, WHZ 6a, LB 6.4.2.3.

Pinus L.

Kiefer – Pinaceae

(lateinisch *pinus* = verschiedene Sippen harzreicher Nadelhölzer, erst später auf Kiefern eingeengt)

Habitus: Immergrüne, bis 75 m hohe Bäume, seltener Sträucher, Krone baumförmiger Arten anfangs meist kegelförmig, später aufgelockert und unregelmäßig, Borke rissig, fein- oder grobschuppig, Äste anfangs quirlig stehend, Sprosssystem aus Langtrieben und nadeltragenden Kurztrieben bestehend, Winterknospen (in den Beschreibungen als Knospen bezeichnet) mit zahlreichen, dachziegeligen Schuppen, meist harzig (die Längenangaben in den Beschreibungen beziehen sich auf die Terminalknospen, die von wirtelig genäherten Seitenknospen umgeben sind).
Nadeln: An Langtrieben zu trockenhäutigen Schuppen reduziert, in deren Achseln entstehen Kurztriebe mit 2, 3 oder 5, selten nur 1 oder 6–8 Nadeln, die am Grund von einer häutigen, meist hinfälligen Scheide aus 8–15 Schuppen umgeben sind, Nadelbüschel am Grund kreisförmig, die einzelnen Nadeln als Kreissegmente 3-kantig oder halbkreisförmig, am Rand meist fein gezähnt, auf der Innenseite stets, auf der Außenseite häufig mit Spaltöffnungslinien, Nadeln 2,5–5 cm lang, 0,5–2,5 mm breit.
Blüten: 1-geschlechtig, 1-häusig verteilt, ♂ Blüten kätzchenartig, dicht gedrängt im unteren Bereich diesjähriger Langtriebe, rot oder violett, zusammengesetzt aus zahlreichen spiralig stehenden Staubblättern mit je 2 Pollensäcken, ♀ Blütenzapfen aufrecht, einzeln oder zu mehreren im Spitzenbereich diesjähriger Langtriebe, zusammengesetzt aus zahlreichen spiralig stehenden Samenschuppen mit je 2 Samenanlagen, jede in der Achsel einer kleinen Deckschuppe.
Zapfen: Kugelig, ei- oder walzenförmig, gerade oder gebogen, schief oder symmetrisch, meist hängend, im 2. oder 3. Jahr reifend, sich dann meist öffnend, selten jahrelang geschlossen bleibend, Samenschuppen holzig, dicht dachziegelig, außen an der Spitze mit einer rhombischen Verdickung (Schuppenschilde, Apophyse), oft gekielt oder in der Mitte mit einem warzen- oder dornartigen Fortsatz (Nabel), je Samenschuppe 2 meist geflügelte, 0,1–3,1 cm lange Samen, selten Flügel stark reduziert oder fehlend.
Verbreitung: 109–128 Arten, hauptsächlich auf der nördl. Halbkugel.
Verwendung: Wichtige, häufig gepflanzte Wald-, Park- und Gartenbäume, einige Arten mit zahlreichen, auch zwergig wachsenden Gartenformen.

Bestimmungsschlüssel Pinus

(der Begriff Nadelscheiden in diesem Schlüssel bezieht sich immer auf die jüngsten, d. h. höchstens 1-jährigen Nadelscheiden)

1 Nadeln (zumindest teilweise) einzeln am Trieb .... *P. monophylla*
– Nadeln zu mehreren (mindestens 2) am Trieb 2
2 Nadeln zu 2 im Büschel 3
– Nadeln zu 3 oder 5 im Büschel 26
3 Nadeln höchstens 5 cm lang 4
– Nadeln länger (zumindest die meisten) ... 10
4 Nadeln teilweise einzeln, Nadeln eines Paares laufen ganz dicht nebeneinander .... *P. monophylla*
– Nadeln allesamt zu 2, Paar auseinanderlaufend 5
5 Knospen harzig, Schuppen daher schwer erkennbar 6
– Knospen (fast) harzfrei .... *P. sylvestris*
6 Nadeln auffällig hin- und hergebogen, Knospen höchstens 8 mm lang .... *P. banksiana*
– Nadeln nicht auffällig hin- und hergebogen (höchstens gedreht), Knospen länger (zumindest viele Endknospen) 7
7 Nadelscheiden höchstens 6 mm lang .... *P. contorta* subsp. *contorta*
– Nadelscheiden länger: *P. mugo* agg.: Unterscheidung der folgenden 3 Arten nur am Zapfen und z. T. Habitus möglich 8
8 Zapfen stark asymmetrisch, Schild der Schuppen hakenförmig zurückgebogen, mindestens 4 mm vorstehend, einstämmiger Baum bis über 10 m hoch .... *P. uncinata*
– Zapfen symmetrisch bis asymmetrisch, Schild der Schuppen flach bis vorgewölbt, höchstens 4 mm vorstehend, Strauch oder Baum bis höchstens 10 m Höhe 9
9 Mehrstämmiger Strauch oder kleiner Baum bis max. 3(–5) m Höhe, Zapfen symmetrisch, Schild der Schuppen flach, höchstens 2 mm vorstehend .... *P. mugo*
– Mehrstämmiger Strauch oder kleiner Baum bis max. 10 m Höhe, Zapfen etwas asymmetrisch, Schild der Schuppen bucklig-vorgewölbt und 2–4 mm vorstehend .... *P. rotundata*
10 Nadeln höchstens 11 cm lang 11
– Nadeln länger (zumindest sehr viele) 21
11 Knospen (fast) harzfrei 12
– Knospen harzig, Schuppen daher nur teilweise erkennbar 15
12 Nadelscheiden höchstens 10 mm lang 13
– Nadelscheiden länger (zumindest die meisten) 14
13 Knospen braun, Nadeln gegen den Strich glatt, Triebe bereift .... *P. halepensis*
– Knospen rötlich, Nadeln gegen den Strich sehr rau, Triebe nicht bereift .... *P. sylvestris*
14 Junge Triebe orangegelb, Nadeln ± matt .... *P. thunbergii*
– Junge Triebe bräunlich und bereift, Nadeln ölig glänzend und beide Nadeln des Nadelpaares

auffallend dicht zusammen stehend, Knospenschuppen pergamentartig dünn .... *P. heldreichii*

15 Nadelscheiden höchstens 6 mm lang .... *P. contorta* subsp. *contorta*

– Nadelscheiden länger (zumindest die meisten) 16

16 Junge Triebe grün und bereift ... *P. densiflora*

– Junge Triebe braun 17

17 Nadelscheiden länger als 10 mm 18

– Nadelscheiden höchstens 10 mm lang 20

18 Knospen mit Harztröpfchen/-überzug .... *P. tabuliformis*

– Knospen ohne Harztröpfchen 19

19 Nadelscheiden höchstens 14 mm lang, Knospenschuppen mit hellhäutigem Rand .... *P. nigra* subsp. *nigra*

– Nadelscheiden mindestens 15 mm lang, Knospenschuppen mit zerfranstem Rand .... *P. nigra* subsp. *laricio*

20 Junge Triebe matt .... *P. sylvestris*

– Junge Triebe glänzend .... *P. uncinata*

21 (10) Knospen völlig harzlos, junge Triebe grün- bis grau-braun 22

– Knospen ± harzig, junge Triebe einfarbig braun 23

22 Triebe gerillt, Knospenschuppen am Rand spinnwebartig zerfasert, Nadeln höchstens 17 cm lang, Knospen höchstens 15 mm lang .... *P. pinea*

– Triebe ± glatt, Knospenschuppen mit auffallend eingerolltem Spitzchen, Nadeln 15–25 cm lang, Knospen bis 3 cm lang .... *P. pinaster*

23 Spitzen der Knospenschuppen fast alle (bis auf die untersten) anliegend, Nadeln eines Paares laufen auseinander 24

– Spitzen der Knospenschuppen fast alle (bis auf die obersten) abstehend, Nadeln eines Paares laufen eng zusammen und parallel .... *P. resinosa*

24 Knospen mit Harztröpfchen/-überzug .... *P. tabuliformis*

– Knospen ohne Harztröpfchen *25*

25 Nadelscheiden höchstens 14 mm lang, Knospenschuppen mit hellhäutigem Rand .... *P. nigra* subsp. *nigra*

– Nadelscheiden mindestens 15 mm lang, Knospenschuppen mit zerfranstem Rand .... *P. nigra* subsp. *laricio*

26 (2) Nadeln zu 3 im Bündel 27

– Nadeln zu 5 im Bündel 35

27 Knospen (fast) harzfrei 28

– Knospen (sehr) harzig 31

28 Nadeln höchstens 10 cm lang, gelbgrün, ölig glänzend .... *P. bungeana*

– Nadeln viel länger, graugrün 29

29 Junge Triebe bereift .... *P. jeffreyi*

– Junge Triebe nicht bereift 30

30 Knospen zylindrisch, Nadelscheiden höchstens 12 mm lang .... *P. radiata*

– Knospen eiförmig, Nadelscheiden länger (wenigstens die meisten) .... *P. ponderosa* subsp. *ponderosa*

31 Nadeln höchstens 12 cm lang, Nadelscheiden höchstens 12 mm lang .... *P. rigida*

– Nadeln und Nadelscheiden länger (wenigstens die meisten) 32

32 Junge Triebe bereift 33

– Junge Triebe unbereift .... *P. ponderosa* subsp. *ponderosa*

33 Nadeln schlaff .... *P. sabiniana*

– Nadeln steif 34

34 Nadeln weit abspreizend, Nadelscheiden länger als 2 cm .... *P. coulteri*

– Nadeln anliegend, Nadelscheiden höchstens 1,5 cm .... *P. jeffreyi*

35 (21) Nadeln beim Streichen von der Spitze zur Basis glatt, da ohne Zähne 36

– Nadeln rau, da Rand sehr fein gezähnt (Lupe!) 40

36 Nadelscheiden fallen noch im 1. Sommer ab, Nadeln daher bald ohne Scheiden 37

– Nadelscheiden fallen erst im 2. oder 3. Jahr ab 38

37 Junge Triebe auffallend biegsam (Nadeln ebenso), Spitzen der Knospenschuppen anliegend .... *P. flexilis*

– Junge Triebe ± steif (Nadeln ebenso), Spitzen der Knospenschuppen abstehend .... *P. albicaulis*

38 Nadeln auffallend mit kleinen Harzflöckchen bedeckt (wie bei Wolllausbefall) .... *P. aristata*

– Nadeln ohne Harzflöckchen 39

39 Junge Triebe hell orangefarben, Spitzen der Knospenschuppen abstehend .... *P. longaeva*

– Junge Triebe dunkelbraun, Knospenschuppen anliegend .... *P. balfouriana*

40 Endknospen länger als 10 mm 41

– Endknospen höchstens 10 mm lang 46

41 Junge Triebe kahl, evtl. bereift 42

– Junge Triebe behaart 43

42 Knospen spitz .... *P. wallichiana*

– Knospen stumpf .... *P. armandii*

43 Junge Triebe grün und bereift .. *P. ×schwerinii*

– Junge Triebe gelblich, rötlich braun oder dicht rotbraun behaart 44

44 Einige Knospenschuppen nahe der Knospenspitze verdreht, fast anliegend ... *P. monticola*

– Knospenschuppen mit lang fadenförmigen, z. T. abstehenden Spitzen, junge Triebe dicht rotbraun behaart 45

45 Nadeln höchstens 12 cm lang .... *P. koraiensis*

– Nadeln länger (bis 18 cm) .... *P. ayacahuite* var. *ayacahuite*

46 Oberste Knospenschuppen lang ausgezogen 47

– Knospenschuppen ohne fadenförmige Spitze 52

47 Junge Triebe olivgrün, kahl und glänzend .... *P. peuce*

– Junge Triebe andersartig, behaart 48

48 Junge Triebe bereift .... *P. ×schwerinii*

– Junge Triebe nicht bereift 49

49 Einige Knospenschuppen nahe der Knospenspitze verdreht .... *P. monticola*

– Knospenschuppen nicht verdreht 50

50 Spitzen der Knospenschuppen ± anliegend, Strauch .... *P. pumila*

– Spitzen der Knospenschuppen abstehend, Baum 51

51 Nadeln höchstens 45° vom Trieb abspreizend .... *P. cembra* subsp. *cembra*

– Viele Nadeln mehr als 45° vom Trieb abspreizend .... *P. koraiensis*

52 Nadeln höchstens 1 mm dick, Triebe grünlich, grau oder gelblich braun, nicht duftend ... 53

– Nadeln 1,5 mm dick, Triebe dunkelbraun, fein behaart, Schnittstellen nach Zitrone duftend .... *P. lambertiana*

53 Junge Triebe grünlich 54

– Junge Triebe grau bis gelblich braun, Nadeln

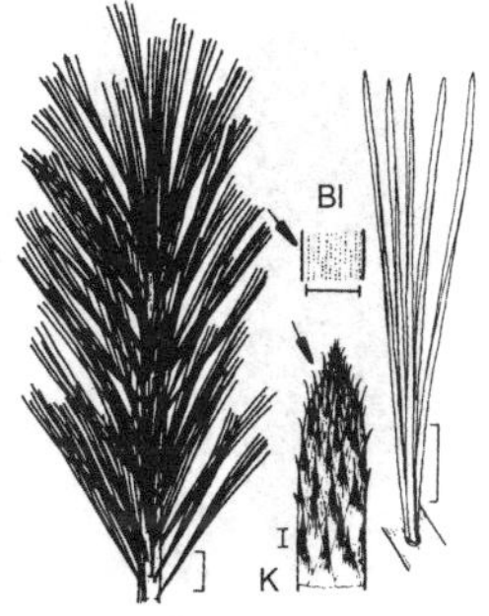

Pinus albicaulis

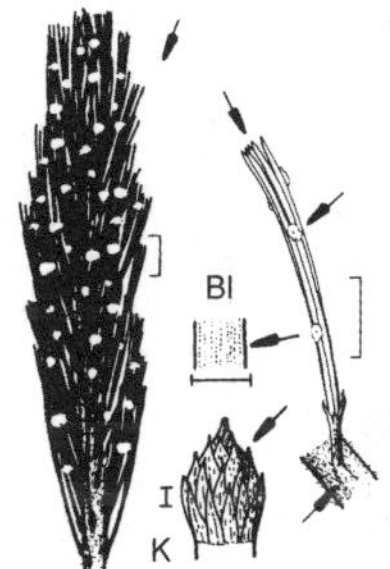

Pinus aristata

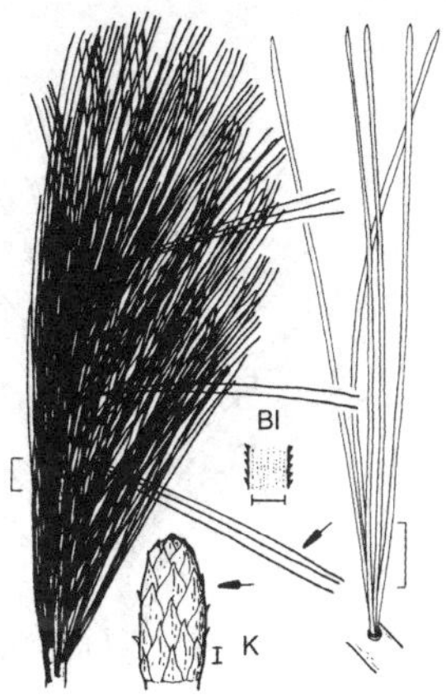

Pinus armandii

stark gekrümmt und mehrmals um ihre Achse gedreht . . . . *P. parviflora*

54 Junge Triebe nur spärlich behaart oder kahl, Knospen höchstens 7 mm lang . . . . . *P. strobus*

– Junge Triebe dicht filzig behaart, Endknospen länger (8–10 mm) . . . .*P. cembra* subsp. *cembra*

Pinus albicaulis Engelm., Weißstämmige Kiefer

Habitus: 10–20(–25) m hoher Baum, Krone anfangs schmal kegelförmig, im Alter aufgelockert und unregelmäßig, Borke anfangs weißlich, glatt, später rau, dickschuppig, gelblich braun bis grau, Äste aufsteigend oder abstehend, Triebe dick, rotgelb oder orange bis braun, kahl oder leicht behaart, Knospen breit eiförmig, 8–10 mm lang, zugespitzt, rotbraun, nicht harzig, Schuppen lose anliegend, lang zugespitzt.
Nadeln: Zu 5, 3–7 cm lang, 1–1,5 mm breit, steif, ganzrandig, kurz zugespitzt, gelb- oder dunkelgrün, 3-kantig, außen mit 2 vertieften, innen mit 4–6 Spaltöffnungslinien, Lebensdauer 5–8 Jahre, Nadelscheiden 8–12 mm lang, im 2. Jahr abgefallen.
Zapfen: Eiförmig bis fast kugelig, fast sitzend, 5–7 cm lang, 4–7 cm breit, jung dunkelgrau oder purpurn, reif braun, sich zur Reife nicht öffnend, Schuppenschilde dick, quer gekielt, Nabel scharfspitzig, Samen 0,7–1,2 cm dick, Flügel fehlend, essbar.
Verbreitung: Gebirge in W-Kanada, NW- und W-USA.
Verwendung: Sehr selten, WHZ 6a, LB 8.1.3.4.

Pinus aristata Engelm., Grannen-Kiefer

Habitus: Bis 3–15(–23) m hoher Baum, Krone anfangs regelmäßig kegelförmig, später aufgelockert und unregelmäßig, Borke anfangs glatt, im Alter gefurcht, unregelmäßig flach gerippt, rostbraun bis grau, Äste kurz, aufsteigend oder abstehend, Triebe rost- oder orangebraun, mit kurzen, hellen Haaren, Knospen spitz eiförmig, 8 mm lang, dunkel rostbraun, harzig, äußere Schuppen lose anliegend.
Nadeln: Zu 5, dicht stehend, zum Zweig hin gebogen und ihm ziemlich dicht anliegend, 2–4,5 cm lang, 0,8–1 mm breit, dunkel- bis bläulich grün, mit auffallenden, weißen Harzflocken bedeckt, 3-kantig, außen ohne, innen mit zahlreichen, bläulich weißen Spaltöffnungslinien, Lebensdauer 12–15 Jahre, Nadelscheiden im 2. Jahr abgefallen.
Zapfen: Zylindrisch-eiförmig, 6–11 cm lang, 4–6 cm breit, fast ungestielt, Schuppenschilde gewölbt, quer gekielt, Nabel mit einem 4–11 mm langen, grannenförmigen Dorn.
Verbreitung: W- bis SW-USA: Rocky Mts.
Verwendung: Häufig, WHZ 6a, LB 8.2.1.4.

P. aristata var. *longaeva* (D.K. Bailey) Little = *P. longaeva*

Pinus armandii Franch., Chinesische Weiß-Kiefer, China-Zirbe

Habitus: Bis 30–35 m hoher Baum, Krone anfangs breit kegelförmig, später abgerundet oder abgeflacht, Borke dünn, grünlich grau,

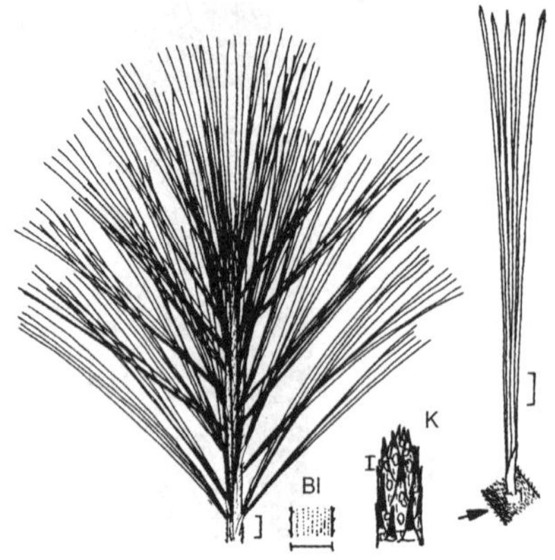

Pinus ayacahuite var. ayacahuite

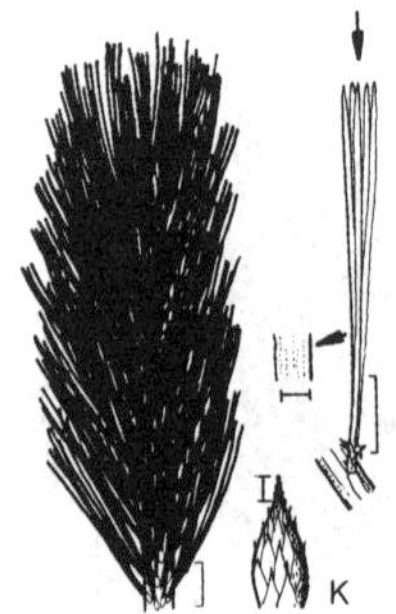

Pinus balfouriana

lange glatt bleibend, im Alter grobschuppig, Äste weit und waagerecht abstehend, Triebe grün, graugrün oder braun, kahl, manchmal leicht drüsig, Knospen zylindrisch, 1–1,5 cm lang, stumpf, kastanienbraun, leicht harzig, Schuppen lang zugespitzt, an der Spitze abstehend.
Nadeln: Zu 5, 8–15 cm lang, dünn, meist hängend und etwas geknickt, gelb- bis frischgrün, Rand gezähnt, 3-kantig, außen ohne, innen mit bläulich weißen Spaltöffnungslinien, Lebensdauer 2–3 Jahre, Nadelscheiden im 1. Jahr abfallend.
Zapfen: Zylindrisch bis länglich-kegelförmig, 10–18 cm lang, 5–7 cm dick, 2–3 cm lang gestielt, jung grün bis bläulich violett, reif gelblich braun, Samenschuppen dick, steif, vorne abgerundet oder zu einer Spitze verschmälert, Nabel klein, stumpf, Samen rotbraun, 1–1,2 cm lang, Flügel fehlend.
Verbreitung: W- und M-China, N-Myanmar, Taiwan.
Verwendung: Sehr selten, N, WHZ 6a, LB 6.1.1.2.

P. austriaca Höss = *P. nigra* subsp. *nigra*

Pinus ayacahuite Ehrenb. ex Schldl. **var. ayacahuite**, Mexikanische Weiß-Kiefer

Habitus: Bis 40–45 m hoher Baum, in Kultur meist deutlich niedriger, Krone kegelförmig, Borke graubraun, an jungen Bäumen glatt, später rau und schuppig, Triebe hellgrau, kahl oder anfangs rostrot behaart, Knospen länglich-eiförmig, 0,8–1,5 cm lang, purpurbraun, nicht oder schwach harzig, Schuppen mit langen, am Ende abstehenden Spitzen.
Nadeln: Zu 5, 10–15 cm lang, 0,7–1 mm breit, 3-kantig, außen glänzend grün, außen ohne, innen mit je 3–8 silbrigen bis blaugrauen Spaltöffnungslinien, Lebensdauer 3–4 Jahre, Nadelscheiden im 1. Jahr abfallend.
Zapfen: Zylindrisch, gebogen, 15–40 cm lang, bis 7–15 cm breit, kurz gestielt, jung grün oder rotbraun, reif matt- oder gelbbraun, sehr harzig, Samenschuppen dünn, ± flexibel, elliptisch-länglich, 4–6 cm breit, Nabel klein, stumpf, Samen 0,8–1 cm lang.
Verbreitung: M-Amerika: El Salvador und Honduras bis S-Mexiko.
Verwendung: Selten, WHZ 8a, LB 6.1.1.3.

var. veitchii (Roezl) Shaw. Von der var. *ayacahuite* abweichend durch 15–50 cm lange, 10–15 cm breite Zapfen, nicht flexible Samenschuppen, dickeres Schild und 1–1,5 cm lange Samen. Z-Mexiko.

Pinus balfouriana A. Murray, Fuchsschwanz-Kiefer

Habitus: Bis 6–15(–35) m hoher Baum, Krone anfangs schmal kegelförmig, später offen und unregelmäßig, Borke anfangs milchig weiß, später tiefrissig, sich in dünnen Schuppen und Platten lösend, gelblich grau bis orangebraun, Triebe dick, orangebraun, kahl oder anfangs fein behaart, Knospen eiförmig, 0,8–1 mm lang, kurz zugespitzt, rotbraun, Schuppen dicht angedrückt.
Nadeln: Zu 5, dicht dem Zweig anliegend, 1,5–4 cm lang, 1–1,4 mm breit, auswärts ge-

Pinus banksiana

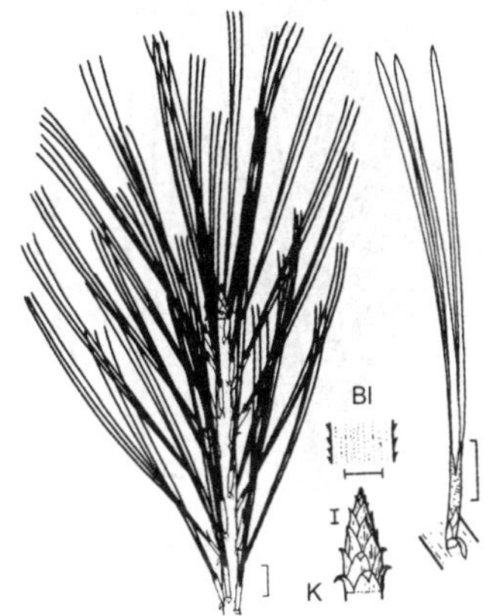

Pinus bungeana

richtet oder leicht vorwärts gebogen, dem Zweig ± anliegend, ganzrandig, 3-kantig, dunkel- oder blaugrün, außen ohne, innen mit deutlichen, silberweißen Spaltöffnungslinien, Lebensdauer 10–30 Jahre, Nadelscheiden im 2. Jahr nicht mehr vorhanden.
Zapfen: Länglich-eiförmig oder ellipsoid bis zylindrisch, 6–12 cm lang, 4–6 cm breit, sehr kurz gestielt, hängend, jung dunkelpurpurn, reif braun, Samenschuppen schmal, verlängert, Schuppenschilde dick, quer gekielt, Nabel mit 1 mm langem, weichem Dorn, Samen 1–1,3 mm lang, geflügelt.
Verbreitung: W-USA: Gebirge in Kalifornien.
Verwendung: Sehr selten, WHZ 7a, LB 8.2.2.3.

Pinus banksiana Lamb., Banks' Kiefer

Habitus: Bis 10–25(–32) m hoher Baum, meist niedriger, manchmal nur strauchig, Krone locker, unregelmäßig kegelförmig, Borke schmal gefurcht und dickschuppig, Äste dünn, abstehend, auf- und abwärts gerichtet, Triebe flexibel, anfangs grünlich, später orange- bis braunrot, kahl, Knospen eiförmig, 0,5–1 cm lang, rotbraun, sehr harzig, Schuppen dicht angedrückt.
Nadeln: Zu 2, 2–4 cm lang, 1–2 mm breit, gedreht, stark hin- und hergebogen oder spreizend, spitz, meist hellgrün, im Querschnitt halbkreisförmig, Spaltöffnungslinien auf beiden Seiten vorhanden, Lebensdauer 3–4 Jahre, Nadelscheiden 3–6 mm lang, bleibend.
Zapfen: Länglich, schmal kegel- bis eiförmig, 3–5,5 cm lang, 2–3 cm dick, asymmetrisch, oft gebogen, lange am Baum geschlossen bleibend, Schuppenschilde flach oder erhaben, Nabel ohne oder mit einem kleinen, borstigen Dorn, Samen 3–4 mm lang, geflügelt.
Verbreitung: Kanada, NO-USA.
Verwendung: Häufig, N, WHZ 3, LB 7.2.3.2 (4.1.3.2) (5.2.3.2).

Pinus bungeana Zucc. ex Endl., Bunges Kiefer, Tempel-Kiefer

Habitus: 25–30 m hoher Baum, Krone anfangs regelmäßig kegelförmig, im Alter aufgelockert, breit bis kuppelförmig, Borke glatt, sich platanenartig in dünnen Schuppen lösend, Stämme deshalb cremefarben, hellgelb, grünlich gelb, olivbraun oder rötlich purpurn gefleckt, im Alter kalkweiß, Äste lang und dünn, Triebe graugrün, kahl, Knospen ei- bis spindelförmig, 1–1,2 cm lang, harzlos, Schuppenspitzen frei, z. T. zurückgeschlagen.
Nadeln: Zu 3, 5–10 cm lang, 2 mm breit, steif, gerade, abstehend, scharf zugespitzt, fein gesägt, 3-kantig, hellgrün oder schwach bläulich grün, Spaltöffnungslinien auf allen Seiten, Nadelscheiden sehr lang, im 1. Jahr abfallend.
Zapfen: Breit eiförmig bis fast kugelig, 5–7 cm lang, 4–5 cm breit, fast sitzend, Schuppenschilde stark verdickt, quer gekielt, Nabel mit starrem, zurückgebogenem Dorn, Samen 0,8–1 cm lang, kurz geflügelt.
Verbreitung: NW-China.
Verwendung: Sehr selten, WHZ 6b, LB 6.3.2.2 (7.1.2.2).

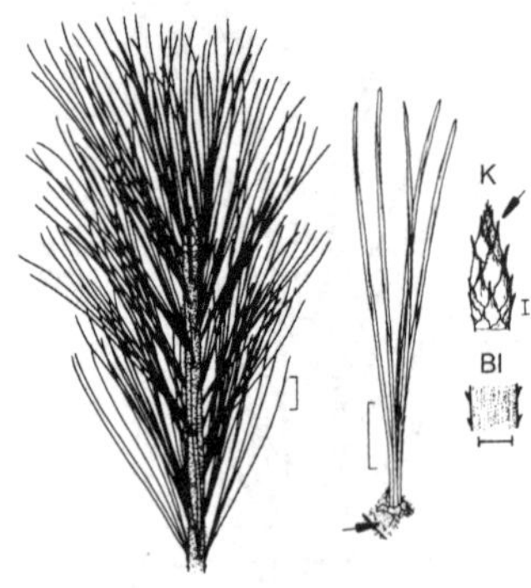

Pinus cembra subsp. cembra

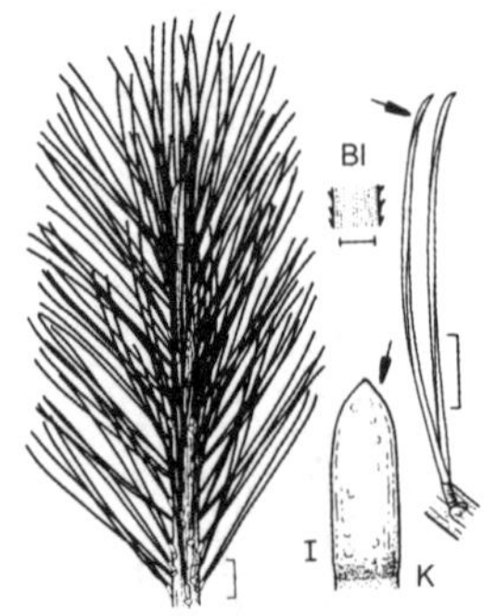

Pinus contorta subsp. contorta

Pinus cembra L. **subsp. cembra**, Arve, Zirbe, Europäische Zirbel-Kiefer

Habitus: 10–25 m hoher Baum, Krone dicht, anfangs schmal kegelförmig, später unregelmäßig bis fast säulenförmig, Borke anfangs glatt, orangebraun, später graubraun bis silbrig rotbraun, längsrissig, dickschuppig, Äste kurz, abstehend oder bogig aufsteigend, Triebe olivgrün, dicht filzig orangebraun bis rostrot behaart, Knospen ei- bis kegelförmig, 0,8–1 cm lang, zugespitzt, nicht harzig, Schuppen dicht anliegend, lang zugespitzt.
Nadeln: Zu 5, abstehend oder vorwärts gerichtet und zum Zweig hin gebogen, an den Zweigenden in pinselartigen Büscheln, 5–10 cm lang, 1–1,5 mm breit, stumpf zugespitzt, ziemlich steif, fein gesägt, 3-kantig, dunkelgrün, außen ohne, innen mit blauweißen Spaltöffnungslinien, Lebensdauer 2–5 Jahre, Nadelscheiden im 2. Jahr abfallend.
Zapfen: Breit ei- bis fassförmig, 5–8 cm lang, 4–6 cm breit, im 3. Jahr reifend, dunkelbraun, Schuppenschilde dick, breit rhombisch, Nabel stumpf, hellbraun, Samen 0,8–1,6 cm lang, ungeflügelt, essbar.
Verbreitung: Hochgebirge in M-Europa: Alpen, Karpaten.
Verwendung: Sehr häufig, N, WHZ 4, LB 8.2.3.2.

subsp. sibirica (Du Tour) Krylov, Sibirische Zirbel-Kiefer. Von subsp. *cembra* abweichend durch etwas größere Wuchshöhen, etwas längere Nadeln, etwas größere Zapfen und dünnere, zerbrechliche Samenschalen. N-Europa, Sibirien, Kasachstan, Mongolei, N-China.

P. cembroides Zucc. var. *monophylla* (Torr. et Frém.) Voss. = *P. monophylla*

P. clusiana Clemente = *P. nigra* subsp. *salzmannii*

Pinus contorta Douglas ex Loudon **subsp. contorta**, Gewöhnliche Dreh-Kiefer, Küsten-Kiefer

Habitus: 3–15 m hoher Baum, Krone anfangs kegelförmig, später abgerundet, unregelmäßig walzen- oder eiförmig, Äste kurz, Borke rot- oder hellbraun bis schwarzbraun, tief in plattige Schuppen oder längliche Rippen gespalten, Triebe anfangs grün, später orange- bis rotbraun, kahl, Knospen eiförmig, 1–1,5 cm lang, kurz zugespitzt, braun, schwach harzig.
Nadeln: Zu 2, 2–5 cm lang, 0,7–1,2 mm breit, steif, gedreht, wenig stechend, sehr fein gesägt, im Querschnitt halbkreisförmig, glänzend gelblich grün oder dunkelgrün, Spaltöffnungslinien beiderseits, unauffällig, Lebensdauer 3–8 Jahre, Nadelscheiden 3–6 mm lang, bleibend.
Zapfen: Eiförmig, einzeln oder zu 2–5, 1,5–4 cm lang, abstehend oder zurückgebogen, asymmetrisch, kurz gestielt, orange- bis rotbraun, lange am Baum haftend, Samenschuppen an der Zapfenbasis außen meist mit aufgewölbtem Schild, Nabel mit dünnem, gebogenem, leicht abbrechendem Dorn.
Verbreitung: Küstengebiete von S-Alaska, Kanada und W-USA.
Verwendung: Häufig, N, WHZ 5a, LB 4.1.2.3.

subsp. latifolia (Engelm.) Critchf., Felsengebirgs-Dreh-Kiefer. Bis 25–30(–50) m hoher, langschäftiger Baum, Krone schmal kegelförmig. Nadeln 5–8 cm lang, 1–2 mm breit, hellgrün. Zapfen einzeln oder zu 2,

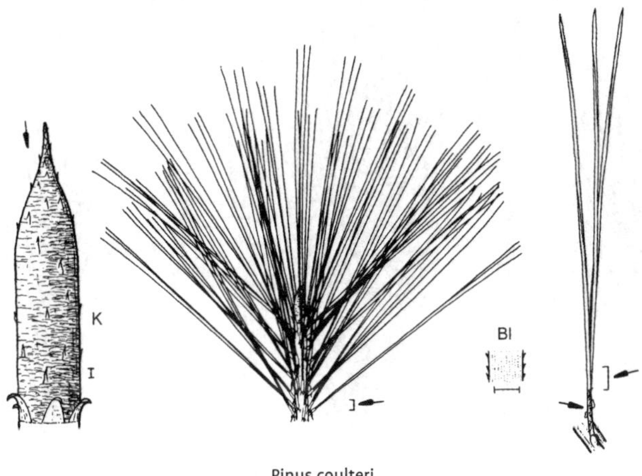

Pinus coulteri

4–6 cm lang, kegel- bis eiförmig, stark asymmetrisch, ± rechtwinklig vom Zweig abstehend oder zurückgekrümmt, bis über 20 Jahre geschlossen am Baum verbleibend, Schuppenschilde an der Zapfenbasis außen aufgewölbt, Nabel mit kleinem, stumpfem Dorn. W-Kanada, W-USA: Rocky Mts. In M-Europa häufiger in Kultur als var. *contorta*.

var. murrayana (Balf.) Engelm., Sierra-Dreh-Kiefer. Bis 50 m hoher Baum, Krone schmal kegelförmig, Nadeln 5–8 cm lang, 1–1,8 mm breit, dunkelgrün. Zapfen einzeln oder zu 2, 3–6 cm lang, symmetrisch, sich zur Reife öffnend, Schuppenschilde an der Zapfenbasis nicht aufgewölbt, nur quer gerillt, Nabel mit kleinem Dorn. W-USA: Kalifornien, Sierra Nevada.

Pinus coulteri D. Don, Coulters Kiefer

Habitus: Bis 15–25(–30) m hoher Baum, Krone breit kegelförmig, aufgelockert, später abgerundet, Borke dick, die länglichen, plattigen Schuppen dunkelbraun bis fast schwarz, Äste weit ausgebreitet, abstehend bis aufsteigend, Triebe dick, kahl, grünlich braun oder orange- bis purpurbraun, im 1. Jahr weiß bereift, Knospen länglich-eiförmig, lang zugespitzt, 1,5–3 cm lang, rötlich braun, harzig, Schuppen dicht anliegend, am Rand gefranst.
Nadeln: Zu 3, gerade oder gebogen, leicht gedreht, 15–25(–30) cm lang, 1,9–2,2 mm breit, sehr steif, kurz und scharf zugespitzt, Rand fein gesägt, 3-kantig, dunkel blaugrün, auf allen Seiten mit Spaltöffnungslinien, Lebensdauer 2–4 Jahre, Nadelscheiden dick, etwa 2 cm lang, bleibend.
Zapfen: Eiförmig oder länglich-eiförmig, leicht asymmetrisch, 25–30 cm lang, 10–20 cm breit (Frischgewicht bis 3 kg), mit kurzem, dickem Stiel, der mit einigen basalen Samenschuppen nach dem Abfallen des Zapfens (bleibt bis zu 25 Jahre haften) am Baum verbleibt, Samenschuppen dick, holzig, bis 6 cm lang, 4 cm breit, Schuppenschilde sehr dick, Nabel mit 2–3,5 cm langem, hakenförmig gebogenem, stechendem Dorn, Samen etwa 2 cm lang, geflügelt.
Verbreitung: Küstengebirge von SW-Mexiko und W-USA: Kalifornien.

Pinus densiflora Siebold et Zucc., Japanische Rot-Kiefer

Habitus: Bis 20–35 m hoher Baum, Krone anfangs regelmäßig kegelförmig, später unregelmäßig und breit gewölbt, abgeflacht oder schirmförmig, Borke im oberen Stammbereich rötlich braun, dünnschuppig, weiter unten tief gefurcht, mit groben, plattigen Schuppen, Äste waagerecht abstehend, Triebe gelblich grün, oft bereift, später orangegelb bis graubraun, Knospen länglich-eiförmig, 1,2 cm lang, spitz, rotbraun, etwas harzig, Spitzen der Schuppen oft frei und zurückgerollt.
Nadeln: Zu 2, 6–12 cm lang, etwa 1 mm breit, dünn, steif, leicht gedreht, fein zugespitzt, fein gesägt, tiefgrün bis bläulich grün, im Querschnitt halbkreisförmig, beiderseits mit undeutlichen Spaltöffnungslinien, Lebens-

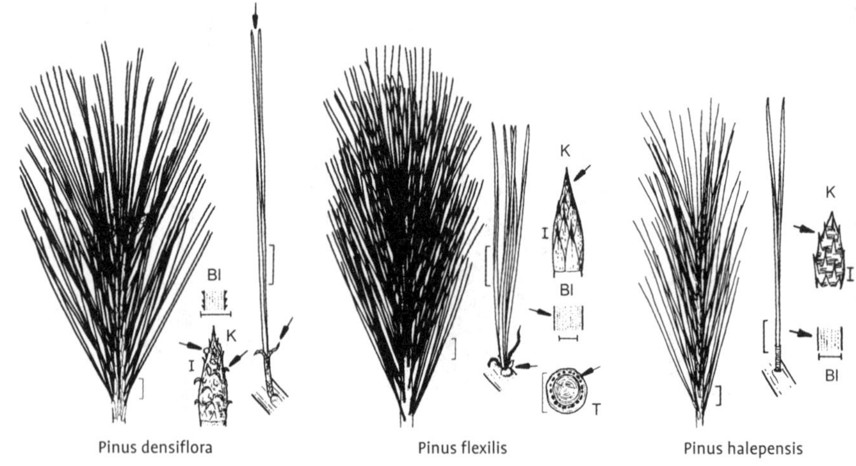

Pinus densiflora Pinus flexilis Pinus halepensis

dauer 2–3 Jahre, Nadelscheiden 1,5 cm lang, bleibend, oft in 2 lange, fadenförmige Zipfel aufgelöst.
Zapfen: Ei- bis kegelförmig oder länglich, symmetrisch, 3–6 cm lang, 2–3 cm breit, mattbraun, kurz gestielt oder sitzend, Samenschuppen dünn, Schuppenschilder flach, Nabel mit kurzem, weichem Dorn oder stumpf, Samen 6 mm lang, geflügelt.
Verbreitung: Japan, Korea, NO-China, Russ. Ferner Osten: Primorje.
Verwendung: Selten, N, WHZ 6b, LB 4.2.3.2 (5.3.2.2) (6.3.3.2).

'Alice Verkade'. Zwergform. Wuchs strauchig, anfangs kugelig und dicht verzweigt, später aufgelockert. Nadeln etwas kürzer als bei der Art, frischgrün.

'Oculis-draconis'. Zwergform. Wuchs strauchig. Nadeln grasgrün, mit 2 gelben Querbändern.

'Umbraculifera'. Wuchs strauchig, im Alter flach schirmförmig, 4 m hoch und 6 m breit. Nadeln 3–10 cm lang, frischgrün.

P. divaricata (Aiton) Dum.-Cours. = *P. banksiana*
P. excelsa Wall. ex D. Don = *P. wallichiana*

Pinus flexilis E. James, Nevada-Zirbe, Biegsame Kiefer

Habitus: Bis 15–25(–30) m hoher Baum, Krone anfangs locker schmal kegel- oder walzenförmig, im Alter unregelmäßig, Borke dünn, rau, schuppig, braun bis grau, Äste abstehend, aufrecht oder bogig aufsteigend, Triebe gelbgrün, kahl oder anfangs kurz behaart, auffallend biegsam (sie lassen sich erstaunlicherweise zu einem Knoten binden), Knospen breit eiförmig, spitz, 0,8–1,5 cm lang, harzig.
Nadeln: Zu 5, nach vorne gerichtet, in pinselartigen, locker gestellten Büscheln, 4–7 cm lang, 0,8–1,2 mm breit, steif, gerade oder etwas gebogen, scharf zugespitzt, ganzrandig, 3-kantig, außen blaugrün, innen mit blaugrünen bis weißen Spaltöffnungslinien, Lebensdauer 5–6 Jahre, Nadelscheiden etwa 1,5 cm lang, im 2. Jahr abgefallen.
Zapfen: Eiförmig bis zylindrisch-eiförmig, gerade oder leicht gebogen, kurz gestielt, 8–18 cm lang, 4–6 cm breit, jung grün oder purpurn, reif glänzend hell- bis dunkelbraun, Samenschuppen dick, holzig, vorne abgerundet, Schilde mit stumpfem, sehr harzigem Nabel, Samen mit rudimentärem Flügel.
Verbreitung: SW-Kanada, W-, SW- und Z-USA.
Verwendung: Selten, N, WHZ 6a, LB 7.1.2.3 (6.1.2.3).

'Firmament'. Von der Art unterschieden durch die kürzeren, gleichmäßig graublau gefärbten Nadeln.

P. griffithii McClelland = *P. wallichiana*

Pinus halepensis Mill., Aleppo-Kiefer

Habitus: Bis 20 m hoher Baum, Krone anfangs kegelförmig, licht, im Alter asymme-

trisch, schirmförmig gewölbt oder abgeflacht, Stamm oft gebogen oder gedreht, Borke anfangs glatt und silbergrau, zuletzt rissig-schuppig und rotbraun, Äste aufsteigend bis waagerecht abstehend, Triebe dünn, hell, kahl, leicht bereift, Knospen ei- bis kegelförmig, 0,5–1,5 cm lang, harzfrei, Schuppen mit zurückgeschlagenen Spitzen, am Rand spinnwebartig gefranst.
Nadeln: Zu 2, 6–12 cm lang, 0,7–0,8 mm breit, steif, im Querschnitt halbkreisförmig, hellgrün, unauffällige Spaltöffnungslinien an beiden Seiten, Lebensdauer 2–3 Jahre, Nadelscheiden 0,9–1,2 cm lang, bleibend.
Zapfen: Breit ei- bis kegelförmig, 6–12 cm lang, 3–7 cm breit, einzeln oder zu 2–3, kurz gestielt, ± abstehend oder rückwärts gerichtet, meist gerade, glänzend orange- bis rotbraun, viele Jahre am Baum bleibend, Schuppenschilde rhombisch, (fast) flach, Nabel flach oder eingedrückt, ohne Dorn.
Verbreitung: Mittelmeergebiet: von Marokko und Spanien bis Libyen, Griechenland und Israel; Libanon.
Verwendung: Selten, ☨, N, WHZ 8b, LB 4.3.1.3

Pinus heldreichii Christ, Panzer-Kiefer, Schlangenhaut-Kiefer

Habitus: Bis 25(–30) m hoher Baum, Krone lange regelmäßig schmal bis breit kegelförmig, reif unregelmäßig abgerundet oder ausgebreitet, Borke an jungen Bäumen gleichmäßig fein schuppig, dunkelbraun, an älteren Stämmen graubraun bis aschgrau, dick, in kleine, eckige Schuppen zerspringend, Äste ausgebreitet und aufsteigend, Triebe dick, grauweiß bis hellbraun, bereift, nach dem Abfallen der Nadeln schlangenhautartig gefeldert, Triebe bräunlich, meist graublau bereift, Knospen länglich-eiförmig, 1–1,5 cm lang, harzlos, Schuppen braun bis grauweiß, an den Spitzen frei.
Nadeln: Zu 2, 6–11 cm lang, 1,2–1,5 mm breit, steif, stechend spitz, fein gesägt, ⊥ zum Zweig hin gebogen, im Querschnitt halbkreisförmig, glänzend grün, beiderseits mit Spaltöffnungslinien, Lebensdauer 5–6 Jahre, Nadelscheiden 1,2 cm lang, bleibend.
Zapfen: Eiförmig, 6–10 cm lang, 4–6 cm breit, jung dunkelgrün oder bläulich purpurn, später stumpfbraun bis grau, Samenschuppen dünn, bei geöffnetem Zapfen flexibel, Schilde der unteren Schuppen meist pyramidenförmig erhöht, selten flach, Nabel mit kleinem, hinfälligem Dorn.

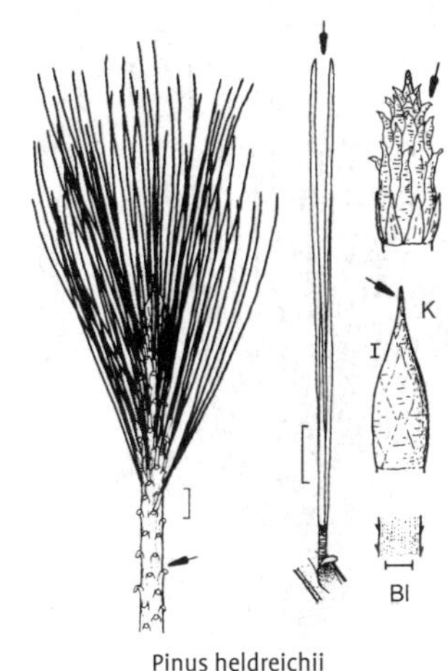

Pinus heldreichii

Verbreitung: SO-Europa: Gebirge auf der Balkanhalbinsel; S-Italien.
Verwendung: Sehr häufig, N, WHZ 6a, LB 6.1.3.1.

'Aureospicata'. Wuchs langsam, breit kegelförmig, 3–4 m hoch. Nadeln mit auffällig gelben Spitzen.

'Compact Gem'. Wuchs sehr langsam, aber keine echte Zwergform, regelmäßg breit kegelförmig, Äste aufwärts gebogen. Nadeln 4–6 cm lang, steif, hellgrün.

'Satelit'. Wuchs schlank kegelförmig, 3–5(–10) m hoch. Nadeln sehr dunkel grün.

'Smidtii'. Zwergform. Wuchs langsam, gedrungen, anfangs kugelig, später bienenkorbförmig, Originalpflanze in 40 Jahren etwa 2 m hoch.

P. heldreichii var. *leucodermis* (Antoine) Markr. et Fitschen = *P. heldreichii*

Pinus jeffreyi Balf., Jeffreys Kiefer

Habitus: Bis 20–40(–60) m hoher, stattlicher Baum, Krone schmal kegelförmig, locker aufgebaut, Äste kurz, ausgebreitet oder oft etwas hängend, obere aufsteigend, Borke dick, zuletzt zimtbraun, an älteren Bäumen tief gefurcht, in große, längliche Platten gespalten, Triebe dick, hell orangebraun, blauweiß bereift, im 2. Jahr graubraun, beim Zerschneiden nach Orangen duftend, Knospen spitz eiförmig bis fast kugelig, 1,5–2 cm lang, rotbraun, harzlos, Schuppen mit freien Spitzen.

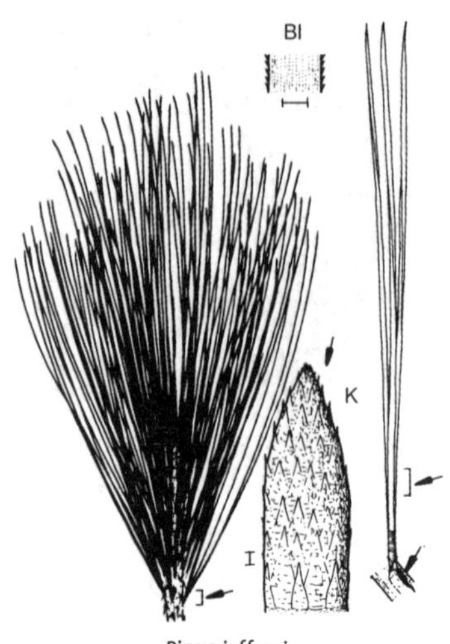

Pinus jeffreyi

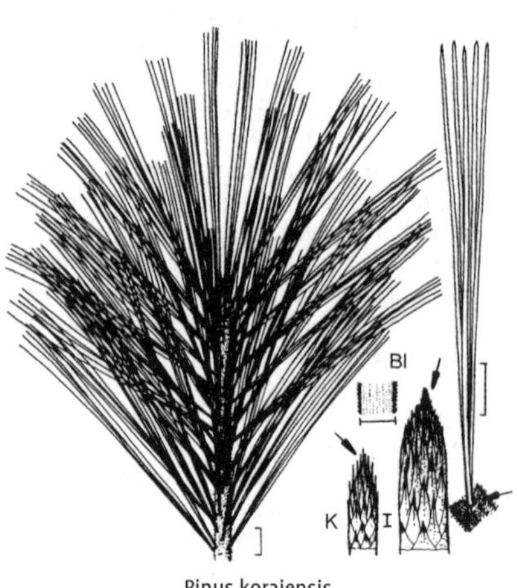

Pinus koraiensis

Nadeln: Zu (2–)3, 15–22 cm lang, 1,5–2 mm breit, scharf zugespitzt, fein und scharf gesägt, hell gelblich grün, blau bis graugrün, 3-kantig, allseits mit Spaltöffnungslinien, Lebensdauer 4–5 Jahre, Nadelscheiden 2–2,5 cm lang, bleibend oder sich verkürzend.
Zapfen: Breit eiförmig bis fast kugelig, 14–26 cm lang, 9–16 cm breit, dick und kurz gestielt, hellbraun, bei Zapfenabfall mit basalen Zapfenschuppen am Baum verbleibend, Schuppenschilde schwach pyramidenförmig, Nabel mit schlankem, rückwärts gebogenem Dorn, Samen 1–1,5 cm lang, geflügelt.
Verbreitung: NW- bis SW-USA, NW-Mexiko.
Verwendung: Häufig, N, WHZ 6a, LB 4.2.2.1.

Pinus koraiensis Siebold et Zucc., Korea-Kiefer, Korea-Zirbe

Habitus: Bis 25–30(–50) m hoher Baum, Krone locker breit kegel- bis walzenförmig, Borke anfangs glatt, später rau und schuppig, längsrissig, die plattenartigen Schuppen grau- oder rotbraun, Äste abstehend bis aufstrebend, Triebe anfangs grünlich, später rot- bis graubraun, dicht behaart, Knospen eiförmig-zylindrisch, 1 cm lang, mit kurzer, aufgesetzter Spitze, dunkelbraun, stark harzig, Schuppen lanzettlich, die oberen abstehend.
Nadeln: Zu 5, steif, von den Zweigen abstehend, geknickt oder hängend, 6–13 cm lang, etwa 1 mm breit, Rand fein und dicht gesägt, 3-kantig, außen dunkelgrün, außen ohne, innen mit je 5–7 blauweißen Spaltöffnungslinien, Lebensdauer 2–3 Jahre, Nadelscheiden 1–1,5 cm lang, im 1. Jahr rasch abfallend.
Zapfen: Kegel- bis eiförmig, fast sitzend, 9–14 cm lang, 6–8 cm breit, gelb- oder graubraun, Samenschuppen sich nicht oder nur wenig spreizend, basale zurückgebogen, Rand scharf und leicht gewellt, Samen 1,5–1,7 cm lang, flügellos, essbar.
Verbreitung: Korea, N-Japan, NO-China, südl. Russ. Ferner Osten.
Verwendung: Selten, N, WHZ 5a, LB 7.1.3.3.

Pinus lambertiana Dougl., Zucker-Kiefer

Habitus: Bis 40–60(–80) m hoher Baum, Krone breit kegelförmig, offen, Borke anfangs glatt und hellbraun, später dick, tief gefurcht, Schuppen unregelmäßig, länglich-plattig, zimtfarben, grau oder purpurn, Äste weit abstehend bis leicht überhängend, Triebe ziemlich dick, grün bis orangebraun und grau, behaart, Knospen länglich-eiförmig 0,5–1 cm lang, spitz, harzig, rotbraun, Schuppen dicht anliegend.
Nadeln: Zu 5, 5–10 cm lang, 0,8–1,5 mm breit, ziemlich steif, etwas gedreht, fein scharf zugespitzt, Rand entfernt gesägt, 3-kantig, grün bis bläulich grün, allseits mit bläulich weißen Spaltöffnungslinien, Lebensdauer 2–4 Jahre, Nadelscheiden 1–1,5 cm, im 1. Jahr rasch abfallend.

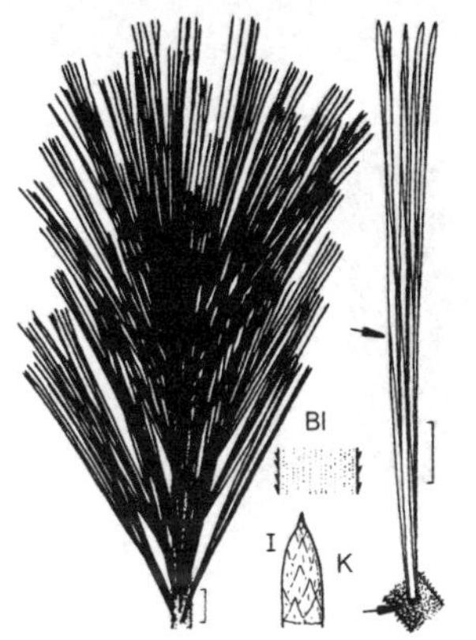

Pinus lambertiana

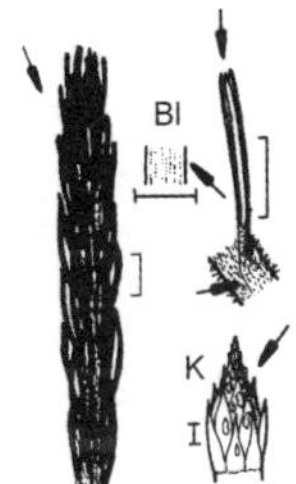

Pinus longaeva

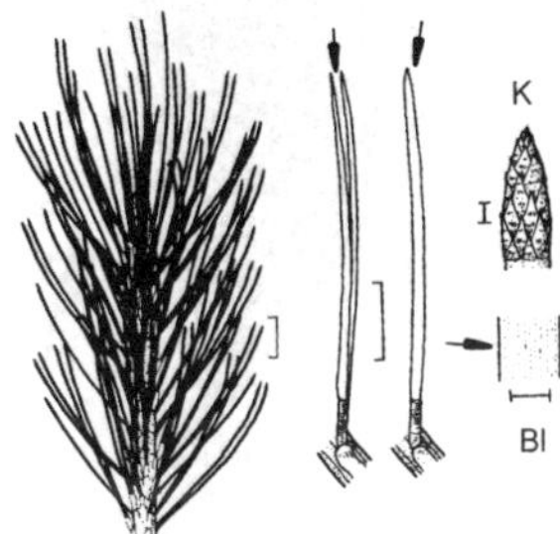

Pinus monophylla

Zapfen: Zylindrisch, 30–50 cm lang, 8–15 cm breit, gestielt, hängend, glänzend hellbraun, basale Samenschuppen ledrig, breit keilförmig, Rücken konvex, an der Spitze stumpf und leicht zurückgebogen, Schilde an der Spitze mit stumpf 3-eckigem Nabel, Samen 1,5 cm lang, geflügelt.
Verbreitung: NW- und W-USA, NW-Mexiko.
Verwendung: Sehr selten, WHZ 7b, LB 7.2.2.1.

P. laricio Poir. = *P. nigra* subsp. *laricio*
P. leucodermis Antoine = *P. heldreichii*

Pinus longaeva D.K. Bailey, Langlebige Kiefer

Habitus: Sehr ähnlich *P. aristata*, aber Nadeln ohne Harzflocken und Samenschuppen deutlich quer gekielt, Nabel mit längerem Dorn, bis 20 m hoher Baum, Krone anfangs regelmäßig kegelförmig, im Alter aufgelockert und sehr unregelmäßig, Borke dünn, gefurcht, in unregelmäßige Platten und Schuppen gespalten, rötlich braun bis grau, Äste aufrecht oder hängend, Triebe rostbraun, behaart, Knospen spitz eiförmig, 0,8–1 cm lang, harzig. Einige Bäume haben in trockenen Hochgebirgslagen ein Alter von über 4000 Jahren erreicht.
Nadeln: Zu 5, 1,5–3 cm lang, 0,8–1,2 mm breit, steif, nach vorne gebogen, ± dicht dem Zweig anliegend, ganzrandig oder im vorderen Teil fein gesägt, 3-kantig, außen dunkelgrün, innen mit weißen Spaltöffnungslinien, Lebensdauer bis 30 Jahre, (fast) ohne Harzflocken. Nadelscheiden im 2. Jahr abfallend.
Zapfen: Eiförmig, fast sitzend, 6–10 cm lang, 4–6 cm breit, dunkelpurpurn, Schuppenschilde quer gekielt, Nabel mit 1–6 mm langem, feinem Dorn.
Verbreitung: W-USA: White Mts.
Verwendung: Sehr selten, WHZ 6a, LB 8.2.1.4.

P. maritima Lam. = *P. pinaster*

Pinus monophylla Torr. et Frém., Einnadelige Nuss-Kiefer

Habitus: Bis 15–20 m hoher, oft mehrstämmiger Baum, Krone gewölbt, unregelmäßig und locker aufgebaut, Borke anfangs glatt, später dick, gefurcht, sich in kleinen Platten lösend, Triebe kurz, steif, gelborange, anfangs leicht bereift, Knospen ei- bis kegelförmig, 1–1,5 cm lang, harzig.
Nadeln: Einzeln, selten auch zu 2, im Querschnitt kreisrund, 3–6 cm lang, 1,2–1,5 mm breit, steif, stechend scharf zugespitzt, meist gebogen, ganzrandig, gestreift, grün, grau- oder blaugrün, Lebensdauer 4–12 Jahre, Nadelscheiden zurückgeschlagen.
Zapfen: Breit eiförmig bis kugelig, 4–6 cm lang, Samenschuppen wenig zahlreich, weit spreizend, Schilde stark verdickt, aufgewölbt, Nabel flach oder stumpf pyramidal.
Verbreitung: W- und SW-USA, NW-Mexiko.
Verwendung: Sehr selten, N, WHZ 7a, LB 6.1.1.3.

P. montana subsp. *mughus* (Scop) Asch. et Graebn. = *P. mugo*

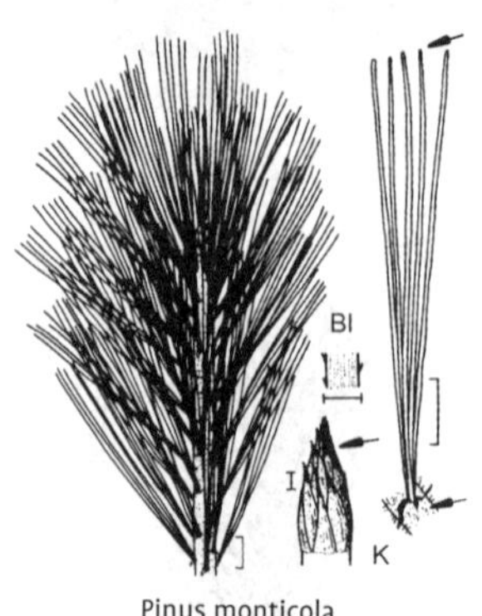

Pinus monticola

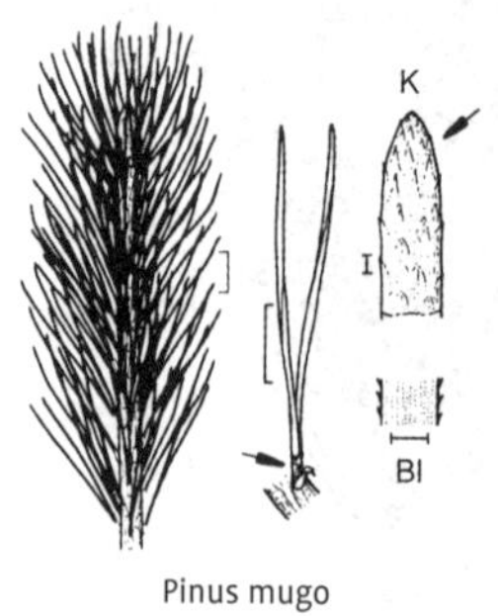

Pinus mugo

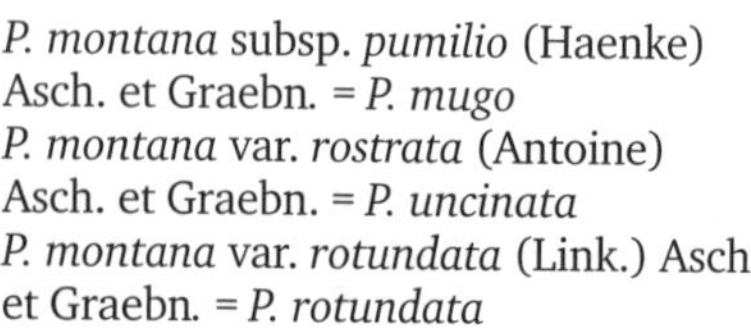
P. montana subsp. *pumilio* (Haenke) Asch. et Graebn. = *P. mugo*
P. montana var. *rostrata* (Antoine) Asch. et Graebn. = *P. uncinata*
P. montana var. *rotundata* (Link.) Asch. et Graebn. = *P. rotundata*

Pinus monticola Douglas ex D. Don, Westliche Weymouths-Kiefer, Westamerikanische Strobe

Habitus: Bis 30–50(–70) m hoher Baum, Krone kegelförmig, locker aufgebaut, später abgerundet, Borke anfangs glatt und hellbraun, zuletzt tief in unregelmäßige Platten und Schuppen gespalten, Äste kurz, waagerecht ausgebreitet, an den Spitzen aufsteigend, Triebe gelblich grün oder kupfrig braun, flaumig behaart, Knospen eiförmig-ellipsoid, spitz, 6 mm lang, schwach harzig, Schuppen anliegend.
Nadeln: Zu 5, 4–10 cm lang, 0,7–1 mm breit, gerade, leicht gedreht, abstehend, biegsam, entfernt fein gesägt, 3-kantig, olivgrün, nur an den Innenseiten mit je etwa 5 Spaltöffnungslinien, Lebensdauer 3–4 Jahre, Nadelscheiden 1,8 cm lang, im 1. Jahr abfallend.
Zapfen: Zylindrisch, an der Spitze verjüngt, 2 cm lang, kurz gestielt, 10–25 cm lang, 3–5 cm breit, leicht gekrümmt, gelblich braun, Samenschuppen dünn, ± biegsam, Spitze etwas verlängert und basale Schuppen zurückgebogen, Schuppenschilde dünn, Nabel stumpf, Samen 6 mm lang, geflügelt.
Verbreitung: W-Kanada, NW- und W-USA.
Verwendung: Selten, N, WHZ 6a, LB 4.2.2.1.

'Ammerland'. 10–15 m hoher Baum, Krone kegelförmig. Nadeln silbrig blau.

'Pendula' Hängeform. Stamm meist aufgebunden, Äste und Zweige hängend.

Pinus mugo Turra, Krummholz-Kiefer, Latschen-Kiefer, Leg-Föhre

Habitus: Sehr vielgestaltiger, 1–3(–5) m hoher, reich verzweigter Strauch oder Leg-Strauch mit niederliegenden oder bogig aufstrebenden Ästen, Borke hellgrau bis schwarzgrau, in kleine, unregelmäßige, schuppige Felder aufreißend, sich nicht lösend, Triebe gefurcht, kahl, olivgrün bis hellbraun, zuletzt grauschwarz bis schwarzbraun, Knospen ei- bis kegelförmig oder länglich 0,6–1,6 cm lang, spitz oder stumpf, rotbraun, sehr harzig, Schuppen anliegend, am Rand gefranst.
Nadeln: Zu 2 (selten zu 3), 2–8 cm lang, 0,9–2,1 mm breit, ziemlich steif, zugespitzt, gerade oder leicht sichelfömig zum Zweig hin gebogen, Rand sehr fein gesägt, im Querschnitt halbkreisförmig, auf allen Seiten glänzend dunkelgrün, unauffällige Spaltöffnungslinien auf allen Seiten, Lebensdauer 4–9 Jahre, Nadelscheiden 0,6–1 cm lang, graubraun, im oberen Teil silbrig, bleibend.
Zapfen: Ei- bis kegelförmig oder kugelig, symmetrisch, sehr kurz gestielt, 1,8–5,5 cm lang, 2,5–4,5 cm breit, reif meist glänzend dunkelbraun, Schuppenschilde flach oder nur wenig aufgewölbt, quer gekielt, Nabel hellbraun, mit kurzem, hinfälligem Dorn.
Verbreitung: Hochgebirge in S-, SO- und M-Europa: Apenninen, Alpen, Karpaten, Balkan.
Verwendung: Sehr häufig (mit zahlreichen Sorten), N, ⚕, WHZ 4, LB 8.2.1.4 (7.1.3.4).

'Allgäu'. Wuchs sehr kompakt, kugelig bis aufrecht, bis 0,6 m hoch und breit. Nadeln 3–4 cm lang.

'Benjamin'. Wuchs kompakt, halbkugelig, etwa 0,4 m hoch, 0,7 m breit. Nadeln 2–3 cm lang, grün bis hellgrün. Junge Austriebe auffallend graubraun.

'Carsten'. Wuchs kompakt, etwa 0,5 m hoch, 0,7 m breit. Nadeln 3–5 cm lang, im Austrieb hellgelb, im Sommer hellgrün, im Winter gelb bis kanariengelb.

'Echiniformis'. Wuchs kompakt sehr unregelmäßig halbkugelig, etwa 0,45 m hoch, 0,7 m breit. Nadeln 2,5–4 cm lang, grün bis graugrün. Endknospen grauweiß, stark harzig.

'Humpy'. Wuchs sehr kompakt, unregelmäßig flach kissenförmig, bis etwa 0,5 m hoch, 1,2 m breit. Nadeln 2–3 cm lang, grün bis graugrün. Endknospen gelbgrau bis fast weiß, stark harzig.

'Laurin'. Wuchs breitstrauchig bis halbkugelig, bis etwa 2 m hoch. Nadeln 4–6 cm lang, grün bis dunkelgrün. Endknospen hellbraun, junge Austriebe auffallend hellgrau.

'March'. Wuchs ziemlich langsam, reich verzweigt, etwa 0,5 m hoch, 1 m breit. Nadeln 3,5–5 cm lang, stark gedreht, matt hellgrün.

'Mops'. Wuchs abgeflacht kugelig, bis etwa 0,8 m hoch, 1,1 m breit. Nadeln 2,5–4 cm lang, sehr dicht stehend, grün, im Winter graugrün.

'Ophir'. Wuchs abgeflacht kugelig, kompakt, kaum mehr als 1 m hoch. Nadeln 4–7 cm lang, leicht gedreht, zur Spitze und sonnenseits goldgelb, vor allem im Winter auffallend.

'Picobello'. Wuchs kegelförmig bis kugelig, sehr kompakt, bis etwa 0,7 m hoch und ebenso breit. Nadeln 3–4 cm lang, dicht gedrängt stehend, glänzend dunkelgrün. Endknospen groß, auffallend braun.

'Piggelmee'. Wuchs sehr kompakt, dicht verzweigt, etwa 0,5 m hoch, 0,3 m breit. Nadeln 1–2 cm lang, grün, im Winter graugrün. Endknospen graubraun.

Pumilio-Gruppe. Gruppenname für Sorten mit abgeflacht halbkugeligem oder kissenförmigem Wuchs, bis etwa (1–)1,5 m hoch und 2–3 m breit.

'Sherwood Compact'. Wuchs sehr kompakt, abgeflacht kegelförmig bis kugelig, bis etwa

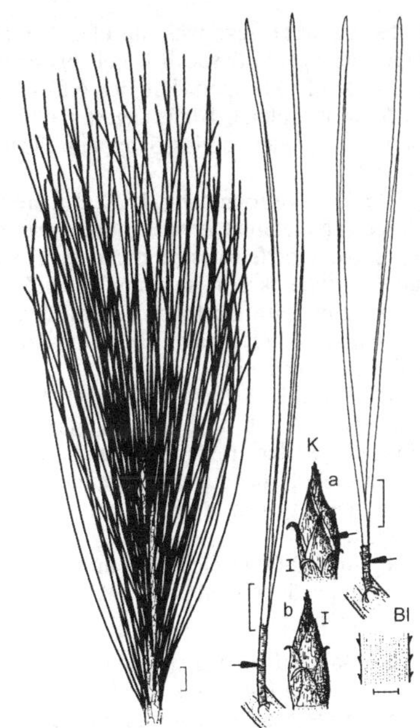

Pinus nigra subsp nigra (a)
Pinus nigra subsp. laricio (b)

0,45 m hoch. Nadeln 2–2,5 cm lang, intensiv grün.

'Winter Gold'. Wuchs locker aufrecht, bis etwa 1,5 m hoch. Nadeln 3–4 cm lang, im Sommer hellgrün, im Winter auffallend hellgelb.

'Zundert'. Wuchs unregelmäßig breitbuschig, ziemlich grob, bis etwa 1 m hoch. Nadeln 5–7 cm lang, im Winter auffallend goldgelb, im Sommer hellgrün.

P. mugo var. *rostrata* (Antoine) Hoopes = *P. uncinata*
P. mugo var. *rotundata* (Link) Hoopes = *P. rotundata*
P. mugo subsp. *rotundata* (Link) Janchen et. H. Neumayer = *P. rotundata*
P. mugo subsp. *uncinata* (Ramond ex DC.) Domin = *P. uncinata*

Pinus nigra J.F. Arnold **subsp. nigra**, Österreichische Schwarz-Kiefer

Habitus: 30–40(–50) m hoher Baum, Krone anfangs breit kegelförmig, kadelaberartig, später aufgelockert und abgeflacht bis schirmförmig, Borke dunkelgrau bis schwarzbraun, dick, grob in längliche, schuppige

Platten gefurcht, Äste weit abstehend oder bogig aufsteigend, Triebe dick, hell- bis graubraun, kahl, Knospen länglich-eiförmig, 1–2,5 cm lang, plötzlich lang zugespitzt, hellbraun, harzig oder harzlos, Schuppen silbrig gefranst.
Nadeln: Zu 2, 8–16 cm lang, 1,5–2 mm breit, gebogen, manchmal etwas gedreht, steif, zugespitzt, Rand fein gesägt, dunkelgrün, im Querschnitt halbkreisförmig, auf beiden Seiten mit Spaltöffnungslinien, Lebensdauer 2–5 Jahre, Nadelscheiden 1–1,6 cm lang, dunkelgrau, bleibend.
Zapfen: Eiförmig, 5–8 cm lang, 5–3 cm breit, (fast) symmetrisch, fast sitzend, glänzend gelblich braun bis graubraun, Samenschuppen ± gekielt, Nabel dunkelbraun, meist mit einem kleinen Dorn, Samen 5–7 mm lang, geflügelt.
Verbreitung: O-Österreich, SO-Europa.
Verwendung: Sehr häufig, N, ⥉, WHZ 5b, LB 8.2.1.1. (6.1.3.1).

subsp. dalmatica (Vis.) Fanco, Dalmatinische Schwarz-Kiefer. Bis etwa 10 m hoher Baum, Krone breit kegelförmig bis schirmförmig, Nadeln 4–7 cm lang, Zapfen 4–6 cm lang. Kroatien.

var. fastigiata Businský (zu subsp. *pallasiana*), Säulen-Schwarz-Kiefer. Bis 15 m hoher Baum, Krone schmal ei- bis säulenförmig, Äste straff aufrecht, Nadeln 5–12 cm lang, scharf stechend. Türkei. Selektionen aus dieser Varietät sind u. a. 'Komet' und 'Molette'.

subsp. laricio (Poir.) Maire, Korsische Schwarz-Kiefer, Kalabrische Schwarz-Kiefer. Bis 50 m hoher Baum, Krone schmal kegelförmig, im Alter flach, fast schirmförmig, Borke grau, tief längs gefurcht, unregelmäßig plattig-schuppig, Triebe orangebraun bis hell grau- bis gelbbraun, Nadeln 8–15 cm lang, 1,2–1,5 mm breit, wellig hin- und hergebogen, hellgrün. Zapfen 6–8 cm lang. Europa: Korsika, S-Italien (Kalabrien, Sizilien).

subsp. pallasiana (Lamb.) Holmboe, Krim-Kiefer, Taurische Schwarz-Kiefer. 15–25(–45) m hoher Baum, Krone breit kegelförmig bis walzlich, im Alter oft schirmförmig, Äste lang, aufsteigend, Triebe recht dick, schmutzig gelb bis orangebraun, Nadeln 12–18 cm lang und bis 2,2 mm breit, sehr steif, gerade oder gebogen, hell- oder dunkelgrün. Zapfen 5–12 cm lang. Von der Krim bis zur kaukasischen Schwarzmeerküste, Kleinasien, Zypern.

subsp. salzmannii (Dun.) Franco, Pyrenäische Schwarz-Kiefer. 20–25(–40) m hoher Baum, Krone walzlich, zuletzt abgerundet bis schirmförmig, Triebe orangegelb bis rötlich. Nadeln 6–18 cm lang, 1–1,3 mm breit, biegsam, an jungen Bäumen wellig und gedreht, Zapfen 4–6 cm lang, gelblich braun bis braun. Europa: N-Frankreich, Spanien; NW-Afrika.

var. *pyramidata* Avatay, nom. Illeg. = var. *fastigiata*

Von den zahlreichen Gartenformen werden häufiger kultiviert:

'Aurea'. Wuchs aufrecht, langsam. Nadeln im 1. Jahr goldgelb, im 2. Jahr vergrünend.

'Black Prince'. Zwergform. Wuchs regelmäßig halbkugelig bis kegelförmig, sehr langsam, in 10 Jahren 1 m hoch. Nadeln intensiv frischgrün.

'Hornibrookiana'. Zwergform. Wuchs abgeflacht kugelig, meist mehrstämmig, Äste kräftig, aufrecht. Nadeln 4–6 cm lang, dicht anliegend, glänzend dunkelgrün.

'Pierrick Brégéon'. Zwergform. Wuchs regelmäßig kugelig, vielstämmig (nicht selten auf kleine Stämmchen veredelt), Krone reich und dicht verzweigt. Nadeln 5–7 cm lang, fein, hellgrün. Möglicherweise eine Hybride zwischen einer nicht näher bekannten Gartenform von *Pinus nigra* × *P. densiflora*.

'Strypemonde'. Zwergform. Wuchs dicht bis aufgelockert halbkugelig bis breit kegelfömig, bis etwa 2 m hoch. Nadeln 5–10 cm lang, sehr starr, matt dunkel- bis graugrün.

P. pallasiana Lamb. = *P. nigra* subsp. *pallasiana*

Pinus parviflora Siebold et Zucc., Mädchen-Kiefer

Habitus: Bis 15–30 m hoher Baum, Krone anfangs locker kegelförmig, später unregelmäßig und breit ausladend, Borke anfangs glatt, im Alter grau bis schwarzgrau, kleinschuppig, Triebe grau bis gelblich braun, nur anfangs behaart, Knospen 5 mm lang, zugespitzt, gelbbraun, nicht oder etwas harzig.
Nadeln: Zu 5, an den Zweigenden pinselartig gehäuft, 3–6 cm lang, 0,7–1 mm dick, biegsam, oft etwas gedreht und gebogen, Rand fein gesägt, 3-kantig, außen tief- bis bläulich grün und ohne Spaltöffnungslinien, innen

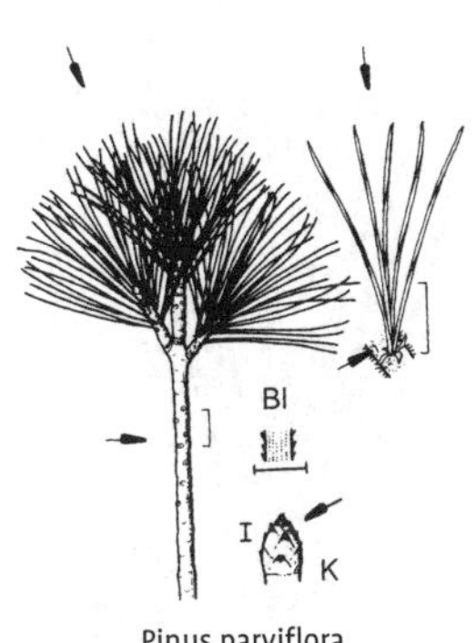

Pinus parviflora

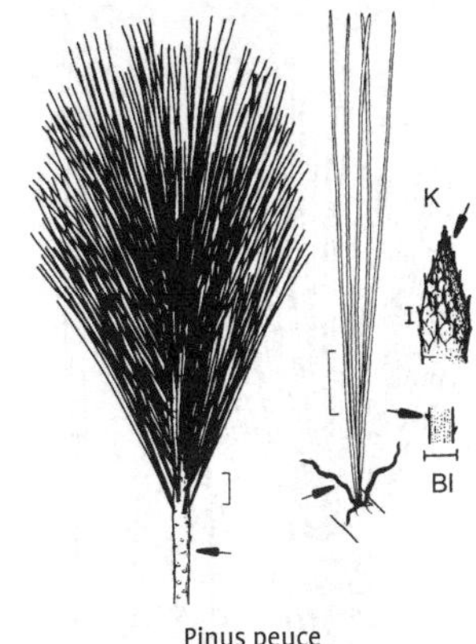

Pinus peuce

mit blauweißen Spaltöffnungslinien, Lebensdauer 3–5 Jahre, Nadelscheiden im 2. Jahr abfallend.
Zapfen: Eiförmig oder kugelig, meist zu 3–8 in Quirlen, 4–7 cm lang, 3–4 cm breit, weit klaffend, fast sitzend, bis zu 7 Jahre am Baum bleibend, Samenschuppen wenig zahlreich, dünn, biegsam, rotbraun, Schuppenschilde stark bogig oder ± flach, Nabel stumpf, Samen 1 cm lang, Flügel kurz oder gut entwickelt.
Verbreitung: Japan, S-Korea.
Verwendung: Sehr häufig (besonders in blaunadeligen Gartenformen), WHZ 6b, LB 7.1.3.3.

'Adock's Dwarf'. Zwergform. Wuchs langsam, gedrungen. Nadeln 1,5–2,5 cm lang, graugrün.

'Gimborn's Ideal'. Wuchs breit aufrecht, 10–12 m hoch, Äste waagerecht abstehend bis leicht ansteigend. Nadeln 4–8 cm lang, ziemlich stark gedreht, graublau, innen silberblau bis weiß.

Glauca-Gruppe. Sammelname für Sorten mit baumförmigem Wuchs und silbrigblauer Benadelug, 5–10(–15) m hoch, meist unregelmäßig kegelförmig oder locker und bizarr aufgebaut. Nadeln 4–7 cm lang, steif, gebogen und gedreht, silberfarben-graublau, innen silbrig weiß. Die Sorte 'Glauca' wird besonders häufig kultiviert

'Negishii'. Wuchs strauch- bis baumförmig, unregelmäßig breit kegelförmig, Äste schräg ansteigend. Nadeln 4–6 cm lang, ziemlich stark gedreht, graublau, innen auffallend blauweiß.

'Tempelhof'. Wuchs aufrecht, sparsam verzweigt, bis 15 m hoch. Nadeln 5–8 cm lang, abstehend, graublau, innen ziemlich auffallend silbergrau.

Pinus peuce Griseb., Mazedonische Kiefer, Rumelische Strobe

Habitus: Bis 15–25(–30) m hoher Baum, Krone regelmaßig dicht kegelförmig, erst im Alter unregelmäßig aufgelockert, Borke anfangs dünn, glatt, im Alter dunkel graubraun, kleinschuppig, Äste aufsteigend oder waagerecht ausgebreitet und an den Spitzen bogig aufgerichtet, Triebe relativ dick, grau- bis olivgrün, kahl, glänzend, Knospen ei- bis kegelförmig, 0,5–1 cm lang, zugespitzt, harzig.
Nadeln: Zu 5, 7–10 cm lang, 0,6–0,8 mm breit, ziemlich steif, gerade, pinselartig nach vorne gerichtet, zugespitzt, fein gesägt, 3-kantig, frisch- bis dunkel- oder graugrün, innen mit 5 weißen Spaltöffnungslinien, Lebensdauer 2–4 Jahre, Nadelscheiden 1,5–1,8 cm lang, im 1. Jahr abfallend.
Zapfen: Zylindrisch, 8–15 cm lang, 4–6 cm dick, kurz gestielt, jung grün oder purpurgrün, reif gelb- oder hellbraun, Samenschuppen dünn, biegsam, unterhalb der Mitte plötzlich verdickt, längsrippig, Nabel stumpf, Samen 4–6 mm lang, geflügelt.
Verbreitung: Europa: Gebirge der Balkanhalbinsel.
Verwendung: Sehr häufig, N, WHZ 5a, LB 6.4.2.3.

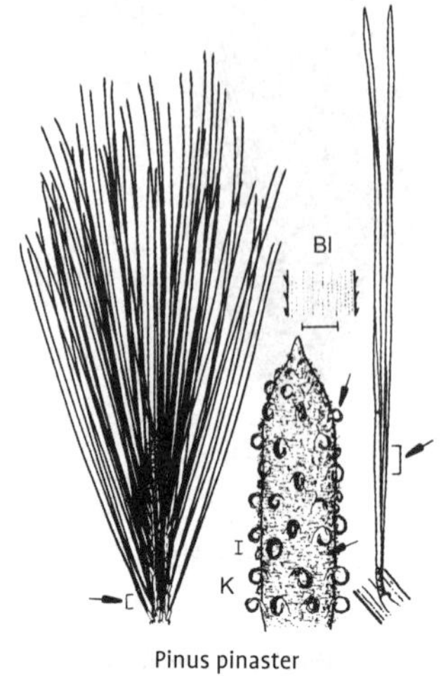

Pinus pinaster

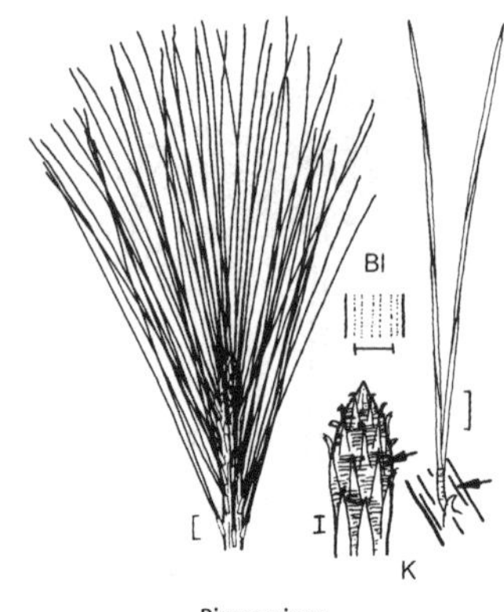

Pinus pinea

Pinus pinaster Aiton, Strand-Kiefer

Habitus: Bis 20–30(–40) m hoher Baum, Krone anfangs kegelförmig, später unregelmäßig abgeflacht, Borke grau- bis rötlich braun, tief längs gefurcht, in unregelmäßige plattige Schuppen geteilt, Äste lang, aufsteigend oder waagerecht abstehend, Triebe anfangs grün, braunrot getupft, später rötlich bis graubraun, kahl, gerillt, durch die Reste der Schuppenblätter sehr rau, Knospen zylindrisch bis spindelförmig, 2–3,5 cm lang, braun, harzlos, Schuppen an der Spitze zurückgebogen und am Rand silberweiß gefranst.
Nadeln: Zu 2, 10–25 cm lang, 1,2–2 mm dick, steif, fast gerade, stechend zugespitzt, fein gesägt, glänzend dunkel- bis graugrün, im Querschnitt halbkreisförmig, beiderseits mit Spaltöffnungslinien, Lebensdauer 2–3 Jahre, Nadelscheiden 2–3 cm lang, bleibend.
Zapfen: Ei- bis kegelförmig, ± symmetrisch, 10–20 cm lang, 6–9 cm breit, kurz gestielt, glänzend hell- bis rotbraun, jahrelang am Baum bleibend, Samenschuppen dick, Schuppenschilde rhombisch, pyramidal aufgewölbt, mit scharfer Querleiste, Nabel stark ausgeprägt, spitz, gerade oder hakig gebogen, Samen 6–8 mm lang, geflügelt.
Verbreitung: Mittelmeerküsten in SW- und S-Europa und NW-Afrika.
Verwendung: Sehr selten, N, WHZ 8a, LB 6.3.1.2.

Pinus pinea L., Pinie

Habitus: Bis 15–25 m hoher Baum, Krone anfangs kegelförmig, im Alter deutlich schirmförmig oder abgerundet, Borke rot- bis orangebraun, tief längsrissig, grobschuppig, sich in schmalen, geschichteten Platten lösend, Äste spitzwinklig aufgerichtet, später waagerecht abstehend, Triebe dick, kahl, gerillt, rau, grün bis gelb- oder orangebraun, Knospen ei- bis kegelförmig, 0,6–1,2 cm lang, glänzend rotbraun, harzlos, Schuppen an der Spitze lockig eingerollt, Rand silbrig gefranst.
Nadeln: Zu 2, 8–12 cm lang, 1,2–1,8 cm breit, steif, abstehend, meist gedreht, kurz und stechend zugespitzt, graugrün bis glänzend dunkelgrün, Spaltöffnungslinien auf allen Seiten, Lebensdauer 3–4 Jahre, Nadelscheiden 1–1,2 cm lang, hell gelbbraun, bleibend.
Zapfen: Breit eiförmig bis fast kugelig, 8–15 cm lang, 8–10 cm breit, symmetrisch, fast sitzend, jung olivgrün, reif glänzend rotbraun, harzig, im 3. Jahr reifend, Samenschuppen dick, starr, schwach pyramidal, zur Reife fast waagerecht abstehend, die unteren nach dem Zapfenfall am Zweig verbleibend, Schilde der unteren Schuppen 6-eckig, die der oberen rhombisch, Nabel stumpf, Samen mit kurzem, rudimentärem Flügel.
Verbreitung: Mittelmeergebiet von SO-Spanien bis Kleinasien und Libanon.
Verwendung: Häufig, WHZ 8b, LB 6.1.1.2.

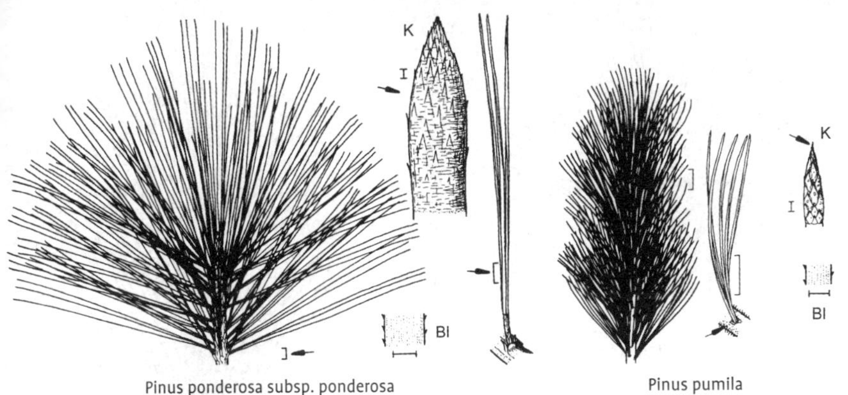

Pinus ponderosa subsp. ponderosa

Pinus pumila

Pinus ponderosa P. Lawson et C. Lawson **subsp. ponderosa**, Westliche Gelb-Kiefer, Gold-Kiefer

Habitus: Bis 30–65(–72) m hoher, stattlicher Baum, Krone offen kegelförmig, zuletzt regelmäßig walzen- oder kuppelförmig, Borke gelborange oder rotbraun, tief dunkel- bis schwarzbraun gefurcht, grobschuppig, sich in großen, länglichen Platten lösend, Äste kurz, stark, oft durchhängend mit aufgerichteten Spitzen, Triebe grün- bis orangebraun, kahl, unbereift, Knospen eiförmig, bis 2 cm lang, zugespitzt, gelb- bis orangebraun, harzig, Schuppen angedrückt.
Nadeln: Zu (2–)3, vom Zweig abspreizend, 12–25 cm lang, 1,2–1,8 mm dick, gerade oder gebogen, steif, leicht gedreht, zugespitzt, fein gesägt, glänzend dunkelgrün, Spaltöffnungslinien auf allen Seiten, Lebensdauer 2–3 Jahre, Nadelscheiden 1,5–2,5 cm lang, bleibend.
Zapfen: Länglich-eiförmig, 8–15 cm lang, 3,5–5 cm dick, fast sitzend, reif mattbraun oder glänzend rotbraun, nach dem Zapfenfall basale Schuppen am Zweig verbleibend, Schuppenschilde ± flach pyramidal, mit Querleiste, Nabel breit 3-kantig, mit dickem, gekrümmtem Dorn, Samen 6–8 mm lang, Flügel bis 25 mm lang.
Verbreitung: W-Kanada, NW- und W-USA.
Verwendung: Sehr häufig, N, WHZ 5b, LB 6.2.2.1.

subsp. scopulorum (Engelm.) E. Murray, Felsengebirgs-Gelb-Kiefer. Bis 25 m hoher Baum, Knospen schwach harzig oder fast harzlos. Nadeln zu 2–3, 7–17 cm lang, grün bis graugrün, Zapfen 6–8 cm lang, 3–5 cm breit, Samen 5–5 mm lang, kürzer geflügelt. W-, SW- und Z-USA: Rocky Mts.; N-Mexiko.

Pinus pumila (Pall.) Regel, Zwerg-Zirbel-Kiefer, Zwerg-Zirbe

Habitus: Bis 1–3(–6) m hoher Strauch oder Leg-Strauch, Äste ± niederliegend, dann bogig aufsteigend, Borke dünn, glatt, später feinschuppig, graubraun, Triebe biegsam, anfangs dicht behaart, Knospen ei- bis kegelförmig, 1 cm lang, glänzend rotbraun, harzig, Schuppen dicht angedrückt, lanzettlich, die oberen fadenförmig ausgezogen.
Nadeln: Zu 5, dicht stehend, nach vorne gerichtet, ± dem Zweig zu gebogen 4–7(–10) cm lang, 1 mm breit, entfernt fein gesägt, 3-kantig, außen dunkelgrün, innen durch je 5–6 deutliche, weiße Spaltöffnungslinien stark blaugrün, Nadelscheiden hinfällig.
Blüten: ♂ Blüten auffallend weinrot.
Zapfen: Ei- bis fassförmig, 3–5 cm lang, 2,5–3 cm breit, kurz gestielt, jung grün oder purpurviolett, reif gelblich braun, Samenschuppen wenig zahlreich, Schilde verdickt, gestreift oder gefurcht, Nabel 3-eckig, dunkel- bis schwarzpurpurn, Samen 0,6–1 cm lang, ungeflügelt.
Verbreitung: O-Sibirien, Russ. Ferner Osten, NO-China, Korea, M- und N-Japan.
Verwendung: Sehr häufig, WHZ 4, LB 8.1.1.1.

In Kultur oft vegetativ vermehrte Sorten:

'Glauca'. Wuchs ziemlich stark, breitbuschig, 1,5–2 m hoch. Nadeln 4–5 cm lang, leicht gedreht, nach unten abgeknickt, graublau, innen silberweiß.

'Globe'. Wuchs unregelmäßig kugelig, sehr dicht verzweigt, bis 2 m hoch. Nadeln 4–7 cm lang, leicht gedreht, ziemlich dünn, graublau, innen blauweiß.

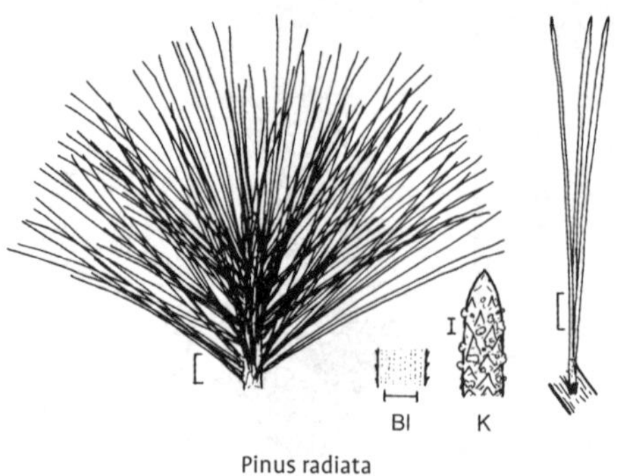

Pinus radiata

'Nana'. Wuchs abgeflacht strauchig, sehr dicht verzweigt, 2–3 m hoch. Nadeln 5–8 cm lang, gedreht, hell graugrün, innen wenig auffallend grauweiß.

'Säntis'. Wuchs abgeflacht strauchförmig, 1,5–2 m hoch. Nadeln 4–6 cm lang, ziemlich dunkel graublau, innen wenig auffallend grauweiß.

Pinus radiata D. Don, Monterey-Kiefer

Habitus: Am natürlichen Standort bis 15–25 m hoher Baum, in Kultur unter optimalen Bedingungen 30–45(–65) m hoch, Krone dicht, anfangs ei- bis kegelförmig, im Alter abgerundet, schirmförmig, Borke anfangs purpurgrau, später grau bis dunkelbraun, dick, grobschuppig, tief längs und quer gefurcht, Äste abstehend oder aufsteigend, Knospen 1–1,5 cm lang, eiförmig, kurz zugespitzt, orangebraun, nicht harzig.
Nadeln: Zu 2–3(–5), 8–15 cm lang, 1,1–1,6 mm breit, scharf zugespitzt, 3-kantig, allseits glänzend hellgrün, Spaltöffnungslinien undeutlich, Lebensdauer 3–4 Jahre, Nadelscheiden 0,8–1,2 cm lang, bleibend.
Zapfen: Eiförmig, 7–12 cm lang, 6–10 cm breit, meist sehr asymmetrisch, fast sitzend, meist zu 2–6 in Quirlen, glänzend gelbbraun, bis zu 35 Jahre am Baum bleibend, Schilder der Samenschuppen aufgewölbt, besonders stark und fast halbkugelig bei den basalen Schuppen an der Zapfenaußenseite, Nabel mit feinem Dorn.
Verbreitung: W-USA: Kalifornien; NW-Mexiko: Baja California.
Verwendung: Selten, WHZ 8b, LB 4.3.1.1.

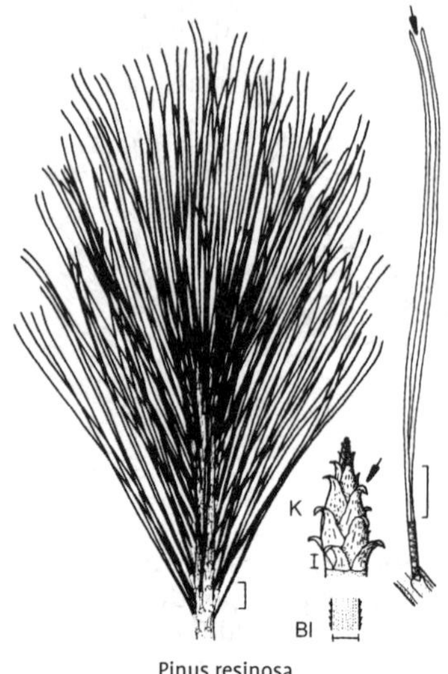

Pinus resinosa

Pinus resinosa Aiton, Amerikanische Rot-Kiefer

Habitus: Bis 20–25(–45) m hoher Baum, Krone breit kegelförmig, später abgerundet oder abgeflacht, Borke an älteren Stämmen rotbraun, ziemlich flach gefurcht, unregelmäßig plattig-schuppig, Äste waagerecht abstehend, manchmal hängend, Triebe anfangs grün, später orange- bis rotbraun, nicht bereift, Knospen eiförmig bis zylindrisch, bis 2 cm lang, zugespitzt, hellbraun, harzig.
Nadeln: Zu 2, dicht stehend, 10–18 cm lang, etwa 1,2 mm breit, gerade oder gebogen, leicht gedreht, spröde, scharf zugespitzt, Rand fein gesägt, im Querschnitt halbkreisförmig, dunkelgrün, Spaltöffnungslinien undeutlich, Lebensdauer 2–4 Jahre, Nadelscheiden anfangs 1,2–2 cm lang, sich stark verkürzend, bleibend.
Zapfen: Ei- bis kegelförmig, bis nahezu kugelig, 4–6 cm lang, 3–4 cm breit, (fast) symmetrisch, kurz gestielt, hellbraun, nach dem Zapfenfall Stiel und basale Schuppen am Zweig verbleibend, Schuppenschilde wenig verdickt, Nabel flach oder eingedrückt, manchmal mit winzigem, hinfälligem Dorn, Samen 3 mm lang, geflügelt.
Verbreitung: O-Kanada, NO- und NOZ-USA.
Verwendung: Sehr selten, N, WHZ 5a, LB 7.2.3.1.

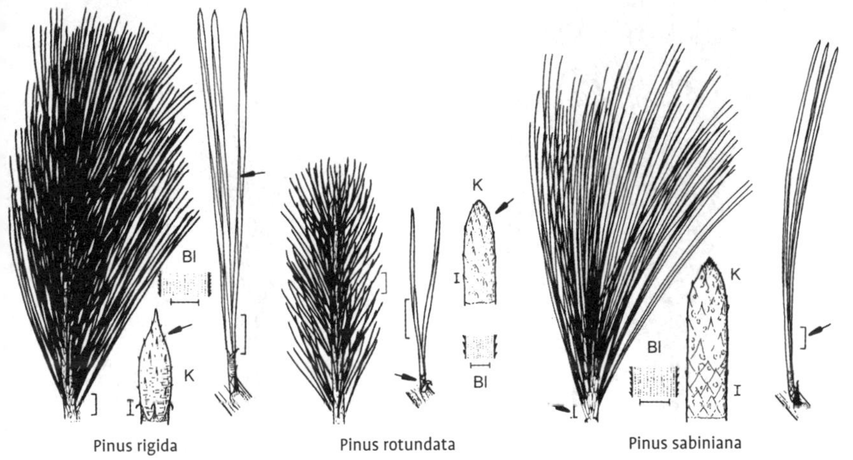

Pinus rigida Pinus rotundata Pinus sabiniana

Pinus rigida Mill., Pech-Kiefer

Habitus: Bis 15–25(–40) m hoher Baum, Krone anfangs kegelförmig, später locker, unregelmäßig, Borke dunkel rotbraun, tief und unregelmäßig in längliche, plattige Schuppen gefurcht, am Stamm oft Büschel junger Zweige, auch Stockausschläge bildend, Äste abstehend oder aufsteigend, Triebe anfangs hellgrün, später orange- oder rotbraun, Knospen eiförmig bis zylindrisch, 1,5–2 cm lang, braun, harzig, die angedrückten Schuppen an den Spitzen frei.
Nadeln: Zu (2–)3, 7–12 cm lang, 1,2–1,5 mm breit, abstehend, steif, etwas gebogen und gedreht, Rand fein gezähnt, 3-kantig, dunkelgrün, allseits mit zahlreichen Spaltöffnungslinien, Lebensdauer 2–3 Jahre, Nadelscheiden 1–1,5 cm lang, rotbraun, bleibend.
Zapfen: Ei- bis kegelförmig, symmetrisch, 3–8 cm lang, bis 7 cm breit, fast sitzend, oft zu mehreren beisammen, glänzend hellbraun, sehr lange am Baum bleibend, Schuppenschilde rhombisch, ± gewölbt, quer gekielt, Nabel flach oder vertieft, Dorn sehr kurz, hakig, Samen 4 mm lang, geflügelt.
Verbreitung: SO-Kanada, O-USA.
Verwendung: Selten, N, WHZ 6a, LB 4.1.2.3.

Pinus rotundata Link., Moor-Kiefer (vermutl. hybridogen entstanden, *P. mugo* × *P. uncinata*)

Habitus: Bis 10 m hoher, mehrstämmiger, aufrechter Baum (Moor-Spirke) oder mit niederliegenden und aufsteigenden Ästen strauchförmig wachsend (Moor-Latsche). Borke, Triebe und Benadelung wie bei *P. mugo*.
Zapfen: Schwach bis stark asymmetrisch, 1,8–7 cm lang, 2,5–5 cm breit, zumindest im unteren Drittel durch aufgewölbte Schuppenschilde schief, Schilde basaler Samenschuppen meist buckel- oder kegelförmig aufgewölbt, nicht oder nur teilweise hakig umgebogen.
Verbreitung: Gebirgsmoore in M-Europa.
Verwendung: Selten, WHZ 4, LB 8.2.3.3.

Pinus sabiniana Douglas ex D. Don, Digger-Kiefer, Grau-Kiefer

Habitus: Bis 15(–25) m hoher, oft mehrstämmiger Baum, Krone unregelmäßig, locker, Borke grau- bis dunkelbraun, dick, tiefrissig, sich in breiten Platten lösend, Äste abstehend bis aufrecht, oft gebogen, Triebe grau- bis dunkelbraun, kahl, bereift, Knospen ei- bis kegelförmig, 1,5–2,5 cm lang, spitz, harzig.
Nadeln: Zu 3, 20–32 cm lang, 1,5 mm breit, ± schlaff hängend, scharf zugespitzt, Rand fein gesägt, 3-kantig, hell blaugrün, auf allen Seiten mit Spaltöffnungslinien, Lebensdauer 3–4 Jahre, Nadelscheiden anfangs 2 cm lang, sich stark verkürzend, bleibend, später zurückgerollt.
Zapfen: Eiförmig bis fast kugelig, 11–27 cm lang, 10–15(–20) cm breit, fast symmetrisch, kurz gestielt, rötlich braun bis dunkel- oder graubraun, 3–7 Jahre am Baum bleibend, Schuppenschilde sehr dick, erhaben pyramidal, 2-schneidig, Nabel stark verlängert, mit

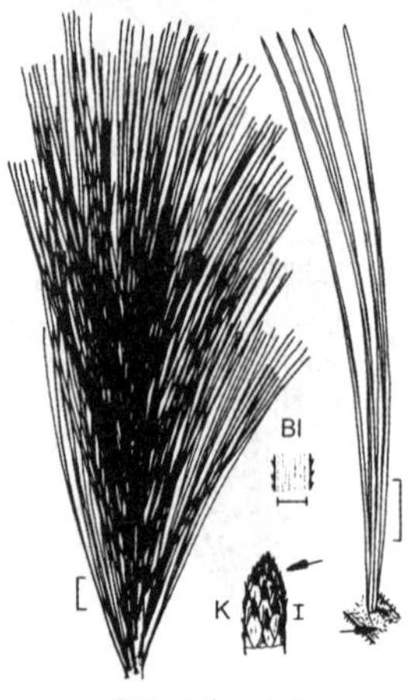

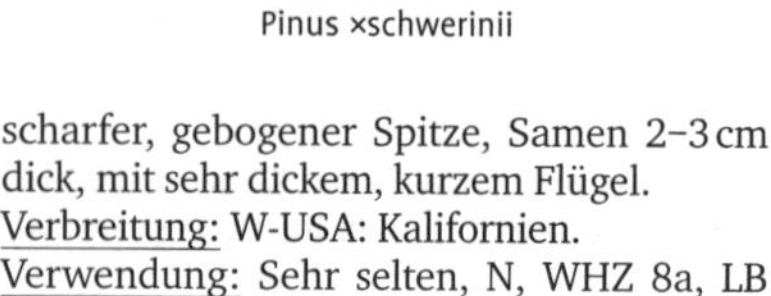

Pinus ×schwerinii

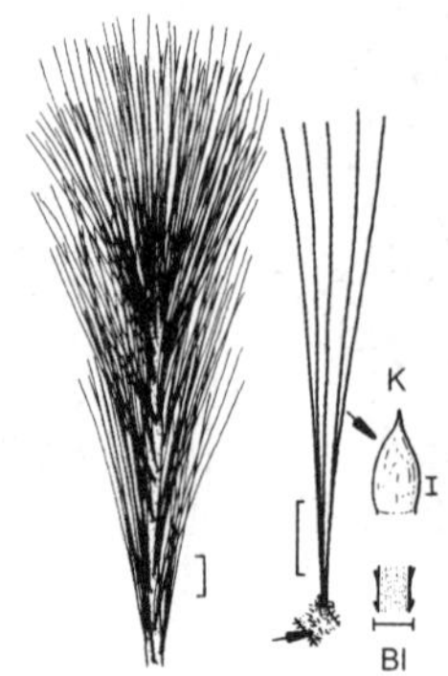

Pinus strobus

scharfer, gebogener Spitze, Samen 2–3 cm dick, mit sehr dickem, kurzem Flügel.
Verbreitung: W-USA: Kalifornien.
Verwendung: Sehr selten, N, WHZ 8a, LB 6.1.1.3.

P. salzmannii Dunal = *P. nigra* subsp. *salzmannii*

Pinus ×schwerinii Fitschen, Schwerins Kiefer
(*P. strobus* × *P. wallichiana*)

Habitus: Bis 15–20 m hoher Baum, Krone breit kegelförmig, etwas unregelmäßig, Äste weit und waagerecht abstehend, innerhalb eines Astquirles stets ungleich lang, Triebe dünn, grün, bereift, fein kurz behaart, Knospen zylindrisch-kegelförmig, 6–7 mm lang, harzig.
Nadeln: Zu 5, 8–11 cm lang, dünn, schlaff hängend, Rand rau, 3-kantig, außen dunkelgrün, innen mit je 3–4 blauweißen Spaltöffnungslinien.
Zapfen: Zylindrisch, 8–15 cm lang, bis 4,5 cm dick, gestielt, gerade oder leicht gebogen, braun bis grau, stark harzig.
Verwendung: Häufig, WHZ 5b, LB 7.2.2.2.

P. sibirica Du Tour = *P. cembra* subsp. *sibirica*

Pinus strobus L., Weymouths-Kiefer, Ostamerikanische Strobe

Habitus: Bis 30–50(–67) m hoher Baum, Krone locker kegelförmig, zuletzt unregelmäßig walzlich oder abgerundet, Rinde lange glatt bleibend, dünn, graugrün, Borke später dick, dunkel, tief gefurcht, plattig-schuppig, Äste abstehend bis bogig aufsteigend, Triebe dünn, graugrün oder blass rötlich braun, anfangs schwach kurz behaart, bald kahl, Knospen länglich-eiförmig, 5–7 mm lang, spitz, rotbraun, leicht harzig.
Nadeln: Zu 5, 7,5–10 cm lang, 0,7–1 mm breit, abstehend, weich, biegsam, Rand sehr fein gesägt, 3-kantig, dunkel- bis blaugrün, innen mit je 2–3 weißen Spaltöffnungslinien, Lebensdauer 2–3 Jahre, Nadelscheiden 1 cm lang, im 1. Jahr abfallend.
Zapfen: Zylindrisch, oft gebogen, 8–20 cm lang, 4–8 cm breit, 2 cm lang gestielt, reif matt hell- oder graubraun, Samenschuppen dünn, biegsam stark harzig, Schuppenschilde dünn, sich zum stumpfen Nabel hin verjüngend, Samen 5–7 mm dick, geflügelt.
Verbreitung: SO-Kanada, NO-, NOZ- und SO-USA.
Verwendung: Sehr häufig, N, WHZ 5a, LB 4.2.3.1.

Von den zahlreichen Gartenformen sind bei uns nur wenige in Kultur:

'Densa'. Wuchs baumförmig, breit kegelförmig, gedrungen und dicht verzweigt. Nadeln etwa 4 cm lang, sehr dünn, bläulich grün.

'Fastigiata'. Wuchs bei älteren Pflanzen geschlossen säulenförmig, 8–10 m hoch. Nadeln 6–10 cm lang, grün, innen blaugrün.

'Krügers Liliput'. Zwergform. Wuchs gedrungen halbkugelig, bis etwa 1,2 m hoch. Nadeln kurz, steif, silbrig grau bis graugrün.

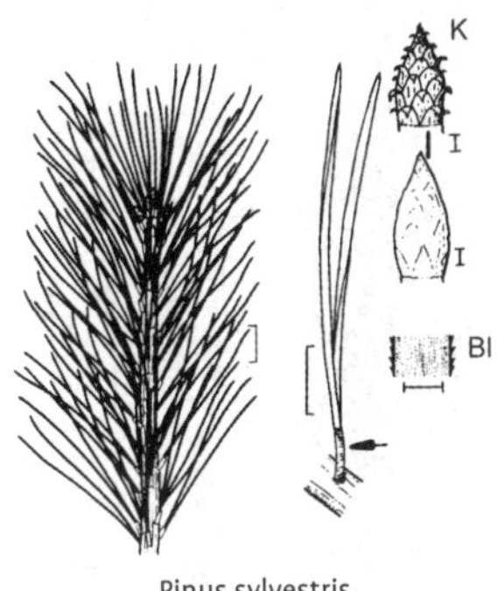

Pinus sylvestris

'Radiata' Zwergform. Wuchs gedrungen, ± kugelförmig, im Alter aber 4–6 m hoch und 2–3 m breit, Zweige dicht gedrängt. Nadeln 4–6 cm lang, graugrün, innen grauweiß.

Pinus sylvestris L., Gewöhnliche Kiefer, Wald-Kiefer, Föhre

Habitus: Bis 35(–40) m hoher Baum, Krone anfangs locker kegelförmig, später unregelmäßig, abgerundet, flach oder fast schirmförmig, Borke im unteren Stammbereich grauschwarz bis dunkelbraun, dick, längs gefurcht, sich in Schuppen oder Platten lösend, im Kronenbereich ± fuchsrot, dünn, abblätternd, Äste anfangs bogig aufsteigend, später unregelmäßig abstehend, aufsteigend oder hängend, Triebe gelblich bis grün, kahl, Knospen eiförmig oder ellipsoid, 0,6–1,5 cm lang, zugespitzt, rötlich braun, ± harzig, Schuppen braun, am Rand gefranst.
Nadeln: Zu 2, 3–7 cm lang, 1–2 mm breit, steif, meist deutlich gedreht, zugespitzt, Rand fein gesägt, blau- oder graugrün, im Querschnitt halbkreisförmig, allseits mit deutlichen Spaltöffnungslinien, Lebensdauer 2–4 Jahre, Nadelscheiden 0,6–1 cm lang, grau, bleibend.
Zapfen: Ei- bis kegelförmig, 3–8 cm lang, 4–5 cm breit, kurz gestielt, jung grün, reif matt graubraun, Schuppenschilde meist flach, Nabel klein, stumpf, meist mit sehr kurzem, hinfälligem Höcker, Samen 3–4 mm lang, geflügelt.
Verbreitung: W- Europa bis Russ. Ferner Osten, südl. bis Kleinasien, Kaukasien, Mongolei.
Verwendung: Sehr häufig, N, ⚕, WHZ 1, LB 4.2.3.1 (1.1.1.3) (7.1.3.2).

Von den zahlreichen Gartenformen haben die folgenden den höchsten Gartenwert:

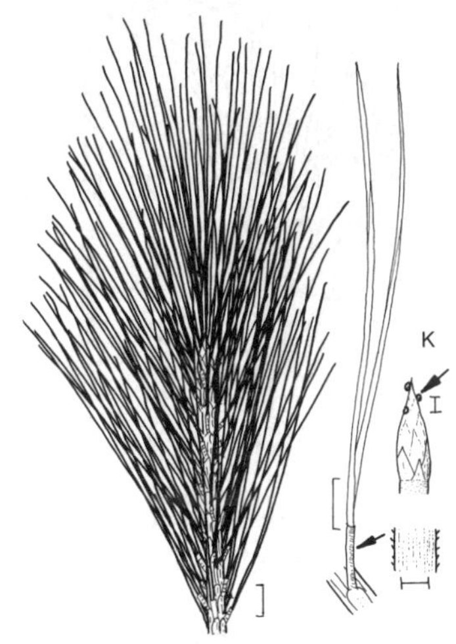

Pinus tabuliformis

'Beuvronensis'. Zwergform. Wuchs unregelmäßig kugelig, dicht geschlossen, bis etwa 0,8 m hoch, 1,5 m breit. Nadeln etwa 3–4 cm lang, dünn, blaugrün.

'Fastigiata'. Wuchs straff aufrecht, säulenförmig, 5–10(–15) m hoch, Äste und Zweige steif aufrecht. Nadeln 4–6 cm lang, leicht gedreht, blaugrau.

'Hibernica'. Zwergform. Wuchs gedrungen halbkugelig, bis etwa 1,5 m hoch, Knospen auffallend rotbraun. Nadeln 3–4(–5) cm lang, leicht gedreht, bläulich graugrün.

'Moseri'. Zwergform. Wuchs abgeflacht kugelig, bis etwa 1 m hoch, aber viel breiter. Nadeln 4–6 cm lang, leicht gedreht, unregelmäßig stehend, grün, im Winter gelbgrün.

'Typ Norwegen'. Wuchs baumförmig, 10–12 m hoch, Krone kompakt, Äste reich verzweigt. Nadeln etwas kürzer und kräftiger als bei der Art, blaugrün.

'Watereri'. Wuchs großstrauchig, sehr breit aufrecht, 3–5 m hoch und ebenso breit, Borke älterer Pflanzen fuchsrot. Nadeln 4–6(–8) cm lang, steif, gedreht, blaugrau.

Pinus tabuliformis Carrière, Chinesische Rot-Kiefer

Habitus: Bis 25(–30) m hoher Baum, Krone anfangs eiförmig-kegelförmig, später unregelmäßig und abgeflacht kuppelförmig, Borke im unteren Stammbereich dick, gefurcht,

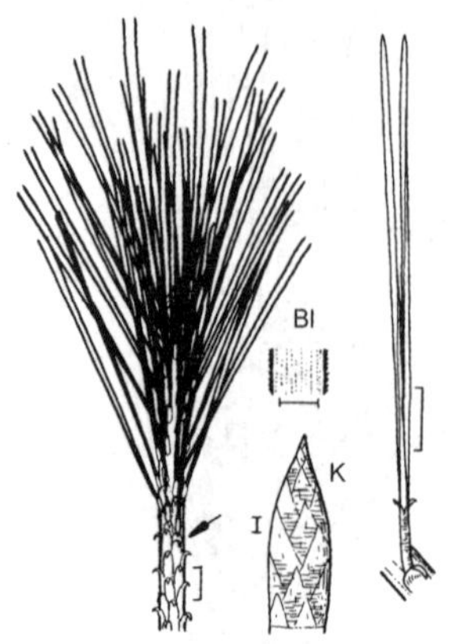

Pinus thunbergii

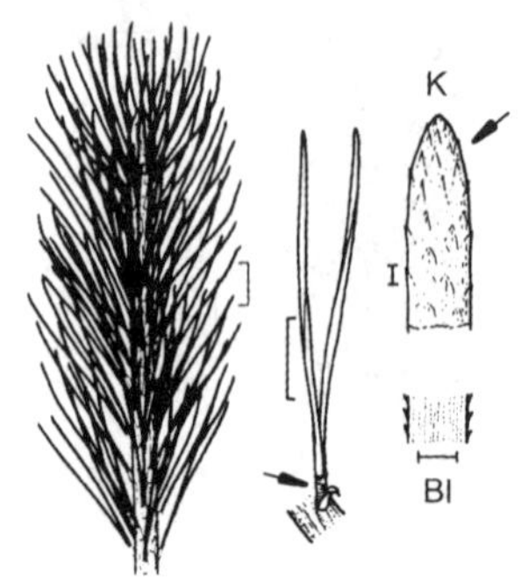

Pinus uncinata

plattig-schuppig, graubraun, im Kronenbereich dünn und rotbraun, Triebe kahl, anfangs hell- bis gelbbraun, später dunkler und graubraun, Winterknospen länglich, spitz, hellbraun, bis 2 cm lang, leicht harzig.
Nadeln: Zu 2(–3), 6–15 cm lang, 1–1,5 mm dick, gerade oder gebogen, steif, scharf zugespitzt, fein gesägt, beiderseits mit undeutlichen Spaltöffnungslinien, Lebensdauer 2–3 Jahre, Nadelscheiden 1–1,5 cm lang, bleibend.
Zapfen: Breit eiförmig, symmetrisch oder etwas schief, 5–8,5 cm lang, 5–7,5 cm breit, fast sitzend, gelb bis dunkelbraun, Schuppenschild deutlich aufgewölbt, mit scharfer, erhabener Querleiste, Nabel stumpf, mit kleinem, gebogenem Dorn.
Verbreitung: W- und M-China bis Yunnan und Sichuan.
Verwendung: Sehr selten, WHZ 6a, LB 4.1.2.1.

P. thunbergiana Franco = *P. thunbergii*

Pinus thunbergii Parl., Japanische Schwarz-Kiefer

Habitus: Bis 30(–40) m hoher Baum, Krone breit kegel- bis kuppelförmig, später abgerundet bis schirmförmig, Borke dick, graubraun bis schwarzgrau, tief gefurcht, in unregelmäßige Platten zerrissen, Äste abstehend oder aufsteigend, Triebe gelblich grün bis orange- oder gelbbraun, kahl, Knospen eiförmig-länglich bis ellipsoid-zylindrisch, 1,2–2 cm lang, zugespitzt, harzig oder harzlos, Schuppen weißlich, gefranst, an der Spitze frei.
Nadeln: Zu 2, abstehend, 10–14 cm lang, 1–2 mm breit, scharf zugespitzt, sehr steif, etwas gedreht, dicht stehend, Rand fein gesägt, dunkelgrün, im Querschnitt halbkreisförmig, beiderseits mit wenig auffälligen Spaltöffnungslinien, Lebensdauer 2–3 Jahre, Nadelscheiden 1,2–1,5 cm lang, bleibend.
Zapfen: Ei- bis kegelförmig, 4–6 cm lang, 3–4,5 cm breit, kurz gestielt, jung grün oder purpurn, reif hellbraun, Schuppenschilde flach oder leicht erhöht, fast rhombisch, mit niedriger Querleiste, Nabel klein, ohne Dorn, Samen 5 mm lang, geflügelt.
Verbreitung: Küsten Japans und S-Koreas.
Verwendung: Sehr selten, N, WHZ 6a, LB 4.1.2.1.

Pinus uncinata Ramond ex Mirb., Haken-Kiefer, Berg-Spirke

Habitus: Bis 10–20(–26) m hoher Baum, Krone ei- bis kegelförmig oder walzlich, auch im Alter nie schirmförmig, Äste abstehend bis aufsteigend, Borke, Triebe und Benadelung wie bei *P. mugo*.
Zapfen: Deutlich asymmetrisch, 4–7 cm lang, 3–5,5 cm breit, Schuppenschilde aufgewölbt, höher als breit, auf der dem Zweig abgewandten Seite an basalen Schuppen deutlich zurückgekrümmt.
Verbreitung: SW-Europa: Pyrenäen, W-Alpen, einzelne Gebirge in N-Spanien und S-Frankreich.
Verwendung: Selten, WHZ 4, LB 8.2.3.2.

'Green Column'. Wuchs kegelförmig, kompakt, bis 2,5 m hoch. Nadeln 6,5–7 cm lang, grün bis graugrün.

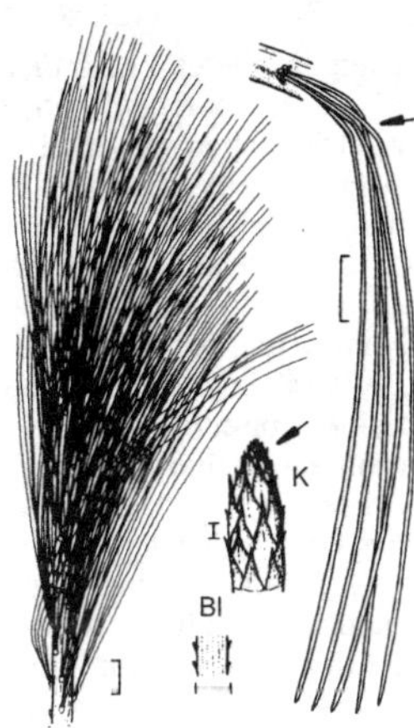

Pinus wallichiana

'Grüne Welle'. Zwergform. Wuchs sehr langsam, in 15 Jahren etwa 0,4 m hoch, abgeflacht halbkugelig, Oberfläche im Alter wellig. Nadeln sehr dicht stehend, frischgrün.

'Paradekissen'. Zwergform. Wuchs sehr langsam, kompakt, abgeflacht, in 10 Jahren etwa 0,2 m hoch. Nadeln 1,5–2 cm lang, dunkelgrün.

P. uncinata subsp. *rotundata* (Link.) Janch. et Neumayer = *P. rotundata*
P. uncinata subsp. *uliginosa* (Wimm.) Businsky = *P. rotundata*

Pinus wallichiana A.B. Jacks., Tränen-Kiefer

Habitus: Bis 30–50(–70) m hoher, stattlicher Baum, Krone breit kegelförmig, später locker und unregelmäßig, Stamm lange glatt bleibend, später Borke grau- bis schwarzbraun, längsrissig, kleinschuppig, Äste waagerecht ausgebreitet und abwärts gebogen, die oberen aufsteigend, Triebe grün bis graubraun, kahl, bläulich bereift, Knospen ei- bis kegelförmig, 1–1,5 cm lang, zugespitzt, etwas harzig.
Nadeln: Zu 5, 10–20 cm lang, 1 mm breit, zugespitzt, Rand fein gesägt, schlaff, meist bogig überhängend, einzelne Nadeln im unteren Drittel geknickt, 3-kantig, außen dunkelgrün und ohne Spaltöffnungslinien, innen mit je 5 weißen Spaltöffnungslinien, Lebensdauer 2–3 Jahre, Nadelscheiden 1,6–2,2 cm lang, im 1. Jahr abfallend.
Zapfen: Zylindrisch, 15–30 cm lang, 5–8 cm breit, meist leicht gebogen, 2–2,5 cm lang

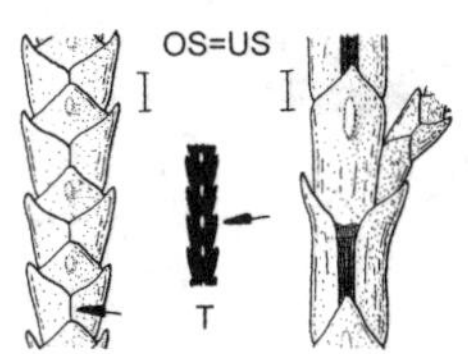

Platycladus orientalis

gestielt, meist harzig, jung blaugrün, reif hellbraun, Samenschuppen keilförmig, mit flachem, längs gestreiftem Schild und endständigem Nabel, Samen 0,8–1 cm lang, geflügelt.
Verbreitung: Himalaja, westl. bis Afghanistan: Hindukusch.
Verwendung: Sehr häufig, WHZ 7a, LB 6.1.1.1.

Platycladus Spach

Fächerlebensbaum, Orientlebensbaum, Chinalebensbaum – Cupressaceae

(griechisch *platys* = flach, breit und *klados* = Zweig)

Monotypische Gattung

Platycladus orientalis (L.) Franco

Habitus: Bis 20–25 m hoher, ein- oder mehrstämmiger Baum, Krone kegelförmig, abgerundet oder unregelmäßig, Borke grau- bis rotbraun, sich in dünnen Streifen lösend, Äste aufrecht, aufsteigend oder abstehend, Zweige vertikal stehend, Triebe fächerartig in senkrechten, parallelen Ebenen stehend.
Blätter: Kreuzweise gegenständig, schuppenförmig (nur bei Jungpflanzen und einigen Sorten nadelförmig oder pfriemlich), an Seitenzweigen in flächen- und kantenständige, 1,5–2,5 mm lange, 1–1,5 mm breite, stumpfe oder zugespitzte Schuppenblätter differenziert, Flächenblätter mit anliegender Spitze, etwas kleiner als die Kantenblätter und von diesen leicht überlappt, Drüsen wenig auffällig, beiderseits blass- bis gelb- oder graugrün.
Blüten: 1-geschlechtig, 1-häusig verteilt.
Zapfen: Eiförmig bis kugelig, 1–2,5 cm lang, 1–1,8 cm breit, anfangs fleischig, bläulich oder purpurn, bereift, später holzig, braun, Schuppen 6–8, auf dem Rücken mit einem zurückgebogenen, hornartigen Fortsatz, Samen 3–6 mm lang, ungeflügelt.

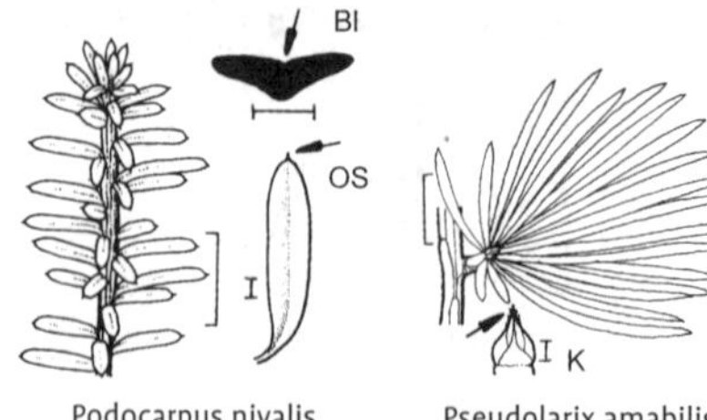

Podocarpus nivalis   Pseudolarix amabilis

Verbreitung: W- und N-China, Korea, südl. Russ. Ferner Osten.
Verwendung: Sehr häufig, N, ⚕, ✂, WHZ 6b, LB 6.3.2.3.

'Aurea Nana'. Zwergform. Wuchs kugelig bis eiförmig, kaum mehr als 0,6 m hoch, Zweige alle senkrecht und fast parallel stehend. Blätter hell gelbgrün.

'Elegantissima'. Wuchs breit säulenförmig, bis 5 m hoch, Äste aufrecht, steif; Zweige fächerförmig. Blätter im Austrieb goldgelb, im Sommer grünlich gelb, im Winter braun.

'Franky Boy'. Wuchs straff aufrecht, Zweige dünn, fadenförmig, abstehend bis überhängend. Blätter im Sommer grünlich gelb, im Winter bronzegrün.

Podocarpus L'Hér. ex Pers.

Steineibe – Podocarpaceae

(griechisch *podos* = Fuß und *karpos* = Frucht, weil die Samen einem „Fuß" aufsitzen)

Habitus: Immergrüne, bis 40 m hohe Bäume oder Sträucher, Krone meist unregelmäßig, abgerundet oder walzlich, Äste anfangs scheinquirlig, später meist unregelmäßig stehend, Borke schuppig oder faserig, sich in Längsstreifen lösend.
Blätter: Meist schraubig angeordnet, 2-zeilig, selten ± gegenständig, schuppen- oder nadelförmig, oft breit und abgeflacht, lanzettlich bis eiförmig oder elliptisch, 0,4–50 cm lang und 5 cm breit, sitzend oder kurz gestielt, unterseits mit Spaltöffnungsbändern.
Blüten: 1-geschlechtig, meist 2-häusig verteilt, ♂ Blüten kätzchenartig, bis 5 cm lang, achselständig, einzeln oder in Büscheln, meist mit zahlreichen Staubblättern, jeweils mit 2 Pollensäcken, ♀ Blütenzapfen meist einzeln, achselständig, mit 2–5 verholzenden Schuppen, nur die oberen 1–2 fertil, in deren Achsel je 1–2(–3) Samenanlagen, die unteren, sterilen Schuppen entwickeln sich mit der Zapfenachse zu einem ledrigen oder fleischigen, meist anschwellenden, purpurnen oder roten, stielartigen Zapfenboden, der 1(–2) Samen trägt.
Samen: Steinfruchtartig, meist von der ledrigen oder ± fleischigen Samenschuppe umhüllt, mit einer äußeren, fleischigen Hülle und einer inneren verhärteten oder verholzenden Schicht.
Verbreitung: Etwa 100 Arten, überwiegend auf der südl. Halbkugel, meist in subtropischen und tropischen Regenwaldzonen, in Chile, Argentinien, Australien und Neuseeland bis in die gemäßigte Zone reichend.
Verwendung: Im M-Europa ist überwiegend nur die folgende Art in Kultur.

Podocarpus nivalis Hook., Neuseeländische Alpen-Steineibe, Schnee-Steineibe

Habitus: 0,2–2 m hoher, niederliegender bis aufsteigender oder ± aufrechter Strauch, Triebe grünlich.
Blätter: Spiralig angeordnet, dicht stehend, linealisch-länglich bis ei- oder kahnförmig, 0,3–1,5 cm lang, 2–2,5 mm breit, ledrig, stumpf, mit aufgesetzter Spitze, an der Basis in einen kurzen, sichelförmigen Stiel verjüngt, Mittelrippe eingesenkt, grün, unterseits mit Spaltöffnungslinien.
Blüten: ♂ Blütenkätzchen, 1–1,5 cm lang, meist zu 1–4, gestielt.
Früchte: Samen eiförmig, 3,5–5,5 mm lang, glänzend hellgrün oder bereift, Samenträger („Fuß") reif fast kugelig, fleischig, rot, 7–8 mm breit und fast doppelt so lang wie der Samen.
Verbreitung: Gebirge in Neuseeland.
Verwendung: Sehr selten, WHZ 7a, LB 7.4.2.6.

Pseudolarix Gordon

Goldlärche – Pinaceae

(griechisch *pseudos* = falsch, Schein und lateinisch *larix* = Lärche, wegen der lärchenähnlichen Benadelung)

Monotypische Gattung

Pseudolarix amabilis (J. Nelson) Rehder, Goldlärche

Habitus: Sommergrüner, 30–40 m hoher Baum, in Kultur viel niedriger bleibend, Krone anfangs kegelförmig, im Alter breiter und aufgelockert, kuppel- oder schirmförmig, Borke rot- bis graubraun, gefurcht, sich in eckige, plattige Schuppen lösend, Äste fast waagerecht ausgebreitet, an den Spitzen überhängend, Langtriebe anfangs gelblich, später braun bis grau, kahl, bereift, Kurztriebe dick, mit ringförmigen Einschnürungen, die den Zuwachs einer Vegetationsperiode markieren.
Nadeln: An Langtrieben entfernt schraubig, an Kurztrieben zu 10–30 gehäuft und schirmartig ausgebreitet, 3–6 cm lang, 2–3 mm breit, stumpf oder spitz, weich, hellgrün, unterseits gekielt, mit 2 deutlichen grauen Spaltöffnungsstreifen, Herbstfärbung goldgelb bis orangebraun.
Blüten: 1-geschlechtig, 1-häusig verteilt, ♂ Blüten 2,5 cm lang, zu 15–20 an nadellosen Kurztrieben, anfangs eiförmig, später zylindrisch, hängend, gelb, ♀ Blütenzapfen 6 mm lang, an benadelten Kurztrieben, Mai.
Zapfen: Eiförmig bis kugelig, kurz gestielt, aufrecht, 5–7 cm lang, 4–5,5 cm breit, jung grün, bereift, teils purpurn getönt, reif gelb oder braun, im 1. Jahr reifend und am Baum zerfallend, Samenschuppen ledrig, ganzrandig, mit je 2 Samenanlagen, Deckschuppen viel kleiner, Samen 5–8 mm lang, sehr lang geflügelt.
Verbreitung: SO-China; Zhejiang und Umgebung.
Verwendung: Selten, WHZ 6b, LB 6.4.2.3 (7.2.3.1).

P. kaempferi (Lamb.) Gordon = *P. amabilis*

Pseudotsuga Carrière

Douglasie, Douglasfichte, Douglastanne – Pinaceae
(griechisch *pseudos* = falsch, Schein und Gattungsname *Tsuga*)

Habitus: Immergrüne, bis 60(–100) m hohe Bäume, Krone anfangs regelmäßig kegel- oder walzenförmig, später unregelmäßig und meist breit ausladend, Äste weit abstehend, unregelmäßig scheinquirlig angeordnet, junge Stämme mit glatter, dunkel purpurgrauer Rinde und zahlreichen Harzbeulen, Borke später sehr dick, stark korkig, tief längs gefurcht, rotbraun, Triebe kahl oder behaart, nach dem Nadelfall mit kleinen, elliptischen Narben, Knospen groß, ei- bis kegelförmig, spitz, glänzend, harzlos, Schuppen spitz, sich schindelartig deckend.
Nadeln: Spiralig angeordnet, ringsum oder ± 2-zeilig stehend, linealisch, abgeflacht, an der Basis in ein Stielchen verschmälert, das schräg vom Zweig absteht, oberseits grün und gefurcht, unterseits mit 2 Spaltöffnungsbändern.
Blüten: 1-geschlechtig, 1-häusig verteilt, achselständig an vorjährigen Zweigen, ♂ Blüten länglich-eiförmig, 1–2 cm lang, gelb oder rötlich, ♀ Blütenzapfen zu 1–3, eiförmig, 1,5–2 cm lang, mit zahlreichen Samenschuppen, die je 2 Samenanlagen tragen.
Zapfen: Eiförmig, eiförmig-länglich, zylindrisch oder fast kugelig, kurz gestielt, im 1. Jahr reifend, als Ganzes abfallend, Samenschuppen fast kreisrund, Deckschuppen schmal, durch die grannig verlängerte Mittelrippe 3-spaltig, meist weit aus dem Zapfen herausragend.
Verbreitung: 4–6 Arten, im pazifischen N-Amerika und in O-Asien.
Verwendung: In M-Europa nahezu ausschließlich die folgende Art als Wald- und Parkbaum in Kultur.

P. douglasii (Sabine ex D. Don) Carrière = *P. menziesii*
P. glauca (Beissn.) Mayr = *P. menziesii* subsp. *glauca*

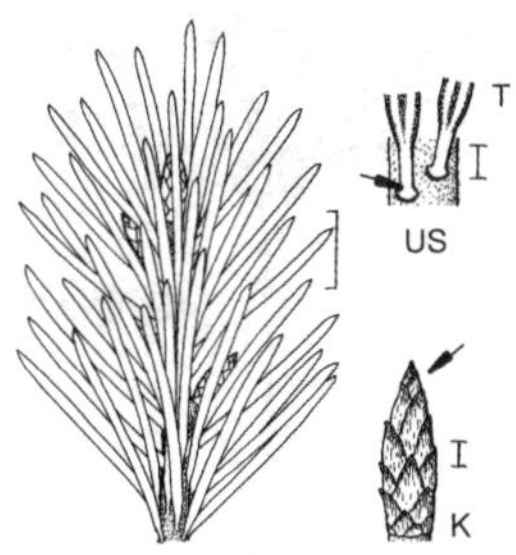

Pseudotsuga menziesii subsp. menziesii

Pseudotsuga menziesii (Mirb.) Franco **subsp. menziesii**, Küsten-Douglasie, Grüne Douglasie

Habitus: Bis 20–60(–100) m hoher Baum, Krone anfangs gleichmäßig kegelförmig, spä-

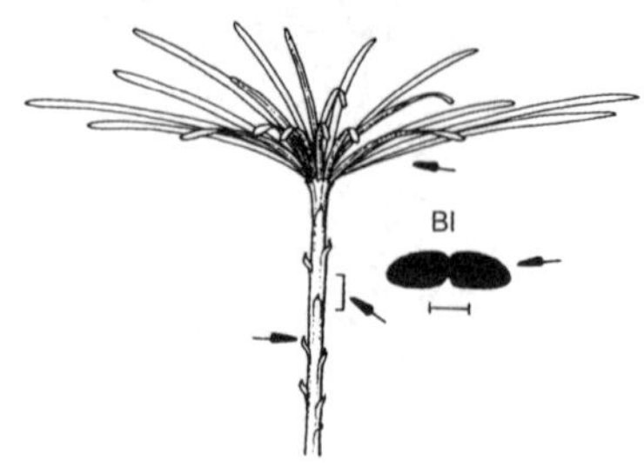

Sciadopitys verticillata

ter walzlich oder unregelmäßig und ausladend, Borke im Alter sehr dick, tief längs gefurcht, grau- bis rotbraun, Äste lang, ± waagerecht abstehend, Triebe gelb- bis olivgrün, fein behaart, später purpurbraun und kahl, Knospen 0,5–1,2 cm lang, rotbraun.
Nadeln: 2,5–3,5 cm lang, 1,2–1,5 mm breit, weich, glänzend frisch- bis tiefgrün, unterseits mit 2 schmalen, silbergrauen Spaltöffnungsbändern, unregelmäßig oder deutlich gescheitelt, zerrieben nach Orangen duftend.
Zapfen: Länglich-eiförmig, 4–9 cm lang, 2–4 cm breit, jung grün oder rotbraun, reif braun bis graubraun, der herausragende Teil der Deckschuppen dem Zapfen anliegend und nach vorne gebogen.
Verbreitung: Küstengebiete in W-Kanada, NW- und W-USA.
Verwendung: Sehr häufig, N, WHZ 5a, LB 7.2.2.1.

var. caesia (Schwer.) Franco, Graue Douglasie. Nadeln leicht gescheitelt stehend, matt graugrün, oberseits mit einigen Spaltöffnungslinien, unterseits mit einem grauweißen Spaltöffnungsband, Zapfen 4–6 cm lang, Deckschuppen auswärts gebogen. W-Kanada, W-USA, auch in Kultur durch Kreuzung zwischen den beiden Unterarten entstanden.

subsp. glauca (Beissn.) E. Murray, Blaue Douglasie, Colorado-Douglasie, Gebirgs-Douglasie. Wuchs schwächer als bei subsp. *menziesii*, Krone kompakter, Äste leicht aufgerichtet. Nadeln kürzer, nicht gescheitelt, grau- bis blaugrün. Beiderseits mit Spaltöffnungsbändern, Zapfen 4–7 cm lang, Deckschuppen abspreizend, zuletzt zurückgebogen. W-Kanada bis SW- und Z-USA; N- und M-Mexiko.

Von den zahlreichen Gartenformen werden bei uns nur wenige kultiviert, u. a.:

'Glauca Pendula'. Hängeform. Wuchs langsam, Stammverlängerung überhängend, Äste und Zweige hängend. Nadeln 3–5 cm lang, blaugrün.

'Fletcheri'. Zwergform. Wuchs breit und flach oder mehr kugelig, 1–3 m hoch. Nadeln 1,5–2 cm lang, ± radial stehend, oberseits grün, unterseits mit 2 blauweißen Spaltöffnungsbändern.

P. menziesii var. *viridis* (Schwer.) Franco = *P. menziesii* subsp. *menziesii*
P. taxifolia (Lamb.) Britten et Sudw. = *P. menziesii* subsp. *menziesii*

Sciadopitys Siebold et Zucc.

Schirmtanne – Sciadopityaceae

(griechisch *skias* = Schattendach, Sonnenschirm und *pitys* = harzreicher Nadelbaum, bezogen auf die Scheinquirle aus nadelartigen Kurztrieben)

Monotypische Gattung

Sciadopitys verticillata (Thunb.) Siebold et Zucc., Schirmtanne

Habitus: Immergrüner, 20–35(–45) m hoher Baum, in Kultur viel niedriger bleibend, Krone locker schmal kegelförmig, Rinde lange glatt bleibend, Borke später graubraun bis dunkel rötlich braun, sich in dünnen Streifen lösend, Äste kurz, dünn, waagerecht abstehend, Triebe hellbraun, kahl, Knospen klein, rotbraun.
Blätter: An den Langtrieben als 2–5 mm lange, zerstreut schraubig stehende, den Zweigen ± anliegende Schuppenblätter, sie stehen an den Triebenden dichter, quirlartig genähert und bilden in ihren Achseln 1-nadelig erscheinende Kurztriebe (Kladodien), diese Scheinnadeln 8–10 cm lang, 2–4 mm breit, zu 10–25(–40) dicht gedrängt stehend und schirmspeichenartig angeordnet, glänzend dunkelgrün, beiderseits gefurcht, unterseits mit 2 weißen Spaltöffnungsstreifen.
Blüten: 1-geschlechtig, 1-häusig verteilt, ♂ Blüten breit eiförmig bis kugelig, gelb bis braun, zu 8–10, ♀ Blütenzapfen einzeln oder zu mehreren, unscheinbar.
Zapfen: Länglich-eiförmig, aufrecht, 6–12 cm lang, 2,5–5 cm breit, im 2. Jahr reifend, braun, Schuppen dick, breit abgerundet, holzig, jede Schuppe mit 5–9 ringsum geflügelten, 0,7–1,3 cm langen Samen.

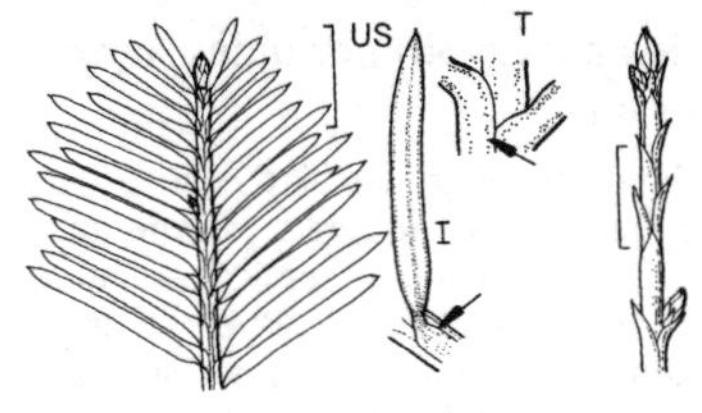

Sequioa sempervirens

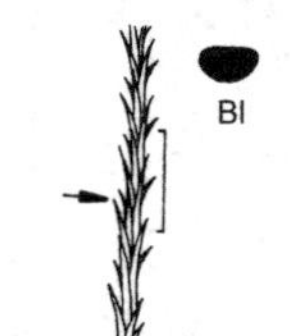

Sequoiadendron giganteum

Verbreitung: Japan: S-Honshu, Kyushu, Shikoku.
Verwendung: Selten, WHZ 7a, LB 7.1.5.3

'Goldstar'. Wuchs deutlich schwächer als bei der Art, Scheinnadeln goldgelb.

'Grüne Kugel'. Wuchs langsam, stark gestaucht, anfangs fast kugelig, später breit kegelförmig. Scheinnadeln wie bei der Art.

'Sternschnuppe'. Wuchs schlank kegelförmig. Scheinnadeln so breit wie bei der Art, aber deutlich kürzer.

Sequoia gigantea (Lindl.) Decne. = *Sequoiadendron giganteum*

Sequoia Endl.

Küstenmammutbaum, Redwood – Cupressaceae

[nach Sequoyah, in der Cherokee-Sprache Sikwayi genannt, um 1760/70–1843; wahrscheinlich war dies George Gist (oder Gess), Sohn eines britischen Händlers und einer indianischen Mutter, Häuptling der Cherokee in North und South Carolina, er entwickelte zwischen 1809 und 1821 ein spezielles Schriftsystem für seine Sprache]

Monotypische Gattung

Sequioa sempervirens (D. Don) Endl., Küstenmammutbaum

Habitus: Immergrüner, bis 50–95(–115) m hoher Baum, Krone anfangs kegelförmig, später aufgelockert bis abgerundet, Borke bis 30 cm dick, schwammig weich, tief gefurcht, sich in Streifen lösend, rost- bis dunkelbraun oder grau, Äste kurz, waagerecht abstehend oder abwärts gebogen, Triebe grün bis rötlich braun, weiß punktiert (Lupe!), Knospen 4–5 mm lang.
Nadeln: An Langtrieben schraubig stehend, schuppenförmig, 6–8 mm lang, an Seitentrieben 2-zeilig stehend, linealisch, abgeflacht, 0,6–2 cm lang, bis 3 mm breit, zugespitzt, oberseits dunkel- bis bläulich grün, unterseits mit 2 weißen Spaltöffnungsbändern.
Blüten: 1-geschlechtig, 1-häusig verteilt, ♂ Blüten meist endständig an der Spitze von Kurztrieben, 5–7 mm lang, blassgelb, ♀ Blütenzapfen ebenfalls endständig, unscheinbar, grün, etwa 1 mm lang, ab November blühend, Befruchtung erst im Mai.
Zapfen: Eiförmig bis fast kugelig, 1,5–3 cm lang, 1,3–1,8 cm breit, braun, im 1. Jahr reifend, die 18–25 Schuppen starr, verholzt, Schuppenschilde rhombisch, jede Schuppe mit 3–5 geflügelten, 5–6 mm langen Samen.
Verbreitung: NW- und W-USA: Oregon, Kalifornien.
Verwendung: Häufig, N, WHZ 8a, LB 7.4.1.2.

S. wellingtoniana Seem. = *Sequoiadendron giganteum*

Sequoiadendron J.T. Buchholz

Riesenmammutbaum, Bergmammutbaum – Cupressaceae

(Gattungsname *Sequoia* und griechisch *dendron* = Baum)

Monotypische Gattung

Sequoiadendron giganteum (Lindl.) J.T. Buchholz

Habitus: Immergrüner, 50–90(–100) m hoher Baum, Krone regelmäßig dicht kegelförmig, im Alter unregelmäßig abgerundet und locker, Stamm stark abholzig, Borke dunkel rotbraun, 30–60 cm dick, schwammig, längsrissig, sich in schmalen Streifen lösend, Äste dick, waagerecht abstehend, Zweige abstehend oder hängend.

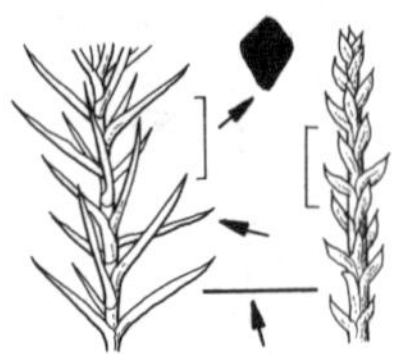

Taiwania cryptomerioides

Nadeln: In 3 Reihen schraubig stehend, pfriemlich bis lanzettlich, scharf zugespitzt, 1–8 mm, an Haupttrieben 10–12 mm lang, dem Trieb ± anliegend, Basis am Trieb herablaufend, oberseits flach, unterseits konvex, glänzend dunkelgrün, beiderseits mit schmalen Spaltöffnungsstreifen.
Blüten: 1-geschlechtig, 1-häusig verteilt, endständig, schon im Herbst angelegt, ♂ Blüten 4–6 mm lang, gelblich, als ungeschützte Knospe überwinternd, ♀ Blütenzapfen unscheinbar, grün, etwa 1 mm lang, April–Mai.
Zapfen: Eiförmig, 3–7 cm lang, 2,5–5 cm breit, im 2. Jahr reifend, die 25–40 Schuppen keilförmig, dick, verholzt, starr, dunkel- bis rotbraun, Schuppenschilde rhombisch, in der Mitte etwas vertieft, jede Schuppe mit 3–8 geflügelten, 5–7 mm langen Samen.
Verbreitung: W-USA: Kalifornien, Westhänge der Sierra Nevada, in isolierten Talschluchten.
Verwendung: Sehr häufig, WHZ 6b, LB 7.4.2.1.

'Barabit's Requiem'. Hängeform mit durchgehendem Stamm und unregelmäßig herabhängenden Ästen und Zweigen. Nadeln blaugrün.

'Blauer Eichzwerg'. Wuchs aufrecht, stark gestaucht. Nadeln blaugrau.

'Pendulum'. Hängeform. Wuchs schmal säulenförmig, Gipfeltrieb meist waagerecht oder überhängend und teilweise wieder aufstrebend, Äste abwärts wachsend und dem Stamm anliegend.

Taiwania Hayata

Taiwanie, Taiwanzeder – Cupressaceae

(Nach der Insel Taiwan, von der die Gattung zuerst beschrieben worden ist)

Monotypische Gattung (zwar 3 Arten beschrieben, diese aber nicht unterscheidbar)

Taiwania cryptomerioides Hayata, Taiwanie

Habitus: Immergrüner, bis 60–65(–70) m hoher Baum, Stamm gerade, Krone anfangs kegelförmig, später locker beastet und abgeflacht oder kuppelförmig, Borke anfangs rotbraun oder braun, später grau, sich in dünnen Streifen oder Schuppen lösend, Äste waagerecht abstehend, Zweige ± hängend.
Blätter: Wechselständig oder schraubig angeordnet, am Zweig herablaufend, anfangs (etwa bis zum Alter von 30 Jahren) pfriemlich bis sichelförmig, 10–24 mm lang, abgeflacht, beiderseits gekielt, fast gerade oder nach vorne gebogen, stechend zugespitzt, bläulich grün, Blätter später nur 3–6 mm lang, mehr lanzettlich bis schuppenförmig, vorne dann spitz bis stumpf und umgebogen, glänzend dunkelgrün.
Blüten: 1-geschlechtig, 1-häusig verteilt, ♂ meist zu 3–5 in endständigen Büscheln, eiförmig bis kugelig, 2–3 mm lang, ♀ Blütenzapfen einzeln endständig.
Zapfen: Ellipsoid bis zylindrisch, 9–15 mm lang, braun, Zapfenschuppen zu 12–25, 6–10 mm lang, stechend zugespitzt, mit je 1–2 Samen, diese 4 mm lang, hellbraun, ringsum mit einem 1–2 mm breiten Flügel.
Verbreitung: Taiwan, China: NW-Yunnan, SO-Tibet; NO-Myanmar, Vietnam.
Verwendung: Sehr selten, WHZ 7b, LB 3.2.1.1.

Taxodium Rich.

Sumpfzypresse – Cupressaceae

(lateinisch *taxus* = Eibe und griechisch *odes* = ähnlich)

Habitus: Sommer- oder halbimmergrüne, hohe Bäume, im Wurzelbereich oft mit auffallenden, über die Erd- oder Wasseroberfläche herausragenden „Wurzelknien", Borke braungrau bis rostbraun, längsrissig, sich in schmalen Streifen lösend, Äste kurz, abstehend oder aufstrebend, Sprosssystem in Lang- und Kurztriebe gegliedert, Langtriebe verholzend, Knospen tragend, Kurztriebe nicht verholzend, im Herbst mit den Blättern abfallend.
Nadeln: Schmal lanzettlich bis linealisch oder pfriemlich, kurz zugespitzt, 0,3–2 cm lang, meist weich, hellgrün, schraubig angeordnet, an Langtrieben entfernt stehend, an Kurztrieben in 2 oder 5–8 Reihen.
Blüten: 1-geschlechtig, 1-häusig verteilt, ♂

Blüten in 7–15 cm langen, seitenständigen, einfachen oder doppelten, ährenartigen Ständen am Ende vorjähriger Langtriebe, ♀ Blütenzapfen einzeln oder zu mehreren, unscheinbar, etwa 2 mm lang, grün.
Zapfen: Kugelig-eiförmig, kurz gestielt, 1,2–4 cm lang, hellbraun, zur Reife im 1. Jahr am Baum zerfallend, Schuppen schraubig angeordnet, schildförmig, je Schuppe 2 schmal geflügelte Samen.
Verbreitung: 2 Arten, vom südöstl. N-Amerika bis Mexiko und Guatemala.
Verwendung: *T. distichum* ist ein häufig kultivierter Parkbaum, der in flachen, stehenden Gewässern, aber auch an weniger feuchten Standorten gedeihen kann.

Bestimmungsschlüssel Taxodium

1 Nadeln 1–2 mm breit, abstehend, z. T. gescheitelt . . . . *T. distichum* var. *distichum*
– Nadeln schmaler, dem Trieb fast anliegend, nicht gescheitelt . . . . *T. distichum* var. *imbricatum*

T. ascendens Brongn. = *T. distichum* var. *imbricatum*

Taxodium distichum (L.) Rich. **var. distichum**, Zweizeilige Sumpfzypresse

Habitus: Bis 20–40(–50) m hoher Baum, Krone kegelförmig oder walzlich, im Alter locker, breit und unregelmäßig, abgeflacht, Stamm abholzig, Wurzelknie kegelförmig, auf nassen Standorten meist zahlreich, Borke dünn, rot- bis graubraun, längsrissig, Äste waagerecht abstehend oder überhängend, junge Langtriebe braun bis rotbraun, kahl, schwach bereift, Kurztriebe meist abstehend, 8–10 cm lang.
Nadeln: 2-zeilig stehend, linealisch, abgeflacht, 1–1,7 cm lang, 1–2 mm breit, sehr kurz gestielt oder sitzend, gerade oder schwach gebogen, stumpf oder zugespitzt, hellgrün oder bläulich grün, Herbstfärbung rotbraun.
Zapfen: Eiförmig bis kugelig, 1,5–4 cm lang, fast sitzend, Schuppen meist mit runzeligem Schild.
Verbreitung: NO-, NOZ- und SO-USA.
Verwendung: Sehr häufig, N, WHZ 6b, LB 2.1.2.1.

var. imbricatum (Nutt.) Croom, Aufsteigende Sumpfzypresse, Teichzypresse. Wuchshöhe nur 25–30 m, Wurzelknie seltener auftretend, deren Spitze abgerundet, Kurztriebe ± aufstrebend oder aufrecht, Nadeln pfriemlich, in 5–8 Reihen, 0,3–1 cm lang, bis auf die Spitze dem Zweig anliegend. NO- und SO-USA, überwiegend in Küstenniederungen.

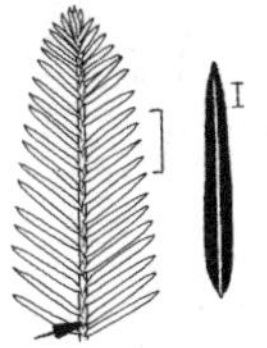
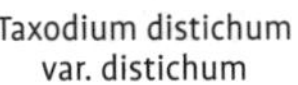
Taxodium distichum var. distichum

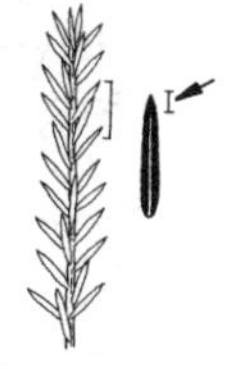
Taxodium distichum var. imbricatum

'Nutans' (zu var. *imbricatum*). 12–15 m hoher Baum, Krone säulenförmig, Äste kurz, abstehend oder aufsteigend, Zweige dünn, dicht gedrängt, anfangs aufrecht, später nickend, dicht benadelt, Nadeln nur 5 mm lang.

'Pendens' (zu var. *distichum*). Von der var. *distichum* abweichend durch hängende Zweigspitzen und Triebe.

T. distichum var. *nutans* (Aiton) Sweet = *T. distichum* var. *imbricatum* 'Nutans'
T. distichum var. *nutans* Carrière = *T. distichum* var. *distichum* 'Pendens'

Taxus L.

Eibe – Taxaceae

(lateinisch *taxus* = Eibe, abgeleitet von griechisch *taxon* = Bogen)

Habitus: Immergrüne, reich verzweigte Sträucher oder bis 30 m hohe Bäume, Borke anfangs glatt, dünn, rötlich braun, später in dünnen Schuppen abblätternd, Äste aufsteigend oder fast waagerecht abstehend, Knospen klein.
Nadeln: Schraubig angeordnet, an Seitenzweigen oft gescheitelt, mit der stielartig verschmälerten Basis am Zweig herablaufend, linealisch oder sichelförmig, abgeflacht, oberseits glänzend dunkelgrün, unterseits mit deutlicher Mittelrippe, nur heller grün, weil die Spaltöffnungsstreifen nur sehr undeutlich ausgebildet sind, Lebensdauer 3–8 Jahre.
Blüten: 1-geschlechtig, meist 2-häusig verteilt, ♂ Blüten zahlreich, kugelig, gelblich, einzeln in den Blattachseln, mit 6–15 schildförmigen Staubblättern, die auf der Unterseite je 4–9 Pollensäcke tragen, ♀ Blüten ebenfalls schon im Herbst angelegt, unscheinbar,

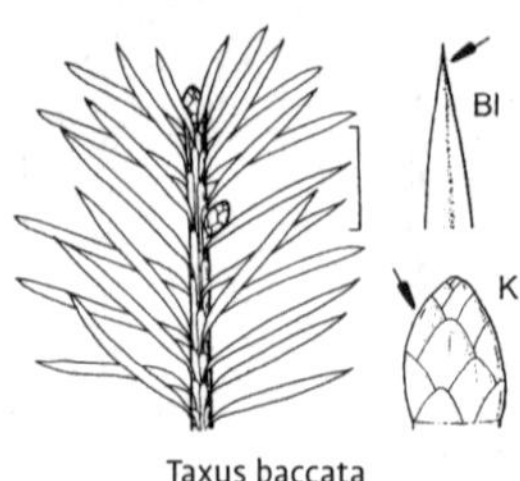

Taxus baccata

grünlich, aus einer einzigen Samenanlage mit einem kurzen Spross bestehend, Februar bis April.
Samen: Samen eiförmig, unter 1 cm lang, deutlich zusammengedrückt, meist 2-kantig, im 1. Jahr reifend, von einem meist leuchtend orange- oder scharlachroten, leicht bläulich bereiften, etwas schleimigen und süß schmeckenden, essbaren (alle anderen Pflanzenteile sind sehr giftig), oben becherförmig offenen Mantel (Arillus) umgeben, der nur am Grund mit dem Samen verbunden ist.
Verbreitung: 10 nahe verwandte und einander sehr ähnliche Arten, überwiegend in den gemäßigten Zonen der nördl. Hemisphäre.
Verwendung: Überwiegend wird die in Europa heimische *Taxus baccata* mit ihren zahlreichen Gartenformen verwendet. Sie ist sehr langlebig und in hohem Maße schnittverträglich und wird deshalb häufig zu Hecken und Figuren geschnitten.

Bestimmungsschlüssel Taxus

1 Knospenschuppen nur locker anliegend oder Nadeln dornspitzig (plötzlich zugespitzt) . . . 2
– Knospenschuppen fest anliegend und Nadeln allmählich zugespitzt 3
2 Nadeloberseits erhabene Mittelrippe bleibt bis zur Spitze erhalten 4
– Nadeloberseits erhabene Mittelrippe verschwindet bei vielen Nadeln vor der Spitze 5
3 Knospenschuppen stumpf und nicht gekielt . . . . *T. baccata*
– Knospenschuppen z. T. spitz, z. T. gekielt. . . . . *T. ×media*
4 Nadelspitze in schwachem Gegenlicht mit hellem Saum, Nadeln höchstens 17 mm lang, sehr plötzlich zugespitzt . . . . *T. brevifolia*
– Nadelspitze ohne hellen Saum, Nadeln länger, allmählicher zugespitzt. . . . . *T. ×media*
5 Nadeln höchstens 2 mm breit, mit längerer, z. T. verbogener Dornspitze . . . . . *T. canadensis*
– Nadeln breiter, mit punktförmiger Dornspitze . . . . *T. cuspidata* var. *cuspidata*

Taxus baccata L., Europäische Eibe, Gewöhnliche Eibe

Habitus: Strauch oder 10–20(–28) m hoher Baum, Krone breit kegelförmig, später ± abgerundet, häufig von der Basis an mehrstämmig, die Stämme nicht selten miteinander verwachsen, Borke grau- oder rotbraun, sich in dünnen Schuppen lösend, Äste anfangs aufsteigend bis fast aufrecht, später fast waagerecht abstehend bis überhängend, Triebe meist etwas hängend, grün bis hellbraun oder grau, fein gefurcht, Knospen 3–4 mm lang, eiförmig, Schuppen abgerundet, fest anliegend.
Nadeln: Linealisch, 1–4 cm lang, 2–2,5 mm breit, allmählich zugespitzt, oberseits glänzend dunkelgrün, unterseits hell- oder graugrün, an aufrechten Zweigen radial stehend, an Seitenzweigen deutlich gescheitelt und sichelförmig gebogen.
Samen: Arillus rot (bei 'Lutea' gelb), 0,9–1,2 cm lang, 7–9 mm breit, den Samen becherförmig umschließend, Samen 6–7 mm lang, breit eiförmig bis ellipsoid, abrupt zugespitzt, abgeflacht oder 3-kantig.
Verbreitung: Europa, Kaukasien, Türkei, N-Iran, N-Afrika.
Verwendung: Sehr häufig, ♣, Bi, ☠, WHZ 6a, LB 3.3.5.3.

Von den zahlreichen Gartenformen werden die folgenden häufiger kultiviert:

1 Wuchs stark, großstrauchig oder baumförmig

'Adpressa'. Wuchs unregelmäßig strauchig, bis 6 m hoch, Zweige aufsteigend. Nadeln nur 5–9 mm lang.

'Adpressa Aurea'. Wuchs ähnlich 'Adpressa', aber schwächer. Nadeln an den Triebspitzen goldgelb, sonst nur gelbbunt.

'Dovastoniana'. Wuchs stark, 3–5 m hoch, bis 8 m breit. Stamm aufrecht, Äste waagerecht ausgebreitet, sehr lang, Zweigspitzen fast rechtwinklig abwärts geneigt. Nadeln 2–3,5 cm lang, sehr dunkelgrün.

'Dovastoniana Aurea'. Im Habitus wie 'Dovastoniana', aber deutlich schwächer wachsend. Nadeln oberseits meist gelbgrün mit gelbem Rand, unterseits gelbgrün.

'Overeynderi'. Wuchs, durch Schnitt bedingt, anfangs kegelförmig, später aufgelockert und breit eiförmig, 3–5 m hoch, Äste aufrecht, sehr regelmäßig stehend. Nadeln 2 cm lang, dunkelgrün.

2 Wuchs säulenförmig, Nadelstellung radial

'Fastigiata', Säulen-Eibe, Irische Eibe. ♀ Sorte. Wuchs straff aufrecht, anfangs schmal, breit säulenförmig, 4–7 m hoch, im Alter oft sehr breit werdend. Nadeln 2–3 cm lang, radial stehend. Hierzu einige Sorten mit Abweichungen im Habitus und in der Nadelfärbung.

2.1 Grünnadelige Sorten:

'Fastigiata Nova'. Wuchs schmal säulenförmig, kräftiger und dauerhaft schlanker als bei 'Fastigiata'.

'Fastigiata Robusta'. ♀ Sorte. Wuchs schmal säulenförmig, straff aufrecht, schlanker als bei 'Fastigiata' und auch im Alter nicht auseinanderfallend.

2.2 Gelblaubige Sorten:

'Fastigiata Aurea'. Im Wuchs ähnlich 'Fastigiata'. Junge Triebe und Nadeln goldgelb.

'Standishii'. ♀ Sorte. Wuchs breit säulenförmig, gedrungen, Äste und Zweige aufrecht. Nadeln oberseits goldgelb, unterseits gelb.

'Wiesmoor Gold'. Wuchs unregelmäßig säulenförmig. Nadeln im Sommer gelb, im Winter goldgelb.

2.3 Sorte mit gelbbunten Nadeln:

'Fastigiata Aureomarginata'. Wuchs anfangs schlank säulenförmig, später schmal bis breit trichterförmig. Nadeln an jungen Trieben goldgelb gerandet, später allmählich vergrünend.

3 Wuchs ± breit aufrecht

'Hessei'. Wuchs aufrecht, sehr dicht verzweigt. Nadeln aufallend lang und breit, bis 3,5 cm lang, bis 4 mm breit, tiefgrün.

'Schwarzgrün'. Wuchs breitbuschig, kompakt, bis etwa 1,5 m hoch. Nadeln tiefgrün.

'Semperaurea'. Wuchs breit aufrecht, bis 2 m hoch und breit, Äste abstehend. Nadeln 1–2 cm lang, oberseits beständig goldgelb, unterseits hell gelbgrün.

4 Wuchs stark, ausgebreitet

'Nissens Corona'. Wuchs gleichmäßig weit ausgebreitet, bis etwa 1,8 m hoch, etwa 10 m breit.

'Nissens Präsident'. Wuchs breit ausladend bis trichterförmig, 2–3 m hoch, 5–6 m breit, Zweige überhängend bis nickend.

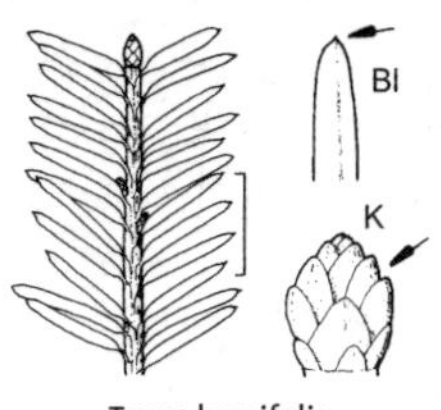

Taxus brevifolia

'Summergold'. Wuchs flach ausgebreitet, Äste flach ansteigend, bis etwa 1 m hoch, 2–3 m breit. Nadeln 2–3 cm lang, im Austrieb goldgelb, später am Rand gelb, im Sommer überwiegend gelb, im Winter mehr grünlich gelb.

'Washingtonii'. Wuchs breitbuschig, gedrungen, Äste abstehend, Zweigspitzen leicht übergeneigt, 2–3 m hoch, 3–5 m breit. Nadeln grünlich gelb, im Winter bronzegelb.

5 Wuchs schwach, niedrig bleibend

'Procumbens'. Wuchs ausgebreitet, dicht verzweigt, bis etwa 0,6 m hoch, bis 2 m breit. Nadeln bis 1,5 cm lang, ziemlich steif, dunkelgrün.

'Repandens'. ♀ Sorte. Wuchs flach ausgebreitet, bis etwa 0,7 m hoch, 2–3 m breit, Zweige nickend. Nadeln 2–3 cm lang, oberseits glänzend dunkelgrün, unterseits stumpfgrün.

Taxus brevifolia Nutt., Pazifische Eibe

Habitus: Strauch oder 5–15(–25) m hoher Baum, Krone kegelförmig bis kugelig, Rinde dünn, Schuppen purpurn bis braun, Äste waagerecht abstehend oder aufsteigend, Zweige etwas hängend, Triebe gelblich grün, später rötlich braun, Knospenschuppen gekielt, zugespitzt bis stachelspitzig, locker anliegend, gelblich.
Nadeln: Gescheitelt, fast waagerecht abstehend, 1–2 cm lang, 1,5–3 mm breit, schmal linealisch, abrupt und scharf zugespitzt, oberseits glänzend hell oder dunkelgrün, unterseits blassgrün, mit 2 graugrünen Spaltöffnungsbändern.
Früchte: Arillus rot oder orange, 9–12 mm lang, 7–9 mm breit, Samen eiförmig, 5–8 mm lang, 2- bis 4-kantig.
Verbreitung: Alaska, W-Kanada, NW-, W- und SW-USA.
Verwendung: Sehr selten, N, ☠, WHZ 6b, LB 7.2.2.4.

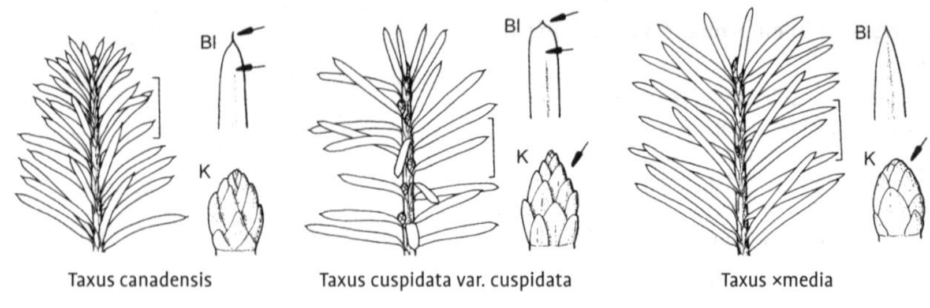

Taxus canadensis Taxus cuspidata var. cuspidata Taxus ×media

Taxus canadensis Marshall, Kanadische Eibe

Habitus: 0,5–2 m hoher, reich verzweigter Strauch, Äste waagerecht abstehend, die unteren dem Boden aufliegend, Triebe gelbgrün, später rötlich braun, Knospenschuppen ± lanzettlich, locker anliegend, gelbbraun.
Nadeln: Gescheitelt, 0,8–2,5 cm lang, 1–2,3 mm breit, plötzlich zugespitzt, mit aufgesetzter Stachelspitze, sehr kurz gestielt, oberseits glänzend hell- oder dunkelgrün, unterseits blass- bis gelbgrün, mit 2 graugrünen Spaltöffnungsbändern, im Winter rotbraun bis fuchsrot.
Früchte: Arillus orange oder rot, 7–9 mm lang, 5–7 mm breit, den Samen einschließend oder überragend, Samen 4–5 mm lang, leicht abgeflacht.
Verbreitung: O-Kanada, NO-, NOZ- und SO-USA.
Verwendung: Sehr selten, ☠, WHZ 4, LB 7.2.6.5.

Taxus cuspidata Siebold et Zucc. **var. cuspidata**, Japanische Eibe

Habitus: Strauch oder bis 15–25 m hoher Baum, Rinde rötlich braun, flach gefurcht, sich in Streifen oder Schuppen lösend, Äste meist wenig zahlreich, weit abstehend oder aufsteigend, Zweige zahlreich, aufrecht bis hängend, Triebe grün bis rötlich braun, Knospenschuppen eiförmig, die unteren mehr 3-eckig und gekielt, locker anliegend.
Nadeln: Unregelmäßig 2-zeilig stehend, an Seitenzweigen schräg aufgerichtet, ein V bildend, 1,5–3,5 cm lang, 2–2,5 mm breit, plötzlich zugespitzt, mit kleiner, aufgesetzter Stachelspitze, Basis plötzlich in den deutlichen, gelblichen Stiel verschmälert, oberseits glänzend dunkelgrün, unterseits mit 2 gelblichen Spaltöffnungsbändern.
Früchte: Arillus scharlach- oder purpurrot (bei 'Luteobaccata' gelb), 1–1,3 cm lang, 0,9–1,1 cm breit, den Samen überragend, Samen eiförmig, 5–6 mm lang, zusammengedrückt, schwach 3- bis 4-kantig.
Verbreitung: Japan, Korea, N-China, südl. Russ. Ferner Osten.
Verwendung: Selten (häufiger die var. *nana*), ☠, WHZ 5a, LB 7.3.3.4.

var. nana Rehder, Zwerg-Strauch-Eibe. Wuchs gedrungen, krummholzartig, 1,3–3 m hoch, bis 3 m breit, Äste oft niederliegend-aufsteigend, mit zahlreichen kurzen, dicht stehenden Zweigen. Nadeln ± radial stehend, 1–2 cm lang, 1,5–2 mm breit, tiefgrün, im Winter bronzegrün überlaufen. Gebirge in M-Japan (W-Honshu), Russ. Ferner Osten: Sachalin, Primorje. In Kultur mit der ♀ Sorte 'Robusta' und der ♂ Sorte 'Rustique'.

Taxus ×media Rehder, Hybrid-Eibe
(*T. baccata* × *T. cuspidata*)

Habitus: Mittelgroßer bis großer, meist breit aufrechter, reich verzweigter Strauch, Triebe olivgrün, auf der Sonnenseite oft gerötet, Knospenschuppen stumpf, schwach gekielt.
Nadeln: Ähnlich *T. cuspidata*, aber deutlich 2-zeilig gestellt, oft waagerecht ausgebreitet, steifer und breiter als bei *T. baccata*, vorne mit kleiner Spitze, am Grund plötzlich verschmälert.
Verwendung: Sehr häufig (in verschiedenen Formen), ☠, WHZ 5a, LB 9.3.3.4.

'Hicksii'. Wuchs anfangs breit säulenförmig, später mehr vasen- bis locker trichterförmig, 3–5 m hoch, 2–4 m breit. Nadeln 2,5–3 cm lang, dunkelgrün. Reich fruchtend.

'Hillii'. ♂ Sorte. Wuchs breit aufrecht bis kegelförmig, kompakt, 3–5 m hoch, 2–4 m breit, Zweige kurz, dicht stehend. Nadeln 2–2,2 cm lang, dunkelgrün.

'Nidiformis'. ♂ Sorte. Wuchs abgeflacht kugelig, in der Mitte nestförmig, bis 0,8 m hoch, 1,6 m breit, Nadeln 1,8 cm lang, dunkelgrün.

'Strait Hedge'. Wuchs stark, mit mehreren Hauptästen schmal aufrecht. Nadeln teilweise radial stehend, 2,4 cm lang, tiefgrün. Schon als junge Pflanze reich fruchtend.

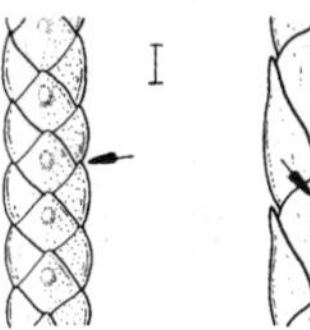
Thuja koraiensis

Thuja L.

Lebensbaum – Cupressaceae

(griechisch *thyia* oder *thuija* = ein aus Afrika stammender Baum mit wohlriechendem Holz und Harz, das für Räucherwerk verwendet wurde.)

Habitus: Immergrüne, bis 75 m hohe Bäume, selten Sträucher, Krone meist kegelförmig, Gipfeltrieb meist aufrecht, Borke dünn, rotbraun, längsrissig, sich in Streifen lösend, Äste abstehend, abwärts gebogen oder aufsteigend, Triebe der Seitenzweige ± abgeflacht, völlig von Blättern umgeben, Knospen ohne Schuppen.
Blätter: Schuppenförmig (nur bei Sämlingspflanzen und einigen Sorten nadelförmig), kreuzweise gegenständig, sehr dicht dachziegelig angeordnet, den Zweigen dicht angedrückt, ganzrandig, die meist sichelförmigen Kantenblätter teilweise, die meist rhombischen Flächenblätter ganz überdeckend, beiderseits oder nur unterseits mit Spaltöffnungslinien, streng aromatisch duftend, Harzdrüsen vorhanden, aber wenig auffallend oder fehlend.
Blüten: 1-geschlechtig, 1-häusig verteilt, endständig, schon im Herbst angelegt, ♂ Blüten zahlreich, fast kugelig, 1,5–2 mm lang, gelblich, mit 4–12 gegenständigen Staubblättern und je 2–4 Pollensäcken, ♀ Blütenzapfen unscheinbar, klein, rötlich, mit 4–6 Paar Schuppen, von denen nur die mittleren fruchtbar sind.
Zapfen: Länglich-eiförmig bis kugelig-eiförmig oder ellipsoid, 0,8–1,4 cm lang, dünn, ledrig, die 4–6 Paar Schuppen dachziegelig angeordnet, Schuppen nahe der Spitze mit einem ± kleinen, dornförmigen Fortsatz, Samen je fertiler Schuppe zu 1–3, abgeflacht, mit 2 Flügeln.
Verbreitung: 5 Arten, davon 2 in N-Amerika, 3 in O-Asien.
Verwendung: Neben wenigen Arten werden zahlreiche Gartenformen mit sehr unterschiedlichen Wuchsformen und Blattfärbungen kultiviert. *T. occidentalis* (schon 1536 in Europa eingeführt) zeichnet sich durch ein hohes Regenerationsvermögen aus und wird traditionell als Heckenpflanze verwendet.

Bestimmungsschlüssel Thuja

1 Triebe unterseits mit weißlicher Zeichnung 2
– Triebe unterseits nur heller grün, aber ohne weißliche Zeichnung, zerrieben wie Apfelmus mit Gewürznelken riechend . . . . *T. occidentalis*
2 Triebe unterseits schneeig weiß, mit deutlichen Drüsen, zerrieben nach Obstkuchen mit Mandeln riechend, Zweige kupfrig-orange . . . . *T. koraiensis*
– Triebe unterseits nur mit weißlichen Flecken, Drüsen undeutlich, Geruch anders, Zweige braun 3
3 Schuppenblätter an Leittrieben in lange Spitze ausgezogen, schon unzerrieben nach Ananas duftend . . . . *T. plicata*
– Schuppenblätter an Leittrieben stumpf oder mit kurzer Spitze, zerrieben nach Zitronenbonbons oder Terpentin riechend . . . *T. standishii*

T. gigantea Nutt. = *T. plicata*

Thuja koraiensis Nakai, Koreanischer Lebensbaum

Habitus: Strauch oder 6–10 m hoher, oft mehrstämmiger Baum, Krone schmal kegelförmig, locker aufgebaut, nach vegetativer Vermehrung aus Seitenzweigen oft nur strauchig wachsend, Äste dann ausgebreitet, aufsteigend oder aufrecht, Borke dünn, rotbraun, kleinschuppig, Triebe der Seitenzweige stark abgeflacht.
Blätter: 1–10 mm lang, Kantenblätter etwas größer als die Flächenblätter, anliegend, spitz oder stumpf, Spitze der Kantenblätter leicht einwärts gebogen, oberseits glänzend grün, unterseits schneeweiß, beiderseits mit kleinen, deutlichen Drüsen.
Zapfen: Eiförmig bis kugelig, 0,7–1,1 cm lang, 0,6–0,9 mm breit, braun, Schuppenpaare 4–5.
Verbreitung: Korea, NO-China: Jilin.
Verwendung: Selten, ☠, WHZ 5b, LB 7.2.2.4.

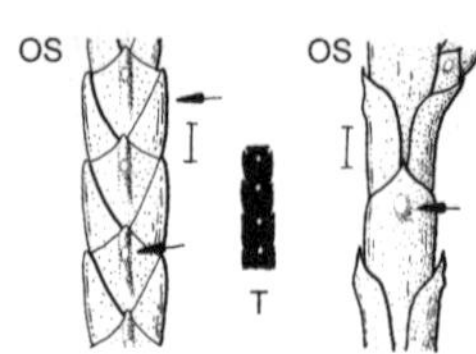

Thuja occidentalis

Thuja occidentalis L., Abendländischer Lebensbaum

Habitus: Bis 15–25(–38) m hoher Baum, Krone dicht kegelförmig bis walzlich, zuletzt auch locker und unregelmäßig, Borke grau- bis rotbraun, längsstreifig, Äste aufrecht, untere bogenförmig abwärts, dann aufrecht, Zweige meist hängend oder abstehend mit nickenden Spitzen, Triebe der Seitenzweige stark abgeflacht, 2–3 mm breit.
Blätter: An Haupttrieben 4–7 mm lang, entfernt stehend, an Seitenzweigen 1–4 mm lang, 1–2 mm breit, dicht stehend, Flächenblätter stumpf oder kurz zugespitzt, Spitze einwärts gebogen, Kantenblätter etwas größer, gekielt, die Flächenblätter am Grunde etwas überlappend, oberseits matt- oder graugrün, unterseits blasser grün, mit wenig auffälligen Spaltöffnungsbändern, ohne weiße Zeichnung, im Winter oliv bis bronzefarben, zerrieben stark aromatisch duftend.
Zapfen: Anfangs ellipsoid, reif eiförmig, 0,7–1,2 cm lang, 4–6 mm breit, braun, mit (6–)8(–10) sich dachziegelig deckenden, zur Reife weit klaffenden Schuppen.
Verbreitung: O-Kanada, NO- und NOZ-USA.
Verwendung: Sehr häufig, N, ⚕, ☠, WHZ 5a, LB 9.3.4.4, 9.3.4.6.

Von den zahlreichen Sorten kann hier nur eine Auswahl beschrieben werden.

1 Wuchs säulenförmig, Blätter grün

'Columna'. Wuchs sehr schmal säulenförmig, 5–10 m hoch, Äste waagerecht abstehend, Triebe fächerförmig, glänzend dunkelgrün.

'Fastigiata'. Wuchs breit säulenförmig, bis 15 m hoch, Äste aufrecht und abstehend. Blätter hellgrün.

'Malonyana'. Wuchs sehr schmal und spitz säulenförmig, 10–15 m hoch, dicht beastet, Zweige kurz. Blätter glänzend grün.

2 Wuchs ± breit kegelförmig

'Bodmeri'. Wuchs locker kegelförmig, bis 3 m hoch, Äste dick, unregelmäßig, Triebe dicklich, 4-kantig, dunkelgrün.

'Brabant'. Wuchs kräftig, regelmäßig kegelförmig, kompakt, dicht verzweigt. Blätter beiderseits lebhaft grün, auch im Winter. Vermutlich aus einer Kreuzung zwischen *T. occidentalis* × *T. plicata* hervorgegangen.

'Holmstrup'. Wuchs regelmäßig schmal kegelförmig, sehr dicht, 3–4 m hoch. Blätter frischgrün, auch im Winter.

'Lori'. Wuchs stark, breit säulenförmig. Blätter oberseits grün, unterseits gelblich grün, im Winter beiderseits gelblich grün.

'Smaragd'. Wuchs gedrungen kegelförmig, kompakt, dicht verzweigt. Blätter frischgrün, auch im Winter.

3 Sorten mit hängenden Zweigen

'Filiformis'. Wuchs kegelförmig, locker verzweigt, bis etwa 1,5 m hoch, Zweige lang fadenförmig, aufrecht-überhängend.

'Pendula'. Wuchs unregelmäßig, aufgebunden bis 5 m hoch, Zweige hängend. Blätter blaugrün, im Winter graugrün.

4 Sorten mit ± gelben Blättern

'Aurescens'. Wuchs schmal kegelförmig, 4–5 m hoch, junge Triebe intensiv goldgelb.

'Cloth of Gold'. Wuchs locker kegelförmig oder strauchig, langsam. Blätter hell- bis goldgelb, im Inneren der Pflanze mehr grünlich gelb.

'Europa Gold'. Wuchs schmal kegelförmig, 2–4 m hoch. Junge Blätter aufallend goldgelb, im Winter orangegelb.

'Janed Gold'. Wuchs wie 'Smaragd'. Blätter goldgelb bis gelbgrün.

'Lutea'. Wuchs schmal kegelförmig, bis 10 m hoch. Blätter oberseits goldgelb, unterseits hellgrün.

'Lutea Nana'. Wuchs kegelförmig, dicht verzweigt, bis etwa 2 m hoch. Blätter grünlich gelb, im Winter goldgelb.

'Rheingold'. Wuchs langsam, eiförmig oder kegelförmig, zuletzt buschig. Blätter anfangs nadelförmig, im Alter zunehmend schuppenförmig, tief goldgelb, im Winter orangegelb.

'Semperaurea'. Wuchs breit kegelförmig, 5–10 m hoch, dicht beastet. Blätter glänzend grün, mit goldgelben Spitzen, im Winter gelblich braun.

'Sunkist'. Wuchs anfangs schmal, später breit kegelförmig, 3–5 m hoch. Blätter im Sommer goldgelb.

'Yellow Ribbon'. Wuchs schmal säulenförmig, aufgelockert. Blätter auffallend lebhaft gelb.

5 Wuchs ± zwergig

'Danica'. Wuchs kugelig, sehr kompakt, etwas breiter als hoch, bis etwa 0,5 m hoch. Blätter frischgrün, im Winter leicht bräunlich grün.

'Globosa'. Wuchs regelmäßig kugelig, bis etwa 1,25 m hoch, dicht verzweigt. Blätter hellgrün, im Winter graugrün.

'Golden Globe'. Wuchs regelmäßig kugelig, dicht und fein verzweigt. Blätter lebhaft goldgelb.

'Hetz Midget'. Wuchs sehr schwach, kugelig, Jahreszuwachs nur etwa 2,5 cm. Blätter grün.

'Little Champion'. Wuchs gedrungen kugelig, bis etwa 0,5 m hoch. Blätter lebhaft grün, im Winter etwas bräunlich.

'Little Gem'. Wuchs unregelmäßig buschig, bis 1 m hoch und 2 m breit, Zweige dünn, abstehend, Triebe ± kraus. Blätter dunkelgrün.

'Mecki'. Wuchs schwach, gleichmäßig kugelig, gedrungen, schwach. Blätter frischgrün, im Winter Spitzen leicht bräunlich.

'Ohlendorffii'. Wuchs ungleichmäßig strauchig, Äste lang, aufrecht, nur an den Spitzen verzweigt, Zweige dünn, fadenförmig, etwas wirr durcheinander. Juvenile Blätter pfriemlich, adulte Blätter schuppenförmig.

'Recurva Nana'. Wuchs regelmäßig kugelig, Oberfläche aufgelockert, bis 2 m hoch, Äste aufrecht bis ausgebreitet, Zweige an den Spitzen übergebogen. Blätter mattgrün, im Winter leicht bräunlich.

'Rogersii'. Wuchs kugelig bis kegelförmig, bis etwa 0,5 m hoch. Blätter sehr klein, dicht gedrängt, goldgelb, im Winter orangegelb.

'Tiny Tim'. Wuchs abgeflacht kugelförmig, bis etwa 0,4 m hoch, Zweige sehr fein. Blätter hellgrün, im Winter bräunlich.

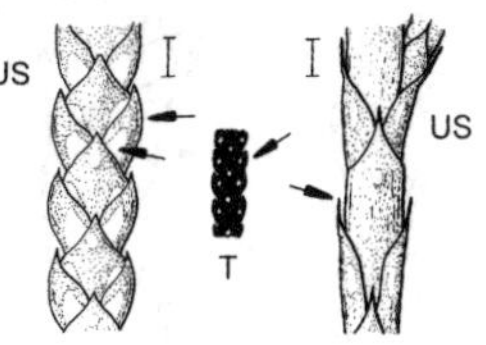

Thuja plicata

'Umbraculifera'. Wuchs regelmäßig halbkugelig, bis etwa 1 m hoch, 1,5 m breit. Blätter sehr dünn, auffallend blaugrün.

T. orientalis L. = *Platycladus orientalis*

Thuja plicata Donn ex D. Don, Riesen-Lebensbaum

Habitus: Bis 40–70(–75) m hoher Baum, Krone schmal kegelförmig, im Alter walzlich, Borke relativ dünn, rotbraun, sich in faserigen Streifen lösend, Äste abstehend bis überhängend und an den Spitzen aufsteigend, Zweige meist hängend, Triebe der Seitenzweige stark abgeflacht, fast parallel stehend, 2–3 mm breit.
Blätter: An Haupttrieben 5–6 mm lang, eiförmig, lang zugespitzt, auf dem Rücken mit undeutlicher Drüse, an Seitentrieben 1–4 mm lang, 1–2 mm breit, kurz zugespitzt, meist ohne Drüse, Kantenblätter etwa so lang wie die Flächenblätter, diese am Rand deckend, oberseits dunkelgrün, glänzend, unterseits graugrün, die Spaltöffnungen als strichförmige oder 3-eckige, weißgraue Flecken, im Winter grün bleibend, zerrieben stark aromatisch duftend.
Zapfen: Anfangs schmal ellipsoid, reif eiförmig, 1–1,4 cm lang, 6–8 mm breit, Schuppen 8–12, braun, unterhalb der Spitze mit einem etwa 1 mm langen, 3-eckigen, dornigen Fortsatz.
Verbreitung: S-Alaska, W-Kanada, NW- und W-USA.
Verwendung: Sehr häufig, N, ☠, WHZ 5b, LB 7.3.2.1.

'Atrovirens'. In allen Merkmalen wie die Art, aber Blätter tief dunkelgrün.

'Aurescens'. Wuchs kegelförmig, 8–10 m hoch. Blätter an den Triebspitzen anfangs grünlich gelb, später frischgrün.

'Excelsa'. Wuchs regelmäßig schmal kegelförmig, 12–15 m hoch, Triebe derb. Blätter frisch- bis dunkelgrün.

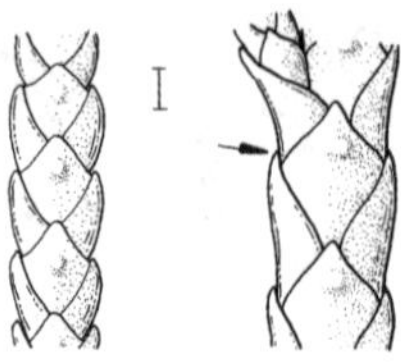

Thuja standishii

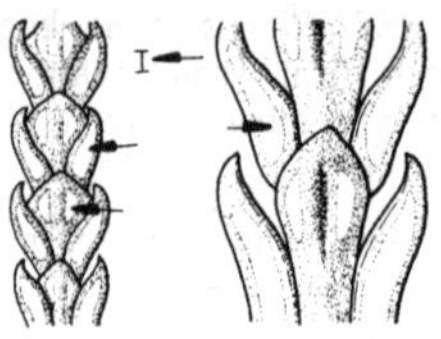

Thujopsis dolabrata var. dolabrata

'Fastigiata'. Wuchs stark, schmal säulenförmig, dicht verzweigt, Äste dünn, aufsteigend.

'Irish Gold'. Ähnlich 'Zebrina', Triebe aber stärker und tiefer gelb gefleckt.

'Stoneham Gold'. Wuchs schwach, schmal kegelförmig, dicht verzweigt, bis etwa 1 m hoch. Blätter an den Triebspitzen intensiv gold- bis bronzegelb, im Winter kupfrig gelb.

'Zebrina'. Wuchs breit kegelförmig, 12–15 m hoch, die grün benadelten Triebe auffallend zebraartig cremegelb gestreift.

Thuja standishii (Gordon) Carrière, Japanischer Lebensbaum

Habitus: Bis 20–25(–30) m hoher Baum, Krone locker breit kegelförmig, zuletzt ausgebreitet, Borke dünn, rötlich braun, in schmalen Schuppen abblätternd, Äste unregelmäßig stehend, kandelaberartig aufsteigend, Zweige ± hängend, Triebe der Seitenzweige etwas dicklich, zusammengedrückt.
Blätter: An Haupttrieben stumpf, spitz bis zugespitzt, an Seitentrieben 1,5–5 mm lang, 1–2,5 mm breit, Kantenblätter etwas länger als die Flächenblätter, deren Rand bedeckend, mit kurzer, einwärts gebogener Spitze, Flächenblätter mit strichförmiger Öldrüse, oberseits glänzend gelblich grün oder dunkelgrün, unterseits blaugrün, mit wenig auffallenden, weißlichen Flecken, zerrieben unangenehm nach Terpentin riechend.
Zapfen: Breit eiförmig, 0,7–1,2 cm lang, 6–7 mm breit, gelblich braun, Schuppen 8–10(–12).
Verbreitung: Japan: Honshu, Shikoku.
Verwendung: Sehr selten, ☠, WHZ 6b, LB 8.1.3.3.

Thujopsis Siebold et Zucc. ex Endl.

Hibalebensbaum, Hiba – Cupressaceae

(Gattungsname *Thuja* und griechisch *opsis* = Aussehen)

Monotypische Gattung

Thujopsis dolabrata (L. f.) Siebold et Zucc. **var. dolabrata**, Gewöhnlicher Hibalebensbaum

Habitus: Immergrüner, 15–20(–30) m hoher, ein- oder mehrstämmiger Baum, in Kultur auch strauchig wachsend, Krone regelmäßig dicht kegelförmig, Borke rot- bis graubraun, glatt oder längsschuppig, sich in feinen Streifen lösend, Äste abstehend oder bogig aufsteigend, Triebe abgeflacht, fächerförmig ausgebreitet, völlig von den Blättern berindet, 4–6 mm dick, Knospen 1–3 mm lang, ohne Schuppen.
Blätter: Schuppenförmig, an Seitentrieben in Kanten- und Schuppenblätter differenziert, kreuzweise gegenständig, sich dachziegelig deckend, abgeflacht, ledrig, Kantenblätter kahnförmig, abstehend, 4–6 mm lang, Flächenblätter etwas kleiner, verkehrteiförmig, stumpf, auf der Zweigoberseite abgeflacht, ledrig, 3–8 mm lang, 1–5 mm breit, mit schmaler Drüsenfurche, Kantenblätter kahnförmig, abstehend, Spitze frei und einwärts gebogen, oberseits glänzend dunkelgrün, unterseits heller, Flächenblätter mit 2 schmalen, silberweißen Spaltöffnungsflecken, diese an aufrechten Trieben beiderseits.
Blüten: 1-geschlechtig, 1-häusig verteilt, endständig, ♂ Blüten eiförmig bis kugelig, 3–4 mm lang, rötlich purpurn bis rotbraun, mit 12–20 gegenständigen Staubblättern, ♀ Blütenzapfen unscheinbar, einzeln, mit 6–10 dicken, grünen bis blaugrauen, gegenständigen Schuppen, nur die mittleren Schuppenpaare fertil.
Zapfen: Breit eiförmig bis kugelig, fast auf-

recht stehend, 0,8–1,5 cm lang, Schuppen mattbraun bis grau, verholzt, an der Spitze zurückgeschlagen, im oberen Drittel mit hornartigem Fortsatz, jede fertile Schuppe mit 4–5 geflügelten, 4–5 mm langen Samen mit 2 seitlichen, 1–1,5 mm breiten Flügeln, im 1. Jahr reifend.
Verbreitung: Japan.
Verwendung: Sehr häufig, N, WHZ 6a, LB 7.2.2.3.

var. hondae Makino. Bis 30 m hoher, dicht beasteter Baum. Blätter schlanker, etwas kleiner und flacher als bei var. *dolabrata*, Zapfen 1,5–2 cm lang, Schuppen weniger stark verdickt, Samenflügel breiter als bei var. *dolabrata*. N-Japan.

Torreya Arn.

Nusseibe, Stinkeibe – Taxaceae

(nach John Torrey, 1796–1873, nordamerikanischer Botaniker)

Habitus: Immergrüne, 20–40 m hohe Bäume, in Kultur nicht selten nur strauchig wachsend, Borke dünn, rotbraun, sich schuppig lösend, Äste regelmäßig quirlständig, Zweige fast gegenständig, Knospen grün, 0,5–1 cm lang, mit wenigen, kreuzweise gegenständigen, abfallenden Schuppen.
Nadeln: Schraubig stehend, deutlich 2-zeilig gestellt, bis 9 cm lang, linealisch, spitz oder zugespitzt, starr, stechend, oberseits leicht gewölbt, glänzend grün, unterseits mit 2 vertieft liegenden, blau- oder grauweißen, schmalen Spaltöffnungsstreifen.
Blüten: 1-geschlechtig, 2-häusig verteilt, achselständig, ♂ Blüten zahlreich, nahezu kugelig, 5–8 mm lang, gelblich, kurz gestielt, in 2 Reihen auf der Unterseite abstehender, vorjähriger Seitenzweige, ♀ Blütenzapfen an sehr kurzen Seitentrieben, mit 2 Paar Schuppenblättern und 1 Samenanlage.
Samen: Eiförmig oder ellipsoid, bis etwa 4 cm lang, hartschalig, ganz von einem dicken, fleischigen, grünen Mantel (Arillus) umgeben, im 2. Jahr reifend, der Arillus dann aufplatzend.
Verbreitung: 6 Arten, davon 2 im südl. N-Amerika, 4 in O-Asien.
Verwendung: Selten gepflanzte Nadelgehölze für wintermilde Klimazonen oder geschützte Standorte.

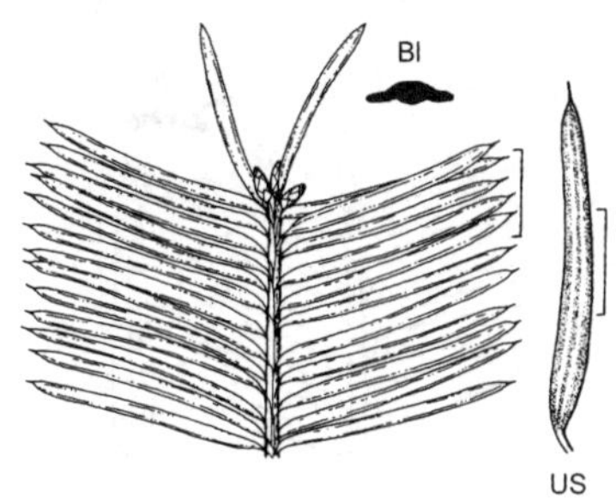

Torreya californica

Bestimmungsschlüssel Torreya

1 Nadeln höchstens 3,5 cm lang 2
– Nadeln länger (zumindest die meisten). . . . . *T. californica*
2 Nadeln zerrieben unangenehm riechend, kaum stechend, sichelförmig gebogen . . . . *T. nucifera*
– Nadeln zerrieben ohne scharfen Geruch, sehr stechend, nicht gebogen . . . . *T. grandis*

Torreya californica Torr., Kalifornische Nusseibe

Habitus: 15–25(–40) m hoher Baum, in Kultur oft strauchig wachsend, Krone regelmäßig breit kegelförmig, Borke rotbraun, schmal längsrissig, Äste abstehend und etwas hängend, Triebe hellgrün, im 2. Jahr rotbraun, Knospen eiförmig, Schuppen sehr starr, 3-eckig-rundlich.
Nadeln: 3–6 cm lang, 2,4–4,5 mm breit, gerade oder leicht sichelförmig gebogen, in eine dünne Grannenspitze auslaufend, oberseits glänzend dunkelgrün, unterseits hellgrün, mit 2 schmalen, grauweißen Spaltöffnungsstreifen, zerrieben scharf aromatisch riechend.
Samen: Verkehrteiförmig oder breit ellipsoid, mit Arillus 2,5–3,5 cm lang, Arillus gefurcht, hellgrün oder bläulich grün, mit dunkelgrünen bis purpurroten, länglichen Flecken.
Verbreitung: USA: Küstenebene der Sierra Nevada in Kalifornien.
Verwendung: Sehr selten, WHZ 8a, LB 6.2.4.3.

Torreya grandis Fortune ex Lindl., Chinesische Nusseibe

Habitus: Strauch oder 10–25 m hoher Baum, Borke graugrün oder -braun, unregelmäßig längs gefurcht, Krone unregelmäßig. locker kegelförmig bis breit und abgerundet, Triebe gelbgrün, im 2. Jahr grau- oder rotbraun.

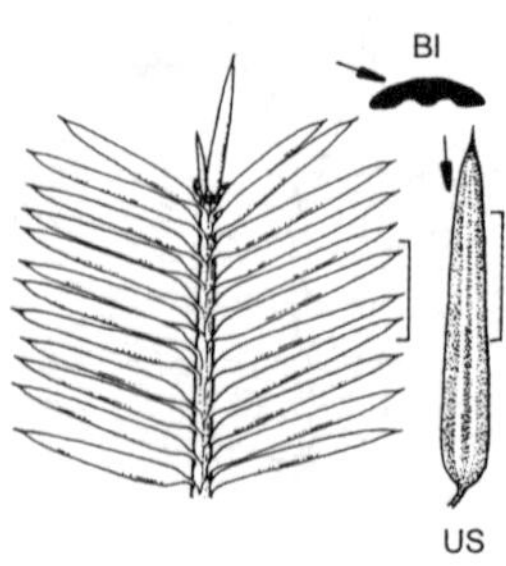

Torreya grandis

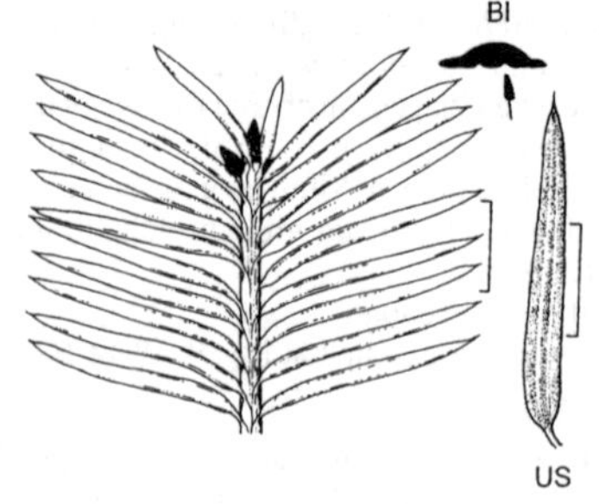

Torreya nucifera

Nadeln: 1,5–2,5 cm lang, gerade, 2–3,5 mm breit, steif, plötzlich scharf zugespitzt, stark stechend, oberseits gewölbt und glänzend dunkel gelbgrün, unterseits mit relativ wenig auffallenden, hellbraunen Spaltöffnungsstreifen, zerrieben ohne scharfen Geruch.
Samen: Mit Arillus 2–4 cm lang, eiförmig oder ellipsoid bis verkehrteiförmig, Arillus rotbraun oder weißblau bereift, unregelmäßig und flach gefurcht.
Verbreitung: M-China.
Verwendung: Sehr selten, N, WHZ 8a, LB 6.4.1.3.

Torreya nucifera (L.) Siebold et Zucc., Japanische Nusseibe

Habitus: Strauch oder 10–25 m hoher Baum, Krone breit kegelförmig oder abgerundet, Borke gelblich grau oder graubraun, flach gefurcht, schuppig, Äste weit und waagerecht abstehend, Zweige etwas hängend, Triebe glänzend grün, im 2. Jahr rot- bis purpurbraun, Knospen eiförmig, mit starren, gekielten, glänzenden Schuppen.
Nadeln: 1,5–3,5 cm lang, 2,5–3,5 mm breit, allmählich zugespitzt, in eine stechende Grannenspitze auslaufend, oft etwas sichelförmig gebogen, oberseits gewölbt und glänzend dunkelgrün, unterseits hellgrün, mit deutlichen, gelblichen, schmalen Spaltöffnungsstreifen, zerrieben unangenehm riechend.
Samen: Verkehrteiförmig bis eiförmig oder ellipsoid, mit Arillus 2–3 cm lang, dunkelgrün, unterhalb der Spitze rot- oder purpurbraun gestreift.
Verbreitung: Japan: S-Honshu, Shikoku, Kyushu, südkoreanische Inseln.
Verwendung: Selten, WHZ 7a, LB 7.2.4.3.

Tsuga Carrière

Hemlocktanne, Hemlock, Schierlingstanne – Pinaceae
(japanisch *tsuga* = Hemlocktanne)

Habitus: Immergrüne, 20–60(–70) m hohe Bäume, Borke rötlich braun, gefurcht und schuppig, Krone breit kegelförmig bis abgerundet oder schirmförmig, Äste waagerecht abstehend, oft etwas hängend, Zweige dünn, meist mit überhängenden Spitzen, Triebe mit deutlichen Nadelkissen, Knospen klein, kugelig oder eiförmig, nicht oder schwach harzig.
Nadeln: Linealisch, 0,5–3 cm lang, schraubig angeordnet, aber meist deutlich gescheitelt stehend, stark abgeflacht, stumpf oder ausgerandet, ganzrandig oder sehr fein gezähnt, oberseits gefurcht, glänzend grün, unterseits mit 2 grauen oder weißen Spaltöffnungsstreifen, deutlich gestielt, Stielchen dem Zweig anliegend.
Blüten: 1-geschlechtig, 1-häusig verteilt, ♂ Blüten blattachselständig, vor allem an 2- bis 3-jährigen Zweigabschnitten, fast kugelig, gelb, ♀ Blütenzapfen einzeln, endständig an vorjährigen Seitenzweigen, aufrecht.
Zapfen: Reif länglich-eiförmig bis fast kugelig, 1,5–4 cm lang, hängend oder nickend, im 1. Jahr reifend, aber erst im 2. Jahr abfallend, Deckschuppen nicht sichtbar, nur etwa halb so lang wie die Samenschuppen, Samen 4–6 mm lang, mit Harzbläschen und einem bis 1 cm langen Flügel.
Verbreitung: 8 Arten vom Himalaja bis O-Asien und in N-Amerika.
Verwendung: Einige Arten sind häufig gepflanzte, durch ihren aufgelockerten Habitus dekorative und zierlich wirkende Park- und Gartenbäume.

Bestimmungsschlüssel Tsuga

1 Nadeln nicht gescheitelt .... *T. sieboldii*
– Nadeln an Seitenzweigen auf der Trieboberseite gescheitelt 2
2 Eine Reihe Nadeln auf der Trieboberseite mit nach oben verdrehter Unterseite, Nadeln sehr fein gezähnt (Lupe!) .... *T. canadensis*
– Nadeln ganzrandig und nicht verdreht 3
3 Nadeln sehr fein gezähnt (Lupe!), junge Triebe deutlich behaart .... *T. heterophylla*
– Nadeln ganzrandig, Triebe nur schwach oder gar nicht behaart 4
4 Nadeln mindestens 2–3 mm breit 5
– Nadeln höchstens 2 mm breit 6
5 Nadeln unterseits hell glänzend weiß, regelmäßig stehend, junge Triebe orangefarben ... . *T. diversifolia*
– Nadeln unterseits matt weiß, sehr unregelmäßig stehend, junge Triebe ledergelb .... *T. sieboldii*
6 Nadeln höchstens 15 mm lang, sehr dicht stehend, vorne ausgerandet ...... *T. diversifolia*
– Nadeln länger (zumindest sehr viele), locker stehend, vorne abgerundet ..... *T. caroliniana*

Tsuga canadensis (L.) Carrière, Kanadische Hemlocktanne

Habitus: Bis 20–40(–53) m hoher Baum, Stamm gerade oder krumm, oft auch mehrstämmig, Krone locker breit kegelförmig, Gipfeltrieb überhängend, im Alter meist abgeflacht, Borke grau- bis rotbraun, längsrissig, grobschuppig, Äste waagerecht abstehend, im oberen Kronenbereich schräg aufsteigend, Spitzen überhängend, Triebe gelb- bis graubraun, ziemlich dicht behaart, Knospen rotbraun, spitz kegelförmig.
Nadeln: Ungleich groß, 0,5–1,8 cm lang, 1,5–2,2 mm breit, die längeren ± regelmäßig gescheitelt, auf der Zweigoberseite 1 Reihe kurzer Nadeln, mit nach oben gekehrter Unterseite dem Zweig dicht anliegend, alle Nadeln mit deutlichem, gelblich weißem Stiel, in der vorderen Hälfte allmählich deutlich verschmälert, Spitze stumpf, Rand fein entfernt gesägt, oberseits matt glänzend dunkelgrün, unterseits mit 2 grauweißen Spaltöffnungsstreifen.
Zapfen: Eiförmig, stumpf, 1,5–2,5 cm lang, 1–1,8 cm breit, kurz gestielt, hell- oder graubraun, Samenschuppen dünn, ledrig, verkehrteiförmig, abgerundet.
Verbreitung: O-Kanada, NO-, NOZ- und SO-USA.
Verwendung: Sehr häufig (mit einigen Gartenformen), ☦, WHZ 5b, LB 7.2.6.2.

'Albospica'. Wuchs gedrungen kegelförmig. Nadeln an den Triebspitzen im Frühjahr und Sommer cremeweiß.

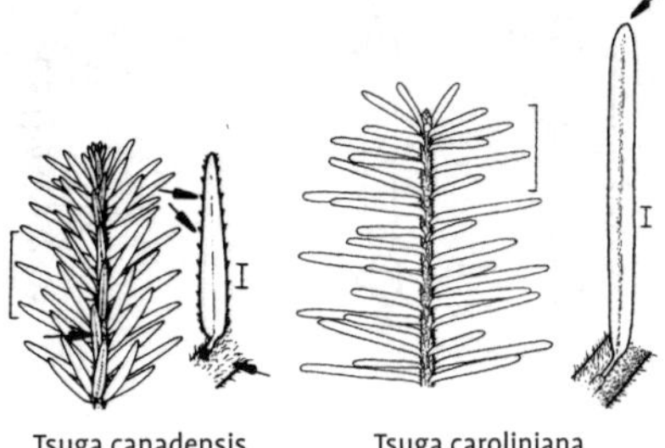

Tsuga canadensis Tsuga caroliniana

'Fantana'. Wuchs breit kegelförmig, locker, buschig, Äste weit abstehend, Zweige sehr regelmäßig fächerförmig ausgebreitet.

'Gracilis', Zwergform. Wuchs niedrig, unregelmäßig halbkugelig bis abgeflacht, mit nestförmiger Vertiefung, im Alter bis 2 m hoch.

'Jeddeloh'. Zwergform. Wuchs abgeflacht kugelig bis kissenförmig, am Gipfel durch eine spiralige Zweigstellung eine deutliche, nestförmige Vertiefung. Nadeln derb, frischgrün.

'Minuta'. Zwergform. Wuchs extrem langsam, unregelmäßig abgeflacht kugelig, bis etwa 0,4 m hoch. Nadeln dicht gedrängt stehend, sehr kurz.

'Nana'. Zwergform. Äste lang und waagerecht ausgebreitet, bis etwa 1 m hoch. Nadeln wie bei der Art.

'Pendula'. Hängeform. Wuchs strauchig oder baumförmig und bis 5 m hoch, Äste bogig abstehend bis stark übergeneigt, Zweige senkrecht und kaskadenartig herabhängend.

Tsuga caroliniana Engelm., Carolina-Hemlocktanne

Habitus: Bis 15–30 m hoher Baum, Krone anfangs dicht kegelförmig, mit überhängendem Wipfel, später breiter bis abgeflacht, Äste abstehend, oft hängend, Triebe glänzend orange- bis rotbraun, in den Furchen spärlich kurz behaart, Knospen ei- bis kegelförmig, rotbraun.
Nadeln: 1,5–2 cm lang, 1,5–2 mm breit, gescheitelt stehend, ganzrandig, vorne abgerundet, gestutzt oder schwach ausgerandet, oberseits glänzend dunkelgrün, unterseits mit 2 auffallenden weißen Spaltöffnungsstreifen.

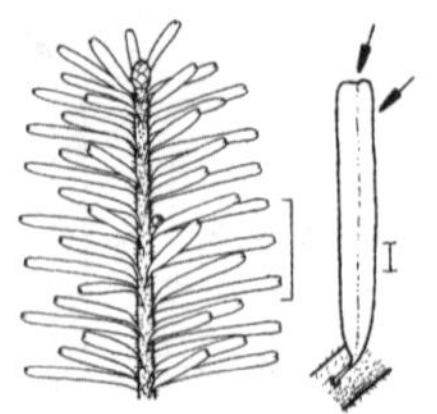

Tsuga diversifolia

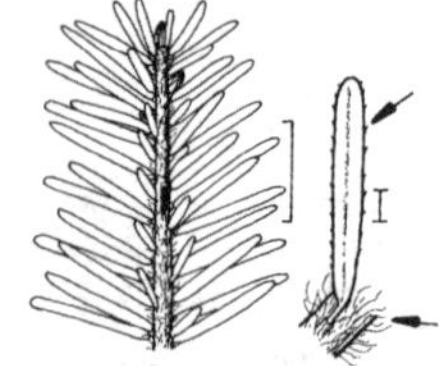

Tsuga heterophylla

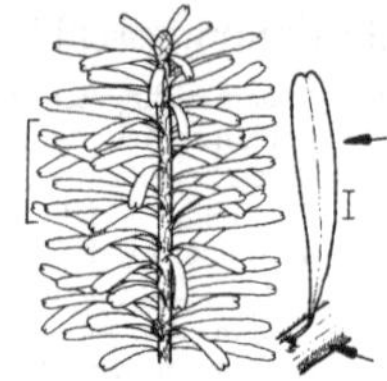

Tsuga sieboldii

Zapfen: ± eiförmig, 2–3,5 cm lang, 1,5–2,5 cm breit, hell- oder rotbraun, Samenschuppen länglich-eiförmig, vorne abgerundet, dick, außen anfangs schwach flaumhaarig, zur Reife weit gespreizt.
Verbreitung: NO- und SO-USA: Appalachen.
Verwendung: Sehr selten, WHZ 6b, LB 7.2.2.3.

Tsuga diversifolia (Maxim.) Mast., Nordjapanische Hemlocktanne

Habitus: Bis 20–25 m hoher Baum, in Kultur oft nur strauchig, Krone anfange dicht kegelförmig, später offener und gewölbt bis abgeflacht, Äste waagerecht abstehend, Triebe orangebraun, fein behaart, später graubraun und kahl, Knospen verkehrteiförmig bis kugelig, dunkelbraun.
Nadeln: Sehr dicht stehend, an Seitenzweigen ± gescheitelt, 0,5–1,5 cm lang, etwa 2 mm breit, vorne gestutzt bis ausgerandet, zur Spitze hin meist etwas verbreitert, ganzrandig, oberseits dunkelgrün, stark glänzend, unterseits mit 2 kreideweißen Spaltöffnungsstreifen.
Zapfen: Fast kugelig, 2–2,5 cm lang, 1,5–2 cm breit, Samenschuppen rundlich bis verkehrteiförmig, glänzend rot- oder dunkelbraun.
Verbreitung: Japan: Honshu, Kyushu.
Verwendung: Sehr selten, WHZ 6a, LB 8.1.3.3.

Tsuga heterophylla (Raf.) Sarg., Westamerikanische Hemlocktanne

Habitus: Bis 40–60(–70) m hoher Baum, Krone breit kegelförmig, Gipfeltrieb lang überhängend, Borke rötlich braun und dunkelgrün, dick, tief gefurcht, plattig-schuppig, Äste waagerecht abstehend, Astspitzen und Zweige meist überhängend, Triebe oberseits rötlich braun, unterseits hellgelb, kurz zottig behaart, Knospen ei- bis kegelförmig, blass- bis rotbraun.
Nadeln: Ungleich lang, auf der Zweigoberseite 0,5–1 cm lang, auf der Zweigunterseite 2(–3,5) cm lang, 1,5–2 mm breit, ± deutlich gescheitelt stehend, linealisch, gerade oder schwach gebogen, vorne stumpf oder schwach ausgerandet, Rand fein gesägt, oberseits glänzend dunkelgrün, unterseits mit 2 breiten, silberweißen Spaltöffnungsstreifen.
Zapfen: Länglich-eiförmig, 1,5–2,5 cm lang, 1,5–2,5 cm breit, Samenschuppen rundlich bis länglich-eiförmig, vorne abgerundet oder stumpf.
Verbreitung: S-Alaska, W-Kanada, NW- und W-USA.
Verwendung: Sehr häufig, N, WHZ 6b, LB 7.2.4.1.

T. mertensiana (Bong) Carrière = *Hesperopeuce mertensiana*
T. pattoniana (Balf.) Sénécl. = *Hesperopeuce mertensiana*

Tsuga sieboldii Carrière, Südjapanische Hemlocktanne, Araragi-Hemlocktanne

Habitus: Bis 25–33 m hoher Baum, in Kultur viel niedriger oder nur strauchig, Krone anfangs breit kegelförmig, mit überhängendem Wipfeltrieb, später unregelmäßig kuppel- bis schirmförmig, Äste waagerecht ausgebreitet oder aufsteigend, Spitzen überhängend, Triebe weißlich bis hellbraun, kahl, Knospen ei- bis kegelförmig, orangebraun.
Nadeln: 1–1,5 cm lang, 2–2,5 mm breit, ungleich lang, die kürzesten auf der Zweigoberseite, nicht streng gescheitelt stehend, meist im vorderen Teil ewas breiter, vorne gestutzt oder ausgerandet, ganzrandig, oberseits glänzend dunkelgrün, unterseits mit 2 schmalen, weißlichen, wenig auffallenden Spaltöffnungsstreifen.
Zapfen: Eiförmig bis kugelig, 2–2,5 cm lang, glänzend braun, Samenschuppen kreisrund, kahl, vorne abgerundet oder gestutzt.
Verbreitung: Japan.
Verwendung: Selten, WHZ 6b, LB 7.2.2.4.

Xanthocyparis Farjon et Hiep

Goldzypresse – Cupressaceae
(griechisch *xanthon* = golden, gelb und *kyparissos* = Zypresse)

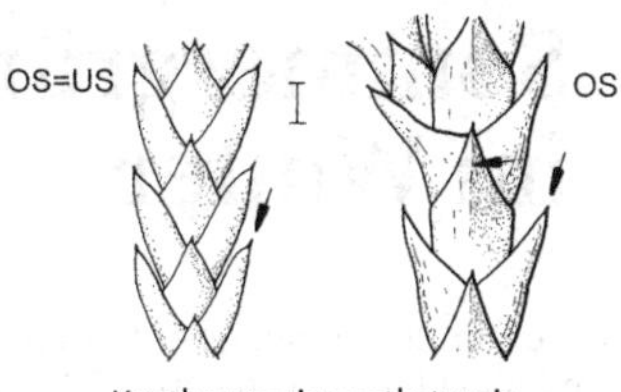

Xanthocyparis nootkatensis

Habitus: Immergrüne Bäume, Krone meist kegelförmig, Äste abstehend, Zweige hängend.
Blätter: Juvenile Blätter pfriemförmig, zu 4 in Quirlen, entweder nur an Sämlingspflanzen, oder wie bei *X. vietnamensis* neben Übergängen zu adulten Blättern auch noch an alten Bäumen, adulte Blätter kreuzweise gegenständig, schuppenförmig, kantenständige Blätter gekielt, flächenständige flach und ± in einer Ebene stehend, die feder- oder fächerförmig verzweigten Jungtriebe abgeflacht.
Blüten: 1-geschlechtig, 1-häusig verteilt, ♂ Blüten meist endständig an kurzen Seitenzweigen, ♀ Blütenzapfen mit 4 oder 6 kreuzweise gegenständigen Schuppen (bei *Chamaecyparis* mindestens 8).
Zapfen: ± kugelig, Schuppen verholzend, deren Ränder sich anfangs berührend, zur Reife auseinanderklaffend und die Samen entlassend, Samen je Zapfen 6–10, mit 2 dünnen, seitlichen Flügeln.
Verbreitung: Je 1 Art im pazifischen N-Amerika und in Vietnam.
Verwendung: Bei uns nur *X. nootkatensis* in Kultur, häufig noch unter dem bisherigen Namen: *Chamaecyparis nootkatensis*.

Xanthocyparis nootkatensis (D. Don) Farjon et Harder, Nutka-Goldzypresse, Nutkazypresse

Habitus: Bis 20–30(–60) m hoher Baum, Krone gleichmäßig kegelförmig, Gipfeltrieb überhängend, Borke anfangs rötlich braun, im Alter hell- bis bräunlich grau, gefurcht, sich in schmalen, harten Streifen lösend, Äste aufsteigend oder abstehend, Zweige hängend, Triebe 1,5–3 mm breit, abgeflacht, fedrig verzweigt.
Blätter: Schuppenförmig, 2–6 mm lang, stachelspitzig, glänzend hellgrün bis dunkel blaugrün, flächenständige Blätter dem Trieb anliegend, rhombisch bis lanzettlich, auf dem Rücken mit einer unauffälligen Drüse, unterseits grün, im Gegensatz zu *Chamaecyparis* ohne weiße Zeichnung, kantenständige Blätter im oberen Teil abstehend, meist ohne Drüse, gerieben unangenehm riechend.
Blüten: ♂ Blüten eiförmig, 2–3 mm lang, gelb, ♀ Blütenzapfen unscheinbar, schieferblau, April–Mai.
Zapfen: Kugelig, 0,8–1 cm dick, Schuppen 4 oder 6, unterhalb der Mitte mit starker, höckerartiger Spitze, bläulich bereift, im 2. Jahr reifend.
Verbreitung: S-Alaska, W-Kanada, NW-USA bis Kalifornien.
Verwendung: Sehr häufig (vor allem in der Form 'Pendula'), N, WHZ 5b, LB 7.3.3.1.

'Compacta'. Wuchs gedrungen und dicht buschig, Triebe hellgrün.

'Glauca'. Im Wuchs wie die Art, Triebe stärker und dicklicher als bei der Art, ausgeprägt blaugrün.

'Green Arrow'. Wuchs auffallend schlank, Seitenäste teilweise abstehend, teilweise dicht am Stamm abwärts wachsend.

Jubilee'. Von 'Pendula' abweichend durch den schlankeren und kräftigeren Wuchs.

'Pendula'. Hängeform. Wuchs aufrecht, bis 15 m hoch, Äste locker stehend, meist abstehend und in flachen Bögen aufwärts gerichtet, Zweige senkrecht und schlaff herabhängend, Benadelung grün.

7 Sommergrüne Gehölze im Winter

(Schlüssel zur Bestimmung der Gattungen im unbelaubten Zustand)
Text und Abbildungen von Bernd Schulz

Die meisten Laub- und einige Nadelgehölze werfen in unseren Breiten im Herbst ihre Blätter ab. Sie reduzieren so für den Winter ihre Wasser verdunstende Oberfläche, wenn die Wurzeln dem gefrorenen Boden keinen Nachschub entnehmen können. Für die Bestimmung bedeutet dies, dass im Winterhalbjahr Schlüssel, die sich vor allem auf die Blattmerkmale stützen, nicht mehr nutzbar sind.
An der Stelle der Blätter verbleiben Narben und in ihren Achseln stehen Seitenknospen, als Triebe für das folgende Jahr. Hinzu kommen eventuell Endknospen, die die Triebspitze abschließen. Die Form und Vielgestaltigkeit der Knospen und der Blattnarben, verbunden mit weiteren Merkmalen der Zweige sowie der Wuchsform und der Bewehrung ermöglichen es, die sommergrünen Gattungen auch im Winter sicher zu bestimmen.

7.1 Fachbegriffe

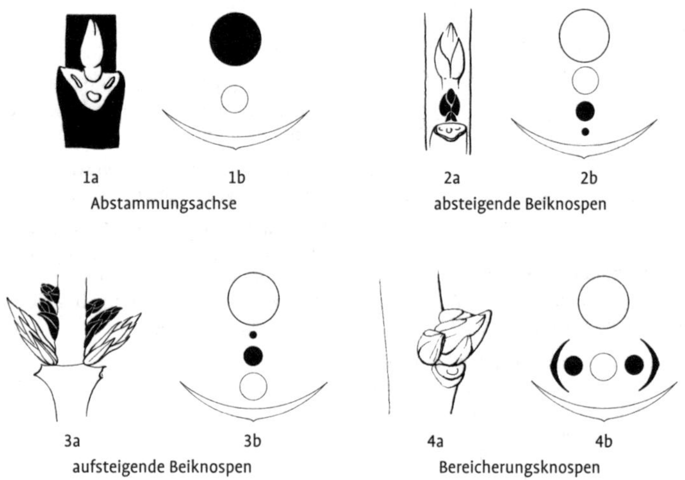

Abstammungsachse (1): übergeordneter Zweig, von dem eine → Seitenknospe bzw. ein Seitenzweig abgeht.

Achselknospe → Seitenknospe.

Beiknospe (2/3): (bei den sommergrünen Laubgehölzen) <u>unter</u> (absteigende Beiknospe **(2)**) oder <u>über</u> (aufsteigende Beiknospe **(3)**) einer Seitenknospe stehende zusätzliche Knospe. Sie ist aus demselben Meristem wie die Seitenknospe hervorgegangen und faktisch eine kleinere Kopie derselben.

5
Blattkissen

6
Blattnarbe

7
Blütenknospen

8
Endknospe

9
abgestorbene Spitze

Bereicherungsknospe (4): weitere Knospe neben einer Seitenknospe. Sie steht in der Blattachsel eines → Vorblattes dieser Seitenknospe und ist damit ein ihr untergeordneter Seitenspross. Sehr häufig ist sie eine Blütenknospe **(7)**.

Blattkissen (5): auch nach dem Blattfall bleibender, deutlich über die Zweigoberfläche ragender Blattansatz.

Blattknospe: Knospe, die zu einem belaubten Spross auswächst und im Gegensatz zur → Blütenknospe nicht sofort nach dem Austrieb Blüten hervorbringt.

Blattnarbe (6): Stelle, an der das abgefallene Blatt am Zweig saß. Die Form der Narbe kann artabhängig sehr schmal und breit oder auch sehr groß sein. Auf der Blattnarbe finden sich → Spuren, die von den Leitbündeln stammen, über die das Blatt mit dem Spross verbunden war. Freie Nebenblätter hinterlassen eigene → Nebenblattnarben.

Blütenknospen (7): bei früh blühenden Arten meist deutlich differenzierte, größere oder dickere Knospen, mit den Anlagen der Blütenstände. Sehr selten überwintern Einzelblüten als kleinere, meist in Blütenständen vereinte Blütenknospen.

Endknospe (8): (= Terminalknospe) am freien Triebende stehende, das Spitzenmeristem einhüllende Knospe. Viele Arten bilden keine Endknospen und die Triebspitze stirbt ab **(9)**. Ggs.: → Seitenknospe.

gestielte Knospe (10): Seitenknospe mit entwickeltem basalen Sprossglied (Hypopodium).

Knospe: ruhender, gedrungener Spross mit unentwickelten Blattanlagen und Meristemen. Die äußeren Blattanlagen schließen die Meristeme schützend ein, meist sind sie zu Schuppen umgebildet. Knospen entwickeln sich in der nächsten Wuchsperiode zu neuen Trieben und Blüten oder überliegen längere Zeit als Organreserve (schlafende K.).

Knospenschuppen (11): zum Schutz der Knospen umgewandelte Blätter oder Blattteile. Verschiedene Bereiche des Blattes können als Schuppen dienen: häufig sind Nebenblattschuppen und Blattgrundschuppen.

10
gestielte Knospe

11
Knospenschuppen

12
nackte Knospe

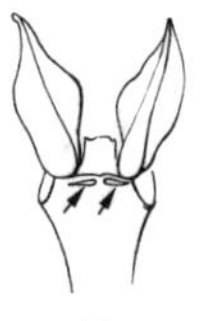
13

14

mit Nebenblattnarben

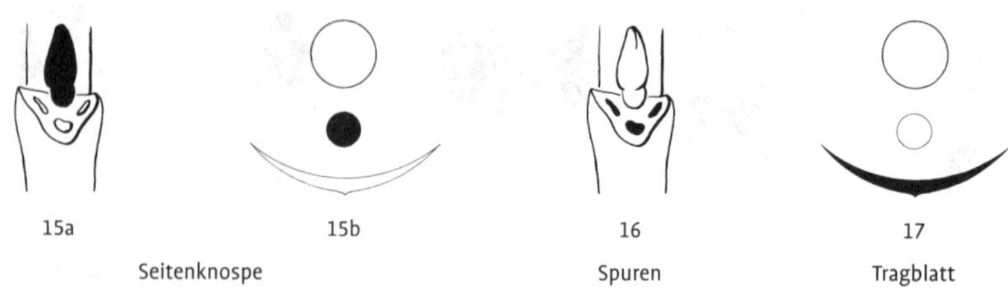

Seitenknospe Spuren Tragblatt

nackte Knospe (12): Knospe ohne Knospenschuppen (d.h. die äußersten Blätter der Knospe entwickeln sich zu Laubblättern). Nackte Knospen sind entweder sehr klein und dicht behaart oder aber größer, dann besitzen die äußersten Blätter eine erkennbare Blattstruktur. Ggs.: Knospen mit → Knospenschuppen.

Narbe: von Kork abgeschlossene Stelle, die ein abgeworfenes Organ hinterlässt. Es gibt → Blattnarben und Sprossnarben, Letztere besonders an der → Triebspitze oder von Fruchtstielen stammend.

Nebenblattnarben: von freien (d.h. nicht mit dem Blattgrund verwachsenen) Nebenblättern hinterlassene Narben. Die Form ist artabhängig und variiert von kleinen Narben rechts und links der eigentlichen Blattnarbe **(13)** bis zu den Trieb linienförmig umgreifenden Narben **(14)**.

Schuppen → Knospenschuppen.

Seitenknospe (15): (= Achselknospe) in einer Blattachsel am Spross stehende Knospe. Sie stellt einen jungen Seitenspross dar. Wenn die Triebspitze zum Winter abstirbt, wie es oft geschieht, ist auch die oberste Knospe am Zweig eine Seitenknospe **(9)**.

Spuren (16) auf der → Blattnarbe: Abbruchstellen der (von der Sprossachse in das Blatt laufenden) Leitbündel. Die Zahl der Spuren auf einer Blattnarbe ist ein wichtiges Bestimmungsmerkmal. Wenn sie nur undeutlich zu sehen sind, empfiehlt es sich die Oberfläche der Blattnarbe mit einer Klinge abzuheben, um die genaue Zahl der Leitbündel zu ermitteln.

Terminalknospe → Endknospe.

Tragblatt (17): übergeordnetes Blatt, aus dessen Achsel eine Seitenknospe oder ein Seitenspross hervorgegangen ist. Vom Tragblatt einer Seitenknospe zeugt im Winter die → Blattnarbe.

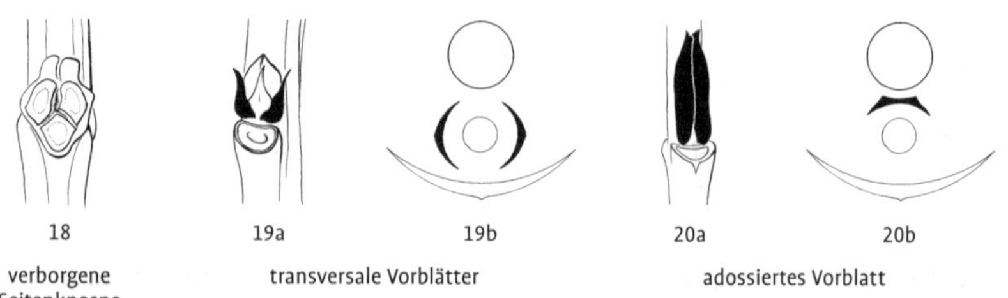

verborgene Seitenknospe transversale Vorblätter adossiertes Vorblatt

Triebspitze: Spitze des Zweiges, die entweder von einer → Endknospe abgeschlossen wird **(8)** oder – eine Narbe hinterlassend **(9)** – abstirbt.

verborgene Knospen (18): ins Rindengewebe eingesenkte und/oder von bleibenden Teilen des Blattgrundes bedeckte Seitenknospen.

Vorblätter: die ersten ein oder zwei Blätter der meist als Seitenknospen ausgebildeten Seitentriebe. Vom Tragblatt zur Abstammungsachse gesehen befinden sich meist zwei Vorblätter rechts und links am Seitentrieb (transversale V. **(19)**). Seltener liegt das erste Blatt hinter dem Seitentrieb, der Abstammungsachse zugewandt (adossierte V. **(20)**).

7.2 Winterschlüssel

Das Bestimmungsziel im folgenden **Schlüssel** ist meist eine Gattung, seltener eine konkrete Art. Wenn als Ziel eine Art angegeben ist, wird im vorliegenden Werk entweder nur diese eine sommergrüne Art behandelt oder die erreichte Art weicht im Bestimmungsgang von anderen Arten derselben Gattung deutlich ab.
Bei den Abbildungen hingegen handelt es sich fast immer um eine konkrete Art, die als Beispiel das Bestimmungsergebnis illustriert. Einheiten unterhalb der Art (Unterart oder Variation) sind im Winter selten unterscheidbar und weder im Schlüssel noch in den Bildunterschriften aufgeführt. Mit Hilfe des **Artregisters** am Ende des Schlüssels sind die nummerierten Abbildungen leicht auffindbar.

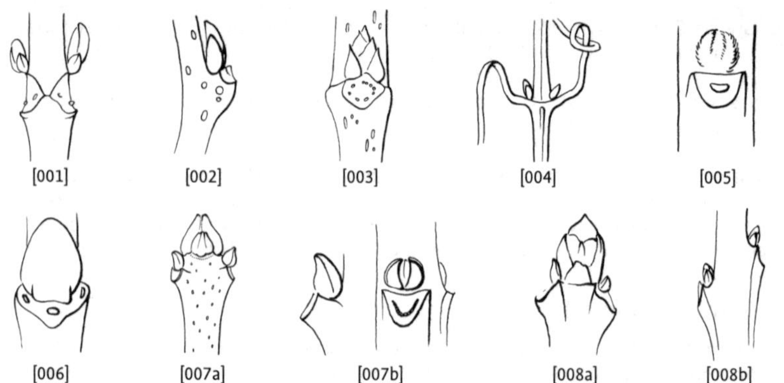

[001] [002] [003] [004] [005]

[006] [007a] [007b] [008a] [008b]

Schlüssel

1	Blätter/Blattnarben gegenständig oder wirtelig (2 oder mehr Blattnarben je Knoten)	2	[001]
–	Blätter/Blattnarben wechselständig (nur 1 Blattnarbe je Knoten)	201	[002]

Blätter/Blattnarben gegenständig oder wirtelig

2	Blattnarben mit 1 oder 3 Spuren (= Abbruchstellen der Leitbündel zwischen Blatt und Sprossachse)	3	
–	Blattnarben mit mehr als 3 Spuren oder Blattnarben nicht vorhanden	101	[003, 004]
3	Blattnarben mit 1 (teilw. aus vielen kleineren zusammengesetzten) Spur (wenn die Zahl der Spuren schwer erkennbar ist, Oberfläche der Blattnarbe mit einer Klinge glatt schneiden)	4	[005]
–	Auf jeder Blattnarbe mit 3 Spuren	51	[006]
4	Baum oder Liane	5	
–	Strauch (oder strauchförmiger Parasit auf Eichen)	11	
5	Baum	6	
–	Liane	38	
6	Zweige mit Endknospe	7	
–	Zweige ohne Endknospe	8	
7	Knospenschuppen dicht filzig, deckend behaart	*Fraxinus*	[007]
–	Knospenschuppen höchstens schwach behaart	*Chionanthus*	[008]
8	An jedem Knoten 3 Blattnarben	*Catalpa*	[009]
–	Blattnarben/Knospen gegenständig	9	
9	Zweige mit vollem Mark	10	
–	Zweige mit quer gefächertem Marklängsschnitt	*Paulownia tomentosa*	[010]
10	Knospen fast 90° von rotbraunen Zweigen abstehend	*Metasequoia glyptostroboides*	[011]
–	Zweige nicht rotbraun, Milchsaft führend	*Broussonetia*	[012]
11 (4)	Zweige allseits grasgrün, evtl. leicht gerötet, ohne Lentizellen	12	
–	Zweige nicht grasgrün, oft mit Lentizellen	14	
12	Zweige ohne Endknospe	13	
–	Zweige mit Endknospe	*Euonymus*	[013, 014]
13	Knospen unter weit herausragendem Blattkissen und Nebenblättern fast verborgen	37	

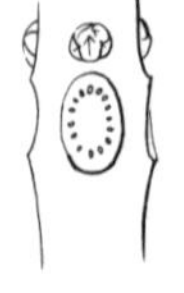

[009]

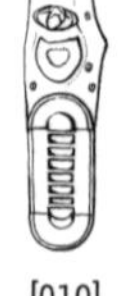

[010]

[011]

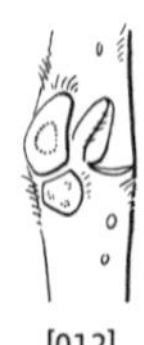

[012]

[013]

[014]

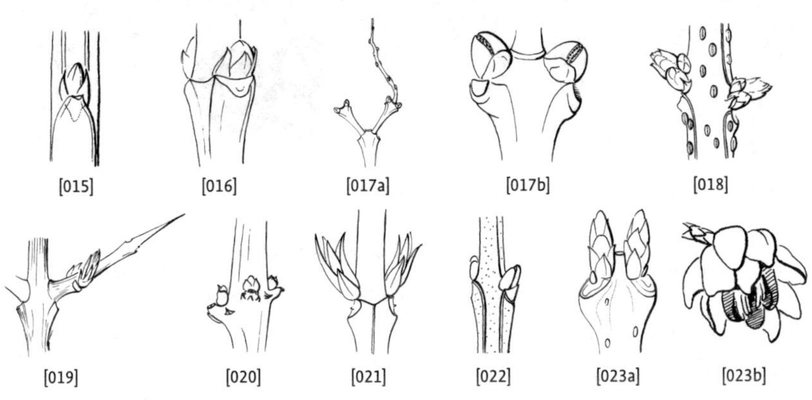

[015] [016] [017a] [017b] [018]

[019] [020] [021] [022] [023a] [023b]

–	Knospen gut sichtbar . . . . *Jasminum*	[015]
14	Zweige mit vollem Mark 16	
–	Zweige hohl oder Mark gefächert 15	
15	Gegenüberliegende Blattnarben mit einer Linie verbunden. . . . *Symphoricarpos*	[016]
–	Gegenüberliegende Blattnarben frei, oft etwas zueinander verschoben 27	
16	In der Erde wurzelnde Sträucher. 17	
–	Strauchförmiger Parasit auf Eichen . . . . *Loranthus europaeus*	[017]
17	Zweige mit Endknospe. 30	
–	Zweige ohne Endknospe 18	
18	Knospen mit Knospenschuppen. 19	
–	Knospen nackt, angetrieben oder verborgen. 39	
19	Knospen über der Blattnarbe einzeln 20	
–	Knospen über der Blattnarbe gehäuft, Zweige mit vielen großen Lentizellen . . . . *Coriaria*	[018]
20	Zweige mit Milchsaft . . . . *Broussonetia*	[012]
–	Zweige ohne Milchsaft. 21	
21	Zweige mit Dornen bewehrt. Kübelpflanze . . . . *Punica granatum*	[019]
–	Zweige unbewehrt 22	
22	Knospen 3-wirtelig, Zweige meist weit abgestorben. . . . . . . *Fuchsia magellanica*	[020]
–	Knospen gegenständig 23	
23	Zweigrinde zerrieben aromatisch 26	
–	Zweige nicht aromatisch 24	
24	Gegenüberliegende Blattnarben mit einer Linie verbunden, Knospenschuppen mit durchscheinenden Punkten, Früchte mit großen Kelchblättern . . . . *Hypericum*	[021]
–	Gegenüberliegende Blattnarben frei, oft etwas zueinander verschoben 25	
25	Zweige stark 4-kantig, dünn, zur Spitze immer dünner werdend . . . *Fontanesia*	[022]
–	Zweige relativ kräftig, mit 2 endständigen Seitenknospen. . . . . *Syringa*	[024]
26	Im Winter blühend, Blattkissen meist tiefer als Seitenknospe . . . *Chimonanthus*	[023]
–	Nicht im Winter blühend; Blattkissen kaum so weit wie die Knospe herausragend 28	[024]
27 (15)	Knospen über 5 mm lang, zahlreiche Blütenknospen neben den Blattknospen. . . . . *Forsythia*	[025]
–	Knospen unter 5 mm lang, Blütenstände am Triebende, Blütenknospen von dunkel purpurfarbenen Kelchblättern bedeckt . . . . *Abeliophyllum distichum*	[026]

[024a]

[024b]

[025]

[026]

[027]

[028]

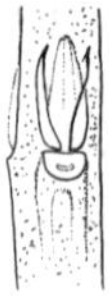

[029] 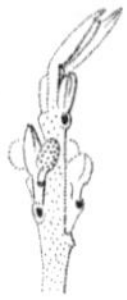 [030]  [031] 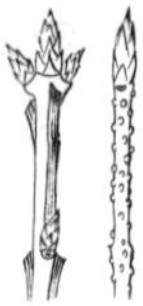 [032/33]  [034a]  [034b]  [035a] 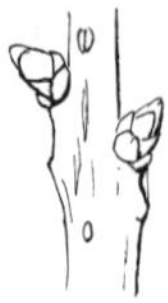 [035b]

28	Knospen schief gegenständig (gegenüberliegende Blattnarben oft etwas zueinander verschoben) . . . *Orixa japonica*	[027]
–	Knospen exakt gegenständig, gegenüberliegende Blattnarben sind mit einer dünnen Linie verbunden. Pflanze meist halbstrauchig . . . 29	
29	Wenigstens oberste Knospenschuppen sternhaarig . . . *Perovskia*	[028]
–	Zweige und Knospen einfach und drüsig behaart . . . *Elsholtzia stauntonii*	[029]
30 (17)	Zweigspitzen und Knospen mit metallisch glänzenden Schülferhaaren . . . *Shepherdia*	[030]
–	Kahl oder anders behaart . . . 31	
31	Knospen nackt . . . *Callicarpa*	[031]
–	Knospen mit Schuppen . . . 32	
32	Zweige grün, mit warzigen Lentizellen oder flügeligen Korkleisten . . *Euonymus*	[032, 033]
–	Zweige anders . . . 33	
33	Zweige mit Lentizellen, Knospen unter 15 mm lang . . . 34	
–	Zweige ohne Lentizellen, Endknospen spindelförmig, etwa 1,5–2 cm lang . . . *Euonymus*	[013]
34	Zweige kaum über 2 mm dick, Seitenknospen selten über 2 mm lang . . . 35	
–	Seitenknospen größer oder Zweige dicker . . . 36	
35	Zweigspitzen um oder über 1 mm dick, Früchte schwarz, in endständigen Rispen . . . *Ligustrum*	[034]
–	Zweigspitzen unter 1 mm dick . . . *Forestiera*	[035]
36	Endknospen gedrungen (nicht mehr als 1,5-mal so hoch wie breit) . . . *Chionanthus*	[008]
–	Endknospen länglicher . . . *Syringa*	[036]
37 (13)	Zweige binsenartig, nur teilweise gegenständig . . . *Spartium junceum*	[179]
–	Zweige anders, z.T. dornig . . . *Genista*	[037]
38 (5)	Knospen fast verborgen . . . *Periploca*	[038]
–	Knospen gut sichtbar. Mit Haftwurzeln kletternde Liane . . . *Campsis*	[039]
39 (18)	Knospen verborgen oder Seitenzweige angetrieben . . . 40	
–	Knospen sichtbar . . . 41	
40	Knospen verborgen, Blattnarben meist 3-wirtelig . . . *Cephalanthus occidentalis*	[040]
–	Zweige bleiben angetrieben und erfrieren und vertrocknen leicht, Blattstellung gegenständig . . . *Buddleja davidii*	[041]
41	Zweige dünn, Knospen silbrig grün behaart . . . *Caryopteris*	[042]
–	Zweige relativ dick, Knospen braun bis weinrot . . . 42	
42	Knospen dunkel weinrot behaart . . . *Clerodendrum trichotomum*	[043]
–	Knospen ockerbraun behaart . . . *Vitex agnus-castus*	[044]

Blätter/Blattnarben gegenständig oder wirtelig, Blattnarben mit 3 Spuren

51 (3)	Alle Knospen mit Knospenschuppen . . . 63	
–	Wenigstens ein Teil der Knospen (End- oder Seitenknospen) nackt oder verborgen . . . 52	
52	Knospen sichtbar . . . 54	

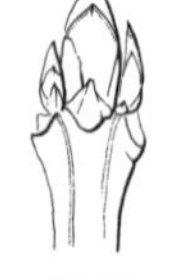
[036]

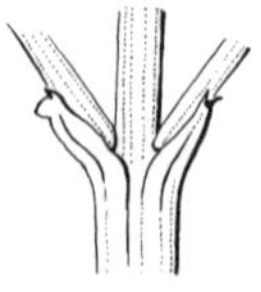
[037]

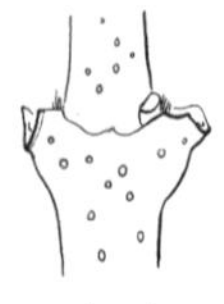
[038]

[039]

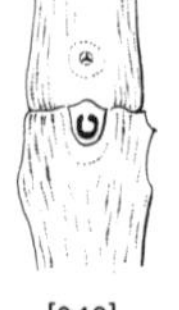
[040]

[041]

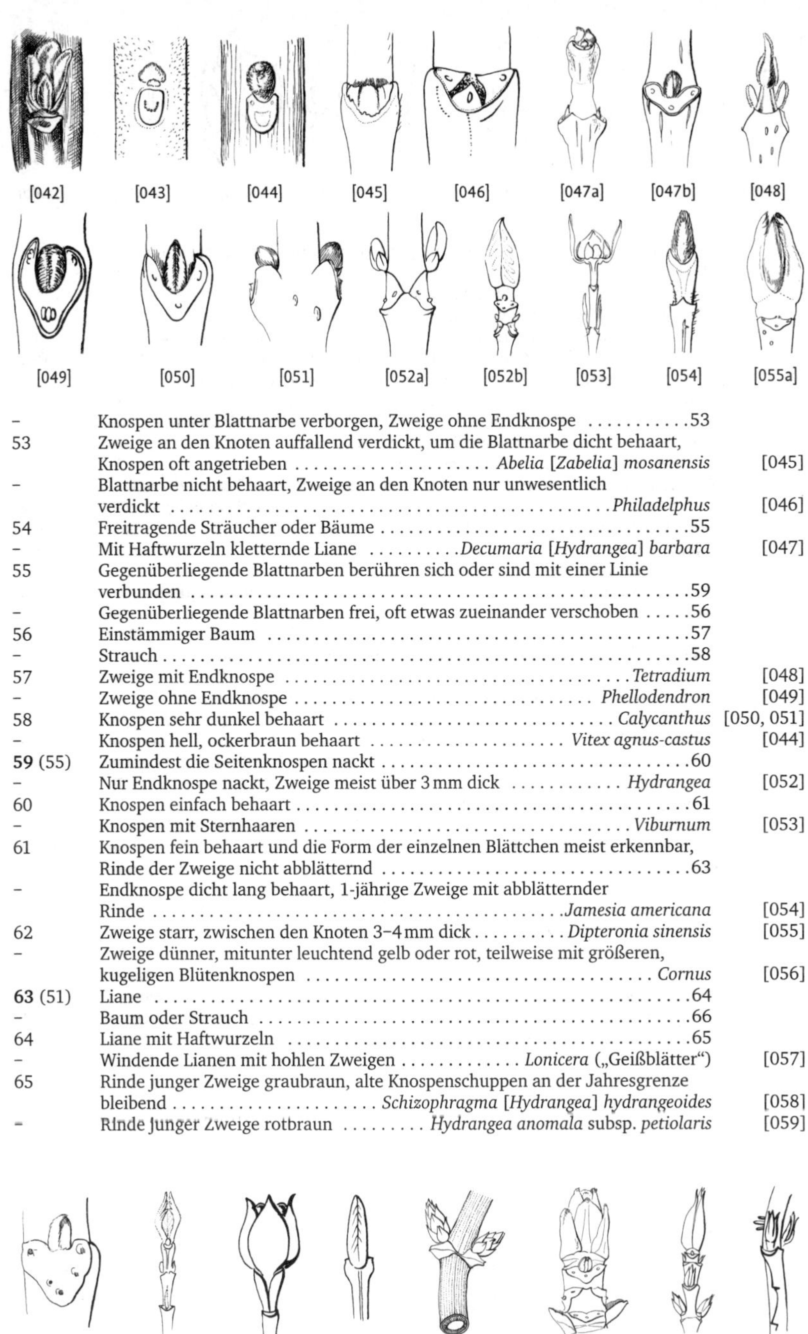

[042] [043] [044] [045] [046] [047a] [047b] [048]

[049] [050] [051] [052a] [052b] [053] [054] [055a]

–	Knospen unter Blattnarbe verborgen, Zweige ohne Endknospe	53	
53	Zweige an den Knoten auffallend verdickt, um die Blattnarbe dicht behaart, Knospen oft angetrieben	*Abelia* [*Zabelia*] *mosanensis*	[045]
–	Blattnarbe nicht behaart, Zweige an den Knoten nur unwesentlich verdickt	*Philadelphus*	[046]
54	Freitragende Sträucher oder Bäume	55	
–	Mit Haftwurzeln kletternde Liane	*Decumaria* [*Hydrangea*] *barbara*	[047]
55	Gegenüberliegende Blattnarben berühren sich oder sind mit einer Linie verbunden	59	
–	Gegenüberliegende Blattnarben frei, oft etwas zueinander verschoben	56	
56	Einstämmiger Baum	57	
–	Strauch	58	
57	Zweige mit Endknospe	*Tetradium*	[048]
–	Zweige ohne Endknospe	*Phellodendron*	[049]
58	Knospen sehr dunkel behaart	*Calycanthus*	[050, 051]
–	Knospen hell, ockerbraun behaart	*Vitex agnus-castus*	[044]
59 (55)	Zumindest die Seitenknospen nackt	60	
–	Nur Endknospe nackt, Zweige meist über 3 mm dick	*Hydrangea*	[052]
60	Knospen einfach behaart	61	
–	Knospen mit Sternhaaren	*Viburnum*	[053]
61	Knospen fein behaart und die Form der einzelnen Blättchen meist erkennbar, Rinde der Zweige nicht abblätternd	63	
–	Endknospe dicht lang behaart, 1-jährige Zweige mit abblätternder Rinde	*Jamesia americana*	[054]
62	Zweige starr, zwischen den Knoten 3–4 mm dick	*Dipteronia sinensis*	[055]
–	Zweige dünner, mitunter leuchtend gelb oder rot, teilweise mit größeren, kugeligen Blütenknospen	*Cornus*	[056]
63 (51)	Liane	64	
–	Baum oder Strauch	66	
64	Liane mit Haftwurzeln	65	
–	Windende Lianen mit hohlen Zweigen	*Lonicera* („Geißblätter“)	[057]
65	Rinde junger Zweige graubraun, alte Knospenschuppen an der Jahresgrenze bleibend	*Schizophragma* [*Hydrangea*] *hydrangeoides*	[058]
–	Rinde junger Zweige rotbraun	*Hydrangea anomala* subsp. *petiolaris*	[059]

[055b] [056a] [056b] [057] [058] [059a] [059b]

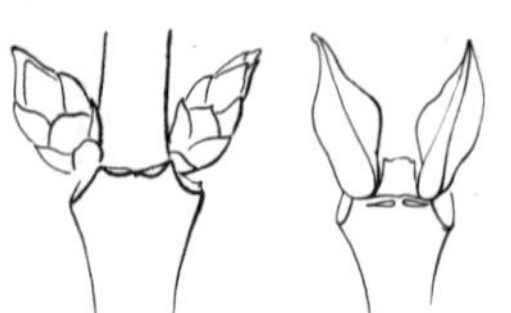
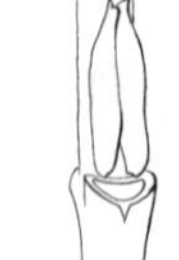
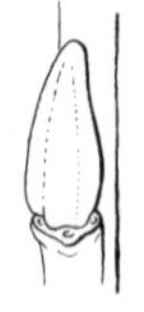

[060] [061] [062] [063] [064] [065] [066a] [066b]

66	Bei der Blattnarbe mit Nebenblättern oder Nebenblattnarben, Zweige immer ohne Endknospen	67	
–	Blattnarbe ohne separate Nebenblattnarben	68	
67	Wenigstens an der Zweigspitze mit kleinen Nebenblattzipfeln bei der Blattnarbe, Zweige dünn	*Rhodotypos scandens*	[060]
–	Nur Nebenblattnarben, Zweige kräftig, meist über 2 mm dick	*Staphylea*	[061]
68	Gegenüberliegende Blattnarben berühren sich oder sind mit einer Linie verbunden	72	
–	Gegenüberliegende Blattnarben frei, oft etwas zueinander verschoben	69	
69	Knospen mit einer äußerlich sichtbaren Knospenschuppe	70	
–	Knospen mit mehreren (mindestens 2) sichtbaren Knospenschuppen	71	
70	Knospenschuppe (= adossiertes Vorblatt) mit Naht auf dem Rücken (abaxial) der Knospe	*Cercidiphyllum japonicum*	[062]
–	Knospenschuppe allseits verwachsen	*Salix*	[063]
71	Zweige mit Sprossdornen	*Rhamnus*	[064]
–	Zweige unbewehrt, sehr früh blühend (Januar–Februar)	*Chimonanthus praecox*	[023]
72 (68)	Strauch	73	
–	Baum	*Acer*	[065]
73	Knospen am Zweig anliegend, behaarte Leisten von den Blattnarben herablaufend	74	
–	Knospen vom Zweig abstehend; Zweigbehaarung, wenn vorhanden, gleichmäßig	75	
74	Fruchtkapseln 15–30 mm lang, meist geöffnet	*Weigela*	[066]
–	Kapseln unter 15 mm lang, meist geschlossen. Bis 1 m hoher Strauch.	*Diervilla*	[067]
75	Zweige mit Sternhaaren	76	
–	Zweige kahl oder einfach behaart	77	
76	Zweige oft hohl und ohne Endknospe, wenn mit Endknospe, dann ist diese nicht wesentlich größer als die Seitenknospen	*Deutzia*	[068]
–	Endknospe deutlich größer als Seitenknospen	*Viburnum*	[069]
77	Zweige hohl	78	
–	Zweige mit Mark gefüllt	82	
78	Rinde sehr stark abblätternd, Zweige mit Lentizellen	79	
–	Zweige ohne Lentizellen, Rinde selten abblätternd	80	
79	Zweige mit Endknospen	*Abelia*	[070]
–	Zweige ohne Endknospen	*Dipelta*	[071]
80	Zweige grasgrün	*Leycesteria formosa*	[072]
–	Zweige grau bis braun, selten etwas grünlich	81	
81	Knospen meist über 3 mm lang, oft mit aufsteigenden Beiknospen	*Lonicera*	[073]
-	Knospen bis 3 mm, mitunter mit Bereicherungsknospen	*Symphoricarpos*	[071]
82 (77)	Zweige ohne Lentizellen	*Lonicera*	[073]
–	Zweige immer mit Lentizellen	83	

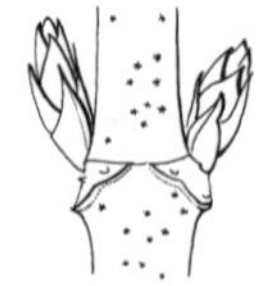

[067] [068] [069a] [069b] [070] [071] [072] [073]

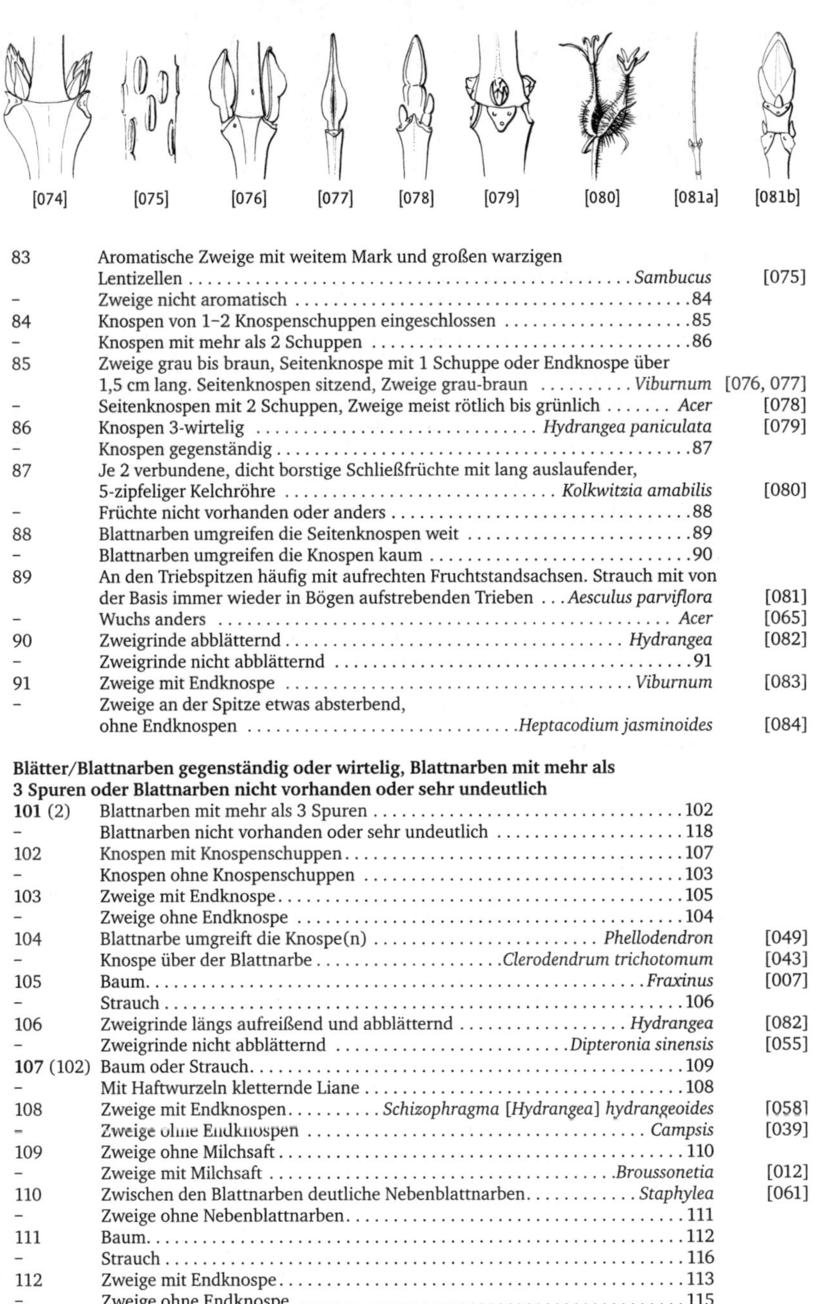

83	Aromatische Zweige mit weitem Mark und großen warzigen Lentizellen	*Sambucus*	[075]
–	Zweige nicht aromatisch	84	
84	Knospen von 1–2 Knospenschuppen eingeschlossen	85	
–	Knospen mit mehr als 2 Schuppen	86	
85	Zweige grau bis braun, Seitenknospe mit 1 Schuppe oder Endknospe über 1,5 cm lang. Seitenknospen sitzend, Zweige grau-braun	*Viburnum*	[076, 077]
–	Seitenknospen mit 2 Schuppen, Zweige meist rötlich bis grünlich	*Acer*	[078]
86	Knospen 3-wirtelig	*Hydrangea paniculata*	[079]
–	Knospen gegenständig	87	
87	Je 2 verbundene, dicht borstige Schließfrüchte mit lang auslaufender, 5-zipfeliger Kelchröhre	*Kolkwitzia amabilis*	[080]
–	Früchte nicht vorhanden oder anders	88	
88	Blattnarben umgreifen die Seitenknospen weit	89	
–	Blattnarben umgreifen die Knospen kaum	90	
89	An den Triebspitzen häufig mit aufrechten Fruchtstandsachsen. Strauch mit von der Basis immer wieder in Bögen aufstrebenden Trieben	*Aesculus parviflora*	[081]
–	Wuchs anders	*Acer*	[065]
90	Zweigrinde abblätternd	*Hydrangea*	[082]
–	Zweigrinde nicht abblätternd	91	
91	Zweige mit Endknospe	*Viburnum*	[083]
–	Zweige an der Spitze etwas absterbend, ohne Endknospen	*Heptacodium jasminoides*	[084]

Blätter/Blattnarben gegenständig oder wirtelig, Blattnarben mit mehr als 3 Spuren oder Blattnarben nicht vorhanden oder sehr undeutlich

101 (2)	Blattnarben mit mehr als 3 Spuren	102	
–	Blattnarben nicht vorhanden oder sehr undeutlich	118	
102	Knospen mit Knospenschuppen	107	
–	Knospen ohne Knospenschuppen	103	
103	Zweige mit Endknospe	105	
–	Zweige ohne Endknospe	104	
104	Blattnarbe umgreift die Knospe(n)	*Phellodendron*	[049]
–	Knospe über der Blattnarbe	*Clerodendrum trichotomum*	[043]
105	Baum	*Fraxinus*	[007]
–	Strauch	106	
106	Zweigrinde längs aufreißend und abblätternd	*Hydrangea*	[082]
–	Zweigrinde nicht abblätternd	*Dipteronia sinensis*	[055]
107 (102)	Baum oder Strauch	109	
–	Mit Haftwurzeln kletternde Liane	108	
108	Zweige mit Endknospen	*Schizophragma* [*Hydrangea*] *hydrangeoides*	[058]
–	Zweige ohne Endknospen	*Campsis*	[039]
109	Zweige ohne Milchsaft	110	
–	Zweige mit Milchsaft	*Broussonetia*	[012]
110	Zwischen den Blattnarben deutliche Nebenblattnarben	*Staphylea*	[061]
–	Zweige ohne Nebenblattnarben	111	
111	Baum	112	
–	Strauch	116	
112	Zweige mit Endknospe	113	
–	Zweige ohne Endknospe	115	
113	Alle Knospenschuppen pelzig behaart	*Fraxinus*	[007]
–	Wenn Schuppen behaart, dann Behaarung anliegend, die obersten Schuppen dichter behaart als die untersten	114	

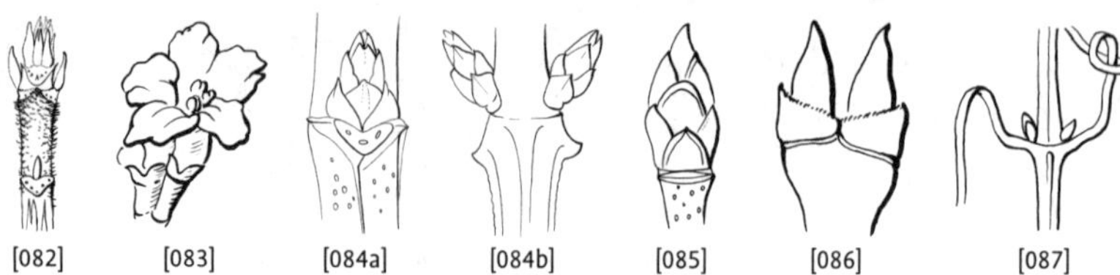

[082] [083] [084a] [084b] [085] [086] [087]

114	Endknospen über 15 mm lang	*Aesculus*	[085]
–	Endknospen unter 15 mm lang	*Acer*	[065]
115	Knospen gegenständig, Zweige mit gefächertem Mark	*Paulownia tomentosa*	[010]
–	Knospen 3-wirtelig, Zweige mit vollem Mark	*Catalpa*	[009]
116 (111)	Zweige mit weitem Mark und aromatischer Rinde	*Sambucus*	[075]
–	Zweige anders	117	
117	Zweigrinde längs aufreißend und abblätternd	*Hydrangea*	[082]
–	Zweigrinde nicht abblätternd	*Acer*	[086]
118 (101)	Gegenüberliegende Blätter/Blattansätze verbunden	119	
–	Blattreste frei und oft etwas zueinander verschoben	*Jasminum*	[015]
119	Aufrechter Baum oder Strauch	120	
–	Kletternde Liane, die mit den Blattspindeln rankt	*Clematis*	[087]
120	Blattreste bestehen nur aus der Blattbasis der Tragblätter	121	
–	Blattreste: ganze Blätter und beblätterte Seitentriebe	*Buddleja davidii*	[041]
121	Zweige hohl	*Leycesteria formosa*	[072]
–	Zweige mit Mark gefüllt	122	
122	Kleiner Strauch mit schachtelhalmartigen Zweigen (grün, längsstreifig)	*Ephedra*	[088]
–	Strauch oder kleiner Baum. Zweige nicht längsstreifig oder nicht grün	123	
123	Zweige an den Knoten verdickt und farblich abgesetzt, Knospen verborgen	*Abelia* [*Zabelia*] *mosanensis*	[045]
–	Knospen sichtbar, nur der Knospengrund von Blattstielresten umgriffen	*Acer*	[065]

Blattstellung wechselständig

201 (1)	Liane	251	
–	Strauch oder Baum	202	
202	Zweige mit Stacheln oder Dornen	210	
–	Zweige unbewehrt	203	
203	Langtriebe mit Endknospen	204	[089]
–	Langtriebe ohne Endknospen	205	[090]
204	Knospen mit Knospenschuppen	206	[089]
–	Knospen ohne Knospenschuppen, nackt	271	[091]
205	Knospen mit Knospenschuppen	207	
–	Knospen ohne Knospenschuppen oder verborgen	301	
206	Blattnarben mit 3 Spuren der Leitbündel	331	[092]
–	Spuren auf der Blattnarbe ungleich 3 (oder keine Blattnarbe vorhanden)	381	
207	Blattnarben mit 3 Spuren der Leitbündel	420	[092]
–	Spuren auf der Blattnarbe ungleich 3 (oder keine Blattnarben vorhanden)	461	

Blätter/Blattnarben wechselständig, Zweige mit Stacheln oder Dornen bewehrt

210 (202)	Zweige mit Stacheln (welche nicht mit dem Holzkörper verbunden und meist regellos verteilt sind) bewehrt	235	
–	Zweige mit Dornen (= umgewandelte Sprosse oder Blätter) bewehrt	211	

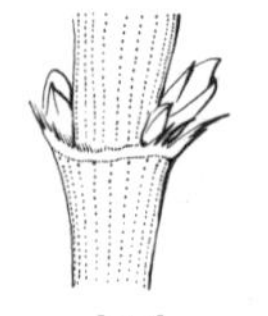

[088]

[089]

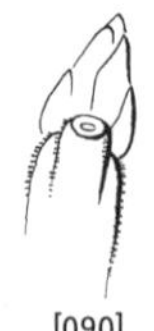

[090]

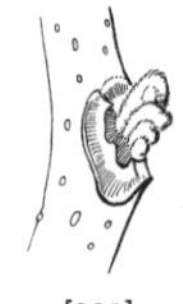

[091]

[092]

[093]

[094]

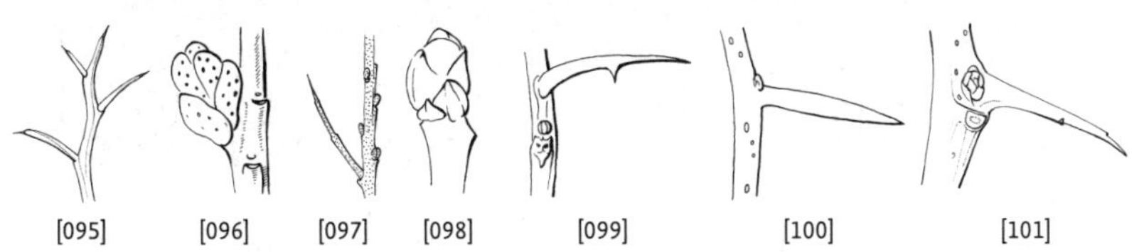

[095] [096] [097] [098] [099] [100] [101]

211	Dornen sind umgewandelte Sprosse (verdornte Zweigspitze oder über einer Blattnarbe stehender verdornter Seitentrieb, meist selbst mit Blattnarben oder schuppenförmigen Blättern)	212	
–	Dornen sind umgewandelte Blätter (über ihnen Knospen oder Seitensprosse)	230	
212	Zweige grün und längsfurchig. Niedriger Strauch (grüne und runde Zweige siehe *Poncirus* unter 233)	213	
–	Zweige anders, Pflanze oft größer	215	
213	Zweigspitzen und Tragblätter verdornt	*Ulex europaeus*	[093]
–	Nur Zweigspitzen verdornt	214	
214	Knospen unter braunem, erweitertem Tragblattgrund verborgen	*Erinacea anthyllis*	[094]
–	Knospen sichtbar	*Genista*	[095]
215	Zweige mit Schülferhaaren (mit leichtem metallischem Glanz)	216	
–	Zweige kahl oder einfach behaart	217	
216	Zweige ohne Endknospen, Blütenknospen dicht beieinander, relativ groß (4–6 mm lang), bronzebraun	*Hippophae*	[096]
–	Blütenknospen kleiner oder Zweige silbrig weiß oder mit Endknospe	*Elaeagnus*	[097]
217	Zweige mit Endknospe	218	
–	Zweige stets ohne Endknospe	221	
218	Dornen scharf zugespitzt	219	
–	Dornige Zweigenden nicht sehr spitz, Zweigspitzen behaart	*Malus*	[205]
219	Zweigspitzen anliegend behaart oder kahl	220	
–	Zweigspitzen lang abstehend behaart	*Mespilus* [*Crataegus*] *germanica*	[202]
220	Knospen spitz, matt	*Pyrus*	[204]
–	Knospen abgerundet, glänzend	*Crataegus*	[098]
221	Dornen unverzweigt, Knospen sichtbar	222	
–	Dornen verzweigt, Knospen nackt und versenkt	*Gleditsia*	[099]
222	Dornen etwas bauchig, zur Basis dünner	*Hemiptelea davidii*	[100]
–	Dornen an der Basis am dicksten	223	
223	Jüngste Zweige mit Milchsaft	*Maclura*	[101, 102]
–	Zweige ohne Milchsaft	224	
224	Polsterstrauch mit verdornten Blütenstandsachsen	*Alyssum spinosum*	
–	Pflanze anders	225	
225	Nebenblattnarbe umgreift an jedem Knoten den Zweig. Kleiner, kaum über 50 cm hoher Strauch	*Atraphaxis spinosa*	[103]
–	Meist größerer Strauch	226	
226	Blattnarbe 1-spurig	227	
–	Blattnarbe 3-spurig	229	
227	Dornen spitz, Zweige rund	228	
–	Dornen nicht zugespitzt, Zweige kantig, hellocker	*Lycium*	[104]

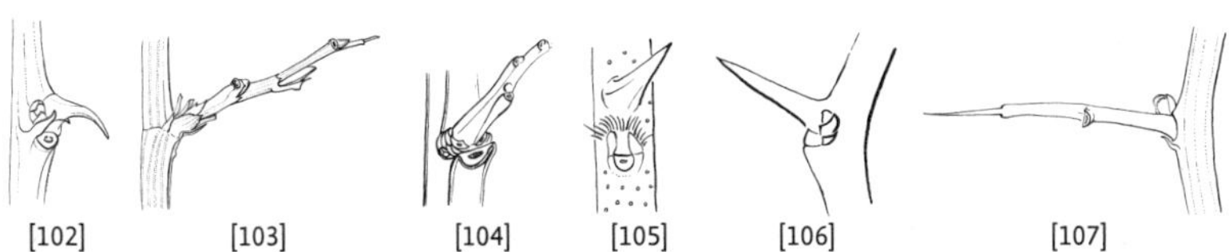

[102] [103] [104] [105] [106] [107]

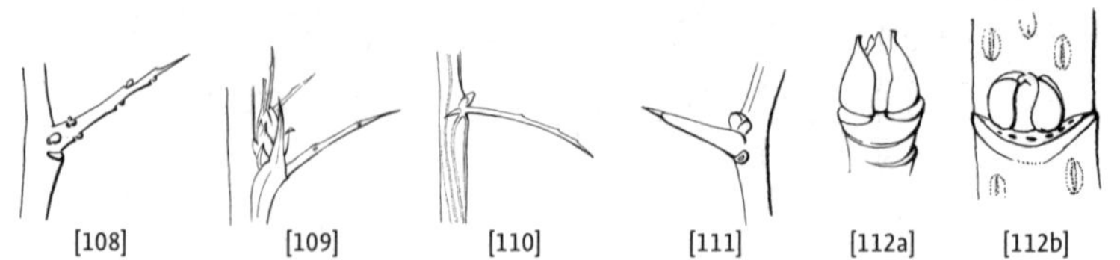
[108] [109] [110] [111] [112a] [112b]

228	Dorn über der Knospe (Knospe ist absteigende Beiknospe zum Dorn), Mark gefächert	*Prinsepia*	[105]
–	Knospen seitlich am Dorn, Mark voll	*Chaenomeles*	[106]
229	Knospen einzeln	*Sophora davidii*	[107]
–	Neben den Blattknospen oft größere Blütenknospen	*Prunus* (i.e.S. „Pflaumen")	[108]
230 (211)	Dornen einfach	231	
–	Dornen mehrteilig	234	
231	Dornen (= Blattspindel) mit winzigen, gegenständigen Narben von abgefallenen Fiederblättchen	232	
–	Dornen ohne Narben	233	
232	Nebenblätter abgeflacht oder Dornen unter 1,5 cm lang	*Caragana*	[109]
–	Nebenblätter im Querschnitt rund, Dornen über 2 cm lang	*Halimodendron halodendron*	[110]
233	Zweige und Dornen braun	244	
–	Zweige und Dornen grün	*Poncirus trifoliata*	[111]
234	Dornen 2-teilig	245	
–	Dornen 3- oder mehrteilig	244	
235 (210)	Blattnarben schmal und breit, vielspurig. Grobzweigiger Strauch oder kleiner Baum	236	
–	Blattnarben 1- bis 3-spurig oder Liane	239	
236	Seitenknospen halbkugelig mit dunkel weinrot glänzenden Schuppen. Kleiner Baum	*Kalopanax septemlobus*	[112]
–	Strauch	237	
237	Zweige bis 5 mm dick	*Eleutherococcus*	[113]
–	Zweige dicker	238	
238	Zweige um 10 mm dick, Stacheln zahlreich, Knospen verdeckend	*Oplopanax horridus*	[114]
–	Zweige dicker, Stacheln kürzer als die Knospen	*Aralia*	[115]
239	Liane. Vom Tragblatt bleibt der Blattgrund mit 2 dünnen Nebenblattranken	*Smilax*	[116]
–	Aufrechter Strauch oder Baume	240	
240	Zerriebene Zweigrinde aromatisch, ältere Stacheln auf Korkkissen	*Zanthoxylum*	[117]
–	Zweige nicht so	241	
241	Stacheln regellos verteilt	242	
–	1–3 Stacheln am Knoten	243	
242	Blattnarben schmal und breit	*Rosa*	[118]
–	Von den Blättern bleibt ein deutlich herausragendes Blattkissen oder der ganze Blattstiel erhalten	*Rubus*	[119]
243	2 Stacheln/Dornen am Knoten	245	
–	1, 3 oder mehr Stacheln/Dornen am Knoten	244	

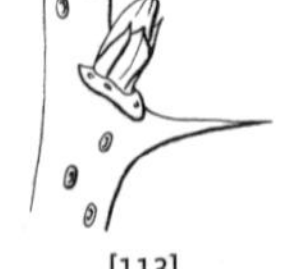
[113]

[114]

[115]

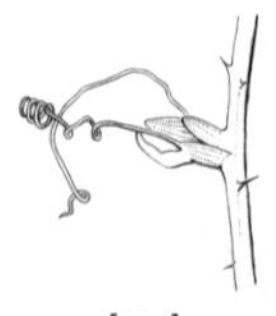
[116]

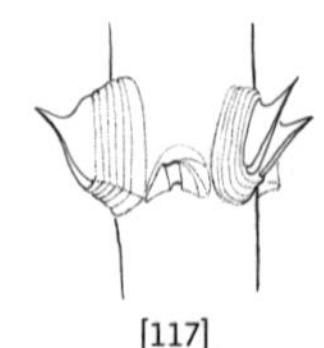
[117]

[118]

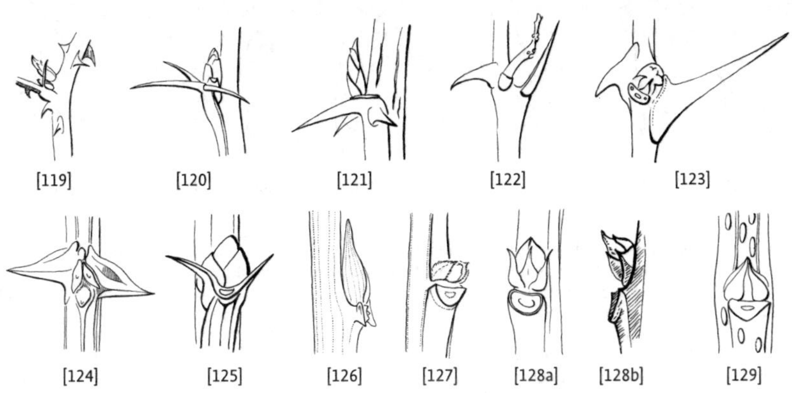

[119] [120] [121] [122] [123]

[124] [125] [126] [127] [128a] [128b] [129]

244 (233/243) Über jedem Dorn ein Kurztrieb mit deutlichen Blattnarben an der Basis ..... *Berberis* [120]
– Über der Bewehrung deutliche Blattnarbe, darüber (an 1-jährigen Langtrieben) Knospen mit Knospenschuppen, keine weiteren Narben ..... *Ribes* [121]
245 (234/243) Es befindet sich jeweils 1 größerer und 1 kleinerer, oft gebogener Dorn, an jedem Knoten 246
– Stacheln/Dornen am Knoten annähernd gleich groß 247
246 Zweige graubraun, Dornen meist unter 1 cm lang ..... *Paliurus spina-christi* [122]
– Zweige weinrot, längerer Dorn meist über 1 cm lang ..... *Ziziphus jujuba* [123]
247 Knospen sichtbar. Strauch 248
– Knospen verborgen. Oft Baum, mit paarigen Nebenblattdornen ..... *Robinia* [124]
248 Pflanze mit leicht abbrechbaren Stacheln 242
– Pflanze mit hautig-pergamentartigen, fest mit dem Zweig verbundenen Nebenblattdornen ..... *Caragana* [125]

Blätter/Blattnarben wechselständig, Lianen

251 (201) Mit den Zweigen windende Liane 252
– Sich mit Ranken haltende Liane 264
252 Knospen deutlich über den Zweig erhoben und sichtbar, mit Knospenschuppen 253
– Knospen verborgen (zumindest nicht über die Zweigoberfläche ragend) oder nackt 261
253 Blattnarben mit 1 Spur, jedoch nie mit einer den Zweig umfassenden Narbe 254
– Blattnarbe mit mehr als 1 Spur oder mit einer den Zweig umfassenden Linie (= Nebenblattnarbe) 257
254 Knospen kugelig gedrungen, vom Zweig abstehend 255
– Knospen länglich, am Zweig anliegend ..... *Wisteria* [126]
255 Zweige nicht grün, Mark voll oder, seltener, gefächert 256
– Zweige grünlich und hohl. Pfl anze halbstrauchig ..... *Solanum dulcamara* [127]
256 Zeige graubraun ..... *Celastrus* [128]
– Zweige rotbraun, mit zahlreichen Lentizellen ..... *Tripterygium* [129]
257 An jedem Knoten mit den Zweig umfassender Linie ..... *Fallopia baldschuanica* [130]
– Ohne den Zweig umfassende Linien 258

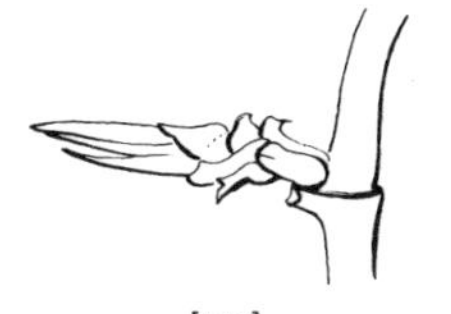

[130]

[131a]

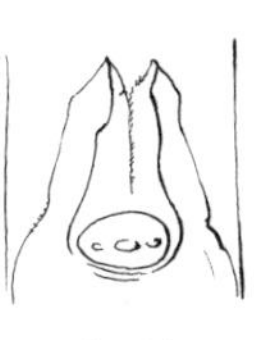

[131b]

[132]

[133]

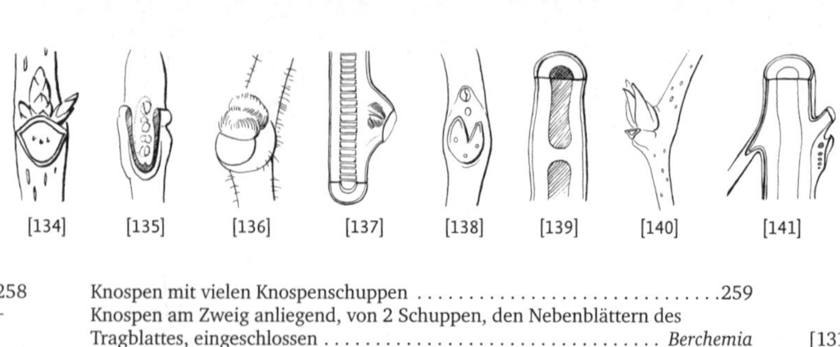
[134] [135] [136] [137] [138] [139] [140] [141]

258	Knospen mit vielen Knospenschuppen	259	
–	Knospen am Zweig anliegend, von 2 Schuppen, den Nebenblättern des Tragblattes, eingeschlossen	*Berchemia*	[131]
259	Zweige unter 3 mm dick	260	
–	Zweige dick (über 5 mm)	*Sinofranchetia chinensis*	[132]
260	Blattkissen weit herausragend	*Akebia*	[133]
–	Blattnarbe relativ flach am Zweig	*Schisandra*	[134]
261 (252)	Knospen verborgen oder nicht über die Zweigoberfläche ragend, Mark quer gefächert oder Zweige voll	263	
–	Knospen deutlich sichtbar, Mark nie gefächert	262	
262	Blattnarbe schmal u-förmig, die Knospen umgreifend	*Aristolochia*	[135]
–	Blattnarbe rund-oval	*Cocculus*	[136]
263	Knospen nur aufgeschnitten sichtbar, ohne Schuppen, Mark oft quer gefächert	*Actinidia*	[137]
–	Mark nie gefächert, Knospen mit Schuppen	*Menispermum*	[138]
264 (251)	Ranken sind den Blattnarben gegenüberstehende Sprossranken	265	
–	Ranken sind die Nebenblätter des Tragblattes	*Smilax*	[116]
265	Zweige mit Lentizellen, Mark weiß	266	
–	Zweige ohne Lentizellen, Mark braun	*Vitis*	[139]
266	Knospen verborgen oder über 8 mm groß, Ranken immer ohne Haftscheiben	*Ampelopsis*	[140, 141]
–	Knospen unter 8 mm lang, Ranken oft mit Haftscheiben	*Parthenocissus*	[142]

Blätter/Blattnarben wechselständig, Zweige mit Endknospen, Knospen nackt

271 (204)	Blattnarben 3-spurig	272	
–	Blattnarben 1- oder vielspurig	283	
272	Zweige/Knospen mit Sternhaaren	278	
–	Zweige/Knospen kahl oder anders behaart	273	
273	Zweige mit gefächertem Mark	277	
–	Zweige mit durchgehendem Mark	274	
274	Bäume. Seitenknospen mit Beiknospen, oft mit kleinen Schildhaaren	*Carya*	[143]
–	Seitenknospen ohne Beiknospen	275	
275	Große, vom Zweig deutlich abgesetzte Blattkissen, teilw. mit Nebenblattzipfeln, Knospen silbrig behaart	*Laburnum*	[144]
–	Ohne abgesetzte Blattkissen, Knospen bräunlich behaart	276	
276	Endknospe breiter als lang	*Picrasma quassioides*	[145]
–	Endknospe länger als breit	*Frangula alnus* [*Rhamnus frangula*]	[146]
277 (273)	Endknospe länger als 1,8 cm, Knospenblätter abstehend	*Pterocarya*	[147]
–	Knospenblätter anliegend, Knospen kürzer als 1,5 cm	*Juglans*	[148]
278 (272)	Zweige und Knospen matt	279	
–	Zweige glänzend klebrig	*Chamaebatiaria millefolium*	[149]

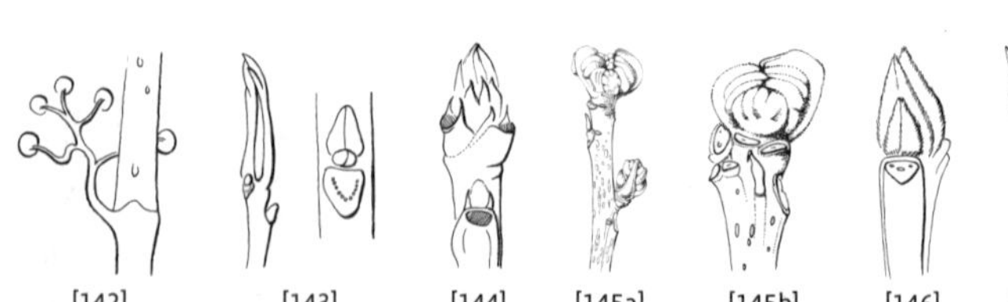
[142] [143] [144] [145a] [145b] [146] [147] [148]

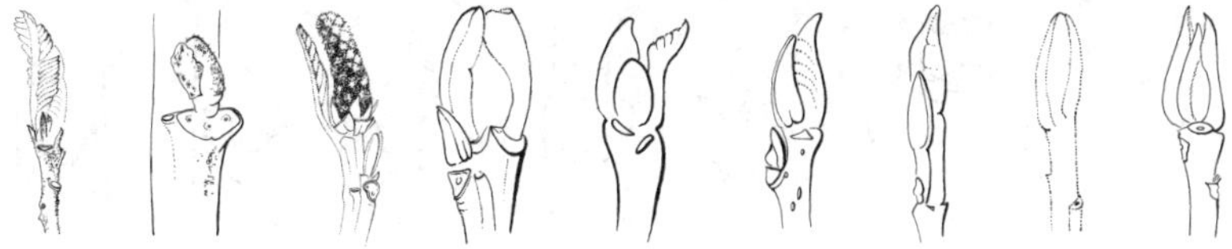

[149a] [149b] [150] [151] [152] [153] [154] [155] [156]

279 Blüten, Blütenknospen und Früchte endständig, Pflanzen im Winter bis Ende März blühend. Seitenknospen mit Beiknospen oder Zweigrinde schuppig abblätternd 280

– Blüten, Blütenknospen und Früchte achselständig, Pflanzen später blühend. Seitenknospen teilw. mit Bereicherungsknospen 282

280 Blütenstände schwarzbraune walzenförmige Kätzchen an den Triebenden .... *Sinowilsonia henryi* [150]

– Blütenknospen gedrungen kugelig 281

281 Seitenknospen deutlich gestielt, Knospenblätter anliegend. Großer, bis 7 m hoher Strauch .... *Parrotiopsis jacquemontiana* [151]

– Seitenknospen sitzend oder kurz gestielt, äußerste Knospenblätter mit der Spitze meist abspreizend. Kleiner, 1–2 m hoher Strauch .... *Fothergilla* [152]

282 Blütenknospen 4–5 mm dick, Blüten ohne Kronblätter, Rinde an älteren Zweigen und Stämmen abblätternd .... *Parrotia persica* [153]

– Blütenknospen kleiner, gehäuft, Blüten mit 4 schmalen, bandförmigen Kronblättern, Blattknospen lang gestielt, mit Beiknospen .... *Hamamelis*

283 (271) Blattnarbe 1-spurig 284

– Blattnarbe vielspurig 288

284 Zweige mit Stern- oder Schülferhaaren 285

– Zweige einfach behaart oder kahl 291

285 Zweige mit Schülferhaaren .... *Elaeagnus* [155]

– Zweige sternhaarig 286

286 Seitenknospen leicht gestielt, meist mit Beiknospen 287

– Seitenknospen einzeln, sitzend .... *Clethra* [156]

287 Seitenknospen bis 8 mm lang, braun .... *Sinojackia* [157]

– Seitenknospen länger als 10 mm, äußerste Schuppen leicht abfallend, dann grünlich .... *Pterostyrax* [158]

288 (283) Endknospe lang (mindestens 3-mal so lang wie dick) 289

– Endknospe eiförmig, nicht extrem lang 290

289 Knospen einfach schwarzbraun behaart, Blütenknospen kugelig .... *Asimina triloba* [159]

– Seitenknospen oft mit Beiknospen, Zweige und Knospen oft mit Schildhaaren .... *Carya* [143]

290 Blattnarbe 5-spurig .... *Toona sinensis* [160]

– Blattnarbe mehrspurig, Zweige mit Milchsaft (Vorsicht, Kontaktgift) .... *Rhus* [161]

291 (284) Seitenknospen frei über der Blattnarbe, Leitbündelspur deutlich 292

– Blattkissen des Tragblattes bedeckt zumindest die Basis der Knospe, oft mit Nebenblattzipfeln .... *Chamaecytisus* [162]

292 Knospen dunkel violettbraun .... *Daphne* [163]

– Knospen grünlich .... *Edgeworthia*

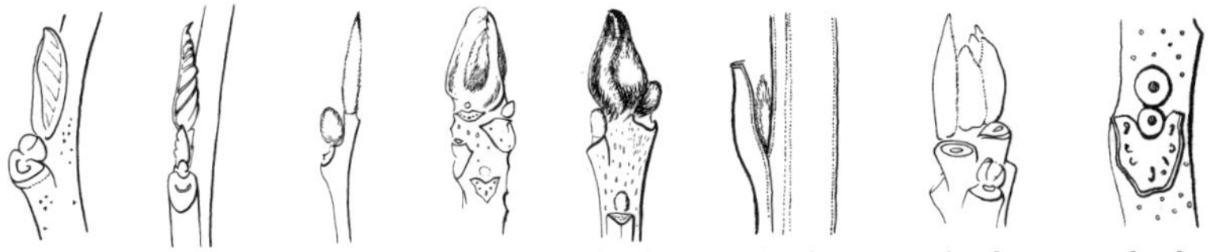

[157] [158] [159] [160] [161] [162] [163] [164]

[165a]

[165b]

[166]

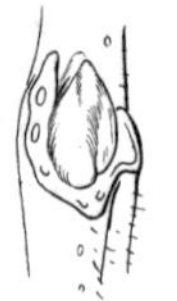
[167a]

[167b]

[168]

[169]

Blätter/Blattnarben wechselständig, Zweige ohne Endknospen, Knospen nackt oder verborgen

301 (205)	Knospen sichtbar	302	
–	Knospen unter Blattresten verborgen	312	
302	Blattnarbe mit 1 Spur	315	
–	Blattnarbe mehrspurig	303	
303	Blattnarbe mit 3 Spuren	307	
–	Blattnarbe mit mehr als 3 Spuren	304	
304	Zweige über 8 mm dick	*Gymnocladus dioicus*	[164]
–	Zweige dünner	305	
305	Blattnarben umgreifen den Knoten. Strauch	*Dirca palustris*	[165]
–	Blattnarben nicht so. Oft baumartig	306	
306	Knospen mit mehreren deutlichen Beiknospen	*Cladrastis*	[166]
–	Ohne Beiknospen oder Beiknospe bildet mit der Seitenknospe eine optische Einheit	*Alangium platanifolium*	[167]
307 (303)	Blattnarben umgreifen die sichtbaren Knospen u-förmig	308	
–	Blattnarben umgreifen Knospen nicht, evtl. Knospen unter der Blattnarbe oder im Rindengewebe	310	
308	Seitenknospen ohne Beiknospen, Zweige braun	*Rhus*	[168]
–	Seitenknospen mit Beiknospen	309	
309	Zweige grün	*Styphnolobium japonicum*	[169]
–	Zweige braun, bis zu 3 Beiknospen unter der Seitenknospe	*Cladrastis*	[166]
310	Knospen mit Beiknospen im Zweiggewebe über der Blattnarbe	*Gleditsia*	[170]
–	Knospen unter der Blattnarbe verborgen	311	
311	Zweige rund	*Ptelea trifoliata*	[171]
–	Zweige kantig	*Robinia*	[172]
312 (301)	Zweige hell grau-bräunlich. Strauch	313	
–	Zweige grün oder dunkelbraun	314	
313	Stängelglieder unter 1 cm lang	*Ononis fruticosa*	[173]
–	Stängelglieder länger	*Hibiscus syriacus*	[174]
314	Zweige gelbgrün bis grasgrün. Strauch	319	
–	Zweige dunkel grünlich bis braun. Oft Baum	310	
315 (302)	Zweige und Knospen sternhaarig	316	
–	Zweige kahl oder einfach behaart	317	
316	Knospen sitzend	*Buddleja alternifolia*	[175]
–	Knospen gestielt, mit Beiknospen	*Styrax*	[176]
317	Zweige grün	319	
–	Zweige graubraun	318	
318	Baum	*Meliosma*	[177]
–	Strauch. Knospen und Seitenzweige oft auffallend 2-zeilig	*Cotoneaster*	[178]
319 (314)	Zweige rundlich, fein gerieft, binsenartig, Knospen nicht sichtbar	*Spartium junceum*	[179]
–	Zweige anders	320	

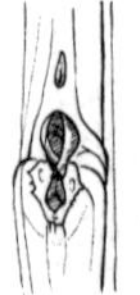
[170]

[171]

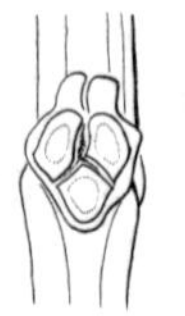
[172]

[173a]

[173b]

[174]

[175]

[176]

[177]  [178] 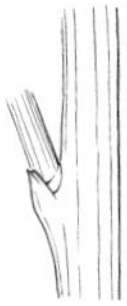 [179] 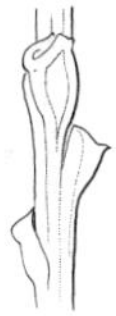 [180]  [181] 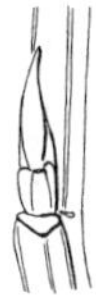 [182]  [183] 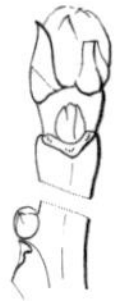 [184]

320 Zweige durch die bleibenden Tragblattbasen stark knotig verdickt .... *Genista pilosa* [180]

– Zweige nicht knotig .... *Cytisus* [181]

Blätter/Blattnarben wechselständig, Zweige mit Endknospen, Knospen mit Knospenschuppen, Blattnarben 3-spurig

331 (206) Blatt- und Blütenknospen (größer oder als nackte Blütenkätzchen) deutlich verschieden 332

– Blatt- und Blütenknospen äußerlich nicht unterscheidbar 341

332 Erste Knospenschuppe der Seitenknospen auf dem Rücken .... *Populus* [182]

– Erste Schuppen der Seitenknospen seitlich der Knospe 333

333 Blütenknospen sind nackte Kätzchen 334

– Blütenknospen als größere oder kleinere Knospen von den Blattknospen unterschieden 338

334 Mark der Zweige gefächert 335

– Zweige mit vollem Mark 336

335 Endknospen über 20 mm lang .... *Pterocarya rhoifolia* [183]

– Knospen kompakt, kürzer .... *Juglans* [184]

336 Seitenknospen gestielt .... *Alnus* [185]

– Seitenknospen sitzend 337

337 Endknospen (nur an Kurztrieben) mit 4 oder mehr Knospenschuppen ... *Betula* [186]

– Endknospen mit 2–3 äußeren Schuppen .... *Alnus* [187]

338 (333) Blütenknospen extra, zahlreich in länglichen Trauben .... *Stachyurus* [188]

– Blütenknospen am selben Zweigabschnitt wie die Blattknospen 339

339 Blütenknospen als Bereicherungsknospen neben einer Blattknospe 340

– Blütenknospen oft einzeln, bauchiger als die schlanken Blattknospen .... *Corylopsis* [189]

340 Blütenknospen leicht gestielt, Schuppen grünlich bis rot, unterste Schuppe einer Knospe fast so lang wie die Knospe .... *Lindera* [190]

– Knospen sitzend, bräunlich .... *Prunus* [191]

341 (331) Zweige mit vollem Mark 343

– Mark gefächert 342

342 Strauch .... *Oemleria cerasiformis* [192]

– Baum 335

343 Kleiner, selten über 2 m hoher Strauch. Auch ältere Zweige kaum über 2 cm dick, Rinde oft großflächig abblätternd 344

– Baum oder größerer Strauch. Ältere Zweige und Stämme meist wesentlich dicker 347

344 Rinde unregelmäßig längs abblätternd 345

– Rinde nicht oder quer abblätternd 346

345 Blattnarbe mit der Zweigrinde abblätternd, nur die 3 Spuren sichtbar .... *Sibiraea altaiensis* [193]

– Blattnarbe deutlich abgesetzt, Seitenknospen leicht gestielt .... *Ribes* [194]

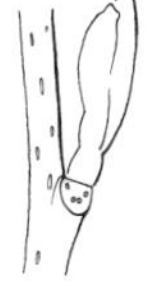
[185]

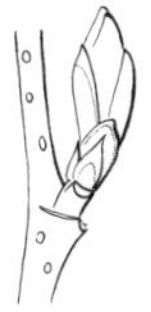
[186]

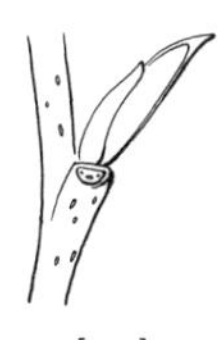
[187]

[188a]

[188b]

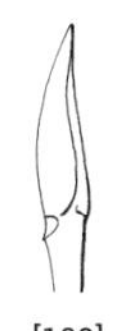
[189]

[190]

[191]

[192] [193] [194] [195a] [195b] [196] [197] [198] [199]

346 Früchte: zahlreiche, in endständigen Schirmtrauben vereinte, trockene Hülsen . . . . . *Physocarpus* [195]
– Früchte fehlend oder anders 347
347 Knospen bräunlich 348
– Zweigrinde nicht querstreifig oder Knospen grün bis rot 349
348 Zweigrinde 2-jähriger und älterer Zweige querstreifig und Knospen bräunlich. Häufig mit Bereicherungsknospen . . . . . *Prunus* [196]
– Knospen einzeln, Zweige mit großen, warzigen Lentizellen . . . . . *Photinia* [197]
349 Endknospe schlank spindelförmig 350
– Endknospen gedrungener, höchstens länglich-eiförmig 353
350 Knospen mit 3–5, 2-zeilig stehenden Knospenschuppen . . . . . *Aronia* [198]
– Knospen mit mehr als 5 sichtbaren Knospenschuppen 351
351 Knospen mit weniger als 10 Knospenschuppen 352
– Knospen mit mehr als 10, in 4 Zeilen stehenden, ockerbraunen Knospenschuppen. Baum mit glatter, grauer Rinde . . . . . *Fagus* [199]
352 Die erste Knospenschuppe der Seitenknospen zeigt nach außen . . . . . *Populus* [182]
– Die ersten Knospenschuppen befinden sich seitlich an den Seitenknospen . . . . . *Amelanchier* [200]
353 Zweige behaart oder bereift 354
– Zweige kahl 360
354 Zweige bereift, Holz gelb . . . . . *Cotinus* [201]
– Zweige behaart 355
355 Zweige zur Spitze lang abstehend behaart . . . . *Mespilus* [*Crataegus*] *germanica* [202]
– Zweige anliegend behaart 356
356 Zweigspitzen fleckig filzig behaart 357
– Zweigspitzen gleichmäßig locker behaart 358
357 Die erste Knospenschuppe der Seitenknospen zeigt nach außen . . . . . *Populus* [203]
– Die ersten Knospenschuppen der Seitenknospen seitlich der Knospe . . . . . *Pyrus* & *Malus* [204, 205]
358 Knospenschuppen auf dem Rücken behaart 359
– Knospenschuppen höchstens bewimpert 360
359 Blattkissen zum Zweig deutlich abgesetzt, oberste Knospenschuppen grünlich, jedoch dicht silbrig behaart, Früchte sind Hülsen . . . . . *Laburnum* [144]
– Knospenschuppen nicht deckend behaart, rötlich oder grün mit bräunlichem Saum . . . . . *Sorbus* [206]
360 (353) Endknospen bis 5 mm lang 361
– Endknospen größer 362
361 Endknospen mit mehr als 5 Schuppen. Strauch. Früchte mit 5 holzigen Bälgen . . . . . *Exochorda* [207]
– Endknospen mit 3–4 Schuppen. Baum . . . . . *Nyssa sylvatica* [208]
362 Die erste Knospenschuppe der Seitenknospen zeigt nach außen . . . . . *Populus* [182]
– Die ersten Knospenschuppen befinden sich seitlich an den Seitenknospen . . 363
363 Endknospen glänzend rot bis grün 364

[200] [201] [202] [203] [204] [205] [206a] [206b]

[207a]  [207b] 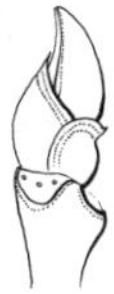 [208]  [209]  [210a] 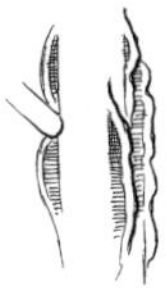 [210b]  [211] 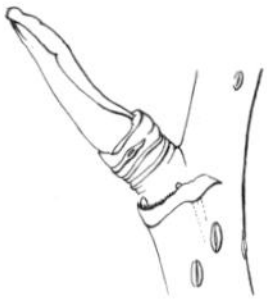 [212]

– Endknospen meist braun bis graubraun, wenn grünlich, nicht glänzend . . .367

364 Langtriebe: nach wenigen Knoten wird die Triebspitze immer wieder übergipfelt . . . . *Cornus alternifolia* & *C. controversa* [209]

– Langtriebe durchgehend 365

365 Knospen grün bis rot, bis 8 mm lang, Zweige häufig mit Korkleisten . . . .*Liquidambar* [210]

– Endknospen länger. 366

366 Knospenschuppen mit braunem Saum . . . . *Sorbus* [206]

– Knospen allseits weinrot . . . . *Davidia involucrata* [211]

367 Blattnarben sehr schmal, den Zweig weit umfassend, Knospe von 1 Schuppe umhüllt. . . . .*Tetracentron sinense* [212]

– Knospen mit mehr als 1 Schuppe. 368

368 Blattnarben wappenförmig, mit 3 Spurengruppen. Seitenknospen abstehend, oft mit Beiknospen . . . . *Carya* [213]

– Blattnarben quer dreieckig bis abgerundet oval. Seitenknospen nie mit Beiknospen. 369

369 Knospen eiförmig, Schuppen an der Spitze abstehend . . . .*Xanthoceras sorbifolium* [214]

– Knospen kegelförmig, Schuppen anliegend, Seitenknospen häufig mit Bereicherungsknospen. . . . . *Pyrus* [204]

Blätter/Blattnarben wechselständig, Zweige mit Endknospen, Knospen mit Knospenschuppen, Blattnarben nicht 3-spurig

381 (206) Blattnarben vorhanden 382

– Blattnarben nicht vorhanden. 415

382 Blattnarben mit 2 Spuren. . . . .*Ginkgo biloba* [215]

– Blattnarben mit 1 oder mit vielen Spuren 383

383 Blattnarbe mit 1 Spur. 384

– Blattnarben mit vielen Spuren 401

384 Blattbasen der abgeworfenen Blätter laufen den Zweig herab, viel mehr Blattnarben als Seitenknospen. Meist einstämmiger Baum 385

– Die meisten Blattnarben am Langtrieb besitzen Achselknospen. Oft Strauch 387

385 An mehrjährigen Zweigen mit Kurztrieben 386

– Mit größeren Narben der als Ganzes abgeworfenen Kurztriebe. . . . . . *Taxodium* [216]

386 Endknospe am Grund mit fadenartigen, die Knospe überragenden Schuppen . . . . *Pseudolarix amabilis* [217]

– Schuppen nicht so . . . .*Larix* [218]

387 Seitenknospen wenigstens an der Basis von Resten des Tragblattes verdeckt. 388

– Seitenknospen frei über der Blattnarbe. 391

388 Seitenknospen vom Tragblattrest fast vollkommen verdeckt 389

– Seitenknospen nur etwa zur Hälfte bedeckt 390

[213]

[214a]

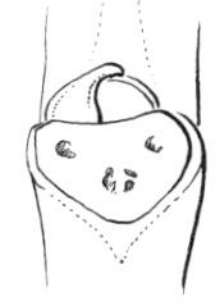
[214b]

[215]

[216a]

[216b]

[217]

[218]

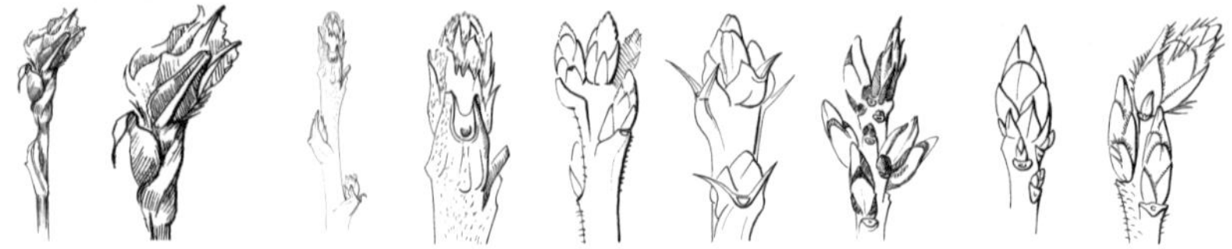

[219a] [219b] [220a] [220b] [221] [222] [223] [224] [225]

389	Zweige rotbraun, Endknospe aus knäuelig zusammengestauchten Knospenblättern	*Potentilla*	[219]
–	Zweige graubraun, Endknospe normal	*Calophaca wolgarica*	[220]
390	Zweige rundlich	*Chamaecytisus*	[221]
–	Zweige kantig	*Caragana*	[222]
391	Mehrere Seitenzweige übergipfeln die ursprüngliche Triebspitze, die durch einen Blütenstand aufgebraucht wurde	392	
–	Das Wachstum setzt meist nur 1 Zweig an der Spitze fort	395	
392	Endknospen dicker als der Zweig	393	
–	Endknospen schlanker als der Zweig, bis 5 mm lang	*Daphne*	[223]
393	Knospen selten über 6 mm lang, kahl oder grob bewimpert	394	
–	Knospen meist größer und oft behaart	*Rhododendron*	[224]
394	Knospen dunkel, bräunlich	*Menziesia*	[225]
–	Knospen grünlich bis rötlich	*Enkianthus*	[226]
395	Zweige mit gefächertem Mark	*Halesia*	[227]
–	Mark nicht gefächert	396	
396	Zweigspitzen und Knospen mit metallisch schimmernden Schülferhaaren	*Elaeagnus*	[155]
–	Zweige kahl oder anders behaart	397	
397	Endknospen über 8 mm lang	398	
–	Endknospen kleiner	400	
398	Endknospen eiförmig, grün, bereift, mit mehr als 3 Schuppen	*Sassafras albidum*	[228]
–	Endknospen länglich zugespitzt, mit 2 Schuppen	399	
399	Schuppen rotbraun, spreizend, locker behaart (Stammrinde flächigschuppig)	*Stewartia*	[229]
–	Schuppen anliegend, violettbraun, dicht mit kurzen weißen Haaren	*Franklinia alatamaha*	[230]
400	Endknospen unter 2 mm lang, braun	*Ilex*	[231, 432]
–	Endknospen größer und/oder grünlich	416	
401 (383)	An jedem Knoten umgreift eine Narbe (Nebenblätter des Tragblattes) den Zweig	402	
–	Knoten ohne den Zweig umfassende Linie	404	
402	Zweige mit Milchsaft	*Ficus carica*	[233]
–	Zweige ohne Milchsaft	403	
403	Endknospe kahl, entenschnabelförmig	*Liriodendron*	[234]
–	Endknospe behaart oder kahl, wenn kahl, dann oft sehr groß	*Magnolia*	[235]
404	Pflanze mit Fruchtzapfen oder kahlen Blütenständen	405	
–	Früchte, wenn vorhanden, anders	406	
405	Seitenknospen gestielt	*Alnus*	[185]
–	Seitenknospen sitzend	*Platycarya strobilacea*	[236]
406	Endknospen länger als 12 mm	407	
–	Endknospen kleiner	411	

[226]

[227]

[228]

[229]

[230]

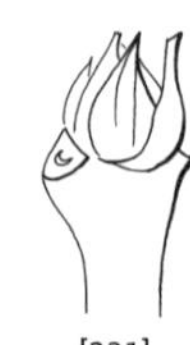
[231]

[232]

[233]

[234]

[235]  [236]  [237]  [238]  [239]  [240] 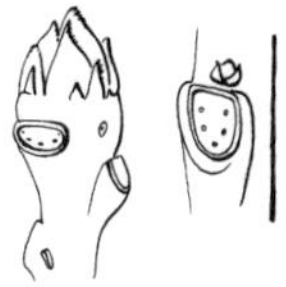 [241]

407	Blattnarben auf farblich abgesetzten Blattkissen	*Sorbus*	[206]
–	Blattkissen, sofern vorhanden, nicht abgesetzt	408	
408	Knospen schlank spindelförmig, mit mehr als 15 Schuppen. Baum	*Fagus*	[199]
–	Knospen mit weniger als 10 Schuppen oder eiförmig	409	
409	Bis 2 m hoher Strauch	410	
–	Größerer Strauch oder Baum	411	
410	Knospenschuppen grünlich, Zweige niederliegend, bis 1 m aufsteigend	*Xanthorhiza simplicissima*	[237]
–	Knospenschuppen trocken braun. Aufrechter Strauch	*Paeonia*	[238]
411 (406)	Blattnarben breit, mit mehr als 8 Spuren	*Eleutherococcus*	[239]
–	Blattnarben anders	412	
412	Dichter Strauch mit dünnen Zweigen und trockenen Früchten	*Physocarpus*	[195]
–	Großer Strauch oder Baum	413	
413	Große Seitenknospen flankieren die Endknospe; Knospen mit vielen Schuppen, unterste manchmal mit fadenartiger Spitze	*Quercus*	[240]
–	Endknospe einzeln, höchstens von wesentlich kleineren Seitenknospen flankiert	414	
414	Endknospe genauso breit wie hoch	*Idesia polycarpa*	[241]
–	Endknospen deutlich länger, als breit (eiförmig)	*Carya*	[213]
415 (381)	Die Tragblätter bleiben schuppenförmig erhalten. Kleiner, aromatischer Halbstrauch	*Artemisia*	[242]
–	Niederliegender Strauch. Tragblätter vertrocknend	*Arctostaphylos alpina*	[243]
416 (400)	Zweige grün	417	
–	Zweige braun	418	
417	Endknospen mit mehr als 3 Schuppen	*Euonymus nanus*	[244]
–	Endknospen mit 2–3 Schuppen	*Helwingia japonica*	[245]
418	Knospenschuppenränder mit bräunlichen Drüsen besetzt	*Escallonia virgata*	[246]
–	Knospenschuppen nicht so, Knospen über 4 mm lang	*Daphne*	[223]

Blätter/Blattnarben wechselständig, Zweige ohne Endknospen, Knospen mit Knospenschuppen, Blattnarben 3-spurig

420 (207)	Knospen mit maximal 5 Schuppen	421	
–	Knospen mit 5 oder mehr Schuppen	437	
421	Knospen 2-zeilig am Zweig	422	
–	Knospen spiralig	424	
422	Knospen einzeln in der Blattachsel	423	
–	Knospen mit Beiknospen	*Cercis*	[247]
423	Knospen meist > 4 mm lang, (gelb-)grün bis weinrot	*Tilia*	[248]
–	Knospen < 4 mm lang, bräunlich	*Celtis*	[249]
424	Knospen mit Bei- oder Bereicherungsknospen	425	
–	Knospen einzeln	427	
425	Strauch	426	
–	Baum	*Hovenia dulcis*	[250]

[242]

[243]

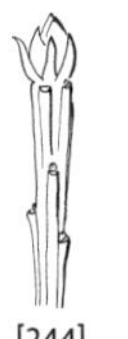
[244]

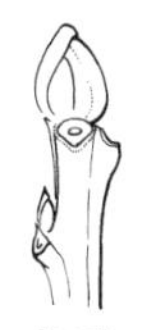
[245]

[246a]

[246b]

[247]

[248]

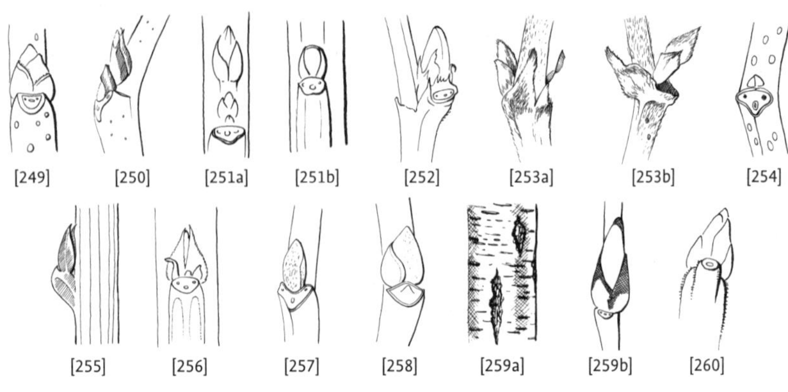

[249] [250] [251a] [251b] [252] [253a] [253b] [254]

[255] [256] [257] [258] [259a] [259b] [260]

426	Knospen mit Beiknospen	*Amorpha*	[251]
–	Knospen mit Bereicherungsknospen	*Neviusia alabamensis*	[274]
427	An jedem Knoten mit den Zweig umfassenden Nebenblättern oder Nebenblattnarbe. Kleiner Strauch	428	
–	Ohne den Zweig umfassende Nebenblattnarbe	429	
428	Nebenblätter verwachsen, am Zweig anliegend	*Atraphaxis*	[252]
–	Nebenblätter getrennt, vom Zweig abstehend oder verloren gehend, Knospen dicht, kurz weiß behaart	*Hedysarum multijugum*	[253]
429	Knospen mit 1 Knospenschuppe	*Salix*	[063]
–	Knospen mit mehr als 1 Knospenschuppe	430	
430	Zweige kantig	431	
–	Zweige rund	435	
431	Baum	*Albizia julibrissin*	[254]
–	Strauch	432	
432	Nebenblätter des Tragblattes schließen die Knospe ein	*Petteria ramentacea*	[255]
–	Knospenblätter unabhängig vom Tragblatt	433	
433	Knospen 2–3 mm lang	434	
–	Knospen etwa 1 mm lang, Früchte: viele, kleine, endständige Hülsen	*Amorpha*	[251]
434	Tragblattnarbe mit Nebenblattresten, Knospenschuppen zugespitzt	*Indigofera*	[256]
–	Schuppen kaum zugespitzt	*Holodiscus discolor*	[257]
435	Junge Zweige dünner als 3 mm	436	
–	Zweige mehr als 3 mm dick	*Maackia amurensis*	[258]
436	Kleiner Strauch; oder Baum mit durchgehendem Stamm (Stammrinde oft querstreifig und weißlich)	*Betula*	[259]
–	Großer Strauch oder kleiner Baum mit schnell verzweigtem Stamm	*Cydonia*	[260]
437 (420)	Knospen 2-zeilig am Zweig	438	
–	Knospen spiralig	445	
438	Knospen mit Beiknospen bzw. Beisprossen. Sträucher	*Neillia*	[261, 262]
–	Knospen ohne Beiknospen	439	
439	Knospen bis 2 mm lang, teilw. mit Bereicherungsknospen	*Zelkova*	[263]
–	Knospen länger als 2 mm	440	
440	Knospenschuppen in 2 Zeilen	441	
–	Knospenschuppen in 4 Zeilen oder spiralig	442	
441	Knospen meist > 4 mm lang, schief über der Blattnarbe	*Ulmus*	[264]

[261]

[262]

[263]

[264]

[265a]

[265b]

[266]

[267]

[268a]  [268b]  [269]  [270] 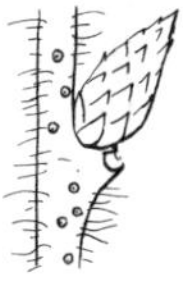 [271]  [272a]  [272b]  [273]

– Zweige an der Spitze unter 1 mm dick, Knospen < 4 mm lang . . . . . *Aphananthe aspera* [265]
442 Knospen länglich-eiförmig bis kurz spindelförmig 443
– Knospen gedrungen, eiförmig . . . . . *Corylus* [266]
443 Knospen kurz spindelförmig, mit mehr als 15 Knospenschuppen . . . . . *Carpinus* [267]
– Knospen mit deutlich weniger Schuppen 444
444 Zweige dicht mit kleinen, hellen Lentizellen besetzt . . . . *Disanthus cercidifolius* [268]
– Lentizellen wenige, relativ unauffällig . . . . . *Ostrya* [269]
445 (437) Zweige klebrig oder aromatisch 446
– Zweige weder klebrig noch aromatisch 448
446 Blütenknospen größer als Blattknospen 447
– Nicht so, meist mit alten trockenen Blättern . . . . . *Baccharis* [270]
447 Ohne Nebenblattnarben . . . . . *Myrica* [271]
– Mit Nebenblattnarben . . . . . *Comptonia peregrina* [272]
448 Zweige kantig 449
– Zweige rund 451
449 Zweige grasgrün . . . . . *Kerria japonica* [273]
– Zweige anders gefärbt 450
450 Zweigspitzen rotbraun, Knospen mit Bereicherungsknospen . . . . . *Neviusia alabamenis* [274]
– Zweigspitzen graubraun bis graugrün, Früchte große blasige Bälge . . . . *Colutea* [275]
451 Zweige mit vollem Mark 452
– Mark gefächert . . . . . *Itea virginica* [276]
452 Zweige dick, mit weitem Mark, Knospen abstehend, kugelig-eiförmig . . . . . *Sorbaria* [277]
– Nicht so 453
453 Knospen häufig mit Bereicherungsknospen oder leicht vom Zweig abstehend . . . . . *Prunus* [278]
– Knospen am Zweig anliegend . . . . . *Rhamnus* [279]

Blätter/Blattnarben wechselständig, Zweige ohne Endknospe, Knospen mit Knospenschuppen, Blattnarben nicht 3-spurig

461 (207) Blattnarben nicht sichtbar oder sehr klein (dann mit bleibenden Nebenblattresten) 462
– Blattnarben vorhanden 465
462 Zweige dünn, mit zahlreichen Lentizellen und bleibenden Nebenblättern . . . . . *Nothofagus antarctica* [280]
– Zweige anders 463
463 Tragblätter ausdauernd, schuppenförmig 464
– Den fadenförmig dünnen Zweig umgreifen Nebenblattreste. Polsterstrauch . . . . . *Muehlenbeckia axillaris* [281]
464 Zweige unbereift . . . . . *Tamarix* [282]
– Zweige bläulich weiß bereift . . . . . *Myricaria germanica* [283]

[274a]  [274b]  [275]  [276]  [277]  [278]  [279]  [280]

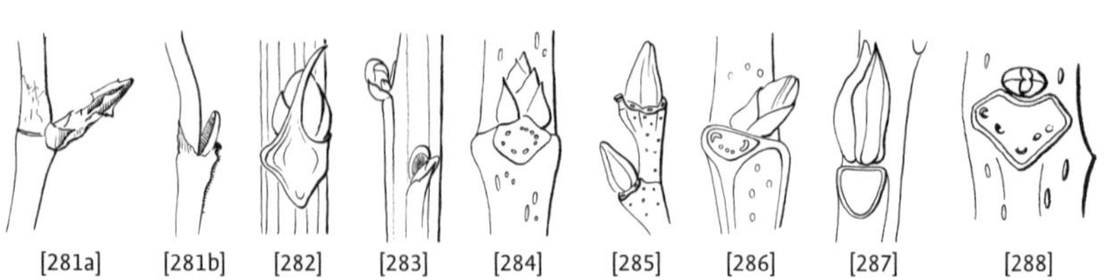

[281a] [281b] [282] [283] [284] [285] [286] [287] [288]

465 (461)	Blattnarbe vielspurig	466	
–	Blattnarbe 1-spurig	477	
466	Neben der Blattnarbe mit Nebenblattnarben	467	
–	Ohne Nebenblattnarben	471	
467	Zweige mit Milchsaft	468	
–	Zweige ohne Milchsaft	469	
468	Mark eng, Zweige kahl oder kurz behaart	*Morus*	[284]
–	Mark relativ weit, Zweige zur Spitze lang behaart	*Broussonetia*	[012]
469	Knospe mit 1 Schuppe, Nebenblattnarbe umgreift den Zweig	*Platanus*	[285]
–	Knospen mehrschuppig, 2-zeilig	470	
470	Zweige kantig (Leisten)	*Castanea*	[286]
–	Zweige rundlich	*Tilia*	[248]
471	Zweige (über 8 mm) dick	472	
–	Zweige dünner	473	
472	Strauch	*Decaisnea fargesii*	[287]
–	Baum	*Ailanthus*	[288]
473	Halbstrauch oder Strauch	476	
–	Baumförmig	474	
474	Blattnarben auf deutlichen Kissen, mit vielen Spuren (>8) oder in 3 Spurengruppen	475	
–	Narben mit 5–7 Spuren, Blütenknospen deutlich größer als Blattknospen	*Euptelea*	[289]
475	Spuren in 3 Spurengruppen	*Poliothyrsis sinensis*	[290]
–	Narbe vielspurig, an der Triebbasis mit alten Knospenschuppen	*Koelreuteria paniculata*	[291]
476	An den Triebenden mit vielen Früchten (trockene Kapseln) oder runden Fruchtnarben	*Hibiscus syriacus*	[174]
–	Knospen schmal und spitz	*Ceratostigma willmottianum*	[292]
477 (465)	Zweige allseits grün, kantig	478	
–	Zweige anders	483	
478	Blattnarbe mit Nebenblattzipfeln und/oder Knospen unter dem Blattkissen teilweise verborgen	479	
–	Blattnarben ohne Nebenblattzipfel	481	
479	Knospen mit Bereicherungsknospen	*Hippocrepis emerus*	[293]
–	Knospen einzeln	480	
480	Knospen braun; Nebenblattzipfel dünn und spitz	*Genista*	[294]
–	Knospen grünlich; Nebenblattzipfel flach, dreieckig	*Cytisus*	[181]
481	Knospen am Zweig anliegend	482	
–	Knospen vom Zweig abstehend	*Jasminum*	[295]
482	Knospen länglich, Zweige tief furchig, scheinbar 2-zeilig. Bis 50 cm hoher Strauch	*Vaccinium*	[296]
–	Größerer Strauch und Knospen gedrungen oder Zweige mehr rundlich und nur schwach gefurcht	*Cytisus*	[297, 298]

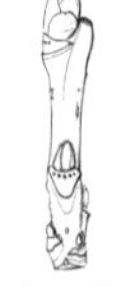

[289a]

[289b]

[290a]

[290b]

[291]

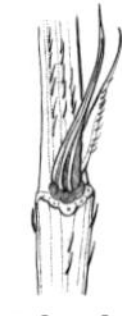

[292]

[293]

[294]

483 (477) Kleiner Strauch mit weit absterbenden, leicht kantigen Zweigen, Knospen oft zu zweit .... *Lespedeza* [299]
– Merkmale anders 484
484 Kleiner Strauch mit weit absterbenden Triebspitzen und runden Zweigen 485
– Merkmale anders 487
485 Schuppen schließen Knospen vollständig ein, lebende Zweige mit Milchsaft 486
– Knospenschuppen auseinander spreizend, innere Blättchen behaart .... *Ceanothus* [300]
486 Zweige rotbraun, an der Basis etwa 2 mm dick .... *Flueggea* [*Securinega*] *suffruticosa* [301]
– Zweige graubraun, dünner als 2 mm .... *Andrachne colchica* [302]
487 Zweige ohne Lentizellen, meist kantig 488
– Zweige mit Lentizellen, oft rund 498
488 Einstämmiger Baum. Zahl der Blattnarben übertrifft die Zahl der Knospen .... *Taxodium* [216]
– Meist Strauch 489
489 Tragblatt mit Nebenblattresten 490
– Ohne Nebenblätter 491
490 Seitenknospen von den Nebenblättern des Tragblattes bedeckt .... *Potentilla* [303]
– Knospen gut sichtbar .... *Indigofera* [256]
491 Zweige dünn, braun bis grau, Früchte aus 5 freien Bälgen bestehend, Mark eng bis normal .... *Spiraea* [304]
– Früchte sind Kapseln oder Beeren aus mehreren verwachsenen Fruchtblättern, Mark oft relativ weit 492
492 Zweige unbereift 493
– Zweige orangeocker, bläulich bereift .... *Zenobia pulverulenta* [305]
493 Knospen > 3 mm lang, vom Zweig abstehend 494
– Knospen < 3 mm lang, wenn größer, dem Zweig anliegend 495
494 Zweige mit behaarten Leisten .... *Vaccinium corymbosum* [306]
– Zweige kahl .... *Lyonia mariana* [307]
495 Blattknospen flach, halbkugelig, Zweige grün bis weinrot 496
– Knospen länglich, dem Zweig anliegend, von 2 Knospenschuppen fast ganz eingeschlossen 497
496 Zweigrinde aufreißend, später tiefrissige Borke, Blütenstände erst im Sommer am neuen Trieb .... *Oxydendrum arboreum* [308]
– Zweige nicht so, Blütenstände für das nächste Jahr angelegt .... *Leucothoe* [*Eubotrys*] *racemosa* [309b]
497 Knospen rötlich .... *Lyonia ligustrina* [310]
– Knospen grünlich bis braun .... *Vaccinium* [311]
498 (487) Kleiner, selten über 2 m hoher Strauch 499
– Großstrauch oder Baum 500

[303a] [303b] [304] [305] [306] [307] [308] [309a] [309b]

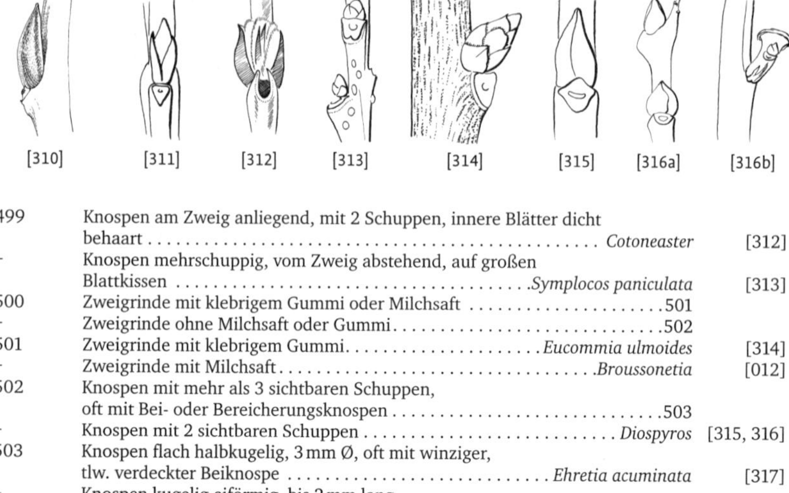

499	Knospen am Zweig anliegend, mit 2 Schuppen, innere Blätter dicht behaart	*Cotoneaster*	[312]
–	Knospen mehrschuppig, vom Zweig abstehend, auf großen Blattkissen	*Symplocos paniculata*	[313]
500	Zweigrinde mit klebrigem Gummi oder Milchsaft	501	
–	Zweigrinde ohne Milchsaft oder Gummi	502	
501	Zweigrinde mit klebrigem Gummi	*Eucommia ulmoides*	[314]
–	Zweigrinde mit Milchsaft	*Broussonetia*	[012]
502	Knospen mit mehr als 3 sichtbaren Schuppen, oft mit Bei- oder Bereicherungsknospen	503	
–	Knospen mit 2 sichtbaren Schuppen	*Diospyros*	[315, 316]
503	Knospen flach halbkugelig, 3 mm Ø, oft mit winziger, tlw. verdeckter Beiknospe	*Ehretia acuminata*	[317]
–	Knospen kugelig eiförmig, bis 2 mm lang, oft mit Bereicherungsknospen	*Zelkova*	[263]

7.3 Artregister für den Winterschlüssel

Abbildungsnummern zu den Arten, zum schnellen Auffinden der Abbildungen des Winterschlüssels

Literatur

Albrecht, H.-J., Sommer, S. (1991): Rhododendron. Berlin: Deutscher Landwirtschaftsverlag.

Auders, A.G., Spicer D.P. (2012): Royal Horticultural Society Enzcylopedia of Conifers. A. Comprehensive Guide of Cultivars and Species. Vol. 1–2. Kingsblue Publishing Limited in association with the Royal Horticultural Society, Nicosia.

Bärtels, A. (1981): Frostschäden an Gehölzen im Winter 1978/79. Mitt. Deutsch. Dendrol. Ges. 72: 19–71.

Bärtels, A. (1983): Zwerggehölze. Stuttgart: Verlag Eugen Ulmer.

Bärtels, A. (1991): Gartengehölze (3. Aufl.). Stuttgart: Verlag Eugen Ulmer.

Bärtels, A. (2001): Enzyklopädie der Gartengehölze. Stuttgart: Verlag Eugen Ulmer.

Bärtels, A. (2003): Das große Buch der Kamelien. Stuttgart: Verlag Eugen Ulmer.

Bärtels, A. (2006): Rhododendron und Azaleen. Stuttgart: Verlag Eugen Ulmer.

Bärtels, A. (2009): Gehölze von A–Z. Stuttgart: Verlag Eugen Ulmer.

Bärtels, A. (2017): Steinobst – Blüten und Früchte. Bern: Ott Verlag.

Bärtels, A., Kaiser, K. (2004): Clematis. Stuttgart: Verlag Eugen Ulmer.

Bärtels, A., Schmidt P.A. (Hrsg.) (2014). Enzyklopädie der Gartengehölze, 2. Aufl. Stuttgart: Verlag Eugen Ulmer.

Bartels, H. (1993): Gehölzkunde. Stuttgart: Verlag Eugen Ulmer.

Bartels, H., Bärtels, A., Schroeder F.-G., Seehann, G. (1981): Erhebung über das Vorkommen winterharter Freilandgehölze. I. Die Gärten und Parks mit ihrem Gehölzbestand. Mitt. Deutsch. Dendrol. Ges. 73.

Bartels, H., Bärtels, A., Schroeder F.-G., Seehann, G. (1981): Erhebung über das Vorkommen winterharter Freilandgehölze. II. Die Gehölze mit ihrer Verbreitung in den Gärten und Parks. Mitt. Deutsch. Dendrol. Ges. 74.

Bean, W.J. (1989): Trees and Shrubs. Hardy in the British Island, Ed. 8. London: Butler & Tanner.

Beissner, L., Schelle, E., Zabel, H. (1903): Handbuch der Laubholzbenennung. Berlin: Verlag Paul Parey.

Borchardt, W. (2010): Handbuch der Pflanzen im Garten- und Landschaftsbau. Berlin/Hannover: Patzer Verlag.

Bresinsky, A. et al. (2008) Strassburger – Lehrbuch der Botanik. 36 Aufl. Heidelberg: Spektrum Akademischer Verlag.

Brummit, R.K. (1992): Vascular Plant Families and Genera. Kew: Royal Botanic Gardens.

Brummit, R.K., Powell, C.E. (1992): Authors of Plant Names. Kew: Royal Botanic Gardens.

Bundesamt für Naturschutz, 2013: NeoFlora. www.neobiota.de

Callaway, D.J. (1994). Magnolias. London: B.T. Batsford Ltd.

Chmelař, J., Meusel, W. (1986). Die Weiden Europas. Wittenberg: A. Ziemsen Verlag.

Collingwood, I. (1948): Ornamental Cherries. London: Country Life.

Cox, P.A., Cox, P.N.E. (1997): The Encyclopedia of Rhododendron Species. Perth: Glendoick Publishing.

Cubey, J. (ed.) (2013): RHS Plantfinder 2013. London: The Royal Horticultural Society.

Dallimore, W., Jackson, A.B. (1966): A Handbook of Coniferae and Ginkgoaceae. London: Edward Arnold Publishers.

Davidian, H.H. (1982–1992): The Rhododendron Species. Portland: Timber Press und London: B.T. Batsford.

Debreczy, Z., Rácz, I. (2011): Conifers around the World. Vol. 1–2, Budapest: Dendro-Press.

Dickoré, W.B., Kasparek, C. (2010): Species of Cotoneaster (Rosaceae, Maloideae) indigenous to neutralising or commenly cultivated in Central Europe. Willdenowia 40, 13–45.

Dönig, G. (2010): Rotbuchen – Fagus. Hemmingen: Sponholtz Druckerei.

Elias, T.S. (1989): The Complete Trees of North America. Field Guide and Natural History (Ed. 2.). New York: Times Mirror Magazines, Book Division.

Engler, A., Melchior, H. (1954–1965): Syllabus der Pflanzenfamilien (12. Aufl.). I. Bakterien bis Gymnospermen. II. Angiospermen. Berlin: Verlag Bornträger.

Erhardt, W. (2005): Namensliste der Koniferen. Stuttgart: Verlag Eugen Ulmer.

Erhardt, W., Götz, E., Bödeker, N., Seybold, S. (2008): Zander, Handwörterbuch der Pflanzennamen (18. Aufl.). Stuttgart: Verlag Eugen Ulmer.

Erhardt, W., Götz, E,. Bödeker, N., Seybold, S. (2008): Der große Zander – Enzyklopädie der Pflanzennamen, Bd. 1–2. Stuttgart: Verlag Eugen Ulmer.

Farjon, A. (2001): World Checklist and Bibliography of Conifers. Ed 2. Kew: The Royal Botanic Gardens.

Farjon, A. (2010): A Handbook of the World's Conifers. Vol. 1–2. Leiden-Bosten: Brill.

Fiala, J.L. (1994): Flowering Crabapples, The Genus Malus. Portland: Timber Press.

Fiala, J.L., Revised and Update by F. Vrugtman (2008): Lilacs, A Gardener's Enzyclopädia. Portland, London: Timber Press.

Fitschen, G. (2007): Gehölzflora. 12. Aufl. Bearbeitet von Meyer, F.H., Hecker, U., Höster, H.R., Schröder F.-G. Heidelberg, Wiebelsheim: Quelle & Meyer Verlag.

Flora of North America Editorial Commitee (eds.) (1993–2000): Flora of North America, Vol. 1–3. Oxford: University Press.

Frodin, D.G., Govaerts, R. (1966): World Checklist and Bibliography of Magnoliaceae. Kew: Royal Botanic Gardens.

Fryer, J., Hylmö, B. (2009): Cotoneasters. Portland, London: Timber Press.

GALK (2017): Straßenbaumliste 2017. www.galk.de.

Galle, F.C. (1987): Azaleas. Portland: Timber Press.

Galle, F.C. (1997): Hollies. The Genus Ilex. Portland: Timber Press.

Gelderen, D.D. van, Jong, P.C. de, Oterdom, H.J. (1994): Maples of the World. Portland: Timber Press.

Gelderen, C.J. van, Gelderen, D.M. van (2004): Encyclopedia of Hydrangeas. Portland: Timber Press.

Genaust, H. (1996): Etymologisches Wörterbuch der botanischen Pflanzennamen. (3. Aufl.). Basel, Boston, Berlin: Birkhäuser Verlag.

Govaerts, R., Frodin, D.G. (1996): World Checklist and Bibliography of Fagales. Kew: The Royal Botanic Gardens.

Grey-Wilson, C. (2000): Clematis – The Genus. London: B.T. Batsford.

Grishaw, J., Bayton, R. (2009): New Trees. Recent Introductions to Cultivation. Kew: Royal Botanic Gardens.

Haeupler, H., Schönfelder, P. (1989): Atlas der Farn- und Blütenpflanzen Deutschlands (2. Aufl.). Stuttgart: Verlag Eugen Ulmer.

Halda, J.J., Waddick, J.W. (2004): The Genus Paeonia. Portland, Cambridge: Timber Press.

Harrison, R.E. (1974): Handbook of Trees an Shrubs. Wellington, Sydney, London: A.H. & A.W. Reed.

Hecker, U. (2001): Bäume und Sträucher. (3. Aufl.). München, Wien, Zürich: BLV Verlagsgesellschaft.

Heinze, W., Schreiber, D. (1984): Eine neue Kartierung der Winterhärtezonen für Gehölze in Europa. Mitt. Deutsch. Dendrol. Ges. 75: 11–56.

Hillier, J., Coombes, A. (2002): The Hillier Manual of Trees and Shrubs. Ed. 7. Winchester: Hillier Nurseries.

Hoffman, M.H.A. (1994): Philadelphus (Sortiments- en gebruikswaardeonderzoek). Dendroflora 44–72.

Hoffman, M.H.A. (2016): Namensliste Gehölze; Internationaler Standard ENA. Roelofarendsveen: Naktuinbow.

Huxley, A. Griffiths, M., Levy, M. (1992): The New Royal Horticultural Society Dictionary of Gardening. Vol. 1–4. London: The Royal Horticultural Society.

Ingram, C. (1948): Ornamental Cherries. London: Country Life Ltd.

Jablonski, E. (2001): Kultivierte Linden (Tilia L., Malvaceae Juss.) in Mitteleuropa. Mitt. Deutsch. Dendrol. Ges. 96, 33–56.

Jablonski, E., Plietzsch, A. (2013): Kultivierte Linden II.: Sorten von Tilia cordata Mill., Tilia platyphyllus Scop. und Tilia ×europaea L. Mitt. Deutsch. Dendrol. Ges. 98, 89–110.

Jahnel, H., Watzlawik, G. (1956/57): Beobachtungen über die Frosthärte einiger Gehölze im Winter 1955/56 im Forstbotanischen Garten in Tharandt. Wiss. Z. Techn. Hochschule. Dresden, 6, H. 3, 543–548.

Jahnel, H., Watzlawik, G. (1958/59): Weitere Beobachtungen über die im Winter 1955/56 geschädigten Gehölze des Forstbotanischen Gartens in Tharandt. Wiss. Z. Tech. Hochschule Dresden, 8, H. 4, 928–932.

Jahnel, H., Watzlawik, G. (1961): Abschließende Beobachtungen über die im Winter 1955/56 geschädigten Gehölze im Forstbotanischen Garten in Tharandt. Wiss. Z. Tech. Hochschule Dresden, 10, H. 6, 1–3.

JOHNSON, M. (2001): The Genus Clematis. Södertälje: Magnus Johnsons Plantskola AB.

KAUSCH-BLECKEN VON SCHMELLING, W. (1992): Der Speierling. Bovenden: Eigenverlag.

KAUSCH-BLECKEN VON SCHMELLING, W. (1994): Die Elsbeere. Bovenden: Eigenverlag.

KIERMEIER, P. (1991): Zuordnung der Gehölze nach Lebensbereichen. In: Bärtels, A. (1991): Gartengehölze. Stuttgart: Verlag Eugen Ulmer.

KOWAREK, I. (2010): Biologische Invasionen – Neophyten und Neozoen in Mitteleuropa. 2. Aufl. Stuttgart: Verlag E. Ulmer.

KRAUS, F., HELEBRANT, L. (1965): Frostschäden an Immergrünen und Nadelgehölzen im Park des Botanischen Gartens der Tschechischen Akademie der Wissenschaften. Nachrichten des Botanischen Gartens der Tschechischen Akademie der Wissenschaften in Pruhonice. H. 1, 51–76 (tschech.).

KRÜSSMANN, G. (1974): Rosen, Rosen, Rosen. Berlin, Hamburg: Verlag Paul Parey.

KRÜSSMANN, G. (1983): Handbuch der Nadelgehölze (2. Aufl. von H. WARDA). Berlin und Hamburg: Verlag Paul Parey.

KRÜSSMANN, G. (1987): Handbuch der Laubgehölze (2. Aufl.) Bd. I–III. Berlin und Hamburg: Verlag Paul Parey.

KUITERT, W. (1999): Japanese Flowering Cherries. Portland: Timber Press.

LAUTENSCHLAGER, E. (1983): Atlas der Schweizer Weiden (Gattung Salix L.) Basel: Schwalbe Verlag.

LAWSON-HALL, T., ROTHERA, B. (1995): Hydrangeas. London: B.T. Batsford Ltd.

LEWIS, J. (1987–1988): The International Conifer Register, Part 1–4. London: The Royal Horticultural Society.

LITTLE, E.L. (1971–1978): Atlas of United States Trees. 5. Vols. Washington: U.S. Dept. of Agriculture, Forest Service.

LLOYD, C. (1889): Clematis. London: Penguin.

MABBERLEY, D.J. (2008): Mabberley's Plantbook. 3. Ed. Cambridge: University Press.

MALLET, C. & R., VAN TRIES, H. (1994) Hortensien. Stuttgart: Verlag Eugen Ulmer.

MATTHEWS, V. (2002): The international Clematis Register & Checklist 2002. London: The Royal Horticultural Society.

MCALLISTER, H. (2005): The Genus Sorbus – Mountain Ash an other Rowans. Kew: Royal Botanic Gardens.

MCLEVIN, W., CHEN, D. (2006): Peony rockii and Gansu Mudan. Wellesley, Romiley: Wellesley Cambridge Press.

MCNEILL, J., BARRIE, F.R., BUCK, W.R., DEMOULIN. V., GREUTER, W., HAWKSWORTH, D.L., HERENDEE, P.S., KNAPP, S., MARHOLD, K., PRADO, J., PRUD'HOMME VAN REINE, W.F., SMITH, G.F., WIERSEMA, J.H., TURLAND, N.J. (2012): International Code of Nomenclature for algae, fungi and plants (Melbourne Code). Regnum Vegetabile 154, 1–240.

NELSON, G., ERARLE, C. J., SPELLENBERG, R. (2014): Trees of Eastern North America. Princeton and Oxford: Princeton University Press.

NEWSHOLME, C. (1992): The Genus Salix. London: B.T. Batsford Ltd.

OHWI, J. (1965): Flora of Japan. Washington: Smithsonia Institution.

PIGOTT, D. (2012): Lime-trees and Baswoods. A Biological Monograph of the Genus Tilia. Cambridge: Cambridge University Press.

PIRC, H. (1994): Ahorne. Stuttgart: Verlag Eugen Ulmer.

RECHT, C., WETTERWALD, M.F. (1988): Bambus. Stuttgart: Verlag Eugen Ulmer.

REHDER, A. (1994): Manual of Culivated Trees an Shrubs Hardy in North America. Ed. 2. New York: MacMillan.

ROLOFF, A. (2013): Bäume in der Stadt. Stuttgart: Verlag E. Ulmer.

ROLOFF, A., BÄRTELS, A. (2014): Flora der Gehölze – Bestimmung, Eigenschaften, Verwendung. 4. Aufl. Stuttgart: Verlag E. Ulmer.

ROLOFF, A., WEISGERBER, H., LANG, U.M., STIMM, B. (Hrsg.) (2017): Enzyklopädie der Holzgewächse. Weinheim: Verlag Wiley-VCH.

ROSE, O. (1992): Efeu. Stuttgart: Verlag Eugen Ulmer.

SARGENT, C.S. (1965): Manual of Trees of North America. New York: Dover Publikation.

SAVIGE, T.J. (1993): The International Camellia Register (2. Vols.). Wrininga: The International Camellia Register.

SCHAARSCHMIDT, H. (1999): Die Walnussgewächse. Die Neue Brehm Bücherei, Bd. 591. Hohenwarsleben: Westarp Wissenschaften-Verlagsgesellschaft.

SCHELLE, E. (1909): Die winterharten Nadelgehölze Mitteleuropas. Stuttgart: Verlag Eugen Ulmer.

SCHELLER, H. (1972): Die Linden in Gärten und Parks des unteren Maingebietes. Mitt. Deutsch. Dendrol. Ges. 65: 7–42.

SCHELLER, H. (1977): Kritische Studien über die kultivierten Fraxinus-Arten. Mitt. Deutsch. Dendrol. Ges. 69: 49–162.

SCHENCK, C.A. (1993): Fremdländische Wald- und Parkbäume. Bd. I–III. Berlin: Verlag Paul Parey.

SCHMIDT, P.A. (1992): Beitrag zur Kenntnis der in Deutschland anbaufähigen Fichten (Gattung Picea A. Dietr.) Mitt. Deutsch. Dendrol. Ges. 80: 7–72.

SCHMIDT, P.A. (2001): Kleeulme und Flatterulme: Zweideutige Benennung und eindeutige Schreibweise deutscher Namen von Gehölzen. Beiträge zur Gehölzkunde. 116–130. Rinteln: Hansmann.

SCHMIDT, P.A. (2002–2007): Bäume und Sträucher Kaukasiens, Teile 1–6. Mitt. Deutsch. Dendrol. Ges. 87: 59–81, 88: 77–100. 89: 49–71, 90: 25–43, 91: 21–56, 92, 21–48.

SCHMIDT, P.A. (2010): Einheimisch/nichteinheimisch, gebietsheimisch/gebietsfremd – Gehölzartenwahl nach spezifischen Anforderungen und auf fachlicher Grundlage. In: D. DUJESIEFKEN (Hrsg.): Jahrbuch der Baumpflege 2010: 72–84.

SCHMIDT, P.A. (2014): Koniferen. In: BÄRTELS, A., SCHMIDT, P.A. (Hrsg) (2014): Enzyklopädie der Gartengehölze. Stuttgart: Verlag Eugen Ulmer.

SCHMIDT, P.A., HECKER, U. (2009): Taschenlexikon der Gehölze. Wiebelsheim: Quelle und Meyer Verlag.

SCHNEIDER, C.K. (1904–1912): Illustriertes Handbuch der Laubholzkunde. Bd. I–II. Jena: Fischer Verlag.

SCHUBERT, R., WAGNER, G. (2000): Botanisches Wörterbuch, 12. Aufl. Stuttgart: Verlag Eugen Ulmer.

SCHÜTT, P. (1991): Tannenarten Europas und Kleinasiens. Basel, Boston, Berlin: Birkhäuser Verlag.

SCHÜTT, P., LANG, K.G., SCHUCK, H.J. (1984). Nadelhölzer in Mitteleuropa. Stuttgart, New York: G. Fischer Verlag.

SCHULZ, B. (2011): Die immergrüne Heckenkirsche Lonicera pileata Oliver 1878 (Caprifoliaceae) und ihre Verwandten (var. pileata und var. yunnanensis stat. nov.). Mitt. Deutsch. Dendrol. Ges. 96, 93–98.

SCHULZ, B. (2013): Gehölzbestimmung im Winter: mit Knospen und Zweigen. 2. Aufl., Stuttgart: Verlag Eugen Ulmer.

SCHULZ, B. (2015): Die Gattung Wisteria Nutt. nom. cons. (Fabaceae). Mitt. Deutsch. Dendrol. Ges. 100, 177–188.

SEBALD, O., SEYBOLD, S., PHILIPPI, G. (Hrsg.) (1992–1998): Die Farn- und Blütenpflanzen Baden-Württembergs. Bd. 1–8. Stuttgart: Verlag Eugen Ulmer.

SEYBOLD, S. (2005): Die wissenschaftlichen Namen der Pflanzen und was sie bedeuten. Stuttgart: Verlag Eugen Ulmer.

SNOEIJER, W. (2008): Clematis Cultivar Group Classification with identifying Key and Diagramms. Gouda: Privatdruck.

SOMMER, N. (2007): Gehölzsortimente und ihre Verwendung. Wien: Österr. Agrarverlag.

SPELLERBERG, R., EARLE, C. J., NELSON, G (2014): Trees of Western North America. Princeton an Oxford: Princeton University Press.

SPELLERBERG, B. (2000): Briefliche Mitteilung.

TUTIN, T.G. et al. (1993): Flora Europaea, Ed 2. Vol. 1. Cambridge: University Press.

VALDER, P. (1955): Wisterias. Balmain: Florolegium, National Library of Australia.

WAGENITZ, G. (2003): Wörterbuch der Botanik. Heidelberg, Berlin: Spektrum Akademischer Verlag.

WALTERS, S.M. et al. (1986–1995): The European Garden Flora. Vol. I–IV. Cambridge: University Press.

VERTREES, J.D. (1993): Japanische Ahorne. Stuttgart: Verlag Eugen Ulmer.

WEBER, H.E. 1981: Revision der Sektion Coryfolii (Gattung Rubus, Rosaceae) in Skandinavien und im nördlichen Mitteleuropa. Hamburg/Berlin: Paul Parey. (230 Seiten.)

WHITE, R. (2006): Daphnes – a practical Guide for Gardeners. Portland: Timber Press.

WHITTAKER, P. (2005): Hardy Bamboos. Taming the Dragon. 3. Aufl. Portland: Timber Press.

WOLF, E, KESSELRING, W. (1911/1912): Die für den Norden tauglichen und untauglichen Gehölze. Mitt. Dendrol. Ges. z. Förd. d. Gehölzkunde in Österr.-Ungarn I. Jg. S. 11–19, 46–50, 50–54, 70–82, 106–108. Wien und Leipzig.

WU, Z.Y, RAVEN, P.H. (eds.) (1999–2011): Flora of China. Vol. 1–19. Bejing: Science Press/St. Louis: Missouri Botanical Gardens Press.

Verzeichnis der deutschen Pflanzennamen